캠벨 생명과학의 이해

엮은이 안태인

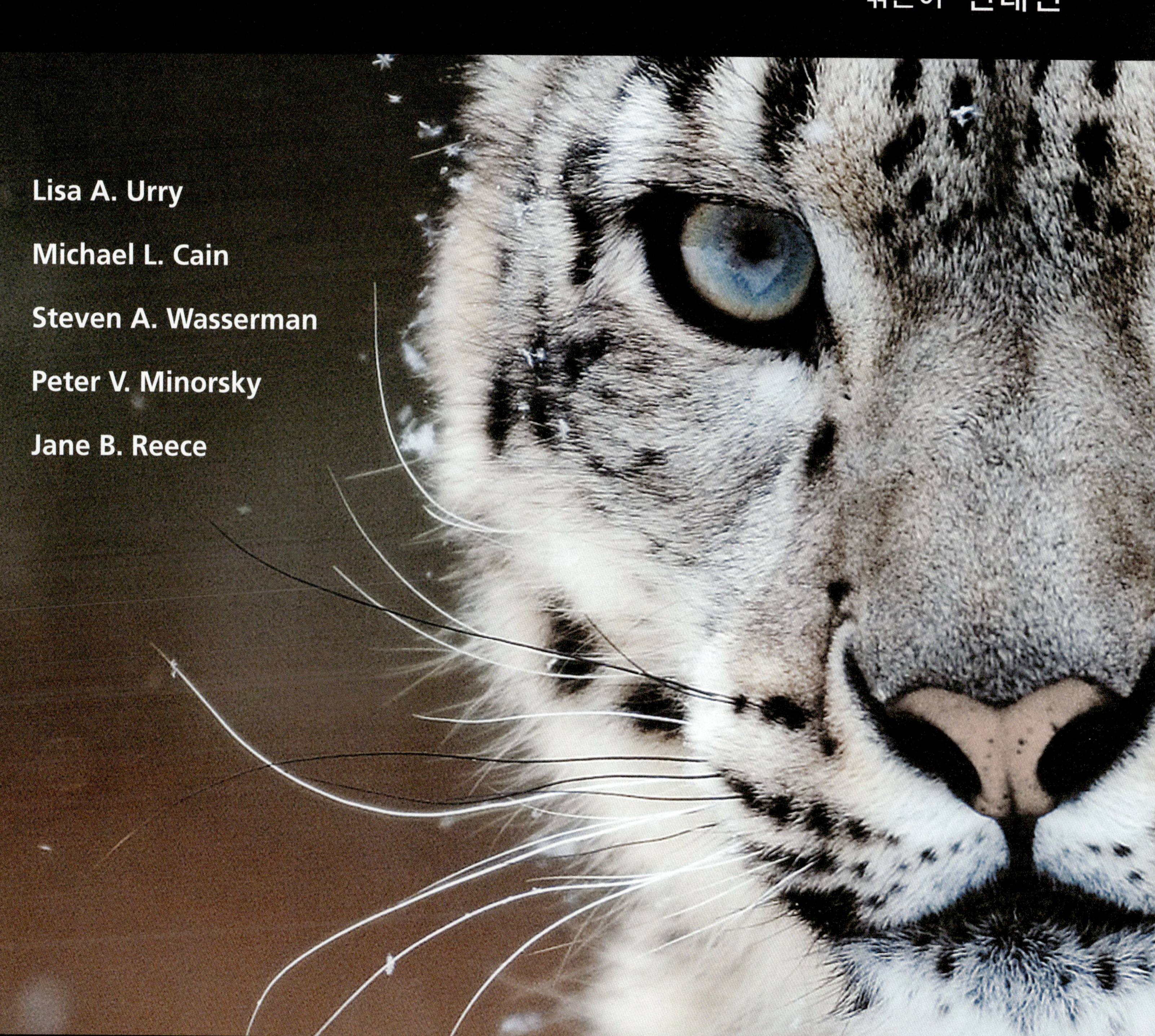

Lisa A. Urry
Michael L. Cain
Steven A. Wasserman
Peter V. Minorsky
Jane B. Reece

(주)바이오사이언스출판

이 도서의 국립중앙도서관 출판예정도서목록(CIP)은
서지정보유통지원시스템 홈페이지(http://seoji.nl.go.kr)와
국가자료공동목록시스템(http://www.nl.go.kr/kolisnet)에서
이용하실 수 있습니다.(CIP제어번호: CIP2019002851)

캠벨 생명과학의 이해

초판 인쇄: 2019년 2월 28일
초판 발행: 2019년 3월 5일

저　　자: Urry · Cain · Wasserman · Minorsky · Reece
역　　자: 전상학, 고영규, 권혁빈, 김기중, 김성하, 김은수, 김재근, 김재범, 김철근, 나종길, 신기순, 신만균, 신정섭, 원용진, 유시욱, 유정칠, 윤성명, 이명민, 이명석, 이상돈, 이일하, 이준규, 이창호, 이태호, 장수철, 정민걸, 조은희, 한인섭, 홍성회
엮은이: 안태인
발행인: 문정구
발행처: (주)바이오사이언스출판
본　사: 14040 경기도 안양시 동안구 전파로 107(호계동)
서울 사무소: 06569 서울특별시 서초구 도구로 115, 1층
전　화: (02)581-4057~8
팩　스: (02)581-4059
이메일: inquiry@biosciencepub.com
홈페이지: http://www.biobooks.co.kr
ISBN: 978-89-6824-088-1 93470

등록번호: 제22-3079호

값 33,000원

(주)바이오사이언스출판

주요 목차

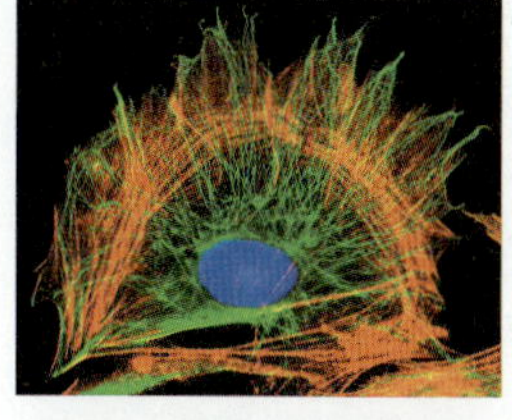
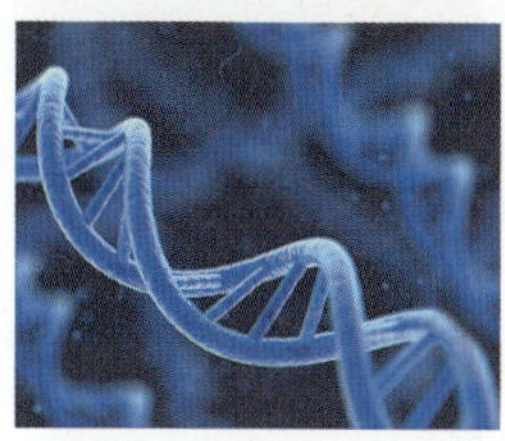

엮은이 서문

[캠벨 생명과학(*Campbell Biology*)]은 8단원, 56장, 1325쪽에 이르는 방대한 교재이지만 전 세계적으로 가장 많은 대학에서 생물학 입문서로 채택될 만큼 정평이 나 있으며 국내의 많은 대학에서도 교재로 활용되고 있습니다. 이 교재의 장점을 살리면서 생물학 전공자들이 입문 과정에서 배워야 할 핵심 개념들에 초점을 맞추어서 부피를 줄여 저술된 교재가 [캠벨 생명과학 포커스(Campbell Biology in Focus)]이며, 7단원, 43장, 930쪽으로 되어 있습니다. 이 두 교재는 내용 및 분량에 있어서 통년 과목으로 2학기에 걸쳐 강의할 수 있는 훌륭한 교재입니다.

대학 교육과정이 개편되고 전공이 다양화되면서 많은 대학에서 한 학기용 생물학 입문서 또는 심층 교양 생물학 교재에 대한 요구가 많아졌습니다. 이와 같은 요구에 부응하기 위하여 이 교재의 장점을 살리면서 이를 7단원 37장 700여 쪽으로 엮은 [캠벨 생명과학의 이해]를 출판하게 되었습니다.

원저서가 다루는 핵심 개념들과 최신 생물학 연구 결과들은 최대한 살리면서 한 학기 분량에 맞도록 각 장의 장 요약, 문제, 개념 확인 문제는 없앴고 비전공자에게 그다지 중요하지 않은 다수의 학습 활동도 과감히 뺐습니다.

이 책에서 사용되는 생물학 및 화학 용어는 한국과학창의재단의 [교과서 편수 자료]와 한국생물과학협회에서 편찬한 [생물학용어집 3판]을 기준으로 하였으며 가능하면 이해하기 쉬운 정확한 용어를 선택하려고 노력하였으며, 교과서 편수자료의 취지에 따라서 다수 용어에 띄어쓰기를 하였습니다.

아무쪼록 이 책이 한 학기용 생물학 또는 심층 교양생물학 교재로 현대 생물학을 이해하는 데 훌륭한 길라잡이가 되기를 바랍니다.

편집상의 오류나 용어 사용에 미비한 점이 발견되면 출판사에 알려 주시기 바라며 빠른 시간 내에 정성껏 수정하여 더 좋은 책이 되도록 노력하겠습니다.

끝으로 이 교재의 출판에 노고를 아끼지 않은 ㈜바이오사이언스출판의 문정구 대표이사님을 비롯한 편집부 홍수희 팀장님께 감사드립니다.

2019년 1월

엮은이 안태인

안태인
서울대학교 사범대학 생물교육과(이학사)
미국 테네시대학교 동물학과(이학석사)
미국 테네시대학교 동물학과(이학박사)
전 서울대학교 생명과학부 교수
E-mail: ahntaein@snu.ac.kr

서문

이 책은 생물학 전공자들이 입문 과정에서 배워야 할 핵심 개념들에 초점을 맞추고 있다.

현재 생물학 정보의 폭발적 증가는 지식을 얻는 것에 대한 즐거운 기회라고 볼 수도 있지만, 끊임없이 '영역이 확장되고 있는 주제들을 어떻게 가르치는 것이 가장 좋은가'라는 중대한 문제를 야기하기도 한다. 특히 학생들이 늘어만 가는 세세한 정보들에 압도되어 생물학의 중요한 부분을 놓치게 될까 많은 교육자들이 걱정하고 있다. 이러한 도전에 대한 반응으로, 일부 생물학자들은 일반생물학 과정을 재정비하고 부분적으로 재디자인하는 노력을 기울이기 시작하였다.

특히, '미래 생물학자를 위한 학부 교육의 전환 및 생물학 교육의 전망과 변화(*Vision and Change in Undergraduate Biology Education:A Call to Action**)'라고 하는 보고서에서는 수업자료와 교육의 초점을 핵심 개념들에 맞추고 능동적인 학습과 과학 탐구를 통해 교실 수업을 바꿔보라는 것이었다. 많은 강사들이 이러한 조언을 받아들이고 교육 방식을 바꾸어가고 있다. 이들은 세부 사항을 줄이고 생물학의 핵심 개념들에 초점을 맞추며, 엄선된 사례들을 탐구하고, 다양한 활동적인 학습활동을 이끌고 있다.

이런 변화에 발맞춰 분량을 줄인 새로운 교재를 기획하게 되었고 이를 통해 나온 최종 결과물이 바로 이 책이다.

책 저술의 원칙

이 책을 저술한 목적은 개념 이해를 강조하고, 명료성, 적당한 속도와 내용의 정확도를 유지하면서도 선정한 내용들을 간결하게 작성하여 더 얇은 부피의 책을 만드는 것이었다. 이 책을 저술하는 데 있어 중점을 두었던 다섯 가지 원칙은 다음과 같다.

1. 핵심 개념에 집중하였다

우리는 이 책을 생물학 전공의 학생이 섭렵해야 할 기본적인 내용과 과학적 기술에 대해 배울 수 있도록 개발해 왔다. 뿐만 아니라 이 책을 만들기 위해 많은 생물학 교수들과 상의했으며 수백 개의 강의 계획서 분석, 과학적 교수법, 관련 학술 자료 분석과 연구소에서 강사로서 일했던 우리의 다양한 경험 등이 토대가 되었다. 이로부터 얻은 결론은 생물학 전공 학생들에게 정보를 제공하고, 수업에 적극 참여토록 하며, 비전을 제시해 주는 **좀 더 간결한 책**을 만들어야 한다는 것이었다.

2. 생물학 토대로서의 진화를 다루었다

진화는 모든 생물학 영역에서 핵심적인 주제로 이 책에서도 핵심 주제가 되었으며 다양한 예를 통해 소개하였다.

3. 학생들이 과학적 사고를 하도록 하였다

학생들이 '과학적 사고'를 하도록 하는 것은 입문 생물학 과정의 공통적인 목표이다. 학생들은 가설을 설정하고 증명하는 과정, 실험에 대한 설계, 그리고 실험 결과로부터 나오는 데이터를 해석할 줄 알아야 한다.

4. 뛰어난 교수법을 적용하였다

이 책은 학생들의 학습을 돕기 위하여 간결하고 깔끔한 서술 및 우수한 교수법을 채택하였다.

5. 다양한 그림과 애니메이션을 제공하였다

생물학은 시각적 학문으로 글을 통해서뿐만 아니라 그림과 동영상을 통해 핵심 개념 및 큰 그림을 이해할 수 있도록 했다.

---

* Copyright 2011 American Association for the Advancement of Science. See also *Vision and Change in Undergraduate Biology Education: Chronicling Change, Inspiring the Future*, copyright 2015 American Association for the Advancement of Science. For more information, see www.visionandchange.org

저자 소개

저자 팀 구성 및 각 저술 부분은 생물학 연구자로서의 전문성과 여러 기관에서 강사로서 얻은 다년간의 교육 경험들을 반영하여 이루어졌다. 저자들은 이미 경험이 있는 교과서 저자들로 "캠벨 생명과학 포커스(*CAMPBELL BIOLOGY IN FOCUS*)"뿐만 아니라 "캠벨 생명과학(*CAMPBELL BIOLOGY*)" 저술에 참여하였다.

유리(Lisa A. Urry)

유리 박사(1장 및 1, 2단원)는 캘리포니아 오클랜드에 있는 밀스(Mills)대학의 교수이자 발생생물학자로서 최근에는 생물학과 학과장을 역임하고 있으며, 캘리포니아대학(Berkeley)에서 방문 교수로 활동하고 있다. 터프츠(Tufts)대학에서 생물학과 불문학으로 복수학위를 받은 후 MIT에서 분자발생생물학으로 박사학위를 취득하였다. 그녀는 많은 연구 논문을 발표하였는데 이들 대부분이 성게의 배아 및 유생 발생 과정 중의 유전자 발현에 초점을 두었다. 유리 교수는 일반생물학, 발생학 및 고학년 세미나에 이르기까지 다양한 과목을 가르쳤다. 그녀는 진화에 대한 이해를 증진시킬 목적으로 비전공 학생들에게 미래의 대통령에 대한 진화라는 과목을 가르치고 있으며, 캘리포니아 고생물 박물관에서 만든 웹사이트의 자문위원으로 활동하고 있다. 유리 박사는 과학교육과 연구 분야에서 여성에 대한 기회를 넓히기 위해 많은 노력을 기울이고 있다.

카인(Michael L. Cain)

카인 박사(1장 및 3, 4, 7단원)는 생태학자이자 진화생물학자이며, 현재는 저술 활동에 매진하고 있다. 보우도인(Bowdoin)대학에서 생물학과 수학에 대한 공동학위를 받았으며, 브라운(Brown)대학에서는 이학석사, 코넬(Cornell)대학에서는 생태학과 진화생물학에서 박사학위를 받았다. 그는 뉴 멕시코(New Mexico) 주립대학과 로즈헐만(Rose-Hulman) 연구소의 교수로서 생물학, 생태학, 진화학, 식물학, 그리고 보전생물학을 포함한 다양한 분야를 강의하고 있다. 곤충이 식물에서 먹이를 찾는 행동, 씨앗의 장거리 분산, 귀뚜라미에서의 종 형성을 포함하는 분야에서 수십 편의 논문을 발표하였다. 캠벨 생명과학 포커스 책을 저술하였을 뿐만 아니라 생태학 교과서의 주저자이기도 하다.

와서만(Steven A. Wasserman)

와서만 박사(1장 및 6단원)는 UCSD 대학의 교수로 재직 중에 있다. 하버드대학에서 생물학 전공을 하였으며, MIT에서 생명과학 분야에서 박사학위를 받았다. 초파리에서의 조절 회로 기작에 대한 연구를 통해 발생생물학, 생식 및 면역학 분야에서 기여를 하였다. 텍사스 사우스 웨스턴 메디컬 센터(Texas Southwestern Medial Center) 대학과 UCSD 대학의 교수로서 학부생, 대학원생 및 의대생들에게 유전학, 발생학, 생리학을 가르쳤다. 현재 기초생물학을 가르치는 데 힘을 쏟고 있는 그는 12명 이상의 박사학위 과정 학생과 대학 학부 및 고등학생 수준의 장차 과학자가 되고자 하는 50명의 연구 멘토로서의 역할도 하고 있다. 와서만은 Markey Charitable Trust와 David, Lucille Packard 재단으로부터 우수 연구상을 수상하였다. 2007년에는 UCSD 대학으로부터 우수 강사상을 받기도 하였다.

미노스키(Peter V. Minorsky)

미노스키 박사(1장과 5단원)는 뉴욕의 머시(Mercy)대학 교수이며, 입문 생물학, 진화학, 생태학, 식물학 등을 가르친다. 그는 베사(Vassar)대학에서 생물학으로 학사학위를 받았으며, 코넬대학에서 식물생리학으로 박사학위를 취득하였다. 그는 또한 '*Plant Physiology*' 잡지의 기고가이다. 위스콘신대학 매디슨캠퍼스에서 박사후연구를 한 후 케니언(Kenyon)대학, 유니언(Union)대학, 웨스턴(Western)대학, 코네티컷(Connecticut)주립대학에서 강의하고 있다. 그의 연구 관심사는 식물이 어떻게 환경의 변화를 감지하는가를 밝히는 것이다. 미노스키 박사는 머시대학에서 2008년 우수 강사상을 수상하였다.

리스(Jane B. Reece)

캠벨 생명과학의 대표저자로 이전 버전에서 주저자로 역할을 하였던 캠벨 박사와는 오랫동안 공동저자로의 역할을 수행하였다. 초창기에 리스 박사는 미들식스 카운터(Middlesex County)대학과 퀸즈버러 커뮤니티(Queensborough Community)대학에서 생물학을 가르쳤다. 그녀는 학부시절 하버드(Harvard)대학에서 생물학을 전공하였으며, 러트거스(Rutgers)대학에서 미생물학을, 캘리포니아대학(Berkeley)에서 박테리아 영역에서 박사학위를 취득하였다. 박사학위 과정과 박사후연구원 시절에는 박테리아의 유전자 재조합에 대해 주로 연구를 하였다. 전공자용 캠벨 생명과학 도서들을 저술하였을 뿐만 아니라 *Campbell Biology: Concepts & Connections, Campbell Essential Biology*, *The World of the Cell*의 공동저자이기도 하다.

캠벨(Neil A. Campbell)

캠벨 박사(1946~2004)는 과학자의 연구 본성에 경험이 있고, 배려가 깊은 선생님들과 결합시켜 주었다. 그는 UCLA대학교의 동물학과에서 석사학위를, 그리고 박사학위는 캘리포니아대학 리버사이드(UC Riverside)의 식물학과에서 받았다. 2001년 캘리포니아주립대학에서 자랑스런 동문상을 받았다. 캠벨 박사는 특정 사막 식물과 해안 식물이 어떻게 염분이 있는 흙에서 자라고, 미모사처럼 민감한 반응을 보이는 식물과 다른 콩과식물들이 잎을 움직이는지에 대하여 수많은 논문을 발표하였다. 30년 동안 코넬대학, 퍼모나(Pomona)대학, 그리고 샌버나디노밸리(San Bernardino Valley)대학에서 일반생물학을 강의하였으며, 샌버나디노밸리대학에서는 1986년에 최우수 강의 교수로 선정되었다. 그는 캘리포니아대학의 식물학과에서 방문 교수로 근무하였다. 그는 캘리포니아대학(Riverside)의 식물학과에서 방문교수로 활동하였다. 캠벨은 *Campbell Biology: Concepts & Connections*, *Campbell Essential Biology*, *Campbell Biology*의 핵심 저자였으며, 이러한 책들은 이 책을 쓰는 데 토대가 되었다.

목차

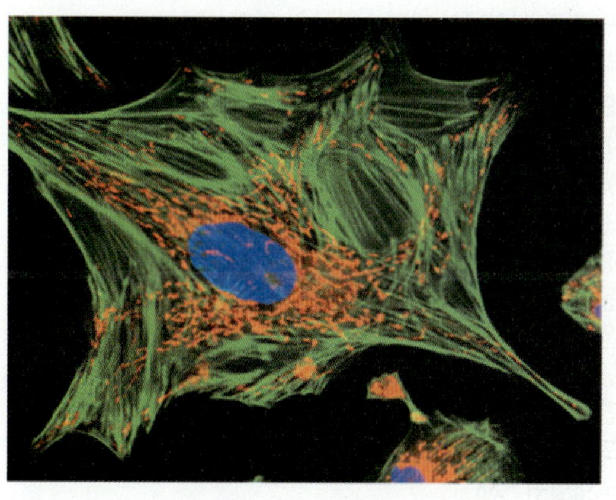

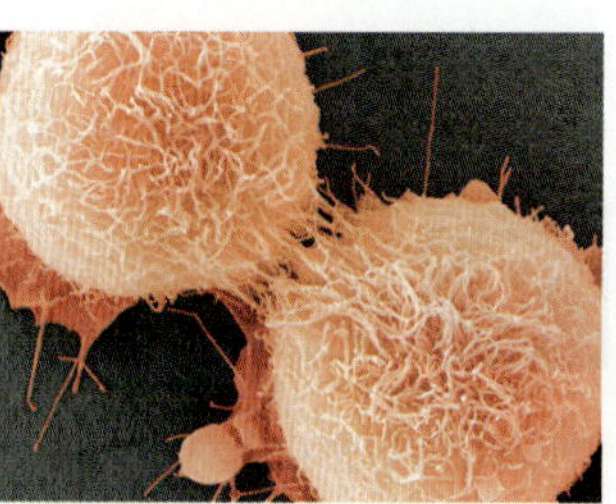

9 염색체와 유전현상 179

10 유전의 분자적 기초 193

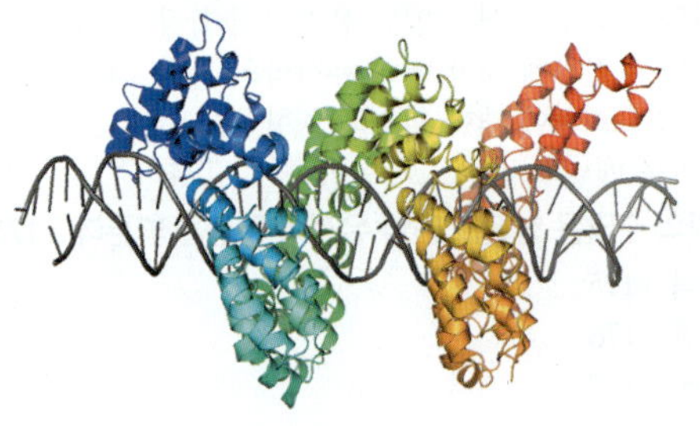

11 유전자 발현: 유전자에서 단백질로 215

12 유전자 발현 조절 237

13 발생, 줄기세포, 암 252

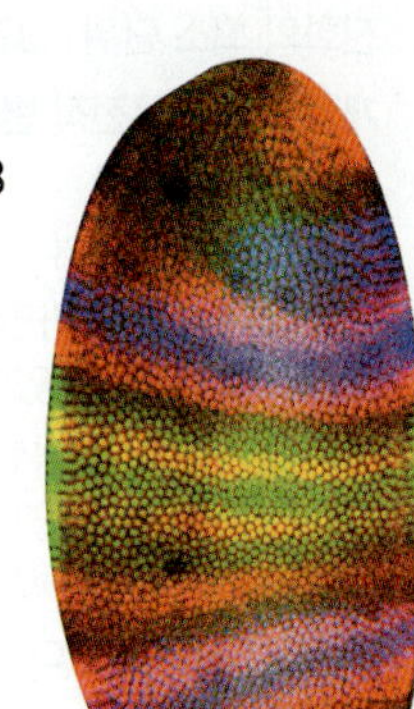

14 바이러스 270

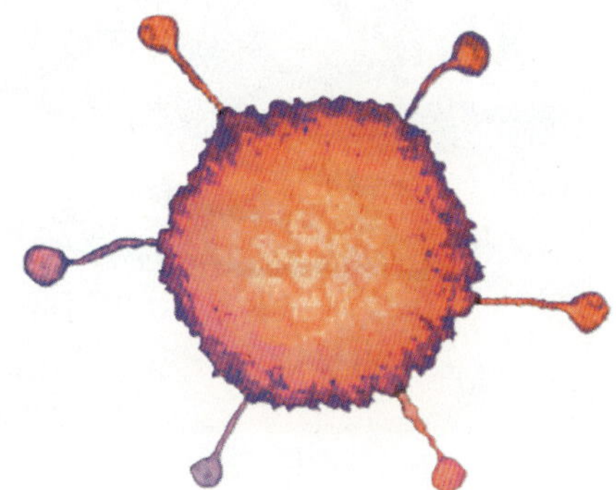

15 유전체와 그 진화 283

3단원 진화 301

16 변형된 혈통 302

17 계통발생 316

18 집단들의 진화 329

19 종의 기원 345

20 진화의 주요 양상 359

4단원 생명 진화의 역사 375

21 초기 생명과 생물의 다양화 376

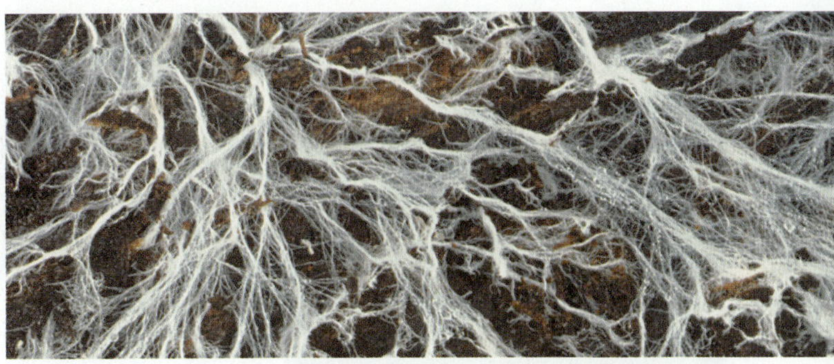

22 식물과 균류의 육지로 이주(정착) 408

6단원 동물의 형태 및 기능 527

28 동물의 내부 환경: 구성과 조절 528

29 동물의 영양 549

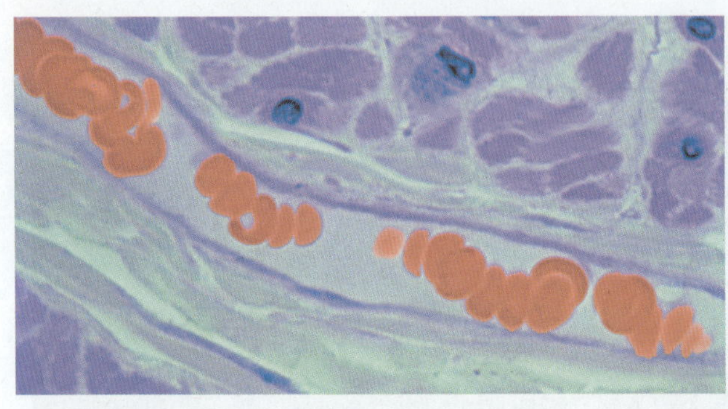

30 순환계와 기체 교환 564

31 면역계 586

32 생식과 발생 601

33 신경세포, 시냅스, 그리고 신호전달 619

37 생태계와 보전생물학 708

용어해설은 저희 웹사이트 www.biobooks.co.kr “자료실”란에서 다운로드하세요.

CHAPTER

1 서론: 진화와 생물학의 기초

핵심 개념

1.1 생명을 연구하면 공통 주제가 드러난다
1.2 핵심주제: 진화는 생명의 통일성과 다양성을 설명한다
1.3 과학자들은 자연을 연구하는 과정에 가설을 세우고 검증한다

▲ 그림 1.1 **이 해변생쥐(*Peromycus polionotus*)는 생물학에 대해 어떤 얘기를 해주는가?**

생명의 탐구

플로리다 해변가를 따라 뻗어 있는 눈부신 흰 모래언덕에 듬성듬성 무리지어 있는 풀들 가운데 생쥐가 숨을 수 있는 장소는 거의 없다. 그렇지만 그곳에 사는 해변 생쥐는 주변 환경에 잘 어울릴 수 있는 밝은 색깔의 얼룩무늬를 가지고 있다(그림 1.1). 같은 종의 생쥐(*Peromycus polionotus*)가 내륙 지역에도 거주한다. 이 생쥐들은 색깔이 훨씬 어두운데 이들이 사는 지역의 어두운 토양과 식생에 잘 어울린다(그림 1.2). 이러한 생쥐와 그들이 사는 환경과의 조화는 생존에 필수적인데, 매나 왜가리 혹은 눈매가 날카로운 포식자들이 주기적으로 먹이를 찾아 지상을 검색하기 때문이다. 어떻게 각 생쥐 집단의 색깔이 지역 환경에 잘 조화, 혹은 적응될 수 있었을까?

▲ 그림 1.2 **내륙 생쥐(*Peromycus polionotus*).** 이 쥐는 해변가 모래언덕에서 서식하는 생쥐에 비해 등, 몸통, 얼굴이 훨씬 더 어둡다.

이런 생쥐의 보호색과 같은 환경에 대한 생물의 적응은 **진화(evolution)**의 결과이다. 진화란 지구상에서 태초부터 오늘날의 다양한 생물체에 이르기까지 생명체를 변화시켜온 과정을 말한다.

생명의 세계에 대해 의문을 제기하고 과학적 탐구를 통해 해답을 추구하는 **생물학(biology)**은 생명에 대한 과학적 연구의 중심 활동이다.

개념 1.1

생명을 연구하면 공통 주제가 드러난다

생물학은 광범위한 대상을 주제로 하고 있으므로 생물학을 공부하면서 몇 가지 큰 개념에 집중하는 것이 도움이 된다. 다음과 같은 다섯 가지 통일된 주제를 제시한다.

- 구성
- 정보
- 에너지와 물질

- 상호작용
- 진화

이 장에서 우리는 각 주제를 간단히 정의하고 탐구할 것이다.

주제: 생물학적 구성의 각 단계에서 나타나는 창발적 특성

구성 지상의 생명에 대한 연구는 생물체를 구성하는 분자, 세포 등의 현미경적 수준에서 생명체가 살아가는 지구적 수준까지 확장된다.

그림 1.3에서 우리는 우주에서부터 점차 클로즈업하여 산지의 풀밭에 있는 생명을 살펴보고 있다. 이를 통해 일련의 번호를 붙인 각 단계의 그림이 생물학적 구성의 계층을 강조하고 있다.

해상도를 높여가며 클로즈업해 보면 **환원주의**(reductionism)의 원리를 이해하게 될 것이다. 환원주의는 복잡한 시스템을 좀 더 연구하기 쉬운 단순한 요소로 환원시키는 연구방법이다. 예를 들면 제임스 왓슨과 프란시스 크릭은 세포에서 추출한 DNA의 분자 구조를 연구함으로써 생명체 유전의 화학적 특성을 추론할 수 있었다.

창발적 특성

그림 1.3을 다시 살펴보자. 이번엔 분자 수준에서 시작해서 시야를 넓혀나갈 것이다. 이런 방법으로 보면 이전 단계에서는 볼 수 없었던 새로운 특성이 나타나는 것을 볼 수 있다. 이러한 **창발적 특성(emergent property)**들은 복잡성이 증가함에 따라 나타나는 부분들의 배열과 상호작용에 기인한다. 일반적으로 생명 체계에서 분리된 요소는 생물학에서 환원주의적 접근법의 대상이 되기는 하지만 더 높은 수준의 구성 체계에서 창발적으로 나타나는 특성이 일부 결여되어 있기 마련이다.

창발적 특성은 생명체에만 독특하게 나타나는 특징은 아니다. 상자에 자전거 부품이 가득 담겨 있어도 이걸 타고는 어디에도 갈 수 없다. 그러나 이들 부품이 특정한 방식으로 배열되면 목적한 방향대로 페달을 밟아서 갈 수 있게 된다. 이러한 무생물의 예와 비교하면 생물체의 창발적 특성은 생물 체계의 비할 데 없는 복잡성 때문에 더욱 도전할만한 가치가 있다.

창발적 특성을 충분히 탐구하기 위해 생물학자들은 환원주의를 **시스템 생물학(system biology)**, 즉 한 시스템의 창발적 특성이 내재되어 있는 상호작용 네트워크의 탐구 방법으로 보완한다. 하나의 잎 세포가 시스템으로 간주될 수 있듯이 한 마리의 개구리, 하나의 개미 군집, 혹은 사막의 생태계를 시스템으로 간주할 수 있다. 시스템 생물학은 각 구성 요소의 통합된 네트워크의 동적 행동을 관찰하고 모델을 세움으로써 새로운 종류의 질문을 제기할 수 있게 해준다. 예를 들면, 우리 세포 내의 유전자 네트워크는 어떻게 24시간 동안 잠자고 깨어 있는 주기를 반복하는 분자의 활성 진동을 만들어낼까? 더 큰 범주로는 대기 중 이산화탄소 농도의 점차적 증가가 생태계와 전 생물권에 어떻게 영향을 미칠까? 이와 같이 시스템 생물학은 모든 단계에서 생명을 연구할 수 있다.

구조와 기능

생물학적 구성체계의 각 단계에서 우리는 구조와 기능의 연관성을 발견할 수 있다. 그림 1.3의 잎을 생각해보자. 잎의 얇고 편평한 모양은 엽록체가 태양광을 최대한 잘 흡수할 수 있게 해준다. 이와 같은 구조와 기능의 상관관계는 모든 생명 형태에서 공통적으로 나타나기 때문에 생물학적 구조를 분석하면 그것이 무엇을 하는지 어떻게 작동하는지 알 수 있다. 벌새의 해부학적 구조는 날개가 어깨에서 회전하게 해준다. 이 덕에 벌새는 새들 가운데에서도 독특하게 뒤로도 날 수 있고 제자리에 정지된 채 날 수 있다. 제자리 날기가 가능하기 때문에 벌새는 길고 뾰족한 부리를 꽃에다 박고 꿀을 먹을 수 있는 것이다. 생명체의 구조에서 보이는 이런 형태와 기능의 우아한 조화가 자연선택으로 설명될 수 있다.

세포: 생명체의 구조와 기능을 위한 기본 단위

세포는 모든 생명활동을 수행하는 최소 구성 단위이다. 사실 생물체의 모든 활동은 세포의 활동에 기초한다. 예를 들어, 여러분이 이 글을 읽을 때 하게 되는 안구 운동은 근육세포와 신경세포의 활동에 기인한다. 심지어 탄소의 순환과 같은 전 지구적 현상도 궁극적으로는 잎 세포에 있는 엽록체의 광합성을 포함하는 세포 활동이 누적된 결과이다.

모든 세포는 일정한 특징을 공유하고 있다. 예를 들어, 모든 세포는 환경과 세포 간의 물질 교환을 조절하는 세포막에 의해 둘러싸여 있다. 세포는 크게 두 가지 형태, 즉 원핵세포와 진핵세포로 구분할 수 있다. 세균과 고세균(archaea)이라고 부르는 두 미생물 그룹의 세포가 원핵세포이다. 그 밖에 동물과 식물을 포함한 다른 모든 생명체는 진핵세포로 구성되어 있다.

진핵세포(eukaryotic cell)는 막으로 둘러싸인 세포소기관을 가지고 있다(그림 1.4). DNA를 가지는 핵과 일부 세포소기관은 모든 진핵생물의 세포에서 발견된다. 특별한 세포 유형에서만 특이하게 나타나는 세포소기관도 있다. 예를 들어 그림 1.3에서 본 엽록체는 광합성을 수행하는 진핵세포에서만 발견되는 세포소기관이다. 진핵세포와 달리 **원핵세포(prokaryotic cell)**는 핵이나 막으로 둘러싸인 다른 세포소기관이 없다. 게다가 원핵세포는 그림 1.4에서 보는 것처럼 진핵세포에 비해 일반적으로 더 작다.

주제: 생명 과정에는 유전정보의 발현과 전달이 포함된다

정보 세포 내에는 염색체라는 구조가 있는데, 여기에는 **DNA(디옥시리보핵산)** 형태로 유전 물질이 들어 있다. DNA에 결합해 푸른색을 띠는 염색약을 이용하면 세포분열이 진행 중인 세포에서 염색체를 볼 수 있다(그림 1.5).

▼ 그림 1.3 생물학적 구성 단계에 대한 탐구

◀ 1 생물권

우주에서부터 우리는 지구의 생명체를 감지할 수 있다. 예를 들면 숲으로 이루어진 녹색 모자이크를 볼 수 있다. 또한 생명체가 존재하는 모든 장소와 지상의 모든 생명체로 구성된 전 **생물권(biosphere)**을 볼 수 있다. 생물권은 대부분의 육상, 물, 수 킬로미터 고도의 대기, 심지어 대양의 바닥 아래 침전토를 포함한다.

◀ 2 생태계

한 단계 낮추어서 보면 북미지역의 목초지를 볼 수 있는데, 이것은 생태계의 한 예이다. 열대우림, 초원, 사막 혹은 바닷속 산호초 등은 다른 종류의 생태계이다. **생태계(ecosystem)**는 특정 지역에 살아 있는 모든 생물종뿐만 아니라, 토양, 물, 대기 가스, 빛 등 생물체와 상호작용하는 무생물 환경을 포함한다.

▶ 3 군집

특정 생태계에 거주하는 모든 생물체의 집단을 생물학적 **군집(community)**이라 한다. 목초지 생태계는 많은 종류의 식물과 다양한 동물, 버섯, 곰팡이 등을 포함할 뿐만 아니라 너무 작아서 현미경이 아니면 볼 수 없는 박테리아와 같은 미생물도 포함된다. 이러한 생명의 형태 각각을 **종**(species)이라고 부른다. 종이란 집단 내 개체들끼리만 생식할 수 있는 집단을 말한다.

▶ 4 개체군

개체군(population)이란 특정한 지역 내에 생존하는 한 종을 구성하는 모든 개체의 집합을 말한다. 예를 들어, 우리의 목초지에는 루핀으로 이루어진 식물 개체군과 뮬사슴 개체군 등이 있다. 따라서 군집이란 특정 지역에 거주하는 개체군의 집합이다.

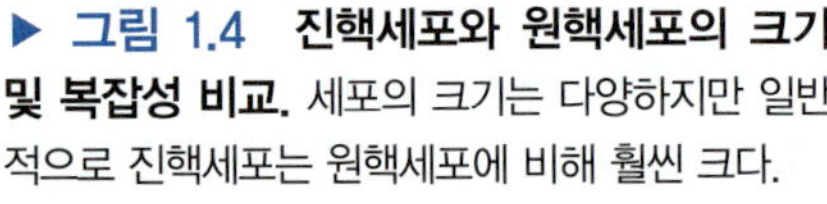

▲ 5 생물

개개의 생명체를 **생물(organism)**이라고 한다. 목초지의 각 식물들은 각각 생물이며, 각각의 동물과 균류, 박테리아도 생물이다.

▶ 그림 1.4 **진핵세포와 원핵세포의 크기 및 복잡성 비교.** 세포의 크기는 다양하지만 일반적으로 진핵세포는 원핵세포에 비해 훨씬 크다.

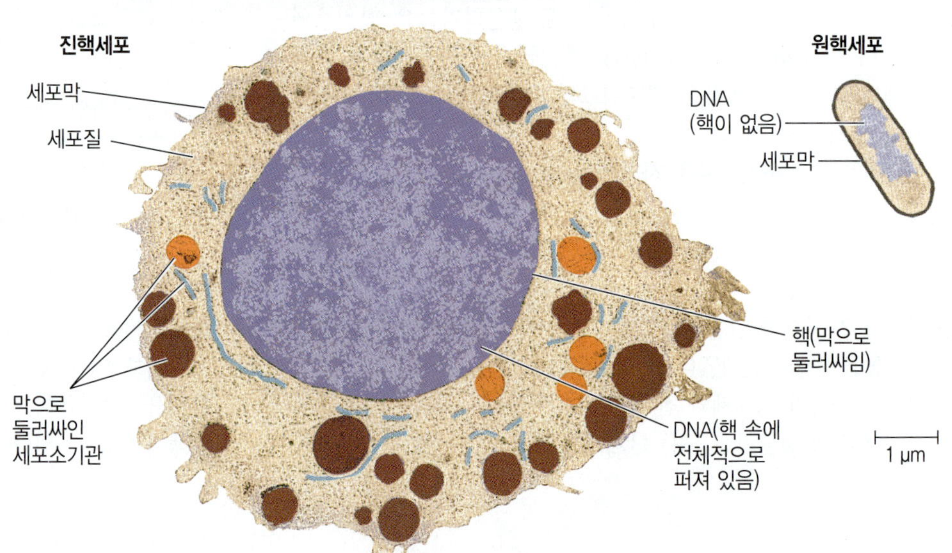

▼ 6 기관

생명의 구조적 계층은 우리가 좀 더 복잡한 생물체의 구조를 탐구함에 따라 더 한층 펼쳐진다. 잎은 신체 중에서 특정한 기능을 수행하는 부위인 **기관(organ)**의 예가 된다. 잎과 줄기와 뿌리는 식물의 주요 기관이다. 기관 내 각 조직은 서로 다른 배열을 하고 있으며, 기관에 특별한 특성을 부여한다.

▼ 7 조직

다음 단계로 식물의 조직을 보기 위해서는 현미경이 필요하다. 각 **조직(tissue)**은 함께 일하는 세포 그룹으로 구성되며 특별한 기능을 수행한다. 여기에 보이는 잎은 단면을 보기 위해 잘려져 있다. 잎 내부(사진의 왼쪽)에 있는 벌집 모양의 조직은 광합성, 즉 빛에너지를 당과 같은 화학에너지로 전환시키는 주요 장소이다. 잎의 표면에 있는 퍼즐조각처럼 생긴 "피부"가 표피(사진의 오른쪽)라 불리는 조직이다. 표피에 나 있는 구멍은 당 생산의 원료 물질인 이산화탄소가 들어올 수 있게 한다.

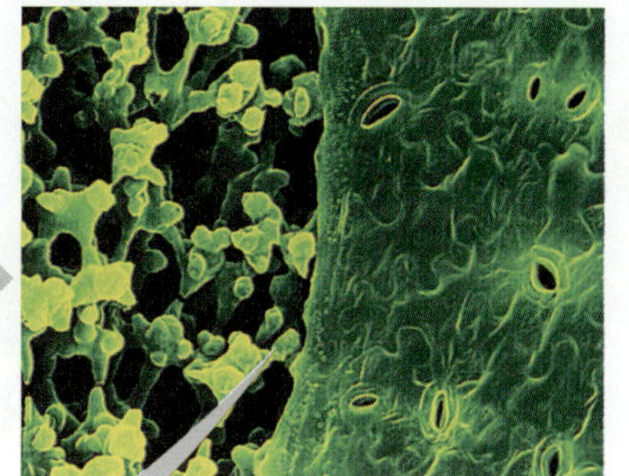

세포 10 µm

▶ 8 세포

세포(cell)는 생명체의 기본적인 구조 및 기능의 단위이다. 어떤 생물은 단세포로 되어 있으며 다른 생물들은 다세포로 이루어져 있고 특별한 세포들 간의 분업이 필요하다. 하나의 세포는 약 40 µm 정도이다. 이 세포들을 500개 이상 모아야 동전 한 닢 두께가 될 것이다.

▼ 9 세포소기관

엽록체는 **세포소기관(organelle)**의 예로서, 세포소기관이란 세포를 구성하는 다양한 기능적 단위이다. 고배율 현미경으로 얻은 이 그림은 하나의 엽록체를 보여준다.

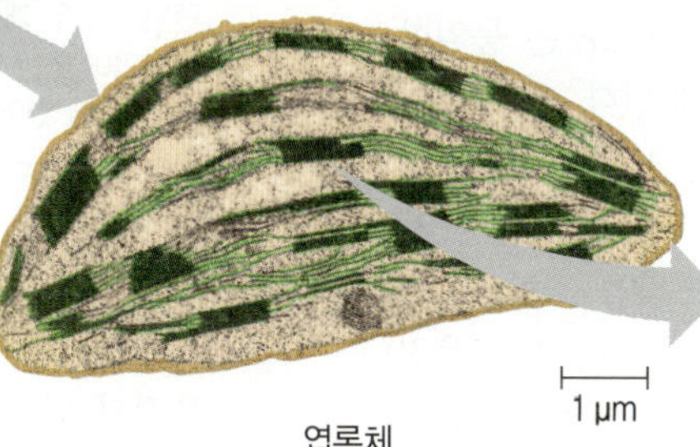

▼ 10 분자

마지막 단계로 엽록체에서 생명 탐구는 분자 수준으로 떨어진다. **분자(molecule)**는 원자라는 작은 화학적 단위가 둘 이상으로 구성되어 있는 화학적 구조를 말한다. 원자는 엽록소 분자를 묘사한 컴퓨터 그래픽에서 조그만 공처럼 그려져 있다. 엽록소는 잎이 초록색으로 보이도록 하는 색소분자이다. 각 엽록체 안에는 수백만 개의 엽록소 분자가 조직되어 빛에너지를 음식물 속의 화학에너지로 전환시킨다.

원자들

엽록소 분자

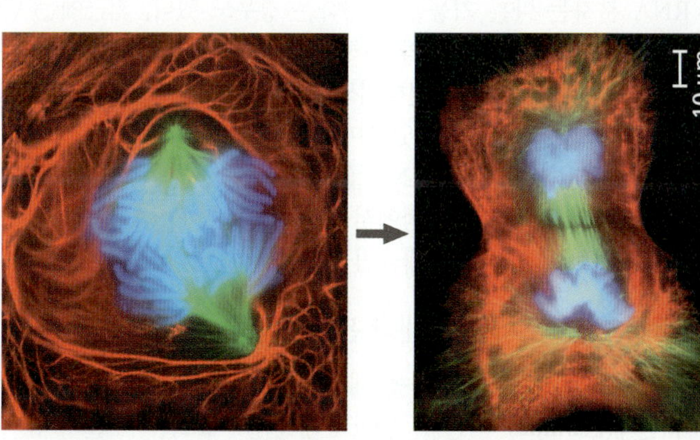

▲ 그림 1.5 도롱뇽의 폐 세포가 분열하여 2개의 작은 세포로 나뉘고 이들은 자라서 다시 분열할 것이다.

DNA, 유전 물질

각 염색체는 하나의 매우 긴 DNA 분자 사슬을 가지고 있고, 이 분자 사슬에는 수백, 수천 개의 **유전자(gene)**가 길이를 따라 배열되어 있다. 부모에서 자손으로 전달되는 유전자는 유전의 단위이다. 이들은 세포 내에 합성되는 모든 분자를 만드는 데 필요한 정보를 암호화하고 있다. 이것이 세포의 기능과 정체성을 결정한다. 우리 모두는 부모에게서 물려받은 DNA를 저장한 하나의 세포에서 시작한다. 이러한 DNA를 매 세포분열 때마다 복제하여 이 복사본을 사람의 몸속에 있는 수조 개의 세포에 전달한다. 세포가 자라고 분열함에 따라 DNA에 암호화된 유전정보는 우리의 발달을 지시한다(그림 1.6).

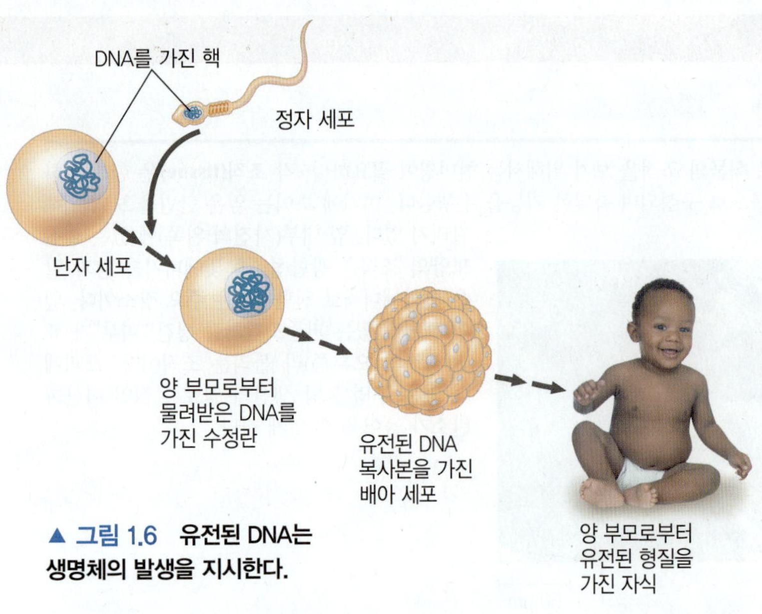

▲ **그림 1.6 유전된 DNA는 생명체의 발생을 지시한다.**

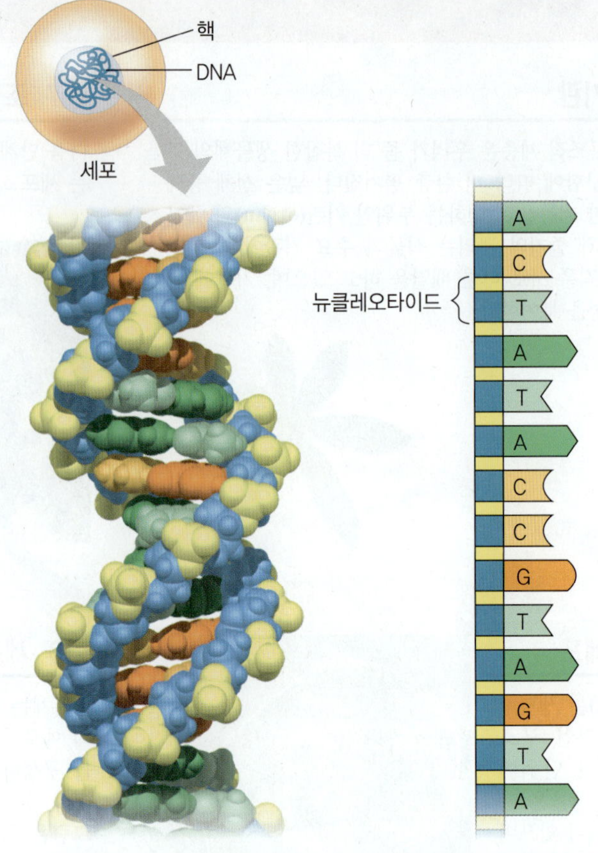

(a) DNA 이중나선. 이 모형은 DNA 조각에서 각각의 원자를 보여준다. 뉴클레오타이드라는 단위체가 두 개의 긴 사슬로 연결되어 있는 DNA 분자는 3차구조에 있어서 이중나선 형태를 보여준다.

(b) DNA 단일가닥. 이 기하학적 모양과 문자는 DNA 분자의 단일가닥 일부를 뉴클레오타이드의 단순기호로 표현한 것이다. 유전정보는 네 종류의 뉴클레오타이드의 특정한 배열로 암호화되어 있다. 이들의 이름은 A, T, C, G로 약칭하였다.

▲ **그림 1.7 DNA; 유전 물질**

DNA 분자 구조는 정보를 저장할 수 있는 능력을 잘 보여준다. 각각의 DNA 분자는 이중나선이라 불리는 2개의 긴 사슬 구조로 이루어져 있다. 각 사슬은 뉴클레오타이드라 불리는 4종류의 화학 단위체, A, T, C, G로 연결되어 있다(**그림 1.7**). 이러한 네 개의 뉴클레오타이드로 만들어지는 특별한 서열이 유전자 정보를 암호화한다. DNA가 세포에 필요한 정보를 암호화하는 방법은 우리가 특별한 의미를 가진 문장을 만들기 위해 알파벳 글자를 일정하게 배열하는 방법과 유사하다. 예로서 '*rat*'이라는 단어는 설치류의 한 종류에 대한 이미지를 떠올리게 만들고, '*tar*'와 '*art*'는 동일한 글자로 구성되어 있지만 전혀 다른 것을 의미하게 된다. 우리는 뉴클레오타이드를 네 글자로 이루어진 알파벳이라 생각할 수 있다.

많은 유전자들에서 염기서열은 단백질을 만드는 청사진을 제공한다. 예를 들면, 어떤 박테리아 유전자는 세포막을 조립하는데 필요한 특정 단백질(효소) 생산을 명령하는 반면, 어떤 인간 유전자는 감염에 대해 방어하기 위해 다른 단백질(항체)을 생산하게 지시할 수 있다. 일반적으로 단백질은 세포의 형태를 만들고 유지하며 다양한 세포활동을 수행하는 주체이다.

유전자는 mRNA라 불리는 비슷한 종류의 매개체를 활용하여 단백질 생산을 간접적으로 통제한다(**그림 1.8**). 유전자를 따라 배열된 염기서열은 mRNA로 전사된 뒤, 아미노산이라 불리는 단백질의 단위체 사슬로 번역된다. 번역이 완료되면 이 사슬은 독특한 구조와 기능을 가진 특정 단백질을 형성한다. 유전자 속에 들어있는 정보에 따라 세포 산물을 생산하는 이 전 과정을 일컬어 **유전자 발현(gene expression)**이라 한다.

유전자 발현을 수행하는 과정에서 모든 형태의 생물체는 근본적으로 동일한 유전 암호를 사용한다. 특정한 염기서열은 모든 생명체에서 동일한 의미로 읽혀진다. 생물체 간의 차이는 그들 간의 염기서열 차이 때문에 나타나는 것이지 유전 암호의 차이 때문에 나타나는 것이 아니다. 이러한 유전 암호의 보편성은 모든 생명이 서로 연관되어 있다는 강력한 증거이다. 특정 단백질을 암호화하는 유전자 염기서열을 여러 종간에 비교하면 단백질에 대한 정보뿐만 아니라 각각의 종간의 진화적 연관관계에 대한 귀중한 정보도 얻을 수 있다.

그림 1.8의 mRNA 분자는 단백질로 번역이 되지만 세포내 다른 RNA 분자는 다른 기능을 수행하는 경우도 있다. 최근에는 단백질을 암호화하는 mRNA와 전혀 다른 세포내 기능을 수행하는 새로운 종류의 RNA를 발견하기도 하였다. 이런 종류의 RNA도 모두 유전자에 정보가 담겨 있으며, 그들의 전사과정도 유전자 발현이라 부른다. 단백질과 RNA를 만드는 명령을 수행함으로써, 그리고 각각의 세포분열 과정에서 복제됨으로써 DNA는 세대에서 세대로 유전정보의 충실한 대물림을 보증하고 있다.

유전체학: DNA 서열의 대량 분석

한 생물체가 유전을 통해 다음 세대로 물려주는 유전정보의 총합을 **유전체(genome)**라 한다. 일반적인 인간 세포는 두 벌의 유사한 염색체들을 가지고 있고, 한 벌의 염색체에는 약 30억 염기쌍이

▼ **그림 1.8 유전자 발현: 세포는 유전자 내에 암호화되어 있는 정보를 이용하여 기능성 단백질을 생산한다.**

(a) 눈동자 뒤에 있는 눈의 렌즈는 크리스탈린이라는 투명한 단백질로 단단히 채워진 렌즈 세포 때문에 빛의 초점을 모을 수 있다.

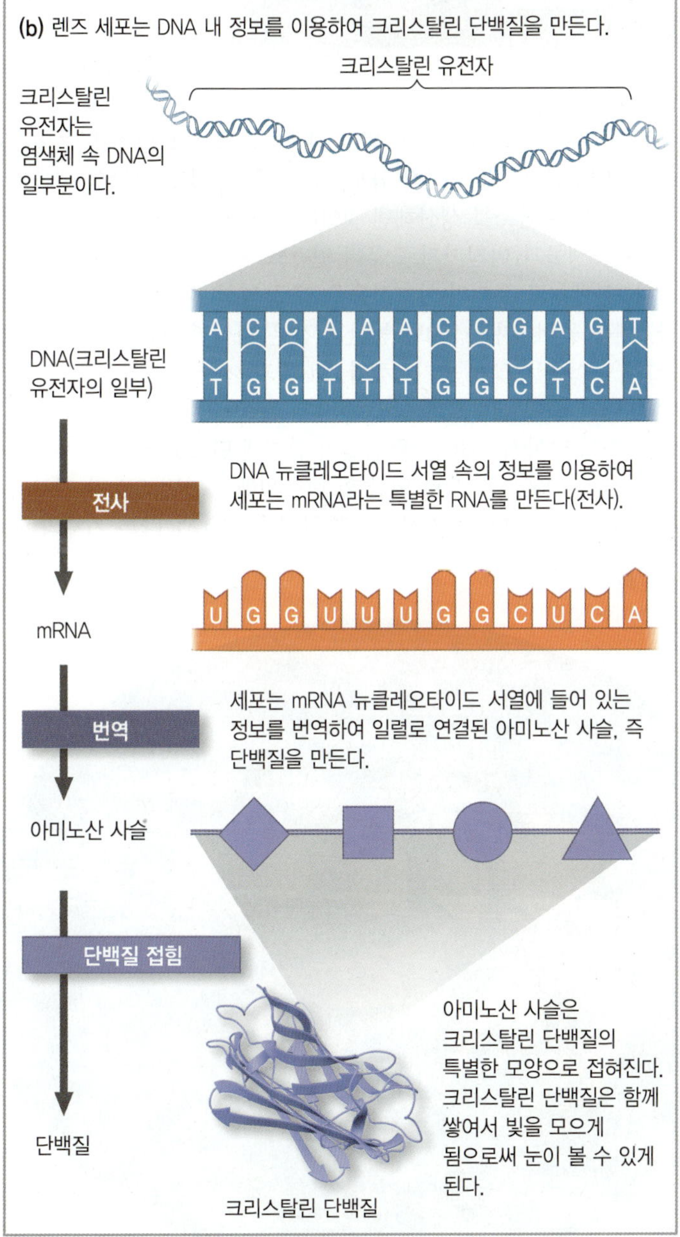

들어 있다. 이러한 염기서열을 여러분이 읽고 있는 크기의 글자로 하나씩 써놓으면, 약 700권의 일반생물학 교재 내용을 채우게 될 것이다.

1990년대 초 이래로 유전체의 염기서열을 결정할 수 있는 속도가 기술 혁명에 의해 믿을 수 없을 정도로 빨라졌다. 인간 유전체의 전체 염기서열은 이제 알려져 있고 나아가 박테리아, 고세균, 균류, 식물 및 다른 동물들을 포함하여 다른 많은 생물들의 유전체 염기서열도 속속 밝혀지고 있다. 유전체 염기서열 분석으로부터 쏟아져 나오는 엄청난 양의 데이터와 기능을 아는 유전자의 수적 증가로 과학자들은 세포와 분자 수준에서 시스템 생물학적 접근방법을 적용하고 있다. 한 번에 하나의 유전자를 연구하는 것보다 연구자들은 하나 혹은 여러 종의 전체 유전자를 연구하는 **유전체학(genomics)**이라는 방법을 이용하여 연구한다. 유사하게 **단백질체학(proteomics)**이라는 용어는 전체 단백질과 그 산물을 연구하는 학문을 말한다. (주어진 세포 혹은 세포 그룹에서 발현되는 전체 단백질 세트를 **단백질체(proteome)**라 한다.)

세 가지 중요한 연구 개발이 유전체학 및 단백질체학적 접근을 가능하게 하였다. 하나는 "대량분석(high-throughput)" 기술로서 생물 재료를 매우 빠르게 분석하는 기술이다. 두 번째 주요한 발전은 **생물정보학(bioinformatics)**인데, 이는 대량분석 기술로 얻어진 엄청난 양의 데이터를 저장하고, 체계화하며 분석하는 컴퓨터 연산 도구를 활용하는 것이다. 세 번째 중요한 발달 요인은 생물학자를 포함한 컴퓨터과학자, 수학자, 공학자, 화학자, 물리학자 등 다양한 분야의 전문가들이 어우러진 학제간 연구팀(interdisciplinary research teams)의 구성이다. 이러한 연구팀은 어떻게 모든 단백질과 DNA에 암호화된 RNA의 활성이 세포 내에서 그리고 전 생물체에서 조율되는지를 밝혀내고자 한다.

주제: 생명은 에너지와 물질의 전달과 변환을 필요로 한다

에너지와 물질 움직이고, 자라고, 생식하고, 그 외 생명의 다양한 세포 활동은 일이고 일은 에너지를 요구한다. 주로 태양에서 오는 에너지의 투입과 한 형태에서 다른 형태로 에너지를 변환하는 과정을 통해 생명체가 살아갈 수 있다(그림 1.9). 식물의 잎이 태양광을 흡수할 때 잎 내 분자는 태양광 에너지를 당과 같은 음식에 들어 있는 화학에너지로 변환한다. 이를 광합성이라 한다. 당에 들어 있는 화학에너지는 식물과 다른 광합성 생물체(생산자; producers)에서 소비자(consumer)에게로 넘어간다. 소비자는 다른 생물체나 신체 일부를 섭취함으로써 에너지를 취하는 생물종이다.

생물이 화학에너지를 이용하여 일을 수행할 때, 즉 근육이 수축할 때 혹은 세포분열이 진행될 때 일부 에너지는 주변에 소실되어 열이 된다. 결과적으로 생태계 내 에너지 흐름은 대개 빛으로 들어왔다가 열로 방출된다. 대조적으로 화학원소는 생태계 내에 남아서 여기서 사용되고 순환된다(그림 1.9). 식물이 공기나 토양으로부터 흡수한 화학물질은 식물의 몸에 편입되고, 이것은 그 식물을 먹는 동물에게 전달된다. 결국 이 화학물질은 분해자인

▶ **그림 1.9 에너지 흐름과 화학적 순환.** 생태계에는 일방향의 에너지 흐름이 있다; 광합성 동안에 식물은 태양에너지를 (당 속에 저장된) 화학에너지로 전환시킨다. 이것은 식물이나 다른 생물체가 일을 하는 데 사용되며 궁극적으로는 생태계에서 열로 소실된다. 이와 달리 화학물질은 생물체와 물리적 환경 간에 순환된다.

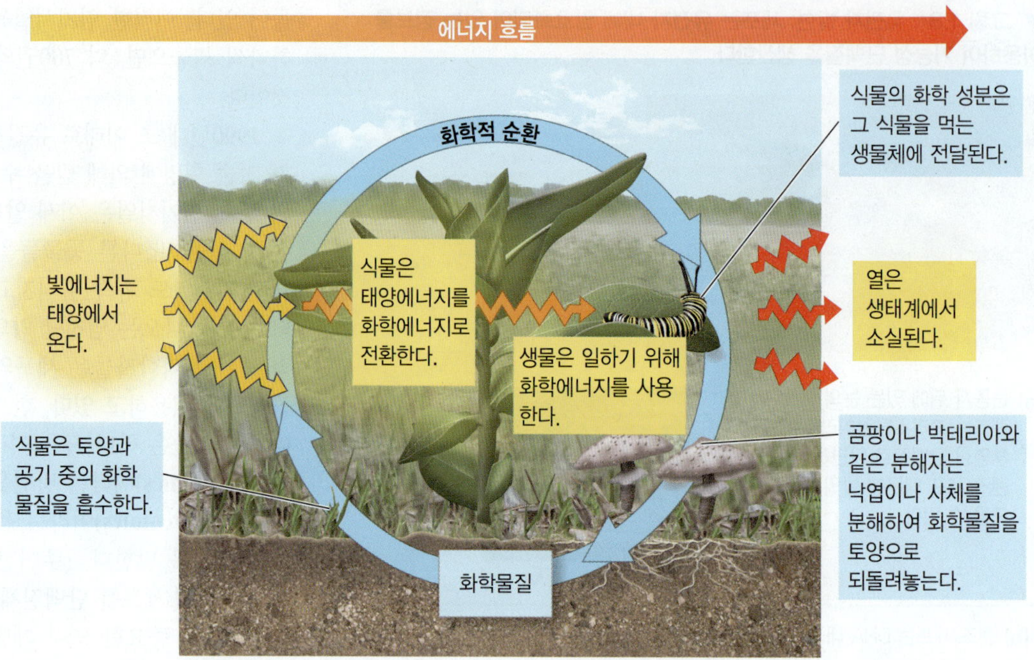

박테리아나 곰팡이에 의해 환경으로 되돌아가게 된다. 이 분해자들은 폐기물이나 유기물 잔해, 죽은 생물체의 사체를 분해시키게 된다. 이 화학물질은 다시 식물에 의해 흡수되어 순환이 완성되는 것이다.

주제: 생물체는 물리적 환경 및 다른 생물과 상호작용한다

상호작용 생태계 내 모든 생물은 다른 생물들과 상호작용한다. 예를 들어 꽃식물은 뿌리로 엉켜 있는 토양 미생물과 그 꽃을 수분시키는 곤충, 그 잎과 꽃잎을 먹는 동물과 상호작용한다. 생물들 간의 상호작용은 상호이득이 될 수도 있고(제시된 **그림 1.10**의 물고기가 거북이의 기생균을 먹어주는 예처럼), 한 종은 이익을 얻는 데 다른 종은 해를 당하는(사자가 얼룩말을 죽여 먹는 예처럼) 경우도 있다. 어떤 상호작용에서는 두 종이 모두 해를 입기도 한다(두 식물이 부족한 토양의 양분을 두고 경쟁하는 예처럼).

생태계 내 각 생물은 또한 환경 내 물리적 요인들과 끊임없이 상호작용한다. 예를 들어 꽃식물의 잎은 태양으로부터 빛을 흡수하고, 공기 중의 이산화탄소를 받아들이고, 공기 중으로 산소를 방출한다. 환경도 그 속에 사는 생물에 의해 영향을 받는다. 예를 들어 식물은 뿌리를 이용하여 토양 속의 미네랄과 수분을 흡수하고, 뿌리는 바위를 깨뜨림으로써 토양이 만들어지는 데 일조한다. 전 지구적 규모로는 식물과 여타 광합성 생물이 공기 중 모든 산소를 생산해낸 것이다.

다른 생물과 마찬가지로 우리 인간도 우리의 환경과 상호작용한다. 불행히도 우리의 상호작용은 때로 엄청나게 큰 영향을 미친다. 예를 들어, 지난 150년 동안 인간은 화석연료(석탄, 기름, 가스)의 연소량을 크게 증가시켰다. 그 결과 이산화탄소와 그 외 기체를 대기 중에 대량으로 방출시켰다. 이런 CO_2의 약 절반가량은 대기 중에 남아서 지표면 상에 열이 갇히게 만들었다. 과학자들은 계산 결과 1900년 이후로 인간 활동에 의해 증가된 CO_2가 지구의 평균 온도를 약 1℃ 증가시켰다고 하였다. CO_2와 다른 기체의 대

▶ **그림 1.10 상호 이득을 얻는 종간의 상호작용.** 이 물고기들은 바다거북의 피부와 껍질에 기생하는 작은 생물체를 먹고 산다. 바다거북은 기생충을 제거하는 이득을 얻고, 물고기는 먹이를 얻고 적으로부터 보호를 받는 이득을 얻는다.

▶ **그림 1.11 지구온난화에 의해 위협받는 생물들.** 따뜻한 환경 때문에 가시도마뱀(*Sceloporus*) 속의 도마뱀은 열을 피하기 위해 더 많은 시간을 피난처에서 보내야 하기 때문에 먹이활동을 할 시간이 줄어든다. 도마뱀의 먹이활동 감소는 이들의 생식적 성공을 감소시킨다. 그 결과 멕시코의 가시도마뱀 속의 200 개체군을 검사한 결과 1975년 이래로 12%의 개체군이 사라져 버렸다.

기 중 증가 속도를 현 상태로 유지하면 전 지구적 모델로는 이번 세기의 끝 무렵에 온도가 적어도 3℃ 더 오를 것이라고 한다.

현재 진행되는 지구온난화는 **기후변화(climate change)**의 주요 양상으로서, 날씨에 따른 단 기간의 변화가 아니라 지난 30년 혹은 그 이상 동안 지속되어 온 방향성 변화를 나타낸다. 그러나 지구온난화가 기후가 변화하는 유일한 방법은 아니다. 바람과 강수량 패턴도 바뀌고, 폭풍우, 가뭄과 같은 극단적인 날씨도 보다 자주 나타난다. 기후변화는 이미 전 지구적 규모로 생물과 그들의 서식처에 영향을 미친다. 예를 들어 북극곰은 그들의 사냥터인 얼음판을 많이 잃었고 그 결과 식량 부족으로 사망률이 증가하였다. 서식처가 나빠짐에 따라 수백 종의 식물과 동물 종은 좀 더 살기 좋은 지역으로 서식처를 옮겼으나 일부는 적당한 서식지가 부족하거나 충분히 빨리 서식처를 옮기지 못하기도 하였다. 그 결과 많은 종의 개체군은 그 규모가 줄어들거나 사리지기조차 하였다(그림 1.11). 이러한 경향은 결국 한 종의 완전한 소멸이라는 멸종을 초래한다.

진화, 생물학의 중심 주제

진화는 살아 있는 생물체에 대해 우리가 알고 있는 모든 것을 설명하는 하나의 개념이다. 생명체는 지구상에서 수십억 년 동안 진화해왔고, 그 결과 무수히 다양한 종류의 과거, 현재 생물종들을 출현시켰다. 그러나 이러한 다양성에도 불구하고 많은 공통점들이 생명체에서 발견된다. 예를 들면, 해마, 산토끼, 벌새, 악어, 기린 등이 서로 다른 모습을 가지고 있지만, 그들의 뼈대 구조는 기본적으로 비슷하다.

이러한 통일성과 다양성 및 각자 처한 환경에 대한 적응에 대한 적절한 과학적 설명은 **진화(evolution)**, 즉 현존하는 생물체는 공통조상으로부터 유래한 변형된 후손이라는 개념이다. 변형된 후대의 결과 두 생물종은 공통조상에서 유래했기 때문에 특정 형질을 공유(통일성)하는 것이다. 게다가 두 종 간의 차이점(다양성)도 두 종이 공통조상으로부터 갈라진 이후 특정한 유전적 변화가 일어났기 때문이라고 설명할 수 있다. 서로 다른 많은 종류의 증거가 진화가 일어났음을 보여주고 있고, 진화가 어떻게 일어났는지를 설명하는 이론을 뒷받침해 준다. 다음 절에서 진화의 근본적인 개념을 소개해 보겠다.

개념 1.2

핵심주제: 진화는 생명체의 통일성과 다양성을 설명한다

진화 다양성은 생명의 특성이다. 오늘날까지 생물학자들은 180만 종의 생물체를 동정하고 이름을 붙였으며, 대략 살아 있는 생물종의 수를 천만에서 1억 정도로 추산하고 있다. 이러한 놀라울 정도로 다양한 생명체는 진화적 과정에 의해 나타났다. 진화를 더 탐구하기에 앞서 생물학자들이 이 행성 위에 존재하는 엄청나게 다양한 생명체를 어떻게 일목요연하게 체계화했는지 살펴보자.

생명의 다양성 분류

서로 간의 유사도와 상호관계에 따라 다양한 품목을 분류하는 것은 인간의 고유한 성향이 아닌가 한다. 이러한 경향성에 따라서, 생물학자들은 형태와 기능의 세심한 비교를 통해 생명체를 점점 더 포괄적인 그룹으로 묶는 계층구조로 분류해왔다. 표범(*Panthera pardus*)이라 불리는 종을 예로 들어보자. 표범은 사자와 호랑이와 같은 속(*Panthera*)에 속한다. 여러 유사한 속을 한꺼번에 묶으면 과가 되고, 그 다음에는 목, 그 다음엔 강이 된다. 표범의 경우에는 퓨마와 치타, 그 외 다른 동물들과 함께 고양이과에 묶이고, 늑대와는 육식동물목에 함께 묶이며, 돌고래(우리도 포함)와는 포유동물강에 함께 묶인다. 이런 동물들은 이보다 더 큰 범주인 척색동물문으로, 나아가 동물계로 분류될 수 있다.

지난 수십년 동안 종간의 상관관계를 평가하는 새로운 방법, 특히 DNA 서열을 비교하는 방법으로 더 큰 그룹으로 묶는 작업을 재평가하게 했다. 비록 재평가가 진행되고 있지만 그 숫자에 상관없이 생물계에 대한 생물학자들의 공통된 의견이 모아져서 크게 3영역, 즉 세균, 고세균, 진핵생물로 분류하고 있다(그림 1.12).

3영역 중 2영역을 차지하는 생물체, 즉 **세균역(Bacteria)**과 **고세균역(Archaea)**의 생물들은 모두 원핵생물이다. 진핵세포를 가진 진핵생물은 **진핵생물역(Eukarya)**으로 분류된다. 이 영역에는 다세포 진핵생물의 3가지 계, 식물계(Plantae), 균계(Fungi), 동물계(Animalia)가 포함된다. 이 3계는 부분적으로는 영양방식에 따라 구분된다. 식물은 광합성에 의해 당과 기타 양분을 스스로 생산한다. 균류는 환경으로부터 영양분을 분해하여 흡수한다. 동물은 다른 생물체를 잡아먹는 섭식을 통해 영양분을 얻는다. 물론 우리 인간도 동물계에 포함된다.

가장 수가 많고 다양한 진핵생물은 대개 단세포로 살아가는 원생생물이다. 원생생물은 한때 단일 계로 분류되었지만 현재는 몇 개의 그룹으로 나누어진다. 이러한 변화의 가장 주요한 원인은 최근의 DNA에 의한 증거 때문인데 어떤 원생생물은 다른 원생생물

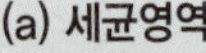

▼ 그림 1.12 생명의 3영역

(a) 세균영역

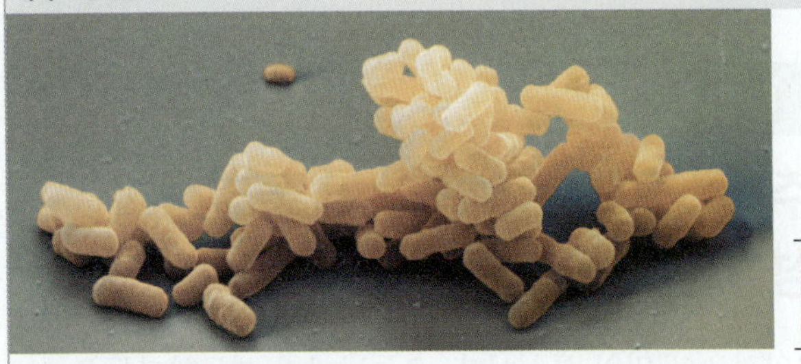

박테리아(bacteria)는 가장 다양하고 널리 퍼져있는 원핵생물이며 현재 몇 개의 계로 나누어진다. 사진 속 막대 모양의 구조물 하나하나가 박테리아 세포이다.

(b) 고세균영역

고세균 영역에는 몇 개의 계가 들어 있다. **고세균(archaea)**이라 불리는 일부 원핵생물은 지구상의 극단적 환경, 염분호수나 끓어오르는 온천 등에서 생존한다. 사진 속 각각의 동그란 구조가 고세균 세포이다.

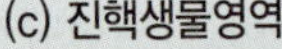

(c) 진핵생물영역

▲ **식물계**(Kingdom Plantae, 육상식물)는 광합성을 수행하는 육상 다세포 진핵생물로 구성되어 있다. 이들은 광합성을 통해 빛에너지를 영양분에 저장된 화학에너지로 전환한다.

▶ **균계(Kingdom Fungi)**는 그 구성원들의 영양방식에 의해 일부 정의된다. 그림에서 보는 버섯과 같이 이들은 유기물을 분해함으로서 영양원을 흡수한다.

◀ **동물계(Kingdom Animalia)**는 다른 생물체를 섭취하는 다세포 진핵생물로 구성되어 있다.

100 μm

▶ **원생생물계(Protists)**는 단세포 진핵생물과 이들과 연관관계가 있는 비교적 단순한 다세포 생물을 말한다. 사진은 연못 속에 살고 있는 원생생물들의 모임을 보여준다. 최근 과학자들은 진화적 유연관계를 더 잘 반영하기 위해 원생생물을 어떻게 다른 계로 나눌 것인가에 대해 논쟁 중이다.

보다는 식물, 동물, 혹은 균류와 보다 가까운 친척관계임을 보여주기 때문이다.

생명 다양성 속의 통일성

다양성은 많은 생명 형태에서 뚜렷하게 나타나지만, 동시에 놀라울 정도의 통일성도 나타난다. 앞에서 서로 다른 동물의 유사한 뼈대 구조나 DNA로 이루어진 보편적 유전언어(유전 암호)에 대해 언급했다. 사실, 생물체 간의 유사성은 생물학적 계층구조의 모든 수준에서 명백하다.

우리는 어떻게 생명의 두 특성, 통일성과 다양성을 설명할 수 있을까? 다음에서 소개하는 진화과정은 지구상의 생물체에 존재하는 유사성과 차별성 모두에 대한 해답을 제공한다. 또한 이것은 생물학의 또 다른 차원, 역사적 시간을 소개한다. 화석과 기타 여러 증거로 밝혀지는 생명의 역사는 수십억 년간 변화해온 지구와 그 속에 거주하며 진화해왔던 생명체들이 쓴 대하소설이다(**그림 1.13**).

찰스 다윈과 자연선택 이론

생명에 대한 진화적 관점은 1859년, 찰스 다윈(Charles Robert Darwin)이 그 동안 발간되었던 그 어떤 책보다 중요하고 영향력 있는 책, "자연선택에 의한 종의 기원에 대하여(*On the Origin of Species by Means of Natural Selection*)"를 출판하면서 초미의 관심사가 되었다(**그림 1.14**). 종의 기원(*The Origin of Species*)은 두 가지 요지를 분명히 밝히고 있다. 첫째는 종이 이들과는 다른 일련의 연속된 조상에서부터 유래했다는 것이다. 다윈은 이러한 과정을 "변형된 후대(descent with modification)"라 불렀다. 이 말은 상당히 통찰력을 가진 표현으로 생명의 통일성과 다양성 모두

▲ **그림 1.13 과거를 파헤치다.** 화석학자들이 마다가스카르의 암반에서 긴목 공룡(*Rapetosaurus krausei*)의 뒷다리를 조심스럽게 발굴하고 있다.

를 잘 묘사하고 있다. 공통조상에서 유래한 친척종 간에 통일성이 존재하게 되고, 공통조상에서 분지되어 진화하는 과정에서 변형에 의해 다양성이 나타나게 된다(그림 1.15). 다윈의 두 번째 요지는 "자연선택"이 변형된 후대의 일차적 원인이라 제안한 것이다.

다윈은 그 자체로는 새롭지도 심오하지도 않은 관찰들로 부터 자연선택 이론을 발전시켰다. 다른 사람들은 퍼즐 조각들을 기술했지만, 다윈은 이 조각들이 어떻게 서로 맞아 떨어지는지를 보였다. 그는 다음과 같은 자연계의 세 가지 관찰로부터 추론을 시작하였다: 첫째, 어느 종이나 개체군 내 개체들은 다양한 형질들을 보이는데, 이들 중 많은 형질들은 부모에서 자식으로 전달되는 유전성을 가진다. 둘째, 어느 종이나 개체군은 생존 가능한 자손 수보다 훨씬 많은 수의 자손을 생산할 수 있다. 따라서 경쟁은 불가피하다. 셋째, 종은 일반적으로 자신의 환경에 잘 맞다. 바꾸어 말하면, 이들은 자신의 환경에 적응되어 있는 것이다. 예를 들어, 딱딱한 종자를 주로 먹는 새들 가운데 공통적으로 나타나는 적응은 특히 단단한 부리를 가지는 것이다.

▶ **그림 1.14 젊은 시절의 찰스 다윈.** 그의 혁명적 책 종의 기원(*The Origin of Species*)은 1859년에 출판되었다.

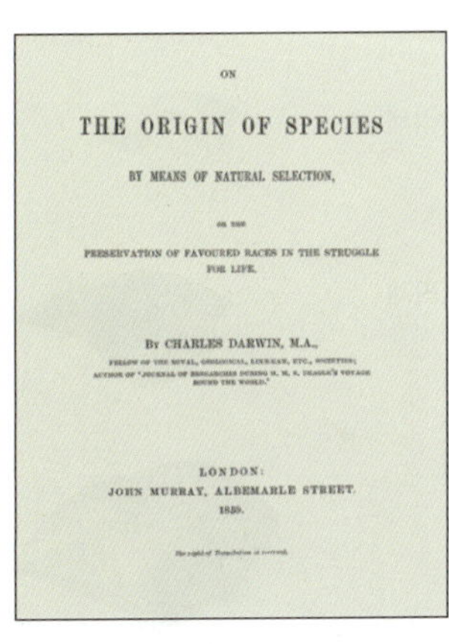

ON

THE ORIGIN OF SPECIES

BY MEANS OF NATURAL SELECTION,

OR THE

PRESERVATION OF FAVOURED RACES IN THE STRUGGLE FOR LIFE.

By CHARLES DARWIN, M.A.,

LONDON:
JOHN MURRAY, ALBEMARLE STREET.
1859.

▲ **그림 1.15 조류들 간의 통일성과 다양성.** 위 3종의 새는 공통적인 몸체 설계에서의 변이를 보여준다. 각각은 깃털과, 날개, 부리를 가지고 있지만, 이들은 제각각 이 새들의 다양한 생활습성에 따라 고도로 특화되어 있다.

이러한 세 가지 관찰로부터 추론하여 다윈은 자신의 진화이론을 세우게 된다. 그는 지역적 환경에 가장 적합한 유전 형질을 가진 개체는 덜 적응된 개체보다 더 잘 생존할 것이고 더 많은 자손을 생산할 것이라 추론하였다. 수 세대가 지나면서 점점 더 높은 빈도의 개체가 유리한 형질을 갖게 될 것이다. 다윈은 이러한 진화적 적응 메커니즘을 **자연선택(natural selection)**이라 불렀다. 자연환경이 개체군 내에 자연적으로 나타나는 변이종 가운데 특정 형질의 확산을 "선택"하기 때문이다(그림 1.16).

생명의 계통수

통일성과 다양성의 또 다른 예로 사람의 팔을 살펴보자. 당신의 팔에 있는 뼈와 관절, 신경과 혈관들은 말의 앞다리나 고래의 물갈퀴, 박쥐의 날개에서 발견되는 그것들과 매우 유사하다. 정말로 모든 포유동물의 앞다리는 공통된 기본구조에 해부학적 변이가 일어난 것이다. 다윈의 변형된 후대의 개념에 따르면, 포유동물의 앞다리에서 공통적으로 나타나는 해부학적 구조는 공통조상, 즉 모든 포유동물이 유래한 포유동물의 "원형(prototype)"으로부터 이 구조가 유래되었음을 나타낸다. 이들 앞다리에서 보이는 다양성은 서로 다른 환경에서 수백만 세대를 거듭하면서 작동한 자연선택에 의해 나타난 것이다.

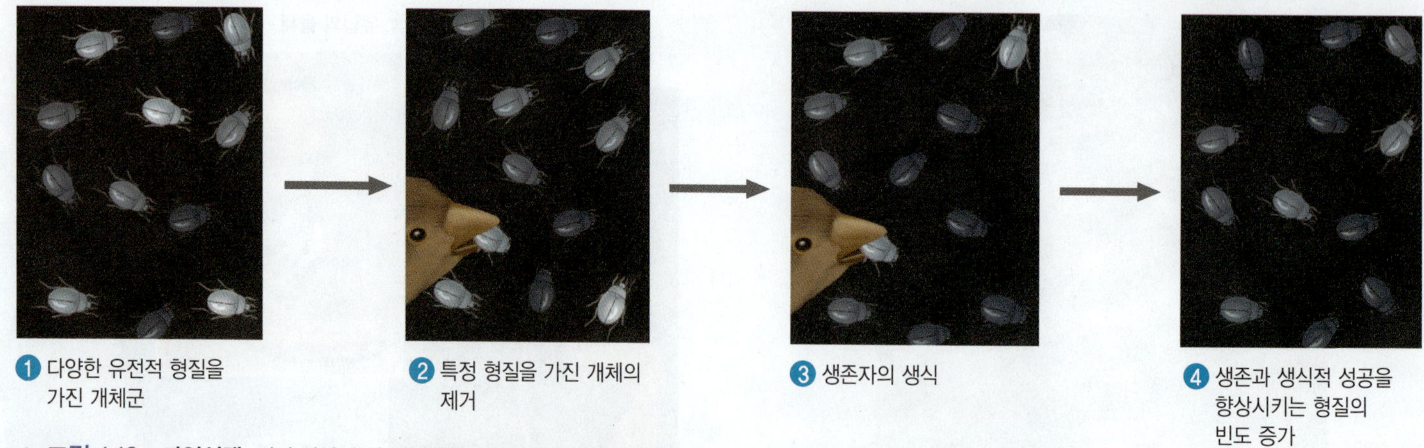

▲ **그림 1.16** **자연선택.** 여기 상상 속의 딱정벌레 개체군은 최근에 일어난 산림 화재로 토양이 검어진 지역 환경에 서식하고 있다. 처음엔 개체군 내 개체들의 색깔이 연회색에서 짙은 검정에 이르기까지 상당히 다양하다. 딱정벌레를 잡아먹는 새들에게 옅은 색깔의 딱정벌레는 가장 쉽게 눈에 띈다.

다윈은 엄청난 시간 간격에 걸친 누적적 효과에 의해 자연선택은 조상종을 둘 이상의 자손종으로 쪼갤 수 있다고 제안하였다. 예를 들어, 하나의 개체군이 서로 다른 환경에 고립된 몇 개의 아개체군으로 나누어지면 이런 일이 일어날 수 있다. 이와 같이 자연선택이 일어나는 다양한 무대에서, 지리적으로 격리된 개체군이 수많은 세대 동안 서로 다른 환경 요인에 적응되어 가는 과정에서 하나의 종은 점점 여러 종으로 분화될 수 있다.

그림 1.17에서 보여주는 6종의 피리새의 "계통수(family tree)"는 이러한 방사과정을 보여주는 유명한 예이다. 다윈은 이 새들의 표본을 1835년 남미 태평양 연안에서 900 km 떨어진 갈라파고스 군도를 방문했을 때 채집했다. 이 갈라파고스섬의 피리새는 남미나 카리브해에서 군도로 옮겨온 조상 피리새의 자손이라 생각된다. 시간이 흐르면서 갈라파고스의 피리새들은 특정한 섬의 서로 다른 먹잇감에 적응하면서 조상종과 다르게 분화되었다. 다윈이 갈라파고스 피리새들을 수집한 이후로 학자들은 피리새들 간의 유연관계를 정리해 왔는데 처음에는 해부학적, 지리적 데이터를 이용했고, 보다 최근에는 DNA 염기서열의 비교를 이용하고 있다.

생물학자들의 진화적 유연관계 도표는 일반적으로 나무 모양을 띠고 있는데 최근에는 그림 1.17에서 보는 것처럼 옆으로 눕힌 나무 모양의 도표를 사용한다. 나무 모양은 그럴 듯하다. 마치 각 개인들이 계통수로 묘사할 수 있는 가계도를 가진 것처럼 종들도 그러한데, 각 종은 나뭇가지의 하나에 해당하고, 이를 거꾸로 따

▶ **그림 1.17** **변형된 후대: 갈라파고스섬의 피리새.** 이 계통수는 갈라파고스 피리새들 간의 진화적 유연관계에 대한 최근의 모델을 보여준다. 서로 다른 섬의 먹이 공급원에 적응한 부리의 차이에 주목하라. 예를 들어 무겁고 두꺼운 부리는 종자를 깨는 데 유리하고 좀 더 뾰족한 부리는 곤충을 집는 데 유리하다.

라가 보면 공통조상을 만날 수 있게 된다. 갈라파고스 피리새처럼 매우 유사한 종들은 비교적 최근의 공통조상을 공유한다. 그러나 시간상 이보다 훨씬 뒤로 가게 되면 피리새는 참새, 매, 펭귄, 그 밖의 모든 다른 새들과 연관되어 있다. 더구나 피리새와 다른 새들은 좀 더 위로 거슬러 올라가면 우리와도 공통조상을 갖게 된다. 생명의 계통수를 충분히 뒤로 따라가 보면 35억 년 전 지구에 생존했던 초기 원핵생물에 이르게 된다. 우리는 그들의 흔적을 우리 세포에서 발견할 수 있다. 유전 암호의 보편성이 좋은 예이다. 모든 생명은 긴 진화사를 따라 연결되어 있다.

개념 1.3

과학자들은 자연을 연구하는 과정에 가설을 세우고 검증한다

과학의 핵심은 **탐구(inquiry)**인데 이는 자연 현상에 대한 정보와 이해를 추구하는 행위이다.

과학자들은 관찰을 하고 논리적 가설을 세우고 이를 검증하는 탐구과정을 활용한다. 이 과정은 어쩔 수 없이 반복적이다. 가설을 검증하는 과정에서 우리의 관찰이 이전의 가설을 수정하는 결론에 도달하게 되고, 새로운 가설을 세우고 또다시 검증하는 일을 하게 된다. 이런 방법으로 과학자들은 자연을 지배하는 법칙에 가장 가깝게 접근해 갈 수 있다.

탐구와 발견

다른 과학과 마찬가지로 생물학은 신중한 관찰에서 시작한다. 정보를 모으는 과정에 생물학자들은 신중한 측정을 돕거나 우리의 오감을 확장해주는 도구, 즉 현미경, 정밀도 높은 온도계, 고속 카메라 등을 종종 활용한다. 다른 종류의 관찰은 현재 다양한 생물종의 유전체 염기서열 데이터베이스를 갖게 해주고 질병에 발현이 변화되는 유전자에 대한 정보를 갖게 해준다.

자연을 탐구하는 과정에 생물학자들은 또한 동료과학자들에 의해 출판된 과학적 문헌에 크게 의존한다. 과거의 연구를 읽고 이해함으로써 과학자들은 현존하는 지식의 기초 위에 자신의 독창적인 발견을 더하고 이전 발견과 일맥상통하는 가설을 세우게 된다. 새로운 연구 결과와 관련이 있는 출판물을 찾아내는 일은 현재 검색 가능한 전자 데이터베이스 덕분에 과거 어느 때보다 쉬워졌다.

데이터 수집과 분석

기록된 관찰을 **데이터(data)**라 한다. 달리 말하면 데이터는 과학적 탐구의 기초가 되는 정보 목록이다. 어떤 데이터는 **정성적(qualitative)**이어서, 관찰된 것을 기술하는 형태를 취하기도 한다. 예로서 구달(Jane Goodall)은 탄자니아 정글에서의 현장 연구과정에 침팬지의 행동 관찰을 기록하면서 수십 년을 보내기도 했다(그림 1.18).

▲ **그림 1.18 침팬지 행동에 대해 정성적 데이터를 수집하는 제인 구달.** 구달은 야외 공책에 그녀의 관찰을 기록하기도 하고, 종종 동물의 행동을 스케치하기도 했다.

정량적 데이터는 일반적으로 수치 측정과 표 및 그래프로 표현된다. 과학자들은 그들의 데이터를 **통계학**이라 불리는 수학적 방법으로 분석하고 그들의 결과가 중요한 의미가 있는지 단순히 무작위한 변이인지를 검정한다. 이 교과서에 제시된 모든 결과는 통계학적으로 유의미함이 밝혀진 것들이다.

관찰을 수집하고 분석함으로써 **귀납적 추리(inductive reasoning)**라 불리는 논리의 유형에 입각하여 중요한 결론을 이끌어낼 수 있다. 귀납법을 통해 우리는 수많은 구체적인 관찰로부터 일반화를 유도할 수 있다. "모든 생물체는 세포로 이루어져 있다"라는 일반화는 2세기에 걸쳐 생물학자들이 현미경을 통해 다양한 생물표본에서 세포를 관찰하면서 얻어진 것이다. 신중한 관찰과 데이터 분석은 이로부터 유래한 귀납적 일반화와 함께 자연을 이해하는 근본이다.

가설의 설정과 검증

우리의 본성적 호기심은 이 세계에서 우리가 관찰한 현상에 대한 자연적 근거에 대해 물음을 갖게 자극한다. 그림 1.1과 1.2에 있는 해변 생쥐와 내륙 생쥐처럼 한 종임에도 생쥐들 간에 털 색깔의 변이가 나타나게 하는 것은 무엇인가? 과학에서 이런 질문에 답하는 것은 대개 가상적 설명 혹은 가설을 제안하고 검증하는 과정을 포함한다.

과학에서 **가설(hypothesis)**은 관찰과 추론에 근거한 설명이며, 검증 가능한 예측을 낳는다. 달리 말하면 가설은 검증 중에 있는 설명이다. 가설은 대개 유용한 데이터에 기초하고 귀납적 추론에 인도되어, 일련의 관찰 결과들을 설명하는 이성적 고찰이다. 과학적 가설은 예측들을 낳고 이 예측들은 추가적인 관찰 기록이나 실험 설계를 통해 검증이 가능하다. **실험**은 종종 통제된 조건에서 수행되는 과학적 검증 과정이다.

매일 일상적 문제를 해결하기 위해 우리 모두는 관찰을 하고 질문을 하고 가설을 세운다. 예를 들어, 책상 위의 램프가 플러그도 꽂혀 있고 전원도 켜져 있는데 불이 들어오지 않는다고 해보자. 이건 관찰이다. 의문은 명확하다. 왜 램프가 작동하지 않지? 당신의 경험에 따라 두 가지 합리적인 가설을 세울 수 있다. (1) 전구가 타버렸거나 (2) 램프가 고장 났다. 이 두 가설은 실험을 통해 검증 가능한 예측을 낳는다. 예를 들어, 타버린 전구 가설은 전구를 바꾸어 줌으로써 문제를 해결할 수 있다는 예측을 낳게 된다. 이런 방법으로 시행착오를 거쳐 상황을 이해하는 것은 가설에 기초한 접근방법이다.

연역적 추리

연역(deduction)이라고 부르는 논리 유형도 과학에서 가설을 활용하는데 대입될 수 있다. 귀납이 일련의 특별한 관찰들에서 일반적인 결론을 이끌어 내는 추론인 반면, **연역적 추리(deductive reasoning)**는 논리가 반대 방향으로 흘러가서 일반적인 것에서 특정한 것을 유추해 낸다. 일반적인 전제에서, 그 전제가 옳다면 우리가 기대할 수 있는 특수한 결과를 추정할 수 있다. 과학적인 과정에서 연역은 특수한 가설 또는 전제가 옳다면 나타나게 될 결과에 대한 예측의 형태를 취하게 된다. 그러면 우리는 그 결과가 예측된 대로인지 아닌지를 실험이나 관찰을 통해 검증한다. 연역적 검증은 "만약 ~이라면" 이라는 논리 형태를 취하게 된다. 책상 위 램프의 예에서, 만약 타버린 전구 가설이 옳다면 새 전구로 교체했을 때 램프가 작동해야 할 것이다.

책상 램프 사례는 과학에서 가설을 활용하는 두 가지 중요 특징을 보인다. 첫째, 우리는 일련의 관찰을 설명하는 또 다른 가설을 언제나 고안할 수 있다. 예를 들어 책상램프가 작동하지 않는 많은 가능한 대안적 가설 중에 하나는 전기선이 불량하다는 것이다. 이 가설을 검증하는 실험을 할 수는 있지만 우리는 모든 가능한 설명을 다 검증할 수는 없다. 둘째, 가설이 사실인지를 우리는 절대 증명할 수 없다. 타버린 전구 가설은 가장 그럴듯한 설명으로 보인다. 그러나 검증은 그 가설이 옳다는 것을 입증하기 때문이 아니라 허위임을 입증하지 못함으로써 기각되지 않기 때문에 가설을 지지하게 된다. 전구를 교체함으로써 램프를 고칠 수 있었을지라도 그게 교체한 전구가 좋았기 때문이 아니라 원래 전구가 느슨하게 끼워져 있었기 때문일 수도 있다.

하나의 가설이 절대 한 점 의혹 없이 입증되는 것은 불가능하지만 여러 가지 방법으로 이를 검증함으로써 그 효용성에 대한 우리의 신뢰를 의미 있게 증진시킬 수는 있다. 종종 가설 설정과 검증은 과학적 동의를 이끌어낸다. 특정 가설이 알려진 데이터를 잘 설명하고 실험적 검증 과정을 이겨내면 많은 과학자들은 이 결론에 동의한다.

과학에 의해 설명되는 질문과 설명되지 않는 질문

과학적 탐구는 자연에 대해 배우는 강력한 도구이다. 그러나 과학이 답을 줄 수 있는 질문에는 일정한 한계가 있다. 과학적 가설은 검증 가능해야 한다. 즉 그 아이디어가 참인지 거짓인지 확인할 수 있는 관찰이나 실험이 가능해야 한다. 예를 들어 타버린 전구가 램프가 작동하지 않는 유일한 원인이라는 가설은 새로운 전구로 교체했음에도 작동하지 않는다면 더 이상 유효하지 않다.

모든 가설이 과학적인 기준을 충족하지는 않는다: 눈에 보이지 않는 유령이 책상 램프를 가지고 장난쳤다는 가설을 검증할 수는 없다! 과학은 자연 현상에 대한 자연적 설명을 필요로 하기 때문에 천사나 유령, 혹은 영령과 같이 착하거나 사악한 존재가 폭풍우나 무지개, 질병, 치유 등을 야기했다는 가설은 기각할 수도 지지할 수도 없다. 이와 같은 초자연적 설명은 과학의 영역 바깥에 있는 것으로서 개인적인 신념과 같은 종교적인 문제일 뿐이다.

과학적 과정의 유연성

연구자들이 자연적 물리적 세계에 대한 의문에 답을 얻는 방법은 종종 과학적 방법이라 신성시된다. 하지만 극소수의 과학적 연구만이 과학방법으로 기술된 일련의 단계를 엄격하게 고수한다. 예로서 과학자들은 실험 설계에서 시작하지만 좀 더 많은 관찰이 필요하다는 것을 나중에 깨닫기도 한다. 다른 예로는, 수수께끼 같은 관찰이 어떤 명확한 의문을 끌어내지 못하다가, 다른 연구계획에 의해 그 관찰이 새로운 각도로 조명되면서 의문이 제기되기도 한다. 예를 들어, 과학자들은 DNA의 구조가 발견된 이후에야—1953년에 발견되었다—유전자가 어떻게 단백질을 암호화하는지 자세히 밝힐 수 있었다.

과학적 과정의 좀 더 현실적인 모델을 그림 1.19에서 볼 수 있다. 이 모델의 주안점은 그림의 가운데 원안에 표현된 가설의 설정과 검증이다. 이러한 활동의 핵심 내용은 과학이 자연적 세계에서 일어나는 현상을 잘 설명하는 이유이다. 그렇지만 이런 활동들은 탐구와 발견(위쪽 원)에 의해 규정되어지고, 다른 과학자들과의 상호작용에 의해, 좀 더 일반적으로는 사회와의 상호작용(아래 원)에 의해 영향을 받는다. 예를 들어 과학자 사회는 어떤 가설들이 검증되어야 하는지, 검증 결과를 어떻게 해석해야 하는지, 이러한 발견에 어떤 가치를 부여할지 영향을 받는다. 이와 유사하게 사회적 필요, 암을 치료하라는 압박 혹은 기후변화 과정을 이해하라는 요구는 어떤 연구 프로젝트가 지원을 받고 그 결과가 얼마나 심도있게 논의될지에 영향을 준다.

지금까지 과학 탐구의 주요 특성, 관찰하고 가설을 설정하고 검증하는 과정을 살펴보았다. 이제 실제 과학적 연구의 사례 분석을 통하여 이러한 특징들을 파악할 수 있을 것이다.

과학 탐구의 사례 연구: 생쥐 개체군에서 털색깔 연구

이 장의 첫 도입부에서 기술한 두 생쥐는 같은 종에 속하는 생쥐(*Peromyscus polionotus*)로서 매우 다른 환경에서 서식하고 있다. 해변 생쥐는 흰 모래 언덕이 있고 군데군데 해변풀이 뭉쳐 있는 바닷가에 살고 있다. 내륙 생쥐는 해변가에서 멀리 떨어진 더 어둡

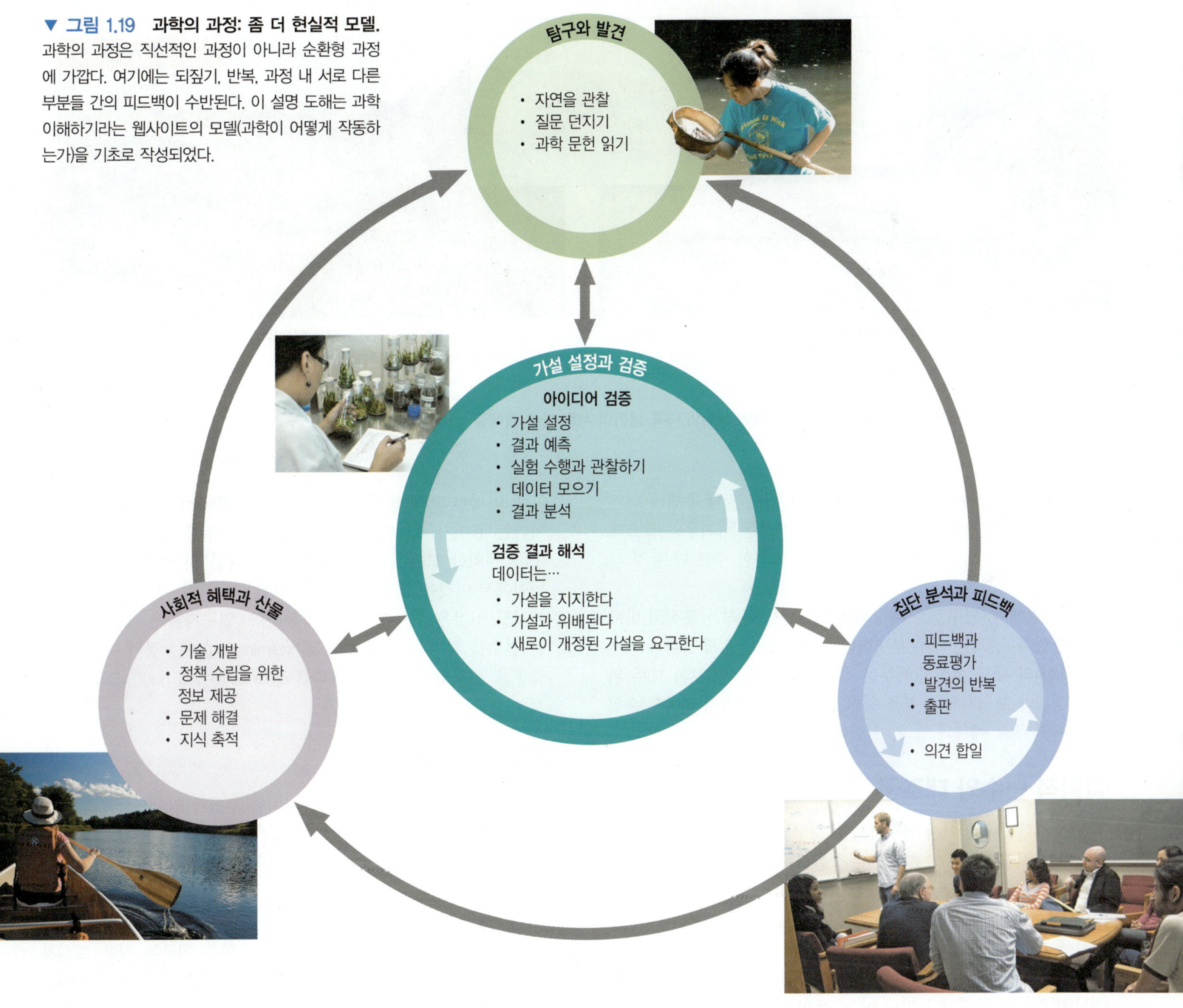

▼ **그림 1.19** **과학의 과정: 좀 더 현실적 모델.** 과학의 과정은 직선적인 과정이 아니라 순환형 과정에 가깝다. 여기에는 되짚기, 반복, 과정 내 서로 다른 부분들 간의 피드백이 수반된다. 이 설명 도해는 과학 이해하기라는 웹사이트의 모델(과학이 어떻게 작동하는가)을 기초로 작성되었다.

고 비옥한 양질토에서 살고 있다(**그림 1.20**). 그림 1.20의 사진을 잠깐만 봐도 생쥐 색깔이 환경에 조화를 이룬다는 것을 금방 알아챌 수 있다. 이러한 생쥐의 포식자들, 매, 올빼미, 여우, 코요테 등은 모두 시각에 의존해서 사냥하는 사냥꾼들이다. 따라서 1920년대에 이런 생쥐들의 개체군을 연구했던 자연학자, 섬너(Francis Bertody Sumner)는 지극히 논리적인 가설로서 이들의 털색깔이 피식자로부터 자신을 보호하기 위해 자신의 자연환경에 위장을 하는 적응으로서 진화해 온 것이라 제안하였다.

위장 가설이 너무나 명확해 보이지만, 여전히 검증 과정을 거쳐야 했다. 2010년 하버드 대학의 생물학자 헥스트라(Hopi Hoekstra)는 그의 대학원생들을 데리고 플로리다로 가서 자연환경에 조화로운 털색깔을 가지지 않은 생쥐들이 잘 조화되는 현지 서식종보다 더 심하게 먹이로 잡혀 먹히는지를 검증하였다.

연구자들은 수백 개의 실리콘 생쥐 모형을 만들고 해변 생쥐 혹은 내륙 생쥐와 닮아 보이게 스프레이로 페인트칠을 했다. 이렇게 함으로써 각 모형들은 색깔 패턴만 다르게 되었다. 이들 연구자들은 동일한 수의 모형 생쥐를 양 서식지에 무작위로 놓아두고 하룻밤을 지냈다. 서식지에 사는 생쥐를 닮은 생쥐 모형이 대조군(예를 들면, 모래언덕 서식지에는 해변 생쥐 모형)이었고, 비서식지 색깔을 가진 생쥐 모형이 실험군(예를 들면, 모래언덕에 있는 짙은 색깔의 내륙 생쥐 모형)이었다. 다음날 아침, 연구진들은 물거나 찌른 흔적 혹은 아예 없어져 버린 포식 흔적을 기록하고 수를

군데군데 식생이 흩어져 자라고 있는 해변의 모래언덕에 사는 해변 생쥐는 밝게 그을린 듯 희끗희끗한 색깔을 가지고 있어 주변 환경에 잘 묻혀 위장되어 있다.

약 30 km 내륙에 사는 같은 종의 개체는 털색깔이 어두운 색이어서 이들이 사는 서식지의 어두운 배경에 잘 위장되어 있다.

▲ 그림 1.20 *Peromyscus polionotus* 개체군, 해변 생쥐와 내륙 생쥐의 서로 다른 털색깔

세었다. 포식자들이 물어서 생긴 자국이나 실험 지역 주변에 남겨진 발자국 등으로 판단해보면 포식자들이 포유동물(여우와 코요테 등)과 새(올빼미, 왜가리, 매 등)의 공격을 비슷한 수로 받은 것 같았다.

각 환경에서, 연구진은 위장색의 생쥐들을 공격한 포식의 빈도를 계산했다. 결과는 매우 분명했다. 모래언덕(밝은색 생쥐가 적게 공격당함)과 내륙 서식지(어두운 색 생쥐가 덜 공격당함) 모두 위장색 생쥐가 포식자의 공격을 훨씬 덜 받았다. 따라서 데이터는 위장 가설의 주요 예측과 잘 맞아 떨어졌다.

실험적 변수와 대조군

실험을 수행함에 있어서 연구자는 종종 시스템 내에 한 가지 요인만을 조작하고 그 변경 효과를 관찰한다. 앞에 기술된 생쥐 위장 실험은 **대조된 실험(controlled experiment)**의 한 예로서 실험군(이 사례에서는 비위장 생쥐)과 대조군(주로 그 지역에서 서식하는 위장색 생쥐)을 비교하도록 설계되어 있다. 조작이 가해지는 요인과 이후 측정하게 되는 요인은 모두 실험적 **변수(variable)**—실험에서 변화하는 특징이나 양—이다. 우리 사례에서는 생쥐 모형의 색깔이 **독립 변수(independent variable)**−연구자에 의해 조정되는 요인이다. **종속 변수(dependent variable)**는 독립 변수에 의해 영향을 받는 것으로 예측된 측정값이다. 이 경우 연구자들은 생쥐 모형의 색깔 변수에 대한 반응으로서 포식의 정도를 측정한다. 이상적으로는 실험군과 대조군이 한 가지 독립변수, 생쥐 실험에서는 색깔만 달라야 한다.

우리의 예에서는 포식자의 행동에 영향을 미치는 생쥐의 색깔 효과이다. 위장 모형의 대조군이 없다면 연구자들은 비위장 생쥐가 더 많은 공격을 받은 이유로 다른 요인들, 즉 포식자 수의 차이나 서로 다른 지역의 기온 차이 등을 배제하지 못하게 될 것이다. 현명한 실험 설계는 주변 환경에 대한 위장 모형의 낮은 포식률에 대한 유일한 설명으로 색깔만이 남게 하는 것이다.

일반적인 오해 중의 하나는 대조된 실험(controlled experiment)이라는 용어가 의미하는 바가 과학자들이 검증해야 할 하나의 변수를 제외한 모든 환경을 일정하게 한다는 것이다. 그러나 야외실험에서 이것은 불가능할 뿐만 아니라 매우 잘 대조된 실험 환경에서도 이것은 실제적으로 불가능하다. 연구자들은 대개 원치 않는 변수를 환경 조절을 통해 제거(eliminating)하는 것이 아니라, 대조군을 사용함으로써 그 효과를 상쇄(canceling out)함으로써 "통제"하는 것이다.

과학에서 학설

"그건 학설일 뿐이야!"라는 말에서처럼 우리가 일상생활에서 쓰는 학설이라는 용어는 종종 검증되지 않은 추측을 의미한다. 그러나 과학에서 학설이라는 용어는 매우 다른 의미를 가진다. 과학적 학설이란 무엇이며, 가설이나 단순한 추측과 어떻게 다른가?

첫째, 과학적 **학설(theory)**은 가설보다 훨씬 넓은 범주에 속한다. "생쥐의 털색깔이 자신의 환경과 조화를 이루는 것은 포식자로부터 생쥐를 보호하기 위한 적응이다"는 것은 하나의 가설이다. 그러나 "진화적 적응은 자연선택에 의해 진행된다"는 것은 학설이다. 다윈의 자연선택 학설은 무수히 다양한 적응을 설명하는데, 생쥐의 털색깔이 그 중 하나이다.

둘째, 학설은 많은 검증 가능한 새로운 가설들을 파생시킬 만큼 다분히 일반적이어야 한다. 예로서, 프린스턴대학교의 피터와 로즈메리 그랜트(Peter and Rosemary Grant)는 자연선택 학설에 동기를 얻어 갈라파고스 군도 피리새의 부리가 이용 가능한 음식원의 유형에 따라 진화했다는 특정한 가설을 검증하였다.

셋째, 어느 특정한 가설과 비교하여 학설은 일반적으로 엄청난 양의 증거에 의해 뒷받침된다. 자연선택 학설이나 중력 학설과 같이 과학에서 널리 채택된 학설은 무수히 많은 관찰을 설명할 수 있고, 무수하게 축적된 증거에 의해 뒷받침된다.

널리 받아들여진 학설을 지지하는 증거들의 축적에도 불구하

고, 과학자들은 새로운 연구방법에 의해 학설에 어긋나는 결과를 얻게 되었을 때는 이 학설을 변형시키거나 경우에 따라서는 버려야만 한다. 예로서 생물학자들은 한때 세균과 고세균을 함께 원핵생물계로 묶었다. 세포와 분자를 비교하는 새로운 방법들이 이러한 관계를 검증하는 데 사용되면서, 세균과 고세균이 같은 계의 일원이라는 학설을 과학자들은 기각하였다. 과학에서 "진실"이라는 게 있다면 현재 이용 가능한 증거들이 우세한 상황에서만 유효한, 일시적인 진실일 것이다.

사회적 과정으로서의 과학: 지역사회와 다양성

위대한 과학자 아이작 뉴튼 경이 말하길: "모든 자연현상을 다 설명하는 것은 한 사람 혹은 한 시대가 해결하기엔 너무 어려운 과제이다. 따라서 소량의 과제를 확실하게 해결하고 나머지는 후세 사람들에게 남겨 놓는 것이 좋다." 자연에 대한 호기심으로 과학자가 된 사람이라면 누구라도 앞선 사람이 해놓은 엄청난 양의 발견으로부터 큰 도움을 얻을 것이다. 사실, 영화나 만화에서 과학자들은 때때로 격리된 실험실에서 혼자 외로이 연구를 하는 것으로 묘사되곤 하지만, 과학은 대단히 사회적인 활동이다. 대부분의 과학자들은 종종 대학원생, 학부생들을 데리고 팀으로 연구를 한다.

과학은 관찰과 실험이 반복적으로 재현되고 가설이 검증된다는 기대를 바탕으로 끊임없이 검증받는다. 같은 연구영역에서 일하는 과학자들은 종종 서로 간의 주장을 점검하고 관찰을 확인하며 실험을 반복하곤 한다.

만약 실험 결과가 동료 과학자에 의해 반복되지 않는다면 이것은 원래의 실험 결과가 취약했을 수 있으므로 수정되어야 한다. 이런 점에서 과학은 스스로 경찰 역할을 한다. 실험 데이터의 진실성이 계속적인 탐구를 설계하는 데 있어서 핵심이기 때문에 결과 보고에 있어서 높은 수준의 전문가적 표준을 유지하는 것은 과학적 행위에 있어서 가장 중요하다.

연구 집단은 크게 보아 사회의 한 부분이다. 과학과 사회의 관계는 이 그림에 기술을 집어넣고 생각하면 더욱 분명해진다. **기술(technology)**의 목적은 과학적 지식을 특정 목적에 응용하는 것이다. 과학자들은 그들의 연구에 새로운 기술을 도입하기도 하므로 과학과 기술은 상호 의존적이다.

수세기 전에 많은 주요 기술혁신은 무역경로를 따라 서로 다른 문화가 만나 섞이는 가운데 새로운 아이디어로 촉발되었다. 예를 들면 인쇄술은 1440년경 독일인 구텐베르그(Johannes Gutenberg)에 의해 창안되었다. 이러한 혁신은 종이와 잉크 등을 포함하는 중국의 여러 가지 혁신과 이라크에서 개발된 종이의 대량 생산 기술에 힘입은 것이다. 기술과 마찬가지로 과학도 다양한 배경과 이들의 다양한 관점을 포용함으로써 많은 것을 얻을 수 있다.

과학 집단은 크게 보아 사회의 관습과 행동을 반영한다. 따라서 최근까지 여성과 특정 소수자 집단이 전문적 과학자가 되기 위해서는 전 세계 많은 나라에서 큰 장애를 극복해야 했다는 사실이 놀랍지 않다. 지난 50년 동안 경력을 선택하는 자세가 바뀜으로써 생물학과 다른 과학 영역에서 여성의 비율이 크게 증가하였다. 따라서 이제 학부 생물학도나 생물학 박사과정 학생들의 절반 정도가 여성이 되었다. 이런 경향은 더 높은 전문직으로 갈수록 둔화되어서 여성과 다른 소수 인종, 민족 등의 비율이 여전히 많은 과학 분과에서 적은 상태이다. 다양성의 결여는 과학의 진보에 장애가 된다. 더 많은 목소리가 책상에서 들릴수록 더 강고하고, 생산적인 과학적 교류가 일어날 것이다. 이 교과서의 저자들은 생물학자들의 공동체로 오고 싶어 하는 모든 학생들을 환영하며, 여러분이 매우 흥미로운 과학 영역, 생물학에서 기쁨과 만족을 얻기를 기대한다.

1단원 화학과 세포

2 생명체의 화학적 구성

생명체의 구조와 기능은 원자와 분자의 **화학**에 바탕을 둔다.

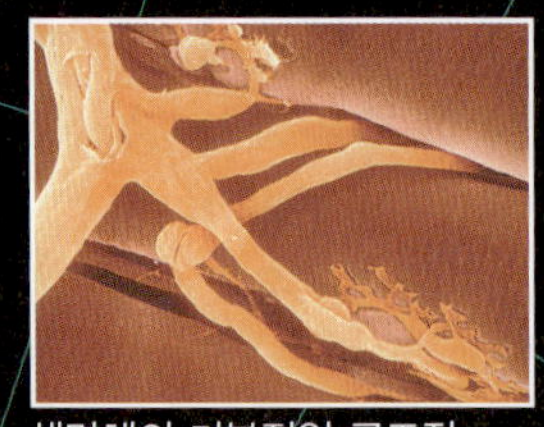

탄소원자는 모든 유기 분자의 기초가 되고, 탄소의 다능성으로 인해 **생명체의 분자적 다양성**이 나타난다.

3 세포로의 여행

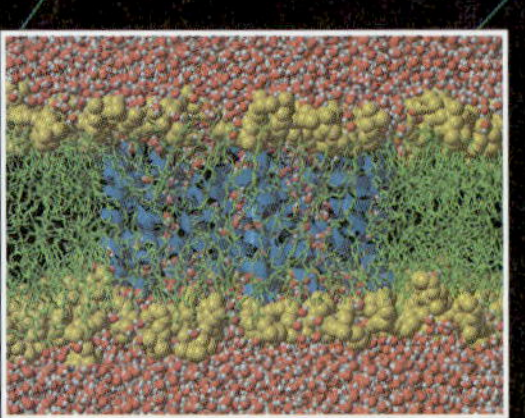

생명체의 기본적인 구조적, 기능적 단위는 **세포**이다.

세포막은 세포내외로의 물질 출입을 조절하고, 세포간 **신호 전달**을 가능하게 해 준다.

4 물질대사와 세포호흡

물질과 에너지를 전환시키는 세포내 과정이 **세포의 물질대사**를 구성한다.

생명체는 **세포호흡**, 혹은 **발효**를 통해 먹이를 분해함으로써 에너지를 얻는다.

5 광합성

광합성은 지구상에서 생명현상의 기본이 된다; 광합성생물이 빛에너지를 흡수하고, 이를 이용하여 모든 생명체들이 필요로 하는 먹이를 만든다.

6 세포주기

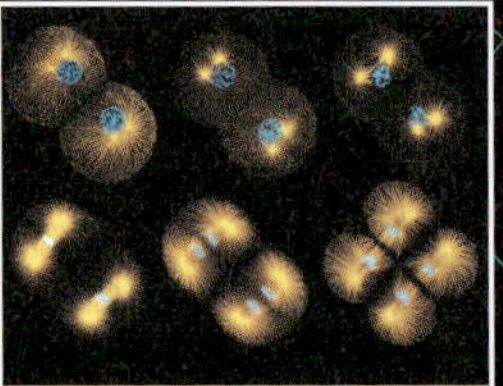

진핵세포는 성장해서 둘로 분열하고, **체세포분열**을 통해 딸세포에 동일한 유전정보를 물려준다. 이 과정을 **세포주기**라 한다.

CHAPTER

2 생명체의 화학적 구성

핵심 개념

2.1 물질은 화학원소로 이루어져 있다
2.2 분자의 형성과 화학결합
2.3 물의 특성으로 인해 지구상의 생명현상이 가능하다
2.4 생물체는 탄소화합물로 이루어져 있다
2.5 거대분자는 단위체로 이루어진 중합체이다
2.6 유전체학과 단백질체학은 생물학적 탐구와 적용을 바꾸어 놓았다

▲ 그림 2.1 유럽불개미(wood ant)들은 공중으로 어떤 무기를 발사하는가?

생물학에서의 화학

여타 동물들과 마찬가지로 개미 역시 공격으로부터 자기 자신을 방어하기 위한 기작을 가지고 있다. 유럽불개미는 수백에서 수천마리의 집단을 이루어 살고 있으며, 전체적으로 이러한 집단 형성은 적들에 대처하는데 특히 효과적이다. 공중으로부터의 위협이 있을 때, 개미들은 자신의 복부에서 포름산을 공중으로 일제히 내뿜고, 굶주린 새와 같은 잠재적인 포식자를 공격한다(그림 2.1). 매우 많은 종의 개미에서 포름산은 발사되는 것이 아니라, 기생 미생물로부터 개미를 보호하기 위한 살균제로서 작용하는 것으로 보인다.

개미에 관한 연구는 생명현상에 관한 연구와 화학의 연관성을 보여주는 하나의 예이다. 생물학자들은 생명에 관한 연구를 수행하고 있으나 생명체나 생명체가 살고 있는 세계에는 화학과 물리학의 기본 원리들이 적용되고 있다. 따라서 생물학은 여러 전문분야가 합쳐진 학문이라고 할 수 있다.

여러 장으로 구성된 이 단원에서는 생명에 관한 학문에 적용되는 화학의 기본 개념을 소개한다. 분자에서 세포로 넘어가는 과정 어딘가에서, 무생물과 생물의 모호한 경계를 지날 것이다. 이 장에서는 모든 물질을 이루고 있는 화학물질 성분에 초점을 맞출 것이며, 마지막 부분에서는 모든 생명현상을 지탱해주고 있는 물질에 대해 살펴볼 것이다

개념 2.1

물질은 화학원소로 이루어져 있다

생명체는 부피와 질량을 갖는 **물질(matter)**로 이루어져 있으며, 물질은 원소들로 이루어져 있다. **원소(element)**는 화학반응에 의해서 더 이상 분해되지 않는 물질이다. 현재 지구상에는 금과 구리, 탄소, 산소 등 92개의 원소가 알려져 있다.

화합물(compound)은 두 개 이상의 다른 원소들이 특정 비율로 결합되어 있는 형태이다. 예를 들어 소금은 염화나트륨(NaCl)으로서 소듐(Na)과 염소(Cl)가 1:1의 비율로 이루어진 화합물이다. 순수한 소듐은 금속이며 순수 염소는 독성이 강한 기체이다. 그러나 이들이 화학적으로 결합하면 우리가 먹을 수 있는 화합물이 된다. 또 다른 화합물인 물(H_2O)은 수소(H)와 산소(O)가 2:1의 비율로 이루어져 있다. 이것이 바로 조직화된 물질이 가지는 **창발적 특징**의 간단한 예이다. 즉, 화합물은 구성 원소들과는 다른 화학적, 물리적 특징을 갖게 된다(그림 2.2).

▲ **그림 2.2 화합물 단계에서의 창발적 특징들.** 금속인 소듐이 독성을 띠고 있는 기체인 염소와 결합하면 우리가 먹을 수 있는 소금이 된다.

생명체에 필요한 원소들

92가지의 원소 중 약 20~25%의 원소는, 생명체가 건강하게 살고 번식을 하기 위해 필요한 필수원소이다. 여러 종류의 생명체마다 필요로 하는 필수원소는 비슷하지만 약간의 차이가 있다. 예를 들어, 사람은 25개의 원소를 필요로 하지만, 식물은 그보다 적은 17개의 원소를 필요로 한다.

사람의 몸 안에 있는 모든 원소의 상대적인 양을 표 2.1에서 볼 수 있다. 네 가지 원소—산소(O), 탄소(C), 수소(H), 질소(N)—가 생명체의 96%를 차지하고 있다. 칼슘(Ca)과 인(P), 포타슘(K), 황(S) 및 그 외 몇 가지 원소들이 생명체 중량의 나머지 4%의 대부분을 차지하고 있다. **미량원소(trace element)**란 생명체가 매우 소량만을 필요로 하는 원소들을 말한다. 철(Fe)과 같은 일부 미량원소들은 모든 생명체에 필수적이나 특정 미량원소들은 특정 종의 생명체들만이 필요로 한다. 예를 들어, 척추동물의 경우 아이오딘(I)은 갑상샘에서 분비되는 호르몬의 구성성분으로서 필수적이다. 정상적인 갑상샘의 작용을 위해서는 하루에 약 0.15 mg의 아이오딘이 필요하며 아이오딘 섭취가 부족한 경우 갑상샘이 비정상적으로 자라 갑상샘종이라는 증상이 초래된다. 해산물이나 아이오딘화 소금을 섭취하면 이러한 갑상샘종의 발병률을 낮출 수 있다.

표 2.1 인체를 구성하는 원소들

원소	기호	인간의 체중(물을 포함)에서 차지하는 비율	
산소	O	65.0%	96.3%
탄소	C	18.5%	
수소	H	9.5%	
질소	N	3.3%	
칼슘	Ca	1.5%	3.7%
인	P	1.0%	
포타슘	K	0.4%	
황	S	0.3%	
소듐	Na	0.2%	
염소	Cl	0.2%	
마그네슘	Mg	0.1%	

미량원소(체중의 0.01% 미만을 차지): 붕소(B), 크롬(Cr), 코발트(Co), 구리(Cu), 플루오르(F), 아이오딘(I), 철(Fe), 망간(Mn), 몰리브덴(Mo), 셀레늄(Se), 규소(Si), 주석(Sn), 바나듐(V), 아연(Zn)

원소의 성질

각 원소는, 다른 원소들의 원자들과 차별되는 한 종류의 원자로 이루어져 있다. **원자(atom)**는 원소의 특성을 유지하고 있는 물질의 가장 작은 단위로, 원자의 기호는 원소의 기호와 동일하게 표기된다. 예를 들어, 기호 C는 탄소 원소를 나타내며 또한 하나의 탄소 원자를 나타내기도 한다.

원자는 원소의 성질을 유지하고 있는 가장 작은 단위이지만 원자 역시 보다 작은 입자인 아원자 입자(subatomic particle), 즉 **중성자(neutron)**와 **양성자(proton)**, **전자(electron)**로 이루어져 있다. 하나의 양성자는 한 단위의 양전하를 띠고 있으며 하나의 전자는 한 단위의 음전하를 띠고 있다. 중성자는 그 이름에서 알 수 있듯이 전기적으로 중성이다.

양성자와 중성자는 원자의 밀도가 높은 중앙, 혹은 **원자핵(atomic nucleus)**에 단단하게 뭉쳐 있다; 양성자는 원자핵에 양전하를 부여한다. 빠르게 움직이는 전자는 핵 주변에서 음전하 구름을 형성하고, 이러한 반대 전하사이의 인력에 의해 전자가 원자핵의 주변에 위치하게 되는 것이다. 그림 2.3은 헬륨원자를 예로 들어, 원자구조를 보여주는 두 가지 모델을 제시하고 있다.

중성자와 양성자는 하나당 약 1.7×10^{-24} g으로 거의 동일한 질량을 가지고 있다. 원자와 아원자 입자(분자의 경우도 역시)의 무게를 표시할 때는 **달톤(dalton)**이라는 단위를 쓴다. 중성자와 양성자는 약 1달톤의 무게를 가지고 있으며 전자의 무게는 중성자나 양성자 무게의 1/2,000에 지나지 않아, 원자의 무게를 생각할 때 전자의 무게는 무시될 수 있다.

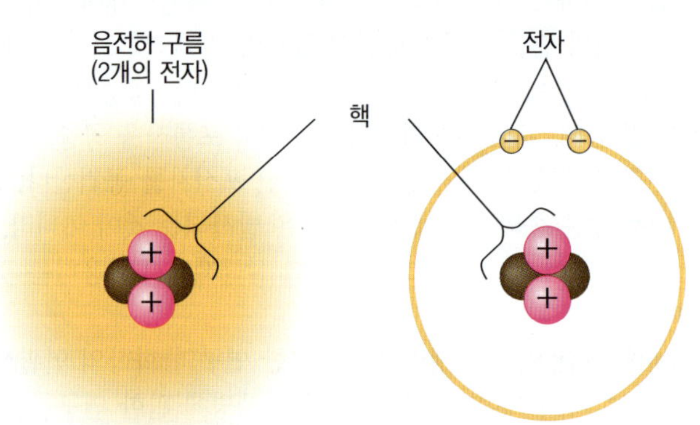

(a) 이 모형은 전자를, 핵 주위에서 이들의 움직임의 결과인 음전하 구름으로 보여주고 있다.

(b) 보다 단순화시킨 모형으로서 전자들은 핵 주위를 둘러싸는 원 위에 2개의 작은 노란색 구로 표시되어 있다.

▲ **그림 2.3 헬륨(He)원자의 단순화된 모델.** 헬륨원자의 핵은 2개의 중성자(갈색)와 2개의 양성자(분홍색)로 이루어져 있다. 두 전자(노란색)가 핵 바깥쪽에 존재한다. 이 모델에서는 실제 축척을 사용하지 않았다; 전자 구름의 크기에 비해서 핵의 크기는 매우 과장되게 나타나 있다.

원자번호와 원자량

특정 원소의 모든 원자들은 원자핵에 일정한 개수의 양성자를 가진다. 이 숫자는 원소마다 모두 다르며, 이것을 우리는 **원자번호(atomic number)**라고 하며 원소기호의 왼쪽에 아래첨자로 표시한다. 예를 들어, $_2$He는 헬륨원소의 원자가 핵에 두 개의 양성자를 가지고 있음을 의미한다. 달리 표시가 없으면 원자는 전기적으로 중성이며, 이는 원자의 양성자가 동일한 숫자의 전자로 전기적 균형이 맞추어져야 함을 의미한다. 그러므로 원자번호는 양성자의 숫자뿐 아니라 전기적으로 중성인 원자에서 전자의 개수를 말해준다.

원자핵의 양성자와 중성자를 합친 **질량수(mass number)**로 그 원자의 중성자 개수를 알 수 있다. 질량수는 원소기호 왼쪽에 위첨자로 표기한다. 예를 들어, 헬륨원자를 $^4_2$He로 간단히 표기할 수 있다. 원자번호는 원자핵 내의 양성자의 개수를 의미하므로 질량수에서 원자번호를 빼면 중성자의 개수를 알 수 있다.

가장 간단한 원자는 수소 $^1_1$H이며, 이는 중성자를 가지고 있지 않다; 하나의 양성자와 하나의 전자로 이루어져 있다.

질량수는 원자의 전체 질량인 **원자량(atomic mass)**과 미세하게 다르지만, 매우 비슷하다. 예를 들어, 소듐($^{23}_{11}$Na)의 질량수는 23이지만, 원자량은 22.9898달톤이다.

동위원소

특정 원소를 이루는 원자는 모두 같은 개수의 양성자를 가지고 있다. 그러나 일부 원자들은 동일 원소를 이루고 있는 다른 원자들보다 많은 중성자를 가지고 있어 보다 큰 질량을 갖는다. 이렇게 같은 원소를 이루면서도 다른 형태의 원자들을 그 원소의 **동위원소(isotope)**라 한다. 자연상태에서 원소는 동위원소들의 혼합물로 존재한다. 예를 들어, 원자번호가 6인 원소, 탄소는 자연계에 3가지 동위원소가 존재한다. 가장 흔한 형태는 탄소-12($^{12}_6$C)로 자연 상태의 탄소 중 약 99%를 차지하고 있으며 이 형태는 6개의 중성자를 가지고 있다. 나머지 1% 탄소 중 대부분은 7개의 중성자를 가지고 있는 동위원소 $^{13}_6$C이며, 8개의 중성자를 가지고 있는 동위원소 $^{14}_6$C가 그 다음을 차지한다. 탄소의 3가지 동위원소들은 모두 6개의 양성자를 가지고 있음을 명심하자. 그렇지 않다면 이는 더 이상 탄소가 아니다. 동위원소들의 질량은 약간씩 다르지만 화학반응에 있어서는 동일하게 반응한다.

^{12}C와 ^{13}C는 안정한 동위원소로서 이들의 원자핵은, 붕괴라고 불리는 과정인 아원자 입자를 잃어버리려는 경향이 없다. 그러나 동위원소 ^{14}C는 불안정하여 방사능을 낸다. **방사성 동위원소(radioactive isotope)**는 핵이 자연적으로 붕괴하여 입자와 에너지를 방출하는 원소를 말한다. 핵의 붕괴에 의해서 양성자의 수가 변하면 다른 원소의 원자로 변하게 된다. 예를 들어, 방사성 동위원소인 ^{14}C는 붕괴하여 질소가 된다.

방사성 동위원소는 생물학에서 매우 유용하게 이용되고 있다. 예를 들어 과학자들은 과거 시대에 살던 생물의 연대를 측정하기 위해서 화석의 방사능을 측정하는 방법을 이용한다. 또한 방사성 동위원소는 생명체 내에서의 화학반응인 물질대사 과정에서 원자들의 흐름을 알려주는 추적자로서 유용하다.

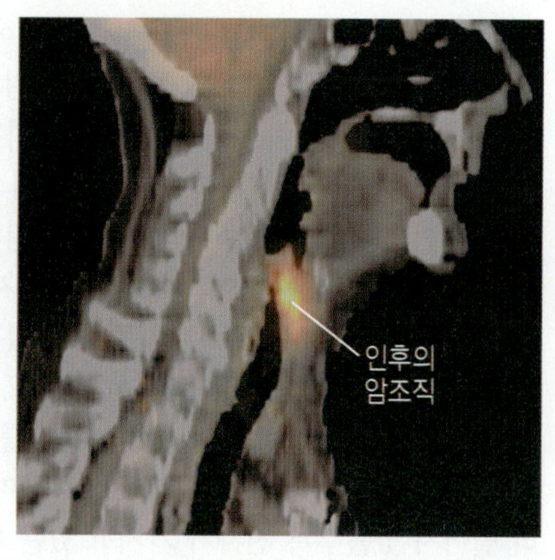

▶ **그림 2.4 방사성 동위원소를 의학적으로 이용하는 PET 촬영.** 양전자-방출단층촬영(positron-emission tomography)을 의미하는 PET는 우리 몸에서 화학적 활성이 매우 높은 부위를 찾아낸다. 밝은 노란색 지역은 방사성 동위원소로 표지된 포도당이 높은 수준으로 존재하는 것을 말하며, 암 조직의 특징인 대사활성이 높다는 것을 시사한다.

방사성 추적자는 의학에 있어서 매우 중요한 질병 진단의 수단이다. 예를 들어, 특정 신장 관련 질병은 방사성 동위원소를 포함하는 물질을 혈액에 소량 주사한 후 소변으로 배출되는 방사성 추적자의 양을 측정함으로써 진단될 수 있다. 또한 방사성 추적자는, PET 촬영장치와 같이 몸 안에서 암 세포의 생장과 물질대사를 조사할 수 있는 정교한 영상처리장치와 함께 이용된다(그림 2.4).

방사성 동위원소가 생물학 연구와 의학 분야에서 매우 유용한 것은 사실이지만 동위원소의 붕괴에 따라 방출되는 방사선은 세포 내의 여러 분자들에 해를 입혀 생명체에 위험을 초래한다. 이러한 피해의 심각한 정도는 생명체가 흡수하는 방사선의 종류와 양에 따라 달라진다. 가장 끔찍한 환경적 위협은 핵 사고로 인한 방사능 낙진이다. 그러나 의학적으로 이용되는 대부분의 동위원소들은 비교적 안전하다.

전자의 에너지 준위

그림 2.3의 간단한 원자 모형에서는 전체 원자 크기에 비해 핵의 상대적인 크기가 매우 과장되어 있다. 실제로는 헬륨원자의 크기가 미식축구장 정도의 크기라면, 핵은 구장의 한가운데 떨어져 있는 연필지우개 정도의 크기쯤 된다. 게다가 전자는 구장을 날아다니는 두 개의 작은 날파리 정도에 지나지 않는다. 원자의 대부분의 공간은 텅 비어 있는 것이다.

두 개의 원자가 화학반응 시 가까이 접근하는 경우에 원자핵들은 서로 영향을 끼칠 정도로 가까이 놓이지는 않는다. 앞에서 언급했던 세 가지 아원자 입자 중 전자만이 원자들 사이의 화학반응에 직접 관여한다.

전자들이 가지는 에너지의 양은 매우 다양하다. **에너지(energy)**는 일을 함으로써 변화를 유발할 수 있는 능력을 말한다. **위치에너지(potential energy)**는 물질이 자신의 위치나 구조로 인해 소유하고 있는 에너지를 말한다. 예를 들어, 언덕 높은 곳의 저수지에 담겨 있는 물은 그 높은 위치 때문에 위치에너지를 가지고 있다. 저수지의 수문이 열려 물이 나오게 되면 물은 언덕 아래로 흘러내려가고 이때 에너지는 전기를 생산하기 위해 터빈의 날개를 움직이는 등의 일을 하는 데 쓰일 수 있다. 에너지가 사용되었기 때문에 언덕 아래로 흘러내려온 물은 언덕 위의 저수지에 있을 때보다 적은 에너지를 갖는다. 물질들은 항상 가장 낮은 위치에너지를 갖는 상태로 움직이려는 경향이 있다: 위의 경우에서는 물이 언덕 아래로 흘러내려간다. 저수지의 위치에너지를 다시 회복하기 위해서는 일을 통해 물을 중력에 역행하여 저수지로 끌어올려야 한다.

원자의 전자는 핵으로부터 떨어져 있는 거리로 인해 위치에너지를 갖게 된다(그림 2.5). 음전하를 띠고 있는 전자들은 양전하를 띠고 있는 핵에 의해 붙잡혀 있다. 전자를 핵으로부터 멀리 이동시키기 위해서는 에너지가 투입되어야 하며, 전자가 핵으로부터 멀리 떨어져 있을수록 전자가 가지고 있는 위치에너지는 더 크다. 특정 에너지를 가지고 있는 전자는 계단에 놓여 있는 공에 비유될 수 있다(그림 2.5a).

전자의 에너지 준위는 핵으로부터 떨어져 있는 평균적인 거리와 상관관계가 있다. 전자들은 여러 **전자껍질(electron shell)**에서 발견되며, 각 전자껍질의 전자는 특정의 평균 거리와 특정 에너지 준위를 갖는다(그림 2.5b). 전자는 자기가 위치하고 있던 전자껍질과 새로운 전자껍질 사이의 위치에너지 차이만큼의 에너지를 흡수하거나 방출함으로써, 원래 있던 전자껍질에서 다른 전자껍질로 이동할 수 있다. 전자가 에너지를 흡수하면 핵으로부터 더 멀리 떨어져 있는 전자껍질로 이동하게 된다. 한 예로 빛에너지가 전자를 더 높은 에너지 준위로 이동시킬 수 있다. 전자가 에너지를 잃게 되면 핵에 가까운 전자껍질로 떨어지고, 잃어버린 에너지는 일반적으로 열이라는 형태로 주변으로 방출된다.

(a) 계단을 튀어 내려가는 공은 단과 단 사이가 아니라, 각 단에만 놓일 수 있다. 이와 유사하게 전자는 에너지 준위의 사이가 아니라, 특정 에너지 준위에만 위치한다.

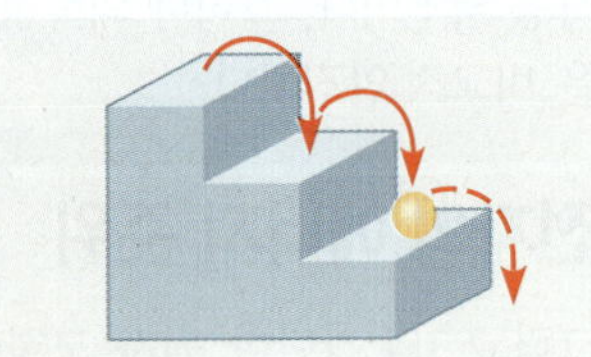

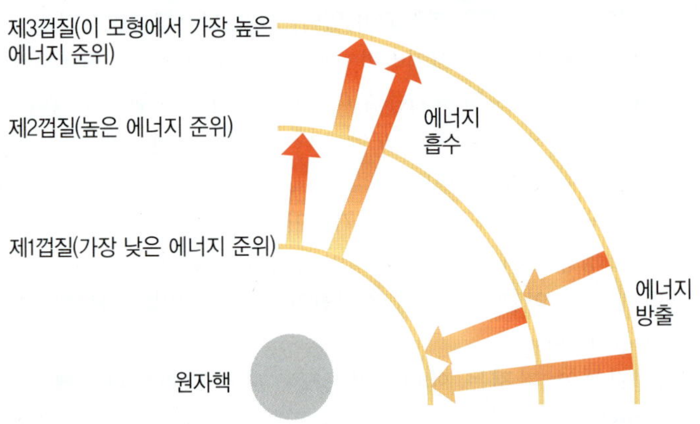

(b) 전자는 이들이 얻거나 잃는 에너지가 두 에너지 준위 간의 차이와 정확하게 일치할 때 두 에너지 준위 사이에서 이동할 수 있다. 이 모델에서 화살표는 가능한 단계적 위치에너지의 변화를 의미한다.

▲ **그림 2.5 전자의 에너지 준위.** 전자는 특정한 위치에너지의 수준에만 존재할 수 있으며 이를 전자껍질이라고도 한다.

전자배치와 화학적 특징

그림 2.6은 원소 주기율표의 축약판으로 수소($_1$H)에서부터 아르곤($_{18}$Ar)까지 18가지 원소에서의 전자 배치를 보여준다. 원소들은 원자들의 전자껍질수에 따라 세 개의 가로열 혹은 주기로 나뉘어 배열되어 있다.

원자들의 화학적 특성은 주로 가장 바깥쪽의 전자껍질에 존재하는 전자의 숫자에 의해 결정된다. 이러한 가장 바깥쪽의 전자(최외각전자)들은 **원자가전자(valence electron)**라 불리며 가장 바깥쪽의 전자껍질은 **원자가껍질(valence shell)**이라고 불린다. 원자가껍질에 동일한 개수의 전자를 갖는 원소는 유사한 화학적 특성을 띤다. 예를 들어, 플루오르(F)와 염소(Cl)의 경우 모두 7개의 원자가전자를 가지며 둘 다 소듐(Na)과 결합하여 화합물을 형성한다: 플루오르화나트륨(NaF)은, 일반적으로 치아의 부식을 방지하기 위해 치약에 첨가되며, 앞서 언급되었던 NaCl은 음식에 들어가는 소금이다(그림 2.2). 원자가껍질이 완전히 채워진 원자는 반응성이 없어 다른 원자들과 쉽게 결합하지 않는다.

개념 2.2

분자의 형성과 화학결합

완벽히 채워지지 않은 원자가껍질을 가지는 원자들은 원자가껍질을 완벽하게 채워줄 수 있는 원자들과 상호작용한다. 즉, 원자들은 원자가전자를 공유하거나 상대원자에 넘겨준다. 이러한 작용은 원자들을 가까이 위치하게하며, **화학결합(chemical bonds)**이라는 힘을 통해 유지된다. 이러한 화학결합 중 가장 강한 결합은 공유결합과 이온결합이다(물이 없는 환경에서의 이온화합물의 경우를 말한다. 수용액 속에서의 이온결합은 약한 결합이다).

공유결합

공유결합(covalent bond)의 경우 한 쌍의 원자가전자가 두 원자에 의해 공유되고 있다. 예를 들어, 수소원자는 첫 번째 껍질에 하나의 원자가전자를 가지고 있으나 이 껍질에는 두 개의 전자가 들어갈 수 있음을 기억하자. 두 개의 수소원자가 그들의 전자껍질이 맞닿을 정도로 가까이 놓이게 되면 이들은 전자를 공유하게 된다(그림 2.7). 각 수소원자는 두 개의 전자를 가져 원자가껍질을 완전히 채우게 된다. 두 개 이상의 원자들이 공유결합을 통해 **분자(molecule)**를 이루게 되며 위의 경우 수소분자가 생성된 것이다.

그림 2.8a는 수소분자를 나타내는 여러 방식을 보여준다. 분자식(molecular formula) H_2는 단지 분자가 두 개의 수소원자로 이루어져 있음을 말해준다. 전자의 공유는 전자분포도, 혹은 **구조식**(structural formula)을 이용하여 H—H로 나타내기도 하며, 원소기호를 잇는 선은 하나의 공유결합, 즉 **단일결합(single bond)**을 나타낸다.

산소는 두 번째 전자껍질에 6개의 전자를 가지고 있으며 원자가껍질을 채우기 위해서는 2개의 전자가 더 필요하다. 두 개의 산

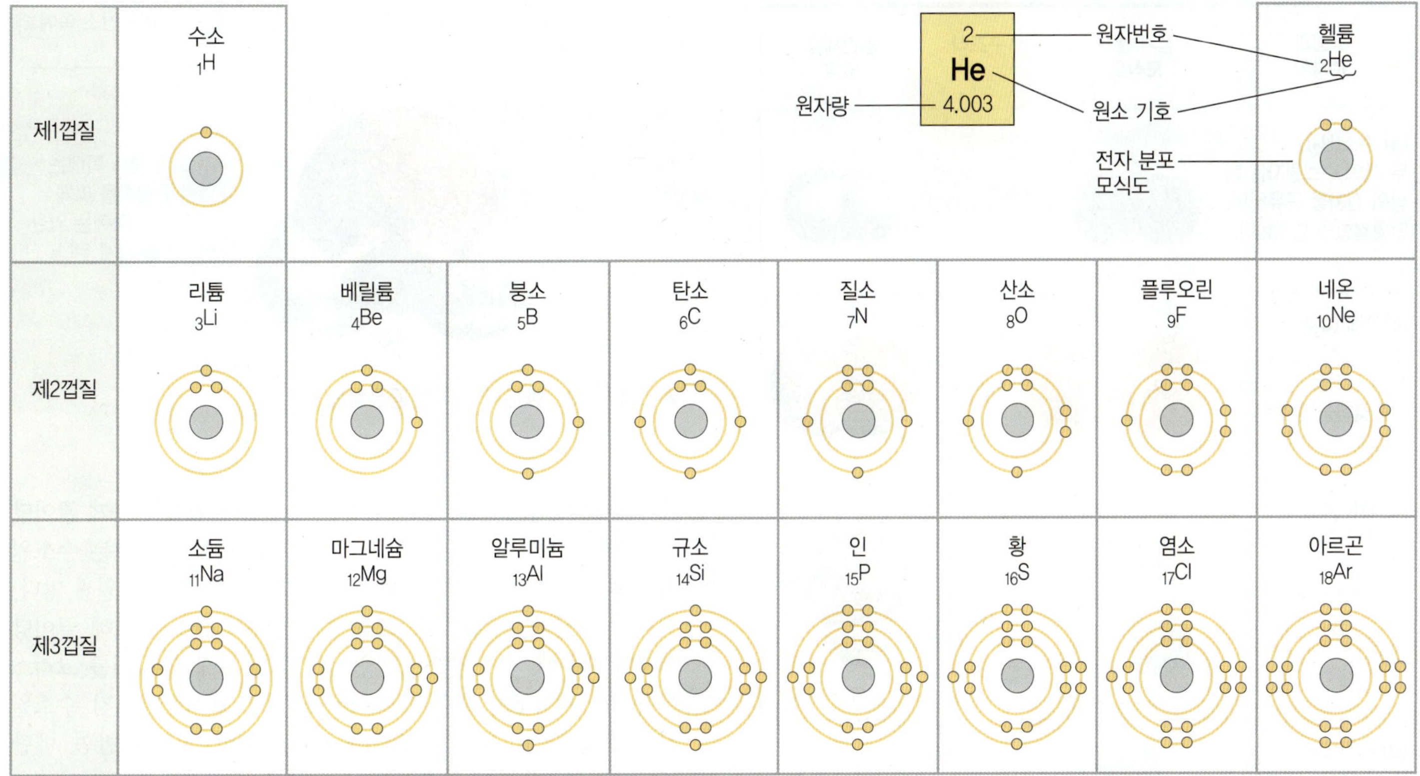

▲ **그림 2.6 원소 주기율표에서 처음 18개 원소의 전자분포 모식도.** 표준 주기율표(부록 B 참조)에서는 보조칸에 나타난 헬륨의 예와 같이, 각 원소의 정보를 표시한다. 이 표의 모형에서 전자는 노란 구로 표시되어 있고 전자껍질은 동심원으로 나타나 있다. 이 모형은 전자껍질에서 원자의 전자들 분포를 쉽게 보이게 하기 위한 것일 뿐, 이 단순화시킨 모델은 원자의 모습과 전자의 위치를 정확하게 표현하는 것은 아니다. 원소들은 횡으로 배열되어 있고 전자껍질에 전자가 하나씩 채워지고 있다. 전자가 채워질 때는 가장 에너지 준위가 낮은 껍질부터 채워진다.

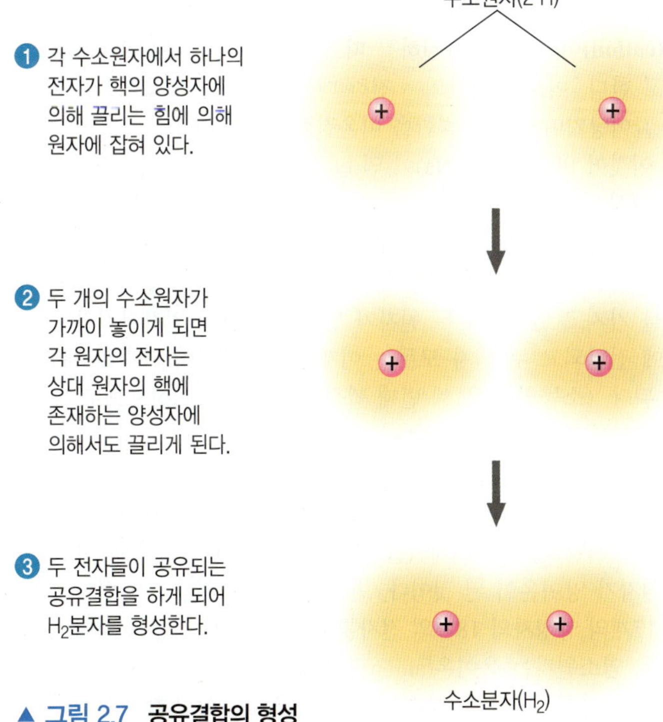

▲ **그림 2.7 공유결합의 형성**

소원자는 두 쌍의 원자가전자를 공유함으로써 산소분자를 형성한다(그림 2.8b). 이때 두 원자는 **이중결합(double bond)**으로 묶여 있다(O═O).

원자가전자를 공유하는 각 원자들은 그들이 형성할 수 있는 공유결합의 수에 해당하는 만큼의 결합능력을 가지고 있다. 결합으로 인해 원자들의 원자가껍질에 전자가 완전히 채워지게 된다. 예를 들어, 산소의 결합능력은 2이다. 이러한 결합능력은 **원자가(valence)**라고 하며 보통 원자의 최외각에 있는 원자가껍질을 채우는데 필요한 전자의 수와 같다. 그림 2.6에서 수소의 원자가는 1이며 산소의 경우 2, 질소는 3, 탄소는 4라는 것을 알 수 있다.(주기율표의 세 번째 열에 있는 인의 경우에는 보다 복잡하며, 단일결합과 이중결합의 조합에 따라 원자가가 3 혹은 5가 될 수 있다.)

화합물은 두 개 이상의 다른 원소들의 결합으로 생긴 것이라는 화합물의 정의로 인해 수소분자 H_2와 산소분자 O_2는 화합물이 아닌 순수 원소이다. H_2O의 분자식을 갖는 물은 화합물이다. 산소원자 한 개의 원자가를 만족시키기 위해서는 두 개의 수소원자가 필요하다. 그림 2.8c에서 물분자의 구조를 볼 수 있다.

메탄은 천연가스의 주성분이며 CH_4의 분자식을 갖는 화합물이다. 탄소원자는 원자가가 4이므로 하나의 탄소원자에는 원자가가 1인 수소원자 4개가 결합할 수 있다(그림 2.8d).

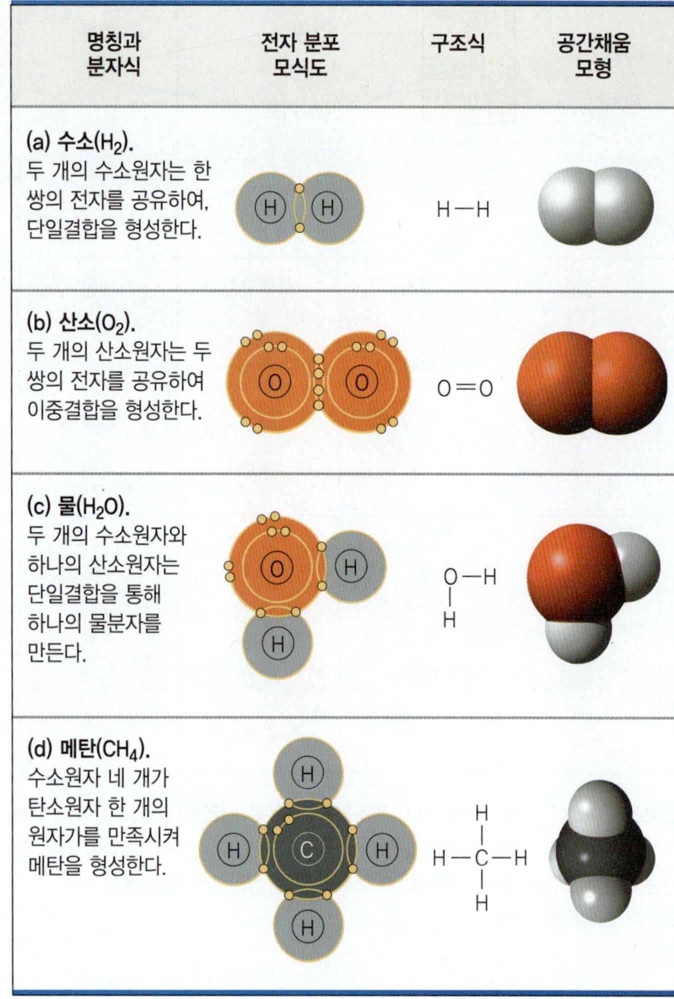

▲ **그림 2.8** **네 가지 분자의 공유결합.** 원자의 원자가껍질을 채우기 위해 필요한 전자의 개수는 일반적으로 원자가 형성하는 공유결합의 개수를 결정한다. 이 그림은 공유결합을 표시하는 여러 가지 방법을 보여준다.

분자 내의 원자들은 원소의 종류에 따라 상이한 힘으로 공유 전자를 끌어당긴다. 특정 원자가 공유결합에 관여하는 전자를 끌어당기는 힘을 **전기 음성도(electronegativity)**라고 한다. 원자의 전기 음성도가 높을수록 공유하고 있는 전자를 더욱 강하게 끌어당긴다. 같은 원소의 두 원자 사이에서의 공유결합인 경우 두 원자의 전기 음성도가 같으므로 공유되고 있는 전자를 두고 벌이는 줄다리기는 팽팽하고 전자가 두 원자에 의해서 똑같이 공유된다. 이러한 결합을 **비극성 공유결합(nonpolar covalent bond)**이라고 한다. 예를 들어, H_2의 단일결합은 비극성이며 O_2의 이중결합도 비극성 결합이다. 그러나 하나의 원자가 전기 음성도가 높은 다른 원자와 결합하는 경우, 결합에 관여하는 전자는 두 원자에 의해서 동일하게 공유되지 않는다. 이러한 결합을 **극성 공유결합(polar covalent bond)**이라고 한다. 이러한 결합에서 극성의 정도는 두 원자 사이의 전기 음성도 차이에 따라 다양하다. 예를 들어, 물분자에서 산소와 수소원자 사이의 결합은 매우 높은 극성을 띤다(그림 2.9). 산소는 모든 원소 중 전기 음성도가 가장 높은 원소

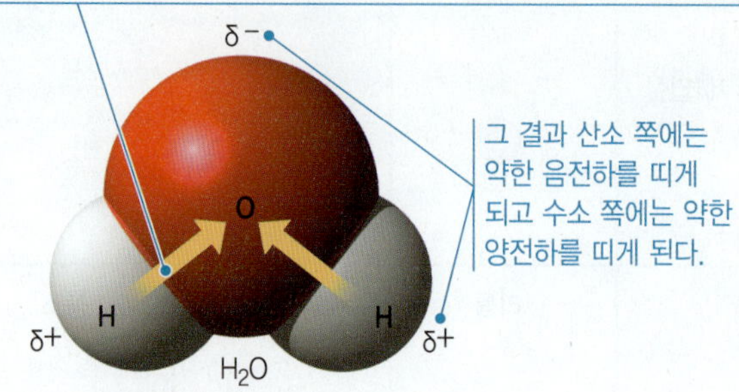

▲ **그림 2.9** **물분자의 극성 공유결합**

중 하나로서, 공유되고 있는 전자를 수소보다 훨씬 강하게 끌어당기기 때문이다. 산소와 수소 사이의 공유결합에서 전자는 수소원자의 핵보다는 산소원자의 핵 주변에 위치하는 시간이 훨씬 많다. 전자는 음전하를 띠고 있으므로 물분자에서 산소를 향해 끌어당겨지기 때문에, 산소원자는 약한 음전하를 띠게 되며(이를 그리스 문자 δ를 써서 δ−, 혹은 "delta minus"라고 표시한다), 각 수소원자는 약한 양전하를 띠게 된다(δ+, 혹은 "delta plus"). 반면, 메탄(CH_4)에서의 각 결합은 탄소와 수소의 전기 음성도가 유사하므로 훨씬 작은 극성을 띤다.

이온결합

어떤 경우는 두 원자가 원자가전자를 끄는 힘의 차이가 매우 커서 전기 음성도가 높은 원자가 상대방으로부터 전자를 완전히 빼어내기도 한다. 결과적으로 생겨나는 반대 전하를 띠고 있는 원자(혹은 분자)를 **이온(ion)**이라고 한다. 양전하를 띠는 이온을 **양이온(cation)**이라 하며, 음전하를 띠고 있는 이온을 **음이온(anion)**이라고 한다. 이들의 상반되는 전하 때문에 양이온과 음이온은 서로를 끌어당기며 이러한 결합을 **이온결합(ionic bond)**이라고 한다.

이것이 바로 소듐($_{11}Na$)이 염소($_{17}Cl$)를 만나 결합할 때 일어나는 현상이다(그림 2.10). 소듐원자는 전체 11개의 전자를 가지고 있으며 3번째 전자껍질에 하나의 원자가전자를 가지고 있다. 염소원자는 전체 17개의 전자를 가지고 있으며 원자가껍질에 7개의 전자를 가지고 있다. 이 두 원자가 만나면 소듐의 원자가전자가 염소에 전달되고 두 원자 모두는 이제 원자가껍질이 완전히 채워지게 된다. (소듐의 경우 세 번째 껍질의 전자가 없어졌으므로 두 번째 껍질이 원자가껍질이 된다.)

두 원자 사이의 전자 이동은 결국 하나의 음전하가 소듐원자에서 염소원자로 이동함을 의미한다. 따라서 소듐은 11개의 양성자를 가지지만 전자는 10개만을 가져 1+라는 전하를 띠게 된다; 소듐원자가 양이온이 된 것이다. 반대로 염소원자는 전자 하나를 얻어 17개의 양성자와 18개의 전자를 갖게 되어 1−라는 전하를 띠게 된다; 염소원자는 음이온(anion)인 염화이온이 된 것이다.

이온결합에 의해 형성되는 화합물을 **이온화합물(ionic compound)**, 혹은 **염(salt)**이라고 한다. 이온화합물인 염화나트륨

▶ **그림 2.10 전자의 전달과 이온결합.** 반대 전하를 띠고 있는 원자, 이온들 사이의 인력이 이온결합이다. 즉, 이온결합은 반대 전하를 띠고 있는 어떠한 이온들 사이에서도 일어날 수 있으며, 심지어, 이온결합에 관여하는 이온들이 서로 간의 전자전달에 의해서 형성되지 않은 경우에도 일어날 수 있다.

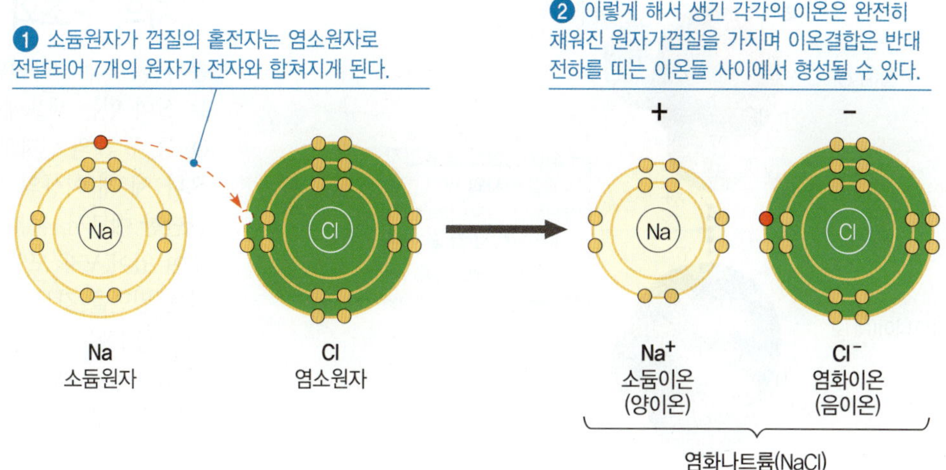

(NaCl)이 바로 음식에 사용되는 소금이다(**그림 2.11**). 염은 보통 자연상태에서는 다양한 크기와 모양의 결정구조로 발견된다. 이들 결정은 매우 많은 양이온과 음이온들이 전기적인 힘에 의해 결합하여 3차원적인 격자 모양으로 배열되어 있는 것이다. 일정한 숫자의 원자들로 구성되고 일정한 크기를 갖는 분자로 구성되는 공유결합 화합물과는 달리, 이온화합물은 분자들로 구성되어 있지 않다. NaCl 등의 이온화합물을 나타내는 화학식은 염의 결정에서 원소들의 비율을 의미할 뿐이다. "NaCl" 자체가 분자는 아니다.

모든 염들이 동일한 숫자의 양이온과 음이온을 갖는 것은 아니다. 예를 들어, 이온화합물 염화마그네슘($MgCl_2$)은 하나의 마그네슘이온과 두 개의 염화이온의 비율로 이루어져 있다. 마그네슘($_{12}Mg$)은 원자가껍질이 완전히 채워지기 위해서는 두 개의 전자를 잃어야 하므로 2+의 전하를 띠는 양이온(Mg^{2+})이 되려는 경향을 가지고 있다. 따라서 하나의 마그네슘 양이온은 두 개의 염소 음이온(Cl^-)과 이온결합을 형성할 수 있다.

이온이라는 용어는 전하를 띠고 있는 분자들에도 적용될 수 있다. 예를 들어, 염화암모늄(NH_4Cl)의 경우 음이온은 하나의 원자에서 생긴 염화이온(Cl^-)이지만, 양이온의 경우는 하나의 질소원자가 네 개의 수소원자와 공유결합하고 있는 암모늄이온(NH_4^+)이다. 이 암모늄이온이 전자가 하나 부족해서 1+의 양전하를 띠는 것이다.

환경요인이 이온결합의 세기에 영향을 미친다. 수분이 없는 염결정의 경우 결합이 너무 강해 이 결정을 둘로 깨기 위해서는 망치와 정이 필요하다. 그러나 동일한 염결정이 물에 녹아 있으면 각각의 이온들은 물분자와의 결합으로 인한 부분적인 차폐효과 때문에 이온결합은 매우 약해진다. 염은 건조된 상태로 존재할 때 매우 안정하면서 물에 쉽게 녹을 수 있기 때문에 대부분의 약은 염 상태로 제조된다.

▲ **그림 2.11 소금(NaCl) 결정.** 소듐이온(Na^+)과 염화이온(Cl^-)은 이온결합에 의해 서로 잡아당겨진다. 염화나트륨의 화학식 NaCl은 Na^+과 Cl^-의 비율이 1:1임을 의미한다.

약한 화학결합

생물체에서 가장 강력한 화학결합은 공유결합으로 원자들을 연결시켜 세포 내의 분자들을 만든다. 그러나 분자 내에서의 혹은 분자 사이의 약한 결합 역시 세포에서 매우 중요하며 생명체의 창발적 특징에 중요하게 기여한다. 여러 커다란 생체분자들은 약한 결합에 의해 기능을 나타내는 형태가 된다. 게다가, 세포 내에서 두 분자가 가까이 놓이게 되면 이들은 약한 결합에 의해서 일시적으로 붙을 수 있다. 약한 결합의 가역성은 유리한 면이 있다: 두 분자가 접근하여 어떤 방식으로든 반응한 후 다시 분리될 수 있다.

여러 종류의 약한 화학결합은 생명체에 중요하다. 그 중 하나는 앞에서 보았듯이 물에서 쉽게 녹는 이온들 사이의 이온결합이다. 수소결합과 반데르발스 상호작용 역시 생명체에 매우 중요하다.

수소결합

여러 가지 약한 화학결합 중 수소결합은 특별히 주목해야 할 정도로 생명체 내에서의 화학에서 핵심이다. 수소원자가 전기 음성도가 높은 원자와 공유결합을 하게 되면, 수소원자는 약한 양전하를 가지게 되어 주변의 또 다른 전기 음성도가 높은 원자에 끌리게 된다. 이러한 수소원자와 전기 음성도가 높은 원자 사이의 비공유 인력을 **수소결합(hydrogen bond)**이라고 한다. 살아 있는 세포 내에서 수소결합에 관여하는 전기 음성도가 높은 원자는 보통 산소

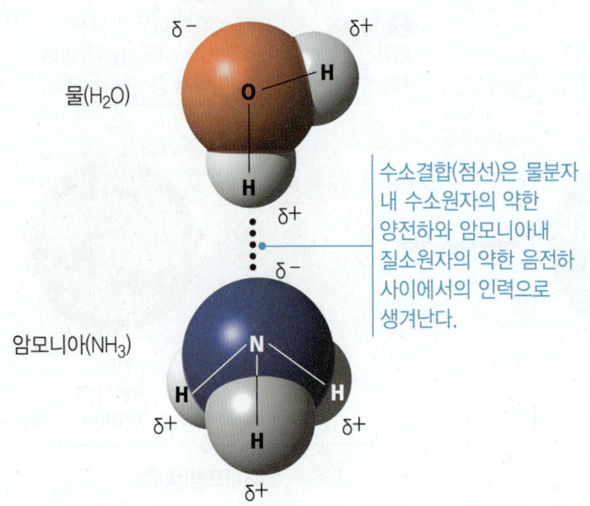

▲ 그림 2.12 **수소결합**

혹은 질소이다. 물(H_2O)과 암모니아(NH_3) 사이의 간단한 수소결합을 보려면 그림 2.12를 참조하라.

반데르발스 상호작용

비극성 공유결합으로 이루어진 분자도 약한 양전하와 음전하를 띤 부위를 가질 수 있다. 이러한 분자 내에서 전자들은 항상 대칭으로 균등하게 분포되어 있는 것이 아니라 경우에 따라서는 우연히 분자의 한 부분에 집중적으로 위치하기도 한다. 그 결과 완전히 음전하, 혹은 양전하를 띠는 부분이 생겨서 모든 원자, 혹은 분자들이 서로 결합할 수 있다. 이 각각의 **반데르발스 상호작용(van der Waals interactions)**은 매우 약하고, 원자나 분자들이 매우 가깝게 놓일 때에만 일어날 수 있다. 그러나 이러한 상호작용이 동시에 많이 일어나면 강력해질 수 있다: 반데르발스 상호작용으로 도마뱀붙이(gecko lizard)가, 그림에서 볼 수 있듯이 벽을 기어 올라갈 수 있다. 이 도마뱀의 발가락에는 수십만 개의 작은 털이 있으며 이 털끝은 여러 갈래로 나누어져 있어 벽과 접촉하는 표면을 최대화시키는 데 도움이 된다. 털끝에 있는 분자들과 벽면의 분자들 사이에 매우 많은 반데르발스 상호작용이 생겨 개개의 결합은 매우 약하지만 전체적으로 도마뱀붙이의 몸무게를 견딜 수 있도록 해준다. 이러한 발견으로 Geckskin이라고 불리는 인조 접착제가 개발되었다: 색인카드 정도 크기의 패치로 320 kg이 나가는 물체를 벽에 붙일 수 있다.

반데르발스 상호작용과 수소결합, 물속에서의 이온결합, 그 외 약한 결합은 분자들 사이에서뿐만 아니라 단백질 같은 하나의 커다란 분자 내의 특정 부분 사이에서도 형성된다. 약한 결합들이 모여서 커다란 분자의 3차원 구조를 유지시키는 힘이 되고 있다.

분자의 구조와 기능

분자들은 각각 자신의 특징적인 크기와 모양을 가지고 있으며, 이는 살아 있는 세포에서의 분자 기능에 있어서 매우 중요하다. H_2나 O_2 등 두 개의 원자로 이루어진 분자는 항상 직선구조를 가지고 있으나 세 개 이상의 원자로 이루어진 분자는 그 구조가 복잡하다. 간단한 예로서, 물분자(H_2O)의 경우 두 공유결합이 104.5°의 각도로 꺾여 있어 V자 모양을 하게 된다(그림 2.13). 메탄분자(CH_4)는 삼각형 밑면을 갖는 피라미드 형태인 사면체 구조를 갖는다. 탄소의 핵은 중심에 위치해 있고 4개의 공유결합은 사면체의 각 구석에 놓여 있는 수소원자의 핵을 향해 방사상으로 뻗어 있는 형태이다. 생체물질을 구성하는 많은 분자들처럼 여러 개의 탄소원자를 갖는 커다란 분자들은 전체적으로 보다 복잡한 구조를 갖는다. 그러나 이러한 복잡한 분자에서, 4개의 다른 원자와 결합하고 있는 탄소원자의 사면체 구조가 단위체로서 반복되는 경우가 많다.

분자구조는 생물학에 있어서 매우 중요하다: 분자구조가 어떻게 생체분자들이 서로를 특이적으로 인지하고 반응할 것인가를 결정한다. 생체분자들은 종종 약한 결합을 형성함으로서 일시적으로 결합하지만, 이것은 분자들의 구조가 서로 상보적일 때에만 일어난다.

화학반응

화학결합이 형성되고 끊어짐으로써 물질의 구성이 바뀌게 되며 이를 **화학반응(chemical reaction)**이라고 한다. 수소와 산소가 반응하여 물을 만드는 과정을 예로 들어보자.

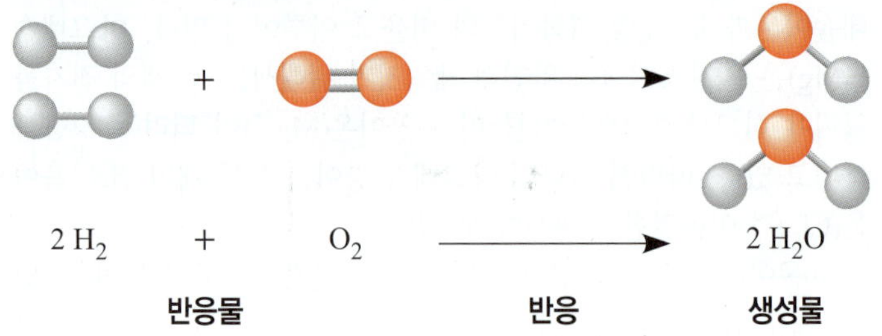

	공간채움 모형	공-막대 모형
물(H_2O)		O, H, H, 104.5°
메탄(CH_4)		H, C, H, H, H

▶ 그림 2.13 **작은 분자**, 두 개의 구조를 나타내는 모델. 물과 메탄, 각 분자는 두 가지 다른 방식으로 나타낼 수 있다.

이 반응에서 H_2와 O_2 내의 공유결합이 끊어지고 H_2O 내의 새로운 결합이 형성된다. 화학반응식을 쓸 때, 화살표는 초기 물질인 **반응물(reactant)**이 **생성물(product)**로 전환되는 것을 의미한다. 계수는 반응에 관여하는 분자의 개수를 의미하여 H_2 앞의 2는 이 반응이 두 분자의 수소를 가지고 시작됨을 말해준다. 반응물의 모든 원자들은 생성물에 그대로 존재한다. 화학반응에서 물질은 보존된다: 화학반응이 원자를 새로 만들거나 분해하는 것이 아니라 단지 원자들 사이의 전자를 재배열할 따름이다.

녹색 식물의 세포에서 일어나는 광합성은 화학반응이 어떻게 물질들을 재배열하는가를 보여주는 매우 좋은 예이다. 인간과 다른 동물들은 궁극적으로는 그들이 필요로 하는 먹이와 산소를 광합성에 의존하고 있으며 이 과정은 거의 모든 생태계의 기반이 된다. 다음의 화학식은 광합성 과정을 요약한 것이다.

$$6\ CO_2 + 6\ H_2O \rightarrow C_6H_{12}O_6 + 6\ O_2$$

광합성 과정의 원료는 이산화탄소(CO_2)와 물(H_2O)이며 이들은 각각 대기와 토양에서 흡수된다. 햇빛이 동력이 되어 식물세포 내에서 이 구성물들이 포도당($C_6H_{12}O_6$)이라는 당과 산소(O_2)로 전환되고 부산물인 산소는 주변 환경에 배출된다(그림 2.14). 광합성은 일련의 많은 화학반응들로 이루어져 있지만 마지막 반응 후에도 여전히 반응 시작 시의 원자의 종류와 개수는 그대로 보존되어 있다. 물질은 햇빛이 제공한 에너지를 이용하여 단순히 재배열된 것이다.

모든 화학반응은 가역적이어서 정반응의 생성물이 다시 반응물이 되는 역반응이 일어난다. 예를 들어, 수소와 질소분자는 결합하여 암모니아를 만들어 내지만 암모니아 역시 분해되어 수소와 질소가 될 수 있다.

$$3\ H_2 + N_2 \rightleftarrows 2\ NH_3$$

양방향을 가리키는 화살표는 이 반응이 가역적임을 의미하고 있다.

화학반응의 속도를 조절하는 요인 중 하나로 반응물들의 농도를 들 수 있다. 반응분자들의 농도가 높을수록 보다 쉽게 분자들끼리 충돌하여 반응함으로써 생성물을 만들어 낼 수 있는 기회가 더 많아지게 된다. 생성물의 경우도 마찬가지이다. 생성물이 축적됨에 따라 이들 간 충돌의 증가로 역방향 반응이 점차 증가한다. 결국 정방향과 역방향 반응이 동일한 속도로 일어나고 생성물과 반응물의 상대적인 농도가 더 이상 변화하지 않게 된다. 이렇게 양쪽 방향의 반응 속도가 동일해지는 때를 **화학평형(chemical equilibrium)**이라고 한다. 이 평형은 동적 평형이다: 반응은 계속적으로 일어나고 있으나 단지 이 반응들이 반응물과 생성물의 농도를 변화시키지 못한다. 평형은 반응물과 생성물의 농도가 동일하다는 의미가 아니며 특정 비율로 이들의 농도가 안정화되어 변하지 않는다는 의미이다. 위의 암모니아와 관련된 화학반응이 평형을 이루었다는 것은 암모니아가 형성되는 속도와 동일한 속도로 분해된다는 것이다. 일부의 화학반응에서 평형을 이루는 점이 오른쪽으로 매우 치우쳐 있어 결국 반응이 멈추게 된다: 즉, 모든 반응물들이 생성물로 바뀌게 된다.

▲ 그림 2.14 **광합성: 태양에너지에 의한 물질의 재배열.** 담수식물인 일로디아(*Elodea*)는 햇빛으로부터 에너지를 받아 일어나는 광합성 과정을 통해, 이산화탄소와 물을 구성하는 원자들을 재배열하여 당을 생산한다. 대부분의 당은 다른 영양분으로 전환된다. 산소(O_2)는 광합성의 부산물이며 사진에서는 물에 잠겨있는 잎에서 빠져나오는 산소방울을 볼 수 있다.

개념 2.3

물의 특성으로 인해 지구상의 생명현상이 가능하다

모든 생명체는 대부분이 물로 이루어져 있고, 물이 대부분인 환경에서 살아간다. 대부분의 세포는 물로 둘러싸여 있으며 세포 자신의 70~95%는 물로 되어 있다. 물이 주변에 흔하게 존재하기 때문에, 매우 특이한 성질을 가지고 있는 귀중한 물질이라는 것을 간과하기 쉽다. 물의 독특한 성질은 물분자의 구조와 이들의 상호작용 때문이다. 물분자를 이루는 원자들 사이의 결합은 극성 공유결합이다. 전자의 불균등한 공유와 물분자의 V자 모양으로 인해 **극성분자(polar molecule)**가 되며 이것은 전체 전하가 불균등하게 분포되어 있음을 의미한다. 물분자의 산소 쪽은 약한 음전하($\delta-$)를 띠고, 각각의 수소 쪽은 약한 양전하를 띤다($\delta+$).

물의 특별한 성질은 반대 전하를 띠고 있는 물분자들의 원자들 사이의 인력에서 생긴다. 한 물분자의 약한 양전하를 띠고 있는 수소는 근처 다른 물분자의 약한 음전하를 띠고 있는 산소에 끌리게 된다. 따라서 두 물분자는 수소결합에 의해 결합하게 된다. 물이 액체상태로 존재하면, 물분자 사이의 수소결합은 결합력이 공유결합의 1/20 정도밖에 되지 않아, 끊어지기 매우 쉽다. 수소결합은 끊임없이 생기고, 끊어지고, 다시 생겨난다. 각각의 수소결합은

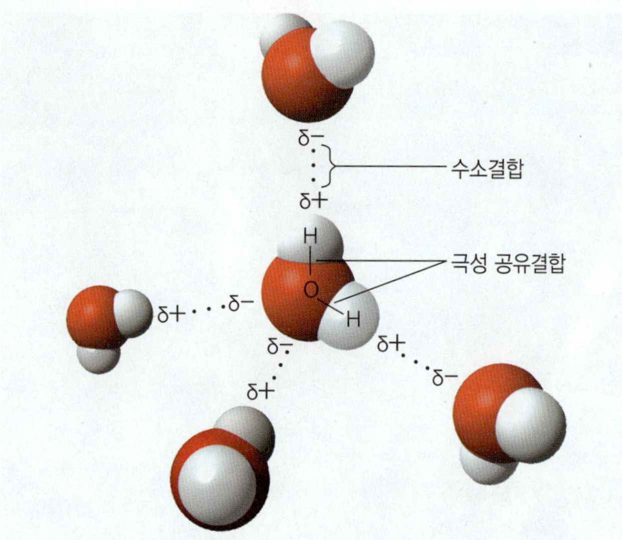

▲ **그림 2.15 물분자 간의 수소결합.** 물분자가 전하를 띠는 부분을 갖는 것은 극성 공유결합 때문이다. 인접한 물분자들의 반대 전하 부위들이 서로 끌어당겨 수소결합을 이루게 된다. 각 분자는 다수의 물분자와 수소결합을 할 수 있으며, 이들의 결합 상태는 계속 변한다.

수조분의 1초 정도밖에 지속되지 않지만, 물분자들은 지속적으로 다른 상대 분자와 새로운 수소결합을 형성한다. 따라서 어떤 순간에도 대부분의 물분자가 이웃하고 있는 분자들과 수소결합으로 연결되어 있다(**그림 2.15**). 물이 가지는 특별한 성질은 수소결합에 기인하며, 수소결합이 물분자들을 조직하여 고도의 구조적 체계를 만든다. 지구가 생명체가 살기에 적당한 환경이 되게끔 해주는 물의 네 가지 창발적 특징인 응집현상과 온도조절 능력, 동결팽창, 다양한 용질을 녹이는 용매로서의 성질에 대해서 살펴볼 것이다. 마지막에는 물의 화학적 특성에서 중요한, 산과 염기에 대해서 논의할 것이다.

물분자의 응집

물분자들은 수소결합으로 인해 가까이 붙어 있다. 어떤 특정 순간에도 액체상태의 물에서 많은 분자들은 수소결합 여러 개로 연결되어 있다. 이러한 결합으로 인해 물은 대부분의 다른 액체들보다 구조적으로 체계화되어 있다. 종합적으로, 수소결합은 물질들을 함께 잡아주는 역할을 하는데, 이 현상을 **응집(cohesion)**이라고 한다.

식물체에서, 물과 물에 녹아 있는 양분은 수소결합에 의한 응집으로 중력을 거슬러 수송될 수 있다(**그림 2.16**). 잎에서 물이 증발될 때, 수소결합으로 인해 잎맥을 떠나는 물분자가 아래에 있는 분자를 끌어당기게 되고, 위로 잡아당겨지는 힘은 물수송 세포를 따라 뿌리끝까지 전달된다. 한 물질이 다른 물질에 들러붙는 성질인 **흡착(adhesion)**도 일정 부분 역할을 한다. 물분자가 수소결합에 의해 세포벽에 흡착되는 힘이 중력에 의한 아래 방향으로의 잡아당기는 힘을 상쇄하는 데 도움을 준다.

물은 수소결합으로 인해 대단히 큰 표면장력을 가지고 있으며,

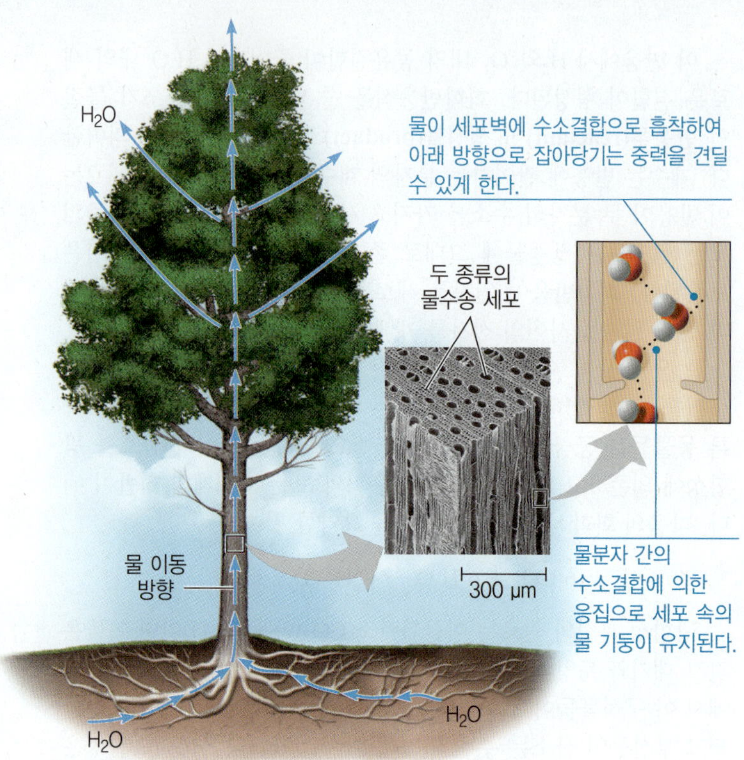

▲ **그림 2.16 식물에서 물의 수송.** 잎에서의 증발로 인해 물이 물수송 세포를 통해 뿌리에서 위로 끌려 올라간다. 응집과 흡착의 특성으로 인해, 커다란 나무에서는 100 m 이상의 높이로 물을 수송할 수 있으며, 이 높이는 뉴욕의 엠파이어스테이트빌딩 높이의 약 1/4에 해당된다.

이로 인해 물 표면이 보이지 않는 필름으로 덮여 있는 것처럼 작용한다. 물잔에 물을 정량보다 약간 많이 부으면 표면장력을 바로 확인할 수 있다: 물은 잔의 테두리를 넘어서까지 담겨 있을 것이다. **그림 2.17**에서 보이는 거미는 물의 표면장력 때문에 물 표면을 끊어뜨리지 않고 물웅덩이를 건널 수 있는 것이다.

물의 온도 조절 능력

물은 공기의 온도가 높으면 열을 흡수하고 온도가 낮으면 열을 방출함으로써 기온을 일정하게 조절한다. 물은 자기 자신의 온도를 약간만 변화시켜 상대적으로 많은 양의 열을 흡수, 또는 방출할 수 있어 열 저장소로 매우 효과적이다.

▼ **그림 2.17 물 위를 걷기.** 물분자의 수소결합의 종합적 힘에 의해 생기는 높은 표면장력으로 인해 뗏목거미가 연못 위를 걸을 수 있다.

열과 온도

움직이는 모든 물체는 **운동에너지(kinetic energy)**를 가진다. 원자와 분자는 특정한 방향성을 가지지는 않지만 항상 움직이고 있기 때문에 운동에너지를 가진다. 분자가 빨리 움직일수록 운동에너지는 커진다. 원자와 분자의 불규칙한 운동과 관련된 운동에너지를 **열에너지(thermal energy)**라고 부른다. 열에너지가 온도와 관련성이 있기는 하지만, 이 둘은 동일한 개념이 아니다. **온도(temperature)**는 부피와 상관없이 물체를 이루는 분자들의 평균 운동에너지를 나타내는 데 반해, 물체의 열에너지는 전체 운동에너지이며 따라서 그 물질의 부피에 따라 달라진다.

서로 다른 온도를 가지는 두 물체가 만나게 되면, 열에너지는 두 물체의 온도가 같아질 때까지 따뜻한 쪽에서 차가운 쪽으로 이동한다. 따뜻한 물체의 열에너지를 이용하여 차가운 물체의 분자들의 운동이 빨라진다. 얼음조각으로 음료수를 차갑게 할 수 있는 것은 음료수에 냉기를 넣어줌으로써가 아니라 얼음이 녹을 때 액체의 열에너지를 흡수하기 때문이다. 하나의 물체에서 다른 물체로 전달되는 열에너지를 **열(heat)**이라고 한다.

이 책에서 열을 나타내는 편리한 단위 하나는 **칼로리(calorie, cal)**이다. 1칼로리는 1 g 물의 온도를 1℃ 올리는 데 필요한 열량이다. 반대로, 1칼로리는 1 g 물의 온도가 1℃ 내려갈 때 내는 열량이기도 하다. 1**킬로칼로리(kilocalorie, kcal)**는 1,000칼로리이며, 1 kg의 물을 1℃ 올리는 데 필요한 열량이다. (식품 포장에 표시된 칼로리는 실제로는 킬로칼로리이다.) 이 책에서 사용된 열량을 표시하는 또 다른 단위는 **주울(joule, J)**이다. 1 J은 0.239칼로리에 해당한다: 1칼로리는 4.184 J이다.

물의 높은 비열

물이 온도를 안정화시킬 수 있는 능력은 물의 비교적 높은 비열에 기인한다. 특정 물질의 **비열(specific heat)**은 그 물질 1 g의 온도가 1℃ 변화되는 데 필요한 열량으로 정의된다. 1 g 물의 온도를 1°C 올리는 데 필요한 열량을 1칼로리라고 정의하였으므로 물의 비열은 1이며 1 cal/g·℃로 표기한다. 다른 대부분의 물질들에 비해서 물은 매우 높은 비열을 가지고 있다. 그 결과, 물은 일정량의 열을 흡수하거나 방출할 때 온도변화가 작다.

물의 다른 성질들과 마찬가지로 물이 높은 비열을 가지는 원인은 수소결합 때문이다. 수소결합을 끊기 위해서는 열이 흡수되어야 하고, 수소결합이 형성될 때 열이 방출된다. 1칼로리의 열은 물 온도를 상대적으로 적게 변화시키는데, 그 이유는 대부분의 열이 물분자들의 운동을 빠르게 하기 전에 수소결합을 끊는 데 사용되기 때문이다. 물의 온도가 약간 떨어지면, 많은 부가적인 수소결합이 생기고 상당한 양의 에너지가 열이라는 형태로 방출된다.

물의 비열이 높다는 것과 지구상의 생명현상은 무슨 관련이 있을까? 엄청난 양의 물은 낮 시간 동안과 여름에 태양으로부터 오는 거대한 양의 열을 흡수해서 저장하면서도 온도는 단지 몇 도만이 증가한다. 밤과 겨울에는 천천히 온도가 내려가는 물이 공기를 따뜻하게 해 줄 수 있다. 이러한 물의 능력이 해변지역의 기후를 온화하게 해준다(그림 2.18). 또한 물의 높은 비열이 바다의 온도를 안정화시켜 해양생물에게 살기에 좋은 환경을 만들어낸다. 뿐만 아니라, 물의 높은 비열은 지구의 대부분을 덮고 있는 물이 땅과 물속에서 생명체가 살 수 있는 정도의 범위 내로 온도 변화를 제한하는 역할을 하고 있는 것이다. 또한 생명체도 주로 물로 이루어져 있으므로, 온도 변화를 적게 할 수 있다.

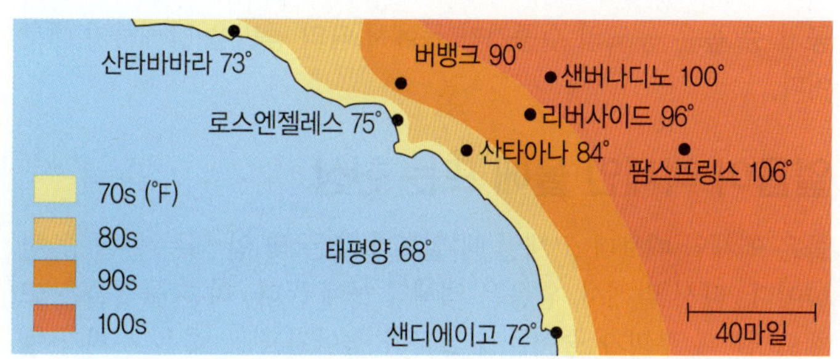

▲ 그림 2.18 **8월 낮, 태평양과 남부 캘리포니아의 온도**

증발냉각

액체상태에서 기체상태로의 변화를 증발(vaporization, 혹은 evaporation)이라고 한다. 액체가 가열되면, 분자들의 평균 운동에너지가 증가하고, 액체는 보다 빠르게 증발될 것이다.

기화열(heat of vaporization)은 1 g의 액체가 기체상태로 변하기 위해 흡수해야 하는 열의 양이다. 물이 비열이 높은 것과 같은 이유로, 대부분의 다른 액체에 비해 높은 기화열을 갖는다. 25℃의 물 1 g을 증발시키기 위해서 약 580칼로리의 열이 필요하며 이는, 예를 들어, 알코올 1 g을 증발기키는데 필요한 열의 거의 두 배에 달한다. 물의 높은 기화열은 수소결합으로 인해 생기는 또 다른 성질이며, 이 수소결합이 끊어진 후에 분자들이 액체상태에서 빠져나갈 수 있다.

물을 증발시키기 위해서 많은 양의 에너지가 필요하다는 것은 다양한 효과를 낳는다. 예를 들어, 지구 전체적으로는 지구의 기후를 온화하게 해준다. 적도지방의 바다에서 흡수되는 상당량의 태양열은 표면의 물을 증발시키는 데 사용된다. 그리고, 습도가 높은 적도의 공기가 극 쪽으로 순환되어 응축되고 비를 뿌리면서 열을 방출한다. 생명체 수준에서는 물의 높은 기화열은 증기에 의한 심각한 화상을 유발한다. 이 화상은 증기가 피부에서 액체로 응축되면서 방출되는 열에너지 때문에 생긴다.

액체가 증발할 때, 그 아래 남아 있는 액체의 표면이 냉각된다. **증발냉각(evaporative cooling)**은 가장 커다란 운동에너지를 가지고 있는, 즉 가장 뜨거운 분자들이 기체상태로 떠날 가능성이 높기 때문에 일어난다.

물의 기화열은 호수와 연못의 안정적인 온도 유지에 기여할 뿐만 아니라, 육상동물들의 체온이 너무 높아지는 것을 방지하는 기작을 제공한다. 예를 들어, 식물의 잎에서 일어나는 물의 증발로 인해 햇빛 아래에서 잎의 조직들이 너무 데워지지 않는다. 사람 피부에서 땀의 증발은 더운 날, 혹은 과격한 운동에 의해 과도한 열이 생겨날 때 체온을 발산해주어 체온이 과도하게 증가되는 것을 막아준다. 더운 날에 습도가 높으면 불쾌감이 증가하는데, 이는 공기 중 높은 농도의 수증기가 몸에서 땀의 증발을 방해하기 때문이다.

얼음이 액체인 물에 뜨는 현상

물은 액체일 때보다 고체일 때 밀도가 낮은 몇 안 되는 물질 중 하나이다. 다시 말해서, 얼음은 액체인 물에 뜬다. 다른 물질들은 고체로 될 때 부피가 줄어들어 밀도가 높아지지만, 물은 부피가 팽창한다. 이러한 기이한 양태도 수소결합에 기인한다. 4℃ 이상의 온도에서는, 물은 다른 액체들과 마찬 가지로 따뜻해지면 부피가 늘어나고, 차가워지면 부피가 줄어든다. 온도가 4℃에서 0℃로 떨어지면, 물분자들의 움직임이 수소결합을 깰 수 없을 정도로 느려져서 물이 얼게 된다. 0℃에서 물분자들은 결정격자 속에 고정되게 되고, 각 물분자는 4개의 이웃하는 물분자와 수소결합을 한다(그림 2.19). 수소결합은 물분자들을 "팔의 길이"만큼 떨어져 있게 하며, 이 거리는 얼음이 4℃의 물보다 약 10% 정도 밀도가 낮게 해준다. 얼음이 0℃ 이상으로 온도가 올라갈 정도로 열을 흡수하면, 분자들 사이의 수소결합은 끊어진다. 결정이 붕괴됨에 따라 얼음은 녹고 분자들은 쉽게 서로 미끄러져 들어가 더 가까이 위치하게 된다. 물은 4℃에서 가장 큰 밀도를 갖고 그 이상에서 분자의 운동이 빨라짐에 따라 부피가 늘어나기 시작한다.

얼음이 낮은 밀도 때문에 물 위에 뜨는 능력은 생명체가 살기에 적절한 환경을 만드는 데 중요한 요인이다. 얼음이 물에 뜨지 않고 가라앉는다면, 결국 모든 연못과 호수, 심지어 바다까지 얼게 되어 고체화되고 우리가 알 수 있듯이 지구상에서 생명체는 살 수 없을 것이다. 여름에 단지 위쪽 몇 인치 정도의 바다만 녹을 것이다. 대신, 깊은 곳의 물이 차가워지면, 물위에 뜬 얼음이 아래 액체상태의 물을 보온하여 얼지 않게 하고, 얼어 있는 표면 아래에서 생명체가 존재할 수 있게 해준다.

물: 생명의 용매

컵 속의 물에 들어간 설탕 덩어리는 녹게 된다. 결국 설탕과 물이 균질하게 혼합된 용액이 될 것이며 녹은 설탕의 농도는 그 용액에서는 어디에서나 동일하다. 두 개 이상의 물질이 완전히 균질한 상태로 섞여 있는 것을 **용액(solution)**이라고 한다. 녹이는 물질은 **용매(solvent)**, 녹는 물질을 **용질(solute)**이라고 한다. 이 경우에는 물이 용매, 설탕이 용질이다. **수용액(aqueous solution)**은 물이 용매인 용액이다.

물분자의 극성으로 인해, 물은 매우 다양한 물질을 녹일 수 있는 용매이다. 예를 들어, 이온화합물 염화나트륨(NaCl), 식용 소금 한 스푼을 물에 넣는다고 생각해보자(그림 2.20). 소금 덩어리, 혹은 결정의 표면에서는 소듐과 염화이온이 용매에 노출될 것이다. 이들 이온과 물분자의 특정 부위는, 이들이 가지고 있는 반대 전하에 의해서 서로 끌어당겨진다. 물분자의 산소 부분은 음전하를 띠고 있어 소듐 양이온 쪽으로 끌어당겨진다. 수소가 있는 부위는 양전하를 띠고 있고 염화 음이온 쪽으로 당겨진다. 그 결과, 물분자들이 소듐이온과 염화이온을 둘러싸, 이 이온들을 분리시키게 된다. 물분자들이 각각의 용해된 이온을 둘러싸 구형을 이루고 있는 것을 **수화껍질(hydration shell)**이라고 한다. 소금 결정의 바깥 표면에서부터 안쪽으로 이와 같은 일이 계속 진행되면 물은 모든 이온을 용해시키게 된다. 그 결과 용매인 물에 두 용질, 소듐 양이온과 염화 음이온이 균질하게 섞여 있는 용액이 된다. 다른 이온화합물 역시 물에 녹는다. 예를 들어 바닷물에는 매우 다양한 종류의 이온들이 녹아 있고, 살아 있는 세포에도 마찬가지이다.

특정 화합물이 물에 녹기 위해서 이온화될 필요는 없다; 설탕처럼 비이온성 극성분자로 이루어진 여러 화합물도 물에 녹는다. 물분자가 이러한 화합물과 수소결합을 형성하면서 각 용질분자를 둘러싸게 되면, 이 화합물은 물에 녹는다. 심지어는 단백질처럼 커다란 분자도 표면에 이온화되어 있는 부위나 극성을 띠는 부위가 있으면 물에 녹을 수 있다(그림 2.21). 많은 다양한 종류의 극성을 띠는 화합물이 여러 이온과 함께 혈액과, 식물의 수액, 모든 세포 내의 액체 등 생체액의 물에 녹아 있다.

◀ 그림 2.19 **얼음: 결정구조와 떠 있는 장벽.** 얼음에서는 각 물분자가 인접한 네 개의 분자와 수소결합을 하며 3차원적 결정을 이루게 된다. 이런 모양의 결정은 공간적인 여유가 있는 상태여서 단위 부피당 물분자의 수가 액체상태에 비해 적다. 즉, 얼음은 액상의 물보다 밀도가 낮다. 물에 떠 있는 얼음은 장벽이 되어 위쪽의 차가운 공기로부터 아래쪽의 액체상태의 물을 보호한다. 사진에 보이는 해양생물은 크릴새우의 일종이며, 남극 근처 해양의 물에 떠있는 얼음 바로 밑에서 촬영된 것이다.

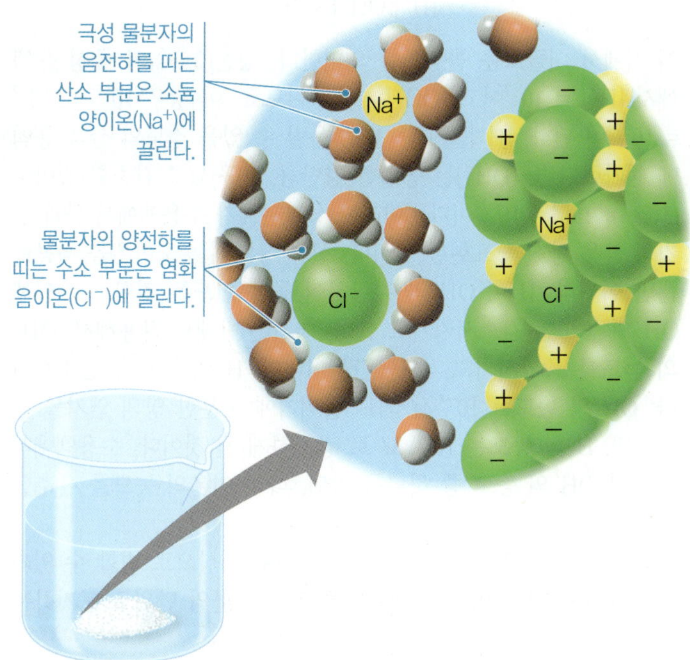

▲ **그림 2.20 물에 용해되는 소금.** 물분자들이 용질이온 각각을 구형으로 둘러싸서 수화 껍질을 형성한다.

친수성 물질과 소수성 물질

물에 대해 친화도를 갖는 물질의 성질을 **친수성(hydrophilic)**이라고 한다. 어떤 물질은 실제로 물에 녹지 않으면서 친수성일 수도 있다. 예를 들어, 세포 내의 매우 큰 분자는 녹지 않는다. 친수성을 띠면서도 물에 녹지 않는 또 다른 예는 식물체의 산물인 목화섬유(면)이다. 면은, 여러 부위에 약한 양전하와 약한 음전하를 가지고 있어서 물과 수소결합 할 수 있는, 거대한 셀룰로스 분자로 이루어져 있다. 물은 이 셀룰로스 섬유에 달라붙는다. 그래서 면으로 만든 수건은 몸을 말리는 데 훌륭한 역할을 수행하면서도 세탁기에서 물에 녹아내리지는 않는 것이다. 셀룰로스는 식물세포의 세포벽에도 존재한다; 이러한 친수성 세포벽에 대한 물의 흡착이, 중력에 역행해서 물이 식물 위쪽으로 이동하는 데 어떻게 도움이 되는지에 대해 앞에서 살펴보았다.

물론 물에 대해 친화도를 갖지 않는 물질도 있다. 이온화되지 않고 비극성인 (혹은 수소결합을 형성하지 않는) 물질은 실제로 물을 밀어내는 것 같다; 이런 물질의 성질을 **소수성(hydrophobic)**이라고 한다. 기름 분자의 소수성 성질은 비극성 공유결합으로 주로 되어 있어 나타나는 성질이며, 이 경우 탄소와 수소 사이의 결합이 전자를 거의 균등하게 공유하고 있다. 기름과 관련된 소수성 분자는 세포막의 주성분이다.

산과 염기

종종, 2개의 물분자 사이의 수소결합에 참여하는 수소원자가 한 분자에서 다른 분자로 넘어가기도 한다. 이러한 일이 생기면, 수소원자는 전자를 남겨두고 실제로 옮겨간 것은 1+의 전하를 띠는 하나의 양성자인, **수소이온(hydrogen ion**, H^+)이다. 하나의 양성자를 잃은 물분자는 **수산화이온(hydroxide ion**, OH^-)으로, 1−의 전하를 띤다. 양성자는 옆의 물분자에 결합하여 **하이드로늄이온**(H_3O^+)이 된다.

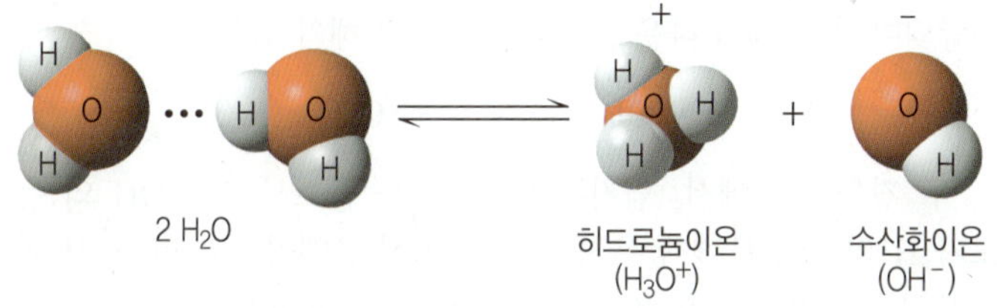

관례적으로 H_3O^+(하이드로늄이온)을 표시할 때 H^+(수소이온)을 사용하므로 여기서도 그 규칙을 따를 것이다. 25°C 순수한 물에서 각 이온의 농도는 10^{-7} M이다.

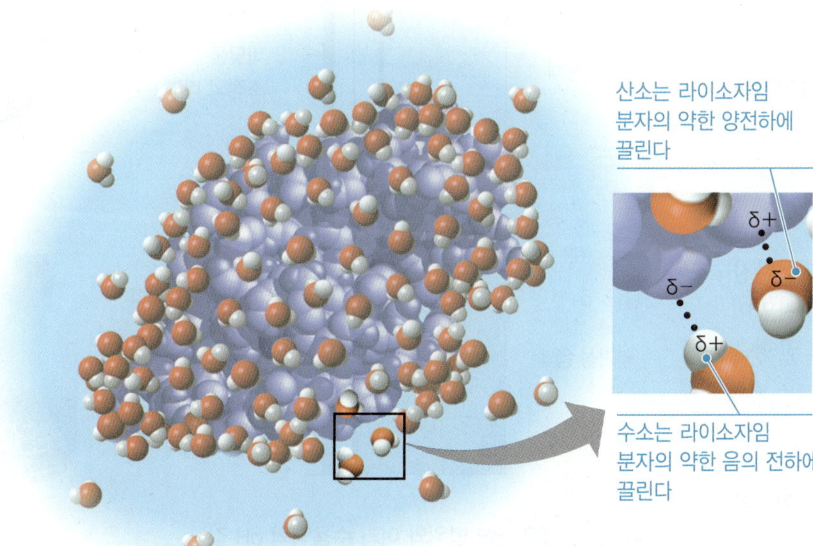

◀ **그림 2.21 수용성 단백질.** 사람의 라이소자임은 눈물이나 침에서 발견되는 항세균 작용을 하는 단백질이다. 이 모델은 물속에서의 라이소자임 분자(보라색)를 보여준다. 이 단백질 표면의 이온성 및 극성 부위가 물분자를 끌어당긴다.

물의 해리는 가역반응이며 확률적으로 드물게 일어나긴 하지만, 생명체의 화학작용에 있어서는 매우 중요한 반응이다. H^+과 OH^-는 반응성이 매우 높다. 이들의 농도 변화는 세포의 단백질과 다른 복잡한 분자들에 매우 커다랗게 영향을 미친다.

수용액에서 무엇이 H^+와 OH^-의 농도의 불균형을 초래할까? 산이 물에 녹을 때, 용액에 H^+을 제공한다. **산(acid)**은 용액에 수소이온 농도를 증가시키는 물질이다. 예를 들어, 염산(HCl)이 물에 첨가되면 수소이온은 염화이온에서 해리된다:

$$HCl \rightarrow H^+ + Cl^-$$

이러한 H^+ 증가(물의 해리도 또 다른 증가요인)로 OH^-보다 많은 H^+을 가지는 산성 용액이 된다.

용액에서 수소이온 농도를 감소시키는 물질을 **염기(base)**라고 한다. 일부 염기는 수소이온과 결합하여 H^+의 농도를 직접적으로 감소시킨다. 예를 들어, 암모니아(NH_3)는 질소의 원자가껍질의 비공유전자쌍이 용액으로부터 수소이온을 끌어당겨 암모늄이온(NH_4^+)을 만듦으로서 염기로 작용한다.

$$NH_3 + H^+ \rightleftharpoons NH_4^+$$

또 다른 일부 염기는 해리되어 수산화이온을 만들어 이 수산화이온이 수소이온과 결합하여 물분자를 형성하는 방식을 통해 간접적으로 H^+ 농도를 감소시킨다. 수산화나트륨(NaOH)이 이에 해당되며, 물속에서 다음과 같이 이온으로 해리된다:

$$NaOH \rightarrow Na^+ + OH^-$$

두 경우 모두에서, 염기는 H^+ 농도를 감소시킨다. OH^-의 농도가 H^+의 농도보다 높은 용액을 염기성 용액이라고 한다. H^+와 OH^-의 농도가 동일한 용액을 중성 용액이라고 한다.

HCl이나 NaOH의 반응식에는 한쪽 방향 화살표가 사용된 것에 유의하자. 이들 화합물은 물과 섞이면 완전히 해리되고, 따라서 염산은 강산이라 불리며 수산화나트륨은 강염기라고 불린다. 반면, 암모니아는 약염기이다. 암모니아의 반응식에서 양방향 화살표는, 평형상태에서 NH_3에 대한 NH_4^+의 비율이 고정되어 있긴 하지만, 수소이온의 결합과 방출이 가역적인 반응이라는 것을 의미한다.

약산은 가역적으로 수소이온을 방출하기도 하고 받아들이기도 한다. 탄산이 그 예이다.

$$\underset{\text{탄산}}{H_2CO_3} \rightleftharpoons \underset{\text{탄산염이온}}{HCO_3^-} + \underset{\text{수소이온}}{H^+}$$

여기서 반응의 평형은 왼쪽 방향으로의 반응을 선호하여 탄산이 순수한 물에 첨가되면, 특정 순간에 단지 1% 정도의 분자만이 해리되어 있다. 그래도 이 정도면 중성에서 H^+과 OH^-의 균형을 깨기에는 충분하다.

pH 값 범위

25℃ 수용액에서 H^+과 OH^- 농도의 곱은 항상 10^{-14}이다. 이것을 다음과 같이 표시한다.

$$[H^+][OH^-] = 10^{-14}$$

이 식에서 대괄호는 몰농도를 의미한다. 상온(25℃)의 중성 용액에서 $[H^+] = 10^{-7}$이고 $[OH^-] = 10^{-7}$이므로, 이 경우 $10^{-7} \times 10^{-7} = 10^{-14}$이 된다. $[H^+]$을 10^{-5} M로 올릴 수 있을 정도의 산을 용액에 첨가한다면, $[OH^-]$는 동일한 양만큼, 10^{-9} M로 감소할 것이다($10^{-5} \times 10^{-9} = 10^{-14}$이다). 이러한 상관관계가 수용액에서 산과 염기의 작용 양식을 표현한 것이다. 산은 용액에 수소이온을 제공할 뿐만 아니라, H^+이 OH^-와 결합하여 물을 만드는 경향으로 인해 OH^-의 농도를 감소시키기도 한다. 염기는 반대로 작용해서, OH^-의 농도를 증가시키고, 물을 만들어내어, H^+의 농도를 감소시킨다. OH^-의 농도를 10^{-4} M 의로 올리기에 충분한 양의 염기를 첨가하면, H^+의 농도는 10^{-10} M 로 감소하게 될 것이다. 수용액에서 H^+이나 OH^-의 농도 중 하나를 알면, 다른 이온의 농도를 유추할 수 있다.

용액에서 H^+과 OH^-의 농도는 조 단위 이상으로 변할 수 있기 때문에, 이러한 차이를 나타내는데 리터당 몰의 단위로 표기하는

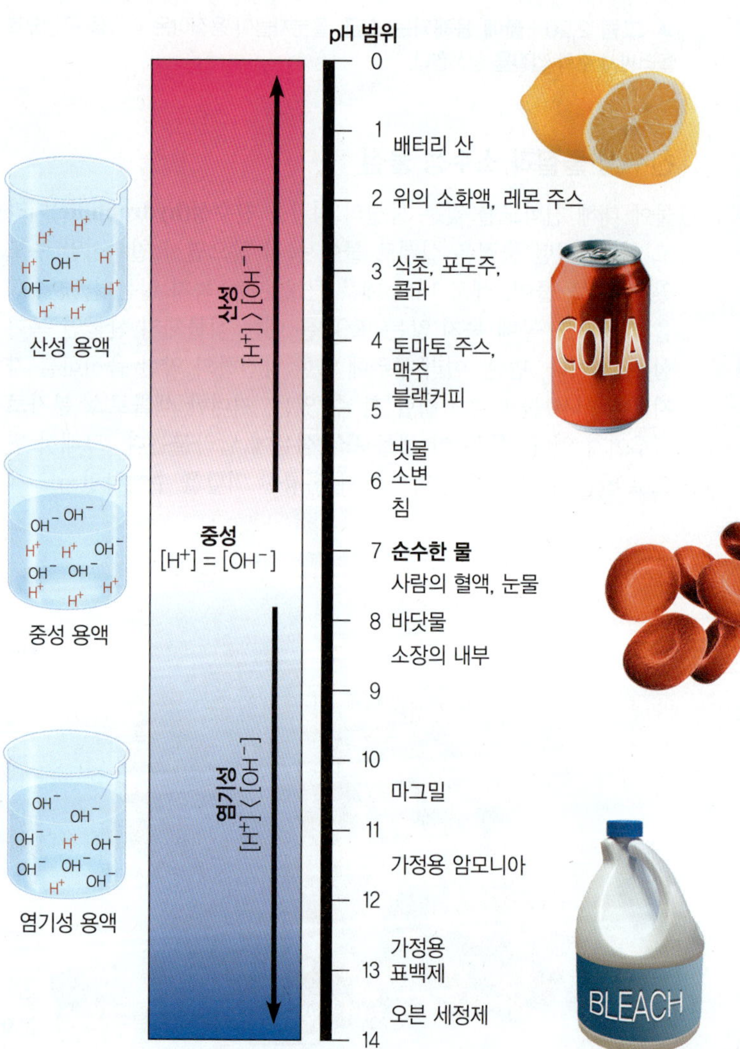

▲ 그림 2.22 pH 범위와 여러 수용액의 pH 값

대신 보다 편리한 방식이 개발되었다. pH 단위(**그림 2.22**)는 H^+과 OH^-의 농도를 로그값을 적용하여 범위를 축소해 놓은 것이다. 용액의 **pH**는 수소이온 농도의 음의 로그값(밑이 10)으로 정의된다:

$$pH = -\log [H^+]$$

중성 용액의 경우, $[H^+]$는 10^{-7} *M*이므로,

$$-\log 10^{-7} = -(-7) = 7$$

이다. H^+ 농도가 증가함에 따라 pH는 낮아진다. 또한 pH 값은 H^+ 농도에 의해 결정되지만, OH^- 농도에도 적용할 수 있다. pH 10인 용액에서 수소이온 농도는 10^{-10} *M*이며, 수산화이온 농도는 10^{-4} *M*이다.

25℃에서 중성 수용액의 pH 값은, pH 범위의 중간인 7이다. 7보다 낮은 pH 값은 산성 용액을 나타내며, 값이 낮을수록 그 용액은 더 강한 산성을 띤다. 염기성 용액의 pH는 7보다 높다. 혈액과 침과 같은, 대부분의 생체액은 pH 6~8 사이의 값을 갖는다. 그러나 몇 가지 예외는 있으며, 사람 위 속의 매우 강한 산성 소화액이 한 예이며, 약 2 정도의 pH 값을 갖는다.

pH 값 1은 H^+과 OH^- 농도의 10배 차이를 의미한다. 수학적 특성으로 인해 pH 값 범위가 조밀하게 표현된다. pH 3의 용액이 pH 6 용액에 비해 두 배의 산성을 띠는 것이 아니라, 천(10 × 10 × 10) 배는 더 산성이다. 용액의 pH 값의 작은 변화는, 실제로는 용액 내의 H^+과 OH^- 농도의 상당한 정도의 변화를 의미한다.

완충액

대부분 살아 있는 세포의 내부 pH는 7에 가깝다. 세포내 화학반응은 수소이온과 수산화이온의 농도에 매우 민감하기 때문에, 작은 pH의 변화도 매우 위험할 수 있다. 사람 혈액의 pH는 약한 염기성인 7.4에 가깝다. 혈액의 pH가 7로 낮아지거나, 혹은 7.8로 높아지면 몇 분 이상을 견딜 수 없으며, 혈액 내의 화학적 체계가 pH를 안정적으로 유지하고 있다. 1리터의 순수한 물에 0.01 mol의 강산을 첨가한다면, pH는 7.0에서 2.0으로 떨어진다. 그러나 동일한 양의 강산이 1리터의 혈액에 첨가된다면, pH는 7.4에서 7.3으로 낮아지는 데 그칠 것이다. 산의 첨가가 물의 pH에 미치는 효과에 비해 혈액의 pH에는 훨씬 미미한 효과밖에 초래하지 못하는 이유는 무엇일까?

완충제라고 불리는 물질의 존재로 인해 생체액은 산과 염기의 첨가에도 불구하고 상대적으로 일정한 pH를 유지할 수 있다. **완충제(buffer)**는 용액 내에서 H^+과 OH^- 농도의 변화를 최소화시키는 물질이다. 수소이온이 용액에 높은 농도로 존재하면, 완충제는 이를 받아들이고, 용액내 수소이온의 농도가 낮아지면, 완충제는 수소이온을 방출함으로써 이 역할을 수행한다. 대부분의 완충용액은 약산과 이에 상응하는 염기를 가지고 있어, 이들이 수소이온과 가역적으로 결합한다.

여러 완충액은 사람 혈액과 그 외 여러 생체액의 pH를 안정화시켜 준다. 그중 하나는 탄산(H_2CO_3)이며, 혈장에서 CO_2가 물과 결합하여 형성된다. 앞에서 언급하였듯이 탄산은 해리되면 중탄산염이온(HCO_3^-)과 수소이온(H^+)을 만들어낸다:

$$\underset{\substack{H^+\\ \text{공여자(산)}}}{H_2CO_3} \underset{\text{pH 하강 시}}{\overset{\text{pH 상승 시}}{\rightleftharpoons}} \underset{\substack{H^+\\ \text{수용자(염기)}}}{HCO_3^-} + \underset{\substack{\text{수소}\\ \text{이온}}}{H^+}$$

탄산과 중탄산염 사이의 화학평형이 pH 조절자로 작용한다. 용액 내에서의 여타 반응과 같이 왼쪽 혹은 오른쪽으로의 반응은 수소이온을 증가시키거나 감소시킨다. 혈액에서 H^+ 농도가 낮아지기 시작하면(즉, pH가 증가하면), 위의 화학반응은 오른쪽으로 진행되어 보다 많은 탄산염이 해리되어 수소이온을 보충한다. 그러나 H^+ 농도가 높아지면(pH가 낮아지면), 반응은 왼쪽으로 진행되어 HCO_3^-(염기)가 용액으로부터 수소이온을 빼어 H_2CO_3를 만들어낸다. 따라서 탄산-중탄산염 완충 시스템은 산과 염기가 평형을 이루고 있는 것이다. 대부분의 다른 완충제들 역시 산-염기 쌍으로 되어 있다.

산성화: 해양에 대한 위협

인간의 활동에 의해 생기는 수질에 대한 여러 위협 중 하나는 화석연료의 사용으로 대기 중에 CO_2를 방출하는 것이다. 결과적으로 증가된 대기 중 CO_2가 지구온난화를 유발해왔다. 뿐만 아니라 사람이 만들어내는 CO_2의 25%가 바다에 흡수된다. 바닷물의 양이 엄청남에도 불구하고, 과학자들은 상당량의 CO_2 흡수가 해양 생태계에 해를 미칠 것이라고 우려하고 있다.

최근 연구결과들은 이러한 염려가 근거가 있는 것임을 보여주고 있다. CO_2가 바닷물에 녹아, 물과 반응하여 탄산을 형성하고, 이것이 해양 pH를 낮춘다. **해양산성화(ocean acidification)**라고 알려진 이러한 과정이 해양 생명체들을 위한 조건들의 정교한 균형을 깨뜨린다(**그림 2.23**). 수천 년에 걸쳐 형성된 얼음 속에 갇힌 공기방울들 속의 CO_2 농도의 측정을 통해, 해양 pH가 최근 42만 년 이내의 어떤 때와 비교해도 0.1 낮다는 것이 밝혀졌다. 최근 연구들을 보면, 금세기가 끝날 때쯤에는 거기서 0.3~0.5 정도 더 떨어질 것으로 예상된다.

바닷물이 산성화됨에 따라 여분의 수소이온이 탄산이온(CO_3^{2-})과 결합하여 중탄산염이온(HCO_3^-)을 형성하고, 따라서 탄산이온 농도가 낮아진다(그림 2.24). 해양의 산성화로 인해 탄산이온 농도가 2100년까지 40%정도 감소할 것으로 예상된다. 탄산이온은 산호초를 만드는 산호와 조개껍데기를 만드는 동물들을 포함한 많은 해양생물들에 의한 탄산칼슘($CaCO_3$)의 생성, 즉 석회화 과정에 필요하다. 산호초는 매우 다양한 해양생물의 안식처로 역할을 하는 매우 민감한 생태계이다. 산호초 생태계가 없어진다면, 생물 다양성의 비극적인 종말이 나타날 것이다.

개념 2.4

생물체는 탄소화합물로 이루어져 있다

지구상 생명의 보편적 매체는 물이지만, 물 이외에 살아 있는 생물체는 주로 탄소 원소에 기초한 화학물질로 이루어져 있다. 모

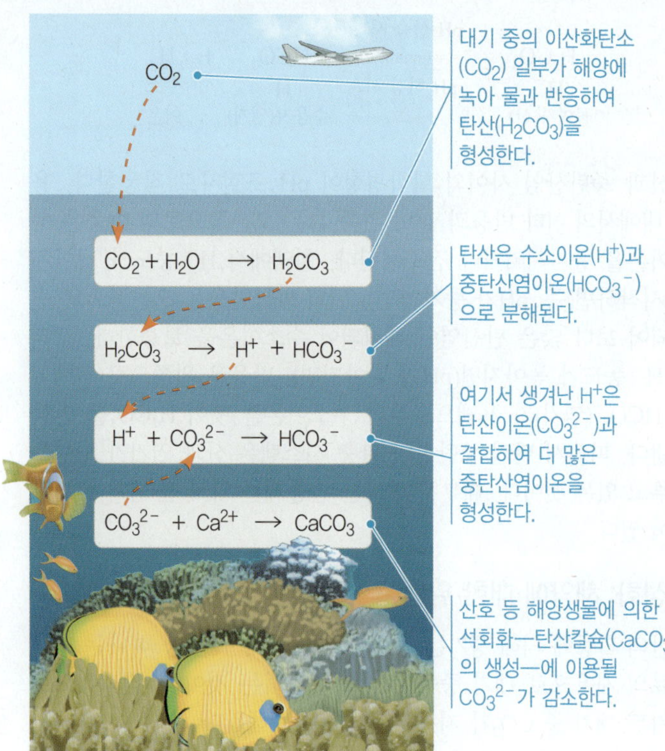

▲ 그림 2.23 **인간활동에 의해서 생기는 대기 중 CO_2와 해양에서의 변화**

든 화학원소 가운데 탄소는 크고 복잡하며 다양한 분자를 형성할 수 있는 능력에 있어서 타의 추종을 불허한다. 역사적 이유로 탄소를 포함한 화합물을 **유기화합물(organic compound)**이라고 부른다. 세균부터 코끼리에 이르기까지 살아 있는 모든 생물체의 매우 중요한 큰 분자가 단지 네 종류, 탄수화물, 지질, 단백질 그리고 핵산으로 구성되어 있다. 분자 수준에서, 이들 중 세 종류의 구성원인 탄수화물, 단백질, 핵산은 크기가 커서 **거대분자(macromolecule)**라 부른다.

이 절에서는 먼저, 작은 유기분자들의 성질을 조사하고, 뒤에 가서 보다 큰 생물학적 분자들에 대해 논의할 것이다. 거대분자가 어떻게 만들어지는지 고찰하고 나서, 네 종류의 크기가 큰 생물학적 분자에 대해 알아볼 것이다. 작은 분자들과 마찬가지로, 커다란 생물학적 분자들도 이들을 구성하는 원자들의 질서 정연한 배열로부터 생겨나는 독특한 창발적 특성을 나타낸다.

탄소와의 결합 형성

탄소는 모두 6개의 전자를 가지는데, 둘은 첫 번째 전자껍질에, 나머지 넷은 두 번째 전자껍질에 있다. 따라서 탄소는 모두 8개의 전자를 가질 수 있는 전자껍질에 4개의 원자가전자를 가지고 있다. 탄소원자는 대개 다른 원자와 4개의 전자를 공유함으로써 원자가껍질에 8개의 전자가 존재하게 한다. 각각의 공유 전자쌍은 공유결합을 형성한다(그림 2.8d). 유기분자에서 탄소는 대개 단일 혹은 이중 공유결합을 형성한다. 각 탄소원자는 최대 네 방향으로 가지치기를 할 수 있는 분자의 교차점으로 작용한다. 이것이 바로 탄소가 크고 복잡한 분자를 만들 수 있게 해 주는 것이다.

▲ 그림 2.24 **유기분자의 주요 원소들의 원자가.** 원자가는 하나의 원자가 형성할 수 있는 공유결합의 수이다. 이는 일반적으로 원자가(최외각) 껍질을 완전히 채우는 데 필요한 전자의 수와 같다. 탄소가 4개의 공유결합을 형성할 수 있는 것에 주목하라.

탄소의 전자 배치는 많은 다른 원소들과의 공유결합 능력을 제공한다. 그림 2.24는 탄소와 함께 탄소와 빈번히 결합하는 짝인 수소, 산소, 질소의 전자 배치 그림이다. 이들은 유기분자의 네 가지 주된 원자 구성성분이다. 한 원자의 원자가껍질에서 쌍을 이루지 않는 전자의 수는 일반적으로 그 원자의 **원자가(valence)** 수와 동일하며, 형성할 수 있는 공유결합의 수이다. 탄소원자가 수소 아닌 다른 원자와 결합할 때 원자가와 공유결합의 규칙을 어떻게 적용할 수 있는지 고려해 보자. 우선 간단한 예로 이산화탄소를 살펴보자.

이산화탄소(CO_2) 분자에서는 하나의 탄소원자가 2개의 산소원자와 이중결합에 의해 연결되어 있다. 이산화탄소의 구조식은 아래와 같다.

$$O=C=O$$

구조식에서 각각의 선은 한 쌍의 공유 전자쌍을 의미한다. 따라서 CO_2에서 2개의 이중결합은 4개의 단일결합과 같은 수의 전자를 공유한다. 이러한 배치는 이 분자에 들어 있는 모든 원자의 원자가껍질을 완전히 채우게 된다.

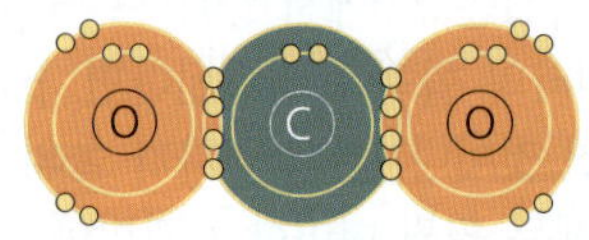

탄소원자는 하나 또는 그 이상의 원자가전자를 사용하여 다른 탄소원자와 공유결합을 형성하므로 탄소원자를 사슬로 연결시키는 것이 가능하다. 탄소 사슬은 대부분의 유기분자의 골격을 형성한다. 골격은 길이에 있어서 다양하고, 직선형이거나 가지를 칠 수도 있고 닫힌 고리 모양으로 배열될 수도 있다(그림 2.25). 일부 탄소 골격은 이중결합을 가지며 이중결합의 수나 위치도 다양하다. 이러한 탄소 골격의 변이는 살아 있는 물질을 특징짓는 분자적 복잡성과 다양성의 중요한 원천이다. 뿐만 아니라 다른 원소의 원자들도 골격의 적절한 자리에 결합할 수 있다. 그림 2.25에 소개한 모든 분자들은 탄소와 수소로만 이루어진 유기분자인 **탄화수소(hydrocarbon)**이다.

▼ **그림 2.25 탄소 골격이 바뀔 수 있는 네 가지 방법**

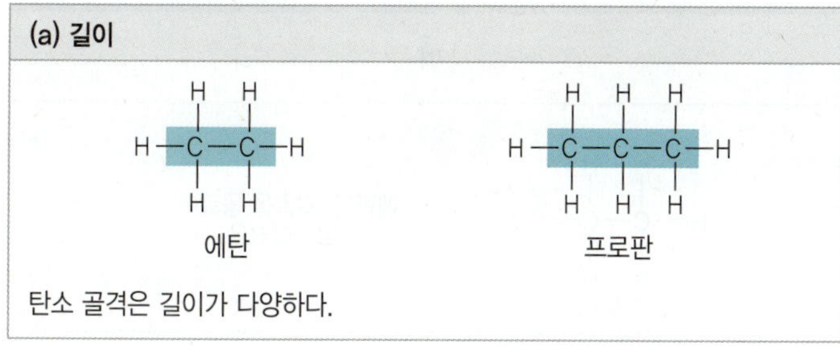

탄소 골격은 길이가 다양하다.

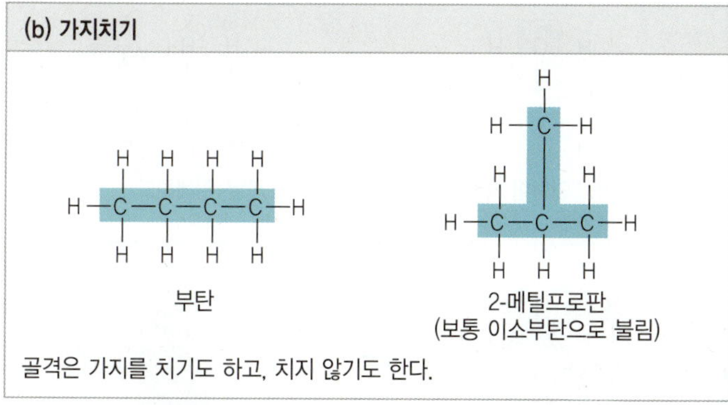

골격은 가지를 치기도 하고, 치지 않기도 한다.

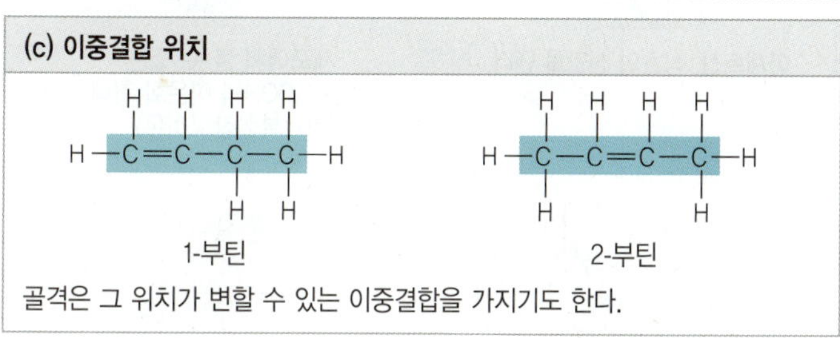

골격은 그 위치가 변할 수 있는 이중결합을 가지기도 한다.

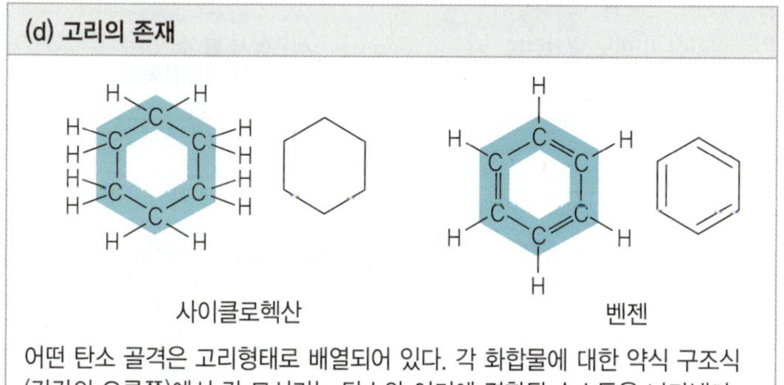

어떤 탄소 골격은 고리형태로 배열되어 있다. 각 화합물에 대한 약식 구조식(각각의 오른쪽)에서 각 모서리는 탄소와 여기에 결합된 수소들을 나타낸다.

생명에 가장 중요한 화학기

유기분자의 독특한 특징은 이들의 탄소 골격 배열에 의존할 뿐만 아니라 그 골격에 붙어 있는 화학기에도 의존한다(그림 2.26). 많은 화학기들은 탄화수소의 탄소 골격에 결합된 하나 이상의 수소를 대체하여 결합할 수 있다. 화학기의 수와 배열은 각 유기분자에 독특한 특성을 부여한다.

어떤 경우는 화학기가 분자 형태에 주로 영향을 주어서 기능을 갖도록 한다. 한 예로 척추동물의 암컷과 수컷이 서로 다른 특징을 가지게 만드는 성호르몬인 에스트라디올(일종의 에스트로젠)과 테스터스테론은 스테로이드에 각기 다른 화학기가 부착된 것이다.

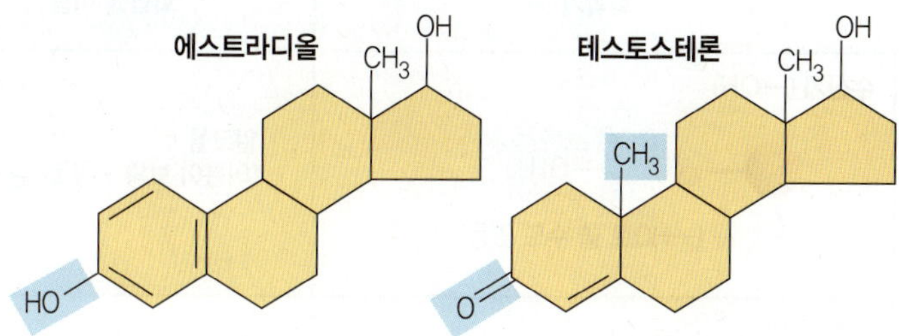

다른 경우에 있어 화학기는 화학반응에 직접적으로 관여하여 분자 기능에 영향을 준다. 이와 같은 중요한 화학기를 **작용기(functional group)**라고 한다. 각 작용기는 독특한 방식으로 화학반응에 참여한다.

생물학적 과정에 있어서 가장 중요한 7개의 화학기는 수산기, 카르보닐기, 카르복실기, 아미노기, 황화수소기, 인산기, 메틸기이다. 앞의 6개 화학기는 작용기로 작용한다. 또한 황화수소기를 제외하고는 이들은 친수성이어서 물에 대한 유기화합물의 용해도를 증가시킨다. 마지막 메틸기는 반응성은 없지만 생물학적 분자로 인식할 수 있는 꼬리표로 작용한다. 계속해서 읽기 전에 그림 2.26을 학습하여 생물학적으로 중요한 작용기에 대해 숙지하자. 정상적인 세포 pH에서 아미노기와 카르복실기의 이온화 형태는 오른쪽 칼럼의 그림과 같다.

ATP: 세포 활동을 위한 중요한 에너지원

유기인산인 **아데노신 3인산(adenosine triphosphate)** 또는 **ATP**는 세포에서의 기능이 매우 중요하므로 여기서 언급할 필요가 있다. ATP는 아데노신에 3개의 인산기가 한 줄로 결합된 유기분자이다.

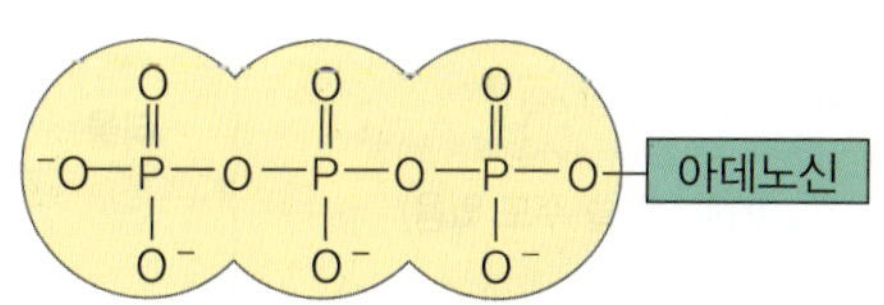

ATP와 같이 인산 3개가 이어서 연결되어 있으면, 인산 1개는 물과 반응하여 떨어져 나올 수 있다. 이런 무기인산 이온, $HOPO_3^{2-}$은 이 책에서 종종 Ⓟ$_i$로 약칭해서 표기하며, 유기분자 내의 인산기는 때로 Ⓟ로 표기한다. 인산 1개를 잃으면 ATP는 아데노신 2인산(adenosine diphosphate), 즉 ADP가 된다. ATP가 에너지를 "저장"한다고 말하지만 좀 더 정확히는 물과 반응할 "잠재력을 저장"하고 있다고 해야 할 것이다. 이 반응은 에너지를 방출하여 세포가 사용할 수 있다.

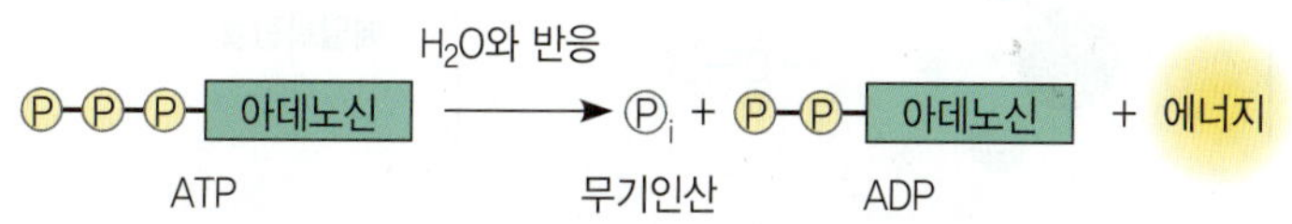

▼ 그림 2.26 생물학적으로 중요한 몇 가지 화학기

화학기	화합물 이름	예
수산기 (—OH) —OH 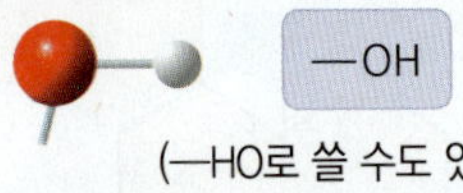 (—HO로 쓸 수도 있음)	**알코올** (이름이 보통 '–올'로 끝난다)	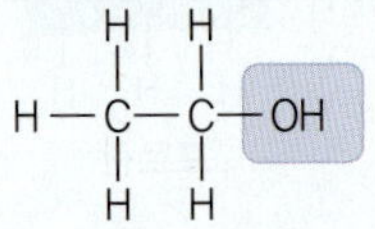 **에탄올**, 알코올 음료에 들어 있는 알코올
카르보닐기 (>C=O) 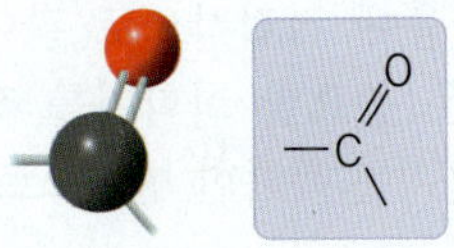	카르보닐기가 탄소 골격 내에 있다면 **케톤** 카르보닐기가 탄소 골격의 끝에 있다면 **알데히드**	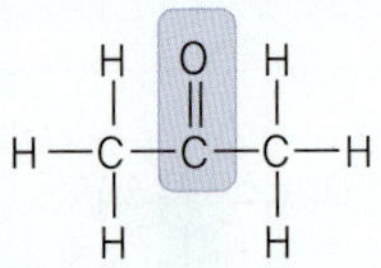 **아세톤**, 가장 간단한 케톤 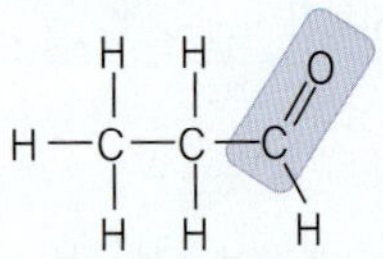 **프로파날**, 알데히드
카르복실기 (—COOH) 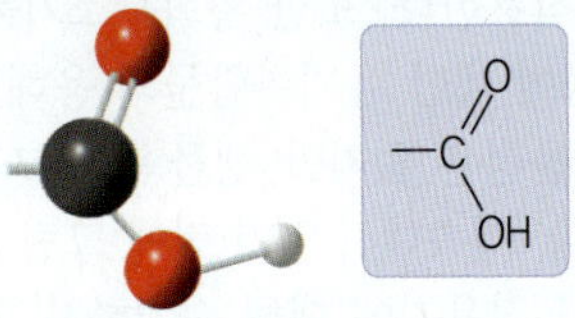 OH	**카르복실산** 또는 **유기산**	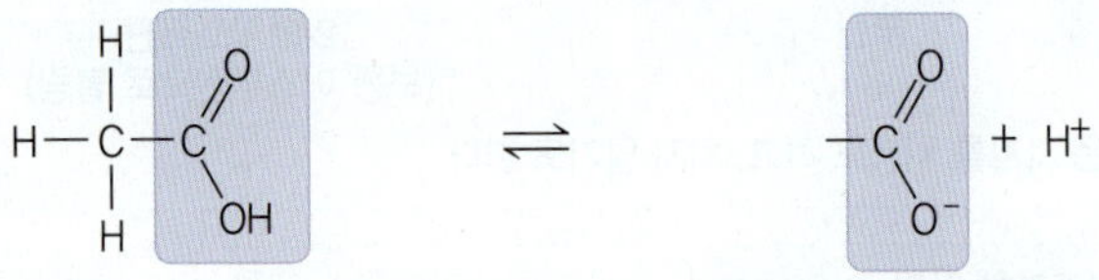 **아세트산**, 식초의 신맛을 낸다. $\rightleftharpoons$ + H^+ O^- 세포에서 볼 수 있는 —COOH의 이온화 형태 (카르복실산 이온)
아미노기 ($—NH_2$) 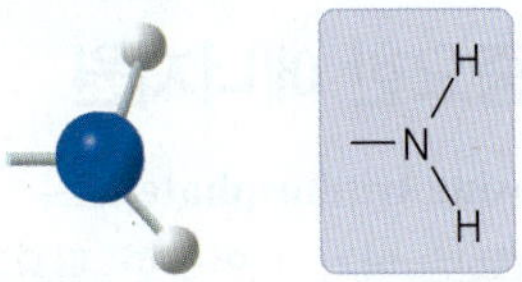	**아민**	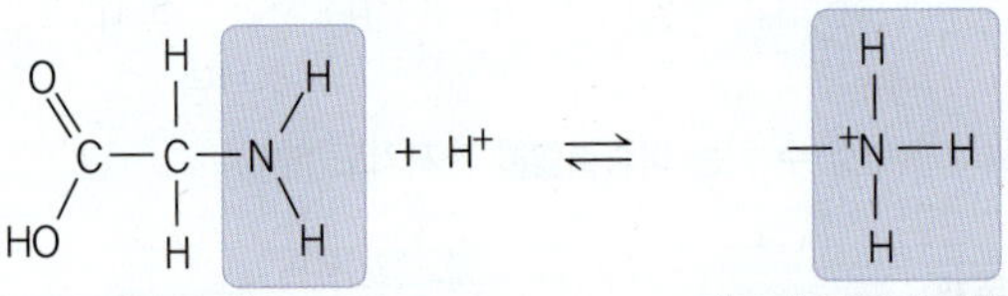 + H^+ $\rightleftharpoons$ **글리신**, 아미노산(카르복실기를 주목) 세포에서 볼 수 있는 $—NH_2$의 이온화형태
황화수소기 (—SH) 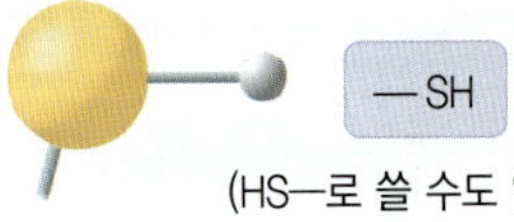 —SH (HS—로 쓸 수도 있음)	**티올**	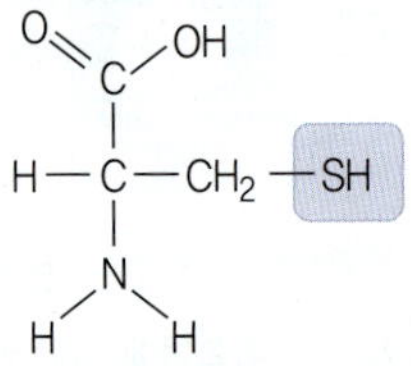 CH_2 —SH **시스테인**, 황-함유 아미노산
인산기 ($—OPO_3^{2-}$) 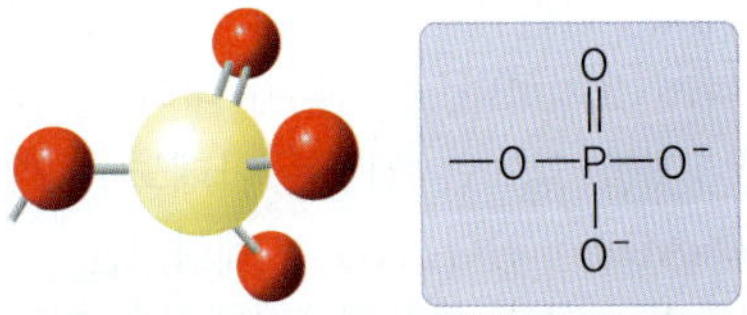 O^-	**유기인산**	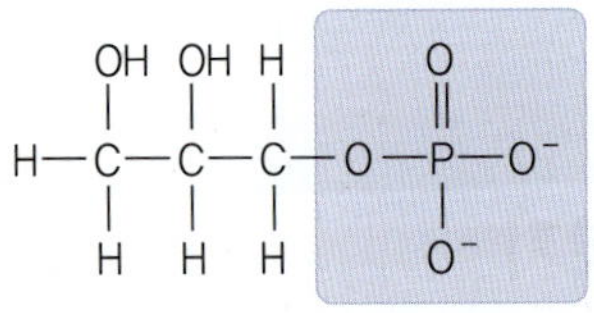 **글리세롤인산**, 세포내 중요한 화학반응에 가담한다.
메틸기 ($—CH_3$) 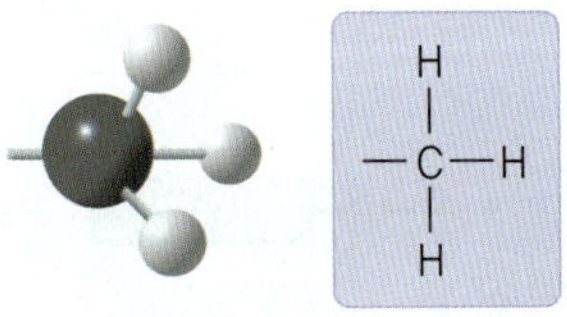	**메틸화합물**	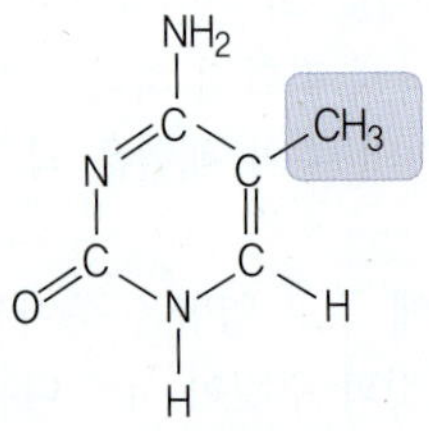 NH_2 CH_3 5-메틸시토신, 메틸기의 첨가에 의해 변형된 DNA 구성성분

개념 2.5

거대분자는 단위체로 이루어진 중합체이다

생명의 유기화합물 네 종류 중 세 종류에 해당하는 거대분자인 탄수화물, 단백질 그리고 핵산은 사슬 형태의 분자로 중합체이다. **중합체(polymer)**는 여러 개의 유사한 혹은 동일한 구성 물질이 공유결합으로 연결된 기다란 분자로, 많은 차량이 사슬처럼 연결되어 있는 기차와 유사하다. 중합체의 소재 역할을 하는 반복 단위는 **단위체(monomer)**라는 보다 작은 분자이다. 단위체 역할을 하는 일부 분자는 자신만의 다른 기능을 갖기도 한다.

중합체의 합성과 분해

각 종류의 중합체는 각기 다른 단위체로 구성되어 있지만, 세포가 중합체를 만들고 분해하는 화학 기작은 기본적으로 모든 종류에서 동일하다. 세포에서 이러한 과정은 **효소(enzyme)**에 의해 촉진되는데, 효소는 화학반응의 속도를 높이는 특별한 거대분자이다. 단위체들은 2개의 분자가 물분자를 잃으면서, 공유결합으로 서로 연결되는데 이 반응을 **탈수반응(dehydration reaction)**이라고 한다(그림 2.27a). 두 단위체 간에 결합이 형성될 때, 각 단위체는 반응에서 방출되는 물분자의 일부를 제공한다: 한 분자는 수산기(−OH)를 제공하고 다른 분자는 수소(−H)를 제공한다. 이 반응은 단위체가 차례로 사슬에 첨가되어 중합체를 만드는 과정(중합화라고도 한다)에서 반복된다.

중합체는 기본적으로 탈수반응의 역과정인 **가수분해(hydrolysis)**에 의해 단위체로 분해된다(그림 2.27b). 가수분해란 물을 사용해 분해한다는 의미이다. 단위체 간의 결합은 물분자가 첨가되면서 끊어지게 되는데, 물분자의 수소는 한 단위체와 결합하고, 수산기는 인접한 다른 단위체와 결합한다. 음식물에 있는 대부분의 유기물질은 중합체의 형태로 되어 있는데 소화관 내의 다양한 효소가 중합체에 반응하여 가수분해를 촉진한다. 분해되어 방출된 단위체는 혈류로 흡수되어 몸의 모든 세포로 분배된다. 이들 세포는 탈수반응을 이용하여 단위체를 세포가 필요로 하는 특정 기능을 수행할 수 있는 새로운 서로 다른 중합체로 조립하는 데 사용할 수 있다.

각 세포는 수많은 종류의 거대분자를 갖고 있다. 동일한 생물체 내에서도 세포 유형에 따라 갖고 있는 거대분자는 다양하다.

어떻게 생명체의 중합체가 그렇게 다양할 수 있을까? 중합체 분자는 40~50종류의 흔한 단위체와 몇 종류의 드물게 볼 수 있는 단위체로부터 만들어진다. 그렇게 한정된 종류의 단위체로부터 매우 다양한 중합체를 만드는 것은 마치 알파벳 26글자로 수십만 개 이상의 단어를 만들 수 있는 것과 유사하다. 예를 들어, 단백질은 20종류의 아미노산이 배열되어 보통 수백 개의 아미노산으로 이루어진 사슬을 형성한다. 생명의 분자적 논리는 단순하지만 정교하다: 모든 생물체의 공통된 작은 분자들은 독특한 거대분자로 배열

▼ 그림 2.27 중합체의 합성과 분해

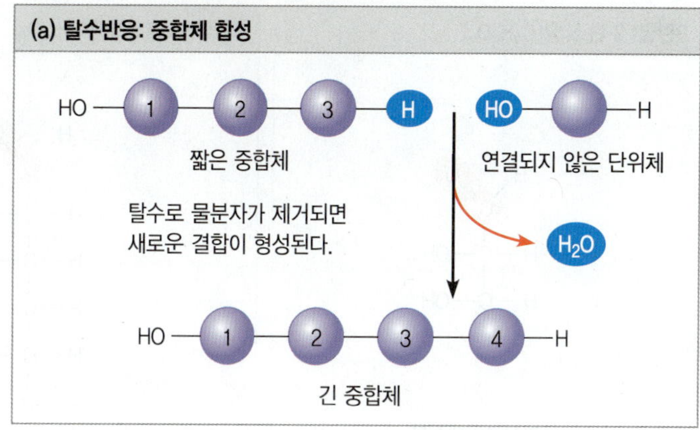

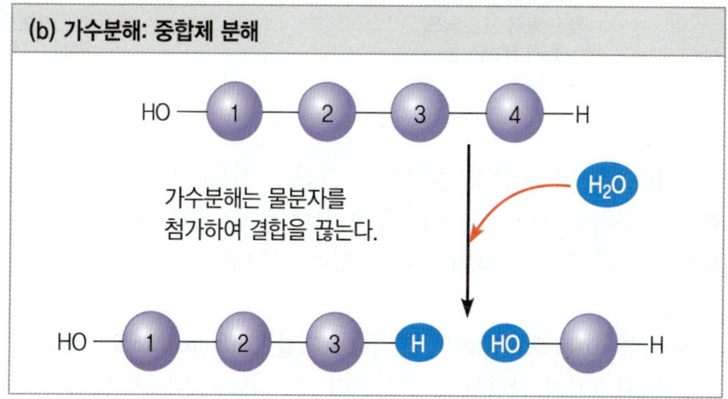

된다.

이러한 엄청난 다양성에도 불구하고, 분자 구조와 기능은 종류에 따라 대략 나눌 수 있다. 각 종류의 분자들은 개별 단위체에서는 볼 수 없는 창발적 특성을 가지고 있다.

탄수화물은 연료와 빌딩블럭의 역할을 한다

탄수화물(carbohydrate)에는 당과 당의 중합체가 포함된다. 가장 단순한 형태의 탄수화물은 단당류 또는 단순당으로, 보다 복잡한 탄수화물을 만드는 단위체들이다. 탄수화물에는 또한 다당류라고 부르는 거대분자를 포함하는데, 이는 많은 당의 단위체들이 탈수반응으로 연결된 중합체이다.

당

단당류(monosaccharide)는 일반적으로, CH_2O 단위의 배수인 분자식을 갖는다. 가장 흔한 단당류인 포도당($C_6H_{12}O_6$)은 구조에서 당의 대표적 특징을 볼 수 있는데, 여기에는 1개의 카르보닐기($>$C=O)와 많은 수산기(−OH)가 있다(그림 2.28). 카르보닐기는 포도당처럼 선형의 당분자 맨 끝에 부착될 수도 있고, 과당처럼 내부 탄소에 부착될 수도 있다. (그래서 당은 알데히드 또는 케톤이다.) 당분자의 탄소 골격은 탄소 수가 3~7개 사이이다. 포도당, 과당 그리고 기타 탄소 수가 6개인 당을 6탄당이라 부른다. 3-탄소 당인 3탄당과 5-탄소 당인 5탄당 역시 흔한 당이다.

▼ 그림 2.28 **단당류의 예.** 당은 카르보닐기(오렌지색)의 위치와 탄소 골격의 길이에 따라 다르다.

3탄당: 3-탄소 당($C_3H_6O_3$)

글리세르알데히드
세포에서 포도당의
초기 분해산물

5탄당: 5-탄소 당($C_5H_{10}O_5$)

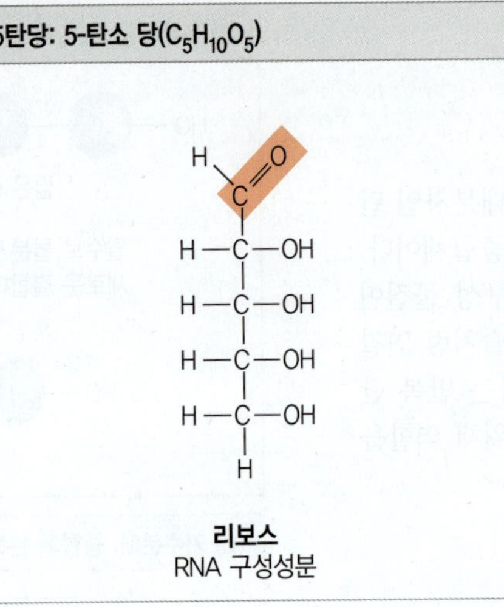

리보스
RNA 구성성분

6탄당: 6-탄소 당($C_6H_{12}O_6$)

포도당 **과당**
생물체의 에너지원

포도당을 선형 탄소 골격으로 그리는 것은 편리하긴 하지만 완전히 정확한 것은 아니다. 용액 상태의 포도당을 비롯하여 대부분의 다른 5-탄소 당과 6-탄소 당은 고리구조를 형성한다(그림 2.29).

이당류(disaccharide)는 **글리코시드결합(glycosidic linkage)**으로 연결된 2개의 단당류로 구성된다. 이 결합은 탈수반응에 의해 두 단당류 사이에 형성된 공유결합이다. 가장 흔한 이당류는 설탕이다. 설탕의 두 단위체는 포도당과 과당이다(그림 2.30). 식물은 일반적으로 탄수화물을 설탕 형태로 잎에서부터 뿌리와 다른 비광합성 기관으로 운반한다. 다른 이당류로는 우유에 존재하는 젖당과 맥주 만드는 재료로 사용되는 엿당이 있다.

다당류

다당류(polysaccharide)는 수백 내지 수천 개의 단당류가 글리코시드결합으로 연결된 중합체인 거대분자이다. 어떤 다당류는 필요에 따라 가수분해되어 세포에 당을 공급하는 저장 물질의 역할을 한다. 다른 다당류는 세포 또는 생물체 전체를 보호하는 구조물의 빌딩블럭 역할을 한다. 다당류의 구조와 기능은 다당류를 구성하는 당 단위체와 글리코시드결합 위치에 의해 결정된다.

식물과 동물은 모두 나중에 사용하기 위해 저장성 다당류 형태로 당을 저장한다. 식물은 포도당의 중합체인 **녹말(starch)**을 세포 내에 과립 형태로 저장한다. 포도당은 세포의 주 연료이기 때문에 녹말은 저장된 에너지를 의미한다. 인간을 포함한 대부분의 동물은 식물의 녹말을 가수분해할 수 있는 효소를 갖고 있기 때문에 포도당을 세포의 영양분으로 이용할 수 있다. 감자의 덩이줄기와 밀, 옥수수, 벼 그리고 사초과의 열매인 알곡은 인간의 음식에서 녹말의 주된 공급원이다.

녹말의 포도당 단위체들의 대부분은 1번 탄소가 4번 탄소에 연결된 1–4 결합을 갖는다. 그림 2.31a에서 볼 수 있듯이 녹말의 가장 간단한 형태인 아밀로오스에는 가지가 없다. 하지만 녹말의 좀 더 복잡한 형태인 아밀로펙틴은 분기 지점에 1–6 결합의 가지가

(a) **선형구조와 고리구조.** 선형구조와 고리구조 사이의 화학적 평형은 주로 고리구조로 치우친다. 당을 구성하는 탄소에 1부터 6까지 번호를 매길 수 있다. 포도당의 고리구조를 형성하기 위해 1번 탄소가 5번 탄소에 붙어 있는 산소에 결합한다.

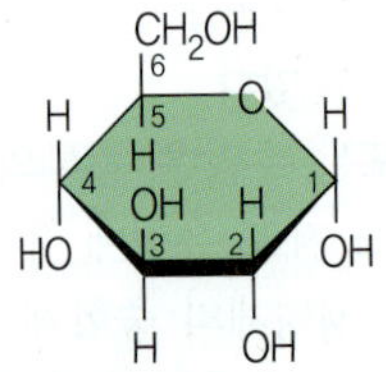

(b) **간결한 고리구조.** 각 모서리는 탄소를 나타낸다. 고리의 두꺼운 가장자리 부분은 여러분이 이 고리를 가장자리 위쪽에서 보고 있음을 나타내며, 고리에 결합되어 있는 성분들은 고리의 위나 아래에 위치한다.

▲ 그림 2.29 **포도당의 선형구조와 고리구조**

CH_2OH
H
O
OH
HO
H_2O
1–2
글리코시드
결합
포도당
과당
설탕

▶ **그림 2.30 이당류 합성.** 설탕은 포도당과 과당이 탈수반응에 의해 결합된 이당류이다. 과당은 포도당과 같은 6탄당이지만 오각형 고리를 형성함을 주목하라.

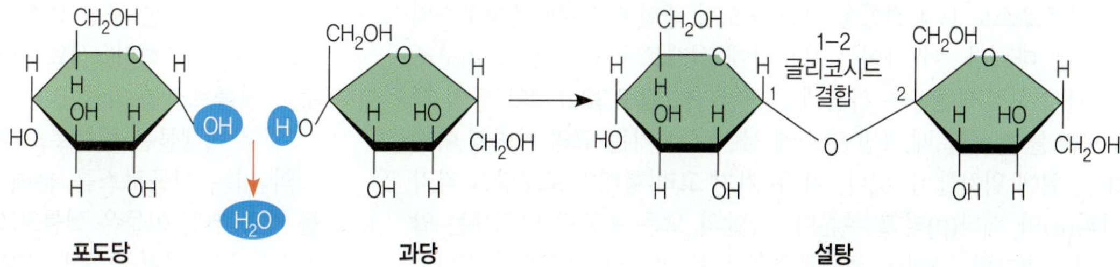

있는 중합체이다.

동물은 **글리코젠(glycogen)**이라고 하는 다당류를 저장하는데, 글리코젠은 아밀로펙틴과 유사한 포도당 중합체이지만 가지가 더 많다(그림 2.31b). 인간과 그 밖의 척추동물은 글리코젠을 주로 간과 근육세포에 저장한다. 당에 대한 요구가 커지면 이들 세포에서 글리코젠을 가수분해하여 포도당을 방출한다.

구조 다당류

생물체는 구조 다당류로부터 단단한 물질을 만들어 낸다. 예를 들어, **셀룰로스(cellulose)**라는 다당류는 식물세포를 감싸는 단단한 세포벽의 주된 구성성분이다(그림 2.31c). 지구 전체의 규모로, 식물은 해마다 10^{14} kg(10억 톤)의 셀룰로스를 만들어 내는데, 이것은 지구상에서 가장 많은 유기화합물이다. 녹말이나 글리코젠처

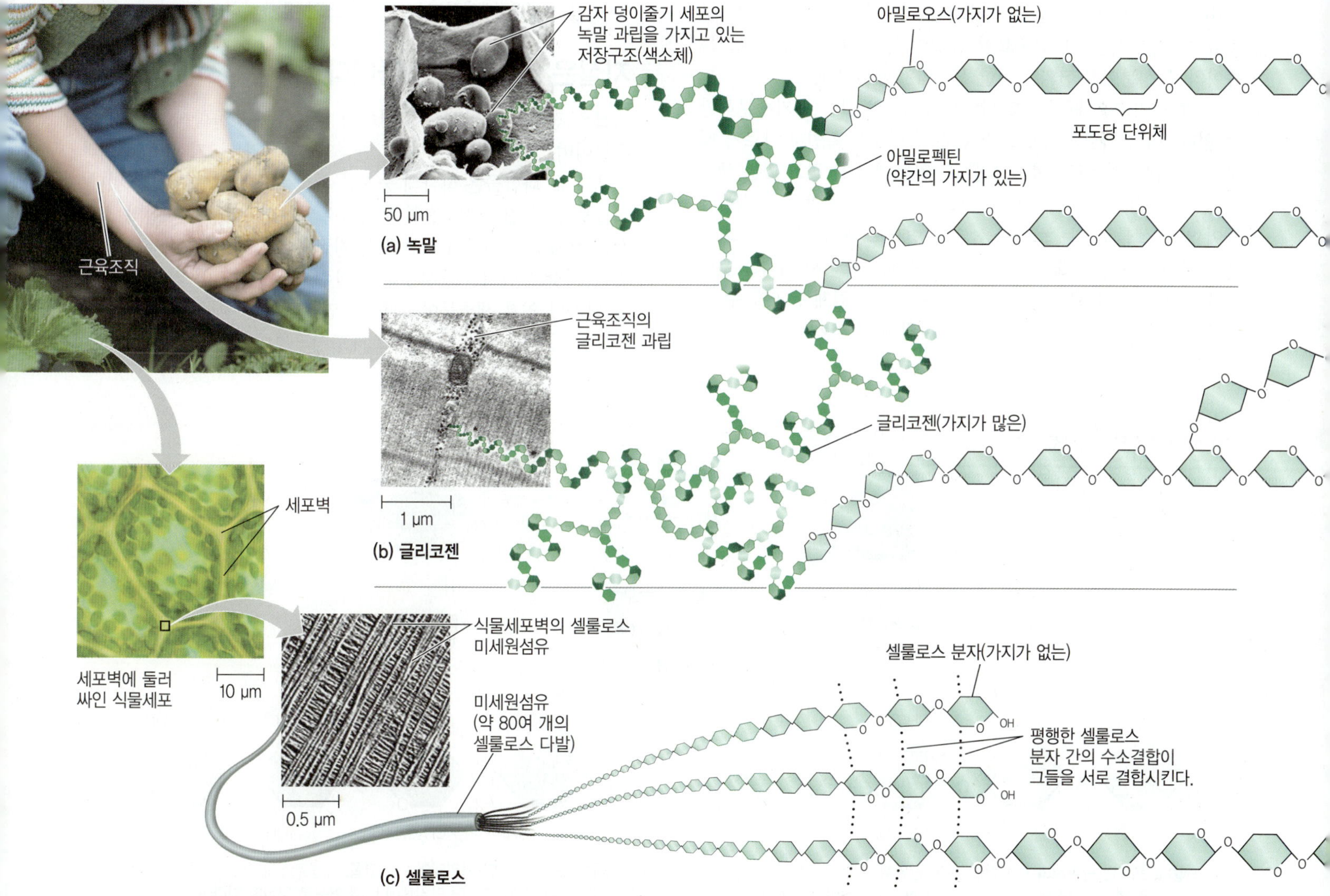

감자 덩이줄기 세포의
녹말 과립을 가지고 있는
저장구조(색소체)
아밀로오스(가지가 없는)
포도당 단위체
아밀로펙틴
(약간의 가지가 있는)
50 μm
(a) 녹말
근육조직
근육조직의
글리코젠 과립
글리코젠(가지가 많은)
1 μm
(b) 글리코젠
세포벽
세포벽에 둘러
싸인 식물세포
10 μm
식물세포벽의 셀룰로스
미세원섬유
미세원섬유
(약 80여 개의
셀룰로스 다발)
0.5 μm
셀룰로스 분자(가지가 없는)
평행한 셀룰로스
분자 간의 수소결합이
그들을 서로 결합시킨다.
(c) 셀룰로스

▲ **그림 2.31 식물과 동물의 다당류.** 여기 다당류는 육각형으로 표시한 포도당 단위체로 모두 구성되어 있다. 녹말과 글리코젠은 포도당 단위체 사이의 1–4 결합각 때문에 중합체 사슬의 가지를 치지 않은 부위에서 나선을 만드는 경향이 있다. 다른 1–4 결합을 가지고 있는 셀룰로스는 항상 가지를 치지 않은 상태이다.

럼 셀룰로스도 1–4 결합을 갖는 포도당 중합체이지만 셀룰로스의 결합은 다르다. 이 차이는 포도당에 실제로 약간 다른 고리구조 두 가지가 존재한다는 사실에 근거한다(**그림 2.32a**). 포도당이 고리구조를 형성할 때, 1번 탄소에 붙는 수산기는 고리 평면의 아래 또는 위에 위치할 수 있다. 이 두 가지 고리 형태의 포도당을 각각 알파(α)와 베타(β)라고 부른다. 녹말의 모든 포도당 단위체는 알파형인데(**그림 2.32b**), 셀룰로스의 모든 포도당 단위체는 베타형으로, 모든 포도당 단위체가 이웃한 포도당 단위체에 대해 아래위가 뒤집힌 배치를 갖는다(**그림 2.32c**).

녹말과 셀룰로스의 글리코시드결합의 차이는 이들을 3차원 형태가 서로 다른 분자로 만든다. 녹말(그리고 글리코겐) 분자는 거의 나선형이지만, 셀룰로스 분자는 직선형이다. 셀룰로스에는 가지가 전혀 없으며, 포도당 단위체들의 어떤 수산기는 이와 평행으로 놓여 있는 다른 셀룰로스 분자의 수산기와 쉽게 수소결합을 형성할 수 있다. 식물의 세포벽은 평행한 셀룰로스 분자들이 이런 식으로 다발을 형성하여 미세원섬유(microfibril)를 형성한다(그림 2.31c). 이런 케이블과 같은 미세원섬유는 식물에게는 견고한 구조물질이며, 인간에게도 중요한 물질이다. 왜냐하면 셀룰로스는 종이의 주 성분이고 면의 유일한 성분이기 때문이다.

녹말을 가수분해하는 효소는 셀룰로스의 결합을 가수분해할 수 없다. 이는 녹말과 셀룰로스 분자의 형태가 확연히 다르기 때문이다. 사실, 셀룰로스를 소화할 수 있는 효소를 갖고 있는 생물체는 거의 없다. 사람도 그러한 효소를 갖고 있지 않아, 음식물에 들어 있는 셀룰로스는 소화관을 지나 변으로 빠져나온다. 소화관을 지나가는 동안 셀룰로스는 소화관 벽을 건드려서 점액을 분비하게 자극하며 점액은 음식물이 소화관을 부드럽게 통과할 수 있도록 돕는다. 그러므로 셀룰로스는 사람에게 영양분은 아니지만 건강식의 중요한 구성 요소이다. 신선한 과일, 야채, 곡물에는 셀룰로스가 풍부하다. 식료품 포장에 적혀 있는 "불용성 섬유질"은 주로 셀룰로스를 의미한다.

일부 미생물은 셀룰로스를 포도당 단위체로 분해시킬 수 있다. 소의 위는 셀룰로스를 분해하는 원핵생물과 원생생물에게 거처를 제공한다. 이들은 셀룰로스를 가수분해하며, 포도당을 다른 영양소로 전환시켜 소에게 영양분을 공급한다. 이와 유사하게, 셀룰로스를 스스로 분해하지 못하는 흰개미는 창자에 이와 같은 생물체가 서식하여 목재로부터 영양분을 만들 수 있다. 어떤 곰팡이는 셀룰로스를 분해할 수 있어서 지구 생태계 내에서 화학 성분의 재순환을 돕는다.

키틴(chitin)은 또 다른 중요한 구조 다당류인데, 곤충, 거미, 갑각류와 같은 절지동물이 외골격을 만드는 데 사용하는 탄수화물이다. 외골격은 동물의 부드러운 부위를 둘러싸고 있는 단단한 용기라고 할 수 있다. 키틴은 여러 균류에서 세포벽의 빌딩블럭으로도 사용된다. 키틴은 포도당 단위체에 질소를 포함하는 잔기가 붙어 있는 것을 제외하고는 셀룰로스와 유사하다.

지질은 소수성 분자들이다

지질은 진정한 중합체를 포함하지 않는, 큰 생물학적 분자의 한 종류이며, 거대분자라고 여길 만큼 크지는 않다. **지질(lipid)**이라고 부르는 화합물은 하나의 중요한 특성을 공통적으로 갖고 있다: 이들은 물과 잘 혹은, 전혀 혼합되지 않는다. 이러한 지질의 소수성은 분자 구조로부터 기인된다. 지질은 산소와 연결된 몇몇 극성 결합을 갖고 있지만 대부분은 탄화수소로 구성되어 있다. 지질에는 왁스나 일부 색소들이 포함되지만, 지질 중 생물학적으로 가장 중요한 종류인 지방, 인지질, 스테로이드에 초점을 맞출 것이다.

(a) α와 β 포도당 고리구조. 상호 전환이 가능한 두 포도당의 형태는 1번 탄소에 붙는, 파란색으로 강조된 수산기 위치가 서로 다르다.

α 포도당 ⇌ β 포도당

(b) 녹말: α 포도당 단위체의 1–4 결합. 모든 단위체가 동일한 방향으로 놓여 있다. 노란색으로 강조된 수산기의 위치를 셀룰로스(c)의 수산기와 비교해 보라.

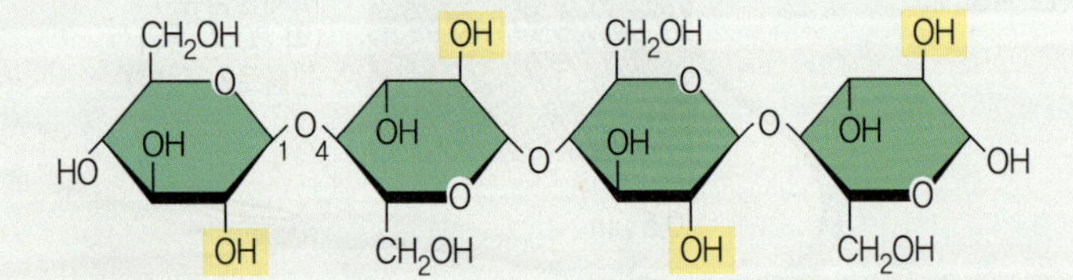

(c) 셀룰로스: β 포도당 단위체의 1–4 결합. 셀룰로스의 경우, 모든 β 포도당 단위체는 이웃한 포도당 단위체에 대해 거꾸로 뒤집혀 있다(노란색으로 강조된 수산기 참조).

▲ **그림 2.32 녹말과 셀룰로스의 단위체 구조**

지방

지방은 중합체는 아니지만 탈수반응에 의해 작은 분자들이 조립된 큰 분자이다. **지방(fat)**은 지방산과 글리세롤이라는 두 종류의 작은 분자로부터 만들어진다(**그림 2.33a**). 글리세롤(glycerol)은 탄소 3개를 갖는 알코올이며, 각 탄소는 수산기를 갖고 있다. **지방산(fatty acid)**은 긴 탄소 골격을 갖고 있는데, 길이는 보통 탄소원자 16개 내지 18개이다. 골격 한 쪽 끝의 탄소는 카르복실기의 일부인데, 이는 이들 분자를 지방산이라고 부르게 하는 작용기이다. 골격의 나머지 부분은 탄화수소 사슬이다. 지방이 소수성인 이유는 지방산의 탄화수소 사슬에 있는 상대적으로 비극성인 C–H 결합 때문이다. 물분자는 다른 물분자와 수소결합을 하고 지방을 배제하기 때문에 지방은 물로부터 분리된다.

3개 지방산 분자의 카르복실기와 글리세롤의 수산기 사이에 형성되는 에스터결합에 의해 지방을 만든다. 이렇게 만들어진 지방은 **트리아실글리세롤(triacylglycerol)**이라고 불리는데 글리세롤 한 분자에 3개의 지방산이 결합되어 있다. 이 지방은 또한 **트리글리세리드(triglyceride)**라고도 하는데, 이 단어는 포장 음식물의 성분 목록에서 종종 볼 수 있다. **그림 2.33b**와 같이 한 지방에 있는 지방산이 모두 같을 수도 있지만, 2개 내지 3개의 지방산이 다른 종류일 수도 있다.

포화 지방(saturated fat)과 **불포화 지방**(unsaturated fat)이라는 용어는 영양과 관련하여 일반적으로 사용한다. 이 용어는 지방산의 탄화수소 사슬의 구조를 나타내고 있다. 사슬을 이루는 탄소원자 간에 이중결합이 없으면 수소원자는 탄소 골격에 가능한 한 많이 붙게 된다. 이런 구조를 수소에 의해 포화되었다고 표현하며, 이러한 지방산을 **포화 지방산(saturated fatty acid)**이라 한다. **불포화**

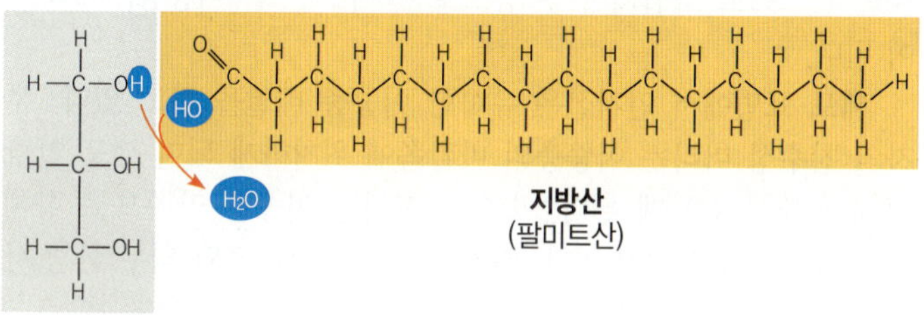

(a) 지방 합성 과정에 일어나는 세 개의 탈수반응 중의 하나

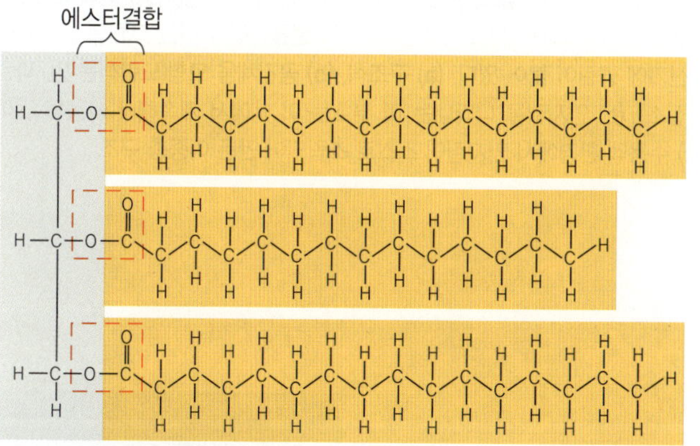

(b) 지방 분자(트리아실글리세롤)

▲ **그림 2.33** **지방 또는 트리아실글리세롤의 합성과 구조.** 지방의 분자적 구성 요소는 한 분자의 글리세롤과 세 분자의 지방산이다. **(a)** 하나의 지방산이 글리세롤과 결합할 때마다 물분자 하나가 빠져나간다. **(b)** 3개의 지방산 단위를 갖고 있고 그 중 2개는 동일한 지방산을 갖는 지방 분자. 지방산의 탄소가 지그재그로 배열되어 있어, 각 탄소에서 뻗어 나온 4개의 단일결합의 실제 방향을 암시해 준다(그림 3.2a).

▼ **그림 2.34** **포화 및 불포화 지방과 지방산의 예**

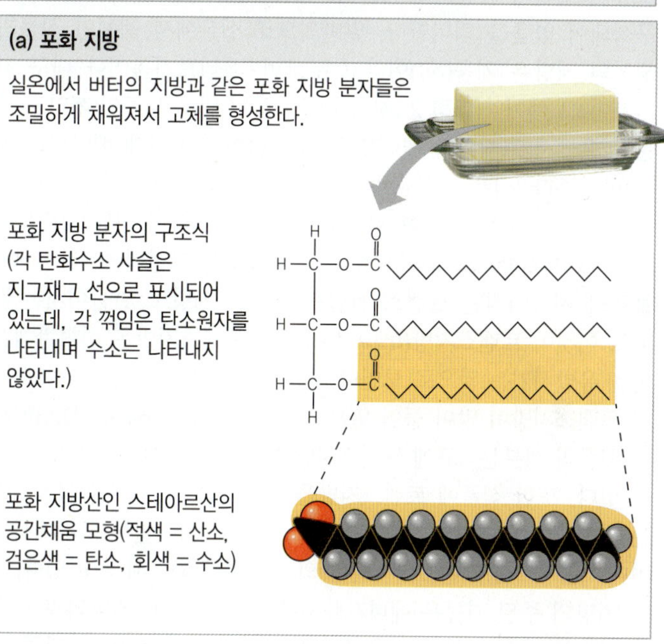

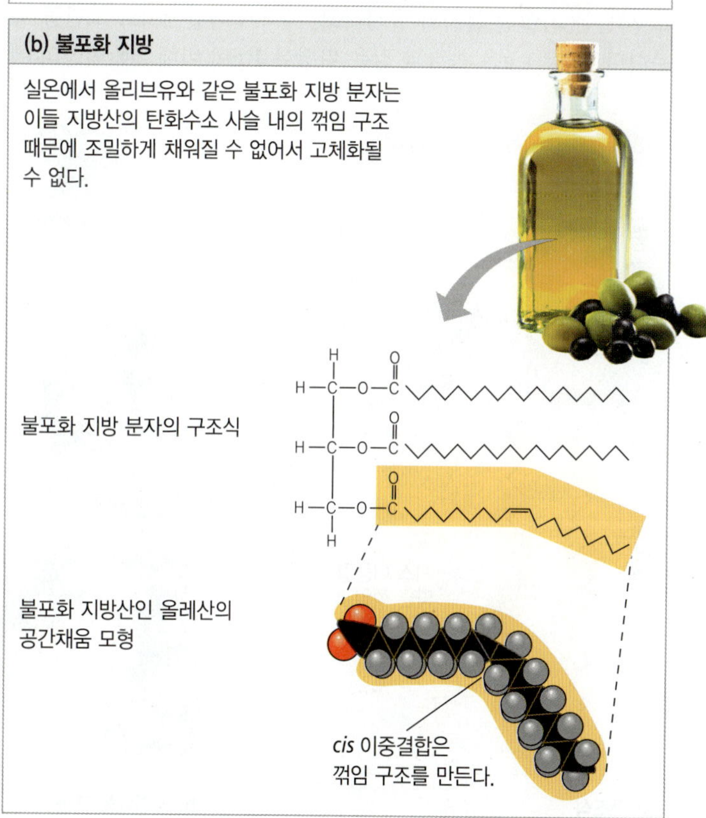

지방산(unsaturated fatty acid)은 한 개 이상의 이중결합을 가지고 있어서 이중결합을 하는 탄소 하나당 한 개의 수소원자를 적게 가진다. 천연 지방산의 거의 모든 이중결합은 탄화수소 사슬에 꺾임 구조를 만든다.

포화 지방산으로 만들어진 지방을 포화 지방이라고 한다. 대부분의 동물성 지방은 포화 지방인데, 지방 분자의 "꼬리"인 지방산의 탄화수소 사슬에 이중결합이 없으며, 사슬의 유연성은 지방분자를 촘촘히 배열하게 한다. 라드나 버터와 같은 동물성 포화 지방은 실온에서 고체이다(그림 2.34a). 반면에 식물과 생선 지방은 보통 불포화되어 있는데 이는 한 종류 이상의 불포화 지방산으로 구성되어 있음을 의미한다. 일반적으로 실온에서 액체인 식물과 생선의 지방은 기름(oil)이라고 부르며, 올리브기름이나 대구 간기름이 그 예이다(그림 2.34b). 이중결합이 위치한 곳의 꺾임 구조는 실온에서 고체화가 될 정도로 분자들이 촘촘하게 배열되는 것을 막아준다. 식품 조성표에 쓰여 있는 "수소를 첨가한 식물성 기름"이라는 문구는 불포화 지방에 수소를 첨가하여 인위적으로 포화된 고체 지방으로 변화시켰다는 의미이다. 그런데 이 과정에서 불포화 지방이지만 트랜스 결합을 가지는 지방도 만들어지는데, 바로 이것이 **트랜스지방(*trans* fat)**이다. 트랜스지방은 심혈관계질환을 유발시키는 것으로 보인다. 빵과 과자, 그리고 가공식품에 특히 트랜스지방이 많이 들어 있으므로, 미국 식품의약국(FDA)에서는 식품의 성분분석표에 트랜스지방 함량을 반드시 표시하도록 하고 있다. 또한 식품에 트랜스지방을 사용하는 것 자체를 금지시키는 방안도 고려 중인데, 덴마크나 스위스와 같은 일부 국가에서는 이미 식품에 허용되는 트랜스지방의 상한치를 규정해 놓고 있다.

지방의 주된 기능은 에너지를 저장하는 것이다. 지방의 탄화수소 사슬은 가솔린 분자와 유사하고, 에너지 측면에서도 그만큼 풍부하다. 지방 1 g은 녹말과 같은 다당류 1 g에 비해 2배 이상의 에너지를 저장한다. 식물은 이동성이 없기 때문에, 녹말 형태의 부피가 큰 에너지 저장소를 갖고서도 기능을 수행할 수 있다. (식물성 기름은 보통 종자로부터 얻는데, 종자와 같이 보다 소형인 저장소가 식물에게는 이점이다.) 하지만 동물은 스스로 에너지 저장소를 운반해야 하기 때문에, 좀 더 작은 연료 저장소인 지방을 갖는 것이 유리하다.

인지질

세포는 다른 종류의 지질인 인지질 없이는 생존할 수 없다. 인지질은 세포막의 주된 구성성분이기 때문에 세포에 필수적이다. 인지질 구조는 분자 수준에서 형태가 어떻게 기능에 들어맞는지 보여주는 전형적인 예이다. 그림 2.35와 같이, **인지질(phospholipid)**은 지방과 유사하지만, 3개 대신 단지 2개의 지방산이 글리세롤에 붙어 있다. 글리세롤의 세 번째 수산기는 세포 내에서 음전하를 띠고 있는 인산기에 연결되어 있다. 보통 전하를 띠거나 극성인 작은 분자들이 인산기에 추가로 연결되어 다양한 인지질을 형성한다.

인지질의 양끝은 물에 대해 서로 달리 작용한다. 인지질의 탄화수소 꼬리는 소수성이며 물로부터 배제된다. 하지만 인산기와 인산기에 붙어 있는 분자들은 물에 대해 친화력을 갖는 친수성 머리를 만든다. 인지질을 물에 넣으면, 물로부터 소수성 부분을 감싸면서 스스로 조립되어 두 층으로 된 구조, 즉 "이중층(bilayer)"이 된다.

세포 표면에서 인지질은 유사한 이중층 배열을 하고 있다. 분자의 친수성 머리는 이중층의 바깥쪽에 위치하게 되며 세포 안팎의 수용액에 접하게 된다. 소수성 꼬리는 이중층 안쪽으로 향해 있고 물로부터 떨어져 있다. 인지질 이중층은 세포와 외부 환경 사이에 경계를 형성하며, 세포의 존재는 인지질에 의존한다.

◀ **그림 2.35 인지질의 구조** 인지질은 1개의 친수성(극성) 머리와 2개의 소수성(비극성) 꼬리를 가지고 있다. 포스파티딜콜린이라 하는 그림의 인지질에는 인산기에 콜린이 붙어 있다. (a) 구조식, (b) 공간채움 모형(노란색은 인, 파란색은 질소), (c) 인지질을 나타내는 이 부호는 이 책에서 계속해서 사용될 것이다. (d) 수용액 환경에서 인지질이 스스로 조립되어 만든 이중층 구조.

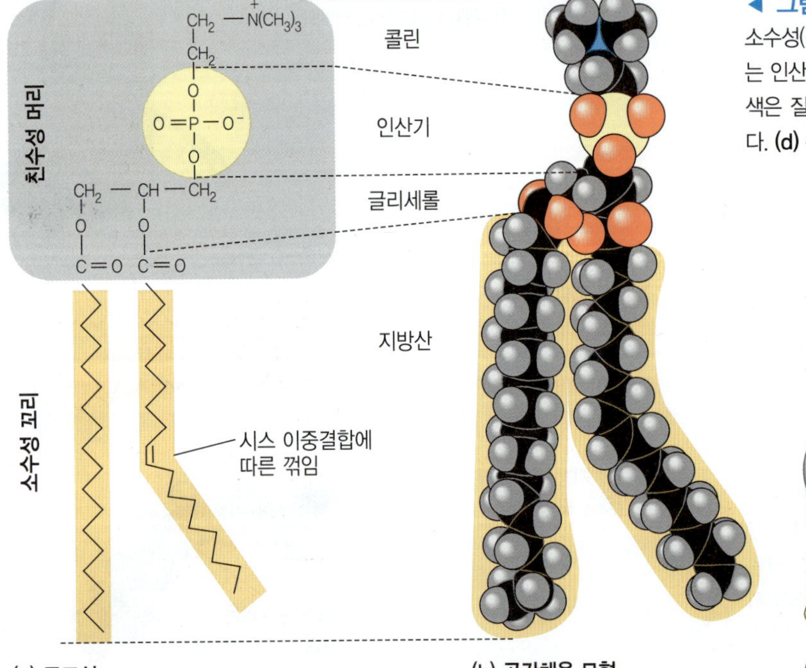

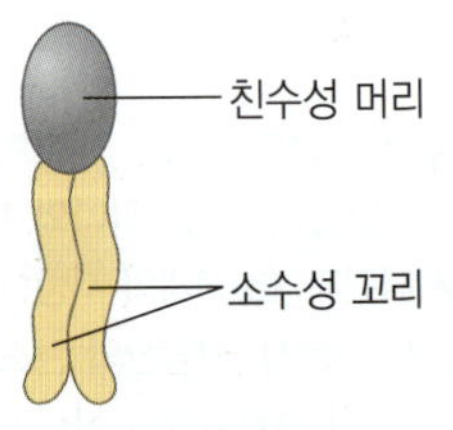

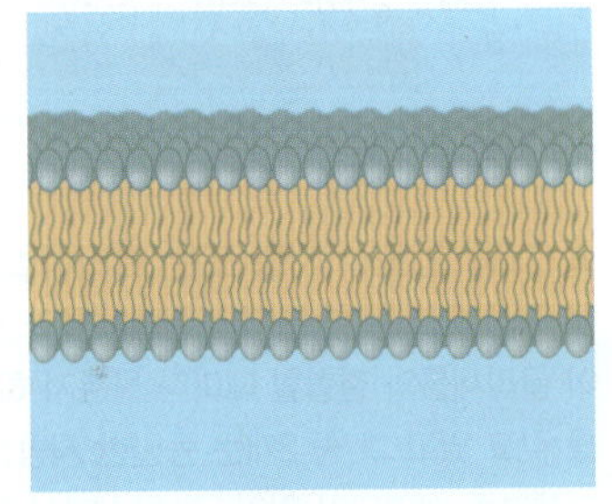

▶ **그림 2.36** **스테로이드인 콜레스테롤**

스테로이드

스테로이드(steroid)는 4개의 연결된 고리로 구성된 탄소 골격 특징을 갖고 있는 지질이다. 여러 스테로이드들은 이러한 고리구조에 부착된 특정 작용기에 의해 구분된다. 그림 2.36의 **콜레스테롤(cholesterol)**은 동물에게 매우 중요한 분자이다. 콜레스테롤은 동물 세포막의 일반적인 구성성분이며, 이로부터 다른 스테로이드를 합성하는 전구체로 작용하는데, 예를 들면 척추동물의 성호르몬인 에스트로젠과 테스토스테론의 전구체이다. 척추동물은 간에서 콜레스테롤을 합성하며, 음식물로부터도 얻는다. 혈중 콜레스테롤 농도가 높아지면 동맥경화가 일어날 수 있다. 실제로 포화 지방과 트랜스지방 모두 콜레스테롤 수준에 영향을 미침으로써 건강에 악영향을 미칠 수 있다.

단백질은 다양한 구조를 가져서 광범위한 기능을 수행한다

생명체의 거의 모든 역동적인 기능은 단백질에 의존한다. 단백질은 대부분의 세포에서 건조 질량의 50% 이상을 차지하며, 생물체가 하는 거의 모든 일에 도움을 준다. 어떤 단백질은 화학반응 속도를 높이는 반면, 다른 단백질은 방어, 저장, 수송, 세포 간 정보 교환 또는 구조적 지지의 역할을 한다(그림 2.37).

대부분이 단백질인 효소(enzyme) 없이 생명은 불가능하다. 효소 단백질은 반응에 의해 소모되지 않으면서 선택적으로 화학반응 속도를 높이는 **촉매(catalyst)**로 작용하여 물질대사를 조절한다. 효소는 계속 반복해서 기능을 수행할 수 있기 때문에, 이들 분자는 세포의 활동을 유지시키는, 마치 열심히 일하는 사람과 비슷하다고 생각할 수 있다.

인간은 무수히 많은 종류의 단백질을 가지고 있으며, 이들은 각기 특이적인 구조와 기능을 갖고 있다. 사실, 단백질은 알려져 있는 분자 중 가장 구조적으로 정교하다. 그 다양한 기능에 걸맞게 단백질은 구조에 있어서 매우 다양하여 각기 고유한 3차원적 형태를 갖는다.

모든 단백질은 20가지의 아미노산이 가지를 치지 않은 직선 구조로 연결된 사슬 형태이다. 아미노산들은 펩타이드결합을 통하여 서로 연결되어 있으며 이와 같은 아미노산의 중합체를 **폴리펩타이드(polypeptide)**라고 한다. **단백질(protein)**은 하나 또는 그 이상의 폴리펩타이드가 모여서 독특한 3차원 구조를 형성하고 생물학적 기능을 수행한다.

아미노산(단량체)

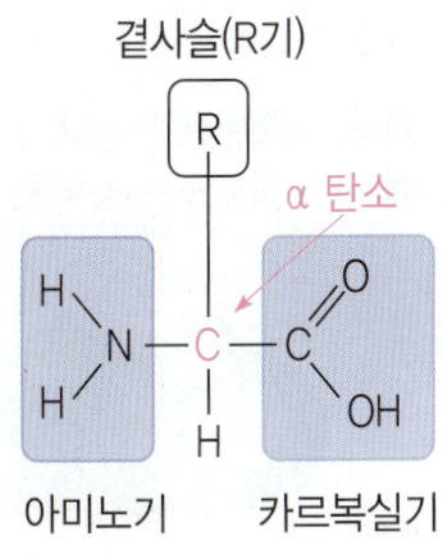

모든 아미노산은 공통된 구조를 갖고 있다. **아미노산(amino acid)**은 카르복실기와 아미노기를 모두 가지고 있는 유기분자이다. 오른쪽 그림은 아미노산의 일반 구조식을 보여준다. 아미노산 중심에는 알파(α)탄소가 있다. 아미노기, 카르복실기, 수소원자, 그리고 R로 표시된 다양한 화학기는 탄소에 결합된 4개의 서로 다른 짝이다. 곁사슬이라고 부르기도 하는 R기는 각 아미노산마다 다르다(그림 2.38).

그림 3.18은 세포가 자신의 수많은 단백질을 만들 때 사용하는 20개의 아미노산을 보여주고 있다. 아미노기와 카르복실기는 모두 이온화 형태로 표기하였으며, 이것이 세포내 pH 조건에서 일반적으로 존재하는 형태이다. 곁사슬 R기는 글리신의 수소원자같이 단순할 수도 있고 글루타민에서와 같이 다양한 작용기가 붙어 있는 탄소 골격일 수도 있다.

곁사슬의 물리적, 화학적 성질은 특정 아미노산의 고유한 특성을 결정짓기 때문에, 폴리펩타이드에서 아미노산의 기능적 역할에 영향을 미친다. 그림 3.18에서 곁사슬의 성질에 따라 아미노산을 분류하였다. 한 그룹은 소수성인 비극성 곁사슬을 갖는 아미노산들이다. 다른 그룹은 친수성의 극성 곁사슬을 갖는 아미노산이다. 산성 아미노산은 세포내 pH 조건에서 보통 해리되는(이온화된) 카르복실기의 존재로 일반적으로 음전하를 띤 곁사슬을 갖는 아미노산이다. 염기성 아미노산의 곁사슬에는 일반적으로 양전하를 띤 아미노기를 갖고 있다. (여기서 산성과 염기성이란 단어는 단지 곁사슬의 작용기를 언급한다.) 이들이 전하를 띠고 있기 때문에, 산성 아미노산과 염기성 아미노산은 모두 친수성이다.

폴리펩타이드(아미노산의 중합체)

이제는 아미노산이 어떻게 연결되어 중합체를 만드는지 살펴보겠다(그림 2.39). 한 아미노산의 카르복실기가 다른 아미노산의 아미노기에 인접하도록 두 아미노산이 놓이게 되면, 물분자가 제거되는 탈수반응에 의해 두 아미노산이 연결된다. 그 결과 생긴 공유결합을 **펩타이드결합(peptide bond)**이라 한다. 이 과정이 계속 반복되면서, 많은 아미노산이 펩타이드결합에 의해 연결된 중합체인 폴리펩타이드가 만들어진다.

그림 2.39에 보라색으로 표시된 원자들의 반복된 서열을 폴리펩타이드 골격이라 부른다. 이 골격으로부터 뻗어 나온 것이 아미노산의 서로 다른 곁사슬(R기)이다. 폴리펩타이드 길이는 몇 개 아미노산으로부터 수천 개 또는 그 이상의 아미노산에 이른다. 각각의 특정 폴리펩타이드는 아미노산의 독특한 선상 서열을 갖고 있다. 폴리펩타이드 사슬의 한 쪽 끝에는 자유 아미노기가, 반대쪽 끝에는 자유 카르복실기가 있는 것을 주목하라. 따라서 어떤 길이의 사슬이라도 하나의 아미노 말단(N-말단)과 하나의 카르복실 말단(C-말단)을 갖고 있다. 어느 정도 크기의 폴리펩타이드에

▼ 그림 2.37 단백질 기능의 개요

효소 단백질

기능: 화학반응의 선택적 가속화
예시: 소화효소는 음식물 분자에 있는 결합의 가수분해를 촉매한다.

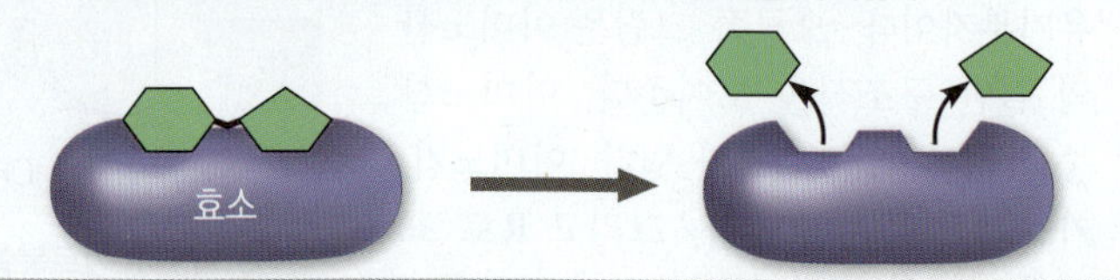

방어 단백질

기능: 질병에 대한 보호
예시: 항체는 박테리아나 바이러스를 불활성화시키고 처치하는 데 도움을 준다.

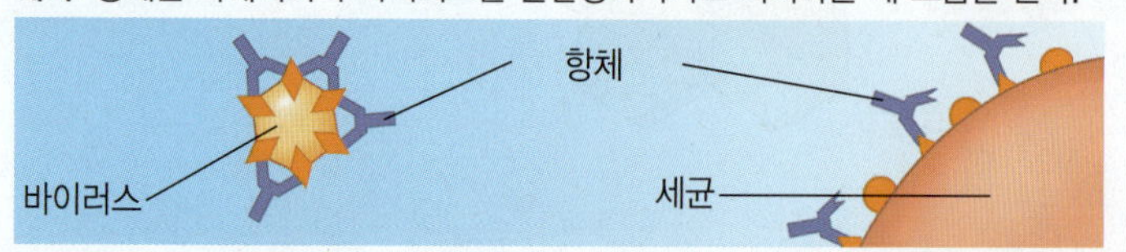

저장 단백질

기능: 아미노산의 저장
예시: 우유 단백질인 카제인은 포유동물 새끼에게 주된 아미노산 공급원이다. 식물은 씨앗에 저장 단백질을 갖고 있다. 오브알부민은 달걀 흰자의 단백질인데, 발달과정에 있는 배의 아미노산 공급원으로 사용된다.

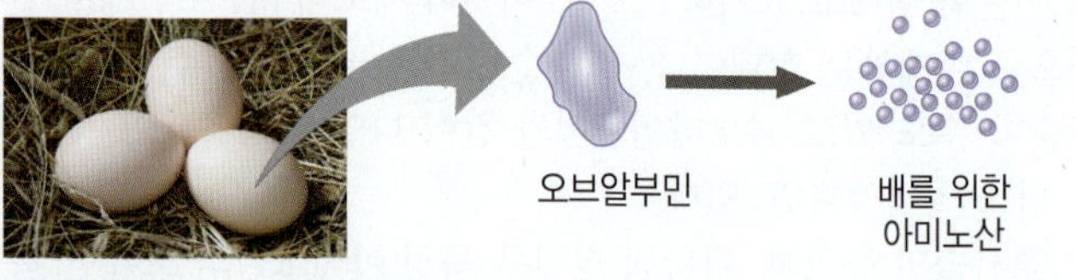

수송 단백질

기능: 물질의 수송
예시: 척추동물 혈액에서 철을 함유하고 있는 단백질인 헤모글로빈은 산소를 폐로부터 몸의 다른 부분으로 운반한다. 또 다른 단백질은 세포막을 가로질러 물질분자를 운반한다.

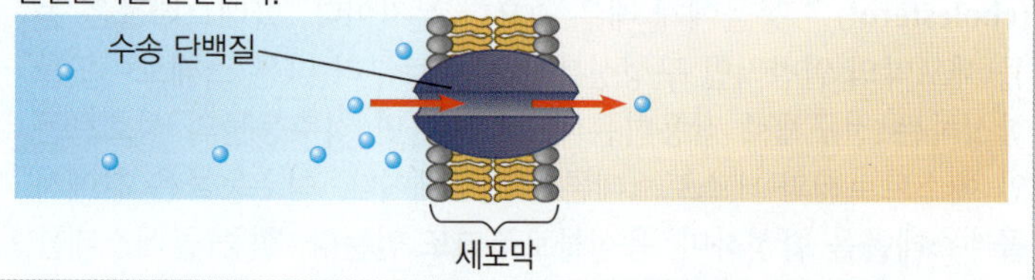

호르몬 단백질

기능: 생물체의 활성 조절
예시: 이자에서 분비되는 호르몬인 인슐린은 다른 조직이 포도당을 흡수하게 하여 혈당 농도를 조절하게 된다.

수용체 단백질

기능: 화학 자극에 대한 세포의 반응
예시: 다른 신경세포가 분비한 신호분자를 감지하는 신경세포 막의 수용체

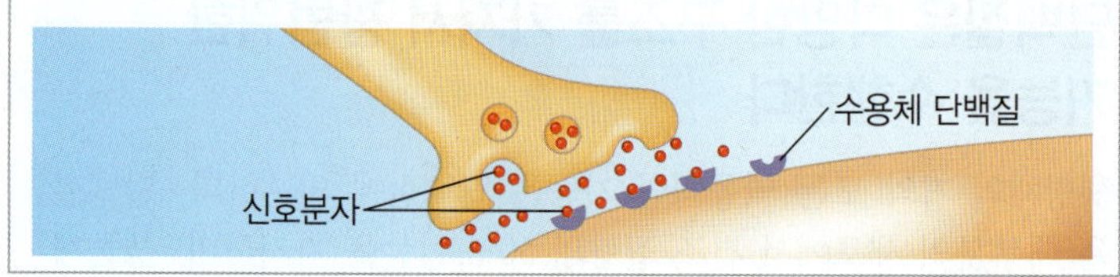

수축 및 운동 단백질

기능: 운동
예시: 운동 단백질은 섬모나 편모의 파동운동에 관여한다. 액틴과 마이오신은 근육수축 운동에 관여한다.

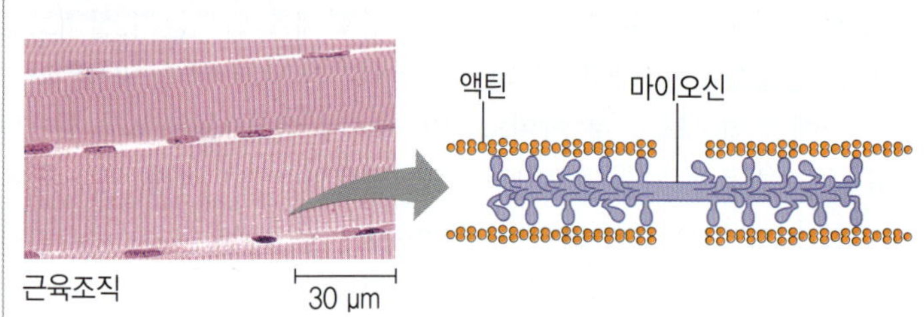

구조 단백질

기능: 지지
예시: 케라틴은 머리카락, 뿔, 깃털, 그 밖의 피부 부속물의 단백질이다. 곤충과 거미는 각각 고치와 거미줄을 만드는 데에 비단섬유를 사용한다. 콜라젠과 엘라스틴 단백질은 동물의 결합조직에서 섬유상 구조를 제공한다.

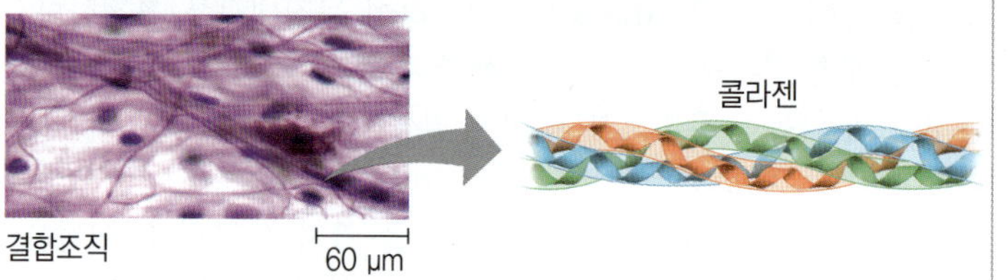

서 곁사슬의 수는 말단 작용기보다 훨씬 많으며 그러므로 분자의 화학적 성질은 전체적으로 곁사슬의 종류와 서열에 의해 결정된다.

단백질의 구조와 기능

단백질의 특이적 활성은 단백질의 복잡한 3차원적 구조에 의해 결정되는데, 가장 단순한 단계는 단백질의 아미노산 서열이다. 폴리펩타이드의 아미노산 서열은 단백질의 3차원적 구조(일반적으로 단순히 "구조"라 부름)와 기능에 대해 무엇을 알려줄 수 있는가? **폴리펩타이드**라는 용어는 단백질이라는 용어와 완전한 동의어가 아니다. 하나의 폴리펩타이드로 이루어진 단백질일지라도, 폴리펩타이드와 단백질의 관계는 긴 털실과 털실로 짤 수 있는 특정 크기와 모양의 스웨터 사이의 관계와 어느 정도 유사하다. 기능을 갖는 단백질은 단지 하나의 폴리펩타이드 사슬이 아니라, 하나 또는 여러 개의 폴리펩타이드가 정교하게 꼬이고 접히고 감겨서 만

▼ 그림 2.38 단백질의 20개 아미노산. 그림에서 아미노산은 곁사슬(R기)의 성질에 따라 분류되었고 세포내 pH인 pH 7.2에서 주로 존재하는 이온 형태의 아미노산을 나타내고 있다. 아미노산의 세 글자와 한 글자 약어는 괄호 안에 표시되어 있다.

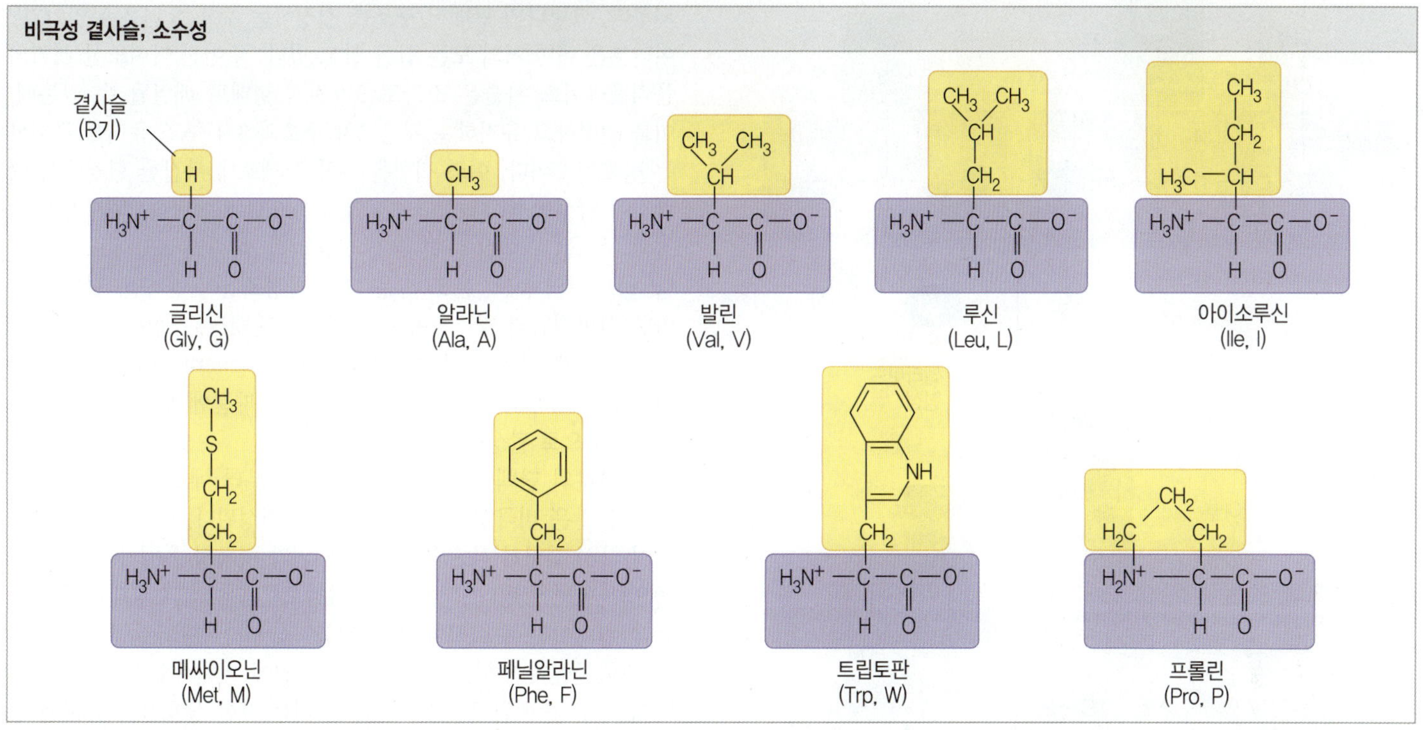

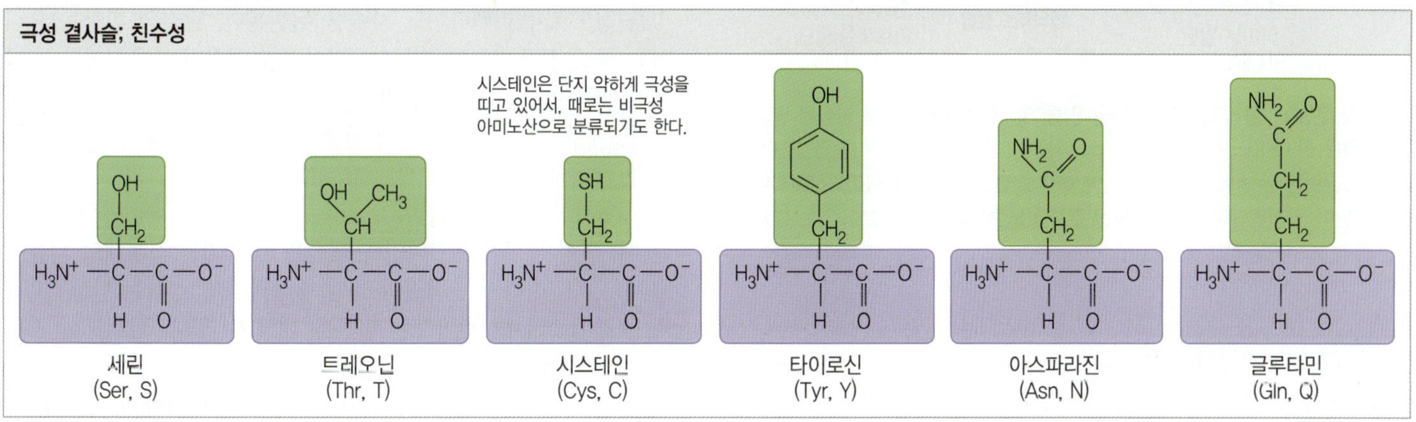

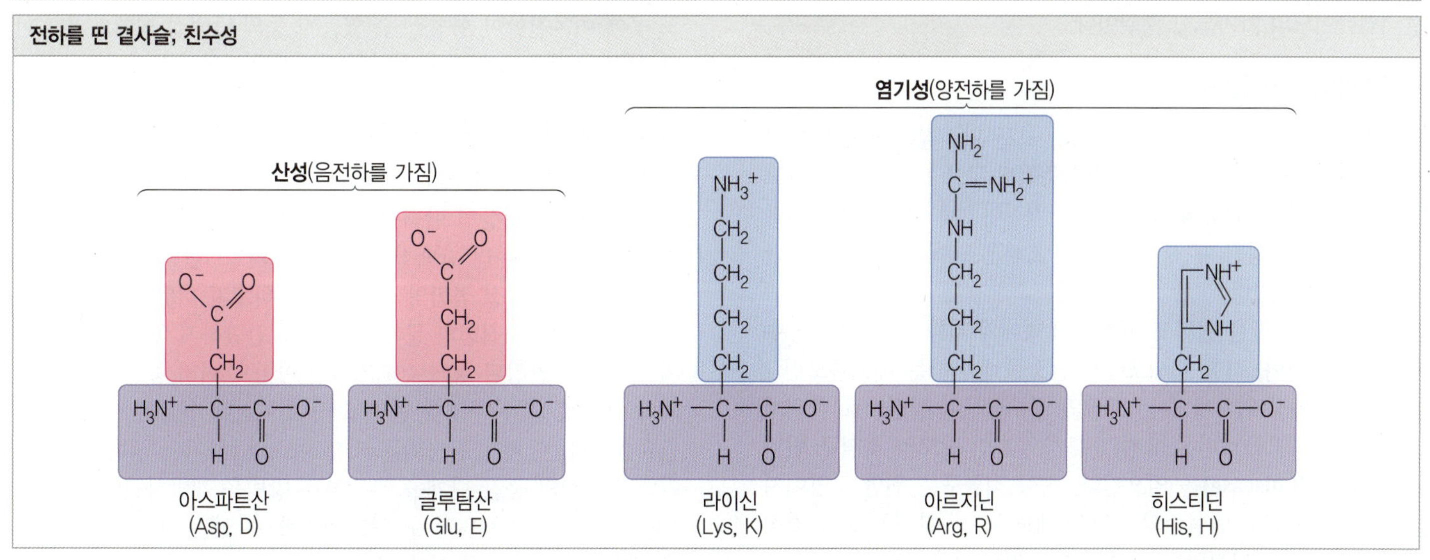

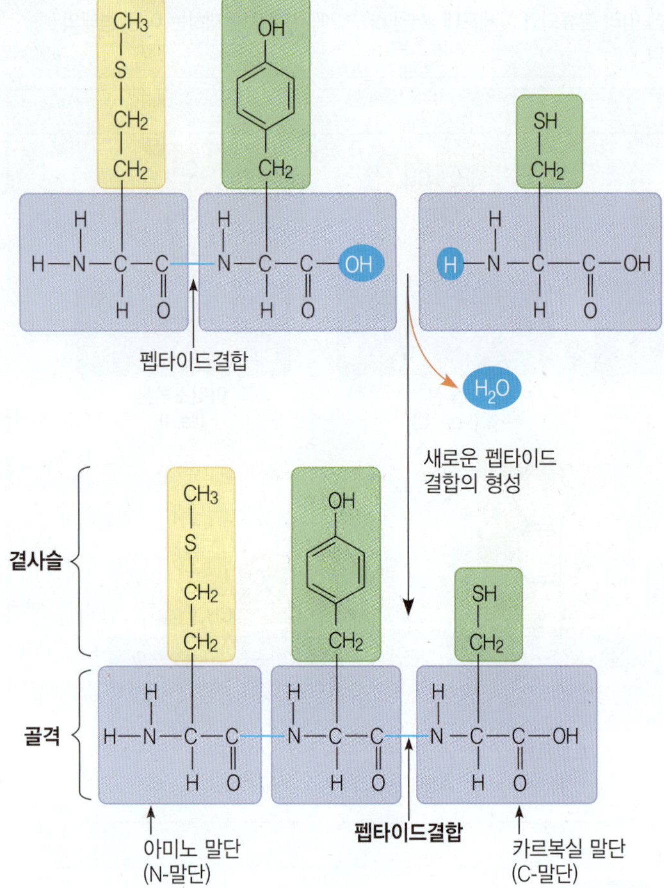

▲ **그림 2.39 폴리펩타이드 사슬 만들기.** 탈수반응에 의해 형성된 펩타이드결합은 한 아미노산의 카르복실기와 다음 아미노산의 아미노기를 연결한다. 펩타이드결합은 한 번에 1개씩 형성되며, 아미노 말단(N-말단)의 아미노산에서부터 시작된다. 폴리펩타이드는 아미노산 결사슬(노란색과 녹색)이 붙어 있는 반복적인 골격(보라색)을 갖고 있다.

들어진 독특한 형태의 분자이다(그림 2.40). 정상적인 세포내 조건에서 단백질이 갖게 될 3차원적 구조를 결정해 주는 것이 바로 각 폴리펩타이드의 아미노산 서열이다.

네 단계의 단백질 구조

단백질이 매우 다양함에도 불구하고, 모든 단백질은 1차, 2차 그리고 3차 구조라고 알려진 세 개의 중첩된 구조 단계를 공유하고 있다. 네 번째 단계인, 4차 구조는 단백질이 2개 이상의 폴리펩타이드 사슬로 구성될 때 생긴다. 그림 2.41은 단백질 구조의 네 단계를 설명하고 있다.

1차 구조의 작은 변화도 단백질의 형태와 기능에 영향을 줄 수 있다. 예를 들어, 적혈구 세포에서 산소를 운반하는 헤모글로빈 1차 구조의 특정 위치에 있는 정상의 글루탐산이 발린으로 바뀌게 되면, 이런 헤모글로빈은 유전적 혈액 질환인 **낫모양 적혈구 빈혈증(sickle-cell disease)**을 일으킨다. 정상 적혈구는 원반 모양이지만, 낫모양 적혈구 빈혈증의 비정상 헤모글로빈 분자는 쉽게 결정화되어 적혈구가 낫모양으로 변형된다(그림 2.42).

무엇이 단백질 구조를 결정하는가?

독특한 형태가 각 단백질에 특정 기능을 부여한다는 사실을 알게 되었다. 그렇다면 단백질 구조를 결정하는 주요 요인은 무엇인가? 여러분은 이미 거의 모든 답을 알고 있다: 주어진 아미노산 서열의 폴리펩타이드 사슬은 스스로 3차원적 형태로 배열될 수 있는데, 이를 결정하고 유지하는 것은 2차 구조와 3차 구조 유지에 관계하는 상호작용이다. 이런 접힘은 대체로 세포내 복잡한 환경에서 단백질이 합성될 때 다른 단백질의 도움으로 일어난다. 하지만 단백질의 구조는 단백질 주변 환경의 물리적, 화학적 조건에도 의존한다. pH, 염의 농도, 온도 혹은 다른 환경조건이 변하면, 단백질 내 약한 화학결합과 상호작용이 파괴되어 단백질은 풀어지고 고유한 형태를 잃게 되는데 이러한 변화를 **변성(denaturation)**이라고 한다(그림 2.43). 구조가 잘못 만들어졌기 때문에 변성된 단백질은 생물학적으로 활성을 잃는다.

대부분의 단백질은 수용성 환경으로부터 에테르 혹은 클로로포름과 같은 비극성 용매로 옮겨지면 변성된다. 폴리펩타이드 사슬이 다시 접혀서 사슬의 소수성 부위가 비극성 용매가 있는 바깥쪽으로 향하게 된다. 다른 변성 물질로는 단백질의 형태를 유지하는데 관여하는 수소결합, 이온결합 그리고 이황화결합을 깨뜨리는 화학물질이 있다. 변성은 과도한 열에 의해서도 일어날 수 있는데, 열은 단백질 구조를 안정화시키는 약한 상호작용을 없앨 수 있을 정도로 폴리펩타이드 사슬을 뒤흔든다. 달걀의 흰자는 요리하는 동안 불투명하게 되는데, 변성된 단백질이 불용성이고 응고되기 때문이다. 이는 또한 과도한 고열이 왜 치명적인지를 설명해 준다. 매우 높은 체온에 의해 혈중 단백질이 변성될 수 있기 때문이다.

시험관 용액내 단백질이 열 또는 화학물질에 의해 변성이 일어날 때, 변성 물질이 제거되면 단백질은 때로 기능적 형태로 되돌아올 수 있다. 따라서 단백질의 특정 형태에 대한 정보는 단백질의 1차 구조에 고유한 것이라는 결론을 내릴 수 있다. 아미노산 서열은 어느 곳에 나선구조가 형성될 수 있는지, 어느 곳에 병풍구조가 생길 수 있는지, 어느 곳에 이황화결합이 위치하게 되는지, 어느 곳에 이온결합이 형성될 수 있는지 등의 단백질 형태를 결정한다. 하지만 세포내 단백질 접힘은 어떻게 일어날까?

세포 내에서의 단백질 접힘

현재 생화학자들은 1,000만 개 이상의 단백질에 대한 아미노산 서열과 20,000개 이상의 단백질에 대한 3차원 형태에 대해 알고 있다. 과학자들은 여러 단백질의 1차 구조와 그 단백질의 3차 구조를 연관시켜 단백질 접힘의 규칙을 발견하고자 하였다. 그러나 불행하게도 단백질 접힘의 문제는 그렇게 간단하지 않았다. 대부분의 단백질은 안정된 형태로 되기까지 아마도 여러 중간 구조를 거치기 때문에, 최종 구조를 안다고 하여 이러한 형태에 도달하는데 필요한 접힘 단계가 규명되는 것은 아니다. 하지만 생화학자들은 단백질 접힘의 중간 단계를 추적하는 방법을 개발하였다. 그들은 1차 구조로부터 3차원적 구조를 예측할 수 있는 컴퓨터 프로그램을 개발하고자 연구 중이다.

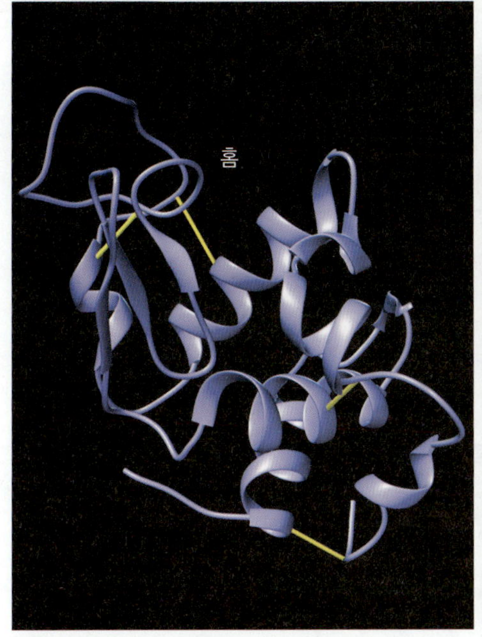

(a) **리본 모형**은 단일 폴리펩타이드 사슬이 어떻게 접히고 꼬여 기능적 단백질을 만드는지 보여준다. (노란색 선은 단백질 형태를 안정화시키는 이황화결합을 나타낸다.)

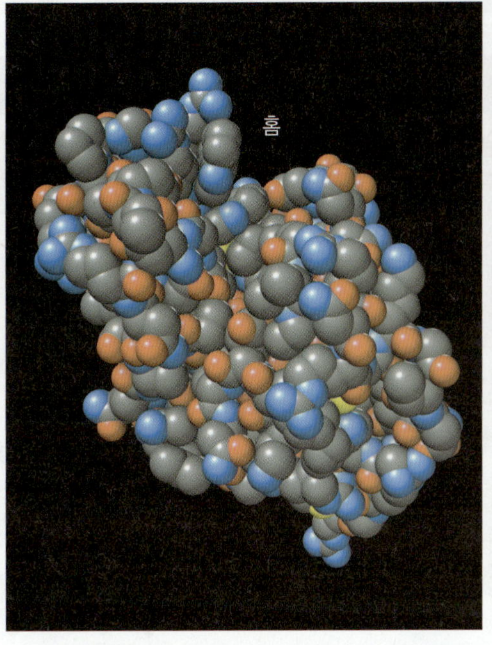

(b) **공간채움 모형**은 라이소자임에서 독특하게 나타나는 특별한 3차원적 구조뿐 아니라, 많은 단백질에서 볼 수 있는 구 형태를 보다 명확히 보여준다.

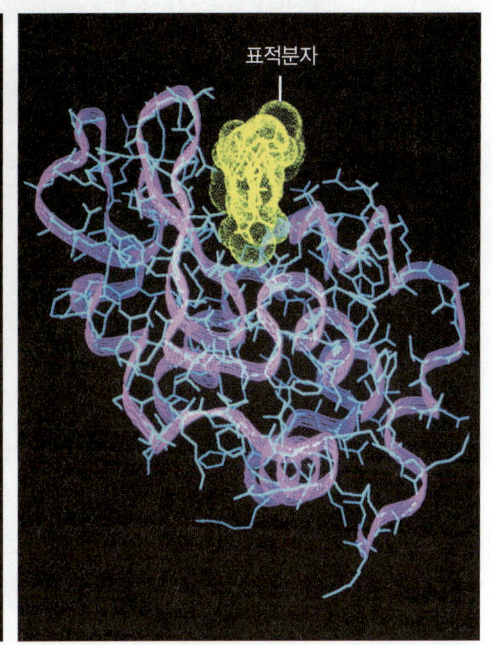

(c) 여기서는 리본 모형과 **철사구조 모형**을 포개놓았다. 철사구조 모형은 골격과 골격으로부터 뻗어 있는 곁사슬을 보여준다. 노란색 구조는 세균 표면에 있는 표적 분자이다.

▲ 그림 2.40 **효소 라이소자임의 단백질 구조.** 땀, 눈물, 침에 존재하는 라이소자임은 여러 종류의 세균의 표면에 있는 특정 분자에 결합하고 파괴함으로써 감염을 막도록 도와주는 효소이다. 세균 세포벽에 있는 표적분자를 인식하고 결합하는 단백질의 일부분이 작은 홈을 형성한다.

	1차 구조	2차 및 3차 구조	4차 구조	기능	적혈구의 모양
정상 헤모글로빈	1 Val 2 His 3 Leu 4 Thr 5 Pro 6 Glu 7 Glu	β 소단위체	정상 헤모글로빈 β α β α	정상 헤모글로빈은 서로 달라붙지 않으며 각각 산소를 운반한다.	정상 적혈구는 개별 헤모글로빈 단백질로 채워져 있다. 5 μm
낫모양 적혈구 헤모글로빈	1 Val 2 His 3 Leu 4 Thr 5 Pro 6 Val 7 Glu	β 소단위체	낫모양 적혈구 헤모글로빈 β α β α	낫모양 적혈구의 헤모글로빈은 소수성 결합을 통하여 섬유상으로 결집하여 산소 운반 능력이 현저하게 떨어진다.	비정상 헤모글로빈의 섬유소는 적혈구를 낫모양으로 변형시킨다. 5 μm

▲ 그림 2.42 **단백질에서 단 하나의 아미노산 치환이 낫모양 적혈구 빈혈증을 일으킨다**

▼ 그림 2.41 단백질 구조의 단계 탐구

1차 구조

아미노산의 선형 사슬

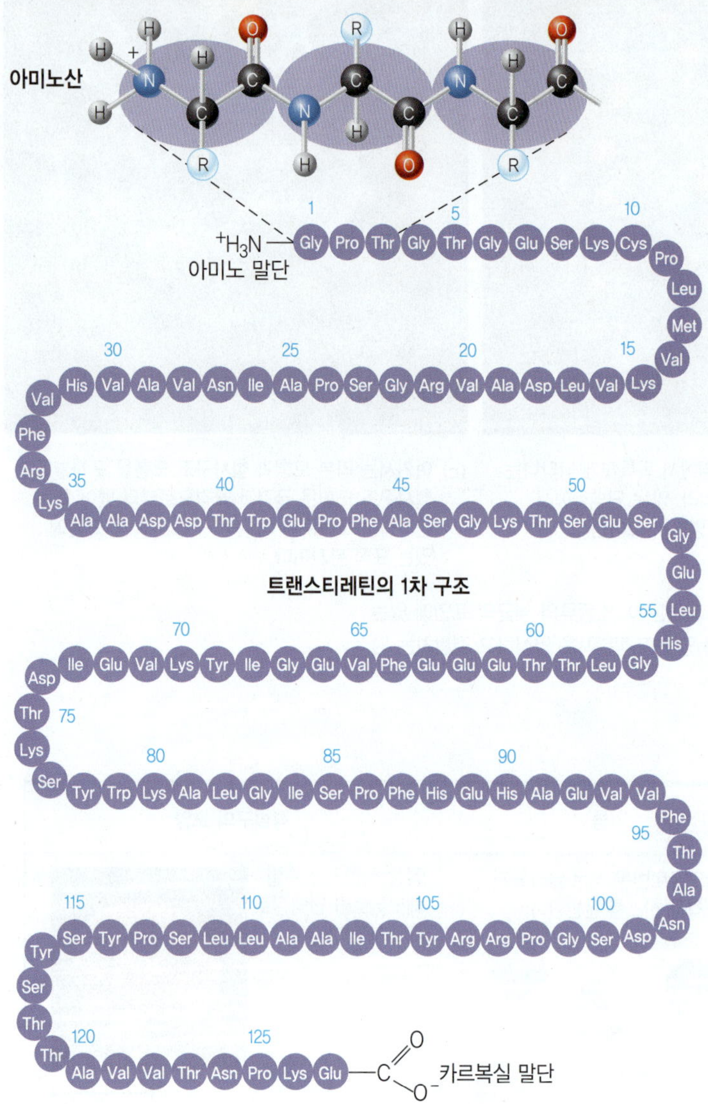

단백질의 **1차 구조(primary structure)**는 아미노산의 서열이다. 예를 들어, 비타민 A와 갑상샘 호르몬 중 하나를 몸 전체로 운반하는 혈중 구형 단백질인 트랜스티레틴(transthyretin) 단백질을 생각해 보자. 트랜스티레틴은 각기 127개 아미노산으로 된 동일한 폴리펩타이드 사슬 4개로 구성되어 있다. 1차 구조를 자세히 보기 위해 사슬들 중 풀어진 한 사슬을 여기에 보여주고 있다. 사슬의 127개 자리는 세 글자 약자로 표시된, 20개의 아미노산 중 하나가 각각 차지하고 있다.

1차 구조는 매우 긴 단어에 있는 글자의 순서와 같다. 확률로 본다면, 127개 아미노산의 폴리펩타이드 사슬을 만들 수 있는 서로 다른 방법은 20^{127}가지이다. 하지만 단백질의 정교한 1차 구조는 아미노산의 무작위적 연결로 결정되는 것이 아니라, 물려받는 유전적 정보에 의해 결정되는 것이다. 1차 구조는 사슬에 위치한 아미노산의 곁사슬(R기)과 골격의 화학적 성질에 의하여 2차 구조와 3차 구조에 영향을 준다.

2차 구조

폴리펩타이드 골격을 구성하는 원자 사이의 수소결합에 의해 안정화된 부위

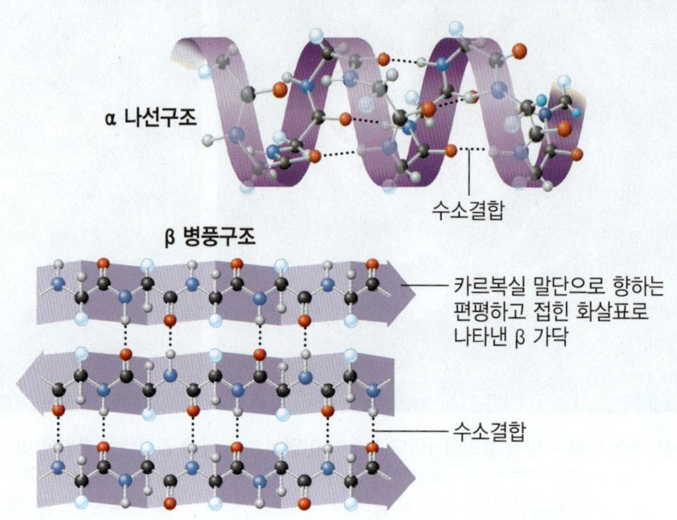

대부분의 단백질에는 반복적으로 꼬이거나 접히는 패턴의 폴리펩타이드 사슬 단편이 있어서 단백질의 전체 형태에 기여한다. 총체적으로 **2차 구조(secondary structure)**라고 하는 이러한 꼬임과 접힘은 아미노산 곁사슬 간의 결합이 아니라, 폴리펩타이드 골격에서 반복되는 구성요소 간의 수소결합의 결과이다. 골격 내에서 산소원자는 부분적인 음전하를 띠고 있고, 질소에 결합한 수소원자는 부분적인 양전하를 띠고 있다(그림 2.12). 그러므로 이 원자들 사이에 수소결합을 형성할 수 있다. 이러한 수소결합은 개별적으로는 약하지만, 폴리펩타이드 사슬의 상대적으로 긴 부위에서 여러 번 반복되어 나타나기 때문에 단백질의 그 부위에 대한 특정 형태를 지지할 수 있다.

그러한 2차 구조 중 하나가 **α 나선구조(α helix)**로서 각 네 번째 아미노산 사이에 형성되는 수소결합에 의해 유지되는 정교한 나선이다. 비록 각 트랜스티레틴 폴리펩타이드는 단지 하나의 α 나선구조를 갖고 있지만(3차 구조를 보라), 다른 구형 단백질은 비나선형 부위에 의해 분리되어 있는, 다수의 α 나선구조 부위를 갖고 있다(헤모글로빈 참조). 머리카락의 구조 단백질인 α 케라틴과 같은 몇몇 섬유상 단백질은 그들 길이의 대부분이 나선구조로 되어 있다.

2차 구조의 또 다른 주된 형태는 **β 병풍구조(β pleated sheet)**이다. 이 구조에서는 폴리펩타이드 사슬 두 가닥 이상이 나란히 놓여 있어(β 가닥) 두 개의 평행적 폴리펩타이드 골격들의 수소결합에 의해서 연결되어 있다. β 병풍구조는 트랜스티레틴(3차 구조를 보라)의 경우처럼 많은 구형 단백질의 핵심 부위를 구성하며, 거미줄의 실크 단백질을 비롯한 몇몇 섬유상 단백질에서 많이 나타난다. 아주 많은 수소결합에 의한 협력은 각 거미의 실크 섬유를 같은 무게의 강철 가닥보다 강하게 만든다.

▶ 거미는 β 병풍구조를 갖는 구조 단백질로 이루어진 실크 섬유사를 분비하는데, 거미줄이 늘어나게 하거나 다시 감기도록 한다.

3차 구조

곁사슬 간의 상호작용에 의해 안정화된 3차원적 형태

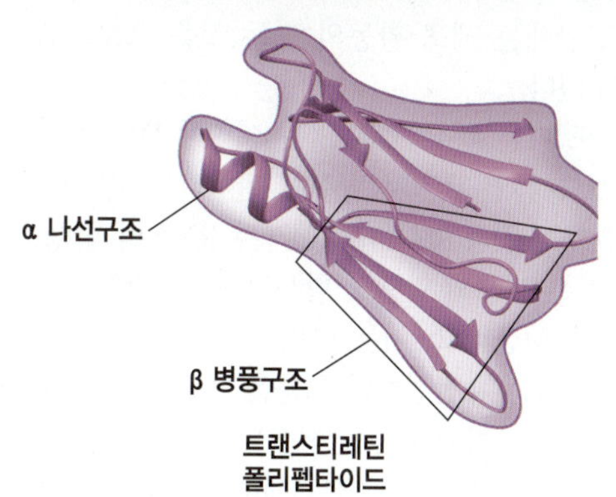

위의 트랜스티레틴 폴리펩타이드의 리본 모형에서 볼 수 있듯이, 2차 구조의 패턴 위에 겹쳐 놓은 것이 단백질의 **3차 구조(tertiary structure)**이다. 2차 구조는 골격 구성성분 간의 상호작용에 의한 것이지만, 3차 구조는 다양한 아미노산의 곁사슬, 즉 R기 간의 상호작용에 의한 폴리펩타이드의 총체적인 형태이다. 3차 구조에 기여하는 상호작용 중 한 유형은 다소 혼동을 줄 수 있는 용어로 **소수성 상호작용(hydrophobic interaction)**이다. 폴리펩타이드가 기능을 갖는 형태로 접힐 때, 소수성(비극성) 곁사슬을 갖는 아미노산은 일반적으로 물과의 접촉을 피해 단백질의 중심부에 모여 덩어리를 이룬다. 따라서 "소수성 상호작용"은 실제로는 물분자에 의해 비극성 물질이 배제되기 때문에 발생한다. 일단 비극성 아미노산의 곁사슬이 서로 인접하게 되면 반데르발스 상호작용이 그들간을 서로 떨어지지 않도록 붙들어 놓는다. 한편, 극성 곁사슬 간의 수소결합과 양전하와 음전하를 띤 곁사슬 간의 이온결합도 3차 구조를 안정화시키는 데 도움을 준다. 이들은 모두 용액상태의 세포환경에서 생기는 약한 상호작용이지만, 이들의 누적 효과는 단백질이 독특한 형태를 갖도록 해준다.

단백질의 형태는 **이황화결합(disulfide bridge)**이라는 공유결합에 의해 더욱 보강된다. 곁사슬에 황화수소기(—SH)를 갖는 아미노산인 시스테인(그림 3.5) 단위체 2개가 단백질의 접힘에 의해 보다 가깝게 위치할 때 이황화결합이 형성된다. 한 시스테인에 있는 황은 두 번째 황과 결합하게 되어, 이황화결합(—S—S—)은 단백질의 부분들을 단단히 고정시킨다(그림 3.19a의 노란색 선 참조). 이런 다른 종류의 상호작용 모두가 아래 가상 단백질의 작은 부분에서 볼 수 있듯이 단백질의 3차 구조를 만드는 데 기여한다.

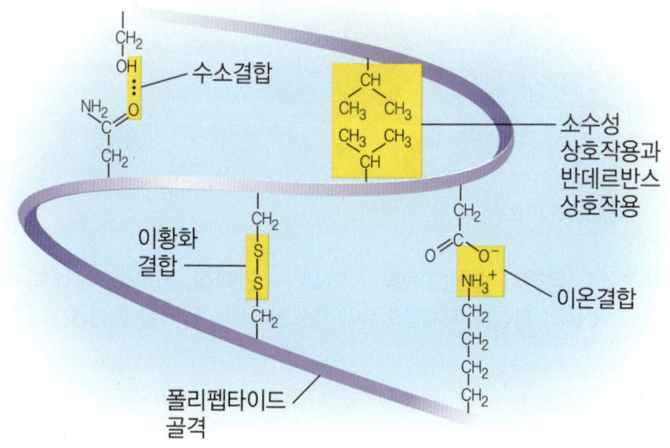

4차 구조

둘 이상의 폴리펩타이드의 결합 (일부 단백질에서만 적용)

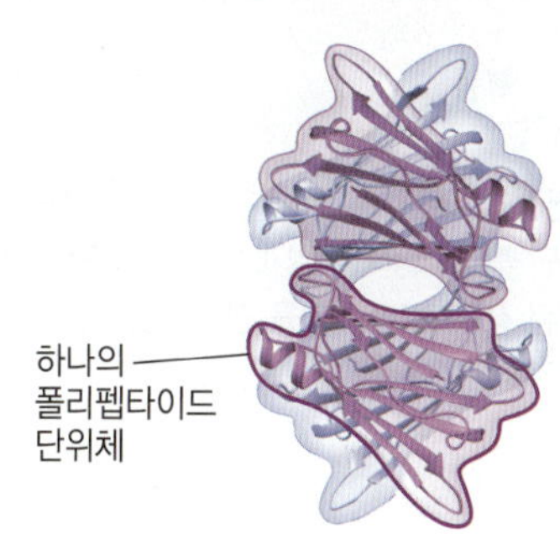

어떤 단백질은 둘 또는 그 이상의 폴리펩타이드 사슬이 함께 모여서 1개의 기능적 거대분자를 이룬다. **4차 구조(quaternary structure)**는 이처럼 폴리펩타이드 소단위체의 집합에 의해 이루어진 총체적인 단백질 구조이다. 예를 들어, 위에서는 4개의 폴리펩타이드로 구성된 완전한 구형의 트랜스티레틴 단백질을 보여주고 있다.

또 다른 예는 아래에서 볼 수 있는 콜라젠인데, 이는 섬유상 단백질로 3개의 동일한 폴리펩타이드 나선들이 서로 꼬여서 더 큰 3중 나선을 만들어서 긴 섬유에 큰 강도를 지니게 한다. 이는 콜라젠 섬유가 피부, 뼈, 힘줄, 인대 및 다른 신체부분의 결합조직에서 대들보로 기능을 수행하기에 적합하게 해준다. (콜라젠은 사람 몸의 단백질 중 40%를 차지한다.)

적혈구의 산소결합 단백질인 헤모글로빈은 4차 구조를 갖고 있는 구형 단백질의 또 다른 예이다. 헤모글로빈은 두 개의 α 사슬과 두 개의 β 사슬, 총 네 개의 폴리펩타이드 소단위체로 구성되어 있다. α 소단위체와 β 소단위체 모두 주로 α 나선의 2차 구조로 되어 있다. 각 소단위체는 산소와 결합하는 철원자가 포함된 헴(heme)이라는 폴리펩타이드가 아닌 구성성분을 갖고 있다.

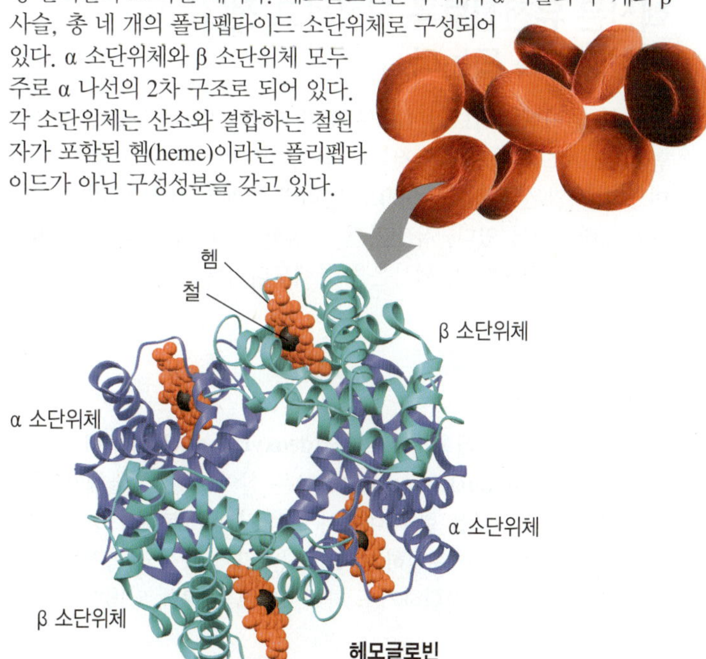

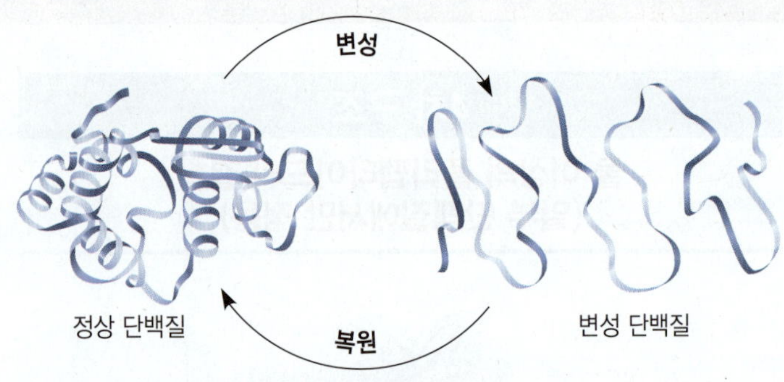

▲ 그림 2.43 **단백질의 변성과 복원.** 고온 혹은 다양한 화학적 처리에 의해서 단백질이 변성되면 이는 단백질의 형태를 잃게 하고 그러므로 기능을 잃게 만든다. 변성된 단백질이 용해된 상태로 남아 있을 경우, 환경의 화학적 물리적 상태가 정상으로 되돌아가면 종종 재생되는 경우가 있다.

세포 안에서 폴리펩타이드가 잘못 접히게 되는 것은 심각한 문제이다. 알츠하이머병이나 파킨슨병, 광우병과 같은 많은 질병들은 잘못 접혀진 단백질의 축적과 관련이 있다. 실제로 그림 3.21에 소개한, 잘못 접혀진 트랜스티레틴 단백질은 노인성 치매의 한 형태를 포함하여 여러 질병과 관련이 있다.

과학자가 정확하게 접혀진 단백질을 확보했다 하더라도, 하나의 단백질 분자는 수천 개의 원자로 이루어져 있기 때문에, 단백질의 정확한 3차원적 구조를 결정하는 것은 단순하지 않다. 단백질의 3차원적 형태를 조사하는데 있어 가장 일반적인 방법이 **X선 결정학(X-ray crystallography)**이다. 이는 결정화된 분자의 원자에 의해 X선이 굴절되는 것에 의존한다. 이 기술을 이용하여 과학자들은 3차원적 모형을 만들어서 단백질 분자의 모든 원자들의 정확한 위치를 보여줄 수 있게 되었다. 핵자기공명 분광학 그리고 생물정보학은 단백질 구조와 기능을 이해하는 보완적 연구방법이다.

핵산은 유전정보를 저장하고 전달하며 발현되도록 돕는다

만약에 폴리펩타이드의 1차 구조가 단백질의 형태를 결정한다면, 1차 구조를 결정하는 것은 과연 무엇일까? 폴리펩타이드의 아미노산 서열은 **유전자(gene)**로 알려진 별개의 유전 단위에 의해 프로그램화되어 있다. 유전자를 구성하는 DNA는 **핵산(nucleic acid)**이란 화합물이다. 핵산은 뉴클레오타이드라 부르는 단위체로 구성된 복합체이다.

핵산의 역할

두 종류의 핵산인 **데옥시리보핵산(deoxyribonucleic acid, DNA)**과 **리보핵산(ribonucleic acid, RNA)**은 살아 있는 생물체가 자신의 복잡한 구성성분을 한 세대에서 다음 세대로 복제 가능케 하는 분자이다. 분자들 중 유일하게, DNA는 자기 자신의 복제를 지시하고, RNA 합성을 지휘하기도 하며, RNA를 통해 단백질 합성을 조절하는데, 이 모든 과정을 **유전자 발현(gene expression)**이라고 한다(그림 2.44).

DNA는 생물체가 부모로부터 물려받는 유전 물질이다. 각 염색체는 보통 수백 개 이상의 유전자를 가지고 있는 하나의 긴 DNA 분자로 되어 있다. 세포가 분열에 의해 증식할 때, 세포의 DNA 분자는 복제되어 세포의 한 세대에서 다음 세대로 전해진다. DNA 구조 안에는 세포 활동의 모든 것을 프로그램하는 정보가 암호화되어 있다.

핵산의 또 다른 종류인 RNA는 어떻게 DNA부터 단백질까지의 유전정보 흐름인 유전자 발현에 관여하는가? DNA 분자에 있는 각 유전자는 **전령 RNA(mRNA)**라는 RNA의 합성을 지시한다. mRNA 분자는 세포의 단백질 합성 장치와 상호작용하여 직접 폴리펩타이드를 생산하고, 이는 단백질의 전체 혹은 일부분으로 접히게 된다. 우리는 유전정보의 흐름을 DNA → RNA → 단백질로 요약할 수 있다(그림 2.44). 단백질을 합성하는 장소는 리보솜이라는 작은 세포 구조물이다. 진핵세포에서 리보솜은 핵과 원형질막 사이의 부위인 세포질 내에 위치하고 있으며, DNA는 핵 내에 있다. 전령 RNA는 단백질을 합성하라는 유전적 지시를 핵으로부터 세포질로 전달한다. 원핵세포는 핵이 없지만 리보솜과 세포의 다른 장치로 DNA 메시지를 전달하여 암호화된 정보를 아미노산 서열로 번역하는 과정에서 RNA를 사용한다.

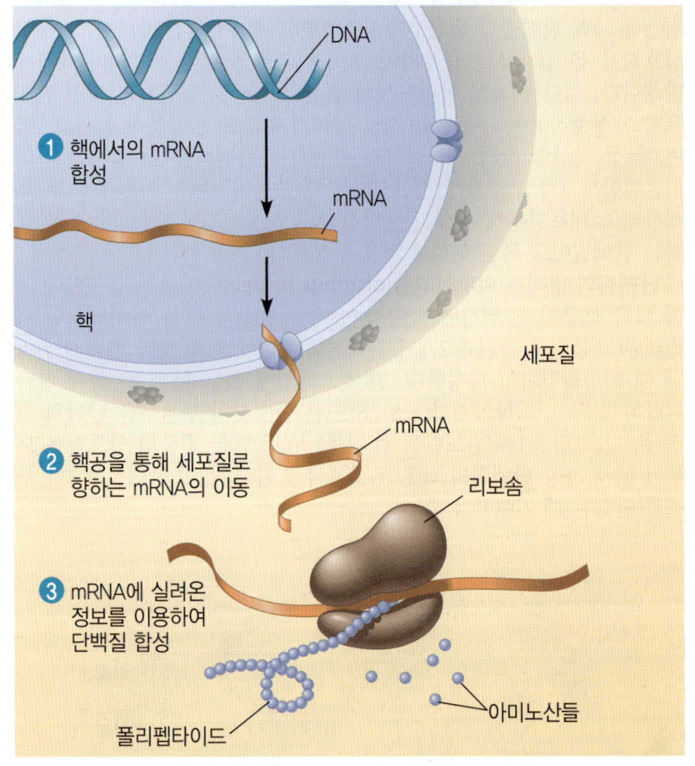

▲ 그림 2.44 **유전자 발현: DNA → RNA → 단백질.** 진핵세포에서 핵 내의 DNA는 mRNA의 합성을 지시함으로써 세포질에서의 단백질 합성을 계획한다.

핵산의 구성성분

핵산은 **폴리뉴클레오타이드(polynucleotide)**라는 중합체 형태로 존재하는 거대분자이다(그림 2.45a). 이름에서 알 수 있듯이 각 폴리뉴클레오타이드는 **뉴클레오타이드(nucleotide)**라는 단위체들로 구성되어 있다. 뉴클레오타이드는 일반적으로 질소성 염기, 5-탄소 당인 5탄당 그리고 하나 이상의 인산기, 이렇게 세 부분으로 구성되어 있다(그림 2.45b). 폴리뉴클레오타이드의 각 단위체는 단지 하나의 인산기를 갖는다. 뉴클레오타이드에서 인산기를 제외한 부분은 뉴클레오사이드(nucleoside)라 한다.

뉴클레오타이드를 만들기 위해 먼저, 질소성 염기를 알아보자(그림 2.45c). 각 질소성 염기는 질소원자를 갖는 하나 또는 두 개의 고리를 가지고 있다. (질소원자는 용액으로부터 H^+를 받아들이는 경향이 있어 염기로 작용하기 때문에 질소성 염기라고 부른다.) 질소성 염기에는 두 종류가 있는데, 피리미딘과 퓨린이 그것이다. **피리미딘(pyrimidine)**은 탄소와 질소원자로 구성된 하나의 육각형 고리로 되어 있다. 피리미딘 종류에는 사이토신(cytosine, C), 타이민(thymine, T), 유라실(uracil, U)이 있다. **퓨린(purine)**은 피리미딘보다 크고, 육각형 고리가 오각형 고리와 합쳐져 있다. 퓨린에는 아데닌(adenine, A)과 구아닌(guanine, G)이 있다. 특정 피리미딘과 퓨린은 고리에 붙어 있는 화학기에 차이가 있다. 아데닌, 구아닌 그리고 사이토신은 DNA와 RNA 모두에 존재하지만, 타이민은 DNA에서만, 유라실은 RNA에서만 각각 발견된다.

이제 질소성 염기에 당을 첨가해 보자. DNA에는 **데옥시리보스(deoxyribose)**가 있고, RNA에는 **리보스(ribose)**가 있다(그림 2.45c). 두 당 사이의 유일한 차이는 데옥시리보스의 경우 고리의 두 번째 탄소에 산소원자가 없다는 것이다. 따라서 그 이름이 데옥시리보스이다.

여기까지 조립한, 질소성 염기와 당을 합한 구조를 가리켜서 뉴클레오사이드(nucleoside)라고 한다. 이로부터 뉴클레오타이드를 완성하기 위해서는 당의 5′ 탄소에 인산기를 붙여야 한다(그림 2.45b). [당을 이루는 탄소분자의 번호는 ′(프라임) 기호를 붙인다.] 이렇게 인산이 부착된 분자는 이제 뉴클레오타이드로 더 잘 알려진, 뉴클레오사이드 일인산염이 된다.

뉴클레오타이드 중합체

뉴클레오타이드를 연결하여 폴리뉴클레오타이드를 형성하는 과정은 탈수반응을 포함한다. 폴리뉴클레오타이드에서 인접한 두 뉴클레오타이드는 인산디에스테르 결합으로 연결되는데, 이는 두 뉴

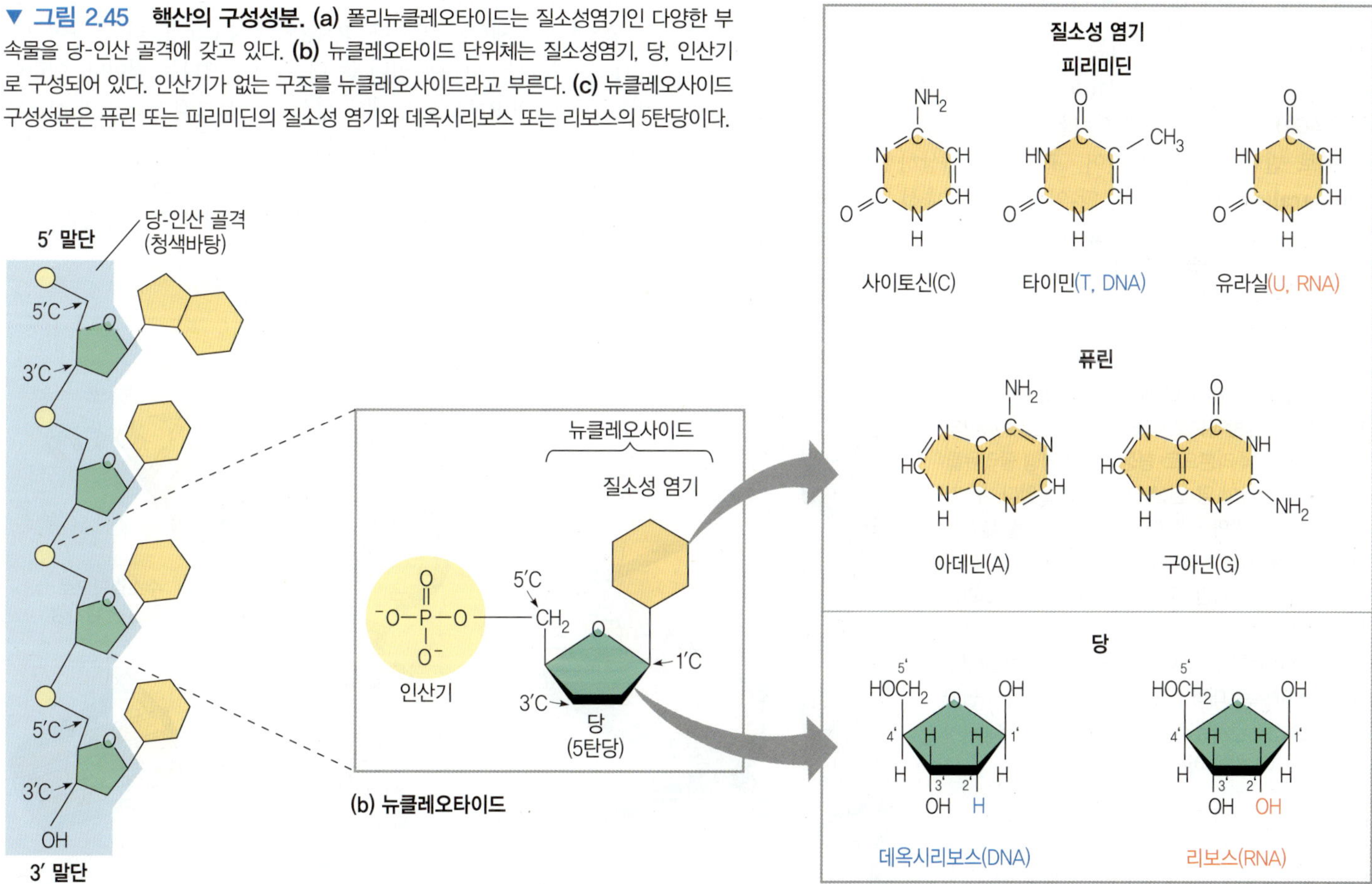

▼ 그림 2.45 **핵산의 구성성분.** (a) 폴리뉴클레오타이드는 질소성염기인 다양한 부속물을 당-인산 골격에 갖고 있다. (b) 뉴클레오타이드 단위체는 질소성염기, 당, 인산기로 구성되어 있다. 인산기가 없는 구조를 뉴클레오사이드라고 부른다. (c) 뉴클레오사이드 구성성분은 퓨린 또는 피리미딘의 질소성 염기와 데옥시리보스 또는 리보스의 5탄당이다.

클레오타이드의 당을 연결하는 인산기를 포함한다. 이 결합은 당-인산 단위의 반복적 패턴을 갖는 골격을 만든다(그림 2.45a). (질소성 염기는 골격의 일부가 아니라는 점에 주목하라.) 중합체의 두 자유말단은 확연하게 서로 다르다. 한 쪽 말단은 5′ 탄소에 붙어 있는 인산기를 갖고 있고, 다른 쪽 말단은 3′ 탄소에 수산기를 갖고 있다. 이것을 각각 5′ 말단과 3′ 말단이라고 부르기도 한다. 그러므로 폴리뉴클레오타이드는 마치 일방통행 차로처럼, 당-인산 골격을 따라 5′에서 3′ 방향으로 붙박이의 방향성을 갖고 있다고 할 수 있다. 이런 당-인산 골격을 따라서 질소성 염기로 구성된 부속물이 위치한다.

DNA(또는 mRNA) 중합체를 따라 배열되어 있는 염기서열은 각 유전자마다 독특하며, 아주 특이적인 정보를 세포에 제공한다. 유전자는 수백에서 수천 개의 뉴클레오타이드 길이로 되어 있어, 가능한 염기서열의 수는 거의 무한대이다. 세포에 대해 유전자가 의미하는 것은 네 가지 DNA 염기의 특정 서열에 암호화되어 있다. 예를 들어, 5′-AGGTAACTT-3′ 서열과 5′-CGCTTTAAC-3′ 서열이 의미하는 것은 서로 다르다. 물론 실제 유전자는 훨씬 길다. 한 유전자에 있는 선형의 염기서열은 단백질의 아미노산 서열, 즉 1차 구조를 지정하며, 이 1차 구조는 세포에서 단백질의 3차원적 구조와 기능을 지정한다.

DNA와 RNA 분자의 구조

DNA 분자는 2개의 폴리뉴클레오타이드 또는 "가닥"이 가상의 축을 중심으로 **이중나선(double helix)** 모양을 하고 있다(**그림 2.46a**). 두 개의 당-인산 골격은 각 골격이 5′ → 3′ 방향으로 서로 반대로 달리고 있어, 고속도로의 상하행선처럼 **역평행(antiparallel)** 배열을 한다. 당-인산 골격은 나선 바깥쪽에 위치하며, 질소성 염기는 나선 안쪽에 쌍을 이루고 있다. 두 가닥은 쌍을 이룬 염기들 간의 수소결합에 의해 결합되어 있다. 대부분의 DNA 분자는 매우 길어서 수천 개에서 수백만 개에 이르는 염기쌍으로 이루어져 있다. 하나의 기다란 DNA 이중나선에는 많은 유전자가 포함되어 있는데, 각 유전자는 DNA 분자의 특정 단편이다.

이중나선에서는 특정 염기만이 서로 쌍을 이룬다. 아데닌(A)은 항상 타이민(T)과 쌍을 이루고, 구아닌(G)은 항상 사이토신(C)과 쌍을 이룬다. 이중나선의 두 가닥은 **상보적(complementary)**이며, 각 가닥은 다른 쪽 가닥에 의해 예측 가능하다. 이러한 DNA의 특징이 세포가 분열을 준비할 때 각 DNA 분자가 두 개의 똑같은 사본을 만들 수 있도록 하는 것이다. 세포분열을 할 때 사본은 딸세포에게 나누어져서 딸세포들이 부모 세포와 유전적으로 동일하게 만든다. 그러므로 DNA 구조는 세포가 생식을 할 때마다 유전 정보를 전달하는 기능을 설명한다.

상보적 염기쌍은 두 개의 RNA 분자들 사이에서도 형성될 수 있으며, 심지어는 동일한 RNA 분자 내의 뉴클레오타이드 두 군데 사이에서도 형성될 수 있다. 사실 RNA 분자 내의 염기쌍은 이들이 어떤 기능에 필요한 특이적인 3차원적 구조를 갖도록 한다. 예를 들면, **운반 RNA(tRNA)**라 부르는 RNA 종류는 폴리펩타이드 합성 과정 중 리보솜으로 아미노산을 가져다준다. 하나의 tRNA 분자는 약 80개 뉴클레오타이드 길이를 가진다. 이들의 기능적 형태는 분자의 상보적 가닥이 서로 역평행하게 놓여 있을 때 뉴클레오타이드 간에 형성된 염기쌍에 기인한다(**그림 2.46b**).

RNA에서 아데닌(A)은 유라실(U)과 짝을 이루며, 타이민(T)은 RNA에 존재하지 않는다. RNA와 DNA의 또 다른 차이점으로 RNA 분자는 형태에 있어 좀 더 변이가 크다는 점이다. 이러한 변이는 하나의 RNA 분자 내에 형성되는 상보적 염기쌍의 정도나 위치가 RNA 종류마다 다르기 때문이다. 많은 과학자들이 이처럼 다양한 특징을 가지는 RNA가 DNA보다 먼저 존재하고 있었으며 초기 생물에서 유전정보의 전달자로 사용되었다고 믿고 있다.

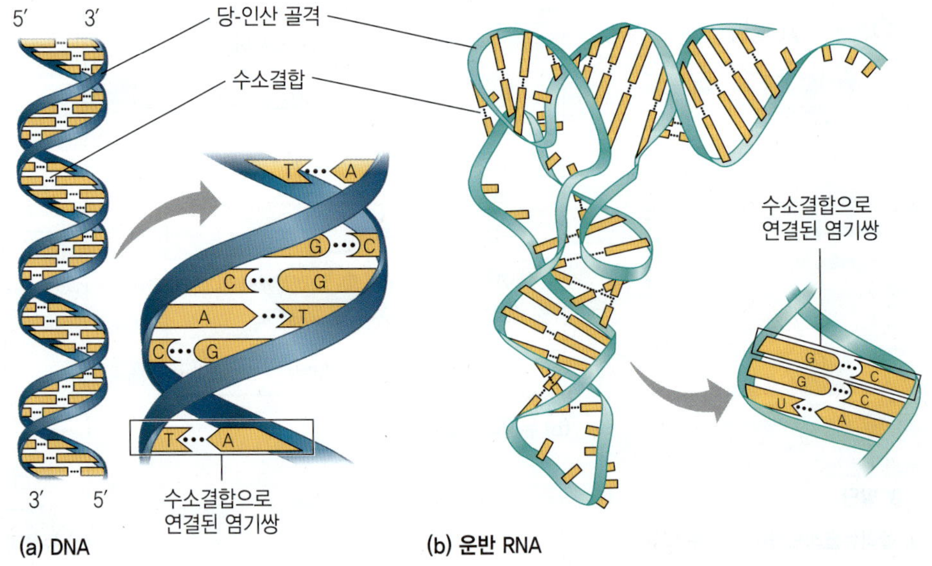

▶ **그림 2.46 DNA와 tRNA 분자의 구조. (a)** DNA 분자는 일반적으로 이중나선 구조인데 나선의 바깥쪽에 파란색 리본으로 형상화한 역평행 폴리뉴클레오타이드 가닥의 당-인산 골격을 갖고 있다. 두 가닥은 질소 염기쌍의 수소결합에 의해 서로를 붙잡고 있다. 염기를 상징적 형태로 나타낸 바와 같이, 아데닌(A)은 타이민(T)과만, 구아닌(G)은 사이토신(C)과만 짝을 이룰 수 있다. 그림의 각 DNA 가닥은 그림 2.45a의 폴리뉴클레오타이드와 구조적으로 동일하다. **(b)** 운반 RNA는 대략 L형의 구조로 RNA의 역평행 부위는 상보적 염기쌍을 이룬다. RNA에서 아데닌(A)은 유라실(U)과 쌍을 이룬다.

개념 2.6

유전체학과 단백질체학은 생물학적 탐구와 적용을 바꾸어 놓았다

20세기 전반의 실험 연구는 살아있는 세포와 생명체가 기능을 하도록 특징짓고, 한 세대에서 다음 세대로 넘어가는 유전정보의 전달자로서의 DNA 역할을 확립하였다. 1953년 DNA 분자의 구조가 밝혀지고, 뉴클레오타이드 염기의 선형 서열이 단백질 아미노산 서열을 특징짓는 것으로 알려지면서 생물학자들은 그 염기 서열을 밝혀서 유전자 "해독"을 추구하였다.

생물체의 유전적 기능을 완전히 이해하기 위해서 DNA 전량, 즉 생물체 유전체의 전체 서열이 가장 확실한 것이다. 이 아이디어의 명백한 비실용성에도 불구하고, 1980년대 말 몇몇 유명한 생물학자들은 모두 30억 염기에 해당하는 전체 인간 유전체를 염기서열분석 하는 사업을 시작하자는 대담한 제안을 제시하였다. 이런 노력은 1990년에 시작하여 2000년대 초 효율적으로 완성되었다.

인간 유전체사업의 뜻하지 않은 심오한 부수적인 이익은 보다 신속하고 저렴한 염기서열분석 방법이 빠르게 개발된 것이다(그림 2.47). 완전히 염기서열 분석된 유전체의 수가 증가하면서 대량의 데이터를 생성하고 생물정보학의 발달을 촉진시켰는데, **생물정보학**은 이들 큰 데이터를 다루고 분석하기 위해 컴퓨터 소프트웨어와 다른 전산 도구를 사용하는 학문이다.

이런 발달의 반향은 생물학과 관련 학문에 대한 연구를 바꾸어 놓았다. 생물학자는 때로 큰 세트의 유전자를 분석하거나 서로 다른 종의 전체 유전체를 비교함으로써 문제를 조사하는데, 이런 접근을 **유전체학(genomics)**이라고 한다. 아미노산 서열을 포함한 큰 세트의 단백질을 비슷하게 분석하는 접근을 **단백질체학(proteomics)**이라고 한다. (단백질 서열은 생화학적 기술이나 단백질을 암호화하는 DNA 서열을 번역함으로써 조사할 수 있다.) 이런 접근 방식은 생물학의 모든 분야에 퍼지게 되었고, 그림 2.48에 일부 예를 제시하였다.

▲ 그림 2.47 **자동화된 DNA 염기서열 분석기계와 컴퓨터를 이용한 데이터 처리의 도입으로 유전자와 유전체 연구를 빠르게 진행하는 것이 가능해졌다.**

진화의 척도인 DNA와 단백질

진화 우리는 많은 경우 공유 형질, 예를 들어 모든 포유동물 종이 털을 가지며 젖을 생산한다는 점을 들어 이들이 공통조상으로부터 왔다고 추론한다. 한 생물의 유전 형질을 결정하는 정보는 유전자의 형태로 DNA에 저장되어 있다. DNA 분자에 있는 뉴클레오타이드의 선형 서열은 부모로부터 자손으로 넘겨지는데, 이런 서열이 단백질의 아미노산 서열을 결정하게 된다. 그 결과, 형제자매는 같은 종의 관련이 없는 개체들보다 DNA와 단백질에서 유사성이 매우 크다.

진화 이론의 타당성을 고려하면, 이런 "분자 가계도"의 개념을 종간의 관계에까지 확장시킬 수 있다: 화석 증거를 포함해서 해부학적 증거에 의해 유연관계가 가까운 것으로 생각되는 두 종은, 유연관계가 보다 먼 종보다는 그들의 DNA와 단백질 서열에서 보다 많은 부분을 공유할 것으로 기대할 수 있다. 실제로 이것은 사실이다. 한 예로 인간 헤모글로빈의 β 폴리펩타이드 사슬과 여러 척추동물들의 상응하는 헤모글로빈 β 폴리펩타이드를 비교해 볼 수 있다. 146개의 아미노산으로 형성된 사슬에서, 인간은 고릴라와 1개의 아미노산만이 다르지만, 인간과 개구리는 67개의 아미노산에서 차이가 난다.

어쩌면 유전체학과 단백질체학이 생물학 연구에 가장 크게 기여한 바는 바로 진화 현상의 이해에 도움을 주었다는 점이다. 근대 진화론의 창시자인 도브잔스키(Theodosius Dovzhansky)는 "진화의 개념을 통하지 않고서는 생물학의 어떤 현상도 의미를 파악할 수 없다"고 말했다. 유전체학은 진화의 근거로 이용되어 온 화석과 현재 살아 있는 생물에서 발견되는 특성을 증명해 줄 뿐 아니라, 이전의 연구에서는 시도할 수 없었던 다른 종간의 유연관계를 살펴보고 그 진화 역사를 추론해 보는 기틀을 마련해 준다.

▼ 그림 2.48

MAKE CONNECTIONS

유전체학과 단백질체학이 생물학에 기여한 점

기술과 정보 처리의 발달 때문에 뉴클레오타이드 염기서열분석과 큰 세트의 유전자와 단백질의 분석은 신속하고 저렴하게 이루어질 수 있다. 종합하면 유전체학과 단백질체학은 많은 다른 분야에 걸쳐 생물학에 대한 이해를 촉진하였다.

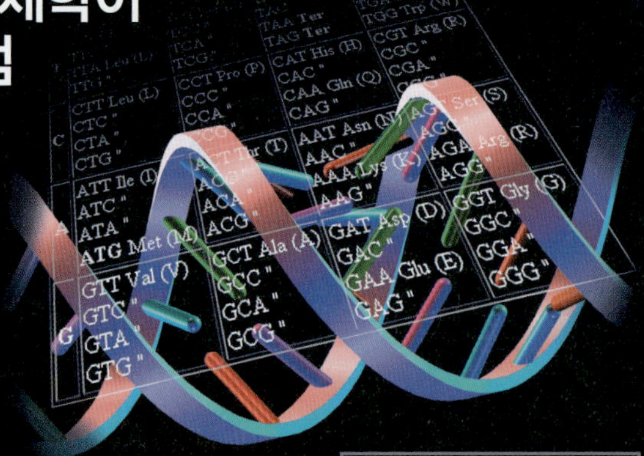

고생물학

새로운 DNA 염기서열 분석 기법으로 멸종한 인류의 친척인 네안데르탈인(*Homo neanderthalensis*)의 조직에서 채취한 극소량의 DNA를 분석할 수 있다. 네안데르탈인 유전체의 염기분석을 통하여 그들의 모습, 그리고 현생 인류와의 관계를 더 잘 이해할 수 있게 되었다(그림 27.36).

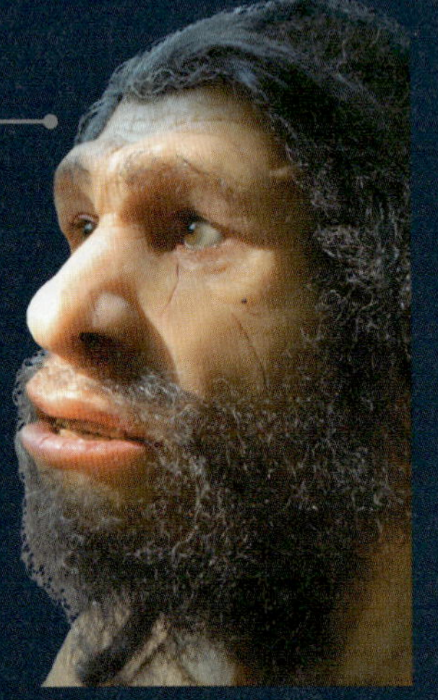

의과학

연구자들은 암과 같은 인간의 질병을 유전자 수준에서 규명하여 미래에 사용 가능한 치료법을 개발하는 데 힘쓰고 있다. 현재 환자 개개인의 종양 유전자를 염기분석하여 각 사람에게 맞춤형 암치료법을 디자인한다(개념 9.3과 그림 16.21).

진화

진화 생물학의 주된 목표는 살아 있는 생물과 멸종한 생물 모두에서 종간의 유연관계를 밝히는 것이다. 유전체 염기서열 비교를 통하여 육상 포유류인 하마와 고래가 가장 최근에 공통조상으로부터 갈라져 나왔다는 사실이 밝혀졌다(그림 19.20).

하마

들쇠고래

종간상호작용

대부분의 식물은 진균류(오른쪽 사진) 및 식물의 뿌리에 붙어사는 세균과 상리공생하며 살아가는데, 이러한 관계는 식물의 생장에 도움이 된다. 유전체 염기서열 분석과 유전자 발현양상의 조사를 통하여 식물과 연관된 군집의 특성을 규명할 수 있다. 이와 같은 연구는 공생에 관한 이해를 돕고 이를 농법 개선에 응용할 수 있도록 해 준다(26장의 과학적 분석 기술의 연습과 그림 29.11).

보전생물학

생태법의학(forensic ecology)에서 불법으로 도살된 동물종을 동정하는 일에 분자유전학과 유전체학의 도구가 점점 더 많이 사용되고 있다. 한 예로, 불법 유통된 코끼리 상아로부터 추출한 DNA의 염기서열분석을 통하여 밀렵자를 추적하고 이들이 활동하고 있는 지역을 정확하게 파악할 수 있다(그림 43.8).

CHAPTER

3 세포로의 여행

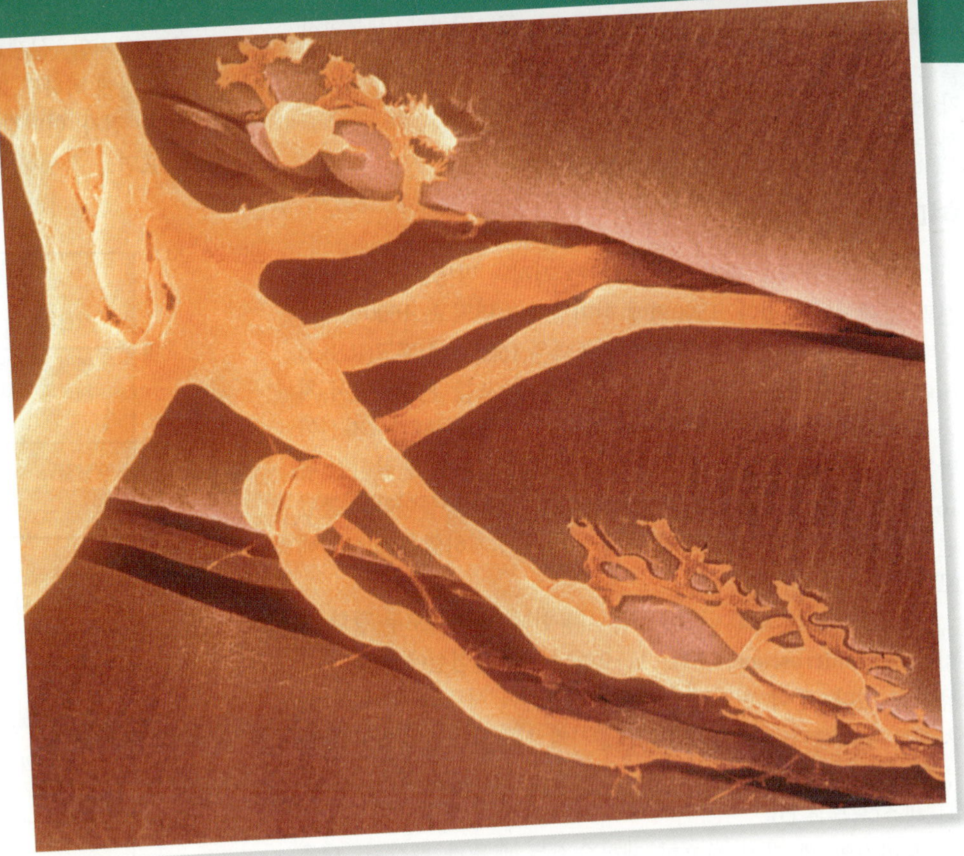

▲ 그림 3.1 우리의 세포들은 어떻게 생물학을 이해하도록 도와줄까?

핵심 개념

3.1 생물학자들은 세포 연구를 위해 현미경과 생화학적 도구를 이용한다

3.2 원핵세포와 진핵세포

3.3 진핵세포의 유전정보는 핵 안에 있으며, 리보솜에 의해 번역된다

3.4 내막계는 세포 내에서 단백질 이동을 조절하고 세포의 물질대사 기능을 수행한다

3.5 미토콘드리아와 엽록체

3.6 세포골격은 섬유들의 그물망 구조로 세포 내의 구조와 활동을 조직화한다

3.7 세포 활동은 세포 간의 연결과 세포외 구성물질을 통해 조절된다

3.8 세포막은 지질과 단백질로 구성된 유동 모자이크이다

3.9 세포막의 투과성

3.10 세포막은 대부분의 세포 신호전달에서 핵심적 역할을 담당한다

생명체의 기본단위

세포는 생물학을 이루는 기본단위로 화학에서의 원자와 같다. 그림 3.1은 한 신경세포로부터 근육세포로 뻗어 나아가는 모습을 보여준다. 여러분의 눈은 근육세포의 수축작용을 통해 글을 읽게 되며, 이것은 신경세포에 의해 뇌로 운반되는 신호로 바뀐다. 공부를 할 때 여러분은 기억을 강화하며 학습이 일어나도록 이처럼 세포 연결을 짓고 있는 것이다.

모든 생명체는 세포로 구성되어 있다. 생물학적 구성의 계층구조에서 세포는 살아 있을 수 있는 최소한의 물질을 모아놓은 형태이다. 실제로 단세포 생물로 살아가는 다양한 형태의 생명체들이 있다. 식물이나 동물과 같이 좀 더 복잡한 생명체를 다세포 생물이라 하며, 이들의 몸에서는 혼자서는 생존할 수 없는 여러 종류의 특성화된 세포들이 협력하고 있다. 하지만 세포가 조직이나 기관과 같은 좀 더 높은 구성 단계에 있더라도 세포는 그 생명체가 구조를 형성하고 기능을 수행하는 기본적인 단위가 된다.

세포들은 지구상의 생명체들이 오랫동안 진화해오는 동안에 여러 가지 다양한 방법으로 변화해 왔다. 비록 세포는 기능이나 형태가 서로 다를 수 있지만 여러 공통적인 특징도 가지고 있다. 이 장에서는 먼저 세포를 이해할 수 있도록 해 준 도구와 기술들을 살펴본 후, 세포를 개괄적으로 이해하고자 한다.

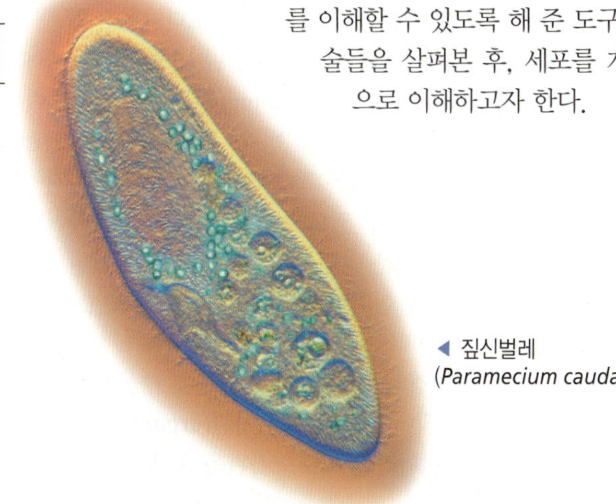

◀ 짚신벌레 (*Paramecium caudatum*)

개념 3.1

생물학자들은 세포 연구를 위해 현미경과 생화학적 도구를 이용한다

세포는 너무 작기 때문에 맨눈으로 이해하기는 어렵다. 생물학자들은 어떻게 그 작은 존재의 내부 작용을 연구할 수 있을까? 우리가 세포 내부에 대하여 살펴보기 전에 어떻게 세포에 대하여 연구하는지를 알아보도록 하자.

현미경

인간 감각의 한계를 확장시킬 수 있는 기계의 발명은 과학의 발전과 함께 이루어졌다. 1590년에 현미경이 발명되고, 1600년대에 보다 나은 현미경이 만들어졌다. 세포벽은 1665년에 후크(Robert Hooke)가 현미경으로 참나무 껍질의 죽은 세포를 관찰하면서 처음 발견되었다. 레벤후크(Antoni van Leeuwenhoek)는 자신이 만든 좀 나은 현미경을 이용하여 살아 있는 세포를 관찰하였다. 1674년에 후크가 레벤후크를 방문하여 그가 극미동물이라고 불렀던 미생물의 세계를 관찰하였을 때 얼마나 신기하였을까 상상해 보라.

르네상스 시대 과학자들이 처음 사용한 현미경은 모두 **광학 현미경(light microscope, LM)**으로 오늘날에도 실험실에서 많이 사용하고 있다. 광학 현미경에서는 가시광선이 시료와 유리렌즈를 차례로 통과한다. 렌즈는 빛을 굴절시켜 시료의 이미지를 확대시킴으로써 눈으로 관찰할 수 있고, 카메라로 투사시켜 볼 수 있도록 해준다(부록 D).

현미경의 세 가지 중요한 제한요소는 배율과 해상력, 대조이다. 현미경에서 **배율**(magnification)이란 물체의 이미지와 그것의 실제 크기의 비율을 말한다. 배율은 실제 상보다 1,000배까지 확대할 수 있으나, 배율이 높아질수록 상이 흐려 보인다. **해상력**(resolution)은 이미지가 또렷하게 보이는 정도를 말한다. 즉, 해상력이란 아주 가까운 거리의 두 점이 확실히 두 개의 점으로 분리되어 보이는 최소한의 거리를 의미한다. 예를 들어, 하늘의 별이 맨눈으로는 하나의 별로 보이다가 망원경으로 보면 선명하게 두 개의 별로 보이는 경우가 있는데, 망원경이 눈보다 더 높은 해상력을 가지고 있기 때문이다. 광학 현미경의 일반 기술로는 배율에 관계없이 세균의 크기에 해당하는 약 0.2 μm(혹은 200 nm)보다 작은 것은 잘 볼 수 없다**(그림 3.2)**. 세 번째 요소인 **대조**(contrast)는 시료내 지역의 차이점을 강조하는 것을 말한다. 광학 현미경 기술은 시각적으로 잘 두드러질 수 있도록 세포 성분을 염색하거나 표지하여 대조를 높이는 새로운 방법들이 고안됨으로써 발달되었다. **그림 3.3**에는 여러 종류의 현미경 상을 보여주고 있으며, 다음 절에서 그 내용을 다룰 것이다.

최근까지, 광학 현미경의 해상력 한계 때문에 생물학자들이 진핵세포에서 막 구조로 되어 있는 **세포소기관(organelle)**을 연구하는 데 어려움이 있었다. 이러한 세포소기관을 자세히 보기 위해서는 새로운 기구가 필요했으며, 1950년대에 드디어 전자 현미경을 사용하기 시작했다. **전자 현미경(electron microscope, EM)**은 빛 대신에 전자빔을 시료에 투과시키거나 시료 표면에 맞춘다(부록 D). 해상력은 이미지를 얻는 데 사용한 현미경의 빛(혹은 전자)의 파장에 반비례하는데, 전자빔은 가시광선의 파장보다 훨씬 짧다. 최신의 전자 현미경은 이론적으로는 약 0.002 nm까지의 높은 해상력을 갖지만, 실제 해상력은 일반적으로 약 2 nm이며, 이는 광학 현미경에 비하면 100배 높아진 것이다.

주사 전자 현미경(scanning electron microscope, SEM)은 시료의 표면을 자세히 연구하는 데 매우 효과적이다(그림 3.3). 전자

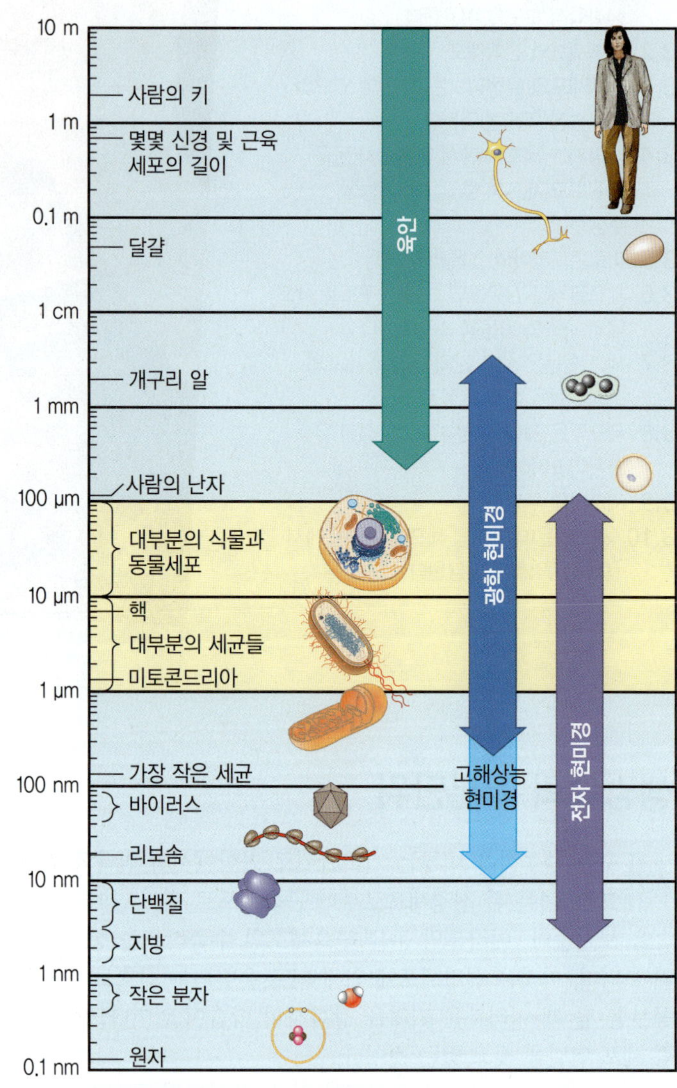

▲ **그림 3.2 세포의 크기 범위.** 대부분의 세포는 지름이 1~100 μm 정도(차트의 노란 지역)로 현미경으로 볼 수 있다. 왼쪽 면은 크기의 범위를 로그 스케일로 나타낸 것이다. 크기의 윗부분에서부터 10 m로 시작하여 아래로 갈수록 크기가 작아지는데, 각 표시된 단위는 지름 혹은 길이에서 10배씩 감소함을 보여준다. 완전한 미터법은 부록 C에 표시되어 있다.

▼ 그림 3.3 **현미경 탐구**

광학 현미경(LM)

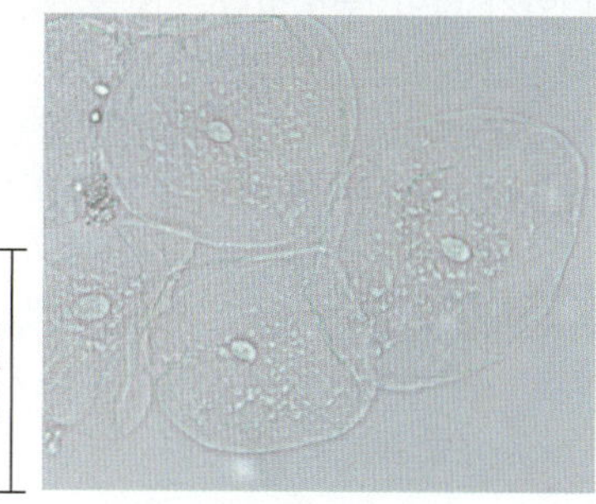

명시야(염색하지 않은 시료). 빛이 시료를 직접 통과한다. 세포가 원래 색소를 가지지 않거나 인위적으로 염색되지 않는다면 대조되어 보이지 않는다.

명시야(염색한 시료). 다양한 염료들은 대조를 향상시킨다. 대부분의 염색 과정들은 세포들이 고정되는(보존되는) 과정을 필요로 하기 때문에 세포는 죽게 된다.

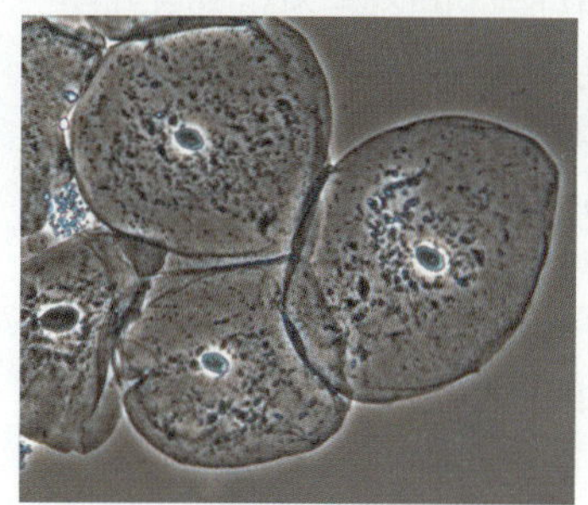

위상차(phase-contrast) 현미경. 시료 자체의 다양한 밀도 차이를 증폭하여 염색하지 않은 세포가 대조되어 보인다. 특히 살아 있거나 색소가 없는 세포에 유용하다.

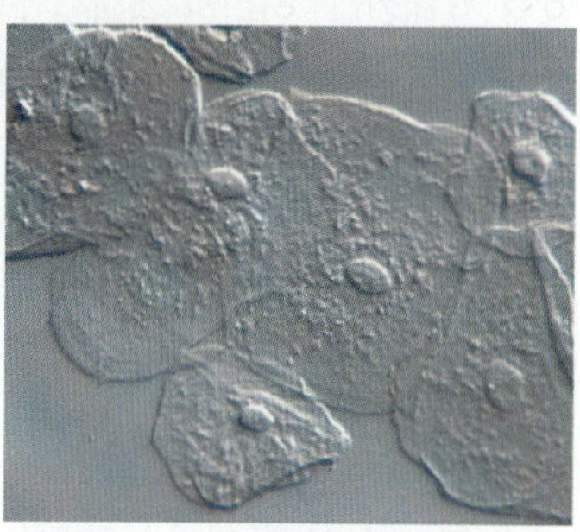

차등간섭 위상차(differential-interference contrast, Normarski) 현미경. 위상차 현미경과 같이 밀도차를 증가시켜 이미지를 3D에 가깝게 얻을 수 있다.

위의 광학 현미경 사진은 사람의 구강 상피세포를 보여주며, 기준자는 네 사진에 모두 적용된다.

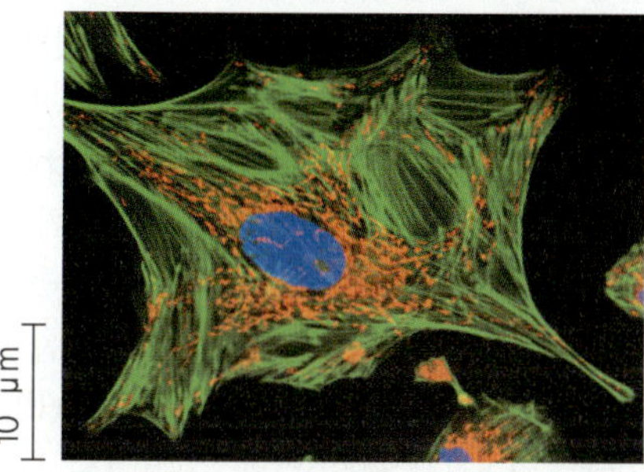

형광(fluorescence) 현미경. 형광 염색약이나 항체로 세포의 특정 분자를 표지하여 세포 내에서의 위치를 확인할 수 있다. 몇몇 세포들은 스스로 형광을 내는 물질을 가지고 있기도 한다. 이러한 형광물질은 UV를 흡수하여 가시광선을 방출한다. 옆의 그림은 형광으로 표지한 자궁 세포로 핵물질은 파란색, 미토콘드리아는 오렌지색, "세포골격"은 초록색을 띠고 있다.

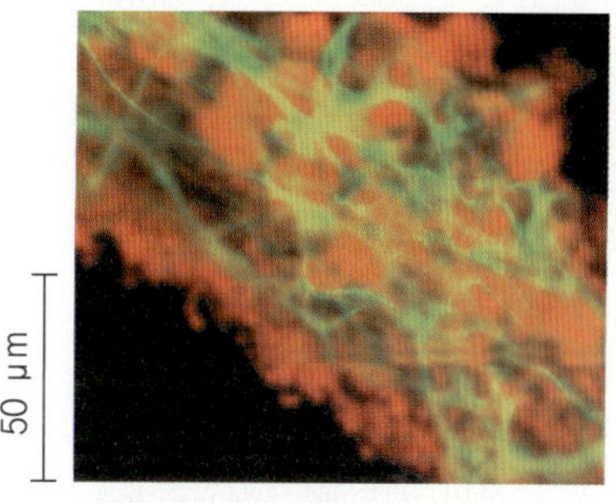

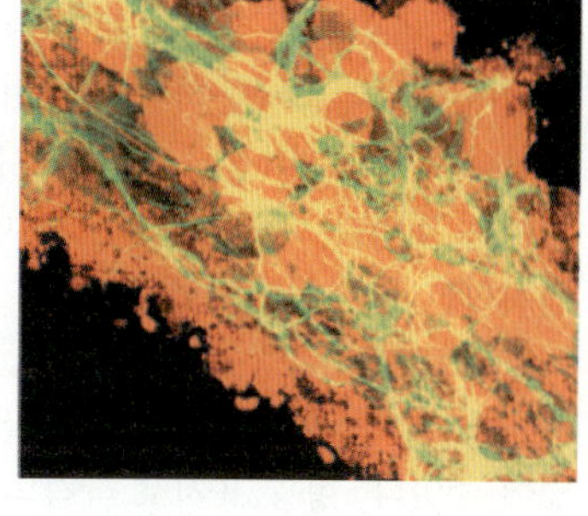

공초점(confocal) 현미경. 위의 사진은 신경조직에 대한 일반 형광 현미경 상으로 신경세포는 녹색, 지지세포(support cell)는 오렌지색, 겹쳐지는 부분은 노란색을 나타낸다. 아래 사진은 같은 조직에 대한 공초점 현미경 상을 보여준다. 레이저를 이용한 광학적 절단 기술은 두꺼운 시료로부터 초점에서 벗어난 위치에서 나오는 빛을 제거하여 단면의 형광을 보여준다. 여러 다른 단면의 상을 합쳐 3차원적으로 재구성된 상을 만들 수 있다. 일반 형광 현미경으로 찍는 상은 초점에서 벗어난 빛을 제거하지 못해 흐려 보인다.

전자 현미경(EM)

(a) 주사 전자 현미경(scanning electron microscopy, SEM). 주사 전자 현미경에서 얻은 사진은 시료의 표면이 3D 이미지로 보인다. 옆의 주사 전자 현미경 사진은 토끼의 호흡기관으로 세포 표면이 섬모로 덮여 있는 것을 보여준다. (섬모의 움직임은 흡입된 찌꺼기들이 기도에서 빠져나오도록 돕는다.)
전자 현미경 상(주사 전자 현미경 및 투과 전자 현미경 사진)은 흑백이지만, 특정 구조를 강조하기 위하여 인위적으로 색깔을 넣었다.

책 속의 약어:
LM = 광학 현미경
SEM = 주사 전자 현미경
TEM = 투과 전자 현미경

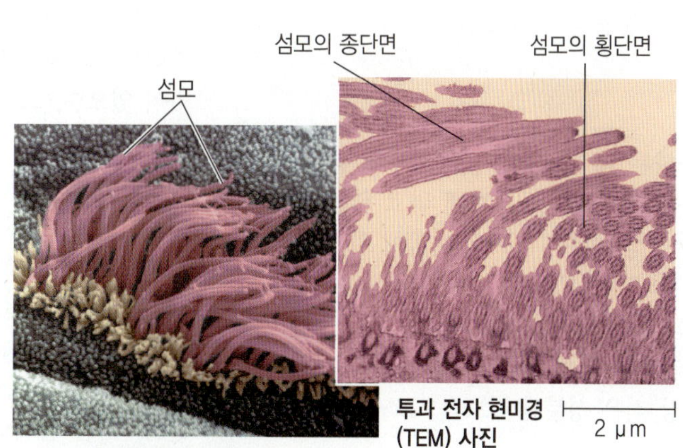

(b) 투과 전자 현미경(transmission electron microscopy, TEM). 투과 전자 현미경은 시료의 얇은 단면을 보여준다. 옆의 사진은 기관 세포의 단면으로서, 그 내부구조를 보여준다. 투과 전자 현미경 사진을 보면 어떤 섬모는 종단면으로, 다른 섬모는 횡단면으로 절단되어 있는 것을 볼 수 있다.

빔은 대개 얇은 금막으로 코팅된 시료의 표면에 주사된다. 전자빔은 시료 표면에서 전자를 흥분시키며, 이렇게 흥분된 2차적인 전자들의 패턴은 기계에 의해 전자 신호로 해석되어 비디오 스크린으로 보내진다. 이러한 결과로 나타나는 이미지는 시료 표면의 구조를 나타낸다. 주사 전자 현미경은 깊은 곳까지도 침투가 가능한데, 이러한 결과는 3차원화되어 이미지로 나타난다.

투과 전자 현미경(transmission electon microscope, TEM)은 세포 내부의 초미세구조를 연구하기 위해 주로 사용한다(그림 3.3). 투과 전자 현미경은 전자빔이 매우 얇게 잘려진 시료를 향해 발사되는데, 이는 광학 현미경이 빛을 슬라이드에 통과시키는 것과 같다. 시료를 무거운 금속 원자로 염색하면, 금속 원자는 특정 세포 구조에 붙게 되며, 따라서 세포내 특정 부분의 전자 밀도가 높아진다. 시료를 통과하는 전자는 밀도가 높은 지역일수록 사방으로 흩어지게 되어 상대적으로 더 적은 수의 전자들만이 그 지역을 통과한다. 이때의 이미지는 통과한 전자의 패턴을 통해 나타난다. 투과 전자 현미경은 유리렌즈 대신에 전자기를 렌즈로 사용하여 전자의 움직임을 휘게 하며, 결국 모니터에 이미지의 초점을 맞춘다.

전자 현미경은 광학 현미경의 해상력 한계 때문에 볼 수 없었던 많은 세포내 구조들을 보여준다. 그러나 광학 현미경에도 여러 장점이 있는데 그 중 하나가 특히 살아 있는 세포를 볼 수 있다는 점이다. 전자 현미경의 단점은 시료를 준비하는 과정에서 세포를 죽이는 것이다. 사실상 모든 현미경의 시료를 준비하는 과정에는 인위적인 것이 들어가 살아 있는 세포에서는 볼 수 없는 구조들이 보일 수 있다.

지난 수십 년간, 광학 현미경은 주요 기술 발전에 활력을 불어넣어 주었다. 형광 표지로 각각의 세포 분자나 구조를 표지함으로써 세부적인 부분까지 볼 수 있게 되었을 뿐만 아니라, 공초점 현미경(confocal microscope)과 더 새로워진 형태의 형광 현미경으로 조직과 세포의 3차원적인 구조를 정밀하게 볼 수 있게 되었다. 최근 지난 10년간에는 여러 새로운 기술과 표지 분자들의 개발로, 해상력의 한계를 해결할 수 있었으며 10~20 nm의 세포보다 작은 구조도 구분할 수 있게 되었다. 이러한 "고해상력 현미경"이 보급되면서 350년 전에 레벤후크의 현미경을 통해 미생물을 본 훅(Robert Hocke)이 경이로움을 느꼈던 것처럼 우리도 살아 있는 세포의 구조와 형태를 보면서 경이로움을 느끼게 될 것이다.

세포 분획

세포의 구조와 기능을 연구하는 데 유용한 기술은 **세포 분획법(cell fractionation)**이다. 파쇄된 세포들을 튜브에 넣고 원심분리하면 원심력에 의해 가장 큰 구성 성분은 튜브의 바닥에 위치하여 침전물을 형성한다. 침전물 위의 상층액을 새로운 튜브로 옮겨 좀 더 높은 속도로 더 길게 원심분리한다. 이러한 과정을 여러 번 반복함으로써 핵과 미토콘드리아(광합성 생물의 경우는 엽록체도 포함), 막의 조각 그리고 가장 적은 성분인 리보솜으로 구성된 일련의 침전물을 형성한다.

세포 분획은 연구자가 특정한 세포소기관에 대하여 그들의 구조나 기능을 연구하기 위해 그 세포소기관을 대량으로 얻고자 할 때 사용한다. 예를 들어, 원심분리에 의해 얻어진 하나의 세포 분획에서 세포호흡의 대사작용에 관여하는 효소가 발견되었으며, 전자 현미경은 이 분획에 미토콘드리아가 많이 들어 있다는 것을 보여주었다. 이 증거들은 세포생물학자들이 미토콘드리아가 세포호흡에 관여한다고 결정내리는 데 도움을 주었다. 이를 통해 생화학 및 세포학 기술은 세포의 구조와 기능을 밝히는 데 서로 보완적임을 알 수 있다.

개념 3.2

원핵세포와 진핵세포

모든 생명의 기본 구조와 기능 단위는 두 가지 형태의 세포 중 하나, 즉 원핵세포와 진핵세포로 나뉠 수 있다. 원핵세포에는 진정세균(Bacteria)과 고세균(Archaea) 역의 생물들은 원핵세포로 되어 있으며 원생생물(protists), 균류(fungi), 동물(animals)과 식물(plants)은 진핵세포로 구성되어 있다.

모든 세포는 공통적으로 **원형질막**(plasma membrane)이라고 하는 선택적 장벽에 의해 둘러싸여 있다. 막 내부에는 반유동성의 **세포기질(cytosol)**이 있는데, 이곳에 준세포 요소들이 떠 있다. 모든 세포는 DNA 형태로 유전자를 운반하는 **염색체**(chromosome)를 갖는다. 그리고 모든 세포는 매우 작은 복합체인 리보솜(ribosome)을 갖고 있어 유전자의 지령에 따라 단백질을 만든다.

원핵세포와 진핵세포의 대표적인 차이점은, 그 이름에서 알 수 있듯이, DNA의 위치에 있다. **진핵세포(eukaryotic cell)**에서는 대부분의 DNA가 이중막의 **핵**(nucleus) 안에 있다(그림 3.7). **원핵세포(prokaryotic cell)**에는 DNA가 막으로 둘러싸여져 있지 않은 **핵양체(nucleiod)**에 응축되어 있다(그림 3.4). '진핵(eukaryotic)'이란 우리가 보통 알고 있는 의미의 핵으로 진짜를 뜻하는 그리스어 *eu*와 핵을 뜻하는 *karyon*의 합성어이며, '원핵(prokaryotic)'은 '이전의 핵'을 의미하는 것으로 이전을 나타내는 그리스어 *pro*와 핵을 나타내는 *karyon*의 합성어이다. 이는 원핵세포가 진핵세포보다 이전에 진화되었음을 보여준다.

원핵세포의 내부를 **세포질(cytoplasm)**이라고 하는데, 이것은 또한 진핵세포의 핵과 원형질막 사이를 나타내는 것으로 쓰인다. 진핵세포의 세포질 내부에는 다양한 세포소기관들이 막으로 둘러싸여 있으며, 그들 각각은 특성화된 형태와 기능을 갖는다. 원핵세포에는 이러한 막으로 둘러싸인 소기관이 없다. 하지만 소기관이 없어도 형태가 없는 액체 형태는 아니다. 예를 들면, 일부 원핵세포는 막이 아닌 단백질에 의해 둘러싸인 지역이 있으며, 이곳에 특정한 화학 반응이 일어난다.

진핵세포는 일반적으로 원핵세포보다 매우 크다(그림 3.2). 세포의 크기는 기능을 수행하는 세포의 구조를 반영하여 그 크기가 결정된다. 세포의 대사 수행 체계가 세포의 크기를 제한하게 된다. 저점 한계로는, 가장 크기가 작은 세포인 마이코플라즈마(mycoplasma)라 불리는 것이 알려져 있는데, 이는 지름이 0.1~1.0

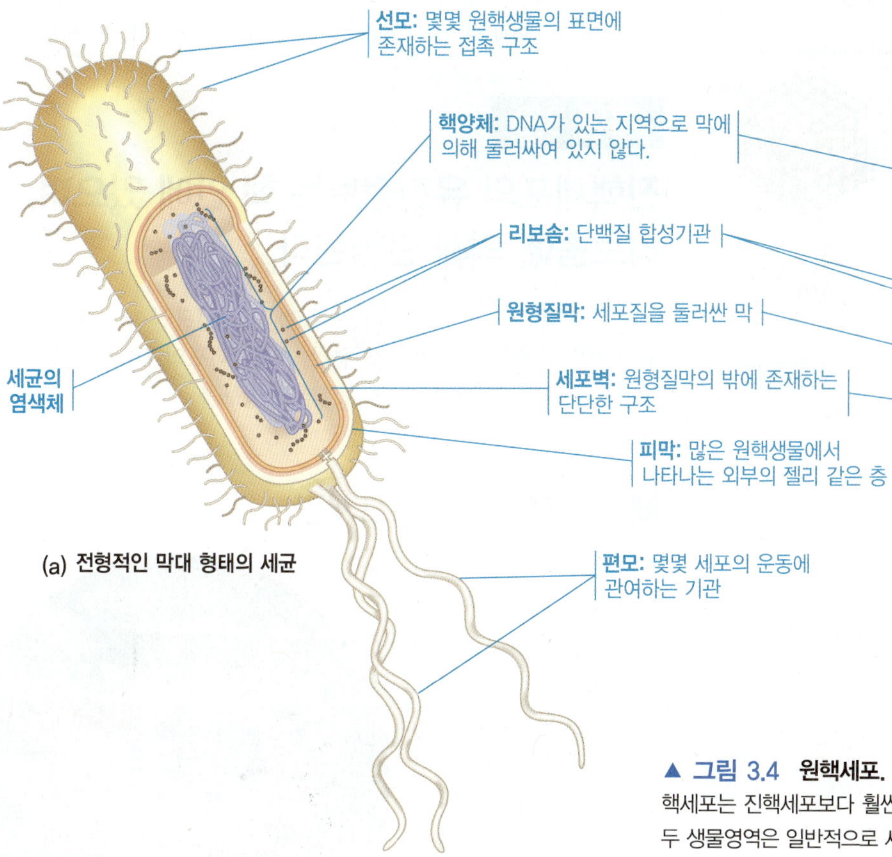

선모: 몇몇 원핵생물의 표면에 존재하는 접촉 구조
핵양체: DNA가 있는 지역으로 막에 의해 둘러싸여 있지 않다.
리보솜: 단백질 합성기관
원형질막: 세포질을 둘러싼 막
세균의 염색체
세포벽: 원형질막의 밖에 존재하는 단단한 구조
피막: 많은 원핵생물에서 나타나는 외부의 젤리 같은 층
편모: 몇몇 세포의 운동에 관여하는 기관

(a) 전형적인 막대 형태의 세균

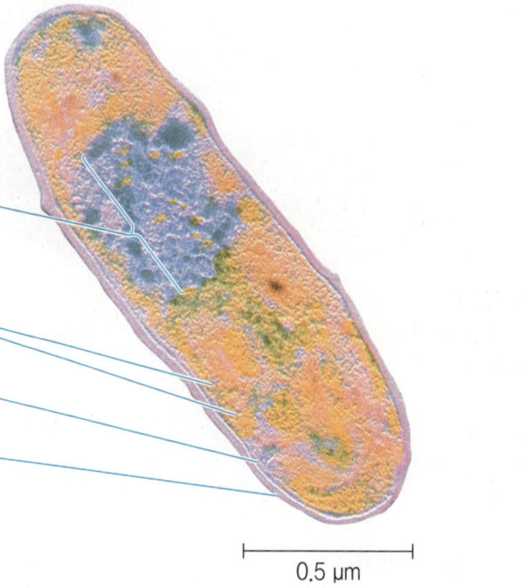

0.5 μm

(b) 세균 *Corynebacterium dipththeriae* (채색화된 투과 전자 현미경 사진)

▲ **그림 3.4 원핵세포.** 진짜 핵이 없으며, 막이 있는 세포소기관이 존재하지 않는 원핵세포는 진핵세포보다 훨씬 단순한 구조를 갖는다. 원핵생물에는 세균과 고세균이 있다. 두 생물영역은 일반적으로 세포 구조가 매우 유사하다.

μm이다. 아마도 마이코플라즈마는 물질대사를 프로그램하기에 충분한 DNA와 세포를 유지하고 생식하기에 필요한 충분한 효소 및 다른 세포 성분을 가지고 있는, 세상에서 가장 작은 생명체일 것이다. 대부분의 세균이 지름 1~5 μm인데, 이는 마이코플라즈마보다 10배 이상 큰 것이다. 진핵세포의 크기는 대개 10~100 μm 정도이다.

물질대사가 적절하게 수행되기 위해 필요한 효율적인 세포의 크기가 있기 때문에 이론적으로 어느 이상 클 수 없다. 모든 세포의 경계면에서 **원형질막(plasma membrane)**은 선택적인 장벽으로 작용하여 세포 전체에 산소와 양분을 제공하거나 노폐물을 제거할 수 있도록 물질의 통과를 허용한다(그림 3.5). 1제곱마이크로미터 면적의 원형질막을 통해 1초 동안 특정 물질의 한정된 양만이 통과할 수 있기 때문에 세포 표면적 대 부피의 비는 매우 중요하다. 세포나 또는 다른 물질의 크기가 증가할 때 부피가 더 빠르게 증가한다. (표면적은 반지름의 제곱에 비례하지만, 부피는 세제곱에 비례한다.) 따라서 좀 더 작은 물체일수록 표면적 대 부피의 비가 더 커진다(그림 3.6).

세포의 전 부피를 감당하기에 충분히 넓은 표면적이 있어야 하기 때문에 대부분의 세포가 현미경적 크기로 작아질 수밖에 없으며, 신경세포처럼 좁고 긴 모양을 하게 된다. 일반적으로 큰 생물은 작은 생물보다 세포가 큰 것이 아니라 단지 더 많은 세포로 구성되어 있다. 적절한 부피 대 표면적의 비는 소장 세포처럼 주변

세포 외부
세포 내부
0.1 μm

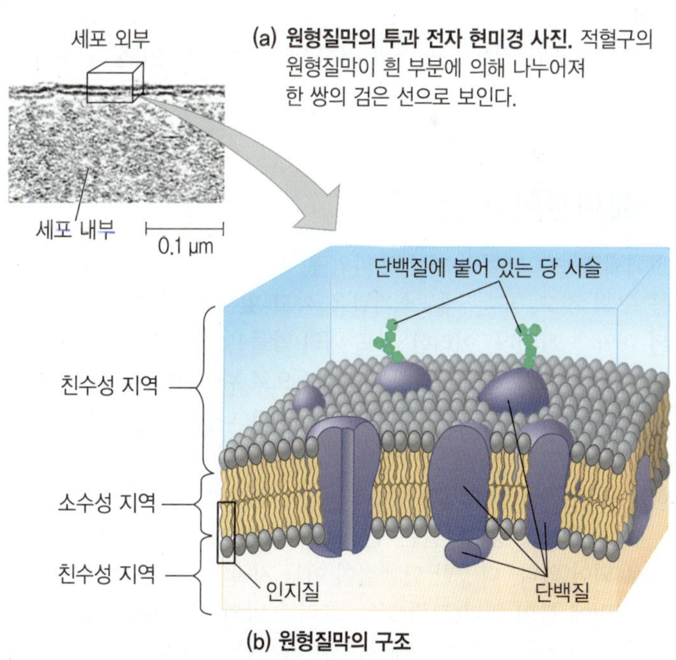

(a) **원형질막의 투과 전자 현미경 사진.** 적혈구의 원형질막이 흰 부분에 의해 나누어져 한 쌍의 검은 선으로 보인다.

단백질에 붙어 있는 당 사슬
친수성 지역
소수성 지역
친수성 지역
인지질
단백질

(b) 원형질막의 구조

▲ **그림 3.5 원형질막.** 원형질막과 소기관들의 막들은 다양한 단백질이 끼여 있거나 붙어 있는 인지질 이중층으로 되어 있다. 인지질과 막단백질의 소수성 부분은 막의 내부에서 발견되며, 친수성 부분은 막의 양 표면의 수용액과 만난다. 당 사슬은 원형질막의 외부 표면에 있는 단백질 혹은 지질에 붙어 있을 수 있다.

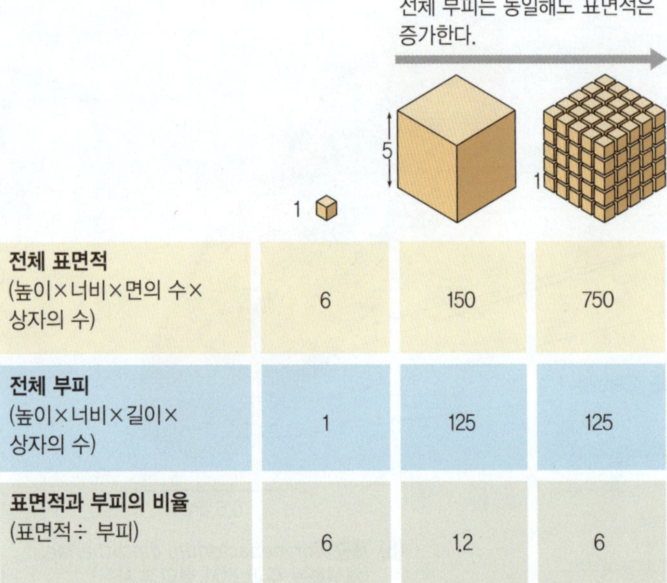

전체 표면적 (높이×너비×면의 수× 상자의 수)	6	150	750
전체 부피 (높이×너비×길이× 상자의 수)	1	125	125
표면적과 부피의 비율 (표면적÷ 부피)	6	1.2	6

▲ **그림 3.6 표면적과 부피와의 기하학적 관계.** 이 모식도에서, 상자는 세포를 나타낸다. 길이에 대한 임의 단위를 이용하여 세포의 표면적(정사각형 단위), 부피(정육면체 단위), 표면적과 부피의 비율을 계산할 수 있다. 표면적 대 부피의 비율이 커지면 세포와 환경 사이의 물질 교환이 더 잘 이루어진다.

환경과 많은 물질을 교환하는 세포들에게 특히 중요하다. 소장 세포들은 표면에 **융모**(microvilli)라는 길고 가늘게 튀어나온 돌기를 가지고 있는데, 이를 통해 세포 부피의 큰 증가 없이도 표면적을 넓게 할 수 있다.

원핵세포와 진핵세포 간의 진화적인 관련성은 이 장의 후반부에서 상세하게 기술할 것이다. 이 징에서는 주로 진핵세포의 세포 구조에 대하여 설명하고자 한다.

진핵세포의 개관

진핵세포들은 그들의 외부 표피의 원형질막뿐만 아니라 세포 내부를 구획 짓고, 또는 세포소기관을 싸고 있는 넓고 정교하게 배열된 내막을 가진다. 이러한 세포 내의 막들은 많은 효소들이 막 속에 끼여 있어 세포대사 과정에 직접적으로 관여한다. 뿐만 아니라, 세포내부의 구획을 통해 지역적으로 서로 다른 환경이 생겨 특이한 대사 기능을 가능하게 하며, 이를 통해 한 세포 안에서도 양립하기 어려운 물질대사 과정들이 동시에 일어날 수 있다.

일반적으로 생물막들은 인지질과 다른 지질로 구성된 이중층으로 되어 있다. 다양한 단백질이 이들 지질의 이중층에 끼여 있거나 표면에 붙어 있다(그림 3.5). 그러나 막의 각 형태는 그들 막의 특수한 기능을 수행하는 데 적합한 특수한 지질과 단백질로 되어 있어 구분된다. 예를 들어, 미토콘드리아(mitochondria)의 막에 끼여 있는 효소들은 세포호흡에 관여한다.

다음 내용으로 가기 전에 **그림 3.7**의 모식도를 통해 진핵세포에 대하여 개괄적으로 이해해 보자. 이 일반화된 동물세포와 식물세포의 모식도는 다양한 소기관들을 소개하며, 동물세포와 식물세포 간의 핵심적인 차이를 보여줄 것이다. 그림 밑에 있는 현미경 사진은 다른 형태의 진핵생물로부터 얻어진 세포를 보여준다.

개념 3.3

진핵세포의 유전정보는 핵 안에 있으며, 리보솜에 의해 번역된다

먼저 유전적인 조절에 관여하는 두 개의 소기관인 핵과 리보솜의 구체적인 구조를 살펴보고자 한다. 핵은 세포의 DNA 대부분을 가지고 있으며, 리보솜은 DNA로부터 정보를 사용하여 단백질을 만든다.

핵: 세포의 유전자 도서관

진핵세포의 **핵(nucleus)**은 대부분의 유전자를 가지고 있으며, 적은 수의 유전자가 미토콘드리아와 엽록체에 있다. 핵은 진핵세포에서 일반적으로 가장 눈에 잘 띄는 소기관(형광 사진의 보라색 구조)이며, 평균 지름이 5 μm 정도이다. **핵막(nuclear envelope)**은 핵을 싸고 있어 세포질로부터 핵의 내용물을 분리시킨다(**그림 3.8**).

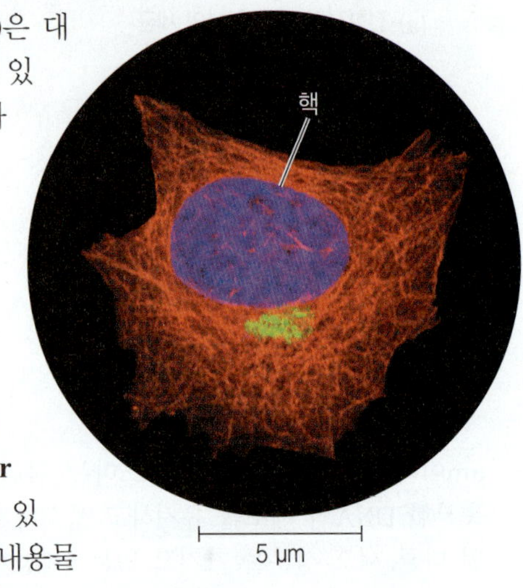

핵막은 이중막(double membrane)으로 되어 있다. 각각의 막은 단백질이 붙어 있는 인지질 이중층으로 되어 있으며, 두 개의 막은 20~40 nm 정도 떨어져 있다. 핵막에는 지름이 약 100 nm 정도 되는 구멍들이 뚫려 있다. 각 핵공의 입구에서 핵막의 안쪽과 바깥쪽 막은 연결되어 있다. **핵공 복합체**(pore complex)라고 불리는 복잡한 단백질 구조가 각 핵공 주위에 있고, 단백질, RNA 그리고 고분자의 거대한 복합체의 출입을 조절한다. 핵공을 제외 한 핵막 부분은 단백질 필라멘트의 망상구조인 **핵막 하층(nuclear lamina)**으로 되어 있는데 이것은 핵막을 기계적으로 지지해 줌으로써 핵의 모양을 유지시킨다.

핵 내에서 DNA는 유전 물질을 운반하는 **염색체(chromosome)**라는 별개의 단위로 구성되어 있다. 염색체는 단백질과 결합된 한 분자의 긴 DNA 사슬을 포함하고 있다. 염색체내 일부 단백질은 DNA가 코일을 형성하도록 하여 DNA 길이가 줄어들게 함으로써 핵 속에 존재할 수 있도록 해준다. 각 염색체는 DNA와 단백질의 복합체인 **염색질(chromatin)**로 구성되어 있다. 세포가 분열하지 않을 때에는 염색된 염색질은 일반적으로 광학 현미경과 전자 현미경에서 퍼진 덩어리로 나타난다. 그러나 세포가 분열할 때, 가는

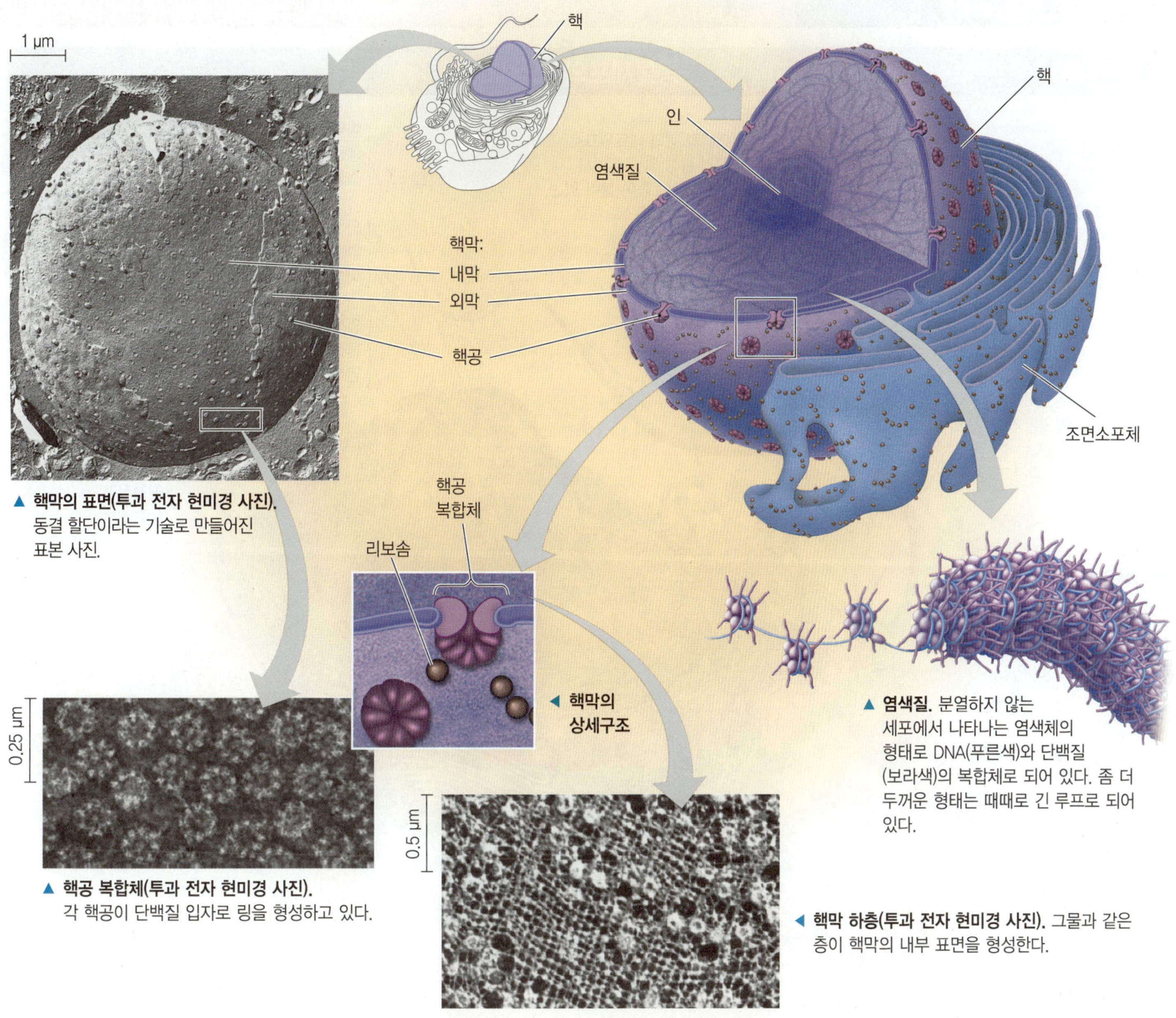

▲ **핵막의 표면(투과 전자 현미경 사진).** 동결 할단이라는 기술로 만들어진 표본 사진.

◀ **핵막의 상세구조**

▲ **염색질.** 분열하지 않는 세포에서 나타나는 염색체의 형태로 DNA(푸른색)와 단백질(보라색)의 복합체로 되어 있다. 좀 더 두꺼운 형태는 때때로 긴 루프로 되어 있다.

▲ **핵공 복합체(투과 전자 현미경 사진).** 각 핵공이 단백질 입자로 링을 형성하고 있다.

◀ **핵막 하층(투과 전자 현미경 사진).** 그물과 같은 층이 핵막의 내부 표면을 형성한다.

▲ **그림 3.8 핵과 핵막.** 핵에는 DNA와 단백질로 구성되어 있고, 염색질 덩어리로 보이는 염색체와 리보솜 합성에 관여하는 인이 하나 또는 그 이상이 있다. 이중막으로 되어 있는 핵막은 핵공에 의해 구멍이 뚫려 있고, 핵공 이외의 지역은 핵막 하층으로 되어 있다.

염색사가 응축하여 두꺼워져 구별이 쉽고 익숙한 형태의 염색체가 된다. 각 진핵생물 종들은 특징적인 염색체의 수를 가진다. 예를 들면, 사람의 세포는 핵 안에 46개의 염색체를 가지는데, 생식세포인 정자와 난자는 예외적으로 23개의 염색체를 가진다.

분열하지 않는 핵 내에서 뚜렷하게 나타나는 구조는 **인(nucleolus)**으로, 전자 현미경을 통해서 보면 빽빽히 염색된 과립들과 염색질의 일부분에 붙어 있는 섬유질의 덩어리로 보인다. 여기에서 DNA에 있는 정보로부터 리보솜 RNA(rRNA)가 합성된다. 그리고 또한 인에서는 세포질로부터 유입된 단백질이 rRNA와 복합체를 이루어 리보솜 대단위체와 리보솜 소단위체로 조립된 다. 이들 두 단위체는 핵공을 통해 세포질로 빠져나간 후 결합하여 리보솜을 합성한다. 때때로 두 개 또는 그 이상의 인들이 나타난다.

핵은 DNA의 정보에 따라 전령 RNA(mRNA)를 합성함으로써 단백질 합성을 유도한다. 합성된 mRNA는 핵공을 통해 세포질로 이동한다. mRNA 분자가 세포질에 도착하면 리보솜이 mRNA의 유전정보를 특정한 폴리펩타이드의 1차 구조로 번역한다.

리보솜: 세포의 단백질 합성 공장

리보솜 RNA와 단백질로 만들어진 **리보솜(ribosome)**은 단백질 합성을 수행하는 세포소기관이다(**그림 3.9**). 높은 단백질 합성률을

▼ 그림 3.7 **진핵세포 탐구**

동물세포의 모식도

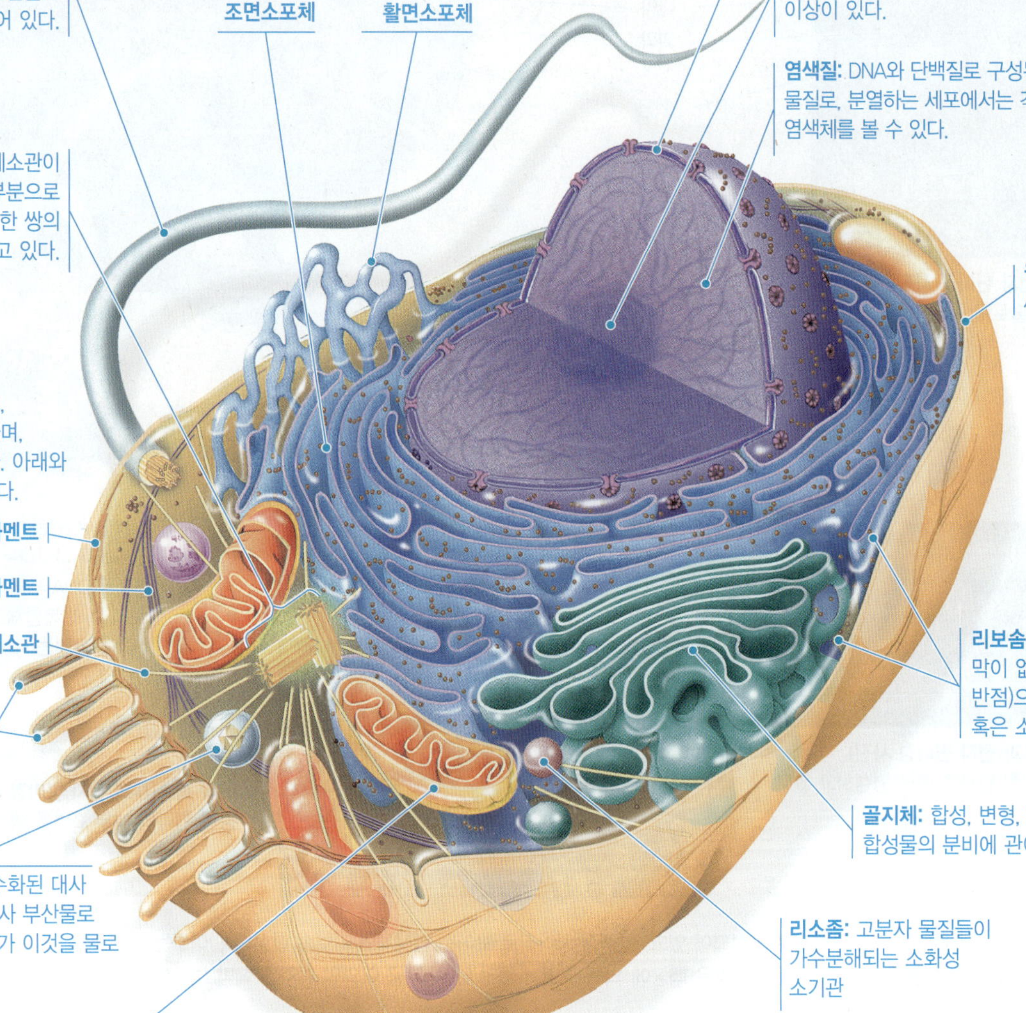

소포체(ER): 막성 주머니와 관의 네트워크로 막의 합성과 다른 물질의 합성 및 물질대사 과정이 활발하게 일어난다. 리보솜이 붙어 있는 조면소포체와 리보솜이 없는 활면소포체로 되어 있다.
조면소포체
활면소포체
편모: 일부 동물세포에서 나타나는 이동 기관으로 확장된 세포막 속의 미세소관들로 구성되어 있다.
중심체: 세포의 미세소관이 시작되는 부분으로 동물세포는 한 쌍의 중심립을 포함하고 있다.
세포골격: 세포의 형태를 보강하고, 세포의 움직임에 관여하며, 단백질로 구성되어 있다. 아래와 같이 세 종류로 되어 있다.
미세필라멘트
중간필라멘트
미세소관
미세융모: 세포의 표면적을 증가 시키는 돌기
퍼옥시좀: 다양하고 특수화된 대사 기능을 가진 소기관; 대사 부산물로 과산화수소를 생성했다가 이것을 물로 전환시킨다.
미토콘드리아: 세포호흡과 대부분의 ATP를 만들어 내는 소기관
핵막: 핵을 둘러싸는 이중막이며, 핵공에 의해 구멍이 뚫려 있고, 소포체와 접해 있다.
인: 리보솜의 합성에 관여하는 막이 없는 소기관으로 핵에 한 개 또는 그 이상이 있다.
염색질: DNA와 단백질로 구성된 물질로, 분열하는 세포에서는 각각의 염색체를 볼 수 있다.
핵
원형질막: 세포를 싸고 있는 막
리보솜: 단백질을 만드는 막이 없는 소기관(작은 갈색 반점)으로 세포질, 핵막 혹은 소포체에 붙어 있다.
골지체: 합성, 변형, 분류, 그리고 세포 합성물의 분비에 관여하는 소기관
리소좀: 고분자 물질들이 가수분해되는 소화성 소기관

동물세포

10 µm
세포
핵
인

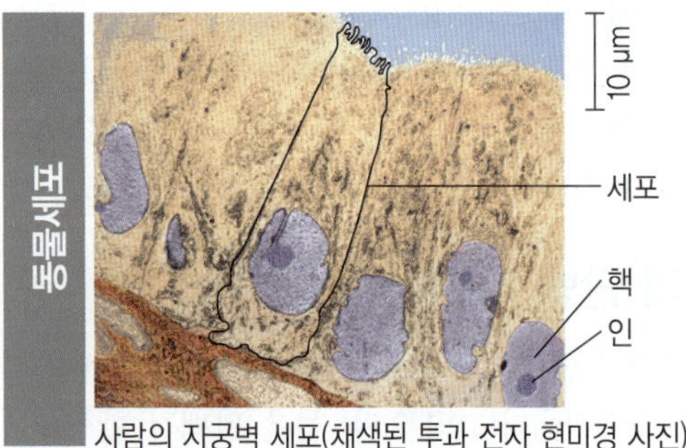

사람의 자궁벽 세포(채색된 투과 전자 현미경 사진)

균류세포

부모 세포
출아
5 µm

1 µm
세포벽
액포
핵
미토콘드리아

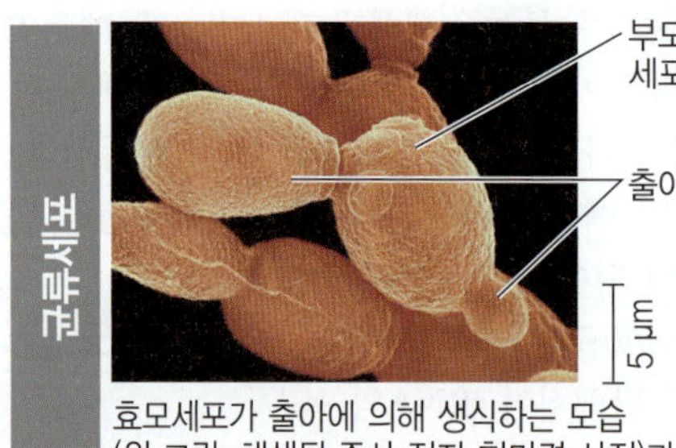

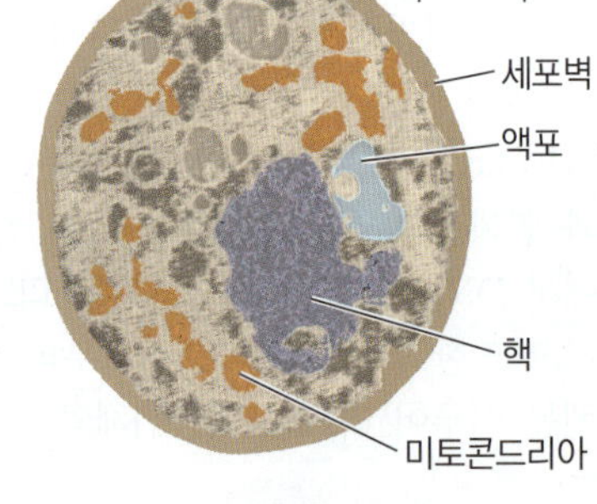

효모세포가 출아에 의해 생식하는 모습 (위 그림, 채색된 주사 전자 현미경 사진)과 한 세포의 단면(오른쪽 그림, 채색된 투과 전자 현미경 사진)

식물세포의 모식도

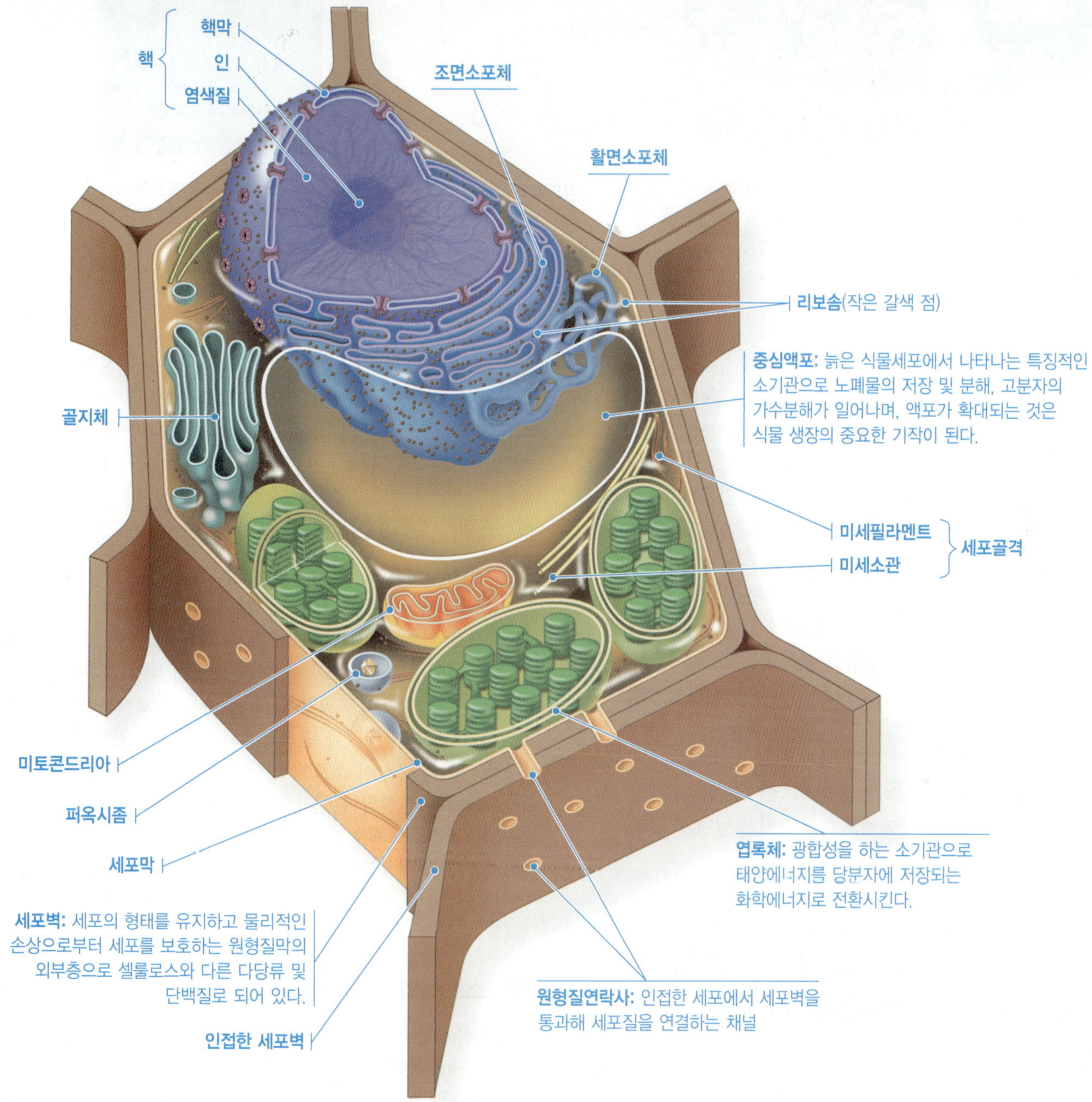

핵
핵막
인
염색질
조면소포체
활면소포체
리보솜(작은 갈색 점)
중심액포: 늙은 식물세포에서 나타나는 특징적인 소기관으로 노폐물의 저장 및 분해, 고분자의 가수분해가 일어나며, 액포가 확대되는 것은 식물 생장의 중요한 기작이 된다.
골지체
미세필라멘트
미세소관
세포골격
미토콘드리아
퍼옥시좀
세포막
엽록체: 광합성을 하는 소기관으로 태양에너지를 당분자에 저장되는 화학에너지로 전환시킨다.
세포벽: 세포의 형태를 유지하고 물리적인 손상으로부터 세포를 보호하는 원형질막의 외부층으로 셀룰로스와 다른 다당류 및 단백질로 되어 있다.
원형질연락사: 인접한 세포에서 세포벽을 통과해 세포질을 연결하는 채널
인접한 세포벽

식물세포

5 µm
세포
세포벽
엽록체
미토콘드리아
핵
인

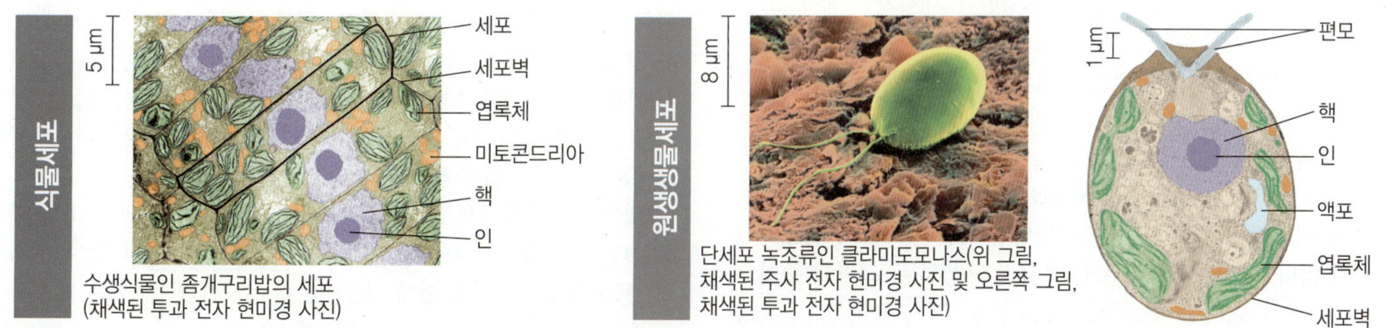

수생식물인 좀개구리밥의 세포
(채색된 투과 전자 현미경 사진)

원생생물세포

8 µm

1 µm
편모
핵
인
액포
엽록체
세포벽

단세포 녹조류인 클라미도모나스(위 그림, 채색된 주사 전자 현미경 사진 및 오른쪽 그림, 채색된 투과 전자 현미경 사진)

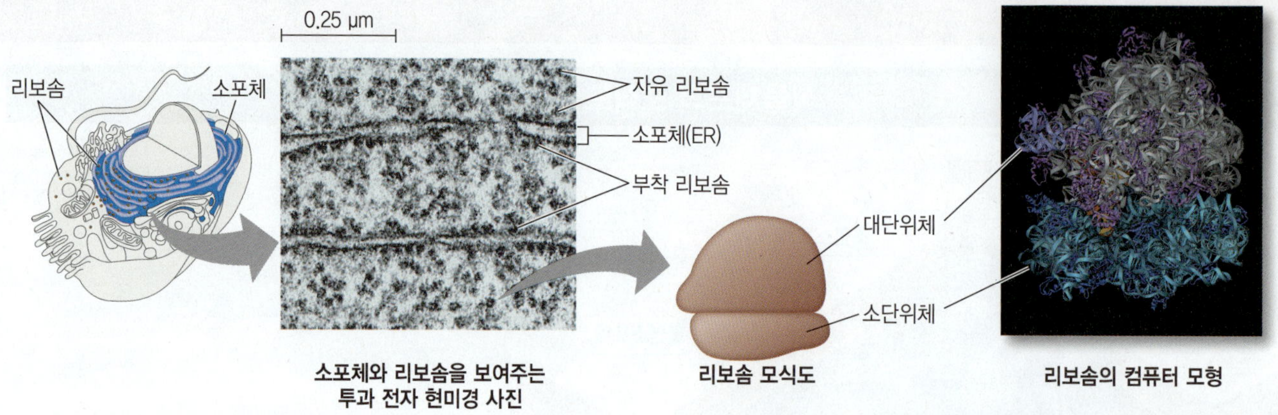

▲ **그림 3.9 리보솜.** 췌장 세포에 대한 전자 현미경 사진은 자유 리보솜과 부착 리보솜을 모두 보여준다. 리보솜 모식도와 컴퓨터 모델은 두 소단위체를 보여준다.

가지는 세포는 특히 많은 수의 리보솜과 확연하게 눈에 띄는 인을 가지고 있는데 인이 리보솜을 조립하는 장소라는 것을 생각하면 놀라운 일은 아니다. 예를 들면, 많은 소화효소를 만드는 사람의 이자 세포는 수백만의 리보솜을 가지고 있다.

리보솜은 두 군데의 세포질 지역에서 단백질을 만든다. 어떤 리보솜은 세포질에서 떠돌아다니는 반면(자유 리보솜), 다른 리보솜은 소포체나 핵막의 바깥쪽에 붙어 있다(부착 리보솜, 그림 3.9) 두 종류의 리보솜은 구조적으로 동일하며, 각자 바꾸어 다른 역할을 수행할 수 있다. 자유 리보솜에서 만들어진 단백질은 세포질 내에서 기능을 한다. 예를 들면, 설탕을 분해하는 첫 번째 단계를 촉매하는 효소가 그렇다. 부착 리보솜은 일반적으로 막에 삽입되거나 리소좀과 같이 어떤 소기관 내에 포함되거나 혹은 세포로부터 분비될 운명의 단백질을 합성한다(그림 3.7). 단백질을 분비하는데 특성화된 세포는—예를 들어, 소화효소를 분비하는 췌장 세포들은—종종 높은 비율로 부착 리보솜을 가지고 있다.

개념 3.4

내막계는 세포 내에서 단백질 이동을 조절하고 세포의 물질대사 기능을 수행한다

진핵세포의 많은 다른 막들은 **내막계(endomembrane system)**의 일부이고 세포 내에서 다양한 작업을 수행한다. 내막계는 핵막, 소포체, 골지체, 리소좀, 여러 종류의 소낭과 액포, 세포막 등을 포함한다. 내막계의 막들은 단백질 합성과 합성된 단백질을 막이나 소기관 혹은 세포 밖으로 수송, 지질의 대사와 이동, 독소의 해독작용 등을 수행한다. 이 시스템의 막들은 직접적으로 연결되어 있거나 혹은 막으로 된 작은 **소낭(vesicle)**을 매개로 하여 연결되어 있다. 이러한 연관성에도 불구하고, 다양한 막들은 구조와 기능이 동일하지 않다. 더구나 막의 두께, 분자적 구성성분, 그리고 주어진 막에 있는 단백질들에 의해 이루어지는 화학적 반응들의 종류는 고정되어 있지 않으며, 막이 수명을 다할 때까지 몇 번씩 바뀌기도 한다. 우리는 핵막에 대해 이미 논의했고 이제 소포체와 소포체가 자라서 되는 다른 내막들에 초점을 둘 것이다.

소포체: 생합성 공장

소포체(endoplasmic reticulum, ER)는 많은 진핵세포에서, 전체 막의 절반 이상을 차지하는 광범위한 막의 네트워크이다. 소포체는 막으로 된 관의 네트워크와 시스터나(*cisternae*)라고 불리는 낭들로 이루어져 있다. 소포체 막은 소포체 내강 혹은 시스터나 공간이라고 불리는 소포체의 안쪽 부분을 세포질로부터 분리한다. 또한 소포체막이 핵막과 연속적으로 연결되어 있기 때문에 핵막의 두 막 사이의 공간이 소포체 내강과 연결되어 있다(그림 3.10).

소포체는 연결되어 있기는 하지만 구조와 기능이 다른 활면소포체와 조면소포체로 되어 있다. **활면소포체(smooth ER)**는 소포체 바깥 표면에 리보솜이 없으며, **조면소포체(rough ER)**는 막의 바깥 표면에 리보솜이 붙어 있어 전자 현미경으로 보면 거칠게 보인다.

활면소포체의 기능

활면소포체는 세포의 형태에 따라 다양한 대사과정을 수행한다. 이러한 대사과정에는 지질 합성, 탄수화물의 대사 그리고 약과 독소의 해독작용, 칼슘이온의 저장이 포함된다.

활면소포체의 효소는 기름, 스테로이드 및 새로운 막 인지질을 포함하는 지질의 합성에 중요하다. 동물세포에서 활면소포체에 의해 생산된 스테로이드들 중에는 척추동물들의 성호르몬과 부신에서 분비되는 다양한 스테로이드계 호르몬들이 있다. 예를 들면, 정소와 난소에서 이러한 호르몬들을 실제로 합성하고 분비하는 세포에는 이러한 기능에 적합한 활면소포체가 풍부하다.

활면소포체의 다른 효소들은 특히 간 세포에서 약과 독소를 해독한다. 해독작용은 대체로 약에 수산기를 붙여서 더 잘 용해되고, 체내에서 제거되기 쉽게 만들어준다. 진정작용을 하는 페노바

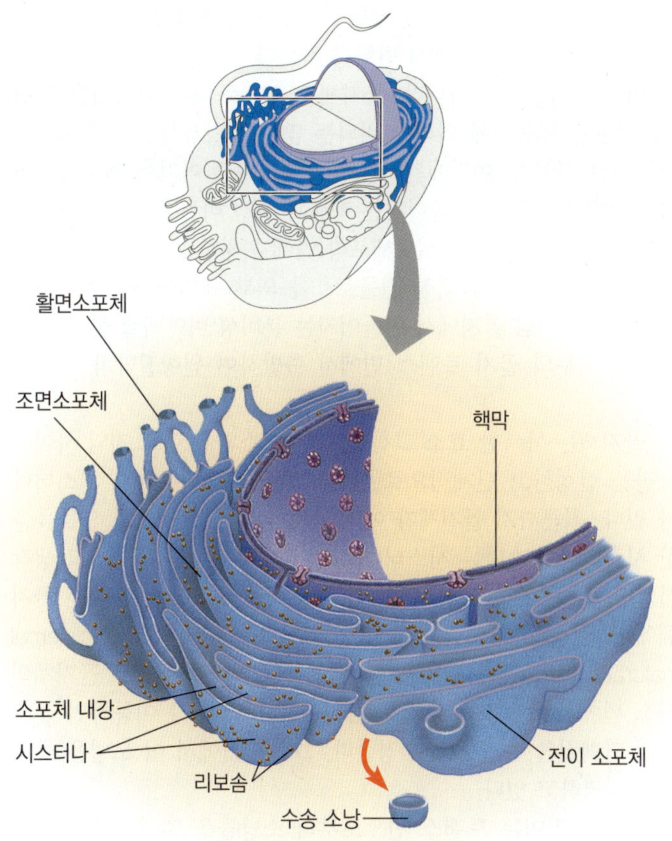

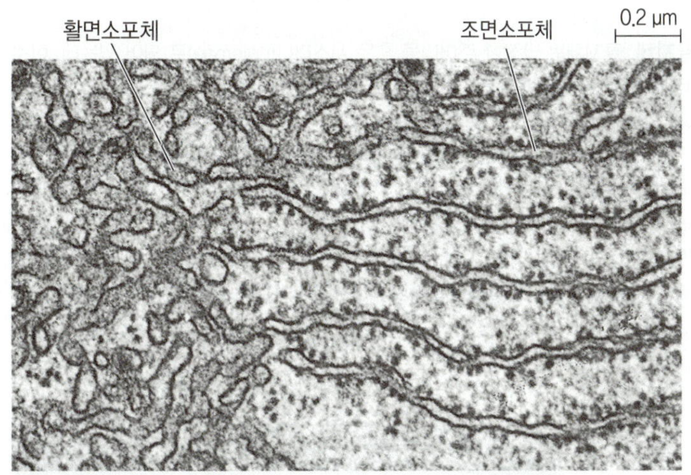

▲ **그림 3.10 소포체(ER).** 상호 연결된 관들과 시스터나라고 불리는 납작한 낭들로 이루어진 막 시스템인 소포체는 핵막과도 물리적으로 연결되어 연속성을 갖는다. (모식도는 절단면을 나타낸다.) 소포체의 막은 소포체 내강(또는 시스터나 공간)이라고 불리는 연속적으로 연결된 공간을 둘러싸고 있다. 바깥 표면에 리보솜이 박혀 있는 조면소포체는 투과 전자 현미경(TEM)에 의해 활면소포체와 구별될 수 있다. 수송 소낭은 전이 소포체라고 불리는 조면소포체의 특정 영역으로부터 만들어져 골지체 및 다른 목적지로 이동한다.

비탈(phenobarbital)과 기타 바르비투르산염들은 간 세포의 활면소포체에서 이러한 방법으로 대사과정을 거치는 약물들이다. 사실, 바르비투르산염, 알코올 그리고 많은 다른 약들은 활면소포체를 증가시켜 이와 연관된 해독효소들이 많이 합성되도록 하여 해독률을 높인다. 이러한 해독률의 증가는 이제 약에 대한 내성을 증가시키게 되는데, 이는 진정작용과 같은 특정 효과를 얻기 위해 더 많은 양의 약이 필요함을 뜻한다. 또한 어떤 해독효소들은 상대적으로 광범위한 작용을 하기 때문에 한 가지 약에 대한 반응으로 활면소포체가 증가되면 다른 약들에 대한 내성을 증가시킬 수 있다. 예를 들어, 바르비투르산염의 남용은 특정 항생제나 다른 유용한 약들의 효과를 떨어뜨린다.

활면소포체는 칼슘이온을 저장하기도 한다. 예를 들면, 근육세포에서의 특성화된 활면소포체 막은 세포질에서 소포체 내강 안으로 칼슘이온을 펌프질한다. 근육세포가 신경자극을 받으면 칼슘이온은 소포체 막을 통과하여 세포질 내로 쏟아져 나와 근육세포의 수축을 촉진시킨다.

조면소포체의 기능

다양한 종류의 특성화된 세포들이 조면소포체에 부착된 리보솜에 의해 생산된 단백질들을 분비한다. 예를 들면, 이자에 있는 특정 세포들은 단백질성 호르몬인 인슐린을 혈류에 분비한다. 폴리펩타이드 사슬이 소포체 막에 결합된 리보솜으로부터 신장되어 나오면, 그것은 막에 있는 단백질 복합체에 의해 형성된 구멍을 통해 소포체 내강으로 뻗어 간다. 새로운 단백질이 소포체 내강으로 들어가면 기능적인 3차원 형태로 접히게 된다. 대부분의 분비 단백질들은 **당단백질(glycoprotein)**로 탄수화물이 단백질에 공유 결합되어 있다. 이 탄수화물들은 소포체 막에 부착되어 있는 특수한 효소들에 의해 소포체 내에서 단백질에 부착된다.

분비 단백질은 소포체의 특정 지역인 전이 소포체(transitional ER)로부터 기포처럼 튀어나오는 소낭막에 싸여져 소포체를 떠난다(그림 3.10). 세포의 한 부분에서 다른 부분으로 수송되는 소낭들을 **수송 소낭(transport vesicle)**이라고 한다. 다음 절에서 이들의 운명을 살펴볼 것이다.

조면소포체는 분비 단백질을 만들 뿐만 아니라, 세포에 필요한 막을 만드는 공장이다. 소포체는 자신의 막에 막단백질과 인지질을 붙임으로써 자란다. 막단백질로 될 폴리펩타이드가 리보솜으로부터 만들어질 때, 그들은 소포체 막 안으로 들어가는데 단백질의 소수성 부분에 의해 막에 끼여 있게 된다. 조면소포체는 또한 자기 자신의 막 인지질들을 만드는데, 소포체 막에 끼여 있는 효소가 세포질에 있는 전구체들로부터 인지질을 합성한다. 소포체 막이 확장되면, 수송 소낭의 형태로 다른 내막계로 전달된다.

골지체: 운반하고 받는 장소

소포체를 떠난 많은 수송 소낭은 **골지체(Golgi apparatus)**로 이동한다. 골지체는 합성 기능이 있기는 하지만 주로 물질을 받고, 분류하고, 보내는 창고와 같은 역할을 하는 소기관으로 생각된다. 이곳에서 소포체의 생산물은 수정되고 분류되어 다른 목적지로 보내진다. 골지체가 분비를 위해 특성화된 세포들 내에 특히 많은 것은 놀라운 일이 아니다.

골지체는 납작한 빵덩어리 같이 보이는 납작한 막으로 된 소낭인 시스터나로 이루어져 있다(**그림 3.11**). 하나의 세포는 많은, 심지어 수백 개의 시스터나를 갖는다. 이러한 하나의 층에 있는 각 시스터나의 막은 내부 공간을 세포질로부터 격리시킨다. 골지체 부근에 밀집되어 있는 소낭들은 골지체와 다른 구조들 사이에서 물질의 수송에 관여한다.

골지체 시스터나는 극성을 가지고 있어서 더미의 반대편에 있는 시스터나 막과는 두께와 분자적 구성이 다르다. 골지체 더미의 두 극은 시스(*cis*) 면과 트랜스(*trans*) 면으로 명명되었는데, 이들은 각각 골지체에서 물질을 수용하고, 수송하는 분야를 담당한다. 시스는 같은 쪽을 의미하며, 시스 면은 보통 소포체 근처에 위치해 있다. 수송 소낭을 통해 물질이 소포체로부터 골지체로 이동한다. 소포체로부터 떨어져 나온 소낭은 골지막과 결합함으로써 소포체의 막과 내강의 물질을 시스 면 쪽의 골지체에 전달한다. 트랜스는 반대 쪽을 의미하여, 트랜스 면에서는 소낭들이 성장한 후 떨어져 나가 다른 장소로 이동한다.

소포체의 산물들은 보통 골지체의 시스 지역에서 트랜스 지역으로 운반되는 동안 변화를 겪는다. 예를 들면, ER에서 합성된 당단백질을 먼저 ER 자체에서 수식되고 이어서 골지체를 통과하면서 수식된 탄수화물을 갖고 있다. 골지체는 단당류들의 일부를 없애고 다른 것들로 치환하여 매우 다양한 탄수화물을 만들어 낸다. 막 인지질 또한 골지체에서 변화를 겪는다.

마무리 작업뿐만 아니라, 골지체는 스스로 특정 고분자들을 만들어 낸다. 세포들에 의해 분비되는 많은 다당류들은 골지체에서 만들어진 것이며, 여기에는 식물세포에서 만들어져서 셀룰로스와 함께 세포벽으로 끼여 들어가는 펙틴과 특정 비셀룰로스성 다당류들이 포함된다. 셀룰로스는 세포막 안에 위치한 효소들에 의해 만들어지고, 이 효소가 직접 셀룰로스를 외부 표면에 오도록 한다. 분비 단백질처럼 골지에서 만들어지는 분비성 비단백질 물질은 수송소낭 내부의 골지 트랜스 면에서 출발하여 원형질막과 융합한다.

골지체는 독특한 효소 그룹을 갖는 시스와 트랜스 지역 사이에 물질을 합성하고 단계적으로 이 물질을 가공하는 다른 시스터나가 있다. 최근까지 골지체가 여러 단계에서 가공을 거친 산물들을 한 시스터나에서 다른 시스터나로 전달하는 정적인 구조라고 생각하였다. 최근 연구를 통해 좀 더 역동적인 구조를 나타내는 골지체에 대한 새로운 모델이 제시되었다. **시스터나 성숙 모델**(cisternal maturation model)에 따르면 골지체의 시스터나는 실제로 골지체의 시스 면에서 트랜스 면으로 이동하고, 시스터나가 이동하면서 그들의 단백질을 운반하고 수정한다. 그림 3.11에서 이 모델을 상세하게 설명하고 있다.

골지체 더미는 트랜스 면으로부터 소낭들을 출아함으로써 그

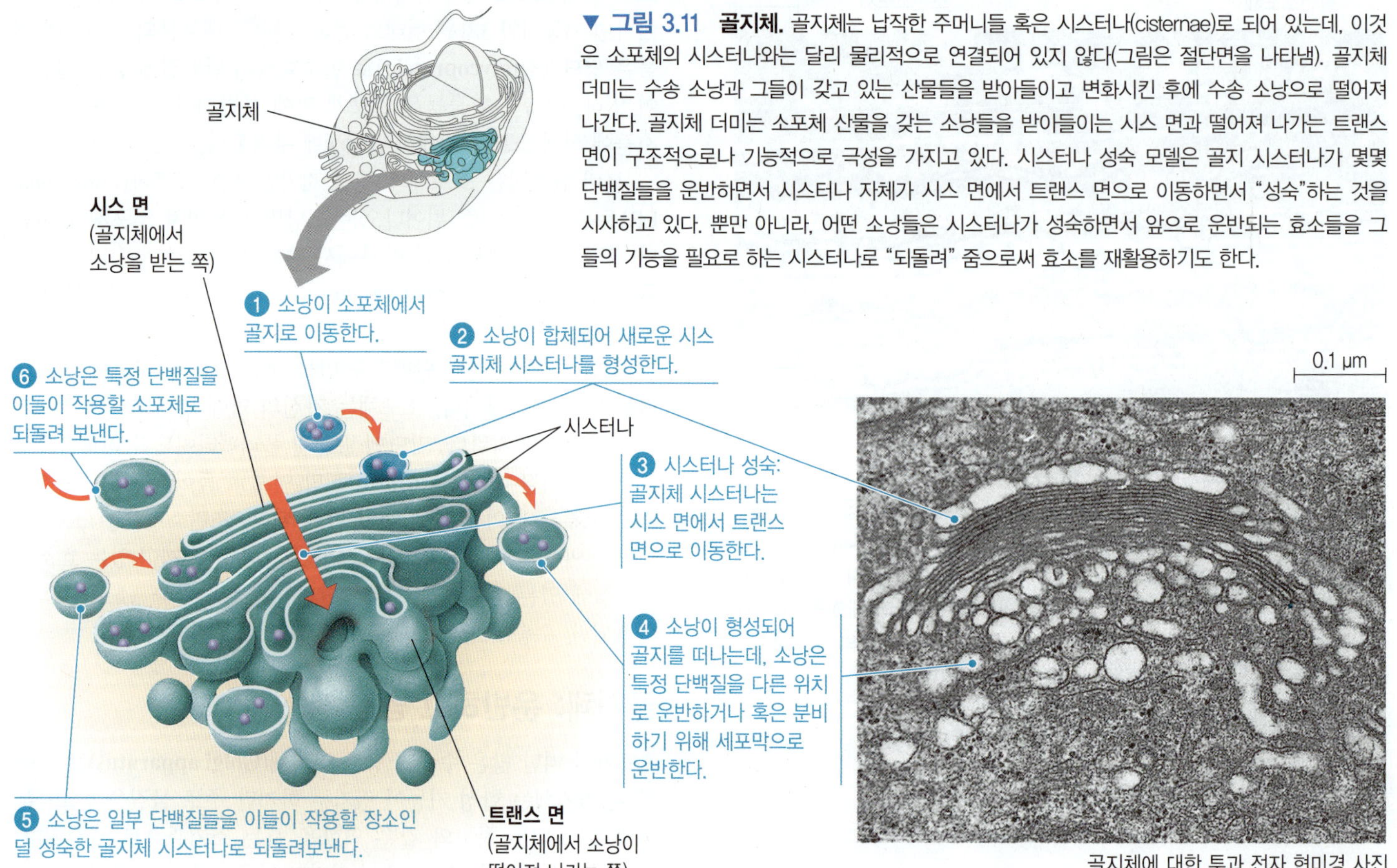

▼ **그림 3.11 골지체.** 골지체는 납작한 주머니들 혹은 시스터나(cisternae)로 되어 있는데, 이것은 소포체의 시스터나와는 달리 물리적으로 연결되어 있지 않다(그림은 절단면을 나타냄). 골지체 더미는 수송 소낭과 그들이 갖고 있는 산물들을 받아들이고 변화시킨 후에 수송 소낭으로 떨어져 나간다. 골지체 더미는 소포체 산물을 갖는 소낭들을 받아들이는 시스 면과 떨어져 나가는 트랜스 면이 구조적으로나 기능적으로 극성을 가지고 있다. 시스터나 성숙 모델은 골지 시스터나가 몇몇 단백질들을 운반하면서 시스터나 자체가 시스 면에서 트랜스 면으로 이동하면서 "성숙"하는 것을 시사하고 있다. 뿐만 아니라, 어떤 소낭들은 시스터나가 성숙하면서 앞으로 운반되는 효소들을 그들의 기능을 필요로 하는 시스터나로 "되돌려" 줌으로써 효소를 재활용하기도 한다.

들의 산물을 떨어뜨리기 전에 이 산물들을 배분하여 세포의 다양한 지역으로 보낸다. 골지 산물들에 붙여진 인산기 같은 분자적 표지는 우편물의 우편번호 같이 작용하여 산물들이 배분되는 것을 도와준다. 끝으로, 골지체로부터 나오는 수송낭들은 막의 표면에 특정 소기관들의 표면 혹은 세포막에 있는 "도킹자리(docking site)"를 인식하는 분자들을 가지고 있어서 특정 지역을 잘 찾아가게 된다.

리소좀: 소화 기관

리소좀(lysosome)은 진핵세포가 모든 종류의 고분자들을 소화(가수분해)하기 위해 이용하는 가수분해효소가 들어 있는 막으로 된 소낭이다(**그림 3.12**). 리소좀 효소들은 리소좀 내의 산성 환경에서 가장 잘 작용한다. 리소좀이 망가져서 열리거나 그것의 내용물이 새어나오면, 빠져나온 효소들은 별로 활성을 띠지 못하는데 이는 세포질이 중성 pH를 갖기 때문이다. 그러나 효소들이 많은 수의 리소좀으로부터 과도하게 방출되면 자신을 소화하여 세포를 파괴할 수 있다.

가수분해효소들과 리소좀 막은 조면소포체로부터 만들어지고, 골지체로 전달되어 가공 과정을 거친다. 최소한 몇몇 리소좀들은 아마도 골지체의 트랜스 면으로부터 출아해 나올 것이다(그림 3.11). 리소좀 막의 안쪽 표면 단백질들과 소화효소들은 어떻게 하여 파괴를 면할까? 아마도 효소로부터 공격받기 쉬운 화학결합을 보호하는 3차원적 구조를 가짐으로써 파괴되지 않는 것으로 생각된다.

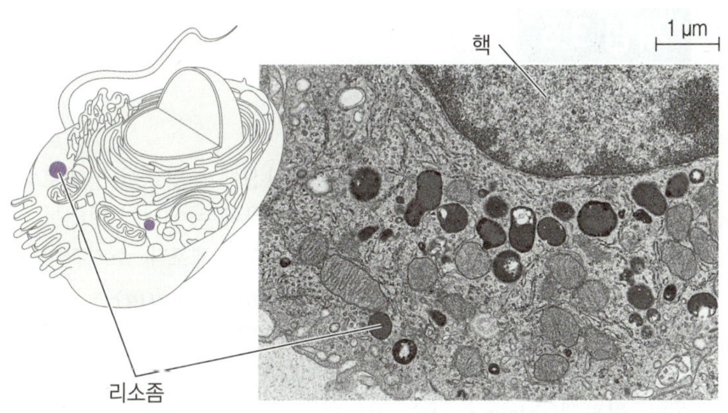

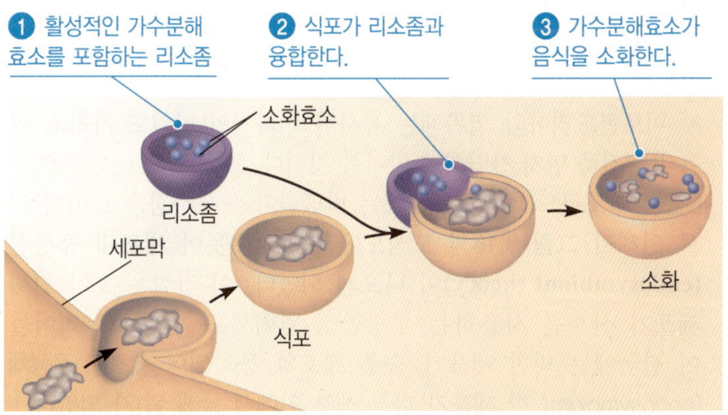

▲ **그림 3.12 리소좀: 식세포작용.** 리소좀들은 세포 내로 들어온 물질들을 가수분해하고 세포내 물질들을 재활용한다. 위 그림: 쥐의 백혈구세포의 일종인 대식세포에서 리소좀이 검게 보이는데, 이는 리소좀 내에 있는 소화산물의 하나와 특정 염료가 반응하기 때문이다(투과 전자 현미경 사진). 대식세포는 박테리아와 바이러스를 섭취하고 리소좀들을 이용하여 그것들을 파괴한다. 아래 그림: 식세포작용 동안 리소좀이 식포와 융합하는 것을 보여준다.

리소좀들은 다양한 환경에서 세포내 소화를 수행한다. 아메바를 비롯한 다른 여러 단세포 진핵생물들은 작은 개체들 혹은 다른 음식 조각들을 감싸서 먹는데 이를 **식세포작용(phagocytosis)**이라고 한다. 이 방법으로 형성된 **식포**(food vacuole)가 리소좀과 융합하면, 리소좀 효소들이 음식을 소화한다(그림 3.12, 아래 그림). 단당류, 아미노산들 그리고 다른 단량체들을 포함하는 소화 산물들은 세포질 안으로 전달되어 세포를 위한 영양분이 된다. 인간의 특정 세포들도 식작용을 한다. 그들 중에는 대식세포가 있는데 이것은 박테리아와 다른 침입자들을 잡아먹고 파괴함으로써 몸을 보호하는 백혈구의 한 형태이다(그림 3.12 위 그림, 그림 3.28).

리소좀들은 또한 가수분해효소를 이용하여 세포 자신의 유기물질들을 소화하여 재활용하는데 이를 **자가소화작용**(autophagy)이라고 부른다. 자가소화작용 동안 손상된 소기관이나 적은 양의 세포질이 막에 의해 둘러싸이고 리소좀이 이 소낭과 융합한다(**그림 3.13**). 리소좀의 효소들은 둘러싸여진 물질들을 분해하고, 그로 인해 나온 작은 유기화합물들은 재활용을 위해 세포질로 되돌려진다. 리소좀의 도움으로 세포는 끊임없이 자신을 새롭게 한다. 예를 들어, 인간의 간 세포는 매주 간에 있는 고분자 물질들의 절반을 재활용한다.

리소좀 저장 질병을 물려받은 사람의 세포들은 리소좀 가수분해효소의 기능이 결핍되어 있다. 리소좀들이 소화할 수 없는 기질들을 먹어 부풀어 오르게 되면 다른 세포 활동이 방해를 받는다. 예를 들어, 테이-삭스(Tay-Sachs)병에서는 지질소화효소가 없거나 불활성이며 뇌는 세포 내에 있는 지질 축적에 의해 손상된다. 다행히 리소좀 축적 질병은 일반 사람들에게 드물다.

액포: 다양한 유지 기능을 수행하는 소기관

액포(vacuole)는 소포체와 골지체로부터 만들어진 커다란 소낭이다. 액포는 세포내 내막계의 필수적인 부분이라고 할 수 있다. 모든 세포막과 같이 액포막은 선택적 수송을 한다. 그 결과 액포 내부에 있는 물질은 세포질과 구성이 다르다.

액포는 세포의 종류에 따라 여러 가지 다른 일들을 수행한다. 많은 민물의 단세포 진핵생물들은 세포 밖으로 여분의 물을 펌프질하여 염분과 다른 분자들의 농도를 적절하게 유지시키는 **수축포(contractile vacuole)**를 가지고 있다. 식물과 곰팡이에는 리소좀이 없으며, 액포에서 가수분해가 일어난다. (사실, 생물학자들은 이러한 가수분해를 할 수 있는 액포를 리소좀의 한 종류일 것이라 생각한다.) 식물에서 씨앗의 저장세포 내에 작은 액포는 비축된 단백질과 같은 중요한 유기화합물을 보존할 수 있다. 액포들은 또한 동물들에게 독이 되거나 맛 없는 화합물을 가짐으로써 포식자에 대항하여 식물들을 보호하기도 한다. 어떤 액포들은 꽃잎의 빨간

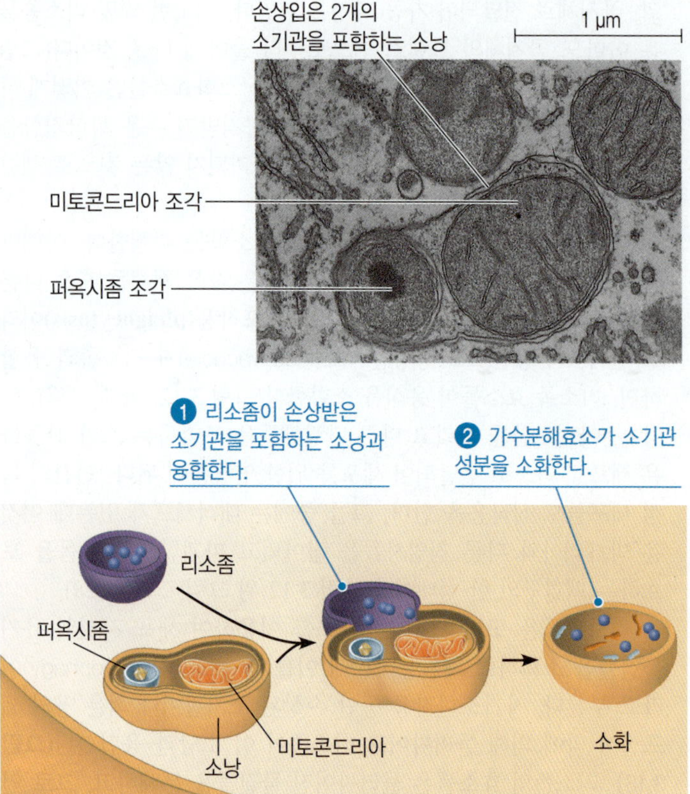

▲ 그림 3.13 **리소좀: 자가소화작용.** 리소좀은 자가소화작용을 통해 세포 내 물질들을 순환시킨다. 위 그림: 쥐의 간 세포의 세포질에서 리소좀은 기능을 상실한 두 소기관을 포함한 소낭이 있다. 이 소낭은 자기소화 과정에서 리소좀과 융합할 것이다(투과 전자 현미경 사진). 아래 그림: 이 모식도는 이 소낭이 리소좀과 융합하는 것과 다음 단계에서 손상받은 소기관을 소화하는 것을 보여준다.

색과 파란색 같이 세포에 색을 나타내는 색소를 지녀 꽃을 수분시켜 주는 곤충들을 끌어들이는 것을 돕는다.

성숙한 식물세포들은 일반적으로 액포막으로 둘러싸인 커다란 **중심액포(central vacuole)**를 가진다(**그림 3.14**). 중심액포는 소포체나 골지체에서 만들어진 더 작은 액포들이 합쳐져 발달한다. 중심액포에 있는 용액을 세포 수액이라고 하며, 칼슘과 염소이온을 포함한 무기이온의 중심 저장소 역할을 한다. 중심액포는 식물세포의 성장에 주요 역할을 하는데, 액포가 물을 흡수하면 식물세포가 커짐으로써 새로운 세포질에서 최소한의 투자로 세포가 커지는 것을 가능하게 한다. 세포질은 종종 액포와 세포막 사이의 얇은 층으로 존재하여 심지어 큰 식물세포의 경우에도 세포막 표면적 대 세포질의 부피의 비는 적절한 생리적인 활동이 이루어질 수 있을 만큼 충분히 크다.

그림 3.15는 내막계를 종합적으로 보여주는 것으로, 막지질과 단백질들이 다양한 소기관들 사이에서 이동하는 과정을 보여준다. 막이 소포체로부터 골지로, 그 후 다른 지역으로 이동함에 따라 그것의 분자적 구성과 대사적 기능은 내용물을 포함해 변화된다. 세포 내의 구획이 만들어지는 데 있어서 내막계는 복잡하면서도 역동적인 역할을 한다.

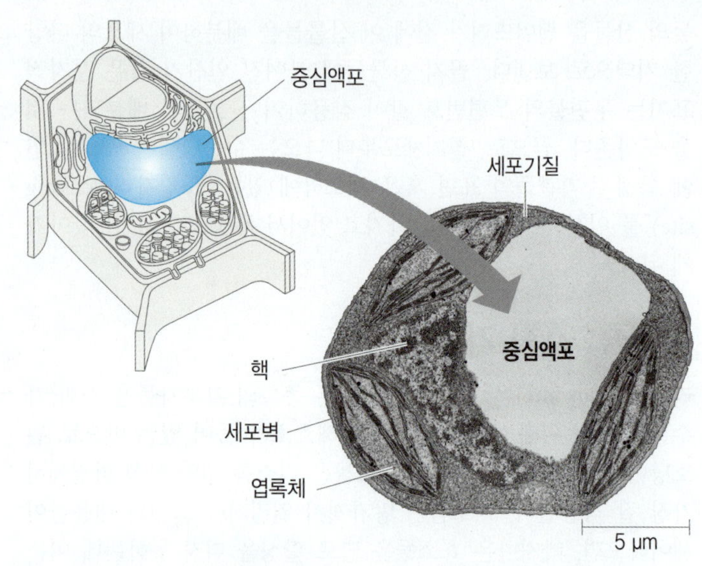

▲ 그림 3.14 **식물세포의 액포.** 중심액포는 보통 식물세포에서 가장 큰 부분을 차지하며, 일반적으로 액포막과 세포막 사이의 좁은 공간을 세포질의 나머지가 차지한다(투과 전자 현미경 사진).

개념 3.5

미토콘드리아와 엽록체

생명체는 환경으로부터 얻은 에너지를 자신에게 필요한 형태로 전환한다. 진핵세포에서 미토콘드리아와 엽록체는 에너지 형태를 바꾸어 세포가 사용할 수 있는 형태로 만드는 세포내 소기관이다. **미토콘드리아(mitochondrion**, 복수는 *mitochondria*)는 세포호흡이 일어나는 장소로 당이나 지방, 다른 열량을 내는 영양소들을 산소를 이용하여 분해함으로써 ATP를 얻는 대사가 일어나는 곳이다. **엽록체(chloroplast)**는 식물과 조류에서만 발견할 수 있으며 광합성이 일어나는 곳이다. 엽록체에서는 빛에너지를 받아 화학에너지로 바꾸어 물과 이산화탄소로부터 당과 같은 유기화합물을 만든다.

미토콘드리아와 엽록체는 유사한 진화적인 기원도 가지고 있는데 이점을 먼저 간략하게 알아볼 것이다.

진화 미토콘드리아와 엽록체는 박테리아와 유사점을 보이며 이로 인해서 **그림 3.16**의 모식도에서 보여주듯이 **세포내 공생설 (endosymbiont theory)**이 나오게 되었다. 이 가설은 초기 진핵세포가 산소를 사용하는 무광합성 원핵세포를 안으로 먹어들여 결국에는 먹힌 세포가 숙주 세포와 동화되어 **세포내 공생체** (endosymbiont; 한 세포가 다른 세포 안에서 살게 됨)가 되었다는 것이다. 실제로 진화과정을 통해 숙주 세포와 세포내 공생체가 합쳐져 하나의 생명체, 즉 미토콘드리아를 갖는 진핵세포가 탄생하였다. 적어도 이러한 세포들 중의 하나는 광합성을 하는 원핵세포를 흡수하여 엽록체를 포함하는 진핵세포의 조상이 되었을 것으로 생각된다.

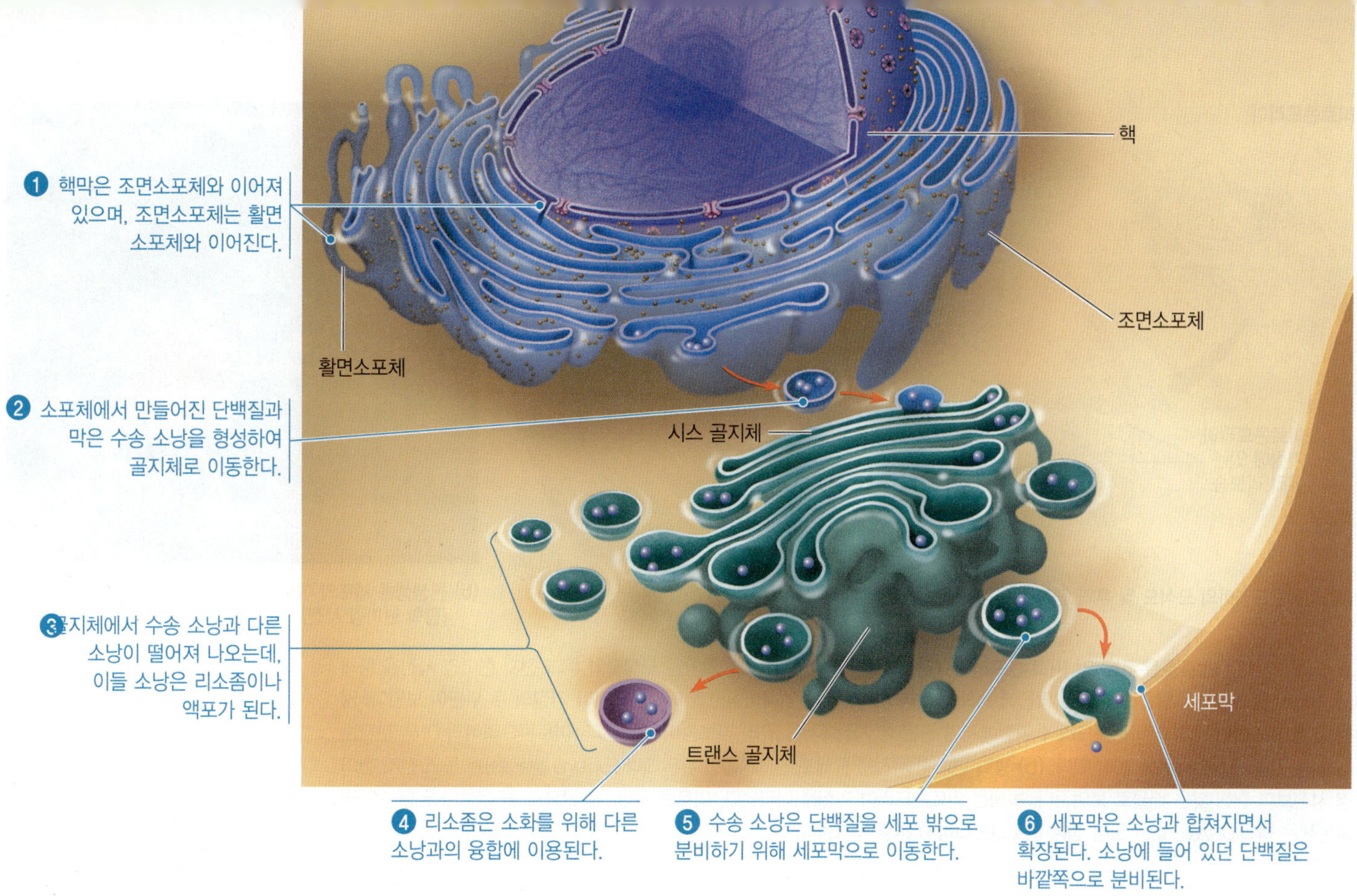

핵
① 핵막은 조면소포체와 이어져 있으며, 조면소포체는 활면 소포체와 이어진다.
조면소포체
활면소포체
② 소포체에서 만들어진 단백질과 막은 수송 소낭을 형성하여 골지체로 이동한다.
시스 골지체
③ 골지체에서 수송 소낭과 다른 소낭이 떨어져 나오는데, 이들 소낭은 리소좀이나 액포가 된다.
세포막
트랜스 골지체
④ 리소좀은 소화를 위해 다른 소낭과의 융합에 이용된다.
⑤ 수송 소낭은 단백질을 세포 밖으로 분비하기 위해 세포막으로 이동한다.
⑥ 세포막은 소낭과 합쳐지면서 확장된다. 소낭에 들어 있던 단백질은 바깥쪽으로 분비된다.

▲ **그림 3.15 요약: 내막계의 세포내 소기관들 사이의 상호작용.** 붉은색 화살표는 막과 그것으로 둘러싸인 물질들의 이동경로를 나타낸다.

소포체
핵
핵막
진핵세포의 조상
(숙주 세포)
산소를 이용하는 무광합성 원핵세포가 섭취된 후에 많은 세대를 거치면서 미토콘드리아가 됨
미토콘드리아
무광합성 진핵세포
광합성 원핵세포의 섭취
엽록체
적어도 하나의 세포
미토콘드리아
광합성 진핵세포

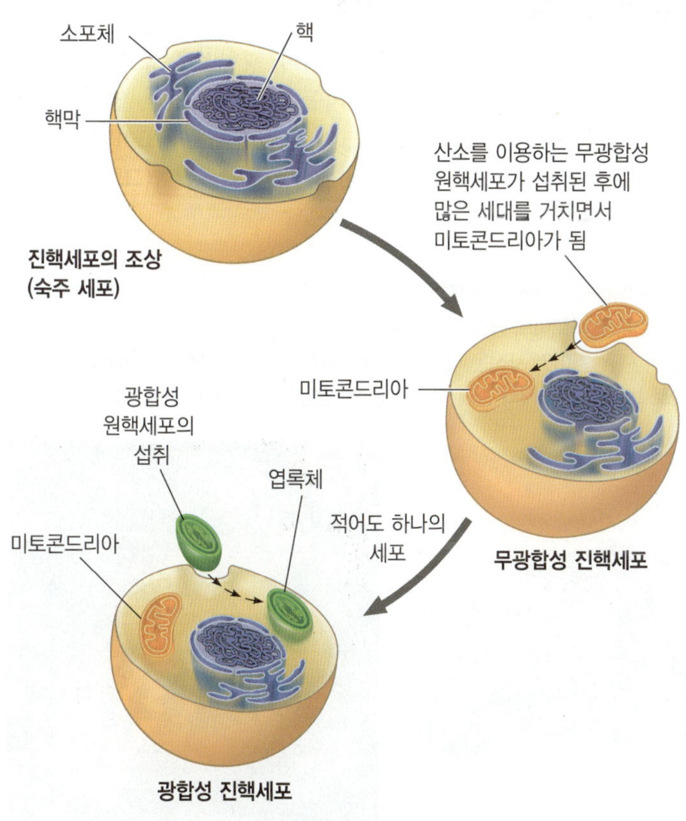

◀ **그림 3.16 진핵세포에서 미토콘드리아와 엽록체의 세포내 공생설.** 이설에 따르면 제시된 미토콘드리아의 조상은 산소를 이용하는 비광합성 원핵세포였으며, 제시된 엽록체의 조상은 광합성을 하는 원핵세포였다. 큰 화살표는 진화시간대에서의 변화를 보여주며, 세포내 작은 화살표는 세포내소기관이 되는 내부공생 과정을 보여주는데 이 또한 긴 시간이 소요되었다.

미토콘드리아: 화학에너지의 변환

미토콘드리아는 동물, 식물, 균류, 대부분의 단세포 진핵생물을 포함하여 거의 모든 진핵세포에서 나타난다. 몇몇의 세포들은 크기가 큰 미토콘드리아 하나를 갖고 있지만 대부분의 세포들은 몇백, 몇천 개의 미토콘드리아를 갖는다.

미토콘드리아는 두 개의 막으로 둘러싸여 있는데 각 막은 독특한 단백질이 끼여 있는 인지질 이중층으로 되어 있다(그림 3.17). 외막은 매끄럽지만 내막은 **크리스타(cristae)**라고 불리는 주름져 있는 복잡한 구조로 되어 있다. 내막은 미토콘드리아의 내부를 두 부분으로 나누는데, 하나는 외막과 내막 사이의 좁은 공간이며, 다른 하나는 내막으로 둘러싸인 **미토콘드리아 기질(mitochondrial matrix)**이다. 이 기질에는 다양한 효소들과 함께 미토콘드리아 DNA와 리보솜도 있다. 세포호흡 단계 중 일부가 이 기질의 효소들에 의해 진행된다. ATP를 만드는 효소로 세포호흡 과정에 작용하는 다른 단백질들은 내막 속에 끼여 있다. 크리

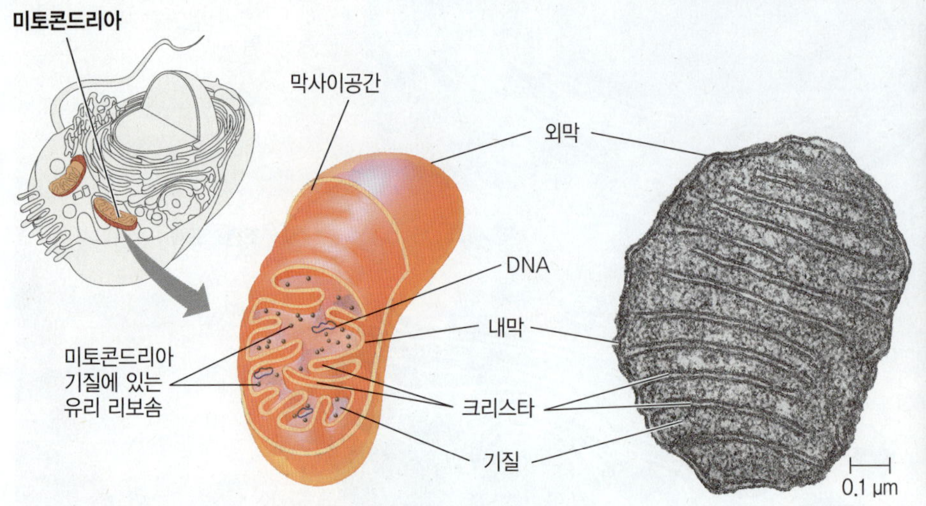

(a) 미토콘드리아의 모식도 및 투과 전자 현미경 사진

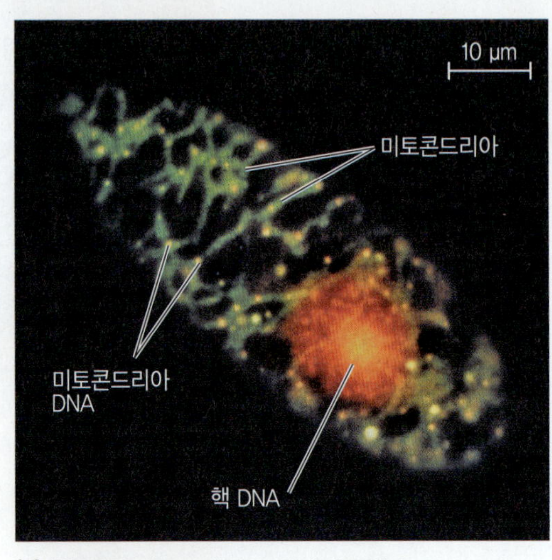

(b) 원생생물 세포의 미토콘드리아 네트워크 (광학 현미경 사진)

▲ 그림 3.17 **세포호흡 장소인 미토콘드리아.** (a) 미토콘드리아의 내막과 외막은 모식도와 투과 전자 현미경 사진을 통해서 확실히 알 수 있다. 단면도를 보면 막들에 의해 둘러싸여 만들어진 막사이공간과 미토콘드리아 기질의 두 부분이 보인다. 많은 호흡 효소들이 내막과 미토콘드리아 기질에서 발견된다. 기질에서는 유리 리보솜이 발견된다. 미토콘드리아의 DNA 분자는 대개 둥근 형태이고 내막에 붙어 있다. (b) 광학 현미경 사진은 단세포 진핵생물인 유글레나(*Euglena gracilis*)를 투과 전자 현미경 사진보다 훨씬 낮은 배율로 보여준다. 녹색은 미토콘드리아 기질을 나타낸다. 미토콘드리아는 관으로 된 그물망을 형성한다. 붉은색은 핵의 DNA를, 밝은 노란 점은 미토콘드리아 DNA를 나타낸다.

스타는 매우 주름져 있기 때문에 이러한 단백질들이 작용할 넓은 표면적을 제공할 수 있어 세포호흡에 의한 에너지 생산성을 높여준다.

미토콘드리아는 1~10 μm의 길이를 가진다. 동영상 압축 기술을 이용하여 살아 있는 세포를 관찰한 결과 미토콘드리아는 세포 내부를 돌아다니며, 자신의 모습을 변형하기도 하고, 둘로 분열하기도 하는데, 이는 죽은 세포를 전자 현미경으로 보았을 때 나타나는 정적인 실린더 모양의 구조와는 다른 모습이다. 이러한 연구는 미토콘드리아가 역동적인 유동 상태에 있는 관으로 된 그물망을 형성하고 있다는 것을 알려준다.

엽록체: 빛에너지의 획득

엽록체는 녹색 색소인 엽록소를 가지며, 광합성을 통해 당을 생산하는데 작용하는 효소나 기타 분자들을 가지고 있다. 엽록체는 렌즈 모양의 소기관으로 개개의 크기는 3~6 μm 정도이며, 식물의 잎이나 녹색을 띤 구조 및 조류(algae)에서 발견된다**(그림 3.18)**.

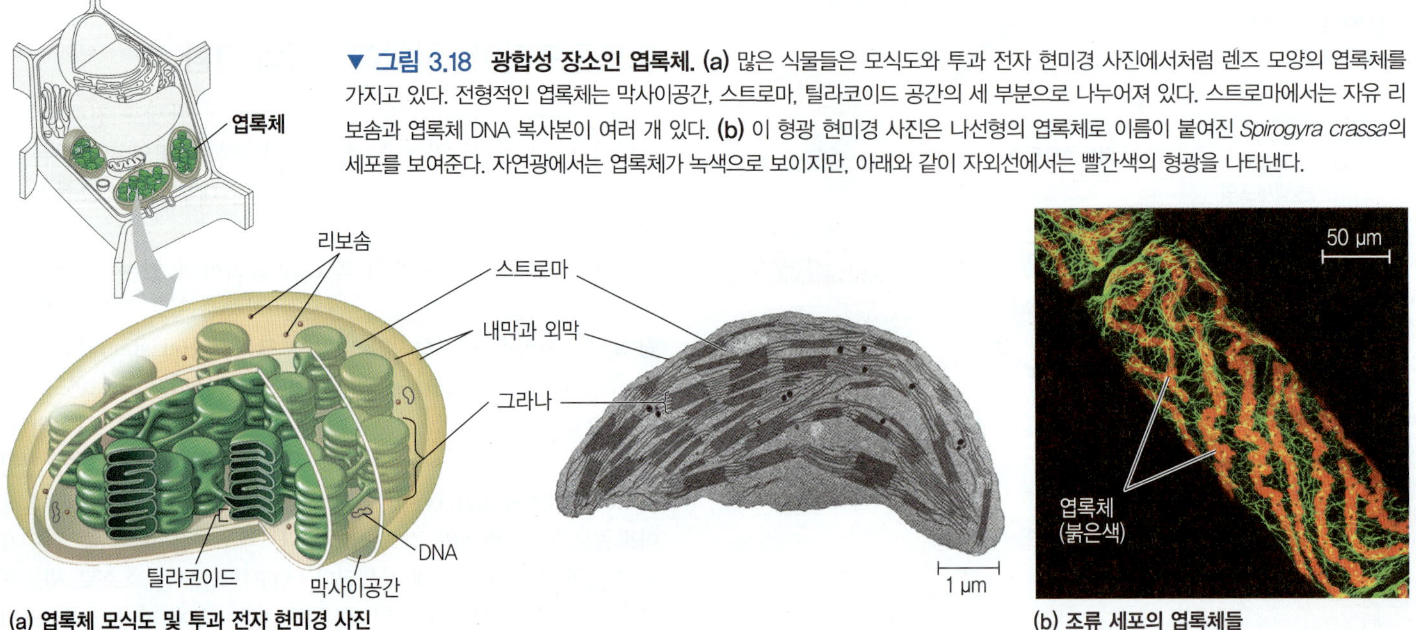

▼ 그림 3.18 **광합성 장소인 엽록체.** (a) 많은 식물들은 모식도와 투과 전자 현미경 사진에서처럼 렌즈 모양의 엽록체를 가지고 있다. 전형적인 엽록체는 막사이공간, 스트로마, 틸라코이드 공간의 세 부분으로 나누어져 있다. 스트로마에서는 자유 리보솜과 엽록체 DNA 복사본이 여러 개 있다. (b) 이 형광 현미경 사진은 나선형의 엽록체로 이름이 붙여진 *Spirogyra crassa*의 세포를 보여준다. 자연광에서는 엽록체가 녹색으로 보이지만, 아래와 같이 자외선에서는 빨간색의 형광을 나타낸다.

(a) 엽록체 모식도 및 투과 전자 현미경 사진

(b) 조류 세포의 엽록체들

엽록체의 내용물은 매우 좁은 막사이공간에 의해 분리된 두 개의 막으로 구성된 피막에 의해 세포기질로부터 분리되어 있다. 엽록체 내부는 또 다른 막구조가 있는데 평평하고 서로 연결된 주머니 모양의 **틸라코이드(thylakoid)**가 그것이다. 어떤 곳에서는 틸라코이드가 포커칩을 쌓아 놓은 것처럼 보이는데, 하나의 포커칩 형태를 **그라나(granum**, 복수는 *grana*)라고 부른다. 틸라코이드 밖의 액체로 된 부분을 **스트로마(stroma)**라고 하며, 여기에는 많은 효소와 엽록체 DNA, 그리고 리보솜이 있다.

엽록체는 막들에 의해 막사이공간, 스트로마, 틸라코이드의 세 부분으로 나뉜다. 이렇게 나누어진 공간은 광합성 시기에 엽록체가 빛에너지를 화학에너지로 전환할 수 있도록 해준다.

미토콘드리아와 마찬가지로 엽록체도 전자 현미경 사진 속이나 모식도에서는 정적이고 딱딱하게 보이지만 살아 있는 세포에서는 매우 역동적인 모습을 보인다. 모양이 변하기도 하고 자라며 둘로 갈라져 자신을 복제하기도 한다. 엽록체는 움직일 수 있으며, 구조적 네트워크인 세포골격 트랙을 따라 미토콘드리아와 다른 소기관들과 함께 세포 내부에서 이동한다.

엽록체(chloroplast)는 식물의 **색소체(plastid)**란 구조와 밀접하게 연관을 맺고 있는 특수한 기관이다. 색소체의 한 형태인 **백색체**(amyloplast)는 색이 없는 구조로 녹말을 저장하며, 특히 뿌리와 줄기에 많다. 또 다른 형태인 **유색체**(chromoplast)는 과일과 꽃들이 오렌지나 노란색 빛깔을 낼 수 있도록 하는 색소를 가진다.

퍼옥시좀: 산화작용

퍼옥시좀(peroxisome)은 특별한 대사과정을 수행하는 소기관으로 하나의 막으로 둘러싸여 있다(**그림 3.19**). 퍼옥시좀은 어떤 분자로부터 수소를 제거하여 산소로 전달하여 과산화수소(H_2O_2)를 생산하는 효소를 가지고 있다. 퍼옥시좀의 산화반응은 체내에서 매우 다양한 기능을 한다. 예를 들면, 간의 퍼옥시좀은 알코올이나 다른 해로운 물질의 수소 부분을 산소로 전달하여 독성을 제거한다. 이때 퍼옥시좀에 의해 생성되는 과산화수소 자체는 독성이 있지만, 이 소기관에는 과산화수소를 바로 물로 바꿔주는 효소가 있다. 같은 장소에서 과산화수소를 만드는 효소와 제거하는 효소가 동시에 작용하는 것은 세포 내부의 구획에 의한 기능 수행이 얼마나 중요한 것인지를 보여주는 훌륭한 예가 된다.

퍼옥시좀은 세포질과 소포체에서 만들어지는 단백질, 소포체에서 만들어진 지질과 자신이 합성한 지질을 병합해 크게 자란다. 하지만 퍼옥시좀이 어떻게 수를 늘려가고 진화적으로 어떻게 만들어졌는지는 아직 잘 모른다.

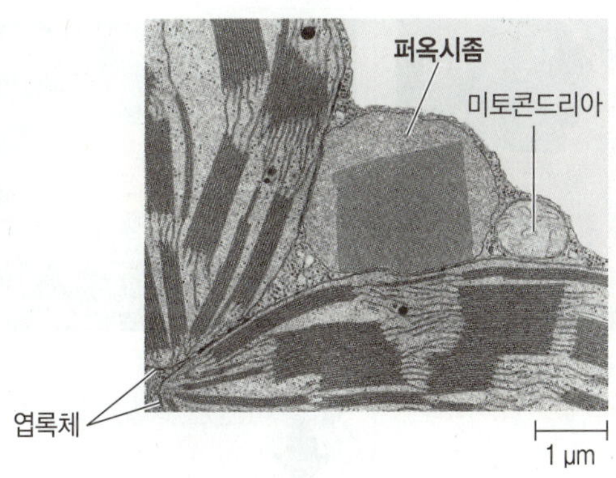

▲ **그림 3.19 퍼옥시좀.** 퍼옥시좀은 거의 둥근 모양을 하고 있으며, 종종 효소 분자들이 고도로 모여서 만들어진 과립 혹은 결정체 형태를 가지고 있다. 이 퍼옥시좀은 식물의 잎세포에 있다. 퍼옥시좀이 엽록체와 미토콘드리아와 매우 가까이 있으며, 두 소기관들이 어떤 대사과정에서 퍼옥시좀과 서로 협력하고 있는 것으로 생각된다(투과 전자 현미경 사진).

개념 3.6

세포골격은 섬유들의 그물망 구조로 세포 내의 구조와 활동을 조직화한다

전자 현미경이 처음 나왔을 때, 생물학자들은 진핵생물의 소기관들은 세포 속을 둥둥 떠다닐 것이라고 생각했다. 그러나 광학 현미경과 전자 현미경이 계속 발전하면서 그들은 세포질 내부를 가로지르는 섬유들의 네트워크인 **세포골격(cytoskeleton)**을 발견하게 되었다(**그림 3.20**). 세포골격은 세포의 구조 형성과 활성에 중요한 역할을 한다.

세포골격의 역할: 지지 및 운동성

세포골격의 가장 중요한 기능은 세포를 지지하여 모양을 유지하도록 하는 것이다. 특히 동물세포는 세포벽이 없기 때문에 지지 기능이 더욱 중요하다. 세포골격이 가지는 강력한 지지력과 복원력은 그 구조에서 나온다. 삼각형을 모아서 만든 돔형 구조처럼, 세포골격은 구성 요소들 간에 작용하는 상반적인 힘의 균형에 의해 안전해진다. 그리고 동물에서 골격이 몸의 여러 부분의 위치를 잡아주듯, 세포골격은 많은 세포내 소기관들의 위치를, 심지어 세포질의 효소 분자들까지도 고정시켜 주는 역할을 한다. 하지만 세포

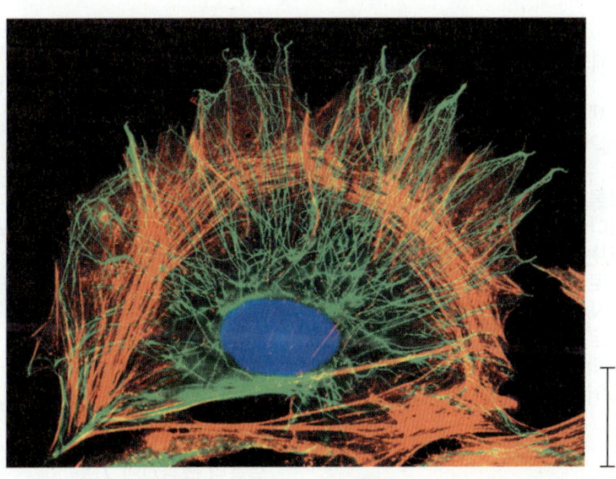

▲ **그림 3.20 세포골격.** 형광 사진에서 나타난 것처럼 세포골격이 세포를 통해 뻗어나간다. 세포골격 성분들이 다른 형광 분자로 표지되어 있다. 녹색은 미세소관, 붉은 오랜색은 미세필라멘트이다. 세 번째 성분인 중간섬유는 여기에서는 명확하지 않다. (파란색은 핵 속의 DNA임.)

골격은 신체의 골격보다는 훨씬 역동적이다. 필요할 때는 세포의 한쪽 부분을 완전히 해체하여 다른 쪽에 조립, 새로운 세포 모양을 만들기도 한다.

세포골격은 세포 내의 몇 가지 움직임에도 관여한다. **세포의 이동**(cell motility)은 세포의 위치 이동을 뜻하며, 좁은 의미에서는 세포 내부의 소기관들의 이동을 말한다. 세포의 이동은 일반적으로 세포골격과 **운동 단백질(motor protein)**의 상호작용에 의해 이루어진다. 이런 세포들의 이동에 대한 예는 많다. 세포골격과 운동 단백질은 세포막 분자들과 함께 작용하여 모든 세포들이 세포 밖의 섬유소를 따라 이동할 수 있게 한다. 세포 안에서 소낭은 놀이기구가 트랙을 타고 가듯이 세포골격을 따라 목적지를 향해 이동한다. 예를 들면, 신경전달물질을 포함하는 소낭이 어떻게 축삭을 따라 신경말단으로 이동하여 인접한 신경세포에 물질을 방출하는가를 설명해 준다(그림 3.21). 또한 세포골격은 세포막을 안쪽으로 끌어들여 식포나 기타 식세포낭을 형성하는 데 관여한다.

세포골격의 구성물질

세포골격을 구성하는 세 가지 섬유 형태를 자세하게 알아보자. 미세소관(microtubule)은 세 가지 섬유 중 가장 굵다. 미세섬유(microfilament, 액틴섬유)는 가장 가늘고, 중간섬유(intermediate

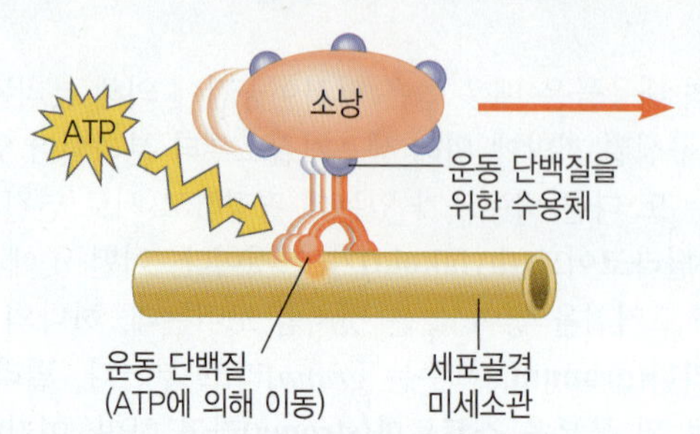

(a) 세포소기관의 수용체에 붙는 운동 단백질은 소기관이 미세소관, 때로는 미세섬유를 따라 '걸을 수 있게' 해준다. ATP 에너지를 통해 이동한다.

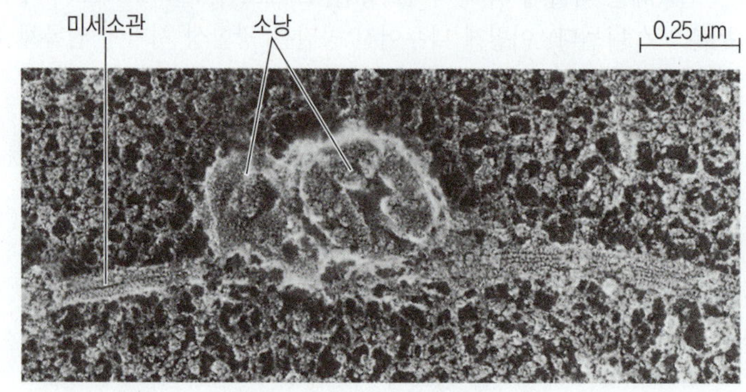

(b) 신경전달물질을 담은 두 개의 소낭이 축삭 끝머리를 향해 이동하는 모습을 볼 수 있다(주사 전자 현미경 사진).

▲ **그림 3.21 운동 단백질과 세포골격**

표 3.1 세포골격의 구조와 기능

특성	미세소관(튜불린 중합체)	미세섬유(액틴섬유)	중간섬유
구조	속이 빈관	두 개의 서로 꼬인 액틴 나선	케이블로 꼬인 섬유성 단백질
지름	25 nm(내부공간 15 nm)	7 nm	8~12 nm
단백질 소단위체	α와 β 튜불린	액틴	다른 단백질(케라틴 등)이 관여
주요 기능	–세포의 모양 유지(압력에 저항) –세포의 이동 –세포분열 시 염색체의 이동 –세포소기관의 이동	–세포 모양 유지 –세포 모양에서의 변화 –근육의 수축 –식물에서 세포질 유동 –세포이동 (위족운동) –동물세포의 분열	–세포의 모양 유지 –핵과 여러 소기관의 고정 –핵막 하층 형성
섬유아세포의 형광 현미경 사진 섬유아세포는 편평하게 퍼져 쉽게 내부 구조를 관찰할 수 있기 때문에 생물생물학 연구에 훌륭한 재료이다. 각 세포에서 관심 있는 구조들이 형광으로 염색되어 있다. 핵의 DNA는 첫 사진에서는 청색으로, 세 번째 사진에서는 오렌지색으로 염색되어 있다.	10 μm 튜불린 쌍관체의 기둥 25 nm α β 튜불린 쌍관체	10 μm 액틴 소단위체 7 nm	5 μm 케라틴 단백질 섬유성 소단위(케라틴이 함께 꼬여 있음) 8~12 nm

filament)는 중간 정도의 지름을 가지고 있다. **표 3.1**은 이 섬유소들의 특징을 요약한 것이다.

미세소관

미세소관(microtubule)은 모든 진핵세포의 세포질에서 발견되며, 튜불린(tubulin)이라고 불리는 구형 단백질로 구성되어 있다. 각각의 튜불린 단백질은 두 개의 소단위인 이합체(dimer)로 구성되어 있다. 튜불린 이합체는 약간 다른 두 개의 폴리펩타이드 α-튜불린과 β-튜불린으로 구성되어 있다. 미세소관은 양쪽 끝에 튜불린 이합체가 추가되면서 길이가 길어진다. 미세소관은 분해될 수 있으며, 이때의 튜불린은 세포의 다른 지역에서 미세소관을 형성하는데 다시 이용된다.

미세소관은 세포의 형태를 유지하고 지지해 줄 뿐만 아니라 운동 단백질을 가지고 있는 소기관이 이동할 수 있는 트랙을 제공해 준다(그림 3.21). 또한 미세소관은 세포분열 동안 염색체 분리에 관여한다(그림 9.7).

중심체와 중심립 동물세포에서 미세소관은 "미세소관형성중심"으로 간주되는 핵 근처에 위치한 **중심체(centrosome)**로부터 뻗어 나온다. 이 미세소관은 압축에 대항하는 지지대로 세포골격의 기능을 가진다. 동물세포의 중심체에는 한 쌍의 **중심립(centriole)**이 있는데, 각 중심립은 3개의 미세소관이 한 단위가 되어 9세트가 둥글게 배열한 구조로 되어 있다**(그림 3.22)**. 동물세포에는 중심립이 미세소관의 조립을 유도할지라도 많은 다른 진핵생물 세포에는 중심체가 없으며, 다른 수단에 의해 미세소관을 조립한다.

섬모와 편모 진핵세포에서 미세소관의 특이한 배열은 운동 부속지로 알려진 **편모(flagellum**, 복수는 *flagella*)와 **섬모(cilia**, 단수는 *cilium*)의 운동과 관련이 있다. 박테리아의 편모는 완전히 다른 구조를 보이고 있다(그림 3.4). 많은 단세포성 진핵생물은 섬모와 편모를 이용하여 물속에서 이동하며, 동물의 정자, 조류, 그리고 몇 종류의 식물에서도 편모가 관찰된다. 섬모나 편모가 조직층에서 뻗어 나와 있다면 조직 표면의 액체를 이동시킬 수 있다. 예를 들어, 기관 안쪽의 섬모는 찌꺼기를 함유한 점액을 폐의 바깥부분으로 내보낸다(그림 3.3) 또한 여성의 생식기관에서는 수란관의 섬모에 의해 난자가 자궁으로 이동된다.

섬모는 대부분 세포의 표면에 많은 수가 존재한다. 편모는 대부분 세포당 1개 또는 몇 개의 적은 수로 존재하며, 섬모보다 길다. 편모와 섬모는 움직이는 양상이 서로 다르다. 편모는 물고기 꼬리의 움직임과 같은 파동 운동을 한다. 반대로, 섬모는 조정경기에서 노를 젓는 것처럼 역타(power stroke)와 회복타(recovery stroke)를 교대로 친다.

섬모는 또한 신호를 받는 안테나로서 작용하기도 한다. 이러한 기능을 가지고 있는 섬모는 비운동성이며, 세포당 하나만이 존재한다. 실제 척추동물에서 대부분의 모든 세포는 이와 같은 하나의 섬모를 가지고 있는 것으로 보이는데 이 섬모를 **1차 섬모**(primary cilium)라고 한다. 이러한 종류의 섬모에 있는 막단백질은 환경으로부터의 분자 신호를 내부로 전달하여 세포 활동에서 변화를 이끄는 신호전달회로를 자극한다. 섬모에 기초한 신호전달은 뇌 기능이나 배아발달 과정에 중요한 역할을 한다.

비록 섬모와 편모가 길이가 서로 다르고, 세포당 수가 다르며, 또한 움직이는 패턴이 다르더라도 둘은 공통된 미세구조를 갖는다. 섬모 또는 편모는 세포막 신장부분에 미세소관의 중심부분을 가지고 있다**(그림 3.23a)**. 미세소관을 구성하는 9개의 쌍관체들(doublets)이 링구조로 배열되어 있으며, 이 링구조 중간에 2개의 미세소관이 있다**(그림 3.23b)**. 이러한 구조를 "9 + 2" 패턴이라고 하며, 거의 모든 진핵세포의 편모나 섬모에서 발견된다. (비운동성 1차 섬모는 "9 + 0" 패턴을 가지고 있으며 중앙의 한 쌍의 미세소관이 없다.) 섬모나 편모의 미세소관은 **기저체(basal body)**에 의해 세포에 고정되어 있는데, 기저체는 중심립과 구조적으로 유사하며, "9 + 0" 패턴의 미세소관 3관체 링구조로 되어 있다**(그림 3.23c)**. 사실 사람을 포함한 많은 동물에서 수정하는 정자 편모의 기저체가 난자로 들어가 중심립이 된다.

미세소관 조립이 어떻게 편모의 구부러짐 운동과 운동성 섬모를 만들어내는가? 편모의 구부림 기작은 그림 3.23b의 빨간색으로 표시된 거대 운동 단백질인 **디네인(dynein)**을 포함하고 있는데, 이 단백질은 바깥쪽의 각 미세소관 쌍관체에 붙어 있다. 전형적인 디네인 단백질은 두 "다리(feet)"를 가지고 ATP 에너지를 이용하여 인접한 쌍관체 미세소관을 따라 걸어가는데, 한 다리가 붙어 있으면 다른 다리는 떨어져서 미세소관을 따라 한 발자국 앞으로 이동하여 붙는다(그림 3.21). 바깥쪽 쌍관체와 중심 미세소관은 유연한 교차결합 단백질(그림 3.23b의 푸른색)에 의해 붙어 있다. 만약 쌍관체가 제자리에 있지 않는다면 걷다가 서로로부터 미끄러져 빠져나가게 하겠지만, 디네인 팔에서 나오는 힘은 미세소관뿐만 아니라 결국에는 소기관 전체가 구부러지도록 한다.

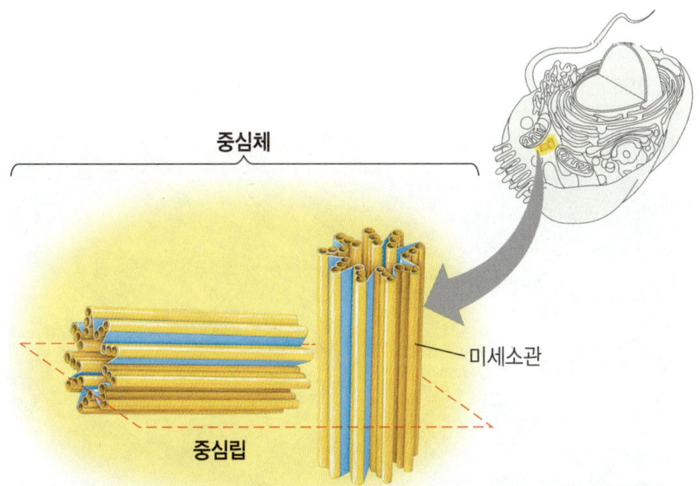

▲ **그림 3.22 한 쌍의 중심립을 포함하는 중심체.** 동물세포는 중심체 내에 한 쌍의 중심립을 가지고 있으며, 이들은 세포의 미세소관이 시작되는 핵 근처에 있다. 각 중심립은 지름이 0.25 μm가 되며, 두 중심립은 서로 직각 방향으로 놓여 있다. 각 중심립은 3개의 미세소관 묶음(3관체)이 9세트로 되어 있다. 그림의 청색 부분은 미세소관 삼합체를 연결하는 비튜불린성 단백질을 보여준다.

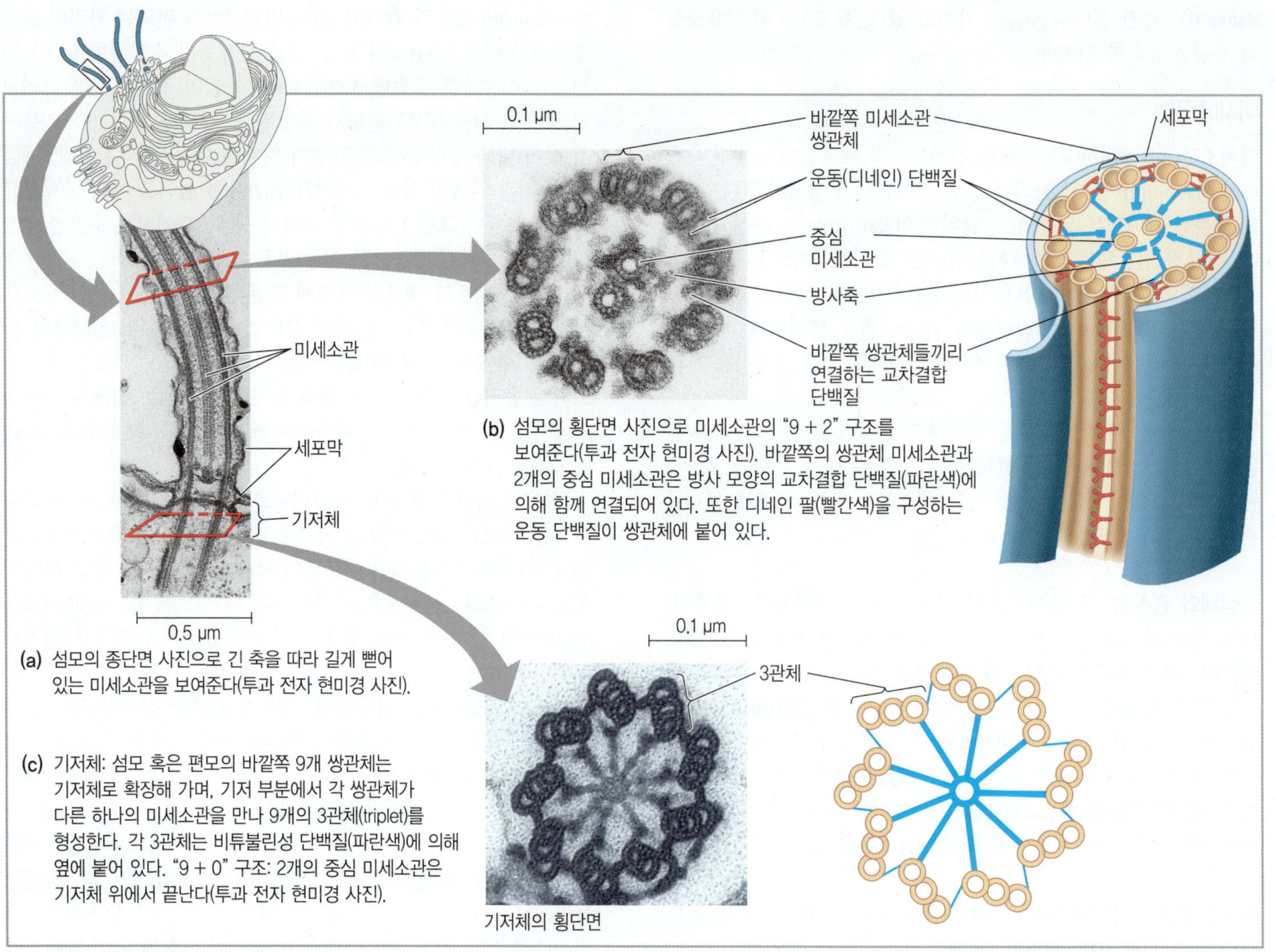

0.1 μm
바깥쪽 미세소관 쌍관체
운동(디네인) 단백질
중심 미세소관
방사축
바깥쪽 쌍관체들끼리 연결하는 교차결합 단백질
세포막
미세소관
세포막
기저체
0.5 μm

(a) 섬모의 종단면 사진으로 긴 축을 따라 길게 뻗어 있는 미세소관을 보여준다(투과 전자 현미경 사진).

(b) 섬모의 횡단면 사진으로 미세소관의 "9 + 2" 구조를 보여준다(투과 전자 현미경 사진). 바깥쪽의 쌍관체 미세소관과 2개의 중심 미세소관은 방사 모양의 교차결합 단백질(파란색)에 의해 함께 연결되어 있다. 또한 디네인 팔(빨간색)을 구성하는 운동 단백질이 쌍관체에 붙어 있다.

0.1 μm
3관체
기저체의 횡단면

(c) 기저체: 섬모 혹은 편모의 바깥쪽 9개 쌍관체는 기저체로 확장해 가며, 기저 부분에서 각 쌍관체가 다른 하나의 미세소관을 만나 9개의 3관체(triplet)를 형성한다. 각 3관체는 비튜불린성 단백질(파란색)에 의해 옆에 붙어 있다. "9 + 0" 구조: 2개의 중심 미세소관은 기저체 위에서 끝난다(투과 전자 현미경 사진).

▲ **그림 3.23 편모 혹은 이동성 섬모의 구조**

미세섬유(액틴섬유)

미세섬유(microfilament)는 얇은 고체 막대이다. 그들은 또한 **액틴(actin)**이라는 구형 단백질로 구성되어 있기 때문에 액틴섬유라고도 한다. 미세섬유는 액틴 소단위체 2개가 꼬여져 있다(표 3.1). 미세섬유는 선형 필라멘트로 존재할 뿐만 아니라, 한 액틴섬유의 옆에 붙어 새로운 필라멘트가 가지를 뻗어 자라도록 해주는 단백질이 나타나기 때문에 구조적인 네트워크를 형성할 수도 있다.

미세섬유는 장력에 견디게 해준다. 원형질막의 바로 안쪽에 있는 미세섬유는 3차원적 네트워크를 형성함으로써 세포의 모양을 지지해준다. 영양분을 흡수하는 장 세포와 같은 동물세포에서는 미세섬유 다발은 세포의 표면적을 증가시키기 위해 세포로부터 튀어나온 융모세포를 구성하는 핵심물질이다(그림 3.24).

미세섬유는 세포운동에 관여하는 것으로 잘 알려져 있다. 수천 개의 미세섬유와 **마이오신(myosin)** 운동 단백질의 두꺼운 섬유는 서로 상호작용하여 근육세포의 수축을 유도한다. 단세포 진핵세포인 아메바와 우리의 백혈구 세포에서 액틴과 마이오신에 의해

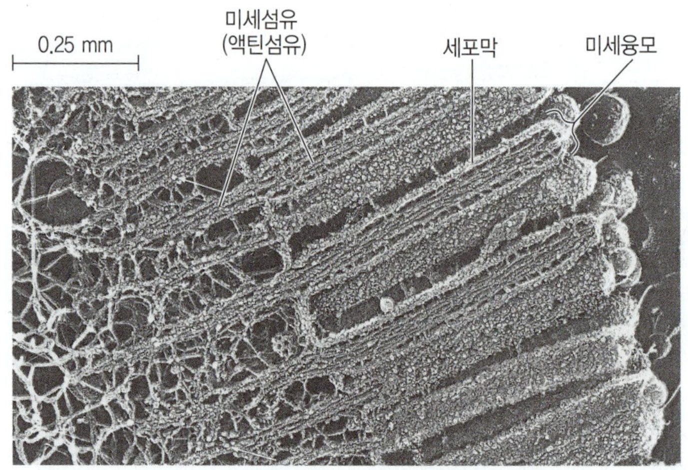

▲ **그림 3.24 미세필라멘트의 구조적 역할.** 영양분을 흡수하는 장 세포의 표면적은 많은 융모세포에 의해 증가하며, 세포의 융모는 미세섬유 다발에 의해 강화된다(투과 전자 현미경 사진).

일어나는 제한된 지역에서의 수축을 통해 아메바운동이 일어난다. 식물세포에서 액틴-마이오신 상호작용은 **세포질유동(cytoplasmic streaming)**에 관여한다. 특히 커다란 식물세포에서의 이러한 움직임은 세포내 물질의 분배를 촉진시킨다.

중간섬유

중간섬유(intermediate filament)는 지름을 고려하여 이름이 붙여진 것으로, 지름이 미세섬유보다는 크고 미세소관보다는 작은 중간 정도이다(표 3.1). 미세소관과 미세섬유는 모든 진핵세포에서 발견되지만 중간섬유는 척추동물을 포함하는 일부 동물에서만 발견된다. 중간섬유는 미세섬유처럼 장력을 유지하는 데 관여하며, 다양한 종류의 세포골격 요소를 포함한다. 중간섬유의 각 형태는 털과 손톱에 있는 케라틴(keratin)을 포함하는 단백질 그룹에 속하며, 특정한 소단위 분자들로부터 만들어진다.

중간섬유는 미세섬유와 미세소관보다 영구적인 세포의 지지물로서, 세포의 여러 지역에서 합성되고 분해된다. 세포가 사멸한 이후에도 중간섬유망은 종종 남아 있다. 예를 들면, 우리 몸의 바깥층에 있는 피부 세포는 죽은 세포이며 케라틴 단백질로 가득 차 있다. 살아 있는 세포의 세포질에서 미세섬유와 미세소관을 제거하는 화학물질을 처리하면 중간섬유망은 원래의 형태로 남아 있다. 이러한 실험 결과는 중간섬유가 세포의 모양을 강화시키고, 소기관의 위치를 고정시키는데 특히 중요하다는 것을 보여준다. 예를 들면, 일반적으로 핵은 중간섬유로 구성된 망 안에 놓여 있다. 다른 중간섬유는 핵막의 내부를 차지하는 핵막 하층의 구성성분이 된다(그림 3.8). 일반적으로, 여러 종류의 중간섬유들이 세포골격 전체에 대한 영구적인 뼈대로 작용하는 것으로 보인다.

개념 3.7

세포활동은 세포 간의 연결과 세포외 구성물질을 통해 조절된다

세포의 다양한 소기관을 조사하기 위해서 세포의 내부를 자세히 살펴보았는데, 이제 중요한 기능을 하는 부가적인 구조를 가지고 있는 세포 표면에 관심을 가지고 살펴보자. 세포막은 일반적으로 살아 있는 세포의 경계로 간주되지만, 대부분의 세포는 세포막 외부에 있게 될 물질을 합성하고 분비한다. 이들이 세포 밖에 있을지라도 이 세포외 구조들이 많은 세포 기능에 관여하기 때문에 이들에 대한 연구가 세포생물학의 중심을 차지하기도 한다.

식물의 세포벽

세포벽(cell wall)은 식물세포의 세포외 구조이다(그림 3.25). 세포벽은 식물세포를 보호하고, 형태를 유지하며, 지나친 물의 흡수를 막아준다. 전체 식물의 수준에서 볼 때, 특성화된 세포의 강한 벽은 중력 방향에 저항하며 식물을 지지해 준다.

식물의 세포벽은 세포막보다 매우 두꺼워서 0.1 μm에서 수 μm에 이른다. 세포벽의 정확한 화학 조성은 종에 따라 다양하고 심지어 같은 종이라도 세포 형태에 따라 다양하지만 세포벽의 기본적인 구조는 동일하다. 다당류인 셀룰로스로 구성된 미세한 섬유는 셀룰로스 합성효소에 의해서 합성되며 세포 외부로 분비되어 다른 다당류와 단백질 기질에 끼어들어간다. 기질에 강한 섬유들이 들어가 조합을 이루는 것은 마치 강철 콘크리트와 유리 섬유에서 보여주는 기본적인 건축 디자인과 동일하다.

어린 식물세포는 **1차 세포벽(primary cell wall)**이라고 불리는 얇고 구부러지기 쉬운 벽을 분비한다(그림 3.25). 이웃 세포의 1차 세포벽 사이에는 펙틴(pectin)이라고 불리는 끈적거리는 다당류의 얇은 층으로 이루어진 **중간 라멜라(middle lamella)**가 있다. 중간 라멜라는 이웃하는 세포를 붙여 준다. 세포가 성숙하면서 성장을 멈추면 세포벽은 강해진다. 어떤 식물세포는 1차 세포벽에 경화시키는 기질을 분비함으로써 간단하게 해결한다. 다른 세포는 세포막과 1차벽 사이에 **2차 세포벽(secondary cell wall)**을 합성한다. 2차 세포벽은 여러 층으로 쌓이는데, 세포를 보호하고 지지하는 강하고 내구력 있는 물질을 가지고 있다. 예를 들면, 목재는 주로 2차 세포벽으로 되어 있다. 식물 세포벽은 일반적으로 원형질연락사(plasmodesmata)라 불리는 인접 세포 사이의 채널에 의해 구멍이 뚫려 연결되어 있다.

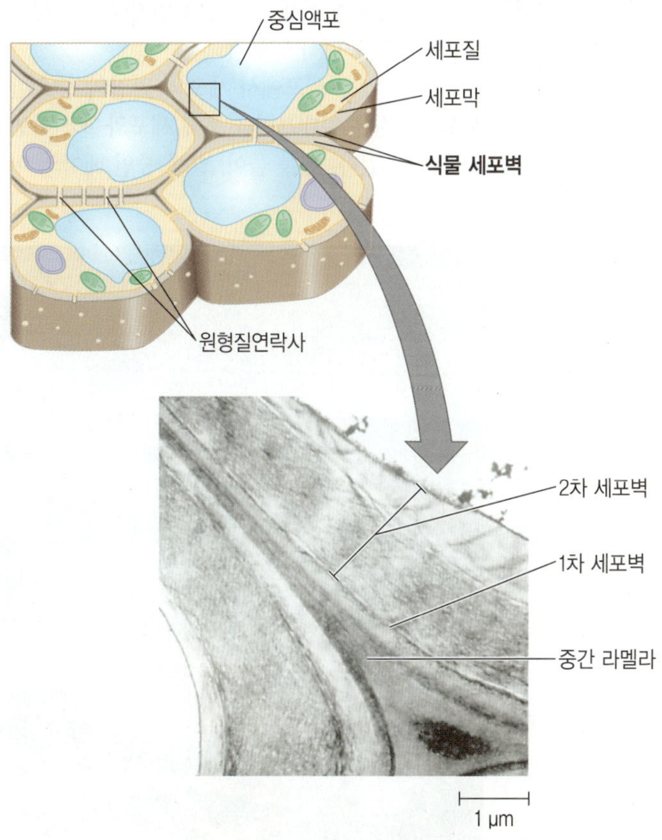

▲ **그림 3.25 식물 세포벽.** 모식도는 커다란 액포, 핵, 엽록체 및 미토콘드리아를 가지고 있는 여러 세포들을 보여준다. 투과 전자 현미경 사진은 2개의 세포가 함께 붙어 있는 세포벽을 보여준다. 식물세포들 사이의 여러 층은 각 세포들에서 분비된 접착성 벽으로 구성되어 있다. 원형질연락사는 세포벽을 통과하여 인접한 식물세포의 세포질을 연결하는 채널이다.

동물세포의 세포외 기질(ECM)

비록 동물세포는 세포벽은 없지만 정교한 **세포외 기질(extracellular matrix, ECM)**을 가지고 있다. 세포외 기질의 주요 구성성분은 당단백질과 세포에 의해서 분비되는 탄수화물을 포함한 분자들이다. 대부분의 동물세포에서 가장 많은 양을 차지하는 당단백질은 **콜라젠(collagen)**으로, 그것은 세포 외부의 강한 섬유 조직을 형성한다(그림 3.22). 사실상, 콜라젠은 사람의 몸에서 전체 단백질의 약 40%를 차지한다. 이 콜라젠 섬유는 다른 종류의 당단백질인 **프로테오글리칸(proteoglycan)**이 그물처럼 짜여진 곳에 끼어들어가 있으며 세포에서 분비된다(그림 3.26). 프로테오글리칸 분자는 작은 핵심 단백질에 공유결합으로 연결된 많은 탄수화물 사슬을 가지고 있는데, 약 95% 이상이 탄수화물로 이루어져 있다. 거대한 프로테오글리칸 복합체는 그림 3.26에서 볼 수 있듯이 수백 개의 프로테오글리칸이 비공유적으로 단일가닥의 긴 다당류 분자에 붙게 되면서 만들어진다. 어떤 세포들은 **피브로넥틴(fibronectin)**을 포함한 다른 세포외 기질의 당단백질에 의해서 세포외 기질에 붙게 된다. 피브로넥틴과 다른 세포외 기질 단백질은 세포막에 있는 **인테그린(integrin)**이라 불리는 세포 표면의 수용체 단백질과 결합한다. 인테그린은 세포막을 통과하여 세포질 쪽에 있는 미세섬유에 붙어 있는 단백질에 붙는다. 인테그린은 세포외 기질과 세포골격 사이에서 변화를 전해주는 곳에 위치하므로 세포의 바깥쪽과 안쪽에서 변화를 통합하게 된다.

최근의 연구에서는 살아 있는 세포에서 세포외 기질의 중요한 역할을 보여준다. 세포외 기질은 인테그린을 통해 세포와 교신하면서 세포의 행동을 조절할 수 있다. 예를 들어, 발생 중인 배아의 어떤 세포는 특정한 경로를 따라 이동하는데, 이는 세포외 기질에 있는 섬유 성분의 방향이 미세섬유의 방향과 일치함으로써 가능하다. 또한 학자들은 세포 주변의 세포외 기질이 핵 속에 있는 유전자의 활동에 영향을 줄 수 있음을 알게 되었다. 세포외 기질에 대한 정보는 아마도 물리적이고 화학적인 신호전달 경로에 의해 핵에 도달할 것이다. 물리적인 신호전달은 피브로넥틴, 인테그린, 세포골격의 미세섬유에 의해 이루어진다. 세포골격에서의 변화는 차례로 세포 내부의 화학적 신호전달 경로를 활성화시켜 세포에 의해 만들어지는 단백질 종류에 변화를 주고, 이에 따라 세포의 기능이 변하게 된다. 이 방법으로 특정한 조직의 세포외 기질이 그 조직 안에 있는 모든 세포의 행동을 조절하는 데 도움을 줄 것으로 생각된다.

세포간 연접

이웃하는 세포들 간에는 특정 부위에서 직접적인 물리적 접촉을 통해 부착하고, 상호작용하며, 교신을 한다.

식물세포: 원형질연락사

식물에서 죽은 세포벽은 세포들을 서로 분리시켜 놓는 것처럼 보인다. 그러나 실은 그림 3.25에 보이는 것처럼, 식물세포의 벽은 **원형질연락사(plasmodesmata)**라고 불리는 세포질로 채워진 채널을 통해 구멍이 나 있다. 인접한 세포를 연결함으로써 원형질연락사는 식물체의 대부분을 하나의 살아 있는 공유환경 속으로 통합한다. 인접한 세포의 원형질막은 각각의 원형질연락사 채널로 연결되어 있으며 계속적으로 이어진다. 물과 작은 용질은 세포에서 세포로 자유롭게 이동할 수 있으며, 실험에서도 어떤 환경에서는 특

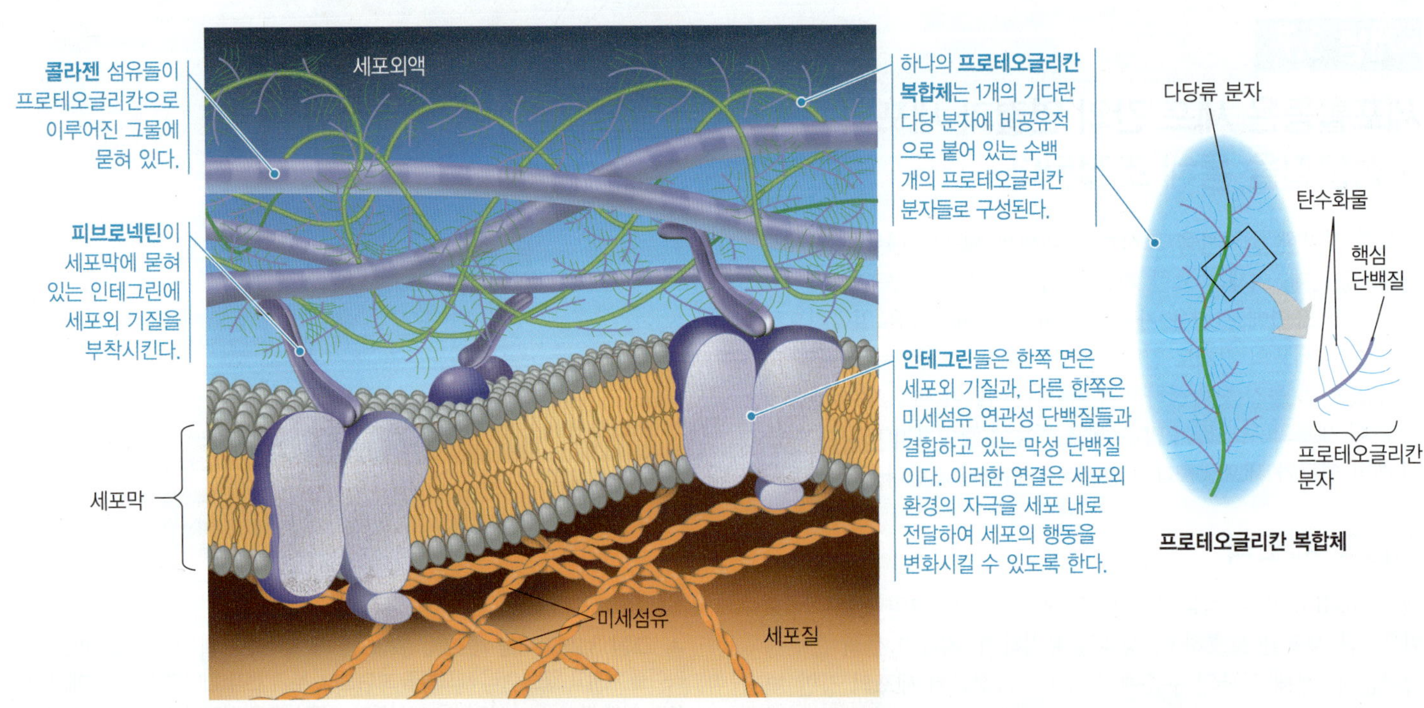

▲ **그림 3.26 동물세포의 세포외 기질.** 세포외 기질의 구조 및 이를 구성하는 분자들은 세포 형태에 따라 다르다. 이 그림에서는 3개의 다른 형태의 당단백질, 즉 프로테오글리칸, 콜라젠, 피브로넥틴이 나타나 있다.

정 단백질과 RNA 분자들 역시 이동할 수 있음을 보여주었다. 인접한 세포로 이동한 고분자들은 세포골격의 섬유를 따라 이동하여 원형질연락사에 도달하는 것으로 보인다.

동물세포: 밀착연접, 데스모좀, 간극연접

동물에서는 주로 밀착연접(tight junction), 데스모좀(desmosome), 간극연접(gap junction)이라는 3가지 형태의 세포간 연접이 있다(그림 3.27). 3가지 형태 모두 공통적으로 특이하게 체내의 상피조직에 존재하며, 몸의 내·외부 표면에 놓여 있다. 그림 3.27은 장 안쪽의 표피조직에 있는 연접을 모식도로 나타낸 것이다. (간극연접은 식물세포의 원형질연락사와 비슷하나, 막으로 이루어진 것은 아닙니다.)

세포: 생명체의 기본단위인 세포는 세포 소기관의 집합 이상의 의미를 지닌다

세포의 구획화된 구조를 개관적으로 살펴보는 것에서부터 시작하여, 각 소기관의 구조를 면밀하게 살펴봄으로써 구조와 기능이 서로 밀접하게 연관되어 있다는 것을 알 수 있었다. 그러나 세포의 구조를 구체적으로 살펴볼 때에 각각의 세포소기관은 어떤 것도 홀로 작용하지 않는다는 점을 기억해야 한다. 세포 통합의 예로 그림 3.28의 현미경 사진을 생각해 보자. 이 큰 세포는 대식세포인

▼ 그림 3.27 동물조직에서의 세포간 연접 탐구

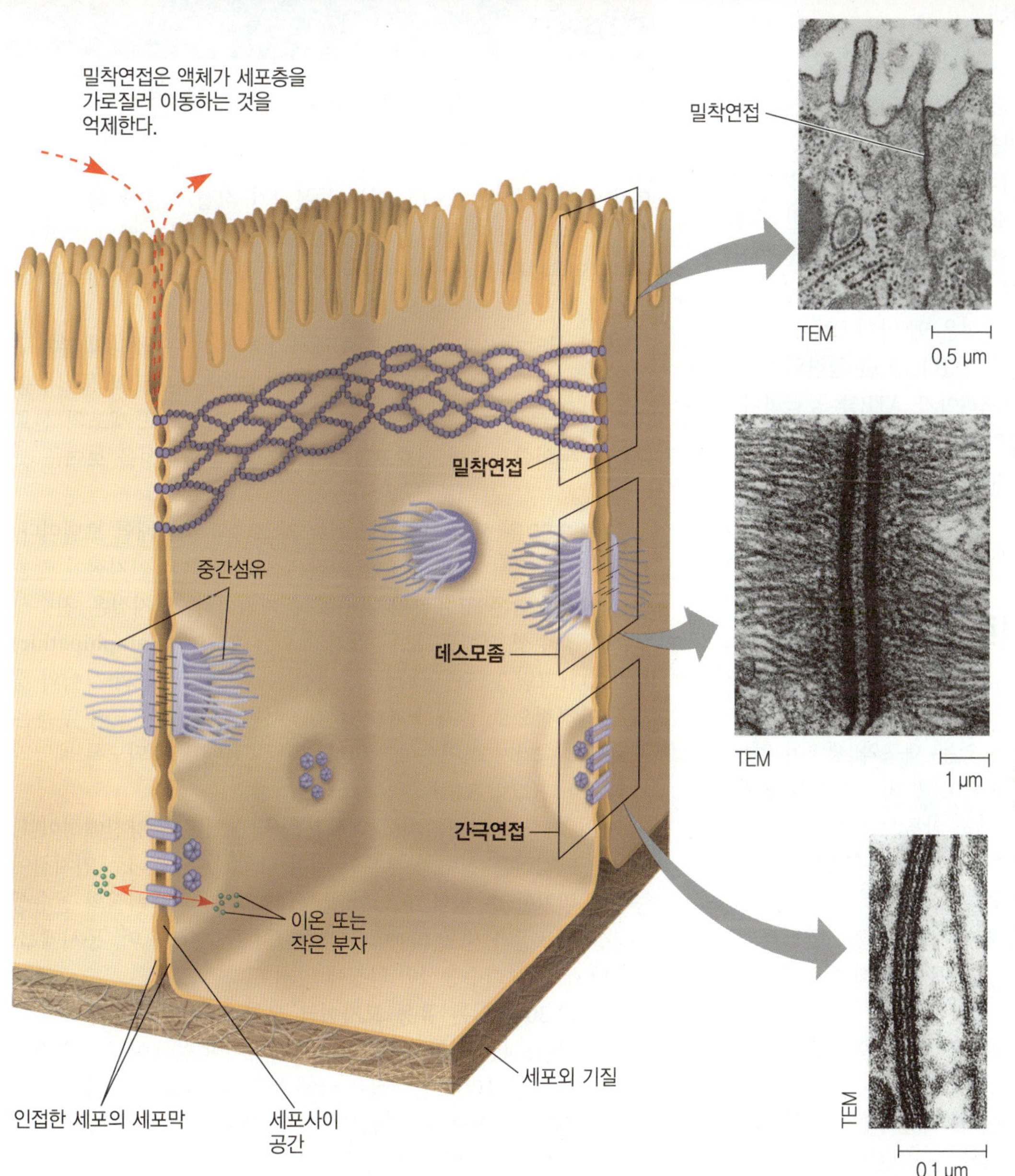

밀착연접

밀착연접(tight junction)에서는, 이웃하는 세포들의 막이 밀착해서 단단하게 붙어 있으며, 또한 특정 단백질도 함께붙어 있다(자주색). 세포 주변을 연속적으로 밀봉함으로써 밀착연접은 세포의 용액이 표피세포를 가로질러 빠져나가는 것을 막는다. 예를 들어, 피부 세포 사이의 밀착연접은 세포 사이에서 용액이 빠져나가는 것을 억제함으로써 방수되도록 한다.

데스모좀

데스모좀(desmosome)은 고정시키는 못처럼 작용하여 세포를 조인다. 중간섬유는 단단한 케라틴 단백질로 되어 있으며, 세포질에서 데스모좀을 붙들고 있다. 데스모좀은 근육의 근세포들을 서로 연결시킨다. 일부 "근육 파열"은 데스모좀이 찢어진 것이다.

간극연접

간극연접(gap junctions)은 교통연접이라고도 하며, 인접한 세포 간에 세포질 통로를 제공해 준다. 간극연접은 구멍을 둘러싸고 있는 특정 막단백질로 구성되며, 이 구멍을 통해 이온, 당, 아미노산 및 다른 작은 분자들이 통과한다. 간극연접은 심장근육이나 동물배아에서의 많은 세포들 간의 교통과정에 필요하다.

▲ 그림 3.28 **세포 기능의 출현.** 대식세포(갈색)가 *Staphylococcus* 박테리아(노란색)를 인식하고, 붙들고 파괴할 수 있는 것은 세포내 모든 부분들이 협력한 결과이다. 세포골격, 리소좀, 세포막은 식세포작용 과정에서 기능을 수행하는 구조들에 속한다(채색된 주사 전자 현미경 사진).

데, 식세포 안으로 박테리아(작은 세포)를 섭취하여 감염으로부터 몸을 보호한다. 대식세포는 세포 표면을 따라 기어가며, 가느다란 위족을 사용해서 박테리아에 접근한다. 미세섬유는 세포골격의 다른 요소와 함께 상호작용한다. 대식세포가 박테리아를 삼킨 후에 그들은 리소좀에 의해 파괴된다. 리소좀은 내막계로부터 만들어지며, 리소좀의 소화효소와 세포골격의 단백질은 모두 리보솜에서 만들어진다. 그리고 이런 단백질들의 합성은 핵 안의 DNA로부터 나오는 유전정보에 의해 프로그램화되어 있다. 이런 일련의 모든 과정에는 에너지가 필요하며, 미토콘드리아가 ATP를 공급한다. 세포의 기능은 세포 요청에 의해 생기며, 세포는 세포내 소기관 집합 이상의 의미를 지니는 생명의 단위체이다.

개념 3.8

세포막은 지질과 단백질로 구성된 유동 모자이크이다

세포막은 생명체의 가장자리, 즉 살아 있는 세포와 생명이 없는 바깥부분의 경계에 있다. 종이 두께의 8,000분의 1도 되지 않는 약 8 nm 두께의 얇은 막인 세포막은 세포 안팎으로의 물질 통행을 조절한다. 모든 생체막과 같이 세포막은 **선택 투과성(selective permeability)**을 보인다. 즉 어떤 물질들은 다른 것에 비하여 월등히 쉽게 통과할 수 있다. 이렇게 세포가 세포 바깥의 환경과 선택적으로 화학적인 교류를 할 수 있는 능력은 생명체에 있어 필수적이다.

그림 3.29는 물분자(빨간색과 회색)가 인지질 이중층(인산은 노란색, 탄화수소 꼬리는 초록색)으로 구성된 막의 짧은 단면을 통과하는 모습을 나타낸 컴퓨터 모델이다. 지질이중층 내의 파란색 리본은 아쿠아포린(aquaporin)이라 불리는 막단백질의 나선 부분을 나타낸다. 이 단백질 한 분자를 통해 초당 10억 개 이상의 물

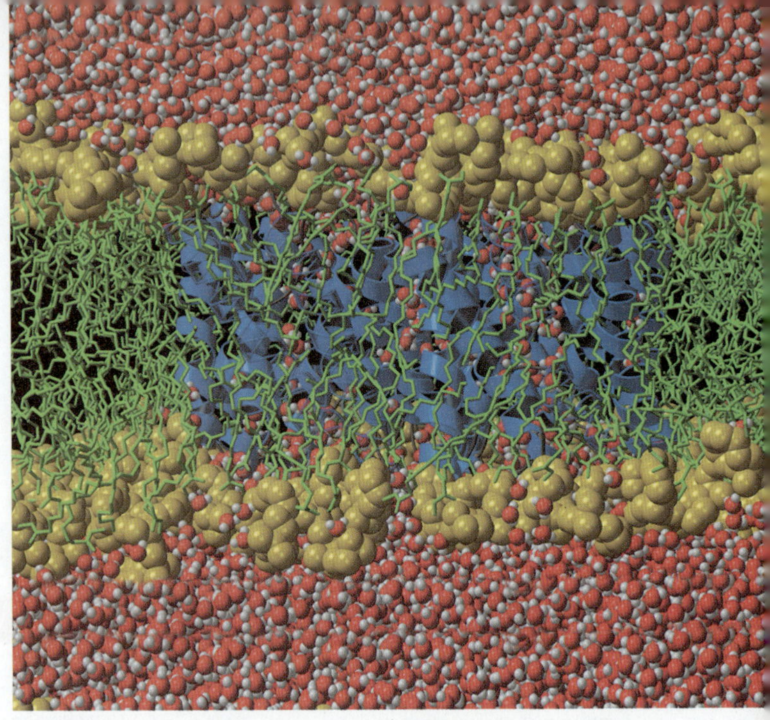

▲ 그림 3.29 막단백질이 어떻게 화학적 수송을 조절할까?

분자가 이동할 수 있으며, 이는 물분자가 직접 막을 통해 수송될 수 있는 양에 비해 훨씬 많다. 여러 세포에서 알려진 바와 같이 아쿠아포린은 세포막과 막단백질이 어떻게 세포의 생존과 기능을 가능하게 하는지를 보여주는 하나의 예일 뿐이다.

막이 어떻게 작용하는가를 이해하기 위하여 먼저 막의 분자구조부터 살펴본 다음, 세포막이 세포의 내부와 외부로의 물질수송을 어떻게 조절하는지 자세히 기술하고, 마지막으로 세포의 신호교환을 논의함으로써 신호교환에서 세포막의 중요성을 보여줄 것이다.

그림 3.30은 현재 인정받고 있는 세포막의 분자배열 모델이다. 대부분의 막에서 가장 풍부한 지질은 인지질이다. 인지질이 막을 형성하는 능력은 고유한 분자구조에 기인한다. 인지질은 친수성 부분과 소수성 부분을 모두 가지고 있는 **양친매성(amphipathic)** 분자이다(그림 3.15). 인지질이중층은 수용성인 두 구획 사이의 경계에 안정적으로 존재할 수 있는데, 이는 소수성인 꼬리 부분은 물로부터 숨겨지고 친수성인 머리 부분은 물에 노출되도록 배열되기 때문이다(그림 3.31).

막의 지질과 마찬가지로 대부분의 막단백질도 양친매성이다. 이러한 단백질은 친수성 부분이 튀어 나와 있는 형태로 인지질이중층에 위치할 수 있다. 이러한 분자배열로 인해 단백질의 친수성 부분은 세포질과 세포 외액에 최대한 접촉할 수 있으며, 동시에 소수성인 부분은 비수용성인 환경에 있게 된다.

그림 3.30에 있는 **유동 모자이크 모형(fluid mosaic model)**에서 막은 유동적인 인지질이중층에서 까닥이며 움직이는 단백질의 모자이크이다. 그러나 단백질은 막에 무작위적으로 분포하는 것이 아니다. 특정한 일군의 단백질들은 오랫동안 지속적으로 특수한 부위에 결집되곤 하며, 이는 일부의 지질도 마찬가지이다.

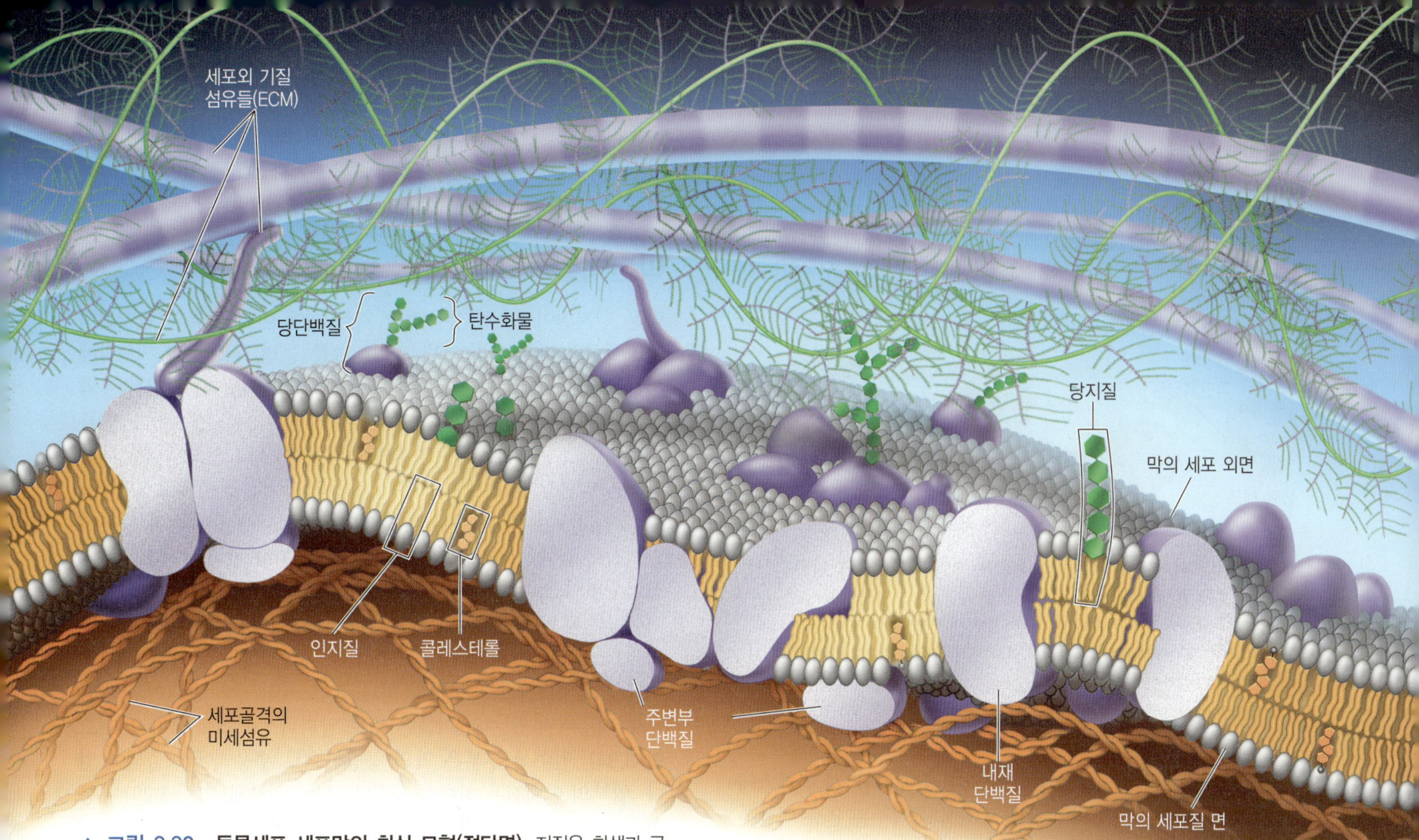

▲ **그림 3.30 동물세포 세포막의 최신 모형(절단면).** 지질은 회색과 금색, 단백질은 보라색, 탄수화물은 초록색으로 나타냈다.

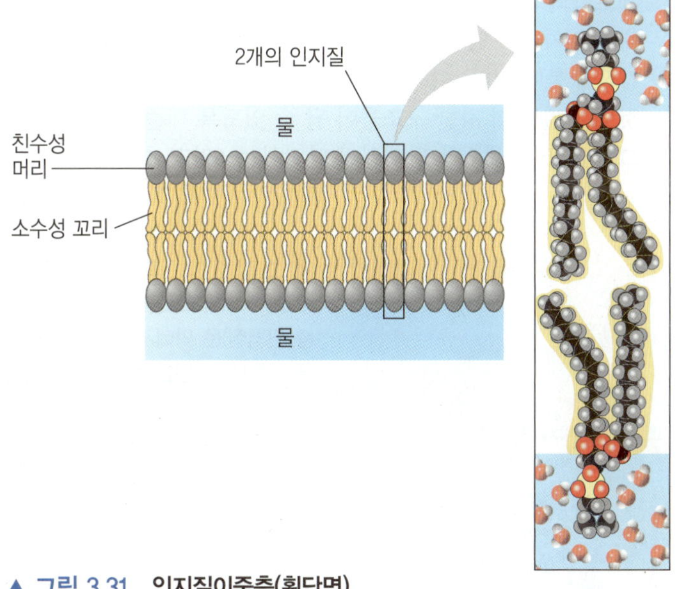

▲ **그림 3.31 인지질이중층(횡단면)**

막의 유동성과 막지질

막은 공유결합보다 훨씬 약한 소수성 상호작용으로 주로 결합되어 있다. 대부분의 지질과 몇몇 단백질은 막의 수평면 방향으로 이동할 수 있다.

막 안에서 인지질의 수평이동은 빠르다. 단백질은 지질보다 월등히 크며 느리게 이동하지만, 일부의 막단백질은 **그림 3.32**의 실험에 소개된 것과 같이 실제로 떠돌아다닌다. 또한 일부 단백질은 아주 방향성이 있게 이동하는 것처럼 보이는데, 이는 아마도 세포골격을 따라 움직이는 운동단백질에 의해 일어날 것이다. 하지만 많은 다른 막단백질은 세포골격이나 세포외 기질에 부착됨으로써 움직일 수 없는 것으로 보인다(그림 3.30).

막은 온도가 낮아져도 어느 정도까지는 유동성을 유지하지만, 찬 온도에서 베이컨 기름이 굳는 것처럼 결국에는 인지질이 단단하게 채워져 배열되며, 막이 고체화된다. 막이 고체화되는 온도는 어떤 종류의 지질로 구성되어 있느냐에 따라 달라진다. 불포화 탄화수소 꼬리를 갖는 인지질이 풍부한 막은 보다 낮은 온도에서도 유동성을 유지한다. 이중결합이 있는 꼬리는 구부러져 있기 때문에 불포화 탄화수소들은 포화 탄화수소에 비해서 서로 빈틈없이 채워지지 못하게 되고, 이러한 느슨함이 막을 더 유동적이게 만든다(**그림 3.33a**).

동물의 세포막에서 인지질 사이에 끼워져 있는 콜레스테롤은 온도가 달라짐에 따라서 막 유동성에 다른 효과를 미친다(**그림 3.33b**). 상대적으로 높은 온도, 예를 들어 인간의 체온인 37°C에서는 콜레스테롤이 인지질의 이동을 방해해서 막을 덜 유동적이게 만든다. 하지만 콜레스테롤은 인지질이 꽉 채워지는 것도 방해하

▼ 그림 3.32 **탐구**

막단백질은 이동하는가?

실험 존스홉킨스대학교의 프리에(Larry Frye)와 에디딘(Michael Edidin)은 생쥐 세포와 인체 세포의 세포막 단백질들을 각각 다르게 표지하고 세포들을 융합시켰다. 현미경을 사용하여 잡종 세포에 있는 표지를 관찰하였다.

결과

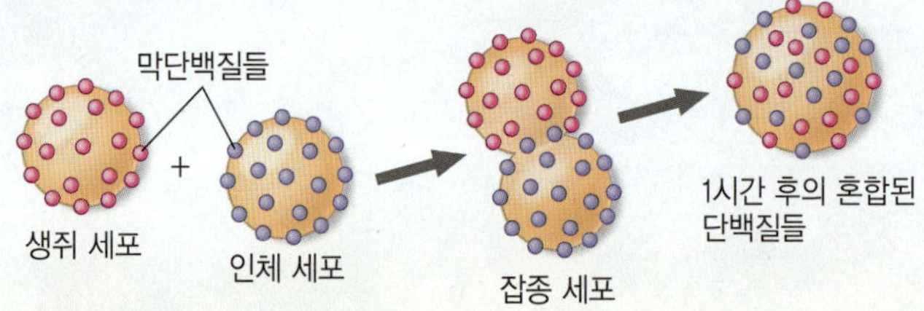

결론 생쥐와 인체 막단백질들의 혼합은 적어도 일부의 막단백질들은 세포막의 수평면 내에서 옆으로 이동한다는 것을 보여준다.

참고문헌 L. D. Frye and M. Edidin, The rapid intermixing of cell surface antigens after formation of mouse–human heterokaryons, *Journal of Cell Science* 7:319 (1970).

기 때문에 막이 고체화하는 온도를 더 낮춰준다. 따라서 콜레스테롤은 온도 변화에 따른 막의 유동성 변화를 줄여주는 완충 역할을 한다.

막이 제대로 기능하기 위해서는 유동적이어야만 하며, 대부분의 막은 샐러드 오일 정도로 유동적이다. 막이 고체화되면 투과성이 변하고, 막의 효소 단백질도 불활성화된다. 그러나 막이 너무 유동적이어도 단백질의 기능을 지지하지 못하는 것은 마찬가지이다. 따라서 극한 환경은 생명체에게는 힘겨운 도전이며, 그 결과 막의 지질 조성 변화 등과 같은 진화적 적응이 나타난다.

▼ 그림 3.33 **막의 유동성에 영향을 주는 요인들**

(a) 불포화 탄화수소 꼬리와 포화 탄화수소 꼬리

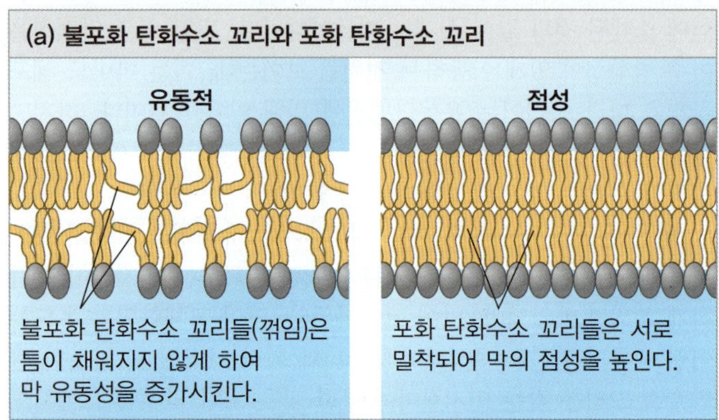

(b) 동물 세포막 내의 콜레스테롤

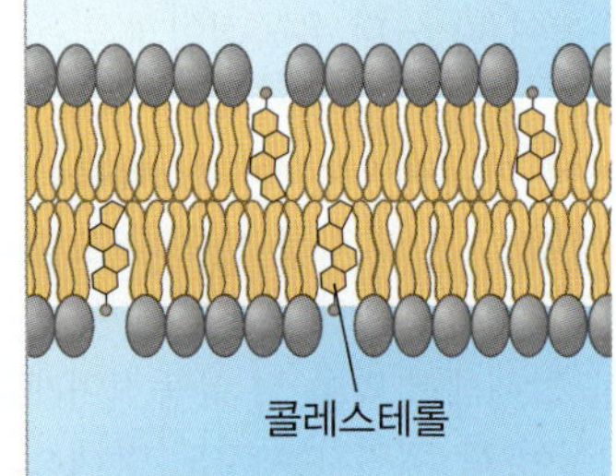

콜레스테롤은 온화한 온도에서는 인지질의 이동을 감소시킴으로써 막의 유동성을 감소시키지만, 오히려 낮은 온도에서는 인지질이 정상적으로 채워지는 것을 방해함으로써 고체화되는 것을 막는다.

막단백질과 기능

막은 인지질이중층의 유동적인 기질 내에 여러 종류의 단백질이 콜라주처럼 박혀 있다(그림 3.30). 예를 들면, 적혈구의 세포막에서는 지금까지 50종류 이상의 단백질이 발견되었다. 인지질은 막의 기본 구조를 형성하지만, 단백질은 막의 기능을 결정한다. 다른 유형의 세포는 다른 세트의 막단백질을 가지고 있으며, 한 세포 안의 다양한 막들도 각기 고유한 집합의 단백질을 가지고 있다.

그림 3.30에서 두 종류의 막단백질, 즉 내재 단백질과 주변부 단백질이 있음을 볼 수 있다. **내재 단백질(integral protein)**은 지질이중층의 소수성 내부에 침투해 있다. 대부분은 막을 통과하고 있는 **막관통 단백질**(transmembrane protein)이며, 그 외의 내재 단백질은 막의 내부까지만 들어가 있다. 내재 단백질의 소수성 부분은 비극성 아미노산으로 구성된 하나 혹은 여러 개의 펩타이드 가닥으로 이루어져 있는데, 이들은 주로 알파나선구조로 꼬여 있다(**그림 3.34**). 친수성 부분은 막의 양방향으로 수용액에 노출되어 있다. 일부의 단백질은 친수성 물질(때로는 물 자체, 그림 3.29)이 통과할 수 있는 친수성 통로를 하나 이상 가지기도 한다. **주변부 단백질(peripheral protein)**은 지질이중층에 박혀 있지 않고, 막의 표면이나 내재 단백질의 돌출된 부분에 느슨하게 붙어 있다(그림 3.30).

세포막의 세포질 쪽 면에서는 일부 막단백질이 세포골격에 붙은 채로 위치하고 있다. 세포 바깥 면에서는 특정 막단백질이 세포외 기질에 붙어 있다. 이러한 결합은 동물세포가 세포막 자체로 있는 것보다 훨씬 더 강한 구조물이 될 수 있도록 해준다.

그림 3.35는 세포막 단백질이 담당하는 6가지 주요 기능에 대

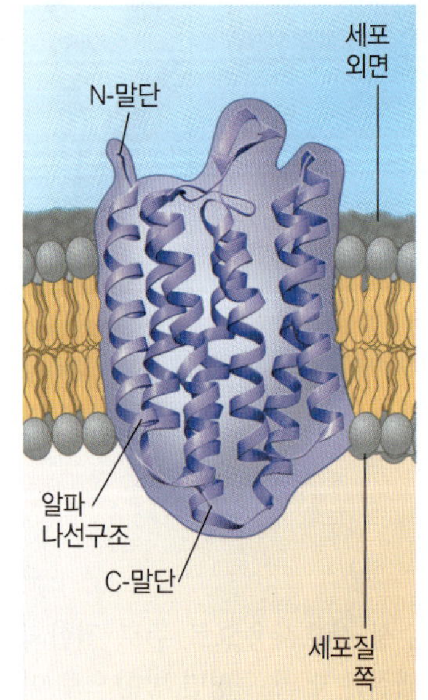

◀ 그림 3.34 **막관통 단백질의 구조.** 박테리오로돕신(박테리아의 수송 단백질)은 막에서 분명한 방향성을 갖는데, N-말단은 세포의 바깥쪽으로 그리고 C-말단은 안쪽으로 향하고 있다. 이 리본 모형은 소수성 부분의 알파나선형 2차 구조가 막의 소수성 중심부 내에 대부분 존재하는 것을 강조하고 있다. 이 단백질은 7개의 막관통 나선구조를 가지고 있다. 단백질의 비나선형인 친수성 부분들은 막의 세포 외면과 세포질 쪽의 수용액과 접촉하고 있다.

(a) **수송.** *왼쪽:* 막을 관통하여 뻗어 있는 단백질은 막을 가로지르는 친수성 통로 역할을 하며 특정 용질에 대하여 선택성이 있다. *오른쪽:* 다른 수송 단백질들은 모양을 변화시킴으로써 어떤 물질을 한 쪽에서 다른 쪽으로 이동시킨다. 이러한 단백질들 중 어떤 것은 막을 가로질러 능동적으로 물질을 펌프하기 위한 에너지원으로서 ATP를 가수분해시킨다.

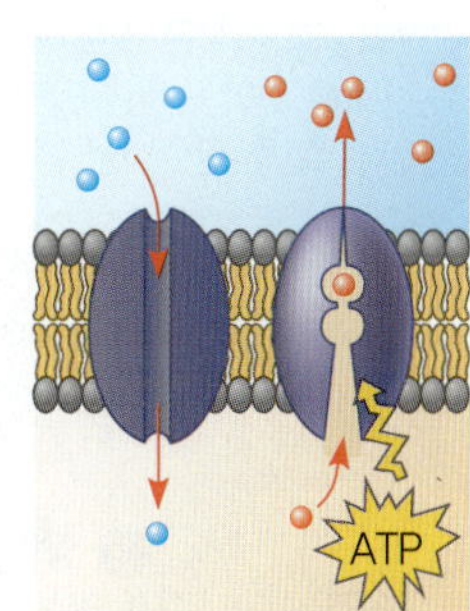

(b) **효소 활성.** 막에 들어가 있는 단백질이 효소인 경우가 있는데 그 활성 부위(표적분자가 결합하는 곳)는 인접한 용액 내에 있는 물질에 노출되어 있다. 어떤 경우, 막에 있는 몇몇 효소들은 일련의 대사 과정 단계를 수행하기 위하여 팀을 구성한다.

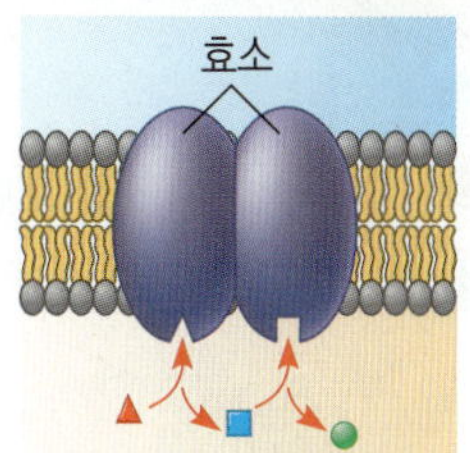

(c) **신호전달.** 어떤 막단백질(수용체)은 호르몬과 같은 화학적 신호전달물질의 모양에 알맞은 특정 모양의 결합 부위를 갖는다. 외부 전령(신호분자)은 단백질의 모양을 변화시켜서 세포의 안쪽으로 정보를 중계하게 하는데, 대개는 세포질 단백질에 결합하여 중계한다.

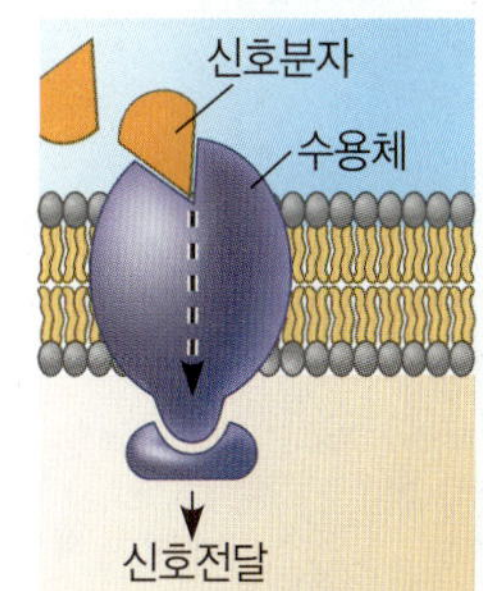

(d) **세포-세포 인식.** 어떤 당단백질들은 다른 세포들의 막단백질들에 의해서 특이적으로 인식이 되는 인식표로서의 역할을 한다. 이러한 세포-세포 결합 형태는 (e)에 보여주는 형태에 비해서 언제나 짧은 기간만 존재한다.

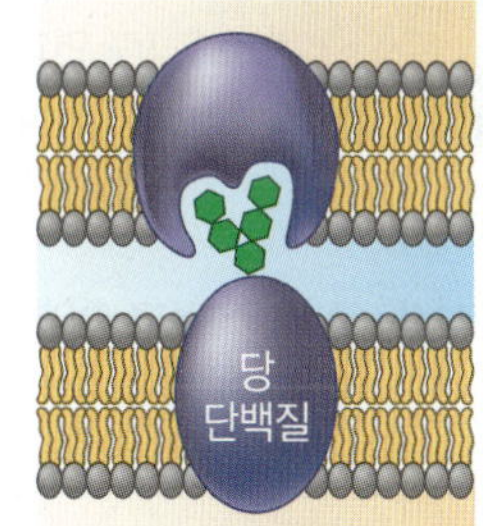

(e) **세포간 결합.** 인접한 세포들의 막단백질들은 간극연접이나 밀착연접과 같은 다양한 종류의 접합으로 서로 붙잡고 있다. 이러한 결합 형태는 (d)에 보여주는 형태보다 훨씬 지속적이다.

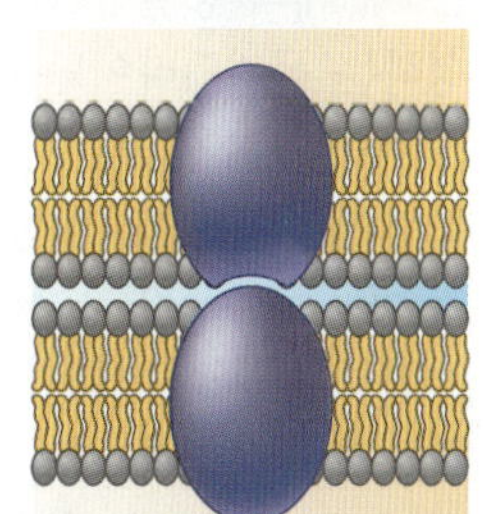

(f) **세포골격과 세포외 기질(ECM)에 부착.** 세포골격의 미세섬유나 다른 요소들은 막단백질에 비공유결합으로 붙어 있음으로써, 세포 모양을 유지시키게 하고 특정 막단백질의 위치를 고정시켜 준다. 세포외 기질에 부착된 단백질들은 세포외 그리고 세포내 변화를 조율할 수 있다.

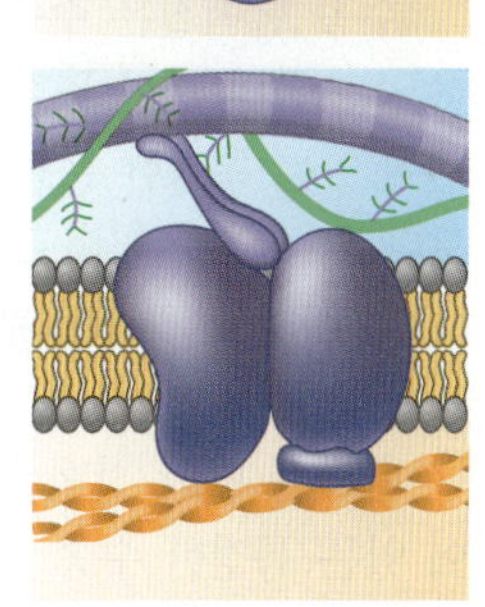

▲ **그림 3.35 막단백질들의 여러 기능들.** 많은 경우 하나의 단백질이 여러가지 역할을 수행한다.

한 개요이다. 하나의 세포에는 이러한 기능 중 여러 가지를 담당하는 막단백질들이 있으며, 하나의 막단백질이 여러 가지 기능을 가지기도 한다. 이렇게 막은 구조적 모자이크일 뿐만 아니라 기능적 모자이크이기도 하다.

세포-세포 인식에서 막탄수화물의 역할

세포-세포 인식은 세포가 인접한 특정 유형의 세포와 다른 세포를 구별하는 능력으로, 생명체의 기능에 매우 중요하다. 예를 들면 이 기능은 동물 배아에서 세포를 조직과 기관으로 분류해 보내는 데 중요하다. 또한 척추동물의 주요 방어선인 면역체계에서 외래 세포를 배제하기 위한 기초가 된다. 세포는 대개 세포막의 바깥면에 있는 분자, 주로 탄수화물 분자에 결합하여 다른 세포를 인식한다(그림 3.35d).

막탄수화물은 대부분 15개 미만의 당단위체로 구성된 짧고 분지된 사슬이다. 일부는 지질에 공유결합으로 연결되어 **당지질(glycolipid)**을 형성한다. 그러나 대부분은 단백질에 공유결합하여 **당단백질(glycoprotein)**이 된다.

세포막의 세포 외면에 있는 탄수화물은 종에 따라, 한 종 내에서도 개체에 따라, 그리고 한 개체 내에서도 세포의 종류에 따라 서로 다르다. 이들 분자는 다양하며, 세포 표면에 위치하고 있기 때문에, 막탄수화물은 특정 세포를 다른 세포와 구분하는 표지자로 쓰일 수 있다. 예를 들면, A, B, AB, O형으로 불리는 사람의 네 가지 혈액형은 적혈구 세포 표면에 있는 당단백질의 탄수화물 부분의 차이에 의해 결정되는 것이다.

막의 합성과 양면의 차이

막은 안쪽 면과 바깥쪽 면이 뚜렷하게 구분된다. 두 개의 지질층은 지질 조성이 차이가 나기도 하며, 각각의 단백질은 막에서 일정한 방향성을 가지고 있다(그림 3.34). **그림 3.36**은 막의 양면의 차이가 어떻게 생겨나는지를 보여준다. 세포막에서 단백질, 지질과 이들에 결합된 탄수화물의 비대칭적인 분포는 소포체와 골지체에 의해서 막이 만들어지면서 결정된다.

개념 3.9

세포막의 투과성

생체막은 초분자적 구조, 즉 많은 분자들이 정돈되어 고도로 조직화된 구조의 좋은 예이다. 지금부터 이러한 속성 중 세포의 생존에 필수적 기능인, 세포 경계를 가로 지르는 물질의 수송을 조절하는 능력에 대해 살펴보자.

작은 분자와 이온은 일정한 속도로 세포막을 가로질러서 양방향으로 움직인다. 당, 아미노산, 기타 영양 물질은 세포 안으로 들어가고, 대사 노폐물은 세포 밖으로 배출된다. 세포는 세포호흡을 위해서 O_2를 받아들이고 CO_2를 배출한다. 또한 세포는 Na^+, K^+, Ca^{2+}, Cl^- 등과 같은 무기이온을 세포막을 가로질러서 한 방향 혹

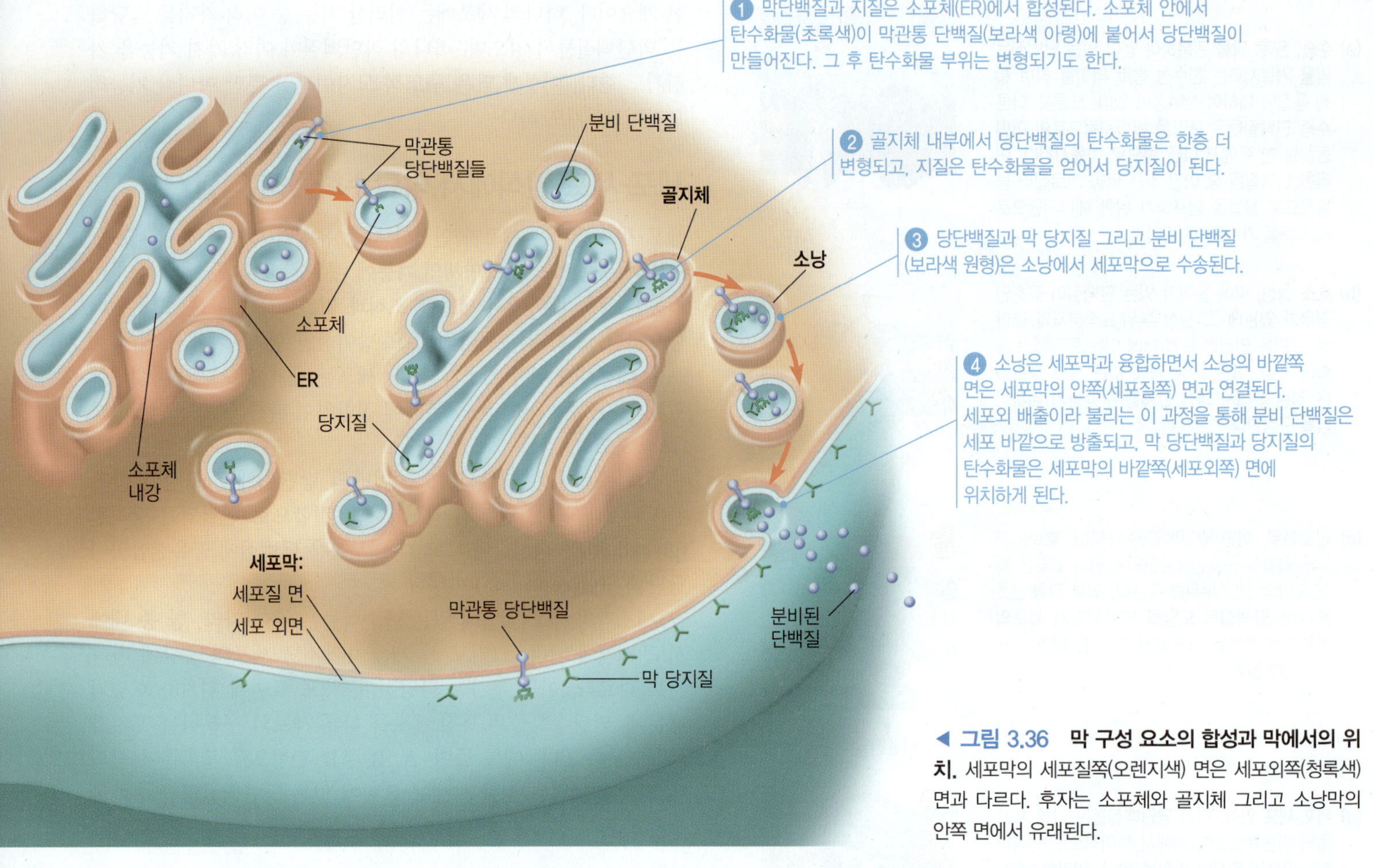

◀ **그림 3.36 막 구성 요소의 합성과 막에서의 위치.** 세포막의 세포질쪽(오렌지색) 면은 세포외쪽(청록색) 면과 다르다. 후자는 소포체와 골지체 그리고 소낭막의 안쪽 면에서 유래된다.

은 다른 방향으로 움직이게 함으로써, 이들의 농도를 조절한다. 세포막은 선택적인 투과성을 가지므로 세포는 일부의 작은 분자와 이온은 받아들이는 반면 나머지는 받아들이지 않는다.

탄화수소, CO_2, O_2 등과 같은 비극성 분자는 소수성이며, 따라서 막의 지질이중층에 용해될 수 있어 쉽게 막을 통과한다. 하지만 막의 소수성 중심부는 친수성인 이온과 극성 분자가 막을 직접 통과하지 못하게 막는다. 포도당 및 기타 당처럼 극성인 분자는 지질이중층을 매우 천천히 통과하며, 매우 작은 극성 분자인 물조차도 빠르게 통과하지 못한다. 전하를 띤 원자나 분자와 이를 둘러싼 수화껍질(그림 2.21)은 막의 소수성 내부를 통과하기가 더 어렵다. 더구나 지질층은 막의 선택 투과성을 책임지는 조절 시스템의 일부분에 불과하다. 막에 들어 있는 단백질이 수송을 조절하는 데 있어서 핵심적인 역할을 담당한다.

수송 단백질

이온과 다양한 극성 분자들은 막을 관통하는 **수송 단백질(transport protein)**을 통해 이동함으로써 지질이중층과의 접촉을 피할 수 있다.

통로 단백질(channel protein)이라 불리는 수송 단백질은 특정 분자나 원자 이온이 막을 통과하는 터널로 사용할 수 있는 친수성 통로를 가지고 있다(그림 3.35a, 왼쪽). 예를 들면, 특정 세포에서 막을 통한 물의 이동은 **아쿠아포린(aquaporin)**이라 불리는 통로 단백질에 의해 크게 촉진된다(그림 3.29). 아쿠아포린 단백질은 네 개의 동일한 단위체로 구성되어 있다. 각각의 단위체를 구성하는 폴리펩타이드는 통로를 형성하는데, 이 통로로 초당 30억(3×10^9)개까지 물분자가 한 줄로 통과할 수 있으며, 이는 아쿠아포린이 없을 때의 이동속도보다 훨씬 빠른 것이다. **운반체 단백질(carrier protein)**이라 불리는 다른 수송 단백질은 이동시킬 물질에 결합하고 구조 변화가 일어나 막을 가로질러 물질을 수송한다(그림 3.35a, 오른쪽).

수송 단백질은 수송하는 물질에 특이적이어서 특정한 물질(혹은 소그룹의 관련 물질)만 통과시킨다. 예를 들면, 적혈구의 막 표면에 있는 특정한 운반체 단백질은 포도당이 직접 막을 통과할 때보다 50,000배나 빠르게 포도당을 수송한다. 이 "포도당 수송체(glucose transporter)"는 매우 선택적인 운반체 단백질이어서, 포도당과 구조 이성질체인 과당조차도 통과시키지 않는다.

따라서 막의 선택 투과성은 지질이중층의 장벽과 막에 조립되어 있는 특정한 수송 단백질에 의해서 좌우된다. 그렇다면 무엇이 막을 통한 수송 방향(direction)을 결정하는 것일까? 특정 시점에서 어떤 물질이 세포 안으로 들어갈 것인가 나갈 것인가를 결정하는 것은 무엇일까? 또한 실제로 어떤 메커니즘에 의해 분자가 막을 통해 이동하는 것일까? 막수송의 두 가지 방식인 수동수송과 능동수송을 살펴봄으로써, 이러한 질문의 해답을 얻게 될 것이다.

수동수송

분자는 열에너지라 불리는 일종의 에너지를 가지고 있는데, 이는 끊임없는 분자 운동에 기인하는 것이다. 이러한 운동의 결과 중 하나가 **확산(diffusion)**으로, 이는 어떤 물질의 입자들이 움직여 이동할 수 있는 공간으로 퍼져 나가는 것이다. 각각의 분자는 무작위적으로 움직이지만, 한 무리(population)의 분자들의 확산에는 방향성이 있을 수 있다. 이 과정을 이해하기 위해 색소가 첨가된 물과 순수한 물을 갈라놓는 인공막을 상상해 보자. 확산이 어떻게 두 용액의 색소 농도를 갖게 만드는지 그림 3.37a를 공부하며 이해해 보자. 두 용액의 농도가 같아지는 시점에 도달하면 막을 가로질러 한 방향으로 이동하는 색소분자의 수가 반대 방향으로 이동하는 수와 같아지는 동적 평형이 된다.

다른 힘이 작용하지 않는 상황에서 한 물질은 농도가 높은 쪽에서 낮은 쪽으로 확산된다. 다시 말하면 모든 물질은 **농도기울기(concentration gradient)**를 따라(이 경우는 낮은 쪽으로) 확산된다는 것이다. 확산을 일으키기 위해 일을 할 필요는 없다. 확산은 에너지의 유입이 필요치 않은 자발적인 과정이다. 각각의 물질은 그 자신의 농도기울기를 따라 확산되며 다른 물질의 농도 차이에는 영향을 받지 않는다(그림 3.37b).

세포막을 가로지르는 많은 물질 이동은 확산에 의해서 일어난다. 막의 한쪽 면에서 어떤 물질의 농도가 다른 쪽보다 높을 때 그 물질은 농도기울기를 따라 막을 가로질러 확산된다(그 물질이 막에 투과성이 있을 때). 한 가지 중요한 예는 세포호흡을 수행하는 세포의 산소 섭취이다. 용해된 산소는 세포막을 가로질러 세포 내로 확산된다. 들어오는 산소를 세포호흡으로 소비하는 동안에는 농도기울기가 세포 안으로의 이동에 유리하기 때문에 세포 내로 확산이 계속 일어난다.

생체막을 통한 물질의 확산은 세포가 에너지를 소비할 필요가 없기 때문에 **수동수송(passive transport)**이라 불린다. 농도기울기 자체가 위치에너지에 해당하며, 확산을 일으킨다. 그러나 막은 선택 투과성을 가지므로 다양한 분자의 확산 속도는 서로 다르다.

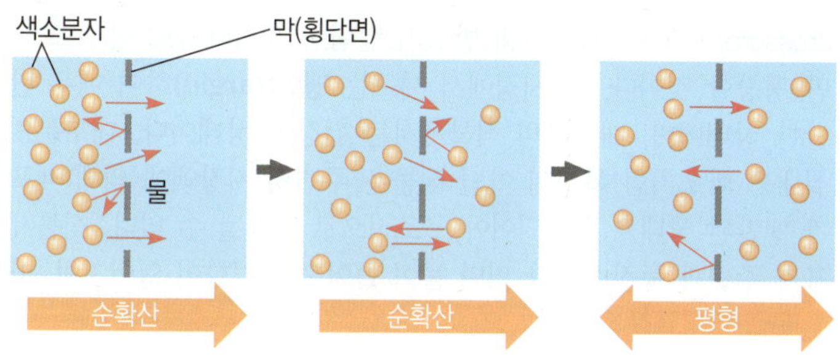

(a) 한 가지 용질의 확산. 막에는 색소분자가 통과할 수 있을 정도로 충분하게 큰 구멍들이 있다. 색소분자들의 무작위 운동으로 어떤 것은 그 구멍을 통과하게 되며, 더 많은 분자가 있는 쪽에서 더 자주 이런 현상이 일어난다. 색소는 그 농도가 높은 쪽에서부터 더 낮은 쪽으로 퍼져나간다(이를 농도기울기를 따르는 확산이라고 한다). 이로 인해 동적 평형이 이루어지면 용질분자들이 양방향으로 똑같은 속도로 막을 계속 통과하게 된다.

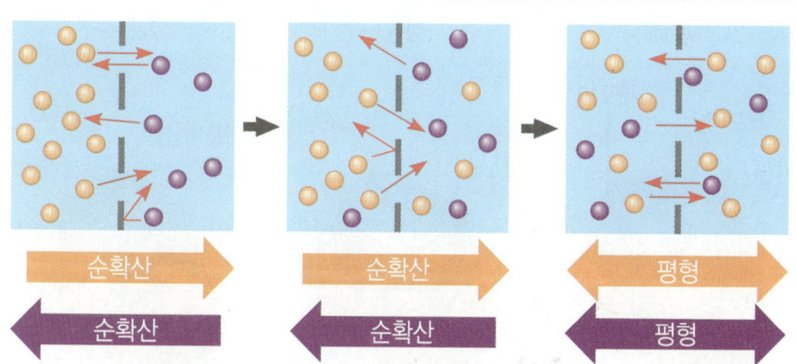

(b) 두 가지 용질들의 확산. 두 가지 다른 색소가 있는 용액이 두 색소 모두 통과할 수 있는 막으로 분리되어 있다. 각 색소는 그 자체의 농도기울기를 따라 확산된다. 비록 초기의 전체(total) 용질 농도는 왼쪽이 훨씬 높지만, 자주색 색소는 왼쪽 방향으로 순확산이 될 것이다.

▲ 그림 3.37 **인공막을 통한 용질의 확산.** 그림에서 각각의 큰 화살표는 색깔로 표시한 색소분자들의 순확산을 보여준다.

물 균형에 미치는 삼투현상의 영향

용질의 농도가 서로 다른 두 가지 용액이 어떻게 서로 영향을 미치는지를 보기 위해서, 두 설탕 용액이 선택 투과성을 가지는 인공막으로 나누어져 있는 U-모양 유리관을 상상해 보자(그림 3.38). 이 합성막에 있는 구멍은 설탕 분자가 통과하기에는 너무 작지만, 물분자가 통과하기에는 충분히 크다. 하지만 친수성인 용질 분자 주변에 물분자가 강하게 결합하여 모이므로, 일부의 물분자는 막을 통해 이동할 수 없다. 그 결과 용질의 농도가 높은 용액은 자유로운 물분자의 농도가 낮게 된다. 물은 자유로운 물분자의 농도가 높은 쪽(용질의 농도가 낮은 쪽)에서 자유로운 물분자의 농도가 낮은 쪽(용질의 농도가 높은 쪽)으로 양쪽의 농도가 같아질 때까지 막을 통해 확산된다. 인공막이든 세포막이든 선택 투과성을 나타내는 막을 통한 자유로운 물분자의 확산을 **삼투현상(osmosis)**이라 한다. 세포막을 통한 물의 이동과 세포와 외부 환경 사이의 물의 균형은 생명체에 필수적이다. 이제 인공적인 시스템에서 배운 삼투현상을 살아 있는 세포에 적용해 보자.

세포벽이 없는 세포의 물 균형

어떤 용액 내에서 세포의 상태를 설명하고자 할 때는 용질의 농도와 막투과성 두 가지를 모두 고려해야만 한다. **장성(tonicity)** 개념에서는 이 두 가지 요인이 모두 고려되어야 하는데, 장성이란 특정한 세포가 물을 얻게 하거나 잃게 하는 용액의 능력이다. 용액의 장성은 막을 통과할 수 없는 용질(불투과성 용질)의 세포 내부에 대한 상대적인 농도에 부분적으로 의존적이다. 세포 주변 용액에 불투과성 용질의 농도가 높으면 물은 세포에서 나가는 경향이 있고, 그 반대의 경우에는 세포 안으로 들어오게 된다.

만일 동물세포와 같이 세포벽이 없는 세포를 세포와 **등장상태(isotonic;** *iso*는 "같음"을 의미함)인 용액에 담근다면, 세포막을 통한 물의 순이동은 없을 것이다. 물은 막을 통과하여 확산되지만 양방향으로 속도가 같다. 등장상태의 환경에서는 동물세포의 부

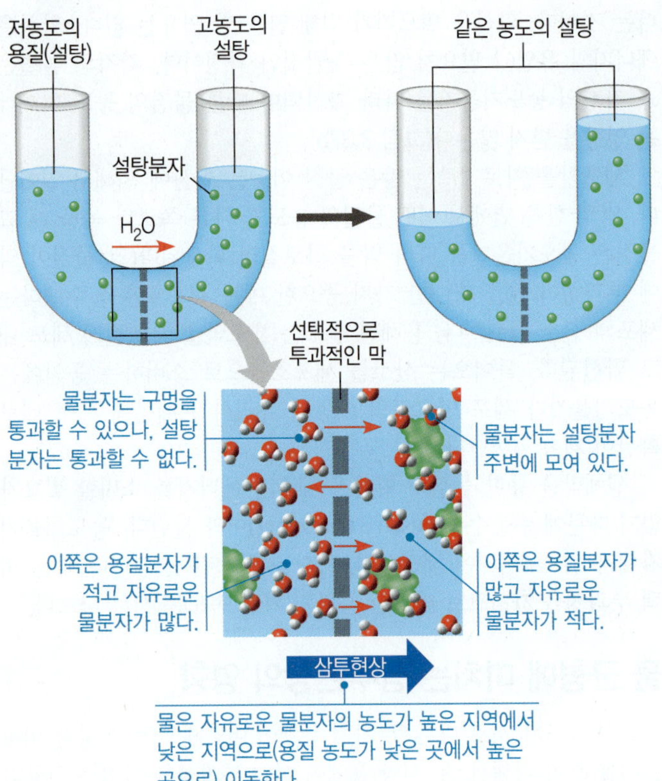

▲ **그림 3.38 삼투현상.** 용매(물)는 통과할 수 있지만 용질(설탕)은 통과할 수 없는 막에 의해서 두 가지 다른 농도의 설탕 용액이 분리되어 있다. 물분자들은 무작위로 이동하며 양쪽 방향으로 통과할 수 있으나, 전반적으로 물은 낮은 용질 농도를 갖는 용액에서부터 높은 농도의 용질을 갖는 용액으로 확산된다. 이러한 물의 확산 혹은 삼투현상은 양쪽의 설탕 농도를 같게 한다.

피가 **그림 3.39a**의 가운데 부분에 나타난 것처럼 일정하다.

이제 세포를 **고장상태(hypertonic;** *hyper*는 "더 많음"을 의미함)인 용액에 옮겨보자. 세포는 물을 잃게 되어 쪼그라들며, 대개는 죽게 된다(그림 3.39a, 오른쪽). 이것이 호수의 염도(짠맛의 정도)가 증가하면 호수에 사는 동물이 죽게 되는 이유 중의 하나이다. 만일 호수의 물이 동물세포에 비해 고장상태가 된다면 세포는 쪼그라들어 죽게 될 것이다. 하지만 동물세포에는 물을 너무 많이 받아들이는 것도 물을 잃는 것과 마찬가지로 위험하다. 세포를 **저장상태(hypotonic;** *hypo*는 "더 적음"을 의미함)인 용액에 놓아두면 세포에서 나가는 것보다 더 빠르게 물이 세포로 들어가서, 세포가 마치 지나치게 채워진 풍선처럼 부풀어 올라 터지게 된다(그림 3.39a, 왼쪽).

단단한 벽이 없는 세포는 지나친 물의 유입이나 배출을 견딜 수 없다. 이러한 물의 균형 문제는 세포가 등장상태인 환경에서 산다면 자동적으로 해결된다. 바닷물은 여러 해양 무척추동물과 등장상태이다. 대부분의 육서(뭍에 서식하는) 동물은 세포와 등장상태인 세포 외액에 둘러싸여 있다. 하지만 고장 또는 저장상태의 환경에서 단단한 세포벽을 가지지 못한 생명체가 살아가기 위해서는 용질의 농도와 물 균형의 조절, 즉 **삼투조절(osmoregulation)**을 위한 적응을 해야만 한다. 예를 들면 단세포 원생생물인 짚신벌레(*Paramecium caudatum*)는 저장상태의 연못물에서 산다. 물은 끊임없이 세포로 들어오지만 짚신벌레의 세포는 터지지 않는데, 그 이유는 짚신벌레가 삼투현상에 의해 들어오는 물을 세포 바깥으로 퍼내는 펌프 역할을 하는 수축포라는 세포소기관을 가지고 있기 때문이다**(그림 3.40)**.

세포벽이 있는 세포의 물 균형

식물, 원핵생물, 곰팡이와 일부 단세포 진핵생물의 세포는 세포벽에 둘러싸여 있다. 이러한 세포가 예를 들어 빗물과 같은 저장액에 담기게 되면 세포의 물 균형을 유지하도록 세포벽이 도움을 준다. 동물세포와 같이 식물세포도 삼투현상에 의해 물이 들어오면 부풀어 오른다**(그림 3.39b)**. 그러나 거의 탄력이 없는 세포벽은 아주 조금만 팽창해도 더 이상의 물 유입을 억제하는 **팽압**(turgor pressure)이라 불리는 반대 방향의 압력이 생겨나므로 아주 조금만 팽창할 것이다. 이 시점에서 세포는 **팽만(turgid)**하여 매우 단단한 상태이며, 대부분의 식물에서는 건강한 상태이다. 대부분의 실내용 화초처럼 목질이 아닌 식물은 주변의 저장액에 의해 세포가 팽만된 상태로 유지되어야 구조적으로 지탱될 수 있다. 식물세포가 주변과 등장상태가 되면 물이 들어오는 경향이 없어지며, 따

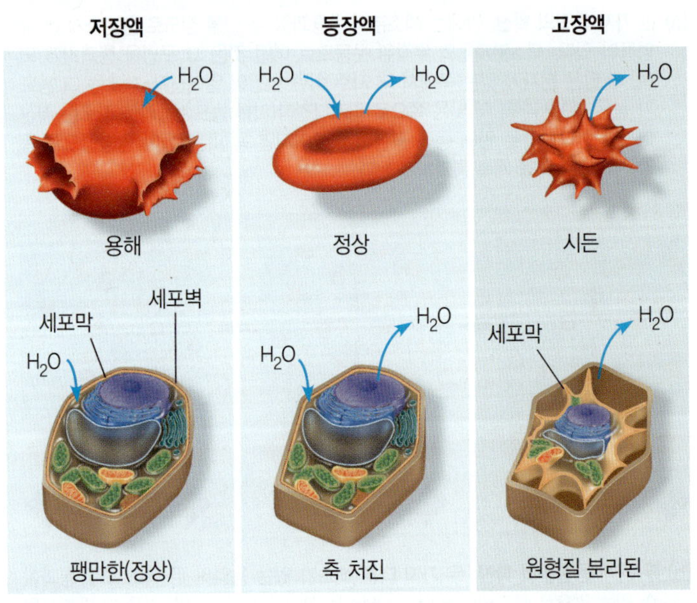

▲ **그림 3.39 살아 있는 세포의 물 균형.** 환경의 용질 농도의 변화에 따라 살아 있는 세포들이 어떻게 반응하는지는 그들이 세포벽을 갖고 있느냐 아니냐에 달려 있다. (a) 적혈구 세포와 같은 동물세포들은 세포벽을 갖고 있지 않다. (b) 식물세포들은 세포벽을 갖고 있다. (화살표는 세포를 이들 용액에 처음 위치시킨 후의 물의 순이동을 표시한다.)

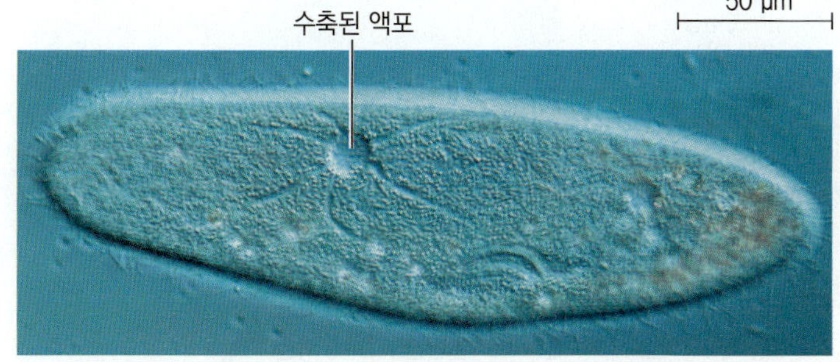

▲ **그림 3.40 짚신벌레(*Paramecium caudatum*)의 수축포.** 액포는 세포질에 있는 관 시스템으로부터 액체를 모은다. 가득차면 액포와 관들이 수축하여 액체를 세포로부터 분출한다(광학 현미경 사진).

라서 세포는 **시든(flaccid)**, 즉 축 처진 상태가 된다.

그러나 세포를 고장상태인 용액에 담는다면 세포벽의 장점은 없어진다. 이 경우 식물세포는 동물세포와 마찬가지로 물을 잃어버려 쪼그라든다. 식물세포가 쪼그라들면 세포막은 벽에서부터 여러 부분이 떨어져 나온다. **원형질분리(plasmolysis)**라 불리는 이 현상은 식물을 시들게 하여 죽일 수 있다. 세포벽을 가진 박테리아와 곰팡이 세포 또한 고장상태의 환경에서는 원형질분리가 일어난다.

촉진확산: 단백질의 도움을 받는 수동수송

물과 친수성 용질이 어떻게 막을 통과하는지를 보다 면밀히 관찰해 보자. 앞서 기술한 바와 같이, 막의 지질 이중층을 통과할 수 없는 많은 극성분자와 이온은 막을 관통하고 있는 수송 단백질의 도움으로 수동적으로 확산된다. 이런 현상을 **촉진확산(facilitated diffusion)**이라 한다. 대부분의 수송체는 매우 특이적이어서, 특정 물질은 수송하지만 그 외의 물질은 수송하지 않는다.

앞서 기술한 바와 같이, 수송 단백질에는 통로 단백질과 운반체 단백질의 두 종류가 있다. 통로 단백질은 단순히 특정한 물질이나 이온이 막을 통과할 수 있도록 통로를 제공한다(그림 3.41a). 이들에 의해 제공되는 친수성의 좁은 통로는 물분자나 작은 이온이 한 쪽에서 다른 쪽으로 빠르게 이동할 수 있게 해준다. 물의 통로 단백질인 아쿠아포린은 적혈구 세포 같은 동물세포나 식물세포에서 일어나는 물의 대량 확산을 촉진시킨다. 신장의 일부 세포도 아쿠아포린을 많이 가지고 있어 소변을 배설하기 전에 소변으로부터 물을 회수할 수 있다. 만약 신장이 이런 기능을 할 수 없다면, 매일 180 L의 소변을 배설하게 될 것이고, 이만큼의 물을 마셔야만 할 것이다.

이온을 수송하는 통로 단백질을 **이온통로(ion channel)**라 한다. 많은 이온통로는 **개폐성 통로(gated channel)**로써, 자극에 반응하여 열리거나 닫힌다. 어떤 개폐성 통로에서는 이러한 자극이 전기적인 것이다. 예를 들면 신경세포에 있는 한 이온통로는 전기적 자극에 반응해서 열려, 포타슘이온을 세포 밖으로 나가게 한다. 이를 통해 세포는 자극에 대해 반응하는 능력을 회복한다. 다른 개폐성 통로는 수송되는 물질 이외의 다른 특정 물질이 결합할 때 열리거나 닫힌다. 이 두 가지 종류의 개폐성 통로는 모두 신경계의 기능에 중요하다.

앞서 살펴본 포도당 운반체와 같은 운반체 단백질은 형태가 미묘하게 변하여 용질결합 부분이 막을 가로질러 이동하는 것으로 생각된다(그림 3.41b). 이러한 모양의 변화는 아마도 수송하는 분자와의 결합과 방출에 의해 유발되는 것 같다. 이온통로와 마찬가지로 촉진확산에 관여하는 운반체는 농도기울기에 따라 물질을 순이동시킨다. 에너지의 유입은 필요 없으며, 따라서 이것은 수동수송이다.

수송 단백질의 도움에도 불구하고, 촉진확산은 수송되는 용질이 농도기울기를 따라 이동하는 에너지가 필요 없는 과정이기 때문에 수동수송으로 간주된다. 촉진확산은 막을 통과하는 효율적인 경로를 제공하기 때문에 용질의 이동을 빠르게 해주지만 이동방향을 바꾸지는 못한다. 그러나 일부의 다른 수송 단백질은 농도기울기를 거슬러 농도가 낮은 쪽에서 (안쪽이든 바깥쪽이든) 더 높은 쪽으로 용질을 이동시킬 수 있다.

능동수송에서 에너지의 필요성

어떤 용질을 농도기울기를 거슬러 막을 통해 퍼내기 위해서는 일이 필요하고, 세포는 에너지를 사용해야만 한다. 따라서 이러한 유형의 막 수송을 **능동수송(active transport)**이라 한다. 농도기울기를 거슬러 용질을 이동시키는 수송 단백질은 통로 단백질이 아니라 모두 운반체 단백질이다. 이것은 너무나 당연한데, 그 이유는 통로 단백질은 용질에 결합하여 농도 기울기를 거슬러 이동시키지

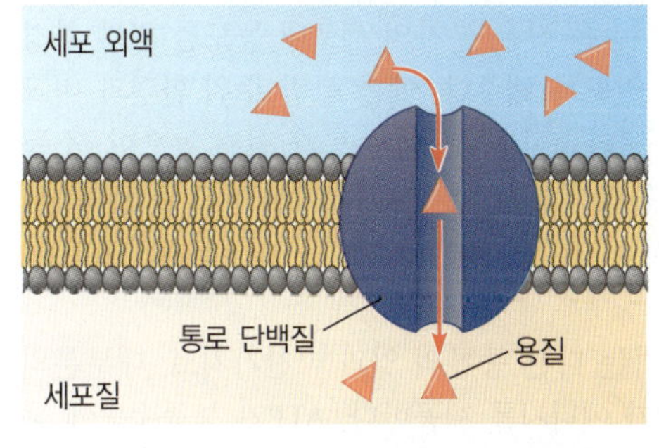

(a) 통로 단백질 (보라색)은 물분자나 특정 용질이 통과할 수 있는 통로를 갖는다.

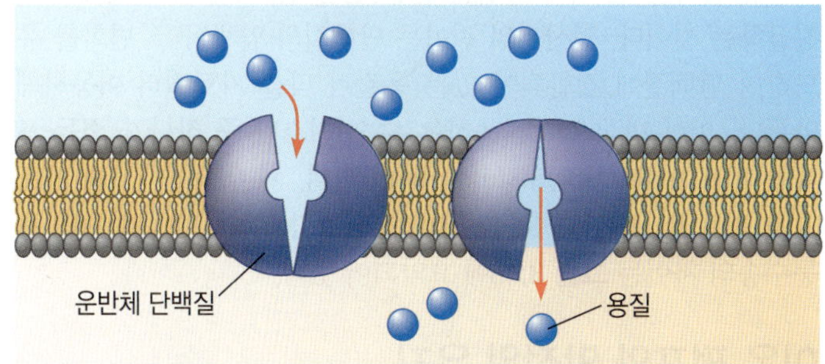

(b) 운반체 단백질은 두 가지 모양으로 번갈아 교대하는데, 모양이 변함에 따라서 용질을 막을 통과하여 이동시킨다.

▲ **그림 3.41 촉진확산을 수행하는 두 가지 유형의 수송 단백질.** 이 두 가지 경우에서, 단백질은 어떤 방향으로든 용질을 수송할 수 있지만, 용질은 농도기울기를 따라서 낮은 방향으로 순이동된다.

▶ **그림 3.42 소듐-포타슘 펌프: 능동수송의 특별한 예.** 이 수송 시스템은 급격한 농도기울기를 거슬러 이온들을 퍼올린다: 소듐이온의 농도($[Na^+]$)는 세포 바깥에서 높고 안쪽에서 낮은 반면에, 포타슘이온 농도($[K^+]$)는 세포의 바깥쪽이 낮고 안쪽은 높다. 펌프는 2개의 K^+을 세포 안으로 넣을 때마다 (그림의 ❹~❻단계) 3개의 Na^+을 세포 바깥으로 이동시키는(❶~❸ 단계) 주기에서 두 가지 모양으로 번갈아 바뀐다. 이 두 가지 모양은 Na^+과 K^+에 대하여 각각 친화력이 다르다. ATP는 수송 단백질에 인산기를 전달하여(즉, 단백질을 인산화하여), 모양을 변화시키는 동력을 공급한다.

못하고, 열리면 단순히 용질을 농도 기울기를 따라 확산시키기만 하기 때문이다. 능동수송은 작은 분자의 세포내 농도를 외부 환경과 다르게 유지할 수 있도록 해준다. 예를 들면 주위 환경과 비교해 볼 때 동물세포는 포타슘이온(K^+)의 농도가 훨씬 높으며, 소듐이온(Na^+)의 농도는 훨씬 낮다. 막은 Na^+을 세포 밖으로, K^+을 세포 안으로 퍼냄으로써 이러한 가파른 농도기울기가 유지되도록 도와준다.

세포 안에서 일어나는 다른 종류의 일과 마찬가지로, 대부분의 능동수송에서는 ATP가 에너지를 제공한다. ATP가 능동수송에 동력을 공급하는 한 가지 방법은 말단 인산기를 수송 단백질에 직접 전달하는 것이다. 인산기의 전이는 단백질의 입체 구조 변화를 유도하여 단백질에 결합되어 있는 용질이 막을 가로질러 이동하게 만든다. 이런 방식으로 작동하는 수송 시스템 중 하나가 **소듐-포타슘 펌프(sodium-potassium pump)**인데, 이는 동물세포의 세포막을 가로질러 Na^+과 K^+을 교환한다(**그림 3.42**). 수동수송과 능동수송의 차이는 **그림 3.43**에 요약되어 있다.

이온 펌프와 막전위 유지

모든 세포는 세포막을 경계로 전압을 가지고 있다. 전압은 전기적인 위치에너지, 즉 반대 전하가 격리된 것이다. 막의 세포질 쪽은 세포 외액 쪽에 비해 음전하를 띠고 있는데, 이는 양쪽에 음이온과 양이온이 불균등하게 분포하기 때문이다. 막을 가로지르

▼ **그림 3.43 요약: 수동수송과 능동수송**

수동수송. 세포에 의한 에너지의 지출 없이 물질이 농도기울기를 따라서 막을 가로질러 자발적으로 확산한다. 확산 속도는 막에 있는 수송 단백질에 의해서 크게 증가할 수 있다.

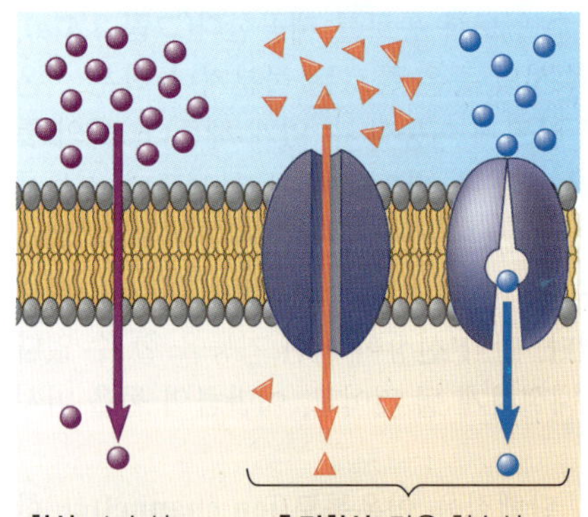

확산. 소수성 분자와 (늦은 속도로) 아주 작은 전하를 띠지 않는 극성분자는 지질 이중층을 통하여 확산될 수 있다.

촉진확산. 많은 친수성 물질들은 통로 단백질(왼쪽) 혹은 운반체 단백질(오른쪽)과 같은 수송 단백질들의 도움으로 막을 통과하여 확산한다.

능동수송. 몇몇 수송 단백질들은 펌프로 작용하여 물질을 농도(혹은 전기화학적) 기울기를 거슬러서 막을 통해 이동시킨다. 이 일을 위한 에너지는 대개 ATP에 의해서 공급된다.

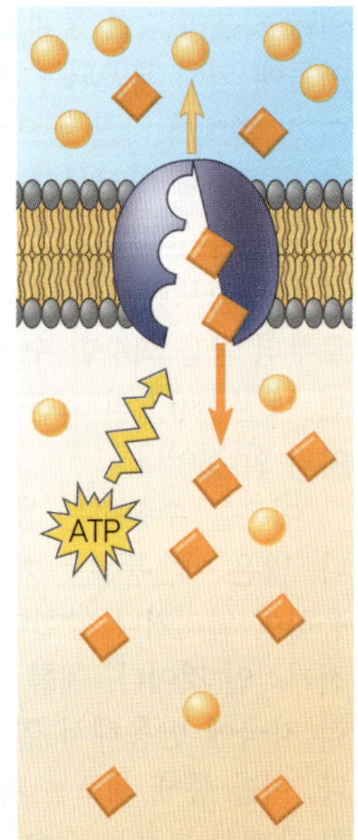

는 전압을 **막전위(membrane potential)**이라 부르며, 약 −50에서 −200 mV 사이의 값을 갖는다. 음의 표시는 바깥쪽에 비해 세포의 안쪽이 음전하를 띤다는 것을 의미한다.

막전위는 마치 배터리처럼 작용하여, 전하를 띤 모든 물질의 막을 통한 왕래에 영향을 미치는 에너지원이다. 세포의 안쪽이 바깥쪽에 비해 음전하를 띠기 때문에, 막전위는 양이온을 세포 안으로, 음이온을 세포 밖으로 수동수송시키는 경향을 갖는다. 따라서 막을 통한 이온의 확산은 두 가지 힘, 즉 화학적인 힘(이온의 농도기울기)과 전기적인 힘(이온의 이동에 대한 막전위의 영향)이 작용하여 일어난다. 한 이온에 대해 작용하는 이 두 가지 힘의 조합을 **전기화학적 기울기(electrochemical gradient)**라고 부른다.

따라서 이온의 경우에는 수동수송에 대한 우리의 개념을 다듬을 필요가 있다. 즉 이온은 단순히 **농도**(concentration)기울기를 따라 확산되는 것이 아니라, 정확하게는 **전기화학적**(electrochemical) 기울기를 따라 확산된다. 양이온인 Na^+의 예를 들면, 휴지상태에서 신경세포 내의 Na^+ 농도는 외부에 비해 훨씬 낮다. 세포가 자극을 받으면 개폐성 통로가 열려 Na^+의 확산이 촉진된다. 그러면 Na^+은 농도기울기와 막 안쪽의 음전하에 의한 인력에 의한 전기화학적 기울기에 따라 "떨어져(fall)" 내린다. 이 경우에는 전기화학적 기울기에 대한 전기적 기여와 화학적 기여가 막을 경계로 같은 방향으로 작용하지만, 항상 이런 것은 아니다. 막전위에 기인하는 전기적 힘이 이온을 농도기울기에 따라 단순 확산하는 것을 막는 경우에는 능동수송이 필요할 수도 있다.

능동적으로 이온을 수송하는 일부 단백질은 막전위에 영향을 준다. 그 한 가지 예가 소듐-포타슘 펌프이다. 그림 3.42와 같이 펌프는 Na^+과 K^+을 하나씩 이동시키는 것이 아니라, 두 개의 포타슘이온을 세포 내로 들여올 때마다 세 개의 소듐이온을 내보낸다. 펌프가 한 번 돌아갈 때마다 양전하가 하나씩 세포질에서 세포 외액으로 순이동하는데, 이는 전압으로 에너지를 저장하는 과정이다. 막을 경계로 전압을 생성하는 수송 단백질을 **전기발생펌프(electrogenic pump)**라고 부른다. 소듐-포타슘 펌프는 동물세포의 주요 전기발생 펌프인 것으로 보인다. 식물, 곰팡이, 박테리아의 주요 전기발생 펌프는 **양성자 펌프(proton pump)**로써, 양성자(수소이온, H^+)를 세포 바깥으로 능동적으로 수송한다. H^+를 세포 바깥으로 퍼내면 세포질에서 세포 외액으로 양전하가 이동한다 **(그림 3.44)**. 막을 가로질러 전압을 생성함으로써 전기발생 펌프는 세포 내의 작업에 필요한 에너지 저장을 돕는다. 세포에서 양성자 기울기가 중요하게 사용되는 한 가지 예는 세포호흡 동안의 ATP 합성이다. 또 다른 예로는 공동수송이라 불리는 막수송 형태를 들 수 있다.

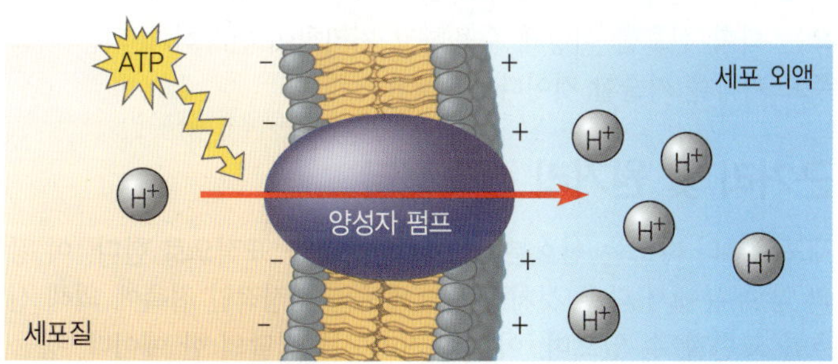

▲ **그림 3.44 양성자 펌프.** 양성자 펌프는 막을 가로지르는 전압(전하 격리)을 생성함으로써 에너지를 저장하는 전기발생 펌프이다. 양성자 펌프는 수소이온 형태의 양전하를 이동시킨다. 전압과 H^+ 농도기울기는 영양분 섭취와 같은 다른 과정들을 구동시킬 수 있는 이중의 에너지원을 대표한다. 대부분의 양성자 펌프는 ATP로 구동된다.

공동수송: 막단백질에 의한 동시 수송

어떤 용질이 막을 경계로 농도가 다르다면, 이 용질은 농도기울기를 따라 막을 통해 이동하며 일을 할 수 있다. 이는 오르막으로 퍼올린 물이 다시 흘러내리면서 일을 하는 것과 유사하다. **공동수송(cotransport)**에서 수송 단백질(공동수송체)은 이 용질의 "내리막" 확산을 농도(또는 전기화학적)기울기에 거스르는 다른 용질의 "오르막" 수송과 연계시킬 수 있다. 예를 들면, 식물세포는 양성자 펌프에 의해 생성되는 H^+ 기울기를 이용하여 당, 아미노산과 기타 영양 물질을 세포 내로 능동수송한다. **그림 3.45**에 나타난 예와 같이 공동수송체는 H^+이 되돌아가는 것과 설탕이 세포 내로 이동하는 것을 연계한다. 이 수송 단백질은 설탕 분자를 농도기울기를 거슬러 이동시킬 수 있지만, 이는 설탕 분자가 H^+과 함께 이동할 때만 가능하다. H^+은 이 수송 단백질을 통로로 이용해서 양성자 펌프에 의해 유지되는 전기화학적 기울기를 따라 확산된다. 식물은 광합성에 의해 합성된 설탕을 잎맥의 세포에 싣기 위해서 설탕-H^+ 공동수송을 이용한다. 그 다음 식물의 관다발 조직은 당을 뿌리와 같은 비광합성 기관으로 배분한다.

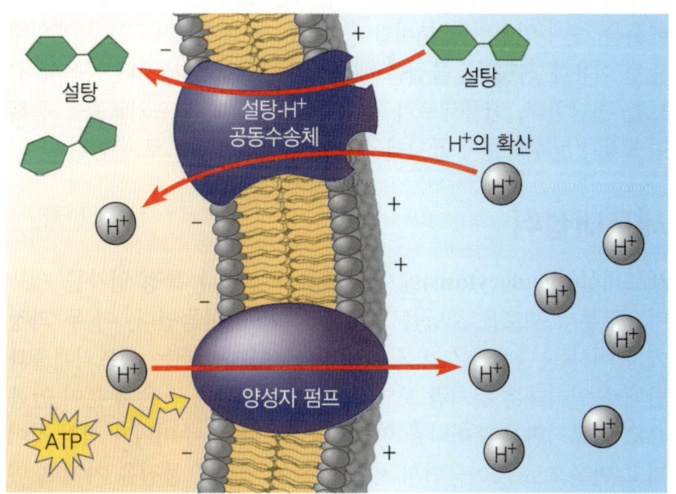

▲ **그림 3.45 공동수송: 농도기울기에 의한 능동수송.** 식물세포에서 설탕-H^+ 공동수송체와 같은 운반체 단백질(위쪽)은 전기화학적 기울기를 따라 H^+이 세포 내로 확산되는 것을 이용하여 설탕을 농도기울기에 거슬러 세포 내로 수송할 수 있다. (세포벽은 그림에 나타내지 않았다.) 비록 이 공동수송 과정의 일부는 아니지만, 그림에 나타낸 ATP-구동 양성자 펌프(아래쪽)에 의해서 세포 외부의 H^+ 농도가 증가한다. 그 결과 설탕의 능동수송에 이용될 수 있는 위치에너지인 H^+의 농도기울기가 유지된다. 따라서 ATP는 공동수송에 필요한 에너지를 간접적으로 제공한다.

동물세포에서의 공동수송 단백질에 대한 지식을 통해 개발도상국에서 심각한 문제인 설사병에 대한 효과적인 처방을 발견하게 되었다. 일반적으로 노폐물에 있는 소듐은 결장에서 재흡수되어 체내에서 일정한 수준으로 유지되는데, 설사를 하게 되면 노폐물이 너무 빨리 배설되어 재흡수가 불가능하고, 따라서 소듐의 농도는 급격하게 낮아진다. 이런 생명을 위협하는 상황을 치료하기 위해, 환자에게 고농도의 소듐과 포도당이 들어 있는 음료를 마시게 한다. 용질은 장세포 표면의 소듐-포도당 공동수송체를 통해 섭취되어 세포를 통해 혈액으로 전달된다. 이런 간단한 처치로 전 세계의 유아 사망률을 크게 낮출 수 있었다.

집단수송: 세포외배출과 세포내섭취 작용

단백질과 다당류 같은 큰 분자들과 더 큰 입자들은 일반적으로 소낭에 포장되어 대량으로 막을 통과한다. 능동수송처럼 이 과정도 에너지를 필요로 한다.

세포외배출

세포는 특정 생체분자를 소낭과 세포막의 융합에 의해 분비하는데, 이를 **세포외배출(exocytosis)**이라 한다. 골지체에서 출아되어 나온 수송 소낭은 세포골격의 미세소관을 따라 세포막까지 이동한다. 소낭막과 세포막이 접촉하면 특정 단백질이 이 두 지질이중층의 지질분자를 재배열하고, 두 개의 막이 융합된다. 그러면 소낭의 내용물은 세포 바깥으로 흘러나오게 되며, 소낭막은 세포막의 일부분이 된다(그림 3.36, 4단계).

많은 분비세포들은 생산물을 배출하기 위해서 세포외배출을 이용한다. 예를 들면, 인슐린을 만드는 췌장(이자)세포는 세포외배출을 통해 인슐린을 분비한다. 다른 예로, 신경세포는 세포외배출을 이용해 신경전달물질을 배출하여 다른 신경세포나 근육에 신호를 전달한다. 식물세포가 세포벽을 만들 때 세포외배출을 통해 단백질과 탄수화물이 골지체 소낭에서 세포 바깥으로 운반된다.

세포내섭취

세포내섭취(endocytosis)에서는 세포가 분자나 특정 입자를 세포막으로부터 새로운 소낭을 형성함으로써 받아들인다. 이 두 과정에 관여하는 단백질은 비록 다르지만 세포내섭취는 세포외배출과 반대로 일어나는 것처럼 보인다. 먼저 세포막의 작은 부분이 안쪽으로 함몰되면서 주머니를 형성한다. 그 다음 주머니가 점점 깊어지고 안쪽으로 조여들면서 세포 외부에 있었던 물질을 가지고 있는 소낭이 형성된다. 그림 3.46을 주의 깊게 공부해서 세포내섭취의 세 가지 유형인 식세포작용(phagocytosis, "세포의 먹기"), 음세포작용(pinocytosis, "세포의 마시기"), 수용체 매개 세포내섭취작용(receptor mediated endocytosis)을 이해하자.

인간의 세포는 수용체 매개 세포내섭취를 통해 막 합성과 기타 스테로이드 합성을 위해 콜레스테롤을 받아들인다. 콜레스테롤은 저밀도 지방단백질(low-density lipoprotein, LDL)이라 불리는 지방과 단백질 복합체 입자의 형태로 혈액 속에서 돌아다닌다. LDL은 세포막에 있는 LDL 수용체에 붙은 후 세포내섭취에 의해 세포 내로 들어간다. 혈액 내의 콜레스테롤 수준이 매우 높은 증상을 나타내는 유전병인 가족성 고콜레스테롤혈증의 경우에는 LDL 수용체 단백질에 결함이 있거나 결실되어 있기 때문에 LDL이 세포로 들어갈 수가 없다.

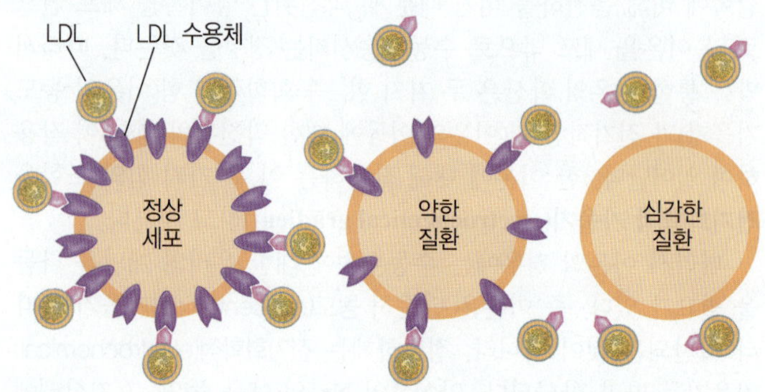

그 결과 많은 양의 콜레스테롤이 혈액 내에 축적되어 혈관벽 안에 지질 침전물이 축적되는 초기 동맥경화를 일으킨다. 이러한 축적으로 혈관이 좁아지고 혈액의 흐름이 방해를 받으며, 심장의 손상이나 뇌졸중이 생길 수도 있다.

세포외배출과 세포내섭취는 또한 세포막을 복구하거나 개조하는 기작도 제공한다. 세포외배출과 세포내섭취는 대부분의 진핵세포에서 계속 일어나는데도 성장하지 않는 세포에서는 세포막의 양이 일정하다. 세포외배출에 의한 막의 증가는 세포내섭취에 의해 상쇄되는 것이 명백하다.

개념 3.10

세포막은 대부분의 세포 신호전달에서 핵심적 역할을 담당한다

다세포 생물에서는 세포와 세포의 신호교환에 의해 개체 내의 수조 개 세포의 활성을 통합적으로 조절하며, 신호교환 과정에는 대개 세포막이 관여한다. 실제로 세포 사이의 신호교환은 원핵생물을 포함한 단세포 생물에서도 필수적이다. 세포가 다른 세포에서 오는 화학 신호를 어떻게 수용하고 처리하여 반응하게 되는지 그 주요 기작을 기술할 것이다.

근거리 및 원거리 신호전달

세포로부터 나오는 신호분자는 다른 세포를 표적으로 한다. 이 장의 앞 부분에서 다룬 것처럼 진핵세포는 직접적인 접촉에 의해 신호를 교환할 수 있으며, 이는 근거리 신호전달의 한 예이다. 동물과 식물 모두 이웃한 세포의 세포질을 직접 연결할 수 있는 세포연접을 가지고 있는데, 동물의 경우는 간극연접, 식물의 경우는 원형질연락사가 그것이다. 이 경우에는 세포질에 녹아 있는 신호 물질이 이웃한 세포로 자유롭게 이동할 수 있다. 또한 동물세포는 세포 사이의 인식과정에서 세포 표면의 막결합 분자들의 직접적인 접

▼ 그림 3.46 동물세포에서의 세포내섭취작용 탐구

식세포작용

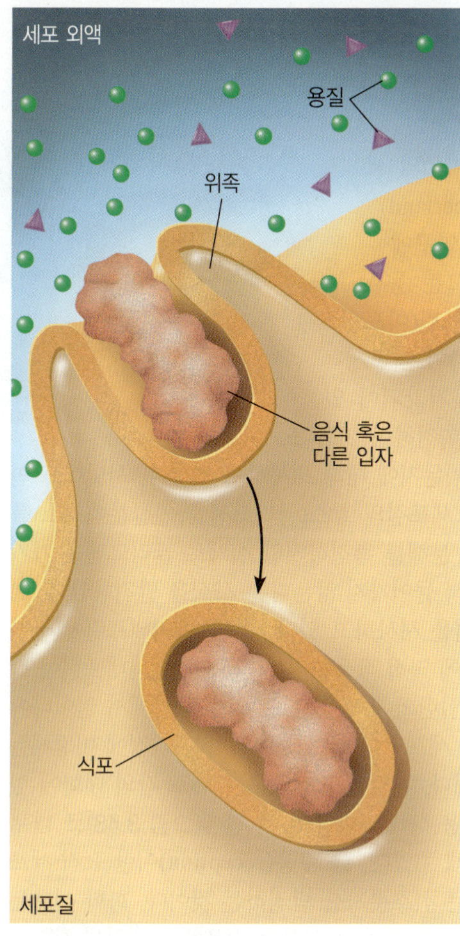

식세포작용(phagocytosis)에서, 세포는 위족을 뻗어 입자를 집어 삼키고, 식포라고 불리는 막 모양의 주머니 안에 입자를 담는다. 식포가 가수분해효소를 함유하는 리소좀과 융합한 후에 입자는 소화된다(그림 4.12).

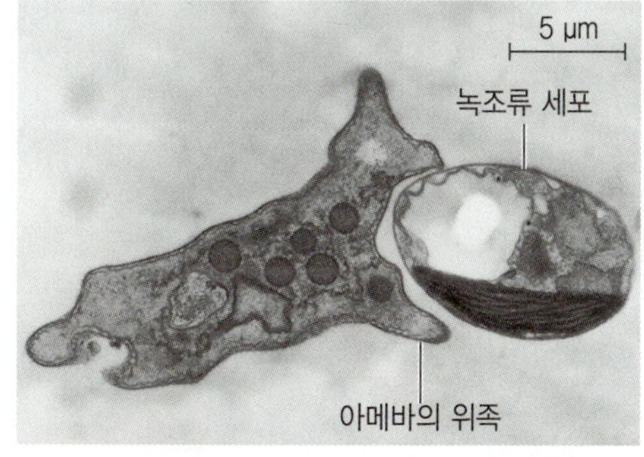

식세포작용을 통하여 녹조 세포를 집어삼키는 아메바(투과 전자 현미경 사진)

음세포작용

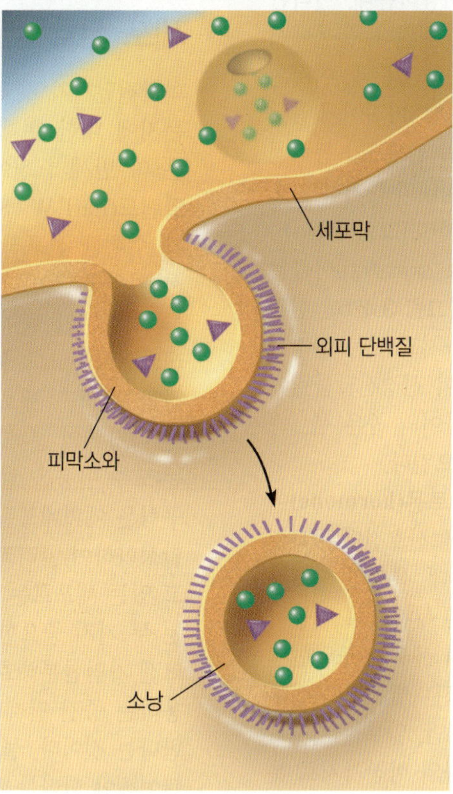

음세포작용(pinocytosis)에서, 세포는 세포 외액의 방울들을 세포막이 안쪽으로 접혀들며 생성되는 작은 소낭 내로 "빨아(gulp)"들인다. 세포에서 필요한 것은 액체 자체가 아니라 방울 내에 녹아 있는 분자들이다. 용질을 포함한 모든 것을 세포 내로 들여오기 때문에, 음세포작용은 수송되는 물질에 비특이적이다. 대부분의 경우 이와 같이 소낭을 형성하는 세포막 부위의 세포질 쪽 면은 외피 단백질층으로 덮여 있다. "소와"와 형성되는 소낭은 따라서 "외피"로 둘러싸여 있다.

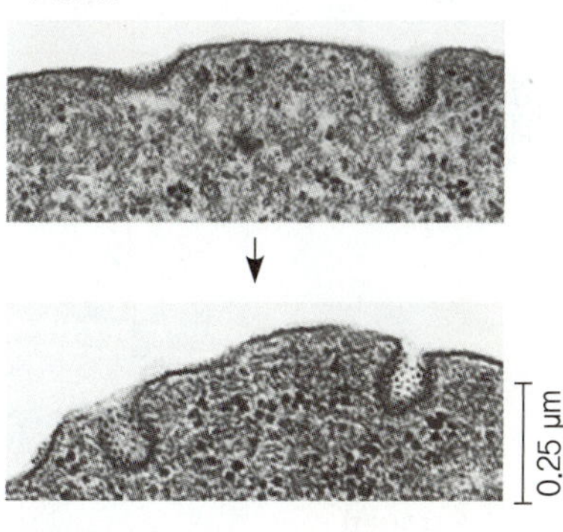

형성된 음세포작용 소낭들
(투과 전자 현미경 사진)

수용체 매개 세포내섭취작용

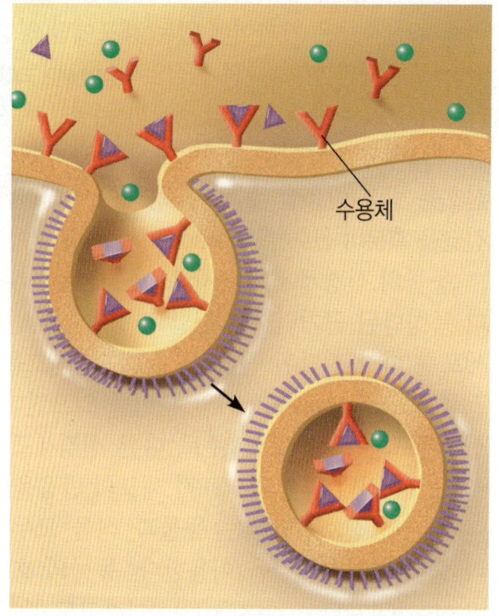

수용체 매개 세포내섭취작용(receptor-mediated endocytosis)은 물질들이 세포 외액에 많이 농축되어 있지 않아도 세포가 많은 양의 특정 분자들을 얻도록 할 수 있다. 막에는 특정한 수용체 부위가 세포 외액으로 노출된 단백질이 박혀 있어 특정 물질(리간드)과 결합한다. 그래서 수용체 단백질들은 피막소와(coated pit)라고 불리는 막의 부위에 모이고 각 피막소와는 분자들을 함유한 소낭을 형성한다. 소낭 내에는 결합된 분자들(보라색 삼각형)이 상대적으로 더 많이 있으나 다른 분자(초록색 공)들도 또한 존재한다. 이렇게 섭취한 물질들이 소낭에서 나간 후, 수용체들은 같은 소낭에 의해서 세포막으로 이동되어 재사용된다.

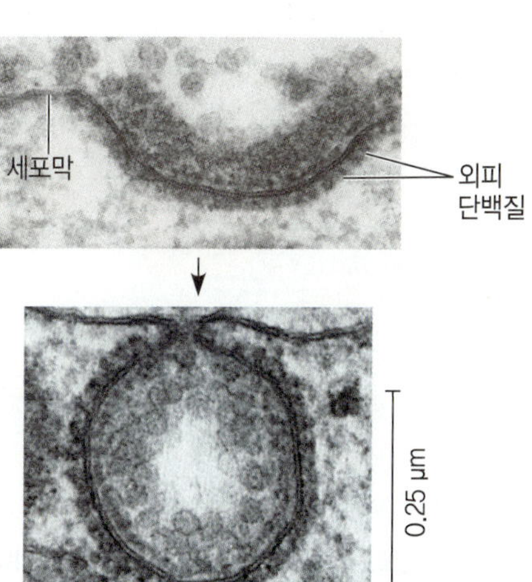

위: 피막소와, 아래: 수용체 매개 세포내섭취작용 동안에 형성된 피막소포(투과 전자 현미경 사진)

촉에 의해 신호를 교환하기도 한다. 이러한 종류의 근거리 신호전달은 배아의 발생이나 면역반응에서 중요하다.

그 외의 근거리 신호전달에서는 신호전달 세포가 전달자 분자를 분비한다. 이 중 일부는 아주 짧은 거리만 이동하는데, 이러한 국소 조절자들은 가까이에 있는 세포에만 영향을 미친다. 동물에서 국소 조절자의 한 종류로 **생장인자**(growth factor)가 있는데, 이것은 가까이에 있는 표적 세포의 생장과 분열을 촉진한다. 가까이에 있는 한 세포에서 만들어진 생장인자에 의해 주변의 여러 세포가 동시에 신호를 받고 반응할 수 있다. 동물에서 이러한 형태의 근거리 신호전달을 **측분비 신호전달**(paracrine signalling)이라 한다(그림 3.47a).

동물의 신경계에서는 **시냅스 신호전달**(synaptic signalling)이라는 더 특성화된 근거리 신호전달 과정이 나타난다(그림 3.47b). 신경세포를 따라 전달된 전기신호는 화학 신호를 가지고 있는 신경전달물질(neurotransmitter)의 분비를 일으킨다. 이 신경전달물질이 신경세포와 표적 세포 (주로 다른 신경세포) 사이의 좁은 틈, 즉 시냅스를 건너 확산되어 표적 세포의 반응을 일으킨다.

원거리 신호전달에는 동물과 식물 모두 **호르몬(hormone)**이라 불리는 화학물질을 이용한다. 동물의 호르몬 신호전달은 **내분비 신호전달**(endocrine signaling)이라고도 불리는데, 특정한 세포가 호르몬을 분비하면, 순환계를 따라 신체의 다른 부분으로 이동하여 이 호르몬을 인식하고 반응을 나타내는 표적 세포에 도달한다(그림 3.47c). 대부분의 식물 호르몬은 식물의 관다발조직(목질부나 체관부)을 통하여 먼 거리의 표적에 도달하지만, 일부는 기체로서 공기를 통해 이동한다. 호르몬도 국소 조절자와 마찬가지로 분자의 크기와 형태가 매우 다양하다. 예를 들면, 과일의 성숙을 촉진하는 기체인 식물 호르몬, 에틸렌(ethylene)은 단 여섯 개의 원자를 가지고 있는 탄화수소(C_2H_4)로서 매우 작아 세포벽을 통과할 수 있다. 반면에 포유동물의 인슐린은 혈액 내의 당 수준을 조절하는 호르몬으로서 수천 개의 원자로 구성된 단백질이다.

세포가 분비된 신호분자를 만나게 되면 어떤 일이 일어날까? 이러한 질문에 대해 역사적인 배경부터 살펴보기 시작할 것이다.

세포 신호전달의 세 단계: 미리보기

화학전달자가 세포에 어떻게 작용하는지에 대한 현재 우리의 지식은 약 반세기 전에 미국의 서덜랜드(Earl W. Sutherland)가 수행한 선구적인 연구에서 기원한 것이다. 그는 동물 호르몬인 에피네프린(아드레날린이라고도 불림)이 어떻게 간과 골격근 세포에 저장되어 있는 다당류의 분해를 촉진하여 싸움-또는-도주 반응을 일으키는지에 대해 조사하고 있었다. 서덜랜드 연구팀은 에피네프린이 세포질의 효소(글리코젠 가인산분해효소)를 활성화하여 글리코젠 분해를 촉진하지만 실제로 글리코젠을 가지고 있는 세포로는 전혀 들어가지 않는다는 사실을 발견하였다. 이는 두 가지 중요한 점을 시사하고 있다. 첫째, 에피네프린이 글리코젠 가인산분해효소에 직접 작용하지는 않으며, 에피네프린이 작용하는 중간 단계나 일련의 과정들이 모두 세포 안에서 일어나야 한다는 것이다. 둘째, 세포막이 신호를 전달하는 과정에 어떻게든 관여해야 한다는 것이다. 서덜랜드의 연구는 세포 간의 대화에 있어서 받는 과정이 수용, 전달, 반응의 세 단계(그림 3.48)로 나누어질 수 있음을 시사해 주었다. ❶ **수용(reception)**이란 표적 세포가 세포 외부에서 오는 신호분자를 탐지하는 것이다. 화학 신호는 이것이 세포의 표면이나 내부에 존재하는 수용체 단백질에 결합할

▼ **그림 3.47 동물세포에서의 근거리 및 원거리 신호전달.** 근거리 및 원거리 신호전달 모두 특정한 표적 세포만이 화학 신호를 인지하여 반응을 나타낸다.

근거리 신호전달

표적 세포
분비세포
분비소낭
국소 조절자

(a) **측분비 신호전달.** 분비세포는 국소 조절자(예를 들면 생장인자)를 세포 외액에 방출하여 가까이에 있는 표적 세포에 작용한다.

전기신호가 신경전달물질의 분비를 야기한다.
신경전달물질이 시냅스를 건너 확산된다.
표적세포

(b) **시냅스 신호전달.** 신경세포는 신경전달물질을 시냅스에 방출하여 근육이나 신경세포와 같은 표적 세포를 흥분시킨다.

원거리 신호전달

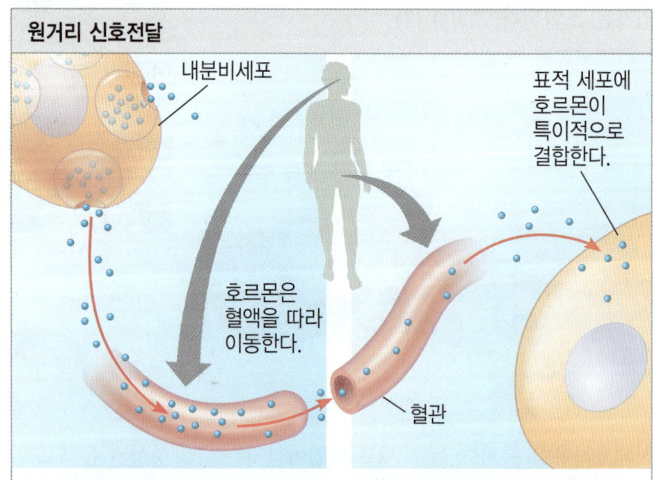

(c) **호르몬 신호전달.** 특수한 내분비세포는 호르몬을 체액, 주로 혈액으로 분비한다. 호르몬은 거의 모든 신체의 세포에 도달하지만, 일부 세포에만 결합한다.

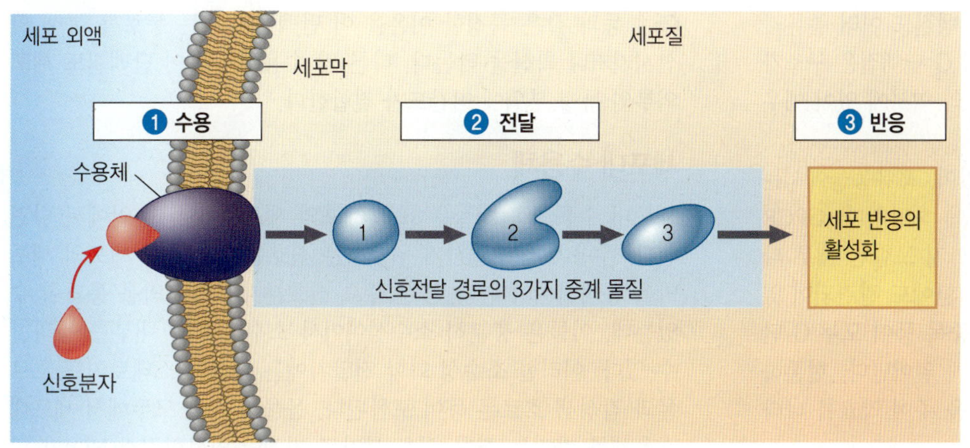

▲ **그림 3.48** **세포 신호전달의 개요.** 신호를 받아들이는 세포의 입장에서 보면 세포 신호전달은 신호의 수용, 신호의 전달 및 세포의 반응과 같은 세 단계로 나눌 수 있다. 그림에 나타난 바와 같이 신호의 수용이 세포막에서 일어나는 경우 신호의 전달은 여러 단계로 구성되는데 각 단계의 중계 물질은 다음 단계 물질의 변화를 초래한다. 이 경로의 마지막 물질은 세포의 반응을 야기한다. 세 단계에 대하여는 본문에 설명이 되어 있다.

때 탐지된다. ❷ **전달(transduction)**은 신호를 세포의 반응을 일으킬 수 있는 형태로 전달시키는 하나 혹은 일련의 단계이다. 전달은 대개 일련의 다른 분자들이 연속적으로 변화하는 **신호전달 경로(signal transduction pathway)**를 필요로 한다. 이 경로의 분자를 중계분자라고도 한다. ❸ 세포 신호전달의 세 번째 단계는 전달된 신호가 최종적으로 특정한 세포의 **반응(response)**을 일으키는 것이다. 반응은 글리코젠 가인산분해효소와 같은 효소의 촉매작용, 세포골격의 재배열, 핵 내 특정 유전자의 활성화 등 우리가 상상할 수 있는 거의 모든 세포 활성이 해당될 수 있다. 세포 신호전달 과정은 이와 같은 활동들이 적절한 세포에서 적절한 시기에 개체 내의 다른 세포들과 조화롭게 일어나도록 도와준다. 이제 세포 신호전달 기작을 더 자세히 살펴볼 것이다.

수용, 신호분자가 수용체 단백질에 결합

방송국에서는 무차별적으로 어디로나 신호를 송출하지만 이 신호는 정확한 파장에 맞춰진 라디오에서만 수신될 수 있다. 이와 마찬가지로 에피네프린은 혈액을 따라 순환하며 여러 종류의 세포를 만나지만 오직 특정한 표적 세포만 에피네프린 분자를 탐지하여 반응을 나타낸다. 표적 세포의 표면이나 내부에 존재하는 수용체 단백질에 의해 세포가 이 신호를 탐지하고 반응을 나타낼 수 있다. 신호분자는 수용체의 특정한 부위와 상보적인 형태를 지니고 있어, 자물쇠의 열쇠처럼 거기에 결합한다. 신호분자는 **리간드(ligand)**로써 작용하는데, 리간드는 다른 분자, 대개는 큰 분자에 특이적으로 결합하는 분자이다. 리간드의 결합은 일반적으로 수용체 단백질의 형태 변화를 일으킨다. 많은 수용체에서 이러한 형태 변화는 수용체를 직접적으로 활성화시켜 다른 세포내 분자와의 상호작용을 가능하게 한다.

세포막의 수용체

대부분의 수용성 신호분자는 세포막을 관통하고 있는 수용체 단백질의 특정 부위에 결합한다. 이러한 막관통 수용체 단백질은 특정한 리간드가 결합하면 형태가 변하여 세포 외부의 환경에서 세포내부로 정보를 전달한다. 어떻게 막관통 수용체가 작용하는지는 두 주요 형태, 즉 G 단백질 결합 수용체와 리간드 개폐성 이온통로를 살펴봄으로써 알 수 있다.

그림 3.49는 **G 단백질 연관 수용체(G protein coupled receptor, GPCR)**의 기능을 보여준다. GPCR은 세포 표면의 막관통 수용체로써, ATP와 유사한 고에너지 분자인 GTP와 결합하는 **G 단백질(G protein)**의 도움을 받아 기능한다. 에피네프린과 여러 호르몬, 신경전달물질들을 비롯한 많은 신호분자가 GPCR을 이용한다. 신호분자(리간드)와 결

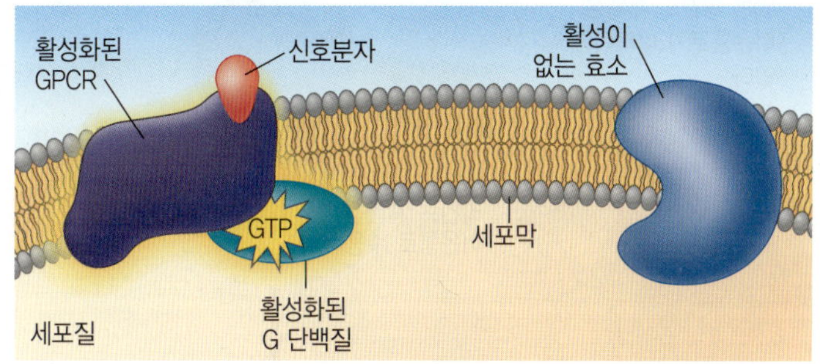

❶ 적절한 신호분자가 수용체의 세포 외부 쪽에 결합하면 수용체가 활성화되어 형태가 변한다. 그 다음 수용체의 세포질 쪽에 G 단백질이 결합하여 G 단백질이 활성화된다. 활성화된 G 단백질은 GTP 분자를 운반한다.

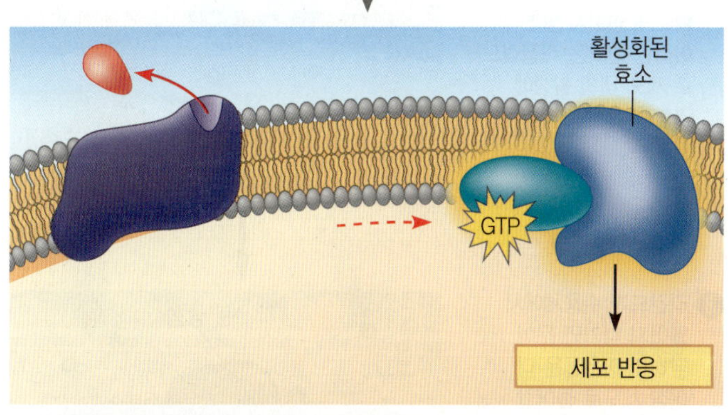

❷ 활성화된 G 단백질이 수용체를 떠나서 막을 따라 확산되고, 효소에 결합하여 효소의 형태와 활성을 변화시킨다. 활성화된 효소는 세포 반응을 일으키는 다음 단계를 유도할 수 있다. 신호분자의 결합은 가역적이다. 활성화를 일으키는 GPCR의 변화와 G 단백질과 효소의 변화 모두 일시적인 것으로, 이들 분자는 모두 곧바로 재사용될 수 있게 된다.

▲ **그림 3.49** **G 단백질 연관 수용체(GPCR)의 작용**

합하는 수용체의 종류도 매우 다양하며, G 단백질도 여러 종류가 있다. 그럼에도 불구하고, 모든 GPCR과 여러 G 단백질은 구조가 매우 유사하며, 이는 이 신호전달 체계가 생명의 역사에 있어 매우 초기에 진화되었음을 시사한다.

현재까지 1,000여 종의 GPCR이 알려져 있어, 포유동물에서는 세포 표면 수용체 중 가장 종류가 많은 그룹에 해당한다. GPCR 경로는 배아의 발생이나 시각, 냄새, 맛 감각까지 포함한 매우 다양한 기능을 담당한다. 이들은 많은 인간의 질환에도 관련되어 있는데, 예를 들면 콜레라, 백일해, 보툴리누스 중독 등이 모두 G 단백질의 기능을 억제하는 박테리아 독소에 의해 일어난다. 현존하는 약품의 60% 정도가 G 단백질 경로에 영향을 주어 약효를 나타낸다.

리간드 개폐성 이온통로(ligand-gated ion channel)는 수용체가 특정한 형태를 가지게 될 때 이온에 대한 "문"으로 작용할 수 있는 부분을 가지는 막 수용체이다(**그림 3.50**). 신호분자가 수용체 단백질에 리간드로써 결합하면 문은 열리거나 닫혀서 Na^+이나 Ca^{2+} 등과 같은 특정한 이온을 이 단백질에 있는 통로를 통해 확산시키거나 확산을 막는다. 다른 막 수용체처럼 이 단백질도 세포 외부의 특정 부위에 리간드가 결합한다.

1 이 그림에는 리간드가 수용체에 결합할 때까지 문이 닫혀 있는 리간드 개폐성 이온통로가 나타나 있다.

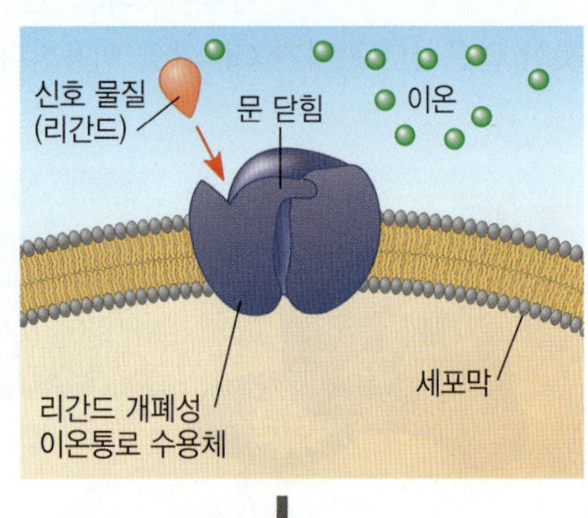

2 리간드가 수용체에 결합하면 문이 열리며 특정한 이온이 통로를 통하여 이동해 세포 내의 특정 이온 농도를 빠르게 변화시킨다. 이러한 변화는 직접적으로 세포 내의 활성에 영향을 줄 수 있다.

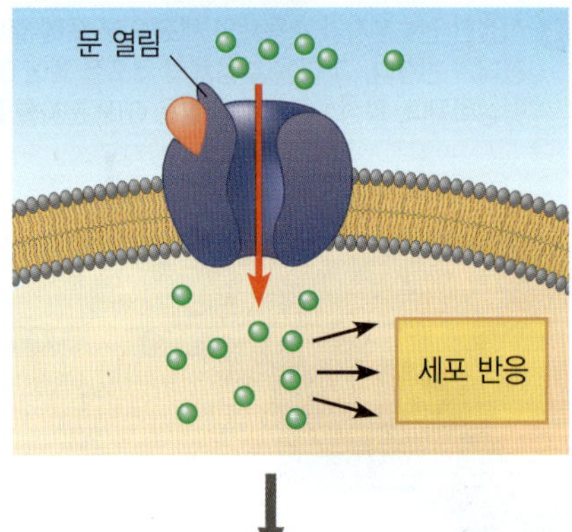

3 리간드가 수용체에서 떨어져 나가면 문이 닫히며 이온들은 더 이상 세포로 들어갈 수 없다.

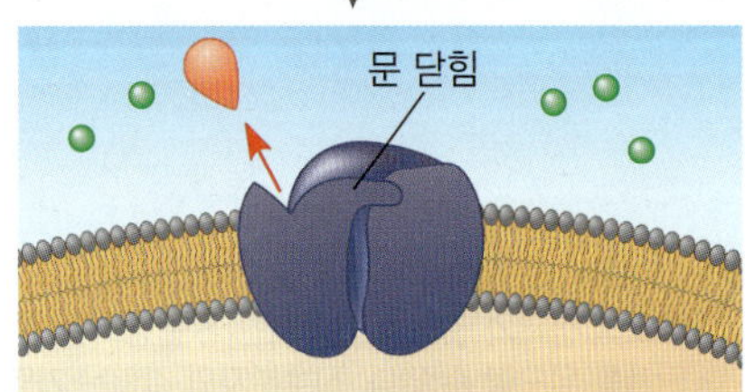

▲ **그림 3.50 이온통로 수용체.** 이 리간드 개폐성 이온통로는 막을 가로질러 이온의 이동을 조절하는 수용체 단백질의 일종이다. 통로가 열리고 닫히는 것은 특정한 리간드가 결합하느냐 아니냐에 달려 있다.

세포내 수용체

세포내 수용체 단백질은 표적 세포의 세포질이나 핵 안에서 발견된다. 수용체에 도달하기 위해서는 신호분자가 표적 세포의 세포막을 통과하여야 한다. 많은 주요 신호분자가 세포막을 통과할 수 있는데, 이들은 충분히 소수성이어서 소수성의 막 내부를 통과할 수 있다. 이러한 소수성 화학 전달자에는 동물의 스테로이드 호르몬과 갑상샘 호르몬 등이 포함된다. 동물과 식물 모두에서 세포내 수용체를 가지는 화학 신호 분자로 기체인 일산화질소(NO)가 있는데, 이것은 크기가 매우 작아서 막의 인지질 사이를 쉽게 통과할 수 있다.

알도스테론은 스테로이드의 작용을 보여주는 대표적인 예이다. 이 호르몬은 콩팥 위에 위치한 분비샘인 부신의 세포에서 분비된다. 혈액을 따라 몸 전체의 세포로 들어가지만, 반응은 알도스테론에 대한 수용체를 가지고 있는 콩팥 세포에서만 나타난다. 이런 세포에서는 호르몬이 수용체 단백질에 결합하여 수용체를 활성화시킨다(**그림 3.51**). 호르몬이 결합한 활성화된 형태의 수용체 단백질은 핵으로 들어가서 콩팥에서 물과 소듐의 흐름을 조절하는

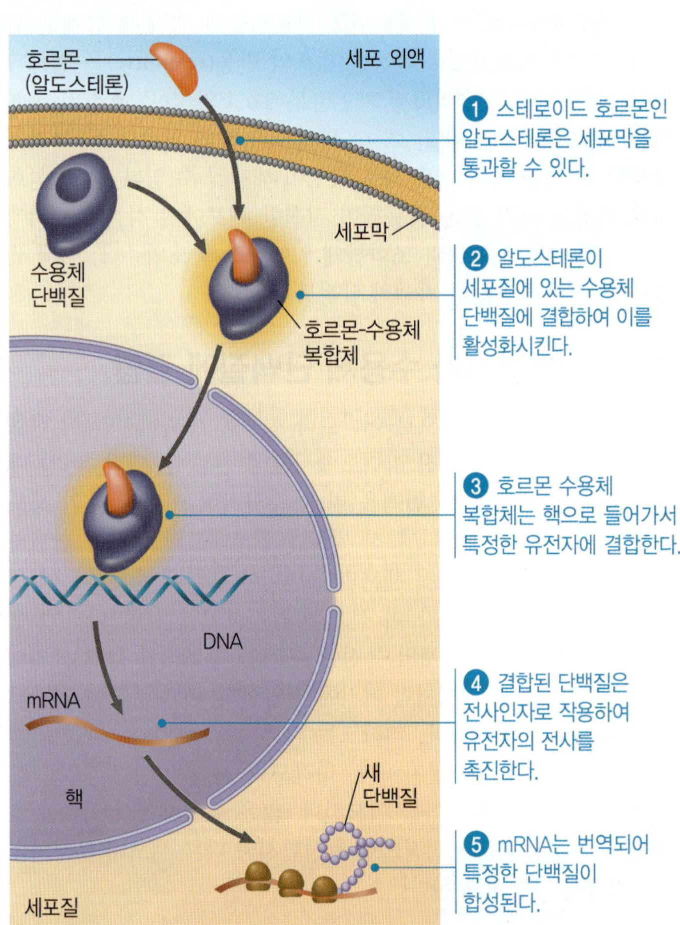

▲ **그림 3.51 스테로이드 호르몬은 세포내 수용체에 결합한다.**

특정한 유전자들의 발현을 촉진하며, 그 결과 혈액의 부피에 영향을 준다.

활성화된 호르몬-수용체 복합체가 어떻게 유전자 발현을 유도할까? 세포내 DNA에 있는 유전자는 전사와 가공을 거쳐 mRNA를 만들고, 이들이 핵을 떠나 세포질에 있는 리보솜에서 특정한 단백질로 번역됨으로써 기능한다는 것을 상기하라. 전사인자(transcription factor)라 부르는 특별한 단백질이 특정한 세포에서 특정한 시기에 어떤 유전자를 발현시킬지, 즉 어떤 유전자의 mRNA를 전사할지를 조절한다. 알도스테론 수용체는 활성화되면 전사인자로 작용하여 특정한 유전자의 발현을 유도한다.

전사인자로 작용함으로써 알도스테론 수용체는 그 자신이 신호의 완전한 전달을 담당하게 된다. 대부분의 다른 세포내 수용체도 이와 같은 방법으로 작용하는데, 갑상샘 호르몬 수용체와 같은 일부의 수용체는 신호분자가 도달하기 이전에 이미 핵 안에 존재한다. 흥미롭게도 많은 세포내 수용체 단백질들이 구조적으로 매우 유사하며, 이는 진화적인 근친관계가 있음을 시사해 주고 있다.

연쇄적인 분자 간 상호작용에 의한 신호의 전달

앞서 논의되었던 대부분의 수용체처럼 신호 수용체가 세포막 단백질인 경우, 세포 신호전달의 단계는 대개 많은 분자가 참여하는 여러 경로로 이루어진다. 이러한 다단계 경로의 이점 중 하나는 신호를 크게 증폭하는 것이 가능하다는 것이다. 만일 이 경로에서 각각의 분자가 다른 단계를 구성하는 여러 분자에 신호를 전달한다면 그 결과 마지막에는 기하급수적으로 많은 수의 분자가 활성화될 수 있다. 또한 다단계의 경로는 단순한 경로보다 협력 및 조절의 기회를 더 많이 제공하게 된다.

특정한 신호분자가 세포막의 수용체에 결합하면 신호전달 경로라는 연속적인 분자 상호작용의 첫 단계가 시작되어 세포의 반응을 일으킨다. 도미노가 쓰러지듯이, 신호에 의해서 활성화된 수용체는 다른 단백질을 활성화시키고, 이 단백질은 또 다시 다른 단백질을 활성화시키며, 이 과정이 세포의 반응을 유도하는 마지막 단백질이 활성화될 때까지 반복된다. 신호를 수용체에서 반응까지 전달하는 중계분자는 대개가 단백질이며, 단백질의 상호작용은 세포 신호전달의 주요 논제이다.

각각의 단계에서 신호는 다른 형태로 전환되는데, 단백질의 형태 변화가 대부분이다. 흔히 단백질의 형태 변화는 단백질에 인산기가 첨가되는 인산화에 의해 야기된다.

단백질의 인산화와 탈인산화

단백질의 인산화와 그 반대인 탈인산화는 단백질의 활성을 조절하는 데 매우 광범위하게 사용되는 세포내 기작이다. ATP에서 인산기를 떼어내어 단백질로 옮겨주는 효소가 **단백질 인산화효소(protein kinase)**로써, 이 효소가 신호전달 경로에 광범위하게 사용된다.

신호전달 경로의 많은 중계분자들도 단백질 인산화효소이며, 이들은 흔히 그 경로의 다른 단백질 인산화효소에 작용한다. 그림 3.52는 두 개의 다른 단백질 인산화효소를 가지고 있어 짧은 "인산화 연쇄반응(phosphorylation cascade)"이 나타나는 가상의 경로를 나타낸 것이다. 나타난 경로는 여러 알려진 경로와 비슷하지만, 실제 경로에는 일반적으로 세 가지의 단백질 인산화효소가 관여한다. 신호는 단백질 인산화 연쇄반응에 의해 전달된다. 단백질의 인산화는 형태의 변화를 일으키는데, 각각의 형태 변화는 새로 첨가된 인산기와 전하를 띠거나 극성인 아미노산(그림 3.18)과의 상호작용에 기인한다. 인산기의 결합은 주로 불활성 형태의 단백질을

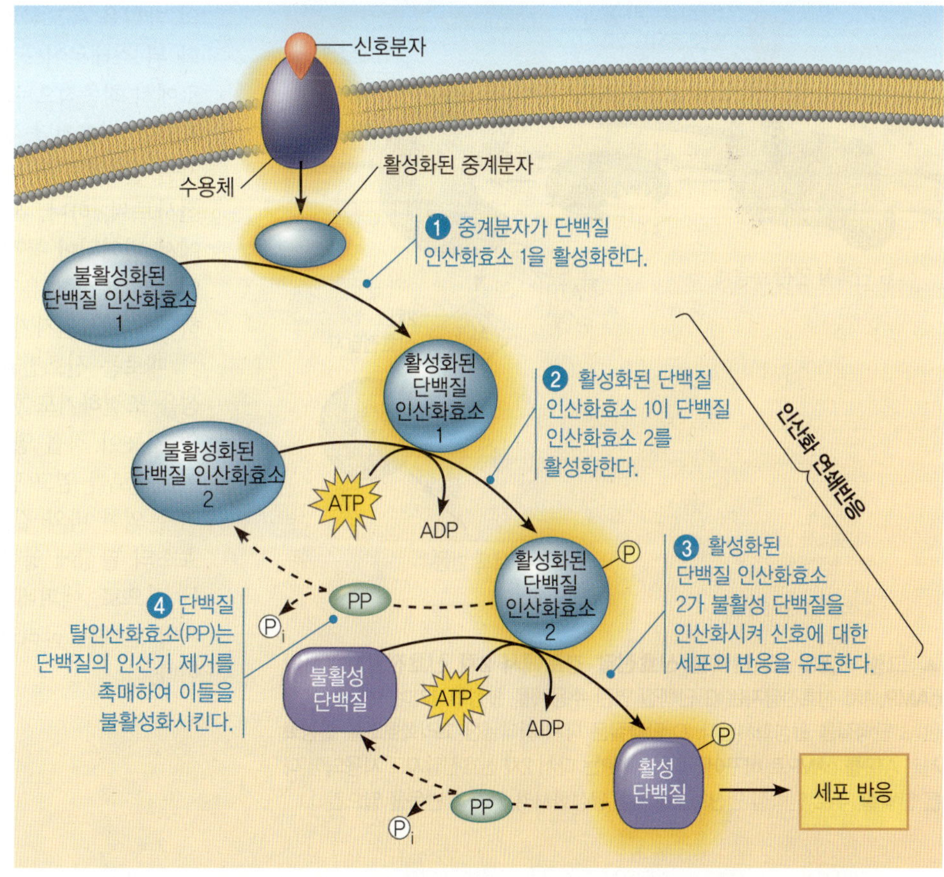

▶ **그림 3.52 인산화 연쇄반응.** 인산화 연쇄반응에서는 경로 내의 일련의 다른 분자들이 순서대로 인산화되는데, 각 분자가 다음 순서의 분자를 인산화시킨다. 단백질 탈인산화효소(PP)에 의한 탈인산화는 이들을 불활성화된 형태로 되돌린다.

활성 형태로 바꾸어 준다.

단백질 인산화효소의 중요성은 아무리 강조해도 지나치지 않는다. 사람 유전자의 2% 정도가 단백질 인산화효소를 암호화하고 있는 것으로 여겨진다. 하나의 세포에는 수백 종의 다른 인산화효소가 있으며, 이들은 각각 서로 다른 단백질에 대해 특이적으로 작용한다. 세포의 분열을 조절하는 단백질의 대부분도 역시 이에 해당할 것이다. 이러한 인산화효소의 활성이 비정상적이면, 세포의 분열에 이상이 올 수 있으며, 암이 발생할 수 있다.

인산화 연쇄반응에 또 중요한 것이 **단백질 탈인산화효소(protein phosphatase)**인데(그림 3.52), 이 효소는 단백질에서 인산기를 제거하는 탈인산화라 불리는 반응을 빠르게 일으킨다. 탈인산화에 의해 단백질 인산화효소를 불활성화시킴으로써 탈인산화효소는 신호전달 경로를 차단하는 수단을 제공한다. 탈인산화효소는 또한 단백질 인산화효소를 재사용할 수 있게 만들어 줌으로써, 세포가 세포외 신호에 다시 반응할 수 있도록 해준다. 인산화-탈인산화 시스템은 세포 내에서 필요한 경우 활성을 켜고 끄거나 올리고 내려주는 분자 신호로써 작동한다.

2차 전달자로 사용되는 작은 분자와 이온들

신호전달 경로의 모든 분자가 단백질은 아니다. 여러 신호전달 경로에는 **2차 전달자(second messenger)**라 불리는 작고 단백질이 아닌 수용성 분자나 이온들이 사용된다. (세포막의 수용체에 결합하는 세포외 신호분자가 경로의 "1차 전달자"로 간주된다.) 2차 전달자는 작기 때문에 세포 내에서 빠르게 확산될 수 있다. 가장 흔한 2차 전달자로는 고리형 AMP와 칼슘이온(Ca^{2+})이 있다. 여기서는 고리형 AMP에 대해 살펴볼 것이다.

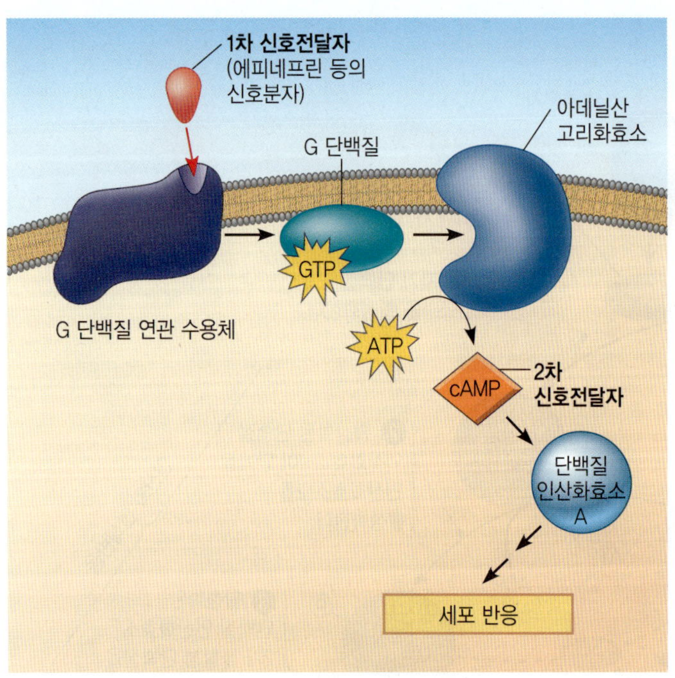

▲ **그림 3.53 G 단백질 신호전달 경로에서 2차 신호전달자로서의 cAMP.** 1차 신호전달자는 G 단백질 연관 수용체를 활성화시키며, 이것은 특정한 G 단백질을 활성화시킨다. G 단백질은 다시 아데닐산 고리화효소를 활성화시켜 ATP를 cAMP로 바꾸어 준다. cAMP는 다시 2차 신호전달자로 사용되어 다른 단백질, 주로 단백질 인산화효소 A를 활성화시켜, 세포의 반응을 일으킨다.

에피네프린에 대한 연구를 통해 서덜랜드는 에피네프린이 간세포의 세포막에 결합하면 세포질 내의 **고리형 AMP(cyclic AMP, cAMP;** cyclic adenosine monophosphate) 농도가 증가한다는 사실을 발견하였다. 에피네프린이 G단백질 연관 수용체에 결합하면 G단백질을 통해 아데닐산 고리화효소(adenylyl cyclase)가 활성화되는데, 이 효소는 세포막에 박혀 있으며, ATP를 cAMP로 바꾸어 준다(그림 3.53). 아데닐산 고리화효소 각 분자는 여러 분자의 cAMP 합성을 촉매할 수 있다. 이 결과 cAMP의 농도가 평상시에 비해 수초 내에 20배 정도 올라갈 수 있다. cAMP는 세포질로 신호를 전달한다. cAMP는 다른 효소에 의해 AMP로 전환되기 때문에 호르몬이 없으면 오래 유지되지 못한다. cAMP의 세포질 내 농도가 다시 증가하려면 에피네프린의 증가가 또 한 번 필요하다.

cAMP의 직접적인 효과는 대개는 단백질 인산화효소 A(protein kinase A)라 불리는 인산화효소의 활성화이다. 활성화된 인산화효소 A는 다양한 다른 단백질을 인산화한다.

반응: 전사 또는 세포질내 활성 조절

신호전달 경로의 마지막 단계인 외부 신호에 대한 반응의 본질은 무엇일까? 궁극적으로 신호전달 경로는 하나 혹은 그 이상의 세포 활성 조절을 유도한다. 반응은 세포의 핵 내에서 일어나기도 하고 세포질 내에서 일어나기도 한다.

여러 신호전달 경로는 궁극적으로 핵 내에서 특정한 유전자의 발현을 유도하거나 억제하여 단백질의 합성을 조절한다. 활성화 된 스테로이드 호르몬 수용체와 같이(그림 3.51), 신호전달 경로에서 최종적으로 활성화된 분자는 전사인자로서 기능한다. 그림 3.54에 신호전달 경로가 특정 유전자의 발현을 유도하는 전사인자를 활성화하는 예가 나타나 있다. 생장인자 신호에 대한 반응은 전사로써, 하나, 혹은 여러 개의 특정 mRNA가 합성되고 세포질에서 번역되어 특정한 단백질이 만들어진다. 다른 경우에는 전사인자가 특정한 유전자의 발현을 억제하여 조절하기도 한다. 대개 하나의 전사인자가 다른 여러 유전자의 발현을 조절한다.

때로는 신호전달 경로가 단백질의 합성이 아니라, 단백질의 활성을 조절하기도 한다. 이 경우에는 핵 바깥에서 작용하는 단백질의 기능이 직접 영향을 받게 되는데, 예를 들면 신호가 세포막의 이온통로를 열고 닫거나 세포 대사의 변화를 일으키기도 한다. 이미 논의한 바와 같이 호르몬인 에피네프린에 대한 세포의 반응은 효소의 활성에 영향을 미쳐 세포내 에너지 대사의 조절을 도와주는 것으로, 에피네프린의 결합에 의해 시작된 신호전달 경로의 마지막 단계는 글리코젠의 분해를 촉진하는 효소를 활성화하는 것이다.

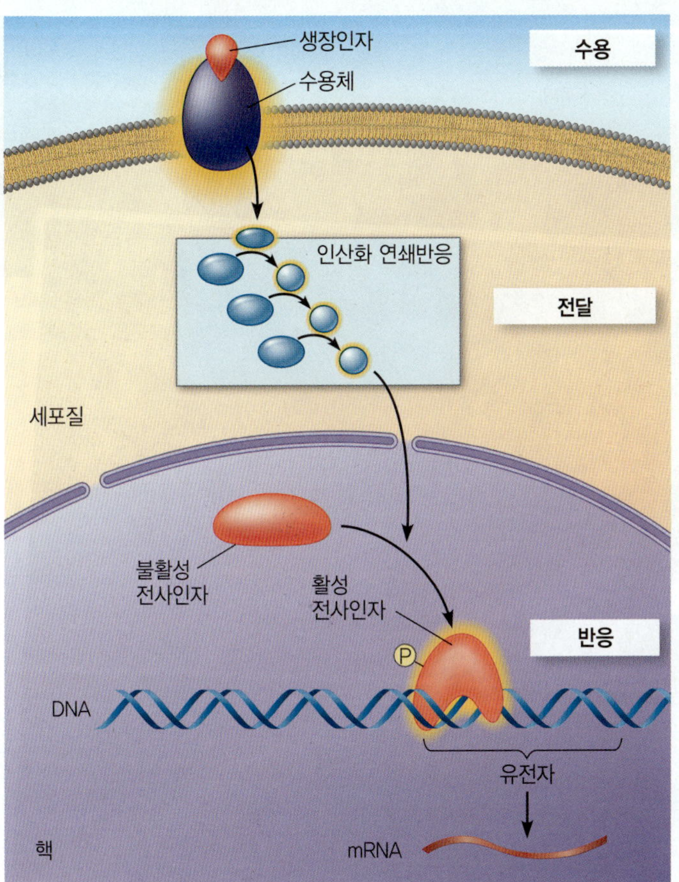

◀ **그림 3.54 신호에 대한 핵의 반응: 생장인자에 의한 특정 단백질의 활성화.** 이 그림은 핵 내의 유전자 활성을 조절하는 전형적인 신호전달 경로를 단순화하여 나타낸 것이다. 최초의 신호 물질인 생장인자라 불리는 국소 조절자는 인산화 연쇄반응을 일으킨다. (인산기의 공급원인 ATP 분자는 나타내지 않았다.) 인산화가 되면 마지막 인산화효소가 핵 내로 들어와서 유전자 발현을 조절하는 전사인자를 활성화한다. 이 단백질은 특정한 유전자의 발현을 촉진하여 mRNA가 만들어지며, 이에 따라 세포질에서 특정 단백질의 합성이 일어난다.

CHAPTER

4 물질대사와 세포호흡

핵심 개념

4.1 생체의 물질대사는 물질과 에너지를 변형시킨다
4.2 효소는 에너지 장벽을 낮춤으로써 대사 반응을 촉진한다
4.3 효소 활성의 조절은 물질대사를 통제하는 데 도움이 된다
4.4 세포호흡의 이화작용 경로
4.5 해당과정
4.6 시트르산 회로
4.7 산화적 인산화 과정에서 화학삼투를 통하여 전자전달과 ATP 합성이 짝지어진다
4.8 발효와 무기호흡
4.9 해당과정과 시트르산 회로는 다양한 물질대사 경로들과 연결되어 있다

▲ **그림 4.1** **무엇이 이들 부서지는 파도가 빛을 발하게 하는 것일까?**

생명체의 에너지

살아 있는 세포는 화학적 공장의 축소판으로, 수천 가지의 반응들이 현미경적인 공간 내에서 발생한다. 당은 아미노산으로 바뀔 수 있어 필요할 때는 단백질로 전환되며, 음식물이 소화될 때 단백질은 아미노산으로 분해되어 당으로 전환될 수 있다. 세포호흡으로 알려진 과정은 당이나 다른 연료에서 저장된 에너지를 뽑아냄으로써 세포를 효율적으로 이끌어간다. 세포는 다양한 유형의 작업을 수행하기 위하여 이 에너지를 활용한다. 약간 특별한 예로서, 그림 4.1에 보이는 바다 파도는 와편모조류라 불리는 자유롭게 떠다니는 단세포 해양생물에 의해 내부에서부터 밝게 빛난다. 이 와편모조류들은 특정 유기물질에 저장된 에너지를 빛으로 변환시키는데, 이 과정을 생물발광이라고 부른다. 그러한 대사 활동들은 세포 내에서 정확하게 조정되고 조절된다. 이러한 활동들의 복잡성, 효율성, 통합성 그리고 미묘한 변화에 대한 반응성 등을 고려한다면, 세포는 화학적 공장에 비할 바가 아니다. 이 장에서 배우게 되는 물질대사의 개념들은 여러분이 생명과정 동안 어떻게 물질과 에너지가 흐르는지 그리고 그 흐름이 어떻게 조절되는지를 이해하는 데 도움을 줄 것이다.

개념 4.1

생체의 물질대사는 물질과 에너지를 변형시킨다

생체의 화학적 반응들을 총칭하여 **물질대사(metabolism)**라 부르기도 한다. 물질대사는 분자들 간의 질서 있는 상호작용에 의해서 생기는 생명체의 창발적 특성이다.

대사 경로

교차되는 대사 경로들을 정리하면, 세포의 물질대사는 많은 화학적 반응들의 정교한 도로지도처럼 그릴 수 있다. 한 **대사 경로(metabolic pathway)**에서 특정 물질은 일련의 정교한 단계들을 거치면서 바뀌어져 최종 생성물로 만들어진다. 경로의 각 단계는 특정한 효소에 의해서 촉매된다.

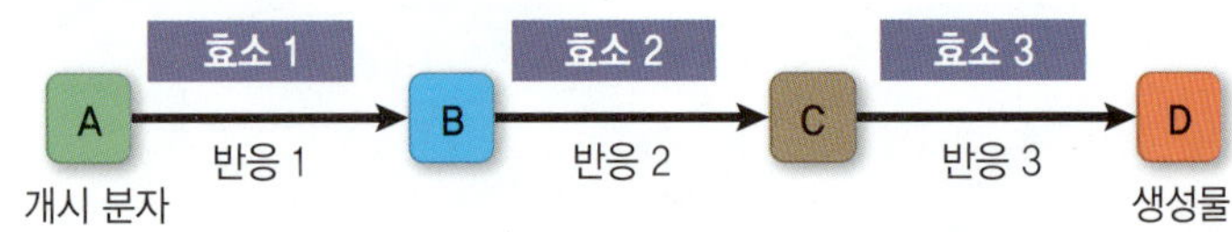

교통의 흐름을 통제하는 빨강, 노랑 그리고 초록의 신호등과 유사하게, 효소를 조절하는 기작들은 대사작용의 공급과 수요의 균형을 맞춘다.

물질대사는 세포 내의 물질과 에너지 자원들을 총체적으로 관리한다. 어떤 대사 경로는 복잡한 분자를 보다 단순한 화합물로 분해시킴으로써 에너지를 방출한다. 이러한 분해과정을 **이화작용 경로(catabolic pathway)** 혹은 분해 경로라고 부르기도 한다. 이화작용의 주요 경로의 하나는 산소 존재하에서 포도당과 다른 유기연료들을 이산화탄소와 물로 분해시키는 세포호흡이다. 유기분자로 저장된 에너지는 섬모의 움직임이나 막수송 등과 같은 세포의 작업을 수행하기 위하여 사용된다. 반면에 **동화작용 경로(anabolic pathway)**는 단순 분자로부터 복잡한 분자를 만들기 위해 에너지를 소비하는데, 가끔씩 이 과정을 생합성 경로라고 부르기도 한다. 동화작용으로 단순한 분자들에서부터 아미노산의 합성과 아미노산으로부터의 단백질 합성을 예로 들 수 있다.

에너지의 형태

에너지(energy)는 변화를 일으키는 능력이다.

에너지는 물체의 상대적인 움직임과 관계되며, 이 에너지를 **운동에너지(kinetic energy)**라고 부르기도 한다. 움직이는 물체는 움직임을 다른 사물에 전달함으로써 작업을 수행한다. 댐을 넘쳐 세차게 흘러나오는 물은 터빈을 돌리며, 다리 근육의 수축은 자전거 페달을 돌린다. **열에너지(thermal energy)**는 원자나 분자들의 무작위 운동과 관련된 운동에너지이며, 한 물체에서 다른 물체로 전달되는 열에너지를 **열(heat)**이라 부른다. 또한 빛은 녹색식물에서 광합성작용을 가동케 하는 것과 같은 일을 수행하는데 이 경우 빛은 이용될 수 있는 에너지의 한 유형이다.

현시점에서 움직이지 않는 물체도 여전히 에너지를 갖고 있을 수 있다. 활동적이지 않은 에너지를 **위치에너지(potential energy)**라 하며, 이는 물질의 위치나 구조 때문에 물질이 갖게 되는 에너지이다. 예를 들어, 댐 뒤에 있는 물은 해발보다 높은 고도에 있기 때문에 에너지를 갖고 있다. 분자들은 그들의 원자들의 배열 때문에 에너지를 갖고 있다. **화학에너지(chemical energy)**는 화학반응에 사용되도록 방출되는 위치에너지를 설명할 때 사용하는 용어이다.

에너지 변환

생물은 에너지—가령 빛에너지나 유기물질의 형태로 있는 화학에너지—를 받아들이고, 이산화탄소 같은 대사 노폐물과 열을 주변 환경으로 방출한다.

예를 들어, 동물은 먹은 음식물로부터 전분과 단백질 그리고 다른 복잡한 분자들을 얻는다. 이화작용 경로가 이들 물질을 분해하게 되면, 동물은 이산화탄소와 물—음식물이 비축하고 있는 것보다 적은 화학에너지를 갖는 작은 분자들—을 방출한다. 화학에너지의 고갈은 물질대사 동안에 생성된 열로 설명된다. 보다 큰 규모에서 보면, 에너지는 빛의 형태로 생태계에 들어오며 열의 형태로 떠나게 된다.

자유에너지 변화(ΔG)

자유에너지(free energy)는 살아 있는 세포와 같이 그 계 전체에서 온도와 압력이 일정할 때 작업을 수행할 수 있는 어떤 계의 에너지 일부이다. 생물학자들은 생명체의 화학반응 중에서의 자유에너지의 **변화**(change)(ΔG)에 초점을 맞추는 것이 가장 유익하다는 것을 알게 되었다. 이는 마지막 상태의 자유에너지와 최초 상태의 자유에너지 간의 차이를 나타낸다.

$$\Delta G = G_{\text{마지막 상태}} - G_{\text{최초 상태}}$$

화학적 방법을 사용해서 어떤 반응에 대한 ΔG를 측정할 수 있다. 마이너스 ΔG를 갖는 반응들만 에너지 투입없이 일어날 수 있다는 것을 보여주었고, 그래서 ΔG 수치는 어떤 특정한 반응이 자발적일지 아닐지를 나타낸다.

마이너스 ΔG를 갖는 반응에서 계는 최초 상태에서 마지막 상태로 변화되는 동안에 자유에너지를 잃게 된다. 마지막 상태는 자유에너지를 덜 갖고 있기 때문에 그 상태에서의 계는 덜 변화될 것이며, 따라서 이전의 상태보다는 더 안정적이다. 어떤 계의 불안정성—더 안정한 상태로 변화하려는 계의 경향—의 측정치로서 자유에너지를 생각할 수 있다.

자유에너지 변화에 근거해서 화학적 반응들은 발열["에너지 방출성(energy outward)"] 혹은 흡열["에너지 흡입성(energy inward)"]로 대별할 수 있다. **발열반응(exergonic reaction)**은 자유에너지의 순방출을 계속한다(그림 4.2a). 화학적 혼합물은 자유에너지를 잃기 때문에(G 감소됨), 발열반응에서 ΔG는 마이너스이다.

세포호흡에 대한 전체 반응을 고려하면:

$$C_6H_{12}O_6 + 6\ O_2 \rightarrow 6\ CO_2 + 6\ H_2O$$
$$\Delta G = -686\ \text{kcal/mol}\ (-2{,}870\ \text{kJ/mol})$$

"표준조건(standard condition)" (반응물과 생성물의 각 1 M, 25℃, pH 7) 하에서 호흡에 의해서 분해되는 포도당 1몰(180 g)에서 686 kcal(2,870 kJ)의 에너지가 일을 하는데 활용될 수 있다.

흡열반응(endergonic reaction)은 주변 환경으로부터 자유에너지를 흡수하는 반응이다(그림 4.2b). 본래 이러한 종류의 반응은 분자에 자유에너지를 저장(store)하기 때문에(G 증가함), ΔG는 양의 값이다. 그러한 반응들은 비자발적이며, ΔG의 크기는 그 반응을 이끌어내는 데 요구되는 에너지의 양이다. 만약 어떤 화학반응이 한쪽 방향으로 에너지를 방출하는 발열(내리막)과정이라면, 반대과정은 에너지를 사용하는 흡열(오르막)과정이어야 한다. 가역적 과정은 양쪽 방향으로 내리막일 수는 없다. 당과 산소를 이산화탄소와 물로 변환하는 호흡에 대한 ΔG 값이 −686 kcal/mol 이면, 그 반대과정—이산화탄소와 물에서 당과 산소로 변환—은 ΔG 값이 +686 kcal/mol을 갖는 확실하게 흡열과정이어야 한다. 그러한 반응은 결코 저절로 일어나지 않는다.

▼ **그림 4.2 발열반응과 흡열반응에서의 자유에너지 변화(ΔG)**

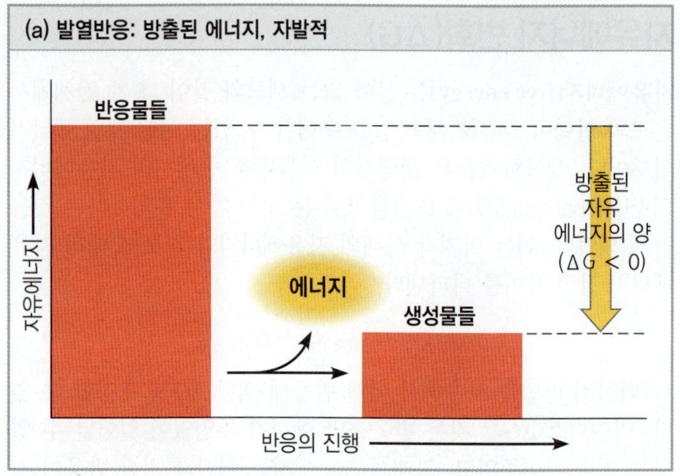

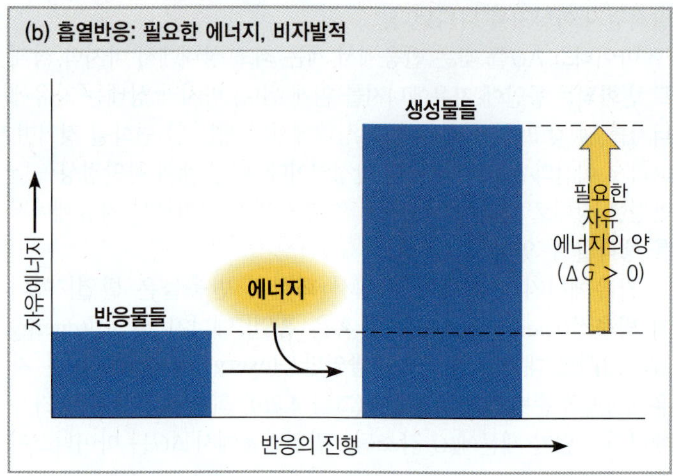

ATP는 발열반응과 흡열반응을 짝지어줌으로써 세포작용에 필요한 원동력을 공급한다

세포는 세 가지 종류의 중요한 일을 한다.

- 화학적 일(chemical work), 단량체로부터 중합체의 합성과 같이 자발적으로 발생하지 않는 흡열반응의 추진
- 수송 작업(transport work), 자발적인 이동 방향을 거슬러서 물질들을 막을 통해 퍼올리는 일
- 기계적인 일(mechanical work), 섬모의 움직임과 근육세포의 수축 그리고 세포 복제 동안의 염색체들의 이동

이와 같은 일을 하게끔 세포가 그 에너지 자원들을 관리하는 방법의 중요한 특성의 하나는 발열과정을 이용하여 흡열과정을 추진하게 하는 **에너지 연계(energy coupling)**이다. ATP는 세포 내의 대부분의 에너지 연계를 중재하는 책임이 있으며, 대부분의 경우 동력을 공급하는 직접적인 에너지원으로서 작용한다.

ATP의 구조와 가수분해

ATP(아데노신 3인산, adenosine triphosphate)는 질소성 염기인 아데닌을 갖는 리보스 당과 그것에 결합된 일련의 3개의 인산기를 갖는다(**그림 4.3a**). 에너지 연계에서의 역할뿐 아니라, ATP는 RNA를 만들 때 사용되는 뉴클레오사이드 3인산 중의 하나이기도 하다.

ATP 인산기들 간의 결합은 가수분해로 끊어진다. 말단 인산결합이 끊어지면, 한 분자의 무기인산($HOPO_3^{2-}$, 이 책 전체에서 약자로 Ⓟ$_i$ 사용)이 ATP에서 떨어진다. 이렇게 아데노신 3인산은 아데노신 2인산인 ADP가 된다(**그림 4.3b**). 그 반응은 발열반응이며 가수분해되는 ATP 1몰당 7.3 kcal의 에너지가 방출된다.

$$\text{ATP} + H_2O \rightarrow \text{ADP} + Ⓟ_i$$
$$\Delta G = -7.3 \text{ kcal/mol } (-30.5 \text{ kJ/mol})$$

이것은 표준조건 하에서 측정된 자유에너지이다. 세포 내에서 조건들은 주로 반응물이나 생성물이 1 *M* 과는 차이나기 때문에 표준조건을 충족시키지 못한다. 예를 들어, 세포의 조건 하에서 ATP 가수분해가 일어난다면, 실제 ΔG는 약 −13 kcal/mol로서, 표준조건 하에서의 ATP 가수분해에 의해서 방출되는 에너지보다 78%

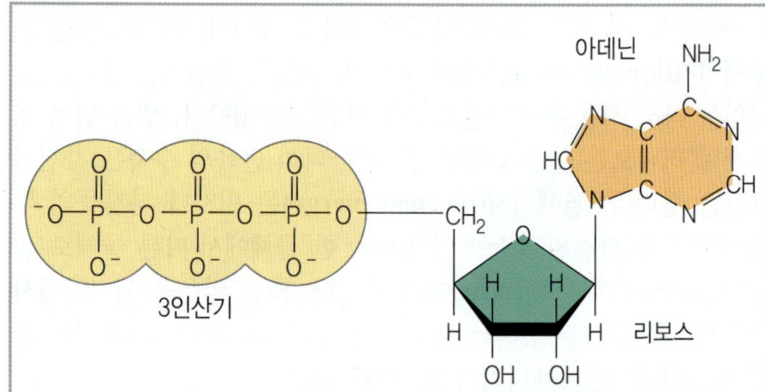

(a) **ATP의 구조.** 세포 내에서 인산의 대부분의 수산기는 이온화(—O⁻)된다.

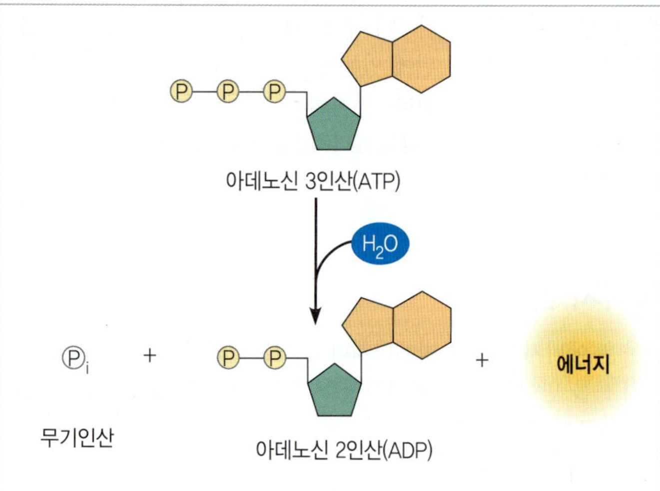

(b) **ATP의 가수분해.** ATP와 물의 반응은 무기인산(Ⓟ$_i$)과 ADP를 생성하며 에너지를 방출한다.

▲ **그림 4.3 아데노신 3인산(ATP)의 구조와 가수분해.** 이 교과서 전체에서 (a)에 보이는 3인산 그룹의 화학구조를 (b)에서 보여주는 3개의 연결된 노란색 동그라미로 표시한다.

더 크다.

ATP 인산결합들의 가수분해는 에너지를 방출하기 때문에 때때로 그들을 고에너지 인산결합이라고 부르기도 하는데, 그러나 이 용어는 오해의 소지가 있다. ATP의 인산결합은 "고에너지(high-energy)"가 암시하는 것처럼 비정상적으로 강한 결합은 아니며, 오히려 반응물들(ATP와 물) 그 자체가 생성물들(ADP와 Ⓟ$_i$)의 에너지에 비해 높은 에너지를 갖는다. ATP 가수분해 동안의 에너지 방출은 더 낮은 자유에너지 상태로의 화학적 변화에서 나오지 인산결합 자체에서 나오는 것은 아니다.

ATP가 인산기를 잃으면서 방출하는 에너지는 대부분의 다른 분자들이 배출하는 에너지보다는 다소 크기 때문에 ATP는 세포에 매우 유용하다. 그러면 이 가수분해가 왜 그렇게 많은 에너지를 방출할까? 만약 우리가 그림 4.3a의 ATP 분자를 재조사해 보면, 모든 3개의 인산기가 음전하를 갖는다는 것을 알 수 있다. 이 같은 전하들이 함께 혼잡하게 있으면, 그들의 상호 반발력은 ATP 분자의 이 지역을 불안정하게 한다. ATP의 3인산 꼬리는 꾹 눌려진 스프링과 화학적으로 동등하다.

ATP의 가수분해는 어떻게 일을 수행하나

시험관 내에서 ATP가 가수분해될 때, 자유에너지 방출은 단지 주변 물만 데울 뿐이다. 생물에서는 똑같은 열의 생성이 때때로 유익할 수 있다. 예를 들어, 오한으로 몸을 떠는 과정은 근육이 수축되는 동안의 ATP 가수분해를 사용하여 신체를 따뜻하게 한다. 하지만 세포 내의 대부분의 경우에서 단순한 열의 생성은 유용한 에너지 자원을 비능률적(그리고 어쩌면 위험한)으로 사용한 것이다. 반면에 세포의 단백질들은 여러 가지 방법으로 ATP 가수분해 동안 에너지를 방출하게 하여 세 가지 유형의 일—화학적, 수송, 기계적—을 수행한다.

예를 들어, 특정한 효소들의 도움으로 세포는 ATP 가수분해에서 방출되는 에너지를 흡열과정인 화학반응이 일어나는데 직접 사용할 수 있다(**그림 4.4**). 만약 어떤 흡열반응의 G가 ATP 가수분해에 의해 방출되는 에너지의 양보다 적다면, 그 두 반응은 연계될 수 있고, 그래서 연계된 전체 반응은 발열반응이 된다. 이는 대개 ATP의 인산기가 생성물과 같은 어떤 다른 분자에 전달되는 인산화를 포함한다(그림 4.4b). 그때 인산기의 수령자는 **인산화된 중간산물(phosphorylated intermediate)**이라고 한다. ATP에 의한 발열반응과 흡열반응 연계의 핵심은 인산화되지 않았던 원래 분자보다 반응성이 더 있는(덜 안정적인), 이러한 인산화된 중간산물의 형성이다.

또한 세포의 수송과 기계적인 일은 거의 항상 ATP 가수분해에 의해서 동력을 제공받는다. 이러한 경우에 ATP 가수분해는 단백질의 모양과 그리고 자주 다른 분자와 결합하는 능력에 변화를 가져다준다. 때때로 이는 **그림 4.5a**의 수송 단백질에 대해서 보여주는 것처럼 어떤 인산화된 중간산물을 통해서 일어난다. 세포골격 요소를 따라 운동 단백질들이 "걸어가는(walking)" 것(**그림 4.5b**) 등을 포함하는 기계적인 일의 대부분의 경우에는 운동 단백질에

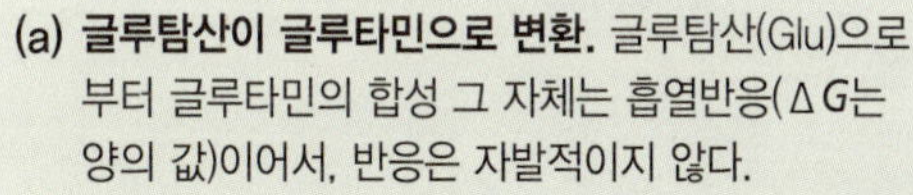
(a) 글루탐산이 글루타민으로 변환. 글루탐산(Glu)으로부터 글루타민의 합성 그 자체는 흡열반응(ΔG는 양의 값)이어서, 반응은 자발적이지 않다.

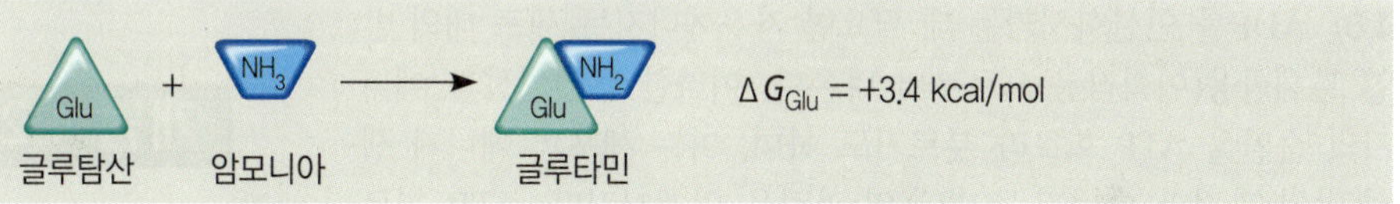

(b) ATP 가수분해와 연계된 변환반응: 세포에서 글루타민 합성은 인산화된 중간산물과 연계되어 두 단계로 일어난다. ❶ ATP는 글루탐산을 인산화하여 덜 안정적이게 만든다. ❷ 암모니아는 인산기를 대체하고 글루타민을 만든다.

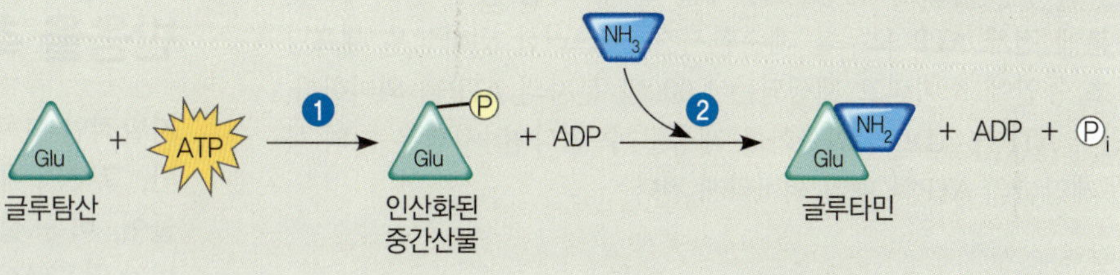

(c) 연계된 반응의 자유에너지 변화: 글루탐산의 글루타민으로의 변환에 대한 ΔG(+3.4 cal/mol)를 ATP 가수분해에 대한 ΔG(−7.3 kcal/mol)와 합치면 전체 반응에 대한 자유에너지 변화(−3.9 kcal/mol)가 나온다. 전체 반응은 발열반응(순 ΔG가 음의 값)이므로 자발적으로 일어난다.

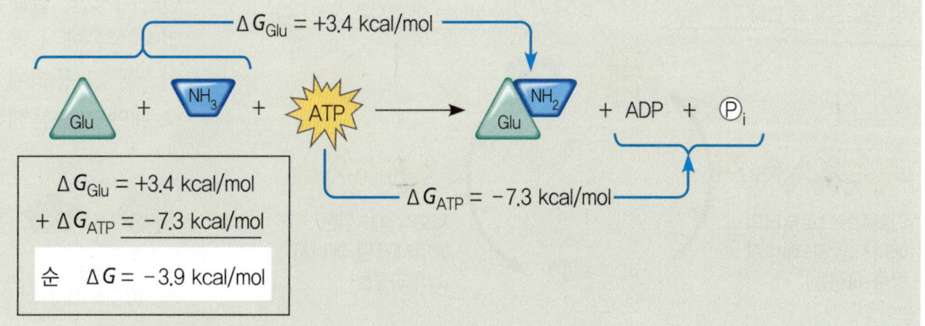

▲ **그림 4.4 ATP는 어떻게 화학적 일을 수행하는가: ATP 가수분해를 이용한 에너지 연계.** 이번 예에서, ATP 가수분해의 발열과정은 흡열과정—글루탐산과 암모니아로부터 아미노산인 글루타민의 세포내 합성—을 추진하는 데 이용된다.

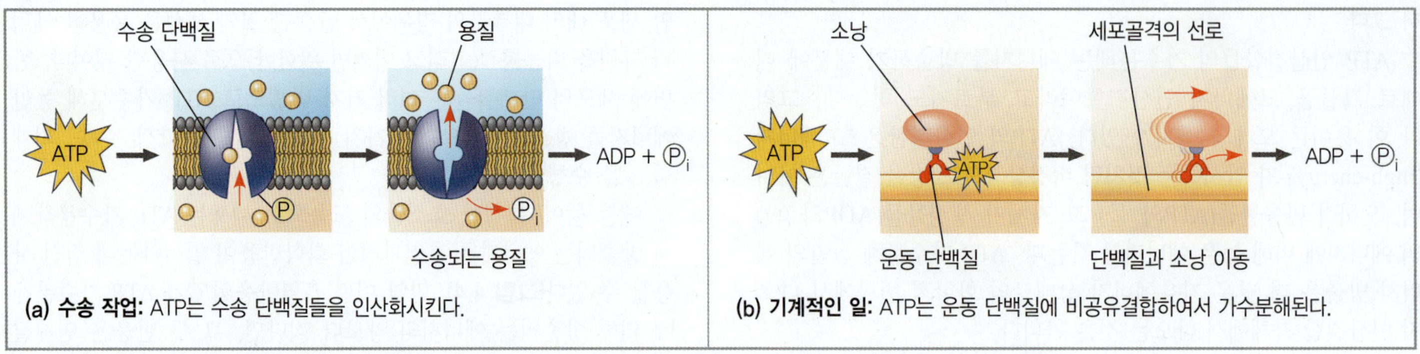

▲ **그림 4.5 ATP는 어떻게 수송 및 기계적인 작업을 추진하는가.** ATP 가수분해는 단백질의 모양과 결합 친화력을 변화시킨다. 이는 (a) 용질의 적극적 수송을 수행하는 막단백질에서 보여주는 것처럼 인산화에 의해서 직접적으로(그림 5.14), 혹은 (b) 세포 내에서 세포골격의 "선로(tracks)"를 따라 소낭들(그리고 다른 소기관들)을 이동시키는 운동 단백질의 경우(그림 4.21)에서처럼 ATP의 비공유결합과 그 가수분해 산물을 통해서 간접적으로 일어난다.

ATP가 비공유결합으로 결합하는 것에서부터 처음 시작된다. 다음에는 ATP가 가수분해되어 ADP와 Ⓟi를 방출한다. 그런 다음 다른 ATP 분자가 결합한다. 각 단계마다 운동 단백질은 그 모양과 세포골격에 결합하는 능력이 변하면서 세포골격의 선로를 따라서 단백질이 이동하게 된다. 또한 인산화와 탈인산화는 세포신호전달 과정에서 중요한 단백질의 모양을 바꾸도록 하기도 한다.

ATP의 재생

생물은 일을 하면서 계속적으로 ATP를 사용하지만, ATP는 ADP에 인산을 첨가하여 재생될 수 있는 갱신 가능한 자원이다**(그림 4.6)**. ADP를 인산화시키는 데 필요한 자유에너지는 세포 내의 발열 분해반응(이화작용)으로부터 나온다. 이러한 무기인산과 에너지의 순환을 ATP 회로라 부르기도 하며, 이는 세포의 에너지 생성(발열)과정과 에너지 소비(흡열)과정을 연계시킨다. ATP 회로는 놀라운 속도로 진행된다. 예를 들어, 작업 중인 근육세포는 1분에 전체 ATP 모두를 재순환시킨다. 그러한 뒤바뀜은 세포당 1초 동안에 소비되고 재생되는 1,000만 분자의 ATP를 의미한다. 만약 ATP가 ADP의 인산화로 재생될 수 없다면, 사람은 거의 몸무게만큼의 ATP를 매일 써버리게 된다.

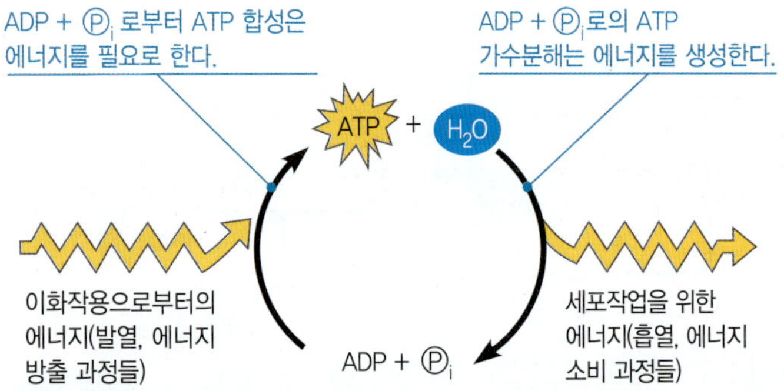

▲ **그림 4.6 ATP 회로.** 세포 내의 분해반응들(이화작용)에 의해서 방출된 에너지는 ADP 인산화에 사용되어 ATP를 재생한다. ATP에 저장된 화학적 위치 에너지는 대부분의 세포 작업을 가동시킨다.

가역적 과정의 양방향 모두 내리막을 갈 수 없기 때문에, ADP와 Ⓟi로부터 ATP의 재생은 반드시 흡열반응이다.

$$\text{ADP} + \text{Ⓟ}_i \rightarrow \text{ATP} + H_2O$$
$$\Delta G = +7.3 \text{ kcal/mol } (+30.5 \text{ kJ/mol}) \text{ (표준조건)}$$

ADP와 Ⓟi로부터의 ATP 생성은 자발적이 아니기 때문에 그것이 발생되기 위해서는 자유에너지를 사용하여만 한다. 이화작용의(발열의) 경로, 특히 세포호흡은 ATP를 만드는 흡열과정을 위한 에너지를 제공한다. 또한 식물은 ATP를 생성하기 위하여 빛에너지를 사용한다. 따라서 ATP 회로는 이화 경로에서 동화 경로로 이전되는 동안 에너지가 통과하는 일종의 회전문이다.

개념 4.2

효소는 에너지 장벽을 낮춤으로써 대사 반응을 촉진한다

자발적인 화학반응은 외부 에너지의 어떠한 요구도 없이 발생하지만, 그것은 매우 천천히 일어나서 감지할 수 없을 수도 있다. 예를 들어, 비록 설탕이 포도당과 과당으로 가수분해되는 것은 자유에너지 방출($\Delta G = -7$ kcal/mol)과 함께 자발적으로 발생하는 발열 반응이지만, 멸균된 물에 녹인 설탕 용액은 가수분해를 감지할 수 없이 실온에서 몇 년간 둘 수 있다. 하지만 적은 양의 효소 수크레이스를 그 용액에 첨가하면, 그때는 아래 그림처럼 모든 설탕이 수초 내에 가수분해된다.

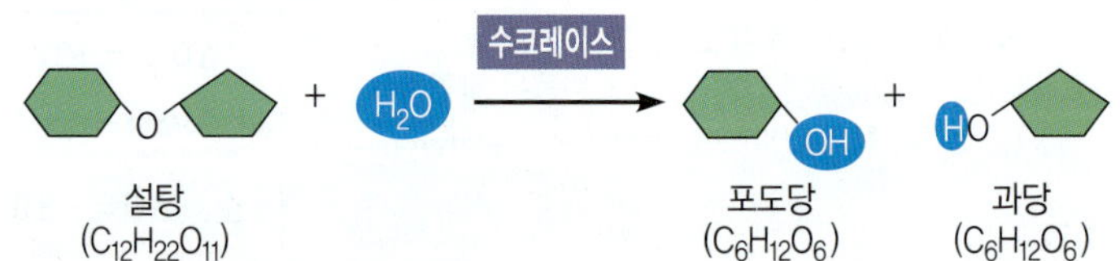

효소는 어떻게 이 일을 하는가?

효소(enzyme)는 거대분자이며, 반응에 의해서 소모되지 않으면서 반응을 촉진시키는 화학적 매개체인 **촉매(catalyst)**처럼 작용한다.

활성화 에너지 장벽

분자들 간의 모든 화학반응은 결합 절단과 결합 형성 모두를 포함한다. 위의 그림에서, 설탕의 가수분해는 포도당과 과당 사이의 결합과 물분자 결합 중의 하나를 절단하고, 2개의 새로운 결합을 형성하는 것을 포함한다.

어떤 반응을 시작하기 위해 초기에 투입되는 에너지—반응분자를 뒤틀게 해서 결합을 절단시키기 위해 요구되는 에너지—는 활성화 자유에너지(free energy of activation) 혹은 **활성화 에너지(activation energy)**로 알려져 있으며, 이 책에서는 약자로 E_A로 표시하였다. 우리는 에너지 장벽 혹은 오르막으로 반응물을 밀어 넘겨서 반응의 "내리막(downhill)" 부분을 시작할 수 있게 하기 위해 요구되는 에너지의 양으로서 활성화 에너지를 생각할 수 있다. 활성화 에너지는 대개 반응분자들이 주변으로부터 받아들이는 열에너지 형태의 열로서 공급된다. 열에너지의 흡수는 반응분자들을 가속화시켜서 더 자주 그리고 더 힘차게 충돌하게 만든다. 또한 분자들에 있는 원자들을 동요시켜서 결합이 절단될 가능성이 훨씬 높게 한다. 결합을 끊기 위한 충분한 에너지를 분자들이 흡수하게 되면 반응물들은 전이 상태(transition state)라고 알려진 불안정한 조건에 놓이게 된다.

효소는 어떻게 반응을 촉진시키는가

효소는 온화한 온도에서도 전이 상태에 도달하기 충분한 에너지를 반응분자가 흡수할 수 있게 E_A 장벽을 낮춤으로써 반응을 촉매한다(그림 4.7). 효소는 반응의 ΔG를 바꾸지는 못하며 흡열반응을 발열반응으로 만들 수도 없다. 효소는 단지 궁극적으로 어떻게든 일어나게 될 반응을 재촉할 수 있으며, 세포가 역동적인 물질대사를 할 수 있게 하여 대사 경로들에서 화학물질들이 원활하게 왕래하게 해준다. 또한 효소는 촉매하는 반응에 매우 특이적이며, 그래서 효소는 어떤 특정한 시기에 세포 내에서 어떤 화학적 과정이 진행되어야 할 것인가를 결정한다.

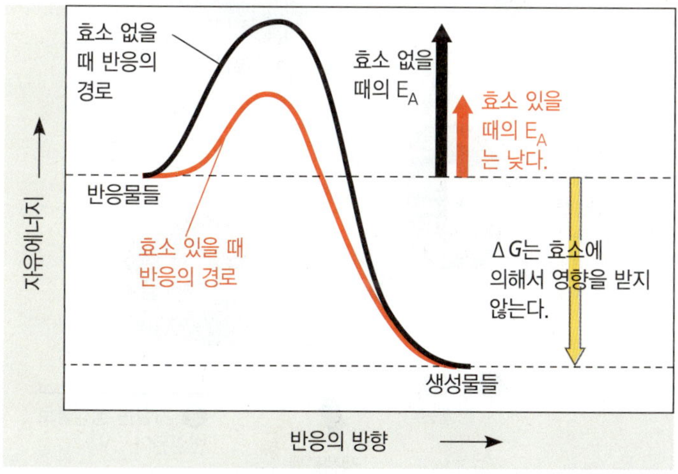

▲ **그림 4.7 활성화 에너지에 대한 효소의 효과.** 특정 반응에 대한 자유에너지 변화(ΔG)에 영향을 주지 않고, 효소는 그 활성화 에너지(E_A)를 감소시킴으로써 반응을 촉진한다.

효소의 기질 특이성

효소가 작용하는 반응물은 효소의 **기질(substrate)**이라고 부르기도 한다. 효소는 그 기질에 붙어서 **효소-기질 복합체(enzyme-substrate complex)**를 형성한다. 효소와 기질이 결합하는 동안 효소의 촉매 작용은 기질을 그 반응의 생성물(혹은 생성물들)로 변환한다. 전체 과정은 다음과 같이 요약될 수 있다.

효소 + 기질(들) ⇌ 효소-기질 복합체 ⇌ 효소 + 생성물(들)

예를 들어, 수크레이스 효소(대부분의 효소 이름은 *-ase*로 끝남)는 이당류인 설탕을 2개의 단당류인 포도당과 과당으로 가수분해하는 것을 촉매한다(개념 4.2의 도입부에 예시된 식 참조).

수크레이스 + 설탕 + H_2O ⇌ 수크레이스-설탕-H_2O 복합체 ⇌ 수크레이스 + 포도당 + 과당

각 효소에 의해서 촉매되는 반응은 매우 특이적이며, 밀접하게 관련이 있는 화합물들 중에서도 효소는 그의 특이적인 기질을 인지할 수 있다. 효소는 단백질이며 단백질은 고유의 3차원 구조를 갖는 거대분자라는 것을 생각하라. 아미노산 서열의 결과인 그의 모양에서 효소의 특이성이 기인된다.

효소 분자의 제한적인 부위만 실제로 기질에 붙는다. **활성 부위(active site)**로 알려진 이 부위는 단백질의 표면에 있는 전형적인 주머니 혹은 홈으로써 촉매 작용이 일어나는 곳이다(그림 4.8a). 대개 활성 부위는 효소의 단지 몇 개의 아미노산에 의해서 형성되며, 단백질 분자의 나머지 부분은 활성 부위의 모양을 결정하는 틀을 제공한다.

효소는 주어진 모양으로 짜맞춰진 경직된 구조가 아니다. 사실 최근 생화학자들의 연구는 효소들은 각 "자세(pose)"에 대한 약간의 자유에너지 차이를 갖는 역동적 평형에 있으며 미묘하게 다른 모양들 간에 "춤을 추는(dance)" 것 같다는 것을 명확하게 보여준다. 기질에 최적합한 모양은 가장 낮은 에너지를 갖는 것일 필요는 없고, 효소가 그 모양을 잡는 매우 짧은 시간에 효소의 활성 부위는 기질과 결합할 수 있다. 또한 활성 부위 그 자체는 기질을 위한 딱딱한 그릇이 아니다. 기질이 활성 부위에 들어가면, 기질의 화학기와 활성 부위를 결정하는 아미노산의 곁사슬들에 있는 화학기 간의 상호작용 때문에 효소는 모양을 약간 변화시킨다. 이러한 모양 변화는 활성 부위가 기질 주변에 훨씬 더 안락하게 맞게 한다(그림 4.8b). **유도적합(induced fit)**이라 불리는 이렇게 초기 접촉 후에 더 완고하게 결합하는 것은 꼭 쥐는 악수와 같다. 유도적합은 활성 부위의 화학기가 화학반응을 촉매하는 능력이 높아지는 위치에 오도록 한다.

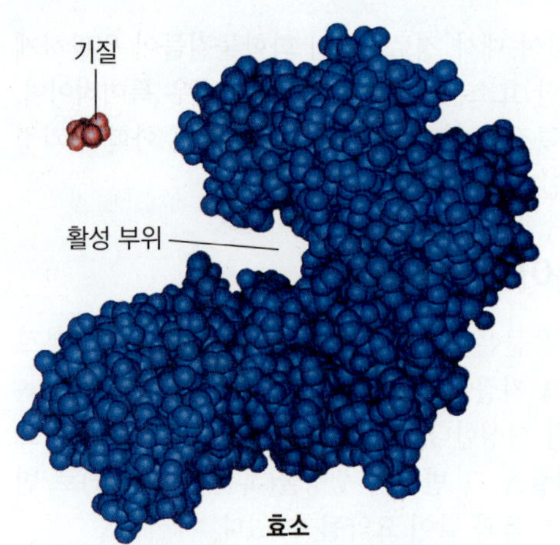

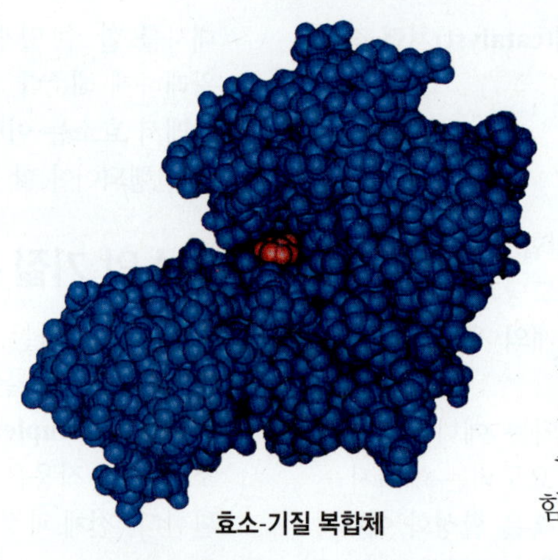

(a) 효소 헥소카이네이스(파란색)의 이 공간채움 모형에서 활성 부위는 표면에 틈을 형성한다. 효소의 기질은 포도당(빨간색)이다.

(b) 기질이 활성 부위에 들어가게 되면 단백질과 약한 결합을 형성하고 단백질 모양의 변화를 유도한다. 이러한 변화는 추가적인 약한 결합들이 형성되게 하여 활성 부위가 기질을 껴안고 그 자리에 머물게 한다.

▲ **그림 4.8 효소와 그 기질 간의 유도적합**

효소 활성 부위에서의 촉매 작용

대부분의 효소 반응에서 기질은 수소결합이나 이온결합 같은 약한 상호작용으로 활성 부위에 붙어 있게 된다. 활성 부위를 만드는 소수의 아미노산의 R기들은 기질이 생성물로 변환되는 것을 촉매하며, 그 생성물은 활성 부위를 벗어난다. 효소는 그런 다음 자유롭게 또 다른 기질 분자를 그 활성 부위로 끌어들인다. 전반적인 순환은 매우 빠르게 일어나서 단일 효소 분자는 일반적으로 1초에 약 1,000개의 기질 분자에 작용한다. 어떤 효소들은 훨씬 더 빠르다. 다른 촉매제와 같이 효소는 반응 후에 원형을 회복한다. 따라서 매우 적은 양의 효소는 촉매 순환에 몇 번이고 되풀이하여 기능함으로써 물질대사에 큰 영향을 줄 수 있다. **그림 4.9**는 2개의 기질과 2개의 생성물이 포함된 촉매 순환을 보여준다.

대부분의 대사 반응은 가역적이며, 효소는 어느 쪽 방향이 음의 ΔG 값을 갖느냐에 따라 전진 혹은 후진 반응을 촉매할 수 있다. 이는 주로 반응물과 생성물의 상대적인 농도에 따라 달라진다. 순효과는 언제나 평형 방향이다.

효소는 활성화 에너지를 낮추고 반응을 가속화시키는 다양한 기작을 사용한다. 첫째, 2개 혹은 그 이상의 반응물이 포함되는 반응에서 활성 부위는 그들 간에 일어나는 반응을 위해 기질들이 적절한 배치로 모여질 수 있는 모형을 제공한다(그림 4.9의 ❷ 단계). 둘째, 효소의 활성 부위는 붙은 기질을 꼭 붙듦으로써 기질분자를 전이 상태 형태로 뻗도록 하여, 반응 동안에 절단되어야 되는 결정적인 화학결합을 압박하여 휘게 한다. E_A는 결합을 절단하는 어려움에 비례하기 때문에, 기질을 뒤틀리게 하는 것은 전이 상태로 다가서게 도와주며, 그 상태를 달성하기 위해 흡수되어야만 하는 자유에너지의 양을 감소시킨다.

셋째, 활성 부위는 또한 효소가 없는 용액 그 자체보다는 특정 유형의 반응에 보다 작동이 잘되는 미세 환경을 제공한다. 예를 들어, 만약 산성의 R기들을 갖는 아미노산을 활성 부위가 갖고 있다고 하면, 활성 부위는 다른 상황이었다면 중성이었을 세포에서 낮은 pH 포켓이 된다. 그런 경우, 산성의 아미노산은 반응 촉매의 핵심 단계로서 기질로의 H^+ 전이를 촉진시킨다.

촉매반응의 네 번째 기작은 화학반응에서 활성 부위가 직접 참여하는 것이다. 때때로 이 과정은 기질과 효소의 특정 아미노산의 곁사슬 사이에 형성되는 단시간의 공유결합을 포함한다. 반응의 다음 단계는 곁사슬을 원 상태로 재생하여, 활성 부위는 반응 후와 반응 전이 같게 된다.

일정량의 효소가 기질을 생성물로 변환시키는 속도는 부분적으로 기질의 최초 농도의 함수이다. 즉, 가용할 기질 분자가 더 많으면, 기질은 효소 분자의 활성 부위에 더 빈번하게 접근한다. 하지만 고정된 효소 농도에 더 많은 기질을 첨가함으로써 얼마나 빠르게 반응이 일어나게 될 수 있을지는 제한이 있다. 어떤 지점에서는 기질 농도가 충분히 높아서 모든 효소 분자들의 활성 부위가 사용 중에 있게 된다. 생성물이 활성 부위를 떠나자마자, 또 다른 기질 분자가 들어가게 된다. 이때의 기질 농도에서 효소는 **포화되었다(saturated)**라고 말하며, 활성 부위가 기질을 생성물로 변화시킬 수 있는 속도에 의해서 반응 속

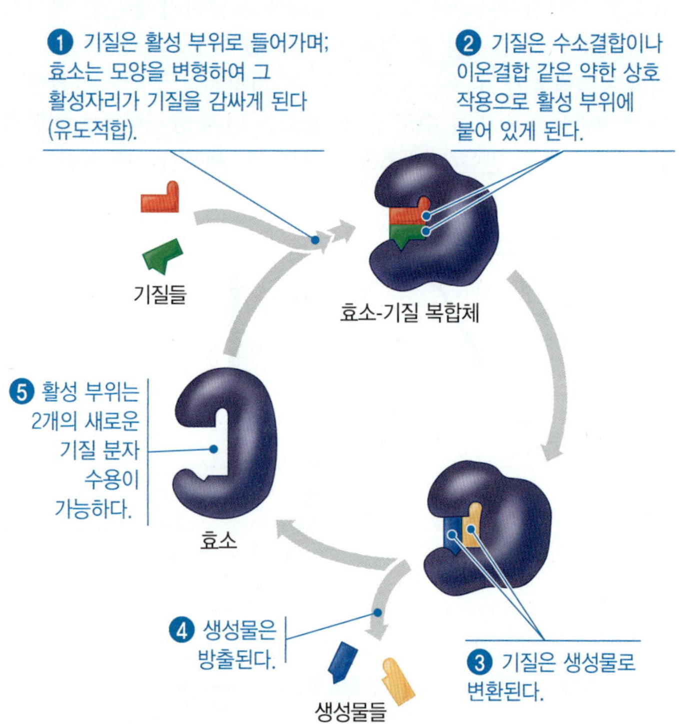

▲ **그림 4.9 효소의 활성 부위와 촉매 순환.** 효소는 하나 혹은 그 이상의 반응물 분자를 하나 혹은 그 이상의 생성물 분자로 변환시킬 수 있다. 여기서 보여주는 효소는 2개의 기질 분자를 2개의 생성물 분자로 변환시킨다.

도가 결정된다. 어떤 효소 집단이 포화되었을 때, 생성물의 생성 속도를 증가시키는 유일한 방법은 더 많은 효소를 추가하는 것이다. 세포는 때때로 더 많은 효소 분자를 생성함으로써 반응의 속도를 증가시킨다.

효소 활성에 대한 국부 조건의 효과

효소의 활성—얼마나 효율적으로 효소가 기능하는지—은 온도와 pH와 같은 일반적인 환경요소들에 의해서 영향을 받는다. 또한 그 효소에 특이적으로 영향을 주는 화학물질들에 의해서 영향을 받을 수 있다. 사실 연구자들은 그러한 화학물질들을 사용하여 효소 기능에 관한 많은 것을 알게 되었다.

온도와 pH의 효과

단백질의 3차원 구조는 환경에 민감하다. 결과적으로 각 효소는 어떤 조건 하에서 다른 어떤 조건에서 보다 더 일을 잘하는데, 그것은 이들 **최적 조건**(optimal condition)에서는 효소가 가장 활동적인 형태를 갖기에 유리하기 때문이다.

온도와 pH는 효소 활성에 중요한 환경요인들이다. 분자들이보다 민첩하게 움직일 때 기질은 활성 부위에 더 빈번하게 충돌하기 때문에 효소 반응의 속도는 어느 정도까지는 온도가 높아짐에 따라 증가한다. 하지만 그 온도 이상이 될 때는 효소 반응의 속도는 급격히 떨어진다. 효소 분자의 열에 의한 동요는 활성 모양을 안정화시키는 수소결합과 이온결합 그리고 다른 약한 상호작용들을 파괴시키며, 결국은 단백질 분자를 변성시킨다. 각 효소는 그 반응 속도가 최대가 되는 최적 온도를 갖는다. 최적 온도는 효소가 변성되지 않으면서, 분자 충돌의 횟수가 가장 많고 반응물이 생성물 분자로 최대한 빠르게 변환되도록 한다. 대부분의 인체 효소는 약 35~40℃(사람의 체온에 근접한)의 최적 온도를 갖는다. 온천에 사는 내열성 박테리아는 최적 온도가 70℃ 혹은 그 이상인 효소를 갖고 있다**(그림 4.10a)**.

효소마다 최적 온도를 갖고 있는 것과 같이 효소는 또한 가장 활성이 좋은 pH를 갖는다. 대부분 효소의 최적 pH는 pH 6~8의 범위에 있으나 예외가 있다. 예를 들어, 인체의 위장에 있는 소화효소인 펩신은 pH 2에서 가장 일을 잘 한다. 그러한 산성 환경은 대부분의 효소들을 변성시키지만, 펩신은 산성의 환경인 위장에서 기능적인 3차원적 구조를 유지하도록 적응되었다. 반면에 알칼리성 환경인 인체의 장에 존재하는 소화효소인 트립신은 최적 pH가 8이며, 위장에서는 변성된다**(그림 4.10b)**.

보조인자

많은 효소들은 촉매 활성을 위하여 비단백질 협력자들이 필요하다. **보조인자(cofactor)**라 불리는 이러한 부가물들은 영구적 거주자로서 효소에 단단히 붙어 있기도 하고, 기질에 따라서 느슨하게 그리고 가역적으로 붙는 수도 있다. 몇몇 효소의 보조인자들은 이온형태의 금속원소인 아연, 철, 구리와 같이 무기물이다. 보조인자가 유기물질일 때는 그것을 보다 명확하게 **조효소(coenzyme)**라 부른다. 대부분의 비타민들은 조효소이거나 조효소를 구성하는 원료로 작용하기 때문에 영양소로 중요하다. 보조인자들은 다양한 방법으로 기능하는데, 사용되는 모든 경우에서 보조인자는 촉매작용에 결정적인 기능을 한다.

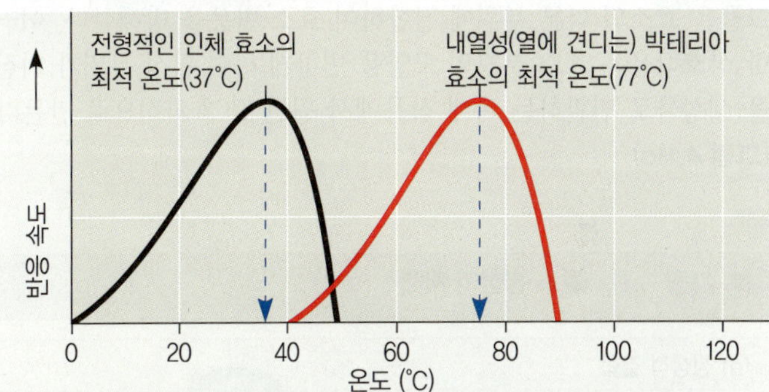

(a) 사진은 네바다 간헐천의 온수에서 번성하는 호열성 시아노박테리아(녹색)를 보여준다. 그래프는 호열성 박테리아인 *Thermus oshimai* 효소(75℃)와 인체 효소(체온, 37℃)의 최적 온도를 비교한다.

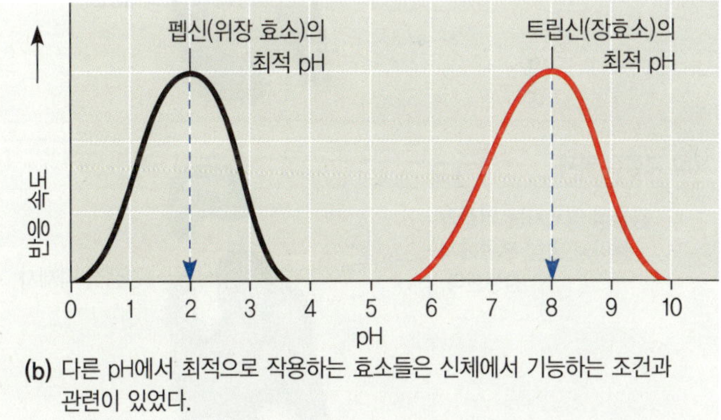

(b) 다른 pH에서 최적으로 작용하는 효소들은 신체에서 기능하는 조건과 관련이 있었다.

▲ **그림 4.10 효소 활성에 영향을 주는 환경요인들.** 각 효소마다 가장 활동적인 단백질 분자체의 구조에 알맞은 최적 **(a)** 온도와 **(b)** pH를 갖는다.

효소 억제자

어떤 화학물질들은 특정 효소의 작용을 선택적으로 저해한다. 간혹 억제자가 효소에 공유결합으로 붙는데, 이런 경우에 저해는 언제나 비가역적이다. 하지만 많은 효소 억제자는 약한 상호작용으로 효소에 붙고 이 경우 저해는 가역적이다. 몇몇 가역적 억제자는 정상적인 기질 분자와 닮았으며 활성 부위에 들어가기 위해 경쟁한다(그림 4.11a,b). **경쟁적 억제자(competitive inhibitor)**라 불리는 이러한 모조품은 기질이 활성 부위에 들어가는 것을 막음으로써 효소의 생산성을 감소시킨다. 이러한 종류의 저해는 기질의 농도를 증가시킴으로써 극복할 수 있는데, 그래서 활성 부위가 이용 가능하게 될 때, 억제자 분자들보다 더 많은 기질 분자들이 활성 부위 주변에 있어서 그 자리에 들어가서 차지할 수 있다.

반면에 **비경쟁적 억제자(noncompetitive inhibitor)**는 효소에 붙는 기질과 활성 부위에서 직접적으로 경쟁하지 않는다. 대신에 그들은 효소의 다른 부위에 결합하여 효소 반응을 방해한다. 이러한 상호작용은 효소 분자의 모양을 변하게 하여 활성 부위가 기질을 생성물로 변환하는 촉매 작용에서 훨씬 덜 효과적으로 만든다(그림 4.11c).

▼ 그림 4.11 효소 활성의 저해

(a) 정상적 결합

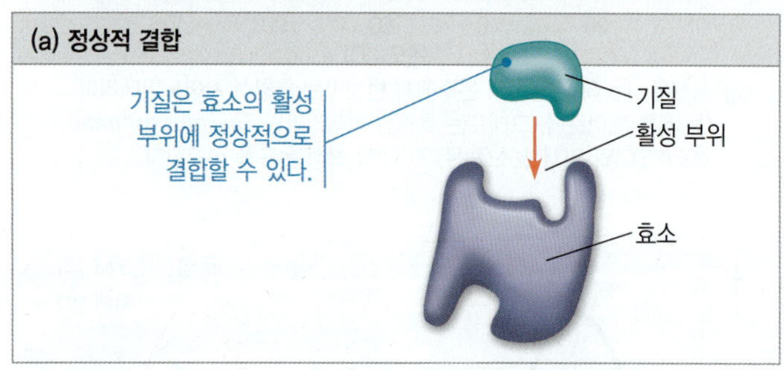

(b) 경쟁적 억제

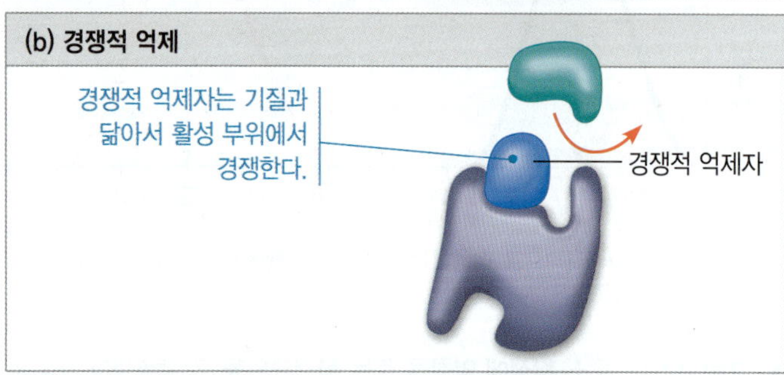

(c) 비경쟁적 억제

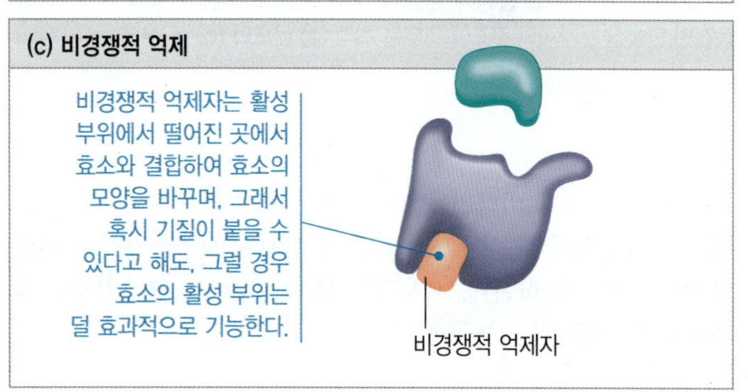

독소와 독극물은 흔히 비가역적 효소 억제자이다. 한 가지 예는 신경가스인 사린(sarin)이다. 사린은 1995년 도쿄 지하철에서 테러범들에 의해서 살포되었으며 여러 명이 죽고 많은 사람들이 상해를 입었다. 이 작은 분자는 신경계에서 중요한 효소인 아세틸콜린 에스터레이스의 활성 부위에서 발견되는 아미노산인 세린의 R기에 공유결합으로 붙는다. 다른 예로는 신경계의 핵심 효소의 저해제인 살충제 DDT와 파라티온이 포함된다. 최종적으로 많은 항생제들은 박테리아의 특정 효소의 저해제들이다. 예를 들어, 페니실린은 많은 박테리아가 그들의 세포벽을 만들 때 사용하는 효소의 활성 부위를 방해한다.

물질대사에 독성물질인 효소 저해제들을 언급하게 되면, 효소 저해는 일반적으로 비정상적이고 유해하다는 인상을 받게 된다. 사실 세포에 자연적으로 존재하는 분자들은 종종 억제자로 작용함으로써 효소 활성을 조절한다. 그러한 조절—선택적 억제—은 세포 물질대사의 통제에 필수적이다.

효소의 진화

진화 지금까지 생화학자들은 다양한 종에서 4,000가지 이상의 다른 효소들을 식별하였는데, 이는 아마도 전체 효소 중에서 극히 일부분일 것이다. 어떻게 이렇게 많은 효소들이 생겨났을까? 대부분의 효소들은 단백질이고 단백질들은 유전자로 부호화되어 있다는 것을 상기하라. 돌연변이(mutation)처럼 어떤 유전자에서 영구적인 변화가 있으면 하나 이상의 변화된 아미노산을 갖는 단백질을 만들게 될 것이다. 효소의 경우에 활성 부위나 다른 어떤 중요한 부위에 아미노산이 바뀐다면, 변경된 그 효소는 새로운 활성을 갖거나 아니면 다른 기질과 결합할 수도 있게 된다. 그 새로운 기능이 생체에 유용한 환경 상태에 있다면, 자연선택은 그 유전자의 변이 형태를 오히려 선호하게 되어 집단 내에서 존속하게 한다. 이러한 단순화된 모형은 과거 수십억 년의 생명의 역사에서 수많은 다른 효소들이 출현할 수 있었던 주요 수단으로 일반적으로 받아들여진다.

개념 4.3

효소 활성의 조절은 물질대사를 통제하는 데 도움이 된다

세포의 모든 물질대사 경로가 동시에 작동된다면 화학적 무질서가 생기게 될 것이다. 다양한 효소가 언제 그리고 어디서 활동하는가를 통제함으로써 물질대사 경로들을 엄격하게 조절하는 세포의 능력은 생명체의 과정에서 본질적이다. 세포는 특정한 효소를 암호화하는 유전자를 켜거나 끄게 하거나, 유전자가 만들어 낸 효소의 활성을 조절함으로써 이런 일을 한다.

효소의 다른 자리 입체성 조절

많은 경우에 세포 내에서 효소 활성을 자연적으로 조절하는 분자들은 가역적 비경쟁적 억제자와 다소 비슷하게 작용한다(그림 4.11c). 이 조절 분자들은 비공유결합으로 효소 분자 어딘가의 부위에 결합함으로써 활성 부위의 기능과 효소의 모양을 변화시킨다. **다른 자리 입체성 조절(allosteric regulation)**은 조절 분자가 떨어진 다른 부위에 붙음으로써 한 부위의 단백질의 기능이 영향을 받는 경우를 설명하는 데 사용되는 용어이다.

이는 효소의 활성을 저해하거나 혹은 자극하는 결과를 초래하게 된다.

다른 자리 입체성 조절의 활성화와 저해

다른 자리 입체성으로 조절되는 것으로 알려진 대부분의 효소들은 2개이거나 그 이상의 소단위로 구성되어 있으며, 각 소단위는 저마다의 활성 부위를 갖는 단일 폴리펩타이드 사슬로 구성된다. 전체 복합체는 두 가지 다른 형태를 번갈아 왔다갔다 하는데, 한 가지는 촉매 반응에 활성이 있고 다른 것은 불활성이다(그림 4.12a). 가장 간단한 종류의 다른 자리 입체성 조절에서 활성화 혹은 억제 조절 분자는 소단위들이 만나는 곳에 흔히 위치하는 조절 부위(가끔 알로스테릭 부위라고 불림)에 결합한다. **활성자**(activator)가 조절 부위에 결합하는 것은 기능적인 활성 부위를 갖는 형태를 안정화시키는 데 반해서 **억제자**(inhibitor)의 결합은 효소의 불활성 형태를 안정화시킨다. 한 소단위의 형태 변화가 다른 모든 소단위에 전달되는 그러한 방법으로 다른 자리 입체성 효소의 소단위는 서로 협동한다. 소단위들의 이러한 상호작용을 통하여, 하나의 조절 부위에 결합하는 단일 활성자 혹은 억제자는 모든 소단위의 활성 부위에 영향을 미칠 수 있다.

조절자들의 농도 변화는 세포내 효소 활성이 세련된 방식으로 반응하도록 할 수 있다. 예를 들어, ATP 가수분해 산물들(ADP와 Ⓟ$_i$)은 핵심 효소에 영향을 주어서 동화작용과 이화작용 경로 간 왕래의 흐름을 조절하는 복잡한 역할을 한다. ATP는 여러 이화작용 효소들에 다른 자리 입체성으로 결합하여 기질에 대한 그들의 친화성을 낮추어서 그들의 활성을 억제한다. 하지만 ADP는 같은 효소의 활성자로서 기능한다. 이화작용은 ATP를 재생하는 기능을 하기 때문에 이것은 논리적이다. 만약 ATP 생성이 사용한 것보다 지연된다면, ADP는 축적되고 이화작용을 재촉하는 효소들을 활성화하여 더 많은 ATP를 생성하게 한다. 만약 ATP의 공급이 요구량을 초과한다면, ATP 분자체들이 축적되고 이들은 같은 효소에 결합하여 억제하면서 이화작용의 속도를 늦추게 한다. (다음 장에서 세포호흡에 관해서 배울 때 이러한 형태의 조절의 예들을 보게 될 것이다.) 또한 ATP와 ADP 그리고 다른 관련된 분자들은 동화작용 경로의 핵심 효소들에도 영향을 준다. 이와 같은 방법으로 다른 자리 입체성 효소들은 물질대사 경로 두 가지 모두의 주요 반응들의 속도를 통제한다.

또 다른 종류의 다른 자리 입체성 조절의 활성화에서는 복합 소단위 효소에 있는 1개의 활성 부위에 결합한 **기질**(substrate) 분자가 모든 소단위의 모양이 바뀌게 하여 다른 활성 부위의 촉매력을 증가시킨다(그림 4.12b). **협동성(cooperativity)**이라고 불리는 이 기작은 기질에 대한 효소 반응을 증폭시킨다. 즉, 하나의 기질 분자는 효소가 추가적인 기질 분자들도 더 쉽게 받아들이게 작용한다. 협동성은 한 활성 부위에 기질이 결합하면 다른 활성 부위의 촉매반응에 영향을 주기 때문에 "다른 자리 입체성(allosteric)" 조절로 간주한다.

▼ 그림 4.12 효소 활성의 다른 자리 입체성 조절

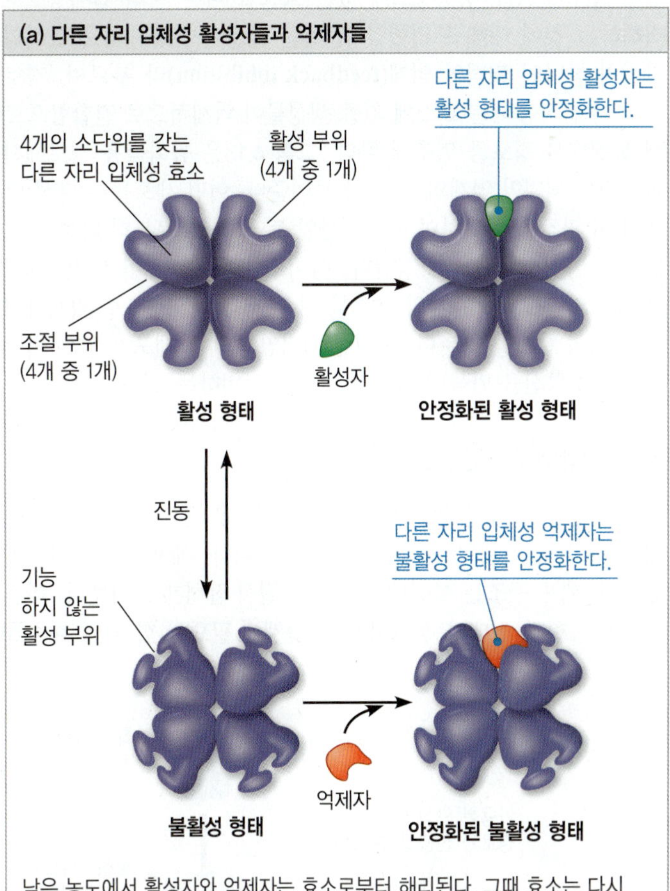

낮은 농도에서 활성자와 억제자는 효소로부터 해리된다. 그때 효소는 다시 진동한다.

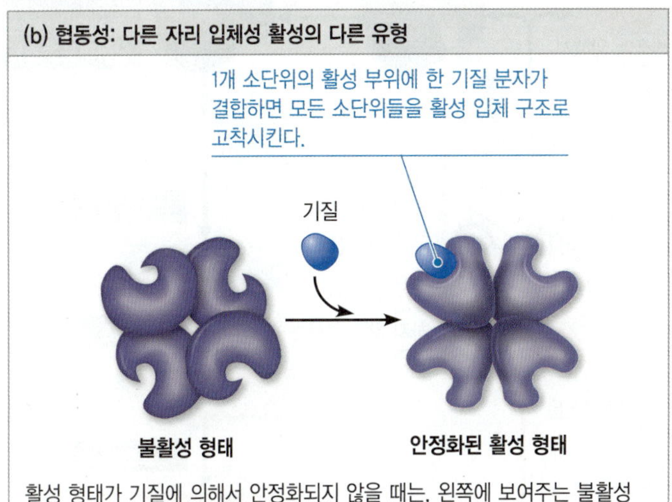

활성 형태가 기질에 의해서 안정화되지 않을 때는, 왼쪽에 보여주는 불활성 형태와 활성 형태는 서로 왔다갔다 한다.

되먹임 억제

앞서 ATP가 ATP-생성경로에 있는 효소를 다른 자리 입체성으로 저해하는 것에 대해 토의했었다. 이는 물질대사 통제의 통상적인 방법의 하나인 **되먹임 억제(feedback inhibition)**라 부르며, 경로의 초기에 작용하는 효소에 최종 생성물이 억제적으로 결합함으로써 물질대사 경로를 멈추게 한다. **그림 4.13**은 동화작용 경로에서 작동되는 되먹임 억제의 한 예를 보여준다. 어떤 세포들은 다섯 단계의 이 과정을 이용하여 아미노산인 트레오닌으로부터 다른 아미노산인 아이소루신을 합성한다. 아이소루신이 축적이 되면, 그것은 경로의 맨 처음 단계의 효소를 다른 자리 입체성으로 억제하여 그 자신의 합성을 늦춘다. 이처럼 되먹임 억제는 세포가 필요 이상의 아이소루신을 만들어 화학적 자원을 낭비하는 것을 막는다.

세포 내에서 효소의 구성

세포는 수많은 다른 종류의 효소와 기질들을 임의적인 혼합의 형태로 갖고 있는 화학물질의 봉지만은 아니다. 세포는 구획화되어 있으며, 세포 구조는 물질대사 경로가 질서 잡히게 도와준다. 어떤 경우에는 한 물질대사 경로의 여러 단계에 필요한 한 팀의 효소들은 다효소 복합체로 집합되어 있다. 이러한 정돈은 첫 효소로부터 나온 생성물이 복합체 내의 인접한 효소의 기질로 되고, 그리고 마지막 생성물이 방출될 때까지 그렇게 계속되면서, 일련의 반응들을 용이하게 한다. 몇몇 효소들과 효소 복합체들은 세포 내에 고정된 위치를 가지며, 특정 막의 구조적인 요소로서 작용한다. 다른 것들은 막으로 둘러싸인 진핵세포의 특정한 소기관들 내의 용액에 있어서, 각자 독자적인 화학적 내부 환경을 갖는다. 예를 들어, 진핵세포에서 세포호흡에 필요한 효소들은 미토콘드리아 내의 특정 장소에 있다**(그림 4.14)**.

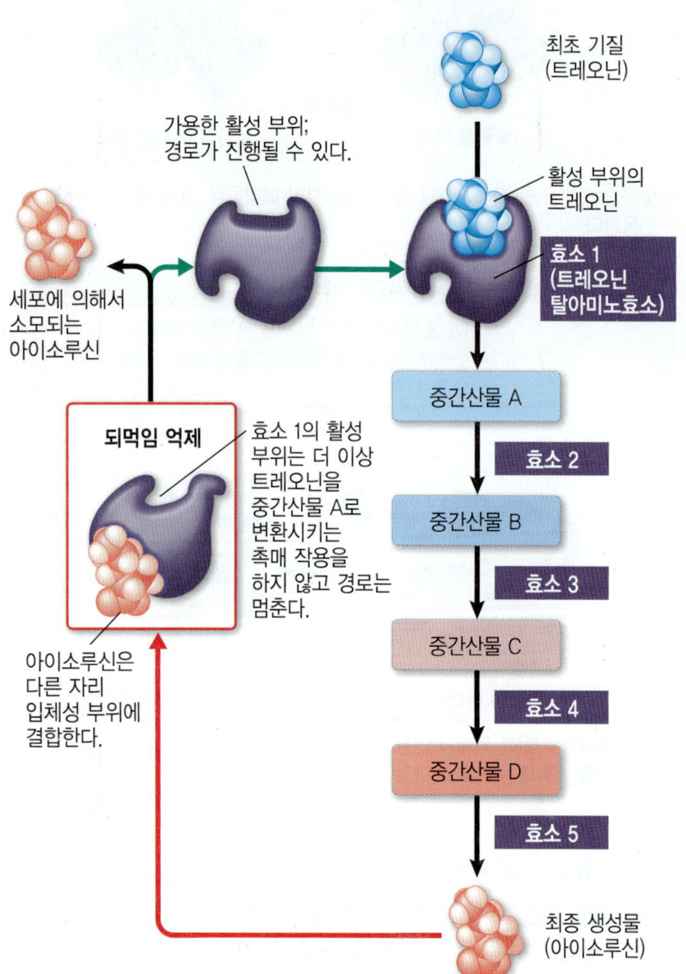

▲ **그림 4.13 아이소루신 합성에서의 되먹임 억제**

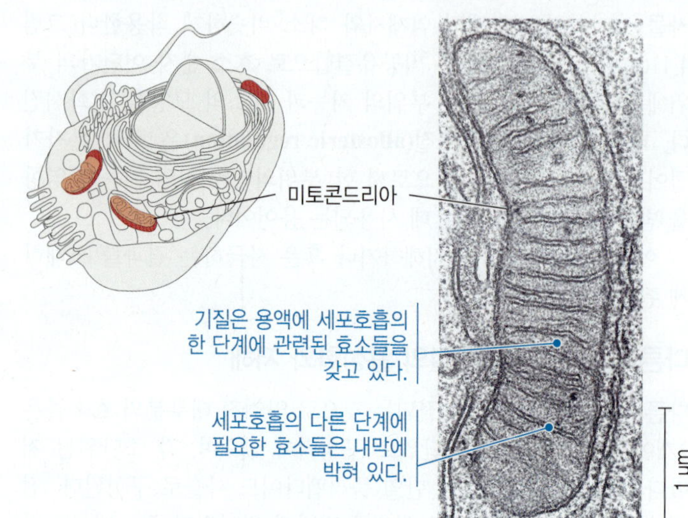

▲ **그림 4.14 소기관들과 물질대사에서의 구조적 질서.** 이러한 미토콘드리아(투과 전자 현미경 사진) 같은 소기관들은 특정한 기능을 수행하는 효소를 포함하는데, 위 그림은 세포호흡의 경우이다.

개념 4.4

세포호흡의 이화작용 경로

살아 있는 세포는 중합체 조립, 막을 통한 물질수송, 운동, 생식 등과 같이 다양한 일들을 수행하기 위해서 외부 공급원으로부터 에너지를 얻어야 한다. 산소와 유기분자들은 광합성에 의해서 만들어지고, 이 유기분자들은 세포호흡의 연료로서 진핵세포(식물과 조류를 포함)의 미토콘드리아에서 소모된다**(그림 4.15)**. 호흡(respiration)은 이러한 연료를 분해하여 ATP를 생성한다. 호흡의 노폐물인 이산화탄소와 물은 광합성의 원료가 된다.

이 절에서 세포가 유기분자들에 저장된 화학에너지를 어떻게 수확하는지, 일에 사용하는 ATP를 생성하기 위해서 세포가 이러한 유기물질을 어떻게 사용하는지 살펴볼 것이다.

복잡한 분자들을 파괴해서 저장된 에너지를 방출하는 물질대사 경로를 이화작용 경로(catabolic pathway)라고 한다.

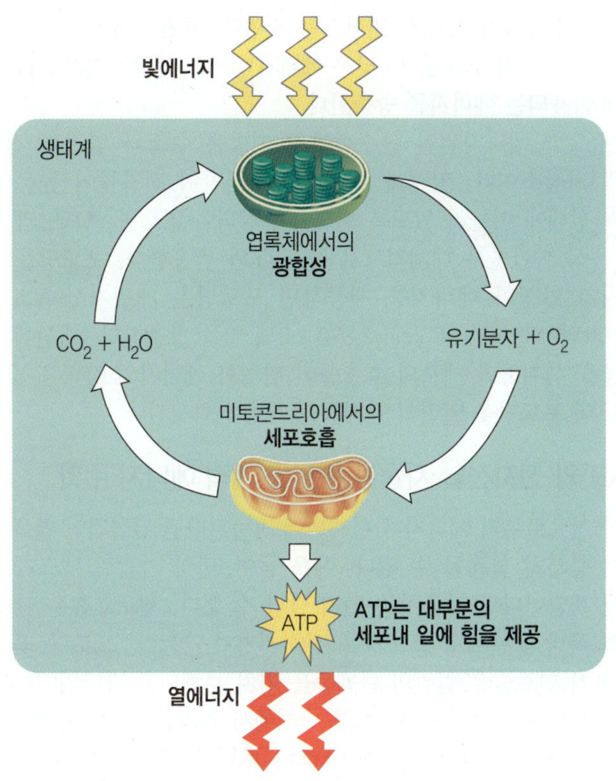

▲ **그림 4.15** 식물의 잎은 기린의 생명활동을 위해 필요한 에너지를 어떻게 제공하는가?

이화작용 경로와 ATP 생성

유기화합물들은 위치에너지(potential energy)를 가지고 있는데, 이 위치에너지는 원자들 간의 결합을 이루게 하는 전자들의 배열 때문에 생긴다. 발열반응에 참여할 수 있는 화합물들은 연료로 사용될 수 있다. 효소의 도움을 받아 세포는 복잡하면서 위치에너지가 풍부한 유기화합물을 단순하면서 적은 에너지를 가지는 노폐물로 체계적으로 분해시킨다. 화학물질에 저장되어 있던 에너지의 일부분은 일을 하기 위해서 사용되고, 남은 에너지는 열로 방출된다.

이화작용 경로 중 하나인 **발효(fermentation)**는 산소를 사용하지 않고 당을 비롯한 여러 유기연료를 부분적으로 분해한다. 그러나 가장 지배적이고 효율적인 이화작용 경로는 **산소호흡(aerobic respiration)**인데, 이 과정에서 산소는 유기연료와 함께 반응물로서 소모된다. 대부분의 진핵세포와 많은 원핵세포 생명체는 산소호흡을 수행한다. 어떤 원핵세포는 반응물로서 산소 이외의 화합물을 사용하는데, 이 생명체는 산소 없이 화학에너지를 수확할 수 있는 과정을 가지고 있다; 이 과정은 **무산소호흡**(anaerobic respiration)이라고 한다. 기술적으로 **세포호흡(cellular respiration)**은 산소호흡과 무산소호흡 과정 둘 다 포함한다. 그러나 세포호흡은 산소호흡에 대한 동의어로서 사용되었는데, 이는 세포호흡 과정과 동물이 산소를 흡입하는 생명체의 호흡과정과의 관련성 때문이다. 따라서 세포호흡은 종종 산소호흡 과정을 지칭하는데 사용되곤 하는데, 이 장의 대부분에서도 마찬가지 의미로 이 세포호흡이라는 용어를 사용할 것이다.

비록 그 기작은 매우 다르지만 호흡은 자동차 엔진에서 산소와 연료(탄화수소)가 혼합된 후 일어나는 가솔린 연소와 원칙적으로 매우 유사하다. 음식은 호흡을 위한 연료로 쓰이고 호흡의 부산물은 이산화탄소와 물이다. 전체 과정은 다음과 같이 요약된다.

유기화합물 + 산소 → 이산화탄소 + 물 + 에너지

비록 탄수화물, 지방, 단백질 모두가 연료로서 소모되지만, 대부분의 세포가 가장 흔한 연료로 이용하는 포도당($C_6H_{12}O_6$)의 분해를 추적함으로써 세포호흡 단계들을 매우 효과적으로 배울 수 있다.

$$C_6H_{12}O_6 + 6\ O_2 \rightarrow 6\ CO_2 + 6\ H_2O + \text{에너지(ATP + 열)}$$

이러한 포도당의 분해는 발열반응이어서 분해되는 포도당 1몰당 −686 kcal(2,870 kJ)의 자유에너지 변화, 즉 $\Delta G = -686$ kcal/mol를 보여준다. 음수값의 ΔG는 화학반응의 생성물이 반응물보다 더 적은 에너지를 저장하고 있으며 이 반응은 자발적으로, 즉 에너지가 투입되지 않아도 일어난다는 것을 의미한다.

이화작용 경로는 편모운동, 용질의 막투과, 단량체의 중합과 같은 다양한 세포의 일을 직접적으로 수행하게 하지 않는다. 이화작용은 화학적 구동축인 ATP에 의해 일과 연결된다. 계속 일을 하기 위해서 세포는 ADP와 Ⓟ$_i$로부터 ATP를 지속적으로 합성해야 한다. 세포호흡이 어떻게 이것을 수행하는지 이해하기 위해서 산화와 환원이라는 기초적인 화학반응을 살펴보자.

산화환원 반응: 산화와 환원

포도당 및 여러 유기연료를 분해하는 이화작용 경로는 왜 에너지를 생성하는가? 그 대답은 화학반응 동안 일어나는 전자전달에 있다. 전자들의 재배치로 유기분자에 저장된 에너지가 방출되며 이렇게 방출된 에너지는 ATP를 합성하는 데 사용된다.

산화환원 반응의 원리

많은 화학반응에서 하나 이상의 전자들(e^-)이 한 반응물에서 또 다른 반응물로 전달된다. 이러한 전자전달을 **산화환원 반응**(oxidation reduction reaction 또는 **redox reaction**)이라고 한다. 산화환원 반응에서 한 화합물이 전자를 상실하는 것을 **산화(oxidation)**라고 하고 다른 화합물이 전자를 얻는 것을 **환원(reduction)**이라고 한다. 전자의 추가를 환원이라고 하는데, 하나의 원자에 음전하를 띤 전자가 추가되면 그 원자의 양전하량이 감소하는 것으로 이해하면 편리하다. 단순하면서 비생물학적인 예로서 소금을 형성하는 원소 소듐(Na)과 염소(Cl) 사이에서 일어나는 반응을 살펴보자.

산화됨(전자를 잃음): Na → Na^+

$$Na + Cl \longrightarrow Na^+ + Cl^-$$

환원됨(전자를 얻음): Cl → Cl^-

따라서 다음과 같이 산화환원 반응을 일반화할 수 있다.

$$Xe^- + Y \longrightarrow X + Ye^-$$

(산화됨: Xe^- → X, 환원됨: Y → Ye^-)

이러한 일반화된 반응에서 전자 공여체(electron donor)인 물질 Xe^-를 **환원제(reducing agent)**라 하는데, 이 물질은 공여된 전자를 받는 Y를 환원시킨다. 전자 수용체(electron acceptor)인 물질 Y를 **산화제(oxidizing agent)**라 하는데, 이 물질은 Xe^-로부터 전자를 제거하여 Xe^-를 산화시킨다. 전자전달은 공여체와 수용체 모두 필요로 하기 때문에 산화와 환원은 항상 같이 일어난다.

세포호흡 과정에서 유기연료 분자의 산화

자동차 엔진에서의 가솔린 연소 또한 산화환원 반응인데, 이때 방출된 에너지가 피스톤을 민다. 그러나 에너지를 생성하는 산화환원 반응들 중 여기에서 가장 관심을 두는 것은 음식에 있는 포도당을 포함한 여러 분자들의 산화과정인 호흡이다. 이번에는 세포호흡을 산화환원 과정으로 생각해 보자.

$$C_6H_{12}O_6 + 6\,O_2 \longrightarrow 6\,CO_2 + 6\,H_2O + \text{에너지}$$

(산화됨: $C_6H_{12}O_6$ → $6\,CO_2$, 환원됨: $6\,O_2$ → $6\,H_2O$)

메탄이나 가솔린의 연소에서와 마찬가지로 연료(포도당)는 산화되고 산소는 환원된다. 전자는 이 과정에서 위치에너지를 잃게 되어 에너지가 방출된다.

일반적으로 수소를 풍부하게 가지고 있는 유기분자들은 아주 훌륭한 연료이다. 이 유기분자들에 있는 공유결합은 "언덕 위(hilltop)" 전자들의 공급원인데, 이 언덕 위 전자들이 산소로 전달되며 에너지 기울기(energy gradient)를 따라서 언덕 아래로 "떨어질" 때 에너지가 방출된다. 호흡에 대한 요약식은 수소들이 포도당에서 산소로 전달되는 것을 보여주고 있다. 요약식에 나오지 않지만 중요한 점은 수소(전자를 가지고 있는)가 산소로 전달될 때 전자들의 에너지 상태가 변한다는 것이다. 호흡에 있어서 포도당의 산화는 전자들을 좀 더 낮은 에너지 상태로 전달시켜서 ATP 합성에 이용되는 에너지를 방출한다.

주요한 에너지원인 탄수화물과 지방은 수소와 연관된 전자들의 저장소이다. 활성화 에너지의 장벽만이 전자들이 높은 에너지 상태에 머물러 있도록 한다. 이 장벽이 없으면 포도당과 같은 음식 화합물은 대체적으로 즉시 O_2와 반응한다. 포도당을 점화시켜 활성화 에너지를 제공하면 포도당은 태워져서 포도당 1몰당(약 180 g) 686 kcal(2,870 kJ)의 열을 방출한다. 대신에 포도당을 섭취하면 세포의 효소들이 활성화 에너지의 장벽을 낮추어서 이 포도당을 일련의 단계들을 거쳐 산화시킨다.

NAD^+와 전자전달 사슬을 통한 단계적 에너지 수확

만약 연료로부터 에너지가 한꺼번에 방출된다면 건설적인 일을 위해서 충분히 활용될 수 없다. 예를 들어, 만약 가솔린 탱크가 한번에 폭발한다면 자동차는 멀리 달릴 수 없다. 세포호흡은 단 한 번의 폭발적 단계로 포도당을 산화시키지 않는다. 포도당 및 여러 유기 연료들은 일련의 단계들을 거쳐 분해되고 각각의 단계는 효소에 의하여 촉매된다. 핵심 단계에서 전자들은 포도당으로부터 나오게 된다. 산화반응에서 흔히 보듯이 각각의 전자는 양성자와 함께, 즉 하나의 수소원자로서 움직인다. 수소원자들은 직접 산소에 전달되지 않는다. 대신에 그들은 하나의 전자 운반체, 즉 **NAD^+** [nicotinamide adenine dinucleotide(니코틴아마이드 아데닌 다이뉴클레오타이드) 비타민 나이아신의 유도체]라고 하는 조효소로 전달된다. NAD^+는 산화된 상태(NAD^+)와 환원된 상태(NADH) 사이에서 순환되기 때문에 전자 운반체로서 매우 적절하다. 전자 수용체로서 NAD^+는 호흡 동안 산화제로 작용한다.

NAD^+는 포도당 및 여러 유기분자들로부터 어떻게 전자를 얻는가? 탈수소효소(dehydrogenase)는 기질(예: 포도당)로부터 한 쌍의 수소원자들(2개의 전자와 2개의 양성자)을 제거시켜서 기질을 산화시킨다. 이 효소는 1개의 양성자와 함께 2개의 전자를 조효소인 NAD^+에 전달한다(**그림 4.16**). 다른 양성자 1개는 수소이온(H+)의 형태로 용액으로 방출된다.

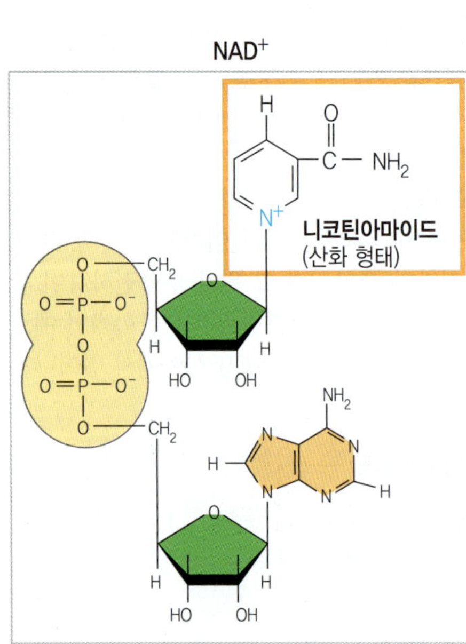

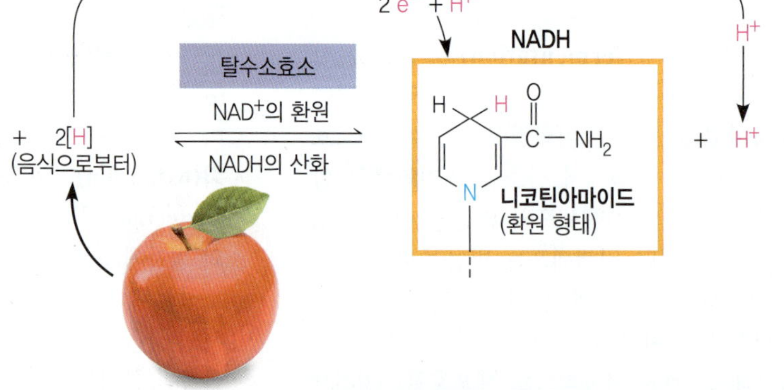

◀ **그림 4.16 전자 왕복 기구로서의 NAD^+.** NAD^+의 전체 이름인 니코틴아마이드 아데닌 다이뉴클레오타이드(nicotinamide adenine dinucleotide)는 이 물질의 구조를 기술하고 있다. 즉, 이 분자는 인산기(황색)가 서로 연결된 2개의 뉴클레오타이드로 구성되어 있다. (니코틴아마이드는 질소 염기인데, 이 염기는 DNA나 RNA에서는 발견되지 않는다.) 음식의 유기분자들에서 2개의 전자와 1개의 양성자(H^+)가 효소에 의해 NAD^+로 전달되어 NAD^+가 NADH로 환원된다. 음식에서 제거된 대부분의 전자들은 처음에 NAD^+로 전달된다.

세포호흡의 단계: 미리보기

세포호흡을 통한 포도당으로부터의 에너지 수확은 3단계의 물질대사로 구성되어 있다. 전체를 쉽게 이해할 수 있도록 각각의 단계들을 고유 색깔로 표시하였다.

1. 해당과정(이 장 전체에 걸쳐 청색으로 표시됨)
2. 피루브산 산화와 시트르산 회로(주황색)
3. 산화적 인산화: 전자전달과 화학삼투(보라색)

생화학자들은 **세포호흡**(cellular respiration)을 단계 2와 3으로 정의한다. 그러나 호흡하는 대부분의 세포는 포도당으로부터 에너지를 추출하며 시트르산 회로의 시작 물질을 생성하기 위해서 해당과정을 이용하기 때문에 해당과정도 세포호흡에 포함된다.

그림 4.17에 보듯이 해당과정, 피루브산 산화, 시트르산 회로는 포도당 및 여러 유기 연료들을 분해시키는 이화작용 경로이다. 세포질에서 일어나는 **해당과정(glycolysis)**은 포도당을 두 분자의 피루브산(pyruvate)으로 분해시킴으로써 분해과정을 시작한다. 진핵세포에서 피루브산은 미토콘드리아로 들어가서 아세틸 CoA라고 하는 화합물로 산화되고 이 아세틸 CoA는 **시트르산 회로(citric acid cycle)**로 들어간다. 이때 이산화탄소로의 포도당 분해가 완결된다.

해당과정과 시트르산 회로의 일부 단계들은 탈수소효소를 이용하여 기질에서 NAD^+로 전자를 전달시켜 NADH를 생성하는 산화환원 반응이다. 호흡의 세 번째 단계인 전자전달 사슬은 처음 두 단계의 분해 생성물(주로 NADH)에서 전자를 받아서 이 전자들을 다음 분자로 계속 전달시킨다. 이 사슬의 마지막에서 전자들은 산소분자 및 수소이온(H^+)과 반응하여 물을 생성한다. 사슬의 각 단계에서 방출된 에너지는 미토콘드리아(또는 원핵세포)가 ADP에서 ATP를 만들기 위해서 사용할 수 있는 형태로 저장된다. 이러한 방식의 ATP 합성을 **산화적 인산화(oxidative phosphorylation)**라고 하는데, 이는 산화적 인산화가 전자전달 사슬의 산화환원 반응에 의하여 추진되기 때문이다.

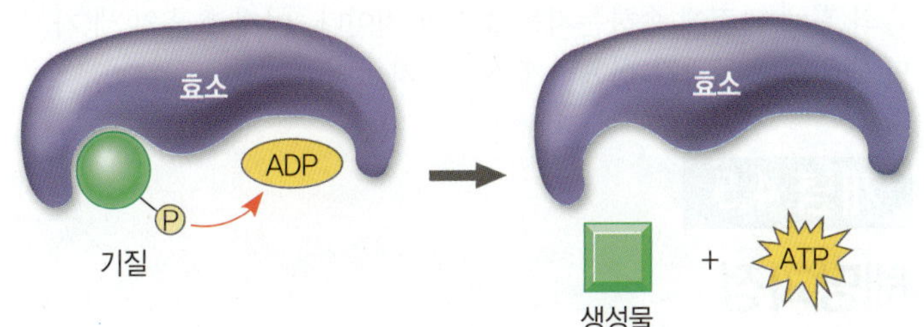

▲ **그림 4.18 기질수준 인산화.** 효소작용에 의하여 인산기가 유기기질에서 ADP로 전달됨으로써 일부 ATP가 만들어진다. (해당과정에서 그 예는 그림 4.21의 단계 7과 10이다.)

MAKE CONNECTIONS 그림 6.8을 보라. 위에서 보여준 반응에서 생성물과 반응물 중 어느 것이 더 높은 위치에너지를 가진다고 생각하는가? 설명하라.

진핵세포에서 미토콘드리아 내막은 산화적 인산화를 구성하는 과정인 전자전달과 화학삼투가 일어나는 장소이다. (원핵세포 에서 이러한 과정은 원형질막에서 일어난다.) 산화적 인산화는 호흡에 의하여 생성되는 ATP의 약 90%를 담당한다. 소량의 ATP는 해당과정과 시트르산 회로의 몇 반응들에서 **기질수준 인산화 (substrate-level phosphorylation)**라고 하는 기작에 의하여 직접 형성된다(그림 4.18). 이러한 방식의 ATP 합성은 산화적 인산화와 같이 ADP에 무기인산을 첨가하여 일어나는 것이 아니라, 효소가 기질 분자로부터 ADP로 인산기를 전달할 때 일어난다. 여기에서 "기질 분자"는 포도당의 이화작용 동안 중간물질로서 생성된 유기분자들을 일컫는다.

호흡에 의하여 이산화탄소와 물로 분해되는 한 분자의 포도당에 대해서 세포는 32분자의 ATP를 생성하는데, 각각의 ATP는 7.3 kcal/mol의 자유에너지를 가진다. 호흡은 한 분자의 포도당(686 kcal/mol)에 예치된 고액권 에너지 화폐를 소액권의 ATP로 현금 화한다. 그러데 이 소액권의 ATP 화폐는 세포가 일을 하기 위해서 지불하는 데 더 실용적이다.

지금까지의 개요는 해당과정, 시트르산 회로, 산화적 인산화가 어떻게 세포호

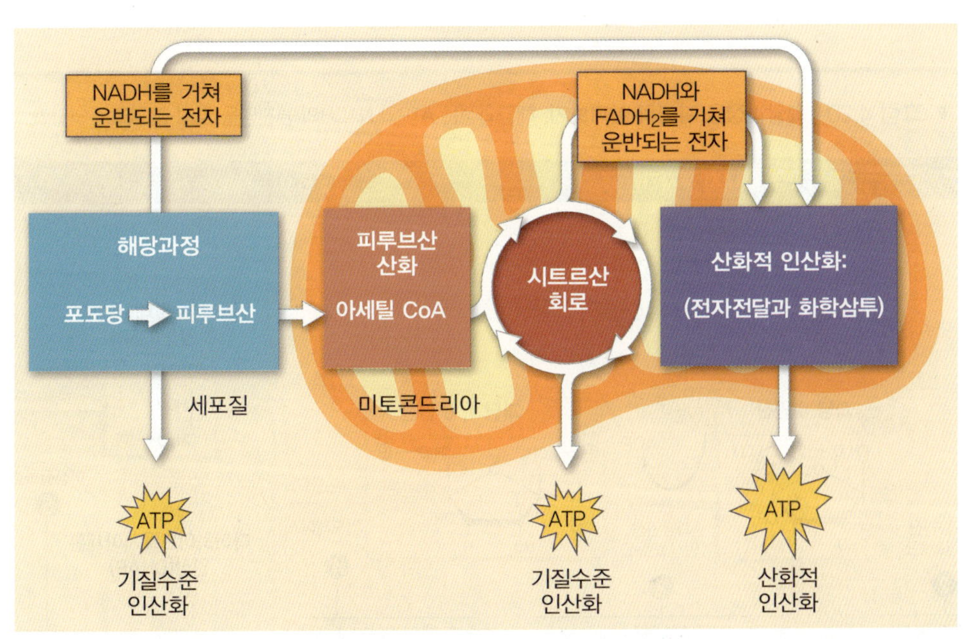

▲ **그림 4.17 세포호흡의 개요.** 해당과정 동안 각 포도당 분자는 2분자의 피루브산으로 분해된다. 이 피루브산은 미토콘드리아로 들어간다. 여기에서 피루브산은 아세틸 CoA로 산화된 후 시트르산 회로에 의해 이산화탄소로 좀 더 산화된다. NADH와 $FADH_2$라고 불리는 조효소가 미토콘드리아 내막을 구성하는 전자전달 사슬에 전자를 넘겨준다. (원핵세포에서 전자전달 사슬은 원형질막에 존재한다.) 산화적 인산화 과정 중에 전자전달 사슬은 화학삼투라는 과정을 통해 화학에너지를 ATP 합성에 사용되는 형태로 전환시킨다.

흡의 전체 과정에 속하는지를 소개한 것이다. 이제 호흡의 세 가지 단계에 대해서 각각 상세하게 살펴보자.

개념 4.5

해당과정

해당과정(glycolysis)이라는 단어는 “당을 분해한다”라는 의미이며, 정확하게 이 과정 동안 일어나는 사건을 의미한다. 6탄당인 포도당은 두 분자의 3탄당으로 쪼개진다. 더 작은 이러한 당은 더욱 산화되고 남아 있는 원자들은 재배열되어 2분자의 피루브산(pyruvate)이 형성된다. [피루베이트(pyruvate)는 피루브산(pyruvic acid)의 이온화 형태이다. 앞으로 피루베이트와 피루브산 모두 피루브산으로 통일한다.]

그림 4.19에서 요약된 바와 같이 해당과정의 경로는 에너지 투자기와 에너지 회수기로 나뉜다. 에너지 투자기 동안 세포는 실질적으로 ATP를 소비한다. 이러한 투자는 에너지 회수기 동안 배상금으로 보상되는데, 에너지 회수기는 기질수준 인산화에 의하여 ATP가 생성되고 음식의 산화로부터 방출된 전자들에 의하여 NAD^+가 NADH로 환원되는 시기이다. 해당과정에서 총 에너지 생성률은 포도당 1분자당 2분자의 ATP와 2분자의 NADH이다.

해당과정은 세균, 고세균, 진핵세포들이 공유하고 있는 기본적인 핵심 경로이기 때문에 각각의 효소-촉매 반응을 자세히 살펴보면서 우리는 해당과정을 생화학 경로의 한 예로 사용할 것이다. **그림 4.20**은 해당과정의 10단계를 보여준다.

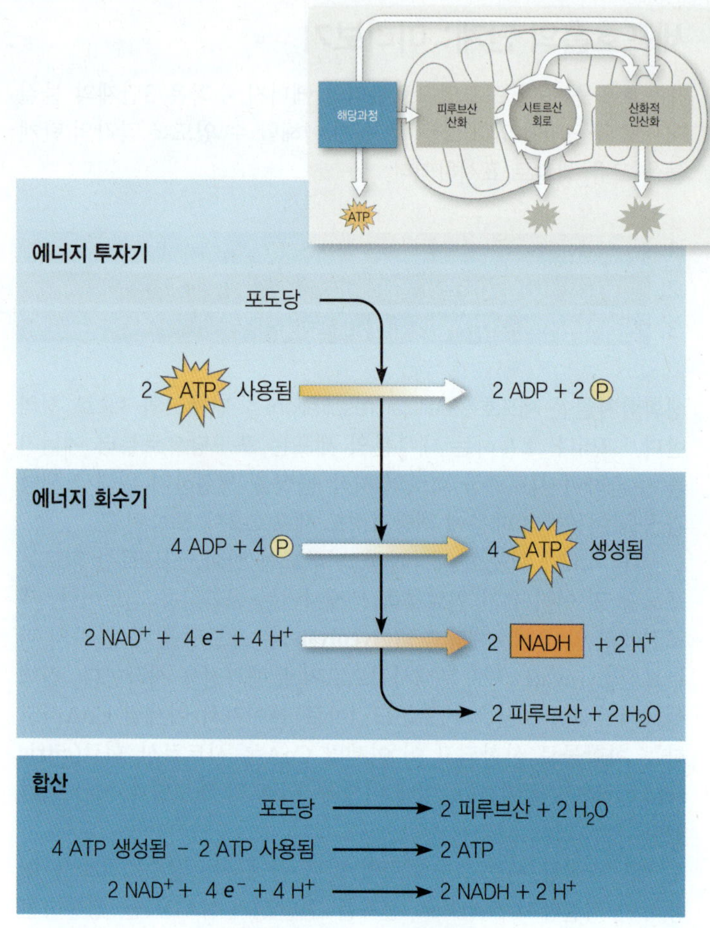

▲ **그림 4.19 해당과정에서 에너지 입력과 출력**

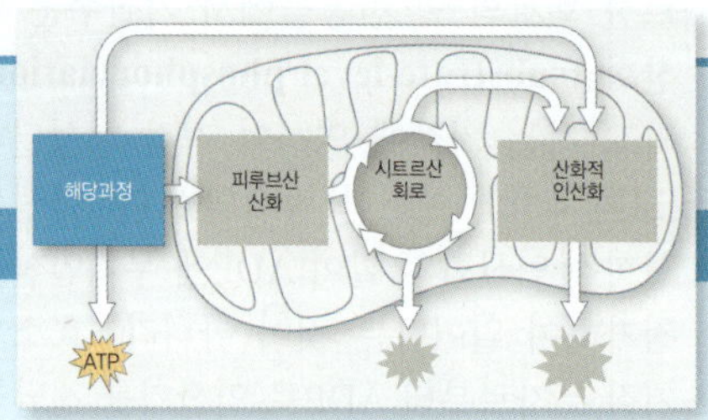

▼ **그림 4.20 해당과정을 자세히 살펴보기.** 해당과정은 ATP와 NADH의 원천임을 잊지 않도록 주의하라.

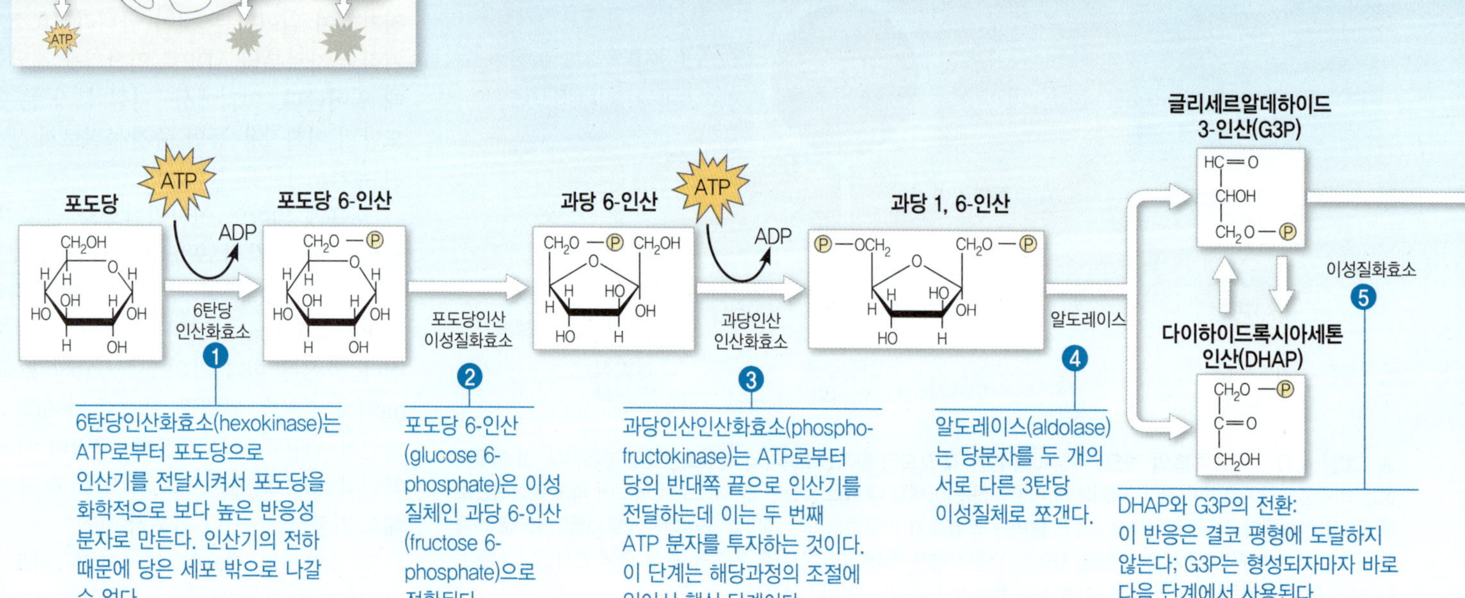

포도당에 존재한 모든 탄소들은 두 분자의 피루브산으로 전환되기 때문에 해당과정 동안 어떤 탄소도 CO_2로 방출되지 않는다. 해당과정은 O_2의 존재와 상관없이 일어난다. 그러나 O_2가 존재하면 피루브산과 NADH에 저장된 화학에너지는 피루브산 산화, 시트르산 회로, 산화적 인산화에 의하여 추출된다.

개념 4.6

시트르산 회로

해당과정은 세포에 의해서 방출될 수 있는 포도당 화학에너지의 1/4 이하만을 방출시킨다. 대부분의 에너지는 두 분자의 피루브산에 남아 있다. O_2가 존재할 때 진핵세포에서 피루브산은 미토콘드리아로 들어가는데, 미토콘드리아에서 포도당의 산화가 완성된다. 무산소호흡을 하는 원핵세포에서 이 과정은 세포질에서 일어난다.

미토콘드리아로 들어간 피루브산은 일련의 효소 반응으로 CO_2가 제거된 조각이 되며 이 조각은 산화되면서 NAD^+가 NADH로 환원된다. 이때 생성물은 아세틸 조효소 A 또는 **아세틸 CoA(acetyl CoA)**라고 하는데 반응성이 큰 화합물이다. 아세틸 CoA의 아세틸기는 시트르산 회로로 들어가서 완전히 산화된다(**그림 4.21**).

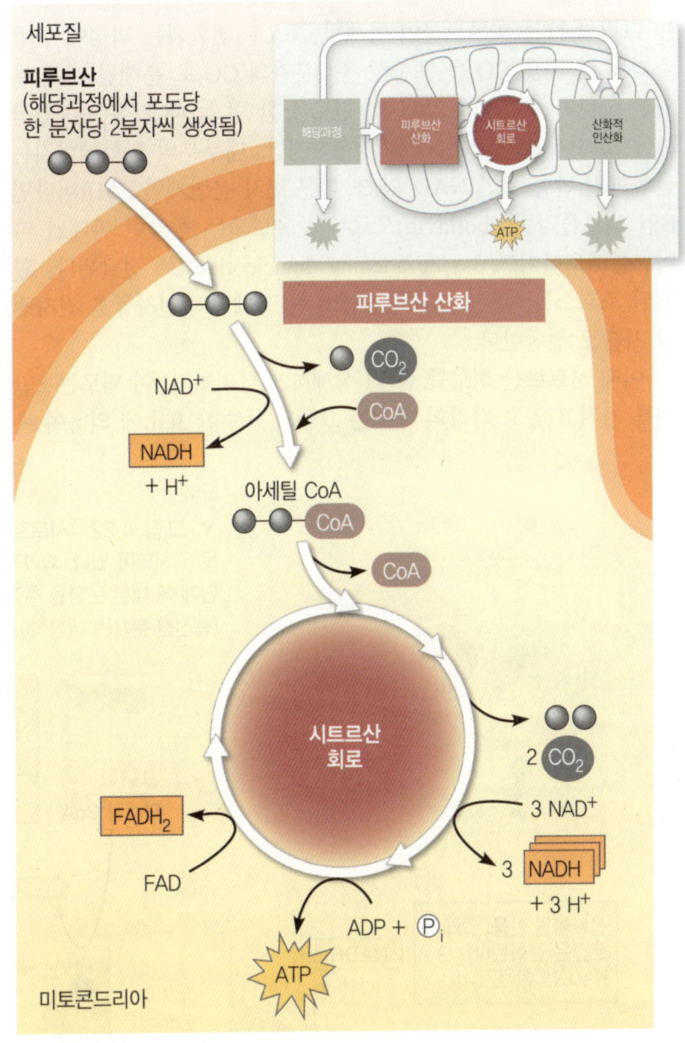

▶ 그림 4.21 피루브산 산화와 시트르산 회로의 개관. 피루브산 1분자당 입력과 출력이 보인다. 각각의 포도당은 해당과정 동안 2분자의 피루브산으로 쪼개지기 때문에 포도당 1분자당 투입과 산출을 계산하기 위해서 2를 곱해야 한다.

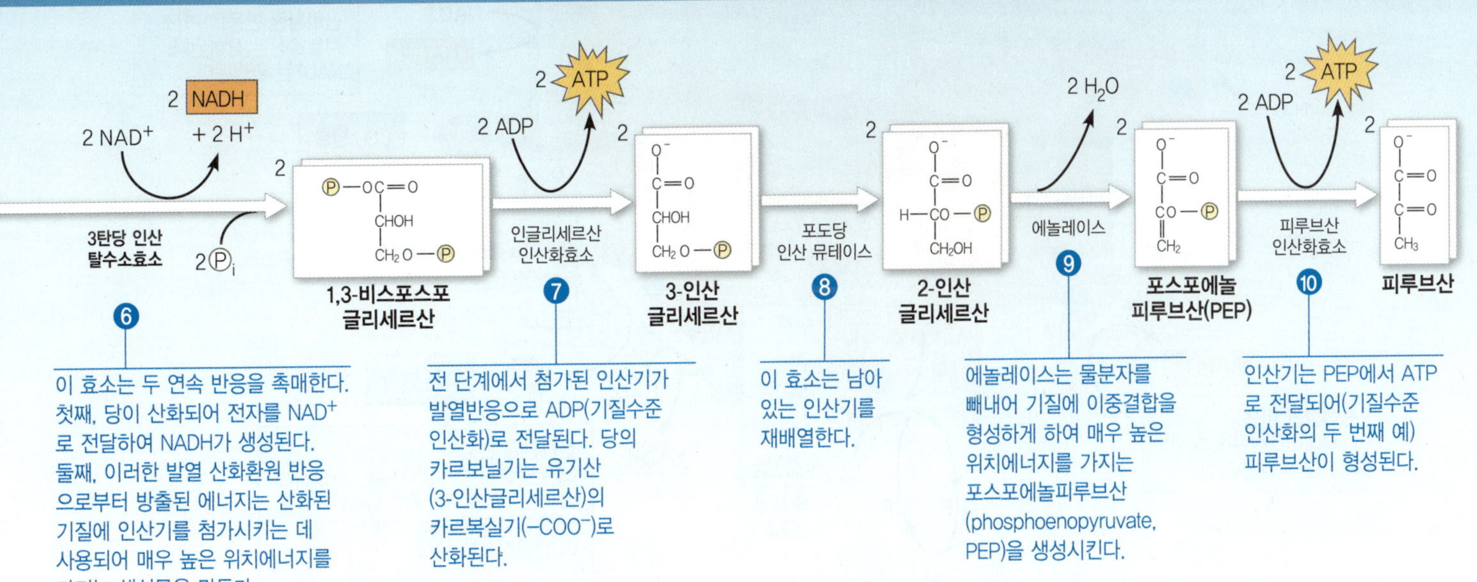

그림 4.21는 피루브산이 아세틸 CoA로 전환되는 과정에서 방출되는 1분자의 CO_2를 포함해 총 3분자의 CO_2로 분해될 때의 투입과 산출이 요약되어 있다. 이 회로가 한 번 돌 때 기질수준 인산화에 의하여 1분자의 ATP를 생성하지만, 대부분의 화학에너지는 산화환원 반응 동안 NAD^+와 또 다른 전자 운반체인 FAD[비타민 B인 리보플라빈(riboflavin)으로부터 유도되는 플라빈 아데닌 다이뉴클레오타이드(flavine adenine dinucleotide)]로 전달된다. 환원된 조효소들, 즉 NADH와 $FADH_2$는 고에너지 전자들을 전자전달 사슬로 전달한다.

이제 시트르산 회로를 좀 더 상세하게 살펴보자. 이 회로는 8단계를 가지고 있고 각각의 단계는 그들의 특수한 효소에 의하여 촉매된다(**그림 4.22**). 시트르산 회로가 한 번 돌 때 2개의 탄소(적색)는 상대적으로 환원된 아세틸기 형태로 회로 안으로 들어가고(1단계) 2개의 다른 탄소(청색)는 완전히 산화된 형태인 CO_2 분자로 회로를 떠난다(3, 4단계). 아세틸 CoA의 아세틸기는 옥살로아세트산(oxaloacetate)과 반응하여 회로 안으로 들어가서 시트르산(citrate)을 형성한다(1단계). (Citrate는 citric acid의 이온화 형태인데 이때 시트르산 회로의 이름은 이 물질의 이름을 딴 것이다. 앞으로 citrate와 citric acid 모두 시트르산으로 표기한다.) 다음 7단계들을 통해서 시트르산은 옥살로아세트산으로 분해된다. 이와 같이 옥살아세트산이 재생되므로 이 과정은 **회로**가 된다.

이제 시트르산 회로(그림 4.22)에 의해서 생성된 에너지가 풍부

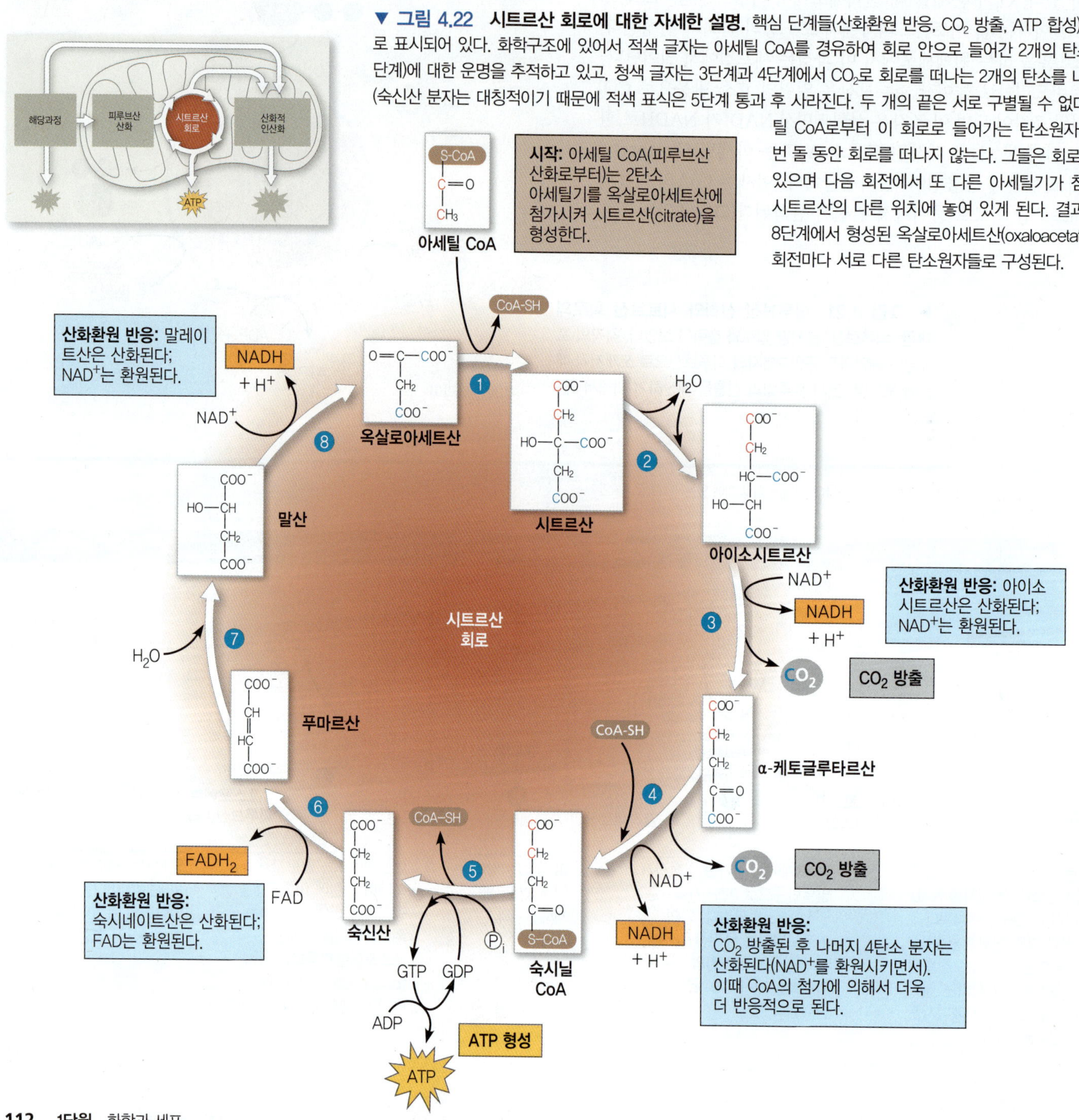

▼ **그림 4.22 시트르산 회로에 대한 자세한 설명.** 핵심 단계들(산화환원 반응, CO_2 방출, ATP 합성)은 색깔로 표시되어 있다. 화학구조에 있어서 적색 글자는 아세틸 CoA를 경유하여 회로 안으로 들어간 2개의 탄소원자(1단계)에 대한 운명을 추적하고 있고, 청색 글자는 3단계과 4단계에서 CO_2로 회로를 떠나는 2개의 탄소를 나타낸다(숙신산 분자는 대칭적이기 때문에 적색 표식은 5단계 통과 후 사라진다. 두 개의 끝은 서로 구별될 수 없다.) 아세틸 CoA로부터 이 회로로 들어가는 탄소원자들은 한 번 돌 동안 회로를 떠나지 않는다. 그들은 회로에 남아 있으며 다음 회전에서 또 다른 아세틸기가 첨가되면 시트르산의 다른 위치에 놓여 있게 된다. 결과적으로 8단계에서 형성된 옥살로아세트산(oxaloacetate)은 매 회전마다 서로 다른 탄소원자들로 구성된다.

한 분자들의 숫자를 계산해 보자. 이 회로에 아세틸기 하나가 들어갈 때마다 3분자의 NAD^+가 NADH로 환원된다(3, 4, 8단계). 6단계에서 전자들은 NAD^+가 아닌 다른 전자 수용체인 FAD로 전달되는 데 FAD는 2개의 전자와 2개의 양성자를 받아서 $FADH_2$가 된다. 많은 동물조직의 세포들에서 5단계는 그림 4.23에서 보여준 대로 기질수준 인산화에 의해서 1분자의 구아노신 삼인산(guanosine triphosphate, GTP)을 생산한다. 구조와 세포 기능에 있어서 GTP는 ATP와 유사한 분자이다. 이러한 GTP는 1분자의 ATP를 합성하는 데 사용되거나(보여준 대로) 세포의 일에 직접 사용되기도 한다. 식물, 박테리아, 어떤 동물조직들에서 5단계는 기질수준 인산 화에 의해서 직접적으로 ATP를 형성하게 한다. 5단계로부터의 이러한 결과는 시트르산 회로에 의해서 직접적으로 생성된 유일한 ATP를 나타낸다. 각각의 포도당은 시트르산 회로에 들어가는 두 개의 아세틸 CoA를 생성한다는 것을 상기하자. 이전에 언급된 숫자는 회로에 들어가는 하나의 아세틸기에서 얻었기 때문에 시트르산 회로를 돌면서 포도당 하나는 6개의 NADH, 2개의 $FADH_2$ 및 2개의 ATP를 생성한다.

호흡에 의하여 생성되는 대부분의 ATP는 산화적 인산화에 의하여 생성되는데, 시트르산 회로에서 생성된 NADH와 $FADH_2$가 음식에서 추출된 전자들을 전자전달 사슬로 전달할 때 이 산화적 인산화가 일어난다. 즉 이 과정에서 NADH와 $FADH_2$는 ADP를 ATP로 인산화할 때 필요한 에너지를 제공한다. 다음 절에서 이 과정을 살펴볼 것이다.

개념 4.7

산화적 인산화 과정에서 화학삼투를 통하여 전자전달과 ATP 합성이 짝지어진다

NADH(와 $FADH_2$) 분자들이 포도당에서 추출된 에너지의 대부분을 가지고 있다. 이러한 전자 전달자들은 해당과정과 시트르산 회로를 산화적 인산화 장치와 연결시킨다. 산화적 인산화 장치는 전자전달 사슬에 의하여 방출된 에너지를 사용하여 ATP를 합성한다. 이 절에서는 전자전달 사슬이 어떻게 작동하는지, 미토콘드리아 내막에서 전자 흐름이 어떻게 ATP 합성까지 연결되는지를 배울 것이다.

전자전달의 경로

전자전달 사슬(electron transport chain)은 진핵세포의 미토콘드리아 내막에 박혀 있는 분자들의 집합체이다(원핵세포의 경우 이러한 분자들은 세포막에 있다). 크리스테(cristae)를 형성하는 내막의 주름은 내막의 표면적을 넓혀 1개의 미토콘드리아에 수천 개의 사슬들이 들어갈 수 있는 공간을 제공한다. 또 다시 구조가 기능에 적합한 형태를 가짐을 주시하라. 대부분의 사슬 구성 요소들은 단백질인데, 이들은 로마숫자 I에서 IV까지 번호가 붙은 다중단백질 복합체로 존재한다. 이러한 단백질에 단단히 결합하고 있는 것은 **보결분자단(prosthetic group)**인데, 이들은 일부 효소의 촉매 기능에 필수적인 비단백질 구성 요소이다.

그림 4.23은 전자가 사슬의 바닥으로 떨어질 때 전자전달 사슬내 전자 운반체들의 순서와 자유에너지 감소를 보여준다. 사슬을 따라서 전자들이 전달되는 동안, 즉 전자 운반체들이 전자를 주고받는 동안 전자 운반체들은 환원 상태와 산화 상태를 오간다. 각각의 사슬 구성 요소는 전자에 대한 친화력이 낮은 (전기 음

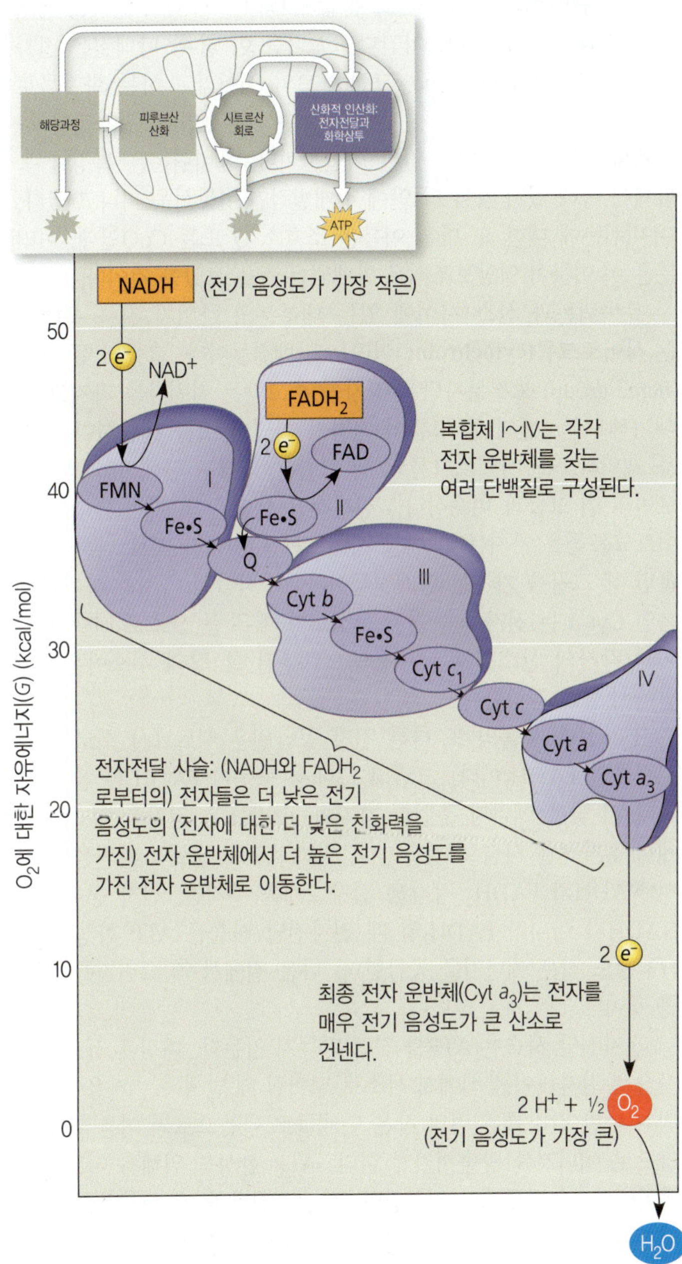

▲ **그림 4.23 전자전달 과정에서의 자유에너지 변화.** NADH에서 산소로 전자가 전달되는 동안 전체 에너지 감소(ΔG)는 53 kcal/mol이지만 이러한 "강하"는 전자전달 사슬에 의해 여러 작은 단계들로 나뉘어 일어난다. (전자전달 사슬은 개별적인 산소원자들이 아닌 산소분자 O_2를 환원시킨다는 것을 강조하기 위해서 하나의 산소원자는 여기에서 1/2 O_2로 표시된다.)

성도가 낮은) "언덕 위(uphill)" 이웃으로부터 전자를 받을 때 환원된다. 이 구성 요소는 보다 큰 전기 음성도를 가지는 "언덕 아래(downhill)" 이웃에 전자를 넘겨 줄 때 산화된 형태로 되돌아간다.

해당과정과 시트르산 회로를 거치는 동안 NADH의 전자들은 전자전달 사슬의 첫 번째 분자로 전달된다. 이 분자는 플라보 단백질(flavoprptein)로 불리는데, 플라빈 모노뉴클레오타이드(foavin monomucleotide, 복합체 I의 FMN)라는 보결분자단을 가지고 있어서 그런 이름을 얻었다. 다음 산화환원 반응에서 이 플라보 단백질은 전자들을 철-황 단백질(철과 황이 단단히 결합되어 있는 단백질군 중의 하나로 복합체 I의 Fe • S)로 전자를 넘겨주며 산화된 형태로 되돌아간다. 그 다음 이 철-황 단백질은 전자들을 유비퀴논(ubiquinone, 그림 4.23의 Q)이라고 하는 화합물로 넘겨준다. 이 전자 운반체는 작은 소수성 분자인데, 전자전달 사슬에서 단백질이 아닌 유일한 화합물이다. 유비퀴논은 특정한 복합체에 속해 있지 않아 막 안에서 개별적인 이동성을 지니고 있다. (유비퀴논에 대한 또 다른 이름은 조효소 Q 또는 CoQ인데, 여러분은 이 이름이 영양보조제로 판매되는 것을 보았을 것이다.)

유비퀴논과 산소 사이에 있는 대부분의 나머지 전자 운반체는 **사이토크롬(cytochrome)**이라는 단백질들이다. 그들의 헴 그룹(heme group) 보결분자단은 전자를 주고받는 철원자를 가지고 있다. (헤모글로빈의 헴 그룹이 전자가 아닌 산소를 운반한다는 것을 제외하고는 사이토크롬의 헴 그룹은 적혈구 단백질인 헤모글로빈의 헴 그룹과 비슷하다.) 전자전달 사슬은 몇 가지 유형의 사이토크롬들을 가지는데, 이들 사이토크롬은 약간 서로 다른 전자 운반 헴 그룹을 가지는 단백질들이다. 이 사슬의 마지막 사이토크롬인 Cyt a_3는 전자들을 전기 음성도가 매우 큰 산소로 전달한다. 이때 각각의 산소원자는 수용액으로부터 한 쌍의 수소이온들을 받아서 물을 형성한다.

전자전달 사슬의 또 다른 전자 공급원은 시트르산 회로의 한 생성물인 $FADH_2$이다. 그림 4.23에서 보듯이 $FADH_2$는 NADH보다 더 낮은 에너지 준위를 가지며, $FADH_2$는 전자를 복합체 II에서 전자전달 사슬로 전달한다. 결과적으로 산소의 환원을 위해서 NADH와 $FADH_2$ 각각은 전자 2개를 주지만, 전자 공여체가 NADH가 아니라 $FADH_2$일 때 전자전달 사슬은 ATP 합성에 약 1/3 정도 적은 에너지를 공급한다. 다음 절에서 왜 그런지를 살펴볼 것이다.

전자전달 사슬은 ATP를 직접 만들지 않는다. 대신에 전자전달 사슬은 전자들이 음식에서 산소로 떨어질 때 발생하는 자유에너지의 커다란 감소를 일련의 작은 단계들로 나눔으로써 이용 가능한 양으로 에너지를 방출시키게 한다. ATP 합성을 위해서 미토콘드리아(또는 원핵세포의 원형질막)는 전자전달과 에너지 방출을 어떻게 연결시키는가? 그 대답은 화학삼투라는 기작이다.

화학삼투: 에너지 짝물림 기작

미토콘드리아 내막(또는 원핵세포의 원형질막)에는 **ATP 합성효소(ATP synthase)**라는 단백질 복합체가 많이 있다. 이 ATP 합성효소는 ADP와 무기인산으로부터 ATP를 만드는 효소이다. 세포

막사이공간
미토콘드리아 기질
미토콘드리아 내막
막사이공간
H^+
고정자
회전자
내부축
촉매마디
ADP + Ⓟi
ATP
미토콘드리아 기질

❶ 기울기에 따라서 흐르는 H^+ 이온들이 **고정자(stator)**에 들어간다. 이때 고정자는 막에 부착되어 있다.

❷ H^+ 이온들은 **회전자(rotor)** 안에 있는 결합 부위에 들어간다. 이때 각각 회전자 소단위들의 구조가 변화되어 막에서 회전자가 회전하게 된다.

❸ 각각의 H^+ 이온은 회전자를 한 바퀴 회전시킨 후 회전자에서 떨어져 나온다. 이때 H^+ 이온은 미토콘드리아 기질 쪽으로 향하고 있는 고정자의 두 번째 채널을 통과한다.

❹ 회전자의 회전은 **축(rod)**을 회전하도록 한다. 이러한 막대기는 회전자 아래의 **마디(knob)**까지 줄기처럼 뻗어 있다. 이때 마디는 고정자의 일부분에 의해서 고정되어 있다.

❺ 축의 회전은 마디의 촉매 자리를 활성화시켜 ADP와 Ⓟi로부터 ATP를 생산한다.

(a) ATP 합성 단백질 복합체는 수소이온의 흐름에 의해서 작동하는 풍차로 기능한다.

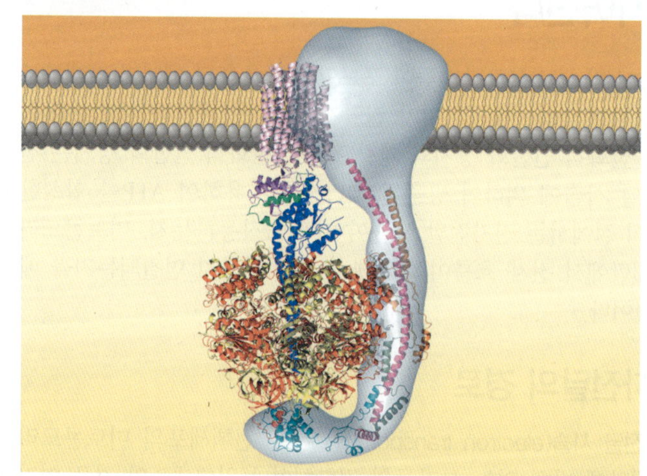

(b) 이 컴퓨터 모형은 ATP 합성효소의 네 부분을 보여주고 있다. 각 부분은 여러 개의 폴리펩타이드 소단위로 구성되어 있다. 회색 지역의 전체 구조는 아직 결정되지 않았고 활발한 연구의 영역이다.

▲ **그림 4.24 분자 풍차로서 ATP 합성효소.** ATP 합성효소는 진핵세포의 미토콘드리아 및 엽록체 막과 원핵세포의 세포막에 존재한다.

호흡의 상황에서 ATP 합성효소는 농도기울기에 역행하여 양성자를 펌프하기 위해서 ATP를 가수분해하기보다는 ATP 합성을 위해서 이미 존재하고 있는 양성자 기울기에 담겨 있는 에너지를 소모한다. ATP 합성효소를 위한 추진력은 미토콘드리아 내막을 사이에 두고 존재하는 H^+ 농도의 차이이다. (pH는 H^+ 농도의 척도이기 때문에 이러한 기울기를 pH의 차이로 생각할 수 있다.) 막을 사이에 둔 수소이온 기울기 형태로 저장된 이러한 에너지는 ATP 합성과 같은 세포의 일을 추진하기 위해서 사용되는데, 이 과정을 **화학삼투(chemiosmosis)**라 한다. 물 수송을 배울 때 삼투라는 말을 사용했지만 여기에서 삼투는 막을 관통하는 H^+의 흐름을 의미한다.

과학자들은 ATP 합성효소의 구조를 연구함으로써 이 커다란 효소를 통한 H^+의 흐름이 어떻게 ATP 생성을 추진하는지 알 수 있게 되었다. ATP 합성효소는 각각 여러 개의 폴리펩타이드로 구성된, 4개의 주요 부분을 가지는 여러 소단위들의 복합체이다. 양성자들은 그 부분 중 하나(rotor, 회전자)에 결합하여 ADP와 무기 인산으로부터 ATP를 촉매하는 방법으로 ATP 합성효소를 회전시키게 한다(그림 4.24). 양성자의 흐름은 물레방아를 돌리는 시냇물과 같이 작용한다. ATP 합성효소는 자연에서 볼 수 있는 가장 작은 분자 회전 모터이다.

미토콘드리아 내막 또는 원핵세포의 원형질막은 ATP 합성효소 복합체에 의한 ATP 생성을 위해서 필요한 H^+ 기울기를 어떻게 형성하고 유지하는가? H^+ 기울기를 확립하는 것은 미토콘드리아에 자리 잡고 있는 전자전달 사슬의 기능이다(그림 4.25). 막을 가로지르는 양성자 구동력(proton-motive force), 즉 H^+ 기울기로 변형된다.

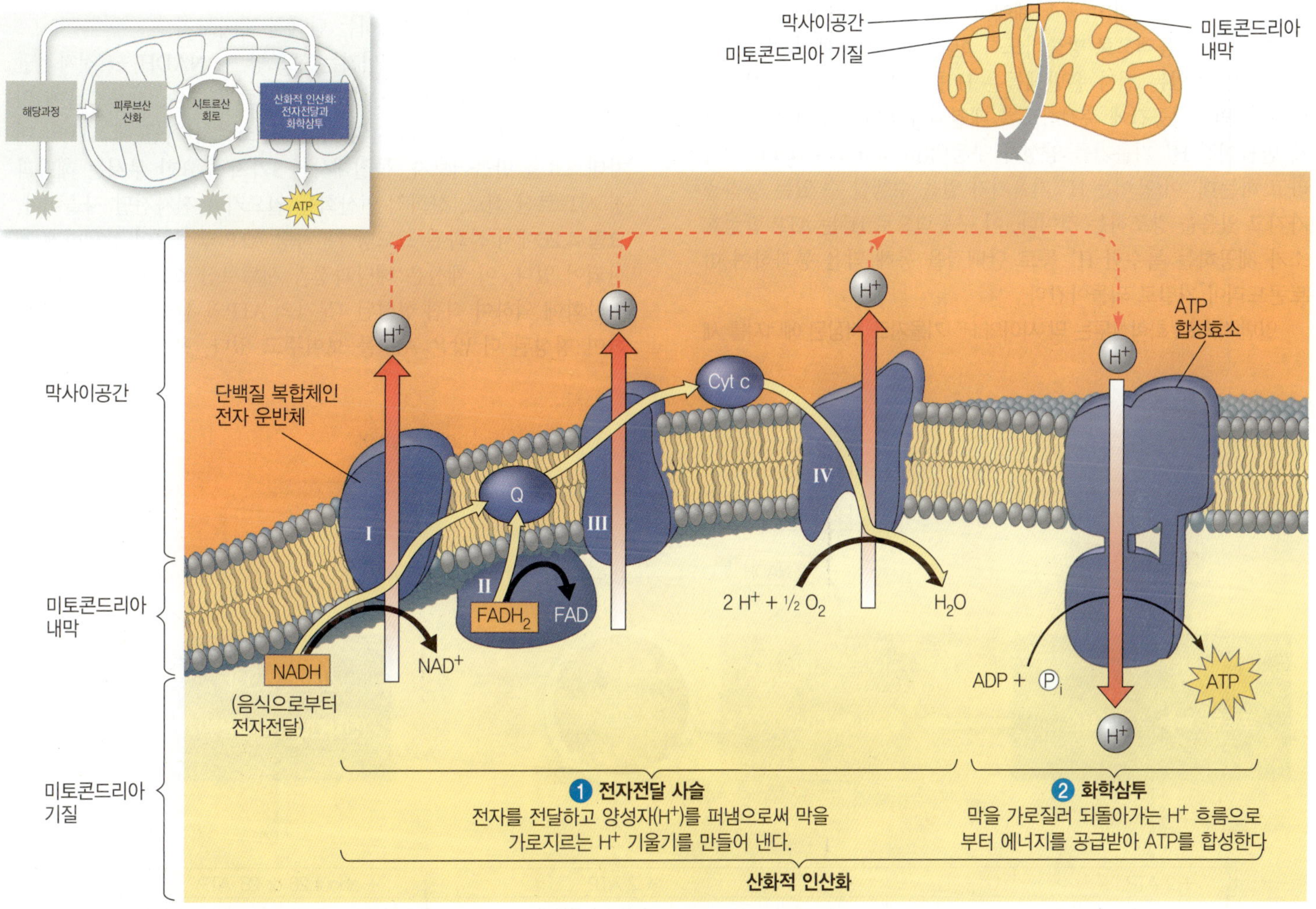

▲ **그림 4.25 화학삼투는 전자전달 사슬과 ATP 합성을 연결시킨다.** ❶ 해당과정과 시트르산 회로에서 생성된 NADH와 $FADH_2$는 음식에서 추출된 고에너지 전자들을 미토콘드리아 내막에 있는 전자전달 사슬로 운반한다. 금색 화살표는 전자들의 수송을 추적하고 있는데, 이 전자들은 최종적으로 사슬의 "바닥"에 있는 산소로 넘겨져 물을 생성한다. 대부분의 전자 운반체들은 4개의 복합체들로 묶인다(I~IV). 2개의 이동성 운반체들은 유비퀴논(Q)과 사이토크롬 *c*(Cyt *c*)는 막을 따라서 빠르게 이동하여 커다란 복합체들 사이로 전자들을 운반한다. 복합체들이 전자들을 받았다가 내주면서 미토콘드리아 기질에서 막사이 공간으로 수소이온(양성자)을 퍼낸다. $FADH_2$는 전자들을 복합체 II로 전달하기 때문에 NADH에 의해서 막사이공간으로 펌프되는 양성자의 수보다 더 적음을 알아야 한다. 원래 음식에 저장되어 있던 화학에너지는 막을 가로지르는 양성자 구동력(proton-motive force), 즉 H^+ 기울기로 변형된다.
❷ 화학삼투 동안 수소이온들은 막에 있는 ATP 합성효소를 통해 기울기에 따라 미토콘드리아 기질로 되돌아 흐른다. ATP 합성효소는 ADP를 인산화하여 ATP를 합성하기 위해서 양성자 구동력을 사용한다. 전자전달과 화학삼투가 산화적 인산화를 구성한다.

로질러, 즉 미토콘드리아 기질에서 막사이공간으로 H^+를 펌프하기 위해서 전자전달 사슬은 NADH와 $FADH_2$로부터 전자들의 발열반응적 흐름을 이용하는 에너지 전환장치이다. H^+는 기울기를 따라 막을 가로질러 농도가 낮은 쪽으로 되돌아가려는 경향이 있다. 따라서 ATP 합성효소는 원형질막에서 H^+에 대한 유일한 통로이다. 이전에 살펴본 바와 같이 ADP의 인산화를 위해서 ATP 합성효소를 통한 H^+의 통과는 발열반응인 H^+ 흐름을 사용한다. 따라서 막을 가로지르는 H^+ 기울기에 저장된 에너지는 전자전달 사슬의 산화환원 반응을 화학삼투의 한 예인 ATP 합성과 연결시킨다.

이제 여러분은 전자전달 사슬이 수소이온을 어떻게 퍼낼까에 대해서 궁금해 할 것이다. 많은 연구자들은 전자전달 사슬 중 어떤 구성성분은 전자들과 함께 양성자들(H^+)을 받아서 방출한다는 것을 발견하였다. (세포 안쪽과 주변의 수용액은 이미 준비된 H^+의 원천이다.) 사슬의 어떤 단계에서 전자전달은 H^+를 받은 후에 이 H^+를 주변 용액으로 방출하도록 한다. 진핵세포에서 미토콘드리아 내막에 있는 전자 운반체들은 H^+를 미토콘드리아 기질로부터 받아 막사이공간에 축적하도록 배열되어 있다(그림 4.25). 이렇게 만들어진 H^+ 기울기를 **양성자 구동력(proton-motive force)**이라고 하는데, 이 용어는 H^+ 기울기가 일을 수행할 수 있는 능력을 가지고 있음을 강조하는 것이다. 이 구동력으로 H^+는 ATP 합성효소가 제공하는 특수한 H^+ 통로 단백질을 통해 막을 통과하여 미토콘드리아 기질로 되돌아간다.

일반적으로 화학삼투는 막 사이의 H^+ 기울기로 저장된 에너지를 세포의 일을 하는 데 사용하기 위한 에너지-짝물림 기작(energy-coupling mechanism)이다. 미토콘드리아에서 기울기 형성을 위한 에너지는 발열반응인 산화환원 반응에서 오고, 이때 ATP 합성은 수행된 일이다. 화학삼투는 또한 여러 곳에서 다양하게 변형되어 일어난다. 원핵생물은 세포막을 가로질러 H^+ 기울기를 생성한다. 원핵생물은 이렇게 형성된 양성자 구동력을 세포내 ATP 합성뿐만 아니라 영양 물질과 노폐물을 막을 가로질러 수송하고 편모를 회전시키는 데에도 이용한다. 원핵세포와 진핵세포에서 에너지 전환이 갖는 중요성 때문에 화학삼투는 생물에너지학 연구를 통일시키는 데 도움이 되어 왔다. 미첼(Peter Mitchell)은 화학삼투 모형을 처음 제안한 공로로 1978년에 노벨상을 받았다.

세포호흡에 의한 ATP 생성률 계산

이제 세포호흡의 전반적인 기능, 즉 ATP 합성을 위한 포도당으로부터의 에너지 수확을 복습하는 단계를 밟아보자.

호흡 동안 대부분의 에너지는 포도당 → NADH → 전자전달 사슬 → 양성자 구동력 → ATP의 순서로 흐른다. 세포호흡에 의해서 포도당 1분자가 6분자의 이산화탄소로 산화될 때 ATP의 대차대조표를 만들어보자. 물질대사의 3가지 주요한 부서는 해당과정 시트르산 회로, 산화적 인산화를 일으키는 전자전달 사슬이다. 그림 4.26에서 산화된 포도당 1분자당 ATP 생성률이 상세하게 계산되어 있다. 이 계산은 해당과정과 시트르산 회로에서 기질수준 인산화에 의하여 직접 형성된 4분자의 ATP와 산화적 인산화에 의하여 형성된 더 많은 ATP를 보여주고 있다. 포도당으로부터 전

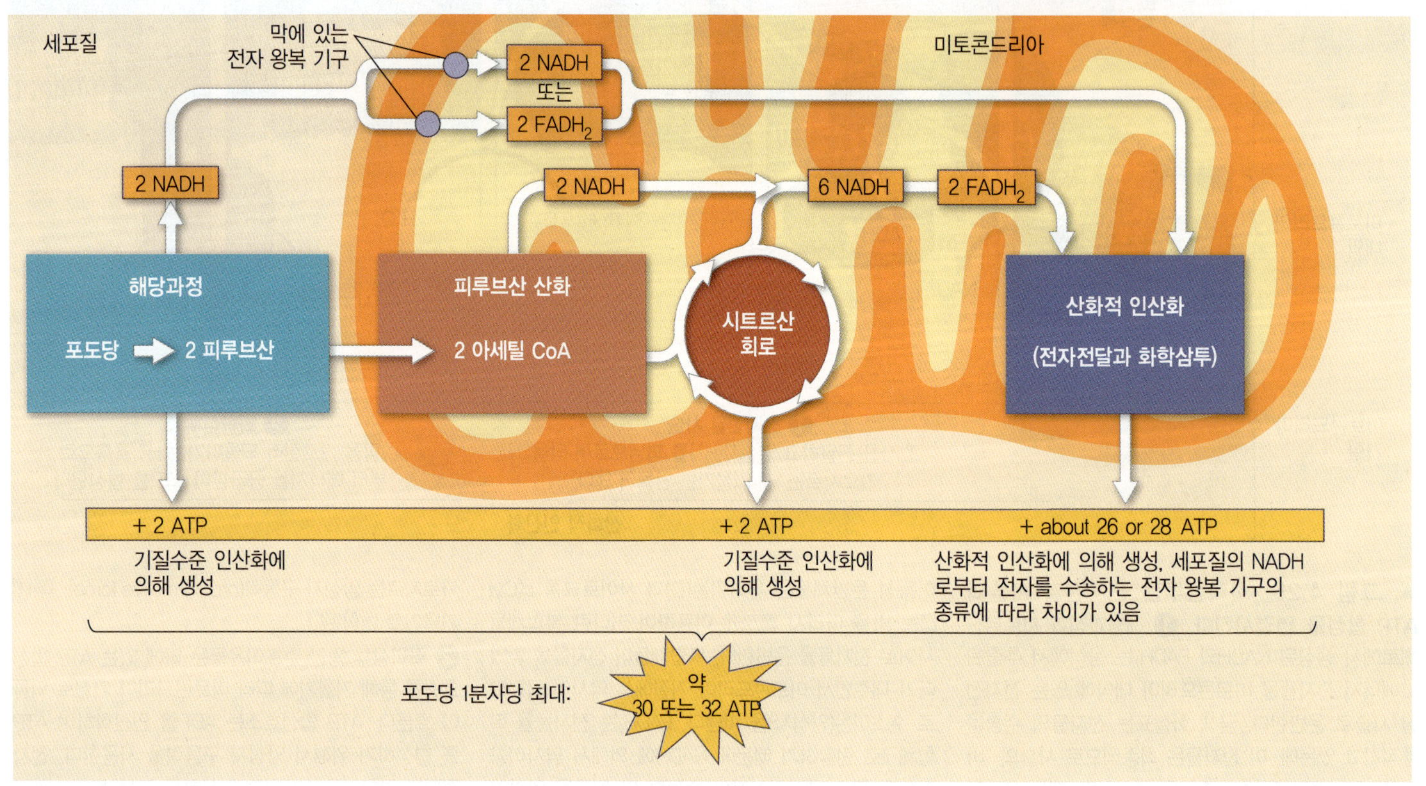

▲ **그림 4.26 세포호흡의 각 단계에 있어서 포도당 1분자당 ATP 생성률**

자전달 사슬로 1쌍의 전자를 전달하는 각각의 NADH는 최대 약 3분자의 ATP를 생성할 수 있는 양성자 구동력을 생성한다.

그림 4.26에 나와 있는 숫자는 왜 부정확한가? 한 분자의 포도당을 분해하여 생기는 ATP 분자의 숫자를 정확하게 기술할 수 없는데, 여기에는 세 가지 이유가 있다. 첫 번째, 인산화와 산화환원 반응은 직접 연결되지 않아 NADH 분자 숫자에 대한 ATP 분자 숫자의 비율은 정수가 아니다. 1개의 NADH는 미토콘드리아 내막을 가로질러 10개의 H^+를 수송시키지만 ATP 합성효소를 통해서 미토콘드리아 기질로 들어가는 H^+의 정확한 숫자는 오랫동안 논쟁 중에 있다. 그러나 실험 데이터에 기반해서 대부분의 생화학자들은 이제 가장 정확한 숫자가 4개의 H^+임에 일치하고 있다. 따라서 1분자의 NADH는 2.5분자의 ATP를 합성할 수 있는 양성자 구동력을 생성한다. 시트르산 회로는 또한 $FADH_2$를 통해서 전자들을 전자전달 사슬로 제공하지만 이 경우에는 전자가 사슬의 뒷부분으로 들어가기 때문에 이 전자 운반체 1분자는 1.5분자의 ATP를 합성하는 데 필요한 H^+를 수송한다. 이러한 숫자는 또한 미토콘드리아서 형성된 ATP를 세포질(ATP를 소모하는 곳)로 이동시키는 데 필요한 작은 에너지 비용을 설명한다.

두 번째, ATP 생성률은 세포질에서 미토콘드리아로 전자를 전달하는 데 사용되는 왕복 기구의 유형에 따라서 다소 달라진다. 미토콘드리아 내막은 NADH에 비투과적이어서 세포질에 있는 NADH는 산화적 인산화 장치로부터 격리되어 있다. 해당과정에서 포획된 NADH의 두 전자는 몇 종류의 전자 왕복계 중 하나를 통해 미토콘드리아로 운반되어야 한다. 특정한 세포에서 왕복기구의 유형에 따라서 전자들은 미토콘드리아에 있는 NAD^+ 또는 FAD로 건네진다(그림 4.26). 뇌세포의 경우 세포질의 NADH에서 미토콘드리아의 FAD로 전자들이 건네지면, 원래 세포질에서 형성된 NADH로부터 단지 약 1.5분자의 ATP만이 만들어진다. 간과 심장세포의 경우, 전자들이 미토콘드리아 NAD^+로 건네져서 약 NADH당 2.5분자의 ATP가 만들어진다.

ATP 생성률을 감소시키는 세 번째 변수는 호흡 동안 산화환원 반응에 의하여 생성된 양성자 구동력을 다양한 다른 일들을 추진하는 데 사용하는 경우이다. 예를 들어, 양성자 구동력은 피루브산을 세포질에서 미토콘드리아로 수송하는 데 사용된다. 그러나 전자전달 사슬에 의해서 생성된 모든 양성자 구동력이 ATP 합성을 추진하기 위해서 사용된다면, 1분자의 포도당은 산화적 인산화에 의해서 생성된 최대 28분자의 ATP와 기질수준 인산화로부터의 4분자의 ATP를 합해서 총 32분자(또는 덜 효율적인 왕복 기구가 작용한다면 약 30분자)의 ATP를 만든다.

이제 호흡의 대략적인 효율성, 즉 포도당에 저장된 화학에너지 가운데 ATP로 전환되는 에너지의 백분율을 계산해 보자. 표준 상태에서 포도당 1몰이 완벽하게 산화되면 686 kcal의 에너지를 방출한다($\Delta G = -686$ kcal/mol). ATP의 형성을 위한 ADP의 인산화는 ATP 1몰당 최소 7.3 kcal를 저장한다. 따라서 7.3 kcal(ATP 한 분자가 가지는 에너지) 곱하기 32(포도당 한 분자로부터 생성된 ATP 몰수) 나누기 686 kcal(포도당 1분자에 저장된 에너지)인데 이는 0.34가 된다. 따라서 포도당에 저장된 에너지의 약 34%는 ATP로 전달되는데 ΔG는 세포 상태에서는 더 낮기 때문에 실질적인 백분율은 아마도 더 높다. 세포호흡은 에너지 전환에 있어서 놀랄 만큼 효율적이다. 가장 효율적인 자동차일지라도 가솔린에 저장된 에너지의 약 25%만을 자동차를 달리게 하는 에너지로 전환시킬 뿐이다.

저장된 에너지의 나머지 부분은 열로 잃어버린다. 이 열의 일부분은 체온 37℃를 유지하기 위해서 사용되고, 나머지는 땀을 흘리는 등의 여러 냉각 기작을 통해서 흩어진다.

놀랍게도 아마도 어떤 상태에서 세포호흡의 효율성을 감소시키는 것이 이득일 수 있다. 비활동적이면서 낮은 물질대사율로 겨울을 나는 동면 동물은 놀랄만한 적응을 가지고 있다. 그들의 내부 체온은 정상적일 때보다 낮지만 외부의 공기 온도보다 훨씬 더 높다. 갈색 지방이라고 하는 어떤 유형의 조직은 미토콘드리아로 가득 차 있는 세포들로 구성되어 있다. 미토콘드리아 내막은 짝풀림 단백질(uncoupling protein)이라고 하는 채널 단백질을 가지고 있는데, 이 짝풀림 단백질은 ATP 생성없이 양성자가 농도기울기에 따라서 되돌아가도록 한다. 동면 동물에서 이러한 단백질의 활성은 저장된 연료(지방)의 산화를 일으켜서 ATP 생산없이 열을 생성하게 한다. 이러한 적응이 없다면 ATP 수준은 뒤에서 논의하게 될 조절 기전 때문에 세포호흡이 멈추는 점까지 올라가게 될 것이다.

개념 4.8

발효와 무기호흡

우리는 이미 산소가 없는 환경에서 사는 어떤 원핵생물에서 일어나는 무산소호흡에 대해서 언급해왔다. 이러한 생명체들은 전자전달 사슬을 가지고 있지만 산소를 전자전달 사슬의 끝에 있는 최종 전자 수용체로서 사용하지 않는다. 산소는 극단적으로 전기 음성도가 크기 때문에 이러한 기능에 매우 적합하지만 다른 전기 음성도가 큰 화합물 역시 최종 전자 수용체로 사용될 수 있다. 예를 들면 어떤 "황-환원" 박테리아는 호흡 사슬의 끝부분으로서 황산염(SO_4^{2-})을 사용한다. 사슬이 작동하게 되면 ATP 합성에 이용되는 양성자 구동력이 만들어지게 되지만 부산물로 물 대신에 황화수소(H_2S)가 형성된다. 해수 늪이나 개펄을 걸을 때 나는 썩은 계란 냄새는 황을 환원시키는 세균이 있음을 의미한다.

발효는 산소는 물론 어떤 전자전달 사슬도 사용하지 않고도, 즉 세포호흡을 이용하지 않고도 화학에너지를 수확하는 방법이다. 세포호흡 없이 어떻게 음식이 산화될 수 있는가? 산화는 단순히 하나의 전자 수용체에 전자들을 뺏기는 것이기 때문에 반드시 산소가 연루되어야 할 필요가 없음을 기억하라. 해당과정은 1분자의 포도당을 2분자의 피루브산으로 산화시킨다. 해당과정에서 산화제는 NAD^+이지 산소나 어떤 전자전달 사슬은 아니다. 해당과정은 전반적으로 발열반응이고 발생한 에너지 중 일부는 기질수준 인산화에 의하여 총 2분자의 ATP를 생산하는 데 사용된다. 만약 산소가 있다면 NADH가 포도당에서 제거된 전자들을 전자전달 사슬로 넘겨 주는데 이때 추가적인 ATP가 산화적 인산화에 의하여 만들어진다. 그러나 해당과정은 산소가 있건 없건, 즉 산소호흡이건 무산소호흡이건 상관없이 항상 2분자의 ATP를 생성한다.

유기 영양 물질의 호흡적 산화에 대한 또 다른 대안인 발효는 해당과정의 연장인데, 해당과정의 기질수준 인산화로 ATP 생성을 이끈다. 발효가 일어나기 위해서는 해당과정의 산화 단계 동안 전자들을 받는 NAD^+의 충분한 공급이 있어야 한다. NADH로부터 NAD^+를 재생하는 어떤 기작이 없다면 해당과정은 곧 모든 NAD^+를 NADH로 환원시킬 것이므로 세포에는 산화제인 NAD^+가 고갈되어 해당과정이 중지된다. 산소 조건에서 전자들은 전자전달 사슬로 수송되기 때문에 NAD^+가 NADH로부터 계속 재순환된다. 무산소 조건에서의 대체 수단은 전자들을 NADH로부터 해당과정의 최종 생성물인 피루브산으로 전달하는 것이다.

발효의 유형

발효는 해당과정과 전자를 NADH로부터 피루브산 또는 피루브산 유도체로 전달시켜 NAD^+를 재생시키는 반응으로 구성되어 있다. 기질수준 인산화로 총 2분자의 ATP를 생성하는 해당과정에서 NAD^+는 포도당을 계속 산화하기 위해서 재사용된다. 여러 가지 유형의 발효가 있는데 피루브산에서 형성되는 최종 생성물의 종류에 따라서 구분된다. 알코올발효와 젖산발효는 흔히 나타나는 발효의 유형들이다.

알코올발효(alcohol fermentation, 그림 4.27a)에서 피루브산은 두 단계를 거쳐 에탄올(에틸 알코올)로 전환된다. 첫 번째 단계는 피루브산을 이산화탄소와 2탄소 화합물인 아세트알데하이드(acetaldehyde)로 전환시키는 것이다. 두 번째 단계에서 아세트알데하이드는 NADH에 의하여 에탄올로 환원된다. 이것은 해당과정이 지속되기 위해서 필요한 NAD^+의 공급을 재생하는 것이다. 많은 세균은 무산소 조건에서 알코올발효를 수행한다. 수천 년 동안 인간은 맥주제조, 포도주제조, 제빵에 효모를 사용하여 왔다. 알코올발효 동안 제빵효모에 의하여 생성된 CO_2 기포는 빵을 부풀도록 한다.

젖산발효(lactic acid fermentation, 그림 4.27b) 동안 피루브산은 NADH에 의하여 직접 환원되어 CO_2를 방출하지 않고 최종생성물로서 젖산(lactate)을 생성한다. (Lactate는 lactic acid의 이온화 형태이다. 앞으로 lactate와 lactic acid의 모두 젖산으로 표기한다.) 어떤 곰팡이나 박테리아에 의한 젖산발효는 치즈나 요구르트를 생산하는 낙농산업에 사용된다.

산소가 적을 때 인간의 근육세포는 젖산발효로 ATP를 만든다. 이것은 ATP 생산을 위한 당 이화작용이 혈액으로부터 근육으로 공급되는 산소의 양을 초과하는 과도한 운동을 하는 동안 일어난다. 이 상태에서 세포는 유기호흡에서 발효로 전환한다. 이전에는 근육피로와 통증이, 축적되는 젖산에 의해서 일어난다고 생각하였다. 그러나 최근의 연구 결과는 증가된 포타슘이온(K^+)의 농도에 의해서 근육피로와 통증이 일어나고 젖산은 근육의 활동을 촉진시키는 것이라는 것을 보여주고 있다. 어떤 경우에도 과도한 젖산은 혈액을 통하여 점차적으로 간으로 운반되고 간 세포에 의해서

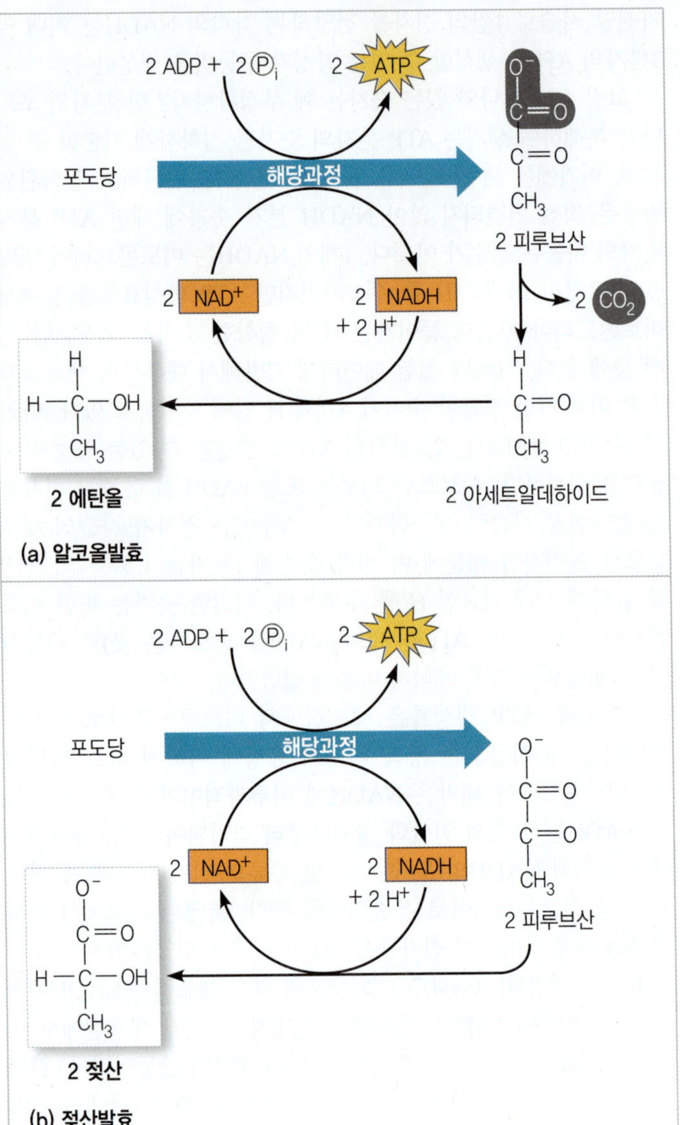

▲ **그림 4.27 발효.** 산소가 없을 때 많은 세포들은 기질수준 인산화를 통해 ATP를 생성하기 위하여 발효를 수행한다. 해당과정의 최종 생성물인 피루브산은 NADH가 NAD^+로 환원되는 반응에 있어서 전자 수용체이다. 재생된 NAD^+는 해당과정에 다시 이용될 수 있다. 발효를 통해 생성되는 두 가지 최종 생성물은 **(a)** 에탄올과 **(b)** 젖산이다.

젖산은 피루브산으로 다시 전환된다. 산소가 계속 이용가능하기 때문에 이러한 피루브산은 간 세포의 미토콘드리아로 들어가서 세포호흡을 완성시킨다. 다음날의 근육통증은 근육섬유의 외상 때문에 일어나는 염증과 통증이다.

무산소호흡과 산소호흡을 발효와 비교하기

발효, 무산소호흡, 산소호흡은 음식의 화학에너지를 수확하여 ATP를 합성하기 위한 세 가지 대체 가능한 세포 경로이다. 이 세 가지 경로들은 포도당 및 여러 유기 연료를 피루브산으로 산화하기 위해 해당과정을 사용하며, 이 과정에서 기질수준 인산화를 통하여 총 2분자의 ATP를 생산한다. 또한 이 모든 세 가지 경로에서

NAD^+는 해당과정 동안 음식으로부터 전자를 받는 산화제이다.

핵심적인 차이는 NADH를 해당과정에 필요한 NAD^+로 다시 산화시키기 위해서 필요한 대조적인 기작이다. 발효에서 최종 전자 수용체는 피루브산(젖산발효)이나 아세트알데하이드(알코올발효)와 같은 유기분자들이다. 대조적으로 세포호흡에서는 NADH에 의해서 운반된 전자들이 전자전달 사슬로 이동하고 이때 전자전달 사슬은 해당과정에 필요한 NAD^+를 생성한다.

또 다른 주요한 차이는 생성되는 ATP의 양이다. 발효는 기질수준 인산화로 두 분자의 ATP를 생성한다. 전자전달 사슬이 없다면 대부분의 세포는 여전히 피루브산에 저장된 에너지를 이용할 수 없다. 그러나 세포호흡에서 피루브산은 미토콘드리아에서 완벽히 산화된다. 이러한 과정으로부터 대부분의 화학에너지는 NADH와 $FADH_2$를 통해서 전자의 형태로 전자 수용체로 전달된다. 이제 전자들은 일련의 단계적인 산화환원 반응을 거치면서 최종 전자 수용체로 전달된다. 산소호흡에서 최종 전자 수용체는 산소이다; 무산소호흡에서 최종 수용체는 전기 음성도가 높은 (산소에 비해서 전기 음성도가 낮지만) 또 다른 분자이다. 단계적인 전자전달은 산화적 인산화를 추진해서 ATP를 생성시킨다. 따라서 세포호흡은 발효에 비해서 각각의 당분자로부터 더 많은 에너지를 수확하게 된다. 사실 산소호흡은 포도당 한 분자당 32분자의 ATP를 생성하는데 이는 발효에 의해서 생성된 ATP 숫자의 16배이다.

절대 혐기성 생물(obligate anaerobe)이라고 하는 어떤 생명체들은 발효나 무산소호흡만을 수행한다. 사실 산소가 존재하면 이러한 생명체는 생존할 수 없다. 산소는 세포에서 독성으로 작용하는 어떤 화합물(활성산소)로 전환되기 때문에 세포가 활성산소에 대한 보호 기전이 없다면 세포는 생존할 수 없다. 척추동물의 뇌세포와 같은 어떤 유형의 세포들은 피루브산의 호기성 산화만을 수행하기 때문에 발효가 일어나지 않는다. 효모와 박테리아를 포함하는 일부 생명체들은 발효나 호흡으로 충분한 ATP를 만든다. 그러한 생명체 들을 **조건부 혐기성 생물(facultative anaerobe)**이라고 한다. 인간의 근육세포는 세포 수준에서 볼 때 조건부 혐기성이다. 조건부 혐기성 생물에서 피루브산은 물질대사 경로에 있는 하나의 분기점이다(**그림 4.28**). 호기 조건에서 피루브산은 아세틸 CoA로 전환되어 시트르산 회로와 산소호흡을 통하여 산화가 계속 진행된다. 혐기 조건에서 젖산발효가 일어난다: 피루브산은 시트르산 회로로 들어갈 수 없어 NAD^+를 재생하기 위한 전자 수용체로 작용할 뿐이다. 같은 양의 ATP를 만들기 위해서 조건부 혐기성 생물은 호흡을 할 때보다 발효를 할 때 훨씬 더 빠르게 당을 소모하여야 할 것이다.

해당과정의 진화적 중요성

진화 발효와 호흡에서 해당과정의 역할은 진화적 토대를 가진다. 산소가 지구의 대기에 존재하지 않았던 태고의 원핵생물은 아마도 ATP를 만들기 위해서 해당과정을 사용했던 것 같다. 가장 오래된 세균 화석은 35억 년 전이지만 27억 년 전이 되어서야 적당량의 산소가 대기에 축적되기 시작한다. 시아노박테리아(남세균, cyanobacteria)는 광합성의 부산물로 O_2를 생산했다. 따라서 초기

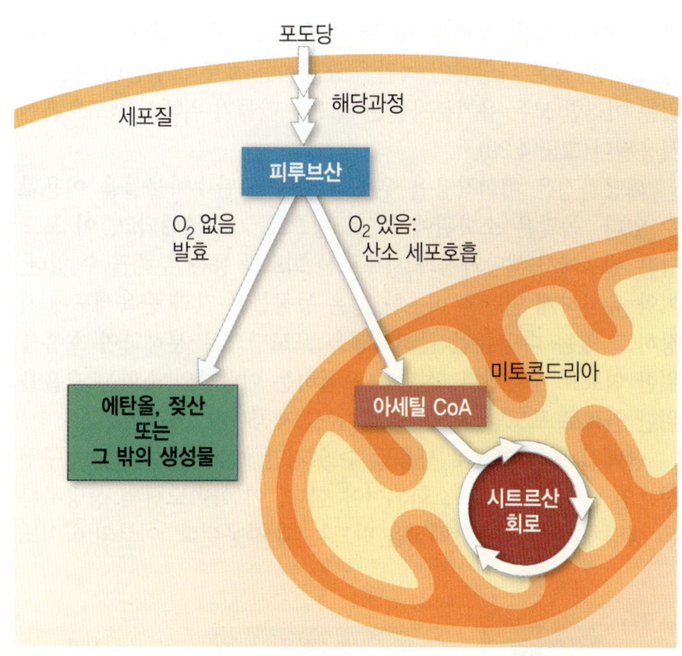

▲ **그림 4.28 이화작용에서 중요한 연결점인 피루브산.** 해당과정은 발효와 세포호흡에 공통적이다. 해당과정의 최종 생성물인 피루브산은 포도당을 산화시키는 이화작용 경로상의 분기점이다. 산소 세포호흡과 발효를 모두 할 수 있는 조건부 혐기성 생물 또는 근육세포에서 피루브산은 이러한 경로들 중 하나를 선택하는데, 그 선택은 산소의 존재 여부에 따라서 결정된다.

원핵세포들은 산소를 요구하지 않는 해당과정만으로 ATP를 생성하였을 것이다. 해당과정은 가장 널리 퍼져 있는 물질대사 경로인데 이는 해당과정이 생명의 역사에서 매우 이른 시기에 진화되었음을 암시하는 것이다. 해당과정이 세포질에서 일어난다는 사실 또한 태고로부터 이 과정이 진화되어 왔음을 보여준다. 즉, 이 경로는 진핵세포의 막성 세포소기관을 요구하지 않는데, 막성 세포소기관은 원핵세포가 나타난 지 10억 년 후에 진화되기 시작했다. 해당과정은 발효만이 아니라 호흡에 있어서도 유기분자 분해의 첫 번째 단계를 담당하기 때문에 태고적 세포로부터 물려받은 물질대사의 유산이다.

개념 4.9

해당과정과 시트르산 회로는 다양한 물질대사 경로들과 연결되어 있다

지금까지 포도당의 산화적 분해를 세포의 전체 물질대사와 따로 분리하여 다루었다. 이 절에서는 세포의 해당과정과 시트르산 회로가 다양한 이화작용과 동화작용(생합성) 경로의 중요한 교차점임을 배울 것이다.

이화작용의 다재다능성

포도당을 세포호흡을 위한 연료로 사용함을 이 장 전체를 거쳐서 살펴보았다. 그러나 포도당 분자는 인간 및 여러 동물의 음식에서

보편적이지 않다. 우리는 대부분의 열량을 지방, 단백질, 탄수화물(설탕은 물론 다당류인 녹말을 포함하는)로부터 얻는다. 음식에 있는 이러한 모든 유기분자들은 ATP를 만들기 위해서 세포호흡에 사용된다(그림 4.29).

해당과정은 이화작용을 위해서 다양한 탄수화물들을 이용할 수 있다. 녹말은 소화관에서 포도당으로 가수분해되고, 이 포도당은 세포에서 해당과정과 시트르산 회로를 통해 분해될 수 있다. 이와 유사하게 인간을 비롯한 많은 동물들은 간과 근육세포에 저장하고 있는 다당류인 글리코젠을 포도당으로 분해하여 호흡을 위한 연료로 사용한다. 설탕을 포함하는 이당류의 소화는 호흡을 위한 연료로 포도당 및 여러 단당류를 제공한다.

단백질 또한 연료로 사용될 수 있지만, 단백질은 우선 그 구성 성분인 아미노산으로 소화되어야 한다. 이 아미노산의 상당부분은 생명체가 새로운 단백질을 만드는 데 사용된다. 여분의 아미노

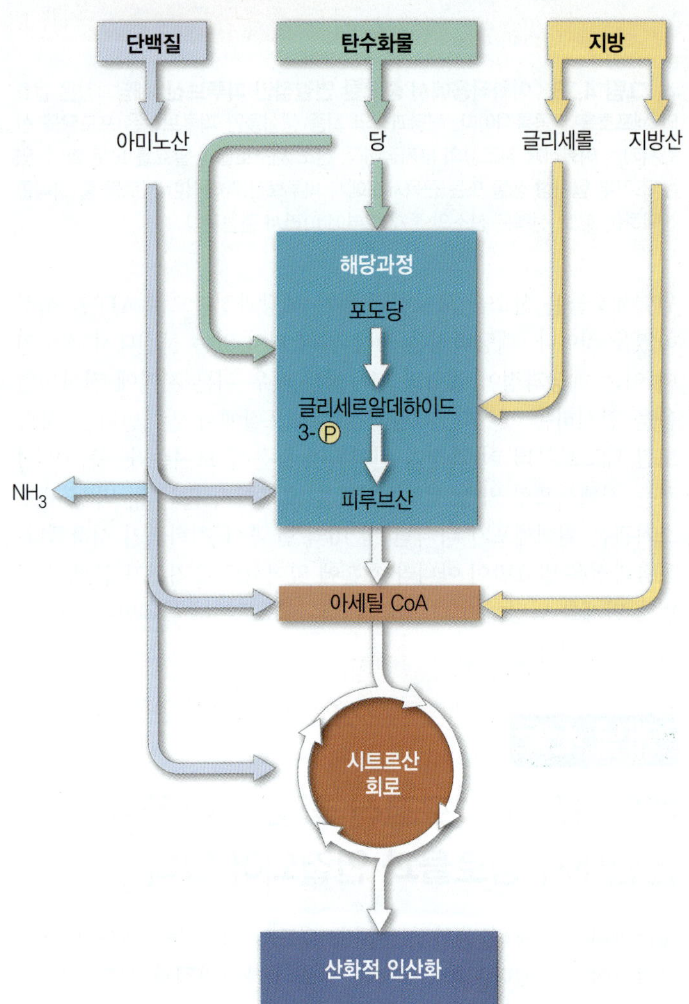

▲ **그림 4.29 음식 속 다양한 분자들의 이화작용.** 탄수화물, 지방, 단백질은 세포호흡을 위한 연료로 사용될 수 있다. 이러한 분자들의 단량체들은 해당과정이나 시트르산 회로로 들어간다. 해당과정과 시트르산 회로는 이화작용 깔때기(funnel)로 작용하는데, 모든 종류의 유기분자들로부터 추출된 전자들은 이 깔때기를 통해서 산소까지 흐른다.

산은 효소에 의해 해당과정이나 시트르산 회로의 중간산물로 전환된다. 아미노산은 해당과정과 시트르산 회로로 들어가기 전에 탈아미노반응(deamination)이라는 과정에 의하여 아미노기가 제거되어야 한다. 질소를 함유하는 찌꺼기는 암모니아(NH_3), 요소 또는 노폐물의 형태로 동물로부터 배출된다.

음식이나 세포의 지방에 저장된 에너지도 이화작용에 의하여 추출된다. 지방이 글리세롤과 지방산으로 소화된 후 글리세롤은 해당과정의 중간산물인 글리세르알데하이드 3-인산(glyceraldehyde 3-phosphate)으로 전환된다. 지방 에너지의 대부분은 지방산에 저장되어 있다. **베타 산화(beta oxidation)**라는 물질대사 경로는 지방산을 2탄소 조각으로 분해하는데 이 2탄소 조각은 아세틸 CoA로서 시트르산 회로로 들어간다. NADH와 $FADH_2$는 베타 산화에 의해서 생성되는데 이때 더 많은 ATP가 생성된다. 화학적 구조와 전자들(탄소와 수소 사이에서 동등하게 공유되는)의 고에너지 수준 때문에 지방은 탄수화물에 비해서 아주 훌륭한 연료이다. 호흡에 의하여 산화되는 지방 1 g은 탄수화물 1 g보다 2배 이상의 ATP를 생산한다.

생합성(동화작용 경로)

세포는 에너지뿐만 아니라 물질도 요구한다. 음식의 모든 유기 분자들이 ATP를 만들기 위해서 연료로 산화될 운명을 가지는 것은 아니다. 음식은 열량은 물론 세포가 자신의 분자를 만들기 위해서 필요한 탄소 골격을 제공해야 한다. 소화로 얻은 어떤 유기 단량체들은 직접 사용될 수 있다. 이전에 언급한 바와 같이, 음식의 단백질을 분해하여 생긴 아미노산들은 생명체 자신의 단백질을 만드는 데 직접 사용된다. 그러나 종종 신체는 음식에 존재하지 않는 특수한 분자들을 필요로 한다. 해당과정과 시트르산 회로의 중간산물로 형성된 화합물들은 세포가 요구하는 분자들을 합성할 수 있게 하는 선구물질로서, 동화작용 경로로 들어갈 수 있다. 예를 들어, 인간은 시트르산 회로에 존재하는 화합물을 변화시켜 단백질에 있는 약 20종류의 아미노산을 만들 수 있다. 나머지 아미노산들은 음식으로부터 얻어야만 하는 "필수 아미노산"이다. 또한 포도당은 피루브산으로부터, 지방산은 아세틸 CoA로부터 만들 수 있다. 이 러한 동화작용 또는 생합성 경로는 ATP를 합성하지 않고, 대신에 ATP를 소모한다.

게다가 해당과정과 시트르산 회로는 세포의 물질대사 교차로인데, 이 교차로를 통해서 세포는 어떤 분자들을 세포에 필수적인 분자들로 전환시킬 수 있다. 예를 들어, 해당과정 동안 형성된 중간대사 화합물인 다이하이드록시아세톤인산(dihydroxyacetone phosphate, 그림 4.20, 5단계)은 지방의 주요한 전구물질 중의 하나 로 전환될 수 있다. 만약 우리가 필요한 것보다 더 많이 먹는다면, 음식에 지방이 없어도 지방이 생성되어 몸에 저장된다. 물질대사 는 높은 다재다능성과 적응성을 가지고 있다.

CHAPTER

5 광합성

▲ **그림 5.1** 이런 활엽수의 줄기와 가지와 잎을 만드는 데 햇빛은 어떻게 도움이 될까?

핵심 개념

5.1 광합성은 빛에너지를 영양분의 화학에너지로 전환한다

5.2 명반응은 태양에너지를 ATP와 NADPH의 화학에너지로 전환한다

5.3 캘빈 회로는 ATP와 NADPH의 화학에너지를 사용하여 CO_2를 당으로 환원한다

생물권에 영양분을 공급하는 과정

지구상의 생명체는 태양으로부터 에너지를 얻는다. 식물과 다른 광합성 생물체의 엽록체는 태양으로부터 빛에너지를 획득한 후 화학에너지로 전환하여 당과 다른 유기분자에 저장한다. 이런 전환 과정을 **광합성(photosynthesis)**이라 한다.

광합성은 직접 또는 간접적으로 거의 모든 생명체에 영양분을 공급한다. 생명체는 에너지와 탄소 골격으로 사용되는 유기화합물을 독립영양 또는 종속영양 중 하나를 이용하여 얻는다. **독립영양생물(autotroph)**은 영양분을 스스로 공급하는 생물이다. *Auto*는 "자신"을, *trophos*는 "영양분"을 의미한다. 독립영양생물은 다른 생명체로부터 유래한 어떤 것도 섭취하지 않고 자신을 유지한다. 독립영양생물은 환경으로부터 얻은 CO_2와 무기물로부터 자신의 유기화합물을 만든다. 독립영양생물은 다른 비독립영양생물이 사용하는 유기화합물의 궁극적 원천이다. 이러한 이유에서 생물학자들은 독립영양생물을 생물권의 생산자(producer)라 부른다.

거의 모든 식물은 독립영양생물이다. 식물에게 필요한 유일한 영양분은 토양으로부터의 물과 무기양분 그리고 공기로부터의 CO_2이다. 특별히, 식물은 빛을 유기물 합성의 에너지원으로 사용하는 광독립영양생물이다(**그림 5.1**). 조류(algae), 기타 단세포 진핵생물 그리고 일부 원핵생물도 광합성을 한다.

종속영양생물(heterotroph)은 자신의 영양분을 만들 수 없다. 그래서 다른 생명체에 의해 만들어진 물질에 의존해 살아간다(*hetero*는 "다른" 것을 의미한다). 종속영양생물은 생물권의 소비자이다. 이러한 "다른 생명체를 먹는" 가장 확실한 형태는 동물이 식물 혹은 다른 동물을 먹는 것에서 나타난다. 하지만 종속영양생물의 영양분 섭취는 감지하기 좀 어려울 수 있다. 어떤 종속영양생물은 죽은 생물체의 잔해와 배설물이나 낙엽과 같은 유기물 찌꺼기를 분해하여 섭취한다. 이들을 분해자라고 한다. 대부분의 균류와 많은 종류의 원핵생물은 이런 방법으로 영양분을 섭취한다. 사람을 포함한 거의 대부분의 종속영양생물은 직접, 혹은 간접적으로 먹이뿐만 아니라 광합성의 부산물인 산소를 얻는 데에도 광독립영양생물에 의존한다.

그림 5.2는 진핵생물과 원핵생물을 포함한 여러 광합성 생물체에 대하여 소개하고 있다. 이 장에서는 주로 식물을 중심으로 다룰 것이다. 광합성의 일반 원리를 소개한 후 광합성의 두 과정, 즉

태양에너지를 획득하여 화학에너지로 전환하는 명반응과, 화학에너지를 이용하여 영양분의 유기분자를 생성하는 캘빈 회로를 다루려고 한다. 최종적으로 광합성을 진화적 관점에서 생각해 볼 것이다.

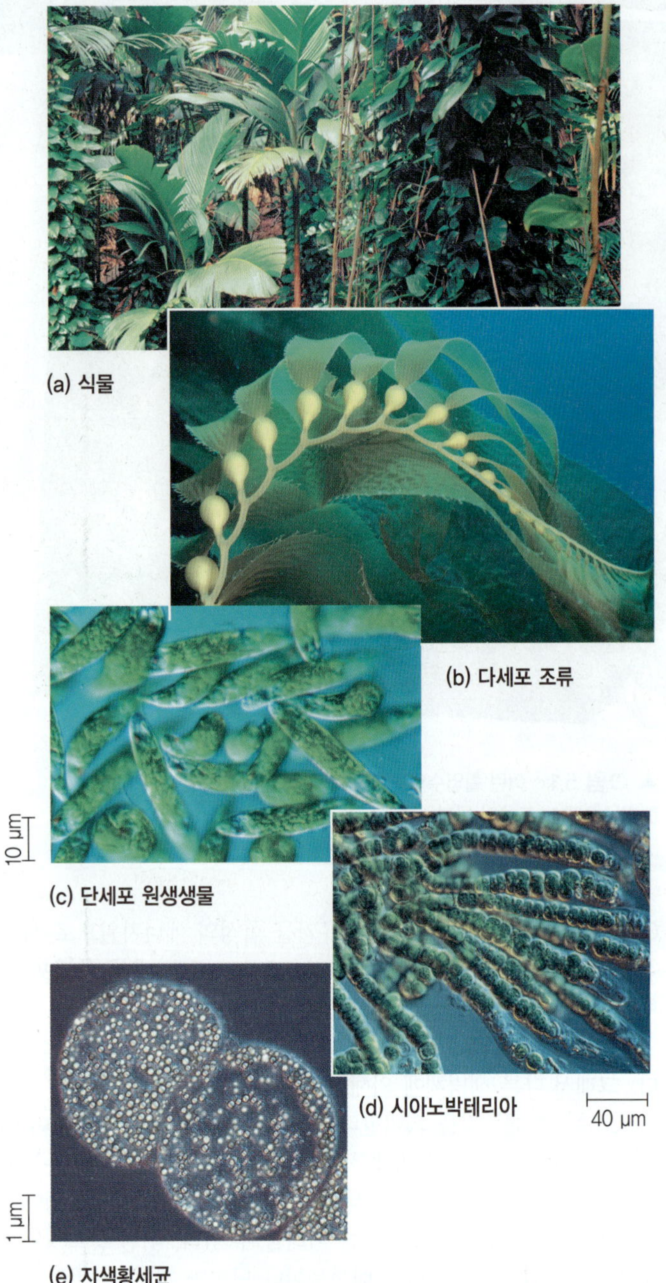

(a) 식물

(b) 다세포 조류

(c) 단세포 원생생물

(d) 시아노박테리아

(e) 자색황세균

▲ **그림 5.2 광독립영양생물.** 이런 생물은 CO_2와 (대부분의 경우) 물로부터 유기분자를 합성하기 위해 빛에너지를 이용한다. 독립영양생물은 자신뿐 아니라 모든 생명체에 영양분을 공급한다. **(a)** 육상에서 먹이의 주 생산자는 식물이다. 수생환경에는 광독립영양생물로 단세포 조류와 **(b)** 다시마와 같은 다세포 조류; **(c)** 유글레나 같은 몇몇 단세포 원생생물; (d) 시아노박테리아라 불리는 원핵생물과 **(e)** 황(세포내 노란색 입자)을 만드는 자색황세균과 같은 기타 원핵생물이 있다(c~e, 광학 현미경 사진).

개념 5.1

광합성은 빛에너지를 영양분의 화학에너지로 전환한다

빛에너지를 이용하여 유기분자를 합성하는 데 사용하는 생물체의 놀라운 능력은 세포의 구조적 조직화로부터 나타난다. 광합성에 관련된 효소와 다른 분자들은 생체막 내에 함께 모여 있어, 필수적인 일련의 화학반응들이 효율적으로 일어나도록 한다. 광합성 과정은 아마도 이런 분자들을 갖고 있는 원형질막이 안으로 감싸 들어간 세균의 무리로부터 유래된 것 같다. 현존하는 광합성 세균에서 안으로 감싸 들어간 광합성막은 진핵세포 소기관인 엽록체의 내막과 유사하게 기능한다. 세포공생 이론에 의하면, 엽록체의 기원은 진핵세포의 조상 안에 살았던 광합성 세균이라고 할 수 있다. 엽록체는 광합성을 하는 다양한 생물체에 존재하지만, 이 장에서는 식물의 엽록체에 초점을 맞추려 한다.

엽록체: 식물의 광합성 장소

녹색 줄기나 덜 익은 과실의 녹색을 띠고 있는 부분을 포함하여 식물의 모든 녹색 부분은 엽록체를 가지고 있다. 하지만 대부분의 식물에서 광합성은 주로 잎에서 일어난다**(그림 5.3)**. 잎 표면적 1 mm^2당 약 50만 개의 엽록체가 존재한다. 엽록체는 주로 잎 안쪽에 위치하고 있는 **엽육(mesophyll)**조직을 구성하는 세포에서 발견된다. **기공(stoma**, 복수는 *stomata*; 그리스어로 "입")이라 불리는 미세 구멍을 통해 CO_2는 잎 안으로 들어오고, 산소는 잎 밖으로 나가게 된다. 뿌리를 통해서 흡수된 물은 관다발조직계를 통해 잎으로 전달된다. 동시에 잎은 관다발조직계를 통해 당을 뿌리나 식물의 광합성을 하지 않는 부위로 전달한다.

전형적인 엽육세포에는 30~40개의 엽록체가 있으며, 각각의 크기는 2~4 μm × 4~7 μm 정도이다. 엽록체는 밀도가 높은 액체상인 **스트로마(stroma)**를 두 겹의 막으로 둘러싸고 있다. 스트로마에는 **틸라코이드(thylakoid)**라고 하는, 제3의 막 체계가 있는데, 이것이 막주머니의 내부인 틸라코이드 공간(thylakoid space)과 스트로마를 분리한다. 어떤 곳에는 틸라코이드막 주머니가 포개져 있는데 이를 그라나(grana)라 부른다(단수는 *granum*). 잎의 색깔을 녹색으로 만드는 녹색 색소인 **엽록소(chlorophyll)**는 엽록체의 틸라코이드막에 위치하고 있다. 엽록소에 의해 흡수되는 빛에너지는 엽록체에서 유기분자를 합성케 한다. 식물에서의 광합성 장소에 대해 살펴보았으니, 이제 광합성 과정을 보다 상세히 알아보도록 하자.

광합성에서의 원자 추적: 과학 탐구

과학자들은 수백 년 동안 식물이 양분을 만드는 과정을 규명하기 위해 노력하였다. 어떤 과정은 아직껏 완벽하게 이해되지 못하지만, 전체적인 광합성 화학반응은 1800년대 이후 알려지게 되었다. 빛이 존재할 때, 식물의 녹색 부분은 CO_2와 물로부터 유기화합물과 산소를 생산한다. 분자식을 이용해, 광합성에서의 복잡한 일련의 화학반응들을 다음과 같은 화학반응으로 요약할 수 있다.

$$6\ CO_2 + 12\ H_2O + \text{빛에너지} \rightarrow C_6H_{12}O_6 + 6\ O_2 + 6\ H_2O$$

여기에서는 광합성과 호흡 사이의 관계를 단순화하기 위해 포도당($C_6H_{12}O_6$)을 이용하였지만, 실제로 광합성의 직접적인 산물은 포도당을 만드는 데 사용될 수 있는 3탄당이다. 광합성 과정 중 12개의 물분자가 소모되고 6개의 물분자가 새롭게 만들어지기 때문에, 물은 화학반응식 양쪽에서 모두 볼 수 있다. 물의 순소비만을 표시함으로써 화학방정식을 다음과 같이 단순화할 수 있다.

$$6\ CO_2 + 6\ H_2O + \text{빛에너지} \rightarrow C_6H_{12}O_6 + 6\ O_2$$

화학방정식을 이렇게 정리하면, 광합성의 전체 화학적 변화는 세포호흡에서 일어나는 화학 변화의 역과정이라는 것을 알 수 있다. 두 물질대사 과정 모두 식물에서 일어나지만, 엽록체는 단순히 호흡 과정의 역과정으로 당을 만드는 것은 아니다.

광합성 반응식을 6으로 나누면 다음과 같이 가장 단순한 형태의 반응식으로 전환할 수 있다.

$$CO_2 + H_2O \rightarrow [CH_2O] + O_2$$

$[CH_2O]$는 실제 당이 아니고, 탄수화물의 일반식을 나타낸다. 즉, 한 번에 당분자의 한 개 탄소가 합성됨을 표현하고 있다. 단순화된 반응식을 통해, 연구자들이 어떻게 광합성 반응물로부터 생성물까지의 화학 원소(C, H와 O)를 추적했는지 살펴보겠다.

물의 분해

광합성 기작과 관련된 첫 번째 단서 중 하나는 식물에서 배출되는 O_2가 CO_2로부터 기인된 것이 아니고, H_2O로부터 유래된 것이라는 사실의 발견이다. 엽록체는 물을 수소와 산소로 분해한다. 이런 사실이 발견되기 전까지 널리 알려진 가설은 광합성에 의해 이산화탄소가 분해되고($CO_2 \rightarrow C + O_2$), 생성된 탄소에 물이 첨가된다는 것($C + H_2O \rightarrow [CH_2O]$)이었다. 이 가설에 따르면, 광합성 동안에 배출되는 O_2는 CO_2로부터 기인된 것이었다. 이러한 제안은 1930년대에 스탠퍼드대학교의 닐(C. B. van Neil)에 의해서 도전을 받게 되었다. 닐은 CO_2로부터 탄수화물은 만들지만, O_2를 배출하지는 않는 세균을 이용하여 광합성을 연구하고 있었다. 닐은 최소한 이 실험에 사용된 세균에서는 CO_2가 탄소와 산소로 분해되지 않는다고 결론지었다. 실험에 이용된 한 세균 무리는 광합성을 할 때 물 대신 황화수소(H_2S)를 사용하였고, 부산물로 노란색의 작은 황 기포를 만들었다(그림 5.2e에서 이 기포를 볼 수 있다). 이들 황세균의 광합성 화학반응식은 다음과 같다.

$$CO_2 + 2\ H_2S \rightarrow [CH_2O] + H_2O + 2\ S$$

▲ **그림 5.3 식물이 광합성을 하는 부위 확대하여 보기.** 식물의 광합성은 주로 잎에서 일어난다. 그림은 잎, 세포 그리고 최종적으로 광합성이 일어나는 세포소기관인 엽록체를 보여준다(가운데, 광학 현미경 사진; 아래, 투과 전자 현미경 사진).

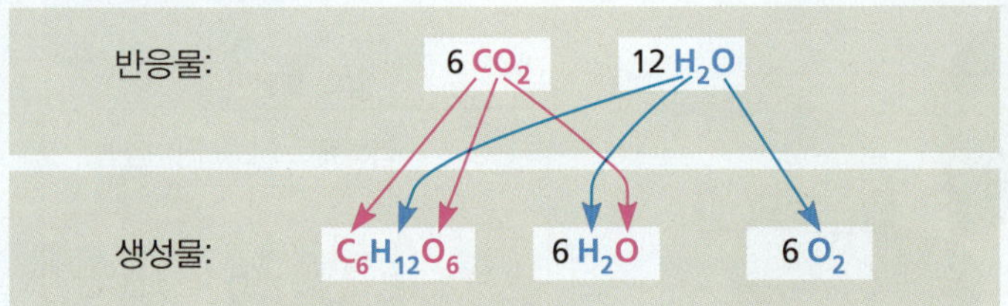

▲ **그림 5.4 광합성에서의 원자 추적.** CO_2로부터 유래한 원자는 자홍색으로, H_2O로부터 유래한 원자는 청색으로 나타내었다.

닐은 세균이 H_2S를 분해하여 수소원자를 당으로 만드는 데 사용한다고 생각하였다. 그는 이러한 생각을 일반화하여, 모든 광합성 생물체는 수소의 공급원을 필요로 하지만, 수소 공급원은 다양하다고 제안하였다.

황세균: $CO_2 + 2\ H_2S \rightarrow [CH_2O] + H_2O + 2\ S$
식물: $CO_2 + 2\ H_2O \rightarrow [CH_2O] + H_2O + O_2$
일반: $CO_2 + 2\ H_2X \rightarrow [CH_2O] + H_2O + 2\ X$

따라서 닐은 식물이 수소원자로부터 전자의 공급원으로서의 H_2O을 분해하고, 부산물로서 O_2를 배출한다는 가설을 세웠다.

20여 년이 지난 후, 과학자들은 광합성이 일어나는 동안 산소원자가 어떻게 되는지를 규명하기 위해 방사선 추적자로 무거운 동위원소인 ^{18}O를 사용하여 닐의 가설을 확인하였다. 실험을 통해 물이 추적자의 공급원일 경우에만, 식물로부터 배출된 산소에 ^{18}O이 표지됨을 보여주었다(실험 1). ^{18}O를 CO_2에 표지하여 식물에 처리할 경우, 배출된 O_2에 ^{18}O이 표지되지 않았다(실험 2). 다음 요약에서 적색은 표지된 산소원자 ^{18}O를 나타낸다.

실험 1: $CO_2 + 2\ H_2\mathbf{O} \rightarrow [CH_2O] + H_2O + \mathbf{O}_2$
실험 2: $C\mathbf{O}_2 + 2\ H_2O \rightarrow [CH_2\mathbf{O}] + H_2\mathbf{O} + O_2$

광합성이 일어나는 동안 원자의 뒤섞기에 의해 생기게 되는 중요한 결과는 물로부터 수소를 추출하여 당에 결합시키는 것이다. 광합성의 부산물인 O_2는 대기 중에 배출된다. 그림 5.4는 광합성 과정 중 모든 원자의 운명을 보여주고 있다.

산화환원 과정으로서의 광합성

광합성을 세포호흡과 비교해 보면 두 과정 모두에서 산화환원 반응이 일어난다. 세포호흡이 일어나는 동안, 수소와 결합된 전자가 운반체에 의해 산소로 이동하여 부산물로서 물이 만들어질 때, 에너지는 당으로부터 방출된다. 전자가 전기 음성도를 가진 산소를 향해 전자전달 사슬을 따라 떨어지면서 위치에너지를 잃게 되고, 미토콘드리아는 이 에너지를 ATP의 합성에 이용한다. 광합성에서는 전자의 흐름이 역방향으로 일어난다. 물은 분해되고, 전자는 수소이온과 함께 물로부터 이산화탄소로 이동되어, 당으로 환원된다.

환원됨

$$\text{에너지} + 6\ CO_2 + 6\ H_2O \longrightarrow C_6H_{12}O_6 + 6\ O_2$$

산화됨

전자가 물로부터 당으로 이동됨에 따라 전자의 위치에너지는 증가하기 때문에, 이 과정에서 에너지가 필요한데, 이를 흡열이라고 한다. 이런 에너지 증가는 빛에 의해서 일어난다.

광합성의 두 과정: 미리보기

광합성의 화학반응식은 대단히 복잡한 과정을 믿을 수 없을 정도로 단순하게 요약한 것이다. 광합성은 단일 과정이 아니라 두 과정이며, 각 과정은 여러 단계로 이루어져 있다. 광합성의 두 과정은 광합성의 '광' 부분인 **명반응(light reaction)**과 광합성의 '합성' 부분인 **캘빈 회로(Calvin cycle)**로 각각 알려져 있다(그림 5.5).

명반응은 태양에너지를 화학에너지로 전환시키는 단계이다. 물은 분해되어, 전자와 양성자(수소이온, H^+)를 제공하고, 부산물로서 O_2를 배출한다. 엽록소에 의해 흡수된 빛은 물에서 나온 전자와 수소이온들을 일시적으로 저장하는 **$NADP^+$**(니코틴산 아데닌 디뉴클레오타이드 인산)라는 수용체로 전달한다. 전자 수용체인 $NADP^+$는 세포호흡에서 전자 전달자의 역할을 하는 NAD^+와 대단히 유사하다. 두 분자 간의 차이는 단지, $NADP^+$ 분자에 인산기가 하나 더 존재하는 것이다. 명반응은 태양에너지를 이용하여 H^+와 전자 한 쌍을 $NADP^+$에 첨가시켜 **NADPH**로 환원시킨다. 명반응은 화학삼투를 이용해 ADP에 인산기를 첨가시켜 ATP를 만들어 내는데, 이 과정을 **광인산화(photophosphorylation)**라 한다. 따라서 빛에너지는 먼저 다음과 같은 두 가지 형태의 화학에너지로 전환된다. 즉, 전자 수용체를 따라 이동하면서 이들을 환원시키는 "환원력"으로서의 전자 공급원인 NADPH와 세포의 다용도 에너지 통화인 ATP이다. 당은 명반응에 의해 생성되지 않고, 광합성의 두 번째 과정인 캘빈 회로에 의해 만들어진다.

캘빈 회로란 1940년대 후반 동료들과 함께 회로의 단계를 밝히기 시작한 멜빈 캘빈(Melvin Calvin)의 이름에서 비롯되었다. 회로는 공기 중의 CO_2가 엽록체 내에 이미 존재하고 있는 유기분자에 결합되는 것으로부터 시작된다. 이처럼 탄소가 유기화합물에 첨가되는 것을 **탄소고정(carbon fixation)**이라고 한다. 캘빈 회로는 전자의 첨가로 고정된 탄소를 탄수화물로 환원한다. 이런 환원력은 명반응 과정에서 전달된 전자를 획득한 NADPH에 의해 제공된다. CO_2를 탄수화물로 전환하기 위해 캘빈 회로는 명반응에서 만들어진 ATP 형태의 화학에너지를 필요로 한다. 당을 만드는 것은 캘빈 회로이지만, 캘빈 회로는 명반응에서 생성된 NADPH와 ATP의 도움을 받아야만 한다. 캘빈 회로의 어떤 단계도 직접 빛을 필요로 하지 않기 때문에, 캘빈 회로의 대사 단계는 간혹 암반응 혹은 광비의존성 반응이라 부르기도 한다. 하지만 캘빈 회로는 대부분의 식물에서 낮 동안에 일어나는데, 그래야만 명반응으로부터 NADPH와 ATP를 제공받을 수 있기 때문이다. 본질적으로 엽록체는 빛에너지를 사용하여 광합성의 두 과정을 통합해 당을 만든다.

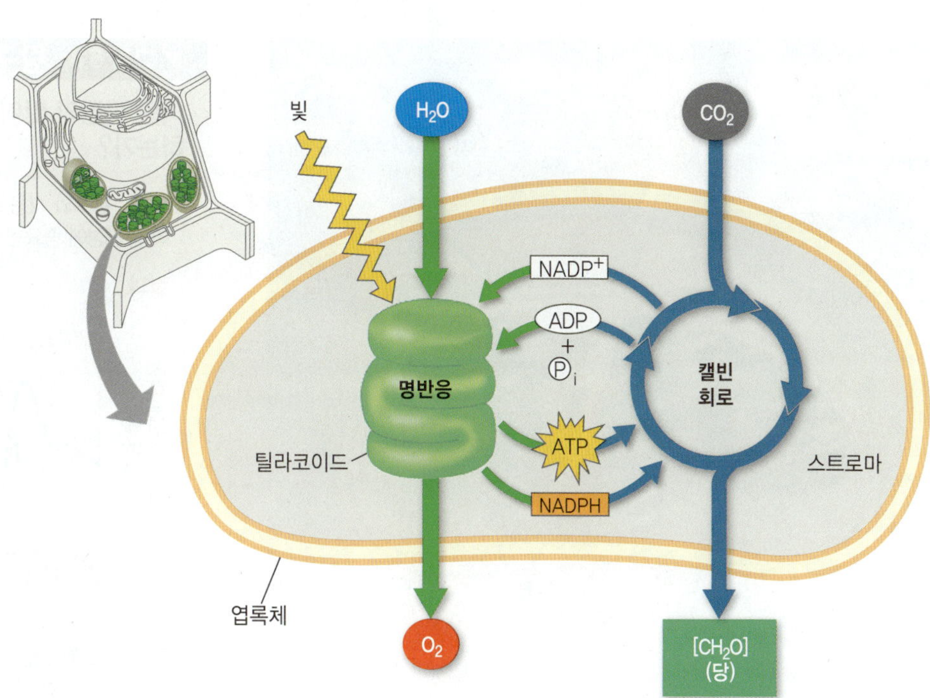

▶ **그림 5.5 광합성 개요: 명반응과 캘빈 회로의 공조.** 엽록체에서 명반응은 틸라코이드막에서 일어나지만 캘빈 회로는 스트로마에서 일어난다. 명반응은 캘빈 회로에서 화학에너지와 환원력의 기능을 각각 수행하는 ATP와 NADPH를 만드는 데 태양에너지를 사용한다. 캘빈 회로는 CO_2를 유기분자에 결합시켜 당으로 전환한다. (가장 간단한 당류는 CH_2O 배수의 화학식을 갖고 있음을 기억하라.)

그림 5.5에서 제시한 것처럼, 캘빈 회로는 스트로마에서 일어나지만, 명반응은 엽록체의 틸라코이드에서 일어난다. 틸라코이드 바깥쪽에서 $NADP^+$와 ADP 분자는 각기 전자와 인산을 획득하여 NADPH와 ATP가 되면 스트로마로 방출되어 캘빈 회로에서 중요한 역할을 하게 된다. 이 그림에서 광합성의 두 과정은 재료 물질을 흡수하고 생성물을 만들어 내는 물질대사적 모듈로 묘사되어 있다. 다음 두 〈개념〉 절에서 명반응을 시작으로 두 과정이 어떻게 일어나는지를 보다 상세히 살펴보도록 하자.

개념 5.2

명반응은 태양에너지를 ATP와 NADPH의 화학에너지로 전환한다

엽록체는 태양에 의해 동력이 공급되는 화학공장이다. 엽록체의 틸라코이드는 빛에너지를 ATP와 NADPH의 화학에너지로 전환한다. 이러한 변환을 보다 잘 이해하기 위해 몇 가지 빛의 중요한 성질에 대해 알아야 할 필요가 있다.

햇빛의 본질

빛은 전자기에너지라는 에너지의 형태이며, 전자기파라고 부르기도 한다. 전자기에너지는 조약돌을 연못에 떨어뜨렸을 때 생기는 것과 유사하게 주기적인 파동 형태로 이동한다. 그러나 전자기파는 물과 같은 물질적 매질의 교란이 아니라, 전기장과 자기장의 교란이다.

전자기파의 마루 사이 거리를 **파장(wavelength)**이라 한다. 파장의 범위는 감마선 같이 나노미터보다 짧은 것부터 라디오파와 같이 킬로미터보다 더 긴 것까지 다양하다. 광선의 전 범위는 **전자기 스펙트럼(electromagenetic spectrum)**이라 한다(그림 5.6). 생명체에 가장 중요한 파장의 범위는 약 380 nm부터 750 nm까지이다. 이런 광선은 우리 눈에 다양한 색깔로 감지되기 때문에 **가시광선(visible light)**이라고 한다.

빛의 파동 모형은 여러 가지 빛의 성질을 설명해 주지만, 어떤 면에서 빛은 **광자(photon)**라 불리는 낱개 입자로 구성된 것처럼 행동한다. 광자는 실체가 있는 물체는 아니지만 각각이 일정량의 에너지를 갖고 있는 물체처럼 작용한다. 에너지량은 빛의 파장에 반비례한다. 즉, 파장이 짧을수록 그 빛의 각 광자에너지는 커진다. 따라서 자색 빛 광자는 적색 빛 광자보다 두 배나 많은 에너지를 갖고 있다(그림 5.6).

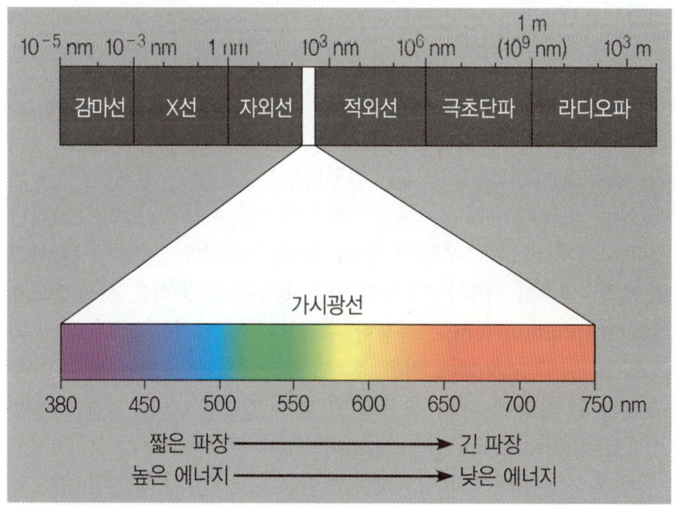

▲ **그림 5.6 전자기 스펙트럼.** 백색광에는 가시광선의 전 파장이 섞여 있다. 프리즘은 백색광의 서로 다른 파장의 빛을 각기 다른 각도로 휘게 함으로써 백색광을 구성하는 색으로 분리한다. (대기의 물방울이 프리즘처럼 작용하여 무지개를 만들 수 있다.) 가시광선이 광합성을 추진한다.

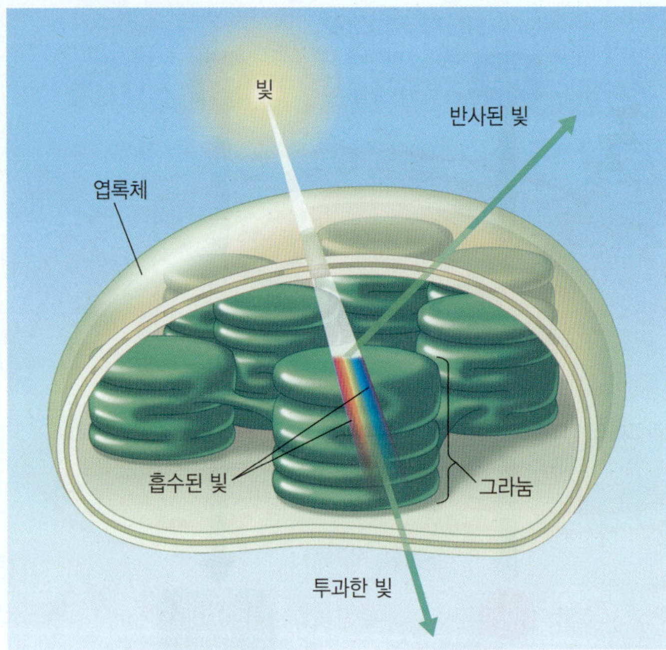

▲ **그림 5.7 잎이 녹색을 띠는 이유: 빛과 엽록체의 상호작용.** 엽록체의 엽록소 분자는 광합성을 가장 효율적으로 추진하는, 자색-청색 그리고 적색을 흡수하고, 녹색은 반사하거나 통과시킨다. 이것이 잎이 녹색을 띠게 되는 원인이다.

태양은 전자기에너지의 전 스펙트럼을 방사하지만, 대기권은 마치 선택적 유리창과 같이 작용하여 다른 광선의 상당 부분은 걸러내고 가시광선만 통과하도록 해준다. 우리가 볼 수 있는 스펙트럼의 일부인 가시광선은 광합성을 추진하는 광선이기도 하다.

광합성 색소: 빛 수용체

물질에 빛이 비춰지면, 빛은 반사되거나, 통과하거나 혹은 흡수된다. 가시광선을 흡수하는 물질을 **색소(pigment)**라고 부른다. 서로 다른 색소는 서로 다른 파장의 빛을 흡수하며, 흡수된 파장은 사라지게 된다. 백색광을 색소에 비출 경우 우리가 보게 되는 색은 색소에 의해 가장 많이 반사되거나 혹은 통과된 색이다. (만일 색소가 모든 파장을 흡수하였다면, 검은색을 띠게 된다.) 엽록소는 자색-청색과 적색광을 흡수하지만 녹색광은 반사하거나 통과시키기 때문에 우리가 잎을 보면 녹색으로 보이게 된다(그림 5.7). 색소가 다양한 파장의 빛을 흡수하는 능력은 **분광광도계(spectrophotometer)**로 측정할 수 있다. 이 기기는 서로 다른 파장의 빛을 색소 용액에 비춘 후 각 파장에서 통과되는 빛의 양을 측정한다. 파장에 따른 색소의 빛 흡수 정도를 그린 그림을 **흡수 스펙트럼(absorption spectrum)**이라고 부른다.

빛은 흡수되어야만 엽록체에서 일을 할 수 있기 때문에, 엽록체 색소의 흡수 스펙트럼은 광합성을 일으키는 서로 다른 파장의 빛에 대한 광합성의 상대적인 효율성에 대한 실마리를 제공한다. 그림 5.8a는 엽록체에 존재하는 세 종류 색소의 흡수 스펙트럼을 보여주고 있다. 빛을 흡수하는 핵심 색소로 명반응에 직접 관여하는

▼ **그림 5.8 탐구**

어떤 파장의 빛이 광합성을 가장 효율적으로 일어나게 하는가?

실험 흡수와 작용 스펙트럼은 엥겔만의 대표적 실험과 함께 어떤 파장의 빛이 광합성에 중요한지 밝혀주었다.

결과

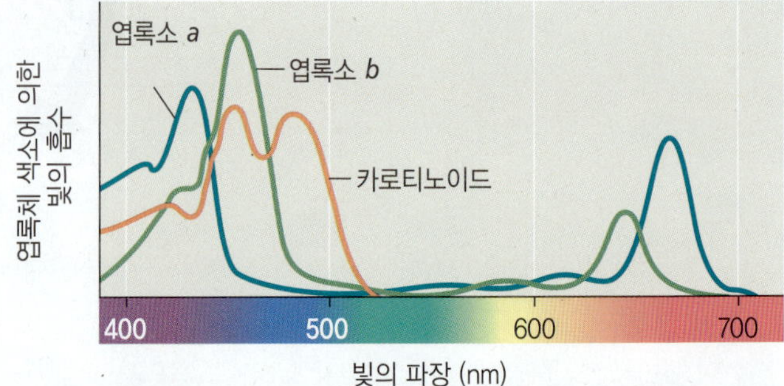

(a) **흡수 스펙트럼.** 세 곡선은 세 종류의 엽록체 색소에 의해서 가장 잘 흡수된 빛의 파장을 보여주고 있다.

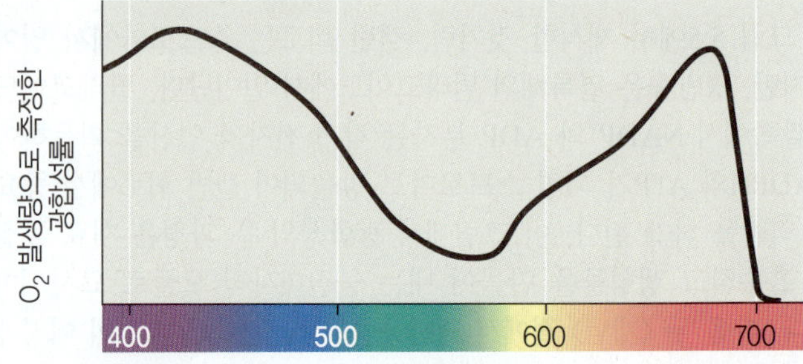

(b) **작용 스펙트럼.** 이 곡선은 각 파장별 광합성 양을 나타낸 것이다. 여기 작용 스펙트럼은 엽록소 *a*의 흡수 스펙트럼과 유사하지만 정확하게 일치하지는 않는다[위의 (a)를 보라]. 이런 현상의 부분적 원인은 엽록소 *b*나 카로티노이드와 같은 보조색소에 의한 빛 흡수 때문이다.

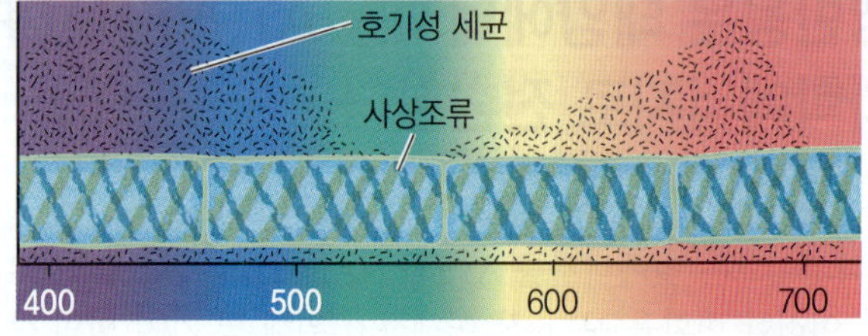

(c) **엥겔만의 실험.** 1883년 엥겔만은 프리즘을 통과시킨 빛을 사상조류에 비춰주되, 조류의 서로 다른 부분이 서로 다른 파장에 노출되도록 하였다. 그는 산소 공급원 근처에 집결하는 호기성 세균을 이용하여 조류의 어느 부분에서 산소가 많이 방출되는지 따라서 어느 부분에서 광합성이 많이 일어나는지 확인하였다. 세균은 자색-청색광 혹은 적색광이 비춰진 조류의 부분에 집결하였다.

결론 광합성을 일으키는 데 스펙트럼의 자색-청색 그리고 적색 빛이 가장 효율적이다.

참고문헌 T. W. Engelmann, *Bacterium photometricum*. Ein Beitrag zur vergleichenden Physiologie des Licht-und farbensinnes, *Archiv. für Physiologie*. 30:95–124 (1883).

색소인 **엽록소 *a*(chlorophyll *a*)**; 보조색소인 **엽록소 *b***; 그리고 카로티노이드라 불리는 별도의 보조색소군이 그것이다. 엽록소 *a*의 흡수 스펙트럼을 보면 녹색이 광합성에 가장 비효율적인 색인 데 반해, 자색-청색과 적색광은 흡수되기 때문에 가장 효율적임을 알 수 있다. 이런 사실은 광합성을 일으키는 데 있어서 서로 다른 파장의 상대적인 효율성을 나타내는 광합성의 **작용 스펙트럼(action spectrum**, **그림 5.8b**)으로 확인할 수 있다. 작용 스펙트럼은 엽록체에 서로 다른 색의 빛을 비춰주고, 각 파장에 따른 CO_2의 소모나 O_2의 방출과 같은 광합성률을 나타낸 것이다. 광합성의 작용 스펙트럼은 1883년 독일 식물학자 엥겔만에 의해 최초로 제시되었다. O_2 수준을 측정할 수 있는 기기가 만들어지기 이전에 엥겔만(T. W. Engelmann)은 세균을 이용해 사상조류의 광합성률을 측정한 재치있는 실험을 수행하였다(**그림 5.8c**). 그의 실험 결과는 그림 5.8b에 소개한 오늘날의 작용 스펙트럼과 놀랍게도 일치한다.

그림 5.8a와 그림 5.8b를 비교하면, 광합성의 작용 스펙트럼은 엽록소 *a*의 흡수 스펙트럼과 딱 떨어지게 일치하지는 않음을 알 수 있다. 엽록소 *a*의 흡수 스펙트럼만으로는 광합성을 일으키는 데 있어 다른 파장의 효율성을 과소평가하게 된다. 이는 엽록체에 또한 존재하는 엽록소 *b*와 카로티노이드와 같은 보조색소들이 다른 흡수 스펙트럼을 갖고 있어서 광합성에 이용할 수 있는 빛의 색깔 범위를 넓힐 수 있기 때문이다. **그림 5.9**는 이런 보조색소 중 하나인 엽록소 *b*와 비교된 엽록소 *a*의 구조를 보여주고 있다. 이들 간의 미세한 구조적 차이는 두 색소가 스펙트럼의 적색과 청색 영역의 약간 서로 다른 파장들을 흡수할 수 있도록 하기에 충분하다(그림 5.8a). 결과적으로 엽록소 *a*는 청록색이며, 엽록소 *b*는 올리브 녹색이다.

또 다른 보조색소로, 자색과 청색-녹색 빛을 흡수하기 때문에 노란색과 오렌지색의 다양한 색조를 갖는 탄화수소인 **카로티노이드(carotenoid)**가 있다(그림 5.8a). 카로티노이드는 광합성을 일으키는 빛 색깔의 스펙트럼을 확장시킨다. 하지만 적어도 어떤 카로티노이드의 경우에는 광보호(photoprotection)가 보다 더 중요한 기능인 것 같다. 이런 화합물은 과도한 빛에너지를 흡수하고 분산시키는데, 이러한 빛에너지는 엽록체에 손상을 주거나 또는 산소와 작용하여 세포에 위해한 활성 산소분자를 생성한다. 흥미롭게도, 엽록체에서 광보호 역할을 수행하는 카로티노이드와 유사한 카로티노이드가 인간의 눈에서도 광보호 기능을 수행하고 있다는 것이다. (약간 시력을 돕는 것으로 알려진 당근에는 카로티노이드가 풍부하게 들어있다.)

빛에 의해 엽록소가 들뜨게 됨

엽록소나 다른 색소가 빛을 흡수할 경우, 구체적으로 어떤 일이 일어나는가? 흡수되는 파장에 해당하는 색은 투과되거나 반사되는 빛의 스펙트럼으로부터 사라지게 되지만, 에너지는 사라지지 않는다. 어떤 분자가 빛의 광자를 흡수하게 되면, 분자의 한 전자는 보다 더 높은 위치에너지를 갖고 있는 전자궤도로 올라가게 된다. 전자가 자신의 정상적 궤도에 있을 경우, 색소분자는 바닥 상태에

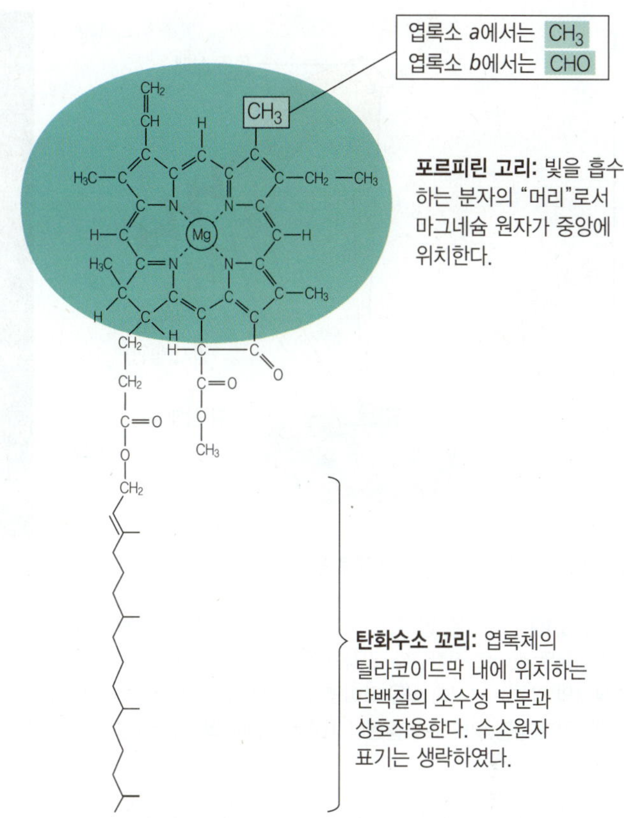

▲ **그림 5.9 식물의 엽록체에 있는 엽록소 분자의 구조.** 엽록소 *a*와 엽록소 *b*는 포르피린 고리에 결합되어 있는 단 하나의 작용기만 차이가 있다. (그림 1.3 엽록소의 공간채움 모형을 참조하라.)

있다고 표현한다. 광자의 흡수로 보다 높은 에너지 상태의 전자궤도로 전자가 뛰어오르게 되면, 이 경우 색소분자가 들뜬 상태에 있다고 한다(**그림 5.10a**). 흡수된 광자는 바닥 상태와 들뜬 상태 간의 에너지 차이와 일치하는 에너지를 갖게 되고, 이러한 에너지 차이는 각 분자에 따라 다양하다. 그래서 특정 화합물은 특정 파장에 해당하는 광자만을 흡수하는데, 이것이 각 색소들이 고유한 흡수 스펙트럼을 갖는 이유이다.

광자의 흡수로 인해 전자가 바닥 상태로부터 들뜬 상태로 올라가게 되면, 전자는 들뜬 상태에 오래 머물러 있을 수 없다. 들뜬 상태는 모든 높은 에너지 상태와 마찬가지로 불안정하다. 일반적으로, 분리된 색소분자가 빛을 흡수할 경우 분자의 들뜬 전자는 10억분의 1초 만에 바닥 상태로 되돌아가면서 자신의 잉여 에너지를 열로서 방출한다. 이렇게 빛에너지가 열로 전환되는 과정은 화창한 날에 자동차 지붕이 아주 뜨거워지는 원인이기도 하다. (백색 자동차가 가장 시원한데, 이는 백색 페인트가 가시광선의 전 파장을 반사하기 때문이다.) 엽록소를 포함하여 분리된 색소는 광자를 흡수한 후 열뿐만 아니라 빛도 내보낸다. 들뜬 전자가 바닥 상태로 되돌아가면서 광자가 방출되는데 이와 같은 잔광을 형광이라 부른다. 엽록체에서 분리한 엽록소 용액에 빛을 비춰줄 경우, 스펙트럼의 적색-오렌지색 부분에서 형광을 발하거나 열을 방출한다. 이런 현상은 엽록소도 흡수할 수 있는 자외선으로 비출 때 가장

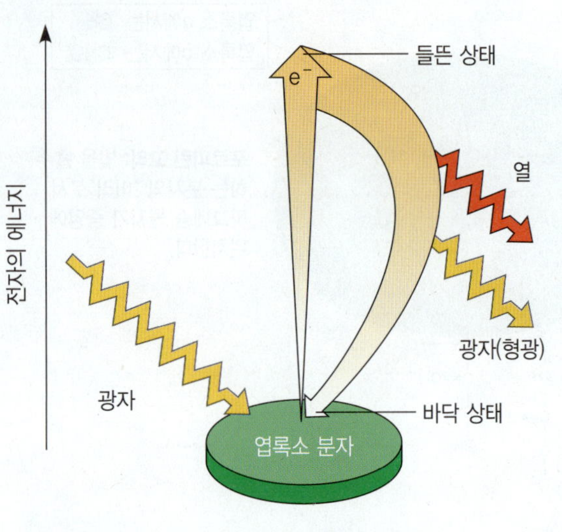

(a) 분리된 엽록소 분자가 들뜬 상태로 됨

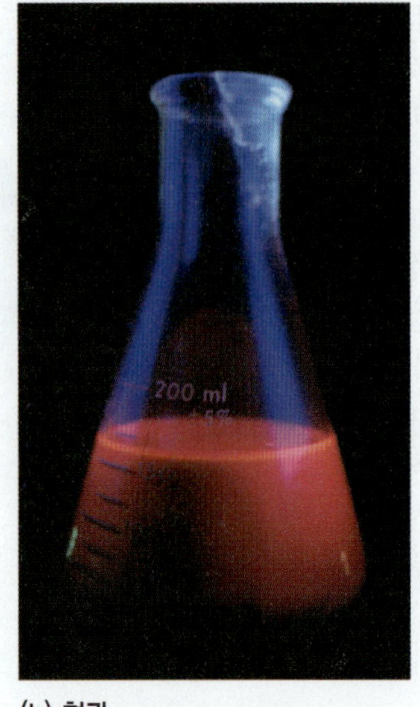

(b) 형광

▲ **그림 5.10 분리된 엽록소가 빛에 의해 들뜬 상태로 됨.** (a) 엽록소 분자가 광자를 흡수하면 바닥 상태로부터 들뜬 상태로 전환된다. 광자는 전자 하나를 보다 높은 위치에너지를 지닌 전자궤도로 올린다. 만일 분리된 상태의 엽록소 분자에 빛을 쪼이면, 들뜬 전자는 즉시 바닥 상태의 전자궤도로 떨어지게 되고, 전자의 잉여 에너지는 열과 형광(빛)으로 방출된다. (b) 자외선에 의해 들뜬 엽록소 용액은 적색-오렌지색의 형광을 발한다.

잘 볼 수 있다(그림 5.10b). 하지만 이 녹색 용액에 가시광선을 비추면 형광은 거의 볼 수 없다.

광계: 집광 복합체와 연계되어 있는 반응중심 복합체

빛에너지를 흡수해 들뜬 엽록소 분자는 분리된 상태와 달리 온전한 상태의 엽록체에서 매우 다른 결과를 갖게 한다. 틸라코이드막 천연의 환경에서 엽록소 분자는 다른 작은 유기분자 및 단백질과 함께 광계라고 불리는 복합체를 구성한다.

광계(photosystem)는 여러 집광 복합체에 의해 둘러싸여 있는 **반응중심 복합체(reation-center complex)**로 구성되어 있다(그림 5.11). 반응중심 복합체는 특별한 한 쌍의 엽록소 *a*와 결합하여 있는 조직화된 단백질의 체계이다. 각 **집광 복합체(light-harvesting complex)**는 단백질에 결합되어 있는 다양한 색소로 구성되어 있는데, 색소에는 엽록소 *a*, 엽록소 *b*, 다수의 카로티노이드가 포함된다. 어떤 단일 색소분자일 때보다 색소분자의 수와 다양성은 광계로 하여금 보다 넓은 표면적에서 그리고 스펙트럼의 보다 넓은 범위의 빛을 수확할 수 있게 한다. 이러한 집광 복합체는 반응중심 복합체에 안테나 역할을 수행한다. 색소분자가 광자를 흡수하면 그 에너지는 반응중심 복합체에 도달할 때까지 집광 복합체 내의 색소분자에서 다른 색소분자로 전달된다. 이는 마치 운동 경기장에서 사람들이 "파도" 응원하는 것과 비슷하다. 반응중심 복합체는 전자를 받아서 환원될 수 있는 분자인 **1차 전자 수용체(primary electron acceptor)**를 갖고 있다. 반응중심 복합체에 있는 엽록소 *a* 분자쌍은 특별한데, 이는 엽록소 *a*의 위치와 엽록소 *a*와 결합하는 분자들이 구성하는 분자 환경이 빛으로부터 얻은 에너지를 이용해 자신의 전자 중 하나를 고에너지 상태로 올릴 뿐만 아니라, 다른 분자인 1차 전자 수용체로 전자를 전달할 수 있기 때문이다.

태양 동력을 이용하여 반응중심의 엽록소 *a* 분자쌍으로부터 1차 전자 수용체로 전자를 전달하는 것이 명반응의 첫 번째 단계이다. 엽록소 전자가 고에너지 상태로 들뜨게 되자마자 1차 전자 수용체가 전자를 즉시 포획하는데, 이것은 산화환원 반응이다. 분리된 상태의 엽록소가 들어 있는 그림 5.9b의 플라스크에는 전자 수용체가 존재하지 않아 빛에 의해 들뜬 엽록소의 전자가 바로 바닥 상태로 되돌아간다. 하지만 실제 엽록체 환경 내에서는 전자 수용체가 주변에 늘 있기 때문에 들뜬 전자가 가지고 있는 위치에너지가 빛이나 열로 소실되지 않는다. 따라서 집광 복합체에 의해 둘러싸여 있는 반응중심 복합체의 각 광계는 엽록체에서 하나의 단위로 작용한다. 광계는 빛에너지를 화학에너지로 전환하며, 이것이 궁극적으로 당의 합성에 사용된다.

틸라코이드막에는 광합성의 명반응에서 서로 협조하는 두 종류의 광계가 존재한다. 이들을 **광계 II(photosystem II, PS II)**와 **광계 I(photosystem I, PS I)**이라 한다. (발견된 순서에 의해서 이름이 붙여졌지만, 명반응에서 광계 II가 먼저 작용한다.) 각 광계는 특징적인 반응중심 복합체를 갖고 있다. 즉, 특정 단백질에 결합된 엽록소 *a*의 특별한 분자쌍 옆에 특정 종류의 1차 전자 수용체가 위치하고 있다. 광계 II의 반응중심 엽록소 *a*는 스펙트럼의 적색 부분인 680 nm 파장의 빛을 가장 잘 흡수하기 때문에 P680으로 알려져 있다. 광계 I의 반응중심 복합체에 있는 엽록소 *a*는 스펙트럼에서 적색의 끝부분인 700 nm 파장의 빛을 가장 효율적으로 흡수하기 때문에 P700이라 불린다. P680과 P700 두 색소는 사실 동일한 엽록소 *a* 분자이다. 그러나 틸라코이드막에서 각기 다른 단백질과 결합된 것이 두 색소 내의 전자 분포에 영향을 미치고, 빛 흡수 특성에서 미세한 차이를 나타나게 한다. 어떻게 두 광계가 함께 작용해서 빛에너지를 이용해 명반응의 두 가지 주요 산물인 ATP와 NADPH를 만드는지 살펴보겠다.

선형 전자 흐름

빛은 엽록체 틸라코이드막에 묻혀 있는 2개의 광계에 에너지를 공급함으로써 ATP와 NADPH를 생성하게 한다. 이런 에너지 전환의 핵심은 틸라코이드막에 있는 광계와 다른 분자 구성성분들을 통해 일어나는 전자 이동이다. 이것을 **비순환적 전자 흐름(linear electron flow)**이라고 하며, 그림 5.12에서 볼 수 있듯이 광합성의 명반응 중에 일어난다. 다음 단계의 번호는 그림의 단계 번호와 동일하다.

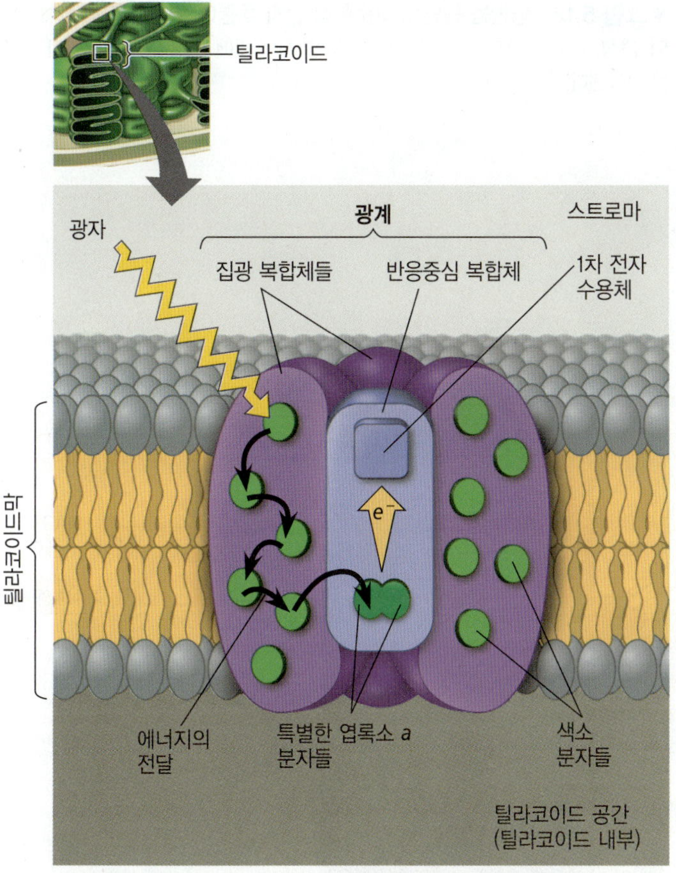

(a) 광계가 빛을 수확하는 방법. 광자가 집광 복합체의 색소에 부딪히면, 반응중심 복합체에 도달할 때까지 에너지는 한 분자로부터 다른 분자로 전달된다. 반응중심 복합체의 특별한 한 쌍의 엽록소 *a* 분자로부터 들뜬 전자 하나가 1차 전자 수용체로 전달된다.

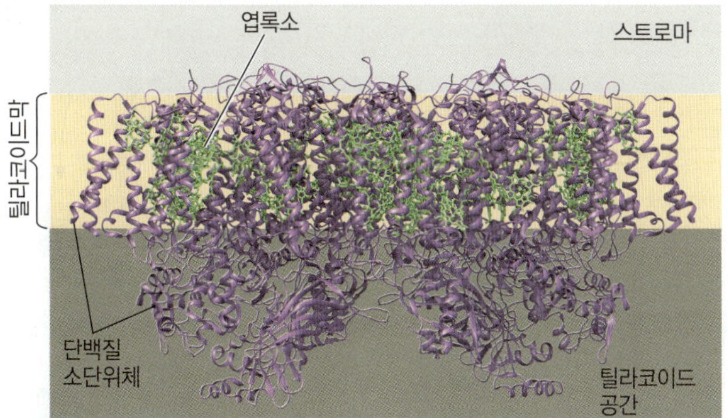

(b) 광계의 구조. X선 결정학에 근거한 이 컴퓨터 모형은 2개의 광계 복합체가 나란히 놓여 있음을 보여준다. 엽록소 분자(막 안에 있는 밝은 녹색의 공-막대 모형)는 단백질 소단위체(보라색 리본: 막을 가로지르는 많은 α-나선을 보라) 속에 배치되어 있다. 앞으로는 단순하게 표현하기 위해 광계를 단일 복합체로 제시하겠다.

▲ **그림 5.11 광계의 구조와 기능**

❶ 빛 광자가 광계 II의 집광 복합체 색소분자 중 한 분자에 부딪치면 전자 중 하나를 더 높은 에너지 상태로 들뜨게 한다. 이 전자가 바닥 상태로 떨어지는 것과 동시에, 인접 색소분자의 전자 하나가 들뜬 상태로 올라가게 된다. 이 과정은 에너지가 광계 II의 반응중심 복합체에 있는 P680 엽록소 *a* 분자쌍에 도달할 때까지 다른 색소분자로 전달되면서 지속된다. 이는 엽록소 *a* 분자쌍의 전자 하나를 더 높은 에너지 상태로 들뜨게 한다.

❷ 이 전자는 들뜬 P680으로부터 1차 전자 수용체로 전달된다. 이런 결과에 의한 P680의 형태는 전자를 잃어서 $P680^+$라 한다.

❸ 효소가 물 한 분자를 2개의 전자, 2개의 수소이온(H^+) 그리고 1개의 산소원자로 분해한다. 전자는 1개씩 $P680^+$ 분자쌍에 제공되는데, 각 전자는 1차 전자 수용체에 빼앗긴 1개의 전자를 대체한다. (전자를 잃은 $P680^+$은 알려진 생물학적 산화제 중 가장 강력한 것이며, 잃은 전자는 반드시 채워져야 한다. 이는 분해된 물분자로부터의 전자전달을 촉진한다.) H^+은 틸라코이드 막간 공간으로 방출된다. 산소원자는 즉시 다른 물분자의 분해에 의해 생성된 산소원자와 결합하여 O_2를 형성한다.

❹ 세포호흡의 전자전달 사슬과 유사하게, 빛에 의해 들뜬 각 전자는 광계 II의 1차 전자 수용체로부터 전자전달 사슬을 통해 광계 I로 전달된다. 광계 II와 광계 I 사이의 전자전달 사슬은 전자 전달자인 플라스토퀴논(Pq), 사이토크롬 복합체 그리고 플라스토시아닌(Pc)이라는 단백질로 구성되어 있다.

❺ 전자가 에너지를 방출하며 더 낮은 에너지 수준으로 떨어지면서 ATP 합성 과정에 에너지를 제공한다. 전자가 사이토크롬 복합체를 통과하면서 양성자가 틸라코이드 막간 공간 내로 펌핑되는데, 이는 뒤에서 설명할 화학삼투에 이용되는 양성자 농도 기울기를 형성한다.

❻ 한편, 빛에너지는 집광 복합체 색소를 통해 광계 I의 반응중심 복합체로 전달되어 반응중심에 위치하는 P700 엽록소 *a* 분자쌍의 전자 하나를 들뜨게 한다. 빛에 의해 들뜬 전자는 광계 I의 1차 전자 수용체에 전달되고, P700은 전자를 받을 수 있는 상태의 $P700^+$으로 된다. 바꿔 말하면, $P700^+$은 이제 광계 II로부터 시작된 전자전달 사슬의 맨 아래에 도달한 전자를 수용하는 전자 수용체로 작용할 수 있다.

❼ 빛에 의해 들뜬 전자는 일련의 산화환원 반응으로 광계 I의 1차 전자 수용체로부터 페레독신(Fd) 단백질을 통과하는 두 번째 전자전달 사슬을 따라 이동한다. (이 전자전달 사슬은 양성자기울기를 형성하지 않아서 ATP를 생성하지 않는다.)

❽ $NADP^+$ 환원효소는 Fd로부터 $NADP^+$로 전자를 이동시키는 반응을 촉매한다. NADPH로 환원되기 위해서는 2개의 전자가 필요하다. 이 분자는 물보다 더 높은 에너지 수준을 가지고 있어서 이 분자의 전자들은 보다 쉽게 캘빈 회로의 반응에 사용될 수 있다. 이 단계는 또한 스트로마에서 H^+을 제거한다.

그림 5.13은 명반응 동안의 비순환적 전자 흐름에 따른 전자의 에너지 변화를 기계적인 비유로 나타낸 것이다. 그림 5.13과 5.14의 도안은 복잡한 것처럼 보이지만, 큰 틀의 궤적을 놓쳐서는 안 된다. 명반응은 태양에너지를 사용하여 캘빈 회로의 당 생성 반응

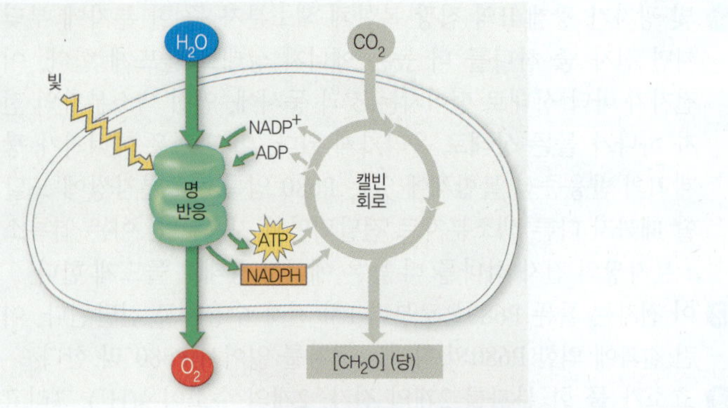

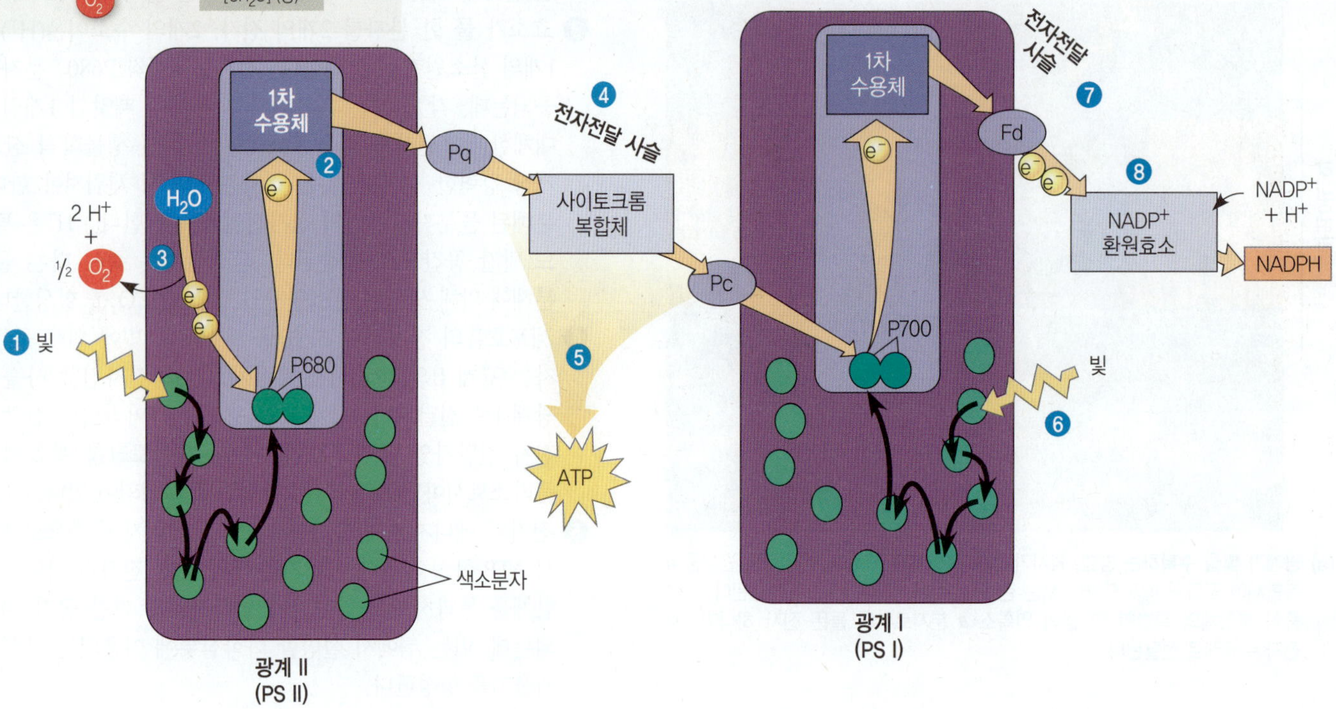

▼그림 5.12 **명반응 동안의 비순환적 전자 흐름에 의한 ATP와 NADPH의 생성.** 금색 화살표는 물로부터 NADPH까지의 빛에 의해 추진되는 전자 흐름을 나타낸다.

에 화학에너지로 ATP와 환원력으로 NADPH를 제공한다. 캘빈회로에 대하여 알아보기 이전에 막을 통한 산화환원 반응과 연관하여 ATP 생성을 이루는 과정인 화학삼투에 대하여 알아보자.

엽록체와 미토콘드리아에서의 화학삼투 비교

엽록체와 미토콘드리아는 화학삼투(chemiosmosis)라고 하는 동일한 기본 기작을 이용하여 ATP를 생성한다. 막에 조립되어 있는 전자전달 사슬은 전자가 전기 음성도가 점차 커지는 일련의 운반체를 통해 이동할 때, 막을 가로질러 양성자(H^+)를 펌핑한다. 이런 방법으로 전자전달 사슬은 산화환원 에너지를 양성자 구동력으로 전환시키는데, 이는 막을 가로지르는 양성자 농도기울기 형태로 저장된 위치에너지이다. 이 막에는 양성자의 농도기울기에 따른 확산을 ADP의 인산화와 연계하여 ATP를 합성하는 ATP 합성효소 복합체가 위치하고 있다. 철을 함유하고 있는 사이토크롬 단백질과 같은 몇몇 전자 운반체는 엽록체와 미토콘드리아에서 매우 유사하다. 두 세포소기관의 ATP 합성효소 복합체 역시 거의 유사하다. 하지만 미토콘드리아에서의 산화적 인산화와 엽록체에서의

▲ 그림 5.13 **명반응 동안의 비순환적 전자 흐름을 기계적으로 비유한 그림**

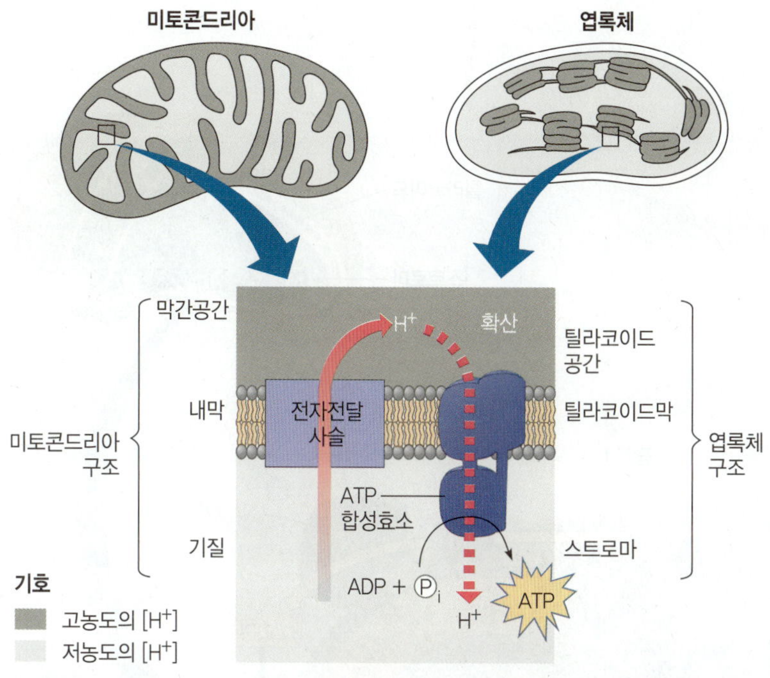

▲ **그림 5.14 미토콘드리아와 엽록체에서의 화학삼투 비교.** 두 세포소기관 모두에서 전자전달 사슬은 양성자(H^+)를 농도가 낮은 부위(연회색 부분)로부터 높은 부위(진회색 부분)로 막을 가로질러 펌핑한다. 양성자는 ATP를 합성하는 ATP 합성효소를 통해 막을 가로질러 확산되어 나와 ATP 합성을 추진한다.

광인산화 사이에는 현저한 차이가 있다. 이 둘은 모두 화학삼투에 의해 작동되지만, 엽록체에서 전자전달 사슬의 아래로 내려가는 고에너지 전자는 물로부터 나오는 반면, 미토콘드리아에서는 이들이 유기물로부터 나온다(그러므로 산화됨). 엽록체의 경우, ATP를 만들 때 영양분 분자가 필요하지 않다. 즉, 광계가 빛에너지를 얻으면, 이 에너지를 사용하여 물로부터 전달사슬의 맨 꼭대기로 전자를 올려 보낸다. 달리 말하면, 엽록체는 빛에너지를 ATP의 화학에너지로 전환하지만, 미토콘드리아는 화학삼투를 이용하여 음식물 분자로부터 ATP로 화학에너지를 전달한다.

엽록체와 미토콘드리아의 화학삼투의 공간적 구성에는 약간의 차이는 있지만, 이 둘 간의 유사성을 쉽게 볼 수 있다(**그림 5.14**). 미토콘드리아의 내막은 양성자를 미토콘드리아 기질로부터 막간공간으로 펌핑해서 이 공간이 양성자의 저장소로 작용한다. 엽록체의 틸라코이드막에서는 스트로마로부터 틸라코이드 내부 막간공간으로 양성자를 펌핑하며, 이 막간공간이 양성자의 저장소로 작용한다. 내막으로부터 돌출되어 있는 미토콘드리아의 크리스테를 보면, 미토콘드리아의 기질이 엽록체의 스트로마와 유사하듯, 두 세포소기관에서 어떻게 틸라코이드 공간과 막간공간이 서로 상응하는 공간인지 이해하게 될 것이다. 미토콘드리아에서 양성자는 ATP 합성효소를 통해 막간공간으로부터 기질 쪽으로 농도기울기에 따라 확산되면서 ATP 합성을 추진한다. 엽록체에서는 촉매 부위가 스트로마 쪽으로 향해 있는 ATP 합성효소 복합체를 통해, 양성자가 틸라코이드 막간공간으로부터 스트로마 쪽으로 확산되어 나가면서 ATP를 합성한다. 따라서 ATP는 캘빈 회로가 일어나는 동안 당 합성을 도와주는 장소인 스트로마에서 생성된다.

틸라코이드막을 경계로 형성된 양성자 농도기울기, 또는 pH 기울기는 상당한 것이다. 실험 조건으로 엽록체에 빛을 비추면, 틸라코이드 공간의 H^+ 농도는 증가하여 pH 5 정도로 떨어지게 되고, 스트로마의 pH는 H^+ 농도가 감소하여 pH 8 정도로 증가한다. pH 단위로 3의 차이는 H^+ 농도 차이로 환산할 경우, 1000배에 해당한다. 빛을 꺼버릴 경우 pH의 차이는 없어지지만, 다시 빛을 켜면 빠르게 pH의 차이가 생기게 된다. 이런 실험은 화학삼투 모델이 타당함을 지지하는 강력한 증거가 된다.

여러 실험실의 연구 결과를 근거로 **그림 5.15**는 틸라코이드막에 위치하고 있는 명반응 "장치"의 구성에 대한 최근 모델을 보여주고 있다. 그림의 각 분자와 분자 복합체는 실제로 각 틸라코이드에 매우 많은 수로 존재하고 있다. ATP와 마찬가지로 NADPH도 캘빈 회로 반응이 일어나는 스트로마 쪽에서 생성된다.

명반응을 요약하면, 전자 흐름은 전자를 전자의 위치에너지가 낮은 상태인 물로부터 밀어내 최종적으로 높은 에너지 상태의 NADPH에 저장한다. 빛에 의해 추진되는 전자 흐름은 ATP도 만들어 낸다. 따라서 틸라코이드막에 위치한 장치들은 빛에너지를 ATP와 NADPH에 저장되는 화학에너지로 전환하고, 부산물로 산소를 만든다. 이제 캘빈 회로가 명반응의 산물을 이용해서 어떻게 CO_2로부터 당을 합성하는지 살펴보겠다.

개념 5.3

캘빈 회로는 ATP와 NADPH의 화학에너지를 사용하여 CO_2를 당으로 환원한다

캘빈 회로는 어떤 분자들이 회로로 들어가고 다른 분자들이 회로에서 나온 후 출발 물질이 재생성되는 시트르산 회로와 유사하다. 하지만 시트르산 회로는 아세틸 CoA를 산화하고 에너지를 사용하여 ATP를 합성하는 분해 대사인 반면, 캘빈 회로는 작은 분자들과 에너지를 소모하여 탄수화물을 만드는 동화 대사이다. 탄소는 CO_2 형태로 캘빈 회로로 들어가고 당 형태로 회로를 빠져나온다. 회로는 에너지 공급원으로 ATP를 사용하고, NADPH를 환원력으로 하여 고에너지 전자를 첨가시켜 당을 만든다.

캘빈 회로에서 직접 만들어지는 탄수화물은 포도당이 아니라 **글리세르알데히드 3-인산(glyceraldehyde 3-phosphate, G3P)**이라 불리는 3탄당이다. 최종적으로 G3P 한 분자를 합성하려면, 한 회로에 하나씩 세 분자의 CO_2 고정을 위해 회로가 세 번 돌아야 한다. (탄소고정 용어는 CO_2가 유기물질에 처음 결합하는 것을 의미한다는 사실을 기억하라.) 또한 캘빈 회로의 단계를 따라가면서 반응에서 세 분자의 CO_2를 추적하고 있다는 사실도 기억하라. 그림 5.16은 캘빈 회로를 탄소고정, 환원 그리고 CO_2 수용체의 재생이라는 세 단계로 구분하였다.

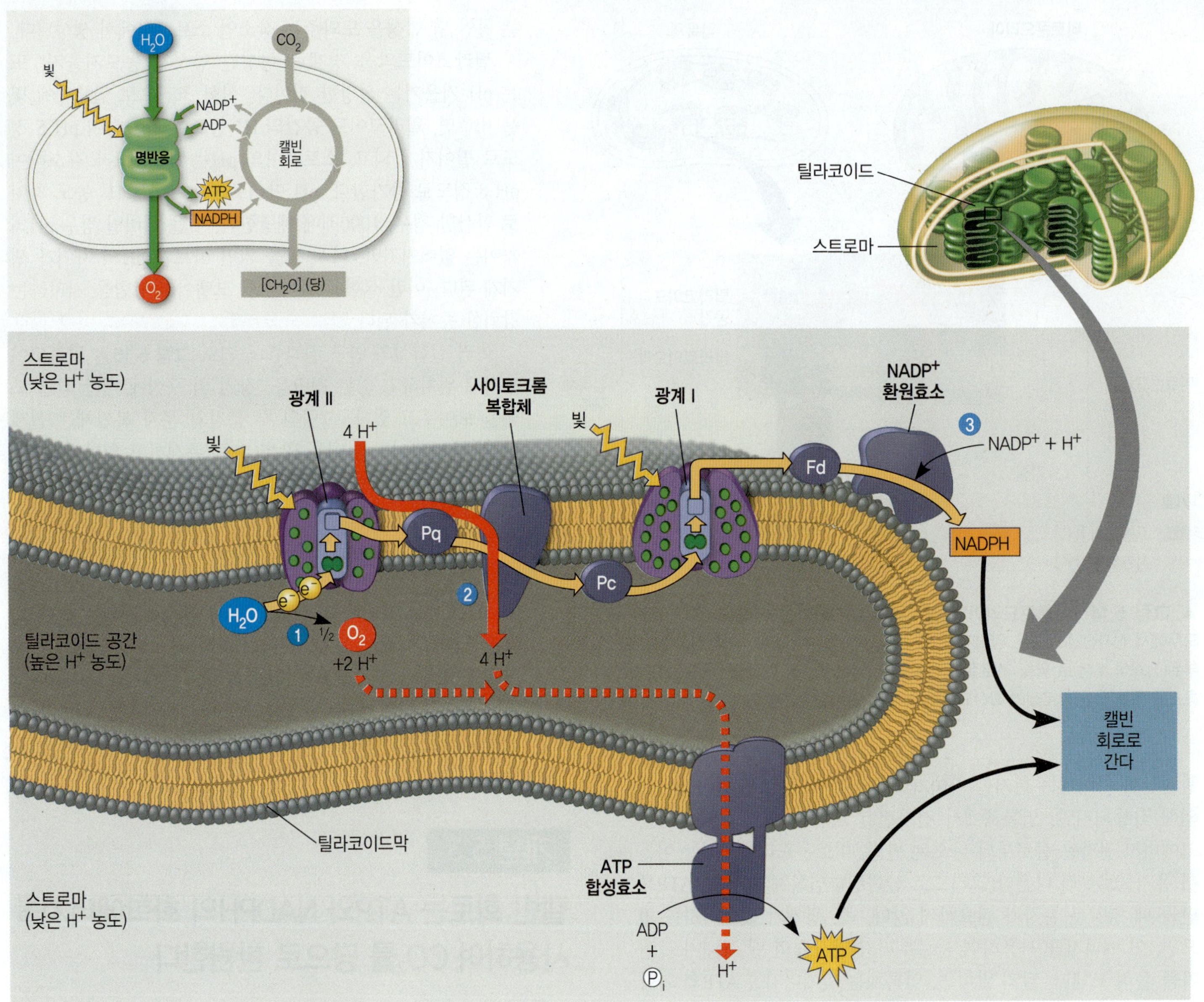

▲ **그림 5.15 명반응과 화학삼투: 틸라코이드 막의 구성에 대한 최근 모델.** 금색 화살표는 그림 5.13에서 개략적으로 보여준 비순환적 전자 흐름을 따라가고 있다. 적어도 다음과 같은 명반응의 세 단계가 틸라코이드막을 가로지르는 양성자의 농도기울기 형성에 기여한다: ❶ 물은 틸라코이드 내부 공간으로 향해 있는 막 부위에서 광계 II에 의해 분해된다. ❷ 이동성 전자 전달자인 플라스토퀴논(Pq)이 전자를 사이토크롬 복합체로 이동시키면, 4개의 양성자는 막을 가로질러 틸라코이드 내부 공간으로 이동한다. ❸ $NADP^+$가 수소이온을 붙잡아 스트로마에서 수소이온이 제거된다. 2단계에서 그림 5.15와 같이 수소이온은 스트로마로부터 틸라코이드 내부 공간으로 펌핑되는 것을 주목하라. H^+ 농도기울기에 따라 틸라코이드 내부 공간으로부터 스트로마 쪽으로 H^+ 이온이 확산되면서 ATP 합성효소를 작동시킨다.

1단계: 탄소고정. 캘빈 회로는 각 CO_2 분자를 한 번에 하나씩, 리불로오스 2인산(RuBP)이라는 5탄당에 결합시킨다. 이 첫 번째 단계는 RuBP 카르복실레이즈/옥시지네이즈인 **루비스코(rubisco)**가 촉매한다. (루비스코는 엽록체의 단백질 중 가장 많은 단백질이어서, 지구상의 단백질 중 가장 많은 단백질이라고들 말한다.) 반응 생성물은 탄소 6개로 형성된 불완전한 중간물질로서 즉시 반으로 나뉘어 고정된 CO_2 한 분자당 두 분자의 3-인산글리세르산이 형성된다.

2단계: 환원. 각 3-인산글리세르산 분자는 ATP로부터 받은 인산기를 첨가하여, 1,3-2인산글리세르산이 된다. 다음으로, NADPH로부터 제공된 한 쌍의 전자가 1,3-2인산글리세르산을 환원시키는데, 이는 인산기를 잃고 G3P로 된다. NADPH의 전자는 1,3-2인산글리세르산의 카르복실기를 보다 큰 위치에너지를 저장하는 G3P의 알데히드기로 환원시킨다. G3P는 해당과정에서 포도당이 분해되어 만들어지는 3탄당과 동일한 당이다. 그림 5.16에서 회로에 들어가는 매 세 분자의 CO_2당 여섯 분자의 G3P가 만들어지는 것에 주목하라. 하지만 3탄당 한 분자만이 탄수화물의 순획득량으로 계산될 수 있는데, 나머지는 회

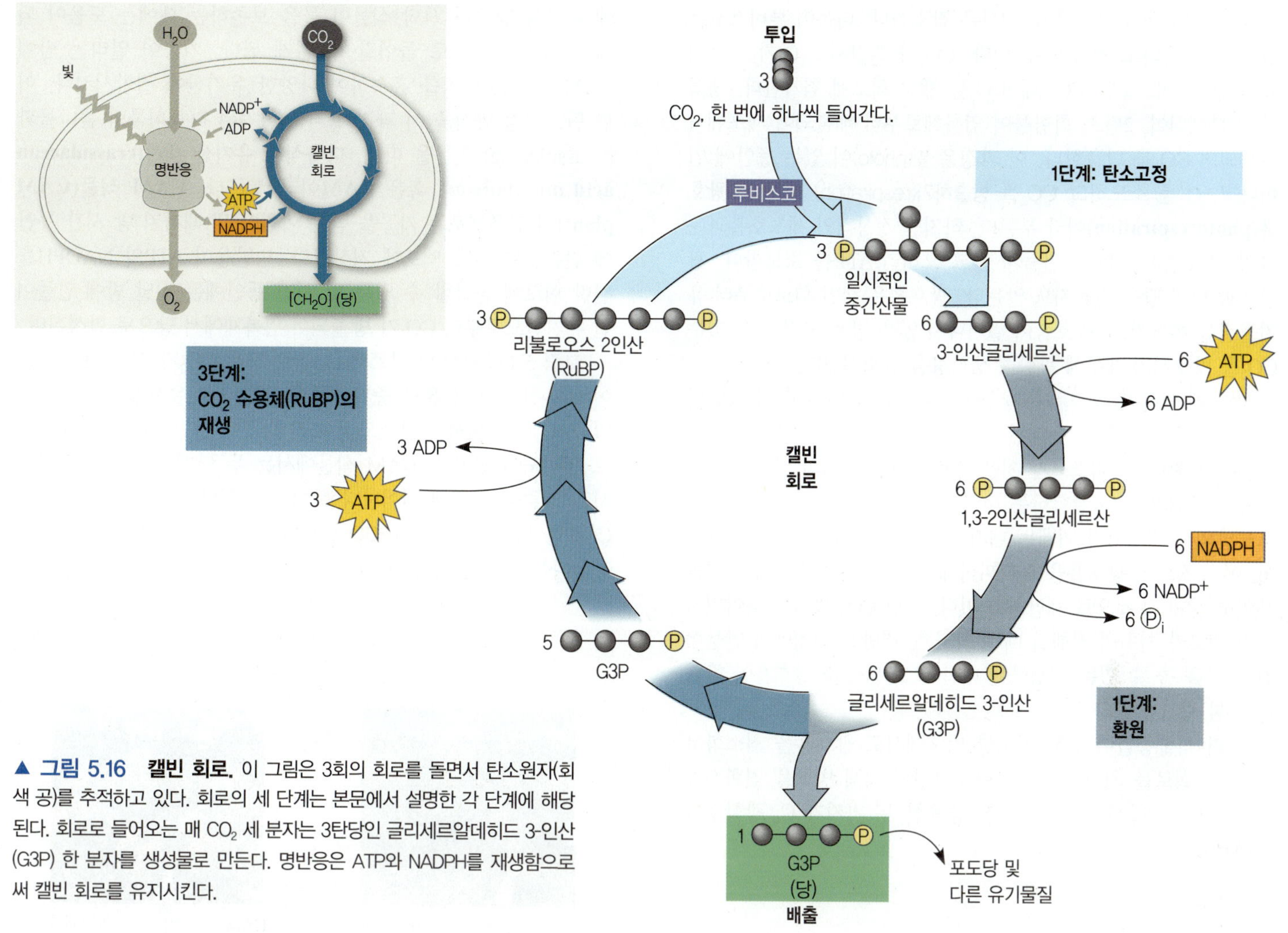

▲ **그림 5.16 캘빈 회로.** 이 그림은 3회의 회로를 돌면서 탄소원자(회색 공)를 추적하고 있다. 회로의 세 단계는 본문에서 설명한 각 단계에 해당된다. 회로로 들어오는 매 CO_2 세 분자는 3탄당인 글리세르알데히드 3-인산(G3P) 한 분자를 생성물로 만든다. 명반응은 ATP와 NADPH를 재생함으로써 캘빈 회로를 유지시킨다.

로를 완수하는 데 필요하기 때문이다. 회로는 세 분자의 5탄당 RuBP의 형태인 탄소수 15개의 탄수화물과 함께 시작해서, 여섯 분자의 G3P 형태로 탄소수 18개의 탄수화물을 만든다. 한 분자의 G3P는 회로를 빠져나와 식물세포에 의해 사용되지만, 다른 다섯 분자의 G3P는 세 분자의 RuBP를 재생성하기 위해 재순환한다.

3단계: CO_2 수용체(RuBP)의 재생성. 복잡한 일련의 반응을 통해 G3P 다섯 분자의 탄소 골격이 캘빈 회로의 마지막 단계에서 세 분자의 RuBP로 재배열된다. 이 과정을 완수하기 위해서 회로는 세 분자의 ATP를 더 사용해야 한다. RuBP는 다시 CO_2를 받아들일 준비가 되었고 회로는 계속된다.

1분자의 G3P를 합성하기 위해 캘빈 회로는 총 9개의 ATP 분자와 6개의 NADPH 분자를 소모한다. ATP와 NADPH는 명반응에 의해 재생된다. 캘빈 회로로부터 빠져나온 G3P는 포도당(G3P 두 분자의 형태)이나 다른 탄수화물과 같은 유기화합물을 합성하는 물질대사 과정의 출발 물질이 된다. 명반응이나 캘빈 회로 단독으로는 CO_2로부터 당을 만들 수 없다. 광합성은 명반응과 캘빈 회로 두 과정을 통합시키는 온전한 엽록체에서 볼 수 있는 창발적 특성이다.

덥고 건조한 기후에서의 탄소고정 대체 기작의 진화

진화 4억 7,500만 년 전 식물이 최초로 육상으로 이동한 이후, 식물은 건조 문제에 적응해 왔다. 문제 해결은 이로움과 동시에 불리함을 가져온다. 주요한 예가 바로 식물의 과도한 수분 손실 방지와 광합성 사이의 균형이다. 광합성에 필요한 CO_2는 잎 표면의 구멍인 기공을 통해 들어온다(산소 방출의 출구). 하지만 기공은 또한 잎에서의 증발로 인한 수분 손실의 주된 통로이어서, 덥고 건조한 날씨에는 기공을 부분적으로 또는 완전히 닫는다. 이는 수분 손실을 방지하지만 동시에 CO_2 수준을 감소시킨다.

대부분의 식물에서 탄소의 초기 고정 과정은 루비스코에 의해 일어나는데, 이는 리불로오스 2인산에 탄소를 첨가시키는 캘빈 회로의 효소이다. 이런 식물은 탄소고정의 첫 유기 생성물이 3탄당인 3-인산글리세르산이기 때문에 **C_3 식물(C_3 plant)**이라 한다. C_3 식물에는 벼, 밀, 대두와 같은 중요한 농작물이 포함된다. 덥고 건조한 날에 C_3 식물이 기공을 닫게 되면, 잎 내부의 CO_2가 감소하여 캘빈 회로를 고갈시켜 당 생산은 감소한다. 더욱이 루비스코는 CO_2 대신 O_2와도 결합할 수 있다. CO_2가 고갈되고 O_2가 축적되게 되면, 루비스코는 CO_2 대신 O_2를 캘빈 회로에 첨가한다. 생성물은 분해되어, 2탄소 화합물이 엽록체로부터 배출되어 세포에서 분해되면 CO_2를 방출한다. 이 과정은 빛(photo)이 있는 동안에 일어나고, O_2를 소모하고 CO_2를 방출하기(respiration) 때문에, **광호흡(photorespiration)**이라 부른다. 하지만 정상적인 세포호흡과는 달리, 광호흡은 ATP를 만들지 않고 오히려 ATP를 소모한다. 광합성과 달리 당을 만들지도 않는다. 광호흡은 캘빈 회로로부터 유기물질을 빼돌리고, 광호흡이 일어나지 않을 경우 고정될 수 있는 CO_2를 방출하기 때문에 광합성 생산량을 감소시킨다.

가설에 의하면, 광호흡은 오늘날보다 O_2가 적고 CO_2가 많았던 초기 지구 시대로부터 유래된 물질대사의 잔존으로 진화의 부산물이라고 본다. 루비스코가 처음 진화하였던 고대의 대기에서 효소활성 부위가 O_2와 결합하는 능력은 큰 문제가 아니었다. 가설은 오늘날의 루비스코가 이제는 대기 중에 너무나 많이 축적되어 있어, 어느 정도의 광호흡을 불가피하게 만드는 O_2에 대한 친화력을 우연히 갖게 된 것으로 제안하고 있다. 또한 CO_2 농도가 낮아져서 캘빈 회로가 천천히 진행될 때 축적되는, 명반응 과정에서 만들어진 손상을 줄 수 있는 생성물에 대한 보호 역할을 광호흡이 한다는 실험 증거가 있다.

여러 식물종들이 덥고 건조한 기후에서도 광호흡을 최소화하고 캘빈 회로를 최적화시키는 탄소고정의 대체 방식을 진화시켰다. 이러한 광합성 적응 중 가장 중요한 두 가지가 C_4 광합성과 CAM이다.

C_4 식물

C_4 식물(C_4 plant)은 당 합성을 위해 CO_2를 우선 4탄소 화합물로 고정하는 변형된 회로를 가지기 때문에 붙여진 이름이다. 덥고 건조한 날씨에서 C_4 식물은 기공을 부분적으로 닫아서 수분을 보존한다. 하지만 두 종류의 서로 다른 광합성 세포인 유관속초세포와 엽육세포(그림 5.17a)의 기능으로 당을 계속해서 만든다. 엽육세포의 효소는 이산화탄소에 대해 높은 친화력을 지니며, 잎 내부의 이산화탄소 농도가 떨어질 때에도 탄소를 고정할 수 있다. 그 결과 4탄소 화합물은 탄소 셔틀의 역할을 한다. 이는 유관속초세포로 이동하여 잎맥 주변에 쌓이며 이산화탄소를 방출한다. 그래서 이들 세포의 이산화탄소는 꽤 높게 유지되어 캘빈 회로로 하여금 당을 만들고 광호흡을 회피할 수 있도록 한다. C_4 회로는 적어도 45회를 독립적으로 진화해 온 것으로 보이며, 적어도 19개 과의 수천 종의 식물이 사용한다. 농업적으로 중요한 C_4 식물에는 사탕수수, 옥수수 그리고 일부 초본과 식물이 있다.

CAM 식물

매우 건조한 조건에 대한 광합성의 두 번째 적응은 파인애플, 여러 종류의 선인장 그리고 알로에나 염좌(jade plant)와 같은 다육(물-저장)식물에서 진화되었다(그림 5.17b). 이들 식물은 다른 식물과 반대로, 밤에는 기공을 열고 낮에는 기공을 닫는다. 낮에 기공을 닫으면 사막 식물이 물을 보존하는 데에는 도움이 되지만 CO_2가 잎으로 들어갈 수 없게 된다. 기공이 열리는 밤에 CAM 식물은 CO_2를 흡수하여 다양한 유기산에 결합시킨다. 이런 탄소고정 방식을 이 과정이 처음 발견된 다육식물인 돌나물과(Crassulaceae) 이름을 따서, **다육식물 유기산 대사(crassulacean acid metabolism)** 혹은 **CAM**이라 부른다. **CAM 식물(CAM plant)**의 엽육세포는 기공을 닫는 아침이 될 때까지 밤 시간 동안에 만든 유기산을 액포에 저장한다. 명반응이 ATP와 NADPH를 캘빈 회로에 공급할 수 있는 낮 시간 동안에는 전날 밤에 만들어진 유기산으로부터 CO_2가 방출되어 엽록체에서 당으로 합성된다.

그림 5.17은 CAM 경로와 C_4 경로 모두 CO_2가 캘빈 회로로 들어가기 전에 먼저 유기 중간산물로 결합하는 유사성을 보여주고 있다. C_4 식물에서는 탄소고정 초기 과정이 캘빈 회로와 구조적으로 분리되어 있지만, CAM 식물에서는 두 단계가 같은 세포에서 서로 다른 시간대에 일어난다는 차이가 있다. (CAM, C_4 그리고 C_3 식물 모두 궁극적으로 CO_2로부터 당을 만들 때 캘빈 회로를 사용한다는 사실을 기억하라.)

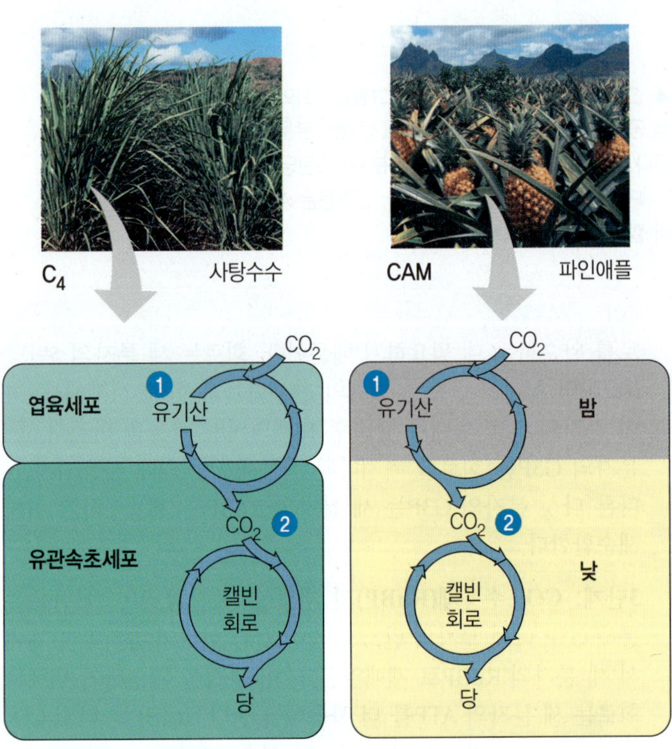

(a) **단계의 공간적 분리.** C_4 식물에서는 서로 다른 세포에서 탄소고정과 캘빈 회로가 일어난다.

(b) **단계의 시간적 분리.** CAM 식물에서는 동일한 세포에서 서로 다른 시간대에 탄소고정과 캘빈 회로가 일어난다.

▲ **그림 5.17 C_4와 CAM 광합성의 비교.** 두 가지 적응 모두 다음과 같은 특성을 갖고 있다. ❶ 우선 CO_2를 유기산에 결합시킨다. 이어서 ❷ CO_2를 캘빈 회로로 운반한다. C_4와 CAM 경로는 무덥고 건조한 날씨에 기공을 일부 혹은 완전히 닫은 상태에서 광합성을 지속해야 하는 문제에 대한 두 가지 진화적 해결 전략이다.

광합성의 중요성: 정리

이 장에서 광자로부터 영양분까지의 광합성 과정을 추적하였다. 명반응은 태양에너지를 획득하고, 이 에너지를 사용하여 ATP를 만들며, 물로부터 전자를 $NADP^+$로 전달하여 NADPH를 만든다. 캘빈 회로는 ATP와 NADPH를 이용하여 이산화탄소로부터 당을 생산한다. 햇빛 형태로 엽록체로 들어온 에너지는 화학에너지 형태로 유기화합물에 저장된다. 전체 과정은 자연 상황에서의 광합성도 함께 나타낸 **그림 5.18**에 정리하였다.

광합성 산물의 운명은 어떻게 되는가? 엽록체에서 만들어진 당은 식물세포의 모든 주요 유기분자 합성을 위하여 화학에너지와 탄소 골격을 식물 전체에 제공한다. 광합성에 의해 만들어진 유기물질의 약 50%는 식물세포의 미토콘드리아에서 일어나는 세포호흡의 원료로 소모된다. 때로는 광호흡에 의해 광합성 산물이 소실되기도 한다.

기술적으로 보면, 식물에서 독립영양을 하는 곳은 녹색 세포뿐이다. 다른 세포들은 잎맥을 통해 잎으로부터 운반된 유기분자에 의존한다(그림 5.18 상단). 대부분의 식물에서 탄수화물은 이당류인 설탕 형태로 잎으로부터 식물의 다른 부위로 운반된다. 설탕은 비광합성 세포에 도달한 후, 세포호흡과 단백질, 지질 그리고 다른 산물을 합성하는 여러 동화 경로의 원료로 이용된다. 포도당 형태의 많은 양의 당은 특히 생장 및 성숙 과정에 있는 식물세포에서 서로 연결되어 다당류인 셀룰로스를 만든다. 세포벽의 주 성분인 셀룰로스는 식물에서뿐만 아니라 지구상에서 가장 풍부한 유기분자일 것이다

대부분의 식물과 기타 광합성 생물체들은 호흡의 연료와 생합성의 전구물질로 사용하기 위해 필요한 양보다 더 많은 유기물질을 매일 만든다. 식물은 녹말을 합성하여 일부는 엽록체 자체에 저장하고 일부는 뿌리, 덩이줄기, 종자, 과일의 저장세포에 저장함으로써 여분의 당을 비축한다. 광합성에 의해 만들어지는 영양분 분자의 소비에 대해 설명하자면, 대부분의 식물은 잎, 뿌리, 줄기, 과일 그리고 경우에 따라서는 식물 전체가 사람과 같은 종속영양생물에 의해 소비되어 없어지게 된다.

지구 전체 규모로 볼 때, 광합성은 대기에 산소를 제공하는 과정이다. 뿐만 아니라 각 엽록체는 아주 미세하지만, 이들 엽록체의 총체적인 양분 생산량은 실로 엄청나다: 연간 어림잡아 1,500억 매트릭 톤(1매트릭 톤은 1,000 kg 또는 약 1.1 ton)의 탄수화물이 광합성에 의해 생산되는 것으로 추정된다. 이런 유기물질의 양은 생물학 책 60조 권을 쌓아 놓은 것과 같으며, 이는 지구에서 태양까지 거리의 17배에 이르는 높이에 가깝다. 지구상의 그 어떤 화학 반응도 모든 생명들의 존속을 위해 광합성만큼 중요한 것은 없다.

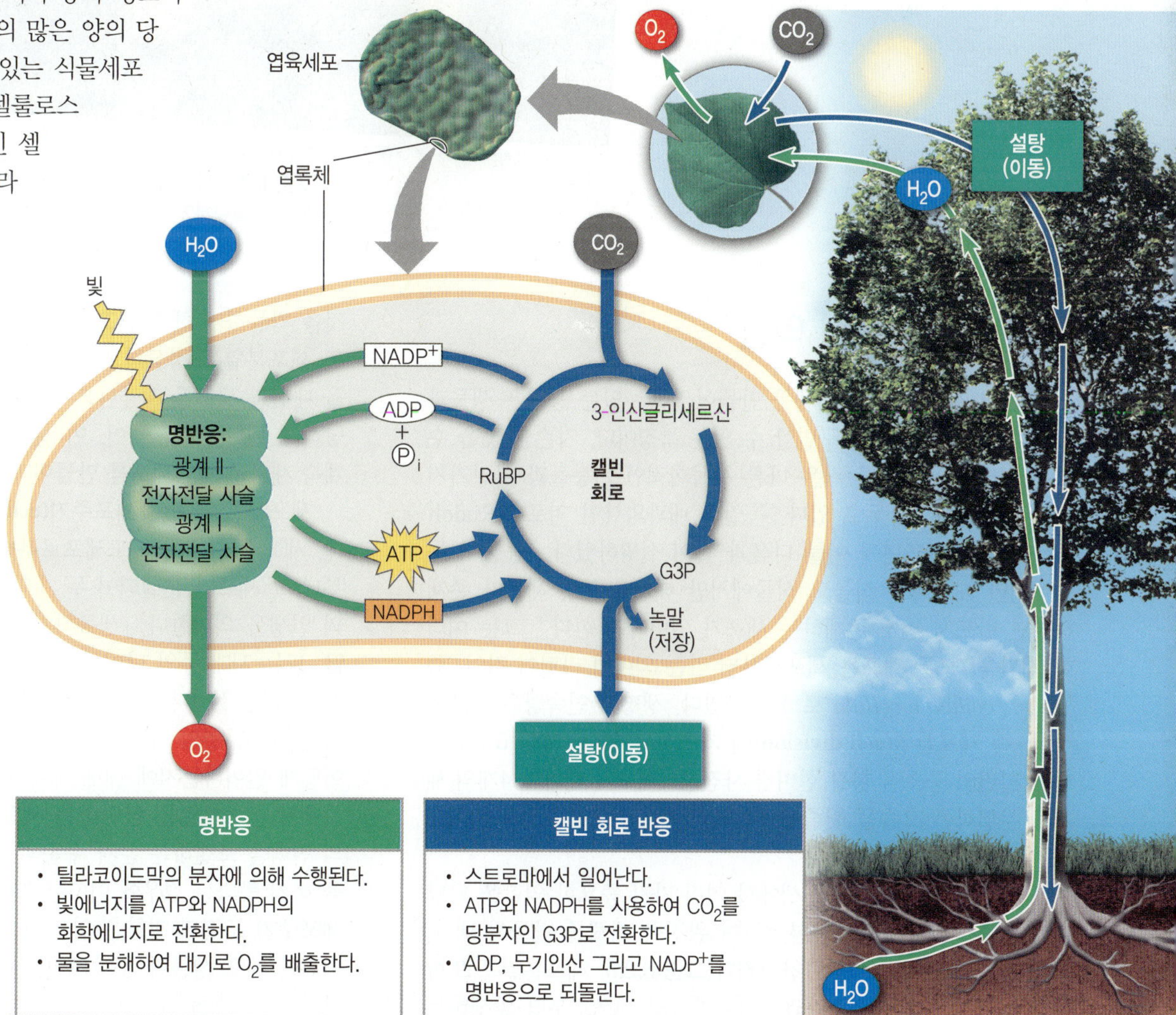

▶ **그림 5.18 광합성 개관.** 이 그림은 광합성의 주된 반응물과 생성물이 나무의 조직(오른쪽)과 엽록체(왼쪽)를 통해 이동하는 것을 보여주고 있다.

CHAPTER

6 세포주기

핵심 개념

6.1 대부분의 세포분열은 유전적으로 동일한 딸세포를 만들어 낸다

6.2 세포주기에서 세포분열기와 간기가 교대로 나타난다

6.3 진핵세포의 세포주기는 분자 수준의 조절 시스템에 의해 조절된다

▲ **그림 6.1** 세포 내의 염색체는 세포분열 동안에 어떻게 딸세포로 전달될까?

세포분열의 핵심 역할

개체가 같은 종류의 개체를 만들어 낼 수 있는 능력은 생물과 무생물을 가장 잘 구별할 수 있는 특징이다. 자손을 낳을 수 있는 이러한 독특한 능력은 다른 생물학적인 기능들과 마찬가지로 세포에 기초를 두고 있다. 독일의 내과의사인 피르호(Rudolf Virchow)는 1855년에 이를 다음과 같이 설명하였다. "동물이 동물에서만 태어나고 식물도 식물에서만 태어나듯이, 세포가 존재하려면 반드시 먼저 존재하는 세포가 있어야만 한다." 그는 이러한 개념을 "모든 세포는 세포로부터"라는 의미의 라틴어 격언, 즉 "*Omnis cellula e cellula*"로 요약하였다. 생명의 연속성은 세포의 생식, 즉 **세포분열(cell division)**에 기초하고 있다. 그림 6.1에 나타난 일련의 공초점 형광 현미경 사진은 2세포기 배아가 4개의 세포로 분열하는 모습을 윗줄에서부터 왼쪽에서 오른쪽으로 순서대로 나타낸 것이다.

세포분열은 생물체의 일생에서 여러 가지 중요한 역할을 담당한다. 하나의 원핵세포는 분열하여 완전한 개체를 만들어 낸다. 이는 단세포 진핵생물도 마찬가지다(그림 6.2a). 세포분열은 또한 다세포 진핵생물이 수정란과 같은 하나의 세포로부터 발생하는 것을 가능하게 해준다(그림 6.2b). 또한 개체가 완전히 자란 후에도 세포분열은 정상적으로 수명이 다하거나 사고로 죽은 세포들을 대신할 세포를 제공함으로써 재생과 회복 등의 기능을 계속 담당하게 된다. 예를 들어, 여러분의 골수에 있는 분열하는 세포는 계속 새로운 혈액세포를 만들어 낸다(그림 6.2c).

세포분열 과정은 **세포주기(cell cycle)**의 필수적인 구성 요소인데, 세포주기는 처음 모세포로부터 분열되어 세포가 형성된 순간부터 그 세포가 분열되어 두 개의 딸세포를 형성할 때까지의 세포의 일생을 의미한다. (생물학자들은 간혹 세포에 대해 설명할 때 **딸**, 또는 **자매** 등의 단어를 사용하는데, 이것은 성별과는 전혀 관계가 없는 것이다.) 자손 세포에게 동일한 유전 물질을 전달하는 것은 세포분열의 가장 중요한 기능이다. 이 장에서는 이러한 일이 어떻게 일어나는지에 대해 배우게 될 것이다. 진핵세포와 박테리아에서 세포분열을 담당하는 세포 기구를 공부한 후에 세포주기의 진행을 조절하는 분자 수준의 조절 기작과 조절 시스템이 기능을 하지 못하는 경우에 어떠한 일이 생기는가를 배우게 될 것이다. 세포주기 조절의 결함은 암의 발생에 중요한 역할을 하기 때문에 이러한 세포 생물학 분야는 매우 활발히 연구가 진행되는 분야이다.

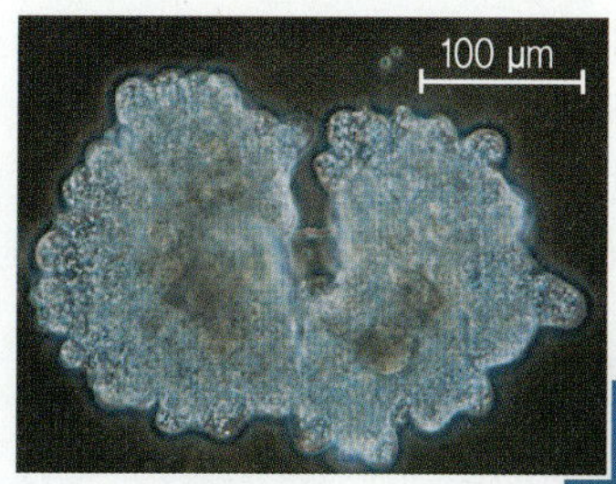

◀ (a) **생식.** 단세포 진핵생물인 아메바가 두 개의 세포로 분열하고 있다. 각각의 세포는 독립된 개체가 된다(광학 현미경 사진).

50 μm

▶ (b) **생장과 발생.** 이 현미경 사진은 수정란이 분열하여 두 개의 세포가 만들어진 직후의 성게 배아를 보여 주고 있다(광학 현미경 사진).

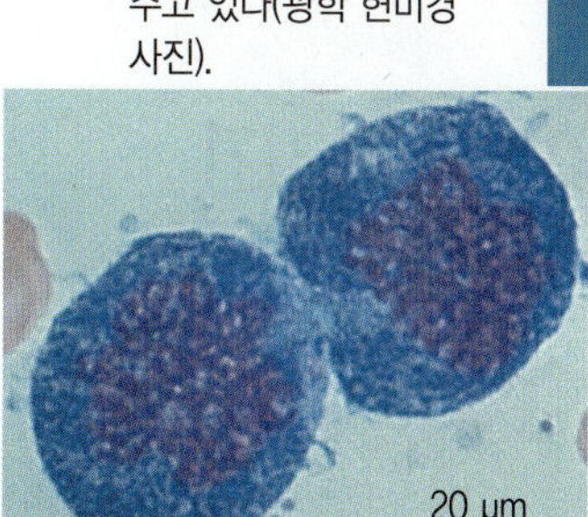

◀ (c) **조직의 재생.** 분열하는 골수(bone marrow)세포는 새로운 혈액세포가 될 것이다(광학 현미경 사진).

▲ 그림 6.2 **세포분열의 기능**

개념 6.1

대부분의 세포분열은 유전적으로 동일한 딸세포를 만들어 낸다

복잡성이 매우 큰 세포의 번식은 단순히 전체를 둘로 나눔으로써 이루어질 수는 없다. 세포는 비누거품처럼 단순히 커졌다가 둘로 나누어지는 것이 아니다. 원핵세포와 진핵세포 모두에서, 대부분의 세포분열에는 동일한 유전 물질, 즉 DNA를 두 딸세포로 분배하는 과정이 포함된다. (예외가 감수분열로써, 정자나 난자를 만들어 내는 이 특수한 형태의 세포분열에서는 유전적으로 동일하지 않은 딸세포가 만들어진다.) 세포분열에서 가장 놀라운 일은 DNA가 한 세대에서 다음 세대로 매우 정확히 전달된다는 것이다. 분열하는 세포는 자신의 DNA를 복제하여 각각의 복제된 사본을 세포의 양쪽 끝에 위치하도록 한 후에야 두 개의 딸세포로 갈라진다.

유전 물질의 세포내 구성

유전정보를 저장하고 있는 세포의 DNA 전체를 **유전체(genome)**라 부른다. 원핵생물의 유전체는 주로 하나의 긴 DNA 분자인 반면 진핵생물의 유전체는 대부분 여러 개의 DNA 분자로 구성되어 있다. 진핵생물 세포의 전체 DNA 길이는 매우 길다. 예를 들어, 전형적인 인간의 DNA 길이는 약 2 m로서 세포의 지름보다 250,000배나 길다. 그럼에도 유전적으로 동일한 딸세포를 만들기 위해 세포가 분열하기 전까지 이 모든 DNA가 복제되어야만 하며,

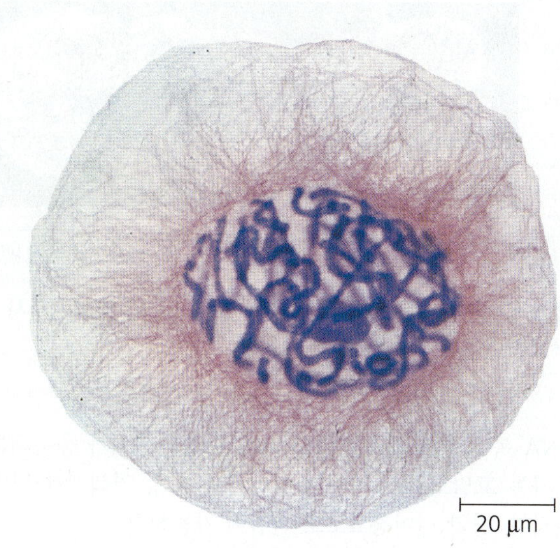

▲ 그림 6.3 **진핵세포의 염색체.** 백합 세포의 핵 안에 보라색으로 염색된 염색체가 잘 나타나 있다. 주변 세포질의 얇은 붉은색 실과 같은 구조는 세포골격이다. 이 세포는 분열을 준비하고 있는 중이다(광학 현미경 사진).

그 다음에 복제된 DNA가 분리됨으로써 각각의 딸세포가 완전한 유전체를 가지게 된다.

이렇게 많은 DNA의 복제와 분배는 DNA 분자가 **염색체(chromosome)**라는 구조를 형성하기 때문에 가능한데, 염색체라는 이름은 이들이 현미경 관찰에 사용되는 특정한 염색약을 흡수하기 때문에(그리스어로 색을 의미하는 *chroma*와 몸을 의미하는 *soma*로부터) 붙여진 것이다(그림 6.3). 각각의 진핵생물 염색체는 길이가 긴 선형의 DNA 분자가 단백질과 결합한 형태를 하고 있다(그림 4.8). DNA 분자는 수백에서 수천 개의 유전자를 담고 있으며, 각 유전자는 개체의 유전 형질을 결정하는 정보의 단위이다. 결합된 단백질들은 염색체의 구조를 유지하고 유전자의 활성을 조절하는 데 도움을 준다. 이 둘을 합친 염색체를 만드는 구성 물질인 DNA와 단백질의 복합체를 **염색질(chromatin)**이라고 한다. 곧 보게 되겠지만 염색체의 염색질은 세포분열 과정 동안에 그 응축 정도가 변한다.

모든 진핵생물의 종들은 각 세포 핵 내에 특징적인 숫자의 염색체를 지닌다. 예를 들면, 인간 **체세포(somatic cell**; 생식세포를 제외한 모든 신체의 세포)의 핵은 각 부모로부터 물려받은 23개의 염색체 2쌍, 즉 46개의 염색체를 지니고 있다. 생식세포 또는 **배우자(gamete)**, 즉 정자세포와 난자세포는 체세포 염색체 수의 반을, 즉 인간의 경우에는 23개 염색체 1세트를 가지고 있다. 체세포에서 염색체의 수는 종에 따라 서로 다른데, 양배추는 18개, 침팬지는 48개, 코끼리는 56개, 고슴도치는 90개, 한 종류의 조류(algae)는 148개의 염색체를 가지고 있다. 이제 이들 염색체가 세포분열 동안에 어떻게 행동하는지를 살펴볼 것이다.

세포분열 과정에서의 염색체 분배

세포가 분열하지 않을 때, 그리고 세포분열을 위해 DNA를 복제할 때에는 각 염색체가 길고 가는 염색사의 형태를 하고 있다. 그

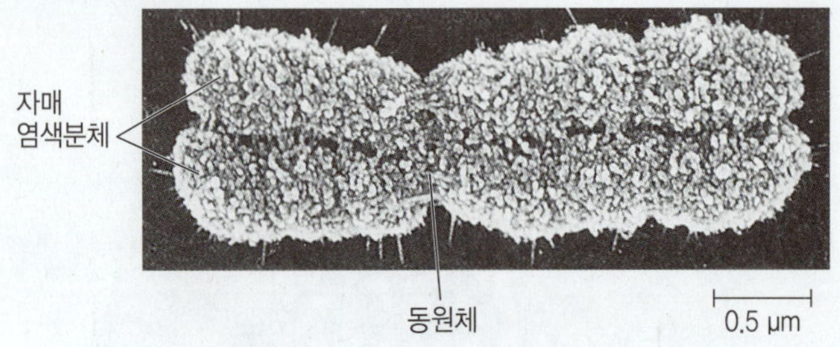

▲ **그림 6.4 최대로 응축되고 복제되어 있는 인간의 염색체(주사 전자 현미경 사진)**

러나 DNA 복제 후에 세포분열 시기가 되면 염색체가 응축되는데, 각 염색사는 고밀도로 코일을 형성하고 접혀서, 염색체가 훨씬 짧고 굵어지며, 광학 현미경으로도 관찰이 가능해진다.

각각의 복제된 염색체는 두 개의 **자매염색분체(sister chromatids)**를 가지고 있으며, 이 둘은 원래의 염색체가 복사되어 붙어 있는 것이다(그림 6.4). 동일한 DNA를 가지는 두 염색분체는 최초에는 길이 전체에 걸쳐 코헤신(cohesin)이라 불리는 결합 단백질 복합체에 의해 부착되어 있으며, 이러한 결합을 자매염색분체 결합(sister chromatid cohesion)이라 한다. 각각의 염색분체는 **동원체(centromere)**를 가지고 있는데, 염색체 DNA의 이 부위가 자매염색분체가 가장 가까이 붙어 있는 부위이다. 이러한 결합은 동원체 DNA 서열에 결합한 단백질에 의해 매개되며, 응축되고 복제된 염색체에서 좁은 허리 부분을 형성한다. 동원체 양쪽의 염색체 부위를 팔(arm)이라 한다. (복제되지 않고 응축되지 않은 염색체는 하나의 동원체와 두 개의 팔을 갖는다.)

세포분열 과정이 더 진행되면 각 염색체의 두 자매염색분체가 분리되어 세포의 양 끝에 형성되는 새로운 두 개의 핵으로 이동한다. 자매염색분체가 분리되기 시작되면 이들은 각각이 개별적인 염색체로 간주되고, 세포 안의 염색체 수는 두 배가 된다. 따라서 각각의 새로운 핵은 모세포와 동일한 염색체군을 받게 된다(그림 6.5). **유사분열(mitosis)** 후에는 곧바로 **세포질분열(cytokinesis)**이 시작된다. 원래 한 세포가 있었던 곳에 이제는 모세포와 동일한 유전물질을 각각 지닌 두 개의 세포가 존재하게 된다.

수정란에서부터 핵분열과 세포질분열을 통해 여러분의 신체를 형성하는 200조 개의 체세포가 만들어지며 죽거나 상처받은 세포를 대신할 새로운 세포도 계속해서 만들어진다. 이와는 달리 배우자, 즉 난자와 정자세포는 감수분열(meiosis)이라 불리는 변형된 세포분열에 의해서 만들어지는데, 이들은 감수분열 결과 한 세트의 염색체만을 지니고 있어 모세포 염색체 수의 반만을 가지게 된다. 인간에서 감수분열은 난소와 정소(생식소)에 있는 특수한 세포에서만 일어난다. 배우자를 만들기 위해 감수분열에서는 염색체의 수가 46개(두 세트의 염색체)에서 23개(한 세트)로 감소된다. 수정으로 인해 2개의 배우자가 융합하여 염색체의 수가 46개로 회복되고, 체세포분열로 인해 새로운 개체의 모든 체세포 핵에서 염색체 수가 동일하게 된다. 이 장에서는 진핵세포에서 체세포분열과 세포주기의 나머지 과정에 대해 살펴본다.

개념 6.2

세포주기에서 세포분열기와 간기가 교대로 나타난다

1882년에 독일의 해부학자인 플레밍(Walther Flemming)은 최초로 유사분열과 세포질분열 동안에 염색체의 행동을 관찰할 수 있는 염색약을 개발하였다. [실제로 플레밍이 유사분열과 염색질(chromatin)이라는 용어를 만들어 냈다.] 플레밍에게는 한 번의 세

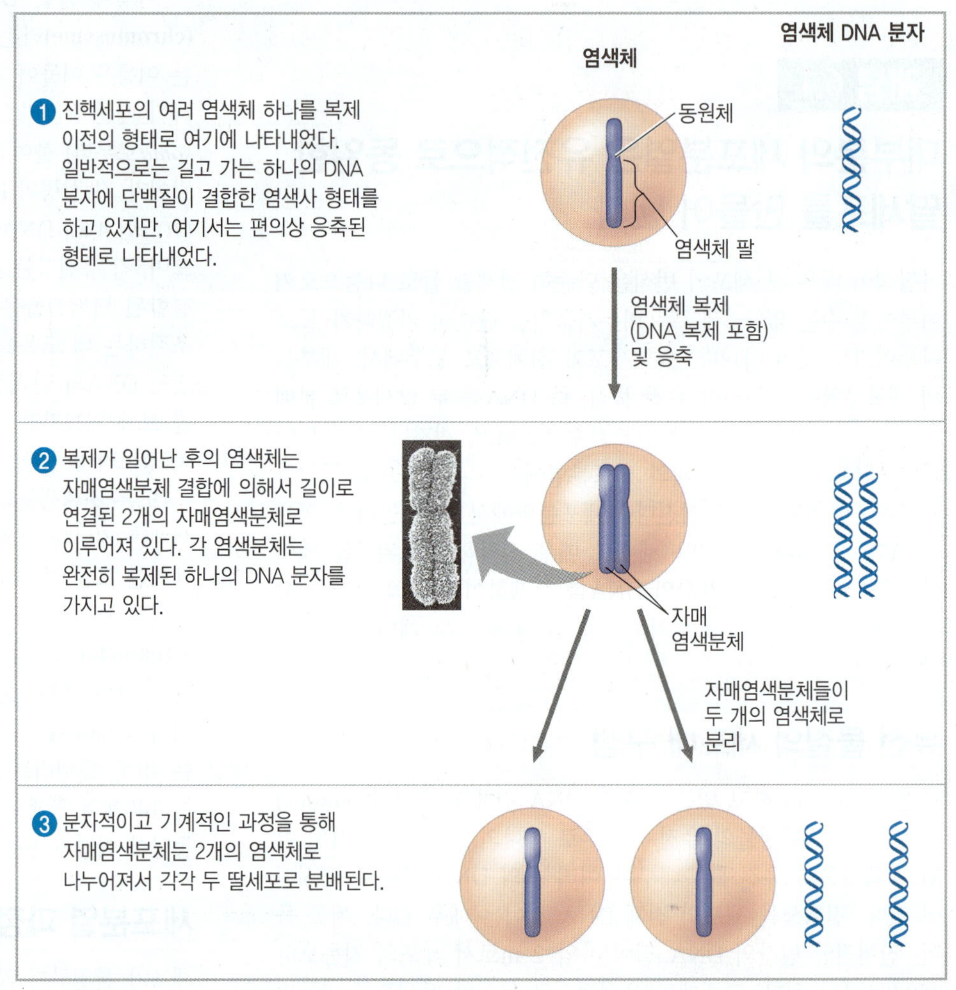

▲ **그림 6.5 염색체 복제와 세포분열 동안의 분배**

포분열과 그 다음 세포분열 사이에는 세포가 단순히 크기만 증가하는 것처럼 보였다. 그러나 이제 우리는 이 시기의 세포 안에서 여러 가지 중대한 일들이 일어난다는 사실을 잘 알고 있다.

세포주기의 단계

유사분열은 세포주기의 한 부분에 불과하다(그림 6.6). 실제로 **유사분열(M)기**는 유사분열과 세포질분열을 모두 포함하고 있는데, 세포주기 중 가장 짧은 시기이다. 유사분열기는 **간기(interphase)**라 불리는 훨씬 더 긴 시기와 교대로 나타나는데, 간기는 세포주기 전체의 약 90%를 차지하고 있다. 간기는 **G_1기(G_1 phase**, "첫 번째 간격"), **S기(S phase**, "합성기") 및 **G_2기(G_2 phase**, "두 번째 간격")의 세 시기로 나뉜다. G기는 처음 사람들이 세포를 관찰하기 시작했을 때 아무런 활동이 없는 것처럼 보였기 때문에 "gap(간격)"으로 잘못 붙여진 이름이다. 하지만 이제는 간기 내내 대사 활성이 매우 활발하며 세포의 생장이 일어난다는 것을 잘 알고 있다. 분열하고 생장하는 세포에서는 세 시기 모두에서 단백질과 미토콘드리아 및 소포체와 같은 세포질 내의 소기관을 만들어 크기가 증가한다. 그러나 세포가 분열하기 위해 필수적인 염색체의 복제는 S기에만 일어난다(DNA의 합성은 개념 13.2에서 다룰 것이다). 그러므로 세포는 생장하고(G_1), 염색체를 복제하며 계속 생장하고(S), 세포분열을 위한 준비를 끝내가면서 더욱더 생장한(G_2) 후에 분열을 한다(M). 딸세포는 이러한 주기를 다시 반복한다.

특정한 인간 세포는 24시간에 한 번 정도 분열을 하게 된다. 이때에 M기는 한 시간도 안 되는 반면에 S시기는 10~12시간 또는 세포주기의 약 반 정도를 차지하게 된다. 나머지의 시간은 G_1과 G_2기로서 G_2기는 주로 4~6시간 정도이며, G_1기는 5~6시간 정도이다. G_1기는 세포의 종류에 따라 가장 길이의 변이가 많은 시기이다. 다세포 생물에서 일부의 세포는 매우 느리게 분열하거나 전혀

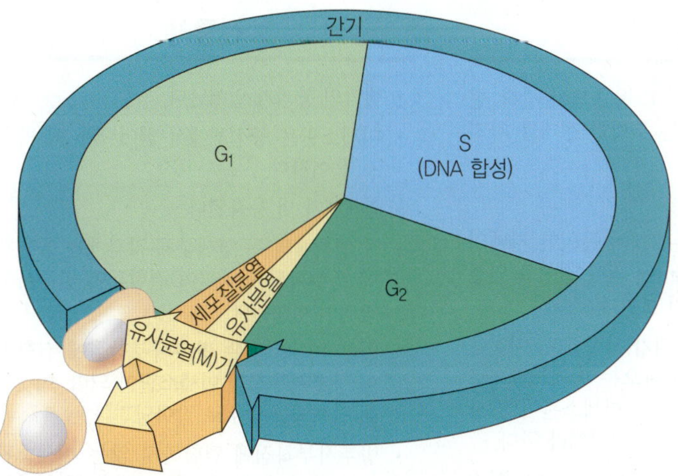

▲ **그림 6.6 세포주기.** 분열하는 세포에서 유사분열(M)기와 생장기인 간기는 교대로 나타난다. G_1이라 불리는 간기의 첫 번째 시기 다음에는 염색체가 복제되는 S기가 오며, G_2기가 간기의 마지막 부분이 된다. M기에는 핵분열에 의해 염색체가 딸세포로 분배되며, 세포질이 세포질분열에 의해 나누어져서, 2개의 딸세포를 만든다.

분열하지 않는다. 이러한 세포는 대부분의 시기를 G_1(혹은 G_0라고 불리는 유사한 시기)에서 보내며, 신경세포가 자극을 전달하는 것과 같이 개체 내에서 자신의 기능을 수행한다.

유사분열은 일반적으로 **전기(prophase)**, **전중기(prometaphase)**, **중기(metaphase)**, **후기(anaphase)**, **말기(telophase)**의 다섯 시기로 나누어진다. 유사분열의 마지막 단계에서 세포질분열이 함께 일어나 유사분열기가 완성된다. 그림 6.7에는 동물세포에서 이들 각 단계가 설명되어 있다. 유사분열과 세포질분열에 대하여 자세히 살펴볼 다음 2개의 절을 공부하기 이전에 이 그림을 완전히 공부하라.

유사분열 방추사: 자세히 살펴보기

유사분열의 여러 사건들은 전기에 세포질에서 형성되기 시작하는 **유사분열 방추사(mitotic spindle)**에 의존한다. 이 구조는 미세소관에 단백질이 결합하여 이루어진 섬유로 구성되어 있다. 유사분열방추사가 형성되는 동안 세포골격의 다른 미세소관이 부분적으로 분해되는데 이는 방추사 형성에 필요한 재료를 제공하는 것으로 보인다. 방추사 미세소관은 구성 단위인 튜불린(tubulin) 단백질을 더 중합시킴으로써 길이가 신장되고(표 4.1), 단위체가 떨어져 나가(탈중합) 길이가 짧아진다.

동물세포에서 방추사 미세소관의 형성은 **중심체(centrosome)**에서 시작되는데, 중심체는 세포주기 내내 세포의 미세소관을 조직적으로 구성하는 기능을 담당하는 비막성 소기관이다. [이것은 일종의 미세소관 형성중심(microtubule-organizing center)이기도 하다.] 중심체의 중앙에는 한 쌍의 중심립(centrioles)이 위치하는데, 이것은 세포분열에 필수적인 것은 아니다. 중심립을 레이저 마이크로빔으로 파괴하여도 유사분열 동안에 방추사가 형성되며, 실제로 대부분의 식물세포는 중심립을 가지고 있지 않다.

간기에 동물세포에서는 하나의 중심체가 복제되어 두 개의 중심체가 만들어지며, 이것이 핵의 근처에 함께 위치하게 된다(그림 6.7). 두 개의 중심체는 전기와 전중기에 방추사 미세소관이 길어짐에 따라 각각 바깥쪽으로 이동한다. 전중기의 마지막에는 방추사의 양끝에 위치한 두 개의 중심체가 세포의 반대쪽 끝에 위치하게 된다. 짧은 미세소관이 방사형으로 분포한 **성상체(aster)**가 중심체에서 뻗어 나와 있다. 방추체(spindle)는 중심체와 방추사 미세소관, 그리고 성상체를 모두 포함한 것이다.

복제된 염색체의 두 자매염색분체는 각각 **방추사부착점(kinetochore)**을 가지고 있는데, 이것은 각각의 동원체(centromere)에서 염색체 DNA 상의 특정 부위에 조립되어 있는 단백질 복합체 구조이다. 염색체의 두 방추사부착점은 서로 반대 방향으로 위치하고 있다. 전중기 동안에는 일부 방추사 미세소관이 방추사부착점에 결합되어 있는데, 이것을 방추사부착점 미세소관(kinetochore microtubule)이라 부른다. (방추사부착점에 결합되는 방추사의 수는 종에 따라 달라서 효모의 경우 하나에서부터 포유동물의 경우 40여 개까지 매우 다양하다.) 방추사부착점은 자동차와 같은 역할을 하는 방추사를 화물인 염색체에 결합시키는 연결고리 역할을 한다. 염색체의 방추사부착점 중 하나가 미

▼ 그림 6.7 동물세포의 유사분열 탐구

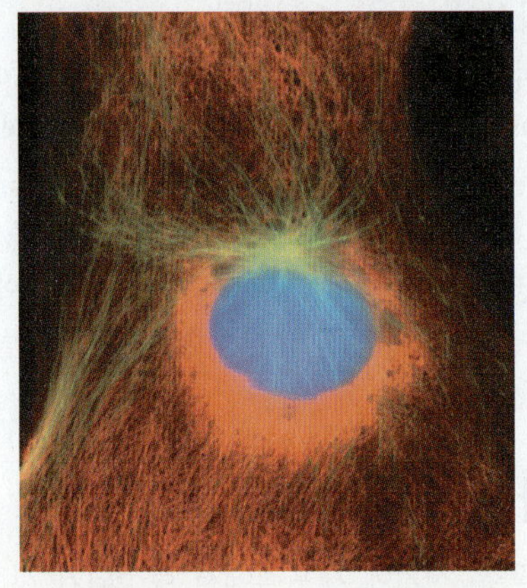

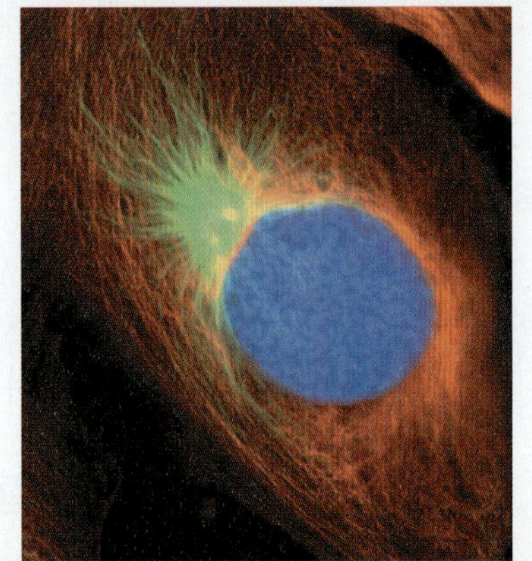

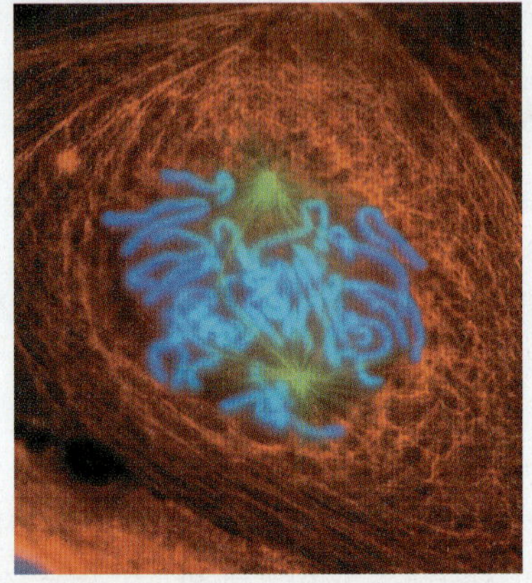

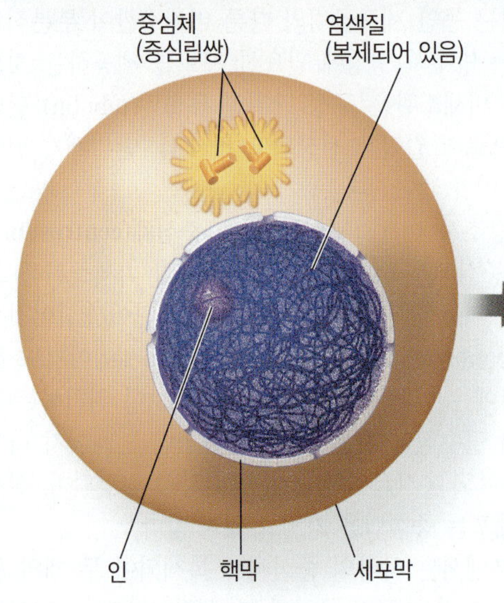

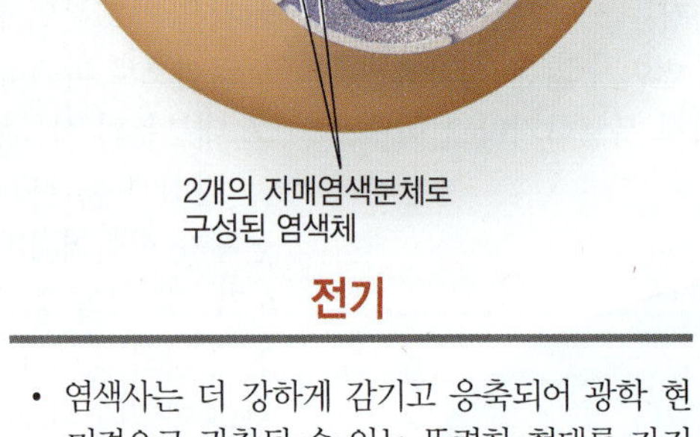

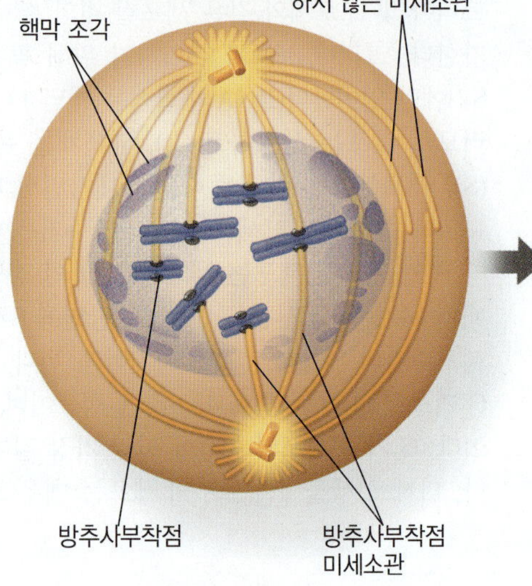

간기의 G_2기

- 핵막이 핵을 둘러싸고 있다.
- 핵은 하나 혹은 둘 이상의 인을 가지고 있다.
- 하나의 중심체가 복제되어 2개의 중심체가 만들어진다. 중심체는 동물세포에서 방추사의 미세소관을 형성하는 부분이다. 각 중심체는 2개의 중심립을 가진다.
- S기 동안에 복제된 염색체는 아직 응축되지 않아서 각 염색체로 관찰되지 않는다.

위의 형광현미경 사진은 도롱뇽 허파 세포의 분열 과정을 보여주고 있는데, 이 종은 22개의 염색체를 가지고 있다. 파란색은 염색체를, 초록색은 미세소관을, 붉은색은 중간섬유를 나타낸다. 그림에서는 단순화를 위해 6개의 염색체만을 나타내었다.

전기

- 염색사는 더 강하게 감기고 응축되어 광학 현미경으로 관찰될 수 있는 뚜렷한 형태를 가지게 된다.
- 인이 소실된다.
- 각각의 복제된 염색체는 2개의 동일한 자매염색분체가 코헤신(cohesin)에 의해 길이로 연결되어 합해져 있는 것처럼 보인다.
- 유사분열 방추사가 형성되기 시작한다. 이것은 중심체와 여기에서 뻗어 나오는 미세소관으로 구성된다. 중심체에서 짧은 미세소관이 방사형으로 뻗어 나와 있는 것을 성상체라 한다.
- 두 중심체가 이동하여 서로 멀어지는데, 이것은 부분적으로는 이들 사이의 미세소관이 길어지는 것에 기인한다.

전중기

- 핵막의 붕괴가 일어난다.
- 미세소관은 중심체에서 뻗어나가 핵 쪽으로 들어간다.
- 염색체가 더 응축된다.
- 각 염색체의 두 염색분체 각각에는 동원체에 특수화된 단백질이 결합되어 방추사부착점이 형성된다.
- 일부 미세소관은 방추사부착점에 결합하여 방추사부착점 미세소관이 되며, 이것들이 염색체를 앞뒤로 잡아당긴다.
- 방추사부착점에 결합하지 않는 미세소관은 방추체의 반대편 극 쪽에서 뻗어 나와 있는 미세소관과 상호작용한다.

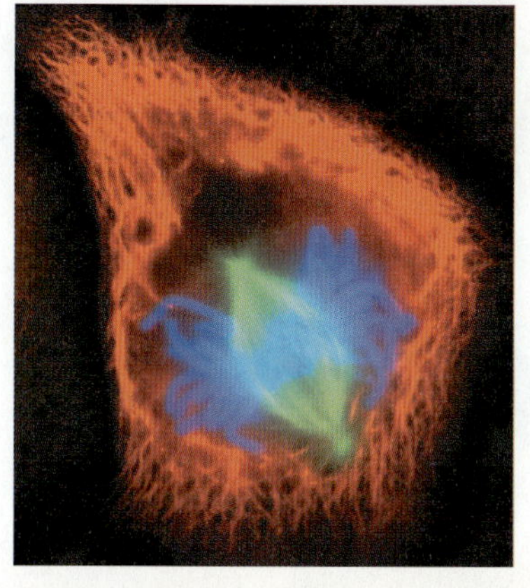

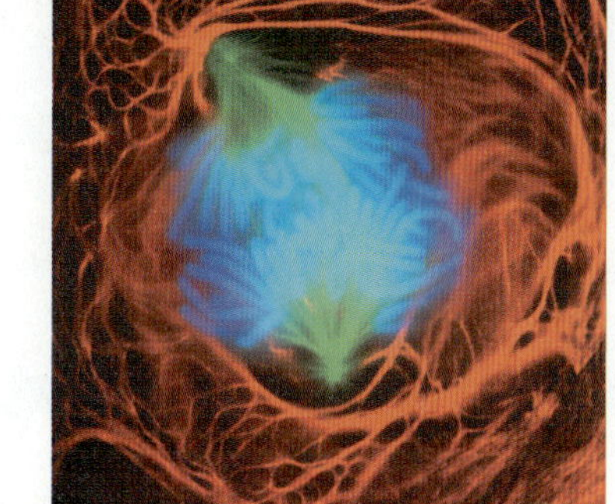

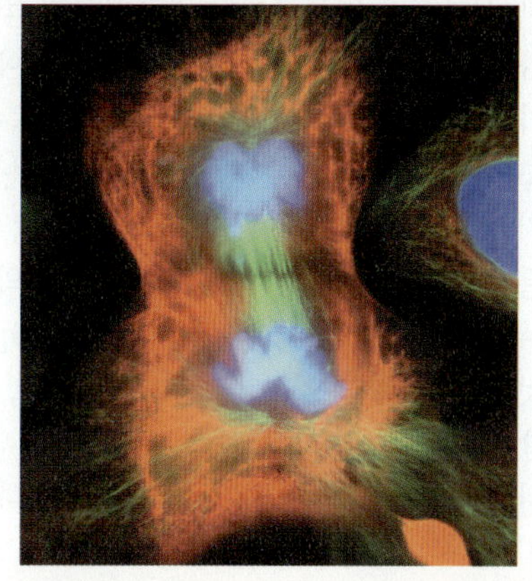

중기

후기

말기, 세포질분열

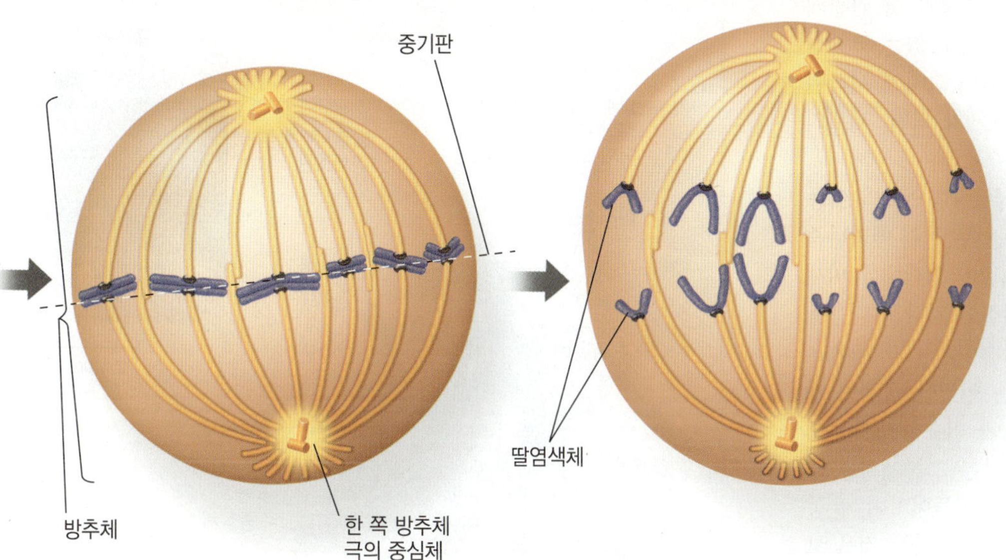

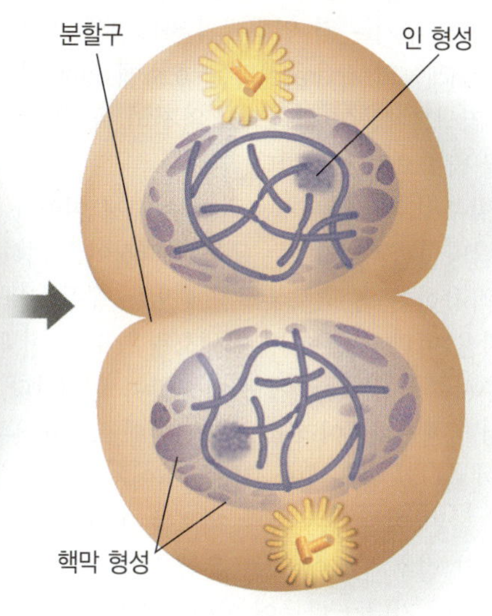

중기

- 중심체는 이제 세포의 반대편 끝에 위치한다.
- 염색체는 방추체의 양극 사이 중앙에 위치한 가상의 면인 **중기판**에 모인다. 염색체의 동원체는 중기판 위에 놓인다.
- 각 염색체에서 자매염색분체의 방추사부착점에는 반대편 극에서 오는 방추사부착점 미세소관이 결합된다.

후기

- 후기는 핵분열 중 가장 짧은 단계로 몇 분 안에 끝난다.
- 후기는 2개의 자매염색분체가 갑자기 떨어질 때 시작된다. 각각의 염색분체는 완전한 염색체가 된다.
- 떨어져 나온 2개의 염색체는 방추사부착점 미세소관이 짧아짐에 따라 세포의 반대편 끝으로 이동하기 시작한다. 이들 미세소관이 동원체 부위에 결합되어 있기 때문에 염색체는 동원체 부위가 먼저 움직인다(약 1 μm/분의 속도로).
- 세포는 동원체에 결합하지 않은 미세소관이 길어짐에 따라 신장된다.
- 후기의 마지막 단계에는 세포의 양 끝에 완전하고 동일한 염색체 세트가 위치하게 된다.

말기

- 2개의 딸핵이 세포 안에서 형성되기 시작한다. 핵막이 모세포의 핵막 조각과 내막계의 부분들로부터 생겨난다.
- 인이 다시 나타난다.
- 염색체는 응축이 풀려간다.
- 남아 있던 방추사 미세소관이 모두 탈중합된다.
- 하나의 핵이 2개의 유전적으로 동일한 핵으로 나눠지는 핵분열이 이제 완성되었다.

세포질분열

- 세포질의 분열은 말기의 뒷부분에서 시작되어, 핵분열 직후에 2개의 딸세포가 나타난다.
- 동물세포에서는 분열구가 형성되어 세포가 2개로 갈라진다.

세소관에 연결되면 이 미세소관이 신장됨에 따라 염색체가 극 쪽으로 이동하게 된다. 그러나 이러한 이동은 반대쪽 극 쪽의 미세소관이 나머지 염색분체의 방추사부착점에 연결되는 순간 멈추게 된다. 그 다음에 벌어지는 일은 마지막에 서로 비기게 되는 줄다리기 경기와 같은 것이다. 염색체는 처음에는 한 방향으로 이동하다 그 다음에는 반대 방향으로 이동하며, 이러한 이동이 반복되다 마지막에는 세포의 두 끝 사이의 중앙에 자리잡게 된다. 중기에는 모든 복제된 염색체의 동원체가 방추체의 두 극 사이의 중앙 평면에 위치하게 된다. 이 면을 **중기판(metaphase plate)**이라 하는데, 이것은 가상의 면으로 실제로 존재하는 세포 구조는 아니다(그림 6.8). 반면에 방추사부착점에 결합하지 않는 미세소관도 계속 자라나와, 중기에는 반대쪽 극에서 뻗어 나온 방추사부착점에 결합하지 않는 다른 미세소관과 상호작용을 하게 된다. 중기에는 성상체의 미세소관 또한 길어져서 원형질막과 접촉하게 되며, 방추체가 완전히 형성된다.

완성된 방추체의 구조는 이들의 후기에서의 기능과 잘 연관되어 있다. 후기는 각 염색체의 자매염색분체를 붙잡고 있는 코헤신이 세퍼레이즈(separase)라는 효소에 의해 절단되며 갑자기 시작된다. 염색분체들이 분리되어 완전히 독립된 염색체가 되면, 세포의 양끝 방향으로 이동한다.

방추사부착점 미세소관이 어떻게 이러한 끝 방향으로의 이동을 담당할까? 여기에는 운동 단백질이 관여하는 두 가지 메커니즘이 작용한다. 방추사부착점에 있는 운동 단백질이 염색체를 미세소관을 따라 걷게 하며 미세소관은 운동 단백질이 지나간 다음에 방추사부착점 쪽 끝에서 탈중합이 일어난다. [이것은 "팩맨(Pac-man)" 메커니즘이라고도 불리는데, 그 이유는 이러한 과정이 게임 캐릭터가 움직이며 점들을 먹어치우는 모습과 비슷하기 때문이다.] 한편 이들과는 다른 세포를 이용하였던 다른 그룹에서는 염색체가 방추체 극에 있는 운동 단백질에 의해 끌려들어가며, 운동 단백질이 지나간 다음에 미세소관의 탈중합이 일어난다는 것을 보여주기도 하였다. 현재 일반적으로는 이 두 가지 메커니즘이 모두 사용되며, 세포의 종류에 따라 이 두 가지 메커니즘이 이용되는 정도가 서로 다른 것으로 여겨지고 있다.

분열하는 동물세포에서 방추사부착점에 결합하지 않는 미세소관은 후기 동안에 세포 전체를 신장시키는 역할을 한다. 양쪽의 반대편 극에서 뻗어 나와 있는 방추사부착점에 결합하지 않는 미세소관들은 중기 동안에 많이 겹쳐져 있게 된다(그림 6.8). 후기에는 미세소관에 결합되어 있는 운동 단백질들이 ATP를 이용하여 미세소관을 바깥쪽으로 이동시키므로 서로 겹쳐져 있는 부분이 줄어들게 된다. 미세소관이 이렇게 서로를 밀어냄에 따라 이들의 방추사극은 서로 멀어지게 되며, 따라서 세포가 신장된다. 동시에 미세소관은 겹쳐진 쪽의 끝에서 튜불린 단백질이 첨가되어 길이가 신장된다. 그 결과 미세소관은 계속 겹쳐진 상태를 유지하게 된다.

후기의 마지막에는 복제된 염색체군이 신장된 모세포의 양끝에 도달하게 된다. 핵은 말기 동안에 재형성된다. 세포질분열은 후기 또는 말기 동안에 시작되며, 방추체는 최종적으로 미세소관의 탈중합에 의해 분해된다.

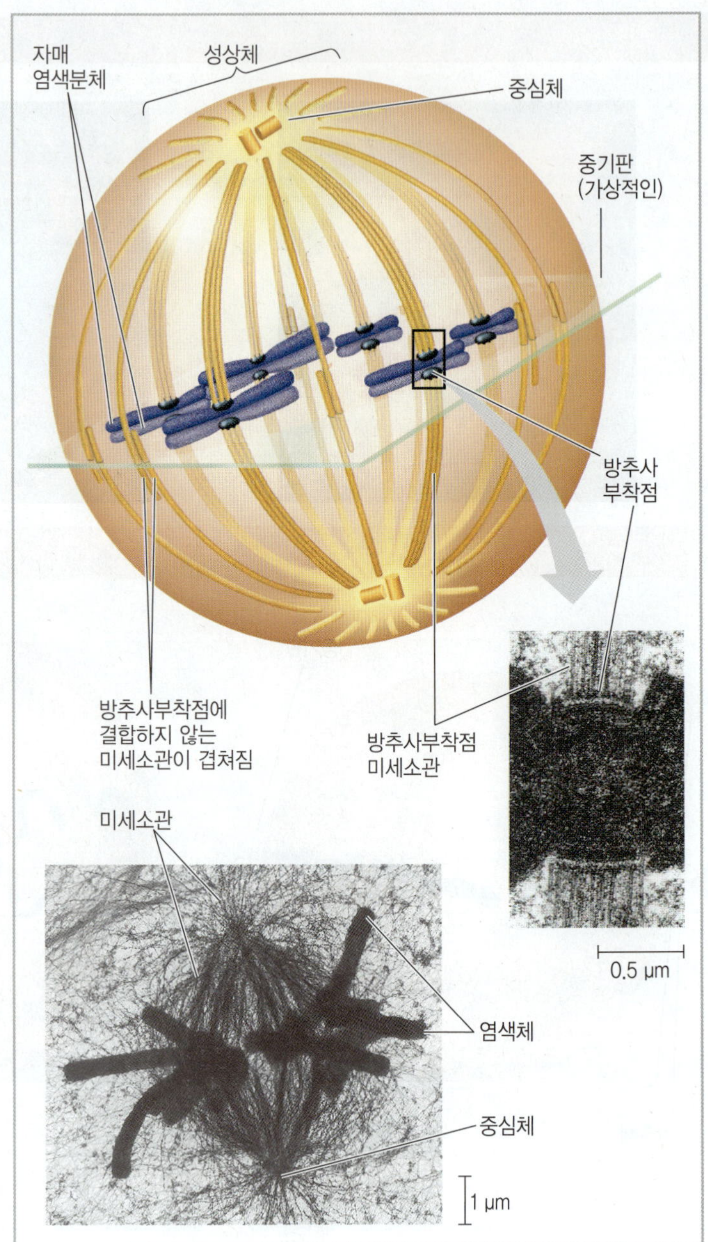

▲ **그림 6.8 중기의 유사분열 방추사.** 염색체의 두 자매염색분체에 있는 방추사부착점은 서로 반대 방향을 향하고 있다. 각 방추사부착점에는 가까이에 있는 중심체에서 뻗어 나온 한 다발의 방추사부착점 미세소관이 결합되어 있다. 방추사부착점에 결합하지 않는 미세소관은 중기판 부위에서 겹쳐져 있다(투과전자 현미경 사진)

세포질분열: 자세히 살펴보기

동물세포에서 세포질분열은 **분할(cleavage)**에 의해서 일어난다. 분할의 최초 신호는 중기판이 있던 부위 가까이의 세포 표면에 **분할구(cleavage furrow)**라는 얕은 홈이 나타나는 것이다(그림 6.9a). 홈의 세포질 쪽에는 액틴 미세섬유와 미오신 단백질이 결합되어 있는 수축환(contractile ring)이 있다. 액틴 미세섬유는 미오신 분자와 상호작용을 하여 환의 수축을 일으킨다. 분열하는 세포

▼ 그림 6.9 동물세포와 식물세포의 세포질분열

(a) 동물세포의 분할(주사 전자 현미경 사진)

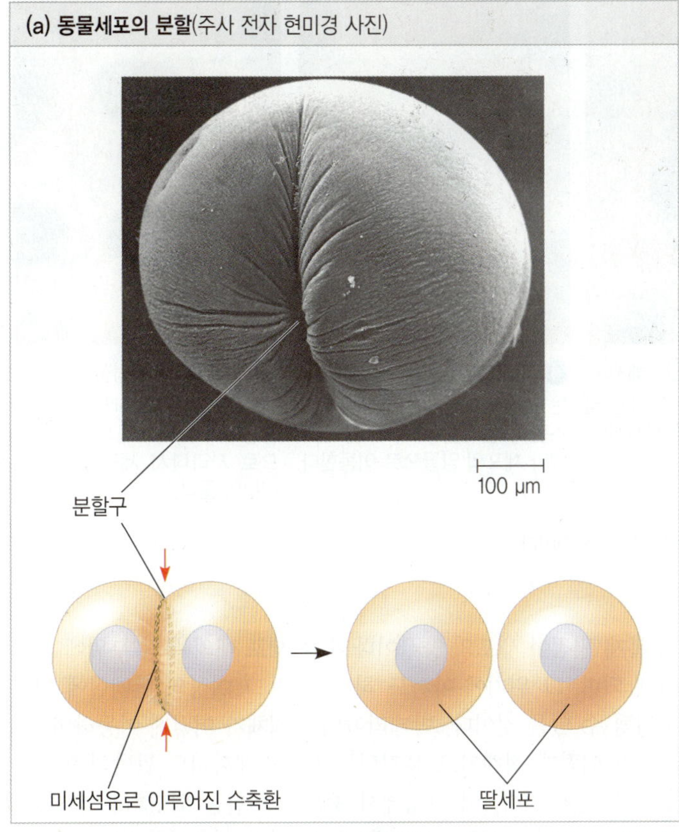

(b) 식물세포의 세포판 형성(투과 전자 현미경 사진)

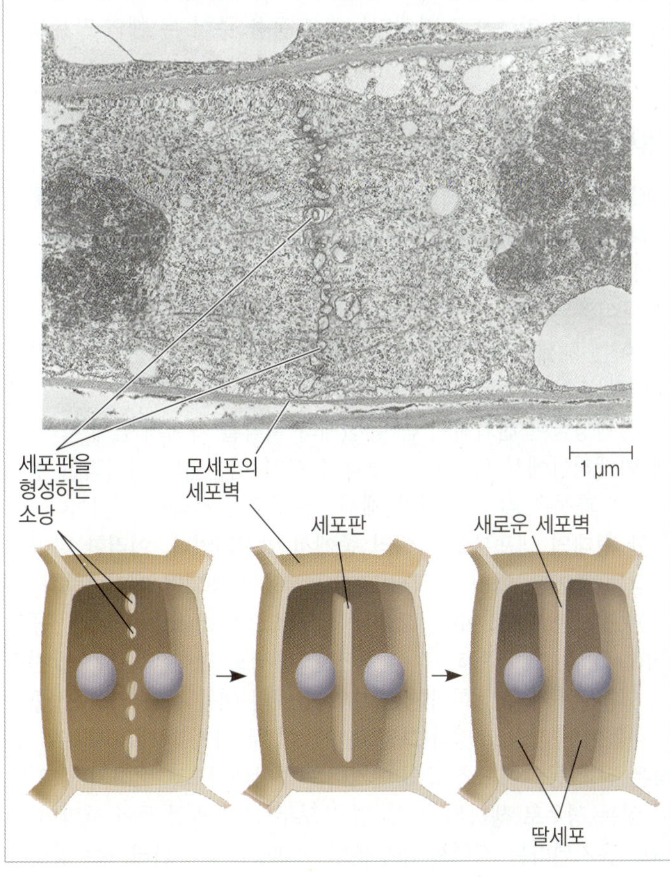

의 미세섬유 환이 수축하는 것은 마치 끈을 졸라매는 것과 같다. 분할구는 세포가 둘로 갈라지게 될 정도까지 깊어져서 각각이 완전한 핵을 가지며 세포질, 세포소기관 및 기타 세포내 미세구조를 나누어 가지는 2개의 독립된 세포를 만들어 낸다.

세포벽을 지닌 식물세포의 세포질분열은 완전히 다르게 일어난다. 이 경우에는 분열구가 형성되지 않으며, 그 대신에 말기에 골지체에서 기원한 소낭들이 미세소관을 따라 세포의 중앙으로 이동하여 합쳐져 **세포판(cell plate)**을 형성한다(그림 6.9b). 소낭에 의해 운반된 세포벽의 구성 물질이 세포판에 쌓여서 점차 자라나게 된다. 세포판은 계속 자라 바깥쪽 막이 세포의 원형질막에 융합된다. 그 결과 각각 자신의 세포막을 가지는 2개의 딸세포가 생겨난다. 한편 세포판의 내용물로부터 새로운 세포벽이 두 세포 사이에 형성된다.

그림 6.10에는 분열하는 식물세포의 단계별 현미경 사진이 나타나 있다. 이 그림을 살펴보면 유사분열과 세포질분열을 정리하는데 도움이 될 것이다.

박테리아의 이분법

박테리아와 고세균 등과 같은 원핵생물들은 세포가 자라 크기가 두 배 정도 되면 2개의 세포로 나누어지는 방법으로 번식한다. **이분법(binary fission)**이란 "둘로 나누어진다"는 의미로써, 이러한 원핵생물의 분열과정과 아메바와 같은 단세포 진핵생물의 무성생식 과정을 말한다. 그러나 이 두 과정은 진핵세포의 경우는 핵분열이 포함되며, 원핵세포의 경우에는 핵분열이 없다는 점에서 서로 다르다.

박테리아에서는 하나의 원형 박테리아 염색체에 대부분의 유전자가 담겨져 있는데, 이 염색체는 DNA 분자와 결합 단백질로 구성되어 있다. 비록 박테리아가 진핵세포에 비해서는 작고 단순하지만 순서대로 자신의 유전체를 복제하고 2개의 딸세포로 똑같이 나누는 일은 여전히 만만치 않은 일이다. 예를 들어, 대장균(*Escherichia coli*)의 염색체는 완전히 펼쳐지면 세포 길이의 약 500배에 달한다. 이렇게 긴 염색체가 세포 안에 들어가기 위해서는 많이 감기고 접혀져야만 한다.

대장균에서 세포분열은 염색체상의 **복제 원점(origin of replication)**이라 불리는 특정 부위에서 박테리아 염색체의 복제가 시작되어 2개의 복제 원점이 만들어짐으로써 개시된다. 염색체가 계속 복제됨에 따라 하나의 복제 원점은 빠르게 세포의 반대쪽 끝으로 이동한다(그림 6.11). 염색체가 복제되는 동안 세포는 계속 신장된다. 복제가 완전히 끝나면 박테리아는 원래 크기의 두 배에 이르며, 세포막이 안쪽으로 자라나서 모세포가 2개의 딸세포로 분리된다. 이런 방법으로 각 세포는 완전한 유전체를 물려받게 된다.

복제 원점 부위를 형광 표지하여 현미경으로 관찰할 수 있는 현대의 DNA 조작 기술을 사용해서, 박테리아 염색체의 이동을 직접 관찰할 수 있다. 이러한 이동은 유사분열의 후기에 진핵생물 염색체의 동원체 부위가 극 방향으로 이동하는 것을 연상하게 한다. 그러나 박테리아는 관찰이 가능한 유사분열 방추사가 없으며, 미세소관도 가지고 있지 않다. 연구된 대부분의 박테리아에서는 2개

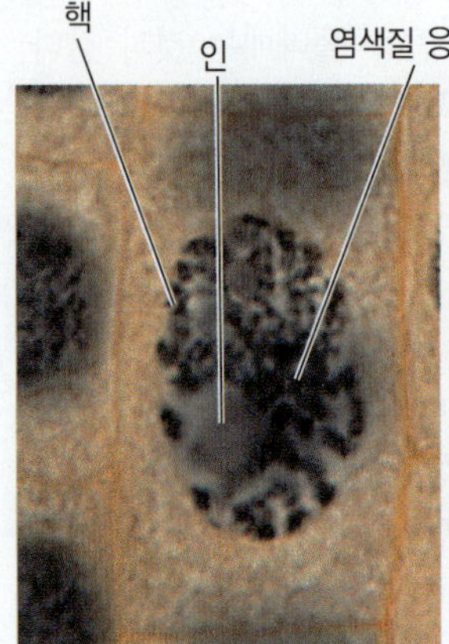

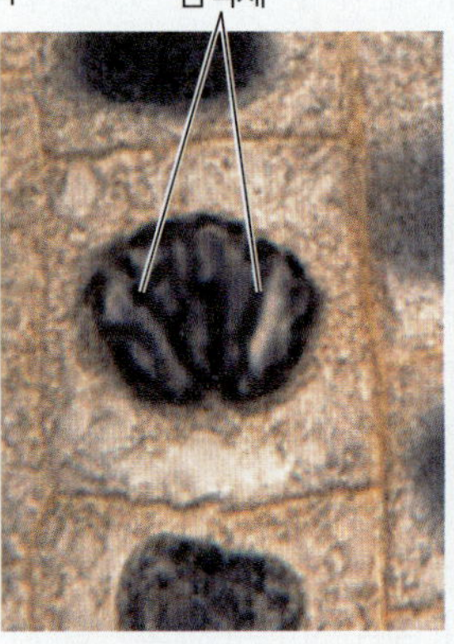

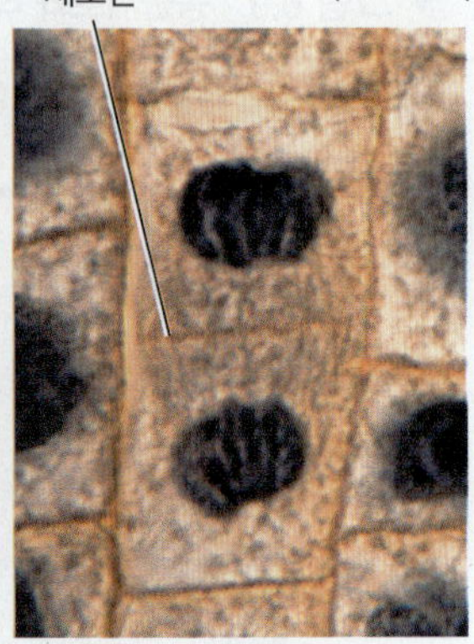

❶ **전기.** 염색질이 응축되고, 인이 소실되기 시작한다. 현미경상으로는 뚜렷하지 않지만 유사분열 방추체가 형성되기 시작한다.

❷ **전중기.** 이제 염색체를 볼 수 있다. 각각은 2개의 동일한 자매 염색분체로 구성되어 있다. 전중기의 뒷부분에서는 핵막의 분해가 일어날 것이다.

❸ **중기.** 방추체가 완전해지며, 동원체에 미세소관이 결합된 염색체가 모두 중기판에 위치한다.

❹ **후기.** 각 염색체의 염색분체는 분리되고, 방추사부착점 미세소관이 짧아짐에 따라 딸 염색체가 세포의 양끝으로 이동한다.

❺ **말기.** 딸핵이 형성되고 세포질분열이 시작되는데, 세포판이 중앙에서 모세포의 바깥쪽 방향으로 자라나서 세포질을 둘로 나누어 준다.

▲ **그림 6.10 식물세포의 유사분열.** 이 광학 현미경 사진은 양파 뿌리에서의 유사분열을 나타낸 것이다.

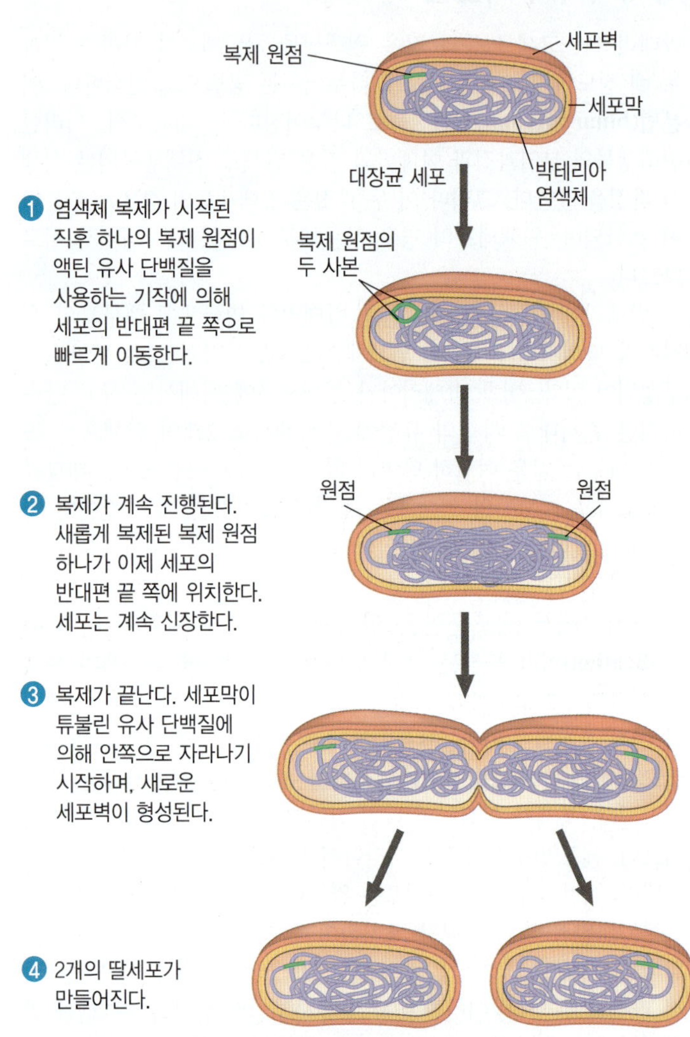

▲ **그림 6.11 이분법에 의한 박테리아 세포의 분열.** 여기에 나타난 것은 하나의 원형 염색체를 지닌 대장균(*E. coli*)의 예이다.

의 복제 원점이 세포의 양끝이나 혹은 세포 내의 특정 부위에 위치하게 되며, 그 위치에 아마도 하나 혹은 그 이상의 단백질에 의해 고정될 수 있을 것이다. 박테리아의 염색체가 어떻게 이동하며, 그 위치가 어떻게 정해지고 유지되는가는 현재까지도 활발히 연구되고 있는 분야이다. 이 과정에서 중요한 역할을 담당하는 몇 개의 단백질이 알려져 있는데, 진핵생물의 액틴과 유사한 단백질이 세포분열 동안의 염색체 이동에 관여하며, 튜불린과 유사한 단백질이 세포막이 안쪽으로 함입되는데 도움을 주어 두 개의 딸세포를 분리하는 것으로 여겨진다.

체세포분열의 진화

진화 원핵생물이 진핵생물보다 10억 년 이상 앞서 존재해 왔음을 고려해 보면 체세포분열은 단순한 원핵생물의 생식 메커니즘에서 유래했을 것이라고 가정해 볼 수 있다. 실제로 박테리아의 이분법에 관여하는 일부 단백질은 진핵생물의 단백질과도 유사성이 있으며, 이는 체세포분열이 박테리아의 이분법으로부터 진화되어 왔을 것이라는 가설을 뒷받침해 준다.

진핵생물이 진화하여 큰 유전체와 핵막을 가지게 됨에 따라 현재 박테리아에서 나타나는 것과 유사한 이분법의 원시적인 형태가, 그 과정은 잘 모르지만 체세포분열로 발전하였을 것이다. 다양한 형태의 세포분열이 여러 종에서 발견되었다. 이러한 다양한 과정들 중에는 아마도 원시 조상종에서 사용되던 메커니즘과 유사한 것도 있을 것이다. 오늘날 와편조모류(dinoflagellate), 규조류(diatom), 효모 등과 같은 특정한 단세포 진핵생물에서 발견되고 있는 두 가지의 희귀한 핵분열 형태의 예를 통해 가능한 중간 단계들이 제시되고 있다(그림 6.12). 이 두 가지 형태의 핵분열 양상은 진화 동안에 조상종의 메커니즘이 상대적으로 변하지 않고 남아 있는 경우로 생각된다. 두 경우 모두 분열 과정 동안 핵막이 그대로 유지된다는 점에서 대부분의 진핵생물에서 나타나는 방법과

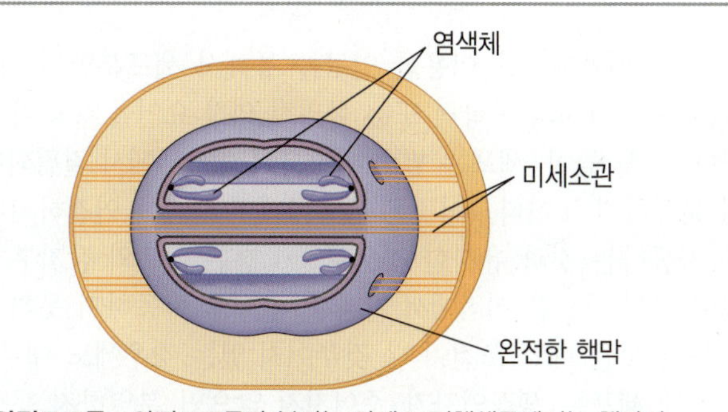

(a) **와편모조류.** 와편모조류라 불리는 단세포 진핵생물에서는 핵막이 세포분열 동안에 유지되며, 염색체는 핵막에 결합되어 있다. 미세소관은 세포질 터널을 통해 핵을 관통해 지나가며 핵이 공간적으로 특정한 방향성을 가지도록 도와주며, 핵은 박테리아의 이분법과 유사하게 분열된다.

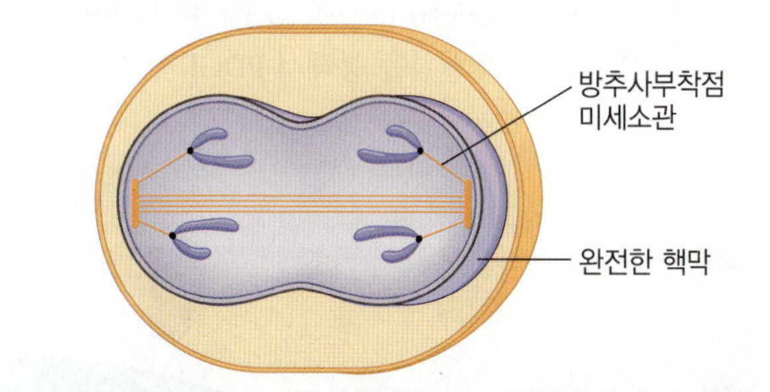

(b) **규조류와 일부의 효모.** 다른 종류의 단세포 진핵생물군인 규조류와 일부의 효모에서도 핵막이 세포분열 동안에 그대로 남아 있다. 이들에서는 미세소관이 핵 내에 방추체를 형성한다. 미세소관은 염색체를 분리시키고, 핵은 두 개의 딸핵으로 나누어진다.

▲ 그림 6.12 **세포분열 메커니즘.** 현존하는 일부의 단세포 진핵생물에서는 체세포분열의 진화에서 중간 단계와 유사할 것으로 여겨지는 세포분열 메커니즘이 존재한다.

는 대조적이다.

개념 6.3

진핵세포의 세포주기는 분자 수준의 조절 시스템에 의해 조절된다

식물이나 동물체 각 부분에서 세포분열의 시간과 속도는 정상적인 생장, 분화 및 유지에 매우 중요하다. 세포분열의 빈도는 세포의 종류에 따라 다르다. 예를 들면, 인간의 피부 세포는 일생 동안 높은 빈도로 분열하는 반면, 간 세포는 분열할 수 있는 능력은 지니고 있으나 상처를 치유하는 등의 필요성이 있을 때에만 분열을 한다. 완전히 성숙된 신경세포와 근육세포 등과 같은, 가장 특성화된 일부 세포는 성체에서는 더 이상 분열하지 못한다. 이러한 세포주기의 차이는 분자적인 수준의 조절에 기인한다. 이러한 조절 메커니즘은 세포의 생활사를 이해한다는 점에서뿐만 아니라 암 세포가 어떻게 정상적인 조절을 벗어날 수 있는가를 이해한다는 측면에서도 매우 큰 관심의 초점이 되고 있다.

세포질내 신호의 증거

무엇이 세포주기를 조절할까? 1970년대 초에 다양한 실험을 통해 세포주기가 세포질 내에 존재하는 특정한 신호분자에 의하여 진행된다는 가설이 제시되었다. 이 가설을 입증하는 첫 번째 강력한 증거는 배양 중인 포유동물 세포를 이용한 실험을 통해서 얻어졌다. 이 실험에서는 다른 세포주기에 있는 두 세포를 융합하여 두 개의 핵을 지닌 하나의 세포를 얻었다. 만일 하나의 세포가 S기이고, 다른 세포가 G_1기였다면 G_1 핵은 곧바로 S기로 들어가며, 이는 S기 세포의 세포질에 존재하는 신호 물질이 G_1 핵에 S기를 유도한 것으로 해석될 수 있다. 마찬가지로 분열 중(M기)인 세포를 다른 세포주기에 있는 세포와 융합하면, 심지어 G_1기의 세포를 사용한 경우에도 곧바로 이 세포의 핵에서 염색질이 응축되고 유사분열 방추사를 형성하며 세포분열이 시작된다.

세포주기 조절 시스템에서의 확인점

동물세포와 효모를 이용한 그 밖의 다른 실험 결과들을 통해서 세포주기의 일련의 사건들이 독특한 **세포주기 조절 시스템(cell cycle control system)**에 의하여 조절된다는 것이 알려졌다. 세포주기 조절 시스템에서는 세포내 분자들이 주기적으로 작용하여 세포주기의 주요 단계를 유도하거나 조절하게 되며, 이는 세탁기의 조절기구와 비교될 수 있다(그림 6.13). 세탁기의 조절기와 같이 세포주기 조절 시스템은 내재된 시계에 의해 스스로 작동한다. 그러나 세탁기의 조절이 수조에 물이 차면 작동하는 감지 장치와 같은 내부의 조절 작용과 시작 스위치와 같은 외부의 장치에 의해 조절되는 것과 같이, 세포주기도 내부와 외부의 조절에 의해 특정한 확인점에서 조절된다.

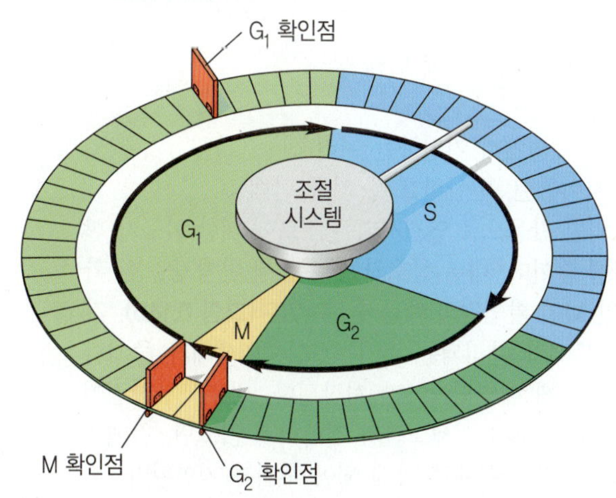

▲ 그림 6.13 **세포주기 조절 시스템.** 이 세포주기의 그림에서 편평한 바깥쪽 계단들은 순서대로 일어나는 사건들을 나타낸다. 자동세탁기의 조절기구와 같이 세포주기 조절 시스템은 내재된 시계에 의해서 스스로 작동한다. 그러나 이 시스템은 여러 확인점에서 내부 혹은 외부의 여러 조절을 받는데, 주요 확인점 3개가 붉은색으로 표시되어 있다.

세포주기에서의 **확인점(checkpoint)**은 정지 및 출발 신호에 의해서 주기가 조절될 수 있는 결정적인 조절 시점이다. 동물세포는 대부분 내재된 정지 신호를 기본적으로 가지고 있어, 출발 신호에 의해서 세포주기가 진행될 때까지 세포주기가 멈춰 있게 된다. 확인점에서 작용하는 여러 신호들은 세포 내의 여러 감시 메커니즘을 통해서 전달되는데, 이들 신호는 그 단계까지 일어나야 하는 중요한 세포내 과정들이 실제로 완전히 진행되었는가와 세포주기가 진행되어야 할지 여부를 보고하게 된다. 확인점에서는 또한 뒤에 논의될 세포 외부로부터의 신호도 작용하게 된다. 세 가지의 주요 확인점이 G_1, G_2 및 M기에 나타난다(그림 6.13).

포유동물 세포에서는 "제한점(restriction point)"이라 불리는 G_1 확인점이 여러 세포에서 가장 중요한 확인점으로 여겨진다. G_1 확인점에서 출발 신호가 주어지면 세포는 대개의 경우 G_1, S, G_2 및 M기를 지나 분열을 마치게 된다. 반대로 출발 신호가 주어지지 않으면 세포는 주기에서 벗어나 **G_0기(G_0 phase)**라고 불리는 분열하지 않는 상태로 전환하게 된다(**그림 6.14a**). 실제로 인체 세포의 대부분은 G_0기에 있다. 앞서 언급한 바와 같이 완전히 성숙한 신경과 근육세포는 전혀 분열하지 않으며, 간세포와 같은 다른 세포는 상처 부위에서 방출되는 생장인자 신호와 같은 외부의 신호에 의해서 G_0기에서 세포주기로 다시 돌아올 수 있다.

세포주기는 **사이클린(cyclin)**이라 불리는 단백질과 사이클린에 결합하는 인산화효소(단백질을 인산화하여기능을 활성화하거나 불활성화하는 효소)를 포함한 한 세트의 조절 단백질과 단백질 복합체에 의해 분자 수준에서 조절된다. 세포가 어떻게 세포주기를 진행해가는지 이해하기 위해 세포주기 시계를 멈추거나 계속 가게 만들 수 있는 확인점 신호에 대해 살펴보자.

세포 내외에서 기인하는 여러 신호를 사이클린, 인산화효소, 기타 단백질에 의한 반응으로 연결시키는 경로에 대한 연구가 현재 진행 중이다. 내부 신호의 예로는 세 번째 중요한 확인점인 M기 확인점의 예를 들 수 있다(**그림 6.14b**). 자매염색분체가 분리되는 후기는 모든 염색체가 중기판에 적절하게 배열되어야만 시작된다. 방추사부착점이 일부라도 방추사 미세소관과 결합하지 않으면, 자매염색분체가 결합된 채로 남게 되어 후기가 지연된다. 모든 염색체의 방추사부착점이 방추사에 적절히 연결된 다음에야 조절 단백질이 활성화된다. 그러면 일련의 복잡한 경로를 거쳐 세퍼레이즈 효소가 활성화되고, 코헤신이 잘려 염색분체가 분리된다. 이러한 메커니즘에 의해 딸세포는 염색체를 잃어버리거나 더 가지지 못하게 된다.

동물의 배양세포를 이용한 연구를 통해서 세포분열에 영향을 미치는 여러 가지의 화학적 또는 물리적 외적 요인들을 찾아낼 수 있었다. 예를 들어, 세포는 필수 영양분이 배양액에서 결핍되어 있으면 분열하지 못한다. (이것은 세탁기에 수도관을 연결하지 않은 채로 가동하는 것과 유사한 것으로, 이 경우 내부의 감지부가 작동하여 물이 필요한 시점에서 기계가 더 이상 작동하지 못하게 된다.) 또한 모든 배양 조건이 다 갖추어져 있는 경우에도 대부분의 포유동물 세포는 생장인자가 주어지지 않으면 분열하지 못한다. **생장인자(growth factor)**는 특정 세포에서 분비되어 다른 세포의 분열을 촉진하는 단백질이다. 서로 다른 종류의 세포들은 특정한 생장인자나 여러 생장인자의 조합에 특이적으로 반응을 나타낸다.

혈소판(platelet)이라 불리는 혈액 세포 조각에서 만들어지는 혈소판유래 생장인자(platelet-derived growth factor, PDGF)에 대해 살펴보자. **그림 6.15**에 나타낸 실험을 통해서 PDGF가 배양 중인 결

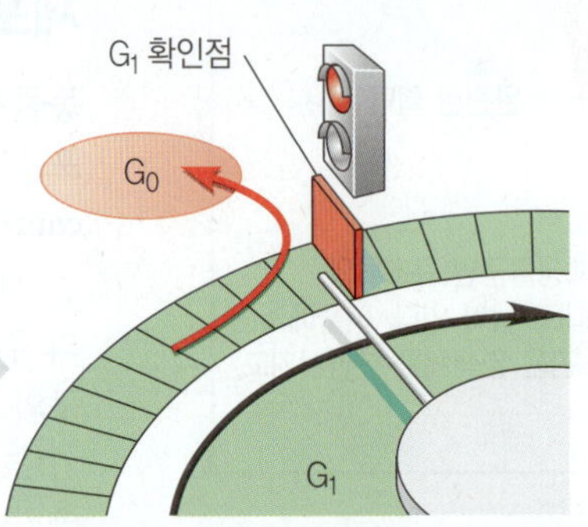

세포가 출발 신호를 받지 못하면 세포주기를 벗어나 G_0라는 비분열 상태에 도달하게 된다.

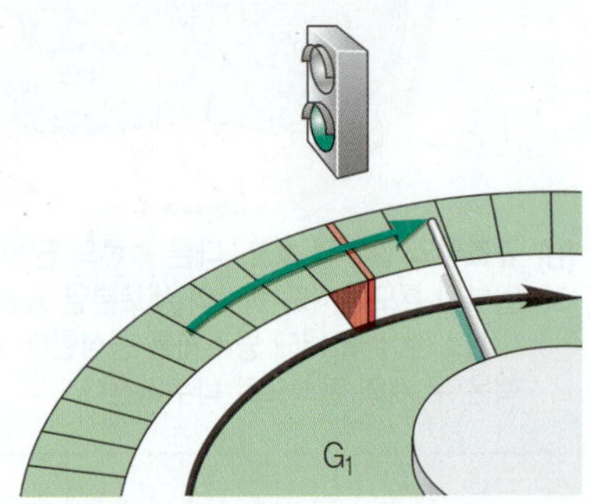

세포가 출발 신호를 받게 되면, 세포주기를 계속 진행하게 된다.

(a) G_1 확인점

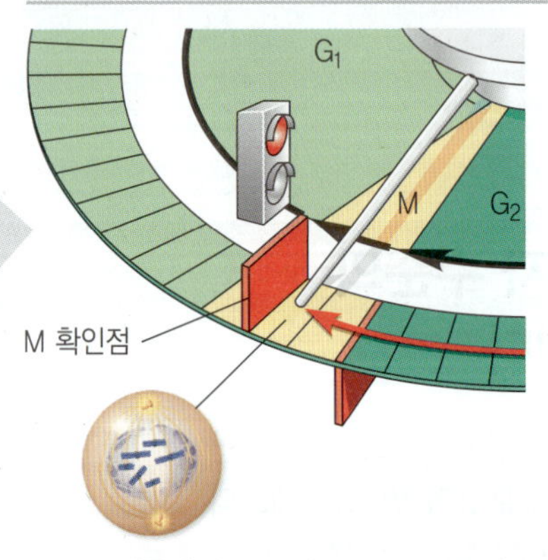

분열기의 세포는 염색체 중 어느 하나라도 방추사에 결합하지 않으면 정지 신호를 받게 된다.

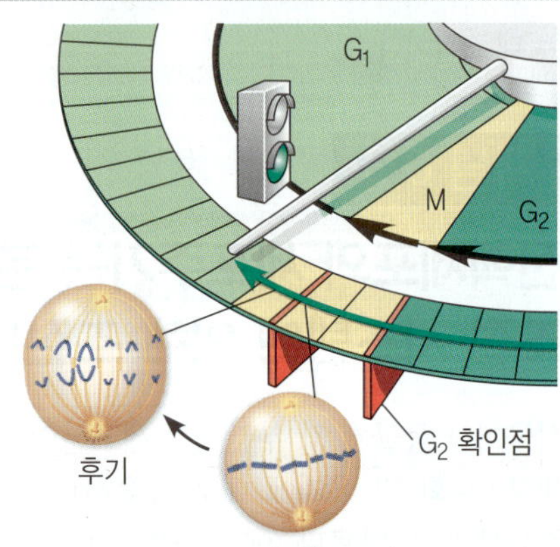

모든 염색체에 양극에서 뻗어 나온 방추사가 결합하면 출발 신호에 의해 세포가 후기로 들어가게 된다.

(b) M 확인점

▲ **그림 6.14 두 개의 주요 확인점.** 세포주기의 특정 확인점에서 세포는 받아들이는 신호에 따라 서로 다른 일을 할 수 있다. G_1(**a**)과 M 확인점(**b**)에서 일어나는 일들이 나타나 있다. (b)에서 G_2 확인점은 이미 지나간 상태이다.

합조직 세포의 하나인 섬유아세포(fibroblast)의 분열에 필요하다는 것이 입증되었다. 섬유아세포는 세포막에 PDGF에 대한 수용체를 가지고 있다. PDGF가 이 수용체에 결합하면 세포가 G_1 확인점을 지나 분열을 할 수 있도록 해준다. PDGF는 세포 배양이라는 인공적인 환경에서뿐만 아니라 동물의 신체 내에서도 섬유아세포의 분열을 촉진한다. 상처가 생긴 경우 혈소판은 근처에 PDGF를 방출하고, 이에 따른 섬유아세포의 증식이 상처가 아무는 것을 도와준다.

외부의 물리적 요인이 세포분열에 미치는 효과는 세포가 꽉차면 분열을 멈추는 **밀도-의존성 억제(density-dependent inhibition)**라는 현상에서 명확하게 나타난다(그림 6.16a). 오래 전에 발견된 바와 같이 배양 중인 세포는 배양 용기의 표면에 한 층을 이룰 때까지만 분열한 다음에 분열을 멈춘다. 만일 일부의 세포가 제거되면 비어 있는 쪽의 세포들이 다시 분열을 하여 빈 공간이 채워질 때까지 분열이 계속된다. 세포 표면에 있는 단백질이 이웃한 세포의 대응 분자에 결합하면 세포의 분열을 억제하는 신호를 두 세포 모두에 보내게 되어 세포주기의 진행이 억제된다. 생장인자는 또한 세포분열이 멈추게 되는 세포의 밀도를 결정하는 역할도 한다.

대부분의 동물세포는 또한 **부착 의존성(anchorage dependence)**이 있다(그림 6.16a). 세포가 분열하기 위해서는 배양 용기의 표면이나 조직의 세포외 기질(extracellular matrix)과 같은 기저층에 부착되어야만 한다. 세포의 농도와 마찬가지로 부착은 막단백질과 여기에 결합된 세포골격 구성 요소를 포함하고 있는 전달 경로를 통해서 세포주기 조절 시스템에 신호를 전달하는 것으로 알려져 있다.

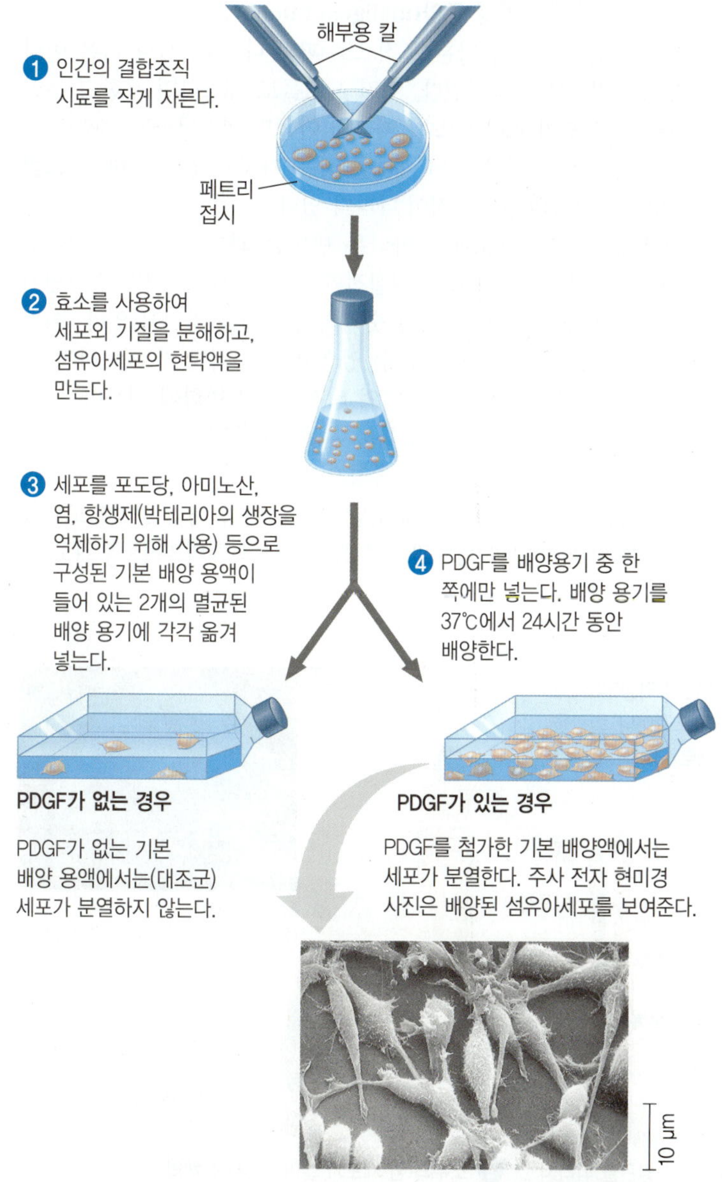

▲ 그림 6.15 **세포분열에 미치는 혈소판유래 생장인자(PDGF)의 영향**

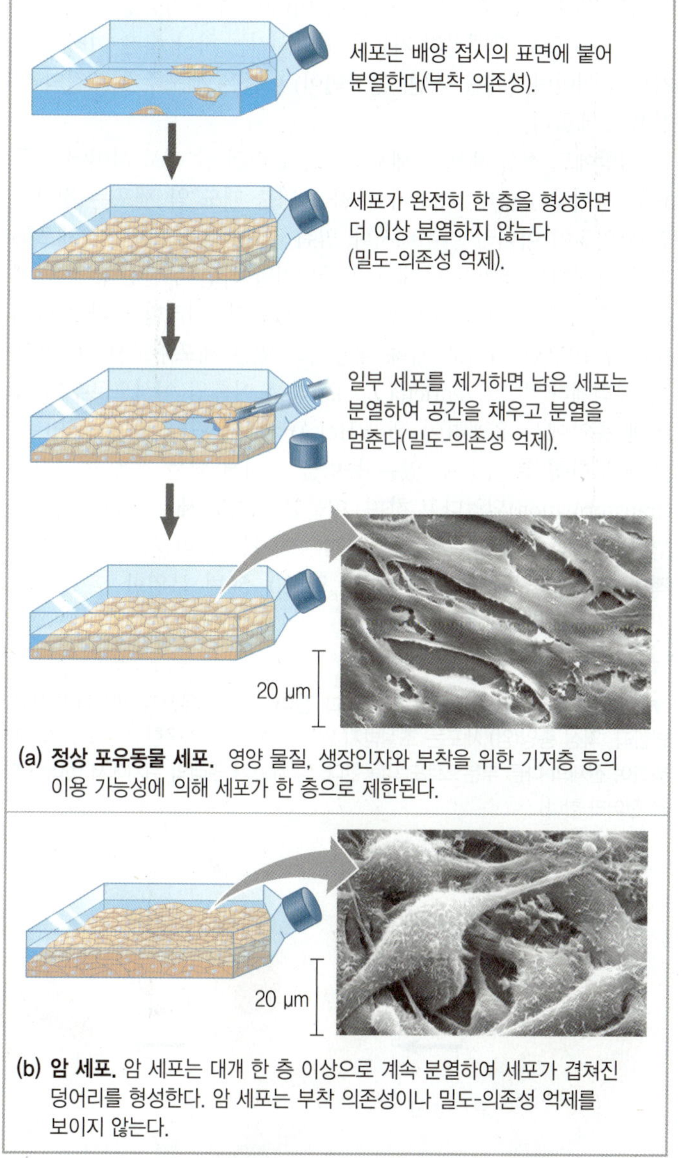

(a) **정상 포유동물 세포.** 영양 물질, 생장인자와 부착을 위한 기저층 등의 이용 가능성에 의해 세포가 한 층으로 제한된다.

(b) **암 세포.** 암 세포는 대개 한 층 이상으로 계속 분열하여 세포가 겹쳐진 덩어리를 형성한다. 암 세포는 부착 의존성이나 밀도-의존성 억제를 보이지 않는다.

▲ 그림 6.16 **세포분열의 밀도-의존성 억제와 부착 의존성.** 그림에서 세포는 다른 부분에 비해 실제보다 크게 나타나 있다.

밀도-의존성 억제와 부착 의존성은 세포 배양 상태에서뿐만 아니라 신체내 조직에서도 기능하여, 배아의 발생 동안과 개체의 일생 내내 세포의 생장이 적정 농도로 적절한 위치에서 일어나는가를 점검한다. 다음에 논의될 암 세포는 밀도-의존성 억제와 부착 의존성을 나타내지 않는다(그림 6.16b).

암 세포에서 세포주기 조절의 결핍

암 세포는 세포주기를 조절하는 신호에 정상적으로 반응하지 않는다. 암 세포는 생장인자가 없는 경우에도 분열을 멈추지 않는다. 이러한 현상을 설명하는 논리적 가설은 암 세포가 성장하고 분열하는 데는 배양액 중에 생장인자가 필요하지 않다는 것이다. 이들은 필요한 생장인자를 스스로 만들어 내거나, 생장인자가 없음에도 불구하고 신호전달 경로의 이상으로 인해 생장인자 신호가 세포주기 조절 시스템에 전달될 수 있다. 다른 가능성은 비정상적인 세포주기 조절 시스템이다. 이러한 여러 가능성에서, 이상의 근원은 모두 단백질의 기능을 변화시키는 하나 혹은 여러 유전자의 변이이며, (예를 들면, 돌연변이) 이들은 세포주기 조절의 이상을 초래한다.

이밖에도 정상 세포와 세포주기가 교란된 암 세포 사이에는 중요한 차이점이 있다. 세포가 분열을 멈출 때도 암 세포는 정상적인 확인점이 아니라 아무데서나 멈춰 서게 된다. 또한 암 세포는 배양 상태에서 영양분이 계속 공급되기만 하면 무한정 분열을 계속할 수 있으며, 따라서 영원히 죽지 않는다. 이러한 놀라운 예의 하나가 1951년 이래로 계속 배양되고 있는 세포주로서, 이 세포는 헨리에타 락스(*Henrietta Lacks*)라는 이름의 여성으로부터 떼어낸 종양에서 유래하여 헬라(HeLa)라고 불린다. 배양 중인 세포가 무한정 분열할 수 있는 능력을 가지게 되는 것을 형질전환(transformation)되었다고 하며, 이들은 적어도 세포분열이라는 측면에서는 암 세포와 같이 행동한다. 이와는 달리 거의 모든 정상적인 포유동물 세포는 배양하면 약 20~50번 분열한 후 노화되어 사멸된다. 마지막으로 암 세포는 세포에 어떤 이상이 생겨났을 때, 예를 들면 세포분열 이전의 DNA 복제과정에서 돌이킬 수 없는 오류가 발생했을 때 세포를 일종의 세포 예정사인 **세포자살**(apoptosis)에 이르게 하는 정상적인 조절 기능을 피해간다.

암 세포의 비정상적인 특성이 신체 내에서 나타날 경우에는 치명적일 수 있다. 조직 내의 한 세포에서, 정상 세포가 암 세포로 변화되는 과정의 첫 번째 변화가 일어날 때부터 문제가 시작된다. 이러한 변화가 일어난 세포는 대부분 세포의 표면 단백질이 변하며, 신체의 면역 시스템은 대부분의 경우에는 이런 세포를 인식하여 파괴한다. 그러나 세포가 이러한 파괴 과정을 피해가면 증식을 계속하여 정상 조직 내에 비정상 세포의 덩어리인 종양을 형성한다. 만일 비정상 세포가 다른 부위에서 살아남기에는 유전자 및 세포의 변화가 부족하여 원래의 위치에 계속 남아 있으면, 이 덩어리를 **양성 종양(benign tumor)**이라 한다. 대부분의 양성 종양은 심각한 문제를 일으키지 않으며, 외과적 수술에 의하여 완전히 제거될 수 있다. 반면에 **악성 종양(malignant tumor)**은 유전자와 세포의 변이로 인해 세포가 다른 조직으로 퍼져 나가고, 하나 혹은 여러 기관의 기능을 손상시킨다. 이런 세포들도 배양하면 무한정 분열하는 능력을 가지고 있으며, 따라서 이들도 형질전환된 세포로 간주된다. 악성 종양을 지닌 개체를 암을 가지고 있다고 하며, 그림 6.17에 유방암의 발달과정이 나타나 있다.

악성 종양의 세포에 나타나는 변화는 과다한 증식 이외에도 여러 가지가 있다. 이들은 형질전환의 원인인지 아니면 결과인지는 불분명하지만 비정상적인 숫자의 염색체를 가지고 있다. 이들은 물질대사가 망가져 있을 수 있으며, 건설적인 기능을 하지 못할 수도 있다. 또한 세포 표면의 비정상적인 변화에 의하여, 이웃한 세포나 세포외 기질에 결합하지 못하고 주변 조직으로 퍼져나갈 수 있다. 암 세포는 또한 종양으로 혈관이 자라도록 유도하는 신호물질을 분비한다. 몇 개의 암 세포들이 원래의 종양으로부터 떨어져 나와 혈관과 림프관으로 들어가서 신체의 다른 부위로 이

▼ **그림 6.17 악성 유방암의 생장과 전이.** 일련의 유전적, 세포적 변화에 의해 종양이 악성(암)으로 변한다. 악성 종양(암) 세포는 조절받지 않고 계속 자라 이웃한 조직으로 퍼져나가고, 림프관이나 혈관을 통하여 신체의 다른 부분으로도 이동한다. 암 세포가 원래의 위치에서 벗어나 다른 곳으로 퍼져나가는 것을 전이라 한다.

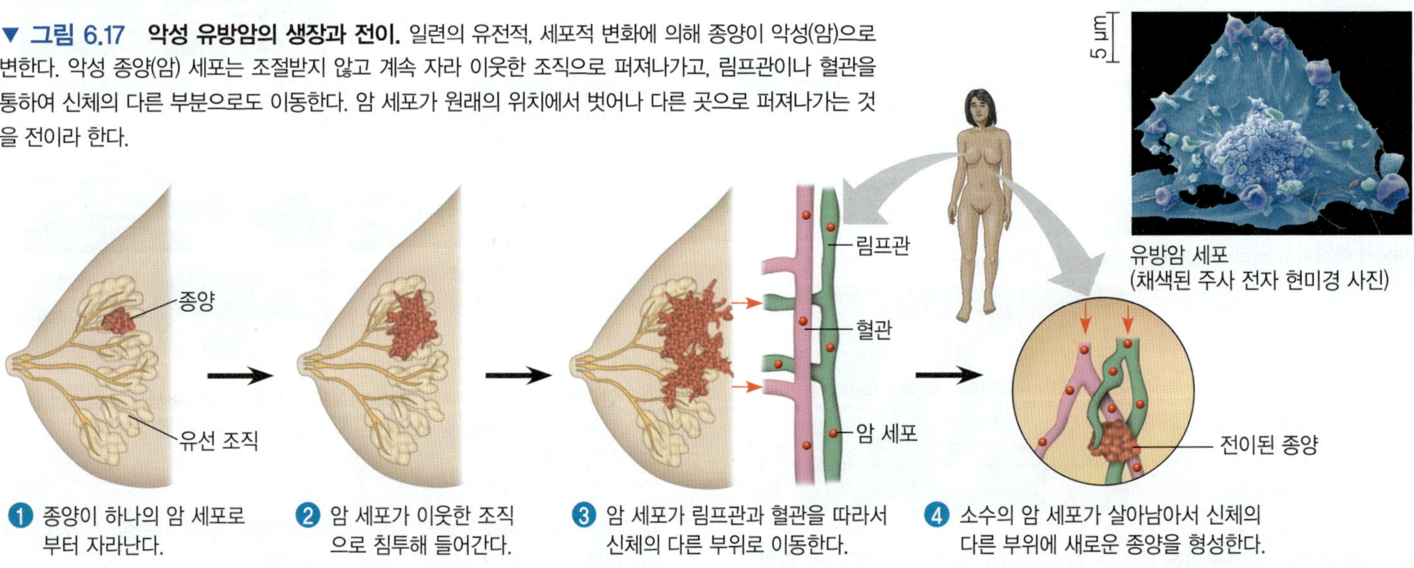

동해 갈 수 있다. 이들은 그곳에서 증식하여 새로운 종양을 형성할 수 있다. 이렇게 암 세포가 원래의 위치에서 멀리 떨어진 다른 곳으로 퍼져가는 것을 **전이(metastasis)**라고 한다(그림 6.17).

한곳에 모여 있는 종양은 고에너지의 방사선 조사를 통해서 치료할 수 있다. 방사선 조사는 정상 세포보다 암 세포를 훨씬 많이 손상시키는데, 이것은 대부분의 암 세포가 DNA 손상을 회복하는 능력을 잃어버렸기 때문이다. 전이되었거나 전이가 의심되는 종양을 치료하기 위해서는 화학요법이 사용되는데, 이 경우에는 활발히 분열하는 세포에 독성이 있는 약물을 순환계를 통해서 주입한다. 여러분이 예상할 수 있다시피 화학요법에 사용되는 약물은 세포주기의 특정 단계를 저해하는 약물이다. 예를 들면, 택솔(Taxol)은 미세소관의 분해를 저해하여 방추체를 고정시킴으로써 활발히 분열하는 세포가 중기를 넘어가지 못하고 죽게 만든다. 화학요법의 부작용은 이들 약물이 자주 분열하는 정상 세포에 작용하여 생겨난다. 예를 들어, 메스꺼움은 화학요법이 장세포에 영향을 미친 결과이며, 머리카락이 빠지는 것은 머리카락의 모낭세포(follicle cell)에, 감염에 대한 민감성은 면역 시스템 세포에 영향을 미친 결과이다.

지난 수세기 동안 과학자들은 세포 신호경로와 이들의 이상이 어떻게 세포주기에 영향을 미쳐 암 발생에 기여하는지에 관해 많은 유용한 정보를 얻어 냈다. 특정 종양세포의 DNA를 빠르게 분석하는 것과 같은 새로운 분자생물학 기술의 발달과 더불어 암의 치료는 특정한 환자의 종양 종류에 따라 개인에 맞도록 처치되어 가고 있다.

예를 들면, 유방암의 약 20%에서는 세포 표면에 HER2라고 불리는 타이로신 인산화효소 수용체가 매우 많이 존재하며, 많은 경우에 세포분열을 촉진하는 세포내 수용체인 에스트로젠 수용체(ER)의 양도 증가한다. 이러한 연구 결과에 기초하여 의사들은 특정한 단백질의 기능을 억제하는 물질, 예를 들면 HER2에 대해 허셉틴을, ER에 대해 타목시펜을 화학효법 치료제로 처방할 수 있다. 이러한 처방을 적절히 사용한 결과 생존율은 증가했으며, 재발률은 감소하였다.

2단원 유전학

7 감수분열과 생식주기

유성생식을 하는 생물은 수정과 **감수분열**을 번갈아 수행하여 유전적 다양성을 형성하고 유전정보를 다음세대에 정확히 전달한다.

8 멘델과 유전자 개념

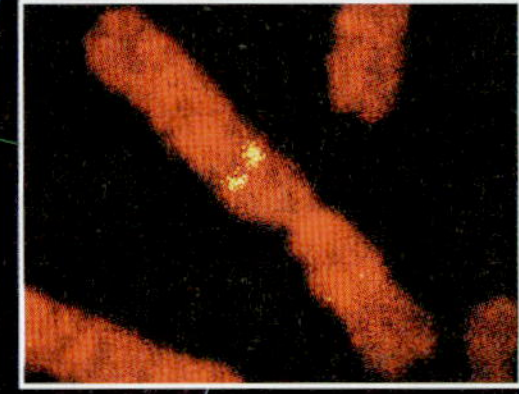

비록 멘델이 감수분열에 대하여 알지는 못했지만 **유전자**의 행동을 설명할 수 있게 만든 실험을 실시하였다.

9 염색체와 유전현상

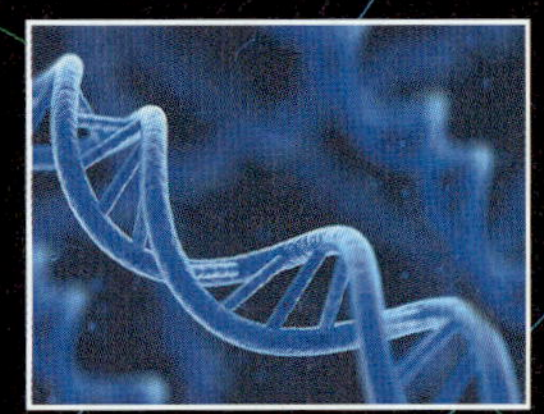

유전자는 **염색체**에 위치하며 염색체의 행동은 유전현상의 기초가 된다.

10 유전의 분자적 기초

염색체에 있는 DNA 뉴클레오타이드 서열은 **유전의 분자적 유전에 기초**가 된다.

11 유전자 발현: 유전자에서 단백질로

개체의 특징은 **유전자 발현**으로 나타나는데, 이 과정에서 **유전자**에 있는 정보가 RNA로 전사되고 이는 **단백질**로 번역된다.

화학과 세포
1
생태학
진화
생물의 생식
식물
동물

유전학
7 감수분열과 생식주기
8 멘델과 유전자 개념
9 염색체와 유전현상
10 유전의 분자적 기초
11 유전자 발현: 유전자에서 단백질로
12 유전자 발현 조절
13 발생, 줄기세포, 암
14 바이러스
15 유전체와 그 진화

12 유전자 발현 조절

유전자 발현 조절을 통해 생명체는 다양한 세포 유형을 형성하며, 외부 환경에 따라 반응을 수행하게 된다.

13 발생, 줄기세포, 암

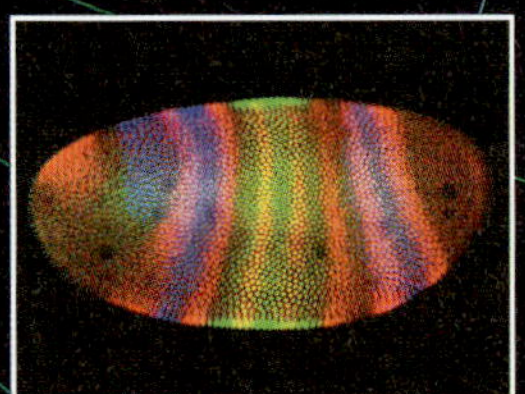

배아 발생은 유전자의 순차적 및 통합적 조절에 의해 일어나는 반면, **암**은 유전자의 비정상적 발현 조절로 인해 발생한다.

14 바이러스

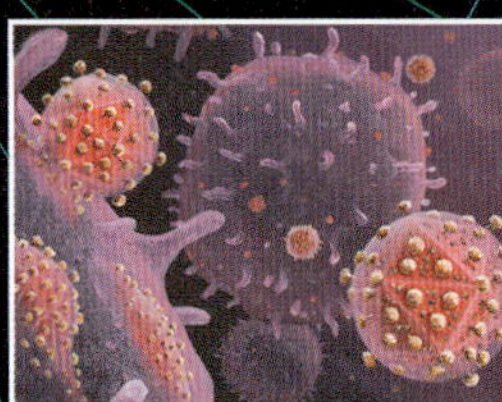

바이러스를 연구하면서 유전자 발현에 대해 이해할 수 있었다. 바이러스는 단백질 껍질에 둘러싸인 유전정보의 형태로 세포에 기생하여 자신을 복제한다.

15 유전체와 그 진화

유전체의 진화는 생명 다양성의 기초이다.

CHAPTER

7 감수분열과 생식주기

핵심 개념

7.1 자손은 부모로부터 염색체를 물려받아 유전자를 획득한다

7.2 생식주기에서는 수정과 감수분열이 교대로 일어난다

7.3 감수분열로 염색체 세트의 수는 2배체에서 반수체로 준다

7.4 생식주기에서 형성된 유전적 변이는 진화에 기여한다

▲ **그림 7.1** 무엇이 가족을 닮게 하는가?

변이

대부분의 사람들은 다른 사람에게 아기의 출산을 알리려 할 때 아기의 성별은 언급하지만 태어나는 것이 인간이라고 규정해서 알릴 필요는 없다! 생명체의 한 기지 특징은 자기 자신과 같은 종류의 생명체를 재생산하는 데 있다. 코끼리는 아기 코끼리만을 만들고 참나무는 어린 참나무만을 생산한다. 이러한 법칙에 예외는 타블로이드 신문에 매우 놀랍지만 의심스러운 이야기 거리로 나오게 될 것이다.

흔히 받아들이는 또 다른 법칙은 태어나는 자손이 관계없는 사람보다는 부모를 더 닮는다는 것이다. **그림 7.1**에 보이는 가족구성원을 살펴본다면 이들 간에 약간의 공통적 특징을 끄집어낼 수 있다. 한 세대에서 다음 세대로의 형질의 전달을 **유전(heredity)**이라고 한다(라틴어로 *heres*, 상속인). 그러나 아들과 딸들은 이들의 부모나 형제자매와 똑같은 복사본은 아니다. 유전된 유사성뿐만 아니라 또한 **변이(variation)**도 나타난다. 농부들은 수천 년 동안 식물과 동물을 원하는 특징으로 품종을 개량하면서 유전과 변이를 이용해왔다. 그러나 우리가 "가족이 닮았다"고 말하는 유전적 유사성과 변이를 야기하는 생물학적 기작은 무엇인가? 이 질문은 20세기 유전학의 발달이 있기 전까지 생물학자들에게 이해하기 어려운 것이었다.

유전학(genetics)은 유전과 유전적 변이에 관한 학문이다. 이 단원에서는 개체, 세포, 분자 등 여러 수준에서의 유전학에 관하여 배울 것이다. 실제적인 측면에서는 유전학이 의약을 어떻게 변혁시키는지를 배우고, 유선 물실인 DNA를 조작하는 우리의 능력에서 생기는 몇 가지 사회적, 윤리적인 문제를 생각해보도록 할 것이다. 단원의 마지막에는 편안하게 생물의 유전체인 전체 DNA 구성을 생각볼 수 있을 것이다. 우리 자신을 포함해 많은 종들의 유전체 서열의 빠른 축적이 분자 수준에서 진화, 즉 유전체 자체의 진화에 관하여 많은 부분을 가르쳐준다. 사실 유전학적인 방법과 발견은 세포생물학, 생리학, 발생학, 진화학, 행동, 생태학에 이르기까지 모든 생물학 영역의 발전을 촉매하고 있다.

유전학 공부의 시작인 이 장에서는 유성생식을 하는 생물체의 경우 어떻게 부모의 염색체가 자식으로 전달되는지를 알아볼 것이다. 세포분열의 특별한 경우인 감수분열과 정자와 난자가 융합하는 수정을 통해 한 종은 생식주기 동안 염색체 수를 유지하게 된다. 세포 수준에서의 감수분열의 기작을 기술하고 이러한 과정이 체세포분열과 어떻게 다른지를 설명할 것이다. 마지막으로 그림 7.1의 가족에서도 뚜렷이 볼 수 있는 것과 같은 유전적 변이에 어떻게 감수분열과 수정이 기여하는지를 고찰할 것이다.

개념 7.1

자손은 부모로부터 염색체를 물려받아 유전자를 획득한다

가족의 친구들이 여러분에게 엄마의 주근깨와 아빠의 눈을 닮았다고 말할지 모른다. 그러나 부모는 문자 그대로 자식들에게 주근깨, 눈, 머리카락과 다른 여러 형질들을 주는 것은 아니다. 그러면 실제로 물려주는 것은 무엇인가?

유전자의 전달

부모는 자손들에게 **유전자(gene)**라고 하는 유전 단위의 양식으로 암호화된 정보를 물려준다. 어머니와 아버지로부터 물려받은 유전자들이 부모와 우리의 유전적 연결고리이며, 이것이 눈 색깔, 주근깨와 같은 특징을 공유하는 등 가족의 닮음을 설명한다. 우리의 유전자는 수정란에서 발생해 성인에 이를 때 생겨나는 특정 형질들을 프로그램하고 있다.

물려받는 정보는 각 유전자의 다른 DNA 뉴클레오타이드 서열의 형태로 전달된다. 대부분의 유전자는 세포가 특정 효소나 다른 단백질을 생성하도록 프로그램하는데, 이 단백질들의 기능이 축적되어 개체의 유전 형질이 나타난다. 이처럼 형질이 DNA 형태로 프로그램된다는 것은 생물학에서 일관된 주제 중의 하나다.

유전 형질의 전달은 정확한 DNA 복제가 분자적 기초이며, 이러한 DNA 복제가 부모에서 자손으로 전달되는 유전자의 복사본을 만들어내는 것이다. 동식물에서는 **배우자(gamete)**라고 불리는 생식세포가 유전자를 한 세대에서 다음 세대로 전달하는 운반체이다. 수정하는 동안 수컷과 암컷의 배우자(정자와 난자)가 합쳐짐으로써 두 부모의 유전자가 모두 자손으로 전달된다.

미토콘드리아와 엽록체에 존재하는 아주 적은 양의 DNA를 제외하면 진핵세포의 DNA는 핵 안에서 있는 염색체로 응축되어 있다. 모든 생물종은 특유의 염색체 수를 갖고 있다. 예를 들면 사람은 배우자와 이들의 전구세포를 제외한 모든 **체세포(somatic cell)**에 46개의 염색체를 가지고 있다. 각 염색체는 여러 단백질과 결합된 형태로 정교하게 감겨진 한 개의 긴 DNA로 구성된다. 한 개의 염색체는 수백에서 수천의 유전자를 포함하고 있는데 각 유전자는 DNA 분자 안의 특정 뉴클레오타이드 서열이다. 염색체에서 유전자의 특정한 위치를 그 유전자의 **좌위(locus)**라고 한다(라틴어로 "장소"라는 뜻, 복수는 *loci*). 우리가 유전적으로 물려받은 재산(우리의 유전체)은 부모로부터 받은 염색체를 구성하는 유전자들과 기타 DNA로 구성된다.

무성생식과 유성생식의 비교

무성생식을 하는 생물들만이 자신과 유전적으로 동일한 자손을 만든다. **무성생식(asexual reproduction)**에서는 하나의 개체가 유일한 부모이고, 배우자가 합쳐지지 않고 자신의 모든 유전자의 복사본을 자손에게 전달한다. 예를 들면, 단세포 진핵생물들은 체세포분열에 의해 무성적으로 생식할 수 있는데, 이때 DNA가 복사되고 두 딸세포에 똑같이 분배된다. 자손의 유전체는 사실상 어버이의 유전체의 복사본이다. 몇몇의 다세포 생물도 무성생식을 할 수 있다(그림 7.2). 자손의 세포는 어버이에서 체세포분열로 생겨나기 때문에 아비를 꼭 닮은 아들은 보통 어버이와 유전학적으로 똑같다. 무성생식하는 개체는 유전적으로 동일한 개체의 집단인 **클론(clone)**을 만든다. 돌연변이라고 하는 DNA 변화의 결과로써 무성생식하는 생물에서 유전적 차이가 가끔 발생하는데 이는 11장에서 토의할 것이다.

(a) 히드라

(b) 미국삼나무

▲ 그림 7.2 **두 다세포 생물의 무성생식.** (a) 히드라의 무성생식과 같이 비교적 단순한 다세포 동물은 출아에 의해 생식한다. 체세포분열하는 집중된 세포덩어리인 출아는 작은 히드라로 발생하여 어버이로부터 분리된다(광학 현미경 사진). (b) 미국삼나무 집단의 각 나무는 그 그루터기 집단의 중심인 하나의 어버이로부터 무성생식으로 생겨났다.

유성생식(sexual reproduction)에서는 두 명의 양친으로부터 자손이 생기는데, 이는 두 양친으로부터 전달받은 독특한 유전자 조합을 갖는다. 클론과는 대조적으로, 유성생식으로 생겨난 자손은 형제자매들 및 양친과 유전적으로 다르다. 그들은 똑같이 복사된 것이 아닌 가족의 닮음이라는 공통된 주제에서의 변이이다. 그림 7.1처럼 유성생식의 중요한 결과로 유전적 변이가 생긴다.어떤 기작이 이와 같은 유전적 변이를 만들어 내는가? 그 열쇠는 생식주기에서의 염색체의 행동에 있다.

개념 7.2

생식주기에서는 수정과 감수분열이 교대로 일어난다

생활사(life cycle)는 임신에서부터 그 자신의 자손을 낳는 것까지, 세대에서 세대로 이어지는 한 개체의 일련의 생식 역사 단계들이다. 이 절에서는 생식주기 동안의 염색체의 행동을 추적하기 위해 사람을 예로 들 것이다. 먼저 사람의 체세포와 생식세포의 염색체 수를 생각해 보고, 다음으로 염색체의 행동이 어떻게 사람의 생활사 그리고 다른 생식주기들과 관련이 있는지를 탐구할 것이다.

사람 세포의 염색체 세트

사람의 각 체세포는 46개의 염색체를 가지며, 보통 핵 전체에 널리 퍼져 있다. 그러나 체세포분열 중의 염색체는 광학 현미경으로 관찰할 수 있을 정도로 응축된다. 이때 염색체는 크기, 동원체의 위치, 특정 염색에 의해 생기는 색깔이 있는 띠의 양상이 서로 달라 각 염색체를 구별할 수 있다.

체세포분열 중에 있는 세포 하나의 46개 염색체를 현미경으로 조심스럽게 관찰하면 23 부류의 염색체가 두 개씩 있는 것이 보인다. 이러한 사실은 염색체의 사진을 가장 긴 염색체부터 쌍으로 배열하면 더욱 확연해진다. 이렇게 나열된 결과를 **핵형(karyotype)**이라고 한다(그림 7.3). 한 쌍을 이루는 두 염색체는 같은 길이, 같은 동원체 위치, 같은 염색 양상을 갖는다. 이들을 **상동염색체(homologous chromosome; 짧게는 상동 homologs)** 또는 **상동쌍(homologous pairs)**이라고 한다. 각 쌍의 두 염색체는 같은 유전적인 특성을 조절하는 유전자를 가지고 있다. 예를 들어 눈의 색깔에 대한 유전자는 어떤 염색체의 특정한 좌위에 있다.

X와 Y라고 명명된 두 개의 독특한 염색체는 사람 체세포 상동염색체의 일반적 패턴에서 중요한 예외이다. 여성은 한 쌍의 상동인 X 염색체(XX)를 갖지만, 남성은 한 개의 X와 한 개의 Y 염색체를 갖는다(XY; 그림 7.3). X와 Y 염색체는 일부분에서만 상동이다. X 염색체에 존재하는 대부분의 유전자는 자그마한 Y 염색체 상에 대응 부분이 없고, Y 염색체는 X 염색체에 없는 유전자를 가지고 있다. 이들은 개인의 성을 결정하기 때문에 X와 Y 염색체를 **성염색체(sex chromosome)**라고 한다. 나머지 염색체를 **상염색체(autosome)**라고 한다.

사람의 체세포에 염색체 쌍들이 존재하는 것은 유성생식의 결과이다. 사람은 양쪽 부모로부터 각 쌍 중 염색체 하나씩을 물려받는다. 그러므로 체세포의 46개 염색체는 실제로 두 벌의 23개 염색체, 즉 어머니로부터 온 한 벌과 아버지로부터 온 한 벌이다. 한 벌의 염색체 수를 n으로 표시한다. 염색체 두 벌을 가진 모든 세포를 **2배체 세포(diploid cell)**라 하며 $2n$, 즉 2배수의 염색체를 갖는다. 사람은 2배체 수가 체세포의 염색체 수인 46($2n = 46$)이다. DNA 복제가 일어난 세포에서는 모든 염색체가 복제되었고 그래서 각각은 동원체와 염색체의 팔을 따라 가까이 연결된 두 개의 똑같은 자매염색분체로 이루어진다. (염색체가 복제되었어도 이 세포는 단지지 두 세트의 정보만을 가지고 있기 때문에 2배체, 즉 $2n$이라고 한다.) 그림 7.4는 2배체세포에서 복제된 염색체를 기술하는 데 사용하는 여러 가지 용어들을 명확하게 하는 데 도움을 준다.

체세포와는 다르게 배우자는 염색체 한 벌만을 가지고 있다. 이를 **반수체 세포(haploid cell)**라 하며, 각각은 염색체를 반수체 수(n)만큼 가지고 있다. 사람의 반수체 수는 23($n = 23$)이다. 한

▼ 그림 7.3 연구 방법

핵형 분석

적용 핵형은 응축된 염색체를 쌍으로 배열해 놓은 것이다. 핵형 분석은 비정상적인 염색체 수나 다운 증후군처럼 선천적 기형과 연관된 손상 염색체를 선별하는 데 이용될 수 있다.

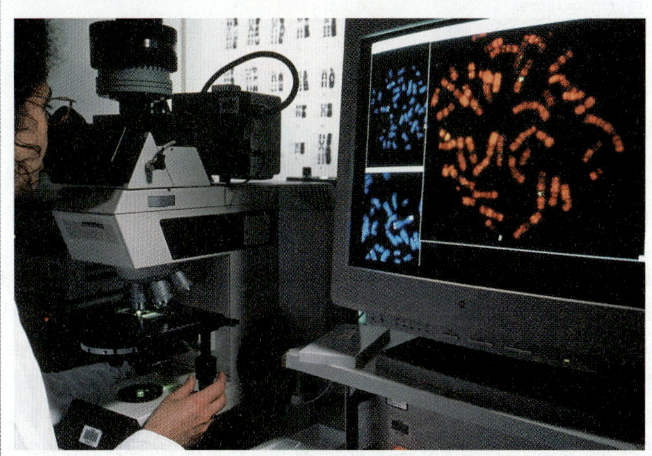

방법 핵형은 체세포를 분리하여, 체세포분열을 유도하는 약품을 처리하고 며칠간 배양액에서 생장시켜 준비한다. 염색체가 가장 응축된 시기인 중기에서 분열이 멈춘 세포를 염색하고 디지털 카메라가 부착된 현미경으로 관찰한다. 염색체의 사진은 컴퓨터 모니터에 배열되고, 염색체들의 이미지는 디지털 소프트웨어를 이용하여 모양에 따라 쌍으로 재배열된다.

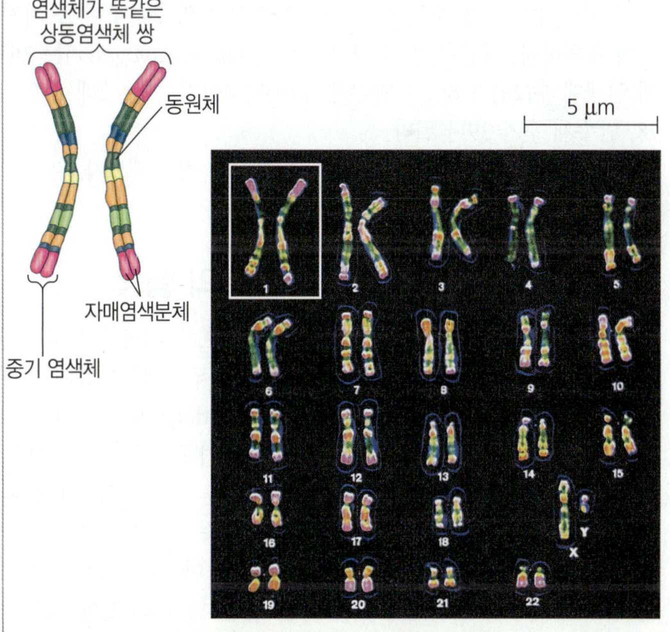

결과 사진의 핵형은 정상적인 남성의 염색체를 보여준다. 이들은 디지털 방식으로 색깔을 보여주어 염색체 띠의 양상을 강조하고 있다. 이염색체의 크기, 동원체의 위치, 염색된 띠의 무늬는 특정 염색체를 확인하는 데 도움을 준다. 핵형에서 구분하기는 어렵지만 각 중기 염색체는 두 개의 매우 가깝게 부착된 자매염색분체로 구성되어 있다(옆에 있는 복제된 상동염색체 쌍의 그림 참조).

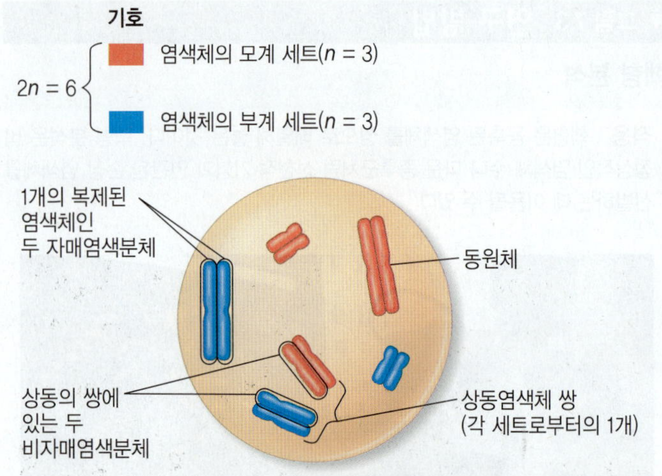

▲ **그림 7.4 염색체의 설명.** 여기에서는 2배체 염색체 수가 6($2n = 6$)인 세포의 염색체 복제 후 응축된 것을 묘사한다. 복제된 염색체 여섯 개 각각은 동원체에서 연결된 두 개의 자매염색분체로 구성된다. 각 상동의 쌍은 모계의 세트(붉은색)에 속한 한 염색체와 부계의 세트(파란색)에 속한 한 염색체로 구성되어 있다. 여기의 예에서는 각 세트가 세 개의 염색체로 이루어진다(긴 것, 중간 것, 짧은 것). 상동염색체 쌍에서 부계 염색분체 하나와 모계 염색분체 하나씩은 서로 비자매염색분체라고 불린다.

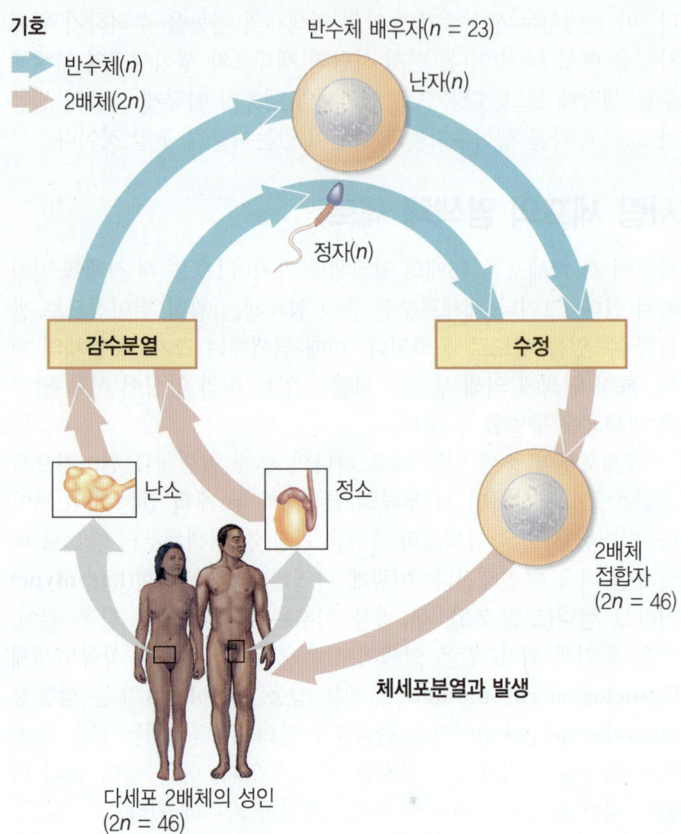

▲ **그림 7.5 사람의 생활사.** 각 세대에서 수정에 의해 염색체 세트의 수가 두 배가 되고, 감수분열에서 염색체 세트의 수가 반으로 줄어든다. 사람은 반수체의 염색체 수가 23이며 한 세트를 구성한다($n = 23$); 2배체의 접합자와 체세포에서 염색체의 수는 46이며 두 세트로 이루어진다($2n = 46$).

이 그림은 이 책에서 이후의 다른 생활사에서도 사용되는 규칙대로 색깔이 표시되어 있다. 청록색 화살표는 생활사의 반수체 단계를 강조하며, 붉은 갈색 화살표는 2배체 단계를 강조한 것이다.

벌의 염색체 23개는 22개의 상염색체와 단일 성염색체로 이루어진다. 수정이 안 된 난자는 X 염색체를 가지나, 정자는 X 또는 Y염색체를 갖는다.

유성생식하는 각 종들은 고유한 반수체 수와 2배체 수를 가진 것에 유의하자. 예를 들면 초파리(*Drosophila melanogater*)는 2배체 염색체 수($2n$)가 8이고 반수체 수(n)가 4이며, 개는 2배체 수가 78, 반수체 수가 39나 된다.

이제 생활사에서 보이는 염색체의 행동을 생각해보자. 여기서는 사람의 생활사를 예로 이용할 것이다.

사람의 생활사에서 염색체 세트의 행동

사람의 생활사는 아버지의 반수체 정자 세포가 어머니의 반수체 난자 세포와 합쳐질 때 시작된다(**그림 7.5**). 두 핵의 융합이 정점이 되는 두 생식세포의 결합을 **수정(fertilization)**이라고 한다. 수정란 혹은 **접합자(zygote)**는 모계와 부계의 가족 계통을 나타내는 유전자를 가진 두 벌의 반수체 염색체 세트를 가지고 있기 때문에 2배체이다. 사람이 접합자에서 성적으로 성숙한 성인으로 성장함에 따라 체세포분열은 신체의 모든 체세포를 만든다. 접합자의 모든 염색체 세트와 염색체에 있는 모든 유전자는 체세포에 정확하게 전달된다.

체세포분열로 만들어지지 않은 유일한 세포는 배우자이며, 생식소(여자의 난소와 남자의 정소)에서 생식세포(germ cell)라고 하는 특별한 세포로부터 만들어진다(그림 7.5). 사람의 배우자가 체세포분열로 생성된다고 상상해보라. 배우자는 2배체일 것이다. 그러면 다음번 수정에서 두 배우자가 융합될 때 정상적인 46개의 염색체 수는 두 배인 92가 될 것이고 각각 다음번 세대마다 다시 염색체 수는 두 배로 증가할 것이다. 유성생식하는 생물에서 염색체 수가 끊임없이 증가하는 이런 가상적인 상황은 실제로는 일어나지 않는데 **감수분열(meiosis)**이라는 과정 때문이다. 이러한 유형의 세포분열은 배우자의 염색체 수를 두 벌에서 한 벌로 줄여 수정 시 염색체 수가 배로 증가하는 것을 보상한다. 감수분열의 결과로 각각의 사람의 정자와 난자는 반수체이다($n = 23$). 수정은 두 개의 반수체 염색체 세트를 묶어 2배체 상태를 회복하는 것이고, 사람의 생활사에서 세대에서 세대로 반복된다(그림 7.5).

일반적으로 사람의 생활사 단계는 다른 동물들의 전형이다. 실제로 수정과 감수분열 과정은 동물뿐만 아니라 식물, 곰팡이, 원생동물에서도 유성생식의 독특한 특징이다. 수정과 감수분열은 생식주기에서 교대로 일어나 각 종의 염색체 수를 한 세대에서 다음 세대로 일정하게 유지하게 한다.

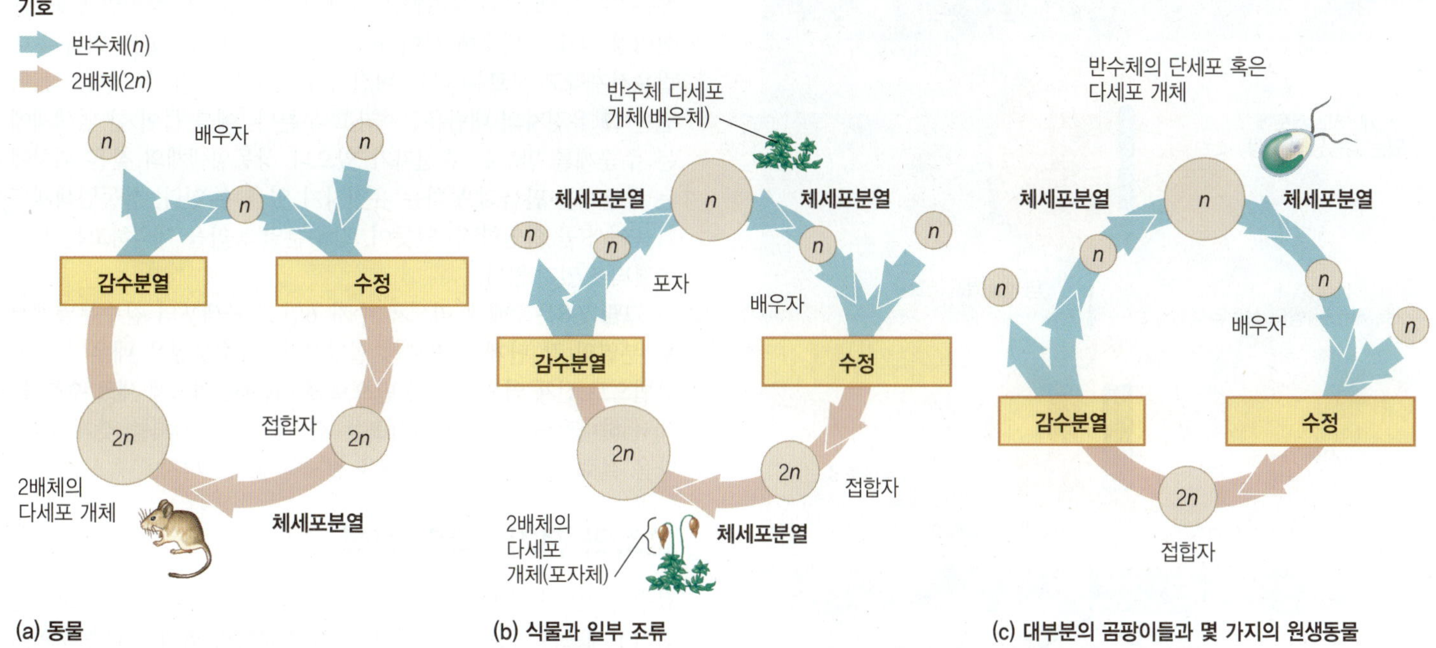

▲ **그림 7.6 유성생활사의 세 가지 유형.** 세 유형의 공통된 특성은 감수분열과 수정이 번갈아오는 것이고, 이는 자손들 사이에서 유전적 다양성을 만드는 주요한 사건이다. 세 가지 생활사는 이러한 두 주요 사건이 일어나는 시점에 차이가 있다.

유성생활사의 다양성

감수분열과 수정이 교대로 일어나는 것은 유성생식을 하는 모든 생물들에게 공통적이지만 생활사에서 이 두 과정이 일어나는 시점은 종에 따라서 다양하다. 이러한 생활사의 다양성은 세 가지 주요 유형으로 나눌 수 있다. 사람과 대부분의 다른 동물에서 일어나는 유형의 생활사에서는 배우자만이 반수체 세포이다(그림 7.6a). 감수분열은 생식세포의 형성 중에 일어나고 배우자는 수정 전에 더 이상 세포분열하지 않는다. 수정 후 2배체의 접합자는 체세포분열에 의해 분열하고 결국 2배체 다세포 개체를 형성한다.

식물과 몇 종의 조류에서는 두 번째 유형인 **세대교번(alternation of generation)**이라고 불리는 생활사가 나타난다(그림 7.6b). 이러한 유형의 생활사는 2배체와 반수체의 다세포 시기를 모두 지닌다. 다세포 2배체 시기는 **포자체**(sporophyte)라고 부른다. 포자체에서 감수분열로 **포자**(spore)라고 부르는 반수체 세포를 생산한다. 배우자와는 달리 반수체 포자는 서로 융합하지 않고 체세포분열에 의해 **배우체**(gametophyte)라고 부르는 다세포 반수체 시기를 형성한다. 배우체의 세포는 체세포분열에 의해 배우자를 만든다. 반수체인 배우자끼리 수정이 일어나면 2배체인 접합자가 되어 이들은 발생하여 다음 세대의 포자체를 만든다. 그러므로 이러한 유형의 생활사에서는 포자체 세대는 자손으로 배우체를 만들고 배우체 세대는 다음 포자체 세대를 형성한다. 명확하게도 세대교번이라는 용어는 이러한 생활사 유형에 명확히 일치한다.

세 번째 유형의 생활사는 대부분의 조류를 포함하고 대부분의 균류와 일부 원생생물에서 나타난다(그림 7.6c). 배우자가 융합되어 2배체인 접합체를 형성한 후 다세포의 2배체 자손이 되지 않고 감수분열이 일어난다. 감수분열은 배우자를 만들지 않고 반수체 세포를 만드는데, 이는 체세포분열에 의해 단세포 자손이나 반수체 다세포 성숙한 개체로 만들어진다. 그 후 반수체 개체는 체세포분열을 통해서 배우자가 되는 세포를 생산한다. 이러한 생물의 유일한 2배체 시기는 단세포 접합자일 때이다.

반수체 또는 2배체 세포는 생활사의 유형에 따라 체세포분열을 통해 분열함을 유의하자. 그러나 오직 2배체만이 감수분열을수행하는데, 반수체 세포는 더 이상 줄어들 수 없는 한 벌의 염색체만 가지고 있기 때문이다. 세 유형의 생활사가 감수분열과 수정의 시점에 있어서 다르지만 기본적으로 동일한 결과를 만든다. 즉, 자손의 유전적 변이가 있게 한다. 감수분열을 세밀하게 관찰하면 이러한 변이의 근원이 파악될 것이다.

개념 7.3

감수분열로 염색체 세트의 수는 2배체에서 반수체로 준다

감수분열의 여러 단계는 체세포분열의 단계와 매우 흡사하다. 체세포분열에서와 마찬가지로 감수분열에서도 먼저 염색체의 복제가 선행된다. 그러나 한 번의 염색체 복제 후에 한번이 아니라 두 번의 연속적인 세포분열이 있어나는데, 이를 **감수I분열 (meiosis I)**과 **감수II분열(meiosis II)**이라고 한다. 이러한 분열은 두 개의 딸세포를 만드는 체세포분열과 달리 네 개의 딸세포를 형성하고, 각 세포는 부모 세포에 비해 염색체 수가 절반이다.

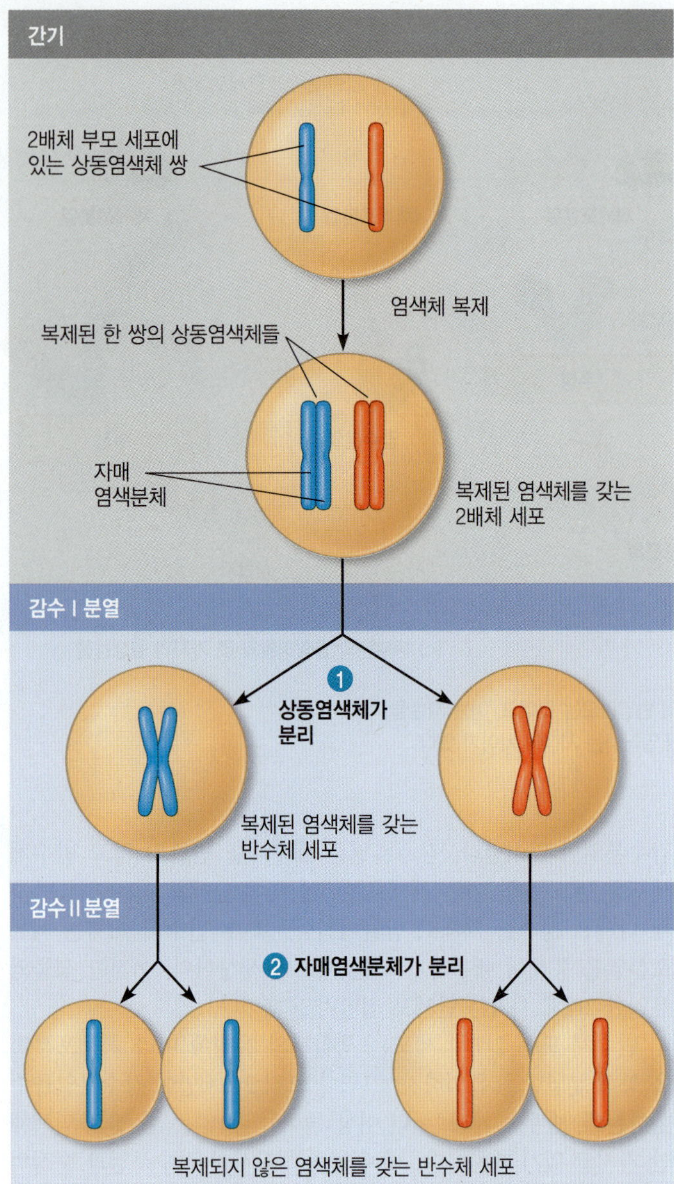

▲ **그림 7.7 감수분열의 개요: 감수분열은 어떻게 염색체 수를 줄이는가?** 염색체가 간기에서 복제된 후에 2배체 세포는 두 번 분열하여 4개의 반수체 딸세포를 생산한다. 이 그림은 편의상 단순하게 한 쌍의 염색체를 응축된 상태로 그려놓고 끝까지 추적하는 그림이다(이들은 휴지기 동안에 응축하지 않는 것이 보통이다). 붉은 염색체는 모계에서, 파란 염색체는 부계로부터 물려받았다.

감수분열의 단계

그림 7.7에 설명된 감수분열의 개요는 2배체 세포에서 상동염색체 쌍의 두 염색체가 어떻게 복제되고 그 복사본들이 네 개의 딸세포로 어떻게 나누어지는지를 보여준다. 자매염색분체는 하나의 염색체의 두 복사본이며, 염색체의 길이를 따라 밀접하게 연결되어 있음을 상기하자; 이러한 연결을 **자매염색분체 접합**(sister chromatid cohesion)이라고 한다. 이와 같이 자매염색분체 둘은 하나의 복제된 염색체를 형성한다(그림 7.4). 반면에 상동염색체 쌍의 두 염색체는 양 부모로부터 물려받은 각각의 염색체이다. 상동염색체들은 현미경 상에서 비슷해 보이지만 두 염색체의 상응하는 위치에 대립유전자라고 부르는 다른 버전의 유전자를 가질 수 있다; 각 버전은 그 유전자의 대립유전자라고 부른다. 예를 들어 한 염색체에는 주근깨를 만드는 유전자가 있으나 상동염색체의 같은 위치에는 주근깨를 만들지 못하는 유전자가 있을 수 있다. 상동염색체는 다음에서 곧 확인할 수 있듯이, 감수분열 동안을 제외하고는 서로 연결되어 있지 않다.

그림 7.8은 2배체 염색체 수가 6인 동물세포의 감수분열에서 두 분열의 각 단계를 자세히 설명한다. 감수분열은 매우 특별한 방법으로 전체 염색체 수를 반으로 줄이는데, 염색체 세트 수를 둘에서 하나로 줄여서 각 딸세포는 한 세트의 염색체를 갖게 된다. 다음 절로 가기 전에 그림 7.8을 철저하게 학습하자.

교차와 전기 I 중의 접합

감수분열의 전기 I은 대단히 바쁜 시기이다. 그림 7.8에서 보이는 전기 I 세포는 상동염색체가 짝을 지며 교차와 염색체 응축이 이미 시작된 전기 I 중에 늦은 시점이다. 이러한 시기에 이르는 과정을 그림 7.9에서 자세히 볼 수 있다.

이 그림에서 보는 것처럼 상동쌍의 두 염색체가 길이로 연결되어 각 쌍의 대립유전자가 짝으로 배열된다. 모계와 부계의 염색분체의 DNA 분자는 정확한 지점에서 절단이 일어난다. 지퍼와 같은 구조인 **접합 복합체(synalptonemal complex)**가 형성되고, 이러한 연결과정(**접합, synapsis**)에서 DNA는 교차점에서 절단되어 부계와 모계의 염색분체의 끝이 서로 연결되고 나머지 모계의 것도 부계의 염색분체와 연결된다. 상동염색체 쌍이 중기 I판으로 이동하면서 함께 있기 위해서는 자매염색분체의 결합과 함께 염색체당 한 번 이상의 교차가 일어나야 한다.

체세포분열과 감수분열의 비교

그림 7.10은 감수분열과 체세포분열의 주요 차이점을 요약한 것이다. 기본적으로 감수분열은 염색체 세트의 수를 둘(2배체)에서 하나로(반수체) 줄이는 반면, 체세포분열은 염색체 세트의 수를 보존한다. 감수분열은 부모 세포 및 다른 딸세포들과 유전적으로 다른 딸세포들을 만드는 반면, 체세포분열은 부모 세포 및 다른 딸세포들과 유전적으로 동일한 딸세포들을 만든다.

감수분열에서 독특한 세 가지 점이 모두 감수 I 분열 시기 동안 일어난다.

1. **접합과 교차.** 전기 I 시기 동안 복제된 염색체 쌍은 정렬하여 이미 그림 7.9에서 기술한 대로 교차가 일어난다.
2. **중기판에서의 상동염색체 쌍의 배열.** 감수분열의 중기 I에서는 체세포분열에서처럼 개개의 염색체가 중기판에 위치하는 것이 아니라, 상동염색체의 쌍으로 중기판에 위치한다.
3. **상동염색체의 분리.** 감수분열의 후기 I에서 각각의 상동염색체 쌍의 복제된 염색체는 반대 극 쪽으로 움직이나, 각각의

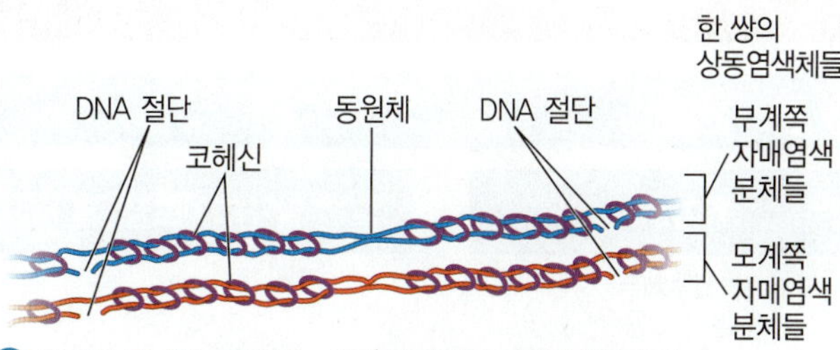

❶ 간기가 지나면, 염색체는 이미 복제되어 자매염색분체가 코헤신(보라색)이라는 단백질에 의해 붙어 있다. 각 상동쌍은 길게 연결되어 있다. 두 개의 비자매염색분체의 DNA 분자에서 정확히 대응되는 부위가 잘라진다. 염색체의 염색질은 응축하기 시작한다.

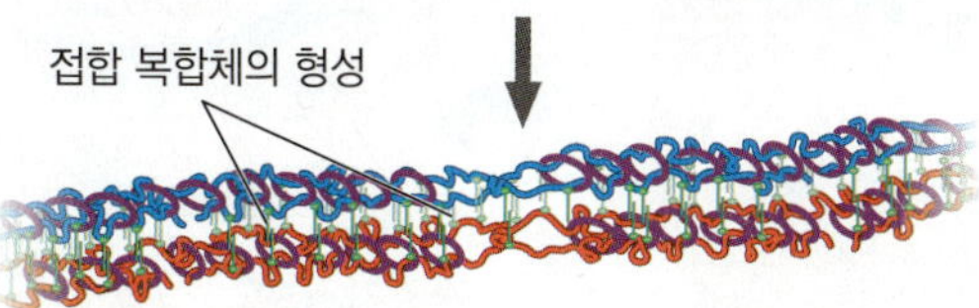

❷ 지퍼 같은 단백질 복합체인 접합 복합체(초록색)가 형성되기 시작하여 상동염색체가 다른 상동염색체에 부착한다. 염색질의 응축은 계속된다.

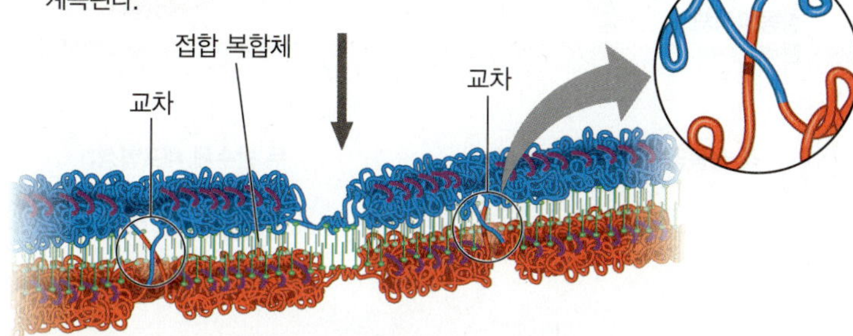

❸ 접합 복합체가 완성된다; 두 상동염색체 쌍은 접합되었다고 말한다. 접합 동안에 DNA는 끊어지고 각 끊어진 말단이 비염색분체의 해당 부위와 연결되어 교차가 생성된다.

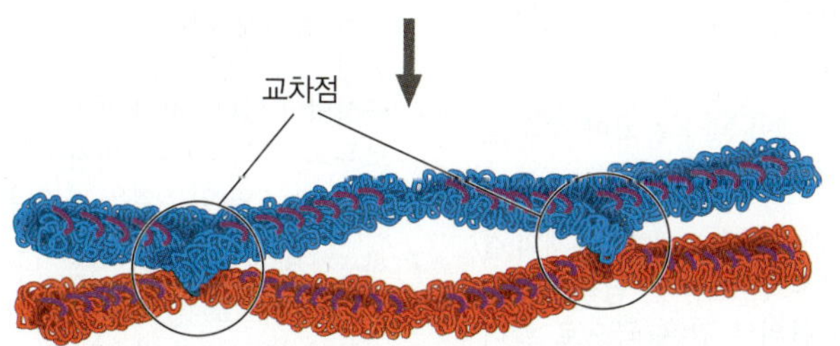

❹ 접합 복합체가 해체된 후에 상동쌍은 서로 약간 떨어지나 여전히 붙어 있다. 이는 DNA가 더 이상 원래의 염색체에 부착되어 있지 않더라도 자매염색분체 결합들 때문에 붙은 채 있다. 교차가 일어난 지점의 붙어 있는 자리를 교차점이라고 한다. 염색체는 더욱 응축하여 중기판 쪽으로 이동한다.

▲ **그림 7.9 전기 I에서의 교차와 접합**

복제된 염색체의 자매염색분체는 계속 붙어 있다. 반면에 체세포분열의 후기에서는 자매염색분체가 분리된다.

자매염색분체는 코헤신(cohesin)이라는 단백질 복합체에 의해 길게 붙어 있어 자매염색분체 결합을 보인다. 체세포분열에서는 중기가 끝날 때까지만 이렇게 붙어 있는데, 효소들이 코헤신을 분해하여 자매염색분체가 세포의 양극으로 이동할 때까지 지속된다. 감수분열에서는 자매염색분체 결합은 두 단계에서 서로 떨어지는데 하나는 후기 I의 시작 단계이고 다른 하나는 후기 II의 시작 단계이다. 중기 I에서 상동염색체는 자매염색분체의 팔 사이에서 교차가 일어나는 부분의 영역을 넘어서까지 코헤신에 의해 결합되어 이 부분의 자매염색분체는 이제부터는 다른 상동염색체의 일부분이다. 교차와 염색체의 팔을 따라 이어진 자매염색분체의 결합은 염색체교차점이 형성되는 것으로 나타나게 된다. 방추사가 첫 번째 감수분열을 위해 형성되면서 염색체교차점은 상동염색체가 서로 붙어 있게 한다. 후기 I이 시작됨에 따라 붙어 있던 염색분체는 떨어지게 되어 분리되도록 한다. 후기 II에서는 동원체에 붙어 있는 염색분체가 떨어지게 되어 분리된다. 그러므로 중기 I에서는, 염색분체의 결합과 교차가 같이 작용하여 상동염색체 쌍이 줄로 서게 하는데 중요한 역할을 하게 된다.

감수 I 분열은 세포당 염색체 세트의 수를 두 세트(2배체 상태)에서 한 세트(반수체 상태)로 반감시킨다. 두 번째 감수분열인 감수 II 분열을 수행하는 동안에 자매염색분체는 분리가 되어 반수체의 딸세포를 만든다. 감수 II 분열과 체세포분열에서 자매염색분체를 분리시키는 기작은 기본적으로 같다. 감수분열 동안의 염색체의 행동은 끊임없이 집중적인 연구 관심의 중심에 있다.

개념 7.4

생식주기에서 형성된 유전적 변이는 진화에 기여한다

그림 7.1에서 보이는 대로 가족구성원 간의 유전적 변이를 어떻게 설명할 것인가? 이후에서 좀 더 자세히 배우겠지만 돌연변이가 유전적 다양성의 최초의 근원이다. 생물의 DNA에 이러한 변화는 대립유전자라고 알려진 다른 버전의 유전자를 창조한다. 한번 이러한 차이가 발생하면 유성생식 과정에서의 다른 버전의 유전자들의 뒤섞기가 변이를 생기게 하여 유성생식을 하는 집단의 각 개체들이 독특한 형질 조합을 갖게 한다.

자손들 간의 유전적 변이의 기원

유성생식하는 종들에서 감수분열과 수정 과정에서의 염색체의 행동은 각 세대에서 일어나는 대부분의 변이의 원인이다. 세 가지 기작이 유성생식에 의해 일어나는 유전적 변이에 기여한다: 염색체의 독립적 분리, 교차, 무작위 수정.

염색체의 독립적 분리

유전적 변이를 만드는 유성생식의 한 측면은 감수분열 중기 I 때의 상동염색체 쌍의 무작위 배열이다. 중기 I에서 상동염색체 쌍은 각각 부계와 모계 염색체에서 하나씩으로 이루어지며, 중기판에 위치한다. (모계와 부계라는 용어는 감수분열을 수행하는 각 세포의

▼ 그림 7.8 동물세포의 감수분열 탐구

감수 I 분열: 상동염색체를 분리한다

전기 I	중기 I	후기 I	말기 I과 세포질분열

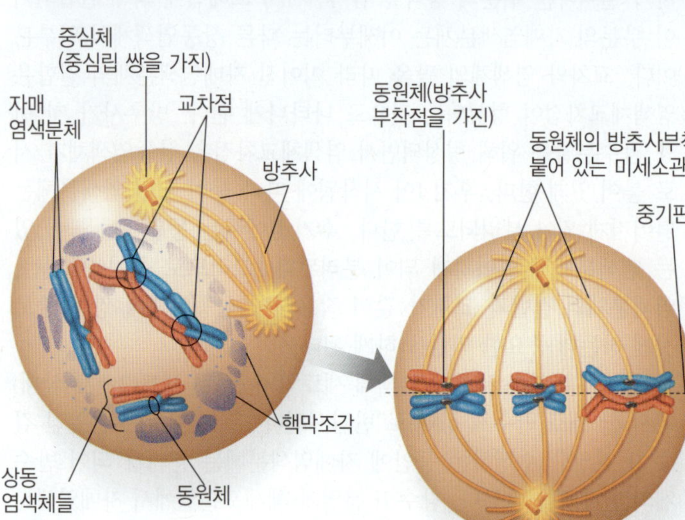

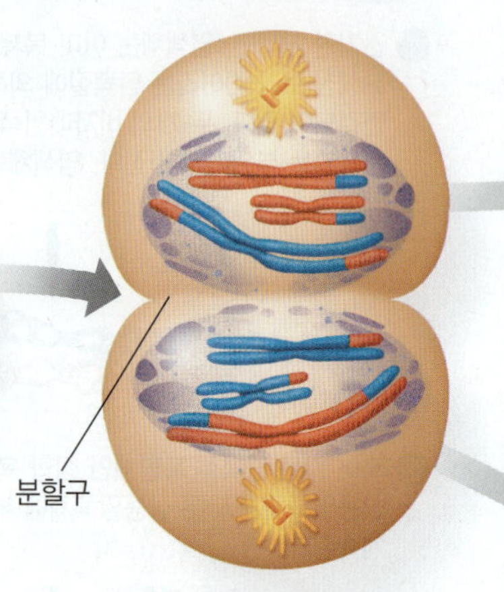

상동염색체(붉은색과 파란색) 쌍과 조각의 교환; 이 경우는 $2n = 6$

염색체가 상동염색체 쌍으로 배열

각 상동염색체 쌍들의 분리

두 반수체 세포형성; 각 염색체들은 아직 2개의 염색분체들로 이루어짐

전기 I

- 중심체의 이동, 방추체 형성, 핵막소실이 체세포분열처럼 일어난다. 전기 I 을 거치는 동안 점차적으로 염색체가 응축된다.
- 위에서 보는 시기 이전의 이른 전기 I 동안, 각 상동염색체가 쌍을 이루므로 유전자들이 하나씩 맞춰 배열되고, **교차(crossing over)**가 일어난다: 비자매염색분체의 DNA 분자가 단백질에 의해 절단되어 다른 분체와 다시 연결된다.
- 그림에서 보는 시기에 각 상동염색체 쌍은 X 모양을 한 한 개 이상의 영역이 있는데, 이를 **교차점(chiasmata**, 단수는 *chiasma*)이라고 하며, 교차가 일어난 부분이다.
- 그림에서 보는 시기의 후인 늦은 전기 I 에는, 각 상동염색체의 동원체에 하나씩 있는 두 방추사부착점에 한쪽 극이나 다른 극에서 온 미세소관과 부착된다. 각 상동쌍은 하나의 방추사 부착점을 가진 것처럼 행동한다. 미세소관은 중기판에 있는 상동쌍으로 이동한다(중기 I 그림).

중기 I

- 상동염색체 쌍은 두 염색체가 각각 다른 극 쪽을 향하면서 중기판에 정렬한다.
- 한 상동염색체의 두 염색분체는 모두 한 쪽 극에서 온 동원체방추사부착점 미세소관과 부착되어 있다; 다른 상동염색체의 두 염색분체는 반대쪽 극에서 온 미세소관과 부착되어 있다.

후기 I

- 자매염색분체가 염색분체의 팔을 따라 붙어 있게 하는 단백질의 분해로 상동염색체 쌍이 서로 분리된다.
- 상동염색체가 방추장치의 도움으로 극 쪽으로 이동한다.
- 동원체에 의해 두 자매염색분체의 결합이 지속되므로, 두 염색분체가 하나의 단위로 같은 극으로 끌려가도록 한다.

말기 I과 세포질분열

- 말기 I의 시작 때에 세포의 반쪽 각각은 완전한 반수체 세트의 복제된 염색체들을 가진다. 각 염색체는 두 개의 자매염색분체로 구성되어 있다: 하나 또는 두 개 모두의 염색분체는 비자매염색분체 DNA의 일부분을 가진다.
- 세포질분열(세포질이 둘로 나뉨)은 일반적으로 말기 I과 동시에 이루어져 두 개의 반수체 딸세포를 형성한다.
- 동물세포에서는 분할구를 형성한다. (식물세포에서는 세포판이 형성된다.)
- 어떤 종에서는 염색체가 풀리고 핵막과 인이 다시 형성된다.
- 감수I분열의 끝과 감수II분열의 시작 사이에서는 복제가 일어나지 않는다.

감수 II 분열: 자매염색분체를 분리한다

전기 II	중기 II	후기 II	말기 II와 세포질분열

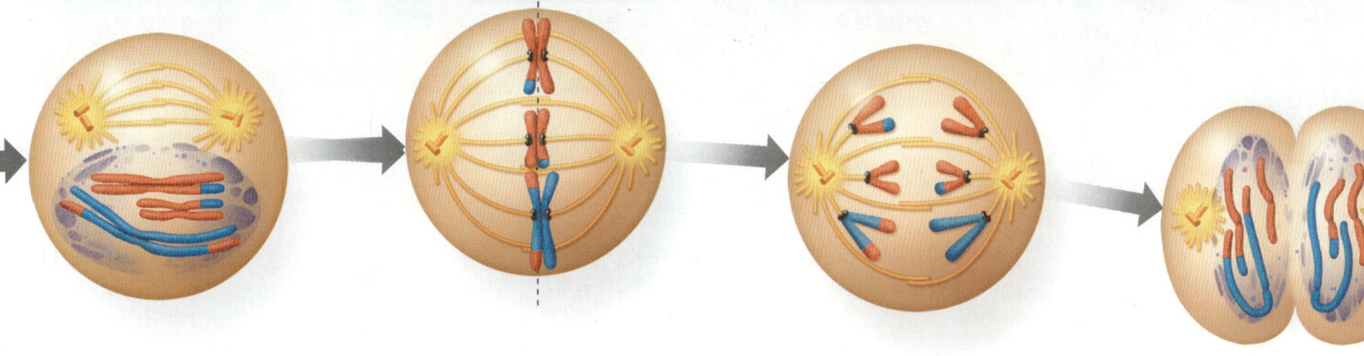

감수 II 분열 동안 마침내 자매염색분체들이 분리된다.
단일 염색체만 포함된 4개의 반수체 딸세포가 생긴다.

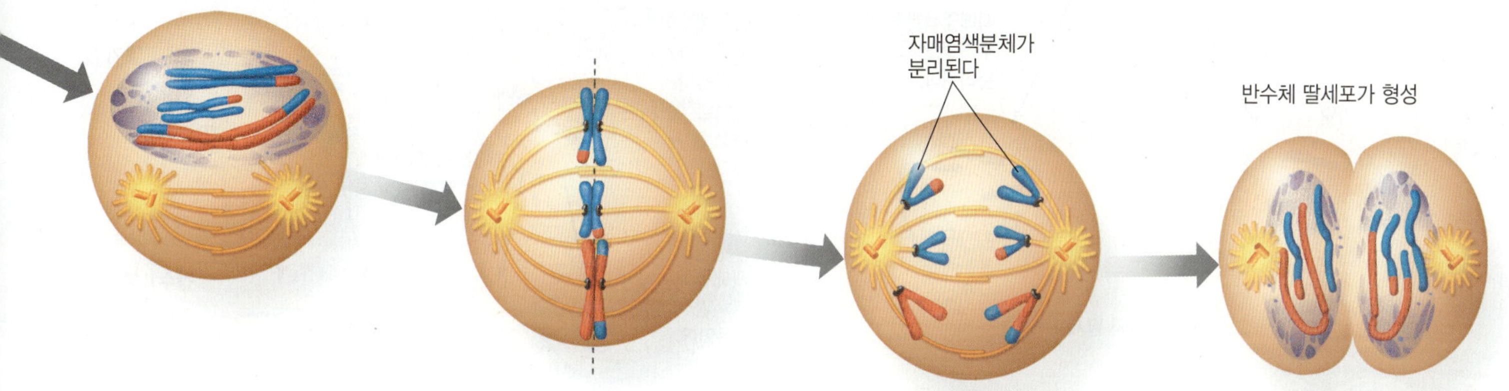

전기 II

- 방추장치가 형성된다.
- 전기 II 후반에(여기서는 보이지 않음), 아직도 두 개의 염색분체로 구성되어 있고 동원체로 연결된 염색체는 중기 II판으로 이동한다.

중기 II

- 염색체는 체세포분열에서와 같이 중기판에 배열한다.
- 감수I분열에서 일어난 교차 때문에 각 염색체의 두 개의 자매염색분체는 유전적으로 동일하지 않다.
- 자매염색분체의 동원체 방추사부착점은 각각 반대쪽 극에서 뻗어나온 방추사와 부착된다.

후기 II

- 동원체에서 자매염색분체를 붙들고 있는 단백질의 분해로 염색분체도 분리된다. 자매염색분체는 두 개의 개별적인 염색체로서 반대 극으로 이동한다.

말기 II와 세포질분열

- 핵이 형성되고 염색체는 풀어지기 시작하며 세포질분열이 일어난다.
- 하나의 부모 세포의 감수분열로 네 개의 딸세포가 생성되고 각각은(복제가 되지 않은) 반수체의 염색체 세트를 가진다.
- 네 개의 각 딸세포들은 다른 딸세포 및 부모 세포와 유전적으로 다르다.

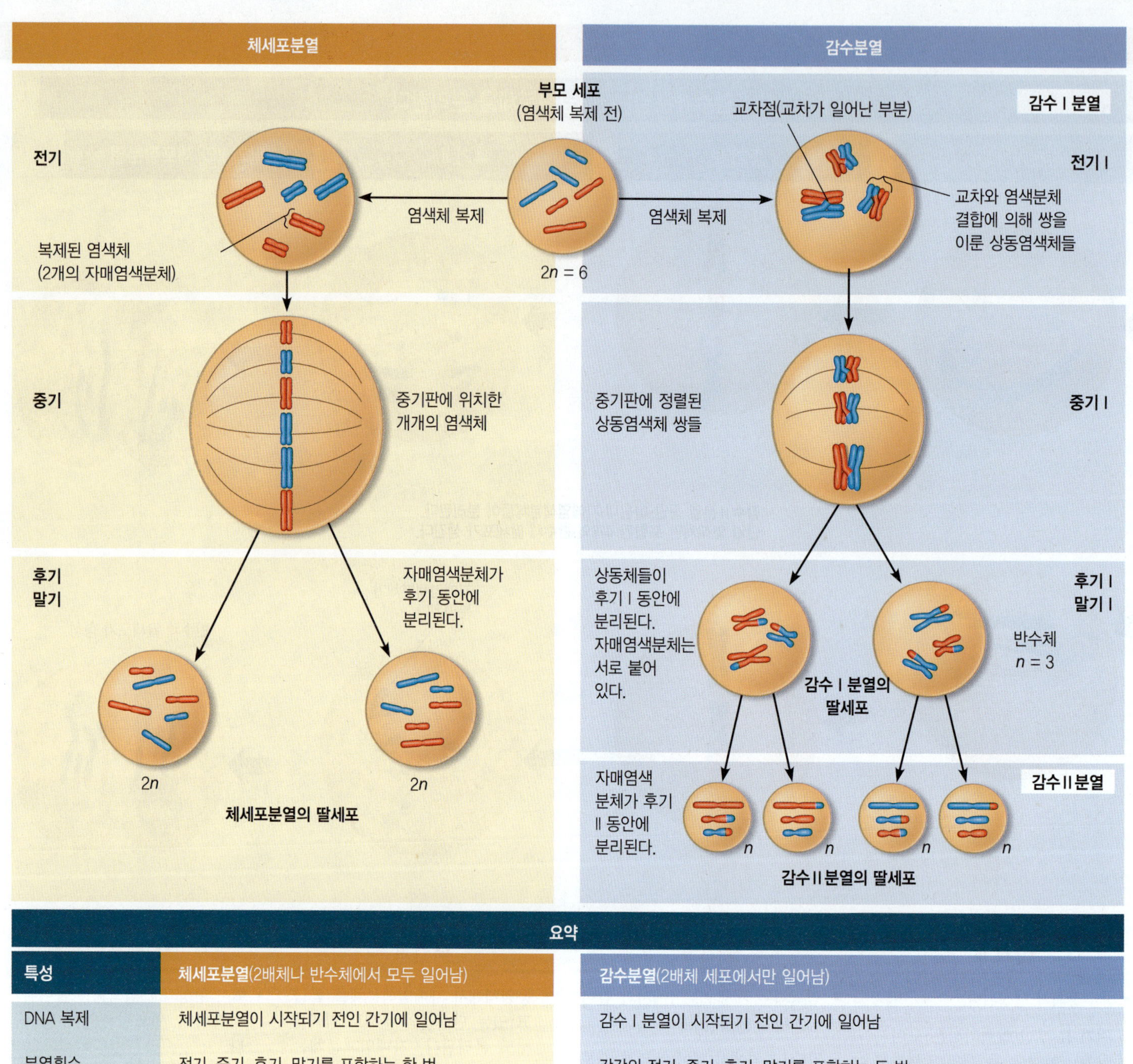

요약

특성	체세포분열(2배체나 반수체에서 모두 일어남)	감수분열(2배체 세포에서만 일어남)
DNA 복제	체세포분열이 시작되기 전인 간기에 일어남	감수 I 분열이 시작되기 전인 간기에 일어남
분열횟수	전기, 중기, 후기, 말기를 포함하는 한 번	각각의 전기, 중기, 후기, 말기를 포함하는 두 번
상동염색체의 접합	일어나지 않음	전기 I 동안에 비자매염색분체 사이의 교차가 일어난다: 이로 인해 생겨난 교차점들에 의해 자매염색분체가 붙어 있어 상동염색체 쌍이 유지된다.
딸세포의 수와 유전적 구성	두 개, 각각은 같은 수의 염색체를 가지며 유전적으로 부모 세포와 동일	네 개, 각각은 반수체(n), 유전적으로 부모 세포 및 다른 딸세포와는 다름
동물이나 식물에서의 역할	접합자가 다세포(배우체 또는 포자체)로 자랄 수 있게 해줌; 생장, 조직의 회복을 위한 세포생성, 어떤 생물에서는 무성생식; 배우체 식물에서는 배우자 생산	배우자 형성(동물), 포자(포자체 식물) 형성; 염색체 수를 반으로 줄이고, 배우자나 포자의 유전적 다양성을 제공

▲ 그림 7.10 **체세포분열과 감수분열의 비교**

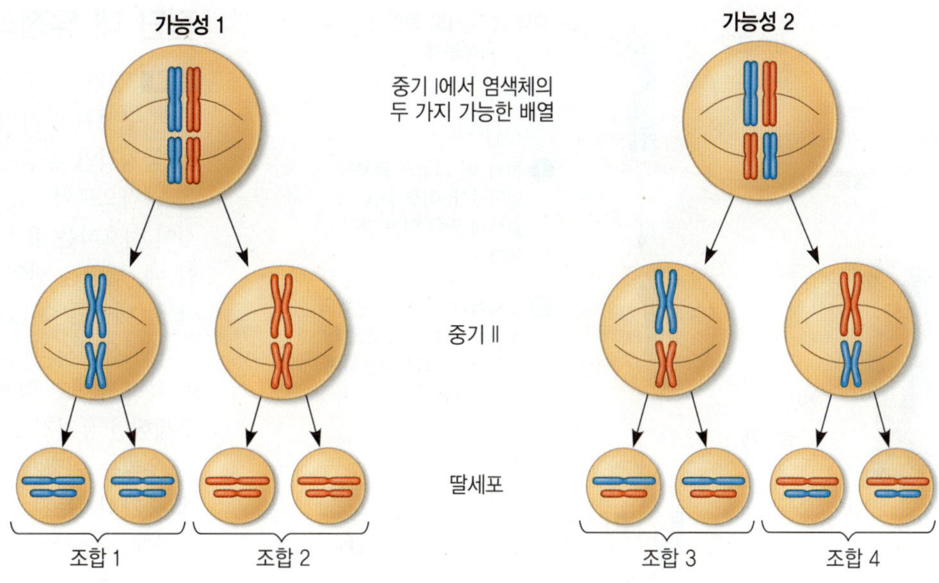

▶ **그림 7.11 감수분열에서 상동염색체의 독립적 분리**

부와 모를 말함을 주목하자.) 각 염색체 쌍은 모계와 부계 상동염색체 중 하나가 주어진 극에 가깝게 배열될 수 있으며, 그 배열은 동전을 던지는 것처럼 무작위이다. 그러므로 감수 I 분열의 특정 딸세포가 어떤 상동염색체 쌍의 모계 염색체를 가질 확률은 50%이고 부계 염색체를 갖질 확률도 50%이다.

중기 I에서 각각의 상동염색체 쌍은 다른 상동염색체 쌍과 독립적으로 배열하기 때문에 첫 번째 감수분열은 두 딸세포에 각 쌍 중 모계와 부계 상동염색체를 하나씩 분리하며 이는 다른 모든 상동염색체 쌍의 분리와는 독립적으로 일어난다. 이를 **독립적 분리(independent assorment)**라고 한다. 각 딸세포에는 모계와 부계 염색체들의 모든 가능한 조합 중의 하나가 나타난다. **그림 7.11**에서 보는 것처럼 두 개의 상동염색체 쌍을 가진 2배체 세포가 감수분열하여 만들어진 딸세포에게 가능한 조합의 수는 넷이다. 즉, 첫 번째 쌍에 대한 가능한 두 가지 배열 수에 두 번째 쌍에 대한 2가지 배열을 곱한 것이다. 그림에서는 네 개의 딸세포 조합 중 둘만 보이는데 하나의 2배체 세포가 감수분열을 수행한 결과임을 주목하자. 왜냐하면 하나의 부모 세포는 중기 I에 두 개의 가능한 염색체 배열 중에 둘 다가 아니고 하나만 갖기 때문이다. 그러나 많은 수의 2배체 세포의 감수분열 결과 얻어진 딸세포의 집단은 대략 같은 수로 네 종류의 조합을 포함한다. $n = 3$인 경우는 딸세포에서 8개의 염색체 조합이 가능하다. 좀 더 일반화하면 n이 개체의 반수체 염색체 수이라면, 감수분열 동안 염색체가 독립적으로 분리되는 경우 가능한 조합의 수는 2^n이다.

사람의 경우에는($n = 23$), 만들어지는 배우자에서 부계와 모계 염색체의 가능한 조합의 수는 2^{23}, 즉 대략 840만이다. 평생동안 만들어지는 각 배우자는 아버지와 어머니로부터 만들어질 수 있는 840만 개의 염색체들의 조합 가운데 하나를 갖는다.

교차

감수분열 동안에 염색체의 독립적 분리의 결과로 우리는 부모에게서 물려받은 염색체의 조합에 있어서 대단히 다른 배우자들의 집합을 만든다. 그림 7.11은 배우자의 염색체 하나하나의 기원이 오로지 모계 아니면 부계임을 암시한다. 그러나 사실은 그렇지 않다. 왜냐하면 교차라는 것이 두 부모에게서 유래하는 유전자(DNA)를 모두 갖는 개개의 염색체인 **재조합 염색체(recombinant chromosome)**를 만들기 때문이다. 사람의 감수분열에서 염색체 쌍당 염색체의 크기와 동원체의 위치에 따라 평균 하나에서 세 번의 교차가 일어난다. 그림 7.9에서 배웠듯이 교차는 모계와 부계의 대립유전자의 새로운 조합을 가진 염색체를 형성하게 한다. 중기 II에서는 한 개 이상의 재조합 염색분체를 갖는 염색체는 나머지 염색체와 비교해 두 가지 같지 않은 방법으로 배열될 수 있다. 왜냐하면 이들의 자매염색분체는 더 이상 똑같지 않기 때문이다. 중기 II 동안에 일어나는 이러한 서로 다른 자매염색분체의 독립적인 분리는 감수분열을 통해 생긴 딸세포의 유전적 유형의 수를 더욱더 증가시킨다.

그림 7.12는 두 부모의 DNA가 포함된 재조합 염색체를 생성함으로써 교차가 어떻게 유전적 변이를 증가시키는지의 개요를 제공하고 있다.

무작위 수정

수정의 무작위적 성질이 감수분열에서 생성되는 유전적 변이에 더해진다. 사람을 예로 들면 남성과 여성의 배우자 하나하나는 독립적인 염색체의 분리로 인해 840만(2^{23})개의 염색체의 조합 중하나를 나타낸다. 남성 배우자 하나와 여성 배우자 하나가 수정 과정에서 융합하면 약 70조($2^{23} \times 2^{23}$)개의 2배체 조합 중 하나를 갖는 접합자가 생성된다. 교차에 의해 야기되는 변이를 더하면 경우의 수는 정말로 천문학적이다. 우리는 정말로 유일하다.

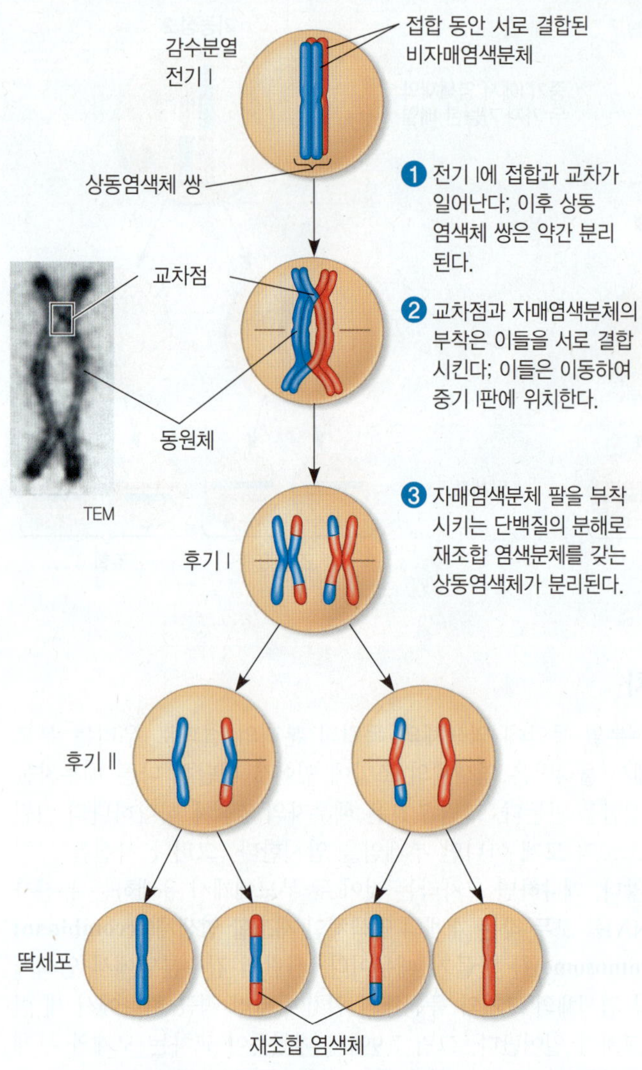

▲ 그림 7.12 **감수분열 중 일어나는 교차의 결과**

집단 내 유전적 변이의 진화적 중요성

진화 집단 내의 유전적 변이가 어떻게 진화와 관련되는가? 집단은 구성원의 차별적인 생식적 성공을 통해 진화한다. 평균적으로 국지적인 환경에 가장 잘 적응하는 개체들이 가장 많은 자손을 남김으로써 그들의 유전자를 전파한다. 따라서 자연선택은 환경이 선호하는 유전적 변이를 축적하는 결과를 낳는다. 환경이 변할 때, 집단은 만약 각 세대에서 적어도 몇몇 개체들이 환경에 보다 잘 대응할 수 있을 경우 살아남을 수 있다. 돌연변이가 서로 다른 대립유전자의 초기의 근원이어서 시간이 지남에 감수분열 동안에 따라 섞이고 엮게 된다. 새롭고 다른 대립유전자의 조합이 전에 우세했던 유전적 조합보다 더 잘 맞을 수 있다.

우리는 어떻게 유성생식이 집단에 존재하는 유전적 변이를 크게 증가시키는지 살펴보았다. 다윈은 유전되는 변이가 진화를 가능하게 하는 것을 알고 있었으나 자손이 부모와 닮기는 하나 똑같지는 않음을 설명할 수 없었다. 역설적으로 다윈과 같은 시대에 살았던 멘델(Gregor Mendel)은 유전적 변이를 설명하는 유전 이론을 발표하였다. 그러나 그의 발견은 다윈(1809~1882)과 멘델(1822~1884)이 죽은 후 15년 이상이 지난 1900년까지 생물학자에게 큰 영향을 주지 못했다. 다음 장에서는 멘델이 특정 형질들의 유전을 지배하는 기본법칙들을 어떻게 발견했는지를 배울 것이다.

CHAPTER

8 멘델과 유전자 개념

핵 심 개 념

8.1 멘델은 두 가지 유전 법칙을 발견하였다
8.2 확률의 법칙이 멘델의 유전 법칙을 지배한다
8.3 유전 양상은 멘델의 유전 법칙처럼 단순하지 않고 더 복잡하다
8.4 사람의 수많은 형질들은 멘델 유전의 양상을 따른다

▲ **그림 8.1** 멘델은 완두를 교배하여 어떤 유전 원리를 발견하였는가?

한 벌의 유전자들로부터 선택하기

축구 경기를 관람하는 관중들을 살펴보면 놀라울 정도로 인류가 다양함을 알 수 있다. 갈색, 파란색, 회색 등의 눈 색깔이나 검은색, 갈색, 금발 등의 머리 색깔—이것들은 사람의 한 집단을 구성하는 개인 사이에서 관찰될 수 있는 유전 변이의 몇 가지 예에 불과하다. 부모로부터 자식으로 이러한 형질들이 전달되는 것을 설명하는 유전 원리는 무엇인가?

1800년대에 가장 널리 인정받은 유전에 관한 설명은 "혼합" 가설이다. 이 가설은 파란색과 노란색 페인트가 섞이면 녹색이 되는 것처럼 유전 물질은 두 부모로부터 물려받는다는 생각이다. 이 가설은 수많은 세대에 걸쳐 집단 내에서 자유로운 교배가 일어날 경우 균일한 개체로 이루어진 단일 집단이 생길 것으로 예측하나 우리는 이러한 현상을 볼 수 없다. 또한 "혼합" 가설은 어떻게 형질들이 한 세대를 건너뛰어 다시 나타날 수 있는지 설명해 주지 못한다.

혼합 가설에 대한 대체 설명은 "입자(particulate)" 가설이며, 이것이 바로 유전자(gene)에 대한 개념이다. 이 모델에 따르면, 부모는 불연속적이고 유전이 가능한 단위, 즉 유전자를 자손에게 전달하고 자손에서 유전자는 각각의 본질을 유지한다. 한 생물체가 갖고 있는 유전자들은 한 통의 페인트라기보다는 카드 한 벌과 같다. 카드놀이처럼 유전자들은 희석되지 않은 상태로 세대에 걸쳐 섞이고, 다음 세대로 전달된다.

현대 유전학은 멘델(Gregor Mendel)이란 이름을 가진 수도사가 유전의 불연속 기작을 기록한 어느 한 수도원의 정원에서 탄생하였다(**그림 8.1**). 멘델이 유전 이론을 개발한 지 수십 년이 지난 후 현미경으로 염색체 행동을 관찰하였고 체세포분열 또는 감수분열 동안 그 중요성이 이해되기 시작하였다. 이 장에서 우리는 멘델의 정원으로 들어가 그의 실험을 다시 확인하고 어떻게 멘델이 그의 이론을 만들었는지 살펴볼 것이다. 또한 특정 형질의 유전을 예상하는 방법을 알아보고 멘델이 완두에서 관찰한 유전 양상보다 더 복잡한 경우를 고찰해 본다. 마지막으로, 멘델의 모델을 적용하여 낫모양 적혈구 빈혈증을 포함하는 사람의 유전 변이를 살펴볼 것이다.

개념 8.1

멘델은 두 가지 유전 법칙을 발견하였다

멘델은 자세히 설계한 완두 교배실험을 통해 유전의 기본 원리를 발견하였다. 그의 연구를 되살펴보면 여러분은 1장에서 소개된 과학적 방법의 주요 요소들을 분명히 인식할 것이다.

멘델의 실험적, 정량적 접근 방법

멘델이 연구 대상으로 완두를 선택한 한 가지 이유는 다양한 변종이 있기 때문이었다. 예를 들어, 한 종류는 보라색 꽃이 피는 반면에 다른 종류는 흰색 꽃이 핀다. 꽃의 색깔과 같이 개체마다 차이를 보여주는 유전적 특성을 **특징(character)**이라고 한다. 보라색 또는 흰색 꽃처럼 한 가지 특징에 대한 각각의 변이를 **형질(trait)**이라고 한다.

멘델은 완두 식물의 교배를 엄격하게 조절할 수 있었다. 각 완두꽃은 화분을 만드는 기관(수술)과 난자를 포함하고 있는 기관(심피)을 함께 가지고 있다. 자연 상태에서 완두 식물은 보통 자가수분을 한다. 즉, 수술로부터 나온 화분 가루가 같은 꽃의 심피 위에 떨어지고, 화분에서 방출된 정자는 심피 안의 난세포와 수정된다. 두 식물 간의 타가수분을 시키기 위해 멘델은 한 식물이 화분을 생산하기 전 미성숙된 수술을 제거하고, 다른 꽃의 화분을 붓으로 찍어서 그 꽃의 암술에 발라주었다. 그 결과 생기는 접합자는 종자(완두) 속의 배로 생장하였다. 멘델은 이 방법을 이용하여 언제나 새로운 종자의 혈통을 확실히 알 수 있었다.

멘델은 보라색 또는 흰색 꽃과 같이 두 가지 분명한 차이점을 보이는 특징만을 선택하여 추적하였다. 멘델은 또한 여러 세대 동안 자가수분을 시켜 부모형 완두와 동일한 형질만을 생산하는 종자를 이용하여 실험을 시작하였다. 그러한 식물을 **순종(true-breeding)**이라고 부른다. 예를 들어, 보라색 꽃을 가진 식물을 자가수분해서 나온 종자가 그 다음 세대에서 모두 보라색 꽃을 가진 식물로 자라면 그 꽃은 순종이다.

전형적인 교배 실험을 하면서, 멘델은 서로 다른 형질을 갖고 있는 두 개의 순종 완두를 타가수분시켰다. 예를 들어, 보라색 꽃을 가진 식물과 흰색 꽃을 가진 식물을 교배하였다. 이렇게 다른 두 순종 간의 교배를 **잡종화(hybridization)**라고 한다. 순종인 부모를 **P 세대**(부모 세대)라고 부르고 잡종인 그 자손을 **F_1 세대**(제1세대) 라고 부른다. 이 F_1 잡종끼리 자가수분시키면 **F_2 세대**(제2세대)가 나온다. 멘델은 보통 형질을 추적하는 데 있어 최소한 P, F_1, F_2 세대를 추적하였다. 만약 멘델이 실험을 F_1 세대에서 멈췄더라면 기본적인 유전 양상을 알 수 없었을 것이다. 멘델은 이처럼 수천 개의 유전 교배로부터 F_2 식물을 얻어 양적 분석을 함으로써 분리의 법칙과 독립의 법칙이라고 부르는 두 개의 기본적인 유전 법칙을 발견하였다.

분리의 법칙

만약 유전에 대한 혼합 가설이 맞는다면 보라색 꽃을 가진 완두 식물과 흰색 꽃을 가진 완두 식물 사이에서 나온 F_1 잡종은 P 세대의 중간 형태인 연한 보라색 꽃을 가질 것이다. 그림 8.2의 실험 결과는 아주 다르게 나타났다: 모든 F_1 자손은 보라색 부모와 같은 보라색 꽃을 가졌다. 흰색 꽃 식물은 잡종 자손에게 유전적으로 어떤 기여를 했을까? 만약 그것이 사라졌다면, F_1 식물은 보라색 꽃만을 가진 F_2 세대를 만들었을 것이다. 그러나 멘델이 F_1 식물을 자가수분시킨 후 얻은 종자를 심었을 때, F_2 세대에서 흰색 꽃이 다시 나타났다.

F_2 식물 중 705개는 보라색 꽃을 가졌고 224개는 흰색 꽃을 가졌다. 이 결과는 보라색 꽃 대 흰색 꽃의 비율이 약 3:1로 나타났다. 멘델은 흰색 꽃에 대한 유전인자가 F_1 식물에서 사라진 것이 아니라 보라색 꽃에 대한 인자가 존재할 때 이유는 모르지만 숨겨

표 8.1 완두 식물의 일곱 가지 특징에 대한 멘델의 F_1 교배 결과

특징	우성 형질		열성 형질	F_2 세대 우성:열성	비율
꽃 색깔	보라색	×	흰색	705:224	3.15:1
종자 색깔	황색	×	녹색	6,022:2,001	3.01:1
종자 모양	둥근	×	주름진	5,474:1,850	2.96:1
콩깍지 모양	부푼	×	수축된	882:299	2.95:1
콩깍지 색깔	녹색	×	황색	428:152	2.82:1
꽃 위치	액생	×	정생	651:207	3.14:1
줄기 길이	큰 키	×	작은 키	787:277	2.84:1

진다고 설명하였다. 멘델이 사용한 용어로, 보라색 꽃 색깔은 **우성**(dominant) 형질이고 흰색 꽃 색깔은 **열성**(recessive) 형질이다. F_2 세대에서 흰색 꽃이 다시 나타난 것은 열성 형질을 일으키는 유전 인자가 F_1 잡종 식물에서 보라색 꽃 색깔에 대한 인자와 공존해도 결코 희석되거나 파괴되지 않는다는 증거였다.

멘델은 두 개의 뚜렷한 형질의 차이를 보이는 여섯 개의 다른 특징에서도 같은 유전 양상을 관찰하였다(**표 8.1**).

멘델의 모델

멘델은 완두 실험 결과 F_2 자손에서 계속 관찰된 3:1 유전 양상을 설명하는 모델을 세웠다. 우리는 이 모델을 이루는 네 가지의 개념을 기술하는데, 그 중 네 번째가 바로 분리의 법칙이다.

첫째, 여러 종류의 유전자 변이로 인하여 유전되는 특징들이 다양하다. 예를 들어, 완두 식물에서 꽃 색깔을 지정하는 유전자는 두 종류, 즉 보라색과 흰색으로 존재한다. 이러한 두 종류의 변이를 오늘날 **대립유전자(allele)**라 부른다. 오늘날 우리는 염색체 및 DNA에 이 개념을 연관시킬 수 있다. **그림 8.2**에서 볼 수 있듯이 각 유전자는 특정 염색체의 특정 위치에 있는 뉴클레오타이드의 서열이다. 그러나 그 유전자의 DNA 뉴클레오타이드 서열은 약간 다를 수 있다. 그것의 정보 내용이 약간 다르면 그것이 암호화하는 단백질의 기능과 그 결과 생물체의 유전되는 특징에 영향을 미칠 수 있다. 보라색 꽃과 흰색 꽃에 대한 두 가지 대립유전자는 꽃 색깔을 지정하는 유전자 좌위의 두 가지 DNA 염기서열의 변이이다. 보라색 꽃 대립유전자는 보라색 색소의 합성을 허용하고 흰색 꽃 대립유전자는 허용하지 않는다.

둘째, 각 특징에 대하여 생물체는 부모로부터 각각 한 개씩, 두 개의 대립유전자를 물려받는다. 멘델은 염색체의 역할에 대한 지식이 없는 상태에서 이러한 추론을 하였다. 2배체 생물의 각 체세포에는 각 부모로부터 한 세트씩 물려받은 두 세트의 염색체를 가지고 있다. 그리하여 2배체 세포에서 하나의 유전자 좌위는 사실 두 개가 있으며, 특정 상동염색체에 각각 있다. 특정 유전자 좌위에 있는 두 개의 대립유전자는 멘델의 P 세대 순종 식물에서처럼 같을 수도 있고 F_1 잡종에서처럼 다를 수도 있다(그림 8.2).

셋째, 한 유전자 좌위에서 두 개의 대립유전자가 다르면 **우성 대립유전자**(dominant allele)가 생물체의 외형을 결정하며, 다른 하나인 **열성 대립유전자**(recessive allele)는 생물체의 외형에 주목할 만한 영향을 미치지 못한다. 따라서 보라색 꽃에 대한 대립유전자가 우성이고 흰색 꽃에 대한 대립유전자가 열성이기 때문에 멘델의 F_1 식물은 보라색 꽃을 가졌던 것이다.

넷째, **분리의 법칙(law of segregation)**이라고 불리는 멘델의 모델의 마지막 개념은 한 가지 특징에 대한 두 개의 대립유전자는 배우자 형성 동안 서로 분리되어 다른 배우자로 들어간다는 것이다. 그리하여 난자 또는 정자는 체세포에 있는 두 가지 대립유전자 중 하나만 받는다. 염색체와 관련하여 설명하면, 이 분리는 감수분열 때 한 쌍의 상동염색체가 각각 다른 배우자로 들어가는 것과 일치한다. 만약 어떤 생물체가 특정 특징에 대해 동일한 대립유전자를 가지고 있다면, 다시 말해서 그 형질에 대하여 순종이라면, 그 대립유전자는 모든 배우자에 존재할 것이다. 그러나 F_1 잡종 식물처럼 다른 대립유전자가 존재하면, 50%의 배우자는 우성 대립유전자를 받을 것이고 나머지 50%는 열성 대립유전자를 받게 될 것이다.

멘델의 분리 모델은 그가 수행한 수많은 교배의 F_2 세대에서 관찰된 3:1 비율을 설명해 주는가? 꽃 색깔 특징에 대해, 멘델의 모델은 F_1 개체에 있는 두 개의 다른 대립유전자가 배우자에서 분리되어 반은 보라색 꽃에 대한 대립유전자를 가지고 반은 흰색 꽃에 대한 대립유전자를 가지는 양상을 보일 것으로 예상한다. 자가수분을 하면 각각의 배우자는 무작위로 결합을 하게 된다. 보라색 꽃에 대한 대립유전자를 가진 난자가 보라색 꽃에 대한 대립유전자를 가진 정자나 흰색 꽃에 대한 대립유전자를 가진 정자에 의해 수정될 확률은 똑같다. 이것은 흰색 꽃에 대한 대립유전자를 가지고 있는 난자에서도 동일하기 때문에 총 네 가지의 동일한 확률을 가진 정자와 난자의 조합이 된다. **그림 8.3**은 유전자 구성을 알고 있는 개체 간의 교배 결과 나오는 자손의 대립유전자 구성을 예상

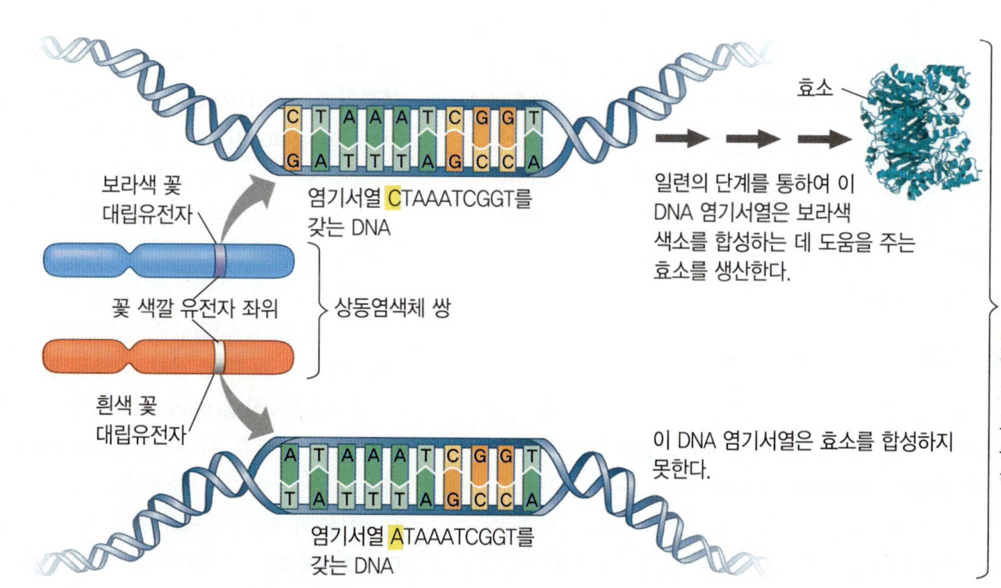

▶ **그림 8.2 대립유전자, 한 유전자의 다른 변이.** 이 그림은 F_1 잡종 완두 식물에서 각 꽃 색깔 대립유전자의 DNA 염기서열을 갖는 한 쌍의 상동염색체를 보여준다. 부계로부터 물려받은 염색체(청색)에는 보라색 꽃 대립유전자가 있어 보라색 색소의 합성을 간접적으로 조절하는 단백질을 암호화한다. 모계로부터 물려받은 염색체(빨간색)에는 흰색 꽃 대립유전자가 있으며 기능이 없는 단백질을 만든다.

▶ **그림 8.3 멘델의 분리의 법칙.** 이 모식도는 세대들의 유전적 구성을 보여준다. 그것은 하나의 유전자에 대한 대립유전자들의 유전을 설명한 멘델의 모델을 보여주고 있다. 각 식물은 꽃 색깔을 지정하는 유전자에 대해 각 부모로부터 물려받은 두 개의 대립유전자를 가지고 있다. 퍼넷사각형을 그리기 위하여 한쪽 부모(이 경우, 암꽃)로부터 나올 수 있는 모든 배우자를 네모 밖의 한 면을 따라 나열하고, 다른 부모(이 경우, 수꽃)로부터 나올 수 있는 모든 배우자를 그 옆면을 따라 나열한다. 네모 안의 칸들은 수꽃과 암꽃 배우자 사이에서 생길 수 있는 모든 조합에 의해 나오는 자손들을 나타낸다.

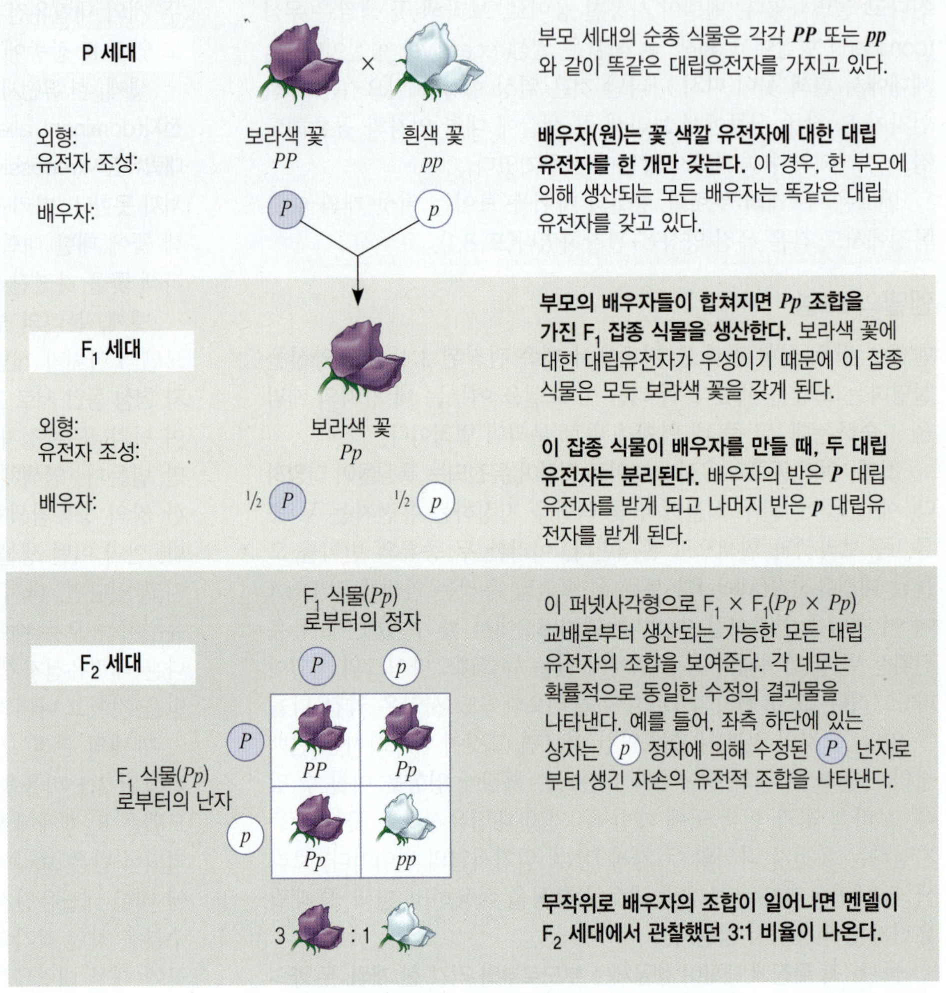

하는 데 매우 유용한 도표, **퍼넷사각형(Punnett square)**을 이용하여 이 조합을 보여준다. 우성 대립유전자는 대문자로 표시하고, 열성 대립유전자는 소문자를 사용하여 표시한다. 제시된 예에서, *P*는 보라색 꽃에 대한 대립유전자이며, *p*는 흰색 꽃에 대한 대립유전자이다; 유전자 자체는 간혹 *P*/*p* 유전자로 불려지기도 한다.

F_2 자손의 꽃 색깔은 무엇일까? 4분의 1은 보라색 꽃에 대한 대립유전자를 두 개 물려받고 이 식물들은 보라색 꽃을 가질 것이다. F_2 자손 중 2분의 1은 한 개의 보라색 꽃에 대한 대립유전자와 한 개의 흰색 꽃에 대한 대립유전자를 물려받을 것이며 이 식물들 또한 우성 형질인 보라색 꽃을 가질 것이다. 마지막으로, F_2의 4분의 1은 흰색 꽃에 대한 대립유전자를 두 개 물려받아 열성 형질인 흰색을 나타낼 것이다. 그리하여 멘델의 모델은 그가 F_2 세대에서 관찰했던 형질의 3:1 비율을 설명해 준다.

유용한 유전학 어휘

하나의 특징에 대해 한 쌍의 똑같은 대립유전자를 갖고 있는 생물체를 그 유전자에 대해 **동형접합자(homozygote)**라 부르며, 그 유전자에 대해 **동형접합(heterozygous)**이라고 한다. 그림 8.3에 나타난 부모 세대에서, 보라색 꽃을 가진 완두 식물은 우성 대립유전자(*PP*)에 대하여 동형접합이고, 흰색 꽃을 가진 완두 식물은 열성 대립유전자에 대한 동형접합이다(*pp*). 동형접합의 식물은 "순종(pure-breeding)"이라고 한다. 그 이유는 순종의 배우자들은 같은 대립유전자만—예를 들어, *P* 또는 *p*—가지고 있기 때문이다. 만약 우리가 우성 동형접합자와 열성 동형접합자를 교배하면 모든 자손은 두 개의 다른 대립유전자를 가질 것이다—꽃 색깔 실험의 F_1 잡종의 경우처럼 *Pp*(그림 8.3). 하나의 유전자에 대해 두 개의 다른 대립유전자를 갖고 있는 생물체를 **이형접합자(heterozygote)**라 부르며, 그 유전자에 대해 **이형접합(heterozygous)**이라고 한다. 동형접합자와 달리 이형접합자는 다른 대립유전자를 지니고 있는 배우자를 생산하므로 순종이 아니다. 예를 들어, *P*나 *p*를 포함하는 배우자가 그림 F_1 잡종에 의해 만들어진다. 결과적으로, F_1 잡종 식물을 자가수분하면 보라색 꽃을 가진 자손과 흰색 꽃을 가진 자손을 모두 만든다.

우성과 열성 대립유전자가 미치는 영향이 다르기 때문에 생물체의 형질을 보고 유전자 조성을 알 수 없는 경우가 있다. 그러므로 우리는 **표현형(phenotype)**이라고 부르는 생물체의 외관 또는 관찰되는 형질과 **유전자형(genotype)**이라 부르는 생물체의 유전자 구성을 구분하여 사용한다. 완두 식물의 꽃 색깔의 경우 *PP*와 *Pp* 식물의 표현형(보라색)은 모두 같지만 유전자형은 서로 다르다. **그림 8.4**는 이 용어들을 다시 설명하고 있다.

▲ **그림 8.4** **표현형 대 유전자형.** 꽃 색깔에 대한 교배 실험으로부터 나온 F_2 자손을 분류하면 표현형 비가 3:1이다. 그러나 유전자형에서 보라색 꽃을 가진 식물은 *PP*(동형접합)와 *Pp*(이형접합)의 두 종류가 있으며, F_2 자손의 유전자형 비는 1:2:1이다.

검정교배

보라색 꽃이 피는 완두 식물이 동형접합(*PP*)인지 이형접합(*Pp*)인지 우리는 알 수 없다. 그 이유는 두 유전자형 모두 보라색 꽃을 갖기 때문이다. 유전자형을 결정하기 위하여, 우리는 이 식물을 흰색 꽃이 피는 완두 식물(*pp*)과 교배할 수 있다. 흰색 꽃이 피는 완두는 열성 대립유전자(*p*)를 갖는 배우자만 만든다. 따라서 보라색 꽃이 피는 완두 식물에 의해 제공되는 배우자의 대립유전자는 자손의 외형을 결정할 수 있다(**그림 8.5**). 만일 그 교배에서 나온 모든 자손이 보라색 꽃을 갖는다면, 그 "미지의" 식물은 동형의 우성 대립유전자만을 갖고 있음에 틀림없다. 그 이유는 *PP* × *pp*로부터 나오는 모든 자손은 *Pp*를 갖고 있기 때문이다. 그러나 만일 보라색과 흰색 꽃을 갖고 있는 자손이 나온다면 이형접합일 것이다. *Pp* × *pp* 교배의 자손은 1:1의 표현형 비율을 나타낸다. 유전자형을 모르는 생물체와 열성의 동형접합자의 교배를 **검정교배(testcross)**라고 부른다. 그 이유는 검정교배를 통하여 생물체의 유전자형을 결정할 수 있기 때문이다. 검정교배는 멘델에 의해 고안된 것으로 현재까지 유전학자들에게 많이 이용되는 중요한 실험 방법이다.

독립의 법칙

멘델은 꽃 색깔처럼 한 가지 특징에 대한 교배 실험을 함으로써 분리의 법칙을 발견하였다. 순종인 부모의 교배 실험에서 생산된 F_1 자손은 모두 **단성 잡종(monohybrid)**으로 이것은 한 특징에 대해 이형접합자이다. 이러한 이형접합자 간의 교배를 **단성 잡종 교배(monohybrid cross)**라고 부른다.

▼ 그림 8.5 연구 방법

검정교배

적용 완두 식물의 보라색 꽃처럼 우성 형질을 나타내는 생물체는 우성 대립유전자에 대해 동형접합이거나 이형접합일 수 있다. 생물체의 유전자형을 결정하기 위하여 유전학자는 검정교배를 시행한다.

방법 검정교배에서 유전자형을 알지 못하는 개체를 열성 형질을 나타내는 동형접합자(이 경우 흰색 꽃)와 교배한다. 이 교배로부터 나온 자손의 표현형을 관찰하면 보라색 꽃을 가진 부모의 유전자형을 알 수 있다.

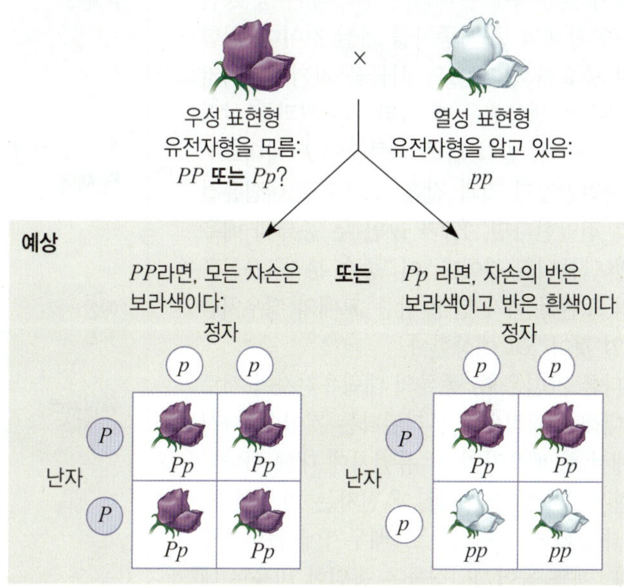

결과 두 가지 예상 중 어느 하나와 일치한다면 부모의 유전자형을 결정할 수 있다(*PP* 또는 *Pp*). 이 검정교배에서 흰색 꽃이 피는 식물의 화분을 보라색 꽃이 피는 식물의 심피에 옮겨 놓았다. 반대의 교배를 해도 동일한 결과가 나올 것이다.

멘델은 종자의 색깔과 모양처럼 두 개의 특징을 동시에 추적함으로써 두 번째의 유전 법칙을 발견하였다. 종자의 색깔은 황색 또는 녹색이며 모양은 둥글거나 주름져 있다. 단일 특징을 조사한 교배에서 멘델은 황색 종자에 대한 대립유전자가 우성(*Y*)이고 녹색 종자에 대한 대립유전자가 열성(*y*)이라는 것을 알았다. 종자의 모양에 대한 특징에서 둥근 모양에 대한 대립유전자가 우성(*R*)이고 주름진 모양에 대한 대립유전자가 열성(*r*)이다.

이 두 가지 특징에서 차이를 보이는 두 종류의 순종 완두 식물을 교배했다고 가정해 보자. 즉, 황색의 둥근 종자(*YYRR*)를 갖는 완두 식물과 녹색의 주름진 종자(*yyrr*)를 가진 완두 식물을 교배하였다. F_1 식물들은 **양성 잡종(dihybrid)**일 것이며 두 가지 특징에 대해 이형접합일 것이다(*YyRr*). 그러나 종자 색깔과 모양의 두 가지 특징은 부모에서 자손으로 한 묶음으로 전달되는가? 다시 말해서, *Y*와 *R* 대립유전자는 세대를 거듭해도 언제나 같이 붙어(종속되어) 있을 것인가? 아니면 종자 색깔과 모양은 독립적으로 유전되는가? **그림 8.6**은 **양성 잡종 교배(dihybrid cross)**, 즉 F_1 양성 잡종 간의 교배 실험을 함으로써 이 두 가설 중 어느 것이 맞는가를 보여준다.

YyRr 유전자형이 *YyRr*인 F_1 식물은 어느 가설이 맞는지에 관계없이 양쪽의 우성 표현형, 즉 황색의 둥근 종자를 가질 것이다. 실험에서 중요한 단계는 F_1 식물을 자가수분시켜 F_2 자손을 생산했을 때 나타나는 결과를 살펴보는 것이다. 만약 잡종 식물들이 *P* 세대로부터 물려받았던 것과 같은 조합으로 대립유전자를 전달한다면, *YR*과 *yr*인 두 종류의 배우자만 만들어질 것이다. 이 "종속 분리" 가설은 F_2의 표현형 비가 단성 잡종 교배의 경우처럼 3:1일 것이라고 예상한다.

다른 가설은 두 종류의 대립유전자가 서로에 대해 독립적으로 분리된다는 것이다. 다시 말해서 한 배우자가 각 유전자에 대해 하나의 대립유전자를 갖는 한, 유전자는 가능한 모든 대립유전자 조합으로 배우자에 들어가게 된다. 예를 들어, F_1 식물은 동일한 비율로 네 종류의 배우자를 생산한다: *YR*, *Yr*, *yR*, 그리고 *yr*. 네 종류의 정자와 네 종류의 난자가 만나면 그림 8.6의 오른쪽 퍼넷사각형에 나타나듯이 F_2 세대에서 대립유전자들이 조합할 수 있는 경우의 수는 16(4×4) 종류일 것이다. 이 조합들은 네 종류의 표현형을 나타내며 그 비율은 9:3:3:1(9 둥글고 황색: 3 둥글고 녹색: 3 주름지고 황색: 1 주름지고 녹색인 완두)이다. 멘델이 실험을 하여 F_2 자손을 분류했을 때, 결과는 예상했던 9:3:3:1 표현형 비에 가까웠다. 이 사실은 한 유전자—예를 들어 종자의 색깔을 결정하는—의 대립유전자들은 종자의 모양 같은 다른 유전자의 대립유전자들과 관계없이 배우자로 독립적으로 분리된다는 가설을 뒷받침해 준다.

멘델이 완두의 일곱 가지 특징을 가지고 다양한 양성 잡종 조합으로 실험을 한 결과 F_2 세대에서는 표현형 비가 항상 9:3:3:1로 관찰되었다. 이것은 그림 8.3에 나타난 단성 잡종 교배에서 보여준 3:1의 표현형 비율과 일치하는가? 만일 종자의 모양은 무시하고 황색과 녹색 종자의 비율을 계산하면 종자 색

▼ 그림 8.6 탐구

하나의 특징에 대한 대립유전자들이 배우자로 분리될 때 다른 특징에 대한 대립유전자들에 종속적으로 분리되는가 아니면 독립적으로 분리되는가?

실험 멘델은 씨의 색깔과 모양에 관한 특징을 F_2 세대까지 추적하였다. 그는 순종의 노랗고 둥근 완두 식물과 순종의 녹색이며 주름진 완두 식물을 교배하여, 양성 잡종 F_1을 얻었다. F_1 양성 잡종을 자가수분시켜 F_2 세대를 얻었다. 두 개의 가설(종속 분리와 독립 분리)이 가능하며 그에 따른 표현형의 비율은 다르다.

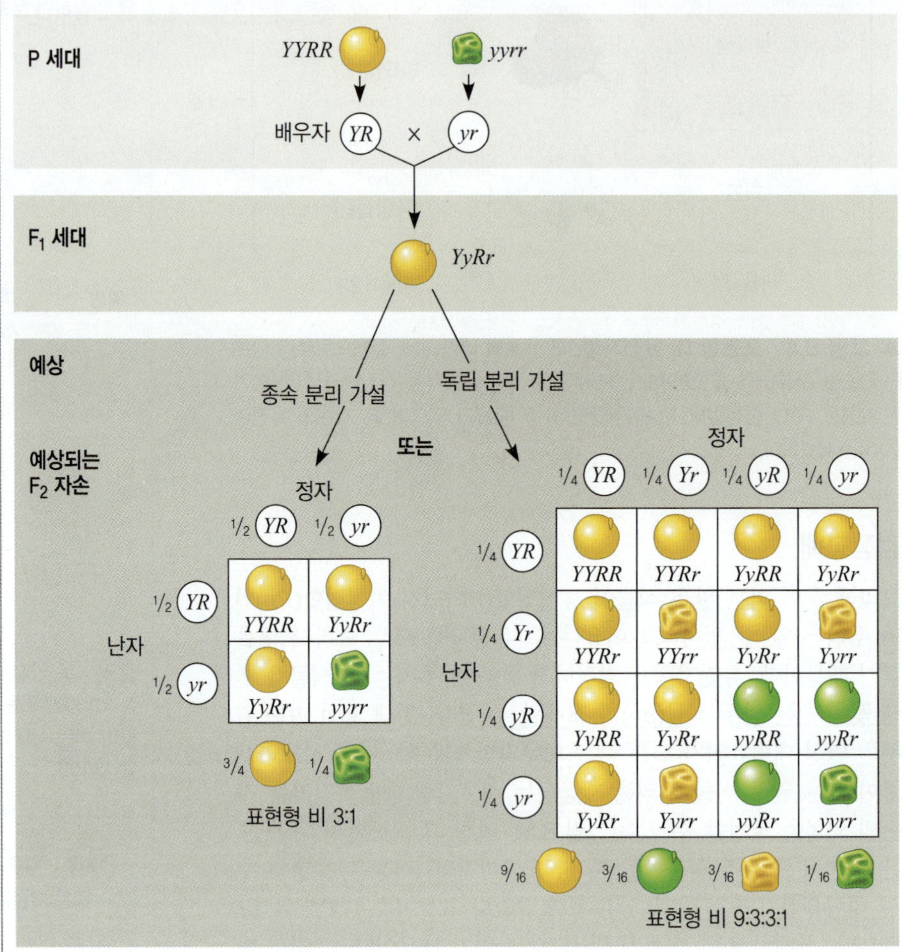

결과

결론 독립 분리의 가설에서만 녹색의 둥근 씨와 노랗고 주름진 씨를 갖는 두 가지 표현형이 나타난다(오른쪽 퍼넷사각형). 씨의 색깔과 모양에 대한 대립유전자들은 각각 독립적으로 배우자 안으로 분리된다.

참고문헌 G. Mendel, Experiments in plant hybridization, *Proceedings of the Natural History of Brünn* 4:3–47 (1866).

깔 대립유전자의 대립유전자는 단성 잡종 교배에서처럼 분리된다(3:1). 멘델의 양성 잡종 실험 결과는 오늘날 우리가 부르는 **독립의 법칙(law of independent assortment)**의 기초이다. 독립의 법칙은 두 개 이상의 유전자는 독립적으로 분리된다—즉, 배우자 형성 동안 한 쌍의 대립유전자는 다른 대립유전자 쌍에 관계없이 독립적으로 분리된다—고 설명한다.

이 법칙은 유전자들(대립유전자 쌍들)이 상동염색체가 아닌 다른 염색체에 위치하거나 또는 같은 염색체에서 아주 멀리 떨어져 있을 경우에만 적용된다. (두 유전자가 같은 염색체에 아주 가깝게 위치하는 경우 함께 유전되는 양상을 보이는데 이처럼 복잡한 유전 현상은 9장에서 설명된다.) 멘델이 연구한 모든 완두의 특징들은 모두 다른 염색체 상에 위치한 유전자에 의해 조절되거나 같은 염색체에 있어도 서로 멀리 떨어진 유전자에 의해 조절되었다. 이런 우연은 여러 가지 특징에 대한 멘델의 완두 교배 실험을 해석하기 쉽게 만들었다. 이 장의 나머지 부분에서 나오는 모든 예에서도 서로 다른 염색체에 있는 유전자들을 다루고 있다.

개념 8.2

확률의 법칙이 멘델의 유전 법칙을 지배한다

멘델의 분리의 법칙과 독립의 법칙에는 동전을 던지거나, 주사위를 굴리거나, 카드 한 벌에서 한 장을 꺼내는 경우와 동일한 확률의 법칙이 적용된다. 확률의 범위는 0에서 1까지이다. 확실하게 일어날 사건의 확률은 1이고 절대 일어나지 않을 사건의 확률은 0이다. 양쪽에 앞면이 그려진 동전을 던질 경우 앞면이 나올 확률은 1이며, 뒷면이 나올 확률은 0이다. 정상적인 동전의 경우 앞면이 나올 확률은 1/2이고 뒷면이 나올 확률은 1/2이다. 52개의 카드로 이루어진 카드 한 벌에서 스페이드 에이스를 뽑을 확률은 1/52이다. 나올 수 있는 모든 경우의 확률을 합하면 1이 되어야 한다. 카드 한 벌을 생각했을 때 스페이드 에이스가 아닌 다른 카드를 뽑을 확률은 51/52가 된다.

동전 던지기는 확률에 대한 중요한 가르침을 준다. 동전을 던질 때마다 앞면이 나올 확률은 1/2이다. 어느 특정 경우에 대한 결과는 그 전에 일어났던 결과와 관계없이 일어나게 된다. 이렇듯 동전을 던지는 경우와 같은 현상을 우리는 독립적인 사건이라고 한다. 동전을 던질 때마다, 그것이 차례대로 행해지든 동시에 여러 개를 던지든지 간에, 각각의 경우는 서로에 대해 독립적이다. 그리고 두 개의 다른 동전을 던지듯이 한 유전자의 대립유전자는 다른 유전자의 대립유전자와 독립적으로 배우자 내로 분리된다(독립의 법칙). 이제 단순한 단성 잡종 교배나 그보다 더 복잡한 경우의 교배에서 이러한 배우자의 결합에 의해 나오는 결과를 예상하는 데 도움을 줄 수 있는 확률의 두 기본적인 규칙을 살펴보자.

단성 잡종 교배에 적용되는 곱셈 법칙과 덧셈 법칙

두 개 이상의 독립적인 사건이 어떠한 특별한 조합으로 일어날 확률을 어떻게 결정하는가? 예를 들어, 두 개의 동전을 동시에 던졌을 때 모두 앞면이 나올 확률은 얼마인가? **곱셈 법칙(multiplication rule)**은 이러한 확률을 결정하기 위해, 한 사건이 일어날 확률(한 동전이 앞면이 나오는 것)과 나머지 사건이 일어날 확률(다른 동전도 앞면이 나오는 것)을 곱하면 된다는 것을 명시한다. 곱셈 법칙에 의해 두 동전 모두 앞면이 나올 확률은 $1/2 \times 1/2 = 1/4$이다.

우리는 같은 방법을 F_1 단성 잡종 교배에 적용시킬 수 있다(그림 8.7). 완두 식물에서 유전되는 특징을 종자의 모양이라고 하였을 때, F_1의 유전자형은 *Rr*이다. 잡종인 식물에서의 분리는 각 결과의 확률을 계산하는 면에서 동전을 던지는 것과 같다. 각 난자가 우성 대립유전자(*R*)를 갖게 될 확률은 1/2이고 열성 대립유전자(*r*)를 가지게 될 확률은 1/2이다. 생산되는 정자에도 동일한 확률이 적용된다. 어느 한 F_2 식물이 열성 형질인 주름진 종자를 가질 확률을 계산하기 위해서는, 결합되는 정자와 난자 모두 열성 대립유전자 *r*을 가지고 있어야 한다. 수정될 때 두 배우자에 대립유전자 *r*이 존재할 가능성은 1/2(난자가 대립유전자 *r*을 가질 확률) × 1/2(정자가 대립유전자 *r*을 가질 확률)이다. 그리하여 곱셈 법칙에 의해 F_2 식물이 주름진 종자(*rr*)를 갖게 될 확률은 1/4이 된다(그림 8.7). 마찬가지로 F_2 식물이 종자 모양에 대한 우성 대

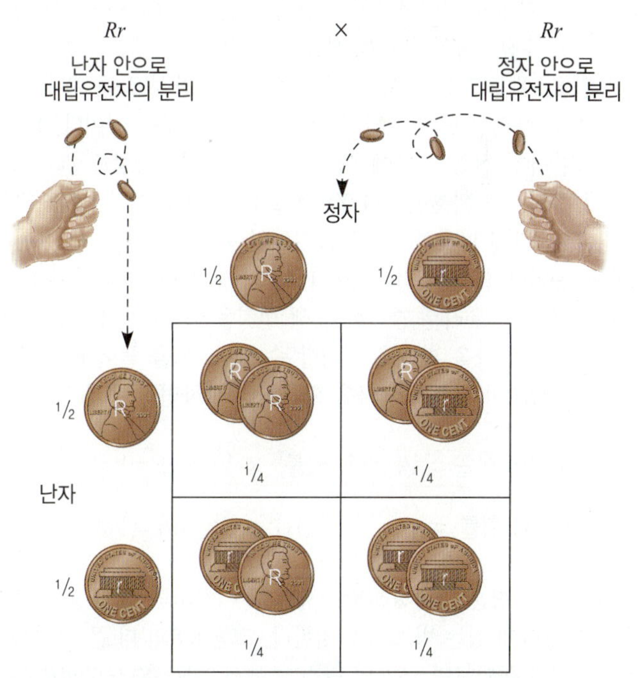

▲ **그림 8.7 확률로 본 대립유전자의 분리와 수정.** 이형접합자(*Rr*)가 배우자를 형성할 때 특정 배우자가 *R*이나 *r*을 갖는 것은 동전을 던지는 것과 같다. 난자와 정자가 특정 대립유전자를 가지고 있을 확률을 곱함으로써 우리는 두 이형접합자 간의 자손에서 어느 한 유전자형이 나올 확률을 결정할 수 있다(이 예에서는 *R*과 *r*이다).

립유전자를 둘다(RR) 가질 확률도 1/4이다.

단성 잡종 교배에서 F_2 식물이 이형접합자일 확률을 계산하기 위해서 우리는 두 번째 법칙을 사용해야 한다. 그림 8.9에서 볼 수 있듯이, 우성 대립유전자는 난자로부터 오고, 열성 대립유전자는 정자로부터 올 수 있다. 또는 반대의 경우도 가능하다. 다시 말해 F_1 배우자는 Rr 자손을 만들기 위해 **두 가지 독립적이고 상호 배타적인 방법**으로 결합할 수 있다. 어느 특정 F_2 이형접합자에 대하여 우성 대립유전자는 난자나 정자로부터 오면 되지만 양쪽에서 동시에 받으면 안 된다. **덧셈 법칙(addition rule)**에 의하면 두 개 또는 그 이상의 상호배타적인 사건 중 하나가 일어날 확률은 각각의 확률을 더함으로써 구할 수 있다. 우리가 방금 살펴보았듯이 더하려고 하는 개별 확률들은 곱셈 법칙으로 구한다. F_2 이형접합자를 구할 수 있는 한 가지 가능한 방법, 즉 우성 대립유전자를 난자로부터 얻고 열성 대립유전자를 정자로부터 얻는 방법에 대한 확률은 1/4이다. 다른 가능한 방법에 대한 확률도 역시 1/4이다(그림 8.9). 덧셈 법칙을 이용해서, 우리는 1/4 + 1/4 = 1/2의 방법으로 F_2 식물이 이형접합자일 확률을 구할 수 있다.

확률의 법칙을 이용하여 복잡한 유전 문제 풀기

확률의 법칙을 적용하면 여러 개의 특징이 관여된 교배 결과를 예상할 수 있다. 배우자 형성 시 각 대립유전자 쌍은 독립적으로 분리된다는 사실을 되새겨 보자(독립의 법칙). 따라서 양성 잡종 이상의 복합적인 교배들은 동시에 일어나는 두 개 이상의 독립적인 단성 잡종 교배와 똑같다. 단성 잡종 교배에 대해 배운 것을 토대로 우리는 거대한 퍼넷사각형을 만들지 않고도 F_2 세대에서 일어나는 특정 유전자형의 확률을 정할 수 있다.

그림 8.8에 그려진 $YyRr$ 이형접합자 간의 양성 잡종 교배를 생각해 보자. 우리는 먼저 종자의 색깔에 초점을 맞출 것이다. Yy 식물에서의 단성 잡종 교배에 대한 간단한 퍼넷사각형을 그려보면 자손의 유전자형 확률은 1/4 YY, 1/2 Yy, 1/4 yy이다. 종자 모양에 대한 두 번째 퍼넷사각형을 그려보면 종자 모양에 대한 유전자형에도 동일한 확률이 적용되어 1/4 RR, 1/2 Rr, 1/4 rr이다. 이 확률을 알고서, 우리는 간단한 곱셈 법칙을 이용하여 F_2 세대에서 각 유전자형이 나올 확률은 결정할 수 있다. 예를 들어 F_2 자손의 두 종류($YYRR$과 $YyRR$)가 나올 확률을 계산하면 다음과 같다.

$YYRR$이 나올 확률 = $\frac{1}{4}$ (YY의 확률) × $\frac{1}{4}$ (RR) = $\frac{1}{16}$

$YyRR$이 나올 확률 = $\frac{1}{2}$ (Yy) × $\frac{1}{4}$ (RR) = $\frac{1}{8}$

$YYRR$ 유전자형은 그림 8.8(박스 한 개는 1/16)의 더 큰 퍼넷사각형 왼쪽 상단에 있는 박스와 일치한다. 그림 8.8의 더 큰 퍼넷사각형을 자세히 살펴보면 16개의 박스 중에서 2개(1/8)가 $YyRR$ 유전자형에 해당한다.

이제 곱셈 법칙과 덧셈 법칙을 조합하여 멘델 유전학에서 훨씬 더 복잡한 문제를 푸는 방법을 살펴보자. 세 개의 특징을 추적하기 위하여 보라색 꽃과 황색의 둥근 종자를 가진 삼성 잡종(세 유전자에 대해 모두 이형접합) 완두 식물과 보라색 꽃과 녹색의 주름진 종자를 가진 완두 식물(꽃 색깔에 대해 이형접합이지만 나머지 두 특징에 대해 열성 동형접합)을 교배한다고 상상해 보자. 멘델의 기호를 사용하면, 우리는 $PpYyRr \times Ppyyrr$의 교배를 하는 것이다. 세 개의 특징 중에서 최소한 두 개에 대해 열성 표현형을 나타낼 자손의 비율은 어떻게 될 것으로 예상하는가?

이 문제에 대한 정답을 구하기 위해 우리는 문제에 맞는 조건을 만족시키는 유전자형들을 생각해 보면 된다: $ppyyRr$, $ppYyrr$, $Ppyyrr$, $PPyyrr$, 그리고 $ppyyrr$. (최소한 두 개의 열성 형질을 만족하는 조건이기 때문에, 세 형질이 모두 열성으로 나타나는 마지막 유전자형도 포함된다.) 그 다음, 양성 잡종 교배의 예에서 그랬듯이 우리는 대립유전자 쌍에 대한 각각의 확률을 곱해서 $PpYyRr \times Ppyyrr$ 교배에서 나오는 유전자형의 확률을 계산할 수 있다. 이형접합자와 동형접합자가 교배되는 경우(예를 들어, $Yy \times yy$) 이형 자손이 나올 확률은 1/2이고 동형 자손이 나올 확률은 1/2이다. 마지막으로, 아래와 같이 우리는 덧셈 법칙을 사용해서 아래와 같이 최소한 두 개의 열성 형질이라는 조건을 만족시키는 모든 다른 유전자형에 대한 확률을 더한다.

$ppyyRr$	$\frac{1}{4}$ (pp의 확률) × $\frac{1}{2}$ (yy) × $\frac{1}{2}$ (Rr)	= $\frac{1}{16}$
$ppYyrr$	$\frac{1}{4} \times \frac{1}{2} \times \frac{1}{2}$	= $\frac{1}{16}$
$Ppyyrr$	$\frac{1}{2} \times \frac{1}{2} \times \frac{1}{2}$	= $\frac{2}{16}$
$PPyyrr$	$\frac{1}{4} \times \frac{1}{2} \times \frac{1}{2}$	= $\frac{1}{16}$
$ppyyrr$	$\frac{1}{4} \times \frac{1}{2} \times \frac{1}{2}$	= $\frac{1}{16}$
적어도 두 개의 열성 형질을 가질 확률		= $\frac{6}{16}$ 또는 $\frac{3}{8}$

시간적으로 퍼넷사각형을 채워서 푸는 것보다 확률의 법칙을 사용하여 유전 문제를 푸는 것이 훨씬 빠를 것이다.

유전 교배 결과 나오는 각 유전자형의 자손 수를 정확하게 예상할 수는 없다. 그러나 확률 법칙은 우리에게 다양한 결과의 확률을 알려준다. 보통, 표본 크기가 클수록, 결과는 우리의 예상과 더 일치한다. 멘델이 그의 교배에서 수많은 자손을 센 이유는 그가 이러한 통계적 특징을 이해하였고 확률의 법칙에 대한 예리한 감각이 있었기 때문이다.

개념 8.3

유전 양상은 멘델의 유전 법칙처럼 단순하지 않고 더 복잡하다

20세기에 유전학자들은 다양한 생물체뿐만 아니라 멘델이 설명했던 것보다 훨씬 더 복잡한 유전 양상에 대해서도 멘델의 유전 법칙을 확대하였다. 멘델이 발견한 두 유전 법칙에 대한 연구에서, 그는 상대적으로 단순한 유전 체계를 가진 완두 식물을 선택하였다: 각 특징은 한 개의 유전자에 의해 결정되고, 이 유전자에 대한 대립유전자는 두 개이고 그 중 하나가 다른 하나에 대해 완전 우성이다(한 가지 예외가 있는데 멘델의 콩깍지 모양 특징은 사실 두 개의 유전자에 의해 결정된다). 모든 유전적 특징이 이 조건을 만족하는 것은 아니며, 유전자형과 표현형 사이의 관계는 대부분 그렇게 단순하지가 않다. 멘델 본인도 다른 식물종의 교배나 다른 완두 특징을 포함하는 완두 식물 교배 실험에서 관찰했던 복잡한 양상에 대해 설명할 수 없다는 것을 깨달았다. 그러나 분리 법칙과 독립 법칙의 기본 원리들이 더 복잡한 유전 양상에서도 적용되기 때문에 이것이 멘델의 법칙(Mendelism)이라고도 불리는 멘델 유전학의 중요성을 줄이지는 않는다. 이 절에서는 멘델에 의해 보고되지 않았던 유전 양상에 멘델 유전학을 확장할 것이다.

한 개의 단일 유전자에 대한 멘델 유전학의 확장

한 개의 단일 유전자에 의해 결정되는 특징들의 유전이 멘델의 유전 양상에서 벗어나는 경우는 대립유전자가 완전 우성이거나 열성이 아닐 때, 특정 유전자가 세 개 이상의 대립유전자를 가질 때, 또는 한 개의 단일 유전자가 여러 개의 표현형을 발현할 때이다. 이 절에서 우리는 이들 상황에 관한 예를 각각 설명하겠다.

우성의 정도

대립유전자는 서로에 대해 우성과 열성의 정도를 다르게 나타낼 수 있다. 멘델의 완두 교배 실험에서, 한 쌍의 대립유전자 중 하나의 대립유전자가 다른 대립유전자에 대해 **완전 우성(complete dominance)**을 나타내기 때문에 F_1 자손은 항상 부모 중의 하나를 닮았다. 그러한 상황에서 이형접합자와 우성 동형접합자의 표현형은 구분할 수 없다.

그러나 일부 유전자는 대립유전자 중 어느 것도 완전 우성이 아닌 경우가 있고, F_1 잡종은 두 부모 형질의 중간 형질을 갖는다. **불완전 우성(incomplete dominance)**이라고 부르는 이 현상은 붉은색 금어초와 흰색 금어초를 교배했을 때 나타난다. F_1 잡종은 모두 분홍색 꽃을 갖는다**(그림 8.8)**. 이러한 제3의 표현형은 이형접합자의 꽃이 붉은색 동형접합자보다 붉은색 색소를 석게 가지고 있기 때문이다(이것은 *Pp* 이형접합자들도 충분한 보라색 색소를 생산하여 *PP* 식물과 구분이 되지 않는 멘델의 완두 식물과는 다르다).

얼핏 보면, 대립유전자 사이의 불완전 우성은 분홍색 잡종의 자손 중에 붉은색 또는 흰색 형질이 절대 다시 나타나지 않는다고 예상하는 혼합설에 대한 증거를 제시하는 것처럼 보인다. 사실 F_1 잡종끼리 교배하면 F_2 자손은 붉은색:분홍색:흰색의 표현형 비가 1:2:1로 나타난다. (이형접합자가 다른 표현형을 가지기 때문에 F_2 세대에서의 유전자형의 비율과 표현형의 비율은 1:2:1로 동일하다.) 분홍색 식물에 의해 만들어지는 배우자에서 붉은색 대립유전자와 흰색 대립유전자가 나온다는 사실은 꽃 색깔에 대한 대립유전자가 잡종에서 자신의 본질을 간직하는 유전인자라는 점을 확인해 준다. 다시 말해서 유전은 입자(particulate)에 의해 이루어진다.

대립유전자 사이의 우성 관계에 예외가 되는 또 다른 예는 **공동 우성(codominance)**이다. 이 경우, 두 개의 대립유전자는 분리되고 구분되는 방식으로 각각 표현형에 영향을 미친다. 예를 들어, 인간의 MN 혈액형은 적혈구 표면에 존재하는 특수 분자, M과 N 분자를 암호화하는 공동 우성 대립유전자에 의해 결정된다. 두 개의 대립유전자가 존재하는 하나의 단일 유전자 좌위가 이 혈액형의 표현형을 결정한다. *M* 대립유전자에 대해 동형접합인 사람(*MM*)은 M 분자만을 갖는 적혈구를 가지고, *N* 대립유전자에 대해 동형접합인 사람(*NN*)은 N 분자만을 갖는 적혈구를 갖고 있다. 그러나 *M*과 *N* 대립유전자에 대해 이형접합인 사람(*MN*)은 적혈구상에 M과 N 분자를 둘 다 가지고 있다. MN 표현형은 M과 N 표현형의 중간이 아니라는 점을 주의하자. 공동 우성은 불완전 우성과 다르다. 오히려 두 분자가 모두 존재하기 때문에 이형접합자에서는 M과 N 표현형이 둘 다 표현된다.

우성과 표현형 사이의 관계 우리는 이제 두 대립유전자가 상대적 효과가 한 대립유전자의 완전 우성으로부터, 두 대립유전자의 불완전 우성, 그리고 두 대립유전자의 공동 우성까지 다양함을 보았

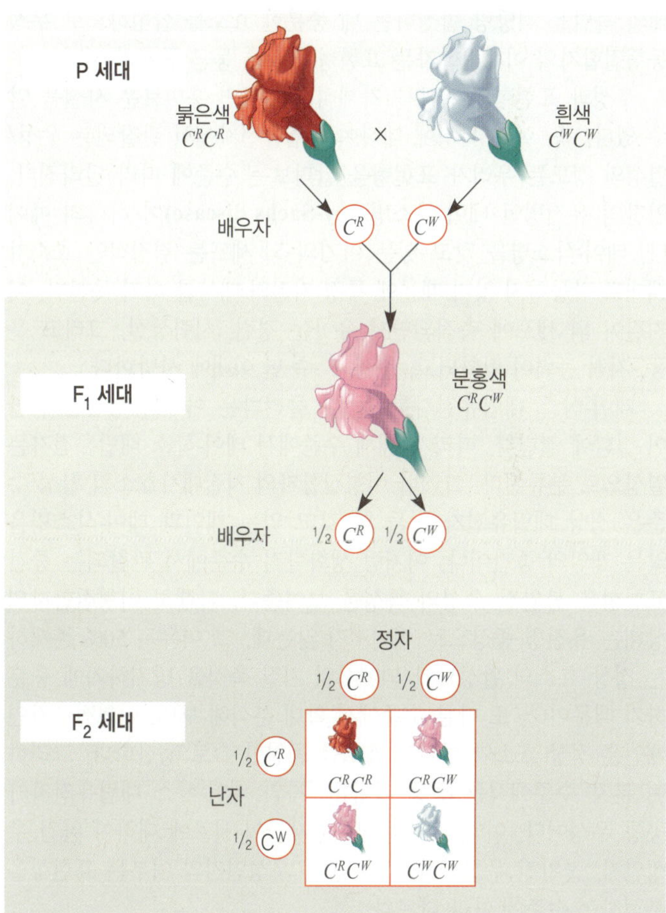

▲ **그림 8.8** 금어초의 불완전 우성. 붉은색 금어초와 흰색 금어초를 교배하면 F_1 잡종은 분홍색 꽃을 갖는다. F_1 식물의 배우자로 대립유전자가 분리되어, F_2 세대에서 유전자형과 표현형의 비는 모두 1:2:1로 나타난다. 어떤 대립유전자도 우성이 아니므로 대문자와 소문자를 사용하지 않고 위첨자를 갖는 *C*를 사용하여 꽃 색깔에 대한 대립유전자를 나타낸다: C^R은 붉은색, C^W는 흰색 대립유전자이다.

다. 어떤 대립유전자를 우성이라고 부르는 것은 열성 대립유전자를 억누르기 때문이 아니라 표현형으로 나타나기 때문임을 이해하는 것이 중요하다. 대립유전자는 단순히 유전자의 뉴클레오타이드 서열에서 변이가 생긴 것에 불과하다. 이형접합자에서 우성 대립유전자가 열성 대립유전자와 공존할 때, 그들은 전혀 상호작용을 하지 않는다. 우성과 열성이 작용하는 것은 유전자형에서 표현형으로 이르는 경로에서이다.

우성과 열성 사이의 관계를 보여주기 위하여 우리는 멘델이 연구했던 한 가지 특징—둥근 완두콩 대 주름진 완두콩—을 이용할 수 있다. 우성 대립유전자(둥근)는 종자 내에서 가지 없는 형(unbranched form)의 녹말을 가지 있는 형(branched form)의 녹말로 전환하는 효소를 암호화한다. 열성 대립유전자(주름진)는 결함이 있는 이 효소를 암호화하여, 가지 없는 형태의 전분이 종자에 축적되고 삼투현상에 의해 과량의 물이 종자로 들어오게 한다. 종자가 건조해지면서 주름진 형태를 갖게 된다. 만일 우성 대립유전자가 존재하면 과량의 물이 종자로 들어오지 않고, 종자가 말라도 주름지지 않는다. 우성 대립유전자가 한 개만 있어도 가지 있는 형태의 녹말을 적당량 합성하는 데 충분한 효소를 합성하므로 우성 동형접합자와 이형접합자는 표현형이 같은 둥근 종자가 된다.

우성과 표현형의 관계를 자세히 살펴보면 흥미로운 사실을 알 수 있다. 즉, 어떤 특징에 대하여 대립유전자에서 관찰되는 우성/열성의 정도는 우리가 표현형을 살펴보는 수준에 따라 달라진다. 인간의 유전병인 **테이-삭스병(Tay-Sachs disease)**이 하나의 예이다. 테이-삭스병을 갖고 있는 아기의 뇌 세포는 결정적인 효소가 제대로 작동하지 않기 때문에 특정 지질의 대사를 하지 못한다. 이 지질이 뇌 세포에 축적되면서 유아는 경련, 시력상실, 그리고 운동, 지적 능력이 퇴화되고, 출생 후 수 년 이내에 사망한다.

테이-삭스 대립유전자를 둘 다 물려받은 아이(동형접합자)만이 질환에 걸린다. 따라서 개체 수준에서 테이-삭스 대립유전자는 열성으로 분류된다. 그러나 이형접합자의 지질대사효소의 활성 수준은 정상 대립유전자를 둘 다 갖고 있는 개인과 테이-삭스병을 앓는 개인의 중간이다. 이처럼 생화학적 수준에서 관찰되는 중간 표현형은 불완전 우성의 특성을 보여준다. 다행히 이형접합자의 상태는 유전병 증상으로 이어지지 않는데, 그 이유는 50% 존재하는 정상 효소의 활성도가 뇌에서의 지질 축적을 방지하기에 충분하기 때문이다. 또 다른 수준에서 확대 분석해 보면, 이형접합자인 개인은 정상 효소와 비정상 효소를 동일한 수로 생산한다. 그리하여 분자 수준에서는 정상 대립유전자와 테이-삭스 대립유전자가 공동 우성이다. 이와 같이 대립유전자들이 서로에 대하여 완전 우성인지, 불완전 우성인지, 또는 공동 우성인지의 여부는 표현형을 분석하는 수준에 따라 다르다.

우성 대립유전자의 빈도 우리는 어떤 특징에 대해 우성인 대립유전자가 열성 대립유전자보다 집단 내에 더 많이 있을 것이라고 예상할 수 있지만 반드시 그렇지는 않다. 예를 들어, 여분의 손가락이나 발가락을 갖고 태어나는 다지증 아기의 비율은 미국에서 400명 중 한 명이다. 다지증은 우성 대립유전자에 의해 드물게 생긴다. 다지증의 출현 빈도가 낮다는 사실은 열성 동형접합일 때 5개의 정상적인 손가락 수를 갖게 해주는 열성 대립유전자가 우성 대립유전자에 비해 집단 내에서 훨씬 많다는 것을 나타낸다.

복대립유전자

멘델이 연구한 완두 식물의 일곱 가지 특징에는 두 개의 대립유전자만 존재한다. 그러나 대부분의 유전자에는 두 개 이상의 대립유전자가 존재한다. 예를 들어, 인간의 ABO 혈액형은 한 유전자에 대한 세 가지 대립 유전자에 의해 결정된다: I^A, I^B, i. 개인은 자신의 혈액형(표현형)—A, B, AB, 또는 O형—을 결정하는 ABO 혈액형 유전자에 대한 세 개의 대립유전자 중 두 개를 가지고 있다. 이 글자들은 적혈구의 표면에서 발견되는 두 개의 탄수화물—A와 B—을 나타낸다. 그림 8.9에서처럼 사람의 적혈구는 탄수화물 A를 갖거나(A형), B를 갖거나(B형), 둘 다 갖거나(AB형), 둘 다 없다(O형). 수혈이 가능한 혈액형을 맞추는 것은 안전한 수혈을 위해 중요하다.

다면발현

지금까지 우리는 하나의 유전자가 한 개의 표현형에 영향을 미치는 것처럼 멘델 유전을 다루었다. 그러나 대부분의 유전자는 여러 가지 표현형에 복합적으로 영향을 미치는데 이것을 **다면발현(pleiotropy)**이라고 한다. 이 용어는 '더'라는 뜻의 그리스어 *pleion*에서 유래되었다. 예를 들어, 사람의 유전 질환인 낭성 섬유증이나 낫모양 적혈구 빈혈증은 복합적인 이상 증세를 나타내는데 이것은 다면발현 대립유전자에 의하여 생기며, 이 장의 후반부에서 논의된다. 완두의 꽃 색깔을 결정하는 유전자는 종자 껍질의 색깔에도 영향을 줄 수 있는데 회색 또는 흰색일 수 있다. 생물체의 발생

(a) ABO식 혈액형의 세 가지 대립유전자와 탄수화물. 각 대립유전자는 적혈구에 있는 특정 탄수화물을 합성하는 효소를 암호화한다(탄수화물은 대립유전자에 위 첨자로 표시되었고, 삼각형 또는 원으로 나타냈다).

대립유전자	I^A	I^B	i
탄수화물	A △	B ○	없음

(b) 혈액형 유전자형과 표현형. 여섯 가지의 유전자형이 가능하며, 그 결과 네 가지 서로 다른 표현형이 형성된다.

유전자형	I^AI^A 또는 I^Ai	I^BI^B 또는 I^Bi	I^AI^B	ii
적혈구	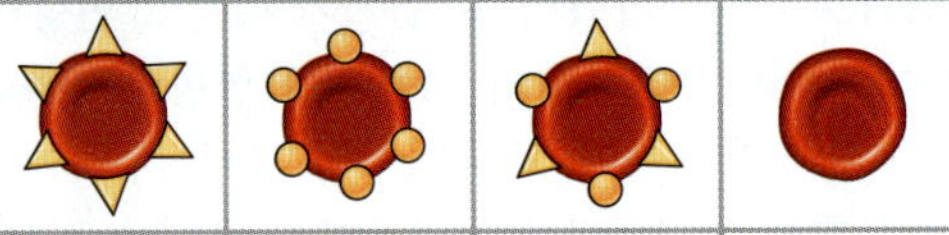			
표현형(혈액형)	A	B	AB	O

▲ 그림 8.9 **복대립유전자에 의해 결정되는 ABO 혈액형.** 세 가지 대립유전자의 다른 조합에 의해 네 가지 혈액형이 표현된다.

과 생리현상을 일으키는 복잡한 분자 및 세포학적 상호작용을 고려해 볼 때, 하나의 유전자가 여러 개의 특징에 영향을 줄 수 있다는 것은 놀라운 사실이 아니다.

두 개 이상의 유전자에 대한 멘델 유전학의 확장

우성 관계, 복대립유전자, 다면발현은 모두 하나의 유전자에 대한 대립유전자의 영향과 관련되어 있다. 이제 우리는 두 개 이상의 유전자가 하나의 특정 표현형을 결정하는 데 관여하는 두 경우를 살펴볼 것이다. 첫 번째 예에서는 두 유전자 산물이 상호작용을 하기 때문에 하나의 유전자가 다른 유전자의 표현형에 영향을 준다. 반면 두 번째 예에서는 다수의 유전자가 독립적으로 하나의 형질에 영향을 준다.

상위

상위(epistasis)에서는 한 유전자의 표현형 발현이 다른 유전자의 표현형을 바꾼다. 이 개념을 명백하게 설명해 줄 유전자 하나를 살펴보자. 개의 일종인 래브라도 리트리버(보통 "랩"이라 부름)에서 검은색 털은 갈색 털에 대해 우성이다. 이 특징에 대한 두 대립유전자를 *B*와 *b*로 표시해 보자. 랩이 갈색 털을 갖기 위해서는 유전자형이 *bb*이어야 한다. 그러나 사실 더 복잡하다. 두 번째 유전자가 털에 색소가 침착될 것인지를 결정한다. *E*로 상징되는 우성 대립유전자는 첫 번째 유전자의 형태에 따라 검은색 또는 갈색 색소를 침착시킨다. 그러나 만일 랩이 두 번째 유전자에 대해 열성 동형(*ee*)이면, 검은색/갈색의 유전자형과 관계없이 털은 노란색이다. 이 경우, 색소 침착에 대한 유전자(*E/e*)는 검은색 또는 갈색 색소(*B/b*)를 암호화하는 유전자에 대해 상위라고 말한다.

두 유전자에 대해 모두 이형접합(*BbEe*)인 두 검은색 랩을 교배시키면 어떻게 될까? 비록 두 유전자 모두 같은 표현형(털 색깔)에 영향을 주지만, 여기에는 독립의 법칙이 적용된다. 즉, 이 교배 실험은 멘델의 실험에서 9:3:3:1의 비율이 나왔던 F_1 양성 잡종에 해당한다. 우리는 퍼넷사각형을 사용하여 F_2 자손의 유전자형을 나타낼 수 있다**(그림 8.10)**. 상위의 결과로, F_2 자손의 표현형 비는 검은색:갈색:노란색이 9:3:4이다. 상위작용의 유형에 따라 비율이 다르지만 이들은 모두 9:3:3:1의 변형된 종류이다.

다인자 유전

멘델은 보라색 꽃 대 흰색 꽃과 같이 명확히 구분될 수 있는 특징들을 연구하였다. 그러나 인간의 피부색이나 키와 같이 많은 특징에 대해 상호 배타적으로 구분하는 것은 불가능하다. 그 이유는 집단에서 많은 특징들이 연속적으로 다양하게 표현되기 때문이다. 이러한 것들을 **양적 형질(quantitative character)**이라 부른다. 양적 변이는 보통 **다인자 유전(polygenic inheritance)**임을 나타내는데, 다인자 유전은 하나의 표현형 형질에 대하여 두 개 이상의 유전자가 누적적으로 영향을 미치는 경우이다. (이는 하나의 유전자가 여러 개의 표현형 형질에 작용하는 다면발현과 반대라고 할 수 있다.) 키는 다인자 유전의 좋은 예가 된다: 유전체 연구를 통하여

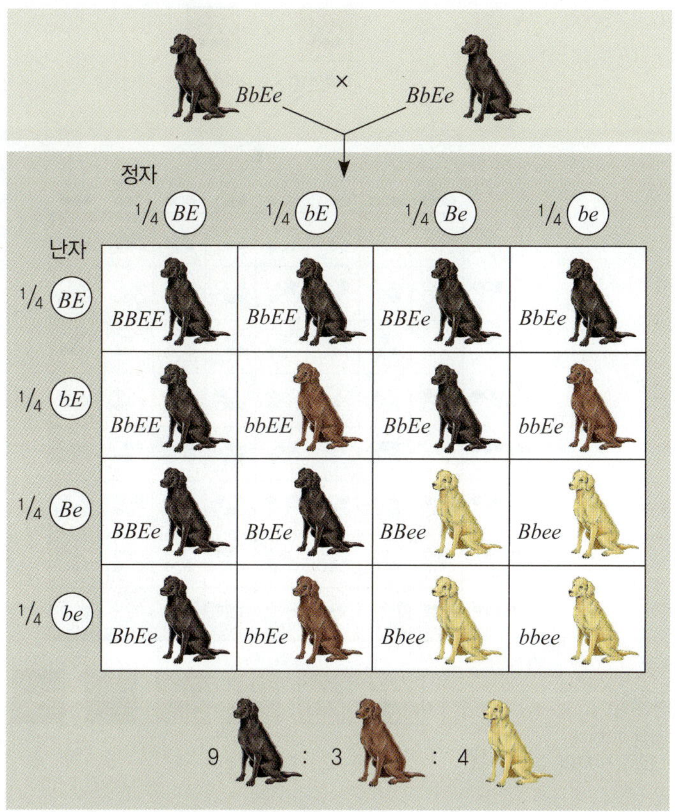

▲ **그림 8.10 상위의 예.** 퍼넷사각형은 유전자형 *BbEe*를 갖고 있는 두 검은색 랩 사이에서 태어난 자손들의 예상 유전자형과 표현형을 보여준다. *B/b* 유전자에 대해 상위 유전자인 *E/e* 유전자는 색소의 종류에 관계없이 털에 색소가 침착될지의 여부를 결정한다.

키에 영향을 주는 180개 이상의 유전자 변이를 찾아냈다.

인간의 피부색은 독립적으로 유전되는 수많은 유전자에 의해 조절된다. 여기서 우리는 다인자 유전의 개념을 이해하기 위하여 이야기를 간단히 하겠다. 피부색을 결정하는 세 개의 유전자가 있고, 각 유전자에 대한 검은-피부색 대립유전자(*A*, *B*, *C*)는 피부색의 짙은 정도에 한 '단위'씩 기여하고, 밝은-피부색 대립유전자(*a*, *b*, *c*)에 대해 각각 불완전 우성이라고 하자. 우리의 모델에서 *AABBCC*인 사람의 피부는 짙은 검은색이고, *aabbcc*인 사람의 피부는 흰색일 것이다. *AaBbCc*인 사람은 중간 밝기의 피부를 가질 것이다. 우성 대립유전자들이 누적 효과를 나타내기 때문에 *AaBbCc*와 *AABbcc*는 피부색에 동일한 유전적 기여(세 단위)를 할 것이다. *AaBbCc* 이형접합인 사람 사이에서 태어난 자손에는 7가지 피부색 표현형이 있다. **그림 8.11**에서 보듯이 중간 표현형(중간 정도의 피부색)을 갖는 자손의 비율이 가장 많을 것으로 기대된다.

본성과 양육: 표현형에 대한 환경의 영향

단순한 멘델 유전학에서 벗어나는 또 다른 현상은 어떤 형질에 대한 표현형이 유전자형뿐만 아니라 환경의 영향을 받을 때 발생한다. 물려받은 유전자형에 의해 표현형이 결정되는 나뭇잎은 바람

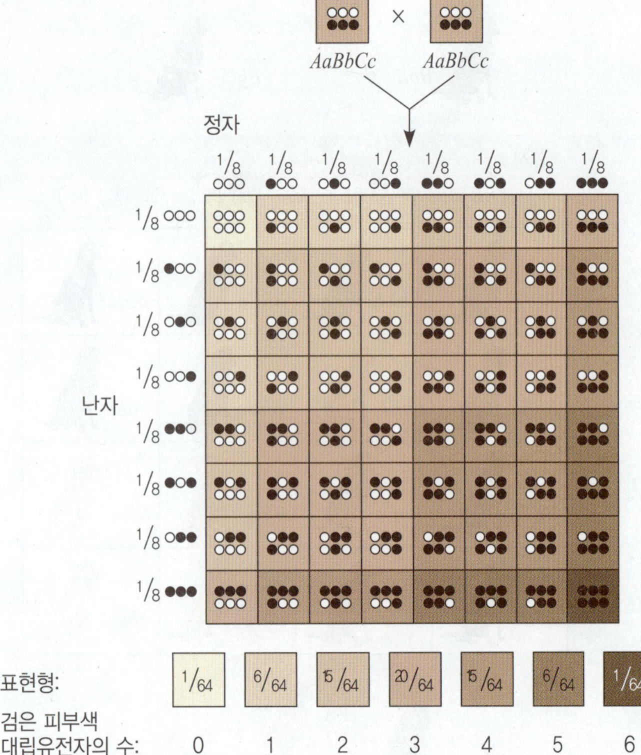

▲ **그림 8.11 피부색의 다인자 유전을 보여주는 단순 모델.** 이 모델에서 세 개의 다른 유전자가 피부색을 결정한다. 두 개의 네모로 나타내어진 이형접합 개인들(*AaBbCc*)은 검은 피부색 대립유전자 세 개(검은 원; *A*, *B*, *C*)와 밝은 피부색(하얀 원; *a*, *b*, *c*) 대립유전자 세 개를 가지고 있다. 이 이형접합자들 사이의 가상 교배에서 각 배우자의 모든 가능한 유전자형과 태어나는 자손에서 나타날 수 있는 유전자 조합이 퍼넷사각형에 나타나 있다. 그 결과는 퍼넷사각형 아래에 표현형의 비로 요약되어 있다. (표현형 비는 1:6:15:20:15:6:1이다.)

과 햇빛에의 노출 정도에 따라 크기, 모양, 그리고 푸른 정도가 달라진다. 사람의 영양 상태는 키를 좌우하고, 운동은 몸매를 바꾸고, 피부를 태우면 피부가 검게 되며, 경험은 지능 시험에서의 성적을 향상시킨다. 유전적으로 똑같은 쌍둥이들도 각각 경험을 달리하면 표현형의 차이가 생기게 된다.

인간의 특성들이 유전자와 환경—본성과 양육—중 어느 것에 의해 더 영향을 받는지는 매우 오래되고 뜨거운 논쟁거리이므로 여기에서 다루지 않겠다. 그러나 일반적으로 특정 표현형은 하나의 유전자형에 의해 전적으로 결정되는 것이 아니고, 환경의 영향을 받아 어떤 범위에서 다양하게 나타난다. ABO 혈액형과 같은 어떤 형질들의 표현형 표준범위는 그 폭이 전혀 없다. 다시 말해서, 주어진 유전자형은 특정한 표현형만을 지정한다. 반대로, 사람의 혈중 적혈구와 백혈구 수와 같은 형질은 아주 다양하며 이것은 고도나 운동량, 감염의 여부에 따라 달라진다.

일반적으로, 다인자 형질의 표현형 범위가 가장 넓다. 피부색의 연속 변이에서 보았듯이, 환경은 이러한 특징들의 양적 성질에 기여한다. 유전학자는 이러한 특징을 **다인성(multifactorial)**이라고 부르며, 이것은 여러 개의 유전 및 환경 요인들이 표현형에 종합적으로 영향을 준다는 뜻이다.

유전과 변이를 멘델의 관점으로 통합하기

우리는 우성의 범위뿐만 아니라 복대립유전자, 다면발현, 상위, 다인자 유전 그리고 표현형에 미치는 환경의 영향을 살펴보면서 멘델 유전에 대한 관점을 넓혔다. 어떻게 하면 이처럼 세분화된 내용들을 멘델 유전학의 포괄적인 이론으로 통합할 수 있을까? 단일 유전자와 표현형에 중점을 두는 세세한 관점에서 벗어나 생물체 전체의 특성으로 눈을 돌려 보자. 이것이 이 책의 주제 중의 하나이다.

표현형(phenotype)이라는 용어는 꽃 색깔이나 혈액형과 같은 특정 형질에 준해서 말하는 것은 물론, 생물체를 전체적으로 본 시각에서도 사용된다. 이때의 표현형은 물리적 외관, 내부의 해부학적 구조, 생리 작용, 그리고 행동 양식 등의 모든 면을 말한다. 마찬가지로, 유전자형(genotype)이라는 용어는 한 개의 유전자에 대한 대립유전자뿐만 아니라 한 생물체의 전체적인 유전자 구성을 의미할 수도 있다. 대부분의 경우 유전자가 표현형에 미치는 영향은 다른 유전자와 환경에 의해 달라진다. 유전과 변이에 대한 이러한 통합적인 관점에서 생물체의 표현형은 그 생물체의 전체 유전자형과 독특한 환경 역사를 반영한다.

유전자형에서 표현형으로 발현되는 동안 일어날 수 있는 상황들을 모두 고려해 보면, 멘델이 부모에서 자손으로 개별 유전자가 전달되는 기초 원리를 밝혀낸 것은 정말 놀라운 일이다. 멘델의 두 법칙, 분리의 법칙과 독립의 법칙은 단순한 확률 규칙에 따라 다음 세대로 계속 전달되는 유전자의 변이 형태(유전 물질 "입자"는 오늘날 대립유전자로 알려짐)를 설명한다. 이 유전학설은 완두, 파리, 물고기, 새, 그리고 인간, 즉 유성생식을 하는 모든 생물체에 대해 똑같이 유효하다. 더욱이, 상위나 양적 형질과 같은 유전 양상을 설명하는 데 있어서 분리의 법칙과 독립의 법칙을 확대하면, 멘델의 유전학설이 얼마나 폭넓게 적용되는지 알 수 있다. 결국 멘델의 수도원 정원에서 탄생한 입자 유전의 이론은 현대 유전학을 정착시켰다. 이 장의 마지막 절에서 우리는 유전병의 유전을 강조하면서 멘델의 유전학을 인간의 유전에 응용할 것이다.

개념 8.4

사람의 수많은 형질은 멘델 유전의 양상을 따른다

완두는 유전 연구에 유용한 대상이지만 사람은 그렇지 않다. 사람의 세대 기간은 약 20년이며 부모들은 완두나 다른 생물에 비해 상대적으로 아주 적은 수의 자손을 낳는다. 특히 자손의 표현형을 분석하기 위하여 한 쌍의 인간에게 애를 낳도록 요청하는 것은 윤리적이지 않다. 이러한 어려움에도 불구하고 우리 자신의 유전을 이해하고 싶은 욕구가 자극이 되어 인간 유전학에 대한 연구는 계속되어 왔다. 새로운 분자생물학 기술은 획기적인 많은 발견으로 이어졌으나 여전히 멘델의 유전학설은 인간 유전학의 기초를 이루고 있다.

가계도 분석

사람의 짝짓기를 의도적으로 조작할 수 없기 때문에 유전학자들은 이미 일어난 결혼의 결과를 분석한다. 그들은 특정 형질에 대하여 한 가족의 역사에 대한 정보를 수집하고, 여러 세대에 걸쳐 부모와 자식의 형질을 설명하는 나무 도표에 한 가족의 구성원에 대한 정보—**가계도(pedigree)**—를 모아 분석한다.

그림 8.12a는 이마에 있는 명백한 머리카락 선 윤곽의 존재 유무를 3세대에 걸쳐 조사한 가계도이다. V자형 머리선(widow's peak)이라고 부르는 이 형질은 우성 대립유전자 *W*에 의해 생긴다. V자형 머리선 대립유전자가 우성이기 때문에 V자형 머리선이 없는 사람은 열성 동형접합(*ww*)일 것이다. V자형 머리선을 가진 두 조부모는 *Ww* 유전자형을 가진 것이 틀림없는데, 이것은 그들의 자식 중 일부가 열성 동형접합이기 때문이다. V자형 머리선을 가진 제2세대들도 *Ww*×*ww* 사이에서 태어났기 때문에 이형접합이다. 이 가계도의 제3세대는 두 명의 자매로 구성되어 있다. 부모의 유전자형을 알았다면(모두 *Ww*) 제3세대에서 V자형 머리선을 가진 사람은 동형접합(*WW*)이거나 이형접합(*Ww*)일 것이다.

그림 8.12b는 같은 가족의 가계도이지만 이번에는 PTC (phenylthiocarbamide)라는 화학물질의 맛을 느끼지 못하는 개인의 열성 형질에 초점을 맞춰보자. PTC와 유사한 화학물질은 브로콜리, 싹양배추, 관련된 야채 등에서 발견되며, 이 야채를 먹을 때 일부 사람들은 쓴맛을 느낀다. 우리는 열성 대립유전자 *t*와 우성 대립유전자 *T*를 사용할 것이다. 가계도를 분석하면서 멘델 유전에 대하여 배운 것을 응용하여 가계도 구성원에 대한 유전자형을 이해하라.

가계도를 응용하면 향후 태어날 아이가 특정 유전자형과 표현형을 가질 확률을 계산할 수 있다. 그림 8.11의 제2세대에 나타난 부부가 아이를 하나 더 낳는다고 가정하자. 새로 태어날 아이가 V자형 머리선을 가질 확률은 얼마일까? 이것은 멘델의 F_1 단성 잡종 교배(*Ww*×*Ww*)와 동일하여 아이가 우성 대립유전자를 물려받아 V자형 머리선을 가질 확률은 3/4(1/4*WW* +1/2*Ww*)이다. 이 아이가 PTC의 맛을 느끼지 못할 확률은 얼마일까? 또 다시 우리는 단성 잡종 교배(*Tt*×*Tt*)로 취급하면 되는데 이 경우에 자손이 열성 동형접합(*tt*)일 확률을 알고 싶다. 그 확률은 1/4이다. 마지막으로, 그 아이가 V자형 머리선을 갖고 PTC의 맛을 느끼지 못할 확률은 얼마일까? 두 특징에 대한 유전자가 다른 염색체에 있다고 가정하면, 두 쌍의 대립유전자는 양성 잡종 교배(*WwTt*×*WwTt*)에서 독립적으로 분리될 것이다. 그러므로 우리는 곱셈 법칙을 이용할 수 있다: 3/4(V자형 머리선에 대한 확률)×1/4(PTC의 맛을 느끼지 못할 확률) = 3/16(V자형 머리선이 있고 PTC의 맛을 느끼지 못할 확률).

조사하고자 하는 대립유전자가 머리카락 선이나 무해한 화학물질을 맛보는 능력과 같이 해가 없는 인간의 유전 변이가 아니라 장애나 사망을 초래하는 유전병과 관련 있을 때 가계도는 더욱 중대한 문제가 된다. 그러나 단순한 멘델의 형질처럼, 유전되는 질병에 대해서도 가계도 분석에 동일한 기술이 적용된다.

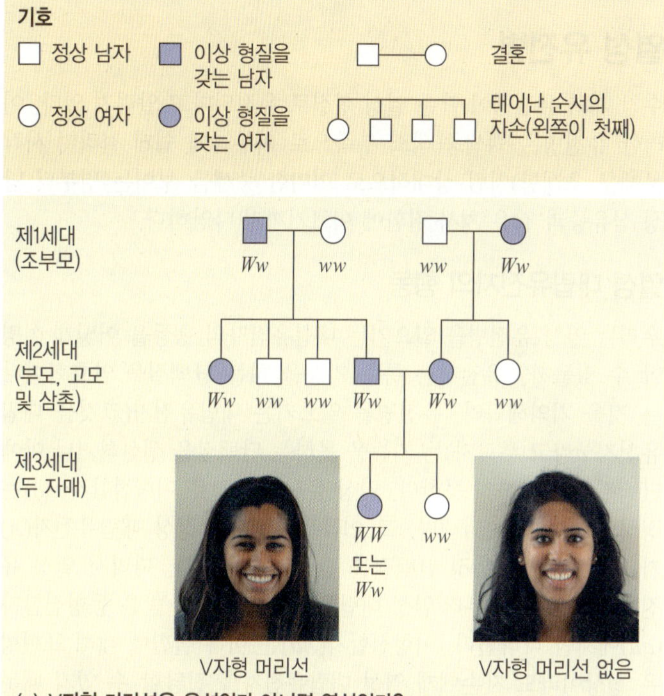

(a) V자형 머리선은 우성인가 아니면 열성인가?
가계도 분석방법: 부모 모두 V자형 머리선을 가졌음에도 불구하고 3세대의 두 번째 딸이 V자형 머리선이 없다는 점을 주목하라. 이러한 유전 양상은 V자형 머리선 형질이 우성 대립유전자라는 가설에 부합한다. 만약 V자형 머리선이 열성 대립유전자에 의한 것이고, 부모 모두 열성 표현형을 가졌다면, 모든 자손들도 역시 열성 표현형을 가졌을 것이다.

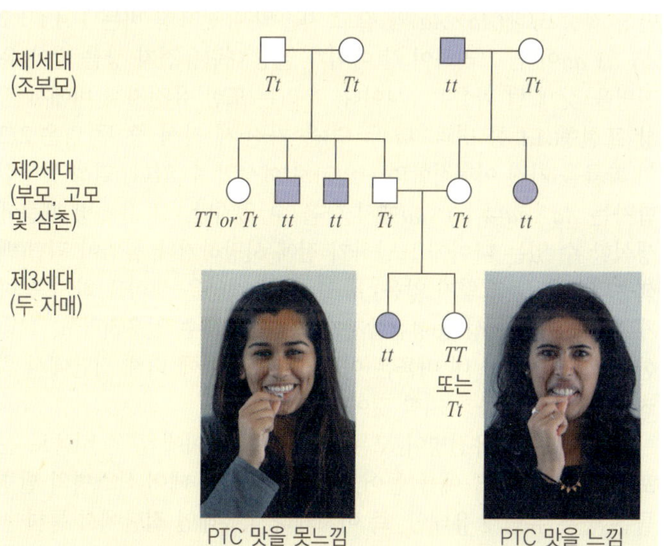

(b) PTC라는 화학물질의 맛을 느끼지 못하는 것은 우성 또는 열성 형질인가?
가계도 분석방법: 비록 부모가 모두 그 형질이 없지만(그들은 PTC의 맛을 느낄 수 있다.) 3세대의 첫째 딸이 PTC의 맛을 느끼지 못하는 형질을 가지고 있음에 유의하라. 만일 맛을 느끼지 못하는 형질이 열성 대립유전자 때문이라면 그러한 양상을 설명할 수 있다. (만일 그것이 우성 대립유전자 때문이라면, 적어도 한쪽 부모는 그 형질을 가졌을 것이다.)

▲ **그림 8.12 가계도 분석.** 가계도는 각각 3세대에 걸쳐 같은 가족의 어떤 형질을 추적한 것이다. 유전원리를 이해하기 위하여 각 형질은 단일 유전자의 두 대립유전자에 의해 결정되는 것처럼 보여준다. 이것은 다른 유전자들이 이 특징에 각각 영향을 미칠 수 있기 때문에 단순화한 것이다.

열성 유전병

수천 개의 유전병이 단순 열성 형질로 유전된다고 알려져 있다. 이러한 유전병은 백색증(색소 부족으로 피부암에 쉽게 걸리며 시각 문제를 초래함)처럼 상대적으로 미미한 증세를 보이는 병부터 낭성 섬유증과 같은 치사 질환에 이르기까지 다양하다.

열성 대립유전자의 행동

우리는 열성 유전병을 일으키는 대립유전자의 행동을 어떻게 설명할 수 있을까? 유전자는 특수 기능을 하는 단백질을 암호화한다는 것을 기억해봐라. 유전병을 일으키는 대립유전자(그것을 대립유전자 *a*라고 부르자)는 기능을 못하는 단백질을 생산하거나 아예 단백질을 생산하지 못한다. 열성 유전병의 경우 이형접합자(*Aa*)는 정상 표현형을 나타낸다. 그 이유는 한 개의 정상 대립유전자(*A*)가 충분한 양의 특정 단백질을 만들기 때문이다. 따라서 열성 유전병은 각 부모로부터 열성 대립유전자를 하나씩 받은 동형접합자(*aa*)에서만 나타난다. 이형접합자(*Aa*)는 비록 질환에 대해 표현형은 정상이라도 자손에게 열성 대립유전자를 전달할 수 있기 때문에 **보인자(carrier)**라고 부른다. 그림 8.13은 백색증을 예로 들며 이러한 설명을 보여주고 있다.

그림 8.13의 퍼넷사각형에 나타난 경우처럼 열성 유전병을 갖고 태어나는 사람들은 대부분 보인자이지만 정상 표현형을 나타내는 부모로부터 태어난다. 두 명의 보인자가 결혼하면 멘델의 F_1 단성 잡종 교배(*Aa*×*Aa*)와 같고 자손의 유전자형 비는 1 *AA* : 2 *Aa* : 1 *aa*이다. 그리하여 각 아이가 열성 대립유전자 쌍을 받아 유전병을 갖게 될 확률은 1/4이다. 우리는 또한 유전자형 비에서 정상 표현형(*AA* 한 명과 *Aa* 두 명)을 가진 세 자식 중 두 명은 2/3의 확률을 가진 이형접합의 보인자로 예상할 수 있다. 열성 동형접합자는 *Aa*×*aa*나 *aa*×*aa*에서 나올 수 있지만, 그 유전병 때문에 생식할 수 있는 나이에 도달하기 전에 사망하거나 불임이 되면(백색증의 경우는 그렇지 않음) *aa*를 가진 개인은 생식을 하지 못하게 될 것이다. 열성 동형접합자가 생식을 할 수 있을지라도, 그러한 사람의 개체군 내 비율은 이형접합 보인자에 비해 집단에서 훨씬 더 적은 비율을 차지할 것이다.

일반적으로, 유전병이 모든 인간 그룹 사이에 같은 비율로 분포되어 있지 않다. 예를 들어, 앞에서 설명한 테이-삭스병의 발병률은 중부 유럽계 유태인, 즉 아시케나지 유태인 집단에서 특히 높아 3,600명 중 한 명 정도로 발생한다. 이것은 비유태인이나 지중해(세파르딕) 유태인보다 100배 높은 발병률이다. 이처럼 분포가 다른 이유는 기술이 발달되지 않았던 시대에 인구가 지리적으로(따라서 유전적으로) 고립되어 민족마다 서로 다른 유전적 역사를 겪어오면서 나타난 결과이다.

유전병을 유발하는 열성 대립유전자가 흔하지 않을 경우, 해로운 대립유전자를 가진 두 명의 보인자가 만나 결혼할 가능성은 상대적으로 낮다. 그러나 만일 남자와 여자가 가까운 친척이라면(예를 들어, 형제 자매나 사촌), 열성 형질을 물려줄 확률은 아주 높아진다. 이것을 근친결혼이라 부르며, 가계도에서는 두 줄의 직선으로 표시한다. 조상이 같은 사람들은 관계가 없는 사람들보다 같은 열성 대립유전자를 가질 확률이 높기 때문에 가까운 친척끼리 결혼하면 해로운 형질을 포함한 열성 형질에 대하여 동형접합인 자손을 낳기가 쉽다. 그러한 효과는 근친교배를 하는 가축이나 동물원에 있는 동물에서 볼 수 있다.

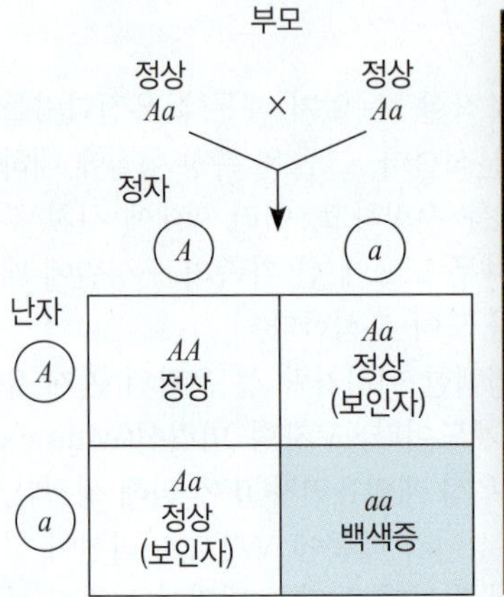

▲ 그림 8.13 **백색증: 열성 형질의 한 예.** 사진 속의 두 자매 중 한 명은 피부색이 정상이고, 다른 한 명은 백색증이다. 열성 동형접합자의 대부분은 정상 표현형을 갖고 있는 보인자 부모로부터 태어난다. 퍼넷사각형에서 그 경우를 볼 수 있다.

사람의 근친결혼이 유전병의 위험성을 증가시키는 정도에 대하여 유전학자 사이에 논란이 있다. 많은 해로운 대립유전자들은 심각한 영향을 미쳐 동형접합자의 배아가 태어나기 전에 자연 유산된다. 대부분의 사회나 관습은 친척 사이의 결혼을 법으로 금하거나 터부시한다. 이러한 규칙들은 대부분의 집단에서 근친결혼할 때 사산이나 선천성 장애가 많이 나온다는 경험적 관찰로부터 진화해 왔을 것이다. 사회적 그리고 경제적 요인도 근친결혼을 금지하는 관습이나 법의 발생에 영향을 미쳐왔다.

낭성 섬유증

미국에서 가장 흔한 치사 유전병인 **낭성 섬유증(cystic fibrosis)**은 유럽계 혈통에서 2,500명당 한 명꼴로 나타나지만 다른 혈통에서는 아주 드물게 발생한다. 유럽인 자손 가운데 25명 중 한 명(4%)은 낭성 섬유증 대립유전자의 보인자이다. 정상 대립유전자는 특정 세포 사이에 염소이온과 세포 외액의 수송을 담당하는 막단백질을 만든다. 낭성 섬유증에 대하여 두 개의 열성 대립유전자를 물려받은 아이들은 이 염소이온 통로가 기능을 못하거나 결손되어 있다. 결과적으로 세포 외액의 염소 이온 농도가 비정상적으로 높아져, 특정 세포를 덮는 점액이 두꺼워지고 끈적끈적해지게 만든다. 이 점액은 이자, 폐, 소화기계 등의 기관에 축적되어, 소장에서의 영양소 흡수 장애, 만성 기관지염, 재발성 세균 감염과 같은 복합적인 결과를 나타내게 된다.

치료하지 않을 경우 낭성 섬유증에 걸린 대부분의 아이들은 5세 이전에 사망한다. 감염을 예방하기 위해 항생제를 매일 복용하고, 막힌 기도를 뚫기 위해 가슴을 가볍게 두드리고, 그 외 다른 예방 치료를 하면 생명이 연장된다. 이제 미국에서 낭성 섬유증을 가진 사람 중 절반 이상은 30대 이상까지 산다.

낫모양 적혈구 빈혈증: 진화적인 측면에서 의미를 갖는 유전병

진화 미국에서 아프리카계 자손 중 가장 흔한 유전 질환은 **낫모양 적혈구 빈혈증(sickle cell anemia)**으로 400명 중 한 명 태어난다. 낫모양 적혈구 빈혈증은 적혈구 세포의 헤모글로빈 단백질에서 아미노산이 한 개 바뀌어 생긴다; 동형접합 개인의 경우 모든 헤모글로빈은 낫모양 세포(비정상)의 변이이다. 이 병에 걸린 사람의 혈중 산소량이 적을 때(예를 들어, 고도에 있거나 육체적 스트레스를 받을 경우), 헤모글로빈 분자가 뭉쳐 낫모양의 기형 적혈구를 만든다. 낫모양 세포는 응집하여 작은 혈관을 막을 수 있고 허약한 신체, 통증, 기관 손상, 그리고 심지어 마비와 같은 전신적인 증상을 일으킨다. 낫모양 적혈구 빈혈증 대립유전자가 두 개 있을 경우 나타나는 복합적인 영향은 다면발현의 또 다른 예를 보여준다. 주기적으로 수혈을 하면 이 병에 걸린 아이에게 뇌 손상을 막아줄 수 있고 새로운 약물은 증상을 예방하거나 치료할 수 있다. 현재 완벽한 치료제는 없지만 낫모양 적혈구 빈혈증은 유전자 치료 연구의 대상이다.

최악의 낫모양 적혈구 빈혈증이 나타나려면 사람이 두 개의 열성 대립유전자를 가져야 하나, 한 개의 열성 대립유전자를 가져도 표현형에 영향을 줄 수 있다. 그러므로 생물체 수준에서 정상 대립유전자는 열성 대립유전자에 대해 불완전 우성이다(그림 8.14). **낫모양 적혈구 형질**(sickle-cell trait)을 나타내는 이형접합자(보인자)는 일반적으로 건강하지만 혈액 내의 산소가 지속적으로 부족할 때 일부 낫모양 적혈구 빈혈증의 증세를 보일 수 있다. 분자 수준에서 두 대립유전자는 공동 우성이다; 정상 헤모글로빈과 비정상 헤모글로빈이 이형접합자에서 모두 만들어진다.

10명의 아프리카계 미국인 중 한 명은 낫모양 적혈구 형질을 가지고 있다. 이것은 동형접합자가 갖는 증상의 심각성에 비해 비정상적으로 높은 빈도이다. 진화가 진행되는 동안 왜 이 대립유전자가 사라지지 않았을까? 이에 대한 한 가지 가능한 설명은, 낫모양 적혈구 빈혈증 대립유전자를 한 개 가지고 있으면 말라리아에 대한 감염 빈도와 증세가 감소하고 특히 어린이에서 더 그렇다. 말라리아 기생충은 생활사 중 일부 기간 동안 적혈구 안에서 살아간다. 낫모양 적혈구 빈혈증 이형접합자들이 갖고 있는 낫모양 적혈구는 기생충의 밀도를 낮추고 말라리아 증세를 완화시킨다. 따라서 말라리아 감염이 흔히 일어나는 열대 아프리카에서 낫모양 적혈구 빈혈증 대립유전자는 동형접합자에게는 해가 되지만 이형접합자에게 유리함을 제공한다. 낫모양 적혈구 세포 형질을 갖는 아프리카계 미국인의 빈도가 상대적으로 높은 것은 그들의 조상이 아프리카에서 왔음을 나타내는 흔적이다.

▼ 그림 8.14 낫모양 적혈구 빈혈증과 낫모양 적혈구 세포 형질

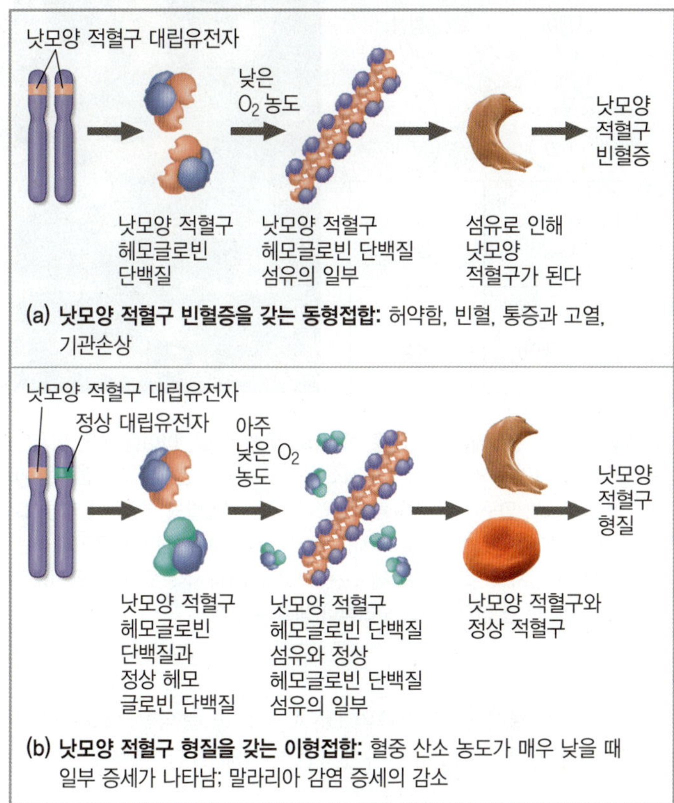

(a) **낫모양 적혈구 빈혈증을 갖는 동형접합:** 허약함, 빈혈, 통증과 고열, 기관손상

(b) **낫모양 적혈구 형질을 갖는 이형접합:** 혈중 산소 농도가 매우 낮을 때 일부 증세가 나타남; 말라리아 감염 증세의 감소

우성 유전병

해로운 대립유전자들은 대부분 열성이지만, 우성 대립유전자에 의해 생기는 사람의 유전병도 많다. 예를 들어, 25,000명당 한 명 태어나는 **연골발육 부전증**(achondroplasia)이 좋은 예이다. 이 유전자에 대하여 이형접합자 사람은 왜소증 표현형을 보인다(그림 8.15). 사람 집단의 99.99%는 정상 키를 가지며 열성 동형접합자이다. 앞에서 언급한 여분의 손가락이나 발가락을 가진 사람처럼 이 연골발육 부전증은 우성 대립유전자보다 열성 대립유전자의 빈도가 훨씬 더 높은 형질이다.

비교적 해가 없는 연골발육 부전증과 달리 일부 우성 대립유전자는 치사 유전병을 일으킨다. 치사 유전병을 유발하는 우성 대립유전자는 열성 대립유전자보다 훨씬 더 드물다. 열성 치사 대립유전자는 동형접합일 때만 치사이다. 치사 열성 대립유전자는 보인자의 경우 정상 표현형을 갖기 때문에 이형접합 보인자의 형태로 한 세대에서 다음 세대로 전달될 수 있다. 그러나 치사 우성 대립유전자를 갖는 개인이 자손을 낳기 전에 사망한다면 치사 우성 대립유전자는 다음 세대로 전달되지 않는다. 만일 치사 우성 대립유전자에 의해 야기되는 유전병이 생식 나이를 지나 증세가 처음 나타나면 개인은 이미 치사 대립유전자를 자식에게 전달했을 수 있다. 예를 들어, 신경계의 퇴행성 유전병인 **헌팅턴병(Huntington's disease)**은 치사 우성 대립유전자에 의해 발생하며, 35~45세까지 증세가 없다. 신경계의 퇴행이 시작되면 되돌릴 수 없고 결국 죽게 된다. 다른 우성 형질과 마찬가지로 헌팅턴병을 갖는 부모로부터 그 병을 물려받을 확률은 50%이다(그림 8.15의 퍼넷사각형). 미국에서 이 유전병은 10,000명당 한 명 태어난다.

과거에 어떤 개인이 헌팅턴병 대립유전자를 가졌는지를 아는 유일한 방법은 증세가 나타난 이후였지만 지금은 그렇지 않다. 이

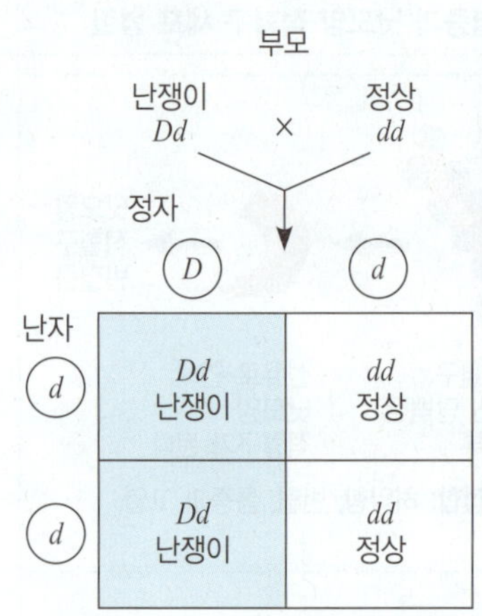

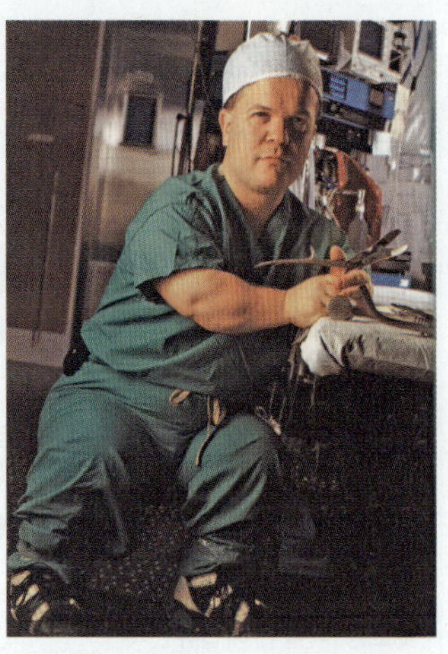

▲ **그림 8.15 연골발육 부전증. 하나의 우성 형질.** 마이클 에인 박사는 우성 대립유전자(*D*)에 의해 야기되며 왜소증의 한 종류인 연골발육 부전증을 가졌다. 이것이 그의 연구에 열의를 불어넣었다. 그는 연골발육 부전증과 다른 질환으로 인해 생기는 뼈의 결함을 고치는 전문가이다. 이 우성 대립유전자(*D*)는 부모의 정자나 난자의 돌연변이로써 또는 퍼넷사각형에서 보듯이 이 유전병을 갖고 있는 부모 중 한 명으로부터 물려받아 생길 수 있다.

유전병의 발병률이 높은 가족의 DNA 표본을 분석함으로써 유전학자들은 헌팅턴병 대립유전자가 4번 염색체 말단 근처에 위치하고 1993년 DNA 염기서열을 밝혔다. 이러한 정보를 이용하여 개인의 유전체에 있는 헌팅턴병 대립유전자의 존재를 알아내는 검사법을 개발하였다. 이 검사법의 이용은 헌팅턴병 가족력이 있는 사람들에 대하여 괴로운 딜레마를 제공한다. 어떤 사람들은 가족계획을 세우기 전에 유전병에 대한 검사를 하고 싶어하고, 반면 다른 사람들은 사전 검사가 너무 스트레스를 주기 때문에 검사를 하지 않을 것이다.

다인성 유전병

우리가 지금까지 논의한 유전병들은 단순한 멘델 질병으로 설명되는데, 이것은 이 유전병들이 어떤 유전자의 하나 또는 두 개의 대립유전자 이상으로 생기기 때문이다. 더 많은 사람들은 다인성—유전 요인과 하나의 의미 있는 환경 영향—으로 인하여 유전병에 걸릴 가능성이 높다. 심장병, 당뇨병, 암, 알코올 중독, 정신분열이나 조울증과 같은 정신 이상, 기타 많은 유전병은 다인성이다. 많은 경우 유전 요인은 다인자 유전 양상을 보인다. 예를 들어, 여러 종류의 유전자가 심혈관 건강에 영향을 미치기 때문에 사람에 따라 심장 마비나 중풍에 더 잘 걸리는 경우가 있다. 그러나 유전자형에 관계없이 우리의 생활 습관이 심혈관 건강이나 다른 다인성 특징에 대한 표현형에 많은 영향을 미친다. 운동, 식이요법, 금연, 그리고 스트레스 상황을 극복하는 능력 등이 심장병이나 일부 암에 걸릴 확률을 낮춰준다.

멘델 유전학에 기초를 둔 유전 상담

단순한 멘델 질환들은 임신하기 전이나 임신 초기에 특정 유전병에 대한 위험성 평가가 가능하다면 예방이 가능하다. 많은 병원들은 유전 상담원을 고용하여 특정 유전병에 대한 가족력을 걱정하는 예비 부모에게 정보를 제공해 주고 있다.

존과 캐롤이라는 가상의 부부에 대해 한 가지 상황을 생각해 보자. 그들은 각각 같은 열성 유전병으로 인해 사망한 남자 형제를 두고 있다. 첫 아이를 임신하기 전에 존과 캐롤은 유전 상담을 하여 태어날 아이가 그 유전병을 가질 가능성을 알아보기로 하였다. 두 사람의 형제에 대한 정보로부터 우리는 존와 캐롤의 부모가 모두 열성 대립유전자에 대한 보인자임을 알 수 있다. 따라서 존과 캐롤은 모두 *Aa*×*Aa* 사이에서 태어났으며, 여기서 *a*가 유전병을 일으키는 대립유전자를 나타낸다. 또한 존과 캐롤은 유전병을 갖고 있지 않기 때문에 열성 동형(*aa*)이 아님을 알 수 있다. 그러므로 그들의 유전자형은 *AA* 또는 *Aa*이다.

Aa×*Aa* 사이에서 태어나는 자손의 유전자형 비가 1 *AA* : 2 *Aa* : 1 *aa*라는 것을 고려할 때, 존과 캐롤이 보인자(*Aa*)일 확률이 각각 2/3이다. 곱셈 법칙에 의해 첫 아이가 유전병을 갖고 태어날 확률은 2/3(존이 보인자일 확률) × 2/3(캐롤이 보인자일 확률) × 1/4(부부가 유전병을 가진 아이를 낳을 확률)로 1/9이다. 존과 캐롤이 아이를 갖기로 결정했다고 하자. 결국 아이가 유전병을 갖지 않을 확률은 8/9인 것이다. 이처럼 확률이 높아도 만일 아이가 유전병을 갖고 태어난다면, 존과 캐롤은 둘다 보인자(*Aa*)일 것이다. 존과 캐롤이 둘 다 보인자라면 앞으로 태어나는 아이가 이 유전병에 걸릴 확률은 1/4일 것이다.

멘델의 법칙을 이용하여 가능한 결과를 예상할 때, 각 아이는 독립적인 사건을 나타내며 이미 태어난 형제의 유전자형에 의해 영향을 받지 않는다는 것을 알아야 한다. 존과 캐롤이 세 명의 아이를 더 낳는데, 세 명 모두 이 유전병을 갖고 태어날 확률은 겨우 64분의 1(1/4 × 1/4 × 1/4)에 불과하다. 이러한 불운에도 불구하고 다음 아이도 이 질환에 걸릴 확률은 여전히 1/4이다.

이와 같은 유전 상담은 멘델의 유전 법칙에 기초를 두고 있다. 우리는 멘델의 훌륭한 정량적 실험 덕분에 '유전자 개념', 즉 단순한 확률의 법칙에 따라 전달되는 불연속적 '유전인자'에 대한 개념을 가질 수 있게 되었다. 멘델이 발견한 유전 법칙의 중요성은 발견 후 수십 년이 지난 20세기 초반까지도 대부분의 생물학자로부터 관심을 받지 못했다. 다음 장들에서 우리는 어떻게 멘델의 법칙이 성적 생활사 동안 염색체의 행동에 물리적 근거를 두고 있는지 그리고 멘델의 이론과 유전의 염색체설이 통합됨으로써 유전학이 얼마나 빨리 발전되었는지를 배울 것이다.

CHAPTER

9 염색체와 유전현상

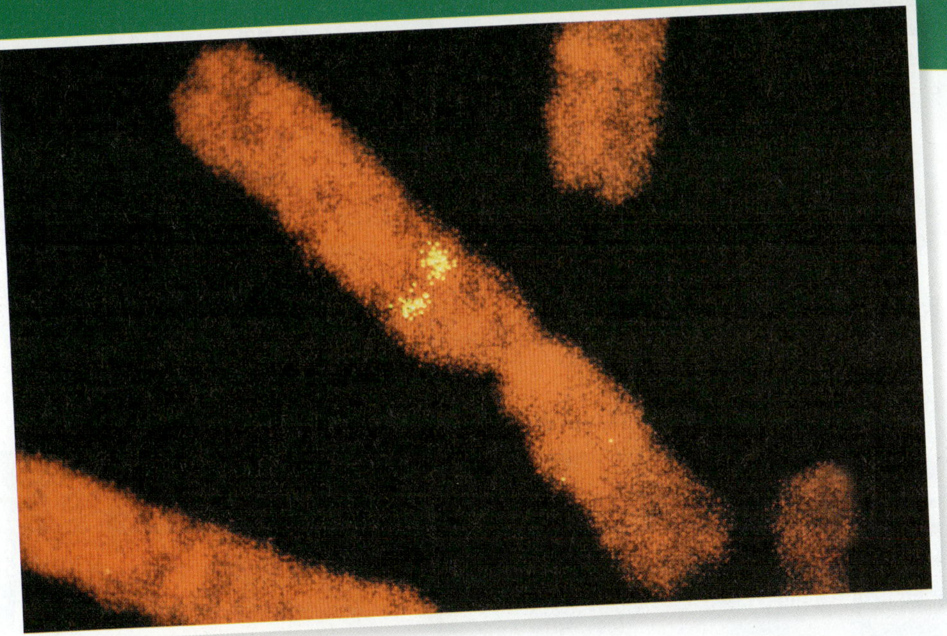

▲ 그림 9.1 멘델의 유전인자는 세포에서 어디에 위치하는가?

핵심 개념

9.1 모건은 멘델의 유전이 염색체의 행동에 물질적 근거를 둔다는 사실을 보여주었다: 과학 탐구

9.2 성-연관 유전자들은 특이한 유전 양상을 보여준다

9.3 연관된 유전자들은 동일한 염색체의 서로 가까운 곳에 위치하기 때문에 함께 유전되는 경향이 있다

9.4 염색체의 수나 구조의 이상으로 일부 유전병이 생긴다

염색체상의 유전자 위치

오늘날 우리는 멘델의 "유전인자"가 염색체를 따라 위치하는 DNA의 조각임을 알고 있다. 우리는 유전자를 눈에 띄게 만드는 형광 염료를 가지고 염색체를 표지함으로써 특정 유전자의 위치를 볼 수 있다. 예를 들어, 그림 9.1에 있는 두 개의 노란 부위는 인간 염색체 6번에 있는 특정 유전자를 표시한다. (이 염색체는 복제되어 그 염색체에 있는 대립유전자가 자매염색분체당 한 개씩, 두 개의 복사본으로 존재한다.) 그러나 멘델이 1860년에 유전인자의 존재를 제안했을 때, 그것은 완전히 추상적인 개념이었다. 그 당시에는 이러한 상상의 단위를 수용하는 세포 구조에 대하여 아는 것이 없었고, 많은 생물학자들은 멘델이 제안한 유전 법칙을 믿지 않았다.

현미경 기술이 발전하면서 세포학자들은 1875년 유사분열과 1890년대에 감수분열 과정을 밝혔다. 유성적 생활사 동안 염색체의 행동과 멘델이 불렀던 '유전인자'의 행동이 유사하다는 것을 생물학자들이 발견하면서 세포학과 유전학은 통합되었다. 그림 9.2에서 보여주듯이 염색체와 유전자는 둘 다 2배체 세포 내에 쌍으로 존재한다; 감수분열이 진행되는 동안 상동염색체 쌍은 분리되고, 대립유전자는 분리된다. 감수분열 후 수정을 통하여 염색체와 유전자가 모두 쌍으로 존재하는 상태로 복구된다. 1902년경, 서턴(Walter Sutton), 보베리(Theodor Boveri) 그리고 일부 학자들이 각각 독립적으로 이러한 유사점을 발견하고 **유전의 염색체설(chromosome theory of inheritance)**을 주장하였다. 이 이론에 의하면 멘델의 유전자는 염색체상의 특정 유전자 좌위(위치)에 있으며 바로 이 염색체들이 분리와 독립적인 유전을 한다.

그림 9.2에서 볼 수 있듯이 감수1분열 후기 동안 상동염색체가 분리되면서, 각 유전자 좌위에 있는 두 개의 대립유전자도 다른 배우자로 분리되고, 감수1분열 중기에 염색체 쌍이 임의로 배열되면서 다른 상동염색체 쌍에 위치한 두 개 이상의 유전자에 대한 대립유전자가 독립 분리된다. 이 그림은 앞 장에서 공부한 양성 잡종 완두의 교배와 유사하다. 그림 9.2를 자세히 살펴보면 F_1 세대에서 감수분열 동안 염색체 행동과 그 후 일어나는 무작위 수정을 통하여 멘델에 의해 관찰된 F_2 표현형 비율이 어떻게 나오는지 알 수 있다.

염색체의 행동과 유전자의 행동의 상관관계를 입증하면서 이 장에서는 앞에서 배운 것을 확장할 것이다. 염색체 이론을 강하게 지지해 주는 초파리에서 얻은 증거를 설명한 후 만일 두 유전자가 같은 염색체에 연관되어 있을 때 무슨 일이 일어나는가를 포함하여 부모로부터 자손으로 유전자가 전달되는 염색체 이론을 공부할 것이다.

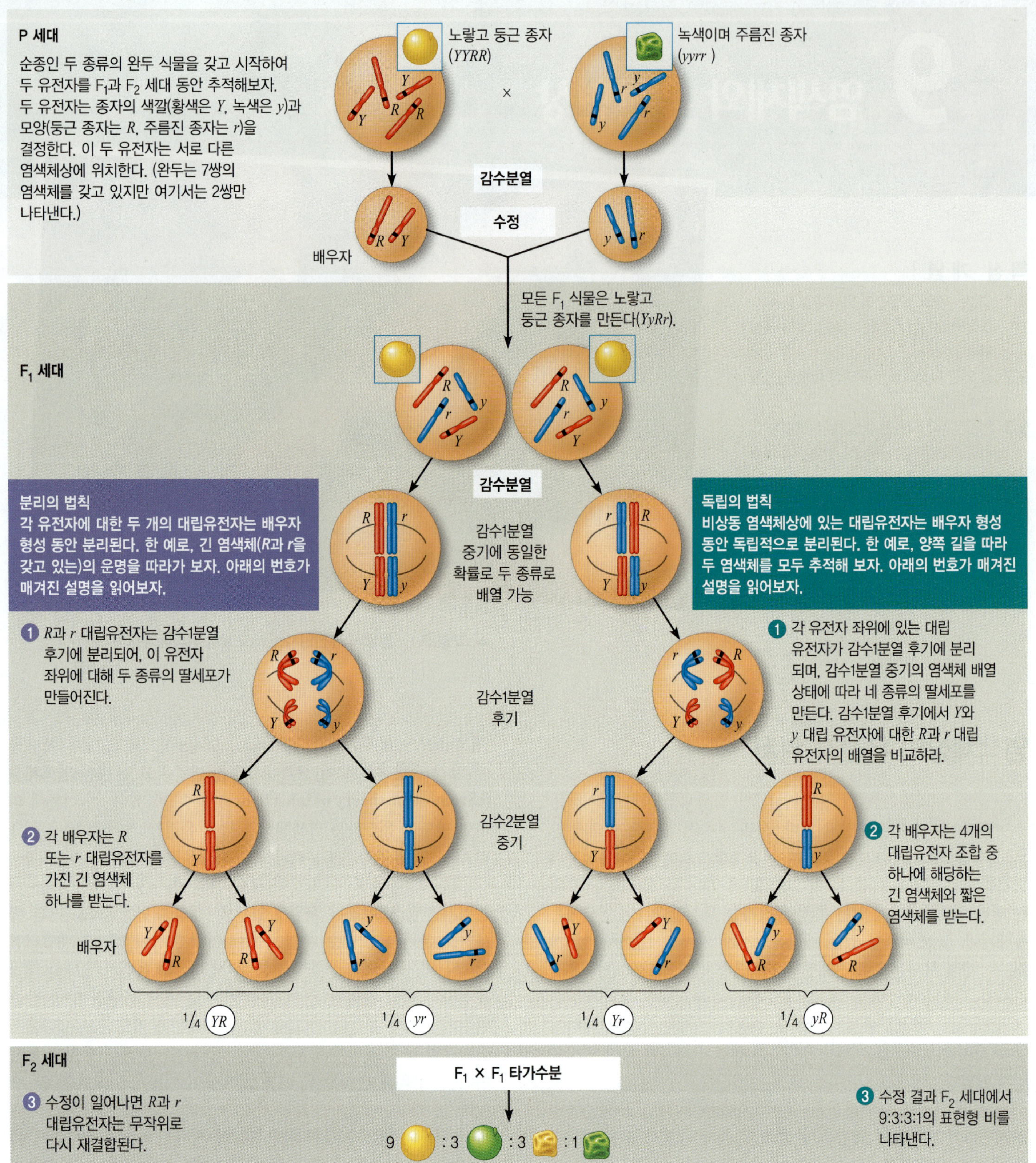

▲ **그림 9.2 염색체에 근거한 멘델의 유전 법칙.** 여기서 우리는 멘델의 양성 잡종 교배 실험(그림 11.8) 결과와 감수분열 시 염색체의 행동 양식(그림 10.8)을 연관시킬 수 있다. 감수1분열 중기에 염색체가 배열되고 후기에서 이동하는 것은 종자의 색깔과 모양에 대한 대립유전자의 분리와 독립적인 유전을 설명할 수 있다. F_1 식물에서 감수분열을 하는 세포는 두 종류의 배우자를 만든다. 그러나 전체적으로 보았을 때, F_1 식물은 네 종류의 배우자를 동수로 만든다. 그 이유는 감수1분열 중기에 다른 방식으로 배열할 수 있는 가능성이 같기 때문이다.

개념 9.1

모건은 멘델의 유전이 염색체의 행동에 물질적 근거를 둔다는 사실을 보여주었다: 과학 탐구

특정 유전자와 특정 염색체가 관련이 있다는 첫 번째 확실한 증거는 1900년대 초반 컬럼비아 대학교의 실험 발생학자 모건(Thomas Hunt Morgan)의 연구에서 나왔다.

모건이 선택한 실험 동물

생물학 역사에서 많은 경우, 연구 문제를 해결하는 데 적합한 생물체를 통찰력 있게 또는 운 좋게 선택함으로써 중요한 사실들이 발견되었다. 멘델은 식별할 수 있는 변종들이 많은 완두 식물을 실험 재료로 골랐다. 모건은 과일에서 자라는 균류를 먹고 사는 흔한 곤충인 노랑초파리(*Drosophila melanogaster*)를 선택하였다. 초파리는 새끼를 많이 낳는다. 한 번 교배를 통해 수백 마리의 새끼를 낳고 2주마다 번식할 수 있다. 1907년, 모건의 실험실은 유전학 연구를 위하여 이처럼 간편한 생물체를 사용하기 시작하였고, 곧 "파리 방"으로 알려졌다.

초파리의 또 다른 장점은 광학 현미경으로 쉽게 구분되는 염색체를 겨우 네 쌍 가지고 있다. 세 쌍의 상염색체와 한 쌍의 성염색체가 있다. 암컷은 상동인 X 염색체 한 쌍을 갖고, 수컷은 한 개의 X 염색체와 한 개의 Y 염색체를 갖는다.

멘델은 종자 공급자로부터 여러 종류의 완두 변종을 쉽게 구할 수 있었지만 이 흔한 곤충의 다양한 변종을 찾은 사람은 아마도 모건이 처음이었을 것이다. 자연발생적으로 생기는 돌연변이를 찾기 위하여 모건은 수많은 교배 실험을 수행하고 현미경으로 많은 자손들을 조사하는 지루한 일을 해야만 했다. 수 개월에 걸친 실험을 한 후 그는 "2년의 일이 헛되었다. 나는 항상 초파리를 교배해 왔지만 얻은 게 아무것도 없었다"고 탄식하였다. 그렇지만 모건은 실험을 계속하였고 마침내 눈 색깔이 보통 빨간색이 아닌 흰색의 수컷 초파리 한 마리를 발견하였다. 자연 집단에서 가장 흔하게 관찰되는 어떤 특징의 표현형, 예를 들어 빨간 눈을 **야생형(wild type)**이라 부른다(그림 9.3). 야생형이 아닌 대체 형질, 예를 들어 초파리의 흰 눈은 돌연변이 표현형이라 한다. 그 이유는 돌연변이 표현형은 변이, 즉 돌연변이로서 야생형 대립유전자에서 유래된 것으로 여겨지는 대립유전자이기 때문이다.

모건과 그의 학생들은 초파리의 대립유전자를 나타내는 표기법을 고안했으며, 이 표기법은 지금도 널리 사용되고 있다. 초파리의 어떤 특징에 대한 유전자는 발견된 첫 번째 돌연변이로부터 기호를 부여받는다. 그래서 초파리의 흰 눈 대립유전자는 w로 표시된다. 위첨자로 +를 쓰는 것은 야생형 형질에 대한 대립유전자를 나타낸다. 예를 들어, w^+는 빨간 눈의 대립유전자를 뜻한다. 시간이 지나면서 생물체마다 각각 다른 유전자 표기법이 개발되었다. 보통 사람의 유전자는 모두 대문자로 표기한다. 예를 들어, 헌팅턴 무도병에 관여하는 유전자는 *HTT*이다.

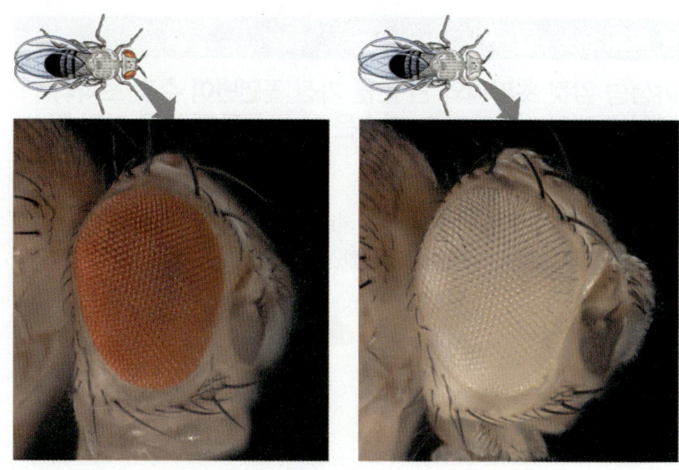

▲ **그림 9.3 모건의 첫 번째 돌연변이.** 야생형 노랑초파리는 빨간 눈을 갖고 있다(왼쪽). 모건은 흰 눈을 가진 돌연변이 수컷을 발견하였다(오른쪽). 이 변이는 모건이 눈 색깔에 대한 유전자가 특정 염색체상에 있음을 알게 해주었다 (광학 현미경 사진)

한 유전자에 대한 대립유전자들의 행동과 염색체 쌍의 행동 사이의 연관

모건은 흰 눈을 가진 수컷과 빨간 눈을 가진 암컷을 교배하였다. F_1 자손은 모두 빨간 눈을 가졌고 이것은 야생형이 우성이라는 것을 시사해 주었다. 모건이 F_1 초파리끼리 교배를 시켰을 때 F_2 자손에서 고전적인 3:1 표현형을 관찰하였다. 그러나 놀랄만한 결과가 더 나왔는데, 흰 눈의 형질은 수컷에서만 나타났다. 모든 F_2 암컷은 빨간 눈을 가졌으며, 수컷의 반은 빨간 눈을, 나머지 반은 흰 눈을 가졌다. 그러므로 모건은 파리의 눈 색깔이 성과 연관되어 있다고 결론지었다. (만약 눈 색깔에 대한 유전자가 성과 관련이 없다면 흰 눈을 가진 파리 중 반은 수컷이고 나머지 반은 암컷이어야 했을 것이다.)

암컷 초파리는 두 개의 X 염색체를 가지며(XX) 수컷 초파리는 X와 Y 염색체를 하나씩(XY) 갖고 있음을 기억하라. 흰 눈을 갖고 있는 F_2 초파리에서 흰 눈 형질과 수컷 사이에 관계가 있다는 사실은 흰 눈 돌연변이에 관여하는 유전자는 전적으로 X 염색체에만 위치하며, Y 염색체상에는 그에 대응하는 대립유전자가 없다는 것을 모건에게 시사해 주었다. 그의 추론은 그림 9.4에 나와 있다. 돌연변이 대립유전자가 하나 있는 수컷은 흰 눈을 가질 것이다. 수컷은 한 개의 X 염색체만 갖기 때문에 열성 대립유전자를 상쇄할 야생형 대립유전자(w^+)를 가질 수 없다. 반면에 암컷은 두 개의 X 염색체가 모두 열성 돌연변이 대립유전자(w)일 경우에만 흰 눈을 갖게 된다. 모건의 실험에서 얻은 F_2 세대의 암컷이 흰 눈을 갖는다는 것은 불가능한 일이었는데, 그 이유는 F_1 수컷이 모두 빨간 눈을 가지고 있었기 때문이다.

특정 형질과 개체의 성별 사이에 관련이 있다는 모건의 발견은 유전의 염색체설에 대한 증거가 되었다. 즉, 특정 유전자는 특정

▼ 그림 9.4 **탐구**

야생형 암컷 초파리와 흰 눈을 가진 돌연변이 수컷 초파리 사이에 태어나는 F_1과 F_2 자손은 무슨 색깔의 눈을 가질 것인가?

실험 모건은 야생형(빨간 눈) 암컷 초파리와 흰 눈을 가진 돌연변이 수컷 초파리를 교배하였다. F_1 자손은 모두 빨간 눈을 가졌다.

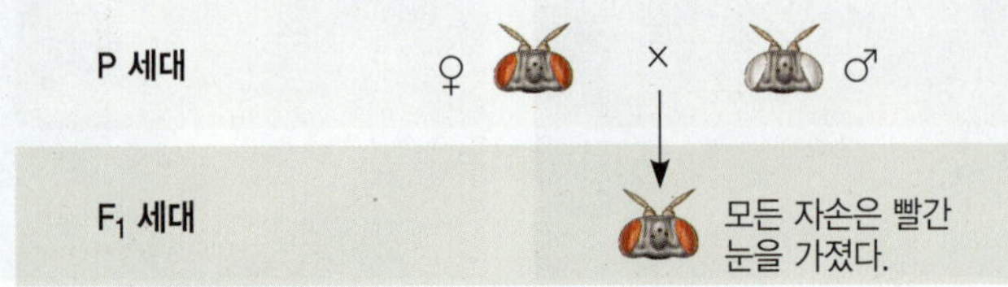

모건은 빨간 눈 F_1 암컷과 빨간 눈 F_1 수컷을 교배하여 F_2 세대를 얻었다.

결과 F_2 세대는 빨간 눈 대 흰 눈의 비율이 멘델의 전형적인 3:1 비율을 보였다. 그러나 흰 눈을 가진 초파리는 모두 수컷이었고, 흰 눈을 가진 암컷은 한 마리도 없었다.

결론 모든 F_1 자손은 빨간 눈을 가졌기 때문에, 흰 눈 돌연변이 형질(w)은 빨간 눈에 대한 야생형 형질(w^+)에 대해 열성이다. F_2 세대에서 열성 형질인 흰 눈이 수컷에서만 표현되었기 때문에, 모건은 눈 색깔을 지정하는 유전자가 X 염색체에 있고 Y 염색체에는 그에 대응하는 유전자가 없다고 추론하였다.

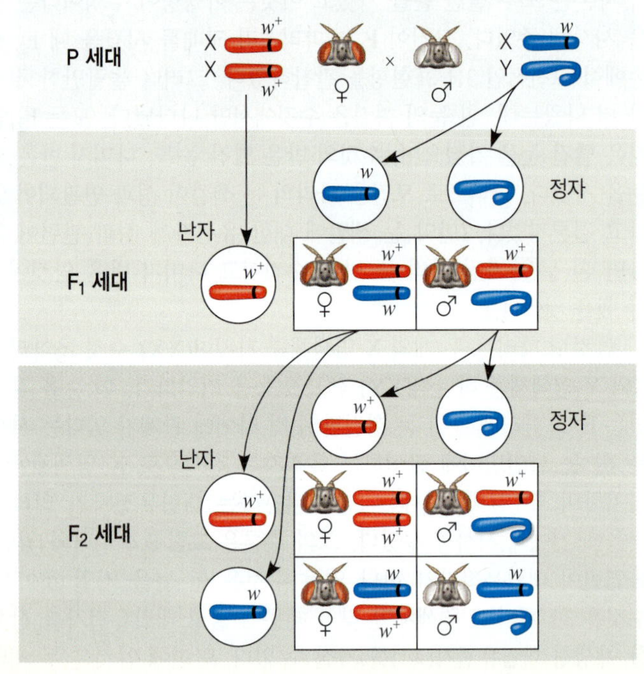

참고문헌 T. H. Morgan, Sex-limited inheritance in *Drosophila*, *Science* 32: 120–122 (1910).

염색체상에 존재한다는 것이다(이 경우 눈 색깔에 대한 유전자는 X 염색체상에 있다.).

개념 9.2

성-연관 유전자들은 특이한 유전 양상을 보여준다

모건은 하나의 형질(흰 눈)이 초파리의 성과 연관이 있다는 사실을 발견하였는데 이것은 유전의 염색체설이 발달할 수 있었던 주요 사건이었다. 초파리의 성을 관찰하면 그 개체가 갖고 있는 성염색체의 종류를 알 수 있다. 두 종류의 성염색체 쌍의 행동과 두 개의 눈 색깔 대립유전자의 행동은 상관이 있다.

염색체에 의한 성 결정

남성 또는 여성은 분명한 표현형 특징 중의 하나이다. 비록 여성과 남성 사이의 해부학적, 생리학적인 차이는 아주 많지만, 염색체에 의한 성 결정은 아주 간단하다. 인간과 다른 포유류에는 두 종류의 성염색체, X와 Y가 있다. Y 염색체는 X 염색체보다 훨씬 작다(**그림 9.5**). 부모로부터 각각 하나씩, 두 개의 X 염색체를 물려받은 사람은 여성이 된다. 남성은 X 염색체와 Y 염색체를 하나씩 물려받는다(**그림 9.6**). Y 염색체의 한 쪽 끝에 있는 상대적으로 짧은 부분만이 X 염색체의 해당 부위와 상동이다. 이처럼 상동인

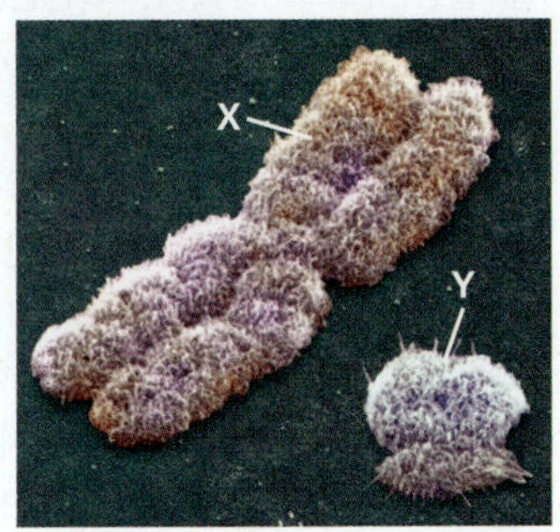

▲ 그림 9.5 **사람의 성 염색체**

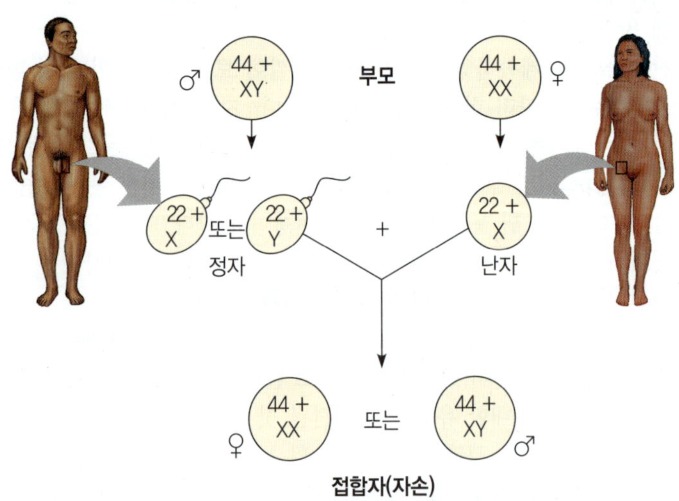

▲ 그림 9.6 **포유류의 성 결정에 대한 X-Y 염색체 체계.** 포유류에서 자손의 성은 정자 세포가 X 또는 Y 염색체를 포함하는가에 달려 있다(모든 난자는 X 염색체를 가지고 있다). 숫자는 상염색체 수를 나타낸다.

부위가 있기 때문에 정소에서 감수분열이 일어나는 동안 X 염색체와 Y 염색체가 쌍을 이루고 상동염색체처럼 행동할 수 있다.

포유류의 정소와 난소에서 두 개의 성염색체는 감수분열 동안에 분리된다. 각 난자는 한 개의 X 염색체를 물려받는다. 반면에 정자는 두 종류로 분류된다. 남성이 생산하는 정자의 반은 X 염색체를 물려받고, 나머지 반은 Y 염색체를 물려받는다. 우리는 임신 과정에 각 자손의 성을 추적할 수 있다. 만일 X 염색체를 가진 정자가 난자와 수정되면, 접합자는 XX로 여성이다. Y 염색체를 가진 정자가 난자와 수정되면 접합자는 XY로 남성이다(그림 9.6). 따라서 포유류의 성 결정은 확률의 문제로 50 대 50의 확률이다. 초파리에서 수컷은 XY이지만 성은 단순히 Y의 존재로 결정되는 것이 아니라 X 염색체 수와 상염색체 세트 수 사이의 비율로 결정된다. 성 결정은 X-Y 체계 이외에도 다른 염색체 체계를 따르는 경우도 있다.

사람의 경우 성에 대한 해부학적인 신호는 배아가 약 두 달 되었을 때 나타나기 시작한다. 그 이전까지 생식소는 유동적이다-Y 염색체의 존재 여부에 따라 생식소는 난소 또는 정소로 발생할 수 있다. 1990년 영국 연구팀이 정소의 발생에 필요한 유전자를 Y 염색체상에서 발견하였다. 그들은 그 유전자를 Y의 성 결정 지역(sex-determining region of Y)을 의미하는 뜻으로 *SRY*라고 이름을 붙였다. *SRY*가 없는 경우 생식소는 난소로 발달한다. 남성과 여성을 구분하는 생화학적, 생리적, 해부학적 특징들은 복잡하며, 많은 유전자가 그들의 발생에 관여한다. 사실 *SRY*는 다른 유전자를 조절하는 단백질을 암호화한다.

사람의 Y 염색체 염기서열을 분석한 결과 약 25개의 단백질을 암호화하는 78개의 유전자가 발견되었다(일부 유전자들은 중복되어 있다). 이들 유전자의 약 절반은 정소에서만 발현되고, 일부 유전자들은 정소가 정상 기능과 정상적인 정자 생산을 하는 데 필요하다. 성염색체에 위치한 유전자를 **성-연관 유전자(sex-linked gene)**라고 부른다. Y 염색체에 위치하는 유전자는 Y-연관 유전자라고 부른다. Y 염색체는 아버지로부터 그의 모든 아들에게 그대로 전달된다. Y-연관 유전자는 아주 드물기 때문에 아버지로부터 아들 자식으로 전달되는 유전병은 거의 없다. 일부 Y-연관 유전자가 없는 XY 개인은 남성이지만 정상적인 정자를 만들지 못하는 예가 알려져 있다.

사람의 X 염색체에는 약 1,100개의 **X-연관 유전자(X-linked gene)**가 존재한다. 남성과 여성이 다른 수의 X 염색체를 물려받기 때문에 X 염색체 유전 양상은 상염색체 유전 양상과 다르다.

X-연관 유전자의 유전

Y-연관 유전자의 대부분은 성을 결정하는데 도움을 주지만, X 염색체에는 성과 관련 없는 특징을 암호화하는 유전자가 많이 포함되어 있다. 사람의 경우 X-연관 유전자들은 모건이 연구한 초파리의 눈 색깔 유전과 같은 양상을 따른다(그림 9.4). 아버지의 X-연관 유전자는 모든 딸에게 전달되지만 아들에게는 전혀 전달되지 않는다. 반면에 적록 색맹 유전을 설명한 **그림 9.7**처럼 어머니의 X-연관 유전자는 아들과 딸 모두에게 전달될 수 있다.

만일 X-연관 형질이 열성 대립유전자 때문이라면 여성은 동형접합일 경우에만 표현형을 나타낼 것이다. 남성은 한 개의 유전자만 가지고 있기 때문에 동형접합과 이형접합이라는 용어는 남성의 X-연관 유전을 표현하기에는 부적합하여 이러한 경우에 반접합성(hemizygous)이라는 용어를 사용한다. 어머니로부터 열성 대립유전자를 받는 모든 남성은 그 형질을 발현할 것이다. 이러한 이유 때문에 남성은 여성보다 훨씬 더 많은 X-연관 열성 유전병을 가진다. 비록 여성이 두 개의 돌연변이 대립유전자를 받을 가능성이 남

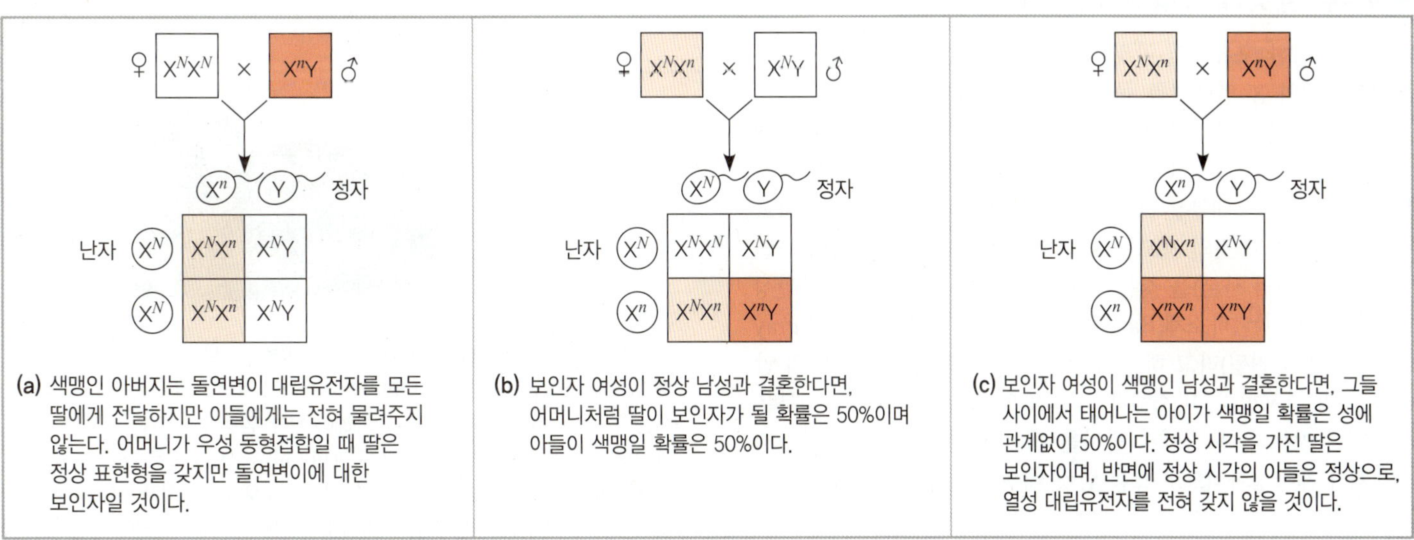

▲ **그림 9.7** **X-연관 열성 형질의 유전.** 이 그림에서 색맹을 한 예로 사용한다. 위첨자 *N*는 정상의 우성 대립유전자를 나타내며, 위 첨자 *n*은 색맹의 열성 대립유전자를 나타낸다. 흰 상자는 정상 사람을 나타내고, 옅은 오렌지색 상자는 보인자를 나타내며, 짙은 오렌지색 상자는 색맹을 나타낸다.

성이 한 개를 받을 가능성보다 낮지만, X-연관 유전병을 갖는 여성이 존재한다. 예를 들어, 색맹은 거의 항상 X-연관 형질로 유전되는 가벼운 유전병이다. 색맹인 아버지와 보인자인 어머니로부터 색맹인 딸이 태어날 수 있다(그림 9.7c). 그러나 색맹에 대한 대립유전자는 상대적으로 드물기 때문에, 이런 조건의 남성과 여성이 결혼할 확률은 낮다.

사람의 많은 X-연관 유전병은 색맹보다 훨씬 더 심각하다. 한 예로, 미국에서 3,500명의 남성 중 한 명꼴로 나타나는 **뒤셴 근위축증(Duchenne muscular dystrophy)**이 있다. 이 유전병은 근육이 서서히 약해지고 근육 운동의 조정력이 없어지는 특징이 있다. 이 병에 걸리면 20대 초반에 대부분 사망한다. 이 병은 디스트로핀(dystrophin)이라는 중요한 근육 단백질의 결핍으로 생기며, 이 단백질을 암호화하는 유전자는 X 염색체에 존재한다.

혈우병(hemophilia)은 X-연관 열성 유전병으로 혈액 응고에 필요한 한 개 이상의 단백질이 없는 상태로 정의된다. 혈우병인 사람이 다칠 경우, 혈액 응고가 천천히 일어나기 때문에 출혈이 지속된다. 피부에 나는 작은 상처는 보통 문제가 되지 않지만, 근육이나 관절에서의 출혈은 고통스럽고 심각한 손상으로 이어질 수 있다. 1800년대에 혈우병이 유럽의 왕족 사이에 널리 퍼졌다. 영국의 빅토리아 여왕이 혈우병 대립유전자를 그녀의 여러 자손에게 물려주었다고 알려졌다. 스페인과 러시아 같은 다른 나라의 왕족 사이에 근친결혼을 하면서 혈우병은 더 많이 퍼졌고 그 사례는 왕족의 가계도에 잘 나타난다. 수년 전 새로운 유전체 기술을 이용하여 매장된 왕족 구성원의 유해로부터 추출한 아주 적은 양의 DNA 염기서열을 분석하였다. 그것으로 돌연변이의 유전학적 근거와 어떻게 기능을 상실한 혈액응고 인자가 생기는지 지금은 이해하게 되었다. 오늘날 혈우병을 가진 사람은 결핍된 단백질을 정맥 주사로 맞으면서 치료받는다.

포유류 암컷에서의 X 염색체 불활성화

사람을 포함한 포유류의 암컷은 수컷이 물려받는 X 염색체의 두 배인 두 개의 X 염색체를 물려받는다. 그래서 여러분은 암컷이 X 염색체에 있는 유전자에 의해 암호화되는 단백질의 양을 두 배 더 만들지 않을까 궁금해 할 것이다. 사실 암컷의 각 세포에 있는 X 염색체 하나는 대부분 초기 배 발생 동안 불활성화 된다. 결과적으로 암컷과 수컷의 세포는 X 염색체상의 유전자에 대해 동일한 분량(한 개의 사본)을 갖는 셈이다. 암컷의 세포에 있는 불활성화된 X 염색체는 **바소체(Barr body**; 캐나다의 해부학자 Murray Bar에 의해 발견됨)라고 하는 조밀한 물체로 응축되고, 핵막의 안쪽을 따라 분포한다. 바소체가 되는 X 염색체의 유전자는 대부분 발현되지 않는다. 난소에서 난자를 생산하는 세포에서는 바소체 염색체가 재활성화되므로 모든 암컷 배우자는 활성화된 X를 갖게 된다.

영국의 유전학자 리온(Mary Lyon)은 X 염색체가 불활성화되는 시점에 존재하는 각 배아 세포에서 두 개의 X 염색체 중 한 개가 무작위로 그리고 독립적으로 바소체를 형성한다고 밝혔다. 결과적으로, 암컷은 두 종류의 세포로 이루어진 **모자이크**로 구성된다. 즉, 한 종류는 수컷으로부터 물려받은 활성화된 X 염색체를 가지고 있고 다른 종류는 암컷으로부터 물려받은 활성화된 X 염색체를 갖고 있다. 특정 세포에서 X 염색체가 불활성화되면, 그 후로 그 세포의 체세포분열로 생긴 자손 세포들에서는 그 X 염색체가 모두 불활성화된다. 따라서 암컷이 X-연관 형질에 대해 이형일 경우 세포의 반은 하나의 대립유전자를 발현하고, 나머지 반은 다른 대립유전자를 발현할 것이다. 그림 9.8은 이러한 모자이크 현상이 일어난 결과 어떻게 거북무늬 고양이에서 얼룩무늬가 생기는가를 보여준다. 사람에서의 모자이크 현상은 땀샘의 발달을 억제하는 X-연관 열성 돌연변이에서 관찰될 수 있다. 이 형질에 대하여 이형인 여성은 정상적인 피부와 땀샘이 없는 피부를 군데군데 가지고 있다.

X 염색체의 불활성화는 DNA와 DNA에 결합된 히스톤 단백질의 변형과 관련이 있다. 예를 들어, DNA 뉴클레오타이드의 질소염기 한 종류에 메틸기($-CH_3$)가 붙는다(DNA 메틸화의 조절 역할은 뒷장에서 더 자세히 다룰 것이다). 각 X 염색체의 특정 부위에 있는 여러 유전자들이 이 불활성화에 관여한다. 두 개의 X 염색체

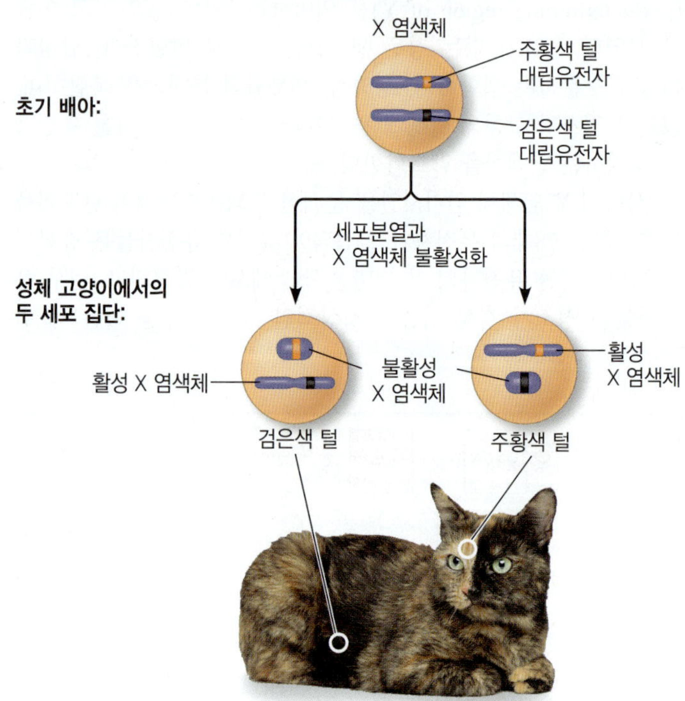

▲ **그림 9.8 X 불활성화와 거북무늬 고양이.** 거북무늬 유전자는 X 염색체에 있으며 거북무늬 표현형이 나타나려면 각각 주황색 털과 검은색 털을 암호화하는 두 개의 대립유전자가 모두 존재해야 한다. 암컷만 두 개의 X 염색체를 갖고 있기 때문에 정상적으로 암컷만 두 개의 대립유전자를 모두 가질 수 있다. 거북무늬 유전자에 대하여 이형접합인 암컷은 거북무늬 고양이가 된다. 주황색 부분은 주황색 대립유전자를 가진 X 염색체가 활동하는 세포 집단에 의해, 검은색 부분은 검은색 대립유전자를 지닌 X 염색체가 활성화된 세포 집단에 의한 것이다. ('캘리코' 고양이에는 흰색 부분도 있는데, 흰색은 다른 유전자에 의해 결정된다.)

각각에 있는 이들 두 부위가 배 발생 초기에 서로 간단히 결합한다. 그 다음 *XIST*(X 염색체를 불활성화하는 특수 RNA를 전사) 유전자가 바소체로 될 염색체에서만 활성화된다. 이 유전자로부터 생산되는 수많은 RNA 분자들은 그것들을 만들어낸 X 염색체에 결합하여 거의 완전히 덮는다. 염색체와 이 RNA 사이의 상호작용은 X 불활성화를 개시하는 것으로 생각되며, 근처에 있는 다른 유전자들의 RNA 산물이 이 과정을 조절하는 데 도움을 준다.

개념 9.3

연관된 유전자들은 동일한 염색체의 서로 가까운 곳에 위치하기 때문에 함께 유전되는 경향이 있다

세포에 있는 유전자 수는 염색체 수보다 훨씬 많다. 사실, 각 염색체는 수백 개 또는 수천 개의 유전자를 갖고 있다. (작은 Y 염색체는 예외이다.) 동일한 염색체에 위치하는 유전자들은 함께 유전되는 경향이 있다. 그러한 유전자들을 **연관 유전자(linked gene)**라 부른다. (성-연관 유전자는 성 염색체에 존재하는 하나의 유전자를 의미하고, 연관 유전자는 동일한 염색체에 있으며 함께 유전되는 경향이 있는 두 개 이상의 유전자를 의미한다. 두 용어의 차이점에 유의하라.) 유전학자들이 교배 실험에서 연관 유전자들을 추적해 보면 멘델의 독립의 법칙과 다른 결과가 나온다.

연관이 어떻게 유전에 영향을 미치는가?

두 유전자가 연관되어 있을 경우, 두 가지 다른 특징이 어떻게 유전되는가를 알아보기 위하여 모건이 수행한 초파리 실험의 다른 예를 조사해 보자. 이 경우, 두 가지 특징은 몸 색깔과 날개 크기이며 각각 두 개의 다른 표현형을 가진다. 야생형 초파리는 몸이 회색이고 정상 크기의 날개를 갖고 있다. 모건은 교배를 통하여 검은색 몸과 정상 날개보다 훨씬 작은 흔적 날개를 갖고 있는 이중 돌연변이 초파리를 얻었다. 돌연변이 대립유전자들은 야생형에 대하여 열성이며 두 대립유전자는 성염색체에 존재하지 않는다. 두 대립유전자를 연구하면서 모건은 **그림 9.9**처럼 교배 실험을 하였다. 부모 세대를 교배하여 F_1 양성 잡종 초파리를 얻었고 그 다음 검정교배 실험을 하였다.

이 교배 실험에서 모건은 부모의 표현형과 동일한 자손의 비율이 두 유전자가 독립법칙에 따라 유전될 경우 예상했던 비율보다 훨씬 높게 나타남을 관찰하였다. 이 결과를 기초로 모건은 두 가지 특징을 암호화하는 유전자가 동일한 염색체에 가까이 존재하기 때문에 몸 색깔과 날개 크기가 특정 조합(부모형 조합)으로 함께 유전된다고 결론지었다.

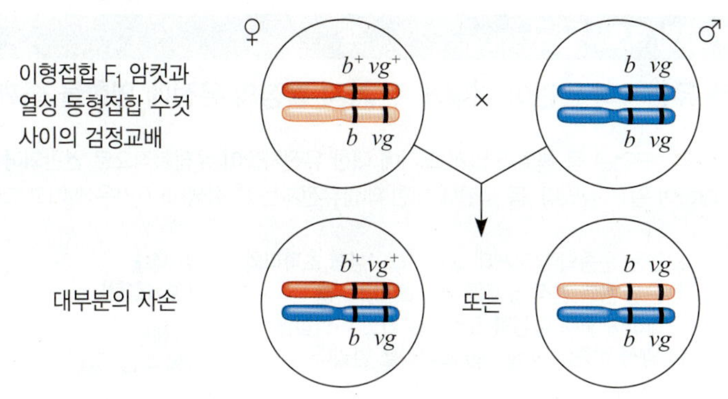

그러나 그림 9.9처럼 모건의 실험에서 부모 세대에서 없었던 두 가지 형질의 조합(비부모형 표현형이고 부름)이 나왔다. 이 사실은 몸 색깔과 날개 크기 유전자들이 유전학적으로 항상 연관되어 있는 것이 아님을 시사한다. 이 결론을 이해하기 위해서는 **유전자 재조합(genetic recombination)**을 더 알아볼 필요가 있다. 유전자 재조합을 통하여 양쪽 부모에서 발견되지 않는 조합의 형질을 갖는 자손들이 태어난다.

유전자 재조합과 연관

염색체의 독립 분리, 감수1분열에서의 교차, 정자와 난자의 무작위 수정 가능성 때문에, 감수분열과 무작위 수정을 통하여 유성생식을 하는 생물체의 자손들은 유전적 변이를 갖는다. 여기서 멘델과 모건이 알아낸 유전학적 발견과 관련하여 재조합과 염색체의 관계를 조사해 보자.

연관되지 않은 유전자의 재조합: 염색체의 독립 분리

멘델은 두 개의 특징을 추적한 교배 실험을 통해 자손의 일부는 부모(P) 세대의 형질과 일치하지 않는 형질의 조합을 갖는다는 것을 알았다. 예를 들어, 종자의 색깔과 모양에 대해 이형접합인 황색의 둥근 양성 잡종 완두 식물(*YyRr*)과 두 열성 대립유전자에 대해 동형접합인 완두 (주름지고 녹색인 완두, *yyrr*) 식물의 교배를 생각해 보라. (이 교배의 결과가 양성 잡종 *YyRr* 식물에서 만들어진 배우자의 유전자형을 나타내기 때문에 검정교배와 같다.) 이 교배를 다음의 퍼넷사각형으로 나타내자.

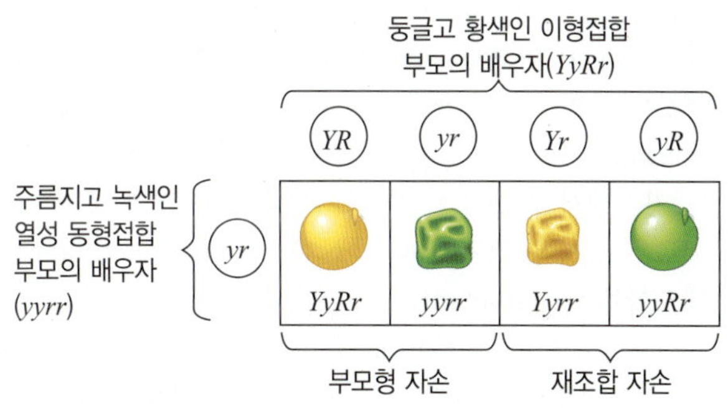

▼ 그림 9.9 탐구

두 유전자의 연관이 어떻게 두 가지 특징의 유전에 영향을 줄까?

실험 모건은 몸 색깔과 날개 크기에 대한 유전자들이 유전학적으로 연관되어 있는지, 만일 연관되어 있다면 두 유전자의 유전에는 어떤 영향을 미칠 것인가에 대하여 알고 싶었다. 몸 색깔에 대한 대립유전자는 b^+(회색)과 b(검은색)이고, 그리고 날개 크기에 대한 대립유전자는 vg^+(정상 날개)와 vg(흔적 날개)이다.

모건은 순종의 부모세대 초파리—야생형 초파리와 검은색 몸과 흔적 날개를 가진 초파리—를 교배하여 모두 야생형 표현형을 가진 이형접합 F_1 양성 잡종($b^+\ b\ vg^+\ vg$) 초파리를 얻었다.

그 다음 모건은 야생형 F_1 양성 잡종 암컷 초파리와 검은색 몸과 흔적 날개를 가진 수컷을 교배하였다. 이 검정교배는 양성 잡종 암컷이 낳은 난자의 유전자형을 밝혀줄 것이다.

수컷의 정자는 열성 대립유전자만 가지므로 자손의 표현형은 암컷 난자의 유전자형을 반영한다.

주의: 단지 암컷(뾰족한 복부를 가짐)만 그려져 있지만 각 교배에서 나오는 자손의 절반은 수컷(둥근 복부를 가짐)이다.

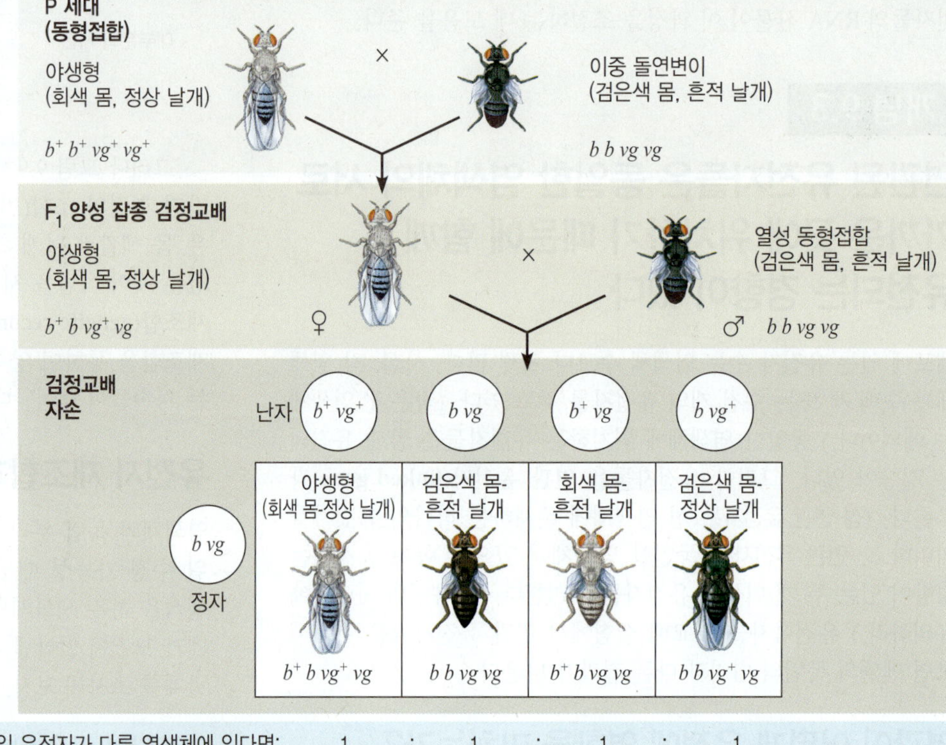

예상 비율

만일 유전자가 다른 염색체에 있다면:	1	:	1	:	1	:	1
만일 유전자가 같은 염색체에 있고 부모형 대립유전자들이 항상 함께 유전된다면:	1	:	1	:	0	:	0
결과 모건의 실험 결과:	965	:	944	:	206	:	185

결론 대부분의 자손들이 부모의 표현형을 갖기 때문에 몸 색깔 유전자와 날개 크기 유전자는 동일한 염색체에 있다고 모건은 결론지었다. 그러나 상대적으로 적은 수의 비부모형 자손들이 나왔다는 사실은 동일한 염색체 위에 있는 유전자 사이의 연관을 가끔씩 깨는 어떠한 기작이 있다는 것을 알 수 있다.

참고문헌 T. H. Morgan and C. J. Lynch, The linkage of two factors in *Drosophila* that are not sex-linked, *Biological Bulletin* 23:174 – 182 (1912).

이 퍼넷사각형에서 자손의 반은 F_1 양성 잡종을 만들기 위하여 교배에 이용된 P(부모) 세대의 표현형과 각각 하나씩 일치하는 표현형을 물려받음을 알 수 있다(그림 9.2). 이러한 자손을 **부모형(parental type)**이라고 한다. 그러나 부모 세대의 표현형과 다른 것도 자손에서 관찰된다. 이 자손은 종자 색깔과 종자 모양에 대한 새로운 조합을 가지기 때문에 **재조합형(recombinant type)** 또는 **재조합체(recombinant)**라고 부른다. 이 예에서처럼 자손의 50%가 재조합형일 때 유전학자들은 재조합 빈도가 50%라고 한다. 예상되는 자손의 표현형 비율은 멘델이 실제로 $YyRr \times yyrr$ 교배에서 발견한 결과와 비슷하다

그러한 검정교배에서 50%의 재조합 빈도는 두 개의 유전자가 서로 다른 염색체에 있고 따라서 연관되지 않을 때 관찰된다. 연관되지 않은 유전자 사이의 재조합에 있어서 그 물리적인 기초는 감수1분열 중기에 일어나는 상동염색체의 무작위 배열이며, 이것이 바로 대립유전자의 독립 유전을 가져오는 것이다.

연관된 유전자의 재조합: 교차

이제 그림 9.9에 예시된 초파리 검정교배의 결과를 설명해보자. 몸 색깔과 날개 크기에 대한 검정교배에서 대부분의 자손은 부모 세대의 표현형을 가졌음을 기억하라. 부모형 자손이 50% 이상 나왔다는 것은 두 유전자가 연관되어 있음을 나타내기 때문에 두 유전자가 같은 염색체에 있음을 의미한다. 그러나 자손의 약 17%는 재조합형이었다.

이런 결과를 보고, 모건은 같은 염색체에 있는 유전자들 사이

의 물리적 결합을 깨뜨리는 어떤 과정이 있다고 제안하였다. 계속된 실험에서 오늘날 **교차(crossing over)**라고 부르는 과정이 연관된 유전자의 재조합을 일으키는 것으로 밝혀졌다. 감수1분열 전기에 복제된 상동염색체들이 짝을 이루는 동안 교차가 일어난다. 한 세트의 단백질들이 모계 염색분체 한 개와 부계 염색분체 한 개가 같은 지점에서 자른 후 교환하도록 조율한다(그림 10.12). 사실상, 교차가 한 번 일어날 때 두 비자매 염색분체의 끝부분이 서로 자리를 바꾸게 된다.

그림 9.10은 모건의 검정교배에서 양성 잡종인 암컷 초파리에서 교차가 일어난 후 재조합형 난자와 궁극적으로 재조합형 자손이 어떻게 나오는가를 보여준다. 대부분의 난자는 부모의 유전자형인 b^+vg^+ 또는 $b\ vg$의 염색체를 가졌으나, 일부 난자는 재조합이 일어난 염색체를 가졌다(b^+vg 또는 $b\ vg^+$). 이러한 다양한 난자가 열성 동형접합자인 정자($b\ vg$)와 수정한 결과 자손의 17%가 대립유전자의 조합을 반영하는 비부모형, 재조합 표현형을 나타냈다.

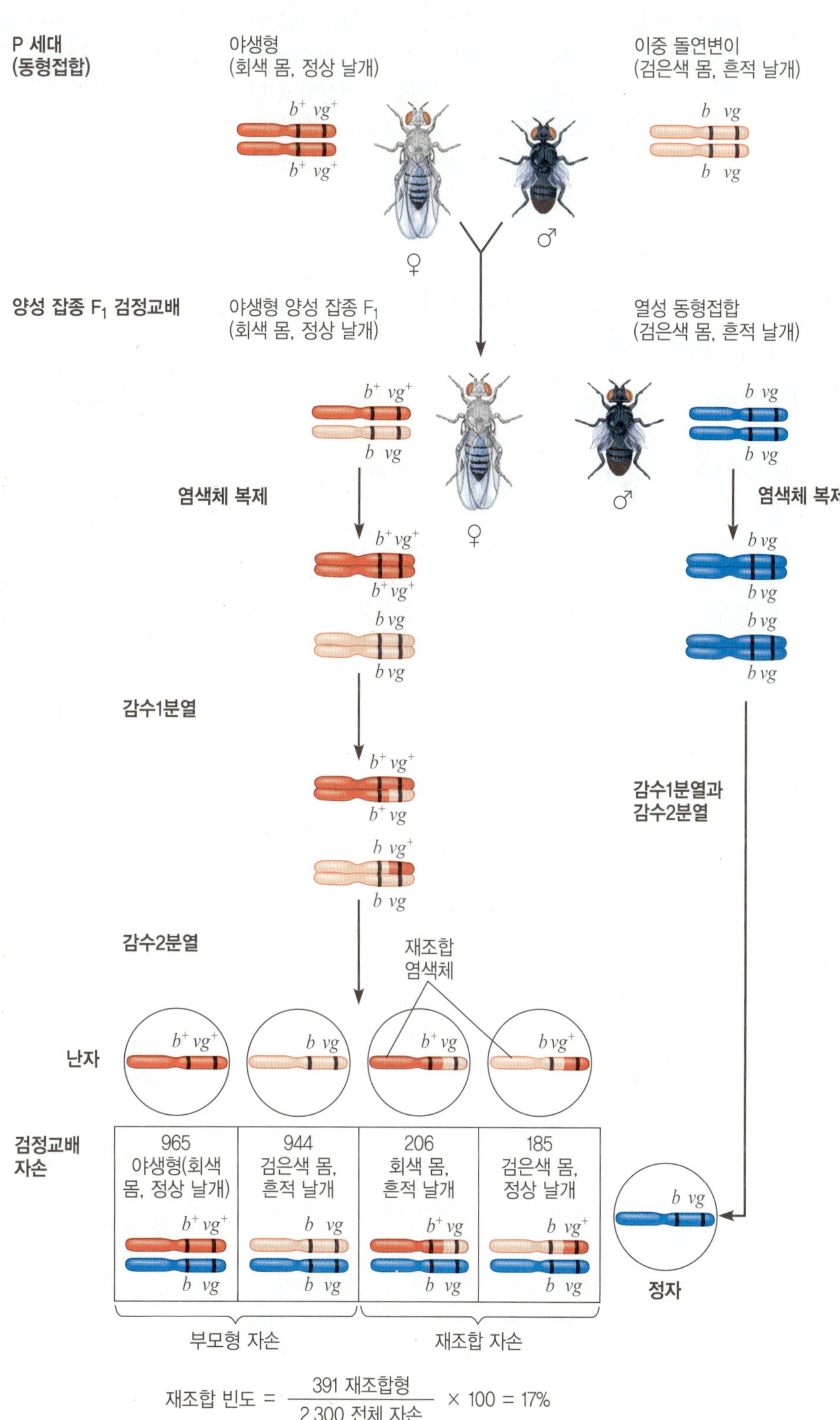

▶ **그림 9.10 연관된 유전자들의 재조합을 설명하는 염색체 기본 원리.** 그림 9.9의 검정교배를 재구성한 이 그림에서, 우리는 유전자뿐만 아니라 염색체도 추적한다. 모계 염색체(야생형 F_1 양성 잡종으로 나타냄)는 빨간색과 분홍색으로 나타냄으로써 감수분열 동안 교차가 일어나기 이전의 다른 상동염색체를 구분하였다. b^+/b와 vg^+/vg 유전자 사이의 교차는 전체가 아니라 일부 세포에서만 일어나기 때문에, 암컷에서 부모형 염색체를 가진 난자가 재조합 염색체를 가진 것보다 더 많이 생산된다. $b\ vg$ 유전자형을 가진 정자가 난자와 수정되면 일부의 재조합 자손이 생긴다. 재조합 빈도는 전체 자손 중에서 재조합 자손의 백분율이다.

대립유전자의 새로운 조합 : 자연선택을 위한 변이

진화 감수분열 동안 염색체의 물리적 행동은 자손에서 변이를 가져온다. 감수1분열 전기 동안 모계와 부계의 상동염색체 사이에 교차가 일어나 부모의 염색체 일부를 교환하고, 감수1분열 중기 동안 각 상동염색체 쌍은 다른 상동염색체 쌍과 관계없이 배열된다. 멘델의 정교한 실험은 유전자로 알려진(정확히 말하자면 유전자의 대립유전자) 추상적인 물체의 행동이 자손에서의 변이를 초래한다고 보여주었다. 이제 이 두 가지 서로 다른 개념을 하나로 종합하면 교차 결과 생기는 재조합 염색체가 새로운 조합의 대립유전자를 가져온다는 것을 알 수 있다. 감수분열이 끝난 후 그림 9.9와 그림 9.10에서 보여주는 새로운 변이체 같은 다양한 조합으로 재조합 염색체들이 배우자로 분배된다. 무작위 수정이 일어나면 더 많은 경우의 수로 변이 대립유전자의 조합을 갖게 된다.

다양한 유전적 변이는 자연선택이 작용하는 원동력을 제공한다. 만일 특정 대립유전자 조합에 의해 생기는 형질이 주어진 환경에 더 적합하면 그러한 유전자형을 가진 생물체들이 번성하고 더 많은 자손을 남겨 그들의 유전자 조성이 계속될 것이다. 물론 다음 세대에서는 대립유전자가 새롭게 뒤섞일 것이다. 궁극적으로 환경과 유전자형 사이의 상호작용이 세월이 지나면서 어떤 유전자 조합이 지속되는가를 결정할 것이다.

재조합 데이터를 이용하여 유전자 사이의 거리 계산하기: 과학 탐구

연관된 유전자와 교차에 의한 재조합의 발견은 모건의 제자 스터트반트(Alfred H. Sturtevant)로 하여금 특정 염색체를 따라 유전자 좌위를 순서대로 나열하는 **유전자 지도(genetic map)** 작성법을 고안하게 하였다.

그림 9.9와 그림 9.10과 유사한 실험으로부터 계산된 재조합 자손 비율, 즉 재조합 빈도는 하나의 염색체상에 있는 유전자 사이의 거리에 따라 결정된다고 스터트반트는 가설을 세웠다. 그는 교차는 무작위로 일어나며, 교차의 가능성은 염색체를 따라 모든 지점에서 거의 동일하다고 추정하였다. 이러한 추정에 근거하여, 스터트반트는 두 유전자 사이의 거리가 멀수록 교차가 일어날 확률은 커지고 결국 재조합 빈도가 높게 나타난다고 예상하였다. 그의 논리는 간단했다. 두 유전자 사이의 거리가 멀수록 교차가 일어날 수 있는 지점이 그만큼 많아진다는 것이다. 다양한 초파리 교배 실험의 재조합 데이터를 이용하여 스터트반트는 동일한 염색체에 있는 유전자의 상대적인 위치를 지정하는 일—다시 말해서, 유전자 지도 작성—을 진행하였다.

재조합 빈도를 기초로 만든 유전자 지도를 **연관 지도(linkage map)**라 한다. **그림 9.11**은 스터트반트가 작성한 세 가지 유전자에 대한 연관 지도를 보여준다. 세 유전자는 그림 9.10에 묘사된 몸 색깔(*b*), 날개 크기(*vg*), 선홍색 눈(*cn*)이다. 선홍색은 눈 색깔을 결정하는 많은 초파리 유전자 중 하나이다. 돌연변이 표현형인 선홍색 눈은 야생형에 비해 더 밝은 빨간색이다. *cn*과 *b* 사이의 재조합 빈도는 9%이고 *cn*과 *vg* 사이는 9.5%, *b*와 *vg* 사이는 17%이다. 다시 말해서 *cn*과 *b*, *cn*과 *vg* 사이의 교차는 *b*와 *vg* 사이의 교차에 비해 약 반 정도 적게 일어난다. *cn*을 *b*와 *vg*의 중간 정도에 놓은 지도만이 이 자료와 부합하며, 이것은 여러 경우의 지도를 그려봄으로써 알 수 있다. 스터트반트는 유전자 사이의 거리를 **지도 단위(map unit)**라고 표현하고, 1 지도 단위를 1%의 재조합 빈도로 정의하였다.

▼ 그림 9.11 연구 방법

연관 지도 작성하기

적용 연관 지도는 하나의 염색체에 존재하는 유전자들의 상대적 위치를 보여준다.

방법 연관 지도는 두 유전자 사이에 교차가 일어날 확률은 유전자 사이의 거리와 비례한다는 가정을 근거로 작성한다. 특정 염색체에 대한 연관 지도를 만들기 위해 사용하는 재조합 빈도는 그림 9.9와 9.10에 묘사된 것처럼 교배 실험을 통해 얻는다. 유전자 사이의 거리는 지도 단위로 표현되며, 1 지도 단위는 1%의 재조합 빈도와 동일하다. 유전자들은 데이터와 가장 적합한 순서로 염색체상에 배열된다.

결과 본 예에서 초파리의 세 유전자 사이에 관찰된 재조합 빈도(*b*-*cn* 9%, *cn*-*vg* 9.5% *b*-*vg* 17%)는 *cn*이 다른 두 유전자의 중간쯤에 위치하는 순서와 가장 적합하다.

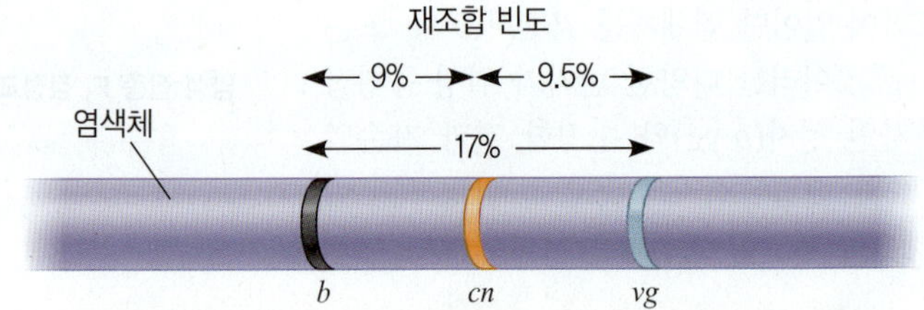

b-*vg*의 재조합 빈도(17%)는 *b*-*cn*과 *cn*-*vg*의 재조합 빈도를 합친 것(9 + 9.5 = 18.5)보다 약간 작은데, *b*와 *cn* 사이에서 교차가 일어난 후 이에 더하여 *cn*과 *vg* 사이에서도 교차가 간혹 발생하기 때문이다. 두 번째 교차는 첫 번째 교차를 '취소'시켜 *b*-*vg* 사이의 재조합 빈도를 낮출 것이다. 18.5%의 값(18.5 지도 단위)은 유전자 사이의 실제 거리에 더 가깝고, 따라서 유전학자들은 지도를 작성할 때 더 작은 거리를 더한다.

실제로 재조합 데이터의 해석은 방금 다룬 예보다 더 복잡하다. 예를 들어, 동일 염색체에 있는 일부 유전자들은 서로 너무 멀리 떨어져 있기 때문에 그 유전자들 사이에 교차가 사실상 항상 일어난다. 두 개의 그러한 유전자가 관련된 교배에서 관찰된 재조합 빈도는 최대 50%일 수 있고 이러한 결과는 유전자들이 서로 다른 염색체상에 있는 경우와 구분되지 않는다. 이런 경우에 동일 염색체에 있는 유전자 사이의 물리적인 연결은 유전학적 교배 실험의 결과에 반영되지 않는다. 이 유전자들은 비록 동일한 염색체에 있고 따라서 물리적으로 연결(phsically connected) 되어 있지만, 유전학적으로 연관되어 있지 않다(genetically unlinked). 이러한 유전자들의 대립유전자는 마치 다른 염색체에 있는 것처럼 독립적으로 분리된다. 사실, 멘델이 연구한 완두 식물의 여러 특징에 대한 유전자 중 일부는 동일한 염색체에 있는 것으로 오늘날 밝혀졌지만 그들 사이의 거리가 워낙 멀기 때문에 연관이 교배 실험에서 관찰되지 않는 것이다. 결과적으로, 그 유전자들은 멘델 실험에서 다른 염색체에 있는 것처럼 행동하였다. 염색체상에 멀리 떨어져 위치한 두 유전자는 각 유전자 및 그 사이에 놓인 수많은 유전자들 사이의 교배로부터 얻은 재조합 빈도들을 더함으로써 지도에 나타낼 수 있다.

재조합 데이터를 사용하여 스터트반트와 그의 동료들은 수많은 초파리 유전자를 직선으로 배열하여 지도를 그릴 수 있었다. 그들은 네 종류의 연관된 유전자군을 발견하였다. 이미 초파리 세포에 네 쌍의 염색체가 있다는 현미경적 증거가 있었기 때문에 유전자가 모여 있는 것은 유전자가 염색체상에 있다는 또 다른 증거가 되었다. 각 염색체에는 특정 유전자 좌위가 선상으로 배열되어 있다(그림 9.12).

연관 지도가 재조합 빈도에 기초를 두기 때문에, 그것은 단지 한 염색체의 대략적인 모습만 보여준다. 스터트반트가 추측했던 것과는 달리 교차의 빈도는 실제로 염색체를 따라 균일하지 않으며, 지도 단위도 실제의 물리적인 거리(예를 들어, 나노미터로)를 나타내지 않는다. 연관 지도는 염색체상의 유전자 순서를 반영하지만, 그 유전자들의 정확한 위치를 반영해 주지 못한다. 다른 방법을 이용하여 유전학자들은 염색체에 대한 **세포유전학 지도(cytogenetic map)**를 만들 수 있었다. 이것은 현미경으로 관찰되는 염색체 띠(band)와 같은 특징을 이용하여 유전자의 위치를 결정한다. 과거 20년에 걸쳐 기술적인 발전을 통하여 DNA 염기서열을 쉽게 결정할 수 있다. 오늘날 대부분의 연구자들은 유전체 전체의 염기서열을 밝혀 특정 종의 유전자의 위치를 결정한다. 모든 염기서열을 밝히면 DNA 염기서열에서 유전자 사이의 정확한 물리적 거리를 알아내고 염색체의 물리적 지도를 작성할 수 있다. 같은 염색체에 대한 연관 지도를 이러한 물리적 지도나 세포유전학 지도와 비교해 보면, 유전자의 순서는 모두 동일하지만 그들 사이의 거리는 동일하지 않다.

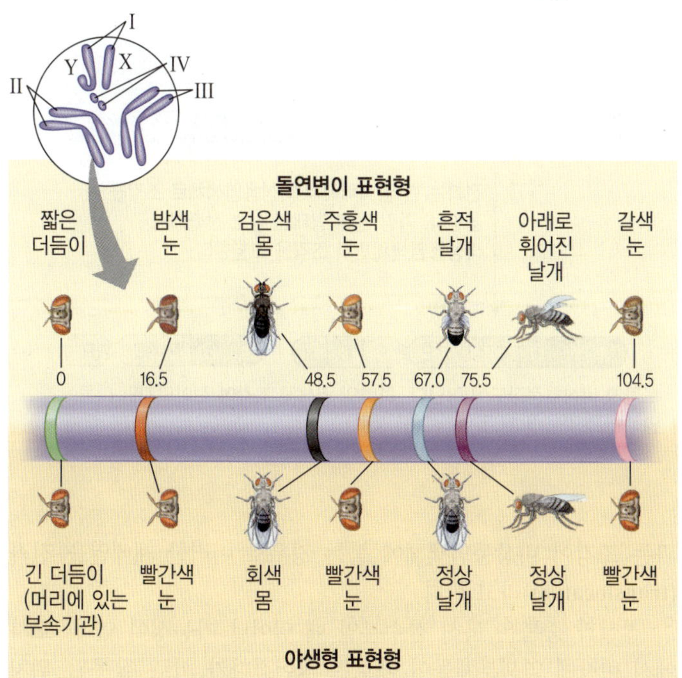

▲ **그림 9.12 초파리의 2번 염색체의 유전자(연관) 지도 일부.** 단순하게 만들어진 이 지도는 초파리의 2번 염색체에 작성된 7개의 유전자만 보여준다. (DNA 염기서열 분석 결과 2번 염색체에는 9,000개 이상의 유전자가 있음이 밝혀졌다.) 각 유전자 좌위에 있는 숫자는 각 유전자 좌위와 더듬이 유전자 좌위(왼쪽) 사이의 지도 단위 수를 나타낸다. 눈 색깔처럼 한 개 이상의 유전자가 하나의 주어진 특징에 영향을 줄 수 있다는 것에 주목하자.

개념 9.4

염색체의 수나 구조의 이상으로 일부 유전병이 생긴다

이 장에서 지금까지 배워왔듯이 하나의 유전자에서 작은 변화가 일어나면 생물체의 표현형은 영향을 받을 수 있다. 무작위 돌연변이가 일어나면 새로운 대립유전자가 만들어지고 새로운 표현형 형질이 나타날 수 있다.

염색체에서 커다란 변화가 생겨도 생물체의 표현형에 영향을 미칠 수 있다. 감수분열 시 생기는 오류는 물론 물리·화학적 교란에 의하여 염색체가 중대하게 훼손되거나 세포 내에서 염색체 수가 변할 수 있다. 사람이나 다른 포유류에서 대규모로 염색체에 변이가 생기면 대개 태아가 자연 유산되거나, 이러한 유전 장애를 갖고 태어나는 개체들은 보통 발달 장애를 겪는다. 식물은 동물보다 이러한 유전 결함에 대한 피해가 적게 나타난다.

비정상적인 염색체 수

이상적으로 감수분열의 방추사는 염색체를 딸세포로 실수 없이 분배한다. 그러나 경우에 따라 **비분리(nondisjunction)**라고 하는 사고가 일어나는데, 이런 경우 한 쌍의 상동염색체가 감수1분열 때 제대로 분리되지 않거나 감수2분열 때 자매염색분체가 제대로 분리되지 않는다(그림 9.13). 이 경우 한 배우자는 같은 종류의 염색체를 두 개 받고 다른 배우자는 하나도 받지 못한다. 나머지 염색체들은 보통 정상적으로 분배된다. 만일 비정상 배우자들 중 하나가 정상 배우자와 수정하면 그 접합자는 특정 염색체에 대하여 비정상적인 수를 갖는데 이것을 **이수성(aneuploidy)**이라고 한다. 특정 염색체 한 개가 없는 배우자가 수정되면 접합자는 염색체 하나가 없게 된다(그 세포는 $2n - 1$ 염색체를 갖는다); 그러한 이수성 접합자는 그 염색체에 대해 **1염색체성(monosomic)**이라고 한다. 만약 접합자에 어떤 염색체가 세 개 존재하면 그 이수성 세포는 그 염색체에 대해 **3염색체성(trisomic)**이라 한다(그 세포는 $2n + 1$개의 염색체를 갖는다). 그 다음 체세포분열이 일어나고 결국 발생 중인 모든 세포는 비정상이 된다. 1염색체성 또는 3염색체성은 사람의 임신 중 10~25% 정도 발생하며 유산의 주된 이유이다. 그 개체가 살아남게 되면 여분의 또는 부족한 염색체로 인한 비정상적인 유전자량 때문에 일련의 형질을 갖게 된다. 다음에서 논의될 사람의 다운 증후군은 3염색체성의 예이다. 비분리는 체세포분열 동안 일어날 수도 있다. 만일 그런 오류가 배 발생 초기에 일어나면 많은 수의 세포들이 이수성이 되어, 그 생물체에 상당한 영향을 미칠 것이다.

일부 생물체의 모든 체세포는 두 벌 이상의 완전한 염색체 세트를 갖고 있다. 이런 염색체 변이를 **배수성(polyploidy)**이라고

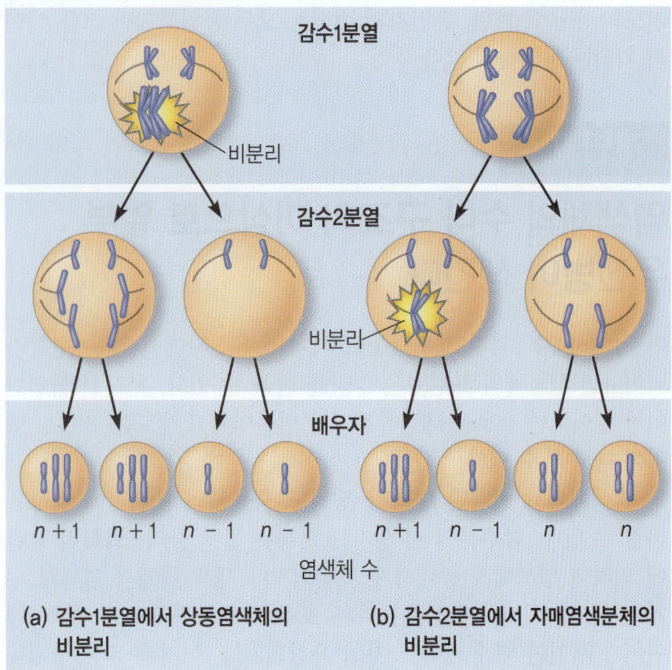

▲ **그림 9.13 감수분열에서의 비분리.** 감수1분열 또는 감수2분열에서의 비분리로 인하여 비정상적인 염색체 수를 갖는 배우자가 생길 수 있다. 간략하게 하기 위하여 그림에는 식물의 감수분열에 의해 형성된 포자를 그리지 않았다. 궁극적으로 포자는 결함이 있는 배우자를 형성한다(그림 10.6).

한다; 3개와 4개의 염색체 세트를 갖고 있는 상태를 각각 3배수성($3n$)과 4배수성($4n$)이라고 한다. 3배체 세포가 생기는 한 가지 경우는 모든 염색체에서 비분리가 일어난 비정상적인 2배체 난자와 정상 정자의 수정이다. 4배수성이 생기는 예를 들면, $2n$인 접합자가 염색체를 복제한 후에 분리되지 못하는 경우이다. 그 다음 체세포분열이 정상적으로 일어나 $4n$인 배아를 만들어 낼 것이다.

배수성은 식물계에서 흔히 일어나는 일이다. 자연발생적으로 배수성 개체가 만들어지는 것이 식물의 진화에 중요한 역할을 한다. 우리가 먹는 대부분의 식물종은 배수성이다; 예를 들어, 바나나는 3배수성, 밀은 6배수성($6n$), 딸기는 8배수성($8n$)이다.

염색체 구조의 이상

감수분열에서의 실수나 방사능 같은 손상 물질들은 염색체의 절단을 초래할 수 있고, 4종류의 염색체 구조 변화를 야기할 수 있다(그림 9.14). **결실(deletion)**은 염색체 조각이 없어질 때 일어난다. 결실이 일어난 염색체는 특정 유전자들이 없는 상태가 된다. "결실된" 조각이 다른 자매염색분체에 결합할 수 있는데 이런 경우 **중복(duplication)**이 생긴다. 때로는 떨어져 나온 조각이 상동염색체의 비자매 염색분체에 결합할 수 있다. 그러나 이 경우 두 상동염색체가 특정 유전자에 대해 다른 대립유전자를 가질 수 있기 때문에 '중복된' 부분이 동일하지 않을 수 있다. 염색체 조각이 반대 방향으로 원래 염색체에 다시 붙을 수 있는데 이 경우를 **역위(inversion)**라고 한다. 염색체 절단으로 생길 수 있는 네 번째 결과는 조각이 비상동염색체에 붙는 경우로 이러한 재배열을 **전좌(translocation)**라고 한다.

▼ **그림 9.14 염색체 구조의 이상.** 빨간색 화살표는 끊어지는 지점을 나타낸다. 짙은 보라색은 재조합으로 인해 영향을 받는 부위를 강조한 것이다.

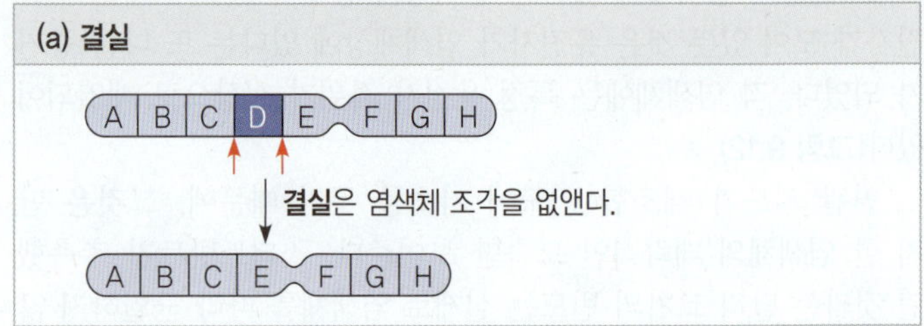

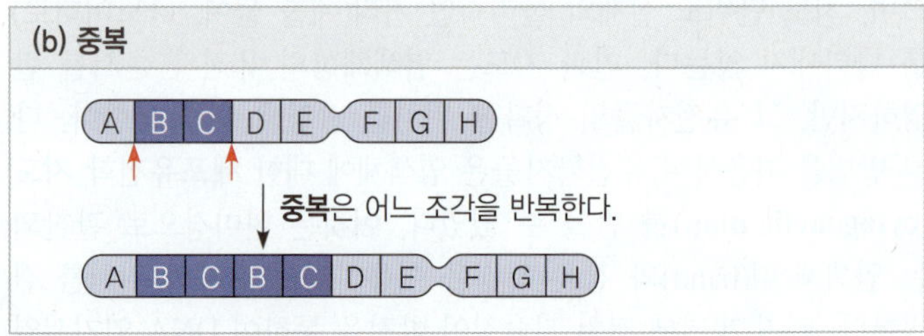

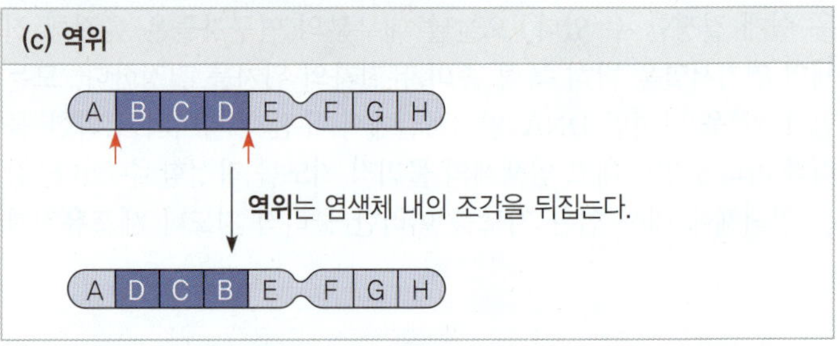

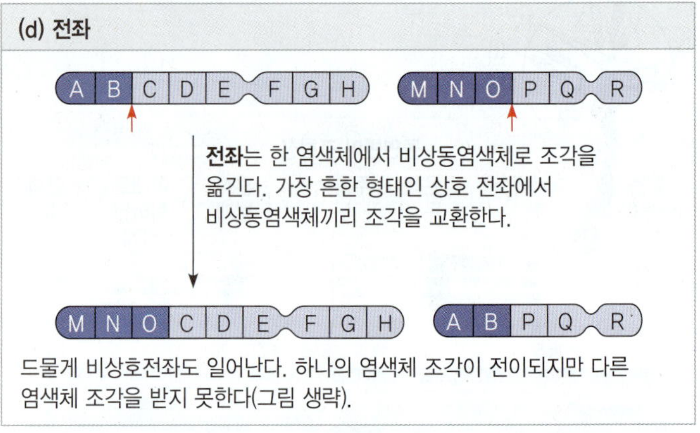

결실과 중복은 특히 감수분열 때 일어날 가능성이 있다. 교차에서 비자매 염색분체들이 때로는 끊어졌다가 서로 '잘못된' 위치에서 다시 결합하여, 한 쪽이 주는 양에 비해 적은 양을 되돌려 받게 된다. 이러한 비상호적인 교차에 의해 결실 염색체와 중복 염색체가 만들어진다.

한 쌍의 상동염색체에서 둘 다 결실이 크게 일어난 (또는 많은 부분이 결실된 X 염색체를 갖고 있는 수컷) 2배체 배아는 수많은 필수 유전자가 없으므로 보통 죽는다. 중복과 전좌도 해로운 영향을 미치는 경향이 있다. 역위나 비상동염색체 사이에 조각을 교환한 상호 전좌에서 유전자의 균형은 비정상이 아니다. 즉, 모든 유전자는 정상적인 양으로 존재한다. 그럼에도 불구하고 전좌와 역위는 표현형을 바꿀 수 있다. 그 이유는 이웃하는 유전자 사이에 위치함으로써 유전자의 발현이 영향을 받으며, 때로는 치명적인 결과를 초래한다.

염색체 이상으로 생기는 인간의 유전병

염색체 수와 구조의 이상 때문에 사람들은 많은 종류의 심각한 유전병을 가질 수 있다. 이미 설명했듯이 감수분열 동안 비분리가 일어나면 배우자와 그 배우자로부터 생기는 접합자는 이수성이 된다. 사람의 경우 이수성 접합자가 생기는 빈도가 상당히 높지만, 대부분의 경우 이러한 염색체 이상은 발생 동안 너무나 큰 피해를 주기 때문에 태어나기 이전에 자연 유산이 일어난다. 그러나 몇몇 경우는 다른 경우에 비해 유전적 균형을 덜 방해받으며, 이러한 경우 특정 이수성 상태를 지닌 개인들이 태어나거나 그 이후까지 생존할 수 있다. 이런 사람들에서는 그 이수성의 유형에 따라 특정 증상들, 즉 **증후군**(syndrome)이 나타난다. 이수성에 의해 일어나는 유전 장애는 출생 전 태아 검사에 의해 진단을 받을 수 있다.

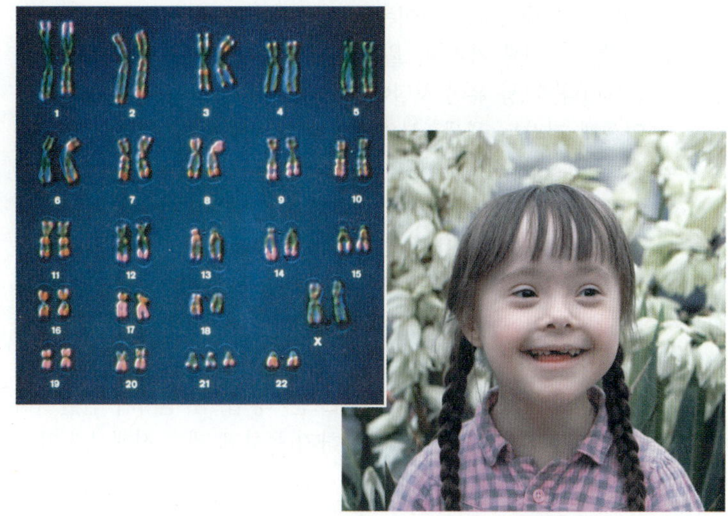

▲ **그림 9.15 다운 증후군.** 핵형은 다운 증후군의 가장 흔한 원인인 21번 염색체의 3염색체성을 보여준다. 이 아이는 다운 증후군의 전형적인 얼굴 특징을 가지고 있다.

다운 증후군(21번 3염색체성)

이수성의 하나인 **다운 증후군(Down syndrome)**은 미국에서 신생아 중 830명당 한 명꼴로 발생한다(**그림 9.15**). 다운 증후군은 보통 21번 염색체가 하나 더 있어 생기며, 각 체세포는 총 47개의 염색체를 갖고 있다. 세포들이 21번 염색체에 대하여 3염색체성이기 때문에 다운 증후군은 **21번 3염색체성**(trisomy 21)이라고 한다. 다운 증후군은 특이한 안면 표정, 작은 키, 치료 가능한 심장병, 호흡기 질환에 걸릴 높은 가능성, 그리고 정신박약과 같은 특징을 가진다. 더구나, 다운 증후군을 가진 사람은 백혈병이나 알츠하이머병에 걸리기 쉽지만 고혈압, 동맥경화, 발작, 여러 종류의 종양 등은 잘 걸리지 않는다. 다운 증후군을 가진 사람들은 정상인에 비해 평균 수명이 짧지만 적절한 치료를 받으면 중년 이상까지 살 수 있다. 많은 경우 독립적으로 살거나 집에서 가족과 함께 살아가고, 직장에 다니면서 지역사회에 중요한 기여를 하고 있다. 다운 증후군을 가진 대부분의 남성과 여성의 절반은 성적으로 미성숙하고 불임이다.

다운 증후군의 빈도는 어머니의 나이에 따라 증가한다. 다운 증후군은 30세 이하인 여성에서 태어난 아이 중 0.04%에서만 발생하지만, 40세 어머니에게서는 0.92%, 그 이상에서는 더욱 증가한다. 다운 증후군과 어머니의 나이가 상관관계를 보이는 이유는 아직 밝혀지지 않았다. 대부분의 경우, 감수1분열 동안 비분리에 의해 생기며, 몇몇 연구는 감수분열에서 연령-의존성 비정상에 주목하고 있다. 오늘날 산전 태아검사는 위험성이 낮고 유용한 정보를 얻을 수 있기 때문에 배아의 3염색체성 산전 태아검사는 모든 임산부에게 실시하고 있다. 2008년에 통과된 산전산후 태아검사 조례법은 의료 종사자들이 산전산후 태아검사에 대한 가장 최근의 정확한 정보와 적합한 지원 서비스를 부모에게 제공하도록 규정하고 있다.

성염색체의 이수성

대부분의 성염색체 이수성은 상염색체 이수성보다 유전적 균형을 덜 방해한다. 이것은 아마도 Y 염색체에는 상대적으로 적은 수의 유전자가 있고 X 염색체의 여분의 사본은 체세포에서 바소체로 불활성화 되기 때문일 것이다.

X 염색체가 한 개 더 있는 XXY 남성은 500~1,000명 중 한 명꼴로 태어난다. **클라인펠터 증후군**(Klinefelter syndrome)이라고 부르는 이 장애를 가진 사람은 남성 생식기관을 갖고 있지만 정소는 비정상적으로 작고 불임이다. 여분의 X 염색체가 불활성화되지만 유방이 크거나 몇몇 여성의 신체적 특징이 흔히 나타난다. 이들은 보통 이하의 지능을 갖는다. 여분의 Y 염색체를 가진 남성(XYY)은 1,000명 중 한 명꼴로 태어난다. 이들은 정상적인 성적 발생을 하며 특이한 증후군을 보이지 않는다.

X 염색체 3염색체성(XXX)을 갖는 여성은 1,000명 중 한 명 정도 태어나며 건강하며 키가 평균보다 약간 더 큰 특징을 제외하고는 신체적 차이가 없다. XXX 여성은 학습 능력이 떨어지나 임신 능력은 있다. **터너 증후군**(Turner syndrome)이라고 하는 X 염색체 1염색체성은 2,500명당 한 명꼴로 태어나며 인간에서 유일하게 생존 가능한 1염색체성으로 알려져 있다. X0인 이 사람들은 표현형은 여성일지라도 생식기관이 성숙하지 않기 때문에 불임이다. 에스트로겐 대체 요법을 제공받을 경우 터너 증후군을 가진 여자 아이들도 2차 성징을 나타낸다. 대부분의 경우 지능은 정상이다.

염색체 구조의 이상으로 인한 유전병

사람의 염색체에 결실이 일어나면, 심지어 이형접합 상태에서도, 많은 경우 심각한 문제를 일으킨다. **묘성 증후군**(cri du chat syndrome)은 5번 염색체의 특정 부위에 결실이 생겨 나타난다. 이 결실을 갖고 태어나는 아이는 정신박약이고 특이한 얼굴 표정을 갖는 작은 머리를 가지며, 울음소리는 고통받는 고양이 울음소리처럼 들린다. 보통 유아 시절이나 아동 시절에 사망한다.

염색체 전좌는 체세포분열 동안에도 일어날 수 있다; 만성 골수성 백혈병(chronic myelogenous leukemia, CML)과 같은 특정 암에 영향을 주는 것으로 밝혀졌다. 이 백혈병은 백혈구로 분화되는 세포의 체세포분열 동안 상호전좌가 일어날 때 발생한다. 이들 세포에서는 22번 염색체의 큰 부분과 9번 염색체의 작은 끝부분 사이에 교환이 일어난 결과 22번 염색체가 눈에 띄게 아주 작고, 이것을 필라델피아 염색체(Philadelphia chromosome)라 부른다(**그림 9.16**). 그러한 교환이 일어나면 새로운 "융합" 유전자가 만들어지고, 그 유전자는 세포주기를 조절하지 못하고 계속 진행시켜 암을 유발한다.

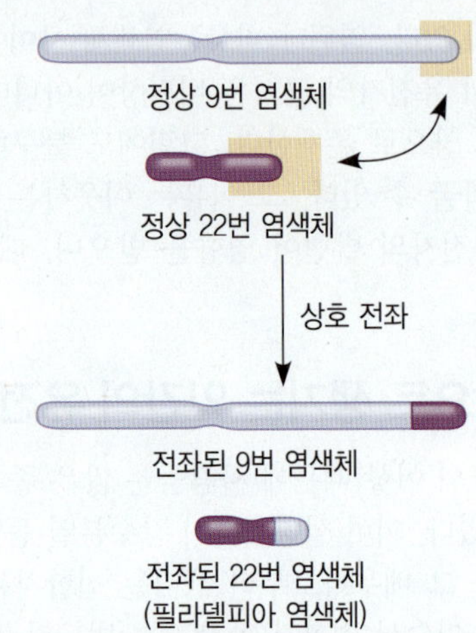

▲ **그림 9.16 만성 골수성 백혈병(CML)과 관련된 전좌.** 거의 모든 CML 환자의 암 세포는 필라델피아 염색체라 불리는, 비정상적으로 짧은 22번 염색체와 비정상적으로 긴 9번 염색체를 가지고 있다. 이렇게 변형된 염색체들은 그림과 같이 전좌 결과 생긴 것이다. 아마도 골수 내 백혈구 모세포에서 유사분열이 일어나는 동안 하나의 세포에서 전좌가 일어난 후 모든 자손 세포로 물려주었을 것이다.

CHAPTER

10 유전의 분자적 기초

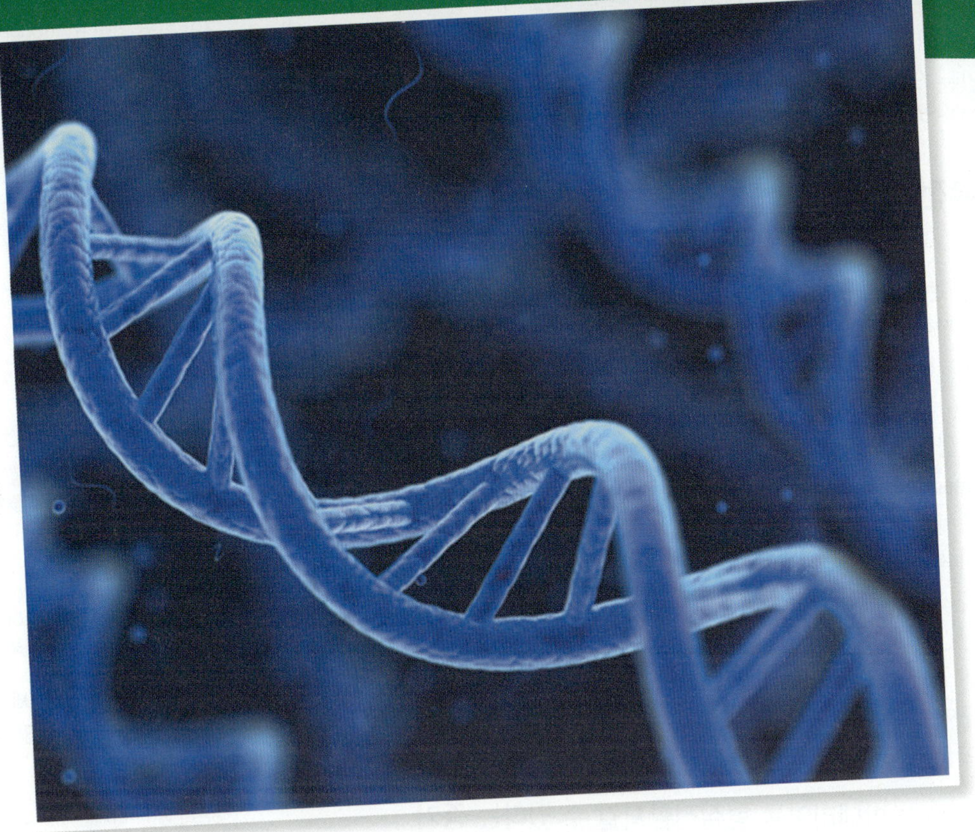

▲ 그림 10.1 DNA 구조는 무엇인가?

핵심 개념

10.1 DNA는 유전 물질이다

10.2 많은 단백질이 DNA의 복제와 수선에 함께 관여한다

10.3 염색체는 단백질들로 싸여 있는 DNA 분자로 구성되어 있다

10.4 DNA 구조와 복제의 이해는 유전공학을 가능하게 한다

생명체 작동의 원리

데옥시리보핵산 또는 DNA의 우아한 이중나선 구조는 현대 생물학의 아이콘이 되었다(그림 10.1). 왓슨(James Watson)과 크릭(Francis Crick)은 1953년 4월 양철과 철선으로 만들어진 DNA 모델를 제시해 과학계에 큰 충격을 불러일으켰다(그림 10.2). 멘델의 유전인자와 모건의 염색체 유전자들은 사실상 모두 DNA로 구성되어 있다. 화학적 관점에서 이야기하면, 우리의 유전 형질은 부모로부터 물려받은 DNA이다. 유전 물질인 DNA는 우리 시대의 가장 기념비적인 물질이다.

핵산은 자연계의 모든 분자들 중에서 자가복제를 할 수 있는 유일한 분자이다. 부모와 그 자손의 유사성은 DNA의 정확한 복제 및 복제된 DNA가 한 세대에서 나음 세대로 전달되는데 기초하고 있다. DNA에 있는 유전정보는 생화학적, 해부학적, 생리학적 특징과 그리고 어느 정도 행동 특성의 발달까지도 알려준다. 이 장에서, 우리는 생물학자들이 DNA가 유전 물질이라는 것을 어떻게 추론했는지, 왓슨과 크릭이 DNA의 구조를 어떻게 발견했는지, 세포가 어떻게 **복제(replication)**되고 DNA가 수선되는지를 배우게 될 것이다. 다음, DNA가 어떻게 단백질과 결합하여 염색체를 구성하는지를 배우게 될 것이다. 마지막으로, DNA와 관련된 처리과정에 대한 이해가 어떻게 과학자들로 하여금 실용적 목적을 위한 유전자 조작을 직접적으로 할 수 있게 했는지 탐구하게 될 것이다.

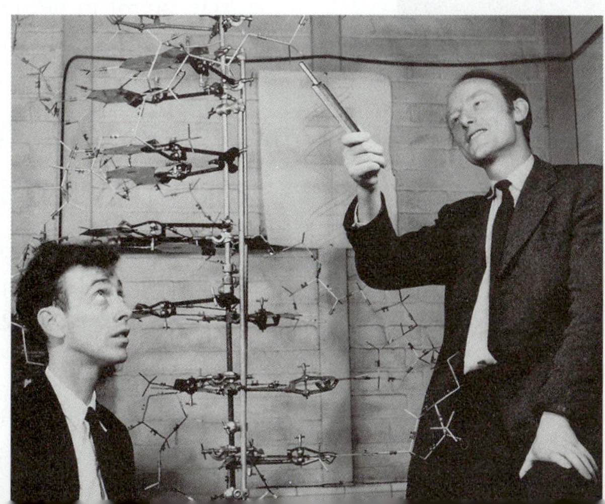

◀ 그림 10.2 DNA 모형과 함께한 왓슨과 크릭

개념 10.1

DNA는 유전 물질이다

현대에는 초등학생들조차 유전 물질인 DNA에 관해서 어느 정도 이해하고 있다. 뿐만 아니라 과학자들이 세포의 유전적 특징을 변형시키기 위하여 실험실에서 DNA를 조작하는 것은 흔하게 볼 수 있는 일이다. 그러나 20세기 초반에는 유전 물질이 무엇인가를 밝히는 것은 생물학자들에게는 매우 어려운 중요한 과제로 여겨졌다.

유전 물질에 대한 탐구: 과학 탐구

모건(Thomas Hunt Morgan) 연구팀은 유전자가 염색체의 일부로 존재한다고 발표하였고, 염색체의 두 구성성분인 DNA와 단백질이 가장 가능성 있는 유전 물질의 후보로 부상하게 되었다. 1940년대까지는 단백질일 가능성이 더 강한 것 같이 보였다. 즉, 생화학자들은 단백질을 유전 물질의 필수 요구 조건인 특이성이 강하면서 또한 다양한 기능을 수행할 수 있는 거대분자(macromolecules)로서 확인하였다. 더욱이 그 당시에는 핵산에 대해서 많은 연구가 진행되지 않았기 때문에, 핵산의 물리적, 화학적 특성이 매우 단순하여 각 개체의 다양하고 특이적인 유전 형질을 설명할 수 없는 것처럼 보였다. 그러나 이러한 관점은 초파리나 인간보다 더 단순한 생물계인 미생물과 이를 감염시키는 바이러스 연구를 통하여 점차 바뀌기 시작했다. 이 장에서 우리는 과학 탐구에 대한 사례를 통하여 유전 물질이 밝혀지는 과정을 상세히 알아볼 것이다.

DNA가 박테리아를 형질전환시킬 수 있다는 증거

1928년, 영국 의사인 그리피스(Frederick Griffith)는 폐렴 백신을 개발하고 있었다. 그는 포유류에서 폐렴을 일으키는 세균인 폐렴쌍구균(*Streptococcus pneumoniae*)을 연구하고 있었다. 그리피스는 병을 유발하는 병원성 세균과 해롭지 않은 비병원성 세균, 서로 다른 두 종류의 폐렴쌍구균 균주를 가지고 있었다. 그는 열처리로 죽은 병원성 균주를 살아 있는 비병원성 균주와 섞어주었을 때, 놀랍게도 살아 있는 세포의 일부가 병원성을 띤다는 것을 발견하였다(**그림 10.3**). 더구나 새로 생긴 병원성 형질을 가진 세균은 자손에게 병원성을 유전시켰다. 죽은 병원성 세포의 알려지지 않은 어떤 화학적 성분이 이와 같은 유전적 변화를 일으켰다. 그리피스는 이러한 현상을 일컬어 **형질전환(transformation)**이라고 하였다. 이는 오늘날 외부 DNA가 세포로 도입되어 유전자형과 표현형을 변화시키는 현상으로 정의되고 있다. 뒤에 에이버리(Oswald Avery) 등은 그 형질전환 물질이 DNA라는 것을 확인하였다.

그러나 과학자들은 회의적이었고, 여전히 단백질을 유전 물질로 보는 경향이 더 많았다. 또한 많은 생물학자들은 박테리아 유전자가 더 복잡한 생물체의 유전자와 그 구성이나 기능이 유사할 것이라는 것을 확신하지 못했다. 그러나 이러한 지속적인 의심의 큰 이유는 DNA에 대해 거의 알려진 바가 없었기 때문이다.

▼ 그림 10.3 탐구

유전 형질이 다른 세균 균주들 간에 전달될 수 있을까?

실험 그리피스는 서로 다른 두 종류의 폐렴쌍구균 균주를 가지고 유전 형질에 대해서 연구하였다. 폐렴쌍구균 중에서 매끈한 S형(smooth, S) 균주는 동물의 방어체계로부터 자신들을 보호하기 위한 피막을 가지고 있어서 병원성균인 반면 거친 R형(rough, R) 균주는 피막이 없고 비병원성균이다. 병원성의 특성을 검사하기 위하여, 그리피스는 이 두 균주를 다음과 같이 생쥐에 주사했다.

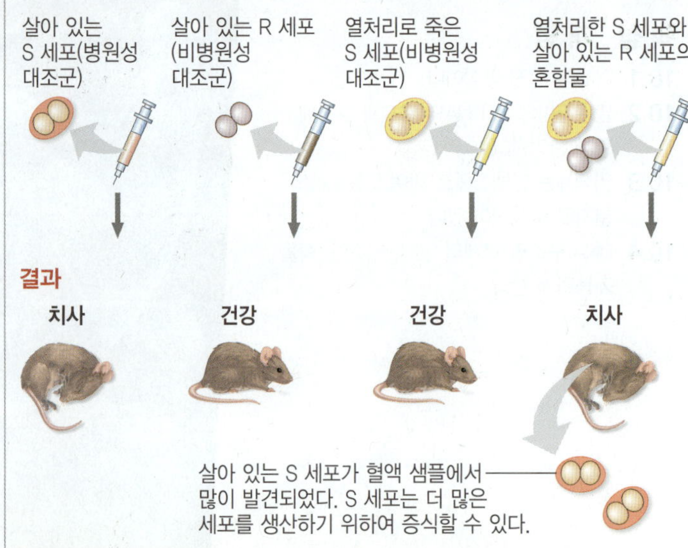

결론 살아 있는 R형 세균이 R형 세균으로 하여금 피막을 만들게 하는 죽은 S형 세균의 알려지지 않은 어떤 유전 물질에 의해 병원성의 S형 세균으로 형질전환되었다.

참고문헌 F. Griffith, The significance of pneumococcal types, *Journal of Hygiene* 27:113–159 (1928).

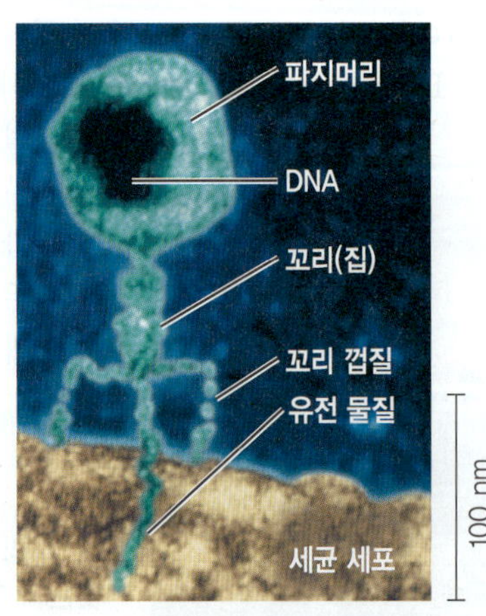

▶ 그림 10.4 세균 세포를 감염시키고 있는 바이러스. 수용세포에 T2 파지가 점착하여 유전 물질을 주입하고 있다. 그러나 파지머리와 꼬리 부분은 세포막 바깥에 남아 있다(채색된 투과 전자 현미경 사진).

바이러스 DNA가 세포를 프로그램시킬 수 있다는 증거

세균을 감염시키는 바이러스 연구를 통해서 DNA가 유전 물질이라는 또 다른 증거가 제시되었다. 이러한 바이러스를 박테리아 포식자라는 의미의 **박테리오파지(bacteriophage)** 또는 간단히 **파지**

(**phage**)라고 부르기도 한다. **바이러스(virus)**는 세포보다 더 단순하고 단백질 보호막 안에 포장된 DNA(혹은 RNA)만으로 이루어져 있다(**그림 10.4**). 바이러스는 세포를 감염시켜 숙주 세포의 물질대사 기구를 이용하여 자신을 재생산한다.

세균을 감염시키는 바이러스는 분자유전학 분야 연구자들의 연구 수단으로 폭넓게 사용되고 있다. 1952년, 허시(Alfled Hershey)와 체이스(Martha Chase)는 T2라고 알려진 파지의 유전물질이 DNA라는 것을 입증하는 실험을 수행하였다. T2는 포유류의 대장(큰창자)에 흔히 존재하는 분자생물학자들의 모델 생물체인 대장균(*E. coli*)을 감염시키는 파지 중 하나이다. 당시 생물학자들이 T2 파지에 대해 알고 있었던 것은, 대부분의 바이러스들과 마찬가지로 그것이 DNA와 단백질로 구성되어 있다는 것이었다. 또한 생물학자들은 T2는 대장균을 전환시켜 세포가 파열되었을 때 많은 수의 T2 복제본을 방출시키는 T2 생산 공장으로 될 수 있다는 것도 알고 있었다. 아마도, T2는 숙주 세포를 재프로그램하여 바이러스를 생산할 수 있도록 한 것 같다. 그러나 단백질과 DNA 중에서 어떤 바이러스 구성성분이 재프로그램을 조절하는 것일까?

허시와 체이스는 T2의 두 성분 중의 단지 하나만 감염 기간 동안 대장균으로 들어간다는 것을 알아보는 실험을 고안하여 이 질문에 대한 답을 하였다(**그림 10.5**). 실험에서는, 그들은 T2의 한 쪽 시료에는 단백질을 표지하기 위하여 방사성 동위원소 황을 사용하였고, 다른 쪽 시료에는 DNA를 표지하기 위하여 방사성 동위원소 인을 사용하였다. 단백질은 황을 포함하고 있기 때문에 방

▼ 그림 10.5 **탐구**

T2 파지의 유전 물질이 DNA인가 아니면 단백질인가?

실험 허시와 체이스의 실험은 방사성 황과 방사성 인을 이용하여 세균을 감염시킨 T2 파지 단백질과 DNA의 위치를 추적했다. 그들은 이들 중 어떤 물질이 세균에 들어가 더 많은 파지를 재프로그램하도록 하는지 조사하였다.

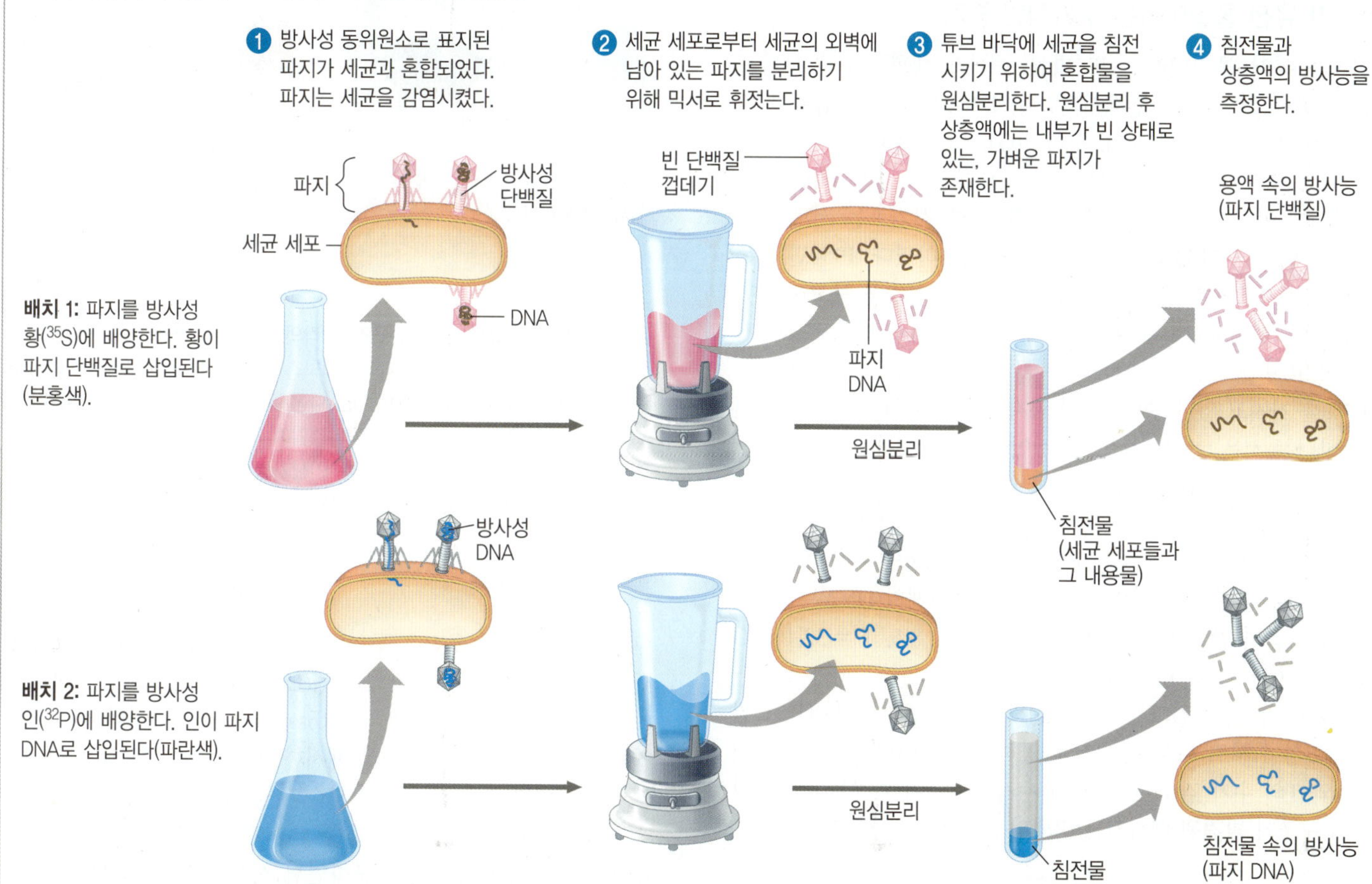

결과 파지가 세균을 감염시키는 과정에서, 파지의 단백질은 세균 세포의 외부에 남아 있는 반면(배치 1) 파지의 DNA는 세포 안으로 유입된다(배치 2). 파지를 방사성 인을 포함한 배지에서 배양했을 때, 이 파지의 DNA를 가진 세균은 방사성 인을 함유한 새로운 파지를 방출한다.

결론 파지 DNA는 세균 안으로 들어갔지만 단백질은 들어가지 않았다. 허시와 체이스는 T2 파지의 유전 물질이 단백질이 아닌 DNA라고 결론지었다.

참고문헌 A. D. Hershey and M. Chase, Independent functions of viral protein and nucleic acid in growth of bacteriophage, *Journal of General Physiology* 36:39–56 (1952).

사성 황은 파지의 단백질로만 삽입될 수 있다. 마찬가지로 방사성 인은 파지 단백질에는 표지되지 않고 DNA로만 삽입되기 때문에 위와 동일한 방법으로 T2의 DNA를 방사성 인으로 표지하였다. 실험에서 방사성 황으로 표지된 T2와 방사성 인으로 표지된 T2로 방사성이 표지되지 않은 대장균을 각각 감염시켰다. 감염을 시키고 바로 단백질 혹은 DNA 중 어떤 것이 세포 안으로 들어가 세포를 재프로그램을 해올 수 있는지 조사하였다.

허시와 체이스는 파지 DNA가 숙주 세균 안으로 들어가고 단백질은 들어가지 못한다는 것을 발견하였다. 뿐만 아니라 감염된 세균을 다시 배지로 옮겨주면 위와 같은 경로를 거쳐 방사성 인으로 표지된 DNA를 포함하고 있는 파지를 방출한다. 이것은 세포 안으로 들어간 DNA가 감염 과정에서 중요한 역할을 하고 있다는 것을 다시 한번 보여주는 결과이다.

허시와 체이스는 파지에 의해서 감염된 DNA는 바이러스의 DNA와 단백질을 생성하게 하는 유전정보를 가지고 있는 분자임을 결론 내렸다. 따라서 허시와 체이스의 실험은, 적어도 바이러스에 있어서 단백질이 아닌 핵산이 유전 물질이라는 것을 강력하게 입증해 주는 대표적인 실험이 되었다.

DNA가 유전 물질이라는 추가적인 증거

DNA가 유전 물질이라는 또 다른 증거가 생화학자인 샤가프(Erwin Chargaff)에 의해 제시되었다. DNA가 질소를 함유한 염기, 즉 아데닌(A), 타이민(T), 구아닌(G), 사이토신(C)과 데옥시리보스라고 불리는 5탄당, 인산기로 구성된 핵산의 중합체라는 것은 그 당시에 이미 알려진 상태였다**(그림 10.6)**. 샤가프는 서로 다른 많은 개체들로부터 DNA의 염기 조성을 분석하였다. 1950년 그는 DNA의 염기 조성이 생물종에 따라 다양하다는 것을 보고하였다. 예를 들어, 성게 DNA 뉴클레오타이드는 아데닌 염기를 32.8% 가지고 있고 반면, 대장균의 DNA 뉴클레오타이드는 아데닌 염기를 24.7%를 가지고 있다. 이와 같이 염기의 조성이 서로 다른 종에서 다양하다는 것은 DNA가 유전 물질이라는 유력한 증거가 된다.

또한 샤가프는 한 종 내에서 뉴클레오타이드 염기의 비율이 특이한 규칙성을 띤다는 것을 발견하였다. 각 종의 DNA를 연구하던 중 아데닌과 타이민의 수, 구아닌과 사이토신의 수가 대략적으로 일치하는 것을 발견하였다. 예를 들어, 성게의 DNA는 4개의 염기가 다음과 같은 비율로 존재한다(A = 32.8%, T = 32.1%, G = 17.7%, C = 17.3%).

이러한 두 가지 결과는 **샤가프 법칙**으로 알려졌다: (1) DNA 염기의 조성이 서로 다른 종에서 다양하다, (2) 어떤 한 종에 있어서 A와 T의 수가 같고, G와 C의 수가 같다. 이 법칙은 이중나선 DNA 구조가 발견될 때까지 설명되지 않은 상태로 남아 있었다.

DNA의 구조적 모형 구축: 과학 탐구

많은 생물학자들이 DNA가 유전 물질이라는 것을 확신하게 되면서 DNA가 유전 물질로 작용하기 위하여 어떤 구조를 이루어야 하는지 알고자 하였다. 1950년대 초반, 핵산 중합체에서 공유결합의 배열이 잘 확립되었고(그림 10.6), 과학자들은 DNA의 3차원

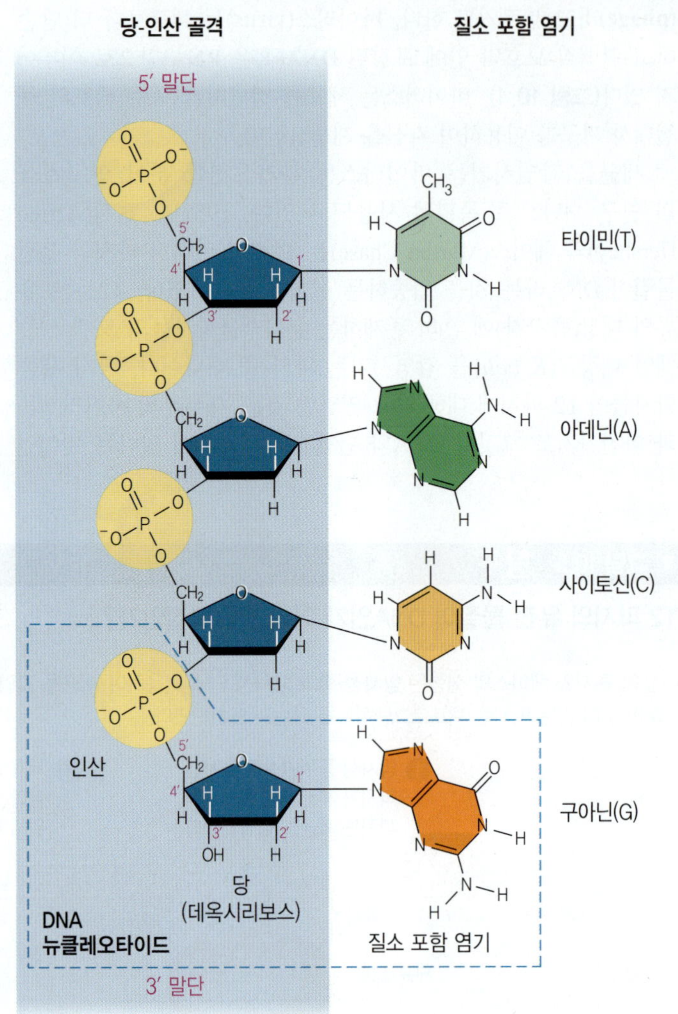

▲ **그림 10.6 DNA 가닥의 구조.** 각각의 DNA 뉴클레오타이드 단위체는 질소를 함유한 염기(T, A, C, G)와 데옥시리보스 당(파란색), 인산기(노란색)로 구성된다. 하나의 뉴클레오타이드 인산기는 다음 뉴클레오타이드의 당과 번갈아 결합하여 당-인산 골격을 형성하면서 공유결합에 의해서 결합되고, 염기는 돌출된 구조를 만든다. 폴리뉴클레오타이드는 인산기를 가진 5′ 말단으로부터 수산기(–OH 그룹)를 가진 3′ 말단으로 방향성을 갖는다. 5′과 3′은 5탄당 고리 탄소에 부여된 번호를 의미한다.

구조를 밝히는 데 초점을 두었다. 그 문제에 관심을 두고 연구했던 과학자들은 캘리포니아의 폴링(Linus Pauling)과 영국의 윌킨스(Maurice Wilkins), 프랭클린(Rosalind Franklin)이었다. 하지만 정확한 DNA의 3차원 구조를 제시한 과학자는 그때 당시 상대적으로 덜 알려져 있었던 미국의 왓슨과 영국의 크릭이었다.

DNA 구조를 풀기 위한 이 두 과학자의 역사적인 공동연구는 왓슨이 캠브리지 대학을 방문하면서 시작되었다. 크릭은 그곳에서 X선 결정학 기술을 이용하여 단백질의 구조를 연구하고 있었다. 왓슨이 런던에 있는 킹스 대학의 윌킨스 연구실을 방문했을 때, 그는 윌킨스의 동료인 프랭클린**(그림 10.7a)**이 찍은 DNA X선 회절 사진을 보았다. X선 회절 사진은 분자의 실제 형상은 아니며 **그림 10.7b**에서 보는 바와 같이, 정제된 DNA를 일직선으로 통과

(a) 프랭클린(Rosalind Franklin)

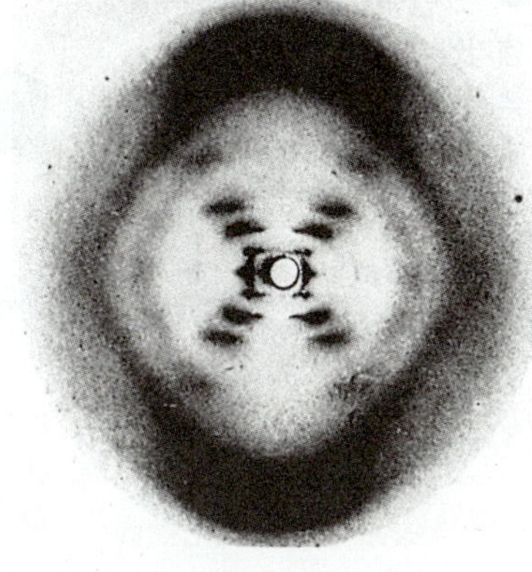

(b) 프랭클린의 DNA X선 회절 사진

▲ **그림 10.7** **프랭클린과 DNA X선 회절 사진.** X선 결정학자인 프랭클린은 왓슨과 크릭이 DNA가 이중나선 구조라는 것을 추론하도록 공헌한 X선 회절 사진을 찍었다.

한 X선의 회절에 의해 점과 얼룩의 이미지로 만들어진다. 왓슨은 나선형 분자가 이루는 형태에 익숙했기 때문에 프랭클린의 X선 회절 사진을 보자마자 DNA는 나선형 구조를 이룬다는 것을 알았고, 나선의 간격과 질소 염기 간의 공간을 추론할 수 있었다. 뿐만 아니라 나선의 간격으로 보아 나선의 개수는 폴링이 제시했던 세 개의 가닥이 아닌 두 개의 가닥으로 이루어졌을 것으로 추론했다. 이 두 개의 가닥으로 인해 오늘날 우리에게 잘 알려진 **이중나선(double helix)**이라는 용어가 탄생하였다(그림 10.8).

왓슨과 크릭은 X선 측정값과 샤가프 법칙을 포함한 그 당시 DNA 화학에 대해 알려진 정보를 활용하여 이에 부합하는 이중나선 구조의 모형을 구축하기 시작했다. 그들은 프랭클린이 당-인산 골격이 이중나선 구조의 바깥쪽에 위치하고 있다는 결론을 내렸다는 것을 알았다. 이러한 배열은 음전하를 띤 인 그룹은 수용액 주위에 직면하게 배치하였지만, 상대적으로 소수성인 질소 염기들을 분자의 안쪽에 숨겨졌기 때문에 설득력이 있었다. 왓슨은 그런 모형을 구축하였다(그림 10.2). 이 모델에서 당-인산 골격은 서로 **역평행(antiparallel)**, 즉 역방향성을 갖는다(그림 10.8b). 이것은 단단한 가로대가 있는 줄사다리 같은 배열로서, 줄의 한쪽 측면은 당-인산 골격에 해당하며 가로대는 질소 염기쌍을 나타낸다. 나선형을 형성하기 위하여 사다리를 꼰다고 상상해 보라. 프랭클린의 X선 자료로부터 골격을 따라 나선형으로 완전히 한 바퀴 돌 때 그 길이가 3.4 nm에 해당하며 한 바퀴 돌 때마다 10개의 염기쌍이 0.34 nm 간격으로 층을 이루어 배열되어 있음을 알 수 있었다.

질소 함유 염기는 아데닌(A)과 타이민(T), 구아닌(G)과 사이토신(C)의 특이적 결합으로 쌍을 이루어 이중나선을 이루고 있다.

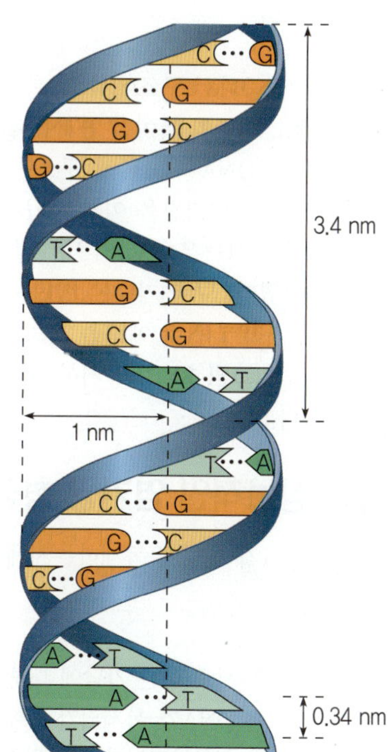

(a) **DNA 구조.** 이 모식도에서 "리본"은 두 DNA 가닥의 당-인산 골격을 나타낸다. 나선 구조는 "오른쪽 방향"으로 감겨 올라간다. 질소 함유 염기들은 수소결합에 의해 이중나선 안쪽에 쌍을 이루고 있고(점선) 이 수소결합으로 두 DNA 가닥이 서로 결합하고 있다.

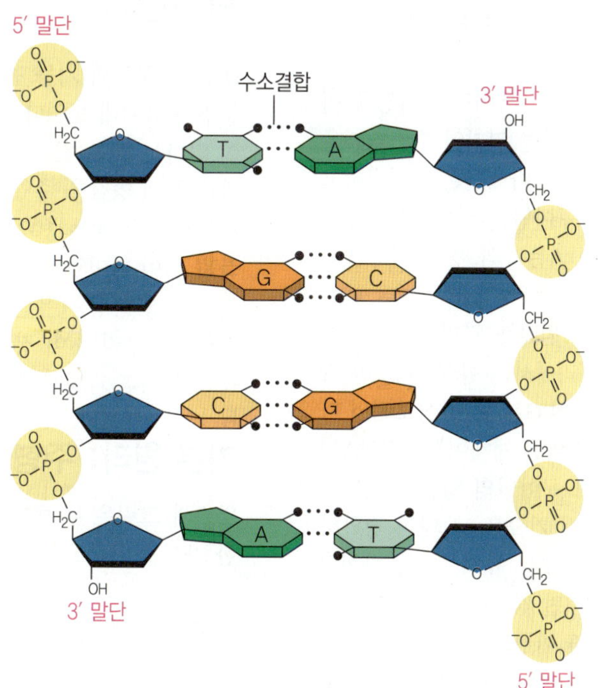

(b) **부분적인 화학구조.** 이 부분의 화학구조를 명확히 보여주기 위해 두 DNA 가닥을 꼬여 있지 않은 상태로 나타냈다. 두 가닥 사이는 약한 수소결합으로 서로 잡고 있지만 각 가닥의 단위들 사이는 강한 공유결합으로 연결된다. 두 가닥은 역평행 즉 그들은 나누어진 거리의 길처럼 위에서 아래 방향, 왼 가닥은 5′에서 3′ 방향이고, 오른 가닥은 3′에서 5′ 방향으로 되어 있다(그림 13.6). 서로 반대 방향으로 위치하고 있음을 명심하라.

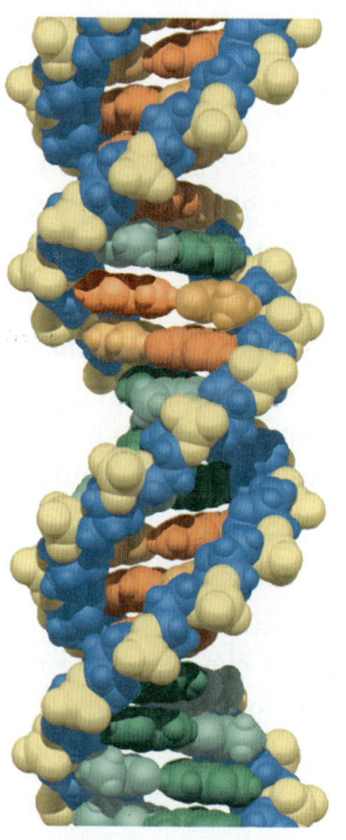

(c) **공간채움 모형.** 컴퓨터 공간채움 모형으로 형상화했을 때, 염기쌍은 촘촘한 층을 이룬다. 층을 이룬 염기쌍 간의 반데르발스 상호작용이 분자들의 결합을 유지하는 데 중요한 역할을 한다.

▲ **그림 10.8** **이중나선**

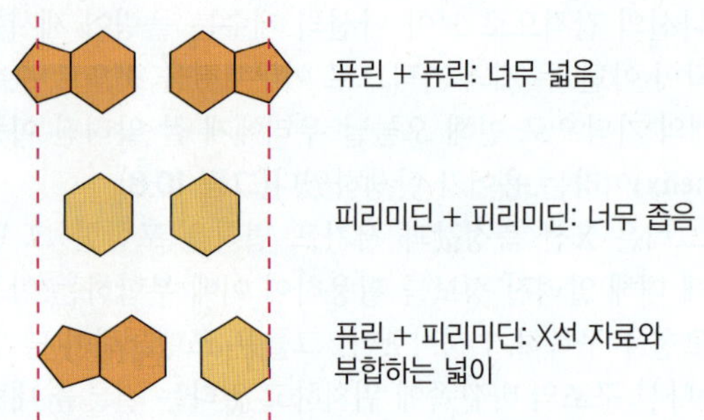

▲ **그림 10.9 DNA 이중나선에서 가능한 염기쌍.** 퓨린(A와 G)은 피리미딘(C와 T) 넓이의 약 2배이다. 이중나선의 지름 2 nm를 설명하기 위해서는 퓨린-퓨린 쌍은 너무 넓고, 피리미딘-피리미딘 쌍은 너무 좁다. 반면에 퓨린-피리미딘 쌍은 잘 맞는 자료이다.

왓슨과 크릭이 DNA 구조에 접근할 수 있었던 것은 많은 시행착오의 결과였다. 우선 왓슨은 A와 A, 또는 C와 C가 염기쌍을 이루는 모델을 가정했다. 그러나 이 모델은 이중나선이 균일한 지름을 이루고 있다는 것을 보여주는 X선 자료와 일치하지 않았다. A와 A, 또는 C와 C가 염기쌍을 이룰 때 왜 X선 자료와 같이 균일한 지름을 이루는 이중나선을 형성하지 않을까? 아데닌과 구아닌은 2개의 고리를 가진 퓨린 계열의 질소 염기인 데 반해 사이토신과 타이민은 하나의 고리를 가진 피리미딘 계열의 염기이다. 피리미딘과 퓨린의 염기쌍은 균일한 지름을 이루는 결과를 얻을 수 있는 유일한 조합이다(**그림 10.9**).

왓슨과 크릭은 염기구조를 통해서 이들이 특이적 염기쌍을 이룬다는 것을 추론하게 되었다. 각 염기는 다른 염기와 수소결합을 형성할 수 있는 화학적 잔기를 가지고 있다. 아데닌은 타이민하고만 두 개의 수소결합을 형성할 수 있고 구아닌은 사이토신하고만 세 개의 수소결합을 형성할 수 있다. 즉, A는 T와 쌍을 이루고 G는 C와 쌍을 이룬다(**그림 10.10**).

왓슨과 크릭의 모형은 샤가프 법칙의 원리를 완벽하게 설명해준다. DNA의 한쪽 가닥이 A를 가진 자리에서는 항상 다른 한 가닥이 T를 가지고 있다. 그리고 한쪽 가닥의 G는 항상 상보적인 다른 가닥의 C와 염기쌍을 이룬다. 따라서 어떤 개체이든지 DNA의 아데닌 염기의 양은 타이민의 양과 같고 구아닌의 양은 사이토신의 양과 같다. (근대 DNA 염기서열 결정 기술은 그 양이 정확하게 같다는 것을 확인하였다.) 염기쌍을 이루는 규칙은 이중나선의 가로대를 이루는 질소 염기쌍을 결정하지만 각 DNA 가닥의 핵산 서열을 제한하지는 않는다. 4개의 염기가 이루는 염기서열은 매우 다양하고 각각의 유전자는 독특한 순서, 또는 염기서열을 가지고 있다.

1953년 4월, 왓슨과 크릭은 한쪽의 간단한 논문을 출판하여 과학계를 놀라게 했다. 그들은 이 논문에서 DNA 분자 모형을 제시했는데 이것이 바로 이중나선 DNA 모형으로서 오늘날까지 분자생물학의 상징이 되고 있다. 윌킨스와 더불어 왓슨과 크릭은 본 연구로 1962년 노벨상을 수상하였다. (슬프게도 프랭클린은 1958년 38세로 세상을 떳기 때문에 노벨상 수상의 영광을 갖지 못했다.) 이중나선 모형의 의미는 DNA 구조가 DNA 복제의 기초 기전을 제시했다는 것이다.

▶ **그림 10.10 DNA의 염기쌍 형성.** 그림에서 검은색 점으로 그려진 것처럼, DNA 이중나선에서 질소 염기쌍들은 수소결합으로 서로 결합되어 있다.

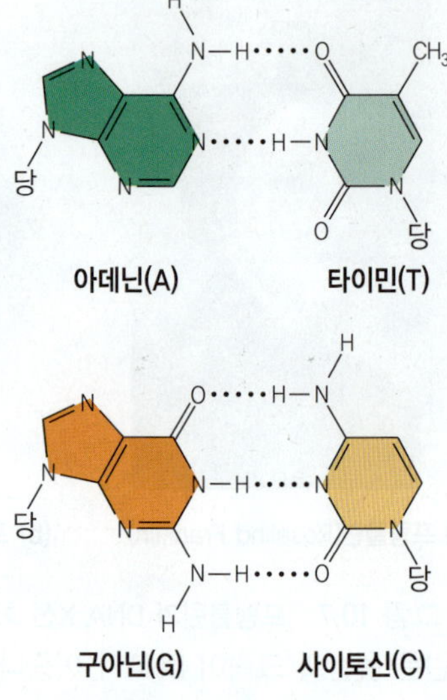

개념 10.2

많은 단백질이 DNA 복제와 수선에 함께 관여한다

DNA의 구조와 기능 간의 관련성은 이중나선 구조에서 그 특징을 분명히 들어내 보인다. DNA에서 질소 염기의 특이적 염기쌍 결합이 있다는 것은 왓슨과 크릭이 올바른 DNA 이중나선 구조를 찾아내는 데 영감을 주었다. 동시에 그들은 염기쌍을 이루는 규칙으로부터 기능적인 중요성을 파악하였고 그들은 논문의 말미를 다음과 같이 재미있는 서술로 마무리하였다: "우리가 가정했던 특이적 염기쌍 형성은 유전 물질의 복제 기작에 관한 예측을 가능하게 하였다." 우리는 이 장에서 DNA 복제(**그림 10.11**)의 기본 원리와 중요한 세부 과정에 대해 배울 것이다.

기본 원리: 주형 가닥에 상보적인 염기쌍 형성

왓슨과 크릭은 두 번째 논문에서 DNA가 어떻게 복제하는지에 대한 가설을 언급했다.

> 우리가 제시한 데옥시리보핵산 모형은 서로 다른 가닥에 대해 상보적인 한 쌍의 주형 가닥이다. 우리는 DNA가 복제되기 전에 먼저 수소결합이 깨어지고 두 가닥이 풀려서 분리된다고 가정했다. 그리고 나서 각각의 가닥은 주형으로 제공되고 상보적인 새로운 가닥을 형성하여 결국에는 두 쌍의 가닥을 만들게 되고, 그 중의 한 가닥은 이전의 것이다. 더욱이, 그 염기쌍의 서열은 서로 정확하게 두 배가 될 것이다.*

*J. D. Watson and F. H. C. Crick, Genetical implications of the structure of deoxyribonucleic acid, *Nature* 171:964–967 (1953).

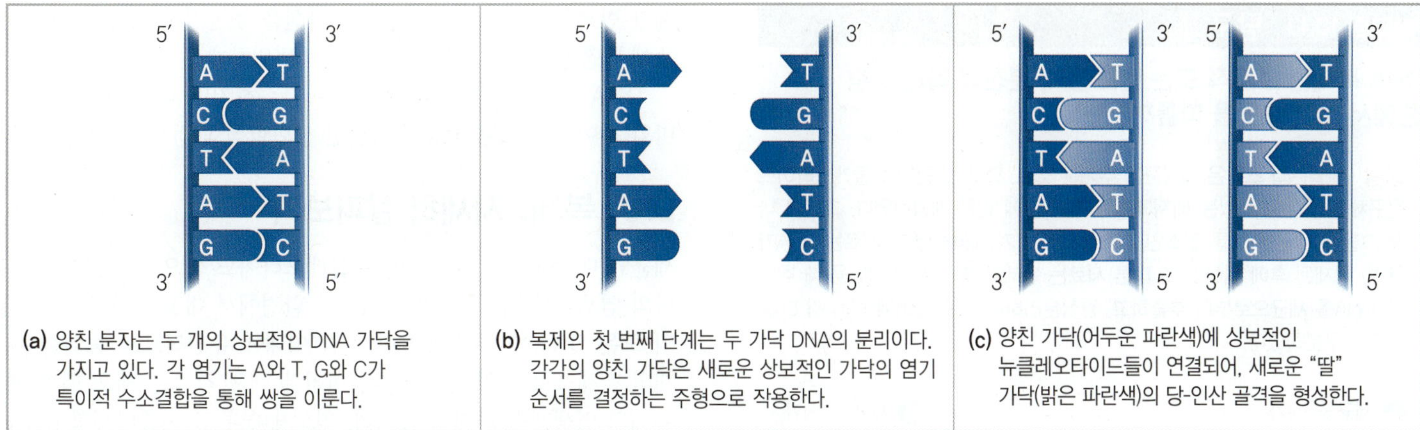

▲ **그림 10.11 DNA 복제 모델: 기본 개념.** 단순한 그림 설명에서, 짧은 DNA 일부분의 꼬임을 풀었다. 4종류의 염기를 단순화하여 나타낸 것이다. 사다리의 레일은 두 DNA 가닥의 당-인산 골격이다; 가로대는 염기 간에 쌍을 이룬 것이다. 진한 파란색은 양친 분자에 존재하는 DNA 가닥을 나타내며, 밝은 파란색은 새롭게 합성된 DNA를 나타낸다.

그림 10.11은 DNA 복제에 대한 왓슨과 크릭의 기본적인 아이디어를 설명하고 있다. 독자의 이해를 돕기 위하여 꼬이지 않게 그리고 짧은 DNA 절편을 보여주고 있다. 만약 여러분이 그림 10.11a의 두 가닥 DNA 중 하나를 모른다면, 여러분은 두 가닥 중 한 가닥만 보고 그것을 염기쌍 법칙에 적용하면 선형 DNA 절편의 염기서열을 결정할 수 있게 된다. 그러한 이유로는 서로 마주보는 두 가닥은 서로 상보적이고 각각의 DNA 가닥은 상보적인 가닥을 다시 만들어 낼 수 있는 정보를 포함하고 있기 때문이다. 세포가 DNA를 복제할 때 각 가닥은 뉴클레오타이드를 배열하여 새로운 상보적 가닥으로 만드는 데 있어서 주형의 역할을 한다. 뉴클레오타이드는 염기쌍 형성 규칙에 의해 주형 가닥에 나란하게 늘어서고, 이 뉴클레오타이드들이 연결되어 새로운 가닥을 이룬다. 이 과정의 처음에는 이중 가닥 DNA 분자가 한 개 있었으나 곧 이 '양친' 분자의 정확한 복제본인 두 DNA 분자가 존재하게 된다.

DNA 복제 모형은 DNA 구조를 밝힌 이후 수년 동안 검증되지 않았나. 이 보형은 개념상으로는 단순하지만 검증하기가 쉽지 않았다. 왓슨과 크릭의 모형은 이중나선 구조 DNA가 복제될 때, 새롭게 생성된 두 개의 딸 DNA는 양친 분자에서 존재했던 옛 가닥과 새롭게 형성된 하나의 가닥을 각각 갖는다는 것이다. 이러한 **반보존적 복제 모형(semiconservative model)**은 복제 후에 양친 사슬이 다시 생성되는 보존적 복제 모형(conservative model)과는 차이가 있다. 또한 세 번째 복제 모형으로 제시된 분산적 복제 모형(dispersive model)은 DNA 복제 이후 4개의 가닥 모두가 옛 것과 새 것의 혼합이라는 것이다. 이러한 세 가지 모델이 **그림 10.12**에 나타나 있다. 보존적 또는 분산적 DNA 복제에 대한 기작은 실험을 고안하기 쉽지 않기 때문에 이 모형들이 배제되기 전까지는 계속적으로 그 가능성이 존재하고 있었다. 그러나 1950년대 후반에 캘리포니아 공대에서 2년간의 선행연구 후에, 메셀슨(Matthew Meselson)과 스탈(Franklin Stahl)이 세 개의 가설을 검증하는 영특한 실험을 고안하였고, **그림 10.13**에 상세히 묘사되어 있다. 그들의 실험 결과는 왓슨과 크릭이 예측했던 것과 같이 DNA의 복

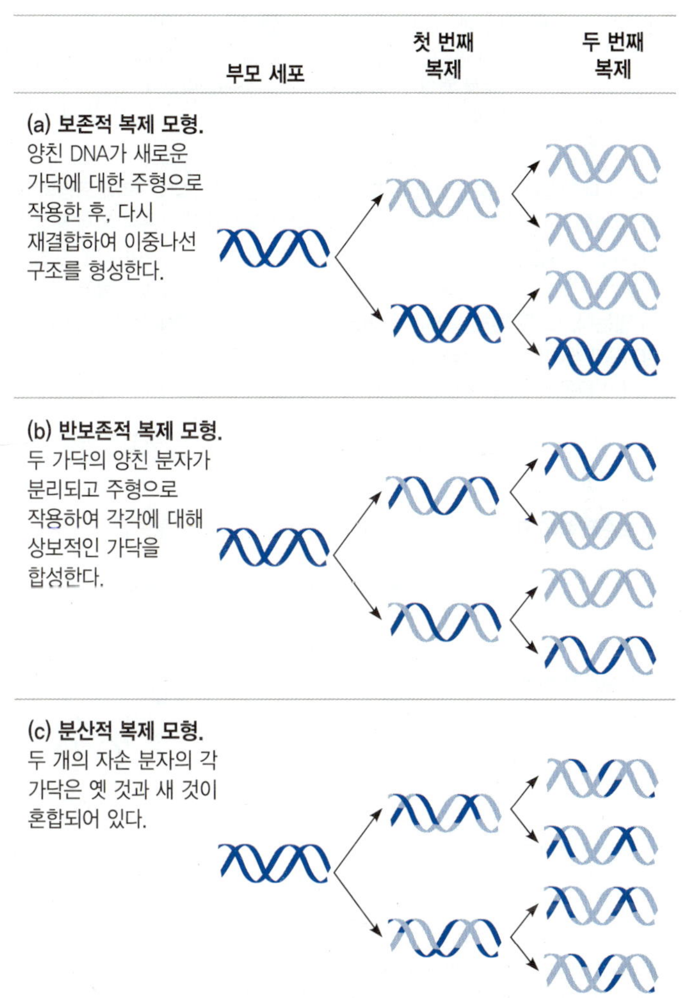

▲ **그림 10.12 DNA 복제의 3가지 모형.** 이중나선 구조의 각 조각은 세포 내 DNA를 상징한다. 부모 세포로부터 시작해 두 세대에 걸쳐 세포의 DNA를 추적하였는데 두 번의 DNA 복제가 이루어진 것을 의미한다. 양친 DNA는 어두운 파란색이고, 새롭게 만들어진 DNA는 밝은 파란색이다.

▼ 그림 10.13 탐구

DNA 복제는 보존적 또는 반보존적, 분산적 복제 모형 중에서 어떤 모형을 따를까?

실험 메셀슨과 스탈은 대장균을 무거운 질소, ^{15}N가 포함된 뉴클레오타이드 전구체를 함유하고 있는 배지에서 여러 세대에 걸쳐 배양하였다. 그러고 나서 그들은 세균을 보통 질소인, ^{14}N 배지로 옮겨 배양하였다. 시료는 DNA가 한 번 복제된 후에 취하고 또 다른 시료는 복제가 또 다시 일어났을 때 취한다. DNA를 세균으로부터 추출하고, 원심분리하여 밀도 차이에 의해 각 DNA 시료를 구분하였다.

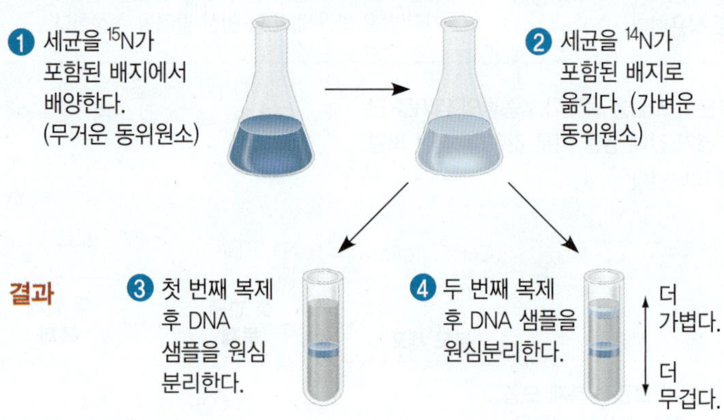

결과

결론 메셀슨과 스탈은 그림 10.12에서 소개한 세 가지 DNA 복제 모형의 예측 결과를 토대로 실험 결과를 분석하여 DNA 복제가 반보존적 복제 모형을 따른다고 결론지었다. ^{14}N 배지에서 첫 번째 복제가 일어나면 혼합된 DNA(^{15}N-^{14}N) 띠를 만들어 낸다. 이러한 결과는 보존적 복제 모형에 부합하지 않는다. 또 두 번째 복제가 일어났을 때에는 가벼운 DNA와 혼합된 DNA, 양자를 만들어 낸다. 이러한 결과는 분산적 복제 모형과 일치하지 않는다. 따라서 이들은 DNA 복제가 반보존적 복제 모형을 따른다고 결론지었다.

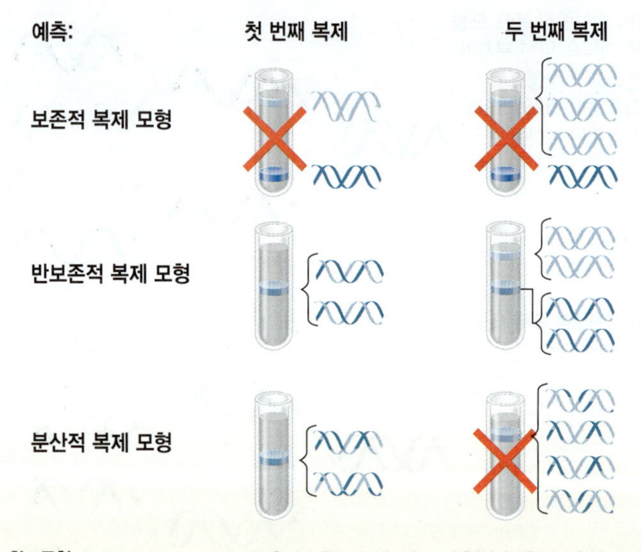

참고문헌 M. Meselson and F. W. Stahl, The replication of DNA in Escherichia coli, *Proceedings of the National Academy of Science USA* 44: 671–682 (1958).

제가 반보존적으로 이루어진다는 가설을 뒷받침하였고, 생물학자들에게 훌륭한 실험 설계의 예로서 광범위하게 알려지게 되었다.

DNA 복제의 기본 원리는 매우 단순하지만 다음에서 설명된 바와 같이 실제로는 상당히 복잡한 생화학적 과정을 거친다.

DNA 복제: 자세히 살펴보기

세균인 대장균은 대략 460만 뉴클레오타이드 쌍으로 이루어진 하나의 염색체를 가지고 있다. 적합한 환경에서 대장균 세포는 자신의 모든 DNA를 복제하여 한 시간 이내에 유전적으로 동일한 두 개의 딸세포로 분열할 수 있다. 여러분 세포 각각은 세포 핵 안에 46개의 염색체를 가지고 있으며, 염색체마다 긴 이중나선형 DNA 분자를 가지고 있다. 이들의 뉴클레오타이드 합은 60억 개의 염기쌍이고, 이 정도의 크기는 세균에서 발견되는 DNA의 수천 배에 해당하는 크기이다. 만약 이 염기들(A, G, C, T)을 여러분이 읽고 있는 글자 크기로 인쇄한다면, 인간의 2배체 세포에 있는 60억 염기 정보는 생물학 교과서의 두께로 1,400권에 해당된다. 세포가 이러한 모든 DNA를 복제하는 데에는 몇 시간밖에 걸리지 않는다. 이와 같은 거대한 양의 유전정보를 복제하는 데 있어서 100억 개의 뉴클레오타이드마다 하나 정도의 매우 적은 오류를 가진다. 이와 같이 DNA 복제는 속도와 정확도에 있어서 매우 놀랄 만하다.

DNA 복제에는 12가지 이상의 효소와 그 밖의 단백질이 관여한다. 진핵생물보다는 세균에서 이러한 '복제 기계'가 어떻게 작용하는지 많이 알려져 있다. 이러한 이유로 여기에서는 기본적인 복제 과정을 대장균을 대상으로 하여 단계적으로 설명할 것이다. 과학자들이 진핵생물의 DNA 복제에 대해서 알아낸 것은 대부분의 복제 과정이 근본적으로 원핵생물과 진핵생물에서 유사하다는 것을 암시한다.

시작하기

염색체 DNA의 복제는 특정 염기서열로 된 짧은 DNA 절편인 **복제 원점(origin of replication)**이라는 특별한 위치에서 시작한다. DNA 복제를 시작하는 단백질은 복제 원점 서열을 인지하고 복제 원점에 해당하는 DNA에 결합한 후, 두 가닥으로 DNA를 분리하고 복제 기포가 열린다. 복제 기포의 양끝에 Y 모양으로 생긴 **복제 분기점(replication fork)**이 있는데, 이 부위에서 부모 가닥의 이중나선이 풀려진다. 여러 개의 단백질이 이와 같은 풀림 기작에 관여한다(그림 10.14). **헬리케이스(helicase)**는 복제 분기점에서 이중나선을 풀어주는 효소로 주형 가닥을 두 가닥으로 분리한다. 헬리케이스가 두 주형 가닥을 분리하고 난 후 **단일가닥 결합 단백질(single-strand binding protein)** 분자는 쌍을 이루지 못한 DNA 가닥에 결합하여 재 결합을 준비시킨다. 이중나선의 풀림은 더 강한 꼬임을 일으키고 복제 분기점의 앞쪽은 일그러지게 된다. **회전효소(topoisomerase)**는 DNA를 끊고, 감고, 재결합시켜 이러한 비틀림임을 완화시키는 작용을 한다.

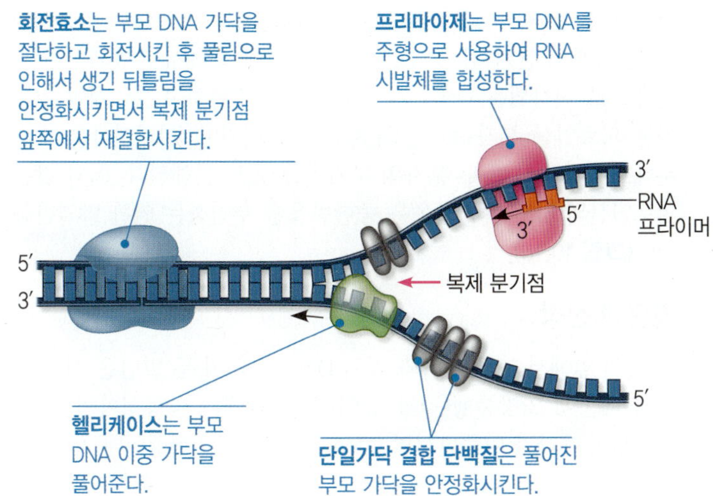

▲ **그림 10.14 DNA 복제 개시에 관여하는 단백질들.** 같은 단백질들이 복제 기포의 양쪽 복제 분기점에서 기능을 한다. 편의상 왼쪽 복제 분기점만 나타나고 있으며, DNA 염기들이 단백질과 비교하여 실제 크기보다 훨씬 크게 그려져 있다.

다른 많은 박테리아 염색체처럼 대장균 염색체는 원형이고 하나의 복제 기포를 형성하는 하나의 복제 원점을 가지고 있다(**그림 10.15a**). 그 다음 DNA 복제는 완전한 DNA가 복제될 때까지 양방향으로 진행된다. 박테리아 염색체와는 달리 진핵생물 염색체는 수백 개, 수천 개의 복제 원점을 가지고 있다. 많은 복제 기포(replication bubble)가 형성되고 복제의 마지막 단계에서는 서로 연결되는데, 이러한 방법으로 매우 긴 DNA 분자가 빠르게 복제된다(**그림 10.15b**). 세균처럼 진핵생물의 DNA 복제도 각각의 복제 원점에서 양방향으로 진행된다.

새로운 DNA 가닥 합성하기

기포 내에, 부모 DNA 가닥의 풀린 부분은 상보적인 새로운 DNA 가닥을 합성하기 위한 주물로써 사용될 수 있다. 그러나 DNA를 합성하는 중합효소는 폴리뉴클레오타이드의 합성을 시작할 수 없고, 주형 가닥과 염기쌍을 형성하는 이미 존재하는 DNA 사슬 말단에 DNA 뉴클레오타이드를 붙일 수만 있다. DNA 합성에서 처음 시작되는 뉴클레오타이드는 DNA가 아니라 짧은 RNA

▼ **그림 10.15 대장균과 진핵세포의 복제 원점.** 빨간 화살표는 복제 분기점의 이동 방향을 표시하고 따라서 각 복제 기포 내에서의 DNA 복제 방향을 나타낸다.

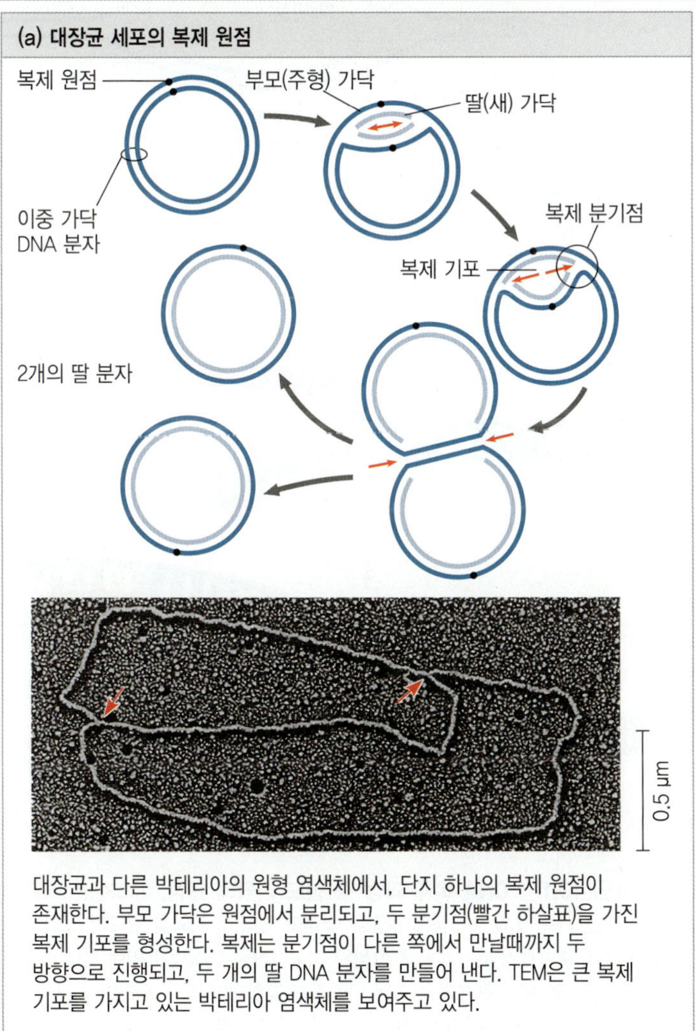

대장균과 다른 박테리아의 원형 염색체에서, 단지 하나의 복제 원점이 존재한다. 부모 가닥은 원점에서 분리되고, 두 분기점(빨간 하살표)을 가진 복제 기포를 형성한다. 복제는 분기점이 다른 쪽에서 만날때까지 두 방향으로 진행되고, 두 개의 딸 DNA 분자를 만들어 낸다. TEM은 큰 복제 기포를 가지고 있는 박테리아 염색체를 보여주고 있다.

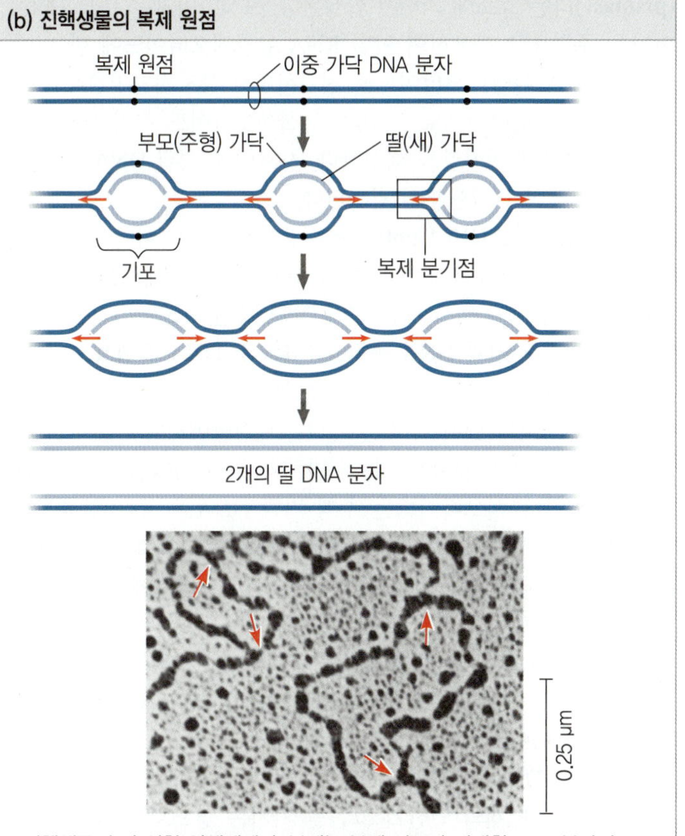

진핵생물의 각 선형 염색체에서, 복제는 복제 기포가 거대한 DNA 분자의 많은 부위에서 형성한다. 복제 기포에서 양방향(빨간 화살표)으로 진행되고 옆으로 확장한다. 최후에는 복제 기포가 연결되고, 딸 가닥의 합성이 완성된다. 전자 현미경 사진은 배양 중에 있는 중국 햄스터 세포의 DNA에 있는 세 곳의 복제 기포를 나타낸다.

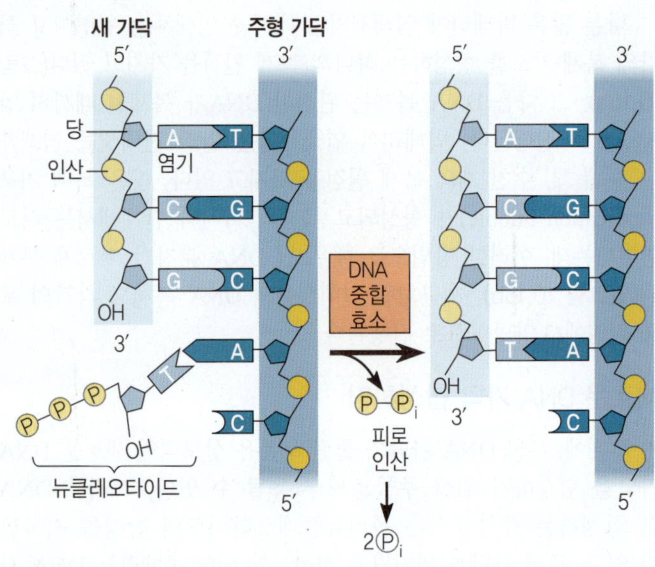

▲ **그림 10.16 DNA 가닥에 하나의 뉴클레오타이드의 첨가.** DNA 중합효소는 신장되는 DNA 가닥의 3′ 말단에 하나의 뉴클레오타이드의 첨가를 촉진한다. 반응 후 두 개의 인산이 방출된다.

단편이다. 이 RNA 사슬을 **시발체(primer)**라고 하며 **프리마아제(primase)**라는 효소에 의해서 합성된다. 프리마아제는 부모 DNA 가닥을 주형으로 사용하여 단일 RNA 뉴클레오타이드에 한 번에 하나의 RNA 뉴클레오타이드를 첨가하면서 상보적인 RNA 사슬을 합성한다. 일반적으로 5~10개 뉴클레오타이드 길이인 시발체는 주형 가닥과 염기쌍을 형성한다. 새로이 합성된 DNA 가닥은 RNA 시발체의 3′ 말단부터 시작된다.

DNA 중합효소(DNA polymerase)라는 효소가 이미 존재하는 사슬의 3′ 말단에 뉴클레오타이드를 첨가함으로써 새로운 DNA의 합성을 촉매한다. 대장균에는 여러 DNA 중합효소가 있지만 주로 DNA 중합효소 III과 DNA 중합효소 I의 두 DNA 중합효소가 복제에 관여한다. 진핵생물에서는 더욱 복잡해서 적어도 11개 DNA 중합효소가 발견되었지만, 기본 원리는 대장균에서와 유사하다.

대부분의 DNA 중합효소는 시발체와 주형 가닥을 필요로 한다. 각각의 뉴클레오타이드는 주형 가닥 DNA를 따라 상보적인 뉴클레오타이드로 정렬된다. 대장균에서 DNA 중합효소 III(DNA pol III로 축약되어 사용되기도 한다)가 RNA 시발체에 DNA 뉴클레오타이드를 더하고 그런 후에 새로운 DNA 가닥의 끝부분에 상보적인 뉴클레오타이드를 하나씩 연결한다. 신장되는 속도는 세균에서는 대략 초당 500 뉴클레오타이드, 인간의 세포에서는 초당 50 뉴클레오타이드이다.

신장되는 DNA 가닥에 첨가되는 각각의 뉴클레오타이드는 하나의 염기와 세 개의 인산기 그룹을 가지는 당으로 구성되어 있다. 여러분은 이미 ATP(아데노신 3인산)와 같은 분자를 알고 있다. 에너지 대사에 사용하는 ATP와 DNA에 아데닌을 공급하는 뉴클레오사이드 3인산의 차이점은 당의 구성 성분이다. DNA의 구조물은 데옥시리보스이지만 ATP 경우에는 리보스이다. ATP처럼 DNA 합성에 사용되는 뉴클레오타이드는 3인산기의 말단이 불안정한 음전하 그룹을 가지고 있기 때문에 화학적으로 반응성이 높다. 각각의 단위체들은 DNA 중합효소에 의해서 촉매되는 탈수 반응으로 신장되는 DNA 가닥의 말단에 결합하고, 두 개의 인산기는 피로인산 분자 ⓟ–ⓟ$_i$의 형태로 떨어지며, 피로인산은 가수분해효소에 의하여 두 분자의 무기인산 ⓟ$_i$로 분해된다. 이와 같은 피로인산의 가수분해 반응은 중합반응을 추진하는 연관 발열반응이다(그림 10.16).

역평행 신장

이 장의 앞에서 언급한 바와 같이 DNA 가닥의 두 말단은 서로 다르기 때문에 일방통행 길과 같이 각 가닥에는 방향성이 있다(그림 10.6). 게다가 이중나선의 DNA 두 가닥은 역평행인데, 이는 두 가닥의 DNA가 서로 반대 방향을 향하고 있음을 의미한다(그림 10.16). DNA 복제에 의해서 새로 형성된 DNA 가닥들도 당연히 주형 가닥에 역평행하게 된다.

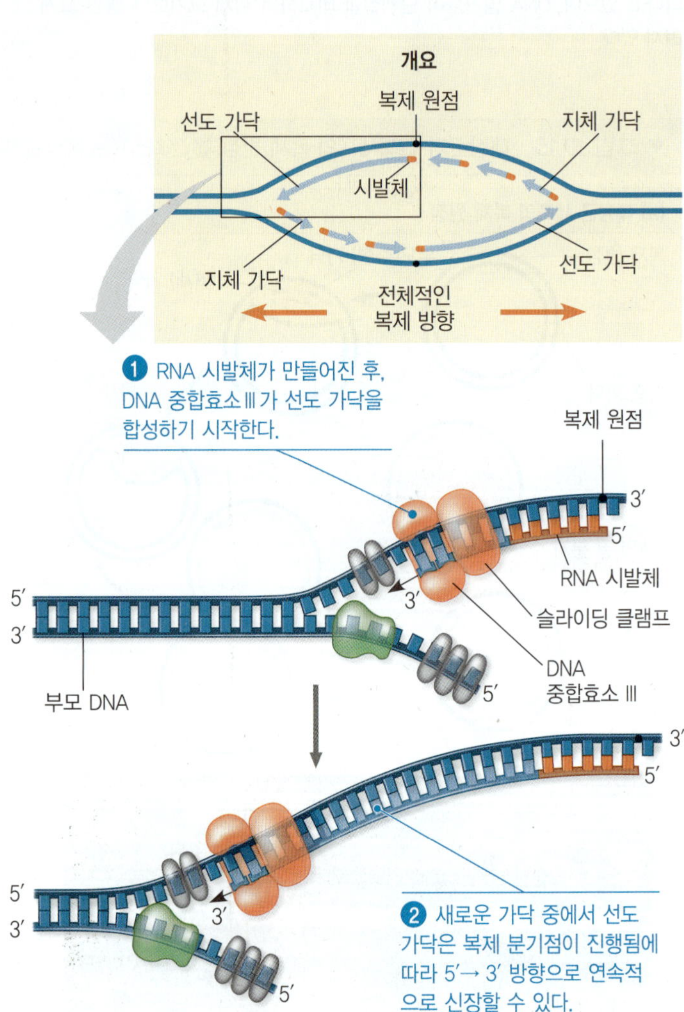

▲ **그림 10.17 DNA 복제 과정 중 선도 가닥의 합성.** 이 그림은 개요 그림에 있는 왼쪽 복제 분기점에 초점을 맞추고 있다. 손가락을 오므리고 있는 모양의 DNA 중합효소 III는 새롭게 합성된 이중나선을 둘러싸고 있는 도넛 모양처럼 생긴, 슬라이딩 클램프라 불리는 단백질과 결합되어 있다. 슬라이딩 클램프는 DNA 중합효소 III를 주형 DNA 가닥을 따라 이동하도록 한다.

그렇다면 이중나선의 역평행 구조는 어떻게 복제에 어떻게 영향을 미치는가? DNA 구조 때문에, DNA 중합효소는 신장되는 DNA 가닥의 5′ 말단이 아니라 3′ 말단에만 뉴클레오사이드를 붙인다(그림 10.16). 그래서 새로운 DNA 가닥은 5′→ 3′ 방향으로 신장된다. 이것을 염두에 두고 복제 기포에 있는 두 개의 복제 분기점 중 하나를 자세하게 검토해 보자(**그림 10.17**). 하나의 주형 가닥을 따라 DNA 중합효소 III는 5′→ 3′ 방향으로 새로운 가닥을 신장함으로써 연속적으로 상보적인 가닥을 합성할 수 있다. DNA 중합효소 III는 주형 가닥에 있는 복제 분기점에 남아 있고, 복제 분기점이 진행됨에 따라 상보적인 가닥에 각각의 뉴클레오타이드를 연속적으로 붙인다. 이러한 기작으로 만들어진 DNA 가닥을 **선도 가닥(leading strand)**이라고 부른다. DNA 중합효소가 선도 가닥을 합성하는 데 오직 한 개의 시발체만 필요하다.

또 다른 주형 가닥에서 상보적인 새로운 DNA 가닥을 5′→ 3′ 방향으로 신장하기 위해 DNA 중합효소 III는 복제 분기점에서 반대 방향으로 작용하여야 한다. 이 방향으로 합성되는 DNA 가닥을 **지체 가닥(lagging strand)**이라고 부른다. 연속적으로 신장되는 선도 가닥과는 대조적으로 지체 가닥은 일련의 조각들로 비연속적으로 합성된다. 지체 가닥의 이러한 절편은 이것을 발견한 일본 과학자의 이름을 따라 **오카자키 절편(Okazaki fragment)**이라고 한다. 이 절편은 대장균에서는 1,000~2,000개 뉴클레오타이드의 길이를, 진핵생물에서는 100~200개 뉴클레오타이드의 길이를 갖는다.

그림 10.18은 한 복제 분기점에서 지체 가닥의 합성 과정을 보여준다. 선도 가닥에서는 오직 한 개의 시발체만 필요한데 지체 가닥에서는 각 오카자키 절편마다 시발체가 필요하다(❶ 과정들과 ❹). DNA 중합효소 III가 오카자키 절편(과정 ❷~❹)을 형성한 후, 또 다른 중합효소인 DNA 중합효소 I(DNA pol I)은 인접한 시발체의 RNA 뉴클레오타이드를 DNA 뉴클레오타이드(과정 ❺)로 대체한다. 그러나 DNA 중합효소 I은 이와 같은 대체 DNA 절편 마지막 뉴클레오타이드를 그 다음에 있는 오카자키 절편의 첫 DNA 뉴클레오타이드와 연결할 수 없다. 또 다른 효소 **DNA 연결효소(DNA ligase)**는 오카자키 절편 사이에 생긴 틈을 연결하여 완전한 단일가닥의 새로운 DNA 가닥을 형성하도록 한다(과정 ❻).

선도 가닥의 합성과 지체 가닥의 합성은 동시에 그리고 같은 비율로 일어난다. 지체 가닥은 합성이 선도 가닥의 합성에 비해서 상대적으로 다소 늦기 때문에 지어진 이름이다; 각 지체 가닥의 새로운 조각은 충분한 주형이 복제 분기점에서 노출될 때 시작된다.

그림 10.19는 DNA 복제를 요약한 것이다. 진도를 나가기 전에 더 주의 깊게 공부하자.

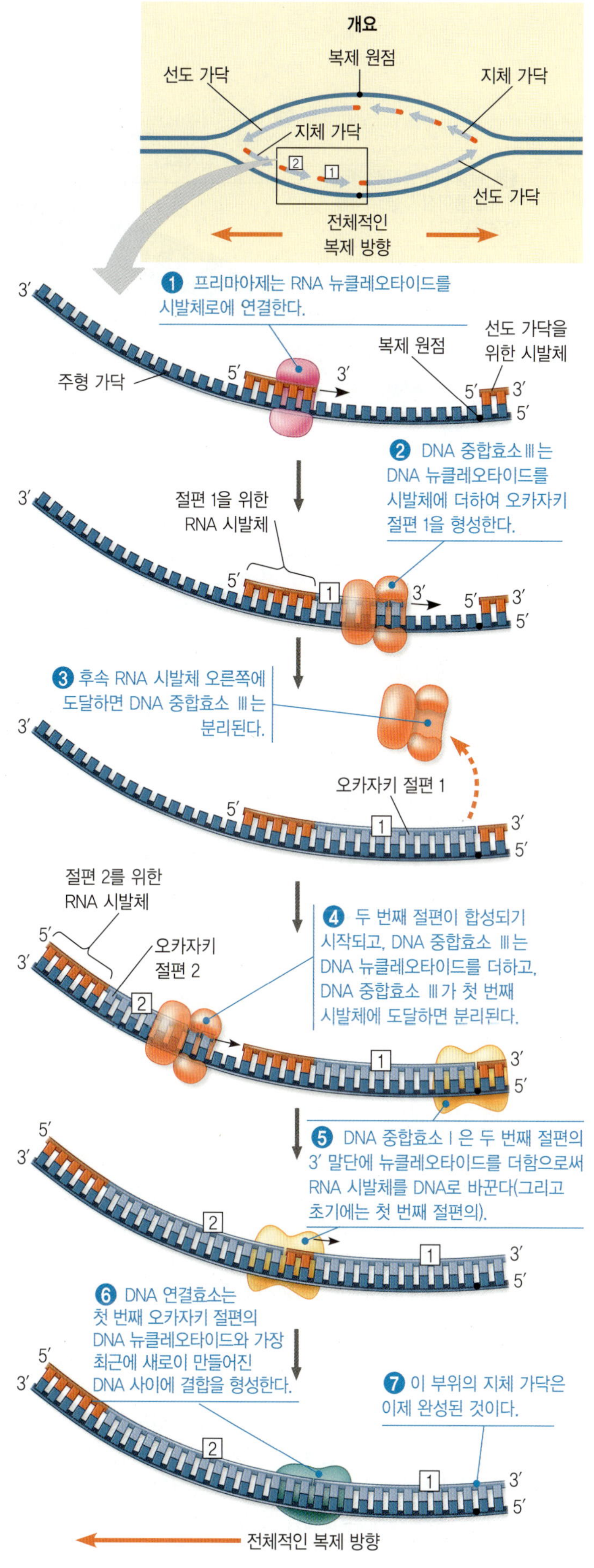

▶ 그림 10.18 **지체 가닥의 합성**

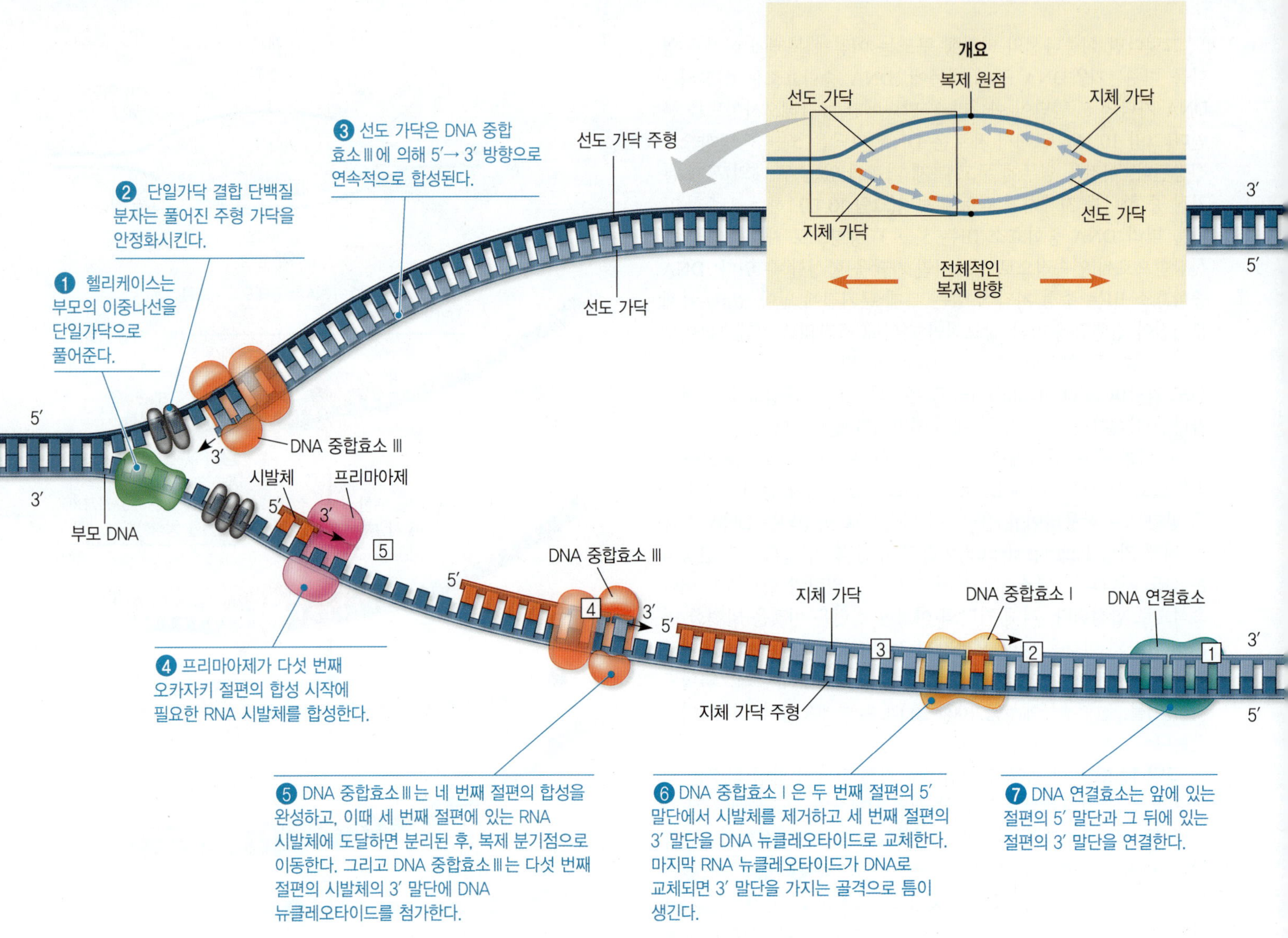

▲ 그림 10.19 **세균 DNA 복제의 요약.** 이 세부 그림은 오른쪽 위에 그려진 개요에서 보여주는 복제 기포의 왼쪽 복제 분기점을 보여준다. 개요 그림에서 완성된 각각의 딸 가닥을 보면, 선도 가닥에서 딸 가닥의 절반이 합성되고 지체 가닥에서 절반이 합성되는 것을 볼 수 있다.

DNA 복제 복합체

DNA 복제에 대한 전통적인 모형은 DNA 중합효소를 DNA 철도 선로를 따라 움직이는 기관차로 묘사되었지만 이러한 모형은 두 가지의 중요한 사실을 설명할 수 없는 단점이 있다. 첫 번째, DNA 복제에 관여하는 다양한 단백질들은 하나의 커다란 "DNA 복제 기계" 복합체를 형성한다는 것이다. 많은 단백질-단백질 결합에 의한 DNA 복제 기계 복합체의 형성은 복제 효율성을 증가시킨다. 예를 들어, 프리마아제는 여러 단백질들과 접촉되어 있을 때 분자 브레이크 역할을 하여 복제 과정을 더 느리게 진행하도록 한다. 이것은 시발체가 잘 위치할 수 있도록 하고 선도 가닥이나 지체 가닥에서 복제 속도를 조절할 수 있는 여유를 준다. 두 번째로 DNA 복제 기계 복합체는 복제 과정 동안 움직이지 않고 차라리 DNA가 DNA 복제 기계 복합체를 통과할 것이다. DNA 복제 기계 복합체는 진핵생물의 핵 내부에 뻗어 있는 선형 구조물인 핵 구조체에 부착되어 있는 듯하다. 실험적 증거는 각 주형 가닥에 한 개씩 있는 두 개의 DNA 중합효소 분자가 부모 DNA는 감아 올리고 새로 만들어진 딸 DNA는 밀어낸다는 한 모형을 지지하고 있다. 또 다른 증거는 지체 가닥이 DNA 복제 기계 복합체에서 고리 모양이 되는 것을 보여준다(**그림 10.20**).

DNA 교정과 수선

우리는 DNA 복제의 정확성이 오로지 염기쌍 형성의 특이성만으로 그 결과를 장담할 수 없다. 주형 가닥의 뉴클레오타이드와 새롭게 합성된 가닥의 뉴클레오타이드 사이에 존재하는 초기 염기쌍 오류는 100,000 염기쌍 중에서 1번의 오류를 가질 정도로 빈번히 일어난다. 그러나 복제가 끝난 DNA 분자에서 오류 확률을 조

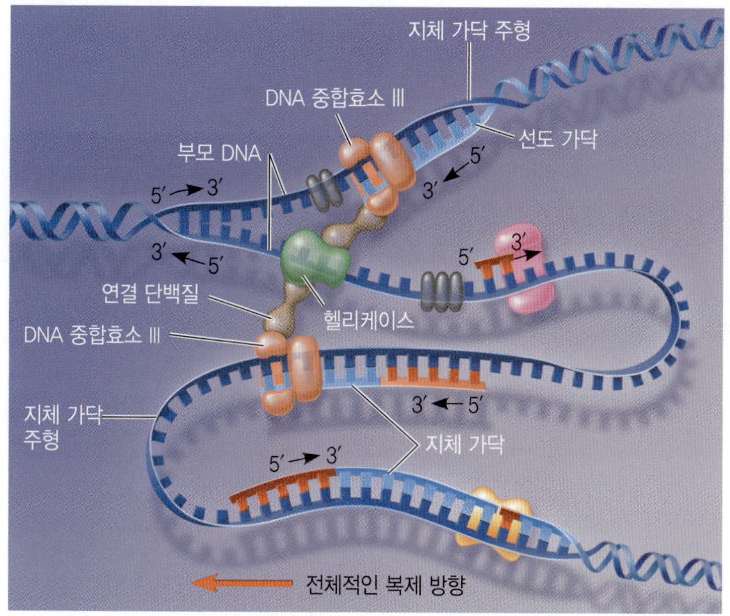

▲ **그림 10.20 DNA 복제 복합체에 대한 "트롬본" 모델.** 두 개의 DNA 중합효소 III는 복합체 내에 같이 작동하지만, 그 중 하나는 각 주형 가닥에서 작동한다. 지체 가닥 주형 DNA는 복합체를 통해서 고리를 만드는데 트롬본의 슬라이드를 닮았다.

사하면 100억 개의 뉴클레오타이드 중에서 한 개의 확률로 오류가 일어나는 것을 알 수 있다. 여기에는 10만 배 차이가 있는데 이것은 DNA 복제 동안 DNA 중합효소가 새로운 가닥에 대한 뉴클레오타이드를 검증하고 교정하기 때문이다. 잘못된 염기쌍을 이루고 있는 뉴클레오타이드가 발견되면 중합효소는 뉴클레오타이드를 제거하고 합성을 다시 시작한다. (이러한 작용은 키보드의 delete key를 사용함으로써 잘못 쓴 문자를 지우고 정확한 문자를 다시 쓰는 것과 유사하다.)

DNA 중합효소에 의한 교정을 피해 때때로 잘못된 염기쌍이 계속 존재하기도 한다. 이와 같이 잘못된 염기쌍을 수선하는 효소가 있는데 이러한 과정을 **짝짝이 수선(mismatch repair)**이라 한다. 연구자들은 이러한 수선 효소들의 유전적 결함이 대장암과 관련 있다는 점을 발견하고 이 효소들의 중요성에 대해 관심을 갖게 되었다. 수선 효소의 유전적 결함이 있는 경우 암 유발 오류 뉴클레오타이드가 축적되면서 정상인보다 더 빠르게 암에 걸린다.

복제 후에도 잘못된 염기쌍이 만들어지거나 뉴클레오타이드에 돌연변이가 일어날 수 있다. DNA에 암호화된 유전적 정보의 보존은 DNA에 손상이 있는 경우 여러 번의 수선을 필요로 한다. DNA 분자는 끊임없이 담배연기와 X선 등 해로운 화학적, 물리적인 약품에 손상을 받는다. 더욱이, 정상적인 세포내 환경에서도 DNA 염기에 저절로 화학적인 변화가 일어나기도 한다. 다행히 DNA에 변화가 생기면 계속 돌연변이 상태로 존재하기 전에 정확하게 수선된다. 모든 세포는 변화된 유전 물질을 탐지하고 수선할 수 있는 시스템을 확보하고 있다. 손상된 DNA의 수선은 생물체의 생존에 중요하기 때문에 진화적으로 많고 다양한 DNA 수선 효소가 발달되어 있다. 대장균에서는 거의 100가지 종류, 그리고 인간에서는 지금까지 130가지 종류의 수선 효소가 밝혀졌다.

복제 과정에서 혹은 DNA 손상으로 발생한 잘못된 염기쌍은 세포 내에서 여러 가지 기작으로 수선된다. 이러한 수선 기작은 DNA의 염기쌍 구조를 이용한다. **핵산분해효소(nuclease)**라는 효소는 손상된 DNA 가닥의 부위를 절단하고, 그 결과로 생긴 틈은 손상되지 않은 가닥에 있는 뉴클레오타이드와 쌍을 이룰 수 있는 뉴클레오타이드로 채워진다. 틈을 채우는 데 관여하는 효소는 DNA 중합효소와 연결효소이다. 이러한 DNA 수선은 **뉴클레오타이드 절제수선(nucleotide excision repair)**이라고 한다(그림 10.21).

우리의 피부 세포에서 DNA 수선 효소의 기능은 햇빛의 자외선으로 인해 손상을 입은 유전적 손상을 수선하는 것이다. 이러한 손상의 한 예는 한 DNA 가닥상에 인접한 타이민 염기들이 공유결합될 때 일어난다. 이러한 타이민 2합체(thymine dimer)는 DNA를 비틀고 DNA 복제를 방해한다(그림 10.21). 이러한 손상에서 수선의 중요성은 뉴클레오타이드 절제수선 효소의 유전적 결함으로 인해 발병하는 색소성 건피증(xeroderma pigmentosum, XP)이라는 질병을 통해 알려지게 되었다. 이 질병은 햇빛에 과민성 반응을 나타내고, 자외선에 의한 피부 세포의 돌연변이는 교정하지 않고 두면 종종 피부암이 발병하게 된다. 효과는 심각하다: 태양을 막지 않으면, XP를 가지고 있는 어린이는 10세 무렵에 피부암이 생길 수 있다.

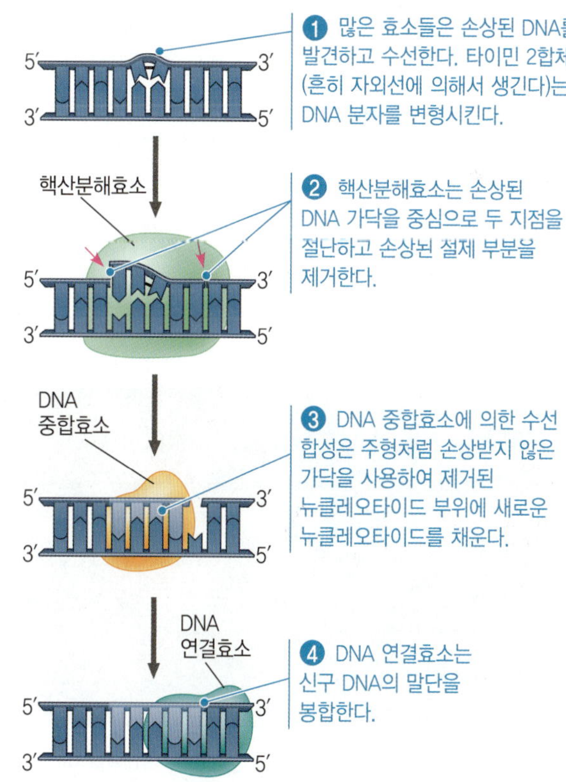

▲ **그림 10.21 DNA 손상의 뉴클레오타이드 절제수선**

변형된 DNA 뉴클레오타이드의 진화적 의의

진화 정확한 유전체의 복제와 수선은 생물체가 제 기능을 발휘하고 다음 세대에 정확한 유전체를 승계하는 데 있어서 매우 중요하다. 교정과 수선 후에 오류 확률은 매우 낮지만 일어나곤 한다. 일단 불일치된 뉴클레오타이드가 복제되면 변이된 염기서열은 어떤 후속 분자에서뿐만 아니라 딸 분자에 영원히 보존하게 된다. 알고 있는 것처럼, DNA 서열에 생기는 영원한 변이를 돌연변이(mutation)라고 한다.

돌연변이는 한 생물체의 표현형을 바꿀 수 있다. 그리고 돌연변이가 생식세포(배우자로 되는 세포)에서 일어난다면, 그 돌연변이는 자손에서 자손으로 승계된다. 그러한 돌연변이의 대부분은 해롭지만, 매우 작은 비율은 이롭기도 하다. 어느 경우이든, 돌연변이는 진화과정 동안 자연도태로 인한 변이의 근원이 되고 결국에는 새로운 종이 만들어지게 된다.

DNA 분자의 말단 복제하기

진핵생물의 염색체 DNA와 같은 선형 DNA 복제에서는, 그 평범한 복제 장치로는 딸 DNA 가닥의 5′ 말단을 완성하지 못한다. (이것은 DNA 중합효소들은 이미 존재하고 있는 기존 가닥의 뉴클레오타이드 3′ 말단에만 새로운 뉴클레오타이드를 첨가할 수 있다는 사실에 대한 결과이다.) 그 결과 반복된 복제는 엇갈린 말단을 가진 더욱더 짧은 DNA 분자를 생산되게 한다.

진핵생물 염색체 끝부분에 있는 유전자는 복제가 계속 진행되면서 사라질 수 있는데 무엇이 이러한 유전자를 보호하는가? 진핵생물의 염색체 DNA 분자에는 **말단소체(telomeres)**라는 뉴클레오타이드 서열이 있다(그림 10.22). 말단소체는 유전정보를 가지고 있지 않다. 그 대신, 말단소체는 수많은 반복적인 짧은 뉴클레오타이드 서열로 이루어진다. 예를 들어, 인간의 말단소체는 뉴클레오타이드 염기서열 TTAGGG가 100~1,000번 정도 반복된다. 말단소체 DNA는 유기체 유전자를 보호하는 완충지역으로 작동한다.

말단소체는 염색체 말단에 있는 유전자들의 소실은 막지 못한다. 단지 그 소실을 지연시킬 뿐이다. 우리가 예상하는 것처럼, 말단소체는 여러 번 분열하는 배양 중인 세포와 노인의 체세포분열하는 세포에서 더 짧아지는 경향을 보인다. 말단소체가 짧아진다는 것은 부분적으로는 어떤 조직의 노화과정과 관련되어 있고 전체로는 생물체의 노화와 관련되어 있다.

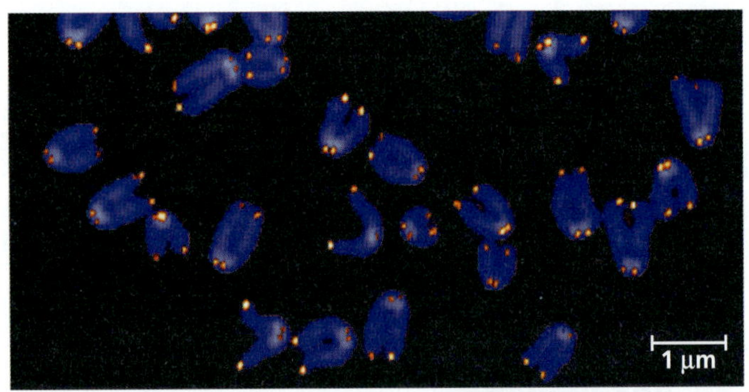

▲ **그림 10.22 말단소체.** 진핵생물은 DNA의 말단에 존재하는 말단소체라는 반복적, 비암호화된 서열을 가지고 있다. 생쥐 염색체의 말단소체가 오렌지색으로 염색되어 보인다(광학 현미경 사진).

만약 생식세포의 염색체가 매 세포주기마다 짧아진다면 근본적으로 필요한 유전자가 생식세포에서 없어질 것이다. 다행스럽게도 이러한 일은 일어나지 않는다. 즉, 텔로머레이즈(telomerase)라는 효소는 진핵생물의 생식세포에서 말단소체가 길어지게 한다. 그래서 말단소체의 원래 길이는 보존되고, DNA 복제 동안 일어나는 짧아짐을 보충하게 된다. 텔로머레이즈는 대부분의 인간 체세포에서는 활성이 없지만, 세포의 정상 수명에 대한 한계가 제거된 몇몇 암 세포에서는 부적절한 활성을 보인다. 그러므로 텔로머레이즈는 암치료의 표적으로 연구 중이다.

개념 10.3

염색체는 단백질들로 싸여 있는 DNA 분자로 구성되어 있다

이제 DNA 구조와 복제에 대해서 배웠으니 한 걸음 물러서서 DNA가 어떻게 유전정보를 가지고 있는 염색체로 쌓이게 되는지 살펴보자. 대부분의 세균에서 유전체의 주성분은 소량의 단백질이 연계되어 있는 한 개의 이중나선 원형 DNA 분자이다. 이러한 구조를 박테리아 염색체라고 부르기는 하지만, 많은 단백질이 관련된 하나의 선형의 DNA 분자로 구성된 진핵세포 염색체와는 아주 다르다. 대장균의 염색체 DNA는 4,400개 유전자를 가지고 있는 4,600,000 뉴클레오타이드 염기쌍으로 되어 있다. 크기는 바이러스보다 100배 큰 DNA이지만 인간 유전체에 비하면 1,000분의 1에 해당된다. 그것이 많은 양의 DNA가 작은 용기안에 싸여 있게 된 이유이다.

대장균의 DNA를 일렬로 배열하면 길이는 약 1 mm이고, 이것은 대장균 길이의 500배 크기에 해당된다. 그러나 한 세균에서, 어떤 단백질이 염색체를 코일화하여 "슈퍼코일"이 되게 하고, 그것을 밀집되게 쌓게 하는데 결국에는 세포의 한 부분을 채우게 된다. 진핵세포의 핵과는 달리 이러한 세균 세포의 한 부분에 밀집되어 있는 DNA를 **핵양체(nucleoid)**라고 하며, 핵양체는 핵막으로 싸여 있지 않다.

진핵세포 염색체의 DNA는 하나의 선형 이중나선 구조로 되어 있고, 인간에서는 약 1.5×10^8 뉴클레오타이드 염기쌍으로 되어 있다. 이것은 염색체의 길이를 감안하면 엄청난 양의 DNA이다. 이것을 일렬로 배열하면 4 cm 길이에 해당되고 이와 같이 세포 핵 지름의 수천 배나 되지만, 그것은 다른 45개의 인간 염색체는 고려하지 않은 것이다!

진핵세포에는 DNA가 많은 양의 단백질과 결합하고 있다. 이러한 DNA와 단백질의 복합체를 **염색질(chromatin)**이라고 하고, 정교하고 여러 번의 패킹 단계를 거쳐서 핵 내로 맞게 싸인다.

염색질은 세포분열 주기 동안 패키지되는 정도에 뚜렷한 변화가 일어난다. 세포주기의 간기에 광학 현미경으로 염색질을 관찰하면, 염색질이 핵 전체에 퍼져 있는 형태로 보이는데 이는 염색질이 고도로 확장되고 있다는 것을 암시한다. 그러나 세포분열기에 관찰하면, 염색질은 코일화되고 응축되어 쌓이게 되는데, 결국 짧고 두꺼운 특성의 중기 염색체을 형성함으로써 광학 현미경으로도 구별된다(그림 10.23).

간기 염색질이 분열기의 염색체 염색질보다 일반적으로 훨씬 덜 응축되지만, 여러 개의 같은 단계의 고도화된 패킹을 보여준다. 염색체를 구성하고 있는 몇몇 염색질은 10 nm 섬유질로 존재하고 있는 것처럼 보이지만, 많은 부분은 30 nm 섬유질로 응축되고 어떤 부위는 고리 영역(looped domains)으로 더욱 접힌다. 비록 간기 동안일지라도 염색체의 동원체 그리고 이외에도 염색체의 어떤 부위는 중기 염색체에서 볼 수 있는 것과 같이 매우 응축된 구조를 보여준다. 이와 같은 간기 염색질을 **이질염색질(heterochromatin)**이라고 하는데, 광학 현미경 하에서 불규칙적인 덩어리 형태로 보인다. 이질염색질은 보다 덜 응축되고 좀 더 퍼져 있는 구조, 즉 **진정염색질(euchromatin**; "true chromatin")과 구분될 수 있다. 이질염색질 DNA는 많이 응축되어 있어 유전자 발현에 관여하는 분자들의 접근을 막아 그 부위에 존재하는 유전자 발현을 저해한다. 반대로, 느슨하게 패킹된 진정염색질에 존재하는 유전자들은 유전자 발현에 관여하는 분자들이 자유로이 접근할 수 있어 유전자 발현이 용이하게 될 수 있다.

체세포분열, 감수분열, 유전자 발현 등 다양한 세포 처리 과정 동안 필요에 따라서, 염색체는 응축하거나 이완하고, 다른 분자들과 반응하여 변형되기도 하고 구조가 바뀌기도 하는 등 아주 역동적인 구조를 가지고 있다. 히스톤의 화학적인 변형은 염색질 농축 상태에 영향을 미치고, 유전자 발현 정도에도 많은 영향을 끼친다.

개념 10.4

DNA 구조와 복제의 이해는 유전공학을 가능하게 한다

DNA 분자 구조의 발견으로 생물학의 대전환이 이루어졌고, 생물학적 연구 과정이 바뀌게 되었다. 가장 뚜렷한 것은 DNA 분자의 두 가닥이 서로 상보적이라는 사실이다. 이러한 근본적 DNA 구조의 특성은 한 핵산의 한 가닥과 다른 핵산분자의 한 가닥에 있는 상보적인 염기에 염기쌍을 형성하게 하는 **핵산 혼성화(nucleic acid hybridization)**의 기초이다. 핵산 혼성화는 실질적 목적을 위하여 유전자를 직접 조작하는 **유전공학(genetic engineering)**에서 사용되는 모든 기술의 기초를 형성한다. 유전공학은 농업, 법의학, 의학과 기초생물학적 연구 등 다양한 분야에서 혁명을 일으켰다. 이 부분에서, 우리는 여러 가지 중요한 기술과 사용에 대해서 설명할 것이다.

하나의 유전자 또는 다른 DNA 조각으로부터 다수의 복제물 만들기

분자생물학자들은 한 개 특정 유전자를 연구하는 과정에서 여러 가지 문제점에 직면한다. 자연적으로 발견된 DNA 분자들은 매우 길고, 하나의 단일 분자는 흔히 많은 유전자들을 가지고 있다. 게다가 많은 진핵생물 유전체에는, 유전자는 염색체 DNA의 일부분만을 차지하고 있으며, 나머지는 비암호화 뉴클레오타이드 염기서열이다. 예를 들어, 인간 유전자 한 개는 하나의 염색체에서 단지 1/100,000만을 구성하고 있을 뿐만 아니라, 유전자와 그 주변 비암호화 DNA 염기서열 간의 구별 또한 어렵고, 단지 뉴클레오타이드 염기서열에서의 차이만 있다. 과학자들은 특정 유전자를 직접 연구하기 위하여, 잘 알려진 DNA 조각 부분을 동일하고 대량으로 만들 수 있는 방법, 즉 DNA 클로닝(DNA cloning)을 개발하였다.

실험실에서 DNA 절편을 클로닝하기 위한 대부분의 방법들은 일반적 특징을 가지고 있다. 하나의 공통된 특징은 박테리아를 이용하는 것인데 그 중에서 대장균이 가장 흔하게 이용된다. 그림 10.15을 기억해보면 박테리아 염색체는 큰 원형의 DNA이다. 또한 대장균이나 다른 박테리아는 **플라스미드(plasmids)**라는 비교적 작고, 염색체로부터 분리된 상태로 복제하는 원형의 DNA를 가지고 있다. 플라스미드는 몇 개의 유전자만 가지고 있고, 이 유전자들은 일반적인 환경 조건 아래서는 생존 또는 복제에 필요하지 않지만, 박테리아가 특정 환경조건에 있을 때 유용하게 사용될 수 있다.

DNA 절편을 클로닝하기 위해서는, 연구원들은 먼저 플라스미드를 박테리아에서 분리하고 효율적 클로닝을 위하여 유전적으로 조작한 후 외부의 DNA를 플라스미드에 집어넣는다(그림 10.24). 그 결과 플라스미드는 이제 **재조합 DNA 분자(recombinant DNA molecule)**가 된다. 재조합 플라스미드를 다시 세균 세포에 넣어주면 **재조합 박테리아(recombinant bacterium)**가 된다. 이와 같은 단일 세포는 반복적인 세포분열을 통해 유전적으로 동일한 클론(clone)을 복제하게 된다. 박테리아의 증식은 세포 내에 있는 재조합 플라스미드를 대량 복제하게 되고 따라서 클론화된 외부의 유전자를 대량 생성하는 결과를 낳는다. 이와 같이 어떤 유전자를 대량으로 복제하는 것을 **유전자 클로닝(gene cloning)**이라 한다. 그림 10.24에서, 플라스미드는 외부 DNA를 가질 수 있는 DNA 분자로써 세균 세포 내에서 복제되는 **클로닝 벡터(cloning vector)**의 역할을 한다. 외부 DNA는 진핵세포 유전자이다; 우리는 외부 DNA 조각이 어떻게 얻어졌는지 이 부분의 후반에 상세히 설명할 것이다.

클론된 유전자는 특정 유전자의 대량 생성과 단백질 생산과 같은 두 가지 면에서 유용하다. 과학자들이 유전자를 클로닝하는 이유는 클론된 유전자에 대한 연구를 위해서거나, 혹은 생물체에게 병충해에 대한 내성과 같은 새로운 대사 능력을 부여하기 위해서이다. 예를 들어, 어떤 작물에 존재하는 병충해 내성 유전자는 클론화되어 다른 종의 식물을 형질전환시키는 데 사용될 수 있다 (그런 개체를 유전자 조작 유기체 또는 GMO라고 부른다. 또한 인간 생장호르몬과 같이 의학적으로 사용되는 단백질 유전자를 박테리아에 클로닝하고 배양함으로써 많은 양의 단백질을 생산할 수 있다.

▼ 그림 10.23 **진핵세포의 염색질 쌓기 탐구**

전자 현미경 사진은 진전된 단계의 DNA의 코일링과 접힘에 대한 현재의 모형을 설명하고 있다. 설명은 DNA 한 분자에서 중기 염색체까지 점차적으로 확대하여 보여주고 있다. 광학 현미경으로 보기에도 충분히 크다.

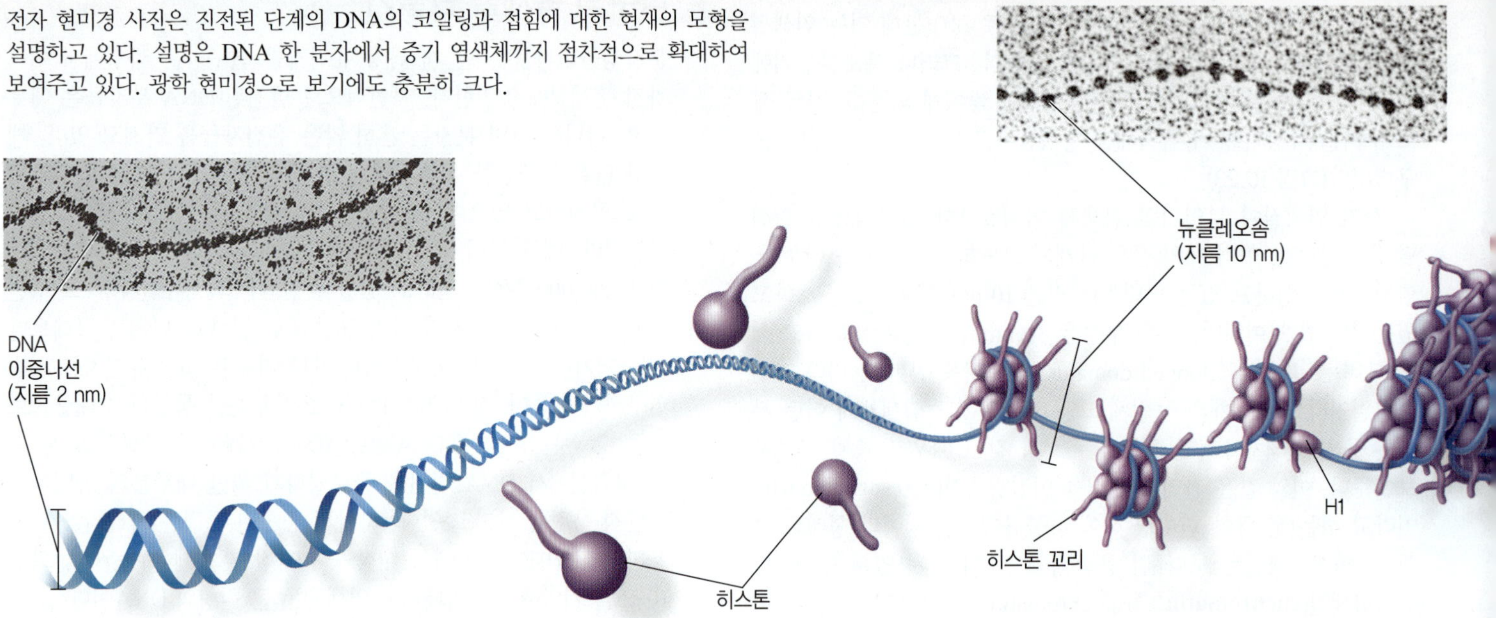

DNA 이중나선

위에서 보여주는 것은 리본모형의 DNA이고, 각 리본은 여러 개의 뉴클레오타이드 가닥 중의 하나이다. 골격에 있는 인산기는 각 가닥의 바깥쪽으로 음전하를 띠게한다는 것을 생각나게 한다. TEM 사진은 다른 단백질이 결합되어 있지 않은 상태로 있는 DNA 분자를 보여주고 있다. 이중나선의 지름은 2 nm이다.

히스톤

히스톤 단백질은 염색질에 있는 DNA 쌓기의 첫 번째 단계에 관여한다. 약 100여 개의 아미노산으로 구성되어 있는 각 히스톤은 작지만, 염색질에 있는 전체 무게는 대략 DNA 무게와 비슷하다. 구성 아미노산의 5분의 1은 라이신이나 아르지닌과 같은 양전하이고 음전하를 띤 DNA와 단단하게 결합한다.

염색질에서 가장 흔한 히스톤들은 H2A, H2B, H3, H4이다. 히스톤 단백질들은 진핵생물종 간에 변화가 거의 없고 서로 유사하다. 예를 들어, 소와 완두콩 식물의 H4 히스톤을 서로 비교하면 2개의 아미노산만 다를 뿐이다. 이와 같이 진화적으로 큰 변화가 없는 것은 세포 내에서 DNA를 구성하는 히스톤의 중요한 역할을 뜻한다.

4종류의 히스톤은 다음 단계 DNA 쌓기에 매우 중요하다. (다섯 번째 히스톤인 H1은 그 다음 단계 염색질 쌓기에 관여한다.)

뉴클레오솜 혹은 "실에 감긴 구슬" (10 nm 섬유)

전자 현미경에서 겹쳐지지 않은 염색질은 지름이 10 nm이다. 그러한 염색질은 실에 감긴 구슬과 닮았다. 각 구슬을 **뉴클레오솜(nucleosome)**이고 이것이 DNA 쌓기의 기본 단위에 해당된다. 구슬 사이에 "실"은 링커 DNA라 불린다.

뉴클레오솜은 8개 히스톤 단백질 중심부를 두 번 감고 있는 DNA로 구성되어 있다. 주요 히스톤 단백질(H2A, H2B, H3 , H4)은 각각 2개씩인 단백질로 되어 있다. 각 히스톤의 N-말단 꼬리는 뉴클레오솜 바깥으로 뻗어 있다.

세포분열 주기의 DNA 복제기간 동안 잠시 동안만 히스톤이 DNA와 유리된다. 일반적으로 그들은 여러 세포 분자 기구가 DNA에 접근하는 또 다른 과정인 전사 과정에서 같은 상황이 발생한다. 뉴클레오솜은, 특히 히스톤 꼬리에서 유전자 발현의 조절과 관련되어 있다.

한 개의 유전자는 세포의 총 DNA 중 아주 일부분이다. 그러므로 이와 같이 적은 DNA 절편을 대량생산하는 기술은 단일 유전자를 이용하는 연구에서는 필수적인 기술이 되고 있다.

재조합 DNA 플라스미드를 제작하기 위한 제한효소 사용하기

유전자 클로닝과 유전공학은 특정 염기서열을 인지하고 절단하는 효소의 발견에 의해서 가능하게 되었다. **제한효소(restriction enzyme)**라고 명명된 이 효소는 박테리아를 연구하던 연구자들에 의해 1960년대 후반에 발견되었다. 자연에서 이러한 효소들은 파지 혹은 다른 생명체에서 오는 외부 DNA를 절단하여 박테리아 세포 내로 들어오는 것을 막아 세포를 보호한다.

수백 종류의 제한효소들이 밝혀졌고 박테리아로부터 분리 정제되었다. 각각의 제한효소는 **제한효소 자리(restriction site;** 일반적으로 4~8개 염기서열)라는 특정 염기서열을 인지하고 DNA 두 가닥을 자른다. 박테리아는 자신의 DNA 제한효소 자리에 존재하는 아데닌이나 사이토신에 메틸기($-CH_3$)를 첨가함으로써 제한효

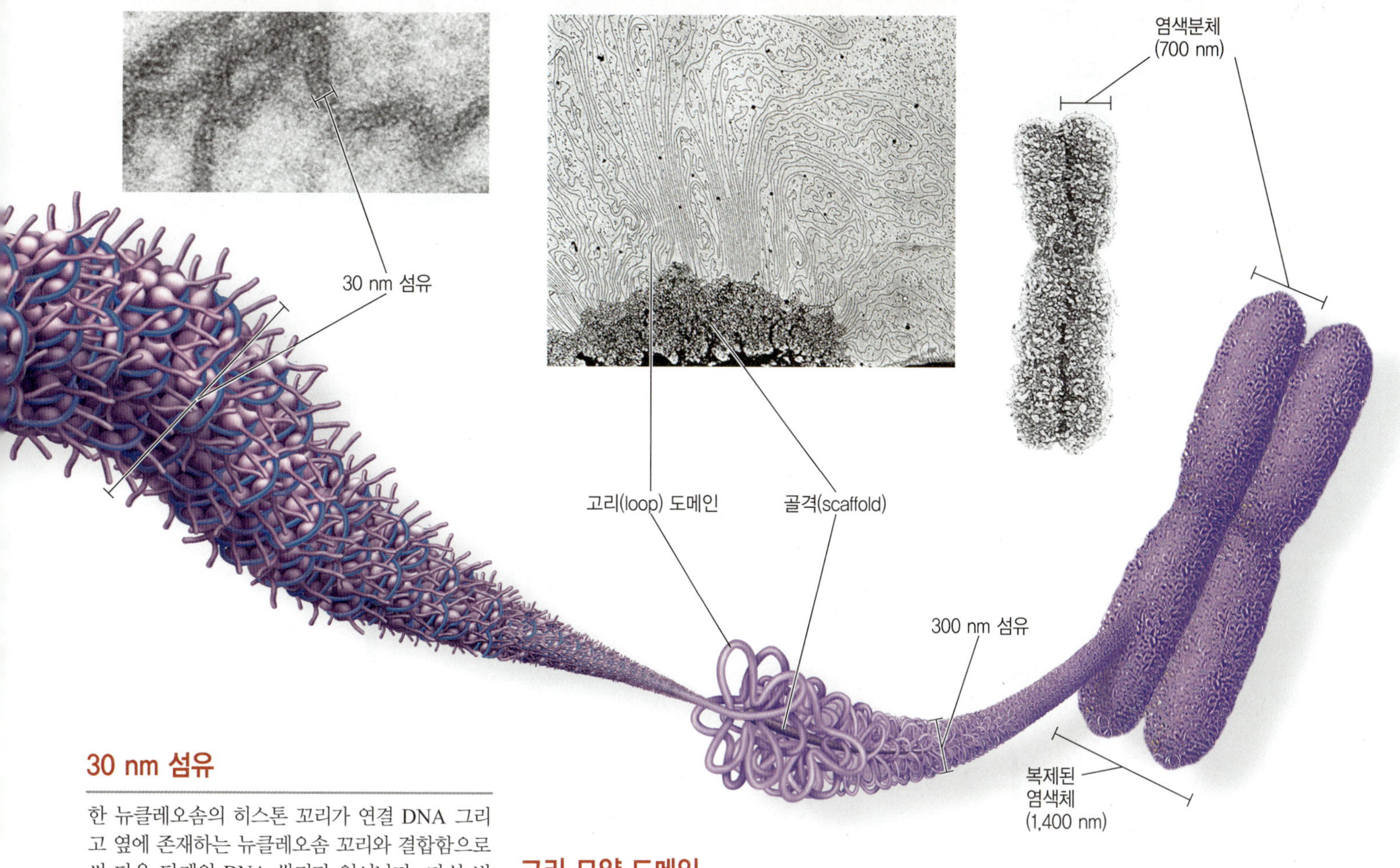

30 nm 섬유

한 뉴클레오솜의 히스톤 꼬리가 연결 DNA 그리고 옆에 존재하는 뉴클레오솜 꼬리와 결합함으로써 다음 단계의 DNA 쌓기가 일어난다. 다섯 번째 히스톤 H1이 이 단계에서 관여한다. 위와 같은 결합은 10 nm 섬유가 코일링되고 겹치게 되어 지름이 30 nm 두께의 염색질 섬유를 형성한다. 휴지기 상태에 있는 핵에는 대부분 30 nm 섬유 구조가 존재할지라도 염색질에서 이러한 쌓기 비열 형태에 대해서는 아직까지 많은 토론의 문제로 남아 있다.

고리 모양 도메인 (300 nm 섬유)

다음 단계로, 30 nm 섬유는 단백질로 구성된 염색체 골격(scaffold)에 붙어 있는 고리 모양 도메인이라고 불리우는 고리를 형성하고, 결국 300 nm 섬유을 만들게 된다. 골격에는 한 종류의 DNA 회전효소가 풍부하고, H1 분자 또한 존재하는 것으로 보인다.

중기 염색체

체세포분열 염색체에서 고리 모양 도메인은 지금까지 알려지지 않은 방식으로 코일화되고 겹쳐지게 되며, 점점 더 염색질을 응축하게 하여 위 그림에서 보여주는 특징적인 중기 염색체를 생산하게 된다. 염색분체 하나의 폭은 700 nm이다. 특별한 유전자는 항상 중기 염색체의 같은 부위에 있게 되는데, 이것은 DNA 쌓기 과정이 고도로 특이적이고 정교하다는 것을 나타낸다.

소로부터 자신의 DNA를 보호한다.

그림 10.25는 제한효소가 어떻게 외부 DNA 절편을 박테리아 플라스미드로 클로닝하는데 사용되는지를 보여준다. 상단부는 (그림 10.24에 있는 것처럼) 대장균으로부터 분리한 특정 제한효소에 의해 인식되는 단일 제한효소 자리를 가지고 있는 플라스미드이다. (다양한 플라스미드가 구입가능하다.) 이런 예에서 보여주듯이, 대부분의 제한 부위는 대칭적이다. 즉 염기서열을 5′→ 3′ 방향으로 읽을 때 양쪽 가닥이 동일하다는 것이다. 대부분의 제한효소들은 4~8개의 염기를 포함하는 서열을 인식한다. 이러한 짧은 서열은 보통 (우연적으로) 긴 DNA 분자 내에서 여러 번 나타나므로 제한효소는 다양한 크기의 DNA 분자, 즉 **제한효소 절편(restriction fragment)**을 만들 수 있다. 특정 DNA 분자들의 모든 사본들은 같은 제한효소에 노출되었을 때 항상 동일한 제한효소 절편들을 생성한다. 다르게 말해서, 한 종류의 제한효소는 언제나 같은 방식으로 DNA를 자른다.

가장 유용한 제한효소는 그림 10.25에서 삽입된 DNA처럼 엇갈린 방법(staggered way)으로 DNA 두 가닥의 인산화 당구조를 절단하는 것이다. 그 결과 양가닥 제한효소 절편들은 **점착말**

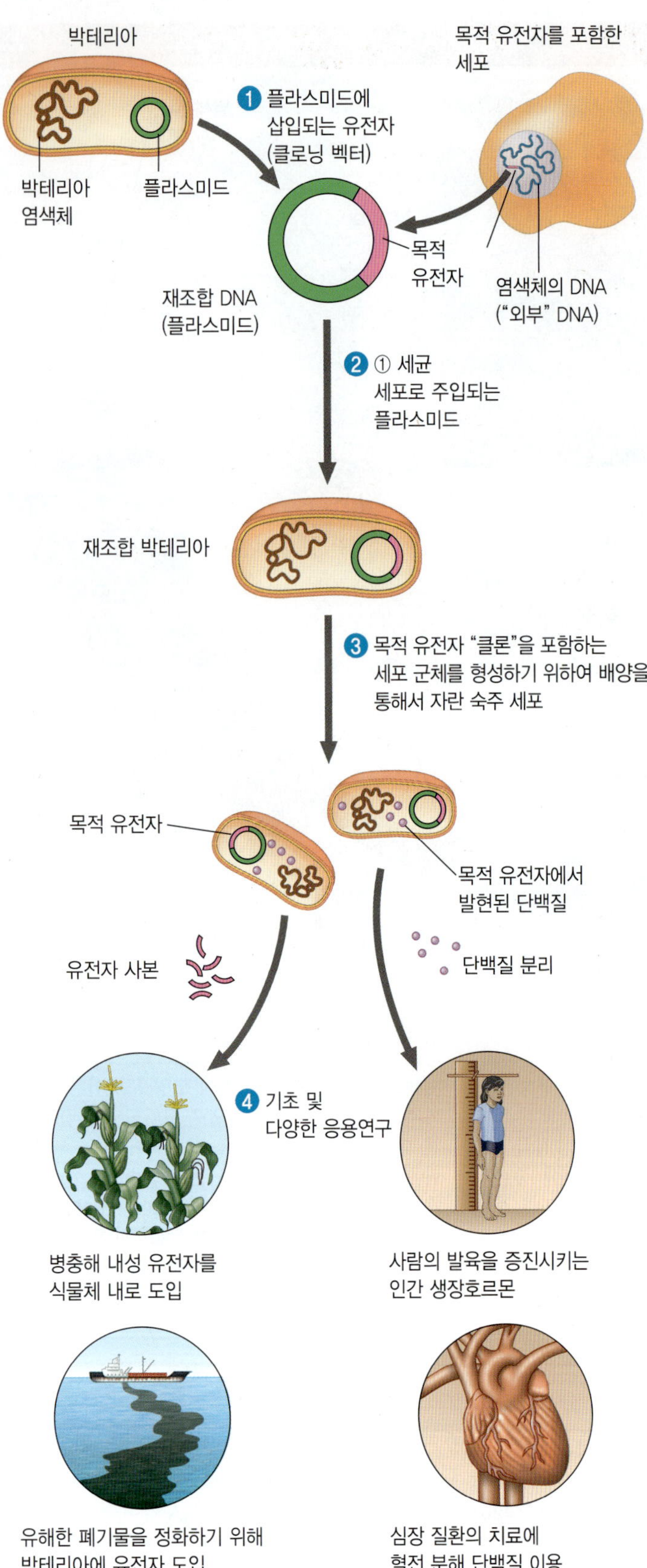

▲ **그림 10.24 유전자 클로닝 개요와 클론된 유전자의 이용.** 실험실에서 사용되는 유전자 클로닝에 대해서 요약한 것이다. 유전자 클로닝은 세균 세포에서 플라스미드를, 다른 생물체로부터 목적 유전자를 분리하는 것에서부터 시작된다. 하나의 플라스미드와 하나의 목적 유전자 절편만이 그림의 상단에 나타나지만, 실제로는 많은 DNA들이 존재한다.

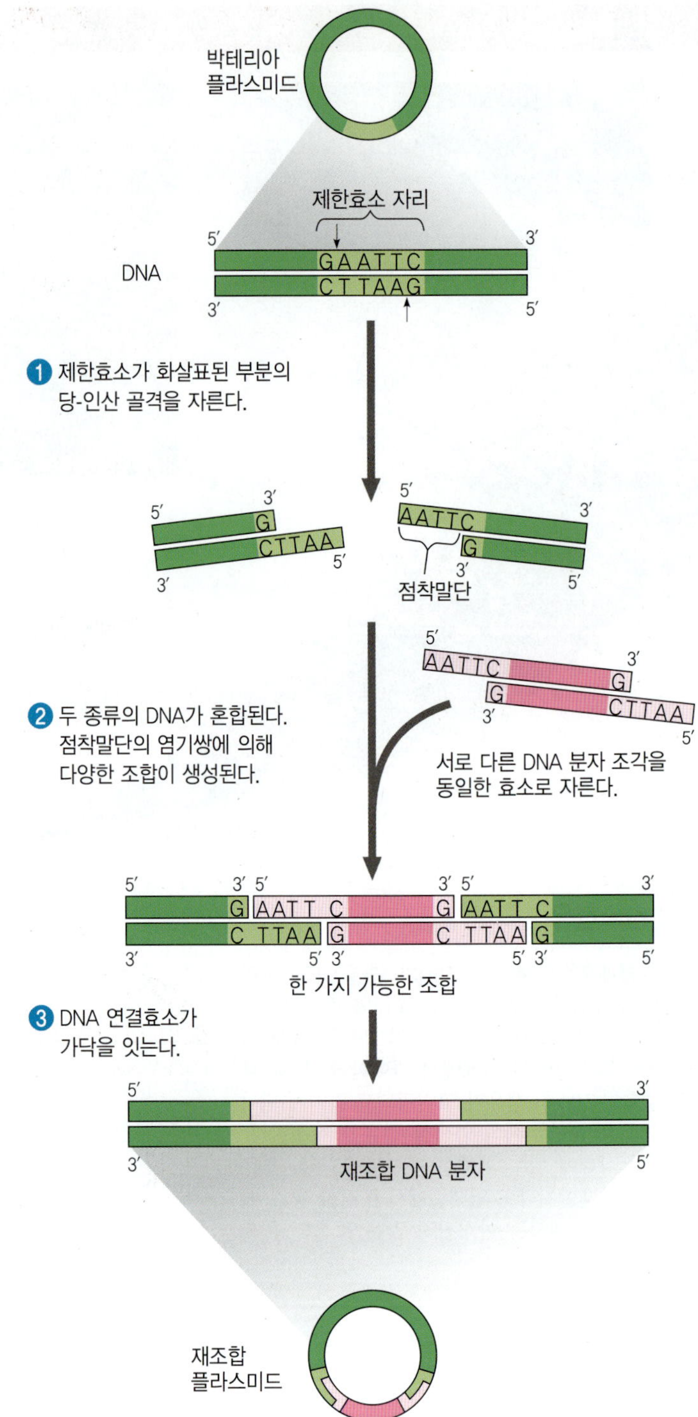

▲ **그림 10.25 제한효소와 DNA 연결효소를 사용해서 재조합 DNA 만들기.** 여기에서 보여주는 제한효소(*EcoRI*)는 플라스미드에 존재하는 특정한 여섯 개의 염기쌍을 제한 부위로 인식한다. 이 서열의 당-인산 골격에 엇갈린 절단을 만들어 점착말단들을 가진 절편을 형성한다. 상보적인 점착말단들을 가진 외부 DNA 절편은 플라스미드의 말단과 염기쌍을 형성할 수 있다; 그 연결된 산물은 재조합 플라스미드가 된다. (만약 플라스미드의 두 점착말단은 염기쌍을 형성한다면, 원형의 비재조합 플라스미드가 만들어진다.)

단(sticky end)이라고 불리는 단일가닥 말단을 가지게 된다. 이 짧은 단일가닥 말단부위는 동일한 효소로 절단된 DNA의 상보적인 점착말단과 수소결합 염기쌍(혼성화하다)을 형성할 수 있다. 이렇게 형성된 결합은 일시적이고, 이들 일시적 결합은 DNA 연결효소(DNA ligase)라는 효소에 의해서 영구적 결합이 된다. 이 효소는 DNA 가닥의 당-인산 골격을 닫아주는 공유결합을 형성하는 작용을 한다(그림 10.18). 그림 10.25의 하단부에서 볼 수 있듯이, 재조합 플라스미드 예에서처럼, DNA 연결효소는 플라스미와 외부 DNA로부터 두 개 DNA 결합을 촉매시켜 안정된 재조합 DNA를 생성한다.

숙주 세포에서 여러 번 복제된 후, 재조합 플라스미드를 확인하기 위하여, 과학자는 같은 제한효소를 이용하여 재조합 플라스미드를 다시 자르고, 플라스미드와 삽입된 DNA 절편 크기로 된 두 종류의 DNA 절편이 나올 것을 예상한다. 서로 다른 길이의 DNA 절편을 분리하고 시각화하기 위하여, 과학자는 **젤 전기영동(gel electrophoresis)**이라는 기술을 실행한다. 이 기술은 핵산 혼합물을 크기로 분리해내는 일종의 체로써 중합체(polymer)로 만들어진 젤(gel)을 이용한다(그림 10.26). 젤 전기영동은 분자생물학 분야에서 많은 다른 기술들과 함께 융합되어 사용된다.

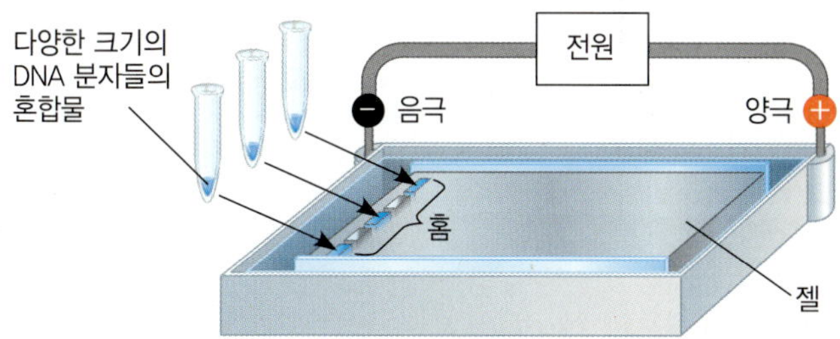

(a) 서로 다른 각 DNA 분자 혼합물 시료는 얇은 아가로스 젤 판의 한쪽 끝 근처에 있는 분리용 홈(well)에 넣는다. 젤은 작은 플라스틱 지지대에 넣고, 완충용액이 들어 있는 양쪽 끝에 전극이 있는 통에 담근다. 그 다음 음전하를 띤 DNA 분자가 플러스 전극 쪽으로 움직이도록 직류 전기를 켠다.

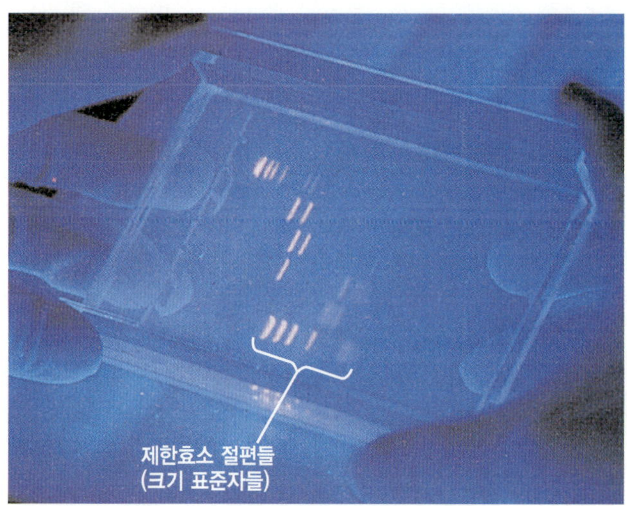

(b) 더 짧은 분자는 더 긴 분자보다 빠르게 젤을 통과해서 움직인다. 전기를 끈 후, UV 전등에서 분홍색 빛을 내는 DNA-결합 염료를 첨가한다. 각 분홍색 밴드는 같은 크기의 많은 DNA 분자와 같다. 젤의 하단부에 있는 사다리 모양의 DNA 밴드들은 알려지지 않은 길이를 가진 DNA 시료와 비교하기 위한 알려진 길이의 DNA 절편이다.

▲ 그림 10.26 **젤 전기영동.** 중합체(polymer)로 만들어진 젤은 크기, 전하, 물리적 특성이 다른 핵산 또는 단백질 혼합물을 분리하기 위한 일종의 분자 크기의 체로 작용한다. DNA 분자는 다당류 아가로스(polysaccharide agarose)로 만들어진 젤에서 크기에 따라 분리된다.

DNA 증폭: 중합연쇄반응과 DNA 클로닝 활용

오늘날, 대부분의 과학자들은 클로닝하고자 하는 외부 유전자나 DNA 조각의 염기서열에 대해서 이미 약간의 정보를 가지고 있다. 이러한 정보를 사용하여 관심있는 종의 유전체 DNA를 전부 수집할 수 있고, **중합효소 연쇄반응(polymerase chain reaction)** 또는 **PCR** 기술을 이용하여 바라는 유전자를 많은 복제할 수 있다. 그림 10.27은 PCR 단계를 그림으로 나타낸 것이다. 이 기술은 시료 내에서 특정 목적의 DNA 부분이 전체 DNA의 0.001% 이하로 이루어져 있다 하더라도 몇 시간 내에 수십억 개로 복제할 수 있다.

PCR은 세 단계의 과정을 반복하는데 그 결과 동일한 DNA의 분자 수가 기하급수적으로 증가한다. 각 순환 과정의 첫 단계는 반응 혼합물의 DNA 가닥을 분리하기 위해서 높은 온도에 방치하고, 다음 단계는 목적 DNA의 양쪽 말단에 상보적인 서열을 가지는 짧은 단일가닥의 DNA 시발체가 결합(혼성화)할 수 있도록 낮은 온도에 방치한다; 마지막으로, DNA 중합효소가 대상 서열과 결합한 시발체를 5′→ 3′ 방향으로 연장시켜 준다. 일반적인 DNA 중합효소가 사용되었다면 그 단백질은 처음 열을 가하는 단계에서 DNA와 함께 변성되기 때문에 각 순환 과정 후에 교체되어야 한다. 자동화 PCR의 핵심은 높은 온도에도 안정적인 활성을 보여주는 DNA 중합효소의 하나인 *Taq* 중합효소의 발견이었다. 이 효소는 온천에서 사는 원핵생물(*Thermus aquaticus*)로부터 처음 분리되었는데 PCR 첫 단계의 95℃ 이상의 높은 온도에서도 기능을 하도록 진화적으로 적응되었다. 오늘날, 과학자는 또한 시생대 종(*Pyrococcus furious*)에서 추출한 DNA 중합효소를 사용한다. 이 효소는 *Pfu* 중합효소라고 불려지며, *Taq* 중합효소보다 좀 더 정확하고, 안정적이고, 비용이 많이 든다.

PCR은 속도가 빠르고 매우 특이적(specific)이다. 시작 물질 내의 DNA는 아주 미세한 양으로 존재하기도 하고, 몇몇 분자는 온전한 표적 조각을 포함함에도 불구하고 부분적으로 분해된 상태일 수도 있다. 이러한 높은 특이성의 핵심은 오직 표적 조각의 상대편 말단 서열에서 상보적인 염기서열하고만 혼성화하는 것으로 선택된 염기서열인 시발체이다. (높은 특이성을 갖게 하기 위해서는 시발체에 적어도 15개 이상의 뉴클레오타이드가 있어야 한다.) 각각의 순환 과정이 성공적이면 정확한 길이를 가지는 대상 서열분자의 수는 두 배가 되며, 순환 과정이 반복되면서 모든 DNA 분자의 수는 크게 증가한다. 순환 과정이 n번이 반복되면 분자 수는 2^n이 된다. 30회 순환이면 약 10억 개가 된다.

PCR의 속도와 특이성의 우수성에도 불구하고, 많은 양의 유전자를 만드는 유전자 클로닝을 대신할 수 없다. PCR을 사용한

▼ 그림 10.27 연구 방법

중합효소 연쇄반응(PCR)

적용 PCR을 사용하여 DNA 샘플 내의 특정한 부분(표적 서열)을 시험관에서 완벽하게 여러 번 복제하여 증폭할 수 있다.

기술 PCR의 시작 물질에는 복제되는 표적 염기서열을 포함하는 두 가닥의 DNA, 열 저항성 DNA 중합효소, 네 가지 뉴클레오타이드, 그리고 시발체로 사용되는 두 개의 15~20 단일가닥의 DNA 분자가 존재한다. 하나의 시발체는 대상 서열의 한쪽 말단의 하나의 가닥과 상보적이다. 다른 하나는 다른 가닥의 말단 서열과 상보적이다.

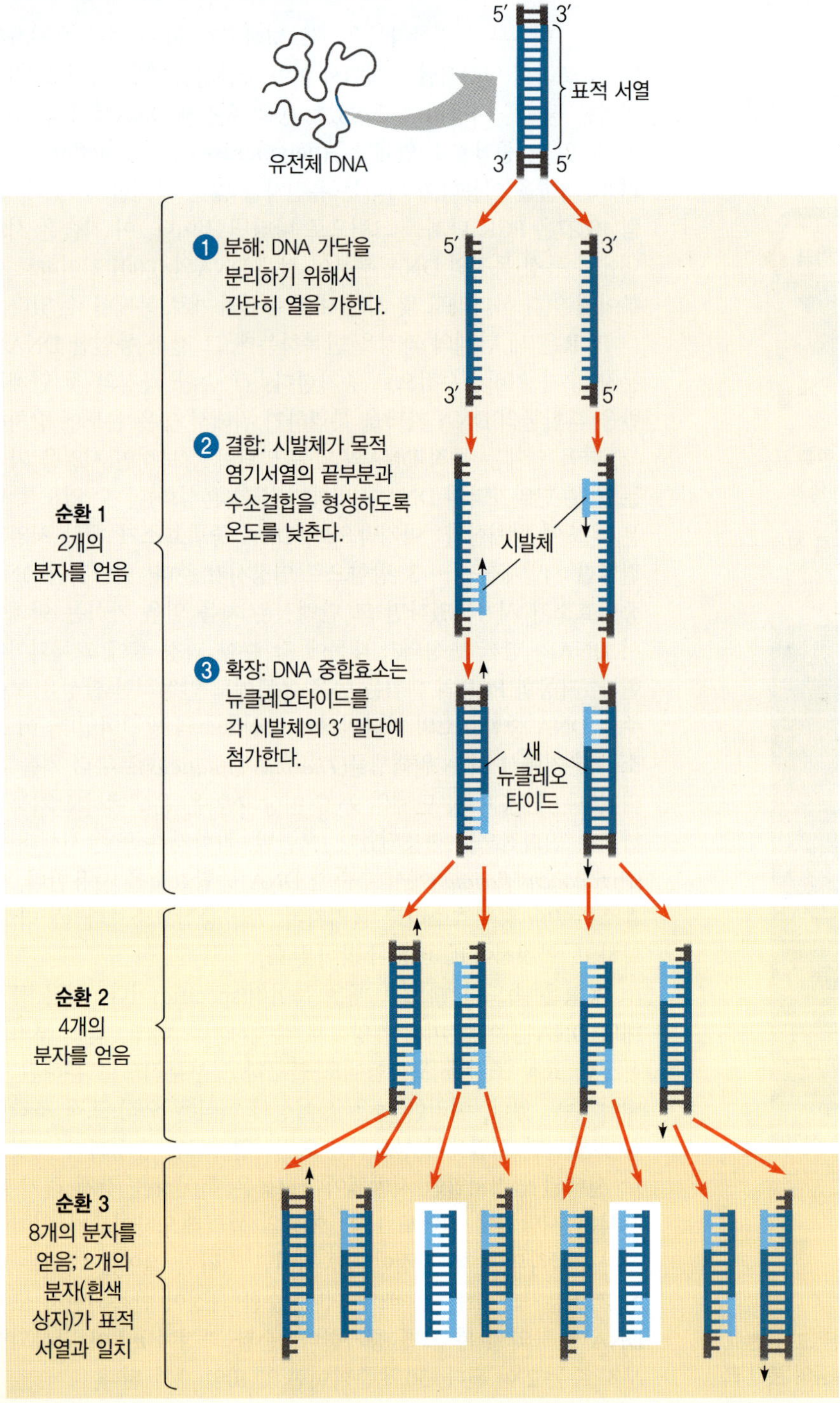

5′ 3′
표적 서열
유전체 DNA
3′ 5′

순환 1
2개의
분자를 얻음

① 분해: DNA 가닥을 분리하기 위해서 간단히 열을 가한다.

5′ 3′ 3′ 5′

② 결합: 시발체가 목적 염기서열의 끝부분과 수소결합을 형성하도록 온도를 낮춘다.

시발체

③ 확장: DNA 중합효소는 뉴클레오타이드를 각 시발체의 3′ 말단에 첨가한다.

새 뉴클레오타이드

순환 2
4개의
분자를 얻음

순환 3
8개의 분자를 얻음; 2개의 분자(흰색 상자)가 표적 서열과 일치

결과 세 번 순환하면 두 개의 분자가 표적 서열과 정확하게 일치한다. 30번째 순환 반응 후에는, 10억 개의 분자들이 표적 서열 분자와 일치한다.

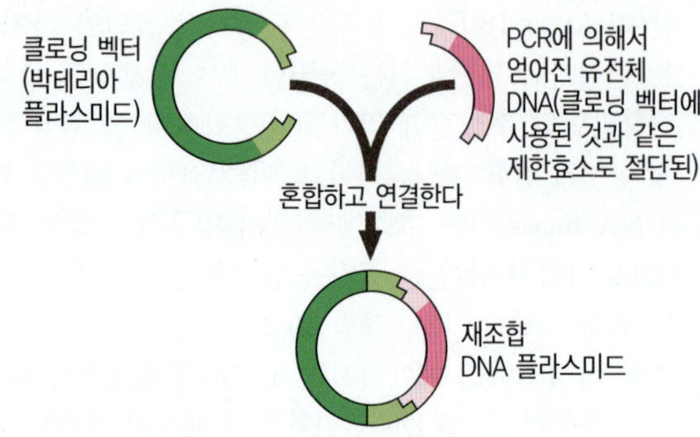

▲ **그림 10.28 유전자 클로닝을 위한 제한효소 및 PCR 활용.** 이 그림은 그림 10.24의 윗부분에 나타난 과정을 상세히 관찰로, PCR은 DNA 절편이나 관심 있는 유전자를 박테리아 플라스미드인 클로닝 벡터에 연결하여 생산하는데 사용된다. 플라스미드와 DNA 절편은 같은 제한효소로 절단되고, 이들 접착말단은 서로 결합되고, 연결된다. 그 결과로 나온 플라스미드는 박테리아 안으로 도입될 것이다.

복제 과정 동안에 복제 오류가 가끔 나타나므로 PCR을 통해서 만들 수 있는 DNA의 양에는 한계가 있다. 그래서 PCR은 클론화하기 위한 목적으로 특정 DNA 절편을 만드는 데 점점 더 많이 사용되고 있다. PCR 시발체는 DNA 절편의 각 말단에서 클로닝 벡타에 있는 자리와 일치하는 제한효소 자리를 포함하도록 합성된다. 그 다음 DNA 절편과 벡터는 절단되고, 다시 함께 연결된다(그림 10.28). 이렇게 클로닝된 유전자를 염기서열 분석을 한 후 오류가 없는 유전자를 가진 클론을 선별한다.

1985년에 발명된 PCR은 생물학적 연구와 생명공학에 커다란 공헌을 하고 있다. PCR은 40,000년 전의 얼어붙은 맘모스에서 얻은 DNA 절편 혹은 범죄 현장에서 발견된 적은 양의 혈액 혹은 조직, 정액으로부터 발견된 DNA, 태아의 유전적 질병의 빠른 진단을 위한 단일 배아 세포 DNA 그리고 HIV와 같이 추적하기 힘든 바이러스에 감염된 세포로부터 분리한 바이러스 유전자의 DNA 등과 같은 다양한 재료로부터 DNA를 증폭하는 데 널리 사용된다(최근의 경우에, 바이러스 유전자가 증폭된다).

(a) 차세대 염기서열 기계

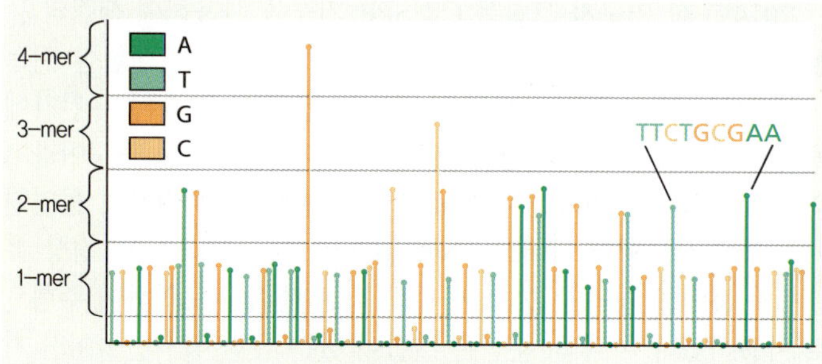

(b) 차세대 염기서열 기술에서 도출된 플로그램

▲ 그림 10.29 **차세대 염기서열 결정.** **(a)** 차세대 염기서열 결정 기계는 동시에 300 뉴클레오타이드 조각들을 서열 분석하기 위하여 합성기반 염기서열 분석(sequencing by systhesis)을 사용하고, 하나의 기계는 24시간 내에 약 20억 개의 뉴클레오타이드를 염기서열 분석을 할 수 있다. **(b)** 한 조각에 대한 결과는 "플로그램(flow-gram)"으로 표시되고, 뉴클레오타이드는 색깔로 하나씩 확인된다. 컴퓨터 소프트웨어는 전체 조각의 염기서열—전체 유전체—을 분석하고, 서로를 촘촘히 연결시킨다.

DNA 염기서열 결정

유전자가 클로닝되면, 과학자는 유전자의 완전한 뉴클레오타이드 염기서열을 결정하기 위하여 상보적 염기쌍의 원리를 이용하는데 그 과정을 **DNA 염기서열 결정(DNA sequencing)**이라고 한다. 지난 15년 동안 차세대 염기서열 결정 기술이 빠르고 저렴하게 개발되었다. 차세대 염기서열(그림 10.29a)을 결정하는 기계에서, 단일 주형 가닥은 고정되고, DNA 중합효소와 다른 성분들이 첨가되는데 이를 합성기반 염기서열 분석(sequencing by synthesis)이라고 부르고, 상보적 가닥은 한 번에 한 뉴클레오타이드씩 합성된다. 특수한 화학적 기술을 이용하면 전자 모니터로 4개의 뉴클레오타이드 중 어떤 것이 첨가되는지를 확인할 수 있기 때문에 염기서열 결정이 가능하게 된다(그림 10.29b).

차세대 염기서열은 빠르게 보완되고 있거나 이전의 기술보다 더 빠르고 덜 비싼 새로운 기술인 "3세대" 염기서열 결정 기술로 대체되고 있다. 새로운 방법들 중에서, DNA는 절편으로 자르지도 증폭하지 않아도 된다. 대신, 단일의 긴 DNA 분자 자체가 염기서열 결정에 사용된다. 여러 그룹은 막에 있는 매우 작은 나노 구멍(nanopore)으로 단일가닥의 DNA 분자를 이동시키는 연구를 해 왔다. 이것은 염기서열 결정 속도를 증가시키고 비용을 줄이기 위한 많은 다른 접근들 중 하나이다; 이 접근 중 하나의 모델은 그림 10.30에 나타나 있다. 15장에서, 여러분은 이 빠른 염기서열 결정 기술이 어떻게 유전자와 전체 유전체 연구에 혁신을 일으킬지에 대해서 더 많이 배우게 될 것이다.

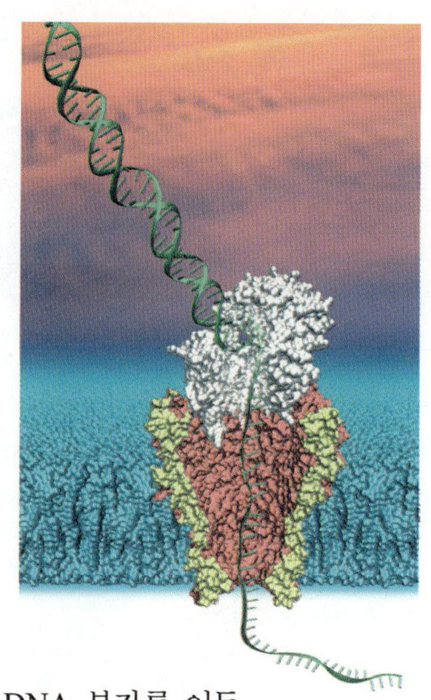

▶ 그림 10.30 **3세대 염기서열 분석 기술의 예.** 이러한 접근에서, 절단되지 않은 DNA 분자의 단일가닥은 막의 나노 구멍을 통해 뉴클레오타이드가 하나씩 지나간다. 여기서, 구멍은 지질막에 박혀 있는 단백질 채널이다. 뉴클레오타이드는 입구를 가로지르는 전류를 차단하는 시간의 양에 따른 약간의 차이로 구분된다.

유전자와 유전체 편집

분자생물학자들은 오랫동안 예측 가능한 방식으로 세포 또는 유기체의 유전 물질을 변경하거나 편집하는 기술을 모색해 왔다. 그들의 목적은 주어진 유전자의 기능을 연구하거나 질병을 일으키는 유전적 돌연변이를 바로 잡기 위해 살아 있는 세포에서 특정 유전자를 변화시키는 기술을 사용하는 것이었다. 최근 몇 년 동안 생물학자들은 유전공학 분야의 주목을 끈, CRISPR-Cas9 시스템이라고 하는 유전자 편집을 위한 강력한 새로운 기술을 개발하였다.

Cas9는 박테리오파지 감염으로부터 박테리아를 보호하는 데 도움이 되는 박테리아 단백질이다. 세균 세포에서 Cas9는 박테리아 유전체의 CRISPR 영역에서 만들어진 "가이드 RNA"와 함께 작용한다.

앞서 설명한 제한효소와 마찬가지로 Cas9는 이중 가닥 DNA 분자를 절단하는 핵산분해효소이다. 그러나 주어진 제한효소가 하나의 특정 DNA 서열만을 인식하는 반면, Cas9 단백질은 지시한 어떤 서열이든 절단한다. Cas9는 유도 장치로 사용하는 가이드 RNA 분자의 명령을 실행하고, 가이드 RNA에 상보적인 DNA 서열의 두 가닥을 절단한다. 과학자들은 Cas9 유도 RNA 복합체를 바꾸고자 하는 세포에 도입함으로써 Cas9의 기능을 이용할 수 있었다(그림 10.31). 복합체에서 가이드 RNA는 "표적" 유전자에 상보적이도록 설계되었다. Cas9는 표적 DNA의 두 가닥을 절단하고, DNA의 파손된 끝 부분이 DNA 복구 시스템을 작동하도록 유도한다(그림 10.21과 유사). 그림 10.31(a)의 왼쪽 하단에 보이는 것처럼, 주형으로 사용하기 위한 복구 시스템의 효소에 대한 손상되지 않은 DNA가 없을 때에는 복구 효소는 끝 부분을 다시 결합하면서 무작위의 뉴클레오타이드를 도입하거나 제거한다. 일

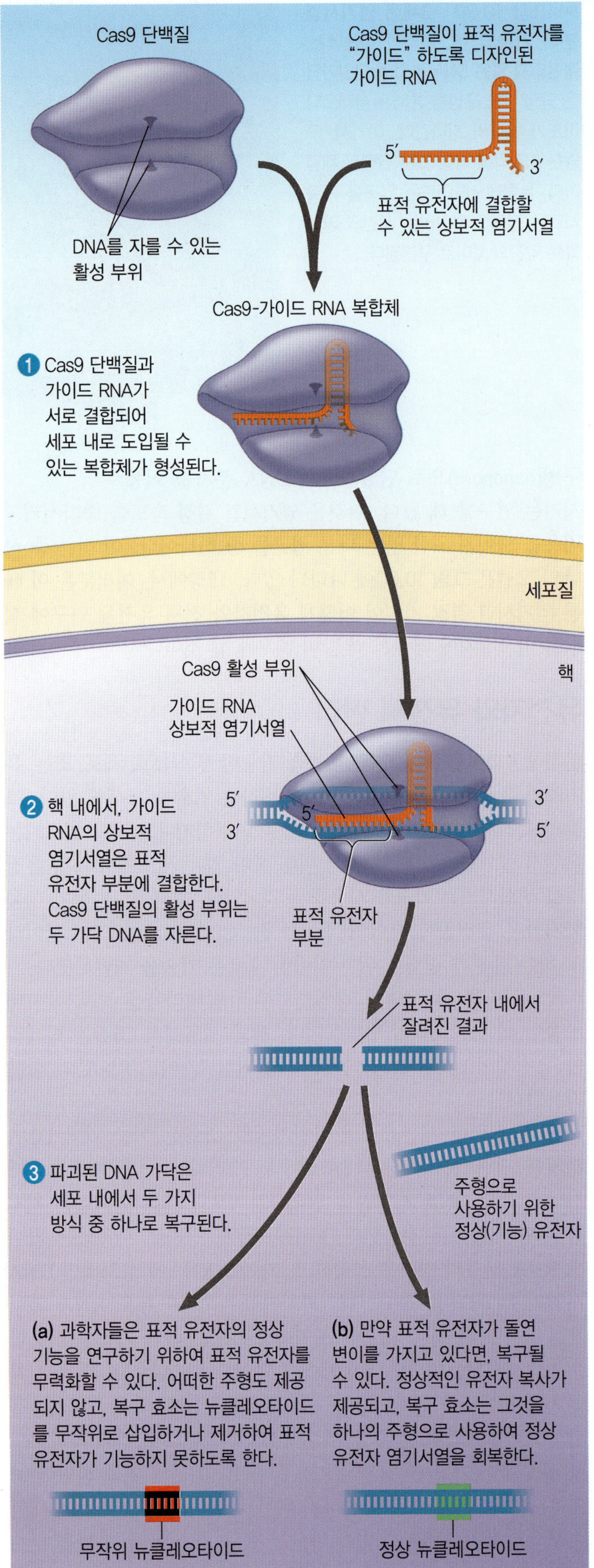

반적으로 이것은 유전자가 더 이상 제대로 작동하지 않도록 DNA 서열을 바꿔주는 것이다. 이 기술은 주어진 유전자를 "제거(knock out)"(비활성화)하여 생물체에서 그 유전자가 하는 역할을 연구하는 매우 성공적인 방법이다.

그러나 유전병을 치료하는데 이 시스템을 이용하는 것은 어떻게 도움이 될까? 연구진은 CRISPR-Cas9 시스템이 돌연변이가 있는 유전자를 복구할 수 있도록 기술을 수정해왔다. 그들은 CRISPR-Cas9 시스템과 함께 정상적인(기능적) 유전자의 일부를 도입한다. Cas9가 표적 DNA를 절단한 후, 복구 효소는 정상 DNA를 주형으로 사용하여 절단 지점에서 표적 DNA를 복구할 수 있다. 이런 방식으로, CRISPR-Cas9 시스템은 결함이 있는 유전자를 편집하여 보정한다. (그림 10.31b의 오른쪽 아래 참조).

2014년 한 연구자 그룹은 CRISPR 기술을 사용하여 생쥐의 유전적 결함을 교정하는 데 성공했다고 보고했다. 그 실험실 쥐는 아미노산 타이로신을 대사하는 간 효소를 암호화하는 유전자에 돌연변이를 가지도록 유전적으로 조작되어, 타이로신 혈증이라고 불리는 인간의 치명적인 유전 질환을 모방했다. 유전자의 돌연변이 영역에 상보적인 가이드 RNA 분자를 Cas9 단백질 및 정상 유전자의 동일한 영역의 DNA 단편과 함께 생쥐에 도입하여 주형으로 사용하였다. 이후의 분석은 결함이 있는 유전자가 만들어진 기능적인 효소의 양이 질병의 증상을 완화하는데 충분했던 간 세포에서 수정되었음을 보여주었다. 이 접근법이 인간에게 시도될 수 있기까지는 극복해야 할 많은 장애물이 있지만, CRISPR 기술은 연구자들과 의사들 사이에 폭 넓은 관심을 불러일으키고 있다.

이 절에서는 DNA 구조에 대한 이해가 어떻게 유전공학을 위한 강력한 기술로 이어졌는지 배웠다. 이 장의 앞부분에서, DNA 분자가 염색체에서 어떻게 배열되는지, 그리고 DNA 복제가 어떻게 부모가 자손에게 전달하는 유전자의 복제본을 전달하는지 보았다. 그러나 유전자가 복사되고 전달되는 것만으로는 충분하지 않고, 세포가 그들이 운반하는 정보를 사용해야 한다. 다시 말하면, 유전자는 "발현"되어야 한다. 몇몇 장 뒤에는 세포가 DNA에 암호화된 유전정보를 어떻게 발현하는지에 대해 검토할 것이다. 우리는 또한 유전자 발현을 분석하기 위한 몇 가지 기술을 탐구하여 유전공학 주제로 돌아올 것이다.

◀ **그림 10.31** **CRISPR-Cas9 시스템을 사용한 유전자 편집**

CHAPTER

11 유전자 발현: 유전자에서 단백질로

핵심 개념

11.1 유전자는 전사와 번역을 통해서 단백질을 특정한다

11.2 전사는 DNA를 이용한 RNA 합성이다: 자세히 보기

11.3 진핵세포는 전사 후에 RNA를 변형시킨다

11.4 번역은 RNA를 이용한 폴리펩타이드 합성이다: 자세히 보기

11.5 하나 또는 몇 개의 뉴클레오타이드의 돌연변이는 단백질의 구조와 기능에 영향을 줄 수 있다

▲ **그림 11.1** 한 개의 잘못된 유전자가 어떻게 놀랍게도 백피증 당나귀가 되게 하는가?

유전정보의 흐름

아시나라(Asinara)섬은 이탈리아의 사르디니아(Sardinia)의 바닷가에 있다. '아시나라'라는 이름은 아마도 라틴어로 *sinuaria*에서 기원이 되었는데 "움푹 패인 만 모양"을 의미한다. 두 번째의 '아시나라'의 의미는 "당나귀가 살고 있다"는 의미인데, 이 의미가 적당한 것이 실제로 야생집단인 백피증의 알비노 당나귀의 본거지이기도 하기 때문이다(**그림 11.1**). 이 당나귀는 이른 1800년대에 아시나라로 왔으며 1885년에 추방되었는데 500여 명의 거주자들이 섬을 강제로 떠나게 된 이후 형벌 유배지로 이용될 수 있었다. 무엇이 색소가 있는 당나귀와는 놀랍게도 다른 알비노 당나귀의 표현형을 만들게 하였을까?

유전 형질은 유전자에 의해 결정되고, 백피증의 형질도 색소를 만드는 유전자의 열성 대립유전자가 원인이라고 배웠다. 유전 물질인 DNA의 정보의 내용은 DNA 가닥에 따라 있는 뉴클레오타이드의 특정 서열의 형태이다. 그러나 이러한 정보는 어떻게 생물의 형질을 결정할까? 다른 말로 유전자는 실제로 무엇을 표현할까? 그리고 이러한 메시지는 세포에 의해 어떻게 갈색머리, A형의 혈액형, 백피증 당나귀의 경우에서와 같이 색소의 완전한 결핍증과 같은 특별한 형질로 번역될까? 백피증 당나귀는 핵심 단백질, 즉 색소를 합성하는 데 필요한 효소의 잘못된 버전을 가지고 있다. 왜냐하면 이 잘못된 버전을 암호화하는 이 유전자는 잘못된 정보를 가지고 있기 때문이다.

이러한 예는 이 장의 중요한 요점을 설명해준다: 개체에 의해 물려받은 DNA는 단백질 합성에 필요한 RNA와 단백질의 합성을 지배함으로써 특정 형질을 발현하게 한다. 다른 말로 단백질은 유전자형과 표현형을 잇는 가교이다. **유전자 발현(gene expression)**은 DNA가 단백질 합성(어떤 경우는 단지 RNA)을 하게 하는 과정이다. 단백질을 암호화하는 유전자 발현은 전사와 번역이라는 두 단계를 거친다. 이 장에서는 유전자로부터 단백질에 이르기까지 정보의 흐름을 자세하게 다룰 것이다. 또한 어떻게 유전적 돌연변이가 단백질을 통해 생물에 영향을 주는지를 다룰 것이다. 유전자 발현이 세 개의 생물 도메인에서 유사한 과정인 유전자 발현의 과정을 이해하기 위해 이 장의 말미에서 유전자의 개념을 자세히 다시 논의하게 될 것이다.

개념 11.1

유전자는 전사와 번역을 통해서 단백질을 특정한다

유전자가 어떻게 단백질 합성을 지시하는지를 자세히 알기 전에 한 단계 뒤로 돌아가 유전자와 단백질 간의 기본적이 관계가 어떻게 발견되었는지를 조사하자.

대사이상의 연구로부터의 증거

1902년 영국의 내과의사 개로드(Archbald Garrod)는 유전자는 유전병이 특정 효소를 만들 수 없어 생기는 것이라며, 효소의 활성을 통해 표현형이 결정된다고 처음으로 제시하였다. 그는 유전병의 증상은 개인의 특정 효소를 만들 능력이 없음을 반영한다고 제안하였다. 한 예로 알캅톤뇨증(alkaptonuria)은 소변에 포함된 화학물질인 알캅톤이 공기 중에 노출될 때 검게 변하기 때문에 소변이 검게 된다. 개로드는 이들은 알캅톤을 분해하는 효소를 만들 능력이 없어 소변으로 화합물이 그대로 배출된다고 판단하였다.

몇십년 후에 유전자가 특정한 효소의 생성을 지시한다는 개로드의 가설을 지지하였다. 생화학자들은 세포는 대부분의 유기분자를 대사 경로에서 합성하고 분해하며, 그 대사 경로에서 순서에 입각한 각 화학반응이 특정 효소에 의해 촉매된다는 사실을 알아냈다. 그러한 대사 경로는 예를 들어 그림 11.1에서의 색소를 합성하여 갈색 당나귀의 털 색깔이나, 초파리(*Drosophila*)의 눈 색깔을 결정하기도 한다. 1930년대의 미국의 생화학자 비들(George Beadle)과 에프뤼시(Boris Ephrussi)는 초파리에서 눈 색깔에 영향을 주는 다양한 각 돌연변이는 특정 단계에서 그 단계를 촉매하는 효소의 합성을 못하게 함으로써 색소 합성이 봉쇄된다고 추측하였다. 그러나 그 당시에는 그러한 화학반응이나 그를 촉매하는 효소가 알려지지 않았다.

영양 요구성 돌연변이: 과학 탐구

유전자와 효소와의 관계를 증명하는 데 있어서의 돌파구는 몇 년 후인 스탠퍼드 대학의 비들과 테이텀(Edward Tatum)이 빵곰팡이인 *Neurospora crassa*를 가지고 이 개체의 대사 경로에서 유전자의 기능을 연구하기 시작할 때 찾아왔다. 멘델(완두)과 모건(초파리)이 사용한 2배체와는 달리, *Neurospora*는 반수체 생물이다. 돌연변이의 표형 형질을 관찰하기 위하여 비들과 테이텀은 특정 대사작용에 필요한 단백질을 암호화하는 단 하나의 대립유전자(두 개가 아닌)가 기능을 못하게 할 필요가 있었다. 반수체인 *Neurospora*를 현명하게 선택하여 연구함에 따라 이들은 세포에서 하나의 대립유전자에 돌연변이를 일으켜 야생형의 유전자의 기능을 직접적으로 유추할 수가 있었다.

또 다른 장점은 *Neurospora*는 간소한 몇 가지 영양분만을 요구한다. 이들은 야생형의 생장에 필요한 최소한의 영양분을 포함하는 배양액인 최소 배지는 무기염류, 포도당, 비타민인 비오틴(biotin)의 단순한 용액이다. 최소 배지로 채운 젤과 같은 한천의 표면 위에 야생형의 세포는 자라거나 분열하여 필요한 모든 영양분을 만들어 맨눈으로 보이는 유전적으로 동일한 세포의 콜로니를 형성한다.

비들과 테이텀은 *Neurospora*의 여러 다른 종류의 영양 요구성 돌연변이체를 만들었는데, 각 돌연변이체는 특정한 영양분을 만들 수가 없었다. 이러한 돌연변이 세포는 최소 배지에서는 자라지 못하나 돌연변이체가 만들지 못하는 영양분을 포함하는 생장에 필요한 모든 영양분이 있는 완전 배지에서는 자란다. *Neurospora* 세포에게 완전 배지는 최소 배지에 20개의 아미노산과 약간의 다른 영양분으로 이루어진 것이다. 비들과 테이텀은 각 영양 요구성 돌연변이체는 특정 영양분을 합성하는 효소의 유전자가 기능을 못한다고 가설을 세웠다. **그림 11.2**에 이들의 실험과정을 요약하였고 이들은 각각의 돌연변이체들이 어떤 영양분을 합성하지 못하는지를 결정하기 위해 검사하였다.

비들과 테이텀은 *Neurospora*의 유용한 돌연변이체 세포주 집합체를 축적하였는데 이러한 돌연변이체는 특정 대사 경로에 결함

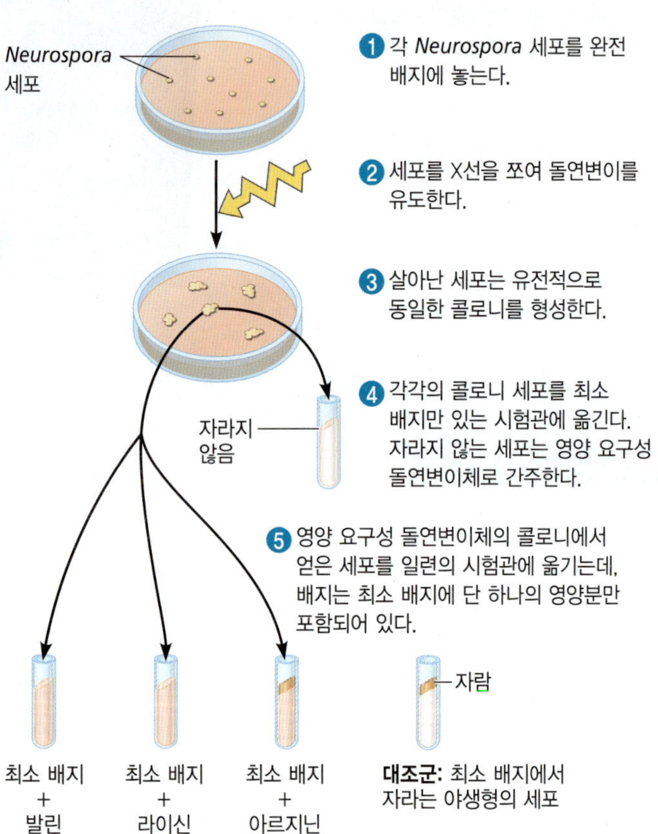

▲ **그림 11.2 비들과 테이텀의 실험계획.** 비들과 테이텀은 영양 요구성 돌연변이체를 얻기 위해서 *Neurospora* 세포에 X선을 쬐어 돌연변이를 유도하였다. 그 후 이들은 여기에서는 아르지닌과 같은 영양분이 필요한 돌연변이체를 탐색 선별하였다.

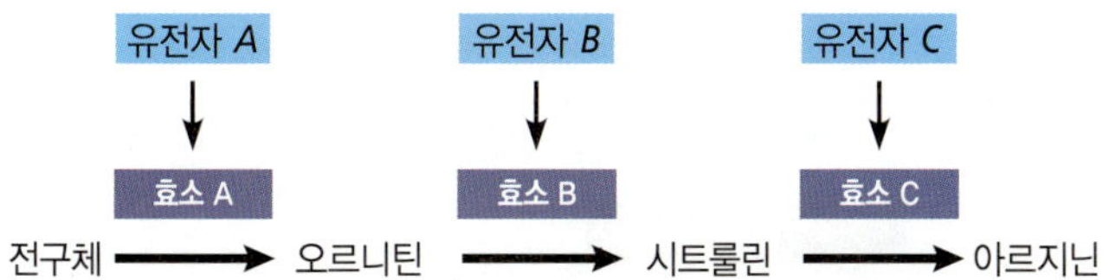

▲ **그림 11.3 1유전자-1단백질 가설.** 비들과 테이텀은 실험실에서 실행한 영양요구성 돌연변이체를 가지고 한 실험 결과를 기초로 하여, 특정 유전자의 기능은 특정 반응을 촉매하는 특정 효소의 생성을 명령한다고 주장하였다. 여기에서 보는 아르지닌 생합성 경로의 모형은 그들의 가설을 설명해준다.

이 있으며 또한 특정 대사 경로의 다른 단계에 결함으로 구분하였다. 예를 들면 아미노산인 아르지닌을 요구하는 돌연변이체를 가지고 일련의 실험을 통하여 이 돌연변이체를 명백한 부류로 구분하였는데, 각 부류는 아르지닌 생합성 경로의 특정 단계에 봉쇄가 되었다. 아마도 해당 유전자에 돌연변이의 결과로 대사 경로의 해당하는 단계를 촉매하는 효소가 기능을 못하기 때문일 것이다(그림 11.3).

비들과 테이텀은 종합하여 이들의 축적된 실험 결과는 유전자의 기능은 특정 효소의 생산을 지정한다는 소위 1유전자-1효소설(one gene-one enzyme hypothesis)를 강력히 뒷받침하였다. 이 가설을 더욱더 뒷받침하는 것은 돌연변이체에 없는 특정효소를 찾아내는 실험에서 왔다. 비들과 테이텀은 1958년에 노벨위원회의 표현에서 "유전자는 특정한 화학적 사건을 조절함으로써 작용한다는 발견"으로 노벨상을 공동 수상하였다.

오늘날 돌연변이가 잘못된 효소를 만들고 차례로 특정한 형질을 야기하는 수많은 예들을 알고 있다. 그림 11.1의 백피증 당나귀는 검은 색소인 멜라닌을 합성하는 대사 경로에서 타이로신이라는 핵심 효소가 없는 것이다. 멜라닌이 없어 하얀 털을 만들고 당나귀 전체 외모에 여러 영향을 주는 것이다. 코, 발굽, 눈 등이 분홍색인데 이는 멜라닌이 없어 이러한 구조를 따라 존재하는 혈관의 붉은 색깔이 그대로 드러나기 때문이다.

유전자 발현의 산물: 발전된 이야기

과학자들이 단백질에 대하여 더 알게 되었을 때 1유전자-1효소설은 조금 고쳐지게 되었다. 우선 먼저 모든 단백질이 효소가 아니다. 케라틴은 동물 털의 구조 단백질과 호르몬인 인슐린은 효소가 아닌 단백질의 두 가지 예이다. 효소가 아닌 단백질이라도 유전자 산물이기 때문에 분자생물학자들은 1유전자-1단백질이라는 용어를 생각하게 되었다. 그러나 많은 단백질이 두 개나 그 이상의 다른 폴리펩타이드로 만들어지고 각 폴리펩타이드가 자신의 유전자에 의해 지정된다. 예를 들면 척추동물의 적혈구에서 산소를 운반하는 헤모글로빈은 두 종류의 폴리펩타이드로 구성되며, 따라서 두 개의 유전자가 이 단백질을 암호화한다. 그러므로 비들과 테이텀의 생각은 1유전자-1폴리펩타이드설(one gene-one polypeptide hypothesis)로서 다시 설명되었다. 그러나 이러한 설명도 반드시 옳은 것은 아니다. 첫째, 많은 진핵생물의 유전자는 이 장의 뒤에서 배울 선택적 이어맞추기라는 과정을 통해 매우 밀접하게 관련이 있는 폴리펩타이드 세트를 암호화할 수 있다. 둘째, 상당수의 유전자가 세포에서 중요한 역할을 하지만 단백질로 절대 번역되지 않는 RNA를 암호화한다. 지금 여기서는 단백질을 암호화하는 유전자에 집중할 것이다. (유전자의 산물을 폴리펩타이드라고 하기보다는 단백질로 부르는 것이 일반적이며 이 책에서도 그렇게 할 것임을 주목하자.)

전사와 번역의 기본 원리

유전자는 특정 단백질을 만들도록 지시한다. 그러나 유전자는 직접적으로 단백질을 만들지는 않는다. DNA와 단백질 합성의 중간 다리는 핵산인 RNA이다. RNA는 당과 함께 데옥시리보스 대신에 리보스를 가진 것만 다르고 화학적으로 DNA와 유사하며, 타이민 대신에 유라실을 질소 염기로 갖는다. 그러므로 DNA 가닥상의 각 뉴클레오타이드는 A, G, C, T 염기를, RNA 가닥은 A, G, C, U 염기를 갖는다. RNA 분자는 일반적으로 단일가닥으로 이루어진다.

언어학적인 용어로 정보의 흐름을 유전자에서 단백질로 기술하는 것은 관례적이다. 그 이유는 글자의 특정 순서가 영어와 같은 언어로 정보를 공유하는 것처럼, 핵산이나 단백질 공히 정보를 운반하는 단위체로 이루어진 특정한 순서를 가진 중합체이기 때문이다. DNA나 RNA는 단위체가 질소 염기인 다른 네 종류의 뉴클레오타이드이다. 유전자는 대표적으로 수백, 수천의 뉴클레오타이드 길이인데, 각 유전자는 특정 염기서열을 가진다. 단백질의 각 폴리펩타이드는 역시 단위체가 직선의 특정 순서로 한 줄로 나열되어 있다(단백질의 1차 구조). 그러나 여기서의 단위체는 아미노산이다. 그러므로 핵산과 단백질은 두 개의 다른 화학적 언어로 쓰인 정보를 갖는다. DNA에서 단백질에 이르게 하는 것은 두 개의 중요한 단계, 즉 전사와 번역을 필요로 한다.

전사(transcription)는 DNA에 있는 정보를 이용하여 RNA를 합성하는 것이다. 두 핵산은 같은 언어를 다른 형태로 쓴 것이며, 정보가 DNA에서 RNA 분자로 단순하게 전사 또는 다시 써진 것이다. DNA가 DNA 복제 중에 새로운 상보적인 가닥을 합성하기 위해 주형으로 제공되는 것처럼, DNA는 RNA 뉴클레오타이드의 상보적인 서열을 갖추기 위해 주형으로 제공된다. 단백질을 암호화하는 유전자로서는, 만들어진 RNA 분자가 유전자의 단백질 합성을 지시하는 충실한 전사체이다. 이러한 RNA 분자를 **전령 RNA(messenger RNA, mRNA)**라고 부르는데 이 RNA는 세포의 DNA에서 단백질 합성 기구로 유전적인 메시지를 전달하기 때문이다. (전사는 DNA 주형을 이용한 모든 종류의 RNA 합성에 대한 일반적인 용어이다. 이 장 이후에 전사에 의해 합성된 다른 RNA 종류를 배울 것이다.)

번역(translation)은 mRNA의 정보를 이용한 폴리펩타이드의 합성이다. 이 단계 동안에 언어에 있어서 변화가 있다: 세포는 mRNA 분자의 염기서열을 폴리펩타이드의 아미노산 서열로 번역한다. 번역이 일어나는 장소는 **리보솜(ribosome)**인데 이는 아미노산을 순서대로 폴리펩타이드로 연결을 도와주는 복잡한 입자이다.

전사와 번역은 모든 생물에서 일어난다. 대부분의 전사와 번역에 관한 연구가 박테리아나 진핵생물을 이용했기 때문에 이 장에서는 이들을 집중적으로 다룬다. 고세균의 전사와 번역의 이해는 좀 뒤떨어져 있는 반면에 고세균 세포도 박테리아나 진핵생물과 유전자 발현에는 여러 특성이 유사하다는 것을 알고 있다.

전사와 번역의 기본 기작은 박테리아와 진핵세포에서 유사하나, 세포 안의 유전정보의 흐름에 큰 차이가 있다. 박테리아는 핵이 없어 이들의 DNA는 핵막에 의해 리보솜과 다른 단백질 합성 기구들이 격리되지 않았다(**그림 11.4a**). 후에 알 수 있듯이, 이렇게 격리가 되지 않은 것은 전사를 진행하는 동안에 mRNA의 번역이 가능하도록 한다. 반면 진핵세포에서는 핵막이 전사와 번역을 공간적으로 시간적으로 격리되어 있다(**그림 11.4b**). 전사는 핵 안에서 일어나고 mRNA는 번역이 일어나는 세포질로 이동한다. 그러나 단백질을 암호화하는 유전자로부터 생성된 진핵세포의 전사체는 핵을 떠나기 전에 여러 방법으로 가공되어 마지막에 기능을 갖는 mRNA가 생성된다. 단백질을 암호화하는 진핵세포 유전자의 전사는 mRNA 전구체를 만들고(pre-mRNA), 또 다른 가공 단계를 통해 완결된 mRNA를 만들어낸다. 단백질로 번역되지 않는 RNA를 암호화하는 유전자를 포함해서, 모든 유전자에서 만들어진 처음의 RNA 전사체는 일반적으로 **1차 전사물(primary transcript)**이라고 한다.

요약하자: 유전자는 전령 RNA 양식으로 유전적 메시지를 통하여 단백질 합성이 되도록 프로그램되어 있다. 달리 말하면, 아래 화살표로 보는 것처럼 세포는 방향성을 가진 유전정보의 흐름을 따라 일련의 분자적 명령 사슬에 의해 관리된다:

1956년 크릭(Francis Crick)에 의해, 이러한 개념은 생명의 중심원리(central dogma)라는 이름이 주어졌다. 이 개념은 시간이 지남에 따라 어떻게 유지가 되었나? 1970년대에 과학자들은 어떤 RNA 분자는 DNA 합성에 대한 주형으로 작용할 수 있고 관련 효소가 있음을 알고 매우 놀라워했다. 그러나 이러한 드문 예외들이 일반적으로 유전정보가 DNA로부터 RNA, 단백질로 흐른다는 생각을 무효로 하지는 못한다. 다음 절에서는 아미노산을 특정한 순서로 모아 맞추라는 지령이 어떻게 핵산에 암호화되어 있는지 배울 것이다.

유전 암호

생물학자들이 단백질 합성을 지시하는 정보가 DNA에 암호화되어 있다고 추측하기 시작했을 때, 다음과 같은 문제를 인식했다: 20개의 아미노산을 지정하기 위해 단 4개의 뉴클레오타이드만이 이용되는 것이다. 그래서 유전 암호는 중국어와 같이 한 문자가 한 단어에 해당하는 방식의 언어가 될 수 없다. 그렇다면 몇 개의 염기가 한 개의 아미노산에 해당할까?

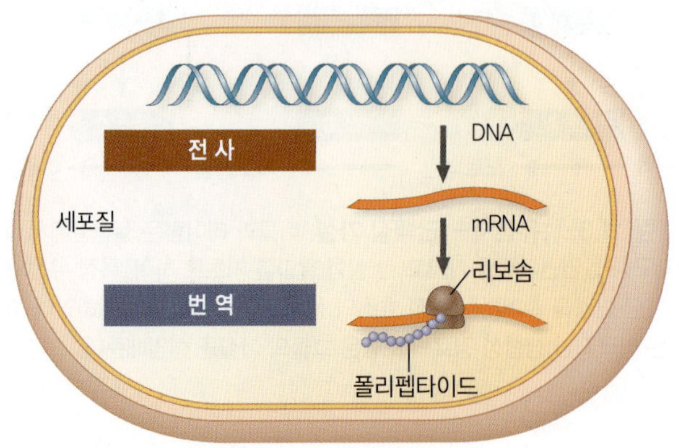

(a) **박테리아 세포.** 핵이 없는 세포에서 전사에 의해 생성된 mRNA는 추가적인 가공없이 즉시 번역된다.

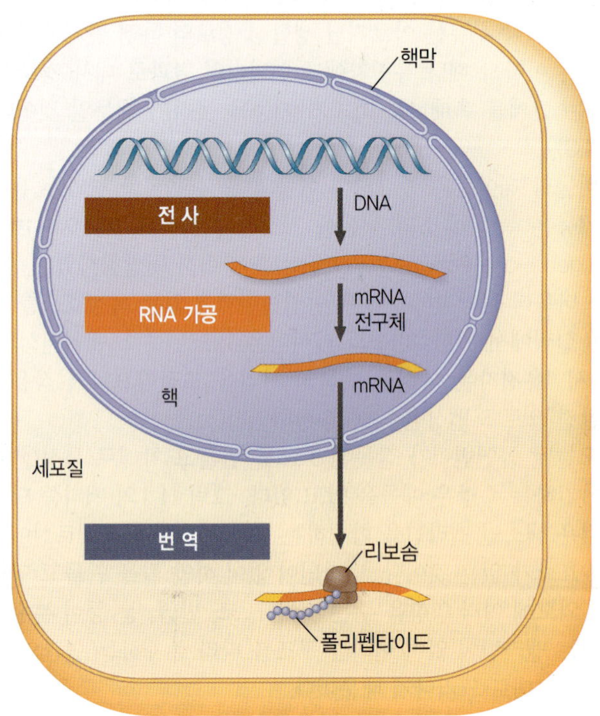

(b) **진핵세포.** 핵은 전사를 위한 별도의 구획을 제공한다. mRNA 전구체라고 불리는 처음 만들어진 RNA 전사체는 여러 방법으로 가공된 다음 mRNA가 되어 핵을 떠난다.

▲ **그림 11.4 개요: 유전정보의 흐름에서 전사와 번역의 역할.** 세포에서 유전정보는 DNA에서 RNA를 거쳐 단백질로 흐른다. 정보의 흐름에서 두 개의 주요 과정은 전사와 번역이다. 이 장의 뒷부분에 실린 여러 그림에는 (a)와 (b) 부분의 축소판이 같이 실려 있어서 각 그림들이 전체 과정에서 어디에 해당하는지 쉽게 확인하도록 도와준다.

코돈: 뉴클레오타이드 3염기

만약 각 뉴클레오타이드 염기가 한 아미노산으로 번역된다면 20개의 아미노산 중 단 4개만, (염기 하나에 아미노산 하나) 지정될 수 있다. 그러면 두 글자 암호로 된 단어의 언어면 충분할까? 예를 들어 염기순서 AG는 한 아미노산을 지정하고 GT는 다른 아미노산을 지정할 수 있다. 염기가 네 개이므로 이런 방식으로는 아직도 20개의 아미노산을 암호화하기에는 부족한, 16(즉, 4^2)개의 가능한 배열을 얻을 수 있다.

3개의 뉴클레오타이드 염기는 같은 수의 염기로 모든 아미노산을 암호화하는 데 필요한 최소 단위이다. 만약 3개의 연속된 염기의 배열로 한 아미노산을 지정한다면, 모든 아미노산을 지정하기에 충분한, 64개(즉, 4^3)의 가능한 암호가 있다. 유전자에서 단백질로의 정보 흐름은 **3자 암호(triplet code)**에 기반한다는 사실이 실험적으로 증명되었다. 즉, 폴리펩타이드 사슬에 대한 유전적 지령은 중복되지 않는 3개의 연속된 뉴클레오타이드 단어로 DNA 상에 쓰여 있다. 유전자에 있는 일련의 단어들은 중복되지 않은 3개의 뉴클레오타이드로 된 단어들인 mRNA로 전사되며, 이는 다시 일련의 아미노산 사슬로 번역이 된다(그림 11.5).

전사 과정에서 유전자는 합성되는 mRNA 분자의 길이를 따라 염기서열을 결정한다. 각 유전자의 두 개의 DNA 가닥 가운데 하나만 전사된다. RNA 전사물의 뉴클레오타이드의 서열을 결정하는 주형을 제공하기 때문에 이 가닥을 **주형 가닥(template strand)**이라고 한다. 주어진 한 유전자에 대하여 전사가 될 때마다 동일한 가닥이 주형으로 사용된다. 그러나 염색체를 따라가면서 동일한 DNA 분자의 반대편 가닥은 다른 유전자에 대한 주형이 될 수 있다.

mRNA 분자는 DNA 주형과 똑같은 것이 아니라 상보적이다. 왜냐하면 RNA 뉴클레오타이드가 염기쌍 형성 규칙에 따라 주형에 결합되기 때문이다(그림 11.5). 그러한 염기쌍은 A와 쌍을 이루는 것이 U(T의 RNA 대체)라는 것과 데옥시리보스 대신에 리보스를 포함하는 것을 제외하고는 DNA 복제 과정에서 형성되는 염기쌍과 비슷하다. 새로운 DNA 가닥과 마찬가지로 RNA 분자는 DNA의 주형 가닥과 역평행하게 합성된다. 그림 11.5에 있는 예를 들어 보면, DNA 상의 세 개의 염기 ACC(3′-ACC-5′으로 씀)는 mRNA 분자의 5′-UGG-3′을 위한 주형으로 제공된다. mRNA 상의 세 염기를 **코돈(codon)**이라고 부르고, 관례에 따라 5′→3′ 방향으로 쓴다. 예를 들어 UGG는 아미노산 트립토판의 코돈이다(약자로 Trp). 코돈이란 용어는 때때로 비주형(nontemplate) 가닥상의 DNA의 세 염기를 지칭하는 말로도 사용된다. 이러한 코돈은 주형 가닥과 상보적이고 mRNA 서열과는 U 대신 T가 있는 것 외에는 똑같다. (이러한 이유로, 비주형 DNA 가닥은 어떤 경우에는 "암호 가닥(coding strand)"이라고 불린다.)

번역 과정에서 mRNA 분자상의 코돈 서열은 폴리펩타이드 사슬을 구성하는 아미노산 서열로 번역된다. 번역 기구는 mRNA를 따라 5′→3′ 방향으로 코돈을 읽어나간다. 각 코돈은 폴리펩타이드 상의 상응하는 위치에 20개의 아미노산 중 어떤 것을 집어넣을 것인지를 지정한다. 코돈은 세 개의 염기이기 때문에 유전적 메시지를 구성하는 뉴클레오타이드의 수는 단백질 산물을 구성하는 아미노산의 수보다 세 배 많아야 한다. 예를 들면 100개의 아미노산으로 구성된 폴리펩타이드를 암호화하려면 mRNA 가닥상에서 300개의 뉴클레오타이드가 필요하다.

▶ **그림 11.5 3염기 암호.** 각 유전자는 DNA 한 가닥이 전사에 주형으로 쓰인다. RNA에서 유라실(U)이 타이민(T) 대신 쓰이는 것 외에는 DNA 합성에서의 염기쌍 형성규칙이 전사 과정에도 똑같이 적용된다. 번역 중에는 mRNA가 코돈이라고 하는 일련의 세 개의 염기로 읽힌다. 각각의 코돈은 아미노산을 지정하여 길어지는 폴리펩타이드 사슬에 더해진다. mRNA는 5′→ 3′ 방향으로 읽힌다.

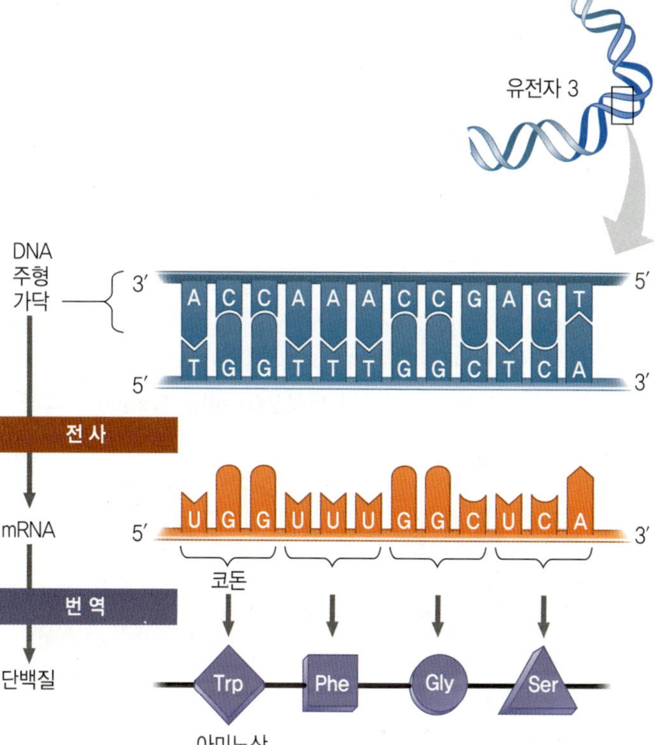

암호 판독

분자생물학자들은 1960년대 초반 일련의 섬세한 실험을 통해 각각의 RNA 코돈이 어떤 아미노산으로 번역되는지 알아냄으로써 생명체의 암호를 파헤쳤다. 첫 번째 코돈은 1961년 미국국립보건원의 니렌버그(Mashall Nirenberg)와 동료들에 의해 판독되었다. 니렌버그는 유라실을 염기로 갖는 동일한 RNA 뉴클레오타이드들을 이은 인공 mRNA를 합성했다. 이 메시지가 어디서 시작되고 정지되건 간에 이 mRNA는 오직 한 종류의 코돈 UUU만을 갖는다. 니렌버그는 이 "폴리-U"를 아미노산, 리보솜, 단백질 합성에 필요한 다른 요소들을 포함하는 시험관 혼합물에 집어넣었다. 이 인공계는 폴리-U를 한 종류의 아미노산 페닐아라닌(Phe)만이 길게 연결된 폴리페닐알라닌으로 번역했다. 그러므로 니렌버그는 mRNA 코돈 UUU는 아미노산 페닐알라닌을 지정한다고 결정하였다. 곧 코돈 AAA, GGG, CCC에 의해 규정되는 아미노산이 이 같은 방법으로 결정되었다.

AUA, CGA와 같이 염기가 혼합된 코돈들을 판독하기에는 좀 더 정교한 기술이 필요하였지만 1960년대 중반까지 64개의 모든 코돈이 판독되었다. 그림 11.6에서 보는 것 같이 코돈 64개 중 61개는 아미노산을 암호화한다. 세 개의 코돈은 아미노산을 지정하지 않고 정지 신호 또는 종결 코돈이며 번역이 끝나는 곳을 표시한다. 코돈 AUG가 두 기능을 갖는 것에 유의하자. 하나는 아미노산 메티오닌(Met)을 암호화하며, 또한 시작을 알리는 또는 개시 코돈으로서 기능한다. 유전적 메시지는 mRNA 상의 코돈 AUG로 시작하는데 이 자리에서 단백질 합성 기구가 번역을 시작하라는 신호이다. (AUG는 또한 메티오닌을 암호화하기 때문에 폴리펩타이드는 합성될 때 메티오닌으로 시작된다. 그러나 효소가 그 후에 폴리펩타이드 사슬에서 시작 아미노산을 제거하기도 한다.)

그림 11.6에서 유전 암호에 반복성이 있으나 모호한 것은 없음에 유의하자. 예를 들어 코돈 GAA와 GAG는 둘 다 글루탐산을 규정하고(반복성) 둘 중 어느 것도 다른 아미노산을 규정하지 않는다(명확성). 암호의 반복성은 무작위적이지 않다. 많은 경우 한 아미노산을 지정하는 여러 코돈들은 세 염기 중 세 번째 염기만이 다르다. 이 장의 뒷부분에서 이러한 반복성이 갖는 가능한 장점에 대해 고려해 볼 것이다.

쓰인 언어로부터 의도된 메시지를 파악하는 우리의 능력은 문자들을 정확히 묶는, 즉 정확한 **번역틀(reading frame)**을 따라 읽는 것에 달려 있다. 다음 문장을 생각해 보자. "The red dog ate the bug." 이 글자들을 잘못된 위치에서 시작하여 다르게 묶어보자. 그 결과는 "her edd oga tet heb ug."와 같이 이해할 수 없는 말이 된다. 번역틀은 세포의 분자적 언어에서도 대단히 중요하다. 예를 들어 그림 11.5에 나온 짧은 폴리펩타이드는 서열은 mRNA 뉴클레오타이드를 왼쪽에서 오른쪽(5′→3′)으로 세 개씩 짝지어 그림처럼 UGG UUU GGC UCA로 읽어야만 제대로 만들어진다. 유전적 메시지를 기록하는 코돈 사이에는 띄어쓰기가 없지만, 세포의 단백질 합성 기구는 메시지를 일련의 겹치지 않는 세 글자 단어로 읽는다. 메시지는 일련의 중복된 단어(−UGGUUU 등)로 읽히지는 않는데 중복되게 읽히면 매우 다른 의미의 메시지가 전해지게 된다.

두 번째 mRNA 염기

첫 번째 mRNA 염기(5′ 코돈의 말단)	U	C	A	G	세 번째 mRNA 염기(3′ 코돈의 말단)
U	UUU Phe	UCU Ser	UAU Tyr	UGU Cys	U
	UUC Phe	UCC Ser	UAC Tyr	UGC Cys	C
	UUA Leu	UCA Ser	UAA 종결	UGA 종결	A
	UUG Leu	UCG Ser	UAG 종결	UGG Trp	G
C	CUU Leu	CCU Pro	CAU His	CGU Arg	U
	CUC Leu	CCC Pro	CAC His	CGC Arg	C
	CUA Leu	CCA Pro	CAA Gln	CGA Arg	A
	CUG Leu	CCG Pro	CAG Gln	CGG Arg	G
A	AUU Ile	ACU Thr	AAU Asn	AGU Ser	U
	AUC Ile	ACC Thr	AAC Asn	AGC Ser	C
	AUA Ile	ACA Thr	AAA Lys	AGA Arg	A
	AUG Met 또는 개시	ACG Thr	AAG Lys	AGG Arg	G
G	GUU Val	GCU Ala	GAU Asp	GGU Gly	U
	GUC Val	GCC Ala	GAC Asp	GGC Gly	C
	GUA Val	GCA Ala	GAA Glu	GGA Gly	A
	GUG Val	GCG Ala	GAG Glu	GGG Gly	G

▲ 그림 11.6 **유전 암호표.** 이 표에서 mRNA 코돈의 세 개의 염기는 mRNA를 따라 5′→ 3′ 방향으로 순서대로 첫 번째, 두 번째, 세 번째 염기라고 명명되었다. (이 표를 이용하여 그림 11.5에 보이는 코돈 찾는 것을 연습해보라.) 코돈 AUG는 아미노산 메티오닌을 가리키며 또한 리보솜에서 mRNA의 번역이 그 지점에서 시작되도록 하는 "개시" 신호로 기능한다. 64개의 코돈 중 세 개는 "종결" 신호로 기능하고 유전적 메시지의 끝을 표시한다. 모든 아미노산의 세 글자 약어의 목록은 그림 3.18 참조.

유전 암호의 진화

진화 유전 암호는 박테리아에서 가장 복잡한 식물과 동물에 이르기까지 모든 생물에서 공유되어 거의 보편적이다. 예를 들어 RNA 코돈 CCG는 유전 암호가 밝혀진 모든 생물에서 아미노산 프롤린으로 번역된다. 실험실 연구에서 유전자가 한 개체에서 다른 개체로 이식된 후에도 그 유전자는 전사되고 번역되는데 그 결과는 그림 11.7에서 보는 것처럼 때때로 대단히 놀라운 결과를 낳는다. 의학적 목적으로 인슐린 같은 사람의 특정 단백질을 합성하기 위해 박테리아에 사람의 유전자가 삽입되도록 계획될 수 있다. 이러한 응용을 통해 생명공학 분야에서는 많은 혁신적 발전을 이룩하였다.

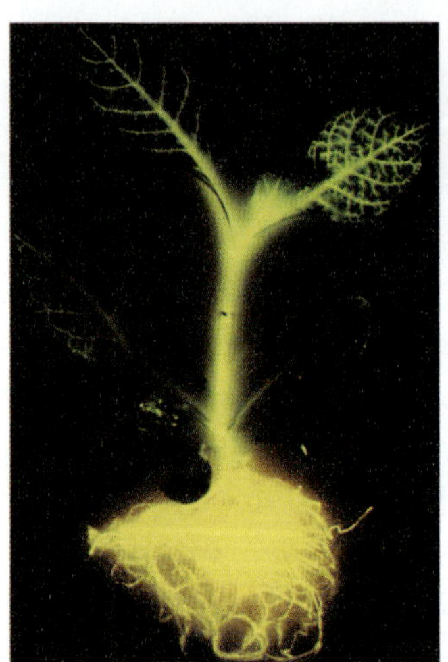

(a) **반딧불이의 유전자를 발현하는 담배.** 주입된 반딧불이의 유전자 산물이 촉매하는 화학반응에 의해 노랗게 발광한다.

(b) **해파리 유전자를 발현하는 돼지.** 연구자들은 돼지의 수정란에 형광 단백질을 암호화하는 유전자를 찔러 넣었다. 이러한 수정란 중 하나는 형광을 내는 돼지로 발생하였다.

▲ 그림 11.7 **다른 생물에서의 유전자 발현.** 다양한 형태의 생물은 공통적인 유전 암호를 공유하기 때문에 한 종에 다른 종의 DNA를 이식함으로써 다른 종 특유의 단백질을 생산하도록 하는 것이 가능하다.

유전 암호의 보편성에 대한 예외로 몇 개의 유전 암호가 표준 암호와 다른 번역체계가 있으나, 유전 암호의 보편성에 대한 진화적 관점의 의미는 매우 명확하다. 모든 생물들이 공유하는 언어는 생명의 역사에서 매우 일찍이, 아마도 모든 현재 생물들의 공통조상에도 존재했을 만큼 일찍이 활용되기 시작했을 것이다. 유전적 단어의 공유는 지구상의 모든 생명체를 묶는 친족 관계를 떠올리게 한다.

개념 11.2

전사는 DNA를 이용한 RNA 합성이다: 자세히 보기

지금까지 유전 암호의 언어적 논리와 진화적 의미에 대해 생각해 보았다. 이제는 유전자 발현의 첫 번째 단계인 전사를 세밀하게 다시 조사해볼 차례이다.

전사에 참여하는 분자들

DNA로부터 세포의 단백질 합성 기구로의 정보 운반책인 전령 RNA는 유전자의 주형 가닥으로부터 전사된다. **RNA 중합효소(RNA polymerase)**라는 효소는 두 DNA 가닥을 벌리고 DNA 주형을 따라 염기쌍을 만들면서 RNA 뉴클레오타이드를 결합시켜 나간다(그림 11.8). DNA 복제에서 작용하는 DNA 중합효소와 같이 RNA 중합효소는 폴리뉴클레오타이드를 5′→ 3′ 방향으로만 조립한다. 그러나 DNA 중합효소와는 다르게 RNA 중합효소는 처음부터 스스로 사슬을 만들 수 있으며 프라이머(primer)가 필요없다.

DNA상의 특정한 뉴클레오타이드 서열은 어디서 유전자의 전사를 시작하고 끝내는지를 지정한다. RNA 중합효소가 부착하여 전사를 개시하는 DNA 서열은 **프로모터(promoter)**라고 알려져 있다. 원핵세포에서는 전사의 종결을 신호하는 DNA 서열을 **종결순서(terminator)**라고 부른다. (진핵세포에서의 종결 기작은 다르고 이는 뒤에 설명할 것이다.) 분자생물학자들은 전사의 방향을 "하부(downstream)", 다른 방향을 "상부(upstream)"라고 부른다. 이 용어는 DNA나 RNA에서 뉴클레오타이드 서열상의 위치를 기술하는 데에도 사용된다. 그러므로 DNA에서의 프로모터 염기 서열은 종결순서로부터 상부에 있다고 말할 수 있다. RNA 분자로 전사되는 DNA 영역을 **전사 단위(transcription unit)**라고 부른다.

박테리아는 mRNA만이 아니라 리보솜 RNA와 같이 단백질 합성에 필요한 다른 종류의 RNA까지 모두 합성하는 한 종류의 RNA 중합효소가 있다. 반면 진핵생물에는 적어도 세 종류의 RNA 중합효소가 핵 안에 있다. mRNA 전구체를 합성하는 데 사용되는 것은 RNA 중합효소 II이다. 이어지는 전사에 대한 논의에서는 원핵생물과 진핵생물에 공통적인 mRNA 합성의 특성들에 대해 다룰 것이고, 이어서 주요 차이점을 기술할 것이다.

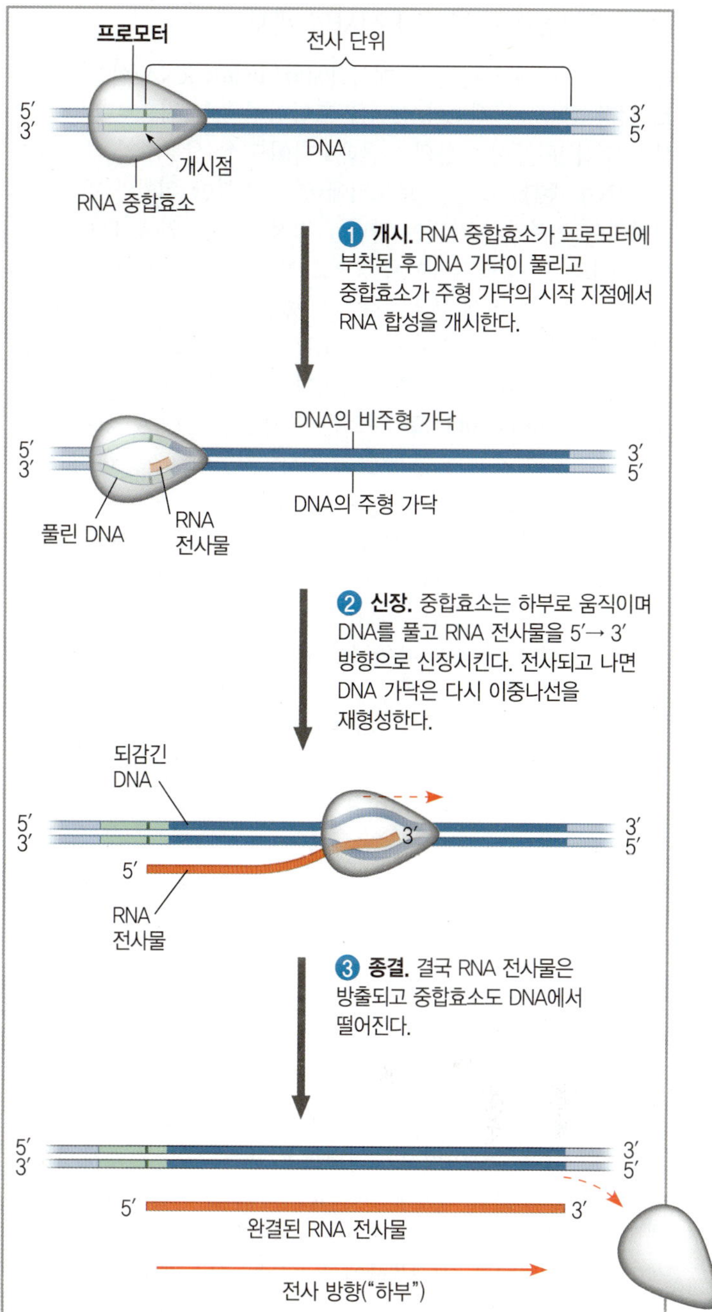

▲ 그림 11.8 **전사의 단계: 개시, 신장, 종결.** 전사에 대한 이러한 일반적 묘사는 박테리아와 진핵생물에 모두 적용된다. 그러나 종결의 자세한 부분은 교재에서 설명했듯이 박테리아와 진핵생물에서 다르다. 또한 박테리아에서는 RNA 전사물이 즉시 mRNA로서 사용될 수 있지만 진핵생물에서는 mRNA가 되기 위해서 먼저 RNA 가공을 거쳐야 한다.

RNA 전사물의 합성

그림 11.8과 그 다음 내용에서 설명하듯이 전사의 세 단계는 RNA 사슬의 개시, 신장, 종결이다. 각 단계와 이를 기술하는 데 사용되는 용어에 친숙하도록 그림 11.8을 공부하자.

RNA 중합효소의 부착과 전사의 개시

유전자의 프로모터는 전사 **개시점(start point;** RNA 합성이 실제로 시작되는 뉴클레오타이드)을 포함하며, 전형적으로 그곳으로부터 수십 또는 이 이상의 뉴클레오타이드 쌍 상부까지 이어져 있다. RNA 중합효소는 프로모터에 있는 정확한 위치와 방향으로 부착하여 전사가 시작되는 자리를 결정하는 것 외에, DNA 나선의 두 가닥 중 어느 가닥이 주형으로 이용되는지를 결정한다.

프로모터의 특정 부위는 RNA 중합효소가 부착하는 데 특별히 중요하다. 박테리아에서는 RNA 중합효소 스스로 프로모터를 특이적으로 인지하고 부착한다. 진핵세포에서는 **전사인자(transcription factor)**라고 부르는 단백질들이 RNA 중합효소의 부착과 전사의 개시를 중개한다. 전사인자들이 프로모터에 부착한 후에만 RNA 중합효소가 부착된다. 프로모터에 부착된 전사인자들과 RNA 중합효소 II의 완전한 조합을 **전사 개시 복합체(transcription initiation complex)**라고 한다. **그림 11.9**는 전사인자들과 **TATA 상자(TATA box)**라는 핵심적인 프로모터 DNA 서열이 진핵세포에서 개시 복합체를 형성할 때 수행하는 기능을 보여준다.

RNA 중합효소 II와 전사인자들의 상호작용은 진핵세포의 전사를 조절하는 데 단백질-단백질 상호작용이 중요하다는 것을 보여주는 예이다. 적당한 전사인자가 프로모터 DNA에 일단 견고하게 부착하고 RNA 중합효소가 정확한 방향으로 결합하게 되어, 이 효소는 DNA의 두 가닥을 풀고 개시점에서 주형 가닥을 전사하기 시작한다.

RNA 가닥의 신장

RNA 중합효소는 DNA를 따라 이동하면서, 이중나선을 계속 풀어 RNA 뉴클레오타이드와 쌍을 이룰 수 있는 약 10~20개의 DNA 염기가 항상 노출되도록 유지한다(**그림 11.10**). 이 효소는 이중나선을 따라 진행하면서 길어지는 RNA 분자의 3′ 끝에 뉴클레오타이드를 더한다. 이렇게 진행되는 RNA 합성 물결의 뒤쪽에서 새로운 RNA 분자는 DNA 주형에서 떨어져 나가고, DNA 이중나선이 다시 형성된다. 진핵세포에서 전사는 초당 약 40 뉴클레오타이드의 속도로 진행된다.

하나의 유전자는 마치 물건을 나르는 여러 대의 트럭이 줄지어 움직이는 것과 같이 동시에 여러 개의 RNA 중합효소에 의해 전사될 수 있다. 길어지는 RNA 가닥은 각 RNA 중합효소의 뒤에 늘어지는데, 그 길이는 효소가 주형을 따라서 개시점에서부터 얼마나 멀리 이동하였는지를 반영한다. 하나의 유전자를 동시에 전사하는 다수의 RNA 중합효소는 전사된 mRNA의 양을 증가시키는데, 이는 세포가 많은 양의 단백질을 만드는 데 도움을 준다.

전사의 종결

종결의 기작은 박테리아와 진핵세포가 다르다. 박테리아에서는 전사가 DNA상의 종결순서 서열을 지나 계속된다. 전사된 종결순서(RNA 서열)는 종결신호로 기능을 하여 중합효소가 DNA로부터 떨어지게 하고 전사물을 방출하게 하는데, 이 전사물은 번역 전에

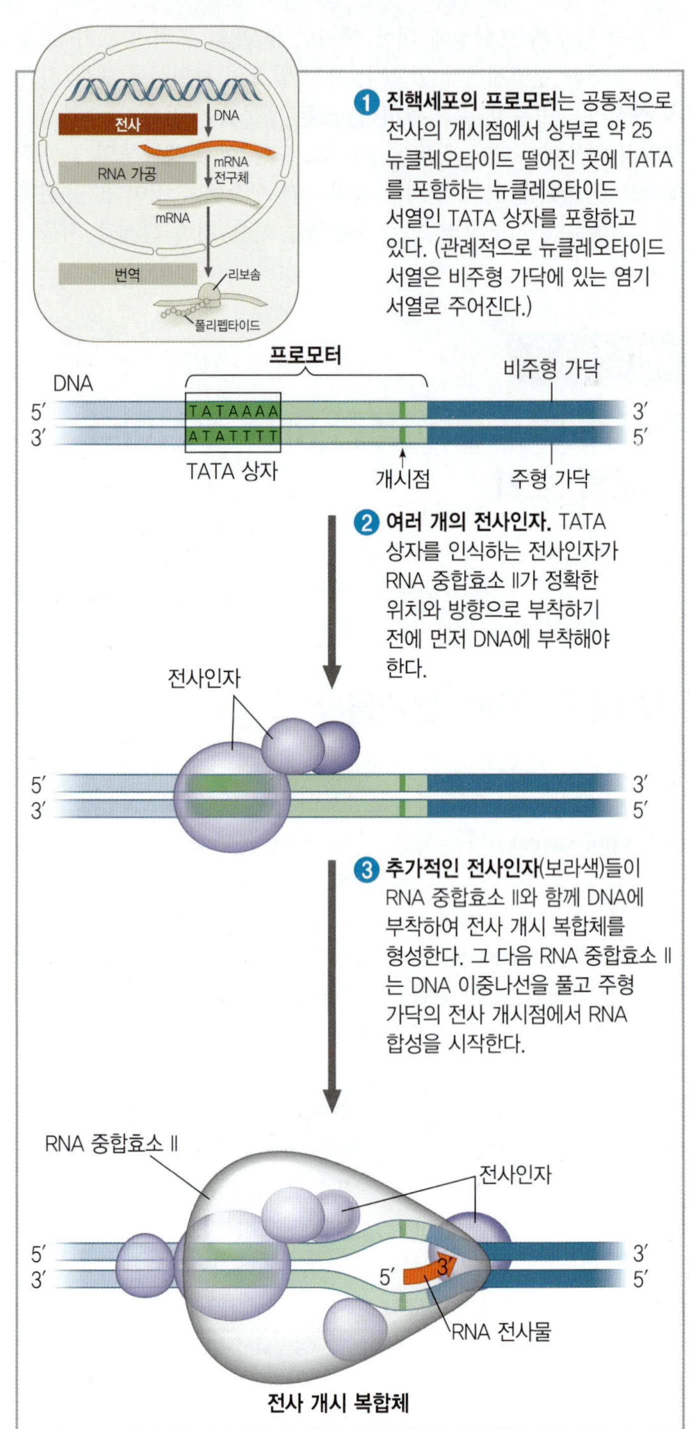

▲ **그림 11.9 진핵세포의 프로모터에서의 전사의 개시.** 진핵세포에서는 전사인자라고 불리는 단백질들이 RNA 중합효소 II에 의한 전사의 개시를 매개한다.

더 이상의 변형이 없이 mRNA로서 즉시 사용 가능하다. 진핵세포에서는 RNA 중합효소 II는 아데닐산중합반응 신호 서열이라 불리는 DNA 상의 서열을 전사하는데, 이는 mRNA 전구체에 아데닐산중합반응 신호(AAUAAA)를 지정한다. 그 다음, AAUAAA 신호로부터 10 내지 35 뉴클레오타이드 아래쪽에 위치한 지점에서 길어지는 RNA 전사물과 연결된 단백질들이 RNA를 끊어, RNA 중합효소에서 mRNA 전구체를 떨어지게 한다. mRNA 전구체는

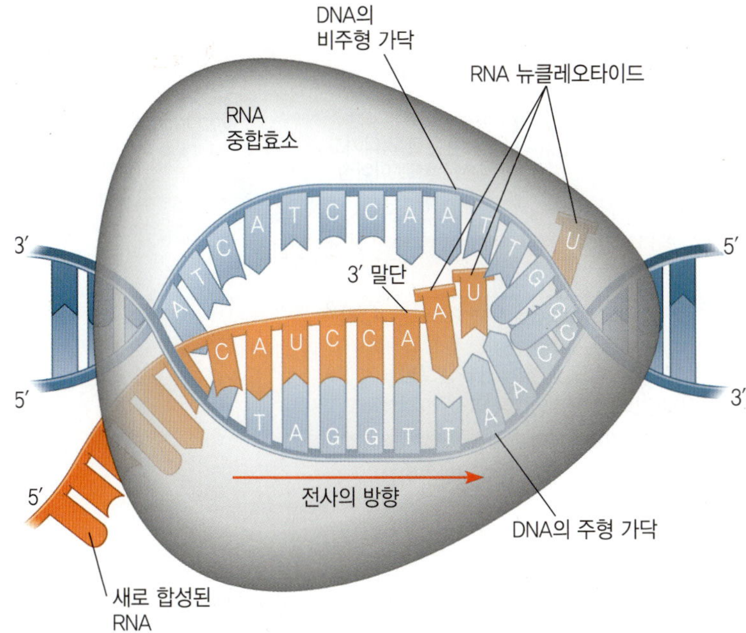

▲ **그림 11.10 전사의 신장.** RNA 중합효소는 DNA 주형 가닥을 따라 길어지는 RNA 전사체의 3′ 말단에 상보적인 RNA 뉴클레오타이드를 연결시킨다. 중합효소 뒤쪽에 새로운 RNA는 주형 가닥에서 떨어지고 이중나선은 비주형 가닥과 함께 다시 형성된다.

일단 만들어진 다음, 다음 절의 주제인 RNA 가공 과정을 거치게 된다.

개념 11.3

진핵세포는 전사 후에 RNA를 변형시킨다

진핵세포의 핵 안에 있는 효소들은 유전적 메시지가 세포질로 내보내지기 전에 mRNA 전구체를 특별한 방법으로 변형시킨다. 이러한 **RNA 가공(RNA processing)** 동안에 일반적으로 1차 전사물의 양 말단이 모두 변화된다. 그리고 대부분의 경우에 RNA 분자의 내부 일부분도 잘려나가고 나머지 부분들이 이어진다. 이러한 변화는 번역이 될 준비를 마친 mRNA를 생산해낸다.

mRNA 말단의 변화

mRNA 전구체의 각 말단은 특별한 방법으로 변형된다(**그림 11.11**). 가장 먼저 전사된 5′ 말단은 20~40 뉴클레오타이드가 전사된 후에 변형된 구아닌(G) 뉴클레오타이드가 앞에 결합되어 **5′ 캡(5′ cap)**을 형성한다. mRNA 전구체의 3′ 말단도 역시 세포질로 나가기 전에 변화된다. mRNA 전구체가 아데닐산중합반응 신호인 AAUAAA가 전사된 잠시 후 RNA 중합효소에서 방출됨을 기억하자. 다음에 효소가 3′ 말단에 50~250개의 아데닌(A) 뉴클레오타이드를 붙여 **폴리A 꼬리(poly-A tail)**를 형성한다. 5′ 캡과 3′ 폴리A 꼬리는 여러 중요한 기능을 공통적으로 가진다. 먼저 이들은 성숙한 mRNA가 핵 밖으로 빠져나가는 것을 돕는 것으로 보인다. 둘째, mRNA가 가수분해효소에 의해 분해되지 않도록 보호해 준다. 셋째, mRNA가 세포질에 도달하면 이들은 리보솜이 mRNA의 5′ 말단에 부착하는 것을 도와준다. 그림 11.11은 캡과 꼬리를 가진 진핵세포 mRNA 분자를 나타낸 것이다. 그림에는 또 mRNA의 5′ 말단과 3′ 말단에 있는 비번역 부위(5′ UTR과 3′ UTR로 부름)가 나와 있다. UTR은 단백질로 번역되지는 않지만 리보솜 부착과 같은 다른 기능을 갖는 mRNA의 일부분이다.

분할 유전자와 RNA 이어맞추기

진핵세포의 핵에서 RNA 가공의 가장 주목할 만한 단계는 처음 전사된 RNA 분자의 많은 부분을 제거하고 나머지 부분을 다시 연결하는 것이다. 이러한 잘라 붙이는 작업을 **RNA 이어맞추기(RNA splicing)**라고 하는데 이는 비디오테이프를 편집하는 것과 유사하다. 진핵세포 DNA 분자의 평균 전사 단위의 길이는 약 27,000 뉴클레오타이드 정도이므로 일차 전사물의 길이도 그 정도이다. 그러나 400개의 아미노산을 갖는 평균 크기의 단백질을 암호화하는 데는 약 1,200 뉴클레오타이드만이 필요하다. (각 아미노산은 3 염기 뉴클레오타이드에 의해 암호화됨을 기억하자.) 이는 대부분의 진핵세포 유전자와 RNA 전사물은 번역되지 않는 긴

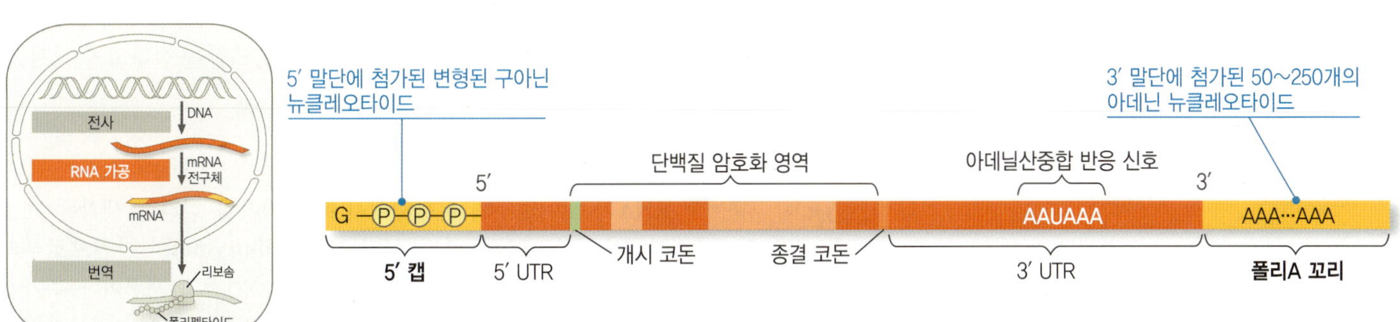

▲ **그림 11.11 RNA 가공: 5′ 캡과 폴리A 꼬리의 추가.** 효소가 진핵세포 mRNA 전구체의 양쪽 말단을 변형시킨다. 변형된 말단은 핵에서 mRNA가 빠져나가는 것을 도와주고 mRNA가 분해되지 않도록 보호해 준다. mRNA가 세포질에 도달하면 변형된 말단은 세포질의 단백질들과 함께 작용하여 mRNA가 리보솜에 부착되는 것을 촉진하다. 5′ 캡과 3′ 폴리A 꼬리는 5′과 3′의 비번역 부위(5′ UTR, 3′ UTR)와 마찬가지로 단백질로 번역되지 않는다. 분홍색의 조각은 곧 기술될 것이다.

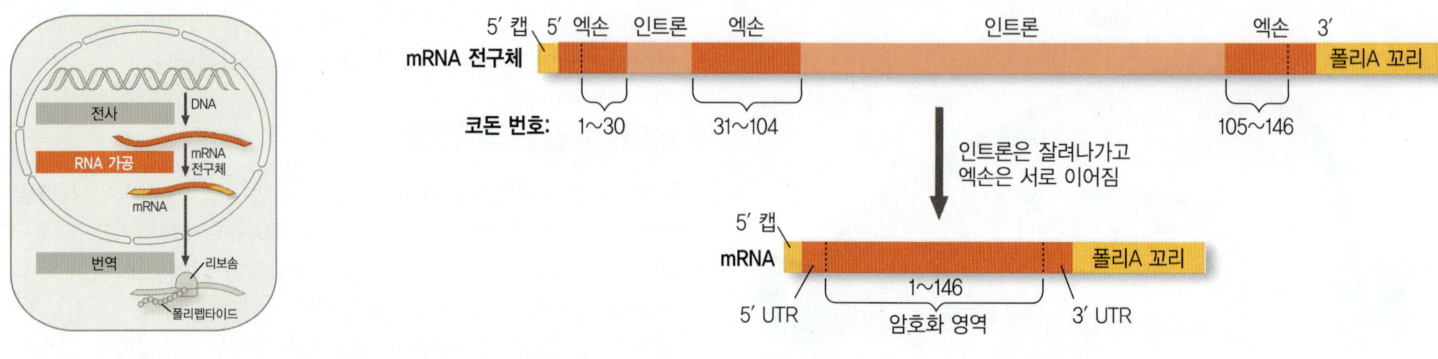

▲ **그림 11.12 RNA 가공: RNA 이어맞추기.** 여기에 그린 RNA 분자는 헤모글로빈의 폴리펩타이드 중 하나인 β-글로빈을 암호화한다. RNA 밑의 숫자는 코돈을 나타낸다. β-글로빈은 146개의 아미노산으로 이루어져 있다. β-글로빈 유전자와 그것의 mRNA 전구체는 mRNA가 되어 핵을 떠날 서열에 해당하는 세 개의 엑손을 갖는다. (5′ UTR과 3′ UTR은 mRNA에 포함되기 때문에 엑손의 일부분이지만 단백질을 암호화하지는 않는다.) RNA 가공 중에 인트론은 잘려 제거되고 엑손만 서로 이어맞추어진다. 많은 유전자에서 인트론이 엑손보다 상대적으로 훨씬 크다.

비암호화 뉴클레오타이드 서열을 갖고 있다는 뜻이다. 더욱더 놀라운 것은 대부분의 이러한 비암호화 서열이 유전자의 암호화 부분 사이, 즉 mRNA 전구체의 암호화 단편 사이에 끼어 흩어져 있다는 점이다. 달리 말하자면, 진핵세포의 폴리펩타이드를 암호화하는 DNA 뉴클레오타이드 서열은 일반적으로 연속적이지 않고 쪼개져 있다는 것이다. 암호화 영역 사이에 있는 핵산의 비암호화 단편을 개재 서열(intervening sequences) 또는 짧게 **인트론(intron)**이라고 한다. 나머지 영역은 보통 아미노산 서열로 번역됨으로써 결국 발현되기 때문에 **엑손(exon)**이라고 한다. (RNA 말단의 엑손에 있는 UTR은 예외로 mRNA의 일부분을 구성하나 단백질로 번역되지 않는다. 이러한 예외 때문에 엑손을 핵 밖으로 나오는 RNA 서열로 생각하면 편리할 것이다.) 인트론과 엑손이라는 용어는 RNA 서열과 이를 암호화하는 DNA 서열에 모두 사용된다.

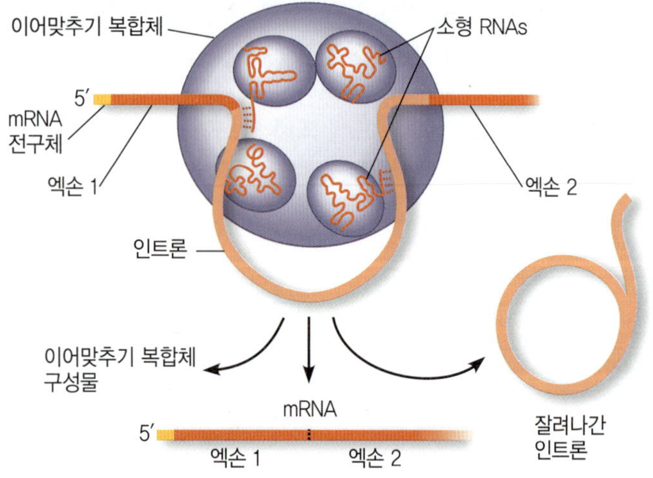

▲ **그림 11.13 mRNA 전구체를 이어맞추기하는 이어맞추기 복합체.** 그림에는 두 개의 엑손(빨간색) 가운데에 인트론(분홍색)을 포함하는 mRNA 전구체 전사물의 일부분만 보인다. 이어맞추기 복합체에 있는 소형 RNA가 인트론에 있는 특정 뉴클레오타이드 서열과 염기쌍을 이룬다. 다음, 이어맞추기 복합체는 RNA 전구체를 잘라 인트론을 방출하고 분해하며, 엑손만을 잇는다. (이러한 RNA는 다음 절에서 다룰 리보자임이다.)

유전자에서 1차 전사물을 합성할 때 RNA 중합효소 II는 DNA로부터 인트론과 엑손 모두를 전사하나, 세포질로 들어가는 mRNA는 이들의 요약판이다(**그림 11.12**). 인트론은 잘려나가고 엑손만 서로 연결되어 연속적인 암호화 서열을 갖는 mRNA 분자를 형성한다. 이것이 RNA 이어맞추기의 과정이다.

유전자에서 인트론의 존재함으로써 생기는 중요한 결과는 단 하나의 유전자에서 한 종류 이상의 폴리펩타이드를 암호화하는 것이다. 여러 유전자가 RNA 가공 과정에서 어떤 DNA 조각을 엑손으로 취급하느냐에 따라 두 개 이상의 다른 폴리펩타이드가 만들어짐이 알려져 있다. 이를 **선택적 RNA 이어맞추기(alternative RNA splicing)**라고 한다. 선택적 RNA 이어맞추기 때문에 생물에서 만들어지는 단백질의 종류는 전체 유전자 수보다 훨씬 더 많다.

mRNA 전구체 이어맞추기는 어떻게 수행되는가? 인트론의 제거는 단백질들과 소형 RNA들의 거대 집합체인 **이어맞추기 복합체(spliceosome)**에 의해 수행된다. 이어맞추기 복합체는 인트론 상의 양 말단을 포함하는 여러 짧은 염기서열에 부착한다(**그림 11.13**). 이어맞추기 복합체는 인트론을 방출하고 빠르게 분해시키며 인트론 양 옆에 있던 두 엑손을 연결시킨다. 이어맞추기 복합체에 있는 소형 RNA가 이러한 촉매 과정과 이어맞추기 복합체의 조립, 이어맞추기 자리 인식 등에서 중요한 역할을 한다고 밝혀져 있다.

리보자임

RNA가 이어맞추기 복합체에서 촉매 작용을 한다는 생각은 효소 기능을 하는 RNA 분자인 **리보자임(zibozyme)**의 발견으로부터 나왔다. 어떤 생물에서는 RNA 이어맞추기가 단백질이나 추가적인 RNA 분자 없이도 일어날 수 있다. 인트론 RNA가 리보자임으로 기능하며 자신을 잘라내는 것을 촉매한다. 예를 들어, 원생동물인 테트라하이메나(*Tetrahymena*)에서는 자가 이어맞추기가 리보솜의 구성 성분인 리보솜 RNA(rRNA) 합성에서 일어난다. 실제로 rRNA 전구체는 자기 자신의 인트론을 제거한다. 리보자임의 발견은 모든 생물학적인 촉매는 단백질이라는 생각을 쓸모없게 만들었다.

RNA의 세 가지 특성이 어떤 RNA 분자가 효소로서의 기능을 수행할 수 있게 한다. 첫째, RNA는 단일가닥이기 때문에 RNA 분자의 한 부분이 같은 분자의 상보적인 다른 부분과 염기쌍을 이루어, 결국 전체적으로 RNA 분자의 특이한 3차 구조를 만들어 주는 역할을 한다. 이러한 특이적 구조는 마치 효소 단백질이 하는 것처럼 리보자임의 촉매 기능에 필수적이다. 둘째, 효소 단백질의 특정 아미노산처럼 RNA에서 특정 염기들은 촉매 작용을 수행하는데 기능기를 가진다. 셋째, RNA가 다른 핵산분자(RNA 또는 DNA)와 수소결합을 할 능력을 갖는 것은 촉매 활동에 특이성이 생기게 한다. 예를 들면, 이어맞추기 복합체의 RNA와 1차 전사물의 RNA 간에 상보적인 염기결합은 리보자임이 이어맞추기를 촉매하는 장소를 정확하게 위치하게 한다. 이 장의 뒤에서 이러한 RNA의 특성이 또한 세포에서 mRNA의 세 개의 염기를 인식하는 것과 같은 중요한 비촉매적인 기능을 수행할 수 있도록 함을 볼 것이다.

개념 11.4

번역은 RNA를 이용한 폴리펩타이드 합성이다: 자세히 보기

이제 우리는 유전정보가 mRNA에서 단백질로 흐르는 과정인 번역에 대해 자세히 조사할 것이다. 전사에서처럼, 박테리아 세포와 진핵세포에서 모두 일어나는 번역의 기본 단계에 집중하면서 주요한 차이를 지적할 것이다.

번역에 참여하는 분자들

번역 과정에서 세포는 유전적 메시지를 해석하고 그에 따라 폴리펩타이드를 만든다. 메시지는 mRNA 분자상에 존재하는 코돈 서열이고 번역자는 **운반 RNA(tRNA)**이다. tRNA의 기능은 세포질에 있는 아미노산 풀에서 아미노산을 리보솜으로 운반하는 것이다. 세포는 다른 화합물로부터 합성하거나 주위 용액에서 흡수함으로써 세포질에 20종류 아미노산을 모두 저장해 놓는다. 단백질과 RNA로 구성된 구조인 리보솜은 tRNA에 의해 운반된 아미노산을 하나씩 폴리펩타이드 사슬의 성장하는 말단에 붙인다(그림 11.14).

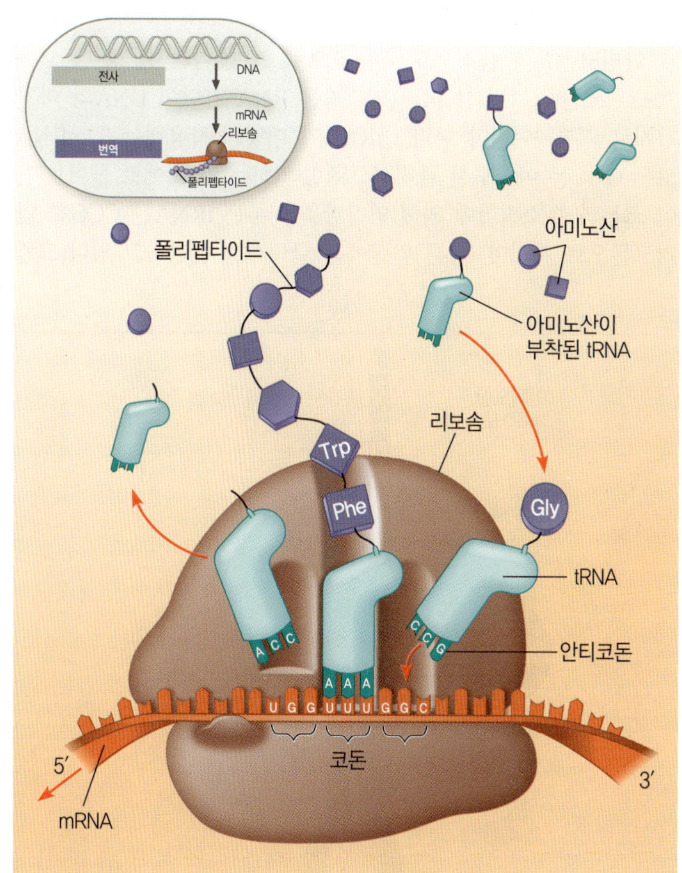

▲ **그림 11.14 번역: 기본개념.** mRNA 분자가 리보솜을 통하여 이동함에 따라 코돈은 하나씩 차례대로 아미노산으로 번역된다. 번역자는 tRNA 분자이며 각 유형의 tRNA는 한쪽 말단에 특정한 안티코돈을, 다른 말단에는 해당 아미노산을 가진다. mRNA에 있는 상보적인 코돈에 tRNA의 안티코돈이 수소결합을 할 때 tRNA는 부착된 아미노산을 성장하는 폴리펩타이드 사슬에 덧붙인다. 이어지는 그림들은 박테리아의 번역 과정의 세부사항들을 보여준다.

번역은 원리에서는 간단하나 생화학이나 동력학적인 면은 매우 복잡한데, 특히 진핵세포에서 그러하다. 번역을 낱낱이 살펴보는데 있어서, 우리는 박테리아에서 일어나는 조금 덜 복잡한 과정에 집중할 것이다. 세포에서 일어나는 이 드라마의 몇몇 주된 연기자를 먼저 살펴볼 것이다.

운반 RNA의 구조와 기능

유전적 메시지를 특정 단백질로 번역하는 핵심은 각 유형의 tRNA 분자가 특정 mRNA 코돈을 특정 아미노산으로 번역한다는 사실이다. 이는 tRNA 분자가 3차 구조를 하여 한쪽 말단에 특정한 아미노산을 달고 있는 반면, 다른 말단에는 염기 세 개가 mRNA의 상보적인 코돈과 염기결합을 함으로써 비롯된다.

tRNA 분자는 약 80개의 뉴클레오타이드로 이루어진 단일가닥의 RNA로 구성된다(대부분의 mRNA가 수백 개의 뉴클레오타이드로 구성된 것과 비교해서). 자체 내에 일련의 뉴클레오타이드 염기가 서로 상보적이어서 수소결합을 할 수 있기 때문에 이 단일가닥의 RNA는 접혀서 3차 구조를 한 분자를 형성한다. 이러한 염기쌍을 명확히 하기 위해 한 평면으로 펴놓으면, tRNA 분자는 클로버잎 모양처럼 된다(그림 11.15a). 실제로는 tRNA는 더 꼬이고 접혀서 촘촘한 3차 구조의 모양이 되는데, 대략 L자 모양이며, tRNA의 5′과 3′ 말단은 3차 구조에서 하나의 말단 근처에 위치한다(그림 11.15b). tRNA의 3′ 말단이 삐져나와 있는데 이는 아미노산이 부착하는 자리이다. L자의 다른 한끝으로부터 나온 루프는 **안티코돈(anticodon)**이며, 이는 특정 mRNA의 코돈과 염기쌍을 하는 특정 3개의 뉴클레오타이드 염기이다. 그러므로 tRNA의 구조는 그 기능에 부합되도록 되어 있다.

안티코돈은 관습적으로 3′ → 5′으로 쓰며, 따라서 코돈은 5′ → 3′으로 쓰인다(그림 11.14). (염기쌍은 RNA 가닥이 DNA와 마찬가지로 역평행이어야 한다.) tRNA가 어떻게 작용하는지 mRNA 코돈 GGC는 아미노산 글리신으로 번역하는 것을 예로 들어보자. 이 코돈과 수소결합에 의해 염기쌍을 이루는 tRNA는 CCG를 안티코돈으로 가지며, 다른 말단에는 글리신을 운반하고 있다(그림 11.14에서 리보솜에 접근하는 들어오는 tRNA 참조). mRNA 분자가 리보솜을 통과하며 이동할 때 코돈 5′-GGC-3′가 번역될 차례가 되면 언제나 글리신이 폴리펩타이드 사슬에 첨가된다. tRNA가 정해진 순서대로 아미노산을 가지고 올 때마다 유전적 메시지는 코돈 하나씩 차례로 번역되며 리보솜은 아미노산을 사슬로 연결한다. tRNA 분자는 어느 면으로는 번역자라 할 수 있는데 이는 핵산 언어(mRNA 코돈)를 읽고 그것을 단백질 언어(아미노산)로 번역하기 때문이다.

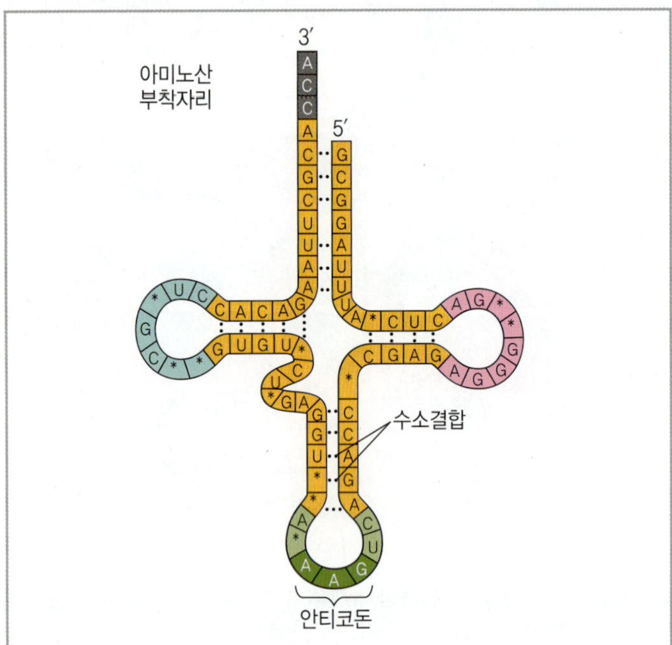

(a) **2차원 구조.** 염기쌍을 이룬 4개의 영역과 3 부분의 고리 영역은 3′ 말단의 아미노산 부착자리의 염기서열이 같은 것과 마찬가지로 모든 tRNA의 일반적인 특징이다. 안티코돈의 3염기는 다른 두 개의 고리 영역에 있는 약간의 염기서열과 마찬가지로 tRNA의 종류에 따라 서로 다르다. (별 표시는 tRNA의 특징인 화학적으로 변형된 염기를 표시한다. 변형된 염기는 아직 이해하지 못한 방법으로 tRNA의 기능을 수행하는 데 필요하다.)

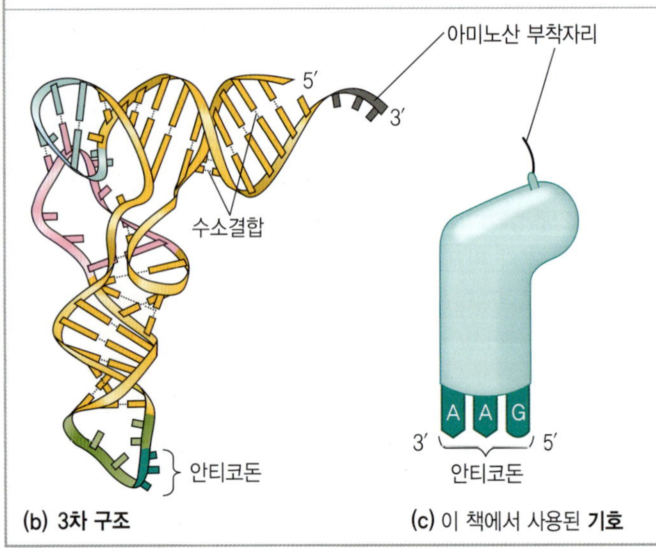

(b) **3차 구조**

(c) 이 책에서 사용된 **기호**

▲ **그림 11.15 운반 RNA (tRNA)의 구조**

mRNA나 다른 유형의 세포 RNA와 마찬가지로 운반 RNA 분자는 DNA 주형으로부터 전사된다. 진핵세포에서는 mRNA와 마찬가지로 tRNA도 핵에서 만들어진 다음에 번역이 일어나는 세포질로 이동하여야 한다. 박테리아와 진핵세포 모두에서 각 tRNA 분자는 세포질에서 해당 아미노산을 싣고 이를 리보솜에 내려놓은 후 또 다른 아미노산을 싣기 위해 리보솜을 떠나는 과정에 반복적으로 쓰인다.

유전적 메시지의 정확한 번역에는 두 번의 인식 단계가 필요하다. 특정 아미노산을 지정하는 mRNA 코돈과 결합하는 tRNA는 오직 바로 그 아미노산만을 리보솜으로 운반해야 한다. **아미노아실 tRNA 합성효소(aminoacyl tRNA-synthetase)**라고 불리는 일련의 효소가 각 아미노산을 정확히 해당 tRNA와 결합시킨다**(그림 11.16)**. 각 유형의 아미노아실 tRNA 합성효소의 활성 부위는 오직 특정 조합의 아미노산과 tRNA에만 들어맞는다. (tRNA의 아미노산 부착 끝과 안티코돈 끝의 두 부분은 그렇게 특별히 들어맞도록 하는 데 중요하다.) 아미노산마다 하나씩 총 20종류의 서로 다른 아미노아실 tRNA 합성효소가 있다. 각 합성효소는 특정 아미노산을 암호화하는 모든 종류의 tRNA와 결합할 수 있다. 합성효소는 ATP를 가수분해하여 추진되는 과정을 통해 아미노산을 해당 tRNA에 공유결합시키는 것을 촉매한다. 만들어진 아미노아실 tRNA는 또한 활성화된 tRNA라고도 불리며, 효소로부터 떨어져 리보솜의 성장하는 폴리펩타이드 사슬로 아미노산을 운반한다.

두 번째 인식 단계는 tRNA의 안티코돈과 mRNA의 코돈의 올바른 연결과 관계된다. 만약 한 종류의 tRNA가 아미노산을 규정하는 mRNA의 각 코돈을 위해 존재한다면, 61개의 tRNA가 있어야 한다(그림 11.6). 실제로는 약 45개가 있는데 이는 어떤 tRNA는 하나 이상의 코돈과 결합해야 함을 나타낸다. 이러한 융통성이 가능한 것은 코돈의 세 번째 염기와 tRNA 안티코돈의 해당 염기가 염기쌍 결합을 하는 규칙이 다른 코돈위치의 염기쌍 결합만큼 엄격하지 않기 때문이다. 예를 들어 tRNA 안티코돈의 5′ 말단에 있는 염기 U는 mRNA 코돈의 세 번째 위치(3′ 말단)에 있는 A와 G 모두와 쌍을 이룰 수 있다. 이러한 염기쌍 형성 규칙의 느슨함을 **동요(wobble)**라고 한다. 동요는 한 아미노산에 대한 동일한 여러 코돈들이 세 번째 염기에서는 서로 다르지만 나머지 두 염기는 다르지 않는 이유를 설명해 준다. 예를 들어 안티코돈이 5′-UCU-3′인 tRNA는 mRNA의 코돈이 둘 다 아르지닌을 암호화하는 5′-AGA-3′이나 5′-AGG-3′과 염기결합을 한다(그림 11.6).

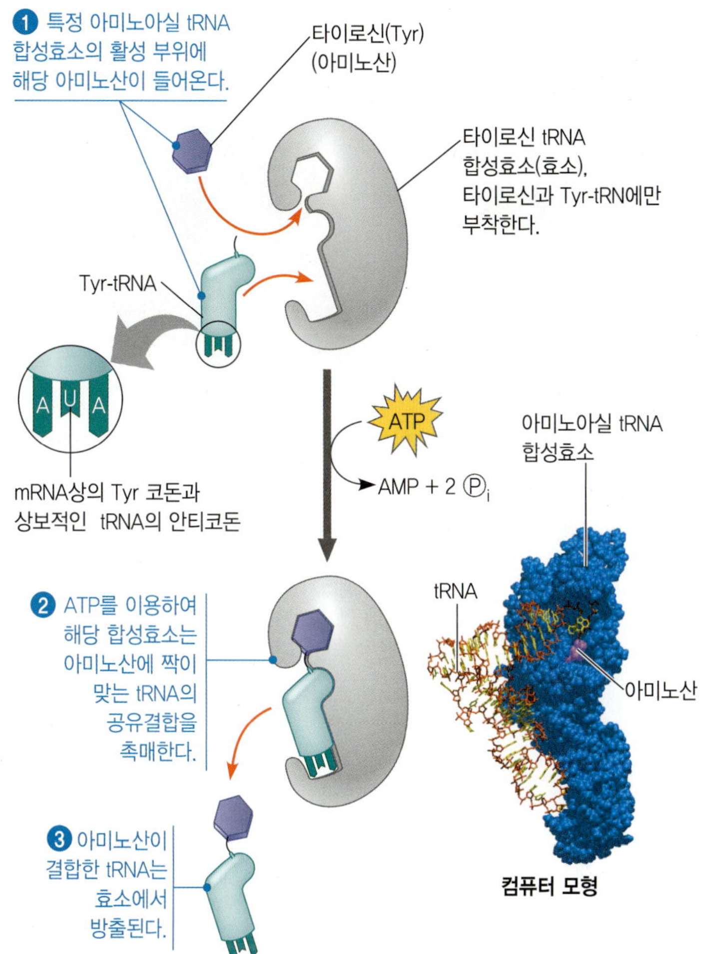

▲ **그림 11.16 아미노아실 tRNA 합성효소는 특정 아미노산을 tRNA에 연결하는 데에 있어 특이성을 제공한다.** tRNA와 아미노산의 결합은 ATP의 소모가 일어나는 흡열과정이다(ATP는 두 개의 인산기를 잃고 AMP가 된다).

리보솜

리보솜은 단백질 합성 동안에 tRNA의 안티코돈과 mRNA 코돈의 특이적인 결합을 촉진한다. 리보솜은 큰 소단위체와 작은 소단위체로 불리는 두 개의 소단위로 구성되며 이들은 한 개 또는 그 이상의 **리보솜 RNA(ribosomal RNA)** 또는 rRNA로 불리는 RNA 분자와 단백질들로 구성된다(그림 11.17). 진핵세포에서는 이 소단위체가 인에서 만들어진다. 리보솜 RNA 유전자는 전사되고 가공되어 세포질에서 핵으로 수송된 단백질들과 함께 리보솜으로 조립된다. 만들어진 리보솜 소단위체는 핵공을 통하여 세포질로 나간다. 박테리아와 진핵세포에서 모두 큰 소단위체와 작은 소단위체는 mRNA 분자에 부착될 때에만 서로 붙어 기능을 갖는 리보솜을 형성한다. 리보솜 질량의 1/3이 단백질로 구성되고, 나머지는 rRNA이며 원핵세포는 3개, 진핵세포는 4개의 rRNA를 가진다. 대부분의 세포는 수천 개의 리보솜을 가지고 있기 때문에 rRNA는 세포에서 가장 풍부하게 존재하는 RNA이다.

박테리아와 진핵세포의 리보솜의 구조는 기능이 매우 유사하

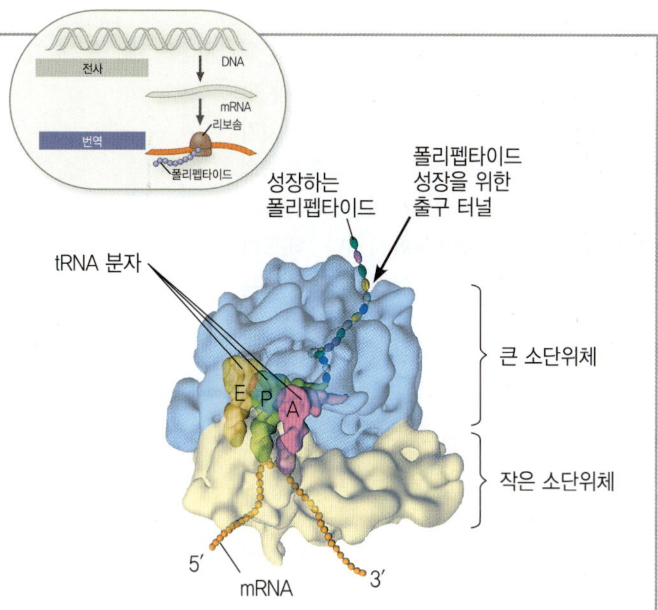

(a) **기능을 수행하는 리보솜의 컴퓨터 모형.** 이 그림은 박테리아 리보솜의 모형으로 전체적인 모양을 보여준다. 진핵생물의 리보솜도 이와 대체적으로 유사하다. 리보솜의 소단위체는 리보솜 RNA와 단백질의 복합체이다.

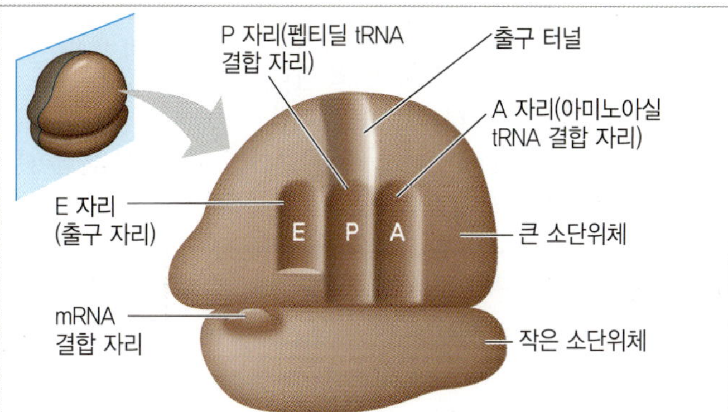

(b) **결합 자리를 보여주는 도식적인 모형.** 리보솜은 mRNA 결합 자리와 세 개의 tRNA 결합 자리를 갖고 있는데 A, P, E 자리로 알려져 있다. 이 도식적인 리보솜은 뒤에 여러 모식도에서 나올 것이다.

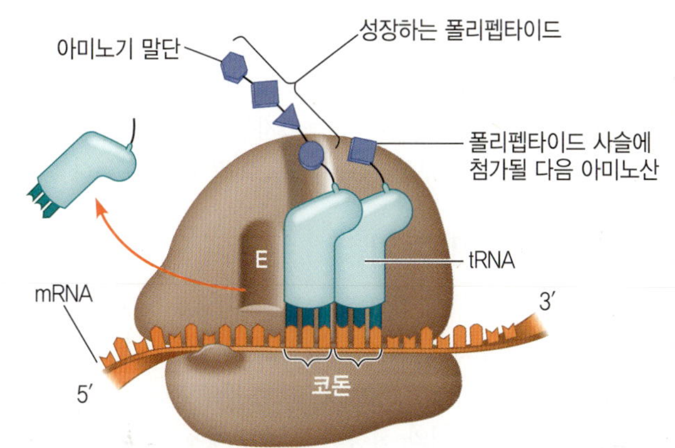

(c) **mRNA와 tRNA를 포함한 도식적인 모형.** tRNA는 안티코돈이 mRNA의 코돈과 염기쌍을 이루면 결합 자리에 정확히 맞는다. P 자리는 성장하는 폴리펩타이드에 부착된 tRNA를 붙잡고 있다. A 자리는 폴리펩타이드 사슬에 첨가될 다음 아미노산을 가진 tRNA를 붙잡고 있다. 아미노산이 떨어져 나간 tRNA는 E 자리에서 떨어져 나간다. 폴리펩타이드는 카복시 말단에 길이가 길어진다.

▲ **그림 11.17 기능을 수행하는 리보솜의 구조**

지만, 진핵세포의 리보솜이 원핵세포의 리보솜보다 약간 크며 분자 구성도 약간 다르다. 이러한 차이는 의학적으로 의미가 있다. 어떤 종류의 항생제는 진핵세포의 단백질 합성 능력을 억제하지 않고 박테리아의 리보솜만을 불활성화시킨다. 테트라사이클린과 스트렙토마이신을 포함하는 이러한 항생제는 박테리아 감염을 물리치는 데 사용된다.

리보솜의 구조는 아미노산과 결합한 tRNA와 mRNA를 함께 모으는 리보솜의 기능을 반영한다. 리보솜에는 mRNA 결합 자리 외에 그림 11.17에서 보는 것처럼 세 개의 tRNA 결합 자리가 있다. **P 자리(P site: 펩티딜 tRNA 자리)**는 성장하는 폴리펩타이드 사슬을 달고 있는 tRNA를 잡는 자리인 반면, **A 자리(A site: 아미노아실 tRNA 자리)**는 사슬에 붙여질 다음 아미노산을 달고 있는 tRNA를 잡는 자리이다. 아미노산을 떼어낸 tRNA는 **E 자리(E site: 출구 자리)**로부터 리보솜을 떠난다. 리보솜은 tRNA와 mRNA를 매우 가까운 위치에서 붙잡아두며 새로 추가할 아미노산을 길어지는 폴리펩타이드 사슬의 카르복실기 말단에 위치시킨다. 그 다음에 리보솜은 펩타이드 결합의 형성을 촉매한다. 폴리펩타이드 사슬은 길이가 길어짐에 따라 리보솜의 큰 소단위체에 있는 출구 터널(exit tunnel)을 통과해 빠져나간다. 폴리펩타이드가 완성되면 출구 터널을 통해 세포질로 방출된다.

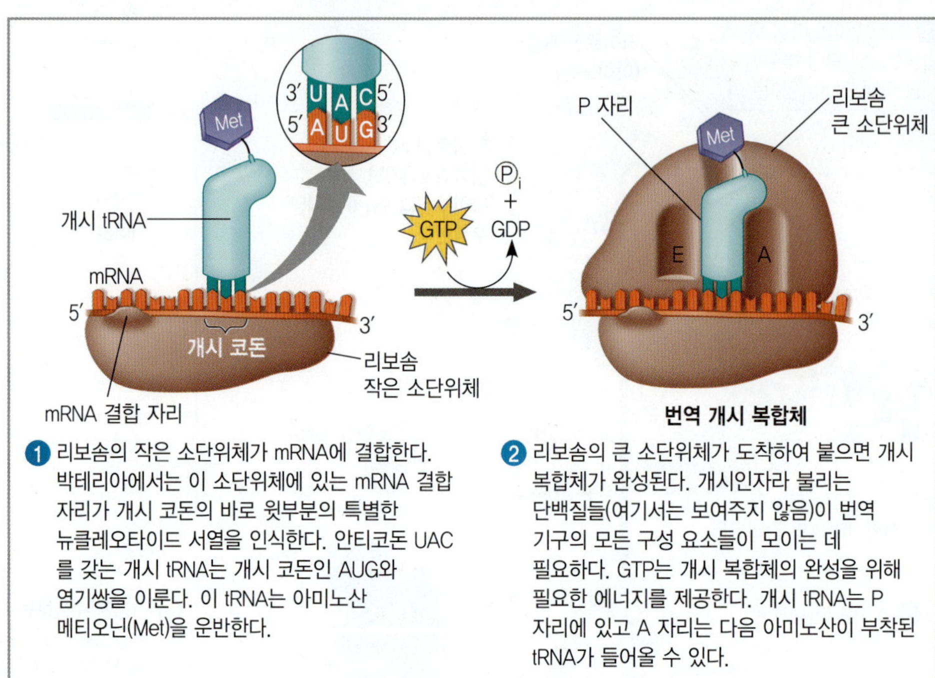

▲ **그림 11.18 번역의 개시**

많은 연구는 단백질이 아닌 rRNA가 리보솜의 구조와 기능에 대한 일차적 책임이 있다는 가설을 강하게 지지한다. 단백질은 주로 리보솜의 외부 쪽에 있으며, rRNA 분자가 번역 과정에서 촉매 작용을 수행할 때 그 입체 구조상의 변화에 도움을 준다. 리보솜 RNA는 두 소단위체의 경계면 및 A 자리와 P 자리의 주된 구성 성분이며 펩타이드 결합이 만들어지는 것을 촉매한다. 그러므로 리보솜은 하나의 거대한 리보자임으로 간주될 수 있다!

폴리펩타이드 만들기

폴리펩타이드 사슬을 합성하는 과정인 번역은 전사와 유사하게 개시, 신장, 종결의 세 단계의 과정으로 나눌 수 있다. 세 단계 모두 번역 과정에서 mRNA, tRNA, 리보솜을 돕는 단백질 인자를 필요로 한다. 사슬 개시와 신장의 어떤 단계에서는 에너지가 필요하다. 에너지는 ATP와 밀접한 관계가 있는 분자인 구아노신 삼인산(GTP)의 가수분해에 의해 제공된다.

리보솜의 결합과 번역의 개시

번역의 개시 단계는 mRNA, 폴리펩타이드의 첫 번째 아미노산이 달린 tRNA, 리보솜의 두 소단위체를 한데 모으는 것이다. 첫째, 리보솜의 작은 소단위체는 mRNA와 아미노산 메티오닌이 달린 특수한 개시 tRNA와 결합한다. 박테리아에서는 작은 소단위는 이들과 순서에 관계없이 결합하는데, mRNA의 특정 서열 즉 개시 코돈 AUG의 바로 위쪽에 결합한다. 진핵세포에서는 개시 tRNA가 이미 결합된 작은 소단위체가 mRNA의 5′ 캡에 부착한 다음에 mRNA를 따라 개시 코돈에 도달할 때까지 이동하든지 아니면 훑어나가 그림 11.18의 1단계에서 보는 것처럼 AUG 개시 코돈에 개시 tRNA가 수소결합을 한다. 어느 경우이든 개시 코돈이 번역의 시작을 알려준다. 이는 mRNA 코돈의 번역틀을 구축하기 때문에 매우 중요하다.

mRNA, 개시 tRNA, 리보솜 작은 소단위체가 결합한 후에 리보솜 큰 소단위체가 부착되어 번역 개시 복합체(translation initiation complex)가 완성된다. 개시인자(initiation factor)라고 불리는 단백질들이 이 모든 구성 요소들 한데 묶어주기 위해 필요하다. 세포는 또한 개시 복합체를 형성하기 위하여 GTP 분자의 형태로 에너지를 소모한다. 개시 과정이 완결되면 개시 tRNA가 리보솜의 P 자리에 들어가 있고, 빈 A 자리는 다음 아미노아실 tRNA를 받을 준비가 되어 있다. 폴리펩타이드는 항상 N-말단이라고도 하는 아미노기 말단의 개시 메티오닌으로부터 C-말단이라고 부르는 카르복실기 말단에 있는 마지막 아미노산까지 한 방향으로만 합성된다는 것을 기억하라.

폴리펩타이드 사슬의 신장

번역의 신장 단계에서는 자라고 있는 사슬의 C-말단에 있는 그 전 아미노산에 아미노산이 하나씩 추가된다. 각 아미노산이 추가되는 과정에는 신장인자(elongation factor)라고 불리는 여러 단백질이 관여하며, **그림 11.19**에 기술된 것처럼 세 단계의 주기로 일어난다. 첫 번째와 세 번째 단계에 에너지가 사용된다. 코돈의 인식에 한 분자의 GTP 가수분해가 필요한데 이는 인식 단계의 정확성과 효율성을 높여준다. 이동 단계에 에너지를 공급하기 위해 GTP 분자가 한 개 더 가수분해된다.

mRNA는 리보솜을 통해 5′ 말단이 앞쪽이 되는 방향으로만 이동한다. 이는 리보솜이 mRNA 상에서 5′ → 3′ 방향으로 움직이는 것과 같다. 중요한 것은 리보솜과 mRNA가 서로 상대적으로 한 방향으로만 코돈 하나씩 이동한다는 것이다. 신장 주기는 박테리아에서 1/10초 미만이며, 폴리펩타이드 사슬이 완성될 때까지 사슬에 아미노산을 하나씩 붙이는 신장 주기가 반복된다. E 자리에서 방출된 아미노산이 떨어진 tRNA는 세포질로 돌아가 다시 적당한 아미노산이 부착된다(그림 11.16).

번역의 종결

번역의 마지만 단계는 종결이다(**그림 11.20**). 신장은 mRNA 상의 종결 코돈이 리보솜의 A 자리에 도달할 때까지 계속된다. 3 염기 UAG, UAA, UGA(모두 5′에서 3′으로 읽음)는 아미노산을 암호화하지 않고 대신 번역을 종결하라는 신호로 작용한다. 아미노아실 tRNA의 구조와 비슷하게 생긴 **방출인자**(release factor)라고 불리는 단백질이 A 자리의 종결 코돈에 직접 결합한다. 방출인자는 폴리펩타이드 사슬에 아미노산 대신 물분자를 첨가하게 한다. (액체로 되어 있는 세포의 환경은 많은 물분자가 준비되어 있다.) 이 반응은 P 자리에 있는 tRNA로부터 완성된 폴리펩타이드를 가수

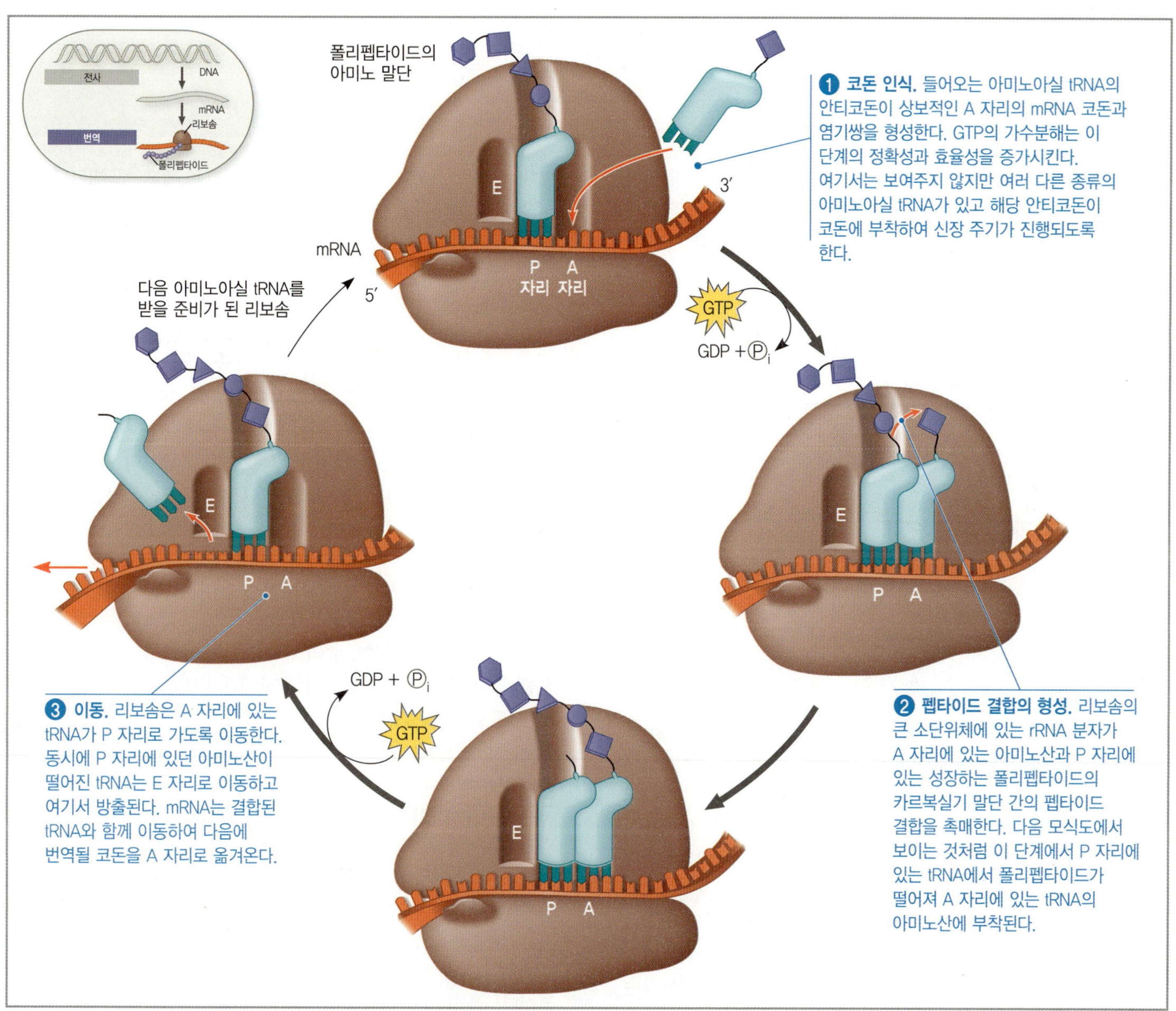

▲ **그림 11.19** **번역의 신장 주기.** GTP의 가수분해는 신장 과정에서 중요한 역할을 한다. 모식도에서 보여주지는 않지만 신장인자라는 단백질들이 존재한다.

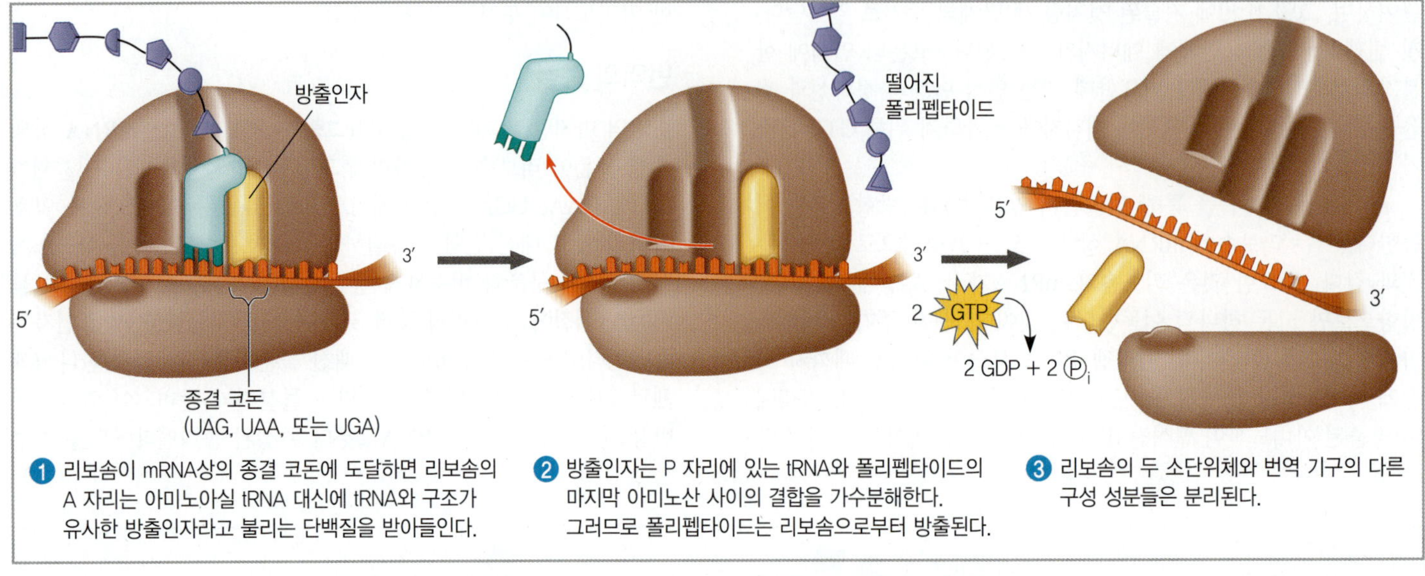

▲ **그림 11.20 번역의 종결.** 신장과 마찬가지로 종결은 GTP 가수분해와 여기에서는 보여지지 않는 여러 단백질 인자가 필요하다.

분해하여 리보솜의 큰 소단위체에 있는 출구 터널을 통해 방출시킨다. 나머지 번역 기구는 다른 단백질들의 도움으로 여러 단계의 과정을 거쳐 분리된다. 번역 기구를 해체하려면 두 분자의 GTP가 가수분해되어야 한다.

기능을 갖는 단백질의 완성과 표적화

번역의 과정만으로는 흔히 기능을 갖는 단백질을 만들기에 충분하지 않다. 이 절에서는 번역 과정 후에 진행되는 폴리펩타이드 사슬의 변형과 완성된 단백질이 세포의 특정 장소까지 이동하는 몇 가지 기작을 배울 것이다.

단백질의 접힘과 번역 후 변형

폴리펩타이드 사슬은 합성되는 동안 아미노산 서열(1차 구조)로 인하여 스스로 꼬이고 접히기 시작하여 특정한 입체 구조를 갖는 기능적인 단백질을 형성한다. 즉, 2차 구조와 3차 구조를 갖는 삼차원의 분자가 된다. 따라서 유전자는 1차 구조를 결정하고 1차 구조는 입체 구조를 결정한다. 여기에 더해 단백질이 자체 기능을 시작하기 전에 **번역후 변형**(post-translational modifications) 과정이 필요할 수도 있다. 단백질의 어떤 아미노산은 당, 지질, 인산기 등을 붙여 화학적 변형이 일어나기도 한다. 효소가 폴리펩타이드의 앞쪽(아미노) 말단에서 하나나 몇 개의 아미노산을 떼어내기도 한다. 어떤 경우에는 폴리펩타이드 사슬이 효소에 의해 절단되어 두 개나 그 이상의 조각으로 나뉘기도 한다. 예를 들면 인슐린이라는 단백질은 처음에는 단일 폴리펩타이드 사슬로 합성이 되나 효소가 사슬의 가운데 일부분을 떼어내 이황화결합에 의해 연결된 두 개의 폴리펩타이드로 이루어진 단백질이 되어야만 활성을 갖는다. 다른 사례로는 두 개 또는 그 이상의 폴리펩타이드가 별도로 합성된 다음 함께 모여 4차 구조를 갖는 단백질의 각 소단위를 형성하는 경우가 있다. 이 경우의 익숙한 예가 헤모글로빈이다(그림 3.22).

특정 장소로 폴리펩타이드의 표적화

단백질 합성이 활발한 진핵세포를 전자 현미경으로 관찰하면 두 집단의 리보솜이 분명하게 보인다. 유리 리보솜과 부착 리보솜이 그 집단들이다. 유리 리보솜은 세포질에 흩어져 있으며 세포질에서 기능을 하는 단백질을 대부분 합성한다. 반면 부착 리보솜은 소포체(ER)의 세포질 쪽 면이나 핵막에 붙어 있다. 부착 리보솜은 내막계(핵막, 소포체, 골지체, 리소좀, 액포, 세포막 등)의 단백질을 합성하며, 인슐린 같이 세포 밖으로 분비되는 단백질을 합성한다. 중요한 점은 두 종류의 리보솜은 동일하며 때에 따라서 유리 상태와 부착 상태를 오갈 수 있다는 것이다.

리보솜이 특정 시간에 세포질에서 유리 상태로 있을지 조면소포체에 붙어 있을지는 무엇이 결정할까? 폴리펩타이드 합성은 항상 세포질에서 시작되며, 유리 리보솜이 mRNA 분자의 번역을 시작한다. 성장하는 폴리펩타이드 자체가 리보솜을 소포체에 붙이라는 신호를 주지 않는 한 세포질에서 번역이 완성된다. 내막계로 가거나 분비될 운명인 단백질의 폴리펩타이드는 **신호 펩타이드(signal peptide)**로 표지되어 있는데 신호 펩타이드는 단백질을 소포체로 이동시킨다(그림 11.21). 폴리펩타이드가 시작되는 말단(N-말단)이나 그 근처에 있는 약 20개의 아미노산 서열인 신호 펩타이드는 리보솜에서 빠져나오면 **신호 인식 입자(signal recognition particle, SRP)**라는 단백질-RNA 복합체에 의해 인지된다. 이 입자는 리보솜을 소포체막에 존재하는 수용체 단백질로 가져오는 호위자 역할을 한다. 이 수용체는 다중단백질 이동 복합체의 일부분이다. 폴리펩타이드 합성이 여기서 계속되고, 성장하는 폴리펩타이드는 막에 있는 단백질 구멍을 통해 막을 통과하여 소포체의 내강으로 들어간다. 신호 펩타이드는 대부분 효소에 의하여 제거

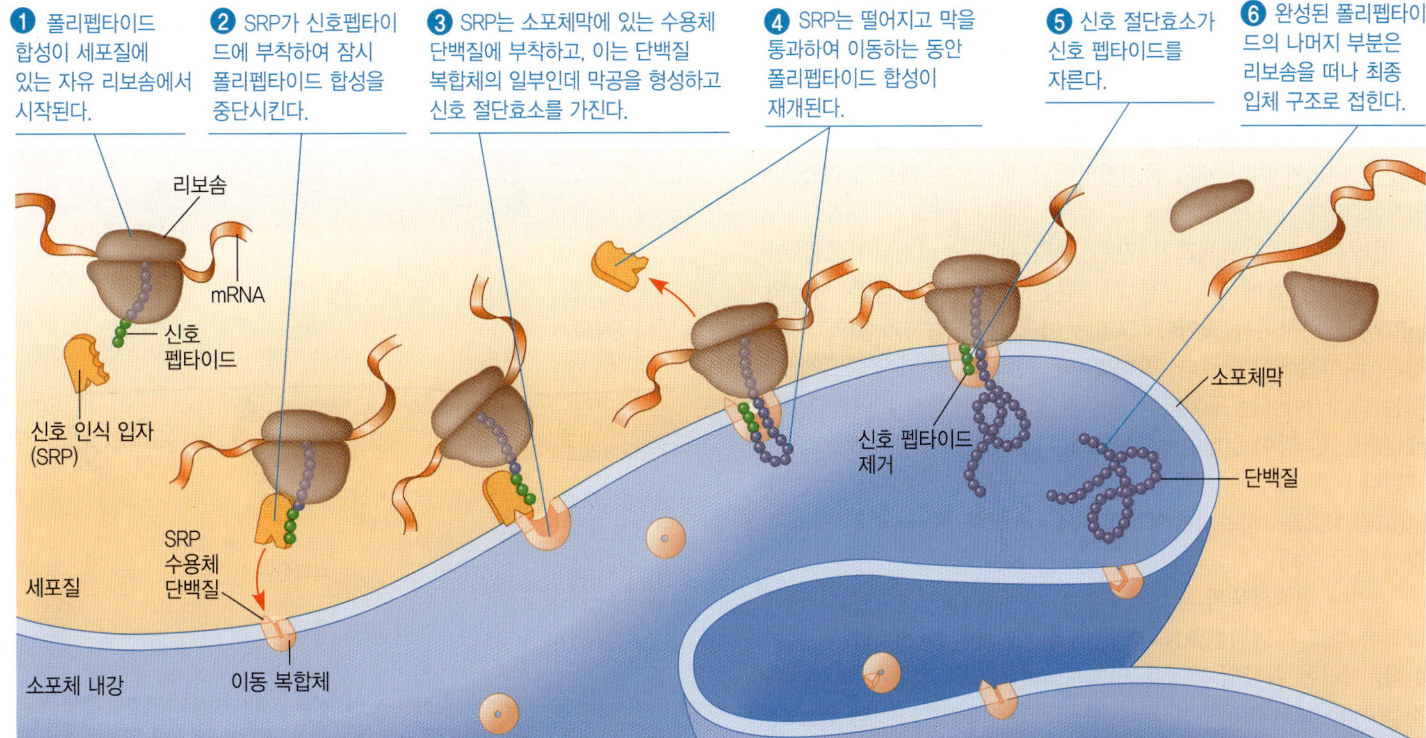

▲ **그림 11.21 단백질을 소포체로 이동시키는 신호 기작**

된다. 만약 분비 단백질이라면, 완성된 폴리펩타이드의 나머지 부분은 소포체 내강 안에 있는 용액으로 방출된다. 이와 달리 폴리펩타이드가 막단백질이라면, 단백질은 소포체의 막에 부분적으로 끼어들어가게 된다. 어떤 경우이든지, 단백질은 수송 소포에서 세포막으로 이동한다.

다른 종류의 신호 펩타이드들이 폴리펩타이드를 미토콘드리아, 엽록체, 핵의 내부, 내막계의 일부분이 아닌 세포소기관 등으로 인도하는 데 이용된다. 이러한 경우들의 중요한 차이는 폴리펩타이드가 세포소기관으로 이동하기 전에 번역이 세포질에서 완성된다는 점이다. 이동 기작은 다양하나 지금까지 밝혀진 모든 경우에서 단백질을 분비시키거나 세포의 다른 장소로 이동시키도록 지시하는 "우편번호(zip code)"는 여러 종류의 신호 펩타이드들이다. 박테리아도 역시 단백질을 분비시키기 위해 신호 펩타이드를 이용하고 있다.

박테리아와 진핵세포에서 많은 단백질 합성

앞 절에서 mRNA를 이용하여 어떻게 단일 단백질이 합성되는지를 배웠다. 그러나 세포가 폴리펩타이드를 필요로 할 때, 하나가 아닌 여러 개를 필요로 한다.

박테리아와 진핵세포에서, 여러 개의 리보솜이 mRNA를 동시에 번역한다(**그림 11.22**). 즉 하나의 mRNA가 여러 개의 폴리펩타이드를 동시에 만드는 데 사용된다. 리보솜이 mRNA의 개시 코돈을 충분하게 멀리 지나가면 두 번째 리보솜이 그 mRNA에 부착할

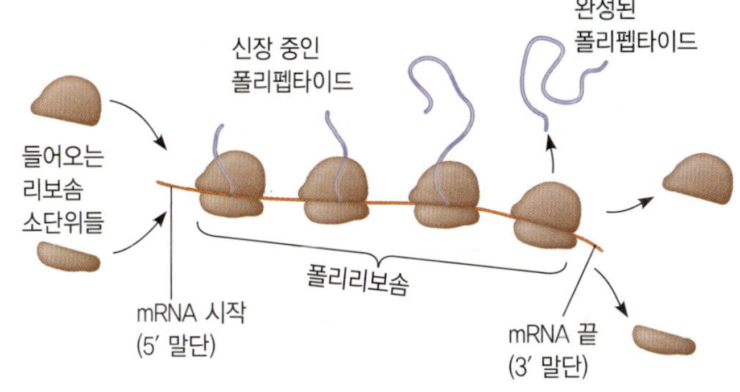

(a) mRNA 분자는 일반적으로 폴리리보솜이라고 불리는 일련의 여러 리보솜에 의해 동시에 번역된다.

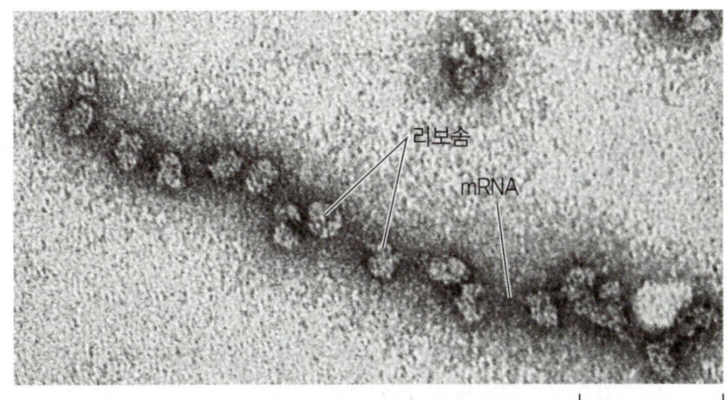

(b) 이 현미경 사진은 박테리아의 커다란 폴리리보솜을 보여주고 있다. 여기서는 길어지는 폴리펩타이드는 보이지 않는다. (투과 전자 현미경 사진)

▲ **그림 11.22 폴리리보솜**

수 있다. 결국 여러 개의 리보솜이 한 mRNA상에서 앞선 리보솜을 따라 움직일 것이다. 이러한 연이은 일련의 리보솜을 폴리리보솜(또는 폴리솜)이라 부르며 전자 현미경으로 관찰할 수 있다(그림 11.22). 이들은 유리 리보솜일 수도 부착 리보솜일 수도 있다. 이들은 세포가 여러 개의 폴리펩타이드 복사물을 빠르게 만들 수 있도록 한다.

박테리아와 진핵세포가 많은 수의 같은 폴리펩타이드를 만드는 방법은 앞에서 언급한대로 같은 유전자에서 많은 사본의 mRNA를 전사하는 것이다. 그러나 이 두 과정(전사와 번역)의 조정은 두 그룹에서 다르다. 박테리아와 진핵세포의 가장 중요한 차이는 박테리아에는 구획화된 구조가 없다는 데에서 기인한다. 박테리아는 한 방이 일터인 것처럼, 두 과정이 동시에 능률적으로 진행된다. 핵막이 없으므로 전사와 번역이 동시에 진행되게 할 수 있고(**그림 11.23**), 새로 만들어진 단백질은 바로 기능을 하는 장소로 확산될 수 있다.

반면에 진핵생물의 세포의 핵막은 전사와 번역이 분리해 일어나도록 하고 광범위한 RNA 가공이 일어나도록 하는 구획을 제공한다. 이러한 가공의 과정은 진핵세포의 정교한 활동을 조정하는 것을 돕는 조절 작용의 여러 단계를 포함하고 있다. **그림 11.24**는 진핵세포에서 유전자로부터 폴리펩타이드까지의 경로를 요약한 것이다.

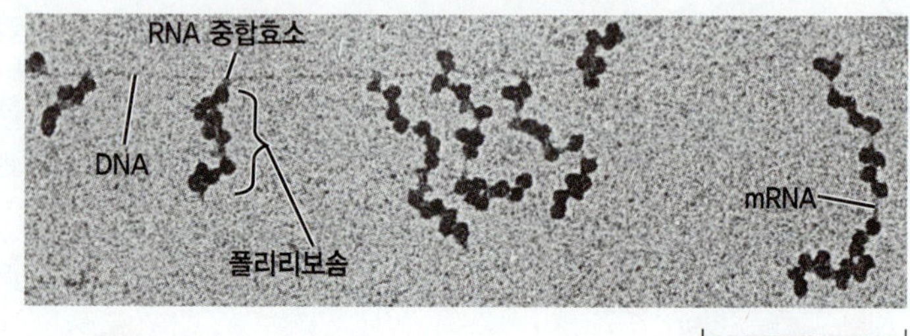

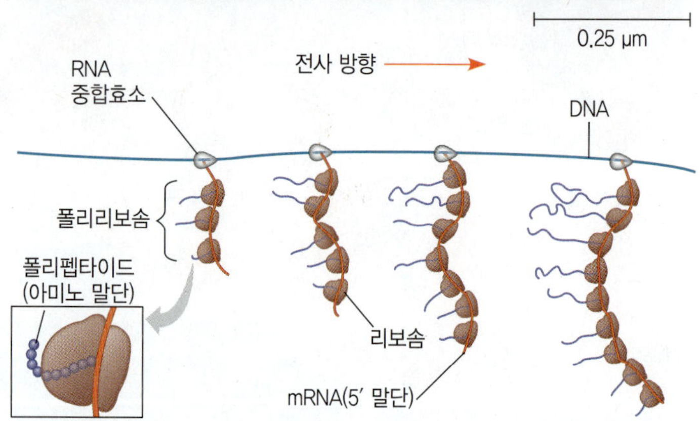

▲ **그림 11.23 전사와 번역의 동시 수행.** 박테리아 세포에서는 DNA 주형으로부터 합성이 시작되는 mRNA 분자의 5′ 말단이 떨어져 나오는 직후에 mRNA의 번역이 시작된다. 투과 전자 현미경(TEM) 사진은 대장균의 일련의 DNA가 RNA 중합효소에 의해 전사되는 것을 보여준다. 각 RNA 중합효소에 부착되어 있는 것은 점점 길어지는 mRNA 가닥이며, 벌써 여기에서 리보솜에 의해 번역이 시작되고 있다. 새로 만들어진 폴리펩타이드는 사진에서 보이지 않으나 모식도에서는 보인다.

개념 11.5

하나 또는 몇 개의 뉴클레오타이드의 돌연변이는 단백질의 구조와 기능에 영향을 줄 수 있다

유전자 발현 과정을 살펴보았으니 이제는 세포(또는 바이러스)의 유전정보에 변화가 어떠한 영향을 미치는지를 이해하자. 이러한 변화를 **돌연변이(mutation)**라고 하며, 이는 생물 간에 보이는 매우 다양한 유전자의 다양성이 생겨나게 했는데, 그 이유는 돌연변이가 곧 새로운 유전자의 궁극적인 재료이기 때문이다. 염색체의 재배열과 같은 DNA의 커다란 조각의 변화는 대규모 돌연변이로 여겨진다. 여기서는 유전자에서 **점돌연변이(point mutation)**를 포함하는 하나 또는 약간의 염기쌍의 소규모 돌연변이에 대하여 살펴볼 것이다.

만약 점돌연변이가 배우자나 배우자를 생산하는 세포에 일어난다면 자손에게 전달되고 미래의 세대까지 전달될 수도 있다. 돌연변이가 개체의 표현형에 불리한 영향을 미친다면 이를 유전적 이상 또는 유전병으로 간주한다. 예를 들어 낫모양 적혈구 빈혈증의 유전적 배경은 헤모글로빈의 β-글로빈 폴리펩타이드를 암호화하는 유전자의 한 염기쌍의 돌연변이이다. DNA 주형 가닥의 한 뉴클레오타이드의 변화는 변화된 mRNA를 만들고 비정상적인 단백질 생성을 초래한다(**그림 11.25**). 돌연변이 대립유전자가 동형접합인 생물은 변화된 헤모글로빈에 의해 야기된 적혈구의 낫모양으로 인해 낫모양 적혈구 빈혈증과 연관된 여러 가지 증상을 나타낸다. 또 다른 병은 가족성 심근증(familial cardiomyopathy)이라고 부르는 젊은 운동선수의 돌연사를 야기하는 심장의 상태이다. 근육 단백질을 암호화하는 여러 유전자들에서 점돌연변이들이 확인되었고, 이들은 여러 장애를 초래한다.

소규모 돌연변이의 종류

소규모 돌연변이가 어떻게 단백질의 기능에 영향을 주는지 알아보자. 유전자 내에서의 점돌연변이는 두 개의 일반적인 범주로 나뉜다. (1) 단일 염기쌍 치환, (2) 염기쌍 삽입 및 결실. 삽입과 결실에는 하나 또는 여러 개의 뉴클레오타이드쌍이 관여한다.

치환

뉴클레오타이드쌍 치환(nucleotide-pair substitution)은 한 뉴클레오타이드와 이의 상보적 염기가 다른 쌍의 뉴클레오타이드로 바뀌는 것이다(**그림 11.26a**). 어떤 치환은 유전적 암호의 반복성 때문에 암호화된 단백질에는 영향을 미치지 않는다. 예를 들어 만약 주형 가닥의 3′-CCG-5′이 3′-CCA-5′으로 돌연변이 되었다면 GGC이어야 할 mRNA 코돈은 GGU가 되지만 단백질의 해당 위치에는 여전히 글리신이 끼어들어간다(그림 11.6). 다시 말하면 염기쌍의 변화가 하나의 코돈을 같은 아미노산으로 번역되는 다

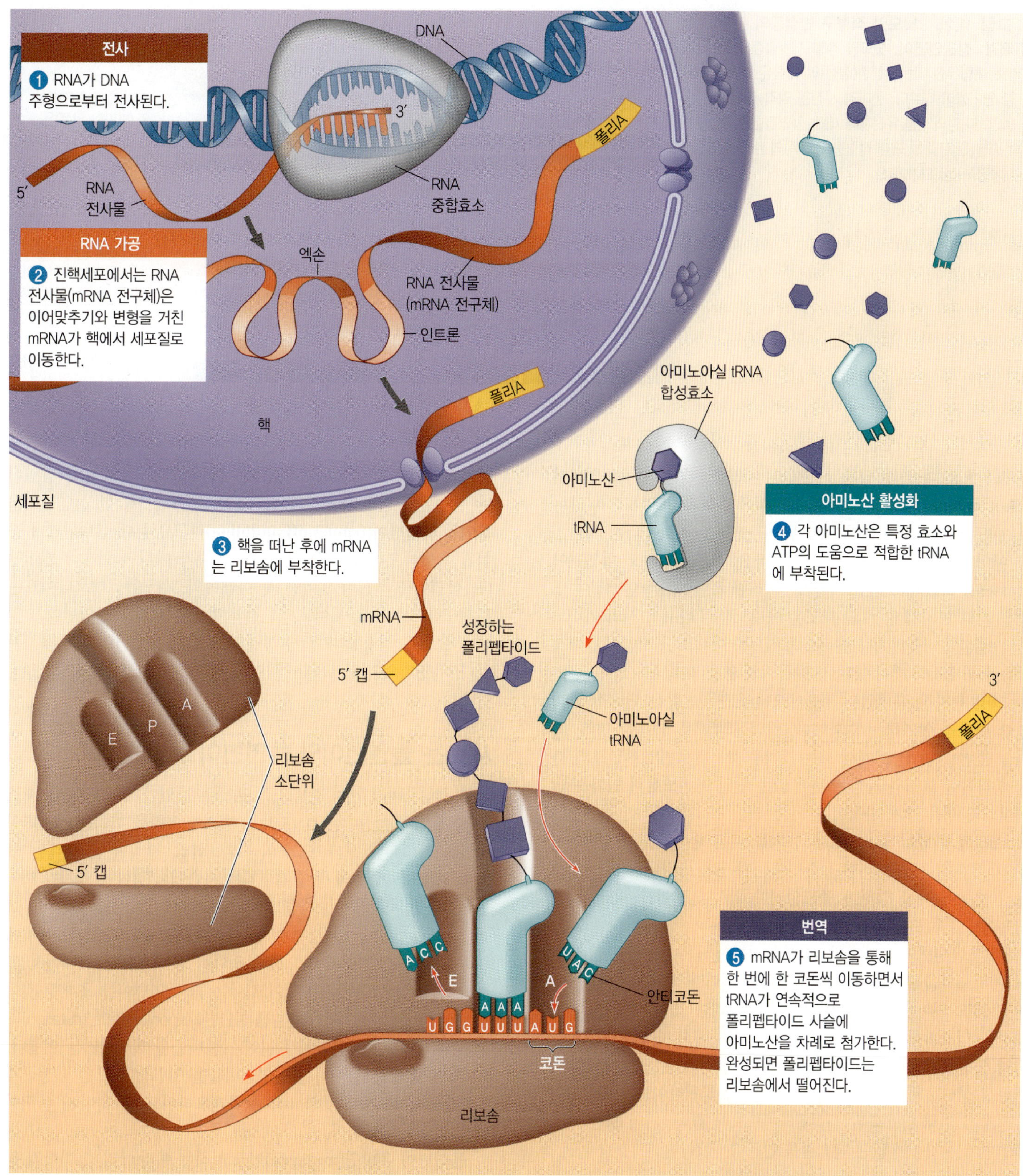

▲ **그림 11.24 진핵세포에서의 전사와 번역의 요약.** 이 모식도는 하나의 유전자로부터 폴리펩타이드를 만드는 과정을 보여주고 있다. DNA에서 각 유전자는 반복해서 전사되어 많은 RNA 분자를 만들고 각 mRNA는 반복적으로 번역되어 많은 폴리펩타이드 분자를 생성한다는 것을 기억하라. (또한 일부 유전자의 최종 산물은 폴리펩타이드가 아니고 tRNA나 rRNA 같은 RNA 분자인 것을 기억하라.) 일반적으로 전사와 번역의 각 단계는 박테리아, 고세균, 진핵세포에서 유사하다. 주요 차이점은 진핵세포의 핵에서 RNA 가공이 일어난다는 점이다. 다른 중요한 차이는 전사와 번역의 개시와 전사 종결의 단계에서 발견된다.

▶ **그림 11.25 낫모양 적혈구 빈혈증의 분자적 배경: 점돌연변이.** 낫모양 적혈구 빈혈증을 일으키는 대립유전자는 야생형(정상)의 대립유전자와는 한 염기쌍이 다르다. 현미경 사진은 각각 야생형과 돌연변이형의 대립유전자에 대해 동협접합인 개인의 정상(왼쪽)과 낫모양 적혈구(오른쪽)의 주사 전자 현미경 사진(SEM)이다.

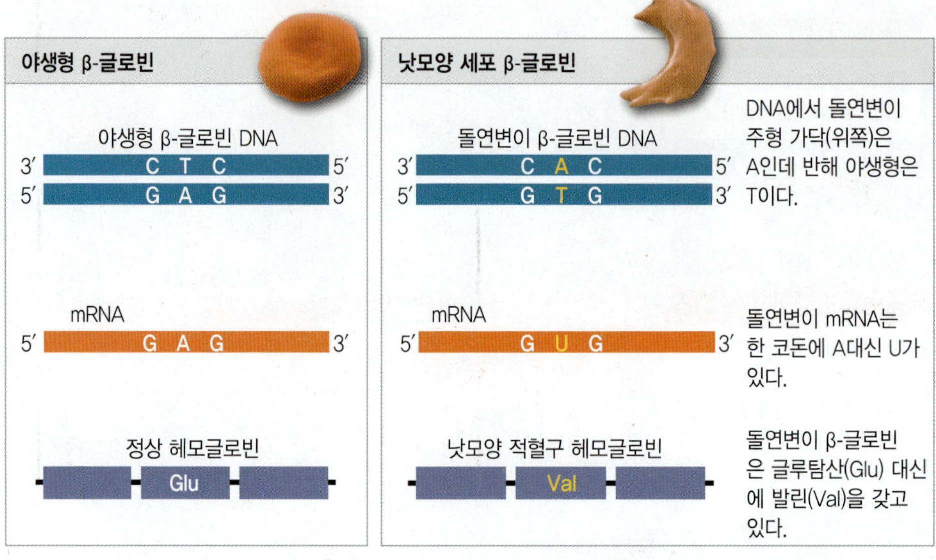

른 코돈으로 바꿀 수 있다는 것이다. 이러한 변화는 **침묵돌연변이(silent mutation)**의 한 예인데, 표현형에 변화가 별로 보이지 않는다. (침묵돌연변이는 유전자 밖에서도 생길 수 있다.) 다른 치환은 한 아미노산이 다른 아미노산으로 바뀌는 것인데 **과오 돌연변이(missense mutation)**라고 부른다. 이러한 돌연변이는 단백질에 영향을 거의 미치지 않는다. 새로운 아미노산은 바뀌기 전의 아미노산과 성질이 비슷하거나 단백질의 정확한 아미노산 서열이 단백질 기능에 필수적인 것이 아닌 부분에 속해 있을 것이다.

그러나 가장 흥미있는 뉴클레오타이드쌍 치환은 단백질에 확연한 변화를 야기하는 치환이다. 단백질의 매우 중요한 영역, 즉 예를 들면 그림 11.25에서 보는 것처럼 헤모글로빈의 β-글로빈 특정 영역이나 효소의 활성 부위에 있는 단일 아미노산의 변화는 단백질의 활성을 크게 바꾸어 놓는다. 어떤 경우는 이러한 돌연변이가 개선된 단백질이나 새로운 능력을 갖는 단백질을 만들어내지만, 대부분의 경우 그러한 돌연변이는 뚜렷이 나타나지 않거나 세포의 기능에 해를 입히는 쓸모없거나 활성이 떨어지는 단백질을 만들어낸다.

치환 돌연변이는 대부분 과오 돌연변이, 즉 바뀐 코돈이 여전히 아미노산을 암호화하므로 정확하게 의미가 맞지는 않지만 바뀐 후에도 의미를 갖는 돌연변이이다. 그러나 점돌연변이는 아미노산을 암호화하는 코돈을 종결 코돈으로 바꿀 수도 있다. 이를 **정지 돌연변이(nonsense muation)**라고 하며, 이는 단백질 번역이 미완성 상태로 종결되게 한다. 만들어진 폴리펩타이드는 정상적인 유전자에 의해 암호화된 폴리펩타이드보다 짧다. 거의 모든 정지 돌연변이는 기능이 없는 단백질을 만든다.

삽입과 결실

삽입(insertion)과 **결실(deletion)**은 유전자에 뉴클레오타이드쌍이 추가되거나 소실되는 현상이다(그림 11.26b). 이러한 돌연변이는 치환 돌연변이에 비해 그 결과 생긴 단백질에 훨씬 안 좋은 영향을 미치는 경우가 대부분이다. mRNA는 번역 중에 일련의 뉴클레오타이드 3염기로 읽히기 때문에 뉴클레오타이드의 삽입이나 결실은 유전적 메시지의 번역틀을 바꾼다. 이러한 돌연변이를 **틀이동 돌연변이(frameshift mutation)**라고 부르는데 삽입되거나 결실될 뉴클레오타이드 쌍 수가 3의 배수가 아니면 언제나 일어난다. 삽입이나 결실이 일어난 곳 아래쪽의 모든 뉴클레오타이드는 부적당한 코돈으로 묶이고, 그 결과 광범위한 과오 돌연변이가 일어나며 보통 정상보다 짧게 종결되는 정지 돌연변이를 초래하곤 한다. 유전자의 말단 쪽에서 틀이동 돌연변이가 일어나지 않는 한, 단백질은 확실하게 기능을 하지 못한다.

새로운 돌연변이와 돌연변이 유발원

돌연변이는 여러 가지 방법으로 일어날 수 있다. DNA 복제, 재조합 중에 일어난 실수는 DNA의 긴 범위에 영향을 미치는 돌연변이뿐 아니라 뉴클레오타이드쌍의 치환, 삽입, 결실 등을 초래할 수 있다. 예를 들어 복제 중에 길어지는 사슬에 부정확한 염기가 끼어 들어간다면, 이 염기는 다른 가닥의 DNA에 있는 염기와는 상보적이 아닐 것이다. 많은 경우 이러한 오류는 교정과 수선 체계에 의해 고쳐진다. 그렇지 않으면 부정확한 염기는 다음 세대에서 복제될 때 주형으로 이용될 것이고 이는 곧 돌연변이를 초래할 것이다. 이러한 돌연변이를 **자연발생 돌연변이**(spontaneous mutation)라고 한다. 이러한 돌연변이가 일어나는 비율을 계산하기는 어렵다. DNA 복제 중에 일어나는 돌연변이율을 어림잡아 보면 대장균과 진핵생물이 비슷하다. 약 10^{10} 뉴클레오타이드 중 하나가 바뀌어 다음 세대로 전달된다.

돌연변이 유발원(mutagen)이라고 하는 여러 물리적, 화학적 원인들은 여러 가지 방법으로 DNA와 작용하여 돌연변이를 야기한다. 1920년대에 뮐러(Hermann Muller)는 X선이 초파리에 유전적 변화를 야기한다는 것을 발견하였다. 그는 X선으로 유전학 연구에 사용할 수 있는 초파리(*Drosophila*) 돌연변이를 만들 수 있었다. 그러나 X선의 이용이 매우 위험함을 내포함을 인식하기도 했다.

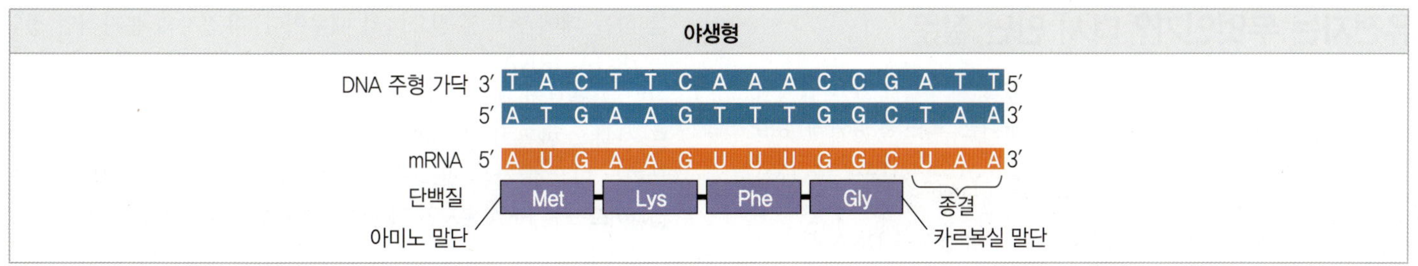

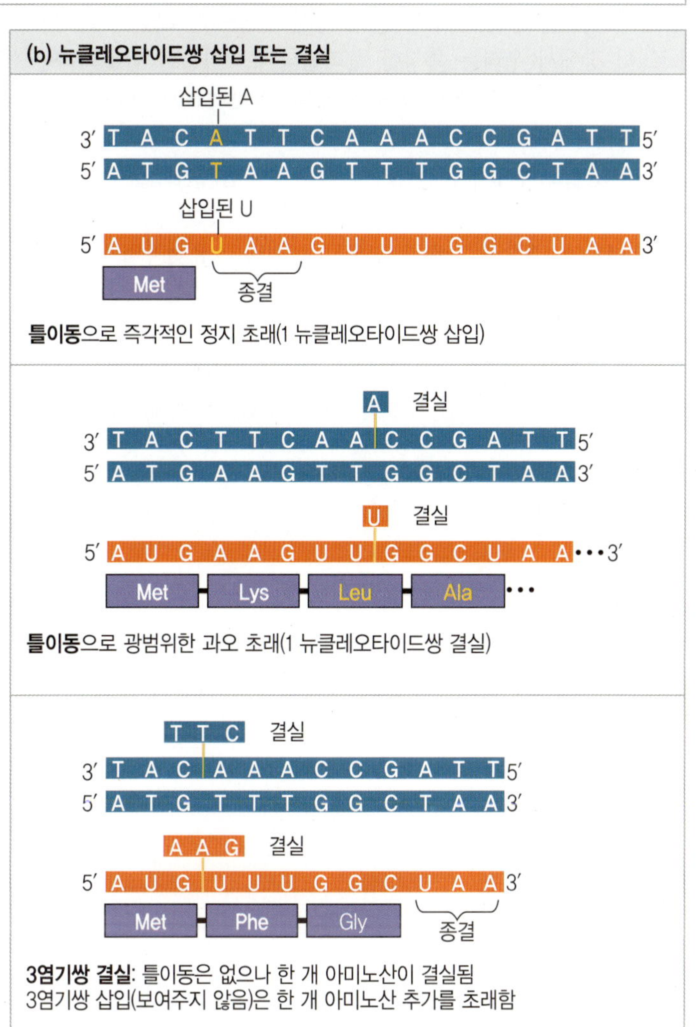

▲ **그림 11.26 mRNA 염기서열에 영향을 주는 소규모 돌연변이의 종류.** 여기서 보이는 여러 종류(한 종류 제외)의 돌연변이는 폴리펩타이드를 암호화하는 아미노산 서열에 영향을 준다.

X선과 다른 형태의 고에너지 방사선은 실험실 생물뿐만 아니라 사람의 유전 물질에게도 위험하다는 것이다. 돌연변이를 유발하는 물리적 돌연변이 유발원인 방사선은 자외선을 포함하는데 이는 DNA에서 파괴적인 타이민 이합체를 만들어낸다.

화학적 돌연변이 유발원은 여러 범주로 나뉜다. 염기 유사물은 정상적 DNA의 염기와 비슷하지만 DNA 복제 중에 부정확하게 염기쌍을 이룬다. 어떤 다른 종류의 돌연변이 유발원은 DNA에 끼어들어가 이중나선을 비틀어 DNA의 정확한 복제를 방해한다. 또한 다른 돌연변이 유발원은 염기쌍에 화학적 변화를 초래하여 염기쌍 결합 성질을 변화시킨다.

연구자들은 여러 다른 화학물질의 돌연변이 유발 가능성을 탐색하는 여러 가지 방법을 개발해 냈다. 이러한 검사의 주된 응용 사례는 암을 야기할 수 있는 화학물질에 대한 예비 검사이다. 이러한 시도가 의미 있는 것은 대부분의 암유발원(암유발 화합물)은 돌연변이 유발원인데, 역으로 대부분의 돌연변이 유발원은 암유발원이기 때문이다.

유전자는 무엇인가? 다시 만난 질문

유전자에 대한 우리의 정의는 앞의 몇 장을 지나면서 마치 유전학의 역사를 지나온 것처럼 진화되었다. 우리는 표현형 형질에 영향을 미치는 유전의 독립단위였다는 멘델의 유전자 개념으로 시작하였다. 모건과 그의 동료들은 이러한 유전자를 염색체 상의 특정 좌위에 배치하였음을 보았다. 그 다음에는 유전자를 DNA 분자상의 특정한 뉴클레오타이드 서열을 가진 영역으로 보았다. 마지막으로 이 장에서 우리는 특정한 폴리펩타이드 사슬을 암호화하는 DNA 서열이라는 유전자의 기능적 정의를 생각해 보았다. 이러한 모든 정의는 유전자가 연구되는 배경에 따라 모두 유용하다.

극명하게도 하나의 유전자가 하나의 폴리펩타이드를 만든다는 것은 간단하다. 대부분의 진핵생물의 유전자는 인트론과 같은 비암호화 DNA 조각을 가지고 있으므로 이러한 유전자의 많은 부분이 폴리펩타이드에는 상응하는 부분을 갖지 못한다. 분자생물학자들은 또한 빈번하게 유전자의 경계 안에 프로모터와 DNA의 다른 조절 부위들을 포함시킨다. 이러한 DNA 서열은 전사되지 않으나 기능적인 유전자의 일부분으로 간주되는데, 이는 전사를 하는 데에 반드시 필요하기 때문이다. 유전자의 분자적인 정의는 rRNA, tRNA, 다른 RNA 등으로 전사되는 DNA를 포함할 수 있도록 충분히 범위가 넓어야 한다. 이러한 유전자는 폴리펩타이드 산물을 만들지 않으나 세포에 핵심적인 역할을 한다. 그러므로 우리는 다음과 같은 정의에 도달한다. **유전자는 그 최종 산물이 폴리펩타이드 또는 RNA 분자인 기능적인 산물을 만들기 위해 발현되는 DNA 영역이다.**

그러나 표현형을 생각해볼 때, 보통은 폴리펩타이드를 암호화하는 유전자에 집중하여 시작하는 것이 유용하다. 이 장에서는 전형적인 유전자가 RNA로 전사된 다음 특정한 구조와 기능을 갖는 단백질을 구성하는 폴리펩타이드로 번역됨으로써 발현되는 과정을 분자 수준에서 배웠다. 그런 다음 만들어진 단백질이 관찰될 수 있는 개체의 표현형을 나타낸다.

주어진 세포는 유전자의 일부분만을 발현한다. 이는 다세포 생물의 매우 중요한 특성이다. 유전자의 발현은 정확히 조절된다. 다음 장에서 박테리아의 단순한 경우로 시작하여 진핵세포로 계속하여 유전자 발현 조절을 탐구할 것이다.

CHAPTER

12 유전자 발현 조절

핵심 개념

12.1 박테리아는 전사 조절을 통해서 환경 변화에 반응한다

12.2 진핵생물의 유전자 발현은 여러 단계에서 조절된다

12.3 비암호화 RNA는 다양한 방식으로 유전자 발현을 조절한다

12.4 연구를 통해 특정 유전자의 발현을 분석할 수 있다

▲ 그림 12.1 네눈박이 물고기의 눈은 어떻게 물 안과 밖에서 모두 잘 작동하는 것일까?

눈의 아름다움

그림 12.1의 물고기는 먹이를 잡기 위해 물 밖으로 눈을 내놓고 있다. 정확하게 표현하면, 눈의 반쪽을 내놓고 있는 이 물고기는 *Anableps anableps*로 일명 "네눈박이"라 불린다. 중앙아메리카 및 남아메리카의 호수와 연못에 서식하는 네눈박이 물고기는 눈의 윗부분 반쪽을 물 밖으로 내놓은 채 헤엄친다. 눈의 위쪽 반은 공기 속 시야를 보는 데 적합하며, 눈의 아래쪽 반은 물속 시야를 보는 데 적합한 구조를 지닌다. 눈의 윗부분과 아랫부분에 위치한 세포는 매우 유사한 구조와 동일한 유전체를 가지고 있지만, 각각 약간 다른 세트의 유전자들을 발현한다.

원핵세포와 진핵세포는 복잡하고 정교하며 정확한 유전자 발현 조절을 진행시킨다. 진핵세포와 원핵세포 모두 환경 변화에 따라 자신의 유전자 발현 패턴을 변화시켜야만 한다. 다세포 진핵생물은 다양한 종류의 세포를 만들어 내고 유지하기 위해 각 세포마다 다른 종류의 유전자들을 발현한다. 이것은 유전자 발현 조절에서 매우 중요한 도전 과제이다.

이 장에서는 우선 박테리아가 다양한 환경에서 유전자들의 발현을 어떻게 조절하는지 살펴볼 것이다. 이어서 진핵생물에서 일반적으로 나타나는 유전자 발현 조절 기작을 학습할 것이다. 또한 진핵세포의 유전자 발현 조절 과정에 작용하는 RNA 분자의 여러 기능에 대해서도 다룰 것이다. 마지막으로 유전자 발현을 연구하는 데 사용하는 몇 가지 실험 방법에 대해 알아볼 것이다. 다양한 종류의 세포에서 유전자 발현이 어떻게 조절되는가를 밝히는 것은 생명체를 이해하는 핵심 과제라 할 수 있다.

개념 12.1

박테리아는 전사 조절을 통해서 환경 변화에 반응한다

에너지와 자원을 절약할 수 있는 박테리아 세포는 그렇지 못한 세포에 비해 선택적으로 유리하다. 따라서 자신이 필요로 하는 단백질을 암호화하는 유전자만을 발현하는 박테리아는 자연선택될 가능성이 높다.

인간의 대장에 살면서 숙주의 변덕스러운 식습관에 의존하여 영양분을 취하는 대장균(*E. coli*)을 생각해 보자. 만약 박테리아의 생존에 필요한 트립토판 아미노산이 주변 환경으로부터 제공되지

못한다면, 이에 대응하여 박테리아는 다른 물질로부터 트립토판을 만드는 대사 과정을 활성화시킨다. 숙주인 사람이 트립토판이 충분한 음식을 섭취하게 되면, 박테리아는 트립토판 합성을 중단함으로써 주변 환경에서 쉽게 얻을 수 있는 물질을 생산하느라 유용한 자원을 낭비하지 않게 된다.

트립토판 합성에 관한 대사 조절은 두 가지 방식으로 일어날 수 있다. 첫 번째로, 세포는 이미 존재하는 효소의 활성을 조절할 수 있다. 이는 매우 빠른 반응으로, 효소 활성을 억제하거나 증가시키는 화학적 신호에 대한 여러 효소들의 민감성에 따라 좌우된다. 트립토판 합성 경로에서 첫 번째 효소의 활성은 경로의 최종 산물에 의해 억제된다(그림 12.2a). 따라서 세포 내에 트립토판이 축적되면 효소의 활성을 억제하여 더 이상의 트립토판 합성을 막는다. 동화(생합성) 경로에서 전형적으로 나타나는 **되먹임 억제**(feedback inhibition) 현상을 통해 세포는 필요로 하는 물질의 단기적인 공급 변동에 적응할 수 있다.

두 번째로, 세포는 효소를 암호화하는 유전자의 발현을 조절함으로써 특정 효소의 생산량을 조절할 수 있다. 만약 세포에 필요한 트립토판이 환경으로부터 충분하게 공급된다면, 세포는 트립토판 합성을 촉매하는 효소의 합성을 중지한다(그림 12.2b). 이 경우 효소 합성의 조절은 효소를 암호화하는 유전자로부터 mRNA를 생산하는 전사 단계에서 진행된다.

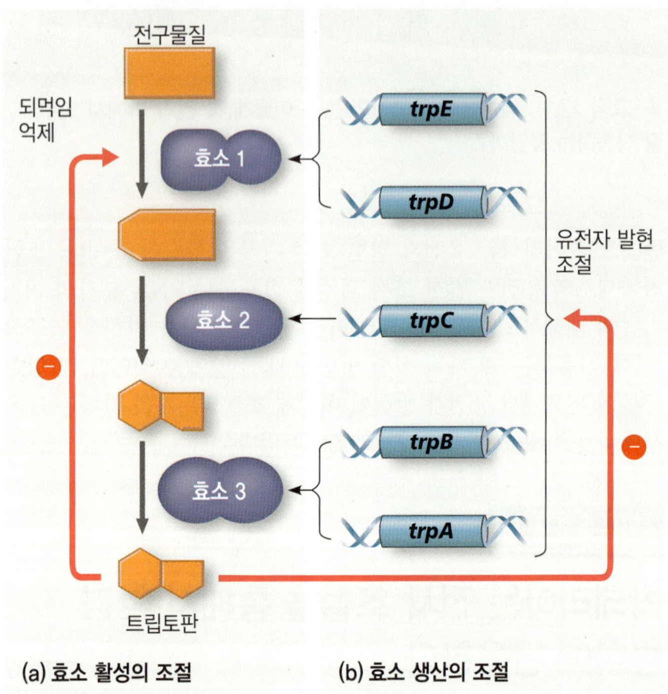

▲ **그림 12.2 물질 대사 경로의 조절.** 트립토판 합성 경로에서 트립토판이 충분한 경우, **(a)** 즉각적인 반응으로서 대사 경로의 첫 효소의 활성을 억제하는 되먹임 억제는 물론, **(b)** 느린 반응으로서 대사 경로의 모든 효소 소단위체를 암호화하는 유전자들의 발현을 억제할 수 있다. *trpE*와 *trpD* 유전자들은 효소 1의 두 소단위체를 암호화하며, *trpB*와 *trpA* 유전자는 효소 3의 두 소단위체를 암호화한다. (유전자들의 이름은 대사 경로에서 작용하는 순서가 밝혀지기 이전에 명명되었다.) ⊖ 기호는 억제를 의미한다.

트립토판 합성 경로의 조절은 변화하는 환경에 따라 박테리아가 대사를 어떻게 조절하는가를 보여주는 하나의 예이다. 일반적으로 박테리아 유전체의 많은 유전자들은 대사 상태의 변화에 맞추어 발현 조절된다. 박테리아의 유전자 발현 조절에 대한 기본 기작 중 대표적인 **오페론 모델**(operon model)은 파스퇴르 연구소의 자코브(Francois Jacob)와 모노(Jacques Monod)가 1961년에 처음 발견하였다. 오페론이 무엇이며 어떻게 작동하는지에 대해 트립토판 합성 조절을 예로 들어 살펴보도록 하자.

오페론: 기본 개념

그림 12.2에서 볼 수 있듯이, *E. coli*는 전구물질에서부터 여러 단계를 거쳐 트립토판 아미노산을 합성한다. 각 합성 단계는 특정 효소가 촉매하는데, 이러한 효소들의 소단위체를 암호화하는 5개의 유전자는 박테리아 염색체의 한 곳에 군집을 이루고 있다. 하나의 프로모터가 이 5개 유전자 모두의 발현에 관여하며, 이들은 하나의 전사 단위를 이룬다. (프로모터는 RNA 중합효소가 결합하여 전사를 시작하는 DNA 자리임을 배웠다) 따라서 전사를 통해 트립토판 합성에 관여하는 5개의 효소를 암호화하는 하나의 긴 mRNA가 합성된다(그림 12.3a). mRNA에는 각 폴리펩타이드의 암호화 서열의 시작과 종결을 지시하는 개시 코돈과 종결 코돈이 구분되어 있으므로, 세포는 하나의 mRNA로부터 5개의 폴리펩타이드를 각각 번역해 낼 수 있다.

기능적으로 연관된 유전자들을 하나의 전사 단위로 묶음으로써 하나의 "개폐 스위치(on-off switch)"를 작동시켜 발현을 조절할 수 있다는 것은 오페론 구조의 중요한 장점이다. 다시 말해, 오페론 내 유전자들은 **통합 조절**(coordinate control)된다. *E. coli*가 주위 환경으로부터 트립토판을 공급받지 못해 스스로 트립토판을 합성해야 할 경우, 트립토판 합성 경로에 관여하는 유전자들은 동시에 발현된다. **작동자(operator)**라 부르는 DNA 단편이 스위치로 작용한다. 작동자는 프로모터 내에 존재하거나 혹은 프로모터와 효소를 암호화하는 유전자 사이에 위치함으로써 RNA 중합효소가 유전자에 접근하는 것을 조절한다. **오페론(operon)**은 작동자, 프로모터 및 이들에 의해 조절되는 유전자들로 구성되며, *trp* 오페론(*trp*은 트립토판의 약자)은 트립토판 합성 경로의 효소를 생산하는 데 필요한 DNA 서열 전체를 의미한다. *trp* 오페론은 *E. coli*의 유전체에 존재하는 수많은 오페론 중 하나이다(그림 12.3a).

작동자가 오페론 내 유전자의 전사를 조절하는 스위치라면, 과연 작동자는 어떻게 작용하는 것일까? *trp* 오페론은 스스로 켜진다. 즉 RNA 중합효소는 *trp* 오페론의 프로모터에 결합할 수 있으며, 오페론에 있는 유전자들은 전사된다. 한편 *trp* 억제자 단백질은 오페론에 있는 유전자들의 발현을 막는다. **억제자(repressor)** 단백질은 작동자 서열에 결합하여 RNA 중합효소가 프로모터에 결합하는 것을 막음으로써 유전자들의 전사를 억제한다. 억제자 단백질은 특정 오페론의 작동자 서열에 따라 특화되어 있다. 예를 들어, *trp* 작동자에 결합하여 *trp* 오페론을 끄는 스위치 역할을 하는 *trp* 억제자 단백질은 *E. coli* 유전체에 존재하는 다른 오페론에는 전혀 작용하지 않는다.

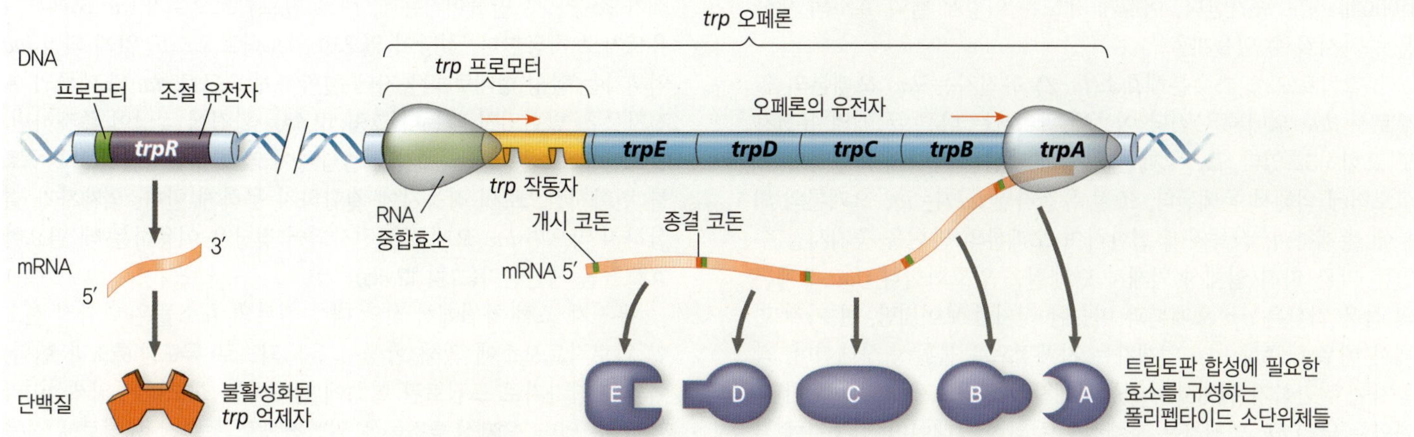

(a) 트립토판이 없으면, 억제자는 불활성 상태가 되고, 오페론은 활성화된다. RNA 중합효소는 프로모터 DNA에 결합하고 오페론 유전자를 전사시킨다. 트립토판 합성 효소가 생성된다.

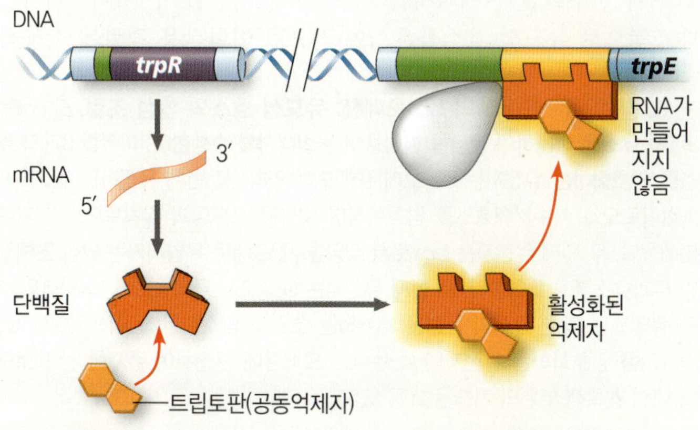

(b) 트립토판이 존재하면, 억제자는 활성화되고, 오페론은 불활성화된다. 트립토판이 축적됨에 따라 작동자에 결합하는 억제자 단백질의 활성화를 통해 오페론내 유전자의 전사가 억제된다. 트립토판 합성 효소가 생성되지 않는다.

▲ **그림 12.3** ***E. coli*의 *trp* 오페론: 억제성 효소의 합성 조절.** 트립토판은 3개의 효소에 의해 촉매되는 동화반응 경로(그림 12.2)를 통해 합성된다. **(a)** 트립토판 합성 경로에 작용하는 효소들을 암호화하는 5개의 유전자들은 하나의 프로모터와 함께 *trp* 오페론 구조로 존재한다. 억제자 결합 부위인 *trp* 작동자는 RNA 중합효소가 결합하는 부위인 *trp* 프로모터 내에 존재한다. **(b)** 합성 경로의 최종 산물인 트립토판이 축적되면 *trp* 오페론의 전사는 억제되고 대사 경로에 존재하는 모든 효소의 합성이 중단되어 트립토판 합성이 멈춘다.

trp 억제자는 *trpR*이라 불리는 **조절 유전자(regulatory gene)**로부터 만들어지는데, 이 유전자는 *trp* 오페론과 약간 떨어진 곳에 위치하며 독자적인 프로모터를 가지고 있다. 조절 유전자는 비록 낮은 빈도이기는 하지만 지속적으로 발현되며, 적은 양의 *trp* 억제자는 *E. coli* 세포에 항상 존재한다. 그렇다면 왜 *trp* 오페론은 영구히 꺼져 있지 않는 것일까? 첫째, 억제자는 가역적으로 작동자에 결합한다. 작동자는 억제자와 결합하거나 혹은 결합하지 않은 가역적인 두 가지 상태로 존재할 수 있다. 세포 내에 활성화된 억제자가 많이 존재하면, 억제자가 결합된 작동자의 상태는 상대적으로 지속 시간이 높아진다. 둘째, *trp* 억제자 역시 다른 조절 단백질과 마찬가지로 활성과 불활성의 두 가지 형태를 가진 다른 자리 입체성 단백질이다. 처음 합성된 *trp* 억제자는 *trp* 작동자에 잘 결합하지 못하는 불활성 형태이다. 트립토판이 *trp* 억제자의 다른 자리 입체 부위에 결합할 때에만 *trp* 억제자는 활성 형태로 바뀌어 작동자에 결합하고 오페론의 작동을 멈추게 할 수 있다(그림 12.3b).

이 시스템에서 트립토판은 억제자 단백질과 함께 오페론의 작동을 멈추게 하는 작은 분자인 **공동억제자(corepressor)**로 작용한다. 트립토판이 세포에 축적될수록 더 많은 *trp* 억제자와 결합하게 되고, 이들은 *trp* 작동자에 결합함으로써 트립토판 합성에 관여하는 효소들의 생산을 중지시킨다. 만약 세포 내의 트립토판 양이 감소하게 되면 오페론 내의 유전자들은 발현을 재개한다. *trp* 오페론은 세포 내부 및 외부 환경의 변화에 반응하여 어떻게 유전자 발현이 조절될 수 있는지를 보여주는 하나의 예이다.

억제성 및 유도성 오페론: 두 종류의 음성 조절

trp 오페론의 전사는 평상시에는 잘 일어나지만, 특정한 작은 분자(이 경우 트립토판)가 조절 단백질인 *trp* 억제자에 다른 자리 입체적으로 결합할 때에 전사가 억제되므로 *trp* 오페론은 **억제성 오페론(repressible operon)**이라 한다. 이와는 반대로, **유도성 오페론(inducible operon)**은 평상시에는 발현하지 않지만 특정한 작은 분자가 조절 단백질에 결합할 때에만 오페론 내의 유전자들이 발현한다. 유도성 오페론의 대표적인 예는 *lac* 오페론(*lac*은 젖당을 의미함)이다.

사람이 우유를 마시면 대장에 존재하는 *E. coli*는 이당류인 젖당을 소화화게 된다. 젖당의 물질대사는 β-갈락토오스 가수분해효소가 이당류인 젖당을 단당류인 포도당과 갈락토오스로 분해하면서 시작된다. 젖당이 없는 환경에서는 소량의 β-갈락토오스 가수분해효소가 *E. coli* 세포 내에 존재한다. 그러나 젖당이 투입되면 박테리아의 β-갈락토오스 가수분해효소의 수는 약 15분 안에

1,000배 정도 증가한다. 어떻게 세포는 이렇게 빨리 효소의 생산을 증가시킬 수 있을까?

β-갈락토오스 가수분해효소(*lacZ*) 유전자는 *lac* 오페론의 일부로서, *lac* 오페론은 젖당 이용에 관여하는 다른 두 개의 유전자도 포함하고 있다. *lac* 오페론의 전사 단위는 하나의 작동자와 프로모터에 의해서 통제된다. 조절 유전자인 *lacI*는 *lac* 오페론의 외부에 존재하며, 작동자에 결합하여 오페론의 발현을 중지시킬 수 있는 다른 자리 입체성 억제자 단백질을 암호화한다. *lac* 오페론의 작용 기작은 *trp* 오페론과 비슷한 것처럼 보이지만, 한 가지 면에서 매우 다르다. *trp* 억제자는 자체적으로 불활성 상태이며, 작동자에 결합하기 위해서는 공동억제자인 트립토판을 필요로 한다. 이와는 달리 *lac* 억제자는 자체적으로 활성 상태이며, 작동자에 결합하여 *lac* 오페론의 발현을 차단한다. 이 경우 **유도자(inducer)**라 불리는 특별한 작은 분자가 억제자를 불활성화시킨다.

젖당이 세포 내부로 들어가면 젖당의 이성질체인 알로락토오스가 소량으로 만들어지는데, 바로 알로락토오스가 *lac* 오페론의 유도자로 작용한다. 젖당이 없으면 알로락토오스도 없게 되어 *lac* 억제자는 활성 형태로 작동자에 결합하게 되므로, *lac* 오페론의 유전자들은 발현되지 않는다**(그림 12.4a)**. 환경에 젖당이 존재하면, 알로락토오스는 *lac* 억제자에 결합하여 억제자 단백질의 3차 구조를 변화시킴으로써 작동자에 결합하지 못하게 한다. 억제자가 결합하지 않으면 *lac* 오페론은 전사되어 젖당을 이용하는 데 필요한 효소들을 생산한다**(그림 12.4b)**.

유전자 조절 차원에서 젖당 대사 경로의 효소들은 화학적 신호인 알로락토오스에 의해 합성이 유도되므로 **유도성 효소**라 한다. 이와 마찬가지로 트립토판 합성에 관여하는 효소들은 억제성이라 말할 수 있다. **억제성 효소**들은 일반적으로 동화작용 경로에 작용하여 전구물질로부터 생존에 필요한 최종 산물을 만들어 낸다. 이미 이러한 최종 산물이 충분할 경우, 세포는 합성 반응을 억제함으로써 전구물질과 에너지를 다른 일에 할당할 수 있다. 이와는 대조적으로 유도성 효소들은 일반적으로 이화작용 경로에 작용하

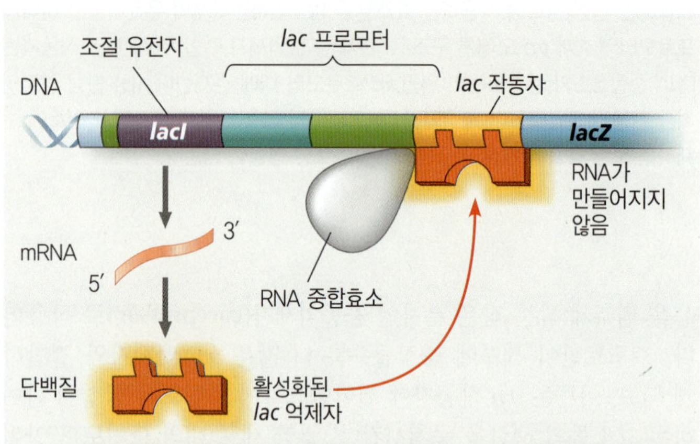

(a) **젖당이 없으면, 억제자는 활성화되고, 오페론은 불활성화된다.** *lac* 억제자는 원래부터 활성 상태를 나타내며 젖당이 없으면 작동자에 결합하여 오페론의 작동을 중단시킨다. 젖당 이용에 필요한 효소가 생성되지 않는다.

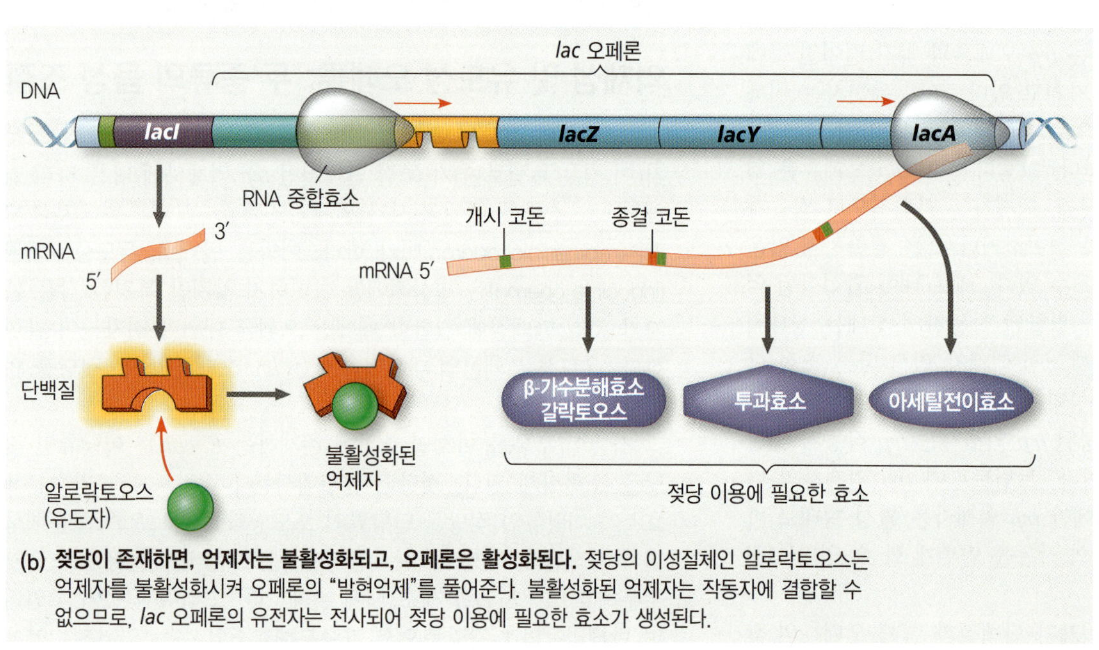

(b) **젖당이 존재하면, 억제자는 불활성화되고, 오페론은 활성화된다.** 젖당의 이성질체인 알로락토오스는 억제자를 불활성화시켜 오페론의 "발현억제"를 풀어준다. 불활성화된 억제자는 작동자에 결합할 수 없으므로, *lac* 오페론의 유전자는 전사되어 젖당 이용에 필요한 효소가 생성된다.

▼ **그림 12.4 *E. coli*의 *lac* 오페론: 유도성 효소의 합성 조절.** *E. coli*는 3가지 효소를 이용하여 젖당을 받아들여 물질대사를 수행한다. 이러한 3가지 효소를 암호화하는 유전자는 *lac* 오페론에 모여 있다. 첫 번째 유전자는 *lacZ*로서 β-갈락토오스 가수분해효소를 암호화하며 젖당을 포도당과 갈락토오스로 가수분해한다. 두 번째 유전자는 *lacY*로서 젖당을 세포 내로 유입시키는 막성 단백질인 투과효소를 암호화한다. 세 번째 유전자는 *lacA*로서 투과효소에 의해 세포 내로 유입되는 다른 물질의 독성을 제거하는 효소를 암호화한다. 이례적으로 *lac* 억제자를 암호화하는 유전자인 *lacI*는 *lac* 오페론에 근접하여 존재한다. 프로모터 내의 청록색 부위의 기능은 그림 12.5에 나타나 있다.

여 영양 물질을 단순한 분자로 분해한다. 세포는 특정 영양 물질이 존재할 때에만 적절한 효소를 생산함으로써 단백질 합성에 필요한 전구물질과 에너지의 낭비를 막을 수 있다.

trp 오페론과 *lac* 오페론의 조절은 활성 상태의 특정 억제자 단백질에 의해 오페론의 발현이 억제되기 때문에 유전자의 음성 조절에 해당한다(그림 12.3b, 12.4a). 이는 *trp* 오페론에서 쉽게 이해될 수 있으나, *lac* 오페론에서도 음성 조절이 일어난다. *lac* 오페론의 경우, 알로락토오스는 직접 유전체에 작용하는 것이 아니라 억제자의 음성 조절로부터 *lac* 오페론을 해방시켜 효소들의 합성을 유도한다(그림 12.4b). 조절 단백질이 직접 유전체에 작용하여 전사를 일으키는 경우에만 유전자의 양성 조절이라고 할 수 있다. *lac* 오페론과 관련하여 양성 조절의 한 예에 대해 살펴보도록 하자.

유전자의 양성 조절

*E. coli*는 주변 환경에 포도당과 젖당이 동시에 존재할 때 포도당을 선호한다. 해당과정(그림 7.9)을 통해 포도당을 분해하는 효소는 세포 내에 항상 존재한다. 포도당이 거의 없고 젖당만 존재할 때, *E. coli*는 젖당 분해효소를 적절한 양으로 합성하여 젖당을 에너지원으로 이용하게 된다.

*E. coli*는 어떻게 포도당의 농도를 파악하여 유전체에 정보를 줄까? 역시 다른 자리 입체성 조절 단백질과 작은 유기물질인 **고리형 AMP(cyclic AMP, cAMP)**와의 상호작용에 의존하는데, 포도당이 적으면 cAMP의 농도는 증가한다. cAMP 수용체 단백질(cAMP receptor protein, CRP)이라는 조절 단백질은 DNA에 결합하여 유전자 발현을 촉진시키는 **활성자(activator)**로 작용한다. cAMP가 조절 단백질인 CRP에 결합하면 CRP는 활성 상태가 되어 *lac* 프로모터 상단부에 위치하는 특정 서열에 결합할 수 있다(그림 12.5a). CRP 활성자의 결합은 RNA 중합효소가 DNA에 더 잘 결합할 수 있도록 돕는다. *lac* 오페론에서 RNA 중합효소와 프로모터 간의 결합은 약하며, 억제자 단백질이 작동자에 결합되어 있지 않은 상태에도 이들 간의 결합은 매우 약하다. CRP의 프로모터 결합은 RNA 중합효소의 프로모터 결합을 촉진하고 이에 따라 전사 빈도를 증가시킴으로써 유전자 발현을 직접적으로 촉진한다. 따라서 이러한 기작은 유전자의 양성 조절에 해당한다.

세포 내에 포도당 농도가 증가하면 cAMP 농도는 감소하게 되고, cAMP가 없는 상태에서 CRP는 오페론에서 분리된다. CRP가 불활성 상태이므로 RNA 중합효소는 프로모터에 잘 결합하지 못하게 되어 *lac* 오페론의 전사는 젖당이 존재하더라도 매우 적은 수준으로 진행된다(그림 12.5b). 따라서 *lac* 오페론은 *lac* 억제자에 의한 음성 조절과 CRP에 의한 양성 조절의 이중 조절을 받는다. *lac* 억제자는 알로락토오스와 결합하거나 혹은 결합하지 않은 상태에 따라 오페론 내 유전자들의 전사 여부를 결정한다. 한편 억제자가 결합하지 않은 오페론에서 CRP는 cAMP의 결합 여부에 따라 전사 빈도를 조절한다. 즉 오페론은 개폐 스위치와 함께 음량 조절 버튼을 지니고 있다고 볼 수 있다.

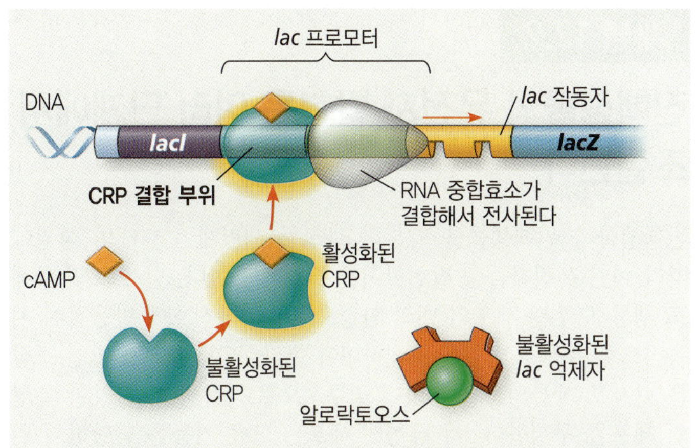

(a) **젖당 존재, 포도당 결핍(높은 농도의 cAMP): 많은 양의 *lac* mRNA 합성.** 포도당이 부족하면 다량의 cAMP가 CRP를 활성화시키며, 활성화된 CRP는 프로모터에 결합하여 RNA 중합효소의 결합을 촉진시킨다. *lac* 오페론은 젖당 이용에 필요한 효소들을 암호화하는 mRNA를 많이 생산한다.

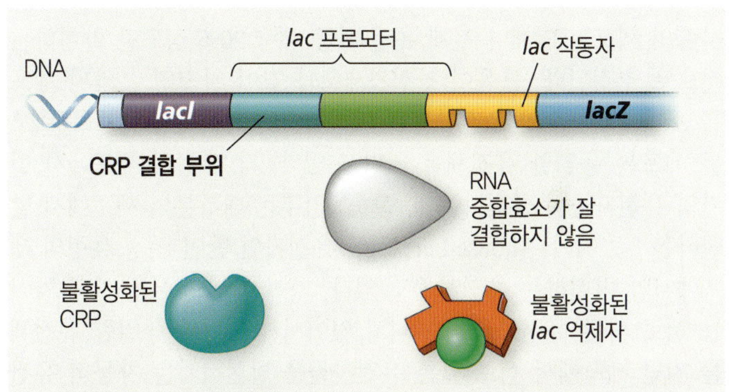

(b) **젖당 존재, 포도당 존재(낮은 농도의 cAMP): 매우 적은 양의 *lac* mRNA 합성.** 포도당이 존재하면 cAMP의 양이 줄어들며 억제자가 작용하지 않더라도 CRP는 전사를 촉진할 수 없다.

▲ 그림 12.5 **cAMP 수용체 단백질(cAMP receptor protein, CRP)에 의한 *lac* 오페론의 양성 조절.** RNA 중합효소는 프로모터의 상단부 말단에 존재하는 DNA 부위에 CRP가 결합된 경우에만 *lac* 프로모터에 강한 친화성을 나타낸다. CRP는 고리형 AMP(cAMP)와 결합된 상태에서만 조절 서열에 결합하는데, cAMP의 농도는 세포 내의 포도당 농도가 낮을 때 높아진다. 따라서 세포는 포도당이 존재하는 경우, 젖당이 존재한다 하더라도 포도당의 이화작용을 선호하며 젖당-이용 효소들을 거의 생산하지 않는다.

CRP는 *lac* 오페론 외에도 이화작용 경로에 작용하는 효소를 암호화하는 여러 오페론들의 발현을 조절한다. *E. coli*에서 CRP는 약 100개 이상의 유전자 발현을 조절할 것으로 추정된다. 포도당이 충분하여 cAMP 양이 감소하게 되면, 포도당 이외의 에너지원을 이용하는 효소의 합성은 일반적으로 감소된다. 세포는 포도당이 존재하지 않는 경우에 젖당과 같은 다른 에너지원을 이용함으로써 살아갈 수 있다. 현재 세포에 존재하는 화합물의 종류에 따라 해당 유전자의 프로모터와 활성자 및 억제자 단백질 간의 상호작용을 통해 어떤 오페론을 작동할지 결정한다.

개념 12.2

진핵생물의 유전자 발현은 여러 단계에서 조절된다

진핵생물과 원핵생물을 막론하고 모든 생명체는 현재의 상황에 따라 어떤 유전자들을 발현할지를 결정해야 한다. 단세포 및 다세포 생물 모두는 세포의 내외 환경으로부터의 신호에 반응하여 지속적으로 유전자 발현을 조절하여야 한다. 또한 유전자 발현 조절은 다세포 생물의 세포분화에 필수적으로 작용하여, 다양한 유형의 세포를 구성한다. 각 유형의 세포는 고유 기능을 담당하기 위해서 특정 유전자들은 발현시키고 다른 유전자들은 발현시키지 않도록 하는 유전자 발현 프로그램을 지니고 있다.

차등적 유전자 발현

사람의 세포는 언제나 전체 유전자 중 대략 20% 정도만 발현하는 것으로 추정된다. 근육이나 신경세포와 같이 완전히 분화된 세포는 보다 적은 수의 유전자들을 발현한다. 한 개체에 존재하는 모든 세포는 동일한 유전체를 지니고 있다. 각 유형의 세포에서 일련의 유전자들이 발현하는데, 그 중 일부는 대부분의 세포에서 발현하는 "집 지키는(house-keeping)" 유전자인 반면 특정 유형의 세포에서만 발현하는 유전자들도 있다. 따라서 세포 유형 간의 차이는 서로 다른 유전자들을 지니고 있어서가 아니라 동일한 유전체를 지닌 세포에서 서로 다른 유전자들을 발현시키는 **차등적 유전자 발현(differential gene expression)** 때문이다.

단세포 진핵생물이건 다세포 생물의 특정 세포 유형이건 어떤 세포의 기능은 적절한 세트의 유전자를 발현시키는가에 따라 좌우된다. 전사인자 단백질은 정확한 시간에 정확한 유전자에 위치할 수 있어야 하는데, 이는 건초더미 속에서 바늘을 찾는 것과 같다. 유전자 발현이 잘못되면 암을 포함한 심각한 불균형과 질병이 야기될 수 있다.

그림 12.6은 진핵생물에서의 유전자 발현 과정을 요약한 것으로, 단백질-암호화 유전자의 발현에 있어서 주요 단계를 강조하여 나타낸다. 그림 12.6에 묘사된 각 단계는 유전자 발현을 개폐, 촉진 혹은 감소시킬 수 있는 잠재적인 조절점에 해당된다.

불과 50년 전만 하더라도, 진핵생물의 유전자 발현 기작을 규명하는 것은 거의 불가능한 것으로 여겨졌다. 그 후 새로운 연구 방법론, 특히 DNA 기술의 발전과 더불어 분자생물학자들은 진핵생물의 유전자 발현에 관한 많은 부분을 자세하게 규명할 수 있게 되었다. 모든 생명체의 유전자 발현에서 공통적인 발현 조절은 전사 단계에서 이루어진다. 전사 단계에서의 조절은 보통 호르몬이나 여러 신호분자와 같이 세포 외부 신호에 따라 반응한다. 이러한 이유로 **유전자 발현(gene expression)**이라는 용어는 종종 박테리아와 진핵생물 모두에서 전사 조절과 동격으로 사용된다. 전사 조절은 박테리아에서 가장 일반적인 조절 기작인 반면, 진핵생물의 세포 구조와 기능은 훨씬 복잡하므로 다른 단계에서의 유전자 발

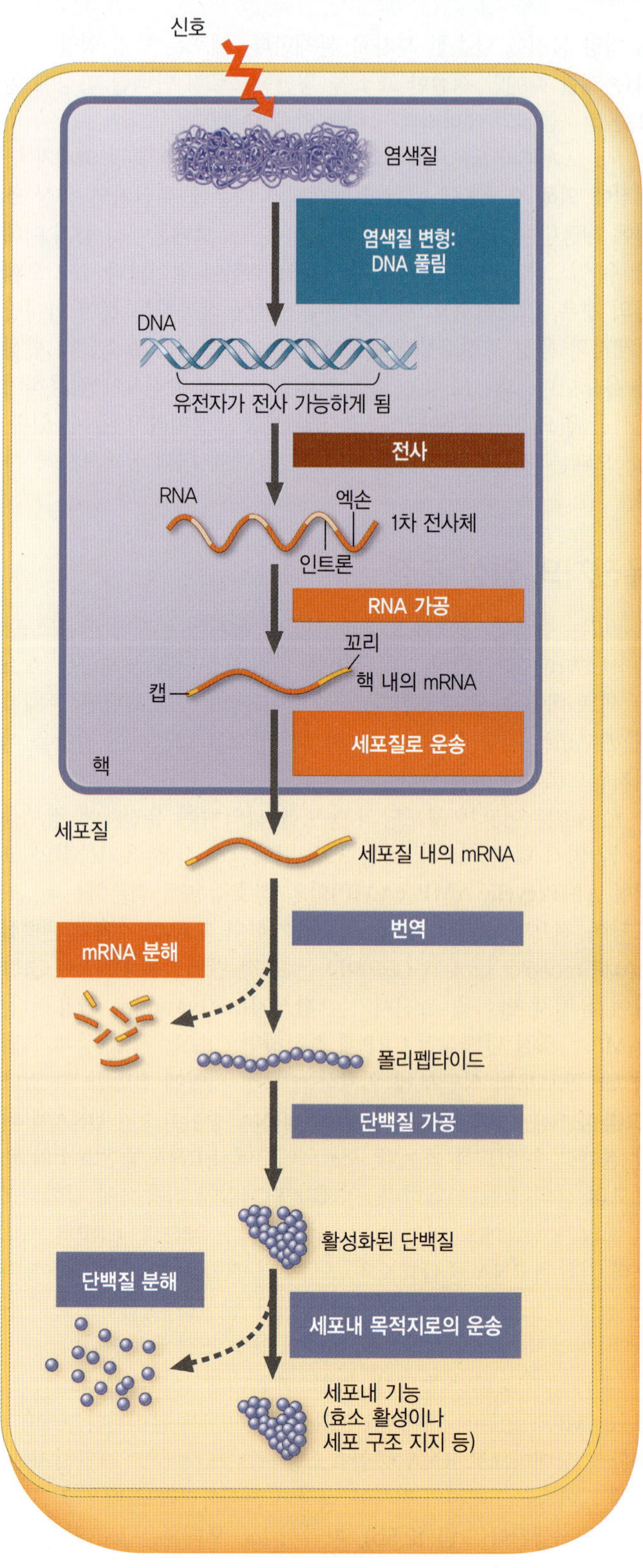

▲ 그림 12.6 **진핵생물의 다양한 유전자 발현 조절 단계.** 이 그림에서 색깔이 칠해진 글상자는 가장 많이 조절되는 단계들이다. 각각의 색은 영향 받는 물질을 나타낸다(파란색 = DNA, 빨간색/주황색 = RNA, 보라색 = 단백질). 진핵생물은 전사와 번역을 분리시키는 핵막을 가지므로, 원핵생물에는 나타나지 않는 RNA 가공이라는 전사후 조절 과정이 나타난다. 또한 진핵생물은 전사 전과 번역 후에 작동하는 여러 가지 조절 기작을 가지고 있다. 이 그림의 축소본이 후반부의 여러 그림에서 요약형으로 제시될 것이다.

현 조절도 필요하다(그림 12.6). 이제부터 진핵생물의 유전자 발현의 주요 조절점들에 대하여 살펴보자.

염색질 구조의 조절

진핵세포의 DNA는 단백질과 결합하여 뉴클레오솜이라는 기본 단위로 구성된 정교한 염색질 구조를 이루고 있다. 뉴클레오솜은 8개의 히스톤 단백질 묶음에 DNA 이중나선이 둘러싸고 있는 구조이다. 염색질 구조는 세포의 DNA를 조밀한 상태로 정렬시켜 핵 내에 들어갈 수 있도록 포장할 뿐만 아니라 여러 가지 방식으로 유전자 발현을 조절한다. 유전자의 전사는 뉴클레오솜의 어느 부분에 프로모터가 위치하느냐에 따라 영향을 받으며, 염색체 뼈대 단백질에 결합하는 DNA 자리와 프로모터 간의 상대적인 위치에도 영향을 받는다. 더욱이 고도로 응축된 이질염색질에 존재하는 유전자는 보통 발현되지 않는다. 마지막으로, 염색질 내 히스톤 및 DNA의 특수한 화학적 변형이 염색질 구조와 유전자 발현 모두에 영향을 줄 수 있다. 이제 특정 효소에 의해 매개되는 염색질의 화학적 변형과 그 결과에 대해 알아보도록 하자.

히스톤 변형과 DNA 메틸화

히스톤 단백질의 화학적 변형은 유전자의 전사 조절에 직접적으로 작용한다. 뉴클레오솜에 있는 각 히스톤 분자의 N-말단은 뉴클레오솜의 바깥쪽으로 돌출되어 있다. 이러한 히스톤 꼬리는 아세틸기(−$COCH_3$), 메틸기, 인산기와 같은 특정 화학 잔기들을 첨가하거나 제거하는 여러 수식화 효소들의 접근을 용이하게 해준다. 일반적으로 **히스톤 아세틸화(histone acetylation)**는 염색질 구조를 느슨하게 하여 전사를 촉진하는 반면(그림 12.7), 메틸기의 결합은 염색질의 응축과 전사 억제를 유발할 수 있다.

다른 종류의 효소는 DNA 자체, 일반적으로 사이토신 염기를 메틸화시킬 수 있다. **DNA 메틸화(DNA methylation)**는 대부분의 식물, 동물 및 곰팡이에서 나타난다. 물론 예외가 있기는 하지만, 포유동물의 불활성화된 X 염색체처럼 긴 영역의 불활성 DNA는 활발하게 전사되는 DNA에 비해 일반적으로 더 많이 메틸화되어 있다. 좀 더 작은 차원에서, 세포마다 발현되지 않는 개별 유전자의 DNA는 발현되는 유전자보다 일반적으로 더 많이 메틸화되어 있다. 한 개체에서 일단 메틸화된 유전자들은 보통 연속적인 세포분열을 하더라도 메틸화 양상이 계속 유지된다. 부모 가닥에 이미 메틸화된 DNA 부위가 있으면, DNA 복제 후에 딸 DNA 가닥도 메틸화 효소에 의해 정확하게 메틸화된다. 이에 따라 메틸화 양상은 유전될 수 있다.

후생 유전

우리가 방금 논의한 염색질의 변형은 DNA 서열 변화를 동반하는 것은 아니지만, 세포의 다음 세대에 지속적으로 전달된다. 뉴클레오타이드 서열 자체와 직접적으로 관련되지 않는 기작에 따른 형질의 유전을 **후생 유전(epigenetic inheritance)**이라고 한다. DNA 서열의 돌연변이는 영구적인 변화인 반면, 염색질의 변형은 복원될 수 있다. 예들 들어, 배우자 세포 형성 동안 DNA 메틸화 양상

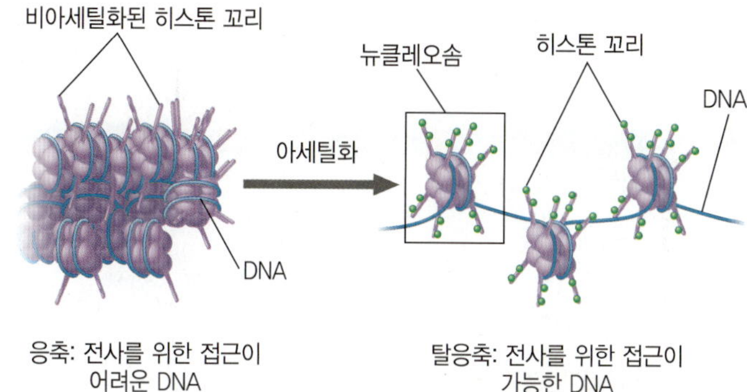

▲ **그림 12.7 히스톤 아세틸화의 효과에 대한 모델.** 히스톤 꼬리의 아미노산은 화학적으로 변형된다. 예를 들어 아세틸기(녹색 공)의 첨가로 인해 염색질은 덜 응축되고 DNA는 전사될 수 있다.

은 주로 제거된 후 재설정된다.

연구자들은 유전자 발현 조절에 있어서 후생적 정보가 중요하다는 많은 증거들을 확보하고 있다. 일란성 쌍둥이들이 동일한 유전체를 지녔음에도 불구하고 한 쌍둥이는 정신분열증과 같은 유전 질환을 나타내는 반면, 다른 쌍둥이에서는 그렇지 않은 이유를 후생적 변이를 통해 설명할 수 있다. 일부 암에서 정상적인 DNA 메틸화 양상에 변화가 관찰되며, 이는 비정상적인 유전자 발현과 관계된다. 염색질 구조를 변형시키는 효소들은 진핵세포의 전사를 조절하는 주요 기구 중 하나임에 틀림없다.

전사 개시 조절

염색질 변형 효소는 DNA 부위에 전사 기구가 얼마나 잘 결합할 수 있는지를 조절함으로써 유전자 발현의 초기 조절에 관여한다. 일단 염색질이 유전자가 발현될 수 있는 최적의 조건으로 변형되면 다음 단계의 유전자 발현 조절은 전사 개시이다. 박테리아에서와 마찬가지로 진핵세포의 전사 개시 조절도 DNA 결합 단백질에 의해 이루어지며, RNA 중합효소의 결합을 촉진하거나 억제하게 된다. 그러나 진핵생물에서 이 과정은 매우 복잡하다. 진핵생물이 어떻게 유전자의 전사를 조절하는지를 살펴보기에 앞서 진핵세포 유전자의 전형적인 구조와 전사체에 관해 알아보도록 보자.

진핵생물의 전형적인 유전자와 전사체 구조

진핵생물의 유전자와 이를 조절하는 DNA 요소(영역)의 일반적인 구조는 그림 12.8에서 보는 바와 같이 구성되어 있으며, 이미 14장에서 자세히 공부하였다. 전사 개시 복합체(transcription initiation complex)라 불리는 일련의 단백질 복합체가 유전자 상단부에 존재하는 프로모터에 결합된다는 사실을 상기하자. 이어서 복합체 단백질 중의 하나인 RNA 중합효소 II가 유전자를 전사시켜 일차 RNA 전사체(pre-mRNA)를 합성한다. 인트론을 제거하는 이어맞추기와 함께 효소에 의한 5′ 캡과 폴리 A 꼬리를 붙이는 RNA 가공을 통해 성숙한 mRNA가 만들어진다. 진핵생물의 유전자는 대부분 유전자 발현을 조절하는 비암호화 DNA 영역인 **조절요소**

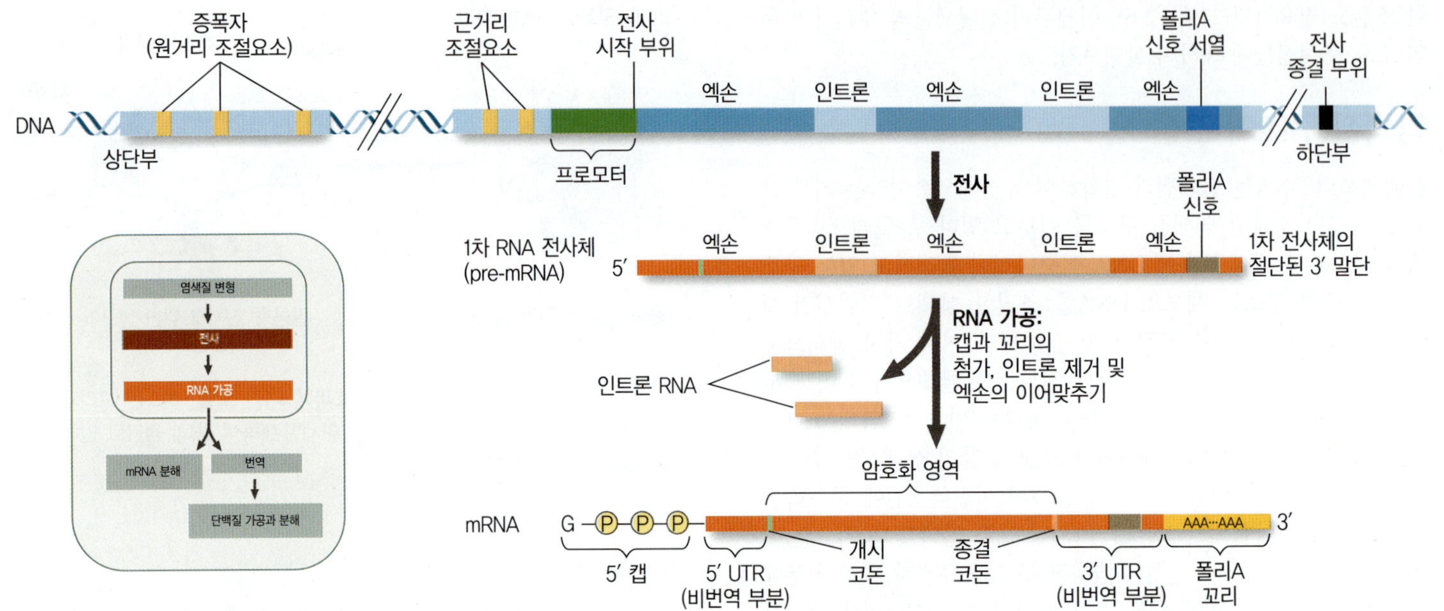

▲ **그림 12.8 진핵생물의 유전자와 전사체.** 진핵생물의 유전자는 RNA 중합효소가 결합하여 전사를 시작하게 하는 DNA 서열인 프로모터를 지니고 있다. 많은 조절요소들(금색)이 전사 개시 조절에 관여하며, 이들은 프로모터 근처(근거리)에 있을 수도 있고 혹은 프로모터로부터 멀리 떨어져(원거리) 있을 수도 있다. 원거리 조절요소들은 그림의 유전자에서처럼 증폭자 군집을 이룰 수 있다. 마지막 엑손에 존재하는 아데닐산 중합반응(폴리A) 신호 서열은 RNA로 전사되며, 어디에서 전사체를 절단하고 폴리A 꼬리를 붙여야 하는지에 대한 신호로 작용한다. 전사는 폴리A 신호를 지나 수백 뉴클레오타이드를 더 진행한 후 종결된다. 1차 전사체로부터 기능성 mRNA를 만드는 RNA 가공은 5′ 캡, 폴리A 꼬리 첨가 및 이어맞추기의 3가지 단계로 구성되어 있다. 세포에서 5′ 캡은 전사 개시 후 바로 첨가되며, 이어맞추기는 전사가 진행 중인 상태에서도 일어난다(그림 14.12).

(control element)를 여러 개 지니고 있다. 전사인자 단백질은 이러한 조절요소 DNA에 결합하여 전사를 조절한다. 즉 조절요소들과 이에 결합하는 단백질들은 서로 다른 여러 유형의 세포에서 나타나는 정확한 유전자 발현 조절에 매우 중요하게 작용하다.

보편 전사인자와 특수 전사인자의 역할

전사인자는 두 종류로 구분되는데, 보편 전사인자는 모든 유전자의 프로모터에서 작용하는 반면, 어떤 유전자는 프로모터에 가깝거나 혹은 멀리 떨어져 위치한 조절요소에 결합하는 특수 전사인자를 필요로 한다.

보편 전사인자 진핵생물의 RNA 중합효소가 전사를 개시하려면 전사인자 단백질의 도움이 필요하다. 일부 전사인자들은 단백질을 암호화하는 모든 유전자들의 전사에 필수적이므로, 이들은 종종 **보편 전사인자**(general transcription factor)라 불린다. 몇몇의 보편 전사인자는 프로모터 내에 존재하는 TATA 상자와 같은 DNA 서열에 결합하는 반면, 여러 보편 전사인자는 다른 전사인자 단백질 및 RNA 중합효소 II에 결합한다. 진핵생물의 전사에 있어서 단백질-단백질 상호작용은 매우 중요하다. 완전한 전사 개시 복합체가 조립된 다음에야 중합효소는 DNA 주형 가닥을 따라 이동하면서 상보적인 RNA 가닥을 합성할 수 있다.

일반적으로 프로모터에 보편 전사인자와 RNA 중합효소 II가 결합할 경우 전사 개시 속도는 매우 낮으며, RNA 전사체는 거의 생성되지 않는다. 따라서 유전자는 항상 발현되지는 않지만, 대신에 조절 가능해진다. 진핵생물에서 적당한 시간과 장소에서 높은 빈도로 특정 유전자가 전사되려면 조절요소들과 **특수 전사인자**(specific transcription factor)라 불리는 일련의 조절 단백질 사이의 상호작용이 필요하다.

증폭자와 특수 전사인자 그림 12.8을 살펴보면, **근거리 조절요소**(proximal control elements)라 불리는 일종의 조절요소들이 프로모터 근처에 위치해 있다. (일부 학자들은 근거리 조절요소를 프로모터의 일부라고 생각하고 있으나, 여기서는 서로 다른 것으로 간주한다.) **증폭자(enhancer)**라 부르는 **원거리 조절요소**(distal control elements)는 유전자의 상단부나 하단부에 수천 뉴클레오타이드 떨어져 존재하거나 심지어는 인트론 내부에 존재하기도 한다. 하나의 유전자는 다수의 증폭자를 가질 수 있으며, 이들 각각은 서로 다른 시간 혹은 개체의 서로 다른 세포 유형이나 위치에서 활성을 나타낸다. 그러나 각 증폭자는 일반적으로 단 하나의 특정 유전자에만 영향을 미친다.

진핵생물에서 유전자 발현율은 증폭자의 조절요소에 특수 전사인자인 활성자 혹은 억제자 단백질이 결합함에 따라 증가하거나 감소될 수 있다. 수백 개의 전사 활성자 단백질이 진핵생물에서 발견되었으며, 그림 12.9는 한 예로 전사인자의 구조를 보여준다. 과학자들은 많은 수의 활성자 단백질들에서 공통적으로 나타나는 두 가지 구조 요소로서 DNA에 결합하는 단백질의 3차원 구조인 **DNA 결합 영역**과 하나 이상의 **활성화 영역**을 규명하였다. 활성화 영역은 다른 조절 단백질이나 전사기구의 구성원들과 결합하

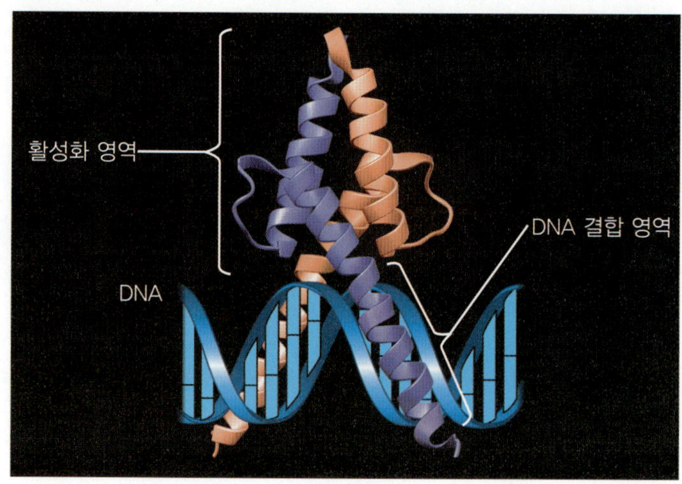

▲ **그림 12.9 전사 활성자 MyoD 단백질.** MyoD 단백질은 긴 α-나선 구조를 지닌 두 개의 소단위체(보라색과 주황색)로 구성된다. 각 소단위체는 DNA 결합 영역과 활성화 영역을 지닌다. 활성화 영역은 다른 소단위체 혹은 다른 단백질과 결합하는 자리로 작용한다. MyoD 단백질은 척추동물의 근육 발생에 관여한다.

여 해당 유전자의 전사를 유도하도록 일련의 단백질-단백질 상호작용을 촉진한다.

그림 12.10은 활성자가 프로모터로부터 멀리 떨어져 위치하는 증폭자에 결합하여 어떻게 전사에 영향을 줄 수 있는지에 대한 최신 모델을 나타내고 있다. 단백질을 매개로 한 DNA의 구부러짐 현상은 결합된 활성자가 일련의 **매개자 단백질**(mediator protein)과 접촉할 수 있게 하며, 이에 따라 프로모터에 존재하는 단백질과 상호작용하게 된다. 이러한 다수의 단백질-단백질 상호작용은 프로모터에 개시 복합체가 조립되어 위치하도록 한다. 생쥐 글로빈 유전자의 발현을 조절하는 단백질들이 유전자의 프로모터와 약 50,000 뉴클레오타이드 상단에 위치한 증폭자에 동시에 상호작용한다는 연구 결과는 이러한 모델을 뒷받침한다. 단백질간의 상호작용으로 인해 DNA 상에서 멀리 떨어진 두 조절 부위(프로모터와 증폭자)는 특정 방식으로 근접해 있게 된다.

억제자로 작용하는 특수 전사인자들은 여러 가지 방식으로 유

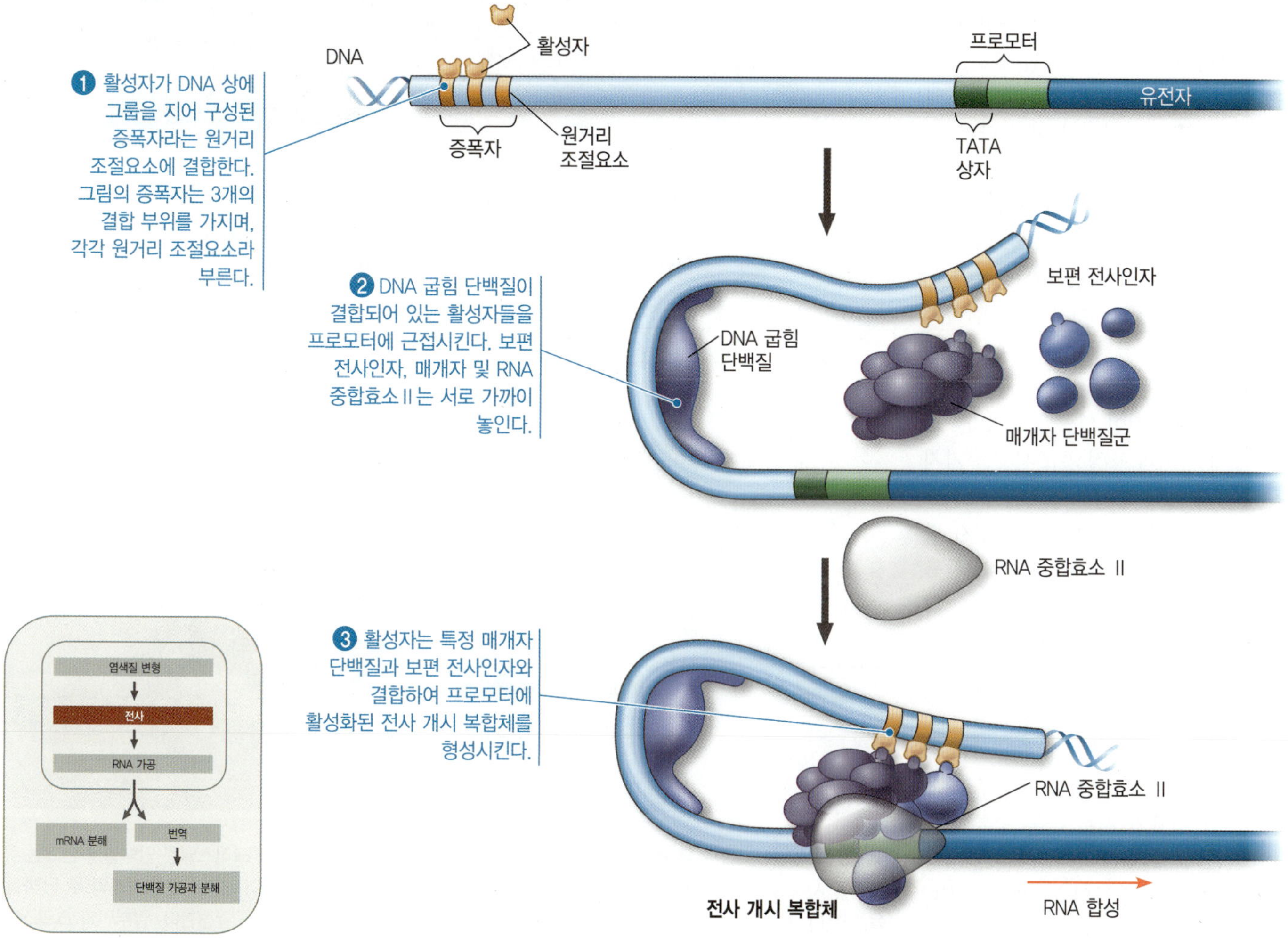

DNA
활성자
프로모터
유전자
증폭자
원거리 조절요소
TATA 상자

❶ 활성자가 DNA 상에 그룹을 지어 구성된 증폭자라는 원거리 조절요소에 결합한다. 그림의 증폭자는 3개의 결합 부위를 가지며, 각각 원거리 조절요소라 부른다.

보편 전사인자
DNA 굽힘 단백질
매개자 단백질군

❷ DNA 굽힘 단백질이 결합되어 있는 활성자들을 프로모터에 근접시킨다. 보편 전사인자, 매개자 및 RNA 중합효소 II는 서로 가까이 놓인다.

RNA 중합효소 II

❸ 활성자는 특정 매개자 단백질과 보편 전사인자와 결합하여 프로모터에 활성화된 전사 개시 복합체를 형성시킨다.

RNA 중합효소 II
전사 개시 복합체
RNA 합성

염색질 변형
전사
RNA 가공
mRNA 분해
번역
단백질 가공과 분해

▲ **그림 12.10 증폭자와 전사 활성자의 작동 모델.** 단백질에 의한 DNA의 구부러짐은 증폭자가 수백에서 수천 뉴클레오타이드 밖에서도 프로모터에 영향을 미칠 수 있게 해준다. 활성자라 부르는 특수 전사인자는 증폭자 DNA 서열에 결합한 후 다수의 매개자 단백질들에 결합한다. 이후 보편 전사인자 및 RNA 중합효소 II와 결합하여 전사 개시 복합체를 형성한다. 이러한 단백질-단백질 상호작용은 전사 개시 복합체가 프로모터에 정확하게 위치하여 RNA 합성이 개시되도록 해준다. 그림에서는 하나의 증폭자(3개의 조절요소로 구성)만 나타내었지만, 하나의 유전자는 서로 다른 시간 혹은 서로 다른 세포 유형에서 작용하는 여러 개의 증폭자를 가질 수 있다.

전자 발현을 억제한다. 어떤 억제자는 조절요소 DNA에 직접 결합하여 활성자의 결합을 막으며, 다른 억제자는 활성자의 작용을 방해하여 활성자가 DNA에 결합하지 못하도록 한다.

활성자와 억제자는 직접적으로 전사에 영향을 줄 뿐 아니라 간접적으로 염색질 구조에 영향을 주기도 한다. 효모와 동물 세포를 이용한 실험에서 일부 활성자는 히스톤을 아세틸화시키는 단백질을 끌어와 특정 유전자의 프로모터 주위에 위치한 히스톤을 아세틸화시켜 전사를 촉진한다는 사실이 알려졌다(그림 12.7). 이와 유사하게 일부 억제자는 히스톤을 탈아세틸화시키는 단백질을 끌어와 유전자억제(silencing)로 알려진 전사 감소 현상을 일으킨다. 실제 진핵생물에서는 염색질-변형 단백질의 동원이 가장 보편적인 전사 억제 기작이다.

조합 조절을 통한 유전자 활성화 진핵생물에서 정확한 전사 조절은 주로 DNA 조절요소에 활성자가 결합함으로써 이루어진다. 식물이나 동물 세포에서 조절되어야 하는 유전자들의 수를 고려해 볼 때, 완전히 다른 뉴클레오타이드 서열을 가진 조절요소의 수는 예상 외로 매우 적다. 12개 정도의 짧은 뉴클레오타이드 서열이 여러 다른 유전자의 조절요소에서 반복적으로 나타난다. 각 증폭자는 평균적으로 약 10개의 조절요소들로 구성되어 있으며, 각 조절요소에는 한두 개 정도의 특수 전사인자가 결합한다. 유전자의 전사 조절에 있어서 각 유전자의 증폭자에 단 하나의 독특한 조절요소가 존재하는 것 보다 특정 조합(combination)의 조절요소가 존재하는 것이 훨씬 중요하다.

단지 12개 정도의 조절요소 서열을 가지고서도 많은 수의 조합이 가능하다. 조절요소의 특정 조합으로 인해 적절한 활성자 단백질들이 존재할 때에만 유전자의 전사를 활성화시킬 수 있으며, 이는 발생 중의 정확한 시기 혹은 특정 세포 유형에서 일어날 것이다. **그림 12.11**은 두 개의 서로 다른 유형의 세포(간 세포와 렌즈 세포)에서 적은 수의 조절요소들로 서로 다른 조합을 이루어 선별적 전사 조절이 가능함을 보여주고 있다. 이것은 각 세포가 서로 다른 종류의 활성자 단백질들을 지니고 있기 때문에 가능하다. (배아 발생 과정 동안 각 세포들이 어떻게 서로 다른 조합의 활성자들을 지니게 되었는지는 16장에서 다룰 것이다.)

진핵생물에서 통합적으로 조절되는 유전자들

진핵생물에서 동시에 발현 조절되어야 하는 서로 관련된 유전자들은 어떻게 통제될까? 앞부분에서, 박테리아에서는 통합적으로 조절되어야 하는 유전자들이 주로 오페론에 군집을 이루어 존재하며 하나의 프로모터의 조절을 통해 하나의 mRNA 분자로 전사됨을 배운 바 있다. 따라서 오페론 내 유전자들은 함께 발현하고, 암호화된 단백질들은 동시에 생산된다. 극소수의 예외가 있기는 하지만 진핵생물에서는 오페론이 발견되지 않는다.

진핵생물에서 동시에 발현되어야 하는 유전자들은 주로 여러 염색체에 산재되어 있다. 이러한 경우 통합적 유전자 발현은 산재되어 있는 모든 유전자들이 특정 조합의 조절요소를 가짐으로써

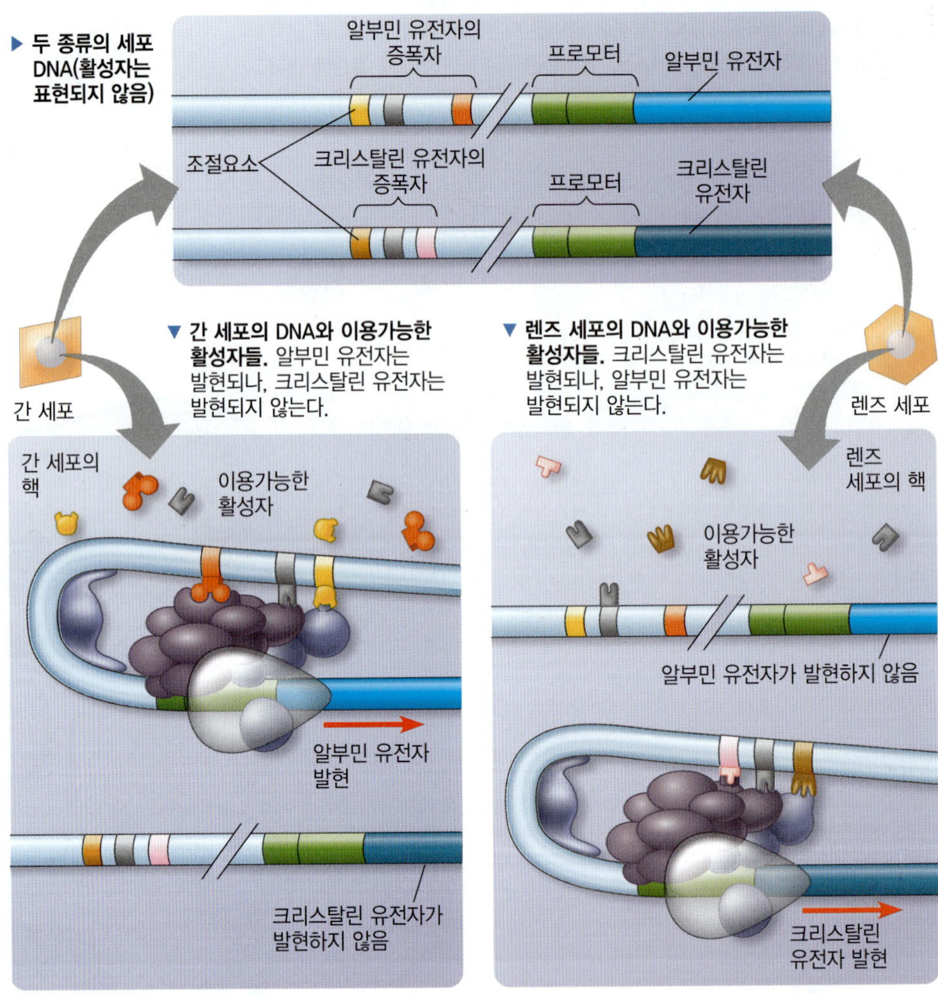

▲ **그림 12.11 세포 유형 특이적 전사.** 간 세포와 렌즈 세포 모두 알부민과 크리스탈린 단백질을 만드는 유전자를 지니고 있지만, 간 세포만이 알부민(혈액 단백질)을 만들고 렌즈 세포만이 크리스탈린(렌즈의 주 단백질)을 만든다. 세포에서 생성되는 특수 전사인자들이 어떤 유전자들을 발현시킬지를 결정한다. 알부민과 크리스탈린을 암호화하는 유전자는 각각 3개의 조절요소로 구성된 하나의 증폭자를 가진 것으로 나타나 있다. 두 유전자들의 증폭자는 하나의 조절요소(회색)를 공유하고 있지만, 각 증폭자는 독특한 조합의 조절요소들을 지니고 있다. 높은 수준의 알부민 유전자의 발현에 필요한 모든 활성자들은 오직 간 세포에만 존재하는 반면(**왼쪽**), 크리스탈린 유전자의 발현에 필요한 활성자들은 렌즈 세포에만 존재한다(**오른쪽**). 특정 유형의 세포에서 억제자의 존재 여부 역시 전사에 영향을 미치지만, 여기에서는 단순화시켜 활성자의 역할만 고려한다.

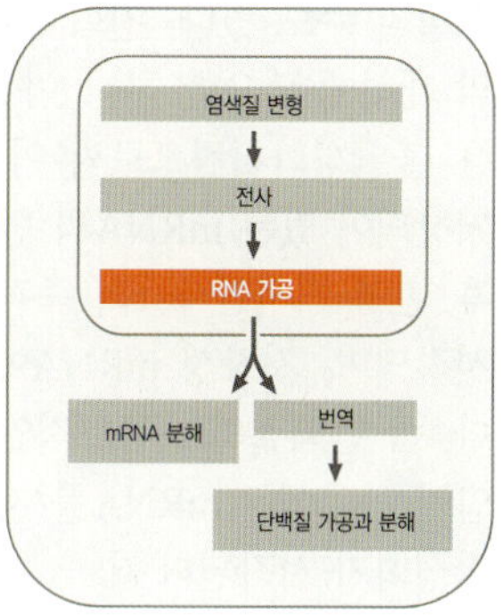

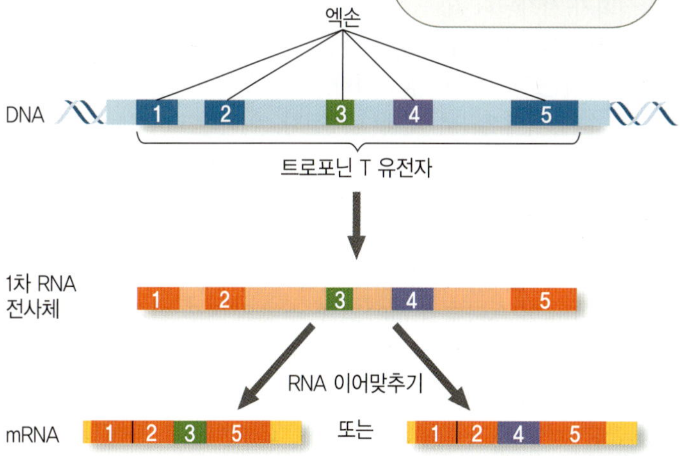

▼ **그림 12.12 트로포닌 T 유전자의 선택적 RNA 이어맞추기.** 이 유전자의 초기 전사체는 한 가지 이상의 방법으로 이어맞추기가 일어나 여러 종류의 mRNA 분자들을 만든다. 하나의 mRNA는 3번 엑손(녹색)을 지니고 있지만, 다른 것은 4번 엑손(자주색)을 지니고 있음에 주목하라. 이러한 두 개의 mRNA는 서로 다르지만 유사한 근육 단백질로 번역된다.

가능하다. 조절요소들이 유전체의 어디에 있든 상관없이 활성자들이 해당 조절서열을 인지하고 결합함으로써 유전자들을 동시에 전사시킨다.

진핵세포에서 산재된 유전자들의 통합 조절은 종종 세포 외부로부터의 화학 신호에 반응하여 일어난다. 예를 들어, 스테로이드 호르몬은 세포 내로 들어가 특정 세포내 수용체 단백질과 결합하여 호르몬-수용체 복합체를 형성하여 전사 활성자로 작용한다. 특정 스테로이드 호르몬에 의해 전사가 촉진되는 모든 유전자는 염색체상의 위치에 상관없이 특정 호르몬-수용체 복합체가 인지하는 조절요소를 지니고 있다. 즉 에스트로겐은 이러한 방식으로 자궁 세포에서 세포분열을 촉진하는 유전자군을 활성화시키며, 임신에 대비하여 자궁을 준비시킨다.

비스테로이드성 호르몬이나 생장호르몬과 같은 많은 신호분자들은 실제 세포 안으로 들어가지 않고 세포 표면에 존재하는 수용체에 결합한다. 이러한 분자들은 특정 전사인자를 활성화시키는 신호전달 경로를 작동시켜 간접적으로 유전자 발현을 조절할 수 있다. 이 경우에도 유전자의 통합 조절의 원리는 스테로이드호르몬의 경우와 동일하다. 동일한 조절요소를 지닌 유전자들은 동일한 화학 신호에 의해 활성화된다. 통합적 유전자 발현 조절 시스템은 생명체에서 매우 광범위하게 일어나므로, 아마도 진화 역사의 초기에 생겨난 것으로 추정된다.

전사후 조절의 원리

유전자 발현은 전사만으로 구성된 것은 아니다. 단백질-암호화 유전자의 발현은 궁극적으로 세포가 만드는 기능적 단백질의 양으로 측정되며, 많은 경우 RNA 전사체의 합성에서부터 활성을 지닌 단백질이 만들어지기까지의 여러 과정이 관여한다. 과학자들은 전사후 여러 단계에서 작동하는 많은 조절 기작들을 밝혀내고 있다(그림 12.6). 이러한 기작들은 세포가 전사 유형을 변경하지 않고서도 환경 변화에 빠르게 반응하여 유전자 발현을 미세하게 조절할 수 있게 해준다. 이제 세포가 어떻게 전사후 유전자 발현을 조절하는지에 대하여 알아보자.

RNA 가공

핵에서의 RNA 가공과 세포질로의 성숙된 RNA 수송은 원핵생물에서는 불가능한 유전자 발현 조절의 기회를 제공한다. RNA 가공 단계에서 조절되는 하나의 예로 **선택적 RNA 이어맞추기(alternative RNA splicing)**를 들 수 있는데, 이 과정 중에 어떤 RNA 영역이 엑손으로 처리되고 어떤 영역이 인트론으로 처리되느냐에 따라 동일한 1차 전사체로부터 서로 다른 mRNA 분자가 형성된다. 세포 유형-특이 조절 단백질은 1차 전사체에 존재하는 RNA 서열에 결합함으로써 인트론-엑손의 선택을 조절한다.

서로 다른 두 개의 단백질을 생산해 내는 트로포닌 T 유전자에 대한 선택적 RNA 이어맞추기의 간단한 예를 그림 12.12에 나타내었다. 다른 유전자들은 선택적 이어맞추기를 통해 더 많은 수의 단백질 산물을 만들 수 있다. 예를 들어, 과학자들은 선택적 이어맞추기를 통해 세포외 영역이 다른 무려 19,000종류가 넘는 막단백질을 만들 수 있는 초파리의 유전자를 발견한 바 있다. 이 유전자로부터 최소한 17,500가지(약 94%)의 mRNA가 실제로 합성되며, 초파리의 발생 중인 신경세포에서 서로 다른 형태의 단백질로 발현되어 각 세포 표면에서 인식 표지자로 작용한다.

선택적 RNA 이어맞추기는 진핵생물의 유전체 정보를 상당히 증가시키는 역할을 한다. 사실 인간 유전체 프로젝트가 끝나고 알게 된 인간의 유전자 개수는 놀랍도록 적은 수였다. 하지만 선택적 RNA 이어맞추기 기작이 하나의 해결책으로 제시되었다. 인간의 유전자 수는 토양 선충류, 겨자과 식물, 혹은 말미잘의 유전자 수와 비슷한 것으로 밝혀졌다. 이러한 발견은 만일 유전자의 수가 아니라면, 인간의 훨씬 더 복잡한 구조를 무엇으로 설명할 것인가라는 문제를 제기하였다. 인간의 단백질-암호화 유전자의 90% 이상이 선택적 RNA 이어맞추기를 하는 것으로 나타났다. 따라서 선택적 RNA 이어맞추기의 범위는 인간 단백질의 종류를 엄청나게 증가시킬 수 있으며, 유전자의 개수가 아니라 다양한 단백질의 생성이 생명체의 복잡한 형태와 구조 형성에 더 밀접하게 관련된다고 볼 수 있다.

번역 개시와 mRNA 분해

번역은 유전자 발현 조절의 또 다른 기회를 제공한다. 번역 조절은 대부분 개시 단계에서 일어난다. 어떤 mRNA에서는 5′ 말단의 비번역 부위(5′ UTR)나 3′ 말단의 비번역 부위(3′ UTR)에 존재하는 특정 서열이나 구조에 조절 단백질이 결합하여 리보솜의 접근을 방해함으로써 번역 개시를 억제한다.

이와는 달리, 세포에 존재하는 모든 mRNA의 번역이 동시에 조절될 수도 있다. 진핵세포에서 이와 같은 "전반적인" 조절은 번역 개시에 필요한 하나 이상의 단백질 인자를 활성화시키거나 혹은 불활성화시킴으로써 이루어진다. 이러한 조절을 통해 난자에 저장되어 있는 mRNA의 번역 개시가 동시에 이루어진다. 수정 직후 번역 개시인자들의 즉각적인 활성화에 의해 mRNA의 번역이 시작되며, 저장성 mRNA에 암호화된 단백질이 한꺼번에 합성된다. 즉 단백질의 대규모적인 합성이 시작된다. 일부 식물과 조류는 암기 동안에는 mRNA를 저장하다가, 햇빛에 의해 번역 기구의 재활성화가 시작된다.

세포질 내에서 mRNA의 수명은 세포에서 단백질 합성 수준을 결정하는 데 있어서 중요하다. 박테리아의 mRNA는 일반적으로 효소에 의해 몇 분 내에 분해된다. 이러한 mRNA의 짧은 수명은 환경 변화에 반응하여 박테리아가 빠르게 단백질 합성 유형을 변화시킬 수 있게 해준다. 이와는 대조적으로, 다세포 진핵생물의 mRNA는 일반적으로 몇 시간, 며칠, 혹은 몇 주 동안 유지될 수 있다. 일례로 발생 중인 적혈구 세포에서 헤모글로빈의 구성성분인 α-와 β-글로빈 mRNA의 수명은 매우 안정적이며, 이들 mRNA는 적혈구 세포에서 반복적으로 번역된다. 얼마나 오랫동안 mRNA가 온전하게 존재할지를 결정하는 뉴클레오타이드 서열이 종종 mRNA 분자의 3′ 말단부에 있는 비번역 부위(UTR)에서 발견된다(그림 12.8).

최근 몇 년 동안 mRNA 분자를 분해시키거나 혹은 발현을 억제하는 여러 가지 기작들이 밝혀졌다. 이러한 조절 기작 중 새롭게 발견된 RNA 분자들에 의한 유전자 발현 조절에 대해 간단히 다룰 것이다.

단백질 가공과 분해

유전자 발현을 조절할 수 있는 마지막 기회는 번역 후에 일어난다. 진핵생물의 폴리펩타이드는 종종 가공되어야만 기능성 단백질이 된다. 예를 들어, 초기의 인슐린 폴리펩타이드(프로-인슐린)는 절단된 후 활성을 지닌 호르몬이 된다. 또한 많은 단백질들은 화학적 변형을 거쳐야만 기능을 나타낸다. 조절 단백질들은 주로 인산기의 가역적인 첨가에 의해 활성화되거나 혹은 비활성화되며, 동물세포의 표면으로 운반될 운명을 가진 단백질들은 당과 결합한다. 세포-표면 단백질들과 그 외의 많은 단백질들은 기능을 발휘하기 위해서 세포의 표적 위치로 이송되어야만 한다. 단백질 변형 혹은 운반과 관련된 모든 단계에서 조절 과정이 나타날 수 있다.

마지막으로, 세포 내에서 활동하는 각 단백질의 수명은 선택적 분해에 의해 엄격하게 조절된다. 세포주기 조절에 관여하는 사이클린(cyclin)과 같은 많은 단백질들의 수명은 정상적으로 기능하는 세포에서 비교적 짧아야만 한다. 세포는 분해될 특정 단백질을 표지하기 위하여 단백질에 주로 유비퀴틴(ubiquitin)이라는 작은 단백질 분자들을 부착시킨다. 이어서 거대한 단백질 복합체가 유비퀴틴이 부착된 단백질을 인지하고 분해시킨다.

개념 12.3

비암호화 RNA는 다양한 방식으로 유전자 발현을 조절한다

유전체 서열 분석 결과는 인간 유전체의 경우 단 1.5%만이 단백질을 암호화하고 있으며, 여러 다세포 진핵생물에서도 유전체의 적은 부분만이 단백질을 암호화하고 있음을 알려준다. 단백질을 암호화하지 않는 부분 중에서 극히 일부는 리보솜 RNA와 운반 RNA에 대한 유전자로 구성되어 있다. 최근까지 비암호화 DNA의 대부분은 전사되지 않는 것으로 여겨졌다. 비암호화 DNA는 단백질이나 일부 알려진 유형의 RNA를 지정하지 않으므로 의미 있는 유전정보를 포함하지 않을 것으로 생각되었고, 사실상 "쓰레기 DNA(junk DNA)"라 불리었다. 그러나 최근의 많은 연구 결과는 이러한 생각을 반박하고 있다. 예를 들어, 인간 유전체에 대한 광범위한 연구를 통해 어느 세포의 어떤 시점에서도 유전체의 약 75% 영역에서 전사가 일어남을 확인하였다. 인트론 역시 전사는 되지만 번역되지는 않는 RNA이나, 전체 비암호화 DNA에서 매우 적은 영역에 해당한다. 여러 연구 결과는 매우 많은 유전체가 다양한 소형 RNA를 포함하는 비암호화 RNA(noncoding RNA), 즉 단백질을 암호화하지 않는 RNA로 전사됨을 제안한다. 과학자들은 비암호화 RNA의 기능에 대한 증거를 얻기 위한 연구를 수행하고 있다.

최근 세포에 존재하는 많은 다양한 RNA 분자 집단이 유전자 발현 조절에 중요한 역할을 수행한다는 것이 밝혀지고 있다. mRNA가 단백질을 암호화한다는 이유로 세포에서 기능하는 가장 중요한 RNA라는 오래된 견해는 분명히 수정되어야 한다. 즉 생물학계에서는 중요한 사고의 변화가 일어난 것이다. 지금부터 비암호화 RNA에 대해 학습해 보자.

마이크로 RNA와 소형 간섭 RNA가 mRNA에 주는 영향

비암호화 RNA는 mRNA 번역 및 염색질 변형을 포함하여 여러 단계에 작용하여 유전자 발현을 조절한다. 두 종류의 작은 비암호화 RNA에 대해 살펴볼 것인데, 2006년 노벨 생리의학상 수상을 통해 이들 RNA의 발견과 중요성이 알려지게 되었다.

1993년부터 많은 연구를 통하여 mRNA의 염기서열에 상보적으로 결합할 수 있는 **마이크로 RNA(microRNA, miRNA)**라 불리는 소형 단일가닥 RNA 분자를 발견하였다. 긴 RNA 전구체는 여러 효소에 의해 가공되어 약 22개 뉴클레오타이드로 구성된 단일가닥 RNA인 miRNA를 형성한 후, 하나 이상의 단백질과 복합체를 이룬다(그림 12.13). miRNA는 복합체를 7~8 뉴클레오타이드의 상보적인 서열을 지닌 mRNA 분자에 결합할 수 있게 한다. 이어서 miRNA-단백질 복합체는 표적 mRNA를 분해시키거나 이의 번역을 억제한다. 인간 유전체에서 발현되는 유전자의 최소한 절반은 miRNA에 의해 조절될 것으로 추정하고 있는데, 이는 불

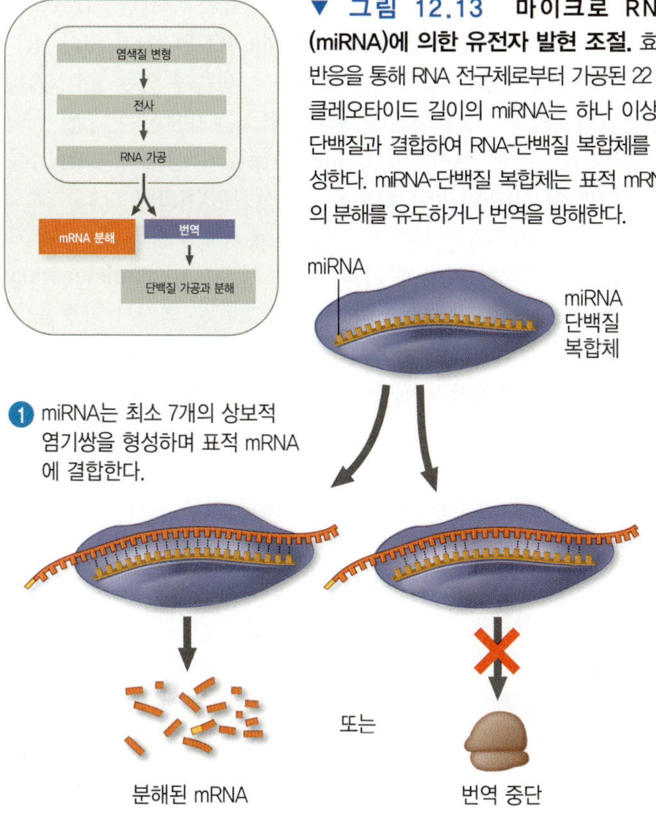

▼ **그림 12.13 마이크로 RNA (miRNA)에 의한 유전자 발현 조절.** 효소 반응을 통해 RNA 전구체로부터 가공된 22 뉴클레오타이드 길이의 miRNA는 하나 이상의 단백질과 결합하여 RNA-단백질 복합체를 형성한다. miRNA-단백질 복합체는 표적 mRNA의 분해를 유도하거나 번역을 방해한다.

과 25년 전만 하더라도 miRNA의 존재가 알려지지 않았음을 감안하면 놀랄 만한 것이다.

다른 종류의 작은 RNA로는 **소형 간섭 RNA(small interfering RNA, siRNA)**가 있다. 소형 간섭 RNA는 miRNA와 크기 및 기능면에서 유사하며, 동일한 단백질들과 결합하여 유사한 효과를 나타낸다는 사실이 확인되었다. 만일 세포에 siRNA 전구체 분자를 주입하면, 세포내 기구가 siRNA를 가공하여 상보적 서열을 지닌 유전자의 발현을 억제하게 된다. 이러한 기작은 miRNA가 작동하는 방식과 유사하다. miRNA와 siRNA의 차이점은 각각의 전구체 분자인 이중 가닥 RNA의 구조가 약간 다르다는 점이다. siRNA에 의한 유전자의 발현 억제 현상을 **RNA 간섭(RNA interference, RNAi)**이라 하며, 실험실에서 특정 유전자의 기능을 억제하여 기능을 분석하는 연구에 주로 사용된다.

진화 RNAi 경로는 어떻게 진화했을까? 몇몇 바이러스는 이중 가닥 RNA 유전체를 지니고 있다. 세포내 RNAi 경로는 이중 가닥 RNA에서 발견되는 서열과 상보적인 서열을 지닌 RNA의 분해를 유도할 수 있기 때문에, 이러한 기작은 바이러스 감염에 대한 자연적인 방어 기작의 하나로 진화되었을 것이라 생각된다. 그러나 RNAi 경로가 비바이러스성 세포내 유전자들의 발현에도 영향력을 행사한다는 사실은 RNAi 경로에 대한 또 다른 진화적 기원이 있음을 암시한다. 더군다나 포유류를 포함한 많은 종들은 자체적으로 긴 이중 가닥 RNA 전구체를 이용하여 siRNA와 같은 소형 RNA를 생산한다. 다음에 논의하겠지만, 일단 생산된 이러한 RNA들은 번역 이외의 단계에서도 유전자 발현을 방해할 수 있다.

비암호화 RNA에 의한 염색질 리모델링과 전사 조절

소형 RNA는 mRNA에 영향력을 행사할 뿐만 아니라 염색질 구조의 변형도 일으킨다. 세포주기의 S기에 동원체 부분의 DNA는 복제 과정 동안 느슨한 구조로 있다가 유사분열이 시작될 때 이질염색질 형태로 응축되어야 한다. 일부 효모에서 siRNA는 효모 염색체의 동원체 부분을 이질염색질로 응축하는 데 필요한 것으로 알려져 있다. 정확하게 어떤 과정이 일어나는지는 여전히 논쟁 중이지만, 연구자들은 다음의 모델에 동의하고 있다: siRNA 시스템은 다른 비암호화 RNA와 상호작용하며, 염색질-변형 효소와도 상호작용하여 동원체 염색질을 이질염색질로 응축시킨다. 대부분의 포유류 세포에서 동원체 응축에 관련된 siRNA는 발견되지 않았으며 동원체 응축 기작도 아직 밝혀져 있지 않다. 그러나 다른 종류의 작은 비암호화 RNA가 관여할 것으로 추정된다.

개념 12.4

연구를 통해 특정 유전자의 발현을 분석할 수 있다

유전자 발현 조절의 다양한 기작에는 하나의 기본 원리가 내재되어 있는데, 다세포 생물의 세포는 동일한 유전체를 지니지만 서로 발현하는 유전자가 다르기 때문에 그 구조와 기능도 다르다는 것이다. 즉 다세포 생물을 구성하는 여러 종류의 세포, 암 세포, 배아 발생 동안 나타나는 조직의 특성을 이해하기 위해서는 각 세포에서 발현하는 유전자를 규명해야 한다. 이를 위한 가장 직접적인 방법은 각 세포에서 합성되는 mRNA의 종류를 알아내는 것이다. mRNA의 발현을 분석하는 여러 유전공학 기술과 방법이 개발되었고, 이 장에서는 특정 유전자의 발현 양상을 개별적으로 분석하는 방법을 먼저 살펴볼 것이다. 또한 관심 있는 세포나 조직에서 발현하는 유전자 집단을 대량으로 분석하는 기술도 알아볼 것이다. 유전자 발현 분석 기술에는 보통 상보적 염기서열간의 결합 원리를 이용하는 경우가 많다.

개별 유전자의 발현 분석

초파리의 배아 발생 과정 동안 중요하게 작용하는 유전자를 찾았다고 가정하자. 가장 먼저 알고 싶은 것은 이 유전자가 배아의 어느 세포에서 발현하는가, 즉 배아의 어느 부위에 해당 mRNA가 존재하는가이다. **핵산 혼성화(nucleic acid hybridization)**는 한 가닥의 핵산 서열과 다른 가닥의 상보적 서열 간의 염기쌍 형성을 이용한 기술로 mRNA를 탐지할 수 있다. 상보적 서열을 지닌 짧은 단일가닥의 DNA 혹은 RNA를 **핵산 탐침(nucleic acid probe)** 이라 하며, 클로닝한 유전자를 주형으로 하여 mRNA에 상보적인 탐침을 합성할 수 있다. 예를 들어, mRNA의 서열 일부가

5′ ···CUCAUCACCGGC··· 3′

라면, 단일가닥의 DNA 탐침인

3′ GAGTAGTGGCCG 5′

를 합성한다. 탐침의 합성 과정에서 형광 표식을 이용하여 표지함으로써 탐침의 위치를 추적할 수 있다. 초파리의 배아에 표지된 탐침을 반응시키면, 탐침은 초파리의 배아 세포에서 전사된 많은 종류의 mRNA 중에서 상보적으로 결합할 수 있는 서열에 작용하여 결합할 것이다(그림 12.14). 이 기술은 온전한 생물체에서 mRNA의 존재와 위치를 파악할 수 있기 때문에, **제자리 혼성화(*in situ* hybridization)**라 부른다. 서로 다른 서열을 지닌 탐침은 각각 다른 형광 표식으로 표지할 수 있기 때문에, 종종 아주 아름다운 결과 사진을 얻기도 한다(그림 12.14).

여러 세포 유형이나 배아 발생의 여러 단계에서와 같이 여러 샘플에서 동시에 특정 mRNA의 양을 비교할 경우에 주로 사용되는 실험 기술 중 하나로 **역전사-중합효소 연쇄반응(reverse transcriptase-polymerase chain reaction, RT-PCR)**이 있다. RT-PCR에서는 우선 역전사효소를 이용하여 샘플에 있는 mRNA를 이중 가닥 DNA로 전환시킨다. 역전사효소는 1980년대 후반에 레트로바이러스에서 발견되었고, mRNA로부터 상보적인 DNA를 합성하여 **역전사체**(reverse transcript)를 생산한다(그림 12.15). 효소 반응을 통해 mRNA를 분해시키고, DNA 중합효소는 두 번째 가닥의 DNA를 합성하여 이중 가닥의 **상보성 DNA(complementary DNA, cDNA)**를 형성한다. RT-PCR에서 "RT"는 역전사 과정을 의미한다. 예를 들어 초파리의 특정 유전자가 발현되는 시기를 분석할 경우, 우선 초파리 배아 발생 단계별로 mRNA를 분리하여 cDNA를 합성한다.

RT-PCR의 다음 단계는 PCR 과정으로, 특정 서열에 상보적으로 결합하는 한 쌍의 프라이머를 이용하여 이중 가닥 DNA의 해당 서열을 빠르게 증폭하는 것이다. 즉 현재의 실험 예의 경우, 각 발생 단계 배아에서 합성한 cDNA를 주형으로 이용하여 초파리의 특정 유전자 서열에 결합하는 프라이머를 첨가하여 PCR 반응을 진행시킨다. 반응 산물을 젤에 전기영동하게 되면, 해당 유전자의 mRNA가 존재했던 샘플에서만 증폭된 DNA가 밴드 형태로 나타날 것이다. 최근 이중 가닥 PCR 산물에 결합할 때만 형광을 나타

노란 탐침은 분비성 신호 단백질을 암호화하는 *wingless* 유전자(*wg*)를 발현하는 세포에서 해당 mRNA와 혼성화된다.

파란 탐침은 전사인자를 암호화하는 *engratled*(*en*) 유전자를 발현하는 세포에서 해당 mRNA와 혼성화된다.

3′ UAACGGUUCCAGC 5′
5′ AUUGCCAAGGUCG 3′
wg mRNA

3′ CUCAAGUUGCUCU 5′
5′ GAGUUCAACGAGA 3′
en mRNA

wg 유전자를 발현하는 세포

en 유전자를 발현하는 세포

머리 가슴 배

50 μm

▲ **그림 12.14 제자리 혼성화 기술을 통한 유전자의 발현 양상 분석.** 초파리의 배아를 서로 다른 5 종류의 mRNA에 대한 탐침을 지닌 용액에서 혼성화 반응시킨다. 각 탐침은 서로 다른 색의 형광 물질로 표지되어 있다. 배아를 형광 현미경에서 관찰하면, 각 유전자의 mRNA가 어느 세포에서 발현하는지를 알 수 있다. 사진의 노란색과 파란색 세포를 확대하여 나타낸 화살표 그림은 특정 mRNA와 탐침 서열 간의 혼성화 반응을 보여준다.

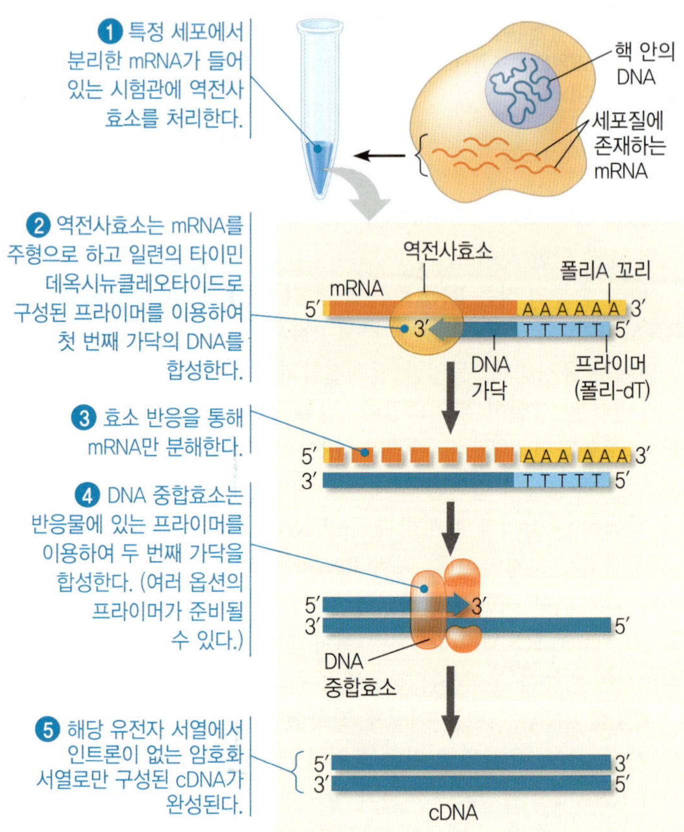

▲ **그림 12.15 진핵생물의 유전자에 대한 상보성 DNA(cDNA) 합성.** mRNA를 주형으로 하여 시험관 내에서 상보성 DNA를 합성한다. 그림에서는 한 종류의 mRNA만을 나타내었지만, 실제 반응에서는 세포에 존재하는 모든 mRNA에 대한 cDNA를 합성할 수 있다.

내는 형광 물질을 이용하여 새로운 PCR 장비에서 PCR 산물의 양을 측정할 수 있다. 이러한 방식은 전기영동하여 분석하는 과정을 생략할 수 있으며, 비교적 정확한 정량 데이터를 얻을 수 있으므로 상당히 편리하다. RT-PCR 실험은 특정 mRNA가 어떤 조직에서 발현하는가를 알아보기 위해 다양한 조직에서 얻은 mRNA를 대상으로 진행할 수도 있다.

여러 유전자군의 발현 분석

기능적인 생물체가 형성되고 유지되기 위해 유전자들이 어떤 방식으로 함께 작용하는가를 이해하는 것은 매우 중요하다. 현재 많은 생명체들의 유전체 서열이 분석되었고, 한 번에 많은 유전자군들을 체계적으로 분석하는 것이 가능하다. 서로 다른 조직에서 혹은 발생 단계별로 어떤 유전자가 발현하는지를 조사하기 위해 전체 유전체 정보를 사용할 수 있다. 즉 전체 유전체를 대상으로 유전자 발현 네트워크를 규명하는 것이 연구의 주요 목표가 된 것이다.

유전체 수준의 발현 분석은 **DNA 미세배열 분석(DNA microarray assay)** 방법을 통해 진행한다. DNA 미세배열은 다양한 유전자 서열에 해당하는 수많은 종류의 단일가닥 DNA를 작은 공간의 유리판 위에 소량 일정한 순서로 부착시켜 놓은 것이다. (미세배열은 컴퓨터 칩과 유사하여 DNA 칩이라고도 부른다.) 미세배열에 포함된 단일가닥 DNA는 한 생물체의 유전체에 존재하는 모든 유전자를 대상으로 한다.

미세배열이 분석 과정을 살펴보면, 우선 연구 대상 세포에서 mRNA를 분리한 후, 이를 주형으로 하여 역전사 과정을 통해 cDNA를 합성한다. 합성된 cDNA는 형광 물질로 표지하며, 미세배열 유리판의 DNA와 혼성화 반응이 일어나도록 한다. 이 때 서로 다른 두 샘플에서 얻은 cDNA를 각각 다른 색을 지닌 형광 물질로 표지하여 동일한 미세배열에 적용하게 되면, 두 조직에서 발현하는 유전자 집단을 유전체 내에서 서로 비교해 볼 수 있게 된다(그림 12.16). 미세배열 분석은 DNA 공학 기술로 자동화되어 비교적 용이하게 대량으로 수행할 수 있다. 또한 현재 수천 개의 유전자들의 발현을 한번에 분석할 수 있게 되었다.

유전체의 발현을 분석하는 또 다른 방법은 빠르고 값싼 DNA 서열 분석 방법을 이용하여 여러 조직 혹은 여러 발생 단계에서 얻은 cDNA 샘플을 단순히 서열 분석하는 것이다. 물론 실제적으로 서열 분석하는 대상은 cDNA이지만, 이러한 분석 방법을 **RNA 서열 분석**(RNA sequencing 혹은 RNA-seq)이라 한다. 염기서열분석 가격이 낮아짐에 따라 이 방법은 점점 보편화되고 있다.

특정 조직에서만 함께 발현하는 유전자 집단을 분석함으로써, 유전체 수준의 발현 분석 연구는 질병의 원인 기작을 밝히고 새로운 진단 및 치료 기술을 개발하는 데 도움을 줄 것이다. 예를 들어, 유방암 조직과 정상 조직에서 발현하는 유전자를 비교 분석하여 이미 유용하고 효과적인 치료 기술을 개발한 바 있다. 궁극적으로 유전체 수준의 연구는 유전자들이 어떻게 상호작용하여 생명체를 형성하고 생명 활동을 수행하는지를 전체적 시각에서 분석하는 것이다. 배아 발생 혹은 질병에 관련한 유전자에 대해서는 다음 장에서 알아보기로 하자.

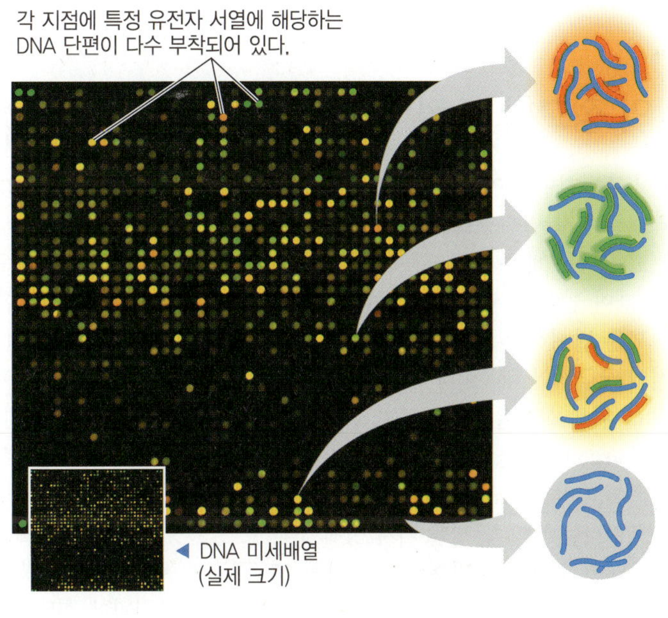

▶ 그림 12.16 **DNA 미세배열이 기술을 이용한 유전자 발현 분석.** 두 종류의 사람 조직에서 분리한 mRNA로부터 각각 서로 다른 형광 물질로 표지한 cDNA를 합성하였다. 사람의 유전자 5,760 종류(사람 전체 유전자의 약 25%)가 배열된 미세배열에 두 종류의 cDNA를 혼성화 반응시켜 얻은 결과를 그림에 나타내었다. 각 지점에서 형광색의 강도는 두 샘플에서 해당 유전자의 상대적 발현량을 나타낸다. 붉은색은 한 종류의 샘플에서만 발현, 녹색은 다른 샘플에서만 발현, 노란색은 두 샘플에서 모두 비슷한 양으로 발현, 검은색은 두 샘플에서 모두 발현하지 않음을 의미한다.

CHAPTER

13 발생, 줄기세포, 암

▲ **그림 13.1** 초파리 배아의 발생 동안 무엇이 유전자 발현 패턴을 정확하게 조절할까?

핵심 개념

13.1 다세포 생물에서 차등적 유전자 발현 프로그램을 통해 다양한 종류의 세포가 형성된다

13.2 생물체의 복제 기술은 분화된 세포의 "재프로그래밍"을 가능하게 하며, 궁극적으로 줄기세포를 생산할 수 있게 한다

13.3 암은 세포주기를 조절하는 유전자의 돌연변이에 의해 발생한다

생명체 발생 과정의 정교한 조절

하나의 세포인 수정란에서 출발하여 배아, 성체로 발생하는 과정은 정교하게 조절되는 유전자 발현 프로그램에 따라 이루어지는 놀랄만한 변화이다. 12장에서 배운 진핵생물의 다양한 유전자 발현 조절 단계는 모두 배아 발생 과정 동안 작동한다. 서로 다른 세포에서 발현하거나 혹은 발현하지 않는 유전자들을 파악하는 것이 유전자 발현 조절의 궁극적인 내용이다.

발생 과정의 유전적 이해를 위해 실험실에서 기르기 쉽고 실험에 용이한 **모델 생명체(model organism)**를 대상으로 연구가 진행되어 왔으며, 대표적 예는 노랑초파리인 *Drosophila melanogaster*이다. 초파리의 수정란은 유생이라는 벌레 단계를 거쳐 성체 초파리로 발생한다. 모든 발생 단계에서 유전자 발현은 정교하게 조절되는데, 정확한 시기에 정확한 장소에서 해당 유전자가 발현하게 된다. **그림 13.1**의 배아는 제자리 혼성화 기술(그림 12.14)을 통해 세 종류의 유전자에 대한 mRNA를 분석한 것으로, 빨강, 파랑, 초록의 색은 서로 다른 유전자의 mRNA를 의미한다(빨강과 초록의 혼합은 노랑으로 보이며, 빨강과 파랑의 혼합은 보라색으로 보인다). 각 유전자의 발현 양상은 동일한 발생 단계의 모든 배아에서 동일하며, 유전자 발현 조절의 정확성을 알려준다. 그런데 이러한 유전자 발현 양상을 조절하는 분자 기작은 무엇일까? 어떤 특정 유전자가 파란색이나 보라색으로 보이는 수백 개의 세포에서만 발현하고 다른 세포에서는 발현하지 않는 이유는 무엇일까?

위 질문에 대한 해답은 12장에서 배운 전사인자와 여러 조절 분자로 일부분 설명할 수 있다. 그러나 서로 다른 세포에 어떻게 서로 다른 전사인자와 조절 분자가 존재하는지에 대해서는 여전히 궁금하다. 이 장에서는 우선 각 세포의 운명을 결정짓는 유전적 경로가 어떻게 설정되는지에 대해 자세히 살펴볼 것이다. 또한 초파리의 발생 과정을 조절하는 유전자 발현 프로그램에 대해 알아볼 것이다. 다음으로, 발생 과정에서 중요하게 다루는 핵심 세포인 줄기세포에 대해 알아볼 것이다. 줄기세포는 현재 질병 치료 및 의료 전반에 희망을 제공하고 있다. 마지막으로 유전자 발현 조절의 중요성과 연계하여 암이 발생하는 과정에서 유전자 발현 조절의 이상을 살펴볼 것이다. 모든 세포는 정확하고 정교한 유전자 발현의 통합적 조절을 통해 정상적인 생명 활동을 수행한다.

개념 13.1

다세포 생물에서 차등적 유전자 발현 프로그램을 통해 다양한 종류의 세포가 형성된다

다세포 생물의 배아 발생 과정에서, 수정란(접합자)으로부터 각각 서로 다른 구조와 독특한 기능을 지니는 다양한 유형의 세포들이 형성된다. 세포는 전형적으로 조직을 이루고 조직은 기관을, 기관은 기관계를, 그리고 기관계는 온전한 개체를 이룬다. 따라서 모든 발생 프로그램은 독특한 양식에 따라 3차원적으로 고도의 구조를 이루는 서로 다른 유형의 세포를 만들어야 한다. 이 장에서는 몇 종의 동물을 예로 들어 발생을 지휘하는 유전자 발현의 조절 프로그램에 대해 알아본다.

배아 발생의 유전적 프로그램

그림 13.2에 나타낸 사진은 개구리 접합자(수정란)와 이로부터 생겨난 올챙이 사이의 확연한 차이점을 보여주고 있다. 이러한 괄목할 만한 전환은 세포분열, 세포 분화 및 형태 형성이라는 연관된 세 가지 과정에 의해 나타난다. 연속적인 유사분열을 통하여 접합자는 많은 수의 세포를 만들어 낸다. 그러나 세포분열 자체는 단지 동일한 세포 군집만을 만들 뿐이지 올챙이를 만들어 내지는 못한다. 배아 발생 동안 세포는 숫자만 늘어나는 것이 아니라 세포의 구조와 기능면에서 특수화되는 과정인 세포 **분화(differentiation)**를 거치게 된다. 더구나 다양한 유형의 세포들은 무작위로 분포하는 것이 아니라 특정의 3차원적 구조상에서 조직과 기관으로 조직화되어 있다. 한 개체의 형태를 만드는 물리적인 과정을 **형태형성(morphogenesis)**이라 하며, 이는 생명체의 형태와 구조를 발생시킨다는 의미이다.

세 가지 과정 모두 세포 행동에 기반을 두고 있다. 개체의 모양을 갖추는 형태형성에서도 배아의 여러 영역을 구성하는 세포의 형태, 이동성 및 다양한 특성에 변화가 나타난다. 이미 살펴보았듯이, 세포의 활성은 발현하는 유전자와 이로부터 만들어지는 단백질에 의존한다. 한 개체에 존재하는 거의 모든 세포는 동일한 유전체를 지니고 있으나, 각 세포 유형에서 조절을 통해 차등적 유전자 발현이 나타난다.

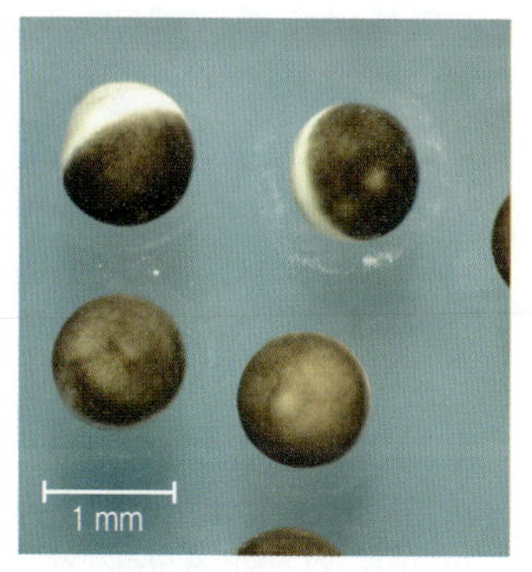

(a) 수정된 개구리알

(b) 새롭게 부화된 올챙이

▲ **그림 13.2 수정란에서 성체 동물까지: 4일 동안에 생겨난 엄청난 차이.** (a)에 나타낸 개구리 수정란이 세포분열, 분화, 형태형성을 통해 (b)에 나타낸 것과 같은 올챙이로 변형되는데 단지 4일이 소요된다.

그림 12.11에서 서로 다른 두 세포 유형인 간과 렌즈 세포에서 어떻게 차등적 유전자 발현이 일어나는지에 대한 간단히 살펴본 바 있다. 이와 같이 완전히 분화된 세포들은 각각 일련의 유전자 집단을 발현시키는 특정 활성자들의 독특한 군집을 가지고 세포에 필요한 단백질들을 만들어 낸다. 두 종류의 세포가 하나의 공통된 수정란으로부터 연속적인 유사분열을 통해 생겨난다는 사실은 필연적으로 다음과 같은 의문점을 제기한다. 어떻게 서로 다른 활성자의 군집이 두 세포에 존재하게 되는가?

난자에 축적된 모계에서 기원한 물질들은 세포가 분열함에 따라 순차적인 유전자 발현 조절 프로그램을 가동시키고, 이 프로그램은 배아 발생 동안 상호 조절된 양상으로 세포의 분화를 조정한다. 세포 분화 과정을 알기 위해서 우리는 기본적인 두 가지 발생 과정을 살펴볼 것이다. 첫째, 초기 배아의 유사분열을 통해 생겨난 세포들이 어떻게 각자의 분화 경로로 갈 수 있도록 차이를 만들어 내는지에 대해 알아볼 것이다. 두 번째, 근육 발생 과정을 예로 들어 세포 분화가 특정 세포 유형을 어떻게 유도하는지 살펴볼 것이다.

세포질 결정인자와 유도 신호

초기 배아의 세포에 나타나는 첫 번째 차이는 어떻게 만들어질까? 발생 과정을 통해 나타나는 모든 다양한 세포 유형의 분화는 어떻게 조절될까? 12장을 공부한 이 시점에서 답을 추론할 수 있을 것이다. 즉 발생 중인 개체의 각 세포에서 발현하는 특정 유전자들이 세포의 행보를 결정한다. 여러 종에서 세포는 두 가지 정보를 이용하여 배아 발생 과정의 특정 시기에 어떤 유전자를 발현할지 결정한다.

초기 발생 과정에 중요한 첫 번째 정보는 난자의 세포질에 존재하는 모계 세포로부터 온 RNA와 단백질이다. 미수정란의 세포질은 균일하지 않다. 미수정란에서 mRNA, 단백질, 그 외의 다른 물질들 및 세포소기관은 균일하지 않게 분포하고 있으며, 이러한 물질의 편재는 많은 종에서 배아의 발생에 매우 중요한 영향을 미친다. 초기 발생 과정에 영향을 미치는 난자의 모계 기원 물질들을 **세포질 결정인자(cytoplasmic determinant)**라 부른다(그림 13.3a). 수정 후 접합자의 세포질은 유사분열에 의해 분리되어 두 개의 세포에 나누어지게 된다. 따라서 이 두 세포의 핵은 접합자의 어느 세포질 부분을 받느냐에 따라 서로 다른 세포질 결정인자들에 노출된다. 각 세포에 존재하는 세포질 결정인자들의 조합은 세포분화 과정 중에 유전자 발현을 조절함으로써 발생의 운명을 결정하는 데 영향을 미친다.

또 하나의 중요한 발생 정보는 세포 주변의 환경인데, 이는 배아의 세포수가 증가함에 따라 그 중요성도 증가하게 된다. 하나의 배아 세포에 가장 영향력이 있는 것은 이웃한 세포로부터 주어지는 신호이며, 이웃한 세포의 세포 표면 물질과의 접촉 및 이웃한 세포가 분비한 생장인자와의 결합이 이에 포함된다. 이러한 환경 신호들은 표적 세포를 변화시키는데, 이 과정을 **유도(induction)**라고 한다(그림 13.3b). 표적 세포 내로 이러한 신호들을 전달하는 분자는 세포 표면 수용체와 여러 신호전달 단백질들이다. 일반적으로 신호 물질들은 유전자 발현을 변화시켜 특정 발생 경로로 유도하며, 결국 가시적인 세포 변화를 가져온다. 따라서 배아 세포들 간의 상호작용에 의해 분화가 유도되어 새로운 개체를 구성하는 많은 유형의 세포들이 형성된다.

▼ **그림 13.3 초기 배아에 나타나는 발생 정보**

(a) 난자에 존재하는 세포질 결정인자

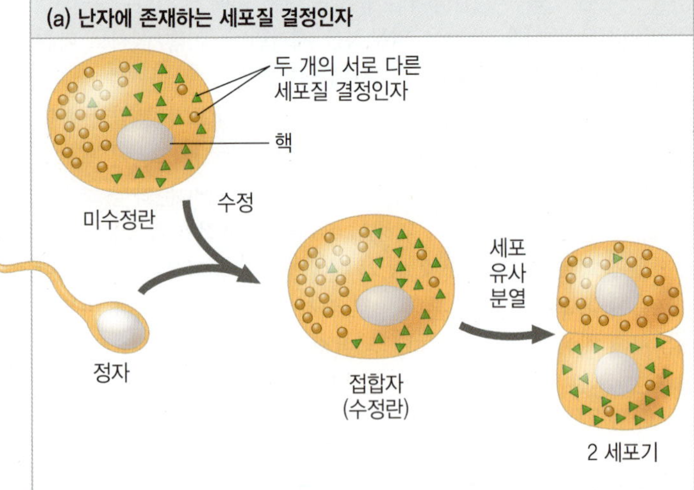

미수정란의 세포질 내부에는 어미의 유전자로부터 기원한 발생에 영향을 미치는 물질들이 축적되어 있다. 이러한 세포질 결정인자들은 그림에 나타난 2개의 인자와 같이 난자에 불균등하게 분포한다. 배아의 세포 핵은 수정과 유사분열 후에 서로 다른 세포질 결정인자군들에 노출되어 결국 서로 다른 유전자들을 발현시킨다.

(b) 이웃 세포에 의한 유도

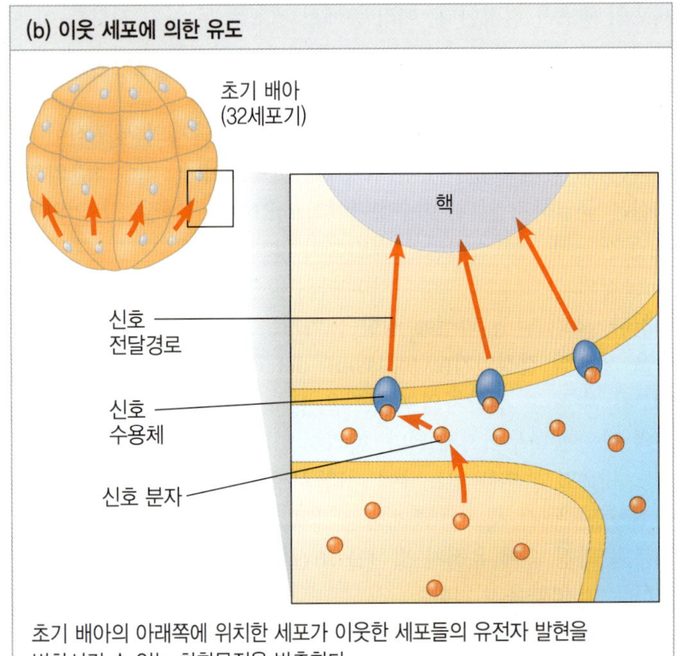

초기 배아의 아래쪽에 위치한 세포가 이웃한 세포들의 유전자 발현을 변화시킬 수 있는 화학물질을 방출한다.

세포 분화 과정에서 순차적 유전자 발현 조절

분화 경로를 설정하는 첫 번째 변화는 미미한 것으로서 단지 분자 수준에서만 나타난다. 생명과학자들은 배아에서 일어나는 분자적 변화에 대해 잘 알기도 전에, 배아 세포가 특정 세포로 비가역적인 변화가 일어나는 시점을 설명하기 위해 **결정(determination)**이란 용어를 사용하였다. 배아 세포는 일단 결정을 거치면 운명이 정해지므로, 실험적으로 배아의 다른 장소로 옮겨놓더라도, 이 세포는 운명 지어진 세포 유형으로 분화한다. 따라서 분화는 세포가 자신의 결정된 운명을 획득하는 과정이라 할 수 있다. 배아의 조직과 기관이 발생함에 따라 각 세포는 분화되어 구조와 기능 면에서 점점 눈에 띄게 차이를 보인다.

세포 유형의 분화

오늘날 세포의 운명 결정은 분자적 수준에서 이해되고 있다. 결정의 결과물인 가시적인 세포 분화는 **조직 특이적 단백질(tissue-specific protein)**에 해당하는 유전자의 발현에 기인한다. 조직 특이적 단백질들은 특정 세포 유형에서만 발현되며, 세포에 특징적 구조와 기능을 부여한다. 조직 특이적 단백질에 대한 mRNA의 출현이 분화의 최초 증거이다. 결국 분화는 세포 구조의 변화이며, 현미경으로 관찰이 가능하다. 전구세포로부터 새로운 세포가 만들어짐에 따라 분자 수준에서 서로 다른 유전자군이 조절된 방식으로 순서에 맞추어 발현된다. 분화 과정 동안 유전자 발현은 여러 단계에서 조절되며, 그 중 전사 조절이 가장 중요하게 작용한다. 완전히 분화된 세포에서, 전사는 적절한 유전자 발현을 유지하는 데 있어서 중요한 조절점으로 작용한다.

분화된 세포는 조직 특이적 단백질을 만드는 특화된 세포이다. 예를 들어, 간 세포는 전사 조절을 통하여 알부민을 만드는 데 특화되어 있고, 렌즈 세포는 크리스탈린을 만드는 데 특화되어 있다(그림 12.11). 척추동물의 골격근 세포 역시 다른 좋은 예이다. 골격근 세포 각각은 하나의 세포질에 여러 개의 핵을 지니고 있는 긴 섬유이다. 골격근 세포는 근육 특이적인 수축성 단백질인 마이오신과 액틴은 물론 신경세포로부터 신호를 감지하는 막성 수용체 단백질을 많이 지니고 있다.

근육세포는 배아 전구세포로부터 발생되는데, 배아 전구세포는 연골세포와 지방세포를 포함하여 다양한 유형의 세포들을 발생시킬 수 있는 능력을 지니지만 특정 조건에서는 근육세포로 분화된다. 운명이 결정된 세포의 변화를 현미경 하에서 관찰할 수는 없지만, 이 세포는 이미 **근원세포(myoblast)**로 결정된 것이다. 결국 근원세포는 근육-특이적 단백질을 많이 생산하기 시작하고, 세포 간에 서로 융합함으로써 길쭉하고 핵을 여러 개 지닌 성숙된 골격근 세포가 된다.

과학자들은 근육세포의 결정 과정 동안 분자 수준에서 일어나는 현상을 연구하였다. 배아 전구세포를 배양하고 분자생물학 기

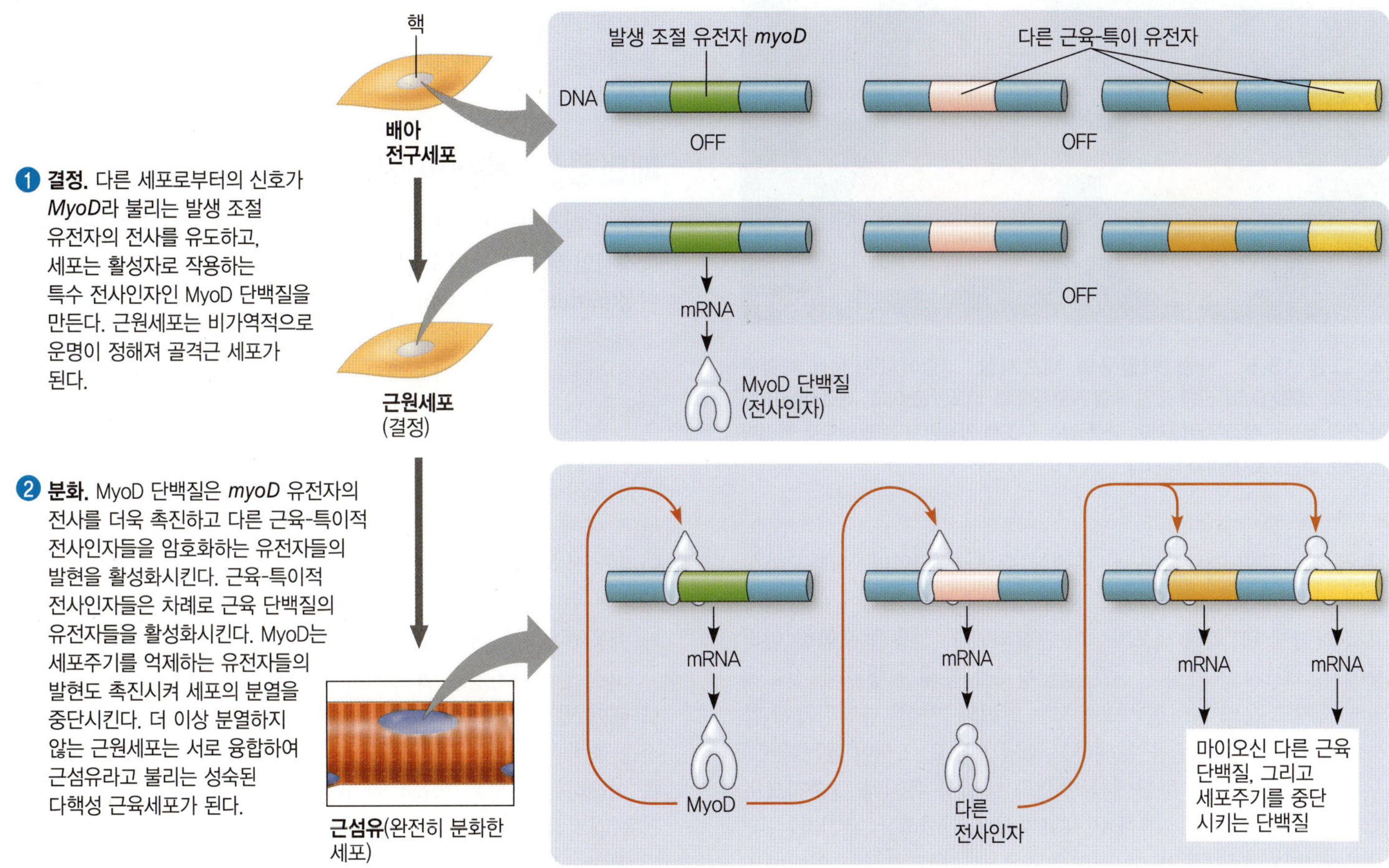

▲ **그림 13.4 근육세포의 결정과 분화.** 골격근 세포는 배아 세포로부터 유전자 발현의 변화를 통해 만들어진다. (이 그림에서는 유전자 활성화 과정이 극도로 단순화되어 있다.)

술들을 이용하여 일련의 실험을 진행하였다. 여러 유전자를 하나씩 각각의 전구세포에 개별적으로 발현시켜 전구세포가 근육세포로 분화하는지를 관찰한 결과, 소위 "발생 조절 유전자(master regulatory gene)"라 부르는 여러 개의 유전자를 규명하게 되었다. 이 유전자들의 단백질 산물은 세포의 운명을 결정하여 골격근 세포로 만든다. 따라서 근육세포의 경우 하나 이상의 발생 조절 유전자들의 발현이 결정 과정의 분자적 기반을 제공한다.

근육세포로의 분화 과정에서 운명 결정이 어떻게 일어나는지를 자세히 이해하기 위하여 *myoD*라 불리는 발생 조절 유전자에 초점을 맞추어 보자(**그림 13.4**). MyoD 단백질은 전사인자로 다양한 표적 유전자의 증폭자에 존재하는 특정 조절요소에 결합하여 이들의 발현을 촉진한다(그림 12.9). MyoD 단백질의 표적 유전자 중 일부는 다른 종류의 근육-특이 전사인자를 암호화하고 있다. MyoD는 *myoD* 유전자 자체의 발현을 촉진하는 양성되먹임 조절의 한 예로, MyoD 단백질의 지속적 생산으로 분화된 세포 상태를 유지시킨다. MyoD에 의해 전사가 촉진되는 모든 유전자들은 MyoD 단백질이 인식하여 결합하는 증폭자 조절요소를 지니고 있어서 통합적으로 발현 조절되는 것이다. 마지막으로 2차 전사인자들이 골격근 세포의 특성을 나타내는 마이오신 및 액틴과 같은 단백질의 유전자들을 활성화시킨다. MyoD 단백질은 발생 조절 유전자라는 이름에 맞는 역할을 수행한다.

세포자살: 예정 세포사

대부분의 세포가 분화해 가는 과정 동안, 일부 세포는 예정 세포사를 맞이한다. 가장 잘 연구된 "예정 세포사"의 과정이 **세포자살(apoptosis)**이다. (세포자살은 그리스어로 "떨어진다"는 뜻이며, 낙엽이 지는 것을 의미한다.) 세포자살은 성체에서도 일어나며, 감염된, 손상된, 혹은 수명이 다한 세포에서 나타난다. 세포자살 과정 동안, 세포 기구가 DNA를 분해하며 세포소기관 및 세포내 구성 성분을 해체한다. 세포자살이 일어난 세포는 물집 잡힌 것처럼 세포가 여러 갈래로 나뉘게 되고(**그림 13.5**), 세포의 각 부분들이 소낭 형태로 분리된다. 식세포는 세포자살이 일어난 세포를 흔적 없이 처리한다. 죽어가는 세포는 여러 소화효소와 더불어 세포내 물질들을 주변 환경에 쏟아 내기 때문에 주위 세포가 손상받을 수 있는데, 세포자살은 이러한 손상으로부터 정상 세포를 보호한다.

세포자살은 발생 중인 배아에서 중요하게 작용한다. 세포자살 과정의 분자적 기작은 예쁜꼬마선충(*Caenorhabditis elegans*)이라는 모델 생물체의 배아 발생 과정을 연구하면서 자세히 알려지게 되었다. 성체 선충은 약 천여 개의 세포로 구성되는데, 연구자들은

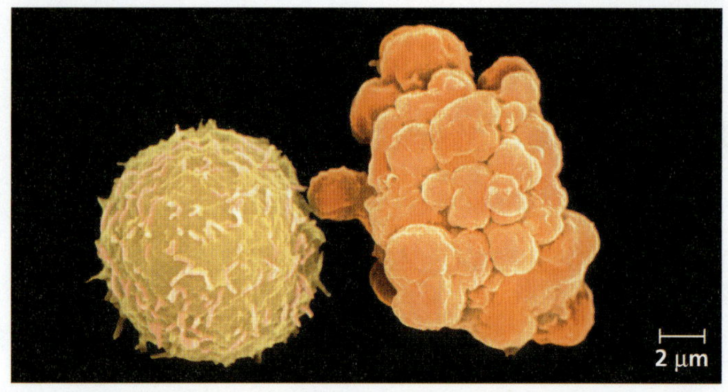

▲ **그림 13.5 사람 백혈구의 세포자살.** 그림에서는 정상 백혈구(왼쪽)와 세포자살이 진행 중인 백혈구(오른쪽)를 비교한 것이다. 세포자살이 진행 중인 세포는 쭈글쭈글해지며, 거품 같은 구조를 만들면서 결국 막으로 둘러싸인 작은 절편으로 떨어져 나간다.

각 세포의 분화 경로를 모두 추적할 수 있게 되었다. 예쁜꼬마선충의 발생 과정 동안 각 세포 분화 경로의 특정 지점에서 동일하고 정확하게 131회의 세포자살이 관찰되었다. 선충을 포함한 여러 종에서, 세포자살 과정은 신호전달 경로를 통해 진행된다. 신호에 의해 죽기로 운명 지어진 세포에서는 일련의 "자살" 단백질들이 활성화되어, 세포내 물질을 분해하고 소낭 형태로 쪼개어 담는다.

세포자살은 모든 동물에서 발생과 항상성 유지에 필수적으로 작용한다. 선충과 포유류에서 세포자살에 관여하는 유전자는 유사하며, 다세포 균류와 단세포 효모에서도 세포자살이 일어나는 것으로 보아 진핵생물의 진화에서 세포자살은 초기에 나타난 기본 기작인 것으로 추정된다. 척추동물에서 신경계의 정상 발생, 사람의 손과 발의 형태형성, 여러 포유류의 발가락 형성 등에서 세포자살은 필수적으로 작용한다(그림 13.6). 발가락의 발생 과정에서 물갈퀴가 있는 오리나 수서 조류는 닭과 같이 물갈퀴가 없는 육상 조류에 비해 세포자살이 덜 일어난다. 사람의 경우 적절한 세포자살이 일어나지 않으면, 붙은 손가락 혹은 발가락이 형성될 수 있다.

수정란에서 활성화되는 다양한 유전자 발현 프로그램에 의해 세포 및 조직의 분화뿐 아니라 일부 세포의 죽음도 일어난다. 분화 과정 동안 생명체의 몸체가 3차원적인 배열을 설정하고 형태를 형성해야만 조직과 기관이 기능할 수 있게 된다. 지금부터 초파리를 대상으로 몸의 배열과 형태를 설정하는 분자적 기작을 살펴보도록 하자.

패턴형성: 체제의 형성

세포질 결정인자와 유도 신호를 통해 개체의 조직과 기관이 모두 특징적인 위치에 놓이게 되는 공간 배열의 형성과 조직화, 즉 **패턴형성(pattern formation)**이 발생한다.

동물의 패턴형성은 초기 배아에서 동물의 중심축이 형성되는 시점부터 시작된다. 좌우대칭 동물에서 조직과 기관이 나타나기 전부터 동물의 머리와 꼬리, 좌측과 우측, 그리고 배와 등의 상대적인 위치를 정하는 3개의 중심 체축이 형성된다. 패턴형성을 조절하는 분자적 신호들을 통칭하여 **위치정보(positional information)**라고 하며, 이는 세포질 결정인자와 유도 신호에 의해 제공된다. 이러한 신호들은 세포에 체축 및 이웃 세포에 대한 상대적 위치를 제공해 주며, 세포 자신과 자손 세포가 향후의 분자 신호에 어떻게 반응해야 하는지 결정해 준다.

고전 발생학자들은 20세기의 전반기 동안 다양한 종을 대상으로 배아 발생에 대한 자세한 해부학적 관찰을 해 왔으며, 배아 조직을 조작하는 실험을 수행하였다. 물론 이러한 연구가 발생 기작을 이해하는 초석을 제공하였지만, 발생을 유도하는 혹은 패턴형성을 결정하는 특정 분자를 밝히지는 못하였다.

과학자들은 1940년대에 돌연변이를 분석하는 유전적 접근을 통하여 초파리의 발생을 연구하기 시작하였다. 이 접근 방식은 대단한 성과를 이루었다. 유전학 연구를 통해 유전자가 발생 과정을 조절한다는 것을 확인하였고, 공간적 위치를 결정하고 분화를 유도하는 특정 분자들의 작용을 이해할 수 있게 되었다. 과학자들은 초파리의 발생 연구에 해부학, 유전학 및 생화학적 접근 방법들을 이용함으로써 사람을 포함한 많은 종에서 발생 과정의 공통적인 원칙을 발견하였다.

초파리의 생활주기

초파리 및 여러 절지동물들은 일련의 정렬된 체절들로 구성된 모듈 구조를 이룬다. 초파리의 체절은 머리, 가슴(몸 중간, 날개와

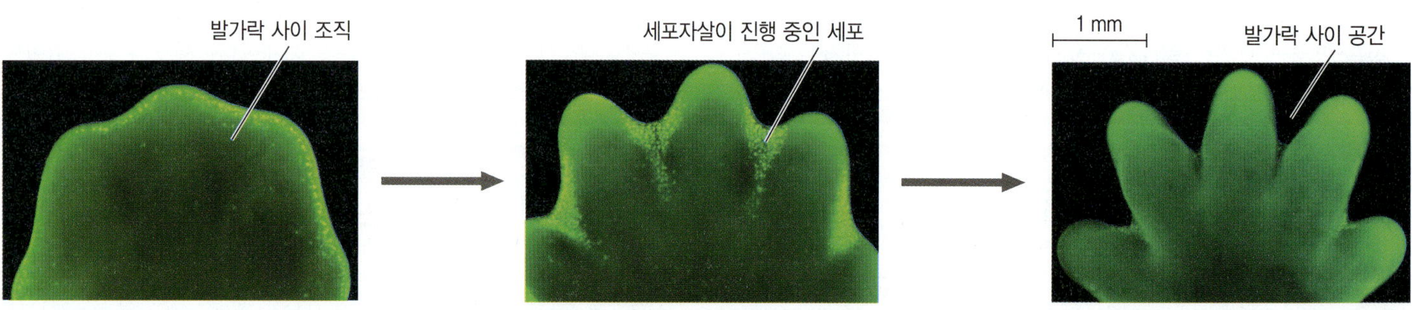

▲ **그림 13.6 생쥐의 발가락 발생 과정에서 세포자살의 역할.** 생쥐, 사람, 여러 포유류, 육상 조류에서 발가락 혹은 손가락으로 발생할 배아 조직은 처음에 편평한 판 구조를 형성한다. 세포자살로 인해 발가락 사이의 세포들이 제거되면서 발가락이 형성된다. 형광 현미경에서 관찰한 사진은 생쥐 배아의 발가락에서 세포자살이 진행 중인 세포(밝은 노란색)를 보여준다. 각 발가락 사이 가장자리 부분에서 세포자살이 시작되며(왼쪽), 발가락 사이 조직이 줄어드는 동안 세포자살은 정점을 이루며(중간), 발가락 사이 조직이 제거된 이후 세포자살은 관찰되지 않는다(오른쪽).

다리가 붙어 있음), 배의 3가지 주요 부분을 이루며(그림 13.7a), 다른 좌우대칭 동물과 마찬가지로 전-후(머리-꼬리) 축, 등-배(등쪽-배쪽) 축, 그리고 좌-우 축을 가지고 있다. 미수정란에 위치하고 있는 세포질 결정인자가 수정 이전부터 전-후 및 좌-우 축의 장소에 대한 위치정보를 제공한다. 우선 전-후 축 형성에 관련된 분자들에 대해 초점을 맞추어 살펴보자.

암컷의 자궁에서 발생하는 초파리의 난자는 영양 세포라 불리는 난소 세포와 여포 세포에 둘러싸여 있다(그림 13.7b, 위). 이러한 지지 세포들은 난자에게 영양분, mRNA 및 발생에 필요한 기타 물질들을 제공하며 난각을 만든다. 수정과 산란 후에 배아 발생을 통해 체절성 유생이 만들어지고, 이후 3단계의 유생 단계를 거치게 된다. 이어서 애벌레로부터 나비가 되는 것과 유사한 과정을 통하여 초파리 애벌레는 번데기를 만들고 변태를 거쳐 그림 13.7a의 그림에서처럼 성체 초파리가 된다.

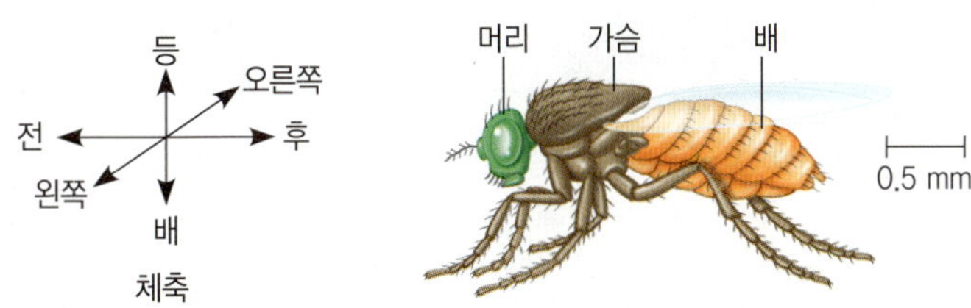

(a) **성체.** 성체 초파리는 체절로 나누어져 있으며, 다수의 체절들이 머리, 가슴, 배로 구성된 3개의 주요 몸 부위를 만든다. 체축은 화살표로 표시되어 있다.

여포 세포
핵
난세포
영양 세포

1 난자의 발생
하나의 여포 내에서 난자가 발생하며, 난자(노란색)는 다른 세포들에 둘러싸여 여포 구조를 형성한다.

난각
소모된 영양세포

2 성숙한 미수정란
영양 세포는 영양분과 mRNA를 발생 중인 난자에 공급하면서 점점 쭈그러들며, 난자는 점점 커진다. 궁극적으로 성숙된 난자는 여포에서 분비된 난각을 꽉 채운다.

수정
알을 낳음

3 수정란
난자는 어미의 몸 안에서 수정된 후 알로 나온다.

배아 발생

4 체절성 배아
수정란이 발생하여 체절성 배아를 형성한다.

0.1 mm
체절
부화

5 유생
배아는 유생으로 발생하며, 세 단계를 거친다. 세 번째 단계에서 번데기(표시하지 않음)를 만들고, 유생은 변태를 하여 (a)에 나타낸 성체가 된다.

(b) **난자로부터 유생의 발생**

▲ **그림 13.7 초파리의 생활사에서의 주요 발생 현상**

초기 발생의 유전적 분석: 과학 탐구

미국의 생물학자인 루이스(Edward B. Lewis)는 1940년대에 초파리의 배아 발생 과정을 연구하는 데 유전적 접근 방법을 최초로 선보였다. 루이스는 몸의 다른 곳에 여분의 다리와 날개가 생기는 발생학적 결함을 지닌 괴상한 돌연변이 초파리를 연구하였다(그림 13.8). 그는 초파리의 유전자 지도에서 이 돌연변이 유전자의 위치를 확인하여, 발생 이상을 특정 유전자와 연관 지었다. 이 연구는 유전자가 발생 과정을 지시한다는 확고한 증거를 최초로 제공하였다. 루이스가 발견한 **호메오 유전자(homeotic gene)**는 후기 배아, 유생 및 성체의 패턴형성을 조절한다.

초기 배아 발생 중의 패턴형성에 대한 이해는 30년이 지난 후에 독일의 두 과학자인 뉘슬라인-폴하르트(Christiane Nüsslein-Volhard)와 비샤우스(Eric Wieschaus)가 초파리의 체절 형성에 관여하는 모든 유전자를 규명함으로써 가능해졌다. 이 연구는 3가지 이유 때문에 상당한 어려움이 있었다. 첫째, 현재 14,000여 개로 알려진 초파리의 유전자 개수 때문이었다. 체절 형성에 영향을 미치는 유전자는 마치 건초더미에서 몇 개의 바늘을 찾는 것과 같을 수도 있으며 혹은 그 수가 너무 많고 변이도 많아 해당 유전자를 감지하기 어려울 수도 있을 것이다. 두 번째, 체절 형성과 같이 발생의 기본적인 과정에 영향을 미치는 유전자의 돌연변이는 분명히 배아 혹은 유생 시기에 죽게 되는 표현형인 **배아치사(embryonic lethal)**일 것이다. 배아치사 돌연변이를 지니는 개체는 생식을 하지 못하므로 교배가 불가능하여 연구를 계속할 수 없다. 연구자들은 이 문제를 극복하기 위해 이형접합 유전자형을 지닌 초파리를 교배시켜 열성 돌연변이를 관찰하였다. 세 번째, 난자에 존재하는 세포질 결정인자가 배아의 축 형성에 중요한 역할을 하는 것으로 알려져 있었으므로, 연구자들은 배아의 유전자는 물론 모계의 유전자도 함께 연구해야 한다는 사실을 알았다. 모계 유전자들에 대

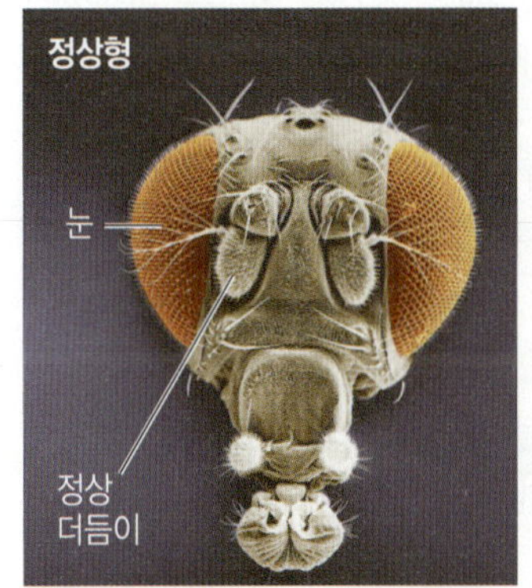

▲ **그림 13.8 초파리의 비정상적 패턴형성.** 호메오 유전자라 부르는 특정 조절 유전자의 돌연변이는 동물에서 다른 위치에 구조물들이 생기게 한다. 이 전자 현미경 사진에서는 한 쌍의 작은 더듬이를 지닌 정상 초파리와 더듬이 대신에 한 쌍의 다리를 가진 호메오 돌연변이 초파리를 보여준다.

해서는 발생 중인 난자에서 어떻게 전-후 축이 형성되는지를 논의할 때 살펴볼 것이다.

뉘슬라인-폴하르트와 비샤우스는 생식세포에 영향을 주는 돌연변이 유발 화학물질을 초파리에 처리하는 실험을 통해 체절 형성 유전자를 찾기 시작하였다. 돌연변이를 유발시킨 초파리들을 교배시키고 그들의 자손 중 비정상적인 체절이나 다른 결함으로 죽은 배아 혹은 유생이 있는지를 조사하였다. 예를 들어, 그들은 전-후 축 형성에 관여하는 유전자를 찾기 위해서 양쪽 말단부에 모두 머리를 가지거나 혹은 모두 꼬리를 가진 비정상적인 배아나 유생을 관찰하였다. 그러한 결함은 분명 자손의 머리와 꼬리 부분을 정확하게 지정해 주는 역할을 하는 모계 유전자의 돌연변이에 기인한 것이라 추정할 수 있다.

뉘슬라인-폴하르트와 비샤우스는 궁극적으로 이러한 연구 방법을 통해 배아 발생 중 패턴형성에 필수적인 약 1,200개의 유전자를 동정하였다. 이들 중 약 120개는 정상적인 체절 형성에 필수적인 것이었다. 연구자들은 수년에 걸쳐 체절 형성 유전자들을 보편적인 기능에 따라 분류하고, 염색체상의 위치를 찾고, 후속 연구를 위해 클로닝을 하였다. 이 결과로부터 초파리의 초기 패턴형성 과정을 분자 수준에서 자세히 이해할 수 있게 되었다.

뉘슬라인-폴하르트와 비샤우스의 결과와 루이스의 초기 업적을 합쳐 초파리 발생에 대한 일목요연한 영상이 나오게 되었다. 이 세 명의 과학자는 그들의 업적을 인정받아 1995년에 노벨생리의학상을 수상하였다. 지금부터 뉘슬라인-폴하르트, 비샤우스 및 동료 과학자들이 발견한 유전자들의 기능에 대해 논의해 보기로 하자.

축 설정

앞에서 논의하였듯이, 난자의 세포질 결정인자는 초파리의 초기 발생에서 체축을 설정하는 물질들이다. 이 물질들은 어미의 유전자에 암호화되어 있으므로 **모계 영향 유전자(maternal effect genes)**라 부른다. 모계 영향 유전자는 자손 자체의 유전자형에 상관없이 어미의 유전자에 이상이 있을 때에 자손에게 돌연변이 표현형을 일으키는 유전자이다. 초파리 발생 과정 동안 어미의 난소에 존재하는 난자에 모계 영향 유전자의 mRNA나 단백질 산물이 저장된다. 어미의 유전자에 돌연변이가 있다면, 어미는 비정상적인 유전자 산물을 만들거나 혹은 유전자 산물 자체를 만들지 못할 것이며, 난자는 결함을 가지게 될 것이다. 이러한 난자가 수정하게 되면, 발생은 정상적으로 진행되지 못할 것이다.

모계 영향 유전자는 난자 및 결과적으로 초파리의 방향성(극성)을 조절하기 때문에 **난자-극성 유전자**(egg-polarity genes)라 부르기도 한다. 한 그룹의 모계 영향 유전자는 배아의 전-후 축을 결정하며, 다른 그룹은 등-배 축을 결정한다. 모계 영향 유전자의 돌연변이도 일반적으로 체절 형성 유전자의 돌연변이처럼 배아치사를 나타낸다.

비코이드: 머리 구조를 결정하는 형태형성 물질 모계 영향 유전자가 어떻게 자손의 체축을 결정하는가를 알아보기 위해 우리는 **비코이드(bicoid** "두 개의 꼬리"라는 의미를 가진다) 유전자에 초점을 맞추어 보기로 한다. 어미 초파리의 *bicoid* 유전자에 열성 돌연변이가 있으면, 자손은 몸의 앞쪽 부분이 없으며, 양쪽 말단부에 모두 꼬리 구조를 가지게 된다(그림 13.9). 뉘슬라인-폴하르트와 동료들이 밝혀낸 돌연변이 표현형을 통해 모계의 *bicoid* 유전자 산물이 초파리의 앞부분을 결정하는 데 필수적이며, 아마도 배아에서 장차 앞부분이 될 지역에 집중적으로 존재할 것이라고 추측할 수 있다. 이 가정은 **형태형성 물질(morphogen)**이라 불리는 물질의 농도 구배가 배아의 축과 여러 형태적 특성을 결정한다는, 1세기 전에 배아학자들이 제안했던 **형태형성 물질 기울기 가설**(morphogen gradient hypothesis)에 잘 들어맞는 예이다.

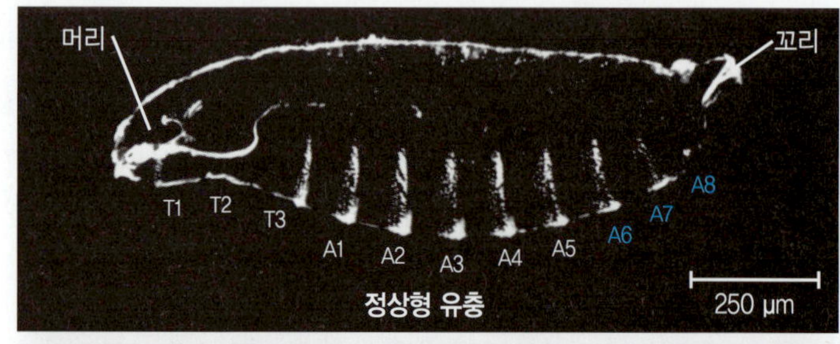

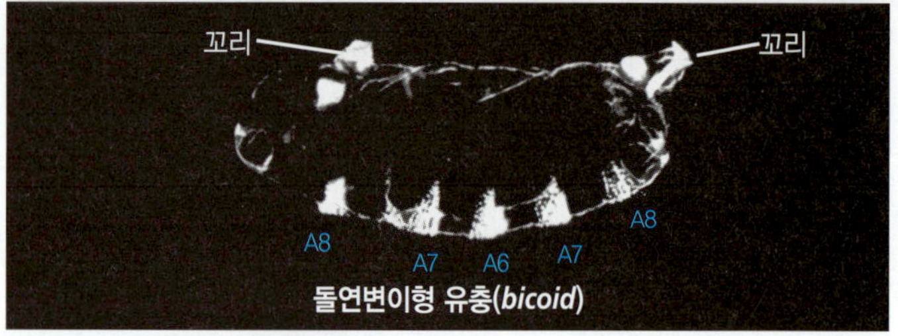

▲ **그림 13.9 초파리 발생 과정에서 *bicoid* 유전자의 역할.** 정상 초파리 유생은 머리, 3개의 흉부 체절(T), 8개의 복부 체절(A) 및 꼬리로 구성된다. 두 개의 *bicoid* 유전자 모두에 돌연변이가 일어난 어미에서 기원한 유생은 두 개의 꼬리 부위를 가지며, 머리 쪽 구조물이 없다(광학 현미경 사진).

재조합 DNA 기술과 현대 생화학 방법론을 통해 *bicoid* 산물이 초파리의 전-후 축을 결정하는 형태형성 물질로 작용하는가를 알아볼 수 있게 되었다. 우선, *bicoid* mRNA와 단백질 산물이 미수정란의 어느 위치에 존재하는지를 알아본 결과, 예측했던 대로 *bicoid* mRNA는 성숙 난자의 가장 앞쪽 부위에 고농도로 존재하였다(그림 13.10). 난자의 수정 이후, *bicoid* mRNA는 단백질로 번역되고, 단백질은 앞쪽에서 뒤쪽으로 확산되어 초기 배아에 비코이드 단백질이 앞쪽 말단에 고농도로 뒤쪽으로 갈수록 줄어드는 농도기울기를 형성한다. 이러한 결과는 비코이드 단백질이 초파리의 앞쪽 말단을 결정하는 역할을 할 것이라는 가정을 지지해 준다. 더 확실한 증명을 위해, 연구자들은 *bicoid* mRNA를 초파리 초기 배아의 여러 부위에 주입하여 관찰한 결과, 주입된 바로 그 부위에서 번역된 비코이드 단백질이 초파리의 앞 구조물인 머리 부위를 형성함을 관찰하였다.

bicoid 유전자에 관한 연구는 여러 면에서 선구자적인 의미를 지닌다. 우선, 패턴형성의 가장 초기 단계에 작용하는 특정 단백질을 규명했다는 점이다. 즉, 배아의 서로 다른 부위에서 다양한 발

생 경로를 지닌 세포들이 어떻게 형성될 것인가에 대한 문제를 이해할 수 있는 근거를 마련한 셈이다. 두 번째로, 배아의 초기 발생 과정에 모계 유전자의 역할이 중요함을 실제적으로 보여주었다. 마지막으로, 형태형성 물질의 구배가 배아의 극성과 위치를 결정한다는 원칙이 여러 종에서 중요한 발생학적 개념으로 자리 잡게 되었다.

모계 기원 mRNA는 여러 종의 발생 과정에 중요하게 작용한다. 초파리에서 모계 기원 mRNA로부터 만들어진 특정 단백질의 기울기가 전-후 축뿐 아니라 등-배 축을 결정한다. 초파리 배아가 발생하면서 배아 자체의 유전자 발현 프로그램이 시작되면 모계 기원 mRNA는 분해된다. (초파리 및 여러 종에서 이 과정에 miRNA가 사용된다.) 나아가, 배아 유전자로부터 제공된 위치정보들은 훨씬 더 미세하게 작동하여 체절의 수와 각 체절의 정확한 위치를 설정하며, 최종적으로 각 체절이 특징적인 구조물을 형성하도록 한다. 이 마지막 단계에 작용하는 유전자에 이상이 생기면, 그림 13.8에서 보는 것처럼 성체의 구조는 비정상적으로 된다.

진화 그림 13.8의 머리 부분에 다리가 형성된 초파리는 하나의 유전자에 돌연변이가 일어난 결과이다. 그러나 돌연변이가 일어난 유전자는 안테나 형성 단백질이 아니라, 다른 유전자의 발현을 조절하는 전사인자를 암호화한다. 이 유전자의 고장으로 안테나가 형성되어야 할 자리에 다리가 형성된 것이다. 발생 동안 유전자 발현 조절의 변화가 이러한 엄청난 변화를 가져올 수 있다는 관찰 결과로 인해, 연구자들은 특정 유전자의 돌연변이가 완전히 새로운 몸 형태를 만들어 내어 진화를 유발할 수도 있을 것이라 예측하게 되었다. 궁극적으로 이러한 종류의 질문과 연구는 진화발생학의 영역으로, 주로 "이보-디보(evo-devo)"라는 용어로 표현된다.

▼ 그림 13.10 탐구

비코이드 단백질이 초파리의 앞쪽을 결정하는 형태형성 물질인가?

실험 독일의 연구소에서 뉘슬라인-폴하르트와 동료들은 초파리 발생 과정을 연구하기 위해 유전학 방법을 이용하여 *bicoid* 유전자의 발현을 분석하였다. 연구자들은 비코이드 단백질이 배아의 머리 부분(앞쪽)을 결정하는 형태형성 물질일 것이라 예측하였다. 이 가설을 증명하기 위해, 연구자들은 분자생물학 기술을 이용하여 정상 초파리의 미수정란과 초기 배아에서 *bicoid* mRNA와 단백질의 위치를 분석하였다.

결과 *Bicoid* mRNA(진한 파란색)은 미수정란의 앞쪽에 한정되어 존재하였다. 발생 과정 동안, 비코이드 단백질(진한 오렌지색)이 배아의 앞쪽 말단에 집중적으로 분포하였다.

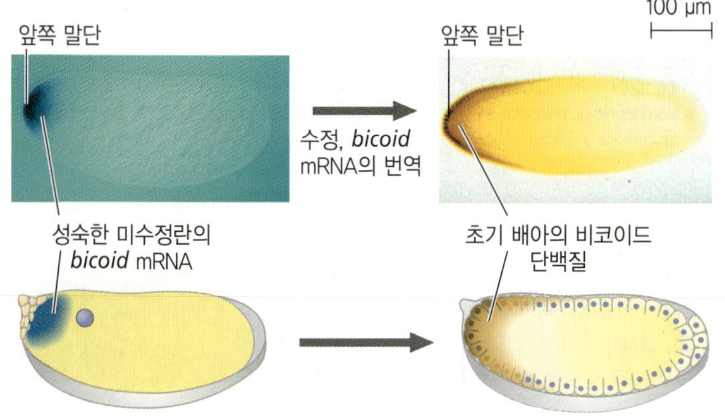

결론 *Bicoid* mRNA의 위치와 농도기울기로 확산되어 존재하는 비코이드 단백질의 분포도는 비코이드 단백질이 머리 구조물 형성을 지정하는 형태형성 물질로 작용함을 보여준다.

참고문헌 C. Nüsslein-Volhard et al., Determination of anteroposterior polarity *in Drosophila*, *Science* 238:1675–1681 (1987); W. Driever and C. Nüsslein-Volhard, A gradient of Bicoid protein *in Drosophila* embryos, *Cell* 54:83–93 (1988); T. Berleth et al., The role of localization of *bicoid* RNA in organizing the anterior pattern of the *Drosophila* embryo, *EMBO Journal* 7:1749–1756 (1988).

개념 13.2

생물체의 복제 기술은 분화된 세포의 "재프로그래밍"을 가능하게 하며, 궁극적으로 줄기세포를 생산할 수 있게 한다

20세기 초 발생생물학이 자리를 잡아갈 무렵, 모든 세포는 동일한 유전체를 가지고 있는지 아니면 분화 과정 동안 몇몇 유전자 정보를 소실하게 되는지에 대한 궁금증이 커져 갔다. 오늘날 세포의 분화 동안 유전자의 소실이 일어나지 않는다는 것은 알고 있다. 하지만 여전히 각 세포가 모든 유전자를 발현할 수 있는 잠재력을 지니고 있는지에 대해서는 의문이다.

이 질문에 대답하기 위해 분화된 세포가 과연 하나의 개체를 형성하는 능력을 가지고 있는가를 분석해 볼 필요가 있다. 감수분열 혹은 수정 없이 하나의 세포로부터 개체를 발생시키는 과정을 "클로닝(cloning)"이라 한다. 클로닝 과정을 통해 "부모" 개체에서 유래한 세포로부터 유전적으로 동일한 하나 이상의 자손을 생산할 수 있다. 이러한 방식을 유전자 클로닝 혹은 세포 클로닝과 구분하여 **생물 복제**(organismal cloning)라 한다. (모든 종류의 클로닝에서 공통적인 현상은 결과물이 부모와 유전적으로 동일하다. 클론은 그리스어 *klon*에서 유래하며, "나무의 잔가지"를 뜻한다.)

생물 복제에서 중요한 관심 분야는 **줄기세포(stem cell)**를 만들 수 있는가이다. 줄기세포는 비교적 미분화된 세포로, 지속적으로 분열하면서 동시에 특정 조건에서 여러 종류의 세포로 분화할 수 있다. 줄기세포는 나중에 다시 살펴보고, 지금부터 무엇이 세포의 잠재력을 결정하는지에 대해 이론적 근거를 제공한 일련의 실험을 소개한다.

식물 복제: 단일 세포 배양

1950년대 코넬대학교의 스튜워드(F. C. Steward) 그룹은 분화된 당근 세포에서 식물 개체를 복제하는 데 성공하였다. 당근의 뿌리에서 얻은 하나의 분화된 세포는 배양액에서 부모 식물과 유전적으로 동일한 정상적인 식물 개체로 생장하였다. 이 결과는 분화 과정 동안 DNA에 비가역적인 변화가 수반되지는 않는다는 것을 의미한다. 최소한 식물에서는 성숙한 세포가 "역분화"하여 다시 해당 개체를 구성하는 모든 종류의 세포를 만들 수 있는 것이다. 어떤 세포가 개체를 만드는 능력을 가질 때 **분화전능성(totipotent)**을 지녔다고 한다.

동물 복제: 핵 치환

동물의 분화된 세포는 일반적으로 배양액에서 분열하지 않으며, 다양한 세포 형태를 만들지도 않는다. 따라서 연구자들은 분화된 동물세포가 분화전능성을 지니는지를 알아보기 위해 다른 접근 방식을 이용하였다. 동물의 미수정란 혹은 수정란에서 핵을 제거한 후 분화된 세포의 핵으로 교체하는 **핵 이식(nuclear transplantation)** 방법을 사용한 것이다. 만일 공여자인 분화된 세포의 핵이 완전한 유전체를 지니고 있다면, 수혜자 세포의 발생을 지시하여 개체를 구성하는 모든 조직과 기관을 만들 수 있을 것이다.

1950년대에 브리그(Robert Briggs)와 킹(Thomas King)은 개구리의 한 종(*Rana pipiens*)을 이용하여, 1970년대에 고든(John Gurdon)은 다른 종의 개구리(*Xenopus laevis*)를 이용하여 핵 이식 실험을 진행하였다(그림 13.11). 이들은 배아 혹은 올챙이 세포에서 유래한 핵을 해당 종의 핵이 제거된 난자에 이식하였다. 고든의 실험에서, 이식된 핵은 종종 난자를 올챙이까지 정상 발생시킬 수 있었다. 또한 이식된 핵의 발생 지시 능력은 핵 공여자의 연령과 반비례 관계에 있음을 발견하였다. 즉 공여자 핵의 연령이 높을수록, 올챙이로의 발생 퍼센트는 낮아지게 된다.

이 결과를 통해 동물 세포가 분화하면서 핵에는 어떤 변화가 일어난다고 결론 내릴 수 있다. 개구리를 포함한 여러 동물에서 배아 발생과 세포 분화가 진행되면서 핵의 잠재적 능력은 점점 제한되는 경향이 있는 거 같다. 이러한 연구는 결국 줄기세포 공학을 이끌어내는 기반이 되었으며, 고든은 2012년 노벨생리의학상을 수상하였다.

포유류의 생식적 복제

연구자들은 오랜 동안 초기 배아 세포를 공여자로 이용하여 포유류를 복제하는 실험을 진행해 왔다. 약 20년 전까지 완전히 분화된 세포의 핵이 성공적으로 재프로그래밍 될 수 있는가에 대해 의문이었다. 1997년 스코틀랜드의 로슬린 연구소에서 양의 분화된 젖샘 세포를 이용한 핵 이식 실험을 통해 복제 양 돌리의 탄생을 선언하였다(그림 13.12). 연구자들은 그림 13.11에 기술된 방식으로 초기 배아를 형성하였고, 대리모에 이 배아를 착상시켰다. 수백개의 배아 중 하나의 배아가 성공적으로 발생하여, 복제 양 돌리가 출생한 것이다. 돌리는 6살 되던 해에 일반적으로 노쇠한 양에서 나타나는 폐 질환으로 고통받다 안락사 되었다. 돌리의 이른 죽음과 관절염 증상으로 보아 돌리의 세포가 어떤 면에서 정상 양의 세포와는 차이가 있지 않을까 예상해 볼 수 있다. 아마도 이식

▼ 그림 13.11 탐구

분화된 동물세포의 핵은 개체의 발생을 지시할 수 있을까?

실험 영국 옥스퍼드 대학의 고든과 동료들은 개구리 난자에 자외선을 처리하여 핵을 제거한 후, 개구리 배아 혹은 올챙이로부터 기원한 세포의 핵을 난자에 이식하였다.

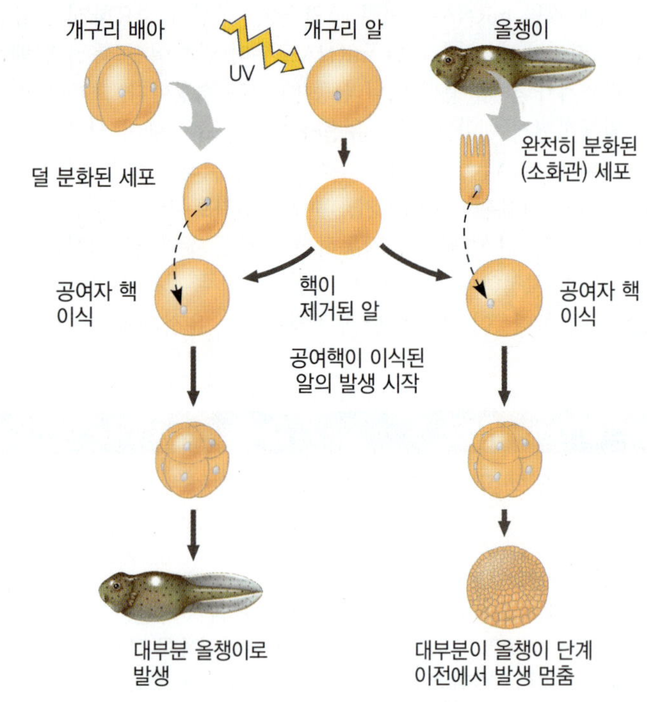

결과 비교적 분화가 덜 된 초기 배아에서 유래한 핵을 이식한 경우, 대부분의 수용자 난자는 올챙이로 발생하였다. 완전히 분화된 올챙이의 소장 세포의 핵을 이식한 경우, 2% 미만의 난자만이 정상 올챙이로 발생하고, 나머지는 초기 배아 단계에서 발생을 멈추었다.

결론 분화된 개구리 세포의 핵은 올챙이의 발생을 지시할 수 있다. 그러나 공여자 세포의 핵이 더 많이 분화될수록, 개체 형성능은 감소하게 된다. 이러한 결과는 아마도 핵의 변화 때문인 것으로 예측된다.

참고문헌 J. B. Gurdon et al., The developmental capacity of nuclei transplanted from keratinized cells of adult frogs, *Journal of Embryology and Experimental Morphology* 34:93–112 (1975).

▶ 그림 13.12 핵 이식을 이용한 최초의 복제 포유류 돌리. 복제양 돌리는 옆의 대리모와 매우 다른 모습을 보인다.

▶ 그림 13.13 최초의 복제 고양이 CC(오른쪽)와 핵을 제공한 고양이. 고양이의 복제 실험에 레인보우(왼쪽)는 핵을 제공하였고, 그 결과 CC가 태어났다. 그러나 두 고양이는 완벽히 동일하지는 않다. 레인보우는 털에 오렌지 색 무늬가 있는데, CC는 그렇지 않다.

된 핵이 완전하게 재프로그래밍 되지 않은 것으로 추측된다.

돌리 이후, 연구자들은 생쥐, 고양이, 말, 돼지, 개, 원숭이 등 여러 포유류에서 복제를 진행하였다. 대부분의 경우 새로운 개체를 생산하는 **생식적 복제**(reproductive cloning)가 이루어졌는데, 이러한 실험을 통해 많은 것을 알게 되었다. 예를 들어 동일 종의 복제 동물은 외형적으로 혹은 행동적으로 항상 동일하지는 않다. 동일한 배양 세포에서 유래한 복제 소들 중 어떤 개체는 더 행동이 순종적이고 다른 개체는 그렇지 않다. 또 다른 불일치의 예는 최초의 복제 고양이 Carbon Copy(CC)에서 찾아볼 수 있다(그림 13.13). 복제 고양이는 공여자 핵을 제공한 어미 고양이와 유사한 삼색얼룩 무늬를 가지고 있으나, 털색과 패턴은 어미와 일치하지 않았다. 이러한 현상은 배아 발생동안 일어나는 X 염색체의 무작위적 불활성화 현상 때문이다. 사람의 경우 자연적으로 나타나는 복제인 일란성 쌍둥이도 서로 약간씩 다르다. 환경의 영향과 예기치 못한 여러 현상이 발생 과정에 중요한 역할을 한다는 것은 명백한 사실이다.

복제 동물에서 유전자 발현 조절의 이상

대부분의 핵 이식 실험에서 굉장히 적은 수의 복제 동물이 태어났다. 복제 동물들은 대부분 돌리처럼 결함이 있었는데, 복제 생쥐의 경우 비만, 폐렴, 간 기능 이상으로 결국 일찍 사망하였다. 과학자들은 비록 정상적으로 보이는 복제 동물일지라도 약간의 결함이 있을 것이라 주장한다.

최근 연구자들은 동물 복제의 효율이 낮은 점과 비정상적인 형태가 빈번히 나타나는 이유에 대해 밝혀가고 있다. 완전히 분화된 세포의 핵에서 일부 유전자는 발현되고, 나머지 유전자의 발현은 억제되어 있다. 이러한 발현 조절은 종종 염색질의 후생유전학적 변화, 예를 들어 히스톤 아세틸화 혹은 DNA 메틸화의 영향을 받는다(그림 12.7). 핵 이식 과정 동안 공여자 핵이 지닌 유전자 발현 패턴은 발생 초기 시기의 핵이 지닌 발현 패턴으로 역전되어야 한다. 연구자들은 복제 배아의 세포 DNA가 종종 해당 종의 배아 시기 세포 DNA보다 메틸화가 더 이루어져 있음을 발견하였고, 이는 분화된 세포 DNA의 상태와 유사하다 할 수 있다. 즉 동물 복제 과정 동안 공여자 핵의 재프로그래밍은 훨씬 더 정확하고 완벽한 염색질의 재구성을 요구함을 암시한다. DNA 메틸화는 유전자 발현 조절에 영향을 주므로, 잘못된 혹은 지나친 DNA 메틸화는 정상 배아 발생에 필수적인 유전자 발현을 방해할 수 있다. 복제 실험의 성패는 공여자 핵의 염색질이 수정란의 DNA의 염색질 상태와 유사하게 인공적으로 "재설정"될 수 있는가에 달려있다.

동물의 줄기세포

영장류를 포함한 많은 포유류의 성공적인 복제로 아직은 실현되지 않은 사람의 복제에 대해 관심이 높아지게 되었다. 사람 배아의 복제에 연구자들이 관심을 가지는 것은 생식적 복제 때문이 아니라 질병 치료에 이용할 줄기세포 생산을 위해서이다. 줄기세포는 비교적 특수화되지 않은 세포로 무한정 분열 가능하여 자신과 동일한 세포를 생산하며, 특정 조건에서는 하나 이상의 분화된 세포를 형성할 수 있다(그림 13.14). 즉 줄기세포는 자신과 동일한 미분화 세포를 계속 생산하면서 특정 분화 경로로 가는 세포도 형성한다.

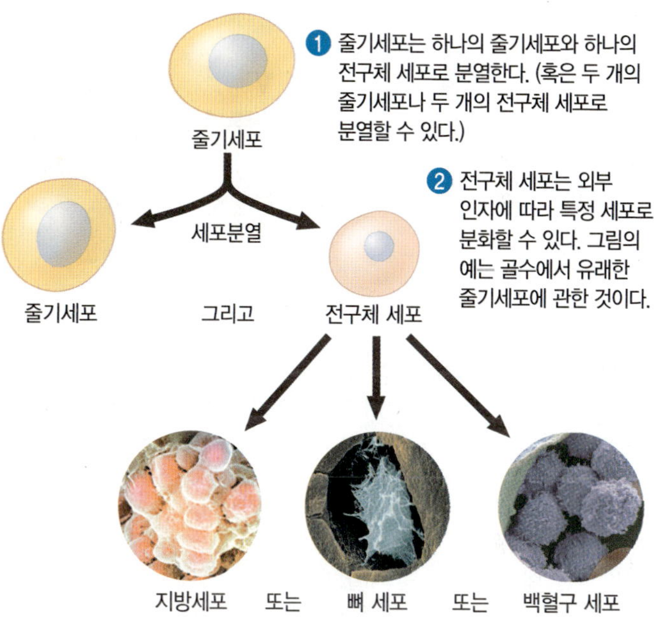

▲ 그림 13.14 줄기세포의 유지와 분화

배아 줄기세포와 성체 줄기세포

동물의 초기 배아는 모든 종류의 분화된 세포를 형성할 수 있는 줄기세포를 가지고 있다. 포배 시기의 초기 배아에서 분리한 줄기세포를 배양 한 것이 **배아 줄기세포**(embryonic stem cell, ES)이며, 이 세포는 지속적으로 분열하면서 배양 조건에 따라 다양한 세포로 분화할 수 있다(그림 13.15).

성체의 몸에도 줄기세포가 있으며, 필요할 때마다 분열능이 없는 분화된 세포를 만들어 낸다. 배아 줄기세포와 달리 **성체 줄기세포**(adult stem cell)는 개체를 구성하는 모든 세포를 만들 수는 없으나, 많은 경우 여러 형태의 세포로 분화할 수 있다. 예를 들어 골수에 존재하는 여러 줄기세포 중 한 종류는 모든 유형의 혈구세포로 분화할 수 있으며(그림 13.15), 다른 종류는 뼈, 연골, 지방, 근

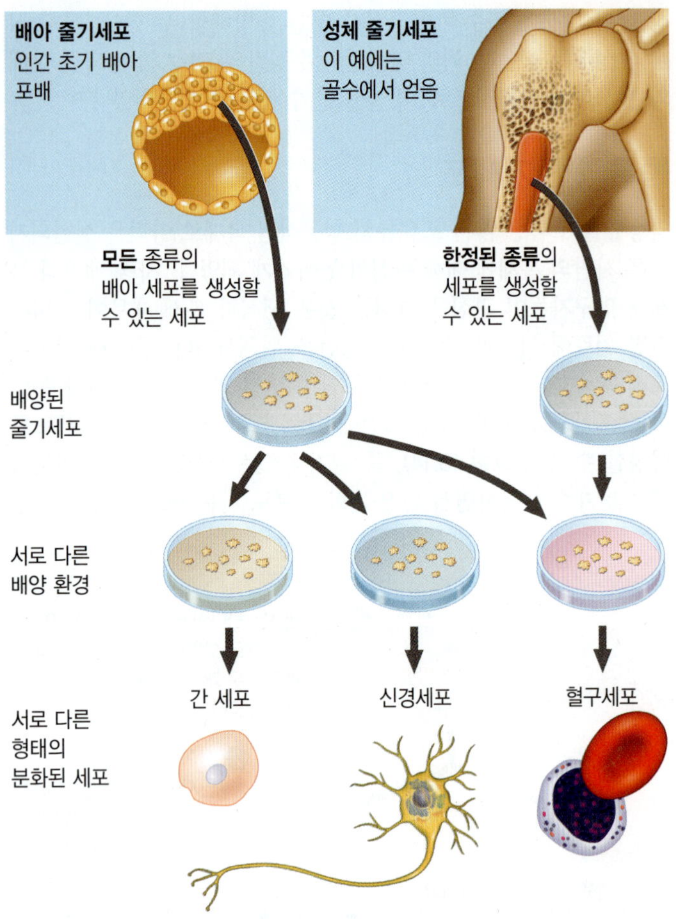

▲ 그림 13.15 **줄기세포 연구.** 초기 배아 혹은 성체 조직에서 분리한 줄기세포를 배양하면 비교적 미분화 상태로 지속적으로 분열할 수 있다. 배아 줄기세포는 성체 줄기세포보다 배양이 쉬우며, 개체를 구성하는 모든 종류의 세포로 분화할 수 있다. 여러 성체 줄기세포의 분화능은 아직 완벽히 연구되지 않았다.

육 및 혈관 내벽 세포로 분화할 수 있다. 놀랍게도 성체의 뇌에서 특정 종류의 신경세포를 생산할 수 있는 줄기세포가 발견되었으며, 연구자들은 피부, 모낭, 눈, 치수에서도 줄기세포를 발견하였다고 보고하였다. 성체 동물에는 매우 적은 수의 줄기세포가 존재하지만, 연구자들은 다양한 조직에서 이 세포들을 규명하고 분리하며, 때로는 배양한다. 특정 생장인자의 첨가와 같이 적절한 배양 조건에서, 성체 줄기세포는 배아 줄기세포만큼은 아니지만 다양한 종류의 세포로 분화함이 알려졌다.

배아 줄기세포와 성체 줄기세포에 관한 연구는 분화 과정에 대한 중요한 정보를 제공하며, 의학적 적용에도 엄청난 가치를 지닌다. 줄기세포 연구의 궁극적 목표는 손상된 기관 혹은 질병에 적용할 수 있는 치료용 세포를 생산하는 것이다. 예를 들어 제1형 당뇨병에 필요한 인슐린-생산 췌장 세포를 만들거나 파킨슨병 혹은 헌팅턴병을 치료할 수 있는 특정 종류의 신경세포를 생산하는 것이다. 골수에 존재하는 줄기세포는 오래전부터 유전 질환이나 암의 방사선 치료로 인해 면역계가 기능하지 못하는 환자에게 면역계 세포를 생산하는 세포 치료제로 사용되어 왔다.

성체 줄기세포의 발생학적 잠재력은 다소 제한적이다. 배아 줄기세포는 몸을 구성하는 대부분의 세포로 분화할 수 있는 **다분화능(pluripotent)**을 지니므로, 대부분의 의학적 적용에 있어 성체 줄기세포보다 더 유망하다. 최근까지 사람 배아 줄기세포는 불임 시술을 받는 환자의 동의를 얻어 기증받은 배아에서 얻거나 혹은 기증 배아에서 분리한 세포로부터 최초 확립된 세포주를 오랜 기간 배양하여 얻을 수 있었다. 그러나 2013년 오리건의 연구자들은 복제한 사람의 포배부터 배아 줄기세포를 얻어 여러 개의 복제 배아줄기 세포주를 구축하였다. 치료 목적을 위해 복제 배아 줄기세포를 만드는 데 사용하는 클로닝 기술을 **치료 복제(therapeutic cloning)**라 한다. 대부분의 사람들은 인간의 생식적 복제에 대해서는 반대하지만, 치료 복제의 윤리적 문제에 대해서는 다양한 의견을 제시한다.

유도 다분화능 줄기세포

완전히 분화된 세포의 시간을 거꾸로 돌려 마치 배아 줄기세포처럼 작용하는 세포로 재프로그래밍할 수 있다는 연구 결과가 발표되면서, 복제 배아 줄기세포에 대한 논쟁은 줄어들고 있다. 이러한 연구 결과는 2007년 생쥐의 피부 세포를 이용한 실험에서 처음 보고되었고, 이후 다른 연구자들도 피부 및 다른 조직과 기관 세포를 이용하여 성공 사례를 발표하였다. 모든 경우의 연구에서 레트로바이러스 벡터를 이용하여 4종류의 "줄기세포" 발생 조절 유전자를 분화된 세포에 주입하여 형질 전환시켰으며, 배아 줄기세포와 유사한 종류의 세포가 생성되었다. 이러한 방식으로 "재프로그래밍"된 세포는 상당히 간단한 실험 기술을 이용하여 분화된 세포를 미분화된 상태로 되돌려 다분화능을 복원시켰기 때문에, **유도 다분화능 줄기세포(induced pluripotent stem cell, iPS)**라 불리게 되었다. 인간의 분화된 세포를 iPS로 형질전환시킨 최초의 실험이 그림 13.16에 나타나 있다. 야마나카(Shinya Yamanaka)는 iPS를 최초로 성공시킨 업적으로 고든과 함께 2012년 노벨생리의학상을 공동 수상하였다(그림 13.11).

여러 측면에서 유도 다분화능 줄기세포는 배아 줄기세포와 유사하지만, 유전자 발현과 세포분열 같은 여러 세포 기능적 측면에서 차이가 있다. 두 세포 간의 차이에 대해 완전하게 이해하고 있지는 않지만, 배아 줄기세포에 대한 연구는 줄기세포 치료 개발에 중요한 정보를 제공할 것이다. 물론 유도 다분화능 줄기세포를 이용한 연구도 활발히 진행 중이다.

사람의 iPS 세포를 이용한 주요 두 가지 시도가 진행 중이다. 첫째, 환자에서 얻은 세포를 재프로그래밍시켜 iPS를 만든 후 해당 질병과 치료제를 연구하는 모델 세포로 이용할 수 있다. 현재 제1형 당뇨, 파킨슨병을 포함한 여러 질병 연구를 위한 iPS 세포가 이미 확립되어 있다. 둘째, 재생의학 영역에서 환자의 세포를 iPS 세포로 재프로그래밍시켜 비정상 조직을 대체하는 치료용 세포(췌장의 인슐린 생산 세포 혹은 눈의 망막 세포)를 만드는 연구가 진행 중이다. 실제 일본의 발생생물학 RIKEN 연구 센터의 타카하시(Masayo Takahashi)는 노인성 망막 변성 환자를 대상으로 iPS를 이용한 임상 치료 연구를 진행하고 있다. 각 환자로부터 얻은 피부 세포를 iPS 세포로 전환시키고, 이후 망막 세포로 분화하여 환

▼ 그림 13.16 탐구

완전히 분화된 인간의 세포가 "재프로그래밍"되어 줄기세포로 될 수 있을까?

실험 일본 교토대학의 야마나카와 동료들은 레트로바이러스 벡터를 이용하여 4개의 조절 유전자를 완전히 분화된 인간의 피부 섬유아세포에 주입하였다. 이후 줄기세포의 생장을 유지하는 배양액에서 세포를 배양하였다.

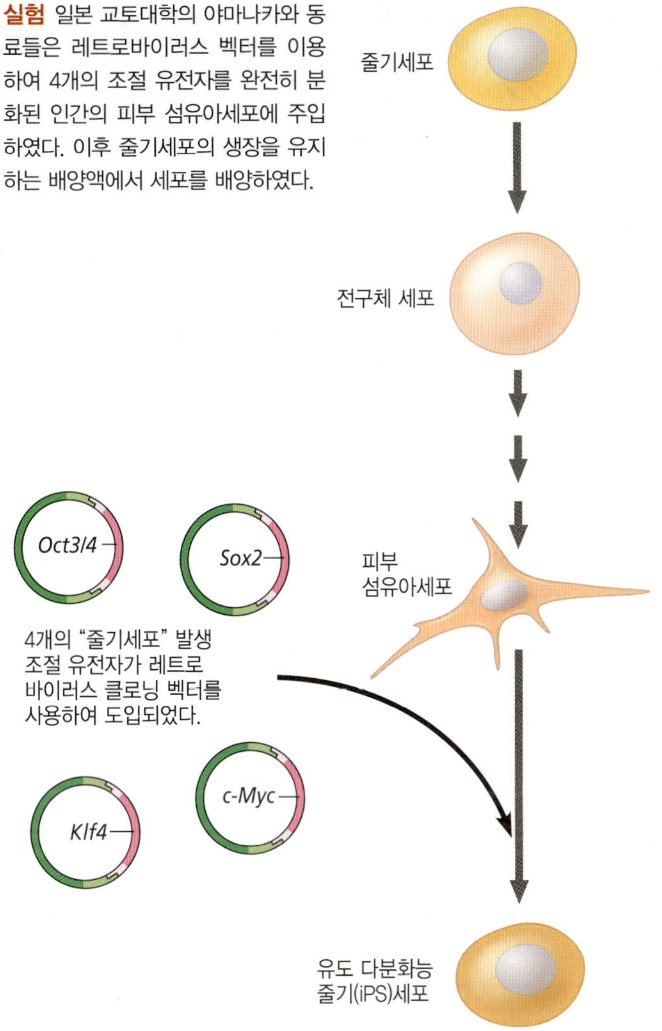

결과 2주 후, 세포는 배아 줄기세포와 유사한 외형과 분열 양상을 나타내었다. 유도 다분화능 줄기세포는 유전자 발현 패턴, DNA 메틸화 패턴 및 여러 특성이 배아 줄기세포와 일치하였으며, 심장근 세포를 포함한 여러 세포로 분화할 수 있었다.

결론 4개의 조절 유전자는 분화된 피부 세포를 배아 줄기세포의 속성을 지닌 다분화능 줄기세포로 유도하였다.

참고문헌 K. Takahashi et al., Induction of pluripotent stem cells from adult human fibroblasts by defined factors, *Cell* 131:861–872 (2007).

자의 눈에 이식하게 된다. 현재 이 기술은 질병의 일반적 치료 방식으로 사용하기에는 너무 값비싸지만, 미래에는 유망할 것이다.

최근에 발표된 획기적인 연구 결과는 분화된 세포를 다분화능 상태가 되도록 하는 중간 과정을 거치지 않고 다른 종류의 분화된 세포로 재프로그래밍할 수 있도록 하는 유전자를 규명한 것이다. 최초로 보고된 예에서, 췌장에 있는 한 종류의 세포를 다른 유형의 세포로 전환시킨 것인데, 두 종류의 세포는 매우 밀접하게 연관될 필요는 없다. 다른 연구 팀에서는 피부 섬유아세포를 직접 신경세포로 재프로그래밍하는 데 성공했다. iPS 세포 혹은 분화된 세포로부터 재생의학에 적용할 치료용 세포를 만들도록 기술을 개발하고 있으며, 일부 성공적인 연구 사례가 보고되고 있다. 현재 iPS 세포를 만드는 과정에 사람의 난자나 배아가 이용되지 않으므로, 궁극적으로 윤리적 문제없이 환자 맞춤형 치료용 세포를 제공할 수 있다.

줄기세포와 세포분화에 대한 연구 결과는 배아 발생에서 유전자 발현 조절의 주요 역할을 강조한다. 유전자 발현 프로그램은 정확한 장소에서 분화에 필요한 유전자를 발현시키고 다른 유전자의 발현은 억제시키는 상호 균형을 이루어야 한다. 완전히 발생한 개체에서도 유전자 발현은 끊임없이 미세 조정된다. 지금부터 일부 유전자의 발현 변화로 암이 발생하는 과정을 살펴보면서 유전자 발현의 미세 조정의 중요성에 대해 살펴보자.

개념 13.3

암은 세포주기를 조절하는 유전자의 돌연변이에 의해 발생한다

암은 세포가 정상적으로 생장을 제한시키는 조절 장치를 이탈해서 생겨난다는 것을 배웠다. 현재 유전자 발현과 조절에 관해 충분히 공부하였으므로, 암에 대해 좀 더 자세히 살펴보기로 한다. 배아 발생, 줄기세포의 유지 및 다양한 생명현상에서 중요한 역할을 담당하는 유전자 조절 시스템에 이상이 생길 경우 암이 발생하게 된다. 따라서 암의 분자유전학 연구는 다양한 영역의 생물학과 정보를 공유하며 발전해 왔다.

암 발생과 관련된 유전자

세포주기 동안 세포 생장 및 분열을 조절하는 유전자는 생장인자, 생장인자 수용체, 세포내 신호전달 단백질 등을 생산한다. 체세포에서 이들 유전자 중에 돌연변이가 생기면 암이 발생한다. 암을 유발하는 돌연변이는 자발적으로 생겨날 수도 있지만, 일반적으로 화학적 발암물질, X선, 고에너지파 및 바이러스와 같이 환경적 요인에서 기인하는 경우가 많다.

암 연구를 통해 특정 종류의 바이러스에서 **발암유전자**(**oncogene**; 그리스어 *onco*는 종양을 의미함)를 발견하게 되었다. 발암유전자와 매우 유사한 서열을 지니면서 정상 세포에 존재하는 유전자를 **원발암유전자**(**proto-oncogene**)라 부르는데, 이들은 정상적인 세포 생장과 분열을 촉진하는 기능을 담당한다.

그렇다면 어떻게 세포에서 정상 기능을 수행하는 원발암유전자가 암을 일으키는 발암유전자로 변하는 것일까? 일반적으로 원발암유전자에 유전적 변이가 일어나 정상보다 많은 양의 단백질을 생산하거나 혹은 단백질 활성이 정상보다 높아지게 되면 발암유전자로 변하게 된다. 이러한 유전적 변이는 크게 3가지로 구분되는

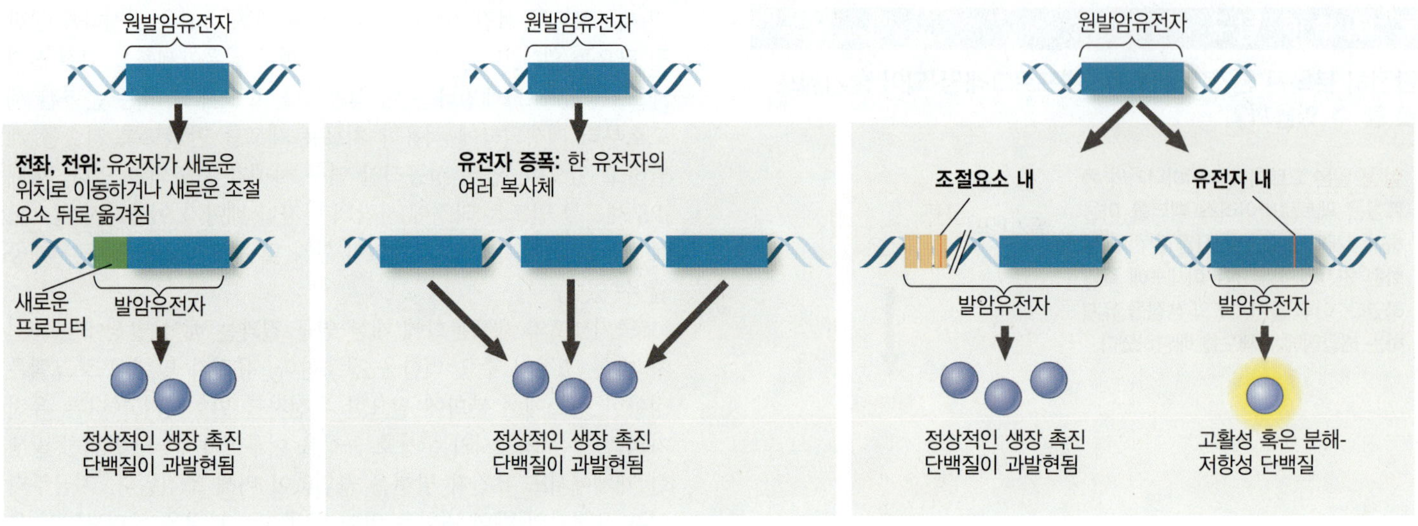

▲ **그림 13.17 원발암유전자를 발암유전자로 변화시키는 유전적 변이**

데, 유전체내 DNA의 이동, 원발암유전자 서열의 증폭, 원발암유전자 자체 혹은 조절 부위의 점돌연변이를 들 수 있다(그림 13.17).

암 세포는 종종 두 염색체 간에 서로 절단되어 다시 연결된 상호 전좌된 염색체를 가진다. 우리는 유전자 발현 조절에 대해 이미 배웠으므로 염색체 전좌로 인해 나타나는 결과를 예측해 볼 수 있다. 만일 전좌된 원발암유전자가 굉장히 활성을 띤 프로모터나 조절 요소 바로 뒤에 놓이게 된다면 유전자의 전사가 증가됨으로써 발암유전자로 작용할 수 있게 된다. 두 번째 종류의 유전적 변이인 증폭은 세포에서 반복적인 유전자 중복을 통해 원발암유전자의 사본수를 늘리게 된다. 마지막으로 점돌연변이의 경우 (1) 원발암유전자의 프로모터나 조절 부위에 변이가 생겨 유전자 발현이 증가되거나 (2) 유전자의 암호화 부위에 변이가 생겨 단백질의 활성이 정상보다 높거나 분해가 잘 되지 않는 성질을 가짐으로써 발암유전자로 변하게 된다. 이 모든 경우에서 세포주기는 비정상적으로 촉진되며, 세포는 악성 종양의 길로 들어서게 된다.

세포는 분열을 촉진하는데 관여하는 유전자 산물도 필요하지만, 세포분열을 억제하는 기능을 지닌 단백질도 필요로 한다. **종양 억제유전자(tumor-suppressor gene)**는 바로 비정상적으로 세포분열이 일어나는 것을 억제하는 단백질을 만들어 낸다. 종양 억제 단백질의 정상 기능이 감소된 돌연변이는 암 발생에 유리한 상황을 만들어, 실제 세포분열 억제가 일어나지 않아 세포분열이 촉진될 수 있다.

종양 억제유전자의 단백질 산물은 여러 기능을 담당하는데, 일부는 손상된 DNA를 복구하여 암 유발 돌연변이의 축적을 억제한다. 어떤 종양 억제 단백질은 세포간 결합 혹은 세포외 기질에 대한 결합을 조절한다. 정상 조직에서 세포 부착은 매우 중요하며 암 세포는 이러한 부착 능력을 잃어버리는 경우가 많다. 또한 어떤 종양 억제 단백질은 세포주기를 억제하는 세포 신호전달 경로의 한 요소로 작용한다.

세포 신호전달 경로의 방해

많은 원발암유전자와 종양 억제유전자의 단백질 산물은 세포 신호전달 경로의 구성원으로 작용한다. 이들 유전자 산물이 정상 세포에서는 어떻게 작용하며, 암 세포에서는 어떻게 기능이 변화되는지 살펴보도록 하자. 두 개의 주요 유전자인 *ras* 원발암유전자와 *p53* 종양 억제유전자를 예로 들면, *ras* 돌연변이는 인간의 암 30%에서 나타나며, *p53* 돌연변이는 암의 50% 이상에서 발견된다.

***ras* 유전자**(ras는 rat sarcoma에서 유래했으며, sarcoma는 결합 조직 암을 의미한다)가 암호화하는 Ras 단백질은 G 단백질로 세포막에 존재하는 수용체로부터 세포내 일련의 단백질 인산화효소에게 신호를 전달하는 기능을 가진다. 신호전달 경로의 마지막 단계는 세포주기를 촉진하는 단백질의 합성이다(그림 13.18a). 정상의 경우, Ras 신호전달 경로는 적절한 생장인자가 존재할 때만 활성화된다. 그러나 *ras* 유전자의 돌연변이로 인해 지나치게 활성을 띤 Ras 단백질이 생성되면 생장인자 없이도 인산화효소들이 활성화되어 세포분열을 촉진하게 된다(그림 13.18b). 실제로, Ras 신호전달 경로의 구성 요소 중 하나가 지나치게 활성을 지니거나 과도한 양으로 만들어질 경우 동일한 결과인 과도한 세포분열이 일어날 수 있다.

그림 13.19a에서는 세포주기를 억제하는 단백질을 합성하는 신호전달 경로를 보여준다. 이 경우, 신호는 자외선 노출로 인한 DNA 손상이며, 신호전달 경로가 작동되어 손상이 복구될 때까지 세포주기는 억제된다. 세포주기가 억제되지 않는다면, DNA 손상은 돌연변이나 염색체 이상을 일으켜 종양을 유발하게 될 수도 있다. 세포주기를 억제하는 신호전달 경로의 구성 요소는 종양 억제유전자로 작용한다. 단백질의 크기가 53,000달톤인 ***p53* 유전자 (*p53* gene)**는 종양 억제유전자이며, p53 단백질은 전사인자로 작용하여 세포주기를 억제하는 단백질의 합성을 촉진시킨다. 따라서 *p53* 유전자의 기능을 소실시키는 돌연변이는 높은 활성의 Ras 단

▶ **그림 13.18 정상적인 세포주기-촉진 경로와 돌연변이.** **(a)** 이 경로는 생장인자①가 세포막에 있는 수용체 단백질②에 결합하면서 시작된다. 신호는 Ras 단백질에 전달되며, Ras는 모든 G 단백질처럼 GTP가 결합하면③ 활성화된다. Ras는 신호를 일련의 단백질 인산화효소④에 전달하며, 마지막 인산화효소가 전사인자(활성자)⑤를 활성화시켜 세포주기를 촉진하는 데 필요한 일련의 유전자들을 발현시킨다. **(b)** 만일 Ras 단백질이나 신호전달 경로 내의 다른 단백질이 비정상적으로 활성화될 경우, 과도한 세포분열이 일어나 암이 발생한다.

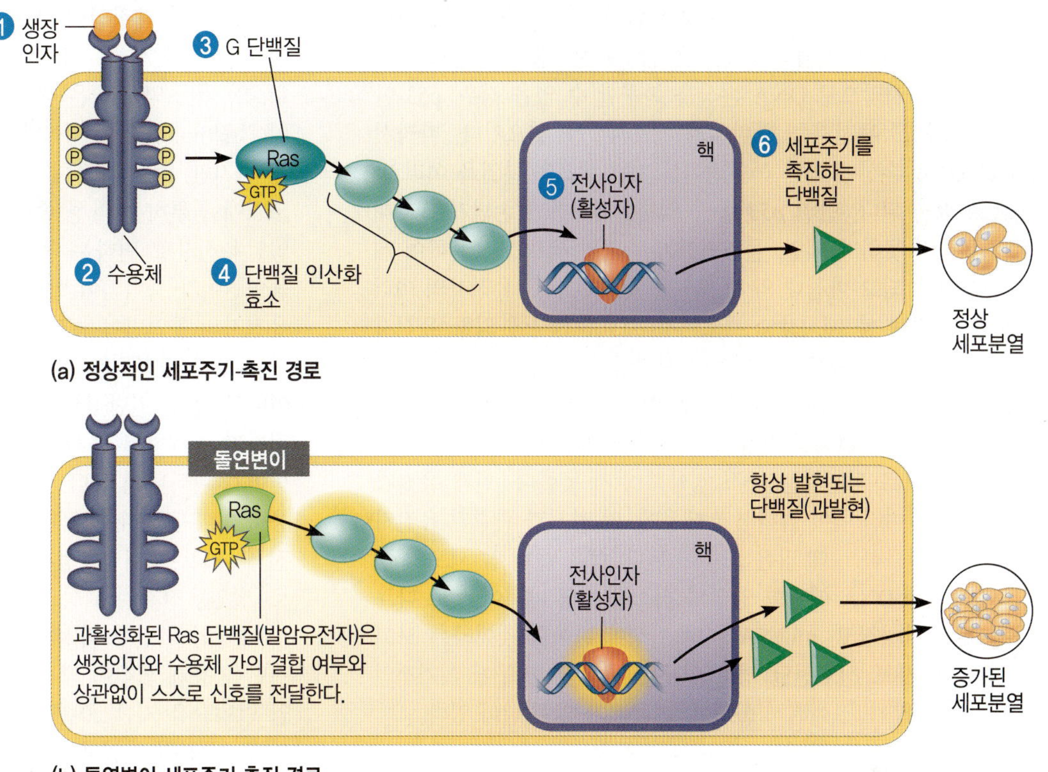

백질이 생성되는 돌연변이와 마찬가지로 과도한 세포 생장과 암을 유발할 수 있다**(그림 13.19b)**.

p53 유전자는 "유전체의 수호 천사"라 불리기도 하는데, 일단 DNA 손상으로 활성화된 p53 단백질은 활성자로 작용하여 여러 유전자를 발현시키게 된다. 그 중 하나가 *p21* 유전자인데, p21 단백질은 사이클린-의존성 인산화효소에 결합하여 세포주기를 멈추게 하고, 그 동안 세포는 DNA 복구에 필요한 시간을 갖게 된다. 최근 연구자들은 p53 단백질이 세포주기를 억제하는 일련의

▶ **그림 13.19 정상적인 세포주기-억제 경로와 돌연변이.** **(a)** 정상 경로에서, 세포내 신호인 DNA 손상①이 단백질 인산화효소②에 전달되어 p53 단백질③을 활성화시킨다. 활성화된 p53 단백질④은 세포주기를 억제하는 단백질을 암호화하는 유전자⑤의 전사를 촉진한다. 그 결과 세포분열은 일시 정지되어 손상된 DNA가 복제되지 않도록 한다. 만일 DNA 손상이 복구할 수 없을 정도로 심각할 경우, p53 신호는 프로그램화된 세포의 죽음, 세포자살을 유발한다. **(b)** 이 경로에 기능 소실 돌연변이가 생기면 암이 발생하는 데 도움을 주게 된다.

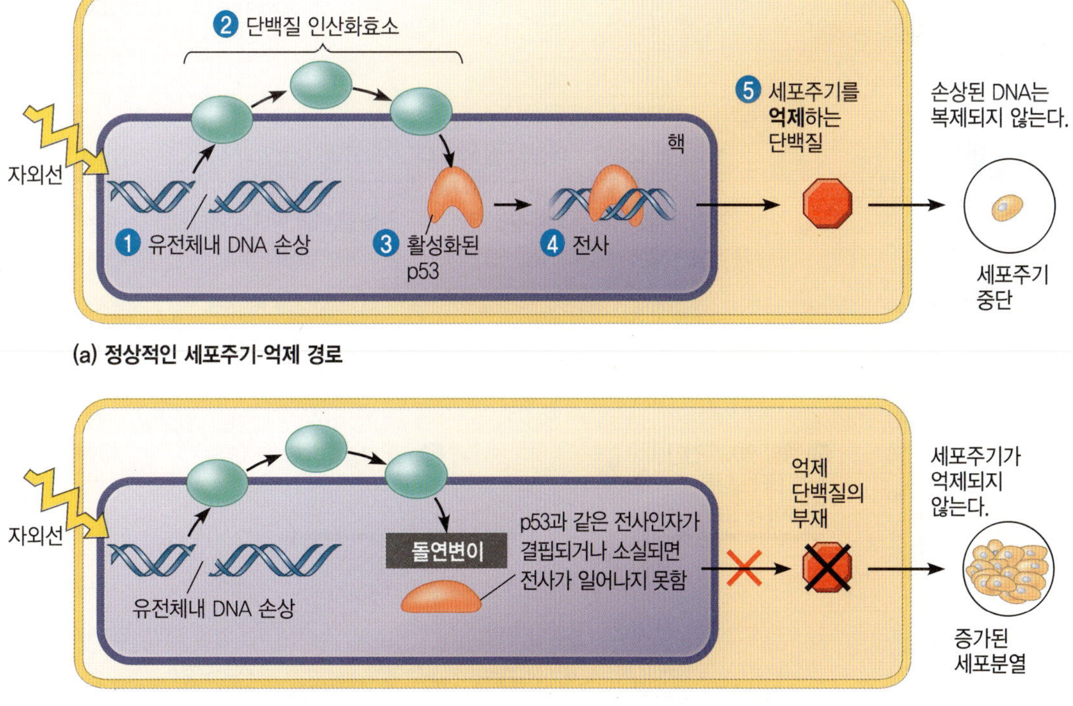

miRNA의 발현을 활성화시키는 것을 발견하였다. 또한 p53 단백질은 DNA 복구에 직접적으로 작용하는 유전자들의 발현도 활성화시킨다. 마지막으로 DNA 손상을 복구할 수 없을 경우, p53 단백질은 "자살" 유전자를 발현시켜 세포자살을 일으킨다. 따라서 p53은 DNA 손상에 의한 돌연변이를 지닌 세포의 분열을 여러 방식으로 막게 된다. 만일 *p53* 종양 억제유전자가 결손되거나 제대로 기능하지 못하게 되면, 돌연변이가 축적된 세포가 생존하여 계속 분열하게 되고 마침내 암이 생성될 것이다. *p53* 유전자의 여러 기능을 고려해 볼 때, 정상 세포에서 *p53* 유전자에 의한 유전자 발현 조절은 매우 복잡할 것임을 시사한다.

그림 13.18과 13.19는 유전자 돌연변이가 어떻게 암을 유발하는가를 보여주는 현재의 가장 정확한 모델이다. 하지만 어떻게 세포가 암 세포로 되는지는 아직 정확히 알지 못한다. 현재 유전자 발현 조절의 여러 면이 밝혀졌기 때문에, 암 발생과 관련된 유전자의 기능을 연구하는 데 많은 도움이 된다. 예를 들어 암 세포와 정상 세포 간에 DNA 메틸화 양상과 히스톤 변형 패턴이 서로 다르다는 것이 밝혀졌고, miRNA가 암 발생에 관여할 것이라는 보고가 있었다. 세포 신호전달 경로 연구를 통해 암 연구에 획기적인 결과를 가져왔지만, 여전히 풀어야 할 문제가 많이 남아 있다.

암 발생의 다단계 모델

암 세포의 특징적인 모든 변화들이 나타나기 위해서는 체세포에서 하나 이상의 돌연변이가 일어나야 한다. 이것은 암 발생률이 나이가 많아짐에 따라 증가하는 원인을 설명해 준다. 만일 암이 체세포 돌연변이의 축적으로 일어나고, 돌연변이가 일생에 걸쳐 일어나는 현상이라면, 우리가 오래 살면 살수록 암에 걸릴 확률은 높아진다.

다단계 경로를 거쳐 암이 발생한다는 모델은 사람의 암 중 가장 연구가 많이 된 대장암 연구에서 밝혀졌다. 미국에서는 매해 140,000건의 대장암이 새로 보고되고 있으며, 그 중 50,000여 명이 사망한다. 다른 암처럼 대장암도 점진적으로 진행된다(**그림 13.20**). 최초의 표식은 대장 상피에 작고 해롭지 않은 조직 덩어리인 폴립(polyp)의 형성이다. 폴립의 세포는 정상보다 자주 분열하긴 하지만, 정상 세포처럼 보인다. 종양은 점점 자라나 결국 다른 조직에 침투하는 악성 종양이 된다. 악성 종양은 원발암유전자가 발암유전자로 변하는 돌연변이와 종양 억제유전자의 기능 소실 돌연변이가 축적되어 발생한다. *ras* 발암유전자와 *p53* 종양 억제유전자의 돌연변이가 자주 발견된다.

세포가 암화되기 위해서는 여러 개의 유전자에 돌연변이가 일어나야 한다. 일반적으로 암 세포에서는 최소 하나의 활성 발암유전자가 존재하고 동시에 여러 종양 억제유전자의 기능 소실 돌연변이가 나타나게 된다. 돌연변이 종양 억제유전자는 열성으로 작용하기 때문에 대부분의 경우 종양 억제 기능을 없애기 위해서 유전체 내의 두 대립유전자 모두 돌연변이가 일어나야 한다. (반대로, 발암유전자는 우성으로 작용한다.)

대장암의 진행 과정에 대해 잘 알려져 있으므로, 현재 일상적 진단을 통해 의심이 되는 폴립을 쉽게 찾고 제거할 수 있다. 대장암 발병률은 지난 20년 동안 감소 추세에 있으며, 진단 및 치료에도 큰 발전이 있었다. 다른 암들에 대한 치료도 상당히 향상되었다. 최근 DNA와 mRNA 서열 분석의 기술적 발전으로 여러 종류의 암에서 발현되는 유전자를 서로 비교하거나 여러 환자의 동일 암에서 발현되는 유전자를 분석할 수 있게 되었다. 이러한 연구를 통해 개별적인 암의 분자적 특성에 근거한 환자 맞춤식 암 치료가 가능해질 것이라 본다.

유방암은 미국에서 두 번째로 흔한 암이며, 여성에서 가장 많이 발병한다. 매년 미국에서 230,000명의 여성(일부는 남성)이 유방암에 걸리며, 그 중 40,000명이 사망한다(세계적으로 450,000명이 유방암으로 사망한다). 유방암을 다루는 데 가장 어려운 문제

▼ **그림 13.20 대장암 발생의 다단계 모델.** 대장암과 직장암은 가장 많이 연구된 암의 하나이다. 세포의 변화 양상은 *p53*과 같은 여러 종양 억제유전자와 *ras* 원발암유전자의 돌연변이를 포함한 일련의 유전적 변이와 상관되게 나타난다. 종양 억제유전자의 돌연변이는 종종 유전자의 기능 소실(결손)의 형태로 나타난다. *APC*는 "선종성 결장폴립증"을 의미하며, *SMAD4*는 신호전달 경로에서 세포자살은 일으키는 데 관여하는 유전자이다.

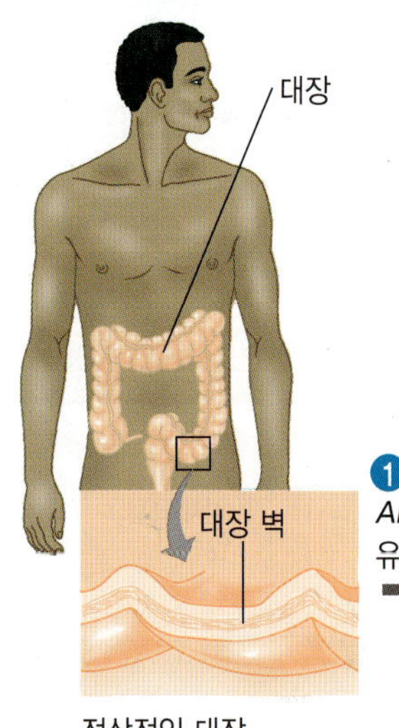

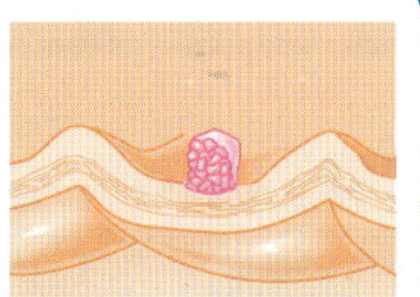

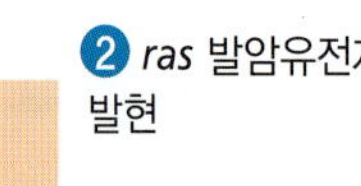

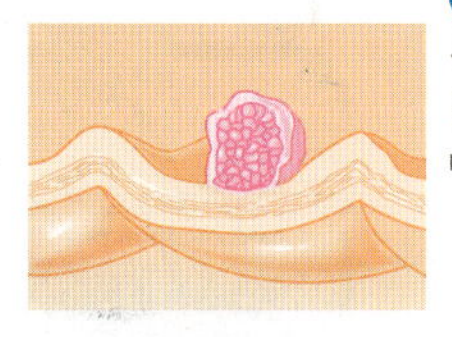

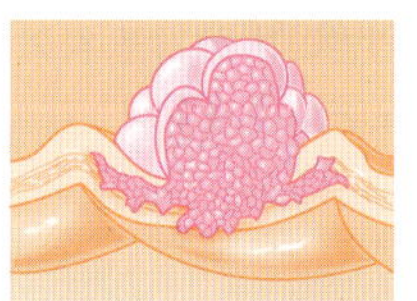

는 유방암마다 특성이 매우 다르다는 점이다. 유방암의 유형별 차이를 규명하는 것이 효과적 치료와 사망률 감소에 도움이 될 것이다. 2012년에 미국 국립보건원의 지원을 받아 구축된 "암 유전체 지도 네트워크(Cancer Genome Atlas Network)"는 유방암의 유전체 분석을 통해 분자 표식에 따라 유방암의 유형을 분류하였다(그림 13.21).

암 발생을 일으키는 유전적 요소와 비유전적 요소

여러 유전자의 돌연변이로 암 세포가 발생한다는 사실은 암이 가족력을 가진다는 점을 설명해 준다. 발암유전자나 종양 억제유전자 돌연변이를 가진 사람은 그렇지 않은 사람에 비해 암 발생에 필요한 돌연변이를 축적하게 될 확률이 높아진다.

유전학자들은 암 발생에 관여하는 유전성 대립유전자를 찾아내어 특정 암에 걸릴 가능성을 조기에 진단하고자 한다. 약 15%의 대장암에서 유전성 돌연변이가 관찰되었는데, 그 중 **선종성 결장폴립증**(adenomatous polyposis coli, APC)이라는 종양 억제유전자의 돌연변이가 흔하게 나타난다(그림 13.20). 이 유전자는 세포에서 여러 기능을 수행하는데, 세포 이동과 세포 부착을 조절하는 역할을 주로 담당한다. 심지어 가족력이 전혀 없는 대장암 환자 중 60% 정도가 *APC* 유전자에 이상이 생긴 것으로 보고되었다. 가족력이 없는 환자에서는 새로운 돌연변이가 두 개의 *APC* 대립유전자에 모두 일어나야만 유전자의 기능이 소실된다. 대장암의 15%만이 기존에 알려진 유전성 돌연변이를 가진 것으로 보고되었으므로, 연구자들은 대장암 발생을 높이는 유전성 돌연변이나 진단을 위한 "표지자"를 찾으려는 노력을 계속하고 있다.

유방암의 빈도와 중요성을 고려해 볼 때, 유방암의 유전적 요인에 대한 연구가 일찍부터 이루어진 것은 당연한 일이다. 유방암 환자의 5~10%는 유전성 돌연변이 유전자를 지닌 것으로 추정된다. 유전학자 킹(Mary-Claire King)은 1970년대 중반부터 유방암의 유전적 요인에 대해 연구했으며, 16년간의 연구 끝에 *BRCA1* 유전자의 돌연변이가 유방암 발생률을 증가시킨다는 것을 밝혀내어 의학계의 큰 이슈가 되었다. (*BRCA*는 breast cancer에서 유래한다.) *BRCA1* 유전자 혹은 기능적으로 연관된 *BRCA2* 유전자의 돌연변이는 유전성 유방암 환자의 50%에서 발견되며, 현재 DNA 서열 분석 기술을 이용한 진단 테스트로 돌연변이 여부를 검사할 수 있다. 돌연변이 *BRCA1* 대립유전자를 물려받은 여성이 50세 이전에 유방암에 걸릴 확률이 60%인 데 반해, 정상 대립유전자를 가진 여성이 유방암에 걸릴 확률은 2% 정도이다.

*BRCA1*과 *BRCA2* 유전자는 정상 대립유전자의 경우 유방암 발생을 억제하는 기능을 가지며, 돌연변이 유전자가 열성으로 작용하므로 종양 억제유전자로 작용한다. (*BRCA1* 유전자의 돌연변이는 기저부 유방암 환자에서 주로 발견된다; 그림 13.21) 실제 BRCA1과 BRCA2 단백질은 세포에서 DNA 손상을 복구하는 데 관여한다. BRCA2 단백질에 대해 더 많이 알려졌는데, BRCA2 단백질은 다른 단백질과 상호작용하여 두 가닥의 DNA에 형성된 절단을 복구하는 데 작용하며, 손상되지 않은 DNA를 유지하는 데 중요하다.

DNA 절단은 암 발생을 촉진하므로, 암 발생을 낮추려면 자외선이나 담배 연기 속의 화학물질과 같이 DNA-손상 물질에 노출되지 않도록 해야 할 것이다. 그림 13.21에 소개된 것처럼 특정 암에 대한 유전체 분석을 통해 암을 진단하고 암 세포에서 작동하는 주요 유전자의 기능을 방해하는 치료 방법이 개발되고 있다. 궁극적으로, 이러한 접근방식이 암으로 인한 사망률을 감소시킬 것이다.

암 발생에 관여하는 유전자에 관한 연구를 통해 우리는 정상 유전자의 기능이나 발현에 이상이 생기면 어떻게 질병이 발생하는지에 대한 이해를 심화시킬 수 있다. 이 장에서 소개한 돌연변이와 다양한 유전적 변형뿐만 아니라, 여러 **종양 바이러스**(tumor virus)는 인간을 포함한 동물 종에서 암을 발생시킨다. 암 연구의 최초 시도는 1911년 미국 병리학자인 라우스(Peyton Rous)가 닭에서 암을 일으키는 바이러스를 발견한 것이었다. 엡스타인-바(Epstein-Barr) 바이러스가 일으키는 전염성 단핵구증은 인간의 여러 종류의 암, 특히 버킷 림프종과 관련되어 있다. 파필로마바이러스는 자궁경부암과 관련되며, HTLV-1 바이러스는 성인 백혈병을 유발할 수 있다. 전 세계적으로 암의 15% 정도가 바이러스 감염에 의해 유발되는 것으로 추정된다.

바이러스 감염으로 인한 암 발생은 유전자 돌연변이에 의한 암과는 다를 것이라 생각했다. 그러나 바이러스가 자신의 유전체를 세포의 DNA에 삽입함으로써 다양한 방식으로 유전자 발현 조절을 방해한다는 사실이 밝혀졌다. 바이러스의 삽입으로 세포는 바이러스성 발암유전자를 가지게 되거나 종양 억제유전자의 기능이 소실되거나 혹은 원발암유전자가 발암유전자로 변환되기도 한다. 또한 어떤 암 유발 바이러스의 단백질은 p53 단백질과 여러 종양 억제 단백질을 불활성화시켜, 세포가 암화되도록 돕는다. 바이러스는 강력한 생물학적 물질이다. 우리는 바이러스가 어떻게 기능하는지에 대해 14장에서 다룰 것이다.

▼ 그림 13.21

MAKE CONNECTIONS

유전체학, 세포 신호전달, 암

현대 의학은 유전체 수준에서의 연구와 세포 신호전달 연구가 상호 보완되면서 여러 질병 특히 유방암에 대한 치료 방식을 변화시키고 있다. 미세배열 및 여러 첨단 기술을 이용하여 수백 종류의 유방암 조직에서 mRNA의 발현량을 비교 분석하였다. 그 결과, 세포 생장과 분열을 조절하는 3개의 주요 수용체의 발현 차이에 근거하여 유방암을 4가지 유형으로 분류할 수 있게 되었다.

- 에스트로젠 수용체 α(ERα)
- 프로게스테론 수용체(PR)
- HER2, 티로신 인산화효소 수용체로 작용한다

(ERα와 PR은 스테로이드 수용체이다; 그림 5.23) 이 수용체들이 발현되지 않거나 지나치게 발현될 경우 비정상적인 세포 신호전달이 일어나 어떤 경우에는 부적절한 세포분열로 인해 암 세포가 될 수 있다(그림 13.18).

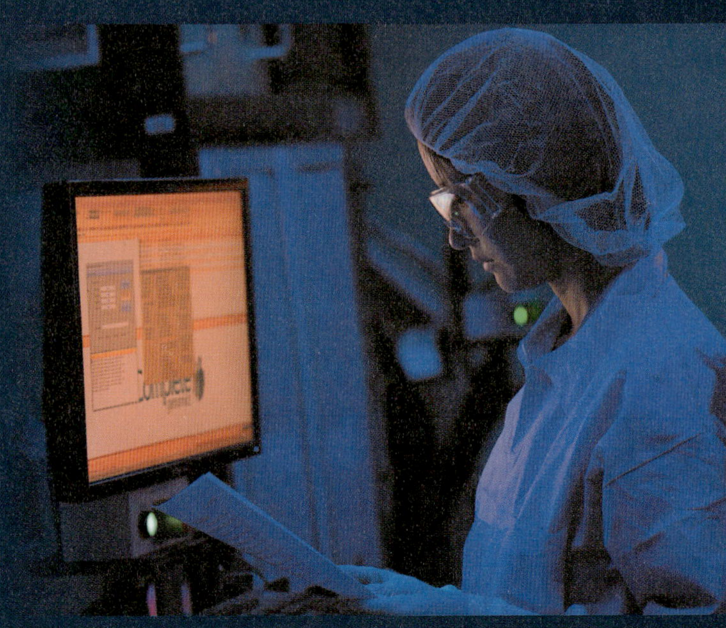

▲ 연구자가 유방암 조직에서 얻은 DNA 서열 데이터를 조사하고 있다.

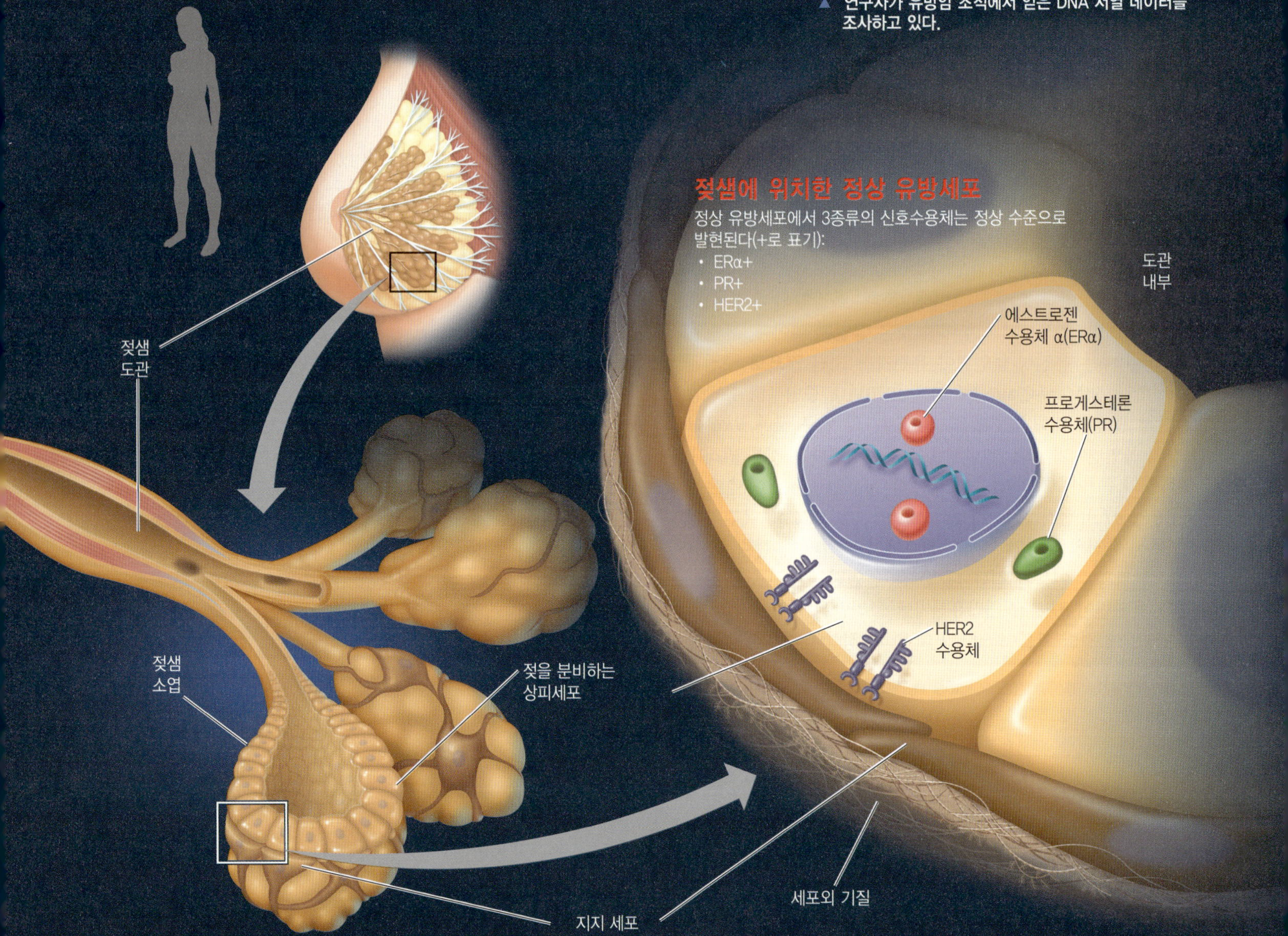

젖샘
도관

젖샘
소엽

젖을 분비하는
상피세포

지지 세포

세포외 기질

젖샘에 위치한 정상 유방세포

정상 유방세포에서 3종류의 신호수용체는 정상 수준으로 발현된다(+로 표기):

- ERα+
- PR+
- HER2+

도관
내부

에스트로젠
수용체 α(ERα)

프로게스테론
수용체(PR)

HER2
수용체

유방암 유형

각 유형의 유방암은 3종류의 수용체(ERα, PR, HER)가 발현하지 않거나(−) 혹은 과도하게 발현(++ 혹은 +++)하는 특성에 따라 구분한다. 특정 암 유형에 따라 유방암 치료가 적절히 이루어진다면 더 효과적일 수 있다.

내강 A

내강 B

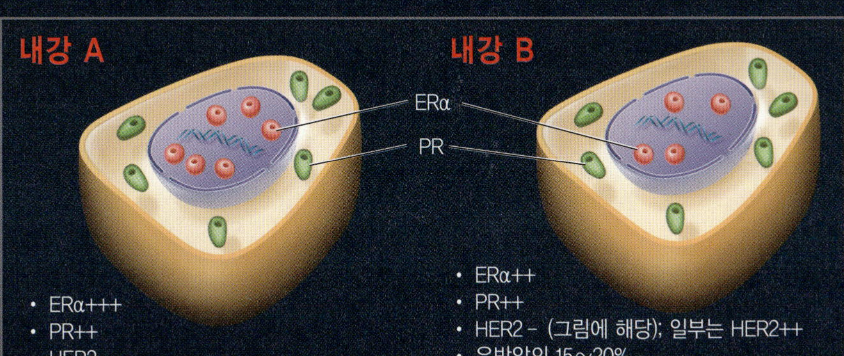

- ERα+++
- PR++
- HER2 −
- 유방암의 40%
- 좋은 예후

- ERα++
- PR++
- HER2 − (그림에 해당); 일부는 HER2++
- 유방암의 15~20%
- 내강 A 유형보다 나쁜 예후

두 종류의 내강 유형은 ERα(내강 A가 내강 B보다 많이 발현)와 PR을 과발현하며, 일반적으로 HER2를 발현하지 않는다. 두 경우 ERα를 표적으로 불활성화시키는 약물을 사용하며, 가장 잘 알려진 약물은 타목시펜(tamoxifen)이다. 또한 에스트로젠 합성을 억제하는 약물로도 치료 가능하다.

기저부

- ERα −
- PR −
- HER2 −
- 유방암의 15~20%
- 훨씬 공격적이며, 다른 유형보다 나쁜 예후

기저부 유형은 ERα, PR 및 HER2를 모두 발현하지 않으므로, "3중 음성(triple-negative)"이라 한다. 이 유형은 주로 종양 억제유전자 *BRCA1*의 돌연변이(개념 13.3)를 동반한다. ERα, PR 혹은 HER2를 표적으로 한 치료는 비효율적이며, 새로운 치료법이 개발중이다. 현재 3중 음성 유방암의 경우, 빠르게 분열하는 세포를 선택적으로 죽이는 세포독성 화학요법을 사용한다.

HER2

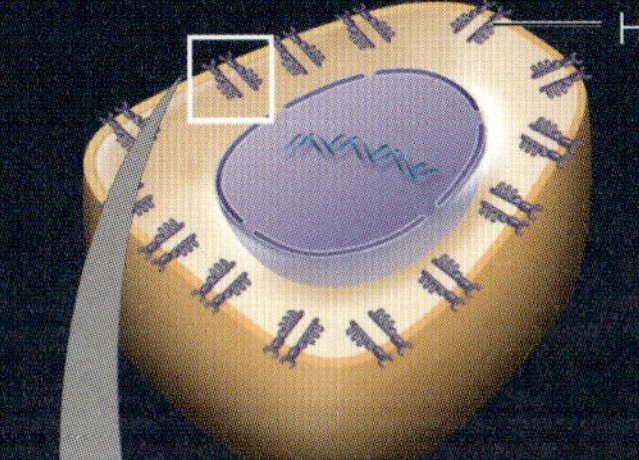

- ERα −
- PR −
- HER2++
- 유방암의 10~15%
- 내강 A 유형보다 나쁜 예후

HER2 유형은 HER2를 과발현하며, ERα와 PR은 정상 수준으로 발현하지 않기 때문에 두 수용체를 표적으로 한 약물에는 반응하지 않는다. 그러나 HER2 유형의 경우, HER2 단백질을 불활성화시키는 항체인 허셉틴(Herceptin)으로 치료 가능하다(개념 9.3).

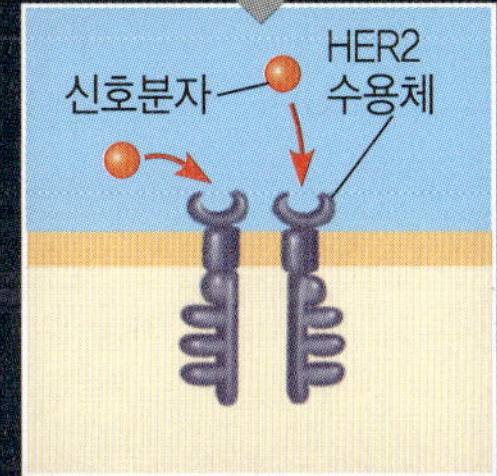

1 신호분자(생장인자)가 HER2 수용체 단위체(하나의 수용체 단백질)에 결합한다.

2 신호분자의 결합으로 두 개의 수용체 단위체가 서로 결합하여 이합체를 형성한다.

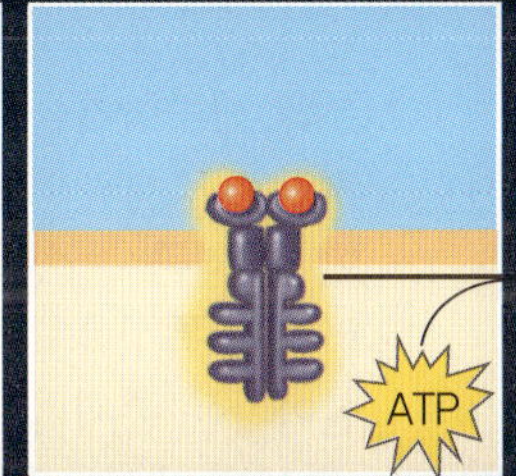

3 이합체의 형성은 각 단위체를 활성화시킨다.

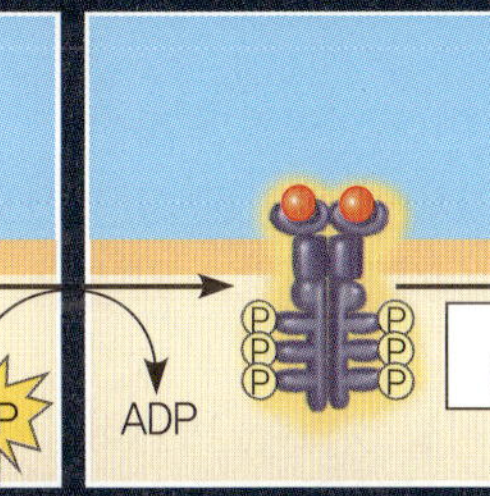

4 각 단위체는 ATP로부터 제공된 인산기를 상대방 단위체에 첨가하며, 신호전달 경로를 시작한다.

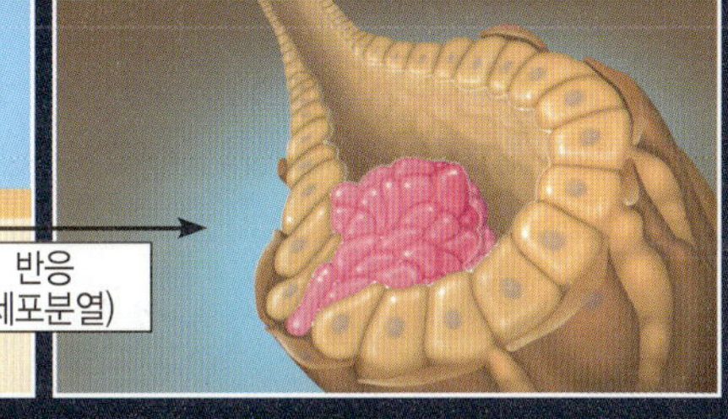

5 신호는 세포 내로 전달되며, 세포 분열을 진행시키는 유전자들의 발현을 촉진하는 반응을 유발한다. HER2 유형의 암세포는 정상 세포보다 100배 정도 많은 HER2 수용체를 가지므로 무절제한 세포분열이 일어난다.

HER2 유형의 암 세포에 허셉틴의 처리

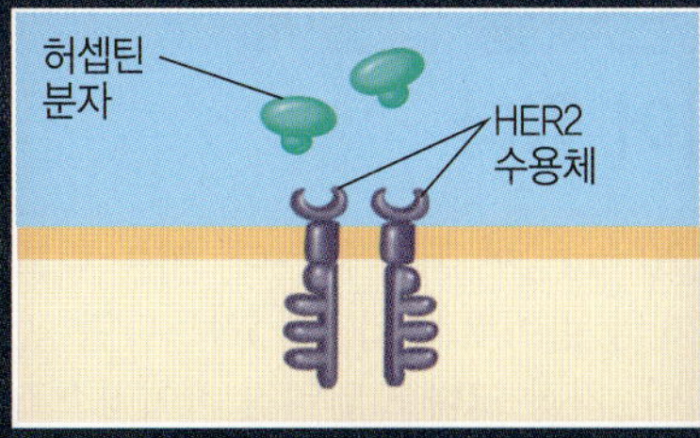

1 허셉틴은 원래의 신호분자 대신 HER2 수용체에 결합하여 신호 전달을 차단한다.

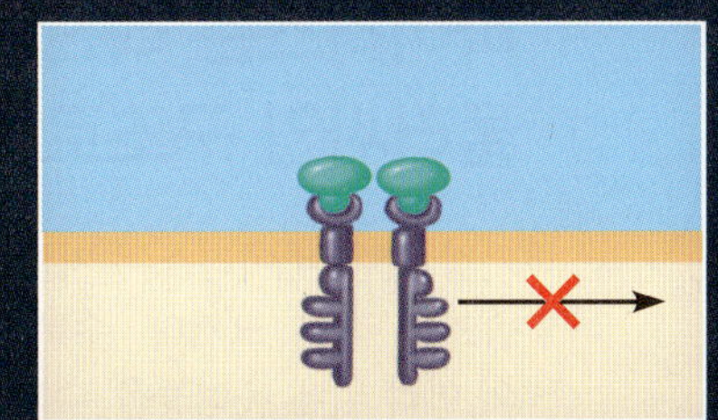

2 HER2 유형의 암 환자의 경우, 신호전달이 차단되어, 과도한 세포분열이 일어나지 않게 된다.

CHAPTER

14 바이러스

핵심 개념

14.1 바이러스는 핵산이 단백질 껍질에 둘러싸인 구조로 되어 있다

14.2 바이러스는 숙주 세포에서만 증식한다

14.3 바이러스와 프리온은 동식물에서 무시무시한 병원체이다

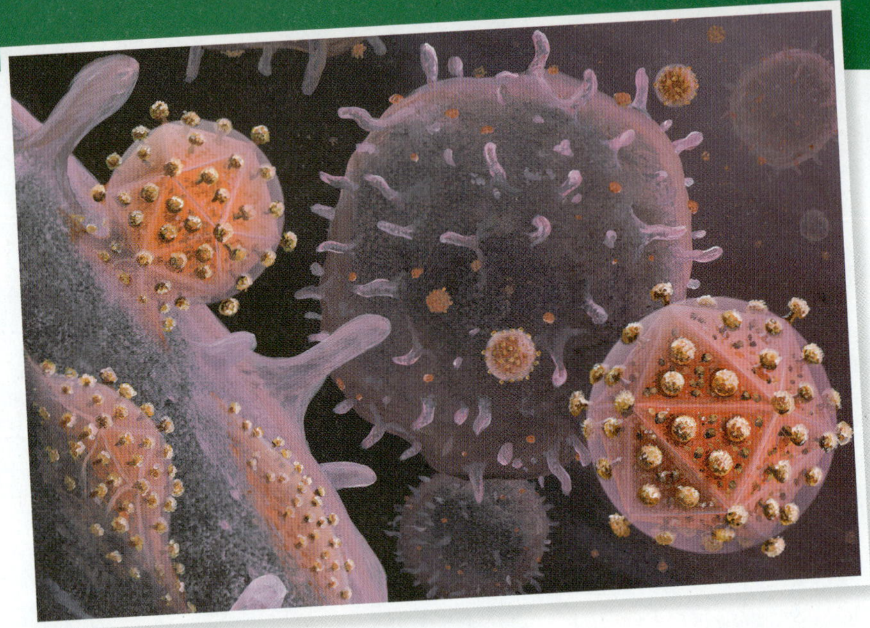

▲ **그림 14.1** 세포 밖으로 방출되고 있는 이들 작은 바이러스(붉은색)는 살아 있는 것일까?

생명을 빌려 쓰다

그림 14.1은 놀라운 순간을 보여주고 있다. 인간 면역결핍 바이러스(human immunodeficiency virus, HIV)에 감염된 사람의 면역 세포(보라색)에서 수많은 HIV 바이러스가 방출되고 있는 모습이다. 방출된 바이러스(붉은색, 면역 세포에서 유래된 보라색 막으로 둘러싸여 있다)는 또 다른 세포를 감염시킬 것이다. 바이러스는 자신의 유전 물질을 감염 가능한 세포에 주입시켜, 감염된 세포의 활동을 장악한다. 감염된 세포에서 자손 바이러스를 다수 생산하도록 촉진하여 이들이 계속 다른 세포를 감염시킬 수 있도록 하는 것이다. 치료하지 않고 그대로 두면, HIV는 면역계를 파괴하여 후천성 면역결핍 증후군(acquired immunodeficiency syndrom, AIDS)을 일으킬 것이다.

진핵세포나 심지어는 원핵세포와 비교하더라도 바이러스는 훨씬 작고 단순한 구조를 지닌다. 세포에 존재하는 대사 기구도 없다. 따라서 **바이러스(virus)**는 단백질 껍질로 둘러싸인 유전자로 구성된 감염 입자 정도로 부를 수 있다.

바이러스는 살아 있는 것일까? 바이러스가 발견된 초기에 바이러스는 생물학적 화학물질로 간주되었다. 바이러스가 여러 종류의 질병을 야기하고 생물체 사이에 전염이 된다는 사실을 바탕으로 1800년대 후기에 과학자들은 이들을 세균과 비슷한 것으로 생각하였고, 이들을 가장 단순한 생물체의 형태라고 제안하기도 하였다. 그러나 바이러스는 숙주 세포를 떠나서는 스스로 증식할 수도 대사 활동을 수행할 수도 없다. 오늘날 바이러스를 연구하는 대부분의 생물학자들은 대부분 이들 바이러스가 살아 있는 것은 아니지만 생명체와 화학물질 사이의 경계면에 존재하는 것이라고 생각한다. 최근 두 명의 과학자가 이들을 묘사한 단순한 표현이 바이러스의 특성을 잘 나타내주고 있다. 바이러스는 "생명을 빌려서" 살아가는 존재이다.

이 장에서는 바이러스의 생물학에 대해 살펴볼 것이다. 먼저 이들의 구조를 알아본 다음 이들이 어떻게 증식하는지 살펴보기로 한다. 그리고 동식물에서 질병을 일으키는 매개체, 즉 병원체로서의 바이러스의 역할을 살펴보는 것으로 이 장을 마무리한다.

개념 14.1

바이러스는 핵산이 단백질 껍질에 둘러싸인 구조로 되어 있다

가장 작은 바이러스는 지름이 20 nm밖에 되지 않는다. 이는 리보솜보다 작은 크기다. 수백만 개의 바이러스 입자를 가느다란 핀의 머리 위에 올려놓을 수도 있다. 가장 크다고 알려진 바이러스조차 지름이 몇백 나노미터에 지나지 않아 광학 현미경으로 희미하

게 확인할 수 있을 정도다. 바이러스 연구 초기에 일부 바이러스를 결정화할 수 있었던 것은 흥미로운 일이었지만 동시에 혼란스러운 결과이기도 했다. 세포는 아무리 작고 단순한 것이라 규칙적인 결정을 이룰 수 없기 때문이었다. 그러나 바이러스가 세포가 아니라면 무엇이란 말인가? 바이러스의 구조를 더욱 상세하게 연구한 결과 바이러스는 핵산이 단백질 껍질로 둘러싸여 있는 구조이며, 일부 바이러스는 막으로 된 외피로 뒤덮여 있다는 사실이 밝혀졌다.

바이러스의 유전체

우리는 대체로 유전자가 전형적인 이중나선 구조를 이루는 이중가닥 DNA로 이루어졌다고 생각한다. 그러나 많은 바이러스가 이와 같은 전형에서 벗어난다. 바이러스의 유전체는 종류에 따라 이중가닥 DNA, 단일가닥 DNA, 이중 가닥 RNA 또는 단일가닥 RNA로 구성된다. 유전체를 이루는 핵산의 종류에 따라 바이러스를 DNA 바이러스 또는 RNA 바이러스라 부른다. 두 종류 모두 유전체는 대개 단일한 선형 또는 원형 핵산분자의 형태로 이루어져 있으나, 일부는 여러 분자의 핵산 조각으로 구성되기도 한다. 지금까지 알려진 가장 작은 바이러스는 유전체에 단 3개의 유전자만 지닌다. 반면, 가장 큰 바이러스의 유전체에는 수백에서 수천 개의 유전자가 포함되어 있다. 참고로 세균의 유전체에는 대략 200개에서 수천 개의 유전자가 들어 있다.

캡시드와 외피

바이러스의 유전체를 둘러싸는 단백질 껍질을 **캡시드(capsid)**라 한다. 바이러스의 종류에 따라 캡시드는 막대 모양이거나 다각형이거나 더 복잡한 형태를 이루기도 한다. 캡시드는 **캡소미어(capsomere)**라 불리는 수많은 단백질 소단위가 모여 이루어지나, 하나의 캡시드를 이루는 단백질의 종류는 그리 많지 않다. 담배 모자이크 바이러스(tobacco mosaic virus, TMV)는 단일 종류의 단백질 분자 수천 개가 나선형으로 배열되면서 단단한 막대형 캡시드를 이룬다. 막대형 바이러스는 이런 연유로 흔히 **나선형 바이러스**라 불리기도 한다(그림 14.2a). 동물의 호흡기를 감염시키는 아데노바이러스의 캡시드는 252개의 동일한 단백질 분자가 20개의 삼각형 면을 이루는 20면체의 구조로 배열되어 있다. 따라서 이 바

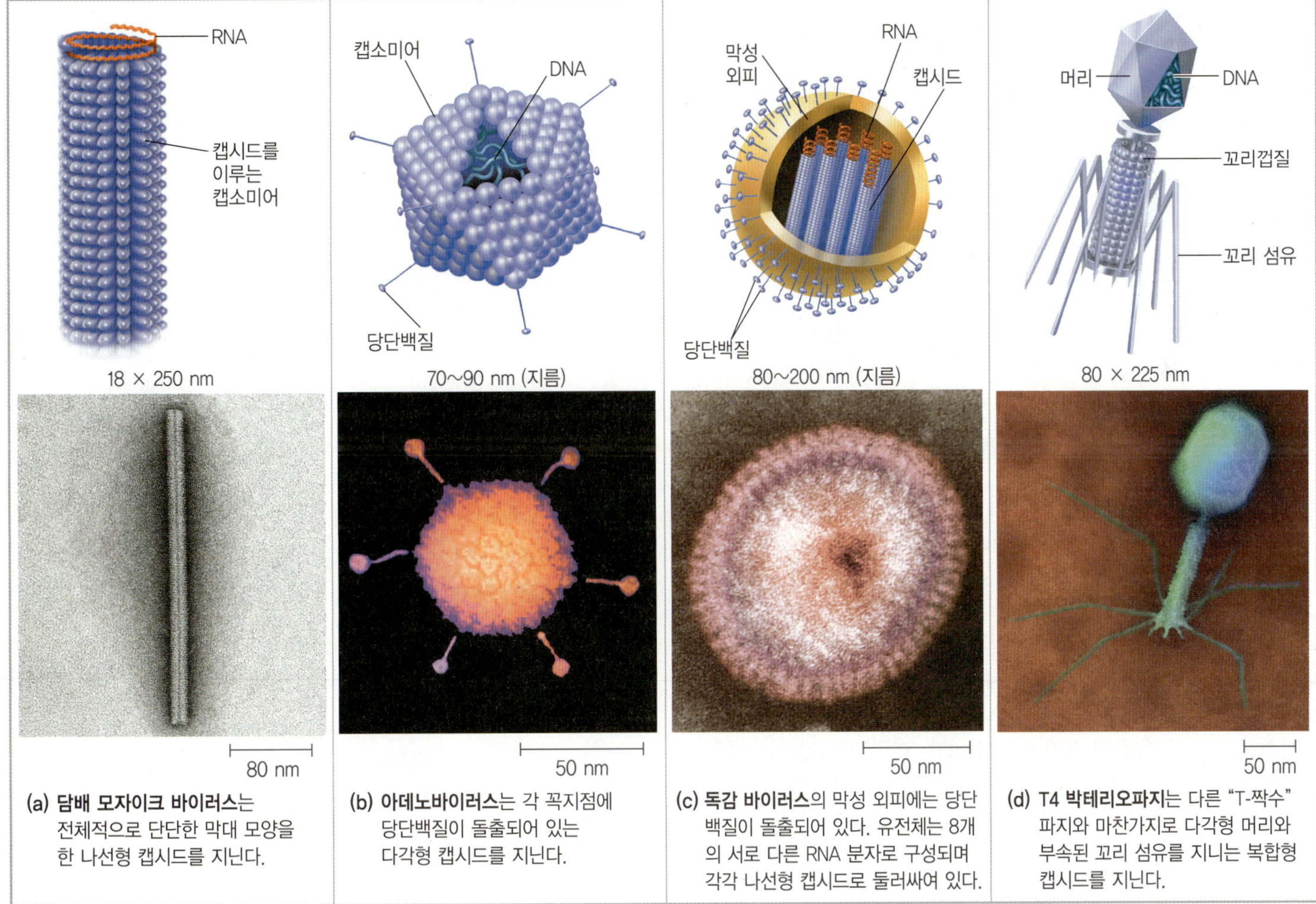

(a) **담배 모자이크 바이러스**는 전체적으로 단단한 막대 모양을 한 나선형 캡시드를 지닌다.

(b) **아데노바이러스**는 각 꼭지점에 당단백질이 돌출되어 있는 다각형 캡시드를 지닌다.

(c) **독감 바이러스**의 막성 외피에는 당단백질이 돌출되어 있다. 유전체는 8개의 서로 다른 RNA 분자로 구성되며 각각 나선형 캡시드로 둘러싸여 있다.

(d) **T4 박테리오파지**는 다른 "T-짝수" 파지와 마찬가지로 다각형 머리와 부속된 꼬리 섬유를 지니는 복합형 캡시드를 지닌다.

▲ **그림 14.2 바이러스의 구조.** 바이러스의 핵산(DNA 또는 RNA)은 단백질 껍질(캡시드) 안에 들어 있으며 때로는 캡시드 바깥쪽을 막성 외피가 둘러싸고 있다. 캡시드를 구성하는 낱개 단백질 소단위를 캡소미어라 부른다. 바이러스는 그 크기와 모양이 다양하긴 하지만 공통적인 구조적 특징을 보인다. (모든 현미경 사진은 투과 전자 현미경 영상에 색을 입힌 것임.)

이러스를 비롯한 다른 비슷한 형태의 바이러스를 20면체 바이러스(icosahedral virus)라 부른다(그림 14.2b).

일부 바이러스에는 숙주 세포를 감염시키는 과정을 돕는 보조적인 구조가 있다. 예를 들어, 독감 바이러스를 비롯한 많은 동물 바이러스에는 막으로 이루어진 외피가 캡시드를 둘러싸고 있다(그림 14.2c). 이들 **바이러스 막(viral envelope)**은 숙주 세포의 막에서 유래된 것으로 숙주 세포의 인지질과 막단백질을 포함한다. 외피에는 또한 바이러스가 만들어 낸 단백질과 당단백질이 존재한다. (당단백질은 단백질에 탄수화물이 공유결합으로 연결된 분자를 말한다.) 일부 바이러스는 캡시드에 한두 가지 바이러스 효소를 포함하기도 한다.

가장 복잡한 형태의 캡시드는 **박테리오파지(bacteriophage)** 또는 간단하게 **파지(phage)**라 불리는 세균 바이러스에서 볼 수 있다. 대장균을 감염시키는 7종의 파지가 가장 초기에 연구되었는데, 이들 7종의 파지는 발견된 순서에 따라 1형(type 1, T1), 2형(type 2, T2) 등으로 명명되었다. 세 종류의 T-짝수 파지(T-even phage, T2, T4, T6)는 구조가 매우 비슷한 것으로 알려졌다. T-짝수 파지의 캡시드는 길쭉한 20면체 머리(icosahedral head) 안에 DNA를 포함하고 있다. 머리에는 단백질 꼬리(tail)가 달려 있고 꼬리에서는 꼬리 섬유(tail fiber)가 뻗어 있으며 이들 꼬리 섬유가 세균에 부착하는 역할을 한다(그림 14.2d). 다음 절에서는 이들 몇몇 바이러스 구조의 기능과 함께 수많은 자손 바이러스를 생산해 내는 숙주 세포의 구성성분을 살펴보기로 한다.

개념 14.2

바이러스는 숙주 세포에서만 증식한다

바이러스에는 대사 효소도 리보솜과 같은 단백질 합성 기구도 없다. 이들은 절대 세포내 기생체로 숙주 세포 안에서만 증식할 수 있다. 분리된 바이러스는 하나의 숙주 세포에서 다른 숙주 세포로 전달될 수 있는 형태로 유전자가 포장된 것에 불과하다고도 말할 수 있다.

각종 바이러스는 제한된 종류의 숙주만 감염시킬 수 있다. 이를 바이러스의 **숙주 범위(host range)**라 한다. 이와 같은 숙주의 특이성은 바이러스가 인식체계를 진화시키면서 생겨났다. 바이러스의 표면 단백질과 숙주 세포의 외부에 있는 특이적인 수용체 분자 사이에서 "열쇠와 자물쇠"와 같은 상호작용이 일어나면서 바이러스가 숙주 세포를 인식한다. 숙주의 수용체 분자는 원래 숙주 세포를 이롭게 하는 기능을 가지고 있었지만 후에 바이러스가 침입하는 경로로 활용된 것으로 설명된다. 어떤 바이러스는 넓은 숙주범위를 가진다. 예를 들어, 웨스트나일 바이러스(West Nile virus)나 말뇌염 바이러스(equine encephalitis virus)는 서로 완전히 다른 바이러스지만 모기, 새, 말, 인간 등의 다양한 생명체를 감염시킬 수 있다. 반면 숙주 범위가 매우 좁아 단일종만 감염시키는 바이러스도 있다. 예를 들어 홍역 바이러스(measles virus)는 사람만 감염시킨다. 나아가 다세포 진핵생물에서는 특정한 바이러스가 대개 특정 조직만 감염시킬 수 있다. 사람의 감기 바이러스는 상기도의 점막 세포층만 감염시키는 반면, 그림 14.1에서 언급한 HIV는 특정한 종류의 면역 세포에만 존재하는 수용체에 결합한다.

바이러스 증식 회로의 일반적 특징

바이러스 감염은 바이러스 입자가 숙주 세포에 결합하여 유전체를 안에 주입하는 것으로 시작된다(그림 14.3). 유전체가 주입되는 메커니즘은 바이러스나 숙주 세포의 종류에 따라 다르다. T-짝수 파지는 정교한 꼬리 구조를 사용하여 세균 세포 안으로 DNA를 주입한다(그림 14.2d). 외피를 지니는 일부 바이러스는 세포내섭취(endocytosis) 또는 외피와 세포막과의 융합 과정을 통해 세포 안으로 들어간다. 일단 바이러스 유전체가 세포 안에 들어가면 바이러스 유전체에서 만들어 내는 단백질이 숙주 세포를 관장하면서 세포의 활성 프로그램을 바꾸어 바이러스의 핵산과 단백질을 합성하도록 한다. 숙주는 이제 바이러스의 핵산 합성에 필요한 뉴클레오타이드를 비롯하여 효소, 리보솜, tRNA, 아미노산, ATP 등의

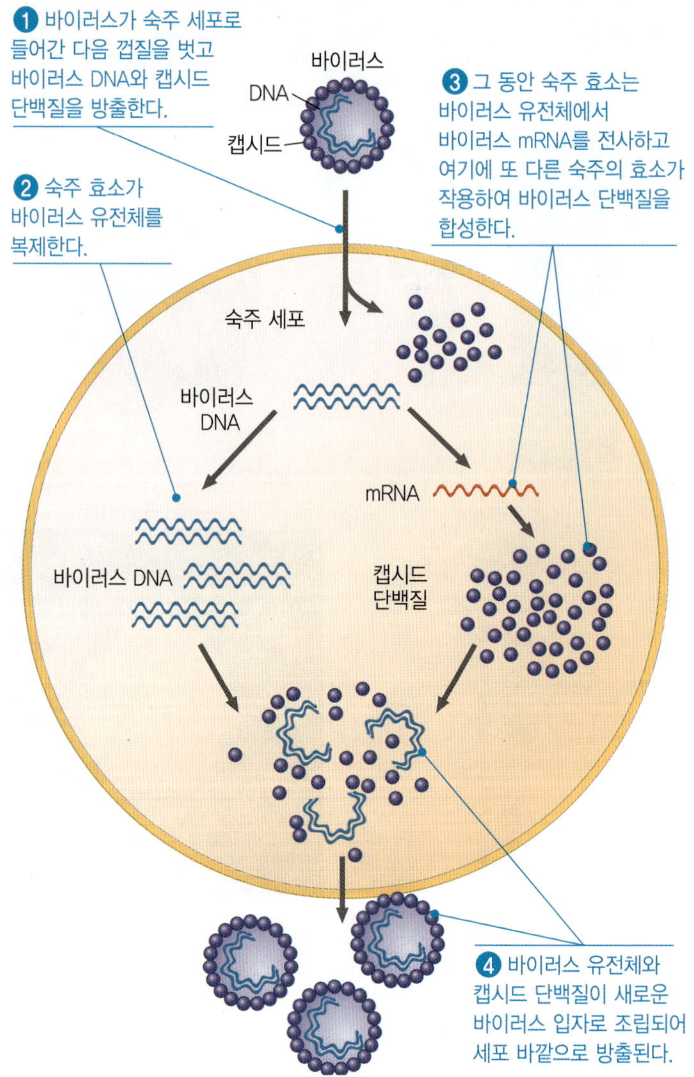

▲ 그림 14.3 **바이러스 증식 회로의 개요.** 바이러스는 숙주 세포의 기구와 작은 전구체들을 사용하여 증식하는 절대 세포내 기생체이다. 이 그림은 한 종류의 단백질로 구성된 캡시드를 지닌 DNA 바이러스의 가장 단순한 증식 과정을 보여준다.

바이러스 단백질 합성에 필요한 성분을 제공하는 역할을 하게 된다. 대부분의 DNA 바이러스는 숙주 세포의 DNA 중합효소를 사용하여 바이러스 DNA를 주형으로 새로운 유전체를 합성한다. 반면 RNA 바이러스는 직접 RNA를 주형으로 하는 중합효소를 만들어 자신의 유전체를 합성한다. (바이러스에 감염되지 않은 세포는 대개 이 과정을 수행할 수 있는 효소가 없다.)

바이러스의 핵산분자와 캡소미어가 생성되고 나면 이들은 스스로 새로운 바이러스를 조립한다. 사실 과학자들은 TMV의 RNA와 캡소미어를 따로 분리하여 이들을 적절한 조건에서 섞어주는 것만으로도 새로운 바이러스를 만들어낼 수 있었다. 가장 간단한 형태의 바이러스 증식 회로는 감염된 숙주 세포에서 수백 또는 수천의 자손 바이러스가 방출되는 것으로 끝난다. 이 과정에서 종종 숙주 세포가 손상되거나 파괴된다. 바이러스에 감염되었을 때 나타나는 여러 증상은 세포의 손상과 사멸 그리고 이와 같은 과정에 대한 신체의 반응으로 인해 나타난다. 세포에서 방출된 자손 바이러스 입자는 또 다른 세포를 감염시켜 바이러스 감염을 전파킬 수 있는 잠재력을 가진다.

지금까지 설명한 단순한 바이러스 증식 회로와는 조금씩 다른 과정을 보이는 바이러스들도 많다. 이제부터는 세균 바이러스(파지), 동물 바이러스, 식물 바이러스의 순서로 몇몇 바이러스의 특성을 자세히 살펴보면서 바이러스의 다양한 증식 과정을 알아보기로 한다.

파지의 증식 회로

파지는 가장 잘 알려진 바이러스이며 일부 파지는 바이러스 가운데 가장 복잡한 종류에 속한다. 이중나선 DNA 파지는 용균 회로와 용원 회로의 두 가지 증식 회로를 지닌다는 사실이 알려졌다.

용균 회로

파지가 증식하면서 최종적으로 숙주 세포를 사멸시키는 증식 경로를 **용균 회로(lytic cycle)**라 한다. 용균은 감염의 마지막 단계를 말하며, 세균이 파괴되면서(용균) 세포 안에서 생성된 파지 입자들이 방출된다. 이들 파지는 각각 또 다른 건강한 세포를 감염시켜 용균회로를 계속 반복하여 단 몇 시간 안에 전체 세균 집단을 완전히 전멸시키도 한다. 용균 회로만으로 증식하는 파지를 **독성 파지(virulent phage)**라 부른다. 그림 14.4는 전형적인 독성 파지인 T4의 용균 회로를 단계별로 설명하고 있다. 이 그림에서 용균 회로를 잘 이해한 후, 다음 단계로 넘어가자.

용원 회로

숙주 세포를 파괴하는 대신 용원화(lysogeny)라 불리는 상태로 숙주 세포와 공존하는 파지 종류도 많다. 숙주 세포를 사멸시키는 용균 회로와 달리, **용원 회로(lysogenic cycle)**에서는 숙주 세포를 파괴시키지 않은 채 파지의 유전체가 복제된다. 이 두 가지 회로를 모두 이용하여 증식할 수 있는 파지 종류를 **온순 파지(temperate**

▶ **그림 14.4 독성 파지 T4의 용균 회로.** T4 파지는 300개에 달하는 유전자를 지니며 이들 유전자는 숙주 세포의 기구를 이용하여 전사되고 번역된다. 바이러스 DNA가 숙주 세포에 들어간 다음 가장 먼저 번역되는 유전자 가운데 하나는 숙주 세포의 DNA를 분해하는 효소 유전자이다(❷단계). 이때 파지 DNA는 분해되지 않는데 이는 효소에 의해 인식되지 않도록 사이토신이 변형되어 있기 때문이다. 파지가 최초로 숙주의 표면에 접촉하는 시간부터 세포가 파괴될 때까지 전체 용균 회로가 진행되는 데 37℃에서 20~30분밖에 걸리지 않는다.

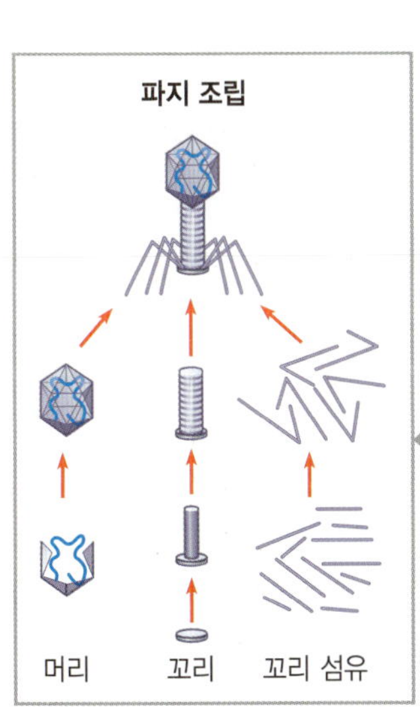

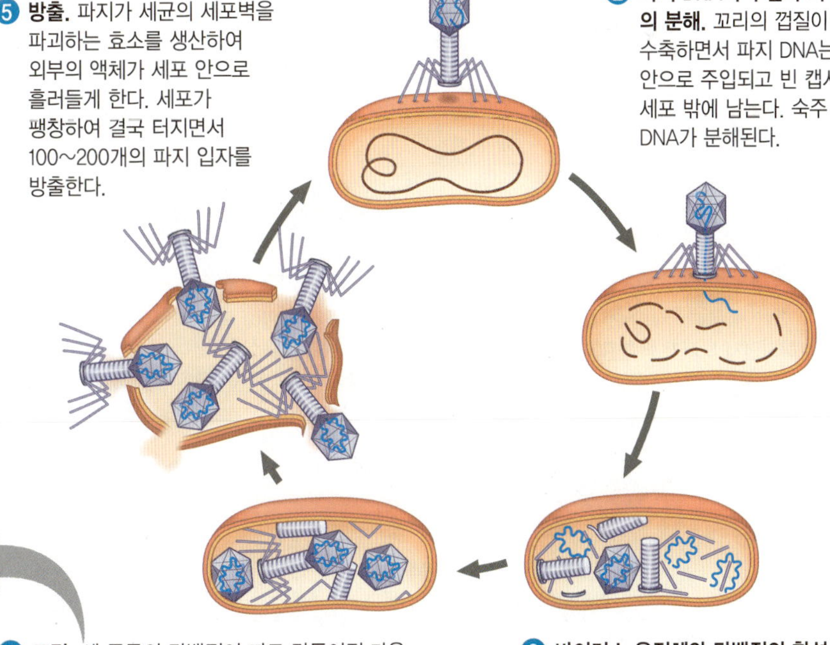

phage)라 부른다. 그리스 문자 λ로 표기하고 람다라 부르는 온순 파지는 생물학 연구에 널리 사용되어 왔다. λ 파지는 T4와 비슷하나 단 하나의 짧은 꼬리 섬유를 지닌다.

λ 파지가 대장균을 감염시키는 과정은 파지가 세포 표면에 결합하여 선형 DNA 유전체를 주입하면서 시작된다**(그림 14.5)**. 숙주 안에서 λ DNA 분자는 원형으로 변한다. 다음 단계는 용균회로와 용원 회로 가운데 어느 쪽을 따를지에 따라 달라진다. 용균 회로에서 바이러스 유전자는 즉시 숙주 세포를 λ 생산 공장으로 변환시킨다. 바이러스에 감염된 세포는 곧 용균되면서 바이러스 산물을 방출한다. 그러나 용원성 증식 회로로 접어들면 λ DNA 분자는 대장균 염색체의 특정한 자리에 삽입된다. 이때 파지에서 만들어 내는 단백질이 세균과 파지의 원형 DNA 특정 부위를 자른 다음 서로 연결시킨다. 이런 방식으로 세균 염색체에 삽입된 파지의 DNA를 **프로파지(prophage)**라 한다. 프로파지에는 다른 프로파지 유전자 대부분의 전사를 억제하는 유전자가 하나 있다. 이 유전자가 작용하면 세균 세포에서 파지 유전체는 대체로 발현되지 않은 상태로 존재한다. 대장균 세포가 분열할 때마다 대장균은 자신의 염색체와 함께 그 일부로 존재하는 파지 DNA를 복제하여 딸세포에 전해준다. 감염된 세포 하나는 곧 프로파지의 형태로 바이러스를 지니는 거대한 개체군으로 성장할 수 있다. 이와 같은 메커니즘은 바이러스가 자신들이 의존할 수밖에 없는 숙주 세포를 파괴하지 않고 증식하여 퍼질 수 있는 방법이다.

용원성(lysogenic)이라는 용어는 프로파지가 숙주 세포를 파괴할 수 있는 활성화된 파지를 생성할 수 있는 잠재능력이 있다는 사실을 함축한다. 이러한 과정이 유도되면 λ 유전체는 세균 염색체에서 절제되어 나와 새롭게 용균 회로를 시작한다. 특정한 화학물질이나 고에너지 방사선과 같은 환경으로부터의 신호가 용원성으로 존재하는 프로파지가 용균 회로를 시작하도록 전환시킨다.

전사 억제 단백질 유전자와 더불어 용원 상태의 프로파지에서는 한두 가지 다른 단백질이 발현되기도 한다. 이들 유전자가 발현되면 숙주의 표현형이 달라질 수 있다. 이와 같은 현상은 의학적으로 중요한 의미를 지닌다. 예를 들어, 디프테리아, 보툴리누스 식중독, 성홍열과 같이 사람에게 심각한 질병을 일으키는 3종의 세균은 이들이 지니는 프로파지에서 독소를 만들기 때문에 질병을 야기한다. 세균이 이들 프로파지에 감염되지 않았다면 사람에게서 질병을 일으키지 못한다는 것이다. 또한 우리 장 내에 정상적으로 서식하는 대장균 균주와 심각한 식중독을 일으키는 0157:H7 균주의 차이도 0157:H7이 지니는 프로파지에 의해 비롯된 것이다.

파지에 대한 세균의 방어

용균 회로에 대해 공부하다 보면 파지들이 모든 세균을 전멸시키지 못하는 이유가 무엇인지 궁금해질 것이다. 용원화는 세균이 파지가 초래할 수 있는 절멸을 회피할 수 있는 중요한 이유가 될 수 있다. 세균은 이밖에도 파지에 대한 여러 가지 방어 수단을 지닌다. 첫째,

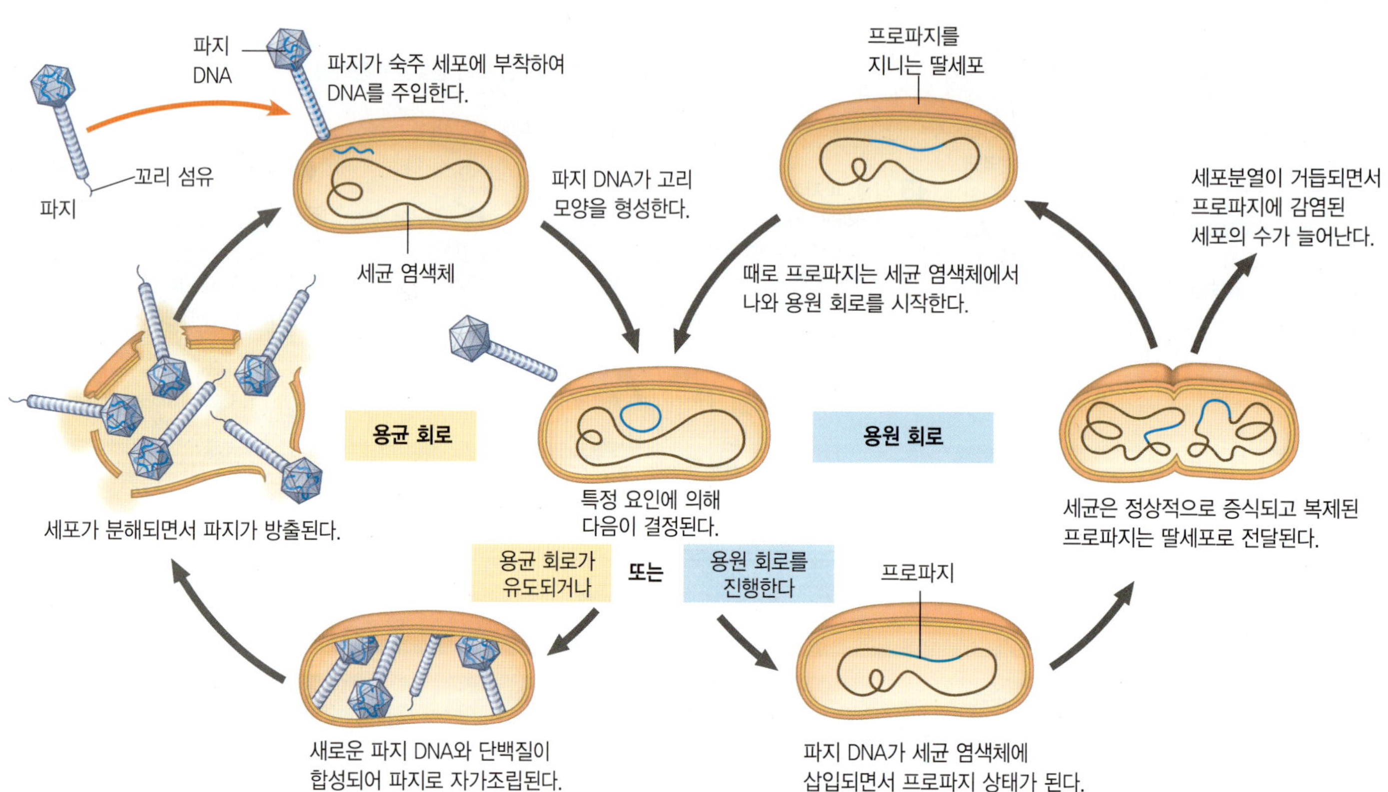

▲ **그림 14.5 온순 파지, 람다의 용균 회로 및 용원 회로.** 세균 세포에 들어간 다음 람다 DNA는 고리 모양을 이룬 다음 곧장 많은 수의 자손 파지를 생성하기 시작하거나(용균 회로) 또는 세균의 염색체에 삽입된다(용원 회로). 대부분의 경우 람다 파지는 용균 회로를 따른다. 이는 그림 14.4에 자세히 설명된 것과 비슷하다. 그러나 일단 용원 회로를 시작하면 프로파지는 여러 세대 동안 숙주 세포의 염색체에 삽입된 채 존재한다. 람다 파지에는 하나의 짧은 꼬리 섬유가 있다.

특정한 파지가 인식하지 못하는 수용체를 갖는 돌연변이 세균이 자연선택될 수 있다. 둘째, 파지가 침입하면 파지의 DNA를 외부 물질로 인식하여 **제한효소(restriction enzyme)**라 불리는 세포내 효소가 이들을 절단한다. 세균 자신의 DNA는 특수한 형태로 메틸화되어 있기 때문에 자신의 제한효소가 작용하는 것을 막을 수 있다. 세 번째 방어 수단은 CRISPR-Cas 체계로 세균과 고세균 영역에서 모두 발견된다.

CRISPR-Cas 체계는 많은 원핵세포 유전체에 존재하는 DNA 반복 서열을 연구하는 과정에 발견되었다. 과학자들은 반복서열을 발견하긴 했지만 그 기능을 이해하지 못해 궁금해하면서, 일단 이들 반복서열을 '무리를 이루어 규칙적인 간격으로 존재하는 짧은 회문 반복서열(clustered regularly interspaced short palindromic repeats, CRISPR)'이라 이름 붙였다. 반복서열 사이에 서열이 서로 다른 "간격 DNA(spacer DNA)"가 존재하고 그 반복 서열은 바로 읽으나 거꾸로 읽으나 같은 서열(회문반복)이라는 반복서열의 특징을 담은 이름이다. 처음에 과학자들은 간격 DNA는 그 서열이 무작위적이어서 특별한 의미를 갖지 않는 것이라 생각했다. 그러나 여러 연구진이 분석한 결과 각각의 간격 DNA는 해당 세포를 감염시킨 적이 있는 특정한 파지의 DNA에 해당된다는 사실이 밝혀졌다. 연구진은 계속해서 CRISPR 영역과 상호작용하는 특별한 핵산분해효소 단백질을 발견했고, 이 핵산분해효소는 Cas(CRISPR-associated) 단백질이라 명명하였다. Cas 단백질은 파지 DNA를 찾아내서 자를 수 있기 때문에 세균을 파지 감염으로부터 막아낼 수 있다.

파지가 CRISPR-Cas 체계를 지니는 세균 세포를 감염시키면, 침입하는 파지의 DNA 일부가 두 개의 반복서열 사이에 삽입된다. 감염된 세포가 살아남으면, 후에 같은 종류의 파지에 감염되었을 때 CRISPR 영역에서 RNA가 합성된다(그림 14.6). 전사된 RNA는 몇 조각으로 잘린 다음 Cas9 등으로 불리는 Cas 단백질에 결합한다. Cas 단백질은 파지와 연관된 RNA 조각을 침입하는 파지 DNA를 찾아낸 다음 이를 잘라내어 파지를 파괴하는 인식 도구로 활용한다.

자연선택 과정에 의해 바이러스가 인식하지 못하는 세균의 돌연변이 수용체 또는 파지 DNA를 자르는 효소가 선택된 것처럼, 똑같은 방식으로 변형된 수용체에 결합하는 돌연변이 파지 또는 효소의 작용을 받지 않는 돌연변이 파지 또한 선택될 수 있다. 세균과 파지는 끊임없는 진화의 흐름 속에서 서로 상호작용하는 관계이다.

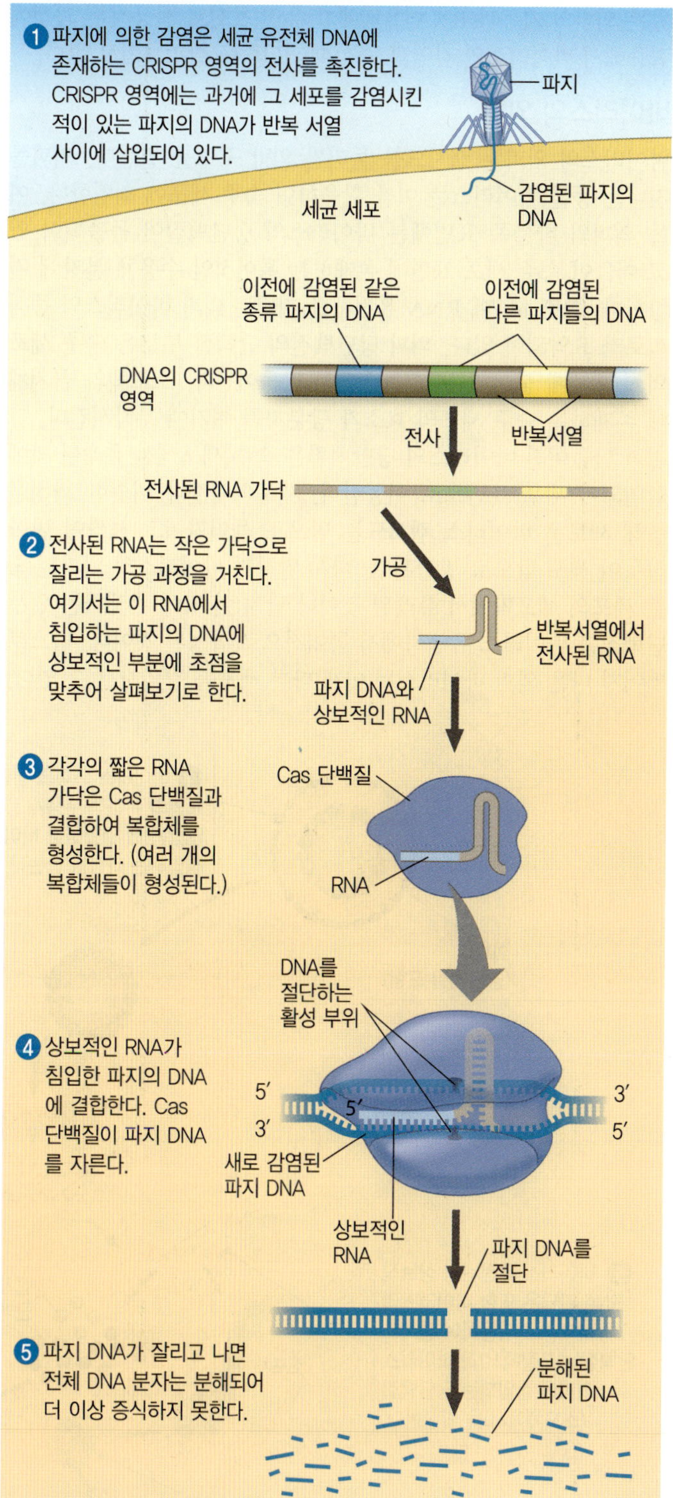

▲ 그림 14.6 **CRISPR 체계, 일종의 세균 면역 체계**

동물 바이러스의 증식 회로

사람은 모두 편도선염이나 독감 또는 감기와 같은 바이러스 감염증으로 인해 고통받는다. 다른 모든 바이러스와 마찬가지로 사람이나 다른 동물에게 병을 일으키는 바이러스도 숙주 세포 안에서만 증식할 수 있다. 바이러스의 감염과 증식 양상은 동물 바이러스 사이에서도 다양하다. 동물 바이러스는 바이러스 유전체의 특성(DNA인지 RNA인지 또한 이중나선인지 또는 단일가닥인지)과 외피의 보유 여부에 따라 그 특성이 크게 달라진다.

몇몇 박테리오파지도 외피를 갖거나 RNA 유전체를 갖지만 동물 바이러스 중에는 이 두 가지 특성을 모두 지니는 종류가 많다. 사실상 RNA 유전체를 지니는 거의 모든 동물 바이러스가 외피를 지니고 있으며 일부 DNA 바이러스에서도 외피가 발견된다. 모든 바이러스를 다루기보다 여기서는 동물 바이러스의 특징이라 할 수 있는 외피의 기능과 RNA 유전체가 유전 물질로 작용하는 과정에 집중해서 바이러스의 감염과 증식 메커니즘을 살펴보기로 한다.

바이러스의 외피

바이러스의 외피는 캡시드를 둘러싼 외막 구조를 말한다. 외피를 지니는 동물 바이러스는 이를 활용하여 숙주 세포에 침입한다. 이들 외피의 바깥쪽 표면에는 바이러스의 당단백질이 돌출되어 있고 이들이 숙주 세포 표면에 존재하는 특이적인 수용체 분자에 결합한다. **그림 14.7**에 RNA 유전체를 지니는 외피 바이러스의 증식 회로가 요약되어 있다. 외피 당단백질의 단백질 부분은 숙주 세포의 소포체에 붙어 있는 리보솜에서 만들어진다. 소포체와 골지체에 존재하는 숙주 세포의 효소가 당분자를 여기에 부착시킨다. 그 결과 만들어진 바이러스의 당단백질은 숙주 세포에서 유래된 막에 삽입되어 세포 표면으로 이동한다. 세포외배출과 비슷한 과정을 통해 새로운 바이러스 캡시드는 막으로 둘러싸이고 새싹이 발아하듯이 세포 밖으로 방출된다. 다시 말하면 바이러스의 외피는 숙주 세포의 세포막에서 유래된 것이나 단지 이 막에 존재하는 일부 단백질은 바이러스 유전자에서 특이적으로 합성된 것이다. 밖으로 떨어져 나온 외피 바이러스는 이제 다른 세포를 감염시킬 수 있다. 이 같은 증식 과정은 용균성 파지의 증식 회로와 달리 반드시 숙주 세포를 죽이지는 않는다.

모든 바이러스의 외피가 세포막에서 유래된 것은 아니다. 예를 들어 허피스바이러스(herpesvirus)는 일시적으로 숙주의 핵막에서 유래된 막으로 둘러싸인다. 핵에서 세포질로 나오면 핵막을 벗고 골지체의 막에서 유래된 새로운 막으로 둘러싸인다. 이들 바이러스는 이중나선 DNA를 유전체로 지니고 숙주 세포의 핵 안에서 바이러스와 숙주 효소를 함께 이용하면서 DNA를 복제하고 전사하여 증식한다. 허피스바이러스의 경우 바이러스 DNA의 복사본이 특정한 신경세포의 핵 안에 미니 염색체의 형태로 남아 있을 수 있다. 이들 바이러스 유전체는 잠복해 있다가 물리적인 또는 정서적인 변화가 신호로 작용하여 새로 바이러스 생성이 활성화된다. 이렇게 만들어진 새로운 바이러스가 다른 세포를 감염시켜 허피스바이러스 감염 증상인 물집이 형성되는데 주로 입술이나 생식기 주변에 나타난다. 따라서 일단 한 번 허피스바이러스에 감염되면 때때로 이렇게 물집 잡히는 증상이 평생 반복되어 나타날 수 있다.

바이러스 유전 물질로서의 RNA

일부 파지와 대부분의 식물 바이러스도 RNA 유전체를 지니지만,

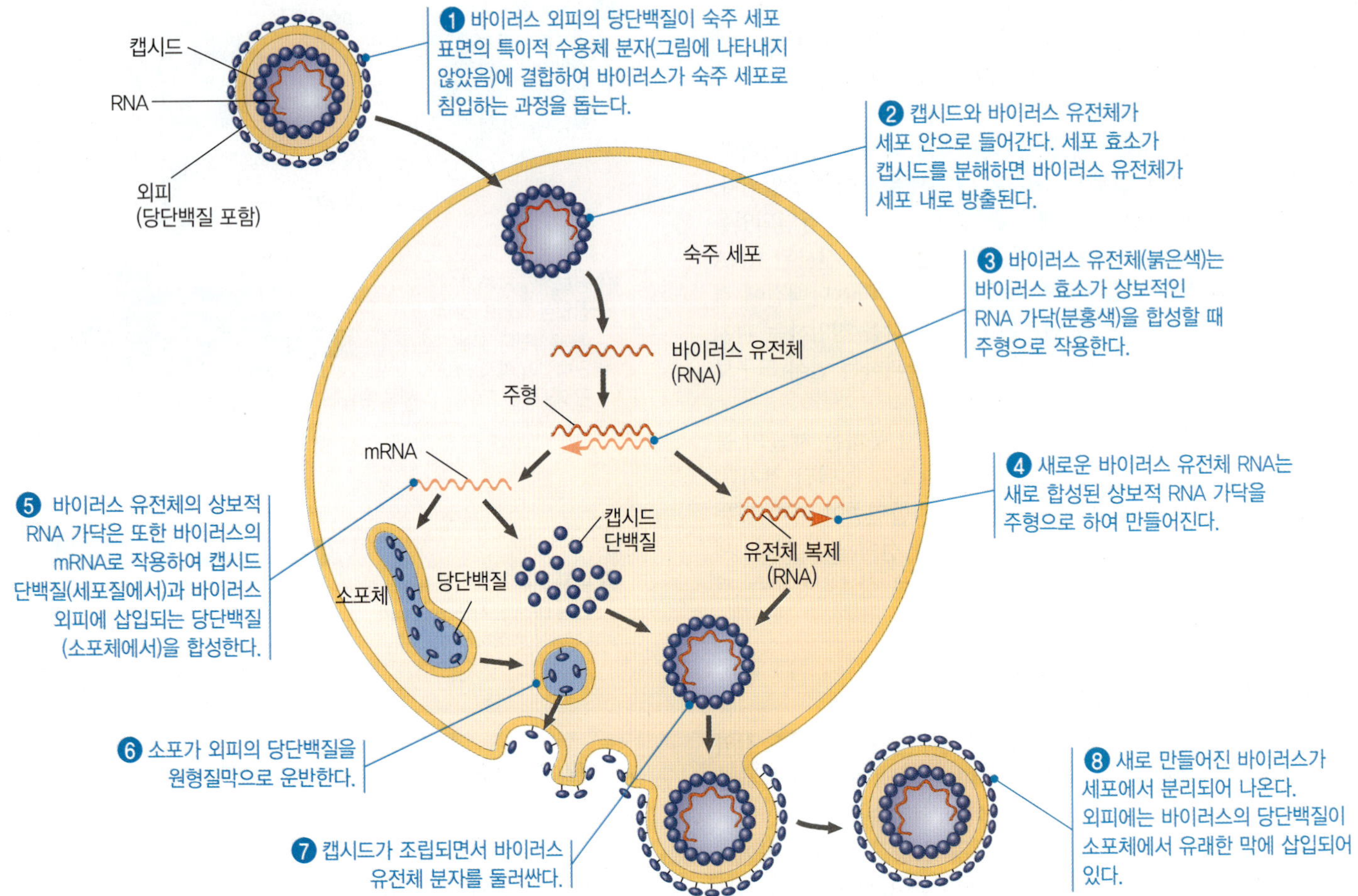

▲ **그림 14.7 외피가 있는 RNA 바이러스의 증식 회로.** 이 그림은 mRNA 합성의 주형으로 사용될 단일가닥 RNA 유전체를 갖는 바이러스이다. 일부 외피 바이러스는 세포의 원형질막과 바이러스의 외피가 융합되면서 숙주 세포 안으로 들어간다. 다른 바이러스는 세포내흡입 과정을 통해 침입한다. 외피를 지니는 모든 RNA 바이러스에서 자손 바이러스의 외피는 그림에 나타난 방식으로 형성된다.

동물을 감염시키는 바이러스에서 가장 다양한 바이러스 RNA 유전체가 발견된다. 단일가닥 RNA 유전체를 지니는 동물 바이러스에는 세 가지 유형이 있다. 첫 번째 유형은 바이러스 유전체가 직접 mRNA로 작용하여 감염 즉시 바이러스 단백질을 번역할 수 있다. 두 번째 바이러스에서는 RNA 유전체가 mRNA 합성의 **주형**(template)으로 사용된다. RNA 유전체는 상보적인 RNA 가닥으로 전사되는데, 이것은 mRNA로 작용하는 동시에 또 다른 유전체 RNA 합성의 주형이 된다. RNA를 주형으로 RNA를 합성하는 모든 바이러스는 이 과정을 촉매하는 바이러스 효소를 가지고 있어야 한다. RNA를 주형으로 RNA를 합성하는 하는 바이러스 효소는 캡시드 안에 유전체와 함께 포장된다.

RNA 동물 바이러스 가운데 가장 복잡한 증식 회로를 갖는 것이 세 번째 유형에 속하는 **레트로바이러스(retrovirus)**다. 레트로바이러스는 **역전사효소(reverse transcriptase)**라 불리는 효소를 지녀 이 효소가 RNA 주형을 DNA로 전사한다. 따라서 보통의 유전정보 전달 과정과는 달리 RNA 분자에서 DNA로 유전정보가 전달되는 메커니즘을 지닌다. (역전사효소는 RT-PCR이라 불리는 기술에서도 사용된다) 이와 같은 독특한 현상으로 인해 레트로바이러스(retro는 "반대 방향"을 의미)라는 이름을 얻게 되었다. 의학 분야에서 특히 중요하게 다루어지는 종류로는 **에이즈(acquired immunodeficiency syndrome, AIDS)**의 원인이 되는 **HIV(human immunodeficiency virus)**를 들 수 있다. HIV를 비롯한 레트로바이러스는 외피를 지니는 바이러스로 두 분자의 동일한 단일가닥 RNA와 두 분자의 역전사효소를 지닌다.

HIV의 증식 회로(**그림 14.8**)는 전형적인 레트로바이러스의 증식 과정을 보여준다. HIV가 숙주 세포에 침입하면 역전사효소 분자가 세포질로 방출되어 바이러스 DNA를 합성한다. 새로 합성된 바이러스 DNA는 세포 핵 안으로 들어가 염색체 DNA로 삽입된다. 삽입된 바이러스 DNA는 **프로바이러스(provirus)**라 부르는데 숙주의 유전체에서 제거되지 않고 영원히 세포에 존재한다. (용균 회로를 시작할 때 숙주의 유전체에서 절제되어 나오는 프로파지와는 다르다.) 숙주의 RNA 중합효소는 프로바이러스 DNA에서 RNA 분자를 전사하고 이렇게 전사된 mRNA가 바이러스 단백질 합성 및 새로운 바이러스 유전체로 사용된다. 바이러스 단백질과 새로운 유전체가 합성되면 바이러스 입자가 조립되어 숙주에서 방출된다.

바이러스의 진화

진화 이 장을 시작하면서 바이러스를 생명체로 볼 수 있을지에 대해 의문을 가졌다. 바이러스는 생명체에 대한 우리의 정의를 만족시키지 못한다. 분리된 형태의 바이러스는 생물학적으로 활성이 없고 유전자를 복제하거나 ATP를 합성할 수 없다. 그렇지만 바이러스는 보편적인 생명의 언어로 이루어진 유전 프로그램을 지닌다. 바이러스를 자연에 존재하는 가장 복잡한 분자의 형태로 볼 것인가? 아니면 가장 단순한 생명의 형태로 볼 것인가? 어느 쪽을 선택하든 생명에 대한 지금까지의 정의를 수정하지 않으면 안 된다. 바이러스가 독립적으로 증식할 수도 대사 활동을 수행할 수도 없지만 이들이 유전 암호를 사용한다는 사실은 생물계와의 진화적 연관성을 부정할 수 없게 만든다.

바이러스는 어떻게 생겨났을까? 바이러스는 사실 동식물과 세균뿐만 아니라 모든 생물계에서 두루 발견된다. 고세균, 진균류, 조류, 원생생물에도 바이러스가 존재한다. 증식하는 데 세포가 있어야만 하므로 이를 세포의 형태를 이루기 이전 생명체의 후예라 보기는 어렵다. 최초의 세포가 나타난 이후, 아마도 여러 세대가 흐른 다음에서야 생겨난 것으로 추측된다. 대부분의 분자생물학자들은 바이러스가 손상된 부위 등을 통해서 세포 사이를 옮겨 다닐 수 있도록 변형된 세포의 핵산 조각에서 유래되었을 것이라고 생각한다. 캡시드 단백질을 암호화하는 유전자가 진화하면서 어쩌면 손상이 없는 세포에도 옮겨갈 수 있는 메커니즘을 갖게 되었을 것이다.

바이러스 유전체는 플라스미드나 트랜스포존에서 유래했을 것으로 추정된다. **플라스미드**(plasmid)는 작은 원형 DNA 분자로 세균이나 효모와 같은 단세포 생물에 존재한다. 플라스미드는 세포의 유전체와는 따로 떨어져 있으며, 독립적으로 복제될 수 있고 때로 한 세포에서 다른 세포로 전달되기도 한다. **트랜스포존**(transposon)은 한 세포 유전체 내의 한 자리에서 다른 자리를 옮겨갈 수 있는 DNA 조각을 말한다. 여기서 플라스미드, 트랜스포존 그리고 바이러스가 공유하는 중요한 특성을 찾아낼 수 있다. 이들 모두 **이동성 유전인자**(mobile genetic element)라는 점이다. 바이러스의 유전체가 한 세포에서 다른 세포로 이동 가능한 DNA라는 특성은, 바이러스 유전체가 다른 숙주를 감염시키는 바이러스에 비해 자신의 숙주 유전체와 더 비슷하다는 관찰 결과와 관련이 있다.

바이러스의 유래에 대한 논쟁은 2003년 지금까지 발견된 바이러스 가운데 가장 큰 미미바이러스가 보고되면서 다시 불붙고 있다. 미미바이러스(mimivirus)는 이중나선 DNA 바이러스로 정이십면체 캡시드의 지름이 400 nm에 이른다. 이 크기는 작은 세균의 크기와 비슷하다. 미미바이러스의 유전체는 120만 염기쌍(1.2 Mb)이며 대략 1,000개의 유전자를 포함한다. 이는 독감 바이러스 유전체의 100배에 달한다. 놀랍게도 이 바이러스의 유전체는 이전까지 세포의 유전체에서만 발견되었던 유전자들을 포함하고 있다. 2013년에는 기존에 알려진 바이러스와 다른 더욱 거대한 바이러스가 발견되었다. 이 바이러스는 지름이 1 μm(1,000 nm)이며 2~2.5 Mb에 달하는 dsDNA 유전체를 지닌 것으로 크기가 작은 진핵세포보다도 더 크다. 더욱 놀라운 특징은 2,000여 개에 이르는 유전자의 90% 이상이 기존의 생물체에 존재하는 유전자와 연관되지 않은 것이라는 점이다. 이런 특징으로 인해 연구자들은 이 바이러스에 판도라바이러스라는 이름을 붙였다. 이 바이러스를 포함한 다름 모든 바이러스를 어떻게 생명의 나무에 포함시키는가 하는 문제는 매우 복잡하고도 풀기 어려운 문제가 될 것이다.

바이러스와 숙주 세포의 유전체 사이의 진화적 관계가 지속되어 왔다는 사실을 바탕으로 분자생물학에서는 바이러스를 유용한 실험 도구로 활용해 왔다. 바이러스는 질병을 일으키는 등 모든 생물체에 엄청난 영향을 행사하기 때문에, 바이러스 연구를 통해 얻은 지식은 실용적인 분야의 발전에도 크게 기여할 수 있다.

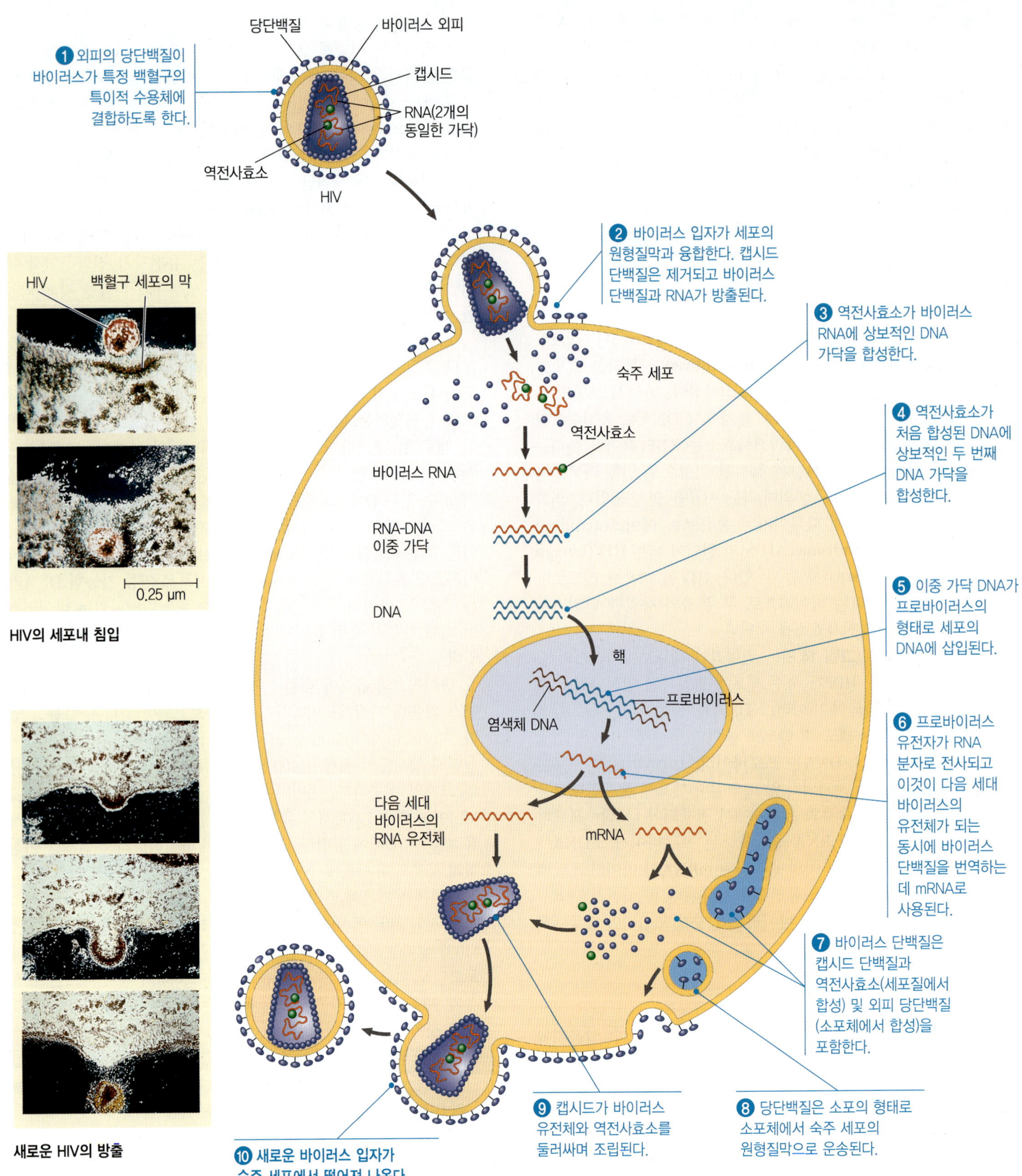

▲ 그림 14.8 **AIDS를 일으키는 레트로바이러스, HIV의 증식 회로.** ❺단계를 보면 바이러스 RNA 유전체에서 합성된 DNA가 숙주 세포의 염색체 DNA에 삽입된다. 이 부분이 레트로바이러스가 갖는 독특한 특징이다. 왼쪽의 사진(채색된 TEM 영상)은 HIV가 사람의 백혈구 세포에 침입하는 과정과 방출되는 과정을 보여준다.

개념 14.3

바이러스와 프리온은 동식물에서 무시무시한 병원체이다

전 세계적으로 인간, 농작물, 가축 모두가 바이러스 감염으로 인한 질병을 앓는다. 바이러스보다 조금 더 작고 더 단순한 프리온 또한 동식물에서 질병을 유발한다. 동물 바이러스부터 살펴보자.

동물에서의 바이러스성 질병

바이러스 감염은 여러 가지 경로로 증상을 유발한다. 바이러스는 리소좀에서 가수분해효소가 방출되도록 하여 세포에 손상을 입히거나 사멸시킨다. 어떤 바이러스는 감염된 세포가 독소를 만들어 질환 증세를 보이고, 또 다른 종류는 외피 단백질과 같은 바이러스 단백질의 일부가 그 자체로 독성을 나타낸다. 특정한 바이러스가 얼마나 큰 손상을 입히는가는 감염된 세포가 세포분열을 하여 재생하는 능력과 일부 관련이 있다. 사람들은 대개 감기 증세에서 완벽하게 회복되는데, 이는 감기 바이러스가 감염시키는 호흡기관의 상피세포가 효율적으로 손상을 회복시킬 수 있기 때문이다. 반면 성숙한 신경세포를 감염시키는 소아마비바이러스에 의한 손상은 영구적이다. 왜냐하면 이들 신경세포는 더 이상 분열하지 않고 대개는 대체되지도 않기 때문이다. 열이나 통증과 같은 바이러스 감염과 동반되는 많은 일시적인 증상은 바이러스가 직접 세포를 손상시키기 때문이라기보다 대개 우리 몸이 스스로 감염에 대항하기 때문에 나타난다.

면역 체계는 복잡하고 중요한 신체의 자연 방어 체계의 일부다. 이 체계를 이용하여 바이러스 감염을 예방하는 백신이 개발되었다. **백신(vaccine)**이란 해로운 병원체에 대항하는 신체의 면역 체계를 촉진하기 위해 사용되는 해롭지 않은 변이체 또는 병원체에서 유래된 산물을 말한다. 두창(천연두)은 한때 인류에게 치명적인 전염성 질환이었으나 세계보건기구(World Health Organization, WHO)가 주도한 백신 프로그램으로 이제는 박멸되었다. 두창바이러스의 숙주 범위가 매우 좁다는 사실(인간만 감염시킨다)은 이 프로그램 성공의 주된 원인이다. 비슷한 전 세계적인 백신 캠페인이 현재 소아마비와 홍역을 박멸하기 위해 진행되고 있다. 풍진, 유행성 이하선염, A형 및 B형 간염 등의 바이러스성 질병을 예방할 수 있는 효과적인 백신 또한 개발되었다.

백신으로 특정한 바이러스 질환을 예방할 수는 있지만, 대부분의 바이러스성 질환은 일단 감염되고 나면 치료할 수 있는 방법이 현재로선 거의 없다. 항생제는 세균성 감염을 치료할 수 있을 뿐 바이러스 감염에는 무력하다. 항생제는 특정한 세균에 특이적인 효소를 억제하여 세균을 사멸시키지만 진핵생물이나 바이러스가 만들어 내는 효소에는 영향을 미치지 못하기 때문이다. 그러나 바이러스가 만드는 일부 효소는 항바이러스 약제의 표적이 되기도 한다. 대부분의 항바이러스 약제는 뉴클레오사이드 유도체로 바이러스의 핵산 합성을 억제한다. 예를 들면, 아시클로버(acyclovir)라는 약제는 바이러스의 중합효소가 바이러스 DNA를 합성하는 과정을 억제함으로써 허피스바이러스의 증식을 막는다. 이와 비슷하게 아지도티미딘(azidothymidine, AZT)은 HIV와 같은 레트로바이러스의 역전사효소의 작용을 막아 증식을 억제한다. 지난 20여 년 동안 HIV를 치료하는 약제를 개발하기 위해 계속 노력해왔다. 현재는 "칵테일(cocktail)" 요법이라 불리는 다약제 처방이 가장 효과적인 것으로 알려져 있다. 칵테일 요법에서는 보통 두 종류의 뉴클레오사이드 유사물질과 한 종류의 단백질 억제제가 포함되어 바이러스가 생성되는 데 필요한 효소들의 작용을 억제한다.

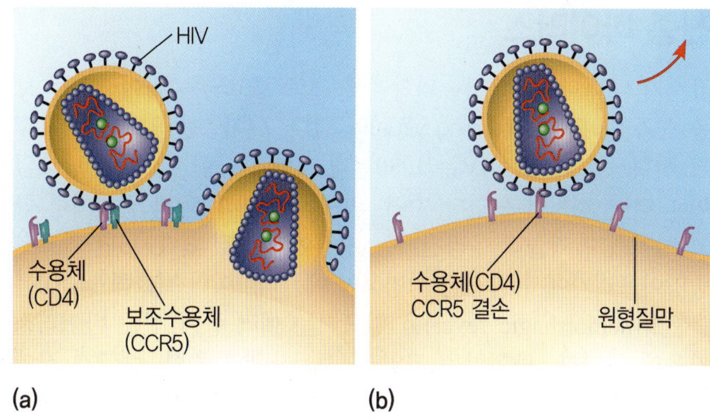

▲ 그림 14.9 **세포 표면 단백질의 변이에 따른 HIV 내성.** (a) 대부분의 사람들에게서 HIV는 CCR5라는 세포 표면 단백질을 지니는 세포를 감염시킬 수 있다. (b) HIV 내성을 나타내는 사람들의 세포 표면에는 CCR5 단백질이 존재하지 않아 HIV에 감염되지 않는다.

세포 표면에 존재하는 수용체 단백질은 바이러스 감염을 예방하거나 치료하는 방법을 개발하는 과정에서 중요하게 고려해야 할 대상이다. HIV가 면역 세포를 감염시킬 때 CD4라는 단백질 수용체가 필요하다는 사실은 알려져 있었다. 그러나 HIV에 여러 번 노출되어도 AIDS에 걸리지 않는 극히 일부 사람들의 세포는 HIV에 감염되지 않았다. 이들의 유전자를 감염된 환자들의 유전자와 비교한 결과, HIV에 감염되지 않는 사람들은 CCR5라 불리는 면역세포 표면 단백질의 유전자 형태가 다르다는 사실을 알았다. CD4가 HIV의 주된 수용체로 작용하지만, 후속 연구를 통해, CCR5가 보조수용체로 작용해야 HIV에 의해 감염된다는 사실을 밝힐 수 있었다(그림 14.9a). HIV 내성인 사람은 유전자 변형으로 인해 CCR5가 만들어지지 않기 때문에 HIV가 세포 안으로 들어갈 수 없는 것이다(그림 14.9b).

이와 같은 정보는 HIV 감염을 치료하는 약제 개발에 중요한 단서가 되었다. CD4는 세포에서 필수적인 기능을 담당하고 있기 때문에(그래서 HIV가 침입 경로로 선택하였을 것으로 짐작되지만), CD4의 작용을 억제하면 위험한 부작용이 야기될 수 있었다. CCR5 보조수용체 단백질의 작용을 억제한다면, HIV 감염을 막는 더욱 안전한 방법이 될 것이다. 2007년 이러한 계열의 약제인 마라비록(maraviroc, 상표명 Selzentry)이 HIV 치료제로 승인을 받아 현재 사용 중이다. 2012년에는 이 약제가 아직 감염되지는 않았지만 고위험군인 환자들에게 예방 효과가 있는지를 확인하는 임상시험이 시작되었다.

신종 바이러스

갑자기 나타나거나 또는 의학계에 새로 보고되는 바이러스를 보통 신종 바이러스(emerging virus)라 한다. 에이즈를 일으키는 HIV가 전형적인 예다. HIV는 1980년대 초에 샌프란시스코에 난데없이 나타난 것처럼 보였다. 이후 연구를 통해 1959년 벨기에령 콩고 사례까지 거슬러 올라간다는 사실이 알려졌다. 1976년 최초로 중앙아프리카에서 발견된 치명적인 에볼라바이러스(그림 14.10)는 출혈열(hemorrhagic fever)을 일으키는 여러 종의 신종 바이러스 가운데 하나다. 출혈열은 고열, 구토, 다량의 출혈, 순환계 장애 등의 여러 증상을 동반하는데 종종 치명적이다. 2014년 세계보건기구(WHO)에서는 광범위한 에볼라바이러스의 창궐(outbreak)을 세계적인 보건 응급 상황으로 천명했다. 그 밖에 뇌염을 일으키는 여러 종의 위험한 신종 바이러스도 발견되었다. 그 한 예가 웨스트나일바이러스(West Nile virus)로 1999년 북미 지역에 처음 나타난 다음, 미국에서 48개의 인접한 주에 전파되었다. 2013년까지 4만 명이 감염되었으며 1,600명 이상의 사망자를 기록했다.

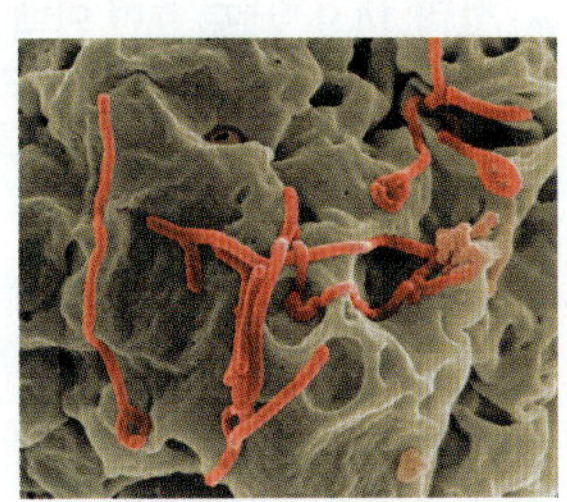

▲ **그림 14.10 원숭이 세포를 감염시키는 에볼라바이러스**

2009년 멕시코와 미국에 독감과 유사한 **유행성(epidemic)** 질병이 크게 번졌다. 감염체는 계절성 독감을 야기하는 바이러스와 연관된 독감 바이러스의 하나라는 것이 밝혀졌다(그림 14.11a). 이 바이러스는 H1N1 형으로 명명되었다. 독감 바이러스의 명명 체계는 뒤에서 간략하게 설명하기로 한다. 이 바이러스 질환은 빠르게 확산되어 WHO는 곧바로 이를 전 세계적인 유행성 질병을 뜻하는 **범유행성(pandemic, 광역유행성)** 질병이라고 공포하였다. 6개월 후 이 질병은 207개 나라로 확산되었으며 600,000명 이상이 감염되어 거의 8,000명이 사망한 것으로 집계되었다. 공중보건당국은 조속하게 휴교령과 공공장소에 대한 접근 차단령을 내리는 등의 지침을 수립하였고, 백신 개발과 사전 진단을 위한 노력에 박차를 가하였다(그림 14.11b).

이런 바이러스들이 왜 이렇게 갑작스럽게 사람들에게 나타나는 것이며 또한 이전까지는 매우 드물거나 심지어는 전혀 알려지지 않았던 심각한 질병을 일으키는 것일까? 바이러스 질병이 새로 출현하는 것에는 세 가지 과정이 작용한다. 첫째로, 이것이 아마 가장 중요한 이유일 텐데, 기존 바이러스에 돌연변이가 발생했기 때문이다. RNA 바이러스는 RNA 유전체를 복제할 때 교정, 판독 과정을 거치지 않기 때문에 돌연변이 발생률이 매우 높다. 어떤 돌연변이는 기존의 바이러스를 해당 바이러스에 면역력을 가진 사람에게조차 질병을 일으킬 수 있는 새로운 유전적 변이형으로 바꾼다. 예를 들면 계절형 독감이 유행하는 까닭은 대체로 기존의 바이러스와 유전적으로 충분히 달라 사람들이 거의 면역력을 지니지 못하는 새로운 형태의 독감 바이러스가 나타나기 때문이다.

바이러스성 질병의 출현을 야기하는 두 번째 과정은 작고, 격리된 인간 집단에서 바이러스성 질병이 전파되는 것이다. 예를 들어 에이즈는 세계적으로 퍼지기 전에 수십 년 동안 이름조차 없었고 거의 그 존재를 알지도 못했다. 이 경우는 세계 여행의 확산, 혈액투석, 개방적인 성생활, 정맥 주사약의 남용 따위와 같은 기술적이고 사회적인 요인으로 인해 이전에는 드물었던 질병이 세계적으로 유행하게 되었다.

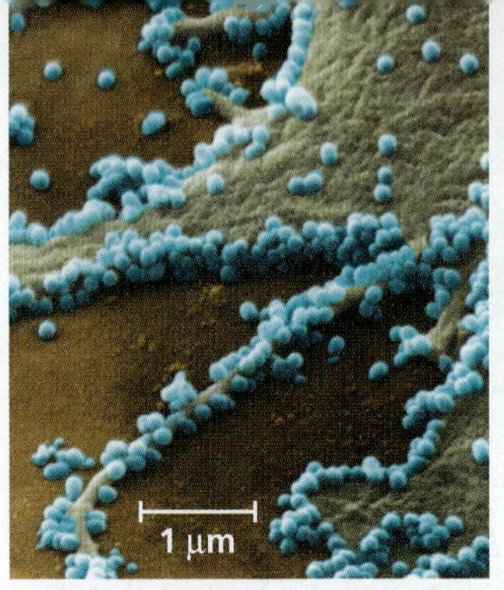

(a) **2009 범유행성 H1N1 A형 독감 바이러스.** 바이러스(파란색)에 감염된 세포(초록색)를 보여주는 채색된 SEM 영상.

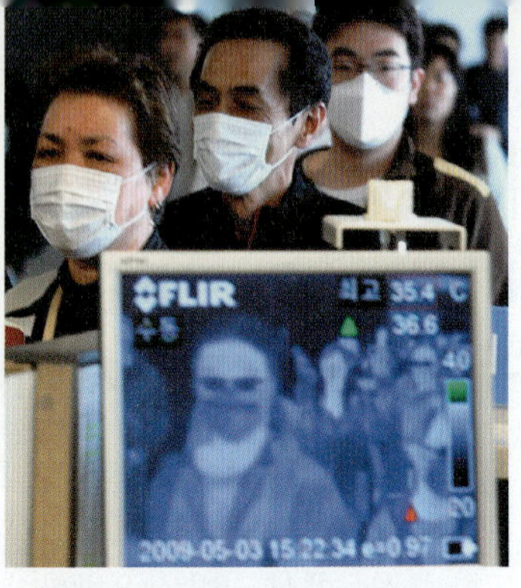

(b) **2009 범유행성 독감 진단.** 한국의 국제공항에서 열감지 장치를 통해 H1N1 독감에 걸려 열이 나는 승객을 검진하고 있다.

▲ **그림 14.11 사람의 독감**

새로운 바이러스성 질병의 세 번째 원천으로는 다른 동물에 존재하던 바이러스가 사람에게 전파되는 것을 들 수 있다. 과학자들은 이런 방식이 사람의 신종 질환의 3/4 가량을 차지하는 것으로 추정하고 있다. 동물이 특정한 바이러스를 몸에 지니고 이를 전파시킬 수는 있어도 병에 걸리지 않는 경우가 있다. 이런 동물을 해당 바이러스의 자연 저장고(reservior)라 한다. 앞에서 이야기한 2009년 독감 범유행을 일으킨 H1N1 바이러스는 돼지에서 사람에게로 전해진 것으로 추정된다. 이런 이유로 인해 2009년 범유행된 독감을 처음에는 "돼지 독감"이라고 부르기도 했다.

유행성 독감은 생물종 사이에서 전파되는 바이러스의 영향을 알려주는 좋은 사례다. 독감 바이러스에는 세 종류가 있다. B형과 C형은 사람만 감염시키며 유행병을 일으키지 않는다. 그러나 A형은 새, 돼지, 말, 사람을 포함하여 다양한 동물을 감염시킬 수 있다. A형 독감 바이러스는 지난 100년 동안 인류 집단에 네 차례의 주요 유행성 독감을 일으켰다. 가장 치명적이었던 첫 번째 사례는 1918~1919년 사이에 유행하여 제1차 세계대전 참전 군인을 비롯한 감염자 400만~500만 명을 죽음으로 몰아간 "스페인 독감" 범유행(pandemic)이다.

A형 독감을 일으키는 바이러스에는 종류별로 일정한 이름이 붙는다. 예를 들어 1918년과 2009년에 범유행성 독감을 일으킨 종류는 H1N1형이라 부른다. 이와 같은 이름은 바이러스의 표면에 존재하는 두 가지 단백질의 종류를 나타낸다. H와 N은 각각 혈구응집소(hemagglutinin)와 N은 뉴라미니데이스(neuraminidase)의 머리글자를 따온 것이다. 혈구응집소는 바이러스가 숙주 세포에 부착하는 과정을 돕는 단백질로 서로 다른 16종이 알려져 있다. 감염된 세포에서 새로운 바이러스가 방출되는 과정을 돕는 효소인 뉴라미니데이스는 모두 9종이 알려졌다. 물새류에 기생하는 바이러스 종류에는 H와 N 사이의 모든 가능한 조합이 포함되어 있는 것으로 알려졌다.

1918년을 비롯한 독감의 범유행을 설명하는 그럴듯한 시나리오 하나는 한 종의 숙주에서 다른 종의 숙주로 바이러스가 전해지면서 돌연변이가 발생했기 때문이라는 것이다. 돼지나 새와 같은 특정한 동물이 한 종류 이상의 독감 바이러스에 감염되면 서로 다른 바이러스의 유전체 사이에서 유전자 재조합이 일어날 수 있다. 이때 서로 뒤섞인 RNA 분자가 완전한 재조합 바이러스 유전체를 이루어 바이러스 입자 안에 들어가면 새로운 형태의 바이러스가 탄생하는 것이다. 2009년 독감 바이러스는 돼지의 몸 안에서 생성된 것으로 추정되는데, 그 안에는 새, 돼지 및 인간의 독감 바이러스 서열이 뒤섞여 있다. 돌연변이와 함께 독감 바이러스의 유전체를 이루는 여러 분자의 RNA가 다른 바이러스 종류의 RNA와 뒤섞여 조립되는 방식으로도 사람 세포를 감염시킬 수 있는 새로운 바이러스가 탄생할 수 있다. 이렇게 변화된 형태의 바이러스에는 이전에 한 번도 감염된 적이 없기 때문에 사람들은 면역성을 나타내지 못하고, 그 결과 신형 바이러스는 심한 병원성을 나타낼 수 있다. 만일 이렇게 심한 병원성을 지닌 독감 바이러스가 사람 사이에 널리 퍼질 수 있는 능력을 지닌 다른 바이러스와 재조합된다면 이 바이러스는 사람 사이에 쉽게 전파되어 심각한 유행성 질병의 발생을 야기할 수 있다.

장기적으로 볼 때 가장 큰 위협은 어쩌면 야생 조류나 가금류가 지니는 H5N1 바이러스일지도 모른다. 조류에서 사람에게 전파된 최초의 사례는 1997년 홍콩에서 일어났다. 그 이후로 H5N1에 의한 전체 사망률은 감염자의 50%가 넘는 놀랄만한 수준을 보이고 있다. 게다가 H5N1의 숙주 범위가 확대되고 있어 서로 다른 바이러스와 유전 물질을 뒤섞어 새로운 변종 바이러스가 출현할 가능성이 점점 높아지고 있다. 만일 H5N1 조류 바이러스가 쉽게 사람 사이에 전염되어 퍼질 수 있는 형태로 진화한다면 이는 1918년 범유행성 독감에 필적하는 심각한 위협이 될 수 있다.

이런 일이 얼마나 쉽게 일어날 수 있을까? 최근 사람의 독감 연구에 대한 작은 동물 모델로 쓰이는 족제비 연구자들에 따르면 조류 독감 바이러스에 단 몇 개의 돌연변이만 일어나도 사람의 비강이나 기도 세포를 감염시킬 수 있다고 한다. 더욱이 과학자들이 족제비 한 마리에서 다른 족제비로 비강 분비물을 연속적으로 옮겨주자, 돌연변이 바이러스가 직접 족제비들 사이에서 전파될 수 있는 형태로 바뀌는 것을 확인했다. 2011년 연구자들이 이 연구 결과를 학회에 보고하자 즉시 이 결과를 학술지에 공개할지에 대한 여부를 놓고 폭발적인 논쟁이 일어났다. 결국 학계는 이 연구가 범유행성 전염병 예방에 대해 갖는 잠재적인 유용성이 이 연구 결과를 나쁜 의도로 사용할 위험보다 더 크다는 최종 판단을 내렸고, 연구 결과는 2012년에 발표되었다.

지금까지 살펴본 것처럼, 신종 바이러스들은 대개는 그 자체로 새로운 것이라기보다 기존에 있던 바이러스에 돌연변이가 일어나 현재보다 더 넓은 숙주 범위를 지니게 된 것이 많다. 숙주의 행동이나 환경의 변화로 인해 새로운 질병을 일으키는 바이러스가 쉽게 이동할 수도 있다. 예를 들면, 새로운 길이 뚫린다면 이전에는 격리되어 살았던 집단 사이에서도 바이러스가 전파될 경로가 열릴 수 있다. 또한 숲을 파괴하여 작물을 심는 면적이 넓어지면서 사람을 감염시킬 수 있는 바이러스를 갖고 있는 다른 동물과 접촉하는 일이 많아지기도 한다.

식물에서의 바이러스성 질병

식물에서는 2,000종 이상의 바이러스성 질병이 알려졌고 이로 인해 농작물과 화훼작물이 손상되어 세계적으로 해마다 150억 달러에 달하는 손실을 가져오는 것으로 집계되고 있다. 바이러스에 감염되었을 나타나나는 일반적인 증상은 잎이나 열매의 색이 변하고 갈색 반점이 나타나거나(그림 14.12), 생장이 느려지며, 꽃이나 뿌리가 손상되는 것 등으로 모든 증상이 작물의 수확량이나 질을 감소시킨다.

▲ **그림 14.12** **바이러스에 감염된 토마토**

식물 바이러스는 기본 구조와 생활사가 동물 바이러스와 동일하다. 담배 모자이크 바이러스(TMV)를 포함하여 지금까지 발견된 대부분의 식물 바이러스는 RNA 유전체를 지닌다. TMV처럼 나선 캡시드를 지니는 것이 많으나, 정20면체 캡시드 구조를 이루는 것도 있다(그림 14.2b).

식물의 바이러스성 질병은 두 가지 주요 경로를 통해 전파된다. 첫 번째 경로는 **수평 전파**(horizontal transmission)로 외부로부터 온 바이러스에 식물체가 감염되는 것을 말한다. 침입한 바이러스가 식물체의 외부 보호층을 이루는 세포(표피세포)를 거쳐야 하므로 식물체가 바람, 상해, 해충 등으로 인해 손상을 입었을 때 바이러스 감염에 취약해진다. 초식동물, 특히 곤충은 바이러스의 보인자 역할을 하여 식물과 식물 사이에 질병을 전파할 수 있기 때문에 이중의 위협이 된다. 농사짓는 사람들이나 화훼농장주들은 전지가위나 다른 도구를 잘못 사용해서 식물 바이러스를 옮기기도 한다. 또 다른 바이러스 감염경로는 **수직 전파**(vertical transmission)가 있는데 이는 식물이 어버이로부터 바이러스 감염을 물려받는 경우를 말한다. 수직 전파는 무성생식을 통해서 이루어지며(예를 들면, 꺾꽂이), 유성생식에서도 감염된 종자로부터 수직적으로 바이러스가 전파될 수 있다.

일단 바이러스가 식물세포에 들어가면 증식하기 시작하여 바이러스 유전체와 연관된 단백질들이 원형질연락사를 통해 식물체 곳곳으로 퍼질 수 있다. 원형질연락사란 인접한 식물세포 사이의 세포벽이 뚫려 서로 세포질이 연결된 부분을 말한다. 바이러스에서 유래된 고분자가 세포와 세포 사이로 이동하는 것을 촉진하기 위해 바이러스가 만들어 내는 단백질은 원형질연락사를 확장시킨다. 과학자들은 아직 대부분의 바이러스성 식물 질병에 대한 치료법을 개발하지 못하고 있다. 그 결과 주로 이러한 병이 퍼지는 것을 줄이거나 질병에 강한 작물을 재배하려는 시도에 노력을 기울이고 있다.

이 장의 앞에서 우리는 바이러스와 숙주 세포 사이에 지속되는 진화적인 관계를 언급했다. 실제로 바이러스의 유전 물질은 원래 많은 유전체에 여러 개의 사본이 존재하는 이동성 유전 물질인 전위인자에서 유래되었을 것으로 추정된다. 다음 장에서는 유전체의 구조와 이들이 어떻게 진화되었는지에 대해 알아볼 것이다.

감염성 단백질, 프리온

지금까지 이 장에서 살펴본 바이러스는 질병을 퍼뜨리는 감염체로 유전 물질은 핵산으로 이루어져 있으며 증식 과정이 잘 알려져 있다. 놀랍게도 감염체로 알려진 **단백질**이 존재한다. **프리온(prion)**이라는 이 감염성 단백질은 여러 동물에서 퇴행성 뇌질환을 일으킨다. 이 질환에는 양이 걸리는 스크래피(scrapie)와 몇 년 전 유럽의 목축업에 큰 타격을 입힌 광우병, 영국에서만 150여 명의 사람을 죽음에 이르게 한 크로이츠펠트-야콥병(Creutzfeldt-Jakob) 등이 포함된다. 광우병에 걸린 소에서 프리온이 포함된 쇠고기를 식용으로 먹은 사람들이 보여준 것처럼 프리온은 식품을 통해 전파될 수 있다. 또 다른 종류의 프리온에 의한 질병으로 쿠루병(Kuru)이 있는데 이는 1900년대 초에 뉴기니의 사우스 포레(South Fore) 원주민 집단에서 처음 알려졌다. 1960년대에 이르러 쿠루병이 그 지역에서 크게 유행하면서 쿠루병을 유전 질환이라 생각했던 여러 과학자들을 혼란에 빠뜨렸다. 그러나 결국 인류학적 조사를 통해 그 병이 어떻게 전파되는지 알 수 있었다. 당시 사우스 포레 원주민들 사이에 널리 퍼져 있었던 식인 의식이 원인이었던 것이다.

프리온이 특히 놀라운 점은 두 가지 특징 때문이다. 첫째, 프리온은 매우 천천히 작용한다. 증상이 나타나기 전에 적어도 10여 년 정도의 잠복기를 거친다. 잠복기가 길어지면서 감염원을 확인하지 못한 채 증상이 처음 나타나기도 전에 이미 여러 차례 전염되곤 한다. 둘째, 프리온을 파괴하는 것은 거의 불가능하다. 프리온은 보통의 조리 온도에서는 파괴되지도 활성을 잃지도 않는다. 지금까지 프리온성 질환에 대한 치료법은 알려지지 않았다. 효과적인 치료법을 개발하기 위한 유일한 희망은 감염 과정을 이해하는 것이다.

스스로 복제조차 하지 못하는 단백질이 어떻게 전염될 수 있을까? 주류 가설에 따르면, 프리온은 정상적으로 뇌세포에 존재하는 단백질이 잘못 접혀진 형태다. 프리온이 정상 단백질을 포함하는 세포 안으로 침입하면 정상적인 단백질을 프리온 형태로 전환시킨다. 여러 분자의 프리온이 서로 사슬 형태로 뭉치면서 복합체를 형성하는데, 이 복합체는 다른 정상 단백질을 프리온으로 바꿀 수 있다(그림 14.13). 프리온이 응집되면 정상적인 세포 기능이 저해되어 질병이 나타난다. 1980년대 초반에 프루시너(Stanley Prusiner)가 처음 이와 같은 가설을 제시하였을 때 많은 사람이 회의적인 반응을 보였으나, 이제는 이 가설이 널리 수용되고 있다. 프루시너는 프리온에 대한 연구 업적으로 1997년 노벨상을 수상했다. 그는 최근 프리온이 또한 알츠하이머와 파킨슨병과 같은 퇴행성 뇌질환에도 관여한다는 가설을 제시했다. 그러나 아직 이 작은 감염체에 대해서는 모르는 것이 너무 많다.

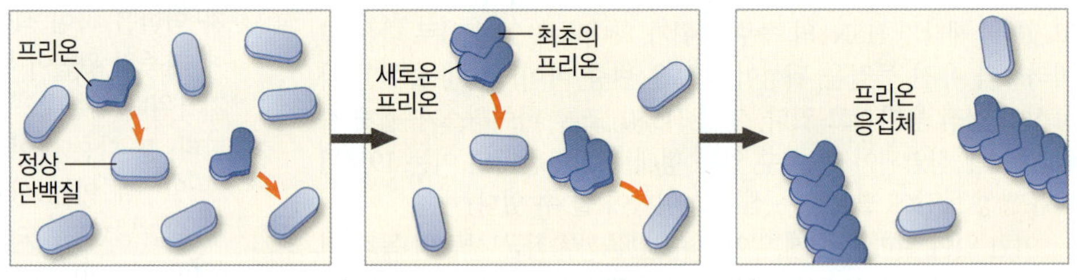

▶ 그림 14.13 **프리온의 증폭 과정을 설명하는 모형.** 프리온 단백질은 정상적인 뇌 단백질이 잘못 접혀서 생긴다. 프리온이 정상적으로 접힌 단백질과 접하게 되면 정상 단백질을 비정상적인 구조로 바꾼다. 이 같은 연쇄 반응이 계속되면서 프리온 단백질이 축적되어 위험 수위에 이르면 세포의 기능이 제대로 이루어지지 않고 결국 뇌가 퇴화된다.

CHAPTER

15 유전체와 그 진화

핵심 개념

- **15.1** 인간 유전체 사업은 더 빠르고 값싼 염기서열 결정 기술의 발달을 가져왔다
- **15.2** 과학자들은 생물정보학을 이용해 유전체와 그 기능을 분석한다
- **15.3** 유전체는 그 크기나 유전자의 수, 유전자의 밀도가 종에 따라 다르다
- **15.4** 다세포 진핵생물은 많은 비암호 DNA와 많은 다유전자군을 가지고 있다
- **15.5** DNA의 중복, 재배열, 돌연변이가 유전체 진화에 기여한다
- **15.6** 유전체의 염기서열을 비교하면 진화와 발생에 대한 실마리를 얻을 수 있다

▲ **그림 15.1** 어떤 유전체 정보가 인간과 침팬지를 다르게 했을까?

생명의 계통수로부터 잎을 읽다

침팬지(*Pan troglodytes*)는 진화 계통수 상 가장 가까운 우리의 친척이다. **그림 15.1**의 소년과 그의 침팬지 친구는 같은 잎을 골똘히 들여다보고 있지만 둘 중 하나만 자기가 본 것에 대해 말할 수 있다. 무엇이 긴 진화의 역사를 공유해온 두 영장류 간에 차이가 나게 만들었을까? 유전체 염기서열을 빠르게 결정하는 기술이 최근 도래하면서 이와 같은 흥미로운 질문에 대해 유전적 근거를 제시할 수 있게 되었다.

침팬지 유전체의 염기서열은 인간 유전체 사업이 거의 끝난 2년 뒤에 결정되었다. 우리 인간의 유전체를 침팬지의 유전체와 매 염기 단위로 비교할 수 있음으로 해서 유전정보의 어떤 차이가 두 영장류의 구별되는 특징을 설명하는지와 같은 좀 더 일반적인 이슈에 대해 파악할 수 있게 되었다.

연구자들은 인간과 침팬지 유전체의 염기서열을 결정했을 뿐만 아니라 대장균과 수많은 원핵생물들의 유전체 염기서열들을 알아내었고, 옥수수(*Zea mays*), 초파리(*Drosophila melanogaster*), 생쥐(*Mus musculus*), 오랑우탄(*Pongo pigmaeus*)을 포함한 많은 진핵생물의 유전체 염기서열을 밝혀내었다. 심지어 현 인류와 매우 가까운 친척종인 멸종된 네안데르탈인(*Homo neanderthalensis*)의 유전체 염기서열을 발표하기도 하였다. 이러한 유전체의 전체 혹은 부분 염기서열은 진화에 대한 중요한 통찰력을 제공한다. 인간과 침팬지의 유전체를 다른 영장류의 유전체와 비교하면 영장류 그룹의 특성을 조절하는 유전자 세트를 밝힐 수 있다. 심지어 박테리아, 균류, 원생생물, 식물의 유전체와 비교하면 이들에게 공통된 고대 유전자의 오랜 진화적 역사를 밝힐 수 있을 것이다.

완전히 염기서열이 결정된 많은 종들의 유전체로 과학자들은 전체 유전자와 그들 간의 상호작용에 대해 연구할 수 있다. 이를 **유전체학(genomics)**이라 한다. 이러한 접근의 일환으로 수행되는 염기서열 결정은 엄청난 양의 데이터를 생산해왔고 지금도 계속 생산하고 있다. 끊임없이 증가하는 정보 홍수를 다뤄야 할 필요에 의해 **생물정보학(bioinformatics)** 분야가 잉태되었는데, 이 분야는 생물학적 데이터의 저장과 분석을 위해 컴퓨터적 방법을 적용하고 있다.

우리는 유전체 염기서열 결정법과 생물정보학의 진보, 그리고 그 응용에 대해 논의하는 것으로 이 장을 시작할까 한다. 그 다음에 지금까지 서열이 결정된 유전체로부터 알게 된 것을 요약한다. 다음으로 복잡한 다세포 진핵생물의 대표적인 유전체로서 인간 유전체의 구성에 대해 기술할 것이다. 마지막으로 어떻게 유전체가 진화해왔는지 어떻게 발달 메커니즘의 진화가 오늘날 지구에 존재하는 생명의 엄청난 다양성을 만들어낼 수 있었는지에 대한 최근의 아이디어에 대해 탐구할 것이다.

개념 15.1

인간 유전체 사업은 더 빠르고 값싼 염기서열 결정 기술의 발달을 가져왔다

인간 유전체의 염기서열 결정이라는 야심찬 사업은 **인간 유전체 사업(Human Genome Project)**이라는 이름으로 1990년에 공식적으로 시작되었다. 대학과 연구소에 있는 과학자들로 구성된 공적 지원을 받는 국제 컨소시엄으로 진행된 이 사업은 여섯 개 국가에 위치한 20개의 거대 염기서열 결정 센터와 수많은 작은 프로젝트를 진행하는 연구실들이 참여하였다.

2003년 인간 유전체 염기서열이 보고된 후, 각 염색체의 염기서열이 분석되어 여러 편의 논문으로 발표되었으며, 마지막으로 염색체 1번을 다루는 논문이 2006년 발표되었다. 이러한 마무리 다듬기 작업으로 연구자들은 인간 유전체가 "궁극적으로 완성"되었다고 선언하였다.

어떤 유전체의 지도를 밝히는 궁극적 목적은 각 염색체의 완전한 염기서열을 결정하는 것이다. 인간 유전체의 경우 이 작업은 염기서열 결정 기계로 이루어졌다. 자동화 기계를 사용하였음에도 인간 염색체의 반수체 세트에 들어 있는 30억 염기쌍을 결정하는 것은 만만치 않은 과제였다. 사실 인간 유전체 사업의 주요 돌파구는 염기서열 결정을 더 빨리 수행하게 하는 기술 개발에 있었다. 수년간에 걸친 개선을 통하여 시간이 걸리는 각 단계를 극복했으며 염기서열 결정 속도를 놀라울 만치 빠르게 가속시켰다: 생산성이 높은 연구실에서 1980년대에는 하루에 1천 염기쌍을 읽었다면, 2000년대에는 인간 유전체를 연구하는 각 연구센터에서 초당 1천 염기쌍을 매일 24시간, 매주 7일간 끊임없이 읽어낼 수 있다. 생물재료를 매우 빠르게 분석하고 엄청난 양의 데이터를 만들어내는 방법을 "대량신속처리(high-throughput)" 기법이라고 부른다. 염기서열 기계는 대량신속처리 장치의 하나이다.

두 가지 상호보완적 접근법이 완전한 서열을 얻는 데 이용되었다. 초기 접근법은 체계적 접근법으로 인간의 유전정보에 대해 이미 알고 있는 지식의 토대 위에 유전체를 구축하는 방법이다. 말하자면 인간 유전체 DNA 조각들의 순서를 염색체 지도 위에 미리 정해놓고 순서대로 염기서열을 결정하는 방식이다. 하지만 1998년 분자생물학자 벤터(J. Craig Venter)는 회사(셀레라 지노믹스)를 세우고 전체 인간 유전체의 염기서열을 다른 접근법으로 결정하겠다고 선언했다. **전유전체 샷건 방식(whole-genome shotgun approach)**은 무작위로 자른 DNA로부터 DNA 조각을 클로닝하고 염기서열을 결정하는 방법이다. 이후 강력한 컴퓨터 프로그램으로 서로 중첩되는 무수히 많은 짧은 가닥의 염기서열을 배열하여 하나의 연속적인 염기서열로 만들었다(그림 15.2).

오늘날 전유전체 샷건 접근법이 널리 이용되고 있다. 또한 새로이 개발된 염기서열 결정 기술은, 일반적으로 **합성기반 염기서열 분석**이라고 불리는데, 속도에 있어서 엄청나게 빠르게 비용에 있어서 엄청나게 저렴하게 전체 유전체를 읽을 수 있게 되었다. 이러한 새로운 기술로 대단히 많은 양의 매우 작은 DNA 조각(각각 약 300 염기쌍 길이 정도)을 한꺼번에 읽고 컴퓨터 소프트웨어로 전체 서열을 재빨리 조립한다. 이러한 기술의 민감도 덕에 각 조각은 클로닝 단계 없이(그림 15.2의 단계 ❷) 직접 염기서열을 읽을 수 있다. 2010년까지는 전 세계적 데이터 산출량이 천문학적이어서 매일 1천억 염기쌍 정도 읽어냈으며 정보량이 매 아홉 달마다 두 배씩 늘어났다. 첫 번째 인간 유전체의 염기서열을 결정하는데 13년이 걸렸고 1억 불이 들었지만, 생물학자인 제임스 왓슨의 유전체를 읽는 데는 2007년 4개월 동안 1백만불 정도의 비용으로 읽어낼 수 있었다. 더구나 어떤 회사는 자신들의 기계로는 개인의 유전체를 수 시간 안에 1,000불의 비용만으로도 읽을 수 있다고 주장한다!

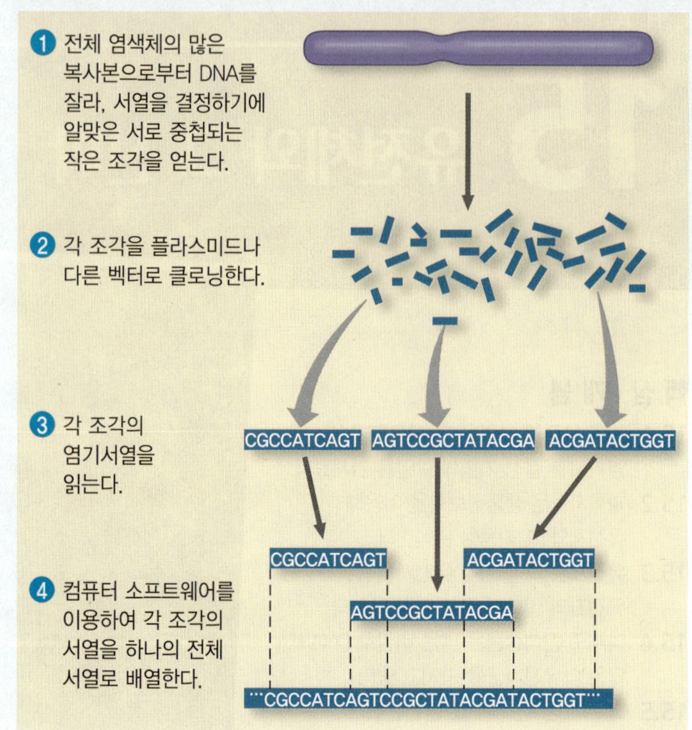

▲ **그림 15.2 전유전체 샷건 방식.** 벤터와 셀레라 지노믹스사의 동료들이 개발한 이 방법에 의하면 무작위로 DNA 조각을 클로닝한 다음, 서열을 결정하고, 이 조각들을 서로 이어 붙여 배열한다.

이러한 기술적 진보는 **메타지노믹스(metagenomics;** 그리스어 *meta*, '그 넘어서'에서 온 말)라 불리는 연구 방법을 가능하게 했는데, 메타지노믹스는 환경에서 얻은 샘플에서 모은 일군의 종에서 DNA를 얻고 염기서열을 결정하는 것이다. 여기서도 컴퓨터 소프트웨어가 부분적인 서열을 분류하여 하나의 특정 종 유전체로 재배열하게 된다. 지금까지는 이러한 접근법이 사르가소 해역이나 인간의 소장과 같은 다양한 환경에서 얻은 미생물 군집에 적용되어 왔다. 2012년의 한 연구는 놀라울 정도로 다양한 "미생물군집(microbiome)"—우리 몸속에서 함께 공존하며 우리의 생존에 영향을 주는 많은 수의 미생물 종—을 분석하였다. 혼합된 개체군의 DNA 염기서열을 결정할 수 있게 됨으로써 실험실에서 각 종을 따로따로 배양할 필요성이 없어졌다. 많은 미생물 종의 연구에 있어서 그동안 배양이 가장 큰 제약 요인이었다.

얼핏 생각하면 인간이나 다른 생물종의 유전체 염기서열은 수백만의 A, T, G, C라는 염기쌍의 단순하고 건조한 나열에 지나지 않는다. 이 얼마나 지겨운 나열인가! 이러한 엄청난 양의 데이터를 의미 있게 만들려면 아래 논의할 새로운 분석법이 반드시 필요하다.

개념 15.2

과학자들은 생물정보학을 이용해 유전체와 그 기능을 분석한다

1990년대 인간 유전체 사업을 수행하는 전 세계 20여 개의 염기서열 분석 센터에서는 매일매일 엄청난 양의 DNA 염기정보를 쏟아내었다. 데이터가 축적되기 시작하면서 모든 염기서열을 추적하고 조직화할 필요성이 명약관화해졌다. 과학자들과 인간 유전체 사업에 관련된 정부 관료들의 예지력 덕분에 데이터 은행, 즉 데이터베이스를 확립하고 분석하며 소프트웨어를 정교하게 만드는 것이 목표에 포함되게 되었다. 이러한 데이터베이스와 소프트웨어 프로그램은 중앙 집중화되었고 인터넷으로 쉽게 접근할 수 있다. 이러한 목표를 달성함으로써 생물정보 자원을 전 세계 모든 연구자들이 이용할 수 있게 되었고, 나아가 정보의 확산을 쉽게 하여 DNA 서열분석의 진행이 가속화되었다.

유전체 서열 분석을 위한 자원의 중앙 집중화

정부 지원의 기관들은 데이터베이스를 구축하는 임무를 다하였고, 과학자들이 염기서열 데이터를 분석할 수 있게 소프트웨어를 제공하였다. 예를 들면 미국에서는 국립보건원(NIH)과 국립의학도서관의 공동 노력으로 국립 생물기술 정보 센터(National Center for Biotechnology Information, NCBI)를 설립했는데, 여기서는 폭넓은 생물정보 자원을 확보한 웹사이트(www.ncbi.nlm.nih.gov)를 운영한다. 이 사이트에 데이터베이스와 소프트웨어, 유전체와 연관된 주제에 대한 풍부한 정보를 링크시켜 놓았다. 유사한 웹사이트가 NCBI와 공동 협력하는 세 개의 유전체 센터, 유럽 분자생물학 연구실(European Molecular Biology Laboratory, EMBL), 일본의 DNA 데이터뱅크, 중국 센젠에 있는 BGI(이전에는 베이징 유전체 연구소로 알려졌었다)에서 설립되어 운영되고 있다. 이러한 거대한 총괄적 웹사이트는 개인이나 소그룹의 연구실에서 운영되는 다른 웹사이트에 의해 보완되고 있다. 더 작은 웹사이트는 종종 더 작은 목적, 일테면 특정 유형의 암에서 일어나는 유전체상의 유전적 변화를 연구하는 목적 등을 위해 설계된 소프트웨어나 데이터베이스를 제공한다.

NCBI의 염기서열 데이터베이스는 GenBank라 불린다. 2015년 6월 현재 1억8천2백만 개의 유전체 DNA 조각의 염기서열을 보관하고 있는데 이는 모두 1천9백억 염기쌍에 해당한다! GenBank는 계속해서 업데이트를 하고 있어 매 18개월마다 데이터 양이 대략 두 배로 늘어난다. 데이터베이스에 있는 어떤 염기도 바로 추출할 수 있고, NCBI 소프트웨어나 다른 곳의 소프트웨어를 이용하여 분석할 수 있다.

NCBI 웹사이트에서 이용할 수 있는 소프트웨어 프로그램 중에 하나가 BLAST인데, 이 프로그램을 이용하면 방문객들은 어떤 DNA 서열을 GenBank에 있는 모든 서열과 한 염기쌍 단위로 비교할 수 있다. 또한 같은 종의 다른 유전자와 유사한 지역을 검색할 수도 있고, 다른 종의 유전자들 간의 비교도 할 수 있다. 다른 프로그램으로는 예측된 단백질 서열을 비교할 수도 있다. 또 다른 프로그램을 이용하면 기능이 알려진 혹은 예상되는 공통적인 아미노산 서열(도메인)을 탐색할 수 있고, 다른 연관된 정보와 함께 도메인의 3차원 구조 모델을 볼 수 있다(**그림 15.3**). 심지어 핵산이건 폴리펩타이드이건 상관없이 여러 서열들을 함께 비교할 수 있는 소프트웨어도 있고, 서열간의 유사성에 근거하여 진화계통수의 형태로 모식화할 수 있는 소프트웨어도 있다. (이런 모식화의 예를 그림 15.15에서 보여주고 있다.)

두 연구소, 럿거스 대학과 UC 샌디에고의 연구소에서는 전 세계적 단백질 데이터 뱅크를 설립하여 이미 결정된 단백질의 3차 구조 모두를 데이터베이스화하였다. (이 데이터베이스는 www.wwpbd.org에서 볼 수 있다.) 이 구조는 관찰자가 단백질의 모든 부위를 돌려가면서 볼 수 있다. 이 책 속에 들어 있는 단백질 구조 이미지는 단백질 데이터 뱅크에서 가져온 것이다.

전 세계 어디에 있는 연구자이건 무료로 사용할 수 있는 엄청난 양의 정보 자원이 널려 있다. 이제 이런 자원을 이용하여 과학자들이 어떤 과학적 물음에 답할 수 있는지 살펴보자.

단백질 암호 유전자의 기능 이해하기

인간 유전자의 절반 정도는 인간 유전체 사업을 진행하기 전에 이미 알고 있었다. 그러나 나머지들은 어떤가? 이전에 몰랐던, DNA 서열 분석에 의해 새로이 밝혀진 유전자들은 어떤가? 그들의 정체성과 기능에 대한 실마리는 다른 생물체에서 이미 알고 있는 유전자와 비교하는 소프트웨어를 이용함으로써 얻을 수 있다. 유전암호의 중복성 때문에 DNA 염기서열은 단백질의 아미노산 서열보다 더 변이가 크다. 따라서 단백질에 관심이 있는 과학자들은 종종 예측된 아미노산 서열을 다른 단백질의 것과 비교한다.

때때로 새로 확인된 서열은 적어도 부분적으로나마 그 기능이 잘 알려진 유전자나 단백질의 서열과 유사해서 짝짓기할 수 있다. 예를 들면 머스크멜론에 있는 신호전달 경로를 연구하는 식물 연구자는 그녀가 동정한 유전자의 일부 아미노산 서열이 소위 "WD40 도메인"(그림 15.3)이라 불리는 다른 종의 서열과 짝지어진다면 신이 날 것이다. 이러한 WD40 도메인은 많은 진핵생물에서 나타나며 신호전달 경로에 작용함이 알려져 있다. 혹은 새로운 유전자의 서열이 기능은 여전히 모르지만 이전에 본 적 있는 서열과 유사할 수도 있다. 또 다른 가능성은 이 서열이 그 전에 본 어떤 서열과도 비슷하지 않을 수도 있다. 대장균의 유전체 서열을 밝혔을 때 그 유전자의 1/3이 그랬다. 이런 경우 단백질의 기능은 생화학과 기능 연구를 통해 유추될 수도 있다. 생화학적 연구의 목적은 단백질의 3차 구조를 결정하고 다른 분자에 대한 잠정적 결합 부위와 같은 속성을 찾아내는 것이다. 기능 연구는 대개 생물체에서 유전자를

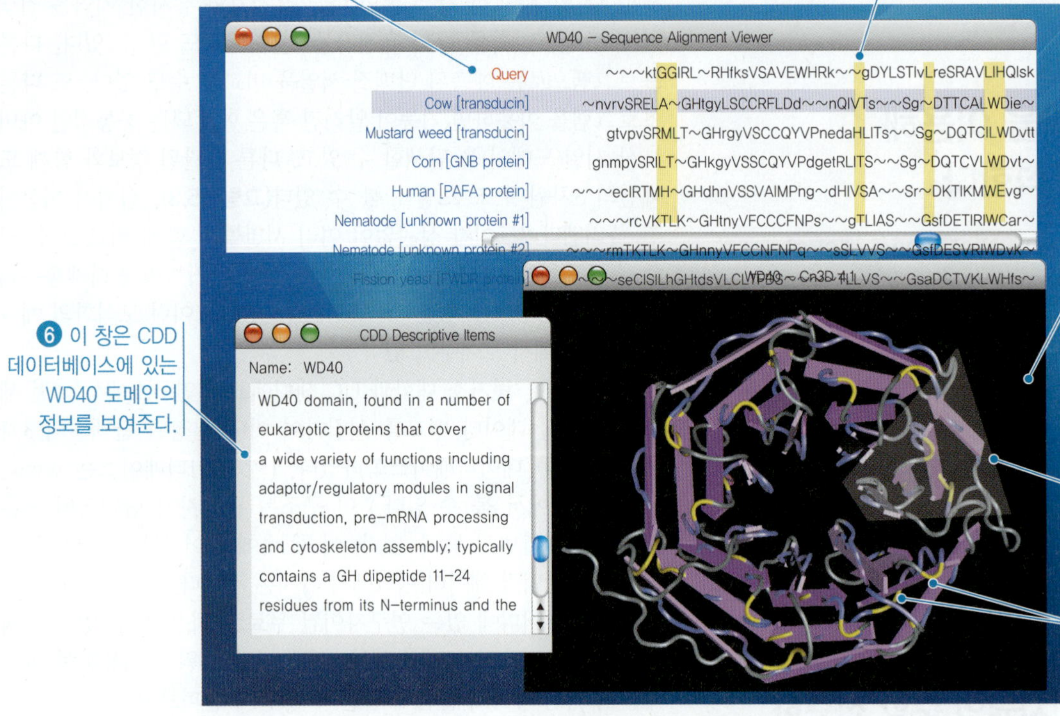

▲ **그림 15.3 인터넷에서 얻을 수 있는 생물정보학 도구들.** 국립 생물기술 정보 센터(NCBI)에 의해 운영되는 웹사이트는 과학자나 일반 대중들이 DNA나 단백질 서열 혹은 다른 저장된 데이터를 활용할 수 있게 한다. 이 사이트는 단백질 구조 데이터베이스(보존 도메인 데이터베이스, CDD)를 링크시켜 놓았는데, 이 사이트에서는 연관된 단백질에 있는 유사한 도메인을 찾아 기술할 수 있게 하며, 그 구조가 결정된 도메인의 3차구조 모델을 디스플레이하는 소프트웨어(Cn3D, "See in 3D")를 쓸 수 있다. 이 그림에서는 머스크멜론 단백질의 아미노산 서열과 유사한 단백질의 지역을 검색해서 얻은 결과를 보여주고 있다.

망가뜨렸을 때 표현형이 어떻게 되는지를 보는 것이다.

시스템 수준에서 유전자와 유전자 발현을 이해하기

놀라울 정도의 컴퓨터 계산 능력은 전체 유전자 세트와 이들의 상호작용을 연구할 수 있게 해주었고 서로 다른 생물종의 유전체를 비교할 수 있게 해주었다. 유전체학은 유전체의 구성이나 유전자 발현 조절, 생장과 발생, 그리고 진화 등의 근본적 질문에 대한 통찰력을 제공하는 풍부한 원천이다.

정보학적 접근의 하나로 들 수 있는 것이 2003년에 시작된 ENCODE(Encyclopedia of DNA Elements)라 불리는 연구 프로젝트이다. 이 연구의 목적은 다양한 실험 기법을 이용하여 인간 유전체 안에 들어 있는 기능적으로 중요한 요소들에 대해 가능한 모든 것을 알고자 하는 것이다. 연구자들은 단백질-암호 유전자와 비암호 RNA 유전자, 유전자 발현을 조절하는 서열인 증폭자와 프로모터 등을 찾고자 하였다. 뿐만 아니라 이들은 DNA와 히스톤 변형, 염색질 구조 등을 심도 깊게 규명하였다. ENCODE 프로젝트의 2단계 사업은 32개 연구자 그룹의 440명 과학자들이 참여해서, 2012년 1,600개의 거대 데이터 세트를 기술한 30편의 논문을 동시에 발표함으로써 절정에 이르렀다. ENCODE에서 놀라운 성과는 서로 다른 프로젝트에서 얻은 결과들을 상호 비교할 수 있게 함으로써 전체 유전체의 그림을 훨씬 더 풍부하게 파악하게 했다는 것이다.

아마 가장 놀라운 발견은 유전체의 약 75%가 연구한 세포 유형의 적어도 하나 이상에서 어떤 시점인가에서는 전사가 된다는 것이다. 유전체의 겨우 2% 이내만이 단백질에 대한 정보를 가지고 있을 뿐인데도 말이다. 게다가 생화학적 기능이 부여된 DNA 요소가 적어도 유전체의 80%를 차지하였다. 다른 형태의 DNA 기능 요소를 더 찾기 위해 유사한 프로젝트가 두 모델 생물의 유전체에 대해 동시에 진행되었다. 토양 선충류인 예쁜꼬마선충(*Caenorhabditis elegans*, *C. elegans*라 불림)과 초파리(*Drosophila melanogaster*, *D. melanogaster* 혹은 간단하게 *Drosophila*라 불림)를 분석한 것이다. DNA 기술을 이용하여 유전학적, 생화학적 실험이 이 생물종에서 수행될 수 있기 때문에, 잠재적으로 기능을 가지는 것으로 생각되는 DNA 서열 요소의 활성을 이 유전체 상에서 검증하게 되면 인간 유전체가 어떻게 작동하는지에 대해 많은 것을 알게 될 것이라 예측된다.

시스템 생물학

유전체 염기서열 분석과 거대한 유전자 세트의 연구에서 얻은 과학적 진보는 과학자들로 하여금 유전체에 의해 암호화되어 있는 단백질 세트와 그들의 특성(단백질의 양, 화학적 변형, 상호작용과 같은)에 대해 유사한 시스템적 연구를 시도하게 하였다. 이런 연구를 **단백질체학(proteomics)**이라 부른다[**단백질체(proteome)**는 세포 혹은 세포군에서 발현되는 단백질 전체 세트를 말한다]. 단백질을 암호화한 유전자가 아니라 단백질이 실제로 세포의 모든 활동을 수행하는 분자이다. 따라서 우리가 세포나 생물체의 기능을 이해하고자 한다면 생물체에서 생산되는 단백질이 언제 어디서 생산되는지 연구하여야 한다.

유전체학과 단백질체학은 분자생물학자들이 점점 더 전체적인 조망을 하면서 생물을 연구하게 한다. 우리가 위에 기술한 도구를 활용하여 생물학자들은 세포, 조직, 생물체의 작동에 기여하는 모든 '부품' 리스트인 유전자와 단백질의 카탈로그를 집대성하기 시작했다. 이러한 카탈로그를 손에 쥐고 연구자들은 그들의 관심을 개별 부품에서 생물 체계에서의 기능적 통합으로 돌리게 되었다. 이를 **시스템 생물학(systems biology)**이라 부르는데, 전체 생물 체계의 동적 행동을 시스템 내 부분들 간의 상호작용에 입각하여 모델화하는 연구 분야이다. 이런 유형의 연구가 생산해내는 엄청난 양의 데이터 때문에 시스템 생물학적 접근은 그야말로 컴퓨터 기술과 생물정보학의 진보 덕을 톡톡히 보았다.

시스템 생물학의 의학적 응용

암 유전체 지도는 상호작용하는 수많은 유전자와 그 유전자 산물을 함께 분석하는 시스템 생물학의 한 예이다. 이 프로젝트는 국립 암연구소와 NIH가 함께 주도하는 프로젝트로 생물 체계 내에서의 변화가 어떻게 암으로 진행되는지를 결정하고자 한다. 2010년에 끝나는 3년간의 예비 프로젝트는 세 가지 유형의 암—폐암, 자궁암, 뇌종양—에서 유전자 염기서열과 정상 세포와 암 세포 간의 유전자 발현 패턴의 변화를 비교함으로써 모든 공통적인 돌연변이를 찾아내고자 하였다. 뇌종양 연구를 통해서 몇몇 의심이 가는 유전자들의 역할을 확인했고, 모르고 있던 유전자들을 새로이 밝혀내어 치료를 위한 새로운 표적을 제안할 수 있게 되었다. 이러한 접근 방법은 너무나 얻는 게 많아서 사람에게 흔하며 치명적인 열 개의 다른 암으로까지 확산되었다.

대량신속처리 기술은 보다 빠르고 저렴해져서 암 문제를 해결하기 위한 수단으로 점점 더 널리 활용되고 있다. 단백질 암호 유전자의 염기서열만 결정하는 것이 아니라 많은 종양의 특별한 형태에서 전체 유전체 서열을 결정함으로써 과학자들은 공통적인 염색체 이상을 밝힐 수 있고 이런 변형된 유전체에서 일관되게 나타나는 다른 변이도 밝혀낼 수 있다.

전유전체 염기서열 분석뿐만 아니라 실리콘과 유리판 "칩"은 대부분의 인간 유전자를 올려놓은 미세배열로 개발되어 여러 가지 암이나 여타 질병들로 고통받는 환자들의 유전자 발현 패턴을 분석하는 데 이용된다(**그림 15.4**). 어떤 유전자가 과발현되고 어떤 유전자가 덜 발현되는지 분석하면 의사들은 환자를 치료할 때 그들에게 맞는 독특한 유전적 구성과 그들의 암의 특성에 맞게 처방을 내릴 수 있게 된다. 이런 접근법은 특정한 암의 특성을 잘 알아내고 좀 더 세밀한 치료를 할 수 있게 한다. 유방암이 좋은 예이다.

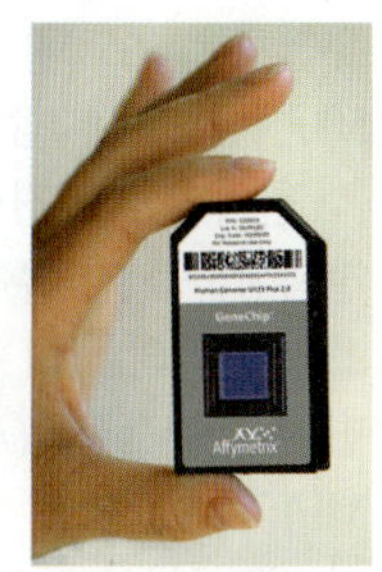

▲ 그림 15.4 인간 유전자의 마이크로어레이 칩

결국, 의료 기록에는 한 개인의 DNA 서열이 일종의 유전자 바코드로 포함이 될 것이다. 이 유전자 바코드에는 특정 질병과의 연관성이 알려진 서열 부위에 하이라이트가 되어 있을 것이다. 이러한 서열정보의 활용은 개별화된 맞춤 의학—질병 퇴치와 치료를 위해—에서 대단한 잠재력을 가질 것이다.

시스템 생물학은 분자 수준에서 창발성을 연구하는 매우 효과적인 방법이다. 생물학적 복잡성의 각 단계별로 한 단계 올라갈 때마다 아래 단계의 블록이 배열된 결과 새로운 특성이 창발적으로 나타난다. 유전적 체계에서 각 구성 요소의 배열과 상호작용에 대해 배우면 배울수록 전체 생물체에 대한 이해는 깊어질 것이다. 이 장의 나머지에서는 지금까지 유전체 연구를 통해 우리가 배운 것을 살펴볼 것이다.

개념 15.3

유전체는 그 크기나 유전자의 수, 유전자의 밀도가 종에 따라 다르다

지금까지 수천 종의 유전체 서열이 완성되었고 수만 종의 유전체 서열이 진행되고 있거나 영구적인 초안 상태(완성하는 것이 가치 있는 일이 아니기 때문에 진행 중인 초안 상태로 보관)이다. 현재 진행 중인 서열에는 550개의 메타유전체도 있다. 완전히 서열이 결정된 그룹에는 약 3,000종의 박테리아와 180종의 고세균 유전체가 포함되어 있다. 완성된 60종의 진핵생물 종과 약 875종의 영구 초안이 있다. 이들 가운데에는 척추동물, 무척추동물, 원생생물, 균류, 식물 등이 포함된다. 이제 유전체의 크기, 유전자의 수, 유전자 밀도에 대해 일반적인 경향들에 집중해 논의해보자.

유전체 크기

세 영역(박테리아, 고세균, 진핵생물군)을 비교해보면, 원핵생물과 진핵생물 간의 유전체 크기의 일반적인 차이를 발견하게 된다(**표 15.1**). 일부 예외가 있기는 하지만 대부분의 박테리아 유전체는 1~6백만 염기쌍을 가진다. 대장균(*E. coli*)의 유전체를 예로 들면 4.6 Mb이다. 고세균의 유전체는 대부분 박테리아 유전체의 크기 범위 내에 있다. (명심해야 할 것은 완전히 읽혀진 고세균 유전체의 수는 대단히 적기 때문에 이런 판단은 바뀔 수 있다.) 진핵생물의 유전체는 좀 더 큰 경향이 있다: 단세포 효모 *Saccharomyces cerevisiae*(균류)는 약 12 Mb이고, 반면 다세포 생물인 대부분의 동·식물은 적어도 100 Mb 이상의 유전체를 가지고 있다. 초파리 유전체는 165 Mb이고, 인간은 3,000 Mb로 전형적인 박테리아의 500에서 3000배쯤 된다.

원핵생물과 진핵생물의 이러한 일반적인 차이는 별도로 하고 진핵생물들 간 유전체 크기를 비교해 보면 유전체 크기와 생물체 표현형 간의 비례 관계가 나타나지 않는 것을 볼 수 있다. 예를 들면 일본삿갓식물(*Paris japonica*)은 1천4백9십억 염기쌍(149,000 Mb)의 유전체를 가지고 있는데 인간 유전체의 약 50배이다. 좀 더 세밀한 규모에서 두 곤충 종을 비교하면, 귀뚜라미(*Anabrus simplex*) 유전체는 초파리(*Drosophila melanogaster*) 유전체에 비해 11배나 크다. 단세포 진핵생물, 곤충, 양서류, 식물에서는 종 간 유전체 크기의 범위가 훨씬 넓고 포유동물이나 파충류 간에는 범위가 좁다.

유전자의 수

유전자의 수 또한 원핵생물과 진핵생물 간의 변이가 매우 크다: 박테리아와 고세균은 일반적으로 진핵생물보다 유전자의 수가 적다. 독립 생활형 박테리아와 고세균은 1,500에서 7,500개의 유전자를 가지고 있는 반면, 진핵생물의 유전자 수는 단세포 균류(효모) 5,000개에서 일부 다세포 진핵생물의 경우 무려 40,000개까지 다양하다.

진핵생물 안에서는 종별 유전자의 수가 종종 그 유전체의 크기에 비추어 단순히 짐작할 수 있는 것보다는 적다. **표 15.1**을 보면, 선충류인 *C. elegans*의 유전체가 100 Mb에 20,100개의 유전자를 가지고 있음을 알 수 있다. *Drosophila* 유전체는 이에 비해 훨씬 크지만 (165 Mb) 유전자의 수는 2/3밖에 안 된다—겨우 14,000 유전자이다.

좀 더 가까운 예를 들어보면 인간 유전체는 크기가 3,000 Mb로 *Drosophila*나 *C. elegans*의 유전체 크기보다 10배 이상 크다. 인간 유전체 사업을 시작할 시점에 생물학자들은 알려진 인간 단백질의 수에 근거해 50,000에서 100,000 유전자쯤이 발견될 것이라 예측했다. 프로젝트가 진행될수록 추정치는 몇 차례 수정되어 줄어들었고, ENCODE 프로젝트를 통해 결국 유전자 총 수는 21,000개 이하로 결정되었다. 이렇게 상대적으로 적은 유전자 수는 선충류 *C. elegans*의 유전자 총 수와 유사한데, 이는 훨씬 많은 인간 유전자 수를 확신했던 생물학자들을 깜짝 놀라게 했다.

선충류보다 많지 않은 유전자를 가진 인간(척추동물도 포함)이 취할 수 있는 유전적 특성은 무엇일까? 중요한 요인은 척추동물의 유전체가 RNA 전사체의 광범위한 선택적 이어맞추기 때문에 그들의 단백질 암호 서열로부터 "본전 이상을 뽑는다"는 것이다. "이러한 프로세스는 하나의 유전자로부터 하나 이상의 기능적 단백질을 생산하게 한다"는 사실을 떠올려보라. 전형적인 인간의 유전자는 약 10개의 엑손으로 되어 있고 다엑손 유전자 중 90% 이상이 적어도 두 가지 다른 방식의 이어맞추기를 거친다고 추정된다. 일부 유전자는 수백 가지 다른 선택적 RNA 이어맞추기 형태로 발현되고 다른 것들은 그저 두 가지 다른 형태로 발현된다. 모든 다른 형태의 RNA 카탈로그를 뽑는 것은 아직 불가능하지만 인간 유전체에 암호화되어 있는 서로 다른 단백질의 수가 ENCODE 결과 제안

표 15.1 유전체의 크기와 예상 유전자 수*

종	유전체 크기(Mb)[†]	유전자 수	Mb당 유전자 수
세균			
Haemophilus influenzae	1.8	1,700	940
Escherichia coli	4.6	4,400	950
고세균			
Archaeoglobus fulgidus	2.2	2,500	1,130
Methanosarcina barkeri	4.8	3,600	750
진핵생물			
Saccharomyces cerevisiae (yeast, fungus)	12	6,300	525
Caenorhabditis elegans (nematode)	100	20,100	200
Arabidopsis thaliana (mustard family plant)	120	27,000	225
Daphnia pulex (water flea)	200	31,000	155
Drosophila melanogaster (fruit fly)	165	14,000	85
Oryza sativa (rice)	430	42,000	98
Zea mays (corn)	2,300	32,000	14
Ailuropoda melanoleuca (giant panda)	2,400	21,000	9
Homo sapiens (human)	3,000	<21,000	7
Paris japonica (Japanese canopy plant)	149,000	ND[†]	ND[†]

* 이 수는 유전체 프로젝트가 진행되어 가면서 수정될 수 있음.
[†]Mb = 100만 염기. [†]ND = 결정되지 않음.

된 유전자의 수를 훨씬 상회하는 것은 명백하다.

또 다른 폴리펩타이드 다양성은 서로 다른 세포 유형에 따라 혹은 서로 다른 발달 단계에 따라 나타나는 단백질 번역 후 변형 때문에 나타난다. 마지막으로 마이크로 RNA(miRNA)와 다른 작은 RNA—이들은 조절 역할을 한다—들은 이러한 복잡성에 새로운 변이를 부가한다. 일부 과학자들은 이러한 새로 부가된 조절 단계가 일부 유전자의 생물학적 복잡성을 훨씬 더 크게 만든다고 생각한다.

유전자 밀도와 비암호 DNA

유전체 크기와 유전자의 수뿐만 아니라 우리는 서로 다른 종에서 유전자 밀도를 비교할 수 있다. 말하자면 주어진 DNA 길이당 얼마나 많은 유전자가 있느냐를 비교하는 것이다. 박테리아, 고세균, 진핵생물의 유전체를 비교할 때 진핵생물은 일반적으로 더 큰 유전체를 가지고 있지만 주어진 염기쌍당 적은 수의 유전자를 가진다. 인간은 그들의 유전체에 박테리아에 비해 수백 수천 배 더 많은 염기쌍을 가지지만 유전자의 수는 5~15배 정도밖에 더 많지 않다. 따라서 유전자 밀도는 인간에서 더 낮다(표 15.1). 심지어 효모와 같은 단세포 진핵생물도 고세균이나 박테리아에 비해 100만 염기쌍당 유전자의 수는 더 적다. 지금까지 완전히 서열이 결정된 유전체

중 인간과 다른 포유동물들이 유전자 밀도가 가장 낮다.

지금까지 연구한 모든 박테리아 유전체에서 DNA의 대부분은 단백질, tRNA, 혹은 rRNA에 대한 유전자로 구성되며 나머지 적은 양만이 프로모터와 같은 비전사 조절 서열이다. 박테리아의 단백질 암호화 유전자 서열은 시작부터 끝까지 비암호서열(인트론)에 의해 끊어지지 않고 죽 연결되어 있다. 이와 달리 진핵생물의 유전체에서 DNA의 거의 대부분은 단백질을 암호화하는 부위도 아니고 알려진 기능을 가진 RNA로 전사되지도 않는다. 또한 DNA는 좀 더 복잡한 조절 서열을 가지고 있다. 사실 인간은 박테리아에 비해 10,000 배나 더 많은 비암호 DNA를 가진다. 다세포 진핵생물에서 이러한 DNA의 일부는 유전자 속에 인트론으로 존재한다. 인간 유전자(27,000 염기쌍)와 박테리아 유전자(1,000 염기쌍) 간의 평균 길이의 차이는 대부분 인트론 때문이다.

인트론뿐만 아니라 다세포 진핵생물은 유전자 사이에 엄청난 양의 단백질 비암호 DNA를 가진다. 다음 절에서는 인간 유전체 속의 이러한 긴 길이의 DNA 배열과 조성에 대해 논의할 것이다.

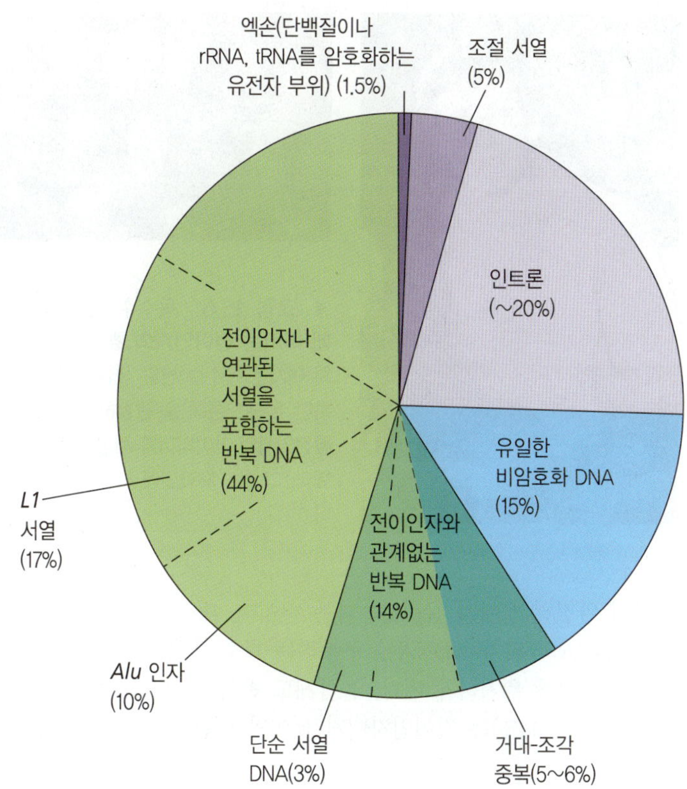

▲ **그림 15.5 인간 DNA 서열의 유형.** 단백질을 암호화하는 유전자 서열 혹은 rRNA, tRNA 분자로 전사되는 서열은 인간 유전체의 약 1.5%밖에 되지 않는다(원형도표에서 짙은 보라색 부분). 반면 인트론과 유전자 조절 서열(밝은 보라색)은 전체의 1/4 정도가 된다. 인간 유전체의 대부분은 단백질이나 알려진 RNA를 암호화하지 않고 많은 부분은 반복 DNA(짙은 녹색과 옅은 녹색, 그리고 청록색)이다. 반복 DNA는 대부분 서열을 읽기도 어렵고 분석하기도 어려워 일부 부위의 분류는 잠정적인데, 여기에 주어진 비율 퍼센트는 유전체 분석이 진행될수록 다소 바뀔 수 있다.

개념 15.4

다세포 진핵생물은 많은 비암호 DNA와 많은 다유전자군을 가지고 있다

우리는 이 장의 대부분을 그리고 이 단원의 대부분을 단백질을 암호화하는 유전자에 집중하여 말하고 있다. 그러나 대부분의 다세포 진핵생물에서 이런 유전자를 암호화하는 부위나 rRNA, tRNA, 그리고 miRNA와 같은 RNA 생산물에 대한 유전자는 전체 유전체의 적은 부분을 차지할 뿐이다. 예를 들면, 인간 유전체 서열의 아주 적은 부분, 약 1.5%만이 단백질을 암호화하거나 rRNA, tRNA로 전사된다는 것이 밝혀졌다. **그림 15.5**는 유전체의 나머지 98.5%가 어떻게 구성되어 있는지를 보여준다.

유전자와 연관된 조절 서열과 인트론은 각각 인간 유전체의 5%와 20%를 차지한다. 기능 유전자 사이에 위치한 나머지는 일부 비암호 DNA, 즉 유전자 조각과 **위유전자(pseudogene)**—오랜 기간 동안 돌연변이가 축적되어 더 이상 기능을 가진 단백질을 생산하지 못하는 옛날 유전자—등이 포함된다. (작은 비암호 RNA를 생산하는 유전자는 유전체에서 적은 비율을 차지하는데, 20%의 인트론과 15%의 독특한 비암호 DNA 사이에 분포한다.) 그렇지만 기능 유전자 사이의 DNA 대부분은 **반복 DNA(repetitive DNA)**로서 유전체 내에 여러 벌이 복제되어 존재하는 서열이다.

많은 진핵생물은 이와 같이 유전체의 대부분이 단백질을 암호화하지도 않고 알려진 기능을 가진 RNA로 전사되지도 않는 DNA 서열로 구성되어 있다. 이러한 비암호 DNA를 과거에는 "쓰레기 DNA"라 기술하였다. 그러나 지난 10년간 유전체 비교 연구 결과 다양한 유전체에서 수백 세대 동안 이러한 DNA가 존속된다는 사실이 밝혀졌다. 예를 들면, 인간과 쥐, 생쥐의 유전체를 비교해보면 이 세 종에서 서열이 완전히 동일한 비암호 DNA 지역이 거의 500군데나 나타남이 밝혀졌다. 이것은 이 종들에서 단백질이 암호화된 지역보다 높은 수준으로 보존되고 있음을 보여주며, 비암호 지역이 중요한 기능을 가짐을 강력히 시사한다. ENCODE 프로젝트의 결과는 이러한 많은 비암호 DNA가 하는 중요한 역할을 강조하고 있다. 다음으로 우리는 인간 유전체를 우리의 주요 사례로 이용하여 다세포 진핵생물의 유전체 내 유전자와 비암호 DNA 서열이 현재 어떻게 구성되어 있는지를 검토할 것이다. 유전체 구성은 어떻게 유전체가 진화해왔는지, 계속 진화할 것인지에 대해 많은 것을 알려줄 것이다.

전이인자와 연관 서열

원핵생물과 진핵생물은 모두 유전체 내에 한 장소에서 다른 장소로 이동할 수 있는 DNA 조각을 가지고 있다. 이러한 DNA 조각을 전이 유전인자(transposable genetic element) 혹은 단순히 **전이인자(transposable element)**라 한다. 전이(transposition)라 부르는 과정 동안에 전이인자는 세포내 DNA의 한 장소에서 다른 표적 장소로 일종의 재조합을 통해 이동한다. 전이인자는 때때로 "점핑 유전자"라 불리는데 명심해야 할 것은 이들이 결코 세포내 DNA

◀ **그림 15.6 옥수수 낟알 색깔에 미치는 전이인자의 효과.** 맥클린톡 여사는 옥수수 낟알 색깔의 얼룩덜룩한 무늬(오른쪽)를 관찰하고 이동성 유전인자의 아이디어를 처음으로 제안했다. 그녀는 1983년에 노벨상을 받았다.

로부터 완전히 떨어지지는 않는다는 것이다. 대신에 원래의 DNA와 새 DNA의 위치가 DNA를 구부리는 효소 혹은 단백질에 의해 매우 인접하게 위치하게 된다. 놀랍게도 반복서열의 약 75%(사람 유전체의 약 44%)는 전이인자이거나 이와 연관된 서열로 구성되어 있다.

방랑하는 DNA 조각에 대한 첫 증거는 1940~1950년대 미국의 유전학자인 맥클린톡(Barbara McClintock) 여사의 인디언 옥수수 육종 실험에서 나왔다(그림 15.6). 여러 세대에 걸쳐 옥수수를 쫓아가던 맥클린톡 여사는 옥수수 낟알 색깔의 변화를 인식하고, 유전체 속의 한 장소에서 낟알 색깔 유전자 속으로 이동할 수 있는 유전인자의 존재를 가정할 때만 이 변화가 설명될 수 있음을 인지하였다. 그래야 유전자가 파괴되어 낟알 색깔이 변화할 수 있는 것이다. 맥클린톡 여사의 발견은 많은 회의론을 불러일으켰고 따라서 그 당시에는 받아들여지지 않았다. 그녀의 신중하고 통찰력 있는 아이디어는 한참 뒤 전이인자가 박테리아에서도 발견되면서 마침내 입증되었다. 1983년 81세의 나이로 맥클린톡 여사는 그녀의 선구적인 연구업적을 인정받아 노벨상을 수상하였다. 맥클린톡 여사가 장수하지 않았더라면 어찌할 뻔 했나!

트랜스포존과 레트로트랜스포존의 이동

진핵생물의 전이인자는 두 종류이다. 첫 번째는 **트랜스포존(transposon)**으로 DNA를 매개로 하여 유전체 내에서 이동할 수 있는 것이다. 트랜스포존은 "잘라 붙이기(cut-and-paste)" 방법에 의해 원래 위치에서 인자를 제거해서 이동하거나, "복사 후 붙이기(copy-and-paste)" 방법으로 기존의 위치에 트랜스포존을 남겨두고 복사한 트랜스포존을 이동한다(그림 15.7). 두 방법 모두 일반적으로 트랜스포존에 암호화되어 있는 트랜스포제이스(transposase) 효소를 필요로 한다.

진핵생물 유전체에 있는 대부분의 전이인자는 두 번째 유형인 **레트로트랜스포존(retrotransposon)**인데, 이들은 레트로트랜스포존 DNA의 전사체인 RNA를 매개로 이동한다. 따라서 레트로트랜스포존은 전이 동안에 항상 원래 위치에 원본 하나를 남겨놓는

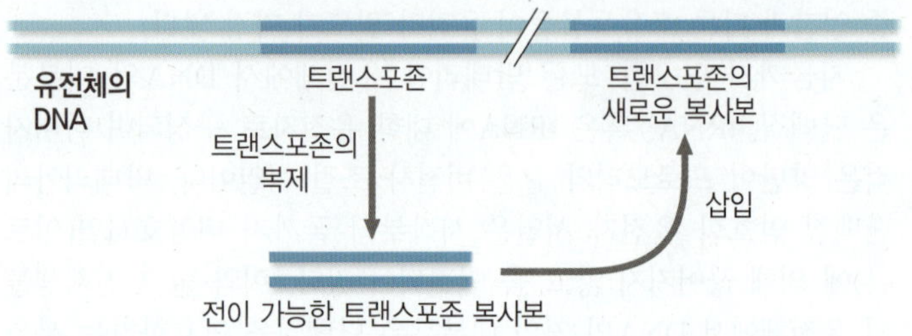

▲ **그림 15.7 트랜스포존 이동.** 복사 후 붙이기 기작(그림에서처럼)이나 자르고 붙이기 기작으로 트랜스포존이 이동하기 위해서는 유전체에 삽입되는 이중나선 DNA 매개체가 필요하다.

다(그림 15.8). 다른 자리로 이동해 삽입하기 위해서는 RNA 매개체가 먼저 역전사효소—레트로트랜스포존 내에 암호화된 효소—에 의해 DNA로 재전환되어야 한다. (역전사효소는 레트로바이러스에도 암호화되어 있다. 사실 레트로바이러스는 레트로트랜스포존이 진화된 것인지도 모른다.) 또 다른 세포내 효소가 새로운 장소에 역전사에 의해 만들어진 DNA를 삽입한다.

전이인자와 연관된 서열들

수많은 전이인자와 연관된 서열들은 진핵생물 유전체 내 여기저기 산재해 있다. 각 단위는 대개 수백에서 수천 염기쌍 정도 되며, 여기저기 산재한 "복사본"은 비슷하지만 대개 동일하지는 않다. 이들 중 일부는 이동할 수 있는 전이인자로서 이러한 이동에 필요한 효소가 이동 가능한 전이인자뿐만 아니라 어떤 전이인자에라도 암호화되어 있으면 된다. 어떤 것들은 연관된 서열이지만 이동할 수 없는 것들도 있다. 전이인자와 연관된 서열들은 대부분 포유동물 유전체의 25~50%를 차지한다(그림 15.5). 양서류와 많은 식물들에서는 이보다 더 큰 비중을 차지하기도 한다. 사실 일부 식물 유전체의 크기가 매우 큰 이유는 여분의 유전자 때문이 아니라 여분의 전이인자 때문이다. 예를 들어 전이인자가 옥수수 유전체의

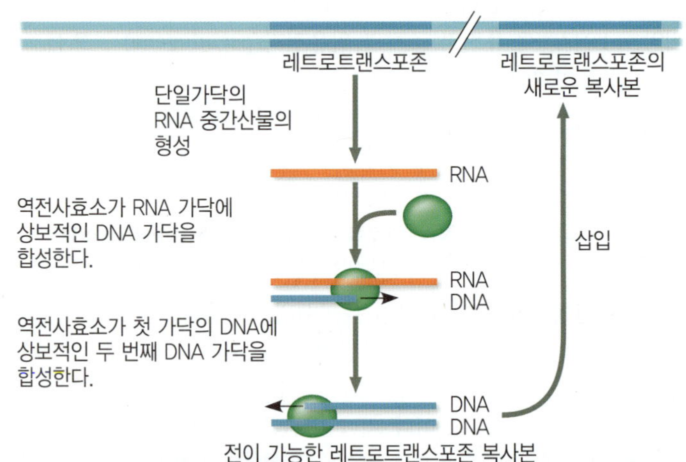

▲ **그림 15.8 레트로트랜스포존 이동.** 이동은 단일가닥 RNA 매개체의 형성에서 시작된다. 나머지 단계는 레트로바이러스의 복제 회로의 일부와 근본적으로 동일하다(그림 17.8).

85%를 차지한다!

인간과 다른 영장류에서 전이인자와 연관 DNA에서 상당히 많은 부분이 *Alu* 인자라 불리는 유사한 계열의 DNA이다. 이 서열만으로 인간 유전체의 거의 10%를 차지한다. Alu 인자는 길이가 300 염기쌍 정도로 대부분의 기능적인 전이인자에 비해 훨씬 짧고 어떤 단백질도 암호화하고 있지 않다. 그렇지만 많은 *Alu* 인자는 RNA로 전사되고 이들 중 일부는 유전자 발현을 조절하는 것으로 생각된다.

인간 유전체에서 이보다 더 큰 비율(17%)이 *LINE-1*, 혹은 *L1*이라 불리는 레트로트랜스포존으로 되어 있다. 이 서열은 약 6,500 염기쌍의 크기로 *Alu* 인자보다 훨씬 길고 전이되는 비율이 낮다. 그러나 생쥐를 연구하던 과학자들은 *L1* 레트로트랜스포존이 발달 중인 뇌의 세포에서 보다 활동적이라는 것을 발견했다. 그들은 발달 중인 뉴런에서 *L1*의 전이가 유전자 발현에 미치는 서로 다른 영향이 뉴런 세포 유형의 커다란 다양성에 기여하는 것이라 제안하였다.

비록 많은 전이인자가 단백질을 암호화하고 있지만 이 단백질들은 일반적인 세포 기능을 수행하지는 않는다. 따라서 전이인자는 대개 다른 반복서열과 함께 "비암호" DNA 카테고리에 포함된다.

단순 서열 DNA를 포함한 다른 반복서열 DNA

전이인자와 연관관계가 없는 반복서열 DNA는 아마도 DNA 복제 또는 재조합 과정의 실수로 만들어졌을 것이다. 이러한 DNA가 인간 유전체의 약 14%에 해당한다(그림 15.5). 이중 인간 유전체의 약 5~6%에 해당하는 1/3은 긴 가닥의 DNA—각 조각의 길이가 10,000에서 300,000 염기쌍 정도됨—가 중복된 것이다. 이러한 긴 DNA 조각은 하나의 염색체 부위에서 복제되어 같은 염색체 혹은 다른 염색체 위의 다른 자리로 이동한 것으로 보이며 이들은 아마 일부 기능 유전자를 내포하기도 한다.

긴 서열이 복제되어 여기저기 산재해 있는 것과 달리 **단순 서열 DNA(simple sequence DNA)**는 아래 보기와 같이 짧은 가닥의 서열이 직렬로 반복하여 중복되어 있다(한 가닥의 DNA 서열만 제시):

...GTTACGTTACGTTACGTTACGTTACGTTAC...

이 경우 반복된 단위(GTTAC)는 5 염기로 이루어져 있다. 반복 단위는 많은 경우 500 염기까지 되기도 하지만 위 예처럼 대개 15 염기 이내이다. 반복 단위가 2~5 염기를 가지고 있을 때 이런 일련의 반복 서열을 **짧은 직렬 반복(short tandem repeat, STR)**이라 한다. 이런 단위의 반복 횟수는 주어진 유전체 내에서 위치에 따라 다양할 수 있다. 어떤 위치에서는 GTTAC 단위가 수십만 번 반복되기도 하고 다른 위치에서는 반복 횟수가 절반밖에 안되기도 한다.

반복 횟수는 사람에 따라 다르고, 사람의 경우 2배체이기 때문에 각 유전자좌당 갖게 되는 두 대립인자가 서로 다를 수도 있다. 이러한 다양성은 개인별 변이를 보이고 있어, 각 개인의 **유전자 프로파일(genetic profile)**을 만드는 독특한 유전적 표지 세트로 활용된다. 법의학자들은 조직 샘플이나 체액에서 추출한 DNA에 대한 STR 분석을 이용하여 범죄 현장의 희생자나 자연재해의 희생자를 인식할 수 있다. 이러한 적용에서 STR 분석은 상대적으로 적은 반복 횟수를 보이고 쉽게 서열분석이 된다는 이유로 선택된 STR 위치에서 수행된다. 이러한 기술은 잘못 기소된 325명의 무고한 사람들을 감옥에서 해방시킨 비영리 단체, 무죄 프로젝트(Innocence Project)에서 활용되었다.

단순 서열 DNA는 모두 합해서 인간 유전체의 약 3% 정도 된다. 유전체 내 단순 서열 DNA의 많은 부분은 염색체의 말단소체나 동원체에 위치하는데, 이는 이 DNA가 염색체의 구조적 지지 역할을 함을 시사한다. 동원체의 DNA는 세포분열 시 염색분체의 분리에 중요한 역할을 한다. 동원체 DNA는 다른 장소에 있는 단순 서열 DNA와 함께 휴지기 핵에서 염색질의 구성을 도와주는 것일지도 모른다. 말단소체에 위치한 단순 서열 DNA는 염색체의 끝에서 특정 단백질에 결합하여 염색체의 끝이 분해되거나 다른 염색체와 결합해버리는 것을 막는다.

짧은 반복서열은 전유전체 샷건 염기서열 분석에 장애 요인이 되는데, 컴퓨터로 각 조각 서열을 재배열할 때 이를 어렵게 만들기 때문이다. 단순 서열 DNA는 전체 유전체의 크기를 유추하는데 불확실성의 상당한 원인이 되며, 일부 유전체의 경우 "영구 초안"으로 남게 하는 원인이 된다.

유전자와 다유전자군

우리는 진핵생물을 구성하는 여러 가지 DNA 서열에 대한 논의를 유전자들을 좀 더 자세히 들여다보는 것으로 마무리하려 한다. 단백질을 암호화하는 DNA 서열이나 tRNA, rRNA를 생산하는 DNA 서열이 인간 유전체의 고작 1.5%밖에 안 된다는 사실을 떠올리자(그림 15.5). 우리가 인트론과 유전자와 연계된 조절 서열을 포함해도 암호, 혹은 비암호를 막론하고 유전자와 관계된 DNA의 총량은 인간 유전체의 약 25%밖에 안 된다. 다른 말로 하면, 평균 유전자 길이의 오직 6%(25% 중 1.5%)만이 마지막 유전자 산물에 남아 있다.

많은 진핵생물의 유전자는 유일한 서열로 존재하며, 반수체 염색체 세트에서 하나만 존재한다. 그러나 인간 유전체에서는, 또 다른 많은 동물이나 식물의 유전체에서는 전체 유전자 관련 DNA에서 단일 유전자로 존재하는 것은 절반도 안 된다. 나머지는 모두 **다유전자군(multigene family)**으로 존재한다. 이것은 둘 이상의 동일하거나 매우 유사한 유전자들의 집합을 말한다.

동일한 DNA 서열로 구성된 다유전자군에서는 대개 이 서열들이 직렬로 모여 있다. 히스톤 단백질처럼 뚜렷하게 예외적인 경우도 있지만 대개 최종 산물로 RNA를 가진다. 동일한 DNA 서열 계열의 한 예로 세 개의 커다란 rRNA 분자 유전자를 들 수 있다 **(그림 15.9a)**. 이러한 rRNA 분자들은 하나의 전사 단위로 전사되는데, 이 전사 단위는 다세포 진핵생물의 유전체에서 하나 혹은 여러 개의 집단으로 수백에서 수천 개의 직렬로 반복되어 존재한다. 이와 같이 rRNA 전사 단위가 여러 벌 존재하는 것은 활발한 단

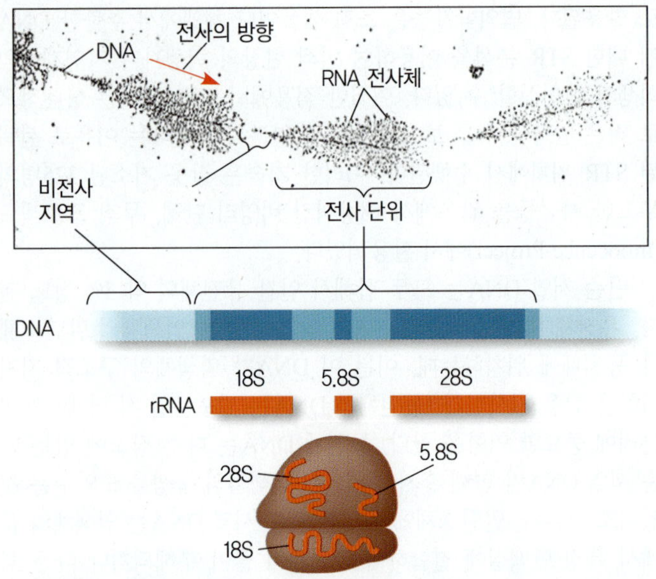

(a) rRNA 유전자군의 일부. 위 그림의 TEM 사진은 도롱뇽 유전체의 rRNA 유전자군에 있는 수백 개의 전사 단위체 중 세 개를 보여주고 있다. 각 "깃털"은 약 100개의 RNA 중합효소(DNA를 따라 늘어선 검은 점)에 의해 왼쪽에서 오른쪽으로(붉은 화살표) 전사되는 하나의 단위에 해당한다. 자라고 있는 RNA 전사체는 DNA에서 뻗어져 나와 깃털 모양을 보인다. TEM 사진 아래 전사 단위체 그림은 세 개의 rRNA에 대한 유전자(짙은 파란색)이며 전사되지만 나중에 제거되는 지역(옅은 파란색)과 연결되어 있다. 하나의 전사체는 리보솜의 주요 구성성분인 세 개의 rRNA(붉은색)로 가공된다.

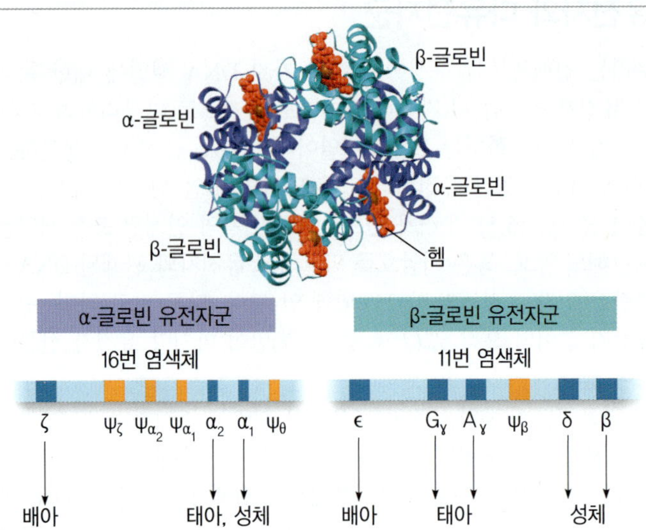

(b) 인간의 α-글로빈과 β-글로빈 유전자군. 성인의 헤모글로빈은 분자 모델에서 보는 것처럼 두 개의 α-글로빈과 두 개의 β-글로빈 폴리펩타이드 하부 단위로 구성된다. α-와 β-글로빈을 암호화하는 유전자(짙은 파란색)는 여기에 나타낸 대로 두 개의 유전자군으로 구성된다. 비부호 DNA(옅은 파랑)는 각 유전자 계열 내에서 위유전자(ψ, 황금색)—원래 유전자였으나 더 이상 기능을 가진 단백질을 생산하지 못하는—를 포함한 기능 유전자들 사이에 끼어 있다. 유전자와 위유전자는 α-와 β-글로빈을 표기할 때처럼 그리스 문자로 명명되었다. 일부 유전자는 배아와 태아에서만 발현된다.

▲ **그림 15.9 유전자군**

백질 합성에 필요로 한 수백만 개의 리보솜을 세포가 재빨리 만들 수 있게 해준다. 이들 1차적인 전사체가 3개의 rRNA 분자로 쪼개어지고, 이들이 다른 단백질 및 또 하나의 rRNA인 5*S* rRNA와 결합하여 리보솜을 형성한다.

완전히 동일하지는 않은 유전자로 구성된 다유전자군의 고전적인 예는 글로빈을 암호화하는 두 연관된 유전자 계열인데, 이들에는 헤모글로빈의 하부 단위인 α와 β 폴리펩타이드를 포함하는 그룹의 단백질이다. 인간 염색체 16번에 위치하는 한 계열은 α-글로빈의 여러 형태를 암호화하고 있다. 다른 계열은 염색체 11번에 위치해 있는 β-글로빈의 형태들을 암호화하고 있다(**그림 15.9b**). 각 글로빈 하부 단위의 서로 다른 형태는 서로 다른 발생 단계에서 발현됨으로써 발생 중인 동물의 변화하는 환경에 헤모글로빈이 효과적으로 기능할 수 있도록 해준다. 예를 들면 인간에서 발생 중일 때와 태아일 때의 헤모글로빈이 성인일 때의 헤모글로빈보다 산소에 대한 친화도가 더 높음으로써 엄마에게서 태아로의 산소 공급이 효율적으로 일어날 수 있게 해준다. 글로빈 유전자 계열에서 발견되는 또 다른 종류로는 몇몇 개의 위유전자를 들 수 있다.

개념 15.5에서 이러한 두 글로빈 유전자 계열의 진화에 대해 살펴보고 어떻게 유전자 배열이 유전체의 진화에 대한 통찰력을 제공하는지 알아볼 것이다. 오랜 진화 시간 동안 서로 다른 종의 유전체를 다듬는 과정에 대해서도 다룰 것이다.

개념 15.5

DNA의 중복, 재배열, 돌연변이가 유전체 진화에 기여한다

진화 지금까지 인간 유전체의 구성에 대해 탐구했으니 그 구성이 유전체 진화에 대해 무엇을 설명하는지 살펴보자. 유전체 수준에서 변화의 기초는 돌연변이인데, 돌연변이는 대부분의 유전체 진화의 초석이 된다. 생명의 가장 초기 형태는 생존과 생식에 필요한 최소 수의 유전자만을 가지고 있었을 것이다. 이게 정말 사실이라면 진화의 한 양상은 유전체의 크기 증가였을 것이고, 이를 통해 유전적 다양성을 제공하는 재료 물질로서 여분의 유전 물질을 가지게 되었을 것이다. 이 절에서는 유전체 전부 혹은 일부분이 어떻게 잉여 복사본으로 생성되었는지를 기술하고, 다음으로 약간 다르거나 전적으로 새로운 기능을 가진 단백질(RNA의 생산품)의 진화를 일어나게 하는 차후의 과정에 대해 고찰할 것이다.

전체 염색체 세트의 중복

감수분열 중 일어나는 사고는 염색체 세트를 통째로 한 벌 혹은 여러 벌 더 갖게 만드는데 이것을 다배수체라 부른다. 비록 이러한 사고가 대개 치명적이지만 간혹 이 때문에 유전자의 진화가 일어나게 된다. 다배수체 생물에서는 유전자 한 세트가 생물체의 필수적 기능을 담당하게 한다. 한 벌 혹은 여러 벌이 여분의 세트로 들어 있는 유전자들은 돌연변이를 축적하여 다양한 기능을 갖게끔 분화할 수 있다. 이러한 변이는 이를 가진 생물체가 생존하여 생식을 하게 되면 지속적으로 남아 있게 된다. 이런 방법으로 새로운 기능을 가진 유전자가 진화하게 된다. 필수 유전자 하나가 발현되는 한, 다른 복사본 유전자는 해당 단백질이 새로운 방법으로 작동하도록 분화하여 생물체의 표현형이 변화하게 된다. 이러한 돌연변이 축적의 결과 새로운 종의 분지가 일어나게 된다. 다배수체가 동물에서는 희귀하지만 식물에서는, 특히 꽃식물에서는 흔히 일어난다.

염색체 구조의 변형

유전체 정보가 최근 폭발적으로 증가하면서 우리는 많은 종의 염색체 구성을 자세히 비교할 수 있게 되었다. 이런 정보를 통해서 우리는 염색체의 모양을 다듬고 종분화를 추동하는 진화적 과정에 대해 추론할 수 있게 되었다. 예를 들어 과학자들은 인간과 침팬지의 공통조상이 각각의 종으로 분화된 6백만 년 전 어느 시점에선가 인간의 조상 염색체 두 개가 융합되어 인간과 침팬지의 반수체(사람, $n = 23$; 침팬지, $n = 24$)가 서로 다르게 되었다고 오랫동안 알고 있었다. 염색된 염색체의 밴드 패턴은 현생 침팬지의 염색체 12번과 13번에 해당하는 조상 염색체의 양 끝이 서로 융합되어 인간 조상의 염색체 2번을 형성했을 것으로 제안한다. 인간 유전체 사업에서 인간 염색체 2번의 서열을 분석해보니 앞에서 막 기술한 모델을 강하게 지지하였다(**그림 15.10**).

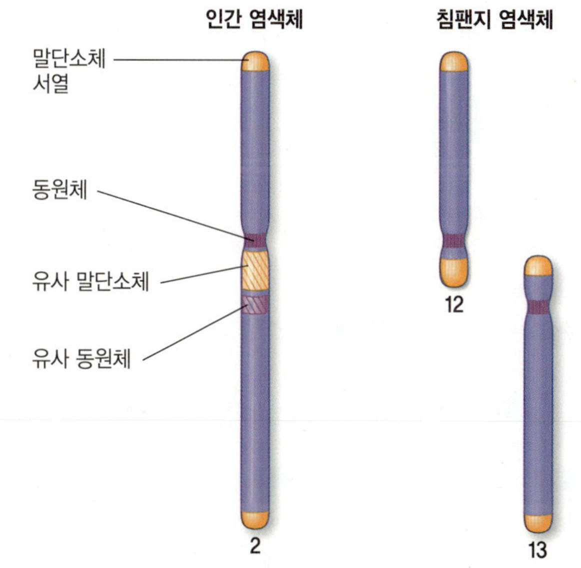

▲ **그림 15.10 인간과 침팬지의 염색체.** 인간 염색체 2번(왼쪽)의 유사 말단소체와 유사 동원체의 위치가 침팬지 염색체 12번, 13번의 말단소체 위치와 침팬지 염색체 13번(오른쪽) 위의 동원체와 잘 맞는다. 이것은 인간 조상의 12번, 13번 염색체가 끝과 끝이 융합되어 인간 염색체 2번이 되었음을 시사한다. 조상 염색체 12번의 동원체는 인간 염색체 2번에 남아 기능을 하는 반면, 조상 염색체 13번의 것은 기능하지 못한다.

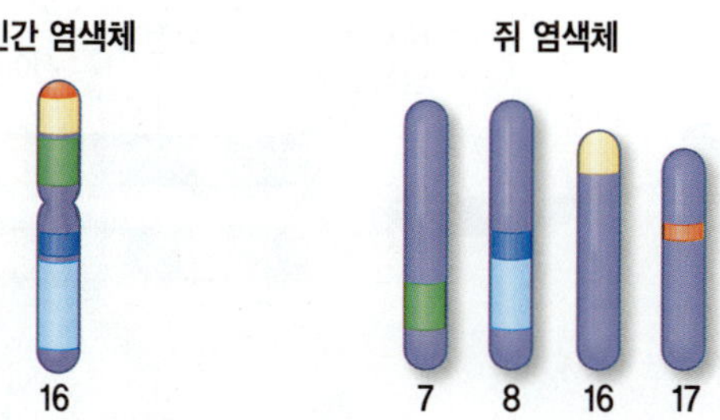

▲ **그림 15.11 인간과 생쥐의 염색체.** 인간 염색체 16번의 커다란 덩어리(이 그림의 색깔 부위)와 매우 유사한 DNA 서열은 생쥐 염색체 7번, 8번, 16번, 17번에서 발견된다. 이것은 각 덩어리의 DNA 서열이 공통조상에서 분지된 이래로 생쥐와 인간 계통에서 함께 묶여 있었음을 시사한다.

더 넓은 범주의 또 다른 연구에서는 생쥐의 전체 염기서열을 인간의 각 염색체와 비교했다. 이 비교에서 인간 염색체 16번은, 유전자들이 연결된 큰 덩어리가 네 개의 생쥐 염색체에 분산되어 있음을 밝혀내었다. 이러한 관찰은 각 덩어리의 유전자가 생쥐와 인간 계통의 진화 동안에 함께 움직였다는 것을 시사한다(**그림 15.11**).

인간과 6종의 다른 포유동물의 염색체를 동일한 방식으로 비교 분석해보면 이 8종(인간과 네안데르탈인 포함)에서 염색체 재배열이 일어난 진화적 사건을 재구성할 수 있다. 염색체의 큰 부분에서 중복과 역위가 일어났고, 감수분열 동안의 재조합이 잘못된 결과 DNA가 깨지고 부정확하게 재결합하였다. 이러한 사건이 일어나는 속도가 1억 년 전에 가속화되었고, 거대한 공룡이 멸종되는 시기쯤에는 포유동물의 수가 급속히 늘어났다. 이런 명백한 두 사건의 동시 발생은 흥미로운데, 염색체 재배열이 새로운 종의 출현에 기여했을 것이라 시사하기 때문이다. 서로 다른 배열의 염색체를 가진 두 개체는 여전히 짝짓기를 하고 자손을 낳을 수 있지만, 그 자손들은 서로 대응되지 못하는 다른 세트의 염색체를 가지게 될 것이고, 감수분열이 비효율적이거나 불가능하게 될 것이다. 따라서 염색체 재배열은 두 개체군 간의 짝짓기 성공률을 떨어뜨릴 것인데, 이것이 두 개체군이 별도의 종으로 나누어지는 진화의 첫걸음이 된다.

중복과 DNA의 유전자-크기 부위의 발산

감수분열 동안의 실수는 우리가 위에서 언급한 것보다 더 작은 염색체 부위의 중복도 만들어낸다. 감수분열 1기 전기 동안의 부등교차는 예를 들면, 특정 유전자가 하나의 염색체에는 결실되고 다른 염색체에는 중복이 되게 만든다. 전이인자는 다른 부위가 정확히 정렬되지 않았을 때조차도 상동부위를 제공함으로써 비자매 염색분체 간에 교차가 일어나게 한다(**그림 15.12**).

또한 DNA 복제 동안에 미끌림이 일어나는데, 이렇게 해서 주형이 새로운 상보 가닥에 대해 약간 비끌어지면 주형 가닥의 일부가 복제 기구에 의해 건너뛰게 되거나 주형으로 두 번 사용되게 된다. 결과적으로 DNA 조각은 결실되거나 중복된다. 이러한 실수가 반복서열이 있는 부위에서 어떻게 일어나는지 상상하는 것은

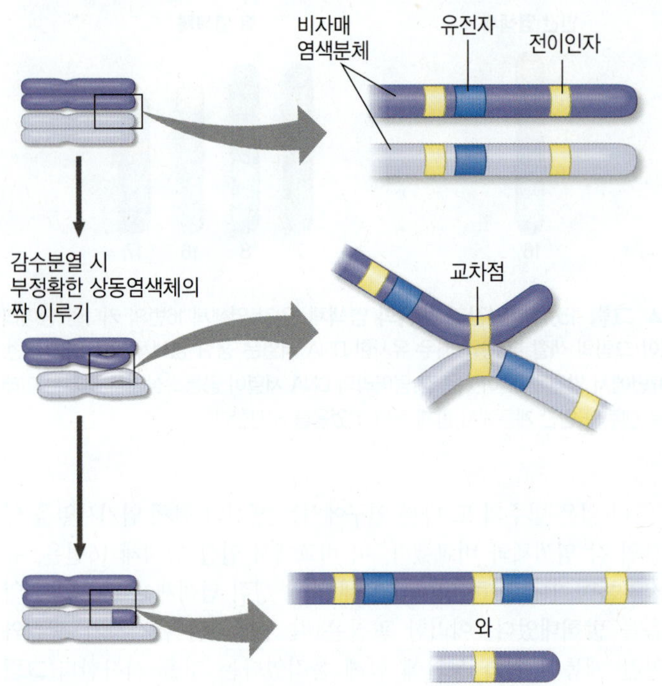

▲ **그림 15.12 부등 교차에 의한 유전자 중복.** 하나의 유전자(혹은 DNA 조각)가 중복되는 기작 중 하나는 유전자 주변에 있는 전이인자의 복사본들 간에 감수분열 동안 일어나는 재조합이다. 이와 같이 잘못 정렬된 상동염색체의 비자매염색분체 간의 재조합에 의해 하나의 유전자 두 벌을 가진 염색분체와 하나도 없는 염색분체가 만들어진다.

쉽다. 특정 위치에서 발견되는 단순 서열 DNA 반복 단위의 가변적 횟수는 STR 분석에 이용되는데, 이는 이러한 실수에 의해 나타날 것 같다. 부등 교차와 DNA 복제 동안의 주형 미끌림이 유전자의 중복을 만들어낸다는 증거는 글로빈 계열과 같은 다유전자군의 존재에서 발견된다.

연관된 기능을 가진 유전자들의 진화: 인간 글로빈 유전자

그림 15.9b에서 오늘날 인간 유전체 상에 존재하는 α-글로빈이나 β-글로빈의 유전자 계열 구성을 보았다. 이제 어떻게 중복과 같은 사건이 글로빈 유전자처럼 서로 연관된 기능을 가진 유전자의 진화를 이끌게 되는지 살펴보자. 다유전자군 내 유전자 서열 비교는 유전자가 발생한 순서에 대해 힌트를 준다. 글로빈 유전자의 진화적 역사를 재구성하는 이러한 접근에 따르면 약 4.5억~5억 년 전 공통조상 유전자 하나가 중복과 발산 과정을 거쳐서 α-글로빈과 β-글로빈의 조상 유전자가 되었다(**그림 15.13**). 이러한 유전자 각각은 후에 몇 번 더 중복되었고 이렇게 만들어진 복제품의 서열은 각각 분화되어 현재의 계열 유전자들이 되었다. 사실상, 공통조상 글로빈 유전자는 근육의 산소 결합 단백질인 마이오글로빈과 식물 단백질인 레그헤모글로빈으로도 발산되었다. 마지막 두 단백질은 단량체로 기능하고, 이 유전자들은 "글로빈 상과 유전자군"에 속한다.

중복 사건 이후 글로빈 유전자 계열 내 유전자 간의 차이는 틀림없이 수세대 동안 유전자 복제본 내에 축적된 돌연변이에 의해 나타났을 것이다. 현재의 모델은 예를 들면, α-글로빈 단백질이 제공했던 유용한 기능이 하나의 유전자에 의해 수행되면서 다른 α-글로빈 유전자 복제본은 무작위 돌연변이를 축적했다는 것이다. 많은 돌연변이는 생물체에 해로운 효과를 가져올 것이고 일부 돌연변이는 아무런 영향이 없을지도 모른다. 그러나 소수의 돌연변이는 단백질의 산소 운반 기능을 거의 변화시키지 않으면서 특정 생활 단계에서 생물체에 이득이 되는 방향으로 단백질 산물의 기능을 변화시켰을 수 있다. 아마도, 자연선택은 이러한 변화된 유전자에 작용하여 개체군 내에 이들을 유지시켰을 것이다.

기능을 하는 글로빈 유전자들 가운데서 몇몇 위유전자(pseudogenes)의 존재는 이 모델에 대한 또 다른 증거를 제시한다(그림 15.9b): 진화가 진행되는 동안 이러한 "유전자들"에 일어나는 무작위 돌연변이는 이들의 기능을 파괴시킨다.

새로운 기능을 가진 유전자의 진화

글로빈 계열 유전자들의 진화에서 유전자 중복과 이후의 발산은 유사한 기능(산소 수송)을 수행하는 단백질들의 유전자 계열을 만들어낸다. 이와 달리, 중복된 유전자의 복사본 하나는 변형을 거쳐 완전히 새로운 기능을 가진 단백질 산물을 만들어낼 수도 있다. 라이소자임과 α-락트알부민의 유전자들이 좋은 사례이다.

라이소자임은 박테리아 세포벽을 분해함으로써, 박테리아 감염으로부터 인간을 보호하는 효소이다; α-락트알부민은 포유동물에

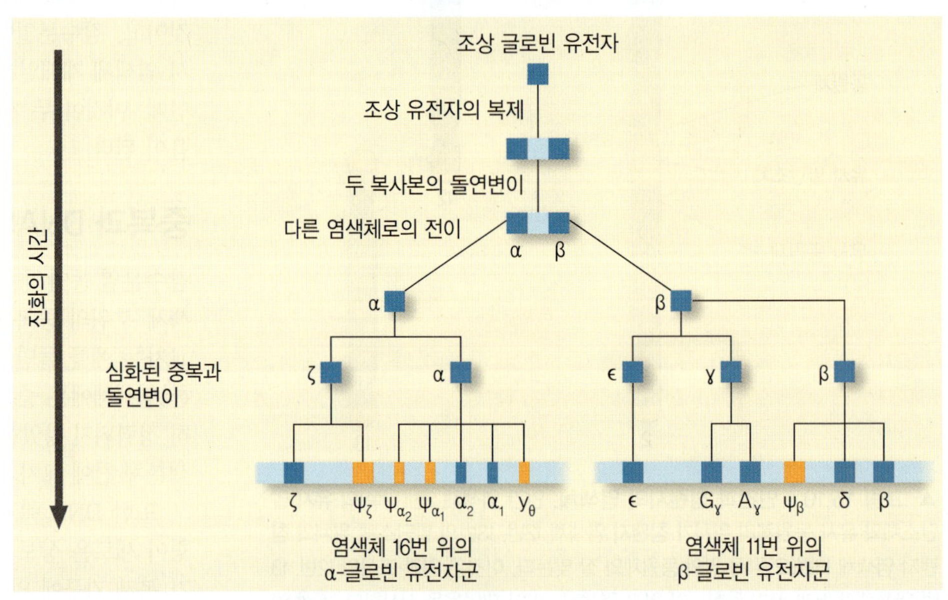

▲ **그림 15.13 하나의 공통조상 글로빈 유전자로부터 유래한 인간의 α-글로빈과 β-글로빈 유전자군의 진화 모델**

서 우유 생산을 맡고 있는 비효소 단백질이다. 두 단백질은 아미노산 서열이나 3차 구조에 있어서 매우 유사하다.

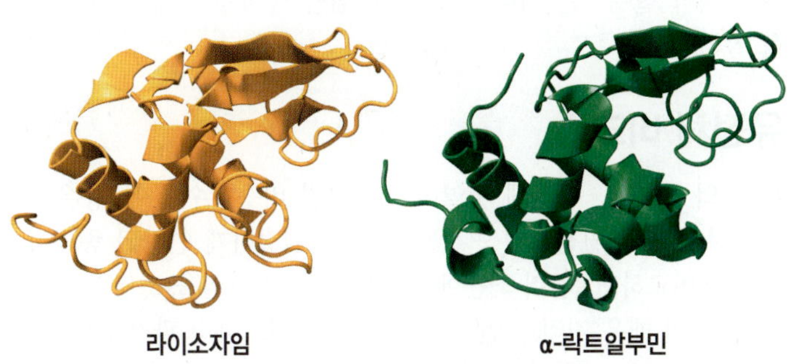

두 유전자 모두 포유동물에서 발견되고 있고 조류에서는 라이소자임만 발견된다. 이러한 발견은 포유동물과 조류로 이어지는 계열이 분리된 이후에 포유동물 계열에서는 라이소자임 유전자가 중복되었고 조류 계열에서는 중복되지 않았다는 것을 나타낸다. 차후에 중복된 라이소자임 유전자의 복사본 하나는 완전히 다른 기능을 가진 단백질인 α-락트알부민을 암호화한 유전자로 진화하였다.

전체 유전자들의 중복과 발산 이외에도 이미 존재하는 유전자 내 재배열이 유전체 진화에 기여하기도 한다. 인트론의 존재는 엑손의 중복이나 뒤섞기를 통해서 새로운 기능을 가진 단백질이 진화되는 사건을 가속화시킨다. 이에 대해서는 다음에 논의할 것이다.

유전자의 일부분 재배열: 엑손 중복과 엑손 뒤섞기

단백질은 종종 모듈화된 형태로 되어 있으며, 도메인이라 불리는 구조적으로 뚜렷하게 구별되며 기능을 가진 지역들로 구성된다. 예를 들면, 효소의 한 **도메인(domain)**은 활성 부위를 포함한 지역을, 또 다른 도메인은 효소가 세포막에 결합되도록 하는 부위로 이루어지기도 한다. 몇몇 경우에는 서로 다른 엑손은 단백질의 서로 다른 도메인을 암호화하고 있다.

우리는 이미 감수분열 동안에 부등교차가 하나의 염색체 위에 있는 유전자의 중복과 이와 상동인 염색체에서의 소실을 일으킬 수 있음을 보았다(그림 15.12). 유사한 과정으로 유전자 내 특정 엑손은 한 염색체에서 중복되고 다른 염색체에서는 소실되었을 수 있다. 중복된 엑손을 가진 유전자는 해당 도메인이 두 개인 단백질을 암호화하게 된다. 이러한 단백질 구조의 변화는 그 안정성을 증가시키거나, 특정 리간드에 결합하는 능력을 강화시키기도 하며, 혹은 다른 기능을 변화시켜 그 활성을 증가시킬 수도 있다. 꽤 여러 개의 단백질 암호 유전자는 연관된 엑손 여러 벌을 가지고 있는데 이들은 중복에 의해 만들어진 다음에 발산되었을 것이다. 세포외 기질 단백질인 콜라겐 유전자가 좋은 예이다. 콜라겐은 아미노산 반복서열이 매우 많은 구조 단백질로서 이러한 반복서열은 콜라겐 유전자에서 엑손의 반복 패턴에 고스란히 반영되어 있다.

한편으로는, 유전자 내 혹은 서로 다른 유전자(비대립 유전자) 간에 감수분열 재조합 동안에 일어나는 실수로 서로 다른 엑손들

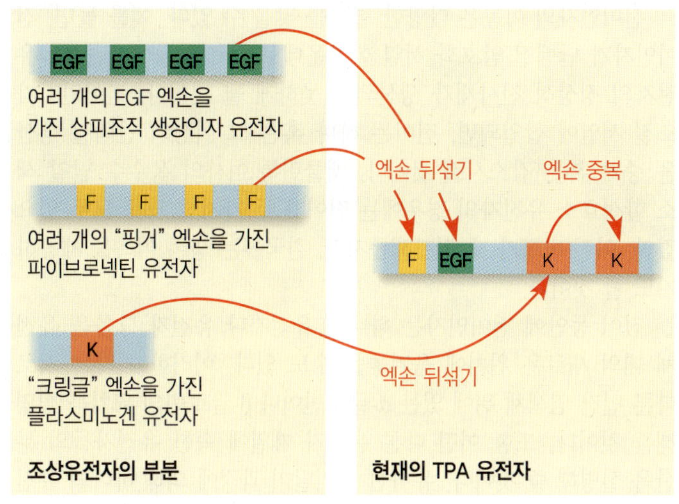

▲ **그림 15.14** **엑손 뒤섞기에 의한 새로운 유전자의 진화.** 엑손 뒤섞기는 각각 특정한 도메인을 암호화하는 엑손을 이동시켜 상피조직 생장인자인 파이브로넥틴과 플라스미노겐 유전자(왼쪽)의 조상형으로부터 TPA 유전자(오른쪽)로 진화시켰다. TPA의 "크링글(kringle)" 엑손은 위치 이동 후 중복되어 TPA 유전자에 이 엑손이 두 개가 존재하게 만들었다.

이 섞이거나 만나게 될 수도 있다. 이러한 과정을 엑손 뒤섞기(exon shuffling)라 하는데 이런 방식으로 새로운 기능의 조합을 가진 새로운 단백질이 만들어질 수 있다. 예를 들어 보면, 조직 플라스미노겐 활성인자(tissue plasminogen activator, TPA) 유전자에 대해 살펴보자. 이 단백질은 혈액응고를 조절하는 데 도움을 주는 세포외 단백질이다. 이 단백질은 세 가지 형태의 도메인을 네 개 가지는데 각각은 하나의 엑손으로 암호화되어 있다; 한 형태의 엑손은 두 벌이 있다. 엑손 각 유형은 다른 단백질에도 나타나므로 TPA 유전자는 여러 번의 엑손 뒤섞기와 중복에 의해 만들어졌을 것으로 추정된다(그림 15.14).

전이인자는 유전체의 진화에 어떻게 기여했나

진핵생물 유전체의 상당 부분이 전이인자로 되어 있다는 사실은 이들이 진화의 시간 속에서 유전체를 다듬는 데 매우 중요한 역할을 했다는 아이디어와 잘 부합한다. 이러한 전이인자는 유전체의 진화에 여러 가지 방식으로 기여할 수 있다. 이들은 재조합을 촉진시키고 세포내 유전자를 교란시키며, 다른 인자들을 조절하고, 전체 유전자 혹은 각각의 엑손을 새로운 장소에 옮겨준다.

비슷한 서열을 가진 전이인자가 유전체 내에 여기저기 분산되어 있으면 교차를 위한 상동 부위를 제공함으로써 서로 다른 염색체 간의 재조합을 촉진시킨다(그림 15.12). 이러한 재조합 사건의 대부분은 아마 치명적인 해를 끼칠 것이다; 생명체에 치명적 해를 끼치는 염색체의 위치 이동이나 다른 유전체 변화를 일으킬 것이다. 그러나 긴 진화적 시간 동안 일어나는 이런 종류의 재조합 사건은 때때로 생물체에 득이 되는 경우도 있을 것이다. (이런 변화가 유전되기 위해서는 당연히 배우자를 만드는 세포에서 이러한 사건이 일어나야 한다.)

전이인자의 이동은 다양한 결과를 낳을 수 있다. 예를 들면, 전이인자가 단백질 암호화 서열 한가운데로 점프해 들어가면, 이 유전자의 정상적 전사체가 생산되지 못하게 될 것이다. 전이인자가 조절 서열에 삽입되면, 전이는 하나 혹은 그 이상의 단백질 생산을 증가 혹은 감소시킬 것이다. 맥클린톡 여사의 옥수수 낟알 색소 합성효소 유전자의 경우에는 전이가 두 가지 효과를 모두 일으켰다. 이런 변화가 대개는 해롭지만, 결국에는 생존 이득을 제공하기도 할 것이다.

전이 동안에 전이인자는 하나의 유전자나 유전자 그룹을 유전체 내의 새로운 위치에 옮겨놓을 수도 있다. 이러한 기작은 서로 다른 인간 염색체 위에 있는 α-글로빈이나 β-글로빈의 위치를 설명해줄 것이다. 또한 어떤 다른 유전자 계열에 속한 유전자들의 분산을 설명해 줄 것이다. 유사한 꼬리달기 과정에 의해 하나의 유전자에서 엑손이 다른 유전자 속으로 삽입될 수도 있는데 이는 재조합 동안 엑손 뒤섞기가 일어나는 것과 유사한 기작이다. 예를 들면, 어떤 엑손이 전이를 통해 단백질 암호 유전자의 인트론 속에 삽입될 수도 있다. 삽입된 엑손이 RNA 이어맞추기 동안에 RNA 전사체에 남아 있다면, 이에 따라 합성되는 단백질은 새로운 부가적인 도메인을 가질 것이고, 이는 단백질에 새로운 기능을 부여하게 될 것이다.

이 절에서 논의한 모든 과정은 거의 대부분 해로운 효과를 만들거나, 이 경우 치명적일 수 있다, 혹은 아무런 효과가 없을 수도 있다. 그렇지만 소수의 경우에 작지만 유전적으로 유익한 변화를 일으킬 수 있다. 많은 세대를 거쳐 결과적으로 나타나는 유전적 다양성이 자연선택을 위한 귀중한 원료 물질을 제공하게 될 것이다. 유전자와 그 생산물이 다양해지는 것은 새로운 종의 진화를 위해 매우 중요한 요소이다. 따라서 각 종의 유전체에 일어나는 변화의 축적이 진화의 역사를 기록하게 될 것이다. 이러한 기록을 제대로 읽으려면 우리는 유전체의 변화를 확인할 필요가 있다. 서로 다른 종의 유전체를 비교하면 유전체가 어떻게 진화하는지 좀 더 잘 이해하게 될 것이다. 다음에서 이 주제에 대해 좀 더 배워보자.

개념 15.6

유전체의 염기서열을 비교하면 진화와 발생에 대한 실마리를 얻을 수 있다

진화 어떤 연구자는 현재 생물학의 상태를 15세기 항해에서 주요 개선이 이루어진 후 더 빠른 배가 건조되기 시작한 대탐험의 세기와 비교한 적이 있다. 지난 25년 동안 유전체 염기서열 분석과 데이터 수집, 전체 유전체 속에서 유전자 활성을 평가하는 새로운 기술에 급속한 진전을 이루었고, 어떻게 유전자와 그 산물이 복잡한 시스템 속에서 함께 작동하는지 이해하는 방법을 세련되게 만들었다. 우리는 그야말로 새로운 세계의 끝자리에 닿아 있다.

서로 다른 종간의 유전체 염기서열을 비교하여, 아주 과거에서부터 좀 더 최근까지 생명의 진화사에서 많은 것을 밝혀내었다. 비슷한 방식으로 서로 다른 종에서 배 발생을 지시하는 유전 프로그램을 비교 연구함으로써 오늘날 존재하는 그토록 커다란 생명 형태의 다양성을 일으키는 기작이 분명히 이해되기 시작했다. 이 장의 마지막 절에서는 이러한 두 가지 접근 방식에 의해 알게 된 것을 살펴보자.

유전체 비교

두 종의 유전자, 유전체 서열이 비슷하면 비슷할수록 두 종은 진화사적으로 더 밀접하게 연관된 것이다. 밀접하게 연관된 종의 유전체를 비교하면 좀 더 최근에 일어난 진화적 사건을 조명할 수 있으며, 반면 매우 거리가 먼 종의 유전체를 비교하면 과거에 일어난 진화적 사건을 이해할 수 있다. 어떤 경우에도 그룹들 간의 공유된 특징과 분기된 특징에 대해 알게 되면 생물학적 과정과 생물의 진화에 대해 좀 더 잘 이해하게 될 것이다. 종간의 진화적 근연관계는 계통수(종종 옆으로 누운 형태)의 형태로 나타낼 수 있다. 이때 각 가지가 갈라지는 지점은 두 계통이 분기하는 지점이다(그림 1.17). **그림 15.15**는 우리가 논의하게 될 일부 종과 그룹의 진화적 연관관계를 보여준다.

근연관계가 먼 종간의 비교

근연관계가 먼 종에서 어떤 유전자가 유사한 상태를 유지하는지, 말하자면 잘 보존된 것인지를 결정하면 서로 오래전에 분기된 종간의 진화적 근연관계를 명확히 하는 데 도움을 얻게 된다. 박테리아, 고세균, 진핵생물의 특정 유전자 염기서열을 비교하면 진정 이

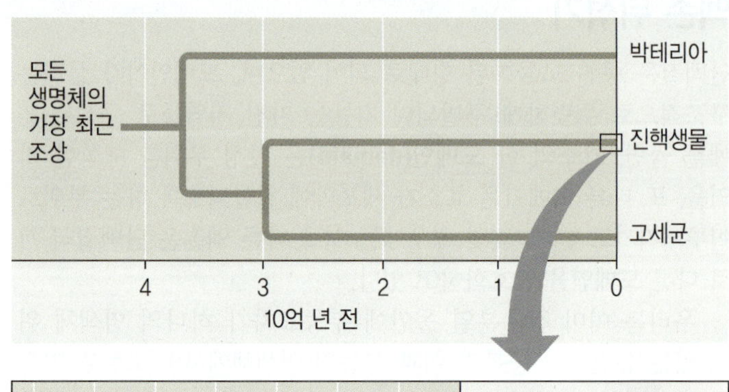

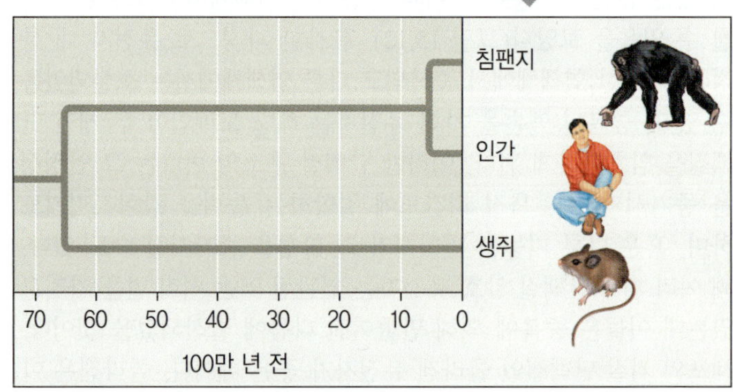

▲ **그림 15.15 생명의 세 영역 간의 진화적 관계.** 위쪽의 계통수 그림은 박테리아, 고세균, 진핵생물의 오랜 옛적 분화를 보여준다. 진핵생물 계통의 일부를 확대하여 좀 더 최근의 분화, 이 장에서 논의하는 세 종의 포유동물의 분화를 보여주고 있다.

세 그룹이 20억~40억 년 전에 분기되었고, 이들이 생명의 세 가지 근본적 영역이라는 이론을 이해할 수 있다(그림 15.15).

비교 유전체학 연구는 진화 생물학을 이해하는데 가치 있을 뿐만 아니라, 모델 생물체의 연구 결과를 확장하여 일반 생물학, 특히 인간 생물학을 이해하게 해준다. 매우 오래전에 진화한 유전자들은 서로 다른 종간에도 여전히 놀라울 정도로 유사할 수 있다. 이런 예를 들어보면 효모에 있는 여러 유전자들은 인간의 특정 질병 유전자와 너무 비슷해 이 유전자들의 기능을 효모의 해당 유전자 연구를 통해 추론할 수도 있었다. 이런 놀라운 유사성은 이 정도로 먼 두 종이 공통 기원을 가짐을 확인시켜 준다.

근연관계가 가까운 종간의 비교

근연관계가 가까운 두 종의 유전체는 상대적으로 최근에 분화되었기 때문에 좀 더 유사하게 구성되어 있을 것이다. 이 때문에 완전히 서열이 결정된 한 종의 유전체는 근연관계가 가까운 다른 종의 유전체 서열을 배열할 때 골격으로 이용할 수 있고, 두 번째 유전체의 지도를 만드는 작업을 가속화시킬 수 있다. 예를 들면, 인간 유전체 서열을 골격으로 하여 침팬지의 유전체 서열을 재빨리 결정할 수 있었다. 새로이 개발된 더 빠른 염기서열 분석 기술이 도래하면서 대부분의 유전체는 각각 따로 조립되었는데, 이런 방식으로 최근 보노보 원숭이와 고릴라의 유전체 서열이 분석되었다. (침팬지와 마찬가지로 보노보 원숭이도 아프리카 유인원으로 인간과 아주 가까운 친척종이다.)

근연관계가 가까운 두 종의 최근 분화는 두 유전체를 비교할 때 나타나는 적은 수의 유전자 차이를 잘 설명한다. 따라서 특정한 유전적 차이는 두 종 간의 표현형 차이와 좀 더 쉽게 연관될 수 있다. 이런 종류의 분석을 놀랍도록 잘 적용한 것이 인간의 유전체를 침팬지, 생쥐, 쥐, 그 외 다른 포유동물의 유전체와 비교한 것이다. 이 네 종 모두에서 공유되지만 비포유동물에서는 공유되지 않는 유전자의 발견은 포유동물이 만들어지기 위해서는 무엇이 필요한지에 대한 실마리를 제공하는 반면, 침팬지와 인간이 공유하지만 다른 설치류는 공유하지 않는 유전자를 발견하면 영장류에 대해 알 수 있게 된다. 그리고 당연히 인간의 유전체와 침팬지의 유전체를 비교하면 이 장의 시작 부분에서 물었던 애타는 질문, 어떤 유전체 정보가 인간과 침팬지를 다르게 만들었나 라는 질문에 답을 얻게 해줄 것이다.

겨우 6백만 년 전에 분화된 것으로(그림 15.15) 생각되는 인간과 침팬지 유전체의 전체 구성을 분석하면, 일반적인 차이를 일부 밝혀낼 수 있을 것이다. 한 개 염기의 치환을 따져보면 두 유전체는 겨우 1.2% 다르다. 그러나 좀 더 긴 가닥의 DNA로 따져보면 하나 혹은 다른 종의 유전체에서 좀 더 긴 지역의 삽입이나 결실 때문에 연구자들이 이보다 큰 2.7%의 차이를 발견하고 놀라게 된다. 삽입의 많은 경우는 중복에 의한 것이나 다른 반복서열 때문이다. 사실 인간 유전체에 나타나는 중복의 1/3이 침팬지 유전체에서는 나타나지 않으며, 이런 중복의 일부는 인간의 질병과 관련 있는 지역을 포함한다. 인간 유전체에는 침팬지의 것보다 *Alu* 전이인자가 더 많으며 침팬지에는 인간에 없는 레트로바이러스의 프로바이러스가 많이 들어 있다. 이러한 관찰은 모두 두 유전체가 서로 다른 경로를 거치게 한 힘이 무엇인지에 대한 실마리를 제공하지만, 아직 완전히 이해하지는 못하고 있다. 또한 우리는 각 종의 뚜렷한 특징을 설명하는 차이가 무엇인지 아직 모른다.

보노보 유전체 서열은 2012년에 완성되었는데 일부 지역은 보노보와 침팬지 간의 서열보다 인간 서열과 보다 더 비슷하였다. 이와 같이 근연관계가 매우 가까운 세 종을 자세히 비교하면 훨씬 효과적으로 꼼꼼하게 근연관계 진화사를 재구성할 수 있다.

유전체 염기서열 비교에서 드러나는 유전적 차이가 어떻게 각 종의 뚜렷한 특성을 설명할지 아직은 잘 모른다. 침팬지와 인간의 표현형 차이의 근거를 발견하기 위해서는 생물학자들은 두 종간에 차이가 나는 유전자 유형이나 특별한 유전자를 연구하고, 다른 포유동물의 위유전자와 비교해 보아야 한다. 이러한 방법으로 침팬지나 생쥐에서보다는 인간에서 명백하게 더 빨리 변화(진화)하는 수많은 유전자들을 밝혀낼 수 있을 것이다. 이런 유전자로는 말라리아나 결핵에 대한 방어 유전자나 뇌의 크기를 조절하는 적어도 한 종류의 유전자 등이 있다. 유전자를 기능에 따라 구별하면 가장 빨리 진화하는 것으로 보이는 유전자는 전사 조절인자를 암호화하는 유전자들이다. 이러한 발견은 일리가 있다. 왜냐하면 전사 조절인자들은 유전자 발현을 조절하고 따라서 전체 유전자 프로그램을 조율하는 중요한 역할을 할 것이기 때문이다.

인간 계통에서 급속히 변화한 증거를 보여주는 전사 조절인자 하나가 *FOXP2*라는 유전자이다. *FOXP2* 유전자의 기능이 척추동물의 발성과 관련 있다는 여러 증거가 있다. 그 중 하나는 이 유전자에 돌연변이가 일어나면 인간의 말하기와 언어 습득에 심각한 손상이 나타난다는 것이다. 게다가 *FOXP2* 유전자는 금화조(zebra finches)와 카나리아 새가 노래를 배울 때 이들의 뇌에서 발현된다. 그러나 아마도 가장 강력한 증거는 생쥐에서 *FOXP2* 유전자를 교란시키고 그에 따른 표현형을 분석한 "유전자 제거" 실험에서 얻었다. 정상적인 생쥐는 스트레스 상황을 의사소통하기 위해 초음파의 찍찍 소리를 내지만 *FOXP2* 돌연변이를 동형접합으로 가지고 있는 생쥐는 뇌가 기형이었고 정상적으로 소리를 내지 못했다**(그림 15.16)**. 두 대립인자 중 하나에만 돌연변이가 있는 이형접합의 경우에도 역시 발성에 문제가 있었다. 이러한 결과는 새와 인간에 있어서의 증거를 더욱 강화시켜, *FOXP2* 유전자 산물이 발성에 관련된 유전자들을 발현시킨다는 아이디어를 공고하게 한다.

2010년에는 네안데르탈인에서 소량 남아 있는 유전체 DNA를 추출하여 유전체 서열을 결정하였다. 네안데르탈인(*Homo neanderthalensis*)은 현생인류(*Homo sapiens*)와 같은 속에 속하는 인류종이다. 유전체 비교에 입각해 진화사를 재구성해보면 인간과 네안데르탈인의 일부 무리는 공존하면서 3만 년전 네안데르탈인이 멸종하기 전까지 상당 기간 동안 혼혈을 해왔다. 네안데르탈인이 때때로 으르렁거리기만 하는 원시적인 존재로 기술되었지만 이들은 인간과 똑같은 *FOXP2* 유전자 서열을 가지고 있었다. 이것은 네안데르탈인이 다른 관찰된 유전적 유사성뿐만 아니라 말할 수 있는 잠재력 또한 가지고 있어 최근 멸종한 우리 친척종의

(a)

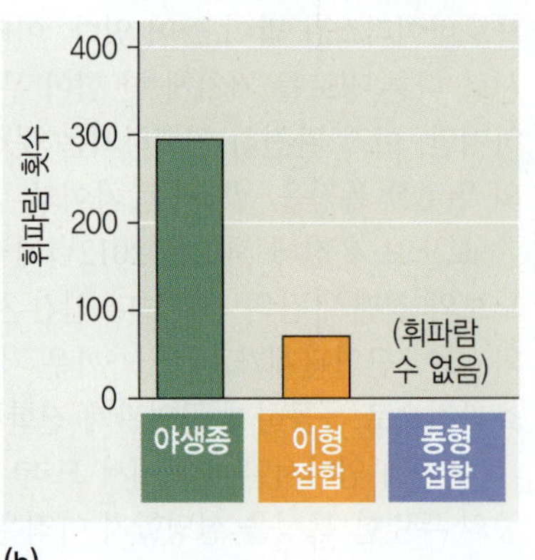

(b)

▲ **그림 15.16 인간 계통에서 급속히 진화하는 유전자인 *FOXP2*의 기능.** **(a)** 야생종 생쥐는 스트레스를 표현하기 위해 초음파의 찍찍 소리를 낸다. **(b)** 연구자들은 유전공학을 이용하여 *FOXP2* 유전자를 두 벌 모두 혹은 한 벌이 망가진 생쥐를 얻은 후, 이들을 어미로부터 떼어내 새끼들이 내는 초음파로 찍찍거리는 횟수를 기록하였다. 동형접합 돌연변이체는 발성이 전혀 관찰되지 않았고, 이형접합의 경우에도 그 효과는 상당히 컸다.

이미지를 재평가해야만 하게 만들었다.

FOXP2 이야기는 중요한 생물학적 현상을 광범위하게 밝혀내는데 어떻게 서로 다른 접근 방법이 상보적으로 작용할 수 있는지 보여주는 매우 좋은 사례이다. *FOXP2* 실험에서는 인간의 모델로서 생쥐를 사용하였다. 왜냐하면 이러한 실험을 인간에게 수행하는 것은 비윤리적이고 실현 가능성도 없기 때문이다. 생쥐와 인간은 6천5백5십만 년 전에 분지되었고(그림 15.15), 이들 유전자의 85%를 공유하고 있다. 이러한 유전적 유사성은 인간의 유전자 질환을 연구하는 데 이용될 수 있다. 만약 연구자들이 특정 유전자 질환에 의해 영향을 받는 기관이나 조직을 안다면 생쥐에서 이 부위에 발현되는 유전자들을 찾아볼 수 있다.

그 이상의 연구 노력이 생명의 계통수의 다양한 가지로부터 소외되어 왔던 종들에 대한 유전체 연구로 확장되어 진행되고 있다. 이러한 연구로 진화에 대한 우리의 이해를 확장시키고 건강과 생태학을 아우르는 모든 양상의 생물학이 발전하게 될 것이다.

종내 유전체 비교

유전체를 분석하는 능력에 따른 또 다른 놀라운 결과는 인간에서 나타나는 유전적 다양성의 스펙트럼을 점차 더 이해하게 되었다는 것이다. 인간종의 역사는 너무 짧기 때문에—아마 20만 년 정도—인간들 사이의 DNA 변이의 정도는 다른 많은 종들과 비교해보면 작을 것이다. 우리의 다양성 중 많은 부분은 **단일 염기 다형성(single nucleotide polymorphisms, SNPs;** "스닙스"라 부른다) 형태일 텐데, 이것은 인구의 약 1%에서 발견되는 단일 염기쌍에서의 변이를 말한다. 대개 DNA 염기서열 분석 과정에서 확인되는 SNPs는 인간 유전체에서 평균 100~300 염기쌍마다 한 번 정도 나타난다. 과학자들은 수백만 개의 SNP 부위의 위치를 확인했고 계속 더 많은 수를 발견하고 있다.

이러한 탐색 과정에 그들은 다른 변이, 즉 역위, 결실, 그리고 중복 등을 포함하는 변이를 발견하였다. 가장 놀라운 발견은 널리 나타나는 **복제수 변이**(copy-number variants, CNV)인데, 이 유전자좌에 어떤 사람들은 특정 유전자나 유전자 지역이 하나가 나타나나 또 다른 사람들은 여러 개가 나타나기도 한다. CNVs는 개체군 내에 유전체의 지역이 일관성 없게 중복되거나 결실되거나 하면서 나타난다. 40명 대상의 한 연구에서는 유전체 내 유전자의 13%를 포함하는 무려 8,000개 이상의 CNV가 발견되었는데 이들은 아마 전체의 작은 부분에 지나지 않을지도 모른다. 이러한 변이는 SNP의 단일 염기보다 훨씬 긴 가닥의 DNA를 망라하므로, CNVs는 보다 쉽게 표현형적 결과를 가질 것으로 생각되며 복잡한 질병과 기능장애를 일으킬 것 같다. 복제수 변이가 높게 나타나는 것을 보면 적어도 "정상적 인간 유전체"라는 용어는 더 이상 성립되지 않는 듯하다.

복제수 변이, SNPs, 짧은 직렬 반복(short tandem repeat, STR)과 같은 반복 DNA의 변이는 인간의 진화를 연구하는 유용한 유전적 표지로 사용될 것이다. 2010년에는 서로 다른 지역에 사는 두 아프리카인의 유전체 서열을 결정했다: 남아프리카의 시민권리운동가이자 남아프리카의 대다수 부족인 반투족 일원인 대주교 데스몬드 투투(Desmond Tutu)와 아마도 인류 그룹 중에서는 가장 오래된 계통이며 소수 아프리카계인 나미비아 고산족에서 유래한 수렵채취인인 꾸비(!Gubi)의 유전체를 분석했다. 예상한대로 이 비교를 통해 많은 차이를 볼 수 있었다. 이 분석을 확장하여 꾸비의 유전체와 근처에서 스스로 부시맨이라 주장하는 고산족 세 사람의 유전체내 단백질 암호화 지역을 비교하였다. 놀랍게도 이들 네 고산족의 유전체는 유럽인과 아시아인의 차이보다 더 큰 차이를 보였다. 이러한 데이터는 아프리카인 유전체들 사이에서 엄청난 다양성이 나타남을 강조해준다. 이러한 접근법을 확장하면 인간 개체군 사이의 차이와 인간 개체군이 이동한 경로에 대해 중요한 해답을 얻을 수 있을 것이다.

동물들 간 발생 유전자의 광범위한 보존

진화발생생물학 혹은 소위 말하는 **이보디보(evo-devo)** 분야의 생물학자들은 서로 다른 다세포 생물체의 발달 과정을 비교한다. 이들의 목표는 이런 과정이 어떻게 진화해 왔으며, 이들에서 나타나는 변화가 어떻게 이미 존재하는 생물체의 특성을 변형시켜 새로운 특성을 만들게 하는지 이해하는 것이다. 분자적 기술의 출현과 최근 홍수처럼 쏟아지는 유전체 정보들로부터 우리는 현저하게 다른 형태이지만 연관된 종의 유전체가 유전자 서열이나 조절에 있어서 사소한 차이만을 보임을 깨닫기 시작했다. 이러한 차이의 분자적 기초를 발견하면 다양한 형태의 기원을 이해할 수 있고 진화 연구에 중요한 정보를 제공할 수 있다.

앞에서 전사 조절 단백질을 암호화하며 유전자 발현을 조절하고 초파리의 체절 정체성을 결정하는 *Drosophila melanogaster*의 호메오 유전자에 대해 배웠다. *Drosophila*에서 호메오 유전자의 분자생물학적 분석으로, 이들이 모두 180 염기쌍으로 이루어진 **호메오박스(homeobox)**를 가지고 있고, 이것은 암호화된 단백질의 호메오도메인, 60개 아미노산을 지정하고 있음을 알았다. 똑같은 혹은 매우 유사한 염기서열이 많은 무척추동물과 척추동물의 호메오 유전자에서 발견되었다. **그림 15.17**에서 제시한대로 이러한 닮은꼴은 심지어 이 유전자들의 구성 배열에까지 확장된다. 초파리의 호메오 유전자와 상동인 척추동물 유전자들은 염색체 상의 배열조차 동일하게 유지된다. 사실 인간과 초파리 간의 염기서열이 너무나 비슷해서 어떤 연구자는 초파리를 "날개 가진 작은 인간"이라 기발하게 불렀다. 이러한 유사성으로부터 우리는 호메오박스 DNA 서열이 아주 이른 시기에 진화적으로 출현해서, 수억 년 동안 본질적으로 바뀌지 않은 채 보존되어 내려왔고 이를 가진 생물에 충분히 진화적 이득을 제공했을 것이라 추론할 수 있다. 호메오박스를 포함하는 염기서열은 근연관계가 훨씬 더 먼 진핵생물, 일테면 식물이나 효모 등의 조절 유전자에서도 발견된다. 이러한 유사성으로부터 우리는 생명의 역사 매우 초기 단계부터 이 호메오박스 DNA 서열이 진화해왔고, 수억 년 동안 변화하지 않고 동물과 식물에서 보존될만큼 충분히 생물체에 유익했다는 것을 유추할 수 있다.

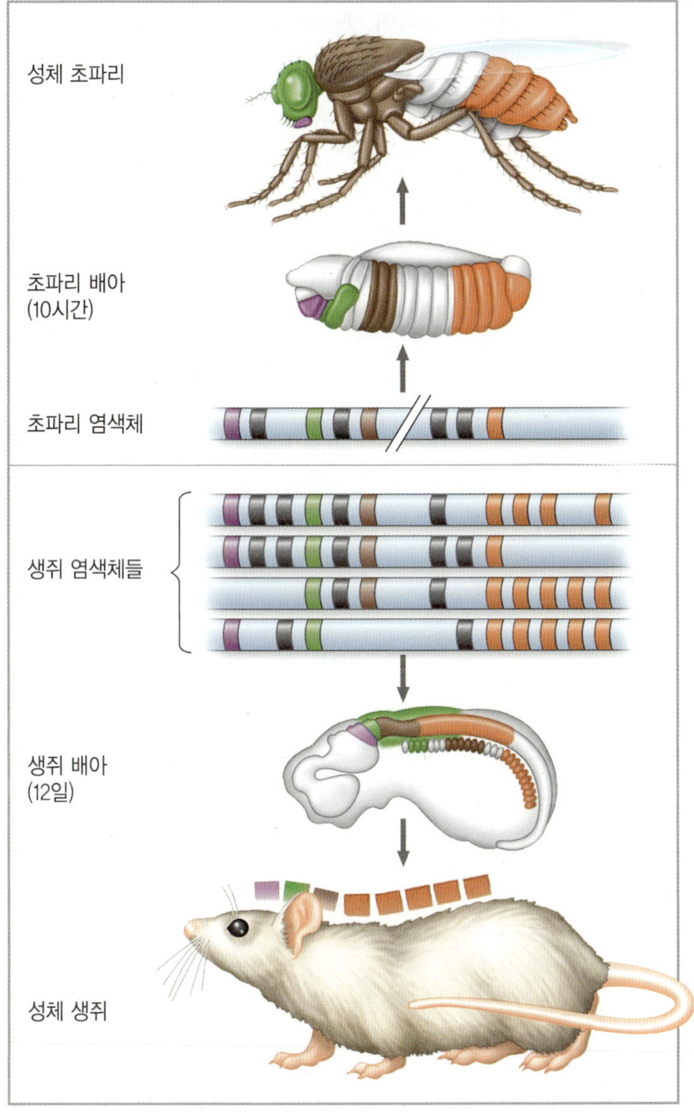

▲ **그림 15.17 초파리와 생쥐의 호메오 유전자 보존.** 몸의 전반부와 후반부의 형태를 조절하는 호메오 유전자는 초파리와 생쥐의 염색체 위에서 동일한 순차적 배열을 보인다. 여기 나타낸 염색체 위의 각 색깔별 띠는 각각 서로 다른 호메오 유전자를 나타낸다. 초파리에서는 모든 호메오 유전자가 하나의 염색체에만 존재한다. 생쥐나 다른 포유동물은 네 염색체 위에 같거나 유사한 세트의 유전자를 가진다. 색깔 부호는 이들 유전자가 발현되는 배아의 각 부분과 그 결과 결정되는 성체의 몸체 내 각 부위를 나타낸다. 이러한 유전자들은 초파리와 생쥐에서 근본적으로는 같은 것이다. 두 동물에서 검은 띠로 표시된 부분은 예외적으로 덜 유사한 부분이다.

동물에서 호메오 유전자는 호메오박스 포함 유전자(homeobox-containing genes)를 줄여 혹스(*Hox*)유전자라 부르는데, 호메오 유전자는 이러한 서열을 가진 것으로 발견된 첫 유전자였기 때문이다. 다른 호메오박스 포함 유전자는 나중에 호메오 유전자의 기능을 가지지 않는 것으로 발견되었다. 즉 이들은 체절의 정체성을 직접 결정하지는 않았다. 그렇지만 이 유전자들 대부분은 적어도 동물에서는 발생과 관련이 있었는데, 발생 과정에서 이 유전자들이 오랜 세월 근본적으로 중요한 기능을 가졌음을 시사한다. 초파리에서는, 예를 들면 호메오박스가 호메오 유전자에 존재할 뿐만 아니라 난자의 극성을 결정하는 유전자 *bicoid*에서도, 체절 유전자 중 일부도, 눈 발생을 지배하는 조절 유전자에서도 발견된다.

연구자들은 호메오박스를 암호화하는 호메오 도메인이 이 단백질이 전사 조절자로 기능할 때는 DNA에 결합하는 단백질의 일부임을 발견하였다. 이 단백질의 다른 부위에 있는 도메인은 좀 더 가변적으로 다른 전사 조절 단백질과 상호작용함으로써 DNA의 특정 증폭자 부위를 인지하고 유전자를 조절하게 한다. 호메오 도메인을 가진 단백질은 아마도 일련의 발생 유전자를 켜거나 끄는 등 전사를 조율함으로써 발생을 조절할 것이다. 초파리나 다른 동물 종의 배아에서 호메오박스 유전자들의 서로 다른 조합이 배아의 서로 다른 부위에서 활성을 가지게 된다. 시간과 공간에 따라 다양한 변이를 보이는 조절 유전자들의 이러한 선택적 발현은 패턴 결정에 있어서 매우 중요하다.

발생생물학자들은 호메오 유전자뿐만 아니라 종간에 높게 보존되어 있는 많은 발생 관련 유전자들을 발견하였다. 여기에는 신호전달 경로의 구성 요소를 암호화하는 수많은 유전자가 포함된다. 서로 다른 동물종에서 특정 발달 유전자가 보이는 놀라운 유사성은 다음의 의문을 제기한다; 서로 그렇게 다른 형태를 가진 동물의 발생에 어떻게 같은 유전자가 활용될 수 있을까?

진행되고 있는 연구를 보면 이 질문에 대한 해답이 보인다. 어떤 경우에는 특정 유전자의 조절 부위 서열에서의 사소한 차이가 몸의 형태에 커다란 변화를 일으키는 유전자 발현 패턴에 변화를 일으킨다. 예를 들면, 곤충과 갑각류의 몸 축을 따른 혹스 유전자 발현 패턴의 차이가 이 체절화된 동물들의 다리 체절의 수적 변이를 잘 설명할 수 있다(**그림 15.18**). 다른 경우에는 유사한 유전자가 다양한 생물체에서 다른 발달 과정을 지시하기도 한다. 몇몇 종류의 혹스 유전자는, 예를 들면 성게의 배아나 유충 단계에서 발현되는데, 성게는 곤충이나 생쥐와는 사뭇 다른 신체 계획을 가진 비체절 동물이다. 성게 성체는 당신이 해변가에서 본 적 있는 바늘방석 모양의 껍질을 가지고 있다. 이들은 고전적 배 발생 연구

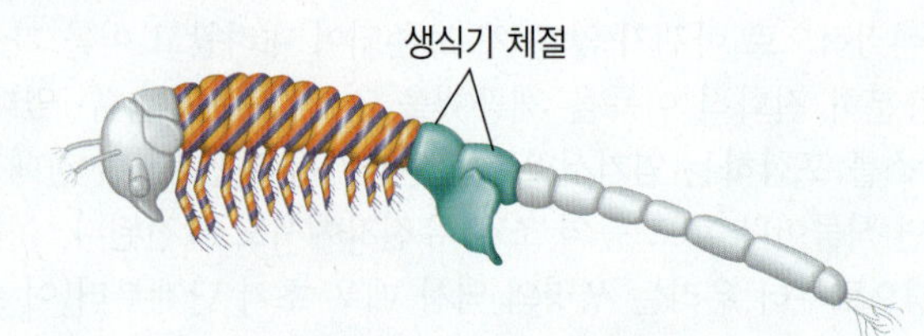

(a) **염전 새우 *Artemia*에서 나타나는 네 가지 혹스 유전자의 발현**

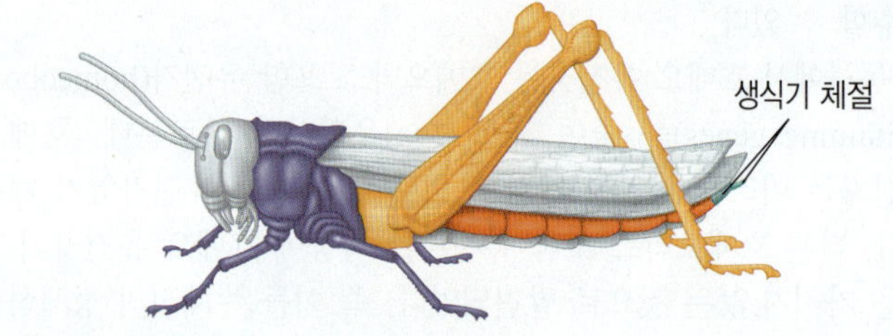

(b) **동일한 혹스 유전자 네 개의 메뚜기에서의 발현**

▲ 그림 15.18 **혹스 유전자 발현의 차이가 갑각류와 곤충에 미치는 영향.** 혹스 유전자 발현 패턴의 변화가 갑각류 조상으로부터 곤충이 분지되는 진화적 시기에 나타났다. 이러한 변화가 염전 새우인 *Artemia*—갑각류(위쪽)—와 메뚜기—곤충—의 서로 다른 신체 계획을 부분적으로 설명한다. 여기에 나타낸 것은 배 발생 과정에서 각각의 신체 부위 형성을 결정하는 4개의 혹스 유전자 발현 부위를 성체에서 색깔로 부호화한 것이다. 각 색깔은 특정 혹스 유전자를 나타낸다. *Artemia*의 색깔 띠무늬는 세 가지 혹스 유전자의 동시 발현을 나타낸다.

에 오랫동안 사용되어 왔던 동물 중 하나다.

이번 유전학 단원의 마지막 장에서는 유전체의 조성 연구와 서로 다른 종의 유전체 비교로 어떻게 유전체의 진화를 밝혀내는지 배웠다. 나아가, 발생 프로그램을 비교하면 비록 발생을 명령하는 유전자들이 생물종마다 조금씩 다를지라도, 신체 패턴을 확립하는 데 사용된 분자적, 세포적 기작의 유사성을 볼 수 있고 이로부터 생명의 통일성을 발견할 수 있다. 유전체 간의 유사성을 보면 지구상 생명체의 공통 기원을 유추할 수 있다. 그러나 차이 또한 극명하다. 왜냐하면 무수히 다양한 생물종이 진화되면서 만들어져 왔기 때문이다. 이 책의 나머지에서는 우리의 조망을 분자, 세포, 유전자 수준을 넘어 확장하여 생물체 수준에서 다양성에 대해 탐구한다.

16 변형된 혈통

다윈은 종들이 그들의 환경에 적응하듯이 생물다양성 그리고 생물체와 환경 간의 어울림이 시간을 두고 **자연선택**에 의해서 일어났다고 제안하였다.

17 계통발생

생물들은 시간이 흐르면서 변화하는 환경에 적응함에 따라 조상과는 점점 더 많이 달라지게 된다. 생물의 진화 역사 또는 **계통수**를 구성하기 위해 생물학자들은 화석에서 분자에 이르는 (다양한) 범위의 데이터를 사용한다.

18 집단들의 진화

자연선택의 진화적 영향은 생물들의 한 **집단**에서 시간을 두고 일어나는 유전적 변화에서 드러난다.

진화
16 변형된 혈통
17 계통발생
18 집단들의 진화
19 종의 기원
20 진화의 주요 양상

유전학
생명의 역사
식물
동물
생태학
화학과 세포

19 종의 기원

한 집단의 진화적 변화는 최종적으로 종분화로 될 수 있고, **종분화**는 한 종에서 둘 이상의 종들이 형성되는 과정이다.

20 진화의 주요 양상

종분화가 되풀이되어 일어나기 때문에 생명체들의 새로운 무리들이 다른 무리들이 사라지는 동안 생겨난다. 이런 변화들에 의해서 화석기록에 남겨진 큰 틀의 **진화적 변화 양상**이 만들어진다.

CHAPTER

16 변형된 혈통

핵심 개념

16.1 다윈 혁명은 지구의 나이가 적으며, 생물종들이 변하지 않고 그대로 살아왔다는 전통적 견해에 도전하였다

16.2 자연선택에 의한 변형 혈통은 생명체의 적응 그리고 생물의 통일성과 다양성을 설명한다

16.3 진화는 무수히 많은 과학적 증거들로 지지된다

▲ **그림 16.1 낙엽을 닮는 것이 이 나방에게 어떤 도움이 될까?**

가장 아름다운, 끝이 없는 형태들

페루 우림 지역의 한 마리 굶주린 새는 숲 바닥과 구별이 안 되게 섞여 있는 고엽나방(*Oxytenis modestia*)을 포착하기 위해서 매우 유심히 살펴봐야 할 것이다**(그림 16.1)**. 이 독특한 나방은 무려 120,000종 이상을 가지는 다양한 나비목 곤충들(나방과 나비) 그룹에 속한다. 모든 나비목 종들은 잘 발달된 머리와 씹는데 쓰이는 많은 구기들이 특징인 유충기를 갖는다. 그래서 우리가 애벌레라 부르는 이것들은 마치 게걸스레 먹어치우는 기계와 같다. 성체가 되어서 모든 나비목 종들은 세 쌍의 다리와 작은 비늘들로 덮인 두 쌍의 날개와 같은 다른 특징들도 공유한다. 하지만 또한 많은 나비목 곤충들은 애벌레일 때와 성체일 때 서로 다른 점들을 가지기도 한다. 과연 이같이 수많은 나방과 나비들은 어떻게 생겨난 것일까? 그리고 무슨 이유로 그들 간에 유사함과 차이들이 생겨났을까?

이 나방과 근연관계인 많은 종들은 생존에 대한 세 가지 핵심 관찰을 보여준다.

- 생물체들이 자신을 둘러싼 환경*에 적합하게 해주어 생존하도록 해주는 놀라울 정도로 다양한 방식들
- 생물들 간에 공유되고 있는 특징들이 매우 많은 점(생명의 통일성)
- 매우 높은 생물 다양성

*여기서 '환경'이라고 지칭된 용어는 이 책 전체를 관통해서 한 생물의 물리적 환경뿐만 아니라 다른 생명체들까지 포함하는 의미를 갖는다.

한 세기 반 이전에 찰스 다윈은 영감을 얻어 이 세 가지 폭넓은 관찰에 대한 과학적 설명을 발전시키게 된다. 다윈이 이 가설을 그의 책 "종의 기원(*The Origin of Species*)"으로 출판하였을 때, 그는 우리를 또 다른 과학적 혁명으로 안내하고 있었던 것이다 – 바로 진화 생물학의 시대.

오늘날 우리는 **진화(evolution)**를 **변형 혈통**(descent with modification) 혹은 변화의 대물림으로 정의를 하는데, 이는 다윈이 직접 사용한 말로서, 지구상에 존재하는 현재의 종들이 오늘날과는 다른 조상종들로부터 변화가 축적되면서 유래된 후손이라는 것을 제안하는 내용이다. 진화는 세대 간에 걸쳐 일어나는 집단(=개체군) 내의 유전적 구성의 변화를 나타내는 의미로 보다 좁게 해석할 수 있는데, 이 내용은 18장에서 더 논의한다.

넓게 해석하든 좁게 해석하든 우리는 두 가지 서로 연관되지만 다른 방식으로 진화를 바라볼 수 있다: 양상으로서와 과정으로서. 진화적 변화의 **양상**(pattern)은 생물학, 지질학, 물리학, 그리고 화학을 포함하는 많은 과학적 학문들이 제공하는 자료에 의해 나타난다. 이 자료들은 사실들로서 자연 세계에 대한 관찰들이다. **과정**(process)으로서의 진화는 관찰된 변화의 양상을 만들어 낸 메커니즘들로 이루어져 있다. 이 메커니즘들은 우리가 관찰하는 자연

적 현상들의 원인들을 나타낸다. 실로 일관된 학설로서 진화의 힘은 살아 있는 세계에 관한 수없이 많은 관찰들을 설명하고 연결하는 이 학설의 능력에 있다.

다른 여타의 일반적 과학 학설들처럼, 진화 학설이 새로운 관찰들과 실험 결과들을 설명할 수 있는지를 알아봄으로써 우리는 진화에 대한 우리의 이해를 계속 시험해볼 것이다. 우리는 이번 장과 다음 장들에서 계속되고 있는 과학적 발견들이 어떻게 우리가 이해하고 있는 양상과 과정으로서의 진화를 형성해가고 있는지 탐구해 볼 것이다. 이를 위해서 우리는 먼저 생물의 적응, 통일성, 그리고 생물 다양성을 지칭하면서 다윈이 표현한 "가장 아름다운, 끝이 없는 형태들"을 설명하기 위한 그의 탐구 과정을 거슬러 올라가 조사해 볼 것이다.

개념 16.1

다윈 혁명은 지구의 나이가 적으며, 생물종들이 변하지 않고 그대로 살아왔다는 전통적 견해에 도전하였다

무엇이 다윈으로 하여금 자기 당대에 팽배해 있던 지구와 지구의 생명체에 대한 기존 생각들에 도전하게 만들었을까? 다윈은 그의 혁명적인 제안을 다른 사람들의 연구와 자신의 여행에 영향을 받으면서 시간을 두고 발전시켰다(**그림 16.2**). 앞으로 살펴볼 것이지만, 그의 생각 역시 깊은 역사적 뿌리를 가지고 있었다.

자연의 사다리와 종의 분류

다윈이 태어나기 훨씬 이전 몇몇 그리스 철학자들은 생명체가 시간이 지나면서 점진적으로 변화해 왔다고 제안하였다. 그러나 초기 서구 과학에 지대한 영향을 주었던 철학자인 아리스토텔레스(Aristotle, 384~322 B.C.)는 종을 고정된(변화하지 않는) 것으로 바라보았다. 자연 관찰을 통해 아리스토텔레스는 생물들 간의 어떠한 "유사성"을 인지하였다. 그는 생물 유형들이 점차 복잡성이 증가하는 사다리, 나중에 "자연의 사다리(*scala naturae*)"로 일컬어졌던 사다리에 배열될 수 있다고 결론 내렸다. 완전하며 영원한 각각의 생물 유형들은 이 사다리에 놓여 있는 발판들에 각자의 위치가 할당되어 있는 것으로 설명된다.

▲ **그림 16.2 평범하지 않은 종들이 새로운 생각에 영감을 주었다.** 다윈은 1835년 갈라파고스 군도를 방문하였을 때 이 그림의 바다 이구아나 그리고 다른 독특한 동물들을 많이 관찰하였다.

이러한 생각들은 일반적으로 구약의 창조 설명과 일치한다. 창조 설명은 생물종들이 개별적으로 신에 의해서 설계되었고, 그러므로 완전하다고 본다. 1700년대의 많은 과학자들은 생물들이 종종 자신들의 환경에 주목할 만하게 적응해 있는 것을 창조자가 각각의 종들을 각각의 특별한 목적을 위해서 창조하였다는 설명의 증거로 해석하였다.

이러한 과학자 중에는 스웨덴의 의사 겸 식물학자인 린네(Carolus Linnaeus, 1707~1778)가 있었는데, 그의 말을 따른다면 "하느님의 위대한 영광을 위하여" 생물의 다양성을 분류하고자 하였다. 린네는 오늘날에도 사용되고 있는 이명법 체계, 즉 종의 이름 형식(예를 들어 인간을 지칭하는 *Homo sapiens*)으로서 생물의 이름을 두 부분으로 짓는 방식을 개발하였다. 린네는 선 모양의 계층을 가지고 있던 자연의 사다리와는 대조적으로, 비슷한 종들을 낮은 수준에서부터 더 높은 수준의 일반적인 범주로 점차 묶어 나가는 포괄적 분류체계를 채택하였다. 예를 들어, 비슷한 종들은 같은 속으로 묶이며, 비슷한 속들은 다시 같은 과로 묶이며, 이후 이와 같은 방식이 계속된다(그림 17.3).

린네는 몇몇 종들이 서로 닮았다는 사실을 진화적 혈연관계에 원인이 있는 것으로 보지 않았고 대신 이들 종들이 창조된 양상으로 보았다. 그러나 한 세기 후 다윈은 분류가 진화적 관계에 기초해야 한다고 주장하였다. 또한 그는 린네 체계를 사용하는 과학자들이 종종 생물들의 진화적 관계가 반영된 방식으로 생물들을 그룹 짓는다고 언급하였다.

시간이 지나면서 변한다는 생각들

정보에 대한 다른 출처들 가운데, 다윈은 과거 생물들의 잔해나 흔적들인 **화석(fossils)**을 연구하는 과학자들의 연구 결과로부터 많은 아이디어를 이끌어 냈다. 많은 화석들은 바다, 호수 그리고 습지 바닥에 가라앉은 모래와 진흙으로부터 형성된 퇴적암(sedimentary rock)에서 발견된다(**그림 16.3**). 침전물의 새로운 층은 오래된 층들을 덮고 압력을 가해서 이것들을 겹쳐진 여러 층의 암석으로 이루어진 **지층(strata**, 단수는 *stratum*)으로 변화시킨다. 특정한 지층에서 발견되는 화석들은 그 지층이 형성되던 시기에 지구에 서식했던 생물들 일부를 볼 수 있게 해준다. 나중에 침식작용은 상부의 (어린) 지층을 깎아내어 매장되어 있던 오래된 층을 노출시킨다.

화석을 연구하는 **고생물학(paleontology)**은 프랑스 과학자인 퀴비에(Georges Cuvier, 1769~1832)에 의해 크게 발전하였다. 파리 근처 암석을 조사하면서, 퀴비에는 지층이 깊을(오래될)수록 화석들의 형태가 현재의 생물들과 더 많이 다르다는 사실에 주목하였다. 또한 그는 인접한 지층들 사이에서 어떤 종들은 사라져가는 반면, 몇몇 새로운 종들이 나타나는 것을 관찰하였다. 퀴비에는

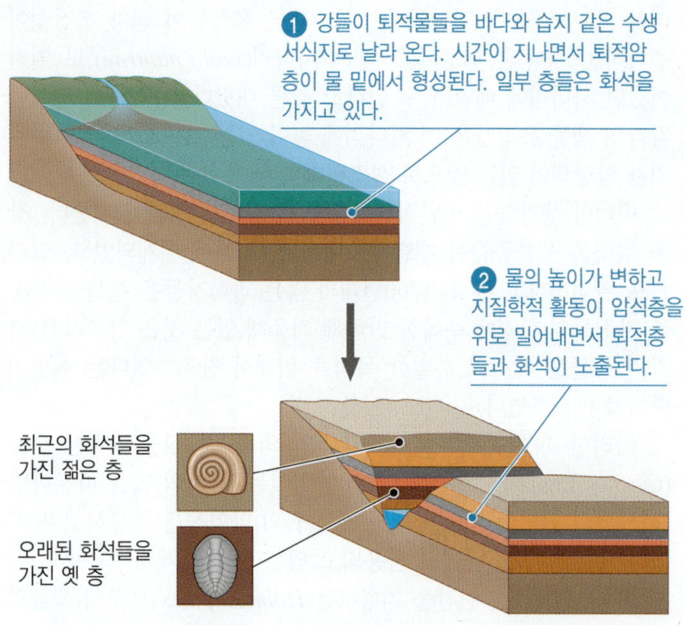

▲ 그림 16.3 **화석을 가진 퇴적층의 형성 과정**

멸종이 생물의 역사에서 일반적으로 일어났던 사건이었음을 추론하였으나, 진화라는 생각에는 완강히 반대하였다. 퀴비에는 지층들 사이의 경계들이 홍수와 같이 그 지역에 살고 있었던 많은 종들을 멸망시킨 격변적인 사건들을 나타낸다고 추측했다. 이렇게 격변을 겪은 지역은 나중에 다른 지역에 살고 있던 다른 종들이 이주해 와서 집단을 재형성한다고 추론하였다.

퀴비에가 격변 사건들을 강조한 것과는 대조적으로 다른 과학자들은 느리지만 지속적인 과정들이 축적되어서 엄청난 변화가 발생할 수 있다고 제안하였다. 1795년 스코틀랜드 지질학자였던 허턴(James Hutton, 1726~1797)은 지구의 지질학적 특징들이 바위들 사이로 굽이쳐 흐르는 강물에 의해서 계곡들이 형성되는 것과 같은 점진적인 기작들에 의해서 설명될 수 있다고 제안하였다. 다윈 시대 선도적 지질학자였던 라이엘(Charles Lyell, 1797~ 1875)은 허턴의 생각을 통합해 현재에도 과거와 똑같은 지질학적 과정들이 똑같은 속도로 일어나고 있다고 제안하였다.

허턴과 라이엘의 생각은 다윈의 사고에 커다란 영향을 주었다. 다윈은 만약 지질학적 변화가 갑작스런 사건들에 의해서가 아니라 느리지만 지속적인 작용들에 의해서 일어난다면 지구의 나이는 그 당시 널리 받아들여지던 수천 년보다는 훨씬 오래됐을 거라는 점에 동의하였다. 예를 들어, 강이 침식작용에 의해 계곡을 깎아내는 데는 아주 오랜 시간이 걸릴 것이다. 나중에 그는 이와 유사하게 느리고 미세한 변화 과정들이 큰 생물학적 변화를 일으킬 수도 있다고 추론하였다. 그러나 다윈은 점진주의 생각을 최초로 생물학적 진화에 적용한 사람이 아니었다.

라마르크의 진화 가설

18세기 동안 몇몇의 자연주의자들은 생물들이 환경의 변화에 따라 진화한다고 제안하였지만, 오직 한 사람만이 시간이 지남에 따라 생물이 어떻게 변하는지에 대한 방식을 제안하였다: 그는 프랑스 생물학자 라마르크(Jean-Baptiste de Lamarck, 1744~1829)였다. 그러나 슬프게도 오늘날 라마르크는, 진화적 변화가 화석에 나타나는 패턴 그리고 생물들과 그들의 환경이 보여주는 조화를 설명해준다는 그의 통찰력 있는 인식보다는, 그가 제안한 잘못된 진화의 방식으로 주로 기억된다.

라마르크는 다윈이 태어난 해인 1809년에 그의 가설을 출판하였다. 그는 현재 살아 있는 종과 화석의 형태를 비교하면서 여러 개의 화석 계열들을 발견하였는데 이 계열들은 각각 오래된 화석으로부터 상대적으로 젊은 화석들을 거쳐 현재의 종까지 이어지는 일련의 연대기라고 할 수 있다. 그는 이 발견을 그 당시 널리 받아들여졌던 두 가지 원리로 설명하였다. 첫째는 **용불용설**이었는데, 잘 사용되지 않는 신체 부분은 퇴화하는 반면, 많이 사용되는 신체 부분은 커지고 강해진다는 생각이다. 그는 많은 예들 가운데 높은 나무의 나뭇잎까지 목을 뻗치는 기린을 인용하였다. 두 번째 원리인 **획득 형질의 유전**은 한 개체가 얻은 그러한 변화를 자손에게 전할 수 있다는 주장이다. 라마르크는 현생 기린의 긴 근육질 목은 오랜 세대를 거치면서 기린이 목을 더 높은 곳까지 뻗치려고 시도했기 때문에 진화했다고 추론하였다.

또한 라마르크는 생물들이 더 복잡해지려는 타고난 본능을 가지고 있기 때문에 진화가 일어난다고 생각하였다. 다윈은 이 생각을 거부하였지만, 그 또한 부분적으로는 획득 형질의 유전을 통해서 변이가 진화 과정에 도입된다고 생각하였다. 그러나 오늘날 우리가 이해하는 유전학 지식에 따르면 이러한 방식들은 기각된다. 실험들은 한 개체의 일생 동안 사용을 통해 획득된 형질들이 라마르크가 제안한 방식으로 유전되지 않는다는 것을 보여준다(**그림 16.4**).

라마르크는 종이 진화한다는 것을 절대적으로 부인한 퀴비에로부터 비방을 받았다. 그러나 돌이켜보면, 라마르크는 생물들의 생활이 그들의 환경에 잘 어울린다는 사실이 점진적인 진화적 변화로 설명될 수 있다고 정말로 인식하였으며, 이러한 변화가 어떻게 일어나는지를 시험해 볼 수 있는 설명을 실제로 제안하였다.

◀ 그림 16.4 **획득 형질들은 유전되지 못한다.** 이 분재 나무는 자르고 모양을 다듬어서 난쟁이처럼 자라도록 길러졌다. 그러나 이 나무의 씨앗은 보통 크기를 가진 자손을 생산한다.

개념 16.2

자연선택에 의한 변형 혈통은 생물의 적응 그리고 생물의 통일성과 다양성을 설명한다

19세기가 시작된 무렵, 일반적으로 종은 창조 이후 변하지 않고 그대로 유지된다고 여겨졌었다. 종의 영속성에 관한 의심이 조금씩 생겨나기 시작했지만, 누구도 지평선 너머 천둥치는 폭풍을 예측할 수 없었다. 과연 다윈은 어떻게 혁명적 생물관의 피뢰침 역할을 하게 된 것일까?

다윈의 연구

다윈(Charles Darwin, 1809~1882)은 영국의 슈루즈버리에서 태어났다. 소년 시절부터 그는 자연에 대한 강한 호기심을 가졌으며 자연에 관한 책을 읽거나 낚시, 사냥, 그리고 곤충들을 채집하며 시간을 보냈다. 내과 의사였던 다윈의 아버지는 그의 아들이 자연주의자로서는 미래가 없다고 봐서 그를 에딘버러에 있는 의과대학에 보냈다. 그러나 찰스는 의학이 따분하게 느껴졌고 마취제가 없던 시절인 그 당시 수술을 대단히 무서워했다. 그는 의과대학을 중퇴하고 성직자가 되려고 캠브리지 대학교에 입학하였다. (그 당시 영국에서는 많은 학자들이 성직자에 속해 있었다.)

캠브리지에서 다윈은 식물학 교수였던 헨슬로(Reverend John Henslow) 목사의 제자가 되었다. 다윈이 졸업하자마자 헨슬로는 긴 전 세계 항해를 위해서 조사선 비글호(HMS *Beagle*)를 준비하고 있던 피츠로이(Robert FitzRoy) 선장에게 다윈을 추천하였다. 다윈은 자신이 비용을 내서라도 배에 올라 그 젊은 선장과 대화 상대가 되고자 했을 것이다. 그 자신 재주가 많은 과학자였던 피츠로이는 다윈의 사회적 계층과 나이가 자신과 비슷했고 또 다윈이 숙련된 자연주의자였기 때문에 그의 승선을 받아들였다.

비글호 항해

1831년 12월 다윈은 비글호에 승선하여 영국을 떠났다. 이 항해의 1차적인 목적은 조사가 덜 이루어졌던 남아메리카 해안선의 지도를 작성하는 일이었다. 그러나 배의 승무원들이 해안을 조사하고 있을 동안 다윈은 해변에서 수천 가지의 남아메리카 식물과 동물들을 관찰하고 채집하면서 대부분의 시간을 보냈다. 그는 많은 식물과 동물들이 브라질의 습기 찬 정글, 아르헨티나 대초원, 그리고 아주 높이 솟은 안데스 산맥과 같이 매우 다양한 서식처에 각 생물들을 적합하게 만든 특징들을 서술하였다.

다윈은 남아메리카의 온대 지역 식물과 동물들이 유럽의 같은 온대 지역에 사는 종들보다는 남아메리카의 열대 지역에 사는 종들과 더 닮았다는 사실을 관찰하였다. 더 나아가서 그가 발견한 화석들은 현생 종들과는 분명히 다르지만 현생 종들과의 유사점을 고려할 때 다른 대륙이 아닌 남아메리카 대륙의 생물이었다.

다윈은 또한 비글호에 승선해 있는 동안 라이엘이 쓴 지질학 원론을 읽었다. 그는 칠레 해안가에 지진이 발생했을 때 지질 변화를 처음으로 직접 경험하였고, 지진 발생 후에 해안선을 따라 암석들이 몇 미터 상승한 것을 관찰하였다. 다윈은 안데스 산맥 높은 곳에서 해양생물들 화석을 발견하면서, 이들 화석을 포함하고 있는 암석들이 오랜 세월 동안 비슷한 많은 지진들로 인해서 그 높은 곳까지 상승했다고 추론하였다. 이 관찰들은 라이엘에게서 배운 것을 재확인해 주었다. 물리적 증거는 지구가 몇천 년밖에 안

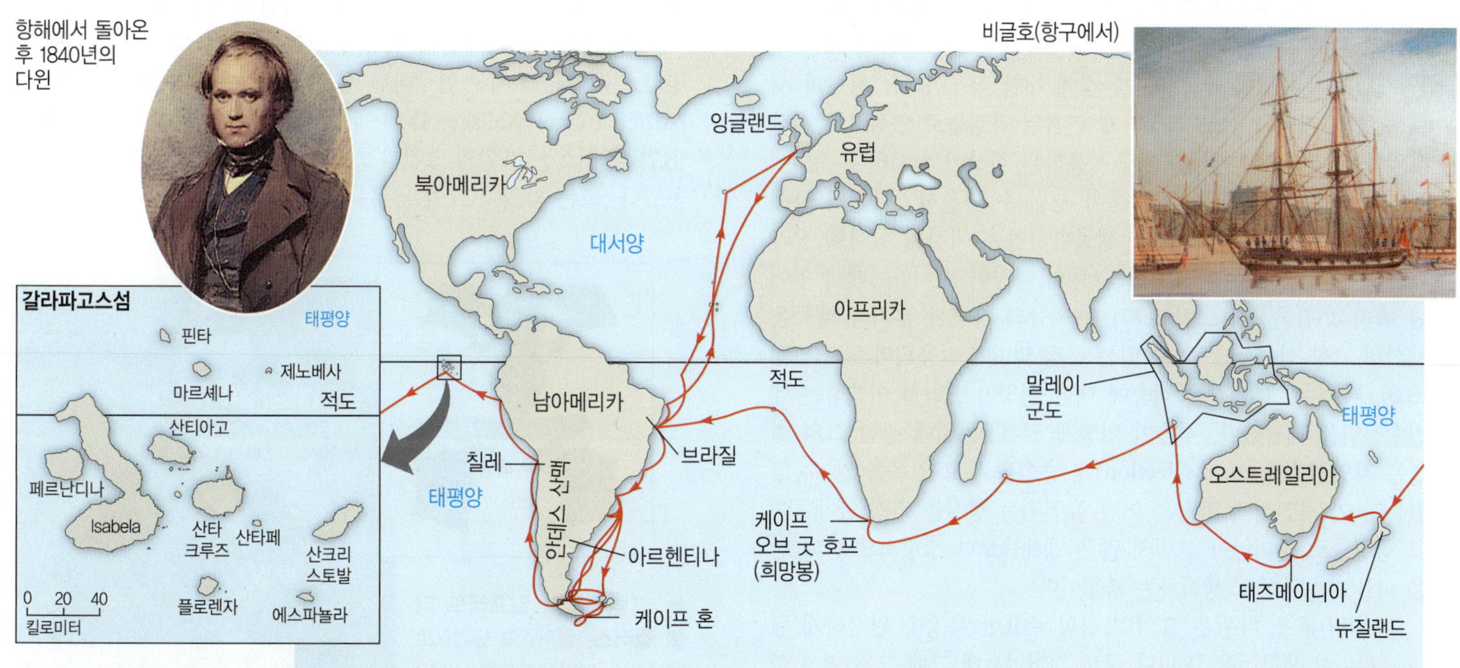

▲ 그림 16.5 HMS 비글호 항해(1831년 12월~1836년 10월)

되었다는 전통적인 견해를 지지하지 않았다.

비글호가 갈라파고스(Galápagos) 군도를 방문하게 되자 어떤 지역에서 발견되는 종(또는 화석)들에 대한 다윈의 관심은 더욱더 자극을 받았다. 갈라파고스는 남아메리카에서 서쪽으로 900 km 떨어져서 적도 부근에 위치한, 지질학적으로 보면 젊은 몇 개의 화산섬들로 이루어진 군도이다(그림 16.5). 다윈은 그곳의 특이한 생물들에 매료되었다. 그가 채집한 조류 중에는 1장에서 언급된 핀치들과 몇 가지 종류의 흉내지빠귀(mockingbirds)들이 있었다. 이들 흉내지빠귀들은 매우 비슷하지만 서로 다른 종인 것 같았다. 몇몇 종의 경우에는 어느 한 섬에서만 발견되는 것도 있었고, 반면에 다른 종들은 둘 혹은 그 이상의 인접한 섬들에 분포하고 있었다. 갈라파고스 군도의 동물들이 남아메리카 본토에 살고 있는 종들을 닮기는 했지만, 갈라파고스 종들 대부분은 세상의 다른 어느 곳에서도 알려져 있지 않았다. 다윈은 남아메리카에서 길을 잃고 헤매던 생물들이 갈라파고스 어느 섬에 정착한 후 이 섬과 주변 섬들에서 다양화 과정을 거쳐 새로운 종들을 낳았으리란 가설을 제시하였다.

(a) 선인장을 먹는 핀치. 일반 선인장 핀치(*Geospiza scandens*)의 길고 뾰족한 부리는 선인장 꽃과 과육을 찢어 먹는 데 도움이 된다.

(b) 씨앗을 먹는 핀치. 큰 땅 핀치(*Geospiza magnirostris*)는 땅에 떨어진 씨앗들을 깨는 데 알맞은 큰 부리를 가지고 있다.

(c) 곤충을 잡아먹는 핀치. 초록 와블러 핀치(*Certhidea olivacea*)는 가늘고 뾰족한 부리로 곤충을 잡는다.

▲ **그림 16.6 갈라파고스 핀치 부리 변이의 세 가지 사례.** 갈라파고스 제도는 가까운 유연관계를 가지고 있는 12종 이상 핀치들의 고향이고, 이 종들 가운데 일부는 한 섬에서만 발견된다. 특정한 먹이에 맞게 적응한 부리는 이 종들 사이에 발견되는 가장 놀라운 차이이다.

적응에 대한 다윈의 집중

비글호 항해기간 동안 다윈은 특정 환경에서 생물들의 생존과 번식을 증가시키는 생물의 유전된 특징들, 즉 **적응(adaptation)**에 대한 많은 사례들을 관찰하였다. 다윈이 항해에서 관찰한 모든 것을 재검토해 나갔을 때, 그는 환경에 대한 적응이라는 현상과 새로운 종의 기원을 서로 밀접하게 연결된 과정들로 인식하기 시작하였다. 이전과는 다른 환경에 적응하는 현상이 서서히 누적되어서, 조상 종으로부터 새로운 종이 생길 수 있을까? 다윈의 항해 후에 이루어진 연구들로부터, 생물학자들은 이것이 실제로 갈라파고스 군도에서 발견되는 한 그룹의 다양한 핀치들에게서 일어난 바라고 결론졌다(그림 1.17). 핀치들의 다양한 부리와 행동은 자신의 고향 섬에서 구할 수 있는 특정 먹이에 적응되어 있다(그림 16.6). 다윈은 그와 같은 적응에 대한 설명이 진화를 이해하는 데 필수적임을 깨달았다. 적응이 어떻게 일어나는지에 관한 그의 설명은 **자연선택(natural selection)**에 중심을 두고 있음을 알 수 있었는데 이 자연선택 과정은 어떤 유전되는 형질을 가진 개체들이 그 형질들로 말미암아 그렇지 않은 개체들보다 경향적으로 더 높은 비율로 생존하고 생식하는 과정이다.

1840년대 초 다윈은 그의 가설의 주요한 특징을 완성하게 된다. 그는 이 생각들을 1844년 글로 적어놨는데 그때 그는 변형 혈통과 이것의 기본적인 기작으로서 자연선택에 관한 긴 논문을 썼다. 그러나 그는 여전히 그의 생각들을 발표하는 것을 주저하였는데, 일부 이유는 그의 생각들이 불러올 소동을 예상했기 때문이다. 이 기간에도 그는 계속해서 그의 가설을 지지하는 증거들을 모으고 있었다. 1850년대 중반에 그는 그의 생각들을 라이엘과 몇몇의 사람들에게 설명했다. 라이엘은 아직 그 자신이 진화를 확신하고 있지 않았지만 다윈에게 다른 사람이 같은 결론에 도달해서 첫 번째로 출판하기 전에 먼저 출판할 것을 강하게 주장하였다.

1858년 6월에 라이엘의 예상이 현실로 나타났다. 다윈은 남태평양 말레이 군도에서 연구하던 젊은 영국인 자연주의자인 월러스(Alfred Russel Wallace, 1823~1913)가 보낸 원고를 받았다(그림 16.7). 월러스는 다윈의 그것과 거의 동일한 자연선택 가설을 고안하였다. 그는 다윈이 그의 논문을 평가해 주길 바랐고, 만약 출판

▶ **그림 16.7 알프레드 러셀 월러스.** 월러스가 물감으로 칠해 만든 말레이 제도의 날개구리 삽화.

할 만하다고 생각되면 이 논문을 라이엘에게 전달해 줄 것을 부탁하였다. 다윈은 라이엘에게 다음과 같이 편지를 쓰면서 그에게 동의하였다: "당신이 한 말이 하나도 틀림없이 이루어졌소... 나는 이보다 더한 우연의 일치를 본적이 없소... 그래서 나의 모든 고유한 업적은, 그것이 얼마가 되던, 파산될 것이오." 1858년 7월 1일 라이엘과 한 동료는 런던의 린네 학회에서 발표되지 않았던 다윈의 1844년 논문에서 발췌한 내용과 함께 월러스의 논문을 발표하였다. 다윈은 재빨리 그의 책을 완성하여 그 다음 해 「자연선택에 의한 종의 기원」(흔히 「종의 기원」으로 언급됨)이란 제목으로 출판하였다. 비록 월러스가 먼저 그의 생각을 논문으로 써서 출판했지만, 그는 다윈을 존경하였고, 다윈이 자연선택이란 아이디어를 너무도 광범위하게 발전시켰고 검증했기 때문에 그가 자연선택의 대표 설계자로 알려져야 한다고 생각했다.

10년도 안 되어서 다윈의 책과 지지자들은 생물 다양성이 진화의 산물이라는 점을 대부분의 생물학자들에게 확신시킬 수 있었다. 다윈은 주로 흠 없는 논리와 수많은 증거들로 뒷받침되는 설득력 있는 과학적 방식을 제시함으로써 이전의 진화론자들이 실패한 부분에서 성공하였다.

종의 기원에 나오는 생각들

다윈은 그의 책에서 자연선택에 의한 변형 혈통이 자연에 관한 세 가지 넓은 관찰, 즉 생명체의 통일성, 다양성, 생물들이 그들의 환경에 잘 들어맞는 생활을 하게 해주는 놀라운 방식들을 설명해주는 증거들을 모았다.

변형 혈통

「종의 기원」 1판에서 다윈은 책의 맨 끝의 바로 앞까지 진화라는 단어를 사용하지 않았다(그 책의 마지막 단어는 "진화했다"로 끝나지만). 대신에 그는 그의 생물관을 요약하는 말로서 **변형 혈통**(descent with modification)을 논의하였다. 생물들은 많은 특징들을 공유하는데 이것이 다윈으로 하여금 생명체의 통일성을 인지하게 하였다. 그는 생명체 통일성의 원인을 모든 생물들이 먼 과거에 살았던 한 조상으로부터 내려온 자손들이라는 점에서 찾았다. 또한 그는 그 조상 생물의 후손들이 다양한 서식처로 흩어져 살면서 특별한 생활 방식에 적합하게 하는 다양한 변화 혹은 적응을 점진적으로 축적하게 되었다고 생각하였다. 다윈은 변형 혈통이 오랜 기간을 거쳐 궁극적으론 우리가 오늘날 보고 있는 풍부한 생명의 다양성을 만들어냈다고 추론하였다.

다윈은 생명의 역사를 나무의 몸통에서 가지들이 뻗어나가 새로 생긴 잔가지들의 끝까지 이어지는 나무로 그려보았다(**그림 16.8**). 이 그림에서 잔가지들의 끝에 표시된 A부터 D까지는 현재 살고 있는 생명체 몇몇 그룹들을 대표하는 반면, 끝에 표시가 되지 않은 잔가지들은 멸종한 그룹들을 나타낸다. 나무 가지들의 갈래는 이 지점으로부터 기원한 모든 진화적 계통들의 가장 최근 조상을 나타낸다. 다윈은 과거의 멸종 사건들과 더불어 이러한 분지 과정이 서로 관련된 그룹의 개체들 사이에 때때로 나타나는 큰 형태적 간격(형태의 다름)을 설명할 수 있을 것이라 추론하였다.

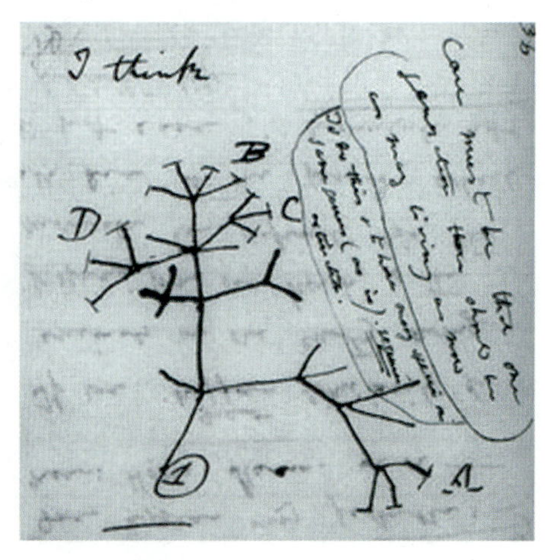

▶ **그림 16.8 "나는...라고 생각한다."** 다윈이 1837년 그린 스케치는 그가 진화를 가지가 나누어지는 모습으로 상상했음을 보여준다. A~D로 표시된 잔가지들의 가지는 현재 살고 있는 생명체 몇몇 그룹들을 대표한다. 다른 모든 가지들은 멸종한 그룹을 나타낸다.

한 가지 예로써 현생하는 3종의 코끼리, 즉 아시아 코끼리(*Elephas maximus*) 그리고 아프리카 두 코끼리(*Loxodonta africana*와 *L. cyclotis*) 종들을 생각해보자. 이 근연관계의 종들은 매우 유사한데, 그 이유는 **그림 16.9**의 계통수에 나와 있듯이 그들이 공통조상으로부터 비교적 최근에 갈라졌고 갈라지기 이전까지 단일한 계통이었기 때문이다. 코끼리와 유연관계가 있는 7가지 계통들이 과거 3,200만 년 기간 동안 멸종한 것에 주목하라. 그 결과 그 코끼리들과 오늘날 코끼리의 가장 가까운 친척인 바위너구리와 바다소 사이를 채워주는 동물들은 살고 있지 않다. 그러한 멸종은 드문 일이 아니다. 사실 많은 진화의 가지들은 심지어 일부 주요 가지들도 죽은 가지들이다. 과학자들은 지구상에 살았던 모든 종들의 99% 정도가 현재는 멸종된 것으로 추정한다. 그림 16.9에서 멸종한 생물의 화석들은 오늘날에도 살아 있는 생물 그룹들 사이의 간격을 메움으로써 이들의 분기를 입증할 수 있다.

인위선택, 자연선택, 그리고 적응

다윈은 자연선택 방식으로 진화 과정에서 관찰될 수 있는 패턴들을 설명하고자 하였다. 그는 그의 주장을 가장 회의적인 독자들 또한 설득할 수 있도록 신중히 가다듬었다. 먼저 그는 잘 알려진 식물과 가축의 품종 개량 사례들을 논의하였다. 인간은 원하는 형질을 가진 개체들을 오랜 세대 동안 선택하고 교배시키는 **인위선택(artificial selection)**을 통해 다른 종들을 변화시켰다(**그림 16.10**). 인위선택의 결과 곡식 가축 그리고 애완동물들은 흔히 그들의 야생 조상들과는 조금밖에 닮지 않게 되었다.

그 다음 다윈은 자연에서도 비슷한 일들이 일어난다고 주장했다. 그의 주장은 두 가지 관찰에 근거를 두고 있으며, 이 관찰로부터 두 가지 추론을 이끌어 냈다:

관찰 #1: 흔히 한 집단 안의 구성원들은 유전된 형질들이 매우 다양하다(**그림 16.11**).

관찰 #2: 모든 종들은 그들의 환경이 부양할 수 있는 정도보다 훨씬 더 많은 자손들을 만들어 낼 수 있고(**그림 16.12**), 이 자손들 중 많은 수는 생존하지 못하거나 자손을 남기지 못한다.

추론 #1: 어느 주어진 환경에서 높은 생존과 번식 확률을 제공하는 유전 형질을 가진 개체들이 그렇지 못한 개체들보다 많은 수의 자손을 남기는 경향이 있다.

추론 #2: 이렇게 개체의 차별적인 생존과 번식 능력은 여러 세대를 거치면서 유리한 형질들의 축적으로 이어질 것이다.

이 두 추론이 제시하듯이, 다윈은 그가 생존 경쟁이라 부른 것으로부터 발생하는 자연선택과 생물들이 자손을 과잉 생산하는 능력 사이에 중요한 연결이 존재한다는 것을 보았다. 그는 경제학자 맬더스(Thomas Malthus)의 인구에 관한 수필을 읽은 후에 이 연결을 잇기 시작했다. 맬더스는 인류가 가지고 있는 질병, 기아, 그리고 전쟁과 같은 고통들이 식량 및 다른 자원 공급보다 인구가 빠르게 증가하기 때문에 나타나는 피할 수 없는 결과라고 주장하였다. 다윈은 자손을 과잉 생산하는 능력이 모든 종들의 특징이라고 깨달았다. 수없이 많은 알, 태어난 어린 것들 그리고 씨앗들 가운데서 극히 일부만이 발생을 완전히 끝내고 자손을 남긴다. 나머지들은 잡아먹히거나, 굶주리거나, 질병에 걸리거나, 짝짓기를 하지 못하거나 또는 염분농도나 온도와 같은 물리적 환경 조건에 견디어 살아남을 수 없다.

한 생물의 유전되는 형질들은 그 개체 자신의 능력에 영향을 줄 뿐만 아니라 환

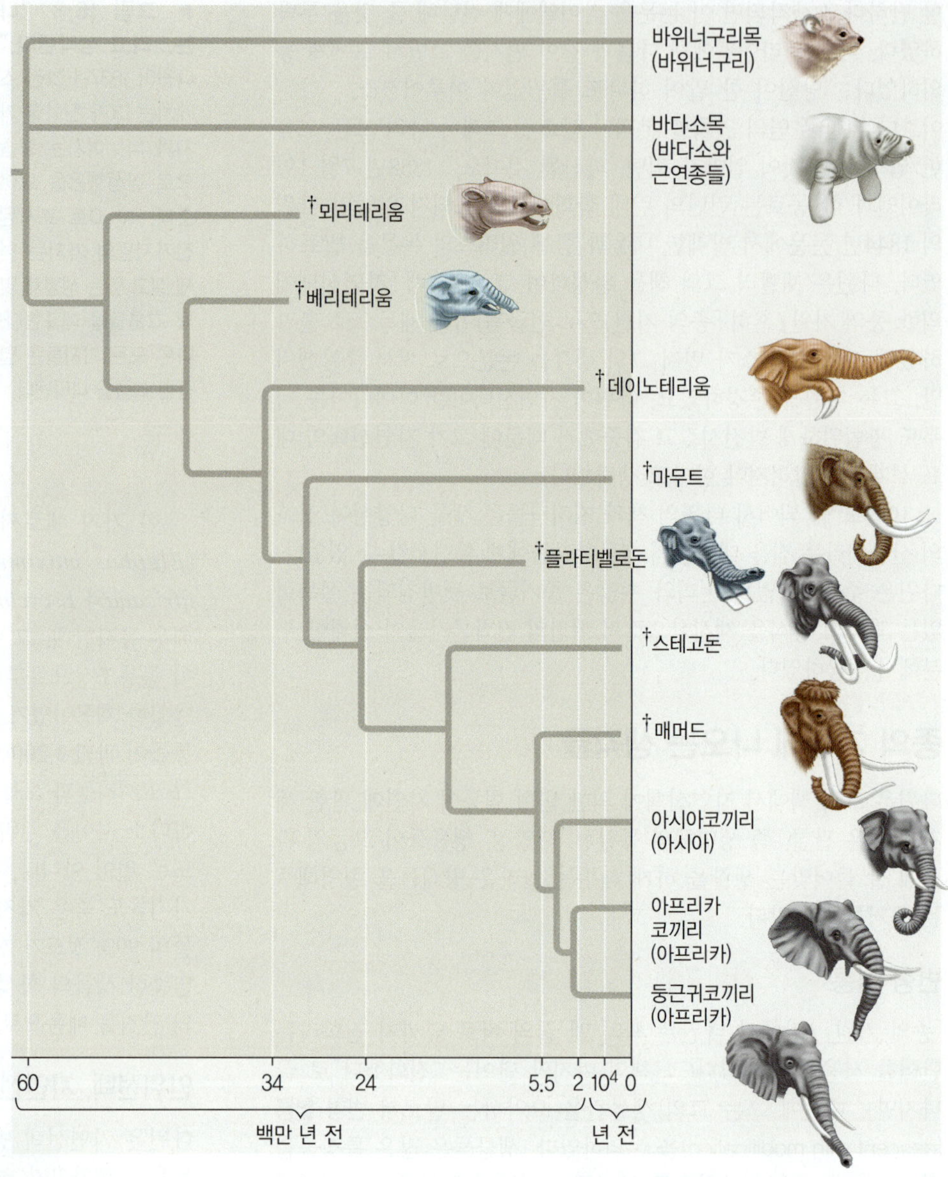

▲ 그림 16.9 **변형 혈통.** 코끼리들과 그들의 친척들 간의 진화적 계통을 보여주는 이 계통수는 화석들의 해부, 지층에 나타는 순서, 그리고 지리적 분포 등 화석 자료에 기반하고 있다. 대부분의 가지들이 멸종(†단검 기호로 표시됨)으로 끝나는 것에 주목하라. (시간 축은 비례하여 표시되지 않았다.)

◀ 그림 16.10 **인위선택.** 서로 다른 이 채소들은 단 하나의 종인 야생 겨자로부터 품종 개량되었다. 재배자들은 식물의 각기 다른 부분에 존재하는 변이들을 선택하는 방식으로 이와 같이 서로 다른 결과를 얻어냈다.

▼ **그림 16.11 한 집단 내의 변이.** 아시아 무당벌레 집단의 개체들은 색상과 반점 패턴에 변이가 있다. 자연선택은 그 변이들이 (1) 유전되며 (2) 딱정벌레들이 생존하고 번식하는 능력에 영향을 주는 조건에서만 작용할 것이다.

◀ **그림 16.12 자손의 과잉 생산.** 한 주머니 버섯은 자손이 될 수 있는 포자 수십억 개를 생산할 수 있다. 만약 이들 자손과 그들의 후손이 모두 생존하여 자란다면 주변 땅은 모두 카펫처럼 덮여버릴 것이다.

경 변화에 어떻게 맞서 나가는가에도 영향을 줄 수 있다. 예를 들어, 어떤 생물은 후손들이 포식자로부터 잘 피하거나 먹이를 잘 얻거나 또는 물리적 조건에 잘 견디게 해주는 이로운 형질을 가지고 있을 수 있다. 이러한 이로움이 생존하여 번식하는 자손의 수를 늘릴 때 그 선택된 형질들의 빈도는 다음 세대에서 매우 크게 증가할 것이다. 그러므로 시간이 지나면서 포식자, 먹이의 부족, 또는 불리한 물리적 조건들과 같은 결과로 발생하는 자연선택이 집단 내에 그 유리한 형질들의 비율을 증가하게 할 수 있다.

얼마나 빠르게 이러한 변화들이 일어나는 것일까? 인위선택이 상대적으로 짧은 기간 동안 그렇게 큰 변화를 달성할 수 있다고 한다면, 다윈은 자연선택이 수백 세대에 걸쳐 상당한 종의 변화를 유발할 수 있을 거라고 추론하였다. 비록 일부의 유전 형질이 다른 형질들에 비해 그 유리한 정도가 미미할지라도 이 변이들은 서서히 집단 안에 누적될 것이고 덜 유리한 변이들은 사라질 것이다. 시간이 지나면서 이 과정은 유리한 적응을 한 개체들의 빈도를 증가시킬 것이고 따라서 생물들의 생활이 그들의 환경에 더 잘 어울리는 정도를 증가시킬 것이다.

자연선택의 핵심적 특징

자연선택의 주요 생각들을 되짚어 보자.

- 자연선택은 어떤 특정한 유전적 형질들을 가진 개체들이 그 형질들로 인해서 그 형질들을 가지지 않은 다른 개체들에 비해서 더 높은 비율로 생존과 번식을 하는 과정이다.
- 시간이 지나면서, 자연선택은 어느 주어진 한 환경에서 유리한 적응들의 빈도를 증가시킬 수 있다(**그림 16.13**).
- 어느 한 환경이 변하거나, 또는 어느 종에 속한 개체들이 새로운 환경으로 이주한다면, 자연선택은 그 새로운 조건들에 대한 적응을 만들어 낼 수 있으며 때때로 새로운 종을 발생시키기도 한다.

한 가지 미묘하지만 중요한 점은 비록 자연선택이 개체들과 환경 사이의 상호작용을 통해 일어나지만, **개체들 자신이 진화하는 것**은 아니라는 것이다. 시간이 지나면서 진화하는 것은 집단이다.

두 번째 핵심은 자연선택은 집단 내 개체들 간에 차이가 있는 유전 형질들의 빈도를 늘리거나 줄일 수 있을 뿐이라는 것이다. 비

▲ **그림 16.13 진화적 적응의 한 예인 위장.** 사마귀로 불리는 곤충의 친척들은 말레이시아산 꽃사마귀(위)와 남아프리카산 꽃눈사마귀(아래)에서 보이듯이 서로 다른 환경에서 진화된 다양한 모양과 색을 가지고 있다.

록 어느 한 형질이 유전된다고 하더라도 만약 그 집단 내 모든 개체들이 그 형질에 대해서 동일하다면 자연선택에 의한 진화는 일어날 수 없다.

세 번째로 환경 요인들이 장소와 시간에 따라서 변한다는 것을 기억해야 한다. 어느 한 상황에서 유리한 형질이 다른 상황에서는 소용이 없거나 심지어 해로울 수도 있다. 자연선택은 언제나 작동하고 있지만 어느 형질이 유리할지는 그 종이 살고 있고 짝짓기를 하고 있는 맥락에 좌우된다.

다음에서 우리는 자연선택에 의한 진화라는 다윈주의를 지지해주는 폭넓은 관찰들을 조사해 볼 것이다.

개념 16.3

진화는 무수히 많은 과학적 증거들로 지지된다

종의 기원에서 다윈은 변형 혈통의 개념을 뒷받침하기 위해서 폭넓은 증거들을 정리해 놓았다. 그가 인정했듯이 거기에는 아직 핵심 증거가 부족한 경우들이 있었다. 예를 들어, 다윈은 꽃식물의 기원에 관해 "지독한 미스터리"라고까지 언급하면서 과거의 생물 그룹이 새로운 그룹을 발생시키는 것을 보여줄 화석 자료들이 부족한 것을 한탄하였다.

지난 150년 동안 새로운 발견들이 다윈이 확인해 놓은 많은 빈자리를 채워왔다. 예를 들어, 꽃식물의 기원은 훨씬 더 이해가 되었으며, 새로운 생물 그룹들의 기원을 나타내는 많은 화석들이 발견되었다. 이 절에서는 직접적 관찰들, 상동성, 화석 기록 그리고 생물지리라는 진화 양상을 기록한 네 가지 유형의 자료들을 살펴볼 것이고 그러한 진화가 어떻게 일어나는지 밝혀볼 것이다.

진화적 변화에 대한 직접적 관찰들

생물학자들은 수천의 과학적 연구를 통해 진화적 변화를 기록해왔다. 우리는 이 단원을 통해 많은 연구들을 검토할 것이지만 여기서는 두 가지 사례를 살펴보자.

도입된 종에 대한 반응 과정에서의 자연선택

식물을 먹고사는 초식동물들에서는 흔히 그들이 주로 먹는 먹이 자원들을 효율적으로 섭취하는데 도움이 되는 적응들이 있다. 만약 초식동물들이 그들의 먹이를 다른 특징들을 가진 새로운 먹이 자원으로 전환한다면 어떤 일이 벌어질까?

이 질문에 대한 해답을 연구할 수 있게 한 한 가지 기회가 제공되었다. 무환자나무 벌레들은 속이 빈 주사기 같이 기다랗게 생긴 "부리" 입을 사용하여 다양한 식물들 열매 속에 들어 있는 씨앗들을 먹고 산다. 남부 플로리다에서 무환자나무 벌레(*Jadera haematoloma*)는 이 지역 토착종인 풍선덩굴(*Cardiospermum corindum*) 식물을 먹고 산다. 그러나 중부 플로리다에서 풍선덩굴은 드물다. 대신 이 지역에서 무환자나무 벌레는 최근 아시아에서 도입된 모감주나무(*Koelreuteria elegans*)를 먹고 산다.

무환자나무 벌레는 그들의 부리 입 길이가 열매 속에 있는 씨앗까지의 깊이와 비슷할 때 가장 효과적으로 섭식한다. 모감주나

▼ 그림 16.14 탐구

한 집단의 먹이 자원 변화가 자연선택에 의한 진화를 낳을 수 있을까?

현장연구 무환자나무 벌레(*Jadera haematoloma*)들은 그들의 "부리" 입 길이가 그들이 먹는 열매 속에 있는 씨앗까지의 깊이와 서로 맞을 때 가장 효과적으로 섭식한다. 캐롤(Scott Carroll)과 그의 동료들은 남부 플로리다의 토착종인 풍선덩굴 식물을 먹고 사는 무환자나무 벌레 집단들에서 부리 길이를 측정하였다. 또한 그들은 도입된 모감주나무 식물 열매를 먹고 사는 중부 플로리다 집단들에서도 부리 길이를 측정하였다. 모감주나무 열매는 풍선덩굴에 비해서 더 납작한 모양이다. 그 다음 연구자들은 그 측정값들을 모감주나무가 도입되기 전에 채집됐던 박물관에 보관된 무환자나무 벌레 표본들에서 측정한 값들과 비교하였다.

풍선덩굴 열매에 부리를 넣은 무환자나무 벌레

결과 부리 길이는 씨앗이 열매 안에 더 깊이 들어 있는 토착종들을 섭식하는 집단들보다 도입된 종을 섭식하는 집단들에서 더 짧았다. 각 집단에 속하는 박물관 표본들의 부리 길이 평균(빨간 화살표가 가리킴)은 토착종을 섭식하는 집단들에서 측정된 부리 길이와 비슷했다.

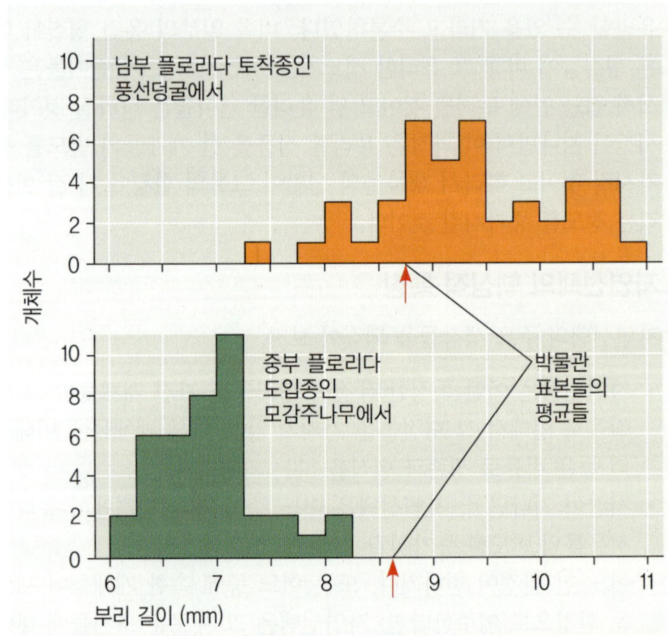

결론 박물관 표본들과 오늘날의 자료는 무환자나무 벌레 먹이 자원의 크기 변화가 이 크기에 맞는 부리 크기에 대한 자연선택 작용으로 진화를 일으킬 수 있다는 것을 시사한다.

참고문헌 S. P. Carroll and C. Boyd, Host race radiation in the soapberry bug: natural history with the history, *Evolution* 46:1052–1069 (1992).

무 열매는 이파리 모양의 세 개의 엽상 구조로 되어 있는데 씨앗의 위치는 토착 풍선덩굴의 통통하고 둥근 열매보다 표피에 훨씬 더 가깝다. 이 차이에 기반을 두고 연구자들은 자연선택 작용에 의해서 무환자나무 벌레 부리의 길이가 풍선덩굴을 먹고 사는 집단들보다 모감주나무를 먹는 집단들에서 짧아졌을 거라는 예상을 하였다(**그림 16.14**). 실제로 부리 길이는 모감주나무를 먹는 집단들에서 더 짧았다.

또한 연구자들은 루이지애나, 오클라호마, 호주로 도입된 식물들을 섭식하는 무환자나무 벌레 집단들로부터 부리 길이의 진화를 연구했다. 이들 각 지역에서는 토착 식물들의 열매에 비해서 도입된 식물들의 열매가 더 크다. 그래서 연구자들은 도입된 종들을 섭취하는 집단들에서 부리 길이가 자연선택에 의해서 더 길거라고 예상하였다. 현장 연구를 통해 수집된 자료들은 이 예상을 다시 옹호해주었다.

관찰된 부리 길이의 변화는 중요한 결과를 낳았다. 예를 들어 호주에서는 무환자나무 벌레들 부리 길이의 증가로 인해 이 벌레들이 짧은 부리를 가지는 개체들에 비해서 도입된 종들의 씨앗을 먹을 때 두 배나 성공할 수 있게 하는 차이를 보였다. 더 나아가서, 중부 플로리다에 모감주나무 식물이 도착한 때가 그 과학적 연구가 시작되기 35년 전이라는 역사적 자료를 감안하면, 이 결과들은 자연선택이 야생 집단에서 빠른 진화를 일으킬 수 있음을 증명한다.

약물 내성 세균의 진화

인간에게 드라마틱한 영향을 주며 현재도 계속되고 있는 자연선택의 예는 병원체(질병을 일으키는 생물들과 바이러스들)의 약물 내성 진화이다. 이것은 세균 그리고 바이러스와 관련된 특별한 문제인데 그 이유는 약물 내성을 갖는 병원성 균주들이 매우 빠르게 급증할 수 있기 때문이다.

포도상구균(*Staphylococcus aureus*)의 약물 내성 진화를 생각해보자. 약 세 명 가운데 한 명이 피부 또는 콧구멍에 이 세균을 가지고 있는데 대부분 무해하다. 그러나 이 종 가운데 메티실린(methicillin)-내성 포도상구균(MRSA)이라고 불리는 특정 유전적 변이형은 매우 무서운 병원체이다. "살을 파먹는 병"으로 알려져 있으며 목숨을 앗아갈 위험성이 있는 클론USA300과 같은 병원성 MRSA가 과거 수십 년 동안 걱정스러울 만큼 증가하였다(**그림 16.15**). 클론USA300을 비롯해서 MRSA에 속하는 다른 균주들은 과연 어떻게 위험해진 것일까?

이야기는 페니실린이 최초로 광범위하게 사용되기 시작했던 1943년에 시작된다. 그 이후에 페니실린과 다른 항생제가 수백만 명의 목숨을 구했다. 그러나 1945년에 이르러서는 이미 병원에서 발견되는 포도상구균 균주들 가운데 20% 이상이나 페니실린에 대한 내성을 나타냈다. 이 세균들은 페니실린을 파괴하는 한 효소인 페니실리네이스를 가지고 있었다. 연구자들은 페니실리네이스에 파괴되지 않는 항생제 개발로 대응했지만, 몇 년이 못돼 각각의 새로운 약들에 대한 내성이 포도상구균 일부 집단들에서 관찰되었다.

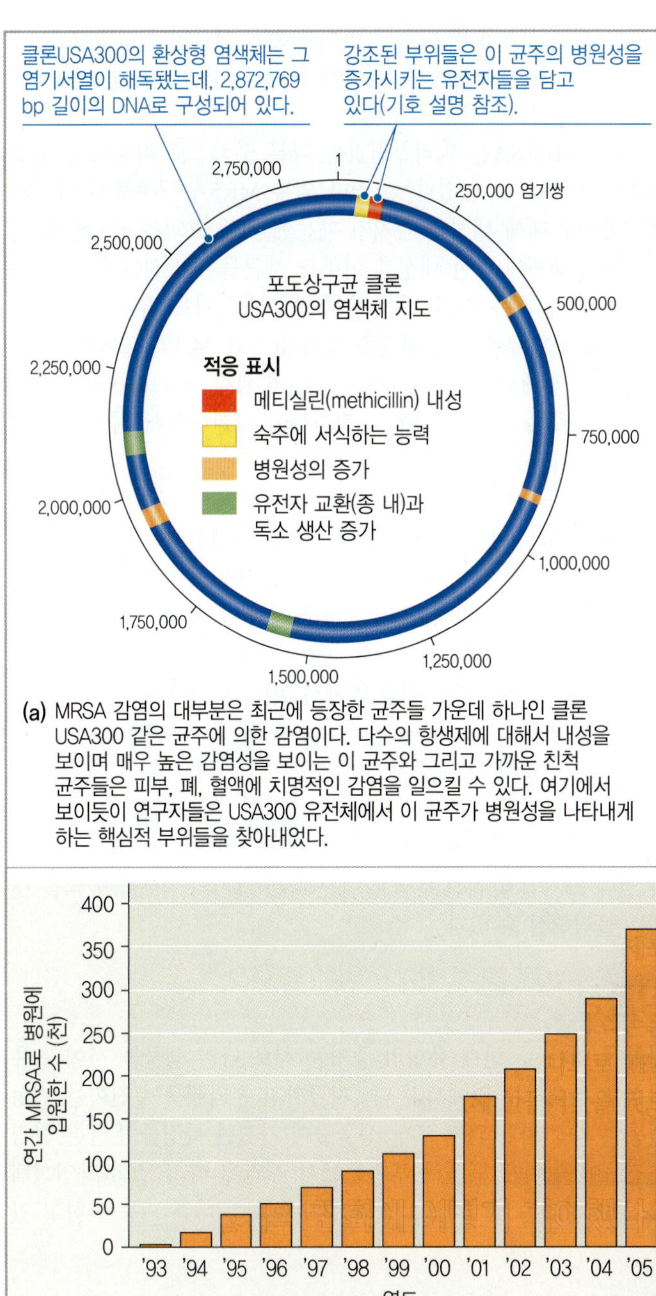

(a) MRSA 감염의 대부분은 최근에 등장한 균주들 가운데 하나인 클론 USA300 같은 균주에 의한 감염이다. 다수의 항생제에 대해서 내성을 보이며 매우 높은 감염성을 보이는 이 균주와 그리고 가까운 친척 균주들은 피부, 폐, 혈액에 치명적인 감염을 일으킬 수 있다. 여기에서 보이듯이 연구자들은 USA300 유전체에서 이 균주가 병원성을 나타내게 하는 핵심적 부위들을 찾아내었다.

(b) 병원에 입원할 정도로 심각한 MRSA 감염은 과거 수십 년간 급증했다.

▲ **그림 16.15 메티실린-내성 포도상구균(MRSA)의 증가**

그 다음 1959년 의사들은 더욱 강력한 항생제인 메티실린을 사용하기 시작했지만 2년 이내에 메티실린-내성 포도상구균 균주들이 관찰되었다. 이처럼 내성을 갖는 균주들은 어떻게 나타난 것일까? 메티실린은 세균의 세포벽을 만드는 데 사용되는 한 효소를 비활성화시켜 치료효과를 낸다. 그러나 포도상구균의 서로 다른 집단들은 그들의 구성원들이 메티실린 처리에 얼마나 강한 영향을 받는지에 대해서 변이를 나타냈다. 특히 일부 개체들은 메티실린에 영향을 받지 않는 한 새로운 효소를 사용해서 그들의 세포벽을 합성할 수 있었다. 이 개체들은 메티실린 처리에도 살아남았으며 다른 개체들보다 높은 비율로 번식하였다. 시간이 지나면서 이 내성을 보이는 개체들은 매우 흔하게 되었고 MRSA가 확산되는 결과를 가져왔다.

초기에 MRSA는 메티실린과는 다른 방식으로 작용하는 항생제들로 억제될 수 있었다. 그러나 일부 MRSA 균주들이 다수의 항생제들에 대해 내성을 가지기 때문에 억제 효과는 줄어들었다. 다수의 항생제에 대한 내성은 아마도 세균들이 자신들과 같은 종에 속하거나 혹은 다른 종에 속하는 개체들과도 유전자를 교환할 수 있기 때문에 가능해졌을 것이다(그림 24.17). 그러므로 오늘날 다약제-내성 균주들은 서로 다른 항생제 내성을 가지고 있는 MRSA 균주들이 서로 간에 유전자들을 교환하면서 시간을 두고 생겨나게 되었을 것이다.

포도상구균과 무환자나무 벌레 사례들은 자연선택에 관해서 두 가지 중요한 핵심을 강조한다. 첫째, 자연선택은 창조 방식이라기보다는 편집 과정이다. 약물이 내성 병원체를 창조하지는 않는다. 대신 그것은 원래 집단 안에 들어 있던 내성 개체들을 선택한다. 둘째, 자연선택은 시간과 공간에 의존한다. 자연선택은 유전적인 변이가 존재하는 집단 안에서, 이 집단이 놓여 있는 현재의 국지적 환경에서 이득을 줄 수 있는 형질들을 선호한다. 한 상황에서 이로운 것이 다른 상황에선 소용이 없거나 심지어 해로울 수도 있다. 어느 한 무환자나무 벌레 집단이 주로 섭식하는 열매의 크기에 들어맞는 부리 길이는 자연선택에 의해 선호된다. 그러나 한 열매 크기에 맞춰진 부리 길이는 다른 크기의 열매들을 먹을 때에는 불리해질 수 있다.

상동성

진화에 대한 두 번째 유형의 증거는 서로 다른 생물들 사이의 유사성을 분석하는 것에서 온다. 지금까지 논의했듯이 진화는 변형혈통의 과정이다. 과거 조상 생물들이 가졌던 특징들이 다른 환경조건들에 놓이게 되면서 후손들에서 시간에 따라 변화(자연선택에 의해)된다는 것이다. 그 결과 현재는 비록 다른 기능을 하고 있더라도 밑바탕에는 유사성이 깔려 있는 특징들을 친척 종들은 공유할 수 있다. 공통조상에서 기인하는 이와 같은 유사성은 **상동성(homology)**으로 알려져 있다. 이 단원에서 설명할 것인데, 상동성에 대한 이해는 시험해볼 수 있는 예측들을 세우거나 수수께끼처럼 보일 수 있는 관찰들을 설명하는 데 사용될 수 있다.

해부학적 상동성과 분자적 상동성

진화를 개조 과정으로 보는 견해는 가까운 친척 종들이 유사한 특징들을 공유할 거라는 예측으로 이어지며, 실제로도 유사성을 공유한다. 물론 가까운 종들은 그들의 관계를 결정하는 데 사용된 특징들을 공유하지만 그 밖에 많은 다른 특징들도 공유한다. 진화라는 맥락에서 바라보지 않는다면 이 공유된 특징들은 의미를 갖지 못한다. 예를 들어 인간, 고양이, 고래, 박쥐 등을 포함한 모든 포유류의 앞다리(팔)는 이들 부속지가 매우 다른 기능들(들어올리기, 걷기, 헤엄치기, 날기)을 가지고 있어도, 어깨로부터 손가락 끝까지 이어진 뼈들의 배열이 똑같다는 것을 보여준다(그림 16.16). 이렇게 놀라운 해부적인 유사함은 이들 구조가 각각의 종마다 새롭게 발생했었다면 가능하지 않았을 것이다. 그보다는 서로 다른 포유류의 팔, 앞다리, 지느러미 발 그리고 날개에 들어 있는 뼈들은 그들의 공통조상이 가지고 있던 한 가지 기원형의 변이 형태인 **상동 기관(homologous structure)**일 것이다.

서로 다른 동물들의 발생 초기 단계 비교가 성체에서는 보이지 않던 추가적인 해부학적 상동성을 나타내었다. 예를 들면, 모든 척추동물 배아는 발생 어느 시점에서 인두(목구멍)궁으로 불리는 구조뿐만 아니라 항문 뒤쪽으로 난 꼬리를 가진다(그림 16.17). 이 상동성 인두궁은 궁극적으로는 물고기의 아가미, 인간과 기타 포유류의 귀나 목구멍의 일부분 같이 서로 매우 다른 기능들을 가진 상동 기관으로 발생한다.

가장 흥미를 끄는 상동 기관은 이제는 거의 중요하지 않게 남겨진 구조들이다. 생물의 **흔적 구조(vestigial structure)**는 조상 때에 중요 기능을 담당하던 특징들의 유물이다. 예를 들면, 몇몇

▶ 그림 16.16 포유류 앞다리(팔): 상동 기관. 비록 서로 다른 기능을 갖도록 적응했지만, 모든 포유류의 앞다리(팔)는 똑같은 기본 골격 요소로 구성된다. 하나의 큰 뼈(보라색)가, 보다 작은 2개의 뼈들에 부착되고(오렌지와 황갈색), 다시 이 두 뼈는 몇 개의 작은 뼈들에 부착되며(황금색), 다시 이 뼈들은 몇 개의 손바닥뼈에 부착되며(녹색), 이 뼈들은 다시 약 5개의 손(발)가락에 부착되는데, 이 손(발)가락은 여러 개의 지골들(파란색)로 구성되어 있다.

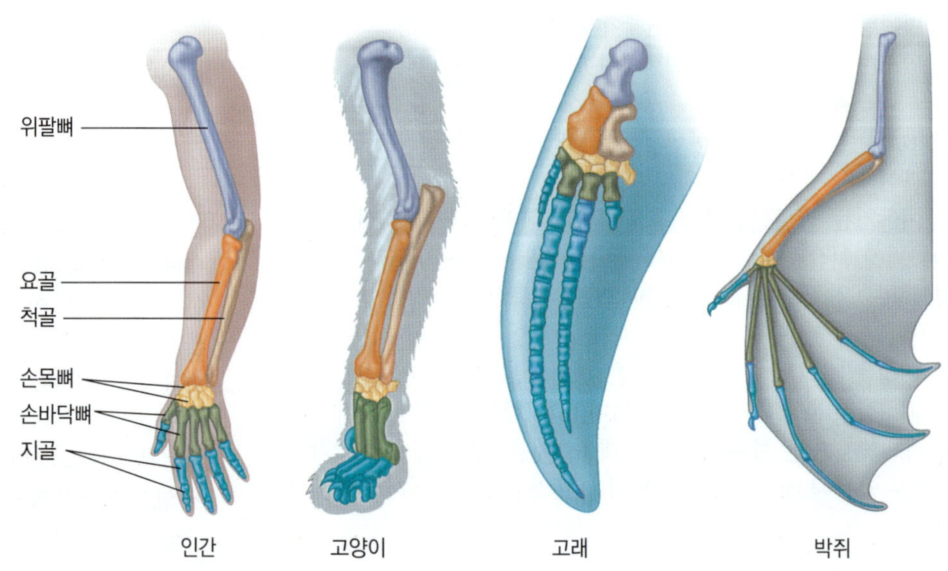

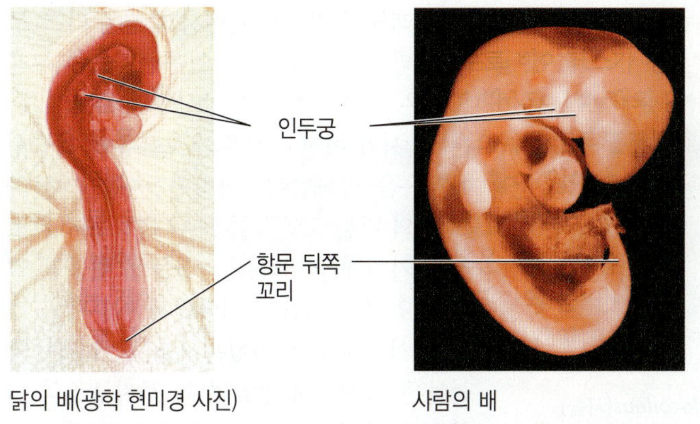

▲ **그림 16.17 척추동물 배의 해부적 유사성.** 모든 척추동물들은 배 발생의 어느 단계에서 항문 뒤에 위치하는 (항문 뒤 꼬리로 언급됨) 꼬리와 그리고 인두(목구멍)궁을 가진다. 공통 조상으로부터 유래했다는 점이 이와 같은 유사성을 설명할 수 있다.

뱀들의 골격은 걸어 다닌 조상의 골반과 다리 뼈 흔적을 가지고 있다. 동굴 장님물고기 종에서 관찰된 비늘 아래 묻혀 남아 있는 눈은 또 다른 한 사례이다. 만약 뱀과 장님물고기가 다른 척추동물들의 기원들과는 분리된 기원들을 갖는다면, 우리들은 이들 흔적 구조들을 보지 못했을 것이다.

생물학자들은 분자 수준에서 존재하는 종 사이의 유사성 또한 목격한다. 모든 형태의 생물은 근본적으로 동일한 유전 암호를 사용하는데, 이것은 모든 종들이 이 유전 암호를 사용했던 한 공통조상에서 유래한 후손들임을 시사한다. 그러나 분자 상동성은 공유된 유전 암호 이상이다. 예를 들어, 인간과 세균만큼이나 서로 다른 생물들이라도 아주 먼 과거의 공통조상으로부터 물려받은 유전자들을 공유한다. 이 상동성 유전자들의 일부는 새로운 기능들을 획득하였고, 단백질 합성에 사용되는 리보솜 소단위들을 암호화하는 유전자들처럼 또 다른 일부는 원래의 기능들을 간직해 오고 있다(그림 11.17). 그리고 비록 유연관계에 있는 다른 종들에서는 기능이 완전히 남아 있더라도 반대로 어떤 생물들에서는 그 기능이 상실된 상동성 유전자들도 흔히 있다. 흔적 구조처럼 기능이 없는 "위유전자"들도 단지 공통조상이 가지고 있었기 때문에 존재할 수도 있다.

유사성의 다른 원인: 수렴 진화

가까운 관계의 생물들은 공통조상으로 인해 어떤 형질들을 공유하는데, 먼 관계인 생물들도 **수렴 진화(convergent evolution)**라는 또 다른 이유로 서로 닮을 수 있다. 수렴 진화는 서로 다른 계열에서 유사한 특징들이 독립적으로 진화하는 것을 말한다. 포유류의 하나인 오스트레일리아에 사는 유대류를 생각해 보자. 유대류는 오스트레일리아에는 거의 없는 진수류와는 구별된다. (진수류는 자궁 안에서 배 발생을 완료하지만, 유대류는 배아로 태어난 후 모체의 외부 주머니에서 발생을 완료한다.) 일부 오스트레일리아 유대류는 다른 대륙에 사는 진수류와 겉보기에 비슷한 모양과 적응을 보여준다.

▲ **그림 16.18 수렴 진화.** 공중을 활강할 수 있는 능력은 서로 유연관계가 먼 이들 두 포유류에서 독립적으로 진화했다.

예를 들어 **그림 16.18**에 나와 있듯이, 오스트레일리아 숲에 사는 유대류의 하나인 슈거 글라이더(sugar glider)는 북미 숲에 사는 나는 진수류인 날다람쥐와 매우 유사하다. 그러나 슈거 글이이더는 날다람쥐나 다른 진수류보다는 캥거루나 다른 오스트레일리아 유대류에 훨씬 가깝고, 분명히 유대류로 정의할 수 있는 다른 많은 특징들을 가지고 있다. 다시 한 번 진화에 대한 우리의 이해는 이러한 관찰을 설명할 수 있다. 두 포유류가 서로 다른 조상에서 독립적으로 진화했어도 이 두 포유류는 비슷한 환경에서 비슷한 방식으로 적응했다. 수렴 진화로 인해 어떤 특징을 공유하는 종들의 경우 그 유사성을 상동성이 아닌 **상사성(analogous)**이라 부른다. 상사성 특징들은 유사한 기능을 공유하지만 공통조상을 갖지는 않는다. 반면에 상동성 특징들은 공통조상을 갖지만 반드시 유사한 기능을 공유하는 것은 아니다.

화석 기록

진화의 세 번째 유형 증거는 화석으로부터 온다. 화석 기록은 과거의 생물들이 오늘날 생물들과 달랐다는 것을 보여주고 많은 종들이 멸종되었음을 보여주면서 진화의 양상을 증명한다. 화석들은 또한 많은 다양한 생물군에서 시간에 따라 일어난 진화적 변화들을 보여준다. 수백 가지 가능성 있는 사례들의 하나로 연구자들은 큰가시고기 물고기 화석을 통해 골반 뼈가 여러 서로 다른 호수에서 시간이 지나면서 아주 작아졌음을 발견하였다. 이러한 일관된 변화의 본질은 골반 뼈 크기의 감소가 자연선택에 의한 결과라는 것을 제시한다.

화석은 새로운 생물군들의 기원도 밝혀준다. 한 가지 예는 고래와 돌고래류를 포함하는 포유류 목의 초기 고래류에 관한 화석 기록들이다. **그림 16.19**에서 살펴볼 수 있듯이, 이들 화석의 일부는 DNA 자료에 근거한 한 가지 가설, 즉 고래류가 발가락 수가

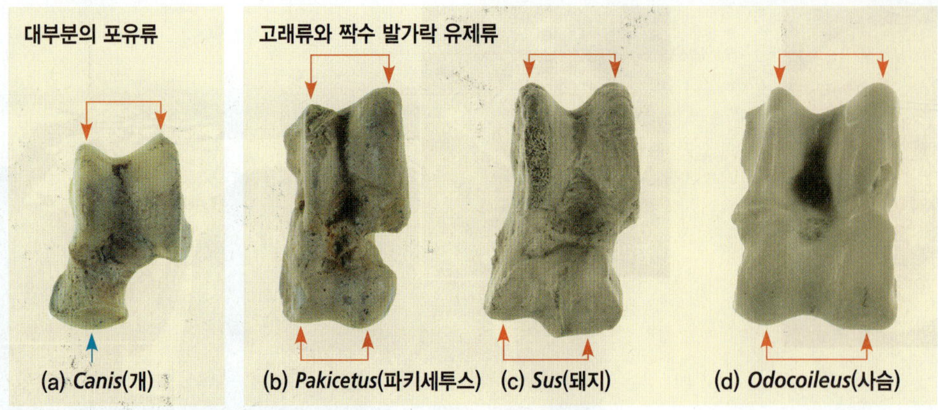

▲ **그림 16.19 복사뼈: 수수께끼의 하나.** 화석과 오늘날 생물의 복사뼈의 비교는 고래류가 발가락 수가 짝수인 유제류와 근연관계라는 것을 나타낸다. **(a)** 대부분의 포유류에서 복사뼈는 개의 그것과 비슷하게 생겼는데, 한 쪽 끝은 두 개의 혹이 튀어 오른 모양(빨간색 화살표)이지만 반대편 끝은 그렇지 않다(파란색 화살표). **(b)** 화석들은 초기 고래류인 파키세투스(*Pakicetus*)가 복사뼈 양쪽 끝 모두 두 개의 혹을 가졌다는 것을 보여주는데, 이것은 **(c)** 돼지와 **(d)** 사슴과 다른 모든 짝수 발가락을 갖는 유제류에서만 발견되는 모양이다.

짝수인 유제류(사슴, 돼지, 낙타, 소를 포함하는 그룹)와 근연관계라는 가설을 강력히 지지했다.

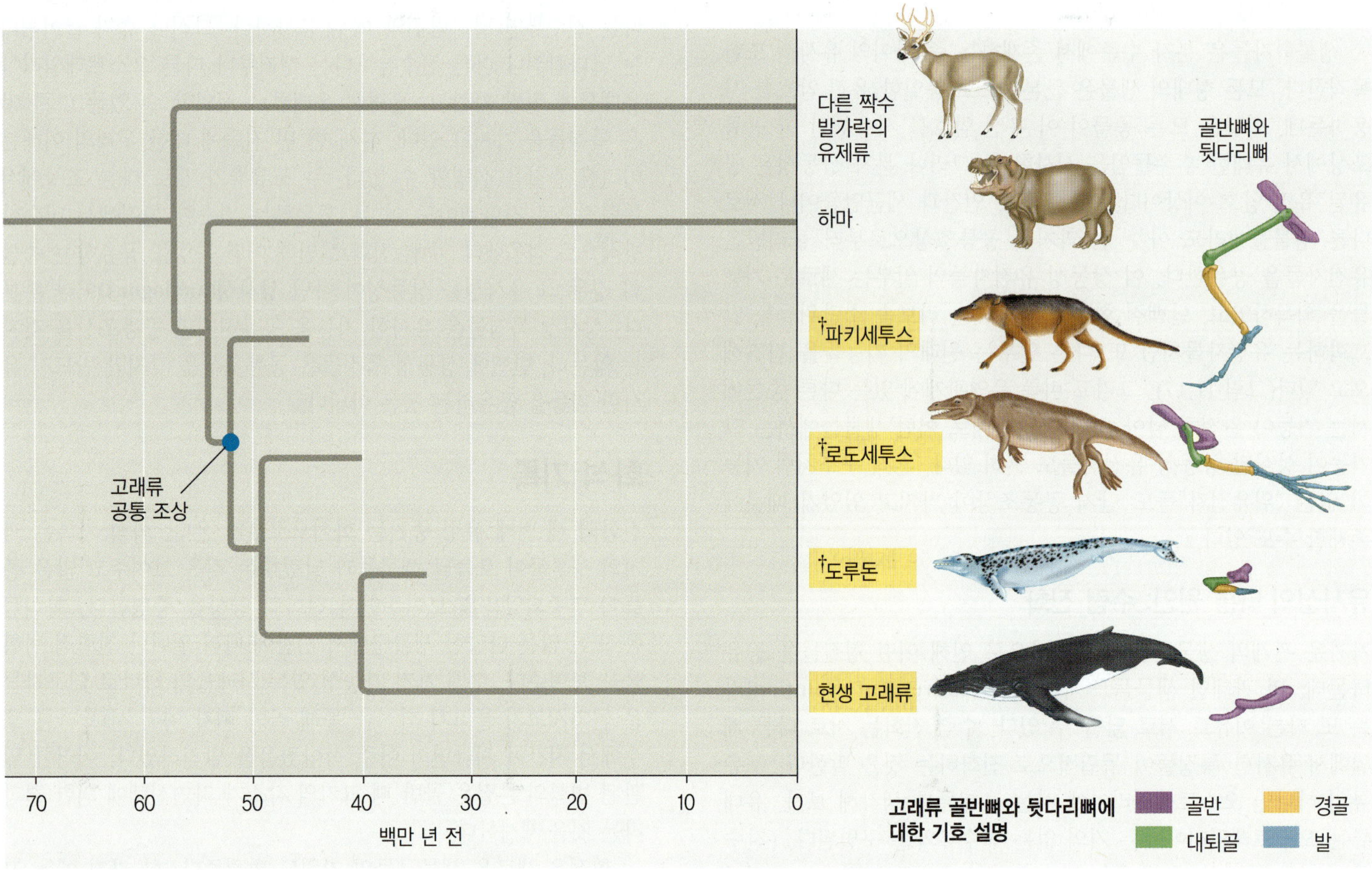

고래류의 기원에 관해서 화석은 다른 무엇을 더 이야기해줄 수 있을까? 초기 고래류들은 5~6천만 년 전에 살았다. 화석 기록은 이 시기 이전 대부분의 포유류가 육상형이었음을 말해준다. 과학자들이 고래들과 그 밖의 다른 고래류들 모두 육상 포유류로부터 기원했을 거라는 사실을 오랫동안 알고 있었어도 시간이 지나면서 어떻게 고래류의 사지구조가 변했는지를 보여주는 화석들은 발견되지 않았었다. 사지구조의 변화는 궁극적으로 뒷다리의 소실 그리고 갈라진 꼬리와 지느러미발의 발생으로 이어졌다. 그러나 과거 수십 년 동안 주목할 만한 일련의 화석들이 파키스탄, 이집트 그리고 북미에서 발견되었다. 이 화석들은 조상형과 현생하는 고래류 사이의 빈 간격을 메우면서 육상 생물이 해양 생물로 전이해 간 단계들을 증명해준다(**그림 16.20**).

종합해 보면 최근 이 화석들의 발견은 새로운 한 포유류 그룹

다른 짝수 발가락의 유제류
하마
†파키세투스
†로도세투스
†도루돈
현생 고래류
고래류 공통 조상
골반뼈와 뒷다리뼈
70 60 50 40 30 20 10 0
백만 년 전
고래류 골반뼈와 뒷다리뼈에 대한 기호 설명: 골반, 대퇴골, 경골, 발

▲ **그림 16.20 해양 생활로 전이.** 다수의 증거는 고래류(노란색으로 강조)가 육상 생물로부터 진화했다는 가설을 지지해준다. 파키세투스(*Pakicetus*), 로도세투스(*Rodhocetus*), 도라돈(*Dorudon*)을 포함한 멸종한(†) 고래류 조상들의 화석들은 시간이 지나면서 골반뼈와 뒷다리뼈가 작아지는 것을 보여준다. DNA 서열 자료는 고래류가 짝수 발가락의 유제류인 하마와 가장 근연관계라는 가설을 지지해준다.

의 기원을 증명한다. 또한 이 발견들은 고래류와 그들의 가까운 친척(하마, 사슴, 그 외 다른 짝수 발가락 수의 유제류)들이 파키세투스(*Pakicetus*)와 디아코덱시스(*Diacodexis*)와 같은 초기 짝수 발가락수의 유제류들 사이에서 관찰되는 차이들보다 훨씬 더 다르다는 것을 보여준다(**그림 16.21**). 비슷한 양상들이 포유류, 꽃식물, 사지류를 포함한 새로운 주요 생물군들의 기원을 증명해주는 화석들에서 관찰된다. 이들 각 경우에서 화석 기록은 변형 혈통이 근연관계의 생물들 사이에 시간을 두고 점차 점점 더 큰 차이들을 낳으면서 궁극적으로는 오늘날 우리가 보는 생명 다양성을 만들어 냈다는 것을 보여준다.

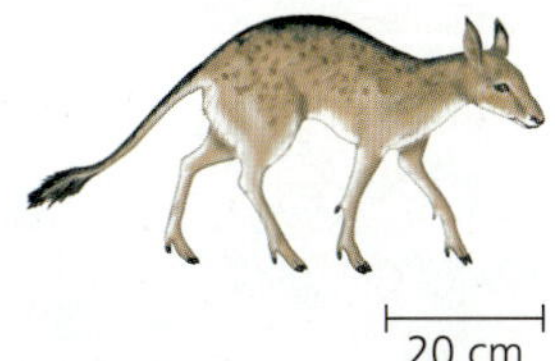

▲ **그림 16.21 디아코덱시스 (*Diacodexis*)**

생물지리

진화에 대한 네 번째 유형의 증거는 종의 지리적 분포에 관한 과학적 학문인 **생물지리(biogeography)**와 관련이 있다. 생물의 지리적 분포는 시간이 가면서 지구 대륙이 서서히 이동하는 **대륙 이동**(continental drift)을 포함하는 그 밖의 많은 요인들에 의해 영향을 받는다. 약 2억 5,000만 년 전 이 움직임은 **판게아(Pangaea)**라고 불리는 단 하나의 대륙으로 지구 땅덩어리들을 통합시켰다. 대략 2억 년 전 판게아는 쪼개지기 시작했고 오늘날 우리가 아는 대륙들은 2,000만 년 전에 현재의 위치들로부터 수백 킬로미터밖에 차이가 안 나는 위치에 오게 된다.

우리는 진화와 대륙 이동에 관한 지식을 이용하여 서로 다른 생물 그룹들의 화석들이 어디에서 발견될 수 있는지 예측할 수 있다. 예를 들어 과학자들은 해부학적 자료에 근거하여 말들의 진화 계통수들을 작성하였다. 이 계통수들과 말 조상 화석들의 연대는 현생하는 말의 종들을 포함하는 말속(*Equus*)이 500만 년 전 북미에서 기원했음을 제시하였다. 지질학적 증거는 그 당시 북미와 남미가 아직 연결되지는 않았었기 때문에 말들이 그 사이를 지나가기는 어려웠음을 보여준다. 그러므로 우리는 가장 오래된 말속의 화석들이 말 그룹이 기원한 대륙(북미)에서만 발견되어야 한다고 예측할 수 있을 것이다. 이 예측과 다른 생물 그룹에 대한 비슷한 방식의 예측들은 더 많은 진화의 증거들을 제공하였으며 또한 지지를 받아 오고 있다. 우리는 진화에 관한 우리의 이해를 사용하여 생물지리 자료들을 설명할 수 있다. 예를 들어, 일반적으로 섬들은 많은 **토착(endemic**; 세상 다른 어느 곳에서도 발견되지 않는) 식물들과 동물들을 가지고 있다. 그러나 다윈이 종의 기원에서 서술했듯이 섬에서 사는 대부분의 종들은 섬과 가장 가까운 본토에 혹은 이웃 섬에 사는 종들과 근연관계가 있다. 그는 섬들에 가장 가까운 본토 종들이 와서 정착한다고 제시하며 이 관찰을 설명하였다. 이 정착자들은 새로운 환경에 적응하면서 궁극적으로는 새로운 종을 낳게 된다. 또한 이와 같은 과정은 비슷한 환경의 멀리 떨어져 있는 두 섬에, 두 섬 간 서로 근연관계의 종들이 아니라, 그 두 섬 각각으로부터 근처에 있는 본토에 사는 종들과 서로 가까운 종들이 분포하게 되는 이유를 설명해 줄 수 있다.

다윈주의 생물관에서 이론적인 것은 무엇인가?

일부 사람들은 다윈주의 생물관이 "단지 한 이론"일 뿐이라고 딱 잘라 거부한다. 그러나 우리가 보았듯이 진화의 양상은(생명체가 시간에 따라 진화했다는 관찰) 직접적으로 기록되었고 수많은 양의 증거들로 지지를 받고 있다. 덧붙여서 진화 과정에 관한 다윈의 설명은 (자연선택이 관찰된 진화적 변화의 주요 원인이라는) 대단히 많은 양의 자료들을 의미 있게 한다. 자연선택의 효과는 자연계에서 관찰될 수 있고 검증될 수 있다.

그러면 진화에 관해 무엇이 이론적인 것일까? 학설(theory)이라는 용어는 과학과 일상적인 의미간에 매우 다른 뜻을 가지고 있다는 사실을 명심하라. 일상회화에서 사용될 때 이론이란 과학자들이 가설이라는 용어로 의미하는 바에 가깝다. 과학에서 사용되는 학설은 가설보다는 훨씬 포괄적이다. 다윈의 자연선택에 의한 진화 같은 학설은 많은 관찰들을 설명해 주고, 대단히 다양한 현상들을 설명하고 통합한다. 이와 같이 통합적인 학설은 학설이 예측하는 것들이 추가 실험들이나 관찰들로 검증해 보았을 때 일치하지 못한다면 널리 받아들여질 수 없다. 이 단원의 나머지가 증명하듯이 자연선택에 의한 진화론은 확실히 많은 검증을 통과한 경우에 해당한다.

과학자들이 이론들을 계속해서 검증해나갈 때, 과학자의 회의론은 그 생각들이 교조적 주장이 되는 것을 막아 준다. 예를 들어, 다윈은 진화가 매우 느린 과정이라고 생각했어도, 우리는 이것이 언제나 진실은 아니라는 것을 안다. 새로운 종은 상대적으로 짧은 기간에 형성될 수도 있다(수천 년 가량). 더군다나 지금 많은 진화생물학자들은 자연선택만이 진화의 유일한 기작은 아니라고 인식하고 있다. 진정으로 오늘날 진화 연구는 과학자들이 자연선택 그리고 여타의 진화 방식들에 기반을 둔 예측들을 시험해 볼 수 있는 다양한 실험적 접근과 유전적 분석 방법을 사용하면서 전보다 더 활발한 상황이다.

비록 다윈의 이론이 생물 다양성의 원인을 자연적인 과정에 두지만, 그럼에도 진화의 다양한 산물들은 근사하며 영감을 준다. 다윈은 종의 기원 마지막 문장을 이렇게 적고 있다. "이러한 생물관은 웅장함이 있다... 지극히 아름답고 경이로우며 끝이 없는 형태들이 진화해왔고 진화하고 있다."

CHAPTER

17 계통발생

▲ 그림 17.1 이 생물은 어떤 종류인가?

핵심 개념

17.1 계통발생은 진화적 관계를 나타낸다

17.2 계통발생은 형태학적 자료와 분자 수준의 자료로부터 추론할 수 있다

17.3 공유 형질은 계통수를 구축하는 데에 사용된다

17.4 분자 시계를 통해 진화 시간을 추적할 수 있다

17.5 새로운 정보로 인해 진화 역사에 대한 이해는 계속 수정된다

생명 진화의 역사 조사하기

그림 17.1에 있는 생물을 주의 깊게 살펴보자. 뱀과 비슷하게 보이지만 이 동물은 사실 동부풀도마뱀(*Ophisaurus ventralis*)이라 알려진 다리 없는 도마뱀이다. 왜 이 풀도마뱀을 뱀으로 간주하지 않을까? 이 질문을 더 일반적으로 표현하면, 생물학자들은 지구상의 수백만 종의 생물들을 어떻게 구분하고 분류하는가?

진화적 관계를 이해하면 이러한 질문에 대한 한 가지 답을 제시할 수 있다. 특정 종을 어떤 범주에 넣을지는 가까운 친척으로 간주되는 종과 형질을 비교하여 정할 수 있다. 예를 들어, 이 동부풀도마뱀은 움직임이 큰 턱, 많은 수의 척추뼈, 항문 뒤에 위치한 짧은 꼬리 등 모든 뱀이 공유하는 3가지 형질을 가지고 있지 않다. 다른 특징과 함께 이러한 사실을 고려하면 이 풀도마뱀은 외형적인 유사함에도 불구하고 뱀이라 할 수 없다.

뱀과 도마뱀 종류들은 초기의 생물로부터 현재 생존한 다양한 종까지 연결되는 생명의 연장선상에 있는 일부이다. 이러한 다양성을 이해하기 위해 생물학자들은 하나의 종 또는 특정 종집단의 진화 역사인 **계통발생(phylogeny)**을 추적한다. 예를 들어, 도마뱀과 뱀의 계통발생에 따르면 동부풀도마뱀과 뱀류는 다리를 가진 조상으로부터 유래한 것으로 보인다. 그러나 이들은 이 조상에서 유래한 상이한 혈통으로부터 각각 다르게 진화하였다(그림 17.2). 그래서 이들의 다리 없는 몸체는 독립적으로 진화한 것 같다.

사실, 더 많은 예를 조사해 보면 뱀과 같은 몸 형태를 지닌 도마뱀들은 여러 상이한 도마뱀 집단에서 진화한 듯하다. 이러한 형태의 몸을 지닌 도마뱀의 대부분은 굴 속에서 서식하든지 초원에서 서식한다. 일련의 지속적인 환경의 변화에 따라 뱀과 같은 몸 형태가 반복적으로 진화하는 것으로 보아 이 변화는 자연선택에 의해

▼ 그림 17.2 **다리 없는 몸체의 수렴 진화.** DNA 염기서열 자료에 기초한 계통발생을 살펴보면 다리 없는 몸 형태는 동부풀도마뱀과 뱀으로 이어지는 혈통의 조상인 다리를 지닌 생물로부터 독립적으로 진화하였다.

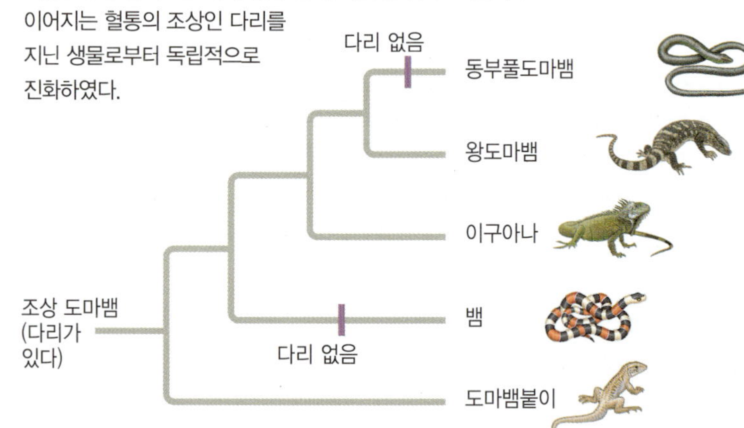

추동된 듯하다. 이 동물들이 자신의 환경에 적응하는 가운데 세대를 거듭할수록 다리는 짧아지고 심지어는 없어지기까지 한 것이다.

이 장에서 우리는 생물학자들이 **계통분류학(systematics)**을 이용하여 계통발생을 구성하고 해석하는 방법을 살펴볼 것이다. 계통분류학은 생물을 분류하고 이들의 진화적 관계를 결정하는 것에 중점을 둔 연구 분야이다.

개념 20.1

계통발생은 진화적 관계를 나타낸다

생물들은 공통 조상에서 유래하였기 때문에 서로 많은 특징을 공유한다. 결과적으로, 특정 종의 진화사를 이해한다면 우리는 그 종에 대하여 많은 내용을 알 수 있을 것이다. 예를 들어, 특정 생물은 가까운 친척 생물과 많은 유전자, 대사 경로, 구조 단백질 등을 공유할 가능성이 크다. 우리는 이 장에서 이러한 정보의 실제적 적용에 대해 살펴볼 것이다. 그런데 우선 **분류학(taxonomy)**의 과학적 원리인 생물들을 명명하고 분류하는 방법을 먼저 살펴보고자 한다. 또한 진화의 역사를 나타내는 그림을 해석하고 사용하는 방법도 살펴볼 것이다.

이명법

원숭이, 핀치, 수수꽃다리 등 생물의 일반명은 일상적으로 사용할 때에 뜻이 통하지만 혼란을 유발할 수도 있다. 예를 들어, 이 이름들은 두 가지 이상의 종을 가리킨다. 게다가 일부 일반명은 생물의 종류를 정확하게 나타내지 못한다. 세 가지 "fish"를 보자: jellyfish(해파리; 자포동물), crayfish(대하; 작은 바다가재와 비슷한 갑각류), silverfish(좀벌레; 곤충). 여기에 더해 다른 언어에서는 특정 생물에 대한 다른 이름이 부여되어 있다.

연구에 대한 의사소통이 모호해지는 것을 피하기 위해 생물학자들은 라틴 학명으로 생물을 칭한다. 흔히 **이명법(binomial)**으로 알려진 학명의 두 부분 형식은 18세기 카를로스 린네가 제정하였다. 이명법의 첫 번째 부분은 그 종이 속한 **속(genus**, 복수는 *genera*)의 이름이다. 두 번째 부분은 하나의 속에 속한 한 종의 유일한 이름인 소위 종소명(specific epithet)이다. 이러한 이명법의 예로 *Panthera pardus*라는 학명은 표범이라 불리는 대형 고양이과 동물의 학명이다. 속명의 첫째 글자가 대문자이고 전체 이명이 이탤리체임을 주목하자. (새롭게 만든 학명도 "라틴화"되어야 한다. 친구의 이름을 따서 새롭게 발견한 곤충에게 학명을 부여하더라도 라틴 접미사를 붙여야 한다.) 린네가 지은 11,000개 이상의 이명이 아직도 사용되고 있는데 여기에는 우리 자신의 종에 붙여진 낙관적인 이름으로 "지혜로운 사람"을 의미하는 *Homo sapiens*도 포함된다.

계층적 분류

종을 명명한 것 이외에도 린네는 생물들을 점점 더 포괄의 폭을 증가시키면서 계층 구조로 묶어나갔다. 첫 번째 묶음은 이명 안에 있다. 즉, 가깝게 연관되어 보이는 종들을 묶어 동일한 속을 구성한다. 예를 들어, 표범(*Panthera pardus*)은 아프리카 사자(*Panthera leo*), 호랑이(*Panthera tigris*), 재규어(*Panthera onca*)를 포함하는 속에 속한다. 분류학자들은 속을 초과해서는 점점 더 포괄적인 분류의 범주를 사용한다. 린네의 이름을 딴 분류체계는 관련 있는 속들을 동일한 **과(family)**로, 과들은 **목(order)**으로, 목들은 **강(class)**으로, 강들은 **문(phyla**, 단수는 *phylum*)으로, 문들은 **계(kingdom)**로, 최근에 들어서는 계들은 **영역(domain)**으로 묶는다(그림 17.3). 특정 생물의 분류는 결과적으로 특정 아파트에 있는 사람을 찾아내는 것과 같다. 마치 해당 아파트를 포함한 많은 아파트는 한 빌딩을, 많은 빌딩은 한 구역을, 여러 구역은 한 도시를 구성하는 것과 같은 식이다.

계층의 어떤 수준에서든 이름이 부여된 분류 단위를 **분류군(taxon**, 복수는 *taxa*)이라 한다. 표범의 예를 보면, *Panthera*는 속

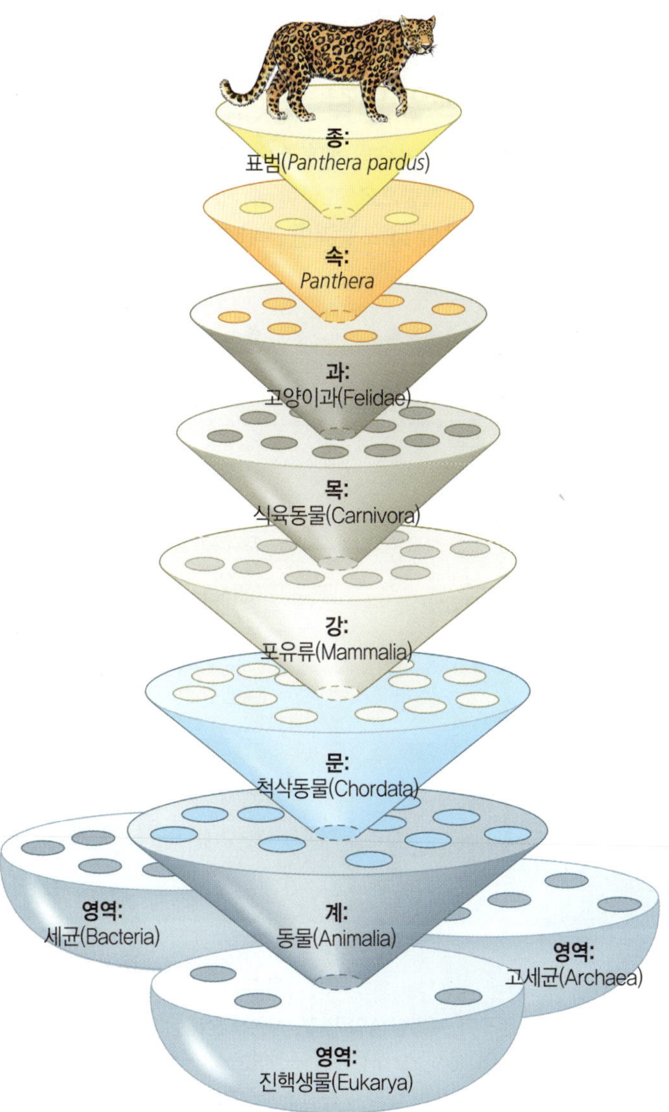

▲ 그림 17.3 **린네식 분류.** 각 수준 또는 "등급"에서 종들은 더 포괄적인 집단으로 배치해 나간다.

수준의 분류군이고 포유류(Mammalia)의 모든 목을 포괄하는 강 수준의 분류군이다. 린네 체계에서 속보다 더 포괄적인 분류군에서는 대문자로 시작하지만 이탤릭체가 아닌 이름을 사용한다.

종을 분류하는 것은 우리 인간이 세계를 이해해 가는 방식 중의 하나이다. 우리는 여러 종의 나무를 소나무라는 일반명으로 묶어 전나무라 불리는 다른 나무들과 구분한다. 분류학자들은 소나무와 전나무가 상이한 속으로 분리될 만큼 충분히 다르지만 동일한 소나무과(Pineaceae)로 묶일 만큼 비슷한 것으로 결정하였다. 소나무와 전나무의 경우처럼 더 높은 수준의 분류는 일반적으로 분류학자들이 선택한 특정 형질에 의해 이루어진다. 그러나 하나의 생물 집단을 분류하는 데에 유용했던 형질이 다른 생물들에게는 적절하지 않을 수 있다. 따라서 더 포괄적인 분류 기준이 종종 다른 계통들 사이에서 동일하게 적용되지 못할 수도 있다. 즉, 달팽이 한 목이 포유류의 한 목과 마찬가지 정도의 형태학적 또는 유전학적 다양성을 나타내지 못할 수 있다. 더 나아가, 앞으로 살펴보겠지만, 종을 목, 강 등등에 위치시키는 것이 반드시 진화의 역사를 반영한다고 할 수도 없다.

분류와 계통발생의 연결

특정 생물 집단의 진화 역사는 **계통수(phylogenetic tree)**라는 나무(가지)가 갈라지는 그림으로 표현할 수 있다. 그림 17.4처럼 분기 양상이 분류학자들이 더 포괄적인 집단 내에 생물 집단을 포함

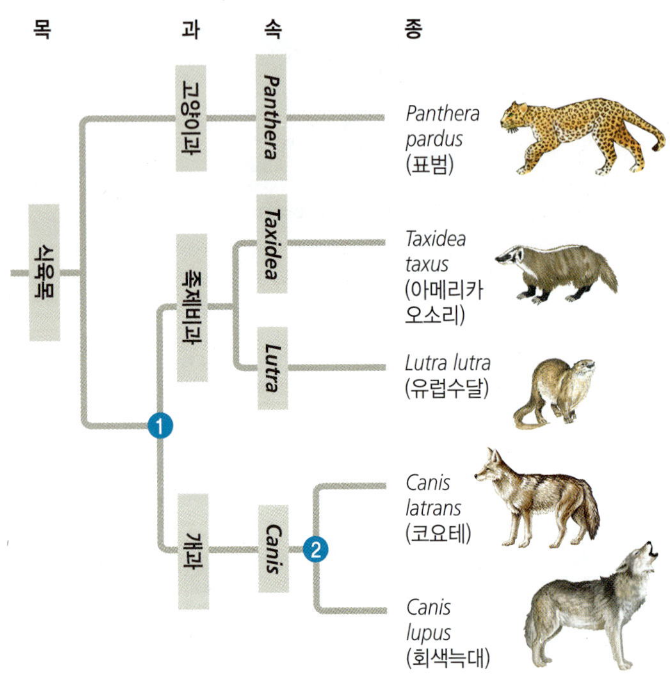

▲ 그림 17.4 **분류와 계통발생의 연결.** 계층적 분류는 계통수의 분지 양상을 반영할 수 있다. 이 계통수는 포유강을 구성하는 하나의 가지인 식육목 내의 몇몇 분류군 사이에서 가능한 진화적 관계를 추적하여 나타낸다. 분기점 ①은 족제비과와 개과의 모든 구성원이 공유하는 가장 최근의 공통조상을 나타낸다. 분기점 ②는 코요테와 회색늑대의 가장 최근의 공통조상을 나타낸다.

시켜 분류하는 계층적인 방식과 가끔 부합될 때가 있다. 그러나 가끔 분류학자들은 특정 종을 가장 가까운 관계 아닌 특정 속(또는 다른 분류군)에 위치시키기도 한다. 이와 같은 실수가 생기게 하는 원인 중의 하나는 진화의 과정 속에서 특정 종이 자신과 밀접한 친족과 공유했던 핵심적인 특징을 잃기 때문이다. 만약 DNA 또는 여타 새로운 증거에 의해 특정 생물이 잘못 분류되었다는 것이 밝혀지면 이 생물은 진화사를 정확하게 반영하도록 다시 분류되어야 할 것이다. 또 다른 문제는 린네 체계가 양서류, 포유류, 파충류 등 여타 척추동물의 강을 구분하고 있으나 이러한 구분이 이 집단들 사이의 진화적 관계에 대해 아무것도 설명하지 않는다는 점이다. 이처럼 계통발생과 린네식 분류를 맞추기 어렵기 때문에 많은 계통분류학자들은 분류가 전적으로 진화의 역사에 따라야 한다고 주장한다.

생물 집단이 어떤 식으로 명명되든지 상관없이 계통수는 진화 관계에 대한 가설을 나타낸다. 이러한 관계는 흔히 일련의 이분, 또는 **분기점(branch point)**으로 묘사된다. 각 분기점은 하나의 공통조상으로부터 두 진화 계통이 갈라졌음을 나타낸다. 예를 들어, 그림 17.5에서 분기점 ③은 분류군, A, B, C의 공통조상을 나타낸다. ③의 오른쪽에 있는 분기점 ④는 분류군 B와 C가 이들의 공통 계통이 분류군 A와 갈라진 후에 분기되었음을 나타낸다. 또한 계통수 가지는 진화 관계를 변화시키지 않고서 특정 분기점에서 회전할 수 있음을 유의하자.

그림 17.5에서 분류군 B와 C는 가장 가까운 공통조상(분기점 ④)을 공유하는 생물 집단으로 자매분류군(sister taxa)이다. 그래서 이들은 서로 가장 가까운 관계이다. 또한 이 나무는 이 책에 있는 다른 모든 계통수처럼 근본에서 출발되었다**(rooted)**. 즉, 이 나무의 한 분기점(대개 가장 왼쪽에 표시)은 모든 분류군의 가장 최근 공통조상을 나타낸다는 뜻이다. **기저 분류군(basal taxon)**이란 해당 집단의 역사 속에서 다른 모든 계통과 일찌감치 갈라진 계통을 가리킨다. 그래서 그림 17.5의 분류군 G처럼 기저군은 해당 군의 공통조상 가까이에서 유래한 가지에 위치한다. 마지막으로

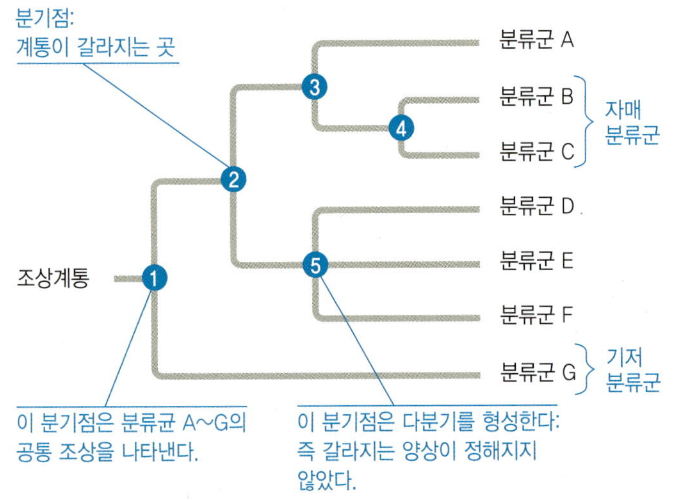

▲ 그림 17.5 **계통수를 해석하는 법**

D~F계통을 만든 ❺는 **다분기(polytomy)**를 나타내는 것으로 이 분기점으로부터 셋 이상의 후손 집단이 출현했음을 나타낸다. 다분기는 자손 계통 사이의 진화 관계가 아직 명확하지 않다는 것을 의미한다.

계통수로부터 알 수 있는 것과 없는 것

계통수에 대한 세 가지 핵심을 요약해보자. 첫째, 계통수는 표현형의 유사성이 아니라 혈통의 양상을 보여주기 위해 고안된 것이다. 공통조상에서 유래했다면 매우 가까운 관계에 있는 생물들은 대개 서로 비슷하지만 만약 이들 계통이 상이한 속도로 진화하거나 매우 상이한 환경 조건을 접하게 되면 그렇지 않을 수도 있다. 예를 들어 악어는 도마뱀보다 조류와 더 가까운 관계이지만(그림 17.14) 조류 계통에서 형태의 변화가 극적이었기 때문에 악어는 도마뱀과 더 비슷해 보인다.

둘째, 계통수에서 분기의 순서가 반드시 특정 종의 실제(절대) 연대를 나타내는 것은 아니다. 예를 들어, 그림 17.4의 계통수는 늑대가 유럽수달보다 더 최근에 진화했음을 나타내는 것이 아니고 단지 늑대와 수달의 가장 최근 공통조상(분기점 ❶)이 늑대와 코요테의 가장 최근 공통조상(❷)보다 이전에 존재했음을 나타낼 뿐이다. 늑대와 수달이 진화한 시간을 표시하려면 분기가 발생한 시점뿐만 아니라 각 진화 계통에서 일어난 추가적인 분기를 포함할 필요가 있다. 보통 계통수의 가지 길이에 대한 특정 정보, 예를 들어 이들이 시간에 비례한다든지 등이 제공되지 않으면 우리는 계통수를 혈통의 (전개) 양상으로만 해석해야 한다. 특정 종이 진화한 시간 또는 각 계통에서 일어난 변화의 정도에 대한 추측은 삼가야 한다.

셋째, 계통수의 한 분류군이 바로 옆에 있는 분류군에서 유래한 것이라고 가정할 수 없다. 그림 17.4가 늑대가 코요테에서 유래했거나 그 반대임을 나타내는 것이 아니다. 우리는 늑대를 출현시킨 계통과 코요테를 출현시킨 계통 모두 공통조상 ❷에서 진화했음을 추론할 수 있을 뿐이다. 현재에는 멸종한 이 조상 생물들은 늑대도 코요테도 아니다. 그러나 이들의 후손은 이 그림에서 볼 수 있듯이 현존하는 두 종인 늑대와 코요테를 포함한다.

계통발생의 응용

계통발생을 이해하면 실제로 응용이 가능하다. 아메리카 대륙에서 유래하여 지금은 전세계에 분포한 중요한 식량 곡물이 된 옥수수를 살펴보자. DNA 자료에 따른 옥수수의 계통발생을 통해 연구자들은 옥수수의 현존하는 가장 가까운 친족일 수 있는 야생초본인 두 종을 밝혀냈다. 이 두 친족은 식물 육종이나 유전공학을 통해 재배 옥수수로 전이할 수 있는 유용한 대립유전자들을 지닌 "저장고"로서 쓸모가 있을 것이다.

계통수가 사용된 또 다른 예는 상이한 생물체로부터 얻은 DNA 염기서열의 근친도를 분석하여 종의 정체를 추론한 것이다. 연구자들은 이 방법을 이용하여 "고래고기"가 남반구에서 잡히는 밍크고래처럼 합법적으로 포획이 가능한 고래에서 유래한 것인지 또는 국제법으로 보호되는 종을 불법으로 포획한 고래 종에서 유래한 것인지를 확정할 수 있었다.

개념 17.2

계통발생은 형태학적 자료와 분자 수준의 자료로부터 추론할 수 있다

계통발생을 추론하기 위해 계통분류학자들은 관련 생물들의 형태, 유전자, 생화학 등에 대한 정보를 가능한 한 많이 수집해야 한다. 공통조상으로부터 유래한 특징만이 진화적 관계를 반영하기 때문에 이러한 특징에 초점을 맞추는 것이 중요하다.

형태와 분자 수준의 상동

조상을 공유함으로써 생기는 표현형과 유전적 유사성을 **상동(homology)**이라 함을 기억하자. 예를 들어, 포유류 동물들의 경우 앞다리 뼈의 수와 배열이 비슷한 점은 동일한 뼈 구조를 지닌 조상의 후손이기 때문이다. 이는 형태적 상동의 일례이다(그림 16.16). 마찬가지로, 공통조상이 지닌 서열로부터 유래했다면 유전자나 DNA 염기서열도 상동이다.

일반적으로 매우 비슷한 형태 또는 비슷한 DNA 염기서열을 공유한 생물들은 구조와 염기서열이 매우 상이한 생물들보다 더 가까운 친족일 가능성이 크다. 그러나 일부의 경우, 가까운 관계인 종끼리 형태적으로는 많이 분기하지만 유전적으로는 적게 분기할 수 있다(또는 그 반대일 수 있다). 하와이 은검초를 살펴보자. 이들 중 일부 종은 크고 잔가지가 많은 나무이고 다른 종들은 조밀하고 땅을 기는 덤불이다(그림 20.14). 이렇게 표현형이 현저하게 다름에도 불구하고 이 은검초들의 유전자들은 매우 비슷하다. 이러한 분자 수준의 작은 분기에 근거하여 과학자들은 은검초 집단은 가장 오래된 섬이 만들어진 약 500만 년 전에 분기를 시작한 것으로 추산한다. 우리는 과학자들이 이러한 분기 현상을 추산하는 데에 어떻게 분자 자료를 이용하는지에 대해 이 장의 후반에서 논의할 것이다.

상동을 상사와 구분해 내기

계통수를 만드는 데에 혼란을 야기할 수 있는 잠재적 요인은 공통조상에서 유래한 것(상동)이 아닌 수렴 진화로 인해 생긴 유사성—**상사(analogy)**라 함—이다. 상이한 진화적 계통에서 유래한 생물들이 비슷한 환경 압력과 자연선택에 의해 비슷한 (상사의) 적응을 만들 때 수렴 진화가 일어난다. 그림 17.6에 있는 두 종의 두더지 같은 동물이 비슷한 외모를 나타내는 것이 한 예이다. 그러나 이들의 내부 형태, 생리학, 생식계 등은 매우 다르다. 사실 이들의 유전자와 화석들을 비교한 증거에 따르면 이들의 공통조상은 1억 4천만 년 전에 생존했을 것이다. 이 공통조상과 대부분의 자손들은 두더지처럼 생기지 않았다. 하지만 이 두 계통에서 비슷한 생활 방식에 적응함으로써 상사적 형질이 독립적으로 진화한 것이다.

상동과 상사를 구분하는 것은 계통발생을 재구성하는 데에 결정적으로 중요하다. 왜 그런지 알기 위해 비행이 가능하도록 적응한 박쥐와 새를 살펴보자. 이런 표면적인 유사성으로 인해 박쥐는 날지 못하는 고양이류보다는 새와 더 가까운 계통이라 간주할 수도 있다. 그러나 자세히 살펴보면 박쥐의 날개는 새의 날개보다 고양이류와 여타 포유류의 앞발과 비슷하다. 박쥐와 새들은 약 3억2천만 년 전에 생존했던 사지류 공통조상의 후손이다. 이 공통조상은 날 수 없었다. 그래서 박쥐와 새들의 기본적인 골격계는 상동이지만 날개(wings)는 아니다. 비행은 상이한 방식으로 이루어진다. 즉, 박쥐 날개는 막이 늘어나면서, 새들의 날개는 깃털에 의해 비행이 가능해진다. 화석 기록 역시 박쥐 날개와 새들의 날개가 상이한 사지류 조상의 앞다리에서 독립적으로 유래했음을 나타낸다. 그러므로 비행이라는 측면에서 보면 박쥐의 날개는 새들의 날개와 상동이 아닌 **상사**(analogous) 관계이다. 독립적으로 출현한 상사 구조를 **진화적 상동(homoplasy**; "동일한 방식으로 주조한다"는 뜻의 그리스어에 유래)이라고도 한다.

▲ **그림 17.6 굴 파는 동물들의 수렴 진화.** 긴 몸, 큰 앞발, 작은 눈, 끝이 가늘어진 코를 보호하는 두터운 피부판 등 모두가 이 두 종에서 독립적으로 진화했다.

확실한 유사성과 화석 증거 외에도 상동과 상사를 구분할 수 있는 단서는 비교되는 형질의 복잡성이다. 두 개의 복잡한 구조를 구성하는 요소들이 더 많이 비슷할수록 이 둘이 공통조상으로부터 진화했을 가능성이 더 클 것이다. 예를 들어, 성인과 침팬지 성체의 두개골은 둘 다 융합된 많은 뼈로 구성되어 있다. 두개골의 구성은 뼈 대 뼈로 거의 완벽하게 대응된다. 상세 구조가 많이 대응되는 이렇게 복잡한 구조가 서로 다른 기원에서 유래했을 개연성은 거의 없다. 더 나아가 두 두개골의 발생에 관련된 유전자들이 공통조상으로부터 유전되었을 가능성이 더 크다. 동일한 논리가 유전자 수준의 비교에서도 적용된다. 유전자는 수천의 뉴클레오타이드 서열이다. 서열의 각각은 4개의 DNA 염기, 즉 A(adenine), G(guanine), C(cytosine), T(thymine) 중 하나의 형태로 유전되는 문자를 나타낸다. 만약 두 생물의 유전자에서 뉴클레오타이드 서열의 많은 부분이 일치한다면 이 두 유전자는 상동일 가능성이 크다.

분자 수준의 상동 평가

DNA 분자를 비교하다 보면 연구자들은 종종 난관에 부딪치게 된다. 염기서열의 결정이 끝난 후 해야 할 첫 번째 단계는 연구 대상 종으로부터 비교될 염기서열 부위를 대응되게 배열하는 것이다. 만약 비교 대상 종들이 매우 가까운 관계라면 하나 또는 약간의 염기가 다를 것이다. 반면에 서로 먼 관계의 염기서열을 비교하면 보통 많은 염기가 상이하며 길이도 다를 수 있다. 그 이유는 삽입과 결실이 오랜 기간 동안 축적되었기 때문이다.

예를 들어, 두 종의 특정 유전자 근처에 있는 비암호성 DNA 서열이 첫 번째 염기가 결실된 것만 제외하고 매우 비슷한 것으로 가정하자. 그 결과는 나머지 염기서열이 하나씩 뒤로 밀리는 것이다. 이런 결실을 감안하지 않고 두 염기서열을 비교하면 실제로는 두 염기서열이 매우 잘 대응된다는 사실을 간과하게 될 것이다. 그림 17.7에서 묘사한 것처럼, 연구자들은 컴퓨터 프로그램의 도움으로 길이가 상이한 비교 대상 DNA 조각을 대응되도록 하는 여러 가능한 배열들을 살펴보고 그 중에서 그림과 같은 대응 방식을 찾아낸다.

이러한 분자 수준의 비교를 하여 호주와 북미의 두더지는 대응하는 유전자 사이에 많은 치환과 기타 차이가 누적되었음을 밝혀냈다. 이 많은 차이는 이들의 계통이 공통조상 이후로 크게 분기되었음을 의미한다. 그래서 현존하는 이 두 종은 가까운 친족이 아닌 것이다. 반면에 은검초 비교 종들은 유전자의 염기서열이 비슷하기 때문에 형태적 차이가 현저하더라도 모두 매우 가까운 친족 관계이다.

형태 형질 경우처럼, 진화 연구를 위한 분자 수준의 유사성을 평가하는 데에도 상사와 상동을 구분하는 것은 필수적이다. 많은 곳에서 서로 닮은 두 서열은 상동일 가능성이 매우 크다(그림 17.7). 그러나 가까운 친족으로 보이지 않는 생물들 사이에도 매우 다른 서열 사이에 공유되는 염기들은 분자 수준의 진화적 상동

① 종1과 종2가 공통조상으로부터 분기되기 시작할 때 이 두 상동 DNA 서열은 동일하다.

1 CCATCAGAGTCC
2 CCATCAGAGTCC

② 결실과 삽입 돌연변이에 의해 두 종의 대응되던 서열이 이동되었다.

결실
1 CCATCAGAGTCC
2 CCATCAGAGTCC
GTA 삽입

③ 종1과 종2의 상응하는 부위 중 오렌지색으로 음영 표시한 부위는 이런 돌연변이 때문에 더 이상 정렬될 수 없다.

1 CCATCAAGTCC
2 CCATGTACAGAGTCC

④ 컴퓨터 프로그램에 따라 서열 1에 틈을 더한 후 대응되는 부위를 재정렬한다.

1 CCAT___CA_AGTCC
2 CCATGTACAGAGTCC

▲ **그림 17.7 DNA 조각의 정렬.** 계통학자들은 두 종의 DNA 조각에 있는 비슷한 서열을 찾는다(각 종의 DNA 한 가닥씩만 보이게 하였다). 이 예에서 두 종이 분기된 이후 12개의 원래 염기 중 11개는 바뀌지 않았다. 그래서 일단 길이가 조정되면 비교되는 서열은 아직 정렬이 가능하다.

A C G G A T A G T C C A C T A G G C A C T A

T C A C C G A C A G G T C T T T G A C T A G

▲ **그림 17.8** **분자 수준의 진화적 상동.** 서로 가까운 관계가 아닌 생물들의 두 DNA 서열이 우연하게도 23% 정도 염기를 공유한다. 통계학적 도구가 개발되어 25% 이상 염기가 공유되는 이유가 상동인지의 여부를 결정한다.

이라 할 수 있는 단순히 우연한 대응이 생길 수 있다(그림 17.8). 과학자들은 극단적으로 분기된 서열들 사이에서도 일어나는 이러한 우연한 대응으로부터 "거리가 먼" 상동을 구분하기 위한 통계학적 도구를 개발하여 왔다.

개념 17.3

공유 형질은 계통수를 구축하는 데에 사용된다

앞에서 논의한 것처럼, 계통발생을 재구성하기 위한 핵심적인 단계는 상사적 특징으로부터 상동적 특징을 구분하는 것이다(왜냐하면 상동만이 진화의 역사를 반영하기 때문이다). 또한 이러한 상동 형질로부터 계통발생을 추론하기 위한 방법을 선택해야 한다. 널리 사용되는 일련의 방법이 분기학이라 알려진 것이다.

분기학

분기학(cladistics)이라고 하는 계통분류학의 접근법에서는 공통조상이 생물을 분류하는 데에 사용되는 최고의 기준이다. 이 방법을 사용하여 생물학자들은 종을 **분기군(clades)**으로 불리는 집단에 배치한다. 각 분기군은 하나의 공통조상과 이 조상의 모든 후손을 포함한다(그림 17.9a). 린넨 체계의 분류 등위처럼 분기군은 더 큰 분기군 내에 포함된다. 예를 들어, 그림 17.4에서 고양이군(고양이과, Felidae)은 개군(개과, Canidae)까지 포함하는 더 큰 분기군(식육목, Carnivora)에 속하는 하나의 분기군이 된다.

그러나 분류군은 단계통일 때에만 분기군에 상응하는데 **단계통(monophyletic**; "단일 종족"을 의미하는 그리스에서 유래) 군이란 하나의 조상종과 이 종의 모든 후손으로 구성되었음을 의미한다(그림 17.9a). 이와는 대조적인 것으로 하나의 조상종과 모두가 아닌 일부의 후손들로 구성된 **측계통(paraphylectic**; "종족을 벗어나") 군(그림 17.9b) 또는 관계가 먼 종을 포함하지만 가장 최근 조상은 포함하지 않는 **다계(polyphyletic**; "여러 종족") 군(그림 17.9c) 등이 있다.

측계통 군에서는 이 군에 속하는 모든 구성 종들의 가장 최근의 공통조상이 이 군의 일부임에 반해 다계 군에서는 가장 최근의 공통조상이 이 군의 일부가 아니라는 점을 유의해야 한다. 예를 들어, 유제류들(하마, 사슴, 그리고 이들의 친족)로 구성된 집단과 이들의 공통조상은 측계통이다. 왜냐하면 이 군은 같은 조상으로부터 유래한 고래들(고래류, 돌고래류, 상괭이류)을 포함하지 않기 때문이다(그림 17.10). 반면에 몸의 형태가 비슷하기 때문에 같이 묶인 물개류와 고래류로 구성된 군은 물개류와 고래류의 공통조상을 포함하지 않으므로 다계 군이다. 생물학자들은 이러한 다계 군을 기꺼이 정의하지 않는다. 새로운 증거에 의해 현존하는 특정 군이 다계 군임이 밝혀지면 이 군에 속한 생물들을 재분류한다.

공유 조상 형질과 공유 파생 형질

혈통이 자손으로 이어지면서 변형이 일어난 결과 생물들은 일부의 형질은 조상과 공유하고 일부는 다르다. 예를 들어, 모든 포유류

▼ **그림 17.9** **단계통, 측계통, 다계 군**

(a) 단계통 군(분기군)

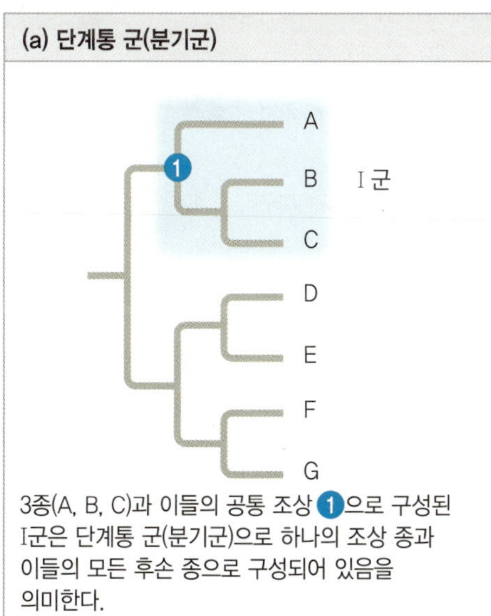

3종(A, B, C)과 이들의 공통 조상 1으로 구성된 Ⅰ군은 단계통 군(분기군)으로 하나의 조상 종과 이들의 모든 후손 종으로 구성되어 있음을 의미한다.

(b) 측계통 군

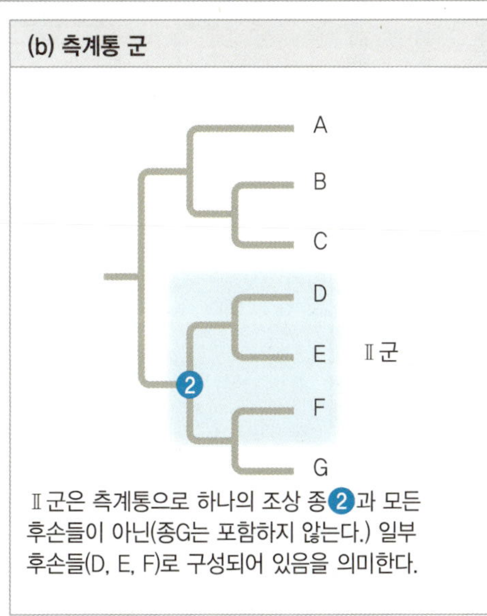

Ⅱ군은 측계통으로 하나의 조상 종 2과 모든 후손들이 아닌(종G는 포함하지 않는다.) 일부 후손들(D, E, F)로 구성되어 있음을 의미한다.

(c) 다계 군

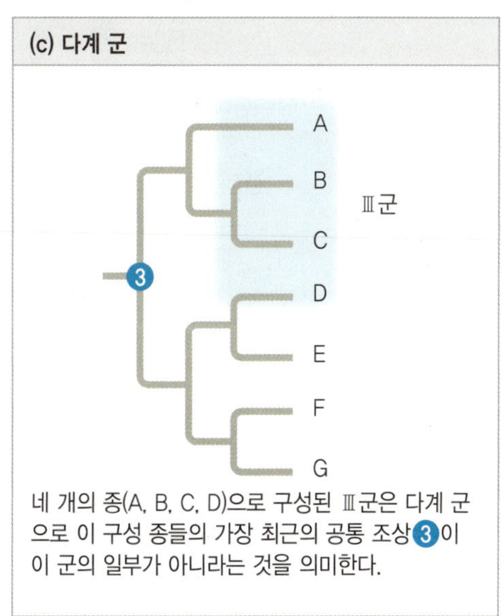

네 개의 종(A, B, C, D)으로 구성된 Ⅲ군은 다계 군으로 이 구성 종들의 가장 최근의 공통 조상 3이 이 군의 일부가 아니라는 것을 의미한다.

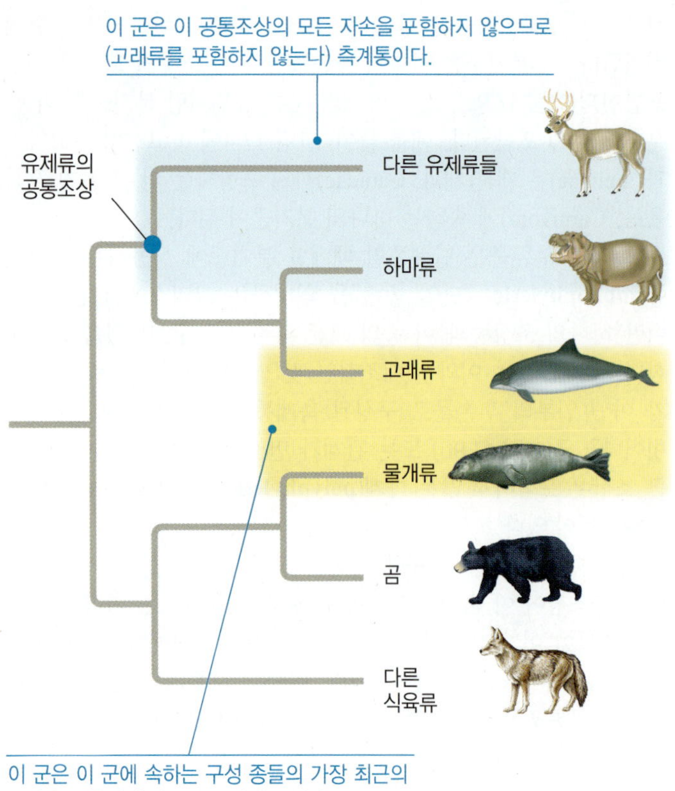

▲ **그림 17.10 측계통 군 vs. 다계 군**

는 척추가 있지만 모든 척추동물이 척추를 가지고 있기 때문에 척추는 포유류를 다른 척추동물과 구분할 때 사용할 수 없다. 척추는 포유류 분기군이 다른 척추동물과 분기되기 전부터 있었다. 따라서 포유류의 입장에서 척추는 **공유 조상 형질(shared ancestral character)**, 즉 분류군의 한 조상에서 유래한 형질이다. 반면 털은 모든 포유류가 공유하지만 조상에서는 발견되지 않는다. 따라서 털은 **공유 파생 형질(shared derived character)**, 즉 특정 분기군에만 있는 특이한 진화적 신형으로 간주된다.

특정 형질이 조상에서 유래한 것인지 또는 파생된 것인지는 상대적임을 유의하자. 척추는 공유 파생 형질로서도 충분히 자격이 있다. 그런데 더 깊은 분기점, 즉 다른 동물로부터 모든 척추동물을 구분할 때에만 그렇다.

파생 형질을 이용하여 계통발생 추론하기

공유 파생 형질은 특정 분기군에 고유한 것이다. 생물의 모든 특징은 해당 동물의 특정 시점에서 출현하기 때문에 각 공유 파생 형질이 처음 나타난 분기군을 밝히고 진화 관계를 추론하기 위해 이와 관련된 정보를 이용하는 것이 가능해야 한다.

이런 분석이 어떻게 수행되는지 표범, 거북, 개구리, 농어, 칠성장어(무악 수생 척추동물) 등 5종의 척추동물 각각에 대해 **그림 17.11a**에 있는 일련의 형질을 살펴보자. 비교의 기준으로 외군을 선택할 필요가 있다. **외군(outgroup)**이란 연구 대상인 종들을 포함되는 **내군(ingroup)**의 계통이 생기기 이전에 분기된 진화 계통에서 유래한 종의 집단이다. 형태학, 고생물학, 배 발생, 유전자 서열 등의 증거에 근거하여 적절한 외군을 결정할 수 있다. 이 경우 적절한 외군은 창고기이다. 창고기는 개펄에 사는 작은 동물로 (척추동물처럼) 더 포괄적인 집단인 척삭동물의 구성원이다. 그러나 척추동물과 다르게 척추가 없다.

내군 구성원들 각각을 비교하거나 외군과 비교함으로써 척추동물 진화의 여러 분기점에 파생된 형질이 무엇인지 결정할 수 있다. 예를 들어, 내군 내의 모든 척추동물은 척추를 지닌다. 이 형질은 조상 척추동물에는 존재하지만 외군에는 없다. 관절턱은 창

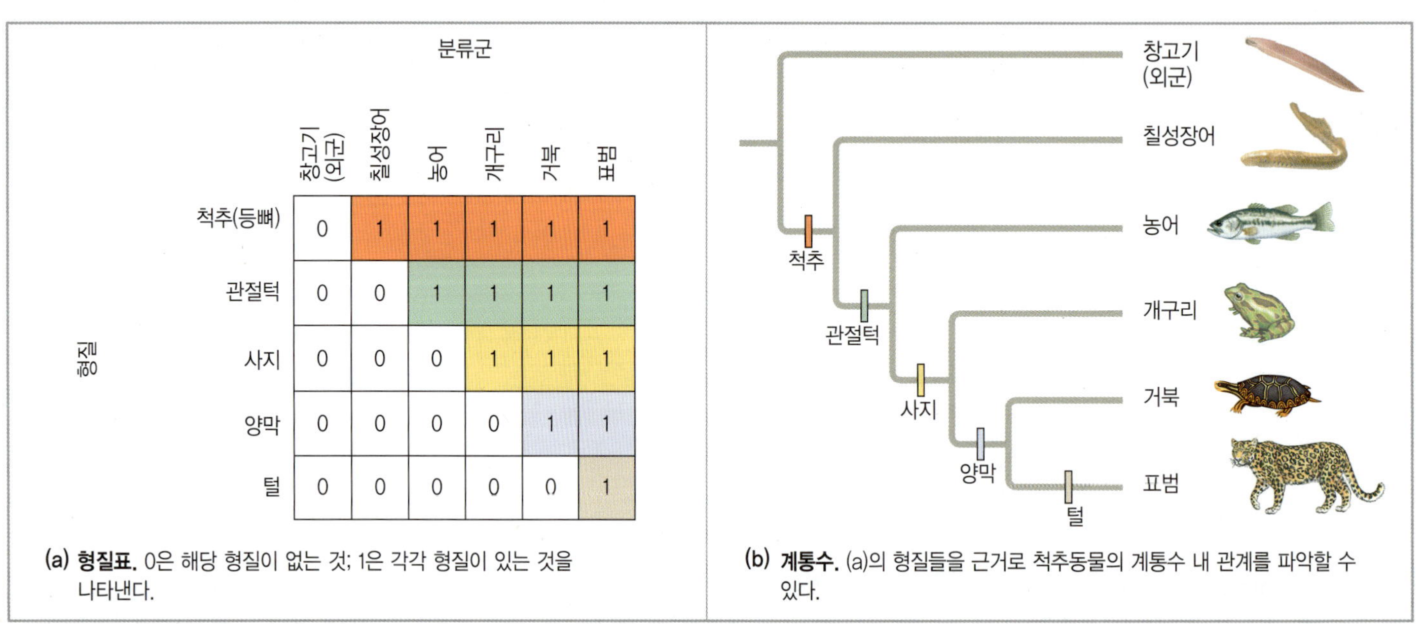

분류군

형질	창고기 (외군)	칠성장어	농어	개구리	거북	표범
척추(등뼈)	0	1	1	1	1	1
관절턱	0	0	1	1	1	1
사지	0	0	0	1	1	1
양막	0	0	0	0	1	1
털	0	0	0	0	0	1

(a) **형질표.** 0은 해당 형질이 없는 것; 1은 각각 형질이 있는 것을 나타낸다.

(b) **계통수.** (a)의 형질들을 근거로 척추동물의 계통수 내 관계를 파악할 수 있다.

▲ **그림 17.11 파생 형질로 계통수 추론하기.** 여기에서 사용된 파생 형질들은 체액으로 채워진 주머니 내부에 있는 배아를 둘러싼 막, 즉 양막을 포함하고 있다(그림 27.28). 다른 종류의 형질들을 근거로 하면 또 다른 계통수를 만들 수 있다.

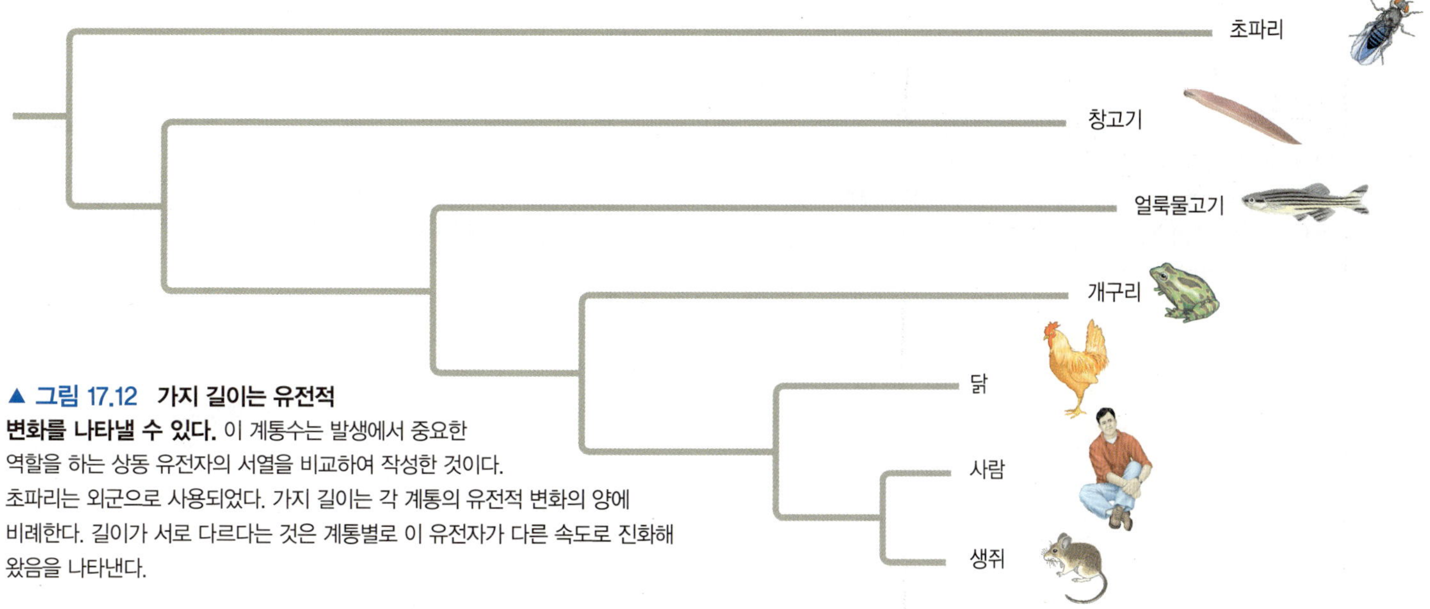

▲ **그림 17.12 가지 길이는 유전적 변화를 나타낼 수 있다.** 이 계통수는 발생에서 중요한 역할을 하는 상동 유전자의 서열을 비교하여 작성한 것이다. 초파리는 외군으로 사용되었다. 가지 길이는 각 계통의 유전적 변화의 양에 비례한다. 길이가 서로 다르다는 것은 계통별로 이 유전자가 다른 속도로 진화해 왔음을 나타낸다.

고기에게는 없지만 내군의 다른 구성원들에게는 있는 점에 유의하라. 이 형질은 척추동물의 초기 분기점을 판별하는 데에 도움이 된다. 이런 식으로 지속하다 보면 우리의 형질 목록에 있는 자료를 계통수로 전환할 수 있다. 즉 내부 분류군의 모든 집단을 공유 파생 형질을 근거로 하여 서열화할 수 있다(그림 17.11b).

비례적인 가지 길이를 지닌 계통수

현재까지 살펴본 계통수에서 가지의 길이는 각 계통의 진화적 변화 정도를 나타내는 것이 아니었다. 더구나 계통수의 분기 양상으로 표현된 연대기는 절대적(몇백만 년 전인지 표시)이라기보다는 상대적(선후 관계)이다. 그러나 일부 계통수 도표에서는 가지 길이가 진화적 변화의 양이나 특정 사건이 일어난 이후의 시간에 비례한다.

예를 들어 그림 17.12에서 계통수의 가지 길이는 한 계통의 특정 DNA에서 일어난 변화의 수를 반영한다. 계통수의 기저에서 생쥐까지 이르는 수평선의 총길이가 초파리(*Drosophila*)까지 이르는 선보다 짧음에 유의하자. 이 사실은 공통조상으로부터 생쥐와 초파리가 분기한 이래, 생쥐 계통보다는 *Drosophila* 계통에서 유전적 변화가 더 일어났음을 암시한다.

계통수 가지들이 상이한 길이이지만 현존하는 생물들 중에서 한 공통조상으로부터 유래한 모든 계통들은 동일한 기간 동안 생존해 왔다. 극단적인 예를 들어 사람과 세균은 약 30억 년 전에 생존했던 공통조상을 가진다. 화석과 유전적 증거에 따르면 이 조상은 단세포 원핵생물이었다. 세균은 공통조상 이후 구조 변화가 거의 없지만 궁극적으로 사람을 낳은 계통에서 30억년의 진화가 있었던 것처럼 세균 계통에서도 30억 년의 진화가 있었다.

연대기적 시간의 이러한 동등한 간격은 시간에 비례한 계통수의 가지 길이로 표현할 수 있다(그림 17.13). 이러한 계통수는 화석 기록을 지질학적 시간에 따라 분기를 배치한다. 또한 유전자 변화 또는 분기 날짜에 대한 정보를 분기점에 표시함으로써 이 두 가지

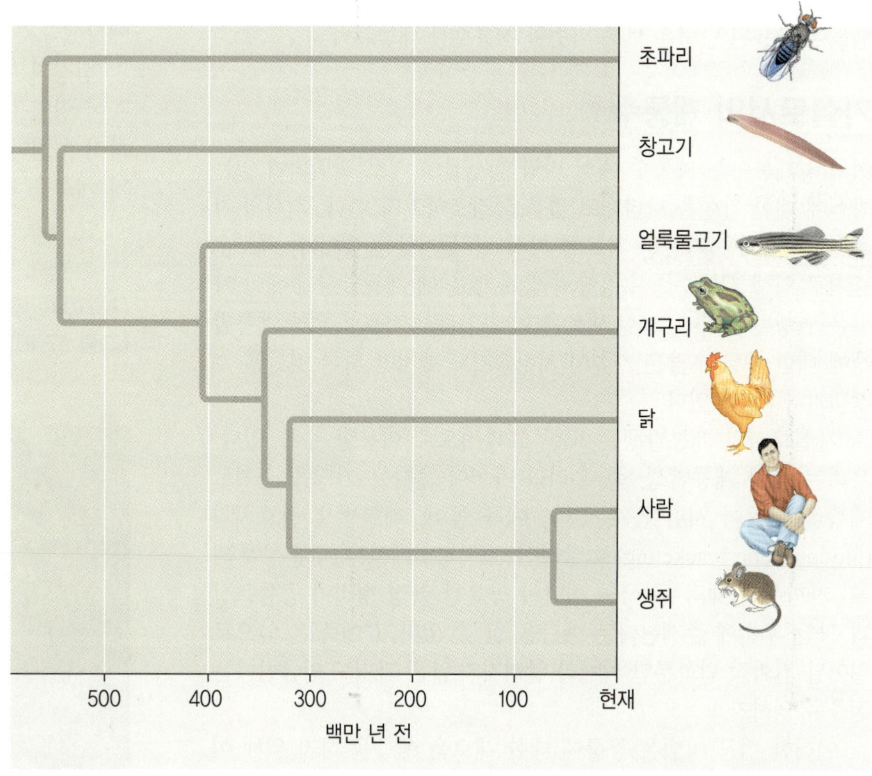

▲ **그림 17.13 가지의 길이는 시간을 나타낼 수 있다.** 이 계통수는 그림 17.13의 계통수와 동일한 자료에 근거한다. 그러나 각 분기점은 화석 증거에 근거한 연대에 맞추어 작성하였다. 그래서 가지 길이는 시간에 비례한다. 각 계통은 기저로부터 계통수 끝까지의 총길이가 동일하다. 이는 공통조상에서 유래한 모든 계통은 동일한 시간 동안 분기해왔음을 의미한다.

종류의 계통수를 통합할 수 있다.

최대 단순성

DNA 서열에 대한 자료가 증가하여 우리가 더 많은 종을 연구할 수 있게 되면서 진화 역사를 가장 잘 묘사할 수 있는 계통수를 구성하는 데에 따르는 어려움도 점점 증가하게 되었다. 만약 50종에 대한 자료를 분석한다면 어떨까? 50종을 계통수에 배열하는 방법은 3×10^{76}가지이다! 그리고 이 엄청나게 많은 상이한 계통수 중에 진짜 계통발생을 반영하는 것은 무엇일까? 계통분류학자들은 이런 엄청난 자료에서 가장 정확한 계통수를 쉽게 찾아낼 순 없을 것이다. 그러나 최대 단순성 원리를 적용하여 가능성의 범위를 좁힐 수 있다.

최대 단순성(maximum parsimony) 원리에 따르면 첫째로 사실에 부합되는 가장 단순한 설명을 찾아내야 한다. [불필요한 복잡성을 "면도날로 잘라 버리는" 최소주의 문제해결 방법을 옹호한 14세기 영국 철학자 오캄(William Occam) 이름을 따라 단순성 원리는 "오캄의 면도날(Occam's razor)"이라고도 한다.] 형태를 근거로 작성된 계통수의 경우, 가장 단순한 계통수는 공유파생 형태 형질의 근원으로부터 가장 적은 수의 진화 사건이 일어난 것이면 된다. DNA에 근거한 계통발생에서는 가장 단순한 계통수는 가장 적은 수의 염기 변화가 있으면 된다.

과학자들은 단순한 계통수를 찾기 위해 많은 컴퓨터 프로그램을 개발하여 왔다. 많은 양의 정확한 자료를 사용할 때 이 프로그램들에 사용된 방법은 보통 비슷한 계통수를 내놓는다.

가설로서의 계통수

여기서 계통수는 계통수 내의 다양한 생물이 서로 관련되어 있는 방식에 대한 가설을 나타내고 있음을 강조하고자 한다. 최선의 가설은 모든 이용 가능한 자료에 가장 잘 들어맞는 것이다. 새로운 증거로 인해 계통수를 수정할 수밖에 없을 때 계통발생에 대한 가설은 변형될 것이다. 사실 새로운 형태와 분자 자료에 의해 계통발생에 대한 옛날의 많은 가설이 지지되기도 했지만 다른 것들은 수정되거나 폐기되었다.

가설로서의 계통발생은 또한 효과적으로 이용할 수도 있다. 우리는 특정 계통발생, 즉 우리의 가설이 옳다는 가정을 근거로 예측을 만들어 시험할 수 있다. 예를 들어, 계통발생 괄호치기(phylogenetic bracketing)로 알려진 접근 방법에서는 (단순성에 의해) 가까운 관계의 두 생물 집단이 공유한 특징 형질이 공통조상과 모든 후손에 존재한다는 예측을 할 수 있다. ("예측"은 앞으로 일어날 진화적 변화뿐만 아니라 알려지지 않은 과거도 언급한다는 점을 유의하자.)

이러한 접근 방법은 공룡에 대한 새로운 예측을 하기 위해 이용되었다. 예를 들어, 조류가 용반류 분기군 내 두발공룡 집단인 수각류에서 유래했다는 증거가 있다. **그림 17.14**에서 볼 수 있듯이 조류의 (현존하는 동물 중) 가장 가까운 친족은 악어류이다. 조류와 악어류는 많은 특징을 공유한다. 이들은 4개의 방으로 이루어진 심장을 갖고 있고 영역 방어를 위해 "노래를 하고" (비록 악어의 "노래"는 울부짖음에 더 가깝지만) 짝을 유혹하며 둥지를 짓는다(**그림 20.15**). 또한 조류와 악어류는 어미가 몸으로 알을 따뜻하게 하는 행동으로, 알을 품어서 돌본다. 조류는 알 위에 앉아서 품는 반면, 악어류는 목으로 알을 덮는다. 조류와 악어류가 공유하는 특징들이 이들의 공통조상(그림 17.14에서 파란 점으로 표시)과 모든 후손에게도 존재한다는 추론에 따라 생물학자들은 공룡이 심장이 4개 방이고, 노래하고, 둥지를 짓고 알 품기를 했다고 예상했다.

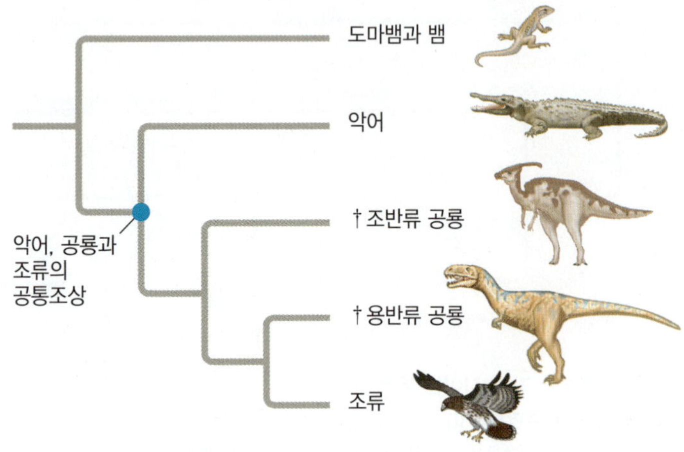

▲ **그림 17.14 조류와 가까운 친족의 계통수**
(†는 멸종한 계통을 의미한다.)

심장과 같은 내부 기관들은 거의 화석화되지 않는다. 물론 공룡이 영역을 보호하고 짝을 유인하기 위해 노래를 했는지도 검증하기 어렵다. 그러나 화석화한 공룡의 알과 둥지는 공룡의 알 품기 예측을 지지하는 증거이다. 첫째, *Oviraptor*의 배아 화석이 아직 알 내부에 있는 것이 발견되었다. 이 알은 오늘날 알을 품고 있는 조류와 비슷한 자세로 한 무리의 알 위에 웅크리고 있는 성체 *Oviraptor*를 보여주는 또 다른 화석에서 발견된 알과 동일하였다(**그림 17.16**). 연구자들은 이 두 번째 화석에서 보존된 *Oviraptor*

▲ **그림 17.15 악어가 자신의 둥지를 보호하고 있다.** 둥지 더미를 만든 후, 이 아프리카 난쟁이 악어 암컷은 알이 부화할 때까지 알을 돌볼 것이다.

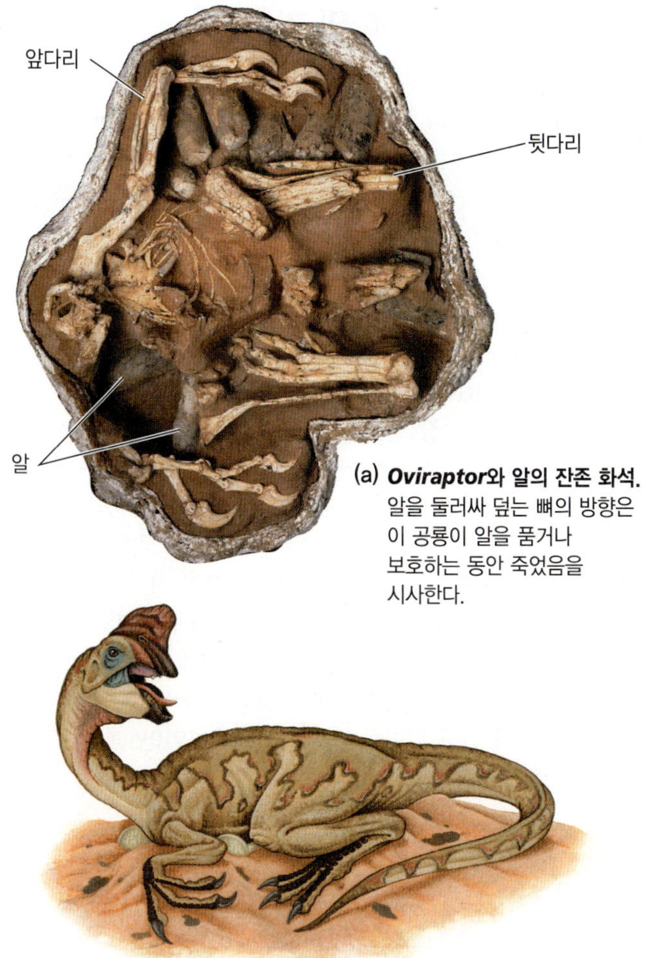

(a) ***Oviraptor*와 알의 잔존 화석.** 알을 둘러싸 덮는 뼈의 방향은 이 공룡이 알을 품거나 보호하는 동안 죽었음을 시사한다.

(b) 발견된 화석을 토대로 한 공룡 자세의 예술적 재구성

▲ 그림 17.16 **화석은 계통발생적 예측을 증명한다.** 공룡이 둥지를 짓고 알을 품었다.

공룡이 알을 품거나 보호하는 동안 죽었을 것으로 생각한다. 이 연구로 얻게 된 더 일반적인 결론, 즉 공룡의 둥지를 짓고 알을 품는다는 명제는 다른 종의 공룡들도 둥지를 짓고 알 위에 앉는 화석들이 추가로 발견되면서 이후에 더 강화되었다. 마지막으로 공룡의 둥지와 알 품기 화석의 발견은 그림 17.14에서 보여준 계통발생 가설에 근거한 예측을 지지한다. 따라서 이 화석들은 이 가설이 옳다는 것을 보여주는 독립적인 자료를 제공한 것이다.

개념 17.4

분자 시계를 통해 진화 시간을 추적할 수 있다

진화 생물학의 목적 중 하나는 화석 기록이 없는 생물을 포함한 모든 생물의 관계를 이해하는 것이다. 그러나 화석 기록 이상으로 확장하여 계통발생의 시점을 결정하려 할 때 우리는 분자 수준에서 일어난 변화 방식에 관한 중요한 가정에 의존하여야 한다.

분자 시계

앞에서 우리는 연구자들이 하와이 은검초의 공통조상이 500만 년 전에 살았을 것이라고 추정한다고 하였다. 어떻게 이러한 추정을 하였을까? 연구자들은 일부 유전자들과 유전체 여러 부위는 일정한 속도로 진화하는 것으로 판단되는 관찰에 근거하여 진화적 변화가 일어나는 절대 시간을 측정하는 접근 방법인 **분자 시계(molecular clock)** 개념에 의존하였다. 분자 시계를 뒷받침하는 가정은 관련된 유전자들에서 치환되는 뉴클레오타이드의 수는 해당 유전자들이 공통조상으로부터 분기된 이래 경과한 시간(분기 시간)에 비례한다는 것이다.

우리는 예를 들어 뉴클레오타이드, 코돈, 또는 아미노산 차이 등 유전자 차이 숫자를 화석 기록으로부터 알게 된 진화 분기점의 시간에 대응하여 그래프를 작성함으로써 신뢰할만한 평균 진화율을 나타내도록 유전자 분자 시계를 보정할 수 있다(그림 17.17). 이러한 그래프로부터 추론한 유전자의 평균 변화율을 사용하여, 화석 기록으로는 알 수 없는, 앞에서 언급한 은검초의 기원과 같은 일들이 일어난 연대를 추산할 수 있다.

물론 어떤 유전자도 완벽하게 정확한 시간을 표시하지는 못한다. 사실, 유전체의 일부 부위는 전혀 시계 같지 않게 불규칙하게 급작스런 진화를 하는 것으로 판단된다. 그리고 신뢰할만한 분자 시계로서 작용하는 유전자들조차 매우 부드러운 평균 변화율을 나타내는 것이 통계학적 의미에서만 정확한 것으로 보인다. 더욱이 시간이 더 지나면 평균으로부터 편차도 있다. 게다가 동일한 유전자가 생물 집단에 따라 다른 속도로 진화한 듯하다. 마지막으로 시계와 같은 유전자들을 비교하면 유전자 별로 시계 속도가 매우 달라 일부 유전자들은 여타 유전자들보다 백만 년이나 빠르다.

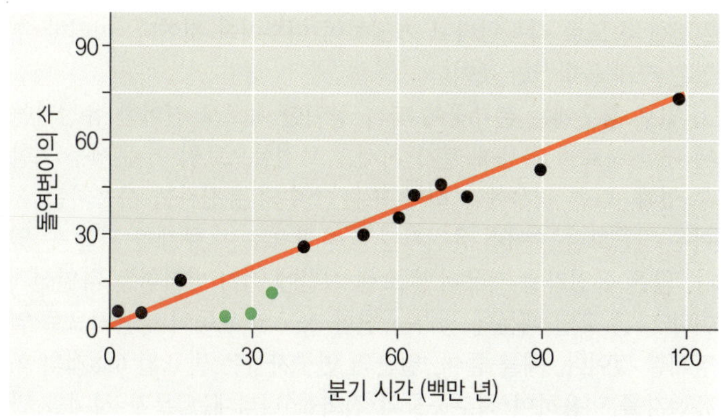

▲ 그림 17.17 **포유류에 대한 분자 시계.** 7가지 단백질의 축적된 돌연변이 수는 대부분 포유류의 경우, 시간이 지나면서 일관된 방식으로 계속 증가하였다. 세 개의 녹색 점은 다른 포유류의 경우보다 늦게 진화한 영장류의 단백질을 나타낸다. 각 점의 분기 시간은 화석 기록에 따랐다.

시계 속도의 차이

시계와 같은 유전자가 진화하는 데에 이러한 속도의 차이가 생기는 원인은 무엇일까? 답은 사실, 일부 돌연변이들이 이롭지도 해롭지도 않아 선택적으로 중립적이라는 것과 관련이 있다. 물론 많은 새로운 돌연변이는 해롭고 그래서 선택에 의해 빠르게 제거된다. 그러나 나머지 대부분의 돌연변이가 거의 해롭지 않고 생존과 번식에 약간 영향을 끼치거나 전혀 끼치지 않는다면 이런 중립 돌연변이들은 진화속도는 사실 시계처럼 규칙적일 것이다. 유전자마다 시계 속도가 다른 것은 유전자의 중요도에 따라 좌우된다. 만일 어떤 유전자가 지정하는 아미노산의 서열이 정확해야 생존할 수 있다면 대다수 돌연변이는 해로울 것이고 단지 소수의 유전자만이 중립적일 것이다. 그 결과 이러한 유전자들은 매우 천천히 변화한다. 그러나 아미노산 서열의 정확성이 비교적 덜 중요하다면 더 적은 수의 해로운 새 돌연변이가 해로울 것이고 더 많은 수가 중립적일 것이다. 이러한 유전자는 빠르게 변화한다.

분자 시계의 잠재적 문제

사실 분자 시계는 관련된 돌연변이가 선택적으로 중립적이라도 기대하는 것처럼 부드럽게 작동하지 않는다. 많은 불규칙성은 일부 DNA 변화가 더 선호되는 자연선택의 결과일 가능성이 있다. 실제로, 제시된 증거에 따르면 두 초파리 종인 *Drosophila simulans*와 *D. yakuba*의 단백질 사이에서의 아미노산 차이 중 거의 절반이 중립적이지 않고 자연선택의 결과이다. 그러나 장기간에 걸쳐 자연선택의 방향은 계속 바뀌기 (그래서 평균적으로 일정해지고) 때문에 선택을 겪었더라도 일부 유전자들은 경과에 따른 대략적인 표지로 사용될 수 있다.

또 다른 문제는 연구자들이 분자 시계를 화석 기록으로 포괄할 수 있는 시간 범위 이전까지 연장시킬 때 발생한다. 일부 화석은 30억 년보다 더 오래된 것이지만 이런 것은 매우 드물다. 풍부한 화석 기록은 겨우 약 5억5천만 년 정도까지 거슬러 올라간다. 그러나 분자 시계는 10억 년 이전에 일어난 진화적 분기의 연대를 추정하는 데에 사용되어 왔다. 이러한 추정은 시간에 따라 이 시계가 일정한 속도로 작동한다고 가정하여 이루어진 것이다. 이러한 추정은 크게 불확실한 것이다.

일부 경우에는 분류군에 따라 상이한 속도로 진화한 유전자들에 대한 자료를 사용해 분자 시계를 보정함으로써 이 문제를 피할 수 있다. 다른 경우에는 하나 또는 소수의 유전자를 사용하는 손쉬운 접근보다는 여러 유전자를 사용함으로 이 문제를 피할 수 있다. 많은 유전자를 사용하면 오랜 시간에 걸쳐 변화하는 자연선택이나 다른 요인 때문에 생기는 진화 속도의 요동이 평균적으로 일정해질 것이다. 예를 들어, 일군의 연구자들은 발표된 658개의 핵 유전자를 이용하여 척추동물의 진화를 나타내는 분자 시계를 만들었다. 적용된 시간이 길고(거의 6억 년) 자연선택이 이들 중 일부의 유전자에게 영향을 끼쳤음에도 불구하고 이들의 분기 시간에 대한 추정은 화석에 근거를 둔 추정과 거의 일치하였다. 이 결과에서 알 수 있듯이 조심스럽게 사용하면 진화적 관계를 이해하는 데에 분자 시계의 도움을 받을 수 있다.

분자 시계의 적용: HIV의 기원

연구자들은 사람이 최초로 HIV에 감염된 시간을 추정하기 위해 분자 시계를 사용하였다. 계통발생 분석에 따르면 AIDS를 유발하는 바이러스인 HIV는 침팬지와 다른 영장류를 감염시키는 바이러스의 후손이다. (이들 바이러스의 대부분은 원래의 숙주에서 AIDS와 같은 질병을 유발하지 않는다.) 언제 HIV가 사람에게 전이되었는가? 이 바이러스는 두 번 이상 사람에게 전파되었기 때문에 간단하게 답할 수 없다. 이 바이러스의 다양한 균주(유전적 유형)는 여러 번의 HIV 기원이 있었음을 반영한다. HIV의 유전 물질은 DNA가 아닌 RNA여서 빠르게 진화한다.

사람들 사이에서 가장 널리 퍼진 균주는 HIV-1 M이다. HIV-1 M이 감염된 최초의 시점을 알아내기 위해 연구자들은 1959년을 포함한 유행하는 동안의 여러 번 채집한 바이러스 표본을 비교하였다. 유전자 서열을 비교한 결과, 이 바이러스는 시계와 같은 방식으로 진화하였음을 보여준다**(그림 17.18)**. 분자 시계를 사용하여 시간을 거스르는 외삽법에 따르면 HIV-1 M 균주는 최초로 1930년에 사람에게 전파되었음을 알 수 있다. 이 책에서 설명한 방법보다 더 정교한 분자 시계 접근 방법을 사용하여 HIV의 기원 시점을 추적한 더 최신의 연구에 따르면 HIV-1 M은 1910년에 사람에게 전파된 것으로 추산된다.

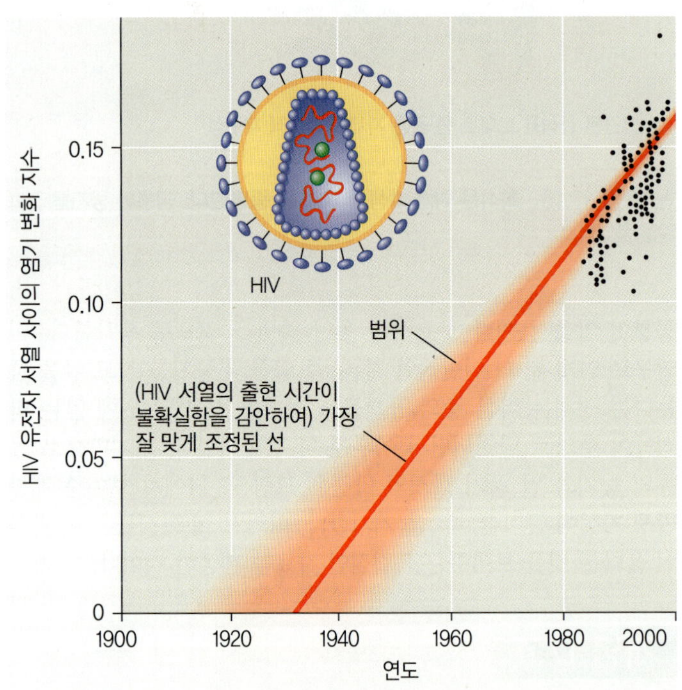

▲ **그림 17.18 HIV-1 M의 기원 연대 측정하기.** 검은 점들은 여러 환자들의 혈액 표본으로부터 얻은 HIV 유전자의 DNA 염기서열을 토대로 얻은 자료이다. (환자들의 증상이 나타나기 몇 년 전에 바이러스에 노출되기 때문에 각각의 HIV 유전자가 언제 생겼는지는 불확실하다.) 이 방법으로 유전자 변화율을 시간을 거슬러 연장하면 이 바이러스는 1930년대에 유래했음을 알 수 있다.

개념 17.5

새로운 정보로 인해 진화 역사에 대한 이해는 계속 수정된다

그림 17.1의 풀도마뱀은 뱀과는 달리 다리 없는 도마뱀 계통으로부터 진화했다. 이 발견은 생물 다양성에 대한 이해가 계통분류학에 의해 영향을 받는 방식에 관한 하나의 예이다. 사실 최근 수십 년 동안 계통분류학자들은 DNA 서열 자료를 분석함으로써 계통수의 매우 깊은 가지에 대한 통찰을 얻게 되었다.

2계에서 3영역으로

한때 분류학자들은 알려진 모든 종들을 식물 또는 동물의 2계로 분류하였다. 많은 생물학자들이 모네라(Monera; 원핵생물), 원생생물(Protista; 대부분 단세포 생물로 구성된 다양한 계), 식물계(Plantae), 균계(Fungi), 동물계(Animalia)의 5계를 인정하게 되면서 1960년대 후반에 이르러 둘 이상의 계가 있는 분류체계가 널리 받아들여졌다. 이 체계는 두 가지의 근본적으로 상이한 세포인 원핵세포와 진핵세포를 강조하였는데 모네라라는 계에 배치함으로써 원핵세포를 모든 진핵세포로부터 분리하였다.

그러나 유전적 자료에 근거한 계통발생으로 인해 이 체계의 문제점이 금방 드러나기 시작했다. 일부 원핵생물들은 진핵생물과 다른 만큼 서로 많이 달랐다. 이런 차이 때문에 생물학자들은 3영역 체계를 채택하게 되었다(**그림 17.19**). 세균 영역(Bacteria), 고세균 영역(Archaea), 진핵생물 영역(Eukarya)의 3영역은 계 수준보다 상위의 분류 수준이다. 이들 영역의 타당성은 이제 완전히 서열이 밝혀진 거의 100개의 유전체를 분석한 최근 연구를 포함한 많은 연구에 의해 확인되었다.

진정세균 영역은 현재 알려진 대부분의 원핵생물을 포함하는데 반해, 고세균 영역은 매우 다양한 환경에서 서식하는 여러 집단의 원핵생물로 구성된다. 진핵생물 영역은 핵을 지닌 세포가 있는 모든 생물로 구성된다. 이 영역은 다세포인 식물, 균류, 동물뿐 아니라 많은 군의 단세포 생물을 포함한다. 그림 17.19는 3영역과 이들이 포괄하는 많은 계통에 대한 하나의 가능한 계통수를 나타낸다.

3영역 체계는 생명의 역사 중 많은 부분이 단세포 생물에 대한 것임을 강조한다. 두 원핵생물 영역은 완전히 단세포 생물로 이루어져 있고 진핵생물 영역에도 빨간색으로 표시한 육상식물, 균류, 동물 가지에서만 다세포가 압도적으로 많다. 분류학자들이 예전에 인정한 5계 중에서 대부분의 생물학자는 식물계, 균계, 동물계는 지속적으로 인정하지만 모네라계와 원생생물계는 그렇지 않다. 모네라계는 상이한 두 영역으로 구성되어 있어 쓸모없게 되었다. 원생생물계도 와해되었다. 그 이유는 이 계에 다른 원생생물들보다 식물, 균류, 또는 동물과 더 가까운 구성원들은 포함하기 때문이다.

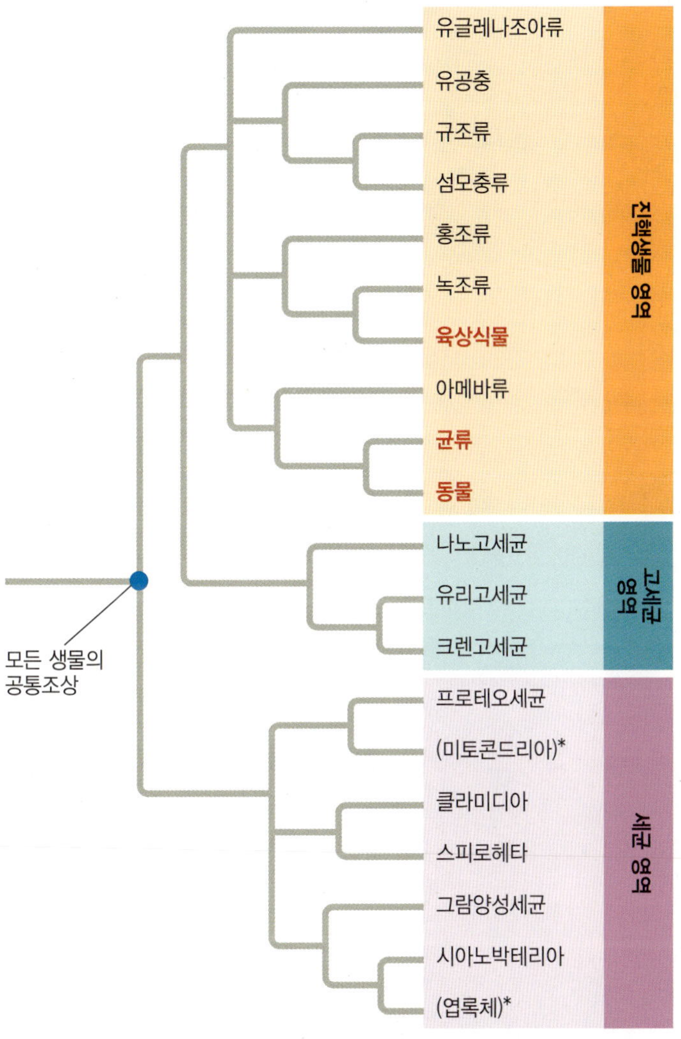

▲ **그림 17.19 생물의 3영역.** 이 계통수는 rRNA와 여타 유전자들의 염기서열에 근거한 것이다. 단순하게 표현하기 위해 각 영역마다 일부 주요 가지만 표현하였다. 다세포 생물이 압도적으로 많은 진핵생물(식물, 균류, 동물)은 굵고 빨간색으로 표시하였다. 별표로 표시한 두 계통은 세포소기관의 DNA에 근거한 것이다. 다른 모든 계통은 모두 또는 주로 단세포 생물로 구성된다.

수평적 유전자 전달의 중요한 역할

그림 17.19의 계통수에 의하면, 생명의 역사에서 첫 번째 주요한 분기는 세균이 다른 생물로부터 갈라질 때 일어난다. 이 계통수가 옳다면 진핵생물과 고세균은 세균보다 서로 더 가까운 관계이다.

계통수의 이러한 재구축은 리보솜의 RNA 성분을 암호화하는 rRNA 유전자의 서열 비교에 크게 의존한 것이다. 리보솜은 세포가 기능하는 데에 필수적이어서 rRNA 유전자는 매우 느리게 진화한다. 그러나 다른 유전자들은 다른 종류의 관계를 밝혀준다. 예를 들어 연구자들은 단세포 진핵생물인 효모의 경우, 대사에 영향을 미치는 많은 유전자들이 고세균 영역보다 세균 영역의 유전자들과 더 비슷함을 발견하였다. 이는 이 진핵생물이 고세균보다는 세균과 더 최근에 공통조상을 공유하였음을 제시하는 발견이다.

상이한 유전자들을 근거로 만든 계통수가 이러한 차이를 나타내게 하는 원인은 무엇일까? 세 영역으로부터 얻은 완전한 유전체를 비교해 보면 상이한 영역의 생물들 사이에서 유전자들의 상당한 이동이 있었음을 알 수 있다. 이러한 이동은 전이인자와 플라스미드의 교환, 바이러스 감염, 그리고 아마도 (숙주와 내부공생체가 하나의 생물을 구성하게 되는) 생물들의 융합 등의 메커니즘에 의해 한 유전체에서 다른 유전체로 유전자가 전이되는 과정인 **수평적 유전자 전달(horizontal gene transfer)**을 통해 일어났다. 계통수는 유전자가 한 세대에서 다음 세대로 수직적으로 전해진다는 가정에 근거하기 때문에 이러한 수평적 전달은 상이한 유전자들을 이용하여 구축한 계통수들이 일치하지 않은 이유를 설명하는 데에 도움이 된다.

최근의 연구에 따르면 수평적 유전자 전달이 중요하다는 견해는 더욱 강화되었다. 예를 들어 2008년의 한 분석에 따르면 181개의 원핵생물 유전체에서 전체의 약 80%에 해당하는 유전자가 진화과정 중 특정 시점에 종 사이에서 이동했음을 알 수 있다. 일부 생물학자들은 수평적 유전자 전달이 너무 흔해서 생명의 초기 역사는 그림 17.19처럼 이분법적으로 가지 치는 계통수가 아니라 가지가 연결되어 얽힌 그물로서 표현되어야 한다고 주장해 왔다(그림 17.20). 더구나 수평적 유전자 전달은 진핵생물들 사이에서도 일어날 수 있다. 예를 들어, 사람과 일부 영장류, 식물, 조류와 파충류 등을 포함하는 진핵생물들 사이에서 일어난 전이인자의 수평적 유전자 전달에 대한 보고가 200건 이상이었다.

전반적으로 수평적 유전자 전달은 생명 진화의 역사 내내 핵심적인 역할을 하였고 현재에도 계속 일어나고 있다. 과학자들이 생명 역사의 초기단계를 가장 잘 표현하는 것이 나무 모양인지 아니면 얽힌 그물인지에 대해 논란을 계속하고 있지만 최근 수십 년 동안 시간이 지나면서 발생한 진화적 사건에 대한 흥미 있는 많은 발견이 이루어져 왔다. 우리는 이 단원의 나머지 장에서 개체군 내에서 유전적 변화를 유발하는 요인을 필두로 이러한 일들의 근저를 이루는 메커니즘을 살펴볼 것이다.

▼ **그림 17.20 생명의 얽힌 그물.** 수평적 유전자 전달은 생명의 초기 역사에는 너무 흔해서 "계통수"는 얽힌 그물로 그리는 것이 더 정확할 것이다.

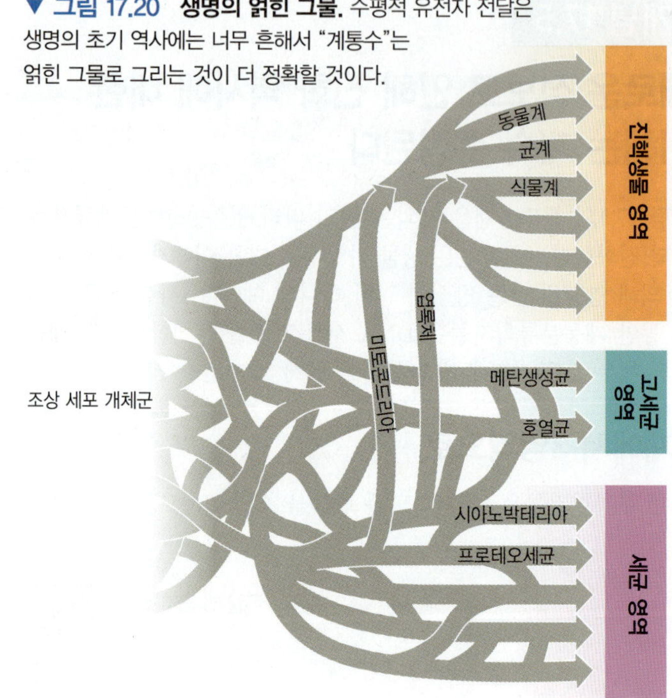

CHAPTER

18 집단들의 진화

핵심 개념

18.1 유전적 변이는 진화를 가능하게 한다

18.2 하디-바인베르크 방정식은 집단이 진화하고 있는지 시험해 보는 데 사용될 수 있다

18.3 자연선택, 유전적 부동 그리고 유전자 확산은 한 집단의 대립유전자 빈도를 바꿀 수 있다

18.4 자연선택만이 적응 진화를 일관되게 일으키는 유일한 방식이다

▲ **그림 18.1 이 핀치는 진화하고 있는 중일까?**

진화의 최소 단위

진화에 관한 흔한 오해는 어느 한 생물 개체가 진화를 한다고 생각하는 것이다. 자연선택이 개체에 작용하는 것은 사실이다. 다른 개체들과 대비되어 각 개체가 가진 형질들은 그 개체의 생존 및 번식 성공도에 영향을 준다. 그러나 자연선택이 진화에 끼치는 영향은 생물 집단(**개체군**, population)이 오랜 시간을 두고 어떻게 변화하는지를 볼 때 분명히 드러난다.

갈라파고스 군도에 사는 식물의 씨앗을 먹이로 삼는 중간 크기의 땅핀치(*Geospiza fortis*)를 살펴보자(**그림 18.1**). 1977년 다프네 메이저 섬에 사는 이 핀치 새는 오랜 가뭄 기간으로 많은 수가 죽었다. 약 1,200여 마리 가운데 겨우 180마리가 살아남았다. 연구자 피터와 로즈메리 그랜트(Peter and Rosemary Grant)는 가뭄 기간에 작고 부드러운 씨앗들이 줄어든 사실도 관찰했다. 그 결과 대부분 핀치들은 주변에 더 풍부한 크고 딱딱한 씨앗들을 먹고 살았다. 크고 두꺼운 부리를 가진 새들은 큰 씨앗들을 쪼갤 수가 있었고 이로 인하여 작은 부리를 가진 새들에 비해서 높은 비율로 생존하였다. 이 새들의 부리 크기는 유전되는 형질이기 때문에 생존한 새들의 자손들 역시 큰 부리를 갖는 경향이 있었다. 그 결과 그 다음 세대에서 그 부리 크기 평균은 가뭄 이전 세대에 비해 더 커졌다(**그림 18.2**). 이 핀치 집단은 자연선택에 의해 진화하였다. 그러나 각각의 핀치들은 진화하지 않았다. 각각의 새들은 각각 하나의 특정 크기의 부리를 가졌을 뿐이고, 그 크기들은 가뭄기간 동안 더 자라지는 않았다. 그보다는 집단 내 큰 부리를 가지는 개체들의 비율이 세대를 거치면서 증가했다. 그 집단이 진화한 것이지 집단에 속하는 구성원 개체들이 진화한 것은 아니었다.

우리는 진화적 변화의 초점을 집단으로 맞추면서, 진화에 대한 정의를 진화의 가장 작은 단위인 집단 안에서 세대에 걸친 대립유전자 빈도의 변화인 **소진화(microevolution)**로 정의할 수 있다. 이 정의를 다프네 메이저 섬의 땅핀치(*G. fortis*) 집단에서 일어났던 변화에 적용해보자. 한 세대에서 그 다음 세대로 큰 부리를 갖

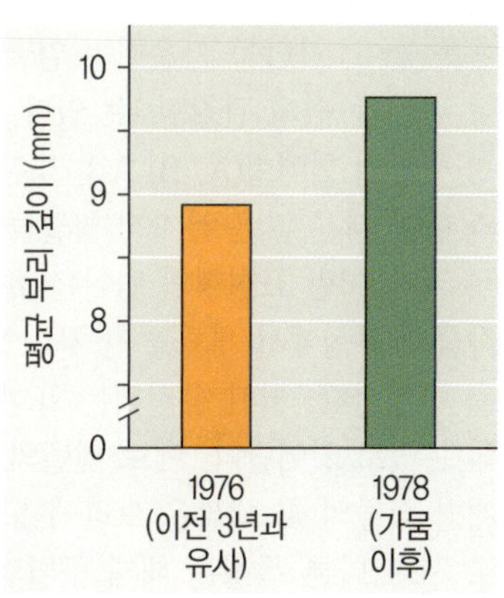

▶ **그림 18.2 먹이 자원에 의한 선택의 증거.** 이 자료는 1977년 가뭄 전후 각 세대에서 부화한 중간 크기 땅핀치 성체들에서 측정된 부리 깊이 값을 나타낸다. 한 세대 동안 자연선택에 의한 진화 결과로 집단 내 부리의 크기가 평균적으로 더 커지게 되었다.

는 개체들의 비율이 증가하면서 그 큰 부리를 암호화하고 있는 대립유전자들의 비율 역시 증가했다.

땅핀치 사례가 시사하듯이 자연선택은 대립유전자 비율이 시간이 경과하면서 변하게 할 수 있다. 더 나가 이번 장에서 살펴볼 것인데, 자연선택만이 소진화의 유일한 원인은 아니다. 사실 대립유전자 빈도의 변화를 일으키는 세 가지 주요한 방식들이 있다. 자연선택, 유전적 부동(대립유전자 빈도를 바꾸는 우연한 사건들), 그리고 유전자 확산(집단들 간의 대립유전자 이동)이 그것이다. 이 방식들 각각은 집단의 유전적 구성에 뚜렷한 효과를 나타낸다. 그러나 자연선택만이 생물체를 그들이 살고 있는 환경에서의 생활에 더 알맞게 하는 정도(적응)를 일관되게 향상시킨다. 자연선택과 적응에 대해 자세히 살펴보기 전에 먼저 집단 내에서 이 과정들의 전제 조건인 유전적 변이를 다시 논의해보자.

개념 18.1

유전적 변이는 진화를 가능하게 한다

「종의 기원(*The Origin of Species*)」에서 다윈은 지구상의 생명체들이 시간이 지나면서 진화했다는 많은 증거들을 제공하였다. 그리고 그는 변화의 주요 방식으로 자연선택을 제안하였다. 그는 개체들 간 유전된 형질들이 다르며 선택이 그러한 차이들에 작용하여 진화적인 변화를 낳는다는 것을 관찰하였다. 그러므로 다윈은 유전 형질들의 변이가 진화의 전제 조건이라는 것을 깨달았지만, 생물들이 유전되는 형질들을 그들의 자손에게 어떻게 전달하는지에 대해서는 정확히 알 수 없었다.

다윈이 종의 기원을 출판한 후 몇 해가 지나지 않아서, 멘델(Gregor Mendel)은 완두콩 식물의 유전에 관한 창시적인 논문을 썼다. 멘델은 이 논문에서 생물들이 분리된 유전 단위들(오늘날 유전자로 불림)을 자손에게 전달한다는 내용의 입자 유전 가설을 제안하였다. 다윈이 유전자에 대해 알지 못하였을지라도 멘델의 논문은 진화의 기반이 되는 유전적 차이들을 알아나가는 데 필요한 길을 열어주었다. 여기서 우리는 유전적 차이들과 그것들이 어떻게 생성되는지를 조사할 것이다.

유전적 변이

모든 종에 속한 개체들은 그들의 표현형 형질들이 서로 다르다. 예를 들어, 사람들 가운데는 얼굴의 특징과 키와 목소리에서 표현형 변이를 쉽게 관찰할 수 있다. 그리고 우리가 개인의 외모에서 그 사람의 혈액형(A, B, AB, 또는 O)을 알아낼 수는 없지만, 이것과 함께 다른 많은 분자적 형질들이 개체들 간 변이를 나타낸다.

흔히 이런 표현형의 변이는 유전자들이나 그 외 다른 DNA 조각들의 구성에서 개체들 간 차이인 **유전적 변이(genetic variation)**를 반영한다. 어떤 유전되는 표현형의 차이는 "이것 아니면 저것"의 논리로 일어난다. 예로 멘델의 완두콩 꽃의 색깔을 들 수 있다. 개별 식물의 꽃 색깔은 보라색 또는 하얀색이었다. 이러한 방식으로 서로 다른 특징은 대게 구별되는 표현형을 낳는 서로 다른 대

▲ 그림 18.3 **말의 표현형 변이.** 말들의 털은 색이 연속적으로 다르며, 여러 유전자들의 영향을 받고 있다.

립유전자들을 갖는 어느 한 유전자 좌위에 의해서 결정된다. 이와는 반대로, 어떤 표현형들은 연속된 범위 안에서 점진적으로 차이가 난다. 이러한 차이는 하나의 표현형에 대해 둘 이상의 유전자들이 영향을 주면서 일어나는 결과이다. 사실 말의 털 색깔(그림 18.3), 옥수수 씨의 개수, 사람의 키를 포함한 많은 표현형들이 다수의 유전자들로부터 영향을 받는다.

유전자들과 그 외 DNA 서열들은 개체들 간에 얼마나 다를까? 전체 유전자들의 유전적 변이 정도(**유전자 변이도**)는 이형접합적인 좌위들의 평균 비율로 수치화될 수 있다. (이형접합성인 개체는 주어진 한 좌위에 두 가지의 다른 대립유전자를 가지고 있는 반면, 동형접합성 개체는 그 좌위에 두 개의 동일한 대립유전자를 갖는다는 것을 기억하라.) 예로 들어, 초파리(*Drosophila melanogaster*)는 평균적으로 전체 13,700개의 유전자 좌위들 중 1,920개가 이형접합성이고(14%) 나머지가 다 동형접합성이다.

상당한 유전적 변이는 DNA(**뉴클레오타이드 변이도**)와 같은 분자적 수준에서도 측정될 수 있다. 그러나 전체 변이의 아주 작은 부분만이 표현형 변이를 낳는다. 왜 그럴까? 많은 뉴클레오타이드 변이들이 RNA 가공 과정에서 mRNA에 간직된 DNA의 엑손들(exons) 사이 비번역 부위인 인트론들(introns)에서 일어난다. 그리고 엑손에서 일어난 변이 가운데서도 대부분은 그 유전자가 암호화하는 단백질의 아미노산 서열 변화를 일으키지 않는다. 예를 들어, 그림 18.4에 나타낸 서열 비교에는 변이 염기쌍(치환이 일어난 장소)을 갖는 43개의 뉴클레오타이드 자리들과 더불어 삽입 혹은 소실이 일어난 몇 개의 자리들이 표시되어 있다. *Adh* 유전자 네 개의 엑손에는 18개의 변이 자리들이 있지만, 이들 중 오직 한 개의 변이(1,490자리)만 아미노산을 변화시켰다. 그러나 이 하나의 변이 자리는 유전자 단계에서 유전적 변이를 일으키기에 충분하며, 그 결과 두 가지의 다른 형태의 Adh 효소가 만들어진다.

일부 표현형 변이는 개체들 사이의 유전적 차이 때문에 발생하는 것은 아님을 기억해두는 게 중요하다(그림 18.5는 깜짝 놀랄 만

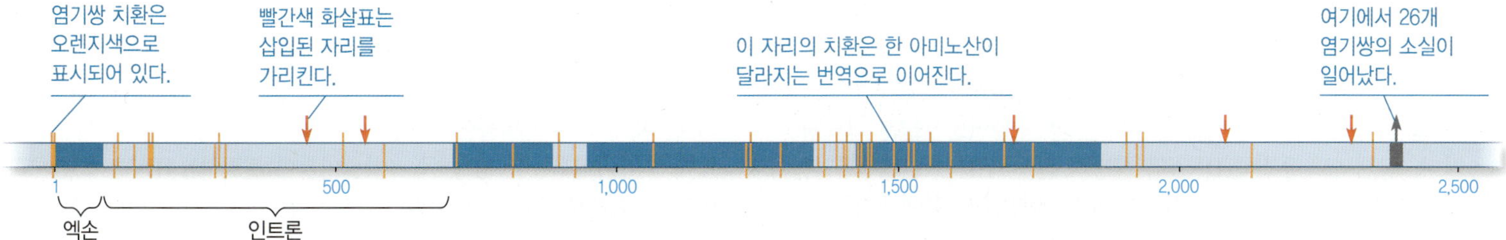

▲ **그림 18.4 분자적 수준에서 관찰되는 광범위한 유전적 변이.** 이 도표는 몇몇의 초파리(*Drosophila melanogaster*)에 있는 알코올 탈수소효소 유전자(*Adh*)의 DNA 서열을 비교한 연구 자료를 요약한 것이다. *Adh* 유전자는 인트론(연한 파란색)에 의해 나뉜 네 개의 엑손(짙은 파란색)을 갖는다. 엑손은 궁극적으로 Adh 효소의 아미노산들로 번역되는 암호 부위를 포함한다. 여기서는 한 개의 치환만이 Adh 효소의 다른 형태를 생성하게 해 표현형에 영향을 준다.

한 미국 남서부 지역 애벌레 사례를 보여준다). 표현형은 유전되는 유전자형과 많은 환경적 영향들의 산물이다. 사람의 경우 육체미 선수들은 그들의 표현형들을 극적으로 바꾸었지만, 자신들의 거대한 근육을 다음 세대에 전달하지는 않는다. 일반적으로 오로지 유전적으로 결정된 표현형 변이의 요소만이 진화적 결과를 초래할 수 있다. 이처럼 유전적 변이는 진화적 변화의 원재료를 제공한다. 유전적 변이 없이는 진화도 일어날 수 없다.

유전적 변이의 원천

진화가 의존하는 유전적 변이는 돌연변이, 유전자 중복, 그 외 다른 과정들이 새로운 대립유전자들이나 유전자들을 만들어낼 때 비롯된다. 유전적 변이체는 짧은 세대 길이를 갖는 생물들에서 빠르게 생겨날 수 있다. 유성생식 또한 기존 유전자들을 새로운 방식으로 배열하기 때문에 유전적 변이를 낳을 수 있다.

새 대립유전자들의 형성

한 생물의 DNA 뉴클레오타이드 염기서열 변화인 **돌연변이(mutation)**에 의해 새로운 대립유전자들이 생길 수 있다. 돌연변이는 어둠 속에서 총을 쏘는 것과 같은데, DNA의 어떤 부위가 변경될지 혹은 어떤 방식으로 일어날지 정확히 예측할 수 없다. 다세포 생물에서는 배우자를 생산하는 생식세포에서 일어난 돌연변이만이 자손에게 전달될 수 있다. 식물들과 곰팡이류에서는 다른데 왜냐하면 다른 많은 세포 계열들이 배우자를 만들 수 있기 때문이다. 그러나 동물의 경우 대부분의 돌연변이들은 체세포에서 발생하며 자손에게 전달되지 않는다.

유전자의 염기 하나에서 일어나는 작은 변화는, "점돌연변이(point mutation)," 낫모양 적혈구 빈혈증에서 보이듯이 표현형에 중대한 영향을 줄 수 있다. 생물들은 과거에 있었던 많은 세대에 걸친 선택을 반영하므로 일반적으로 그들의 표현형은 그들 환경 안에서의 생활과 조화를 잘 이루는 경향이 있다. 그 결과 표현형이 바뀌지는 대부분의 새로운 돌연변이들은 적어도 약간은 해롭다. 일부 경우에는, 자연선택은 재빨리 그러한 해로운 대립유전자들을 제거한다. 그러나 2배체 생물에서는 열성인 해로운 대립유전자들은 선택으로부터 숨을 수 있다. 실제로 어느 한 해로운 열성 대립유전자는 이형접합성 개체들(여기서 열성의 해로운 대립유전자 효과들은 우성의 좀 더 유리한 대립유전자에 의해서 가려진다)을 통

▲ **그림 18.5 유전되지 않는 변이.** 나방(*Nemoria arizonaria*)의 애벌레들이 나타내는 서로 다른 겉모습은 먹이에 들어 있는 화합물에 따른 것이지 그들의 유전자형 차이에 의한 것은 아니다. **(a)** 참나무 꽃 위에서 꽃을 먹고 자란 애벌레들은 참나무 꽃들을 닮았고, **(b)** 참나무 잎에서 잎을 먹고 자란 형제자매의 애벌레들은 참나무의 가는 가지를 닮았다.

한 번식으로 수 세대 동안 지속할 수 있다. 이와 같은 "이형접합자 보호"는 현재의 조건들에서 유리하진 않지만 환경이 변하면 이로울 수 있는 대립유전자들의 거대한 풀을 유지한다.

많은 돌연변이들이 해롭지만 다른 많은 돌연변이들은 그렇지 않다. 진핵세포 유전체 DNA의 상당히 많은 부분이 단백질을 암호화하고 있지 않다는 사실을 기억하자. 비암호화 부위에서의 점돌연변이는 일반적으로 **중립변이(neutral variation)**를 낳는다. 중립변이는 선택적으로 이득이나 불리함을 주지 않는 DNA 서열의 차이들을 의미한다. 유전 암호의 중복성은 또 다른 중립변이의 원천이다. 심지어 단백질 유전자의 점돌연변이도 아미노산 구성을 바꾸지 않을 때에는 아무런 영향이 없을 것이다. 그리고 아미노산 변화가 있더라도 그것이 단백질 구조와 기능에 영향을 주지 않을 수도 있다. 끝으로 이 장 뒷부분에서 논의할 테지만 실제로 아주 드문 경우에 돌연변이 대립유전자는 그것을 가진 개체가 환경에 더 잘 알맞도록 하면서 생식 성공도를 높인다.

유전자 수 또는 유전자 위치 변경

많은 유전자 좌위를 소실시키거나, 파괴하거나, 자리를 재배열시키는 염색체 변화들은 대개 해롭다. 그러나 그렇게 큰 규모에서 일어난 변화들이 유전자를 원래 상태 그대로 남겨둘 경우에는, 그 효과는 표현형에 영향을 미치지 않을 수도 있다. 염색체 재배열은 아주 드문 경우 심지어 이로울 수도 있다. 예를 들어, 염색체의 일부를 다른 염색체로 옮기는 전좌는 긍정적 효과가 증대되도록 유전자들을 연결시킬 수도 있다.

한 가지 핵심적인 변이의 잠재적 원천은 감수분열 시 생기는 실수(부등 교차와 같은 예), DNA 복제 시 생기는 미끄러짐, 또는 전이인자의 활성 등에 의한 유전자 중복이다. 염색체의 큰 일부분이 중복되는 경우는 다른 염색체 이상과 같이 종종 해롭지만, DNA의 작은 조각이 중복되는 경우는 그렇지 않을 수 있다. 만약 이러한 중복된 조각이 심각한 효과를 나타내지 않는다면, 이 부위에 새로운 돌연변이들이 더 생기면서 오랜 세대를 거쳐 유지될 수 있다. 그 결과 새로운 기능을 얻은 새로운 유전자들로 유전체 크기의 증가가 초래된다.

이와 같이 유익한 영향을 준 유전자 수의 증가는 진화에서 중요한 역할을 한 것 같다. 예를 들어, 포유류의 아주 먼 원시 조상들은 냄새를 맡는 기능을 갖는 단 하나의 유전자를 가졌는데, 이 유전자는 그 후 다양한 방식의 돌연변이들에 의해서 여러 번 중복되었다. 그 결과 인간은 약 380개의 후각 수용체 유전자들을 가지고 있고, 생쥐는 1,200개를 가지고 있다. 냄새를 맡는 유전자 수의 급격한 증가는 아마도 초기 포유류들이 그들의 환경에서 희미한 냄새들을 맡고 또 다른 많은 냄새들을 서로 구분할 수 있게 하면서 진화 과정에서 큰 도움을 주어왔을 것이다.

빠른 생식

식물과 동물의 돌연변이율은 아주 낮은 편인데, 평균 한 세대 동안 100,000 유전자들을 모두 통틀어서 단 하나의 돌연변이가 발생하는 정도이다. 돌연변이율은 원핵세포들에서는 더 낮은 편이다. 그러나 원핵세포들은 한 단위 시간 안에 더 많은 수의 세대를 가지기 때문에, 돌연변이는 이 생물 집단들 내에 유전적 변이를 재빨리 만들어 낸다. 바이러스 경우도 마찬가지이다. 예를 들어, HIV의 한 세대 길이는 이틀이다(즉, 새로 생성된 한 바이러스가 다음 세대의 바이러스들을 생성하는 데는 이틀이 걸린다). HIV는 또한 RNA 유전체로 되어 있고 RNA 복구 기작이 숙주 세포 안에 없기 때문에 전형적인 DNA 유전체보다 훨씬 높은 돌연변이율을 가진다. 이러한 이유 때문에 단일 약물 치료는 HIV에 효과적이지 못할 것이다. 하나의 특정 약물에 대해 내성을 가지는 돌연변이체 바이러스가 상대적으로 짧은 시간 안에 급증할 것이다. 현 시점에서 가장 효과적인 AIDS 치료법은 몇 가지 치료 약물을 합한 "칵테일" 요법이다. 모든 약물들에 대해 내성을 가질 수 있는 다수의 돌연변이들이 짧은 기간 동안에 발생할 가능성은 낮기 때문에 이 접근법은 효과가 있었다.

유성생식

유성생식으로 번식하는 생물들에서 한 집단 내 대부분의 유전적 변이는 각각의 개체들이 그들의 부모들로부터 물려받는 대립유전자들의 고유한 조합들로 인한 것이다. 물론 모든 대립유전자들 간의 차이는 뉴클레오타이드 수준에서 보면 과거에 발생한 돌연변이들과 새로운 대립유전자들을 만들 수 있는 또 다른 과정들로부터 기원한다. 그 후에 유성생식은 존재하는 대립유전자들을 다시 섞고 무작위로 다루는 과정을 통해 개체들의 유전자형들을 만들어 낸다.

세 가지 방식들이 이 섞임에 기여하는데 그것들은 교차, 독립적 염색체 분리, 그리고 수정이다. 감수분열 동안 각각의 부모로부터 하나씩 유전된 상동염색체들은 교차에 의해서 대립유전자들 일부를 교환한다. 이들 상동염색체와 그 위에 놓여 있는 대립유전자들은 무작위로 배우자 세포들에게 전해진다. 한 집단 안에는 무수히 많은 짝짓기 조합이 가능하기 때문에 수정은 서로 다른 유전적 배경을 가지고 있을 배우자들을 결합시킨다. 이들 세 가지 방식이 합해진 효과는 유성생식에 의해 매 세대마다 대립유전자들의 새로운 조합이 생겨나서 진화를 가능하게 하는 대부분의 유전적 변이를 만들어 낸다는 것이다.

개념 18.2

하디-바인베르크 방정식은 집단이 진화하고 있는지 시험해 보는 데 사용될 수 있다

비록 진화가 일어나기 위해서는 집단 내 개체들이 유전적으로 반드시 달라야 하지만 유전적 변이의 존재 자체가 어느 집단이 진화하리라는 것을 보증하지는 않는다. 진화가 일어나기 위해서는 진화를 일으키는 요인들 가운데 하나 또는 그 이상이 반드시 작동해야 한다. 이 절에서는 집단 내 진화가 일어나고 있는지를 검증할 수 있는 한 가지 방법에 대해서 탐구해 볼 것이다. 먼저 집단이 무엇을 뜻하는지 분명히 밝혀보자.

유전자 풀과 대립유전자 빈도

하나의 **집단(개체군, population)**은 똑같은 지역에 있으면서 상호 교배하여 생식력 있는 자손들을 생산할 수 있는 같은 종에 속하는 개체들로 이루어진 무리이다. 한 종을 구성하는 서로 다른 집단들은 지리적으로 서로 격리되어 있을 수 있기 때문에 유전 물질의 상호 교환이 좀처럼 이루어지지 않을 수도 있다. 이러한 격리는 아주 멀리 떨어진 섬들이나 서로 다른 호수에 사는 종들에서 흔하다. 그러나 모든 집단들이 격리된 것은 아니다(**그림 18.6**). 그럼에도 한 집단의 개체들은 일반적으로 다른 집단의 구성원들보다는 같은 집단 구성원들과 교배하므로 평균적으로 다른 집단 개체들보다 서로 유연관계가 높다.

우리는 한 집단의 **유전자 풀(gene pool)**에 대한 서술을 통해 그 집단이 가지는 유전적 구성의 특성을 파악할 수 있다. 유전자 풀은 한 집단의 모든 개체들이 가지고 있는 각 유전자 좌위에 있는 각 대립유전자 유형들의 모든 사본들로 구성되어 있다. 만약 한 집단의 어느 특정 유전자 좌위에 오직 한 종류의 대립유전자만 존재한다면, 그 대립유전자는 유전자 풀에서 **고정**(fixed)됐다고 말할 수 있다. 그리고 모든 개체들은 그 대립유전자에 대해서 동형접합 상태이다. 그러나 한 집단의 어느 특정 유전자 좌위에 2개 이상의 대립유전자가 있다면, 이 집단 개체들은 동형접합성일 수도 있고 이형접합일 수도 있다.

▼ 그림 18.6 한 종, 두 집단. 알래스카 유콘 지역에 있는 이들 두 순록 집단은 완전히 격리되어 있지 않다. 그들은 때때로 같은 영역을 공유한다. 여전히 양 집단들의 개체는 자신들이 속한 집단의 개체들과 짝을 더 잘 맺어 번식하게 될 것이다.

예를 들어, 꽃 색소를 암호화하는 한 유전자 좌위에 2개의 대립유전자인 C^R과 C^W가 존재하는 야생화 식물 집단이 500개체로 구성되어 있다고 상상해 보자. 이 대립유전자들은 불완전 우성을 보여준다. 그렇기 때문에 각각의 유전자형은 독특한 표현형을 나타낸다. 대립유전자 C^R에 대해서 동형접합인 (C^RC^R) 식물들은 빨간 색소를 생산해서 빨간색 꽃들을 가진다. 대립유전자 C^W에 대해서 동형접합인 (C^WC^W) 식물들은 빨간 색소를 생산하지 못해서 흰색 꽃들을 가진다. 그리고 이형접합인 (C^RC^W) 식물들은 빨간 색소를 약간 생산하여 분홍색 꽃들을 가진다.

각각의 대립유전자는 그 집단에서 빈도(비율)를 가지고 있다. 예를 들어, 우리의 집단이 빨간색 꽃을 가진 식물 320개체와 분홍색 꽃을 가진 식물 160개체, 그리고 흰색 꽃을 가진 식물 20개체를 가지고 있다고 가정해 보자. 이 식물은 2배체 생물이기 때문에, 500개체로 이루어진 이 집단의 꽃 색깔을 결정하는 유전자에는 모두 1,000개의 복사본이 존재한다. C^R 대립유전자는 이들 복제 가운데 800개를 차지한다(C^RC^R형 식물들 $320 \times 2 = 640$, C^RC^W형 식물들에서 $160 \times 1 = 160$). 그러므로 C^R 대립유전자의 빈도는 $800/1000 = 0.8(80\%)$이다.

두 개의 대립유전자가 있는 유전자 좌위를 연구할 때, 관례상 하나의 대립유전자 빈도를 p로 나타내고, 나머지 다른 하나의 대립유전자 빈도는 q로 나타낸다. 그러므로 이 집단의 유전자 풀에서 C^R 대립유전자 빈도 0.8(80%)이다. 그리고 이 유전자에는 두 가지 형태의 대립유전자만이 존재하기 때문에, q로 표시되는 C^W 대립유전자 빈도는 $1 - p = 0.2(20\%)$이다. 2개 이상의 대립유전자들을 가지는 유전자 좌위에서 모든 대립유전자 빈도의 합은 반드시 1(100%)이어야 한다.

다음에 우리는 진화가 한 집단에서 일어나고 있는지를 시험해 보기 위해서 대립유전자와 유전자형의 빈도를 어떻게 사용하는지 알아볼 것이다.

하디-바인베르크 평형

특정 유전자 좌위에서 자연선택이나 다른 요인들이 진화를 일으키는지 여부를 평가해 보기 위한 한 가지 방법은 진화가 없을 때 그 집단의 유전적 구성이 어떠할지를 결정해 보는 것이다. 그 다음 우리는 이것을 실제 집단에서 관찰한 자료와 비교해 볼 수 있다. 만약 차이가 없다면 우리는 실제 집단이 진화하고 있지 않다고 결론 내릴 수 있다. 만약 차이가 있다면 이것은 그 실제 집단이 진화하고 있는 중임을 시사한다. 그런 다음 우리는 왜 그런지를 규명해 볼 수 있다.

하디-바인베르크 평형

진화하지 않는 집단에서, 만약 대립유전자 분리와 재조합이 멘델의 유전방식으로만 일어난다면 대립유전자 빈도와 유전자형 빈도는 세대가 지나도 항상 일정하게 유지될 것이다. 이와 같은 집단은 1908년 서로 독립적으로 이 아이디어를 개발한 영국 수학자와 독일 내과의사 이름을 기념하여 **하디-바인베르크 평형(Hardy-Weinberg equilibrium)** 상태에 놓여 있다고 말한다.

어느 한 집단이 하디-바인베르크 평형 상태인지를 결정하기 위해선 새로운 방식으로 유전적 교배에 대해 생각해 보는 것이 도움이 된다. 앞서 우리는 유전적 교배에서 후손들의 유전자형을 알아보기 위해서 퍼넷(Punnett) 사각형을 사용하였다. 여기서는 한 번의 유전적 교배로부터 도출될 수 있는 대립유전자 조합들을 생각해 보는 대신, 하나의 집단 내에서 이루어질 수 있는 모든 유전적 교배가 발생시키는 대립유전자 조합들을 고려해보자.

한 집단 내 모든 개체들의 어떤 유전자 좌위에 존재하는 대립유전자들이 하나의 큰 상자 안에 들어 있다고 상상해 보자(**그림 18.7**). 우리는 이 상자를 그 유전자 좌위에서 그 집단이 가지는 유전자 풀을 담고 있는 것으로 생각해 볼 수 있다. "번식"은 이 상자에서 대립유전자를 무작위로 선택하는 방식으로 일어난다. 이와 같은 사건들은 자연에서 일어나는데, 물고기가 정자와 난자를 물속에 방출할 때나 식물의 정자를 가지고 있는 꽃가루가 바람에 날릴 때이다. 우리는 유전자 풀인 그 상자에서 대립유전자들을 무작위로 선택하고 결합시키는 과정으로 번식을 생각할 수 있는데, 이것은 효과적인 측면에서 짝짓기가 무작위로 일어난다는 것을 가정하는 것이다. 즉 모든 수컷과 암컷들의 짝짓기는 똑같은 가능성으로 일어날 수 있다.

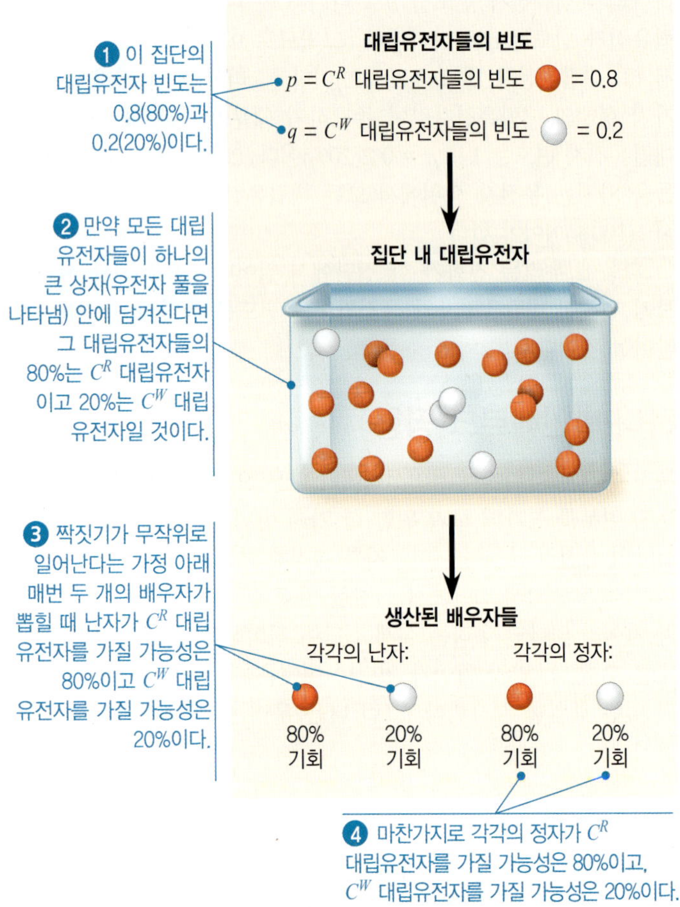

▲ **그림 18.7 유전자 풀로부터 무작위로 대립유전자를 선택하기**

우리의 상자 비유를 앞에서 가정한 상상의 야생화 집단에 대해 적용해 보기로 하자. 500개의 꽃들을 가진 그 집단에는 빨간색 꽃을 결정하는 대립유전자(C^R) 비율은 $p = 0.8$이고 하얀색 꽃을 결정하는 대립유전자(C^W) 비율은 $q = 0.2$이다. 그러므로 꽃 색을 결정하는 대립유전자 사본 1,000개를 가지는 야생화 유전자 풀 상자에서는 각각 800개의 C^R 그리고 200개의 C^W 대립유전자들이 있다. 무작위로 대립유전자들을 그 상자에서 선택하는 방식으로 배우자가 만들어진다고 가정한다면, 난자나 정자가 C^R 혹은 C^W 대립유전자를 가질 확률은 상자 안에 있는 대립유전자 빈도와 동일하다. 그러므로 그림 18.7이 보여주듯이 각각의 난자가 C^R 대립유전자를 가질 가능성은 80%이고 C^W 대립유전자를 가질 가능성은 20%이다. 각각의 정자 또한 마찬가지이다.

곱셈 법칙을 이용해서, 이제 우리는 정자와 난자가 무작위로 결합한다는 가정으로부터 세 가지 가능한 유전자형들의 빈도를 계산할 수 있다. 2개의 C^R 대립유전자들이 모일 확률은 $p \times p = p^2 = 0.8 \times 0.8 = 0.64$. 그러므로 다음 세대에서 식물의 약 64%가 C^RC^R 유전자형을 가지게 될 것이다. C^WC^W 유전자형을 갖는 개체들의 빈도는 $q \times q = q^2 = 0.2 \times 0.2 = 0.04$ 또는 4%로 예상된다. 이형접합성인 C^RC^W 유전자형은 두 가지 다른 방식으로 발생할 수 있다. 만약 정자가 C^R 대립유전자를 제공하고, 난자가 C^W 대립유전자를 제공하면, 그 결과인 이형접합자는 전체에서 $p \times q = 0.8 \times 0.2 = 0.16$ 또는 16%에 해당한다. 만약 난자가 C^R 대립유전자를 제공하고, 정자가 C^W 대립유전자를 제공하면, 이형접합자 자손은 또 다른 $q \times p = 0.2 \times 0.8 = 0.16$ 또는 16%를 만든다. 그러므로 이 두 가지 가능성의 합은 $pq + qp = 2pq = 0.16 + 0.16 = 0.32$ 또는 32%이다.

그림 18.8에서 보여주듯이 모든 유전자형 빈도는 그 합이 1(100%)이다. 그러므로 하디-바인베르크 평형 방정식은 두 가지 대립유전자를 가지는 한 유전자 좌위에서 만들어지는 세 가지 유전자형이 다음과 같은 비율로 나타난다고 서술한다.

p^2	+	$2pq$	+	q^2	= 1
유전자형 C^RC^R의 예상 빈도		유전자형 C^RC^W의 예상 빈도		유전자형 C^WC^W의 예상 빈도	

어느 한 유전자 좌위에 대립유전자 두 개를 갖는 경우에 가능한 유전자형은 세 가지임에 주목하라(이 경우엔 C^RC^R, C^RC^W, 그리고 C^WC^W이다). 그 결과 어떤 집단에서든 이들 세 유전자형 빈도의 합은 반드시 1(100%)인데 이는 그 집단의 하디-바인베르크 평형 여부와는 상관이 없다. 요점은 하디-바인베르크 평형 상태는 어느 한 집단에서 실제로 관찰된 유전자형의 빈도가 한 동형접합자는 p^2, 또 다른 동형접합자는 q^2, 그리고 이형접합자는 $2pq$가 될 때에만 이루어진다. 마지막으로 그림 18.8에 나온 것처럼, 만약 어느 한 집단이 하디-바인베르크 평형 상태이고 구성원들이 세대마다 무작위적 교배를 계속한다면, 대립유전자와 유전자형 빈도는 항상 일정할 것이다.

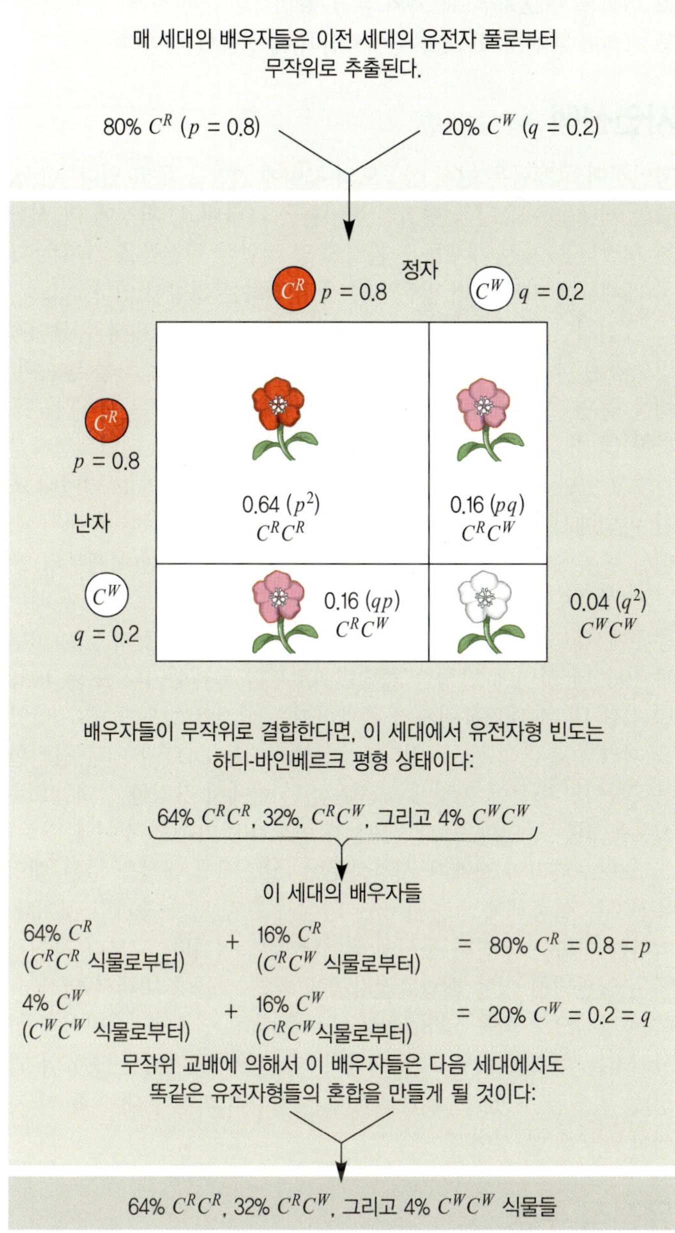

▲ **그림 18.8 하디-바인베르크 평형.** 우리의 야생화 집단에서 유전자 풀은 한 세대에서 그 다음 세대까지 일정하게 유지된다. 멘델 유전 과정만으로는 대립 유전자 또는 유전자형 빈도를 바꿀 수 없다.

하디-바인베르크 평형 조건들

하디-바인베르크 평형은 진화하지 않고 있는 가상적인 집단을 설명한다. 그러나 실제 집단에서는 대립유전자와 유전자형 빈도가 시간이 지나면서 가끔 변한다. 이러한 변화는 적어도 다음 하디-바인베르크 평형의 다섯 가지 조건들이 만족되지 못하면 발생할 수 있다.

1. **돌연변이 없음.** 만약 돌연변이들이 대립유전자들을 변경시키거나 전체 유전자들이 소실 혹은 중복되면 그 유전자 풀은 바뀐다.
2. **무작위 교배.** 만약 개체들이 가까운 친족들(근친 교배)과 같이 집단 내 일부와 짝짓기를 선호한다면, 배우자는 무작위적으로 섞이지 않는다. 그리고 유전자형 빈도가 변한다.
3. **자연선택 없음.** 다른 유전자형을 소유한 개체들이 서로 다른 생존 또는 번식 성공도를 보일 때 대립유전자 빈도는 변할 수 있다.
4. **무한히 큰 집단 크기.** 집단이 작으면 작을수록, 세대 사이 대립유전자 빈도는 우연에 의해 더 잘 변할 것이다(유전적 부동으로 불리는 과정).
5. **유전자 확산 없음.** 집단 안으로 혹은 밖으로 대립유전자를 이동시킴으로써 유전자 확산은 대립유전자 빈도를 변화시킬 것이다.

이러한 조건들 가운데 어느 하나라도 벗어나게 되면 보통 우리가 앞서 설명한 것처럼 진화적 변화를 불러온다. 그리고 이러한 벗어남은 자연 집단들에서 흔하다. 그러나 자연 집단들이 어느 특정 유전자 좌위에서 하디-바인베르크 평형을 이루는 일도 흔하다. 이러한 일이 일어날 수 있는 한 가지 방식으로는 만약 자연선택이 일부 유전자 좌위들에서는 대립유전자 빈도를 변경시키고 다른 유전자 좌위들에서는 그렇게 하지 않는다면 가능하다. 이와 함께 일부 집단들은 매우 느리게 진화하기 때문에 이 경우 대립유전자 빈도와 유전자형 빈도를 진화하지 않는 집단에서 예상되는 값들과 구분하는 것이 어렵기 때문이다.

하디-바인베르크 평형 적용

하디-바인베르크 방정식은 집단에서 진화가 일어나고 있는지를 시험할 때 처음으로 이용될 수 있다. 이 방정식은 유전병을 일으키는 대립유전자를 보유한 사람들의 비율을 측정하는 것과 같은 의학에도 활용될 수 있다. 예를 들어 페닐케톤뇨증(PKU)을 생각해보자. 이 질병은 열성 대립유전자에 대해서 동형접합일 경우 생기는 대사 이상이다. 이 장애는 미국에서 신생아 10,000명당 한 명꼴로 발생한다. 치료 없이 그대로 놔두면 PKU는 정신 지체와 다른 문제를 일으킨다. (신생아들은 PKU 검사를 받으며, PKU 증상들은 페닐알라닌이 들어 있지 않은 식이요법으로 많은 부분 피할 수 있다. 이러한 이유로 페닐알라닌을 가진 생산품은 다이어트 콜라처럼 경고 표시를 갖고 있다.)

하디-바인베르크 방정식을 사용하기 위해서는 우리는 새로운 PKU 돌연변이들의 도입이 없고(조건 1), 사람들이 배우자를 이 유전자의 보유 여부에 따라서 고르지 않으며 가까운 친척들과 결혼하지(조건 2) 않는다고 가정해야만 한다. 우리는 또한 PKU 유전자형들 간에 생존과 번식 성공의 차이로 인한 효과를 무시해야 하고(조건 3), 유전적 부동의 효과가 없으며(조건 4), 다른 집단들에서 미국으로 들어오는 유전자 확산의 효과 또한 없다고(조건 5) 가정해야만 한다. PKU 유전자를 만들어 내는 돌연변이율이 낮고,

근친 결혼이 흔치 않고, 선택은 오직 드물게 있는 동형접합자만을 제거할 뿐이고(그리고 이 경우에도 음식 규제를 따르지 않을 경우에만), 미국 집단의 크기가 매우 크며, 미국 밖의 집단들이 미국 내의 PKU 대립유전자 빈도와 비슷한 빈도를 가지고 있기 때문에 이 가정들은 합당하다.

이 가정들이 모두 들어맞는다면, 집단에서 PKU 증세를 가지고 태어나는 개체들의 빈도는 하디-바인베르크 방정식의 q^2(q^2 = 동형접합자 빈도)에 해당할 것이다. 이 대립유전자는 열성이기 때문에, 우리는 분홍색 꽃의 경우처럼 직접적으로 개체 수를 셀 수 없으므로 이형접합자 수를 다른 방식으로 측정해야만 한다. 우리는 신생아 10,000명당 한 명꼴로 PKU가 발생함을 ($q^2 = 0.0001$) 알기 때문에, PKU 열성 대립유전자 빈도는 다음과 같다.

$$q = \sqrt{0.0001} = 0.01$$

그리고 우성 대립유전자 빈도는 다음과 같다.

$$p = 1 - q = 1 - 0.01 = 0.99$$

PKU 증세는 없지만 PKU 대립유전자를 자손에게 전할 수 있는 이형접합인 사람들을 보인자라고 하는데, 이들의 빈도는 다음과 같다.

$$2pq = 2 \times 0.99 \times 0.01 = 0.0198 \text{ (대략 미국인의 2\%)}$$

하디-바인베르크 평형의 가정은 근사적인 결과만을 도출한다는 것을 기억하라. 실제 보인자 수는 아마 어느 정도는 다를 것이다. 그래도 여전히 우리의 계산은 이 유전자와 다른 유전자 좌위의 해로운 열성 대립유전자들이 건강한 이형접합자에 의해서 운반되고 있기 때문에 집단 내에 드러나지 않은 채로 존재할 것임을 시사한다.

개념 18.3

자연선택, 유전적 부동, 유전자 확산은 한 집단의 대립유전자 빈도를 바꿀 수 있다

어느 집단이 하디-바인베르크 평형이도록 하는 데 필요한 다섯 가지 조건들을 다시 기억하라. 이 조건들로부터 벗어나는 것은 진화의 잠재적 원인이 된다. 그러나 새로운 돌연변이들(조건 1의 위배)이 대립유전자 빈도를 변경할 수는 있지만, 그러나 돌연변이가 드물기 때문에 한 세대에서 다음 세대로 넘어가는 동안의 변화는 적을 것이다. 비무작위 짝짓기(조건 2의 위배)는 동형접합성 그리고 이형접합성 유전자형 빈도에 영향을 줄 수 있으나 보통 그것 자체만으론 유전자 풀의 대립유전자 빈도에 영향을 주지 못한다. (만약에 특정 유전적 특징을 가진 개체가 그렇지 않은 개체들보다 짝을 얻을 확률이 높으면 대립유전자의 빈도는 변할 수 있다. 그러나 이러한 상황은 무작위 짝짓기를 벗어나게 할 뿐만 아니라, 자연선택이 일어나지 않는다는 조건 3을 위배한다.) 이번 장의 남은 부분에서는 대립유전자 빈도를 직접적으로 바꾸고 대부분의 진화적 변화를 일으키는 세 가지 주요 요인들인 자연선택, 유전적 부동 그리고 유전자 확산(조건 3-5 위배)에 집중할 것이다.

자연선택

자연선택의 개념은 번식 성공도의 차이에 기반을 두고 있다. 한 집단의 개체들은 유전적 형질의 변이들을 나타내고, 환경에 더 적합한 형질들을 가진 개체들은 환경에 덜 적합한 형질들을 가지는 다른 개체들에 비해서 더 많은 자손을 생산하는 경향이 있다.

유전적인 측면에서, 선택은 대립유전자들이 현 세대의 상대적 빈도와는 다른 비율로 다음 세대에 전달되게 하는 결과를 낳는다. 예를 들면, 노랑초파리(*Drosophila melanogaster*)는 DDT를 포함한 몇 가지 살충제에 대해서 내성을 갖는 어느 한 대립유전자를 가지고 있다. 이 대립유전자는 DDT가 사용되기 전인 1930년대 초기 야외에서 채집된 노랑초파리 야생형 개체들로부터 유래된 실험실 종류에서는 그 빈도가 0%이다. 그러나 1960년(이때부터 20년 이상 DDT가 사용됨) 이후에 채집된 초파리들로부터 유래된 종류에서는 그 빈도가 37%이다. 우리는 이 대립유전자가 1930년과 1960년 사이에 발생한 돌연변이로부터 유래했거나 또는 1930년 집단 내 그 대립유전자가 존재하기는 했지만 빈도가 매우 낮았을 거라고 추론해 볼 수 있다. 어느 경우이든 DDT가 매우 강력한 독극물이기 때문에 이것에 노출된 집단 안에서 강력한 선택압으로 작용을 하는 동안에 이 대립유전자 빈도가 증가했을 것이다.

노랑초파리의 사례가 시사하듯이, 살충제에 내성을 주는 대립유전자는 살충제에 노출된 집단 안에서 그 빈도가 증가할 것이다. 이러한 변화는 우연히 동시에 일어난 것이 아니다. 그보다 자연선택은 일관되게 어떤 대립유전자들을 다른 것들에 비해서 더 선호하는 방식으로 **적응 진화**(adaptive evolution: 생존 또는 번식을 향상시키는 형질들의 빈도가 시간이 지나면서 증가하는 경향의 과정)를 일으킬 수 있다. 우리는 뒷부분에서 이 과정에 대해 좀 더 자세히 탐구해 볼 것이다.

유전적 부동

만약 여러분이 동전을 1,000번 던진 결과, 앞이 700번 그리고 뒤가 300번 나왔다면 여러분은 그 동전을 의심하게 될 것이다. 그러나 여러분이 동전을 10번 던져서 그 결과 앞이 7번 뒤가 3번 나왔다면 놀라지 않을 것이다. 동전 던지기의 수가 작으면 작을수록 우연에 의해 예상된 결과(이 경우 똑같은 수의 앞과 뒤)로부터 벗어나는 정도가 크다. 또한 우연한 사건들은 집단의 크기가 작은 경우 세대를 거치면서 특별히 더 대립유전자 빈도를 예측할 수 없이 변동시킬 수 있다. 이러한 과정을 **유전적 부동(genetic drift)**이라 부른다.

그림 18.9는 유전적 부동이 우리의 야생화 소집단에 어떻게 영향을 주는지를 모형화한다. 이 사례는 하나의 대립유전자가 유전적 부동에 의해 유전자 풀에서 소실되는 것을 보여주지만, C^R 대립유전자가 아니라 C^W 대립유전자가 소실되는 것은 오로지 우연성의 문제이다. 그와 같은 예상치 못한 대립유전자 빈도의 변화는

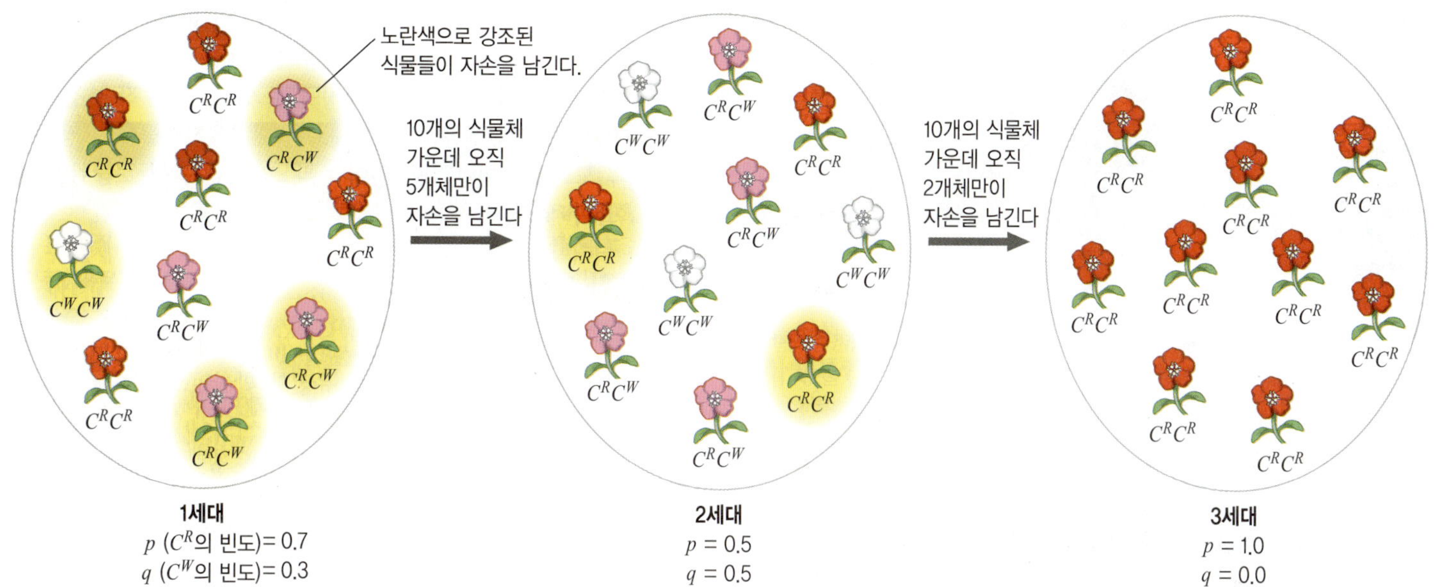

▲ **그림 18.9 유전적 부동.** 이 작은 야생화 집단은 10개체의 안정된 크기를 가지고 있다. 첫 번째 세대에서 우연에 의해 오직 5개체들(노란색으로 강조된 개체들)만이 생식력 있는 자손을 생산한다고 가정해 보자. (예를 들어, 우연히 그 5개체들이 자손을 생산하는 데 필요한 영양분이 풍부한 땅에서 자랐다고 하면 이러한 일이 발생할 수 있다.) 다시 두 번째 세대에서 우연히 2개체만이 생식력 있는 자손을 남긴다. 그 결과 우연에 의해 먼저 두 번째 세대에서 C^W 대립유전자가 증가한 다음 세 번째 세대에서는 영(0)으로 떨어진다.

생존과 번식에 관련된 우연적인 사건들에 의해 일어날 수 있다. 아마도 무스와 같이 커다란 동물이 2번째 세대에서 C^WC^W 유전자형을 가지는 세 식물을 밟아버려서 죽게 한 후 C^R 대립유전자만이 다음 세대에 전달될 수 있는 기회를 늘렸을 수 있다. 대립유전자 빈도는 수정 시기에 일어나는 우연적 사건들에 의해서도 영향을 받을 수 있다. 예를 들어, C^RC^W 유전자형을 가진 두 개체들이 적은 수의 후손을 두었다고 생각해 보자. 오직 우연성에 의해서 그 후손을 만든 모든 난자와 정자 쌍이 C^W 대립유전자는 하나도 없이 모두 C^R 대립유전자를 가지게 되었을 수 있다.

어떤 상황들은 유전적 부동이 집단에 중대한 영향을 끼치는 결과를 가져올 수 있다. 두 가지 사례가 있는데, 병목 효과와 창시자 효과이다.

창시자 효과

얼마 안 되는 수의 개체들이 큰 집단으로부터 격리될 때, 이 작은 무리는 유전자 풀이 원래의 집단과는 다른 새로운 한 집단을 이룰 수 있다. 이것을 **창시자 효과(founder effect)**라고 부른다. 예를 들어, 한 집단에서 적은 수의 개체들이 폭풍에 의해 새로운 섬으로 날려갈 때 창시자 효과가 일어날 수 있다. 그 경우 폭풍이 원(source) 집단으로부터 일부 개체들(그리고 그들의 대립유전자들)만을 나머지 다른 개체들과는 달리 차별적으로 옮겨간다면, 우연한 사건들이 대립유전자 빈도를 바꾸는 유전적 부동이 일어날 수 있다.

격리된 인류 집단들에서 창시자 효과는 특정 유전병들의 빈도가 상대적으로 높게 나타나는 이유가 될 수 있다. 예를 들어, 1814년 15명의 영국의 식민지 이주자들이 아프리카와 남아메리카 사이 중간쯤에 있는 트리스탄 다 쿠냐(Tristan da Cunha) 군도에 영국인 정착지를 건설하였다. 분명히 이들 이주자 가운데 한 사람이 진행성 시각 상실증인 망막색소증 열성 대립유전자를 가지고 있었다. 이 병은 열성 대립유전자의 동형접합자에서 증세가 나타난다. 1960년대 후반 이 섬에 살고 있었던 창시자들의 후손 240명 가운데 네 명이 망막색소증을 가지고 있었다. 트리스탄 다 쿠냐 군도에서 이 병을 일으키는 열성 대립유전자 빈도는 창시자들의 고향 집단에 비해서 10배나 크게 유지되고 있었다.

병목 효과

화재나 홍수 같은 갑작스런 환경의 변화는 집단의 크기를 급격히 줄일 수 있다. 집단 개체수의 급격한 감소는 **병목 효과(bottleneck effect)**를 일으킬 수 있다. 병목 효과라는 말은 집단이 그 크기를 줄이는 병목을 통과했기 때문에 그렇게 명명되었다(그림 18.10). 생존자들 가운데 우연히 어떤 대립유전자들은 비율이 증가하고, 다른 일부는 줄어들며, 또 일부는 집단에서 모두 없어진다. 집단이 충분히 커져서 우연적 변동의 효과가 줄어들 때까지 유전적 부동은 많은 세대 동안 계속해서 유전자 풀에 중대한 영향을 줄 수 있다. 그러나 병목을 통과한 집단이 궁극적으로 개체수를 회복하더라도 이 집단은 오랫동안 낮은 수준의 유전적 변이를 가지고 있을 수 있다. 그 이유는 집단이 작아졌을 때 일어난 유전적 부동의 유산 때문이다.

병목 효과를 이해해야 하는 중요한 이유 하나는 다음에 오는 사례처럼 인간의 활동이 때로는 다른 종들에게 심각한 병목 효과를 줄 수 있기 때문이다.

(a) 좁은 병목을 통하여 몇 개의 구슬을 흔들어 떨어뜨리는 것은 집단 크기의 급격한 감소에 비유될 수 있다. 우연히 파란색 구슬들이 살아남은 집단에서 과도하게 나타났고, 금색 구슬은 없어졌다.

(b) 이와 유사하게, 야생 집단의 병목 현상은 멸종위기에 처한 플로리다 표범(*Puma concolor coryi*) 아종에서처럼 유전적 변이를 줄이는 경향이 있다.

▲ 그림 18.10 **병목 효과**

유전적 부동 효과: 요약

우리가 설명한 이 사례들은 네 가지 핵심을 강조한다.

1. **유전적 부동은 작은 집단에서 중요하다.** 우연한 사건들은 다음 세대에 어느 한 대립유전자의 빈도를 불균형적으로 높이거나 낮출 수 있다. 우연한 사건들은 모든 크기의 집단들에서 일어나지만 오직 작은 크기의 집단에서만 대립유전자 빈도를 상당히 바꿀 수 있다.
2. **유전적 부동은 대립유전자 빈도를 임의로 변화시킬 수 있다.** 유전적 부동 때문에 한 대립유전자의 빈도가 어떤 해는 증가하고 그 다음에는 감소할 수도 있다. 연도에 따른 이 변화는 예측될 수 없다. 그러므로 유전적 부동은 어떤 환경에서 일관되게 일부 대립유전자들을 선호하는 자연선택과 달리 시간에 따라 대립유전자 빈도를 무작위로 변화시킬 수 있다.
3. **유전적 부동은 집단 내의 유전적 변이를 소실하게 할 수 있다.** 대립유전자 빈도가 시간에 따라 무작위로 변하게 함으로써 유전적 부동은 집단 내 대립유전자들을 제거할 수 있다. 진화는 유전적 변이에 의존하기 때문에 이와 같은 소실은 집단이 환경 변화에 어떻게 효과적으로 적응하느냐에 영향을 줄 수 있다.
4. **유전적 부동은 해로운 대립유전자들을 고정시킬 수 있다.** 해롭지도 이롭지도 않은 대립유전자들은 유전적 부동으로 우연히 소실되거나 또는 고정될 수 있다. 아주 작은 집단들에서 유전적 부동은 약간 해로운 대립유전자들을 고정시킬 수도 있다. 이런 일이 일어날 때 그 집단의 생존은 위협 받을 수 있다.

유전자 확산

자연선택과 유전적 부동만이 대립유전자 빈도에 영향을 미치는 현상은 아니다. 대립유전자 빈도는 **유전자 확산(gene flow)**에 의해서도 변할 수 있다. 유전자 확산은 생식 능력이 있는 개체들이나 그들의 배우자가 집단 사이에 이동할 때 발생하는 대립유전자의 전달이다. 예를 들어, 우리의 가상적 야생화 집단 근처에 주로 흰색 꽃(C^WC^W)을 가진 개체들로 구성된 새로운 한 집단이 확립되었다고 가정해 보자. 이 새로운 집단의 꽃들로부터 곤충들이 원래의 집단으로 꽃가루를 운반해 수분을 일으킬 수 있다. 이와 같이 도입된 C^W 대립유전자들은 다음 세대에서 모집단의 대립유전자 빈도를 바꿀 수도 있다. 대립유전자가 집단들 사이에 교환되기 때문에, 유전자 확산은 집단들 사이의 차이를 줄이는 경향이 있다. 사실 유전자 확산이 아주 대규모로 일어나면, 두 집단들이 공통의 유전자 풀을 가지는 하나의 큰 집단으로 합쳐질 수 있다.

또한 유전자 확산은 집단들이 각 지역 조건들에 적응하는 능력을 향상시키는 데 도움이 되는 대립유전자들을 전달할 수 있다. 예를 들면, 유전자 확산은 웨스트나일 바이러스와 다른 질병들의 매개충인 빨간집모기(*Culex pipiens*)에서 살충제 내성을 가지는 몇 가지 대립유전자들이 전 세계적으로 확산되는 결과를 가져왔다. 이들 대립유전자 각각은 지리학적으로 단일 혹은 소수의 지역에서 발생한 돌연변이에 의한 것임이 뚜렷한 유전적 특색을 갖고 있다. 이들 대립유전자는 살충제 내성을 제공해 주기 때문에 그것들의 기원이 된 집단들에서 빈도가 증가하였다. 그 다음 이 대립유전자들은 다른 새로운 집단들로 옮겨졌는데, 다시 그곳에서 자연선택에 의하여 빈도가 증가하였다. 마지막으로 유전자 확산은 인간 집단들의 진화적 변화에도 점점 더 중요한 요인이 되어왔다. 오늘날 사람들은 과거에 비해 훨씬 자유롭게 세계 안에서 이주를 하고 있다. 그 결과 과거에는 접촉이 거의 없었던 집단 구성원들 사이에 혼인이 더 흔해지고 그 결과 그 집단들 사이의 대립유전자 교환과 유전적 차이의 감소가 유발된다.

개념 18.4

자연선택만이 적응 진화를 일관되게 일으키는 유일한 방식이다

자연선택에 의한 진화는 우연과 "가려내기"의 혼합인데, 우연은 새로운 유전적 변이들이 생성되는(돌연변이처럼) 것이고, 가려내기는 자연선택으로 어떤 대립유전자들이 다른 것들에 비해 더 선호되어 일어난다. 이 선호 효과 때문에 자연선택의 결과는 무작위적이지 않다. 진정 자연선택만이 생식적 이득을 주는 대립유전자들의 빈도를 일관되게 증가시킬 수 있고 그 결과 **적응 진화(adaptive evolution)**로 이어진다.

자연선택: 면밀한 조사

어떻게 자연선택이 적응 진화를 낳게 되는지 조사하기 위해서 우리는 상대적 적응도라는 개념과 그리고 생물체의 표현형이 자연선택을 받는 다른 방식들을 조사하면서 시작할 것이다.

상대적 적응도

"생존경쟁"과 "적자생존"이라는 표현은 자연선택을 묘사하는 데 흔하게 사용되지만, 만약 이 표현들이 개체들 간의 직접적인 경쟁을 뜻하는 것으로 해석되면 오해를 가져온다. 교배하는 권리를 차지하기 위해 대개 수컷 개체들 사이에서 뿔을 걸어 겨루거나 그렇지 않다면 싸움을 하는 그런 동물 종들이 있다. 그러나 번식 성공도는 이보다 더 미묘하고, 짝을 차지하기 위한 노골적인 싸움 이상의 많은 요인들에 의존한다. 예를 들어, 어떤 따개비는 수중에서 먹이를 수집하는 효율이 더 좋아서 다른 이웃들보다 더 많은 에너지를 비축할 수 있고 따라서 더 많은 수의 알들을 낳을 수 있다. 어떤 나방은 몸 색깔이 포식자의 눈을 피하는 데 더 효과적이라서 다른 나방들에 비해서 더 오랜 기간 생존할 가능성이 높아 더 많은 자손을 낳을 수 있다. 이러한 사례들은 주어진 환경에서 특정 형질이 어떻게 더 큰 **상대적 적응도(relative fitness)**로 이어지는지를 설명해 준다. 상대적 적응도란 한 개체가 다음 세대의 유전자 풀에 기여하는 정도를 다른 개체들의 기여도와 비교해 상대적인 값으로 나타낸 것이다.

비록 우리가 가끔 유전자형의 상대적 적응도를 언급하지만, 자연선택은 배후에 존재하는 유전자형이 아니라 개체 자체를 대상으로 작용한다는 것을 기억하라. 그러므로 선택은 유전자형보다 표현형에 더 직접적으로 작용하며, 유전자형이 표현형에 미치는 방식을 통하여 유전자형에 간접적으로 작용한다.

방향성 선택, 분단성 선택, 안정화 선택

자연선택은 집단에서 어떤 표현형이 유리한가에 따라 세 가지 방식으로 유전 형질의 빈도 분포를 바꿀 수 있다. 이 세 가지 방식의 선택은 방향성 선택, 분단성 선택, 그리고 안정화 선택이다.

방향성 선택(directional selection)은 표현형 분포 범위 안에서 한 쪽 극단에 있는 표현형을 나타내는 개체들이 선호될 경우 발

▼ **그림 18.11 선택의 방식.** 이 사례들은 유전되는 털색 변이를 가지고 있는 가상의 흰발 생쥐 한 집단이 진화할 수 있는 세 가지 방식을 설명한다. 털색은 밝은 것에서부터 어두운 것까지의 범위를 가진다. 그림은 다른 털색을 가진 개체들의 빈도가 시간에 따라 어떻게 변하는지를 보여준다. 큰 흰색 화살표는 특정 표현형들에 불리하게 작용하는 선택 압력을 상징한다.

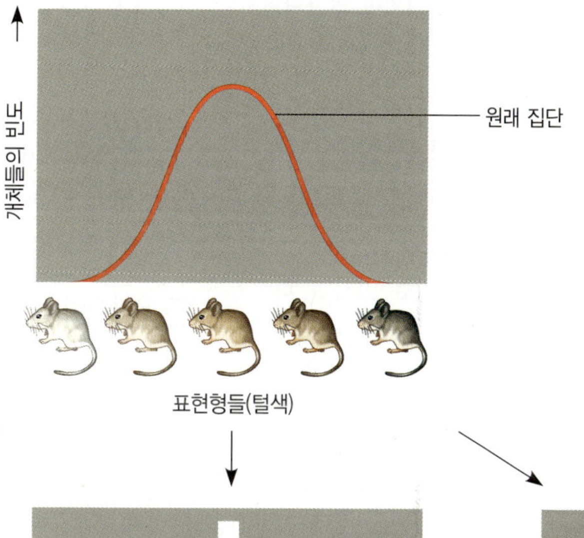

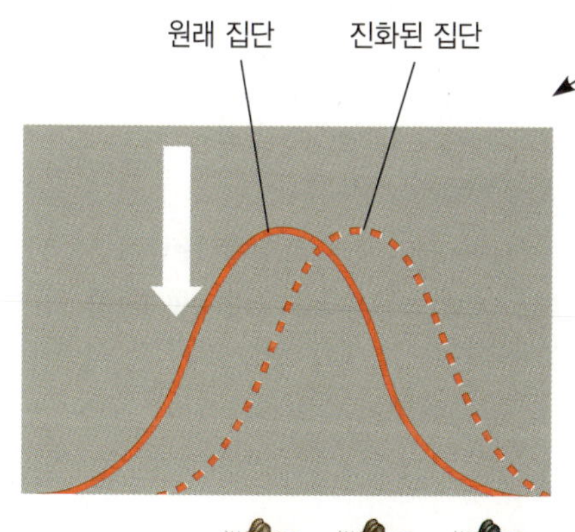

(a) **방향성 선택**은 분포의 한쪽 끝에 있는 변이체들을 선호함으로써 집단의 전반적 조성을 이동시킨다. 이 경우 밝은색 생쥐들이 불리해지는데 이는 그들이 어두운 색 바위들 사이에서 살고 있어서 포식자들로부터 숨는 것이 어렵기 때문이다.

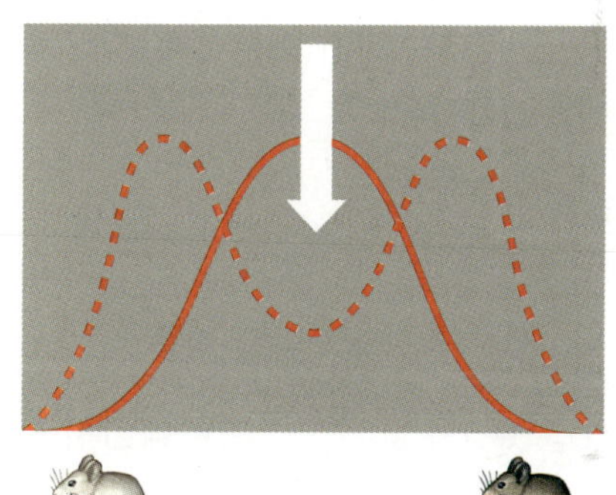

(b) **분단성 선택**은 분포의 양 끝에 있는 변이체들을 선호한다. 이 생쥐들은 밝고 어두운 바위들이 섞인 고르지 못한 서식지에 이주하였는데, 중간색을 가지는 생쥐들이 불리해지는 결과를 가져온다.

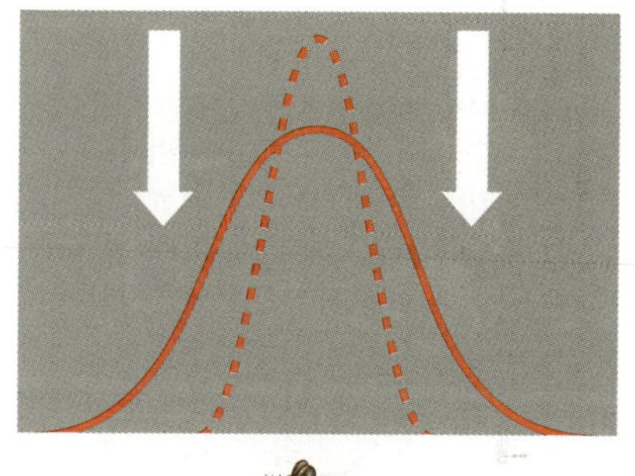

(c) **안정화 선택**은 집단으로부터 극단의 변이체들을 제거하고 중간형들을 보존한다. 만약 중간색의 바위로 이루어진 환경이라면 밝거나 어두운 털색을 가진 생쥐들은 선택적으로 제거될 것이다.

생한다. 그리하여 표현형 특징들에 관한 집단의 빈도 곡선을 한쪽 또는 그 반대편 쪽으로 이동시킨다(그림 18.11a). 방향성 선택은 한 집단의 환경이 변할 때나 집단의 구성원들이 다른 환경 조건들을 가진 새롭거나 다른 서식지로 이주하는 경우에 흔히 나타난다. 예를 들어, 작은 씨앗들에 비해 큰 씨앗들의 상대적 풍부도가 증가한 것이 갈라파고스의 한 핀치 집단에서 부리 크기의 증가로 이어졌다(그림 18.2).

분단성 선택(disruptive selection, 그림 18.11b)은 조건들이 표현형 분포의 중간형 개체들보다 양 극단에 있는 개체들을 선호할 때 일어난다. 한 가지 사례는 검은 배를 가졌으며 씨앗을 쪼아 먹는 카메룬의 핀치이다. 이 새의 집단에는 두 가지 확연히 다른 부리 크기가 존재한다. 작은 부리를 가진 새는 부드러운 씨앗들을 주로 먹고 사는 반면, 큰 부리를 가진 새들은 딱딱한 씨앗을 먹는 쪽으로 특화되어 있다. 중간 크기의 부리를 가진 새들은 양쪽 씨앗을 쪼는데 모두 비효율적이어서 상대적 적응도가 낮은 것 같다.

안정화 선택(stabilizing selection, 그림 18.11c)은 양 극단의 표현형을 제거하는 쪽으로 작용하고, 중간형들을 선호한다. 이 방식의 선택은 변이를 줄이고 특정 표현형의 현재 상태를 그대로 유지한다. 예를 들어, 인간의 갓난아이 체중은 3~4 kg 범위 안에 있는데, 이보다 더 작거나 큰 아이들은 사망률이 높다.

그러나 선택 방식에 상관없이 기본적 방식은 여전히 똑같다. 선택은 유전되는 표현형질이 더 높은 번식 성공도를 제공하는 개체들을 선호하여 이루어진다.

적응 진화에서 자연선택의 핵심적인 역할

생물의 적응에는 놀랄 만한 사례들이 많다. 예를 들어 특정 문어들은 색을 재빨리 변화시킬 수 있는 능력을 가지는데 이러한 변화를 통해 서로 다른 배경색에 자신의 색을 혼합시킬 수 있다. 또 다른 사례는 주목할 만한 뱀의 턱인데(그림 18.12), 뱀은 이 턱을 사용해서 자신의 머리보다 큰 먹이를 삼킬 수 있다(수박 한 통을 삼키는 사람의 묘기에 비유될 수 있음). 저온 환경에서 기능이 향상되는 효소의 버전과 같이, 겉으로 보기에는 눈에 확 드러나진 않지만 생존과 번식 차원에선 비슷한 중요성을 가진 다른 적응들이 존재한다.

그와 같은 적응들은 생존 또는 번식을 높이는 대립유전자들의 빈도를 증가시키는 자연선택에 의해 시간에 따라 점차 증가할 수 있다. 유리한 형질을 가진 개체들의 비율이 증가하면서 그 종이 자신을 둘러싼 환경에 잘 들어맞는 생활을 하는 정도는 향상된다. 즉, 적응 진화가 일어난다. 그러나 한 생물의 환경을 구성하고 있는 물리적 그리고 생물적 요소들은 시간에 따라 변할 수 있다. 그 결과 적응 진화를 지속적이고 역동적 과정이 되게 하는, 생물과 환경 사이에 이루어진 "좋은 조화"에 관련된 요소들은 움직이는 표적과 같다고 할 수 있다.

그렇다면 유전적 부동과 유전자 확산은 어떠한가? 사실 두 가지 모두 생존 또는 번식을 증가시키는 대립유전자 빈도를 증가시킬 수 있지만, 그 어느 것도 일관되게 증가시키지는 못한다. 유전적 부동은 약간 이로운 대립유전자 빈도를 증가시킬 수 있지만 마찬가지로 그 같은 대립유전자 빈도를 감소시킬 수도 있다. 이와 유사하게 유전자 확산도 유리한 대립유전자들을 도입할 수도 있지만 또한 불리한 대립유전자들도 도입할 수 있다. 자연선택만이 적응 진화로 일관되게 인도하는 유일한 진화 방식이다.

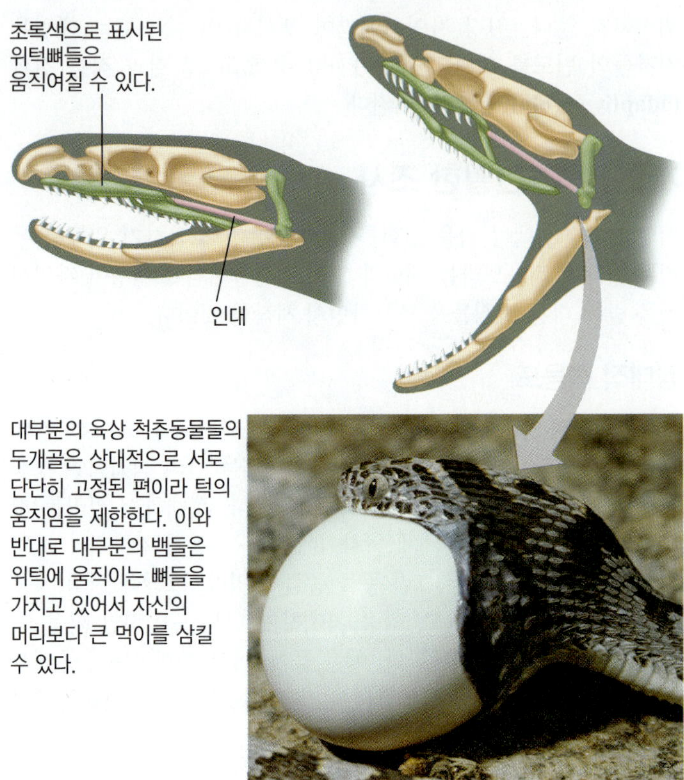

▲ 그림 18.12 **뱀의 움직이는 턱뼈들**

균형선택

우리가 보았듯이 유전적 변이는 흔히 선택의 영향을 받는 유전자 좌위들에서 관찰된다. 자연선택이 적합하지 않은 모든 대립유전자들을 그 좌위들에서 도태시켜 변이를 줄이는 것을 막는 것은 무엇인가? 앞에서 언급했듯이 적합지 않은 많은 열성 대립유전자들은 2배체 생물의 이형접합성 개체들에선 선택으로부터 숨을 수 있기 때문에 지속된다. 이와 함께 선택 자체는 일부 유전자 좌위들에서 변이를 보존할 수도 있어서 한 집단에서 표현형 종류들을 둘 또는 그 이상으로 유지시킨다. **균형선택(balancing selection)**으로 알려진 이 유형의 선택은 이형접합자 우세와 빈도 의존적 선택을 포함한다.

이형접합자 우세

어떤 유전자 좌위에서 이형접합의 개체들이 동형접합자들에 비해서 적응도가 더 높다면, 이 개체들은 **이형접합자 우세 (heterozygote advantage)**를 보인다. 이 경우 자연선택은 그 유전자 좌위에서 둘 이상의 대립유전자를 유지하려는 경향을 보인다. 이형접합자 우세가 표현형이 아니라 유전자형(genotype)의 차원에서 정의됐다는 것을 주목하라. 그러므로 이형접합자 우세가 안정화

선택 혹은 방향성 선택을 할지 여부는 유전자형과 표현형 사이의 관계에 달려 있다. 예를 들어, 이형접합자의 표현형이 두 동형접합자의 중간이라면 이형접합자 우세는 안정화 선택 유형을 나타낸다.

이형접합자 우세의 한 사례는 인간의 적혈구 세포에서 산소 운반 단백질인 헤모글로빈의 폴리펩타이드 소단위 중 하나인 β 폴리펩타이드를 암호화하는 유전자 좌위에서 일어난다. 이 유전자 좌위에서 한 유형의 열성 대립유전자에 대해 동형접합인 개체들은 낫모양 적혈구 빈혈증을 앓는다. 낫모양 적혈구 빈혈증을 가진 사람들의 적혈구는 저산소 조건들에서 모양이 변형되거나 낫모양(sickled)이 된다. 이 낫모양의 세포들은 서로 응집될 수 있고 혈류를 막아 신장, 심장, 그리고 뇌 같은 기관들에 손상을 일으킨다. 이형접합자일 때는 일부 적혈구 세포들이 낫모양으로 변한다 해도 낫모양 적혈구증을 일으킬 정도까지는 아니다.

낫모양 적혈구 대립유전자에 대해서 이형접합자인 사람은 적혈구 세포를 감염시키는 기생생물에 의해 발생하는 질병인 말라리아의 가장 심각한 증세로부터 보호된다. 이 부분적 보호는 몸이 낫모양 적혈구를 재빨리 파괴하기 때문에 발생하며 그 결과 적혈구에 들어 있던 그 기생생물들을 죽인다. 말라리아는 일부 열대 지역에서 주요 사망요인이다. 그러한 지역에서는 이형접합자가 말라리아 영향에 더 취약한 우성의 동형접합자 개체들보다 선택에 유리하며, 또한 낫모양 적혈구 빈혈증에 걸리는 열성 동형접합 개체들보다도 유리하다. 다음 두 페이지에 있는 **그림 18.13**을 통해 더 탐구해보면, 이 선택압은 말라리아 기생생물이 흔한 지역들에서 낫모양 적혈구 대립유전자의 빈도가 상대적으로 높은 수준이 되게 했다.

빈도 의존적 선택

빈도 의존적 선택(frequency-dependent selection)의 경우 한 표현형의 적응도는 그 표현형이 그 집단 내에 얼마나 흔한가에 달려 있다. 아프리카 탕가니카 호수에 서식하는 비늘을 먹는 물고기(*Perissodus microlepis*)를 살펴보자. 이 물고기는 뒤쪽에서 다른 물고기들을 공격하는데, 쏜살같이 돌진하여 먹이 옆구리에 있는 몇 개의 비늘을 뽑아 먹는다. 이 비늘을 먹는 물고기의 한 가지 특징이 흥미로운데, 일부는 입이 왼쪽으로 치우쳐 있고 또 일부는 오른쪽으로 치우쳐 있다는 점이다. 오른쪽으로 치우친 입을 갖게 하는 대립유전자가 왼쪽으로 치우친 입의 대립유전자에 대해서 우성을 나타내는 멘델의 유전 법칙이 그 표현형들을 결정한다. 왼쪽으로 입이 치우쳐 있는 물고기들은 항상 그들 먹잇감의 오른쪽 옆구리를 공격한다(**그림 18.14**). (왜인가를 알아내기 위해서 여러분의 아래턱과 입술을 왼쪽으로 삐뚤어지게 해본 다음 뒤에서 다가가면서 물고기 왼쪽을 한 입 깨무는 것을 상상해 보라.) 마찬가지로 오른쪽으로 입이 치우친 물고기들은 항상 먹이의 왼쪽을 공격한다. 먹이가 되는 종들은 이 비늘을 먹는 물고기 가운데 호수에서 가장 흔한 표현형의 공격에 대해 경계를 하고 있다. 그러므로 해마다 자연선택은 빈도가 흔치 않은 입 모양을 가진 물고기들을 선호한다. 그 결과 왼쪽과 오른쪽으로 치우친 입을 가진 물고기들의 빈도는 시간에 따라 진동한다. 그리고 균형 선택(빈도 의존성에 따른)은

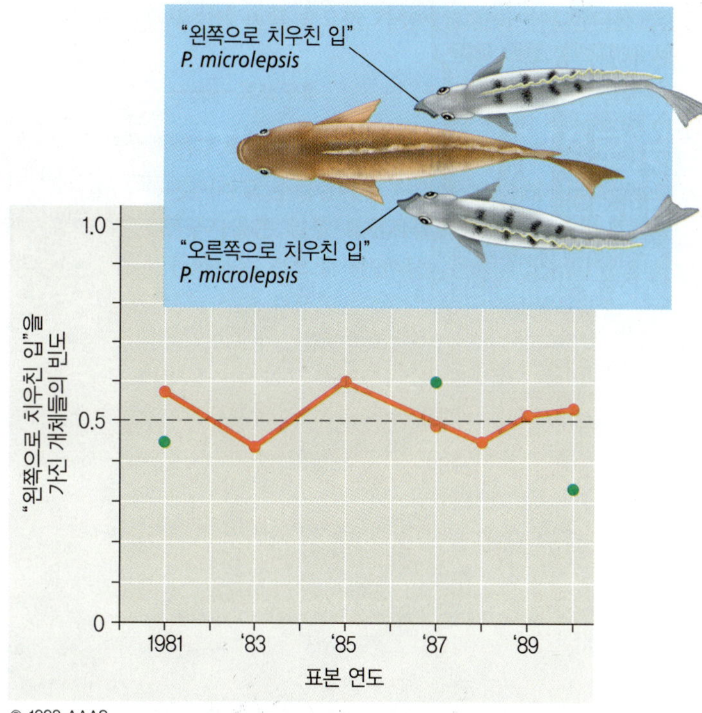

▲ **그림 18.14 빈도 의존적 선택.** 비늘을 먹는 물고기(*Perissodus microlepis*) 집단에서는 입이 왼쪽으로 치우친 개체들의 빈도가 규칙적으로 올랐다 내렸다 한다(빨간 점 자료). 새끼를 낳은 성체들 중에서 입이 왼쪽으로 치우친 개체들의 빈도 역시 표본조사가 된 세 해에 기록되었다(녹색 점 자료).

각각의 표현형 빈도를 50% 가깝게 유지한다.

성 선택

다윈은 **성 선택(sexual selection)**이 가지는 의의를 제일 먼저 탐구한 사람인데, 성 선택은 특정 유전 형질을 가진 개체들이 같은 성의 그렇지 않은 개체들에 비해서 더 많은 짝을 얻을 수 있는 과정을 의미한다. 성 선택은 성별 간에 2차 성징이 뚜렷이 차이가 나는 **성적 이형성(sexual dimorphism)**을 초래할 수 있다(**그림 18.15**). 성별 간에 차이를 내는 성징들은 크기, 색깔, 장식, 그리고 행동을 포함한다.

성 선택은 어떻게 작동하는가? **동성 내 선택**(intrasexual selection)은 같은 성 안에서의 선택을 의미하는데, 같은 성을 가지는 개체들이 다른 성의 짝을 놓고 직접적으로 경쟁을 벌인다. 많은 종에서 동성 내 선택은 수컷들에서 나타난다. 예를 들면, 한 마리의 수컷이 암컷 한 무리를 보호하면서 다른 수컷들이 그 암컷들과 교미하지 못하도록 막는다. 그 수컷은 때로 자기보다 작거나 약하거나 덜 사나운 수컷들을 싸움에서 물리쳐서 자신의 지위를 지킬 것이다. 그 수컷은 직접 싸우는 경우보다는 잠재적인 경쟁자들의 기세를 꺾지만 자신의 적응도를 낮출 수 있는 부상을 피할 수 있는 의식화된 행동을 통해 심리적인 승리를 쟁취하는 경우가 더 많다. 동성 내 선택은 알락꼬리 여우원숭이(ring-tailed lemur)와 넓적코 실고기(broadnosed pipefish)를 포함한 다양한 종의 암컷들

▼ 그림 18.13

MAKE CONNECTIONS

낫모양 적혈구 대립유전자

이 어린이는 낫모양 적혈구 대립유전자 사본 두 개를 가진 개인들에게 발생하는 유전적 이상인 낫모양 적혈구 빈혈증을 갖고 있다. 이 대립유전자는 적혈구 내 산소를 운반하는 단백질인 헤모글로빈 구조와 기능에 이상을 일으킨다. 치료를 하지 않으면 낫모양 적혈구 빈혈증은 치명적이지만, 일부 지역에서 이 낫모양 적혈구 대립유전자는 15~20%가량 매우 높은 빈도까지 도달할 수 있다. 해로운 대립유전자가 어떻게 이와 같이 흔할 수 있을까?

분자 수준에서의 사건들

- 점돌연변이에 의해서 낫모양 적혈구 대립유전자는 야생형 대립유전자와 단 하나의 뉴클레오타이드가 다르다. 그림 14.25 참조.
- 그렇게 해서 생긴 단 하나의 아미노산 변화는 저산소 조건에서 낫모양 적혈구의 헤모글로빈 단백질들 사이에 소수성의 상호작용으로 이어진다.
- 그 결과 낫모양 적혈구 단백질들은 서로 사슬처럼 결합되어 섬유를 형성한다.

세포에 생긴 결과들

- 그 비정상의 헤모글로빈 섬유는 심장으로 되돌아가는 작은 혈관들에서 발견되는 저산소 조건에서 적혈구를 낫모양으로 변형시킨다.

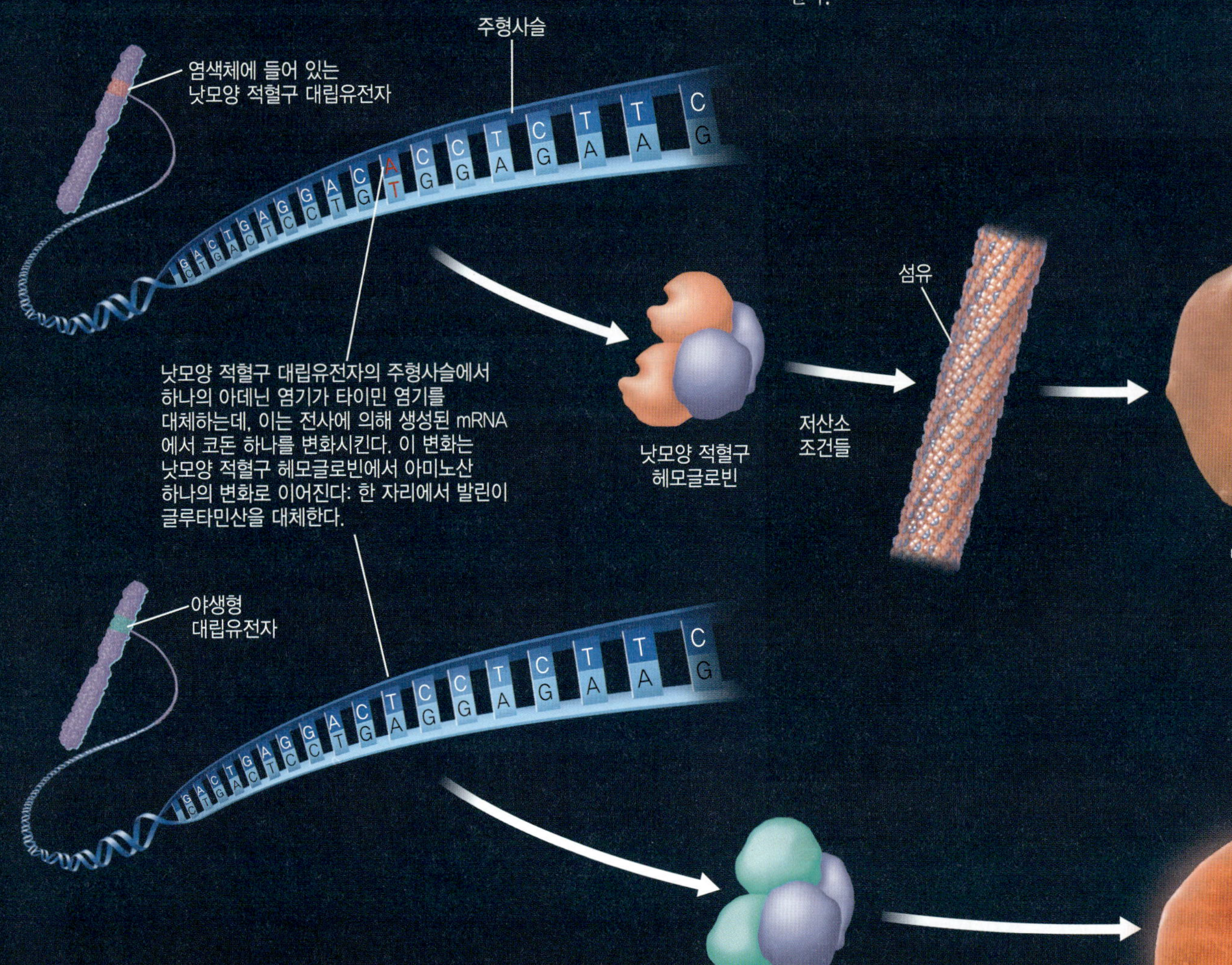

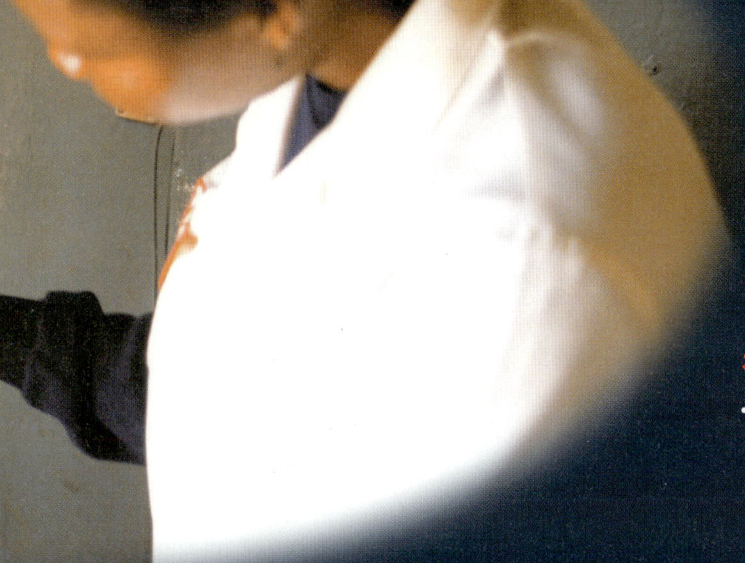

개인들에 미친 효과

- 낫모양 적혈구 형성은 낫모양 적혈구 대립유전자 사본 두 개를 가진 동형접합자들이 낫모양 적혈구빈혈증을 앓게 만든다.
- 이형접합자들에게서도 일부 낫모양 적혈구 빈혈증 증세가 발생하지만 병을 일으킬 정도는 아니다. 그들은 낫모양 적혈구 형질을 가진다.

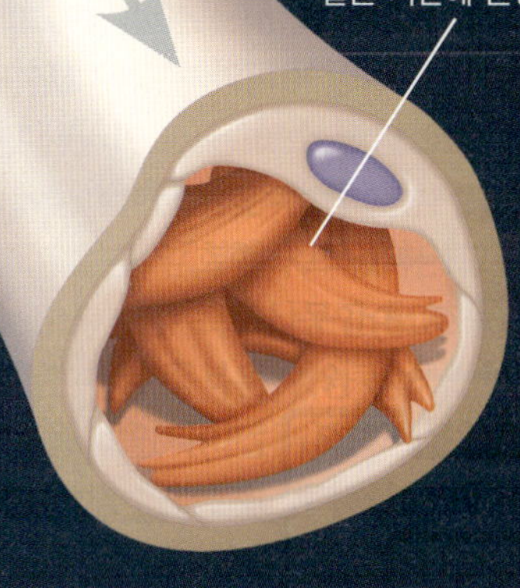

동형접합자의 낫모양 적혈구 세포들은 작은 혈관을 막으며 심한 고통을 유발하고 심장, 신장, 뇌 같은 기관에 손상을 준다.

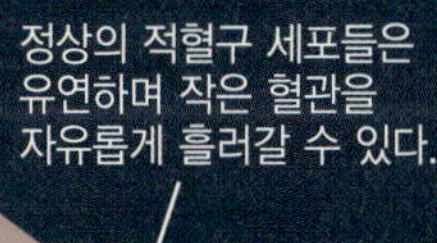

정상의 적혈구 세포들은 유연하며 작은 혈관을 자유롭게 흘러갈 수 있다.

감염된 모기가 사람을 물을 때 말라리아를 퍼트린다. (그림 25.26 참조)

집단들에서의 진화

- 낫모양 적혈구 대립유전자에 대해서 동형접합자들은 낫모양 적혈구 빈혈증으로 인한 사망률 때문에 강력히 도태된다. 이와 반대로 이형접합자들은 낫모양병으로 인한 해는 별로 받지 않고, 말라리아에 걸려도 동형접합자들에 비해서 살아날 가능성이 더 높다.
- 말라리아가 흔한 지역들에서는 이와 같이 서로 반대되는 선택압들의 최종 효과는 이형접합자 우세로 나타난다. 이것은 집단들에서 진화적인 변화를 일으켰다. 그 결과는 지도에 표시된 낫모양 적혈구 대립유전자 빈도가 상대적으로 높은 지역들로 나타난다.

기호설명
낫모양 적혈구 대립유전자의 빈도

- 3.0~6.0%
- 6.0~9.0%
- 9.0~12.0%
- 12.0~15.0%
- >15.0%

플라스모디움 팔시파룸(*Plasmodium falciparum*; 기생성 단세포성 진핵생물)에 의해 발생하는 말라리아 분포

▲ 그림 18.15 **성적 이형성과 성 선택.** 공작 수컷(왼쪽)과 암컷(오른쪽)은 성적 이형성의 극단을 보여준다. 암컷들이 가장 화려한 수컷들을 고를 때 경쟁하는 수컷들 사이의 동성 내 선택 다음에는 이성 간 선택이 이어진다.

사이에서도 일어난다.

짝 선택(mate choice)으로도 불리는 이성 간 선택(intersexual selection)의 경우, 한쪽 성(보통 암컷들)의 개체들이 반대편 성을 가진 그들의 짝을 고를 때에 좀 더 까다롭다. 많은 경우 암컷의 선택은 수컷의 외양이나 행동의 화려함에 의존한다(그림 18.15). 다윈은 일부 수컷이 나타내는 화려함이 어떤 방식으로든 적응과는 무관해 보이며 또 사실 위험을 불러올 수 있다는 점에서 성 선택에 관하여 호기심을 갖게 되었다. 예를 들어, 선명한 깃털은 포식자들 눈에 잘 띄게 만든다. 그러나 그와 같은 형질들이 수컷이 짝을 얻는 데 도움이 된다면, 그리고 이 이익이 포식자에게 받는 위협보다 크다면, 수컷의 선명한 깃털과 선명한 깃털에 대한 암컷의 선호 모두는 강화될 것이다. 왜냐하면 그 두 가지 모두가 번식 성공도를 높이기 때문이다.

어떻게 수컷의 특정 형질들에 대한 암컷의 선호가 진화하는가? 한 가지 가설은 암컷들이 "좋은 유전자들"과 상관관계가 있는 수컷의 형질들을 선호한다는 것이다. 만약 암컷에 의해 선호되는 그 형질이 수컷의 전반적인 유전적인 질을 나타내는 것이라면, 수컷의 형질과 또 이것에 대한 암컷의 선호는 그 빈도가 증가할 것이다.

자연선택은 왜 완벽한 생물들을 만들 수 없는가?

자연선택이 적응으로 이어지지만, 자연에는 그들의 생활 양식과 관련해서 이상적으로 "설계된" 것보다 못한 생물들 사례가 아주 많다. 왜 그런지는 몇 가지 이유들이 있다.

1. **선택은 이미 존재하는 변이들에게만 작용할 수 있다.** 자연선택은 비록 완전무결한 형질들이 아닐지라도 오직 현재 집단에 있는 표현형들 중 최적의 표현형들에게만 유리할 뿐이다. 새롭고 이로운 대립유전자들은 필요하다고 해서 생겨나지 않는다.
2. **진화는 역사적 제약을 받는다.** 각 종들은 조상형들로부터 변형된 혈통(변화의 대물림) 유산을 가지고 있다. 진화는 조상의 해부학적 구조를 버린 다음 각각의 새로운 복잡한 구조를 만들지 않는다. 진화는 이미 존재하는 구조를 받아들여서 그것들을 새로운 상황들에 적응시킨다. 만약 육상형 동물이 나는 것이 더 유리한 환경에 적응하여 진화를 한다고 할 때, 날개 역할을 할 팔(다리)이 없다가 새로 생겨나는 것을 상상해 볼 수 있다. 그러나 진화는 이런 방식으로 일하지 않는다. 대신 진화는 동물이 이미 가지고 있는 형질에 작용한다. 그러므로 조류와 박쥐에서는 날지 못하는 조상들로부터 진화하면서 이미 존재하던 한 쌍의 팔이 날기 위한 기능을 담당하게 되었다.
3. **적응은 때때로 절충이다.** 각각의 생물은 다른 많은 일들을 수행해야만 한다. 물개는 바위 위에서 일부 시간을 보낸다. 만약 물개가 지느러미 대신에 다리를 가지고 있다면 바위 위로 오르는 일을 훨씬 잘 할 테지만, 결코 헤엄을 잘 칠 수는 없을 것이다. 우리 인간은 쥐어 잡기에 적합한 손과 구부러지기 쉬운 다리를 가지고 있기 때문에, 다재다능한 기능과 운동성을 갖출 수 있다. 그렇지만 동시에 우리는 이러한 구조들 때문에 쉽게 손발이 삐거나, 인대가 끊어지거나, 관절 탈구를 당할 수 있다. 구조적 강화는 민첩성을 위해서 희생되었다. 그림 18.16은 진화적 절충의 또 다른 한 사례이다.
4. **우연과 자연선택 그리고 환경은 상호작용한다.** 우연한 사건들은 그 사건 이후로 집단의 진화적 역사에 영향을 줄 수 있다. 예를 들어, 폭풍이 곤충들이나 새들을 바다 너머 수백 킬로미터 떨어진 섬으로 날려 보낼 때, 이 바람이 반드시 그 새로운 환경에 최적인 개체들을 옮겨오는 것은 아니다. 따라서 창시 집단의 유전자 풀에 있는 모든 대립유전자들이 "뒤에 남겨진" 대립유전자들보다 새로운 환경에 더 적합한 것은 아니다. 이에 덧붙여 어떤 위치의 환경은 1년 단위에서 예상할 수 없는 방식으로 변할 수 있는데, 이러한 변화는 다시 적응적 진화가 생물들이 현재의 환경 조건들에 잘 들어맞게 하는 정도를 제한한다.

이 네 가지 제약으로 인해서 진화는 완전한 생물을 만들어 낼 것 같지 않다. 자연선택은 "다른 것보다는 더 나은"이라는 기조로 작용한다. 사실 우리는 진화의 결과로 생겨난 많은 불완전한 생물들을 통해서 진화의 증거를 볼 수 있다.

▼ 그림 18.16 **진화적 절충.** 퉁가라(Túngara) 개구리가 짝짓기 상대를 유인하기 위해서 내는 큰 울음소리는 이웃의 위험한 녀석들을 끌어들이기도 한다. 여기서는 박쥐 한 마리가 먹잇감을 낚아채려고 한다.

CHAPTER

19 종의 기원

핵심 개념

19.1 생물학적 종 개념은 생식적 격리를 강조한다

19.2 종분화는 지리적인 격리가 있든 없든 일어날 수 있다

19.3 잡종 지대는 생식적 격리를 일으키는 요인을 보여준다

19.4 종분화는 빠르게 혹은 느리게 일어날 수 있으며 적은 수나 많은 수의 유전자 변화로 초래될 수 있다

▲ **그림 19.1** 날지 못하는 이 새가 어떻게 격리된 갈라파고스 군도에 살게 되었을까?

바로 그 "신비 중의 신비"

다윈이 갈라파고스에 왔을 때, 그는 이 화산 군도가 세상의 다른 어느 곳에서 볼 수 없는 식물과 동물들이 풍부하다는 것에 주목하였다(**그림 19.1**). 후에 그는 이들 종이 비교적 최근에 형성되었다는 것을 알게 되었다. 그는 그의 일지에 다음과 같이 썼다. "공간과 시간 모든 면에서 우리는, 이 지구상의 새로운 존재의 첫 출현인 바로 그 신비 중의 신비라는 위대한 실제에 어느 정도 가까이 다가가게 된 듯하다."

다윈의 마음을 사로잡은 "신비 중의 신비"는 **종분화(speciation)**로 한 종이 두 종 이상으로 갈라지는 과정이다. 종분화가 기존의 종들과 다른 새로운 종들을 되풀이하여 만듦으로써 엄청난 생명의 다양성을 형성해왔기 때문에 종분화는 다윈(과 이후 많은 생물학자들)의 마음을 사로잡았다. 종분화는 또한 생물들이 공유한 많은 특징(생명의 통일성)을 설명할 수 있게 해 준다. 한 종이 갈라지면, 결과로 나타난 종들은 이 공통조상에서 유래되었기 때문에 많은 특성들을 공유한다. 예를 들면, DNA 서열 수준에서 이런 유사성은 그림 19.1의 날지 못하는 가마우지(*Phalacrocorax harrisi*)가 아메리카에서 발견되는 날 수 있는 가마우지와 가까운 혈연(근연)이라는 것을 보여준다. 이는 이 날지 못하는 가마우지가 본토에서 갈라파고스로 날아 온 조상 가마우지에서 기원되었을 것이라는 것을 말해 준다.

종분화는 또한 한 집단* 내 시간에 따른 대립유전자 빈도의 변화인 **소진화(microevolution)**와 종 수준 위에서 일어나는 큰 틀의 진화 양상인 **대진화(macroevolution)** 사이의 개념적인 교량이 된다. 대진화 변화의 예는 일련의 종분화를 통한 포유류나 꽃식물 등 생물의 새로운 무리들의 기원이다. 우리는 18장에서 소진화 과정을 살펴보았고, 20장에서 대진화를 다룰 것이다. 이 장에서는 기존의 종에서 새로운 종이 기원하는 과정인 소진화와 대진화의 "교량"을 탐구할 것이다. 우선 "종"이 실제로 의미하는 바가 무엇인지 확정하자.

* 'population'을 '개체군(個體群)'이라고 번역하는 예가 많아졌는데 이는 일본 생태학계를 단순히 따르는 것으로 일본에서도 생태학계를 제외하고는 집단(集團)이라고 한다. 개체군이라는 용어는 단순히 개체가 모여 있다는 정적인 용어로 끊임없이 변동하는 집단의 동태, 즉 역동성을 간과하는 용어이다. 한편 집단유전학은 개체를 보는 것이 아니라 유전자, 특히 유전자 빈도의 변동을 보지만 population을 유전자군이라고 주장하지 않는다. 그 이유는 집단이 단순한 개체 모임이나 유전자 모임이 아니고 개체나 유전자에서는 알 수 없는 새로운 속성이 나타나는 독립된 단위체이기 때문이다.

개념 19.1

생물학적 종 개념은 생식적 격리를 강조한다

용어 *species*(종)는 "종류" 또는 "외형"에 대응하는 라틴어이다. 일상에서 우리는 일반적으로 생물의 여러 "종류들"(예를 들어 개와 고양이) 사이를 그들의 외형 차이로 구분한다. 그런데 생물들이 진정으로 우리가 종이라고 부르는 독립된 단위체로 구분되는가? 아니면 이런 분류가 자연 세계에 질서를 부여하기 위한 임의의 시도인가? 이 질문에 답하기 위해 생물학자는 생물의 여러 무리들의 형태(체형)뿐만 아니라 생리, 생화학과 DNA 서열의 덜 명확한 차이까지도 비교한다. 결과는 형태적으로 구분되는 종이 형태 이외에도 많은 측면에서 실제 독립된 무리라는 것을 대체로 확증해준다.

생물학적 종 개념

이 교재에서 사용된 종의 정의는 일차적으로 **생물학적 종 개념(biological species concept)**이다. 이 개념에 따르면 **종(species)**은 구성원들이 자연에서 서로 교배하고 생존 능력과 생식 능력이 있는 자손을 낳을 잠재력이 있지만, 이러한 성질이 있는 다른 무리들의 구성원들과는 생존 능력과 생식 능력이 있는 자손을 낳지 못하는 집단들의 한 무리이다(그림 19.2). 그러므로 한 생물학적 종의 구성원들은 최소한 잠재적인 면에서 생식적으로 적합함으로써 하나가 된다. 예를 들면, 모든 인간은 한 종에 속한다. 맨해튼의 여성 사업가가 몽골의 남성 낙농가와 만날 가능성은 적지만, 만나서 결혼하는 일이 생긴다면 생식 능력 있는 성년으로 자랄 생존 가능한 아기들을 낳을 수 있다. 반면에 인간과 침팬지는 한 지역에서 살더라도, 많은 요인들이 종간 교배를 하여 생식 가능한 자손을 낳는 것을 막기 때문에, 독립된 생물학적 종으로 유지된다.

무엇이 한 종의 유전자 풀(gene pool)을 하나로 결속하여 그 종의 구성원들이 다른 종의 구성원들보다 서로 더 닮도록 만드는가? 이 물음에 답하기 위해, 집단들 사이의 대립유전자 이동인 **유전자 확산**(gene flow)이라는 진화 기작을 회상해보라. 전형적으로 유전자 확산은 한 종의 다른 집단들 사이에서 일어난다. 이렇게 진행되는 대립유전자의 교환이 집단들을 유전적으로 하나로 결합하는 성향이 있다. 그런데 이 장에서 살펴볼 바와 같이 유전자 확산의 감소나 부재는 새로운 종의 형성에 핵심적인 일을 할 수 있다.

생식적 격리

생물학적 종이 생식 적합성에 의해 정의되었기 때문에 새로운 종의 형성은 두 종의 구성원들이 종간 교배를 하여 생존 가능하고 생식 가능한 자손을 생산하는 것을 방해하는 생물학적 요인들(장벽들)의 존재인 **생식적 격리(reproductive isolation)** 여하에 달려 있다. 이런 장벽은 종 사이의 유전자 확산을 차단하고 종간 교배로 생기는 자손인 **잡종(hybrid)**의 형성을 제한한다. 비록 단 하나의 장벽이 유전자 확산을 모두 막지는 못하겠지만, 여러 장벽이 결합되면 한 종의 유전자 풀이 실질적으로 격리될 수 있다.

(a) **다른 종 사이의 유사성.** 동부 들종다리(*Sturnella magna*, 왼쪽)와 서부 들종다리(*Sturnella neglecta*, 오른쪽)는 체형과 색깔이 유사하다. 그렇지만 이들은 야생에서 만나게 된다고 해도 종간 교배가 방해될 만큼 울음소리와 기타 행동들이 충분히 다르기 때문에 독립된 생물학적 종이다.

(b) **한 종 내 다양성.** 우리는 외모만큼 다양할 수 있지만 모든 인간은 성공적으로 상호교배를 하는 능력으로 규정된 하나의 생물학적 종(*Homo sapiens*)에 속한다.

▲ 그림 19.2 **생물학적 종 개념은 신체적 유사성이 아닌, 상호교배의 잠재성을 기초로 한다.**

분명히 파리는 개구리나 양치류와 교배할 수 없지만, 관계가 더 가까운(더 근연인) 종들 사이의 생식적 장벽은 그다지 뚜렷하지 못하다. 이들 장벽은 수정 전 또는 후에 생식적 격리에 기여하는지에 따라 분류될 수 있다. **접합 전 장벽(prezygotic barrier;** "접합체 이전")은 수정이 일어나는 것을 차단한다. 이런 장벽은 일반적으로 세 가지 방식 중 한 방식으로 작동된다. 다른 종들의 구성원들이 짝짓기를 시도하는 것을 방해하기, 시도된 짝짓기 시도가 성공적으로 완료되지 못하게 방해하기, 또는 짝짓기가 성공적으로 완료될 때 수정을 방해하기. 한 종의 정자 세포가 접합 전 장벽을 극복하고 다른 종의 난자와 수정하면 다양한 **접합 후 장벽(postzygotic barrier;** "접합체 이후")이 잡종 접합체가 형성된 후에 생식적 격리에 기여할 것이다. 예를 들면, 발생 오류가 잡종 배아의 생존력을 낮출 것이다. 또는 출생 후 문제로 잡종은 불임이 되게 하거나 생식을 할 만큼 충분히 오래 살아남을 기회를 감소시킬 것이다. 그림 19.3은 접합 전과 후의 장벽을 더 자세하게 설명한다.

생물학적 종 개념의 한계

생물학적 종 개념의 강점은 생식적 격리의 발생에 의해 종분화가 일어날 수 있는 방식에 주목하게 하는 것이다. 하지만 이 개념이 유용하게 적용될 수 있는 종의 수는 제한되어 있다. 예를 들면, 화석의 생식적 격리를 평가할 방법이 없다. 생물학적 종 개념은 또한 원핵생물처럼 항상 또는 대부분의 시기에 무성생식으로 번식하는 생물에 적용하지 못한다. 게다가 생물학적 종 개념에서 종은 유전자 확산의 부재에 의해 지정되는데 형태와 생태 측면에서 뚜렷이 다르지만 그들 사이에 유전자 확산이 일어나는 종들의 쌍이 많이 있다. 한 예는 회색곰(grizzly bear; *Ursus arctos*)과 북극곰(polar bear; *Ursus maritimus*)인데, 그들의 잡종 자손은 "그롤라곰(grolar bears)"이라고 이름 지어졌다(그림 19.4). 앞으로 다루게 될 바와 같이 자연선택은 그들 사이에 유전자 확산이 다소 일어나더라도 이런 종들을 별개로 유지되게 할 수 있다. 생물학적 종 개념의 한계 때문에 상황에 따라서는 대체되는 종 개념이 유용하다.

종의 다른 정의

생물학적 종 개념이 생식적 장벽에 따른 다른 종들의 분리성(독립성, separateness)을 강조하는 반면, 몇 가지 다른 정의는 한 종 내의 단일성(unity within)을 강조한다. 예를 들면, **형태적 종 개념(morphological species concept)**은 체형과 기타 구조 특징들에 의해 종을 구분한다. 형태적 종 개념은 무성생식이나 유성생식을 하는 생물에 적용할 수 있으며, 유전자 확산의 정도에 대한 정보가 없어도 유용할 수 있다. 실제에 있어서 과학자들은 흔히 형태적 기준을 이용하여 종을 구분한다. 그런데 이런 접근의 단점은 주관적인 기준을 따르는 것이다. 연구자들은 종을 구분해주는 구조 특징에 대해 이견이 있을 수 있다.

생태적 종 개념(ecological species concept)은 종의 구성원들이 환경의 무생물과 생물 구성원들과 상호작용하는 방법의 총화인 생태적 지위를 기초로 종을 규정한다. 예를 들면, 참나무 두 종은 건조한 환경에 대한 내성 능력과 크기에서 다를 수 있지만, 여전히 이따금 종간 교배를 한다. 이들이 다른 생태적 지위를 차지하기 때문에, 비록 이들 사이에 다소의 유전자 확산에 의해 연결되더라도, 이들 참나무는 독립된 종들로 여겨질 것이다. 생물학적 종 개념과는 다르게 생태적 종 개념은 유성생식 종은 물론 무성생식 종에도 적용될 수 있다. 이 개념은 또한 생물들이 다른 환경 조건에 적응할 때 분리성 자연선택의 작용을 강조한다.

계통발생적 종 개념(phylogenetic species concept)은 하나의 공통조상을 공유하는 개체들의 가장 작은 무리로 종을 정의하며, 생명 계통수의 한 가지를 이룬다. 생물학자들은 형태나 분자 서열과 같은 특징을 다른 생물들과 비교함으로써 종의 계통발생 역사를 추적한다. 이런 분석을 통해 독립된 종으로 간주될 만큼 충분히 다른 개체들의 무리들을 구분할 수 있다. 물론, 이 종 개념의 난점은 독립된 종을 나타내는 데 필요한 차이(다름)의 정도를 결정하는 것이다.

개념 19.2

종분화는 지리적인 격리가 있든 없든 일어날 수 있다

종이 무엇인지 논의했고, 이제 기존의 종에서 새로운 종이 생기는 과정에 대한 논의로 돌아가도록 하자. 유전자 확산이 기존 종의 집단들 사이에서 차단되는 지리적 배경에 집중할 것이다. 이소 종분화에서는 집단들이 지리적으로 격리되는 반면(그림 19.5a), 동소 종분화에서는 집단들이 격리되지 않는다(그림 19.5b).

이소("다른 지역") 종분화

이소 종분화(allopatric speciation; 다름을 뜻하는 그리스어 *allos*와 고향을 뜻하는 *patra*에서 옴)에서 유전자 확산은 한 집단이 지리적으로 격리된 부분 집단들로 나누어질 때 중단된다. 예를 들면, 호수의 수면이 낮아져 분리된 집단들의 서식지가 되는 둘 이상의 더 작은 호수가 생길 수 있다. 또는 강이 물길이 바뀌어 강을 건널 수 없는 동물의 한 집단을 나눌 수 있다. 이소 종분화는 개체들이 멀리 떨어진 지역에 정착해서 후손들이 모집단과 지리적으로 격리될 때와 같이 지질학적 재구성 없이도 일어날 수 있다. 그림 19.1의 날지 못하는 가마우지는 아마도 갈라파고스 군도에 들어간 날 수 있는 조상 종에서 이런 방식으로 기원되었을 것이다.

이소 종분화 과정

이소 종분화가 일어나게 하기 위해서는 지리적 장벽이 얼마나 강력해야 할까? 답은 생물이 이동하는 능력에 따라 다르다. 새, 퓨마와 코요테는 소나무의 바람에 날리는 꽃가루와 많은 꽃식물의 씨처럼 강과 협곡을 건널 수 있다. 반면에 작은 설치류에게는 폭이 넓은 강이나 깊은 협곡이 엄청난 장벽이 될 것이다.

일단 지리적으로 격리되면 격리된 유전자 풀은 갈라질 수 있다. 다른 돌연변이가 발생하고, 자연선택과 유전적 부동 때문에 격리된 집단들에서 다른 방향으로 대립유전자 빈도가 변할 수 있다. 생식적 격리는 이러한 유전적 변화의 부산물로서 생길 수 있을 것이다.

▼ 그림 19.3 **생식적 격리 탐구**

접합 전 장벽이 짝짓기를 방해하거나, 또는 짝짓기가 이루어지더라도 수정을 방해한다

다른 종의 개체들

짝짓기 시도

서식지 격리

한 지역 내 다른 서식지를 점유하는 두 종은 비록 산맥과 같은 명백한 물리적 장벽으로 격리되지 않을지라도 서로 거의 만나지 않을 것이다.

예: *Rhagoletis* 속의 이들 두 파리 종은 같은 지리적 지역에 나타난다. 하지만 사과 과실파리(*Rhagoletis pomonella*)는 산사나무와 사과나무에서 먹이를 취하고 교배를 한다**(a)**. 반면에 근연인 블루베리 과실파리(*R. mendax*)는 블루베리에서만 교배하고 알을 낳는다**(b)**.

(a)

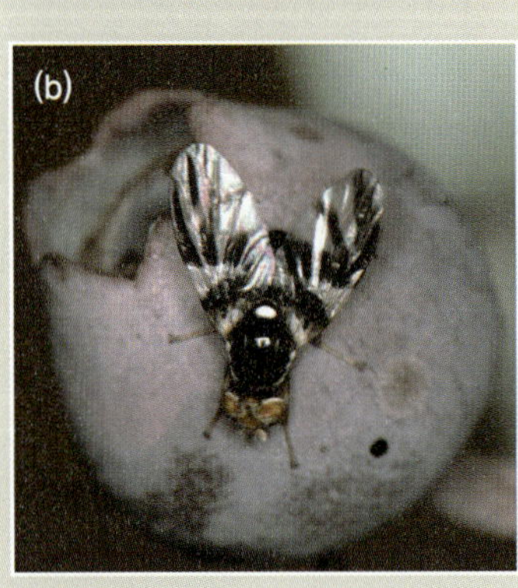

(b)

시간적 격리

하루의 다른 시간, 다른 계절 또는 다른 해에 번식하는 종들은 그들의 배우자들이 섞일 수가 없다.

예: 북아메리카에서 서부 얼룩스컹크(*Spilogale gracilis*)**(c)**와 동부 얼룩스컹크(*Spilogale putorius*)**(d)**의 지리적 분포는 겹치지만 *S. gracilis*는 늦여름에 짝을 짓고 *S. putorius*는 늦겨울에 짝을 짓는다.

(c)

(d)

행동적 격리

짝을 유혹하는 구애 의식과 종에 특이한 기타 행동들은 가까운 혈통의 종들 사이에서조차 효과적인 생식적 장벽이다. 이런 행동 의식은 같은 종의 잠재적인 짝을 확인하는 방식인 **짝 인지**(**mate recognition**)를 가능하게 한다.

예: 갈라파고스에 사는 파랑발 가마우지는 자신의 종에 특이한 구애 과시를 한 후에 짝을 짓는다. "각본"의 일부는 수컷이 발을 높이 드는 것이고**(e)**, 수컷의 밝은 파란 발에 암컷이 끌리게 하는 행동이다.

(e)

기계적 격리

짝짓기가 시도되지만 형태 차이 때문에 시도가 성공적으로 끝나지 못한다.

예: *Bradybaena* 속의 두 달팽이 종의 외각은 다른 방향으로 나선이 있다. 중심으로 들어가면서 한 종은 시계 반대 방향으로 나선이 진행되고(**f**, 왼쪽), 다른 종은 시계 방향으로 나선이 진행된다(**f**, 오른쪽). 그 결과 (화살표로 표시된) 달팽이들의 생식공들이 줄이 맞지 않아 짝짓기가 완성될 수 없다.

(f)

접합 후 장벽이 잡종 접합자가 생존 가능하고 생식 가능한 성체로 발생하는 것을 방해한다

배우자 격리

수정

생존 가능하고 생식 가능한 자손

한 종의 정자가 다른 종의 난자와 수정될 수 없다. 예를 들면, 정자가 다른 종 암컷의 생식관에서 생존할 수 없거나 생화학적 작용이 다른 종의 난자를 둘러싸고 있는 막을 통과하지 못하게 할 것이다.

예: 배우자 격리는 성게와 같은 수서 동물의 혈통이 가까운 종들을 격리한다 **(g)**. 성게는 난자와 정자를 주변의 물로 방출하고, 거기서 융합하여 접합자가 된다. 여기에 보여준 붉은 성게와 자주 성게와 같은 다른 종들의 배우자들은 난자와 정자의 표면에 있는 단백질들이 서로 잘 결합하지 못하기 때문에 융합하기 어렵다.

잡종 생존력 약화

다른 부모 종의 유전자들이 그 환경에서 잡종의 발생이나 생존을 못하게 하는 방식으로 상호작용할 것이다.

예: *Ensatina* 속의 일부 도롱뇽 아종들은 한 지역 한 서식지에 사는데, 간혹 잡종을 형성할 수 있다. 하지만 잡종 대다수는 발생을 끝내지 못하며, 발생을 끝내더라도 잡종은 쇠약하다**(h)**.

잡종 생식력 약화

잡종이 강건한 경우에는 불임일 것이다. 두 부모 종의 염색체들이 수나 구조가 다르다면 잡종에서 감수분열이 정상 배우자를 만들지 못할 것이다. 생식력 없는 잡종은 부모 종의 어느 하나와 짝을 지었을 때 자손을 만들 수 없기 때문에 유전자들이 종들 사이에 자유롭게 흐를 수 없다.

예: 수나귀**(i)**와 암말**(j)**의 잡종 자손은 노새**(k)**인데, 강건하지만 불임이다. 암나귀와 수말의 자손인 "버새"(그림에 없음)도 역시 불임이다.

잡종 와해

일부 첫 세대의 잡종은 생존 가능하고 생식 가능하지만, 그들이 서로 짝을 짓거나 부모 종의 어느 하나와 짝을 지을 때 다음 세대의 자손은 연약하거나 불임이다.

예: 재배 벼의 변종들은 공통조상에서 갈라져 나오는 과정에서 두 좌위에 여러 돌연변이의 열성 대립유전자들이 축적되었다. 이들 사이의 잡종은 잘 자라고 생식 가능하지만(l, 왼쪽과 오른쪽), 이런 열성 대립유전자가 너무 많은 다음 세대의 벼는 작고 불임이다(l, 가운데). 비록 이들 벼 변종들은 아직 다른 종으로 간주되지는 않지만, 접합 후 장벽에 의해 격리되기 시작했다.

▲ **그림 19.4 큰곰속(*Ursus*)의 곰 두 종 사이의 잡종형성**

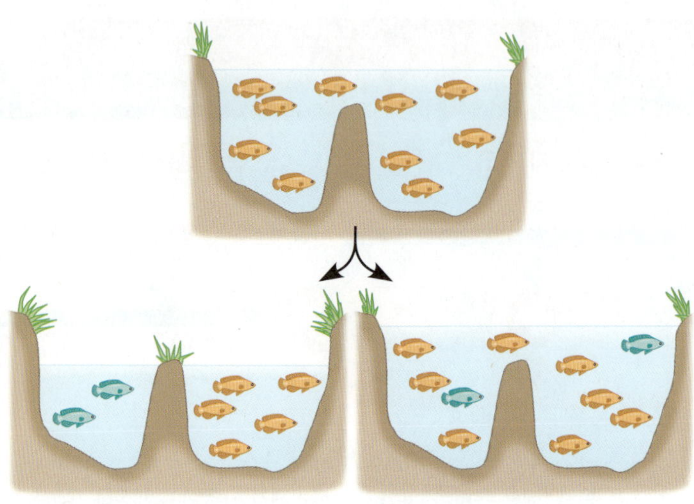

(a) **이소 종분화.** 한 집단이 부모집단과 지리적으로 격리되어 있는 동안 새로운 종으로 형성된다.

(b) **동소 종분화.** 한 집단의 일부가 지리적 분리 없이 새로운 종으로 형성된다.

▲ **그림 19.5 종분화의 지리학**

이소 종분화의 증거

남아메리카와 북아메리카를 잇는 육교인 파나마 지협에서 떨어져 사는 딱총새우속(*Alpheus*)의 30종을 고찰해보자. 이들 중 15종은 지협의 대서양 쪽에 서식하고 다른 15종은 태평양 쪽에 서식한다. 지협이 형성되기 이전에는 딱총새우의 대서양과 태평양 집단들 사이에 유전자 확산이 있었을 것이다. 지협의 다른 쪽에 있는 종들은 이소 종분화에 의해 기원되었는가? 형태와 유전 자료에 의해 이들 새우는 구성 종들이 서로 혈연이 가장 가까운 쌍이 되는 **자매종**(sister species)의 15쌍으로 분류된다. 이들 15쌍의 각각에서 자매종의 한 종은 지협의 대서양 쪽에 서식하고 다른 종은 태평양 쪽에 서식한다 (그림 19.6). 이러한 사실은 각각의 쌍에서 두 종이 지리적 격리의 결과로 생겼다는 것을 강력하게 말해준다. 게다가 유전 분석에 따르면 딱총새우속 종들은 900만 년에서 300만 년 전에 기원되었고, 가장 깊은 곳에 서식하는 자매종들이 처음에 분기한 것으로 나타난다. 이들의 분기 시간들은 지협이 천만 년 전에 형성되기 시작하여 점진적으로 진행되어 약 3백만 년 전에 완전히 막혔다는 지질학적 증거와 부합된다.

이소 종분화의 중요성은 장벽으로 격리되거나 고도로 나누어진 지역이 그런 특징이 없는 유사한 지역보다 일반적으로 더 많은 종이 있다는 사실에 의해서도 나타난다. 예를 들면, 많은 독특한 식물과 동물들이 지리적으로 격리된 하와이 제도에서 발견된다. 마찬가지로, 많은 강으로 나누어진 남아메리카의 지역에서 특이하게 많은 수의 나비 종들이 발견된다.

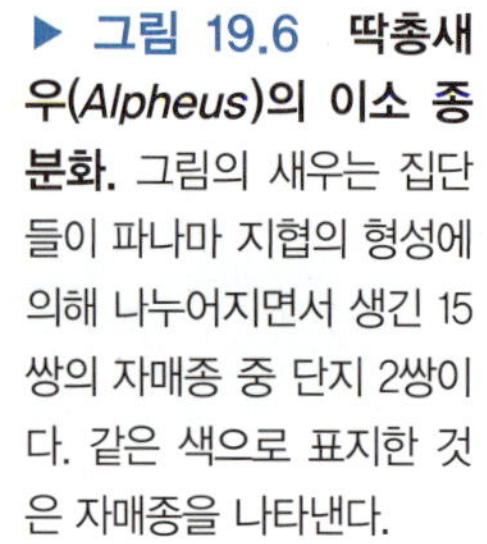

▶ **그림 19.6 딱총새우(*Alpheus*)의 이소 종분화.** 그림의 새우는 집단들이 파나마 지협의 형성에 의해 나누어지면서 생긴 15쌍의 자매종 중 단지 2쌍이다. 같은 색으로 표지한 것은 자매종을 나타낸다.

야외 관찰에 따르면 두 집단 사이의 생식적 격리는 일반적으로 둘 사이의 지리적 거리가 증가하면서 커지는 것으로 나타나며, 이는 이소 종분화와 부합하는 발견이다.

여기서 지리적 격리가 이소 집단들의 구성원들 사이의 종간 교배를 막지만 물리적 격리가 생식에 대한 생물학적 장벽은 아니라는 것을 알아야 한다. 그림 19.3에 설명된 것과 같은 생물학적 생식 장벽은 생물 자체에 본질적인 것이다. 따라서 다른 집단들의 구성원들이 서로 만나게 될 때 종간 교배를 막을 수 있는 것은 바로 생물학적 장벽이다.

동소("같은 지역") 종분화

동소 종분화(sympatric speciation)에서(함께를 뜻하는 그리스어 *syn*에서 옴), 종분화는 한 지리적 지역에 서식하는 집단들에서 발생한다. 구성원들이 서로 여전히 만나면서도 동소 집단들 사이에 생식적 장벽이 어떻게 형성될 수 있는가? 비록 그런 만남(과 결과로 진행되는 유전자 확산) 때문에 동소 종분화가 이소 종분화보다 덜 흔하게 되지만, 다배수성, 서식지 분화와 성 선택과 같은 요인들에 의해 유전자 확산이 줄어든다면 동소 종분화가 발생할 수 있다. (이런 요인들이 이소 종분화도 촉진할 수 있다는 것을 알아야 한다.)

다배수성

다배수성(polyploidy)이라는 상태인 잉여의 염색체 조합을 초래하는 세포 분열이 일어나는 중 우연히 종이 기원될 수 있다. 다배수체 종분화는 때때로 동물에서 일어난다. 예를 들면, 회색청개구리(*Hyla versicolor*)가 이런 방식으로 기원된 것으로 생각된다. 하지만 다배수성은 식물에 훨씬 더 흔하다. 식물학자들은 현존하는 식물 종의 80%보다 더 많은 종이 다배수체 종분화에 의해 형성된 조상에서 유래된 것으로 추정한다.

두 가지 다른 유형의 다배수성이 식물 집단들(과 몇 동물 집단들)에서 관찰됐다. **동질배수체(autopolyploid)**(자기를 뜻하는 그리스어 *autos*에서 옴)는 모두 단일 종에서 유래된 염색체가 3조 이상이 있는 개체이다. 예를 들면, 식물에서 세포분열의 실패로 세포의 염색체 수가 원래의 수($2n$)에서 4배체 수($4n$)로 배가될 수 있다(그림 19.7).

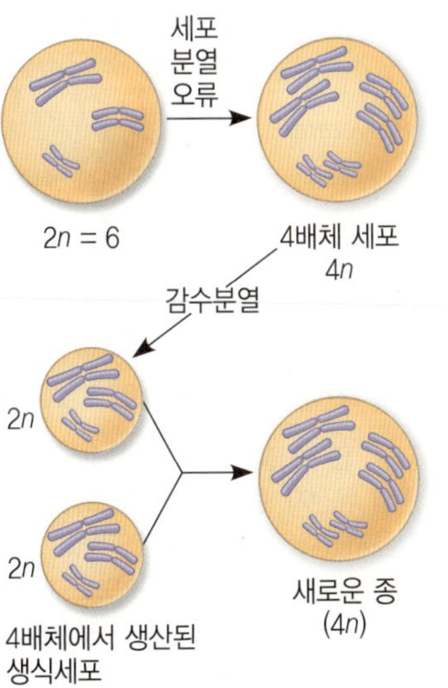

▲ 그림 19.7 **동질배수체에 의한 종분화**

4배체는 자가수분이나 다른 4배체와의 교배로 생식 가능한 4배체 자손을 생산할 수 있다. 게다가 4배체와 원래 집단의 2배체의 교배에서 나온 3배체($3n$) 자손은 생식 능력이 감소하기 때문에 4배체는 원래 집단의 $2n$ 식물과 생식적으로 격리된다. 따라서 단 1세대만에, 동질배수체는 지리적 격리 없이 생식적 격리를 만들 수 있다.

두 번째 유형의 다배수성은 두 다른 종이 상호 교배하여 잡종 자손을 생산할 때 발생할 수 있다. 이런 잡종의 대다수는 한 종의 염색체 조합이 감수분열 동안 다른 종의 염색체 조합과 짝을 지을 수 없기 때문에 불임이다. 하지만 불임의 잡종은 (많은 식물들이 그러는 것처럼) 무성생식으로 자신을 번식할 수도 있다. 이어지는 세대들에서 여러 과정에 의해 불임의 잡종이 **이질배수체(allopolyploid)**라고 하는 생식 가능한 다배수체가 될 수 있다(그림 19.8). 이질배수체는 서로 교배하면 생식 능력이 있지만, 어느 부모 종하고든 종간 교배를 할 수 없다. 따라서 이들은 새로운 생물학적 종을 나타낸다.

비록 야외에서 종분화를 연구하는 것이 힘겨운 일이지만, 과학자들은 1850년 이래 다배수성 종분화에 의해 기원된 새로운 식물종을 최소한 5종 기록하였다. 이런 예의 하나는 북서태평양에서 일어난 새로운(*Tragopogon* 속) 쇠채아재비 식물 종의 기원과 관련된다. *Tragopogon*은 사람이 1900년대 초 유럽의 세 종, *T. pratensis*, *T. dubius*와 *T. porrifolius*를 도입하여 이 지역에 처음

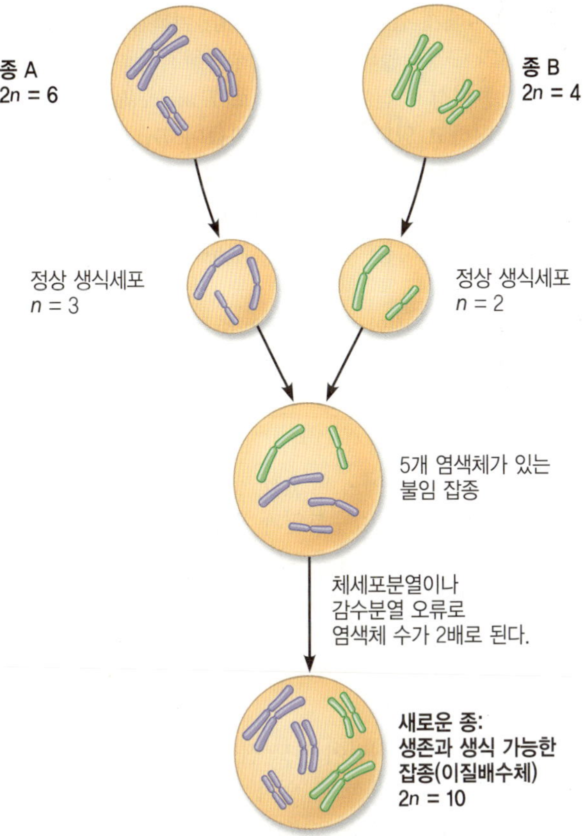

▲ 그림 19.8 **식물에서 이질배수체 종분화의 한 과정.** 대다수 잡종은 염색체가 상동이 아니고 감수분열 시 짝을 지을 수 없기 때문에 불임이다. 하지만 이런 잡종은 무성생식에 의해 번식할 수도 있다. 이 그림은 새로운 종으로서 생식 가능한 잡종(이질배수체)을 만들 수 있는 한 과정을 보여준다. 새로운 종은 2배체 염색체 수가 두 부모 종의 2배체 염색체 수의 합과 같다.

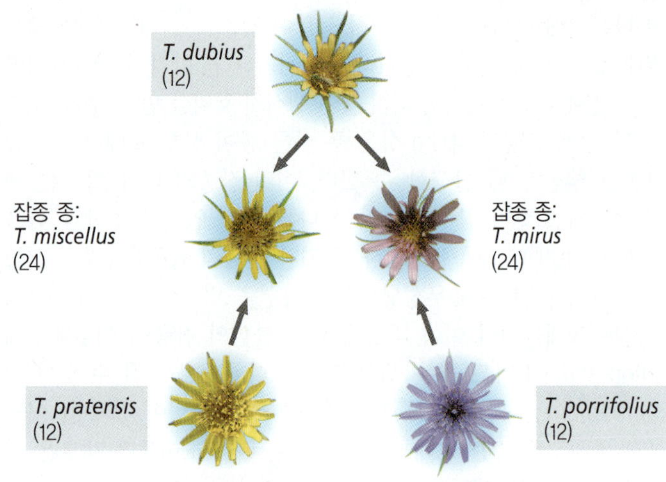

▲ **그림 19.9** ***Tragopogon* 속의 이질배수체 종분화.** 회색 상자는 세 부모 종을 나타낸다. 각 종의 2배체 염색체 수는 괄호에 표시한다.

들어왔다. 이들 세 종은 지금은 버려진 주차장이나 기타 도시 공간에 흔한 잡초이다. 1950년 새로운 *Tragopogon* 종이 유럽의 세 종도 모두 발견되는 지역인 아이다호-워싱턴 경계 근처에서 발견되었다. 유전 분석에 따르면 이 새로운 종(*Tragopogon miscellus*)은 유럽 두 종의 4배체 잡종이다(**그림 19.9**). 비록 *T. miscellus* 집단이 주로 자신의 구성원들의 번식으로 성장하지만, 부모 종 사이의 추가적인 잡종형성 사건이 지속적으로 *T. miscellus* 집단에 새로운 구성원을 더하고 있다. 후에 과학자들이 *Tragopogon* 속의 또 다른 새로운 종, *T. mirus*를 발견하였다. 이 종은 *T. dubius*와 *T. porrifolius*의 잡종이다(그림 19.9). *Tragopogon* 이야기는 진행되고 있는 종분화를 과학자들이 관찰한 잘 연구된 많은 예 중 하나이다.

귀리, 목화, 감자, 담배와 밀 등 많은 중요한 농작물은 다배수체이다. 빵에 사용되는 밀(*Triticum aestivum*)은 타가6배체(6조의 염색체, 다른 세 종 각각의 두 조씩)이다. 궁극적으로 현대 밀로 가는 첫 번째 다배수성 형성 사건은 초기 재배밀 종과 야생초의 자연적인 잡종으로서 중동에서 약 8천 년 전에 발생했을 것이다. 오늘날, 식물 유전학자들은 감수분열과 체세포분열의 오류를 유발하는 화학물질을 이용하여 새로운 다배수체를 만든다. 진화 과정을 이용함으로써 연구자들은 호밀의 단단함과 밀의 고수확률을 결합한 잡종과 같이 원하는 품질의 새로운 잡종을 생산할 수 있다.

서식지 분화

또한 동소 종분화는 부분 집단이 부모 집단이 이용하지 않는 서식지나 자원을 이용할 때 발생할 수 있다. 사과 해충인 북아메리카 사과 과실파리(*Rhagoletis pomonella*)를 살펴보자. 이 파리의 원래 서식지는 토착 산사나무였지만, 약 200년 전에 일부 집단이 유럽 정착민이 도입한 사과나무에 정착하였다. 사과 과실파리는 보통 숙주에서나 인근에서 교배를 한다. 이로 인해 사과를 먹는 집단과 산사나무 열매를 먹는 집단 사이의 접합 전 장벽(서식지 격리)이 생겼다(그림 19.3a의 파리). 게다가 사과가 산사나무 열매보다 더 빨리 익기 때문에 자연선택은 빠르게 발생하는 사과를 먹는 파리에 유리하게 작용했다. 이들 사과를 먹는 집단들이 이제는 산사나무 열매를 먹는 *R. pomonella*와 시간적인 격리를 보여주며, 이런 격리는 두 집단 사이의 유전자 확산에 대한 2차적인 접합 전 제한이 된다. 연구자들은 또한 한 숙주 식물을 이용하는 파리에게는 이롭지만 다른 숙주 식물을 이용하는 파리에게는 해로운 대립유전자를 밝혀냈다. 이들 대립유전자에 작용하는 자연선택은 생식에 대한 접합 후 장벽이 작동하게 하여 유전자 확산을 더욱 제한한다. 총괄적으로 보면, 비록 두 집단이 독립된 종이라기보다는 아직 아종으로 분류되지만, 동소 종분화가 잘 진행되고 있는 것으로 보인다.

성 선택

동소 종분화가 성 선택(sexual selection)에 의해 추진될 수도 있다는 증거가 있다. 이런 일이 어떻게 일어날 수 있는지에 대한 실마리는 지구의 동물 종분화의 핫스팟 중 하나인 동아프리카에 있는 빅토리아 호수의 시클리드(cichlid) 물고기에서 발견되었다. 이 호

▼ 그림 19.10 탐구

시클리드에서 성 선택이 생식적 격리를 초래했는가?

실험 연구자들은 *Pundamilia pundamilia*와 *P. nyererei*의 수컷과 암컷들을 자연 채광의 수조와 주황색 단색 채광의 수조 두 개에 함께 넣었다. 자연 채광에서는 두 종이 수컷의 번식색이 뚜렷하게 다르지만 주황색 단색 채광에서는 두 종이 색이 아주 비슷하다. 그 다음 연구자들은 각 수조에서 암컷의 교배짝 선택을 관찰했다.

결과 자연 채광에서는 각각의 암컷들은 자신과 같은 종의 수컷을 강하게 선호했다. 하지만 주황색 채광에서는 각 종의 암컷들은 두 종의 수컷들에게 차이가 없게 반응하였다. 태어난 잡종은 생존 가능하고 생식 가능하였다.

결론 연구자들은 수컷의 번식색을 기초로 한 암컷의 교배짝 선택이 이들 두 종의 유전자 풀을 독립적으로 유지하는 생식적 장벽으로 작용할 수 있다고 결론지었다. 접합 전 행동 장벽이 실험실에서 와해되었을 때 이들 종이 여전히 종간 교배를 할 수 있으므로, 이들 종 사이의 유전적 분기가 작을 것이다. 이는 이 종분화가 비교적 최근에 일어났다는 것을 말해준다.

참고문헌 O. Seehausen and J. J. M. van Alphen, The effect of male coloration on female mate choice in closely related lake victoria cichlids (*Haplochromis nyererei* complex), *Behavioral Ecology and Sociobiology* 42:1–8 (1998).

수는 한때 최대 600종의 시클리드가 사는 서식지였다. 유전 자료에 따르면 이들 종은 다른 곳의 강과 호수에서 온 적은 수의 정착종들로부터 지난 10만 년 내에 기원됐다. 유럽 모두에서 알려진 담수 어류 종수의 2배보다도 더 많은 종들이 한 호수 안에서 어떻게 기원됐을까?

한 가설은 원래 시클리드 집단의 소집단들이 다른 먹이원에 적응했고 결과로 나타난 유전적 분기가 빅토리아 호수에서 종분화에 기여했다는 것이다. (전형적으로) 암컷이 수컷을 외양을 근거로 하여 선택하는 성 선택도 또한 한 요인이었을 것이다. 연구자들은 번식에 참여하는 수컷들의 색에서 크게 다른 근연의 두 시클리드 동소 종을 연구했다. 번식에 참여하는 *Pundamilia pundamilia* 수컷은 등이 파란 색조인 반면에 *Pundamilia nyererei* 수컷은 등이 붉은 색조이다(그림 19.10). 이 연구 결과는 수컷의 번식 색에 바탕을 둔 교배짝 선택이 이들 두 종의 유전자 풀을 별개로 유지하는 주된 생식적 장벽으로 작용할 수 있다는 것을 말해준다.

개념 19.3

잡종 지대는 생식적 격리를 일으키는 요인을 보여준다

생식적 장벽이 불완전한 종들이 서로 만나게 되면 어떤 일이 일어나는가? 가능한 결과 중 하나는 다른 종의 구성원들이 만나 교배하여 최소한 약간이라도 혼혈의 자손을 생산하는 지역인 **잡종 지대(hybrid zone)**를 형성하는 것이다(그림 19.11). 이 절에서는 잡종 지대와 이곳이 보여주는 생식적 격리의 발생 요인을 살펴볼 것이다.

잡종 지대 내 양상

일부 잡종 지대는 노랑배 두꺼비(*Bombina variegata*)와 근연종인 불꽃배 두꺼비(*B. bombina*) 두 종에 대해 그림 19.11에 나타낸 것처럼 좁은 띠 모양으로 형성된다. 지도에 붉은 선으로 표시된 이 잡종 지대는 길이가 4,000 km에 달하지만 폭은 대부분의 장소에서 10 km보다 더 좁다. 이 잡종 지대는 노랑배 두꺼비의 더 높은

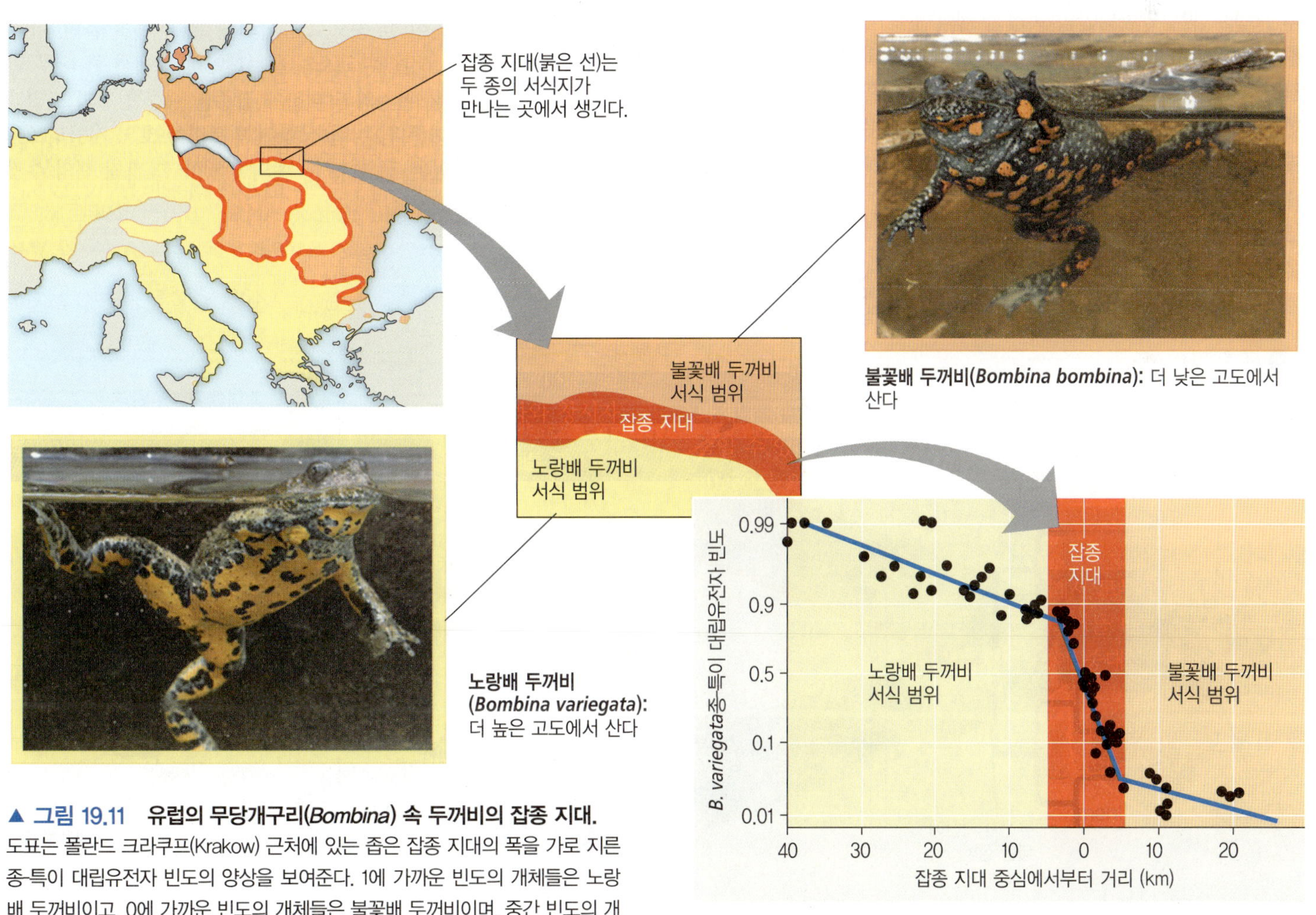

▲ **그림 19.11 유럽의 무당개구리(*Bombina*) 속 두꺼비의 잡종 지대.** 도표는 폴란드 크라쿠프(Krakow) 근처에 있는 좁은 잡종 지대의 폭을 가로 지른 종-특이 대립유전자 빈도의 양상을 보여준다. 1에 가까운 빈도의 개체들은 노랑배 두꺼비이고, 0에 가까운 빈도의 개체들은 불꽃배 두꺼비이며, 중간 빈도의 개체들은 잡종으로 여겨진다.

고도의 서식지와 불꽃배 두꺼비의 저지대 서식지가 만나는 곳에 형성된다. 잡종 지대의 한 횡단면을 따라 노랑배 두꺼비에 특이한 대립유전자 빈도는 노랑배 두꺼비만 발견되는 가장자리의 100%에서부터, 잡종 지대 중심부의 50%로, 불꽃배두꺼비만 발견되는 가장자리의 0%까지 전형적인 감소를 보여준다.

잡종 지대를 가로지르는 이런 대립유전자 빈도의 양상을 초래하는 것은 무엇인가? 유전자 확산에 장벽이 있다고 추론할 수 있다. 그렇지 않다면 한 부모 종의 대립유전자는 다른 부모 종의 유전자 풀에서도 흔해야 할 것이다. 지리적 장벽이 유전자 확산을 줄어들게 하는가? 두꺼비가 잡종 지대 전체를 이동할 수 있으므로 이 경우는 그렇지 않다. 더 중요한 요인은 잡종 두꺼비가 배아 치사율이 높아지고, 등뼈와 융합된 갈비뼈와 기형의 올챙이 입과 같은 형태적 기형의 발생률이 높아지는 것이다. 잡종이 생존과 번식이 빈약하기 때문에 부모 종과는 생존 가능한 자손을 거의 낳지 못한다. 그 결과, 잡종 개체들이 한 종에서 다른 종으로 대립유전자가 전달되는 징검다리 구실을 거의 하지 못한다. 잡종 지대 밖에서는 부모 종들이 살고 있는 다른 환경의 자연선택이 유전자 확산의 추가적인 장벽이 될 것이다.

잡종 지대는 일반적으로 종간 교배를 하는 종들의 서식지가 만나는 곳 어디에 있다. 이런 지역은 흔히, 그림 19.13에 보인 연속된 띠 모양보다는 달마티안의 복잡한 점박이에 더 가까운 문양으로, 경관을 따라 흩어져 있는 한 무리의 고립된 조각들과 닮아 있다. 잡종 지대는 공간 양상이 복잡하든 단순하든 관계없이 생식에 대한 장벽이 완벽하지 않은 두 종이 만날 때 형성된다. 일단 잡종 지대가 형성이 되면 시간이 지나면서 어떻게 변할까?

시간 경과에 따른 잡종 지대

잡종 지대를 연구하는 것은 종분화에 대한 자연적으로 일어나는 실험을 관찰하는 것과 유사하다. 북서태평양의 쇠채아재비에서 다배수성에 의해 새로운 종이 생긴 것처럼 잡종이 부모 종과 생식적으로 격리되고, 새로운 종으로 형성될 것인가? 그렇게 되지 않는다면, 시간이 경과하면서 잡종 지대에는 세 가지 결과가 나타날 가능성이 있다. 장벽의 강화, 종의 융합 또는 안정(**그림 19.12**). 이들 각각에 대해 차례로 논할 것이다.

- **강화:** 잡종은 종종 부모 종의 구성원들보다 적응력이 작다. 이 경우 자연선택이 생식에 대한 접합 전 장벽을 강화할 것이고, 부적응의 잡종 형성이 감소된다. 이 과정이 생식적 장벽을 강화하는 데 관련되기 때문에 강화라고 한다. 강화가 일어나고 있다면 논리적 예측은 종 사이의 장벽은 이소 집단들보다 동소 집단들의 경우 더 강력해야 할 것이다. 이런 예측을 지지하는 증거가 조류, 어류, 곤충, 식물 등 여러 생물에서 관찰되었다.
- **융합:** 두 종이 잡종 지대에서 교류할 때 생식에 대한 장벽은 약할 것이다. 실제로 충분히 많은 유전자 확산이 일어나 생식적 장벽이 더욱 더 약해지고 두 종의 유전자 풀이 점점 더 비슷해진다. 사실상 종분화 과정이 거꾸로 되고, 궁극적으로 잡종을 형성하는 두 종들이 한 종으로 융합되게 된다. 예를 들면, 유전과 형태의 증거는 갈라파고스의 플로레아나 섬에서 큰 나무 핀치가 이 섬의 다른 핀치와 막대하게 잡종을 형성한 결과 소멸되었다는 것을 보여준다. 이런 상황이 빅토리아 호의 시클리드에서도 일어나고 있는 듯하다. 한 종의 암컷이 한 가지 색의 수컷

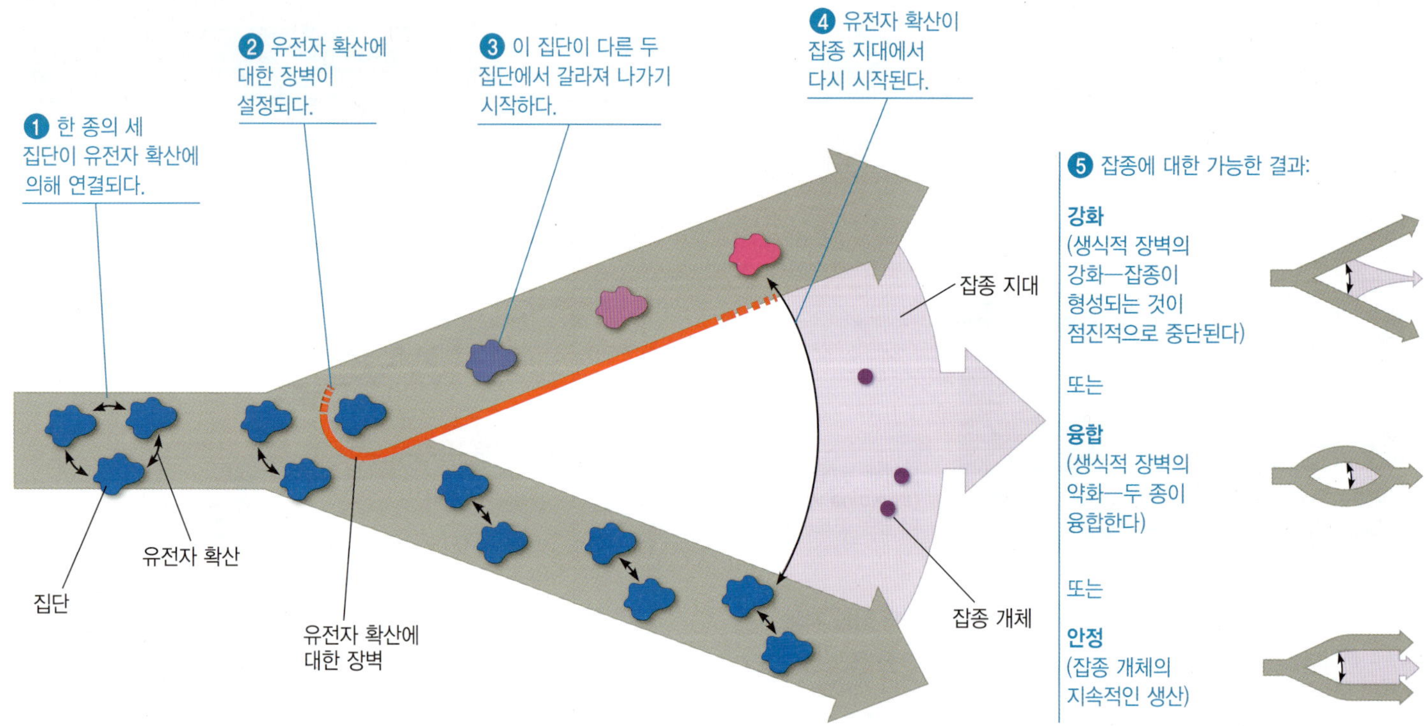

▲ **그림 19.12 잡종 지대의 형성과 오랜 시간에 걸친 잡종에 대한 가능한 결과.** 굵은 색 화살표는 시간의 경과를 나타낸다.

과 짝을 짓는 것을 선호하는 반면 다른 종의 암컷은 다른 색의 수컷과 짝을 짓는 것을 선호하기 때문에 생태적으로 유사한 시클리드 종의 많은 쌍들은 생식적으로 격리된다(그림 19.10). 오염에 의해 혼탁해진 물 때문에 자신과 같은 종의 수컷을 근연종의 수컷과 구별하기 위해 색을 이용하는 암컷의 능력이 떨어질 것이다. 일부 오염된 물에서 많은 잡종이 생산되었고 부모 종의 유전자 풀이 융합되도록 하여 종이 소멸되도록 하고 있다 (그림 19.13).

• **안정:** 많은 잡종 지대는 잡종이 계속 생산된다는 의미에서 안정적이다. 일부의 경우 최소한 특정 서식처나 연도에 잡종이 두 부모 종의 구성원들보다 더 잘 생존하거나 번식하기 때문에 안정이 발생한다. 하지만 안정한 잡종 지대는 예상과 다르게 선택이 잡종에 불리하게 작용하는 경우에서도 또한 관찰되었다. 예를 들면, 비록 선택이 잡종에게 매우 불리하게 작용하지만 잡종이 무당개구리(*Bombina*) 속의 잡종 지대에서 지속적으로 형성된다. 이런 발견을 어떻게 설명할 수 있을까? 하나의 가능성은 *Bombina* 잡종 지대의 좁은 폭과 관련된다(그림 19.11). 증거에 따르면 두 부모 종의 구성원들이 잡종 지대 밖에 있는 부모 집단에서 지대로 이주하고, 그 결과 잡종이 지속적으로 생산된다. 잡종 지대가 더 넓었다면, 잡종 지대 밖에 멀리 떨어진 부모 집단들에서 지대의 중앙으로 유전자 확산이 거의 없을 것이기 때문에 이런 일이 일어나기 쉽지 않았을 것이다.

Pundamilia nyererei

Pundamilia pundamilia

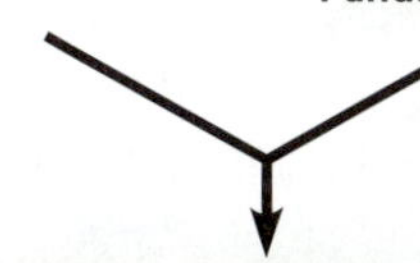

***Pundamilia* "혼탁한 물(turbid water),"**
물이 혼탁한 곳의 잡종 자손

▲ **그림 19.13 융합: 생식적 장벽의 와해.** 지난 수십 년 동안 빅토리아 호수는 계속해서 혼탁해져 *P. nyererei*와 *P. pundamilia* 사이의 생식적 장벽이 약해졌을 것이다. 물이 혼탁한 지역에서는 두 종이 활발하게 잡종을 형성함으로써 그들의 유전자 풀이 융합되게 한다.

때로는 잡종 지대의 결과는 예상과 일치하고(시클리드 물고기), 때로는 예상과 일치하지 않는다(*Bombina*). 하지만 예상이 지지되든 아니든, 잡종 지대에서 일어나는 일들은 가까운 근연종 사이의 생식에 대한 장벽이 시간이 지나면서 어떻게 변하는지를 밝혀줄 수 있다. 다음 절에서 잡종을 형성하는 종들 사이의 상호작용이 종분화의 속도와 유전적 조절을 어떻게 파악할 수 있게 하는지도 또한 살펴볼 것이다.

개념 19.4

종분화는 빠르게 혹은 느리게 일어날 수 있으며 적은 수나 많은 수의 유전자 변화로 초래될 수 있다

다윈은 "신비 중의 신비", 즉 종분화를 숙고하기 시작했을 때 많은 질문에 직면했다. 자연선택에 의한 진화가 생명의 다양성과 생물의 적응 모두를 설명하는 데 도움이 된다는 것을 깨달았을 때 그런 질문 중 일부에 대한 답을 찾았다. 그렇지만 다윈 이래 생물학자들은 종분화에 대해 근본적인 질문들을 계속 제기하고 있다. 예를 들면, 새로운 종이 형성되는 데 얼마나 오래 걸리는가? 그리고 한 종이 둘로 갈라질 때 얼마나 많은 유전자가 변하는가? 이들 질문에 대한 답들도 또한 나오기 시작하고 있다.

종분화의 시간 경과

생물의 특정한 무리들에서 나타난 종분화 사건 사이의 시간을 산정하기 위해 (화석을 포함한) 형태 자료나 분자 수준의 자료를 이용한 연구들과 화석 기록에 나타난 큰 틀의 양상에서 새로운 종이 형성되는 데 얼마나 걸리는지에 대한 정보를 수집할 수 있다.

화석 기록에 나타난 양상

화석 기록에는 새로운 종이 한 지질층에 갑자기 나타나며, 여러 층에 걸쳐 실질적으로 변하지 않고 지속된 후 사라지는 많은 상황이 들어 있다. 예를 들면, 새로운 형태로 화석 기록에 처음으로 등장하지만, 그 후 멸종하기 전 수백만 년 동안 거의 변하지 않은 수십 종의 해양 무척추동물들이 있다. 고생물학자 엘드리지(Niles Eldredge)와 굴드(Stephen Jay Gould)는 갑작스런 변화로 중단되는 외견상 정체의 기간들을 묘사하기 위해 **단속 평형(punctuated equilibria)**이라는 용어를 만들었다(그림 19.14a). 다른 종들은 단속 양상을 보여주지 않는다. 대신에, 그들은 긴 시간 동안에 걸쳐 더 점진적으로 변한 것으로 나타난다(그림 19.14b).

단속된 양상과 점진적인 양상들이 새로운 종이 형성되는 데 얼마나 걸리는지에 대해 무엇을 말해줄 것인가? 한 종이 5백만 년 존속하지만 새로운 종으로 규정될 수 있게 하는 형태 변화의 대부분이 총 존속 기간의 단 1%인 첫 5만 년 동안에 생겼다고 가정하자. 부분적으로는 퇴적물이 축적되는 속도가 너무 느려서 이렇게 짧은 시간이 층으로 분리될 수 없기 때문에, (지질학적 의미에서)

▲ 그림 19.14 **종분화 속도에 대한 두 가지 모형**

이렇게 짧은 기간은 흔히 화석층에서 구분될 수 없다. 따라서 화석을 토대로 보면, 종은 돌연히 나타나서 그 후 멸종하기 전까지 변화가 거의 없이 지속되었던 것처럼 보일 것이다. 이런 종이 화석이 보여주는 것보다 더 느리게 기원되었을지라도(이 경우 최대 5만 년), 단속 양상은 종분화가 비교적 급격히 일어난 것으로 보여준다. 화석이 훨씬 더 점진적으로 변한 종의 경우에도 또한 생식적 격리에 대한 정보는 화석으로 남지 않기 때문에 새로운 생물학적 종이 언제 형성되었는지 정확히 알 수 없다. 하지만 이런 무리들의 종분화는 비교적 느리게, 아마도 수백만 년에 걸쳐 일어났을 개연성이 있다.

종분화 속도

단속 양상을 보여주는 화석이 존재하기 때문에 일단 종분화 과정이 시작되면 비교적 빠르게 완료될 수 있다는 것이 제안되고, 늘어나고 있는 수의 연구 결과들이 이 제안을 지지한다. 예를 들면, 빠른 종분화에 의해 야생 해바라기 *Helianthus anomalus*가 생겨난 듯하다. 유전적 증거에 따르면 이 종은 다른 두 해바라기 종, *H. annuus*와 *H. petiolaris*의 잡종 형성에 의해 기원되었다. 잡종 *H. anomalus*는 부모 종 모두와 생태적으로 구별되고 생식적으로 격리되어 있다(그림 19.15). 잡종 후에 염색체 수가 변하는 이질배수체 종분화의 결과와는 달리, 이들 해바라기에서 두 부모 종과 잡종은 모두 같은 수의 염색체가 있다($2n$ = 34). 그러면 종분화가 어떻게 일어났는가? 이 질문을 연구하기 위해 연구자들은 자연에서 일어난 사건을 흉내내도록 설계한 실험을 수행했다. 두 부모 종을 교배하였고, 잡종 자손의 운명을 여러 세대에 걸쳐 추적하였다(그림 19.16). 이들의 결과는 자연선택에 의해 짧은 시간 동안에 잡종 집단에서 막대한 유전 변화가 생길 수 있다는 것을 보여주었다. 이런 변화에 의해 잡종이 부모들과 생식적으로 갈라져 새로운 종 *H. anomalus*가 형성된 것으로 보인다.

사과 과실파리, 빅토리아 호수의 시클리드, 그리고 앞에서 논의된 초파리의 예들과 함께 해바라기의 예는 일단 분기가 시작되면 새로운 종이 빠르게 형성될 수 있다는 것을 말해준다. 그러면 종분화 사건 사이의 총 시간 간격은 얼마인가? 이 간격은 새로 형성된 종의 집단들이 갈라지기 시작하기 전에 경과된 시간에 일단 분기가 시작되어 종분화가 완료되는 데 걸린 시간을 더한 것이다. 종분화 사건 사이의 총 시간 간격이 상당히 다양한 것으로 나타난다. 예를 들면, 식물과 동물의 84개 무리들에 대한 자료 조사에서 종분화 간격이 4,000년(우간다 나부가보 호수의 시클리드)에서 4,000만 년(일부 딱정벌레들)까지의 범위에 걸쳐 있었다. 전반적으로, 종분화 사건 사이의 기간은 평균 650만 년이었고 좀처럼 50만 년보다 짧지는 않았다.

▲ 그림 19.15 **잡종 해바라기 종과 건조한 사구 서식지.** 여기에 보여준 야생 해바라기 *Helianthus anomalus*는 근처이지만 더 습한 환경에 분포하는 다른 두 해바라기, *H. annuus*와 *H. petiolaris*의 잡종 형성을 통해 기원되었다.

▼ 그림 19.16 탐구

잡종 형성이 해바라기에서 어떻게 종분화를 일으키는가?

실험 연구자들은 실험실에서 실험 잡종을 만들기 위해 두 해바라기 종 *H. annuus*와 *H. petiolaris*를 교배하였다(각 생식세포에 대해 $n = 17$ 염색체 중 2개만 보여준다).

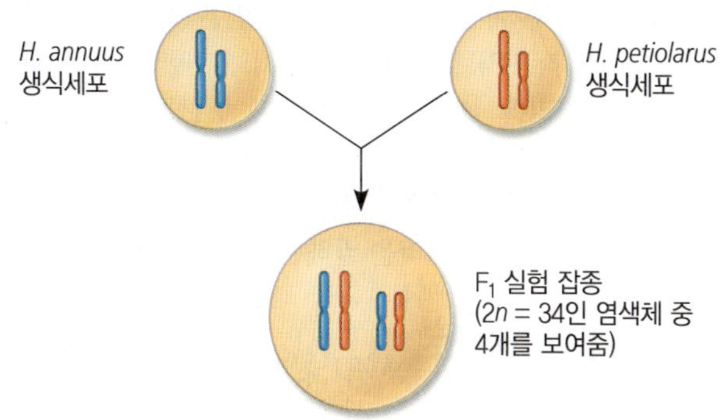

첫 세대(F_1)에서 실험 잡종의 염색체 각각은 부모 종 중 어느 한 쪽에서 온 DNA로만 되어 있다는 것에 주목하라. 그 다음 연구자들은 실험 잡종의 F_1과 이후 세대가 생식 가능한지 시험하였다. 그들은 또한 실험 잡종의 염색체를 자연에서 발생한 잡종 *H. anomalus*의 염색체와 비교하기 위해 종-특이 유전 표지를 이용했다.

결과 비록 F_1 실험 잡종의 5%만이 생식 가능하였지만, 불과 4세대 더 지난 후 잡종의 생식력은 90%보다 더 높아졌다. 이 다섯 번째 잡종 세대 개체들의 염색체들은 F_1 세대의 것들과는 달랐지만(위 참조) 자연 집단에 있는 *H. anomalus* 개체들의 염색체와는 비슷했다.

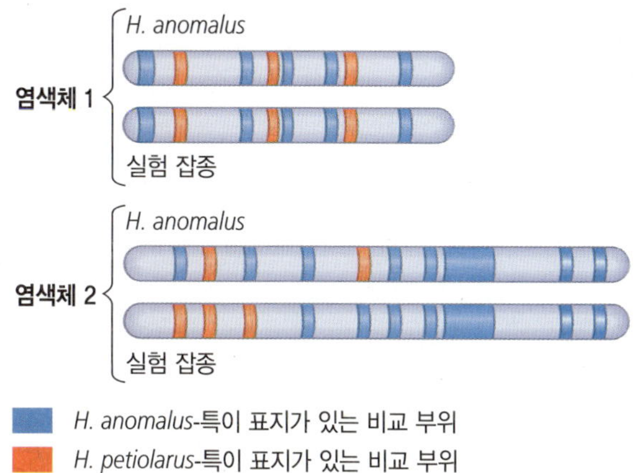

결론 시간이 지나면서 실험 잡종의 집단에 있는 염색체들이 자연 집단에 있는 *H. anomalus* 개체들의 염색체와 비슷해졌다. 이는 관찰된 실험 잡종의 생식력 증가는 선택이 부모 종에서 온 DNA 중 서로 적합하지 않은 부위를 제거했기 때문에 발생했을 것이라는 것을 말해준다. 종합적으로 종분화의 처음 단계는 빠르게 일어났고 실험실 실험에서 유사하게 재현될 수 있는 것으로 나타났다.

참고문헌 L. H. Rieseberg et al., Role of gene interactions in hybrid speciation: evidence from ancient and experimental hybrids, *Science* 272:741–745 (1996).

이들 자료에 따르면 새로 형성된 식물이나 동물 종이 또 다른 새로운 종으로 갈라지기까지는 평균 수백만 년이 지나야 할 것이다. 이런 발견은 지구의 생명이 대멸종 사건에서 회복되는 데 얼마나 시간이 걸릴지에 대한 암시를 준다. 또한 새로운 종이 형성되는 데 걸리는 시간의 극도의 다양성은 일정한 간격으로 새로운 종을 만들게 하는 내재된 "종분화 시계"가 생물에 없다는 것을 말해준다. 대신에, 종분화는 몇 개체를 새로운 지역으로 보내는 폭풍 등과 같은 예측할 수 없는 사건이나 변하는 환경 상황 등에 의해 집단 사이의 유전자 확산이 중단된 후에만 시작된다. 게다가 일단 유전자 확산이 중단되면, 다른 사건들이 유전자 확산이 다시 시작되게 하여 종분화 과정이 되돌려지기 전에, 집단들은 생식적으로 격리될 정도까지 유전적으로 분기되어야만 한다(그림 19.12).

종분화의 유전학 연구

(잡종 지대에서 일어나는 것과 같은) 진행되고 있는 종분화의 연구는 생식적 격리를 일으키는 형질을 밝힐 수 있다. 이런 형질을 조절하는 유전자를 찾아냄으로써 과학자들은 진화 생물학의 다음과 같은 근본적인 질문을 탐구할 수 있다. 얼마나 많은 유전자가 새로운 종의 형성에 영향을 끼치는가?

몇몇 경우에 생식적 격리의 진화는 단 하나의 유전자의 영향에 의해 생긴다. 예를 들면, 일본 달팽이 속 *Euhadra*에서 단일 유전자 하나의 변화에 의해 생식에 대한 기계적 장벽이 생긴다. 이 유전자는 외각의 나선이 진행되는 방향을 조절한다. 외각 나선이 다른 방향으로 진행되면, 달팽이의 생식기들이 교배가 저해되는 방향으로 놓이게 된다(그림 19.3f는 유사한 예를 보여준다). 최근의 유전 분석은 초파리나 생쥐에서 생식적 격리를 일으키는 다른 단일 유전자들을 발견하였다.

꽈리의 두 근연종 *Mimulus cardinalis*와 *M. lewisii* 사이의 생식에 대한 주된 장벽도 또한 비교적 적은 수의 유전자가 영향을 끼치는 것으로 보인다. 이들 두 종은 몇 가지 접합 전과 후의 장벽에 의해 격리된다. 이들 중 접합 전 장벽의 하나인 수분 매개자 선택이 격리의 대부분을 결정한다. *M. cardinalis*와 *M. lewisii* 사이의 잡종 지대에서 수분 매개자 방문의 거의 98%가 각기 다른 한 종에 국한된다.

두 꽈리 종은 다른 수분 매개자들이 방문한다. 벌새는 붉은 꽃의 *M. cardinalis*를 선호하고, 뒝벌은 분홍 꽃의 *M. lewisii*를 선호한다. 꽈리에서 수분 매개자 선택은 최소 두 좌위가 영향을 끼친다. 이 중 하나인 "yellow upper," 즉 *yup* 좌위가 꽃의 색에 영향을 끼친다(그림 19.17). F_1 잡종을 생산하기 위해 두 부모 종을 교배하고 나서 이들 F_1 잡종을 부모 종 각각에 반복적으로 역교배함으로써 연구자들은 이 좌위에서 *M. cardinalis* 대립유전자를 *M. lewisii*로 이전하거나 반대 방향으로 이전하는 데 성공했다. 야외 실험에서 *M. cardinalis yup* 대립유전자가 있는 *M. lewisii* 개체는 야생형 *M. lewisii*보다 벌새가 68배 더 많이 방문했다. 마찬가지로

(a) 전형적인 *Mimulus lewisii*

(b) *M. cardinalis* 꽃색 대립유전자가 있는 *M. lewisii*

(c) 전형적인 *Mimulus cardinalis*

(d) *M. lewisii* 꽃색 대립유전자가 있는 *M. cardinalis*

▲ 그림 19.17 **수분 매개자 선택에 영향을 끼치는 좌위.** 수분 매개자 선호는 *Mimulus lewisii*와 *M. cardinalis* 사이의 생식에 대한 강력한 장벽으로 작용한다. 꽃색 좌위에 대해 *M. lewisii* 대립유전자를 *M. cardinalis*로 이전하거나 반대로 한 후 연구자들은 일부 수분 매개자의 선호 이동을 관찰했다.

M. lewisii yup 대립유전자가 있는 *M. cardinalis* 개체는 야생형 *M. cardinalis*보다 뒝벌이 74배 더 많이 방문했다. 그러므로 단 하나의 좌위에서 일어난 하나의 돌연변이가 수분 매개자 선호에 영향을 끼침으로써 꽈리에서 생식적 격리에 기여할 수 있다.

다른 생물들에서 종분화 과정이 더 많은 수의 유전자와 유전자 상호작용이 영향을 끼친다. 예를 들면, 초파리 *Drosophila pseudoobscura*의 두 아종 사이의 잡종 불임은 최소 4개 좌위 사이의 유전자 상호작용의 결과이고, 앞에서 논의한 해바라기 잡종지대의 접합 후 격리는 최소 26개의 염색체 부위들(그리고 미지수의 유전자들)이 영향을 끼친다. 종합하면, 연구들은 생식적 격리의 진화와 그에 따른 새로운 종의 출현은 적은 수나 많은 수의 유전자가 영향을 끼칠 수 있다는 것을 말해준다.

종분화에서 대진화로

이제까지 알아본 대로 종분화는 시클리드 등의 색처럼 작은 차이에서 시작될 수 있다. 하지만 종분화가 되풀이되면서 이런 차이가 누적되어 더욱더 뚜렷하게 되고, 결국 (육상 포유류에서 고래가 기원한 것처럼) 조상과는 아주 다른 생물들(종들)의 새로운 무리가 형성될 수 있다. 또한 생물들의 한 무리는 새로운 종이 많이 만들어져 크기(종의 수)가 커질 때, 생물들의 다른 무리는 종이 멸종으로 소멸하여 크기가 줄어들 수 있다. 많은 이런 종분화와 멸종 사건들이 누적됨으로써 화석 기록에 나타난 전면적인 진화적 변화의 양상이 만들어졌다. 다음 장에서 대진화 연구의 시작으로 이런 대규모의 진화적 변화를 다룬다.

CHAPTER

20 진화의 주요 양상

핵심 개념

20.1 화석 기록은 생명의 역사를 증명한다
20.2 생물 무리들의 흥망성쇠는 종분화와 멸종 속도의 차이를 반영한다
20.3 체형의 주요 변화는 발생 유전자의 발현 순서와 조절의 변화에서 초래될 수 있다
20.4 진화는 지향하는 목적이 없다

▲ **그림 20.1** 이곳에서 파묻힌 고래 뼈가 발견될 것으로 예상했는가?

사막의 경이

건조하고, 바람에 의해 마모된 모래와 혹독한 열기로 인해 사하라 사막은 고래 뼈가 발견될 장소 같아 보이지는 않는다. 그런데 1870년대를 시작으로 연구자들은 **그림 20.1**에 보여준 현장 인근의 여러 장소에서 고대 고래의 화석을 발굴하였다. 예를 들면, 3,500만 년 전에 살던 멸종 고래인 *Dorudon atrox*의 거의 완벽한 골격(**그림 20.2**)이 히탄 와디(Wadi Hitan), "고래 계곡"이라고 불리게 된 지역에서 발견되었다. 총괄적으로 사하라에서 발견된 고래 화석들은 발견된 장소만이 아니라 뭍의 생명에서 바다의 생명으로 변천하는 초기 단계들을 증명한다는 점에서도 놀라운 것이었다.

▼ **그림 20.2** 고대 고래 *Dorudon atrox*의 화석

세계 다른 지역에서 발견된 화석들도 비슷한 이야기를 말해준다. 과거 생물들은 현재 살고 있는 것과는 많이 달랐다. 화석에 의해 드러난 지구 생명의 전면적인 변화는 종 수준 이상의 주요 진화 양상인 **대진화(macroevolution)**를 예증한다. 대진화 변화의 예로는 일련의 종분화 과정을 통한 육상 척추동물의 출현, 생명의 다양성에 대한 대멸종의 영향과 새의 비행과 같은 핵심 적응의 기원 등이 있다.

종합하면 이런 변화는 생명 진화사의 큰 그림을 보여준다. 이 장에서는 화석이 어떻게 생기는지와 진화 양상에 대해 화석이 제공하는 증거를 살펴볼 것인데, 시간이 지나면서 생물들의 다른 무리들이 번성하고 쇠퇴하는 양상을 결정하는 요인들에 초점을 맞출 것이다.

개념 20.1

화석 기록은 생명의 역사를 증명한다

생명의 최초 흔적을 시작으로 화석 기록은 과거 세계로 가는 창문을 열어주고, 수십억 년 동안에 진행된 생명의 진화를 일별할 수 있게 해준다(**그림 20.3**). 이 절에서는 과학적 증거의 한 형태로서 화석을 알아볼 것이다. 화석이 어떻게 형성되는지, 과학자들이 어

▼ **그림 20.3 생명 역사의 기록.** 이 화석들은 여러 시점의 대표적인 생물들을 보여준다. 비록 원핵생물과 단세포 진핵생물을 그림의 하단에 나타냈지만, 이들 생물은 오늘날에도 계속 번성하고 있다. 사실 지구의 대다수 생물은 단세포이다.

현재

백만 년 전

175
200
270
300
375
400
500
510
560
600
1,500
3,500

▼ *Rhomaleosaurus victor*, 수장룡(plesiosaur). 이 큰 해양 파충류는 2억 년 전에서 6,600만 년 전 사이에 중요한 포식자였다.

1 m

▼ *Dimetrodon*, 그 당시 알려진 가장 큰 육식동물로 파충류보다는 포유류에 더 가깝다. 등에 있는 장관의 "돛"은 체온 조절의 기능을 했거나 교배짝을 유혹하기 위한 장식으로 기능했을 것이다.

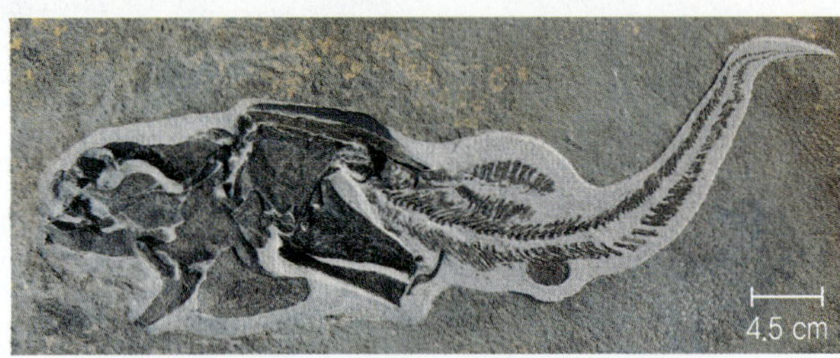

▲ *Coccosteus cuspidatus*, 머리와 앞부분을 경골성 보호판으로 덮고 있는 판피어류(placoderm, 물고기와 유사한 척추동물)

▼ *Tiktaalik*, 육상으로 진출한 사지 척추동물의 가장 가까운 친족으로 알려진 멸종 수서 생물

▶ *Hallucigenia*, 캐나다 록키산맥에 있는 버지스 셰일 화석층(Burgess Shale fossil bed)에서 발견된 형태적으로 다양한 동물 무리의 한 구성원

1 cm

▲ 일부 원핵생물은 퇴적물의 얇은 막과 함께 결합하여, 호주의 샥 베이(Shark Bay)에 있는 이들과 같은 스트로마톨라이트(stromatolite)라는 층상 암석을 만든다.

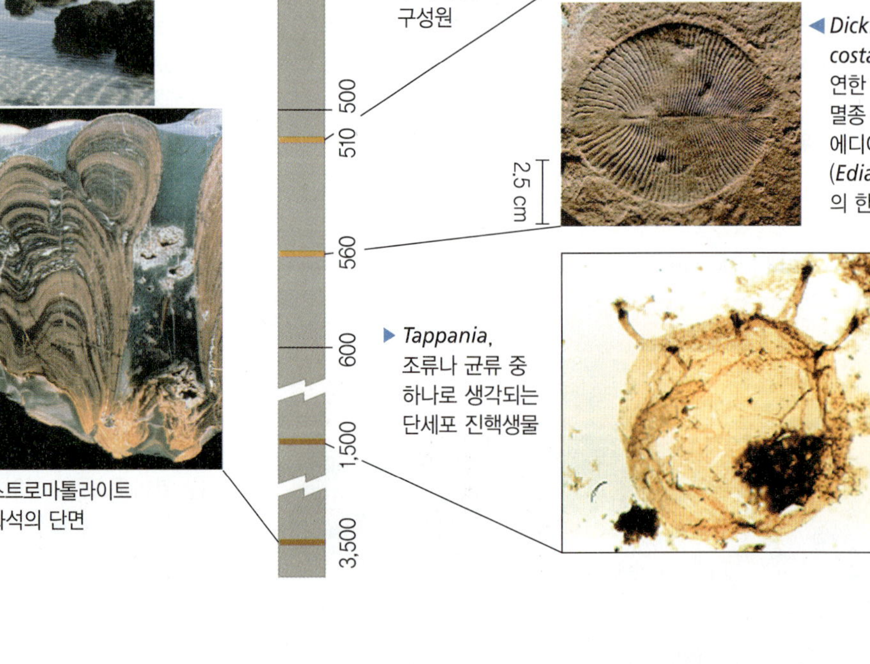

▲ 스트로마톨라이트 화석의 단면

◀ *Dickinsonia costata*, 신체가 연한 생물의 한 멸종 무리인 에디아카라 생물상(*Ediacaran biota*)의 한 구성원

▶ *Tappania*, 조류나 균류 중 하나로 생각되는 단세포 진핵생물

떻게 연대를 측정하고 화석을 해석하는지, 그리고 생명의 역사에 나타난 변화에 대해 화석이 말해 줄 수 있는 것과 없는 것을 알아볼 것이다.

화석 기록

퇴적암은 가장 풍부한 화석의 출처이다. 그 결과, 화석 기록은 주로 지층(strata)이라는 퇴적암 층에 화석이 누적된 순서에 바탕을 둔다. 유용한 정보는 호박(화석화 수액)에 보존된 곤충과 얼음에 냉동된 포유류 등과 같은 다른 유형의 화석에서도 얻어진다.

화석 기록에 따르면 여러 다른 시점들에서 지구에 생존하는 생물들의 종류에 큰 변화가 있었다. 과거의 많은 생물들이 오늘날의 생물들과는 같지 않으며, 한때 흔했던 많은 생물들이 지금은 멸종했다. 이 절의 뒤에서 살펴보겠지만, 화석은 또한 생물들의 새로운 무리들이 이미 존재하는 생물들에서 형성되어 왔다는 것을 증명한다.

암석과 화석 연대 측정 방법

화석의 절대 연대를 어떻게 결정할 수 있는가? ("절대" 연대 측정이 오류가 없는 연대 측정을 뜻하지는 않지만, 전이나 후와 같은 상대적인 용어가 아닌 연도로 표시한다는 것만은 틀림없다.) 가장 일반적인 방법 중 하나는 방사성 동위원소의 붕괴를 바탕으로 한 **방사성 연대 측정법(radiometric dating)**이다. 이 과정에서 방사성 "부모" 동위원소는 특정한 속도로 "딸" 동위원소로 붕괴된다. 붕괴 속도는 부모 동위원소의 50%가 붕괴하는 데 걸리는 시간인 **반감기(half-life)**로 표시된다(그림 20.4). 각 동위원소는 특징적인 반감기가 있는데, 온도, 압력이나 기타 환경 변인들의 영향을 받지 않는다. 예를 들면, 탄소-14는 비교적 빠르게 붕괴하고 반감기가 5,730년이다. 우라늄-238은 느리게 붕괴하고 반감기가 45억 년이다.

화석에는 생물들이 살아 있을 때 체내에 축적된 동위원소들이 있다. 예를 들면, 살아 있는 생물 체내에는 방사성 동위원소인 탄소-14뿐만 아니라 가장 흔한 탄소 동위원소인 탄소-12도 있다. 생물이 죽으면 탄소 축적이 멈추고 조직에 있는 탄소-12의 양은 시간이 지나도 변하지 않는다. 하지만 죽을 때 있던 탄소-14는 다른 원소인 질소-14로 천천히 붕괴된다. 따라서 화석에 있는 탄소-12에 대한 탄소-14의 비율을 측정함으로써 화석의 연대를 결정할 수 있다. 이 방법으로는 최대 약 75,000년 전까지의 화석 연대를 측정할 수 있으나, 이보다 더 오래된 화석에는 탄소-14가 너무 적어 현재 기술로는 측정할 수 없다. 더 오래된 화석의 연대 측정에는 반감기가 더 긴 방사성 동위원소가 이용된다.

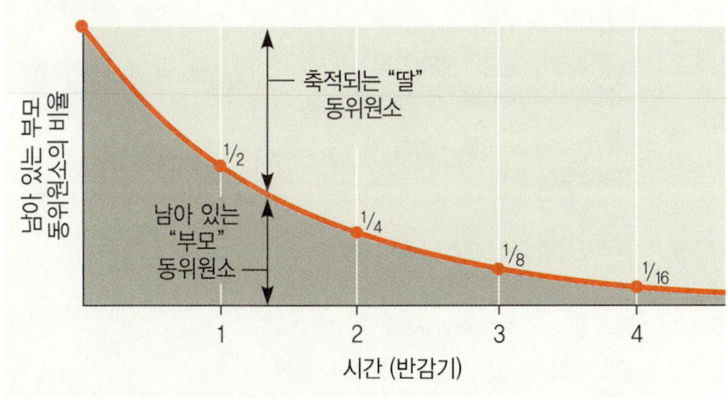

▲ 그림 20.4 **방사성 연대 측정법.** 이 도표에서 시계의 각 구간은 방사성 동위원소의 반감기를 나타낸다.

퇴적암에 있는 이러한 더 오래된 화석의 연대를 결정하는 것은 간단하지 않다. 생물은 뼈나 껍질을 만드는 데 우라늄-238과 같이 반감기가 긴 방사성 동위원소를 이용하지 않는다. 게다가 퇴적암 자체도 여러 연대의 퇴적물들로 구성되는 경향이 있다. 그래서 이러한 더 오래된 화석의 연대를 직접 측정할 수는 없지만, 화산암의 두 층 사이에 끼어 있는 화석의 연대를 추정하기 위해 간접적인 방법이 이용될 수 있다. 용암이 화산암으로 냉각될 때, 주위 환경의 방사성 동위원소가 새로 형성되는 암석에 갇히게 된다. 갇힌 방사성 동위원소의 일부는 반감기가 길기 때문에 지질학자가 옛 화산암의 연대를 추정할 수 있게 된다. 예를 들면, 화석을 둘러싸고 있는 두 층이 5억2천5백만 년과 5억3천5백만 년 된 것으로 결정되었다면, 화석은 대략 5억3천만 년 된 것이다.

화석은 지질학적 기록의 틀을 만든다

화석 연구를 통해 지질학자들은 지구의 역사를 네 개의 이언(eon)과 하위 시대 구분들로 나눈 표준 시간 척도인 **지질학적 기록(geologic record)**을 확립했다(표 20.1). 명왕이언(Hadean eon), 시생이언(Archaean eon)과 원생이언(Proterozoic eon)의 첫 세 이언은 총 약 40억 년간 지속되었다. 마지막 대략 5억 년의 현생이언은 동물이 지구에 존재해 온 시기 대부분이 포함된다. 현생이언은 고생대(Paleozoic era), 중생대(Mesozoic era), 신생대(Cenozoic era) 3개의 대(era)로 나뉜다. 각 대는 지구와 생명의 역사에서 뚜렷이 구별되는 시기를 나타낸다. 예를 들면, 중생대는 공룡의 화석을 포함하여 파충류 화석이 풍부하기 때문에 때때로 "파충류의 시대"라 불린다. 대 사이의 경계는 생명의 많은 종류들이 사라졌고 생존자들에서 분화한 종류들로 대체된 때인 화석 기록에 나타난 대멸종 사건에 대응된다.

생명의 최초 직접 증거는 스트로마톨라이트의 35억 년 전 화석을 근거로 볼 때 시생이언에서 나온다(그림 20.3). **스트로마톨라이트(stromatolites)**는 원핵생물들이 퇴적물의 얇은 막과 함께 결합했을 때 형성된 층층의 암석이다. 이들과 다른 초기 원생생물들이 약 15억 년 동안 지구의 유일한 거주자이었다. 초기 원생생물들은 광합성의 물 분해 단계 중에 산소를 대기로 방출함으로써 우리 행성의 생명을 변하게 한 종이 포함되었다.

약 24억 년 전에 시작된 과정의 결과인 대기 산소 증가 때문에 일부 생물들은 멸종되었고 다른 것들은 번성하였다. 번성한 무리 하나는 진핵생물로 약 18억 년 전에 시작되었다. 진핵생물의 융성은 다세포 생물의 기원과 육상 진출을 포함하여 생명의 역사에서 일련의 핵심 사건들과 연관되었다. DNA 서열 자료를 바탕으로 한 분자 시계 추정과 화석 증거에 따르면, 단순한 다세포 생물

표 20.1 지질학적 기록

이언의 상대적 기간	대	기	세	연대 (백만 년 전)	생명의 역사에서 중요한 사건
현생이언	신생대	제4기	현세		역사시대
				0.01	
			홍적세		빙하기, *Homo* 속의 기원
				2.6	
		신제3기	선신세		직립보행의 인간 조상의 출현
				5.3	
			중신세		포유류와 속씨식물의 지속적인 방산; 인간의 최초 직접 조상
				23	
		고제3기	점신세		많은 영장류 무리들의 기원
				33.9	
			시신세		속씨식물의 우점도 증가; 대다수 현존 포유류 목의 지속적인 방산
				56	
			효신세		포유류, 조류와 수분 매개 곤충의 주요 방산
				66	
	중생대	백악기			꽃식물(속씨식물)의 출현과 다양화; 기의 말에 대다수 공룡을 포함한 생물들의 많은 무리들의 멸종
				145	
		쥐라기			우점 식물로서 겉씨식물의 지속; 풍부하고 다양한 공룡
				201	
		삼첩기			구과식물(겉씨식물)이 우점하는 경관; 공룡의 기원과 방산; 포유류의 기원
				252	
	고생대	페름기			파충류의 방산; 대다수 현존 곤충 무리들의 기원; 기의 말에 많은 해양과 육상 생물들의 멸종
				299	
		석탄기			관다발 식물의 광범위한 숲; 첫 종자식물 출현; 파충류의 기원; 양서류의 우점
				359	
		데본기			경골어류의 다양화; 첫 사지동물과 곤충의 출현
				419	
		실루리아기			초기 관다발 식물의 다양화
				443	
		오르도비스기			풍부한 해양 조류; 다양한 균류, 식물과 동물의 육상 진출
				485	
		캄브리아기			많은 동물문의 다양성의 갑작스런 증가(캄브리아 폭발)
				541	
원생이언		에디아카라기			다양한 조류와 연한 신체의 무척추동물 출현
				635	
				1,800	진핵세포의 가장 오래된 화석 출현
				2,500	
시생이언				2,700	대기 산소의 농도 증가 시작
				3,500	세포(원핵생물)의 가장 오래된 화석 출현
				4,000	지표에서 알려진 가장 오래된 암석
명왕이언				약 4,600	지구의 기원

▼ 그림 20.5 **포유류 기원의 탐구**

1억 2,000만 년의 과정에서 포유류는 단궁류(synapsid)라는 사지동물의 한 무리에서 점진적으로 기원했다. 여기에 나타낸 것들은 초기 단궁류 조상과 살아 있는 포유류 사이의 중간 단계를 보여주는 형태적 특징이 있는 많은 화석 생물들 중 몇 개이다. 포유류 기원의 진화적 내용은 오른쪽 계통수에 보여주었다(단검 표식 †은 멸종 계통을 표시한다).

다른 사지동물
파충류 (공룡과 조류 포함)
단궁류
† *Dimetrodon*
수궁류
견치류
† 최후기 (비포유류) 견치류
포유류

두개골 표식

- 관절골
- 방형골
- 하악골
- 비늘모양뼈

단궁류(3억 년 전)

초기 단궁류는 아래턱에 다수의 뼈가 있었고 단일 첨두의 이빨이 있었다. 턱 관절은 관절골과 방형골로 이루어졌다. 초기 단궁류는 또한 눈구멍 아래에 **측두공**(temporal fenestra)이라는 구멍도 있었다. 턱을 다물기 위한 강력한 뺨 근육이 측두공을 지나갔을 것이다. 시간이 지나면서 이 구멍이 커졌고 아래턱과 위턱 사이의 관절 앞으로 이동되었으며, 그렇게 해서 턱이 닫히는 힘과 정확도가 증가되었다(문손잡이를 돌쩌귀에서 멀리 옮기면 문을 닫기가 더 쉬워지는 것처럼).

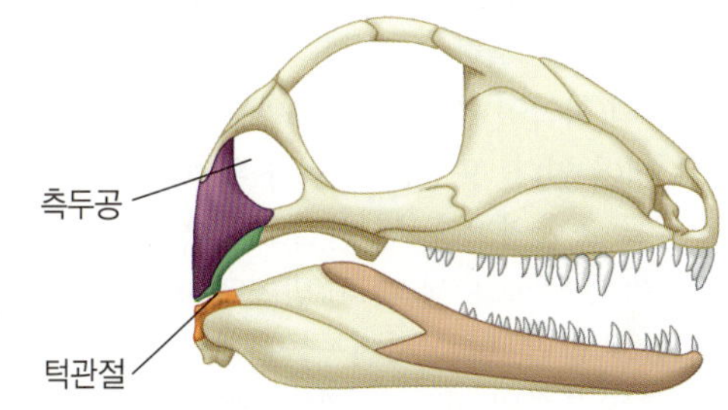

수궁류(2억 8,000만 년 전)

후에 수궁류(therapsid)라는 단궁류의 한 무리가 나타났다. 수궁류는 큰 하악골과 긴 얼굴, 그리고 첫 번째로 특화된 이빨, 즉 큰 송곳니가 있었다. 이런 경향은 견치류(cynodont)라는 수궁류의 한 무리에서도 계속되었다.

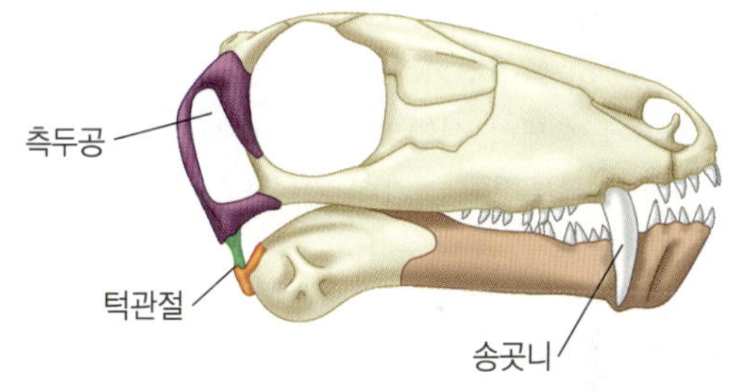

초기 견치류(2억 6,000만 년 전)

초기 견치 수궁류에서는 하악골이 아래턱에서 가장 큰 뼈였고, 측두공이 크고 턱 관절의 앞에 있었으며, 여럿의 첨두가 있는 이빨이 처음으로 나타났다(그림에는 보이지 않음). 초기 단궁류에서처럼 턱에는 관절골-방형골의 관절이 있다.

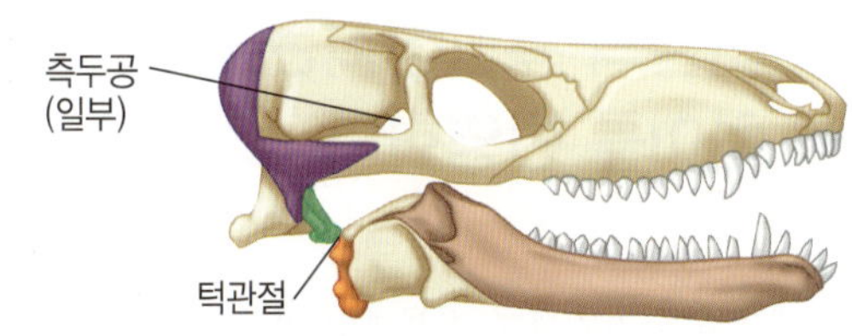

후기 견치류(2억 2,000만 년 전)

후기 견치류는 복합 첨두 형상의 이빨이 있었고 아래턱과 위턱은 두 곳에서 관절이 있었다. 원래의 관절골-방형골의 관절이 유지되었고, 하악골과 비늘모양뼈 사이에 새로운 두 번째 관절이 형성되었다(보여준 각도에서는 이 두개골이나 아래 견치류 두개골에서 측두공이 보이지 않는다).

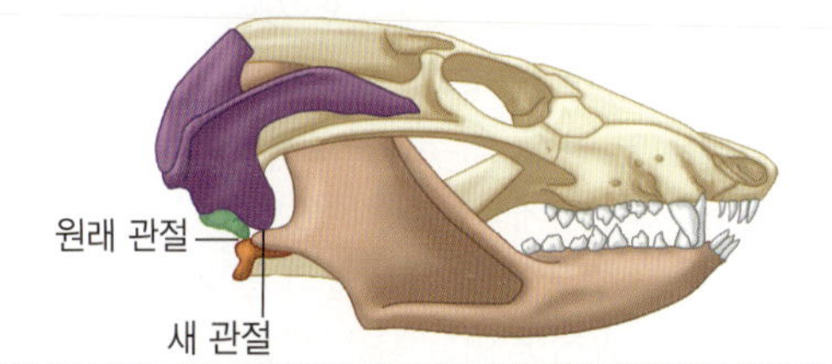

최후기 견치류(1억 9,500만 년 전)

일부 최후기 (비포유류) 견치류와 초기 포유류에서 원래의 관절골-방형골 관절은 없어졌고, 현존 포유류처럼 아래턱과 위턱 사이의 유일한 관절로서 하악골-비늘모양뼈 관절만 남았다. 관절골과 방형골은 귀 부위로 이동하였고(보이지 않음), 거기서 소리를 전달하는 기능을 했다. 포유류 계통에서는 후에 이 두 뼈가 귀의 익숙한 망치뼈와 모루뼈가 되었다.

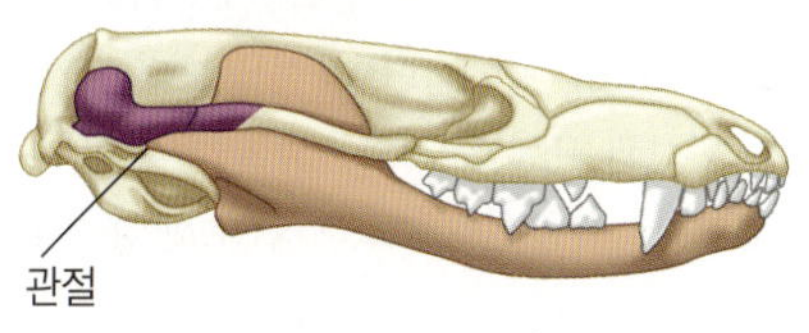

은 약 15억 년 전에 출현했다. 후에 더 복잡한 다세포 생물들이 진핵생물들의 여러 무리들에서 독립적으로 생겨났으며, 마침내 육상으로 올라온 식물, 균류와 동물이 이에 포함된다.

새로운 생물 무리들의 기원

일부 화석은 새로운 생물 무리들의 기원에 대한 자세한 모습을 보여준다. 이런 화석이 진화에 대한 우리의 이해에 중심이 된다. 이들은 새로운 특징이 어떻게 발생했고, 그런 변화가 발생하는 데 얼마나 시간이 걸렸는지 설명해준다. 이런 예의 하나로 포유류의 기원을 살펴볼 것이다.

양서류 그리고 파충류와 함께 포유류는 네 개의 다리가 있는 것에 따라 명명된 **사지동물**(tetrapods; 4를 뜻하는 *tetra*와 발을 뜻하는 *pod*의 그리스어에서 옴)이라는 동물 무리에 속한다. 포유류는 쉽게 화석화하는 많은 독특한 해부학적 특징이 있기 때문에 과학자들이 그 기원을 추적할 수 있다. 예를 들면, 아래턱이 포유류에서는 하나의 뼈(하악골)로 되어 있지만, 다른 사지동물에서는 여러 개의 뼈로 되어 있다. 또한 아래턱과 위턱이 포유류는 다른 사지동물과는 다른 조합의 뼈로 된 관절로 이어졌다. 포유류는 또한 중이에서 소리를 전달하는 세 개 뼈(망치뼈, 모루뼈, 등자뼈)의 특이한 조합이 있는 반면, 다른 사지동물은 한 개의 뼈(등자뼈)만 있다. 마지막으로 포유류의 이빨은 (찢는) 앞니, (뚫는) 송곳니, 그리고 (으깨고 가는) 다첨형의 작은 어금니와 큰 어금니로 분화하였다. 이와는 대조적으로 다른 사지동물은 일반적으로 분화하지 않은 단일 첨형의 이빨이 줄지어 있다.

그림 20.5에 자세히 설명된 대로, 화석 기록은 포유류에서 턱과 이빨의 특이한 특징이 시간이 지나면서 일련의 단계를 거쳐 점진적으로 분화한 것을 보여준다.

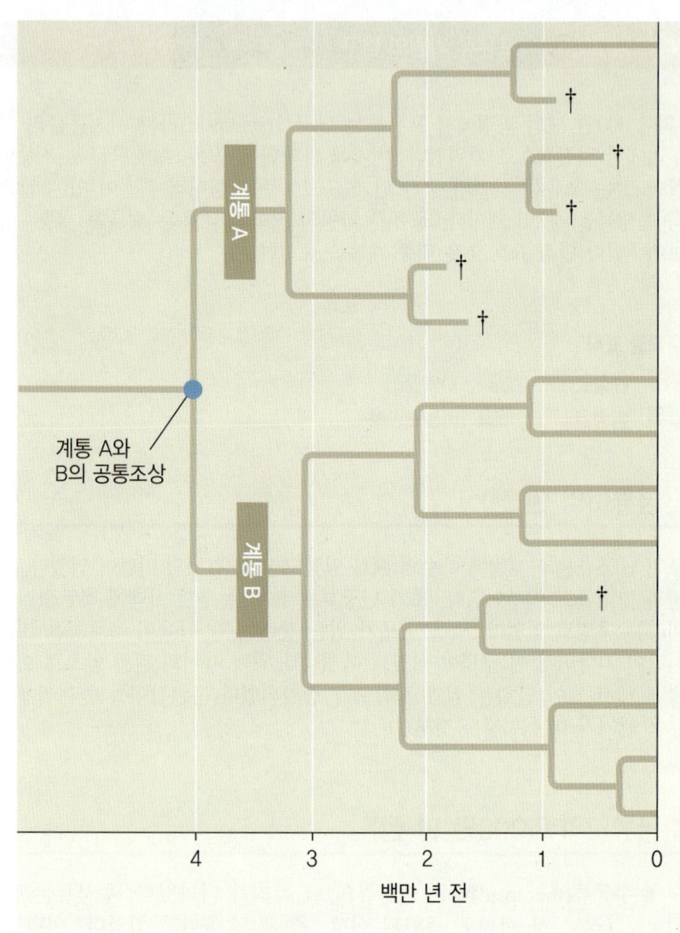

▲ **그림 20.6 종분화와 멸종이 다양성에 영향을 끼치는 방식.** 한 진화 계통의 종 다양성은 멸종으로 소실되는 것보다 더 많은 새로운 구성 종이 형성될 때 증가할 것이다. 이 가설적인 예에서 계통 A와 계통 B 둘 다 2백만 년 전까지 4개의 종을 형성했고, 어떤 종도 멸종(단검 표식 †으로 표시)하지 않았다. 하지만 0년까지 계통 A는 단 한 종만 있고, 반면에 계통 B는 8종이 있다.

개념 20.2

생물 무리들의 흥망성쇠는 종분화와 멸종 속도의 차이를 반영한다

초기부터 지구 생명은 생물 무리들의 흥망성쇠로 점철되어 왔다. 혐기성 원핵생물이 기원하여 번성하였지만 그 후 대기의 산소량이 증가함에 따라 쇠락하였다. 수십억 년 후에 첫 사지동물이 바다에서 나타났고, 주요한 여러 새로운 생물 무리들이 생겨났다. 이들 중 하나인 양서류는 (공룡과 후에 포유류 등을 포함한) 다른 사지동물이 지배적인 육상 척추동물로서 그들을 대신할 때까지 10억 년 동안 육상에서 지배적인 생명이었다.

이들과 다른 주요 생물 무리들의 흥망성쇠가 생명의 역사를 만들었다. 초점을 좁히면 어느 특정 생물 무리의 흥망성쇠가 구성 종들의 종분화와 멸종의 속도와 관련되어 있다는 것도 또한 알 수 있다(**그림 20.6**). 한 집단이 사망보다 출생이 더 많을 때 크기가 증가하는 것과 마찬가지로, 생물들의 한 무리의 번영도 멸종으로 잃는 것보다 더 많은 새로운 종이 생성될 때 발생한다. 한 무리가 쇠퇴할 때는 반대의 일이 발생한다. 생물 무리들의 이러한 운명 변화는 판 지각변동, 대멸종과 적응 방산 같은 큰 규모의 과정에 의해 영향을 받았다.

판 구조론

지구 사진을 우주에서 10,000년마다 찍어 함께 이어 붙여 영화를 만들면, 많은 사람들이 상상하기 어려운 것을 보여줄 것이다. 우리가 살고 있는 "돌처럼 단단해" 보이는 대륙들이 시간이 지나면서 움직인다. 과거 수십억 년에 걸쳐, 지구의 땅 덩어리 대부분이 함께 모여 초대륙이 되고 그 후에 떨어져 나가는 때가 세 번 있었다(10억 년 전, 6억 년 전, 2억 5,000만 년 전). 각각의 시기에, 이러한 분리로 대륙의 배치가 달라졌다. 오늘날 대륙이 이동하는 방향을 바탕으로, 일부 지질학자들은 지금으로부터 대략 2억 5,000만 년 후에 새로운 하나의 초대륙이 형성될 것이라고 추정했다.

판 구조론(plate tectonics)에 따르면, 대륙들은 밑에 있는 뜨거운 중간층 위에 실질적으로 떠 있는 지구 지각의 거대한 판들의 일부이다(그림 20.7).

대륙 이동의 결과

판의 이동은 지형을 천천히 재배치하지만, 그 누적 효과는 획기적이다. 우리 행성의 물리적 특징을 새로운 모습으로 만드는 것뿐만 아니라, 대륙 이동은 또한 지구 생명에 주요한 영향을 끼친다.

생명에 큰 영향을 끼치는 한 이유는 대륙 이동이 생물들이 사는 서식지를 변형하기 때문이다. 그림 20.8에 보인 변화를 살펴보자. 약 2억 5,000만 년 전에 판 이동으로 이전에 분리되었던 땅덩어리들이 모두 모여 **판게아(Pangaea)**라는 하나의 초대륙이 형성되었다. 해양분지가 더 깊어져 해수면이 낮아졌고 얕은 연안해는 바닥이 드러났다. 그 당시에도 지금처럼 대다수 해양 종들이 얕은 물에 살았고, 그래서 판게아의 형성으로 상당한 양의 그런 서식지가 파괴되었다. 판게아의 내부는 춥고 건조했는데, 아마도 오늘날의 중앙아시아보다 훨씬 더 가혹한 환경이었을 것이다. 종합하면, 판게아의 형성은 물리적 환경과 기후를 바꾸었고, 그래서 일부 종은 멸종하게 되었으며 위기를 넘기고 살아남은 생물 무리들에게는 새로운 기회가 되었다.

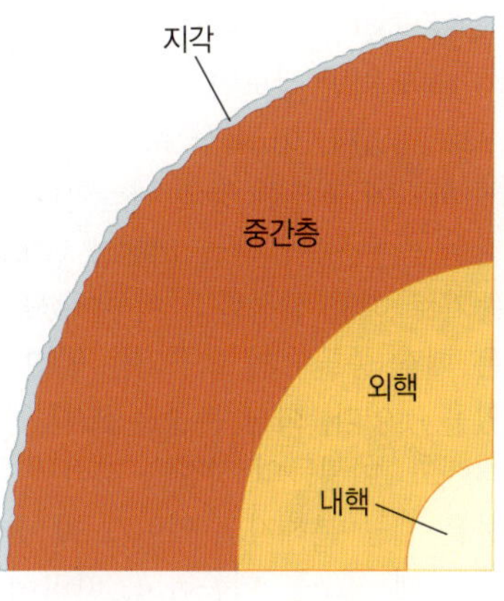

▶ **그림 20.7 지구의 절단면.** 지각의 두께는 과장되게 표현되었음.

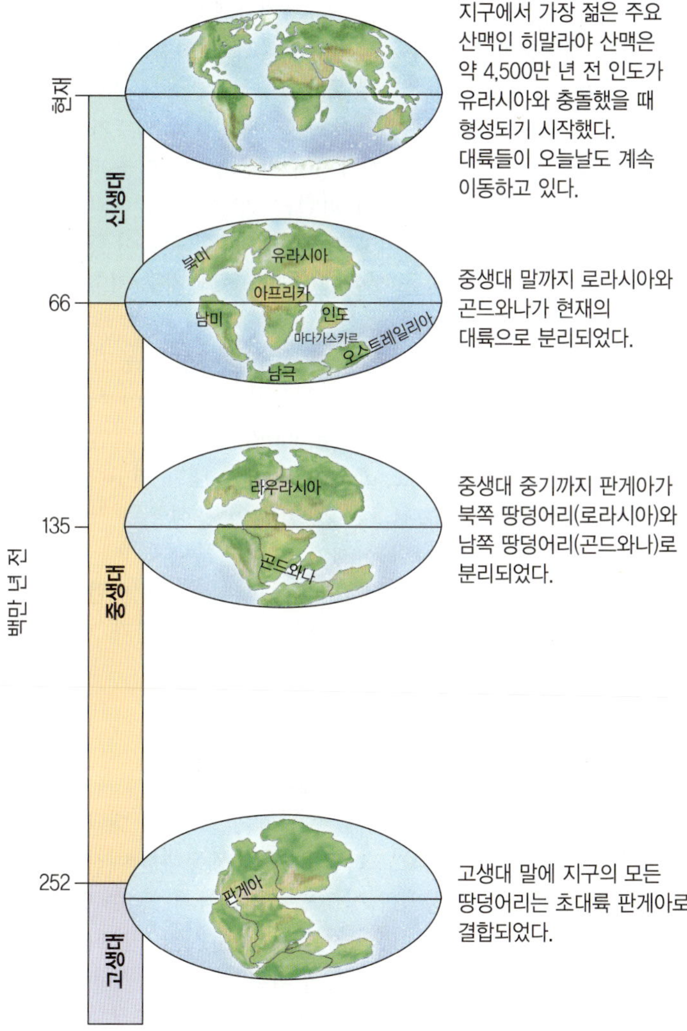

▲ **그림 20.8 현생이언 동안 대륙 이동의 역사**

생물은 또한 대륙이 위치가 바뀔 때 초래되는 기후 변화의 영향을 받는다. 예를 들면, 캐나다의 래브라도 남단은 한때 열대 지역에 있었지만 지난 2억 년에 걸쳐 북쪽의 40°로 이동했다. 이런 위치 이동이 수반하는 기후의 변화에 직면하였을 때 생물은 적응하거나, 새로운 장소로 이동하거나, 또는 멸종한다(이 마지막 결과는 4,000만 년 전 호주대륙에서 갈라진 남극에 남겨져 오도 가도 못하게 된 많은 생물들에서 일어났다).

대륙 이동은 또한 큰 규모에서 이소 종분화도 촉진한다. 초대륙이 분리되어 떨어져 나가면, 한때 연결되어 있던 지역들이 격리된다. 지난 2억 년에 걸쳐 대륙이 떨어져 나감에 따라, 각 대륙은 다른 대륙의 동식물과 분기하는 계통이 있는 격리된 진화의 활동장이 되었다. 예를 들면, 유전학과 지질학의 증거는 오늘날 존재하는 개구리의 두 무리, 즉 Mantellinae와 Rhacophorinae 아과들이 마다가스카르가 인도에서 분리되었을 때 분기하기 시작했다는 것을 보여준다(그림 20.9). 마지막으로 대륙 이동은 같은 종의 페름기 담수 파충류 화석이 왜 브라질과 가나 서부 아프리카 공화국 두 곳에서 모두 발견되는지와 같은 멸종 생물들의 지리적 분포에 대한 난제를 설명할 수 있게 해준다. 이 두 곳은 지금 바다를 사이

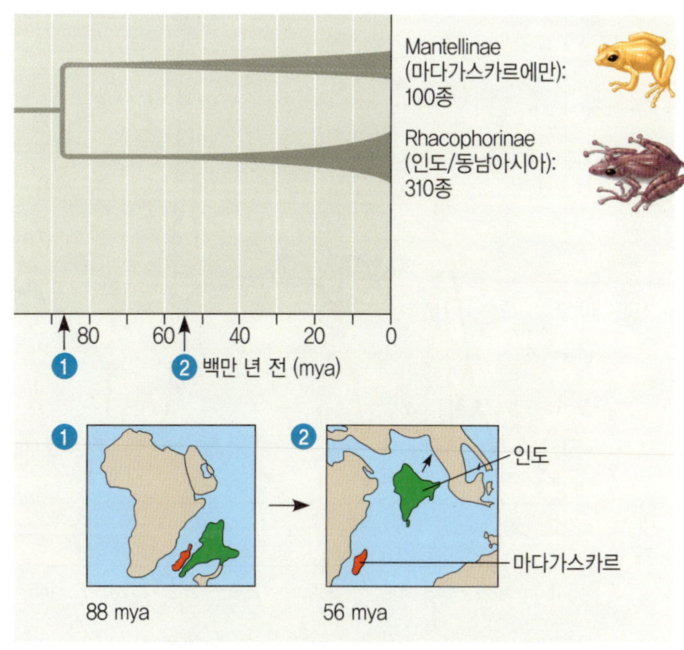

▲ **그림 20.9 대륙 이동의 결과로 생긴 개구리의 종분화.** 오늘날 마다가스카르가 8,800만 년 전 인도에서 분리되기 시작했을 때(1), 개구리 아과 Mantellinae와 Rhacophorinae가 갈라지기 시작했고, 결국 각 장소에서 수백의 새로운 종을 형성했다. 지도는 시간에 따른 마다가스카르(붉은색)와 인도(파란색)의 이동을 보여준다.

에 두고 3,000 km 떨어져 있지만, 이들 파충류가 살고 있었을 때 함께 연결되어 있었다.

대멸종

비록 멸종이 규칙적으로 일어나지만, 어떤 때는 지구 환경의 파괴적인 변화 때문에 멸종률이 극적으로 증가됐다. 그 결과는 **대멸종(mass extinction)**이며, 대멸종 시 전 지구적으로 많은 수의 종들이 멸종한다.

"엄청난 다섯" 대멸종 사건

다섯 번의 대멸종이 지난 5억 년에 걸쳐 화석 기록으로 남았다(그림 20.10). 이런 사건들은 얕은 바다에 사는 신체가 단단하여 화석 기록이 가장 완벽한 동물의 대량 죽음에 대해 특히 잘 기록된다. 각 대멸종에서 지구 해양 종의 50% 이상이 멸종했다.

페름기와 백악기 2번의 대멸종이 가장 주목받아왔다. 고생대와 중생대의 경계(2억 5,200만 년 전)를 규정하는 페름기의 대멸종에서는 해양동물종의 약 96%가 멸종되었고, 해양의 생명이 극적으로 바뀌었다. 육상 생명도 영향을 받았다. 예를 들면, 알려진 곤충 27목 중 8목이 사라졌다. 이 대멸종은 50만 년보다 더 짧은 기간에 일어났는데, 지질학적 연대의 측면에서 보면 순간에 불과한 수천 년 동안에 일어났을 수도 있다.

페름기 대멸종은 지난 5억 년 중 화산 활동이 가장 극심한 때에 발생했다. 지질학적 자료에 따르면 시베리아에서 (서유럽 크기의 대략 절반 정도인) 160만 km^2의 지역이 수백 미터 두께의 용암으로 덮였다. 이 화산 폭발이 전 지구의 기후를 6℃ 정도 올라가게 하기에 충분한 양의 이산화탄소를 배출했을 것이고, 온도에 민감한 많은 종에 해를 끼쳤을 것으로 생각된다. 또한 CO_2 농도의 증가로 해양 산성화가 이루어졌을 것이고, 그럼으로써 산호와 많은 패각 종들에게 요구되는 탄산칼슘($CaCO_3$)의 가용성이 감소되었을 것이다. 화산 분출은 또한 인과 같은 영양분을 해양생태계에 더했고, 미생물의 성장을 자극했다. 이들이 죽었을 때, 이들 미생물은 세균 분해자의 먹이가 될 것이다. 세균은 생물의 사체를 분해할 때 산소를 이용하고, 따라서 산소 농도를 떨어뜨린다. 이는 유산소 호흡자에게 해를 끼쳤을 것이고, 독성 대사 부산물인 황화수소(H_2S) 기체를 방출하는 혐기성 세균의 성장을 촉진하였을 것이다. 총체적으로 화산 분출은 함께 페름기 대멸종을 초래한 일련의 재앙적인 사건들이 시작되게 하였을 것이다.

백악기의 대멸종은 6,600만 년 전에 발생하였고, 중생대와 신생대 사이의 경계를 표지한다. 이 사건으로 모든 해양생물 종의 절반 이상이 절멸되었으며, 모든 공룡을 포함한 육상 식물과 동물의 많은 과가 없어졌다. 백악기 대멸종을 일으켰음직한 원인을 알려주는 실마리는 대멸종의 시기를 연대측정하게 하는 이리듐이 풍부한 얇은 점토층이다. 이리듐은 지구에는 매우 희귀하지만 이따금 지구에 떨어지는 운석이나 외계 물체 중 많은 것에는 흔한 원소이다. 따라서 연구자들이 이 점토가 소행성 또는 큰 혜성이 지구와 충돌했을 때 대기로 퍼부어진 파편의 거대한 구름에서 떨어진 낙진이라고 제안했다. 이 구름이 햇빛을 가렸을 것이고 몇 달 동안 지구 기후를 심각하게 교란했을 것이다.

그런 소행성이나 혜성의 증거는 있는가? 멕시코의 유카탄(Yucatán) 해안의 퇴적물 아래 6,600만 년 된 흔적인 칙슬룹(Chicxulub) 운석공에 대한 연구가 집중되었다(그림 20.11). 이 운석공은 지름이 10 km인 물체에 의해 만들어지기에 딱 맞는 크기이다. 대멸종을 설명하는 이런 가설과 다른 가설들의 비판적인 평가가 계속되고 있다.

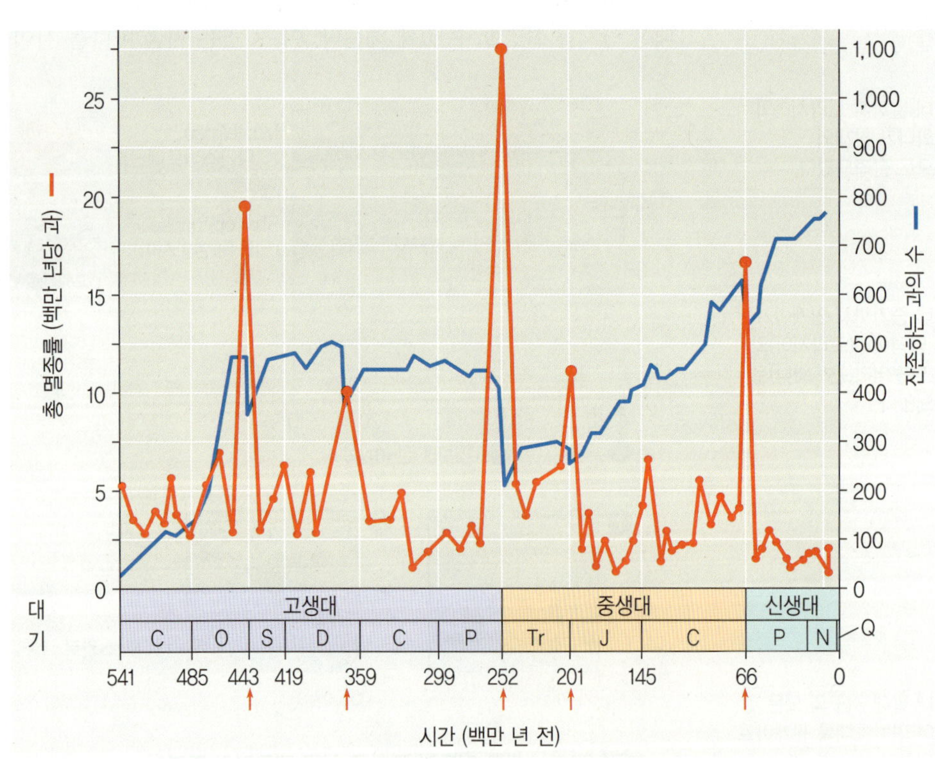

▲ **그림 20.10 대멸종과 생명의 다양성.** 붉은 화살로 표시된 일반적으로 인지되는 5번의 대멸종은 해양동물 과의 멸종률 정점을 나타낸다(붉은 선과 왼쪽 수직축). 이들 대멸종은 해양동물의 잔존하는 과의 수가 시간이 지나면서 전반적으로 증가하는 것을 멈추게 하였다(파란 선과 오른쪽 수직축).

대멸종의 결과

대멸종은 중대한 장기적인 영향을 끼친다. 많은 수의 종을 제거함으로써 대멸종은 번성하고 복잡한 생태 공동체를 예전 자체의 창백한 망령으로 줄어들게 할 수 있다. 그런데 진화 계통은 일단 사라지면 다시 나타날 수 없다. 진화의 경로가 영원히 바뀐다. 6,600만 년 전에 살던 초기 영장류가 백악

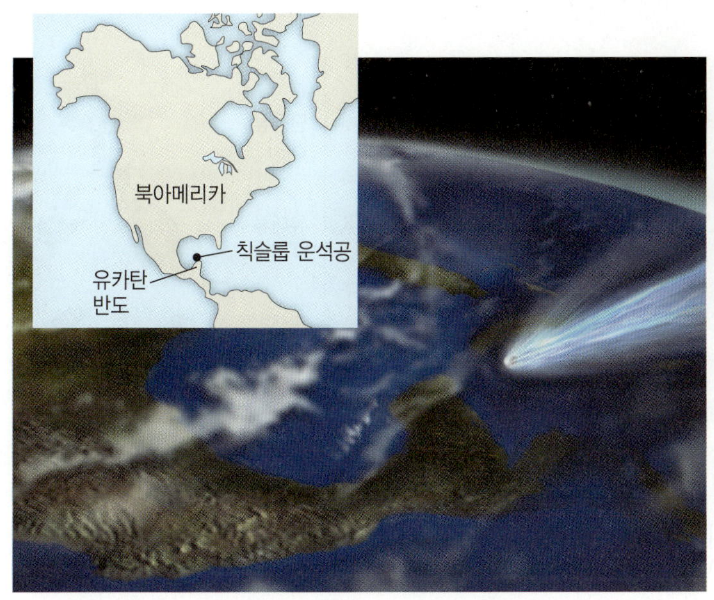

▲ **그림 20.11 백악기 생명의 외상(trauma).** 카리브해 아래에 있는 6,600만 년 된 칙슬룹 운석공은 직경이 180 km이다. 운석공의 말발굽 모양과 퇴적암에 있는 파편의 양상은 소행성이나 혜성이 남동쪽에서 낮은 각도로 충돌했다는 것을 보여준다. 이 도해는 충돌과 즉각적인 효과, 즉 몇 시간 내에 북아메리카의 많은 동물과 식물을 죽였을 수 있는 뜨거운 증기와 파편의 구름을 보여준다.

기 대멸종 때에 사라졌다면, 어떤 일이 일어났을지 생각해 보자. 인간은 존재하지 않을 것이고, 지구의 생명은 오늘날과는 전혀 다를 것이다.

화석 기록은 대멸종 이후 이전의 수준으로 생명의 다양성을 회복하는 데 일반적으로 500만 년에서 1,000만 년이 걸린다는 것을 보여준다. 일부 경우에는 훨씬 더 오래 걸렸다. 페름기 대멸종 후 해양의 과가 예전의 수로 회복되는 데 약 1억 년이 걸렸다(그림 20.10). 이런 자료는 정신이 번쩍 나게 한다. 현재의 경향이 지속되고 여섯 번째 대멸종이 일어난다면, 지구의 생명이 회복되는 데 수백만 년이 걸릴 것이다.

대멸종은 또한 거기에 사는 생물들의 종류를 바꿈으로써 생태 공동체를 바꿀 수도 있다. 예를 들면, 페름기와 백악기의 대멸종 이후 포식 해양생물의 비율이 상당히 증가했다(**그림 20.12**). 포식자 수의 증가는 피식자가 겪는 위험을 높이며, 먹이에 대한 포식자 사이의 경쟁을 치열하게 한다. 또한 대멸종은 새롭고 유리한 특징이 있는 계통을 제거할 수 있다. 예를 들면, 후기 삼첩기에 (조개와 같은) 이매패의 껍질에 구멍을 뚫고 안에 있는 동물을 먹을 수 있는 한 무리의 복족류(달팽이와 친척들)가 생겼다. 비록 껍질을 뚫는 것은 새롭고 풍부한 먹이원에 접근할 수 있게 했지만, (약 2억 년 전) 삼첩기의 말기의 대멸종 동안 이런 새롭게 형성된 무리가 사라져 버렸다. 이런 껍질에 구멍을 뚫는 능력을 보여주는 또 다른 복족류(굴뚫기, oyster drill)가 나타나기까지 또 다른 1억 2,000만 년이 지났다. 이들의 선행자들이 불운의 시기에 기원되지 않았다면 선행자들이 다양해질 수 있었을 것처럼, 굴뚫기는 이후 많은 새

▶ **그림 20.12 대멸종과 생태.** 페름기와 백악기 대멸종(붉은 화살로 표시)은 포식자인 해양 속의 백분율을 높임으로써 해양의 생태를 바꾸었다.

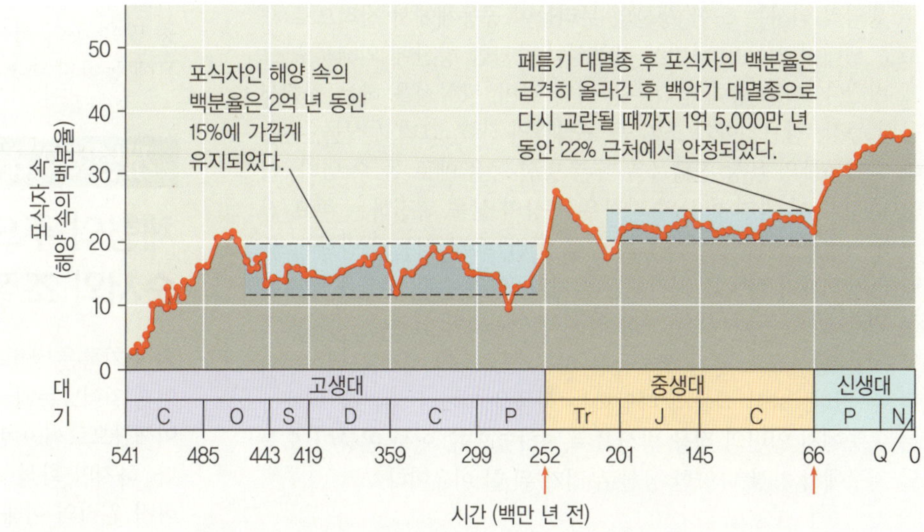

로운 종들로 다양해졌다. 마지막으로 아주 많은 종을 제거함으로써 대멸종은 생물의 새로운 무리들이 급격히 늘어나는 적응 방산의 길을 열 수 있다.

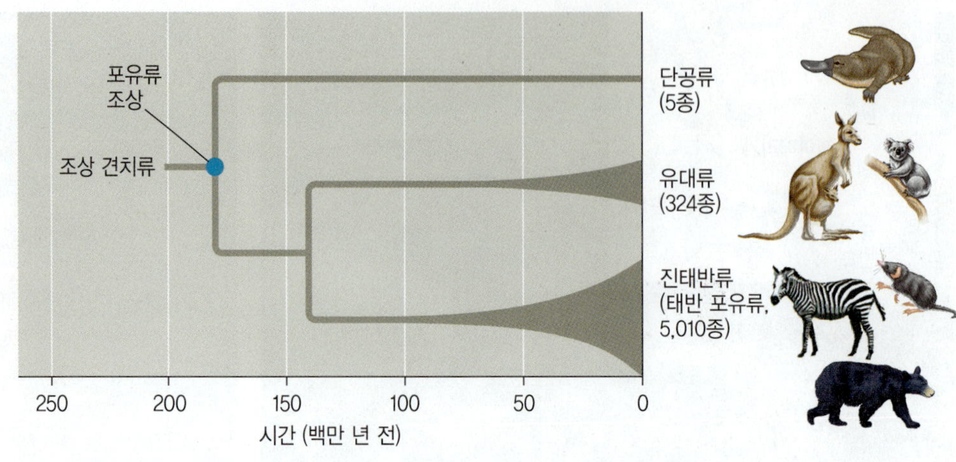

▲ **그림 20.13 포유류의 적응 방산**

적응 방산

화석 기록은 지난 2억 5,000만 년에 걸쳐 생물 다양성이 증가한 것을 보여준다(그림 20.10의 파란 선). 이런 증가는 생물의 무리들이 공동체 내에서 다른 생태적 기능이나 지위를 차지하도록 적응하는 새로운 종들을 많이 형성하는 진화적 변화의 시기인 **적응 방산(adaptive radiation)**에 의해 가속되었다. 대규모의 적응 방산은 다섯 번의 대멸종 각각이 일어난 후, 생존자들이 비워진 많은 생태적 지위에 적응하게 되었을 때 일어났다. 적응 방산은 또한 씨나 신체를 둘러싸는 갑옷 외피 등과 같은 주요 진화적 신형이 있는 생물의 무리들이나 다른 종들과 경쟁을 거의 겪지 않는 지역으로 진출한 무리들에서도 일어났다.

범세계적인 적응 방산

화석 증거는 6,600만 년 전 육상 공룡이 멸종한 후 포유류가 극적인 적응 방산을 하였다는 것을 보여준다(그림 20.13). 비록 포유류가 1억 8,000만 년 전에 기원하였지만, 6,600만 년보다 더 이전의 포유류는 대개는 작고 형태적으로 다양하지는 않다. 현존하는 야행성 포유류와 유사한 큰 눈구멍으로 볼 때 많은 종들이 야행성이었던 것으로 보인다. 몇몇 초기 포유류는 1억 3,000만 년 전에 살았던 1미터 길이의 포식자인 *Repenomamus giganticus*와 같이 중간 정도의 크기였지만, 많은 공룡의 크기에 도달한 것은 전혀 없었다. 초기 포유류는 더 크고 더 다양한 공룡에게 먹히거나 경쟁에서 졌기 때문에 다양성과 크기에 있어서 제한되었었을 것이다. (새를 제외한) 공룡이 사라지면서, 포유류는 다양성과 크기가 많이 증대되었고 육상 공룡이 한때 차지했던 생태적 지위를 차지했다.

생명의 역사는 또한 생물의 무리들이 공동체에서 전적으로 새로운 생태적 기능을 하면서 다양성이 증가한 방산에 의해서도 크게 변했다. 이후 장에서 다루는 바와 같이, 광합성을 하는 원핵생물의 등장, 캄브리아기 초기 큰 포식자의 진화, 그리고 식물, 곤충과 사지동물의 육상 진출을 뒤따른 방산 등을 예로 들 수 있다. 이들 마지막 세 가지 방산의 각각은 육상의 삶을 촉진하는 주요 진화적 신형과 연관되어 있었다. 예를 들면, 육상 식물의 방산은 중력에 저항하며 식물을 지지하는 줄기와, 잎의 수분 손실을 방지하는 왁스 피복 등과 같은 핵심 적응과 연관되어 있었다. 마지막으로 적응 방산으로 생긴 생물들은 다른 생물들의 새로운 먹이원이 될 수 있다. 사실 식물의 다양화는 식물을 먹거나 수분을 매개하는 곤충에서 일련의 적응 방산을 촉진하였으며, 이는 곤충이 오늘날 지구에서 가장 다양한 동물 무리가 된 한 이유이다.

지역적인 적응 방산

놀라울 정도의 적응 방산이 더욱 제한된 지리적 범위에서도 일어났다. 이런 방산은 몇몇 생물이 다른 생물들과 경쟁을 비교적 적게 겪게 되는 새로운, 종종 멀리 떨어진 곳으로 이동했을 때 시작될 수 있다. 하와이 제도는 이런 유형의 적응 방산을 보여주는 훌륭한 세계적인 전시장 중 하나이다(그림 20.14). 가장 가까운 대륙에서 약 3,500 km 떨어진 곳에 위치한 이 화산섬들은 열도를 따라 북서쪽으로 가면서 점점 더 오래되었다. 가장 최근의 섬인 하와이는 생긴 지 100만 년이 안 되었고 여전히 활화산이 있다. 각 섬은 "벌거숭이"로 생겨났고 멀리 떨어진 육지나 제도 내의 더 오래된 섬에서 해류나 바람을 타고 산발적으로 온 생물들이 점차 살게 되었다.

토양 조건, 고도와 강수량의 큰 차이 등을 포함한 하와이 제도의 각 섬의 물리적 다양성 때문에 자연선택에 의한 분기의 기회가 많이 있다. 종분화 사건들이 뒤따른 여러 차례의 유입은 하와이에서 적응 방산의 폭발을 점화했다. 그 결과 제도에 살고 있는 수천 종 대부분이 지구의 다른 곳에서는 발견되지 않는다. 예를 들면, 식물 중 약 1,100종이 하와이 제도에 특유하다. 불행히도, 이들 종 중 많은 종이 서식지 파괴와 외래 식물종의 도입 등 인간 활동 때문에 높아진 멸종 위험에 직면하고 있다.

개념 20.3

체형의 주요 변화는 발생 유전자의 발현 순서와 조절의 변화에서 초래될 수 있다

화석 기록은 생명의 역사에서 커다란 변화가 무엇이었는지, 그리고 언제 일어났는지 알려준다. 또한 판 구조론, 대멸종과 적응 방산을 이해함으로써 이런 변화가 어떻게 초래되었는지 그림을 그릴 수 있다. 하지만 화석 기록에 나타난 변화의 기초가 되는 내재적인 생물학적 원리의 이해를 구할 수도 있다. 이 경우 변화의 유전 원리에

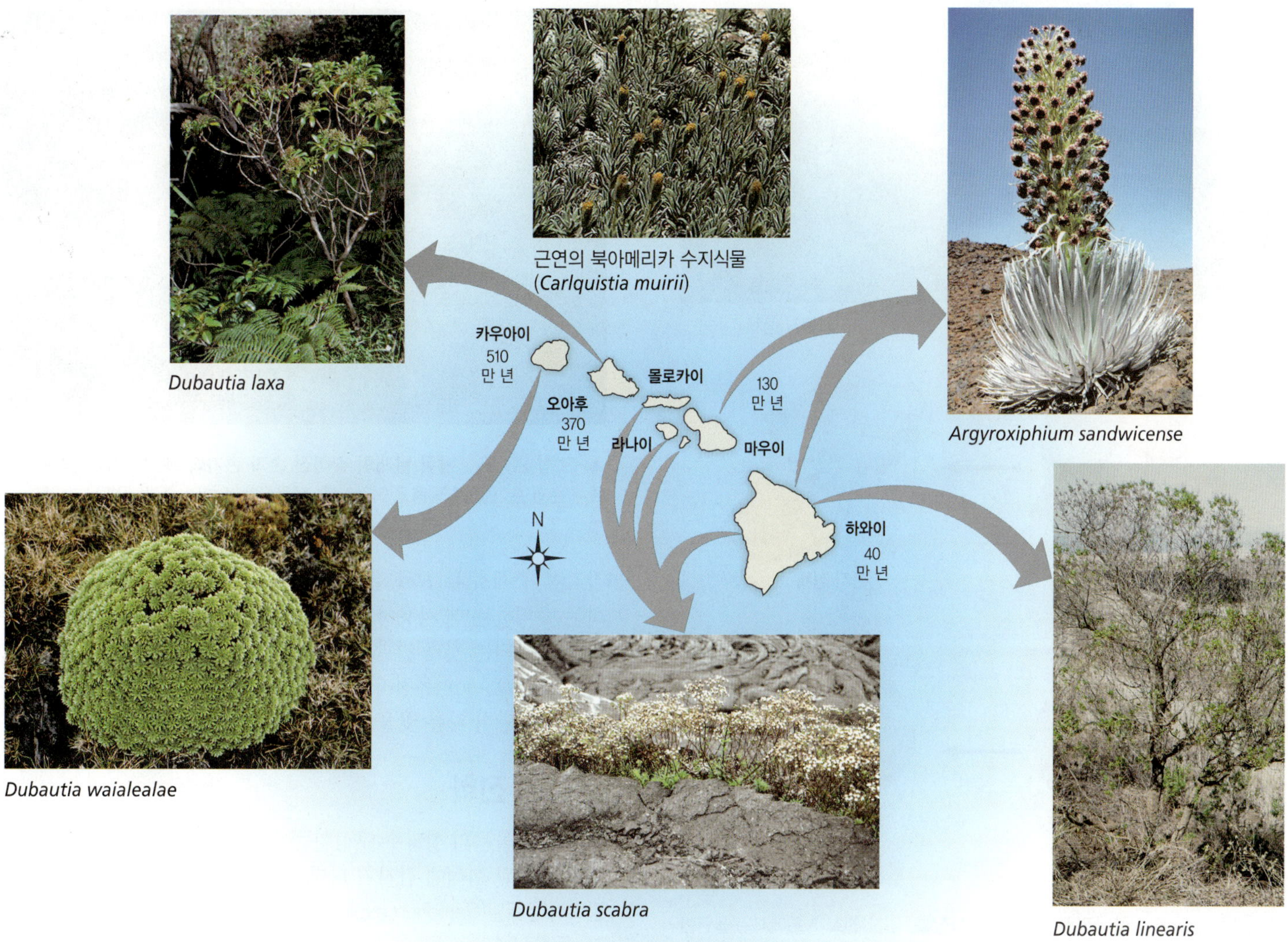

▲ **그림 20.14** **하와이 제도의 적응 방산.** 분자 수준의 분석은 총칭하여 "은검초류"라고 알려진 현저하게 다양한 이들 하와이 식물이 모두 약 500만 년 전 북아메리카에서 이 제도로 들어온 조상 수지식물(tarweed)에서 유래되었다는 것을 보여준다. 은검초류의 구성원들이 이후 여러 서식지로 퍼져나갔고 뚜렷이 다르게 적응한 새로운 종들을 형성하였다.

주의를 기울이고, 특히 발생에 영향을 끼치는 유전자에 주목한다.

발생 유전자의 효과

진화 생물학과 발생생물학의 접점 연구인 진화발생(이보-디보)은 작은 유전적 차이가 종 사이의 주요한 형태적 차이를 어떻게 만들 수 있는지 설명해 준다. 특히, 큰 형태의 차이가 접합체에서 성체로 발생할 때 생물의 신체 형태 변화의 속도, 시기와 공간 배치를 변경하는 유전자 때문에 발생할 수 있다.

속도와 시기의 변화

많은 뚜렷한 진화상 변형은 발생 사건의 속도나 시기의 진화적 변화인 **이시성(heterochrony**; '다른'을 뜻하는 그리스어 *hetero*와 '시간'을 뜻하는 *chronos*에서 유래)의 결과이다. 예를 들면, 생물의 외형은 부분적으로 발생 중 여러 신체 부분의 상대적인 성장 속도에 따라 달라진다. 사람과 침팬지 두개골의 형태를 대조할 때 보이는 것처럼 이런 속도의 변화는 성체의 형태를 상당히 바꿀 수 있다 (그림 20.15).

이시성의 극적인 진화적 효과의 다른 예로는 박쥐에서 손가락뼈의 증가된 성장 속도에 의해 날개의 골격 구조가 만들어진 것(그림 20.16)과 고래에서 다리와 골반 뼈의 느려진 성장에 의해 뒷다리의 축소, 궁극적으로는 소실이 일어난 것 등이 있다.

이시성은 또한 비생식 기관의 발생에 대해 생식적인 성숙의 상대적 시기를 바꿀 수도 있다. 생식기관의 발생이 다른 기관의 발생에 비해 상대적으로 가속되면, 그 종은 성적으로 성숙된 시기에 조상 종의 어린 시기 구조의 신체적 특징을 갖게 될 것이다. 이런 상태를 **유형성숙(paedomorphosis**; '어린이'를 뜻하는 그리스어 *paedos*와 '형성, 육성'을 뜻하는 *morphosis*에서 유래)이라고 한다. 예를 들면, 대다수 도롱뇽은 성체가 될 때 변태를 하는 수서 유생이 있다. 그런데 일부 종은 아가미와 기타 유생의 특징이 여

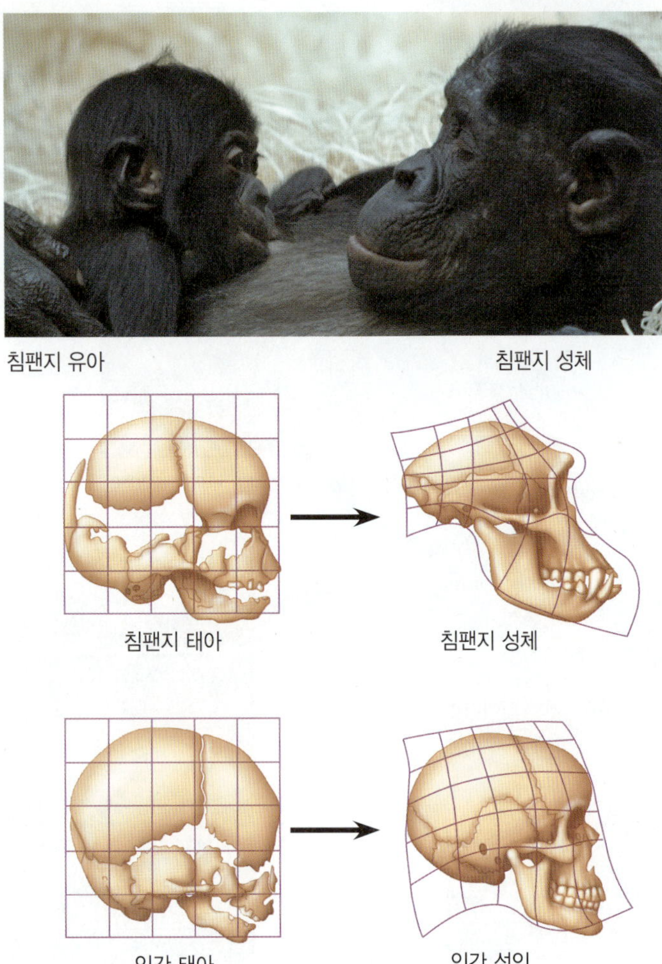

▲ 그림 20.15 **상대적인 두개골의 성장률.** 인간 진화 계통에서는 돌연변이들이 턱의 성장을 두개골의 다른 부위에 비해 느려지게 했다. 그 결과 인간 성인의 두개골은 침팬지와는 다르게 유아의 두개골과 더 비슷하다.

전히 남아 있는 채 성체 크기로 성장하고 성적으로 성숙한다(그림 20.17). 비록 전체적인 유전적 변화가 적을지라도, 발생 시기의 이런 진화적 변화에 의해 조상과는 아주 다르게 보이는 동물이 생길 수 있다. 실제로 최근의 증거에 따르면, 비록 다른 유전자들도 영향을 끼쳤겠지만, 한 단일 유전자 좌위의 변화가 멕시코산 도롱뇽(axolotl)의 유형성숙을 초래하기에 충분했을 것이다.

공간 배치의 변화

신체 부위의 공간 구조를 조절하는 유전자의 변화에 의해 상당한 진화적 변화가 일어날 수도 있다. 예를 들면, **호메오 유전자(homeotic gene)**라는 주된 조절 유전자가 한 쌍의 날개와 한 쌍의 다리가 새의 어느 곳에서 발생될 것인지 또는 식물의 꽃 기관들이 어떻게 배열될 것인지와 같은 기본적인 특징들을 조절한다.

Hox 유전자라는 일군의 호메오 유전자 산물은 동물 배아에서 위치 정보를 제공한다. 이 정보는 세포들이 특정한 위치에 적합한 구조로 발생하도록 자극한다. *Hox* 유전자나 이 유전자가 발현되는 방식의 변화는 형태에 상당한 영향을 끼칠 수 있다. 예를 들면,

▲ 그림 20.16 **박쥐 날개의 길어진 손과 손가락 뼈.** 이시성에 의해 박쥐에서 손과 손가락 뼈의 총 길이가 다른 포유류에 비하여 증가되었다.

갑각류 중에서 두 *Hox* 유전자(*Ubx*와 *Scr*)가 발현되는 위치의 변화는 수영하는 데 사용하는 부속지가 먹이 먹는 데 사용하는 부속지로 변환되는 것과 연관되어 있다. 마찬가지로, 식물종들을 비교하면, *MADS-box* 유전자로 알려진 호메오 유전자 발현의 변화는 형태가 상당히 다른 꽃을 만들 수 있다.

발생의 진화

대다수 동물문의 상당수 구성원들이 5억 3,500만~5억 2,500만 년 전에 형성된 화석에 갑자기 나타난다. 동물의 이런 빠른 다양화를 캄브리아 폭발(Cambrian explosion)이라고 부른다. 그런데 에디아카라 동물의 5억 6,000만 년 된 화석의 발견은 복잡한 동물을 만드는 데 충분한 유전자들의 조합이 캄브리아 폭발보다 최소 2,500만 년 전에 존재했다는 것을 말해준다. 그런 유전자가 그렇게 오랫동안 존재했다면, 캄브리아기 폭발 동안이나 이후에 나타난 다양성

▲ 그림 20.17 **유형성숙.** 일부 종의 성체는 조상의 어린 시기 특징을 보유한다. 이 도롱뇽은 멕시코산 도롱뇽(axolotl)이며, 아가미를 포함한 유생(올챙이)의 특정 특징들을 그대로 유지한 채 성적으로 성숙하는 수서 생물 종이다.

의 놀라운 증가를 어떻게 설명할 수 있는가?

자연선택에 의한 적응 진화는 이 질문에 대해 한 가지 답을 준다. 이 단원에서 살펴본 바와 같이, 단백질을 암호화하는 유전자들의 서열 차이에 따라 분류함으로써 선택이 적응을 빠르게 개선할 수 있다. 또한 (유전자 중복 사건에 의해 만들어진) 새로운 유전자들은, 새로운 방식으로 조절되는 기존 유전자가 할 수 있는 것처럼, 새로운 물질대사와 구조적인 기능들을 획득할 수 있다.

앞 절의 예들은 발생 유전자가 특히 중요할 것이라는 것을 말해준다. 따라서 다음 절에서는 새로운 형태가 발생 유전자의 뉴클레오타이드 서열이나 조절의 변화로부터 어떻게 생기는지 다룰 것이다.

유전자 순서의 변화

유전자 중복 사건 후에 생긴 새로운 발생 유전자들은 새로운 형태의 기원을 촉진했을 것이다. 하지만 다른 유전적 변화들도 같은 시기에 발생했을 수도 있으므로, 과거에 일어난 유전적 변화와 형태적인 변화의 인과 관계를 확립하는 것은 어려울 수 있다.

6개보다 더 많은 다리가 있는 갑각류 조상에서 6개의 다리가 있는 곤충이 분기한 것과 관련된 발생학적 변화에 대한 연구에서 이러한 어려움을 비켜갔다. (곤충은 새우, 게와 바닷가재와 같은 생물에 대한 전통적인 이름인 갑각류의 한 아군에서 기원되었다.) 연구자들은 *Hox* 유전자인 *Ubx*의 발현과 효과에서 갑각류와 곤충 사이의 차이에 주목하였다. 특히, 곤충에서 *Ubx*는 발현되는 곳의 다리 형성을 억제한다(**그림 20.18**).

이 유전자의 작용을 조사하기 위해, 연구자들은 곤충인 초파리(*Drosophila*)와 갑각류인 염전새우(*Artemia*)에서 *Ubx* 유전자를 추출하였다. 그 다음, 신체 전역에서 초파리의 *Ubx* 유전자 또는 염전새우의 *Ubx* 유전자가 발현되도록 초파리 배아를 유전적으로 조작하였다. 초파리 유전자는 배아에서 부속지를 100% 억제한 반면, 예상된 바와 같이 염전새우 유전자는 겨우 15%만 억제하였다.

그 다음 연구자들은 조상 *Ubx* 유전자에서 곤충 *Ubx* 유전자로 진화적인 전이가 일어나는 데 관련된 핵심 단계를 밝히고자 하였다. 그들의 접근 방법은 염전새우의 *Ubx* 유전자가 다리 형성을 억제하도록 만들어 조상 유전자가 곤충 *Ubx*처럼 작용하게 하는 돌연변이를 찾아내는 것이었다. 그렇게 하기 위해, 그들은 일련의 "잡종" *Ubx* 유전자들을 만들었는데, 이들 각각은 초파리 *Ubx* 유전자의 알려진 단편들과 염전새우 *Ubx* 유전자의 알려진 단편들이 들어 있었다. 이들 잡종 유전자를 초파리 배아에 넣어주고 (배아당 하나의 잡종 유전자) 다리 발생에 대한 영향을 관찰함으로써, 연구자들은 곤충에서 추가적인 다리를 억제하는 데 책임이 있는 아미노산 변화를 정확히 찾아낼 수 있었다. 이렇게 하는 과정에서, 이 연구는 한 발생 유전자의 뉴클레오타이드 서열에서 특정한 변화가 주된 진화적 변화, 즉 다리가 6개인 곤충의 신체 설계에 기여한다는 증거를 얻었다.

유전자 조절의 변화

한 유전자의 뉴클레오타이드 서열의 변화는 유전자가 어디에서 발현되든 기능에 영향을 끼칠 수 있는 반면, 유전자 발현의 조절 변화는 한 세포 유형에 국한될 수 있다. 따라서 발생 유전자 조절의 변화는 유전자 서열의 변화보다 더 적은 유해 부작용이 있을 것이다. 이런 논리적 추론에 따라 연구자들은 생물 형태의 변화가 흔히 발생 유전자의 서열이 아니라 조절에 영향을 끼치는 돌연변이에 의해 초래될 것이라고 제안하게 되었다.

이런 견해는 큰가시고기를 포함한 다양한 종의 연구에 의해 뒷받침되었다. 이 물고기는 외해와 얕은 근해에 서식한다. 서부 캐나다에서는 지난 12,000년 동안 연안선이 물러날 때 형성된 호수에서도 서식한다. 바다 큰가시고기는 복부에 한 쌍의 가시가 있고, 가시는 일부 포식자를 저지한다. 이런 가시는 포식 물고기가 없고 칼슘 농도도 낮은 호수에 사는 큰가시고기에서는 종종 축소되거나 없다. 포식자가 없는 곳에서는 가시가 유리하지도 않으며, 제한된 칼슘은 가시를 만든 것 이외의 목적을 위해 필요하기 때문에, 이런 호수에서는 가시가 소멸되었을 것이다.

유전적 수준에서 발생 유전자 *Pitx1*은 큰가시고기가 복부 가시가 있을지에 영향을 끼치는 것으로 알려져 있었다. 2010년 후속 연구에서 연구자들은 *Pitx1* 유전자의 발현에 영향을 끼치는 비번역 DNA 부위인 *Pel* 촉진자의 변화가 큰가시고기에서 복부 가시의 축소를 초래했다는 것을 보여주었다. 큰가시고기에 대한 연구 결과는 유전자 조절의 변화가 어떻게 개체 생물의 형태를 바꾸고 궁극적으로 집단의 진화적 변화를 이끄는 방식의 명백하고 상세한 예이다.

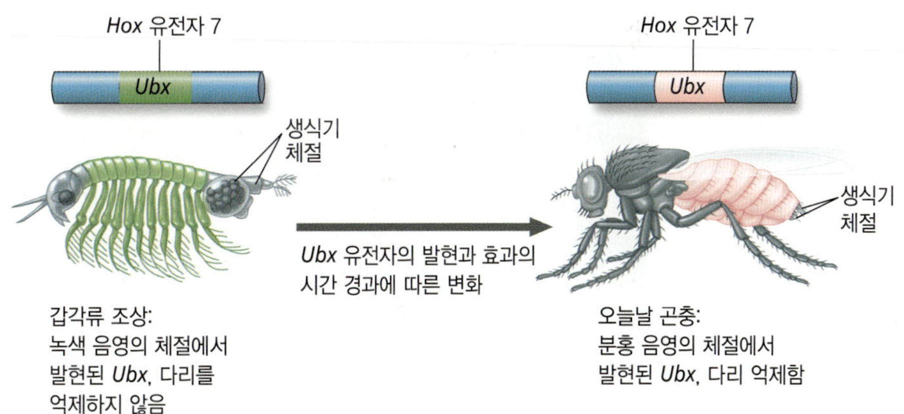

▶ **그림 20.18 곤충 신체 설계에 대한 *Hox* 유전자인 *Ubx*의 효과.** 갑각류에서는 *Hox* 유전자인 *Ubx*가 머리와 생식기 체절 사이의 체절, 녹색 음영 부위에서 발현된다. 곤충에서는 *Ubx*가 상동의 체절 중 다리 형성이 억제되는 일부(분홍 음영)에서만 발현된다.

개념 20.4

진화는 지향하는 목적이 없다

대진화 연구는 진화가 어떻게 작동하는지에 대해 무엇을 알려 주는가? 한 가지 알게 된 것은 생명의 역사 전체를 통해 보면 새로운 종의 기원은 (집단에서 작용하는 자연선택과 같은) 소규모의 요인들과, 그리고 (지구 전체에 걸쳐 종분화의 폭발을 촉진하는 대륙 이동과 같은) 이 장에서 설명한 대규모의 요인들 모두에 의해 영향을 받는다는 것이다.

▼ 그림 20.19 연체동물에서 눈의 복잡성의 범위

(a) 색소 세포의 조각

삿갓조개 *Patella*는 광수용기의 단순한 조각 덩어리가 있다.

(b) 안배

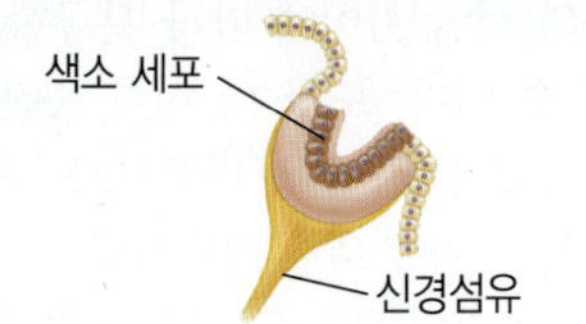

고둥류 *Pleurotomaria*는 안배가 있다.

(c) 바늘구멍 카메라형 눈

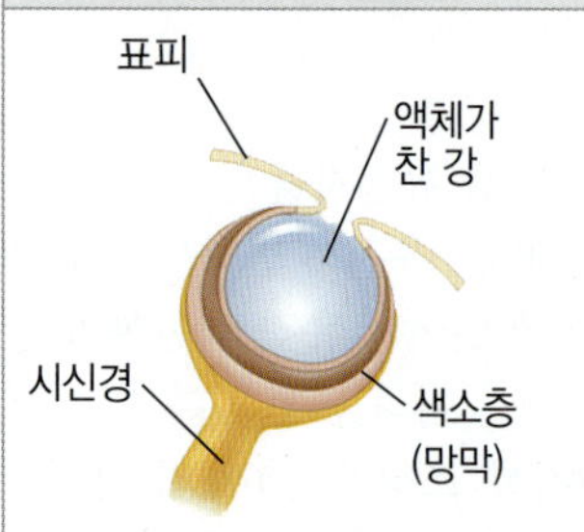

*Nautilus*의 눈은 바늘구멍 카메라(렌즈가 없는 초기의 카메라)처럼 작동한다.

(d) 원시적 수정체가 있는 눈

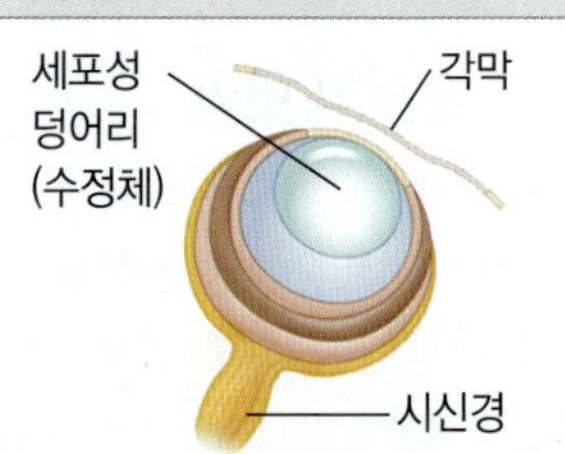

바다 고둥 *Murex*는 수정 같은 세포의 덩어리로 구성된 원시적인 수정체가 있다. 각막은 눈을 보호하고 초점을 맞출 수 있게 해주는 조직의 투명한 부위이다.

(e) 복합 카메라 렌즈형 눈

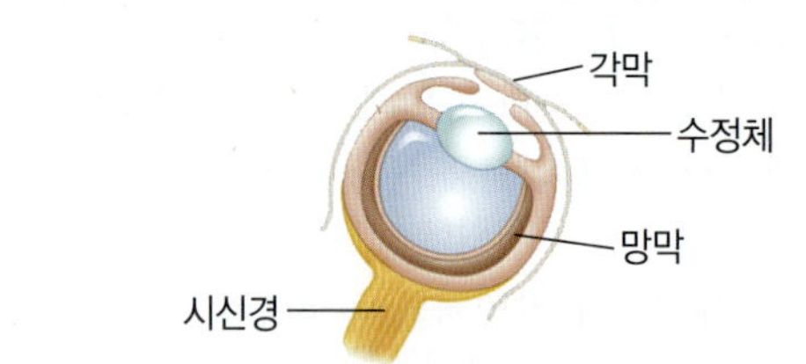

오징어 *Loligo*는 척추동물의 눈과 유사한 특징(각막, 수정체와 망막)이 있는 복합 눈이 있다. 하지만 오징어 눈은 척추동물의 눈과는 독립적으로 분화하였다.

진화적 신형

새로운 종이 형성될 때, 새롭고 복잡한 구조는 조상 구조의 점진적인 변형으로 발생할 수 있다. 많은 경우 복잡한 구조는 같은 기본적인 기능을 하는 더 단순한 구조에서 점진적으로 진화했다. 예를 들면, 영상을 만들어 뇌로 전할 때 함께 작동하는 많은 부분들로 구성된 복잡한 기관인 사람의 눈을 살펴보자. 사람의 눈이 어떻게 점진적으로 발생되었을까? 일부는 눈이 기능하기 위해 모든 구성 부분이 필요하다면 일부분만 있는 눈은 우리의 조상에게 아무 소용이 없었을 것이라고 주장한다.

다윈 자신이 지적한 대로, 이 주장의 오류는 복잡한 눈만이 유용하다는 가정에 있다. 사실 많은 동물들이 우리의 눈보다 훨씬 덜 복잡한 눈에 의존한다(그림 20.19). 우리가 알고 있는 가장 단순한 눈은 빛에 민감한 광수용기 세포들의 작은 조각 덩어리이다. 이런 단순한 눈은 단 한 번의 기원이 있었던 듯하며, 지금은 삿갓조개라는 작은 연체동물을 포함한 다양한 동물에서 발견된다. 이런 눈은 영상에 초점을 맞추는 장치는 없지만, 동물이 명암을 구별할 수 있게 해준다. 삿갓조개는 그림자가 드리우면 암석에 더욱 견고하게 들러붙는데, 이는 잡아먹힐 위험을 줄이는 행동 적응이다. 삿갓조개는 진화 역사가 길기 때문에 이들의 "단순한" 눈이 이들의 생존과 번식을 지지하기에 아주 적절하다고 결론지을 수 있다.

동물계에서 복합 눈은 이런 기본적인 구조에서부터 여러 차례에 걸쳐 독립적으로 분화했다. 오징어, 문어와 같은 일부 연체동물은 사람이나 다른 척추동물의 눈과 같은 복합 눈이 있다(그림 20.19). 비록 연체동물의 복합 눈이 척추동물의 눈과는 독립적으로 분화했지만, 둘 다 공통 조상에 있던 광수용체 세포의 단순한 덩어리에서부터 분화했다. 각각의 경우 매 단계에서 눈의 소유자에게 이로운 일련의 점진적 변화를 통해 복합 눈이 분화했다. 이들의 독립적인 진화의 증거는 이들의 구조에서 찾을 수 있다. 척추동물 눈은 망막의 후면층에서 빛을 감지하고 신경 자극은 앞쪽으로 보내는 반면에, 연체동물의 복합 눈은 그 반대이다.

▲ 흰꼴뚜기(*Sepioteuthis lessoniana*)의 복합 눈

진화의 역사 내내 눈은 시각의 기본적인 기능을 유지했다. 그런데 진화적 신형은 또한 원래 하나의 기능을 하던 구조가 점진적으로 다른 기능을 획득했을 때 발생될 수도 있다. 예를 들면, 견치류(cynodont)에서 초기 포유류가 나올 때, 예전에 턱관절을 구성하던 뼈(관절뼈와 방형골, 그림 20.5)가 포유류의 귀 부위로 통합되고, 궁극적으로 소리를 전달하는 새로운 기능을 하게 되었다. 한 맥락에서는 분화이지만 다른 기능을 새로 하게 된 구조는 원래 구조의 적응적 기원과 구분하기 위해 때때로 **창출적응**(exaptation)이라고 한다. 창출적응의 개념은 한 구조가 어떻게든 미래의 소용을 예견하고 진화하는 것은 아니라는 것을 말해준다는 것을 명심하라. 자연선택은 미래를 예측할 수 없고, 다만 현재의 유용성이라는 맥락에서 구조를 개선할 수 있다. 초기 포유류의 새로운 턱관절과 청소골 등 새로운 특징은 일련의 중간 단계를 거쳐 점진적으로 발생할

수 있고, 각 단계는 생물의 당시 맥락에서 맞는 기능이 있다.

진화의 경향

대진화의 양상에서 우리는 또 다른 무엇을 배울 수 있는가? 화석 기록에서 관찰되는 진화의 "경향"을 살펴보자. 예를 들면, 어떤 진화 계통은 몸의 크기가 더 커지거나 작아지는 경향을 보여준다. 한 예는 5,500만 년 전의 *Hyracotherium*의 후손인 현존 말(*Equus* 속)의 진화이다(**그림 20.20**). 대략 큰 개 정도의 크기인 *Hyracotherium*은 앞발에 4개의 발굽, 뒷발에 3개의 발굽, 그리고 덤불과 나무의 새싹을 뜯어먹을 수 있도록 적응된 이빨이 있었다. 이와 대조적으로 현존 말은 더 크고, 각 발에 한 개의 발굽만 있으며, 풀을 뜯어먹을 수 있도록 변형된 이빨이 있다.

하지만 화석 기록에서 단 하나의 진화적 진보를 도출하는 것은 사실을 호도하는 것일 수 있다. 그것은 하나의 작은 가지 쪽으로 이어지는 가지들만 따라가면서 단 하나의 방향으로 자라는 것으로 덤불을 설명하는 것과 같다. 예를 들면, 유용한 화석 중 특정 종만을 선택함으로써 (그림 20.20에서 노랑 표기를 따라가는) 발굽이 하나인 큰 종으로 가는 경향을 보여주는 *Hyracotherium*과 현존 말 사이를 연결하는 동물의 연속으로 배열하는 것은 가능하

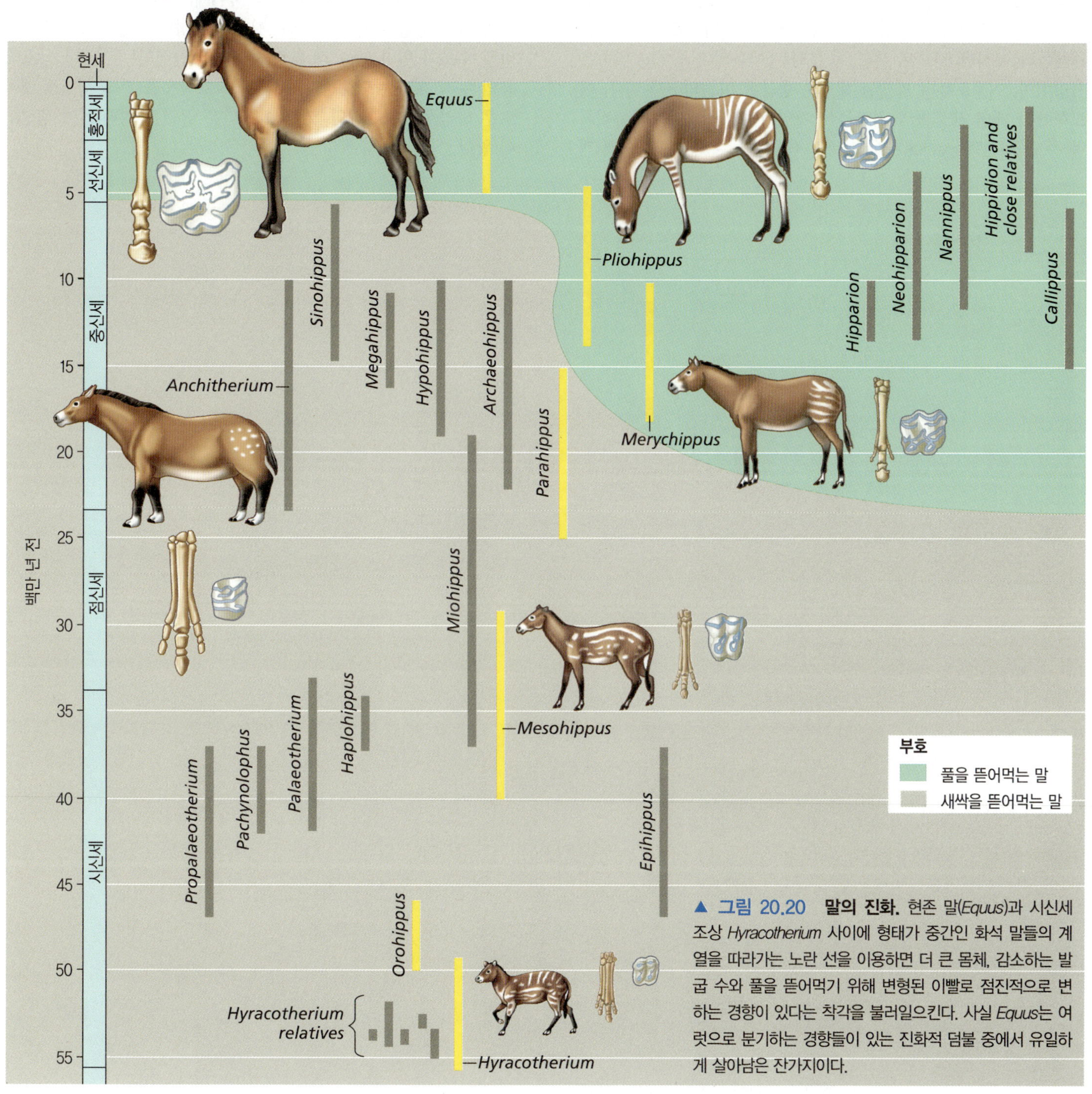

▲ **그림 20.20 말의 진화.** 현존 말(*Equus*)과 시신세 조상 *Hyracotherium* 사이에 형태가 중간인 화석 말들의 계열을 따라가는 노란 선을 이용하면 더 큰 몸체, 감소하는 발굽 수와 풀을 뜯어먹기 위해 변형된 이빨로 점진적으로 변하는 경향이 있다는 착각을 불러일으킨다. 사실 *Equus*는 여럿으로 분기하는 경향들이 있는 진화적 덤불 중에서 유일하게 살아남은 잔가지이다.

다. 하지만 지금까지 알려진 모든 말의 화석을 고려하면, 이런 겉보기 경향은 없어진다. *Equus* 속은 단 한 줄의 계통으로 진화하지 않았다. 그것은 덤불처럼 가지를 치는 계통수에서 살아남은 유일한 가지일 뿐이다. *Equus*는 실제로 몇 차례 적응 방산을 포함하는 일련의 종분화 과정을 통해 유래되었지만, 모든 적응 방산이 크고, 발굽이 하나이고 풀을 뜯는 큰 말로 이어진 것은 아니다. 사실 계통발생적 분석에 따르면, 풀을 뜯어먹는 것이 포함된 모든 계통은 *Parahippus*와 가까운 혈통이다. 모두 멸종되었지만 말의 다른 많은 계통들은 다수 발굽이 있고 나뭇잎 새싹을 뜯어먹는 동물로 3,500만 년 동안 유지되었다.

가지를 치는 진화는 일부 종들이 경향에 반할 때조차 실제 하나의 경향이 결과로 나타날 수 있다. 한 장기 경향 모형은 종들을 개체들과 유사한 것으로 본다. 종분화는 이들의 탄생이고 멸종은 사망이며, 이들로부터 파생된 새로운 종들은 이들의 자손이다. 이 모형에서 개별 생물들의 집단들이 자연선택의 작용을 받는 것처럼 종도 **종 선택**(species selection)의 작용을 받는다. 가장 오래 견디고 가장 많은 새로운 종을 만든 종들이 주된 진화 경향의 방향을 결정한다. 종 선택 모형에 따르면 "차별적인 종분화 성공도"가 소진화의 차별적인 생식 성공도와 유사하게 대진화에서 중요한 일을 한다. 진화의 경향은 또한 자연선택에서 직접 초래될 수도 있다. 예를 들면, 신생대 중기에 넓게 퍼져 있던 초원으로 말의 조상이 들어왔을 때, 더 빨리 달림으로써 포식자로부터 달아날 수 있는 풀을 뜯어먹는 종에 더욱 유리하게 작용하는 선택이 있었다. 이런 경향은 광활한 초원이 없었다면 나타나지 않았을 것이다.

원인이 무엇이든, 진화의 경향은 특정한 표현형 쪽으로 진행되게 하는 내재적 추진력이 있다는 것을 뜻하는 것은 아니다. 진화는 생물들과 그들이 직면한 환경 사이에서 일어나는 상호작용의 결과이다. 환경 조건이 바뀌면, 진화의 경향이 중단되거나 반대로 바뀔 수조차 있다. 생물과 환경 사이에서 진행되는 이러한 상호작용의 누적 효과는 막대하다. 이러한 상호작용을 통해 생명의 경이로운 다양성, 즉 다윈의 "가장 아름다운 끝없는 형태들"이 생성되어 왔다.

21 초기 생명과 생물의 다양화

지구상의 생명은 35억 년 전 단세포 **원핵생물**로부터 유래되었다. 원핵생물은 이처럼 오랜 역사를 거치면서 광범위한 대사 적응 능력을 진화해 왔으며 그 결과 생물권 전역에 걸쳐 번성할 수 있게 되었다.

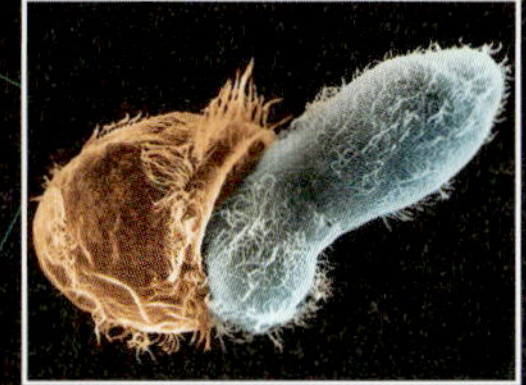

원핵생물의 대사적 다양성에 이어 18억 년 전 **진핵생물**의 출현은 구조적으로 엄청나게 다양한 복잡한 생물의 진화를 이룩했다. 원생동물, 식물, 진균류, 동물들이 오늘날 우리 세계를 채우고 있다.

생명 진화의 역사

21 초기 생명과 생물의 다양화

22 식물과 균류의 육지로 이주(정착)

23 동물 다양성의 증가

진화

식물

동물

생태학

유전학

세포 생물학

22 식물과 균류의 육지로 이주(정착)

5억 년 전에 식물과 진균류가 **육상에 자리를 잡기** 시작하면서 세균과 단세포 진핵생물이 뒤덮고 있었던 육상 환경은 다양한 식물상이 우거진 숲으로 바뀌었다.

23 동물 다양성의 증가

초기의 동물은 현미경으로만 볼 수 있는 작은 크기로 바닷속에서 주로 살았다. 5억 3,000만 년 전 즈음에 복잡한 신경계와 소화계를 지녀 크기가 커지고 움직일 수 있게 된 **동물이 출현**하면서 다양한 동물계가 형성되었다. 그 전까지 미생물로 뒤덮였던 세상이 이제는 포식자, 피식자, 그리고 그 밖의 덩치 큰 진핵생물로 가득 차게 되었다.

CHAPTER

21 초기 생명과 생물의 다양화

▲ 그림 21.1 초기 지구에는 어떤 생물이 살았을까?

핵심 개념

21.1 초기 지구의 조건에서는 생명이 탄생할 수 있다

21.2 원핵생물은 다양한 구조적, 기능적 적응을 통해 성공적으로 진화했다

21.3 원핵생물은 증식 속도가 빠르고 돌연변이와 유전자 재조합의 빈도가 높아 유전적으로 매우 다양하다

21.4 원핵생물은 매우 다양한 계통으로 분화되었다

21.5 원핵생물은 생물권에서 중요한 역할을 한다

21.6 진핵생물은 18억 년보다 이전에 세포내 공생에 의해서 생겨났다

21.7 진핵생물에서 다세포성은 수차례에 걸쳐 기원했다

21.8 진핵생물의 네 가지 "슈퍼그룹"은 형태와 분자 자료에 근거하여 제안되었다

21.9 단세포 진핵생물은 생태 군집에서 핵심적 역할을 하고 인간의 건강에 영향을 미친다

최초의 세포

우리 행성은 46억 년 전 새로 생성된 태양 주위의 엄청난 양의 먼지 구름과 암석들이 응축되면서 만들어졌다. 처음 몇백만 년 동안 지구에는 태양계가 탄생하면서 형성된 거대한 암석과 얼음조각들이 쏟아졌다. 이들이 충돌하면서 엄청난 양의 열을 생성하여 가용할 수 있는 모든 물이 수증기로 기화되어 바다나 호수는 형성되지 못했다. 따라서 이 시기에 생명체가 만들어지거나 살아남는 것은 불가능했다.

40억 년 전 즈음이 되면 이와 같은 엄청난 양의 운석이 쏟아지는 현상이 종료되고 우리의 젊은 행성 지구에 생명이 탄생할 수 있는 무대가 조성된다. 생명체를 이루는 화학물질의 흔적은 38억 년 전까지로 거슬러 올라갈 수 있으며, 최초의 직접적인 증거는 35억 년 전의 화석에서 얻을 수 있다. 이 화석은 **원핵생물(procaryote)**의 화석이다. 초기 원핵세포의 일부는 그림 21.1에서 징검다리처럼 보이는 형태와 비슷하게 조밀하게 군집을 이루며 살았다. 또 다른 종류의 원핵세포는 단독으로 자유롭게 떠다니며 살아갔다.

오랜 진화의 역사를 거치면서 지구에서 최초로 생성된 세포의 후손은 현재 살고 있는 엄청나게 다양한 원핵생물로 번성하게 된다. 원핵생물의 총 생체량(biomass)은 모든 진핵생물의 총 생체량의 10배를 훌쩍 넘는다. 비옥한 토양 한 줌에 지금까지 지구에 살아온 모든 사람들의 수보다 훨씬 많은 원핵생물이 존재한다. 이 장에서는 놀라운 생명체인 원핵생물의 기원, 적응, 다양성, 엄청난 생태학적 영향을 알아보려 한다.

이 장에서는, 모양을 변화시키는 구조적으로 복잡한 진핵세포가 어떻게 형태적으로 단순한 원핵생물 조상으로부터 유래하게 되었는지 살펴볼 것이다. 또한 우리는 생명 진화의 역사에서 또 다른 주된 과정인 동식물과 균류 등 다세포 생물의 기원을 검토하게 될 것이다. 마지막으로, 어떻게 단세포 진핵생물이 생태계와 인간의 건강에 영향을 미치는지 살펴볼 것이다.

개념 21.1

초기 지구의 조건에서는 생명이 탄생할 수 있다

가장 오래된 원핵생물의 화석은 35억 년 전에 살았던 것이다. 최초의 세포는 어떤 모습이었을까? 관찰 결과와 화학, 지질학, 물리학적 실험을 근거로 과학자들은 단순한 세포가 다음의 네 단계의 물리화학적 과정으로 형성될 수 있다는 가설을 세웠다.

1. 아미노산이나 질소함유 염기와 같은 작은 유기분자의 무생물적 합성
2. 작은 분자가 중합되어 단백질이나 핵산과 같은 고분자 형성
3. 고분자가 **원시세포(protocell)** 형태로 포장, 원시세포는 막으로 이루어진 형태로 내부의 화학적 조성을 외부와 구별할 수 있다.
4. 스스로 복제할 수 있는 분자가 탄생하면서 최종적으로 유전 현상 출현

아직 추론에 불과하지만 이 시나리오는 실험실에서 검증 가능한 예측을 하고 있다. 이 절에서는 각 단계별로 확인된 일부 증거들을 살펴보기로 한다.

초기 지구에서의 유기화합물 합성

초기 지구의 대기에는 산소가 거의 들어 있지 않았으며 수증기가 가득했을 것이다. 이와 함께 화산 폭발로 방출된 질소와 질소화합물, 이산화탄소, 메탄, 암모니아, 수소 기체가 많이 포함되어 있었을 것으로 추정된다. 또한 지구의 온도가 내려가면서 수증기가 응축되어 바다가 형성되었고 상당량의 수소가 우주 공간으로 방출되었을 것이다.

1920년대 러시아의 화학자 오파린(A. I. Oparin)과 영국 과학자 홀데인(J. B. S. Haldane)은 각각 독자적으로 지구의 초기 대기는 환원적 환경이었으며 이런 환경에서는 유기화합물이 더 단순한 분자로부터 형성될 수 있다는 가설을 세웠다. 유기 합성에 필요한 에너지는 번개나 강렬한 자외선에서 얻을 수 있었을 것이라 했다. 홀데인은 초기의 바다는 유기분자들이 녹아 있는 용액인 "원시 수프"의 형태였을 것이라는 아이디어를 제시했다.

1953년 시카고 대학에서 유리(Harold Urey) 교수의 지도하에 밀러(Stanly Miller)는 과학자들이 당시에 초기 지구의 대기 조성이라고 추정하였던 실험 조건을 만들어서 오파린-홀데인 가설을 증명했다. 그는 초기 지구의 대기 조성이라고 추정된 조건에서 현재의 생물에 들어 있는 여러 종류의 아미노산과 기타 유기화합물이 만들어지는 것을 확인했다. 이후 많은 실험실에서 대기의 조성을 바꾸어 가며 밀러의 고전적인 실험을 반복했고 이들 변형된 실험에서도 유기화합물이 생성되었다.

어쩌면 초기 유기화합물은 화산 근처나 지구 내부의 뜨거운 물과 무기물을 바다로 내뿜는 해저의 열수구 근처에서 생성되었을 것이다. 2008년 화산-대기 가설을 검증하기 위해, 과학자들은 최신 기구를 이용해서 밀러가 실험 후에 보관해 둔 분자들을 다시 분석했다. 그 결과 화산 폭발을 촉진하는 조건에서 더 많은 종류와 더 많은 양의 아미노산을 확인할 수 있었다(그림 21.2).

아미노산과 질소함유 염기를 비롯한 작은 유기분자의 존재만으로 생명의 탄생을 설명할 수는 없다. 아미노산 또는 RNA 뉴클레오타이드 용액을 뜨거운 모래, 점토, 암석 등에 떨어뜨리면 이들 분자의 중합체가 형성되는 것 또한 확인되었다. 이들 중합체는 효소나 리보솜의 도움 없이 저절로 만들어졌다. 단백질과는 달리 아미노산 중합체는 아미노산이 일렬로 연결되거나 교차로 연결되기도 하는 복합적인 혼합물이다. 그럼에도 불구하고 이러한 중합체가 초기 지구의 다양한 화학 반응을 촉진하는 약한 촉매로 작용했을 가능성도 있다.

원시세포

모든 생물은 번식과 에너지 전환(대사)을 할 수 있어야 한다. 생명은 이 두 가지 기능 없이 지속될 수 없다. 이는 자가 복제 분자와 대사의 재료가 되는 분자가 초기 원시세포에 함께 들어 있어야 함을 시사한다. 이런 일이 어떻게 일어났을까?

이 과정을 만족시키는 데 필요한 조건은 **소포(vesicle)**의 형성이다. 이를테면 소포는 지질이나 다른 유기분자들을 함께 물에 첨가하였을 때 저절로 형성될 수 있다. 소포가 저절로 만들어질 때, 혼합물에서 소수성 분자는 원형질막의 지질 이중층과 유사한 이중층을 형성하기도 한다. 여기에 **몬모릴로나이트(montmorillonite)**와 같이 화산재가 부식되면서 만들어지는 부드러운 무기질 점토를 첨가하면 소포의 자가 조립 비율이 크게 증가한다(그림 21.3a). 초기

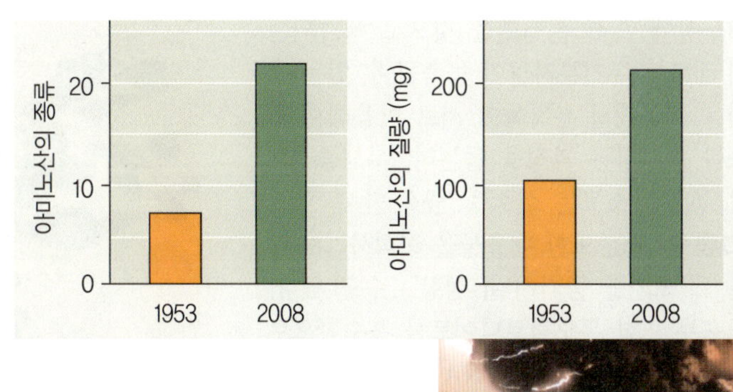

▲ **그림 21.2 모의 화산 폭발 실험에서의 아미노산 합성.** 1953년에 이루어진 고전적인 연구와 더불어 밀러는 또한 화산 폭발 조건을 모사한 모의 실험을 수행하였다. 2008년 그 결과를 재분석한 결과 1953년의 실험 조건에서 생성된 것보다 모의 화산 폭발 실험에서 훨씬 더 많은 아미노산이 생성된 것이 확인되었다.

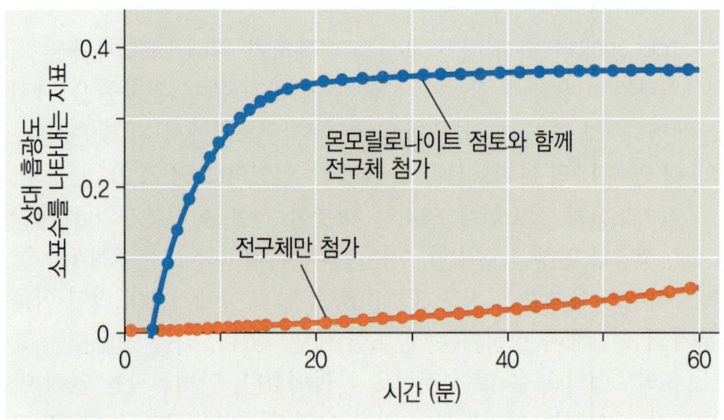

(a) **자가 조립.** 몬모릴로나이트 점토가 있으면 소포가 자가 조립되는 비율이 크게 증가한다.

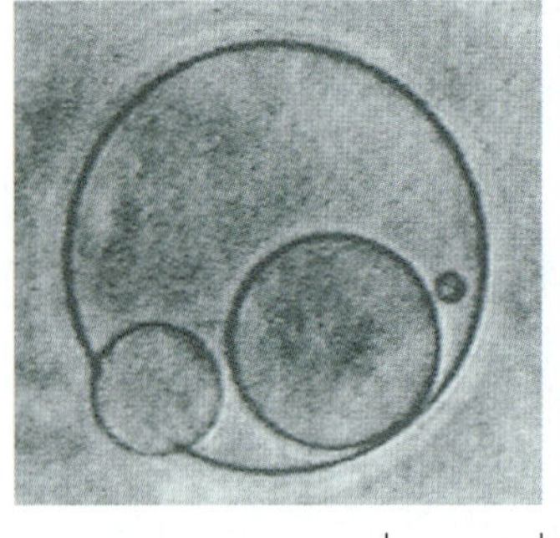

(b) **증식.** 소포는 스스로 분열할 수 있다. 위의 소포에서도 더 작은 소포가 "태어나고" 있다. (광학 현미경 사진)

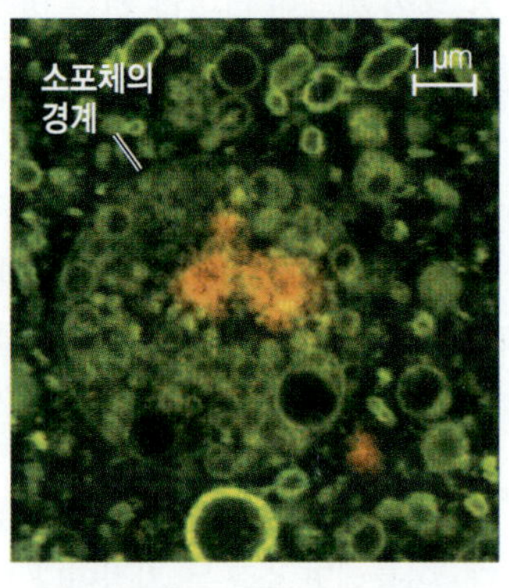

(c) **RNA의 흡수.** 위의 소포에는 RNA 분자(주황색)가 흡착되어 있는 몬모릴로나이트 점토가 삽입되고 있다.

▲ **그림 21.3 무생물적으로 생성된 소포의 특징**

지구상에 흔히 존재했을 것으로 생각되는 이 점토는 유기분자들이 농축될 수 있는 표면을 제공해서 분자들이 서로 반응해서 소포를 형성하는 과정을 돕는다. 무생물적으로 생성된 소포는 스스로 "증식"할 수 있고(**그림 21.3b**), 또한 내용물을 희석시키지 않은 채 크기를 증가시킬("성장") 수도 있다. 소포는 또한 몬모릴로나이트를 흡수함으로써 그 표면에 부착된 RNA나 다른 유기분자들을 획득할 수 있다(**그림 21.3c**). 마지막으로 일부 소포는 선택적 투과성을 지닌 이중층을 이루었으며 외부의 물질을 이용해서 대사 반응을 수행할 수도 있었다. 이 또한 생명 현상을 나타내는 데 중요한 필요조건이다.

스스로 복제하는 RNA

최초의 유전 물질은 DNA가 아니라 RNA일 가능성이 높은 것으로 추정된다. RNA는 단백질 합성에 핵심적인 역할을 하는 동시에 효소와 같이 촉매 기능을 할 수도 있다. 이와 같은 RNA 촉매를 **리보자임(ribozyme)**이라 부른다. 일부 리보자임은 뉴클레오타이드 재료가 주어질 때, 짧은 RNA 조각을 주형으로 상보적인 사본을 합성할 수 있다.

자가 복제가 가능하고 또한 촉매작용을 할 수 있는 RNA 분자를 갖는 소포는 성장할 수 있고 분열할 수 있으며 또한 자손에게 RNA 분자를 물려줄 수도 있다.

일단 원시세포에 유전정보를 지니는 RNA 서열이 포함되고 나면, 이후 많은 변화가 생길 수 있었을 것이다. 이를테면, RNA가 DNA 뉴클레오타이드들이 조립의 주형으로 작용했을 수도 있다. 이중나선 DNA는 RNA에 비해 화학적으로 더 안정한 형태로 유전정보를 전달할 수 있다. 한 번 DNA가 나타나면, 새로운 형태의 생명체가 다양한 형태로 만발할 수 있는 환경이 조성되는 셈이다. 이 과정을 우리는 화석 기록을 통해 관찰하고 있는 것이다.

초기 생명체에 대한 화석 증거

가장 오래된 화석은 **스트로마톨라이트(stromatolite)**라는 층상 암석으로 특정한 원핵생물의 활동에 의해 형성된 것이다(**그림 21.4**). 31억 년 쯤 전에 형태가 독특한 스트로마톨라이트 두 가지가 나타나기 시작했고, 28억 년 전이 되면 스트로마톨라이트는 해양 환경뿐만 아니라 염수호에서도 나타난다. 따라서 초기의 화석 스트로마톨라이트에서도 시간의 흐름에 따라 생태적 그리고 진화적 변화의 징후를 찾을 수 있다.

▼ **그림 21.4 초기 원핵세포의 화석 기록**

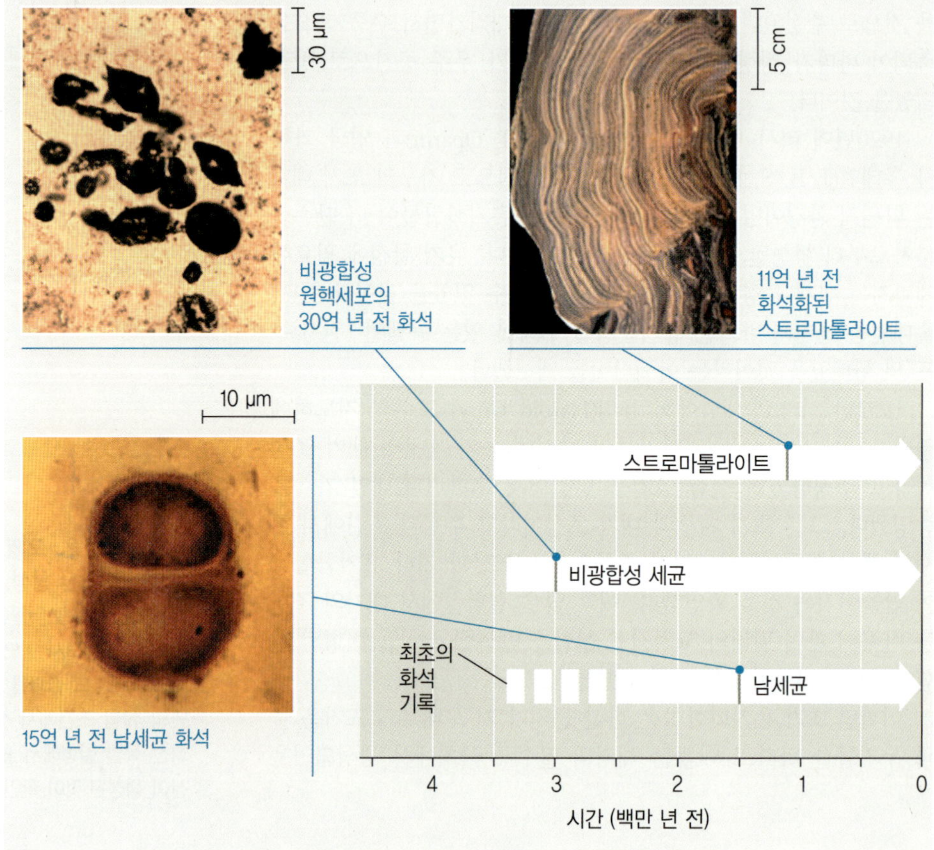

개별 원핵세포의 화석 또한 가장 오래된 스트로마톨라이트만큼 오래 전의 것이 발견되었다. 예를 들면, 2011년 호주에서는 34억 년 전의 암석층에서 화석화된 원핵세포를 발견했다(그림 21.4). 남세균은 십억 년 이상 주된 광합성 생물로 존재했고 지금도 현존하는 가장 중요한 광합성 생물 가운데 하나로 번성하고 있다.

초기의 남세균은 지구에 매우 큰 영향을 미쳤다. 남세균은 광합성을 하는 동안 물을 광분해시켜 대기 중에 산소를 방출한다. 산소의 특정한 형태는 화학적 활성이 매우 높아 효소의 활성을 억제하고 세포에 손상을 입힌다. 그 결과 대기의 산소 농도가 높아지면서 많은 원핵세포 집단이 피해를 입었을 것이다. 일부 종은 산소가 없는 서식처를 찾아 살기 시작했고 오늘날 그 후손은 무기호흡 세균의 형태로 남아 있다. 앞으로 살펴보겠지만 다른 생존자 가운데에는 변화된 대기 환경에 적응해서 다양한 변화가 일어났다. 유기분자에 저장된 에너지를 얻는 과정에서 산소를 이용하는 산소 호흡도 이와 같은 변화의 하나다.

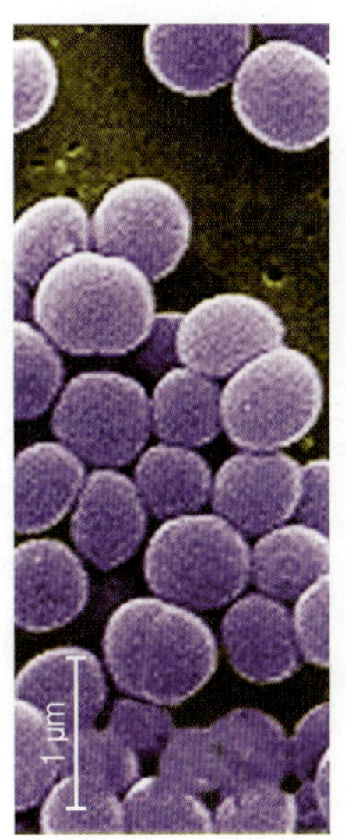

(a) 구균

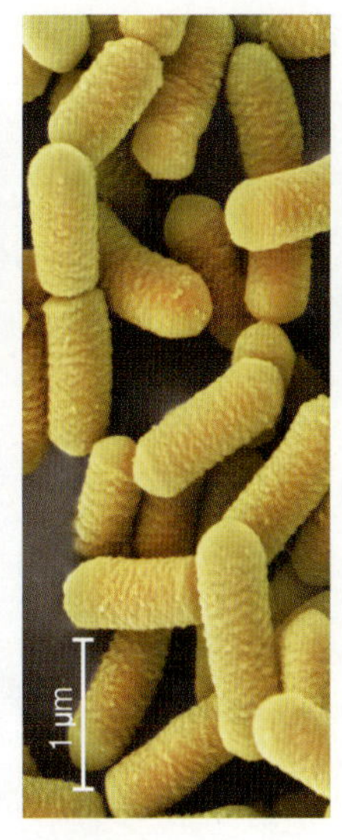

(b) 간균

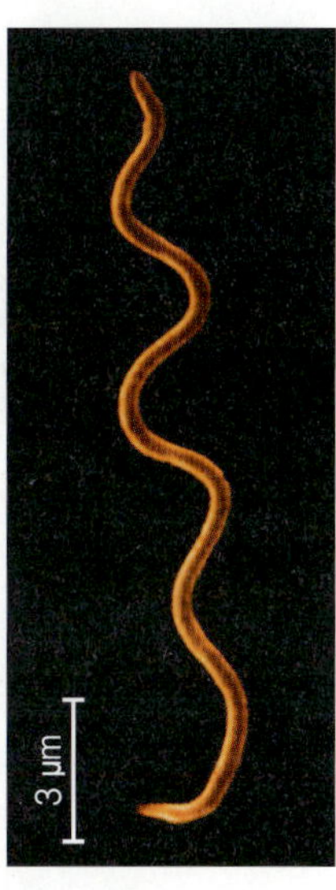

(c) 나선균

▲ **그림 21.5 가장 일반적인 원핵생물의 모양.** **(a)** 구균은 둥근 공 모양의 원핵생물이다. 구균은 각기 따로 존재하거나, 짝을 이루어 존재하거나(쌍구균), 여러 세포가 사슬 모양으로 늘어져 있거나(연쇄상 구균, 위 그림), 포도송이처럼 모여 있는 경우도 있다(포도상 구균). **(b)** 간균은 길쭉한 막대 모양을 하는 세균이다. 대개 단독으로 존재하나 가끔 사슬처럼 일렬로 배열하고 있는 것도 있다(연쇄상 간균). **(c)** 나선형 원핵생물은 쉼표 모양에서부터 긴 코일 모양에 이르기까지 다양한 길이를 갖는 나선균(spirillua)과 나사 모양의 긴 스피로헤타(spirochete, 위 그림)가 있다(채색된 주사 전자 현미경 사진).

개념 21.2

원핵생물은 다양한 구조적, 기능적 적응을 통해 성공적으로 진화했다

대부분의 원핵생물은 단세포성이나 일부 종은 한시적으로 또는 영구적으로 군체의 형태를 이루기도 한다. 전형적인 원핵세포의 지름은 0.5~5 μm 정도로 지름이 평균 10~100 μm에 이르는 진핵세포에 비해 훨씬 작다. [물론 예외도 있는데 티오마르가리타 나미비엔시스(*Thiomargarita namibiensis*)라는 거대한 원핵생물은 지름이 750 μm에 달해 육안으로도 볼 수 있을 정도이다.] 원핵세포는 여러 가지 모양을 지닌다(그림 21.5).

세포의 표면 구조

거의 모든 원핵세포에서 핵심적인 특징은 세포벽에 있다. 원핵생물의 세포벽은 진핵생물의 세포벽과 구조와 조성이 다르다. 진핵세포의 세포벽은 대개 셀룰로스나 키틴으로 이루어졌다. 반면 대부분의 세균 세포벽에는 **펩티도글리칸(peptidoglycan)**이 포함되어 있다. 펩티도글리칸은 짧은 폴리펩타이드로 연결된 변형된 당의 중합체가 망상구조를 이룬 것이다. 이와 같은 분자 수준의 망상구조는 전체 세포를 둘러싸고 다른 분자들을 지지하여 표면으로 돌출되도록 한다. 고세균의 세포벽에는 펩티도글리칸이 없고 다양한 다당류와 단백질이 포함되어 있다.

염색법을 이용하면 세포벽의 구조에 따라 대부분의 세균을 두 종류로 구분할 수 있다(그림 21.6). **그람양성(Gram-positive)** 세균은 펩티도글리칸의 함량이 높은 단순한 세포벽 구조를 이룬다. **그람음성(Gram-negative)** 세균의 세포벽은 펩티도글리칸의 양이 적고 구조가 복잡하여 세포벽 바깥쪽에 지질다당류(lipopolysaccharide)로 이루어진 막이 둘러싸고 있다. 많은 그람음성 세균의 세포벽에 포함된 지질다당류의 지질 성분에는 독성이 있어 동물에게 열이나 쇼크를 일으킨다. 나아가서 그람음성 세균의 외막은 동물 체내의 방어 체계로부터 세균을 보호한다. 그람음성 세균은 또한 그람양성 세균보다 항생제에 내성이 더 강한 편이다. 외막이 항생제의 투과를 저해하기 때문이다. 그러나 특정한 그람양성 세균(예를 들면, 결핵균 등)은 하나 이상의 항생제에 내성을 지니기도 한다.

많은 원핵생물의 세포벽은 다당류 또는 단백질로 구성된 끈끈한 외층으로 둘러싸여 있다. 이 층이 조밀하고 다른 부분과 비교적 명확하게 구분되면 **협막(capsule,** 그림 21.7)이라 하고, 비교적 덜 구조화되어 있는 경우라면 **점액층**(slime layer)이라 부른다. 두 가지 모두 원핵생물이 기질이나 다른 개체에 부착하여 콜로니를 형성할 수 있도록 돕는다.

물이나 필수 영양 물질이 부족할 때 **내생포자(endospore)**라 부르는 견고한 구조를 형성하는 세균도 있다. 이때 원래의 영양세포는 염색체를 복제한 다음 이를 단단한 여러 겹의 벽으로 둘러싸서 내생포자를 만든다. 내생포자에는 수분이 거의 없고 내부에서 물질대사가 일어나지 않는다. 내생포자를 형성하고 나면 원래의 세포는 분해되고 내생포자만 방출된다. 대부분의 내생포자는 매우 견고해서 끓는 물에서도 살아남는다. 그렇기 때문에 실험 기구는 고압의 조건에서 121℃까지 가열 멸균한다. 이보다 덜한 환경에서는 내생포자가 휴면상태로 수백 년을 존속하다 환경이 좋아지면 다시 물을 흡수해서 대사를 시작한다.

▼ 그림 21.6 그람 염색법

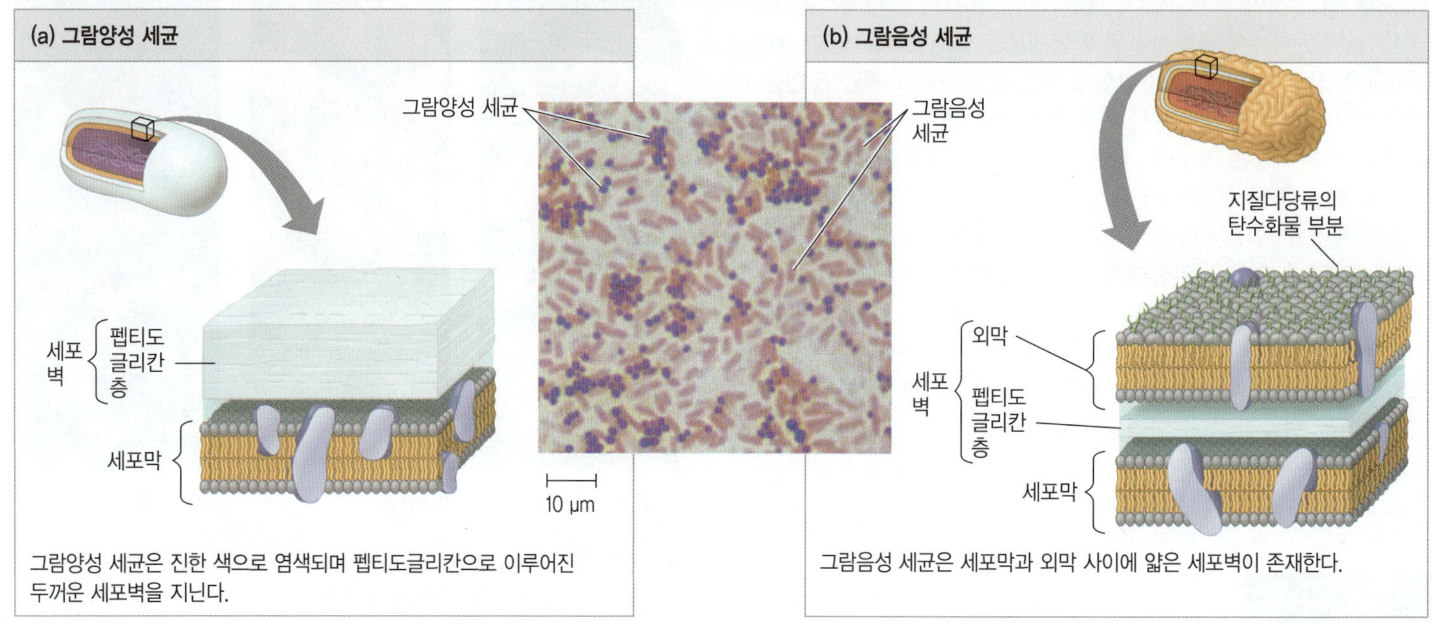

일부 원핵생물은 털과 같은 단백질 부속지인 **핌브리아(fimbria)**를 이용하여 기질이나 다른 세포에 달라붙는다(그림 21.8). 예를 들어 임질을 일으키는 임균(*Neisseria gonorrhoeae*)은 핌브리아를 이용해서 숙주의 점막에 자신의 세포를 고정시킨다. 핌브리아는 대개 **성선모(pili)**보다 짧고 수가 많다. 성선모는 두 세포 사이에 DNA를 교환하기 전에 두 개의 세포를 서로 끌어당겨 주는 부속지를 말한다(그림 21.14).

운동성

대략 절반 정도의 원핵생물이 방향성을 가지고 이동할 수 있는 능력인 **주성(taxis)**을 갖는다. 예를 들어 화학주성(chemotaxis)을 보이는 원핵생물은 화학물질에 반응하여 운동성을 보인다. 세포는 영양 물질 또는 산소가 있는 쪽으로 이동하거나(양성 화학주성) 독성 물질이 없는 쪽으로 이동한다(음성 화학주성). 일부는 50 μm/sec 이상의 속도로 움직일 수 있다. 이는 1초에 자기 길이의 50배 정도 거리를 이동하는 것이다. 이는 키가 170 cm인 사람이 한 시간에 306 km를 달리는 속도에 해당한다!

원핵생물을 움직이게 하는 여러 가지 구조 가운데 가장 흔히 볼 수 있는 것이 편모(flagella)다(그림 21.9). 편모는 세포 표면에 전체적으로 퍼져 있거나 한 쪽 또는 양쪽 말단에 모여 있다. 원핵생물의 편모는 진핵생물 편모에 비해 그 폭이 1/10 정도에 불과하며 세포막으로 덮여 있지 않다.

내부 구조와 DNA

원핵세포는 진핵세포처럼 세포 내부가 복잡하게 막으로 나누어져 있지는 않지만, 일부 원핵세포에는 대사 기능을 하는 특수한 막

▲ **그림 21.7 협막.** 연쇄상 구균을 둘러싸고 있는 다당류 협막은 원핵세포가 호흡기관의 세포(위의 채색된 투과 전자 현미경 사진에서는 편도선 세포)에 부착될 수 있게 한다.

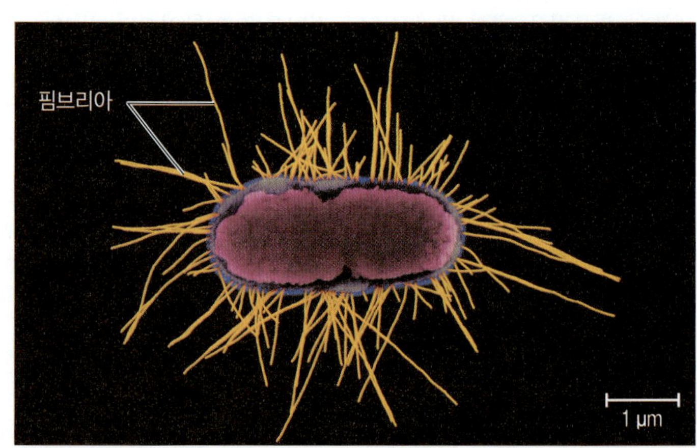

▲ **그림 21.8 핌브리아.** 세포 외부에 부착되어 있는 수많은 핌브리아는 이를 지니는 일부 원핵생물이 물체의 표면이나 다른 원핵생물에 부착할 수 있도록 한다(채색된 투과 전자 현미경 사진).

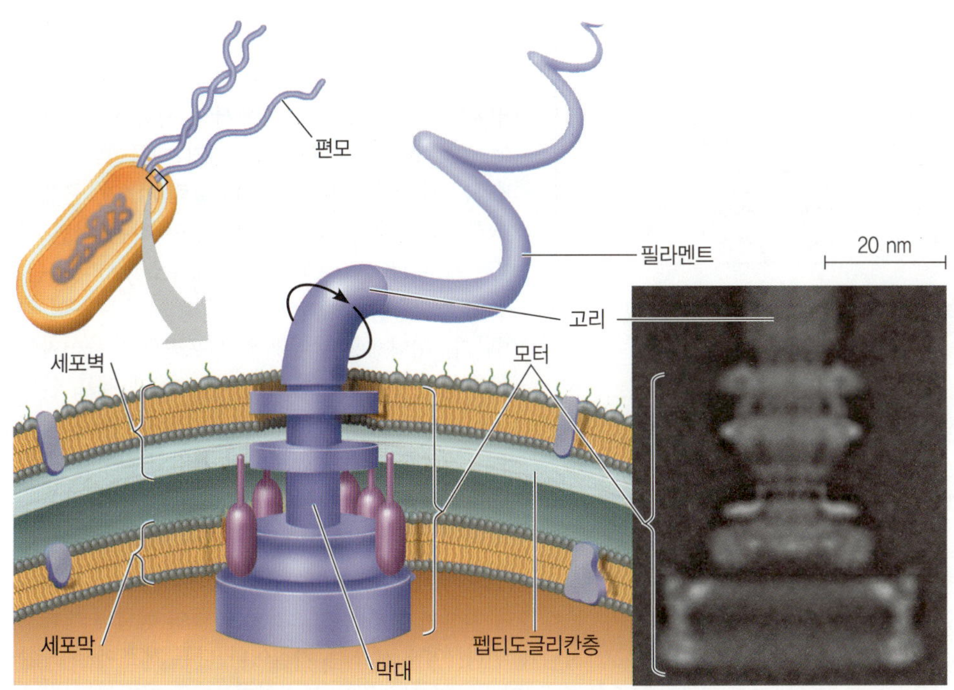

▲ **그림 21.9 원핵생물의 편모.** 원핵생물 편모를 움직이는 모터는 세포벽과 세포막에 함몰되어 있는 고리 구조인 기저체에 존재한다(투과 전자 현미경 사진). ATP 에너지에 의해 구동되는 펌프는 양성자를 세포 밖으로 퍼낸다. 양성자가 세포로 확산되면서 되돌아오는 힘으로 구부러진 고리 구조를 돌리고, 이에 따라 부착된 필라멘트가 돌아 세포가 움직인다. (이 모식도는 그람음성 세균의 전형적인 편모 구조를 보여준다.)

구조가 있다(그림 21.10). 이들 막 구조는 대개 세포막이 안으로 함입되면서 형성된 것이다. 최근 이루어진 발견에 따르면 어떤 원핵생물들은 단백질로 이루어진 단순한 구획 안에 대사 부산물을 저장하기도 한다. 그러나 이들 구획도 생체막 구조로 둘러싸여 있지는 않다.

원핵세포의 유전체는 구조적으로 진핵세포와는 매우 다르며 대개는 DNA 함량도 훨씬 적다. 원핵세포는 대체로 한 분자의 원형 염색체를 지니며(그림 21.11), 염색체는 **핵양체(nucleoid)**에 집중되어 있다. 핵양체는 염색체 DNA가 뭉쳐져 있는 세포질 부분을 말한다. 또한 전형적인 원핵세포에는 단일 염색체 외에도 염색체보다 훨씬 작으면서 독립적으로 복제되는 DNA 분자가 있는데, 이를 **플라스미드(plasmid)**라 한다(그림 21.11). 플라스미드에는 대개 단 몇 개 정도의 유전자만이 포함되어 있다.

영양과 대사 적응

다른 모든 생물과 마찬가지로 원핵생물은 영양 방식, 즉 에너지를 얻고 세포를 구성하는 유기분자를 형성하는 데 필요한 탄소원을 얻는 방식에 따라 분류할 수 있다.

빛에서 에너지를 얻는 생물을 **광영양생물**(phototroph)이라 하고 화학물질에서 에너지를 얻는 생물을 **화학영양생물**(chemotroph)이라 한다. 무기화합물인 CO_2를 탄소원으로 사용하는 생물은 **독립영양생물**(autotroph)이다. 반면 **종속영양생물**(heterotroph)은 다른 유기화합물을 만들기 위해 적어도 한 가지 이상의 유기물(예를 들면 포도당과 같은)이 필요하다. 이 같은 탄소원 및 에너지원을 조합하면 표 21.1에서와 같이 네 가지 형태로 생물을 구분할 수 있다

0.2 mm

호흡막

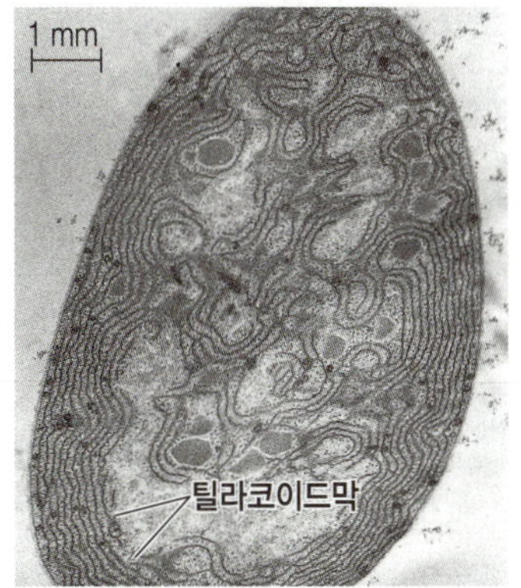

(a) 호기성 원핵생물 (b) 광합성 원핵생물

▲ **그림 21.10 원핵생물의 특수한 막구조.** **(a)** 미토콘드리아 크리스테 구조의 흔적을 볼 수 있는 세포막의 함입구조. 일부 호기성 원핵생물은 이러한 막 구조를 이용하여 세포호흡의 효율을 높인다. **(b)** 남세균(시아노박테리아)이라 불리는 광합성 원핵생물은 엽록체 구조와 매우 유사한 틸라코이드 막구조를 이룬다(투과 전자 현미경 사진).

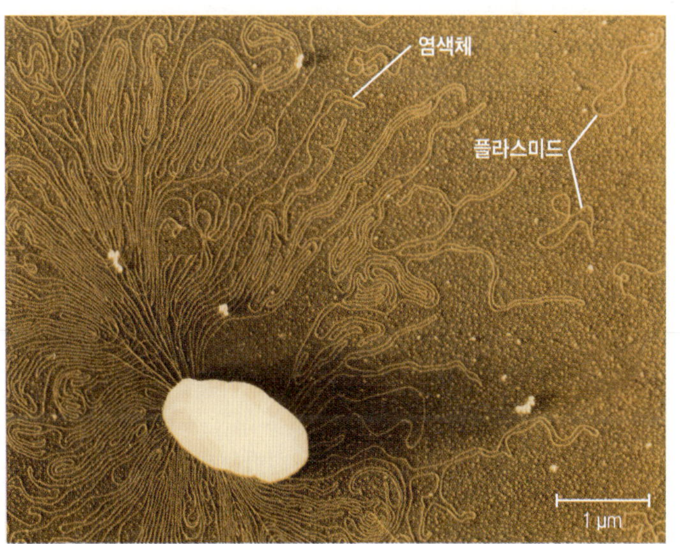

▲ **그림 21.11 원핵생물 염색체와 플라스미드.** 파괴된 대장균 세포 주변으로 이리저리 얽혀 있는 얇은 고리 구조는 세포의 거대한 원형 염색체의 일부이다(채색된 투과 전자 현미경 사진). 염색체보다 훨씬 작은 DNA 고리 구조인 플라스미드 세 개도 보인다.

표 21.1 주요 영양 방식

영양 방식	에너지원	탄소원	생물종
독립영양생물			
광독립영양생물	빛	CO_2, HCO_3^- 또는 관련 화합물	광합성 세균(남세균 등), 식물, 일부 원생생물(조류 등)
화학독립영양생물	무기물(H_2S, NH_3, Fe^{2+} 등)	CO_2, HCO_3^- 또는 관련 화합물	일부 원핵생물(*Sulfolobus* 등)에서만 발견됨
종속영양생물			
광종속영양생물	빛	유기화합물	특정 수생 호염성 원핵생물(*Rhodobacter*, *Chloroflexus* 등)에서만 발견됨
화학종속영양생물	유기화합물	유기화합물	다수의 원핵생물(*Clostridium* 등), 원생생물, 진균류, 동물, 일부 식물

물질대사에서 산소의 역할

원핵생물의 대사 과정과 산소(O_2)와의 관계 또한 다양하다. 절대 호기성 생물(obligate aerobe)은 세포호흡에 O_2를 사용하며 산소가 없으면 자라지 못한다. 반면 절대 혐기성 생물(obligate anaerobe)에는 O_2가 독성을 나타낸다. 일부 절대 혐기성 생물은 호흡을 하지 못하고 전적으로 발효 과정에 의존해서 살아간다. 또 다른 절대 혐기성 생물은 **무산소 호흡(anaerobic respiration;** 무기 호흡이라고도 한다)을 통해 에너지를 얻는데, 무산소 호흡에서는 O_2 대신 질산이온(NO_3^-)이나 황산이온(SO_4^{2-})을 전자전달계의 최종 전자 수용체로 사용한다. 조건 혐기성 생물(facultative anaerobe)은 O_2가 있으면 산소 호흡으로 살아가고 O_2가 없는 환경에서는 발효 또는 무산소 호흡을 한다.

질소 대사

질소는 모든 생물에서 아미노산과 핵산 등의 합성에 꼭 필요한 원소다. 원핵생물은 여러 형태의 질소 화합물을 사용할 수 있다. 예를 들어, 몇몇 남세균을 포함하는 일부 원핵생물은 대기 중의 질소(N_2)를 암모니아(NH_3)로 전환한다. 이를 **질소 고정(nitrogen fixation)**이라 한다. 세포는 이렇게 "고정된" 질소를 아미노산이나 다른 유기분자를 합성하는 데 사용한다. 질소 고정 남세균은 독립영양생물의 전형이라 할 수 있다. 빛만 있으면 CO_2, N_2, 물 그리고 몇 종류의 무기물만으로도 충분히 살아갈 수 있기 때문이다.

원핵생물의 질소 고정은 다른 생물에도 크게 영향을 미친다. 예를 들어, 질소 고정 원핵생물은 식물이 가용할 수 있는 질소의 함량을 높여준다. 식물체는 대기 질소를 직접 쓰지 못하고 원핵생물이 암모니아로부터 생성하는 질소 화합물만을 사용할 수 있기 때문이다.

대사 협력

원핵생물은 서로 협력하여 개별 세포가 혼자서는 활용할 수 없는 주변 환경의 자원을 사용하기도 한다. 어떤 경우에 이러한 협력은 콜로니를 이루는 특수한 세포들 사이에서 일어난다. 예를 들어, 남세균의 하나인 아나베나(*Anabaena*)에는 광합성 유전자와 질소 고정 유전자가 둘 다 있다. 그러나 하나의 세포에서 동시에 두 가지 과정이 모두 일어나지는 않는다. 광합성에서 발생하는 O_2가 질소 고정 효소를 비활성화시키기 때문이다. 아나베나는 사상형 군체를 이룬다(그림 21.12). 군체를 이루는 대부분의 세포는 광합성만 하는 반면 **이형세포(heterocyte**, 과거에는 heterocyst라 부름)가 몇 개 분화하여 여기서만 질소 고정 반응이 일어난다. 이형세포는 두꺼운 세포벽으로 둘러싸여 주변의 광합성 세포가 생성하는 O_2가 세포 안으로 투과되지 못한다. 이형세포와 다른 세포 사이에는 세포간 연접이 형성되어 고정된 질소와 광합성에 의해 만들어진 탄수화물이 서로 교환된다.

서로 다른 원핵생물 종 사이의 대사 협력은 표면을 뒤덮으며 자라는 **생물막(biofilm)**에서 잘 나타난다. 세포는 신호전달 분자를 분비하여 주변의 세포를 끌어들여 생물막 형태의 콜로니가 자라게 된다. 이때 세포는 기질이나 다른 세포에 부착할 수 있도록 하는 다당류와 단백질을 분비한다. 이들 다당류와 단백질은 이 장의 앞에서 이야기한 협막이나 점액층을 형성한다. 생물막에는 또한 물질 이동 통로가 있어 영양 물질이 내부에 존재하는 세포로 전달되고 노폐물은 배출된다. 생물막은 자연계에서 흔하게 형성되는 것이지만, 때로는 산업 및 의료 기구를 오염시키고 충치 또는 이보다 더 심각한 질병을 일으키기도 한다. 생물막에 의한 손실을 모두 합하면 연간 거의 수십조 달러에 달하는 것으로 추정되고 있다.

개념 21.3

원핵생물은 증식 속도가 빠르고 돌연변이와 유전자 재조합의 빈도가 높아 유전적으로 매우 다양하다

원핵생물의 화석 기록에서 볼 수 있는 진화적 변화와 현존하는 원핵생물에 나타나는 다양한 적응 양상은 이 집단이 상당한 유전적 다양성을 지니고 있다는 사실을 시사하며, 실제로도 그렇다.

빠른 증식과 돌연변이

진핵생물에서 유성생식은 유전적 다양성의 원천이다. 그러나 원핵생물은 유성생식을 하지 않는다. 더욱이 원핵생물의 세포는 이분법에 의해 두 개의 딸세포로 분열할 때 특정한 유전자에 돌연변이가 생겨서 새로운 대립유전자가 발생할 가능성이 낮다. 그렇다면 원핵생물의 광범위한 유전적 다양성은 어떻게 가능한 것일까? 비록 돌연변이 발생빈도는 낮으나 이것이 빠른 증식 속도와 결합하는 것이 그 핵심이다.

자연 서식처인 사람의 장 내에서 이분법으로 증식하는 대장균

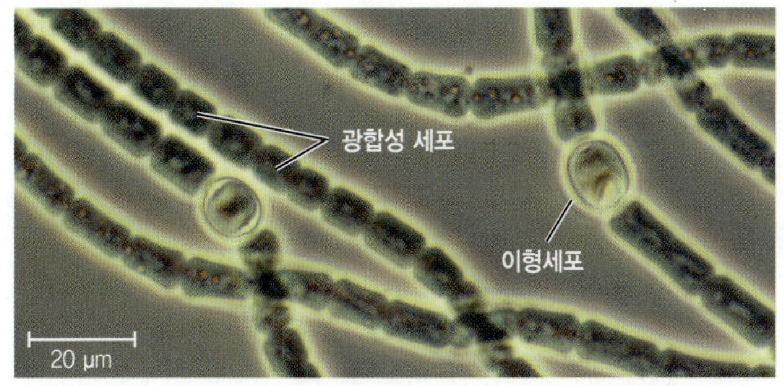

▲ 그림 21.12 **원핵세포에서의 대사 협력.** 실 모양의 군체를 이루는 남세균의 일종인 아나베나(*Anabaena*)에는 질소를 고정하는 특수한 세포인 이형세포가 따로 존재하고 나머지 세포는 광합성을 수행한다(LM). 아나베나는 담수호에서 흔히 발견된다.

을 생각해 보자. 여러 번 반복해서 분열하더라도 대부분의 자손 세포는 원래의 모세포와 유전적으로 동일하다. 그러나 삽입, 결실, 염기치환 등이 DNA상에서 일어나 유전적 조성이 약간 다른 자손도 일부 나타난다. 세포가 한 번 분열할 때, 특정 대장균 유전자에서 자연 돌연변이가 일어나는 확률은 평균 천만분의 $1(1\times10^{-7})$ 정도에 불과하다. 그러나 한 사람당 대장 안에서 매일 새로 생성되는 대장균의 수가 2×10^{10}마리에 이른다는 사실을 고려하면, 특정한 유전자 하나에 돌연변이가 일어난 세균의 수는 $(2\times10^{10})\times(1\times10^{-7})$ = 2,000마리에 달한다는 사실을 알 수 있다. 대장균에 들어있는 유전자의 수가 4,300개 정도이므로, 한 사람의 몸 안에서 하루에 자라나는 대장균 가운데 돌연변이를 지니고 있는 세균의 수는 4,300×2,000으로 800만 마리를 훌쩍 넘는 계산이 나온다.

여기서 중요한 점은 유전자 하나당 돌연변이 발생률이 낮아도 세대 시간이 짧은 큰 집단에서는 새로운 돌연변이가 유전적 다양성을 상당히 높일 수 있다는 사실이다. 이러한 다양성은 또한 진화의 속도를 높일 수 있다.

유전자 재조합

새로운 돌연변이 발생이 원핵생물 집단의 유전적 변이를 가져오는 주요 원천이긴 하지만, **유전자 재조합**(genetic recombination) 또한 다양성을 증가시키는 데 일정 역할을 담당한다. 원핵생물에서는 형질전환, 형질도입 및 접합의 세 가지 과정을 통해 서로 다른 두 개체의 DNA가 하나로 합쳐질 수 있다. 만일 다른 개체가 다른 종에 속하는 것이라면 이는 곧 **수평 유전자 전달**(horizontal gene transfer)이 된다.

형질전환과 형질도입

형질전환(transformation)이란 외부 환경으로부터 다른 개체의 DNA를 받아들여 원핵세포의 유전형, 때로는 표현형까지 바뀌는 과정을 말한다. 연쇄상 폐렴 구균(*Streptococcus pneumoniae*)의 비독성 균주는 파괴된 독성 균주 세포에서 DNA를 획득하여 독성 균주로 형질전환될 수 있다. 이러한 형질전환은 살아 있는 비독성 세포가 독성 대립유전자를 포함하는 DNA 조각을 받아들임으로써 일어난다. 외부에서 온 독성 대립유전자 조각은 DNA가 상호 교환되는 유전자 재조합 과정을 통해 비독성 세포의 염색체 안에 삽입된다. 이렇게 바뀐 세포를 재조합형이라 한다. 재조합형 세균의 염색체는 두 개의 서로 다른 세포에서 유래한 DNA를 포함한다.

형질도입(transduction)이라 알려진 과정은 세균 바이러스인 파지가 한 숙주 세포에서 다른 숙주 세포로 세균의 유전자를 옮기는 것을 말한다. 형질도입은 수평 유전자 전달의 일종이다. 대부분의 파지에서 형질도입은 파지의 증식 회로가 제대로 진행되지 않았을 때 우연히 벌어지는 현상이다(그림 21.13). 세균 DNA를 포함하는 바이러스 입자는 자신의 유전 물질이 없으므로 복제되지 못한다. 그러나 이 바이러스 입자도 다른 세균(수용자)에 부착하여 그 전의 세포(공여자)에서 획득한 세균 DNA의 일부를 주입할

1 파지가 염색체(갈색) 상에 대립유전자 A^+와 B^+를 지니는 세균 세포를 감염한다. 이 세균이 공여자 세포가 된다.

2 파지 DNA가 복제되고, 세포는 파지 유전자에서 암호화하는 단백질을 대량으로 합성한다. 그 동안 파지 단백질은 숙주 세포가 암호화하는 단백질이 합성되지 못하도록 막는다. 숙주 세포의 DNA는 그림에서처럼 잘려진다.

3 새로운 파지 입자가 조립되는 동안 대립유전자 A^+를 포함하는 세균 DNA 조각이 파지의 캡시드 안에 포장되기도 한다.

4 A^+ 대립유전자를 지니는 파지가 A^-, B^- 수용자 세포를 감염시키면, 공여자 세포 DNA(갈색)와 수용자 세포 DNA(녹색) 사이에 두 군데에서 재조합이 일어난다(점선).

5 그 결과 재조합 세포(A^+B^-)의 유전형은 공여자(A^+B^+)나 수용자(A^-B^-)와 다른 형태로 나타날 수 있다.

파지 DNA
A^+ B^+
공여자 세포
A^+
재조합
A^- B^-
수용자 세포
재조합 세포
A^+ B^-

▲ 그림 21.13 **형질도입.** 파지 껍질에는 때때로 숙주 염색체의 일부가 포함되며 이런 파지는 다른 세균(수용자)에 감염하여 원래 숙주 세포(공여자)의 유전자를 전달한다. 전달된 DNA는 수용자의 유전체에 재조합되어 재조합 세포를 형성한다.

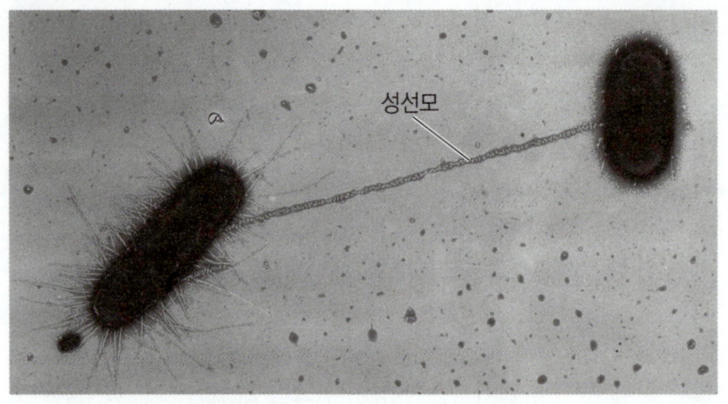

▲ **그림 21.14 세균의 접합.** 대장균의 공여자 세포(왼쪽)에서 성선모가 뻗어 나와 수용자 세포(오른쪽)에 부착된다. 이것이 DNA 전달에서 핵심이 되는 첫 단계이다. 성선모는 단백질 소단위로 이루어진 유연한 관 모양이다. (투과 전자 현미경 사진).

수는 있다. 이렇게 다음 세균으로 들어간 DNA의 일부가 수용자 세포 염색체의 상동 서열과 재조합되면, 재조합 세포가 형성된다.

접합과 플라스미드

접합(conjugation)은 일시적으로 서로 인접해 있는 두 개의 세균 세포(대개는 같은 종) 사이에서 유전 물질이 직접 전달되는 과정이다. 세균에서 DNA는 항상 한쪽 방향으로만 전달된다. 한 세포가 DNA를 공여하면 다른 세포가 이 DNA를 수용한다. 여기서는 대장균에서의 접합과정을 살펴보기로 하자.

먼저 공여자 세포는 성선모(sex pilus)를 이용하여 수용자 세포를 붙잡는다(그림 21.14). 공여자 세포는 성선모를 수축시켜 수용자 세포를 잡아당긴다. 다음 단계로는 일시적인 "접합통로(mating bridge)"가 두 세포 사이에 형성되는 것으로 생각되며, 이 통로를 통해 DNA가 전달될 것으로 추정된다.

F 인자 접합이 일어날 때, 성선모를 형성하고 DNA를 공여하는 능력은 **F 인자(fertility factor, F factor)**라 불리는 특수한 DNA 조각에 존재한다. 대장균의 F 인자는 25개의 유전자로 이루어져 있고 이들은 대부분 성선모를 형성하는 데 필요한 유전자들이다. F 인자는 세균 염색체의 일부로 존재할 수도 있으며 따로 플라스미드의 형태로 존재하기도 한다. 플라스미드의 형태로 존재하는 F 인자를 **F 플라스미드(F plasmid)**라 부른다. F 플라스미드를 포함하는 세포를 F^+라 표기하며 접합이 이루어질 때 DNA를 제공한다. F 인자가 없는 세포는 F^-라고 표기하며 접합 시에 F^+가 주는 DNA를 받는다. 이때 F 인자 또한 전달 가능하여 F^- 세포도 F 인자의 완전한 사본을 받으면 F^+로 전환된다(그림 21.15). F 인자는 염색체 안에 삽입될 수도 있다. 이 상태에서 접합이 이루어지면 수용자 세포에 공여자 세포의 염색체 유전자가 전달될 수 있다. 염색체 DNA가 F^- 수용자 세포로 전달될 때, Hfr과 F^- 염색체에서 서로 상동인 부분이 나란히 배열되고 그 사이에서 DNA가 서로 교환된다. 그 결과 수용자 세포는 재조합 세균이 되는데, 재조합 세균은 두 개의 서로 다른 세포에서 물려받은 유전자를 지닌다. 진화가 작용할 수 있는 새로운 유전적 변이체가 생성된 것이다.

R 플라스미드 및 항생제 내성 1950년대에 일본에서 심한 세균성 설사 증세를 보이던 일부 병원의 환자들이 당시 널리 사용되고 있었던 항생제로는 치료되지 않는다는 사실이 알려지기 시작하였다. 그 이유는 설사병을 일으키는 병원균인 시겔라(*Shigella*) 종의 일부 균주가 이들 항생제에 대한 내성을 나타내는 변종으로 진화하였기 때문이다.

연구 끝에 과학자들은 시겔라를 비롯한 다른 병원성 균주에서 항생제에 내성을 나타내는 특정한 유전자가 있다는 사실을 알아냈다. 때로는 병원성 세균의 염색체 유전자에 돌연변이가 일어나 특정한 항생제에 내성을 나타내기도 한다. 예를 들면, 어떤 유전자에 돌연변이가 일어나면 병원균은 특정한 항생제를 세포 안으로

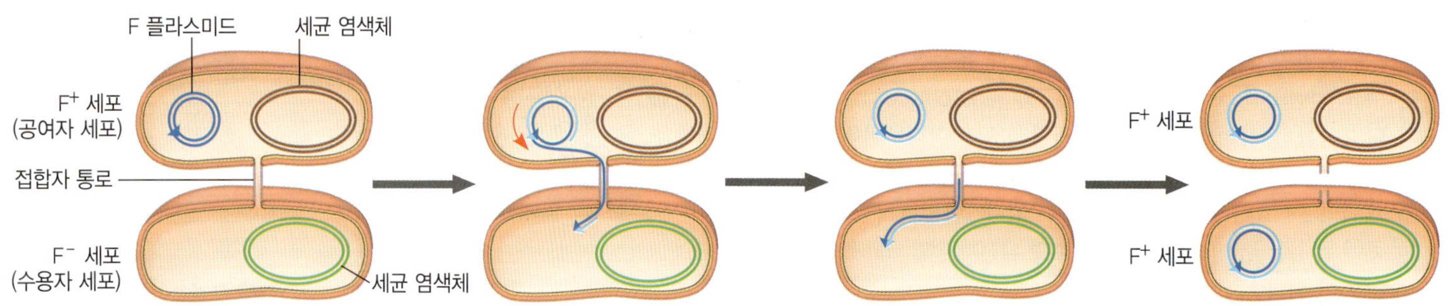

1. F 플라스미드를 지니는 F^+ 세포는 F^- 세포와 접합자 통로를 형성한다. 화살표로 표시된 지점에서 플라스미드 DNA의 한 가닥이 끊어진다.
2. 끊어지지 않은 가닥을 주형으로 삼아 세포는 새로운 가닥(하늘색)을 합성한다. 그동안 끊어진 가닥은 떨어져 나와(붉은 화살표), 한 쪽 끝이 F^- 세포로 들어간다. 거기에서 상보적인 가닥이 합성되기 시작한다.
3. 공여자 세포와 수용자 세포에서 DNA 복제가 계속되는 동안 전달되는 플라스미드 가닥은 수용자 세포 쪽으로 더 많이 이동한다.
4. DNA 전달과 합성이 끝나고 난 다음, 수용자 세포에서 플라스미드가 원형으로 연결된다. 이제 두 세포 모두 F^+ 세포가 되었다.

▲ **그림 21.15 접합과 F 플라스미드의 전달.** F 플라스미드가 전달될 때 DNA는 회전원 복제 방식으로 복제된다. 공여자 세포 DNA의 한쪽 가닥이 풀리면서 상보적인 가닥이 합성될 때, 어버이 DNA에서 이어져 있는 원형 DNA 가닥이 회전하는 것처럼 보이기 때문에 이런 이름이 붙었다.

들여보내지 않을 수도 있다. 또 다른 유전자의 돌연변이는 항생제 분자가 작용하는 표적 단백질을 변형시켜 항생제의 효과를 감소시키기도 한다. 테트라사이클린이나 암피실린과 같은 특정한 항생제를 특이적으로 분해하는 효소 유전자를 갖고 있는 세균도 있다. 이러한 종류의 내성 유전자는 주로 **R 플라스미드(R plasmid;** 여기서 R은 resistance를 의미한다)에 존재한다.

세균 집단이 실험실 배양 조건에서나 숙주 내에서 특정 항생제에 노출되면 항생제에 민감한 세균은 모두 파괴되지만 그 항생제에 내성을 나타내는 유전자가 있는 R 플라스미드를 지니는 세균은 살아남는다. 자연선택 이론에 따라 이러한 환경에서는 항생제 내성 유전자를 지니는 세균의 비율이 개체군 내에서 증가할 것이라고 예측할 수 있다. 이러한 예측은 정확하게 사실로 확인되었다. 다음과 같은 의학적인 예측도 가능하다. 항생제 내성 병원균이 많아질수록 특정한 세균성 감염을 치료하기는 더욱 어려워질 것이다. 더구나 많은 종류의 R 플라스미드가 F 플라스미드처럼 성선모 유전자를 지니고 있어 접합을 통해 한 세포에서 다른 세포로 전달될 수 있다는 것이 문제다. 더 심각한 문제는 일부 R 플라스미드에는 많게는 10종에 달하는 항생제 내성 유전자가 들어 있다는 사실이다.

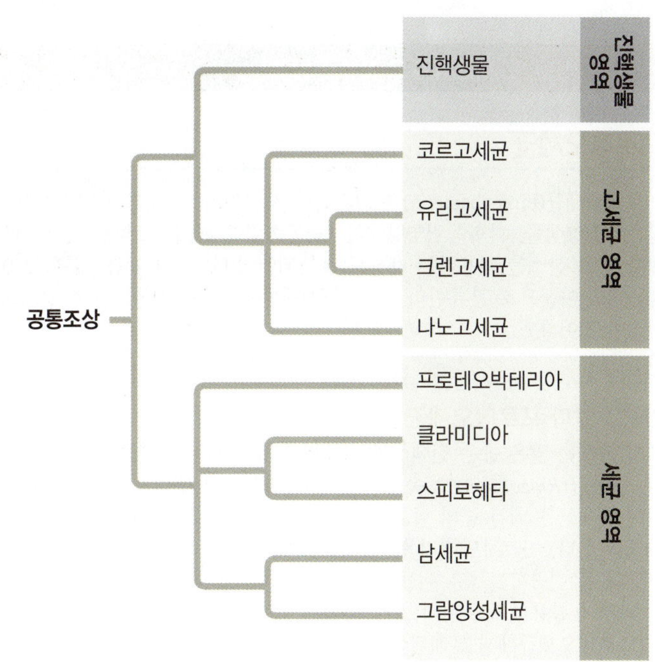

▲ **그림 21.16 원핵생물의 약식 계통수.** 분자생물학적 자료에 근거하여 작성된 이 계통수는 이 장에서 다루고 있는 주요 원핵생물군 사이의 관계에 대한 여러 가지 가설들 가운데 하나를 나타낸다. 고세균 영역 내에서 코르고세균과 나노고세균의 위치는 분명하지 않다.

개념 21.4

원핵생물은 매우 다양한 계통으로 분화되었다

35억 년 전 탄생한 이래, 원핵생물 집단은 다양한 구조적, 대사적 적응을 획득하며 전 방위로 진화해 왔다. 이와 같은 적응을 거치면서 원핵생물은 생명 활동이 가능하다고 알려진 모든 환경에 서식한다. 최근 유전체학의 도움으로 원핵생물의 다양성이 어느 정도인지를 파악하기 시작할 수 있게 되었다.

원핵생물의 다양성 개요

1970년대에 이르면서 원핵생물의 유전자 서열에 대한 비교 연구가 시작되었다. 예를 들어 리보솜의 작은 소단위 rRNA를 진화적 유연관계를 지시하는 표지로 삼아, 학자들은 이전까지 세균으로 분류되었던 많은 종의 원핵생물이 사실상 세균보다 진핵생물에 더욱 가깝다는 결론을 내렸다. 이에 따라 이들을 따로 고세균(Archaea)이라는 새로운 영역으로 분리시켰다. 이후 미생물학자들은 1,700여 종 이상의 전장 유전체 서열을 비롯하여 엄청난 양의 유전정보를 분석할 수 있었다. 이러한 유전자 서열분석 결과 남세균과 같은 소수의 전통적인 분류군들만이 실제로 단계통군이라는 사실을 알게 되었다. 반면 그람음성 세균과 같은 분류군에는 전체 원핵생물 계통의 여기저기에 나뉘어 있어야 할 다양한 종이 한 데 묶여 있었다. 그림 21.16은 분자 계통분류학을 바탕으로 작성한 원핵생물의 주요 분류군의 계통수를 보여주고 있다.

초기에 원핵생물의 유전자 서열을 결정하기 시작하였을 때, 과학자들은 실험실에서 배양할 수 있는 극소수의 세균만을 조사할 수밖에 없었다. 1980년대에 이르러 중합효소 연쇄반응(Polymerase chain reaction, PCR)을 사용하기 시작하면서 연구자들은 흙이나 강물과 같은 자연 환경에서 직접 수집한 원핵생물의 유전자를 분석할 수 있게 되었다. 오늘날에는 환경에서 직접 채취한 시료에 존재하는 모든 원핵생물의 유전체를 분석하는 메타유전체학(metagenomics) 연구도 활발하게 진행되고 있다. 이를 통해 해마다 생물 계통수에 새로운 가지가 더해지고 있다. 지금까지 단 10,600종 가량의 원핵생물 종에만 학명이 붙여진 반면, 한 줌의 토양에 포함된 원핵생물이 10,000여 종에 이른다는 조사결과도 있다. 원핵생물의 다양성을 완전히 이해하려면 여러 해를 더 기다려야 할 것이다.

원핵생물의 계통분류를 통해 알게 된 또 하나의 사실은, 원핵생물의 진화 과정에서 수평 유전자 전달이 매우 중요한 역할을 하였다는 것이다. 수억 년 동안 원핵생물은 별로 유연관계가 없는 종에서도 유전자를 획득하였고 이런 과정은 현재도 계속 일어나고 있다. 그 결과 많은 원핵생물 유전체의 상당 부분이 다른 종에서 수입해 온 유전자가 모자이크된 형태로 이루어져 있다. 예를 들면, 2011년에 발표된 329종의 세균의 각 유전체에서 평균 75%의 유전자가 진화 과정의 어떤 시점에서 수평적으로 전달된 유전자라는 것이 밝혀졌다.

세균

그림 21.17에 여러 종류의 주요 세균 분류군이 자세히 소개되어 있다. 세균(Bacteria)은 편도선염 등의 일상적인 병을 일으키는 병원균에

▼ 그림 21.17 **세균의 주요 분류군 탐구**

프로테오세균

프로테오세균(proteobacteria)은 그람음성 세균에서 매우 크고 다양한 분기군으로 광독립영양생물, 화학독립영양생물 및 종속영양생물을 포함한다. 혐기성 세균도 일부 있고 산소를 이용하는 세균도 포함되어 있다. 분자 계통분류학자에 따라 현재 5개의 아군으로 분류한다. 오른쪽의 계통수는 분자적인 자료를 기초로 관계를 설정한 것이다.

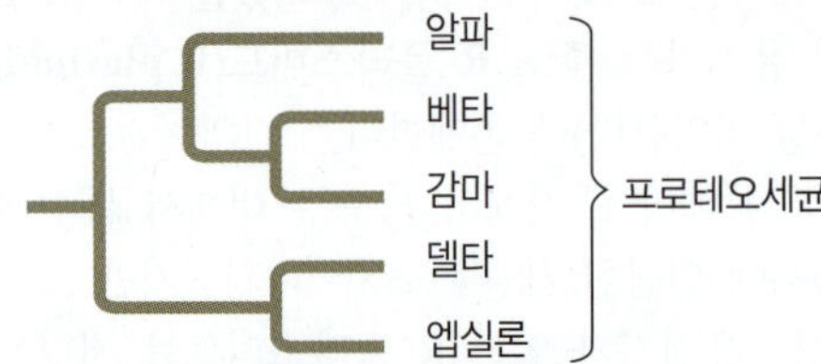

아군 : 알파-프로테오세균

여기 속하는 많은 종은 진핵생물 숙주와 긴밀한 관계를 맺으며 살아간다. 예를 들어, 근류균(*Rhizobium*)에 속하는 종은 콩과식물의 뿌리혹에서 살아간다. 뿌리혹 안에서 세균은 대기 중의 질소를 숙주 식물이 단백질 합성에 사용할 수 있는 형태로 전환한다. 아그로박테리움(*Agrobacterium*)속에 속하는 종은 식물에 종양을 일으킨다. 유전공학자들은 이들 세균을 외부의 DNA를 작물의 유전체 안에 전달하는 과정에 활용하기도 한다. 과학자들은 미토콘드리아가 세포내 공생한 호기성 알파-프로테오세균에서 유래된 것이라고 생각한다.

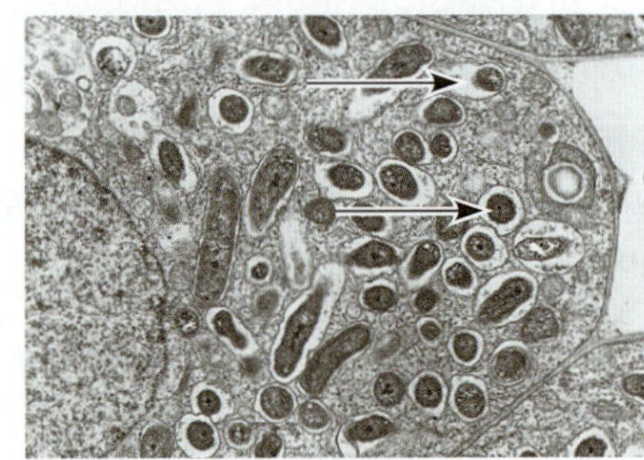

콩과식물의 뿌리세포 내부에 서식하는 근류균 (투과 전자 현미경 사진의 화살표)

아군: 베타-프로테오세균

영양 방식이 다양한 세균이 포함되어 있다. 니트로소모나스(*Nitrosomonas*)속은 토양 세균으로 암모니아(NH_4^+)를 산화하여 아질산(NO_2^-)을 생성해 대사 산물로 배출함으로써, 생태계의 질소 순환에 중요한 역할을 담당한다. 광종속영양 세균인 루브리비박스(*Rubrivivax*) 등 물속에 서식하는 다양한 종을 비롯하여 임질을 일으키는 임균(*Neisseria gonorrhoeae*)과 같은 병원성 세균도 여기 속한다.

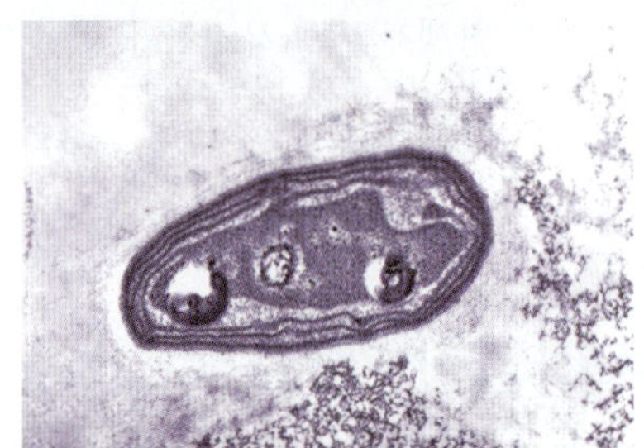

Nitrosomonas (채색된 투과 전자 현미경 사진)

아군: 감마-프로테오세균

여기에 속하는 독립영양 세균으로는 티오마가리타 나미비엔시스(*Thiomargarita namibiensis*)와 같은 황세균이 있다. 이 세균은 황화수소(H_2S)를 산화하여 에너지를 얻고 대사 산물로 황을 생성한다. 일부 종속영양 감마-프로테오세균은 질병을 일으킨다. 레지오넬라(*Legionella*)는 재향군인병(*Legionnaires' disease*)을, 살모넬라(*Salmonella*)는 식중독을, 콜레라균(*Vibrio cholerae*)은 콜레라를 일으킨다. 사람을 비롯한 포유류의 장에 서식하는 대장균(*Escherichia coli*)은 대체로 병원성을 갖지 않는다.

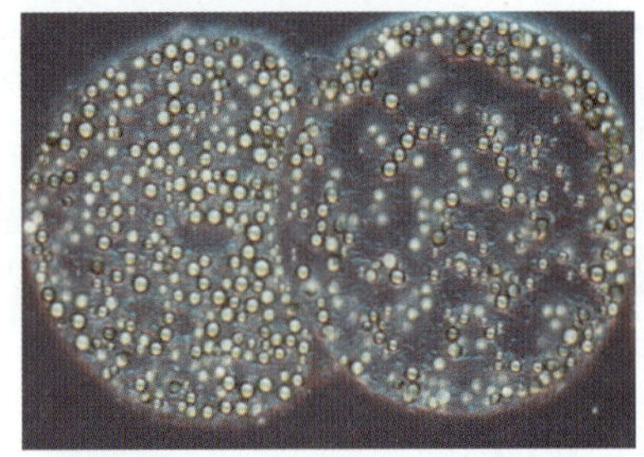

황 과립이 들어 있는 *Thiomargarita namibiensis* (광학 현미경 사진)

아군: 델타-프로테오세균

점액질을 분비하는 점액세균(myxobacteria)이 여기 속한다. 토양이 건조해지거나 영양 물질이 줄어들면, 이들 세포는 한데 모여 환경에 대한 내성이 큰 "믹소포자(myxospore)"를 방출하는 자실체를 형성한다. 포자는 적절한 환경을 만나게 되면 활성을 나타내고 새로운 콜로니를 이룬다. 델로비브리오(*Bdellovibrios*)는 다른 세균을 잡아먹는 세균이다. 이들은 먹이가 되는 세균을 100 μm/sec의 속력으로 뒤쫓는데 이는 사람이 240 km/hr의 속력으로 뛰는 것에 해당한다. 델로비브리오는 특정 세균의 표면에 존재하는 특수한 분자에 부착하면 공격이 시작된다. 먹이를 잡으면 초당 100번을 회전하여 먹이가 되는 세균에 구멍을 뚫고 들어간다.

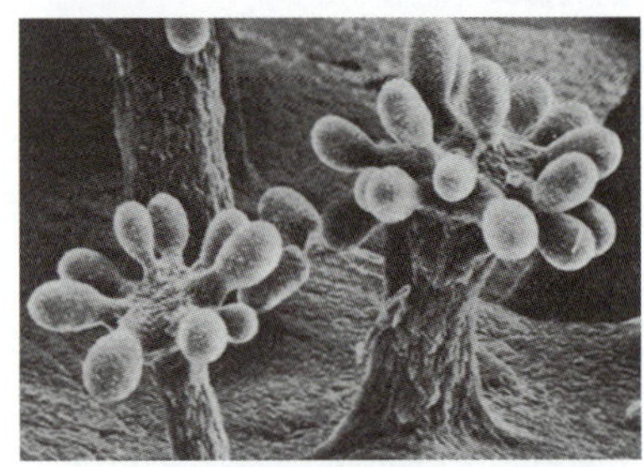

점액세균의 일종인 *Chondromyces crocatus*의 자실체 (주사 전자 현미경 사진)

아군: 엡실론-프로테오세균

여기 속하는 대부분의 종은 사람이나 동물에 병원성을 나타낸다. 캄필로박터(*Campylobacter*)는 혈액 독성 및 장에 염증을 일으킨다. 헬리코박터 파일로리(*Helicobacter pylori*)는 위궤양의 원인균이다.

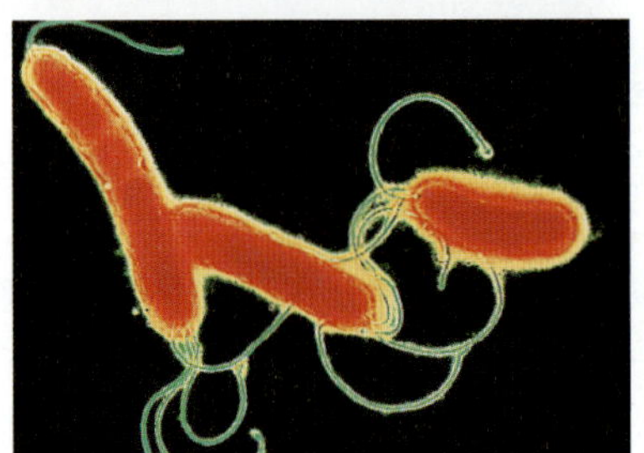

Helicobacter pylori (채색된 투과 전자 현미경 사진)

클라미디아

ATP와 같은 기본적인 자원을 숙주 세포에서 얻어야만 하기 때문에 동물 세포 안에서만 생존할 수 있는 절대 기생 세균이다. 그람음성 세균이지만 세포벽의 조성이 독특하여 펩티도글리칸 성분을 포함하지 않는다. 트라코마균(*Chlamydia trachomatis*)은 세계적으로 눈을 멀게 하는 가장 큰 원인이며 비임균성 요도염을 일으킨다. 이는 미국에서 가장 흔한 성병이다.

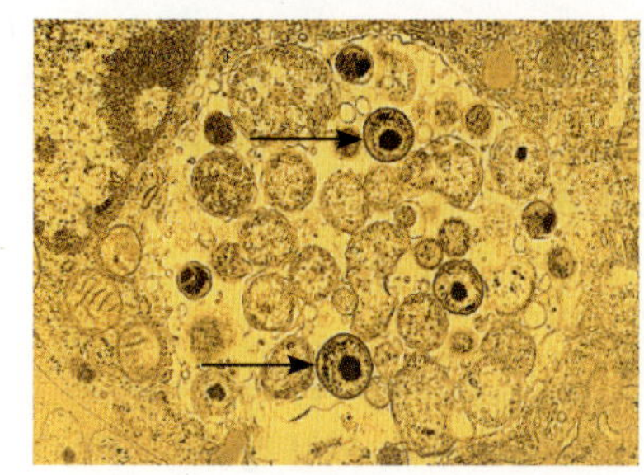

동물세포 안에 있는 *Chlamydia* (채색된 투과 전자 현미경 사진 내의 화살표)

스피로헤타

나선형의 종속영양세균으로 세포 내에 편모와 같은 섬유가 나선형으로 회전함으로써 이동한다. 대부분은 독립 생활을 하나 일부는 심각한 질병을 일으키는 기생 생활을 한다. 매독을 일으키는 매독균(*Treponema pallidum*), 라임병의 원인이 되는 라임균(*Borrelia burgdorferi*)이 여기 속한다(그림 21.19).

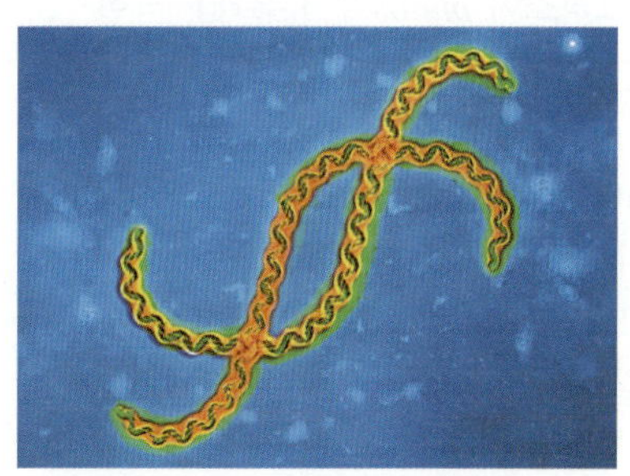

스피로헤타의 일종인 *Leptospira*(채색된 투과 전자 현미경 사진)

남세균

그람음성 광독립영양세균으로 식물과 같이 산소 발생 광합성을 수행하는 유일한 원핵생물이다. (녹색식물의 엽록체는 세포내 공생하는 남세균에서 유래한 것으로 생각되고 있다.) 단독으로 생활하거나 군체를 형성하는 남세균은 물이 있는 곳이라면 어디서나 발견된다. 이들은 담수 또는 해양 생태계에 엄청난 양의 유기영양 물질을 제공한다. 일부 사상형 군체에는 질소 고정을 할 수 있는 특수한 세포가 분화하여 대기 중의 질소를 고정하여 단백질이나 다른 유기분자를 합성한다.

사상형 남세균인 *Oscillatoria*

그람양성 세균

그람양성 세균은 프로테오세균과 견줄 정도로 다양하다. 방선균류(actinomycetes)는 세포가 모여 가지 달린 사상형 군체를 이룬다(그리스어로 "*mykes*"는 곰팡이라는 뜻인데 예전에 이 세균을 곰팡이로 오인하여 붙여진 이름이다). 방선균에 속하는 두 개의 종이 각각 결핵과 한센병을 일으킨다. 그러나 대부분의 방선균은 단독으로 자유 생활을 하며 토양의 유기물을 분해한다. 기름진 토양에서 나는 독특한 "흙냄새"는 이들 세균의 분비물질로 인한 것이다. 스트렙토미세스(*Streptomyces*, 위) 속에서 토양에 서식하는 종은 스트렙토마이신을 포함하여 여러 가지 항생제를 생산하여 제약회사에서 많이 연구하고 있다.

그람양성 세균에는 단독 생활을 하는 종류도 많이 있는데, 탄저병을 일으키는 탄저균, 보툴리누스 식중독을 일으키는 보툴리누스균 등이 여기 해당된다. 포도상 구균이나 연쇄상 구균에 속하는 많은 종들 역시 그람양성 세균이다.

마이코플라스마(mycoplasma, 아래)는 유일하게 세포벽이 없는 세균이다. 또한 가장 작은 세포에 속하여 지름이 0.1 μm 정도에 불과하다. 이는 리보솜 하나 크기의 다섯 배에 지나지 않는다. 마이코플라스마의 유전체 또한 매우 작아서 *Mycoplasma genitalium*의 유전체에는 517개의 유전자 밖에는 존재하지 않는다. 많은 종류의 마이코플라스마는 단독으로 서식하는 토양 세균이지만 질병을 일으키는 종도 있다.

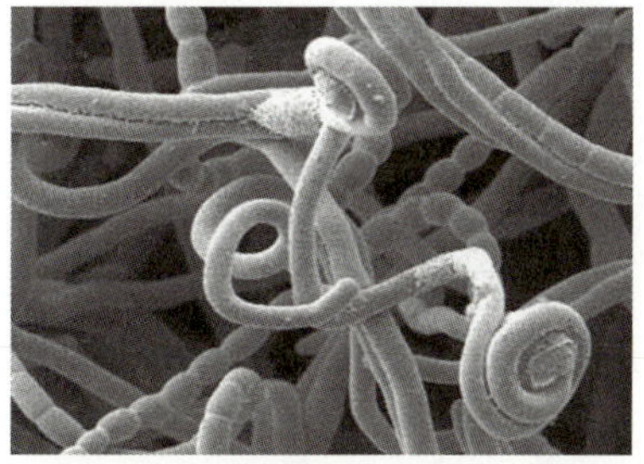
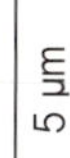

여러 가지 항생제를 생산하는 *Streptomyces* (주사 전자 현미경 사진)

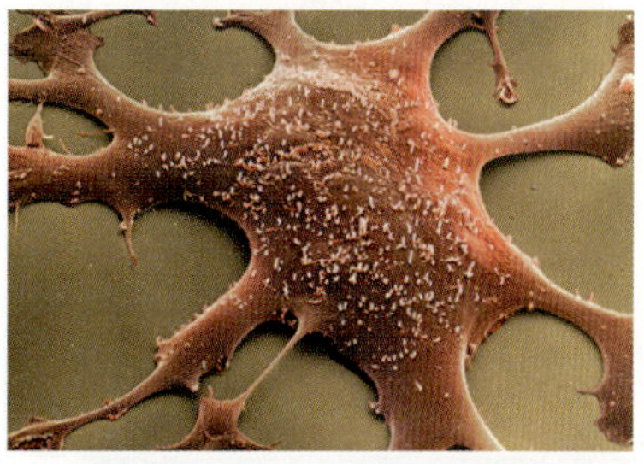

수백 마리의 마이코플라스마가 사람의 섬유아세포를 뒤덮고 있는 모습(채색된 주사 전자 현미경 사진)

서 스위스 치즈나 요거트를 만드는 데 사용되는 이로운 세균에 이르기까지 사람들이 잘 알고 있는 원핵생물의 대부분을 차지한다.

고세균

고세균(Archaea)의 일부 형질은 세균과, 또 다른 형질들은 진핵생물과 비슷하다(**표 21.2**). 그러나 고세균에만 고유한 특성 또한 여러 가지가 있다. 오랫동안 다른 계통과 분리된 채 진화해 왔다는 점을 생각할 때 이는 충분히 예상할만한 일이다.

고세균 영역으로 분류된 최초의 원핵생물들은 다른 생물이 거의 생존할 수 없는 극한 환경에서 사는 종류였다. 이런 생물을 극한 조건을 "좋아"한다는 뜻에서 **극한 생물(extremophile)**이라고 부르기도 한다(호감을 표시하는 그리스어 *philos*에서 유래). 극한 생물에는 극호열균과 극호염균 등이 포함된다.

극호염균(extreme halophile; 그리스어에서 *halo*는 소금을 뜻한다)은 대염호(Great Salt Lake)나 사해(Dead Sea)처럼 염분 농도가 높은 환경에서 살아간다. 이 가운데 일부는 단지 높은 염분을 견딜 수 있는 반면, 바닷물 농도(염분 농도 3.5%)의 몇 배에 해당하는 고농도의 염분이 있어야 살 수 있는 종도 있다. 예를 들어, *Halobacterium*속의 고세균은 단백질과 세포벽은 염분의 농도가 아주 높은 환경에서 잘 작용하는 독특한 특성을 지니며 이로 인해 염분의 농도가 9% 이하로 떨어지면 살아남지 못한다.

극호열균(extreme thermophile; 그리스어에서 *thermo*는 뜨겁다는 의미)은 매우 뜨거운 환경에서 생존한다(**그림 21.18**). 예를 들어, *Sulfolobus*속의 고세균은 90°C 정도의 온도, 그리고 황이 풍부한 화산 온천에서 살아간다. 이 정도로 높은 온도에서는 DNA가 이중나선을 형성하지 못하고 대부분의 단백질이 변성되기 때문에 거의 모든 생물체의 세포는 사멸한다. *Sulfolobus*를 비롯한 다른 극호열성 생물은 DNA와 단백질이 높은 온도에도 안정한 형태로 적응하여 이러한 상황을 피한다. 대서양 심해의 **열수구(hydrothermal vent)** 근처에 사는 극호열성 세균 한 종은 일명 "균주 121"으로 알려졌는데 이는 121°C에서도 세포가 증식할 수 있기 때문이다. 또 다른 극호열성 세균인 *Pyrococcus furiosus*의 DNA 중합효소는 중합효소 연쇄반응(PCR)에 사용되는 등 생명공학기술에도 널리 활용되고 있다.

표 21.2 세 가지 생물 영역의 비교

특성	영역		
	세균	고세균	진핵생물
핵막	없다	없다	있다
막으로 둘러싸인	없다	없다	있다
세포소기관 세포벽의 펩티도글리칸 성분	있다	없다	없다
막지질	곁가지가 없는 탄화수소	일부 가지 달린 탄화수소	곁가지가 없는 탄화수소
RNA 중합효소	한 종류	여러 종류	여러 종류
단백질 합성에 사용되는 개시 아미노산	포밀 메티오닌	메티오닌	메티오닌
인트론	매우 드물다	일부 유전자에 있다	많다
스트렙토마이신 및 클로람페니콜에 대한 반응	생장이 억제된다	생장이 억제되지 않는다	생장이 억제되지 않는다
히스톤과 결합된 DNA	없다	일부 존재한다	있다
원형 염색체	있다	있다	없다
100°C 이상에서 자랄 수 있는 능력	없다	일부 존재한다	없다

▲ **그림 21.18 극호열성 생물.** 호열성 원핵생물의 주황색과 노란색 콜로니들이 네바다 간헐천의 뜨거운 물에 서식하고 있다.

비교적 온화한 환경에서 살아가는 고세균도 많다. **메탄생성균(methanogen)**은 CO_2를 이용하여 H_2를 산화시키는 과정에서 노폐물로 메탄가스를 생성한다. CO_2를 이용하여 H_2를 산화시키면서 메탄생성균은 에너지와 메탄을 폐기물로 형성하는 것이다. 메탄생성균은 O_2에 의해 치명적인 해를 입는 절대 혐기성 세균에 속한다. 일부 메탄생성균은 심해 열수구 부근(**그림 21.19**)과 같은 극한 환경에 서식하기도 하지만, 대부분의 메탄생성균은 주로 다른 미생물들이 O_2를 모두 소모해 버린 늪지 등에서 살아간다. 이들 고세균이 만들어 내는 메탄가스 때문에 늪에서 독특한 냄새가 나는 것이다. 일부 메탄생성균은 소, 흰개미 또는 다른 초식동물의 장에 서식하면서 이들 동물의 영양에 필수적인 역할을 한다. 메탄형성균은 또한 하수처리 시설의 중요한 분해자로 작용해서 인간에게 유용하게 쓰이기도 한다.

많은 극호염균과 지금까지 알려진 모든 메탄생성균은 유리고세균문(Euryarchaeota)에 속한다(그리스어로 "*eurys*"는 넓다는 뜻으로 이들 고세균이 광범위한 서식처에서 살아갈 수 있다는 뜻을 포함한다). 유리고세균문도 일부 극호열균을 포함하지만 대부분의 호열성 고세균은 고세균의 두 번째 분기군인 크렌고세균문(Crenarchaeota)에 속한다(그리스로 "*cren*"은 샘을 의미하는데 여

▲ 그림 21.19 **극호열성 메탄형성균.** 고세균 *Methanopyrus kandleri*(삽입 사진)은 "검은 굴뚝"이라 불리는 해저 열수구 근처의 매우 뜨거운 환경에 서식한다.

기서는 해저에서 고온의 물이 솟아나오는 해저 열수구를 뜻한다). 최근 유전자 탐사 과정을 통해 고세균의 두 분류군의 많은 종들이 극한 생물이 아닌 것들도 포함한다는 사실이 알려졌다. 이들은 농장의 토양에서부터 호수의 침전물 그리고 넓은 대양의 해수 표면에 이르기까지 매우 넓은 범위의 환경에 서식하고 있다.

개념 21.5

원핵생물은 생물권에서 중요한 역할을 한다

내일 인간이 지구상에서 사라진다면, 많은 종의 생물이 변하겠지만 멸종에 이르는 종이 그리 많지는 않을 것이다. 반면, 원핵생물이 생물권에 미치는 영향은 너무 중요해서, 원핵생물이 사라진다면 다른 많은 생물의 미래도 그리 밝지 않다.

화학적 순환

모든 생물체의 유기분자를 이루는 원자는 한때 무기화합물의 형태로 토양, 대기, 물에 들어 있었다. 이곳은 조만간 유기분자 속의 원자가 다시 돌아갈 곳이기도 하다. 생태계는 생물권과 무생물권 사이에 지속적으로 화학물질이 순환되면서 유지된다. 원핵생물은 이러한 순환 과정에서 핵심적인 역할을 담당한다. 예를 들어, 화학 종속영양 원핵생물은 **분해자(decomposer)**로서 동식물의 사체와 노폐물을 분해한다. 따라서 탄소, 질소 및 그 밖의 물질이 한 곳에 갇혀 있지 않고 계속 공급될 수 있다. 원핵생물이나 곰팡이 같은 다른 분해자가 작용하지 않으면 모든 생명활동은 정지된다.

원핵생물은 또한 무기화합물을 다른 생물체가 흡수할 수 있는 형태로 전환한다. 남세균을 비롯한 독립영양 원핵생물은 CO_2를 이용하여 당과 같은 유기화합물을 만들고 이 유기화합물은 먹이사슬을 따라 다른 생물에게 공급된다. 남세균은 대기의 O_2를 생성하고 일부 종들은 또한 대기 중의 질소를 고정하여 다른 생물들이 단백질과 핵산을 합성하는 재료로 쓸 수 있는 형태로 전환시킨다. 어떤 조건에서 원핵생물은 질소, 인, 포타슘과 같은 식물 생장에 필요한 영양 물질의 가용성을 높여준다(그림 21.20).

생태계의 상호작용

원핵생물은 많은 생태계 상호작용에서 중심역할을 한다. **공생(symbiosis)** 관계를 이루는 두 생물 가운데 더 큰 것을 **숙주(host)**, 작은 것은 **공생체(symbiont)**라 부른다. 원핵생물과 그 숙주 생물이 서로에게 이로움을 주는 **상리공생(mutualism)** 관계를 형성하는 경우도 많다(그림 21.21). **편리공생(commensalism)**은 한쪽은 이익을 얻는 반면, 다른 한 쪽은 특별히 이롭거나 해롭지 않은 관계를 말한다. 마지막으로 일부 원핵생물은 **기생(parasitism)**을 하는데, **기생체(parasite)**가 숙주의 세포질이나 체액에서 영양 물질을 섭취한다. 보통 기생체가 숙주에게 해를 입히기는 하지만 숙주를 적어도 즉시 죽이지는 않는다는 점에서 포식자와 다르다. 질병을 일으키는 기생체를 **병원체(pathogen)**라 하며 많은 병원체가 원핵생물에 속한다.

인류에 미치는 영향

가장 잘 알려진 원핵생물은 인간에게 병을 일으키는 것들이다. 그러나 이런 병원균은 전체 원핵생물종의 극히 일부에 지나지 않는다. 다른 많은 원핵생물들은 인간과 좋은 관계를 맺고 있으며, 농업과 산업에 필수적인 역할을 하기도 한다.

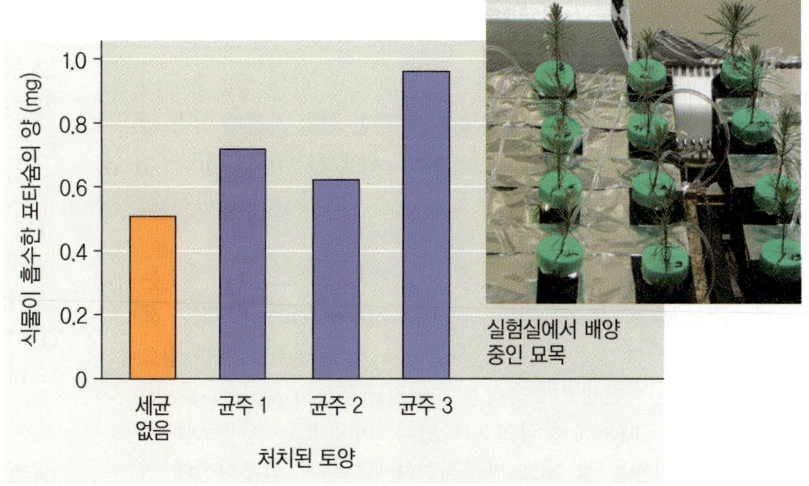

▲ 그림 21.20 **세균이 토양 영양 물질 가용성에 미치는 영향.** 세균에 속하는 *Burkholderia glathei*의 세 가지 균주 가운데 하나가 첨가된 토양에서 자라는 소나무 종자는 세균이 없는 토양에서 자라는 종자보다 포타슘을 더 많이 흡수한다. 여기에 제시되지 않은 또 다른 실험 결과에 따르면 균주 3은 무기물 결정체에서 더 많은 양의 포타슘이 토양에 방출되도록 한다.

▲ **그림 21.21 상리공생: 세균 "전조등".** 전등 물고기(*Photoblepharon palpebratus*)의 눈 밑에 보이는 빛나는 타원형 구조 안에는 빛을 내는 세균이 들어 있다. 이 물고기는 빛을 이용해 먹이를 유인하고 짝짓기 상대에게 신호를 보낸다. 세균은 물고기로부터 영양 물질을 받는다.

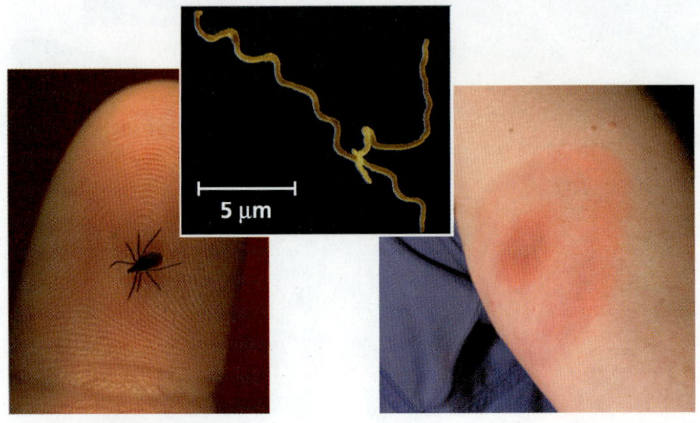

▲ **그림 21.22 라임병.** *Ixodes* 속의 진드기는 스피로헤타의 일종인 *Borrelia burgdorferi*(채색된 주사 전자 현미경 사진)를 옮겨 라임병을 전파시킨다. 진드기에 물린 자리에 발진이 생기는데, 때로는 상당히 큰 고리 모양의 발진이 생기기도 한다.

상리공생 세균

사람을 포함한 많은 진핵생물의 복지는 상리공생하는 원핵생물에 달려 있다. 예를 들어, 사람의 장에는 거의 500~1,000종에 달하는 세균이 서식하는 것으로 추정된다. 이들 세균의 수는 사람의 몸을 구성하는 진핵세포 수의 거의 10배에 이른다. 장의 서로 다른 부위에 사는 미생물 종도 서로 다르며 이들이 주로 섭취하여 소화하는 먹이의 종류도 다르다. 이들 가운데 많은 종이 사람이 소화하지 못하는 음식을 분해해 주는 상리공생체이다.

병원성 세균

지금까지 병을 일으키는 것으로 알려진 원핵생물은 모두 세균이며, 세균에 대한 부정적인 생각은 이로 인한 것이다. 전체 인간 질병의 절반가량을 세균이 일으킨다. 한 해에 100만 명 이상이 결핵균(*Mycobacterium tuberculosis*)에 감염되어 폐결핵으로 사망한다. 또한 200만 명 정도가 여러 종의 세균에 의한 설사병으로 죽는다.

일부 세균성 질병은 벼룩이나 진드기와 같은 다른 생물종에 의해 전파된다. 미국에서 라임병은 해충에 의한 질병 가운데 가장 널리 퍼진 병이다(**그림 21.22**). 사슴이나 들쥐에 기생하는 진드기가 세균을 옮겨 사람에게 라임병을 일으킨다. 라임병을 치료하지 않으면 관절염, 심장병, 신경 장애 등이 나타난다.

병원성 원핵생물은 대개 독소를 만들어 병을 일으킨다. 독소는 크게 외독소와 내독소로 구별한다. **외독소(exotoxin)**는 특정한 세균이나 다른 생물이 분비하는 단백질이다. 심한 설사 증세를 일으키는 콜레라는 가변세균에 속하는 콜레라균(*Vibrio cholerae*)이 방출하는 외독소 때문에 증상이 나타난다. 이 독소는 장세포를 자극해서 염소이온을 장 내로 방출시킨다. 그 결과 삼투현상에 의해 수분이 장으로 빠져나가는 것이다. 그람양성 세균인 보툴리누스균(*Clostridium botulinum*)은 잘못 만들어진 고기, 해산물, 야채 등의 통조림 제품을 발효시킨다. 이때 분비되는 외독소인 보툴리누스 독소는 보툴리누스 식중독을 일으킨다. 보툴리누스 독소를 비롯한 외독소는 음식을 섭취하는 시점에 독소를 만드는 세균이 더 이상 존재하지 않더라도 독소에 노출되기만 하면 병을 일으킨다. 심한 설사병을 유발하는 *C. difficile* 또한 외독소를 분비하며, 이로 이해 미국에서만 연간 12,000명 이상이 사망한다.

내독소(endotoxin)는 그람음성 세균의 외막을 구성하는 지질다당류 성분이다. 외독소와는 달리 내독소는 세균이 죽어 세포벽이 분해되는 경우에만 방출된다. 내독소를 생성하는 세균의 예로 살모넬라 속을 들 수 있다. 여기에는 사람과 동물에 장티푸스를 일으키는 장티푸스균(*Salmonella typhi*)이 속한다. 여러 종의 살모넬라가 가금류, 과일과 채소 따위에서 발견될 수 있으며, 제대로 관리하지 않을 경우 식중독을 일으킨다.

수평 유전자 전달은 또한 독성과 관련된 유전자를 전파하여 정상적으로는 해가 없는 원핵생물을 치명적인 병원체로 바꿀 수도 있다. 예를 들어, 대장균은 사람의 장에서 정상적으로 서식하는 해가 없는 공생체이다. 그러나 출혈성 설사병을 일으키는 병원성 균주가 나타났다. 이 가운데 가장 위험한 균주가 전 세계를 위협하고 있는 O157:H7이다. 미국에서만 매년 O157:H7에 감염된 사례가 75,000건에 이르며 때로 쇠고기나 기타 농축산물이 오염되어 나타난다. 2001년 O157:H7의 유전체 염기서열이 결정되었고 이를 무해한 균주인 대장균 K-12와 비교하였다. 그 결과 전체 5,416개의 O157:H7 유전자 가운데 1,387개의 유전자가 K-12에는 없는 것이었다. 이들 1,387개의 유전자는 대부분 박테리오파지에 의해 O157:H7 균주로 수평전달된 것으로 추정하고 있다(형질도입). O157:H7 균주에만 있는 일부 유전자는 독성과 관계되며, 여기에는 O157:H7 균주를 장벽에 부착시켜 영양 물질을 빨아들이는 부착성 핌브리아를 암호화하는 유전자도 포함된다.

연구와 기술에 활용되는 원핵생물

우리는 세균과 고세균의 다양한 대사 능력에서 많은 이익을 얻고 있다. 예를 들어, 사람은 오래전부터 세균이 우유를 치즈나 요거트로 바꾸어 놓은 것을 애용해 왔다. 세균은 또한 맥주와 과실주, 페퍼로니소시지, 발효양배추(sauerkraut), 간장 등을 만드는 데

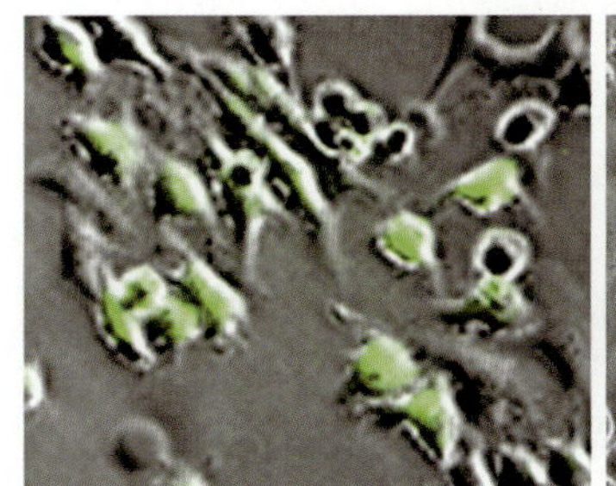

(a) **대조군 세포.** HIV에 감염된 세포는 초록색을 나타낸다.

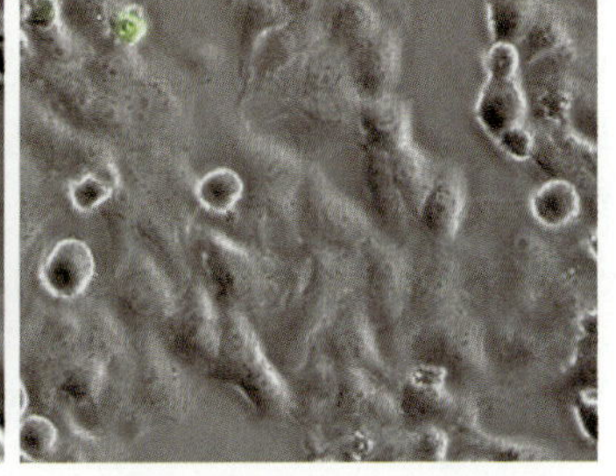

(b) **실험군 세포.** 이들 세포는 CRISPRE –Cas9으로 HIV 바이러스에 내성을 나타내도록 변형되었다.

▲ **그림 21.23 CRISPR: AIDS 연구의 새로운 지평.** **(a)** 처리되지 않은 인간 세포(대조군)는 AIDS를 일으키는 HIV에 쉽게 감염된다. **(b)** 반면, CRISPR-Cas9을 이용해서 HIV가 표적으로 하는 수용체를 변화시킨 세포는 바이러스에 감염되지 않는다. CRISPR-Cas9을 활용하여 사람 세포의 DNA에 삽입된 HIV 프로바이러스(그림 17.8)를 제거할 수도 있었다.

에도 활용된다. 최근에는 원핵생물에 대해 더 잘 알게 되면서 이들 원핵생물을 생명공학에 더욱 다양하게 활용하고 있다. 대장균을 유전자 클로닝에 이용한다거나, *Pyrococcus furisus*에서 추출한 DNA 중합효소를 PCR 기술에 이용하는 등이 잘 알려진 사례에 해당된다. 유전공학을 통해 우리는 이제 세균을 변형시켜 비타민, 항생제, 호르몬 등의 산물을 생산한다. 이와 더불어 자연에 서식하는 토양 세균은 작물에 해를 입히는 질병을 극복하는 데 도움이 될 수 있다.

최근 고세균이나 세균이 바이러스로부터 자신을 방어하는 CRISPR-Cas 체계를 이용해서 기본적으로 어떤 생물체의 유전자를 변화시킬 수 있는 강력한 새로운 도구가 개발되었다. 많은 원핵생물의 유전체에는 CRISPR라 불리는 짧은 DNA 반복서열을 지니며 이 서열과 상호작용하는 단백질을 Cas(CRISPR-associated)라 한다. Cas 단백질은 CRISPR 영역에서 만들어지는 "안내자 RNA(guide RNA)"와 함께 작용해서 이 RNA가 지시하는 DNA 서열을 자른다. 과학자들은 이를 바탕으로 Cas9이라는 Cas 단백질의 하나와 안내자 RNA를 세포에 넣어서 DNA 서열을 변화시킬 수 있다. AIDS를 일으키는 바이러스, HIV에 대한 새로운 방향의 연구가 시작되는 등(**그림 21.23**), CRISPR-Cas9은 다양하게 활용되고 있다. CRISPR-Cas9 체계의 잠재적인 활용 가능성은 매우 다양한 만큼, 새롭고 강력한 기술이 적용될 때 발생할 수 있는 의도하지 않은 결과를 초래하지 않도록 주의를 기울여야만 한다.

세균을 이용해서 석유의 사용을 줄일 수도 있다. 플라스틱 제조 산업을 생각해 보자. 전 세계에서 해마다 3,500억 파운드의 플라스틱이 원유에서 생산되며 이를 이용해서 장난감, 저장용기, 음료수병 등의 다양한 제품을 만든다. 이들 석유 제품은 매우 느리게 분해되어 환경 문제를 일으킨다. 이제 세균을 이용해서 천연 플라스틱을 만들 수 있다. 어떤 세균은 PHA(polyhydroxyalkanoate)라는 중합체를 합성하여 화학에너지를 저장하는 데 사용한다(**그림 21.24a**). 이들 세균을 배양해서 PHA 성분을 추출할 수 있다. 이를 이용하면 견고하면서도 생분해가 가능한 플라스틱을 만들

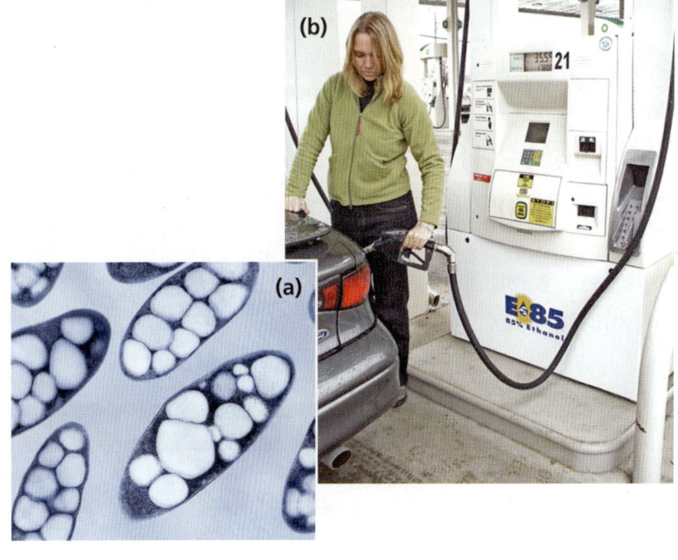

▲ **그림 21.24 원핵생물을 이용해서 만든 제품.** **(a)** 폴리에스테르의 일종인 PHA를 합성하여 저장하는 세균이다. 이 세균에서 PHA를 추출하여 생분해성 플라스틱 산물을 만들 수 있다. **(b)** 재생 가능한 식물의 부산물을 효율적으로 에탄올(E-85) 연료로 전환할 수 있는 세균이 개발되고 있다.

수 있다. 또한 농업 폐기물이나 건초, 옥수수, 재활용되지 않은 폐지 따위의 도시 폐기물 등을 분해하여 에탄올을 생성할 수 있는 유전자 변형 세균을 이용함으로써 화석 연료의 사용량을 줄이고자 하는 시도도 진행되고 있다(**그림 21.24b**).

원핵생물은 또한 생물학적 복원에도 활용된다. **생물복원(bioremediation)**이란 생물을 이용하여 토양, 대기 또는 수질을 오염시키는 물질을 제거하는 작업을 말한다. 예를 들어, 혐기성 세균 및 고세균은 하수처리장에서 유기물질을 분해하여 이후 화학적 멸균 과정만 거치면 그대로 매립하거나 비료로 쓰일 수 있게 만들어 준다. 또 다른 생물복원의 응용 사례로 기름유출 사고를 처리하거나(**그림 21.25**), 지하수에서 우라늄과 같은 방사성 물질을 침전시키는 작업 등을 들 수 있다.

▲ **그림 21.25 기름 유출 현장의 생물복원.** 기름이 스며든 지역에 비료를 뿌려 토착 세균이 기름을 분해하는 것을 촉진한다. 자연 분해되는 경우보다 5배 정도 빠르게 분해를 촉진시킬 수 있다.

개념 21.6

진핵생물은 18억 년보다 이전에 세포내 공생에 의해서 생겨났다

생명역사의 초기에 모든 생물체는 단세포였다. 진핵생물의 진화에서 이러한 단세포는 단시간에 즉각적으로 바뀌지 않았지만, 이러한 개별 세포의 구조에서 근본적인 변화를 수반하였다. 예를 들면, 원핵세포와 달리 모든 진핵세포는 핵과 골지체, 미토콘드리아와 같은 막으로 둘러싸인 소기관을 가진다. 그러한 소기관은 특이한 세포기능이 수행될 수 있도록 특정한 장소를 제공하고 이로써 진핵세포의 구조와 체제는 원핵세포의 것보다 더 복잡하게 만들어진다.

진핵생물의 또다른 핵심적인 특징은 세포의 도처에 뻗어 있는

▼ 그림 21.26 진핵생물의 초기 진화 탐구

45억 년 전 — 35억 년 전 — 25억 년 전 — 15억 년 전 — 500만 년 전 — 현재

18억 년 전 | 15억 년 전 | 13억 년 전 | 12억 년 전

(a) 18억 년 된 진핵생물 화석. 이 고대의 생물은 일부 현생 조류(algae)의 세포벽 구조와 유사한 것을 가지고 있지만 원핵생물의 세포벽과는 달라서 이 화석 생물이 초기의 진핵생물임을 나타낸다.

세포 표면에서 돌출된 구조

20 μm

(b) 초기의 조류나 균류를 나타낼 수 있는 15억 년 된 화석 *Tappania*. 이 생물의 많은 화석이 발견되었다; 세포의 바깥 표면으로 돌출되는 구조의 수, 크기와 위치는 개체에 따라 다양하다.

발생 후기에 이들 세포는 분열하여 생식세포(포자)를 만든다고 다른 화석에서 보여준다.

25 μm

(c) 고대의 홍조류 *Bangiomorpha*. 이 종의 화석에서 보여주는 세 가지 뚜렷한 세포유형은 복잡한 다세포성의 직접적인 증거다. 여기서 보여주는 모든 세포는 비생식세포(영양세포)이다; 이들 세포의 일부는 발생 후기에 포자를 만들 것이다.

초기의 다양화

(a)의 화석 표본을 포함하여, 단세포 진핵생물의 중간 정도의 다양성이 18억 년 전에 이미 존재했다는 것을 화석 기록이 보여준다. 연구자들은 크기가 다양하고 모양이 타원형에서 구형(일부는 방추형 혹은 양끝이 뾰족한)으로 생긴 동일한 연대의 다른 진핵생물 화석을 발견했다. 이러한 다양성은 진핵생물이 18억 년보다 이전에 유래했을 수도 있다는 것을 암시한다.

진핵생물 영역에 속하는 초기 생물군의 구성원들은 **(b)**에서 보인 것처럼, 비정형의 세포 형태를 유지할 수 있도록 해주는 세포골격과 핵, 유연한 세포막을 가졌다. 이 시기부터 소형의 다세포 진핵생물로 추정되는 몇 가지 다른 유형의 단순한 사상체 화석이 나타난다. 비록 이 시기의 진핵생물 화석이 중간 정도로 다양할지라도, 어떤 것도 확실하게 특정한 현생 진핵생물군에 해당된다고 할 수 있는 것은 없다.

(연대표는 비례척도가 아님)

새로운 특징의 출현

분류학적으로 가장 오래된 것으로 판단되는 진핵생물 화석은 12억 년 전에 살았던 작은 홍조류**(c)**이다; 조류(algae)는 광합성하는 모든 원생생물 그룹을 포함하는 일반적인 용어이다. 이 시기의 다른 화석은 녹조류**(d)**와 꽃병 모양의 구조물 속에 사는 특정 유형의 아메바**(e)**, 뿐만 아니라 분류학적 유연관계가 알려지지 않은 다양한 군체 및 다세포 원생생물이 포함된다.

이들 화석에서 보이는 분류학적 다양화는, (분화된 세포를 가지는 다세포 생물에 적용되는 용어인) 복잡한 다세포성(multicellularity)의 유래와 유성생식 생활사, 진핵생물의 광합성 등 일련의 새로운 생물학적 특징을 수반했다. 이들 특징의 일부는 직접 관찰될 수 있지만, 나머지는 그 화석이 속하는 생물군의 살아 있는 구성원

잘 발달된 세포골격이다. 세포골격은 진핵세포가 섭식하고 움직이거나 생장함에 따라 모양을 변화시킬 뿐 아니라 비대칭적(비정상적)인 형태를 갖도록 해주는 구조적 기반을 제공한다.

화석 기록에 따르면 원핵생물은 적어도 35억 년 이전에 지구에 서식하고 있었다. 어느 시점에서 진핵생물의 기원을 의미있게 하는 비정상적인 형태와 다른 새로운 특징이 출현했을까?

초기 진핵생물의 화석 기록

27억 년 된 암석에서 (원핵생물이 아닌) 진핵생물에 의해서 합성된 복합 지질(complex lipids)이 발견되었다. 그러한 화합물 증거가 진핵생물이 당시에 살았다는 것과 일치할지라도, 널리 수용되는 가장 오래된 진핵생물 화석은 18억 년 된 것이다. 시간이 지남에 따라, 이들 생물의 후손들은 오늘날 살아 있는 다른 진핵생물과 매우 다양한 **원생생물(protists)**이 생기게 했다.

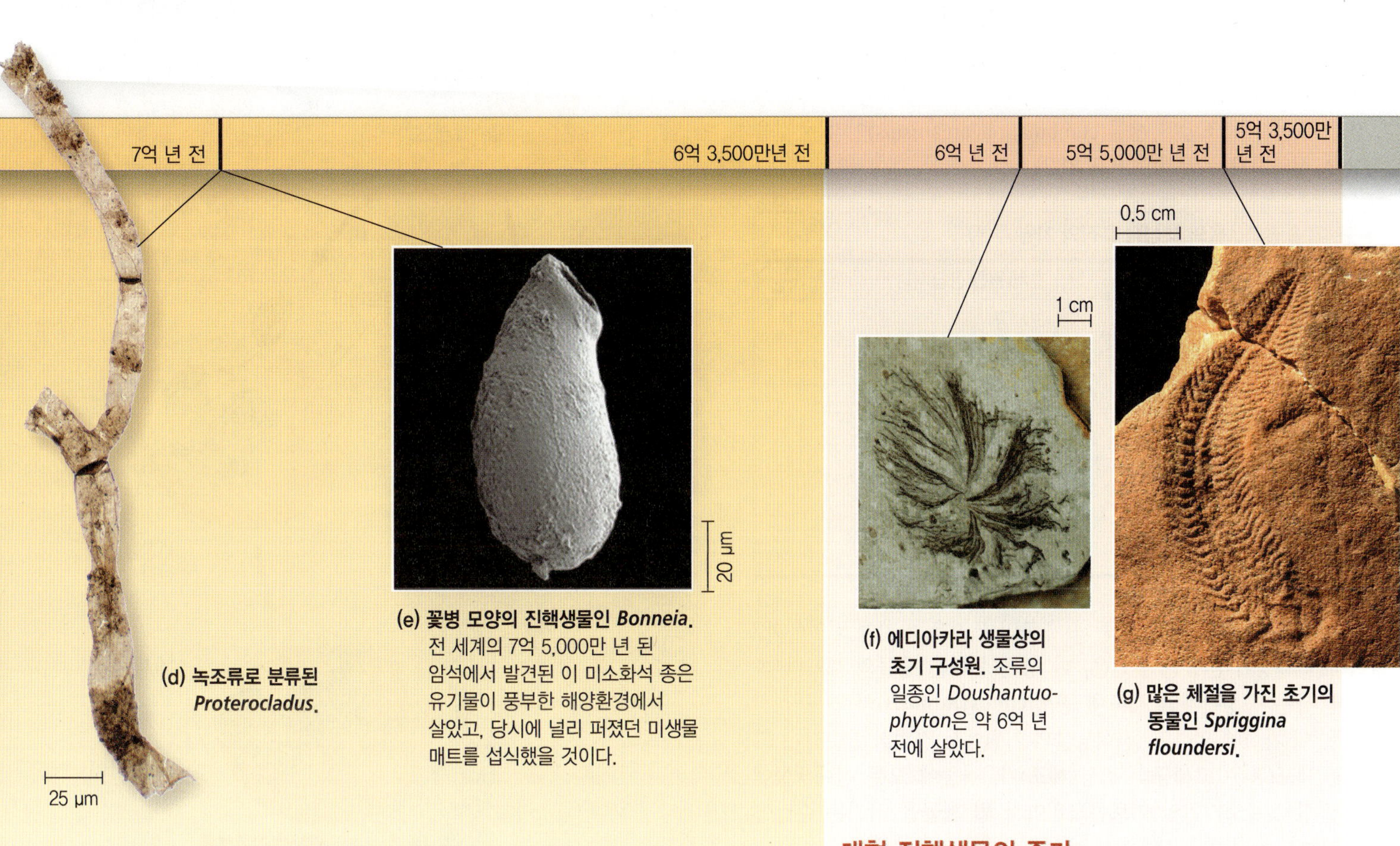

(d) 녹조류로 분류된 *Proterocladus*.

(e) 꽃병 모양의 진핵생물인 *Bonneia*. 전 세계의 7억 5,000만 년 된 암석에서 발견된 이 미소화석 종은 유기물이 풍부한 해양환경에서 살았고, 당시에 널리 퍼졌던 미생물 매트를 섭식했을 것이다.

(f) 에디아카라 생물상의 초기 구성원. 조류의 일종인 *Doushantuophyton*은 약 6억 년 전에 살았다.

(g) 많은 체절을 가진 초기의 동물인 *Spriggina floundersi*.

에서 유추된다. 예를 들면, *Bangiomorpha*(c)를 보여주는 화석은, 현존하는 홍조류를 바닥기질에 고정시키는 "부착기(holdfasts)"와 유사한 것을 가졌다. 또한 현생 홍조류의 특정 무리에서만 나타난다고 알려진 세포분열의 유형을 가졌다. 그래서 *Bangiomorpha*는 이 홍조류 무리의 일원으로 분류된다. 이 무리 중 현존하는 구성원은 유성생활사를 가지며 광합성을 한다. 그래서 생물학자들은 *Bangiomorpha*도 이러한 특징을 가졌다고 추론한다.

다양한 다른 화석은, 7.5 ~ 8억 년 이전까지 먹이사슬 바닥의 조류와 이보다 상위의 피식자를 (혹은 서로) 포식하는 종과 함께 점점 더 복잡한 진핵생물 군집이 출현했다는 것을 보여준다. 그러나 이들 생물은 작은 크기로 살아남았고, 전체 군집은, 다른 환경변화와 일련의 심각한 빙하기가 시작됨에 따라 쇠퇴하기 시작했다.

대형 진핵생물의 증가

거의 30억 년 동안, 지구상의 생명체는 현미경적 생물의 세계였다. 보다 큰 다세포 진핵생물은 6억 3,500만~5억 4,100만 년 전인 에디아카라기까지의 화석 기록에 나타나지 않는다**(f, g)**. 에디아카라 생물상(Ediacaran biota)이라 불리는 이들 화석은 연한 몸체와 1미터보다 좀 더 긴 생물이었다.

보다 일반적으로, 6억 3,500만~5억 3,500만 년 전의 화석 기록은 생명역사에서 여러 가지 변화를 보여준다: 최대의 몸 크기, 분류학적 다양성, 형태적 차이의 정도 등 모두가 극적으로 증가했다. 게다가, 화석 기록에서 종이 지속된 평균시간이 상당히 감소했다. 확실히, 전체 에디아카라 생물상은, 진화적 다양화의 또 다른 큰 물결인 "캄브리아기 폭발"이 시작되면서, 5억 3,500만 년 전에 감소했다.

그림 21.26에서 화석으로 기록된 세 단계에 초점을 두어 어떻게 다양성이 유래했는지 살펴보자: 초기의 다양화(18억~13억 년 전), 다세포성과 다른 새로운 특징의 기원(13억 년~6억 3,500만 년 전), 대형 진핵생물의 출현(6억 3,500만 년~5억 3,500만 년 전).

그림 21.26에서 고찰한 바와 같이, 대형 다세포 진핵생물은 약 6억 년 이전까지 출현하지 않았다. 그 이전의 지구는 미생물의 세계였다. 지구상에 서식자는 여러 가지 현미경적 크기의 다세포 진핵생물을 포함하여 원핵생물과 단세포 진핵생물뿐이었다.

진핵생물 진화에서의 세포내 공생

초기의 진핵생물이 언제 살았는지, 잘 발달된 세포골격과 유성 생활사가 언제 처음으로 출현했는지는 화석 기록으로 상세히 입증된다. 분자적 연구로 진핵생물의 기원에 대한 추가적인 이해가 된다. 특히, 진핵생물은 고세균과 다른 세균에서 유래한 세포의 특징과 유전자로 조합된 생물(combination organisms)이라는 것을 DNA 서열자료는 암시한다(표 21.3).

표 21.3 진핵생물의 핵심적 특징의 기원(추론)

특징	출처[원천 공급처]
DNA 복제 효소	고세균
전사 효소	고세균
번역 효소	대부분 고세균
세포분열 기구	대부분 고세균
소포체	고세균과 세균
미토콘드리아	세균
물질대사 유전자	대부분 세균

어떻게 진핵생물이 고세균과 세균의 특징을 가지게 되었을까? 이러한 특징이 혼합된 원인은, 한 생물이 다른 생물의 세포나 몸속에 사는 공생관계인 **세포내 공생(endosymbiosis)**의 결과일 것이다. 이 가설에 의하면, 진핵생물의 기원에서 결정적인 순간은 고세균 세포(혹은 고세균의 조상 세포)가, 나중에 모든 진핵생물에서 발견되는 소기관인 미토콘드리아가 될 세균을 삼키는 순간에 일어났다.

미토콘드리아와 색소체의 기원

진핵생물이 조합된 생물(combination organisms)이라는 발상은 **세포내 공생설(endosymbiont theory)**과 관련이 있는데 이것은 미토콘드리아와 색소체(엽록체와 관련된 소기관을 지칭하는 일반적인 용어)가 이전에 작은 원핵생물이었고, 보다 큰 세포 내에 살기 시작했다고 생각한다(그림 21.27). 미토콘드리아와 색소체의 원핵생물 조상은 아마도 소화되지 않은 피식자 혹은 세포내 기생자로 숙주 세포 안으로 들어갔을 것이다. 그러한 과정이 일어날 것 같지 않지만, 세포내 공생자가 숙주와 함께 피식자 혹은 기생자로 시작해서 5년 이내에 서로 이익을 주는 관계로 된 경우를 과학자들이 직접 관찰했다.

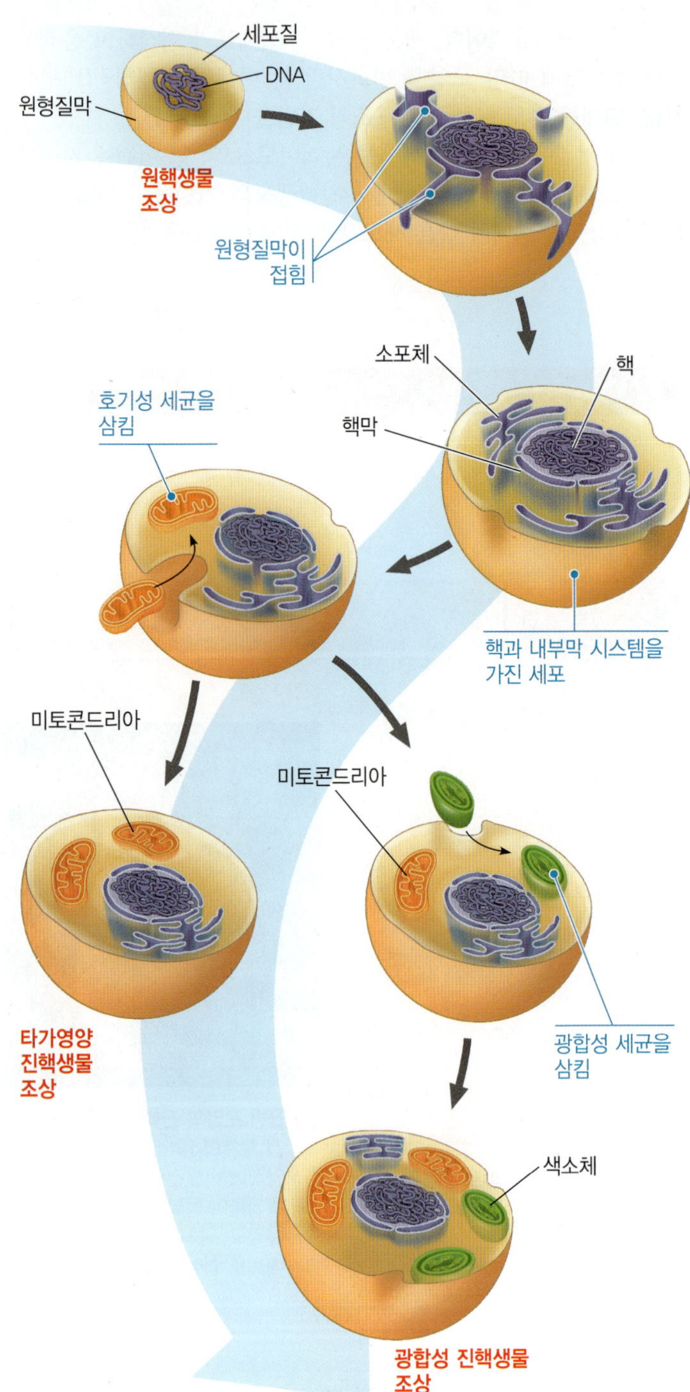

▲ **그림 21.27 세포내 공생을 통한 진핵생물의 기원에 대한 가설.** 제안된 숙주는 고세균이나 고세균 조상에서 유래한 세포였다. 제안된 미토콘드리아의 조상은 호기성 타가영양 원핵생물이었지만 색소체의 조상은 광합성하는 원핵생물이었다. 이 그림에서 화살표는 진화적 시간에 따른 변화를 나타낸다.

그 관계가 어떤 방법으로 시작되었을지라도, 어떻게 서로에게 이익을 줄 수 있는 공생관계로 되었는지 가설로 만들 수 있다. 시간이 흐르면서, 숙주와 세포내 공생자는 부분으로 떼어 놓을 수 없는 하나의 생물로 되었을 것이다. 모든 진핵생물이 미토콘드리아나 이 소기관의 흔적을 가지고 있지만 그들 모두가 색소체를 가지고 있지는 않다. 그래서 **단계적 세포내 공생(serial**

endosymbiosis) 가설은 미토콘드리아가 색소체보다 먼저 세포내 공생 사건의 차례를 거쳐서 진화했다고 추정한다(그림 21.27).

미토콘드리아와 색소체의 세포내 공생 기원은 많은 증거로 지지된다:

- 두 소기관의 내막에는 현존하는 원핵생물의 세포막에서 발견되는 것과 상동적인 효소와 전달계가 존재한다.
- 미토콘드리아와 색소체는 일부 원핵생물의 것과 유사한 분리과정으로 복제된다. 미토콘드리아와 색소체 모두는 세균의 염색체와 같이 원형 DNA 분자를 가지며 이 DNA는 히스톤이나 다량의 다른 단백질과 연관되어 있지 않다.
- 자유 생활하는 생물로부터 유래한 소기관에서 기대했던 것처럼, 미토콘드리아와 색소체 또한 그들의 DNA를 전사하고 단백질로 번역하는 데 필요한 세포기구(리보솜을 포함하여)를 가지고 있다.
- 마지막으로, 크기와 RNA 서열, 특정 항체에 대한 민감성 등의 관점에서, 미토콘드리아와 색소체의 리보솜은, 진핵세포의 세포질 리보솜보다 원핵생물 리보솜과 더 유사하다.

어떤 원핵생물 계보가 미토콘드리아로 되었을까? 이 질문에 답하기 위하여 연구자들은 미토콘드리아 유전자(mtDNA)의 DNA 서열을 세균과 고세균의 주요 분기군에서 발견되는 것들과 비교했다. 그 결과를 총괄해 보면, 미토콘드리아가 알파프로테오세균에서 유래했다는 것을 나타낸다(그림 21.17). 또한 연구자들은 다양한 알파프로테오세균의 유전체 서열과 동물, 식물, 균류와 원생생물의 전체 mtDNA 서열을 비교했다. 이러한 연구는 진핵생물 미토콘드리아가 단일 공통조상의 후손이라는 것을 나타내고, 미토콘드리아가 진화 과정에서 단지 한번만 생겼다는 것을 암시한다. 유사한 분석에서, 색소체는 진핵 숙주 세포가 삼킨 남세균의 단일 공통조상의 후손이라는 증거가 제공된다.

살펴본 바와 같이, 미토콘드리아와 색소체를 생기게 한 계보는 확인되었다. 그러나 궁극적으로 진핵생물의 기원이 되게 한 사건인 미토콘드리아를 생기게 한 알파프로테오세균을 삼킨 숙주의 정체에 대해서는 의문이 남는다. 최근의 유전체 연구에 의하면, 숙주는 고세균 계열에서 유래했지만 어느 계보인지 결정되지 않았다. 대신에, 숙주는 고세균 조상과 유연관계가 있는 계보에서 유래했을 수도 있겠지만 그 구성원이었을 수도 있다. 이 경우에, 숙주는 내막계(endomembrane system)와 세포골격 같이 형태를 변화시킬 수 있는 (그래서 알파프로테오세균을 삼킬 수 있는) 진핵세포의 특징을 갖는 진화한 "원시진핵생물(protoeukaryote)"일 수 있다.

개념 21.7

진핵생물에서 다세포성은 수차례에 걸쳐 기원했다

오케스트라는 바이올린 독주자가 연주하는 것보다 훨씬 다양한 음악곡을 연주할 수 있다. 오케스트라의 복잡성이 증가하여 보다 많은 변주가 가능하다. 마찬가지로 구조적으로 복잡한 진핵세포는 보다 단순한 원핵세포보다 엄청난 형태적 다양성의 진화를 촉발시켰다. 이러한 진화적 변화의 폭발로 오늘날까지 지속적으로 번창하여 엄청나게 다양한 단세포 원생생물이 생겼다. 또 다른 다양화의 움직임이 생겼다: 일부 단세포 진핵생물은 다세포 형태의 생물이 생기게 했고, 그 후손은 다양한 조류, 식물, 균류와 동물이 포함된다.

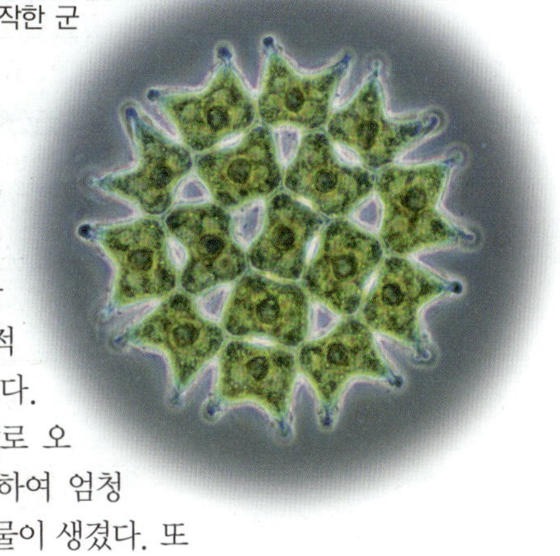

▶ **그림 21.28 훈장말(*Pediastrum*).** 이 광합성 진핵생물은 납작한 군체를 이룬다(광학 현미경 사진).

다세포 군체

첫 번째의 다세포 형태는 **군체**(colony)로 세포의 집합체가 서로 연결되어 있으나 세포 분화는 거의 없거나 전혀 없다. 다세포 군체는 단순한 사상체, 공 모양 혹은 세포판으로 초기에 생겼으며 진핵생물 화석에 종종 출현하고 오늘날에도 흔히 남아 있다(그림 21.28).

일부 단순한 군체는, 단세포 진핵생물과 동식물, 균류와 같은 복잡한 다세포 생물 사이의 중간적인 특징을 갖는다.

복잡한 다세포성의 독립적 기원

분화된 세포를 가진 다세포 생물은 진핵생물 진화 과정 동안 여러 차례에 걸쳐 유래했다. 그러한 예는 동식물, 균류뿐만 아니라 홍조류, 녹조류 그리고 갈조류의 계보를 포함한다. 유전 및 형태학적 자료는 복잡한 다세포 진핵생물의 이러한 다른 계보가 서로 독립적으로 생겨났다는 것을 나타낸다. 예를 들면, 비록 균류와 동물 모두는 단세포 조상으로부터 유래했지만, 그들은 다른 단세포 조상으로부터 유래했다.

복잡한 다세포성이 여러 차례에 걸쳐 생겨났다는 사실 때문에, 우리는 이런 독립적인 생물군이 어떻게 유래하게 되었는지에 대한 유사성과 차이를 조사할 수 있다. 한 가지 예는 다세포 녹조류인 볼복스(*Volvox*)를 포함하는 진화적 계보이다(그림 21.29). (볼복스는 두 가지 유형의 분화된 세포를 가지는데, 이러한 이유로 대부분의 연구자는 이 종을 "군체성"과는 대조적으로 "다세포성"이라고 언급한다.) DNA 증거는 이 종이 단세포 조류(클라미도모나스, *Chlamydomonas*)와 몇몇의 군체성 종과 함께 단계통군(monophyletic group)을 이룬다는 것을 보여준다(그림 21.29). 볼복스 세포는, 클라미도모나스 세포벽에 있는 것과 상동인 단백질로 구성된 세포외 기질에 끼어 있다; 클라미도모나스와 볼복스 사이에서 분지된 군체성 종에서도 마찬가지이다. 볼복스에서의 다세포성은 더 크고 복잡한 일련의 군체형을 생기게 한 단세포 공통조상의 후손으로 유래했을 것이다.

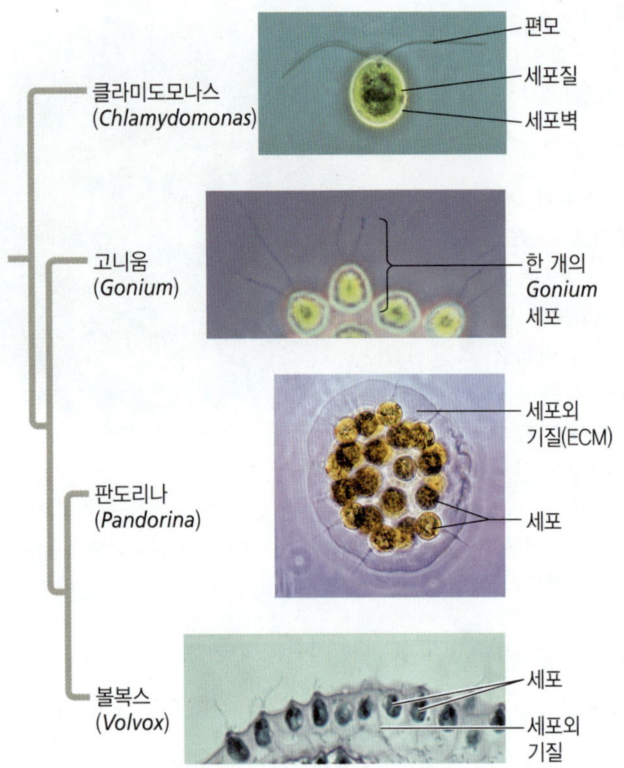

▲ **그림 21.29 볼복스(*Volvox*) 계통에서의 형태적 변화.** 고니움(*Gonium*)의 각 세포는 클라미도모나스(*Chlamydomonas*)의 세포를 닮았고, 고니움 세포를 서로 붙이는 구조는 단백질을 포함하는데, 이 단백질은 클라미도모나스 세포벽에 있는 것과 상동이다. 또한 판도리나(*Pandorina*)와 볼복스에서, 클라미도모나스의 외벽에서 발견되는 단백질과 상동인 것을 가지는 세포는 세포외 기질에 끼어 있다.

다세포 동물 기원의 단계

그림 21.30에 보인 바와 같이, 형태와 분자적 증거(의 조합)에 의하면, 깃편모충류(choanoflagellate)가 동물에 가장 가까운 현존하는 친척이라고 지적된다. 그러한 증거에 의하여, 연구자들은 깃편모충류와 현생 동물의 공통조상이 오늘날 깃편모충류를 닮은 단세포 부유물 섭식자(suspension feeder)였을 것이라고 가설을 세웠다.

동물에서 다세포성의 기원에는 세포가 부착하거나 서로 신호전달(의사소통)하기 위한 새로운 방법의 진화가 필요하다는 것을 주목하라. 최근 연구에서 그런 기작에 대해서 더 알아보기 위하여 단세포 깃편모충류인 *Monosiga brevicollis*와 대표적인 동물의 유전체를 비교하였다.

이 분석으로, 동물에서만 있는 것으로 알려진 78개 단백질 도메인들(domain)을 *M. brevicollis*에서 밝혀내었다. [도메인은 단백질의 핵심적인 구조와 기능적 구역이다.] 동물에서, 공유되고 있는 이들 많은 단백질 도메인들은 세포의 부착과 신호전달 작용을 한다. 단지 두 개의 예를 든다면, *M. brevicollis*는 동물세포가 서로 붙잡거나 부착하는데 핵심적인 역할을 하는 [카드헤린(cadherin)으로 알려진] 특정 단백질을 암호화하는 유전자를 가질 뿐 아니라, 동물(오로지 동물만)이 세포 신호전달 경로에 사용하는 단백질 도메인을 암호화하는 유전자도 가진다.

새로운 연구는 또한 우리에게 동물에서 다세포성의 기원에 중요한 역할을 하는 특이한 단백질을 보다 자세히 볼 수 있도록 해주기도 한다. 이런 단백질은 대부분 깃편모충류의 조상 단백질에서 발견되는 도메인들로 이루어져 있는가? 혹은 이들이 더 새로

▼ **그림 21.30 깃편모충류가 동물과 유연관계가 높다는 증거(세 가지 관찰)**

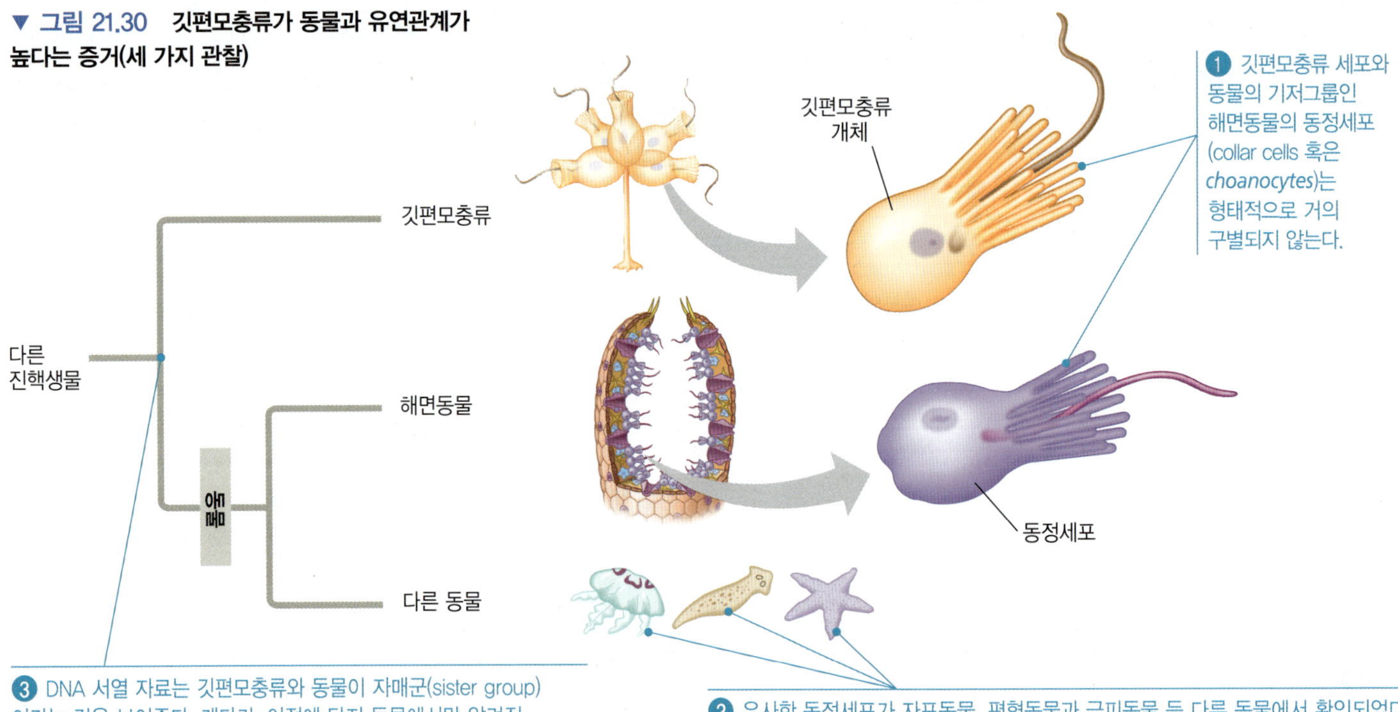

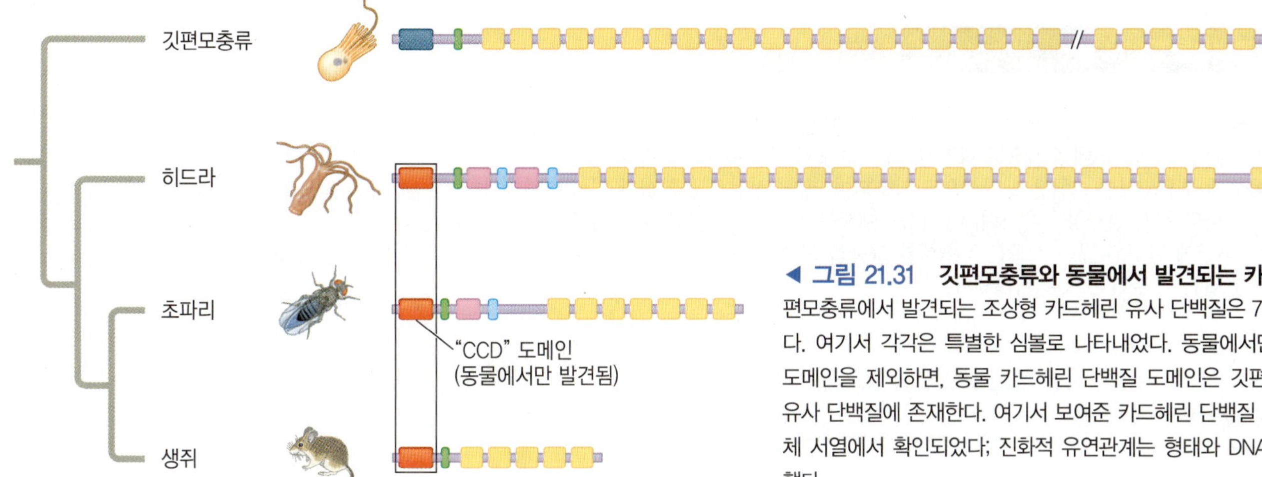

◀ **그림 21.31 깃편모충류와 동물에서 발견되는 카드헤린 단백질.** 깃편모충류에서 발견되는 조상형 카드헤린 유사 단백질은 7개의 도메인을 가진다. 여기서 각각은 특별한 심볼로 나타내었다. 동물에서만 발견되는 "CCD" 도메인을 제외하면, 동물 카드헤린 단백질 도메인은 깃편모충류의 카드헤린 유사 단백질에 존재한다. 여기서 보여준 카드헤린 단백질 도메인은 전체 유전체 서열에서 확인되었다; 진화적 유연관계는 형태와 DNA 서열 자료에 근거했다.

운 구조를 가지고 있는가? 이전에 언급했던 카드헤린 부착 단백질을 고려해 보라. DNA 서열 분석에서, 동물 카드헤린 단백질은 주로 깃편모충류의 카드헤린 유사 단백질에서 발견되는 도메인들로 구성되어 있다는 것을 보여준다**(그림 21.31)**. 그러나 세포가 서로 부착하도록 하는 동물 카드헤린 단백질에는 깃편모충류 단백질에서 발견되지 않는 매우 보전적인 도메인이 포함되어 있다(그림 21.31에서 보여준 "CCD" 도메인). 이런 결과는 카드헤린 부착 단백질의 기원이, 보전적인 CCD 도메인과 같은 새로운 도메인의 도입과 더불어, 깃편모충류에서 발견되는 단백질 도메인의 재배치(rearrangement)에 의해서 생긴다는 것을 시사한다.

종합적으로, 깃편모충류와 동물의 유전체 서열을 통하여, 동물에서 다세포로 전환되는 핵심적인 단계는 깃편모충류에서 발견되는 유전자가 암호화하는 단백질이나 그것의 일부를 이용하는 새로운 방법이 포함되어 있다는 것을 알게 되었다. 따라서 동물의 다세포성의 기원은, 많은 새로운 유전자로 이루어진 유전적 도구가 진화한 것이 아니라, 깃편모충에서 대부분 다른 목적으로 쓰이는 유전자를 선택함으로써 도출되었을 것이다.

개념 21.8

진핵생물의 네 가지 "슈퍼그룹"은 형태와 분자 자료에 근거하여 제안되었다

지금까지 이 장에서 기술된 사건들이 어떻게 오늘날 현존하는 진핵생물의 다양성에 영향을 미쳤을까? 첫째, 진핵생물은 본래 "조합"생물이다. 세포내 공생에 의해서 유래했기 때문에, 그들은 고세균과 세균의 유전자를 가지고 있으며 새로운 대사 능력을 지닌 세포내 세포내 공생자를 보유하고 있다. 이러한 특징들로 인하여 화석기록에서 보여진 단세포 원생생물의 다양화가 촉진되었고, 이들은 오늘날까지 한 방울의 연못물에서도 확연히 눈에 띈다. 몇몇의 진핵생물 계통에서 생긴 복잡한 다세포성의 독립적인 기원 또한 주된 영향을 미쳤다. 이들 독립적인 그룹의 각각은 모든 생물들이 직면한 다양한 도전에 대한 다른 해결책으로 진화했고, 그래서 오늘날 생존하는 진핵생물의 풍부한 다양성에 기여하고 있다. 우리는 여기서 네 가지 진핵생물 "슈퍼그룹"에 대한 큰 개관적인 그림을 시작으로 그 다양성을 살펴볼 것이다.

진핵생물의 네 가지 슈퍼그룹

진핵생물의 진화 역사에 대한 이해가 최근에 끊임없이 변하는 상태에 있다. 형태 및 유전학적 연구는, 일부 원생생물이 다른 원생생물보다 오히려 동식물 혹은 균류에 더 가깝게 연관되어 있다는 것을 보여주었다. 그 결과, 한때 모든 원생생물이 하나의 원생생물계(Protista)로 분류되던 것이 포기되었고, 이제는 원생생물의 다양한 계통들이 자체적으로 별개의 계(kingdoms)로 인식된다. 우리는 여기서 현재 통용되는 하나의 가설인 그림 21.32에 보인 진핵생물의 네 가지 슈퍼그룹에 초점을 둘 것이다. 진핵생물 계통수의 뿌리가 알려지지 않았기 때문에, 네 가지 슈퍼그룹의 모두는 공통조상으로부터 동시에 갈라지는 (분기하는) 것을 보여준다. 이것이 정확하지 않다는 것을 알지만, 어느 생물이 다른 세 가지로부터 가장 먼저 갈라졌는지 우리는 알지 못한다. 게다가, 그림 21.32의 일부 그룹이 형태와 DNA 자료로 잘 지지되는 반면에, 다른 그룹은 더 논란이 많다.

이제 네 가지 슈퍼그룹의 일부 대표적인 구성원을 살펴보겠다. 이들 그룹에 대해서 읽게 된다면, 그들 구성원의 특이한 이름보다는 왜 이들 생물이 중요하고, 진행되는 연구가 그들의 진화 유연관계를 어떻게 밝히는지에 더 초점을 두는 것이 도움이 되겠다.

섭식구굴착류

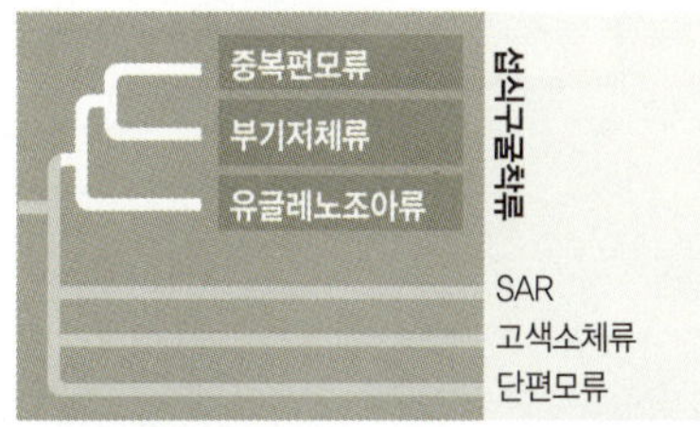

섭식구굴착류(Excavata, excavates) 분기군은 원래 세포골격의 형태학적 연구에 근거하여 제안되었다. 이 다양한 그룹의 일부 구성원이, 세포 몸체의 한쪽 면에 "굴착된(excavated)" 먹이 홈(섭식구)의 특징을 갖는다는 사실에서 그 이름이 유래한다. 섭식구굴착류에는 중복편

▼ 그림 21.32 진핵생물 다양성 탐구

아래 계통수는 오늘날 지구상 진핵생물들 간의 유연관계를 나타내는 계통적 가설이다. 가지 끝에 있는 진핵생물 그룹은 계통수의 오른쪽 끝에 수직으로 표지된, 보다 규모가 큰 "슈퍼그룹"과 유연관계를 가진다. 이전에 원생생물계에 분류되었던 그룹은 노란색으로 강조되어 있다. 점선은 불확실한 진화적 관계나 논란이 심한 분기군을 나타낸다. 명확성을 위하여, 이 계통수에서는 각 슈퍼그룹에서 대표적인 분기군만 포함시켰다. 게다가, 최근에 발견된 많은 새로운 진핵생물 그룹을 고려하면, 진핵생물 다양성은 여기서 보여준 것보다 사실상 훨씬 더 높다는 것을 나타낸다.

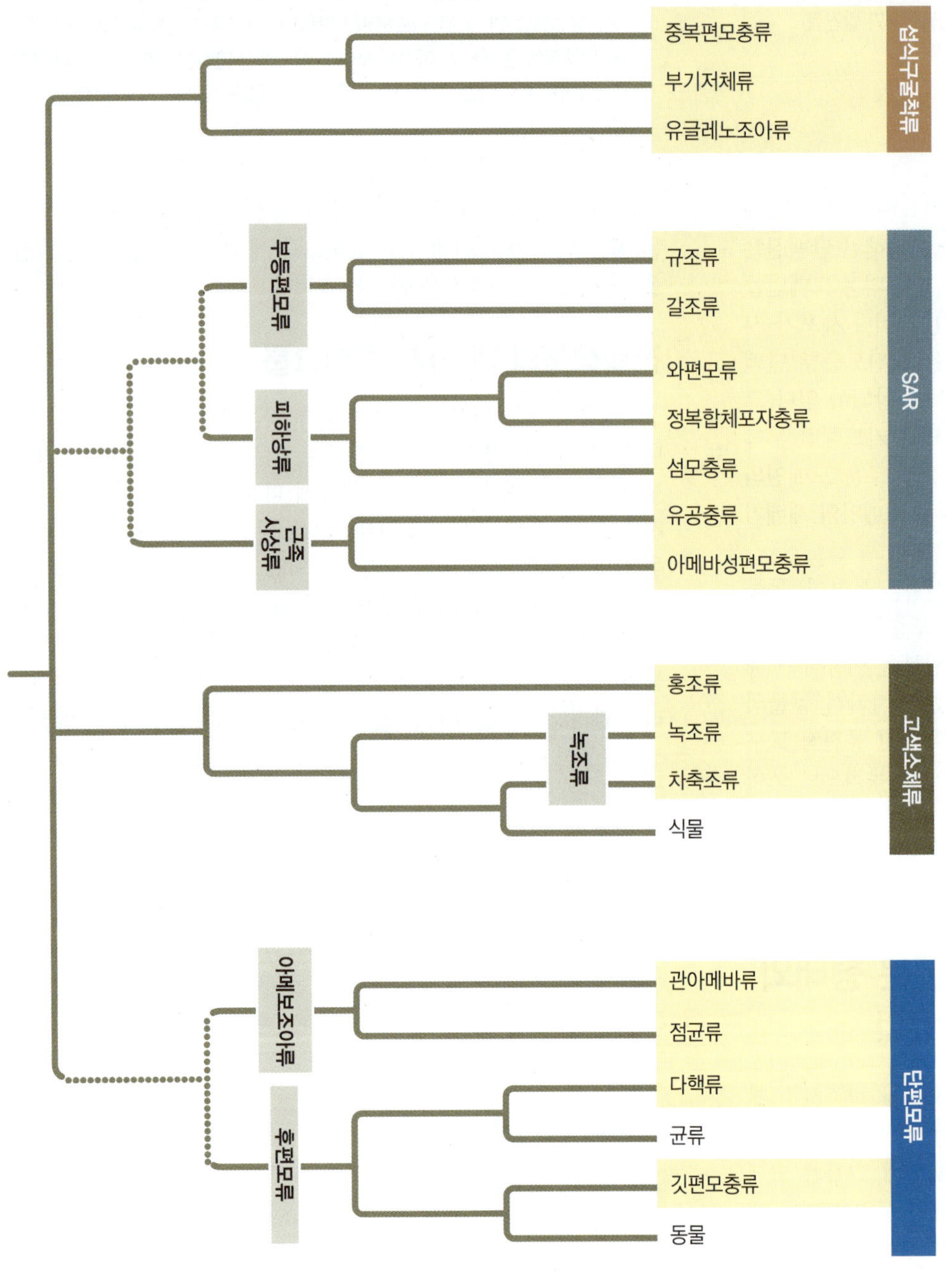

모류, 부기저체류와 유글레노조아류가 포함된다. 분자적 자료로 이들 세 그룹의 각각이 단계통군임이 보였고, 최근의 유전체 연구로 슈퍼그룹 섭식구굴착류의 단계통성이 지지되었다.

중복편모충류와 부기저체류

이 두 그룹의 원생생물은 색소체가 없고 매우 축소된 미토콘드리아를 가진다(최근까지 모두 미토콘드리아가 없는 것으로 파악되었다). 대부분의 중복편모충류와 부기저체류는 혐기성 환경에서 발견된다.

중복편모충류(diplomonads)는 미토솜(mitosome)이라는 축소된 미토콘드리아를 가진다. 이 소기관은 전자전달계의 기능이 없어 탄수화물과 기타 유기분자로부터 에너지를 얻는 데 도움을 주는 산소를 사용할 수 없다. 대신 중복편모충류는 필요한 에너지를 해당작용과 같은 혐기성 생화학적 경로를 거쳐서 얻는다. 많은 중복편모충류는 기생충으로, 악명 높은 내장흡반편모충(*Giardia intestinalis*)을 포함하고(그림 21.32), 포유류 내장에 서식한다. 내장흡반편모충과 다른 중복편모충류는 복수의 편모를 이용하여 스스로 앞으로 나아간다.

부기저체류(parabasalid)도 수소발생소포(hydrogenosome)라는 축소된 미토콘드리아를 가지는데 이들 소기관은 혐기상태에서 에너지를 생성하고 부산물로 수소 가스를 방출한다. 가장 잘 알려진 부기저체류에는 매년 500만 명의 사람을 감염시키며 성관계에서 전달될 수 있는 질(세모)편모충(*Trichomonas vaginalis*)이 있다. 이 편모충은 편모와 물결 모양의 원형질막을 이용해서 사람의 생식관과 요도관의 점액질 내벽을 따라 이동한다(그림 21.33).

유글레노조아류

유글레노조아류(euglenozoans)라 불리는 원생생물은 포식성의 종속영양생물, 광독립영양생물, 그리고 기생충과 같은 다양한 분기군을 포함하고 있다. 이 분기군이 다른 원생생물과 구별되는 주된 형태적 특징은 그들의 각 편모 내에 나

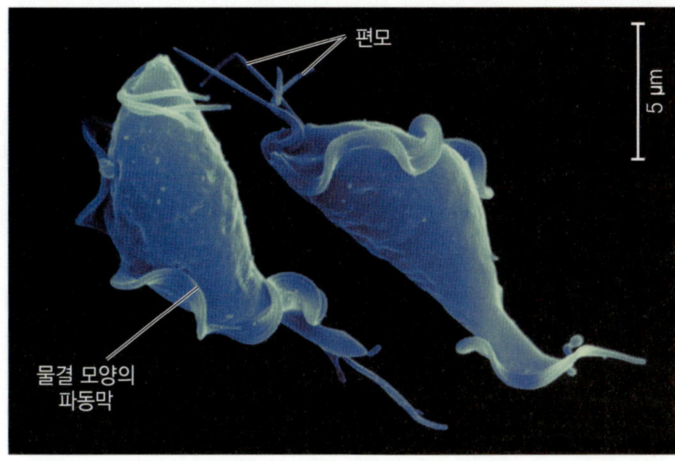

▲ 그림 21.33 **부기저체류 기생충, 질편모충(*Trichomonas vaginalis*)** (채색된 주사 전자 현미경 사진)

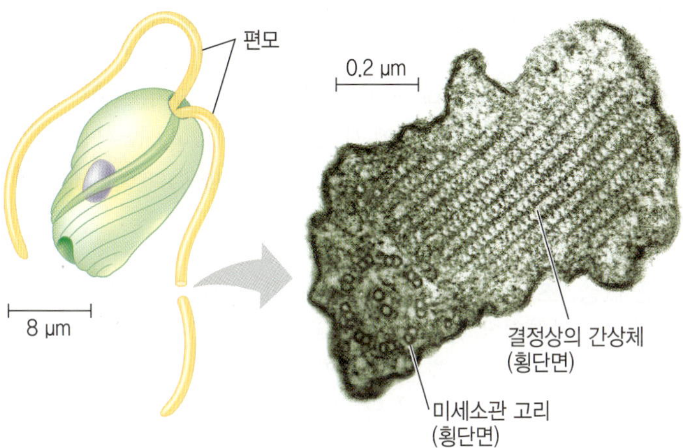

▲ 그림 21.34 **유글레노조아류의 편모.** 대부분의 유글레노조아류는 편모 내부에 결정상의 간상체가 있다(투과 전자 현미경 사진은 횡단면의 편모임).

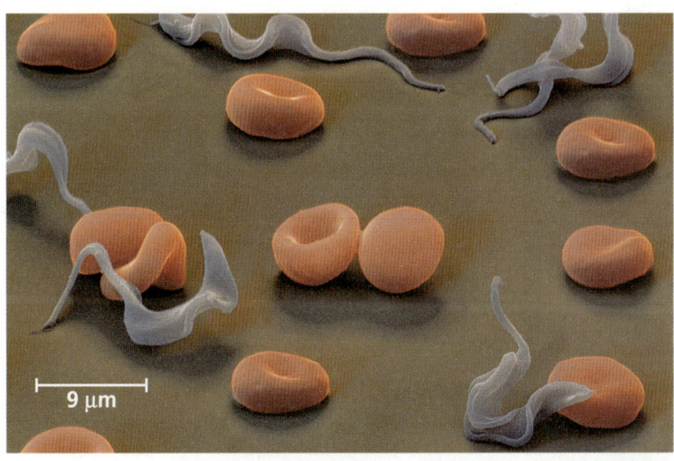

▲ 그림 21.35 **파동편모충(*Trypanosoma*), 수면병을 유발하는 운동핵편모충류.** 적혈구 사이에 보라색 리본처럼 구불구불한 것들이 파동편모충이다(채색된 주사 전자 현미경 사진).

선형 또는 결정상의 간상체 구조가 있다는 것이다(그림 21.34). 유글레노조아류 중에서 가장 연구가 잘 된 그룹은 운동핵편모충류(kinetoplastids)와 유글레나류(euglenids)이다.

유글레나류(euglenid)는 세포의 한쪽 말단부에 한 개 또는 두 개의 편모가 나오는 주머니가 있다(그림 21.34의 그림 참조). 일부 유글레나류는 햇빛이 있으면 광합성을 수행한다; 햇빛이 없으면 그들은 환경으로부터 유기물을 흡수하는 종속영양생물이 될 수 있다. 많은 다른 유글레나류는 식세포작용으로 먹이를 섭취한다.

운동핵편모충류(kinetoplastids)는 동원질체(kinetoplast)라 불리는 잘 조직된 DNA 덩어리가 포함된 단 하나의 대형 미토콘드리아를 가진다. 이 원생생물은 수생태계에서 원핵생물을 섭식하는 종뿐 아니라 동물, 식물과 다른 원생생물에 기생하는 종도 있다. 예를 들어, 파동편모충(*Trypanosoma*)속에 속하는 운동핵편모충류는 인간에게 감염하여 신경 질병인 수면병을 유발하는데, 이 질병은 치료하지 않으면 치명적이다(그림 21.35).

SAR: 부등편모류, 피하낭류와 근족사상류

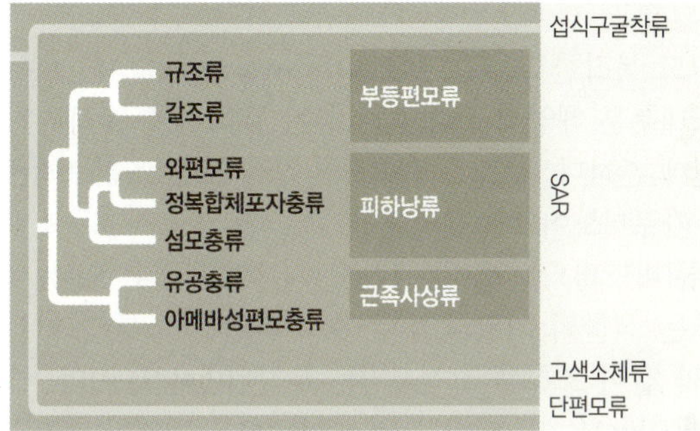

최근 유전체 연구로, 연구자들은 원생생물의 세 가지 주요한 분기군인, 부등편모류(stramenopiles), 피하낭류(alveolates)와 근족사상류(rhizarians)를 그 구성 분기군의 첫 글자를 따서 **"SAR"**로 언급된 단계통군의 슈퍼그룹을 제안하게 되었다.

부등편모류

SAR 중 하나의 주요 하위그룹인 **부등편모류(stramenopiles)**는 2차 세포내 공생에 의해서(자매군인 피하낭류와 함께) 생겼다고 여겨진다. 부등편모류는 지구상의 가장 중요한 광합성 생물의 일부를 포함한다. 여기서 우리는 부등편모류의 두 분기군인 규조류와 갈조류에 초점을 둘 것이다.

규조류 광합성 원생생물의 핵심 그룹인 **규조류(diatoms)**는 유기매질에 끼어 있는 규산염(이산화규소)으로 만들어진 유리 같은 독특한 세포벽을 가진다(그림 21.36). 이 벽은 신발상자와 그 뚜껑이 겹친 것처럼 두 부분으로 구성되어 있다. 이 벽은 포식자가 짓누르듯 씹어대는 턱으로부터 규조류를 효과적으로 보호한다. 살아 있는 규조류는 140만 kg/m^2의 압력을 견딜 수 있음을 발견했는데 이는 코끼리 한 마리를 받치고 있는 탁자 다리 한 개에 작용하는 압력에 해당한다!

약 10만 종으로 추정되는 현생 규조류는 굉장히 종류가 다양한

▶ 그림 21.36 **규조류**
Triceratium morlandii
(채색된 주사 전자 현미경 사진)

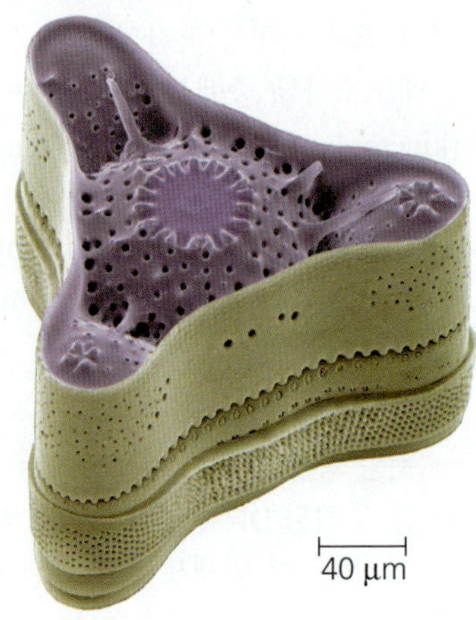

원생생물이다. 그들은 해양과 호수 모두에서 가장 풍부한 광합성 생물이다: 바다 표층에서 퍼 올린 한 양동이의 물에는 수백만 개체의 현미경적 크기의 이 조류가 들어 있을 것이다. 이 장의 후반에서 고찰하겠지만, 이렇게 광범위하고 풍부하게 분포하는 조류의 광합성 활동은 지구의 이산화탄소(CO_2) 수준에 영향을 미칠 수 있다.

갈조류 가장 크고 복잡한 조류는 **갈조류(brown algae)**이다. 모두가 다세포이며 대부분 해양에 산다. 갈조류는 특히 냉수성 해류가 있는 온대 연안에 흔하다. 갈조류의 특징인 갈색 또는 올리브색은 색소체에 있는 카로티노이드 때문이다.

흔히 "해조류(바닷말)"로 불리는 많은 종은 갈조류다. 일부 갈조류인 해조류는 식물의 기관을 닮은 특수화된 구조를 가지는데, 가령 뿌리와 같이 조류를 고정시키는 **부착기(holdfast)**와, 줄기와 같은 **엽병(stipe)**은 잎과 같은 **엽신(blade)**을 지지한다(그림 21.37). 그러나 식물과 달리, 갈조류는 진정한 조직과 기관이 없다.

▲ 그림 21.37 **해양의 가장자리에 적응한 해조류.** 바다야자수(*Postelsia*)는 미국 북서부와 캐나다 서부의 바위해안에 서식한다. 이 갈조류의 몸체는 강한 파도에도 굳세게 버티는 부착기로 잘 적응하고 있다.

더욱이, 형태와 DNA 증거들에 의하면 조류와 식물이 유사한 것은, 이들이 각각의 계통에서 독립적으로 진화해온 것이기에 상동적인 것이 아니라 상이한 유사성(상사적 analogous)의 결과이다. 게다가, 식물은 중력에 대하여 지지하도록 적응(가령 뻣뻣한 줄기)했지만, 갈조류는 주된 광합성 표면(잎과 같은 엽신)을 수표면 가까이 있도록 하는 적응을 했다. 일부 갈조류는 공기가 차 있는 방울 모양의 부유기(floats)로 이러한 일을 수행한다. 켈프(kelps)로 알려진 깊은 바다에 사는 대형 갈조류는 엽병에 붙어 있는 엽신에 그러한 부유기를 가지고 해저로부터 60미터 정도 높이인 축구장 절반이 넘는 길이로 떠오를 수 있다.

피하낭류

SAR의 다음 하위그룹의 구성원인 **피하낭류(alveolates)**는 세포막 바로 아래에 있는 막으로 둘러싸인 낭(피하낭, alveoli)을 가진다(그림 21.38). 부등편모류와 마찬가지로, 피하낭류는 2차 세포내 공생에 의해서 생겼을 것이다. 피하낭류는 많은 서식처에서 수도가 높으며, 다양한 광합성 원생생물과 종속영양 원생생물을 포함한다. 여기서는 두 개의 피하낭류 분기군인 편모류의 한 그룹(와편모류 dinoflagellates)과 섬모를 이용해서 움직이는 원생생물의 한 그룹(섬모충류, ciliates)에 대해서 고찰하겠고, 동물에 기생하는 세 번째 분기군(정복합체포자충류 apicomplexans)에 대해서는 개념 21.9에서 살펴보겠다.

와편모(충, 조)류. 많은 **와편모류(dinoflagellates)**의 세포는 섬유소판으로 강화되어 있다. 이 판으로 된 "갑옷"에 파여 있는 홈에 위치한 두 개의 편모 때문에, 와편모류(소용돌이치는 그리스어의 *dinos*에서 유래)는 해양 및 담수군집의 수중에서 움직일 때 회전한다(그림 21.39). 비록 그들의 조상이 2차 세포내 공생에 의해서 기원했어도, 대략 전체 와편모류의 절반은 현재 순전히 종속영양 생물이다. 비록 일부 다른 것들이 광합성과 종속영양을 조합한 **혼합영양생물(mixotrophs)**일지라도, 다른 것들은 중요한 광합성 종이다.

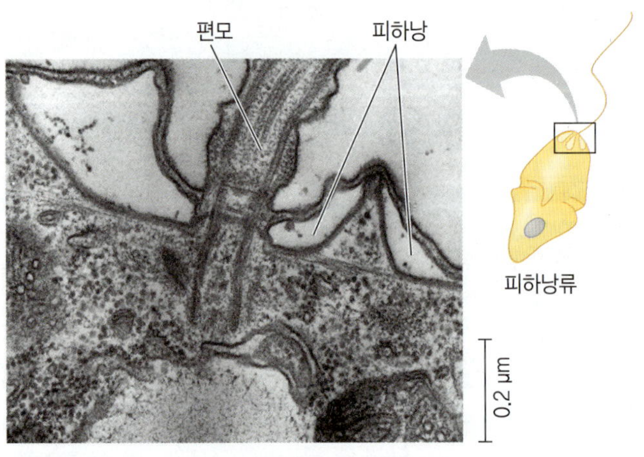

▲ 그림 21.38 **피하낭.** 원형질막 아래에 있는 작은 주머니들이 피하낭류를 다른 진핵생물과 구별되는 특징이다(투과 전자 현미경 사진).

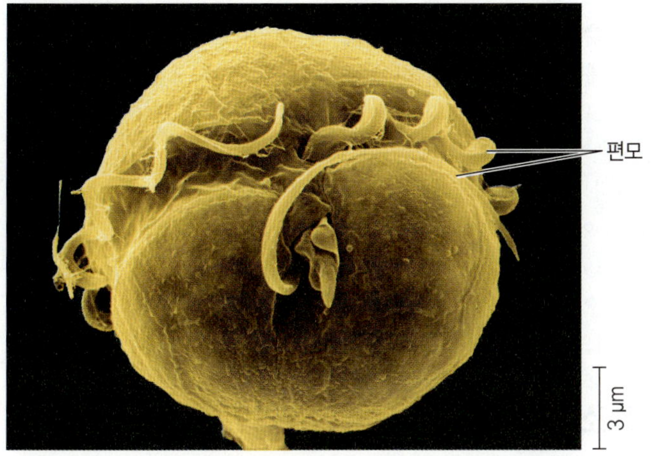

▲ **그림 21.39** **와편모류, *Pfiesteria shumwayae*.** 세포를 둘러싼 홈에 위치한 나선형 편모를 퍼덕임으로써 피하낭류를 회전시킨다(채색된 주사 전자 현미경 사진).

와편모류에서 개체군이 폭발적으로 증가하는 기간, 혹은 대번성(blooms)하는 경우, 때때로 "적조"라는 현상을 유발한다. 대번성으로 인해 연안 해수의 색깔은 와편모조류의 색소체에 가장 보편적인 색소인 카로티노이드 때문에 적갈색 또는 분홍색을 띤다. 일부 와편모류에서 나온 독소가 무척추동물 또는 어류를 대량으로 죽인다. 이 독소를 축척한 연체동물을 섭취한 인간도 영향을 받는데 때로는 치명적이다.

섬모충류. **섬모충류(ciliates)**는 이동과 먹이를 섭취하는 데 사용되는 섬모(cilia) 때문에 그 이름이 붙여진 크고 다양한 원생생물 그룹이다(**그림 21.40**). 대부분의 섬모충류는 전형적으로 세균이나 다른 원생생물의 포식자이다. 그들의 섬모는 세포 표면을 완전히 덮거나 몇 줄 또는 다발로 뭉쳐 있다. 일부 종에서, 밀집한 섬모열은 집합적으로 작용하여 이동에 이용된다. 다른 종에서는 많은 섬모가 다발로 결합되어 다리와 유사한 구조로 종종걸음으로 움직인다.

근족사상류

SAR의 다음 하위그룹은 **근족사상류(rhizarians)**이다. 이 그룹의 많은 종은 **아메바(amoeba)**로, 세포 표면의 어느 면에서든지 부풀어져 연장된 **위족(pseudopodia)**을 이용하여 이동하고 섭식하는 원생생물이다. 아메바는 이동할 때 위족을 뻗어서 끝을 고정시켜 더 많은 세포질이 위족으로 흘러들어가게 한다. 아메바류는 더 이상 단일계통군을 구성하지 않고 유연관계가 먼 여러 진핵생물 분류군으로 분산되어 있다. 근족사상류인 대부분의 아메바류는 실 모양의 위족이 있어서 다른 아메바와 형태적으로 다르다. 또한 근족사상류는 실 같은 위족으로 섭식하는 편모가 있는 (아메바가 아닌) 원생생물을 포함한다.

여기서는 두 그룹의 근족사상류인 유공충류(forams)와 아메바성편모충류(cercozoa)를 살펴보겠다.

유공충류 **유공충류(foraminiferans, forams**; '작은 구멍'을 의미하는 라틴어 *foramen*과 '지니다, 가지다'를 의미하는 *ferre*에서 유래)로 부르는 원생생물은 작은 구멍이 있는 껍질인 **외각(tests)** 때문에 붙여진 이름이다. 보통 유공충의 외각은 탄산칼슘으로 구성된 단단해진 한 조각의 유기물로 되어 있다. 구멍으로 뻗어 나온 위족은 유영, 외각 형성, 그리고 먹이섭취 기능을 한다. 많은 유공충은, 외각 안에 공생하는 조류가 수행하는 광합성으로부터 영양분을 얻는다. 호수와 해양에서 발견되는 대부분의 유공충은 모래 속에 또는 암석과 조류에 부착하여 생활하지만, 일부는 수표면 근처의 수류에 부유한다. 가장 큰 유공충은 단세포이지만 외각의 직경이 수 센티미터에 이른다.

아메바성편모충류 분자계통연구로 처음으로 식별된, **아메바성편모충류(cercozoans)**는 아메바류와 편모류 원생동물을 포함하는 큰 원생생물 그룹으로 실 같은 위족으로 섭식한다. 아메바성편모충류는 해양과 담수, 토양 생태계에 흔하지만, 많은 아메바성편모충류는 동식물이나 다른 원생생물에 기생하고, 다른 많은 아메바

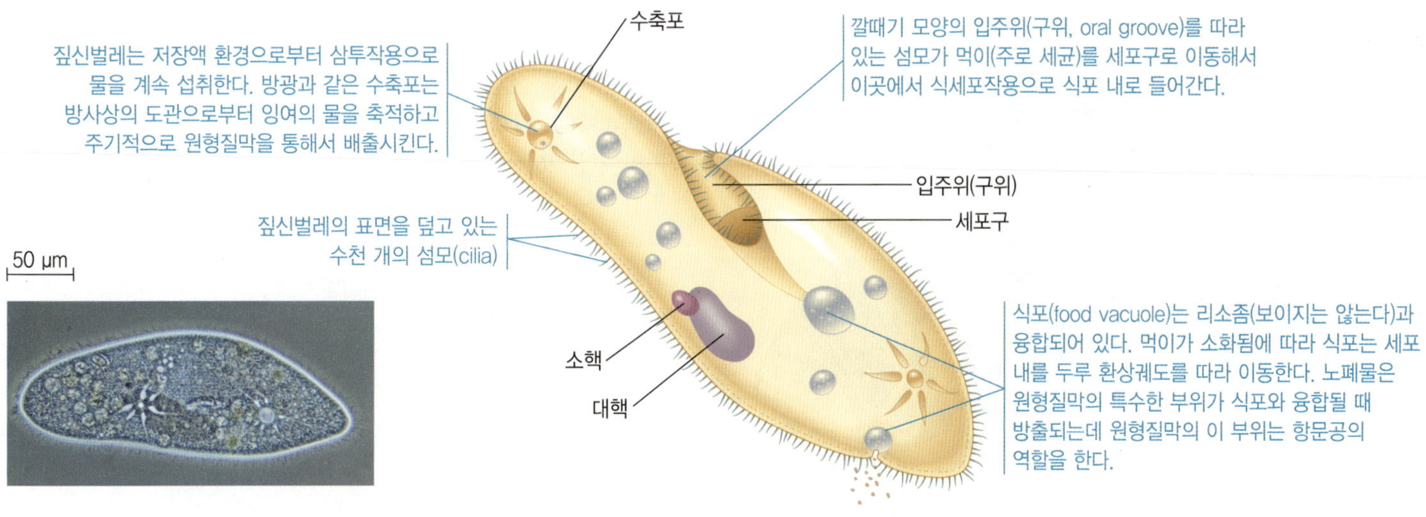

▲ **그림 21.40** **섬모충류인 짚신벌레(*Paramecium caudatum*)의 구조와 기능**

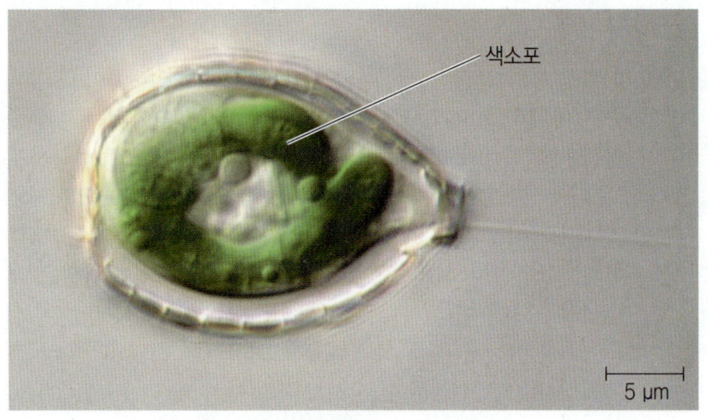

▲ **그림 21.41 1차 세포내 공생의 또 하나의 예?** 아메바성편모충류인 *Paulinella*는 색소포라는 독특한 구조로 광합성을 한다(광학 현미경 사진). 색소포는 펩티도글리칸층의 막으로 둘러싸여 있는데 이는 그들이 세균에서 유래함을 암시한다. DNA 증거에 의하면 색소포는 다른 색소체가 유래된 것과는 달리 차이가 나는 다른 남조류에서 유래되었다고 한다.

성편모충류는 세균, 균류와 다른 원생생물을 섭식하는 포식자이다. 아메바성편모충류의 작은 그룹인 클로라라크니오조류(이전에 2차 세포내 공생을 논의할 때 언급됨)는 혼합영양성이다: 이 생물은 작은 원생생물과 세균을 섭취할 뿐아니라 광합성을 한다. 적어도 하나의 다른 아메바성편모충류, *Paulinella chromatophora*는 빛에서 에너지를, 이산화탄소에서 탄소를 얻는 독립영양생물이다. 그림 21.41에서 기술된 것처럼, *Paulinella*는 그의 광합성 장치를 남세균으로부터 직접적으로 얻은, 진핵생물 계통에 추가된 흥미로운 진화의 예를 나타내는 것 같다.

고색소체류

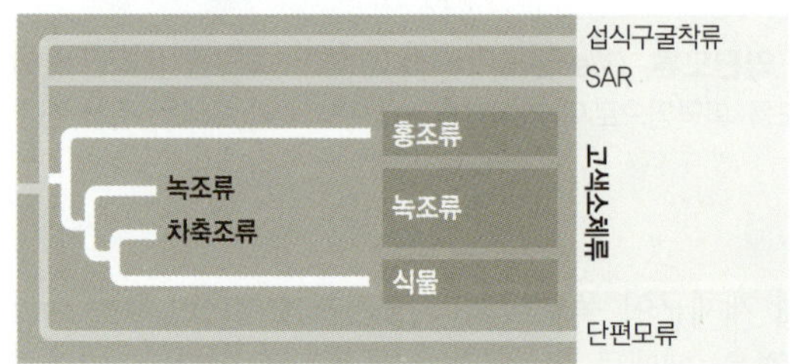

이전에 기술한 바와 같이, 형태 및 분자적 증거는, 하나의 종속영양 원생생물이 남세균 세포내 공생체를 얻었을 때 색소체가 생겨났다는 것을 나타낸다. 나중에, 이 고대 원생생물 중에 광합성하는 후손들이 홍조류와 녹조류로 진화했고, 녹조류를 만들어 낸 계통이 식물의 기원이 되었다. 홍조류, 녹조류와 식물이 함께 진핵생물의 세 번째 슈퍼그룹인 **고색소체류(Archaeplastida)**를 구성한다.

홍조류

6,000종이나 되는 많은 종이 알려진 **홍조류(red algae**, rhodophytes; '붉은색'을 뜻하는 그리스어 *rhodos*에서 유래)는 홍조소(phycoerythrin)라는 광합성 색소가 녹색의 엽록소를 덮어 가리기 때문에 붉다. 그러나 얕은 물에 적응한 다른 종은 홍조소가 적다. 그 결과 홍조류 종은 아주 얕은 물에서는 녹색을 띤 붉은색, 중간 정도 깊이에서는 선홍색, 그리고 심해에서는 거의 검은색을 띨 것이다. 일부 종은 색소가 전혀 없고 다른 홍조류에 기생해서 종속영양을 한다.

홍조류는 열대 해양의 따뜻한 연안 해역에서 풍부하다. 홍조소를 포함한 그들의 일부 광합성 색소 때문에 수중의 깊은 곳까지 투과하는 청색 또는 녹색의 광선을 흡수할 수 있다. 바하마 근처의 수심 260 m보다 깊은 곳에서 홍조류의 한 종이 발견되었다. 또한 소수의 홍조류 종은 담수와 육상에 존재한다. 대부분 홍조류는 다세포이다(그림 21.42). 대형 갈조류인 켈프만큼 크지는 않지만, 가장 큰 다세포 홍조류는 비공식적 명칭인 "해조류(바닷말)"에 포함된다. 아마도 여러분은 이 다세포 홍조류 중의 하나인 김(*Porphyra*, 일본어로 "노리"), 초밥을 싸고 있는 랩이나 바싹바싹한 종잇장 같은 것을 먹어 본 적이 있을 것이다. 홍조류는 유성생식을 한다. 그러나 다른 조류들과는 달리, 홍조류는 생활사에서 편모 단계가 없어 수정하기 위해서는 생식세포를 함께 모아주는 수류에 의존한다.

▶ **갈고리풀 속의 한 종 (*Bonnemaisonia hamifera*).** 이 홍조류는 섬유 형태이다.

▼ **김.** 홍조류인 김(*Porphyra*)은 전통적인 일본 음식 자원이다.

해조류가 얕은 연안의 그물 위에서 재배된다.

종잇장처럼 얇고 윤이 나는 김은 밥, 해산물과 야채를 싸는 광물질이 풍부한 초밥의 재료이다.

▲ **그림 21.42 홍조류**

녹조류

녹조류(green algae)의 연두색 엽록체는 구조와 색소의 조성에서 식물의 엽록체와 아주 유사하다. 분자 계통학과 세포의 형태학적 관점에서 녹조류와 식물은 유연관계가 높다는 점에는 이의가 없다. 사실, 일부 계통학자들은 녹조류를 포함하여 확장된 개념의 "식물"계인, 녹색식물계(Viridiplantae; 녹색을 뜻하는 라틴어 *viridis*에서 유래)를 주장한다. 계통학적으로 이러한 변화는 의미를 가진다. 그렇지 않으면 녹조류가 측계통군이 되기 때문이다.

녹조류는 두 가지 주요 그룹인 녹조류와 차축조류(charophyceans)로 구분된다. 차축조류는 육상 식물에 가장 가까운 조류이기 때문에 그들에 대해서 22장에서 식물과 함께 살펴보게 될 것이다.

두 번째 그룹인 녹조류(chlrophyte; 녹색을 뜻하는 그리스어 *chloros*에서 유래)에는 7,000종 이상이 포함된다. 대부분 담수에 서식하나 바다에 사는 종도 많고 육상에 사는 종도 일부 있다. 거의 모든 녹조류의 종은, 컵 모양의 엽록체와 두 개의 편모로 구성된 생식세포로 유성생식을 한다. 가장 단순한 녹조류는 단세포 생물인 클라미도모나스(*Chlamydomonas*)를 예로 들 수 있는데, 보다 복잡한 녹조류의 배우자를 닮았다. 일부 단세포 녹조류는 수계 서식처에서 독립적으로 살지만, 일부는 광합성 산물로 숙주에게 먹이를 제공하면서 공생으로 다른 진핵생물 안에서 산다. 볼복스(*Volvox*)와 갈파래(*Ulva*, 그림 21.43)를 포함하여, 다양한 다세포 녹조류에서 보다 큰 크기와 엄청난 복잡성이 발견된다.

(a) **갈파래 또는 바다상추 (*Ulva*).** 이 식용 녹조류는 다세포성 엽상체가 잎과 같은 엽신으로 분화했다. 뿌리와 같은 부착기로 조류를 고정시킨다.

(b) **옥덩굴(*Caulerpa*), 조간대의 녹조류.** 가지처럼 뻗은 섬유체는 가로지르는 벽이 없어 다핵세포이다. 실제로 이 엽상체는 하나의 큰 "거대세포"이다.

▲ **그림 21.43 다세포 녹조류**

단편모류

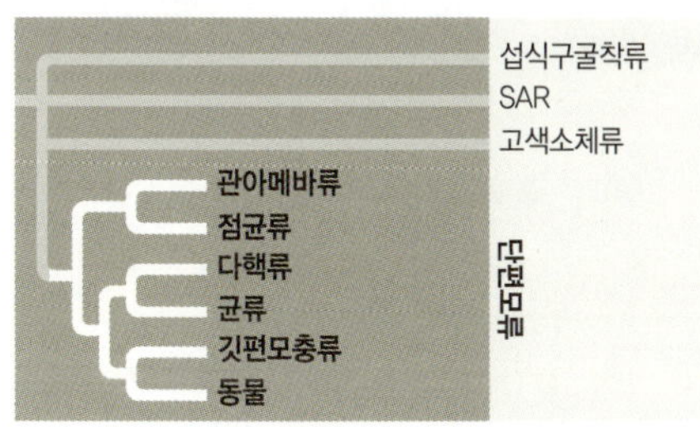

네 번째 슈퍼그룹인 **단편모류(Unikonta)**는 동물, 균류, 그리고 일부 원생생물이 포함된 굉장히 다양한 그룹이다. 단편모류에는 두 개의 주요 분기군이 있는데 그것은 아메보조아류(amoebozoans)와 후편모류(opisthokonts; 동물, 균류 그리고 밀접히 관련된 원생생물군들)이다. 이 두 분기군의 각각은 분자계통학적 연구로 강력하게 지지되고 있다.

아메보조아류

아메보조아류(amoebozoan) 분기군에 속한 많은 종은, 근족사상류에서 발견된 실 모양의 위족보다는, 귓불 또는 관 모양의 위족을 가진다. 단세포 아메바조아류의 주요 그룹 중의 하나인 관아메바류는 토양뿐 아니라 담수와 해양 환경 등 어디에나 흔하다. 관아메바류의 하나인 *Amoeba proteus*를 포함하는 대부분은 종속영양생물로서 세균이나 다른 원생생물을 활발히 찾아서 소비한다. 일부 관아메바류는 유기물 잔해(유기쇄설물, detritus; 살아 있지 않은 유기물)도 섭식한다.

아메보조아류는 다세포 점균류도 포함한다. 점균류(slime molds)는 한때 균류로 취급되었다. 왜냐하면 균류처럼 이들은 포자의 분산을 돕는 자실체를 만들기 때문이다. 그러나 점균류와 균류의 유사성은 또 다른 수렴진화의 예로 보인다. DNA 서열분석 결과로, 점균류가 균류보다 다른 단세포 아메보조아류 조상에서 유래했다는 것을 나타내고, 진핵생물에서 독립적인 다세포성 진화의 또 다른 예가 되었다.

일부 점균류의 생활사에서 생물의 개체란 무엇을 의미하는지 의문이 제기된다. 세포성 점균류인 *Dictyostelium*을 생각해보라. 먹이섭취 단계에서 홀로 있는 세포들은 개체로 역할을 수행하지만, 먹이가 고갈되면 세포들은 모여서 한 단위로 행동하는 집합체를 형성한다(그림 21.44). 이렇게 집합체로 모인 세포는 마침내 점균류의 자실체 단계를 형성한다. 이 단계 동안에 줄기를 형성하던 세포는 건조해짐에 따라 죽지만 줄기 끝에 포자는 살아남아 분산되고 나중에 생식력을 가진다.

후편모류

후편모류(opisthokont)는 동물, 균류, 그리고 몇 개의 원생생물 그룹을 포함한 굉장히 다양한 진핵생물 그룹이다. 균류와 동물의 육상 정착과 진화 역사는 22~23장에서 논의할 것이다. 후편모류 원생생물 중에서 다핵류(nucleariida)는 다른 원생생물보다 균류와 더 유연관계가 가까워 22장에서 논의할 것이다. 깃편모충류(choanoflagellates)는 다른 원생생물보다 동물과 유연관계가 더 가깝다는 것을 이 장의 앞부분에서 다루었다.

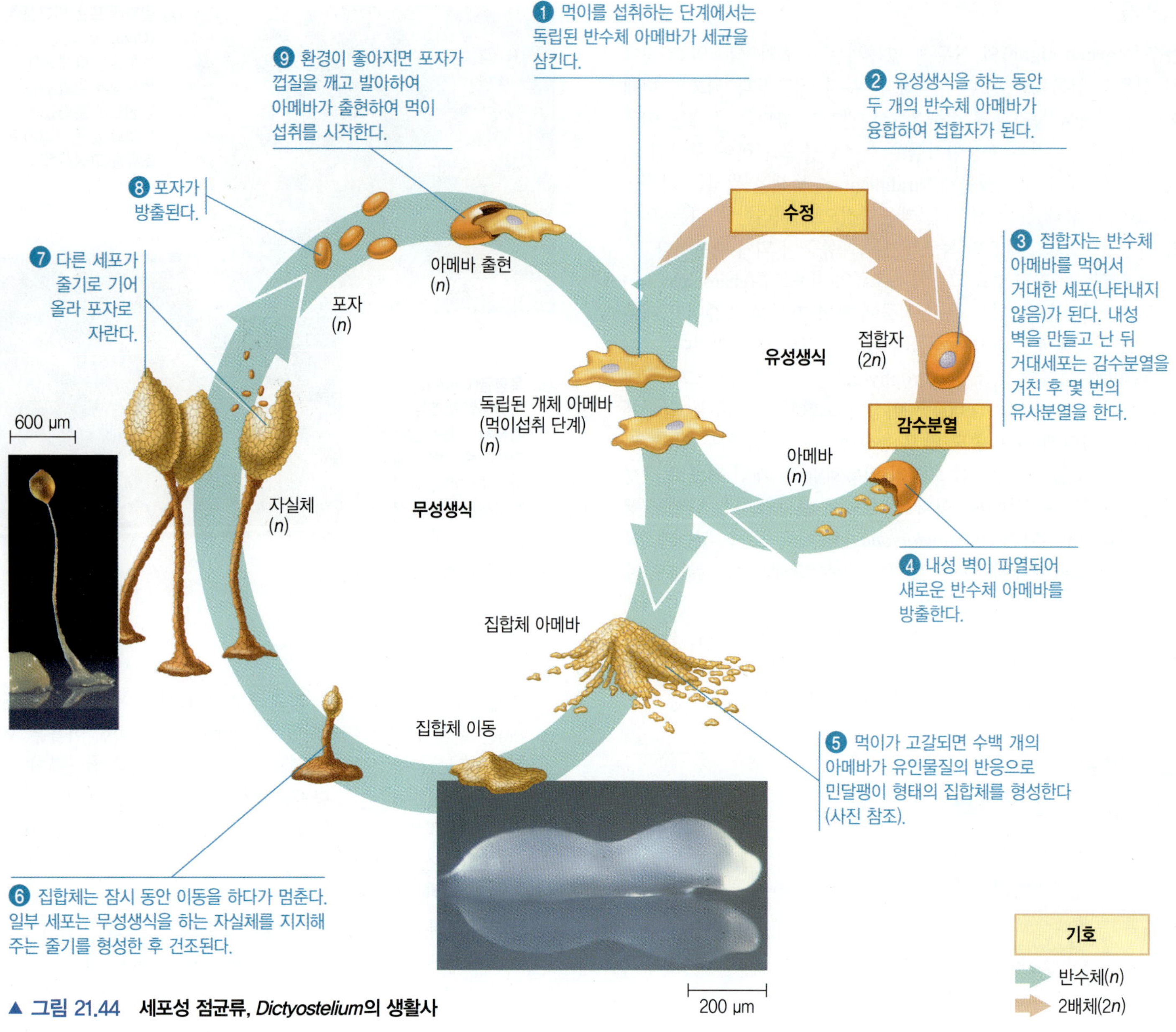

▲ 그림 21.44 **세포성 점균류, *Dictyostelium*의 생활사**

개념 21.9

단세포 진핵생물은 생태 군집에서 핵심적 역할을 하고 인간의 건강에 영향을 미친다

네 가지 진핵생물 슈퍼그룹을 살펴본 바에 의하면, 동식물과 균류와 같이 잘 알려진 대형 다세포 생물은 진핵생물 계통수의 일부 소수의 가지 끝에 있다. 나머지 모든 가지는 원생생물 계통으로, 구조와 기능에서 굉장한 다양성을 보인다.

원생생물의 구조와 기능적 다양성

대부분의 원생생물은, 비록 군체이며 다세포성인 종이 있지만, 단세포 생물이다. 단세포 원생생물은 가장 간단한 진핵생물이라고 할 수 있지만 세포 단계에서 보면 많은 원생생물은 세포 중에서 가장 복잡하다. 다세포 생물에서는 기관이 필수적인 생물학적 기능을 수행한다. 단세포 생물도 동일한 생물학적 기능을 수행하지만 다세포 기관이 아닌, 핵, 소포체, 골지체, 리소좀과 같은 준세포 소기관(subcellular organelle)을 사용한다.

대부분의 원생생물은 수중 생활을 하며, 축축한 토양과 낙엽 더미와 같은 습기 있는 육상 서식처를 포함하여 물이 있는 곳이면 어디서든 발견된다. 해양과 호수에서 많은 원생생물은 바닥에 부착하거나 모래와 침니 속으로 기어다니고, 다른 일부는 수표면 근처에서 부유한다. 이렇게 다양한 서식처에 사는 원생생물은 또한 광범위한 영양적 다양성을 나타낸다. 이미 살펴보았듯이, 많은 원생생물은 광독립영양생물로서 엽록체를 가지고 있다. 다른 많은 원생생물은 종속영양생물로서 유기물을 흡수하거나 큰 먹이 입자를 섭취한다. 그러한 종속영양 원생생물에는 중요한 상리공생 종이나 기생성 종이 포함된다. 나머지 일부의 원생생물은 종속영양과 광독립영양을 조합한 혼합영양생물(mixotrophs)이다. 광독립영양, 종속영양과 혼합영양은 많은 원생생물의 다른 계통에서 독립적으로 유래했다. 부분적으로 이런한 영양적 다양성과 분류적 다양성의 결과로, 원생생물 생산자와 공생체는 자연 군집에서 그 수도가 풍부하고, 생태적 영향이 크다.

광합성하는 원생생물

많은 원생생물은, 이산화탄소를 유기물로 전환하기 위해 빛(또는 일부 원핵생물에서, 무기화합물)으로부터 나온 에너지를 사용하는 생물로서 중요한 **생산자(producer)**이다. 생산자는 생태적 먹이망의 기반을 형성한다. 수서 군집에서 주된 생산자는 광합성하는 원생생물과 원핵생물이다. 그 군집에서 다른 모든 생물들은 직접(그들을 먹으면서) 또는 간접(생산자를 먹은 생물을 먹으면서)적으로 그들에 의존한다(그림 21.45). 과학자들은 규조류, 와편모류, 다세포 조류, 그리고 다른 수서 원생생물이 전 지구 광합성의 대략 30%를 수행하는 것으로 추정한다. 광합성하는 원핵생물은 또 다른 20%를 기여하고, 식물은 나머지 50%를 담당한다.

생산자는 먹이망의 기초를 형성하기 때문에 생산자에게 영향을 미치는 요인은 전체 군집에 영향을 미칠 수 있다. 수환경에서, 광합성하는 원생생물은 종종 저농도의 질소, 인산, 그리고 철을 검사하는 지표가 된다. 다양한 인간 행위가 수서 군집에서 이들 원소의 농도를 증가시킬 수 있는데, 예를 들어, 밭에 뿌려진 비료의 일부가 비에 씻겨 호수 또는 바다로 흘러들어가는 강으로 유입된다. 이렇게 또는 다른 방법으로 인간이 수환경에 영양분을 추가시키면 광합성하는 원생생물의 수가 갑자기 증가할 수 있다.

이러한 증가 때문에 해양 생태계에서 대규모로 "데드 존(죽은 구역)"이 만들어지는 것을 포함한 중요한 생태적 결과로 이어질 수 있다. 또 다른 예는, 이 장의 앞부분에서 언급한 것처럼, 규조류는 전지구 이산화탄소의 농도에 영향을 미칠 수 있다. 충분한 영양염이 공급되어 규조류의 수도가 급격히 증가(대번성, 대발생, bloom)할 때 일어나는 연쇄적 사건으로 이러한 결과가 생길 수 있다. 일반적으로 규조류는 다양한 원생생물과 무척추동물에게 먹히지만 대번성 동안에는 많은 규조류는 이러한 운명을 피하게 된다. 이들 먹히지 않은 규조류가 죽었을 때 몸체는 해저로 가라앉는다. 해저로 가라앉은 규조류가 세균이나 다른 분해자에 의해 분해되려면 수십 년 혹은 수세기가 걸린다. 그 결과, 분해자들의 호흡으로 즉시 이산화탄소로 방출대는 대신, 그들 몸의 탄소는 장기간 해저에 남아 있다. 이러한 사건들의 전체적 효과는 광합성으로 규조류가 흡수한 이산화탄소가 해저로 수송되었거나 펌프된 것이다. 대기 중의 이산화탄소 농도를 낮춤으로써 지구 온난화를 줄이려는 안목으로 일부 과학자들은 철과 같은 필수적인 영양염으로 해양을 비옥하게 만들어 규조류의 대번성을 촉진해야 한다고 주장한다. 2012년의 연구에서 과학자들은 해양의 작은 지역에 철분을 증가시킨 이후에 정말로 이산화탄소가 해저로 펌프되어 규조류 대번성을 유발한 것을 발견했다. 추가적으로 철분 시비로 바람직하지 않은 부작용(가령, 산소의 고갈 혹은 산화질소나 이산화산소보다 더 강력한 온실가스의 생산 등)이 초래되는지의 시험이 계획되었다.

관련된 긴급한 질문은 지구 온난화가 광합성하는 원생생물과 다른 생산자에 얼마나 영향을 미칠 것인가 하는 것이다. 해수면의 온도가 높아짐에 따라 많은 지역에서 광합성하는 원생생물과 원핵생물의 생장과 생체량이 감소한다고 위성 자료와 역사적인 관측 결과는 보여준다(그림 21.46). 어떤 기작으로 해수면 온도의 상승이 해양 생산자의 생장을 감소시킬까? 하나의 가설은 해저에서 올라오는 양분이 많은 냉수의 상승 혹은 용승(upwelling)과 관계가 있다. 많은 해양 생산자는 이러한 방식으로 수면으로 올라오는 영양염에 의존한다. 그러나 해수 표면 온도의 상승으로 가볍고 따뜻한 수층이 형성될 수 있고, 이것이 영양염 용승에 대한 장벽으로 작용하여 결과적으로 해양 생산자의 생장이 감소한다. 만약 이런 상황이 지속된다면, 이러한 변화는 해양 생태계, 어획량, 그리고 전지구 탄소 순환에 지대한 영향을 가져올 것이다.

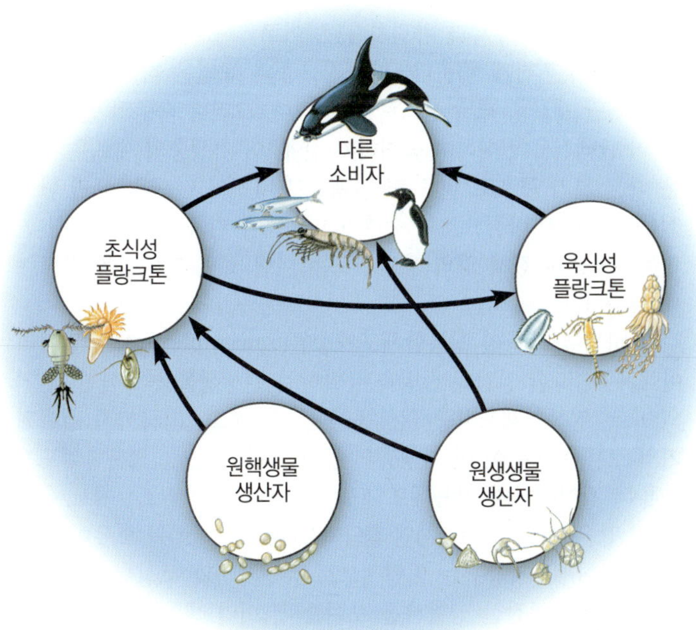

▲ 그림 21.45 **원생생물은 수서 군집에서 핵심적인 생산자이다.** 단순화된 먹이망에서 화살표는 먹이원에서부터 그들을 먹는 생물로 이르게 한다.

공생체로서 원생생물

많은 원생생물은 다른 종과 공생관계를 형성한다. 예를 들어, 광합성하는 와편모류는 공생 협력자인 산호초를 만드는 산호 폴립에 영양분을 제공한다. 산호초는 매우 다양한 생태적 군집이다. 그 다양성은 궁극적으로 산호에 달려 있고 상리적인 원생생물 공생체는 산호에게 영양분을 제공한다. 산호는 일부 종의 생물에게

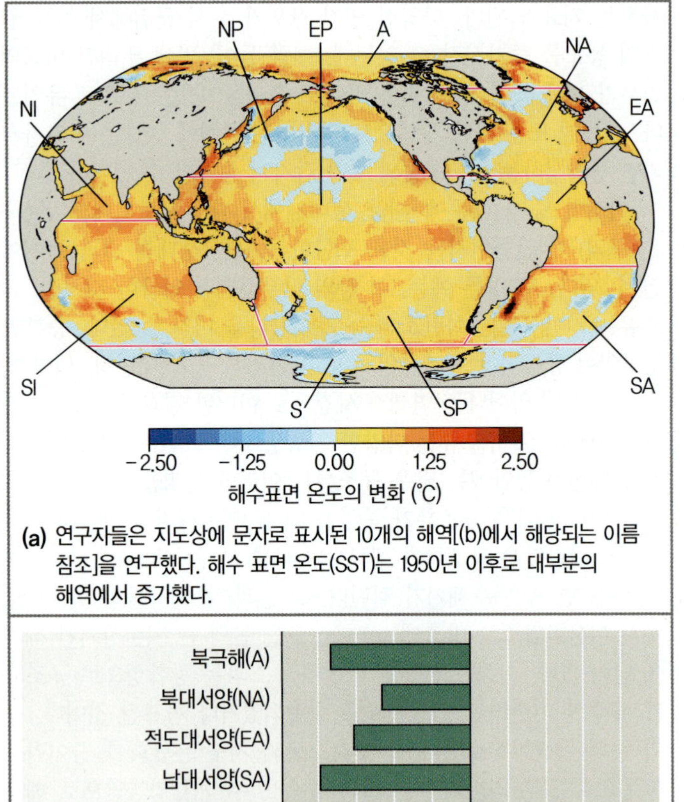

(a) 연구자들은 지도상에 문자로 표시된 10개의 해역[(b)에서 해당되는 이름 참조]을 연구했다. 해수 표면 온도(SST)는 1950년 이후로 대부분의 해역에서 증가했다.

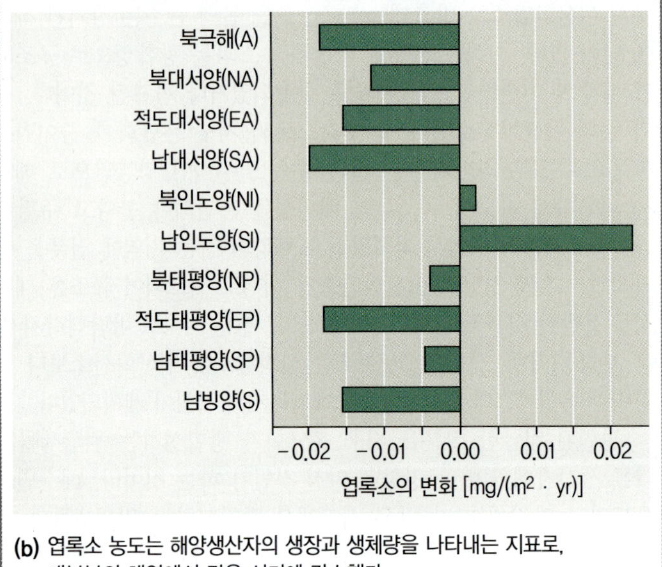

(b) 엽록소 농도는 해양생산자의 생장과 생체량을 나타내는 지표로, 대부분의 해역에서 같은 시기에 감소했다.

▲ **그림 21.46 해양 생산자에 대한 기후변화의 영향**

먹이를 제공하고 다른 많은 종들에게 서식처를 제공하여 산호초의 다양성을 지원한다.

다른 예로는 목재를 소화하는 원생생물인데, 이것은 많은 흰개미 종의 장에 서식한다(그림 21.47). 원생생물의 도움이 없으면 흰개미는 목재를 소화할 수 없는데 흰개미는 공생하는 원생생물이나 공생성 원핵생물에게 소화를 시킨다. 흰개미는 미국에서 목조 주택에 매년 35억 달러 이상의 피해를 입힌다.

공생성 원생생물에는 동식물의 조직을 먹고사는 기생충도 포함된다. 식물에 기생하는 종 가운데 부등편모류인 *Phytophthora ramorum*은 숲에서 새로운 중요한 병원체로 출현했다. 이 종은 참나무 돌연사(sudden oak death, SOD) 질병의 원인으로 캘리포니아와 오리건 주에서 수백만 그루의 참나무와 다른 나무를 죽였다.

▶ 그림 21.47 **공생성 원생생물.** 이 생물은 초편모충류(hypermastigote)이다. 이 종은 흰개미와 일부 바퀴벌레의 내장에 사는 부기저체류에 속하는 생물로 숙주가 목재를 소화하도록 한다 (주사 전자 현미경 사진).

근연종인 감자역병균(*P. infestans*)은 감자의 잎자루와 줄기를 검은색 점액질 곤죽으로 만들어버리는 감자역병의 원인이다. 감자역병은 19세기 엄청난 아일랜드 기근의 주범이었는데 100만 명의 목숨을 앗아갔고, 적어도 그 정도의 사람이 아일랜드를 떠나야 했다. 이 질병은 일부 지역에서 작물의 70%를 파괴시키며, 오늘날에도 심각한 문제로 남아 있다.

인간 건강에 미치는 영향

인간의 신체는 질병을 일으킬 수 있는 일부 원생생물을 포함한, 많은 공생성 종의 서식처이다. 반면에 세균과 바이러스는 쉽게 기억하는 병원체일 것이지만, 감염 질병을 유발하는 원생생물은 우리의 면역계와 공중위생 모두에 중대한 도전을 제기할 수 있다.

수면병을 유발하는 섭식구굴착류인 파동편모충(*Trypanosoma*)을 고려해 보자. 이 질병은 치료하지 않으면 치명적이다. 파동편모충은 효과적인 "유혹과 바꿔치기" 방어로 그들이 인간 숙주의 면역반응에서 피하게 해준다. 파동편모충의 표면은 하나의 단백질이 수백만 개로 복제된 것으로 덮여 있다. 그러나 숙주의 면역체계가 이 단백질을 인식하여 공격하기 전에, 이 기생충의 새로운 자손은 다른 분자 구조로 된 표면 단백질로 바꾸어 버린다. 표면 단백질을 빈번하게 바꿈으로써 숙주가 면역력을 키울 수 없도록 한다. 파동편모충 유전체 양의 1/3 정도는 이런 표면 단백질을 만드는 데 사용된다.

피하낭류 그룹인 **정복합체포자충류(apicomplexans)**는 말라리아 같은 심각한 인간의 질병을 유발하는 원생생물을 포함한다. 거의 모든 정복합체포자충류는 동물에 기생하고, 지금까지 검사된 거의 모든 동물종이 이 기생충의 공격을 받고 있다. 정복합체포자충류는 광합성하지 않음에도 불구하고, 아마도 홍조류에서 유래된 것 같은, 변형된 색소체인 정단색소체(apicoplast)를 보유하고 있다. 정복합체포자충류는 일반적으로 유성생식과 무성생식 단계를 모두 거치는 복잡한 생활사를 보여준다. 이런 생활사를 완료하기 위해서는 종종 두 종 이상의 숙주가 필요하다. 예를 들어, 말라리아를 유발하는 기생충인 열원충(*Plasmodium*)은 인간과 모기 안

▼ **그림 21.48 말라리아를 유발하는 정복합체포자충류인 열원충(*Plasmodium*)의 두 숙주를 거치는 생활사.** 기생충은 포자소체로 불리는 작은 감염 세포로서 숙주인 사람 안에 들어간다.

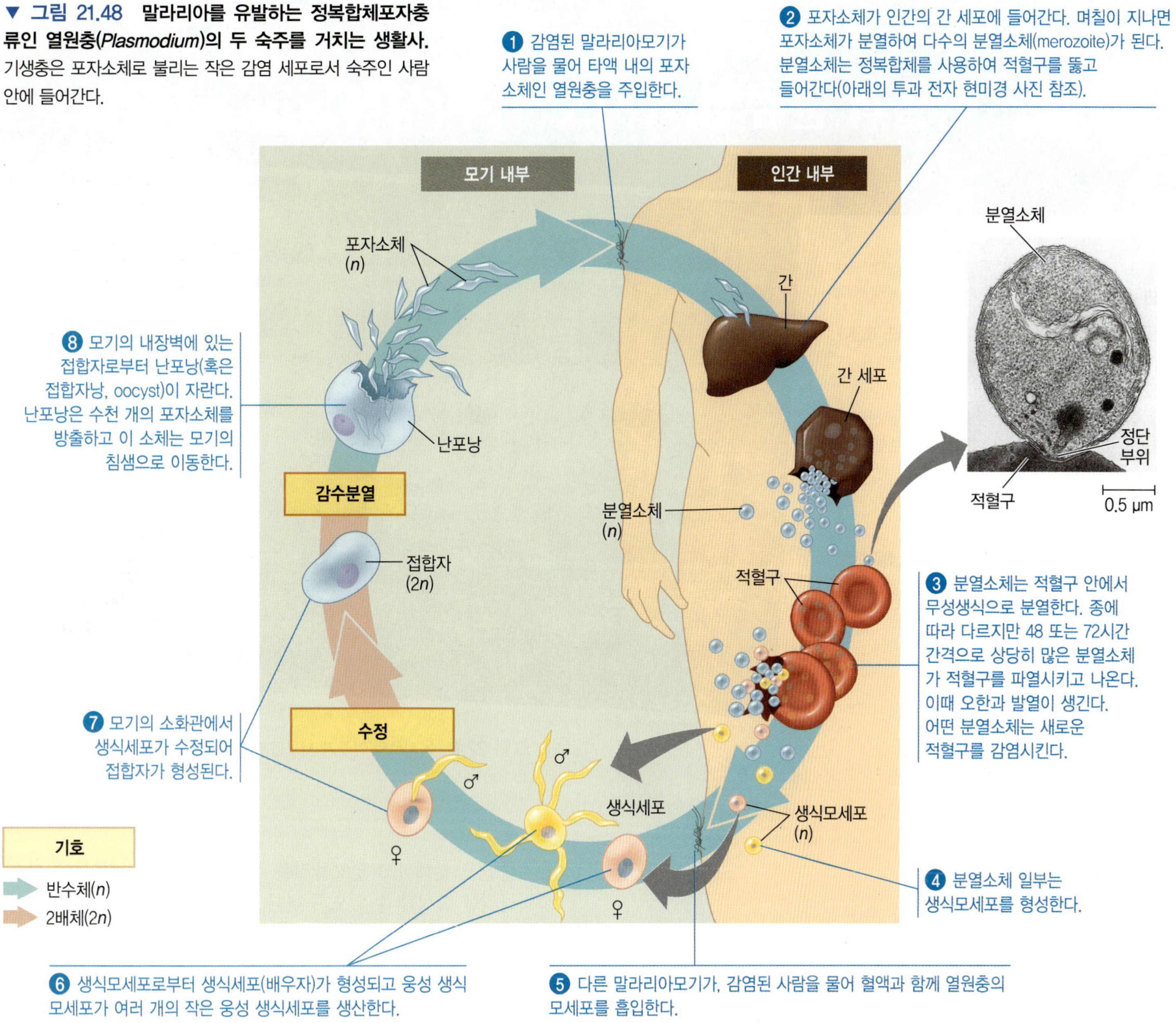

① 감염된 말라리아모기가 사람을 물어 타액 내의 포자소체인 열원충을 주입한다.

② 포자소체가 인간의 간 세포에 들어간다. 며칠이 지나면 포자소체가 분열하여 다수의 분열소체(merozoite)가 된다. 분열소체는 정복합체를 사용하여 적혈구를 뚫고 들어간다(아래의 투과 전자 현미경 사진 참조).

모기 내부

인간 내부

포자소체 (*n*)

간

간 세포

분열소체

정단 부위

적혈구

0.5 μm

⑧ 모기의 내장벽에 있는 접합자로부터 난포낭(혹은 접합자낭, oocyst)이 자란다. 난포낭은 수천 개의 포자소체를 방출하고 이 소체는 모기의 침샘으로 이동한다.

난포낭

감수분열

분열소체 (*n*)

접합자 (2*n*)

적혈구

③ 분열소체는 적혈구 안에서 무성생식으로 분열한다. 종에 따라 다르지만 48 또는 72시간 간격으로 상당히 많은 분열소체가 적혈구를 파열시키고 나온다. 이때 오한과 발열이 생긴다. 어떤 분열소체는 새로운 적혈구를 감염시킨다.

⑦ 모기의 소화관에서 생식세포가 수정되어 접합자가 형성된다.

수정

♂

♂

생식세포

생식모세포 (*n*)

♀

♀

기호

반수체(*n*)

2배체(2*n*)

④ 분열소체 일부는 생식모세포를 형성한다.

⑥ 생식모세포로부터 생식세포(배우자)가 형성되고 웅성 생식모세포가 여러 개의 작은 웅성 생식세포를 생산한다.

⑤ 다른 말라리아모기가, 감염된 사람을 물어 혈액과 함께 열원충의 모세포를 흡입한다.

에 산다(**그림 21.48**).

역사적으로 말라리아는, (세균에 의해서 유발되는) 결핵에 비길 만한 전염병으로 인간 사망의 주요 원인이었다. 말라리아 발생률은 1960년대에 크게 감소했는데 그 원인은 살충제의 사용으로 이 병을 옮기는 말라리아모기(*Anopheles*) 개체군이 줄었고, 다른 원인은 인간의 몸속에 있는 열원충(*Plasmodium*)을 죽이는 약을 사용했기 때문이다. 그러나 내성이 있는 말라리아모기와 열원충의 변이체가 모두 출현하여 말라리아병이 다시 퍼지기 시작했다. 적도지방에 약 2억 5,000만 명의 사람들이 최근 이 질병에 감염되어 있으며, 매년 90만 명이 사망하고 있다. 정단색소체를 표적으로 하는 약을 포함하여 새로운 치료법을 개발하기 위한 노력들이 진행 중이다. 정단색소체는 변형된 색소체로 남세균에서 유래되어 물질대사 과정이 인간의 것과는 다르기 때문에 이러한 접근은 효과적인 방법이 될 것이다.

CHAPTER

22 식물과 균류의 육지로 이주(정착)

▲ 그림 22.1 육지로의 이주가 지구를 어떻게 변화시켰을까?

핵심 개념

22.1 화석은 식물류가 4억 7,000만 년 이전에 육지에 정착하였음을 보여준다

22.2 식물류의 친족은 아니지만 균류가 식물의 육지 정착에 핵심 역할을 하였다

22.3 초기 식물은 여러 다양한 계통으로 방사 진화하였다

22.4 종자와 화분립은 육상 생활에 대한 핵심 적응이다

22.5 식물과 균류는 화학적 순환과 생물학적 상호작용을 근본적으로 변화시켰다

지구의 녹색화

그림 22.1에서 보는 산림과 같은 우거진 대지를 보면, 식물이나 다른 생명체가 없는 육지를 생각하기 어렵다. 지구의 초기 역사 20억 년 이상 동안 지표면에는 생명체가 없었다. 지구화학적 증거와 화석 증거는 이러한 초기 지구 상태가 약 12억 년 전에 바뀌었음을 보여주는데, 이때 육지에 남세균(시아노박테리아)의 얇은 막과 원생생물이 존재했음을 제시한다. 그러나 작은 식물류 및 균류와 동물류가 바다 밖으로 함께 이주한 것은 지난 5억 년 동안의 일이었다. 결국, 약 3억 8,500만 년 전 지구상에 식물류가 출현하여 크게 자라 최초의 산림을 형성하였다.

비록 식물류와 균류가 친족은 아니지만(그림 22.2), 화석 증거가 식물류와 균류가 생존에 서로 의존적이고, 동물류보다는 먼저 육지에 도달하였다는 점을 제시하고 있기 때문에, 이 장에서는 부분적으로 두 군을 함께 살펴보기로 한다. 식물류는 산소를 공급하고 궁극적으로 육상 동물류가 먹을 음식을 제공한다. 반면 균류는 유기물질을 분해하고 영양물질을 순환시켜, 다른 생물들이 필수 화학물질을 합성할 수 있도록 한다.

식물류와 균류를 함께 논의하는 또 다른 이유는 화석 증거가 식물류와 균류가 협동으로 육지에 정착하였음을 보여주기 때문이다. 이와 같은 육지 환경에서 일어난 식물류와 균류의 협동과 다양화는 생물학적 상호관계와 화학적 순환을 근본적으로 변화시켰다. 이 장은 수백만 년의 기간에 걸쳐, 초기 식물의 조류 조상이 새로운 육지라는 환경에 적응한 형태로 발달한 식물류의 기원 이야기로 시작한다.

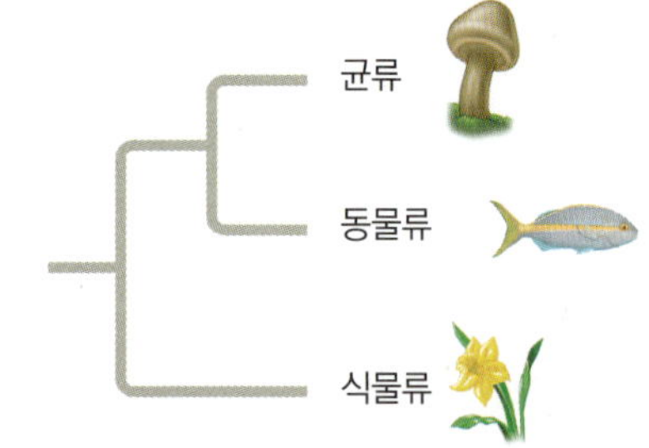

▶ 그림 22.2 **균류와 식물은 친족이 아니다.** 균류와 식물류는 12억 년 이전에 분지하였다. 반면에 균류와 동물류는 보다 더 최근에 분지하였다.

개념 22.1

화석은 식물류가 4억 7,000만 년 이전에 육지에 정착하였음을 보여준다

화석 증거는 조류 조상으로부터 육상 식물의 기원을 이해하는 데 주요 단계를 입증한다. 연구자들은 차축조류라 부르는 녹조류를 육상 식물의 가장 가까운 친족으로 인지하였다. 이들 연관관계에 대한 증거를 살펴보고, 육지로의 적응 및 초기 육상 식물의 화석 자료를 알아본다.

조류 조상의 증거

식물의 여러 주요 형질들이 다양한 원생생물(주로 조류)에서도 나타난다. 예를 들어, 식물계는 다세포, 진핵성, 광합성을 하는 독립영양체인데, 갈조, 홍조 또는 녹조의 일부도 그렇다. 식물의 세포벽은 셀룰로스로 만들어져 있으며, 녹조류, 와편모조류, 갈조류도 그러하다. 또한 엽록소 *a*와 *b*를 갖는 엽록체는 녹조류, 유글레나류, 일부 와편모조류, 식물계 등에 공통으로 존재한다.

그러나 차축조류는 육상 식물과 특정 형질을 공유하는 유일한 현생 조류로 두 무리 간의 친족관계를 제시해 준다. 예로, 식물과 차축조류의 세포는 원형질막에 원형의 꽃잎 모양으로 배열된 단백질을 가지는데(그림 22.3), 이렇게 배열된 단백질들은 세포벽의 셀룰로스 미세섬유를 합성한다. 이에 비하여 비차축조류들은 선형으로 배열된 셀룰로스 합성 단백질들을 가진다. 또한 식물은 편모성 정충을 가지며, 이들의 구조는 차축조류의 정충과 구조적으로 매우 유사하다.

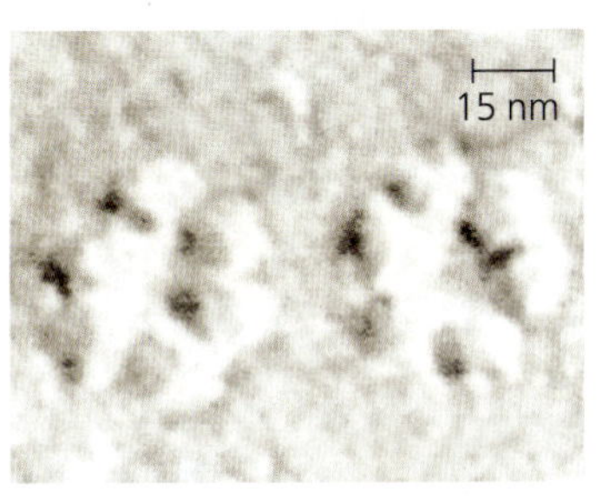

▲ 그림 22.3 **환 모양의 셀룰로스 합성 단백질들**(주사 전자 현미경 사진).

다양한 식물과 조류에 대한 생화학적 연구와 핵 및 엽록체 유전자들의 유전적 증거도 차축조류—특히, 별해캄속(*Zygnema*) 및 콜레오키테속(*Coleochaete*)—가 식물의 가장 가까운 친족임을 보여준다(그림 22.4).

육지로 이동하기 위한 적응

차축조류의 여러 종은 마를 수 있는 연못과 호수 가장자리 주변의 얕은 물속에 생육한다. 이와 같은 환경에서는 이들 조류가 물속에 잠기지 않아도 살아남는 개체에게 유리하도록 자연선택이 작용한다. 차축조류에는 **스포로폴레닌(sporopollenin)**이라 부르는 단단한 중합체 층이 존재하여 접합자가 건조에 노출되는 것을 방지한다. 이와 유사한 화학적 적응은 식물 포자를 싸고 있는 단단한 스포로폴레닌 벽에서도 발견된다.

이러한 형질의 누적은 최소한 차축조류의 조상 집단 중 하나가 영구적으로 육지에서 살 수 있는 후손으로—최초의 식물—발전하는 계기가 되었을 것이다. 이 같은 진화학적 혁신은 이후 다양한 이익을 주는 육상서식지로 식물이 이동하는 시작점이 되었다. 육지에선, 찬란한 태양광이 물과 플랑크톤에 의해 여과되지 않고, 대기는 이산화탄소가 풍부하며, 물가의 토양은 무기염류가 풍부하였다. 그러나 이와 같은 이점은 여러 가지 도전을 수반하였다. 즉, 상대적으로 물이 부족하고 중력을 지지할 구조가 결여되어 있었다. 식물은 이 같은 도전으로부터 살아남아 적응할 수 있도록 다양하게 적응 진화하였다.

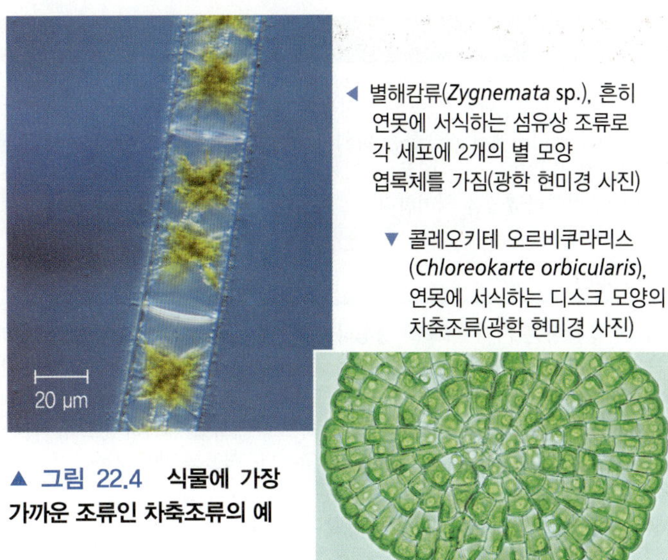

◀ 별해캄류(*Zygnemata* sp.), 흔히 연못에 서식하는 섬유상 조류로 각 세포에 2개의 별 모양 엽록체를 가짐(광학 현미경 사진)

▼ 콜레오키테 오르비쿠라리스(*Chloreokarte orbicularis*), 연못에 서식하는 디스크 모양의 차축조류(광학 현미경 사진)

▲ 그림 22.4 **식물에 가장 가까운 조류인 차축조류의 예**

오늘날 어떠한 적응이 식물계에 유일한 것인가? 이 질문에 대한 대답은 조류와 식물계의 경계를 어떻게 설정하느냐에 달렸다(그림 22.5). 현재 논쟁이 계속되고 있으므로 이 책에서는 식물계의 고전적인 정의 즉, 유배식물과 식물계(Plantae)를 동일하게 처리한다.

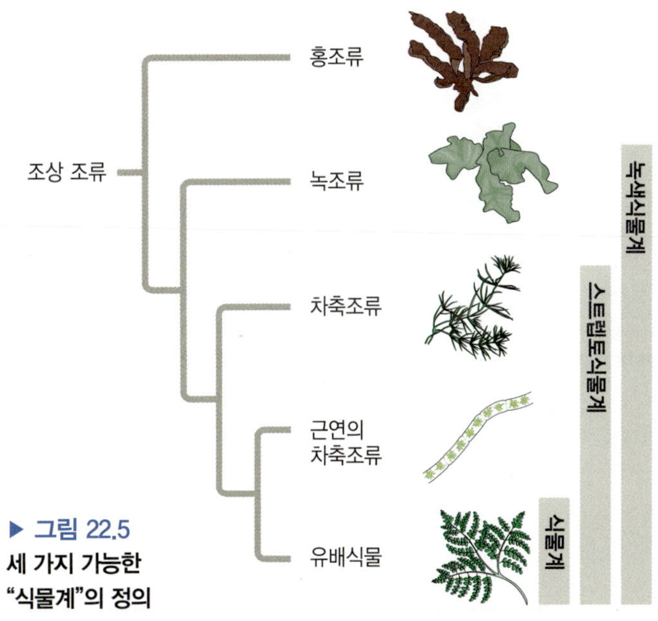

▶ 그림 22.5 **세 가지 가능한 "식물계"의 정의**

▼ 그림 22.6 세대교번의 탐구

차축조류는 이 그림에서 설명하는 식물의 주요 형질, 즉 세대교번 및 이와 연관된 다세포성 형질이 결여되어 있다. 다음 페이지에서 기술하는 바와 같이, 차축조류는 포자낭에서 생성되는 벽을 갖는 포자 및 정단분열조직 등도 결여되었다. 이는 이들 네 가지 주요 형질이 식물과 차축조류의 공통조상에서는 없었으나, 식물의 유도형질로 진화하였음을 의미한다.

세대교번

식물의 생활사는 각각 서로를 생성하는 두 개의 다른 다세포성 생물체, 배우체와 포자체 사이를 교번한다. 다음 고사리류를 예로 그림에 보여주는 바와 같이 각 세대는 다음 세대를 만들므로 그 과정을 **세대교번(alternation of generation)**이라 한다. 이는 여러 군의 조류에서도 진화하였으나 식물에 연관이 깊은 차축조류에서는 발견되지 않는다. 식물의 세대교번을 반수체기와 2배체기를 오가는 모든 유성생식 생물체의 생활사와 혼동하지 않기를 바란다. 세대교번은 다세포성 반수체 생물과 다세포성 2배체 생물 모두를 포함하는 생활환으로 구별된다. 다세포성 반수체 **배우체(gametophyte)**는 유사분열에 의하여 반수체 배우자들인 난자와 정자를 생성하며 이들은 유합하여 2배체 접합자를 형성한다. 접합자는 유사분열을 거쳐 포자 생성기관인 **포자체(sporophyte)**를 만든다. 성숙한 포자체에서 감수분열 결과 반수체의 **포자(spore)**가 생기며, 이것은 다른 세포와 융합하지 않고 반수체의 새로운 개체로 발달할 수 있는 생식세포이다. 이들 포자세포의 유사분열로 새로운 다세포성 배우체가 생기고, 순환이 다시 시작된다.

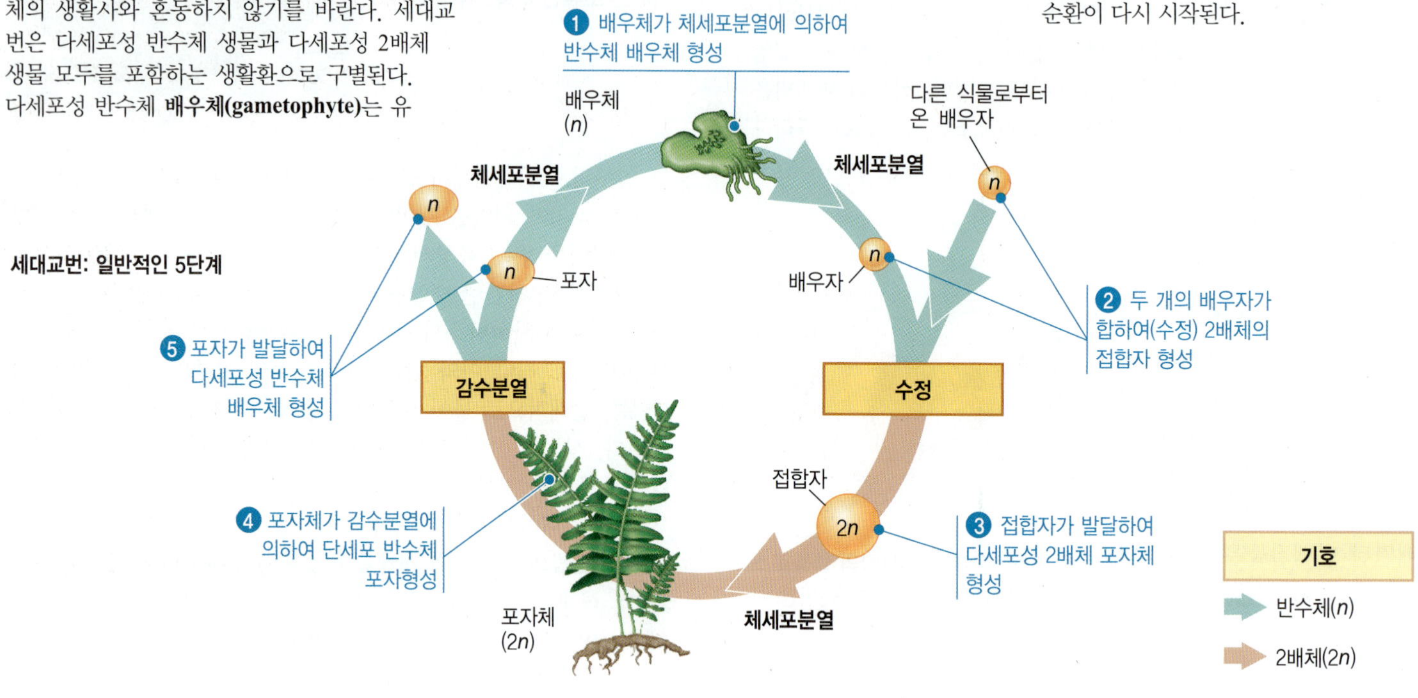

다세포성 의존적인 배

세대교번 생활환의 일부로, 다세포성 식물 배는 접합자로부터 발달하여 모계 부모의 조직 내에 남아 있다. 부모 조직은 자라는 배에 당류, 아미노산류와 같은 영양분을 공급한다. 배는 특수화된 **배반전위세포(placental transfer cell)**를 가지며, 이는 종종 주변의 어머니 조직에도 존재하는데, 세포 표면(세포막과 벽)이 내부로 심하게 함몰되어 있어서 어머니 조직으로부터 배에 영양분을 전위시키는 활동을 증진시킨다. 다세포성, 의존적 식물 배는 식물을 **유배식물(embryophyte)**로 부르는 주요한 유도형질 중의 하나이다.

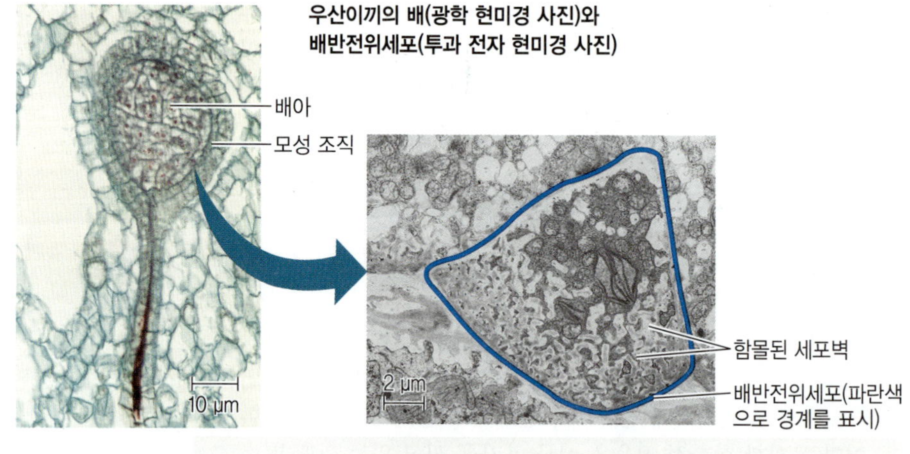

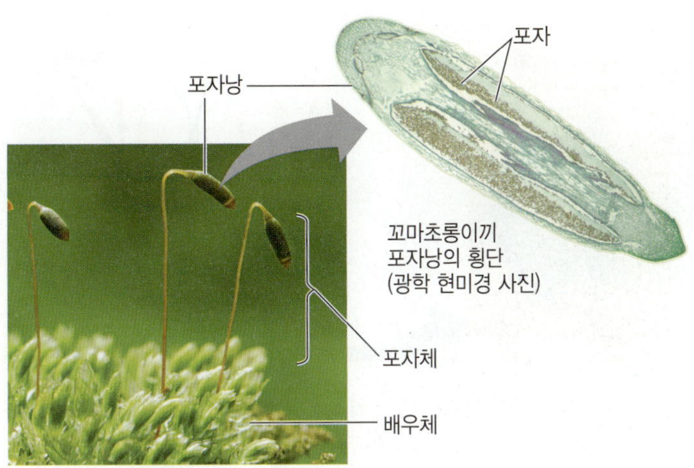

▲ 그림 22.7 **선류의 포자체와 포자낭(꼬마초롱이끼, *Mnium*).** 포자낭에서 생성된 많은 수의 포자는 각각 단단한 스포로폴레닌이 강화된 벽으로 쌓여 있다.

이 같은 개념으로 식물계를 근연의 조류로부터 구분할 수 있는 파생 형질들을 살펴본다.

식물의 파생 형질들

식물은 그들의 조상 조류로부터 분화한 후, 건조한 땅에서 생식과 번식을 쉽게 하기 위한 여러 가지 적응을 보여준다. 그림 22.6에 거의 모든 식물에는 나타나지만 차축조류에는 없는 주요 형질을 설명하였다.

- **세대교번.** 다세포로 구성되고, 서로를 발생시키는 이 유형의 생활사는 그림 22.6에서 설명하였다.
- **포자낭에서 생성되는 벽에 싸인 포자.** 식물 생활사에서 포자체 세대는 포자를 생성하는 **포자낭(sporangium)**이라 부르는 다세포성 기관을 갖는다(그림 22.7). 포자벽은 다중체인 스포로폴레닌(sporopolenin) 으로 되어 있어서 극심한 환경에서도 포자가 생존할 수 있으며, 건조한 공기 속에서도 포자가 상하지 않고 비산될 수 있다.
- **정단 분열 조직.** 식물은 뿌리와 줄기 끝에서 세포가 분열하도록 지역화된 **정단 분열 조직(apical meristems)**을 갖는 점이 조류 조상과는 다르다. 정단 분열 조직 세포들은 식물 생활사의 전 기간 동안 분열할 수 있으며 뿌리와 줄기가 신장하고, 환경자원에 식물을 노출시킬 기회를 증가시킨다.

육상 생활에 연관된 추가적인 파생 형질들이 여러 식물에서 발달하였다. 예로, 많은 식물종의 표피는 폴리에스터와 왁스라 부르는 다량체로 구성된 **큐티클(cuticle)**로 덮여 있다. 영구적으로 공기 중에 노출된 식물은 조상 조류보다 건조의 위험에 노출되어 있다. 방수작용을 하는 큐티클은, 지상부 기관으로부터 과도한 수분증발을 막고, 미생물의 공격으로부터 식물체를 보호하는 기능도 한다. 대부분의 식물은 **기공(stoma)**이라 부르는 특수화된 구멍을 가지고 있는데, 이는 식물 내외부 간에 이산화탄소와 산소를 교환하게 하여 광합성을 돕는다. 기공은 식물로부터 수분이 증발하게 하는 주요 장소이며, 덥고 건조한 상태에서는 기공이 닫혀 수분 손실을 최소화한다. 다음 절에 설명하겠지만 화석 자료는 초기 식물에서 기공과 또 다른 새로운 형질의 출현을 보여준다.

초기 식물

식물을 진화시킨 조류는 다양하고 단세포성이고 작거나, 균체의 종들을 포함한다. 이들 조상은 작기 때문에 식물의 초기 화석에 대한 연구는 미세 세계에 초점이 맞추어져 있다. 이전에 언급한 바와 같이 미생물들은 12억 년 이전에 육지에 정착하였다. 그러나 육상의 생명체를 지지하는 미세 화석은, 초기 식물로부터 포자가 출현하는 4억 7,000만 년 전에 급진적인 변화를 보인다.

식물 포자의 어떤 점이 조류 또는 균류의 것들과 다른가? 하나의 실마리는 이들의 화학적 조성으로 식물 포자는 다른 생물체의 것과 다르다. 추가로 이들 고생 포자의 벽 구조는 특정 식물(선류)에서만 발견된다. 또한 4억 5,000만 년 전으로 추정되는 암석으로부터, 연구자들은 현생 식물에서 포자를 갖는 조직과 유사한 식물의 큐티클조직 속에 묻힌 유사한 포자를 발견하였다(그림 22.8).

포자가 식물의 최초 화석 증거인 것은 놀랄만한 것이 아니다. 식물은 널리 비산하는 다량의 포자를 생성한다. 또한 식물포자는 세포벽에 스포로폴레닌을 함유하여 화석으로 잘 보전된다.

쿡소니아(*Cooksonia*)로부터 포자를 갖는 포자낭과 같은 큰 구조가 4억 2,500만 년 전으로 추정되는 화석에서 처음 발견된다(그림 22.9). 4억 년 전까지 육상에는 다양한 식물들이 생육하였다. 이들 초기 식물의 어떤 것들은 조류 조상에서는 발견되지 않는 주요 형질들을 가지고 있는데, 이에는 물을 수송하는 특수 조직, 기공, 분지된 포자체 등이 포함된다(그림 22.10). 이들 초기 식물은 20 cm 이내의 크기였지만, 이들 분지는 식물체가 보다 복잡하게

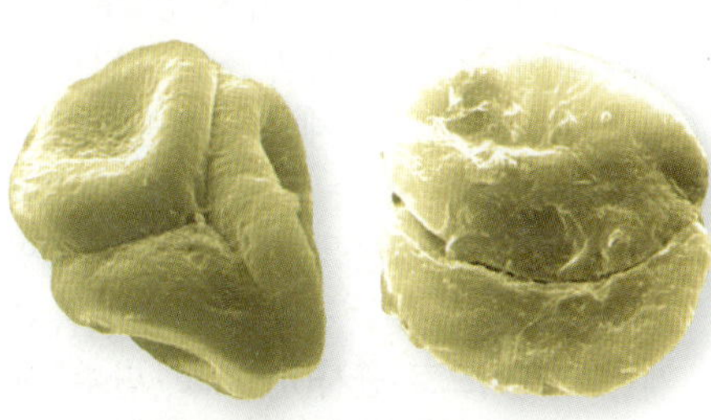

(a) **화석화된 포자.** 이 4억 5,000만 년 전 포자의 화학적 조성과 물리적 구조는 일부 현생 식물에서 발견되는 것과 동일하다.

(b) **화석화된 포자체 조직.** (a)에서 본 포자는 식물에서 기원한 것으로 보이는 이 조직 내에 감싸 있다.

▲ 그림 22.8 **고대의 식물 포자와 조직**(채색된 주사 전자 현미경 사진)

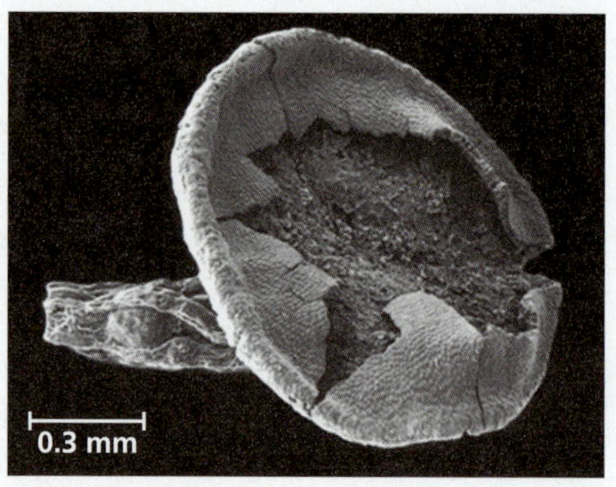

▶ **그림 22.9 쿡소니아(*Cooksonia*) 포자낭의 화석(4억 2,500만 년 전)**

발달될 수 있게 하였다. 식물기관이 복잡하게 되면서 공간과 빛에 대한 경쟁도 가속화되었다. 이들 경쟁은 식물의 보다 복잡한 진화를 유도하여 결국 최초의 산림이 형성되었다.

전반적으로, 화석 자료는 4억 년 이전에 초기 식물들이 이들의 조류 조상과는 매우 달라졌음을 보여준다. 부가적으로 초기 식물들은 다음에 다룰 균류들과 주요 공생관계를 형성하였다.

개념 22.2

식물류의 친족은 아니지만 균류가 식물의 육지 정착에 핵심 역할을 하였다

최초의 식물은 육지 생활에 몇 가지 적응현상을 보이긴 하였지만 뿌리와 잎이 없었다. 뿌리 없이 이들 식물이 어떻게 토양으로부터 영양분을 흡수하였을까? 화석은 초기 식물의 영양 흡수에 대한 적응 현상을 보여준다. 이 화석은 식물과 균류의 공생관계를 보여주는데, 현대의 식물과 균류 사이에 관찰되는 관계와 유사하다.

식물과 균류의 친밀한 관계가 식물의 영양분 흡수에 어떻게 도움이 되는걸까? 답은 균류의 영양분 섭취 양식과 형태에 있다. 동물과 같이 균류는 식물과 조류와 달리 스스로 자신의 먹이를 만들지 못하는 종속 영양체이다. 동물과 달리 균류는 먹이를 섭식하지 못한다. 대신 균류는 체외 환경으로부터 영양분을 흡수하는, 즉 흡수에 의해 영양분을 섭취하는 종속 영양체이다. 나아가 다수의 균류의 몸체는 흡수 능력을 향상시키는 구조를 갖는다. 균류의 몸체는 전형적으로 **균사(hyphae**, 단수 *hypha*)라 부르는 가는 섬유의 망상구조를 이루는데, 이는 흡수할 수 있는 표면적을 크게 늘려주는 역할을 한다. 식물과 균류의 공생관계를 균근(mycorrhizae)이라 부르는데 균류의 균사는 토양으로부터 흡수한 영양소를 식물에 전달한다(그림 22.11). 이 이점이 뿌리 없는 식물이 육지에 정착하는 데 도움을 주었을 것이다.

균류의 기원

분자자료로는 균류와 동물 간의 유연관계가 이들과 식물 또는 다른 진핵생물 간의 유연관계보다 더 가깝다는 것을 보여준다. DNA 염기서열 자료는 또한 균류가 동물보다는 다른 여러 군의

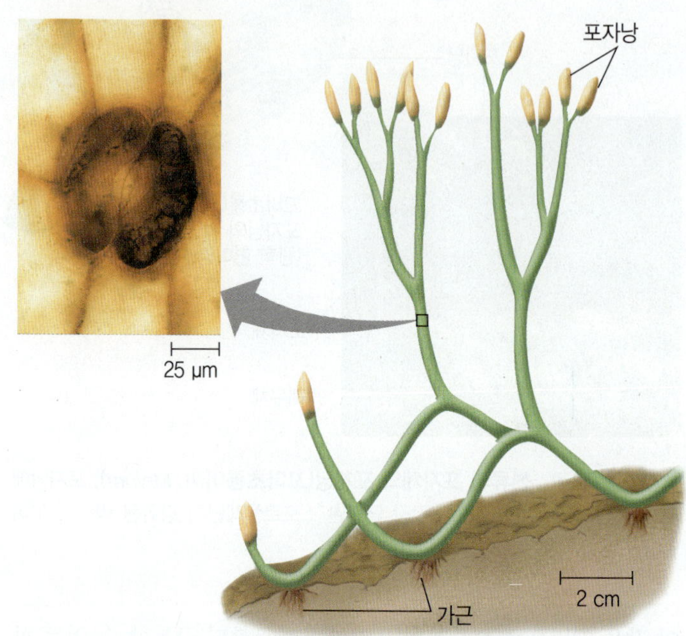

▲ **그림 22.10 초기 식물인 아글라오피톤 매이저(*Aglaophyton major*).** 이 4억 500만 년 전 화석으로부터 재현한 식물은 각 가지 끝에 포자낭을 갖는 차상 분지를 보여준다. 아글라오피톤은 땅에 식물체를 고정하는 가근을 갖는다. 네모 안에는 화석화된 기공을 보여준다(채색된 광학 현미경 사진).

단세포성 원생생물에 더 연관관계가 깊다는 것을 보여주며, 이는 균류의 조상이 단세포였음을 의미한다. 이러한 단세포성 원생생물 중 하나가 **뉴클레아리아류(nucleariids)**인데 이는 조류와 세균을 먹이로 하는 아메바류로 구성된다. 이들 결과를 종합해 보면 다세포성은 동물류와 균류에서 각기 다른 단세포성 조상으로부터 독립적으로 진화하였음을 알 수 있다.

분자 시계 분석에 근거하여, 과학자들은 동물류와 균류의 조상이 10억 년 이전에 다른 계통으로 분지되었을 것으로 추론한다. 어

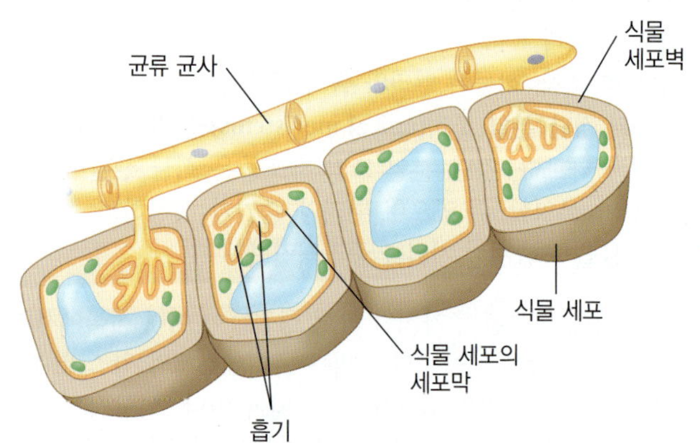

▲ **그림 22.11 균근: 식물-균류 공생.** 상리공생 균근균류는 살아 있는 식물세포와 영양 물질들을 교환할 수 있도록 수지상으로 확장된 균사가 자란다. 이 수지상 균사는 식물 세포의 세포막에 의해 식물의 세포질과 분리되어 있다(오렌지색).

떤 단세포성, 15억 년 전에 살았던, 해상 진핵세포의 화석을 균류로 해석하기도 하지만, 반론도 제기되고 있다. 나아가 대부분의 생물학자들은 균류가 수생 환경에서 기원하였다고 생각하지만, 널리 균류 화석으로 받아들어진 4억 6,000만 년 전에 살았던 것은 육상종이다(그림 22.12).

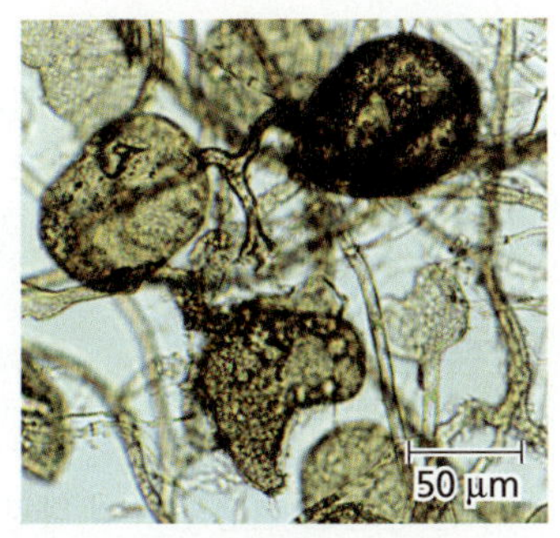

▲ 그림 22.12 **화석 균류.** 육상 균류의 섬유와 포자의 화석은 4억 6,000만 년 전의 것이다(광학 현미경 사진).

육지 생활에 대한 균류의 적응

어떤 연구자들은 식물이 도착하기 전의 육지의 생명체를 남세균, 조류, 균류와 같은 다양한 작은 종속 영양체 종들로 구성된 "녹색 점액(green slime)"이라고 가정한 바 있다. 이 절에서 살펴보겠지만 균류는 초기 육상 생물체 또는 그들의 잔존체를 먹이로 이용하는데 적당했을 것으로 생각된다.

형태학적 적응

균류는 영양분을 흡수하는, 즉 흡수에 의해 영양분을 섭취하는 종속영양체이다. 많은 균류는 주변으로 가수분해효소를 분비하여 이 일을 수행한다. 이들 효소는 복잡한 분자를 보다 작은 유기화합물로 분해하여, 균류가 이를 흡수하여 이용할 수 있도록 한다. 요약하면 균류는 살아 있거나 죽은 다양한 먹이로부터 화합물을 소화할 수 있다.

어떤 균류의 특성이 흡수에 의한 영양 섭취를 용이하게 하였는가? 그 중 하나의 형질이 강하지만 유연성 있는 질소를 함유하는 다당류인 **키틴(chitin)**으로 세포벽이 강화된 것이다. 균류가 영양소를 주변 환경으로부터 흡수하면서, 이들 세포 내의 영양소 농도는 증가하게 되고, 삼투현상에 의해 물이 균류 세포 안으로 이동하게 된다. 균류 세포 안으로 물이 이동함에 따라 압력이 증가하게 되고, 만약 강한 세포벽으로 싸여져 있지 않다면, 균류 세포는 터지게 될 것이다.

다세포성 균류에선 영양소 흡수의 효율성을 증진시키는 또 다른 특징이 그 형태에 있다. 성장함에 따라 다세포성 균류는 세포의 세포질과 세포막을 감싸는 관상의 세포벽으로 구성된 균사의 망상구조를 형성한다(그림 22.13). 이들 균류의 몸체는 전형적으로 균사라 부르는 가는 섬유의 망상구조를 이룬다. 균류의 균사는 **균사체(mycelium**, 복수 *mycelia*)라 부르는 서로 얽힌 구조를 형성하며, 이 균사체가 균류가 먹이로 하는 물질로 침투한다. [어떤 균류는 단세포성(**효모**, **yeast**)으로 일생 또는 어느 한때를 보낸다. 효모는 주로 당이나 아미노산과 같은 용해성 영양분이 공급되는 식물종이나 동물종과 같은 습한 환경에서 서식한다.]

균사체의 표면은 표면적 대 부피의 비를 극대화시켜 효율적으로 먹이를 흡수하게 한다. 단지 1 cm^3의 유기질이 많은 토양 속에 1 km 길이에 토양과 접촉 면적이 300 cm^2이나 되는 균사가 들어 있다.

균근: 육지 생활에 대한 핵심 적응

균사체를 형성하는 것에 더하여, 어떤 균류는 식물의 뿌리 세포와 영양분을 교환할 수 있는 특수화된 균사를 갖는다. 이들 균류와 식물뿌리 간에 상호 유익한 관계를 **균근(mycorrhiza**, 의미는 균류뿌리)이라 부른다.

두 가지 유형의 균근균류가 존재한다. **외생균근균류(ectomycorrhizal fungi**; 그리스어 *ektos*는 밖이라는 뜻)는 뿌리 표면에 균사의 피막을 형성하여 주로 뿌리 피층의 세포의 공간 사이로 자란다. **수지상균근균류(arbuscalr mycorhizal fungi**; 라틴어 *arbor*은 나무라는 뜻)는 뿌리 세포벽을 통과시켜 갈라지는 균사를 신장시켜 뿌리세포 원형질막을 합입시키는 관을 형성한다.

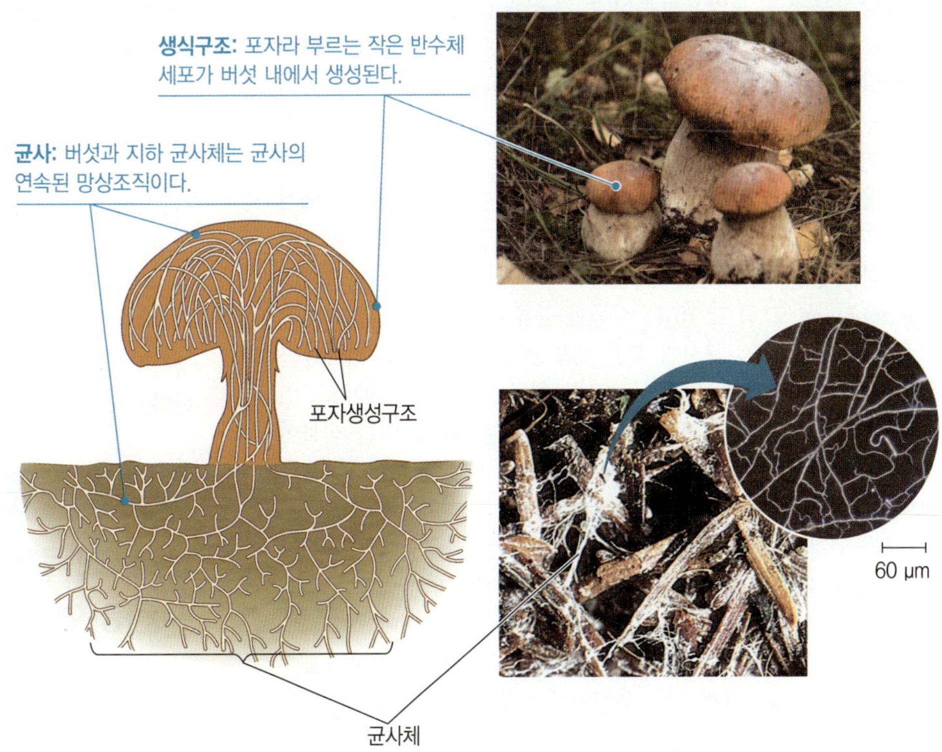

▲ 그림 22.13 **다세포성 균류의 구조.** 위쪽 사진은 버섯이라 부르는 생식구조를 보여준다. 그물버섯(*Boletus edulis*). 아래쪽 사진은 땅에 떨어진 침엽수 잎에 자라는 균사체를 보여준다. 확대한 주사 전자 현미경 사진은 균사를 보여준다.

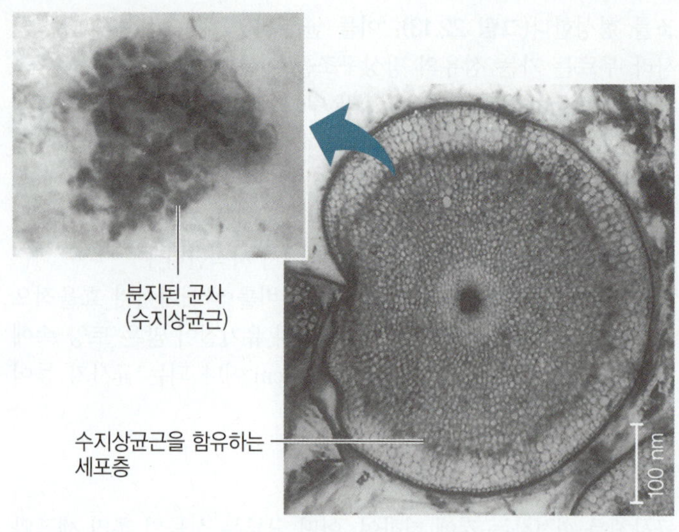

▲ **그림 22.14 고대의 공생.** 4억 500만 년 전의 줄기 화석은 초기 식물 아글라오피톤(*Aglaophyton major*) 줄기 내에 수지상균근을 보여준다(종단 사진). 삽입된 그림은 많이 분지한 수지를 함유하는 세포를 확대한 것으로 화석 수지상균근은 오늘날 보는 것과 유사하다.

두 가지 균근 모두에서 특수화된 균사가 식물의 뿌리세포와 접촉하거나 뿌리를 관통하여 토양 속으로 자라는 균류의 균사체와 연결된다.

균근의 관계에서 식물과 균류가 어떤 이점을 얻을 수 있는가? 이와 같은 관계는 균근균류는 (균근을 형성하는 균류) 넓은 균사체의 망상구조가 토양으로부터 무기물질을 획득하는데 식물뿌리보다 효율적이기 때문에, 인산이온이나 다른 무기물질을 식물에 전달하는 효율성을 증진시킬 수 있다. 교환적인 측면에서 식물은 균류에게 탄수화물과 같은 유기 영양소를 공급한다. 비슷한 무기영양소과 탄수화물의 상호공생적인 교환이 초기의 식물-균류 공생에서도 발생하였을 것이다. 화석 자료는 일단 육지에서는, 일부 균류들이 초기 식물과 공생관계를 형성하였다는 것을 보여 준다. 예로 4억 500만 년 전의 초기 식물 화석 아글라오피톤(*Aglaophyton*, 그림 22.10)은 식물과 균류 사이의 균근 관계의 증거를 보여준다. 이들 균사가 식물 세포 안을 통과하여 수지상균근(그림 22.14)의 증거와 유사한 구조를 형성한 화석을 포함하고 있다. 유사한 구조가 다양한 초기 식물에서 발견되며, 이는 식물이 균류와 초기 육상 정착 기간에 서로 유용한 관계로 존재하였음을 보여준다.

균근 관계가 오래되었다는 것을 지지하는 결과가 최근의 분자연구로부터 나오고 있다. 균근균류와 이들 식물과의 공생관계 정립을 위해서는 특정 유전자가 균류에 의해 발현되어야 하고, 또 다른 유전자들은 식물에 의하여 발현되어야만 한다. 연구자들은 *sym* 유전자 부르는 3개 식물 유전자에 초점을 두고 있는데, 이들의 발현은 꽃식물에서 균근 형성에 필수적인 것이다. 과학자들은 기저 분류군인 태류를 포함한(그림 22.17) 4억 년 이전에 분지한 모든 주요 식물계통에서 이들 유전자가 존재함을 발견하였다. 나아가 과학자들은 균근 형성이 되지 않는 꽃식물 돌연변이체에 태류 *sym* 유전자를 넣어주었더니, 꽃식물 돌연변이체에 균근 형성 능력을 회복하는 것을 입증하였다. 이들 결과는 균근 *sym* 유전자가 식물 공통조상에 존재하였고, 이들 유전자의 기능이 식물이 육지 생활에 적응해 온 수백만 년 동안 보존되어 왔음을 의미한다.

균류의 분화

육지에서 균류는 다양한 현생종으로 분화하였다. 그림 22.15에 보여주는 군들은 현생 균류의 다양성의 일부분에 불과하다. 약 10만 종 정도의 균류가 알려져 있지만, 실제 150만 종 정도가 있을 것으로 추정된다. 2011년에 출판된 두 베타유전체는 보다 많은 종수를 추론하게 하는데, 완전히 새로운 단세포성 균류 군이 발견됐으며, 이들 중 어떤 군의 유전적 변이는 그림 22.15에 보여준 전체 균들의 변이만큼 큰 변이를 보여준다.

매우 다양한 유전적 변이와 더불어, 균류는 그들의 생활사 및 생식 방법에서도 큰 변이를 보여준다. 대부분의 균류는 유무성생식을 통하여 대량의 포자를 생성하여 번식한다. 포자는 바람 또는 물에 의하여 원거리 이동할 수 있다. 포자는 먹이가 있는 습한 장소에 착륙하면 발아하여 새로운 균사체를 생성한다. 그림 22.16은 균류가 포자를 생성할 수 있는 여러 다른 생활환을 일반화한 것이다. 많은 균류는 이 그림에서 보여주는 바와 같이 유무성 생식을 동시에 진행하지만, 어떤 것들은 유성생식 또는 무성생식 한 가지만으로 번식한다. 균류 생활사의 유성생식 부분은 주로 2단계로 일어난다. 첫째, 두 부모 균사체의 세포질이 융합하는데 이를 **세포질융합(plasmogamy)**이라 부른다. 세포질융합과 다음 단계 유성생식 주기인 **핵융합(karyogamy)**이 일어나는 데는 수 시간, 수일 또는(어떤 균류에선) 수세기가 걸리기도 한다. 핵융합 동안, 두 부모로부터 유래한 반수체 핵들은 융합하여 2배체 세포를 형성한다. 대부분의 균류에서는 핵 융합 시 형성되는 접합자와 다른 구조들이 유일한 2배체 세대이다. 그리고 많은 균류는 무성적으로 섬유상 균류로 자라고 체세포분열에 의하여 포자를 형성하는데, 이러한 종이 눈에 보이는 균사를 형성한다면 비공식적으로 **곰팡이**(mold)라고 부른다. 그리고 감수분열에 의해 반수체 상태를 회복한다. 또 다른 종들은 무성적으로 분열하여 단일세포로 된 **효모**를 생성하는데, 이는 분열하여 유전적으로 동일한 딸 세포들을 생성한다.

개념 22.3

초기 식물은 여러 다양한 계통으로 방사 진화하였다

초기 식물들이 육지 환경에 적응하여감에 따라, 이들은 여러 다른 다양한 현생 식물로 발전하였다. 이 다양성을 그림 22.17에 보여주는데, 이는 현생 식물군의 진화 역사를 요약한 것이다.

식물군을 구별하는 한 가지 방법은 이들이 물과 영양소를 식물 전체로 이동하기 위한 세포들이 연결되어 관을 형성하는

▼ 그림 22.15 균류의 다양성 탐구

균류의 계통은 현재 많은 연구 주제가 되고 있다. 병꼴균류와 접합균류가 측계통일 가능성이 있지만(여러 평행선으로 표시) 대부분의 균 학자들은 균류를 5개 주요 군으로 인지한다.

병꼴균류(1,000종)

병꼴곰팡이(*Chytriomyces*)와 같은 병꼴균류에서는, 구형의 자실체가 다세포성, 분지한 균사(광학 현미경 사진)를 만들고, 다른 종들은 단세포성이다. 호수와 토양에 공통으로 나타나며, 병꼴균류는 편모성 포자를 갖고 다른 균류로 분화한 가장 초기 균류 군들의 일부를 포함한다.

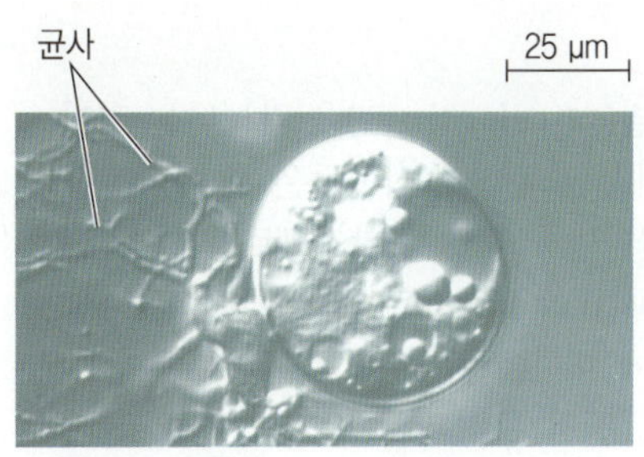

접합균류(1,000종)

털곰팡이속(*Mucor*, 광학 현미경 사진)의 곰팡이를 포함한 어떤 접합균류의 균사는 과일이나 빵과 같은 식품에서 빨리 성장한다. 이들 균류는 분해자(음식이 살아 있지 않다면), 또는 기생체로 적응하며, 다른 종들은 편리공생으로 살아간다.

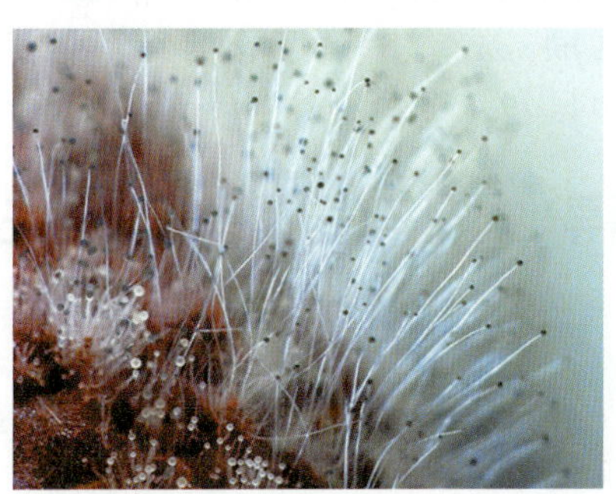

내생균근류(160종)

내생균근류는 식물뿌리와 수지상균근을 형성하여 뿌리에 무기염류와 다른 영양염을 공급하는데, 약 80%의 식물종들이 내생균근류와 공생관계를 가지고 있다. 이 주사 전자 현미경 사진은 식물의 뿌리세포로 들어간(*Glomus mosseae*라는 균류의 분지된 균사) 하나의 수지체를 보여준다(뿌리의 세포질은 제거하도록 처리한 것).

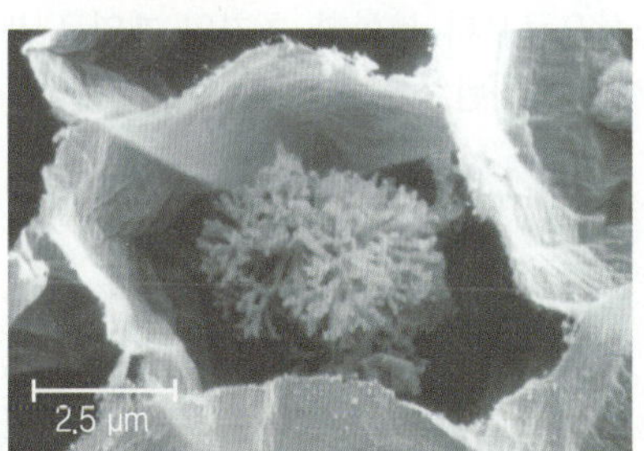

자낭균류(65,000종)

낭균이라고도 부르기도 하며, 이 다양한 군은 해양, 담수, 육상 등의 서식지에 매우 흔하다. 여기 들주발버섯(*Aleuria aurantia*)에서 보여주는 자낭균류의 컵 모양의 자낭과(자실체)는 이 일반명이 오렌지 껍질버섯이라 부르게 한다.

담자균류(30,000종)

종종 분해자와 외생균근 균류로서 중요한 담자균류(club fungi)는 수명이 긴 하나의 세포에 2개의 핵을 갖는 이핵 상태를 갖는 점이 특이하다. 자실체는 주로 버섯이라 부르며, 이 광대버섯(*Amanita muscaria*)은 북반구 소나무림에서 흔히 볼 수 있다.

▶ 그림 22.16 일반화한 균류의 생활사

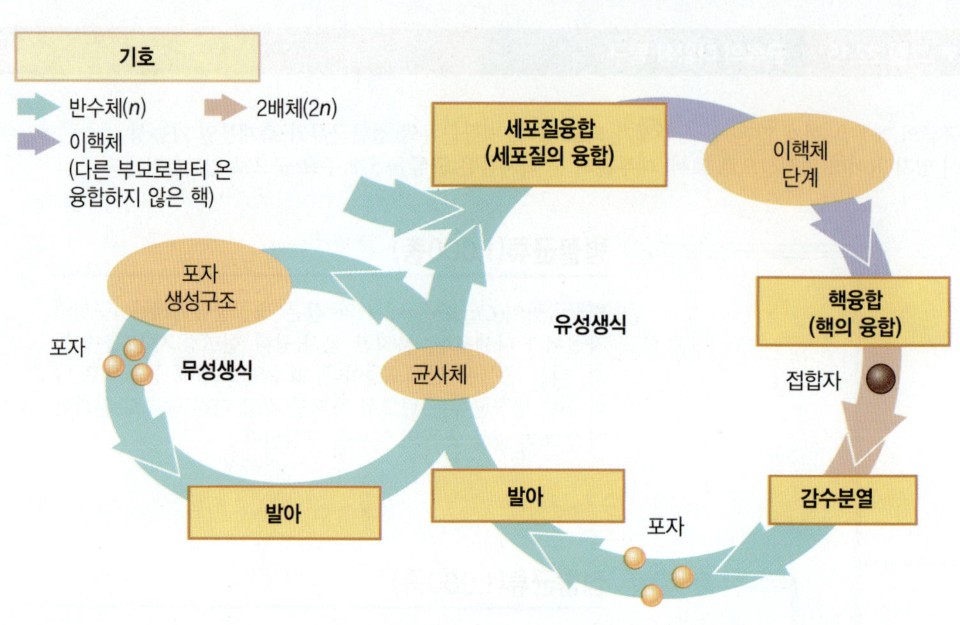

관다발(vascular tissue)을 갖느냐는 것이다. 대부분의 현생 식물들은 하나의 복잡한 관다발 조직계를 가지므로 **관다발 식물(vascular plants)**이라 부른다. 관다발 식물에 대하여는 이 절의 후반부에서 다루고, 먼저 확장된 수송계가 결여된 비공식 명칭인 비관다발 식물, 즉 **선태류(bryophytes;** 그리스어 *bryon*은 이끼를 뜻하고 *phyton*은 식물을 뜻함)에 대하여 논의한다.

선태류: 기저 식물 계통군의 집단

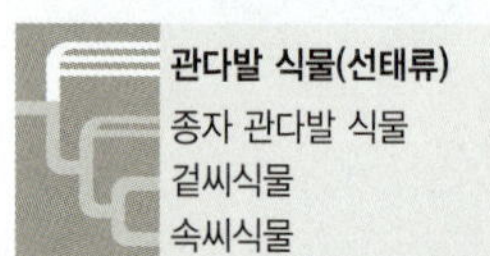

비관다발 식물들(선태류)은 오늘날 3개의 작은 초본성 식물류: 태류(liverworts), 선류(mosses) 및 각태류(hornworts)로 대표된다(그림 22.18). 연구자들은 이들 3개 단계통군이 식물의 공통조상으로부터 분화한 초기의 계열로 생각한다(그림 22.17). 실제 가장 오래된 식물 화석의 일부는 현생 선태류에서 발견하는 것과 유사한 특징을 갖는다. 예로, 이전에 언급한 식물의 최초 포자(4억 7,000만 년 전~4억 5,000만 년 전 연대 추정)는 태류의 포자에서만 발견되는 구조적 특성을 갖고 있으며, 4억 3,000만 년 전의 선류와 각태류의 것과 유사한 특성을 갖는 포자들이 화석 기록에서 나타난다.

초기 식물의 어떤 것과 같이, 현재 선태류는 특수화된 통도세포가 없고, 물과 무기염류 흡수에서 주요 역할을 하지 않는 **가근(rhizoid)**에 의하여 지상에 지지된다. 현생 선태류는 편모성 정충

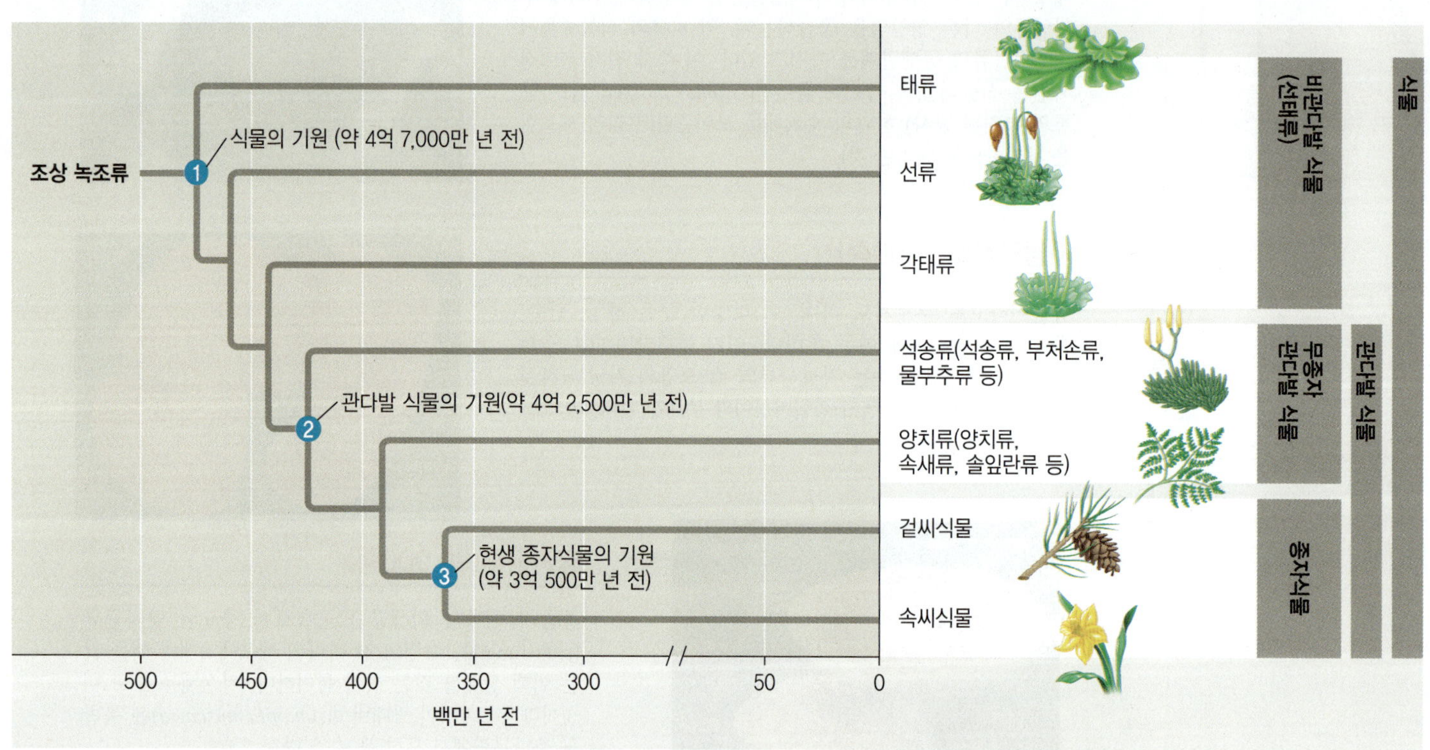

▲ 그림 22.17 **식물 진화의 강조.** 여기 보여주는 계통은 식물군 간의 연관관계에 대한 널리 받아들여지는 가설을 그린 것이다.

(a) **태류의 일종, 날개이끼(*Plagiochila deltoidea*).** 이 군의 이름은 배우체의 모양을 의미한다. 중세에는 이 모양이 간 질환을 치료하는 데 도움이 되는 식물의 징표로 생각하였다.

(b) **선류의 일종, 솔이끼(*Polytrichum commune*).** 선류의 배우체는 대부분의 종에서 15 cm 이내이지만 2 m에 달하기도 한다. 관찰되는 선류의 카펫은 주로 배우체로 구성된다.

(c) **각태류의 일종, 뿔이끼(*Anthoceros sp*).** 이 군의 이름은 5 cm 정도의 높이로 자라는 포자체의 길고 뾰쪽한 모양을 의미한다.

▲ **그림 22.18 선태류(비관다발 식물).** 분자 및 형태적 자료는 선태류가 하나의 단계통군을 형성하지 않고 측계통군임을 보여준다.

이 알세포에 수정하기 위해서 물의 막을 따라 이동해야만 하므로, 주로 습한 서식지에서 발견된다. 대부분의 현생 식물들과는 달리 선태류는 반수체 배우체가 생활사의 우점세대이다. 즉, 보통 배우체가 포자체보다 크고, 오래 산다(그림 22.18). 선류와 다른 선태류의 배우체들은 식물체가 너무 연약하여 큰 식물을 지지할 수 없으므로, 땅에 붙은 카펫을 형성한다. 두 번째 여러 선태류의 키를 제한하는 요인은 물과 영양소를 원거리 수송하는 관다발 조직이 없다는 점이다. 이들 제한점들은 다음에 다룰 관다발 식물에서는 없어진다.

무종자 관다발 식물: 크게 자란 최초의 식물

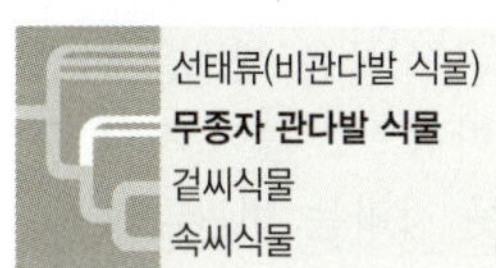

초기 1억 년의 식물 진화 역사 기간 동안, 선태류는 식생의 주요 구성자들이었다. 그러나 현재 대부분의 육지는 관다발 식물들이 우점하고 있다. 최초의 관다발 식물 화석은 4억 2,500만 년 전으로 추정된다. 이들 식물을 크게 자랄 수 있도록 한 진화적 혁신의 하나로 잘 발달된 관다발계를 갖지만, 종자는 결여되었다.

관다발 식물의 진화는 포자체 우점 생활사와 잘 발달된 뿌리와 잎이 기원하는 것과 같은 다른 진화적 혁신도 동반하였다. 우리는 여기서 그림 22.19에 보여주는 관다발 식물의 두 가지 계통군, **석송식물류(lycophytes)** 및 **양치식물류(monilophytes)**에 초점을 맞추기로 하자. 이들 식물군의 식물들은 종자가 없으므로, 이 두 군을 종합적으로 종종 **무종자 관다발 식물**이라 부른다.

포자체 우점의 생활사

앞에서 언급된 바와 같이 선류와 다른 선태류는 배우체 우점의 생활사를 갖는다. 화석은 배우체와 포자체의 크기가 동일한 관다발 식물의 조상에서부터 변화가 있었음을 보여준다. 현생 관다발 식물에서 나타나는 배우체 크기는 더욱 축소되었고, 세대교번에서 포자체 세대가 더욱 커지고 복잡한 형태로 바뀌었다(그림 22.20). 예로 양치류에서 우리 눈에 익숙한 엽상체 식물은 포자체이다. 양치류의 배우체를 발견하기 위해서는 손과 무릎을 땅에 데고 조심

(a) **석송류의 일종 (*Diphasiastrum tristachyum*).** 석송류의 포자는 구름 모양으로 방출되고 기름이 풍부하여 한때는 마술가와 사진사들이 불을 붙여 연기나 섬광을 만들기도 하였다.

(b) **양치류의 일종, 타조고사리 (*Matteuccia sturuthiopteris*).** 양치류의 포자체는 보통 수평으로 뻗는 줄기를 가지며 이로부터 큰 양치류의 잎이 발달하는데 잎은 초기에는 코일 모양으로 감겼다가 끝이 펴지면서 자란다.

▲ **그림 22.19 석송류와 양치류(무종자 관다발 식물).** 석송류와 양치류는 각각 단계통군을 형성하지만 무종자 관다발 식물은 측계통군이다. 이 사진들은 포자체이며, 작고 독립적으로 생존하는 배우체는 사진에 보여주지 않았다.

	식물군		
	태류와 다른 비관다발 식물	양치류와 다른 무종자 관다발 식물	종자식물(겉씨식물과 속씨식물)
배우체	우성	축소되었고, 독립적 (광합성, 독립생활)	축소되었고(보통 현미경적), 영양을 주변 포자체 세포에 종속적
포자체	축소되었고, 영양을 배우체에 종속적	우성	우성
예	포자체 (2*n*) 배우체 (*n*)	포자체 (2*n*) 배우체 (*n*)	겉씨식물: 배주솔방울 내의 현미경적 자성 배우체(*n*) 화분솔방울 내의 현미경적 웅성 배우체(*n*) 포자체(2*n*) 속씨식물: 꽃의 이 부분 내의 현미경적 자성 배우체(*n*) 꽃의 이 부분 내의 현미경적 웅성 배우체(*n*) 포자체(2*n*)

▲ 그림 22.20 **여러 식물군에서 배우체-포자체의 관계**

스럽게 찾아보아야만 토양 표면에 자라는 매우 작은 배우체를 볼 수 있을 것이다. 그러나 비관다발 식물과 같이 양치식물과 다른 비관다발 식물의 정충은 편모를 갖으며 알세포에 도달하기 위해서는 물의 막을 통하여 유영하여야만 한다.

물관부와 체관부에서의 수송

관다발 식물은 물관부와 **체관부**, 두 가지 유형의 관다발 조직을 갖는다. **물관부(xylem)**는 대부분의 물과 무기염류를 수송한다. 모든 관다발 식물의 물관은 뿌리로부터 물과 무기염류를 운송하는 관 모양의 세포들로 구성된 **가도관(tracheid)**을 갖는다. 관다발 식물에서 물을 수송하는 세포들은 목질화되었다. 즉 세포벽이 다량체인 **리그닌(lignin)**으로 강화되었다. **체관부(phloem)**라 부르는 조직은 세포들이 관 모양으로 배열되어 당류, 아미노산류 및 다른 유기물질들을 운반한다.

목질화된 관다발 조직은 관다발 식물이 크게 자랄 수 있도록 도움을 줄 수 있다. 이들 줄기는 중력에 대항하여 지지를 받을 수 있기에 충분히 강하게 되었고, 지상의 높은 부분까지 물과 무기질을 운송할 수 있게 되었다. 큰 식물은 작은 식물보다 광합성에 필요한 광을 보다 잘 얻는데도 유리할 것이다. 게다가, 큰 식물의 포자는 작은 식물보다 멀리 전파될 수 있고, 큰 식물은 새로운 환경에 보다 빨리 정착할 수 있었을 것이다. 전반적으로 높이 자랄 수 있는 능력은 관다발 식물이 20 cm 이상 못 자라는 비관다발 식물을 경쟁에서 이길 수 있도록 하였다. 관다발 식물 간의 경쟁도 증가하여 보다 높이 자라는 형태가 자연선택에 유리하였고, 3억 8,500만 년 전에 최초의 산림이 형성되었다.

뿌리와 잎의 진화

관다발 조직은 지하에서도 유용성을 제공하였다. 선태류의 가근과는 달리, 관다발 식물의 뿌리는 모든 관다발 식물의 포자체에서 진화하였다. **뿌리(root)**는 토양에서 물과 영양소를 흡수하고, 관다발 식물을 지지하는 기관이다.

잎(leaf)은 식물체의 표면적을 증가시키고, 관다발 식물의 제1차 광합성기관으로 역할을 한다. 크기나 복잡성으로 잎은 소엽 또는 대엽으로 구분할 수 있다(그림 22.21). 석송류(현존 관다발 식물의 가장 오래된 계통)는 모두 **소엽(microphyll)**을 가지며, 이는 작고 보통 돌기 모양의 잎으로 하나의 관속조직만 공급된다. 다른

▼ **그림 22.21 대엽과 소엽**

Selaginella kraussiana
(크라우스구실사리)

Hymenophyllum tunbrigense
(처녀이끼고사리의 일종)

관다발 식물의 대부분은 **대엽(macrophyll)**을 갖는데 이는 고도로 분지된 관다발계를 가지며, 드물게 대엽으로부터 진화한 것으로 보이는 퇴화된 잎을 갖는 종들도 있다. 대엽은 보통 소엽보다 크고, 보다 많은 광합성 생산성을 가진다. 소엽은 화석 기록에 최초로 4억 1,000만 년 전에 나타나지만, 대엽은 3억 7,000만 년 전까지 나타나지 않았다.

무종자 관다발 식물은 석탄기(3억 5,900만 년~2억 9,900만 년 전)의 늪지 산림과 다른 습한 생태계에서 풍부하였다. 이들 무종자식물과 함께 자란 것이 초기 종자식물들이었다. 이 시기에는 종자식물들이 우점은 아니었지만, 석탄기 말기에 기후가 건조해진 이후, 종자식물들이 보다 널리 퍼지게 되었다. 개념 22.4에서는 육상에 적응하는 이야기의 연속으로 종자식물의 기원과 분화를 추론하기로 한다.

개념 22.4

종자와 화분립은 육상 생활에 대한 핵심 적응이다

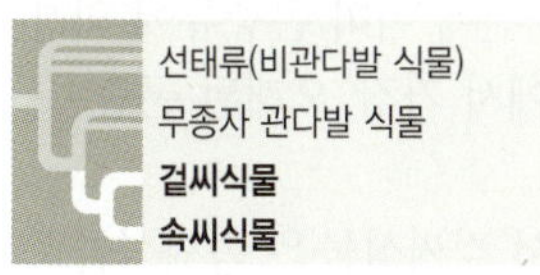

종자식물은 3억 6,000만 년 전에 기원하였다. 이 새로운 식물군이 만들어지면서 식물은 육지 환경의 보다 넓은 지역으로 퍼져나갔고, 식물 진화 과정은 급격히 바뀌었다. 이 큰 변화는 부분적으로 이 식물군이 종자라 부르는 새로운 혁신을 한 것에 기인한다. **종자(seed)**는 배, 배에 영양 물질을 공급하는 조직 및 보호성 껍질로 둘러싸여 있다. 성숙 시 종자는 바람 또는 다른 수단에 의하여 어버이로부터 분산된다.

현존 종자식물은 두 개의 주요군, 겉씨식물(소나무와 친족)과 속씨식물(꽃피는 식물)로 나눌 수 있다. **겉씨식물(gymnosperms**; 그리스어 *gymnos*는 나출, *sperm*은 종자의 뜻)은 종자가 실로 싸이지 않고 나출된 종자를 갖는 식물의 무리이다. 반대로 **속씨식물(angiosperms**; 그리스어 *angion*은 컨테이너의 뜻)의 종자는 씨방이라 부르는 실로 싸여 발달한다. 우리는 종자식물이 육상의 생활에 적응한 과정에 대해 개관해보고, 이들이 기원과 진화 역사를 논의할 것이다.

종자식물의 육지 적응

종자에 부과하여 모든 종자식물들은 퇴화된 배우체, 밑씨 및 화분립을 갖는다. 이들 적응 형질은 종자식물이 건조와 태양광의 자외선(UV)에 노출과 같은 육지 환경에 살아가는 새로운 방법을 제공하였다. 이들 적응 형질 또한 종자식물들이 수정 과정에 물을 필요치 않게 하고, 무종자식물보다 넓은 환경에서 생식을 가능하게 하였다.

퇴화된 배우체

선류 및 다른 선태류와는 달리 양치류 및 다른 무종자 관다발 식물은 포자체 우점 생활사를 가지고 있다. 배우체 퇴화의 진화 경향성은 관다발 식물계통에서 더욱 진행되어 종자식물에 이른다. 무종자 관다발 식물의 배우체는 맨눈으로 볼 수 있으나, 종자식물의 배우체는 현미경으로만 볼 수 있다(그림 22.20).

이와 같은 소형화는 종자식물의 진화 혁신에 중요한 실마리를 제공하였다. 이들의 소형 배우체는 어버이 포자체의 포자낭에서 보존된 상태로 포자가 발달할 수 있게 한다. 포자체의 수분을 함유한 생식조직들은 자외선 조사로부터 방패 역할을 하고, 건조로부터 보호하는 역할을 한다. 이 관계는 또한 의존적인 배우체가 포자체로부터 영양분을 획득하는 것이 가능하게 하였다. 반대로 무종자식물의 독립적인 배우체는 스스로 이 문제를 해결하여야 한다.

밑씨와 화분

종자식물은 부모 포자체 내에서 특정 구조가 자성 배우체로 발달한다. 이 과정의 초기에 **주피(integument)**라 부르는 포자체조직층이 결국 자성 배우체로 발달하는 조직을 둘러싸고 보호한다. 주피와 이에 의해 둘러싸는 조직이 하나의 **밑씨(ovule**, 그림 22.22a)를 만든다. 각 밑씨 안에는 하나의 알세포를 만드는 자성 배우체가 반수체 포자로부터 발달한다. 자성 배우체를 만드는 포자들은 웅성 배우체를 만드는 **소포자**(microspore)보다 크므로 **대포자**(megaspore)라 부른다.

소포자는 화분벽 내에 쌓여서 웅성 배우체로 구성된 **화분립(pollen grain)**으로 발달한다. 스포로폴레닌을 함유하는 화분벽은

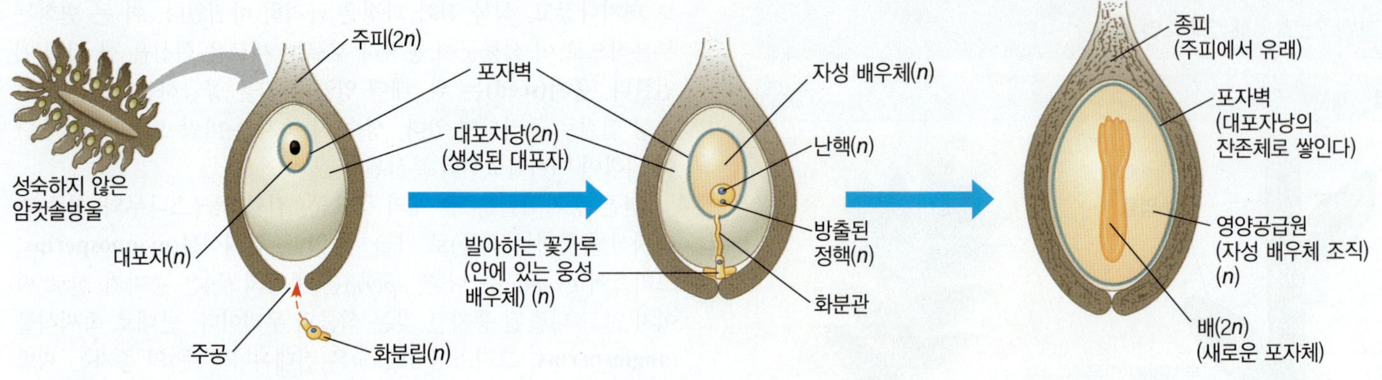

(a) **수정되지 않은 밑씨.** 소나무(겉씨식물)의 밑씨를 단면으로 본 것으로, 육질성 대포자낭이 주피라고 부르는 조직의 보호층(1층)으로 싸여 있다. 주피 사이로 열린 주공을 통하여 꽃가루가 들어올 수 있다.

(b) **수정된 밑씨.** 하나의 대포자가 자성 배우체로 발달하며, 자성 배우체는 하나의 알을 생산한다. 웅성 배우체를 갖는 화분립은 주공을 통하여 들어온다. 웅성 배우체는 화분관을 발달시켜 정자를 방출하고 알을 수정시킨다.

(c) **겉씨식물의 종자.** 수정이 밑씨를 종자로 전환시키는데, 종자는 포자체 배, 영양 공급 조직, 주피에서 유도된 보조적인 종피로 구성된다. 대포자낭은 말라서 붕괴된다.

▲ **그림 22.22** **겉씨식물에서 밑씨로부터 종자의 발달**

배우체를 보호함과 동시에 바람이나 동물의 몸체에 붙어서 부모 식물로부터 화분이 운송되도록 한다. 화분이 밑씨를 갖는 종자식물부위로 전달되는 과정을 **수분(pollination)**이라 부른다. 화분립이 발아하면 화분관을 발달시키고, 그림 22.22b와 같이 밑씨 내의 자성 배우체 안으로 정자를 방출한다.

비관다발 식물 및 양치류와 같은 무종자 관다발 식물은 독립적으로 살아가는 배우체가 편모성 정자를 방출하고, 수막을 따라 이들이 유영하여 알에 도착한다는 사실을 기억해보면, 이들 종의 많은 것들이 습한 서식지에서 발견되는 것은 우연이 아니다. 그러나 종자식물들은 정자를 생성하는 웅성 배우체가 화분립 안에서 바람이나 동물에 의하여 원거리를 이동하게 함으로써, 정자의 이동에 물에 의존하는 과정이 제거된 것이다. 종자식물의 정자 이동에 물이 필요 없게 됨으로써, 이들은 건조한 서식지에 성공적으로 정착하는 능력을 갖게 되었다.

종자의 진화적 장점

만약 정자가 종자식물의 알과 수정하면, 접합자는 포자체인 배로 자란다. 그림 22.22c에서 보여주는 바와 같이, 전체 밑씨의 배는 주변의 영양 공급 조직과 함께 주피에서 유도된 이들을 둘러싸는 보호층으로 구성된 종자로 성숙한다.

종자 발달 이전에는 포자가 식물의 생활사에서 유일한 보호시기였다. 종자가 포자보다 어떤 장점이 있는가? 포자는 보통 단세포이지만 종자는 배와 배를 둘러싸는 종피라는 조직 층으로 구성된 다세포성이다. 어버이 식물로부터 분리된 후 포자의 짧은 생존기간에 비해, 종자는 수일, 수개월 또는 수년 동안 휴면기에 남아 있을 수 있다. 환경이 좋은 상태에서 종자는 휴면기에서 깨어나 발아하며, 포자체인 배가 유묘로 생장하는 데 필요한 저장된 영양물질을 가지고 있다.

초기 종자식물과 겉씨식물의 출현

그림 22.17을 보면 현생 종자식물은 두 개의 자매군, 즉 겉씨식물과 속씨식물로 구성되어 있다. 어떻게 이 두 군이 출현하였을까?

화석 자료는 데본기 후기(약 3억 8,000년 전)에 어떤 식물들이 이전에 언급한 대포자 소포자와 같은 종자식물에서 발견되는 특징을 갖게 되었음을 보여준다. 그러나 이들 식물들은 종자를 갖지 않으므로 종자식물로 분류하지 않는다. 최초의 종자식물은 3억 6,000만 년 전의 화석 기록에 나타나는데, 이는 현존 겉씨식물의 최초 화석보다 5,500만 년, 최초의 속씨식물 화석보다 2억 년이 앞선 것이다. 이들 초기 종자식물들은 멸종하였고, 이들 멸종 계열의 어느 것이 겉씨식물로 발전하였는지는 불명확하다.

현존하는 겉씨식물의 최초 화석은 약 3억 500만 년 전의 것이다. 이들 초기 겉씨식물은 아직 석송류, 양치류 및 다른 무종자성 관다발 식물이 우점 했던 습한 석탄기 생태계에서 살았다. 석탄기가 페름기로 바뀌면서(2억 9,900만 년 전), 기후는 보다 건조해졌다. 습한 석탄기 늪지에서 우점 하였던 석송류 및 양치류는 보다 건조한 기후에 알맞은 겉씨식물로 대체되었다.

겉씨식물들은 종자와 화분립과 같은 종자식물들이 육지에 적응할 수 있는 주요 특징을 갖고 있는 특성 때문에 부분적으로 건조한 기후에 생존하였다. 게다가, 어떤 겉씨식물들은 두꺼운 큐티클과 바늘 모양의 잎으로 상대표면적이 적어, 건조 환경에 잘 적응하였다. 겉씨식물은 2억 5,200만 년 전에서 6,600만 년 전에 이르는 중생대 대부분의 기간 동안 육상 생태계를 우점하였다. 거대 초식성 공룡류에 식량을 제공한 것에 추가하여 이들 겉씨식물류는 동물들과 여러 다양한 상호작용에 관여하였다. 예로, 최근의 화석학적 발견은 어떤 겉씨식물류가 1억 년 이전에 이미 곤충류에 의하여 수분되었음을 보여준다. 이는 식물군에서 가장 오래된 곤충 수분의 증거이다.

중생대 후반에 이르러 몇몇 생태계에서 겉씨식물은 속씨식물로 치환되기 시작하였다. 오늘날에도 겉씨식물들은 지구 식물상의 주요한 일부로 남아 있다(그림 22.23). 예로 고위도 북반구지역의 넓은 지역이 가문비나무, 소나무, 전나무, 레드우드 등을 포함하는 구과식물(conifers)이라 부르는 솔방울을 갖는 겉씨식물로 덮여 있다. 겉씨식물의 지속적인 적응력에도 불구하고, 현재 대부분의 육상 생태계는 다음에 살펴볼 군인 속씨식물에 의하여 우점한다.

(a) **소철(*Cycas revoluta*).** 소철류는 구과류 다음으로 큰 겉씨식물군이다(야자는 꽃식물이다). 소철류는 큰 솔방울과 야자 같은 잎을 가지고 있다.

(b) **더글라스전나무(*Pseudotsuga menziesii*).** 구과류는 넓은 산림지역을 우점하고, 북미지역의 어느 목본종보다도 많은 목재를 제공한다.

(c) **수평향나무(*Juniperus horizontalis*).** 낮게 자라는 이 구과류의 장과는 육질성 포자엽으로 구성된 배주를 생성하는 솔방울이다.

▲ 그림 22.23 **겉씨식물의 예**

속씨식물의 기원과 분화

꽃피는 식물로 주로 알려진, 속씨식물은 꽃과 열매라 부르는 생식구조를 발달시키는 종자식물이다. 오늘날 속씨식물은 가장 다양하고 식물 중 가장 널리 분포하며 25만 종 이상으로 구성된다(모든 식물의 약 90%를 차지). 속씨식물의 진화를 살펴보기 전에, 이들의 두 가지 주요 적응 형질—꽃과 열매—에 대하여 살펴본다.

꽃과 열매

꽃(flower)은 유성생식을 위해 특수화된 독특한 속씨식물의 구조이다. 여러 속씨식물 종들은 곤충류 또는 다른 동물들이 화분을 하나의 꽃에서 다른 꽃의 성 기관으로 운반하므로, 대부분의 겉씨식물의 바람에 의존하는 수분보다는, 보다 직접적인 수분을 할 수 있다.

꽃은 4가지 유형의 변형된 잎, 즉 꽃받침, 꽃잎, 수술, 심피(그림 22.24)라 부르는 특수화된 줄기이다. 꽃의 기저부부터 시작하여 **꽃받침(sepal)**은 보통 녹색이고 꽃이 개화하기 전에 꽃을 둘러싸고 있다. 꽃받침 안쪽의 **꽃잎(petal)**은 대부분의 꽃에서 색깔이 밝고 수분 매개체를 유인하는 데 도움을 준다. 그러나 풍매화의 꽃은 일반적으로 밝은 색깔 부위가 결여되어 있다. 모든 속씨식물에서 꽃받침과 꽃잎은 불임성 꽃 기관으로 정자 또는 알을 생성하지 않는다. 꽃잎 안쪽에 수술과 심피이라 부르는 가임성 꽃 기관이 2열로 배열된다. **수술(stamen)**은 웅성 배우체를 갖는 화분립을 생산한다. 수술은 수술대(화사, filament)라 부른 병과 그 끝에 하나의 낭을 갖는 꽃밥(약, anther)이라 부르는 화분 생성기관으로 구

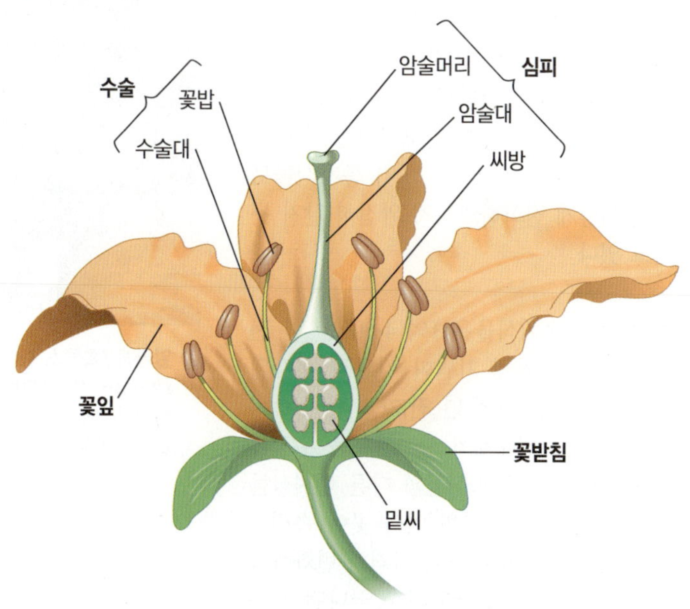

▲ 그림 22.24 **일반화한 꽃의 구조**

성되어 있다. **심피(carpel)**는 밑씨를 만든다. 이미 언급한대로 심피는 종자를 감싸는 방으로써 겉씨식물로부터 속씨식물을 구별하는 주요 특징 중 하나이다. 심피의 끝에는 꽃가루를 받아들이는 끈적한 암술머리가 있다. 암술대는 암술머리에서 심피의 기저부인 씨방에 이르는 구조이며, 하나의 **씨방(ovary)**은 한 개 또는 그 이상의 밑씨를 갖는다. 수정이 되면 밑씨는 종자로 발달한다.

하나의 꽃은 한 개 또는 여러 개의 심피를 갖는다. 많은 종에서 여러 개의 심피가 하나의 구조로 유합되었다. 암술(pistil)이라는 용어는 어떤 경우 하나의 심피(홑암술) 또는 둘 또는 이상의 유합된 심피(겹암술)를 의미한다.

수정 후 밑씨로부터 종자가 발달하면 씨방은 두꺼워지고 씨방이 성숙하여 **열매(fruit)**가 된다. 완두콩깍지는 열매의 일종이며 종자(성숙한 밑씨, 완두콩)는 성숙한 씨방(콩깍지)으로 쌓여 있다. 열매는 종자를 보호하고, 이들의 확산을 돕는다. 예로, 민들레나 단풍나무와 같은 어떤 꽃식물의 종자들은 낙하산 또는 프로펠러와 같은 기능을 갖는 열매 속에 들어 있어서 바람에 의한 전파를 증진시키는 적응력을 보여준다. 다른 속씨식물의 종자들은 동물에 의존하여 종자를 운반한다. 이들 식물 중 어떤 것들은 종자가 갈고리 모양으로 변형되어 동물의 털(사람의 옷)에 달라붙는다. 다른 속씨식물들은 먹을 수 있는 종자를 만드는데, 주로 영양분이 풍부하고 단맛이 있으며, 현란한 색깔로 숙성되었음을 홍보한다. 동물이 이들 열매를 먹을 경우, 육질성 부분은 소화되고, 단단한 씨는 해를 입지 않고 동물의 소화기관을 통과한다. 동물들이 배설하면, 종자가 천연비료의 공급과 함께 열매를 먹은 곳으로부터 수십 킬로미터의 거리에 전파될 수 있다.

속씨식물의 진화

다윈은 속씨식물의 기원을 '지독한 미스터리'라고 이야기한 바 있다. 그는 특히 속씨식물의 화석이 갑자기 지리적으로 널리 분포하여 나타나는 것에 의문을 품었다(다윈에게 알려진 1억 년 전의 화석에 근거하여). 다윈의 미스터리를 푸는 데 화석 증거와 계통학적 분석이 진보적이긴 하지만, 아직 우리는 속씨식물이 초기 종자식물로부터 어떻게 진화하였는지 완전히 알지 못하고 있다.

화석 증거 속씨식물은 1억 4,000만 년 전인 초기 백악기에 기원한 것으로 생각된다. 중기 백악기(1억 년 전)가 되면서 속씨식물은 육상 생태계의 상당부분을 우점하기 시작하였다. 구과식물과 다른 겉씨식물들은 사라지고, 세상의 여러 곳이 속씨식물로 바뀜에 따라 경관이 급격히 변화하였다. 6,600만 년 전 백악기가 끝나면서 공룡류와 다른 여러 동물군이 대멸종을 하고 속씨식물의 다양성과 중요성은 더욱 증가하였다.

어떤 증거가 속씨식물이 1억 4,000만 년 전에 기원하였음을 의미하는가? 첫째, 화분립은 쥐라기(2억 100만 년~1억 4,500만 년 전) 암석부터 흔하지만 이들 화분 화석 중 속씨식물을 진단할 수 있는 특징을 갖는 것은 없으므로, 속씨식물은 쥐라기 이후에 기원했음을 의미한다. 실제 특수한 속씨식물의 특징을 갖는 최근 화석은 중국, 이스라엘, 영국 등지에서 발견된 1억 3,000년 전의 화분립이다. 보다 큰 꽃식물 구조의 오래된 화석은 알카에푸룩투스(*Archaefructus*, 그림 22.25) 화석과 리푸룩투스(*Leefructus*)를 포함하는데 모두 1억 2,500만 년 된 화석으로 중국에서 발견된 것이다. 전반적으로 초기 속씨식물 화석은 속씨식물군이 기원하여 2,000만~3,000만 년의 기간 동안에 분화된 것으로, 다윈의 시대에 생각했던 화석 자료보다는 덜 급진적인 사건으로 해석된다.

초기 속씨식물 화석에서 발견된 형질로부터 우리는 속씨식물 공통조상의 형질을 추론할 수 있을까? 예로 *Archaefructus*는 초본성이고 수생이었음을 의미하는 부유할 수 있는 기낭구조를 갖는다. 그러나 속씨식물의 공통조상이 초본성이고 수생이었는지를 조사하기 위해서는 속씨식물과 근연인 다른 종자식물의 화석들도 조사하여야만 한다. 이들 모든 식물들은 목본성이며, 공통조상은 아마도 목본성이었음을 나타낸다. 이 결론은 최근의 계통분석에서도 지지된다.

속씨식물의 계통 분자 및 형태적 증거들은 현생 겉씨식물 계열이 속씨식물의 조상과 3억 500만 년 전에 분지되었음을 보여준다. 실제 현생 속씨식물은 현생 겉씨식물보다는 목본성 종자식물의 여러

(a) 알카에프룩투스 사이넨시스(*Archaefructus sinensis*) 1억 2,500만 년 된 화석. 이 종은 다른 속씨식물의 자매군을 대표하거나 수련군에 속할 것으로 추정된다.

(b) 재현된 알카에프룩투스 사이넨시스(*Archaefructus sinensis*)의 그림

▲ **그림 22.25 원시적인 꽃식물**

▼ 그림 22.26 속씨식물의 계통 탐구

아래 계통수는 형태적 및 분자적 증거에 기초하여 만든 속씨식물의 진화적 관계에 대한 한 가설이다.

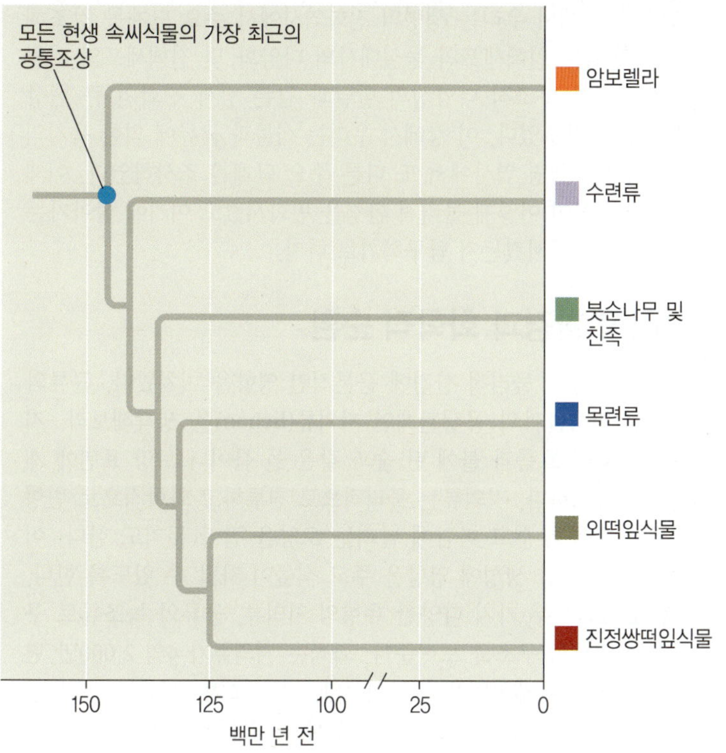

암보렐라(*Amborella*). 이 관목(*A. tricopoda*)은 남태평양 뉴칼레도니아 섬에서만 발견되며, 속씨식물 최하단 가지에 위치한 유일한 생존체이다. 암보렐라는 물을 효과적으로 운송하는 세포인 도관이 없으며, 이 형질은 후에 분화된 속씨식물의 계열에서 발견된다.

수련류. 수련류(*Nymphaea*, 수련속)는 전 세계의 수생서식지에서 발견된다. 수련류는 암보렐라 다음으로 오래된 생존 속씨식물의 군이다.

붓순나무류. 이 속(*Illicium*, 붓순나무속)에 속하는 어떤 관목과 소교목은 동남아시아가 원산지이며 또 다른 종들은 미국 동남부가 원산지이다. 이 속의 현생종들은 아마도 대륙 이동에 의하여 분리된 집단의 조상으로부터 유래된 것으로 생각된다.

목련류. 이 계통군은 경제적으로 중요한 목련류, 월계수류, 아보카도, 계피, 후추 등을 포함한 약 8,000종의 목본성 및 초본성 종으로 구성된다. 여기 보여주는 사진은 태산목의 한 품종으로(*Magnolia grandiflora* "Goliath") 꽃의 직경이 30 cm 정도 된다.

외떡잎식물. 현생 속씨식물의 25% 이상이 외떡잎식물이다. 이 큰 계통군은 세계에서 가장 중요한 작물인 옥수수, 쌀, 밀 등의 곡식을 포함한다. 다른 외떡잎식물은 왜성데이트야자(*Phoenix roebelenii*)와 같이 관상용으로 널리 이용된다. 외떡잎식물에는 또한 난류, 잔디류, 붓꽃류, 양파류 등이 포함된다.

진정쌍떡잎식물. 약 70%의 현생 꽃식물들이 진정쌍떡잎식물이다. 한 예로, 여기 보여주는 긴호박은 호박(*Cucurbita pepo*)의 한 아종이며, 다른 아종인 호박 및 애호박 등과 함께 중요한 작물 중 하나이다. 진정쌍떡잎식물에는 해바라기류, 선인장류, 장미류, 토끼풀류, 참나무류 및 다른 다양한 범위의 종류들이 포함된다.

멸종된 계열에 보다 가깝다고 생각된다. 이들 계열 중 하나가 베네티탈리스(Bennettitales)인데, 이 군은 곤충에 의해 수분되는 것으로 보이는 꽃과 유사한 구조를 갖고 있다. 그러나 베네티탈리스와 멸종한 다른 유사 목본성 종자식물의 계열들은 심피 또는 꽃을 갖지 않으므로 속씨식물로 분류하지 않는다.

속씨식물의 진화를 이해하기 위해서는 어떤 속씨식물의 군이 서로 어떤 군으로부터 분기하였는지 알아야 도움이 될 것이다. 최근 이 부분에서 급진적인 진보가 이루어졌다. 형태 및 분자 증거는 암보렐라(*Amborella trichopoda*)라 부르는 남태평양의 작은 관목과 수련류가 가장 오랜 속씨식물의 계통을 대표한다는 것을 보여준다(그림 22.26). 암보렐라는 목본성으로 속씨식물의 공통조상이 아마도 목본성이었을 거라는 이전의 결론을 지지한다. 그림 22.26에서 보여주는 다른 계통에는 외떡잎식물과 진정쌍떡잎식물이 특히 심하게 방사 진화하였는데, 현재 7만 종의 외떡잎식물과 17만 종의 진정쌍떡잎식물이 생존한다. 외떡잎식물과 종자가 발아할 때, 1개의 자엽을 쌍떡잎식물은 2개의 자엽이 발생하므로 부르는 이름이다.

백악기에 미미하게 시작한 속씨식물은 현재 25만 종 이상으로 분화되어 현존 식물 중 가장 큰 군을 형성한다. 이 큰 군은, 균류 및 꽃이 없는 식물들과 함께, 다른 종들에게 심오한 생태적 진화학적 영향을 미쳤다.

(a) 두 가지 흔한 지의류

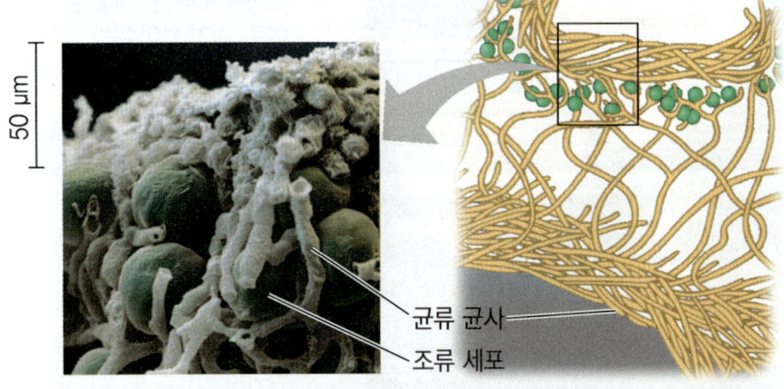

(b) 자낭균류와 조류가 관여된 지의류의 해부도

▲ 그림 22.27 **지의류.** 주로 암석이나 썩은 나무에 자라는 지의류는 균류와 광합성 미생물(녹조류 또는 남세균) 사이의 공생체이다.

개념 22.5

식물과 균류는 화학적 순환과 생물학적 상호작용을 근본적으로 변화시켰다

4단원 전체에서 우리는 생명의 진화역사에서 주요 단계를 강조해 왔다. 우리는 원핵세포의 물질대사의 다양화 및 진핵세포의 기원 이후 일어난 구조적 다양성의 발달과 같은 방사 진화의 큰 현상에 초점을 맞추었다. 이 장에서 우리는 식물과 균류에 의한 육지의 정착이라는 생명 역사에서 또 다른 주요 단계를 조사하였다. 이제 육지에 정착이 어떻게 물리적 환경을 변화시켰고 여기에 살아가는 생물체를 변화시켰는지 탐구하기로 하자.

물리적 환경과 화학적 순환

균류와 식물은 물리적 환경에 근본적인 영향을 미쳐왔다. 균류와 광합성 미생물과의 공생관계인 **지의류(lichen)**을 생각해보라. 지의류는 화산 흐름과 불에 탄 숲과 같은 돌 틈이나 토양 표면에 개척자로 중요하다. 지의류는 물리적으로 침투하고 화학적으로 변형시켜 표면을 부수고 바람에 날리는 토양을 잡아 두기도 한다. 이들 과정은 토양 생성에 영향을 주고 식물이 자랄 수 있도록 한다. 그림 22.27은 두 가지 다양한 유형의 지의류, 균류와 녹조류로 구성된 지의류의 구조를 보여준다. 화석은 지의류가 4억 2,000만 년 전에 육상에 존재하였음을 보여준다. 이들 초기 지의류는 오늘날과 마찬가지고 암석과 토양을 변형시켜 식물들의 안착에 도움을 주었다.

식물의 육지 정착은 물리적 환경에 큰 변화를 일으켰다. 지의류와 같이 식물은 토양의 형성에 영향을 미쳤다. 식물뿌리는 토양을 보존하고, 잎 부스러기와 다른 식물이 썩는 부위는 토양에 영양소를 부가시킨다. 식물은 또한 가장 중요한 광합성의 부산물로써 공기 중의 산소를 방출함으로써 지구 대기권의 조성을 변화시켰다.

식물과 균류는 생태계에서 화학적 순환에도 근본적인 영향을 미쳐왔다. 이 과정은 식물이 물리적 환경으로부터 영양소를 흡수할 때 시작된다. 이들 영양소는 식물을 먹는 다른 생물체로 전달된다. 그리고 분해자가 이들의 죽은 사체를 분해하면 물리환경으로 영양소는 돌아와 순환을 마친다. 균류는 유기화합물의 분해자로서 잘 적응하여 왔다. 실제, 어떤 탄소를 함유하는 물질이라도—비행기 연료나 집 페인트—최소한 어떤 균류에 의하여 소비될 수 있다(세균의 경우도 그렇다). 그 결과, 균류와 세균은 식물의 생장에 필수적인 무기 영양소를 생태계에 유지시키는 데 중심적인 역할을 한다. 이들 분해자 없이는, 탄소, 질소 및 다른 원소들은 유기물질로 묶여 있게 되며, 이렇게 되면 우리가 아는 생명체는 종말을 맞게 된다.

식물이 어떻게 탄소 순환에 영향을 미치는지 자세히 살펴보기로 하자. 탄소는 생명체에 필수적인 유기물질의 기본을 형성한다. 광합성 과정에서 식물은 많은 양의 이산화탄소를 공기 중에서 제거하는데, 이는 전 지구적 기후에 영향을 미친다. 예로 드라마 같은 일이 무종자 관다발 식물이 최초의 산림을 형성한 데본기와 초

▲ 그림 22.28 **화석 증거에 기초하여 재현한 석탄기의 삼림.** 식물류와 함께 앞쪽에 있는 대형 잠자리류를 포함한 동물류들이 석탄기 산림에서 번창하였다.

기 석탄기 동안에 일어났다(그림 22.28). 이 산림은 석탄기(3억 5,900만 년~2억 9,900만 년 전) 동안 공기 중 이산화탄소 수준을 크게 감소시켜, 전지구적 냉각화 및 광범위한 빙하 형성의 원인이 되었다. 무엇이 이산화탄소 수준의 감소 원인인가?

하나의 요인은 잎 및 다른 관다발 조직의 진화인데, 이는 식물의 광합성률을 증진시켜 대기에서 이산화탄소 제거를 가속화시켰다. 석탄기 늪지의 산소가 결핍된 물은 죽은 식물체가 완전하게 썩는 것을 방지하였다. 결과적으로 죽은 식물체는 석탄으로 전환되면서 대기권으로부터 많은 양의 이산화탄소를 제거하였다. 석탄은 산업혁명에 필수적이었고 인류는 아직도 연당 60억 톤의 석탄을 태우고 있다. 석탄기 동안 지구 냉각에 기여하면서 식물에 의하여 만들어진 석탄이 이제는 탄소를 대기권에 방출함으로써 지구 온난화에 기여하는 것은 이율배반적인 현상이다.

초기 산림의 나무들은 석탄기 동안 뿌리의 작용에 의해서도 대기 중의 이산화탄소 수준의 감소에 영향을 비쳤다. 관다발 식물의 뿌리는 암석을 부수고 칼슘과 망간을 토양으로 방출하게 하는 산을 분비한다. 이들 화학물질은 빗물 속의 이산화탄소와 반응하여 화합물을 만들고 궁극적으로 바다로 흘러가 퇴적암이 된다. 식물에 의한 이 과정의 순효과는 대기권에서 이산화탄소가 제거되어 바다의 퇴적층에 저장된다는 것이다. 오늘날도 식물들은 지속적으로 탄소 순환에 영향을 미치며, 전 지구적 기후와 지구적 기후 변화의 정도에 영향을 미친다.

생물학적 상호작용

식물과 균류에 의한 육지의 정착은 또한 다른 종간 구성자 간의 상호작용에 큰 영향을 미쳤다. 이와 같은 생물학적 상호작용은 서로 이익을 보는 경우(상리공생), 한쪽은 이익을 보지만 다른 종은 해를 입는 경우(기생; 기생체가 숙주에서 영양을 취하는 것과 같이) 모두를 포함한다.

식물과 균류는 이들의 육상에의 존재가 다른 생물들에게 에너지 및 영양소의 가용성을 증가시키기 때문에 생물학적 상호작용에 큰 영향을 미친다. 예로, 광합성 과정에 식물은 광에너지를 먹을 수 있는 화학에너지로 바꾼다. 화학에너지는 직접적(예: 곤충이 식물 잎을 먹을 때) 또는 간접적(예: 조류가 식물을 먹는 곤충을 먹을 때)으로 지구의 모든 생명체를 지탱하며, 유사하게 질소와 다른 영양소들도 먼저 식물에 의해 흡수되고 나서, 식물을 먹는 다른 생물체로 전달된다. 궁극적으로 이들 영양소는 균류와 다른 분해자들의 작용에 의하여 다시 환경으로 되돌아온다. 만약 식물과 균류가 육지에 정착하지 않았다고 할지라도, 생물학적 상호작용은 에너지와 영양소를 전위시키는 결과를 가져왔을 것이지만, 그 전위의 정도는 이 장의 초반에 언급한 '녹색점액'에서와 같이 극히 적은 규모로 일어났을 것이다.

상리공생체와 병원체로써 균류

다양한 균류 종으로부터 발견되는 다양한 효소들은 생체이든 시체이든 넓은 범위의 먹이로부터 복합물들을 소화시킬 수 있다. 먹이의 다양성은 생태군집에서 균류의 다양화된 역할에 해당되며, 여러 다른 종들이 분해자, 공생체, 또는 기생체 등으로 살아간다. 분해자로써 균류의 중요성을 이미 설명하였으므로, 여기서는 공생과 기생에 초점을 두기로 한다.

공생균류는 숙주 생물로부터 영양소를 흡수하지만, 이미 균류와 대부분의 관다발 식물이 형성하는 매우 동등한 균근관계에서 보는 바와 같이, 숙주에 이득을 주는 역할로 서로 보답한다. 부가하여, 현재까지 연구된 모든 식물종들은 식물에 해를 주지 않고 식물의 잎 또는 다른 부위의 안쪽에 살아가는 균류(또는 세균)인 **내생식물(endophyte)**이 정착해 있는 것으로 나타난다. 내생식물은 초식자들이 먹지 못하게 하는 독성 물질을 만들거나, 고열, 건조 또는 중금속과 같은 것에 대한 숙주 식물의 저항성을 높여줌으로써 특정 화본과 식물들에 이득을 주는 것들이 밝혀졌다.

또한 기생 균류는 살아 있는 숙주의 세포로부터 영양소를 흡수하지만, 이득을 돌려주지는 않는다(그림 22.29). 어떤 기생성 균류는 병원체이며, 식물에 질병을 일으키는 여러 종들이 포함된다. 예로 밤나무줄기마름병균(*Cryphonectria parasitica*)은 자낭균류로 밤나무마름병의 원인이며 미국동북부의 경관을 급진적으로 변화시켰다. 1900년대 초반 아시아로부터 수입된 수목에 의해 우연히

▲ **그림 22.29 식물 균병의 예.** 10만 종이 알려진 균류 중 약 30%가 기생체 또는 병원체로 살아가는데 대부분이 식물을 숙주로 한다.

유입된 이 균의 포자들은 미국밤나무의 수피 틈으로 들어가 균사를 만들어 나무를 죽인다. 과거에 흔했던 미국밤나무들은 이전나무의 그루터기로부터 맹아의 형태로 겨우 살아남아 있다.

식물-동물 상호작용

동물과 식물은 수억 년 동안 서로 작용하였고, 이들 상호작용은 진화적 변화를 유도하였다. 예로, 초식자들은 식물의 뿌리, 잎 또는 종자를 먹음으로써 식물의 생식적 성공을 감소시킬 수 있다. 결과, 초식자에 대한 효과적인 방어가 식물군에서 기원하였고, 이들 식물은 자연선택에서 유리하였을 것이고, 초식자 또한 새로운 방어를 극복했을 때 자연선택에 유리할 것이다.

좌우상칭화

방사상칭화

동식물 사이의 상호작용은 또한 새로운 종형성률에도 영향을 미칠 수 있다. 꽃 모양을 살펴보면 **좌우상칭** 또는 **방사상칭**이 있다. 좌우상칭화에서는 곤충 수분 매개자가 꽃의 특정 방향으로만 들어올 수 있다. 이와 같은 제한점이 곤충이 하나의 꽃에서 꽃으로 이동함에 따라 화분이 곤충의 몸체의 일부에 묻고 이를 같은 종의 다른 꽃의 주두와 접촉할 수 있게 할 가능성이 높다.

이와 같은 화분전이의 특이성이 분화되는 집단 간의 유전자 확산을 감소시키는 경향이 있으며, 따라서 좌우상칭화를 가진 식물의 종 분화율을 증가시키게 되었다. 이 가정은 다음 그림에서 설명한 방법을 이용하여

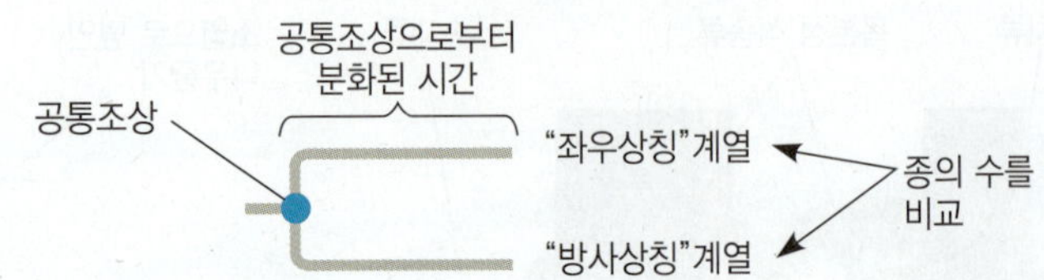

검증할 수 있었다.

검증의 주요 단계는 좌우상칭화를 갖은 한 계통군이 방사상칭화를 갖는 한 계통군과 직접적인 공통조상을 공유하는 경우를 찾아내는 것이다. 한 최근의 연구는 연관이 깊은 좌우상칭과 방사상칭 계통의 19개 쌍을 찾아냈다. 평균적으로 좌우상칭화의 계통은 근연의 방사상칭화 계통보다 약 2,400종 이상을 더 갖는 것으로 나타났다. 이 결과는 꽃 모양이 새로운 종 형성률에 영향을 줄 수 있음을 시사하며, 이는 꽃 모양이 곤충 수분 매개자의 행동에 영향을 미치기 때문일 것이다. 전체적으로, 식물-수분 매개자의 상호관계의 영향은 백악기에 꽃식물의 분화와 우점도를 증진시키는데 기여한 것으로 생각된다.

속씨식물은 1억 년 이상 지구 생태군집의 우점군으로 존재하였다. 오늘날 속씨식물이 우점으로 남아 있지만, 속씨식물과 다른 식물군들은 인구의 급증에 의하여 공간과 자원의 요구가 커짐에 따라 위협받고 있다. 이 문제는 특히 열대지방에서 심각한데, 이 지역은 세계인구의 ⅔가 거주하고 인구 증가율이 가장 빠른 곳이다. 약 63,000 km^{2}의 열대우림이 매년 잘려나가고(그림 22.30) 있는데, 이 제거율이 지속된다면 앞으로 175년 안에 현재 남아 있는 1,100만 km^{2}의 열대우림이 완전히 사라질 것이다. 산림이 사라지면, 많은 수의 식물종도 사라진다. 물론 한번 종이 멸종되면 다시는 돌아올 수 없다.

식물종이 사라지면 주로 곤충이나 다른 우림 속의 동물들도 동시에 사라진다. 과학자들은 열대와 다른 지역에서 현재의 멸종 률이 지속된다면, 지구 생물종의 50% 또는 그 이상이 다음 몇 세기도 안 되어 멸종될 것이라고 추정한다. 이와 같은 멸종은 동물의 멸종을 포함한 생명의 진화 역사를 바꾼(23장에서 다룰 예정) 페름기와 백악기 대멸종에 버금가는 전 지구적 대멸종이 될 것이다.

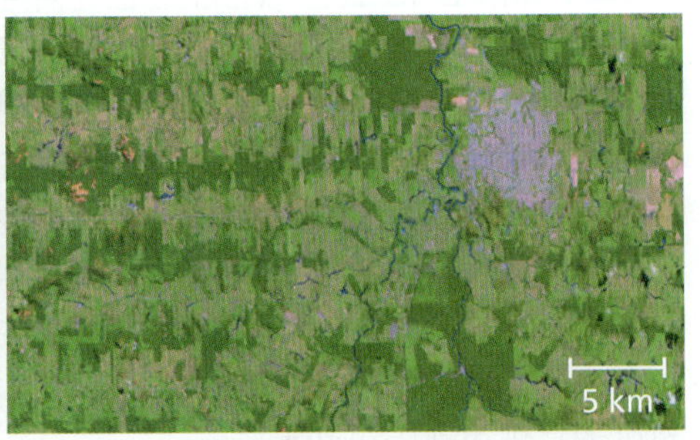

▲ **그림 22.30 열대우림의 개벌.** 지난 수 세기 동안 열대우림의 절반 정도가 베어져서 농지나 다른 목적으로 이용되고 있다. 1975년 위성 사진(왼쪽)으로 브라질 한 지역의 밀림을 보여준다. 2012년 같은 지역의 위성 사진(오른쪽)으로 보다 넓은 열대우림이 파괴된 것을 보여준다. 완전히 숲이 제거된 지역과 도시 지역은 옅은 자색으로 나타난다.

CHAPTER

23 동물 다양성의 증가

핵심 개념

23.1 동물은 7억 년 전에 기원하였다
23.2 대형 동물들의 다양성은 "캄브리아기 폭발" 동안 극적으로 증가하였다
23.3 다양한 동물군이 수중 환경에서 방산하였다
23.4 척추동물은 4억 년 이상 동안 해양의 우점적인 포식자였다
23.5 몇몇 동물군은 육상으로 이주할 수 있는 특징들을 가지고 있다
23.6 양막류는 광범위한 육상 환경 생활에 필요한 핵심적인 적응성을 가지고 있다

▲ **그림 23.1** 어떤 종류의 적응들이 카멜레온을 무서운 포식자로 만들었는가?

위험한 존재로 변한 생명체

그림 23.1의 카멜레온은 자신의 발로 천천히 움직이지만, 길고 끈끈한 혀를 눈에 보이지 않는 속도로 휘둘러 낌새를 느끼지 못하고 있는 먹이를 포획한다. 방심하고 있는 먹이를 포획할 수 있도록 덫을 놓거나 주위 환경과 섞이는 동물들도 있지만, 다른 동물들은 자신들의 힘과 속도, 또는 독소들을 이용하여 먹이를 압도한다. 사냥하는 동물만이 다른 생물체들을 위협하는 존재인 것은 아니다. 초식 동물은 잎과 씨를 날것으로 먹어치워 식물을 발가벗게 만들기도 하며, 기생 동물은 숙주의 조직과 체액을 소비하여 숙주를 약화시킨다.

대부분의 동물은 이동성이 있으며, 스스로 움직여 공격을 피할 수 있는 생물체들을 포함하여 다른 생물체들을 탐지해 잡아먹을 수 있다. 아무리 단순한 동물이라 할지라도, 실로 동물은 동물이 움직임에 따라 변화하는 환경 조건에 빠르게 반응할 수 있도록 해주는 분화한 근육과 신경세포를 가지고 있다. 또한 대부분의 동물은 완전한 소화관과 양 끝에 입과 항문이 있는 효과적인 소화계를 가지고 있다. 이러한 형태의 소화계는 동물이 대부분의 유기화합물을 효과적으로 분해할 수 있도록 해준다. 이동성과 신경계, 소화관 및 종종 이들에 수반되는 복잡한 행동 양식들은 서로 함께 동물을 고효율의 섭식 기계로 만든다.

이 장에서는 동물이 시간을 경과하여 어떻게 진화해 왔고 주변 세계에 영향을 미쳐왔는가를 알아볼 것이다.

개념 23.1

동물은 7억 년 전에 기원하였다

현재 받아들여지고 있는 증거는 동물이 오늘날의 깃편모충류(그림 21.30)와 비슷한 단세포 진핵생물에서 진화했다는 것을 알려준다. 이 초기 동물들의 후손들에는 엄청난 다양성을 보이는 현서 동물 종들이 포함된다. 지금까지 생물학자들은 130만 종 이상을 명명해 왔으며, 실재 존재하는 것으로 추정되는 동물의 종수는 훨씬 많아서 최근의 한 연구는 그 수가 거의 800만 종에 달하는 것으로 보고 있다. 이와 같은 다양한 무리가 언제 기원되었을까?

화석 증거와 분자적 증거

연구자들은 오늘날 해면동물의 특정한 무리가 주로 만들어내는 스테로이드의 화학적 잔존물이 포함되어 있는, 7억 1,000만 년 전

(a) 디킨소니아(*Dickinsonia costata*) (분류학적 소속이 알려져 있지 않음)

(b) 연체동물의 하나인 킴베렐라(*Kimberella*)

▲ **그림 23.2 에디아카라 화석.** 약 5억 6,000만 년 전의 화석들로서 이 두 종을 포함하여 거시적인 최초의 동물 화석들이 포함되어 있다. 에디아카라 생물상의 초기 구성원들에는 조류의 일종인 *Doushantuophyton*이 포함된다(그림 25.2).

의 퇴적물을 발굴하였다. 해면동물은 동물에 속하므로 이 화석 스테로이드는 동물이 7억 1,000만 년 전에 이미 등장하였다는 것을 암시하고 있다.

DNA 분석은 일반적으로 이 화석의 생화학적 증거와 일치하고 있는데, 예를 들면 최근의 분자 시계 연구는 해면동물이 약 7억 년 전에 기원하였다는 추정을 한 바 있다. 또한 이러한 발견들은 오늘날의 모든 동물종들의 공통조상이 약 7억 7,000만 년 전에 살았다는 것을 제시하는 분자적 분석과 일치한다.

분자 시계와 화석 스테로이드의 자료들이 보다 빠른 기원을 암시하고는 있지만, 일반적으로 최초의 것으로 받아들여지고 있는 동물의 미소 화석들은 약 5억 6,000만 년 전으로 거슬러 올라간다(그림 23.2). 이 화석들은 전체적으로 **에디아카라 생물상(Ediacaran biota)**으로 알려진, 부드러운 몸을 가진 다세포 진핵생물들의 초기 무리의 구성원들이다. 이 명칭은 이러한 생물체들의 화석이 최초로 발견된 오스트레일리아의 에디아카라 구릉지대에서 비롯되었다. 이후 비슷한 화석들이 다른 대륙들에서도 발견되었다. 동물을 닮은 에디아카라 화석들 가운데 어떤 것들은 아마도 해면동물이고, 다른 것들은 아마도 자포동물(말미잘류와 그들의 친척들)이나 연체동물(달팽이류와 그들의 친척들)인 것으로 여겨진다. 그 밖의 다른 것들은 오늘날의 동물이나 조류와 가까운 유연관계를 보이고 있지 않기 때문에 아직도 분류에 어려움을 겪고 있다.

초기에 분기한 동물군

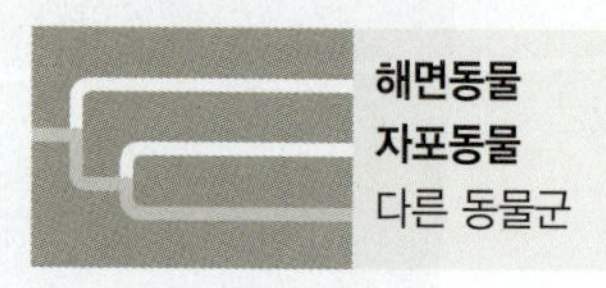

화석 증거와 분자적 분석에 근거하여 과학자들은 동물의 진화에서 모든 다른 동물들로부터 일찍이 분기하였던 특정 동물군들을 밝혔다. 이러한 2개의 동물군이 해면동물과 자포동물이다.

해면동물

해면동물문에 속하는 동물들은 비공식적으로는 해면(그림 23.3)으로 알려져 있다. (최근의 계통유전학적 연구들은 해면이 단계통적이라는 것을 암시하는데, 여기에 나타낸 계통이 그것이다. 그러나 어떤 연구들은 해면이 측계통적(paraphyletic)임을 보여주기 때문

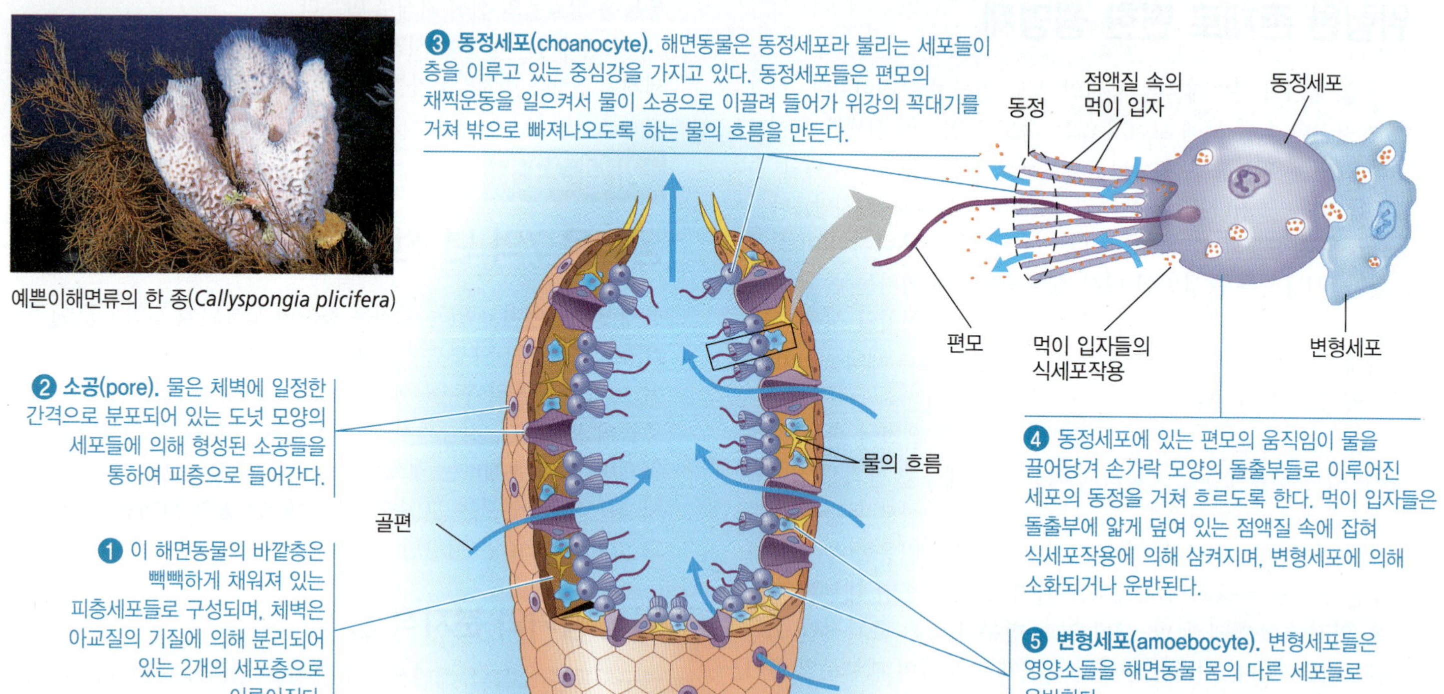

▲ **그림 23.3 해면동물의 해부구조**

에 이는 여전히 논쟁 가운데 있다.) 가장 단순한 동물에 속하는 해면은 고착성이며, 고대 그리스인들은 해면을 식물로 잘못 인식하였다. 대부분의 종들은 해양성이며, 크기는 수 밀리미터에서 수 미터에 이르는 것들도 있다. 해면은 **여과 섭식자(filter feeder)**들이다. 즉, 이들은 자신들의 몸속을 통과하도록 물을 끌어들여서 물속에 퍼져 있는 먹이 입자들을 걸러낸다(그림 23.3).

해면동물은 동물 계통수의 뿌리 근처에서 발달하는 하나의 계통적 가지를 이루며, 이를 따라 해면동물을 **기초적인 동물**(basal animals)이라 부른다. 거의 모든 다른 동물들과는 달리, 해면동물은 기능 단위를 이루는 비슷한 세포들의 무리인 **조직(tissue)**을 가지고 있지 않다. 그러나 해면동물의 몸은 몇 가지 서로 다른 유형의 세포들을 포함하고 있다. 예를 들면, 위강의 안쪽에는 편모를 가진 **동정세포(choanocyte)**들, 또는 금세포(편모의 기부를 둘러싸고 있는 막질의 동정, 또는 옷깃 모양의 구조물에서 이름이 유래)들이 층을 이루고 있다. 이 세포들은 식세포작용(phagocytosis)을 하여 세균과 다른 먹이 입자들을 삼킨다. 동정세포는 입금편모충류(=깃편모충류)의 세포를 닮았는데, 이는 해면동물의 DNA 염기서열과 입금편모충류의 DNA 염기서열이 서로 비슷하다는 발견과 일치한다. 이러한 결과들은 동물이 입금편모충류를 닮은 조상으로부터 진화하였다는 것을 제시해 주고 있다. 또한 해면동물은 **변형세포(amoebocyte)**라고 불리는 움직이는 세포들을 가지고 있는데, 이들의 이름은 이들이 위족을 사용하는 데에서 비롯되었다. 이 세포들은 해면동물의 몸속을 움직여 다니면서 주변의 물과 동정세포들로부터 먹이를 취하여 소화시키고, 영양소를 다른 세포들로 운반한다.

자포동물

해면동물과 소수의 다른 무리들을 제외한 모든 동물들은 조직을 가지고 있는 동물 분기군의 구성원들인 **진정후생동물**(eumetazoans; "진정한 의미의 동물")들이다. 모든 다른 진정후생동물로부터 분기한 최초의 무리들 가운데 하나는 자포동물문인데, 분자 시계 분석에 따르면 자포동물은 약 6억 8,000만 년 전에 기원하였다. 자포동물은 히드라충과 해파리, 말미잘을 포함하는 아주 넓은 범위의 다양성을 보이는 고착성 및 운동성 형태들로 분화하였다(그림 23.4).

자포동물의 기본적인 체제는 중앙의 소화 구획, 즉 **위수강(gastrovascular cavity)**을 가지고 있는 주머니이다. 위수강에 열려 있는 단 하나의 구멍은 입과 항문의 역할을 모두 한다. 자포동물들은 흔히 입 주변에 원형으로 배열된 촉수를 사용하여 먹이를 포획해서 자신들의 위수강 속으로 밀어 넣는 육식동물들이다. 이렇게 되면 효소들이 위수강으로 분비되어 먹이를 일종의 영양소가 풍부한 수프로 분해한다. 위수강의 벽을 이루고 있는 세포들은 이 영양소들을 흡수하여 소화 과정을 완료하는데, 소화되지 않고 남은 찌꺼기는 입/항문을 통하여 배출된다.

자포동물에서 가장 단순한 형태의 근육과 신경이 나타난다. 운동은 산만신경망에 의해 통합적으로 조절된다. 자포동물은 뇌를 가지고 있지 않으며, 신경망은 몸 주변에 방사상으로 분포되어 있는 단순한 감각기들과 연결되어 있다. 따라서 자포동물은 모든 방향의 자극들을 동등하게 감지하여 반응할 수 있다.

(a) **히드라충강(Hydeozoa).** 사진의 종과 같은 몇몇 종들은 군체를 이루고 산다.

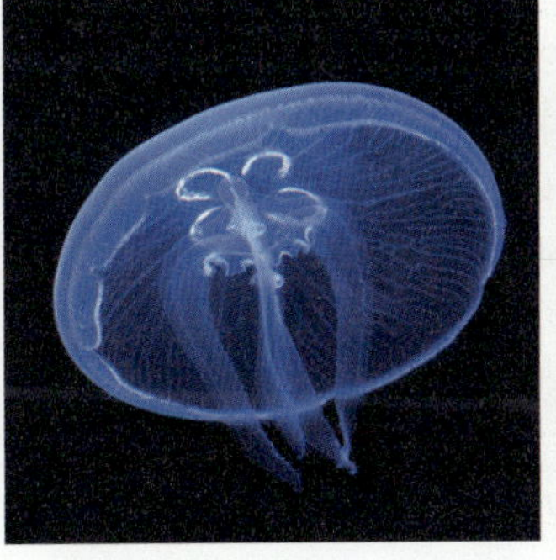

(b) **해파리강(Scyphozoa).** 많은 종류의 해파리류들은 발광을 한다. 일부의 종들은 자포라 불리는, 촉수에 있는 찌르는 세포들로 먹이를 기절시킨다.

(c) **산호충강(Anthozoa).** 말미잘류와 다른 산호충류들은 단지 폴립형만이 존재한다. 많은 산호충류들은 광합성을 하는 조류와 공생관계를 이룬다.

▲ **그림 23.4 자포동물의 주요 무리**

개념 23.2

대형 동물들의 다양성은 "캄브리아기 폭발" 동안 극적으로 증가하였다

앞서 보았듯이, 대형 동물의 가장 오래된 화석은 5억 6,000만 년 전으로 거슬러 올라가며, 여기에는 해면동물과 자포동물, 연체동물과 같은 몇몇 현존하는 동물 무리의 구성원들이 포함된다. 초기 캄브리아기(5억 3,500만 년 전~5억 2,500만 년 전)에 형성된 화석들에서 오늘날의 많은 동물문들과는 다른 대형의 형태들이 갑자기 나타났는데 이 현상을 일컬어 **캄브리아기 폭발(Cambrian explosion)**이라고 한다. 어떤 요인들이 이와 같은 급속한(지질학적으로) 대형 동물의 다양성 증가에 박차를 가하였을까?

캄브리아기 폭발에서의 진화적 변화

캄브리아기 폭발 동안 형성된 지층들에는 최초의 절지동물과 척삭동물, 극피동물을 포함하여 현존하는 동물 문 전체 가운데 약 절반에 해당하는 문들의 가장 오래된 화석들이 포함되어 있다(그림 23.5). 무기질의 단단한 골격들을 가진 최초의 동물들을 포함하여, 이러한 화석들 가운데 다수는 대부분의 현존하는 동물들과 아주 다른 모습을 보인다(그림 23.6). 그럼에도 불구하고 고생물학

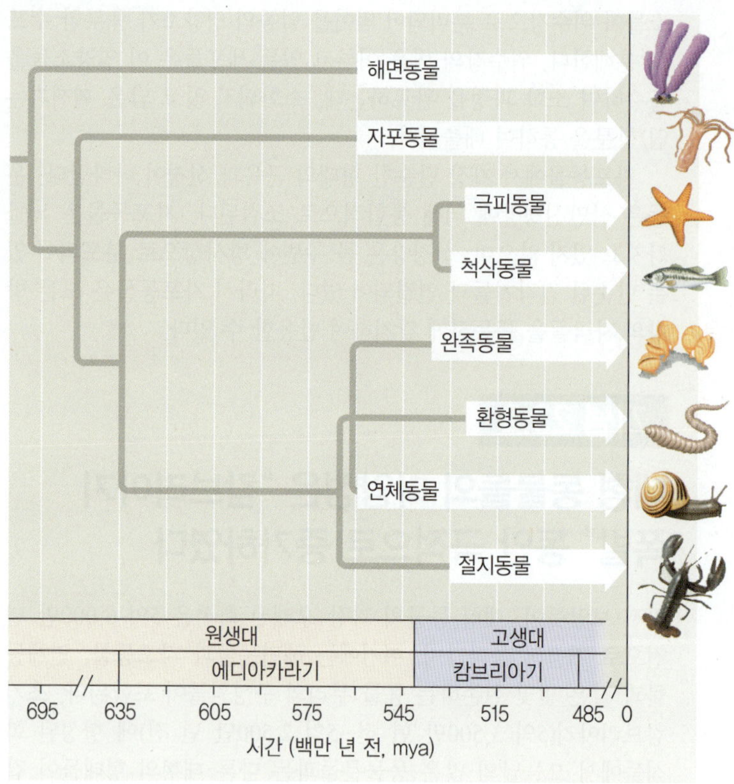

▲ 그림 23.5 **선별된 동물군의 출현.** 흰 막대는 화석 기록에서 이 동물군이 최초로 출현한 시기를 나타낸다.

자들은 이 캄브리아기 화석들을 현존하는 동물 문들의 일원, 또는 최소한 가까운 친척들로 설정하고 있다. 특히, 캄브리아기 폭발에서 나타나는 화석들의 대부분은 **좌우대칭 동물(bilaterians)**들인데, 좌우대칭 동물은 그 구성원들이 (해면동물이나 자포동물과는 달리) 완전한 소화관과 2개의 옆 부분으로 이루어진(좌우대칭) 형태를 전형적으로 가지는 거대한 분기군이다. 이 장에서 나중에 다루겠지만, 좌우대칭 동물에는 연체동물과 절지동물, 척삭동물 및 대부분의 다른 현생동물문들이 포함된다.

완전히 새로운 종류의 동물들이 캄브리아기 폭발 동안 처음으로 등장하였다. 이전에는 모든 대형 동물들이 실제적으로 부드러운 몸을 가지고 있었다. 이에 더하여 전캄브리아기의 대형 동물 화석들은 포식의 증거들을 전혀 보이지 않는다. 대신에 이 동물들은 방목(grazing; 해조 더미나 박테리아를 섭식함)을 하거나 여과섭식(filter-feeding), 또는 청소섭식(scavenging)을 하였고 사냥(hunting)을 하지는 않았던 것으로 여겨진다. 상대적으로 짧은 시간(1,000만 년)이 지난 후, 1 m를 넘는 몸길이에 발톱과 먹이를 포획하는 다른 구조들을 가진 포식자들이 등장하였고, 동시에 이들의 먹이들에서는 날카로운 가시와 몸을 보호하는 두툼한 갑주와 같은 새로운 방어적 적응들이 나타났다(그림 23.6). 다른 변화들과 함께 이러한 변화들이 지난 5억 년 이상의 기간 동안 생명체의 역사에서 일어났던 수많은 핵심적인 사건들의 장을 마련하였다.

캄브리아기 폭발 동안 대형 동물의 다양화는 에디아카라 생명체들의 다양성 감소를 가져왔다. 무엇이 이러한 흐름을 주도하였을까? 화석 증거는 캄브리아기 동안 포식자들이 먹이를 잡는 데 유용한 새로운 이동 방식과 같은 새로운 적응을 획득한 반면, 먹이 종들은 보호용 패각과 같은 새로운 방어 수단을 획득하였다는 것을 보여주고 있다. 새로운 포식자-먹이 관계가 등장함에 따라, 자연선택이 부드러운 몸을 가진 에디아카라 종들의 감소와 다양한 좌우대칭 동물문들의 증가를 이끌었을 것이다. 또 하나의 가설은 캄브리아기 폭발에 앞서 이루어진 대기 중의 산소 증가에 초점을 맞추고 있다. 보다 풍부한 산소는 높은 대사율과 큰 몸을 가진 동물들이 성공할 수 있는 기회를 제공하였을 것인데, 이것은 반면에 다른 종들에게는 잠재적으로 해를 끼치는 것이었다. 세 번째 가설은 혹스(*Hox*) 유전자의 기원과 다른 유전적 변화들이 발생에 관여하는 유전자들의 조절에 영향을 주어 새로운 체제를 가진 동물들의 진화를 촉진하였다는 내용을 담고 있다. 그러나 이러한 가설들은 서로 다른 가설들을 배제하지는 않는다. 즉, 포식자-먹이 관계, 대기의 변화, 그리고 발생 조절 기작의 변화가 각각 일정한 역할을 했을 수도 있다.

▲ 그림 23.6 **캄브리아기의 바다 속 풍경.** 재구성된 이 그림은 캐나다 브리티시 콜럼비아(British Columbia)주의 버제스 셰일암(Burgess Shale)에서 발견된 화석들에서 보이는 일련의 다양한 생물체들을 묘사하고 있다. 동물들 속에는 피카이아(*Pikaia*; 윗부분 왼쪽에 있는 장어 모양의 척삭동물), 마렐라(*Marella*; 왼쪽에서 헤엄을 치고 있는 절지동물), 아노말로카리스(*Anomalocaris*; 앞쪽에 잡을 수 있는 부속지와 둥근 입을 가지고 있는 몸집이 큰 동물), 할루키게니아(*Hallucigenia*; 해저와 삽입된 그림에 있는 이쑤시개 모양의 가시를 가진 동물)가 포함되어 있다.

좌우대칭 동물의 기원 시기 결정

캄브리아기 폭발 동안 좌우대칭 동물들의 방산이 지구의 생명체에 커다란 충격을 가져왔음에도 불구하고 많은 동물문들은 아마도 그 시기보다 오래 전에 기원되었을 것이다. 이미 살펴본 바와 같이, 분자 시계 분석들은 해면동물과 자포동물이 7억 년 전~6억 8,000만 년 전에 진화하였다는 것을 제시하고 있다. 또한 분자적 추정치들은 좌우대칭 동물이 캄브리아기 폭발에 1억 3,500만 년이 앞선 6억 7,000만 년 전에 진화하였다는 것을 암시하고 있다.

화석 기록으로 돌아가 보면, 화석화된 스테로이드가 해면동물의 기원에 관한 분자적 시기를 확증한다. 그러나 좌우대칭 동물의 화석에는 분자 시계상으로 이 무리가 기원하였을 것으로 추정하고 있는 시기와 가까운 시대의 것은 없다. 가장 오래된 좌우대칭동물의 화석은 5억 6,000만 년 전에 살았던 연체동물 킴베렐라(*Kimberella*, 그림 23.2)이다. 따라서 화석 기록은 분자 시계상의 추정치와 1억 년 이상의 차이를 보인다.

이러한 불일치를 해결하기 위해 연구자들은 에디아카라기(Ediacaran period, 6억 3,500만 년 전~5억 4,200만 년 전)의 화석 기록들을 면밀히 검토해왔다. 이 장의 도입부에서 오늘날의 동물들을 그들의 이동성과 신경계, 효율적인 소화관 때문에 위험스러운 섭식 기계들이라고 한 것을 기억하라. 거의 모든 좌우대칭 동물들은 이러한 특징들을 가지고 있으며, 이는 초기의 좌우대칭 동물들 또한 그러했을 것이라는 것을 나타낸다. 운동성과 신경계, 효율적인 소화관을 가지고 있었던 초기 좌우대칭 동물들은 작고 부드러운 몸을 가진 생물체들을 잡아먹음으로써 이들의 개체군들을 감소시켜왔다. 따라서 초기 좌우대칭 동물들의 섭식활동들은 이들이 잡아먹는 생물체들이 크기를 키우거나 새로운 방어 기구들을 갖추도록 하는 자연선택의 결과를 낳아왔는데, 바로 이러한 변화를 에디아카라기 동안의 화석 기록들에서 볼 수 있는 것이다.

종합적으로 보면, 화석 기록과 분자 시계 분석의 자료들은 좌우대칭동물들이 6억 7,000만 년 전부터 6억 3,500만 년 전 사이의 어느 시기에 등장하였다는 것을 암시하고 있다. 아마도 나중에 이루어진 대기 속의 산소 농도의 증가는 이러한 좌우대칭 동물들이 캄브리아기 동안 및 그 이후까지 폭발적으로 다양화하는 데 도움을 주었을 것이다.

개념 23.3

다양한 동물군이 수중 환경에서 방산하였다

캄브리아기 폭발이 끝날 무렵에는 동물의 진화에 있어서 다수의 중대한 진전이 순조롭게 진행되었다. 다리, 또는 다리와 비슷한 부속지들을 가지고 있는 동물들은 대양의 바닥을 걸어 다녔고, 벌레들은 퇴적물에 굴을 팠다. 수중의 상층부에서 헤엄치는 포식자들은 날카로운 발톱과 큰턱(대악, mandible)으로 자신들의 먹이들을 포획하고 조각냈다. 다른 동물들은 물속에서 먹이를 거를 수 있는 변형된 구기(mouthparts)뿐만이 아니라 방호용 가시나 갑주를 가졌다.

동물의 체제

캄브리아기 폭발에서 나타난 동물 형태의 다양성은 상대적으로 소수의 주요 "체제"로 이루어져 있다. **체제(body plan)**는 하나의 기능적인 전체, 즉 살아 있는 동물로 통합되는 일련의 형태 및 발생학적 형질들의 특정한 집합이다. 여기에서 체제는 핵심적인 동물의 모습들을 비교하고 대비하는 데 있어서 간명한 도구가 된다. 여기에서는 동물 체제의 3가지 국면, 즉 대칭성, 조직, 체강에 초점을 맞출 것이다.

대칭성

동물의 몸에서 나타나는 기본적인 특징은 어떤 대칭성을 나타내는가, 또는 대칭성이 없는가이다. (예를 들면, 많은 해면동물들은 대칭성을 전혀 나타내지 않는다.) 어떤 동물들은 화분에서 볼 수 있는 대칭성의 형태인 **방사대칭(radial symmetry)**을 나타낸다(그림 23.7a). 예를 들면, 말미잘은 윗면(입이 위치한 면)과 밑면을 가지고 있다. 그러나 말미잘에는 앞면과 뒷면이 없으며, 왼쪽과 오른쪽도 없다.

이와는 대조적으로 2개의 부분으로 이루어진 대칭형의 삽은 **좌우대칭(bilateral symmetry)**의 한 예이다(그림 23.7b). 좌우대칭동물들은 두 축의 방향성, 즉 앞면과 뒷면 및 윗면과 밑면을 가지고 있다. 이러한 동물들은 **등쪽(dorsal**, 위) 면과 **배쪽(ventral**, 바닥) 면을 가지고 있을 뿐만 아니라 왼쪽 면과 오른쪽 면, 그리고 **앞쪽(anterior**, 머리) 끝과 **뒤쪽(posterior**, 꼬리) 끝을 가지고 있다. 좌

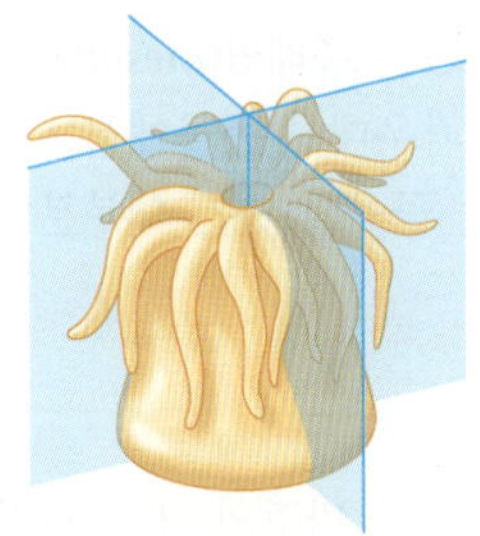

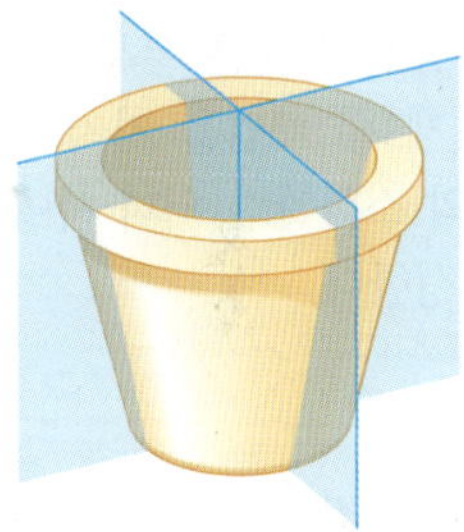

(a) **방사대칭.** 말미잘(자포동물문)과 같은 방사대칭 동물에는 왼쪽 면과 오른쪽 면이 없다. 중심축을 포함하는 모든 절단면이 동물을 거울상의 두 부분으로 나눈다.

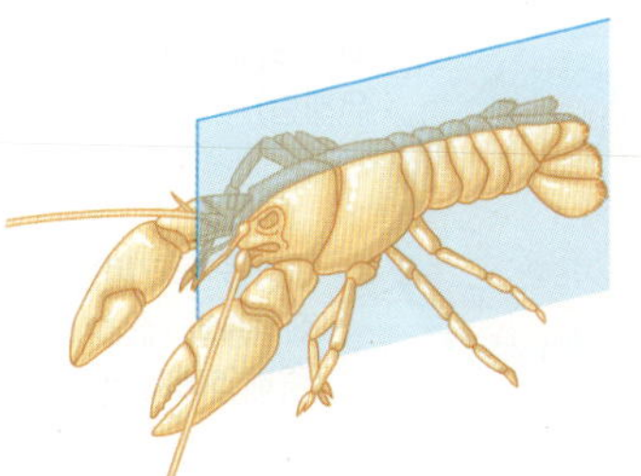

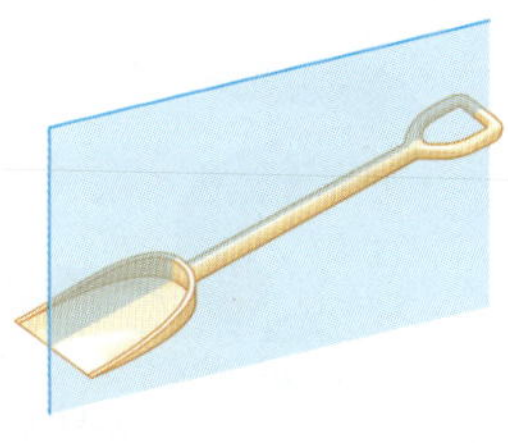

(b) **좌우대칭.** 바닷가재(절지동물문)와 같은 좌우대칭 동물은 왼쪽 부분과 오른쪽 부분을 가지고 있다. 동물을 거울상의 반쪽으로 나누는 단 하나의 절단면이 존재한다.

▲ **그림 23.7 몸의 대칭성.** 방사대칭과 좌우대칭의 차이를 떠올리는 데 도움이 되는 화분과 삽.

우대칭형의 체제를 가지고 있는 거의 모든 동물(절지동물이나 포유류와 같은)들은 머리 부위의 중추신경계("뇌")를 포함하여 앞쪽 끝부분에 집중되어 있는 감각기를 가지고 있다.

동물의 대칭성은 동물의 생활 양식에 맞춰져 있다. 많은 방사대칭 동물들은 고착형(기질에 부착해서 살아감) 또는 부유형(해파리처럼 떠다니거나 약하게 헤엄을 침)이다. 이들의 대칭성은 동물이 모든 방향에서 마주치게 되는 환경에 대해 공평하게 잘 대처할 수 있도록 해준다. 이와는 반대로 좌우대칭 동물들은 보통 장소를 바꿔가며 활발히 움직인다. 대부분의 좌우대칭 동물들은 기어 다니기, 굴 파기, 날기, 헤엄치기에 포함되어 있는 복잡한 운동들을 조정할 수 있도록 해주는 중추신경계를 가지고 있다.

조직

동물의 체제는 동물조직의 조직화 정도에 따라 달라진다. 조직은 기능적 단위로 작동하는 분화된 세포들의 집합체라는 것을 기억하라. 동물에서, 진정한 조직은 다른 조직과는 막으로 된 층에 의해 분리되어 있다. 해면동물과 소수의 다른 동물 무리들은 진정한 조직을 가지고 있지 않다. 다른 모든 동물들에서는 배아가 발달을 하는 동안 층이 형성되는데, 배엽(germ layer)이라고 하는 이 층들은 몸의 다양한 조직과 기관을 형성한다(그림 23.8). 배의 표면을 덮고 있는 배엽인 **외배엽(ectoderm)**은 동물의 외피를 만들며, 몇몇의 동물문들에서는 중추신경계를 만들어 낸다. 가장 안쪽의 배엽층인 **내배엽(endoderm)**은 소화관(또는 소화강)의 벽과 이로부터 발달하는 척추동물의 간이나 허파와 같은 기관을 생성한다. 자포동물과 소수의 다른 동물 무리들은 이러한 두 가지 배엽만을 가지고 있다. 이에 비하여 모든 좌우대칭 동물들은 내배엽과 외배엽 사이 공간의 많은 부분을 채우고 있는 **중배엽(mesoderm)**이라고 하는 제3의 배엽을 가지고 있다. 좌우대칭 동물에서는 중배엽이 동물의 소화관과 외피 사이에 있는 근육과 다른 대부분의 기관들을 형성한다.

체강

대부분의 좌우대칭 동물들은 소화관과 바깥의 체벽 사이에 액체나 공기가 들어차 있는 공간인 **체강(body cavity, 또는 coelom)**을 지니고 있다(그림 23.8). 체강을 둘러싸고 있는 안쪽과 바깥쪽의 조직층들이 연결되어 내장기관들이 매달려 있는 구조물을 형성한다.

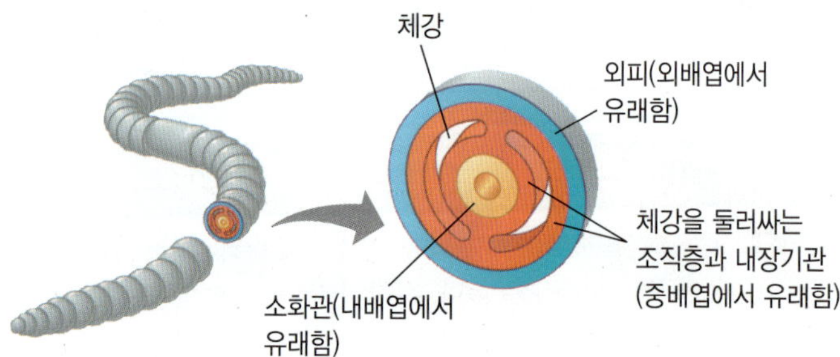

▲ 그림 23.8 **좌우대칭 동물의 조직층.** 좌우대칭 동물의 기관계가 배에서 형성된 3개의 배엽으로부터 발달한다. 파란색은 외배엽에서 비롯된 조직을, 빨간색은 중배엽에서 비롯된 조직을, 노란색은 내배엽에서 비롯된 조직을 각각 나타낸다. 대부분의 좌우대칭 동물들의 내장기관들은 액체나 기체로 채워진 공간인 "체강" 속에 매달려 있는데, 체강은 기관들이 상해를 입지 않도록 보호한다.

체강은 많은 기능을 지니고 있다. 체강의 액체는 그 속에 매달려 있는 기관들을 완충하여 내상을 억제하는 데 도움을 주고 있다. 지렁이와 같이 부드러운 몸을 가진 진체강동물들은 체강에 비압축성의 액체를 가지고 있는데, 이 액체는 이것에 의지하여 근육이 일을 할 수 있도록 하는 일종의 골격과 같은 역할을 한다. 또한 체강은 내장기관들이 자랄 수 있도록 하고 바깥의 체벽과 독립적으로 움직일 수 있도록 해 준다. 만약 체강이 없다면 심장의 박동이나 창자의 연동이 있을 때마다 우리 몸의 표면은 뒤틀릴 수밖에 없을 것이다.

동물의 다양화

초기 캄브리아기에 서로 다른 체제들을 가진 동물들이 방산하는 동안, 어떤 계통들은 등장하여 한동안 번영하였다가 아무런 후손도 남기지 못하고 소멸되었다. 그러나 5억 년 전에 이르렀을 때에는 오늘날 현존하고 있는 구성원들을 포함하고 있는 대부분의 동물문들이 확립되었다.

현생 동물들 사이의 진화적 유연관계는 동물들의 발생을 연구하는 데 있어서 유용한 기본 틀을 제공한다. 이러한 유연관계들은 미토콘드리아 유전자와 형태적 특징들뿐만 아니라 리보솜 RNA (rRNA) 유전자, 혹스(*Hox*) 유전자 및 단백질을 암호화하는 수많은 핵의 유전자들을 이용하여 추정되었다. 오늘날 동물학자들은 약 36개의 동물문들을 인정하고 있는데, 그 가운데 14개가 그림 23.9에 나타나 있다. 이 계통에서 다음의 관점들이 어떻게 반영되었는지 주목하라.

1. **모든 동물들은 하나의 공통조상을 공유한다.** 오늘날의 증거는 모두 동물계가 단계통적이며 후생동물(Metazoa)이라는 하나의 분기군을 이루고 있음을 나타내고 있다. 모든 현생 동물들과 멸종된 모든 동물의 계통들은 하나의 공통조상에서 비롯되었다.
2. **해면동물은 기초적인 동물이다.** 현존하는 문들 가운데 해면동물(해면동물문)은 동물 계통수의 기부에서 분지되었다.
3. **진정후생동물은 진정한 조직을 가지고 있는 동물의 분기군이다.** 해면동물과 소수의 다른 무리들을 제외한 모든 동물들은 **진정후생동물(eumetazoans**; "진정한 동물") 분기군에 속한다. 현생 진정후생동물들의 공통조상에서 진정한 조직이 진화되었다. 유즐동물문(빗해파리류)과 자포동물문을 포함하는 기초적인 진정후생동물들은 이배엽성이며, 일반적으로 방사대칭형을 나타내고 있다.
4. **대부분의 동물문들은 좌우대칭 동물 분기군에 속한다.** 좌우대칭형과 3개의 배엽의 존재는 좌우대칭 동물 분기군을 정의해주는 공유파생 형질의 하나이다. 이 분기군은 대부분의 동물문들을 포함하며, 그 구성원들은 **좌우대칭 동물**로 알려져 있다.

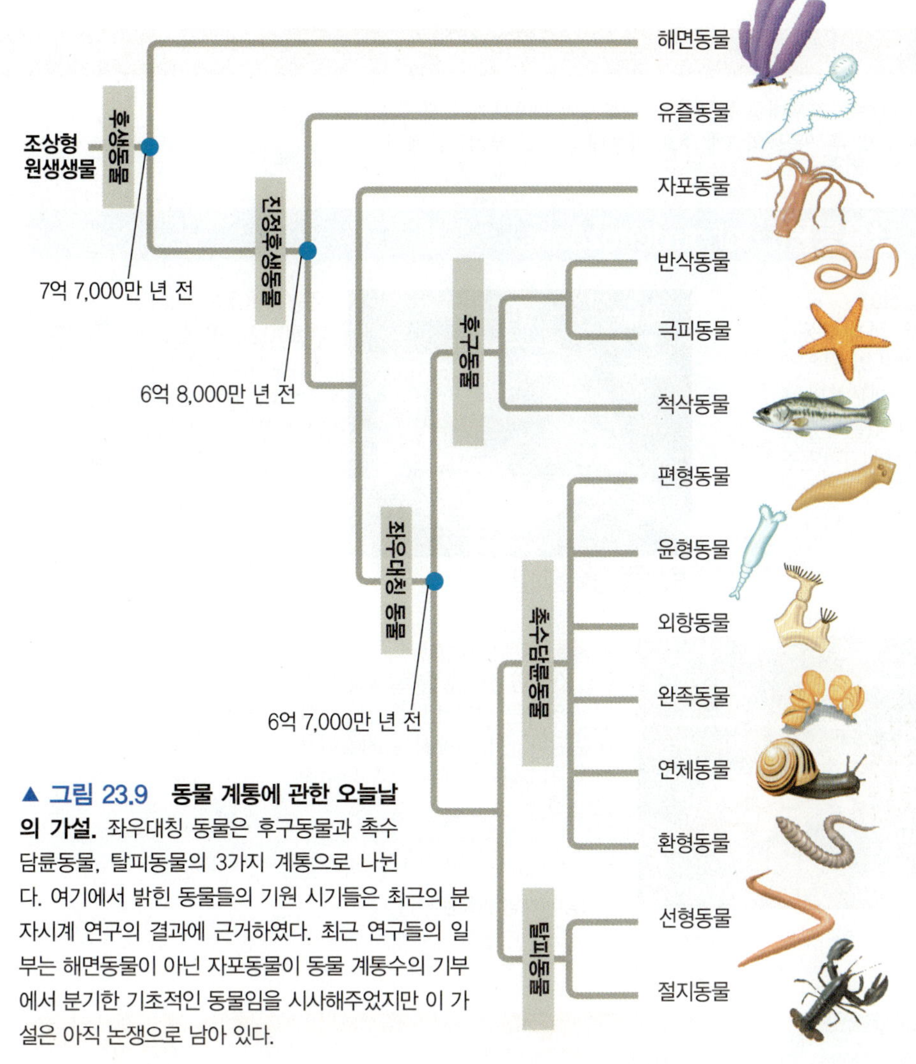

▲ **그림 23.9 동물 계통에 관한 오늘날의 가설.** 좌우대칭 동물은 후구동물과 촉수담륜동물, 탈피동물의 3가지 계통으로 나뉜다. 여기에서 밝힌 동물들의 기원 시기들은 최근의 분자시계 연구의 결과에 근거하였다. 최근 연구들의 일부는 해면동물이 아닌 자포동물이 동물 계통수의 기부에서 분기한 기초적인 동물임을 시사해주었지만 이 가설은 아직 논쟁으로 남아 있다.

카브리아기 폭발은 기본적으로 좌우대칭 동물의 급격한 다양화였다.

5. **대부분의 동물들은 무척추동물이다.** 대부분의 동물문의 구성원들은 **무척추동물(invertebrates)**, 즉 등뼈를 가지고 있지 않은 동물들이다. 오직 하나의 동물문인 척삭동물문만이 등뼈를 가지고 있는 동물들인 **척추동물(vertebrates)**을 포함한다.

동물들의 등장에 관한 전반적인 상황을 나타내고 있는 그림 23.10의 계통수를 가지고 캄브리아기 동안 일어났던 좌우대칭 동물의 방산을 보다 자세히 알아보자.

좌우대칭 동물의 방산 I: 다양한 무척추동물들

그림 23.10에서 보는 것처럼 좌우대칭 동물은 촉수담륜동물(Lophotrochozoa)과 탈피동물(Ecdysozoa), 후구동물(Deuterostomia)의 3개 주요 분기군들로 분화하였다. 이러한 분기군들의 종들은 캄브리아기의 대양에서 우점적인 생명체들이었으며, 이 종들은 모두가, 적어도 처음에는 무척추동물이었다.

무척추동물 다양성의 개요

알려진 동물종들의 95%가 좌우대칭 동물에 속하는 무척추동물이다. 이들은 심해의 열수공들에서 방출되는 끓는 물로부터 남극의 얼어붙은 대지에 이르기까지 거의 모든 서식지들을 차지하고 있다. 이와 같은 다양한 환경에서의 진화는, 납작한 몸의 형태를 가지는 크기가 작은 벌레들로부터 실을 만드는 분비샘, 회전형 가시, 그리고 흡반으로 덮여 있는 촉수와 같은 특징들을 가지고 있는 종들에 이르기까지 엄청난 형태상의 다양성을 만들어 냈다. 또한 좌우대칭 무척추동물들은 현미경적 크기의 생물체로부터 18 m의 크기(통학버스 길이의 1.5배)까지 자랄 수 있는 생물체에 이르기까지 크기에서도 막대한 다양성을 나타낸다.

무척추동물들에서 발견되는 형태적 다양성은 이들의 분류학적 다양성으로 반영되고 있는데, 문자 그대로 수백만 종의 무척추동물 종들이 존재하고 있는 것이다. 이러한 종들의 대다수는 캄브리아기 폭발 시기에 나타난 2개의 좌우대칭동물 분기군들의 구성원들인 촉수담륜동물과 탈피동물이다(그림 23.10). 세 번째 주요 좌우대칭 동물 분기군인 후구동물 또한 다소의 무척추동물들을 포함하고 있다.

촉수담륜동물에는 다른 어떤 좌우대칭 동물 분기군에 속하는 문들의 수의 2배가 넘는 18개의 동물문들이 포함된다. 이에 더하여 이 18개의 문들 가운데 많은 문들에 속하는 종들은 몸의 형태가 극도로 다양하다. 100,000종을 포함하고 있는 촉수담륜동물의 한 문인 연체동물문(연체동물)을 살펴보자. 연체동물의 몸은 3개의 주요 부분(그림 23.11), 즉 보통 이동에 쓰이는 근육질의 발(foot), 대부분의 내부 기관들을 포함하는 내장낭(visceral mass), 그리고 내장낭을 덮고 있는 조직의 층으로서 패각(만약 있다면)을 분비하는 외투막(mantle)으로 이루어진다. 모든 연체동물들이 발과 내장낭, 외투막을 가지고 있지만 이들은 크기와 몸의 형태에서 아주 많은 차이를 보인다(그림 23.12).

그림 23.10의 7개 문들과 함께 연체동물들은 좌우대칭 무척추동물의 거대한 다양성을 대표하는 것들이다. 다음에는 이 문들 가운데 하나로서 모든 동물 무리들 가운데 가장 많은 종수를 보이는 절지동물의 기원을 알아볼 것이다. 절지동물은 그 구성원들이 최초로 육상으로 진출한 동물들에 속한다는 점에서 주목을 받고 있다.

절지동물의 기원

동물학자들은 약 10억 곱하기 10억(10^{18}) 개체의 절지동물들이 지구상에 살고 있을 것으로 추정하고 있다. 100만 종 이상의 절지동물 종들이 기재되어 있는데, 기재된 절지동물 종들의 대부분은

▼ 그림 23.10 좌우대칭 무척추동물의 다양성 탐구

지금까지 알려진 130만 종의 동물종들 가운데 압도적인 다수는 좌우대칭 동물이며, 대부분의 좌우대칭 동물들은 무척추동물들이다. 이 그림에서는 촉수담륜동물, 탈피동물 및 후구동물의 3개 주요 좌우대칭 동물 분기군들에 속하는 소수의 무척추동물 무리들만을 강조하였다.

촉수담륜동물(Lophotrochozoans)

외항동물

외항동물문(Ectoprocta)

(4,500종) 외항동물[태형동물(bryozoans)로도 알려져 있음]은 군체를 이루어서 산다. 대부분의 종들은 구멍들이 산재해 있는 단단한 외골격을 가지고 있으며, 구멍들을 통하여 섬모가 나 있는 촉수들을 뻗어서 주변의 물속에 있는 먹이 조각들을 잡는다.

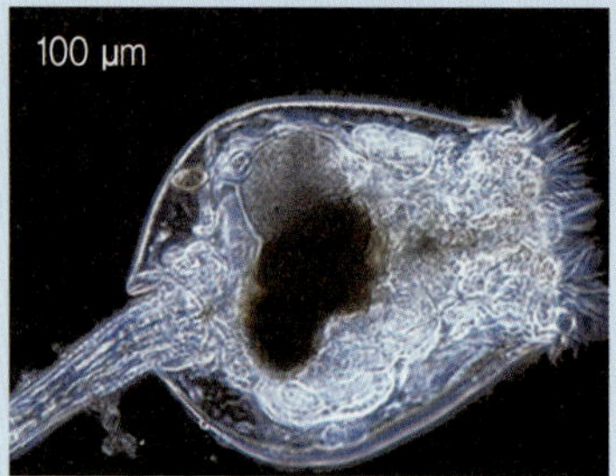

윤형동물(광학 현미경 사진)

윤형동물문(Rotifera)

(1,800종) 윤형동물은 현미경적 크기를 가지고 있음에도 불구하고, 입과 항문 모두를 가지고 있는 완전한 소화관을 포함하는 특수화된 기관계들을 가지고 있다. 이들은 물속에 부유하고 있는 미생물들을 잡아먹는다.

환형동물(Annelida)

(16,500종) 환형동물은 체절을 가지고 있다는 점에서 다른 동물들과 구분된다. 이 문에서는 지렁이가 가장 친숙하지만 해양종과 담수종도 있다.

갯지렁이(해양 환형동물)

탈피동물(Ecdysozoa)

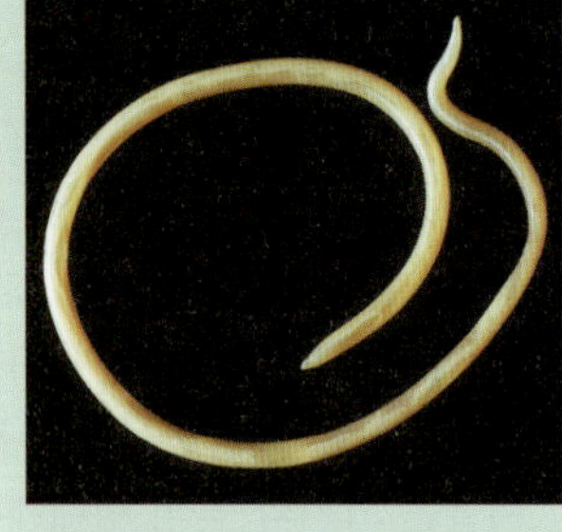

선형동물

선형동물문(Nematoda)

(25,000종) 선형동물(영어로는 roundworms로 불리기도 함)은 토양과 수생 서식지에 엄청나게 풍부하고 다양하다. 많은 종들은 식물과 동물에 기생한다. 선형동물의 가장 독특한 특징은 몸을 감싸고 있는 질긴 큐티클을 가지고 있다는 것이다.

절지동물문(Arthropoda)

(1,000,000종) 곤충류와 배각류, 게류 및 거미류를 포함하며, 알려진 동물종의 절대 다수가 절지동물이다. 모든 절지동물들은 체절성의 외골격과 관절이 달린 부속지들을 가지고 있다.

거미줄을 치는 거미
[거미류(주형류)]

후구동물(Deuterostomia)

별벌레아재비

반삭동물(Hemichordata)

(85종) 반삭동물은 새열(아가미틈)이나 등쪽신경삭과 같은 몇몇 특징들을 척삭동물과 공유하고 있다. 반삭동물 가운데 가장 큰 무리는 별벌레아재비류이다. 별벌레아재비류는 해양동물로서 2 m를 넘는 길이까지도 자란다.

극피동물(Echinodermata)

(7,000종) 불가사리류와 성게류, 연잎성게류와 같은 극피동물들은 유생 단계에서는 좌우대칭형을 나타내지만 성체들은 좌우대칭형을 보이지 않는다. 이들은 독특한 "관족"을 이용하여 이동을 하고 섭식을 하는데, 관족의 붙잡는 작용은 부착성 화학물질 분비의 결과로 나타난다.

성게와 불가사리

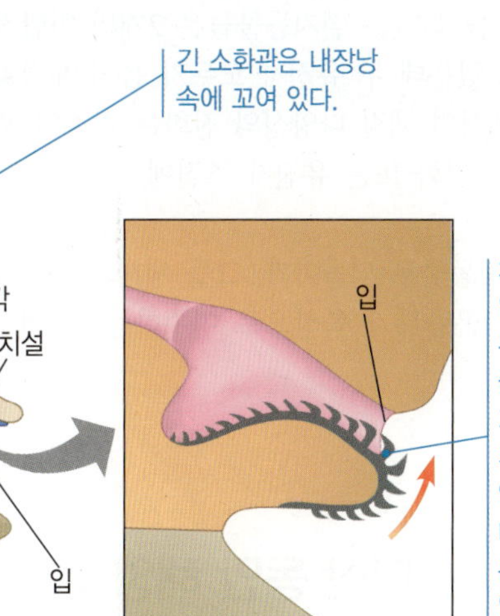

▲ **그림 23.11 연체동물의 체제**

◀ **나새류(nudibranchs)**, 또는 군소류는 진화 과정에서 패각을 소실하였다.

▶ **이매패류**는 경첩구조로 연결되어 있는 두 장의 패각에서 이름이 붙여졌다. 이 가리비의 각각의 한 쪽 패각에는 다수의 진한 청색 눈들이 줄지어 있다.

◀ **두족류**에는 가장 지능이 높은 무척추동물에 속하는 문어류가 포함된다.

▲ **그림 23.12 연체동물의 형태적 다양성의 예.** 연체동물은 절지동물을 제외한 어느 다른 동물문보다 많은 100,000종을 넘는 종들을 포함하고 있다.

곤충류이다. 실제로 알려진 종들 가운데 3분의 2가 절지동물이며, 이 무리의 구성원들은 지구상의 거의 모든 서식지에서 발견된다. 종 다양성과 분포, 개체수를 기준으로 하였을 때, 절지동물을 모든 동물문들 가운데 가장 성공한 문으로 여겨야만 한다.

생물학자들은 **절지동물(arthropods)**의 다양성과 성공이 그들의 체제, 즉 체절성의 몸과 단단한 외골격, 관절이 달린 부속지(절지동물이란 "관절이 달린 다리를 가진 동물"을 의미함)와 깊은 관계가 있다는 가설을 세우고 있다. 이러한 체제가 어떻게 생겨났으며 그것이 제공한 이점들은 무엇인가?

절지동물의 초기 화석들은 캄브리아기 폭발(5억 3,500만 년 전~5억 2,500만 년 전)에서 발견되는데, 이것은 절지동물들이 최소한 그 시기만큼 오래되었다는 것을 말해준다. 캄브리아기 폭발에서의 화석 기록에는 그로부터 절지동물들이 진화하였을 것이라고 여겨지는 많은 **엽지류**(lobopods) 종들이 포함되어 있다. 할루시게니아(*Hallucigenia*, 그림 23.6)와 같은 엽지류들은 체절성의 몸을 가지고 있었지만 이들의 체절들의 대부분은 서로 똑같은 것들이었다(그림 23.13). 삼엽충(trilobites)과 같은 초기 절지동물들 또한 체절들 사이의 변이를 거의 보이지 않았다. 절지동물들의 진화가 계속되면서 체절들은 서로 유합되어 체절의 수가 감소하는 방향으로 진화가 진행되었으며, 부속지들은 다양한 기능들을 위하여 분화되었다.

▶ **그림 23.13 삼엽충 화석**

이와 같은 진화적 변화는 엄청난 다양화를 가져왔을 뿐만 아니라 몸의 서로 다른 부위들 사이에 노동의 분화가 가능하도록 해주는 효율적인 체제를 낳았다.

어떤 유전적 변화가 절지동물들이 체제의 복잡성을 더해가도록 이끌었는가? 오늘날 살고 있는 절지동물들은 2개의 일반적인 혹스 유전자들을 가지고 있는데 두 유전자 모두가 몸의 체절화에 영향을 준다. 절지동물에서의 체절 다양성의 진화는 기존의 혹스 유전자들의 염기서열상의 변화 또는 유전자 조절에서의 변화로부터 비롯되었을 것이다.

이 장의 나중에는 절지동물로 되돌아가, 그들 체제의 특징들이 동물의 핵심적인 무리인 곤충류가 육상으로 이주하는 데 어떻게 도왔는지 논의할 것이다.

개념 23.4

척추동물은 4억 년 이상 동안 해양의 우점적인 포식자였다

앞에서 논의한 바와 같이 좌우대칭 무척추동물들의 폭발적인 방산은 약 5억 3,000만 년 전에 시작되었다. 극적인 변화가 일어났던 그 시간 동안, 약 3 cm 길이의 별로 주의를 끌지 못할 만한 생명체인 밀로쿤밍기아(*Myllokunmingia fengjiaoa*, 그림 23.14)가 물속을 미끄러지듯이 헤엄쳐 다니는 것을 발견할 수도 있었을 것이다. 비록 갑주와 부속지들을 지니고 있지는 않았지만, 이 고생물 종은 헤엄치거나, 걷거나, 미끄러져 다니거나, 또는 날아다녔던 어떤 동물들보다도 성공한 동물 무리들의 하나인 척추동물(vertebrates)과 밀접한 관련이 있다. 척추동물이란 이름은 척주(backbone)를 이루는 일련의 뼈들을 일컫는 등뼈(척추, vertebrae)에서 유래하였다. 지금부터는 척추동물이 4억 년 이상 동안 해양의 우점적인 포식자가 될 수 있도록 하였던 적응들에 초점을 맞추어 이 무리의 기원과 초기 방산을 알아볼 것이다.

▲ 그림 23.14 **5억 3,000만 년 전의 척삭동물 밀로쿤밍기아(*Myllokunmingia fengjiaoa*)의 화석**

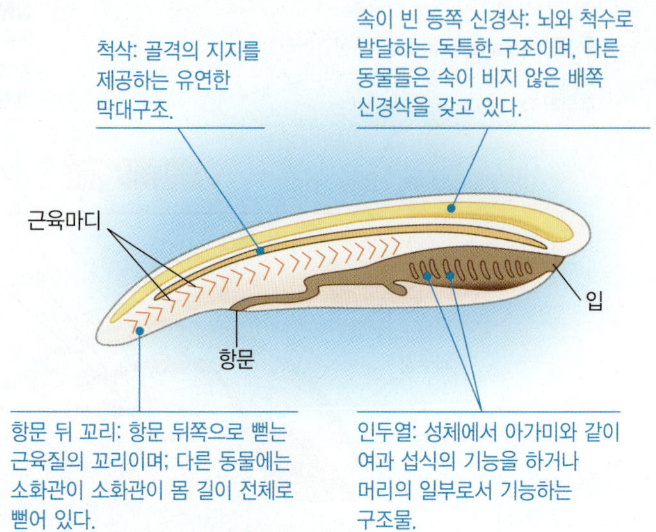

▲ 그림 23.15 **척삭동물의 특징.** 모든 척삭동물들은 발생 과정 중 특정 시기에 그들이 척삭동물임을 나타내는 네 가지의 고유한 구조적 특징들을 지닌다.

좌우대칭 동물의 방산 II: 수서 척추동물들

척추동물들은 척삭동물문(Chordata)의 구성원들이다. 그림 23.9에서 보는 것처럼 **척삭동물(chordates)**들은 후구동물 분기군에 속하는 좌우대칭 동물들이다. 여기에서는 캄브리아기 동안 방산하였던 후구동물들 가운데 척삭동물과 이 무리의 초기 구성원들이 어떻게 척추동물로 진화하였는지에 초점을 맞출 것이다.

초기 척삭동물의 진화

많은 척삭동물 종들이 오직 배아 발생을 하는 동안에만 일부의 특징들을 나타내고 있기는 하지만 모든 척삭동물들은 일군의 파생 형질들을 공유하고 있다. 그림 23.15는 척삭동물의 네 가지 핵심 형질들인 **척삭(notochord)**, 등쪽의 속이 빈 신경삭, **인두열(pharyngeal slit 또는 pharyngeal cleft)** 및 근육질의 항문 뒤 꼬리를 보여주고 있다.

현존하는 척삭동물 가운데 칼날 모양의 창고기류(*lancelets*, 그림 23.16a)라 불리는 한 무리는 그림 23.15에 보이는 가공의 척삭

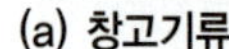

(a) 창고기류

(b) 피낭류

▲ 그림 23.16 **등뼈가 없는 척삭동물들인 창고기류와 피낭류**

동물을 아주 닮아 있다. 창고기류 계통은 척삭동물 계통수의 기부에서 다른 척삭동물들과 나뉘었다. 창고기류와 같이 피낭류(*tunicates*, 그림 23.16b)는 척삭동물의 진화에서 이른 시기에 나뉘었다. 또한 창고기류처럼 피낭류는 핵심적인 척삭동물의 특징들을 보이지만, 그것은 유생 단계에서만 나타난다(피낭류의 성체는 고도로 변형된 체제를 가지고 있음). 이러한 사실들은 조상형의 척삭동물이 아마도 창고기와 비슷한 모습, 즉 입을 가진 앞쪽 끝과 척삭, 등쪽의 속이 빈 신경삭, 인두열 및 항문 뒤 꼬리를 갖추고 있는 모습을 닮았던 것을 암시한다.

척삭동물의 기본적인 체제가 진화되고 난 후, 초기 척삭동물 진화에서의 또 다른 주요한 진화의 단계는 척추동물의 기원이었다. 창고기류나 피낭류와 달리 척추동물들은 등뼈와 머리뼈, 눈과 그 밖의 다른 감각기관들뿐만이 아니라 뇌를 가지고 있는 잘 구분된 머리를 지니고 있다.

5억 3,000만 년 전의 캄브리아기 폭발 동안 형성된 몇몇의 화석들은 척추동물로 진화하는 과정의 중간 단계인 것으로 보인다. 예를 들면, 이러한 척삭동물 화석들 가운데 어떤 것들은 (창고기류와는 달리) 뇌와 눈을 가지고 있기는 하지만 아직 창고기류를 닮았다. 밀로쿤밍기아(그림 23.14)는 뇌와 눈을 가지고 있었을 뿐만 아니라 눈과 귀를 감싸는 머리뼈의 부분들을 가지고 있었는데, 이러한 특징들은 이 동물을 잘 구분된 머리를 가지고 있었던 가장 오래된 척삭동물의 하나로 만들고 있다. (초기의 "귀"는 사람이나 다른 현생 척추동물들의 귀가 여전히 수행하고 있는 것과 같이 균형유지를 담당하는 기관이었다.) 밀로쿤밍기아는 머리를 가지고 있었지만 등뼈가 없었기 때문에 척추동물로 분류되지는 않는다.

척추동물의 등장

척추동물들은 약 5억 년 전에 기원하였다. 조상들보다 더 복잡한 신경계와 더 정교한 골격을 갖게 된 척추동물들은 살아가는 데 꼭 필요한 두 가지, 즉 먹이를 잡는 것과 잡아먹히지 않도록 피하는 것을 더 효율적으로 할 수 있게 되었다.

척추동물의 초기 화석들의 일부는 자신들의 입속에 솟아 있는 일단의 갈고리들을 가지고 먹이를 꿰찔러 사냥하였던, 부드러운 몸에 턱이 없는 척추동물인 **코노돈트류**(conodonts)이다. 다른 초기 척추동물들은 지느러미 쌍들과 평형감각을 제공하는 두 개의 반고리관이 들어 있는 내이를 가지고 있었다. 이 척추동물들은 코노돈트류처럼 턱이 없었지만, 해저에 거주하는 생물체들이나 먹이 조각들을 흡입하는 데 사용하였던 근육질의 인두를 가지고 있었다. 이들은 또한 무기질의 뼈로 이루어진 갑주를 갖추고 있었는데, 갑주로 몸을 덮는 정도는 서로 차이를 보였으며, 갑주는 아마도 포식자들로부터 보호를 해주었을 것이다.

먹장어류(hagfishes)와 칠성장어류(lampreys)는 오늘날 생존하고 있는 단 2개의 무악 척추동물(**원구류, cyclostomes**) 계통들이다(그림 23.17). 현생하고 있는 무악 척추동물들은 **유악동물(gnathostomes)**로 알려진 턱이 있는 척추동물들에 의해 수적으로 압도당하고 있다. 유악동물은 화석 기록으로 약 4억 4,000만 년 전에 나타났으며 꾸준하게 점점 다양해졌다. 이들이 성공할 수 있었던 것은 해부학적 특징들이 복합적으로 작용한 결과인 것으로 보이는데, 즉 지느러미 쌍들과 꼬리가 있었기 때문에 효율적으로 헤엄쳐 먹이를 추적할 수 있었고, 턱이 있었기 때문에 먹이를 단단히 잡거나 고기덩이를 쉽게 물어뜯어 먹을 수 있었다.

최초의 유악동물에는 **판피어류**(placoderms)라고 총칭하는, 갑주를 가진 척추동물의 멸종된 계통이 포함되어 있다. 판피어류는 "판형의 피부를 가진 물고기"라는 뜻이다. 대부분의 판피어류는 길이가 1 m에 미치지 못했지만 10 m가 넘는 거대한 크기를 가진 것들도 있었다(그림 23.18). 4억 2,000만 년 전까지 유악동물들은 오늘날에도 생존하고 있는 3가지의 유악 척추동물 계통들, 즉 연골어류와 조기류(방사형지느러미어류), 육기류(잎사귀형지느러미어류)로 분화하였다. (육기류는 이름과는 달리 사람류와 다리를 가지는 다른 육상동물들을 포함한다.)

연골어류 상어류와 가오리류 및 이들의 친척들에는 오늘날 바다에서 가장 크고 가장 성공적인 포식자들의 일부가 포함되어 있다(그림 23.17). 이들은 "연골성 어류"를 뜻하는 연골어강(Condrichtheys) 분기군에 속한다. 이름이 의미하는 것처럼 **연골어류(chondrichthyans)**는 주로 연골로 이루어진 골격을 가지고 있는데, 연골에는 흔히 칼슘이 침착되어 있다. 약 1,000종의 현생 연골어류가 있으나, 많은 종들이 남획에 의해 위협을 받고 있다.

조기류 거의 대부분의 척추동물들은 경골어강(Osteichthyes)이라 불리는 유악동물의 한 분기군에 속한다. 상어류 및 그들의 친척들과는 달리 현생 **경골어류(osteichthyans)**들은 전형적으로 골(뼈)화된 내골격을 가지고 있으며, 또한 허파나 허파의 변형체들을 가지고 있다. 경골어류는 조기류(**방사형지느러미어류, ray-finned fishes**)와 육기류(잎사귀형지느러미어류, lobe-fins)의 2개 계통으로 분화하였다. 우리에게 친숙한 거의 모든 수서 경골어류들은 조기류(그림 23.17)인데, 이 이름은 지느러미를 지지하는 가시뼈에서 유래하였다. 오늘날 27,000종 이상의 조기류가 있는데, 이는 다른 모든 척추동물 무리들의 종수를 합한 것과 거의 같다.

육기류 조기류와 함께 경골어류의 또 다른 주요 계통은 육기류(그림 23.19)이다. 육기류의 핵심 파생 형질은 가슴지느러미와 배지느러미에 두꺼운 근육층으로 둘러싸인 막대 모양의 뼈들이 존재한다는 것이다. 데본기(4억 1,600만 년 전~3억 5,900만 년 전) 동안 많은 육기류들이 해안의 습지대와 같은 기수역(brackish waters)에 살았다.

그러나 오늘날에는 단지 육기류의 3개 계통들만이 생존하고 있다. 이 계통들 가운데 두 가지는 실러캔스류(coelacanths)와 폐어류(lungfishes, 그림 23.17)이며, 세 번째 생존하고 있는 육기류의 계통은 훨씬 다양하다. 개념 23.5에서 보게 될 것이지만, 이 생물체들은 육상 생활에 적응하였으며 다리와 발가락을 가지고 있는 척추동물들인 **사지류(tetrapods)**로 발달하였다.

▼ 그림 23.17 척추동물의 다양성 탐구

이 계통적 가설은 주요 척추동물 분기군들 사이의 유연관계를 보여준다. 특정 분기군에 대한 파생 형질, 예를 들어 유악동물들만이 턱을 가지고 있다는 것 등이 열거되어 있다. 어떤 계통들에서는 파생된 특징들이 시간이 흐르면서 소실되었거나 퇴화된 형태로 나타난다. 예를 들면, 먹장어류와 칠성장어류는 아주 퇴화된 척추를 가지고 있는 척추동물들이다.

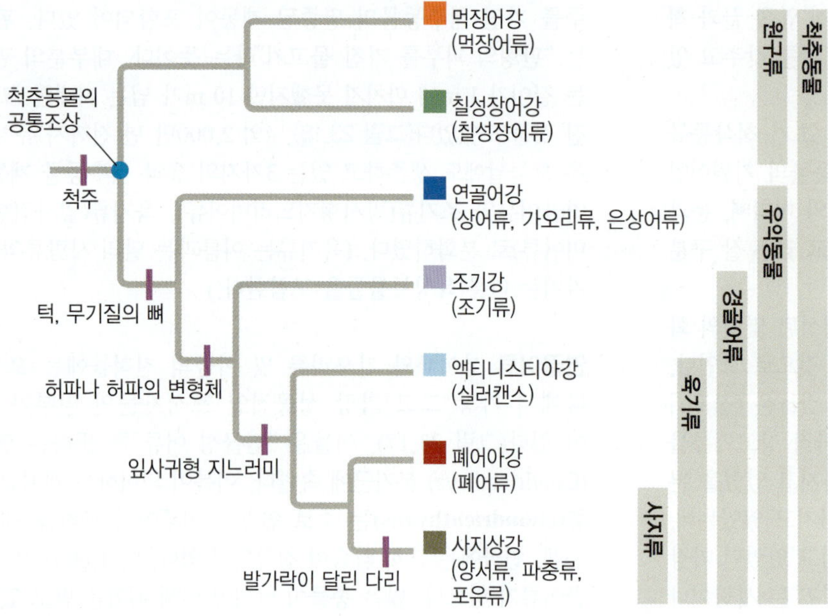

먹장어강(Myxini, 30종). 먹장어류들은 해저 바닥에서 먹고사는 청소섭식 동물들이다. 이들은 방어를 할 때 기능하는 점액선을 가지고 있다.

칠성장어강(Petromyzontida, 35종). 대부분의 칠성장어류들은 자신들의 입(위쪽의 삽화)과 혀를 이용하여 물고기의 옆구리에 구멍을 뚫는 기생 생물들이다. 그 다음에 이들은 숙주의 피와 다른 조직을 빨아먹는다.

연골어강(Chondrichthyes, 1,000종). 이 검정지느러미 상어(black-tipped shark)와 같은 연골어류는 기본적으로 연골로 이루어진 골격을 가지고 있다. 가오리류와 은상어류(chimaeras)도 이 무리에 포함된다.

조기강(Actinopterygii, 27,000종 이상). 조기류의 다양한 종들에는 자신의 가시들로 독을 주입하는 이 열대성 라이언피시(lionfish)가 포함된다.

액티니스티아강(Actinistia, 2종). 실러캔스류는 1938년 인도양에서 이들이 재발견되기 전에는 7,500만 년 전에 멸종되었던 것으로 여겨졌다.

폐어아강(Dipnoi, 6종). 폐어류는 아가미와 허파를 모두 가지고 있으며, 공기를 삼켜 허파 속으로 보낸다.

사지상강(Tetrapoda, 29,000종 이상). 사지류는 발가락이 달린 다리들을 가지고 있다. 이 무리에는 동물원에서 볼 수 있는 다양한 양서류와 파충류, 포유류(이 기린과 같은) 종들이 포함된다.

▲ **그림 23.18 초기 유악동물의 화석.** 무서운 포식자였던 둔클레오스테우스(*Dunkleosteus*)는 길이가 10 m에 달했다. 턱의 구조는 둔클레오스테우스가 자신의 턱 말단에서 560 kg/cm²의 힘을 쓸 수 있음을 시사해준다.

개념 23.5

몇몇 동물군은 육상으로 이주할 수 있는 특징들을 가지고 있다

캄브리아기 폭발과 이 폭발이 만든 해양 군집들의 변화에 뒤이어 일부 좌우대칭 동물들은 육상으로 이주를 하였으며 그곳의 근본적인 변화를 이끌었다.

초기의 육상동물

육상에서의 생활은 초기의 개척자 동물들에게 기회를 제공했다. 대기는 수중 환경보다 더 높은 산소 농도를 가지고 있었으며, 새로운 먹이자원(초기 식물들과 같은)이 있었고 경쟁자들은 거의 없었다. 그러나 또한 도전들이 존재했다. 즉, 물이 희박했고, 온도는 수중 환경에서보다 훨씬 심하게 오르내렸으며, 중력에 대한 버팀대가 없었다.

이런 종류의 도전들은 치명적일 수 있다. 예를 들면, 해파리의 연약한 몸은 중력에 대항하여 버틸 수 없다. 따라서 해파리가 육지에 좌초하게 된다면 움직이거나 오랜 기간 동안 생존할 수 없다. 그러나 도전들이 있었음에도 불구하고 많은 동물 무리의 구성원들은 육상 생명체로의 이행을 꾀했다. 예를 들면, 한 게류(crabs)의 계통이 자메이카의 섬에 진출하였던 비교적 최근의 사건(약 400만 년 전)을 포함하여 절지동물들은 여러 차례에 걸쳐 육상으로의 이주를 시도하였다. 같은 일이 다른 동물 무리들에서도 실제로 일어났는데, 해양 복족류들은 반복적으로 진화의 경로를 거치면서 육상의 종들로 거듭났다. 동물들이 언제 육상으로의 이주를 시작했으며, 또 동물 개척자들이 성공적으로 육상으로 이주할 수 있도록 해준 것은 무엇인가?

화석 기록은 절지동물들이 대략 4억 5,000만 년 전 즈음에 육상으로 진출한 첫 번째 동물들이라는 것을 알려주고 있다. 이 증거에는 배각류(millipedes)의 굴로 여겨지는 것들과 절지동물 화석들의 파편들이 포함된다. 여러 대륙에서 출토된 잘 보존된 화석들은 4억 1,000만 년 전에 배각류와 순각류(centipedes), 거미류(spiders) 및 다양한 무시류 곤충(wingless insects)들이 이미 모두 육상으로 진출하였다는 것을 암시하고 있다. 척추동물들은 초기의 숲들이 이미 형성되었던 3억 6,500만 년 전에 육상으로 이주하였다. 3억 6,000만 년 전에는 육상의 동물 군집들이 대체적으로 오늘날의 동물 군집들과 닮게 되었으며, 육식동물과 부식질식자(detritivores; 식물체의 부스러기와 같은 부패한 유기물을 먹는 동물) 및 초식동물을 포함하고 있었다.

육상의 동물들은 수중생활을 했던 그들의 조상들과 종종 놀라우리만치 닮은 점을 지니고 있다(**그림 23.19**). 대부분 육지에서 생활하는 육상 복족류 및 게류와 같이(육상 게류는 번식하기 위해 물로 돌아간다), 어떤 경우에는 닮은 정도가 아주 강하여 육상의 동물이 단지 물가에서 걷거나 기는 것처럼 보일 때도 있다. 다른 경우에는, 앞으로 척추동물들의 육상으로의 이주에 대해 간략하게 설명할 내용과 같이 보다 광범위한 변화들이 일어났다. 그러나 척추동물에서조차도, 육상 생명체로의 이행에 포함된 진화적 변화는 식물에 비해 덜 광범위하였다. 예를 들면, 육상으로 이주한 동물의 수중 친척들은 전형적으로 잘 발달된 골격계와 근육계, 소화계, 순환계, 호흡계 및 신경계를 가지고 있었다. 이와는 반대로 식물들은 하나의 작은 녹조류에서 진화하였는데, 녹조류의 구조는 오늘날 지구를 덮고 있는 식물들인 자신의 후손들의 구조와 닮은 점을 거의 지니고 있지 않다(그림 23.19).

절지동물의 육상으로의 이주

앞에서 언급하였듯이, 육상의 계통들은 배각류와 거미류, 게류, 곤충류를 포함하는 서로 다른 몇몇 절지동물 무리들에서 등장하였다. 먼저 절지동물의 일반적인 특징을 설명한 후, 가장 큰 절지동물 분기군인 곤충류에 의해 이루어졌던 육상으로의 이주에 초점을 맞추도록 하자.

절지동물의 일반적 특징

몇몇 절지동물들의 부속지들은 진화의 경로를 거치면서 걷기, 섭식, 감각 수용, 교미 및 방어와 같은 기능에 알맞도록 분화되었다. 부속지들이 위치하는 부위에 따라 분화된 구조들은 관절구조를 가지게 되었고 쌍을 이루게 되었다. **그림 23.20**은 대표적인 절지동물의 다양한 부속지들을 보여주고 있다.

절지동물의 몸은 단백질과 다당류 키틴의 층이 쌓여 만들어지는 일종의 외골격인 **큐티클(cuticle)**로 완전히 덮여 있다. 게나 바닷가재를 한번이라도 먹어 본 사람이라면 알 수 있듯이, 몸의 어떤 부위에서는 큐티클이 두껍고 단단해지기도 하며, 관절과 같은 몸의 다른 부위에서는 큐티클이 종잇장처럼 얇고 유연해지기도 한다. 단단한 외골격은 동물을 보호해주며, 부속지들을 움직이는 근

		녹조류	해양 갑각류	수서 육기류
수서 조상				
형질	정착구조	파생 형질(뿌리)	없음	없음
	지지구조	파생 형질(리그닌/줄기)	조상 형질	조상 형질(골격계) 파생 형질(다리)
	내부수송	파생 형질(수관계)	조상 형질	조상 형질
	근육/신경세포	없음	조상 형질	조상 형질
	건조로부터의 보호	파생 형질(큐티클)	조상 형질	파생 형질(양막란/비늘)
	기체 교환	파생 형질(기공)	파생 형질(기관계)	조상 형질
육상 생물		식물	곤충류	육상 척추동물

▲ 그림 23.19 **육상으로 진출하는 동안 후손들에서 나타난 변형.** 이 표는 육상 생물의 3개 주요 무리인 식물과 곤충류, 육상 척추동물이 육상에서 살 수 있도록 해준 몇 가지 주요 형질들을 밝히고 있다. 빨간색 글씨는 계통들이 자신들의 수생 친척들에서 분기한 후 진화한 적응들을 나타낸다. 식물에서는 대부분의 육상 적응들이 분리된 이후에 진화하였다. 이와는 대조적으로, 2개의 커다란 육상동물 분기군들인 곤충류와 척추동물은 이들의 육상 생명체로의 이행을 촉진하였던 다수의 조상 형질들을 나타낸다.

▼ 그림 23.20 **절지동물의 외부 구조.** 절지동물의 많은 특징적인 모습들이 바닷가재의 배면도에 나타나고 있다. 몸은 체절성이지만 이 특징은 단지 후생식부(생식기의 뒤쪽), 또는 꼬리에서만 뚜렷하다. 부속지들[촉각, 협각(집게발), 구기, 보각, 유영지 포함]에는 관절이 있다. 두부에 한 쌍의 겹눈(다수의 수정체를 가진 눈)을 지닌다. 부속지들을 포함하여 몸 전체가 외골격으로 둘러싸여 있다.

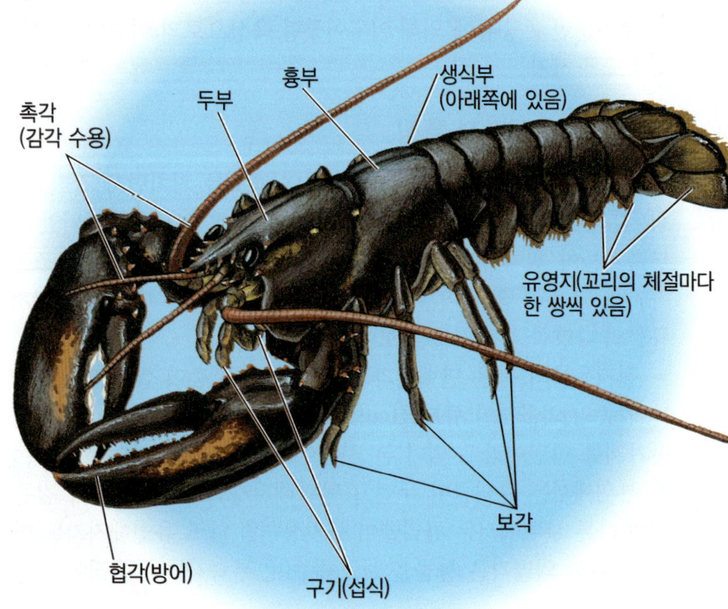

육들이 부착할 수 있는 장소를 제공한다. 나중에는 외골격이 일부 절지동물들을 육상에서 살 수 있도록 해주었다. 외골격은 상대적으로 물을 투과시키지 않아 건조를 막아주었고, 단단하기 때문에 절지동물들이 물의 부력을 벗어났을 때 겪는 버팀대에 대한 어려움을 해결해 주었다.

절지동물들에서는 다양한 형태로 분화된 기체 교환 기관들이 진화되었다. 물속에서 사는 종들은 대부분 가느다란 깃털 모양의 구조가 달린 아가미들을 가지고 있는데, 이러한 구조는 주변의 물과 접촉하는 아가미의 표면적을 늘려준다. 육상 절지동물들은 일반적으로 기체 교환을 위해 특수화된 내부 표면을 갖고 있다. 예를 들면, 대부분의 곤충들은 기관계(tracheal system)를 가지고 있는데, 기관계는 큐티클에 있는 구멍들로부터 내부를 연결하는 분지된 공기 도관들이다. 이 도관들은 몸속으로 뻗어 있어서 산소를 세포들로 직접 운반한다.

곤충류

육상으로 진출한 절지동물 무리의 하나인 곤충류(insects, 그림 23.21)는 오늘날 거의 모든 종류의 육상 서식지에서 발견된다. 곤충류는 담수에서도 살며, 날아다니는 곤충류는 공중을 차지하고 있다. 바다에는 곤충류가 드물지만, 전혀 없지는 않다.

▶ **나비류(Lepidopterans)**, 즉 나방들과 나비들은 완전 변태를 한다. 섭식과 생장을 위해 분화된 애벌레 단계(풀쐐기로 불리는)는 분산과 생식을 위하여 분화된 성체 단계와 완전히 다른 모습을 보인다.

◀ **벌류(Hymenopterans)**는 개미류와 꿀벌류, 말벌류를 포함한다. 이들은 완전 변태를 하며, 대부분 높은 수준의 사회성 곤충류이다.

▶ **노린재류(Hemipterans)**는 노린재류(stink bugs), 빈대류(bed bugs) 등을 포함하는 소위 "반시류[영어표현은 참벌레류(true bugs)]"이다. 이들은 찌르는 구기를 가지며, 불완전 변태를 한다. 어린 개체(애벌레)는 성체들을 닮아 있지만, 크기가 작고 날개가 없다.

▲ **그림 23.21 곤충류의 다양성.** 곤충류의 기재된 종들은 다른 모든 진핵생물 무리를 합한 것보다 더 많다. 여기에는 많은 곤충류 분기군들 가운데 세 가지를 나타냈다.

가장 오래된 곤충류 화석은 4억 1,600만 년 전까지 거슬러 올라간다. 그 후, 석탄기와 페름기(3억 5,900만 년 전~2억 5,200만 년 전) 동안 곤충류의 비행 능력이 진화되었을 때, 곤충류 다양성의 폭발이 나타났다. 날 수 있는 동물은 많은 종류의 포식자들을 피해 도망칠 수 있으며, 먹이와 짝을 찾을 수 있고, 땅 위를 기어야만 하는 동물들보다 훨씬 빨리 새로운 서식지를 찾아 분산할 수 있다. 많은 종류의 곤충류들은 흉부의 등쪽에 한 쌍 또는 두 쌍의 날개들을 가지고 있다(**그림 23.22**). 곤충류의 날개는 진정한 부속지가 아니라 큐티클이 연장된 것이기 때문에 곤충류는 보각(걷는 다리)들을 전혀 희생하지 않고도 날 수 있다. 이와는 반대로 새나 박쥐와 같이 날아다니는 척추동물들은 두 쌍의 보각들 가운데 한 쌍을 날개로 변형시켰으며, 따라서 이들은 땅 위에서는 일반적으로 움직임이 아주 서툴다.

▶ **그림 23.22**
날고 있는 무당벌레

또한 곤충류들은 새로운 먹이 자원을 제공하였던 새로운 식물종들의 기원에 응답하여 방산하였다. 새로운 식물 종을 섭식하는 곤충 개체군은 다른 개체군들에서 갈라져 나와 결국에는 새로운 곤충 종을 형성하는 것이다. 다양한 곤충류 구기들의 화석 기록은, 겉씨식물과 다른 석탄기 식물들에 대한 분화된 섭식능력이 또한 곤충류의 적응 방산(adaptive radiation)에 기여했음을 알려주고 있다. 그 후, 곤충류 다양성의 본격적인 증가가 중기 백악기(약 1억 년 전) 동안 꽃식물의 진화적 방산에 의해 촉진된 것으로 여겨진다. 백악기 대멸종 동안 곤충류의 다양성과 식물의 다양성이 감소하였지만, 그 후 6,600만 년을 거치는 동안 두 무리의 다양성은 회복되었다.

육상 척추동물

동물의 육상으로의 이주에 있어서 또 하나의 핵심적인 사건은 3억 6,500만 년 전 한 계통의 육기류에서 지느러미가 사지류의 다리와 발로 진화한 일이었다. 그때까지 모든 척추동물들은 물고기 형태의 동일한 해부구조를 공유하고 있었다. 육상으로 이주한 후 초기 사지류들은 높이 뛰어다니는 개구리로부터 날아다니는 독수리와 두 발로 걷는 사람에 이르기까지 다양한 새로운 형태들을 발달시켰다.

그리스어로 "네 발"을 의미하는 사지류라는 이름은 이 동물들의 가장 뚜렷한 형질에서 비롯되었다. 사지류는 가슴지느러미와 배지느러미 대신에 땅 위에서 몸무게를 지탱할 수 있는 발가락이 달린 네 발을 가지고 있어서, 걸어 다닐 때 근육이 생성한 힘을 땅으로 전달할 수 있다. 사지류는 또한 머리와 나머지 몸통 부분을 분리하는 등뼈들로 이루어진 목을 가지고 있다는 점에서 초기 척추동물들과 다르다. 목은 몸통의 나머지 부분과는 독립적으로 머리를 위아래 및 양옆으로 움직일 수 있도록 해준다. 이에 더하여, 뒷다리가 붙어 있고 등뼈에 유합되어 있는 골반대의 뼈들은 뒷다리가 바닥에 대항하는 힘을 만들어 내고 이를 나머지 몸통 부위로 전달할 수 있도록 해준다.

사지류의 기원

데본기(4억 1,900만 년 전~3억 5,900만 년 전) 동안 많은 육기류들이 해안의 습지에 살았다. 얕고 산소가 결핍된 물로 들어간 동물들은 허파를 이용하여 공기를 호흡할 수 있었다. 아마도 어떤 종들은 자신들의 튼튼한 지느러미들을 헤엄을 치고 물속에서 바닥을 가로질러 "걷는 데" 이용하였을 것이다(마치 몇몇 현서 육기류들이 하는 방식으로 자신들의 지느러미를 번갈아 내딛으며). 이는 사지류의 체제가 "무에서 나온 것"이 아니고 이미 존재하고 있었던 체제가 단순히 변형된 것이라는 것을 제시하는 것이다.

최근에 발견된 화석 틱타알릭(*Tiktaalik*)은 이러한 진화 과정에 대한 새로운 사실들을 자세히 알려준다(**그림 23.23**). 이 종은 물고기와 같이 지느러미와 아가미, 허파를 가지고 있었고 몸은 비늘로 덮여 있었다. 그러나 틱타알릭은 물고기와는 달리 갈비뼈를 모두 갖추고 있어서 공기 호흡을 더 쉽게 할 수 있었고 몸을 지탱하는 데에도 도움이 되었다. 또한 틱타알릭은 물고기와는 다르게 목과

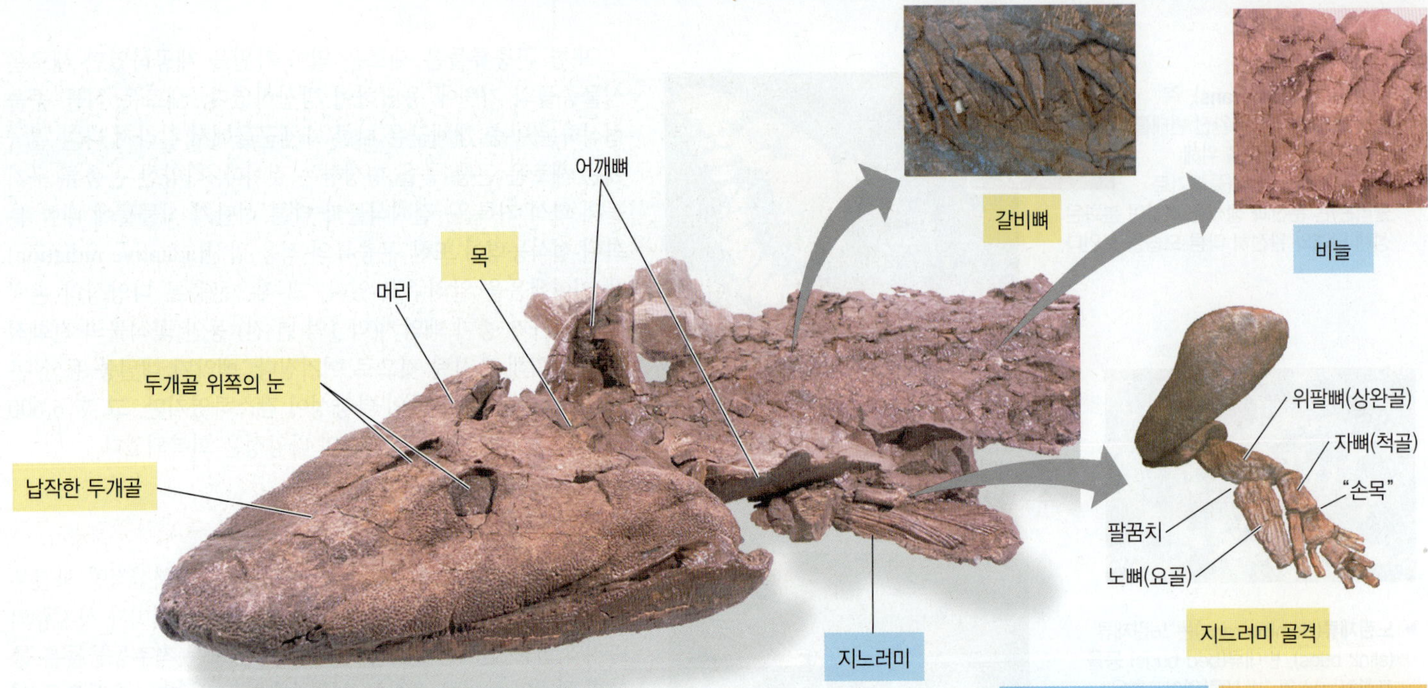

어류 형질	사지류 형질
비늘 지느러미 아가미와 허파	목 갈비뼈 지느러미 골격 납작한 두개골 두개골 위쪽의 눈

▲ **그림 23.23 "다리가 달린 물고기(fishapos)", 틱타알릭(*Tiktaalik*)의 발견.** 고생물학자들은 사지류의 진화적 기원을 밝혀 줄 화석을 찾기 위해 전력을 다하고 있었다. 이미 발견된 화석들의 연대에 근거하여 연구자들은 암석의 연대가 약 3억 8,500만 년 전~3억 6,500만 년 전쯤 되는 발굴지를 찾아다녔다. 캐나다 북극지역의 앨즈미어(Ellesmere) 섬은 이러한 화석들이 있음직한 얼마 되지 않는 후보지들 가운데 하나였는데, 이는 이 섬이 한때 강이 흐르는 곳이었기 때문이다. 이 지역을 발굴한 노력의 결과는 틱타알릭이라는 3억 7,500만 년 전에 살았던 육기류의 화석을 발견하는 것으로 크게 보상받았다. 아래의 도표와 그림에서 보는 것처럼 틱타알릭은 어류와 사지류의 형질들을 모두 나타낸다.

어깨가 있어서 머리를 움직일 수 있었다. 마지막으로 틱타알릭의 앞지느러미의 뼈들은 모든 사지류들에서 보이는 것과 똑같은 기본 양상, 즉 하나의 뼈(위팔뼈)에 이은 두 개의 뼈(노뼈와 자뼈), 그리고 이어지는 손목을 이루는 작은 뼈들의 무리를 나타낸다. 비록 틱타알릭이 육상에서 걸었던 것으로 보이지는 않지만, 앞지느러미의 골격구조는 이 종이 지느러미들을 이용하여 물속에서 똑바로 버티고 설 수 있었을 것이라고 여겨지도록 한다. 알려진 가장 오랜 사지류보다 틱타알릭이 먼저 나타났기 때문에, 틱타알릭의 모습은 손목과 늑골, 목과 같은 핵심적인 "사지류"의 특징들이 사지류 계통의 조상형이라는 사실을 암시해주고 있다.

틱타알릭과 같은 경이로운 화석들이 발견된 덕분에, 고생물학자들은 시간의 경과에 따라 어떻게 지느러미가 점진적으로 다리 모양으로 변하였고, 드디어는 3억 6,500만 년 전에 최초의 사지류 화석 기록이 나타나게 되었는지 그 과정을 재구성할 수 있게 되었다(그림 23.24). 다음에 이어지는 6,000만 년에 걸쳐 사지류들은 고도로 다양화되었다. 이 종들의 일부는 기능적인 아가미를 유지하였고 연약한 사지를 가졌음에 비해, 다른 종들은 아가미를 소실하였고 육지에서 걷는 데 용이하도록 보다 강한 사지를 가지고 있었다. 화석의 형태와 화석이 발견된 위치로 볼 때 이들 초기 사지류들의 대부분은 여전히 물과 연결되어 있었던 것으로 보이는데, 이러한 특징은 현생 사지류 가운데 가장 기초적인 무리인 양서류의 특징과 일치한다.

양서류

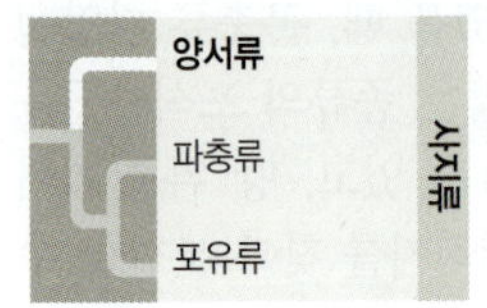

양서류(amphibians)는 오늘날 3개의 분기군, 즉 도롱뇽류(유미류 분기군, clade Urodela; "꼬리가 있는 것")와 개구리류(무미류 분기군, clade Anura; "꼬리가 없는 것") 및 무족영원류(caecilians; 무족류 분기군, clade Apoda; "다리가 없는 것")에 속하는 약 6,150종의 동물들을 일컫는다. 많은 종류의 양서류들은 유생 단계 동안 먼저 물속에서 살며, 성체가 되면 육상에서 산다. 이러한 종들은 물속에 살면서 아가미로 호흡하는 올챙이가 육상에 살면서 허파로 호흡하는 개구리로 탈바꿈을 하는 것과 같이 전형적으로 변태에 들어간다.

그러나 다른 양서류들은 양쪽 생활, 즉 수중 및 육상 생활을 하지 않는다. 예를 들면, 어떤 도롱뇽류(그림 23.25a)는 완전히 수생이지만 다른 도롱뇽류는 성체일 때만 육상에서 살거나 평생을 육상에서 산다. 대부분의 육상에서 사는 도롱뇽류들은 몸을 좌우로 구부리는 동작으로 걷는데, 이는 초기의 육상 사지류가 보였던 특징이다.

개구리류(그림 23.25b)는 도롱뇽류보다 육상에서 이동하는 데 더 적합하다. 성체 개구리류는 뒷다리의 뛰어난 힘을 이용하여 땅 위를 뛰어다닌다. "두꺼비류"로 알려진 동물들은 그 모양이 특이

▶ **그림 23.24 손발가락이 달린 팔다리의 기원 단계.** 그림에서 흰색 막대는 알려진 화석의 시대들을 가리키며, 화살표는 오늘날까지 연결되는 계통들을 나타낸다. 멸종된 동물들의 그림은 화석화된 골격에 근거한 것이지만 색깔은 상상에 의한 것이다.

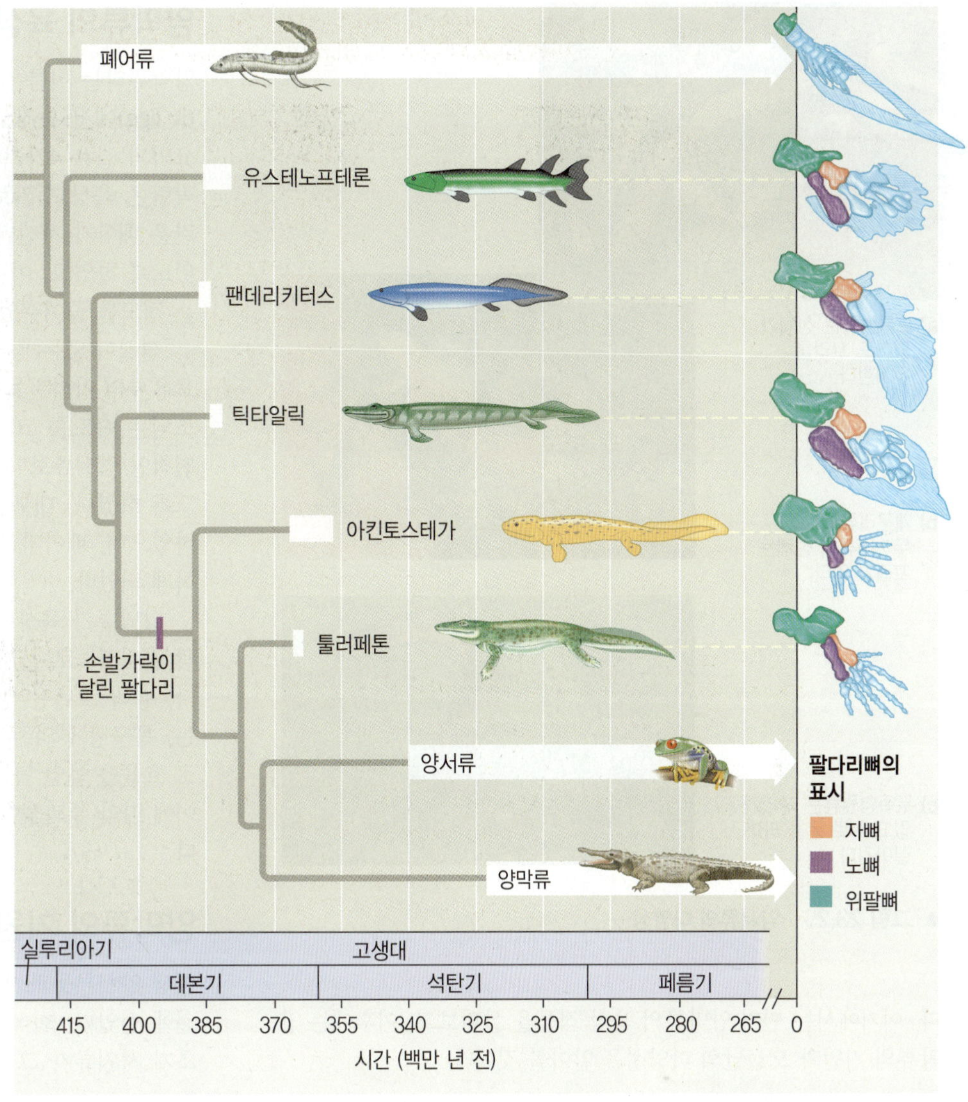

해 보이기는 하지만, 사실 이들은 육상 생활에 적응하기 위한 질긴 피부나 다른 특징들을 갖고 있는 개구리류일 뿐이다.

마지막으로, 무족영원류(**그림 23.25c**)는 다리가 없고 시력이 거의 없다. 이들은 다리가 있는 조상으로부터 진화하였기 때문에 다리가 없는 이들의 특징은 2차적 적응으로 나타난 것이다. 무족영원류들은 열대지역에서 살며, 대부분의 종들은 습기가 많은 숲의 흙 속에 굴을 파고 산다.

대부분의 양서류들은 늪지나 우림과 같은 습기가 많은 서식지에서 발견된다. 보다 더 건조한 서식지에 적응된 종류들도 대부분의 시간을 굴이나 축축한 잎사귀 밑과 같이 습도가 높은 곳에서 지낸다. 양서류들이 상대적으로 습한 서식처를 필요로 하는 하나의 이유는 기체 교환의 상당 부분을 축축한 피부를 통해서 하고 있기 때문이다. 피부가 건조되면 양서류들은 충분한 산소를 취할 수 없다. 이에 더하여 양서류들은 전형적으로 알들을 물속이나 땅위의 축축한 곳에 낳는다. 이들의 알에는 껍질이 없기 때문에 건조한 공기 속에서는 빠르게 말라버린다.

지난 30년 동안 동물학자들은 전 세계적으로 양서류 개체군들이 놀라운 속도로 감소하고 있다는 보고를 해왔다. 여기에는 질병을 일으키는 항아리곰팡이의 확산, 서식지의 소실, 기후 변화 및 오염과 같은 몇 가지 원인들이 있는 것으로 여겨지고 있다. 어떤 경우에는 개체군의 감소가 멸종으로 이어지기도 하였다. 최근의 연구들에 따르면, 최소 9종의 양서류들이 지난 40년 동안 멸종했으며, 다른 100종 이상의 양서류들은 이 기간 동안 관찰되지 않아서 아마도 멸종했을 것으로 여겨지고 있다.

개념 23.6

양막류는 광범위한 육상 환경 생활에 필요한 핵심적인 적응성을 가지고 있다

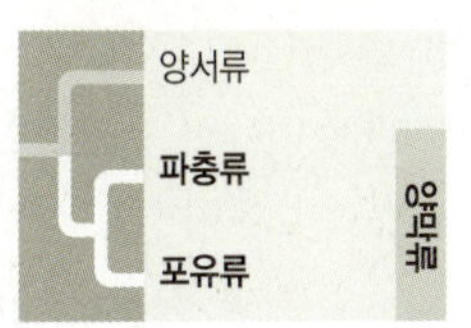

양서류와 비교하여 건조한 서식지로의 보다 광범위한 진출이 사지류의 한 무리이며 파충류(조류 포함)와 포유류를 구성원으로 하는 **양막류(amniotes)**에서 나타났

(a) 도롱뇽류는 성체가 되어도 꼬리를 유지한다.

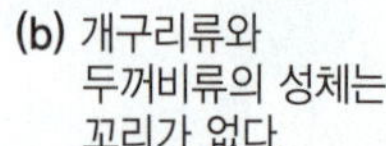

(b) 개구리류와 두꺼비류의 성체는 꼬리가 없다.

(c) 무족영원류는 다리가 없고 주로 굴을 파며 살아간다.

▲ **그림 23.25** **양서류의 다양성**

다. 여기에서는 먼저 양막류의 육상 적응을 살펴보고, 이후에는 양막류의 기원과 오늘날의 다양성을 알아볼 것이다.

양막류의 육상 적응

양막류라는 이름은 이 분기군의 주요 파생 형질인 **양막란(amniotic egg)**에서 유래하였는데, 이 양막란은 양막과 융모막, 난황낭, 요막과 같은 4가지의 특별한 막들을 가지고 있다(**그림 23.26**). 양막란은 육상 생활로의 진화에 있어서 핵심적인 혁신이었다. 양막란은 배아가 자신만의 개인적인 육상의 "물웅덩이"에서 발달할 수 있도록 하였고, 이로써 사지류가 번식을 위해 수중 환경에 의존하는 정도를 줄여주었다.

껍질이 없는 양서류의 알들과는 달리 대부분의 파충류와 일부 포유류의 양막란들에는 껍질이 있다. 껍질은 알이 공기 중에서 건조되는 속도를 크게 늦춤으로써 양막류가 자신들과 가장 가까운 친척인 양서류보다 더 넓은 범위의 육상 서식지들을 차지할 수 있도록 하였다. 대부분의 포유류들은 진화 과정에서 알 껍질을 소실하였으며, 배아가 모체의 양막 안에서 발달함으로써 건조를 예방하게 되었다.

양막류가 육상에서 번성을 할 수 있도록 한 또 다른 특징은 흉곽(갈비뼈들로 둘러싸인 공간)을 이용하여 허파로 호흡하는 것이다. 흉곽 호흡은 양서류들이 피부 호흡을 보충하기 위해 사용하는, 목구멍에 의존하는 호흡법보다 훨씬 효율적이다. 흉곽 호흡으로 효율을 높인 덕분에 양막류들은 피부 호흡을 그만둘 수 있었고, 이에 따라 투과성이 낮은 피부를 발달시켜 수분을 보존할 수 있었다.

양막류의 기원과 방산

현생 양서류들과 양막류들의 최근 공통조상은 약 3억 5,000만 년 전에 살았다. 화석들이 발견된 위치로 볼 때, 최초의 양막류들은 초기 사지류가 그러했던 것처럼 따뜻하고 습한 환경에서 살았다.

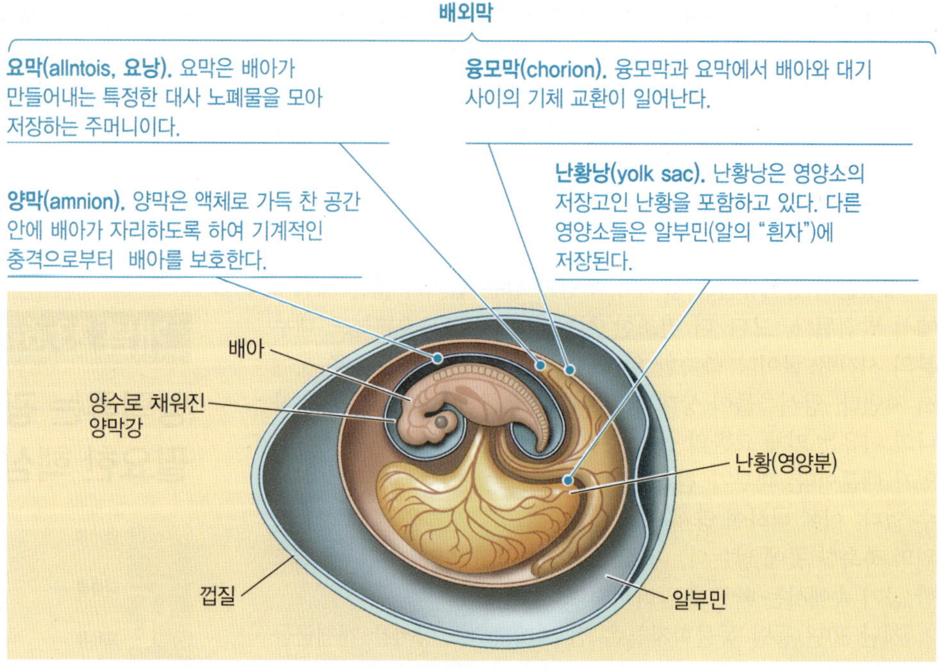

▶ **그림 23.26** **양막란.** 파충류와 포유류의 배아는 4개의 배외막들인 양막과 요막, 융모막, 난황낭을 형성한다. 그림은 파충류의 껍질에 있는 알의 배외막들을 보여준다.

▼ 그림 23.27 파충류의 다양성 탐구

아래에 보이듯이 파충류 분기군은 구성원들이 현재 살아 있는 5개 무리와 함께 장경룡류(plesiosaurs)와 익룡류(pterosaurs), 날지 못하는 공룡류(dinosaurs)와 같은 멸종된 무리들(단검부호로 표시됨)로 구성된다.

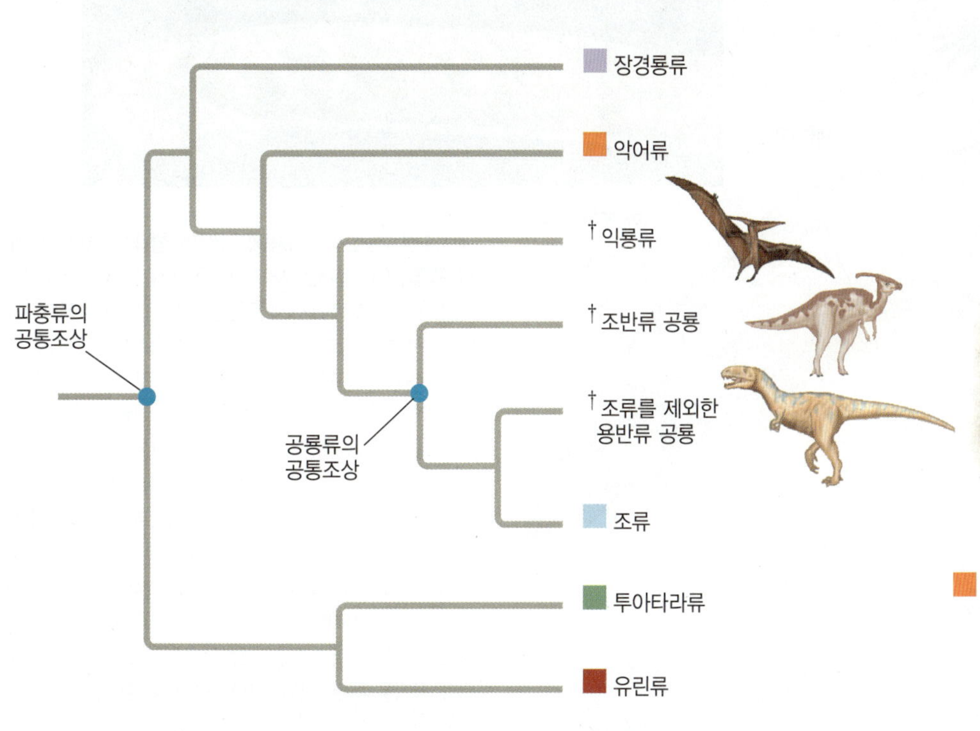

악어류(crocodilians, 23종). 크로커다일류(crocodiles)와 알리게이터류(alligators, 두 종류를 합쳐 악어류로 부름)는 2억 년 전 이상 거슬러 올라가는 오랜 계통이다. 나중에 어떤 종들은 물속 생활에 적응하여 위를 향한 콧구멍으로 공기를 호흡하였다.

조류(birds, 10,000종). 조류(10,000종)의 해부구조에는 쉽게 비행을 할 수 있도록 한 다수의 적응들이 포함되어 있다. 벌새는 날개를 모든 방향으로 회전할 수 있도록 하는 훨씬 더 특수화된 골격을 가지고 있어서 맴돌고 후방으로 날 수 있다. 벌새의 부리 또한 특정 먹이 자원의 과즙을 먹을 수 있도록 분화되었다.

거북류(turtles, 307종). 이 무리에 속하는 종들은 자신들의 골격에 융합되어 있는 상자 모양의 껍질을 가지고 있다. 어떤 종들은 육상에서 살고 다른 종류들은 담수나 해양의 서식지에서 살고 있지만, 모두 공기호흡을 한다.

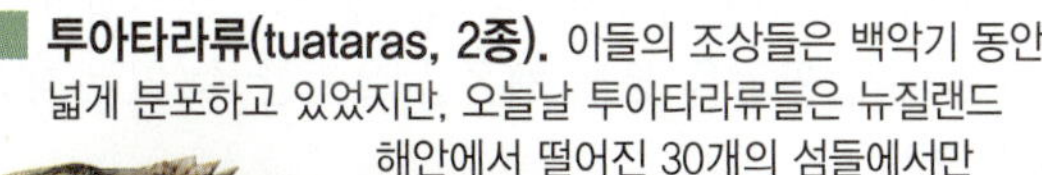

투아타라류(tuataras, 2종). 이들의 조상들은 백악기 동안 넓게 분포하고 있었지만, 오늘날 투아타라류들은 뉴질랜드 해안에서 떨어진 30개의 섬들에서만 발견된다.

유린류(squamates, 7,910종). 도마뱀류와 함께 뱀류는 파충류의 유린류 계통을 이루고 있다. 뱀류는 육식 동물이며, 다리가 없음에도 불구하고 이들을 효율적인 포식자들로 만들어준 적응들을 가지고 있다. 이러한 적응들 가운데 하나는 다양한 종들이 열과 화학물질, 진동을 감지하여 먹이의 존재를 알아챌 수 있는 능력을 가지고 있다는 것이다.

◀ 그림 23.28 **기능에 알맞은 형태: 조류의 날개와 깃털.** **(a)** 날개는 사지류의 앞다리가 개조된 형태이다. **(b)** 많은 조류에서 뼈들은 공기로 채워진 벌집모양의 내부구조를 가지고 있다. **(c)** 깃털의 중심에는 공기로 채워진 깃대(shaft)가 있으며, 여기에서 깃가지(vane)들이 뻗어 있다. 조류들은 겉깃털(contour feather)들과 솜깃털(downy feather)들을 가지고 있다. 겉기털은 뻣뻣하며, 날개와 몸체가 공기 역학적 형태를 이루는 데 기여한다. 조류가 부리로 날개를 다듬을 때에는 부리로 겉기털을 집어 길이 방향으로 나가면서 다듬는데, 이는 이웃한 갈고리들끼리 서로 걸리게 하여 우지가 정확한 형태를 갖추도록 하는 것이다. 솜깃털에는 갈고리들이 없으며, 자유로이 배열된 우지들은 보송보송한 구조를 만들고 그 속에 공기를 채워 단열재 역할을 하도록 한다.

그러나 시간이 지남에 따라 초기 양막류들은 건조한 고위도의 지역을 포함하는 더 넓은 범위의 새로운 환경으로 퍼져나갔다. 화석 기록은 가장 초기의 양막류들이 날카로운 이빨들을 가지고 있는 작은 도마뱀을 닮았다는 것을 보여주는데, 이는 이들이 육식 동물이라는 표시이다. 나중에 나타난 양막류 무리들에는 초식 동물도 포함되는데, 이는 갈아먹는 형태의 이빨들과 다른 특징들로부터 알 수 있다.

오늘날의 양막류들에는 육상 척추동물의 2개 주요 분기군들인 파충류와 포유류가 포함된다. 다음에서는 건조한 환경에서의 생활을 수월하게 만든 적응들에 특히 주목하여 이 무리들의 다양성을 알아볼 것이다.

파충류

파충류(reptile) 분기군의 현생 구성원들에는 투아타라류(tuataras)와 도마뱀류, 뱀류, 거북류, 악어류 및 소류가 포함된다(그림 23.27). 약 18,300종의 파충류들이 있는데, 이들 가운데 대다수는 유린류(squamates)(도마뱀류와 뱀류; 7,900종)이거나 조류(10,000종)이다. 그림 23.27에서 공룡류(dinosaurs)가 파충류이며, 조류가 용반류 공룡[saurischians, 티라노사우루스(*Tyrannosaurus rex*)를 포함하는 무리]에서 기원했다는 것, 즉 결과적으로 조류 또한 파충류로 여겨진다는 것을 주목하라.

화석 증거는 초기 파충류가 약 3억 1,000만 년 전에 살았고 도마뱀류를 닮았다는 것을 나타내고 있다. 파충류는 그 이후 다양하게 분기되었으나, 이들은 하나의 동물군으로서 다른 사지류들과는 구분되는 몇 가지 파생 형질들을 공유하고 있다. 예를 들어, 양서류와는 달리 파충류는 (사람의 손톱이 그러하듯이) 케라틴 단백질을 함유하고 있는 비늘들을 갖고 있다. 비늘들은 동물의 피부가 건조되지 않고 마모되지 않도록 보호한다. 더욱이, 대부분의 파충류들은 껍질이 있는 알들을 땅에 낳는데, 껍질은 알이 건조되는 것을 막아준다. 수정은 껍질이 형성되기 전에 반드시 체내에서 이루어져야 한다.

도마뱀류 및 뱀류와 같은 파충류들은 체온을 조절하는 데 자신들의 대사를 적극적으로 이용하지 않기 때문에 때때로 "냉혈" 동물로 불린다. 그러나 이들은 행동적 적응을 통해 체온을 조절한다. 예를 들어, 많은 도마뱀류들이 기온이 낮을 때에는 햇볕을 쬐고 기온이 높을 때에는 그늘을 찾는다. 이러한 파충류들에 대한 보다 정확한 표현은 **외온성(ectothermic)**이라는 단어일 것인데, 이는 이들이 체열의 주요 공급원으로서 외부의 열을 흡수한다는 것을 의미한다. 그러나 파충류 분기군 전체가 외온성인 것은 아니다. 조류는 대사 활동을 통해 체온을 유지할 수 있는 **내온성(endothermic)**이다.

현존하는 파충류들에는 2개의 주요 분기군들이 있는데, 그 가운데 하나는 투아타라류와 유린류(도마뱀류와 뱀류)를 포함하며, 다른 하나는 거북류와 악어류, 조류(그림 23.27)를 포함한다. 여기에서는 약 1억 6,000만 년 전에 등장한 날아다니는 파충류의 다양한 무리인 조류에 초점을 맞출 것이다.

조류 조류의 많은 특징들은 보다 효율적인 날기가 가능하도록 몸무게를 줄인 변형을 포함하여 날기가 쉽도록 만든 적응들이다. 예를 들어, 조류에는 방광이 없으며 대부분의 종들에서 암컷은 한 개의 난소만을 갖는다. 암컷과 수컷 모두 생식소가 보통 작으며, 생식소는 단지 번식기에만 커진다. 또한 현생 조류에는 이빨이 없는데, 이는 머리의 무게를 줄이기 위한 적응의 결과이다. 날기 위한 조류의 적응들 가운데 가장 뚜렷한 것은 날개와 깃털(그림 23.28)이다. 깃털의 형태와 배열로 인하여 비행날개가 형성되는데, 그 구조에는 항공기의 날개에서 보이는 몇몇의 기체역학적인 원리들이 나타난다. 날개를 퍼덕이는 힘은 흉골(복강뼈)에 고정되어 있는 커다란 흉근들의 수축에 의해 만들어진다.

날 수 있다는 것에는 수많은 혜택들이 있다. 날 수 있음으로 해서 지상의 포식자들을 피할 수 있으며, 청소섭식과 사냥능력이 향상되었다. 날 수 있기 때문에 몇몇 조류들은 먼 거리를 이동하여 다른 종류의 먹이 자원에 접근하거나 계절적인 번식지에 도달할 수 있게 되었다.

나는 데에는 활동적인 대사 작용에 의해 생성되는 막대한 양의 에너지 소모가 필요하다. 조류의 허파에는 탄력성이 있는 기낭들을 서로 연결하는 아주 작은 관들이 있어서 이들이 공기의 흐름과 산소의 흡수를 향상시킨다. 이러한 효율적인 호흡계와 4개의 방을 가진 심장으로 이루어진 순환계는 높은 대사율을 뒷받침하여 조직들이 산소와 영양분을 충분히 공급받을 수 있도록 한다.

날기 위해서는 예리한 시각과 세밀한 근육조절이 필요하다. 조류들은 색깔을 구별할 수 있으며 뛰어난 시각을 가지고 있다. 조류의 뇌에는 시각영역과 운동영역이 잘 발달되어 있으며, 몸에서 차지하는 뇌의 상대적 크기는 조류가 양서류나 조류를 제외한 파충류보다 크다.

포유류

파충류 이외의 또 다른 양막류 계통은 우리 자신이 속하는 **포유류(mammals)**인데, 이 이름은 동물들의 독특한 특징인 자손을 위하여 젖을 생산하는 유선에서 유래하였다. 또 다른 포유류의 특징인 털과 피하 지방층은 수분을 보존하고 다양한 육상 환경에서 마주치는 극단적인 열이나 냉기에 대항하여 몸을 보호하는 절연재로 작용한다. 육상 생활을 위한 포유류의 또 다른 적응은 신장으로서, 신장은 몸의 바깥으로 노폐물을 제거할 때 수분을 보존하는 데 효율적이다. 캥거루쥐와 같은 어떤 포유류들은 수분의 보존에 적응하여 물을 거의 먹지 않거나 전혀 먹지 않고도 건조한 환경에서 생존할 수 있다(그림 23.29).

조류와 같이 포유류도 내온동물이며, 대부분 높은 대사율을 갖는다. 효율적인 호흡계와 순환계(4개의 방을 가진 심장을 포함하여)가 포유동물의 대사를 지탱한다. 또한 조류와 같이 포유류들은 일반적으로 같은 크기의 다른 척추동물들보다 큰 뇌를 가지며, 많은 종들이 학습능력을 가지고 있다. 더욱이, 파충류의 이빨들은 일반적으로 그 크기와 모양이 일정하지만 포유류의 턱은 많은 종류의 먹이를 씹을 수 있도록 적응된 다양한 크기와 모양의 이빨들을 지니고 있다. 사람은 대부분의 포유류들과 같이 끊고 (앞니와 송곳니) 으깨며 갈기 위해 (작은어금니와 어금니) 변형된 이빨들을 가지고 있다.

▲ 그림 23.29 **캥거루쥐의 극단적인 건조 환경에 대한 일부의 적응들**

현생 척추동물 분류군들 가운데 포유류와 파충류는 자매군(sister group)들이다. 그럼에도 불구하고 포유류와 파충류는 아주 오랜 기간 동안 서로 독립적으로 진화해 왔는데, 이들의 계통은 3억 년 전 이전에 서로 분기하였다. 포유류는 **단궁류(synapsids)**라 불리는 양막류의 한 무리에서 기원하였다. 초기의 비포유류 단궁류들은 털이 없었으며, 팔다리를 옆으로 뻗는 동작으로 걸었고, 알을 낳았다. 1억 2,000만 년이 넘는 경로를 거치면서 이 조상종들은 점점 더 포유류를 닮아가는 일련의 단궁류들로 진화되었다. 약 1억 8,000만 년 전, 마침내 최초의 진정한 포유류가 등장하였다. 아주 다양한 포유류 종들이 1억 8,000만 년 전부터 6,600만 년 전 사이에 공룡들과 함께 살았으나, 이들은 숫자가 많지 않았고 대부분 크기가 1 m에 이르지 못했다. 포유류의 몸집이 작았던 이유에 대한 하나의 그럴듯한 설명은 그 당시 큰 몸집의 동물이 들어갈 생태적 지위를 이미 공룡들이 차지하고 있었기 때문이라는 것이다.

1억 4,000만 년 전에는 포유류의 3가지 주요 계통들이 등장하였으며, 이 계통들은 각각 **단공류(monotremes;** 알을 낳는 포유류)와 **유대류(marsupials;** 새끼들을 배아 상태에서 낳고 그들의 발생을 외부의 육아낭에서 완료하는 포유류), **태반류(eutherians;** 태반을 가지는 포유류로서 새끼들은 자궁 속에서 배아 발생을 완료함)로 진화하였다(그림 23.30). 육상 공룡류가 멸종한 후(6,600만 년 전) 포유류는 다양화를 계속하였으며, 결국 오늘날 5,300종 이상의 종들이 살고 있는 결과를 낳았다.

영장류: 자세히 보기

여기에서는 현생 포유류 가운데 태반류의 한 무리로서 여우원숭

▼ 그림 23.30 주요 포유동물 계통

단공류(monotremes)

호주와 뉴기니에서만 발견되며, 5종의 단공류들이 존재한다(오리너구리와 4종의 바늘두더지류). 단공류들은 털이 있고 젖을 만들지만, 젖꼭지는 없다. 이들은 유일한 알(삽입된 사진)을 낳는 포유류이다.

유대류(marsupials)

캥거루와 북미산주머니쥐, 코알라는 유대류(324종)의 예들이다. 이들은 태반류와 같이 젖을 분비하는 젖꼭지를 가지고 있으며, 어린 새끼를 낳는다. 새끼는 발생 초기에 태어나며, (대부분의 종들에서는 어미의 육아낭 속에서) 수유를 받아 양육되면서 발생생장을 완성한다.

태반류(eutherians)

대부분의 포유류들은 영장류와 고래류, 설치류 및 다양한 다른 포유동물 무리들을 포함하고 있는 분기군인 태반류이다(5,010종). 태반류는 유대류에 비해 임신 기간이 길며, 아주 복잡한 **태반**(placenta; 이를 통해 모체의 혈액으로부터 배아에게로 영양소가 확산되는 구조물)을 가지고 있다.

이류(lemurs), 안경원숭이류(tarsiers), 원숭이류(monkeys) 및 유인원류(apes, **그림 23.31**)를 포함하는 영장류에 초점을 맞출 것이다. 사람은 유인원류의 구성원이다.

알려진 최초의 영장류는 나무에서 살았으며, 영장류의 많은 파생형질들은 나무에서의 생활에 필요한 적응의 결과로 얻어진 것들이다. 예를 들면, 쥘 수 있는 손발들은 영장류들이 나뭇가지 위에 매달릴 수 있게 하였다. 모든 영장류들은 상대적으로 움직일 수 있고 다른 손가락들로부터 분리된 엄지손가락을 가지고 있다. 이에 더하여, 원숭이류와 유인원류는 완전히 마주보는 **엄지손가락(opposable thumb)**을 가지는데, 즉 이들은 한 엄지손가락 바닥면으로 같은 손의 네 손가락 바닥면(지문이 있는 쪽)을 만질 수 있다. 또한 영장류들은 다른 포유류에 비해 뇌가 크고 턱이 짧아서 안면이 편평하다. 이들의 앞을 보는 두 눈은 얼굴의 앞면에서 서로 가까이 위치하고 있다. 앞쪽을 향하는 두 눈의 시야가 겹침으로 인하여 거리 감각이 향상되었는데, 이것은 나무 위에서 가지와 가지 사이로 건너다닐 때 명백한 장점이 되었다.

오늘날, 사람을 제외한 유인원류들은 오직 아프리카와 아시아의 열대지역에서만 발견된다. 모든 현생 유인원류들은 상대적으로 긴 팔과 짧은 다리를 갖고 있으며 꼬리가 없다. 사람을 제외한 모든 유인원류들이 숲에서 시간을 보내지만 단지 긴팔원숭이와 오랑우탄만이 주로 수상 생활(나무 위에서 생활)을 한다. 유인원류들 사이에서 사회제도의 차이가 나타나는데, 고릴라와 침팬지는 높은 수준의 사회성을 보인다. 마지막으로, 다른 영장류와 비교하였을 때 유인원류는 몸 크기에 비해 큰 뇌를 가지고 있으며 융통성이 있는 행동을 한다. 이 두 가지 특징은 다음에 다룰 사람류 무리에서 특히 두드러진다.

사람의 진화

사람(*Homo sapiens*)은 영장류이며, 비공식적으로 유인원류라 불

▲ 그림 23.31 영장류의 진화 계통수. 화석 기록은 약 5,000만 년 전에 원숭이류와 유인원류가 다른 영장류들로부터 분기되기 시작했다는 것을 보여주고 있다. 사람류와 오스트랄로피테쿠스로 이어진 계통은 다른 유인원류로부터 600만 년 내지 700만 년 전 사이에 분지되었다.

리는 무리와 한패를 이루고 있다(그림 23.31). 다른 유인원류와 달리 사람은 똑바로 서서 두 발로 걷는다. 사람은 다른 유인원류보다 훨씬 큰 뇌를 가지고 있으며, 언어를 사용하고, 상징적인 생각을 할 수 있으며, 예술적인 표현을 할 수 있고, 복잡한 도구들을 사용할 수 있다. 이 독특한 특징들은 어떻게 나타났을까?

초기 사람의 조상

분자 자료들은 현생 유인원류와 사람, 침팬지가 서로 아주 가까운 친척들이라는 것을 보여주고 있는데, 실제로 사람과 침팬지의 유전체들은 99%가 서로 동일하다. 그러나 그림 23.33에서 보듯이, 우리는 오스트랄로피테쿠스(*Australopithecus*) 및 다른 멸종된 사람의 조상들과 보다 가까운 유연관계를 가지고 있다. 화석 증거와 유전적 분석들은 사람으로 이어진 진화학적 계통이 다른 유인원류로부터 600만 년 전부터 700만 년 전 사이에 분기하였다는 것을 암시하고 있다. 이 계통에 속하는 종들은 **사람류(hominins)**로 알려져 있으며, 사람류는 침팬지보다 우리와 더 가까운 유연관계에 있는 멸종된 종들과 사람으로 구성되는 무리이다.

가장 오래된 사람류 화석은 사헬란트로푸스 차덴시스(*Sahelanthropus tchdensis*)로서 약 650만 년 전에 살았다. 사할렌트로푸스와 다른 초기의 사람류는 사람의 파생 형질들의 일부를 공유하고 있었다. 예를 들면, 이들은 축소된 송곳니를 갖고 있었으며, 일부 화석들은 이들이 비교적 평평한 안면부를 가지고 있었음을 시사한다. 이들은 또한 다른 유인원류들보다 직립하여 두발걷기에 더 적합했다는 징후를 나타낸다.

화석 증거는 초기의 사람류가 뇌의 크기가 커지기 훨씬 이전에 직립하여 두발걷기를 하였다는 것을 시사한다. 아르디피테쿠스 라미두스(*Ardipithecus ramidus*, 그림 23.32)를 생각해보라. 이 종은 아직 뇌 용적(325 cm^3)이 호모 사피엔스(*H. sapiens*)의 뇌 용적(1,300 cm^3)에 비해 아주 작았지만 두발걷기의 징후를 보였다. 화석들은 250만 년 전 무렵 사람의 멸종된 친척들이 여전히 소프트볼 크기의 뇌를 가지고 있었지만 똑바로 서서 걷고 도구들을 사용했다는 것을 보여주고 있다.

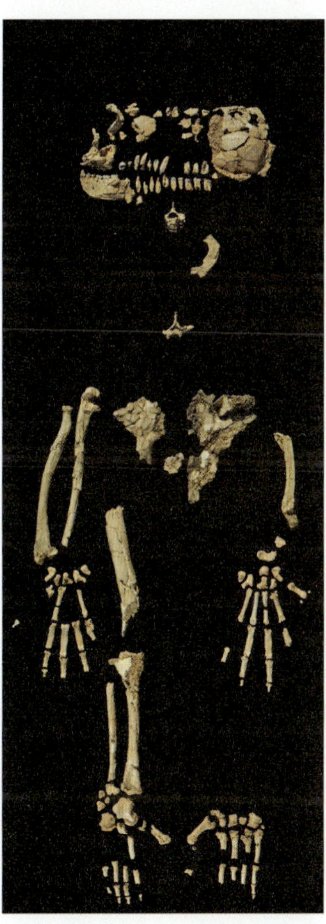

▲ 그림 23.32 **440만 년 전의 화석 "아르디(Ardi)", 아르디피테쿠스 라미두스(*Ardipithecus ramidus*)의 골격**

우리의 속, 호모(*Homo*)로 분류되는 최초의 화석은 240만 년 전부터 160만 년 전 사이에 살았던 호모 하빌리스(*H. habilis*)의 화석이다. 초기의 사람류와 비교할 때 호모 하빌리스는 더 짧은 턱과 약 675 cm^3의 더 큰 뇌 용적을 가졌다. 뇌의 크기와 몸의 크기, 도구의 사용은 다양한 사람속(*Homo*) 종들의 화석들에서 시간의 경과에 따라 계속해서 증가하였는데, 이들 가운데 일부는 40,000년 전부터 18,000년 전 사이, 즉 비교적 최근까지 살았다. 이러한 종들 가운데 하나는 350,000년 전에 유럽에 살았던, 일반적으로 네안데르탈인이라 불리는 호모 네안데르탈렌시스(*H. neanderthalensis*)이다. 네안데르탈인의 뇌 용적은 현생 인류보다 컸으며, 죽은 자를 땅에 묻었고, 돌과 나무를 이용하여 사냥도구들을 만들었다. 그러나 이렇게 적응하였고 문화를 가졌음에도 불구하고 네안데르탈인들은 40,000년 전부터 28,000년 전 사이에 멸종에 이르렀는데, 이 시기는 우리 자신의 종이 유럽 및 다른 지구상의 여러 지역들에 도달한 시기였다.

호모 사피엔스

화석 증거는 사람의 조상이 아프리카에서 유래했다는 것을 시사해준다. 오래된 종은 나중의 종으로, 궁극적으로는 우리 자신의 종인 호모 사피엔스(*H. sapiens*)로 진화하였다. 우리 자신의 종으로 알려진 가장 오래된 화석은 에디오피아의 서로 다른 두 지역에서 발견되었는데, 195,000년 전과 160,000년 전의 표본들을 포함하고 있다(그림 23.33). 또한 최근의 DNA 분석들은, 예를 들면 현생 인류와 네안데르탈인 사이보다 모든 현생 인류들이 서로 가까운 유연관계를 보이며, 모든 현생 인류들은 아프리카에서 호모 사피엔스로 기원하였던 조상들을 가지고 있다는 것을 드러내면서 인류의 기원에 대하여 불을 밝히고 있다. (이러한 연구들은 과학자들이 네안데르탈인 화석에서 DNA를 추출하여 네안데르탈인 유전체 염기서열을 분석할 수 있었기 때문에 가능했다.)

아프리카 밖에서 발견된 가장 오래된 화석은 중동지역에서 발견된 것으로서 시기는 약 115,000년 전으로 거슬러 올라간다. 화석 증거와 유전적 분석들은 인류가 아프리카를 벗어나 확산하였던 물결이 한번 또는 그 이상이었으며, 처음에는 아시아로, 이후에 유럽과 오스트레일리아로 퍼졌다는 것을 시사하고 있다. 인류가 신세계에 처음 도착했던 시기는 모호하지만, 일반적으로 받아들여지고 있는 증거는 가장 오래된 시기를 약 15,000년 전으로 추정하고 있다.

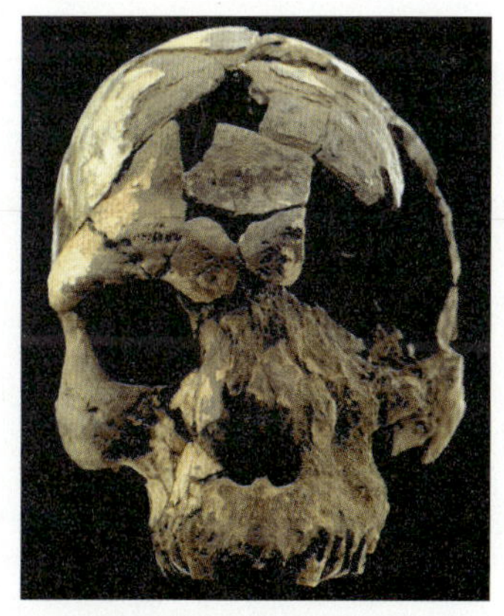

▲ 그림 23.33 **호모 사피엔스의 160,000년 전 화석**

인류가 아프리카에서 세계의 나머지 지역으로 확산함에 따라, 인류는 네안데르탈인이나 다른 (현재는 멸종된) 사람류에 의해 방해를 받는 지역으로 들어가게 되었다. 오랫동안 유지되고 있는 한 가지 의문은 인류가 이들 중 어느 한 종과 종 사이의 유전자 확산을 낳으면서 교배하지는 않았는가 하는 것이다. 연구자들은 이러한 유전자 확산의 증거를 인류와 네안데르탈인의 특징들이 섞여 있는 화석들에서 찾을 수 있다고 주장해왔다. 다른 사람들은 이 결론을 반박해왔다. 2015년, 이러한 유전자 확산에 관한 현재까지 가장 광범위한 증거가 보고되었다. 루마니아의 한 동굴에서 발굴된 인류의 턱뼈에 대한 분석 결과, 그것에 네안데르탈인 DNA의 긴 염기서열이 포함되어 있었다(그림 23.34). 실제로 조사된 네안데르탈인 DNA의 양은 이 개체의 아주 멀고 먼 조상의 하나가 네안데르탈인이었다는 것을 시사해주었다.

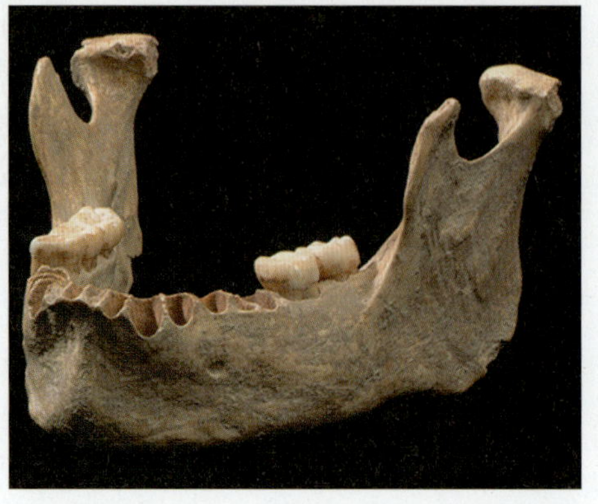

▶ **그림 23.34** 인류와 네안데르탈인 사이의 교배에 대한 화석 증거. 이 턱뼈는 40,000년 전에 살았으며 상대적으로 가까운 시기의 네안데르탈인 조상을 가졌던 인류의 것이다.

5단원 식물의 형태 및 기능

24 식물 구조와 생장

식물은 빛에너지를 붙잡아 광합성을 함으로써 살아간다. 식물이 광합성을 얼마나 효율적으로 하는지의 여부는 뿌리, 줄기, 잎의 **구조**와 **기능** 그리고 **생장**에 달려 있다.

25 관다발 식물의 자양분 공급, 영양, 그리고 수송

육상 식물은 두 세계에서 살고 있다. 지상 세계에서는 광합성을 하기 위해 이산화탄소와 햇빛을 모으고, 지하세계에서는 물과 무기염류를 얻고 있다. 관다발 식물은 이렇게 얻어진 것들을 관다발계를 통하여 **식물 전체로 이동시킨다.**

26 꽃식물의 생식과 토착화

생식은 식물을 포함한 모든 생명체에서 근본이 되는 특성이다. 많은 식물들은 유성생식과 더불어 무성생식을 할 수 있다. 식물의 생식은 농산물을 생산하기 때문에 인간에게는 매우 중요하다.

27 내외 신호에 대한 식물의 반응

식물은 정교하고 민감한 생명체이다. 주로 식물은, 동물처럼 이동하는 것이 아니라, 생장을 통해 주변 환경에서 주어지는 도전과 환경에 대해 반응한다. **주변 환경에 대한 식물의 반응**을 조절하는 데에 여러 화학 조절 물질이 관여한다.

CHAPTER

24 식물 구조와 생장

핵심 개념

24.1 식물은 기관, 조직, 세포로 이루어진 계층적인 체제를 갖는다

24.2 다른 분열 조직들은 1기와 2기 생장을 위해 새로운 세포들을 만든다

24.3 1기 생장은 뿌리와 줄기를 신장시킨다

24.4 2기 생장은 목본 식물의 줄기와 뿌리 직경을 증가시킨다

▲ 그림 24.1 **컴퓨터 예술인가?**

식물은 컴퓨터인가?

그림 24.1의 물체는 예술적 재능이 있는 컴퓨터 천재의 작품이 아니라 로마네스크 건축양식의 첨탑과 비슷한 모양의 브로콜리의 작은 눈들이다. 이 부위의 매혹적인 아름다움은 작은 꽃눈들이 전체 식물의 축소판으로 닮아 있다. (수학자들은 이런 반복적인 양상을 가리켜 **차원분열 도형**이라고 한다). 로마네스크 건축양식의 이런 부분이 컴퓨터로 만들어진 것처럼 보이는 이유는 생장패턴을 이루는 명령이 반복적 순서로 이루어졌기 때문이다. 대부분의 식물처럼 줄기 끝의 생장점은 줄기, 잎, 눈의 패턴으로 계속해서 이들을 만들어낸다. 이러한 반복적인 발생 패턴은 유전적으로 결정되어 있고 자연선택을 잘 받는다. 예를 들면, 잎과 잎 사이의 마디사이가 짧아지는 돌연변이는 관목성이 된다. 만약 이와 같이 식물의 구조 변화로 인해 빛을 잘 흡수할 수 있거나 더 많은 자손을 남길 수 있게 된다면, 이러한 형질은 후손 세대에 있어서 더욱 자주 발현되게 될 것이다.

특이하게도 로마네스크 모양의 꽃눈부분은 몸체에 단단하게 붙어 있다. 대부분의 식물은 개개의 형태에 있어서는 너무도 다양한데, 그 이유는 식물은 동물에 비해서 훨씬 지역의 환경 조건에 의해 영향을 많이 받기 때문이다. 예를 들면, 모든 어른 사자들은 4개의 다리를 갖고 그 크기도 서로 비슷하지만, 참나무는 그 가지의 수와 배열이 다양하다. 이것은 동물이 이동을 통해 환경에 반응하는 데 반해서, 식물은 그들이 속한 지역 환경의 도전에 대해 생장을 변화시킴으로써 반응하기 때문이다. 예를 들어, 식물의 한쪽 측면으로 빛이 비춰지면 식물의 몸체는 비대칭이 된다. 빛이 비춰지는 쪽의 가지는 음지쪽보다 훨씬 빨리 자라는데 이러한 구조적 변화는 광합성에 있어서 장점이 훨씬 많다. 생장과 발생에 있어서의 변화는 식물이 주변 환경으로부터 자원을 얻는데 대단히 중요하다.

22장은 비관다발 식물로부터 관다발 식물까지의 진화를 다루고 있다. 이번 장에서는 관다발 식물 특히 속씨식물(꽃식물)에 초점을 맞추려고 한다, 왜냐하면 이들은 육상 생태계의 1차 생산자이면서 농업에서 매우 중요하기 때문이다. 분류학자들은 속씨식물을 2개의 주요 분기군, 즉 1개의 떡잎을 갖는 **외떡잎식물**과, 2개의 떡잎을 갖는 **진정쌍떡잎식물**로 나눈다. 외떡잎식물과 진정쌍떡잎식물은 이외에도 몇 가지의 구조적 차이를 갖는다(그림 24.2). 꽃식물에서 두 가지 식물군의 구조와 생장에 대해 탐색해 보고자 한다.

	외떡잎식물	진정쌍떡잎식물
배	1개의 떡잎	2개의 떡잎
엽맥	평행맥	그물맥
줄기	산재형 관다발	환상배열의 관다발 조직
뿌리	수염근	중심뿌리가 존재
꽃가루	1개의 발아공	3개의 발아공
꽃	3개의 꽃 기관	4~5개의 꽃 기관

▲ 그림 24.2 **외떡잎식물과 진정쌍떡잎식물의 비교.** 속씨식물은 이들이 지니는 떡잎(종자 안의 잎)의 수에 따라서 명명되었다. 외떡잎식물은 1개의 떡잎을, 진정쌍떡잎식물은 2개의 떡잎을 갖는다. 외떡잎식물에는 난초, 대나무, 야자, 백합을 비롯해 밀, 옥수수, 벼와 같은 벼과식물이 포함된다. 진정쌍떡잎식물에는 콩, 해바라기, 단풍나무, 참나무 등이 있다.

개념 24.1

식물은 기관, 조직, 세포로 이루어진 계층적인 체제를 갖는다

식물은 대부분의 동물과 마찬가지로 기관, 조직, 세포들로 이루어진다. **기관(organ)**은 특정한 기능을 수행하는 여러 유형의 조직으로 구성된다. **조직(tissue)**은 하나 또는 그 이상의 세포 유형으로 이루어진 세포 집단을 일컫는데, 이들은 함께 특별한 기능을 수행한다. 구조의 계층을 살펴보는데 있어서 먼저 우리에게 아주 익숙한 기관부터 시작하고자 한다. 영양생장—잎, 줄기, 뿌리의 형성—은 식물의 일생에 있어서 오직 한 단계이다. 대부분의 식물들은 영양생장과 더불어 생식과 관련된 생장을 한다.

식물의 3개 기본 기관: 뿌리, 줄기, 잎

진화 대부분 관다발 식물의 기본구조는 땅속과 땅 위라는 완전히 다른 두 환경에 살면서 물질을 얻어야 하는 육상 생물체의 역사를 잘 반영하고 있다. 식물은 땅속으로부터 물과 무기질을, 땅 위로부터는 이산화탄소와 햇빛을 흡수해야 한다. 이들 자원을 효과적으로 얻는 능력을 3개의 기본기관인 뿌리, 줄기, 잎의 진화를 통해 추적할 수 있다. 이들 식물기관은 **뿌리계(root system)**와 **지상계(shoot system)**를 형성하는데, 후자는 줄기와 잎으로 구성된다(그림 24.3). 일부 예외가 있지만 기본적으로 속씨식물과 대부분의 관다발 식물은 생존을 위해서 이 두 구조를 모두 갖는다. 뿌리는 광합성을 하지 않기 때문에 지상계로부터 광합성 산물인 당이나 다른 탄수화물을 공급받지 못하면 죽게 되며, 지상계 역시 뿌리가 토양으로부터 흡수한 물과 무기질을 공급받지 않고는 살아갈 수 없다.

뿌리

뿌리(root)는 관다발 식물을 토양에 고착시키는 다세포성 기관으로 물과 무기질을 흡수하고 때때로 탄수화물을 저장한다. 지상계를 많이 갖는 키가 큰 직립성 식물들은 보통 **원뿌리계**(taproot system)를 갖는다. **원뿌리(taproot)**는 한 개의 중심이 되는 뿌리로 구성되며 땅속 깊이 침투하여 몸체가 흔들리는 것을 막는다. 원뿌리계의 흡수기능은 원뿌리로부터 뻗어 나온 **곁뿌리(lateral root)**에서 대부분 이루어진다(그림 24.3). 비록 원뿌리를 형성하는 데에 많은 에너지가 필요하지만, 키를 크게 함으로써 더 많은 빛을 받아들이게 하고, 꽃가루와 종자를 퍼뜨리는 데 있어서도 보다 유리한 환경을 만든다. 작은 식물들과 덩굴성 식물들은 특히 초식동물들에 대해 민감한데, 왜냐하면 이들이 뿌리를 파헤쳐 식물을 죽게 할 수 있기 때문이다. 이런 식물들에 있어서는 땅 표면 아래에 가느다란 뿌리층을 이루는 **수염뿌리계**(fibrous root system)를 갖는 것이 가장 효율적이다(그림 24.2). 대부분의 외떡잎식물을 포함해 수염뿌리계를 갖는 식물들은 1차 뿌리가 일찍 죽고 원뿌리가 생기지 않는다. 그 대신 줄기로부터 작은 뿌리들이 많이 자라나 막뿌리를

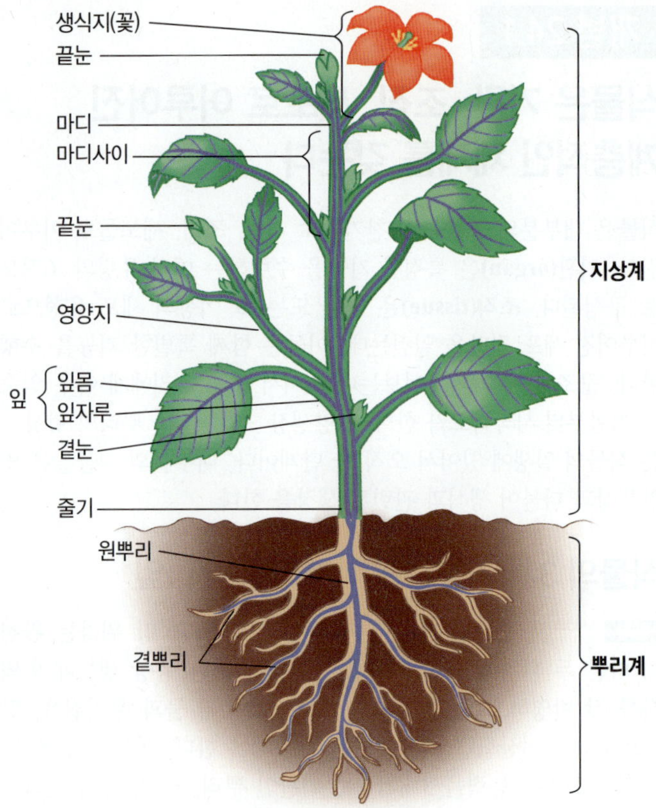

▲ **그림 24.3** **꽃식물의 개요.** 식물체는 뿌리계와 지상계로 구분하는데, 이들은 식물체 전체에 퍼져 있는 관다발 조직(보라색)으로 연결된다. 이 그림의 식물은 이상적인 진정쌍떡잎식물이다.

만든다. 막(adventitious)이란 용어는 식물의 어떤 기관이 비정상적인 위치에서 자라는 경우를 일컫는데, 줄기나 잎에서 생겨난 뿌리 등이 이에 해당된다. 이들 뿌리는 각각의 곁뿌리를 내어 가느다란 뿌리의 두꺼운 층을 형성한다. 이런 수염뿌리 층은 표토를 붙잡기 때문에 발달된 수염뿌리계를 갖는 풀들은 토양의 유실을 막는데 특히 유용하다.

대부분의 식물에서는 물과 무기질이 수많은 **뿌리털(root hair)**이 있는 뿌리 끝 가까이에서 주로 흡수된다. 뿌리털은 뿌리의 표피세포가 가느다란 손가락 모양으로 신장된 것으로서 뿌리의 표면적을 크게 증가시킨다(그림 24.4). 대부분 육상 식물의 뿌리계는 토양 균류와 **균근공생체**(mycorrhizal association)를 형성해서 식물의 무기질 흡수 능력을 증가시킨다. 많은 식물들은 특별한 기능이 있는 뿌리 적응을 갖는다(그림 24.5). 이들 중 일부는 뿌리로부터 유래하고, 그 외에 줄기, 또는 드물지만 잎으로부터 생기는 막뿌리가 있다. 어떤 변형된 뿌리들은 지지를 하거나, 토양의 고착을 돕기도 하고, 물과 무기질을 저장하거나 공기 중으로부터 산소를 흡수한다.

◀ **그림 24.4** **무 어린 식물체의 뿌리털.** 뿌리 끝 가까운 곳에는 수천 개의 뿌리털이 자란다. 뿌리의 표면적이 커지면서 토양으로부터 물과 무기질의 흡수가 크게 증가된다.

▲ **호흡근.** 맹그로브처럼 조수차가 있는 소택지에 서식하는 식물은 소조기에 호흡근이라고 하는 기근을 수면 위로 내보냄으로써 진흙 펄 속의 부족한 산소를 얻는다.

▲ **저장근.** 순무처럼 많은 식물들이 양분과 물을 뿌리에 저장한다.

▶ **"목을 조이는" 기근.** 무화과의 종자들이 큰 나무의 틈에서 발아하여 땅을 향해 많은 기근을 자라게 하면서 숙주 식물과 캄보디아 사원의 주변을 감는다. 가지가 위로 자라면 숙주 나무는 그늘져서 죽게 된다.

▲ **그림 24.5** **뿌리의 진화적 적응**

줄기

줄기(stem)는 잎과 눈을 만드는 기관이다. 줄기의 중요한 기능은 가지를 신장시키고 잎에서 광합성이 최대한 많이 일어날 수 있는 곳으로 향하게 한다. 줄기의 또 다른 기능은 생식구조를 높은 곳에 위치하게 함으로써 꽃가루와 열매를 쉽게 퍼뜨리는 것이다. 녹색의 줄기에서는 제한적으로 광합성이 일어나기도 한다. 각각의 줄기는 잎의 부착 부위인 **마디(node)**와 이들의 사이 부분인 **마디사이(internode)**가 교대로 이어진다(그림 24.3). 가지의 생장은 대부분 **끝눈(정아, apical bud)**으로 이루어진 가지의 끝 가까이에서 이루어지는데, 끝눈 속에는 발달 중인 잎, 마디, 마디사이 등이 압축되어 있다. 끝눈은 가지에서만 나타나는 눈이 아니다. 각 잎과 줄기의 사이인 엽액(axil)에는 잠재적으로 곁가지나 가시 또는 꽃이 될 수 있는 **곁눈(axillary bud)**이 있다. 어떤 식물의 줄기는 양분 저장이나 무성생식과 같은 다른 기능을 갖기도 한다. 이러한 많은 변형된 줄기, 예를 들면 지하경, 인경, 구경, 괴경 등은 가끔씩 뿌리로 혼동되기도 한다(그림 24.6).

지하줄기

뿌리

◀ **지하줄기.** 붓꽃의 아랫부분이 지하줄기인 예로서 땅 표면 아래에서 수평적으로 자라는 줄기이다. 지하경의 곁눈으로부터 지상줄기가 나온다.

▶ **기는 줄기.** 딸기처럼 땅 표면을 따라서 자란다. 이들 기는 줄기는 각 줄기의 마디에서 작은 식물을 만들어 무성적인 생식을 가능하게 한다.

◀ **덩이 줄기.** 감자처럼 양분을 저장하기 위해 특수화된 지하줄기의 끝부분이 확대되어 있다. 감자의 눈은 곁눈들의 집합체로서 마디를 표시한다.

▲ 그림 24.6 **줄기의 진화적 적응**

잎

잎(leaf)은 대부분의 관다발 식물에서 중요한 광합성기관이다. 잎은 빛을 차단할 뿐 아니라 대기와 가스를 교환하고, 열을 방출하며 초식동물과 병원체로부터 자신을 보호한다. 그러나 이러한 기능들은 생리학적, 해부학적, 형태학적 필요성이 상충될 수 있다. 예를 들면, 잎을 덮는 많은 털은 초식동물을 쫓아낼 수 있지만 잎 주변의 공기를 붙잡기 때문에 가스 교환이 안되어서 광합성은 저하된다. 이러한 상충되는 필요성 때문에 잎의 형태는 매우 다양하다. 보통, 잎은 넓어진 **잎몸(엽신, blade)**과 줄기의 마디에 잎을 부착시키는 **잎자루(엽병, petiole)**로 구성된다(그림 24.3). 대부분의 외떡잎식물은 잎자루가 없고 잎자루의 아랫부분이 줄기를 감싸는 엽초를 이루고 있다.

외떡잎식물과 진정쌍떡잎식물은 잎의 관다발 조직인 잎맥의 배열이 서로 다르다. 대부분의 외떡잎식물은 잎몸의 길이를 따라 배열된 평행한 주맥을 갖는다. 진정쌍떡잎식물은 보통 그물맥으로 이루어진 잎맥을 갖는다(그림 24.2).

잎의 형태적인 특징은 흔히 환경적 요인에 의해 다양하게 강조된 유전적 프로그램의 결과로서 나타난다. 대부분의 잎은 광합성을 하기 위해 특수화되었지만 어떤 식물은 지지, 보호, 저장, 생식과 같은 다른 기능을 갖도록 발달된 잎을 갖기도 한다(그림 24.7).

표피 조직계, 관다발 조직계, 기본 조직계

식물의 중요기관인 뿌리, 줄기, 잎은 모두 표피조직, 관다발 조직, 기본 조직으로 이루어져 있다. 이들 조직계는 식물 전체에 연속적으로 연결되어 있는데 조직의 고유한 특성과 상호연관성은 기관에 따라서 다양한 차이를 나타낸다(그림 24.8).

표피 조직계(dermal tissue system)는 식물체의 바깥 표면을 덮는 보호 조직으로 사람의 피부처럼 물리적인 손상과 병원체의 침입을 막는 1차 방어선이다. 초본 식물의 표피조직은 **표피(epidermis)**라고 하는 매우 치밀하게 연결된 1개의 세포층으로 구성된다. 잎과 대부분의 줄기에서는 표피의 표면에 **큐티클(cuticle)**이라는 왁스 성분이 덮여 있어서 물의 손실을 막는다. 목본 식물의 오래된 줄기와 뿌리에서는 표피가 **주피(periderm)**라고 하는 보호 조직으로 대체된다. 또한 표피는 수분 유실과 질병을 막는 역할 이외에 각 기관에서 매우 특수한 기능을 수행한다. 예를 들면, 뿌리의 끝 근처에 있는 뿌리털은 표피세포가 늘어난 것이다. 털(trichome)은 지상부의 표피가 바깥으로 자란 것인데 어떤 사막 식물의 털은 수분 유실을 막고 과도한 햇빛을 반사시킨다. 그렇지만 털의 가장 일반적인 기능은 장벽을 형성하거나 끈적끈적한 액체를 분비하고 독성화합물을 분비함으로써 곤충에 대한 방어를 하는 것이다.

관다발 조직계(vascular tissue system)의 중요한 기능은 물질을 이동시키고, 기계적인 지지를 하는 데 있다. 관다발 조직은 물관부, 체관부의 두 가지 유형이 있다. **물관부(xylem)**는 물과 용해된 무기질을 뿌리로부터 지상계까지 수송한다. **체관부(phloem)**는 잎에서 합성된 광합성 산물인 당을 이를 필요로 하는 각 기관,

▲ 그림 24.7 **잎의 적응**

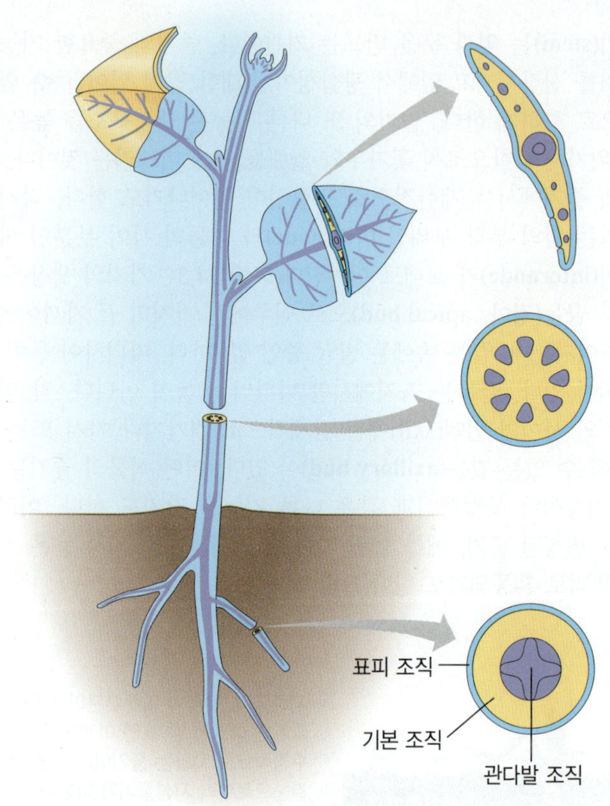

▲ 그림 24.8 **식물의 3가지 조직계.** 표피 조직계(청색)는 식물체 전체를 보호하기 위한 덮개 역할을 한다. 뿌리와 지상계 사이에서 물질을 이동시키는 관다발 조직계(보라색)는 식물체 전체에서 연결되어 있지만 각 기관 내의 배열에서는 차이가 있다. 식물에서 대부분의 대사 기능을 수행하는 기본 조직계(노란색)는 각 기관에서 표피 조직과 관다발 조직 사이에 위치한다.

즉 뿌리와 생장이 이루어지는 장소인 발달 중인 잎과 열매 등으로 운반한다. 뿌리와 줄기에서는 물관부와 체관부를 합쳐서 **중심주**[**stele**; 그리스어의 "기둥(pillar)"]라 하는데 중심주의 배열은 종과 기관에 따라 다양하게 나타난다. 속씨식물의 뿌리에서는 중심주가 대부분 중앙에 위치하는 단단한 **관다발원통**(vascular cylinder)을 이루지만, 줄기와 잎에서는 물관부와 체관부의 섬유로 이루어진 **관다발**(vascular bundle)로 분산되어 나타난다(그림 24.8). 물관부와 체관부는 다양한 세포들로 이루어지며, 특히 물질 운반을 위해서 고도로 특수화된 세포들을 갖는다.

표피 조직계와 관다발 조직계를 제외한 또 다른 조직계를 **기본 조직계(ground tissue system)**라 한다. 관다발 조직 안쪽의 기본 조직을 **수(pith)**라 하며 바깥쪽 기본 조직을 **피층(cortex)**이라 한다. 기본 조직계는 기관을 채울 뿐만 아니라 특수화된 세포들이 있어서 저장, 광합성, 지지, 가까운 곳으로의 운반 같은 기능을 수행한다.

식물 세포의 일반적인 유형

그림 24.9는 식물 세포의 주요한 유형인 유세포, 후각세포, 후벽세포, 물관부의 물 운반 세포, 체관부의 당 운반 세포에 대해 초점을 맞추었다. 특정한 기능을 수행하는 다른 세포들이 갖는 구조적 적응에 유의하라. 당신은 기본적인 식물 세포의 구조를 복습하고 싶을지도 모른다.

개념 24.2

다른 분열 조직들은 1기와 2기 생장을 위해 새로운 세포들을 만든다

식물의 기관은 어떻게 발달하는가? 식물과 대부분 동물의 가장 큰 차이는 식물의 생장이 배 발생기와 유년기에 국한되지 않는다는 데 있다. 식물의 생장은 전 생애에 걸쳐 끊임없이 일어나며 이것을 **무한 생장(indeterminate growth)**이라 한다. 식물이 무한생장을 할 수 있는 것은 **분열 조직(meristem)**이라고 하는 영구적인 미분화 조직을 지니기 때문인데, 이들은 세포분열 조건이 형성되면 신장해서 특수화될 수 있는 새로운 세포들을 만든다. 전형적인 식물은 어떤 시기에 있어서도 배기관, 발생 중인 기관, 성숙한 기

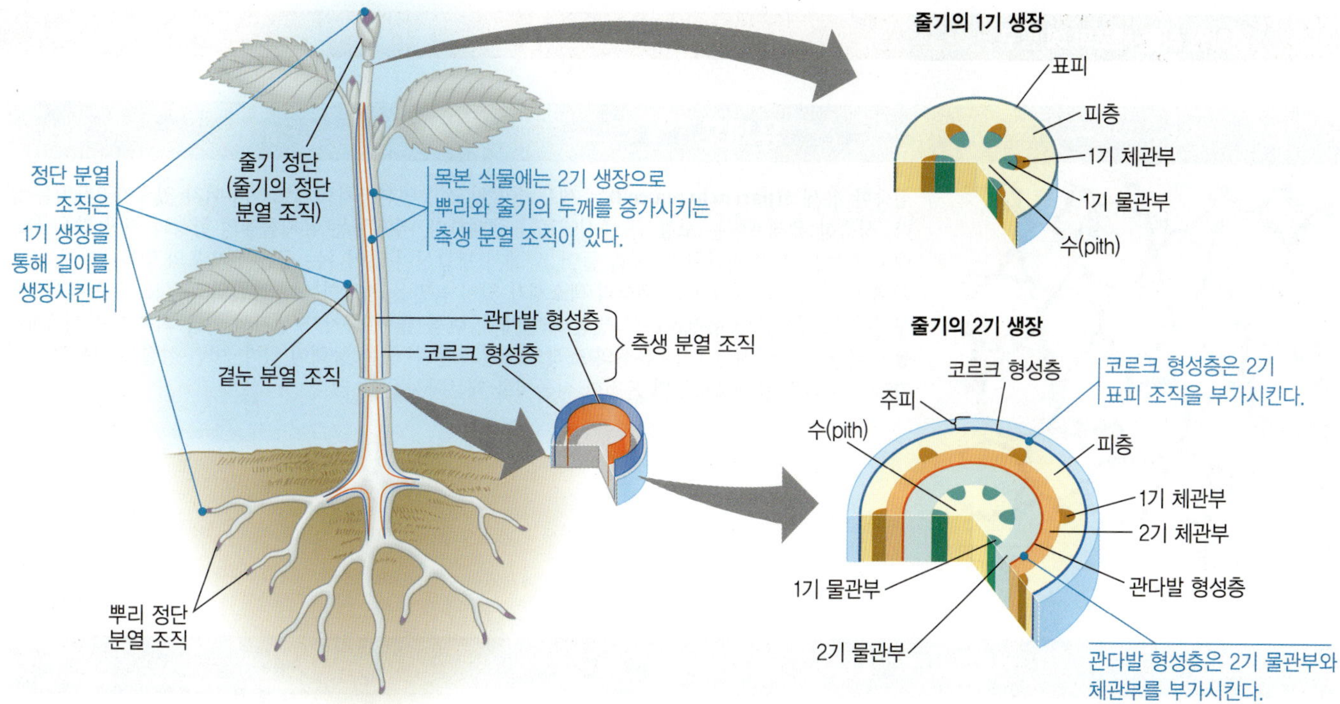

▲ **그림 24.10** **1기와 2기 생장의 개요**

관들이 공존한다. 대부분의 식물들은 휴면기간을 제외하고 일생 동안 계속해서 자라지만, 이와 대조적으로 대부분의 동물들과 잎, 가시, 꽃과 같은 식물기관들은 일정 크기에 도달하면 생장을 멈추는 **유한생장(determinate growth)**을 한다.

분열 조직에는 정단 분열 조직과 측생 분열 조직의 두 가지 유형이 있다(**그림 24.10**). **정단 분열 조직(apical meristem)**은 뿌리 끝과 새 가지의 곁눈에 위치하며 새로운 세포를 만들어서 길이생장을 하게 하는데 이를 **1기 생장(primary growth)**이라 한다. 1기 생장은 뿌리를 땅속 깊게 뻗게 하고, 가지를 넓게 뻗게 함으로써 더 많은 빛을 받아들이게 한다. 초본(herbaceous) 식물은 1기 생장만으로 식물체가 형성되지만 목본 식물은 길이 생장보다는 줄기와 뿌리의 가장자리 부분이 주로 생장을 하는데, 이런 비대생장을 **2기 생장(secondary growth)**이라 한다. 2기 생장은 관다발 형성층과 코르크 형성층이라 하는 **측생 분열 조직(lateral meristem)**의 활동에 의해 이루어진다. 이 분열하는 세포들이 이루는 원기둥은 뿌리와 줄기를 따라 뻗어 있다. **관다발 형성층(vascular cambium)**은 2기 물관부와 2기 체관부라고 일컫는 관다발 조직의 세포층을 증가시키며 **코르크 형성층(cork cambium)**은 표피를 더 두껍고 단단한 주피로 대치한다.

분열 조직 내의 세포들은 상대적으로 자주 분열해서 세포들을 만든다. 이렇게 만들어진 세포 중에는 분열 조직에 남아서 분열을 계속하는 세포도 있지만 일부는 분화하여 다른 조직과 기관에 속하게 되기도 한다. 새로운 세포의 원천으로서 분열 조직에 남는 세포를 전통적으로 시원세포(initials)라고 불렀지만, 줄기세포라고 더 많이 부르고 있는데 이것은 끊임없이 분열하면서 미분화 상태로 남는다는 점에서 동물의 줄기세포와 같다. 분열 조직으로부터 유래된 새로운 세포를 유도체(derivatives)라고 하며 이들은 발달 중인 조직에서 세포들이 특수화될 때까지 계속적으로 분열한다.

1기 생장과 2기 생장 사이의 관계는 활엽수의 겨울가지에서 명확하게 나타난다. 줄기의 끝에는 휴면 상태의 끝눈이 있고 이들을 비늘잎이 둘러싸서 보호하고 있다(**그림 24.11**). 봄이 되면 끝눈의

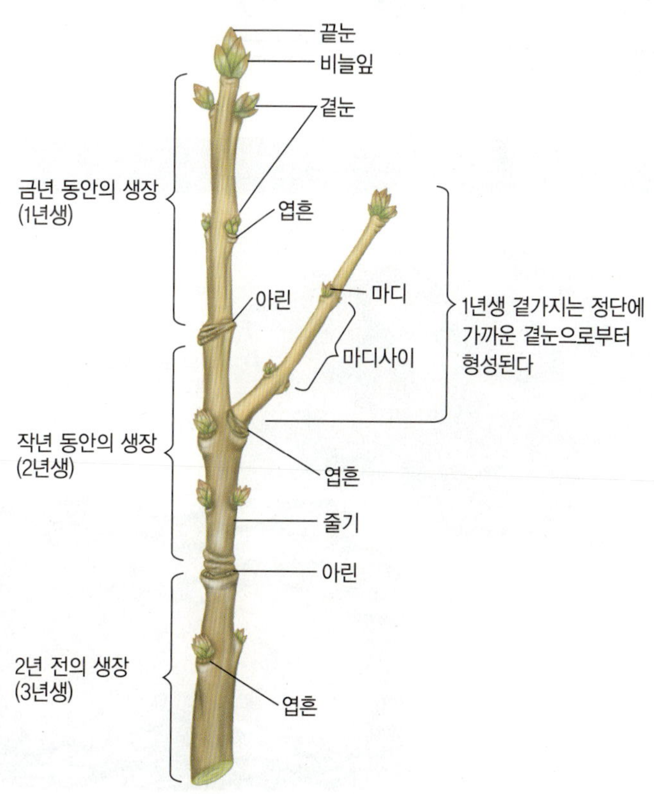

▲ **그림 24.11** **3년 동안의 생장 흔적이 있는 겨울가지**

▼ 그림 24.9 **분화된 식물 세포의 예 탐구**

유세포

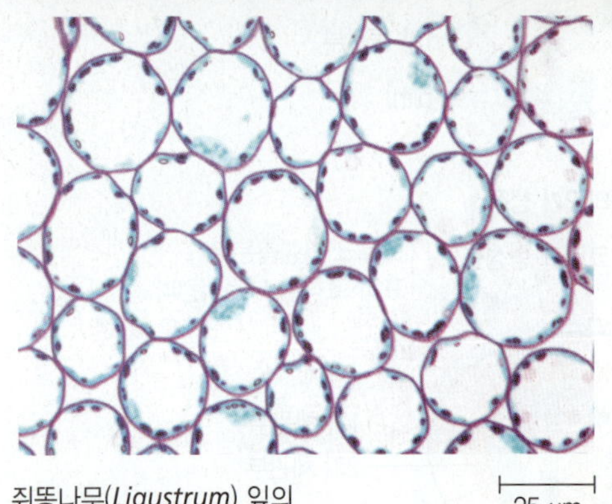

쥐똥나무(*Ligustrum*) 잎의 **유세포**(광학 현미경 사진)

성숙한 **유세포(parenchyma cell)**는 세포벽이 얇고 유연한 1차벽으로 이루어져 있으며 2차벽은 없다. 성숙한 유세포에는 보통 큰 중심액포가 존재한다. 유세포는 유기물질의 합성과 저장 같은 물질대사 기능을 거의 전담한다. 예를 들어, 잎에서 광합성이 일어나는 곳은 유세포의 엽록체이며, 줄기와 뿌리의 일부 유세포에는 무색의 색소체가 있어 녹말을 저장하는데 과실의 과육도 주로 유세포로 구성된다. 대부분의 유세포는 특별한 조건에서, 예를 들어 상처가 생겨서 이를 회복하고 재생하는 동안 세포분열을 하고 다른 유형의 조직으로 분화할 수 있는 능력이 있다. 이런 성질을 이용해 과학자들은 하나의 유세포로부터 온전한 식물체를 재분화시킬 수 있다.

후각세포

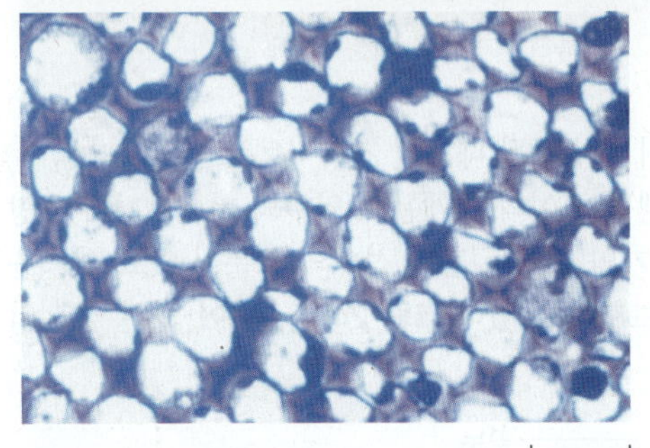

해바라기(*Helianthus*) 줄기의 **후각세포**(광학 현미경 사진)

후각세포(collenchyma cell, 횡단면 사진)는 선형이나 원통형으로 집합하여 지상계의 어린 부분을 지지한다. 후각세포는 보통 신장된 세포로서 유세포에 비해 두꺼운 1차벽을 갖지만 그 두께는 일정하지 않다. 어린 줄기와 잎자루에는 종종 표피 밑에 후각세포의 다발이 있는데 셀러리 줄기의 섬유가 그 예에 해당된다. 후각세포는 2차벽이 없으며 1차벽에도 세포벽을 단단하게 하는 리그닌을 갖지 않기 때문에 생장을 제한하지 않으면서 유연한 지지기능을 할 수 있다. 후각세포는 기능적으로 성숙한 상태에서 후벽세포와는 달리 여전히 살아 있고 유연하며, 이들이 지지하는 줄기 및 잎과 함께 신장할 수 있다.

후벽세포

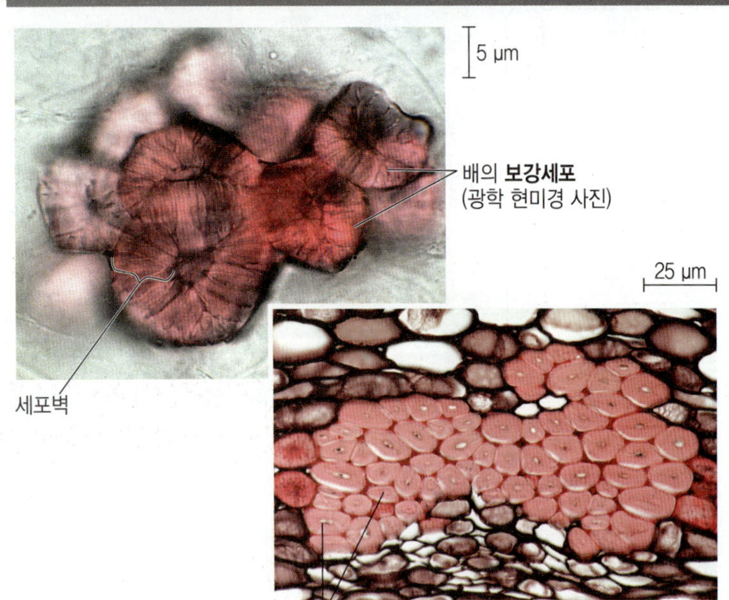

물푸레나무 **섬유세포**의 횡단면(광학 현미경 사진)

식물 지지작용의 한 요소인 **후벽세포(sclerenchyma cell)**는 리그닌으로 이루어진 두꺼운 2차벽이 있어서 후각세포보다 더 단단하다. 후벽세포의 2차벽은 두껍고 많은 양의 리그닌을 포함한다. 상대적으로 소화가 어렵고 강화작용의 중합체인 리그닌은 목재 건중량의 1/4 이상을 차지한다. 리그닌은 모든 관다발 식물에 존재하지만 이끼식물에는 존재하지 않는다. 성숙한 후벽세포는 신장할 수 없기 때문에 길이 생장이 정지된 식물체 부위에서 나타난다. 후벽세포는 지지 기능을 위해 매우 특수화되어 기능적으로 성숙한 세포들은 대부분 죽어 있고, 원형질이 없어지기 전에 2차벽이 완성된다. 후벽세포의 두 가지 유형인 **보강세포(sclereids)**와 **섬유(fiber)**는 지지 및 강화 기능으로 특수화되어 있다. 보강세포는 섬유보다 세포의 길이가 짧고, 목질화된 2차벽을 지니며 형태가 불규칙하다. 이들은 견과류의 껍질, 종피, 배의 과육에 있는 석세포 등에서 나타난다. 섬유는 보통 다발 형태로 나타나는데 가늘고 길며 끝이 뾰족하다. 대마 섬유는 밧줄, 아마 섬유는 아마포와 같은 섬유 제품을 만드는 데 이용된다.

물관부의 물 운반 세포

물 운반 세포의 두 가지 유형으로, **헛물관(tracheid)**과 **물관요소(vessel element)**는 관상의 신장된 세포로서 기능적으로 완성된 상태에서는 죽어 있다. 모든 관다발 식물의 물관부에는 헛물관이 나타난다. 대부분의 속씨식물과 일부 겉씨식물, 양치식물에는 헛물관뿐만 아니라 물관요소가 있다. 헛물관과 물관요소의 원형질은 점차 없어지지만 두꺼운 세포벽은 그대로 남아서 물이 흐를 수 있는 관이 형성된다. 헛물관과 물관요소의 2차벽 중에는 종종 1차벽으로만 구성된 얇은 부위인 벽공(pit)이 있다. 물은 벽공을 통해 이웃 세포로 이동할 수 있다.

헛물관은 가늘고 길며 끝이 뾰족하다. 물은 주로 두꺼운 2차벽을 통과할 필요가 없는 벽공을 통해 한 세포에서 다른 세포로 이동한다. 물관요소는 보통 헛물관에 비해서 폭이 넓고 길이가 짧으며 끝이 뭉뚝하다. 물관요소들은 끝과 끝이 맞닿아서 물관(vessel)이라고 하는 긴 관을 형성하는 데 물관요소 끝 부분의 벽에는 구멍이 뚫려 있어서 물이 자유롭게 흐를 수 있다. 헛물관과 물관요소의 2차벽은 리그닌으로 강화되어 있기 때문에 지지작용뿐만 아니라 물을 수송할 때의 압력하에서 물관부의 붕괴를 막을 수 있다. 헛물관의 2차벽은 리그닌으로 인해 단단하기 때문에, 물 수송에서 생기는 장력으로 인한 붕괴를 막을 뿐만 아니라 지지하는 역할을 한다.

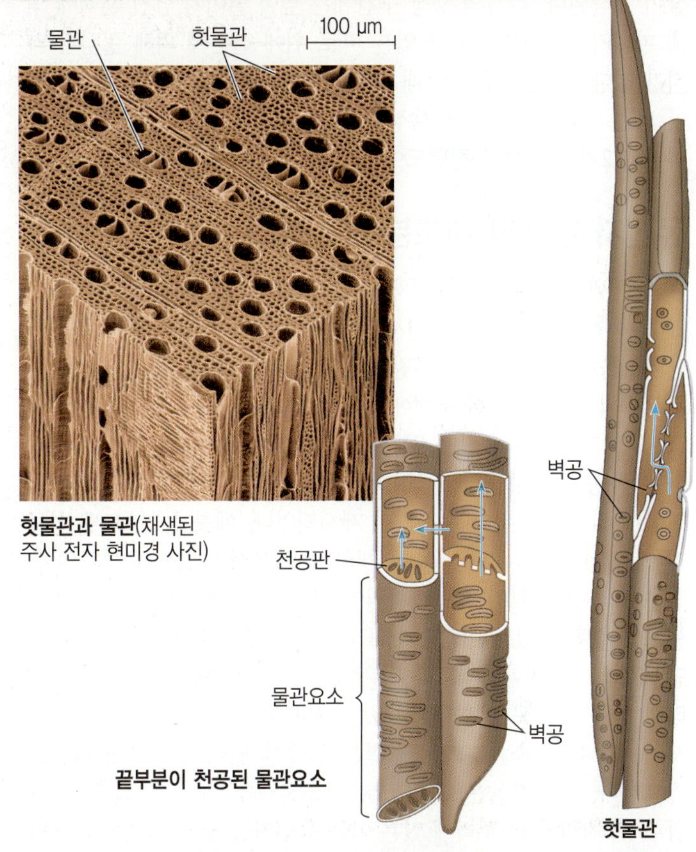

헛물관과 물관(채색된 주사 전자 현미경 사진)

체관부의 당 운반 세포

물관부의 물 운반 세포와 달리 체관부의 당 운반 세포는 기능적으로 완성된 상태에서도 살아 있다. 무종자 관다발 식물과 겉씨식물에서는 당과 그 밖의 유기물질이 체세포(sieve cell)라고 하는 가늘고 긴 세포에 의해서 운반되지만 속씨식물에서는 이들 물질이 **체관요소(sieve-tube member)**로 이루어진 체관에 의해서 운반된다.

체관요소는 비록 살아 있는 세포지만 핵과 리보솜, 액포와 같은 소기관을 갖고 있지 않은데, 이러한 세포 구성분의 감소로 인해 양분의 세포 통과를 보다 쉽게 한다. 체관요소의 끝에는 **체판(sieve plate)**이 있고 작은 구멍들이 있어 용액이 흐를 수 있다. 각 체관요소 옆에는 **반세포(companion cell)**라고 하는 운반 세포가 아닌 세포가 있으며 원형질연락사라고 하는 수많은 통로에 의해 체관요소에 연결되어 있다. 반세포의 핵과 리보솜은 자신의 세포 기능뿐 아니라 체관요소의 세포 기능을 담당한다. 어떤 식물에서는 잎의 반세포가 당을 체관요소로 옮겨주어 체관요소를 통해 양분을 다른 부분으로 옮길 수 있게 한다.

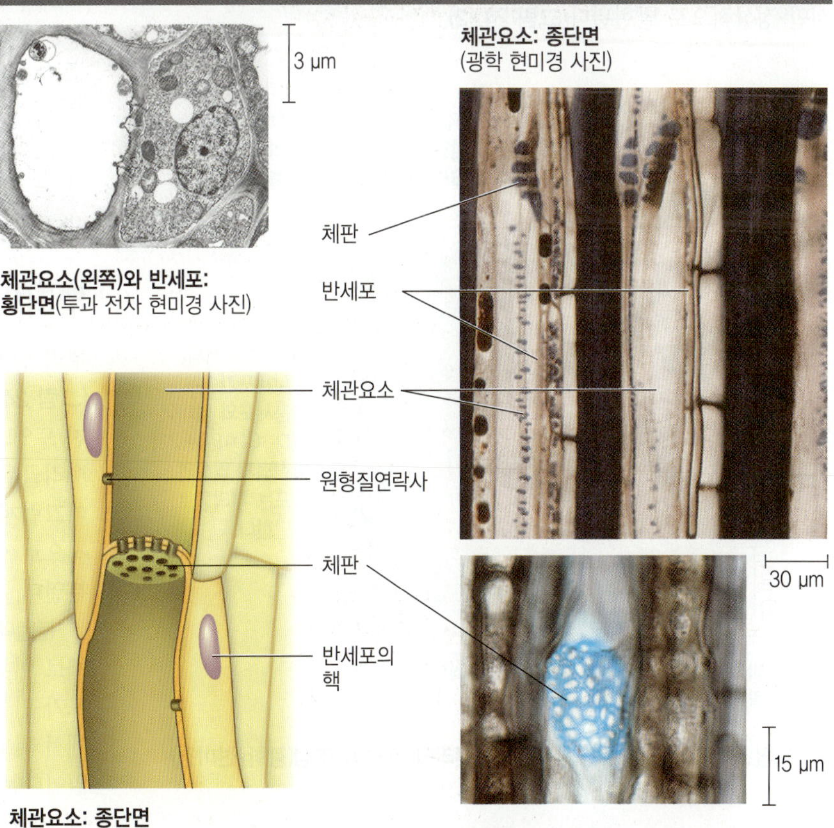

체관요소(왼쪽)와 반세포: 횡단면(투과 전자 현미경 사진)

체관요소: 종단면

체관요소: 종단면
(광학 현미경 사진)

구멍이 있는 체판(광학 현미경 사진)

비늘잎이 떨어지고 마디와 마디사이를 갖는 새로운 가지의 1기 생장이 시작된다. 각각의 생장 구간에는 잎이 떨어져 남긴 흔적에 의해 마디가 표시된다. 또한 엽흔 바로 위에 곁눈에 의해 형성된 가지가 있다. 가지의 조금 아래쪽에는 전년 겨울 동안 끝눈의 비늘잎이 남긴 아린이 있다. 매 생장 기간 동안 1기 생장으로 가지가 늘어나고 2기 생장으로 전년도에 형성된 부분을 비후시킨다.

유전자 발현과 세포분화의 조절

유도체 세포는 공통의 유전체가 있어도 구조와 기능이 달라질 수 있다. 이러한 세포분화는 전사와 번역 과정의 조절에 따라 특정한 단백질을 생산하게 되는 유전자의 발현 조절에 좌우된다. 비록 세포분화가 유전자 발현 조절에 의존하지만, 식물 세포의 운명은 발달 중인 기관에서의 최종 위치에 따라 결정된다. 세포분화에 관여하는 특정 유전자들의 활성화나 불활성화가 대부분 세포들 간의 연락에 의해 좌우된다는 증거가 제시되었다. 예를 들면, 모델 식물인 애기장대 뿌리 표피에는 두 개의 세포 유형이 있는데 세포의 운명은 표피세포의 위치와 관련되어 있다. 아래쪽 2개의 뿌리 피층세포와 접촉해 있는 미성숙한 표피세포는 뿌리털 세포로 분화하지만, 1개의 뿌리 피층세포와 접촉해 있는 미성숙한 표피세포는 뿌리털 없는 세포로 분화한다. *GLABRA-2*(라틴어의 '털이 없는' 에서 유래) 유전자의 분화적 표현은 적당한 털이 분포하게 하는데 필요하다. 연구자들은 *GLABRA-2* 유전자를 "보고 유전자"와 결합한 뒤 처리하여, 뿌리에 있는 이들 유전자를 옅은 청색으로 변하게 함으로써 모든 세포에서 이들 유전자가 필요하다는 것을 설명했다. *GLABRA-2* 유전자는 뿌리털로 발달하지 않는 표피세포에서만 정상적으로 발현된다(그림 24.12).

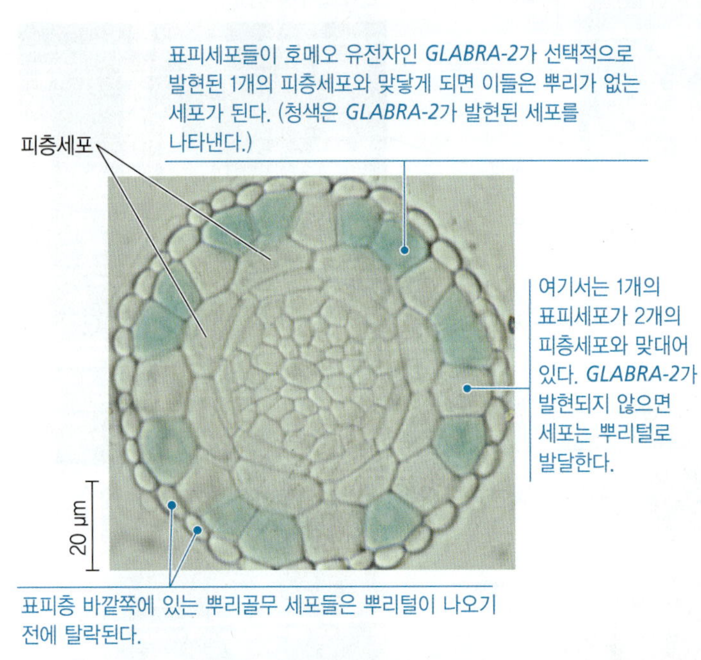

▲ 그림 24.12 조절 유전자에 의한 뿌리털 분화의 조정(광학 현미경) 사진

개화의 전환에 미치는 분열 조직의 조절과 식물의 수명

영양생장 – 잎, 줄기, 뿌리를 만드는 것(무성생식과 영양생식)은 식물의 일생에 있어서 한 단계일 뿐이다. 대부분의 속씨식물은 일생 중 어떤 시기에 정단 분열 조직의 전체 또는 일부분에서 영양생장으로부터 꽃, 열매, 종자를 생산하는 **생식생장**으로의 전환이 일어난다. 이러한 전환은 낮의 길이와 같은 환경요인과 호르몬과 같은 내부신호의 조합에 의해 촉발된다. 무한 생장을 하는 영양생장과는 달리 생식생장은 유한생장을 한다. 정단 분열 조직에 의한 꽃의 생산은 그 줄기의 1기 생장을 멈추게 한다. 어떤 식물들은 생식생장을 할 수 없는 동안에 유년기를 거치기도 한다. 영양생장에서 생식생장으로 전환되는 시기와 완전성 정도에 따라 꽃식물을 1년생식물, 2년생식물, 다년생식물로 구분할 수 있다. **1년생식물**은 종자로부터 발아해서 꽃이 피고 다시 종자를 맺고 죽게 되는 기간이 1년 이하인 식물을 말한다. 대부분의 야생화와 곡류, 콩과류와 같은 중요한 식량작물이 이에 속한다. **2년생식물**은 보통 2년 동안 사는 식물로서 첫 번째 봄과 여름에 영양생장을 하고 추운 겨울을 거쳐 두 번째 봄 또는 여름에 꽃이 피고 결실하는 식물을 말한다. **다년생식물**은 여러해살이로 나무, 관목 및 일부 풀 종류가 포함된다.

개념 24.3

1기 생장은 뿌리와 줄기를 신장시킨다

1기 생장은 정단 분열 조직에 의해 형성된 세포로부터 이루어진다. 초본 식물은 식물체 전체가 1기 생장으로 이루어지지만 목본 식물은 최근에 형성된 부분만이 1기 생장으로 이루어진다. 정단 분열 조직으로부터 유래한 세포로부터 뿌리와 지상계의 신장이 일어나지만, 뿌리의 1기 생장과 가지의 1기 생장은 여러 면에서 서로 다르다.

뿌리의 1기 생장

뿌리 끝은 **뿌리골무(root cap)**라는 조직에 의해 둘러싸여 있는데(그림 24.13), 뿌리골무는 뿌리가 1기 생장을 하는 동안 뿌리가 거친 토양으로 들어갈 때 섬세한 정단 분열 조직을 보호한다. 또한 뿌리골무는 다당류인 점액을 분비함으로써 뿌리 끝 주변 토양을 미끄럽게 한다. 생장은 뿌리 끝의 뒷부분에 있는 1기 생장이 성공적으로 이루어져 생긴 3개의 세포구역으로 이루어지는데, 이들은 분열대, 신장대, 성숙대이다(그림 24.13).

분열대(zone of cell division)는 뿌리의 정단 분열 조직과 그 유도체로 이루어지는데 이 부위에서 뿌리골무를 포함한 새로운 뿌리세포가 만들어진다. **신장대**(zone of elongation)는 일반적으로 뿌리 끝에서 몇 mm 떨어진 부분으로 이곳에서 대부분 뿌리세포의 신장이 일어나는데, 때에 따라서는 원래 길이의 10배 이상 길어지기도 한다. 세포 신장은 뿌리 끝을 토양 쪽으로 더욱 밀어낸다. 뿌리의 정단 분열 조직은 신장대 어린 세포들의 끝부분에 새로운 세포들을 계속해서 첨가한다. 뿌리세포의 길이 생장이 끝나기 전에 대부분의 세포들은 구조와 기능에 있어 뿌리털이 형성되는 것과 같은 특수화가 일어난다. **분화대**(zone of differentiation) 또는 성숙대에서는 세포들의 분화가 완전하게 이루어져 뚜렷한 세포 유형이 된다.

뿌리의 1기 생장으로 표피, 기본 조직, 관다발 조직이 형성된다. 뿌리털은 겨우 몇 주 밖에 살지 못하는데 뿌리 표피의 뚜렷한 특징을 갖는다. 뿌리털은 뿌리 전체 표면적의 70~90%를 차지한다. 4개월 된 호밀은 약 140억 개의 뿌리털을 갖는데, 이 뿌리털을 서로 연결하면 적도의 1/4 길이에 해당하는 10,000 km에 달한다. 뿌리의 기본 조직은 대부분 유세포로 이루어지는데 표피와 관다발원통 사이인 피층에서 발견된다. 피층세포들은 탄수화물을 저장할 뿐만 아니라 물과 염류를 뿌리털로부터 뿌리 중심으로 운반한다. 피층에는 큰 세포간극들이 있기 때문에 뿌리털로부터 물과 무기물, 산소를 안쪽으로 보내는 **세포외** 확산을 가능하게 한다. 피층의 가장 안쪽 세포층을 **내피(endodermis)**라고 하는데 한 개의 세포층이며 관다발원통의 바깥 경계를 이룬다. 내피는 토양으로부터 관다발원통까지 물질이동을 조절하는 선택적 장벽이다. 속씨식물의 뿌리는 단단한 물관부와 체관부로 이루어진 관다발원통이 중심주를 이룬다. 대부분의 진정쌍자엽식물 뿌리의 횡단면에서는 물관부가 별 모양을 나타내고, 들어간 물관부의 팔 사이에 체관부가 위치한다(그림 24.14a). 많은 단자엽식물 뿌리의 관다발 조직은 중앙의 미분화된 유세포들을 물관부와 체관부 조직들이 환상으로 둘러싸고 있다(그림 24.14b).

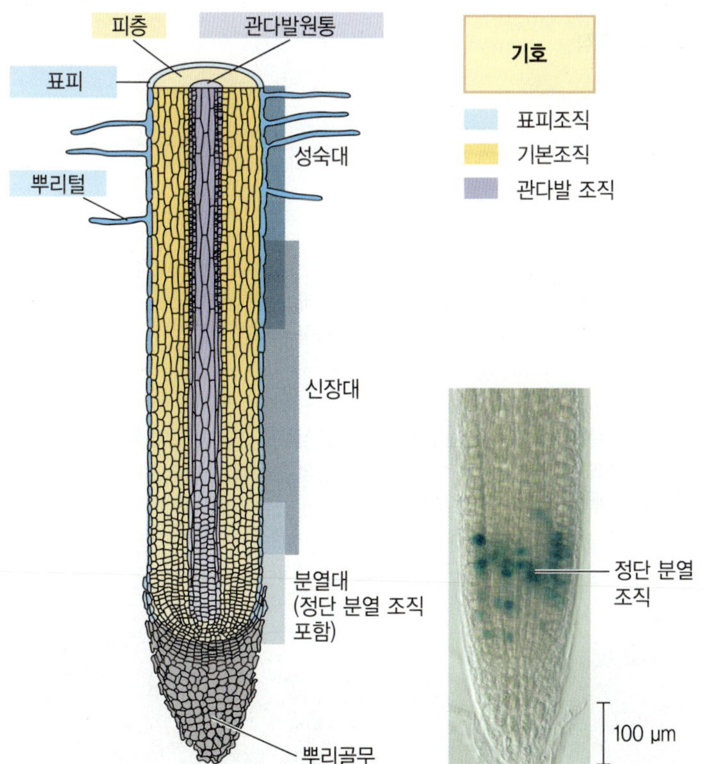

▲ **그림 24.13 전형적인 진정쌍떡잎식물 뿌리의 1기 생장.** 정단 분열 조직은 뿌리의 모든 세포와 뿌리골무 세포를 만들어 낸다. 대부분의 뿌리 신장은 신장대에서 일어난다. 이 광학 현미경 사진에서는 정단 분열 조직의 유사분열 중인 세포들이 세포분열에서 중요한 역할을 하는 사이클린(cyclin) 단백질이 염색되어 관찰된다.

관다발원통의 가장 바깥층이면서 내피의 바로 아래에 위치한 **내초(pericycle)**로부터는 곁뿌리가 발생한다(그림 24.14). 곁뿌리는 기존의 뿌리 밖으로 빠져나올 때까지 피층과 표피를 통과해 밀어낸다(그림 24.15).

줄기의 1기 생장

줄기정단 분열 조직은 줄기의 끝부분에서 세포분열을 하는 돔형의 세포 집단을 말한다(그림 24.16). 잎은 줄기 정단 분열 조직의 측면을 따라 소뿔처럼 뻗어 나온 **잎원기(left primordium)**에서 유래한다. 눈 안에서는 마디사이가 매우 짧기 때문에 어린 잎들이 밀집하여 위치하고 있다. 줄기의 정단 아래에 있는 마디사이가 늘어남으로써 이루어진다.

1기 생장의 한 부분인 가지 뻗기는 곁눈의 활성으로부터 이루어진다. 각 곁눈에는 줄기 정단 분열 조직이 있다. 곁눈의 휴면성은 주로 끝눈으로부터 멀고 가까운 정도에 달려 있어서, 보통 정단에 가까운 곁눈일수록 이들의 활성은 억제되는데, 이러한 현상을 **정아우성(apical dominance)**이라 한다. 만약 동물에 의해 줄기 끝이 먹히거나, 빛이 가려져서 줄기의 한 쪽만 빛을 받게 되면 정아우성을 일으키는 화학적 신호가 혼란된다. 결과적으로 곁눈은 휴면이 깨지고 자라기 시작한다. 휴면에서 깨어난 곁눈은 새로운 끝눈과 잎, 곁눈을 지니는 곁가지로 된다. 끝눈을 제거하면 곁눈의 생장을 자극하여 곁가지가 많아지고 길어진다. 그래서 나무와 관목들을 가지치기하면 정원수들처럼 관목화가 이루어지게 된다.

일부 외떡잎식물 특히 벼과 식물에 있어서는 분열 활동이 줄기와 잎의 아랫부분에서 나타난다. 이 부분을 **개재 분열 조직**(intercalary meristem)이라 하는데, 잔디를 깎아도 곧 자라는 것처럼 손상받은 잎들을 다시 자라게 한다. 개재 분열 조직에 의한 잎을 빠르게 생장시키는 능력 때문에 초식동물로부터 받은 잎의 상처는 매우 효과적으로 회복된다.

잎의 조직 체계

그림 24.17은 전체적인 잎의 구조를 나타내고 있다. 잎의 표피는 **기공(stomata**, 단수는 *stoma*)에 의해 끊겨지는데, 기공은 잎의 광합성 세포와 주변 공기 사이에 CO_2와 O_2의 교환이 일어나도록 한다. 한편 기공은 기체 교환 이외에도 수분이 증발하는 중요한 통로이다. 기공이란 용어는 단순히 기공 개구부만을 말하기도 하지만, 개구부의 양옆에서 기공의 개폐를 조절하는 2개의 **공변세포(guard cell)**를 모두 포함한 기공 복합체를 가리키기도 한다.

잎의 기본 조직은 **엽육(mesophyll**; 가운데를 뜻하는 그리스어의 *mesos*에서 유래, *phyll*은 잎을 뜻함)이라고 하는 부위의 조직으로서 상면표피와 하면표피 사이에 끼여있다. 엽육은 광합성을 위해 특수화된 유세포로 이루어져 있는데 대부분 진정쌍떡잎식물의 잎은 책상조직과 해면조직이라는 2개의 뚜렷한 층이 있다. **책상조직**(palisade mesophyll)은 잎의 윗부분에 1개 이상의 세포층으로

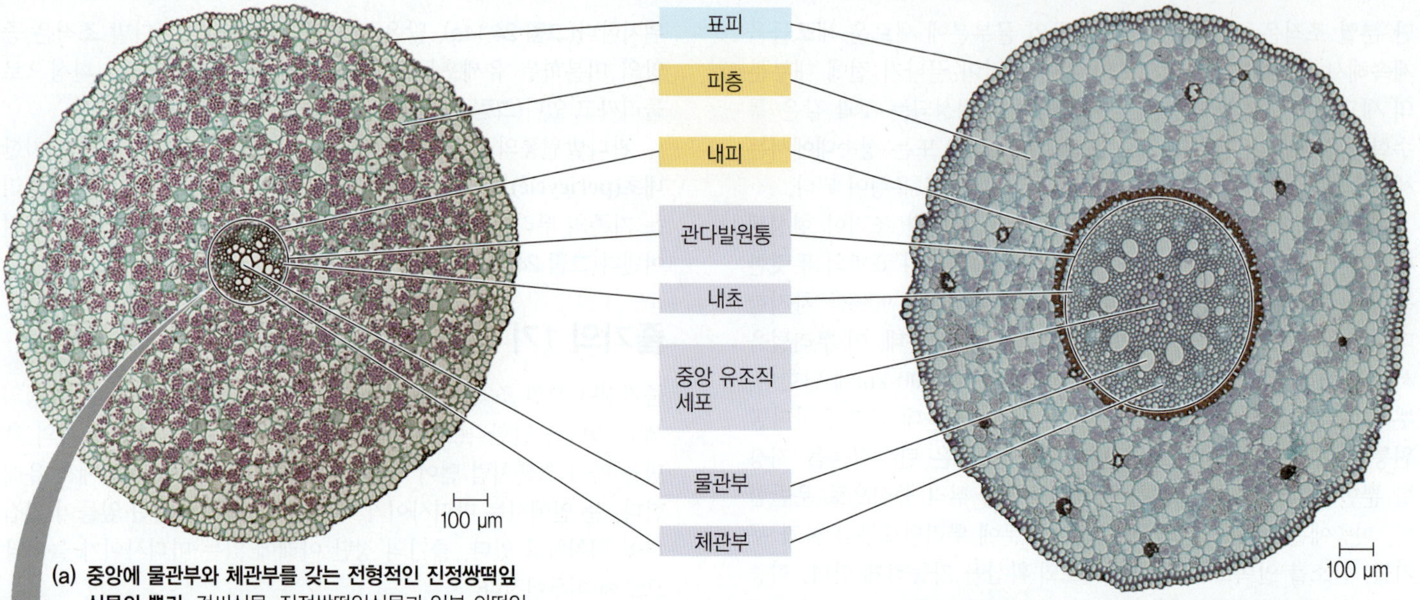

표피
피층
내피
관다발원통
내초
중앙 유조직
세포
물관부
체관부
100 μm
100 μm

(a) **중앙에 물관부와 체관부를 갖는 전형적인 진정쌍떡잎 식물의 뿌리.** 겉씨식물, 진정쌍떡잎식물과 일부 외떡잎 식물은 중심주의 횡단면에서 중앙의 팔을 갖는 물관부, 이들 팔 사이의 체관부로 이루어진 관다발원통을 갖는다.

(b) **중앙에 유조직을 갖는 전형적인 외떡잎식물의 뿌리.** 많은 외떡잎식물의 뿌리의 중심주는 환상의 물관부와 체관부로 둘러싸인 관다발원통을 갖는다.

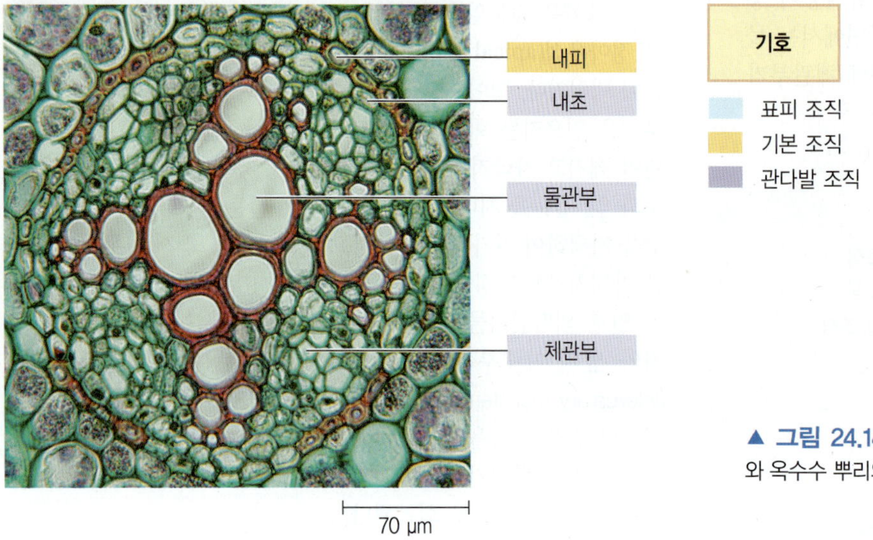

내피
내초
물관부
체관부
70 μm
기호
표피 조직
기본 조직
관다발 조직

▲ **그림 24.14 어린 뿌리의 1기 조직 체제.** 그림 **(a)**와 **(b)**는 미나리아재비와 옥수수 뿌리의 횡단면을 각각 보여준다(광학 현미경 사진).

▼ **그림 24.15 곁뿌리의 형성.** 곁뿌리는 뿌리 중심주의 가장 바깥에 위치한 내초로부터 발생하여 피층과 표피를 관통해 생장한다. 이 광학 현미경 연속 사진에서는 원래의 뿌리가 횡단면을, 곁뿌리가 종단면을 보이고 있다.

100 μm
곁뿌리의
출현
피층
관다발
원통
내초
표피
곁뿌리

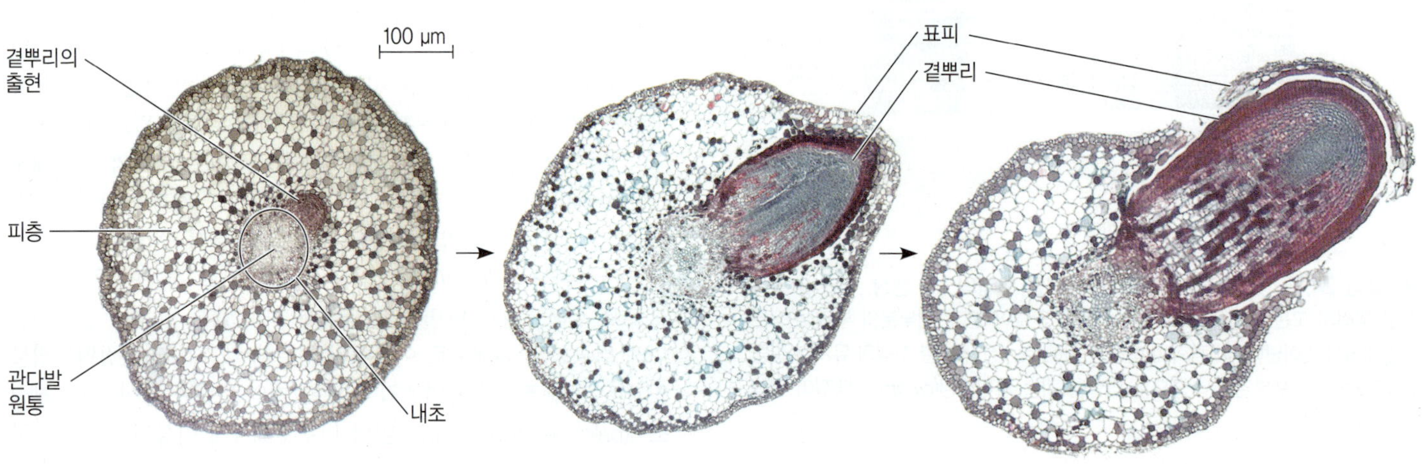

정단 분열 조직
잎원기
어린 잎
발달 중인
관다발 가닥
곁눈
분열 조직
0.25 mm

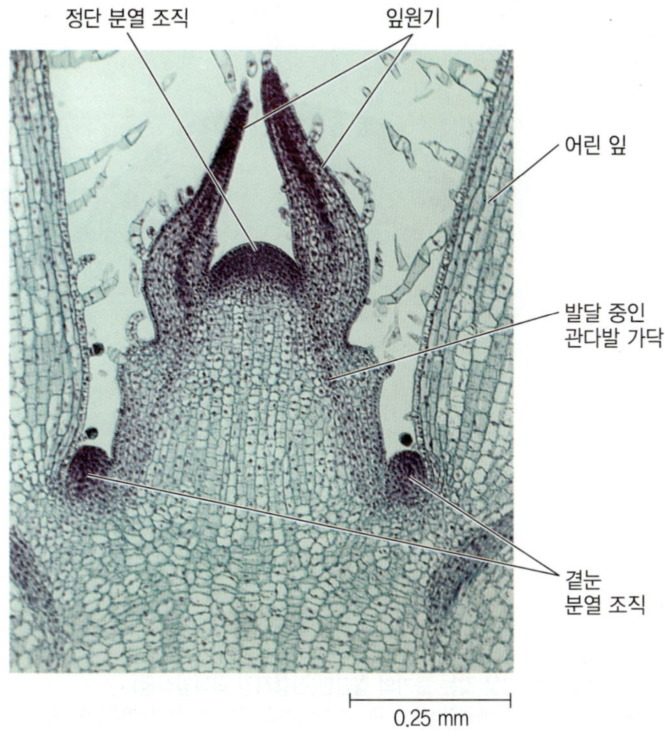

▲ **그림 24.16** **줄기계의 정단.** 잎원기는 정단 분열 조직이 있는 돔 부분의 측면에서 발생한다. 이 사진은 콜레우스의 줄기 끝부분의 종단면(광학 현미경 사진).

이루어져 있다. 해면 조직(spongy mesophyll)은 책상 조직의 아래에 위치하는데 엉성하게 배열하고 있기 때문에 책상 조직과 주변 세포로 CO_2와 O_2를 순환시키기에 적당하다. 특히 기공 근처의 기공 간극은 크기 때문에 이곳에서 바깥 공기의 CO_2를 흡수하고 O_2를 방출한다.

각 잎의 관다발 조직은 줄기의 관다발 조직과 연결되어 있다. 잎맥은 엽육 속을 반복해서 갈라져 들어간다. 이 연결망에 의해 광합성 조직은 물관부 및 체관부와 근접하게 되는데, 물관부로부터는 물과 무기질을 얻는 한편 체관부에는 식물체의 다른 부위로 보낼 당과 그 밖의 유기물질을 싣는다. 또한 관다발 구조는 잎을 강화시키는 뼈대 역할을 하기도 한다. 각 잎맥을 둘러싸서 보호하는 **관다발초**(bundle sheath)는 유세포로 구성된 한 개의 세포층인데 관다발 조직과 엽육 간에 물질의 이동을 조절한다. 관다발초 세포는 특히 C_4 광합성을 하는 식물종의 잎에서 뚜렷하게 나타난다(개념 8.3).

줄기의 조직 체계

표피는 연속된 표피 조직계의 한 부분으로서 줄기를 감싸고 있다. 관다발 조직은 관다발 안에서 줄기의 길이를 따라 배열되어 있다. 뿌리의 안쪽 관다발 조직으로부터 관다발원통, 피층, 표피를 파괴시키고 나오는(그림 24.15) 곁뿌리와는 달리 곁가지는 줄기 표면에 있는 곁눈 분열 조직으로부터 발달하고 다른 조직을 파괴하지

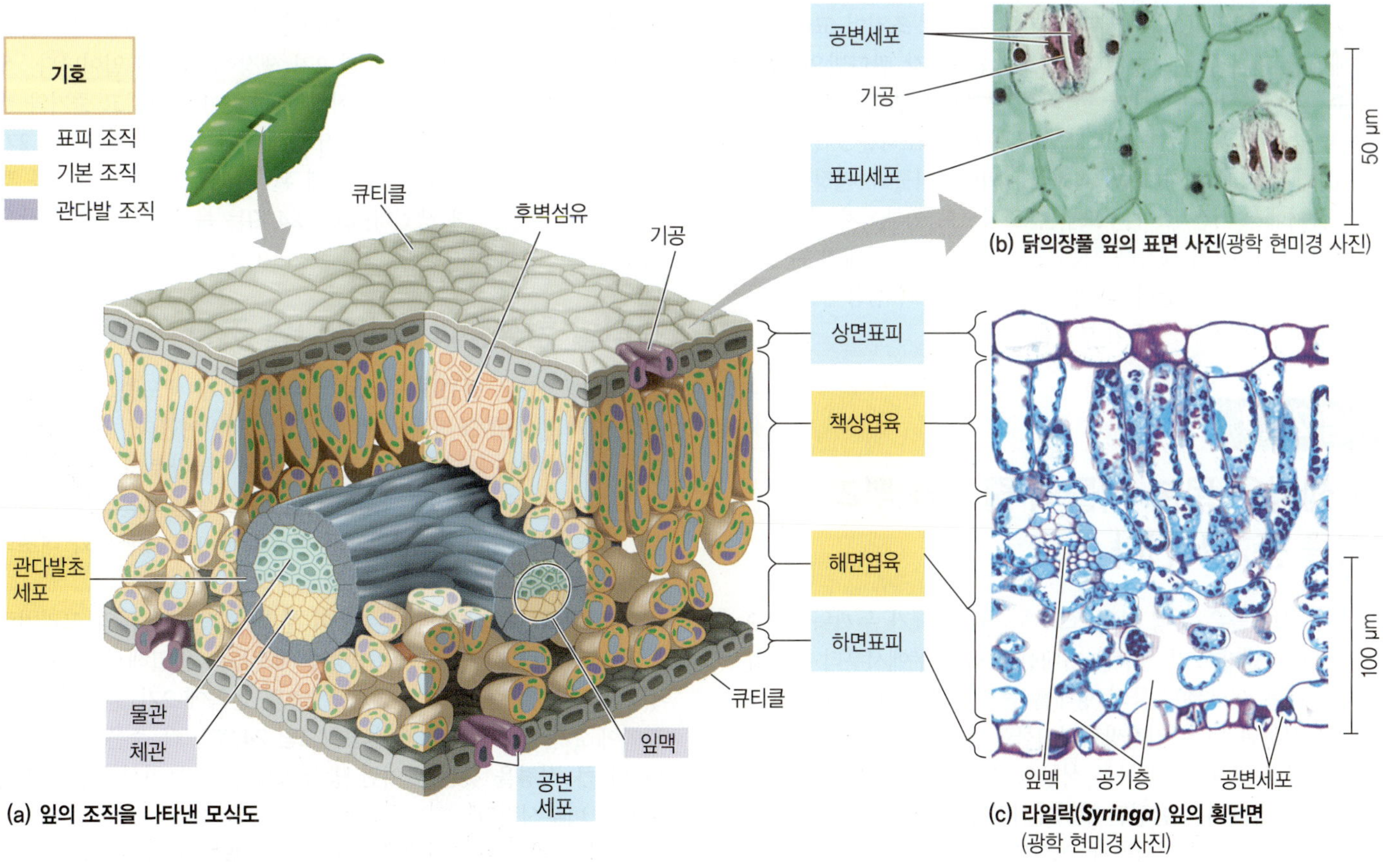

기호
표피 조직
기본 조직
관다발 조직
큐티클
후벽섬유
기공
관다발초
세포
물관
체관
잎맥
공변
세포
큐티클
(a) 잎의 조직을 나타낸 모식도
공변세포
기공
표피세포
50 μm
(b) 닭의장풀 잎의 표면 사진(광학 현미경 사진)
상면표피
책상엽육
해면엽육
하면표피
100 μm
잎맥
공기층
공변세포
(c) 라일락(*Syringa*) 잎의 횡단면
(광학 현미경 사진)

▲ **그림 24.17** **잎의 해부**

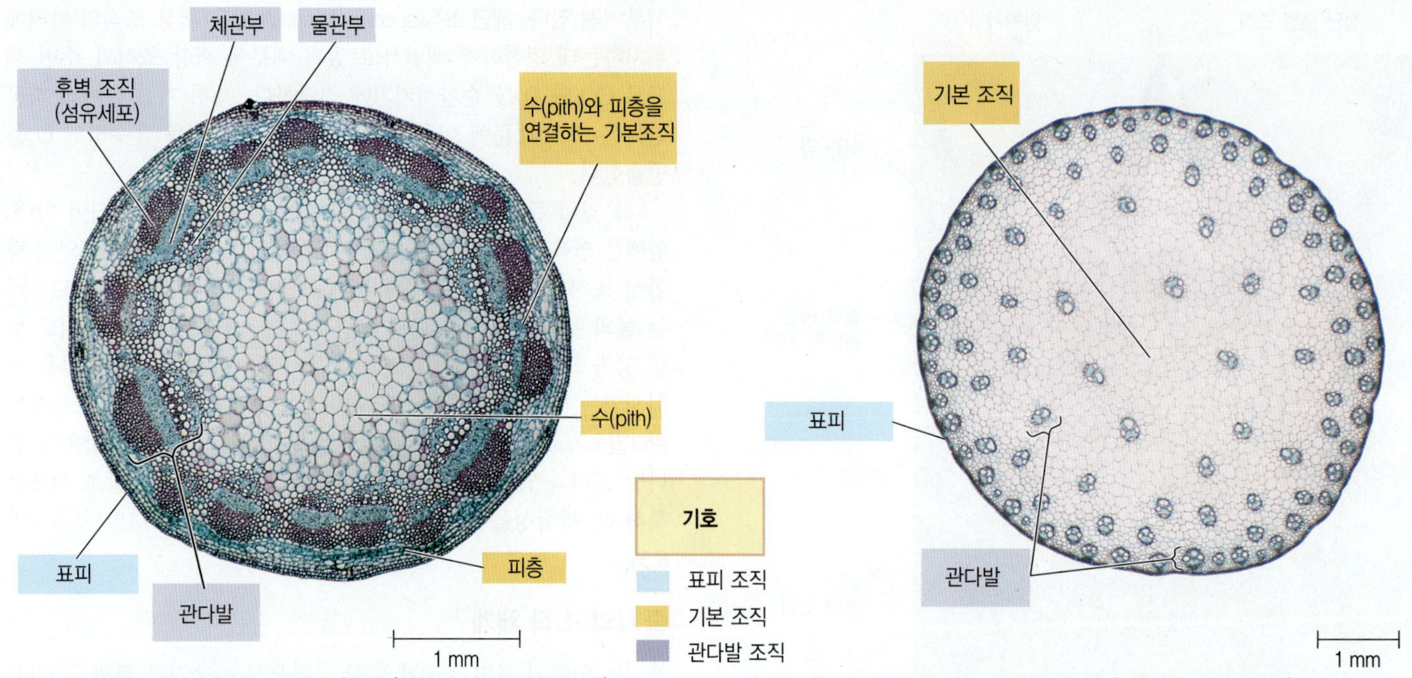

(a) 고리 모양의 관다발을 갖는 줄기의 횡단면(전형적인 진정쌍떡잎식물). 관다발 안쪽의 기본 조직을 수, 바깥쪽의 기본 조직을 피층이라 한다.

(b) 흩어진 관다발을 갖는 줄기의 횡단면(전형적인 외떡잎식물). 이런 관다발의 배열에서는 기본 조직이 수와 피층을 갈라놓지 않는다.

▲ **그림 24.18 어린 줄기의 1기 조직의 체제**

않는다(그림 24.16). 줄기의 관다발은 토양 표면 근처에 위치한 뿌리-줄기 전이부위에서 단단한 뿌리의 관다발원통으로 모인다.

대부분 진정쌍떡잎식물에서는 줄기의 관다발 조직이 고리모양으로 배열한 관다발로 구성된다(**그림 24.18a**). 각 관다발의 물관부는 수 옆에 위치하며 체관부는 피층 가까이에 있다. 대부분 외떡잎식물 줄기에서는 관다발이 고리를 형성하기보다는 기본 조직 구석구석에 흩어져 있다(**그림 24.18b**). 외떡잎식물과 진정쌍떡잎식물의 줄기에서 기본 조직은 모두 유조직으로 이루어져 있다. 그러나 후각 조직은 1기 생장을 하는 동안 표피 바로 아래에 위치하면서 줄기를 단단하게 한다. 후벽세포 가운데 특히 섬유세포는 더 이상 신장하지 않는 줄기의 이 부분을 지지한다.

개념 24.4

2기 생장은 목본 식물의 줄기와 뿌리 직경을 증가시킨다

많은 육상 식물들은 측생 분열 조직에 의해 두께가 두꺼워지는 2기생장을 나타낸다. 2기 생장은 거대한 숲속 나무에서부터 목본성 덩굴에 이르는 새로운 식물의 형태를 출현하게 했다. 2기 생장은 모든 겉씨식물과 많은 진정쌍떡잎식물에서 나타나지만 외떡잎식물에서는 별로 없다. 또한 목본 식물의 줄기와 뿌리에서는 2기 생장이 있지만, 잎에서는 한정된 부위에서만 일어나거나 거의 없다.

2기 생장은 관다발 형성층과 코르크 형성층에서 형성되는 조직으로 이루어진다. 관다발 형성층은 2기 물관부와 체관부를 첨가시킴으로써 관다발의 물질 이동과 줄기의 지지를 증가시킨다. 코르크 형성층은 줄기를 보호하기 위해 거칠고, 두꺼운 왁스성 세포들을 만드는데, 이들은 곤충, 세균, 곰팡이의 침입과 수분 손실을 막는다.

목본 식물에서는 1기 생장과 2기 생장이 동시에 일어난다. 식물체의 어린 부위에서는 1기 생장에 의해 잎이 많아지고 줄기와 뿌리의 길이가 늘어나지만, 1기 생장이 정지된 늙은 부위에서는 2기 생장에 의해 줄기와 뿌리가 두껍게 된다. 이런 과정은 줄기와 뿌리에서 거의 비슷하게 생긴다. **그림 24.19**는 목본성 줄기의 생장을 개략적으로 보여주고 있다.

관다발 형성층과 2기 관다발 조직

관다발 형성층은 원통형 구조로서 흔히 한 개 세포층으로 구성되는데, 2기 관다발 조직 형성에 전체적으로 관여한다. 전형적인 목본성 줄기에서는 관다발 형성층이 수와 1기 물관부의 바깥쪽에, 1기 체관부와 피층의 안쪽에 위치한다. 전형적인 목본성 뿌리에서는 관다발 형성층이 1기 물관부의 바깥쪽에, 1기 체관부와 내초의 안쪽에 형성된다.

횡단면에서는 관다발 형성층이 분열 조직 세포들의 고리처럼 나타난다(그림 24.19). 이들 형성층 세포들은 분열해서 관다발 형성층의 주변을 증가시키는데, 형성층의 안쪽에 2기 물관부를, 바깥쪽에 2기 체관부를 첨가시킨다(**그림 24.20**). 각 층은 이전 층보다 더 큰 직경을 갖는데 이런 방식으로 관다발 형성층은 뿌리와 줄기를 비후시킨다.

관다발 형성층에 의해 생산된 시원세포들의 일부는 신장하면서 줄기 또는 뿌리의 주축과 평행하게 자리를 잡는다. 이들은 헛

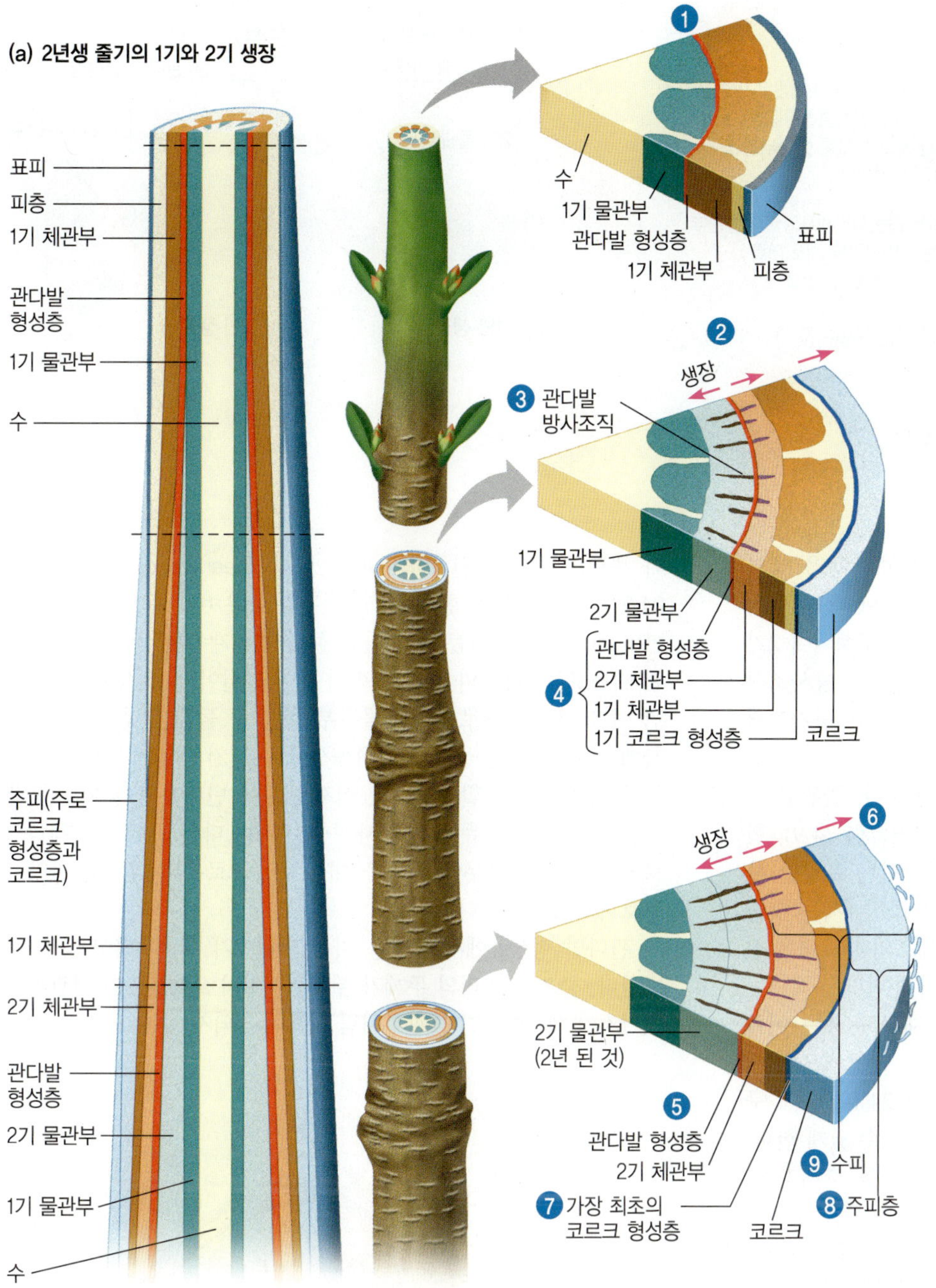

(a) 2년생 줄기의 1기와 2기 생장

표피
피층
1기 체관부
관다발 형성층
1기 물관부
수

주피(주로 코르크 형성층과 코르크)
1기 체관부
2기 체관부
관다발 형성층
2기 물관부
1기 물관부
수

1

수
1기 물관부
관다발 형성층
1기 체관부
피층
표피

2

생장
3 관다발 방사조직
1기 물관부
2기 물관부
4 관다발 형성층
2기 체관부
1기 체관부
1기 코르크 형성층
코르크

생장
6
2기 물관부 (2년 된 것)
5
관다발 형성층
2기 체관부
7 가장 최초의 코르크 형성층
코르크
9 수피
8 주피층

1 정단 분열 조직의 활동에 의해 형성된 1기 생장이 거의 마무리되고 있다. 관다발 형성층이 방금 형성되었다.

2 끝눈에서는 1기 생장이 계속되지만 이 지역에서는 2기 생장만이 일어난다. 관다발 형성층이 2기 물관부를 안쪽에 2기 체관부를 바깥쪽에 형성함으로 인해 줄기가 두꺼워진다.

3 관다발 형성층의 일부 시원세포는 방사조직을 만든다.

4 관다발 형성층의 직경이 증가하면서 2기 체관부와 형성층의 바깥쪽 조직은 세포들이 더 이상 분열하지 않기 때문에 늘어나지 않는다. 결과적으로 표피를 포함한 이들 조직은 파열된다. 두 번째 측생 분열 조직인 코르크 형성층은 피층의 유세포로부터 발달한다. 코르크 형성층은 표피를 대체하는 코르크 세포를 형성한다.

5 2기 생장이 일어난 뒤 2년째에 관다발 형성층은 더 많은 2기 물관부와 2기 체관부를 첨가시키며, 코르크 형성층은 코르크를 형성한다.

6 줄기의 직경이 증가하면서 코르크 형성층의 바깥쪽에 있는 조직은 파열되고 줄기로부터 떨어져 나간다.

7 많은 경우에 코르크 형성층은 피층의 깊은 세포층에서 재형성된다. 원래의 피층세포가 아무것도 남아 있지 않을 때에 코르크 형성층은 2기 체관부의 유세포로부터 발달한다.

8 각각의 코르크 형성층과 조직은 주피를 형성한다.

9 수피는 관다발 형성층 바깥쪽의 모든 조직으로 구성된다.

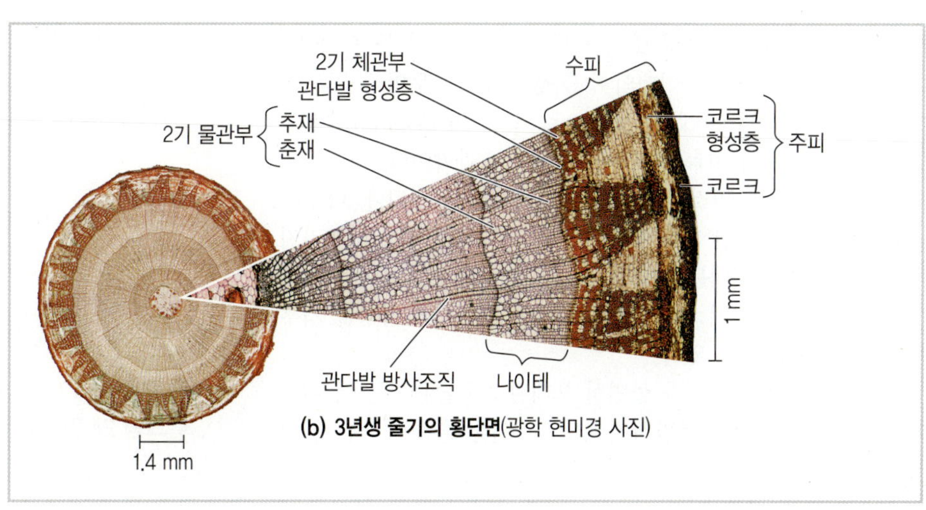

(b) 3년생 줄기의 횡단면(광학 현미경 사진)

▲ **그림 24.19 목본성 줄기의 1기, 2기 생장.** 2기 생장의 과정은 오래된 줄기의 연속 절편을 관찰함으로써 추적할 수 있다.

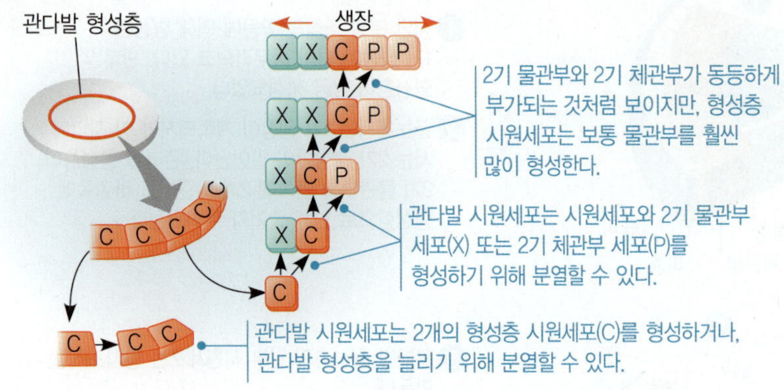

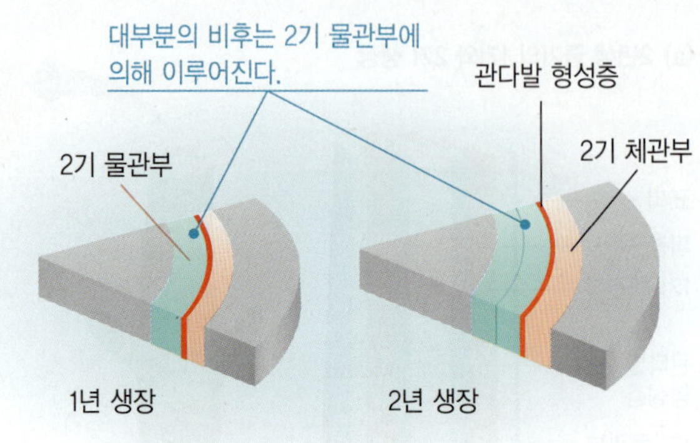

▲ 그림 24.20 **관다발 형성층에 의해 형성된 2기 생장**

물관, 물관요소, 반세포, 주축유조직과 체관부의 섬유 등을 생산한다. 다른 시원세포들은 짧고, 줄기와 뿌리의 주축에 대해 수직으로 배열한다. 이들은 **방사조직**—대부분 유세포로 구성되며 2기 물관부와 체관부를 연결한다—을 만든다(그림 24.19b). 방사조직의 세포는 2기 물관부와 체관부 사이에서 물과 양분을 이동시키거나 탄수화물을 저장하고 상처 치유를 돕는다.

2기 생장이 여러 해 동안 계속되면서 주로 헛물관, 물관요소, 섬유로 구성된 2기 물관부(목재) 층이 쌓이게 된다(그림 24.9). 헛물관은 대부분 겉씨식물의 물관부 조직에서 나타나는 유일한 물 운반 세포이다. 반면, 대부분 속씨식물의 물관부 조직에서는 헛물관과 물관요소가 모두 나타난다. 이들 물관부 세포의 세포벽은 심하게 목질화되어 있어서 목재를 견고하고 단단하게 한다.

온대지역의 목재는 봄에 일찍 발달한다. 춘재라고 하는 이들 2기 물관부 세포들은 상대적으로 큰 직경과 얇은 세포벽으로 이루어진 헛물관과 물관요소로 이루어져 있다(그림 24.19b). 이 구조는 새로 생장하는 잎에 최대한 많은 물이 수송될 수 있게 한다. 또한 나머지 생장기간에 형성된 헛물관과 물관요소를 추재라 하는데, 두꺼운 세포벽을 지니고 있어서 춘재처럼 많은 물을 수송하지는 않지만 두꺼운 세포벽을 이용해 보다 강한 지지작용을 한다. 큰 세포로 이루어진 새로운 춘재와 지난해에 형성되었던 작은 세포로 이루어진 추재 사이에는 뚜렷한 대조가 생기기 때문에 일년간의 생장이 대부분 나무의 줄기나 뿌리의 단면에서 둥근 **나이테**로서 나타난다. 따라서 나이테의 수를 셈으로써 나무의 연령을 알 수 있다. **수목연대학**(dendrochronology, 그리스어 *dendron*, 나무, *chronos* 시간)은 나이테의 양상을 분석하는 과학이다. 나이테의 두께는 각각 다른데 이것은 계절의 생장에 따라 좌우된다. 나무는 따뜻하고 습한 해에 잘 자라지만 건조하고 추운 해에는 잘 자라지 못한다. 두꺼운 나이테는 따뜻한 해를 뜻하고, 얇은 나이테는 춥고 건조한 해를 뜻하기 때문에 과학자들은 나이테의 양상을 기후 변화 연구에 이용할 수 있다.

교목이나 관목이 나이가 들면서 오래된 2기 물관부는 더 이상 물과 무기질(물관액)을 운반하지 않는다. 이들 물관부 층은 줄기와 뿌리의 중심에 위치하기 때문에 **심재**(heartwood)라 한다(**그림 24.21**). 가장 새롭게 형성된 2기 물관부 층은 바깥쪽에 위치하므로 **변재**(sapwood)라 하는데, 이들은 물관액을 계속해서 운반한다. 이런 이유로 큰 나무의 줄기는 속이 비어도 살아갈 수 있다. 왜냐하면 매년 생기는 새로운 2기 물관부 층은 큰 둘레를 갖고 있고, 이들에 의해 더 많은 물관액을 이동시킬 수 있기 때문에 매년 늘어나는 잎에 물을 공급할 수 있다. 심재는 보통 변재에 비해 어두운 색깔을 띠는데 그 이유는 세포 내부를 수지나 다른 화합물로 채움으로써 곰팡이나 나무에 구멍을 내는 곤충으로부터 나무의 중앙을 보호하기 위해서이다.

관다발 형성층에서 가까운 가장 어린 2기 체관부만이 당을 운반한다. 줄기나 뿌리의 두께가 두꺼워지면서 오래된 2기 체관부는 벗겨지기 때문에 2기 물관부처럼 넓게 축적되지 않는다.

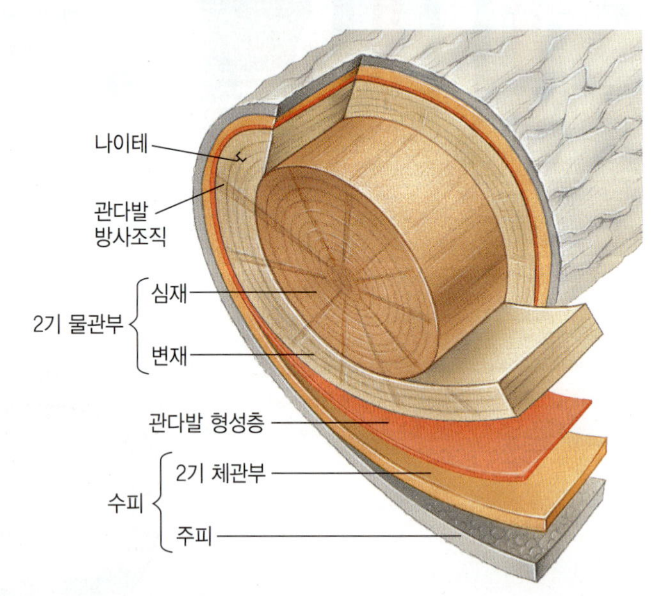

▲ 그림 24.21 **나무 줄기의 해부**

코르크 형성층과 주피 형성

2기 생장의 초기에 표피는 바깥쪽으로 밀려서 벗겨지고 말라버려 줄기나 뿌리로부터 탈락된다. 표피는 줄기의 바깥쪽 피층에 위치하거나(그림 24.19a), 뿌리의 내초 바깥에 위치한 첫 번째 코르크 형성층에 의해 만들어진 조직에 의해 대치된다. 코르크 형성층은 그 바깥쪽에 **코르크 세포**를 만들어 쌓는다. 코르크 세포가 성숙하면 왁스 물질인 **수베린**을 세포벽에 축적하고 죽는다. 코르크 세포는 수베린을 지니고, 보통 서로 밀집되어 있기 때문에 대부분의 주피는 표피와는 달리 물과 가스를 통과시키지 않는다. 코르크는 줄기와 뿌리에서 수분이 유실되는 것을 막고 물리적 상해나 병원성 미생물의 침입을 막는 역할을 한다. 코르크는 보통 정확한 것은 아니지만 수피로 통용된다. 식물학에서 **수피(bark)**는 관다발 형성층의 외곽쪽 모든 조직을 포함하는데, 관다발 형성층으로부터 형성된 2기 체관부와 그 바깥의 새로 형성된 주피, 모든 오래된 주피를 포함한 조직으로 구성된다(그림 24.21).

만약 목본성 기관의 내부 조직에 있는 살아 있는 세포들이 왁스로 이루어진 주피에 의해 둘러싸여 있다면 어떻게 산소를 흡수하고 숨을 쉴 수 있을까? 주피에는 **피목(lenticel)**이라는 작고 튀어나온 부분이 점점이 존재하는데, 이 부분에서는 코르크 세포들 사이의 공간이 더 많아서 목본성 줄기나 뿌리 안의 살아 있는 세포들이 바깥 공기와 기체 교환을 할 수 있다. 피목은 종종 그림 24.19a에서 보는 바와 같이 틈새처럼 나타난다

이번 장에서 우리가 식물의 각 부분들을 해부학적 방식으로 관찰하면서 식물체는 기능이 하나로 합쳐진 생물체로서 역할한다는 사실을 잊지 않는 것이 중요하다. 다음 장에서는 관다발 식물이 어떻게 물질을 흡수하고 운반하는지(25장), 꽃식물이 어떻게 생식을 하는지(26장), 식물의 기능들이 어떻게 서로 협력하는지(27장)에 대해서 알아볼 것이다. 식물에 대해 생각할 때에는 식물 구조는 육상에서 독립영양적 생존을 위한 적응을 나타내고 있다는 점을 잊지 말아야 한다.

CHAPTER

25 관다발 식물의 자양분 공급, 영양, 그리고 수송

핵심 개념

25.1 자양분 공급을 위한 적응은 관다발 식물 진화의 핵심 과정이다

25.2 단거리와 장거리에서의 물질 수송은 서로 다른 기작으로 이루어진다

25.3 식물 뿌리는 토양으로부터 필요한 요소들을 흡수한다

25.4 식물의 영양은 다른 생물체와의 상호작용도 관련이 있다

25.5 증산작용으로 물과 무기질이 뿌리에서 물관을 거쳐 지상부까지 수송된다

25.6 증산율은 기공에 의해 조절된다

25.7 당은 체관을 통해 공급원으로부터 수용부로 수송된다

▲ **그림 25.1** 왜 미국 사시나무의 잎은 계속 떨리고 있는가?

잎 전체의 지속적인 떨림

어느 맑은 날 미국 사시나무(*Populus tremuloides*) 숲속을 걷고 있다면 황홀하게 펼쳐진 햇살을 맞이하게 될 것이다(**그림 25.1**). 거의 바람이 없는 날에도 생기는 사시나무 나뭇잎의 떨림 때문에 밝은 햇살은 숲의 땅 위에 변화무쌍한 햇살의 조각들로 이루어진 얼룩무늬를 만들어 낸다. 이런 나무잎의 작은 떨림이 어떻게 일어나는지 생각해 보는 것은 그리 어려운 일이 아니다. 각각의 잎자루는 납작하여 잎이 수평으로만 움직이게 한다. 왜 *Populus* 나무에서 이런 특이한 현상을 갖도록 진화하였는지 좀 더 궁금해진다.

어떻게 나뭇잎의 진동이 *Populus* 나무에 도움을 주는지 설명하려는 많은 가설들이 있었다. 그중에는 잎 표면 바로 위에 CO_2 양의 부족 상태를 바꾸어 주려고 한다든가, 초식동물이나 곤충들이 잎을 먹는 것을 방해한다든가 같은 오래된 가설이 있었지만 실험으로 증명되지는 못하였다. 가장 유력한 가설은 잎의 떨림으로 인해 나무의 아래쪽 잎에까지 더 많은 햇빛이 전달되게 하여 전체 나무의 광합성 양을 증가시킨다는 것이다. 이런 잎의 떨림 작용에 의해 제공되는 일시적인 햇살 방향의 변화가 없다면 아래에 있는 잎들은 충분한 광합성을 하기에는 부족한 그늘 속에만 머물러 있게 되는 것이다.

이번 장에서는 우리는 식물이 물이나 무기질, CO_2, 그리고 빛을 좀 더 효율적으로 얻기 위한 다양한 적응 현상들에 대해 알아볼 것이다. 우리는 식물이 어떤 영양소를 얻는지 어떻게 식물의 영양이 자주 다른 생물체와 연관이 있는지 알아볼 것이다. 그러나 이런 식물의 필요한 자원을 얻는 것은 이야기의 시작에 불과하다. 자원은 필요한 곳으로 수송되어야 한다. 그래서 우리는 이번 장에서 물, 무기질, 그리고 당이 식물 전체에 어떻게 수송되는지도 알아보려고 한다.

개념 25.1

자양분 공급을 위한 적응은 관다발 식물 진화의 핵심 과정이다

진화 식물은 전형적으로 두 곳의 세계, 즉 식물의 지상부가 태양 빛과 CO_2를 얻는 지표 위의 세계와 뿌리가 물과 무기질을 얻는 지표 아래의 세계에서 살고 있다. 이런 두 곳의 공급원로부터 자양분을 얻는 적응과정이 없었다면 식물은 육지에 자리 잡지 못하였을 것이다.

식물의 조상인 조류는 물, 무기질, 그리고 CO_2를 그들이 살고 있는 물에서 직접 얻었다. 조류에서의 모든 세포는 이와 같은 물질의 공급원과 가까이 있었기 때문에 쉽게 수송이 이루어진다. 가장 초기의 육지 식물은 그들이 살고 있는 얕은 담수 위로, 광합성을 하는 지상부가 자라는 비관다발 식물이었다. 이와 같이 잎이 없는 지상부는 전형적으로 왁스 큐티클층과 적은 수의 기공 때문에 광합성을 위한 CO_2와 O_2 기체의 교환은 계속 이루어지지만 물의 지나친 손실은 피할 수 있었다. 초기 식물의 안착과 흡수 기능은 줄기의 기부나 관모양의 헛뿌리에 의해 이루어진 것으로 생각된다.

식물이 진화하고 수가 늘어남에 따라 빛과 물, 그리고 영양소에 대한 경쟁이 심해졌다. 키는 크면서도 넓고 평평한 부속기관을 가진 식물은 빛을 흡수하는 데 유리하였다. 그러나 이런 표면적의 증가로 증발도 늘어나기 때문에 물이 더 필요하게 한다. 또한 더 커진 지상부는 안착할 부위가 필요하였다. 이런 필요성 때문에 다세포의 곁가지를 갖는 뿌리가 생겨나게 되었다. 반면에 지상부의 높이가 커짐에 따라 광합성 지상부와 지표 아래의 비광합성 부위가 나뉘게 되자 물, 무기질, 그리고 광합성 산물의 장거리 수송을 효율적으로 할 수 있는 식물이 자연선택되었다.

물관과 체관으로 이루어진 관다발 조직의 진화로 장거리 수송을 할 수 있는 강한 뿌리와 지상계의 발달이 가능하게 되었다. **물관(xylem)**은 뿌리에서 지상부로 물과 무기질을 수송한다. **체관(phloem)**은 광합성 산물을 만든 곳이나 저장된 곳에서 필요한 곳으로 수송한다. 그림 25.2는 낮 동안에 관다발 식물에서 자양분의 공급과 수송의 개괄적인 모습을 보여주고 있다.

지상부의 구조와 빛의 포획

식물의 성공은 일반적으로 광합성에 달려 있기 때문에, 자연선택에 의해 태양에서 빛, 공기 중에서 CO_2를 좀 더 효율적으로 얻을 수 있도록 지상부의 여러 구조적 적응이 나타났다. 효율적인 물 사용도 또 하나의 지상부 구조 진화에 영향을 준 중요한 요인이었다.

자연에서 지상부 구조에 나타나는 위상, 모양, 방향성, 그리고 줄기와 잎의 특성을 포함한 어마어마한 다양성은, 즉 식물종에서 우리가 눈으로 볼 수 있는 다양성은 주로 각 종이 살고 있는 생태지에서 빛을 효율적으로 포획하려는 적응에서 만들어진 것이라고

▼ 그림 25.2 관다발 식물에서 자양분 공급과 수송의 개요

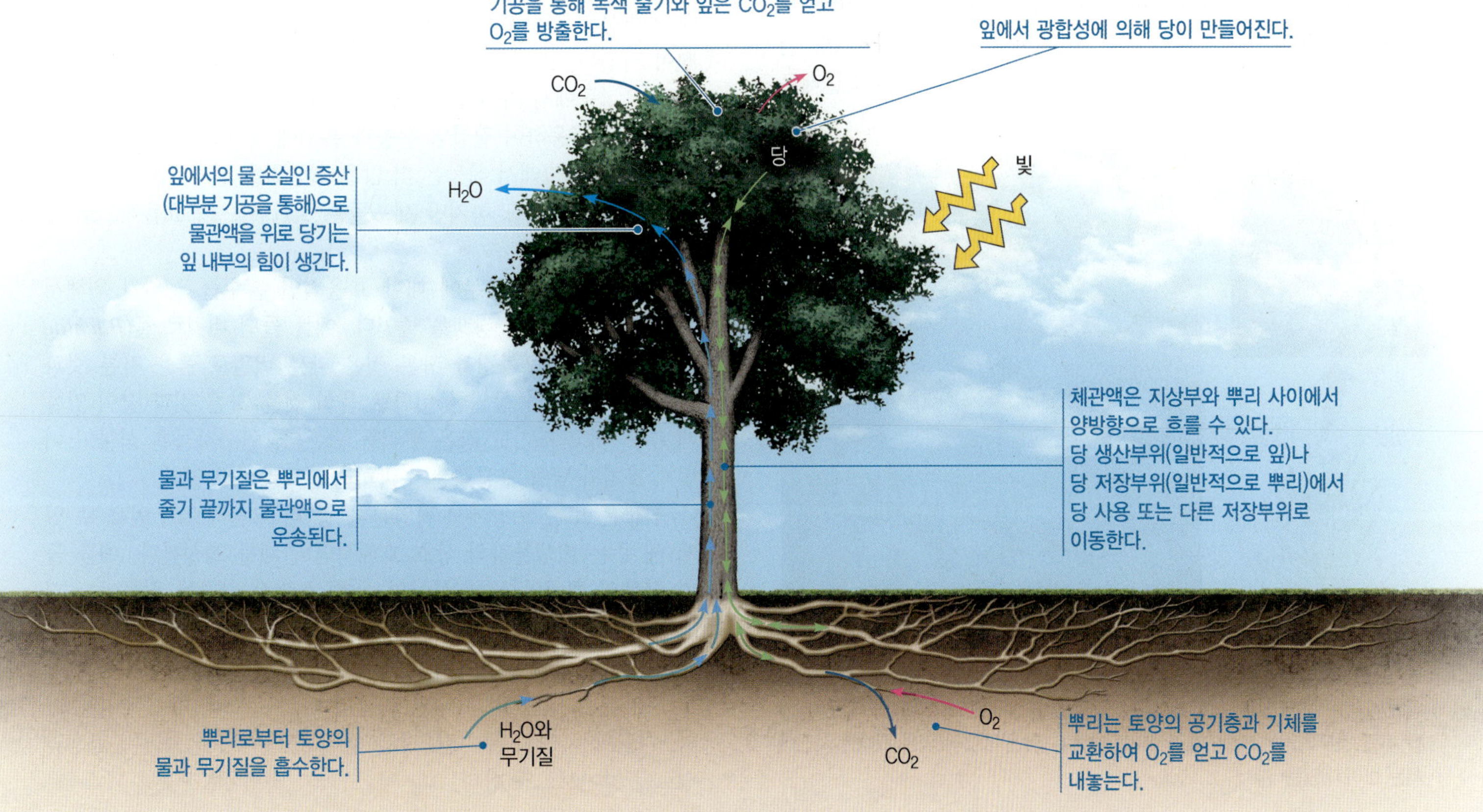

할 수 있다.

줄기의 길이, 넓이, 그리고 가지나기의 형태는 빛의 포획에 영향을 주는 세 가지 구조적 특성이다. 식물의 키가 커지면 주변 식물에 의한 그늘에서 벗어나게 된다. 대부분의 키가 큰 식물들은 두터운 줄기를 갖고 있어 잎에 더 많은 관다발 수송을 제공하고 튼튼하게 설 수 있도록 지탱한다. 덩굴 식물은 예외적으로 줄기를 지탱하기 위해 다른 물체(일반적으로 다른 식물)를 활용한다. 나무에서는 줄기가 2기 생장을 통해 더 두꺼워진다(그림 24.10). 가지나기는 일반적으로 식물이 광합성을 위한 햇빛을 좀 더 효율적으로 얻을 수 있도록 해 준다. 그러나 코코넛 야자 같은 종들은 가지나기를 거의 하지 않는다. 가지나기 형태에 왜 이렇게 많은 변형이 나타날까? 식물은 지상부 생장에 필요한 에너지를 무한대로 가지고 있는 것은 아니다. 만약 대부분의 에너지를 가지나기에 써버린다면 키가 크는데 사용될 에너지가 적어지게 되고 그래서 더 키가 큰 식물 때문에 생기는 그늘 아래에 있게 될 위험성이 늘어난다. 역으로 만약 대부분의 에너지를 키 생장에 쓰게 된다면 그 식물은 햇빛 포획에는 적합하지 않게 된다.

대부분의 잎들의 넓은 표면적은 빛을 포획하기에 좋고 기공은 광합성 조직 안으로 CO_2를 확산시키도록 한다. 그러나 기공이 열리면 물의 증발이 일어나게 된다. 결과적으로 식물의 적응은 광합성 작용을 증가시킬 것인가 물의 손실을 최소화할 것인가 사이에서 타협하는 것이다. 뒤에 우리는 식물이 어떻게 기공의 개폐를 조절하여 CO_2 포획을 증가시키고 물의 손실을 줄이는지 살펴볼 것이다.

잎차례(phyllotaxy)로 알려진 줄기에서의 잎의 배열은 빛을 포획하는 데 대단히 중요한 구조이다. 잎차례는 지상부의 정단 분열 조직에 의해 결정되며(그림 24.16) 각 종마다 특이적이다(그림 25.3). 종에 따라 한 결절에 한 잎(교번 또는 회전 잎차례)이나, 두 잎(상반 잎차례), 또는 여러 개의 잎(윤번 잎차례)을 가지기도 한다. 대부분의 속씨식물은 교번 잎차례를 가지고 있어 줄기 둘레로

▲ 그림 25.3 노르웨이 가문비나무의 새로 만들어진 잎차례. 지상부 끝 위에서 찍은 주사 전자 현미경 사진은 잎의 출현 형태를 보여주고 있다. 잎이 가장 어린 것부터 1번으로 번호가 매겨져 있다. (어떤 번호의 잎은 확대한 사진에서는 보이지 않는다.)

나선형으로 내려가며 잎이 배열되어 전 잎의 자리로부터 137.5° 정도에서 다음 잎이 생긴다. 왜 137.5°일까? 어떤 가설에 의하면 이 각은 위의 잎 때문에 아래 잎에 생기는 그늘을 최소한으로 줄일 수 있다고 한다. 강한 햇빛이 쪼여서 잎에 해를 주는 환경에서는 잎의 배열이 반대가 되어 그늘이 커진다.

한 생태계에 있는 모든 식물의 잎 전체 표면적은 각 식물의 생산량에 영향을 미친다. 만약 여러 식물 층이 형성되어 있다면 아래쪽에 위치한 식물의 잎에는 너무 그늘이 져서 호흡보다 오히려 광합성이 더 적게 될 수도 있다. 이럴 때는 생식기관이 아닌 잎이나 가지는 예정 세포사가 일어나고 결국에는 스스로 자르기(self-pruning)라 부르는 과정을 겪게 된다.

빛의 포획에 영향을 주는 또 다른 요인은 잎의 방향이다. 어떤 식물은 잎이 수평으로 있지만 잔디 같은 풀은 잎이 수직으로 서 있다. 빛이 부족한 상황에서는 수평의 잎이 수직의 잎보다 훨씬 더 효율적으로 빛을 받을 수 있다. 그러나 초원이나 다른 햇빛이 많은 곳에서는 위에 있는 잎은 수평 방향이라면 지나치게 강한 빛을 받아 잎에 손상을 주고 광합성도 줄게 될 것이다. 그러나 식물의 잎이 거의 수직인 경우, 빛의 광선은 잎의 표면과 평행이라서 빛을 너무 많이 받는 잎은 없고 빛이 아래의 잎까지 더 깊이 뚫고 내려갈 수 있을 것이다.

뿌리 구조와 물과 무기질 공급

지상계가 이용하는 자양분 원천이 CO_2와 햇빛이라면 뿌리계를 통해 얻어지는 자양분의 원천은 토양이다. 토양에 있는 영양분을 얻기 위해 식물은 뿌리의 구조와 생리작용을 빠른 속도로 적응시킬 수 있다. 예를 들면 많은 식물에서 뿌리는 낮은 농도의 질산염 토양에 반응해서는 가지나기를 하는 대신 그 부위를 관통하며 직접 뻗어 나간다. 반대로 질산염 농도가 높은 토양을 만나면 뿌리는 대부분 그곳에서 가지나기를 한다. 또한 뿌리세포는 고농도 질산염 토양에 반응하여 질산염 수송과 흡수에 필요한 단백질을 더 많이 합성한다. 그래서 식물은 더 많은 질산염을 얻기 위해 식물체의 부위를 더 늘리기도 하지만 세포들은 질산염을 더 효율적으로 흡수하도록 한다.

또한 한정된 영양분에 대한 효율적인 흡수를 늘리기 위해서는 뿌리계 내에서의 경쟁을 줄인다. 예를 들면 버펄로 풀(*Buchloe dactyloides*)의 포복경을 자른 것은 다른 버펄로 풀을 자른 것과 같이 있을 때보다 동일한 버펄로 풀의 것을 자른 것과 같이 있을 때 수도 적고 크기도 작은 뿌리를 만든다. 연구자들은 식물이 어떻게 자기와 남을 구분하는지 밝히려고 노력하고 있다.

식물은 또한 토양에서 자양분을 좀 더 효율적으로 얻을 수 있게 해 주는 미생물과의 상호 호혜적인 관계를 형성한다. 예를 들면 식물의 뿌리와 균류 사이의 상호 호혜적 진화는 식물이 육지 상륙에 성공하는 데 결정적인 역할을 하였다. 식물 영양에서의 균근의 역할은 개념 25.4에서 다룰 것이다.

자양분은 일단 얻게 되면 식물의 다른 부위로 수송되어야 한다. 다음에는 물과 무기질, 당분이 식물 속에서 수송되는 과정과 경로를 알아보고자 한다.

개념 25.2

단거리와 장거리의 물질 수송은 서로 다른 기작으로 이루어진다

식물 속에서 이동하는 물질과 그런 물질이 수송되어야만 하는 거리나 장벽의 다양성을 생각한다면 식물이 여러 가지 수송과정을 사용한다는 것을 그리 놀라운 일이 아니다. 그러나 이런 과정을 알아보기 전에 우리는 먼저 식물의 두 가지 기본 수송과정, 즉 아포플라스트와 심플라스트를 살펴볼 것이다.

아포플라스트와 심플라스트: 수송 연속체

식물조직은 아포플라스트와 심플라스트라고 하는 두 주요 부위를 가지고 있다. **아포플라스트(apoplast)**는 살아 있는 세포의 원형질막 바깥쪽 모든 부위와 함께 세포벽, 세포외 공간, 그리고 헛물관과 물관 같은 죽은 내부를 포함한다. **심플라스트(symplast)**는 식물의 모든 살아 있는 세포의 전체 세포기질과 세포 사이를 잇는 세포기질 통로인 원형질연락사로 이루어진다.

식물 세포의 구획된 구조는 아포플라스트, 심플라스트, 세포막 통과 경로 등 세 가지 경로를 제공하여 식물 조직이나 기관 사이사이의 수송이 이루어지게 한다(그림 25.4). **아포플라스트 경로**(apoplastic route)에서는 물과 용질(물에 녹은 화학물질)이 세포벽과 세포외 공간의 연속체를 따라 이동한다. **심플라스트 경로**(symplastic route)에서는 물과 용질이 식물 조직 내의 세포기질 연속체를 따라 이동한다. 이 경로는 물질이 처음 식물체에 들어 왔을 때 한 번의 세포막 통과가 필요하다. 세포 내에 들어간 후 물질은 원형질연락사를 통해 세포 사이의 이동을 한다. **세포막 통과 경로**(transmembrane route)는 물과 용질이 세포 밖으로 나와서, 세포벽을 가로지르고, 이웃 세포로 들어가는 식을 반복하며 이동하는 것이다. 이와 같은 세 가지 경로는 단독으로 일어나는 것이 아니며 물질은 하나 이상의 경로를 사용하게 된다.

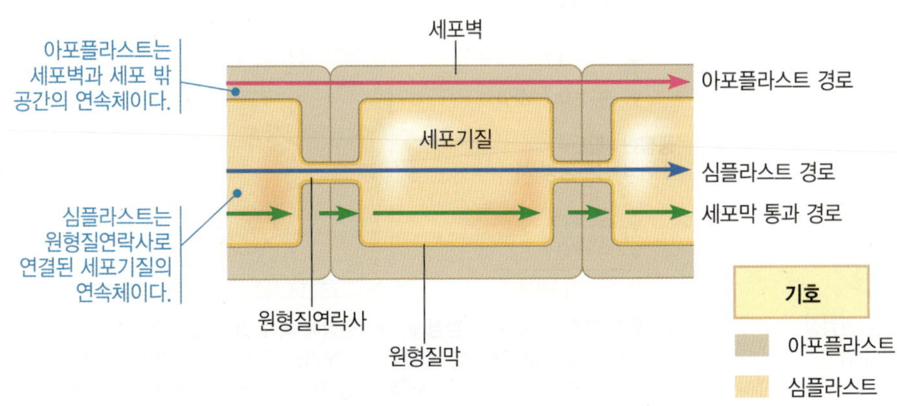

▲ **그림 25.4 단거리 수송을 위한 세포의 구획과 경로.** 어떤 물질은 하나 이상의 수송 경로를 사용할 수 있다.

원형질막을 통과하는 용질의 단거리 수송

식물에서는 다른 생물체에서와 같이 세포 안팎으로 물질의 단거리 수송을 원형질막의 선택적 투과성으로 조절한다. 능동수송과 수동수송 둘 다 식물에서 일어나며, 식물의 세포막은 다른 세포에서도 같은 기능을 하는 일반적인 펌프나 수송 단백질(통로 단백질, 운송 단백질, 공동수송체)을 갖고 있다. 그러나 동물 세포와 식물 세포의 원형질막은 서로 다른 점이 있다. 동물 세포와는 다르게 식물 세포에서는 소듐이온(Na^+)보다는 수소이온(H^+)이 기본적인 수송과정에서 주된 역할을 한다. 예를 들면, 식물 세포에서 막퍼텐셜(막 사이에 생기는 전압)은 주로 소듐-포타슘 펌프에 의한 Na^+이 아닌 양전하 펌프로 H^+을 퍼내어 생성한다. 또한 H^+는 흔히 식물에서, Na^+은 전형적으로 동물 세포에서 공동수송된다. 공동수송에서 식물 세포는 많은 여러 용질의 능동수송을 위해 H^+ 농도기울기와 막퍼텐셜의 에너지를 사용한다. 예를 들면 체관부 세포나 다른 식물 세포에서 당과 같은 중성 용질을 흡수하기 위해서는 H^+과의 공동수송을 활용한다. H^+/설탕의 공동수송에서 H^+를 전기화학적 기울기가 낮은 방향으로 이동시킴으로써 설탕을 높은 농도 쪽으로 옮긴다. H^+와의 공동수송은 또한 식물 세포막을 가로질러 이온의 이동을 촉진한다.

또한 식물 세포의 막은 특정 이온만 통과시키는 이온통로를 가지고 있다. 동물 세포처럼 대부분의 통로는 문이 있어서 화학물질, 압력, 전압 같은 자극에 반응하여 열고 닫는다. 이번 장의 후반에는 공변세포에서 어떻게 K^+이온통로가 기공을 열고 닫게 하는지 설명할 것이다. 이온통로는 또한 동물의 활동전위와 유사한 전기 신호를 만드는 데 관여한다. 예를 들면 체관은 신경과 같은 식물 전체의 기능을 돕는 전기적 신호를 만든다. 그러나 이런 신호는 동물 세포에 비하여 1,000배나 느리며 동물 세포가 사용하는 Na^+ 이온통로보다는 Ca^{2+}으로 활성화된 음이온 통로를 사용한다.

원형질막을 통과하는 물의 단거리 수송

세포에서 물의 흡수와 손실은 막을 가로지르는 자유로운 물(용질이나 표면에 붙어 있지 않는 물)의 확산이라는 **삼투(osmosis)**에 의해 일어난다. 물이 흐르는 이동 방향을 정하는 물리적 성질은 **수분 퍼텐셜(water potential)**이며 용질의 농도와 물리적 압력이 합해진 효과의 측정값이다. 이런 자유로운 물은 장벽이 없다면 수분 퍼텐셜이 높은 곳에서 낮은 곳으로 움직인다. 예를 들면 종자나 식물 세포가 더 높은 수분 퍼텐셜을 가진 용액 속에 들어가면 물이 종자나 세포 안으로 들어가고 그렇게 되면 물은 세포를 팽창시키게 된다. 팽창된 식물 세포나 종자는 굉장한 힘을 보이게 된다. 예를 들면 팽창된 나무의 뿌리 세포는 콘크리트 도로를 부술 수 있고 배 밑창 틈새로 들어간 곡물이 젖어서 팽창하게 되면 선체가 파손되어 배가 가라앉게 하기도 한다. 이와 같은 강력한 힘으로 볼 때 종자가 물을 흡수하는 것이 능동적인 작용인지 아닌지 생각해 보는 것은 흥미롭다.

수분 퍼텐셜은 그리스어로 프사이(Ψ)라고 한다. 식물학자들은 **메가파스칼(megapascal)**이라고 부르는 압력의 단위(약자로 **MPa**)로 Ψ를 측정한다. 정의상으로는 표준 조건(해수면, 실온)에서 공기에 노출된 통 속에 들어 있는 순수 물의 Ψ를 0 MPa로 정하였다.

어떻게 용질과 압력이 수분 퍼텐셜에 영향을 줄 수 있을까

용질의 농도나 물리적 압력은 물을 머금은 식물에서 수분 퍼텐셜을 결정하며 다음의 수분 퍼텐셜 방정식(water potential equation)으로 나타낼 수 있다.

$$\Psi = \Psi_S + \Psi_P$$

여기서 Ψ는 수분 퍼텐셜, Ψ_S는 용질 퍼텐셜(삼투 퍼텐셜), 그리고 Ψ_P는 압력 퍼텐셜이다. 용액의 **용질 퍼텐셜(solute potential, Ψ_S)**은 녹아 있는 용질 분자수에 비례한다. 용질이 삼투현상의 방향에 영향을 주기 때문에 용질 퍼텐셜은 삼투 퍼텐셜(osmotic potential)이라고도 부른다. 식물에서 용질이란 일반적으로 무기질 이온과 당을 말한다. 순수한 물의 Ψ_S는 0이라고 정의할 수 있다. 순수한 물에 용질이 첨가되면 물과 결합하게 된다. 그래서 자유로운 물분자의 수가 적어짐으로써 물이 이동하거나 일하려는 능력도 감소한다. 이런 방식으로 용질이 많아지면 반대로 수분 퍼텐셜을 낮추게 되므로, 용액의 Ψ_S가 항상 0 이하가 된다. 예를 들면, 0.1 *M* 설탕 용액은 −0.23 MPa의 Ψ_S를 갖는다. 용질의 농도가 증가할수록 Ψ_S는 더 높은 음수 값이 된다.

압력 퍼텐셜(pressure potential, Ψ_P)은 용액의 물리적 압력을 말한다. Ψ_S와는 다르게 Ψ_P는 대기압에 대해 음의 값과 양의 값이 모두 가능하다. 예를 들면, 용액을 주사기로 빨아 올릴 때 음압이 되고 주사기에서 배출될 때는 양압이 된다. 세포 속의 물은 삼투압에 의한 물의 흡수로 인한 양압의 상태에 있게 된다. 특히 **원형질체(protoplast**; 원형질막은 포함하는 세포의 살아 있는 부위)는 세포벽을 밀게 되고 이런 압력을 **팽압(turgor pressure)**이라 한다. 마치 타이어 속에 채워진 공기처럼 이런 내부로부터의 미는 힘은 식물 조직의 단단함을 유지하고 세포 신장을 위한 추진력으로 작용하기 때문에 식물의 기능에 매우 중요하다. 역으로 식물에서 속이 비고 죽은 물관(헛물관이나 물관요소) 속에 물의 압력 퍼텐셜은 거의 −2 MPa보다 더 적은 음의 값을 갖는다.

이제 수분 퍼텐셜 공식을 적용하는 것을 배웠기 때문에 다음의 사항을 기억해야 한다. 물은 수분 퍼텐셜이 높은 곳에서 낮은 곳으로 이동한다.

식물 원형질막을 통과하는 물의 이동

이제 어떻게 수분 퍼텐셜이 살아 있는 식물 세포에서 물의 흡수와 손실에 영향을 주는지 생각해 보자. 먼저 물을 잃는 경우로써 어떤 **흐늘흐늘한(flaccid)** 세포를 상상해 보자. 이 세포의 Ψ_P은 0 MPa이다. 이 흐늘흐늘한 세포를 세포보다 높은 농도의 용액, 즉 용질 퍼텐셜이 더 큰 음의 값을 갖는 용액에 넣었다(그림 25.5a). 외부 용액이 더 낮은, 즉 더 큰 음의 수분 퍼텐셜 값을 갖기 때문에 삼투에 의해 물은 세포에서 흘러나온다. 세포의 원형질체는 **원형질분리(plasmolysis)**가 일어나는데 이는 세포가 쭈그러들어 세포벽으로부터 떨어지는 현상이다(그림 25.5b). 만약 같은 흐늘흐늘한 세포를 순수한 물(Ψ = 0 MPa)에 넣으면 세포 속의 용질 때문에 물보다 더 낮은 수분 퍼텐셜을 갖고 그래서 물이 삼투현상에 의해 세포로 들어간다. 세포의 내용물은 부풀어 오르기 시작하고 세포막을 세포벽으로 민다. 팽압을 보이는 약간 탄력성이 있는 세포벽은 압력 받은 원형질체를 막아선다. 이런 압력이 세포 속의 용질로

초기의 흐늘한 세포:
ψ_P = 0
V_S = −0.7
ψ = −0.7 MPa

환경
0.4 *M* 설탕 용액:
ψ_P = 0
ψ_S = −0.9
ψ = −0.9 MPa

원형질 분리된 세포
주위와 삼투평형 시
ψ_P = 0
ψ_S = −0.9
ψ = −0.9 MPa

(a) **초기 조건: 세포 ψ > 환경 ψ.** 세포에서 물이 빠져나가고 세포는 원형질 분리가 일어난다. 완전히 원형질 분리가 일어난 후에는 세포와 주위 환경의 수분 퍼텐셜이 같아진다.

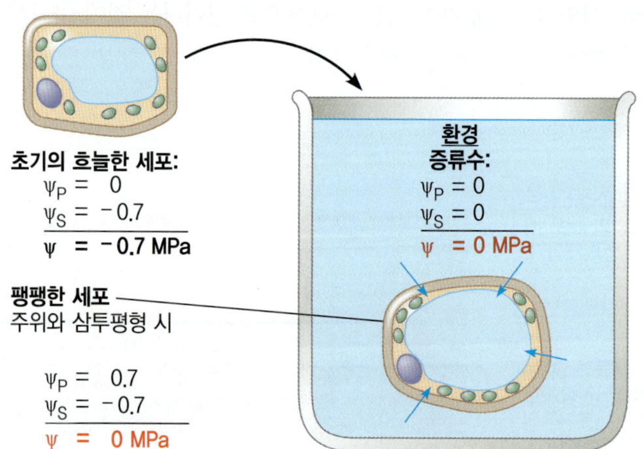

(b) **초기 조건: 세포 ψ < 환경 ψ.** 삼투현상에 의해 결국 물이 흡수되어 세포가 팽팽해진다. 이렇게 물이 들어오려는 경향이 탄력적인 세포벽의 반사 압력으로 사라질 때 세포와 주위 환경의 수분 퍼텐셜은 같아지게 된다. (세포 부피의 변화는 그림에서 과장되어 표현되었다.)

▲ **그림 25.5 식물 세포에서의 물 관계.** 이 실험에서 처음에는 흐늘흐늘한 세포(세포의 원형질체는 세포벽에 접촉하지만 팽압은 없다)를 두 가지 다른 환경 속에 넣었다. 파란 화살표는 초기에 물의 순이동 방향을 표시한다.

인해 물이 들어오려는 경향을 상쇄하기에 충분할 때에는 Ψ_S와 Ψ_P가 같아지고 Ψ가 0이 된다. 이것은 이번 예에서 0 MPa로써 외부 환경의 수분 퍼텐셜과 일치한다. 역동적인 평형에 도달되어 더 이상의 물의 순이동은 없다.

흐늘흐늘한 세포와는 반대로 주위보다 용질 농도가 높은 세포는 **부풀(turgid)**거나 단단해진다. 부풀어 있는 세포는 서로 밀기 때문에 이런 세포로 이루어진 조직은 견고하다. 팽팽함을 잃는 효과를 시드는 **현상(wilting)**에서 볼 수 있는데 이때 세포에서 물이 빠져나가게 되어 잎과 줄기가 늘어지게 된다(그림 25.6).

아쿠아포린: 물의 확산을 도움

수분 퍼텐셜의 차이는 막을 가로지르는 물의 이동 방향을 결정하지만 물분자가 실제로 막을 어떻게 이동할 수 있을까? 생체막을 통과하는 물의 이동은 너무 빨라서 단순확산만으로 설명할 수 없다. 대부분의 경우 **아쿠아포린(aquaporine)**이라는 수송 단백질이 막을 가로지르는 물의 이동을 돕는다. 아쿠아포린 통로를 열고 닫으면서 삼투압에 의해 막을 가로질러 이동하는 물의 속도에 영향을 준다.

장거리 수송: 부피 유동의 역할

식물에서 장거리 수송은 압력 기울기에 반응하는 액체의 움직임인 **부피 유동(bulk flow)**을 통해 일어난다. 물질의 부피 유동은 항상 고압력에서 저압력으로 일어난다. 삼투압과는 다르게 부피 유동은 용질의 농도와는 무관하다. 장거리 부피 유동은 물관부의 헛물관과 물관요소 그리고 체관부의 체관 요소 안에서 일어난다. 이런 통로 세포의 구조가 부피 유동을 가능하게 한다. 성숙된 헛물관과 물관요소는 죽은 세포라서 세포질이 없고 체관의 세포질은 거의 내부 소기관이 없다. 하수구가 부분적으로 막힌 것을 경험해 본 사람이라면 파이프를 통해 흐르는 액체의 부피는 관의 안쪽 지름에 비례한다는 것을 알 것이다. 하수 오물은 하수관의 유효 지름을 줄인다. 가정에서의 이와 같은 경험은 부피 유동을 위해 특화된 식물의 구조가 그 역할에 왜 적당한지 이해할 수 있게 해준다. 부엌에 막힌 하수관을 뚫는 것처럼 식물의 하수도에서 세포질이 없거나 줄어들게 하여 물관부나 체관부를 통한 부피 유동이 효율적으로 일어나게 한다.

▲ 그림 25.6 **적당히 시든 식물에 물을 주면 다시 팽팽해진다.**

확산, 능동수송, 그리고 부피 유동은 식물 전체에서 자양분을 수송하기 위해 함께 작용한다. 다음에는 우리는 좀 더 자세히 뿌리에서 줄기로의 물과 무기염류의 수송, 증산작용의 조절, 그리고 당의 수송에 대해 살펴볼 것이다.

개념 25.3

식물 뿌리는 토양으로부터 필요한 요소들을 흡수한다

식물의 생장에는 토양, 물, 공기가 모두 필요하다. 식물의 수분함량은 식물을 건조시키기 전과 후의 중량을 비교함으로써 측정할 수 있다. 보통 식물 생중량의 80~90%는 수분이 차지한다. 건조중량의 96%는 광합성으로부터 생산된 셀룰로스 같은 탄수화물로 이루어진다 탄수화물의 구성성분은 탄소, 산소, 수소이며 식물 건조 중량에서 가장 풍부한 원소이다. 토양의 무기물은 식물 생존에 필수적이기는 하지만 일반적으로 식물 건조 중량의 4%에 불과하다.

다량 원소와 미량 원소

식물의 무기물에는 약 50가지 이상의 화학원소로 이루어진다. 식물의 화학적 조성을 연구할 때 식물체에 단순히 존재하는 원소들과 필수적으로 존재하는 원소들을 구분할 필요가 있다. 식물이 한 생활사를 마치고 다른 세대를 생산하는 데까지 필요한 화학원소를 **필수 원소(essential element)**라고 한다.

어떤 화학원소가 필수 원소인지를 정하기 위해서 연구자들은 흔히 식물을 토양 대신에 무기물 용액에서 키우는 **수경재배(hydroponic culture)**를 사용한다. 이러한 연구를 통하여 모든 식물에 필요한 17개의 필수 원소가 밝혀지게 되었다. 수경재배는 작은 규모로 온실에서 몇 가지 작물을 키우는 데 사용되기도 한다.

이들 필수 원소 가운데 식물이 상대적으로 많은 양을 필요로 하는 9개를 **다량 원소(macronutrient)** 한다. 이 중 6개는 식물의 구조를 형성하는 유기화합물의 중요한 성분인 탄소, 산소, 수소, 질소, 인, 황이고 그 밖에 포타슘, 칼슘과 마그네슘이 있다. 모든 무기질 가운데 질소는 식물의 생장과 작물 생산에 가장 크게 기여한다. 식물에서는 단백질, 핵산, 엽록소와 다른 중요한 유기분자의 구성성분으로 질소가 필요하다. 표 25.1에서 다량 원소의 기능을 요약하였다.

또 식물에서 매우 소량이 필요하기 때문에 **미량 원소(micronutrient)**라고 부르는 다른 필수 원소가 있다. 그들은 염소, 철, 마그네슘, 붕소, 아연, 구리, 니켈, 몰리브덴이다. C_4 또는 CAM 광합성 경로를 사용하는 식물에서는 소듐이 9번째 필수 미량 원소가 된다.

식물의 미량 원소는 주로 효소 작용의 보조인자나 비단백질 인자로서 역할을 한다. 예를 들면 철은 엽록체와 미토콘드리아의 전자전달계 단백질인 사이토크롬의 금속 성분이다. 미량 원소는 보

표 25.1 식물의 필수 원소

원소	식물의 흡수 형태	건중량 %	주요 기능
탄소	CO_2	45%	식물 유기화합물의 주요 성분
산소	CO_2	45%	식물 유기화합물의 주요 성분
수소	H_2O	6%	식물 유기화합물의 주요 성분
질소	NO_3^-, NH_4^+	1.5%	핵산, 단백질, 엽록소의 성분
포타슘	K^+	1.0%	많은 효소의 보조인자; 수분평형을 유지하는 주요 용질; 기공의 작동
칼슘	Ca^{2+}	0.5%	중엽과 세포벽의 중요 성분; 막기능 유지; 신호전달
마그네슘	Mg^{2+}	0.2%	엽록소의 성분; 많은 효소의 보조인자
인	$H_2PO_4^-$, HPO_4^{2-}	0.2%	핵산, 인지질, ATP의 성분
황	SO_4^{2-}	0.1%	단백질의 성분

통 촉매작용을 하기 때문에 식물체가 매우 소량만을 필요로 한다. 예를 들어 몰리브덴은 식물의 건조 중량에서 수소원자 6,000만 개당 1개의 비율로 극소량이 존재한다. 그렇지만 몰리브덴 또는 다른 어떤 미량 원소가 결핍되면 식물은 죽거나 약해진다.

무기질 결핍 증상

무기질 결핍 증상은 부분적으로는 그 영양소의 기능에 따라 나타난다. 예를 들면 엽록소의 구성성분인 마그네슘의 결핍은 잎이 노랗게 되는 **황화현상**(chlorosis)을 유발한다. 그러나 무기질 결핍과 그 증상의 관계가 직접적이지 않는 경우도 있다. 예를 들면 철분 결핍은 철분이 엽록소의 구성성분이 아님에도 불구하고 잎의 황화현상을 나타내는데, 그 이유는 철이온이 엽록소 합성 단계의 효소작용의 보조인자이기 때문이다.

무기질 결핍 증상은 영양소의 역할에 따라서 나타나기도 하지만 식물체 내에서 이동의 문제로 나타나기도 한다. 만약 어떤 영양소가 부족한 양으로 존재하지만 쉽게 이동할 수 있다면 생장 중인 어린 기관은 이런 영양소를 더 많이 모을 수 있어 결핍 증상은 오래된 기관에서 먼저 나타나게 된다. 예를 들어 마그네슘은 비교적 이동성이 좋아서 선택적으로 어린잎으로 이동한다. 따라서 만약 마그네슘이 결핍되면 오래된 잎에서 황화현상이 먼저 나타난다. 그러나 반대로 이동성이 적은 무기질이 결핍된 경우엔 어린 조직이 먼저 영향을 받는다. 예를 들면 철분은 식물체 내에서 쉽게 이동하지 않는데 철분이 결핍되면 오래된 잎에서 어떤 증상이 나타나기도 전에 어린잎에서 먼저 황화현상이 나타난다. 무기물의 필요성은 식물의 나이에 따라 다르다. 예를 들면 어린 유식물에서는 무기질 결핍증이 거의 나타나지 않는데, 그 이유는 무기질 요구량이 종자 안에 저장된 무기물로 거의 충족되기 때문이다.

어떤 식물종에서 무기물 결핍의 증상은 대부분 진단을 내리기에 충분할 정도로 뚜렷하게 나타난다(그림 25.7). 인, 포타슘, 질소가 가장 흔하게 결핍된다. 미량 원소의 결핍 현상은 흔하지 않고 토양 조성에 따른 지역적 차이로 나타난다. 결핍 증상 치료에 필요한 미량 원소의 양은 보통 매우 소량이다. 예를 들면 과수나무에 아연 결핍증이 있을 때에는 몇 개의 아연 못을 나무의 수간에 박으면 된다. 미량 원소는 식물체 내에서 적정량을 유지하는 것이 중요한데 만약 과잉되면 오히려 식물체에 해를 미치게 된다. 예를 들어 질소가 너무 많으면 토마토에서는 좋은 열매가 맺어지기보다는 오히려 지나치게 많이 덩굴이 생장한다.

토양 관리

고대의 농부들은 몇 년이 지나면 토지의 소출이 줄어든다는 사실을 알게 되었다. 경작하지 않던 곳으로 옮겨가도 몇 년이 지나면 똑같은 양상이 나타난다는 것을 관찰하였다. 결국 그들은 토양이란 농한기에 시비(비료를 줌)를 해야만 같은 장소에서도 다시 경작할 수 있는 재생자원이 된다는 사실을 깨닫게 되었다. 이런 정착성 농업은 새로운 생활 방식을 가능하게 하였다. 사람들은 처음

▲ 그림 25.7 **옥수수 잎에 보이는 가장 흔한 무기질 결핍 증상.** 무기질 결핍 증상은 종마다 다양하게 나타난다. 옥수수에서는 질소의 결핍 현상이 오래된 잎의 끝에서 시작된 황변이 중앙(중간골)을 타고 이동하면서 뚜렷해진다. 인산이 결핍된 옥수수는 특히 어린 잎에서 붉은색이 도는 보라색 병변이 나타난다. 포타슘 결핍은 오래된 잎의 끝이나 그 주변이 타버린 것이 보인다.

으로 영구적인 거주지, 즉 마을을 형성하였다. 그들은 새로운 수확기가 될 때까지 필요한 양식을 저장하였고, 이러한 잉여 양식으로 인해 농업이 아닌 다른 직업을 가진 사람이 생길 수 있게 하였다. 다시 말하면 토양 비료의 발견은 현대 사회 생활 방식이 생겨나는 것에 도움을 주었다.

비료

자연 생태계에서 무기질 양분은 일반적으로 동물에서 배출된 배설물이나 죽은 생물체의 잔존물과 그 외 유기물질의 혼합물인 **부식질(humus)**이 분해됨으로써 재사용된다. 만약 같은 농토에서 여러 번 수확을 하게 되면 농토는 양분을 유실하게 되며 이것이 세계적으로 토양 퇴화의 주요 원인이 되었다. 농부들은 시비를 함으로써 무기질 양분을 토양에 공급해 주어야만 한다.

오늘날 산업화된 나라에서는 농부들이 광산으로부터 채취하거나 대단위 에너지가 소모된 과정을 거쳐 만든 무기질이 포함된 비료를 사용한다. 이런 비료에는 보통 질소(N), 인(P), 포타슘(K)이 풍부하게 들어 있는데 이들은 유실된 토양에서 가장 흔하게 결핍된다. 당신은 비료에 N-P-K 비율로 표시된 이들 무기질의 비율을 나타내는 세 자릿수의 코드를 본 적이 있을 것이다. 예를 들어 "15-10-5"라고 표시된 비료는 15% 질소(암모니아나 질산염), 10% 인(인산염), 5% 포타슘(무기 칼리)을 나타낸다.

거름, 어분, 퇴비와 같은 것은 생물체에서 나왔으며 분해 중인 유기물질이 있기 때문에 유기질 비료라고 한다. 그렇지만 식물이 유기질을 이용하려면 그 전에 뿌리가 흡수할 수 있는 무기질로 분해되어야만 한다. 유기질 비료든 화학비료든 무기질은 식물체가 이용하게 될 때 같은 형태지만, 유기질 비료가 무기질을 서서히 방출하는 데 비해 화학비료의 무기질은 바로 쓸 수 있지만 토양에 오랫동안 남아 있지는 못한다. 현대 비료의 단점은 뿌리에 흡수되지 않는 여분의 무기질이 강우나 관개에 의해 토양으로부터 유실되어 없어진다는 것이다. 설상가상으로 무기질이 호수에 흘러 들어가면 조류를 폭발적으로 증식시킴으로써 물속 산소를 고갈시켜 물고기의 개체군을 급감시킬 수 있다.

토양 산도의 조정

토양 산도는 무기질의 이용에 영향을 미치는 중요한 요인이다. 무기질은 토양의 산도에 따라서 토양 입자에 단단히 결합되어 있거나 식물이 흡수할 수 없는 화학 형태를 가지기도 한다. 대부분의 식물은 약산성의 토양을 선호하는데 그 이유는 높은 농도의 수소이온이 토양 입자의 양으로 하전된 무기질을 대체함으로써 이들을 식물이 잘 흡수할 수 있기 때문이다. 그러나 최적의 작물 생장을 위해 토양 산도를 조정하는 것은 쉬운 일이 아니다. 수소이온 농도의 변화는 어떤 무기질은 이용할 수 있게 하지만 다른 무기질은 반대로 이용할 수 없게 만들기 때문이다. 예를 들면 pH 8에서 식물은 칼슘을 흡수할 수 있지만 철은 거의 이용하지 못한다. 만약 토양이 너무 알칼리성이라면 황산염을 뿌려서 pH를 낮추고, 너무 산성이라면 석회가루를 뿌려서 조정할 수 있다.

토양 산도가 5 이하로 낮아지면 독성의 알루미늄이온(Al^{3+})이 더욱 용해되어 뿌리에 흡수되는데, 이것은 뿌리 생장을 방해한다. 어떤 식물들은 Al^{3+}과 결합해 독성을 줄일 수 있는 유기 음이온을 분비함으로써 이런 상황에 대처하기도 한다. 그러나 인구가 증가하고 식량 생산 압박이 매우 심한 열대지역 같은 곳에서는 낮은 토양 산도와 Al^{3+}의 독성은 계속해서 문제를 일으킨다.

토양의 잘못된 관리는 세계가 직면한 주요 문제 중의 하나다. 전세계 농장의 30% 이상이 좋지 않은 토양 조건, 즉 화학물질오염, 무기물 결핍, 산성화, 염분화, 부족한 배수 등으로 인해 생산량 감소를 겪고 있다. 세계 인구가 계속해서 증가한다면 식량의 수요도 계속 증가할 것이다. 토양의 질이 작물 생산의 주요 요인이 되기 때문에 토양 자원 관리의 필요성은 매우 크다.

표토의 구성

토양은 무기질 및 유기질 성분으로 이루어지며 유기질 성분은 토양에 서식하는 많은 생물체를 포함한다.

무기질 성분 토양 입자의 표면 하전에 따라 여러 가지 영양분과의 결합 능력이 결정된다. 토양 입자는 대부분 음으로 하전되어 있다. 그래서 포타슘(K^+) 같은 양으로 하전된 이온(양이온)이 강하게 이들에 달라붙는다. 질산염(NO_3^-) 같이 음으로 하전된 이온(음이온)은 토양 입자와 결합하지 않기 때문에 침출, 즉 토양을 통과하는 물의 여과로 쉽게 빠져나간다.

뿌리는 무기질 양이온을 토양 입자로부터 직접 흡수하지 못하고 토양액에서 흡수한다. 양이온 무기질은 토양 입자에서 양이온이 다른 양이온, 특히 H^+와 치환되는 **양이온 교환(cation exchange)**을 통해 토양액 속에서 들어간다(그림 25.8). 토양의 양이온 교환 능력은 양이온 흡착 부위의 수와 토양의 pH에 의해 결정된다. 작은 진흙 입자와 유기물이 많은 토양은 양이온 교환 능

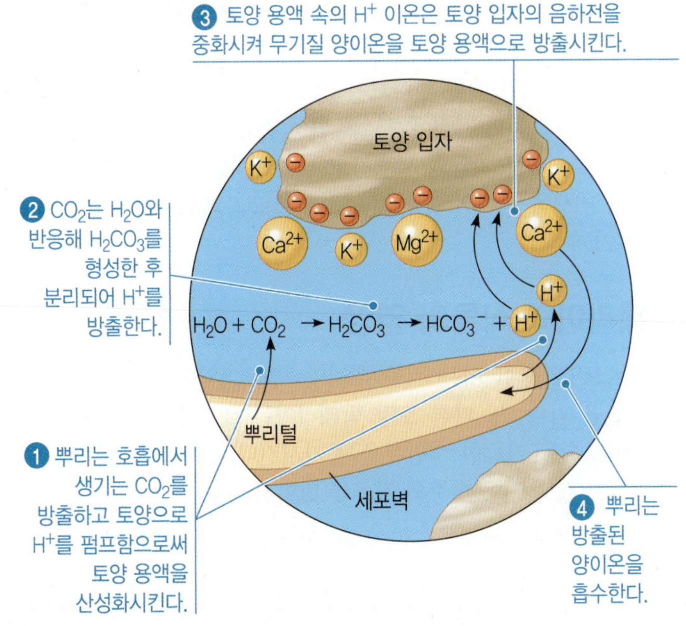

▲ 그림 25.8 **토양에서의 양이온 교환**

력이 더 뛰어나다.

유기질 성분 표토의 주된 유기질 성분인 부식질은 낙엽, 배설물, 죽은 생물체의 분해로 생성된 유기물이나 박테리아와 곰팡이에 의해 분해된 다른 유기물로 구성되어 있다. 부식질은 점토가 서로 뭉치는 것을 막고, 물을 유지하면서도 뿌리에 적절히 공기를 제공할 수 있는 다공성의 무른 토양이 되게 한다. 또한 부식질은 토양의 양이온 교환 능력을 증대시키고, 미생물이 유기질을 분해함에 따라 점차 토양으로 되돌아가는 무기질 양분의 저장고 역할을 한다.

표토는 엄청난 수와 다양성을 가진 생물체의 집이라고 할 수 있다. 한 찻술 정도의 표토에는 약 50억 마리의 박테리아가 있고 이들은 다양한 곰팡이, 조류, 다른 원생생물, 곤충, 지렁이, 선충, 식물의 뿌리와 함께 서식한다. 이 모든 생물체의 활동은 토양의 물리적 화학적 특성에 영향을 미친다. 예를 들면 지렁이는 유기질을 소비하고 유기질에서 자라는 박테리아와 곰팡이로부터 양분을 얻는다. 더욱이 토양의 깊은 곳까지 유기질을 옮겨준다. 또한 토양 입자를 섞고 뭉치게 함으로써 공기가 잘 통하고 물이 보존되도록 한다. 식물의 뿌리도 토성과 토양의 구성에 영향을 미치는데 예를 들면 토양과 결합함으로써 토양 침식을 막고, 유기산을 방출함으로써 토양 산도를 낮춘다.

개념 25.4

식물의 영양은 다른 생물체와의 상호작용도 관련이 있다

지금까지 우리는 식물을 토양 자원의 착취자로 묘사해 왔다. 그러나 식물과 토양은 쌍방향의 관계를 갖는다. 죽은 식물은 토양 미생물에게 필요한 많은 에너지를 공급하며 살아 있는 식물은 뿌리에서 분비되는 분비물이 뿌리 근처 환경에 서식하는 다양한 미생물을 지원한다. 식물은 많은 종류의 미생물과의 관계에서 여러 이익을 얻는다. 이런 계를 넘나드는 상호 호혜적인 관계는 자연계에서 드물기는 하지만 식물에게는 특별히 중요하다(그림 25.9). 여기에서 우리는 식물 영양의 특별하고 비호혜적인 관계와 함께 식물과 토양 미생물 사이의 몇 가지 중요한 상리공생(mutualistic)에 대해 살펴보고자 한다.

박테리아와 식물의 영양

몇몇의 토양 박테리아는 식물 뿌리와 서로 이익이 되는 화학물질의 교환을 한다. 또 다른 토양 박테리아는 유기물질의 분해를 증진시키고 이용 가능한 영양분을 증가시킨다. 어떤 박테리아는 뿌리 안에서 살면서 공기 중의 질소를 변환시킨다.

근권세균

다양한 상호 호혜적인 박테리아들이 식물의 영양에 어떤 역할을 한다. **근권세균(rhizobacteria)**은 식물 뿌리를 둘러싸는 토양층인 **근권(rhizosphere)**에서 산다. **내생식물(endophytes)**은 비병원성 박테리아(또는 곰팡이)로 식물 세포들 사이에서 살지만 세포들과 깊고 긴밀한 관계를 갖지도 않으며 형태를 변형시키지도 않는다. 내생식물성 박테리아와 근권세균 둘 다 식물 세포가 분비하는 당, 아미노산, 그리고 유기산 등의 영양분에 의존하여 산다. 근권의 경우 식물의 광합성 생성물 20%정도가 이런 조그만 생태계의 미생물에게 제공된다. 반대로 이들 박테리아는 다양한 기전으로 식물의 생장을 증진시킨다. 어떤 것들은 식물의 생장을 자극하는 물질을, 어떤 것은 뿌리가 병에 걸리지 않도록 항생제를 만든다. 또 다른 것들은 독성 금속이온을 흡수하거나 영양분이 더 많이 뿌리에게 가도록 만든다. 식물–생장–촉진 근권세균을 접종한 종자는 작물 생산량을 증가시키고 비료와 농약 사용량을 감소시켜준다.

내생식물성 박테리아가 차지하는 세포 사이의 공간이나 식물 뿌리 계와 관계를 맺고 있는 근권 세균은 모두 독특하고 복잡한 뿌리 분비 혼합물과 주변의 것들과는 다른 미생물 생성물을 가지고 있다. 최근의 메타유전체학적 연구에서 내생식물성 박테리아 군집과 근권에 있는 박테리아 군집의 조성이 동일하지 않다는 사실을 알게 되었다(그림 25.10). 뿌리 안과 주변의 박테리아를 더 잘 이해한다면 농업에 큰 도움이 될 것으로 생각된다.

질소 순환에서의 박테리아

식물은 사용 가능한 질소를 더 많이 만들도록 돕는 여러 그룹의 박테리아와 상리공생 관계를 가진다. 지구 전체로 볼 때 단백질과 핵산의 합성에 많은 양이 요구되는 질소만큼 식물 생장을 제한하는 무기질 영양분은 없다. 여기서 우리는 식물에 의해 직접적으로 질소 동화작용을 일으키는 과정에 대해 집중해 볼 것이다.

암모늄이온(NH_4^+)이나 질산염이온(NO_3^-)은 식물이 사용하는 질소의 형태다. 몇몇 토양의 질소는 암석의 풍화작용으로 생긴다. 번개도 또한 소량의 NO_3^-를 만들어 비를 통해 토양으로 들어간다. 그러나 식물이 사용하는 대부분의 질소는 박테리아의 활동으로 생긴다(그림 25.11).

질소 순환(nitrogen cycle)은 자연계의 질소와 질소성 화합물의 변환을 말한다. 생물이 죽거나 동물이 배설물을 내보낼 때 질소의 처음 형태는 유기질이다. 분해자는 암모니아화라고 부르는 과정을 거쳐 이런 남아 있던 유기질 질소를 다시 암모늄(NH_4^+)으로 변환시킨다. 다른 암모니아의 원천은 질소 고정 세균(nitrogen-fixing-bacteria)으로서 기체 상태의 질소(N_2)를 NH_3로 변환시킨 후 토양수의 H^+를 받아서 NH_4^+를 만든다.

NH_4^+에 더해서 식물은 또한 NO_3^-(질산염)의 형태로 질소를 얻을 수도 있다. 토양의 NO_3^-는 주로 질소화작용(nitrification)이라는 두 단계, 즉 암모니아(NH_3)가 산화되어 아질산이온(NO_2^-)으로, 이어서 다시 질산염(NO_3^-)으로 산화되는 과정을 통해 얻어진다. 다른 유형의 질화세균(nitrifying bacteria)이 각각의 단계를 맡는다. 뿌리가 NO_3^-을 흡수하면, 식물의 효소는 이것을 NH_4^+로 환원시킨 다음, 또 다른 효소가 이것을 아미노산이나 다른 유기화합물에 결합시킨다. 대부분의 식물종들은 질소를 NO_3^- 또는 뿌리에서 합성된 유기화합물의 형태로 물관부를 통해 뿌리로부터 지상계로

▼ 그림 25.9

MAKE CONNECTIONS

생물계와 영역을 넘나드는 상리공생

어떤 독성을 가진 물고기는 자신이 독을 만드는 것은 아니다. 그게 가능한 일인가? 어떤 개미 종은 나뭇잎을 씹기는 하지만 먹지는 않는다. 왜 그럴까? 그 해답은 한 종이 다른 종에게 특정 물질을 제공하거나 도움을 주는 종간의 관계, 즉 상리공생에서 찾을 수 있다. 때로는 상리공생이 두 종의 동물사이처럼 같은 생물계에서 일어나기도 하지만 많은 경우 여기서 제시하는 것처럼 생물계와 영역을 넘어서는 종 사이에 일어난다.

곰팡이-박테리아

지의류는 곰팡이와 한 광합성 파트너 사이의 상리공생이다. 지의류 *Peltigera*에서 광합성을 하는 파트너는 시아노박테리아의 한 종이다. 시아노박테리아가 탄수화물을 제공하는 한편 곰팡이는 부착성과 방어, 무기질, 그리고 물은 제공한다.

지의류 *Peltigera*

지의류 *Peltigera*의 종단면은 곰팡이 층 사이에 끼어 있는 녹색의 광합성 박테리아를 보여준다.

동물-박테리아

푸구는 복어의 일본 이름으로 그 맛은 자칫 죽음으로 몰아갈 수도 있다. 대부분의 복어 종은 장기 특히 간이나 난소, 장 등의 기관에 치사량의 신경독 테트라도톡신을 가지고 있다. 그래서 특별히 훈련된 요리사가 독이 있는 부분을 제거해야만 한다. 테트라도톡신은 복어와 상리공생 관계인 박테리아(여러 종의 비브리오균)가 만든다. 복어는 잠재적 화학 방어책을 갖는 것이고 박테리아는 영양분이 많고 경쟁이 별로 없는 생활 환경을 제공받는 것이다.

복어(푸구)

식물-박테리아

부유성 고사리 *Azolla*는 그 잎의 공기층을 터전으로 하는 질소 고정 시아노박테리아에게 탄수화물을 제공한다. 반대로 시아노박테리아는 이 식물에게 질소를 제공해 준다.

부유성 고사리 *Azolla*

동물-곰팡이

절엽개미는 잘라낸 잎 조각을 그들의 보금자리로 운반해 가지만 그것을 먹지는 않는다. 대신에 곰팡이가 잎 조각에서 영양분을 흡수하여 생장을 하고 개미는 그들이 잎을 먹여 키운 곰팡이를 먹는다.

잎 조각을 옮기는 절엽개미

그들의 집에서 곰팡이 농장을 경작하는 절엽개미

식물-곰팡이

대부분의 식물종은 균근, 즉 뿌리와 곰팡이의 상리공생 관계를 갖고 있다. 곰팡이는 뿌리로부터 탄수화물을 흡수한다. 대신에 곰팡이의 균사라 부르는 필라멘트의 촘촘한 망사층인 균사체가 뿌리가 물과 무기질을 흡수를 잘 할 수 있도록 표면적을 넓혀준다.

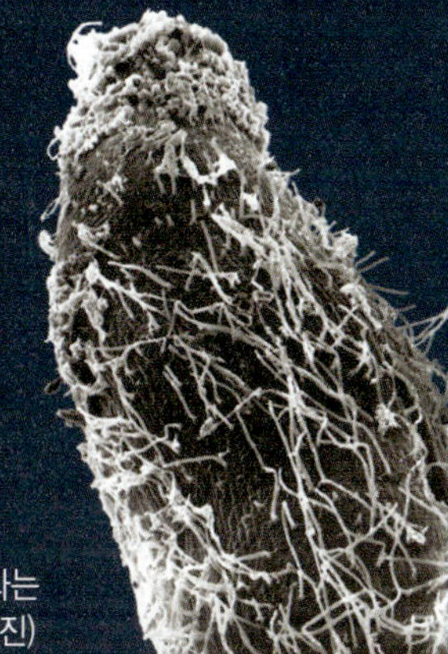

수수속 식물의 뿌리에서 자라는 곰팡이(주사형전자현미경 사진)

식물-동물

어떤 종의 아카시아는 자기 가시의 빈 공간에 살고 있는 개미를 통해 약탈자나 경쟁자로부터 강력하게 방어를 한다. 이 식물은 잎의 시작부위에 단백질이 풍부한 구조체와 탄수화물이 풍부한 과즙의 형태로 개미에게 영양분을 공급한다.

아카시아에서 단백질이 풍부한 구조체를 수확하고 있는 개미

▼ 그림 25.10 탐구

뿌리의 안쪽과 바깥쪽에 박테리아 군집의 구성은 얼마나 다양할까?

실험 뿌리의 안쪽과 바로 바깥쪽에서 발견되는 박테리아 군집은 식물 생장을 증진시키는 것으로 알려져 있다. 이들 박테리아 군집이 주는 이점을 증대시키기 위한 방안을 마련하기 위해서는 이들이 얼마나 복잡한지, 또 이들의 구성에 미치는 요인이 무엇인지 알아낼 필요가 있다. 이들 박테리아 군집을 연구하는 데 있어서 내재된 한 가지 문제는 한 줌의 흙 속에 기록된 모든 박테리아 종보다도 많은 10,000종류 이상의 박테리아가 들어 있다는 것이다. 각각의 종을 간단히 배양할 수 없고 또 이들을 동정하기 위해 분류 검색표를 이용할 수도 없기 때문에 분자적인 접근이 필요하다.

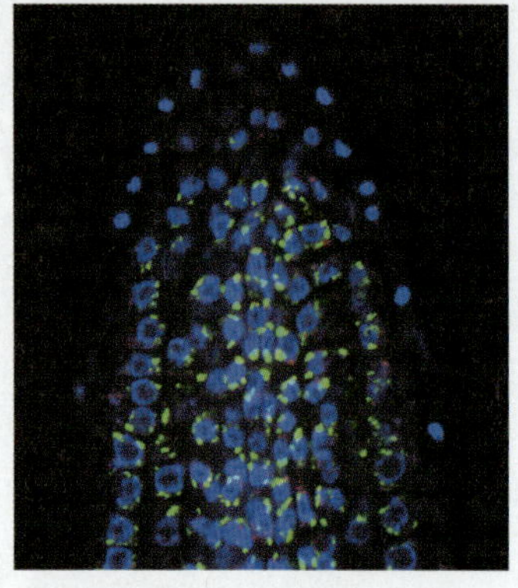

▲ 뿌리표면에 있는 박테리아(녹색) (형광 현미경 사진)

연구자들은 메타유전체학 기술을 이용하여 다양한 표본에서 박테리아의 종수를 추정하였다. 그들이 연구한 박테리아 군집의 표본들은 장소(뿌리속, 근권, 또는 근권 밖), 토양의 종류(점토 또는 사질토), 뿌리계의 발생단계(성숙한 또는 어린 단계)에 따라서 달랐다. 16S 리보솜 RNA 소단위를 암호화하는 DNA를 증폭시키기 위하여 각 표본들로부터 DNA를 분리하여 중합효소 연쇄 반응(PCR)을 실시하였다. 각 표본들은 수천 개의 DNA 염기서열 변이를 나타내었다. 연구자들은 "분류학적 단위" 또는 "종"이라 할 수 있는 97% 이상의 동일한 염기서열을 한 묶음으로 만들었다. (종이란 단어를 따옴표 안에 둔 이유는 97% 이상 동일한 유전자를 갖는 두 개의 생물체는 어떤 종의 정의에서도 명시된 것이 아니기 때문이다.) 각 군집 내에서 "종"의 유형이 확립되어 있기 때문에 연구자들은 각 군집 내에서 흔한 세균 "종"의 퍼센트를 보여주는 계통수를 만들었다.

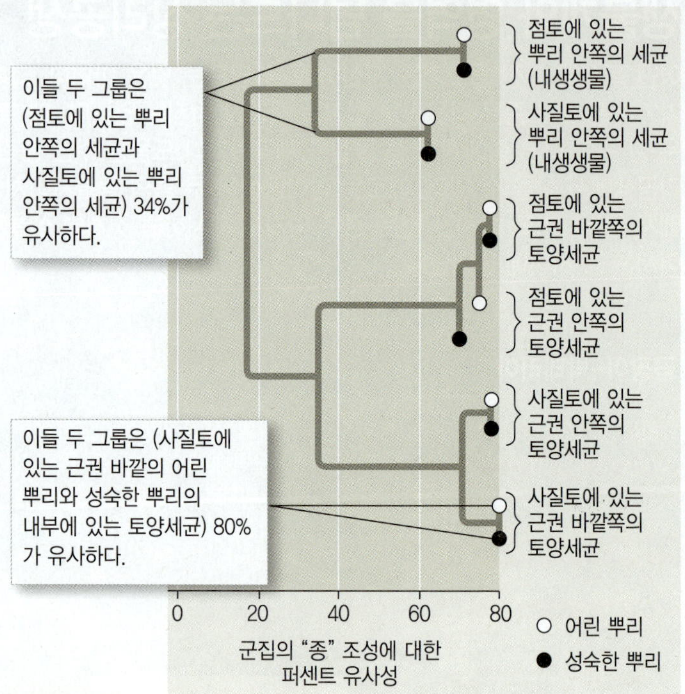

결과 이 계통수는 박테리아 군집의 관계를 점점 자세하게 세분하고 있다. 이 도표의 이해를 돕기 위해 두 개의 예가 설명란에 나와 있다.

결론 박테리아 군집의 "종" 구성은 뿌리의 안쪽과 바깥쪽, 그리고 토양의 유형에 따라서 매우 다양하다.

참고문헌 D.S. Lundberg et al., Defining the core *Arabidopsis thaliana* root microbiome, *Nature* 488:86–94 (2012).

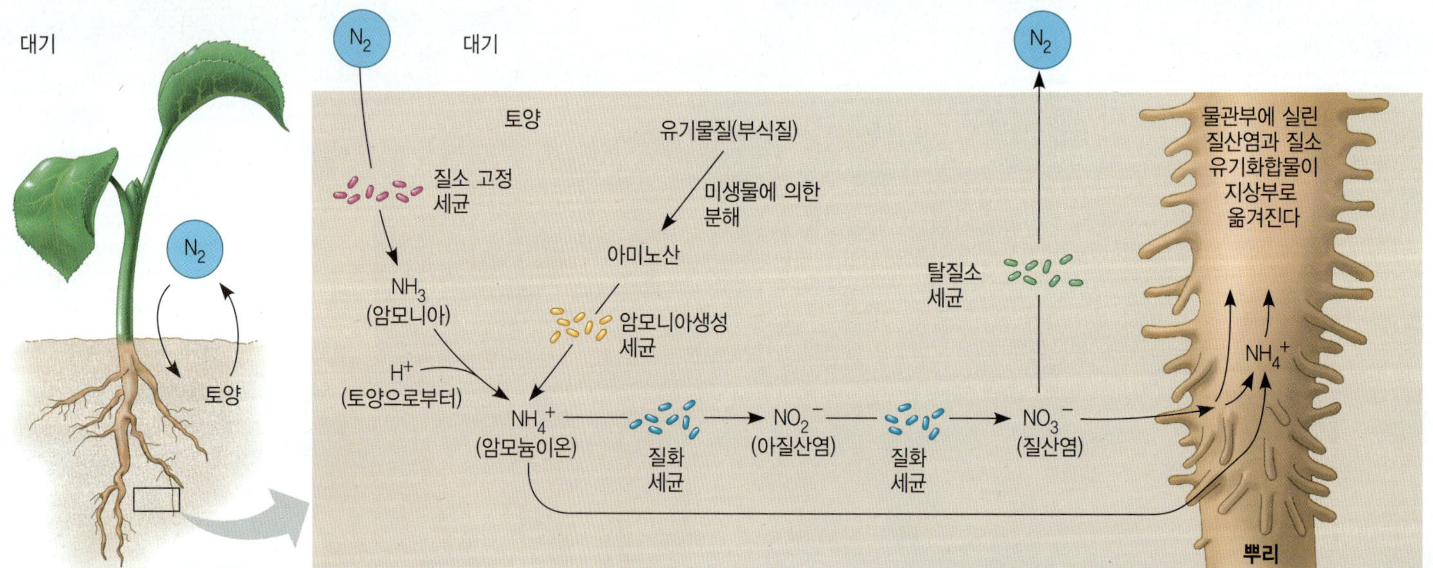

▲ **그림 25.11 식물의 질소 영양에서 토양 박테리아의 역할.** 암모니아는 2가지 유형의 토양 박테리아에 의해 식물에 이용된다. 2가지 유형은 대기 중의 N_2를 고정하는 박테리아(질소 고정 세균)와 유기물을 분해하는 박테리아(암모니아 생성 세균)다. 식물은 토양으로부터 암모니아를 흡수하기도 하지만 주로 질화 세균에 의해 암모니아로부터 만들어지거나 암석의 풍화로 생기는 질산염을 흡수한다. 식물의 내부에는 질산염이 암모니아로 환원된 후 유기화합물로 합성된다.

올려 보낸다. 토양 속의 질소를 잃기도 하는데 특히 혐기조건의 토양에서는 탈질소세균에 의해 NO_3^-가 N_2로 변환되면 대기로 확산된다.

질소 고정 세균: 자세히 들여다보기

대기의 79%가 질소로 구성되어 있음에도 불구하고, 질소분자는 두 개의 질소원자가 삼중결합으로 단단하게 결합되어 있기 때문에 식물은 질소 기체를 직접 이용할 수 없다. 대기의 질소를 식물이 이용하기 위해서는 반드시 **질소 고정(nitrogen fixation)**이라는 과정에 의해 NH_3로 환원되어야 한다. 모든 N_2 고정 생물체는 박테리아다. 어떤 질소 고정 세균은 독립생활을 하지만, 어떤 것은 내생식물성인 것도 있다. *Rhizobium* 속인 특이한 것으로 콩과식물(완두, 대두, 알파파, 땅콩 같은)의 뿌리와 효율적이고 밀접한 연합체를 구성하여 숙주의 뿌리 구조를 크게 변경시킨다.

질소 고정으로 N_2가 암모니아(NH_3)로 변환되는 여러 단계를 다음과 같이 정리할 수 있다.

$$N_2 + 8\ e^- + 8\ H^+ + 16\ ATP \rightarrow 2\ NH_3 + H_2 + 16\ ADP + 16\ Ⓟ_i$$

이 반응은 효소 복합체인 질소고정효소(nitrogenase)가 촉매한다. 질소 고정으로 한 암모니아 분자를 합성하는데 16개의 ATP 분자가 필요하기 때문에 질소 고정 세균은 부식 중인 유기물이나, 뿌리의 분비물, 또는 뿌리의 관다발 조직(근권세균의 경우)으로부터 충분한 탄수화물의 공급을 받는다.

근권("뿌리에서 생활")세균과 콩과식물 뿌리의 공생관계는 뿌리의 구조를 놀랍도록 변화시킨다. 콩과식물의 뿌리를 따라서 형성되는 **뿌리혹(nodule)**은 근권세균에 "감염된" 식물 세포로 이루어진다(그림 25.12). 뿌리혹 안에서 근권세균은 뿌리세포의 소낭 내에서 **박테로이드(bacteroid)**라는 형태로 존재한다. 콩과식물-근권세균의 공생은 오늘날 사용하는 공장에서 만든 비료보다 더 많은 유용한 질소를 생산하지만 농부들에게 비용을 부담시키지는 않는다.

박테로이드는 살아 있지만 광합성을 하지 않는 세포 내에 위치함으로써 혐기성 환경을 제공하여 질소 고정을 돕는다. 뿌리혹의 목질화된 바깥층도 기체의 출입을 막는다. 어떤 뿌리혹은 레그헤모글로빈("레그"는 "콩과"라는 의미)이라고 하는 철 함유의 단백질 때문에 붉은색을 띠는데 이것은 적혈구의 헤모글로빈과 같이 산소와 가역적으로 결합한다. 이 단백질은 자유 산소의 농도를 낮게 유지하는 완충 역할을 하며 질소 고정을 위한 혐기성 환경을 만드는 반면 질소 고정을 위한 ATP 생산에 필요한 활발한 세포호흡 작용을 위해서는 산소 공급을 조절한다.

각 콩과식물들은 각기 특정한 종의 근권세균와 관계를 맺는다. 콩과식물과 질소 고정 세균 사이의 공생관계는 박테리아가 숙주 식물에게 고정 질소를 제공하는 반면, 식물은 박테리아에게 탄수화물이나 다른 유기물을 제공하는 상리공생이다. 공생적 질소 고정에 의해 생산된 대부분의 암모니아는 뿌리혹에서 아미노산을 만드는 데 사용되고 이렇게 만들어진 아미노산은 물관부를 통해 지상부로 옮겨진다.

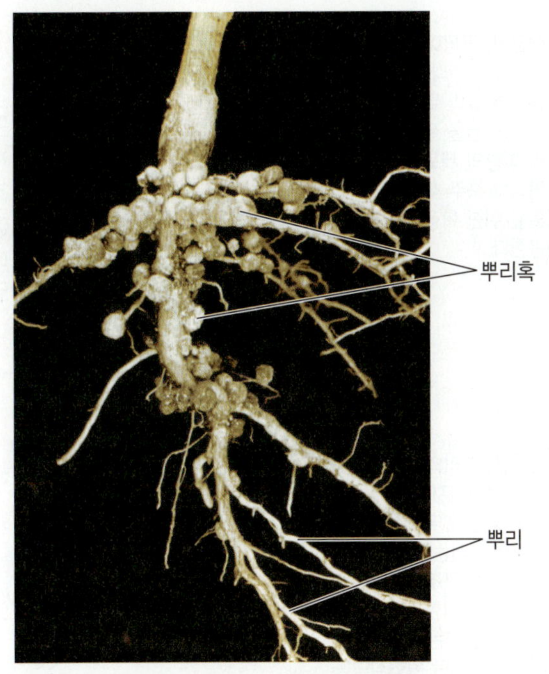

▲ 그림 25.12 **대두의 뿌리혹.** 이 대두의 뿌리계를 따라 보이는 동그란 것들은 근권세균을 포함한 뿌리혹이다. 박테리아는 질소를 고정하고 식물에 의해 생성된 광합성 산물을 얻는다.

곰팡이와 식물의 영양

어떤 종의 토양 곰팡이는 뿌리와 상리공생 관계를 형성하여 식물의 영양에 주요 역할을 한다. 이런 곰팡이들은 내생식물성이기는 하지만 대부분의 중요한 관계는 **균근(mycorrhizae; "곰팡이뿌리")**으로 곰팡이와 뿌리의 친밀한 상리공생 관계다. 숙주 식물은 곰팡이에게 지속적인 당을 공급한다. 그에 반해 곰팡이는 식물에게 물을 흡수할 수 있는 표면적을 늘려주고 토양으로부터 흡수한 인산이나 다른 무기질을 공급해 준다. 균근의 곰팡이는 또한 뿌리의 생장과 가지치기를 촉진하는 생장인자와 토양의 병원균과 곰팡이로부터 식물을 보호하는 항생물질을 분비한다.

균근과 식물의 진화

진화 균근은 아주 이상한 것은 아니다. 대부분의 식물은 균근을 갖고 있다. 화석 증거로 보면 균근은 식물이 육지에 자리 잡게 도운 초기 진화의 적응 작용이다. 녹색 조류에서 진화된 가장 초기의 식물이 4~5억 년 전에 육지에 상륙하였을 때 상당히 어려운 상황을 맞게 되었다. 토양에는 유기물이 부족하였기 때문에 비로 인해 상당량의 용해성 무기물이 유실되었다. 그러나 불모의 땅이라 하여도 경쟁이 거의 없고 빛과 이산화탄소가 풍부하였기 때문에 기회의 장소였다. 초기 식물 또는 초기 육지 곰팡이 혼자는 어느 것도 토양 환경을 개척하기에 충분히 준비가 되어 있지는 않았다. 초기 식물은 토양으로부터 필수 영양소를 추출할 수 있는 능력이 없었고 곰팡이는 탄수화물을 생산할 수 없었다. 균근 관계를 형성함으로써 두 생물체는 성공할 수 있었다.

(a) **외생균근.** 곰팡이 균사체의 껍질이 뿌리를 둘러싼다. 균사는 토양으로 확장되어 물과 무기질을 흡수하는데 특히 인산염을 잘 흡수한다. 균사는 뿌리 피층의 세포간극으로 뻗어서 곰팡이와 숙주 식물 사이의 양분 교환을 위한 확장된 표면적을 제공한다.

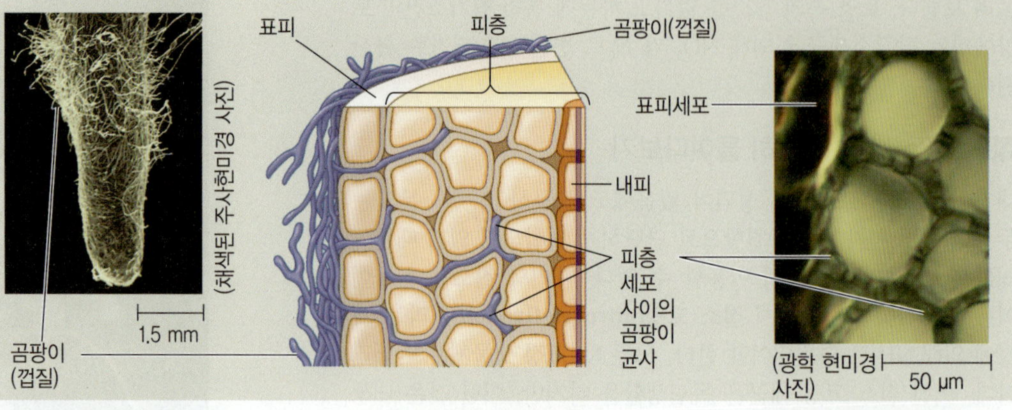

(b) **내생균근.** 뿌리의 주변에 곰팡이 껍질이 형성되지 않고 균사는 뿌리 안으로 뻗는다. 뿌리의 피층 안에서 곰팡이의 균사는 뿌리와의 접촉을 통해 분지상 구조를 형성함으로써 양분 교환을 위한 거대한 면적을 제공한다. 균사는 피층세포의 세포벽을 뚫지만 원형질막을 통과하지는 않는다.

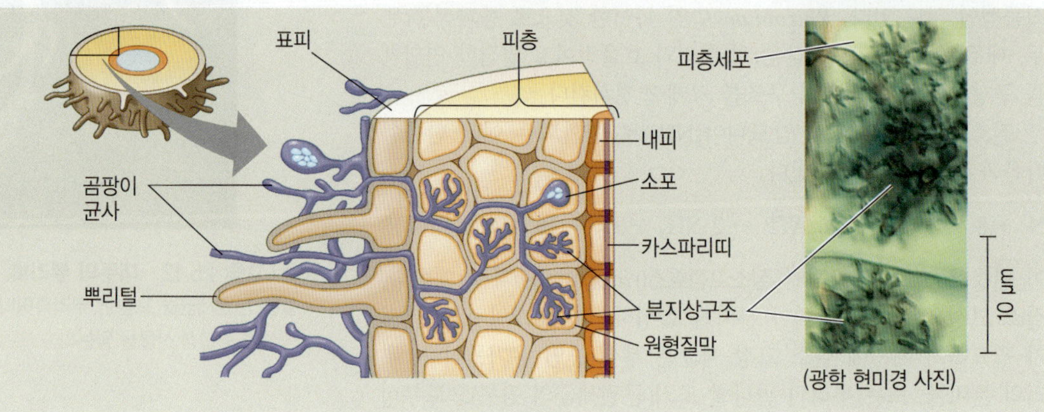

▲ **그림 25.13 균근**

균근의 두 가지 유형

한 가지 유형인 **외생균근(ectomycorrhizae)**의 균사체는 치밀한 껍질이나 덮개의 형태로 뿌리의 표면을 덮는다**(그림 25.13a)**, 곰팡이 균사는 토양으로 뻗어서 물과 무기질을 흡수하기 위한 표면적을 크게 확대한다. 균사는 또한 뿌리의 피층 속으로 자라나가 세포외부 공간에서 영양분의 교환을 돕는 아포플라스트 네트워크를 형성한다. 외생균근을 형성하는 종을 갖는 식물 문의 약 10% 중 절대 다수는 소나무, 자작나무, 유칼리와 같은 목본성 식물이다.

내생균근(arbuscular mycorrhizae)은 외생균근보다 수가 더 많으며 대부분의 작물을 포함하여 식물 종의 85%를 차지한다. 이들은 외생균근과 달리 뿌리를 감싸는 치밀한 껍질을 갖고 있지 않다**(그림 25.13b)**. 내생균근의 연합은 뿌리로 뻗어 나간 미세한 곰팡이 균사가 접촉하여 그 표면을 따라 자라면서 시작된다. 균사는 표피세포 사이를 침투하여 뿌리의 피층으로 들어간다. 이런 균사는 또한 뿌리 피층 세포벽에 작은 부분을 녹이기는 하지만, 원형질막을 뚫고 세포질 안으로는 들어가지는 않는다. 대신 뿌리세포의 막이 함입되어 형성된 관 안으로 자란다. 이런 행동은 마치 손가락으로 풍선을 터트리지 않으면서 부드럽게 살짝 찌르는 것과 같은데 손가락이 곰팡이 균사라면 풍선의 껍질은 뿌리세포의 막과 같다. 이런 방법으로 곰팡이 균사가 침투한 후 일부는 수지상("작은 나무")이라는 구조를 빽빽하게 형성하여 곰팡이와 식물 사이에 영양분 전달이 일어나는 중요한 장소가 된다. 균사는 또한 곰팡이의 먹이를 저장할 수 있는 달걀 모양의 소낭을 형성한다. 육안으로 보면 내생균근은 뿌리털이 있는 보통의 뿌리처럼 보이지만, 현미경을 통해서 보면 식물의 영양에 있어서 대단히 중요한 공생관계가 있음을 알게 된다.

균근의 농업경제적 중요성

뿌리는 적합한 종의 곰팡이를 만났을 때만이 균근 공생체를 형성할 수 있다. 대부분의 생태계에서 이런 곰팡이는 토양에 존재하므로 만약 어떤 환경에서 수확된 종자를 다른 환경의 토양에 심는다면 식물은 짝을 이루는 곰팡이가 없어서 영양실조(특히 인 결핍)를 나타낼 수도 있다. 그래서 종자에 균근 곰팡이 포자를 처리해 주면 유식물에 균근 형성을 도와 작물 생산을 증진시킬 수 있다.

균근의 연합은 또한 생태적 관계를 이해하는 데 있어 중요하다. 때때로 외래종 식물의 침입은 그 지역의 생물체간 상호관계를 붕괴시킴으로써 지역을 점령한다. 예를 들면 유럽이 원산지인 마늘 겨자(*Alliaria petiolata*)는 미국 동부와 중부지역의 삼림을 침범하여 이 지역 나무들의 유식물과 기타 토종 식물이 자라지 못하게 하였다. 최근 연구에 의하면 이들 외래종 식물이 내생균근의 생장을 방해하여 다른 식물의 생장을 지연시키게 되었을 것이라고 한다. 겨자 자신은 특이하게도 균근 연합체를 형성하지 않는다.

▼ 그림 25.14 흔치않은 식물의 영양 적응 탐구

착생식물

착생식물(epiphyte; 그리스어로 *epi*는 '위', *phyton*은 '식물')은 다른 식물 위에서 자란다. 이들은 자신이 필요한 양분을 합성하고 모으지만 양분섭취를 위해 숙주식물에 뿌리를 내리지는 않는다. 항상 살아 있는 나무의 동체나 가지에 기반을 잡고 빗물로부터 물과 무기물을 흡수하는데 대부분의 경우 뿌리보다는 잎을 이용한다. 이러한 예로서 사슴뿔고사리, 파인애플과 식물, 많은 난초류와 바닐라 등이 있다.

▶ 착생식물인 **사슴뿔고사리**

기생식물

착생식물과 달리 기생식물은 물과 무기물, 때로는 광합성 산물을 숙주식물로부터 흡수한다. 많은 기생식물 종들은 영양소를 흡수하기 위해 흡기로서의 기능을 하는 뿌리를 숙주에 침투시킨다. 기생식물로서는 엽록소가 전혀 없는 오렌지색 스파게티 모양의 새삼(*Cuscuta*속), 또는 이와 반대로 광합성을 하는 겨우살이(*Phoradendron*속) 같은 것이 있다. 그 밖에 수정란풀(*Monotropa uniflora*)은 다른 식물과 연합되어 있는 균근의 균사로부터 양분을 흡수한다.

◀ 광합성하는 **겨우살이**

▲ 광합성하지 않는(오렌지색) **라플레시아**

▲ 광합성하지 않는 균근의 기생식물인 **수정난풀**

식충식물

식충식물은 광합성을 하지만 곤충이나 다른 작은 동물들을 잡아서 소화시킴으로써 질소와 일부 무기질을 보충한다. 식충식물은 산성의 습지나 질소, 기타 무기질이 부족한 척박한 토양에 서식한다. 물통 모양의 함정을 갖는 네펜데스(*Nepenthes*), 사라세니아(*Sarracenia*)는 먹잇감이 미끄러져 떨어져 결국은 효소에 의해 소화되는 깔때기 모양의 구조를 갖는다. 끈끈이주걱(*Drosera*속)은 독특하게 변형된 잎의, 촉수와 같은 분비모로부터 끈적끈적한 용액을 분비한다. 자루가 있는 분비모는 곤충을 끌어들이기 위해 달콤한 점액과 소화 효소를 분비한다. 그때 다른 분비모가 먹이로부터의 녹은 양분을 흡수한다. 변형이 심한 잎을 갖는 파리지옥(*Dionaea muscipula*)은 먹잇감이 2개의 감각모를 접촉하면 잎을 빠르게 닫는다. 작은 곤충은 탈출할 수 있지만 큰 것은 잎의 가장자리에 있는 치아 같은 것에 붙잡히게 된다. 먹잇감에 의해 자극이 오면 잎은 더욱 조여지고 소화 효소가 분비된다.

▲ **끈끈이주걱**

◀ **벌레잡이풀**

▼ **파리지옥**

착생식물, 기생식물, 식충식물

대부분의 식물은 곰팡이나 박테리아 또는 둘 다와 상리공생관계를 갖는다. 흔하지 않지만 식물 중에는 상리공생이 아니라 다른 생물체를 이용하여 영양 적응을 한 종이 있다. 그림 25.14에는 세 가지의 특별한 영양 적응 유형인 착생식물, 기생식물, 식충식물에 대한 개략적인 내용이 소개되어 있다.

개념 25.5

증산작용으로 물과 무기질이 뿌리에서 물관을 거쳐 지상부까지 수송된다

평균 크기의 나무는 심장이나 근육이 없지만 따뜻하고 햇볕이 있는 날에는 거의 800 L의 물을 수송한다. 어떻게 나무는 이런 놀라운 일을 할 수 있을까? 우리는 이 질문에 답하기 위해 뿌리 끝에서 출발하여 잎까지 도달하는 물과 무기질의 행로를 한 단계씩 따라가 보려고 한다.

뿌리세포에 의한 물과 무기질의 흡수

살아 있는 모든 식물 세포는 세포막을 통하여 영양분을 흡수하지만 뿌리 끝 근처의 세포는 대부분의 물과 무기질의 흡수가 이곳에서 일어나기 때문에 특히 더 중요하다. 이곳의 표피세포는 물 투과성을 가지며 그들 중 많은 세포들이 뿌리에 의한 물의 흡수에서 주요 역할을 하는 변형된 세포인 뿌리털로 분화된다. 뿌리털은 토양수를 흡수하는데 이 토양수에는 물분자와, 토양 입자와 단단히 결합되지 않은 채 녹아 있는 무기질 이온이 들어 있다. 토양수는 표피세포의 친수성 벽 안으로 끌어 들여져서 세포벽과 세포외 공간을 따라 자유롭게 뿌리의 피층까지 흘러간다. 이런 흐름으로 인해 피층 세포가 토양수에 더 많이 노출되며 결과적으로 흡수를 위한 표피 자체의 표면적보다 훨씬 더 큰 표면적을 갖게 된다. 토양수는 일반적으로 무기질 농도가 낮지만 능동수송을 통해 뿌리는 토양보다 몇백 배 더 높은 농도로 필수 이온을 축적하게 된다.

물관으로 물과 무기질의 수송

토양에서 뿌리 피층으로 들어온 물과 무기질은 관다발원통의 물관에 들어와야 다른 식물 부위로 수송될 수 있다. 뿌리 피층에서 가장 안쪽 세포층인 **내피(endodermis)**는 관다발원통으로 무기질의 선택적 통과를 결정하는 마지막 관문 역할을 한다(그림 25.15). 내피에 도달하여 심플라스트에 있던 무기질은 이어서 내피세포의 원형질연락사를 통해 관다발원통 안으로 들어가게 된다. 이런 무기질은 내피나 피층의 심플라스트에 들어가기 위해 가로질러야 하는 원형질막에서 이미 선택된 것이다. 아포플라스트를 통해 내피에 도달한 무기질은 관다발원통에 들어가는 길을 막고 있는 벽을 만나게 된다. 각 내피세포의 횡단벽과 방사벽에 있는 방벽은 **카스파리띠(Casparian strip)**라 부르며 물과 물에 녹은 무기질에 불투과성 왁스 물질인 수베린으로 만들어진 띠이다(그림 25.14). 카스파리띠는 아포플라스트를 통해 수동적으로 이동한 물과 무기물이 관다발원통에 들어가기 전에 반드시 내피의 원형질막을 통과하게 만든다. 카스파리띠와 함께 내피는 어떤 무기질도 선택적 투과성인 원형질막을 통과하지 않고는 뿌리의 관다발 조직에 도달할 수 없게 한다. 또 내피는 물관부에 축적된 용질이 토양수로 새나가는 것을 막아준다.

토양에서 물관으로의 경로에서 마지막 부분은 물과 무기질이 물관부의 헛물관과 물관요소로 들어가는 것이다. 이런 물-운반 세포는 성숙되었을 때 원형질체가 없어 아포플라스트의 일부라고 할 수 있다. 관다발원통 내부의 살아 있는 세포와 내피세포는 그들의 원형질체로부터 무기질을 자신의 세포벽에 내놓는다. 심플라스트에서 아포플라스트로 이렇게 용질을 전달하는 과정에는 확산과 능동수송이 모두 관여하며 물과 무기질은 부피 유동에 의해 지상계까지 수송하는 헛물관과 물관 속으로 자유롭게 들어가게 된다.

물관을 통한 부피 유동 수송

토양의 물과 무기질은 뿌리의 표피세포를 통해 식물체에 들어와 뿌리 피층을 통과하여 관다발원통에 들어간다. 그곳에서 **물관액(xylem sap)**, 즉 물관부의 물과 녹아 있는 용질은 부피 유동에 의해 각 잎에 퍼져 있는 잎맥까지 장거리 수송된다. 앞에서 언급한 바와 같이 부피 유동은 확산이나 능동수송보다 훨씬 빠르다. 물관액 수송의 최고 속도는 넓은 물관요소를 가진 나무에서 시속 15~45 m까지 가능하다. 줄기와 잎들은 물과 무기질의 공급을 위해 이런 효율적인 전달 시스템에 의존한다. 물관액은 제일 키가 큰 종에 속하는 나무들에서는 120 m 이상을 주로 위로 당겨지는 작용만으로 올라간다.

물관액을 수송하는 과정에서 식물은 잎과 공기에 노출된 다른 부위에서 물을 증발시키는 **증산작용(transpiration)**으로 인해 상당한 양의 물을 잃게 된다. 예를 들어 옥수수 식물 한 개체가 경작기 동안 60 L의 물을 증발시킨다고 하자. 보통 1헥타르에 60,000개의 옥수수를 기른다고 하면 경작기 동안 거의 400만 L의 물이 증발할 것이다. 증발된 물이 뿌리로부터 다시 보충되지 않는다면 잎은 시들고 식물은 결국 죽게 된다.

물관액의 당김: 응집-장력 가설

나무 위로 물관액이 올라가기 위해서는 이런 일을 담당할 살아 있는 세포가 꼭 필요한 것은 아니다. 초기의 연구자들은 잎이 붙어 있는 줄기 하나를 구리황산염이나 산과 같은 독성 용액에 담아 줄기를 용액의 표면 아래에서 잘랐을 때 이 독성 용액이 빨려 올라간다는 것을 발견하였다. 이때 독성 용액이 위로 올라감에 따라 통과하는 세포들을 죽이면서 결국에는 증산작용을 하는 잎에까지 도달하여 잎세포까지 죽인다. 그럼에도 불구하고 죽은 잎이 몇 주 동안 계속 독성 용액을 빨아올리며 물의 증발이 일어났다.

응집-장력 가설(cohesion-tension hypothesis)은 물관액을 위로 올리는 기작으로서 식물학자들이 일반적으로 받아들이고 있다. 이

▼ 그림 25.15 뿌리에서 물관까지 물과 무기질의 수송

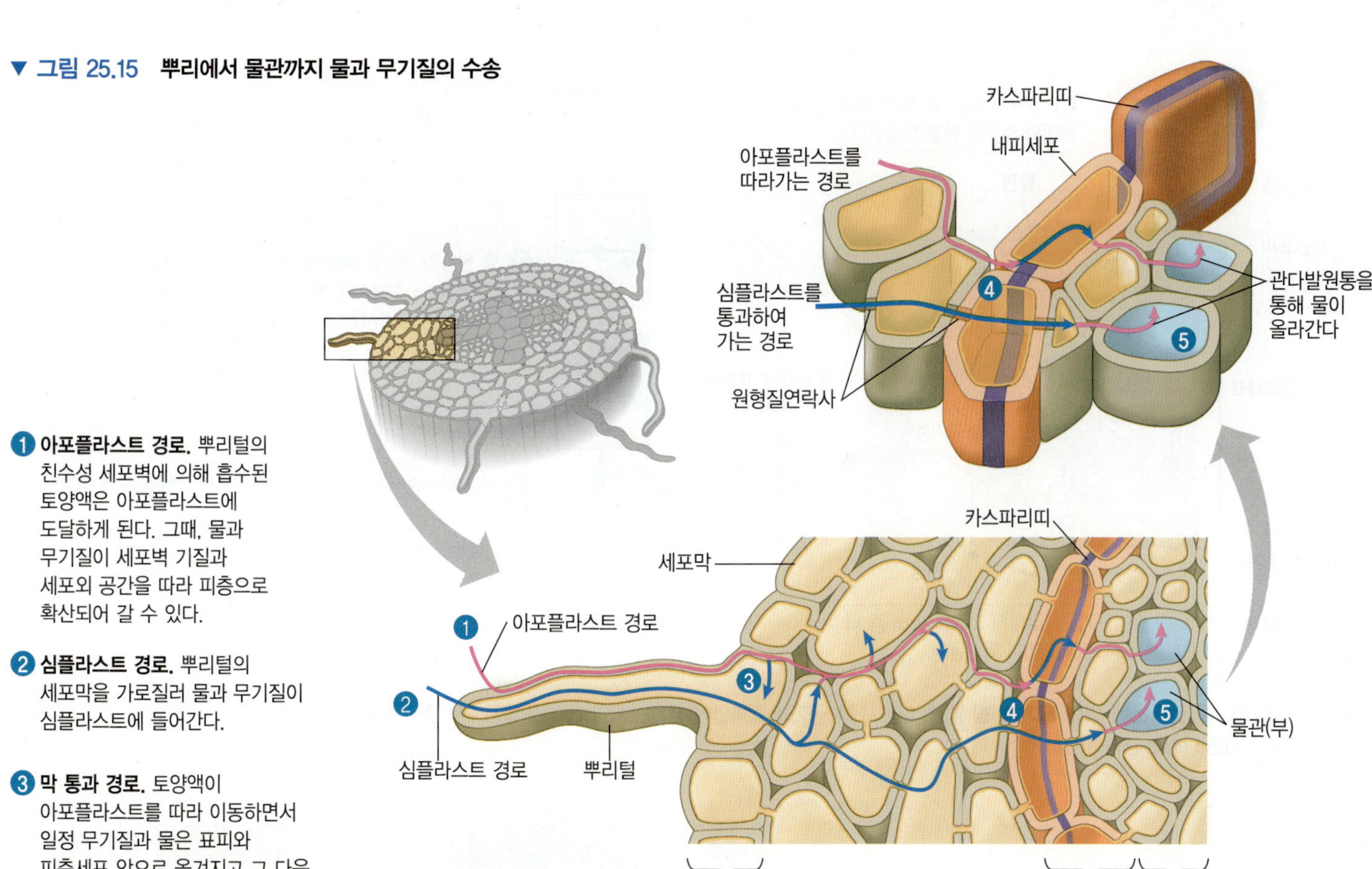

1. **아포플라스트 경로.** 뿌리털의 친수성 세포벽에 의해 흡수된 토양액은 아포플라스트에 도달하게 된다. 그때, 물과 무기질이 세포벽 기질과 세포외 공간을 따라 피층으로 확산되어 갈 수 있다.

2. **심플라스트 경로.** 뿌리털의 세포막을 가로질러 물과 무기질이 심플라스트에 들어간다.

3. **막 통과 경로.** 토양액이 아포플라스트를 따라 이동하면서 일정 무기질과 물은 표피와 피층세포 안으로 옮겨지고 그 다음 심플라스트를 통해 안으로 들어간다.

4. **내피: 관다발원통(중심주)으로의 제한된 진입.** 각 내피의 세포에 횡단벽과 방사상벽 내부에는 물과 물에 녹은 무기질의 통과를 막는 왁스 성분의 벨트 같은 카스파리띠가 있다. 이미 심플라스트에 들어가 있었거나 아니면 내피세포의 세포막을 가로질러 그 길에 들어간 무기질만이 카스파리띠를 우회하여 관다발원통(중심주) 안으로 들어갈 수 있다.

5. **물관에서의 수송.** 관다발 기둥 안에서 내피세포와 살아 있는 세포는 그들의 세포벽(아포플라스트) 안에 물과 무기질을 내려놓는다. 이 물과 무기질은 물관에 의해 부피 유동으로 지상계 쪽으로 수송된다.

가설에 따르면 증산작용은 물관액을 당기는 작용을, 물분자의 응집은 지상부에서 뿌리까지 전체 물관을 따라 이런 당김을 전달하는 작용을 한다는 것이다. 그래서 물관액은 정상적으로 음압 또는 장력하에 있다. 증산작용이 "당김" 과정이기 때문에 응집-장력 기전에 의한 물관액의 상승을 알아보려는 우리의 탐구는 뿌리가 아니라 증산에 의한 당김의 힘이 잎에서부터 시작되어야 한다.

증산작용의 당김 광합성에 필요한 이산화탄소를 엽육세포에 제공해 주는 내부 공기층의 미로와 잎의 표면에 있는 기공들은 연결되어 있다. 이 공간의 공기는 증발된 물로 포화된다. 하루 중 대부분은 잎 바깥쪽의 공기가 잎의 안쪽 공기보다 더 건조하여 수분 퍼텐셜이 낮다. 그래서 잎의 공기층 수증기는 수분 퍼텐셜 기울기를 따라 확산되어 기공을 통해 잎 바깥으로 빠져나간다. 물의 확산과 증발에 의해 생기는 이런 물의 손실을 증산작용이라고 부른다.

그러나 어떻게 잎에서의 수증기 손실이 식물 꼭대기로 물을 끌어올리는 힘이 되는가? 물관부를 거쳐 물을 위로 올리는 음압 퍼텐셜은 잎의 엽육세포벽 표면에서 발달한다(그림 25.16). 세포벽은 아주 가는 관으로 엮인 그물망같이 작동한다. 물은 셀룰로스 미세섬유나 다른 친수성 세포벽 성분에 달라붙는다. 물이 엽육세포의 세포벽을 덮는 수막으로부터 증발함에 따라 공기와 물의 접촉면은 세포벽 안으로 더 들어오게 된다. 물은 높은 표면장력을 갖기 때문에 접촉면이 더 휘어지며 장력 또는 물의 음압 퍼텐셜을 유도한다. 물이 세포벽에서부터 증발함에 따라 물과 공기의 접촉면이 휘어지고 물의 음압은 더 높아진다. 그러면 잎의 수분이 더 많던 곳에 있는 물분자가 이쪽으로 당겨지고 장력은 줄어든다. 각 물분자는 수소결합으로 다른 물분자와 붙어 있기 때문에 이런 당기는 힘은 물관부로 전달된다. 그래서 증산작용에 의한 당김은 2장에서 논의하였던 물의 특별한 성질 몇 가지, 즉 부착, 응집력, 표면장력과 관련이 있는 것이다.

음압 퍼텐셜(장력)이 수분 퍼텐셜을 낮추기 때문에 증산작용에서 음압(장력)의 역할은 수분 퍼텐셜 방정식과 일치한다(그림 25.5). 물은 수분 퍼텐셜이 높은 곳에서 낮은 곳으로 이동하기 때문에 공기-물의 접촉면에서 증가하는 음압은 물관 세포의 물이 엽육세포로 "당겨짐"이 일어나고, 그곳에서 공기층으로 물이 증발하

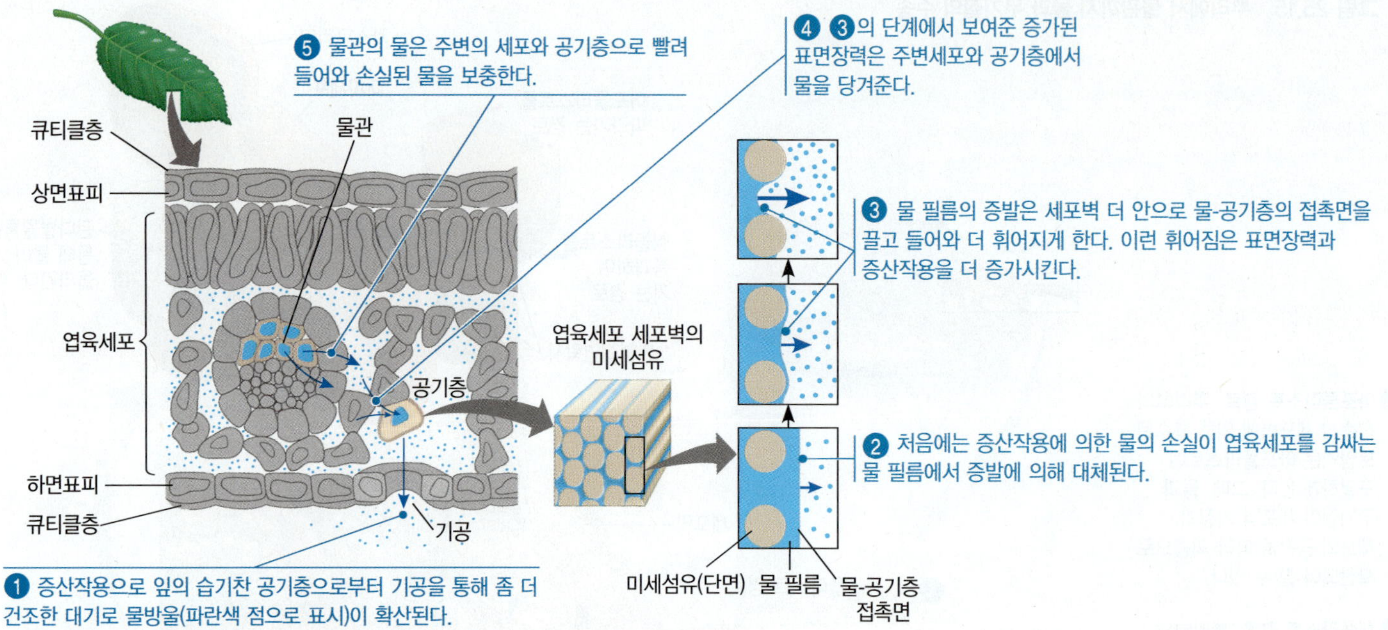

▲ **그림 25.16 증산작용에 의한 당기는 힘 발생.** 잎에서 물–공기의 접촉면에 생기는 음압(장력)은 물관에서 물을 끌어내는 증산작용에 의한 당김의 근원이 된다.

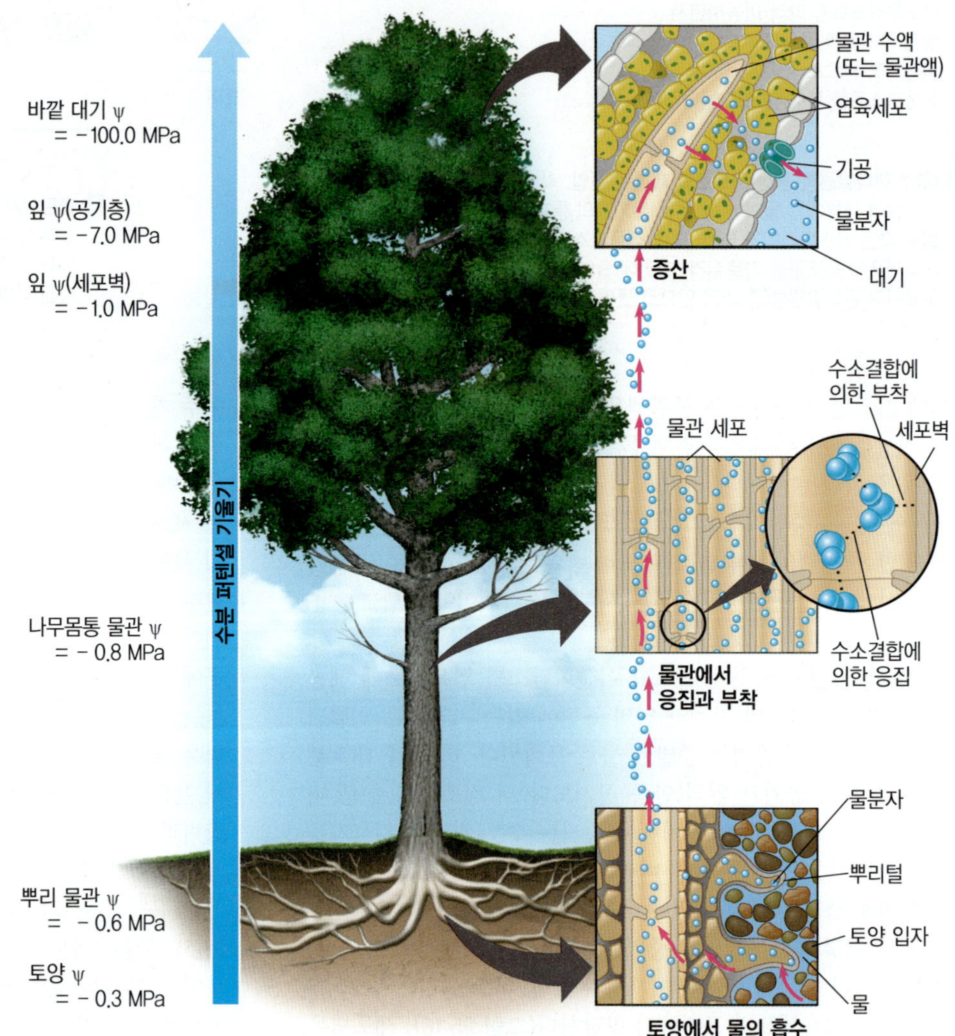

▶ **그림 25.17 물관액의 상승.** 수소결합은 잎에서부터 토양까지 연결되는 끊어지지 않은 물분자의 연쇄를 형성한다. 물관액의 상승 운반을 주도하는 힘은 수분 퍼텐셜(ψ)의 기울기이다. 장거리 부피 유동에서 ψ의 기울기는 주로 압력 퍼텐셜(ψ_p)이다. 증산작용으로 인해 물관의 잎 끝에서 ψ_p가 뿌리 끝의 ψ_p보다 낮아지게 된다. 잎에서의 ψ 값은 "스냅샷(금방 변함)"이다. 낮 동안 이런 ψ 값이 달라질 수는 있지만 ψ 기울기의 방향은 동일하게 유지된다.

여 기공을 통해 확산되어 나가도록 한다. 이런 식으로 잎의 음성 수분 퍼텐셜이 증산작용의 당김에서 "잡아당기는 힘"을 제공하는 것이다. 물관액의 증산작용에 의한 당김은 잎에서 뿌리 끝까지 심지어는 토양액에까지 전체에 걸쳐 전달된다(그림 25.17).

물관액의 상승에서 부착과 응집 부착과 응집은 부피 유동에 의한 물의 수송을 도와준다. 부착은 물분자와 다른 극성 물질 사이에 끌어당기는 힘이다. 물은 각 물분자가 다른 물분자와 잠재적으로 만드는 수소결합으로 인해 특이하고 강한 응집력을 갖는다. 물관에서 물의 응집력은 같은 직경의 쇠줄과 거의 동일한 장력을 갖는다. 이런 물의 응집력 때문에 물분자가 떨어지지 않고 위에서부터 물관액을 통채로 당기는 것이 가능하다. 잎의 물관부에 있는 물분자는 주변의 물분자를 세게 끌어당기고, 그러는 동안 물분자가 (다시 수소결합에 의해) 물관 세포의 친수성 벽에 강하게 부착함으로써 아래로 가려는 중력의 힘을 상쇄시킨다.

물관액을 위로 당기는 힘은 탄력 있는 관 같은 물관요소와 헛물관 안에서 장력을 발생시킨다. 양압이 탄력 있는 관을 부풀게 하지만 반대로 장력은 관의 벽을 안으로 끌어당길 것이다. 그래서 따뜻한 날에는 나무 직경이 줄어들 수도 있다. 증산작용의 당기는 힘이 물관요소와 헛물관에 장력을 가할 때 철사 링이 진공청소기 호스의 모양을 유지시키는 것처럼 두꺼운 물관요소와 헛물관의 2차 벽이 물관이 찌그러지는 것을 막아준다. 증산작용의 당김에 의한 장력은 물이 토양으로부터 수동적으로 흘러 뿌리 피층을 지나 관다발원통으로 들어갈 수 있는 정도로 뿌리 물관의 수분 퍼텐셜을 낮추어 준다.

증산작용의 당김은 끊어지지 않은 물분자의 연쇄를 통해서만 뿌리까지 내려갈 수 있다. 그러나 수증기 주머니가 형성되는 공동현상 때문에 그 연쇄가 끊어지기도 한다. 이 현상은 헛물관보다는 넓은 물관요소에서 더 자주 일어나며 가뭄 스트레스를 받거나 물관액이 겨울에 얼 때 생길 수 있다. 공동현상에 의해 생기는 공기 방울은 커져서 물관 속 수로를 막는다. 공동현상에 의한 물관액 수송의 방해는 항상 영구적인 것은 아니다. 물분자의 연쇄는 근처의 헛물관 또는 물관요소 사이의 구멍을 통해 공기 방울을 우회할 수 있다. 더욱이 매년 2차 생장으로 새로운 물관층을 더해지게 되어 가장 젊고 가장 바깥에 있는 2차 물관층이 물을 수송한다. 마지막으로 어떤 식물에서는 작용은 하지만 주요 힘은 아닌 뿌리압이 막힌 물관요소를 재충전할 수 있다.

부피 유동에 의한 물관액의 상승: 요약

부피 유동에 의한 뿌리에서 잎까지 장거리 물의 수송에서 수액의 이동은 물관부 조직 양쪽 끝의 수분 퍼텐셜 차이에 의해 생긴다. 잎에서 물의 증발로 물관부의 잎쪽 끝에서 수분 퍼텐셜의 차이가 생긴다. 물의 증발은 공기-물의 접촉면에 수분 퍼텐셜을 줄여서 물관부를 통해 물을 당기는 음압(장력)을 만든다.

물관부에서 부피 유동은 몇 가지 주요 사항에서 확산과는 다르다. 첫째, 부피 유동은 압력 퍼텐셜(Ψ_P)의 차이에 의해서는 생기지만 용질 퍼텐셜(Ψ_S)은 요인이 아니다. 그래서 물관부에서의 수분 퍼텐셜 기울기는 오로지 압력 퍼텐셜이다. 또한 유동은 살아 있는 세포의 원형질막을 통과하는 것이 아니라 대신에 가운데가 비어 있는 죽은 세포를 통과한다. 더욱이 단지 물이나 용질만이 아니라 전체 용액이 함께 그리고 확산보다 훨씬 많은 양으로 이동하는 것이다.

식물은 부피 유동으로 인해 물관액을 끌어올리는 데 에너지를 소비하지 않는다. 대신 햇빛을 흡수하여 엽육세포의 습기 찬 벽에서 물을 증발시키거나 잎 안의 공기층에 수분 퍼텐셜을 감소시킴으로써 대부분의 증산작용이 일어나게 한다. 그래서 물관액 상승의 동력은 광합성 과정처럼 결국 태양에너지라 할 수 있다.

개념 25.6

증산율은 기공에 의해 조절된다

잎은 일반적으로 표면적이 크고 부피에 대한 표면적의 비율도 크다. 표면적이 큰 것은 광합성작용에 필요한 빛의 흡수를 증가시킨다. 부피에 대한 표면적의 비율이 큰 것은 광합성의 부산물로 생기는 O_2의 방출뿐 아니라 광합성 동안 CO_2를 얻는 데도 도움을 준다. 기공을 통해 확산된 CO_2는 해면 엽육세포에 의해 형성되는 벌집 모양의 공기층으로 들어간다. 이들 세포의 불규칙한 형태 때문에 겉으로 보이는 잎의 표면적보다 잎의 내부 표면적이 10배에서 30배까지 확장된다.

표면적이 큰 것이나 부피에 대한 표면적 비율이 큰 것은 광합성 작용을 증가시키지만 기공을 통해 물의 손실이 커지는 심각한 결점도 갖고 있다. 그래서 광합성 작용을 위해 충분한 CO_2와 O_2 교환이 필요한 지상계 때문에 식물은 많은 양의 물이 필요하게 된다. 공변세포는 기공을 열고 닫음으로써 식물의 광합성에 대한 요구와 물 보존 요구 사이의 균형을 유지한다.

기공: 물 손실의 주요 통로

기공은 잎 외부 표면적의 1~2%밖에 안 되지만 식물이 잃어버리는 물의 약 95%가 기공을 통해서 빠져나간다. 잎에서 다른 쪽 표면의 왁스 큐티클은 물의 손실을 막아준다. 공변세포는 두 세포 사이의 간격을 넓히거나 줄이는 형태 변형으로 기공의 지름을 조절한다. 같은 환경 조건에서 잎의 물 손실량은 주로 기공의 수와 평균 크기에 따라 결정된다.

잎에서 기공의 밀도는 유전적, 환경적 요인 둘 다에 조절을 받는다. 예를 들면, 사막 식물은 습지 식물보다 기공의 밀도가 더 낮도록 유전적으로 정해져 있다. 그러나 여러 식물에서 기공의 밀도는 발생과정에 따라 달라질 수도 있다. 식물이 발생 동안 강한 빛에 노출되고 이산화탄소량이 적으면 여러 식물 종에서 기공의 밀도를 증가시키는 경향이 있다. 과학자들은 잎의 화석에서 기공의 밀도를 측정하여 과거 기후의 대기 중 이산화탄소량에 대해 추정할 수 있었다. 최근 영국의 한 조사에 의하면 비슷한 조사가 있었던 1927년 이후에 많은 삼림 수목의 기공이 감소하였다고 한다. 이런 관찰은 대기 중 이산화탄소량이 20세기 후반에 엄청나게 증가하였다는 다른 연구 결과와 일치한다.

기공 개폐의 기작

공변세포는 삼투현상으로 주변 세포에서 물을 받아들일 때 더 부풀게 된다. 대부분의 속씨식물에서 공변세포의 세포벽은 두께가 일정하지 않으며 공변세포가 부풀었을 때 바깥쪽 구부러지는 방향으로 셀룰로스 미세섬유가 배열되어 있다(그림 25.18a). 이렇게 바깥쪽으로 휘는 것이 공변세포 사이의 구멍을 크게 만든다. 공변세포가 물을 잃고 흐물흐물해지면 휘어짐이 줄어들고 기공은 닫히게 된다.

공변세포의 팽압 변화는 주로 공변세포가 가역적으로 포타슘이온을 흡수하거나 배출함으로써 생긴다. 공변세포가 주변 표피세포에서 포타슘이온을 능동적으로 축적할 때 기공이 열린다(그림 25.18b). 포타슘이온이 공변세포 세포막을 통과하는 것과 양성자 펌프에 의한 막 퍼텐셜의 생성은 짝반응이다. 기공이 열리는 것과 공변세포 바깥으로 수소이온을 능동수송하는 것도 연관이 있다. 결과로 생성된 전압(막퍼텐셜)은 특이적 막통로를 통해 포타슘이온이 세포 안으로 들어가게 한다. 포타슘이온을 흡수하는 것은 수분 퍼텐셜이 공변세포 내에서 더 큰 음의 값이 되고 그래서 세포는 삼투현상에 의해 물이 들어오는 만큼 더 푸풀어 오른다. 기공 닫기는 공변세포에서 주변세포로 포타슘이온이 빠져나가서 삼투현상으로 인한 물의 손실이 유도되어 생긴다. 또한 아쿠아포린도 삼투에 의한 공변세포의 부풀기와 쭈그러들기의 조절을 돕는다.

세포가 팽팽함/기공이 열림

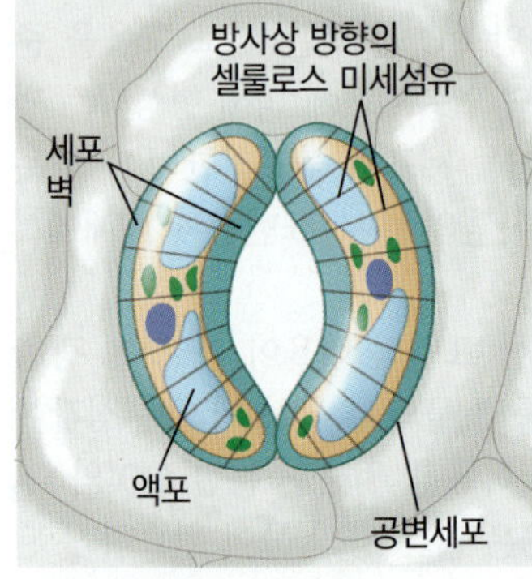

세포가 흐늘흐늘/기공이 닫힘

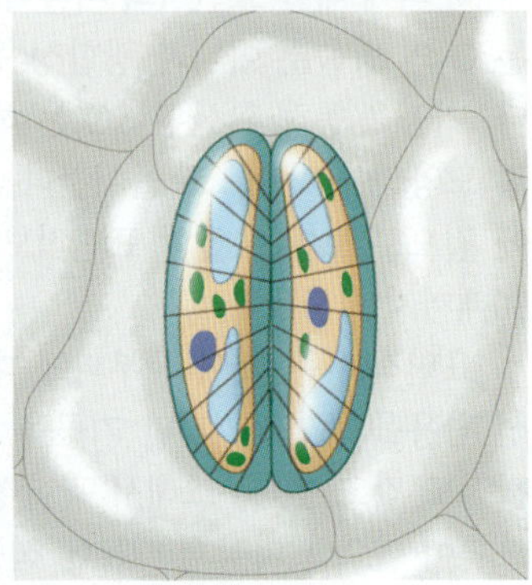

(a) 공변세포 모양의 변화와 기공의 개폐(겉모습). 전형적인 속씨식물의 공변세포에는 팽팽한 모습(기공이 열림)과 흐늘흐늘한 모습(기공이 닫힘)이 있다. 세포벽 셀룰로스 미세섬유의 방사상 배열 방향은 기공세포에서 팽압이 증가함에 따라 세포가 넓이보다는 길이가 더 늘어나게 해 준다. 2개의 공변세포는 끝이 서로 붙어서 길이가 증가하면 휘게 되는 것이다.

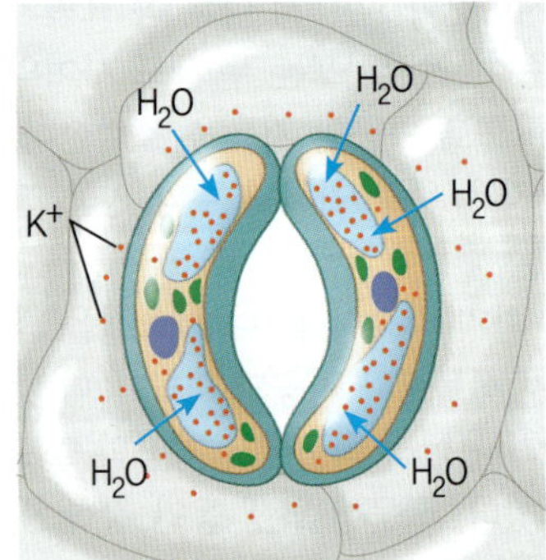

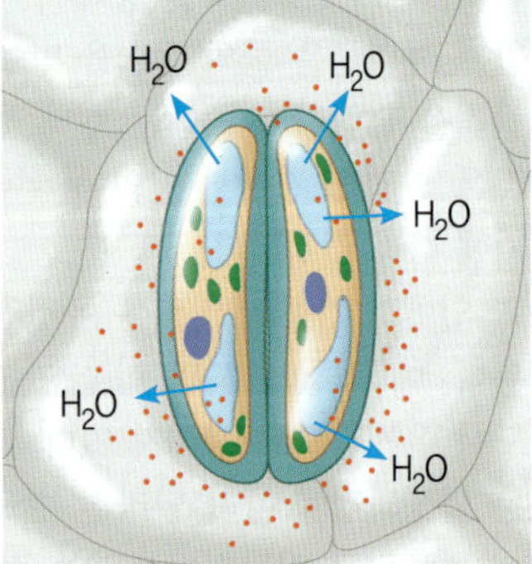

(b) 기공의 개폐에서 포타슘이온(K^+)의 역할. 세포막과 액포막을 가로지르는 K^+(여기서 빨간색 점으로 표시함)의 이동은 공변세포의 팽압을 변화시킨다. 말산이나 염소이온 같은 음이온(그림에는 없음)의 흡수도 공변세포가 부풀어 오르게 하는 역할을 한다.

▲ 그림 25.18 **기공 개폐의 기작**

기공 개폐의 자극

일반적으로 기공은 낮에는 열리고 밤에는 주로 닫혀서 식물이 광합성작용을 할 수 없을 때는 물의 손실을 막아준다. 새벽에 기공이 열리게 하는 데는 최소한 세 개의 시작 신호가 있는데 빛, CO_2 고갈, 그리고 공변세포 안의 "생체 시계"이다.

빛은 공변세포를 자극하여 포타슘이온을 축적하게 하고 부풀어 오르게 한다. 공변세포의 세포막에 있는 청색광 수용체가 빛을 받으면 이런 반응이 시작된다. 수용체의 활성은 공변세포의 세포막에서 양성자 펌프 활성을 자극하여 포타슘이온이 흡수되게 한다.

또 광합성의 결과로 잎의 공기층에 CO_2가 고갈되면 기공이 열린다. 낮 동안에는 CO_2 농도가 감소함에 따라 충분한 물이 잎에 공급된다면 점진적으로 기공을 연다. 공변세포 안의 "생체 시계"인 세 번째 신호는 일주기 리듬에 따라 기공 개폐를 계속되게 한다. 이 리듬은 식물이 어두운 곳에 보관되었을 때만 일어난다. 모든 진핵생물은 주기적 생체 현상을 제어하는 내부 생체 시계를 갖고 있다. 대략 24시간의 간격을 갖는 주기를 **일주기성 리듬(circadian rhythm)**이라 한다.

가뭄 스트레스도 낮 동안에 기공이 닫혀 있게 할 수 있다. 더욱이 뿌리와 잎에서 생성되는 **앱시스산(abscisic acid, ABA)**이라는 호르몬은 물이 부족할 때 공변세포가 기공을 닫도록 하는 신호가 된다. 이런 반응은 잎이 더 시드는 것을 막고 CO_2의 흡수를 제한함에 따라 광합성을 늦추게 한다. ABA는 또한 직접 광합성을 억제하기도 한다. 물이 광합성 작용에 기질로 쓰일 뿐 아니라 식물의 기공을 열고 더 많은 CO_2를 얻을 수 있게도 하기 때문에 사용될 수 있는 물의 양은 식물의 생산량과 매우 연관되어 있다.

시들기와 잎의 온도에 대한 증산작용의 효과

맑고 따뜻하며 건조하고 바람이 부는 날은 증발이 늘어나므로 대부분의 기공이 열린 채로 있는 이런 날에 증산작용은 가장 많이 일어난다. 증산작용이 충분한 양의 물을 잎까지 끌어올릴 수 없다면 세포가 팽압을 잃게 됨에 따라 지상부가 약간 시들게 된다. 식물이 약간의 가뭄 스트레스에 반응하여 급속히 기공을 닫아도 물이 큐티클층을 통하여 소량 증발하여 손실이 생긴다. 그러나 가뭄이 오래되면 잎은 회복할 수 없는 피해를 입게 된다.

증산작용은 증발로 인한 냉각 효과도 있어 잎의 온도를 주변

온도보다 10°C 정도 낮출 수 있다. 이런 냉각 효과는 잎이 단백질을 변성시킬 수 있는 온도를 막아준다.

증발에 의한 물의 손실을 줄이는 적응

많은 사막 종의 식물들은 얼마 안 되는 우기 동안 짧은 생활주기를 마침으로써 말라 죽는 것을 피할 수 있다. 사막에서는 비가 거의 오지 않기 때문에 일단 비가 오면 식생이 변하여 일년살이 식물의 잠자고 있던 씨가 발아를 하고 꽃을 피워서 건기가 다시 오기 전에 생활주기를 완성한다. 그러나 생활주기가 긴 종들은 특이한 생리적인 형태적 적응을 하여 거친 사막의 조건에서도 견뎌 낼 수 있다. 돌 식물 같이 메마른 지역에 적응한 식물을 **건생식물(xerophytes**; 그리스어로 *xero*는 건조라는 의미)이라고 부른다. 그림 25.19는 또 다른 예를 보여준다. 선인장과 같은 많은 건생식물은 지나친 물의 손실을 막기 위해 잎을 줄이고 광합성을 주로 줄기에서 한다. 많은 건생식물은 오랜 건기 동안 물을 저장하기 때문에 줄기가 두툼하다.

또 다른 적응으로 많은 돌나물과(Crassulaceae)나 다른 몇 과의 식물에서 발견된 광합성의 특별한 형태인 **CAM(crassulacean acid metabolism)**이 있다. CAM 식물의 잎은 밤 동안에 CO_2를 얻기 때문에 증발 스트레스가 더 심한 낮 동안에는 기공을 닫고 있다. 기공은 CO_2를 얻지만 물은 잃지 않아야 하는 이율배반적인 조건을 조절하는 가장 중요한 중재자이다.

▶ 오코틸로(*Fouquieria splendens*)라는 식물은 미국 남서부와 멕시코 북부에서 흔하게 발견된다. 이 식물은 일 년 중 대부분 잎이 없이 지내면서 지나친 물의 손실을 피한다(오른쪽 그림). 그러나 큰 비가 온 직후 작은 잎을 만든다(아래 그림과 삽입 그림). 다시 땅이 마르면 잎은 재빠르게 시들고 죽어 버린다.

▼ 작은 그림에 있는 서양협죽도는 일반적으로 매우 건조한 기후에서 발견할 수 있다. 잎은 두꺼운 큐티클층과 여러 겹의 표피조직을 가지고 있어 물의 손실을 막아 준다. 기공은 무덥고 건조한 바람으로부터 기공을 보호받을 수 있도록 '토굴'이라 부르는 후미진 곳에 숨겨져 있어 증산율을 줄이도록 적응되었다. 모상체("털")도 공기의 흐름을 방해하여 증산작용을 최소화하는 것을 도와 후미진 곳의 공간이 주변 대기보다 높은 습도를 유지할 수 있게 한다(광학 현미경 사진).

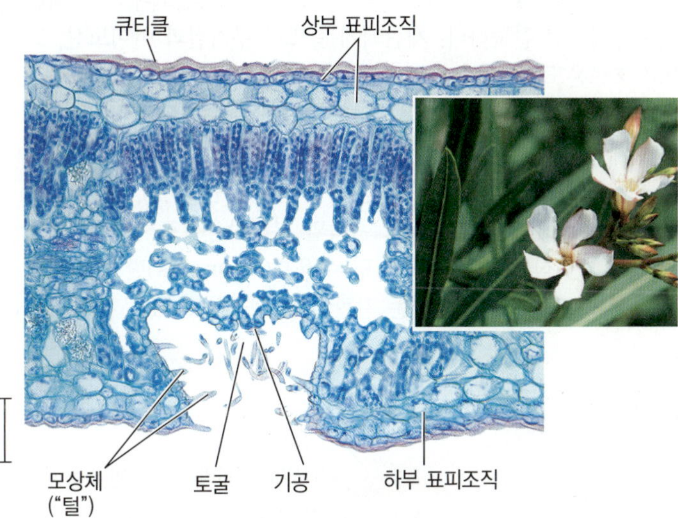

▶ 이것은 멕시코 사막 식물인 노인선인장(*Cephalocereus senilis*)의 줄기를 확대한 사진이다. 길고, 희면서 머리카락 같은 털은 태양빛의 반사를 돕는다.

▲ 그림 25.19 **건생식물의 적응 몇 가지**

개념 25.7

당은 체관을 통해 공급원으로부터 수용부로 수송된다

토양에서 뿌리로 그리고 물관을 통해 잎까지 물과 무기질이 일방통행으로 흐를 때 주로 위로 향한다. 그와는 다르게 광합성 산물의 수송은 반대 방향으로 움직인다. 즉 주로 성숙한 잎에서 식물의 아래쪽, 즉 에너지와 생장을 위해 상당량의 당이 필요한 뿌리끝 같은 곳으로 당을 수송한다. **운반(translocation)**이라고도 부르는 광합성 산물의 수송은 다른 조직인 체관부에서 담당한다.

당 공급원에서 당 수용부로 이동

속씨식물에서 체관요소는 운반을 위한 수로의 기능을 하도록 특화된 세포다. 끝과 끝이 이어져서 긴 체관을 형성한다. 이런 세포 사이에는 체판이라는 구조가 있어 체관을 따라 체관액이 흐를 수 있게 한다. 체관을 통해 흐르는 **체관액(phloem sap)**은 헛물관과 물관요소에 의해 수송되는 물관액과는 전혀 다른 수용액이다. 지금까지 체관액의 가장 주요한 용질은 당으로, 대부분의 식물 종에서 이당류 당이다. 당 농도는 무게로 볼 때 30% 정도나 되어 체관액은 시럽처럼 걸쭉하다. 체관액에는 또한 무기질과 아미노산, 그리고 호르몬도 들어 있다.

물관액이 뿌리에서 잎으로 한 방향으로만 수송되는 것과는 다르게 체관액의 이동 방향은 다양하다. 그러나 체관은 언제나 당의 공급원에서 당의 수용부로 당을 옮긴다(그림 25.2). **당 공급원(sugar source)**이란 광합성 또는 녹말 분해작용으로 당의 순생산이 일어나는 식물의 기관이다. **당 수용부(sugar sink)**란 결과적으로 당이 소모되거나 저장되는 기관이다. 생장하고 있는 뿌리, 눈, 줄기, 열매는 당의 수용부다. 자라고 있는 잎도 당의 수용부이지만 다 생장한 잎은 충분한 빛을 받으면 당 공급원이 된다. 덩이줄기나 알뿌리 같은 저장기관은 계절에 따라 당의 공급원도 당의 수용부도 될 수 있다. 이들은 여름에 탄수화물을 저장할 때는 당의 수용부이다. 봄에 동면에서 깨어난 후에는 당의 공급원으로 녹말을 당으로 쪼개어 식물의 생장점으로 옮긴다.

당의 수용부는 일반적으로 가장 가까운 공급원에서 당을 받는다. 가지 맨 위의 잎은 성장하고 있는 줄기 생장점에 당을 보내는 반면 아래쪽에 있는 잎은 당을 뿌리로 보낸다. 자라고 있는 열매는 그 주변의 당 공급원을 독점한다. 각 체관에서 수송의 방향은 그 관으로 연결된 공급원과 수용부의 위치에 따라 정해진다. 그래서 그들이 다른 장소에서 시작되고 끝난다면 이웃하는 관들이 서로 반대 방향으로 체관액을 수송할 수도 있다.

당은 수용부까지 가기 전에 체관요소 속에 옮겨져 실려야 한다. 어떤 식물 종에서는 당은 엽육세포에서부터 원형질연락사를 통과하며 심플라스트를 거쳐 체관요소로 간다. 다른 종들에서는 심플라스트와 아포플라스트 경로로 이동할 수 있다. 당이 아포플라스트에 실릴 때 직접 또는 반세포를 거쳐 근처의 체관요소에 축적된다(그림 25.20a). 어떤 식물에서는 반세포의 세포벽이 안으로 돌출된 부분이 많아 아포플라스트와 심플라스트 사이에서의 용질의 전달을 증가시킨다.

많은 식물에서 체관으로 당이 이동하기 위해서는 엽육세포보다 체관요소나 반세포의 당 농도가 더 높기 때문에 능동수송이 필요하다. 양성자 펌프의 활동과 H^+/당의 공동수송에 의해 엽육세포에서 체관요소나 반세포까지 당이 이동할 수 있다(그림25.20b).

체관부의 끝 수용부에서는 당을 내려놓는다. 이 과정은 식물의 종이나 기관에 따라 다양하다. 그러나 수용부에 운반된 당은 수용부 세포의 생장과 대사작용 동안 쓰여지거나 녹말과 같은 물에 녹지 않는 다당류로 전환되기 때문에 수용부에서 자유 당 농도는 항

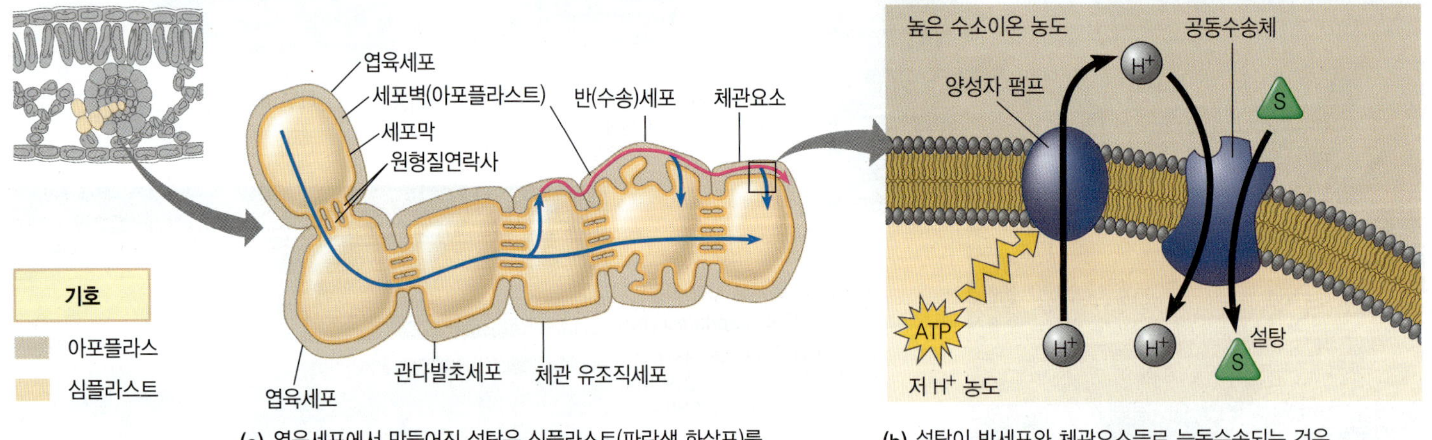

(a) 엽육세포에서 만들어진 설탕은 심플라스트(파란색 화살표)를 거쳐 체관요소로 갈 수 있다. 어떤 식물종에서는 설탕이 체관요소 근처의 심플라스트에서 빠져나왔다가 아포플라스트(빨간색 화살표)를 통하여 이동한다. 그러면 체관요소와 그들의 반세포들에 의해서 설탕이 아포플라스트로부터 세포 안으로 능동적으로 축적된다.

(b) 설탕이 반세포와 체관요소들로 능동수송되는 것은 화학삼투작용 때문이다. 양성자 펌프가 양성자 기울기를 만들고 이 기울기를 따라 세포 안으로 확산되는 양성자와 설탕의 수송을 짝지어 주는 공동수송 단백질의 도움으로 설탕이 축적된다.

▲ **그림 25.20 체관에 당을 실어 놓음**

상 체관보다 더 낮다. 이와 같은 당 농도기울기에 의해 당 분자는 체관에서 수용부로 확산되고 따라서 삼투현상에 의해 물이 수용부로 들어온다.

양압에 의한 부피 유동: 속씨식물에서 수송 기작

체관액은 공급원에서 수용부로 시간당 1 m 정도의 속도로 흐르는데 이 속도는 확산이나 세포질 유동보다 훨씬 빠르다. 부피 유동으로 물관요소를 통과하는 체관액은 **압력 흐름**(pressure flow)으로 알려진 양압에 의해 이동한다(그림 25.21). 공급원에는 압력이 생기고 수용부에는 압력이 줄어듦으로써 공급원에서 수용부로 체관액이 흐르게 되는 것이다. 수용부는 당을 내리는 데 필요한 에너지나 능력에 따라 다양하다. 때때로 공급원에 의해 지원될 수 있는 것보다 더 많은 수용부가 있다. 그런 경우 식물은 **자연솎음질**(self-thinning)이라 부르는 현상으로 꽃, 씨, 또는 열매를 없애 버린다. 수용부를 버리는 것은 농업적인 측면에서도 유용하다. 예를 들어, 큰 사과는 작은 것보다 가격이 비싸게 팔리게 때문에 과수원 주인은 꽃이나 작은 열매를 따버려서 사과나무가 수는 적지만 더 큰 사과가 열리게 한다.

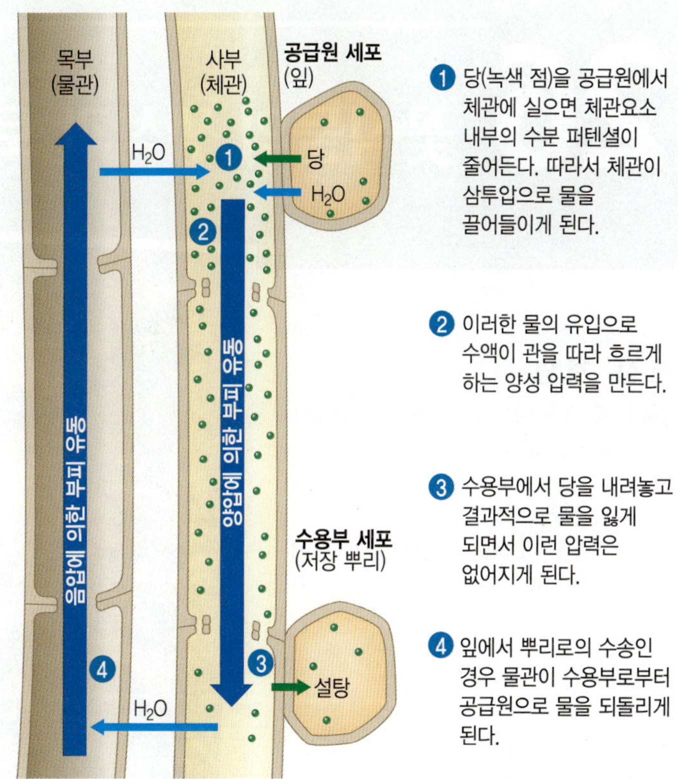

▲ 그림 25.21 **체관에서 양압(압력 흐름)에 의한 부피 유동**

CHAPTER

26 꽃식물의 생식과 토착화

핵심 개념

26.1 꽃, 중복수정, 열매는 속씨식물 생활사의 독특한 특징이다

26.2 꽃식물은 유성생식, 무성생식, 또는 둘 다로 생식한다

26.3 사람들은 교배와 유전공학으로 작물을 개량한다

▲ **그림 26.1** 왜 금파리는 이 꽃 위에 알을 낳으려고 하는 걸까?

사기꾼 꽃들

동남아시아의 우림에 서식하는 *Rhizanthes lowii* 종에서 유일하게 볼 수 있는 부분은 커다랗고 선명한 색깔을 가지고 있는 꽃이다(**그림 26.1**). 이 식물은 기생하고 있는 열대성 덩굴 식물의 안에 들어가는 것으로부터 모든 에너지를 획득한다. 또한 이런 도둑질은 수분에서도 이어진다. *Rhizanthes*의 꽃은 벌어졌을 때 썩은 시체의 불결한 냄새를 방출한다. 썩은 고기에 알을 낳는 곤충인 금파리 암컷은 이 꽃의 거역할 수 없는 냄새를 발견하고 이곳에 알을 낳는다. 이곳에서 금파리는 몸에 달라붙은 끈적한 꽃가루로 범벅이 된다. 결과적으로 이 식물이 바라는 대로 꽃가루를 뒤집어 쓴 금파리는 다른 *Rhizanthes*의 꽃으로 날아간다.

*Rhizanthes*의 경우에서 특이한 면은 곤충은 상호작용을 하는 식물로부터 어떤 이익도 얻지 못한다는 것이다. 사실상 *Rhizanthes*의 꽃에서 태어난 금파리 구더기는 먹을 수 있는 썩은 고기를 발견하지 못하고 곧 죽게 된다. 좀 더 전형적인 경우, 식물은 거짓 썩은 고기보다는 고에너지의 꽃꿀이나 꽃가루 같은 보상을 제공하며 동물 꽃가루 전달자를 유혹한다. 그래서 식물과 꽃가루 전달자 모두 이익을 얻는다. 즉 상호호혜적인 공생적인 관계가 된다. 다른 생물체와 상호 호혜적인 관계를 갖는 것은 식물계에서는 매우 일반적이다. 사실 최근 진화 과정에서 몇몇 꽃식물은 단지 종자만 날라다 주는 것이 아니라 식물에게 물과 무기질 영양소를 제공해 주고 공격해 오는 경쟁자나 병원균, 포식자에게서 적극적으로 보호해 주는 동물과 관계를 형성하고 있다. 이런 호혜에 대한 보상으로 동물은 식물의 씨나 열매의 일부를 먹을 수 있게 된다. 이런 관계에 있는 식물을 작물이라고 부를 때 동물은 인간이 된다.

10,000년 이상 전에 식물이 작물화된 이래로 식물 육종가는 인공 수정으로 수백 종 속씨식물의 형질을 유전적으로 조작하여 현재 우리가 기르고 있는 작물로 형질 전환시켰다. 지금 유전공학은 식물을 변형시킬 수 있는 방법의 다양성과 속도를 크게 향상시켰다.

22장에서 우리는 진화적 관점으로 육상 식물의 조상인 조류에서부터 그 자손까지 추적하며 식물의 생식에 대해 알아보았다. 여기서는 꽃식물이 대부분의 육지 생태계와 농업에서 가장 중요한 식물에 속하기 때문에 꽃식물의 생식에 대해 자세하게 공부해 보고자 한다. 먼저 속씨식물의 유성생식과 무성생식에 대해 공부한 후에 우리는 작물의 유전적 변형에서 인간의 역할과 함께 현대 식물 생명공학 주변의 논쟁들에 대하여도 살펴볼 것이다.

개념 26.1

꽃, 중복수정, 열매는 속씨식물 생활사의 독특한 특징이다

식물의 생활사는 다세포 반수체(n)와 2배체($2n$) 세대를 번갈아 만들어 가는 세대교번이 특징이다. **포자체**(sporophyte)인 2배체 식물은 감수분열로 반수체 포자를 만든다. 이들 포자는 체세포분열을 하여 다세포 **배우체**(gametophyte), 즉 생식세포(정자와 난자)를 생산하는 암과 수의 반수체 식물이 된다. **수정(fertilization)**은 생식세포가 합쳐지는 것으로 2배체 접합자가 만들어지고 체세포분열을 하여 새로운 포자체를 형성한다. 속씨식물에서 포자체는 우리가 보기에 가장 크고, 눈에 잘 띄며, 가장 오래 산다는 의미에서 우성세대라고 할 수 있다. 종자식물은 진화 과정을 거치면서 배우체의 크기가 줄어들었고 영양에 있어서 완전히 포자체 세대에 의존하게 되었다. 속씨식물의 배우체는 단지 몇 개의 세포로 이루어져 모든 식물 중 가장 축소되어 있다. 속씨식물 생활사의 중요 형질은 "세 개의 F"(*f*lowers 꽃, double *f*ertilization 중복수정, *f*ruits 열매)로 기억할 수 있다.

꽃의 구조와 역할

속씨식물 포자체의 생식줄기(reproductive shoot)인 꽃은 전형적으로 4가지 꽃 기관(floral organ), 즉 **암술(carpel)**, **수술(stamens)**, **꽃잎(petal)**, **꽃받침(sepal)**으로 이루어져 있다(그림 26.2). 위에서 보면 이 기관들은 동심원 형태의 윤생체다. 암술은 가장 안쪽의 윤생체이며 수술이 두 번째, 꽃받침이 세 번째, 그리고 가장 바깥쪽으로 꽃받침이 윤생체를 형성한다. 이 4가지 꽃 기관은 **화탁(receptacle)**이라 부르는 줄기 부위에 붙어 있다. 영양지와는 달리 꽃은 유한지이다. 즉, 꽃은 꽃과 열매가 형성된 후에 자라기를 멈춘다.

암술과 수술은 생식기관이지만 꽃잎과 꽃받침은 아니다. 암술은 밑에 있는 **씨방(ovary)**과 **암술대(style)**라는 길고 가는 목을 갖고 있다. 암술대의 맨 위에는 꽃가루를 포획할 수 있는 끈적끈적한 구조물인 **암술머리(stigma)**가 있다. 씨방 속에는 한두 개의 **밑씨(ovule)**가 있고 종에 따라 그 수는 다르다. 그림 26.2의 꽃은 하나의 암술을 갖고 있지만 여러 개의 암술을 갖는 식물 종도 많다. 대부분의 식물 종에는 2개 이상의 암술이 하나의 구조물로 합쳐져 2개 이상의 방을 가진 씨방이 되며 각 방에는 1개 이상의 밑씨가 들어 있다. **암술무리(pistil)**란 용어는 때때로 하나의 암술(단순 암술무리), 또는 두 개 이상의 합쳐진 암술(복합 암술무리)을 지칭한다. 수술은 **수술대**(filament)라고 부르는 대와 **꽃밥(anther)**이라 부르는 말단 구조물로 이루어진다. 꽃밥에는 소포자낭(microsporangia, pollen sacs; 꽃가루 주머니)이라는 방이 있어 그곳에서 꽃가루가 생산된다. 많은 식물종에서 꽃잎은 전형적으로 꽃받침보다 색깔이 더 화려하여 곤충이나 다른 꽃가루 전달자를 꽃으로 끌어들이는 역할을 한다. 꽃눈이 벌어지기 전에 그것을 감싸 보호하고 있는 꽃받침은 일반적으로 다른 꽃 기관에 비해 그 모습이 잎사귀와 더 비슷하다.

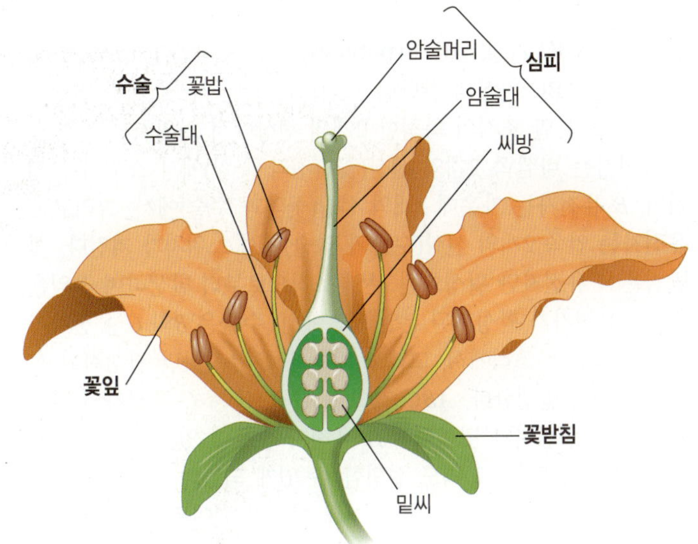

▲ 그림 26.2 **전형적인 꽃의 구조**

완전 꽃(complete flower)이란 4가지 기본적인 꽃 기관을 다 가진 것이다(그림 26.2). 어떤 종은 꽃받침, 꽃잎, 수술 또는 암술이 없는 **불완전 꽃(incomplete flower)**이 핀다. 예를 들면, 대부분의 초본류의 꽃은 꽃잎이 없다. 어떤 불완전 꽃은 제대로 기능을 하는 수술과 암술이 없어 불임이고 또 다른 꽃은 수술과 암술 중 하나가 없기 때문에 단성(unisexual)이다. 또한 꽃은 크기, 모양, 색, 향기, 그리고 꽃 기관의 배열, 개화기 등에서 다양하다. 어떤 종은 낱꽃인 반면, 어떤 종은 **꽃집합(inflorescences)**이라고 부르는 화려한 꽃 모둠을 보인다. 예를 들어, 데이지는 하얀 꽃잎같이 보이는 불임의 불완전 꽃에 둘러싸인 수백 개의 작은 완전 꽃의 중앙 둥근 부위로 구성된 꽃집합이다. 대부분 꽃의 다양성은 특정 꽃가루 전달자에 대한 적응을 보여준다.

꽃 형성

어떤 식물 종의 꽃은 일반적으로 일 년 중 특정 시기에 갑자기 피어난다. 그런 동시적인 개화는 유성생식의 주된 장점인 다른 개체와의 교배를 할 수 있게 한다. 꽃 형성은 지상부 정단 분열 조직이 영양 생장에서 생식 생장으로 발생학적 모드를 전환하는 과정을 포함한다. 이와 같은 **꽃 분열 조직**으로의 전환은 일조 시간이나 내부 신호와 같은 환경적인 요인들이 함께 작용하여 시작된다. (27장에서는 개화에 관한 이런 신호의 역할에 대하여 좀 더 공부할 것이다.) 일단 개화로의 전환이 시작되면 꽃 분열 조직으로부터 각 기관이 순서에 따라 나타나 꽃받침, 꽃잎, 수술, 암술이 발생될 것이다. 꽃 구성의 발생을 조절하는 발현 조절인자를 암호화하는 몇 가지 기관 결정 유전자가 발견되었다. 이런 유전자 중의 하나에 생긴 돌연변이는 수술의 자리에 꽃잎이 자라는 비정상적인 꽃 발생을 일으킬 수 있다(그림 26.3).

꽃의 돌연변이를 연구에 의해 연구자들은 3개의 꽃 기관 결정 유전자가 어떻게 4가지 유형의 꽃 기관 형성을 정할 수 있는지 설명해주는 **ABC 가설(ABC hypothesis)**을 알게 되었다. 그림 26.4a에서 보는 ABC 가설의 간단한 모식도를 보면 각 꽃 기관 결정유전자가 꽃 분열 조직의 특정한 2개의 선상에서 스위치가 켜진다. *A* 유전자는 바깥쪽 2개의 선상(꽃받침과 꽃잎)에서 스위치가 켜지며, *B* 유전자는 가운데 2개의 선상(꽃잎과 수술)에서, 그리고 *C* 유전자는 안쪽 2개의 선상(수술과 암술)에서 스위치가 켜진다. 꽃받침은 *A* 유전자만 활성화된 분열 조직으로부터 발생하며 꽃잎은 *A*와 *B* 유전자가 활성화된 분열 조직에서, 수술은 *B*와 *C* 유전자가 활성화된 분열 조직에서, 그리고 암술은 *C* 유전자만 활성화된 분열 조직에서 발생한다. *ABC* 가설은 *A*, *B*, 또는 *C* 유전자의 활동이 없는 돌연변이와 덧붙여서 *A* 유전자 활동이 있으면 *C* 유전자를 억제하는, 또는 그 역도 설명할 수 있게 되었다. 그림 26.4b는 세 종류의 기관 결정 유전자 중 어느 하나가 결여된 돌연변이체의

▲ **정상적인 애기장대의 꽃.**
애기장대는 정상적으로 4장의 꽃 기관을 갖는다. 꽃받침(Se), 꽃잎(Pe), 수술(St), 암술(Ca).

▶ **비정상적인 애기장대의 꽃.**
연구자들은 비정상적인 꽃을 발생시키는 몇 가지 기관 결정 유전자를 동정하였다. 이 꽃은 수술 대신 여분의 꽃잎을 지니며, 정상 식물이 심피를 갖는 위치에 내부의 꽃을 갖는다.

▲ 그림 26.3 **꽃의 발생에서 기관 결정 유전자와 유형 형성**

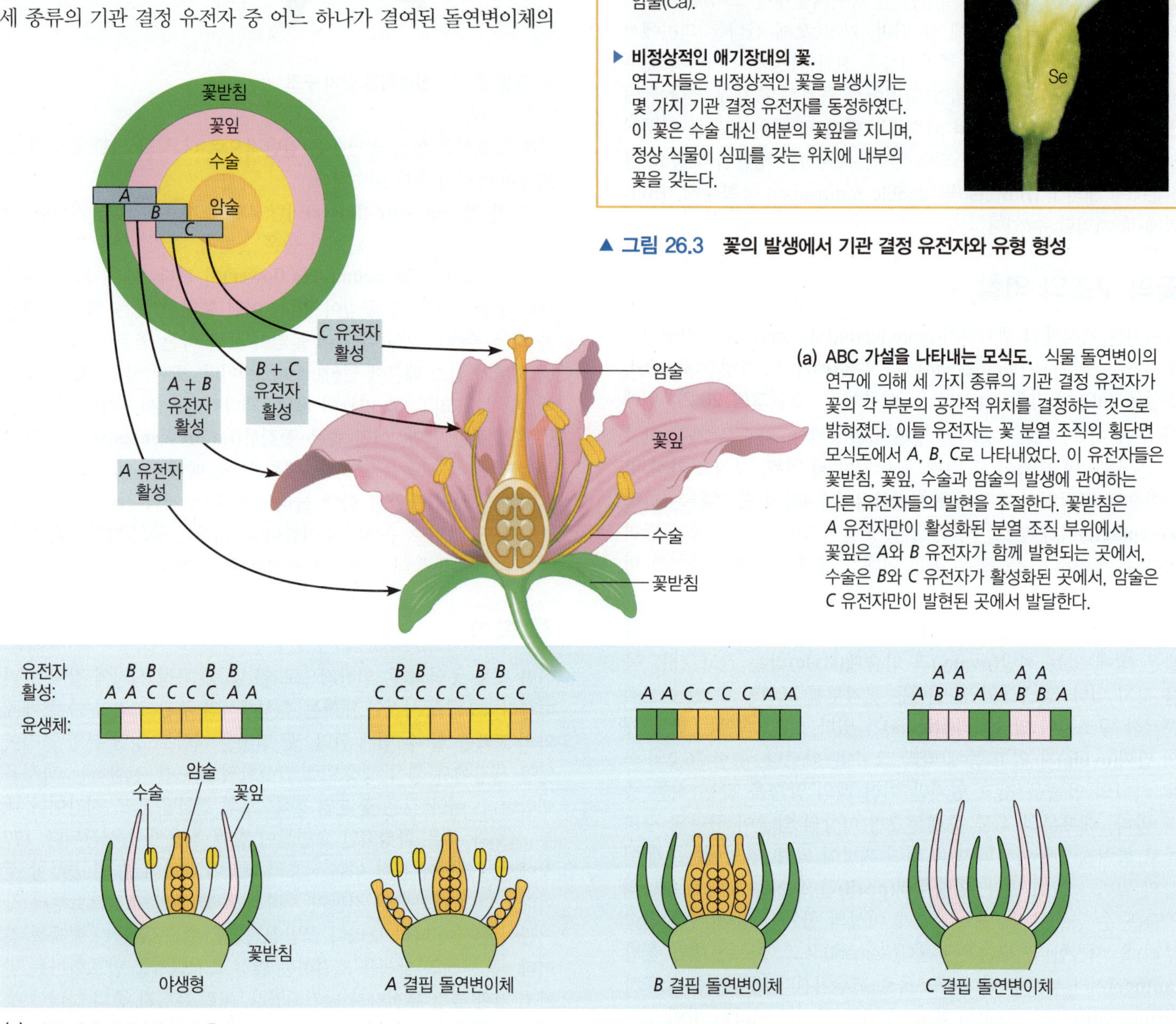

(a) **ABC 가설을 나타내는 모식도.** 식물 돌연변이의 연구에 의해 세 가지 종류의 기관 결정 유전자가 꽃의 각 부분의 공간적 위치를 결정하는 것으로 밝혀졌다. 이들 유전자는 꽃 분열 조직의 횡단면 모식도에서 *A*, *B*, *C*로 나타내었다. 이 유전자들은 꽃받침, 꽃잎, 수술과 암술의 발생에 관여하는 다른 유전자들의 발현을 조절한다. 꽃받침은 *A* 유전자만이 활성화된 분열 조직 부위에서, 꽃잎은 *A*와 *B* 유전자가 함께 발현되는 곳에서, 수술은 *B*와 *C* 유전자가 활성화된 곳에서, 암술은 *C* 유전자만이 발현된 곳에서 발달한다.

(b) **기관 결정 돌연변이 꽃의 측면 그림.** 부분적으로 (a)에서 보여주었던 모델과, *A* 유전자나 *C* 유전자의 활성이 없는 곳에서는 결핍되지 않은 다른 하나의 유전자 활성이 네 가지 꽃 기관으로 확산된다는 법칙을 이용해서 *A*, *B*, *C* 결정 유전자가 결여된 돌연변이 표현형에 대한 설명이 가능하다.

▲ 그림 26.4 **꽃 발생에서 기관 결정 유전자의 기능을 설명하는 ABC 가설**

개화 양상과 이 가설이 그들의 개화 양상을 어떻게 설명하는지 보여주고 있다.

속씨식물의 생활사: 개요

그림 26.5는 배우체 발생, 수분, 중복수정, 그리고 종자 발생을 포함한 속씨식물의 생활사를 보여준다.

배우체 발생

종자식물의 진화 과정 동안 배우체는 크기를 줄이고 포자체에 영양을 전적으로 의지하게 되었다. 속씨식물의 배우체는 단지 몇 개의 세포만으로 이루어진 모든 식물의 가장 줄어든 부분이다. 그 크기가 현미경으로만 관찰되고 그 발생은 보호 조직에 의해 감추어져 있다.

암 배우체(배낭)의 발생 암술이 발생함에 따라 하나 이상의 밑씨가 씨방 안 깊숙이 부풀어 오른 바닥에서 형성된다. **배낭(embryo sac)**이라고도 알려진 암 배우체는 각 밑씨 안에서 발생한다. 배낭 형성 과정은 각 밑씨 안에 ❶ 대포자낭(megasporangium)이라 부르는 조직에서 일어난다. 두 층의 외피(integument; 씨껍질로 발달하는 포자 보호 조직층)는 주공(micropyle)이라는 틈을 제외하고는 각 대포자낭 주변을 싸고 있다. 각 밑씨의 대포자낭에서 한 세포, 즉 대포자 모세포(megasporocyte 또는 megaspore mother cell)가 커져서 감수분열을 겪고 4개의 반수체 **대포자(megaspore)**를 만들 때 암 배우체의 발생이 시작된다. 단지 하나의 대포자만 생존하고 다른 대포자는 없어진다.

생존한 대포자의 핵은 세포질분열 없이 세 번의 세포분열을 하여 8개의 핵을 갖는 하나의 거대한 세포가 된다. 이 다핵체는 막으로 나뉘어 다세포 암 배우체 즉 배낭이 된다. 그 핵의 세포적 운명은 주공 근처에서 생겨난 옥신 호르몬의 구배에 따라 결정된다. 배낭의 주공 끝에서는 조세포라 부르는 두 개의 세포가 난세포의 옆에 있으면서 배낭으로 꽃가루관을 유인하고 안내하는 역할을 한다. 배낭의 다른 쪽 끝에는 기능을 알 수 없는 3개의 반족세포가 있다. 다른 두 핵인 극핵(polar nuclei)은 분리된 세포로 나누어지지 않고 대신에 배낭의 커다란 중심세포 세포질을 공유하게 된다. 그래서 성숙한 배낭은 7개의 세포 안에 있는 8개의 핵을 갖는다. 수정되면 종자가 될 밑씨는 대포자낭(결국은 시들어 버림)으로 둘러싸인 배낭과 2개의 주변 외피로 이루어진다.

꽃가루에서 수 배우체 발생 수술이 만들어질 때 ❷ 각 꽃밥은 꽃가루 주머니로 알려진 4개의 소포자낭으로 발생한다. 소포자낭(꽃가루 주머니) 안에는 소포자 모세포(microsporocyte 또는 microspore mother cell)라고 하는 많은 2배체 세포가 있다. 각 소포자 모세포는 감수분열을 통해 4개의 반수체 **소포자(microspore)**를 형성하게 되고 ❸ 각각이 결국은 반수체 수 배우체가 된다. 그 다음 각 소포자는 체세포분열을 거쳐 단지 2개의 세포, 즉 생식세포(generative cell)와 관세포(tube cell)로 이루어진 수 배우체를 만든다. 이들 두 세포와 포자벽은 함께 **꽃가루(pollen grain)**를 구성한다. 소포자와 꽃밥 둘 모두에 의해 생산되는 물질로 이루어진 포자벽은 식물종에 따라 특이적이며 정교한 무늬를 보인다. 수 배우체가 성숙되는 동안 생식세포는 관세포 안으로 들어가고 그 관세포는 그 안에서 완전히 독립된 세포를 갖게 된다.

수분

소포자낭이 깨지면서 열려 꽃가루를 방출한 후 꽃가루 입자는 암수머리의 표면에 옮겨지게 되고 이것을 **수분(pollination)**이라 한다. 여기서 우리는 어떻게 꽃가루가 수분 이후에 정자를 배달하는지에 집중할 것이다. 그리고 나중에는 꽃가루가 꽃밥에서 암술머리로 전달되는 다양한 방법에 대해서 알아볼 것이다.

수분될 때에는 꽃가루가 전형적으로 단지 관세포와 생식세포만으로 이루어져 있다. 그 다음 꽃가루가 물을 흡수하고 정자를 암 배우체까지 운반하는 세포 돌출물인 **꽃가루관(pollen tube)**을 만들며 발아를 한다. 꽃가루관은 한 시간에 1 cm 이상씩 매우 빠르게 자랄 수 있다. 꽃가루관이 암술대를 따라 자라는 동안 생식세포의 핵은 세포분열을 하여 관세포 안에는 2개의 정자세포가 존재하게 된다. 그때 조세포가 만든 화학적 유인물질에 반응하여 관세포의 끝이 주공으로 향해 자라나감으로써 관세포의 핵은 두 개의 정자를 이끌어 간다. 꽃가루관의 도착하면 두 개의 조세포 중 하나는 죽게 됨으로써 배낭 안으로 통로를 제공한다. 그때 관세포의 핵이 퇴화되고 ❹ 두 개의 정자는 암 배우체 근처에서 꽃가루관으로부터 놓여지게 된다.

중복수정

배우체가 합쳐지는 **수정(fertilization)**은 두 개의 정자가 암 배우체에 도달한 후 이루어진다. 한 개의 정자는 난자와 수정되어 접합자를 이룬다. 또 하나의 정자는 2개의 극핵과 합쳐져 암 배우체의 커다란 중심 세포의 가운데서 3배체($3n$) 핵을 형성한다. 이 거대세포가 종자의 양분 저장조직인 **배젖(endosperm)**이 된다. ❺ 두 개의 정자세포가 암 배우체의 서로 다른 핵과 결합하는 것을 **중복수정(double fertilization)**이라고 부른다. 중복수정은 난자의 수정이 일어난 밑씨 안에서만 배젖이 발생하게 하여 속씨식물이 수정되지 않은 밑씨에 영양분을 낭비하는 것을 막는다. 중복수정이 일어날 즈음에 관세포의 핵과, 또 다른 조세포, 그리고 반족세포는 퇴화된다.

종자의 발생

❻ 중복수정 이후에 각 밑씨는 종자로 발생한다. 그동안 씨방은 종자를 품고 있으며 바람이나 동물에 의해 종자를 퍼트리는 것을 도울 수 있는 열매로 발생한다. 포자체 배는 접합자로부터 발생하기 때문에 종자는 식물종에 따라서 다른 양의 단백질, 지방, 탄수화물을 저장하고 있다. 그래서 종자를 영양소의 주요 고갈처라고 한다. 초기에는 종자의 배젖이 탄수화물과 다른 영양소를 저장하지만 나중에는 종에 따라서 배의 부풀어 오른 떡잎(종자 잎)이 이런 역할을 대신한다. 종자가 발아를 할 때는 ❼ 배는 새로운 포자체로 발생을 하게 된다. 성숙된 포자체는 자신의 꽃과 열매를 생

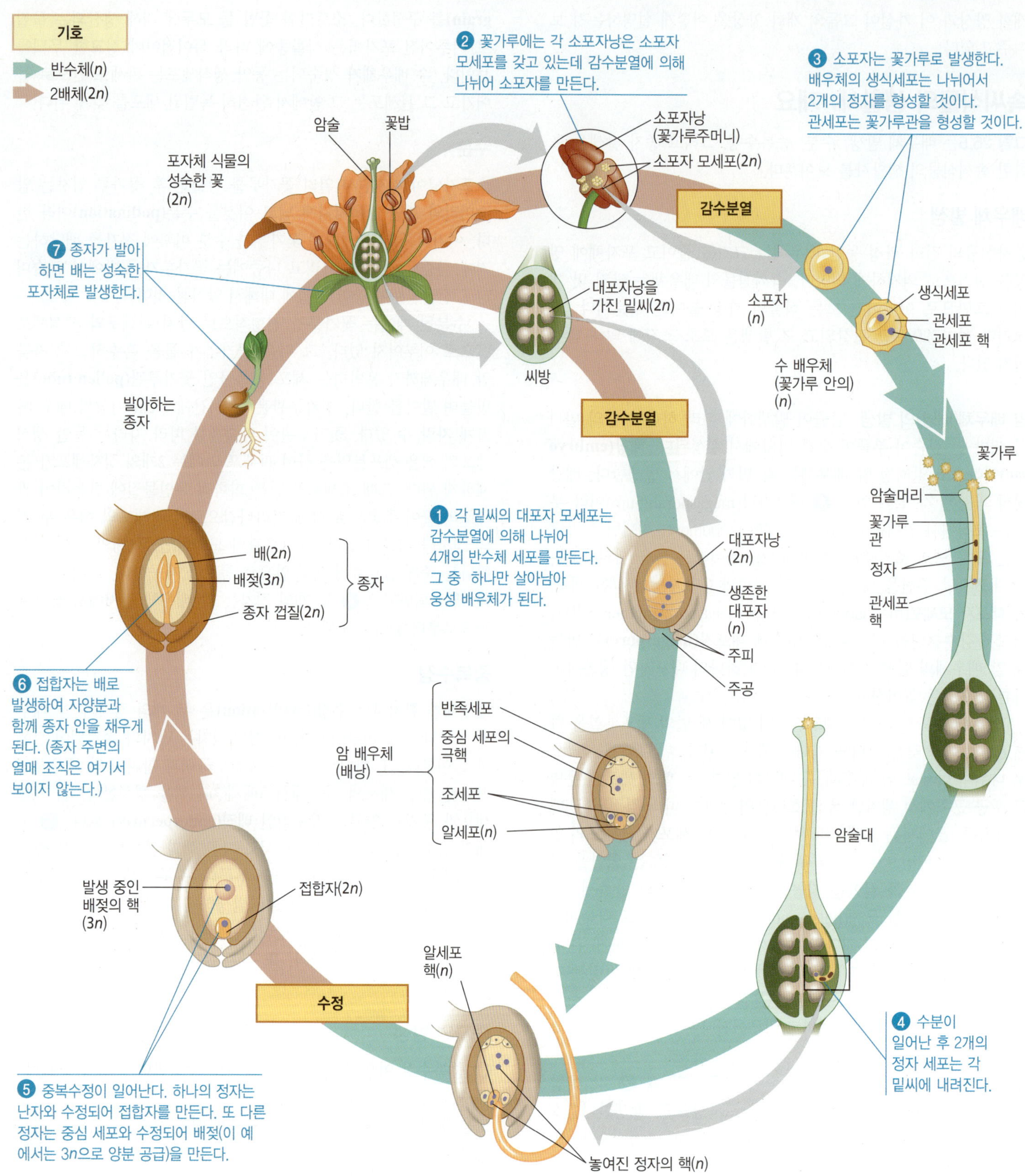

▲ 그림 26.5 **속씨식물의 생활사**

산하게 된다.

수분: 자세히 들여다보기

속씨식물의 생활사에 관한 자세하게 알려지지 않았던 질문 하나는 꽃가루의 전달, 즉 수분이 어떻게 이루어지냐 하는 것이다. 그 답은 바람, 물, 또는 동물에 의하여 이루어졌다는 것이다(그림 26.6). 일 년의 어떤 시기에 공기 중의 꽃가루 때문에 사람들이 꽃가루 알러지로 고생을 한다. 그러나 대부분의 속씨식물은 곤충이나 새 또

▼ 그림 26.6 꽃의 수분 탐구

대부분의 속씨식물은 생물적(biotic) 또는 무생물적(abiotic) 꽃가루 전달자에 의존하여 꽃에 수술의 꽃밥에 있는 꽃가루를 다른 식물 꽃의 암술머리 위로 옮긴다. 속씨식물의 거의 80%가 생물적 꽃가루 전달자, 즉 동물을 통해 수분한다. 무생물적 수분은 98%가 바람 그리고 2%가 물에 의존한다. 어떤 속씨식물종은 자가 수분할 수 있다.

바람에 의한 무생물적 수분

풍매화 꽃식물의 생식적인 측면의 성공은 매력적인 꽃가루 전달자에 의존하지 않기 때문에 색깔이나 향기로운 꽃을 선호하는 선택적 압력은 없었다. 따라서 바람에 의해 수분되는 종에서 꽃의 진화는 작고, 초록색이며 별로 눈길을 끌지 않는 꽃을 갖게 하였으며 꽃꿀이나 향기도 만들지 않는다. 대부분의 온대성 나무나 초본류가 풍매화이다. 개암나무(*Corylus avellana*)와 다른 여러 온대성이며 풍매화 나무들의 꽃은, 잎이 꽃가루의 이동을 방해하지 않는 이른 봄에 핀다. 바람에 의한 수분의 비효율성은 굉장히 많은 꽃가루를 만드는 것으로 보완한다.

▲ 암나무의 암꽃 (암술만 있음)

▲ 구름같이 꽃가루를 방출하고 있는 개암나무 수꽃(수술만 있음)

곤충에 의한 수분

▲ 일반 빛 아래에서 본 민들레

▲ 자외선 아래에서 본 민들레

꽃식물의 경우, 작물에서는 그 비율이 더 높지만, 약 65%가 꽃가루 전달자로 곤충을 활용한다. 그 비율은 주요 작물의 경우에는 더 높다. 꽃가루 전달자 곤충으로는 벌, 나방, 나비, 파리 그리고 풍뎅이 등이 있다. 벌은 곤충 꽃가루 전달자 중 가장 중요하므로 꿀벌이 감소하는 것을 크게 우려하고 있다. 꽃가루 전달자인 꿀벌은 꽃꿀이라 부르는 설탕물과 꽃가루를 먹이로 한다. 많은 꽃들 바닥의 꽃꿀샘에서 만들어지는 꽃꿀의 주된 역할은 꽃가루 전달자에 대한 "보상"이다. 전형적으로 꿀벌에 의해 수분되는 꽃은 은은하고 달콤한 향기를 갖는다. 벌은 주로 노랑이나 파랑 같은 밝은 색깔에 유인된다. 빨강은 벌에게 밋밋하게 보이지만 이들은 자외선을 볼 수 있다. 일반 민들레(*Taraxacum vulgare*)같이 벌에 의해 수분되는 많은 꽃들은 자외선 아래서만 인간이 볼 수 있는 꽃꿀샘으로 꿀벌을 이끄는 "꽃꿀 안내자"라고 부르는 표지를 갖고 있다. 이런 표지 몇 개는 자외선 아래에서 우리의 눈으로도 볼 수 있다.

박쥐에 의한 수분

박쥐에 의해 수분되는 꽃은 밝은색에 향기가 있어 야행성 꽃가루 전달자를 유인한다. 긴 코 박쥐(*Leptonycteris curasoae yerbabuenae*)가 미국 남서부와 멕시코의 용설란이나 선인장의 꽃꿀과 꽃가루를 먹는 동안 박쥐는 꽃가루를 옮겨준다.

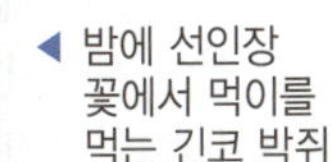

◀ 밤에 선인장 꽃에서 먹이를 먹는 긴코 박쥐

새에 의한 수분

매발톱 꽃같이 새에 의해 수분되는 꽃은 일반적으로 크고 밝은 빨강이나 노란색이지만 많은 새들이 후각이 잘 발달되어 있지 않기 때문에 향기는 거의 없다. 꽃꿀은 수분을 돕는 새의 고에너지 요구를 충족시키는 것을 돕는다. 새에 의해 수분이 되는 꽃의 꽃잎은 흔히 합쳐져서 자주 새의 구부러진 부리에 맞게 굽어진 꽃 관을 갖는다.

▶ 매발톱 꽃의 꽃꿀을 마시고 있는 벌새

는 작은 동물을 통해 한 꽃에서 다른 꽃으로 꽃가루를 전달한다.
진화 많은 종의 꽃식물은 자신만의 꽃가루 전달자와 함께 진화되었다. 서로가 상대방의 선택에 반응하는 두 종 간의 협력 진화를 **공진화(coevolution)**라고 부른다. 자연선택은 각각의 식물 또는 곤충이 꽃과 꽃가루 전달자의 상리공생을 증진시키는 약간의 구조적 변형을 가지는 것을 선호한다. 예를 들면, 몇몇 종은 꽃잎이 합해져서 길고 관 같은 구조로 안쪽 깊숙한 곳에 꽃꿀을 갖고 있다. 다윈은 자연선택으로 꽃 관의 길이와 곤충의 길쭉한 빨대 같은 주둥이가 서로 상호 반응 작용을 이끌어 갔을 것이라고 하였다. 긴 꽃 관 속에 꽃꿀을 먹기에 충분히 긴 주둥이를 가진 곤충이 꽃가루를 묻히지 않고 그런 일이 가능하겠는지 생각해 보라. 이런 식물이 다른 꽃에 수정되는 것에 실패하였다면 진화적으로 살아남을 가능성도 적다. 자연선택은 더 긴 관을 가진 꽃을 선호할 것이다. 동시에 그 꽃의 관보다 짧은 주둥이를 가진 곤충은 꽃꿀에 도달하지 못하고 결국은 선택되기도 어려웠을 것이다. 결과적으로 꽃의 모양과 크기는 자주 꽃가루 전달자의 꽃가루 접촉부위에 밀접하게 대응한다. 사실 다윈은 마다카스카라 섬에서의 꽃의 긴 관의 길이에 따라 28 cm나 되는 주둥이를 가진 나방의 존재를 예측하기도 하였다. 다윈이 죽은 후 몇십 년이 지나서 그런 나방이 발견되었다.

종자의 발생과 구조

성공적인 수분과 중복수정 후에는 종자가 형성되기 시작한다. 이 과정 동안 배젖과 배가 발생을 한다. **종자(seed)**는 성숙하게 되면 저장된 양분에 둘러싸인 동면의 배와 방어용 껍질로 이루어져 있다.

배젖의 발생

배젖의 발생은 일반적으로 배의 발생 전에 일어난다. 중복수정 후 밑씨 중앙 세포의 3배체 핵은 분열하여 유액물질을 갖는 다핵성 "슈퍼세포"를 형성한다. 핵들 사이에 막을 형성하여 세포질분열로 세포질을 나눌 때 배젖이라는 이 액상 덩어리는 다세포가 된다. 종국에는 이들 "벌거벗은" 세포는 세포벽을 형성하고 배젖이 단단해지게 된다. 코코넛 "유액"은 액상 배젖의 예이고 코코넛 "과육"은 단단한 배젖의 예이다. 팝콘의 하얀 거품 같은 부위도 또한 배젖이다.

많은 진정쌍떡잎식물처럼 곡류나 대부분의 다른 외떡잎식물에서는 발아 후 유식물에 의해 사용될 수 있는 양분을 배젖이 저장하고 있다. 그러나 어떤 진정쌍떡잎식물에서는 종자의 발생이 완전히 끝나기 전에 저장 영양소가 배젖에서 떡잎으로 옮겨져 성숙한 종자에는 배젖이 없게 된다.

배의 발생

접합자의 첫 번째 체세포분열로 수정된 난자가 나뉘어 바닥세포와 끝세포가 된다(그림 26.7). 끝세포가 결국 배의 대부분이 된다. 바닥세포는 분열을 계속하여 배자루(suspensor)라고 부르는 세포의 띠를 만드는데 그것은 배를 그 부모 식물에게 붙어 있도록 해준다. 배자루는 부모식물로부터 또는 어떤 식물에서는 배젖으로부터

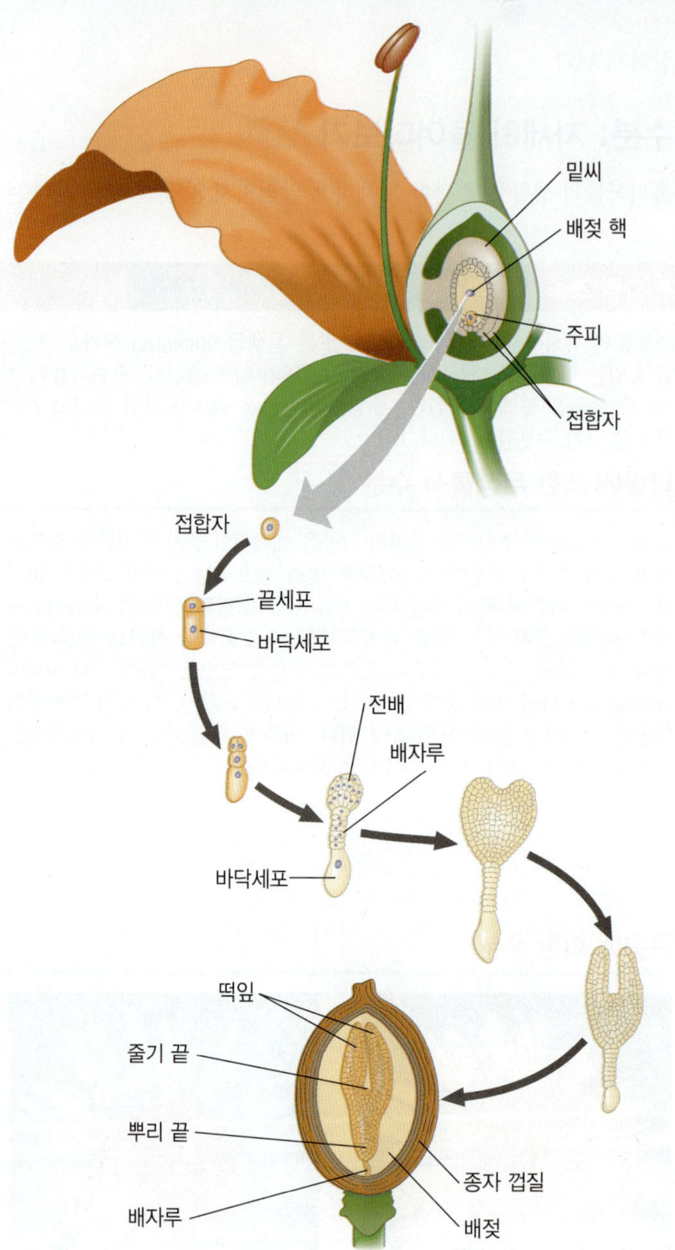

▲ 그림 26.7 **진정쌍떡잎식물 배의 발생.** 밑씨가 성숙한 종자가 되고 외피가 단단하고 두꺼워져서 종자 껍질을 형성하게 되면 접합자는 미성숙한 기관을 갖는 배식물이 된다.

배에게 영양분 전달하는 것을 돕는다. 배자루는 길어지면서 배를 양분 저장 조직과 보호 조직 안으로 점점 더 깊이 밀어 넣는다. 그러는 동안 끝세포는 여러 번 분열을 겪고 배자루에 붙어 있는 공 모양의 전배(초기배)를 형성한다. 떡잎은 전배 위에서 돌기처럼 형성되기 시작한다. 이 시기에 두 개의 떡잎을 갖는 진정쌍떡잎식물은 하트 모양을 하고 있다. 외떡잎식물에서는 단지 하나의 떡잎만이 발생한다.

흔적 떡잎이 나타나자 곧 배는 길어진다. 배의 줄기 끝은 떡잎 사이에 자리한다. 배자루가 붙어 있는 배축의 다른 쪽 끝에서는 배의 뿌리 끝이 형성된다. 종자가 발아를 한 후, 식물의 남은 일생 동안 줄기와 뿌리 끝의 정단 분열 조직은 1차 생장을 계속하게 된다.

성숙한 종자의 구조

종자 성숙의 마지막 단계 동안 종자에 포함된 물의 양이 전체 무게의 5~15%가 될 때까지 탈수작용이 일어난다. 양분 공급처(떡잎, 배젖, 또는 둘 다)로 둘러싸인 배는 **휴면(dormancy)**에 들어간다. 즉, 생장도 멈추고 대사 작용도 거의 멈춘다. 배와 배의 영양 공급처는 밑씨의 외피로부터 형성된 딱딱한 보호용 **종자 껍질(seed coat)**에 둘러싸인다. 어떤 종에서의 휴면은 배 자체보다는 완전한 종자 껍질 존재에 의해 이루어진다.

흔한 강낭콩의 종자를 쪼개어 열어 봄으로써 진정쌍떡잎식물의 한 형태에 대하여 좀 더 세밀하게 들여다볼 수 있다. 이 단계에서 배는 배축이라는 길쭉한 구조가 다육질의 떡잎에 붙어 있는 상태로 이루어져 있다(그림 26.8a). 떡잎이 붙어 있는 지점 아래의 배축을 **하배축(hypocotyl**; 그리스어로 *hypo*는 아래라는 의미)이라고 부르기도 한다. 하배축은 **배뿌리(radicle)**, 또는 배근에서 끝난다. 떡잎이 붙어 있는 곳보다 위이며 한 쌍의 작은 첫째 잎보다 아래 배축 부분을 **상배축(epicotyl**; 그리스어로 *epi*는 위라는 의미)이라고 부른다. 상배축, 어린 잎, 그리고 지상부 정단 분열 조직을 함께 어린싹(plumule)이라고 부른다.

일반적인 강낭콩의 떡잎은 종자가 발생할 때 배젖으로부터 탄수화물을 흡수하였기 때문에 종자가 발아하기 전에는 녹말로 채워져 있다. 그러나 피마자콩(*Ricinus communis*) 같은 진정쌍떡잎식물의 경우에는 종자가 영양분 공급처로 배젖을 갖고 있어 떡잎이 매우 얇다. 종자가 발아할 때 떡잎이 배젖으로부터 영양분을 흡수하여 배의 나머지 부분에 전달한다.

외떡잎식물의 배는 단 하나의 떡잎만 가진다(그림 26.8b). 옥수수나 밀을 포함하는 초본류 식물들은 배반(scutellum; 라틴어로 *scutella*는 작은 방패로, 방패 모양 때문에 사용)이라고 부르는 특별한 형태의 떡잎을 갖고 있다. 넓은 표면적을 가지고 있는 배반은 배젖에 눌려 있다가 발아 동안에는 배젖으로부터 영양분을 흡수한다. 초본류 식물 종자의 배는 두 개의 방어초, 즉 어린싹을 덮는 **자엽초(coleoptile)**와 어린뿌리를 덮는 **근초(coleorhiza)** 안에 담겨 있다. 이 두 가지 구조 모두 발아 후 토양을 뚫는 것을 돕는다.

종자의 무게는 1 μg도 안 되는 서양란부터 20 kg이나 되는 코코데머 야자까지 있다. 서양난의 종자는 거의 영양분을 갖고 있지 않아 발아 전에 균근과 공생관계를 맺어야 한다. 배젖으로 주로 이루어진 커다란 야자수 열매는 영양분이 부족한 해변에서의 초기 생장을 위해 적응되었다.

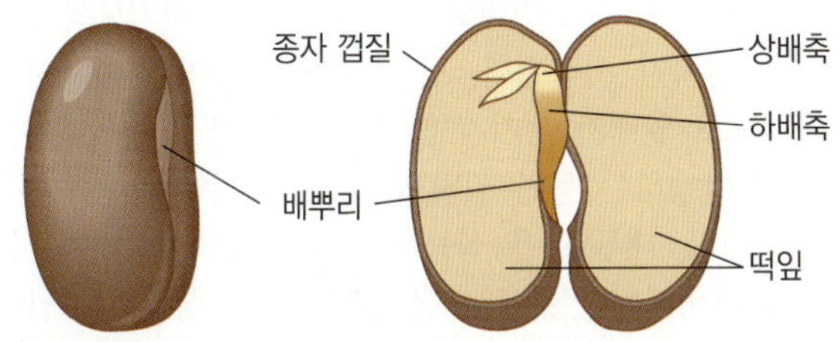

(a) **두툼한 떡잎을 가진 진정쌍떡잎식물인 강낭콩.** 두툼한 떡잎은 종자가 발아하기 전에 배젖으로부터 흡수된 양분을 저장하고 있다.

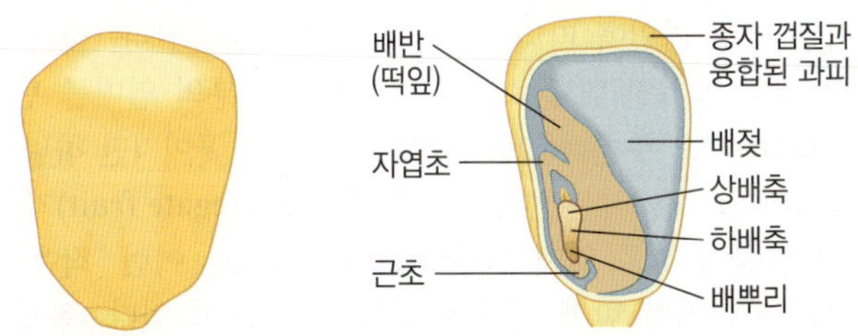

(b) **외떡잎식물인 옥수수.** 모든 외떡잎식물처럼 옥수수는 단 하나의 떡잎을 가지고 있다. 옥수수나 다른 벼과식물은 배반이라고 부르는 커다란 떡잎을 갖고 있다. 미성숙한 줄기는 자엽초라고 부르는 조직에 싸여 있고 근초는 어린뿌리를 덮고 있다.

▲ 그림 26.8 **종자의 구조**

종자의 휴면: 힘든 시기에 대한 적응

종자의 휴면 상태를 벗어나기 위해 필요한 환경 조건은 식물의 종에 따라 다르다. 어떤 식물종의 종자는 적당한 환경에만 놓이면 바로 발아를 한다. 그러나 어떤 종들은 적당한 곳에 놓여 있음에도 불구하고 휴면을 깨는 환경 개시 신호가 올 때까지 휴면에서 벗어나지 않는다.

종자의 휴면을 깨는 독특한 신호의 요구는 발아가 유식물에게 가장 유리한 시간과 장소에서 일어나게 하는 기회를 늘려 준다. 예를 들어, 많은 사막 식물의 종자는 충분한 소나기가 내린 후에만 발아한다. 보슬비 정도가 온 후 발아한다면 곧 땅이 유식물을 지탱하기에는 너무 건조하게 된다. 자연 화재가 잘 일어나는 곳의 많은 종자들은 휴면기를 벗어나기 위해 높은 열과 연기가 필요하다. 그래서 산불로 경쟁적인 식물들이 없어지면 그 유식물이 가장 많아지게 된다. 혹독한 추위의 겨울이 있는 곳에서는 종자가 추위에 오랫동안 노출되어야 발아한다. 여름이나 가을에 심은 종자는 다음 봄까지 발아되지 않아야 그 다음 겨울이 오기 전까지 오랜 기간의 생장기를 가질 수 있다. 상추와 같이 어떤 작은 씨들은 발아를 위해 빛이 필요하기 때문에 땅 표면을 유식물이 뚫고 나올 수 있도록 얕게 심어져야만 발아한다. 또 어떤 종자는 동물의 소화기관을 통과하면서 효소에 의해 약해지는 껍질을 가져서 배설된 변에서 발아하기 전까지 상당한 거리를 이동하게 된다.

휴면 종자가 살아서 발아 능력을 유지할 수 있는 기간은 식물종과 환경 조건에 따라서 며칠에서 몇십 일 또는 그 이상이 되기도 한다. 탄소 측정으로 알게 된 가장 오래된 종자가 발아하여 살아난 식물이 된 경우는 이스라엘의 헤롯 궁전 발굴에서 얻은 2000년 된 야자수 종자이다. 대부분의 종자는 발아의 조건이 갖추어질 때까지 1~2년 정도는 충분히 기다릴 수 있다. 그래서 토양이라는 것은 몇 년 동안 축적된 발아하지 않은 종자 은행이라고 할 수 있다. 이것이 화재 같은 환경적인 재해 후에도 곧바로 식생이 다시 나타나는 이유이다.

발아, 생장, 개화

환경 조건이 생장하기에 충분하면 휴면 종자는 깨지고 발아와 식물의 생장이 시작된다.

종자의 발아

발아는 마른 종자의 낮은 수분 퍼텐셜 때문에 물을 흡수하는 **팽윤(imbibition)**이라고 부르는 물리적인 과정에 의해 시작된다. 팽윤은 종자가 팽창하고 종자 껍질이 깨지며 배가 생장을 다시 시작하도록 하는 대사 변화의 계기가 된다. 이와 같은 수화현상이 생긴 이후, 효소가 배젖이나 떡잎의 저장물질을 분해하기 시작하고 영양소는 배의 생장 부위로 이동하게 된다.

발아하는 종자에서 처음 나타나는 기관은 배의 뿌리인 배뿌리다. 뿌리계의 발생은 유식물을 토양 속에 안착하게 하여 세포의 팽창에 필요한 물을 공급한다. 물의 공급을 준비하는 것은 다음 과정, 즉 줄기 끝이 지표 위 마른 조건을 만날 때를 위한 것이다. 다음에는 어린 싹의 끝이 토양 표면을 뚫고 나와야만 한다. 강낭콩 등 많은 다른 진정쌍떡잎식물에서는 하배축에서 자엽갈고리가 형성되고 생장하면서 자엽갈고리를 땅 위로 밀어 올린다(그림 26.9a). 그리고 빛에 반응하여 하배축이 단단해지고 떡잎이 나누어지며, 연약한 상배축은 노출되어 진정한 첫 잎(떡잎이나 종자 잎과는 뚜렷하게 구분되는)을 편다. 이런 잎이 팽창하고 초록색으로 변하며, 광합성 작용으로 자양분을 만들기 시작한다. 발아하는 떡잎은 배에 의해 영양분을 다 소모한 후 말라버리고 나면 유식물에서 떨어지게 된다.

옥수수나 다른 초본류 같은 외떡잎식물은 발아를 할 때 땅을 뚫고 나오기 위해 다른 방법을 사용한다(그림 26.9b). 자엽초는 땅을 통과하여 대기 속으로 머리를 내민다. 그때 지상부는 자엽초에 의해 제공되는 통로를 통과하여 생장하고 결국 자엽초 끝을 뚫고 나간다.

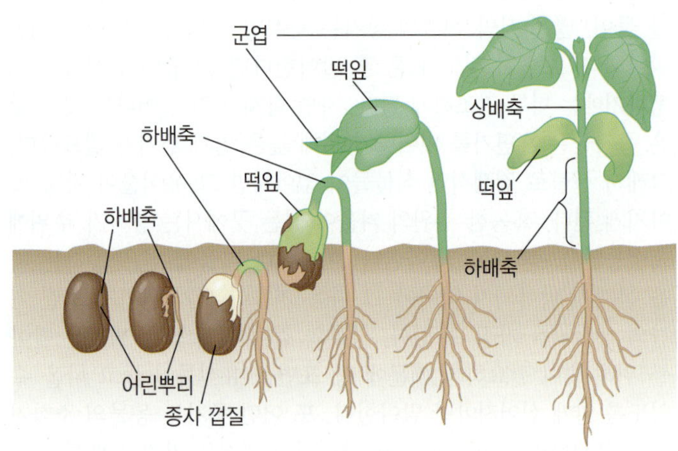

(a) **강낭콩.** 강낭콩은 하배축에서 자엽갈고리가 펴지면서 토양으로부터 떡잎을 잡아당기게 된다.

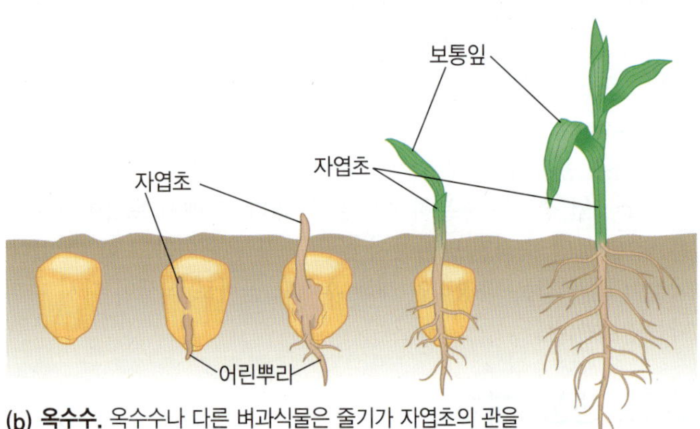

(b) **옥수수.** 옥수수나 다른 벼과식물은 줄기가 자엽초의 관을 따라 곧게 위로 자란다.

▲ **그림 26.9 종자 발아의 두 가지 공통적인 형태**

영양 생장과 개화

일단 종자가 발아를 하고 광합성을 시작하면 식물의 영양분은 대부분 영양 생장에 쓰인다. 1차와 2차 생장을 포함한 영양 생장은 분열 조직 세포의 활성으로 일어난다(개념 28.2). 이런 시기 동안 일반적으로 최상의 전략은 생식의 시기(개화)전에 가능한 많이 광합성을 하고 생장하는 것이다.

식물 종의 개화는 전형적으로 한해 중 특정 시기에 갑자기 동시에 시작된다. 그런 동시성은 유성생식의 주요 혜택인 타가수분을 가능하게 한다. 꽃이 형성되는 것은 지상부 정단 분열 조직에서 영양 생장에서 생식 모드로 발생의 스위치를 켜는 것이다. 일단 개화가 시작되면 꽃 분열 조직으로부터 나타나는 각 기관의 순서에 따라 그것이 꽃받침, 꽃잎, 수술, 또는 암술로 발생을 한다(그림 26.4).

열매의 구조와 기능

종자가 발아할 수 있고 성숙한 식물로 발생하기 전에는 반드시 적합한 토양에 떨어져야 한다. 열매는 이 과정에서 중요한 역할을 한다. **열매(fruit)**는 꽃의 씨방이 성숙한 것이다. 열매는 내부의 종자를 보호하고, 성숙하면 종자가 퍼지는 것을 돕는다.

수정에 의해서 씨방이 열매로 그 형태를 변환시키도록 유도하는 호르몬의 변화가 시작된다. 만약 꽃에 수분이 일어나지 않았다면 일반적으로 열매가 생기지 않고 꽃 전체가 시들어 떨어지게 된다. 열매가 발생하는 동안 씨방벽은 열매의 두꺼워진 벽인 **과피(pericarp)**가 된다. 대두 같은 식물의 열매에서는 씨방벽이 성숙하면 완전히 말라버리지만 포도 같은 식물에서는 싱싱하게 남아 있다. 복숭아 같은 식물에서는 밑씨의 내부가 석공(pit)이 되고 바깥 부분은 싱싱하게 남는다. 씨방이 자람에 따라 꽃의 다른 부위는 시들고 떨어진다.

열매는 발생 기원에 따라 몇 가지 형태로 분류한다. 하나 또는 여러 개의 합쳐진 암술로부터 생기는 대부분의 열매를 **단과(simple fruit)**라고 부른다(그림 26.10a). 하나의 꽃이지만 하나 이상의 분리된 암술을 갖는 경우에는 **집합과(aggregate fruit)**가 생기며, 각 암술이 작은 열매가 된다(그림 26.10b). 이런 "작은 과실"은 라즈베리처럼 함께 하나의 화탁 위에 모여 있다. **복합과(multiple fruit)**는 한 무리의 꽃들이 함께 밀집한 하나의 꽃집합으로부터 발생한다. 여러 개의 씨방벽이 두꺼워지기 시작할 때, 씨방들이 합쳐져서 파인애플처럼 하나의 열매로 합쳐진다(그림 26.10c).

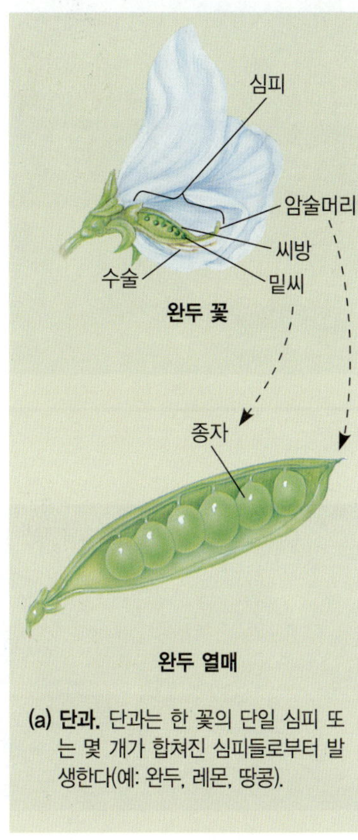

(a) **단과.** 단과는 한 꽃의 단일 심피 또는 몇 개가 합쳐진 심피들로부터 발생한다(예: 완두, 레몬, 땅콩).

(b) **집합과.** 집합과는 하나의 꽃에 있는 여러 개의 분리된 심피들로부터 발생한다(예: 라즈베리, 블랙베리, 딸기).

(c) **복합과.** 복합과는 화서를 이루고 있는 서로 다른 꽃들의 심피들로부터 발생한다(예: 파인애플, 무화과).

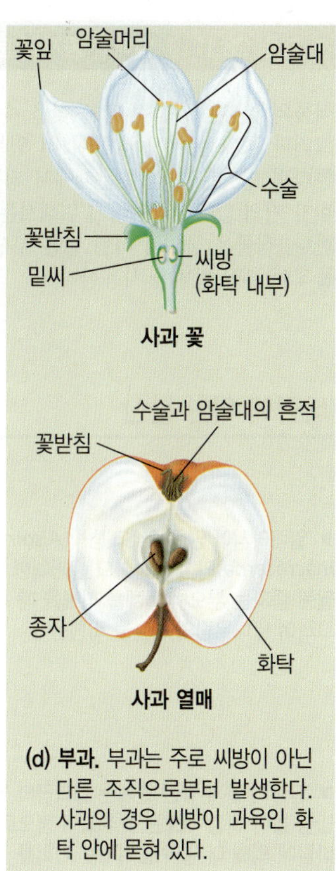

(d) **부과.** 부과는 주로 씨방이 아닌 다른 조직으로부터 발생한다. 사과의 경우 씨방이 과육인 화탁 안에 묻혀 있다.

▲ **그림 26.10 열매의 발생적 근원**

어떤 속씨식물에서는 다른 꽃 부위가 우리가 일반적으로 부르는 열매가 되기도 한다. 그런 열매를 **부과(accessory fruit)**라고 부른다. 사과 꽃에서 씨방은 화탁 안에 파묻혀 있고, 단과의 과육 부위는 주로 비대해진 화탁에서 생기며 사과의 중심부만이 씨방에서 생겨난다(그림 26.10d). 또 하나의 예는 딸기로, 작고 부분적으로 파묻혀 각각이 종자를 하나씩 가지고 있는 열매가 박혀 있는 커다란 화탁으로 이루어진 집합과이다.

열매는 일반적으로 종자가 발생을 완성할 때와 같은 시기에 익게 된다. 대두의 꼬투리 같은 건과가 익는 것은 노화와 열매 조직의 건조화를 포함하지만 과육 열매에서의 익는 과정은 좀 더 정교하다. 복잡한 호르몬의 상호작용으로, 종자를 퍼트리는 것을 돕는 동물을 유인하기 위한 맛있는 과일을 생산하게 된다. 열매의 "과육 부위"는 세포벽의 성분을 분해하는 효소 때문에 더 부드러워진다. 또한 일반적으로 열매의 색깔은 초록색에서 붉은색이나 오렌지 또는 노란색으로 바뀐다. 열매는 유기산 또는 녹말이 당으로 전환됨에 따라 더 달아져서 잘 익은 과일의 당도는 20%에 이르게 된다. 그림 26.11은 열매를 퍼트리는 몇 가지 기작을 좀 더 자세히 보여준다.

여러분은 여기서 꽃, 중복수정, 열매 같은 속씨식물에서의 유성생식의 특징을 배웠다. 다음에는 무성생식에 대해 배우게 될 것이다.

개념 26.2

꽃식물은 유성생식, 무성생식, 또는 둘 다로 생식한다

우리 손가락을 조각내어 그 조각이 우리의 정확한 복제 인간으로 발생하는 것을 상상해 보라. 이런 일이 실제 일어난다면 그것은 난자와 정자의 결합 없이 단일 부모로부터 자손이 생기는 **무성생식(asexual reproduction)**의 예가 된다. 무성생식으로 만들어진 결과로 유전적 동일 개체인 클론이 생긴다. 무성생식은 다른 식물뿐 아니라 속씨식물에서도 흔하며 어떤 식물 종에서는 주된 생식방법이기도 하다.

무성생식의 기작

식물에서 전형적 무성생식은 생장 능력이 끝없이 계속되는 것이다. 식물의 생장이 지속될 수도 있고 아니면 분화되지 않고 분열만 하는 세포로 이루어진 분열 조직에 의해 무한정으로 재생될 수도 있다. 더구나 식물 전체의 유조직 세포는 분열하고 분화되어서 더 특수한 유형의 세포가 될 수 있으므로 식물의 잃어버린 부분을 재생할 수 있다. 식물에서 떼어낸 영양 조직 조각을 전체 자손 개체로 발생시킬 수 있다. 예를 들어, "감자눈"(영양아)을 가진 감자의

▼ 그림 26.11 열매와 종자의 분산 탐구

식물의 일생은 기름진 땅을 찾을 수 있느냐에 따라 달라진다. 그러나 종자는 부모 식물이 서 있는 곳 아래에 떨어져 싹이 튼다면 영양분을 얻는 문제에서 경쟁에서 성공할 수 있는 기회가 거의 없다. 잘 자라기 위해서는 종자는 널리 퍼져 나가야 한다. 식물은 물이나 바람 같은 무생물적인 방법뿐 아니라 생물적인 분산 방법을 사용한다.

물에 의한 분산

▶ 어떤 물에 뜨는 종자나 열매는 바다에서 몇 달에서 몇 년까지 살아남을 수 있다. 코코넛 종자의 배와 하얀 과육 "고기"(배젖)는 두껍고 물에 뜨는 섬유성 겉껍질로 둘러싸인 딱딱한 내과피 안에 있다.

바람에 의한 분산

▶ 열대아시아 덩굴성 호리병박(*Alsomitra macrocarpa*)의 12 cm나 되는 거대한 날개가 달린 종자는 부모 식물체를 떠났을 때 큰 원을 그리며 열대우림의 하늘을 비행한다.

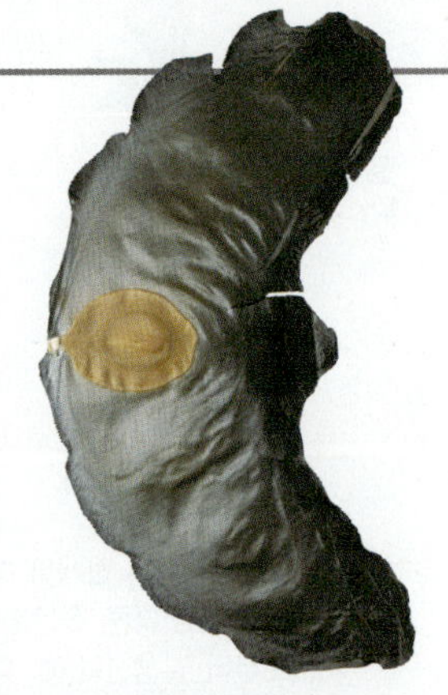

▼ 단풍의 날개 달린 열매는 헬리콥터 날개처럼 빙빙 돌아 하강 속도는 늦추고 수평으로 부는 바람에 의해 더 멀리 옮겨지는 기회를 늘린다.

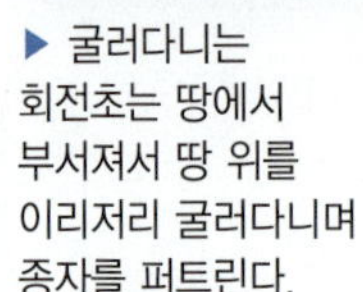

민들레 열매

▶ 굴러다니는 회전초는 땅에서 부서져서 땅 위를 이리저리 굴러다니며 종자를 퍼트린다.

▲ 어떤 종자나 열매는 잔털이 뒤엉켜 흔히 부풀린 덩어리로 만들어진 우산같이 생긴 "낙하산"을 갖고 있다. 이런 민들레의 종자(사실 종자가 하나인 열매)는 아주 가벼운 바람이 불어도 멀리 날아갈 수 있다.

동물에 의한 분산

◀ 바늘덩굴(*Tribulus terrestris*) 열매의 날카롭고 못 같은 가시는 자전거 바퀴에 구멍을 내거나 인간을 포함한 동물에게 상처를 준다. 이 종자의 가시가 통증을 주면 뽑아서 버리므로 종자가 멀리 퍼질 수 있다.

◀ 다람쥐 같은 동물들은 땅속의 은닉처에 종자나 열매를 몰래 숨겨 놓는다. 그 동물이 죽거나 은닉처를 잊어버린다면, 묻혀 있던 종자는 발아하기에 좋은 장소에 남겨지게 되는 것이다.

▶ 먹을 수 있는 열매 속의 종자는 여기 사진의 흑곰 변처럼 동물의 배설물로 분산된다. 이런 분산법으로 부모 식물에서 멀리 떨어진 곳으로 옮겨질 수 있다.

▶ 지방산, 아미노산, 설탕 등이 많은 먹이부분을 가진 종자는 개미를 유혹한다. 개미는 땅속의 집으로 종자를 운반하여 먹이부분(여기서는 더 옅은 색깔 부분)을 잘라서 애벌레를 먹인다. 종자의 크기, 다루기 힘든 형태, 딱딱한 껍질 등의 이유로 나머지 부분은 개미집에 남겨져 그곳에서 싹이 튼다.

▲ **그림 26.12** **사시나무의 무성생식.** 그림에서 보듯이 사시나무 숲은 실제로 무성생식으로 번식한 수천 그루의 나무로 이루어져 있다. 작은 숲은 한 부모의 뿌리계에서 나왔다. 다른 부모로부터 생성된 각 작은 숲 사이의 유전적 차이가 가을 단풍과 낙엽의 발생 시기를 다르게 한다는 것을 주목하라.

조각 하나가 감자 식물체 전체를 만들 수 있다. 부모 식물의 일부분을 떼어 내어 전체 식물체로 발생시키는 이와 같은 **분절증식(fragmentation)**이 무성생식의 가장 일반적인 방법 중 하나이다. 칼랑코에(*Kalanchoë*) 잎에서 생긴 막뿌리는 분절증식의 특이한 형태의 예이다. 또 다른 경우로는, 사시나무처럼 단일 부모 뿌리계로부터 각각이 독립된 지상부가 될 수 있는 여러 개의 막눈을 만들 수 있다(그림 26.12). 미국 유타주에 있는 한 사시나무 클론은 유전적으로 동일한 나무의 47,000개 줄기로 이루어진 것으로 추정된다. 뿌리계의 연결을 잘라서 클론의 다른 부위와 분리된 나무를 만들 수는 있지만 각 나무는 여전히 동일한 유전체를 갖고 있다.

무성생식 중 완전히 다른 기작 하나는 민들레 등과 같은 식물에서 진화되었다. 이런 식물은 때로 수분이나 수정 없이 씨를 만든다. 정자와 난자가 생산된 적도, 합쳐진 적도 없기 때문에 이런 무성생식에 의한 종자의 생산은 **무수정생식(apomixis;** "섞이지 않음"을 의미하는 그리스어에서 유래)이라고 부른다. 대신에 밑씨 안의 이배체 세포가 배가 되고, 그 밑씨가 종자로 성숙하여 민들레에서는 바람에 날리는 열매의 형태로 종자를 퍼트린다. 그래서 이런 식물들은 무성생식으로 자신의 클론을 만들기는 하여도 일반적으로는 유성생식 식물의 종자 분산의 장점을 이용한다. 잡종 식물을 만드는데 무수정생식을 도입하는 것이 잡종 식물의 유용한 유전체를 자손에게 넘길 수 있기 때문에 식물 육종가들에게 큰 관심거리이다.

유성생식에 대한 무성생식의 장점과 단점

진화 무성생식의 장점 하나는 꽃가루 전달자가 필요 없다는 것이다. 같은 종의 식물이 멀리 떨어져 있어서 동일한 꽃가루 전달자에 의해 꽃가루가 전달될 가능성이 별로 없는 상황에서는 무성생식이 유용할 것이다. 또 무성생식은 식물이 자신의 유전적 유산을 온전히 모든 자손에게 넘겨줄 수 있다. 반대로 식물이 유성생식을 한다면 대립유전자의 단지 반만 자손에게 물려준다. 식물이 어떤 환경에 아주 잘 적응되었다면 무성생식이 장점이 될 수 있다. 어떤 원기왕성한 식물이 잠재적으로 그 식물의 복제물을 만들 수 있고, 환경조건이 계속 안정된 상태라면 이 자손 식물들도 부모 식물들이 번성하였던 같은 환경 조건에서는 유전적으로 잘 적응할 것이다.

일반적으로 무성생식에 의해 만들어진 자손들은 유성생식으로 생긴 것보다 더 강하다. 자손 식물체는 흔히 부모 식물의 생장한 영양조직에서 만들어지므로, 식물에서 무성생식을 **영양 생식(vegetative reproduction)**이라고 하기도 한다. 반대로 종자의 발아는 식물의 일생 중에서 위험한 시기이다. 단단한 종자에서 나온 연약한 유식물은 포식자, 해충, 바람 등의 위험요소에 노출될 수 있다. 바람 속에서는 단지 소수의 유식물만 살아남아 부모 식물이 된다. 아주 많은 종자를 생산하는 것은 각 개체의 생존에 대한 어려움을 보상하고 자연선택으로 선별될 충분한 수의 유전적 변종을 제공하게 된다. 그러나 꽃을 피우거나 열매를 맺는 것에 소모되는 자양분의 관점에서 보면 이런 생식은 매우 비용이 많이 드는 생식작용의 하나라고 할 수 있다.

진화하는 질병원이나 변화가 심한 조건들이 생존과 성공적인 생식에 영향을 미치는 불안정한 환경에서는 유성생식이 자손과 그 군집에서 변이를 만들기 때문에 장점이 될 수 있다. 반대로 무성생식으로 생겨난 식물은 유전적 동일성으로 인해 새로운 질병 같은 환경 변화의 재난이 생긴 지역에서는 멸종될 위험성이 크다. 또한 종자(대부분 유성생식으로 만들어지는)는 자손이 좀 더 먼 거리로 퍼져나가는 것을 돕는다. 마지막 장점으로는 종자의 휴면으로 환경 조건이 더 좋아지게 될 때까지 생장이 유보될 수 있다는 것이다.

유전적으로 다른 두 식물체가 관여하는 유성생식은 유전적으로 가장 다양한 자손을 생산하는 장점을 갖지만, 강낭콩 같은 식물들은 일반적으로 자가 수분을 한다. "자가"라고 부르는 이런 과정은 모든 밑씨가 종자로 확실하게 발생하도록 하기 때문에 작물에서는 유용하다. 그러나 여러 속씨식물에서는 꽃이 스스로 수정되는 것을 어렵게 하거나 불가능하게 하는 기작들이 진화되었고 다음에서 그 내용을 다루려고 한다.

자가 수분을 막는 기작들

자가 수분을 막는 다양한 기작들은 정자와 난자가 확실하게 다른 부모로부터 오게 함으로써 유전적 다양성에 기여한다. **암수딴몸(dioecious)** 종의 경우 식물은 개체 각각이 암술이 없는 수꽃이나 수술이 없는 암꽃을 갖기 때문에 자가 수분을 할 수 없다(그림 26.13a). 완전한 기능을 하는 수술과 암술을 가진 꽃을 피우는 식물에서도 꽃 기관이 서로 다른 시기에 성숙하게 하거나 동물 꽃가루 전달자가 꽃밥의 꽃가루를 같은 꽃 암술머리에 옮겨줄 수 없는 구조적 특징을 가짐으로써 자가 수분을 막기도 한다(그림 26.13b). 그러나 꽃식물에서 가장 일반적인 자가 수분 방어 기작은 **자가 불화합성(self-incompatibility)**, 즉 식물이 자신 또는 근연종의 꽃가루를 거부하는 능력이다. 만약 꽃가루가 같은 식물의 암술머리에 놓이더라도 생화학적인 방어 기작이 꽃가루가 발생을 완성하는 것을 막아 난자와 수정되지 못하게 한다.

(a) *Sagittaria latifolia* 같은 종들은 수꽃(왼쪽)만을 또는 암꽃(오른쪽)만을 갖는 암수딴몸 식물이다.

(b) *Oxalis alpina* 같은 종은 각각의 개체에서 2가지 다른 형태의 꽃을 피운다. 즉 단주화는 짧은 암술대와 긴 수술을 가지며 장주화는 긴 암술대와 짧은 수술을 갖는다. 꽃꿀을 찾는 곤충은 단주화 꽃가루를 장주화 암술머리에 옮기거나 그 반대의 방식처럼 식물의 다른 부분에서 꽃가루를 얻는다.

▲ **그림 26.13 자가 수분을 막는 몇 가지 꽃의 적응 방법**

연구자들은 자가 불화합성에 관련된 분자적 기작을 밝히고 있다. "자신"의 꽃가루를 인지한다는 것은 *S*-유전자라고 부르는 자가 불화합성 유전자에 근거한다. 식물 집단의 유전자 풀에는 *S*-유전자의 대립유전자가 수십 개 존재한다. 꽃가루는 내려앉은 암술머리의 대립유전자와 일치하는 대립유전자를 갖는다면 꽃가루관이 자라나지 않거나 자라더라도 암술대를 통과하여 씨방까지 생장하지는 못한다.

자가 불화합성에는 배우체 자가 불화합성과 포자체 자가 불화합성 두 가지가 있다. 배우체 자가 불화합성에서는 꽃가루 유전체의 *S*-대립유전자가 수정 방해 작용을 좌우한다. 예를 들어, S_1S_2 부모 포자체에서 생긴 S_1 꽃가루가 S_1S_2 꽃의 난자와는 수정할 수 없지만 S_2S_3 꽃하고는 수정할 수 있다. 그러나 S_2 꽃가루는 두 꽃 중 어느 꽃하고도 수정하지 못한다. 어떤 식물에서는 효소로 꽃가루관 안의 RNA를 파괴하는 작용이 이런 종류의 자가 불화합성에 관여한다. 암술대에서 만들어진 RNA 가수분해효소는 꽃가루관으로 들어가서 꽃가루관이 "자신"의 타입이면 꽃가루관 RNA를 파괴한다.

포자체 자가 불화합성에서는 꽃가루 벽에 붙은 부모형 포자체 조직의 *S*-대립유전자 산물에 의해 수정이 방해된다. 예를 들어, 꽃가루 벽에 붙어 있는 S_1S_2 부모 조직 때문에 S_1S_2 부모 포자체의 S_1이나 S_2 꽃가루가 S_1S_2 꽃이나 S_2S_3 꽃의 난자와 수정하지 못한다. 포자체 자가 불화합성은 꽃가루관의 발아를 방해하는 암술 표피 세포의 신호전달 경로가 관여한다.

식물 육종가들은 흔히 여러 종 간에 교배를 시켜 가장 좋은 형질만을 조합하고 지나친 자가 교배의 결과로 건강하지 못하게 되는 것을 막는다. 잡종 종자를 얻기 위하여 현재 육종가들은 노동력을 많이 들여 멘델이 한 것처럼 종자를 생산하는 부모 식물의 수술을 제거하거나 불임 수컷 식물을 만들어 자가 수분을 못하게 하여야만 한다. 그러나 나중 방법이 점점 더 중요하게 되어, 결국은 자가 화합성인 작물종에 유전적으로 자가 불화합성을 부여하게 될 것이고 자가 불화합성의 기작에 관한 기초적인 연구가 농업에 적용될 것이다.

전능성, 영양생식, 조직 배양

다세포 생물체에서는 분열하여 무성적으로 원래 생물체의 클론을 만들 수 있는 모든 세포는 **전능성(totipotent)**을 가졌다. 전능성은 많은 식물에서 상당히 높은 수준으로 발견되고 일반적으로 분열조직과 관련 있다. 그러나 어떤 식물에서는 분화가 된 세포조차도 역분화가 되어 분열 세포가 되기도 한다.

영양 번식과 접목

영양 생식은 많은 식물에서 자연적으로 일어나지만 인간에 의해 자주 촉진되거나 유도될 수 있어 그런 경우는 **영양 번식(vegetative propagation)**이라고 부른다. 예를 들면 대부분의 집안에서 키우는 식물이나 목본성 관상식물, 그리고 과수나무는 꺾꽂이(cutting)라고 부르는 방법에 의해 식물 조각으로부터 무성생식으로 만들어진다. 대부분의 경우 꺾꽂이를 위해서 지상부를 절단한다. 그리고 지상부의 절단된 끝에는 **캘러스(callus)**라고 부르는, 분열하지만 미분화 상태인 세포 덩어리가 형성되고 거기서 막뿌리가 발생한다.

접목이란 한 식물의 가는 가지나 눈을 가까운 종 또는 다른 변종의 식물체에 붙이는 것이다. 접목은 다른 종 또는 변종에서 가장 좋은 형질을 하나의 식물체에 모은다는 장점을 가지고 있다. 뿌리계를 제공하는 식물은 **대목(stock)**이라 하고 대목 위에 접목되는 가지를 **접수(scion)**라고 한다. 예를 들어, 우수한 와인 포도를 생산하는 프랑스 포도나무종의 접수를 하급의 포도 열매를 맺지만 특정 토양 병원균에 더 잘 견디는 미국 변종의 뿌리 대목 위에 접목시킨다. 이때 접수의 유전자가 열매의 질을 결정한다. 접목 동안 처음 형성된 캘러스는 접수와 접목의 붙여진 절단면 사이에서 형성되고 세포 분화로 접목된 개체의 기능적 합일체를 완성한다.

시험관내 클로닝과 관련 기술

식물학자들은 연구나 농업의 목적으로 시험관내(*in vitro*) 방법을 도입하여 새로운 식물 변종을 복제하려고 하였다. 부모 식물체에서 절단한 조직의 작은 조각을 영양소와 호르몬이 들어 있는 인공 배지에 배양하여 완전한 식물체로 만드는 것이 가능하다. 조직이나 세포는 식물체의 어느 부위에서나 올 수 있지만 생장은 부위,

▲ **그림 26.14 마늘의 클로닝.** (a) 마늘 한 쪽에서 나온 뿌리가로부터 미분화된 세포 덩어리인 캘러스 배양을 만든다. (b와 c) 캘러스에서 식물체로 분화하는 것은 여러 시간간격으로 키운 배양에서 볼 수 있는 것처럼 인공배지의 영양분이나 호르몬의 농도에 의존한다.

종, 인공 배지 등에 따라 다를 수 있다. 어떤 배지에서는 배양된 세포가 분열하여 미분화된 캘러스를 형성한다(**그림 26.14a**). 호르몬과 영양분의 농도를 적절하게 조작하면 캘러스는 완전히 분화된 세포로 이루어진 지상부와 뿌리를 만들 수 있다(**그림 26.14b,c**). 원한다면 묘목은 토양으로 옮겨서 계속 자랄 수 있다. 하나의 식물체로부터 캘러스를 나누어 생장시키면 수천 개의 복사본 식물체가 만들어진다.

또한 식물 조직 배양은 유전공학에 도움을 준다. 외부의 유전자를 식물체에 이식시키는 기술 대부분의 경우 처음 시작을 위해서는 단지 식물 조직의 작은 조각이나 하나의 세포만 필요하다. 시험관 배양으로 외래 DNA가 들어간 하나의 식물 세포로부터 유전자변형(GM) 식물을 재생산할 수 있다. 다음 장에서 우리는 농업에서 유전자 변형 식물의 사용을 둘러싼 희망이나 도전 등을 더 자세하게 살펴볼 것이다.

개념 26.3

사람들은 교배와 유전공학으로 작물을 개량한다

인간은 농업이 시작된 이래로 식물의 생식과 유전적 구성에 개입해 왔다. 예를 들면 옥수수는 인간에 의해 생존하고 있다고 할 수 있다. 옥수수가 자연에서 그냥 버려진다면 종자를 퍼트리지 못하기 때문에 곧 멸종될 것이다. 옥수수 낟알은 중심축("옥수수대")에 영구적으로 붙어 있을 뿐 아니라 거칠고 겹겹이로 된 엽초("옥수수 껍데기")에 의해 영구적으로 보호되고 있다(**그림 26.15**). 이런 특징은 인간에 의한 인위적 선택으로 생긴 것이다. 식물 교배에 깔려 있는 과학적인 원리에 대한 이해도 없이 초기의 농부들은 10,000년쯤 전 우리의 농산물 종 대부분을 비교적 짧은 기간 동안에 작물화하였다. 인간이 인위 선택으로 작물 변화를 시도하기 오래전에 유전적 개량은 이미 시작되었었다. 예를 들어, 지금 많은 식품에 쓰이는 밀 종류는 다른 초본류 종 사이에서 발생한 자연적 교배의 산물이다. 식물에서 이와 같은 교배는 흔하며 육종가들이 인위적 선택과 작물의 개량을 위해 유전적 변이를 도입하는 데 활용되었다.

식물의 육종

식물 육종은 유용한 특성을 만들기 위해 식물의 형질을 변화시키는 기술이며 과학이다. 육종가가 그들의 경작지를 주의 깊게 살펴보고 유용한 형질을 가진 작물 변종이나 유사 야생종을 찾아 멀리까지 다닌다. 때때로 이런 형질은 돌연변이에 의해 자발적으로 생기지만 자연적 돌연변이의 발생은 너무 느리고 신빙성이 없어서 육종가가 연구하고 싶은 모든 돌연변이를 만들어 내지 못한다. 그래서 육종가는 많은 종자나 유식물에 X선이나 방사선, 화학물질 등을 처리하여 돌연변이 만들기를 가속화한다.

전통적인 식물의 육종에서는 야생종에서 유용한 형질을 찾으면 그 야생종을 작물종과 교배를 한다. 일반적으로 야생종의 유용 형질이 유전된 자손에게는 농업적인 측면에서 별로 쓸모없는 여러 형질, 즉 크기가 작은 열매나 적은 생산량 같은 형질도 함께 유전되었다. 유용한 형질을 발현하는 자손을 다시 여러 작물종과 교배하여 그 자손에게 또 원하는 형질이 있는지 조사한다. 원하는 야생 형질을 가진 자손이 다른 농업적인 측면에서도 원래의 작물종 부모와 비슷해질 때까지 이런 과정을 계속한다.

대부분의 육종가는 같은 종의 식물 내에서만 교배하는 반면, 어떤 육종가들은 같은 속이지만 서로 먼 두 종 사이에 잡종 교배를 시도한다. 그런 교배로 생긴 잡종 종자는 자주 발생이 멈추는 일이 생겨난다. 흔히 이런 경우에 그 배는 발생을 시작하지만 배젖은 발생하지 못한다. 잡종의 배는 때로 밑씨를 칼로 열고 꺼내어 시험관 내에서 배양하기도 한다.

▲ **그림 26.15 옥수수: 인위 선택의 산물.** 현대의 옥수수(아래)는 테오신테(teosinte, 위)에서 나왔다. 테오신테의 낟알은 작고, 또한 각 줄에서 껍질을 제거해야 낟알을 얻을 수 있다. 그리고 종자가 다 자라면 느슨하여져 쉽게 흩어지므로 과거의 농부들은 아마 추수하기가 어려웠을 것이다. 고대 시대의 농부는 더 큰 옥수수대와 낟알뿐 아니라 종자가 옥수수대에 끝까지 붙어 있으며 전체 대가 단단한 잎사귀로 싸인 특징을 가진 옥수수 종자를 선택하였다.

식물 생명공학과 유전공학

식물 생명공학은 두 가지 의미를 가지고 있다. 일반적인 의미로는 역사 이전에 시작된 노력인, 인간을 위해 그 산물을 사용하려는 식물 활용 면에 있어서의 혁신(또는 식물에서 얻어진 물질)을 말한다. 좀 더 특이적 의미로는 생명공학은 농업과 산업에서 유전자 변형 생물체의 활용을 말한다. 정말로 지난 20년 동안에 유전공학은 너무 강력한 힘을 갖게 되어 **유전공학**(genetic engineering)과 **생명공학**(biotechnology)이란 용어는 언론에서 동의어가 되었다.

전통 식물 육종가와 다르게 유전공학 기술을 사용하는 현대 식물 생명공학자는 가까운 종끼리 또는 같은 속의 식물끼리 유전자를 옮기는 데 제한을 받지 않는다. 예를 들어, 벼와 백합 사이의 많은 중간 종들과 그들의 공통조상 식물이 멸종되었기 때문에 백합의 유용 유전자를 벼에 넣기 위해 전통적인 육종 기술을 사용할 수는 없다. 이론적으로는 육종가가 중간 종을 가졌다면 수 세기를 걸친 개발 과정을 통해 전통적인 교배와 육종 방법으로 백합의 유전자를 벼에 도입할 수 있었을 것이다. 그러나 유전공학 기술은 더 빨리, 더 특이적으로, 그리고 중간 종이 없이도 그런 유전자 전이가 가능하게 해준다. **형질전환체(transgenic)**란 용어는 다른 종의 유전자를 발현하기 위해 유전공학적으로 조작된 생물체를 말한다.

이 장의 나머지 부분에서 우리는 유전자 변형 작물의 사용을 둘러싼 예견이나 쟁점을 살펴볼 것이다. 식물 생명공학의 옹호자들은 작물의 유전공학이 세계 기아, 화석 연료 의존 등을 포함한 21세기의 가장 심각한 문제들을 해결하는 열쇠라고 믿는다.

세계의 기아와 영양실조 줄이기

현재 약 8억 인구가 영양실조를 겪고 있고, 그 중 매일 40,000명이 영양실조로 죽고 있으며, 죽는 사람의 반이 어린 아이다. 기아의 원인에 대해서는 많은 이견들이 있다. 어떤 사람은 식량 부족은 분배의 불평등에서 오며 심각한 빈민층은 단지 식량을 살 돈이 없다고 주장한다. 또 다른 의견은 식량의 부족이 세계 인구가 지나치게 증가하여 인구가 지구의 수용 한계치를 넘어 버렸기 때문이라고 한다. 영양실조가 사회적 원인이든 자본주의적 원인이든 간에 식량을 증산하는 것이 인류의 목표이다. 땅과 물은 식량 생산에 있어서 가장 제한적 공급원이기 때문에 최선의 방책은 이미 존재하는 땅에서 생산량을 늘려야 한다. 특히 그다지 많이 남지 않은 야생 자연을 보존하여야 한다면 정말로 경작할 수 있는 "여분"의 땅은 거의 남지 않았다. 인구 증가에 대해 보수적인 관점으로 보더라도 농부들은 2030년에 지구상의 인구를 먹여 살리기 위해 헥타르당 40% 이상의 곡물을 더 생산해야 한다. 식물 생명공학은 그만큼 증가해야만 하는 작물 생산량이 가능하도록 도울 것이다.

형질전환 작물의 상업적 사용은 농업 역사상 가장 극적으로 빠르게 기술이 적용된 예가 되고 있다. 이런 작물로는 면화, 옥수수, 감자 등에 바실러스균(*Bacillus thuringiensis*)의 유전자를 도입한 형질전환 변종이나 잡종이 있다. 이렇게 작물에 도입된 유전자는 단백질(*Bt* 독성 물질)을 발현하여 해충에 독이 된다. 이런 식물 변종을 이용하면 작물에 뿌리는 화학 살충제의 양을 상당히 줄일 수 있다. 작물에서 이용된 *Bt* 독성 물질은 식물에서 만들어질 때에는 독성이 없는 전구물질이었다가 곤충의 내장과 같은 알칼리 상태에서 활성화되어야 독성을 나타내게 된다. 포유류의 위는 산성도가 높은 상태이므로 인간이나 가축이 전구물질을 섭취한 경우 변성되어 무해하게 되어 버린다.

또한 제초제에 저항성을 가진 형질전환 작물 개발에도 커다란 진전이 있었다. 이런 작물을 재배하면 농부가 제초제를 지나치게 사용하여 토양을 쇠퇴시키는 대신 형질전환 작물에는 해가 없는 제초제를 가지고 잡초를 제거할 수 있게 함으로써 생산 원가를 줄일 수 있다. 연구자들은 또한 질병에 대해 내성을 증가시킨 식물을 만들고 있다. 한 예를 들면, 고리무늬병 바이러스에 내성을 갖는 형질전환 파파야를 만들어 하와이에 도입함으로써 하와이 파파야 농장을 살리고 있다.

식물 영양소의 질도 또한 개선되고 있다. 예를 들면 비타민 A 결핍 때문에 해마다 25만 명에서 50만 명의 어린이들이 실명을 하고 있다. 또한 실명을 하는 아이들의 반 이상이 일 년 안에 죽음을 맞게 된다. 이런 재해에 대응하기 위해 유전공학자들이 "황금쌀", 즉 비타민 A의 전구물질인 베타 카로틴의 양이 증가된 쌀을 생산할 수 있는 유전자가 도입된 형질전환 벼를 만들었다. 베타 카로틴의 노락색 때문에 이름이 그렇게 붙여진 이런 유전자 조작된 벼는 아직 테스트 중이다. 유전공학에 의해 개선하고자 하는 또 하나의 표적은 우리 지구에서 가장 가난한 8억 명 사람들의 주요 작물인 카사바다(그림 26.16).

화석 연료 의존도 줄이기

비싸지 않던 화석 연료 특히 석유의 세계 매장량은 급속도로 줄어들고 있다. 더욱이 대부분의 기상학자들에 의하면 석유나 석탄 같은 화석 연료를 너무 많이 사용한 결과 온실가스인 CO_2의 방출이 지구 온난화의 원인이 된다고 한다. 21세기에 세계는 경제적이고도 오염이 없는 방법으로 어떻게 에너지 요구를 충족시킬 수 있을까? 어떤 지역에서는 바람이나 태양열이 경제적으로 효용 가치가

▶ **그림 26.16 형질전환 카사바(*Manihot esculenta*)로 세계의 기아와 싸운다.** 이 녹말 뿌리를 가진 작물은 세계 기아 인구의 8억의 주된 식량이지만 균형 잡힌 먹거리는 아니다. 더욱이 독성 물질인 시안화물을 만드는 화학물질을 제거하는 과정을 거쳐야 한다. 형질전환된 카사바는 매우 많은 양의 단백질, 철분, 베타카로틴(비타민 A의 전구 물질)을 가진다. 연구자들은 또한 거의 시안화물 생산 화학물질이 뿌리에서 거의 없으며 원래보다 두 배나 큰 뿌리를 갖는 카사바 식물을 개발하였다.

있지만 그런 대체 에너지가 지구의 에너지 요구를 온전히 충족시킬 수는 없을 것이다. 많은 과학자들은 가까운 미래에 세계의 에너지 수요의 상당 부분을 생산할 수 있는 것이 생체량에서 연료를 얻는 **생물연료(biofuel)**일 것이라고 예견한다. **생체량(biomass)**은 특정 서식지 생물체 그룹에서의 유기물 총량이다. 식물 생체량으로부터 생물연료를 사용하는 것은 CO_2의 순방출량을 줄일 수 있다. 화석 연료를 태우는 것은 대기 CO_2 농도를 증가시키는 반면, 생물연료 작물은 생물연료가 탈 때 방출되는 CO_2를 광합성에서 재흡수함으로써 탄소 중립적인 순환이 형성한다.

야생의 식물에서 생물연료용 작물을 만들려고 하는 과학자들은 식량을 생산하기에는 너무 척박한 땅에서도 빠르게 자랄 수 있는 스위치그래스(*Panicum virgatum*)나 포플러(*Populus trichocarpa*)를 작물화 하는 노력에 집중하고 있다. 과학자들이 식물 생체량을 직접 태우는 것을 생각하고 있는 것은 아니다. 대신에 지구상의 가장 풍부한 유기물로서 세포벽을 이루는 중합체인 셀룰로스와 헤미셀룰로스를 효소작용을 통해 당으로 분해하는 것이다. 그 다음 이 당은 알코올로 발효되어 증류한 후에는 생물연료가 될 수 있다. 연구자들이 식물의 탄수화물 함량과 전체 생체량을 증가시키는 것과 더불어 리그닌 양이 줄어든 세포벽을 갖는 유전자 조작된 식물을 만들어 생물연료 생산의 비용을 낮추려고 하고 있다.

식물 생명공학에서의 논쟁

농업에서의 유전자 변형 생물체(GMO)에 관한 많은 논쟁들은 정치적, 사회적, 경제적, 또는 윤리적인 것이라서 본 교재의 범주에 벗어난다. 그러나 우리는 유전자 변형 작물에 대한 생물학적인 염려는 생각해 보아야 한다. 생물학자, 특히 생태학자들은 GMO가 환경에 노출되어 생기는 생각지 못한 위험에 대해 우려한다. 주요 논쟁거리는 GMO가 환경이나 인간의 건강에 해를 줄 수 있는 위험성이 어느 정도인가 하는 것이다. 농업 생명공학이 좀 더 천천히 발전하기를 (또는 중단되기를) 원하는 사람들은 이런 "실험"이 멈출 수 없는 속성을 가졌다는 것 때문에 걱정한다. 약물 실험에서는 예견하지 못했던 해로운 결과가 생겼다면 그 시도는 중단될 수 있다. 그러나 새로운 생명체의 경우는 일단 생물권에 도입되면 그것을 멈추게 할 수가 없는 것이다. 여기서 우리는 인간의 건강이나 비표적 생물체에 미치는 효과와 전이된 유전자의 잠재적 탈출 가능성을 포함한 유전체 변형 작물의 사용에 대한 부정적인 시각을 살펴볼 것이다.

인간의 건강에 관한 문제

많은 GMO 반대자는 유전공학으로 인해 일부 사람에게 알레르기 반응을 일으키는 알레르기 유발 물질이 이를 만드는 식물에서 식용 식물로 옮겨질 수도 있다고 염려한다. 그러나 생명공학자들은 이미 대두나 기타 작물에서 알레르기 유발 단백질을 암호화하는 유전자를 제거하려고 노력하고 있다. 아직까지 사람이 먹을 수 있도록 특별하게 고안한 GM 식물이 인간의 건강을 해쳤다는 증거는 없다. 사실 어떤 GM 식품은 잠재적으로 건강에 더 좋다. 예를 들면 *Bt* 옥수수(*Bt* 독소를 가진 형질전환 종)에서는 발암성이고 기형아를 낳게 하는 곰팡이 독소가 일반 옥수수보다 90%나 적게 들어 있다. 푸모니신(fumonisin)이라 부르는 이 독소는 분해가 매우 어려운 물질로 콘플레이크부터 맥주까지 일부 옥수수 가공식품에서 허용치 이상으로 발견된다. 푸모니신은 해충에 상처받은 옥수수에 감염되는 곰팡이류(*Fusarium*)에서 만들어진다. 일반적으로 GM이 아닌 옥수수보다 *Bt* 옥수수가 해충의 피해를 덜 받기 때문에 푸모니신이 적다.

그런데도 건강의 이유로 GMO 반대론자들은 GMO 산물이 들어 있는 모든 식품에 명확하게 표시를 하도록 로비를 하고 있다. 또 어떤 사람들은 운송하고 저장하고 처리하는 동안 GM 식품과 GM이 아닌 식품이 섞이지 않도록 엄격한 규제를 해야 한다고 주장한다. 그러나 어떤 생명공학 옹호자들은 전통적인 식물 육종 기술로 만든 "형질전환" 작물이 시장에 나왔을 때는 이런 요구가 없었다고 말한다. 예를 들면, 전통적인 식물 육종 기술로 귀리의 염색체 전체(그리고 수천 개의 유전자)를 갖도록 만든 밀의 여러 변종들이 이미 시장에 나와 있다.

표적이 아닌 생물체에 미칠 수 있는 효과

많은 생태학자들은 GM 작물을 기를 경우 비표적 생물체에게 의외의 영향을 줄지 모른다고 염려한다. 한 연구에서는 실험실에서 제왕나비의 애벌레가 유전자 변형 *Bt* 옥수수의 꽃가루 먼지를 덮어쓴 밀크위드 잎사귀(제왕나비 애벌레가 좋아하는 먹이)를 먹은 후 문제가 생기거나 심지어는 죽기까지 하였다고 밝혔다. 이 연구는 그 이후로 신빙성에 의심을 받게 되어 과학의 자체 정정 특성에 좋은 예가 되었다. 원래의 연구자들이 실험실에서 밀크위드 잎사귀 위에 수컷 옥수수의 꽃을 흔들었을 때, 수술대와 열려진 꽃가루 주머니, 그리고 꽃의 다른 부분도 함께 잎 위로 떨어졌다. 그 후 연구자들은 고농도의 *Bt* 독성 물질을 갖고 있는 것이 꽃가루가 아니라 꽃의 다른 부위라는 것을 발견하였다. 꽃가루와는 다르게 꽃의 이 부위는 자연 상태의 밭의 조건에서는 바람에 의해 주변의 밀크위드 식물에 옮겨지지 않는다. 또한 고농도의 *Bt* 독성 물질을 함유한 꽃가루를 만드는 종은 단 하나이며 판매되고 있는 전체 *Bt* 옥수수 생산의 단지 2%(지금은 판매 중지됨)에 해당한다.

제왕나비 애벌레에 미치는 *Bt* 꽃가루의 부정적인 효과에 대한 고려에서 우리는 또한 *Bt* 옥수수 경작이 아닌 기존 방법, 즉 일반 옥수수에 화학 살충제를 뿌리는 방법에서 생기는 부작용도 생각해 보아야 한다. 이에 대한 연구에서 이렇게 살충제를 분무하는 것이 *Bt* 옥수수를 기르는 것보다 주변의 제왕나비 군집에 훨씬 더 심각한 해를 끼친다는 것을 밝혔다. 제왕나비 애벌레에 대한 *Bt* 옥수수의 부작용이 별거 아니기는 하지만 반대론자들은 모든 GM 작물의 정확한 현장 실험이 필요하다는 것과 안전성을 높이기 위해 특정 조직에서만 해당 유전자를 발현시키는 것이 중요하다는 것을 강조하였다.

형질전환 유전자 전이 문제에 대한 접근

GM 작물에 대하여 제기하는 가장 심각한 문제는 아마도 도입된 유전자가 작물과 잡초의 교배로 인하여 유전자 변형 작물에서 잡초로 옮겨질 가능성일 것이다. 제초제 저항성을 갖게 된 작물과 야생 근연종 사이에 자생적인 교배는 야생에서 다른 잡초보다 선택적인 장점을 가지며 경작지에서 제어하기 훨씬 어려운 "슈퍼잡초"를 만들지도 모른다는 두려움이 있다. GMO 옹호자들은 유전자 전이의 가능성은 그 작물이 잡초와 교배할 수 있는 능력과 전이유전자가 잡초의 전체 적합성에 얼마나 영향을 줄 것인가에 달려 있다고 한다. 예를 들어, 유용한 작물의 형질인 작은 키 표현형은 야생에서 자라는 잡초에게는 단점이 된다. 또한 교배가 가능한 잡초 근연종이 근처에 서식하지 않는 경우도 있다. 예를 들어, 대두는 미국 내에서 야생형 근연종이 없다. 그러나 카놀라, 수수와 같이 쉽게 잡초와 교배할 수 있어 작물에서 잡초로 형질전환 유전자의 전이가 일어날 수 있는 작물도 있다. 2003년에 오리건주에 폭풍 때문에 제초체 글리포스에이트 저항성 유전자가 도입된 애기겨이삭(*Agrostis stolonifera*)의 형질전환 종이 시험장에서 탈출하게 되었다. 날아간 식물들을 없애려는 노력에도 불구하고 근처에서 3년 동안 발견된 애기겨이삭의 62%가 글리포스에이트 저항성을 갖고 있었다. 아직까지 이런 사건의 생태적인 충격은 그리 크지 않은 것으로 나타났지만 앞으로의 형질전환 식물에서의 유전자 전이 경우에서도 같을 것이라 볼 수는 없다.

도입된 유전자가 전이되는 것을 막으려는 많은 다양한 전략들이 시도되었다. 예를 들어, 형질전환 작물을 수컷 불임으로 만든다면 이 식물은 근처의 일반 식물의 꽃가루로 수정되어 종자와 열매는 만들 수 있지만 자신은 정상적인 꽃가루를 만들지는 못한다. 두 번째 방법은 유전자 조작된 무수정생식을 형질전환 작물에 포함시키는 것이다. 종자가 무수정생식으로 만들어지면, 배와 배젖은 수정 없이도 발생한다. 이런 형질을 형질전환 작물에 넣는 것은 식물이 종자와 열매 생산에는 문제가 없이 수컷 불임을 만들 수 있으므로 꽃가루를 통한 형질전환 유전자 전이 가능성을 최소화할 수 있다. 세 번째 전략은 형질전환 유전자를 작물의 엽록체 DNA에 넣는 것이다. 많은 식물에서 엽록체 DNA는 엄격하게 모성으로만 유전되어 엽록체의 유전자는 꽃가루에 의해 전이될 수 없다. 네 번째 전략은 정상적인 꽃 발생은 하지만 꽃이 벌어지지 않게 유전자 조작을 하는 것이다. 결과적으로 자가 수분만이 일어나고 꽃가루가 꽃에서 나가지는 못하게 된다. 이런 해결책은 꽃 발생 설계에서의 수정이 필요하다. 이런 결과를 위해 조작할 수 있는 몇몇 꽃 유전자가 알려졌다.

농업에서 GMO에 대한 계속되는 논쟁이 이 책 주제 중 하나인 과학과 기술의 사회와의 관련성을 보여주는 예이다. 기술적인 진보는 거의 항상 의도하지 않은 결과의 위험을 내포하고 있다. 식물 생명공학에서 위험성 제로는 거의 얻기 어렵다. 그래서 각각의 경우에 따라 과학자와 대중은 형질전환 산물에 의해 가능한 유용성과 사회가 짊어져야 할 위험을 함께 고려해야만 한다. 가장 좋은 시나리오는 이런 토론과 결정이 역행성 두려움이나 맹목적인 추종보다는 건전한 과학적인 정보와 엄격한 시험을 근거로 이루어져야 한다는 것이다.

CHAPTER

27 내외 신호에 대한 식물의 반응

핵심 개념

27.1 식물 호르몬은 식물의 생장과 발달, 그리고 자극에 대한 반응을 조절한다

27.2 빛에 대한 반응은 식물의 생존에 매우 중요하다

27.3 식물은 빛 외에도 다양한 자극에 대해서 반응한다

27.4 식물은 포식자와 병원균의 공격에 반응한다

▲ **그림 27.1** **식물이 자신을 위장할 수 있을까?**

카멜레온 덩굴

칠레에서 발견되는 으름덩굴과의 *Boquila trifoliata*는, 크기와 모양, 색깔, 방향성, 엽병의 길이, 정단부의 모양을 포함한 최대 6가지 형질에서 자신을 지탱해주는 나무의 잎을 모방할 수 있는 신기한 능력을 가지고 있다. 예를 들어 **그림 27.1**에서 *Boquila*가 마편초과의 *Rhaphithamnus spinosus*에 기대어 자랄 때 만들어 낸 잎(중앙에 세 개의 소엽으로 이루어짐)을 보여주며, 한편 옆의 사진은 *Boquila*가 미나리아재비(*Ranunculus repens*)에 기어오르며 잎모양을 모방하고 있음을 보여준다. *Boquila*가 위쪽으로 기어오르는 도중에 기대는 상대를 바꾸는 일이 생기면, 새롭게 만들어지는 잎은 새로운 숙주의 잎을 모방한다. 기댈 수 있는 식물이 없을 때, *Boquila*의 잎은 잎이 없는 나무 몸통을 기어오르는 덩굴과 같으며, 이것은 *Boquila*가 숙주 식물의 잎을 감지하고 그에 따라 자신의 모양을 조절한다는 것을 이야기해 준다. *Boquila*가 이렇게 모방하는 기작은 수수께끼이지만 숙주 식물의 잎에서 분비되는 휘발성 물질을 인지해서 일어날 것 같다.

*Boquila*에 관한 이야기는 식물은 홀로 존재하는 것이 아니라는 것을 생각나게 한다: 식물은 환경뿐 아니라 다양한 생명체와 상호작용한다. 이러한 모든 생물적, 비생물적 상호작용과 식물이 만들어내는 내부의 모든 화학적 변화는, 커다랗게 보면, 사람이 주변 환경과 상호작용하는 데 사용되는 일부 경로와 크게 다르지 않은 신호전달 경로를 활성화시킨다. 실제로는 신호의 인지와 신호의 전달 수준에서 사람의 세포는 보리 유식물의 세포와 그리 다르지 않다. 차이보다 유사성이 훨씬 크다. 그러나 환경 자극에 대한 동물로서의 사람 반응은 일반적으로 식물과 크게 다르다. 동물은 보통, 환경의 변화나 기회에 대해 움직임으로써 반응하지만, 어린 보리 유식물과 같은 식물은 자신의 생장과 발달을 변화시켜 반응한다.

기본적으로 변화된 생장으로 인해 나타나는 구조적인 변화는 공간적인 방향성이 변화되는 것이지만, 식물은 또한 시간의 변화에 따라 적응해야 한다. 식물이 성공적으로 경쟁하기 위해서 인지해야 할 시간적 변화의 한 예로 계절의 변화를 들 수 있다. 이번 장에서 우리는 먼저 식물의 생장과 발달을 조절하는 내부 화학물질(호르몬)에 대해 이야기할 것이고, 그 다음 식물이 어떻게 빛과 그 외의 주변 신호를 인지하고 이에 반응하는지에 대해 알아볼 것이다.

개념 27.1

식물 호르몬은 식물의 생장과 발달, 그리고 자극에 대한 반응을 조절한다

원론적인 의미를 이야기하자면, **호르몬(hormone)**은 개체의 한 부분에서 매우 소량 합성되고 다른 부위로 이동하여 그곳에서 특정 수용체와 결합하여 표적세포나 조직에서 반응을 유발하는 물질이다. 동물에서 호르몬은 일반적으로 순환계를 통해 이동하며 이것은 호르몬이라는 용어의 정의에 포함된 기준이다. 일부 사람들은 동물생리학자들에 의해 정의된 좁은 의미로 식물의 생리현상을 설명하기에는 너무 제한이 많다고 주장한다. 예를 들어, 식물에는 호르몬 같은 신호물질을 운반할 몸 전체를 순환하는 혈액이 없다. 게다가 식물 호르몬으로 간주되는 몇 가지 신호물질은 지역적으로만 작용한다. 또한 설탕 등의 식물 신호물질은 일반 호르몬보다 수십만 배나 높은 농도로 존재한다. 그럼에도 불구하고 이러한 물질들은 일반 호르몬과 유사하게 식물체 내에서 이동하여 신호전달경로를 활성화시킴으로써 식물의 작동을 크게 변화시킨다. 따라서 대부분의 식물학자들은 식물체에서 하나 이상의 특정 생리작용을 조절하는 천연, 혹은 합성 유기화합물을 보다 넓은 의미를 갖는 용어인 **식물 생장조절물질(plant growth regulator)**로 표현하는 것을 선호한다. 현재 **식물 호르몬(plant hormone)**과 **식물 생장조절물질**이라는 용어는 비슷한 비중으로 사용되고 있으나 이 책에서는 역사적 연속성을 위해서 **식물 호르몬**이라는 용어를 사용하고 식물 호르몬은 매우 낮은 농도에서 활성을 나타낸다는 기준을 그대로 사용하겠다.

식물 호르몬은 매우 낮은 농도로 합성되지만, 매우 적은 양의 호르몬은 식물의 생장과 발달에 커다란 영향을 미칠 수 있다. 실제로, 식물의 생장과 발달의 모든 면은 일정 정도 호르몬에 의해 조절된다. 각각의 호르몬은 작용하는 위치와 농도, 식물의 발달단계에 따라 다양한 효과를 보인다. 반대로, 여러 호르몬이 동일한 과정에 영향을 미칠 수도 있다. 호르몬에 대한 반응은 보통 호르몬의 양보다는 다른 호르몬에 대한 상대적인 농도에 의해 많이 좌우된다. 생장과 발달은 종종 호르몬 단독의 효과보다는 여러 호르몬 사이의 상호작용을 통해 조절된다. 이러한 상호작용은 다음의 호르몬의 기능에 관한 연구에서 명확해질 것이다.

식물 호르몬의 발견

식물에서 화학신호 전달자라는 개념은, 줄기가 어떻게 빛에 반응하는가라는 일련의 실험들에서 나왔다. 식물의 줄기는 빛을 향해 자란다. 자극에 대해서 양의 방향이나 음의 방향으로 전체 식물의 기관 등이 굽게 되는 생장 반응을 **굴성(tropism**; 그리스어의 구부러짐을 의미하는 *tropos*에서 유래)이라고 한다. 식물의 기관이 빛을 향해, 혹은 빛의 반대 방향으로 향하는 것을 **굴광성(phototropism)**이라고 하며 줄기는 일반적으로 양성 굴광성을 보이는데 반해, 뿌리는 음성 굴광성을 보인다. 자연상태에서 양성 굴광성은 줄기가 햇빛을 향해 자라서 광합성을 할 수 있게 유도한다. 이것은 어두운 쪽의 세포들이 빛이 비치는 쪽 세포들보다 빠르게 신장함으로써 나타나는 반응이다.

다윈(Charles Darwin)과 그의 아들 프란시스(Francis)는 굴광성에 관한 최초의 실험들을 수행하였다**(그림 27.2)**. 그들은 자엽초 형태로 둘러싸여 있는 곡류의 유식물에서 정단 부위가 존재하는 경우에만 빛을 향해 휘어지는 것을 관찰하였다. 정단 부위가 제거되면 자엽초는 휘지 않았다. 또한 유식물은 불투명한 물질로 정단 부위를 감싸도 빛을 향해 휘지 않았다. 그러나 투명한 물질로 정단 부위를 감싸거나 불투명한 물질로 자엽초 정단 아랫부분을 감싸면 빛을 향해 휘어지는 현상에 이상이 생기지 않았다. 이들 부자는 빛을 인지하는 부위는 바로 자엽초의 정단부라고 결론지었다. 또한 자엽초가 휘어지게 하는 생장 반응의 차이는 정단부 아래쪽으로 조금 떨어진 곳에서 일어나는 것도 알아냈다. 다윈 부자는 특정 신호물질이 자엽초 정단부에서 신장이 일어나는 부위로 이동한다고 설명하였다. 몇십 년이 지난 후, 덴마크의 과학자 보이센-옌센(Peter Boysen-Jensen)은 이 신호물질이라는 것이 이동할 수 있는 화학물질임을 실험을 통해 보여주었다. 그는 정단부와 나머지 아랫부분을 분리하고 이 사이에 젤라틴 조각을 넣어 세포 간의 접촉을 없애고 물질의 이동은 일어날 수 있게 하였다. 이 경우 빛에 대해 정상적으로 반응하여 빛을 향해 자라나는 것을 볼 수 있었다. 그러나 젤라틴 조각 대신 광물 조각 등 물질이 통과할 수 없는 조각으로 정단 부위와 나머지 부분을 분리하면 굴광성이 나타나지 않았다.

1926년 네덜란드의 대학원생 벤트(Frits Went)는 보이센-옌센의 실험을 응용하여 굴광성에 관여하는 화학물질을 추출하였다 **(그림 27.3)**. 벤트는 자엽초 정단 부위를 떼어내어 젤라틴 물질인 한천 조각 위에 올려놓았다. 벤트는 정단 부위의 화학물질이 한천 조각으로 확산되어 들어가게 되면, 이 한천 조각이 자엽초 정단 부위를 대신할 수 있을 것으로 생각하였다. 한천 조각을 정단 부위가 제거된 자엽초에 올려놓고 어두운 곳(暗所)에 놓아두었다. 자엽초의 중앙에 조각을 올려놓았을 때 자엽초는 똑바로 생장하였다. 그러나 조각을 한쪽으로 치우쳐 올려놓았을 때 자엽초는 빛을 향해 굽는 것처럼 한천 조각이 올려져 있는 반대쪽으로 휘면서 자라기 시작했다. 벤트는 한천 조각이 자엽초 정단 부위에서 합성되는 화학물질을 함유함으로써 이 화학물질이 아래쪽의 자엽초로 흘러내려가 생장을 촉진했다고 보았다. 이때 생장을 촉진하는 화학물질이 빛이 조사되는 반대쪽에 높은 농도로 있으므로 결국 빛을 향해 휘어지게 되었다고 결론지었다. 벤트는 이 화학물질, 혹은 호르몬을 옥신(auxin; '증가'라는 의미의 그리스어 *auxein*에서 유래)이라고 이름 지었다. 이후 가장 일반적인 형태의 옥신이 분리되었으며 화학구조가 인돌아세트산(indoleacetic acid, IAA)임이 밝혀졌다. 이러한 고전적인 실험은 자엽초 정단부에서 이동해 내려온 옥신이 불균등하게 분포하게 되고 이러한 불균등한 분포로 인해 어두운 쪽의 세포들이 빛을 받는 쪽의 세포들보다 빠르게 신장한다는 가설을 지지한다.

▼ 그림 27.2 **탐구**

자엽초의 어느 부분이 빛을 인지하고 신호는 어떻게 전달되는가?

실험 1880년에 찰스 다윈(Charles Darwin)과 프란시스 다윈(Francis Darwin)은 자엽초의 어느 부분이 빛을 인지하는지를 알아내기 위해 자엽초의 일부를 제거하거나 빛을 보지 못하게 가렸다. 1913년에는 보이센-옌센(Peter Boysen-Jensen)이 굴광성 신호가 어떻게 전달되는지를 알아보기 위해 자엽초를 다른 물질로 분리하였다.

결과

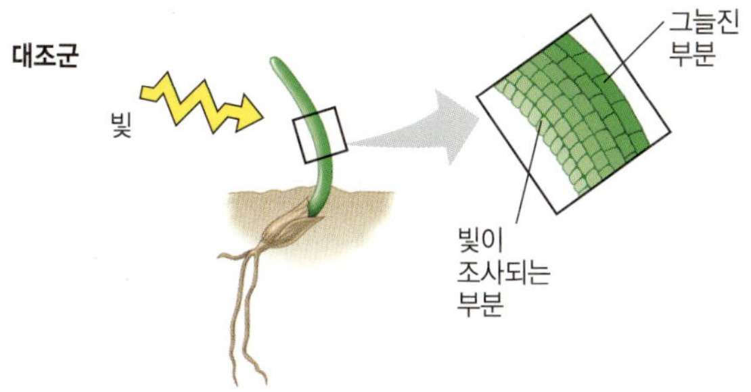

다윈 부자: 정단 부위에 빛이 조사되었을 경우에만 굴광성 나타남

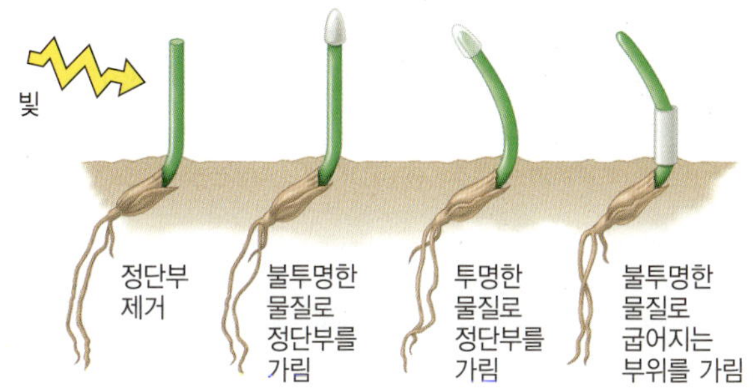

보이센-옌센: 물질을 통과시킬 수 있는 조각에 의해 정단 부위가 분리되었을 경우에는 굴광성이 일어나지만 물질을 통과시키지 않는 조각으로 분리된 경우 굴광성이 나타나지 않음

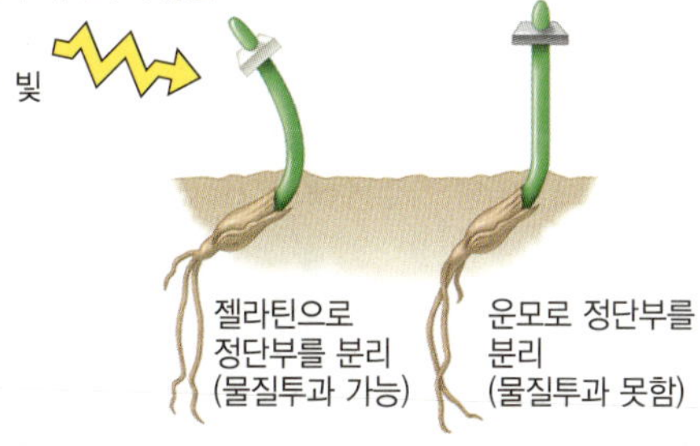

결론 다윈의 실험에 의하면 자엽초의 정단 부위에서만 빛이 인지된다. 그러나 빛에 의해 식물이 굽는 현상은 빛을 인지하는 곳과 떨어진 곳에서 일어난다. 보이센-옌센의 결과로 굴광성의 신호는 빛에 의해 활성화되는, 움직일 수 있는 화학물질임을 알 수 있었다.

참고문헌 C. R. Darwin, *The power of movement in plants*, John Murray, London (1880). P. Boysen-Jensen, Concerning the performance of phototropic stimuli on the *Avena* Coleoptile, *Berichte der Deutschen Botanischen Gesellschaft* (*Reports of the German Botanical Society*) 31:559–566 (1913).

▼ 그림 27.3 **탐구**

불균등하게 분포된 생장 촉진 물질이 자엽초를 휘어지게 하는 원인인가?

실험 1926년 벤트(Frits Went)는 실험을 통해 생장 촉진 물질이 어떻게 자엽초가 빛을 향해 자라게 하는지를 밝혔다. 자엽초의 정단 부위에 존재하는 화학물질이 한천 조각에 흡수되도록 어둠 속에서 정단부를 잘라서 한천 조각 위에 올려놓았다. 대조구로서는 화학물질을 가지고 있지 않은 한천조각을 이용하였다. 실험구에서는 화학물질을 가지고 있는 한천 조각을 정단부가 제거된 자엽초 꼭대기의 중앙에 맞추어 놓아 화학물질이 자엽초의 여러 부위에 균등하게 전달되게 하거나 혹은 한쪽에 치우치게 놓아 자엽초의 한쪽 면에 화학물질이 높은 농도로 전달되도록 하였다.

결과 화학물질이 균등하게 분포한 경우 자엽초는 곧게 자랐다. 화학물질이 양쪽에 불균등하게 분포한 경우 자엽초는 어두운 곳임에도 불구하고 마치 빛을 향해 자라는 것과 같이 휘어져서 한천 조각이 놓인 반대쪽으로 자랐다.

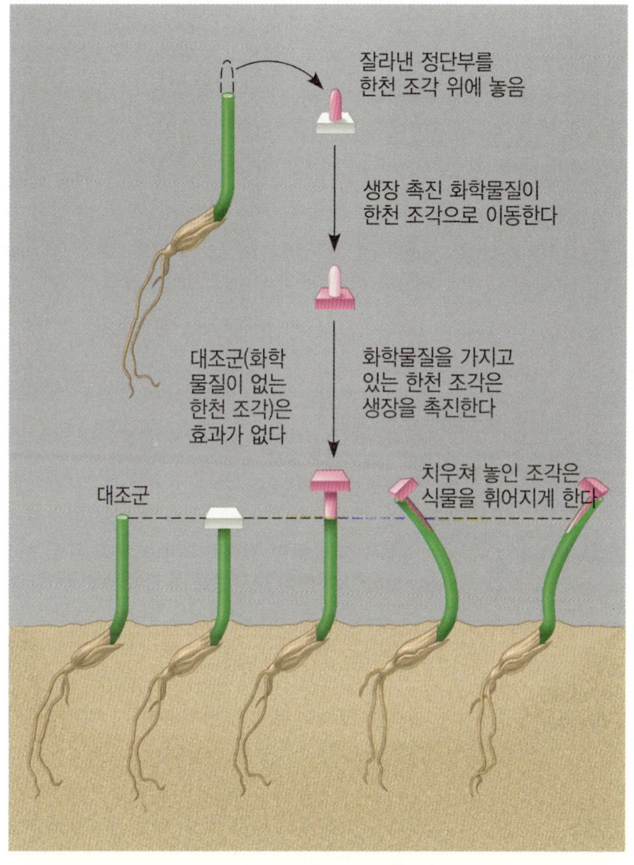

결론 벤트는 자엽초의 어두운 쪽에 옥신이라는 생장을 촉진하는 화학물질이 고농도로 분포하여 자엽초가 빛을 향해 자란다고 결론지었다.

참고문헌 F. Went, A growth substance and growth, *Recueils des Travaux Botaniques Néerlandais* (*Collections of Dutch Botanical Works*) 25:1–116 (1928).

식물 호르몬의 개요

옥신의 발견으로 인해 다른 식물 호르몬을 찾기 위한 연구가 촉진되었다. **표 27.1**은 주요한 식물 호르몬, 옥신과 사이토키닌, 지베렐린, 브라시노스테로이드, 앱시스산, 에틸렌에 대해 간략히 보여주고 있다(이 목록이 결코 완벽한 것은 아니다).

옥신

옥신(auxin)은 꽃식물(flowering plant)에서 다양한 기능을 갖긴 하지만, 일반적으로 자엽초의 신장을 촉진하는 화학물질을 일컫는다. 합성 옥신을 포함한 몇 가지 화합물이 옥신 활성을 띠긴 하지만, 자연계의 식물체 내에서 발견되는 주 옥신은 인돌아세트산(IAA)이다.

옥신은 주로 줄기 정단부에서 생성되어 시간당 1 cm의 속도로 세포를 통해 아래로 수송된다. 옥신은 정단부에서 아래쪽으로만 이동하며 반대 방향으로는 이동하지 않는다. 이러한 옥신의 한쪽 방향으로의 수송을 **극성 수송**(polar transport)이라고 한다. 극성 수송은 중력과는 관련이 없다; 실험을 통해 줄기나 자엽초를 거꾸로 세우면 옥신이 위쪽으로 이동하는 것이 밝혀졌다. 옥신 이동의 극성은 세포에서 옥신 수송 단백질의 극성 분포에 기인한다. 옥신 수송 단백질은 세포의 아래쪽에 집중적으로 분포하고 있으며 옥신을 세포 바깥으로 수송한다. 이 옥신은 다시 이웃 세포의 위쪽 부분을 통과해 안으로 들어간다. 옥신은 세포 신장의 촉진과 식물의 전체적인 모양을 조절하는 등 다양한 효과를 보여준다.

세포 신장에 있어서 옥신의 역할 옥신은 어린 줄기에서 세포의 신장을 촉진한다. 옥신이 줄기 정단부로부터 신장 부위로 이동해서 세포막에 존재할 것으로 추정되는 수용체에 결합하여 세포의 신장을 촉진한다. 옥신은 10^{-8}~10^{-4} M 사이의 농도에서만 생장을 촉진하고 그 이상의 농도에서는 일반적으로 생장을 억제하는 호르몬인 에틸렌의 합성을 유도하여 세포 신장을 억제할 수도 있다. 이러한 상호작용은 에틸렌에 대해 논의할 때 다시 보도록 하자.

산성 생장설(acid growth hypothesis)이라는 모델에 따르면 옥신에 의한 세포 신장에 양성자 펌프가 중요한 역할을 한다. 줄기의 신장이 일어나는 부위에서 옥신은 세포막의 양성자(H^+) 펌프를 자극한다. H^+이 밖으로 퍼내지면 세포막을 사이에 둔 전압(막전위, membrane potential)이 증가하게 되고 수 분 내에 세포벽의 산도가 낮아진다(**그림 27.4**). 세포벽의 산성화로 인해 **익스팬신(expansin)**이라는 효소가 활성화되는데 이 효소는 셀룰로스 미세섬유와 다른 여러 세포벽 구성요소들 사이의 결합(수소결합)을 끊어서 세포벽의 섬유들이 느슨해지게 한다. 막전위의 증가로 인해 세포 내로 흡수되는 이온이 증가하고 결국 삼투압에 의해 물이 세포 내로 유입하게 되어 팽압이 증가한다. 팽압의 증가와 세포벽 소성의 증가로 인해 세포가 신장할 수 있게 된다.

옥신은 재빨리 유전자 발현을 변화시켜 신장 부위에 있는 세포에서 수 분 내에 새로운 단백질이 만들어지게 하기도 한다. 이러한 단백질 중 일부는 수명이 짧은 전사조절인자들로서 여러 유전자들의 발현을 억제하거나 유도할 수 있다. 이러한 초기 반응 이후 지

표 27.1 식물 호르몬에 대한 개요

호르몬	합성 혹은 분포하는 곳	주요 기능
옥신(IAA)	줄기 정단 분열 조직과 어린 잎에서 주로 합성된다. 뿌리에서 필요한 옥신의 대부분을 줄기에서 만들어지는 옥신에 의존하지만 뿌리 분열 조직에서도 합성은 된다. 발달 중인 종자와 열매에서 많은 양의 옥신이 발견되지만 이곳에서 합성된 것인지 아니면 모계 조직에서 이동된 것인지는 확실치 않다.	줄기의 신장을 촉진(낮은 농도에서): 곁뿌리와 부정근 형성 촉진; 열매의 발달을 조절; 정단 우성을 유도; 굴광성과 굴중성에 관여; 물관형성을 촉진; 잎의 탈리를 지연
사이토키닌	여러 곳에서 조금씩 합성이 되긴 하지만 주로 뿌리에서 합성되어 다른 기관으로 이동한다.	뿌리와 줄기에서 세포분열을 조절; 정단 우성을 조절하고 곁눈의 생장을 촉진; 양분의 수용 조직으로의 이동을 촉진; 발아 촉진; 잎의 노화를 지연
지베렐린	정아와 뿌리의 분열 조직, 어린 잎, 발달 중인 종자에서 주로 합성된다.	줄기 신장, 꽃가루 발달, 꽃가루관 생장, 열매의 생장, 종자의 발달과 발아를 촉진; 성결정과 유식물기에서 성체기로의 전이에 관여
브라시노스테로이드	식물의 모든 조직에서 발견되며 기관에 따라 특정 형태의 중간물질이 주를 이룬다. 식물체에서 합성된 브라시노스테로이드는 합성된 장소 근처에서 작용한다.	줄기에서 세포의 신장과 분열을 촉진; 저농도에서 뿌리 생장 촉진; 고농도에서 뿌리 생장 억제; 물관 형성 촉진과 체관 형성 억제; 종자의 발아와 꽃가루관 신장 촉진
앱시스산(ABA)	거의 모든 식물 세포들이 앱시스산을 합성할 수 있는 능력을 가지고 있으며 모든 주요 기관과 살아 있는 조직에서 발견된다. 체관과 물관을 통해 이동되는 것으로 생각된다.	생장 억제, 수분 부족시 기공 닫음; 종자의 휴면을 유도 미성숙 발아를 억제; 잎의 노화를 촉진; 건조에 대한 저항성(dessication tolerance)을 증진
에틸렌	기체 상태의 호르몬으로서 식물의 거의 모든 부분에서 합성될 수 있다. 노화와 잎의 탈리, 일부 과일의 성숙시 고농도로 합성된다. 상처와 스트레스에 의해서도 합성이 촉진된다.	여러 종류 과일의 성숙과 잎의 탈리, 유식물에서 삼중 반응(줄기 신장의 억제와 비후생장 촉진, 수평으로 생장)을 촉진; 노화 속도의 촉진; 뿌리와 뿌리털 형성 촉진; 파인애플과의 식물에서 개화 촉진

③ 산성화로 인해 활성화된 쐐기모양의 익스팬신(빨간색)이 셀룰로스 미세섬유(갈색)들을 가교결합하고 있는 다당류(녹색)로부터 분리시킨다. 노출된 다당류에 세포벽분해효소(보라색)들의 접근이 용이해진다.

② 세포벽이 산성화된다.

① 옥신이 양성자 펌프의 활성을 촉진한다.

세포벽

H^+

ATP

세포막

세포질

④ 세포벽분해효소(보라색)들이 가교결합하고 있는 다당류(녹색)을 끊어내어 미세섬유들이 서로 미끄러질 수 있게 된다. 세포의 신장성이 늘어나고 팽압에 의해 세포가 신장한다.

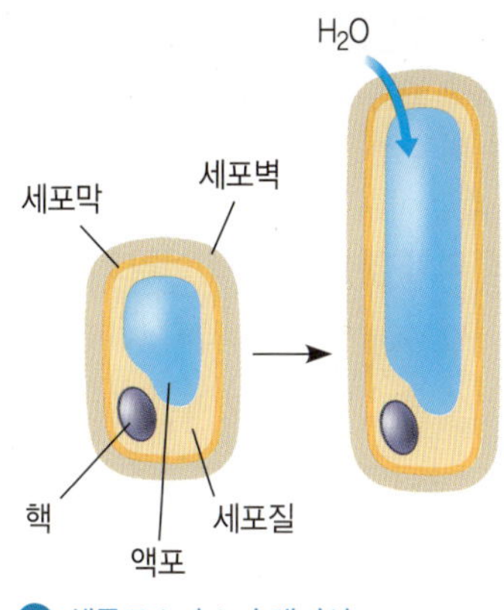

⑤ 셀룰로스가 느슨해져서 세포가 신장할 수 있다.

▲ **그림 27.4 옥신에 의한 세포의 신장: 산성 생장설**

속적인 생장을 위해 세포는 보다 많은 세포질과 세포벽 물질 등을 만들어야 한다. 이러한 지속적인 생장 반응 역시 옥신에 의해 유도된다.

식물 발달에 있어서 옥신의 역할 옥신의 극성 수송은 발달 중인 식물의 구조, 혹은 **패턴 형성**(pattern formation)을 조절하는 핵심요소이다. 옥신은 줄기 정단부에서 합성되어 개별 가지의 발달과 크기, 환경 등에 관한 종합적인 정보를 운반한다. 이러한 정보의 수송에 의해 식물의 가지 형성 패턴이 조절된다. 예를 들어, 특정 가지로부터 옥신의 흐름이 적어진다는 것은 그 가지의 생산성이 충분치 않으며 다른 곳에 새로운 가지가 필요하다는 것을 의미한다. 따라서 가지 바로 아래에 있는 곁눈이 휴면상태에서 깨어나 자라기 시작한다.

옥신 수송이 줄기에서 잎의 배열 형태를 결정하는 **엽서**(phgllotaxy) 결정에도 중요한 역할을 한다. 현재의 모델에 따르면 줄기에서의 옥신 극성 수송으로 인해 옥신 농도가 국부적으로 높은 곳이 생겨나고 이곳에서 잎원기가 형성됨으로써 자연계에서는 다양한 엽서가 발견된다.

옥신과 사이토키닌, 새롭게 발견된 식물 호르몬인 스트리고락톤은 함께, 끝눈이 곁눈의 발달을 억제하는 능력인 정단 우성을 조절한다. 옥신의 주공급원인 끝눈이 제거되면 곁눈에 대한 억제가 없어져 식물이 텁수룩해진다. 끝눈이 제거된 줄기의 절단면에 옥신을 처리하면 곁눈의 생장이 다시 억제된다.

실생활에서 옥신의 이용 자연에서 발견되거나 혹은 합성 옥신은 모두 상업적으로 다양하게 응용될 수 있다. 온실에서 키우는 토마토 식물에 옥신을 분무하여 정상적인 열매의 발달을 유도하는 것이 한 예이다. 토마토 식물을 밖에서 키우면 열매 안의 종자에서 많은 양의 옥신이 생성되어 열매가 정상적으로 발달한다. 그러나 온실에서 키운 토마토는 작은 수의 종자를 만들고, 따라서 옥신을 분무해주지 않으면 종종 기형적으로 발달한다. 다른 예는 꺾꽂이에 의한 식물의 영양 번식에 자연에서 발견되는 옥신인 인돌부티르산(indolebutyric acid, IBA)을 처리하는 것이다. 떼어낸 잎이나 줄기에 IBA를 함유하는 가루를 뿌리면 잘린 부위 근처에서 막뿌리가 형성된다. 또 하나의 예는 제초제로서 2,4-D(2,4-dichlorophenoxyacteic acid)를 사용하는 것이다. 2,4-D를 분무하면 진정쌍떡잎식물(넓은 잎을 가진 식물) 잡초가 제거된다. 옥수수나 잔디 같은 외떡잎식물은 2,4-D를 재빨리 불활성화시킬 수 있으나 진정쌍떡잎식물은 "호르몬의 과다"로 죽게 된다.

사이토키닌

조직 배양에서 식물 세포의 생장과 발달을 유도하는 물질을 찾고자 하는 노력으로 **사이토키닌(cytokinin)**이 발견되었다. 과학자들은 분해된 DNA를 처리하여 배양 담배 세포의 분열을 유도할 수 있음을 알아내었다. 처리 물질의 유효 성분은 핵산의 성분 중 하나인 아데닌이 변형된 형태의 물질이었다. 이 생장 조절 물질은 세포질분열(cytokinesis)을 촉진하므로 사이토키닌이라고 이름 붙여졌다. 자연 상태의 식물체에서 발견되는 다양한 종류의 사이토키닌 중 가장 일반적인 것은 제아틴으로 옥수수에서 처음 발견되어 이렇게 이름 지어졌다. 사이토키닌은 세포분열과 분화, 정단 우성, 노화에 영향을 미친다.

세포분열과 분화의 조절 사이토키닌은 활발히 생장하는 조직, 특히 뿌리와 배, 과일에서 만들어진다. 뿌리에서 합성되는 사이토키닌은 물관을 통해 식물 상층부로 이동하여 표적조직까지 다다르게 된다. 사이토키닌은 옥신과 함께 작용하여 세포분열을 촉진하고 기관 형성에 영향을 준다. 조직 배양 중인 세포에서 사이토키닌의 효과는 식물체에서 이 호르몬이 어떻게 작용하는지에 대한 단서를 제공해줄 수 있다. 줄기의 유조직을 사이토키닌이 없이 배양하면 세포들은 매우 크게 자라지만 분열하지는 않는다. 그러나 사이토키닌과 옥신을 함께 처리하면 세포들은 분열하며 이때 사이토키닌 단독으로는 효과를 나타내지 않는다. 사이토키닌과 옥신의 상대적인 비율이 세포의 분화를 조절한다. 즉, 두 호르몬의 농도가 특정 수준이 되면 세포 덩어리는 계속해서 생장하지만 캘러스라는 분화되지 않은 세포 덩어리로 남아 있는다. 사이토키닌의 수준이 증가하면 캘러스에서 줄기가 발달하고, 옥신의 농도가 높아지면 뿌리가 형성된다.

노화 억제 효과 사이토키닌은 일부 식물기관에서 단백질의 분해를 억제하고 RNA와 단백질 합성을 촉진하며 또한 주변 세포로부터 양분의 유입을 유도하여 노화를 지연시킨다. 잎을 줄기에서 떼어내 사이토키닌이 들어 있는 용액에 띄우면 사이토키닌이 없는 용액에 띄운 경우에 비해 훨씬 오랫동안 초록색을 유지한다.

지베렐린

1900년대 초 아시아의 농부들은 그들의 논에서 일부 벼들이 키가 크고 허약해서 성숙되어 꽃이 피기도 전에 쓰러지는 것을 보았다. 1926년, 지베렐라(*Gibberella*)속에 속하는 곰팡이가 이 키다리병을 유발한다는 것이 밝혀졌다. 1930년대까지 일본 과학자들은 이 곰팡이가 특정 화학물질을 분비하여 벼 줄기의 길이 신장을 유발하였음을 알게 되었고 그 물질을 **지베렐린(gibberellin)**이라고 명명하였다. 1950년대에 과학자들은 식물 역시 지베렐린(GAs)을 합성할 수 있음을 알았다. 그 후부터 지금까지 과학자들은 자연계의 식물체에서 100가지 이상의 지베렐린을 발견하였다. 각각의 식물체가 이만큼 여러 종류의 지베렐린을 모두 갖고 있는 것은 아니다. 지베렐린은 줄기 신장과 과일의 성숙, 종자의 발아 등 다양한 효과를 나타낸다. 빠르게 신장하는 "키다리병"에 걸린 유식물은 너무 높은 농도의 지베렐린으로 고통받고 있는 것으로 보인다.

줄기의 신장 지베렐린은 주로 어린 뿌리와 어린 잎에서 합성된다. 지베렐린은 세포의 신장과 분열을 증가시킴으로써 잎과 줄기의 생장을 촉진하는 것으로 잘 알려져 있다. 한 가설에 따르면 지베렐린은 세포벽을 느슨하게 하는 효소들을 자극해서 익스팬신 단백질이 세포벽 안쪽으로 유입되기 쉽게 한다. 따라서 지베렐린은 결국 옥신과 함께 작용하여 세포신장을 촉진한다.

줄기 신장을 촉진하는 지베렐린의 효과는 특정 난쟁이(돌연변이) 표현형을 보이는 식물에 처리할 때 명확히 관찰될 수 있다. 예를 들어, 일부 키가 작은 완두 식물체에 지베렐린을 첨가하면 정상적인 키를 갖는다. 정상적인 키의 식물에 지베렐린을 처리하면 보통은 효과를 보이지 않는다. 물론 이 식물은 이미 적정 수준의 호르몬을 가지고 있다. 지베렐린에 의한 줄기 신장의 가장 극적인 효과는 꽃자루의 급격한 생장인 **추대(bolting)**이다(그림 27.5a).

(a) 일부의 식물은 왼쪽에 보이는 애기장대처럼 절간이 매우 짧아 땅에 붙어 자라는 로제트 형태로 발달한다. 식물이 생식생장기로 넘어갈 때 지베렐린이 갑자기 증가하고 추대를 유도한다: 절간은 재빨리 신장하고 줄기의 끝부분에서 발달하는 꽃눈이 위로 들어올려진다(오른쪽).

(b) 왼쪽의 톰슨 씨없는 포도는 지베렐린을 처리하지 않은 대조구이고 오른쪽 포도송이는 과일 발달 중에 지베렐린을 처리한 줄기에서 자라고 있는 것이다.

▲ **그림 27.5 줄기의 신장과 과일 생장에 있어서 지베렐린의 효과**

과일의 생장 여러 식물체에서 과일이 열리기 위해서는 옥신과 지베렐린이 반드시 필요하다. 지베렐린의 가장 대표적인 상업적 이용은 톰슨의 씨없는 포도에서 볼 수 있다(그림 27.5b). 지베렐린은 포도알 하나하나를 크게 해서 고객이 원하는 형질을 만든다. 지베렐린을 처리하면 포도송이의 마디사이가 길어져서 각 포도알이 차지할 수 있는 공간이 늘어난다. 이렇게 공간이 늘어나면 포도알 사이사이로 공기의 흐름이 좋아지게 되고 포도알을 단단하게 해주어 곰팡이나 여타 미생물들이 쉽게 침투하지 못하게 된다.

발아 씨 속에 있는 배에 지베렐린이 많이 존재한다. 물에 적시면 배에서 지베렐린이 분비되고 이것은 휴면상태의 씨가 발아하게 하는 신호로 작용한다. 발아하기 위해서 빛이나 저온처리 등의 특정 환경이 필요한 일부 씨들도 지베렐린을 처리하면 발아한다. 지베렐린은 저장된 양분을 분해, 이동시키는 α-아밀레이스 같은 분해효소의 합성을 촉진함으로써 곡류 유식물의 생장을 도와준다(그림 27.6).

브라시노스테로이드

브라시노스테로이드(brassinosteroid)는 동물에서 발견되는 콜레스테롤이나 성호르몬과 화학적으로 유사하다. 이 호르몬은 10^{-12} M 정도의 매우 낮은 농도에서 줄기나 유식물의 세포 신장과 분열을 유도한다. 또한 잎이 떨어지는 것을 지연시켜 주며 물관의 발달을 촉진한다. 이러한 효과는 옥신의 효과와 유사해 식물생리학자들이 브라시노스테로이드가 옥신의 일종이 아니라고 결정하기까지 여러 해가 걸렸다.

식물 호르몬으로서의 브라시노스테로이드의 발견은 어두운 곳에서 키워도 빛을 주고 키운 식물과 유사한 형태를 띠는 애기장대 돌연변이체에 관한 연구에서 비롯되었다. 과학자들은 포유류에서

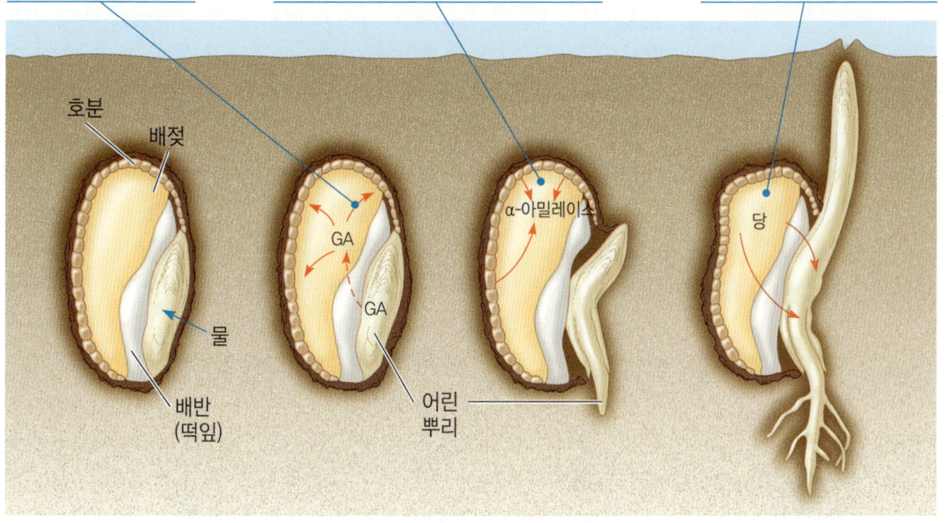

▲ **그림 27.6 보리 등 곡물 종자 발아 시 지베렐린에 의한 양분의 이동**

스테로이드 합성에 관여하는 효소와 유사한 효소를 암호화하고 있는 유전자가 돌연변이에 의해 영향을 받고 있음을 알아냈으며 이 브라시노스테로이드 결핍 돌연변이체에 브라시노스테로이드를 처리하면 정상적인 형태를 띤다는 것을 알아냈다.

앱시스산(ABA)

1960년대 낙엽수에서 눈의 휴면과 잎의 탈락이 일어나기 직전에 일어나는 화학물질들의 변화에 관해 연구하던 연구팀과 목화 실면의 탈락에 선행해서 일어나는 화학적 변화를 연구하던 팀이 동일한 화합물 **앱시스산(abscisic acid, ABA)**을 분리하였다. 그러나 ABA는 현재 눈의 휴면이나 잎의 탈락에 주도적인 역할을 하지는 않고 다른 중요한 기능을 한다. 우리가 지금까지 이야기하였던 옥신이나 사이토키닌, 지베렐린, 브라시노스테로이드 등의 생장촉진 호르몬과는 달리 ABA는 생장을 더디게 한다. ABA는 종종 생장 호르몬 작용에 반작용을 나타내 최종적으로 나타나는 생리적 변화는 ABA와 그 외의 생장호르몬들과의 상대적인 농도 비율에 의해서 결정된다. 종자의 휴면과 내건성은 ABA의 여러 효과 중 두 가지이다.

종자의 휴면 종자의 휴면은 어린 식물의 생존에 충분한 양의 빛과 온도, 습도 등이 있을 때에만 종자가 발아할 확률을 높여준다. 무엇이 가을에 뿌려진 종자가 곧바로 발아하여 결국 추운 겨울 날씨 때문에 죽는 것을 막아주는가? 무슨 기작이 이 종자가 봄이 될 때까지 발아하지 않게 하는가? 또한 어둡고 습기가 있는 과일 속에서 종자의 발아를 억제하는 것은 무엇인가? 바로 ABA이다. 종자의 성숙 과정에서 ABA 수준은 약 100배 정도 증가한다. 성숙 중인 종자에서 고농도의 ABA는 발아를 억제하고 성숙 시 동반되는 탈수과정에 견딜 수 있도록 도와주는 특정 단백질들의 합성을 유도한다.

휴면 중인 다양한 종류의 종자들은 ABA가 제거되거나 불활성화되면 발아한다. 사막에서 자라는 일부 식물의 종자는 폭우가 내려 종자에 있는 ABA를 씻어내야만 휴면을 깨고 발아할 수 있다. 또 일부 식물의 종자는 ABA를 불활성화시키기 위해서 빛이나 오랜 기간 동안의 저온처리를 필요로 하기도 한다. 많은 경우, ABA와 지베렐린의 비율이 종자가 발아할 것인지 휴면을 유지할 것인지를 결정하며 발아가 시작되려는 종자에 ABA를 처리하면 휴면 상태로 되돌릴 수도 있다. ABA 양이 적거나 ABA에 대한 민감도가 낮으면 발아가 빨리되기도 한다(**그림 27.7**). 예를 들어, 옥수수 중에 옥수수가 껍질에 싸여 식물에 달려 있는 상태에서 옥수수 종자가 발아하는 돌연변이체가 있는데 이 식물의 경우 ABA가 특정 유전자들의 발현을 유도할 때 필요로 하는 특정 전사인자를 가지고 있지 않다. 붉은 맹그로브 종자의 조기 발아는 ABA의 수

◀ 붉은 맹그로브(*Rhisophora mangle*) 씨는 ABA를 매우 적게 합성하며 씨가 나무에 달려 있는 상태에서 발아한다. 이러한 조기 발아는 적응 양태이다. 씨가 나무에서 떨어지면 창같이 생긴 유식물의 뿌리가 맹그로브가 자라는 부드러운 진흙 속에 깊게 박힌다.

▲ 돌연변이 옥수수의 조기 발아는 ABA 활성화에 필요한 특정 전사인자가 없어서 나타나는 현상이다.

▲ **그림 27.7 야생 맹그로브와 옥수수 돌연변이체 종자의 조기 발아**

준이 낮아서 일어나는 것으로 유식물이 모식물 바로 옆의 부드러운 흙에 심겨져 자랄 수 있게 하기 위해 나타난 적응 양태이다.

내건성 ABA는 식물이 가뭄 신호전달에서 주된 역할을 한다. 식물이 시들게 되면 ABA가 잎에서 축적되어 재빨리 기공을 닫게 함으로써 증산을 줄이고 더 이상의 수분 손실을 막아준다. ABA는 칼슘 등의 2차 신호전달자에 영향을 주어 공변세포의 세포막에 존재하는 포타슘 통로를 열고 공변세포는 급격히 포타슘을 잃게 된다. 이로 인해 삼투압의 감소와 그에 따른 물의 손실이 초래되고 공변세포의 팽압이 감소함으로써 기공의 구멍이 닫힌다. 어떤 경우에는 수분 부족으로 줄기보다 먼저 뿌리가 스트레스를 받고, 뿌리에서 ABA가 잎으로 이동하여 "조기 경보시스템"으로 작용하기도 한다.

에틸렌

길가의 가로등에 석탄가스가 사용되었던 1800년대에 가스관에서의 가스 누출로 인해 가로등 근처의 나무에서는 잎들이 일찍 떨어졌다. 1901년에 **에틸렌(ethylene)** 가스가 석탄가스의 주성분이었음이 입증되었다. 그러나 쉽게 에틸렌을 검출할 수 있는 기체 크로마토그래피라는 기술이 나타나기 전까지는 에틸렌이 식물 호르몬이라는 주장이 보편적으로 받아들여지지는 않았다.

식물은 가뭄과 침수, 기계적인 자극, 상처, 감염 등의 자극에 대한 반응으로 에틸렌을 합성한다. 또한 과일이 성숙할 때나 예정세포사 때 합성되며 고농도의 옥신 처리에 의해서도 합성이 유도된다. 뿌리 신장의 억제 등 앞에서 언급된 많은 효과는 옥신에 의해 합성이 유도되는 에틸렌에 의한 것이기도 하다. 여기에서는 에틸렌의 4가지 주요 기능, 즉 기계적 자극에 대한 반응과 노화, 잎의 탈리, 과일 성숙에 대해서 이야기하겠다.

기계적 자극에 대한 삼중 반응 토양 속에서 위쪽으로 뚫고 올라오려는 완두 유식물이 돌과 마주쳤다고 해보자. 유식물이 장애물 쪽으로 자라게 될 때 매우 약한 줄기 끝 정단 부위에서의 자극은 에틸렌 합성을 유도한다. 이 호르몬은 **삼중 반응(triple response)**이라는, 생장에 있어서의 변화를 유발하여 줄기가 장애물을 피해가게 한다. 이 반응은 세 가지로, 줄기 신장 속도의 감소와 줄기를 강하게 해주는 줄기의 비후화, 그리고 줄기가 옆으로 자라게끔 해주는 줄기의 휘어짐 현상이다. 처음에 발생한 에틸렌의 효과가 줄어들면서, 줄기는 정상적인 위쪽 방향으로의 생장이 다시 재개된다. 줄기 정단 부위가 다시 장애물에 닿으면, 또 다시 에틸렌이 방출되고 줄기가 수평으로 자란다. 그러나 정단 부위가 위쪽을 건드렸을 때 딱딱한 물체가 없는 경우 에틸렌 합성은 감소하고 장애물이 없어진 줄기는 정상적인 위쪽 방향으로의 생장이 다시 재개된다. 줄기를 수평으로 자라게 하는 것은 물리적인 자극 자체가 아니라 에틸렌이다. 즉, 물리적인 자극이 없는 정상적인 유식물에 에틸렌을 처리하면 삼중 반응을 보인다

삼중 반응에 이상이 생긴 애기장대 돌연변이체에 관한 연구는 어떻게 생물학자들이 신호전달 경로를 파헤치는지를 잘 보여준다. 과학자들은 여러 에틸렌에 대해 반응하지 않는 돌연변이체(ethylene-insensitive, *ein*)들을 분리하였으며 이 돌연변이체들은 에틸렌을 처리하여도 삼중 반응을 보이지 않는다(그림 27.8a). 이 중 일부는 에틸렌 수용체를 가지고 있지 않아 에틸렌에 대해 반응하지 않는다. 다른 종류의 돌연변이체로는 식물이 토양 속이 아니라 전혀 물리적인 자극이 없는 공기 중에 노출되어 있어도 삼중 반응을 보이는 것들도 있다. 이러한 돌연변이체들 중 일부는 에틸렌 합성의 조절에 이상이 생겨 정상인 경우보다 20배나 많은 에틸렌을 합성한다. 에틸렌을 많이 합성하는 돌연변이체(ethylene-overproducing, *eto*)의 표현형은 에틸렌 합성 억제제를 처리함으로써 정상적인 표현형으로 되돌릴 수 있다. 그러나 *ctr*(constitutive triple-response) 돌연변이체는 대기 중에서 삼중 반응을 보이며 에틸렌 합성 억제제에 반응하지 않는다(그림 27.8b). (구성 유전자는 개체의 모든 세포에서 항상 발현되는 유전자를 일컫는다.) *ctr* 돌연변이체에서는 에틸렌이 없는 경우에도 에틸렌 신호전달이 항상 켜져 있다.

ctr 돌연변이체는 단백질인산화효소를 암호화하고 있는 유전자에 이상이 생긴 것이다. 이 유전자의 돌연변이에 의해 에틸렌 반응이 활성화되는 것으로 보아 이 정상적인 야생형의 인산화효소는 에틸렌 신호전달의 음성 조절자임을 짐작할 수 있다. 따라서 에틸렌이 수용체에 결합하면 인산화효소의 활성이 억제되고 이 음성 조절자의 불활성화로 인해 삼중반응에 필요한 단백질들이 합성된다.

(a) ***ein* 돌연변이체.** 에틸렌에 반응하지 않는(ethylene-insensitive, *ein*) 돌연변이체는 에틸렌이 있어도 삼중 반응을 보이지 않는다.

(b) ***ctr* 돌연변이체.** 항상적으로 삼중 반응을 보이는(constitutive triple-response, *ctr*) 돌연변이체들은 에틸렌이 없는 조건에서도 삼중 반응을 보인다.

▲ **그림 27.8 몇 가지 애기장대 돌연변이체의 에틸렌 삼중 반응**

노화 가을에 낙엽이 지는 것이나 1년생 식물이 꽃을 피운 후 죽는 것을 생각해 보자. 혹은, 물관요소의 분화에서 세포 내용물이 분해되고 빈 관만 남는 마지막 단계를 생각해 보자. 이러한 현상들은 특정 세포나 기관, 혹은 전체 식물의 예정사인 **노화(senescence)**와 관련되어 있다. 유전적으로 특정 시기에 죽게 되어 있는 세포와 기관, 식물체는 세포 내의 물질대사를 중지하고 단순히 죽기만을 기다리는 것이 아니다. 대신, 분자수준에서는 **세포자살**(apoptosis)이라는 예정 세포사 과정은 세포의 일생에서 바쁜 시기로 새로운 유전자들의 발현이 필요하다. 세포자살 과정에서 새롭게 합성된 효소들은 엽록소와 DNA, RNA, 단백질, 막지질 등 여러 화학물질들을 분해한다. 식물에서 이 분해 산물들은 대개 회수되어 재활용된다. 노화과정 중, 세포자살에는 대부분 항상 에틸렌 합성의 급격한 증가가 동반된다.

잎의 탈리(Leaf Abscission) 낙엽수에서 떨어지는 낙엽은 뿌리가 흡수할 수 있는 물이 매우 적은 계절에 나무가 마르지 않도록 도와준다. 낙엽이 지기 전에 죽어가는 잎에서 여러 가지 주요한 물질들이 회수되어 줄기의 유조직에 저장된다. 이 양분은 다음 생장이 일어나는 계절에 발달하는 잎에서 재사용된다. 가을의 단풍은 새로 만들어지는 빨간 색소와 이미 존재하고 있던 노란색과 오렌지색 카로티노이드의 조화로 나타난다. 카로티노이드는 이미 잎에 존재하고 있었으며, 가을에 짙은 녹색을 띠는 엽록소가 파괴됨으로 인해 보이게 된다.

가을에 낙엽이 질 때, 잎은 잎자루의 가장 아래 부위에서 발달하는 탈리층에서 줄기로부터 떨어진다(그림 27.9). 이 층에 있는 작은 유조직세포들의 세포벽은 매우 얇고, 관다발 조직을 둘러싸는 섬유세포가 없다. 탈리층은 효소들이 세포벽의 다당류들을 분해하면서 더욱 약해진다. 결국 잎의 무게와 바람으로 인해 탈리층에서 세포간 분리가 일어난다. 잎이 떨어지기 전에 벌써 줄기 쪽의 탈리층에서 코르크층이 보호층을 형성하여 병원균이 식물체에 침입하는 것을 방지한다.

에틸렌과 옥신의 상대적인 농도의 변화가 잎의 탈리를 조절한다. 잎이 오래되면 합성되는 옥신의 양은 감소하여 탈리층 세포들의 에틸렌에 대한 민감도가 증가한다. 탈리층에서 에틸렌의 효과가 증가하면서 세포들은 셀룰로스 등의 식물 세포벽 구성물질을 분해하는 효소들을 합성한다.

▲ 그림 27.9 **단풍나무 잎의 탈리.** 탈리는 에틸렌과 옥신의 상대적 농도의 변화에 의해서 조절된다. 위 그림에서 탈리층은 잎자루(petiole)의 기저부위에 위아래로 연결된 띠로 보인다. 잎이 떨어진 후 코르크 보호층은 잎자국(leaf scar)이 되어 병원균이 식물에 침투하는 것을 막아준다(광학 현미경 사진).

과일의 성숙 덜 익은 과일은 시큼하고 딱딱하며 녹색을 띰으로써 발달 중인 종자를 포식자로부터 보호한다. 과일이 익은 후에는 종자를 퍼뜨리기 위해 동물들을 유인한다. 많은 경우에, 과일에서 에틸렌 합성의 갑작스런 증가는 과일 성숙을 유도한다. 세포벽 성분의 분해로 인해 과일이 연질화되고 녹말과 산이 당으로 전환되어 과일이 단맛을 갖게 된다. 또한 새로운 향기와 새로운 색깔도 동물에게 '익은 과일'임을 알려주어 그들로 하여금 과일을 먹고 씨를 퍼뜨리게 한다.

과일 성숙 과정에서는 순환적인 반응이 일어난다. 에틸렌이 과일의 성숙을 유발하고 과일 성숙은 더 많은 에틸렌 합성을 유도한다. 결과적으로 에틸렌 합성이 갑자기 엄청나게 증가하게 되는 것이다. 에틸렌은 기체이기 때문에 이 성숙의 신호는 한 과일에서 다른 과일로 전달된다. 완전히 성숙하지 않은 녹색의 과일을 사서 봉지에 담아 에틸렌이 퍼지지 않고 축적되게 함으로써 성숙을 유도할 수 있다. 상업적 규모로 많은 종류의 과일들을 에틸렌 수준이 높은 거대한 저장고에 보관하여 성숙시키기도 한다. 다른 경우로, 과일 생산자는 자연적으로 발생하는 에틸렌에 의해 유도되는 성숙을 지연시키기 위한 방법을 쓰고 있다. 예를 들어, 사과는 이산화탄소를 불어넣은 통에 보관되는데 이때 이산화탄소의 순환으로 에틸렌 축적이 방해받고 또한 새로운 에틸렌 합성이 억제된다. 가을에 따서 이렇게 보관된 사과는 다음 해 여름에도 과일가게로 팔려나갈 수 있다.

개념 27.2

빛에 대한 반응은 식물의 생존에 매우 중요하다

빛은 식물체에게 매우 중요한 환경 요인이다. 빛은 광합성을 위해 필요할 뿐만 아니라 식물의 생장과 발달에 있어서 많은 중요 사건들을 유도하며, 이를 **광형태형성(photomorphogenesis)**이라고 한다. 또한 빛으로 인해 식물은 하루와 계절의 시간적 추이를 측정할 수 있다.

광형태형성

광형태형성의 한 예로 싹이 트는 감자를 생각해보자(그림 27.10a). 덩이줄기라고 불리는 이 변형된 형태의 지하 줄기는 "눈"(곁눈)이

(a) 빛을 비추기 전. 어두운 곳에서 자란 감자는 줄기가 토양을 뚫고 나오기 쉬운 형태를 가져 줄기는 길고 약하며 잎은 펼쳐져 있지 않다. 줄기에서의 수분 손실이 거의 없으므로 수분 흡수의 필요성이 적어 뿌리는 짧다.

(b) 일주일간 자연광을 비춘 후. 감자는 일반적인 식물의 모습을 띠게 되어 잎이 녹색이며 넓고, 줄기는 짧고 굵으며 뿌리는 길다. 이러한 형태적 변화는 파이토크롬이라는 색소가 빛을 인지함으로써 시작된다.

▲ 그림 27.10 **암소에서 자란 감자의 빛에 의한 탈황화(녹화) 반응**

라는 곳에서 싹이 나 있다. 그러나 이 싹은 식물의 일반적인 새싹과는 닮지 않았다. 녹색의 넓은 잎과 튼튼한 줄기가 아니라 이 식물들은 흰색의 줄기를 갖고, 잎은 펼쳐져 있지 않으며 뿌리는 제대로 뻗어 있지 않다. 이처럼 암 상태에서 생장할 때 보이는 형태적 적응을 총칭하여 **황화현상(etiolation)**이라고 한다. 자연상태의 어린 감자가 땅속에서 싹을 틔울 때 항상 암 상태라는 것을 생각하면 이러한 적응을 이해할 수 있다. 땅속에서 잎이 넓게 펼쳐진다면 줄기가 토양을 뚫고 나오는데 방해가 되고 줄기가 토양을 통해 밀려 올라갈 때 상처를 입을 것이다. 또한 잎이 넓게 펼쳐져 있지 않고 땅속에 있으므로 증산작용을 통한 수분의 손실이 거의 없기 때문에 수분의 보충을 위한 뿌리의 발달은 그다지 필요치 않다. 뿐만 아니라, 광합성에 필요한 빛이 없으므로 초록색의 엽록소를 만드는 데 에너지를 쓴다면 이 또한 낭비일 것이다. 대신 암 상태에서 자라는 감자는 대부분의 에너지를 줄기의 신장을 위해 사용한다. 이렇게 함으로써 덩이줄기의 양분이 고갈되기 전에 줄기가 지표면을 뚫고 나오게 한다.

어린 싹이 햇빛을 받게 되면 식물은 **탈황화(de-etiolation**; 비공식적으로 녹화라고 알려짐)라고 하는 커다란 변화를 겪게 된다. 줄기 신장은 느려지고; 잎이 펼쳐지며; 뿌리가 자라고; 줄기에서는 엽록소가 합성된다(그림 27.10b). 빛 신호가 이러한 엄청난 형태적 변화를 어떻게 유도하나? 모든 신호전달 경로에서처럼 신호는 먼저 수용체 단백질에 의해 인지되어야만 한다.

식물은 빛의 존재 유무만을 인지하는 것이 아니라 방향과 강도, 파장(색)도 인지할 수 있다. **작용 스펙트럼(action spectrum)**이라고 불리는 그래프는, 광합성과 같은 특정 반응을 유발하는 데 있어서 조사되는 다양한 파장의 빛의 상대적인 효과를 보여준다. 굴광성 등, 빛에 의존하는 모든 반응에 관한 연구에서 작용 스펙트럼은 매우 유용하다(그림 27.11). 다양한 식물 반응의 작용 스펙트럼들을 비교함으로써 어떤 반응들이 동일한 광수용체(색소)에 의해서 매개되는지를 알아볼 수 있다. 또한 특정 반응의 작용 스펙트럼과 특정 색소의 흡수 스펙트럼을 비교하여 양상이 매우 유사하면 이 반응을 매개하는 광수용체는 바로 이 색소라는 것을 알 수 있다. 광형태형성의 경우, 작용스펙트럼을 통해 적색광과 청색광이 가장 중요함을 알 수 있다. 실제로, 식물에는 **청색광 광수용체(blue-light photoreceptor)**와 적색광을 주로 흡수하는 광수용체인 **파이토크롬(phytochrome)** 두 종류의 주요한 광수용체가 있다.

청색광 광수용체

청색광은 식물에서 굴광성과 광 유도 기공열림, 유식물이 땅을 뚫

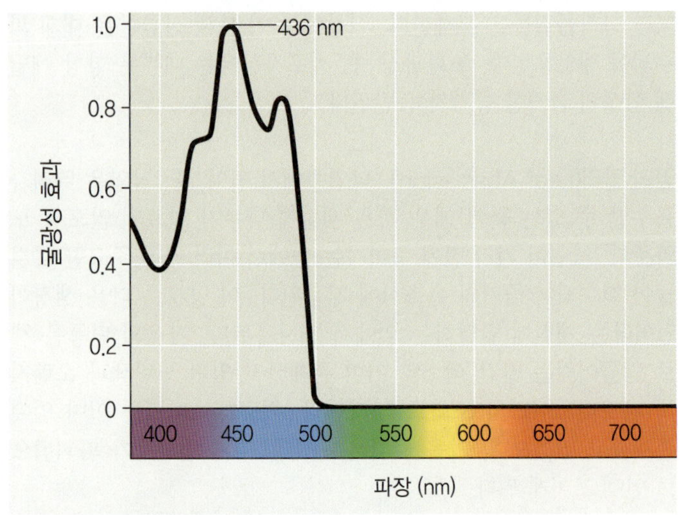

(a) 이 작용 스펙트럼은 500 nm 아래 파장의 빛(청색과 자색광)만이 식물을 휘게 만든다는 것을 보여준다.

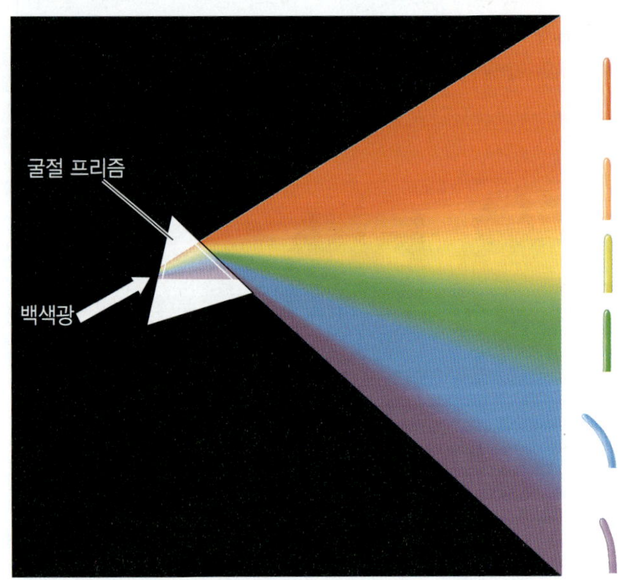

(b) 자엽초가 여기에서 보이는 다양한 파장의 빛에 노출될 때, 자색광은 자엽초가 광원을 향해 약간 구부러지게 하고, 청색광은 가장 심하게 구부러지게 한다. 다른 색의 빛은 자엽초를 구부러지게 하지 못한다.

▲ 그림 27.11 **옥수수 자엽초에서 청색광에 의해 유도되는 굴광성에 대한 작용 스펙트럼.** 빛을 향해 구부러지는 굴광성은 청색광과 자색광, 특히 청색광에 민감한 광수용체인 포토트로핀에 의해 조절된다.

고 빛에 노출되면 나타나는 하배축 신장률의 감소 등 다양한 반응을 유발한다. 청색광 광수용체의 생화학적인 특성은 매우 파악하기 어려워 1970년대에 식물학자들은 이를 "크립토크롬"이라고 부르기 시작했다(그리스어로 *kryptos*는 '숨겨진'이라는 뜻이며 *chrom*은 '색소'라는 뜻이다). 1990년대에 들어와서 분자생물학자들은 애기장대의 여러 돌연변이체들을 분석하면서 식물체가 청색광을 인지하기 위해서 여러 다양한 종류의 색소를 이용한다는 것을 알아냈다.

분자 수준에서 DNA 복구 효소와 유사한 **크립토크롬**(cryptochrome)은, 예를 들어 어린 식물이 땅 밖으로 처음 나올 때 일어나는 현상인 청색광에 의해 유도되는 줄기 신장 억제에 관여한다. **포토트로핀**(phototropin)은 단백질인산화효소로서 청색광 유도 기공열림, 빛에 대해 반응으로 나타나는 엽록체의 운동, 다윈이 연구했던 것과 같은 굴광성에 관여한다.

광수용체로서의 파이토크롬

파이토크롬은 또 다른 종류의 광수용체로서, 종자의 발아와 음지회피반응 등, 빛에 대한 식물의 여러 가지 반응을 조절한다.

파이토크롬과 종자의 발아 종자의 발아에 관한 연구를 통해 파이토크롬이 발견되었다. 여러 종류의 씨, 특히 작은 씨들은 저장되어 있는 양분이 적기 때문에 빛 조건과 그 외 조건들이 최적에 가까울 때만 발아한다. 이러한 종자들은 종종 빛 조건이 충족될 때까지 몇 년 동안을 휴면상태로 남아 있기도 한다. 예를 들어, 빛을 가리고 있던 나무가 죽거나 땅이 갈리면 종자의 입장에서는 빛 조건이 좋은 환경이 되는 것이다.

1930년대에 과학자들은 빛에 의해 유도되는 상추씨의 발아과정에 대한 작용 스펙트럼을 조사하였다. 물에 불린 씨들에 몇 분 동안 다양한 파장의 단색광을 비추고 다시 어두운 곳에 보관하였다. 이틀 후 각 파장의 빛에 의해서 발아된 종자의 개수를 세었다. 그들은 660 nm 파장의 적색광을 비춘 경우 상추씨의 발아율이 가장 좋았으며 가시광선 영역 바로 밖의 근적외선(730 nm)을 비춘 경우는 반대로 빛을 처리하지 않은 경우보다도 발아율이 낮았다.

적색광과 근적외선의 반대되는 효과를 매개하는 광수용체가 바로 파이토크롬이다. 지금까지, 애기장대에서 5개의 파이토크롬이 발견되었으며, 각각은 조금씩 다른 폴리펩타이드를 가지고 있다. 대부분의 파이토크롬에서 광흡수 부위는 광가역적으로, 빛의 색에 따라 두 가지 형태 사이에서 상호전환된다. P_r 형태의 파이토크롬은 적색광(r)을 잘 흡수하여 P_{fr} 형태로 전환되고 P_{fr} 형태의 파이토크롬은 근적외선(fr)을 흡수하여 P_r 형태로 전환된다(그림 27.12). $P_r \leftrightarrow P_{fr}$ 상호전환은 식물의 빛에 의해 유도되는 다양한 반응들을 조절하는 스위치로서 작용한다. P_{fr}은 식물의 발달과정에서의 빛에 대한 다양한 반응들을 유발하는 파이토크롬 형태이다. 예를 들어, 적색광을 받은 상추씨의 P_r은 P_{fr}로 전환되어 발아에 필요한 여러 세포내 반응들을 자극한다. 적색광을 받은 씨가 다시 근적외선을 받으면 P_{fr}은 다시 P_r로 전환되어 발아를 억제한다.

자연상태에서 빛에 의해 유도되는 발아는 파이토크롬 전환 기작으로 어떻게 설명할 수 있을까? 식물은 P_r 형태로 파이토크롬을 합성하고 씨가 암 상태에 놓여 있으면 이 색소는 거의 대부분이 P_r 형태로 존재한다(그림 27.12). 햇빛은 적색광과 근적외선 모두를 포함하고 있지만, P_{fr} 형태로의 전환이 P_r 형태로의 전환보다 빠르게 일어난다. 따라서 P_r 형태에 대한 P_{fr} 형태의 비율은 햇빛 아래에서 증가된다. 씨가 적절한 햇빛에 노출될 때, P_{fr}의 생성과 축적으로 발아가 유도된다.

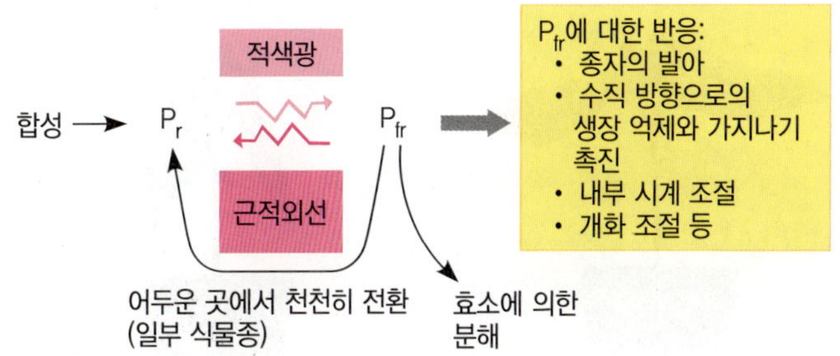

▲ **그림 27.12 파이토크롬: 분자 스위치 기작.** 적색광의 흡수로 P_r 형태가 P_{fr} 형태로 전환되며 근적외선은 이 전환을 반전시킨다.

파이토크롬과 음지 회피반응 파이토크롬 시스템은 식물에게 빛의 질(quality)에 관한 정보도 제공해 준다. 햇빛은 적색광과 근적외선 모두를 가지고 있어, 낮시간 동안 $P_r \leftrightarrow P_{fr}$ 상호전환은 동적 평형에 이르게 되고 이때 두 형태 파이토크롬 양의 비율은 적색광과 근적외선의 상대적 비율을 의미한다. 이러한 감지 기작으로 식물은 빛 조건의 변화에 적응할 수 있다. 예를 들어, 상대적으로 강한 빛을 필요로 하는 나무의 "음지 회피반응"을 생각해 보자. 숲에서 다른 나무들이 이 나무를 가려 빛을 제대로 받지 못하게 되면 위쪽의 나무들에 의해 근적외선보다는 적색광이 많이 흡수되기 때문에 이 나무에서는 P_r 형태의 파이토크롬이 상대적으로 많아진다. 이것은 빛을 가리고 있는 나무들의 잎에서 엽록소가 적색광은 흡수하고 근적외선은 흡수하지 않고 통과시키기 때문이다. 이러한 적색광과 근적외선의 비율 변화는 나무가 자신이 가지고 있는 양분을 위쪽으로 길게 자라는 곳에 이용하도록 유도한다. 반면 직접 햇빛을 받으면 P_{fr} 형태의 파이토크롬이 많아져 곁가지가 많이 생겨 옆쪽으로 퍼지게 되고 위쪽으로 자라는 생장은 억제된다.

파이토크롬은 식물의 빛 인지를 돕는 것 외에도 식물이 하루하루의 흐름과 계절의 변화를 인지하는 것을 도와준다. 이러한 과정에서 파이토크롬의 역할을 이해하기 위해 먼저 생체 시계에 대해서 알아볼 필요가 있다.

생체 시계와 일주기성 리듬

증산작용이나 특정 효소들의 합성 등 식물체 내에서 일어나는 많은 작용들은 하루 동안 주기적으로 변한다. 이러한 주기적 변화의 일부는 밤낮의 24시간 주기에 따른 빛의 수준과 온도의 변화에 대한 반응이다. 식물을 빛과 온도를 완벽하게 조절할 수 있는 생육장치에서 키움으로써 이러한 외부 요인들을 조절할 수 있다. 그러나 이러한 요인들이 변하지 않는 인위적인 조건에서도 기공의 개

정오

10:00 PM

▲ **그림 27.13 콩과식물(*Phaseolus vulgaris*)의 수면운동.** 잎의 운동기관인 엽침의 바깥쪽과 안쪽에 있는 세포들의 팽압이 서로 상반되게 변화함으로써 이 움직임이 유발된다.

폐와 광합성 관련 효소들의 합성 등 식물체 내의 많은 생리작용들은 24시간의 주기를 가지고 계속적으로 변한다. 예를 들어 많은 콩과식물들의 잎은 저녁에는 아래로 처지고 아침에는 위로 들려진다(그림 27.13). 콩과식물은 24시간의 주기가 없는 항상적인 광조건이나 암조건 하에서도 이러한 수면운동(sleep movement)을 계속하며 잎이 단지 태양의 뜨고 지는 것에 대해 반응하는 것이 아니다. 약 24시간 주기를 갖고 반복되며 다른 외부 요인들에 의해 직접적으로 그 주기가 조절되지 않는 것을 **일주기성 리듬(circadian rhythm**; 라틴어의 *circa*는 '대략'이라는 뜻이며 *dies*는 '하루'를 의미한다)이라고 한다.

최근의 연구 결과에 의하면 일주기성 시계의 분자 장치는 내재적인 것으로 지구 자기장이나 우주선과 같은 다소 미미하면서도 상당히 광범위하게 퍼져 있는 외부 환경의 주기적 변화에 대한 매일 매일의 반응이 아니다. 식물과 동물 등의 생명체를 광산의 갱도 깊은 곳에 놓거나 지구 주변을 도는 우주선에 넣어서 이러한 미미한 지구물리적 주기성을 변화시켜도 일주기성 리듬은 계속된다. 하지만 주변 환경으로부터 매일 주어지는 신호가 일주기성 시계를 정확하게 24시간 주기에 맞춘다.

생명체가 항상적으로 변화가 없는 환경에 놓이게 되면 일주기성 리듬은 24시간 주기(한 주기는 한 번 순환에 걸리는 시간)로부터 다소 벗어난다. 자유롭게 스스로 작동하는 주기는 말 그대로, 특정 주기성 반응에 따라서 대략 21시간에서 27시간 사이에서 다양하다. 예를 들어, 콩과식물을 지속적인 어두운 곳에 두어 자유롭게 스스로 작동하게 두면 수면운동은 26시간의 주기를 갖게 된다. 자유롭게 스스로 작동하는 주기가 정확히 24시간의 주기와 달라졌다는 것이 생체시계가 오작동하고 있음을 의미하는 것은 아니다. 시계는 계속 정확하게 작동하고 있으나 단지 외부 세계와 동조되지 못했을 따름이다. 일주기성 리듬을 관장하는 기작을 이해하기 위해서는, 먼저 시계와 시계가 조절하는 주기적인 과정들을 구분할 수 있어야 한다. 예를 들어, 그림 27.15에서 보이는 콩과식물의 잎은 시계의 바늘에 해당하며 시계 본질 자체는 아니다. 잎을 몇 시간 동안 잡고 있다 놓으면 잎은 그 날의 그 시간에 해당하는 위치로 재빨리 돌아갈 것이다. 즉, 생체리듬은 방해할 수 있으나 그 와중에도 생체 시계는 계속 작동한다.

일주기성 리듬을 관장하는 분자 기작에서 가장 중요한 것은 특정 유전자들이 전사 수준에서 진동하는 것이다. 수학적 모형에 의하면 24시간 주기는 몇 개의 중요한 시계 유전자 전사가 관련된 음성되먹임 사슬에 기인한다. 일부의 시계 유전자는 발현된 후 일정 시간이 지나 자기 자신의 전사를 억제하는 전사 조절인자를 암호화하기도 한다. 시간차를 두고 나타나는 이러한 음성되먹임은 진동을 만들어내기에 충분하다.

빛이 생체 시계에 미치는 영향

우리가 이미 논의하였듯이 콩과식물 잎 운동의 일주기는 자유롭게 스스로 작동하는 상태에서는 26시간이다. 이 식물을 새벽에 암소로 옮겨 72시간 동안 놓아두어 보자. 잎은 둘째 날 해가 뜨고 나서 2시간이 지나서야 위쪽으로 들려질 것이고 3일째는 4시간이 지나서야 위쪽으로 들려질 것이다. 외부 환경으로부터의 영향을 차단하였을 때 식물은 점차 외부 세계와의 동시성을 잃어버리게 된다. 이러한 것은 우리가 비행기를 타고 다른 시간대의 장소로 갔을 때도 일어난다. 목적지에 도착했을 때 벽에 걸려 있는 시계는 우리의 내재하고 있는 생체 시계와 다른 시간을 나타내고 있다. 아마 대부분의 생명체는 시차증으로 고생하는 것 같다.

생체 시계를 매일매일 정확하게 24시간 주기로 맞추어 주는 것이 바로 빛이다. 파이토크롬과 청색광 광수용체들, 모두 식물에서 일주기성 리듬을 조절할 수 있다. 그러나 파이토크롬이 어떻게 이를 조절하는지가 좀 더 정확히 알려져 있다. 바로 $P_r \leftrightarrow P_{fr}$ 전환을 통해 세포내 여러 반응들을 시작하고 중지함으로써 조절한다.

그림 27.12에서 보았던 광가역적 시스템을 생각해 보자. 암소에서는 파이토크롬의 비율이 점차 P_r 형태가 많은 쪽으로 기울게 된다. 이는, 부분적으로는 파이토크롬 전체 집단에서 이들 사이의 전환에 기인한다. 색소는 P_r 형태로 합성되고 효소들은 P_{fr}을 P_r보다 쉽게 분해한다. 일부 식물 종에서는 태양이 질 때 존재하던 P_{fr}이 천천히 P_r로 전환된다. 밤에는 P_r이 P_{fr}로 다시 전환될 방법이 없다. 그러나 빛을 비추면 P_{fr}은 P_r로부터 재빨리 전환되어 급격히 다시 증가한다. 매일 아침에 이러한 P_{fr}의 증가는 생체 시계를 맞추어 준다. 이에 따라 콩과식물의 잎은 태양이 뜨고 16시간이 지나서 가장 낮은 위치로 떨어져 있게 되는 것이다.

자연상태에서 파이토크롬과 생체 시계의 상호작용으로 인해 식물은 밤과 낮의 길이를 알 수 있다. 그러나 적도지방을 제외한 곳에서 밤과 낮의 상대적인 길이는 1년 중에 계속 바뀐다. 식물은 변화하는 계절에 맞추어 자기 자신의 반응들을 조절하는 데 이러한 변화를 이용한다.

광주기성과 계절에 대한 반응

식물이 수분을 도와주는 곤충이 없을 때에 꽃을 피우거나 낙엽수가 한겨울에 잎을 만든다면 나타날 결과를 상상해 보라. 계절마다 일어나는 일들은 식물들의 생활사에 매우 중요하다. 일반적으로 종자의 발아와 개화, 눈의 휴면의 시작과 종료는 모두 연중 특정 시기에 일어나는 것이다. 식물이 1년 중 특정 시기를 인지하기 위해서 가장 자주 사용하는 외부 자극은 밤과 낮의 상대적인 길이인 광주기이다. 개화 등 광주기에 대한 생리적 반응을 **광주기성(photoperiodism)**이라고 한다.

광주기성과 개화 조절

식물이 어떻게 계절을 인지하는지에 대한 힌트는 돌연변이 변종 담배인 매릴랜드 맘모스(Maryland Mammoth)에서 나왔다. 키가 매우 큰 이 식물은 여름에 꽃을 피우지 않고 온실에서 12월이 되어야 비로소 꽃을 피운다. 과학자들은 겨울의 짧은 낮의 길이가 이 변종의 개화를 유도할 수 있음을 발견하였다. 외부의 빛을 차단하고 생육 장치 안의 빛으로 낮과 밤의 길이를 조절하였을 때 낮의 길이가 14시간보다 짧아지면 꽃이 피는 것을 알았다. 매릴랜드의 위도에서는 여름에 낮의 길이가 너무 길어 꽃을 피우지 못한 것이다.

과학자들은 이 식물의 개화를 위해서는 낮의 길이가 특정 길이보다 짧아야 하기 때문에 이 식물을 **단일식물(short-day plant)**이라고 불렀다. 국화와 포인세티아, 일부 대두 변종들이 단일식물에 속해 일반적으로 늦은 여름이나, 가을 혹은 겨울에 꽃을 피운다. 광주기가 특정 시간보다 길어야 꽃을 피우는 식물도 있다. 이런 **장일식물(long-day plant)**은 일반적으로 늦은 봄이나 여름에 꽃을 피운다. 예를 들어, 시금치는 낮의 길이가 14시간 이상이 되어야 꽃을 피운다. 무와 상추, 붓꽃, 그 외 많은 곡물류들 역시 장일식물이다. 토마토와 벼, 민들레 등의 **중일식물(day-neutral plant)**은 광주기에 의해 영향을 받지 않고 낮의 길이와 상관없이 특정 생장 단계가 되어야 꽃을 피운다.

밤 길이의 임계점 1940년대에 과학자들은 개화나 그 외 광주기에 대한 반응들이 실제로는 낮의 길이가 아니라 밤의 길이에 의해서 영향을 받는다는 것을 알아냈다. 많은 과학자들은 낮의 길이가 16시간 이하가 되어야 (밤의 길이가 최소한 8시간은 되어야) 꽃을 피우는 단일식물인 도꼬마리(*Xanthium strumarium*)를 가지고 실험하였다. 광주기에서 낮의 기간 중 잠깐 동안 암 처리를 하여도 개화에는 영향을 미치지 않았다. 그러나 밤의 기간 중 단 몇 분 동안의 희미한 빛을 비추어도 도꼬마리는 꽃을 피우지 않았고 이후 다른 단일식물에서도 마찬가지임이 밝혀졌다(그림 27.14a). 실제로 도꼬마리는 낮의 길이에는 전혀 반응하지 않고 꽃을 피우기 위해서는 최소한 8시간의 계속적인 암 상태(continuous darkeness)를 필요로 한다. 단일식물이란 실제로는 장야식물(long-night plant)이라고 불려야 하지만 단일식물이라는 용어가 식물생리학 분야에서 너무 확고하게 자리잡고 있다. 똑같이, 장일식물 역시 실제로는 단야식물(short-night plant)이다. 장일식물에 정상적으로는 개화를 유도하지 않는 시간 동안의 암 처리를 하면서 암 처리 중간에 몇 분 동안의 빛을 비추면 개화가 유도된다(그림 27.14b). 우리가 장일과 단일을 구분할 때 단지 절대적인 밤의 길이에 따르는 것이 아니라 개화를 위한 임계 밤 길이가 개화를 위해서 최대 몇 시간의 암기(장일식물) 혹은 최소 몇 시간의 암기(단일식물)로 설정되느냐에 따른다는 것을 명심하자. 두 가지 경우 모두 밤 길이의 임계점은 각 식물 종에 따라 다양하다.

적색광은 광주기에서 암 처리를 끊어주는 데 가장 효과적인 빛이다(그림 27.15). 예를 들어, 암 처리 중 적색광을 잠시 비추고 다시 근적외선을 비추면 식물은 암 처리가 중간에 중단된 적이 없었던 것으로 인지한다. 파이토크롬에 의해 매개되는 종자발아 과정과 같이, 전형적인 파이토크롬 반응인 적색광과 근적외선의 광가

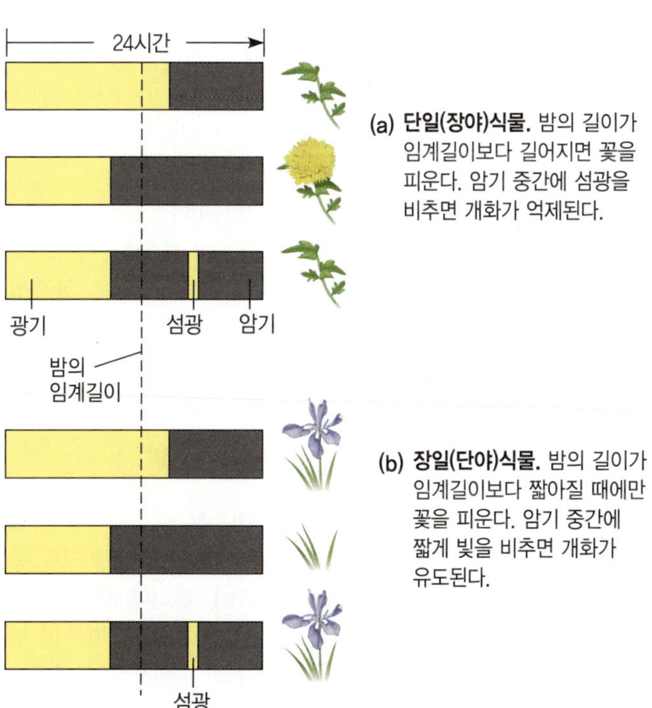

▲ 그림 27.14 **광주기에 의한 개화 조절**

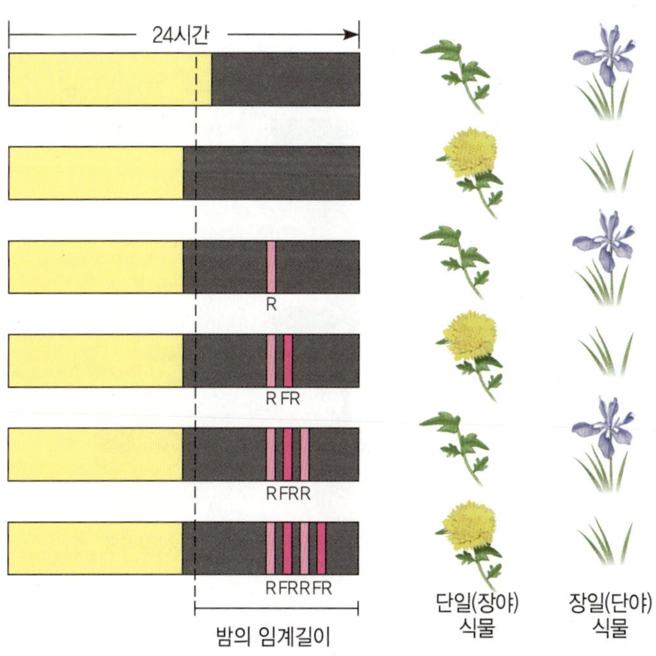

▲ 그림 27.15 **광주기에 대한 반응에 있어서 적색광과 근적외선의 가역적인 효과.** 적색 섬광(R)은 밤의 길이를 짧게 해준다. 이어지는 근적외선 섬광(FR)은 적색 섬광의 효과를 없애준다.

역성이 암 처리 중단에 관여하는 것이 명백하다.

식물은 밤의 길이를 매우 정확히 인지한다. 단일식물 중 일부는 밤의 길이가 임계길이보다 1분이라도 짧으면 꽃을 피우지 않는다. 매년 동일한 날짜에 꽃을 피우는 식물도 있다. 식물은 파이토크롬의 도움으로 밤의 길이에 의해 동조된 생체 시계를 이용해서 1년 중 어느 계절인지를 인식하는 것으로 생각된다. 화훼산업에서는 바로 이러한 지식을, 제철이 아닌 꽃을 생산하는 데 이용한다. 예를 들어, 국화는 가을에 꽃을 피우는 단일식물이지만 밤 중간에 빛을 비추어 매일매일의 긴 밤을 두 개의 짧은 밤으로 나누어 개화를 다음 해 5월에 있는 어버이날까지 지연시킬 수 있다.

일부의 식물은 개화에 필요한 광주기를 단 한번만 주어도 꽃을 피운다. 반면 어떤 식물들은 꽃을 피우기 위해서는 여러 번의 연속적인 광주기를 필요로 한다. 또한 저온처리 등의 특정 환경 요인에 미리 노출된 경우에만 적당한 광주기에 반응할 수 있는 식물들도 있다. 예를 들어, 겨울밀은 미리 10℃ 이하의 온도에 여러 주 동안 노출이 된 후에야 비로소 꽃을 피울 수 있다. 개화를 유도하기 위해 이렇게 미리 저온처리를 하는 것을 **춘화처리(vernalization;** 라틴어로 '봄'을 의미)라 한다. 여러 주 동안 춘화처리된 겨울밀의 경우 장일 조건(단야 조건)의 광주기를 조성해 주면 개화가 유도된다.

개화 호르몬?

꽃이 정단 분열 조직이나 곁눈 분열 조직에서 형성되지만 광주기의 변화를 인지하여 꽃발달을 유도하는 신호물질을 만들어 내는 곳은 바로 잎이다. 많은 단일식물이나 장일식물에서 개화를 유도하는 데는 단지 하나의 잎만을 적당한 광주기에 노출시키는 것으로도 충분하다. 단 하나의 잎만을 남겨두고 모든 잎을 제거해도 적합한 광주기가 인지되어 꽃을 피우게 한다. 모든 잎을 제거하면 식물은 더 이상 광주기에 반응하지 못한다.

▲ 그림 27.16 **개화 호르몬에 대한 실험적 증거.** 식물을 단일조건에서 각각 키웠을 때, 단일식물은 꽃을 피우고 장일식물은 꽃을 피우지 않는다. 그러나 두 식물을 접목시킨 후 단일조건에서 키우면 모두 꽃을 피운다. 이것은 개화를 유도하는 물질(화성소)이 접목된 부위를 지나 이동하여 단일식물과 장일식물 모두에서 개화를 유도한다는 것을 보여준다.

고전적인 실험을 통해 개화 자극은 개화가 유도된 식물에서 유도되지 않은 식물로 접목된 가지 부분을 통해 이동해서 개화를 유도할 수 있음이 밝혀졌다. 뿐만 아니라 잎에서 개화를 자극하는 신호를 보내도록 하는 광주기 조건은 단일식물과 장일식물에서 다르지만 그 신호 자체는 동일할 것으로 추정된다(그림 27.16). **화성소(florigen)**라고 불리는 개화 신호물질은 70년 이상의 노력에도 밝혀지지는 않았으며 그 이유는 식물학자들이 작은 호르몬 같은 물질에만 집중했기 때문이었다. 그러나 단백질 같은 거대분자들도 원형질연락사를 통해 심플라스트 경로를 따라 이동하여 식물의 발달을 조절할 수 있다. *FLOWERING LOCUS T* (*FT*) 유전자는 개화 유도조건 동안 잎에 있는 세포에서 발현되고, 만들어진 FT 단백질은 심플라스트 경로를 통해 줄기 정단 분열 조직으로 이동하여 영양생장기에서 개화기로의 전환을 유발한다.

개념 27.3

식물은 빛 외에도 다양한 자극에 대해서 반응한다

식물은 움직일 수 없기 때문에 다양한 환경 여건에서 발달 및 생리적 수단으로 적응하는 기작을 자연선택을 통해서 만들어 왔다. 빛은 식물에 있어서 매우 중요하기 때문에 이 장에서 지금까지 식물이 어떻게 이 하나의 외부 자극을 인지하고 반응하는가에 관해 이야기했다. 여기서는 식물이 보통 마주치는 다른 여러 외부 자극들에 대한 반응에 대해서 알아보겠다.

중력

식물은 태양에서 에너지를 얻는 생명체이므로 햇빛을 향해 자라는 기작을 만들어 왔다는 것은 그리 놀라운 이야기는 아니다. 그런데 어린 유식물의 줄기가 땅속에서 전혀 햇빛이 없음에도 불구하고 위쪽으로 자라는 이유는 무엇인가? 또한 어떤 환경 요인에 의해서 뿌리가 아래쪽으로 자라는가? 답은 중력 때문이다.

식물을 옆으로 놓으면 생장 방향이 바뀌어 줄기는 위쪽으로 굽고 뿌리는 아래쪽으로 휘어진다. 중력에 대한 반응, 즉 **굴중성(gravitropism)**에서 뿌리는 양성 굴중성(그림 27.17a)을 보이며 줄기는 음성 굴중성을 보인다. 굴중성은 씨가 발아하자마자 작용하기 시작해서 씨가 처음에 땅에 떨어졌을 때 어떤 방향성을 가지고 놓여 있다 하더라도 뿌리가 토양 쪽으로 자라게 하고 줄기가 햇빛을 향하도록 해준다.

식물은 중력의 영향을 받아 세포의 아랫부분으로 가라앉는 밀도가 높은 세포질 구성성분인 **평형석(statolith)**의 침전에 의해 중력을 인지하는 것으로 생각된다(그림 27.17b). 뿌리에서 평형석은 뿌리골무의 특정 세포들에만 존재한다. 하나의 가설에 따르면 평형석이 이 세포들의 아래쪽에 모이면 칼슘의 재분포가 일어나고 이것은 다시 뿌리에서 옥신의 측면이동을 유발한다. 칼슘과 옥신은 뿌리의 양측면 중 아래쪽 신장 부위에 축적된다. 고농도의 옥

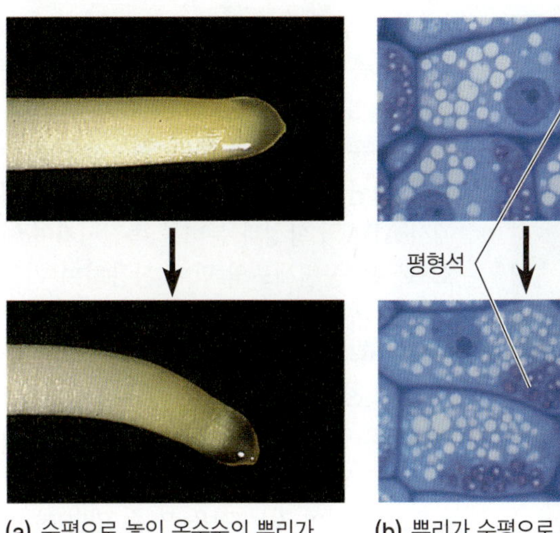

(a) 수평으로 놓인 옥수수의 뿌리가 여러 시간에 걸쳐 뿌리 끝이 수직으로 놓일 때까지 중력 방향으로 굽게 될 것이다 (광학 현미경 사진).

(b) 뿌리가 수평으로 놓이고 수분 내로 평형석이 뿌리골무 세포의 아랫면으로 떨어져 쌓이게 된다. 이렇게 평형석이 쌓이는 것이 바로 중력감지 기작으로서 옥신의 재분포를 유발하여 뿌리의 양쪽에 있는 세포들의 신장률이 달라지게 한다 (광학 현미경 사진).

▲ **그림 27.17 뿌리의 양성 굴중성: 평형석 가설**

신은 세포 신장을 억제함으로써 뿌리 아래쪽 면에 있는 세포들의 성장을 억제한다. 따라서 위쪽 세포들의 상대적으로 빠른 신장에 의해 궁극적으로 뿌리는 똑바로 아래쪽을 향해 자라게 된다.

그러나 평형석 하강(falling statolith)이 굴중성에 꼭 필요한 것이 아닐 수도 있다. 예를 들어, 평형석이 없는 애기장대나 담배 돌연변이체들의 경우 그 반응이 느리기는 하지만 여전히 중력에 반응할 수 있다. 뿌리가 중력을 감지하는 데 한 세포 전체가 관여할 수도 있다. 즉, 뿌리세포의 위쪽 면에서 원형질체와 세포벽을 연결하는 단백질은 세포에 대한 중력에 의해 기계적으로 끌어당겨지고 아래쪽 면에 존재하는 단백질은 눌려지는 것을 통해 식물이 중력의 방향을 인지할 수도 있다는 것이다. 녹말립 외의 밀도가 높은 기관들 역시 중력에 의해 아래로 끌어당겨질 때 세포골격계를 비틀어지게 함으로써 중력을 인지하는 데 기여할 수 있을 것이다. 평형석은 밀도가 높기 때문에 평형석이 없을 때 느리게 작용하는 기작에 의한 중력 인식을 강화시켜 준다고 생각할 수도 있다.

기계적인 자극

바람이 심한 산 정상에서 자라는 나무는 바람이 적은 곳에서 자라는 나무에 비해 일반적으로 키가 작고 뚱뚱하다. 이러한 형태의 장점은 식물이 강한 바람에도 토양에 잘 지탱하고 있을 수 있다는 것이다. **접촉형태형성(thigmomorphogenesis;** 그리스어로 *thigma*는 '접촉'을 의미한다)은 기계적인 자극의 결과로 유발되는 형태적인 변화를 의미한다. 식물은 기계적인 자극에 매우 민감해서 심지어는 잎의 길이를 자로 재는 정도도 향후 생장에 영향을 준다. 어린 식물의 줄기를 하루에 두세 번씩 문지르면 식물은 정상의 경우보다 작은 식물이 된다(그림 27.18).

▲ **그림 27.18 애기장대를 건드리면 유전자 발현이 달라진다.** 왼쪽의 키가 작은 식물은 하루에 두 번씩 문질러 주었다. 오른쪽의 문질러 주지 않은 식물은 훨씬 키가 크다.

일부 식물에서는 진화 과정 동안 접촉에 대한 특별한 반응을 가지게 되었다. 기계적인 자극에 대한 민감한 반응은 이들 식물의 생존을 위한 하나의 전략이다. 대부분의 포도나 그 외 기어오르는 성향을 갖는 식물들은 덩굴손을 가지고 있어 지탱할 수 있는 물체를 재빨리 감싸 잡을 수 있다. 이러한 기관은 일반적으로 어떤 물체에 닿을 때까지 곧게 자라다가 닿게 되면 덩굴손 양쪽에 존재하는 세포들의 생장에 차이가 생겨 동그랗게 말리는 반응이 유발된다. 이렇게 접촉에 대한 반응으로 나타나는 일정 방향으로의 생장을 **굴촉성(thigmotropism)**이라고 하며 포도나무가 숲속의 꼭대기를 향해 기어오를 때 포도나무가 마주치는 어떠한 지지대라도 이용하게 해 준다.

또 다른 접촉에 대한 특별한 반응을 보이는 예는 기계적인 자극에 대한 반응으로 빠르게 잎을 움직이는 식물이다. 예를 들어, 미모사(*Mimosa pudica*)의 겹잎은 기계적인 자극을 받으면 접힌다(그림 27.19). 이 반응은 1~2초 내에 일어나며 소엽의 기저 부위에 존재하는 운동세포에서 팽압의 재빠른 감소에 기인한다. 운동세포들은 자극을 받으면 포타슘을 잃게 되고 따라서 삼투압에 의해 물이 빠져나가 순식간에 흐늘흐늘해진다. 자극을 받은 후 약 10분이 지나면 이 세포들은 정상적인 팽압을 회복하여 자극을 받지 않은 상태의 잎 모양으로 되돌아간다. 이러한 예민한 식물 행동의 기능은 무엇인지 추정해 보고 싶어질 것이다. 아마도 초식동물이 건드렸을 때 잎을 접고 표면적을 줄임으로써 초식동물에게 잎이 풍성하지 않고 덜 먹음직스럽게 보일 수 있다.

재빠른 잎의 움직임에서 매우 특기할 만한 것은 자극의 전달이다. 이러한 자극에 민감한 식물에서 하나의 소엽만을 건드리면 먼

(a) 자극을 주기 전(소엽들이 펼쳐져 있다.)

(b) 자극을 받은 후(소엽들이 접혀 있다.)

▲ 그림 27.19 반응성이 있는 식물(*Mimosa pudica*)에서 팽압의 재빠른 이동

저 그 소엽이 반응하고 곧 주변 소엽들이 차례로 반응하여 결국 모든 소엽이 접히게 된다. 자극을 처음 받았던 곳에서 이러한 반응을 유발한 신호는 1 cm/sec의 속도로 전달된다. 이때 잎에 전극을 꽂으면 동일한 속도로 이동하는 전기적인 자극을 검출할 수 있다. 이 자극을 **활동전위(action potential)**라 하며 식물의 활동전위는 그 속도가 수천 배 느리기는 하지만 동물의 신경자극과 유사하다. 활동전위는 여러 조류(algae)와 식물에서 발견되었으며 식물체 내부에서의 정보교환의 한 형태로 이용되고 있을 것이다. 예를 들어, 식충식물(*Dionaea muscipula*)에서 활동전위가 덫의 감각 털로부터 덫을 닫는 세포로 전달된다. 미모사의 경우 잎을 뜨거운 바늘로 건드리는 등의 강한 자극을 주게 되면 그 겹잎 하나만 반응하는 것이 아니라 식물체 전체의 잎이 반응하여 접히게 된다. 그러나 이러한 반응은 상처를 입은 잎에서 나오는 화학신호가 식물의 여러 다른 부위로 전달되어 일어나는 것이다.

환경 스트레스

환경의 특정 요인들이 심각하게 변화되어 식물의 생존이나 생장, 생식 등에 상당한 악영향을 미칠 수 있다. 침수나 가뭄, 혹은 극단적인 온도 등의 환경 스트레스는 농업에 있어서 작물 생산량에 끔찍한 충격을 가져올 수 있다. 자연의 생태계에서 환경 스트레스를 견뎌낼 수 없는 식물은 죽거나 다른 식물들과의 경쟁에서 지게 된다. 따라서 환경 스트레스는 식물이 지리적으로 어디에 분포할 것인가를 결정하는 데 중요한 요인이다. 여기서 식물이 맞닥뜨릴 수 있는 몇몇 일반적인 **비생물적(abiotic)** 스트레스에 대해 생각해 보자. 그리고 이 장의 마지막 부분에서 초식동물이나 병원균 등 일반적으로 나타나는 **생물적(biotic)** 스트레스에 대한 식물의 방어반응에 대해서 보도록 하자.

가뭄

건조하고 햇살 가득한 날에 식물은 토양으로부터 얻는 수분보다 증산작용으로 잃게 되는 수분이 많아져서 시들기도 한다. 물론 심각한 수분 부족은 식물을 죽일 수도 있다. 그러나 식물은 수분 부족이 극단적이지 않은 경우 대처할 수 있는 조절 기작을 가지고 있다.

수분 부족에 대한 식물의 여러 반응은 식물이 증산율을 낮춤으로서 물을 보존하는 데에 도움을 준다. 잎에서의 수분 부족은 기공을 닫게 하며 이는 증산작용을 상당히 지연시킨다. 수분 부족은 잎과 뿌리에서 ABA의 합성과 분비를 촉진시키며 이 호르몬은 공변세포의 막에 작용하여 기공이 계속 닫혀 있게 해준다. 예를 들어, 여러 곡물류의 잎들이 시들게 되면 돌돌 말려서 건조한 공기와 바람에 노출되는 잎 표면적을 줄여 증산작용을 줄인다. 오코틸로 등의 식물에서는 가문 계절에 대한 반응으로 낙엽이 지는 것을 볼 수 있다. 이러한 잎에서의 반응들은 물을 보존하는 작용을 하지만, 동시에 광합성 과정을 억제한다. 이것이 바로 가뭄에 의해 작물의 생산성이 감소되는 이유 중 하나이다. 식물은 더 나아가, 주위의 시든 식물에서 나오는 화학신호를 "조기경보"로 이용하여, 들이닥칠 가뭄 스트레스에 대해 즉각적이면서 강력하게 반응한다.

침수

물이 너무 많아도 식물에게는 문제가 된다. 집안에 있는 화초에 물을 너무 많이 주면 뿌리에서의 세포호흡에 필요한 산소가 토양을 통해 제공될 수 없어 호흡이 곤란해질 수 있다. 일부 식물들은 매우 습한 환경에 구조적으로 적응해 있다. 예를 들어, 해안 습지에 서식하는 맹그로브의 물에 잠겨 있는 뿌리는 공기뿌리(aerial root; 기근)와 연결되어 있다. 그러나 물이 많은 환경에 적응되지 않은 식물은 습기가 너무 많은 토양에서 산소의 부족을 어떻게 견뎌낼까? 산소 부족은 에틸렌의 합성을 촉진하고 에틸렌은 뿌리 피층의 일부 세포들을 죽게끔 한다. 이 세포들의 파괴로 인해 잠수함의 환기 장치처럼 작용하여 물에 잠겨 있는 뿌리에 산소를 제공하는 기관(air tube)이 형성된다(그림 27.20).

염류 스트레스

토양에 염화나트륨이나 다른 염들이 과량으로 존재하면 식물은 다음의 두 가지 이유에서 위협받는다. 첫째, 염류로 인해 토양의 수분 퍼텐셜이 감소하여 토양에 수분이 많다 할지라도 식물이 수분부족현상을 겪게 된다. 토양의 수분 퍼텐셜이 더 음의 값을 가지게 되어, 토양과 뿌리 사이의 수분 퍼텐셜 차이가 줄어들고 따라서 식물의 수분흡수가 줄어들고 생장이 느려진다. 염류 토양의 또 다른 문제는 소듐이나 몇몇의 이온들은 농도가 너무 높으면 식물에 해가 된다는 것이다. 많은 식물들이 토양 염도를 완화시키기 위해, 고농도에서도 식물에 해가 되지 않는 용질을 합성하여 반응한다. 이러한 유기화합물로 인해 식물이 해로운 정도의 염류를 받아들이지 않고도 세포의 수분 퍼텐셜을 토양의 수분 퍼텐셜보다 더 낮게 유지한다. 그러나 대부분의 식물들은 염류 스트레스를 오랫동안 견뎌내지는 못한다. 내염성 식물은 예외이며, 이들은 잎의 표

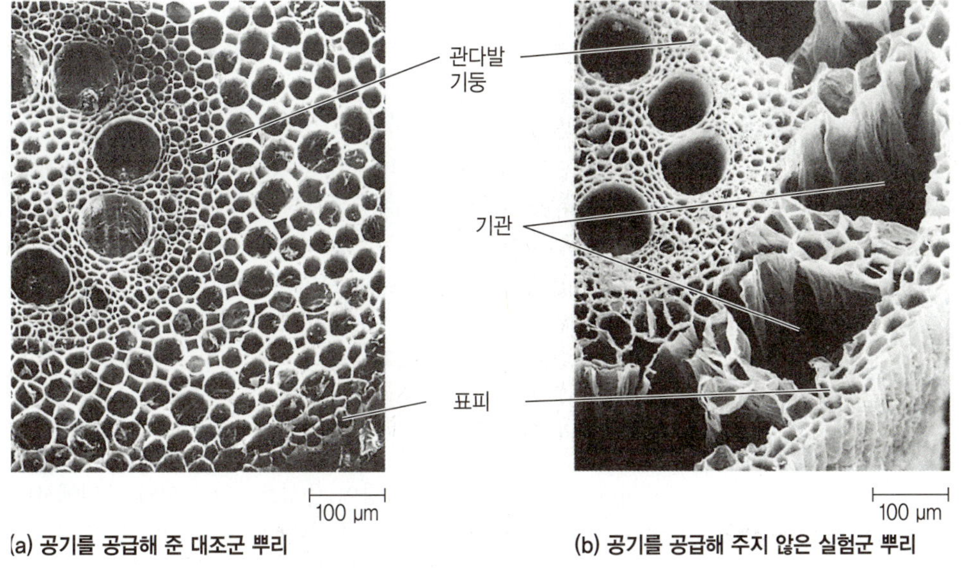

▲ **그림 27.20 침수와 산소 부족에 대한 옥수수 뿌리의 발달 반응.** **(a)** 공기를 불어넣어 주며 수경재배한 대조군 식물의 뿌리 횡단면. **(b)** 공기를 불어넣어 주지 않고 수경재배한 식물의 뿌리 횡단면. 에틸렌에 의해 유도되는 세포자살(예정세포사)이 기관을 형성하였다(SEM 사진).

피조직 바깥으로 염분을 배출하는 염류샘 같은 적응 방식을 가지고 있다.

고온 스트레스

너무 높은 온도는 효소를 변성시켜 식물에 해를 끼치고 심지어 식물을 죽일 수 있다. 증산작용은 증발열을 통해 잎의 온도를 낮추어 준다. 예를 들어, 따뜻한 날에 잎의 온도는 주변 대기의 온도보다 3~10℃ 정도 낮다. 물론 덥고 건조한 날씨는 많은 식물에서 수분 부족을 유발하게 되고 이것에 대한 반응으로 기공을 닫고 수분을 보존하고자 한다. 그러나 이 경우 증발열에 의한 냉각 효과는 희생하게 된다. 이러한 딜레마로 인해 대부분의 식물은 매우 덥고 건조한 날씨에 희생을 치르게 되는 것이다. 대부분의 식물은 고온 스트레스를 받아도 생존할 수 있는 대비책을 가지고 있다. 특정 온도 이상—온대지방에 서식하는 대부분의 식물의 경우 40℃—이 되면 식물 세포는 **열충격 단백질(heat-shock protein)**을 만들기 시작하여, 다른 단백질들이 변성되는 것을 막아준다.

저온 스트레스

주변 온도가 떨어질 때 식물이 마주치게 되는 한 가지 문제는 세포막 유동성의 변화이다. 세포막이 특정 온도 아래로 내려가면 지질이 고형화되어 막은 유동성을 잃게 된다. 이렇게 되면 막을 통한 용질의 수송에 문제가 생기고 막단백질의 기능에 나쁜 영향을 미친다. 식물은 저온 스트레스에 반응하여 세포막 지질의 구성을 변화시킨다. 예를 들어, 막지질에서 불포화지방산의 비중을 높이고 이 불포화지방산은 저온에서 막의 유동성을 유지하도록 도와줄 수 있는 구조를 가지고 있다. 이러한 막의 변화는 몇 시간 혹은 며칠이 걸리며, 이것이 바로 자연에서 계절이 바뀌면서 나타나는 점차적인 기온의 하강보다 계절에 맞지 않는 갑작스런 저온이 식물에 매우 치명적인 이유 중 하나이다.

동결 역시 하나의 저온 스트레스이다. 어는점 이하의 온도에서 대부분 식물의 세포벽과 세포간극에는 얼음이 언다. 일반적으로 세포질은 세포벽의 묽은 용액보다 많은 용질을 함유하고 있고 용질은 용액의 어는점을 내려주는 역할을 하므로 자연상태에서 마주치는 온도에서 일반적으로 얼지 않는다. 세포벽에서는 얼음이 얼어 액상의 수분이 감소하게 되고 이는 수분 퍼텐셜을 감소시켜 수분이 세포질을 빠져나오게 한다. 결과적으로 세포질의 염류이온 농도가 증가해서 세포에 해가 되고 결국 세포를 죽음에 이르게 할 수 있다. 세포가 생존하느냐 아니냐는 크게는 세포가 수분 부족에 잘 견딜 수 있느냐 없느냐에 달려 있다. 겨울이 매우 추운 지역에 서식하는 식물은 동결 스트레스에 잘 견디도록 적응해왔다. 예를 들어, 동결 스트레스에 내성을 갖는 많은 식물들은 겨울이 오기 전에 당과 같이 고농도에서도 식물에 해가 되지 않는 특정 용질의 세포내 농도를 증가시켜 세포외부가 얼게 되어 발생하는 세포의 수분손실을 줄일 수 있다. 세포막 지질의 불포화 정도 역시 증가하여 적절한 수준의 막유동성을 유지한다.

진화 일부의 척추동물과 곰팡이, 세균, 많은 식물종 등, 여러 생명체는 얼음결정이 자라는 것을 억제하는 특수한 단백질을 가지고 있어 생명체가 동결피해를 받지 않게끔 하고 있다. 1950년대에 북극의 어류에서 최초로 보고된 **동결방지 단백질(antifreeze proteins)**은 생명체가 0℃ 이하의 온도에서도 생존할 수 있게 해준다. 동결방지 단백질은 작은 얼음결정에 결합하여 얼음이 자라는 것을 억제하거나, 혹은 식물에서의 경우, 얼음이 결정화하는 것을 방지한다. 5개의 주요 동결방지 단백질 종류는 아미노산 서열에 있어서 커다란 차이를 보임에도 불구하고 유사한 3차 구조를 가지고 있어, 수렴진화의 가능성을 시사한다. 최근 유전적으로 재조합된 동결방지 단백질 유전자를 곡물류의 유전체에 삽입하여 동결 저항성을 높여주려는 시도에 진전이 있다.

개념 27.4

식물은 포식자와 병원균의 공격에 반응한다

진화 자연선택을 통해 식물은 군집에서 다른 종들과의 다양한 상호작용을 발달시켜왔다. 이러한 다른 종들과의 상호작용 중 일부는, 예를 들어 식물과 균근 곰팡이의 관계와 혹은 식물과 수분을 도와주는 동물과의 관계처럼, 상호 도움이 되는 관계이다. 그러나 대부분의 식물과 다른 생명체들과의 상호작용은 식물에 도움이 되지 않는다. 식물은 1차 생산자로서 먹이사슬의 가장 아래에 있으며 다양한 초식동물(herbivores)의 공격을 받게 되어 있다. 또한 식물은 식물의 조직에 해를 끼치거나 심지어는 식물을 죽일 수 있는 다양한 병원균에 감염되기 쉽다. 식물은 초식동물을 쫓아내거나 병원균으로부터 자신을 보호하는 방어체계를 통해 이러한 위협에 대처한다.

초식동물에 대한 방어

동물이 식물을 먹는 초식성(herbivory)은, 어떤 생태계에서든지, 식물이 마주치는 스트레스이다. 초식동물에 의한 기계적인 피해로 인해 식물의 크기가 작아져 양분을 얻는 능력에 방해를 받는다. 또한 자신의 에너지 일부를 초식동물에 대해 저항하는 데에 사용해서 생장이 제한될 수도 있다. 그뿐 아니라, 바이러스나, 세균, 곰팡이 등이 침투할 수 있는 구멍을 만든다. 식물은 초식동물에 대하여 침, 가시와 털 같은 물리적인 방어(**그림 27.21a**)와 동물이 싫어하는 맛을 내거나 동물에게 해로운 물질을 분비하는 것과 같은 화학적 방어(**그림 27.21b**), 특정 초식동물로부터 식물을 방어하는 것을 도와주는 포식자의 유인 같은 행동학적인 방어(**그림 27.21c**)를 포함하는 여러 기작들의 다중 작용을 통해 과도한 초식동물에 대처하고 있다.

초식동물에 의한 피해에 대한 반응으로 식물이 발산하는 휘발성 물질은 주변에 서식하는 같은 종의 식물들 사이에서 조기 경보 체계로 작용하기도 한다. 예를 들어, 잎진드기에게 공격을 받은 리마콩 식물은 여러 휘발성 물질 혼합물을 분비하며, 이것은 주변의 공격받지 않은 리마콩 식물에게 잎진드기 공격 소식을 알려준다. 주변 식물은 이러한 휘발성 화합물에 반응하여, 잎진드기를 먹고 사는 다른 종류의 포식진드기를 유인하는 휘발성 화학물질을 분비하는 것을 포함하여 자기 자신이 덜 공격받게끔 해 주는 생화학적 변화를 시작한다. 과학자들은 다른 식물에서 육식성 포식진드기를 유인하는 휘발성 화학물질을 만들어 내는 애기장대를 유전자 조작을 통해 만들었다. 포식진드기는 이 유전자 변형 애기장대에 유인되며, 이것은 작물에서 유전자 조작을 통해 해충에 대한 저항성을 유도할 수 있음을 의미한다.

병원균에 대한 방어

감염에 대한 식물의 제1선의 방어는 식물체의 표피와 주피에서의 물리적 방어이다. 그러나 이 첫 번째 방어선은 완벽하지 않다. 예를 들어, 초식동물에 의해 생기는 잎의 상처는 병원균이 침입할 수 있는 입구가 된다. 식물 조직이 상처를 입지 않은 경우에도 바이러스와 세균, 곰팡이의 포자나 균사들은 기공과 같은 표피세포의 자연적인 구멍을 통해서 식물체에 침투할 수 있다. 일단 물리적 방어선이 뚫리면, 다음 단계의 방어선은 다음과 같은 두 가지 형태의 면역반응이다: PAMP-유도 면역과 작동인자 유도 면역.

PAMP-유도 면역

일단 병원균이 성공적으로 침투하면, 식물은 두 단계 면역반응 중 첫 번째 방어선을 구축하고, 이것이 결국 화학적 공격을 감행하여 병원균을 격리하고 감염된 부위에서 확산되는 것을 방지한다. **PAMP-유도 면역**이라 불리는, 이 제1선의 면역반응은 식물이, 특정 병원체에 특이적인 분자 서열인 **병원체 연관 분자 패턴(pathogen-associated molecular patterns, PAMP)**을 인지할 수 있느냐에 달려 있다. 세균의 편모에서 발견되는 주 단백질인 **플라젤린**(flagellin)이 PAMP의 한 예이다. 일부 병원성 변이종을 포함한 일부 병원성 토양 세균들이 빗물로 인해 식물의 지상부에 튈 수 있다. 이러한 세균들이 식물에 침투하면, 플라젤린의 특정 아미노산 서열이 톨유사 수용체에 의해서 인지되고, 이런 종류의 수용체는 동물에서도 발견되며, 선천성 면역 시스템에서 중요한 역할을 한다(개념 35.1). 선천성 면역 시스템은 진화적으로 초기에 나타난 것으로 식물과 곰팡이, 곤충, 그 외 원시적인 다세포 생물에서 중요한 면역 시스템이다. 척추동물과 달리 식물은 적응 면역 시스템을 가지고 있지 않다: 식물은 항체를 만들지 않고, T 세포 반응을 보이지도 않고, 병원체를 발견하고 공격하는 움직이는 세포를 가지고 있지 않다.

식물에서 PAMP 인지는 일련의 연쇄 신호 반응을 유도하여, 파이토알렉신(phytoalexin)이라 불리는, 작용 범위가 넓은 항균 화학물질의 합성을 유도하며, 이는 살진균 및 살균 특성을 가지는 화합물질이다. 또한, PAMP-유도 면역 과정에서, 식물 세포벽이 두꺼워져서 병원체가 더 이상 침투하는 것을 막는다. 유사하면서도 보다 강력한 방어 작용이 2차 식물 면역 시스템인 작동인자 유도 면역에 의해 시작된다.

(a) 물리적 방어의 예로는 일부 선인장의 가시에 있는 강모를 들 수 있으며, 강모는 제거하려면 살점을 뜯어내야 하는 무시무시한 작은 털을 가지고 있다.

◀ 선인장 가시의 강모

(b) 화학적 방어에는 양귀비(*Papaver somniferum*) 열매의 마취제가 있다. 초식동물이 열매에 상처를 입히면 동물을 중독시키는 화학물질이 유액으로 분비된다.

▲ 양귀비 열매

(c) 행동학적인 수준에서의 방어로는 쐐기벌레에 의해 갉아먹히는 잎에서 휘발성 물질이 분비되는 것을 들 수 있다. 이 화학물질은 기생말벌을 유인하며, 이 기생말벌이 쐐기벌레의 몸 안에 알을 찔러 넣는다. 알이 부화될 때, 애벌레가 쐐기벌레의 안쪽에서부터 바깥쪽으로 갉아먹으면서 나오는 길을 만들게 된다. 그리고 이들은 성체가 될 때까지 쐐기벌레 위에 고치를 형성한다.

◀ 쐐기벌레 위의 말벌고치

▼ 고치에서 나오는 성체 말벌

▲ **그림 27.21 초식동물에 대한 방어 반응**

작동인자 유도 면역

진화 진화 과정 동안 식물과 미생물은 마치 군비경쟁을 하듯이 살아왔다. 식물이 인지하는 것을 피할 수 있는 병원체의 출현으로, PAMP-유도 면역이 무력화될 수 있다. 이러한 병원체는 숙주의 선천성 면역 시스템을 굴복시킬 수 있는 병원체-유래 단백질인 **작동인자(effector)**를 식물 세포에 직접 주입한다. 예를 들어, 일부 세균은 식물 세포에 작동인자를 주입하여, 플라젤린의 인지를 방해한다. 이 작동인자로 인해 병원체가 숙주의 물질대사 과정을 병원체에 유리하도록 전환시킬 수 있게 된다.

병원체 작동인자에 의한 PAMP-유도 면역의 억제는 **작동인자 유도 면역**(effector-triggered immunity)의 진화를 불러왔다. 수천의 작동인자가 있기 때문에, 이런 종류의 식물 방어는 일반적으로 수백 개의 질병 저항 유전자(*R*)로 이루어진다. 각각의 *R* 유전자는 특정 작동인자에 의해서 활성화되는 R 단백질을 암호화하고 있다. 신호전달 경로에 의해 **과민반응**(hypersensitive response)이라고 불리는 국부적인 방어 반응과 **전신성 획득저항**(systemic acquired resistance)이라고 불리는 전반적인 방어를 포함한 일군의 방어 반응이 일어난다. 병원체에 대한 국부 반응과 전신성 반응에는 광범위한 유전 프로그램의 재조정과 세포내 물질 등의 여러 자원 이용에 변화가 필요하다. 따라서 식물은 병원체 침투를 감지한 이후에야 이러한 방어를 활성화시킨다.

과민반응 **과민반응(hypersensitive response)**은 감염된 부위 근처에서 국부적으로 조직이 죽는 것을 말한다. 많은 경우에, 과민반응은 병원체의 확산을 막아준다. 그림 27.22에서 지적되었듯이, 과민반응은 작동인자 유도 면역의 일부로서 시작된다. 과민반응은 병원체의 세포벽과, 물질대사, 번식을 망가뜨릴 수 있는 효소의 합성을 포함하는 복잡한 방어 반응의 일부분이다. 작동인자 유도 면역은 병원체가 식물의 다른 부위로 퍼지는 것을 막는 반응으로 리그닌 형성과 식물 세포벽 내 분자들 사이의 가교 형성을 촉진한다. 그림의 오른쪽 위 구석에서 볼 수 있듯이, 과민반응은 잎에 국부적인 병반을 유발한다. 잎은 보이는 것처럼 병에 걸려 있어도 생존할 수 있으며 잎의 반응으로 인해 식물체의 다른 부분이 보호된다.

전신성 획득저항 과민반응은 국부적이고 특이적인 방어 작용이다. 그러나 앞에서 지적했던 바와 같이 병원균의 침투는 전체 식물에 감염에 관한 경보를 울리는 신호물질을 만들게 하기도 한다. 결과적으로 생기는 **전신성 획득저항(systemic acquired resistance)**은

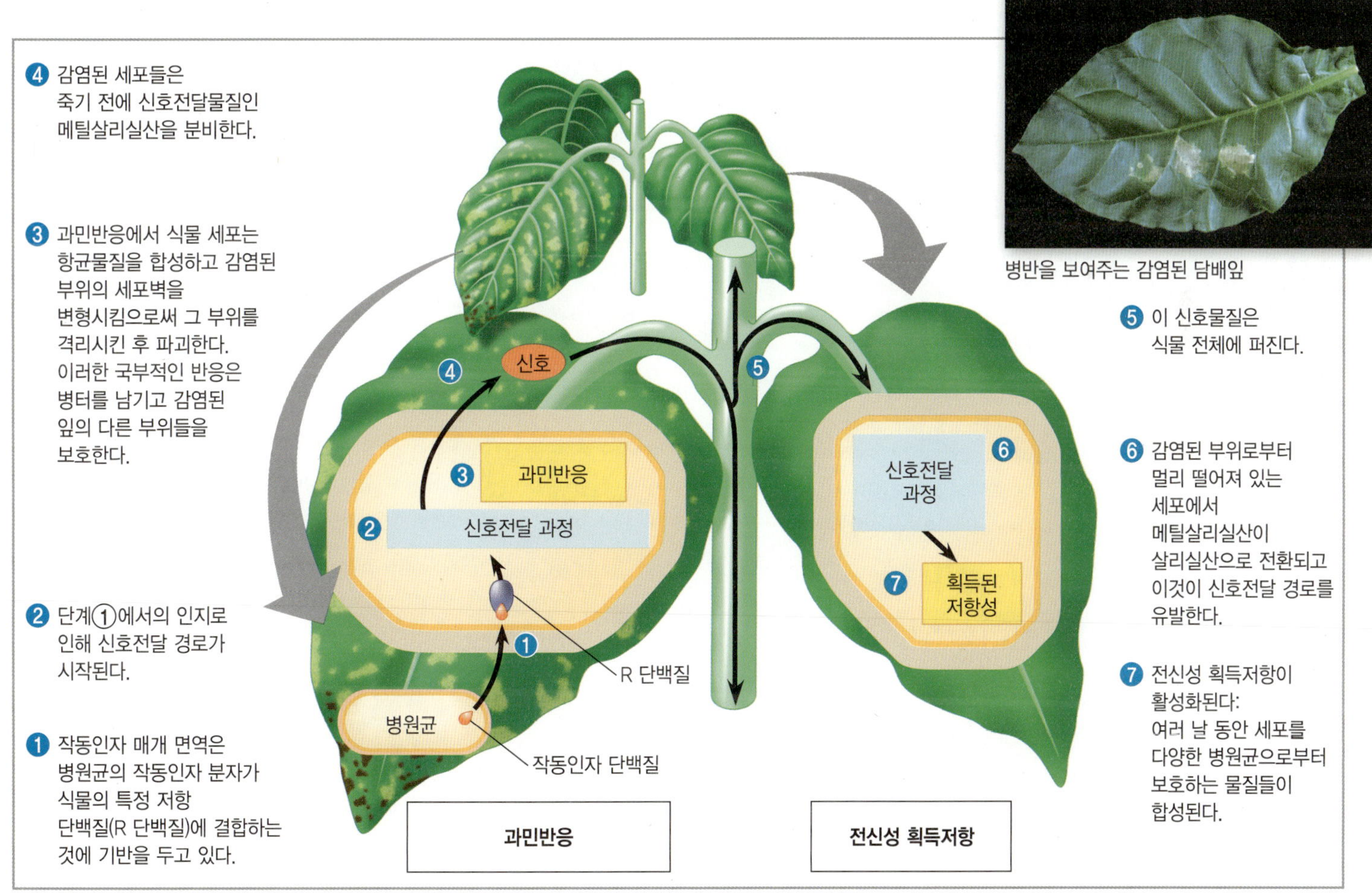

▲ 그림 27.22 **비병원성균에 대한 작동인자 유도 방어 작용.** 식물은 종종 과민반응을 유발하여 감염이 전신으로 퍼지는 것을 방지한다. 이 반응은 감염 부위를 둘러싸는 "반지모양 괴사"를 형성하는 병반을 유발함으로써 병원균을 격리시킬 수 있게 해준다.

여러 방어 유전자의 발현을 식물체 전체에서 유도하여 일어난다. 이 반응은 비특이적으로, 다양한 병원균에 대해 며칠 동안 저항성을 보인다. 메틸살리실산이라 불리는 신호물질은 감염 부위 근처에서 합성되어 체관을 따라 식물 전체로 이동해가며 감염 부위와 떨어진 그곳에서 **살리실산(salicylic acid)**으로 전환된다. 살리실산은 또 다른 감명에 재빨리 반응할 수 있는 방어 시스템을 준비시키는 신호전달 경로를 활성화시킨다(그림 27.22).

1840년대 아릴랜드 감자 기근의 원인이었던 감자잎마름병과 같은 식물 전염병은 사람에게 측정할 수 없을 정도의 고통을 안길 수 있다. 그 외, 밤마름병과 갑작스런 떡갈나무의 죽음 같은 질병은 군집의 구조를 크게 바꾸어 놓을 수 있다. 종종 식물 전염병은 세계 여기저기로 수송되는 목재나 식물에 의해서 무의식적으로 퍼질 수 있다. 국제적인 교역이 증가함에 따라 이러한 전염병은 점점 더 일상적으로 나타날 것이다. 이러한 급증에 대비하기 위해서 식물학자들은 곡물류의 근연 야생종의 종자를 모아서 특별한 저장소에 보관하고 있다. 과학자들은 야생 근연종들이 앞으로 나타날 식물의 전염병을 억제할 수 있는 유전자를 가지고 있기를 바라고 있다.

6단원 동물의 형태 및 기능

28 동물의 내부 환경: 구성과 조절

동물의 몸을 구성하는 세포, 조직, 기관들은 **내분비**계에서 분비되는 호르몬과 신경계에 의해 조절되고 조화롭게 운영된다. 그 결과로 내부 환경을 균형있게 유지해주는 **항상성**이 이루어진다.

29 동물의 영양

동물들은 음식물을 단계적으로 분해하여 나온 **영양소**들을 효과적으로 흡수하여 영양섭취를 한다.

30 순환계와 기체 교환

여러 겹에 걸쳐 존재하는 다세포 동물의 세포와 조직들은 주위 환경과 **순환계**와 **기체 교환**을 통해 산소, 영양소, 노폐물들을 주고받는다.

31 면역계

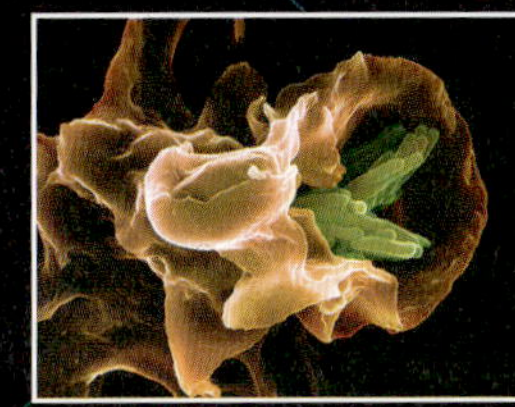

면역계는 외부에서 온 바이러스나 세포의 침입을 막고 자신이 아닌 것들을 분별해낸다.

동물의 형태 및 기능

28 동물의 내부 환경: 구성과 조절

29 동물의 영양

30 순환계와 기체 교환

31 면역계

32 생식과 발생

33 신경세포, 시냅스, 그리고 신호전달

34 신경계와 감각계

35 운동 기작과 행동

식물

생명의 역사

진화

유전학

화학과 세포

생태학

32 생식과 발생

유성생식에서는 난자와 정자의 수정이 일어난다. 동물의 배 **발생** 과정에는 세포분열과 분화 그리고 이동이 일어난다.

33 신경세포, 시냅스, 그리고 신호전달

신경세포는 세포의 긴 돌기와 세포 간의 특화된 연접부위인 **시냅스**를 통한 **신호**를 이용하여 정보를 받고 검색하고 전달해준다.

34 신경계와 감각계

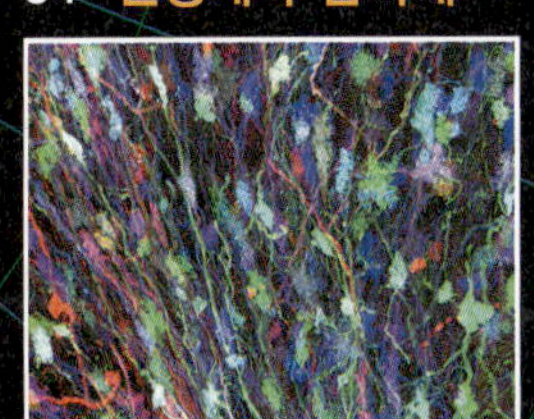

감각수용기는 화학분자, 빛, 진동과 같은 자극들을 **신경계**의 정보로 전환시켜 가공하고 종합한다.

35 운동 기작과 행동

동물은 환경에 대해 **행동**을 유발하는 근육 수축을 포함한 **운동 기작**을 통해 반응한다.

CHAPTER

28 동물의 내부 환경: 구성과 조절

▲ 그림 28.1 이 청소부의 긴 다리는 뜨거운 사막에서 살아가는 데 어떤 도움을 줄까?

핵심 개념

28.1 동물의 구조와 기능은 모든 구성 단계에서 연관되어 있다

28.2 내분비와 신경계는 개별적으로 어떤 경우엔 협동하여 동물의 생리현상을 조절한다

28.3 음성되먹임 조절이 많은 동물들의 내부 환경을 유지해준다

28.4 삼투조절과 배설은 많은 동물에서 같은 기관계가 담당한다

28.5 포유류 신장의 수분 보존 능력은 육상 생활의 적응에 핵심이다

공통적인 문제들과 다양한 형태들

그림 28.1에 소개된 사막 개미(*Cataglyphis*)는 청소부라고 할 수 있는데, 열심히 사는 이들은 사하라사막의 낮 동안 뜨거운 열기에 노출되기 마련이다. 먹이를 얻기 위해서는 태양에 섭씨 60도(화씨 140도) 이상으로 달궈진 모래 위를 걸어가야 한다. 이 정도 온도는 어떤 동물도 살아가기 힘든 온도다. 그렇다면 어떻게 이런 환경에서 개미가 살아남을 수 있을까? 이 질문에 답하기 위해서는 개미의 **해부학적(anatomy)** 특징 또는 생물학적 형태가 이 종의 생존과 어떤 관계인지 생각해야 한다.

개미는 살아가는 동안 다른 동물들과 마찬가지로 근본적인 문제들에 직면하게 된다. 모든 동물은 영양소와 산소를 얻어야 하고, 감염과 싸워야 하며, 자손을 낳아야 한다. 동물들이 위의 문제들과 그 밖에 기본적인 요구들을 공유한다면, 왜 종에 따라 몸의 구성과 복잡성, 조직화 그리고 생김새에 이르기까지 그리도 다양한 것일까? 이유는 적응이다: 자연선택은 적응성을 높이는 집단내 변이를 선호하는 경향이 있다. 생존에 필요한 진화적 적응은 환경이나 종에 따라 다르긴 하지만, 그 결과물은 대체로 기능에 잘 맞는 구조로 나타난다.

구조와 기능이 연관되어 있기 때문에, 해부학적 연구는 흔히 **생리현상(physiology**; 생물학적 기능)을 이해하는 단서를 제공하곤 한다. 사막 개미의 경우, 연구자들은 작대기처럼 비정상적으로 긴 다리가 개미의 몸통을 약 4 mm 정도 모래로부터 떨어뜨린다는 사실을 알아내었다. 이 높이라면 바닥에 비해 약 6°C 정도 온도를 낮출 수 있다. 또한 개미의 긴 다리는 빠른 이동이 가능하도록 해준다: 이 사막 개미는 갑각류로서 최고 수준인 1 m/초의 속도로 달릴 수 있다. 빠른 이동은 개미가 태양에 노출되는 시간을 최소화한다. 따라서 이런 긴 다리는 먹이에 대한 경쟁이나 포식자의 공격이 상대적으로 가장 적은 낮 시간 동안 활동할 수 있도록 적응한 결과라고 할 수 있다.

이 장에서는 동물체 내의 세포와 조직의 체계적 구성, 다른 신체 부위 간의 조화로운 운영 체계, 체내 환경 유지를 위한 일반적인 수단들을 살펴보면서 동물의 형태와 기능에 대한 공부를 시작하고자 한다. 이 장의 뒷부분에서는 이러한 일반적인 원리가 사막 동물과 관련된 두 가지 문제점, 즉 체온 유지와 체내 염분과 수분의 균형 조절에 어떻게 적용되는지 알아보고자 한다.

개념 28.1

동물의 구조와 기능은 모든 구성 단계에서 연관되어 있다

다른 다세포 생물들과 마찬가지로 동물이 많은 세포를 갖는다는 것은 특수한 기능을 갖추는 데 기여한다. 예를 들어, 단단한 껍질은 포식자를 막을 수 있고, 근육은 빠른 도주를 가능하게 한다. 다세포 생물의 세포들은 대부분 몸속 체액을 환경삼아 살고 있다. 이 액의 성분을 조절하는 시스템이 있어 외부 환경의 변화에도 비교적 안정한 내부 환경을 유지할 수 있다. 이 조절 시스템을 이해하기 위해서는 동물의 몸에 나타난 특징적인 구성 단계를 알아볼 필요가 있다.

세포는 구조적, 기능적으로 조합을 이루며 각 구성 단계마다 새로이 나타나는 특징들을 통해 기능을 갖춘 동물의 몸을 형성한다. 세포는 우선 비슷한 것끼리 모여 같은 기능을 수행하는 **조직(tissue)**을 형성한다. 여러 조직들이 다시 조합을 이루어 특수한 기능을 수행하는 **기관(organ)**을 형성한다(가장 간단한 구조의 해면동물은 기관은 물론 진정한 조직도 갖고 있지 않다). 함께 작용하는 기관들이 모여 다음 단계의 구성과 조정을 통하여 **기관계(organ system)**를 형성한다(표 28.1). 그 예로 피부는 피부계(integumentary system)의 한 기관으로 감염으로부터 보호하고 체온을 조절하는 기능을 갖고 있다.

많은 기관들이 한 가지 이상의 생리적 기능을 갖는다. 만약 어떤 기관의 기능이 너무 다르다면 이 기관은 두 가지 이상의 기관계에 속한다고 여길 수 있다. 췌장(이자)의 경우, 소화계에 중요한 효소들을 합성하기도 하지만 내분비계의 일원으로 혈당량을 조절하기도 한다.

신체의 구성을 아래에서 위로 보면(세포에서 기관계로) 창발적 특성들이 나타남을 알 수 있고, 위에서 아래로 보면 여러 겹의 특수화된 기초를 볼 수 있다. 인간의 소화계를 알아보자: 입, 인두, 식도, 위, 소장, 대장, 부속기관들, 그리고 항문. 각 기관은 소화에서 고유의 기능을 갖는다. 예를 들어 위의 기능 중 하나는 단백질의 분해를 시작하는 것이다. 이 과정은 위 내벽에서 분비되는 위액뿐 아니라 위 근육의 섞는 운동을 필요로 한다. 위액을 만드는 데는 잘 분화된 세포 유형들이 필요하다. 그 중 한 종류의 세포는 단백질 분해효소를 분비하고, 두 번째 종류는 염산을, 세 번째 종류는 위벽을 보호하는 점액질을 분비한다.

동물들의 특수화되고 복잡한 기관계는 몇몇 제한된 종류의 세포들과 조직들로 구성된다. 예컨데 폐와 혈관의 경우를 보면, 이들은 전혀 다른 기능을 갖지만 기본적으로 같은 종류의 내벽을 갖기 때문에 공통점도 있다(그림 28.2).

5단원에서 보듯이 식물도 단계적으로 구성되어 있다. 동물과 식물은 해부학적으로 다르지만 그림 28.3에서 보듯이 일부 같은 문제에 직면하였고 이에 적응하였다.

개념 28.2

내분비와 신경계는 개별적으로 어떤 경우엔 협동하여 동물의 생리현상을 조절한다

동물의 조직이나 기관계는 이들의 특수한 기능을 수행하기 위해 서로 조화롭게 활동해야 한다. 예를 들면, 늑대가 사냥을 할 때는 순환계가 다리 근육에 적절한 양분과 산소를 공급되도록 조절하며, 근육 자체의 운동은 냄새에 반응하는 뇌에 의해 조절된다. 조화로운 활동을 하는데 어떤 신호가 사용될까? 이 신호들은 어떻게 몸속에서 전달될까?

표 28.1 포유동물 기관계

기관계	주요 구성요소	주요 기능
소화계	입, 인두, 식도, 위장, 소장, 간, 이자, 항문	음식 가공(섭취, 소화, 흡수, 제거)
순환계	심장, 혈관, 혈액	물질의 내부 배분
호흡계	허파, 기관(trachea), 폐에 관련된 호흡관	기체 교환(산소 흡입; 이산화탄소 방출)
면역계와 림프계	골수, 림프절, 흉선, 비장, 림프관, 백혈구	신체 방어(감염 및 암과의 싸움)
배설계	신장, 요관, 방광, 요도	물질대사 노폐물 배출; 혈액의 삼투 평형 조절
내분비계	뇌하수체, 갑상샘, 이자, 부신 및 여러 호르몬 분비샘들	소화와 물질대사와 같은 몸 활동의 조정
생식계	난소, 정소 및 관련기관들	생식
신경계	뇌, 척수, 신경, 감각기관들	몸 활동의 조정; 자극의 감지와 자극에 대한 반응 생성
피부계	피부와 피부 유도체들(털, 손발톱, 피부샘)	기계적 손상, 감염, 건조에 대한 보호; 체온 조절
골격계	골격(뼈, 인대, 힘줄, 연골)	몸 지지, 내부 기관의 보호, 운동
근육계	골격근	운동, 그 밖의 이동

▼ 그림 28.2 동물 조직들의 구조와 기능 탐구

상피조직

상피조직(epithelial tissue)은 밀착 연결된 얇은 세포층으로 신체의 바깥이나 기관과 내강을 둘러싸고 있다. 상피조직은 물리적인 손상이나 병원균, 수분 손실을 막아주는 울타리 역할을 한다. 또한 환경과의 중계역할도 담당한다. 예컨대, 소화관을 둘러싸고 있는 **상피(epithelium**, 복수는 epithelia)는 소화액을 분비하기도 하고 영양소를 흡수하기도 한다.

모든 상피는 극성을 띠는데 이는 양면이 서로 다르다는 것을 의미한다. **정단**(apical)면은 내강이나 기관의 바깥쪽을 향해 있어 액체나 공기에 노출된 면이다. **기저**(basal)면은 상피조직과 다른 그 밑의 조직을 분리시키는 세포외 기질층인 기저막에 붙어 있는 면이다.

신경조직

신경조직(nervous tissue)은 정보를 수용, 처리, 전달하는 기능을 갖는다. 신경조직의 기본단위는 **신경세포(뉴런, neurone)**이다. 신경세포는 다른 신경세포부터 온 신경신호를 세포체와 수상돌기를 통해 받아들이고, 다른 신경세포나 근육, 혹은 다른 종류의 세포에 축삭돌기를 통해 신경신호를 전달한다. 축삭돌기는 흔히 신경다발을 형성한다. 신경조직에는 신경세포를 지지하는 **아교세포(glial cell** 혹은 **glia)**가 존재한다. 다양한 아교세포가 양분 보충, 절연, 보충작용을 하여 신경세포를 도와주고, 경우에 따라서는 신경세포의 기능을 조절하기도 한다. 많은 종류의 동물에서 신경조직이 모여 정보 분석의 중심지인 뇌를 형성한다.

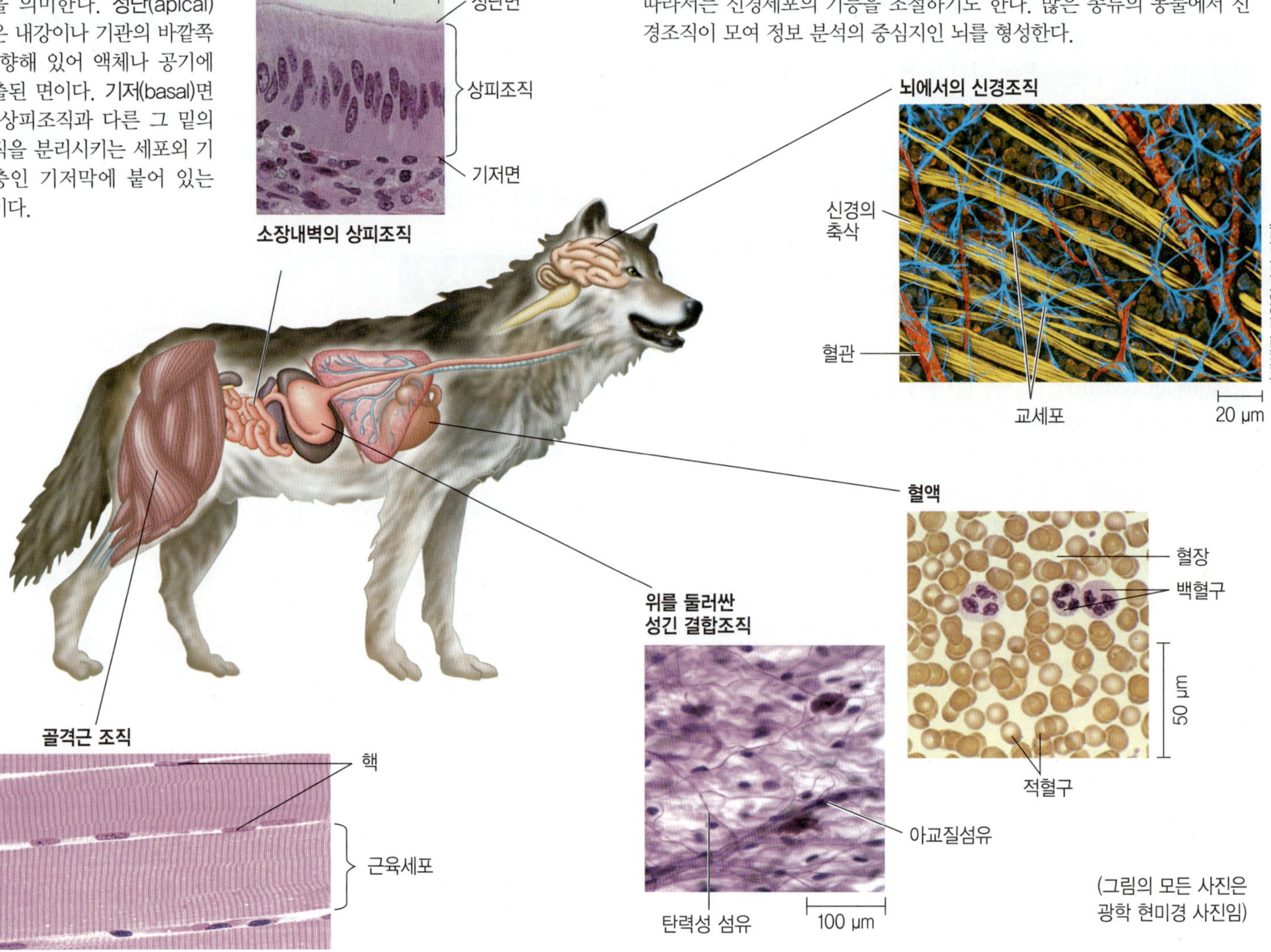

(그림의 모든 사진은 광학 현미경 사진임)

근육조직

포유류는 3종류의 **근육조직(muscle tissue)**을 갖는다: 골격근, 평활근, 그리고 심장근. 모든 근육조직에는 액틴과 마이오신으로 구성된 섬유들이 있어 수축이 가능하다. 힘줄을 통해 뼈에 붙어 있는 **골격근(skeletal muscle)**은 횡무늬근이라고 부르기도 하는데 우리의 의지대로(의식적, 수의적) 움직일 수 있다. 세포내 수축단위들이 규칙적으로 배열되어 있어 횡무늬를 볼 수 있다. 심장근(cardiac muscle)은 골격근처럼 횡무늬를 가지고 있으며, 심장벽을 구성한다. 평활근(smooth muscle)은 횡무늬가 없고 방추형의 세포로 구성되어 있는 주로 신체 장기를 둘러싼 벽에 존재한다. 평활근은 의지와는 상관없이(무의식적, 불수의적) 일어나는 운동(위의 운동이나 동맥 혈관 수축 등)을 주관한다.

결합조직

결합조직(connective tissue)은 세포외 기질에 산재한 세포들로 구성된다. 세포외 기질은 보통 액체, 혹은 젤이나 고형의 기초에 섬유망 구조가 내재된 형태이다. 기질 안에서는 섬유성 단백질을 분비하는 **섬유아세포(fibroblast)**와 이물질이나 세포 찌꺼기를 제거하는 **대식세포(macrophage)** 등이 존재한다.

포유류의 결합조직에는 피부나 다른 장기들을 잡아주는 성긴 결합 조직; 힘줄이나 인대와 같은 섬유성 결합 조직; 지질을 저장하는 지방조직; 혈장에 녹아 있는 세포들로 구성된 혈액; 척추 등에서 유연한 지지력을 제공하는 연골; 콜라겐 기질에 칼슘, 마그네슘, 인산 등의 무기염류가 침적된 경골 등이 포함된다.

조율과 조절의 개요

동물은 자극에 대한 반응을 조율하고, 조절하는 2가지 시스템을 갖고 있다: 내분비계와 신경계(그림 28.4). **내분비계(endocrine system)**에서는 신호분자가 내분비세포에 의해 혈류로 방출되어 몸 전체로 퍼진다. **신경계(nervous system)**에는 특정한 지역에 연결된 전용 경로를 따라 신호를 전달한다.

내분비계에 의해 몸 전체로 전달되는 신호분자를 **호르몬(hormone**; 그리스어로 흥분시킨다는 의미의 *horman*에서 유래)이라고 부른다. 호르몬은 종류에 따라 다른 효과를 나타내며, 오직 그 호르몬에 대한 수용체를 가진 세포에만 작용한다(그림 28.3a). 호르몬은 수용체를 가진 세포의 분포에 따라 어떤 한 부위에만 작용하기도하고 몸 전체에 영향을 주기도 한다. 호르몬이 혈액으로 방출되어 온몸으로 퍼져나가는 데에는 몇십 초가 걸린다. 하지만 그 효과는 꽤 오래 지속된다. 이는 호르몬이 혈액에 짧게는 몇 분에서 몇 시간씩 남아 있을 수 있기 때문이다.

신경계에서는 신경충격(nerve impulse)이라 부르는 신호가 주로 축삭돌기라는 경로를 따라 특정한 세포에 전달된다(그림 28.3b). 신경충격은 다른 신경세포, 근육세포, 분비세포와 분비샘에 작용한다. 내분비 신호와는 달리 신경신호는 이를 전달하는 경로에도 정보가 담겨 있다. 즉, 우리가 소리의 높낮이를 구별할 수 있는 것은 귀와 뇌를 연결하는 신경 중에서 각 주파수마다 활성화되는 신경이 다르기 때문이다.

신경계 내에서의 정보전달은 한 가지 이상의 신호가 포함된다. 신경충격은 축삭돌기를 따라 이동하는데 경우에 따라서는 먼 거리까지도 간다. 한편, 신경세포 간의 정보전달은 매우 가까운 거리를 이동하는 화학성분에 의한 경우도 있다. 결과적으로 신경계의 정보전달은 매우 빠르다. 신경충격이 표적세포에 도달하는 데에는 불과 몇 분의 1초가 걸리며, 그 신호는 또 그만큼 짧은 시간 내에 소멸된다.

내분비계와 신경계는 신호의 형태, 전파, 속도, 그리고 작용시간에서 확실히 구별되며 이는 각기 다른 기능에 적응한 것이다. 내분비계는 성장, 발생, 생식, 대사 과정, 소화 등 전신에 걸쳐 일어나는 조율된 느린 변화를 위해 적응한 것이다. 신경계는 환경 자극에 대한 반사작용처럼 즉각적이고 빠른 반응을 일으키는 데 특화되어 있다. 내분비계와 신경계의 일반적인 작용은 구별되지만 아래 설명되었듯이 서로 잘 조율되어 작용하는 경우가 많다.

신경계의 구성과 기능에 대해서는 33장과 34장에서 자세히 알아볼 것이다. 여기서는 내분비계와 내분비 신호의 경로에 대해 초점을 맞추었다.

▼ 그림 28.4 내분비계와 신경계에서의 신호전달

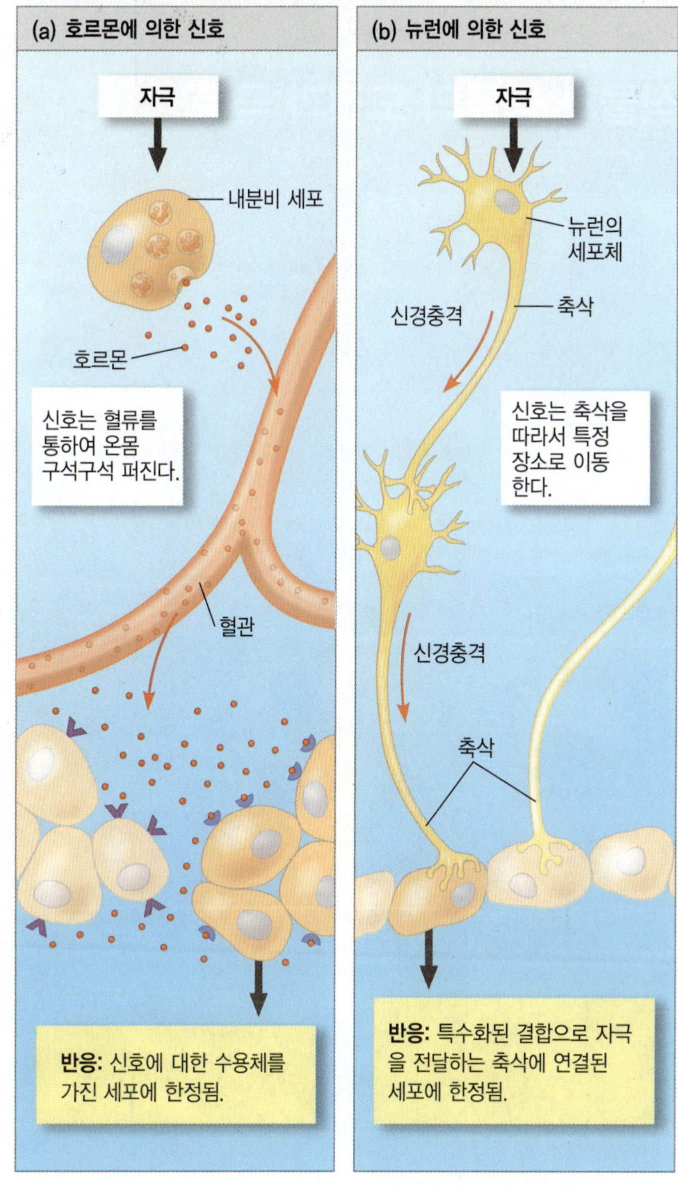

내분비샘과 호르몬들

우리 몸에서 내분비 세포들은 흔히 관구조가 없는 **내분비샘(endocrine gland)**에 모여 있다. 사람의 주요 내분비샘과 거기서 만들어내는 호르몬들을 그림 28.5에 소개했다. 어떤 내분비 세포들은 다른 기관계의 일부 기관에서 발견되기도 한다. 예를 들면, 위에는 먹은 음식물에 반응하여 소화 조절 호르몬을 분비하는 일군의 세포들이 있다.

내분비 세포들은 인근 체액으로 호르몬을 분비하고, 이것이 순환계로 들어간다. 이와는 달리 침샘과 같은 **외분비샘(exocrine gland)**은 체강이나 몸 표면으로 연결된 관으로 분비한다.

내분비 신호의 조절

내분비샘과 세포의 호르몬 방출을 야기하는 자극은 여러 가지다. 어떤 경우에는 유기분자나 이온들이 내분비 반응을 유발한다. 예를 들어, 높은 혈당 농도는 이자에서 인슐린 방출을 자극하고 이 호르몬은 혈당을 낮춘다. 신경계가 호르몬 분비를 자극하는 경우도 있는데 이를 신경내분비 신호(neuroendocrine signaling)라고 부른다.

▼ 그림 28.3

MAKE CONNECTIONS

식물과 동물의 도전과 극복

다세포성 생물들은 같은 문제에 직면한다. 식물과 동물의 진화적 해결책들을 비교하여 공통점과 차이점을 알아보자.

영양공급

모든 생물들은 성장, 생존, 생식을 위해서 환경으로부터 에너지와 탄소를 취해야 한다. 식물은 독립영양생물로 광합성을 통해 에너지를 얻고 무기물로부터 탄소를 얻는 반면 종속영양생물인 동물은 에너지와 탄소를 먹이에서 얻는다. 이런 섭식형태에 따라 식물과 동물은 각기 다르게 진화적 적응을 했다. 광합성에 필요한 빛을 많이 받을 수 있는 넓은 잎을 갖는 식물들이 많다(왼편). 살쾡이는 사냥을 위해 은밀함, 민첩함, 날카로운 발톱을 갖추고 있다(오른쪽).

생장과 조절

생장과 생리현상은 식물이나 동물에서 모두 호르몬에 의해 조절된다. 식물에서는 호르몬이 국부적으로 또는 개체 내에서 운반되어 작용한다(왼쪽). 동물에서 호르몬은 순환계를 통해 몸 전체로 퍼져 특정 세포에 작용하여 항상성과 탈피와 같은 발달과정(아래)을 조절한다.

환경에 반응

모든 형태의 생명은 환경을 감지하고 적응해야 한다. 특화된 감각기관이 환경신호를 감지한다. 예를 들면, 해바라기의 꽃(왼쪽)이나 곤충의 눈(오른쪽)에는 각기 빛을 감지할 수 있는 광수용기가 있다. 환경신호는 특정한 수용체 단백질을 활성화시켜 화학적, 전기적 정보교환을 통해 세포반응을 일으키는 신호전달계를 작동시킨다.

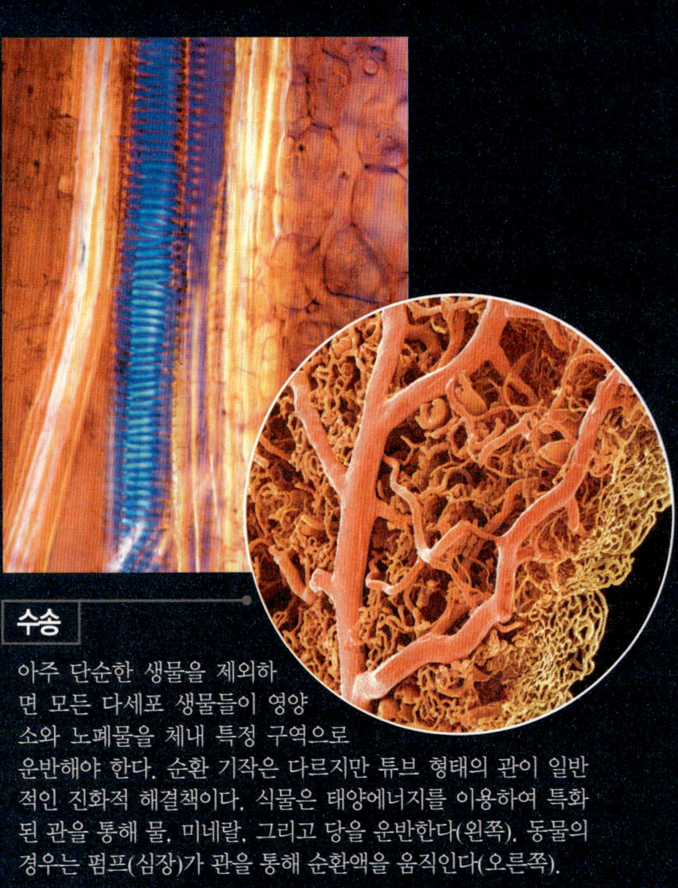

수송

아주 단순한 생물을 제외하면 모든 다세포 생물들이 영양소와 노폐물을 체내 특정 구역으로 운반해야 한다. 순환 기작은 다르지만 튜브 형태의 관이 일반적인 진화적 해결책이다. 식물은 태양에너지를 이용하여 특화된 관을 통해 물, 미네랄, 그리고 당을 운반한다(왼쪽). 동물의 경우는 펌프(심장)가 관을 통해 순환액을 움직인다(오른쪽).

생식

유성생식에서 특화된 조직과 구조가 배우체를 만들고 전달한다. 자손은 대개 영양분이 저장되어 있어 빠른 성장과 발생이 가능하다. 예를 들면, 씨에는 초기 발아에 필요한 영양분이 저장되어 있다(왼쪽). 반면 어린 포유류에게는 젖을 통해 자양분을 공급한다(오른쪽).

기체 교환

환경과의 기체 교환은 생명유지에 필수적이다. 식물과 동물의 호흡을 위해 산소(O_2)를 받아야 하고 이산화탄소(CO_2)를 내보내야 한다. 광합성을 위해서는 정반대의 교환이 일어난다: CO_2를 받고 O_2를 내보낸다. 식물이나 동물 모두 안으로 굴곡진 표면을 갖고 있어 기체 교환에 필요한 표면적을 넓게 진화시켰다. 식물 잎의 해면유조직(왼쪽)과 폐의 폐포(오른쪽).

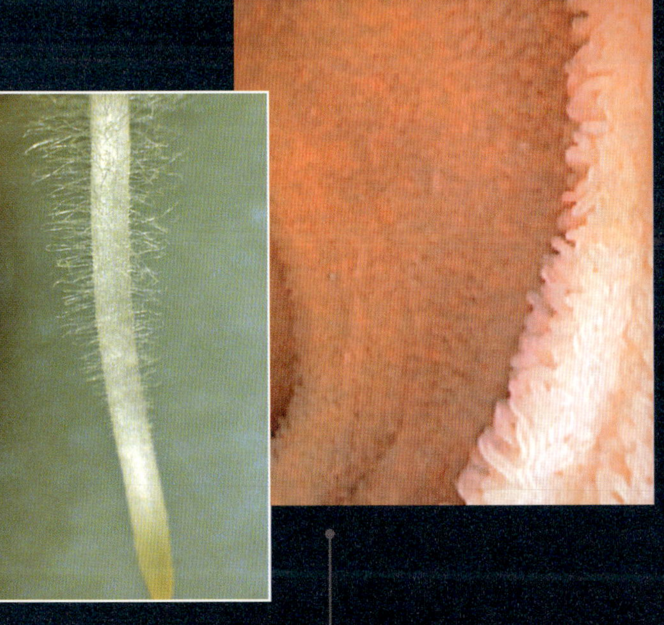

흡수

생물은 영양분을 흡수해야 한다. 식물의 뿌리털(왼쪽)과 동물 창자 안쪽 융털돌기(오른쪽)는 흡수할 수 있는 표면적을 넓힌다.

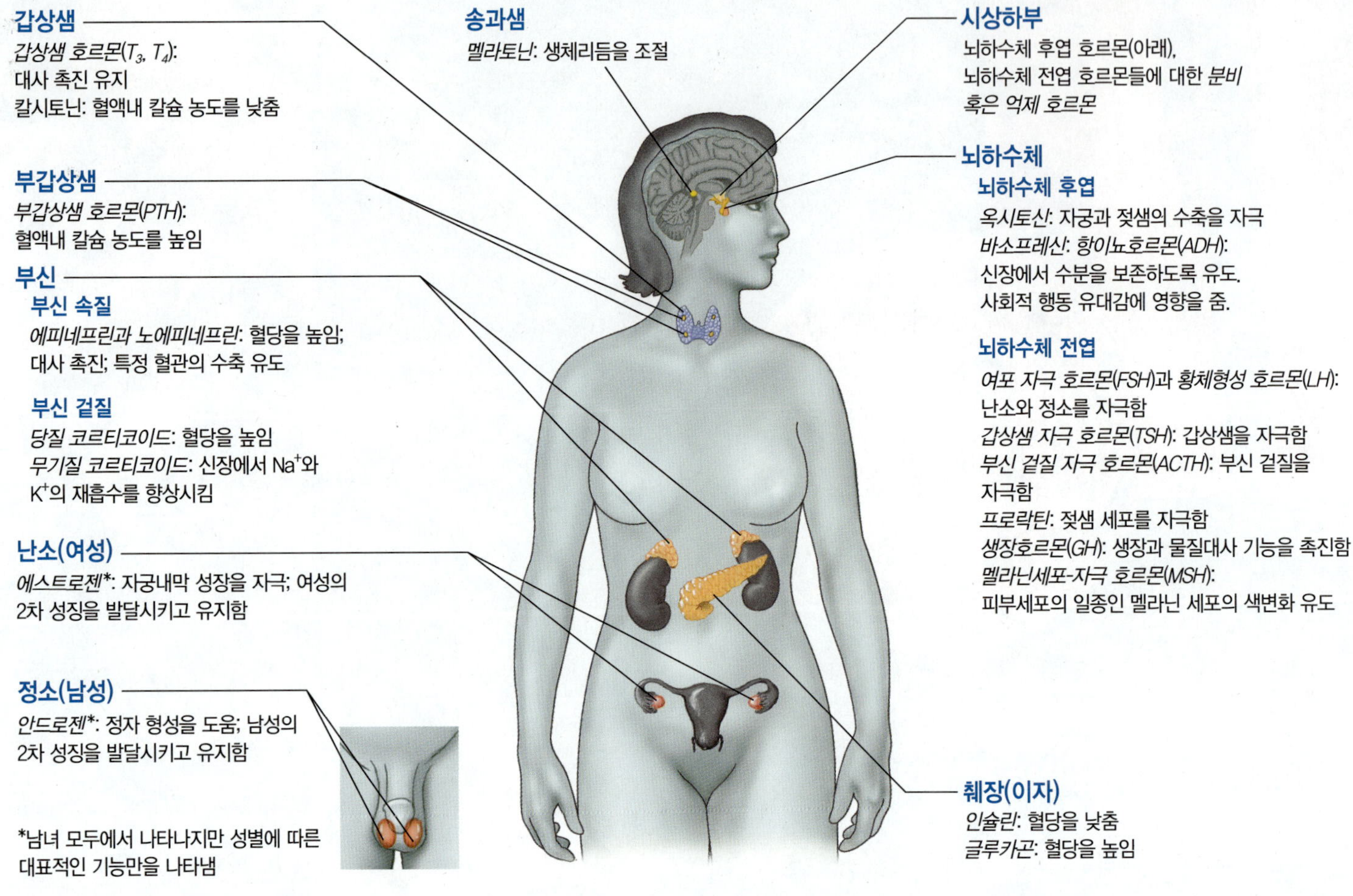

▲ 그림 28.5 **사람의 내분비계**

시상하부(hypothalamus)는 뇌에 아몬드 크기의 부위로(그림 28.5), 포유류 신경내분비 신호의 대부분을 조절하며 결과적으로는 다른 호르몬에 반응하여 특정 호르몬이 분비된다. 아래에 소개되듯이 다른 호르몬의 분비를 조절하는 시상하부 호르몬은 생장, 물질대사, 그리고 생식에 필수적인 역할을 담당한다.

신호의 조절은 촉진뿐 아니라 억제하는 과정도 포함된다. 어떻게 내분비 경로가 억제될까? 대체로 이 조절 과정에는 **음성되먹임(negative feedback)** 또는 되먹임 억제가 작동하여 자극을 줄이거나 끄는 과정이 포함된다. 인슐린의 경우 혈당량을 떨어뜨리는데 이는 인슐린 분비 촉진 자극을 제거하는 것이다. 음성되먹임은 특정 경로가 과도하게 활성화되는 것을 억제하기 때문에 생리현상을 제한된 범위로 유지하는 내분비 조절에서 흔히 볼 수 있다.

양성되먹임(positive feedback), 즉 반응이 다시 자극을 강화시키는 메커니즘으로 조절되는 호르몬도 몇 가지가 있다. 음성되먹임이 과도한 활성화를 억제한다면 양성되먹임은 과정이 빨리 완수되도록 돕는다. 양성되먹임은 출산시 자궁 수축을 포함한 몇 가지 생식 관련 과정에 중요한 역할을 담당한다.

단순 내분비 경로

단순 내분비 경로를 시작으로 내분비 신호가 어떻게 항상성 유지에 기여하는지 알아보자. 이 경우 내분비 세포는 내부 혹은 외부 자극에 직접 반응하여 특정 호르몬을 분비한다. 이 호르몬은 혈류를 따라 표적세포에 도달하여 이 호르몬의 수용체에 결합하게 된다. 이후 표적세포 안에서 일어나는 신호전달이 반응을 유도한다.

작은창자의 앞부분에 해당하는 십이지장내 pH 조절을 예로 들어보자. 소화과정에서 부분적으로 소화된 음식물들은 위에서 십이지장으로 이동한다. 위의 소화액은 강한 산성을 띠고 있어 다음 단계로 가기 위해서는 중화되어야 한다. 이 과정의 조절은 그림 28.6에 그려진 바와 같이 이루어진다.

위의 내용물이 십이지장으로 넘어가면, 음식물의 낮은 pH가 장의 내벽에 위치한 S세포라고 부르는 내분비세포를 자극한다. 자극을 받은 S세포는 혈관으로 세크레틴(secretin)이라는 호르몬을 분비한다. 순환하던 세크레틴은 위의 아래에 위치한 **췌장(pancreas)**의 표적세포에 도달한다. 표적세포는 세크레틴에 반응하여 십이지장으로 연결된 도관에 중탄산이온을 분비한다. 이 반응, 즉 중탄산이온의 분비는 십이지장 내 pH를 높이고, 위산을 중화시키는 역할을 한다.

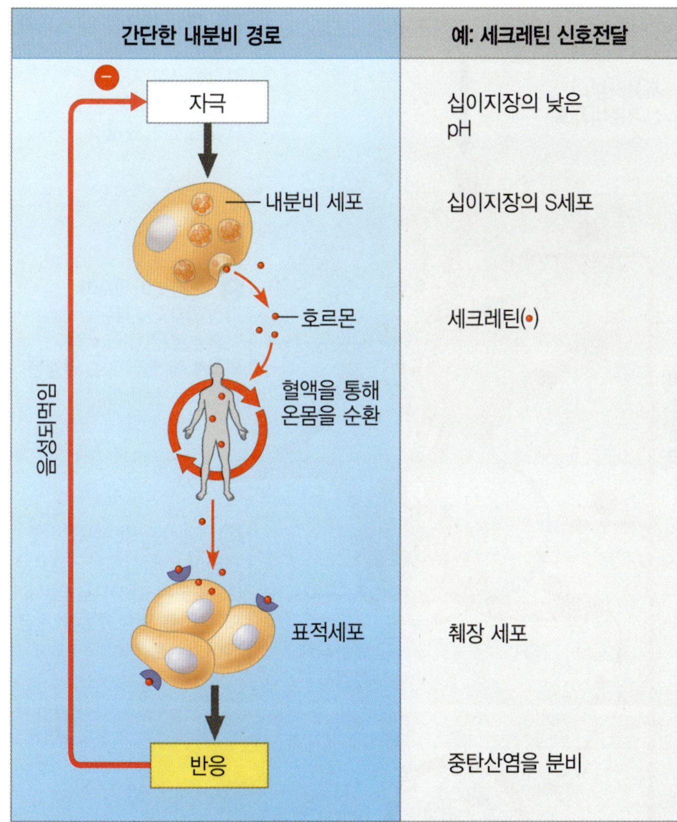

▲ **그림 28.6 단순 호르몬 경로.** 내분비 세포가 내부 또는 외부 환경 변화—자극—에 반응하여 표적세포의 반응을 초래하는 호르몬을 분비함. 세크레틴의 경우 세크레틴에 의한 중탄산이온의 분비가 자극(낮은 pH)을 경감시키기 때문에 스스로 조절되는 것을 볼 수 있다.

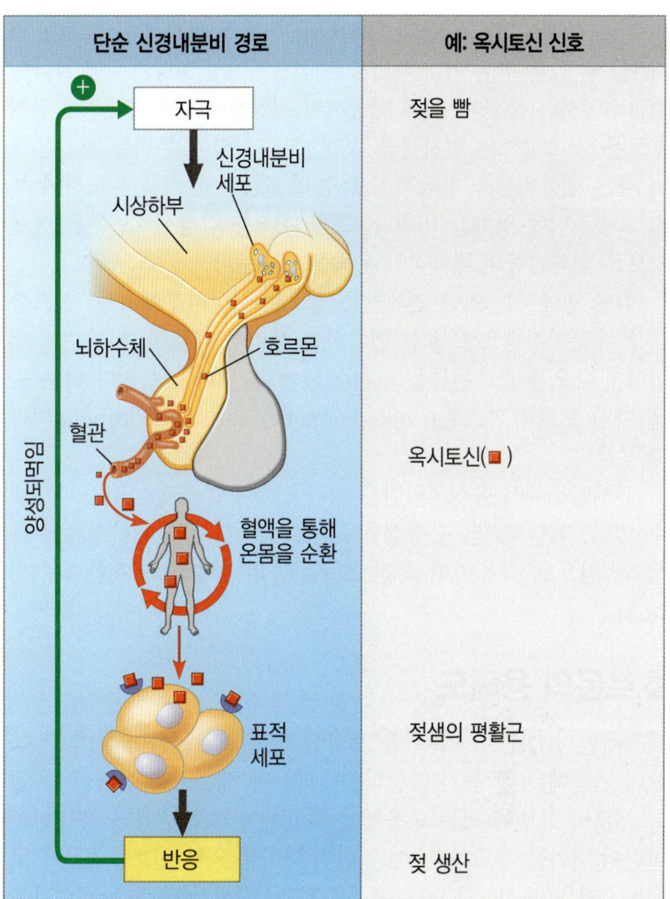

▲ **그림 28.7 단순 신경내분비 경로.** 감각기가 자극에 반응하여 신경분비세포에 신경신호를 보내 호르몬분비를 유도함. 호르몬이 표적세포에 도달하면 수용체에 결합하여 특수한 반응을 일으킴. 옥시토신의 경우 자극에 반응하여 자극을 강화시키는 양성되먹임 회로를 형성한다.

여기서 알아두어야 할 점은 세크레틴 신호에 의한 pH 증가는 자극을 제거하여 내분비 경로를 차단한다는 점이다. 따라서 세크레틴 분비는 음성되먹임에 의한 경로 조절의 예라고 할 수 있다.

신경내분비 신호

많은 종류의 호르몬들이 신경계가 자극을 감지하고 처리하는 과정에서 분비가 촉발된다. 척추동물의 경우 시상하부와 뇌하수체가 이런 신경내분비에 포함된다. 시상하부는 뇌를 비롯한 신체 신경으로부터 정보를 받는다. **뇌하수체(pituitary gland)**는 두 가지 내분비샘이 합해진 구조로; 그 중 하나가 **뇌하수체 후엽(posterior pituitary)**으로 시상하부가 확장된 부분이라고 할 수 있다. 후엽은 시상하부에서 합성된 호르몬이 저장되었다가 분비되는 곳이다. 반면에 **뇌하수체 전엽(anterior pituitary)**은 호르몬의 합성과 분비가 모두 일어나는 곳이다.

뇌하수체 후엽

신경내분비 경로의 한 예로 포유류의 젖분비 조절에 대해 알아보자. 애기가 젖을 빨면 젖꼭지의 감각신경이 자극을 받아 시상하부까지 전달되는 신경신호를 생성한다. 이 신호가 뇌하수체 후엽에서 **옥시토신(oxytocin)**의 방출을 유도한다(그림 28.7). 옥시토신은 젖샘에 작용하여 젖 분비를 자극한다.

옥시토신에 반응하여 젖 분비가 일어나면 젖을 빨게 만들고 결과적으로 자극이 더해진다. 젖 빠는 행위가 멈출 때까지 이 회로는 활성화되는 것이다. 이와 같이 옥시토신에 의한 젖 분비의 조절은 양성되먹임 과정이 포함된다. 옥시토신의 또 다른 작용인 자궁 수축 또한 양성되먹임 과정을 보여준다.

옥시토신은 뇌하수체 후엽에서 분비되는 두 가지 호르몬 중 하나로, 또 다른 호르몬인 **항이뇨호르몬(antidiuretic hormone, ADH)**에 대해서는 이 장의 말미에서 다룰 것이다.

뇌하수체 전엽

뇌하수체 전엽은 다양한 호르몬을 합성, 분비하며 각 호르몬은 시상하부에서 나온 한 가지 이상의 호르몬에 의해 조절된다. 뇌하수체 전엽에서 나오는 호르몬은 생식, 생장, 물질대사 그리고 스트레스 반응 등에 작용한다(그림 28.5). 생장호르몬의 경우 내분비계 밖의 세포에 작용하지만 다른 갑상샘자극호르몬(TSH) 같은 경우는 내분비샘을 조절한다.

다른 내분비계에 작용하는 뇌하수체 전엽 호르몬은 "**호르몬 연쇄반응**"의 일부이다. 이 연쇄반응은 신경계에서 시상하부에 자극이 전달되면서 시작된다. 이에 반응하여 시상하부에서 뇌하수체 전엽 호르몬을 조절하는 인자들을 분비한다. 이렇게 분비된 호르몬들이 다른 내분비샘을 자극하여 특정 호르몬의 분비를 유도하여 특정 표적조직에 영향을 미친다. **그림 28.8**은 갑상샘호르몬을 예로 호르몬 연쇄반응의 대략적인 윤곽을 보여준다.

어떤 면에서는 이런 연쇄반응 경로는 시상하부에서 온 신호를 다른 내분비기관으로 방향 전환하는 셈이기 때문에, 뇌하수체 전엽에서 나오는 호르몬들을 그리스 단어로 "휘다", "돌리다"라는 뜻을 가진 트로픽 호르몬(*tropic* hormone) 혹은 트로핀(tropin)이라고 부른다.

연쇄반응에서 음성되먹임은 여러 단계에서 조절작용을 나타낼 수 있다. 예를 들면, 갑상샘호르몬은 시상하부와 뇌하수체에 음성되먹임으로 작용하여 촉진 호르몬들의 방출을 억제한다(그림 28.8).

호르몬의 용해도

세크레틴, ADH, 옥시토신을 포함한 많은 호르몬들이 물에 잘 녹으며 기름에는 잘 녹지 않는다. 이 때문에 세포막을 통과할 수 없고 세포막 표면에 있는 수용체에 결합하여 세포 반응을 유발하는 일련의 변화를 유도한다. 이 일련의 변화는 외부 신호를 반응으로 전화시키는 과정으로 세포내 **신호전달**(signal transduction)이라고 부른다. 신호전달은 분자간 상호작용을 수반한 여러 단계로 구성된다.

호르몬 중에는 성호르몬인 에스트로젠이나 테스토스테론과 같은 지용성인 것들도 있다(갑상샘호르몬도 포함된다). 스테로이드 호르몬에 대한 수용체는 세포막 표면보다는 안쪽 세포기질에 존재한다. 스테로이드 호르몬이 이 세포기질의 수용체와 결합하면 호르몬-수용체 복합체가 형성되어 핵 안으로 들어간다. 그곳에서 이 복합체의 수용체 부위가 특정 유전자들의 전사를 변화시킨다.

호르몬의 다양한 효과

많은 종류의 호르몬들이 한 가지 이상의 반응을 일으킨다. **에피네프린(epinephrine)**을 살펴보자. 이 호르몬은 아드레날린이고도 불리우며 신장의 위쪽에 있는 부신샘에서 분비된다(그림 28.5). 만약 스트레스를 받는 상황, 예컨대 떠나려는 버스를 잡으려고 뛰는 경우, 에피네프린의 분비는 버스를 잡는 데 도움이 되는 반응을 일으킨다: 혈당량을 높이고, 근육으로의 혈액 공급을 늘리고, 소화계로의 혈액은 감소시킨다.

어떻게 한 호르몬이 이처럼 다양한 영향을 미칠 수 있을까? 표적세포에 다른 종류의 수용체가 존재하거나 반응을 일으키는 분자가 다르면 가능하다. 간에서는 β형 수용체에 결합한다. 이 수용체는 단백질 인산화효소 A(protein kinase A)를 활성화시켜 글리코젠의 대사를 조절하는 효소를 조절하여 혈액으로 포도당이 방출되도록 만든다(**그림 28.9a**). 근육으로 들어가는 혈관에서는 갈

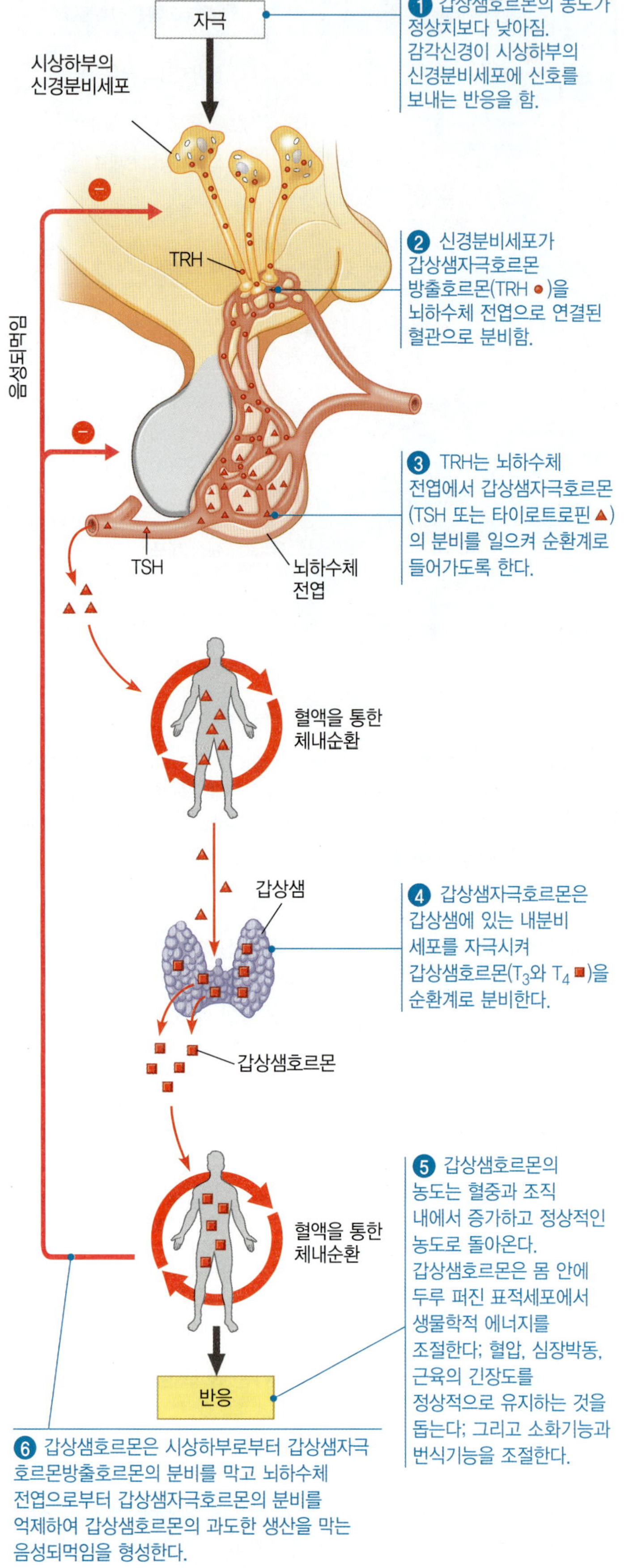

▲ **그림 28.8 호르몬 연쇄반응 경로**

은 인산화효소가 같은 종류의 수용체에 의해 활성화되어 근육-특이 효소를 불활성화시킨다. 그 결과 민무늬근이 이완되고 혈관이 확장되어 혈류량이 늘어난다(**그림 28.9b**). 이와는 반대로 장 혈관은 α형의 수용체를 가지며(**그림 28.9c**), 단백질 인산화효소 A를 활성화시키기보다는 다른 종류의 효소들이 관여하는 경로를 활성화한다. 그 결과 민무늬근이 수축하고, 혈관 수축이 유도되어 장으로 가는 혈류의 양을 감소시킨다.

호르몬 기능의 진화

진화 진화 과정에서 호르몬의 기능이 종에 따라 다양해진 경우가 있다. 다양한 종에서 대사 조절을 담당하는 갑상샘호르몬(T_4)을 예로 들 수 있겠다(그림 28.8). 개구리에서는 갑상샘호르몬이 분명 특이한 기능을 갖는다. 즉, 변태과정에서 올챙이 꼬리의 재흡수를 돕는다(**그림 28.10**).

프로락틴의 경우 매우 다양한 기능을 갖게 되었다. 프로락틴은 포유류에서는 젖샘의 생장을 자극하고, 젖의 생산을 자극하는 역할을 하는 반면, 새에서는 지질 대사를 조절하고, 양서류에서는 변태를 지연시키며, 물고기에서는 수분 균형에 영향을 준다. 이와 같이 다양한 기능을 갖는다는 것은 프로락틴이 오래전에 만들어진 호르몬이며 척추동물이 진화하는 동안 이것의 기능이 다양화되었음을 나타내는 것이다.

같은 수용체이나 다른 세포내 단백질(표시하지 않음)
다른 수용체

(a) 간 세포
에피네프린
β 수용체
글리코젠 알갱이
포도당
세포에서 글리코젠은 분해되고 포도당은 분비됨
혈당내 포도당 농도(혈당량) 증가

(b) 골격근으로 가는 혈관의 평활근 세포
에피네프린
β 수용체
세포 이완함
혈관 확장, 골격근으로의 혈액 유입 증가

(c) 장으로 가는 혈관의 평활근 세포
에피네프린
α 수용체
세포 수축함
혈관 수축, 위장으로의 혈액 유입 감소

▲ **그림 28.9 하나의 호르몬, 서로 다른 효과.** 대표적인 "싸움 혹은 도주" 호르몬인 에피네프린은 서로 다른 표적세포에서 각각 다른 반응을 보인다. 같은 수용체를 가지고 있는 표적세포라도 다른 신호전달 경로나 효과 단백질을 가지고 있으면 다른 반응을 낼 수 있다[**(a)**와 **(b)**를 비교하라]. 호르몬에 대해 다른 수용체를 가지고 있으면 표적세포의 반응은 다를 수 있다[**(b)**와 **(c)**를 비교하라].

▲ 올챙이

▲ 성체 개구리

▲ **그림 28.10 개구리의 변태에서 호르몬의 특별한 역할.** 갑상샘호르몬은 올챙이가 개구리로 발달하는 과정에서 꼬리의 흡수에 중요한 역할을 한다.

개념 28.3

음성되먹임 조절이 많은 동물들의 내부 환경을 유지해준다

동물의 내부 환경을 유지하는 것은 상당히 어려운 일이다. 만약 뜨거운 물에 샤워를 하거나 갓 뽑은 커피를 마실 때마다 체온이 올라간다면 어찌되겠는가? 동물들은 외부 환경 변화에 대해 내부 환경을 조절하거나 순응하여 대응한다(그림 28.3).

조절과 순응

만약 어떤 동물이 외부에 의한 내부 변화가 일어나지 않도록 조절한다면 이 동물을 **조절자(regulator)**라고 부른다. **그림 28.11**에 나온 수달의 경우 수영하는 물의 온도에 상관 없이 일정한 체온

▶ **그림 28.11** **조절자와 순응자.** 하천 수달은 외부 온도의 큰 변화에도 체온을 조절하여 안정하게 유지한다. 배스의 경우는 물의 온도에 맞추어 내부 환경이 순응한다.

을 유지한다. 이와 달리, **순응자(conformer)**는 외부 변화에 따라 견딜 수 있는 수준에서 내부 환경의 변화를 겪는 동물이다. 그림 28.11의 배스는 호수의 온도에 순응하여 산다. 물의 온도가 따뜻해지거나 차가워지면 그에 따라 몸의 온도도 변한다.

하지만 어떤 환경에 대해서는 순응자인 동물이 다른 환경에 대해서는 조절자인 경우가 있다. 예를 들면, 배스가 몸을 둘러싼 물의 온도에 대해서는 순응하지만, 혈액과 세포를 둘러싼 **간질액(interstitial fluid)**의 삼투농도는 조절한다.

항상성

수달의 일정한 체온과 민물 배스의 안정된 체내 염분 농도는 항상성의 예라고 할 수 있다. **항상성(homeostasis)**이란 내부 균형이 유지되는 "안정적인 상태"를 말한다. 항상성을 통해 동물들은 외부 환경의 큰 변화에도 불구하고 내부 환경을 비교적 일정하게 유지할 수 있는 것이다.

많은 동물들이 일정한 물리, 화학적 범위 안에서 항상성을 갖는다. 사람의 경우 체온은 약 37°C(98.6°F)로, 혈액 pH는 7.4에서 위아래로 0.1 범위 안에서 유지된다. 혈당량은 대개 혈액 100 mL당 70~110 mg의 범위로 유지된다.

동물의 항상성을 알아보기 전에 생물은 아니지만 방안의 온도가 유지되는 예를 살펴보자(그림 28.12). 방안의 온도를 일상생활에 적절한 20°C(68°F)로 맞추었다고 가정하자. 실내온도 조절기의 온도를 20°C로 맞추고 작동을 시작한다. 만약 실내온도가 20°C보다 낮아지면 조절기가 히터나 보일러 등의 열발생기를 작동시키기 시작할 것이다. 이렇게 열이 발생하여 실내온도가 맞추어 놓은 20°C가 될 때까지 작동하다가, 온도가 넘어서면 히터가 꺼질 것이다. 온도 조절기는 실내온도가 떨어져 20°C 밑으로 갈 때마다 이 과정을 되풀이할 것이다.

이와 같이 동물의 항상성도 체온이나 염분의 농도 등을 정해진 값, **설정값(set point)** 근처로 유지하는 것이다. 맞춰진 값보다 높거나 낮아지면 **감지기(센서, sensor)**라고 할 수 있는 수용기(receptor)가 **자극(stimulus)**된다. 감지기로부터 신호를 받은 조

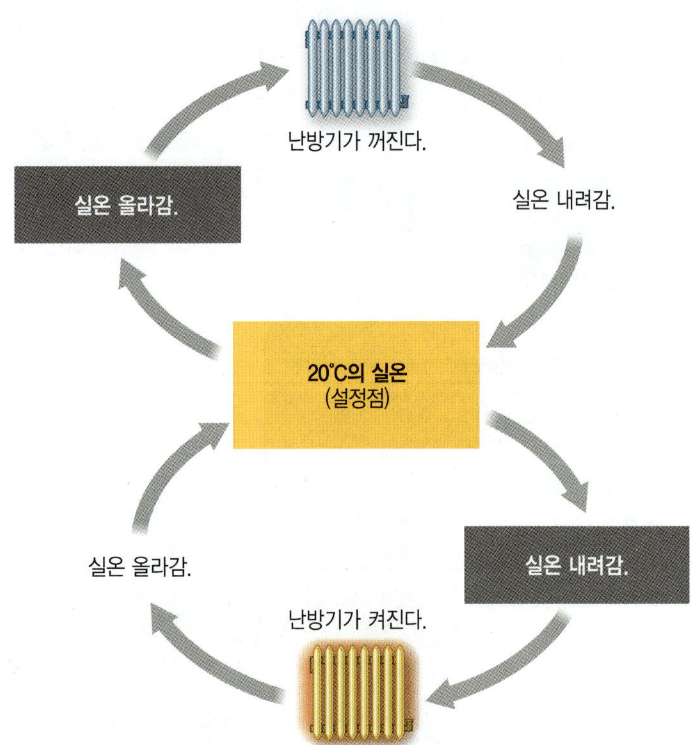

▲ **그림 28.12** **온도 조절의 무생물 사례: 실내온도 조절.** 실내온도를 조절하는 것은 온도 변화를 탐지해서 그 변화를 되돌리는 기작을 활성화시키는 자동 온도 조절 장치에 달려 있다.

절 센터(control center)는 설정값으로 다시 되돌리려는 생리적 **반응(response)**을 유발하도록 출력신호를 내보낸다.

그림 28.12에 나온 조절 회로와 같이, 동물들의 항상성도 자극을 줄이는 방향으로 조절하는 음성되먹임(negative feedback) 기작에 의존한다. 예를 들면, 심한 운동을 하면 열이 나고 체온이 오를 것이고, 우리의 신경계가 이를 감지하여 땀을 많이 흘리도록 할 것이다. 땀은 우리 몸 표면에서 기화하여 체온을 설정값까지 낮추는 데 기여하게 된다.

항상성은 내부 환경의 변화를 완전히 없엘 수는 없고 단지 완화시키는 것이다. 이런 변동은 설정값이 아니라 최저점과 최고점이 있는 **정상 범위**(noraml range)를 갖는다면 더 심하게 나타날 것이다. 이는 19°C(66°F)에서 켜지고 21°C(70°F)에서 꺼지는 온도 조절기와 같다.

대부분의 항상성에서 설정값이나 정상 범위는 안정적이지만, 경우에 따라 이 설정값 자체를 조절하는 경우도 있다. 이런 변화는 사춘기에 호르몬 변화와 같이 인생의 특정 시기와 연관된 경우가 있다. 나머지는 대부분 주기적으로 나타나는 것으로 여성의 월경주기에 따른 호르몬의 변화와 같은 것이다.

체온조절: 자세히 살펴보기

항상성의 예로 동물의 체내 온도를 일정한 범위로 유지하는 **체온조절(thermoregulation)**의 예를 살펴보기로 하자. 체온이 너무 높거나 낮으면 효소 반응에 지장을 주고, 세포막의 유동성과 그 외 다른 온도에 민감한 생화학 과정에 영향을 주어 경우에 따라 치명적일 수 있다.

내온동물과 외온동물

체온조절에 필요한 열은 내부 대사 과정이나 외부 환경에서 제공될 수 있다. 사람이 속한 포유동물과 새(조류)들의 경우 주로 대사 과정에서 나오는 열을 이용해 몸을 데우는 **내온성(endothermic)** 동물이다. 이와 달리 양서류, 대부분의 어류, 조류를 제외한 파충류, 그리고 대부분의 무척추동물들은 외부에서 열을 얻는 **외온성(ectotherm)** 동물이다. 외온성이나 내온성이냐 하는 것은 서로 배타적이지 않다는 점이다. 예컨대, 새는 주로 내온성이지만 추운 아침에는 마치 외온성인 도마뱀처럼 태양열을 이용해 몸을 데우기도 한다.

내온동물은 외부 환경의 온도가 심하게 변해도 체온을 안정하게 유지할 수 있다. 추운 환경에서 내온동물은 체온을 주위에 비해 높게 유지하기에 충분한 열을 만들어낼 수 있다(그림 28.13a). 더운 환경에서 내온동물은 대부분의 외온동물들이 견디기 힘든 열에 대항하여 몸을 식힐 수 있는 기작을 가지고 있다.

많은 외온동물의 경우 체온 조절에 충분한 열을 생성하지는 못하지만 그늘이나 양지를 찾아 이동하는 행동을 통해 체온 유지를 할 수 있다(그림 28.13b). 외온동물들은 주로 외부에서 열을 얻기 때문에 내온동물에 비해 음식물 소비량이 적으며 이는 먹이가 부족할 때 유리하게 작용한다. 전반적으로는 외온동물의 분포 정도와 다양함으로 미루어 외온성은 효과적이며 성공적인 환경적응 전략이라고 볼 수 있다.

(a) 바다코끼리, 내온동물

(b) 도마뱀, 외온동물

▲ 그림 28.13 **열의 내부 또는 외부 원천에 의한 열조절.** 내온동물들은 그들의 내부 물질대사로 열을 얻는다. 반면에 외온동물들은 그들의 외부 환경으로부터 얻는 열에 의존한다.

열손실과 열획득의 균형

동물들의 체온조절 능력은 환경과의 열 교환 조절능력에 달렸다. 모든 물체가 그러하듯이 생물도 환경과 열을 교환하는 데에는 다음 네 가지 물리적 과정을 거친다. 복사(radiation), 증발(evaporation), 대류(conduction), 전도(convection)의 네 과정을 통해 생명체 내부에서 또는 생명체와 환경 간에 열이 이동하게 된다(그림 28.14). 그리고 열은 언제나 높은 쪽에서 낮은 쪽으로 전달된다는 사실을 알아두자.

동물들은 체온조절을 원활하게 하는 여러 방법들을 진화시켜 왔다. 포유동물과 새의 경우, 몸과 환경 사이에 열의 흐름을 감소시키는 단열재를 갖추고 있다. 여기에는 털이나 깃털, 고래의 두꺼운 지방층과 같이 지방조직으로 형성된 피하지방 등이 속한다.

▲ **그림 28.14 생명체와 환경 사이의 열 교환**

체온조절을 위한 순환계의 적응

순환계는 체내에서 혹은 체외와의 열 교환이 일어나는 주된 통로이다. 표피로의 혈액 흐름을 통제하여 몸 중심에 열을 잡아두는 적응은 체온조절에 있어서 매우 중요하다.

외부 환경의 온도 변화에 따라 몸 중심과 표피 사이를 오가는 혈액의 흐름(따라서 열)을 조절하는 경우가 많다. 표피로 가는 혈관 근육을 이완시키는 신경신호는 피부 표면의 표면 혈관의 **혈관확장**(vasodilation)을 유도한다. 그 결과로 혈관의 직경이 커지고 피부로 혈액이 많이 흐르게 된다. 외온동물의 경우, 이런 혈관확장은 피부 온도를 높여 복사, 대류, 전도를 통한 체외로의 열 이동을 증가시킨다. 반대작용인 **혈관수축**(vasoconstriction)은 표피 혈관의 지름을 줄여서 혈액의 흐름과 열의 이동을 감소시킨다.

많은 종류의 새와 포유동물이 **역류 교환(countercurrent exchange)**이라는 방법을 통해 체온을 빼앗기는 것을 방지한다. 역류교환이란 서로 반대 방향으로 흐르는 액 사이에 열(또는 염분)이 이동하는 현상을 말한다. 열의 역류 교환에서는 동맥과 정맥이 서로 맞닿아 있다(그림 28.15). 몸의 중심에서 밖으로 가는 동맥의 따뜻한 혈액은 바깥 끝에서 들어오는 정맥의 차가운 혈액에 열을 전달한다. 이때 혈액은 서로 반대 방향으로 흐르기 때문에 열 교환 장치의 전 부위에서 열 교환이 일어나고 최고의 열 교환율을 나타낼 수 있다.

체온조절에서의 순화

순화(acclimination)란 환경에 생리적으로 적응하는 것을 말하며, 많은 동물들의 체온조절에 기여한다. 새나 포유동물의 경우 기온의 계절적인 변화에 순응하는 예로 겨울철에 털 층의 두께가 두꺼워지고 겨울에는 얇아지는 것을 볼 수 있다. 이런 변화는 내온동물이 일년 내내 일정한 체온을 유지하는 데 도움을 준다.

▶ **그림 28.15 역류 열 교환기.** 역류 열 교환기는 열을 몸 중심에 잡아두기 때문에 차가운 물속이나 얼음 또는 눈에서도 말단부위를 통한 열 손실을 줄일 수 있다. 기본적으로 몸 중심에서 나가는 혈액이 주위 환경이 아니고 몸으로 돌아오는 정맥혈에 직접 열을 전달한다.

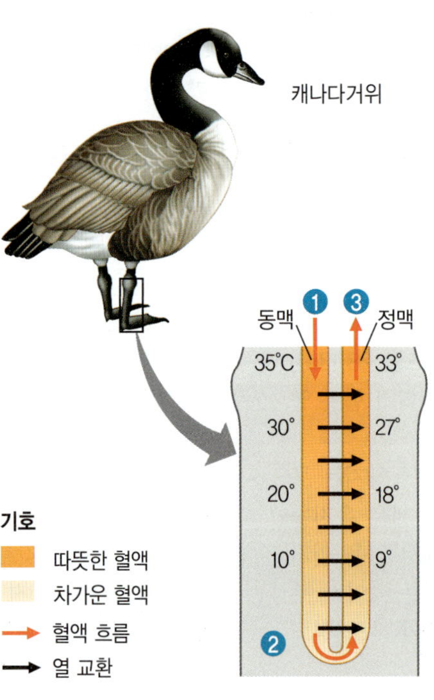

외온동물의 순화과정에는 세포 수준의 적응과정이 포함된다. 예를 들어 한 세포가 같은 효소이지만 각기 최적 온도가 다른 변이들을 만들어낼 수 있다. 또한 세포막에 포화지방산과 불포화지방산의 비율을 바꾸어 낮은 온도에서도 유동성을 유지하도록 한다. 영하의 온도를 경험해야 하는 어떤 외온동물들은 세포 내에서 얼음 결정의 형성을 막는 부동성 단백질을 만들기도 한다. 북극해나 남쪽 남극해에 사는 특정 물고기들은 이 단백질을 만들어 일반적으로 체액이 어는 −1°C(30°F)보다 낮은 −2°C(28°F)의 물속에서도 살아갈 수 있다.

생리적 항온 조절 장치

사람을 비롯한 포유동물의 체온조절은 기본적으로 되먹임 기작에 많이 의존한다. 체온을 감지하는 센서는 뇌의 중심에 있는 시상하부(hypothalamus)라는 곳에 집중되어 있다. 시상하부에 있는 일군의 신경세포들이 정상 범위에서 벗어난 체온에 반응하여 열을 잃거나 얻는 기작을 활성화시킨다**(그림 28.16)**.

항온 조절 장치는 체온이 정상 범위보다 아래로 떨어지면, 열 손실을 억제하고, 피부 혈관수축을 통한 열의 보존과 몸을 떨어 열을 생성하는 기작을 활성화시킨다. 반면 체온이 정상 범위 이상 올라가면, 체온 조절기는 이에 반응하여 열 보존 기능을 멈추고 피부 혈관을 확장시키고, 땀을 흘리거나 헐떡이게 만들어 체온을 낮춘다.

포유동물과 새들은 종종 박테리아나 바이러스의 감염이 있을 경우 체온이 올라가는 열병(fever)을 앓게 된다. 여러 실험 결과들이 생물학적 설정값이 높아진 결과임을 나타냈다. 체온이 올라가는 것이 감염과 싸우는 데 도움이 된다는 가설이 있으나 열병의 긍정적인 영향에 대해서는 아직 논란의 여지가 있다.

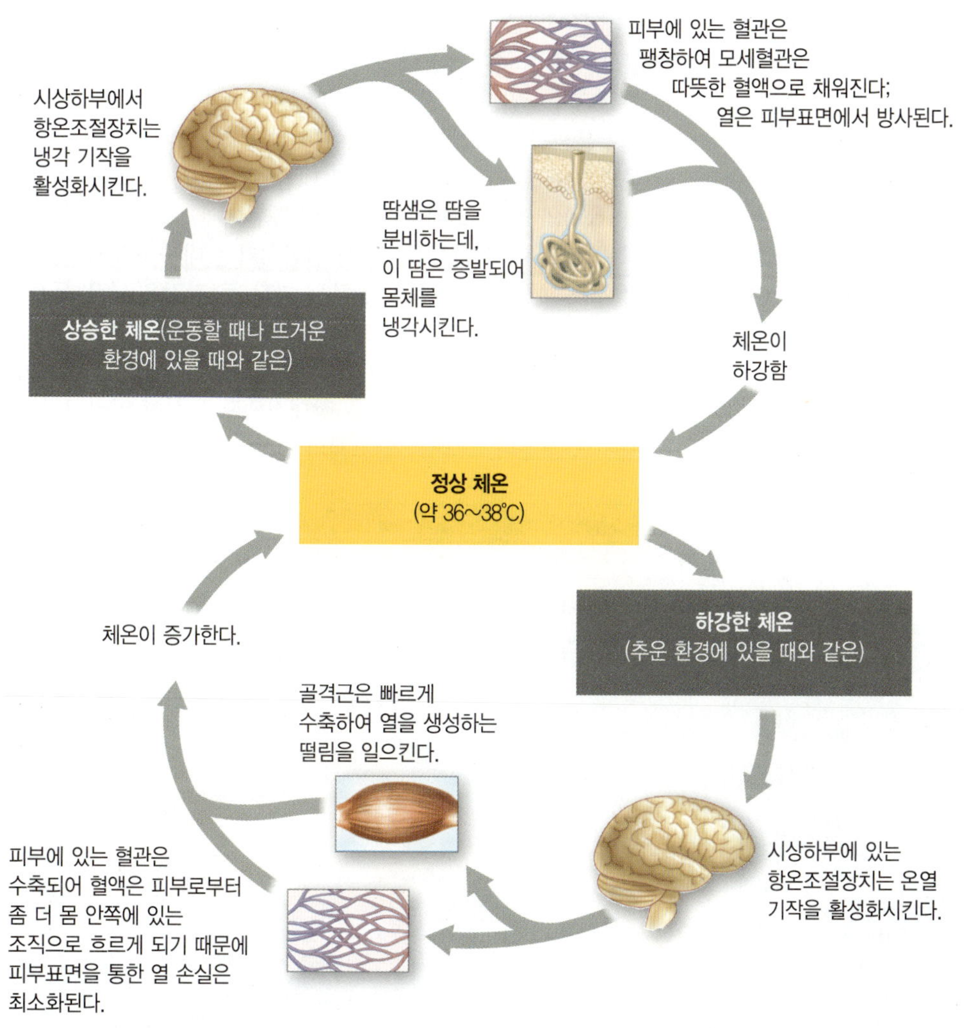

▲ **그림 28.16 인체의 체온조절에 있어서 항온조절장치로서의 시상하부의 기능**

개념 28.4

삼투조절과 배설은 많은 동물에서 같은 기관계가 담당한다

체온조절에 이어 항상성의 또 다른 예라고 할 수 있는 체액의 염류와 수분 균형 조절에 대해 알아보자. 동물 조직의 액상 환경을 유지하기 위해서는 물과 염류의 상대적인 농도가 매우 좁은 범위 안에 지켜져야만 한다. 이에 더해 소듐이나 칼슘과 같은 이온들은 일정한 농도로 유지되어야 근육, 신경, 그리고 다른 세포들도 정상적으로 활동할 수 있다. 따라서 항상성을 위해서는 동물의 간질액의 염분 농도를 조절하고 수분의 흡수와 손실을 균형 잡아주는 **삼투조절(osmoregulation)**이 필요하다.

내부 환경의 안전성 확보를 위해서는 단백질과 핵산의 분해되면서 나오는 유해 대사물을 처리해야 한다. 질소성(질소를 함유한) 화합물은 분해되면서 독성이 강한 암모니아를 방출한다. 이 질소성 대사물과 그 밖에 노폐물을 **배설(excretion)**시키기 위해 몇 가지 기작들이 진화되어왔다. 많은 종류의 동물에서 삼투조절계와 배설계가 깊이 연관되어 있기 때문에 두 과정을 함께 다루고자 한다.

삼투와 삼투농도

모든 동물은 서식지나 노폐물의 종류에 상관 없이 수분(물)의 흡수와 손실의 균형이 맞아야 한다. 만약 동물 세포의 수분 흡수가 지나치면 부풀어 터지고 말 것이고, 수분을 너무 많이 잃으면 쪼그라들어 죽게 될 것이다. 수분은 삼투를 통해 세포에 출입한다. 삼투는 막을 경계로 양편에 삼투압 혹은 **삼투농도(osmolarity;** 용질의 총량을 용액 1 L당 용질의 몰수인 몰농도로 나타낸 것)가 다를 때 일어난다.

만약 선택적 투과성이 있는 막을 경계로 한 두 용액의 삼투농도가 같으면 **등장**(isoosmotic)액이라고 부른다. 다른 경우에는 용질 농도가 높은 쪽을 **고장**(hypertonic)액, 희석된 쪽을 **저장**(hypotonic)액이라고 부른다. 삼투에 의해 물은 저장액에서 고장액으로 흐른다.

삼투조절의 과제와 기작

동물은 두 가지 방법으로 수분 균형을 유지한다. 하나는 **삼투순응자(osmoconfofermer)**로 주위 환경과 등장인 체액을 유지하는 것이다. 두 번째 방법은 **삼투조절자(osmoregulator)**가 되는 것으로, 수분 균형을 유지하여 환경과 독립적으로 내부 삼투농도를 유지하는 것이다. 삼투조절은 삼투순응자는 살 수 없는 담수나 육지에서도 동물들이 살 수 있게 해준다.

담수와 해수에서는 정반대의 삼투조절 문제에 직면하게 된다 (그림 28.17). 대구의 경우 바다는 강력한 탈수환경(그림 28.17a)으로 끊임없이 수분을 잃게 되며, 이를 보충하기 위해 다량의 해수를 마신다. 이때 같이 들어온 염분을 제거하기 위해 아가미와 신장이 활동을 한다. 아가미에서는 **염소세포**(chloride cell)라고 부르는 특수한 세포가 염소이온(Cl^-)을 배출하여 소듐이온(Na^+)이 수동적으로 따라 나갈 수 있게 만든다. 신장에서는 잉여의 칼슘, 마그네슘, 황산이온 등을 물의 손실을 최소로 하면서 배설한다.

담수 농어의 경우(그림 28.17b) 아주 낮은 삼투농도의 환경에서 살기 때문에 물이 들어오고 염분을 잃어버리는 문제에 봉착한다. 다른 담수 동물들과 마찬가지로 농어도 물을 거의 마시지 않고, 매우 희석된 오줌을 배출하여 이 문제를 해결한다. 그와 동시에 확산과 배설에 의해 발생하는 염분 손실은 먹이를 통해 해결한다. 농어와 같은 담수 어류는 아가미에서 염분을 흡수하기도 한다.

육상동물의 경우, 탈수의 위협은 생존을 위한 중요한 숙제라고 볼 수 있다. 대부분의 동물들의 몸은 수분을 잃지 않도록 겉껍질로 둘러싸여 있지만 수분 손실은 다양한 경로를 통해 일어날 수 있다: 오줌이나 대변, 피부를 통과해서 일어나기도 하고 기체 교환 표면에서도 발생한다. 육지 동물들은 물을 마시거나 음식물을 통해 수분을 보충하고, 세포호흡을 통해 물을 만들기도 한다.

질소 노폐물

대사성 노폐물이 몸에서 배출되기 위해서는 물에 녹아야하기 때문에 노폐물의 종류는 수분 균형에 큰 영향을 미친다. 이 관점에서 단백질과 핵산의 분해 산물인 질소 노폐물이 가장 중요하다(그림 28.18). 단백질과 핵산이 분해되어 탄수화물이나 지질로 전환될 때, 질소는 효소에 의해 **암모니아**(**ammonia**, NH_3)의 형태로 제거된다. 암모니아는 독성이 매우 강한 물질로 산화적 인산화반응을 억제하는 암모늄이온(NH_4^+)을 형성하기 때문이기도 하다. 일부 동물들은 암모니아를 직접 배설하기도 하지만, 대부분의 경우 배설 전에 요소, 요산 등 독성이 덜한 물질로 전환시키기 때문에 많은 에너지를 소모한다.

질소 노폐물을 암모니아의 형태로 배설하는 동물들은 많은 양의 물을 필요로 한다. 왜냐하면 암모니아는 아주 낮은 농도여야만 동물이 견딜 수 있기 때문이다. 따라서 암모니아를 배출하는 생물은 대개 물에 사는 수서생물이다. 물에 잘 녹는 암모니아는 NH_3나 NH_4^+로 전환할 수 있어 막을 쉽게 통과하며 주위의 물 환경으로 잘 확산되어 나간다.

대부분의 육상동물은 암모니아를 배출하는 데 소모되는 엄청난 물의 양을 감당하기 어렵다. 그 대신, 주로 다른 질소 노폐물인 **요소(urea)**의 형태로 배출한다. 척추동물에서 요소는 간에서 일어나는 암모니아와 이산화탄소를 결합시키는 대사 회로의 산물이다. 질소 노폐물로 요소를 사용하는 가장 큰 장점은 낮은 독성에 있다.

곤충, 육지 뱀, 그리고 파충류, 새 등은 질소 노폐물로 **요산 (uric acid)**을 배출한다. 요산은 상대적으로 독성이 약하고 물에 잘 녹지도 않는다. 그래서 반고체의 반죽 같은 상태로 배출이 가

▼ 그림 28.17 담수와 해수 경골어류의 삼투조절 비교

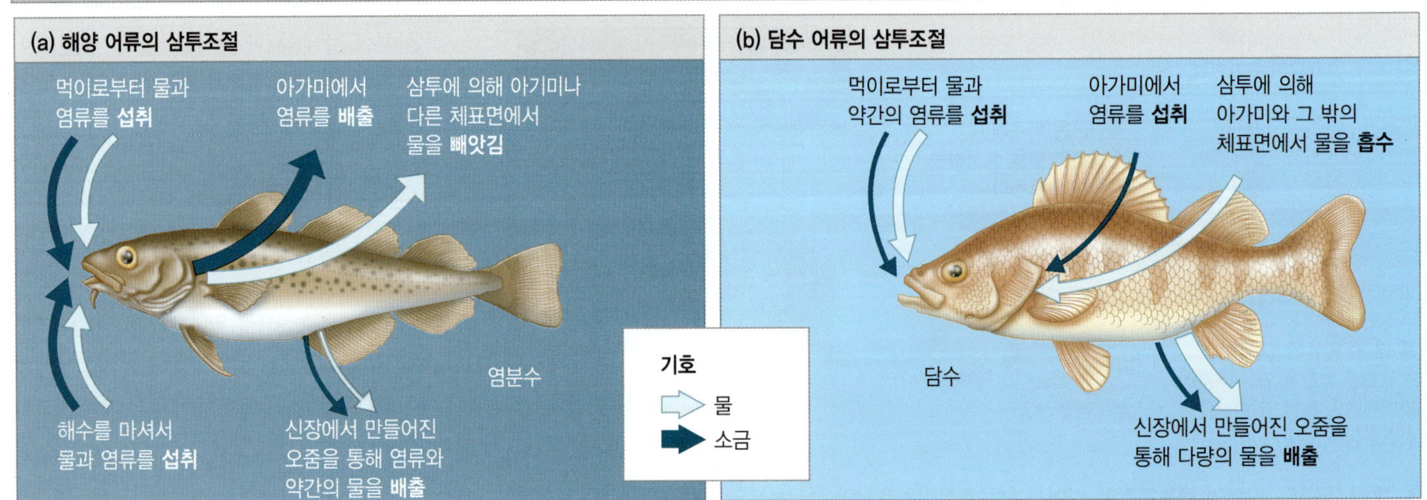

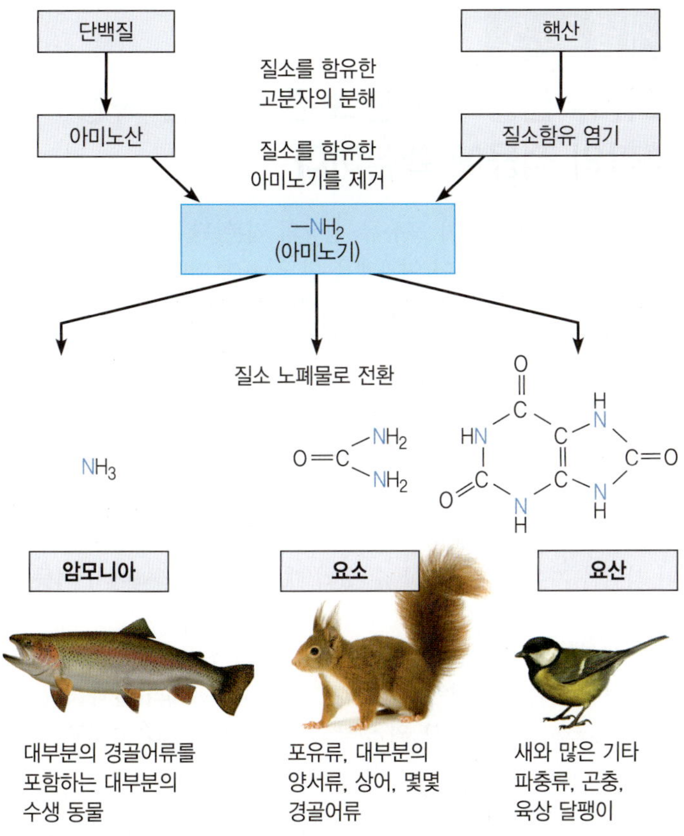

▲ 그림 28.18 **질소 노폐물의 종류**

능하여 물의 손실을 최대한 줄일 수 있다. 하지만 요산을 만드는 것은 요소를 만드는 것보다 더 많은 에너지를 소모해야 한다.

배설과정

동물들 대부분은 **수송상피(transport epithelia)**에 의존하여 삼투조절과 대사 노폐물 처리를 한다. 수송상피는 특정 용질을 정해진 방향으로 양을 조절하여 이동시킬 수 있는 한 층의 상피세포로 구성된다. 대부분의 수송상피는 매우 넓은 면적을 갖는 복잡한 관들의 망상구조로 되어 있다. 어떤 수송상피는 외부로 노출된 경우도 있고, 나머지는 몸 표면의 구멍을 통해 외부에 연결된 통로의 안쪽 면을 차지하고 있다.

다양한 종의 동물들이 그림 28.19에 나타난 기본 과정을 통해 오줌(urine)이라는 액상 노폐물을 만든다. 첫 단계로, 체액(혈액, 체강 내액, 또는 혈림프)이 수송상피에 접촉하게 된다. 대부분의 경우, 정수압(많은 동물들에서 혈압)에 의해 **여과(filtration)**가 일어난다. 단백질이나 그 외 고분자들 그리고 세포들은 상피막을 통과하지 못해 체액에 남게 된다. 한편, 물과 염류, 당류, 아미노산, 그리고 질소 노폐물과 같은 작은 용질들은 막을 통과하여 **여과액(filtrate)**이라 부르는 용액을 형성한다.

이러한 여과액은 구성성분들에 대한 선택적인 수송과정을 거쳐 배출액(오줌)이 된다. 즉, 선택적 **재흡수(reabsorption)**를 통해 유용한 용질과 물을 여과액에서 다시 체액으로 보내는 것이다. 유용한 용질(포도당, 특정한 염류, 아미노산 등)은 능동수송을 통해 재흡수된다. 불필요한 용질이나 노폐물은 그대로 여과액에 남게 되고, 경우에 따라서는 능동수송에 의해 여과액으로 **분비(secretion)**되기도 한다. 이러한 용질들의 이동은 물의 이동에도 영향을 미친다. 마지막은 배설과정으로 이렇게 처리가 끝나 질소 노폐물을 함유한 여과액은 오줌으로 배출된다.

기본적인 배설 기능을 담당하는 시스템은 동물의 종류에 따라 매우 다양하다. 무척추동물과 척추동물에 대해 알아보자.

무척추동물

편형동물(phylum Platyhelminthes, 편형동물문)들은 한쪽 끝이 막힌 관들의 망상구조로 이루어진 **원신관(protonephridium)**이라는 배설계를 가지고 있다(그림 28.20). 원신관(protonephridia)은 외부로 난 구멍에 연결되어 있으며, 체강이 없는 편형동물의 온몸에 세관들이 가지를 치고 있다. **불꽃세포(flame bulb)**라 불리는 단위 세포가 관의 끝에 뚜껑처럼 막고 있다. 불꽃세포계는 관 안쪽으로 섬모 뭉치를 돌출시키고 있어서, 이 섬모들의 움직임에 따라 체액과 용질들이 불꽃세포계의 관 안으로 여과되어 들어오도록 설계되어 있다(이 섬모운동이 마치 불꽃이 흔들리는 것 같다고 하여 **불꽃세포계**라는 이름이 붙여졌다). 이렇게 들어온 여과액은 관을 따라 이동하다가 오줌으로 외부에 배출된다. 담수성 편형동물의 경우 배

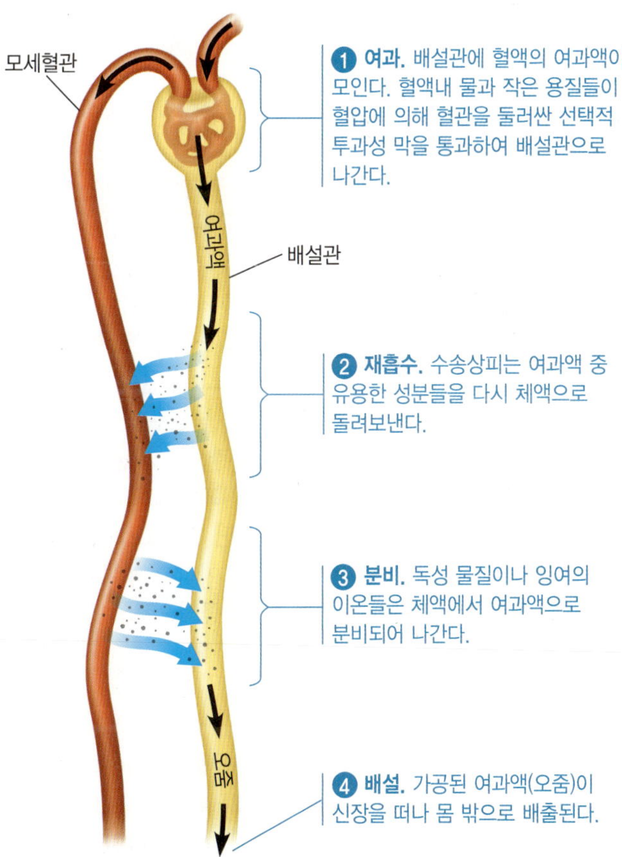

▲ 그림 28.19 **배설기관의 주요 기능: 개요.** 대부분의 배설계는 체액을 압력으로 여과하여 여과액을 만들고 이를 재처리하는 과정을 거친다. 위 그림은 포유류의 배설계를 모식도로 그린 것이다.

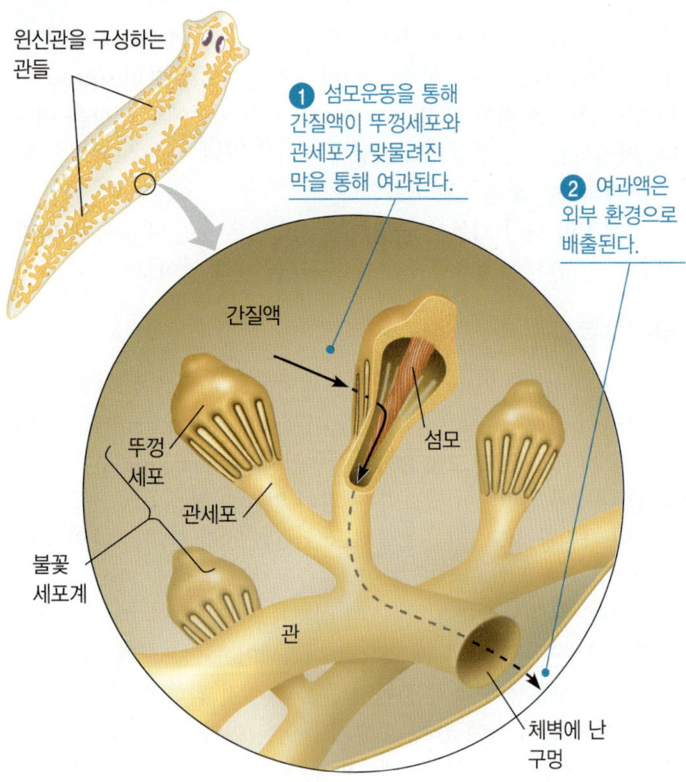

▲ 그림 28.20 **플라나리아의 원신관.** 원신관은 주로 삼투조절을 담당하는 작은 관들로 분지되어 있다.

출된 오줌은 매우 묽어서 환경으로부터 삼투에 의해 흡수되는 물에 대해 균형을 맞춰준다.

담수에 사는 편형동물에서 원신관이 주로 삼투조절을 담당한다. 하지만 등장액으로 둘러싸인 기생성 편형동물의 경우에는 원신관이 질소 노폐물의 배설에 주로 관여한다. 즉, 자연선택에 의해 원신관이 환경에 따라 특정한 기능을 갖도록 적응한 것이다.

곤충 등의 육상 절지동물들은 다른 배설계에서 볼 수 있는 여과과정을 갖지 않는다. 대신 특정 염류와 노폐물을 관의 안쪽으로 분비하는 말피기관(*Malpighian tubules*)을 갖는다. 이렇게 형성된 액은 흘러서 직장으로 배출된다. 소화관으로 배출된 액 성분 중 대부분의 용질은 직장에서 흡수되어 혈림프액으로 되돌아가고, 이때 다시 물도 용질을 따라 이동한다. 한편 질소 노폐물은 요산의 결정 형태로 남아 대변과 함께 배출된다. 이러한 배설계는 물을 보존하는 데 매우 효과적이어서 곤충들이 성공적으로 육상 생활에 적응하도록 기여하였다.

척추동물

척추동물과 일부 척삭동물에서는 **신장(콩팥, kideny)**이라 부르는 특수화된 기관이 삼투조절과 노폐물 제거의 두 기능을 모두 수행한다(그림 28.21). 신장도 다른 동물들의 배설계와 마찬가지로 관으로 구성되어 있으며, 이 수많은 관들은 모세혈관망과 연계되어 치밀하고 정교하게 배치되어 있다. 척추동물의 배설계도 관과 그 외의 구조로 구성되는데 신장에서 생성된 오줌을 신장 밖으로 궁극적으로는 몸 밖으로 내보내는 역할을 담당한다.

개념 28.5

포유류 신장의 수분 보존 능력은 육상 생활의 적응에 핵심이다

그림 28.21에서 보듯이 포유류 신장의 기본 단위는 네프론이다. 여기서 우리는 네프론이 여과액을 만드는 데 어떤 역할을 하는지 알아볼 것이다. 그 다음 관들과 모세혈관 그리고 이를 둘러싼 조직들이 어떻게 함께 작용하는지 알아볼 것이다.

사람의 신장에서 혈관에서 보면 주머니 안으로 흘러들어간 액성분이 여과액을 형성한다. 사구체의 모세혈관은 혈구세포나 단백질은 보존하지만 물과 작은 용질은 통과시킨다. 결과적으로 여과액에는 염류, 포도당, 아미노산, 비타민, 질소 노폐물, 그리고 이외 다른 작은 분자들을 포함한다. 이런 분자들은 사구체와 보먼 주머니 사이를 자유롭게 출입할 수 있기 때문에 첫 여과액에서 이들의 농도는 혈장에서와 같다.

정상인의 경우 매일 약 1,600 L의 혈액이 신장으로 흘러들어가서 약 180 L의 여과액이 형성된다. 이중에서 99%의 물과 전량의 당, 아미노산, 비타민, 그 외 영양소가 혈액으로 재흡수되고 나머지 약 1.5 L의 물과 요소만이 방광으로 이동한다.

혈액 여과액에서 오줌이 되기까지: 자세히 보기

어떻게 여과액이 오줌으로 만들어지는지 알아보기 위해 네프론에서 여과액이 지나가는 경로를 따라가보자(그림 28.22). 다음 설명은 여과액이 신장의 겉질과 속질에 따라 이동하면서 해당 번호가 표시된 부위에서 일어나는 수송상피에 의한 가공 과정을 나타낸 것이다.

1 **근위 세뇨관.** 근위 세뇨관에서의 재흡수는 엄청난 양의 여과액으로부터 이온, 물 그리고 영양소들을 다시 잡아들이는 데 매우 중요하다. 여기서 다량의 물과 염류가 재흡수되기 때문에 여과액의 부피는 줄어들지만 삼투농도는 거의 같게 유지된다.

여과액에 있는 NaCl(염)은 촉진확산과 공동수송을 통해 수송상피세포로 들어오고, 여기에서 Na^+는 수송상피에서 간질액으로 능동수송된다. 양이온의 능동수송은 Cl^-의 수동수송을 초래한다.

여과액에서 간질액으로 염이 이동하면 물은 자연적으로 삼투에 의해 따라서 이동하고 간질액에서 다시 세뇨주위 모세혈관으로 확산된다(그림 28.21). 포도당, 아미노산, 포타슘이온(K^+) 그리고 그 밖에 중요한 물질들도 능동 혹은 수동의 형태로 여과액에서 간질액으로 다시 세뇨주위 모세혈관으로 흡수가 이루어진다. 이와는 반대로 간에서 일단 변형된 약물이나 독성 물질들은 수송상피의 능동수송에 의해 여과액으로 배출된다.

2 **헨레 고리의 하행지.** 근위 세뇨관을 떠난 여과액이 헨레 고리의 하행지를 통과하면서 특이한 물과 염류의 재흡수가 일어나 계속 여과액의 부피가 줄어든다. 시작부분의 수송상피에서는 **아쿠아포린(aquaporin)**이라는 단백질을 통해 물이 자유롭게 이동할 수 있

▼ 그림 28.21 포유류 배설계 탐구

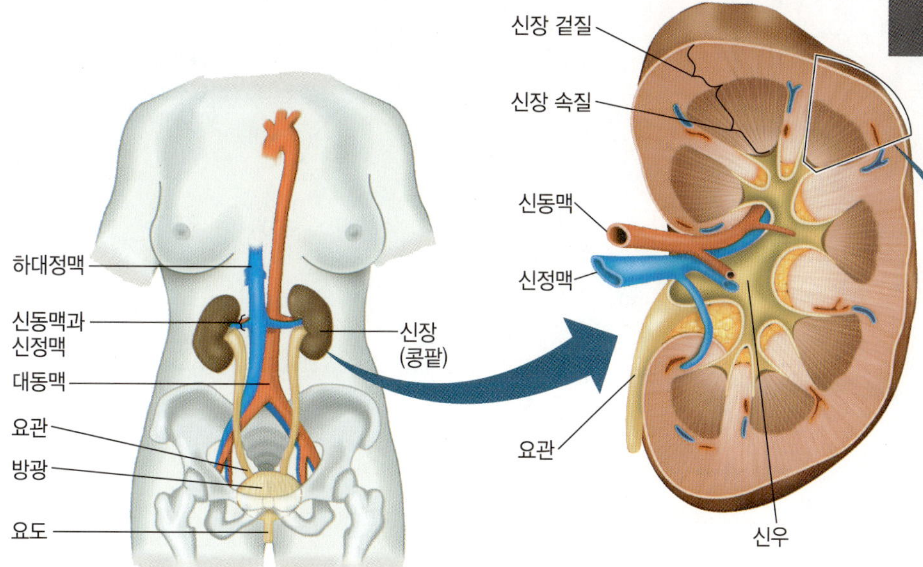

신장의 구조

신장은 바깥쪽에 **신장 겉질(renal cortex)**과 안쪽에 **신장 속질(renal medulla)**이 있다. 양쪽 모두 신장동맥으로 들어와 신장정맥으로 나가는 혈관을 통해 혈액을 공급받는다. 겉질과 속질 모두 미세한 배설관과 모세혈관들로 가득 차 있다. 안쪽의 **신우(renal pelvis)**에 오줌이 모여 배출관을 따라 방광으로 이동한다.

사람의 배설계는 강낭콩 모양으로 길이가 10 cm 정도되는 한 쌍의 **신장(kidney)**과 오줌을 저장하고 옮기는 데 필요한 기관들로 구성되어 있다. 신장에서 만들어진 오줌은 두 줄기의 요관(ureter)을 따라 **방광(urinary bladder)**이라 부르는 주머니로 이동한다. 이후 배뇨 시(소변을 볼 때) 오줌은 방광에서 요도(urethra)를 따라 여성의 경우 질의 바로 앞에 구멍으로, 남성의 경우는 음경 끝을 통해 몸 밖으로 배출된다. 배뇨는 방광과 요도의 연결 부위에 있는 괄약근에 의해 조절된다.

네프론의 종류

오줌을 생성하는 단위체인 **네프론(nephron)**은 겉질과 속질을 넘나드는 양상을 보여준다. 대부분의 네프론은 겉질 네프론(cortical nephron)으로 헨레 고리가 짧아서 거의 겉질에만 머물러 있는 것들이고, 나머지가 **속질곁 네프론(juxtamedullary nephron)**으로 신장의 속질 깊숙히 잘 발달된 헨레 고리를 가지고 있다. 속질곁 네프론은 체액에 비해 높은 고삼투농도의 오줌을 생산하는 데 필수적이며, 이는 포유류의 수분 보존을 위한 중요한 적응 요소다.

네프론의 조직구성

네프론은 하나의 긴 관과 모세혈관의 뭉치인 **사구체(glomerulus)**로 되어 있다. 관의 막힌 끝은 컵 모양으로 부풀어 있어서 사구체를 둘러싸고 있는데 이를 **보먼 주머니(Bowman's capsule)**라고 부른다. 혈압에 의해 사구체에서 보우만 주머니로 혈액의 액체 성분이 밀려나가면 여과액이 형성된다. 여과액은 네프론의 세 개의 주요 부위, **근위 세뇨관(proximal tubule)**, 머리핀 모양의 하행지(descending limb)와 상행지(ascending limb)로 구성된 **헨레 고리(loop of Henle)**, 그리고 **원위 세뇨관(distal tubule)**을 지나면서 처리된다. 그 후 다수의 네프론에서 가공된 여과액이 **집합관(collecting duct)**에 모여 신우로 이동한다. 척추동물 중에서 포유동물과 조류만이 헨레 고리 구조를 가지고 있다. 사람의 신장에 있는 네프론 중 이 속질곁 네프론이 수분의 보존에 매우 중요한 고농도의 오줌을 만들 수 있게 해준다. 각 네프론은 신동맥에서 가지쳐 나온 **수입 소동맥**을 통해 혈액을 공급받는다. 이 수입 소동맥은 사구체 모세혈관으로 나뉘었다가 다시 모여 **수출 소동맥**을 형성한다. 이것이 나뉘어 **세뇨관주위 모세혈관(peritubular capillary)**, 즉 근위 혹은 원위 세뇨관을 둘러싼 모세혈관을 형성하기도 하고 일부는 곁속질 네프론의 헨레 고리가 있는 속질지역에 머리핀 모양의 모세혈관인 **직립관(vasa recta)**을 형성한다.

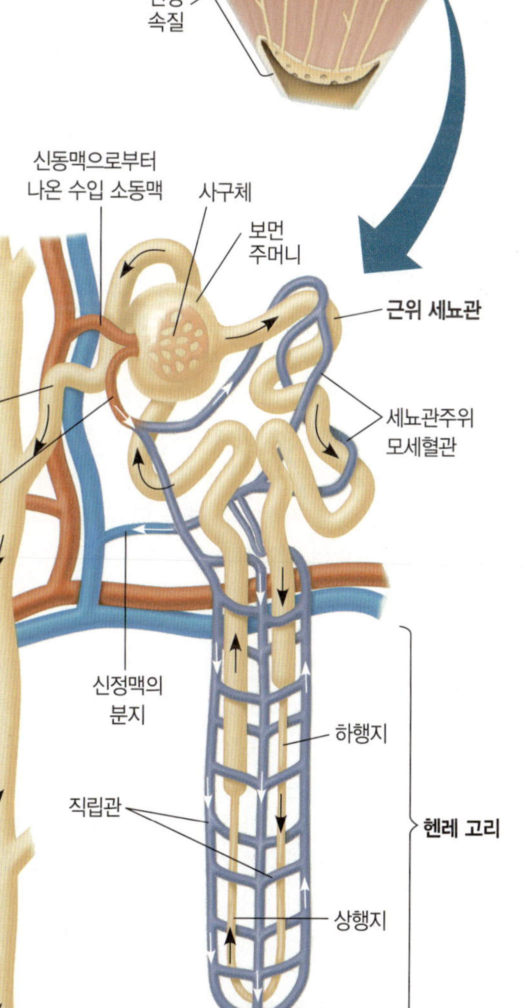

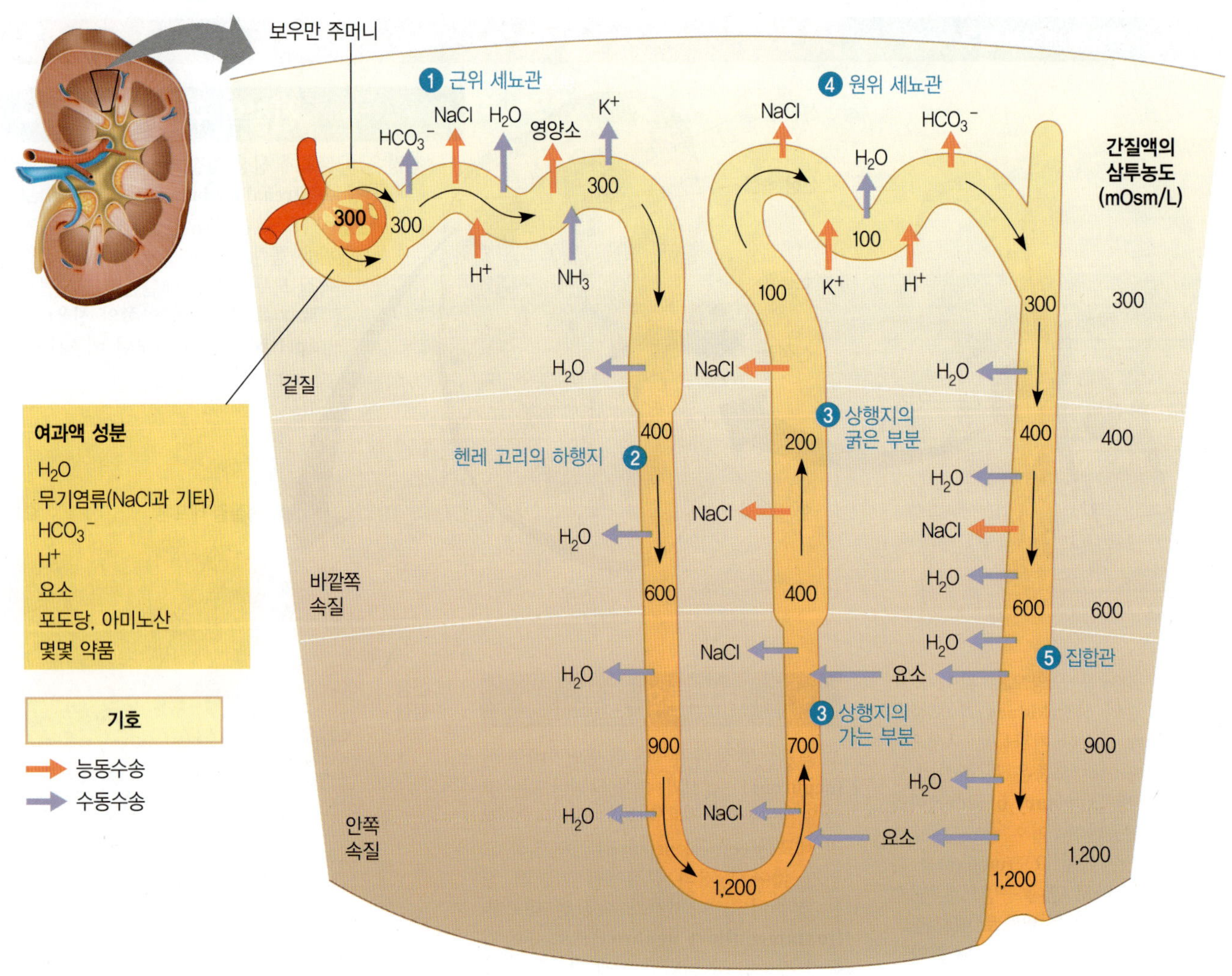

▲ 그림 28.22 **사람의 신장이 어떻게 오줌을 농축하나: 각 부위에 따른 수송상피의 기능들.** 이 그림에서 번호가 매겨진 각 부위의 기능은 본문의 해당 번호 설명을 참고하기 바람.

다. 하지만 다른 염류나 저분자들에 대한 통로는 거의 없어서 이들에 대한 투과도는 매우 낮다.

물이 빠져나가기 위해서는 하행지가 있는 지역의 간질액은 여과액에 비해 고삼투액이어야 한다. 이 조건은 하행지 전 지역에 걸쳐 유지된다. 왜냐하면 신장의 겉질에서 안쪽 속질로 들어갈수록 간질액의 삼투농도가 높아지기 때문이다. 그 결과 여과액이 하행지를 따라 내려가는 각 지점마다 물을 잃고 용질의 농도가 높아지는 것이다. 헨레 고리의 꺾어지는 부분에서 가장 높은 삼투농도(약 1,200 mOsm/L)가 된다.

❸ 헨레 고리의 상행지. 여과액이 헨레 고리의 맨 밑에 다다르면 방향을 바꾸어 상행지를 따라 겉질로 이동하기 시작한다. 상행지의 수송상피는 하행지의 것과는 달리 이온에 대한 통로를 갖추고 있으며 물에 대한 통로는 없다. 실제로 이곳은 물에 대해 불투과성이다. 생물막에서 물에 대한 투과성이 거의 없는 경우는 매우 드물며, 이러한 특성이 상행지의 기능에 결정적인 역할을 한다.

상행지는 두 부분으로 나눌 수 있다. 즉, 고리에 가까운 가는 구역과 원위 세뇨관과 가까운 굵은 구역으로 나눌 수 있다. 가는 구역에서는 하행지를 따라 내려오면서 농축된 NaCl이 간질액으로 확산되어 나올 수 있다. 이러한 염류의 움직임은 속질 부위의 삼투압을 높게 유지하는 데 도움이 된다.

이후 굵은 구역에서도 NaCl이 계속 빠져나가는데, 이는 상피조직이 능동수송에 의해 NaCl을 이동시키는 것이다. NaCl은 빠져나가고 물은 못 빠져나가기 때문에 여과액이 상행지를 따라 올라 가면서 점점 희석된다.

❹ 원위 세뇨관. 원위 세뇨관은 체액의 K^+와 NaCl의 농도를 결정하는 데 중요한 역할을 담당한다. 이 조절은 여과액으로 분비되는 K^+의 양과 여과액에서 재흡수되는 NaCl의 양의 변화에 기인한다. 근위 세뇨관과 마찬가지로 H^+를 배출하고 중탄산이온(HCO_3^-)의 재흡수를 통해 pH를 조절한다.

❺ 집합관. 집합관은 여과액을 속질을 거쳐 신우로 보내는 역할을 한다(그림 28.21). 여과액이 집합관의 수송상피를 거치면서 상

피층을 통한 투과도와 수송량의 조절이 오줌의 농축 정도를 결정한다.

신장이 수분을 보존하여야 할 경우에는 집합관의 아쿠아포린 통로가 물로 하여금 상피층을 통과하도록 만든다. 삼투에 의해 고장액인 체액으로 물을 많이 잃을수록 여과액은 농축된다. 속질의 안쪽으로 가면 집합관의 요소에 대한 투과도가 높아진다. 이 시점에서 여과액의 요소 농도가 높기 때문에 요소 일부가 간질액으로 확산되어 나간다. 결과적으로 남는 것은 일반 체액보다 고장액인 오줌이된다.

만약 염류와 수분의 균형을 유지하기 위해 농축된 오줌보다 희석된 오줌을 내보내야 할 때에는, 집합관에서 여과액으로부터 NaCl을 활발하게 능동수송한다. 이와 동시에 집합관 표면에서 아쿠아포린이 사라져서 물은 더 이상 염류를 따라 삼투압으로 이동하지 못한다.

뒤에 소개되겠지만, 호르몬에 의해 조절되는 집합관 상피층의 상태에 따라 삼투농도, 혈압, 혈액량의 항상성이 유지된다.

포유류 신장에서 오줌 농축하기

포유류 신장의 수분보존 능력은 육상 생활 적응의 핵심에 해당한다. 사람의 경우 체액이 300 mOsm/L인 데 반해 신장은 이보다 4배나 농축된 오줌을 배설한다.

헨레 고리를 둘러싼 모세혈관이 역류 교환계의 역할을 하여 겉질과 속질 간에 급격한 삼투농도 기울기를 만든다. 헨레 고리와 이를 둘러싼 모세혈관계는 일종의 역류 교환계로 작용하여 신장 속질과 겉질 사이의 가파른 염류 농도 기울기를 만들어낸다. 내온동물의 열 손실을 막는 데에도 관여하는 역류 교환을 기억하기 바란다(그림 28.15). 여기서 열의 이동은 온도 기울기에 따라 수동적으로 일어나는 반면, 헨레 고리에서의 역류 교환은 능동수송이 관련되어 있어 에너지를 소모한다. 헨레 고리의 상행지 윗부분에서 일어나는 NaCl에 대한 능동수송이 신장 안쪽에 높은 염류 농도를 유지하여 농축된 오줌을 만들 수 있게 해준다. 이와 같이 농도 기울기를 만들기 위해 에너지를 소모하는 경우를 **역류 증폭계 (countercurrent multiplier system)**라고 부른다.

사람의 신장이 만들 수 있는 가장 농축된 오줌의 삼투농도는 1,200 mOsm/L이다. 어떤 포유동물은 이보다 더 농축시킬 수 있다: 오스트레일리아의 껑충 생쥐는 사막에 사는 유대류로, 9,300 mOsm/L, 즉 약 25배 농도의 오줌을 생성할 수 있다.

다양한 환경에 대한 척추동물 신장의 적응

진화 척추동물들은 열대 우림에서 사막에 이르는, 또한 가장 염도가 높은 물에서 산위 호수와 같은 순수한 물에 이르는 거의 모든 지역을 서식지로 이용하고 있다. 이들의 신장에는 다양한 서식지에 적응하기 위한 다양한 구조와 기능의 네프론이 장착되어 있다. 기원은 다르지만 같은 서식지에 사는 동물들과 다른 서식지에 사는 유사한 동물들의 신장을 비교해 보면 척추동물들의 신장이 어떻게 적응하여 왔는지를 알 수 있을 것이다.

고삼투농도의 오줌을 만들어 낼 수 있는 껑충 생쥐나 캥거루쥐 등 사막 생물의 헨레 고리는 신장의 속질 깊숙이까지 들어가 있다. 긴 고리는 신장 내 가파른 염류 농도 기울기를 생성하고 그 결과 겉질에서 속질로 흘러가는 집합관에서 아주 심하게 농축된 오줌이 나오게 된다.

새들의 헨레 고리는 포유류에 비해 덜 깊이 들어가 있다. 그래서 새들의 신장은 포유류의 신장이 만드는 고농도의 오줌을 만들지는 못한다. 새들도 고장액의 오줌을 만들 수 있긴 하지만, 새들이 수분을 보존하는 주된 방법은 질소 노폐물을 요산의 형태로 배출한다는 것이다.

포유류에서는 오줌의 양과 농도 모두가 동물이 처한 수분, 염류 간의 균형에 따라 변화한다. 물이 적고 염류의 섭취가 많으면 고농도이면서 적은 양의 오줌을 배설하고, 염류의 섭취가 적고 물을 많이 섭취한다면 염류의 손실을 최소로 하면서 다량의 오줌을 배설한다. 후자의 경우 오줌은 70 mOsm/L까지 묽어질 수 있다.

그림 28.23에 나온 흡혈박쥐는 포유류 신장의 다양성을 잘 나타내 준다. 이 박쥐는 큰 새나 포유류의 혈액을 먹고 사는데, 날카로운 이빨로 먹이 동물의 피부에 상처를 내어 출혈을 일으키고 이를 핥아먹는다. 이들의 타액에는 항응고제가 있어 혈액의 응고를 억제하며, 먹이 동물에게는 큰 해를 미치지는 않는다. 이들은 적절한 먹잇감을 찾아 몇 시간씩 멀리 날아다니기 때문에 일단 먹이를 찾으면 될 수 있는 데로 많은 양의 혈액을 섭취해야 한다—어떤 경우에는 체중의 반에 해당하는 혈액을 섭취한다. 그 결과 흡혈박쥐는 체중이 너무 늘어나 다시 날기가 어려워지는데, 이때 이 박쥐의 신장에서는 빠른 속도로, 시간당 체중의 24%의 물을 배출한다. 체중이 다시 날 수 있을 정도로 충분히 줄어들면, 자신의 안식처인 동굴이나 속이 빈 나무로 돌아가 낮 시간을 보내게 된다.

박쥐들의 안식처에서는 다른 문제에 직면한다. 혈액으로부터 얻어지는 에너지는 주로 단백질에서 나온 것이다. 단백질을 소화하면 결과적으로 많은 양의 요소가 생긴다. 이들의 안식처에서는 이 노폐물들을 배출할 충분한 양의 물을 구하기가 어렵다. 이때 다시 신장의 기능이 이번에는 아주 진한 오줌(4,600 mOsm/L까지 이를 수 있다)을 만드는 방향으로 적응하여, 수분의 손실을 최대로 줄일 수 있다. 이렇게 다량의 묽은 오줌과 적은 양의 농축된 오줌을 만들어 낼 수 있는 적응능력은 특수한 먹이를 먹는 흡혈박쥐에게는 필수적인 능력일 것이다.

▶ 그림 28.23 **흡혈박쥐 (*Desmodus rotundas*), 특이한 배설 양태를 가진 포유류**

신장의 항상성 조절 기능

신경계와 호르몬으로부터의 입력이 함께 포유류 신장의 기능을 조절한다. 이 입력 정보는 오줌의 농도와 양을 조절하여 혈압과 혈액량의 항상성을 유지한다.

항이뇨호르몬

신장 조절회로에서 중요한 역할을 담당하는 호르몬으로 항이뇨호르몬(antidiuretic hormone, ADH) 또는 **바소프레신**(vasopressin)을 들 수 있다**(그림 28.24)**. 시상하부는 혈액의 삼투압을 측정하고 뇌하수체 후엽에서의 ADH 분비량을 조절한다. ADH는 집합관 상피세포의 표면 수용체에 결합하여 일시적으로 원형질막에 아쿠아포린의 수를 늘린다. 아쿠아포린은 물에 대한 통로이기 때문에 그 결과로 상피의 물에 대한 투과도가 높아진다.

ADH의 작용을 이해하기 위해 혈액의 삼투농도가 증가하는 상황, 예컨데 짠 음식을 먹거나 땀을 많이 흘린 경우를 생각해 보자. 설정값이라 할 수 있는 300 mOsm/L 이상의 삼투압이 되면, ADH의 혈액으로의 방출이 증가하게 된다. ADH는 집합관의 상피에 작용하여 물의 투과성을 높인다. 그 결과로 물의 재흡수가 많이 일어나 오줌이 농축되고 부피가 줄어들기 때문에 다시 원래의 삼투농도로 돌아가도록 도와준다(삼투압을 다시 300 mOsm/L로 낮추기 위해서는 따로 음식물이나 음료로부터 수분을 섭취해야만 한다). 혈액의 삼투농도가 떨어지면 되먹임 기작으로 시상하부의 삼투수용기 세포들의 활성이 감소하고 결국 ADH의 분비도 줄어든다.

만약 염류 섭취가 많거나 땀을 많이 흘리는 대신 맹물을 너무 많이 마신다면 어떤 일들이 벌어질까? 삼투농도가 떨어질 것이고, ADH의 분비가 거의 일어나지 않을 것이다. 그 결과로 집합관 상피의 물에 대한 투과도가 떨어져 재흡수가 줄어들고, 많은 양의 오줌이 나오게 될 것이다[이뇨(diuresis)라는 것은 오줌량이 늘어난다는 것을 의미하며 따라서 항이뇨호르몬(antidiuretic hormone)은 이와는 반대되는 작용을 하기 때문에 붙여진 이름이다].

신장 조절의 조율

ADH의 분비는 지나친 물 손실에 의한 혈액 삼투농도의 증가에 반응하여 일어난다. 하지만 과도한 염류와 물이 모두 손실되는 경우—심한 설사나 출혈이 있는 경우—에는 혈액 삼투압이 높아지는 것이 아니라 혈액 부피가 줄어들 것이다. 이런 경우 ADH는 반응하지 않는데 신체는 어떻게 대처할까? 신장의 기능은 **레닌-안지오텐신-알도스테론계**(renin-angiotensin-aldosterone system, RAAS)라는 내분비 고리에 의해서도 조절된다는 것이 알려졌다. RAAS에서 **안지오텐신 II**(angiotensin II)라는 작은 펩타이드를 생산한다. 안지오텐신 II는 여러 가지 경로를 통해 혈압을 높임으로 이 호르몬의 생성을 억제하는 약품이 높은 혈압(특히 만성 고혈압) 치료에 많이 사용되고 있다. 많은 종류의 약들이 안지오텐신 합성의 두 번째 과정을 촉매하는 안지오텐신 전환효소(angiotensin converting enzyme, ACE)에 대한 특이적 억제제이다.

모든 동물들은 우리가 기관이라 부르는 어떤 복잡한 생리적 기구를 통해 끊임없이 수분과 염류의 균형을 유지하고 질소 노폐물을 배출하고 있다.

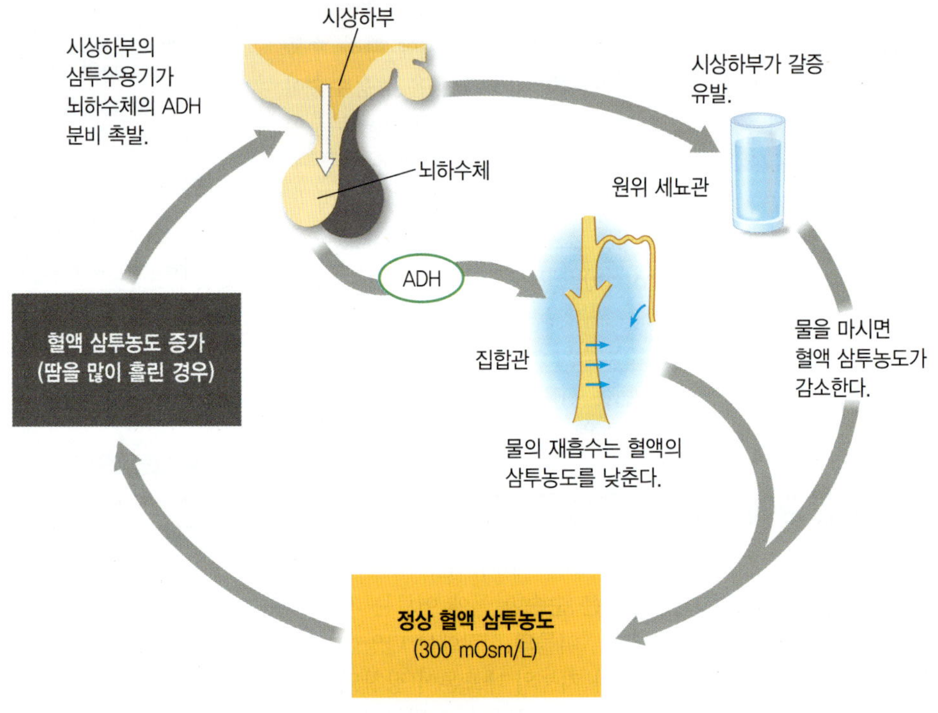

▶ **그림 28.24 항이뇨호르몬(ADH)에 의한 신장의 수분 보존.** 시상하부의 삼투 조절기는 수용기 세포에서 물이 나가고 들어온 것을 이용하여 혈액의 삼투농도를 감지한다. 삼투농도가 증가하면 삼투 조절기로 부터의 신호가 ADH의 분비를 촉발하며 갈증을 느끼게 한다. 물을 마시고 물의 재흡수가 증가하면 혈액 삼투농도가 감소하고 ADH의 분비가 억제되어 되먹임회로가 완성된다.

CHAPTER

29 동물의 영양

▲ 그림 29.1 어떻게 게는 수달이 털을 만드는 데 도움을 줄까?

핵심 개념

29.1 동물은 화학적 에너지, 유기물, 그리고 필수 영양소를 음식을 통해 반드시 공급받아야 한다

29.2 음식 처리의 주요 단계는 섭취, 소화, 흡수, 배설이다

29.3 포유류 각각의 소화기관은 음식 소화과정에 특성화되어 있다

29.4 척추동물 소화계의 진화적 적응은 음식과 밀접한 연관이 있다

29.5 되먹임 회로는 소화, 에너지 저장, 식욕을 조절한다

음식에 대한 요구

그림 29.1에서 보는 것처럼 해달의 저녁식사 시간이 되었다(그러나 이는 게에게 있어서는 굉장히 다른 의미이다). 게의 피부, 근육 그리고 다른 부분은 씹혀 잘게 조각날 것이며, 해달의 소화계에서 산과 효소에 의해 분해되고, 결과적으로 작은 분자로 해달의 몸에 흡수된다. 이러한 과정은 동물의 **영양(nutrition)**이라는 개념으로 음식의 섭취, 분해, 흡수를 포함한다.

식물과는 달리, 동물은 음식으로부터 에너지와 유기물을 얻으며 이는 새로운 분자, 세포, 조직을 만드는 데 이용된다. 소, 바다달팽이, 유충과 같은 **초식동물(herbivore)**은 주로 식물이나 조류(algae)를 먹는다. 해달, 매, 거미와 같은 **육식동물(carnivore)**은 다른 동물을 잡아먹는다. 쥐와 같은 **잡식동물(omnivore**; 라틴어로 모든 것을 뜻하는 *omni*에서 유래)은 사실 모든 것을 먹는 것이 아니고, 일반적으로 동물을 먹지만 식물과 조류 역시 먹는다.

동물은 생존과 번식을 하기 위해서는 음식의 소비와 저장 그리고 사용의 균형이 유지되어야만 한다. 예를 들어, 해달은 매일 몸무게의 25% 정도에 해당되는 양의 음식을 섭취함으로써 높은 신진 대사를 유지한다. 너무 적은 양, 너무 많은 양의 음식, 혹은 잘못된 음식 섭취는 동물의 건강을 해칠 수 있다. 이번 장에서는 동물의 영양소에 대하여 공부하고 동물이 음식을 얻고 소화시키는 데 필요한 다양한 적응방법과, 에너지 흡수와 사용을 조절하는 방법에 대해 논의할 것이다.

개념 29.1

동물은 화학적 에너지, 유기물, 그리고 필수 영양소를 음식을 통해 반드시 공급받아야 한다

전체적으로 적절한 식단은 반드시 3가지 영양적 요구를 만족시켜야 한다: 세포활동을 위한 화학적 에너지, 거대분자 합성을 위한 유기분자 단위체와 필수 영양소가 이에 해당한다.

동물은 음식을 통해 ATP 생산을 위한 에너지원을 제공하는 것뿐 아니라 생합성에 필요한 모든 원료들을 공급받아야 한다. 성장하고 유지하며 번식하는 데 필요한 복잡한 분자들을 만들기 위해 동물은 당과 같은 유기 탄소와 단백질과 같은 유기 질소를 음식을

통해 얻어야 한다. 이러한 물질로 동물 세포는 매우 다양한 유기 분자를 만들 수 있다.

동물의 음식에는, 동물이 필요로 하지만 단순 유기분자에서 합성될 수 없는 **필수 영양소(essential nutrient)**들이 반드시 포함되어야 한다.

필수 영양소

음식으로부터 얻을 수 있는 필수 영양소에는 필수 지방산, 필수 아미노산, 비타민 그리고 무기질이 있다. 필수 영양소는 생합성 과정 중에 필요한 반응물, 효소, 보조인자로서 중요한 기능을 한다 (그림 29.2).

필수 지방산과 필수 아미노산

모든 유기체는 단백질 합성을 하는데 20가지의 아미노산을 사용한다. 미생물과 식물은 일반적으로 모두 20가지의 아미노산을 생산할 수 있다. 대부분의 동물들은 먹는 음식에 황이나 유기 질소가 들어 있으면 10개 정도의 아미노산을 합성할 수 있다. 나머지 아미노산들은 완성된 형태로 음식을 통해 섭취해야 하며, 이러한 이유로 **필수 아미노산(essential amino acid)**이라 불린다. 사람을 포함한 대부분의 성체 동물에 있어서 8개의 아미노산은 음식으로 섭취되어야 한다.

동물은 지방산을 세포막 인지질, 신호전달물질, 저장용 지질처럼 다양한 세포 구성물로 바꾼다. 식물은 가능하지만 동물은 합성할 수 없는 일부 **필수 지방산(essential fatty acid)**은 한 개 혹은 그 이상의 이중결합을 가지고 있다. 예를 들어, 리놀레산이 있다 (그림 29.2). 사람 그리고 다른 동물들의 음식에 포함된 씨앗, 곡물, 채소들은 충분한 양의 필수 지방산을 제공하기 때문에 이러한 종류의 영양소 결핍은 드물다.

비타민

생리학자 센트죄르지(Albert Szent-Györgyi)는 "비타민은 당신이 먹지 않으면 질병에 걸리게 할 물질"이라 말했다. **비타민(vitamin)**은 종류에 따라서 하루에 0.01~100 mg 정도의 아주 적은 양이 필요한 유기분자이다. 지금까지 13개의 비타민이 사람에게 필요하다고 밝혀졌는데 이들은 화학적 특성과 기능면에서 다르다. 일부는 수용성 비타민으로 조효소 기능을 하는 비타민 B를 포함한다(그림 29.2). 결합조직을 만드는 데 필요한 비타민 C 또한 수용성 비타민이다. 비타민 A, D, E, K는 지용성 비타민이다. 비타민 K는 혈액 응고에 중요하다. 비타민 E는 항산화제이며 세포막 손상을 막는 데 도움을 준다. 비타민 A는 눈의 시각 색소에 섞여 있으며, 비타민 D는 칼슘 흡수와 뼈 형성에 도움을 준다. 다른 비타민과는 다르게 비타민 D는 햇볕을 쬐었을 때 피부에서 합성되기 때문에 비타민 D의 생체 요구량은 개체에 따라 다양하다.

불균형적인 식이를 하는 사람에게는 비타민을 공급함으로써 하루 권장량을 섭취하도록 하는 것은 바람직하다. 다만 다량의 비타민이 어떠한 이점을 주는지 혹은 안전한지는 아직 명확하지 않다. 잉여 수용성 비타민의 대부분은 소변으로 배출되기 때문에 수용성 비타민의 과용은 일반적으로 해롭지 않다. 하지만 지용성 비타민의 경우 체내 지방에 축적될 수 있기 때문에 과용은 해로울 수 있다.

무기질

무기질(mineral)은 간단한 무기물질로 하루에 1 mg 미만에서 2,500 mg 정도의 적은 양이 필요하다. 무기질은 동물이 살아가는 데 필요한 다양한 기능을 담당한다. 어떤 물질은 단백질 구조 안에 존재한다. 예를 들어, 이온은 몇몇 효소나 산소 수송 단백질인 헤모글로빈 안에 존재한다(그림 29.2). 반면, 나트륨과 칼륨, 염소는 신경과 근육에서 중요한 역할을 담당하며 세포와 체액의 삼투압을 유지하는 기능에도 중요하다. 척추동물에서 물질 대사율을 조절하는 갑상샘 호르몬에는 아이오딘이 있다. 척추동물은 세포막과 뼈 형성 및 유지를 위해 비교적 많은 양의 칼슘과 인이 필요하다.

특정 무기질을 다량 섭취한 경우 항상성이 깨져 유해한 부작용

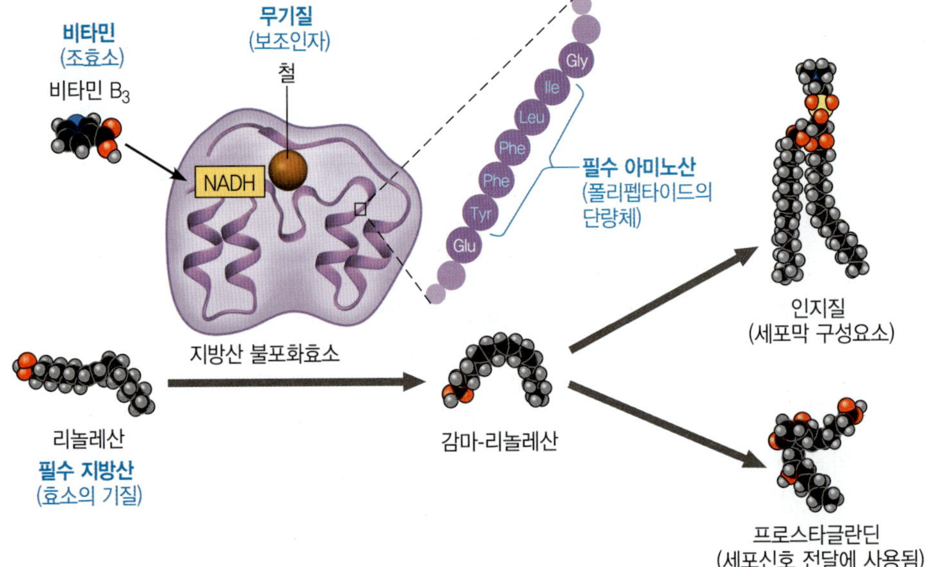

▶ **그림 29.2 필수 영양소의 역할** 이 생합성 과정의 예는 필수 영양소의 몇 가지 공통된 역할을 설명하고 있다. 네 종류의 필수 영양소는 지방산 불포화 효소가 리놀레산을 감마 리놀레산으로 바꿀 때 모두 관여한다(각각의 예시가 파란색으로 표시). 동물의 거의 모든 효소와 단백질들은 지방산 불포화 효소에 표시된 다섯 개의 필수 아미노산 서열을 갖고 있다.

이 생길 수 있다. 예를 들어, 필요 이상의 소금(염화나트륨)은 그 자체가 유해하진 않지만 고혈압을 일으킬 수 있다. 이는 특히 미국에서 심각한 문제로 작용하는데, 일반적으로 사람들은 필요량보다 20배나 많은 소금을 먹는다.

식이 결함

필수 영양소가 부족하거나, 지속적으로 신체에서 필요한 양보다 적은 화학적 에너지를 공급하는 식단은 **영양실조**(malnutrition)로 건강과 생존에 부정적 영향을 초래한다.

영양실조

영양실조는 잠재적으로 기형, 질병, 심지어 죽음까지 야기할 수 있다. 예를 들어, 소, 사슴, 그리고 다른 초식동물들은 인이 부족한 토양에서 자란 식물을 먹을 경우, 뼈가 쉽게 부러진다. 그런 환경에서 몇몇 초식동물들은 모자란 영양소를 소금이나 다른 무기질이 농축된 재료로부터 얻기도 한다(**그림 29.3**). 비슷하게, 일부 새들은 달팽이 껍데기로 음식을 보충하고 거북이는 돌을 먹기도 한다.

다른 동물처럼, 사람도 때때로 영양실조에 걸린다. 필수 아미노산이 충분히 들어 있지 않은 식이는 사람에게서 가장 흔한 영양실조 종류인 단백질 결핍증(protein deficiency)을 초래한다. 예를 들어, 아이들 식단이 모유에서 쌀과 같이 녹말의 형태로 모든 칼로리를 제공하는 식단으로 바뀔 때 단백질 결핍증이 발생한다. 이런 아이들은 유아시기에 살아남더라도 신체적, 정신적 발달에 결함을 갖게 된다.

쌀만 먹고 생활하는 사람들은 종종 눈이 멀거나 심지어 죽을 수도 있는 비타민 A 결핍에 시달린다. 이 문제를 극복하기 위해서 과학자들은 사람의 몸속에서 비타민 A로 변하는 색소인 베타 카로틴을 합성하는 새로운 벼 종자인 "황금쌀(Golden Rice)"을 만들어 냈다.

영양부족 상태

적절한 화학적 에너지 공급이 부족한 식이는 영양부족 상태를 일으킨다. 영양부족 상태에서 몸은 연료로 쓰기 위해 단백질을 분해하기 시작하며 근육의 크기가 줄어들기 시작하고 뇌에서 단백질 부족 현상이 일어난다. 만약 에너지 섭취가 에너지 소비보다 적은 상태로 지속되면 동물은 결국 죽을 것이다. 심각한 영양부족 상태의 동물은 생존한다 하더라도 일부 기능이 회복되지 않을 수 있다.

▶ **그림 29.3 필수 영양소의 획득** 초식동물인 어린 샤모아(*Rupicapra rupicapra*)는 록키 서식처에서 표면의 소금이나 무기질을 핥는다. 이와 같은 행동은 소금, 칼슘, 인과 아연 등의 필수 영양소가 부족한 곳에서 흔히 관찰된다.

그러나 때로는 잘 먹는 사람들에게서도 식이 장애의 결과로 영양부족 상태가 나타날 수 있다. 예를 들어, 신경성 식욕부진증(anorexia nervosa)을 가진 사람들은 그들의 나이와 키에 따른 적정 체중보다 더 많은 체중을 잃을 정도로 음식 섭취를 제한한다.

개념 29.2

음식 처리의 주요 단계는 섭취, 소화, 흡수, 배설이다

음식물 처리과정의 첫 번째 단계는 먹는 행위인 **섭취(ingestion)**이다. 동물의 먹이는 4가지로 나뉜다. 푸른 고래, 홍학, 그리고 다른 **부유물 섭식자**(suspension feeder)는 음식물 입자를 여과, 포획하거나 덫을 놓는다. 유충과 같은 **기질 섭식자**(substrate feeder)는 음식이 존재하는 곳 주변에서 산다. 모기, 벌새와 같은 **체액 섭식자**(fluid feeder)는 살아 있는 숙주로부터 영양이 풍부한 액체를 빨아들인다. 대부분의 동물은 비교적 큰 음식을 먹는 **덩어리 섭식자**(bulk feeder)이다(**그림 29.4**).

음식 처리과정 중 두 번째 단계인 **소화(digestion)**는 음식물을 몸이 흡수 할 수 있을 정도의 작은 분자로 잘게 부수는 과정이다. 소화 과정에는 기계적인 과정과 화학적인 과정이 필요하다. 저작(chewing)과 같은 기계적 소화는 음식을 잘게 부숴서 화학 반응을 위한 표면적을 늘린다. 그 후 잘려진 음식물은 큰 분자가 작은 부분으로 잘려나가는 화학적 소화를 받는다.

동물은 음식 속에 있는 단백질, 탄수화물, 핵산, 지방, 인지질을 그대로 사용하지 못하기 때문에 화학적 소화과정이 필수적이다. 이런 분자들은 너무 커서 세포막을 투과하여 세포 안으로 들어가지 못한다. 동물들은 주로 음식 속의 거대분자를 작은 분자로 쪼개지만 필요에 따라서는 작은 분자들을 거대분자로 만든다. 예를 들어, 수달과 뱀은 식이가 매우 다르지만 음식 속의 단백질을 똑같은 20개 아미노산으로 바꿀 수 있다. 분해된 아미노산들은 몸 안에서 단백질을 다시 만드는 데 사용된다.

세포는 단량체를 결합시켜 고분자를 만든다는 것을 배웠다. 세포는 새로 공유결합을 형성할 때마다 물분자 하나씩을 배출하여 단량체를 고분자로 연결한다. 소화는 물을 첨가함으로써 역반응이 일어나도록 한다. 이 분해과정을 **효소 가수분해**(enzymatic hydrolysis) 과정이라고 한다. 이를 통하여 다당류와 이당류는 단당류로 나누어진다. 단백질은 아미노산으로, 핵산은 뉴클레오타이드로 나누어진다. 또한 효소 가수분해 과정은 지방과 인지질에서 지방산과 다른 성분을 만들어 낸다. 많은 동물에서 소화계에 살고 있는 박테리아들은 몇 가지 화학적 소화과정을 수행한다. 음식 처리과정의 마지막 두 단계는 소화가 끝난 후 일어난다. 세 번째 단계인 **흡수(absorption)**는 동물 세포가 소화기관으로부터 아미노산과 당과 같은 작은 분자를 흡수하는 과정이다. 마지막으로 **배설(elimination)**과정이 있는데, 이는 소화되지 않은 물질이 소화구획 밖으로 나가는 과정이다.

소화 구획

음식 처리과정의 개요에서 우리는 소화 효소가 단백질, 지방, 탄수화물을 가수분해 한다고 설명하였다. 하지만 어떻게 동물은 자신들의 세포와 조직을 소화시키지 않고 음식만 소화과정이 일어나게 할 수 있을까? 진화적인 적응과정에서 보면 대부분의 동물들은 특성화된 구획에서만 음식을 소화시킴으로써 자가 소화의 위험을 줄일 수 있다.

세포내 소화

세포소기관의 일종인 식포는 가장 간단한 소화 구획으로서 그 내부에 세포 자체의 세포질을 소화시키지 않고 음식만을 부수는 가수분해효소가 들어 있다. 이와 같은 소화는 세포 내에서 일어나며 세포내 소화(intracellular digestion)라고 불리고, 세포가 식세포작용이나 음세포작용을 통하여 음식을 삼킨 후에 생긴다. 새로 생긴 식포는 리소좀과 합쳐진다. 이것은 음식을 가수분해효소와 섞고 보호막으로 싸인 기관 내에서 안전하게 소화가 일어나도록 해준다. 해면동물은 음식을 세포내 소화를 통해 소화시키는 흔치 않은 동물이다.

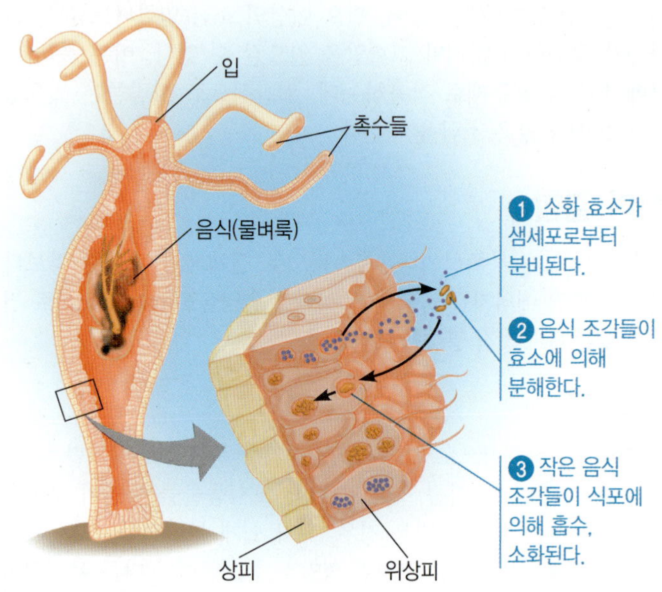

▲ 그림 29.5 **히드라의 소화.** 소화는 위수강에서 시작되고 작은 음식물 조각들이 위상피세포로 들어간 후 세포 내에서 완료된다.

세포외 소화

대다수 동물에서 가수분해는 주로 세포 밖에서 음식물 분해가 일어나는 세포외 소화(extracellular digestion)를 통해 일어난다. 세포외 소화는 동물의 외부와 연속적으로 연결된 구획 내에서 일어난다. 소화가 일어날 수 있는 세포외 공간을 가지는 것은 동물이 식세포작용을 통해 세포 내에서 소화시키는 것보다 훨씬 더 큰 음식을 먹을 수 있게 해주었다.

비교적 간단한 신체구조를 가진 많은 동물들이 한 곳만 열린 소화강을 가진다(그림 29.5). **위수강(gastrovascular cavity)**이라고 부르기도 하는 이 주머니는 소화와 몸 전체로 영양분을 분배하는 기능 모두를 수행한다. 예를 들어 히드라(hydra)는 촉수를 이용하여 음식이 입을 통과하여 위수강으로 들어가게 하면서 소화가 시작된다. 히드라의 위벽에 존재하는 샘세포는 소화 효소를 분비하여 음식의 부드러운 조직을 작은 조각으로 분해한다. 위벽에 존재하는 다른 세포는 이러한 작은 음식 조각들을 세포 안으로 들어오도록 한다. 그리고 고분자의 가수분해는 대부분 해면동물과 같이 세포 내부에서 일어난다. 히드라는 음식을 소화한 후 소화되지 않고 위수강에 남아 있는 작은 갑각류의 외골격과 같은 물질들은 입을 통하여 배출시킨다. 많은 편형동물 또한 위수강을 가진다.

자포동물이나 편형동물과 달리 대부분의 동물은 입과 항문 사이에 연결된 소화관을 가진다. 이러한 관은 **완전 소화관**(complete digestive tract) 또는 **소화관(alimentary canal)**이라고 불리기도 한다(그림 29.6). 음식은 이 관을 통하여 한 방향으로만 이동하므로 관은 단계적인 방식으로 소화와 흡수를 수행하는 특성화된 부분

▼ 그림 29.4 **아프리카비단뱀의 덩어리 섭식.** 이 놀라운 장면은 아프리카비단뱀이 가젤을 잡아 죽인 후 먹기 시작하는 모습을 보여준다. 먹이를 삼키는데 한 시간 이상 시간을 보낸 후, 비단뱀은 조용한 곳에서 먹이를 소화시키는데 그 과정은 2주 혹은 더 많은 시간을 필요로 할 것이다.

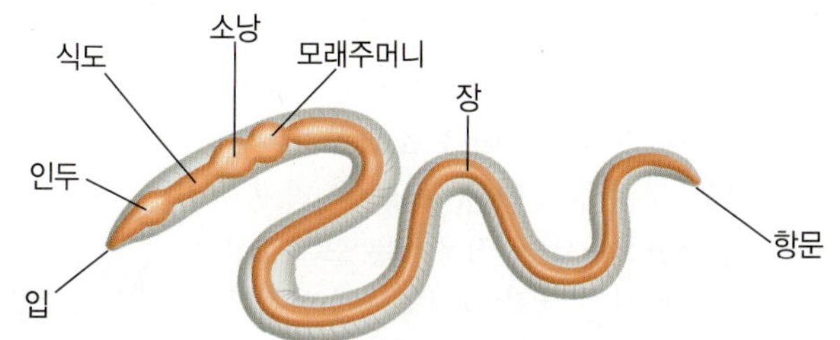

(a) **지렁이.** 지렁이의 근육이 잘 발달된 인두가 입으로 들어온 음식을 잘 빨아들인다. 음식물은 소낭에 저장되고 적셔진다. 근육이 잘 발달된 모래주머니는 모래와 자갈을 함유하고 있어 음식물을 부순다. 소장에서 소화와 흡수가 일어난다.

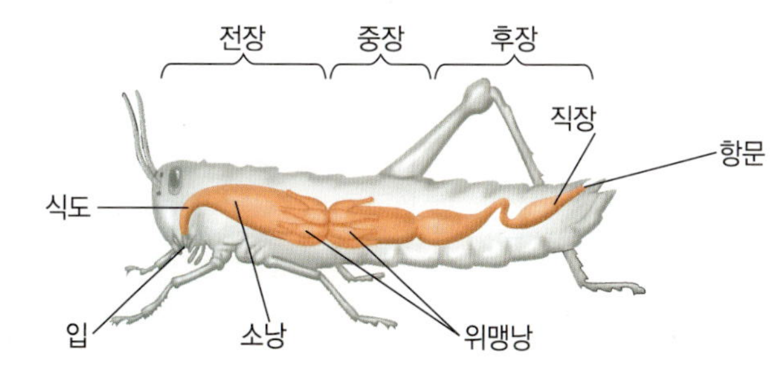

(b) **메뚜기.** 메뚜기는 식도와 소낭이 있는 전장; 중장; 후장이 있다. 음식물은 소낭에서 적셔지고 저장되지만 대부분의 소화는 중장에서 일어난다. 위맹낭이라 불리는 주머니들이 중장에서부터 뻗어 나와 있으며 소화와 흡수 기능을 한다.

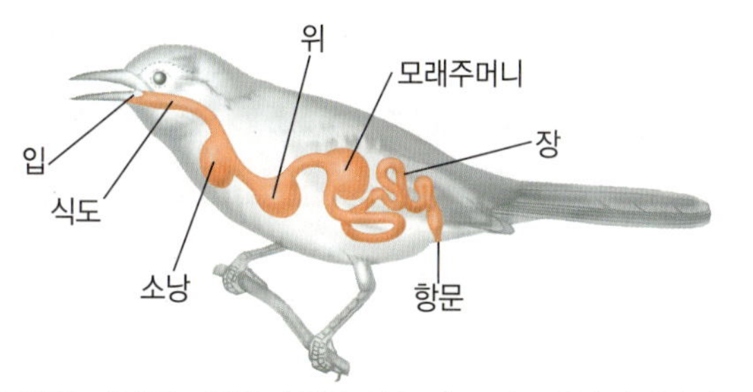

(c) **새.** 많은 새들은 음식을 저장하기 위한 소낭, 위, 그리고 음식의 기계적 소화를 담당하는 모래주머니를 가지고 있다. 화학적 소화와 영양분 흡수는 장에서 일어난다.

▲ 그림 29.6 **소화관의 다양성.** 이 예시들은 종마다 다른 기관과 구조를 소화, 저장, 흡수로 나누어 다양성을 설명하고 있다.

으로 나뉜다. 완전 소화관의 다른 이점은 먼저 먹은 음식이 완전히 소화되기 전에 다른 음식을 먹을 수 있다는 점이며 이것은 위수강을 가진 동물에서는 불가능하거나 비효율적일 것이다.

개념 29.3

포유류 각각의 소화기관은 음식 소화 과정에 특성화되어 있다

포유류의 소화기관은 소화관과 다양한 부속 분비샘으로 구성되어 있다. 부속 분비샘은 도관을 통해 소화액을 분비한다. 포유류 소화기관의 부속 분비샘은 침샘, 췌장, 간, 그리고 담낭으로 구성되어 있다(그림 29.7). 지금부터 우리는 사람 소화기관을 모델로 하여 각각의 단계에서 음식이 소화되는 현상을 보다 정밀하게 관찰할 것이다.

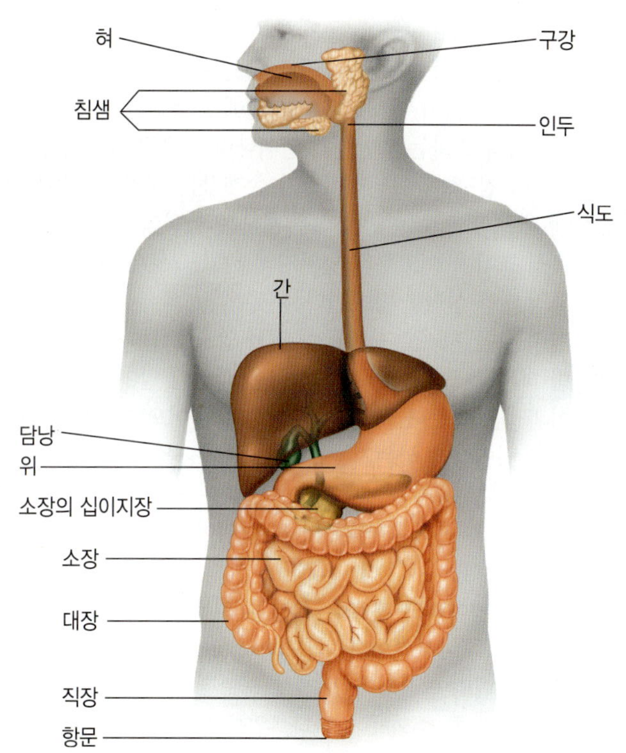

▲ 그림 29.7 **사람의 소화계.** 음식물은 씹고 삼켜진 후 식도를 통과하고 위에 도달하는 데 5~10초밖에 걸리지 않는다. 위에 도달한 음식물은 2~6시간 정도 머무르면서 부분적으로 소화된다. 최종적인 소화와 흡수는 소장에서 일어나며 5~6시간 정도 걸린다. 소화되지 않은 물질들은 12~24시간 정도 걸려 대장을 통과하며, 찌꺼기는 항문을 통해서 배설된다.

구강, 인두, 식도

음식을 한 조각 무는 순간 입, 즉 **구강(oral cavity)**에서는 소화과정이 시작된다. 기계적 소화에서는 다양한 형태의 이빨이 음식을 자르고 분쇄하고 갈아서 쉽게 삼킬 수 있도록 하고 음식의 표면적을 늘린다. 이러한 기계적 소화는 화학적 분해가 원활하도록 표면적을 증가시킬 뿐 아니라 삼키는 것 또한 촉진한다. 또한 구강에 존재하는 음식은 **침샘(salivary gland)**을 자극하여 침을 분비시키기도 한다.

침은 혼합물로서 생명에 필수적인 다양한 기능을 수행한다. 침은 물, 소금, 세포, 그리고 미끄러운 당단백질(탄수화물-단백질 복합체)로 구성된다. 침의 보호효과는 끈적이는 혼합체인 **점액(mucus)**에서 상당부분 기인한다. 점액은 입안을 마모로부터 보호하고 또한 음식을 매끄럽게 하여 쉽게 삼킬 수 있게 해준다. 침은 완충액을 포함하여 입안의 산을 중화시켜 치아가 썩는 것을 막으며, 침 안의 항세균 물질(라이소자임 같은 것, 그림 3.20)은 음식을 통해 들어오는 세균을 죽인다.

과학자들은 녹말(식물에 존재하는 포도당 중합체)과 글리코젠(동물에 존재하는 포도당 중합체)을 분해하는 **아밀레이스(amylase)**가 침에 많이 존재한다는 사실에 오랫동안 의아해 왔다. 대부분의 화학적 소화는 입안에서 일어나지 않고 소장에서 일어난다. 그러면 왜 침 속에 아밀레이스가 존재하는 것일까? 현재까지 이 질문에 대한 답으로는 침속에 존재하는 아밀레이스는 이에 달라붙은 음식 조각을 이로부터 떨어지게 하고 그로 인해 입안에 사는 미생물의 영양 섭취를 방해한다는 것이다.

도어맨이 문을 지키고 사람들이 건물 안으로 들어오는 것을 돕는 것처럼 혀는 음식물을 평가하고 다음 과정이 일어날 수 있도록 하여 소화과정을 돕는다. 음식이 구강으로 들어오면, 혀는 음식이 다음 단계로 넘어가야 하는지를 구별하는 기능을 가진다. 혀는 음식을 맛보고 씹는 동안 음식을 잘 조절하여 둥근 모양의 **덩어리(bolus)**를 만든다. 음식을 삼킬 때 혀는 덩어리를 구강 뒤로 밀고 인두로 집어넣는다.

우리가 목구멍이라고 부르는 부분은 **인두(pharynx)**로서 식도와 기관을 열어주는 부분이다. **식도(esophagus)**는 위와 연결되어 있으며 기관은 폐와 연결되어 있다. 그러므로 음식물을 삼킬 때 기도가 막히지 않도록 주의해야 한다. 우리가 음식을 삼킬 때 연골이 성대와 그 사이의 구멍을 막는다. 삼키는 기작은 호흡기의 윗부분에 있는 후두의 움직임으로 인하여 바로 음식물 덩어리를 식도로 보낸다. 만약 기관이 제때 닫히지 않으면 음식과 액체가 잘못된 길로 내려갈 수 있다. 그 결과 폐로의 공기 흐름이 막히게 되는데 만약 격렬한 기침이나 횡격막의 강제적 들림(하임리히 요법 등)에 의해 그 물질이 제거되지 않으면 치명적일 수 있다.

식도에서 음식은 평활근이 수축과 이완을 반복하는 **연동운동(peristalsis)**에 의해 밀려내려간다. 식도의 끝부분에 도착했을 때, 둥근 모양의 덩어리는 동그란 밸브 형태의 근육인 **괄약근(sphincter)**을 만난다. 졸라매는 끈과 같이 기능하는 괄약근은 삼켜진 음식을 위로 보내는 것을 조절한다.

위에서의 소화

위(stomach)는 복강의 윗부분, 횡격막 바로 아래에 자리 잡고 있다. 위에서는 극히 제한된 영양소가 혈류를 통하여 흡수되며 주로 음식을 저장하고 소화과정을 이어간다. 위는 아코디언 같은 주름과 매우 유연한 벽을 가지고 있기 때문에 약 2 L 정도의 물과 음식이 들어갈 수 있도록 늘어날 수 있다. 그림 29.8에서 보는 것과 같이, 위는 **위액(gastric juice)**이라고 하는 소화액을 분비하고 위벽 평활근의 운동을 통해 소화액을 섞는다. 음식물과 소화액의 혼합물을 **유미즙(chyme)**이라고 부른다.

위에서의 화학적 소화

위액의 두 가지 구성요소가 화학적 소화 작용을 일으킨다. 그 중 하나가 염산으로, 이는 고기와 식물의 세포를 서로 붙들어 주는 세포외 기질을 파괴한다. HCl의 농도가 굉장히 높은 위액의 pH는 약 2이며 이는 쇠못을 녹일 수도 있을 정도이다. 이렇게 낮은 pH는 박테리아를 죽일 뿐만 아니라 음식에 있는 단백질을 변성시킴으로써 음식물의 펩타이드 결합을 노출시킨다. 이렇게 노출된 펩타이드 결합은 위액의 두 번째 구성요소에 의해 공격당한다. 두 번째 구성요소는 단백질을 소화시키는 **단백질 가수분해효소(protease)**의 한 종류로 **펩신(pepsin)**이라고 불린다. 펩신은 강산성에서 잘 작용하는 드문 효소 중 하나이다. 펩신은 특정 아미노산에 인접한 펩타이드 결합을 끊음으로써 단백질을 좀 더 작은 폴리펩타이드로 부순다.

무엇이 위액이 위액을 분비하는 위 세포를 파괴하는 것을 막아주는

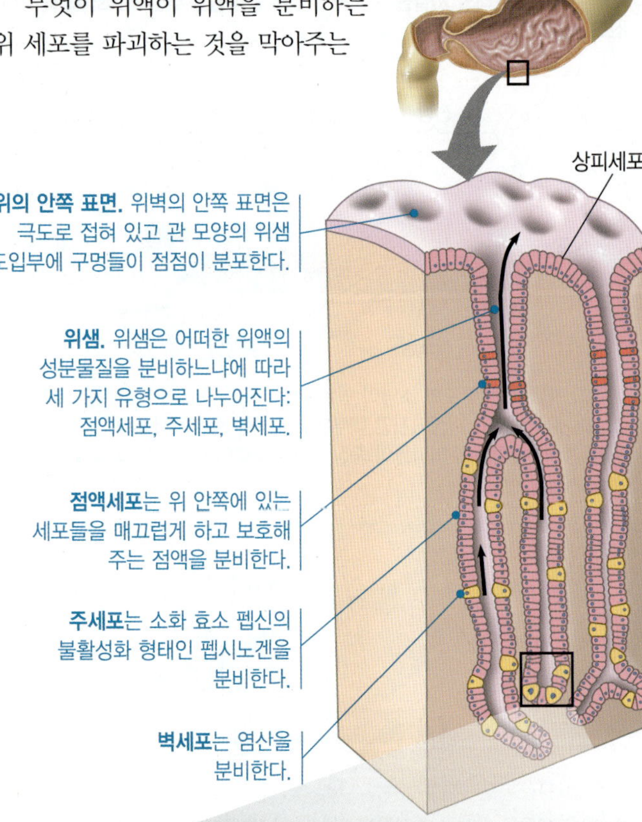

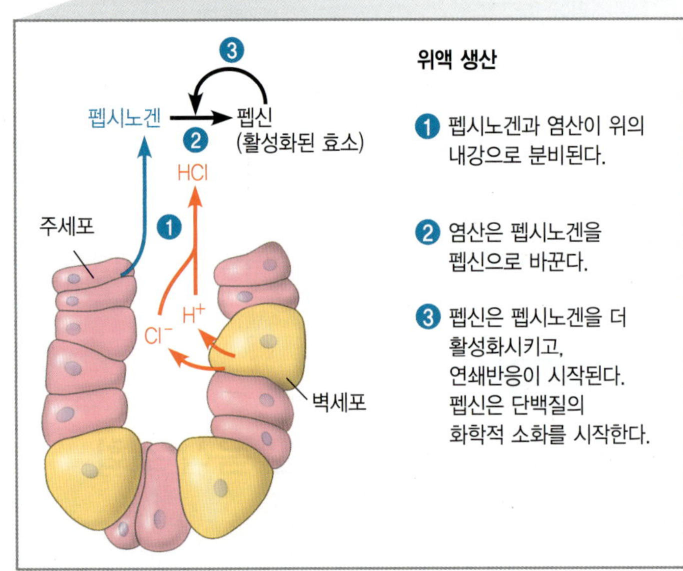

▲ **그림 29.8 위와 위액의 분비**

가? 정답은 위액의 원료가 위의 내강으로 분비되기 전에는 비활성화된 형태로 존재하기 때문이다. 위액의 구성요소들은 위의 위샘에 있는 세포에서 생성된다. **벽세포**와 **주세포**는 염산과 펩신을 만든다. 이러한 과정은 모두 위샘세포 내부가 아닌 위 내강에서 이루어진다.

HCl과 펩신이 위 내강에서 만들어진다면 위벽은 어떻게 손상받지 않을까? 위벽은 점액을 분비하여 자가 소화를 막는다. 게다가 상피세포는 왕성한 세포분열이 일어나 3일마다 상처받은 위벽세포를 완전히 교체할 수 있을 정도의 충분한 세포를 만들어 낸다. 이러한 방어 기작에서도 불구하고 위벽에 위궤양이 발생할 수 있다. 지난 수십 년간 과학자들은 정신적 스트레스로 인해 위산이 과다 분비되어 위궤양이 생기는 것으로 생각했다. 하지만 오스트레일리아의 연구원 마샬과 워렌 박사는 산에 저항성을 가지는 헬리코박터 파일로리균의 감염이 위궤양을 일으킨다는 것을 밝혀냈다. 그들은 또한 항생제로 위궤양을 치료할 수 있다는 것도 알아냈다. 이러한 발견을 통하여 그들은 2005년 노벨상을 수상하였다.

위의 운동성

위액으로 인한 화학적 소화는 위의 움직임과 함께 이루어진다. 연속적인 근육의 수축과 이완은 매 20초마다 위의 내용물을 섞는다. 음식물이 벽세포에서 분비된 위산과 잘 섞이면 화학적 소화과정이 촉진된다. 그 결과 갓 삼켜진 음식은 산성을 띠며 영양분이 풍부한 유미즙의 형태가 된다.

또한 위의 근육운동은 음식물의 소화관 통과를 촉진시킨다. 특히, 연동운동을 통해 위 내용물을 소장으로 2~6시간 내에 이동시킨다. 위와 소장이 연결된 부분의 괄약근은 소장으로의 통과를 조절하는 데 도움을 주며 소장으로 유미즙이 한 번에 소량씩만 이동하게 한다.

때때로 위에서 식도로 유미즙의 역류가 일어난다. 때때로, 위의 상층부에 존재하는 괄약근은 유미즙이 위에서 식도로 역류하도록 길을 열어 주기도 한다. 산성 성분을 띠고 있는 유미즙의 역류로 인해 "가슴앓이"가 발생하기도 한다.

소장에서의 소화

비록 일부 영양분의 화학적 소화는 구강이나 위에서 일어나지만, 음식에서 비롯된 고분자들은 대부분 **소장(small intestine)**에서 효소에 의한 가수분해가 일어난다(**그림 29.9**). 사람의 경우 소장은 길이가 6 m가 넘으며 소화관 중 가장 긴 부분이다. 소장이라는 이름은

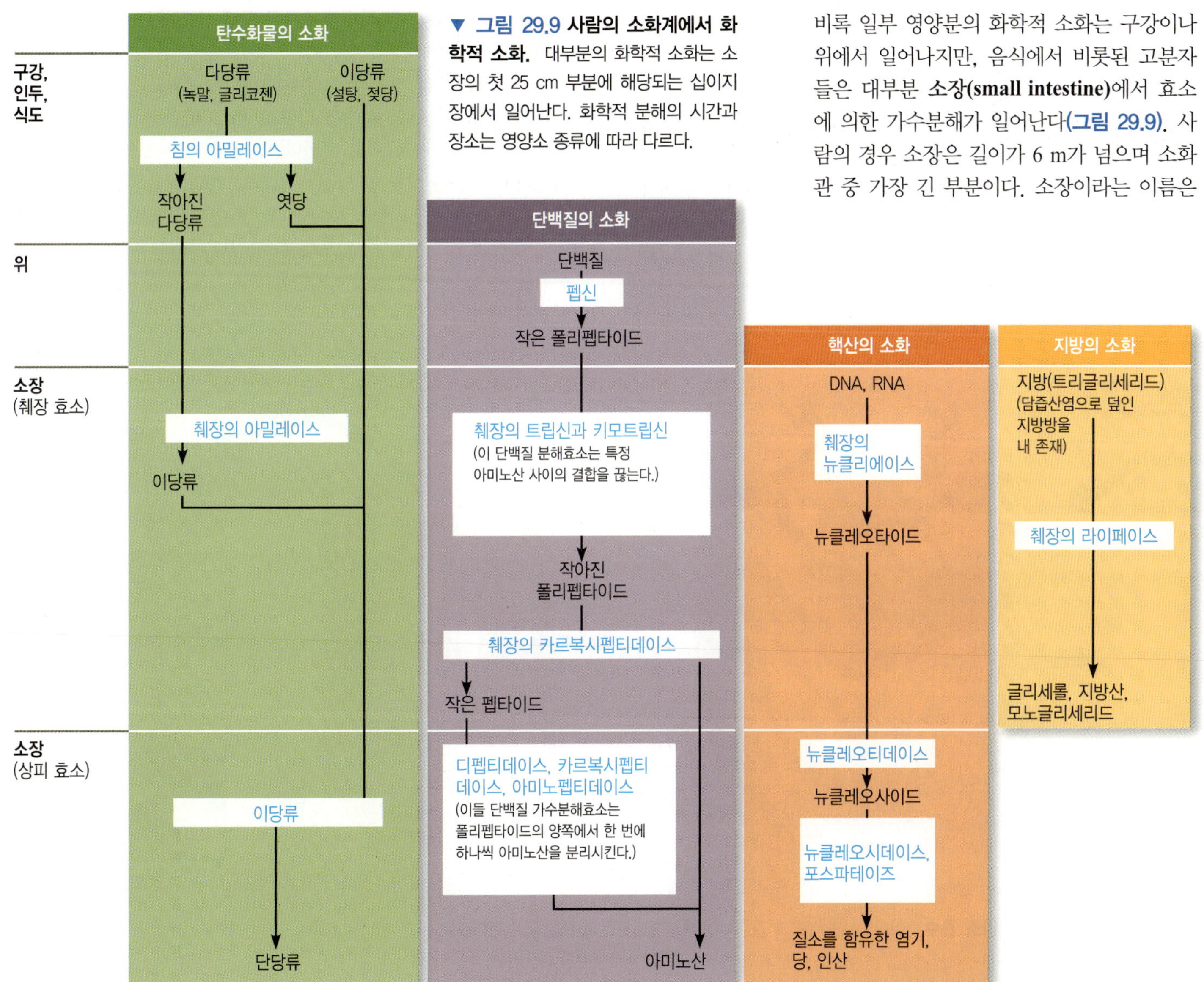

▼ **그림 29.9 사람의 소화계에서 화학적 소화.** 대부분의 화학적 소화는 소장의 첫 25 cm 부분에 해당되는 십이지장에서 일어난다. 화학적 분해의 시간과 장소는 영양소 종류에 따라 다르다.

대장과 비교해 볼 때 지름이 작다는 것을 의미한다. 소장의 앞 25 cm 정도는 **십이지장(duodenum)**이라고 불린다. 위로부터 온 산성 유미즙은 여기서 췌장, 간, 쓸개, 소장의 분비세포에서 나온 소화액과 섞인다.

유미즙은 십이지장에서 세크레틴을 분비시키며 이는 **췌장(이자, pancreas)**에서 중탄산염의 분비를 자극한다(그림 28.6). 중탄산염은 위에서 온 유미즙의 산성을 중화시키는 완충용액으로 작용한다. 또한 췌장은 다양한 소화 효소들을 소장으로 분비한다(그림 29.9). 췌장의 효소 중에는 트립신과 키모트립신이 있으며 이들은 단백질 분해효소로서 비활성화 상태로 십이지장으로 분비된다. 펩신의 활성화 과정과 마찬가지로, 십이지장 내 공간에 안전하게 도착하면 이들 효소가 활성화된다(그림 29.8).

십이지장의 상피 표면은 다양한 소화 효소의 공급원이다(그림 29.9). 이러한 소화 효소 중 몇 개는 십이지장으로 분비되지만 다른 소화 효소는 상피세포의 표면에 붙어 있다. 십이지장에서 분비된 소화 효소는 췌장에서 분비된 효소와 함께 대부분의 소화가 십이지장에서 일어나도록 한다.

지방은 소화에 있어서 특이점을 갖는다. 지방은 물에 잘 녹지 않아서 큰 지방덩어리를 형성하며 이들은 소화 효소에 의해서 분해되지 않는다. 진화적으로 지방의 소화를 가능하게 했던 것은 담즙염의 생성이었다. 담즙염은 지방과 다른 지질 입자를 분해하는 유화제 역할을 한다. 담즙염은 **담즙(bile)**의 주요 성분으로서 **간(liver)**에서 생성된 후 **담낭(gallbladder)**에 저장되고 농축된다.

간의 중요한 기능은 더 이상 작동하지 못하는 적혈구 파괴와 더불어 담즙 생산이 필수적이다. 간은 적혈구 파괴의 부산물 중 몇몇 색소를 담즙에 포함시킨다. 이 담즙 색소는 대변으로 체내를 빠져나간다. 몇몇 간이나 혈액 관련 질병에서 담즙 색소가 피부에 쌓이게 되면 피부가 노래지는 황달이 나타난다.

소장에서의 흡수

소화가 거의 끝나면 십이지장에 있는 음식물은 연동운동에 의해 소장의 나머지 부분인 **공장** 및 **회장**으로 이동한다. 대부분의 흡수는 주름이 많이 잡혀있는 소장 표면에서 일어난다(그림 29.10). 내면의 거대한 원형 주름은 융모라고 불리는 손가락 모양의 돌출부를 가지며 각 **융모(villi)**의 상피세포는 **미세융모(microvilli)**라고 불리는 소장의 내강으로 뻗어 있는 아주 작은 부속물을 가진다. 미세융모의 모양은 소장상피 세포들을 빗처럼 보이게 해 **털연변부**라는 이름을 갖게 했다. 소장의 융모와 미세융모의 표면적은 200~300 m^2로 테니스장과 비슷할 정도로 넓다. 이 엄청난 미세융모의 표면은 영양분 흡수 속도를 엄청나게 늘려주는 진화적 적응이다.

영양분의 종류에 따라 상피세포를 통과하는 영양분 수송은 수동적이거나 능동적이다. 예를 들어, 과당은 농도 차이를 줄이는 촉진확산으로 소장의 내강에서부터 상피세포로 이동한다. 과당은 상피세포의 밑부분에서 빠져나와 모세혈관으로 흡수된다. 아미노산과 작은 펩타이드, 비타민, 포도당과 다양한 작은 당들을 포함하는 다른 영양분들은 상피세포막에 의해 농도기울기를 거슬러 이동된다.

유미관과 달리 영양분이 풍부한 혈액을 융모에서 먼 곳으로 수송하는 모세혈관과 정맥은 간으로 바로 연결된 혈관인 **간문맥(hepatic portal vein)**으로 모인다. 간에서 나온 혈액은 심장으로 이동하고 심장은 이를 곧 다른 조직과 기관으로 운반한다. 이 배열은 두 가지 중요한 기능을 수행한다. 첫 번째로, 간이 영양분을 체내 곳곳으로 재분배할 수 있도록 한다. 간은 많은 유기분자를 서로 전환할 수 있는 다양한 대사 기능을 가지고 있기 때문에 간을 빠져나온 혈액은 간문맥을 통해 들어간 혈액과 매우 다른 영양소 성분

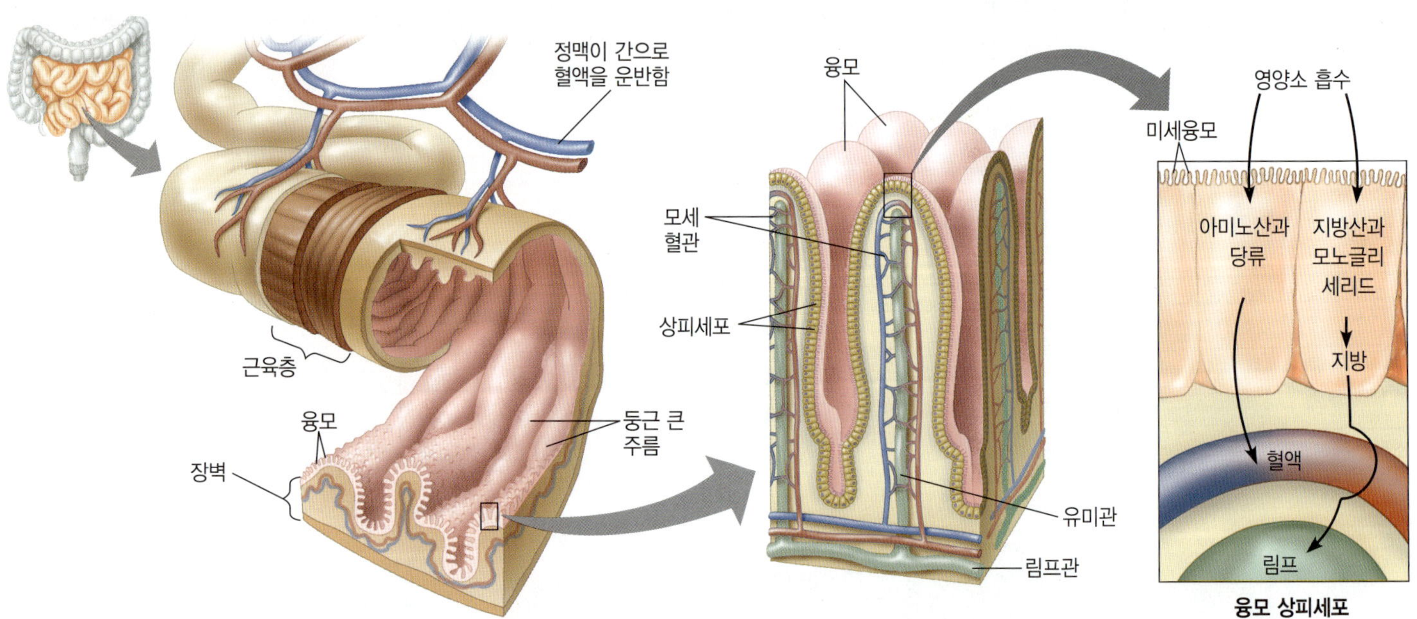

▲ **그림 29.10 소장의 영양소 흡수.** 아미노산과 설탕과 같은 수용성 영양소들은 혈관을 통해 들어오는 반면, 지방은 림프계를 통해서 들어온다.

을 가지고 있다. 두 번째로 간은 혈액이 몸을 순환하기 전에 먼저 유해 성분을 제거할 수 있도록 한다. 간은 약과 외부 물질을 포함하는 많은 유기분자들의 해독작용이 일어나는 1차 기관이다.

많은 영양분들이 소장에서 혈관으로 운반되며 간을 통과하지만 지방(트리글리세리드)의 소화로 생긴 몇 가지 생성물은 다른 경로를 통한다(그림 29.11). 리파아제에 의해 가수분해된 지방은 지방산과 모노글리세라이드(지방산 하나에 결합된 글리세롤)를 생성한다. 상피세포로 흡수된 후에 트리글리세리드로 다시 재조합된다. 이 지방은 인지질, 콜레스테롤, 단백질로 포장된 **킬로미크론(chylomicrons)**이라고 불리는 둥글고 수용성인 입자를 형성한다.

소장에서 킬로미크론은 먼저 융모의 중앙에 위치하는 관인 **유미관(lacteal)**으로 수송된다(그림 29.10, 29.11). 유미관은 척추동물의 림프계 일부분으로, 림프라고 불리는 맑은 액체로 채워진 관이다. 킬로미크론을 포함한 림프는 림프계에서 배출되어, 대정맥으로 들어간다.

영양소를 흡수하는 것과 더불어 소장의 주요 기능 중 하나는 물과 이온들을 재흡수하는 것이다. 매일 우리는 2 L의 물을 사용하며 7 L의 소화액을 분비한다. 보통 물 0.1 L를 제외한 거의 모든 액체가 소장에서 흡수된다. 물은 능동수송에 대한 생물학적 기전이 없다. 대신에 물은 소금과 같은 이온들이 소장의 내강 밖으로 펌프되어 생긴 삼투압을 통하여 재흡수가 일어난다.

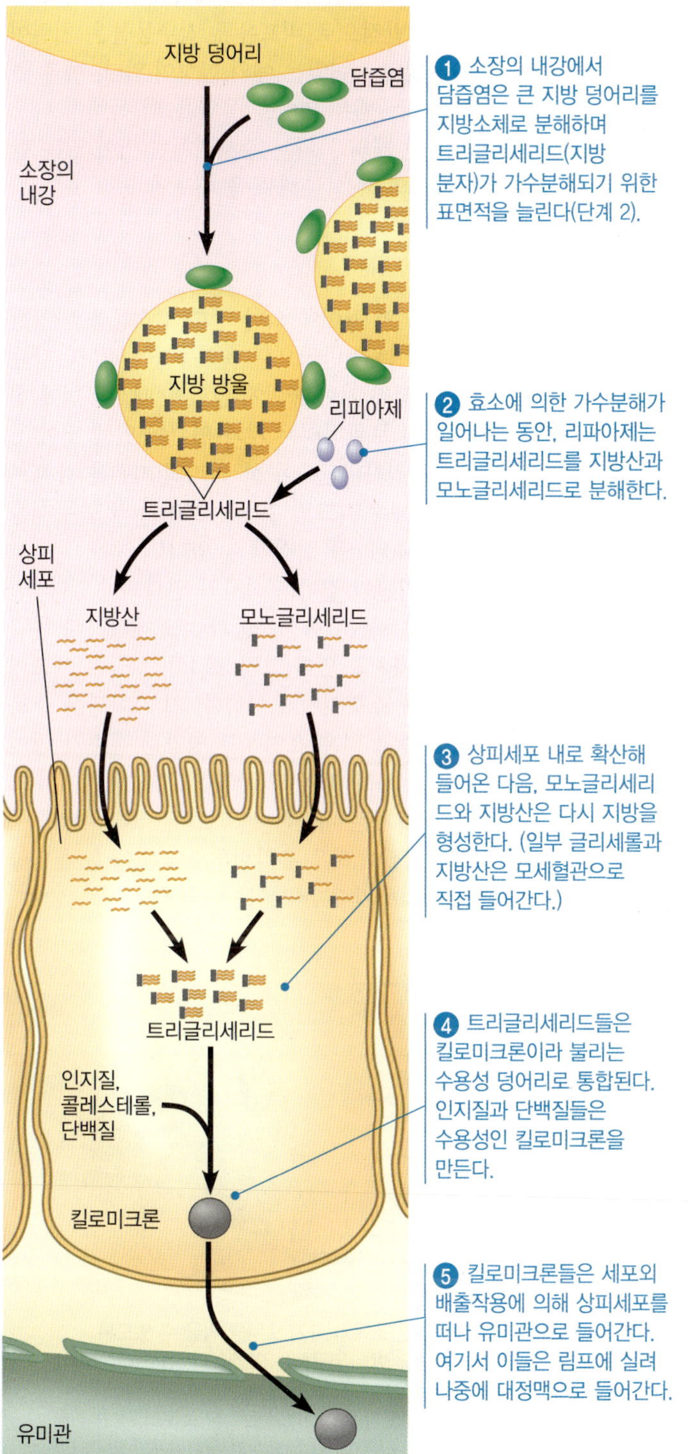

▲ **그림 29.11 지방의 소화와 흡수.** 물에 녹지 않는 지방은 소장의 내강에서 분해되고 상피세포에서 다시 재조립되어서 수용성인 킬로미크론에 포함되어 순환한다. 킬로미크론은 림프에 의해서 대정맥으로 수송된다.

대장에서의 처리과정

소화관의 맨 끝부분인 **대장(large intestine)**은 결장, 맹장, 직장으로 이루어져 있다. 대장은 T자 형태의 접합부에서 소장과 연결되고 이 부분의 괄약근은 음식의 이동을 조절한다(그림 29.12). T자의 한 팔을 이루고 길이가 1.5 m나 되는 **결장(colon)**은 직장과 항문으로 이어진다. 또 다른 팔은 **맹장(cecum)**으로 이루어져 있다. 맹장은 섭취한 물질들을 발효시키는 것이 중요한 기능이며 특히 많은 양의 식물질을 섭취하는 동물에서 그렇다. 많은 다른 포유류와 비교해 볼 때, 인간은 비교적 작은 맹장을 가지고 있다. **충수(appendix)**는 맹장 중 손가락 모양으로 튀어나온 부분으로 면역반응에 일부 관여한다.

소화관의 노폐물인 **대변(feces)**은 연동운동으로 결장을 따라 움직이면서 점점 단단해진다. 이 운동은 느리게 일어나며 대장의 처음부터 끝까지 이동하는 데에는 약 12~24시간 정도 걸린다. 만약 결장 벽이 바이러스나 세균 감염으로 자극을 받으면 물이 정상 상태보다 재흡수가 덜 되며 그 결과 설사를 일으킨다. 이와 상반되는 문제인 변비는 연동운동이 너무 느리게 대변을 이동시킬 때

▶ **그림 29.12 소장과 대장의 접합**

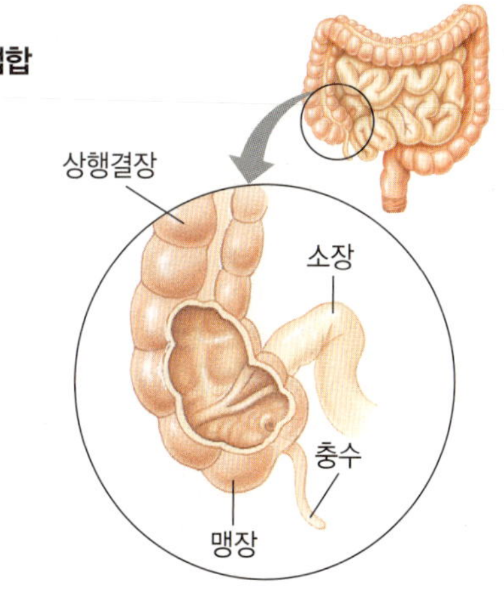

일어난다. 너무 많은 물이 재흡수되면 대변은 압축되어 버린다.

대변은 셀룰로스와 기타 소화가 되지 않은 물질뿐 아니라 많은 세균들을 포함한다. 비록 셀룰로스 섬유가 인간에게 열량을 공급하지는 못하지만 이 섬유는 소화관에서 음식물의 움직임을 돕는다.

대장 안에는 여러 종류의 무해한 세균이 살고 있는데, 그 양은 물을 제외한 대변 무게의 1/3을 차지한다. 몇몇 세균은 비타민을 만든다. 이 비타민들은 혈액으로 흡수되고 우리의 비타민 섭취를 보충한다. 대장균은 인간 결장에서 사는 일반적인 균의 하나로 분자생물학의 주요 연구 대상 생물로 선호된다. 호수와 강에서 발견되는 대장균은 정화되지 않은 하수로 인한 오염의 지표이다. 장내 세균은 흡수되지 않은 유기물질을 이용해 살아간다. 물질대사 부산물로 많은 결장 세균은 메탄과 황화수소를 포함하는 기체를 만든다. 이러한 기체는 항문을 통해 배출된다.

결장의 끝부분을 **직장(rectum)**이라 부르기도 하는데 이 부분은 배설물이 배설될 때까지 저장되는 곳이다. 직장과 항문 사이에는 2개의 괄약근이 있는데 하나는 불수의근으로 다른 하나는 수의근이다. 주기적으로 결장에서 강력한 수축이 일어나 대변을 보고 싶은 욕구를 느끼게 한다. 위에 음식이 차면 결장에서 수축되는 빈도가 증가하기 때문에 식사 후 대변 욕구가 생긴다.

개념 29.4

척추동물 소화계의 진화적 적응은 음식과 밀접한 연관이 있다

진화 포유류와 다른 척추동물의 소화계는 공통된 기본 틀을 갖추고 있지만 흥미로운 다양성을 보여주고 있다. 흔히 동물의 식이와 연관된 재미있는 적응들을 몇 가지 예를 통하여 살펴볼 것이다.

치아 적응

치아의 배열인 치열은 먹는 음식을 반영하는 구조적 변이의 예 중 하나이다(그림 29.13). 포유류에서 다른 여러 종류의 음식을 처리하기 위한 치아의 진화적 적응은 이 척추동물강이 매우 성공적으로 번성한 큰 이유이다. 예를 들어, 그림 29.1의 바다 수달은 날카로운 송곳니를 사용하여 게와 같은 먹이를 찢고 둥근 어금니를 사용하여 껍질을 부순다. 일반적으로 비포유류 척추동물은 치열이 특성화되어 있지 않으나 몇몇 재미있는 예외 현상이 있다. 예를 들어 방울뱀과 같이 독이 있는 뱀은 먹이를 물었을 때 독액이 나오는 독니를 가지고 있다. 몇 개의 독니는 주사기처럼 비어 있는 반면, 다른 것들은 치아 표면의 홈을 통해 독을 내보낸다.

위와 장의 적응

소화기관의 변이는 먹는 것의 차이에 의한 진화적 적응을 반영한다. 크고 확장될 수 있는 위는 일반적으로 육식동물에서 나타나는데 이것은 아마도 음식물 섭취 기회가 많지 않았을 때 한 번에 섭취한 음식물을 최대한 많이 보관하려는 것과 연관이 있을 것이다. 확장될 수 있는 위는 아프리카비단뱀이 한 마리의 가젤을 통체로 소화하는 것을 가능하게 해주고(그림 29.4), 200 kg의 몸무게를 가진 사자는 한 번 식사에 40 kg을 섭취할 수 있다!

또한 척추동물의 소화기관의 길이는 식사와 연관되어 있다. 일반적으로 초식동물과 잡식동물은 육식동물과 비교해 볼 때 몸길이에 비해 긴 소화기관을 가지고 있다(그림 29.14). 식물은 세포벽을 가지고 있어서 육류보다 소화시키기 어렵다. 긴 소화관은 소화가 오랫동안 일어나게 해주고 넓은 표면적은 영양분 흡수가 많이 일어나게 해준다. 예를 들어 코알라와 코요테를 그림 29.14에서 보자. 비록 그 두 동물들이 크기는 비슷하나 코알라는 물과 함께 주로 섬유질이 풍부하고 단백질이 적은 유칼립투스의 잎을 통해 영양소를 얻기 때문에 이를 소화하기 위한 장이 더 길다.

▼ **그림 29.13 치열과 음식**

육식동물

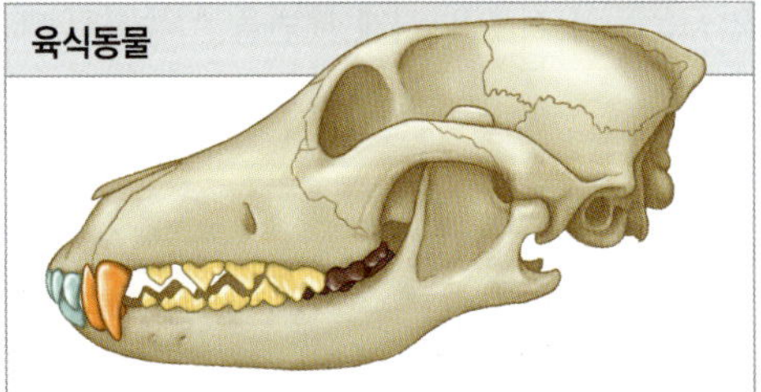

개와 고양이와 같은 육식동물들은 먹이를 죽이고, 찢고, 살점을 조각으로 자르기 위해 보통 날카로운 앞니와 송곳니를 가지고 있다. 뾰족한 작은 어금니와 어금니는 음식을 부수고 절단한다.

초식동물

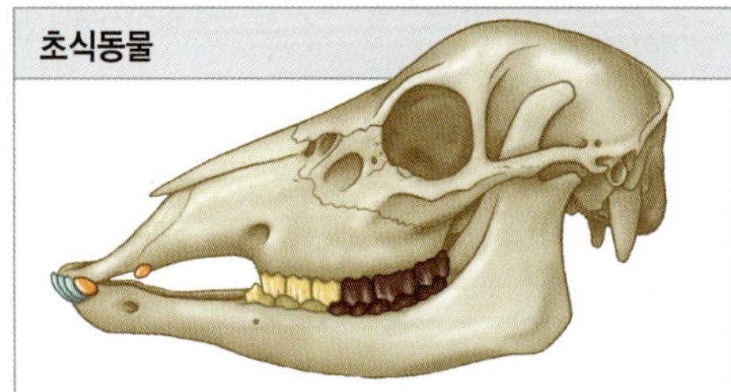

반대로 말과 사슴 같은 초식동물은 질긴 식물을 씹기 위해 넓고 이랑 모양의 표면을 가진 이를 가지고 있다. 앞니와 송곳니는 일반적으로 초목의 부분을 씹으면서 변형되었다. 어떤 초식동물은 송곳니가 없다.

잡식동물

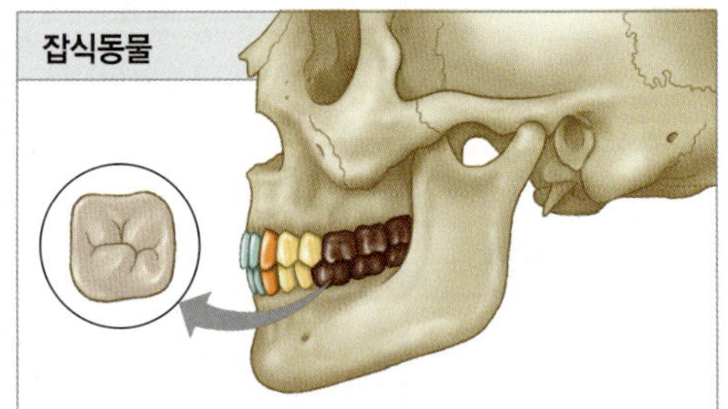

인간은 초목과 고기 모두를 먹을 수 있도록 적응되었다. 영구치는 32개이다. 위와 아래턱의 중앙에서 시작하면, 물기 위한 4개의 칼날 같은 앞니, 찢기 위한 2개의 뾰족한 송곳니, 빻기 위한 4개의 작은 어금니, 부수기 위한 6개의 어금니가 있다.

기호 앞니 송곳니 작은 어금니 어금니

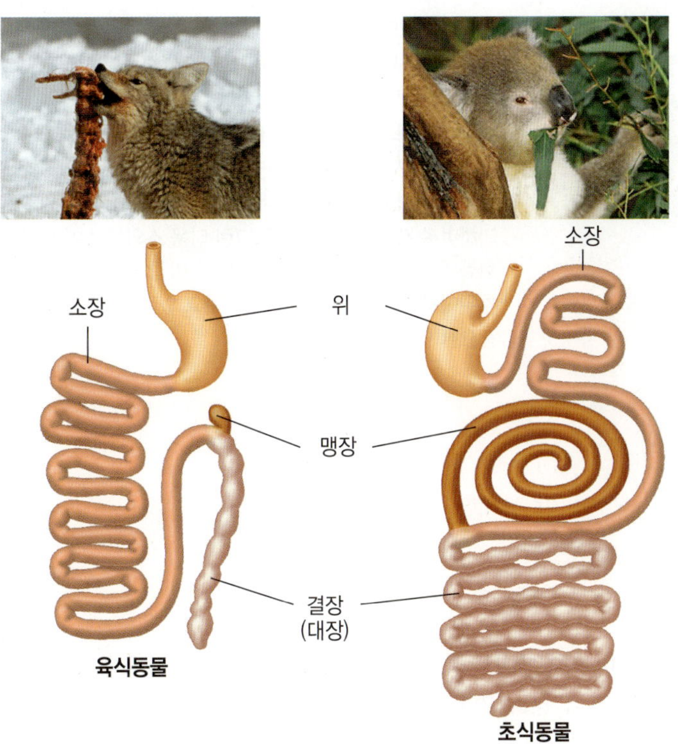

▲ **그림 29.14** **육식동물(코요테)과 초식동물(코알라)의 소화관 비교.** 상대적으로 짧은 코요테의 소화관은 육류를 소화하고 영양분을 흡수하기 위해 충분하다. 대조적으로 코알라의 긴 소화관은 유칼립투스 잎을 소화하기 위해 특화되었다. 많이 씹어서 잎을 조그마한 조각으로 쪼개어 음식물이 소화액에 노출되는 것을 늘려준다. 긴 맹장과 결장의 윗부분에서 공생하는 박테리아는 절단된 잎을 소화시켜 코알라가 흡수할 수 있는 영양소로 만들어 준다.

인간의 공생적 적응

약 10~100억 개의 박테리아가 인간의 소화계에 존재한다. 인간과 수많은 박테리아의 공존은 두 종 모두에게 이익을 주는 상리 공생을 가리킨다. 예를 들어, 몇몇 장내 박테리아들은 비타민 K, 비오틴, 그리고 엽산과 같은 비타민들을 만들어서 우리의 식이섭취를 보충해 준다. 또한 장내 박테리아들은 장내 상피세포의 발달과 선천성 면역계의 기능을 조절하기도 한다. 박테리아들은 그에 따른 보상으로 숙주로부터 꾸준한 영양 공급과 안정적인 숙주 환경을 얻는다.

최근 사람 소화계에서 마이크로바이옴(microbiome)이라고 불리는 박테리아 집단에 대한 지식이 크게 확장되었다. 이롭거나 해로운 박테리아들을 규명하기 위해 과학자들은 중합효소 연쇄반응에 기초한 DNA 염기서열 분석법을 활용하였다. 그들은 사람 소화계에 400종 이상의 박테리아가 존재한다는 것을 발견해 내었고 이는 실험실 배양법에 기반한 종 구분법에 비해 훨씬 많은 숫자였다.

마이크로바이옴에 대한 한 연구는 왜 *H. pylori* 박테리아가 위 건강을 해치며 궤양을 야기하는지에 대한 중요한 단서를 제공해 주었다. *H. pylori*가 감염된 성인과 감염되지 않은 성인에서 위조직을 모은 뒤, 연구자들은 각각의 샘플에서 모든 박테리아 종을 분류하였다. 그들이 찾은 것은 놀랍게도 *H. pylori*가 감염이 된 경우에 거의 모든 박테리아가 위에서 사라진다는 사실이었다(그림 29.15). 특정한 질병과 관련된 마이크로바이옴의 차이에 대한 연구는 질병을 치료하는 좀 더 효과적이며 새로운 치료법에 대한 기대를 높이고 있다.

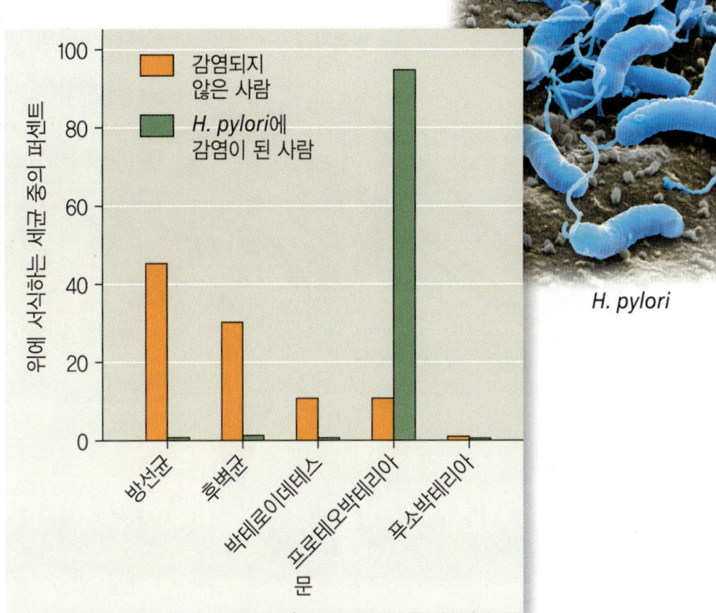

▲ **그림 29.15** **위의 마이크로바이옴.** 사람의 위로부터 얻은 샘플에서 박테리아 DNA를 복제하고 염기서열을 분석하는 방법을 통해 연구자들은 위의 마이크로바이옴을 구성하는 박테리아 집단을 분석하였다. *Helicobacter pylori*에 감염이 된 사람의 샘플에서는 95% 이상의 염기서열이 *Helicobacter pylori*가 속한 프로테오박테리아문에서 발견되었다. 반면 감염이 되지 않은 사람의 위에는 매우 다양한 박테리아가 존재하였다.

초식동물의 공생적 적응

공생은 특히 초식동물에 중요하다. 초식동물이 먹는 음식 영양분은 대부분 식물 세포벽의 셀룰로스에 존재한다. 하지만 동물은 셀룰로스를 가수분해할 수 있는 효소를 만들지 못한다. 대신에 많은 척추동물의 경우 (셀룰로스가 대부분인 나무를 먹고 사는 흰개미의 경우에도) 이러한 문제를 공생세균과 원생생물을 자신의 소화관의 발효가 일어나는 공간에 살게 함으로써 해결한다. 많은 경우, 미생물들은 무기질과 함께 분해한 셀룰로스, 비타민과 아미노산 등을 동물들의 필수 영양분으로 공급하여 준다.

말과 코알라의 경우 큰 맹장에 공생 미생물이 살고, 토끼와 몇몇 설치류에는 대장과 맹장에 박테리아가 공생한다. 대부분의 영양분이 소장에서 흡수되기 때문에 세균이 발효하면서 만들어진 부산물은 대장에서 대변과 함께 빠져나간다. 토끼와 설치류는 자신의 대변을 다시 먹어 (분식증, "변을 먹음"이라는 것을 뜻하는 그리스어에서 비롯된 말) 한 번 더 소화관을 통과하게 함으로써 이러한 영양분을 흡수한다. 우리에게 익숙한 토끼가 다시 먹지 않는 작은 배설물 덩어리는 소화관을 두 번 거친 대변이다.

초식동물의 소화를 위한 정교한 적응은 사슴, 들소, 양을 포함하는 **반추동물(ruminant)**에서 발전되었다(그림 29.16).

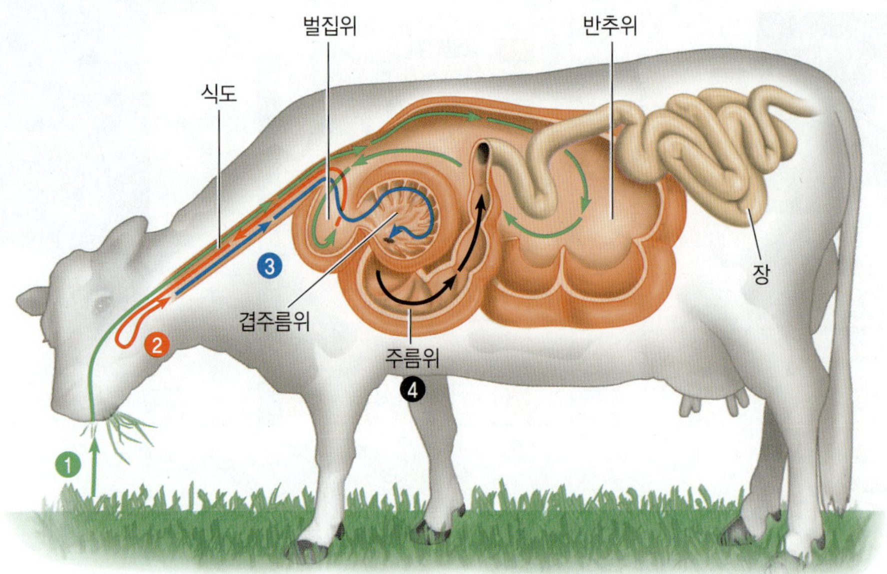

◀ **그림 29.16 반추동물의 소화.** 반추동물인 소의 위에는 네 개의 방이 존재한다. ❶ 소가 씹은 음식은 먼저 반추위에 들어가고 반추위에서 공생 중인 미생물은 식물에 존재하는 셀룰로스를 소화한다. ❷ 주기적으로, 소는 음식을 역류시켜 "되새김"을 반복하여 섬유질을 더 분해하여 미생물 작용을 강화시킨다. ❸ 되새김질된 내용물은 겹주름위를 통과하며 수분이 제거된다. ❹ 그런 다음 소의 효소에 의한 소화를 위해 주름위를 통과한다. 이런 방법으로 소는 풀과 반추위에서 적정 수준의 수를 유지하고 있는 미생물을 이용해 중요한 영양소들을 흡수한다.

개념 29.5

되먹임 회로는 소화, 에너지 저장, 식욕을 조절한다

동물 영양에 대한 우리의 이해를 완성하기 위해, 지금부터는 동물이 영양분을 얻고 사용하는 과정이 어떻게 주변 환경과 에너지의 필요에 부합되는 방향으로 이루어지는지에 대해 알아볼 것이다.

소화조절

동물들은 매 끼니 사이에 상당한 시간적 여유를 갖기 때문에, 지속적으로 소화과정이 활성화되어 있을 필요는 없다. 대신 매 단계는 음식이 영양관에 도착했을 때에만 활성화된다. 음식이 도착하면 다음 단계로 나아가기 위하여 화학적 소화를 돕는 물질들이 분비된다. 이와 동시에 근육 수축이 일어나서 음식이 관을 통해 이동하게 한다. 예를 들어, 음식이 입안으로 들어가 삼켜진 후, 신경반응을 통하여 인두로 넘어가는 과정에서 침 분비가 촉진된다는 것을 배웠을 것이다. 유사하게, 위에 음식이 도착하면 위가 움직이고 위액 분비가 촉진된다. 소화 장기를 담당하는 **장 신경계**(enteric division)는 소장과 대장에서 이러한 일들과 연동운동을 조절한다.

내분비계는 소화를 조절하는 중요한 역할을 한다. 그림 29.17에 묘사한대로 위나 십이지장에서 분비되는 호르몬들은 소화액을 필요시에만 분비하도록 하는 역할을 한다. 다른 호르몬들과 마찬가지로, 소화관련 호르몬들은 혈관을 통해 이동한다. 이는 위에서 분비되는 가스트린이라는 호르몬도 마찬가지이다.

에너지 할당

소화된 음식은 동물의 대사 작용과 활동에 필요한 화학적 에너지를 제공한다. 결과적으로, 동물에서 에너지의 흐름과 변환—**생물에너지학(bioenergetics)**—은 영양분의 수요를 결정짓는다(그림 29.18). 영양분에서 추출된 에너지는 세포호흡과 발효에 의해 ATP로 변환된다. ATP의 저장은 세포와 기관, 기관계가 제대로 기능할 수 있게 해주어 동물의 생명을 유지시킨다. 또한 이 ATP는 신체 성장과 치유, 에너지 저장, 생식에 필요한 생합성 과정에 사용되기도 한다. 이러한 ATP를 생산하고 사용하는 과정에서 열이 발생되며, 이 열은 주변으로 발산된다.

동물이 단지 살아남게 하기 위해서, 얼마나 많은 양의 에너지가 필요한가? 한 장소에서 다른 곳으로 옮기기 위해 걷고, 뛰고, 헤엄치고, 날아가는 과정에 얼마나 많은 에너지가 사용되는가? 생식을 위해선 얼마나 많은 에너지가 사용되는가? 생리학자들은 동물이 사용하는 화학적 에너지를 측정하고, 여러 상황에서 에너지 사용량이 어떻게 바뀌는지를 측정함으로써 이러한 질문에 대답하고 있다.

동물의 시간당 에너지 사용량을 **대사율(metabolic rate)**이라고 부른다. 에너지는 줄(joules) 또는 칼로리(calories), 그리고 킬로칼로리(kilocalories) 단위로 측정 된다; 1 kcal= 1,000 cal = 4,184 J. (많은 영양학자들은 칼로리의 단위를 대문자 C로 사용하는데, 보통 킬로칼로리이다.) 거의 대부분의 화학적 에너지가 열의 형태로 나타나기 때문에, 대사율은 동물의 열손실 비율을 모니터링함으로써 측정된다. 이 측정을 위해, 연구자들은 폐쇄되고, 단열된 챔버를 이용해 기록하는 칼로리미터라는 장비를 이용한다. 또한 대사율은 산소 소비량 또는 이산화탄소 생산량으로 결정되기도 한다. 연구자들은 오랜 기간 동안의 대사율을 측정하기 위해, 음식 섭취량, 음식의 에너지 함유량, 그리고 배설물을 통한 에너지 손실 등을 기록한다(그림 29.18).

최소 대사율

동물은 세포 유지, 호흡, 심장박동 등 기본적인 기능을 위해 최소한의 대사율을 유지해야 한다. 변온동물이 아닌 항온동물의 경우 대사 과정을 통해 생산된 열을 이용한다. 따라서 연구자들은 항온동물과 변온동물의 최소 대사율을 다른 방식으로 측정한다.

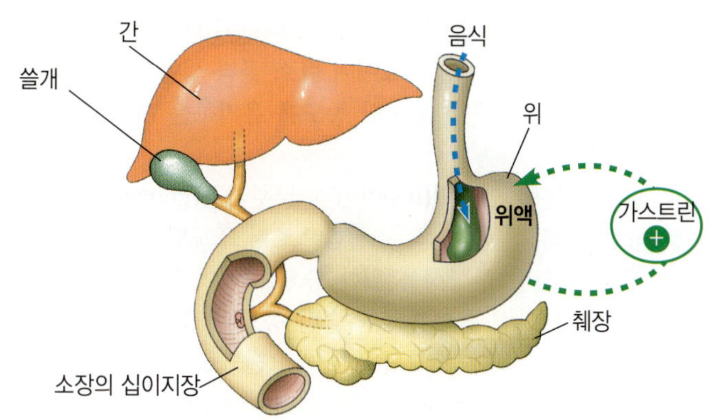

❶ 음식이 위에 도달하면 위벽이 늘어나면서 *가스트린(gastrin)* 호르몬의 분비가 촉진된다. 가스트린은 혈액을 돌아 위로 돌아온 후 위액 생산을 증가시킨다.

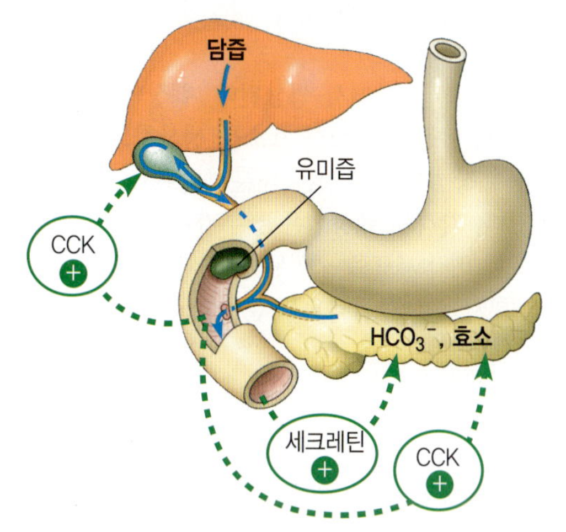

❷ 유미즙—부분적으로 소화된 음식물의 산성 복합물—이 위로부터 십이지장으로 들어간다. 십이지장은 유미즙에 있는 아미노산이나 지방산에 반응하여 소화 호르몬인 콜레키스토키닌과 세크레틴을 분비한다. *콜레키스토키닌(cholecystokinin, CCK)*은 췌장과 담즙에서 소화 효소 분비를 촉진한다. *세크레틴(secretin)*은 췌장을 자극하여 유미즙을 중화시킬 중탄삼염을 내보내도록 한다.

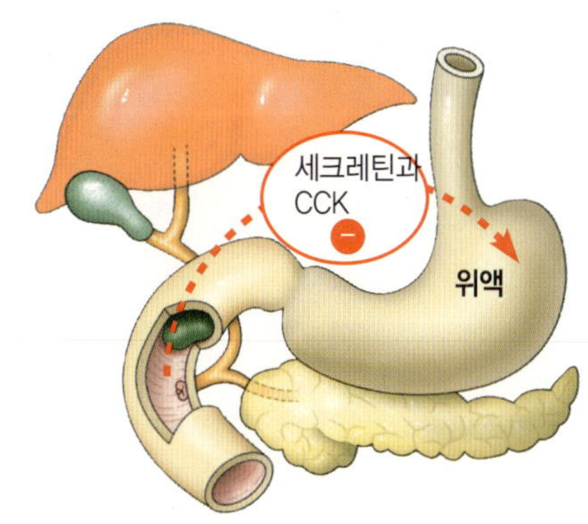

❸ 만약 유미즙에 지방이 많으면, 높은 농도의 세크레틴과 콜레키스토키닌이 분비되어 위에서 연동운동과 위액 분비를 억제하여 소화를 늦춘다.

기호 ⊕ 자극 ⊖ 억제

▲ **그림 29.17 소화의 호르몬 조절**

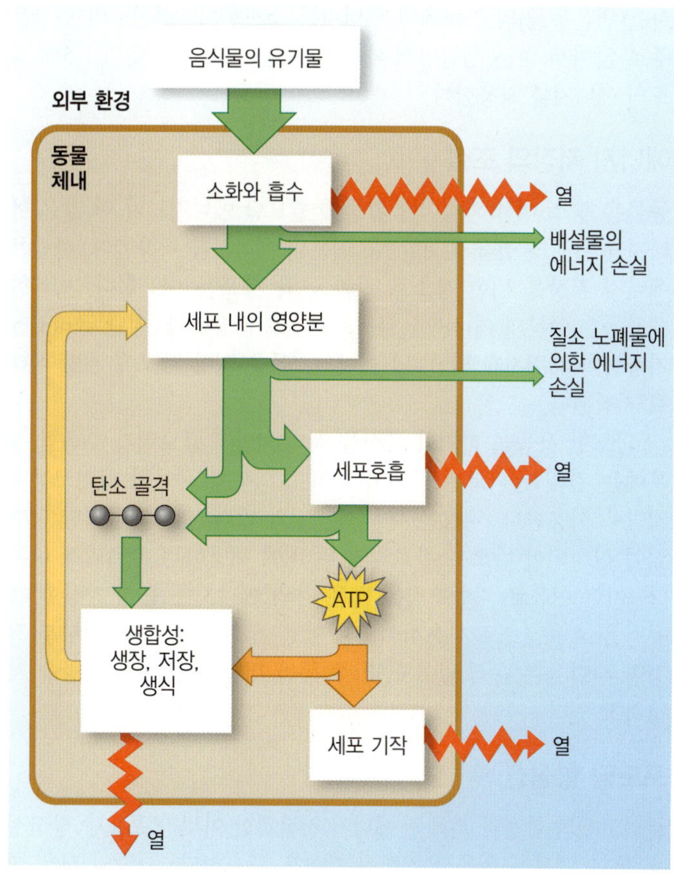

▲ **그림 29.18 생물에너지학: 개요**

외부자극이 없는 공복 상태이며 성장하지 않는 항온동물의 최소 대사율을 **기초 대사율**(basal metabolic rate, BMR)이라고 부른다. 기초 대사율은 '적정한' 온도 범위(열의 생산 또는 발산이 필요 없는 온도)에서 측정된다. 변온동물에 있어서 최소 대사율은 특정한 온도에서 결정되는데, 그 이유는 주변 환경의 변화가 체온에 영향을 미칠 뿐 아니라 대사율에 영향을 주기 때문이다. 특정 온도에서, 외부 자극이 없는 공복 상태의 변온동물의 대사율은 **표준 대사율**(Standard metabolic rate, SMR)이라고 부른다.

최소 대사율의 비교는 항온동물과 변온동물이 다른 양의 에너지를 사용한다는 것을 확인시켜준다. 성인의 일일 기초 대사율은 남성은 평균 1,600~1,800 kcal, 여성은 1,300~1,500 kcal이다. 이러한 기초 대사율은 75와트 전구가 소모하는 에너지 사용량과 동량이다. 이와 대조적으로, 미국 악어의 표준 대사율은 20°C에서 60 kcal 정도로 비슷한 크기의 인간의 1/20 이하이다.

항온동물과 변온동물 모두에게 있어서 활동은 대사율에 큰 영향을 준다. 책상에서 조용히 책을 읽는 사람, 그리고 날갯짓을 하는 곤충 모두 기초 대사율, 표준 대사율 이상의 에너지를 사용한다. 최대 대사율(ATP 최대사용량)은 무거운 역기를 들거나, 질주, 빠른 속도의 수영 등 활동의 정점에 발생한다. 일반적으로 동물의 최대 대사율은 활동 지속 시간에 반비례한다.

대부분의 육상동물들은 기초 대사율(항온동물) 또는 표준 대사율(변온동물)의 2~4배의 에너지를 소모한다. 선진국의 인간은 주로 앉아서 하는 생활방식 때문에, 평균 기초 대사율의 1.5배 정도의 에너지를 사용한다.

에너지 저장의 조절

동물은 평소 대사 과정이나 활동에 필요한 에너지보다 더 많은 에너지를 가진 물질을 섭취할 때, 여분의 에너지를 저장한다. 사람은 에너지 저장을 위한 장소로 간과 근육 세포를 이용한다. 이러한 세포들은 여분의 에너지를 글리코젠으로 저장한다. 일단 글리코젠 저장량이 채워지게 되면, 남는 에너지들은 지방 세포에 지방 형태로 저장된다.

과도한 운동을 하거나 음식을 적게 먹어서 칼로리가 부족할 경우에는 간의 글리코젠을 먼저 쓰고, 그 후에 근육의 글리코젠과 지방을 사용한다. 지방은 특히 에너지가 많다. 탄수화물이나 단백질이 산화되어 나오는 칼로리의 두 배에 해당하는 칼로리가 나온다. 이런 이유로 지방조직은 많은 양의 에너지를 몸에 저장할 때 공간을 효율적으로 사용하여 저장할 수 있는 방법이다. 대부분 건강한 사람들은 음식 없이도 몇 주 동안 버틸 수 있도록 지방을 저장하고 있다.

포도당 항상성

글리코젠의 합성과 분해는 에너지 저장뿐만 아니라 포도당 항상성을 통한 대사 균형을 유지하는 데에도 중요하다. 사람의 경우 혈중 포도당 농도의 정상 범위는 70~110 mg/100 mL이다. 포도당은 세포호흡을 위한 주요 연료이며 탄소 골격 생합성의 핵심 원료이므로 정상 범위 근처에서 혈당 농도를 유지하는 것이 매우 중요하다.

췌장 호르몬인 **인슐린(insulin)**과 **글루카곤(glucagon)**은 글리코젠 합성과 분해를 철저히 조절함으로써 포도당 항상성을 유지한다. 간은 포도당 항상성을 위한 중요 조직이다(그림 29.19). 탄수화물이 풍부한 식사 이후에 인슐린 농도가 증가하면 간문맥을 통해 간으로 유입되는 포도당은 글리코젠으로 합성된다. 끼니와 끼니 사이에는 간문맥으로 흐르는 혈액에 포도당 농도가 낮아져 글루카곤 분비가 촉진되며, 그 결과 간에 있는 글리코젠을 분해하여 부족한 포도당을 혈액으로 공급한다. 인슐린과 글루카곤은 혈당 조절의 측면에서 서로 반대되는 효과를 가지고 있으며, 이 두 호르몬의 작용으로 혈당량이 100 mL당 항상 70~110 mg으로 유지된다.

글루카곤과 인슐린은 췌장에서 생산된다. 췌장의 대부분은 중탄산이온과 소장에서 활동하는 소화 효소를 생산하고 분비하는데 전념한다. 그러나 췌장섬이라 불리는 내분비세포 집단은 췌장 여러 군데 흩어져 있다. 각각의 췌장섬은 글루카곤을 만드는 **알파 세포**, 인슐린을 만드는 **베타 세포**로 구성된다. 다른 호르몬과 마찬가지로 인슐린과 글루카곤은 간질액으로 분비되고 순환계로 들어간다.

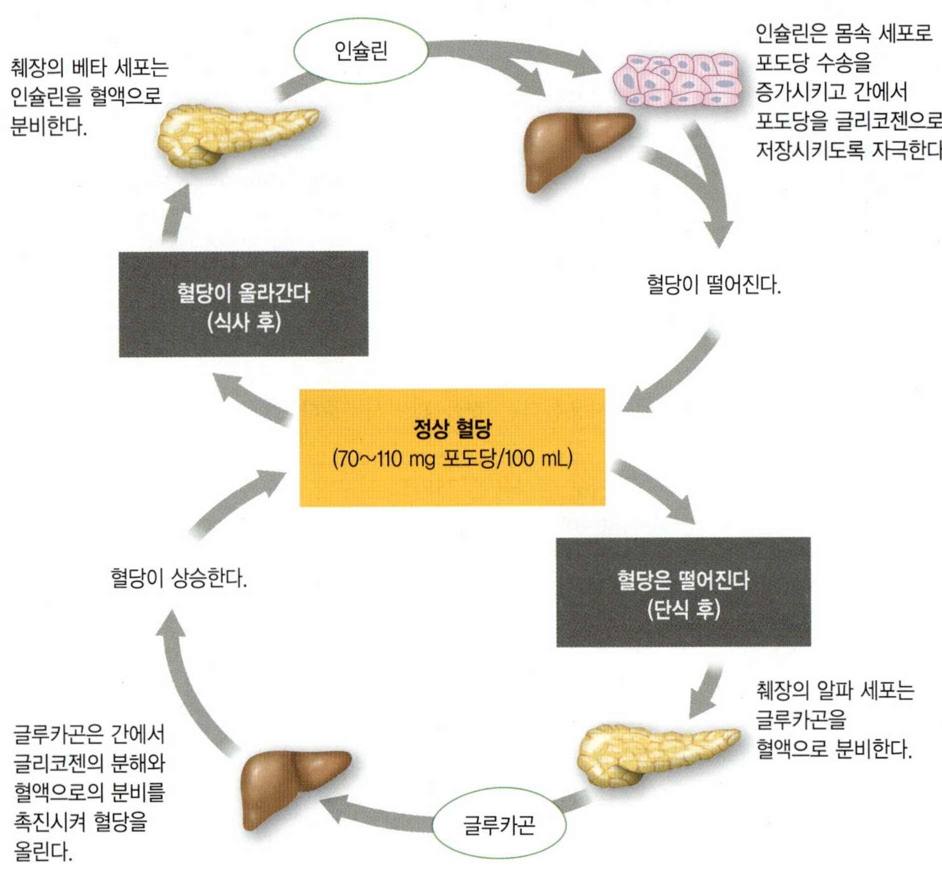

◀ **그림 29.19 세포질 연료의 항상성 조절.** 음식물이 소화된 후 포도당과 다른 단량체들은 소화관에서 혈액으로 흡수된다. 사람의 신체는 주요한 세포질 연료인 포도당의 사용과 저장을 조절한다.

당뇨

여러 질병들이 포도당 항상성을 망가뜨리며 잠재적으로 심장, 혈관, 눈 그리고 신장에 심각한 문제를 일으킬 수 있다. 가장 잘 알려져 있는 **당뇨(diabetes mellitus)**는 인슐린 부족 혹은 표적세포의 인슐린 반응이 줄어드는 질병이다. 예를 들어, 혈중 포도당 수준은 올라가는데, 세포는 대사 요구량에 충분한 포도당을 흡수하지 못한다. 포도당을 대신해서, 지방 대사물들이 세포호흡의 주요 기질이 된다. 일부 심각한 경우에는 지방 분해 과정에서 만들어진 산성의 대사 산물이 혈관에 쌓이고, 혈중 pH를 낮추며 소듐과 포타슘이온을 감소시켜 생명을 위협하기도 한다.

당뇨환자의 혈중 포도당 수치는 신장에서 재흡수할 수 있는 범위를 넘어선다. 신장에서 여과되고 남아 있는 포도당은 외부로 배출된다. 이러한 이유로, 소변에 있는 당의 존재 여부는 이 질병의 진단 방법 중 하나이다. 포도당이 소변에 농축될수록, 더 많은 양의 물이 같이 배출되기 때문에, 소변의 양이 많아진다. *Diabetes*(그리스어 *diabainein*, 빠져지나가다)는 엄청난 양의 소변을 나타내고, *mellitus*(그리스어 *meli*, 꿀)는 소변에 존재하는 당을 의미한다.

당뇨에는 두 가지 유형이 있다. **제1형 당뇨** 또는 인슐린 의존성 당뇨는 면역체계가 인슐린을 만드는 췌장의 베타 세포를 망가뜨리는 자가면역 질환이다. 이에 대한 치료로 인슐린을 매일 수차례 주사하는 방법이 있다. **제2형 당뇨** 또는 인슐린 비의존성 당뇨는 인슐린에 반응하는 표적세포가 인슐린에 대하여 정상적으로 반응하지 못하는 것이다. 바꾸어 설명하자면 인슐린은 만들어지지만, 표적세포가 혈중에서 포도당을 흡수하지 못하여, 혈중 포도당 수치는 높아져 있다. 유전적인 요인도 제2형 당뇨에 영향을 끼치지만 과체중과 운동부족은 이 질병의 위험성을 높인다. 제2형 당뇨는 미국에서 사망률 7위를 차지하는 질병이다.

식욕과 소비의 조절

일반적으로 물질대사에 필요한 것보다 더 많은 칼로리를 섭취하는 것 또는 영양 **과잉공급(overnourishment)**은 에너지를 과도하게 저장하는 비만을 야기한다. 비만은 여러 건강상 문제를 일으키는데 여기에는 제2형 당뇨, 결장암, 유방암, 그리고 심장마비와 뇌졸중을 일으킬 수 있는 심혈관 질환 등이 포함된다. 미국에서만 비만으로 인해 매년 30만 명이 사망한다.

과학자들은 몸무게를 조절하는 데 도움을 주는 지방의 저장과 대사와 관련 된 몇 가지 항상성 관련 메커니즘을 발견하였다. 식욕과 관련된 몇 가지 호르몬들은 뇌의 포만감 중추에 장시간 또는 단시간의 영향을 줌으로써 식욕을 조절한다. 이러한 호르몬의 타깃은 뇌에 존재하는 "포만 중추"이다. 예를 들어 **그렐린(grhrelin)**은 위벽에서 분비되는 호르몬으로 음식을 먹기 전 배고픔을 느끼도록 자극시킨다. 이와 반대로, 인슐린과 PYY(식후 소장에서 나오는 호르몬)는 식욕을 억제한다. **렙틴(Leptin**; 지방세포에서 만들어지는 호르몬)은 식욕을 억제하고 체내 지방을 조절하는 주요한 역할을 하고 있다.

CHAPTER

30 순환계와 기체 교환

▲ **그림 30.1** 깃털 같은 장식물이 이 동물의 생존에 어떤 도움을 줄까?

핵심 개념

30.1 순환계는 기체 교환 표면과 몸 전체의 세포들을 연결시켜준다

30.2 조율된 심장 수축이 포유류의 이중순환계를 운용한다

30.3 혈압과 혈류의 변화 양상은 혈관의 구조와 배열을 반영한다

30.4 혈액 성분들은 교환, 운송, 그리고 방어의 역할을 담당한다

30.5 기체 교환은 특수화된 호흡 표면에서 일어난다

30.6 숨쉬기는 폐를 환기시킨다

30.7 기체 교환을 위한 적응에는 기체 분자들에 결합, 운반하는 호흡 색소가 포함된다

물물교환소

그림 30.1의 동물은 공상과학 영화에서나 나올 생물 같지만 사실은 악솔로틀(axolotl)이라는 중앙 멕시코 지역 얕은 물에 사는 도롱뇽의 일종이다. 악솔로틀은 다른 양서류와 달리 공기를 호흡하는 성체로 자라지 않는다. 그 대신 유생상태로 남아 머리 뒤의 깃털 모양의 아가미를 이용하여 물속의 산소(O_2)를 취한다.

이 같은 외향 아가미는 다른 동물의 성체에서는 흔치 않지만, 이는 악솔로틀뿐 아니라 모든 동물들이 필요로 하는 외부 환경과의 물질 교환을 돕는다. 동물세포가 필요로 하는 자원들, 예컨대 영양분이나 산소 같은 것들이 세포막을 지나 세포 내로 공급되고, 이산화탄소(CO_2) 같은 대사 부산물이 세포 밖으로 나온다.

단세포 생물에서는 이러한 교환이 외부 환경과 직접적으로 일어난다. 그러나 대부분의 다세포 생물들은 이러한 직접적인 교환이 불가능하다. 그 대신, 환경과 직접적으로 교환이 일어나는 신체 부위와 그 외 다른 부위 사이의 물질 이동을 도와주는 특수기관에 의존하고 있다.

악솔로틀의 가는 실처럼 분지된 붉은 빛의 아가미구조는 교환과 이동이 얼마나 긴밀한 관계가 있는지 보여준다. 산소는 분지된 아가미 표면에 퍼져 있는 작은 모세혈관으로 들어가 혈구세포내 색소들을 밝은 붉은색을 띠게 만든다. 악솔로틀의 심장 박동이 아가미 주위의 산소가 풍부한 혈액(고산소 혈액)을 온몸의 조직으로 보내주고, 각 조직에서는 보다 짧은 거리에서 O_2와 영양분 그리고 CO_2와 다른 노폐물들 사이의 교환이 일어난다.

악솔로틀은 물론 대부분의 동물에서 내부 수송계는 기체 교환과 서로 기능적으로 연결되어 있기 때문에, 이 장에서는 순환계와 호흡계를 같이 알아보기로 하자. 우선 몇몇 종을 이용하여 이 관계들의 다양한 형태를 알아보자. 또한 순환과 호흡이 항상성을 유지하는 데 어떤 역할을 하는지 알아보자.

개념 30.1

순환계는 기체 교환 표면과 몸 전체의 세포들을 연결시켜준다

동물들이 수행하는 환경과의 분자적 무역거래는 O_2와 영양분을 흡수하고 CO_2와 다른 노폐물을 내보내는 것이 포함된다. 어떻게

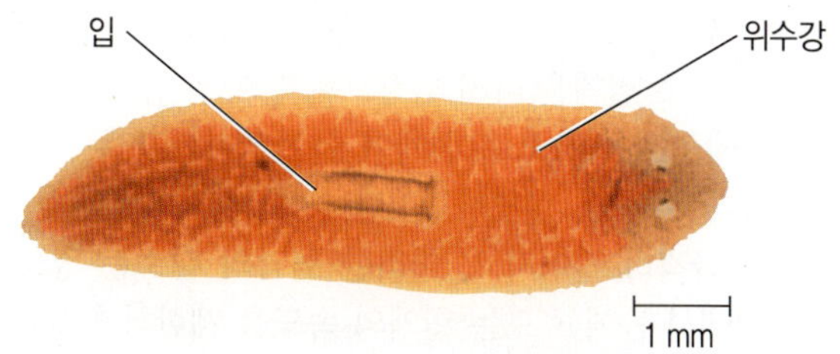

▲ **그림 30.2 플라나리아(planarian, *Dugesia*)에서의 내부 물질 이동 (광학 현미경 사진).** 플라나리아의 편평한 모양이 몸 전체 표면에서 기체 교환이 일어날 수 있게 한다. 위수강(붉은색으로 염색)은 온몸으로 가지쳐있어 입을 통해 들어온 음식으로부터 영양분을 얻어 온몸에 분배한다.

교환이 일어날까? O_2와 CO_2를 비롯한 작은 분자는 무작위 열 운동—**확산(diffusion)**으로 일어난다. 세포 안과 환경 사이에 농도에 차이가 있으면 확산에 의한 순이동이 일어난다. 하지만 확산으로 수 밀리미터가 넘는 거리를 이동하는 것은 매우 느리다. 그것은 확산을 하는 데 소요되는 시간이 거리의 제곱에 비례하기 때문이다. 예를 들면, 일정량의 포도당이 100 μm의 거리를 이동하는 데 1초가 걸린다고 가정하면, 같은 양의 포도당이 1 mm를 이동하는 데는 100초, 1 cm를 이동하는 데는 거의 3시간이나 걸린다.

확산이 매우 짧은 거리에서만 신속하게 일어난다면, 어떻게 동물의 몸속 모든 세포들이 교환에 참여할 수 있을까? 자연선택의 결과는 이 문제에 대해 크게 두 가지 해결 방향으로 나타났다.

한 가지 방법은 몸의 크기와 모양을 모든 세포가 직접적으로 환경에 접할 수 있도록 만드는 것이다. 그래서 각각의 세포가 환경과 직접 물질 교환을 할 수 있다. 이러한 체형은 해면동물, 강장동물, 그리고 편형동물과 같은 특정한 무척추동물에서만 볼 수 있다(그림 30.2). 이 동물들은 중앙에 **위수강(gastrovascular cavity)**이 있어 소화와 소화를 통해 음식물에서 나온 영양분을 분배하는 역할을 담당한다.

몸 구조가 단순하지 않은 동물들은 효율적인 교환을 위해 다른 적응 방법을 보여준다: 즉, 순환계를 통해 주위 환경과 교환기관 사이에 액이 흐르도록 하는 것이다. 그 결과 환경에서도 체조직에서도 교환이 아주 짧은 거리에서 일어날 수 있다.

개방 순환계와 폐쇄 순환계

순환계는 세 가지 기본 요소를 공통적으로 가지고 있다. 우선 순환하는 액이 있고, 연결된 관들, 그리고 근육성 펌프인 **심장(heart)**이 있다. 심장은 대사 에너지를 이용하여 혈액의 유압을 높여 혈관으로 혈액이 흐르도록 하며, 이 액성분은 후에 혈관을 통해 다시 심장으로 돌아온다.

순환계는 열린 형이거나 닫힌 형이다. **개방 순환계(open circulatory system)**에서는 **혈림프액(hemolymph)**라 부르는 순환액을 갖으며, 이는 **간질액**이기도 한다. 절지동물들과 조개와 같은 일부 연체동물들이 열린 혈관계를 갖는다. 심장의 수축이 순환관에서 기관을 둘러싼 체강으로 혈림프액을 밀어낸다(그림 30.3a). 그곳에서 세포와 혈림프액 사이에 물질교환이 이루어지고, 심장이 이완되면 혈림프액은 작은 구멍을 통해 다시 심장으로 들어온다. 이 구멍에는 판막이 있어 심장이 수축하면 닫힌다. 몸의 움직임은 체강을 주기적으로 눌러주기 때문에 혈림프액의 순환을 돕는다.

폐쇄 순환계(closed circulatory system)에서는 **혈액(blood)**이라 부르는 순환액이 혈관 내에만 존재하며 간질액과 구별된다(그림 30.3b). 폐쇄 순환계는 지렁이를 포함한 환형동물, 많은 종류의 연체동물, 그리고 모든 척추동물에서 발견된다. 하나 혹은 그 이상의 심장들이 혈액을 밀어내어 굵은 혈관으로 보내고, 이 굵은 혈관이 가는 관으로 나뉘어 각 기관으로 침투해 들어가 있다. 여기서 혈액과 간질액 그리고 간질액과 체세포 사이에 물질 교환이 이루어진다.

동물계에서 개방 순환계와 폐쇄 순환계가 모두 나타난다는 것은 각각 나름대로의 장점이 있음을 암시한다. 즉, 개방 순환계는

▼ **그림 30.3 개방 순환계와 폐쇄 순환계**

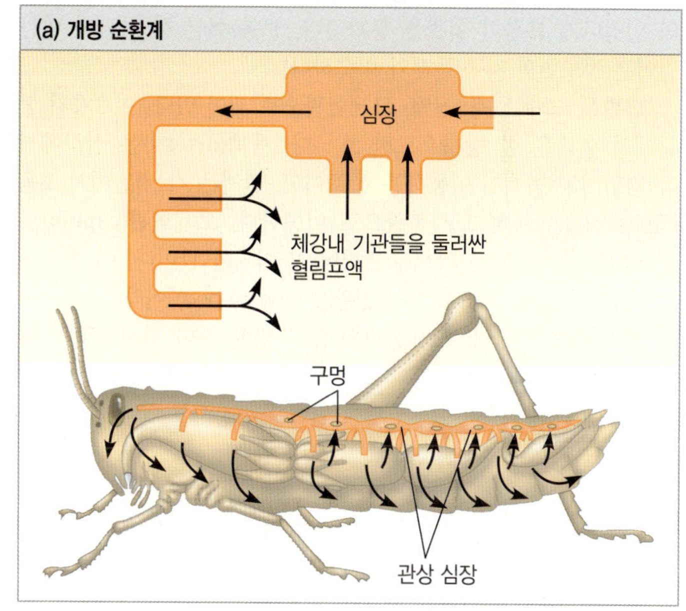

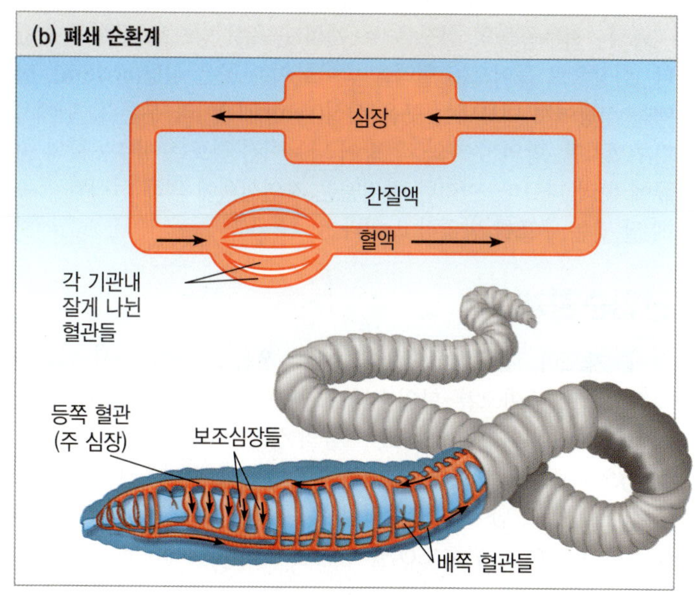

낮은 유압을 유지해도 되므로 에너지 절약 면에서 장점이 있고, 모세혈관망을 형성할 필요도 없기 때문에 순환계의 형성 및 유지가 용이하다. 또한 몇몇 생물에서는 개방 순환계가 다른 용도로도 사용되는데, 거미의 경우 개방 순환계에서 생긴 유압을 이용하여 다리를 빠른 속도로 펼 수 있다.

폐쇄 순환계의 장점 중 하나는 몸이 크거나 활동적인 동물에서 효율적인 O_2나 영양분의 전달이 가능하게 하는 비교적 높은 혈압에 있다. 예컨대, 연체동물 중에 몸집이 크거나 빠른 오징어, 낙지에서만 폐쇄 순환계가 발견된다. 또한 뒤에서 다루겠지만 폐쇄 순환계는 각 기관에 분포하는 혈액량을 잘 조절할 수 있다. 폐쇄 순환계를 자세히 알아보기 위해 포유동물에 초점을 두어 설명할 것이다.

척추동물 순환계의 구성

사람을 비롯한 척추동물들은 흔히 **심혈관계(cardiovascular system)**라 불리는 폐쇄 순환계를 가지고 있다. 혈액은 심장을 나와 엄청나게 복잡한 혈관을 통과한다. 보통 어른 한 사람의 혈관 길이는 적도면의 지구 둘레와 비슷하다!

혈관은 크게 동맥, 정맥, 모세혈관으로 되어 있다. 이 3가지 혈관에서 혈액은 한 방향으로만 흐른다. **동맥(artery)**은 심장에서 각 기관까지 혈액이 이동하는 통로이고, 혈액은 각 기관에서 **소동맥**(arteriole)을 통해 모세혈관으로 이동한다. **모세혈관(capillary)**은 얇고 구멍이 있는 막으로 둘러싸인 미세한 관이다. 이 관들이 그물망을 형성한 모습을 "**모세혈관망**(capillary bed)"이라고 부르며, 각 조직에 퍼져 있다. 모세혈관의 얇은 막을 통한 확산으로 화학물질과 기체분자들의 교환이 일어난다. 모세혈관은 뒤이어 **소정맥**(venule)으로 모이고, 이들이 모여 혈액을 심장으로 돌려보내는 **정맥(vein)**을 이룬다.

동맥이냐 정맥이냐 하는 것은 각 혈관 안에 흐르는 혈액의 방향을 기준으로 하는 것이지 O_2의 농도나 다른 특징에 따른 것이 아니다. 즉, 동맥은 심장에서 모세혈관으로 혈액을 운반하고, 정맥은 모세혈관에서 심장으로 혈액을 운반한다.

모든 척추동물의 심장은 두 개의 근육성 방으로 구성되어 있다. 심장으로 들어오는 혈액을 받아들이는 곳은 **심방(atrium)**, 혈액을 심장에서 내보내는 곳을 **심실(ventricle)**이라 부른다. 뒤에서 다루겠지만, 방의 숫자와 각 방이 나누어진 정도는 척추동물의 종류에 따라 다르다. 이러한 차이들은 자연선택에 의해 선택된 기능에 잘 맞는 구조를 반영하고 있다.

단일순환계

상어, 가오리, 경골어류 등은 혈액이 온몸을 돌아 다시 원래의 시작점으로 돌아오는 단일순환 고리를 갖는 **단일순환계(single circulation)**이다(그림 30.4a). 이들의 심장은 두 개의 공간(심방과 심실)으로 구성되어 있다. 심장으로 들어온 혈액은 우선 심방에 모였다가, 심실로 넘어간다. 심실이 수축하면서 나온 혈액은 아가미로 이동하여 O_2를 받고 CO_2를 방출한다. 아가미에서 빠져나온 고산소 혈액은 다시 혈관으로 모여 온몸에 퍼져 있는 모세혈관망으로 이동한다. 이후 혈액은 다시 심장으로 돌아온다.

단일순환에서는 심장으로 혈액이 돌아오기까지 두 번 모세혈관망을 지난다. 나중에 설명하겠지만, 일단 모세혈관망을 거치고 나면 혈압이 급격히 떨어지고, 이러한 혈압의 감소는 경골어류나 가오리, 상어에서 몸에 흐르는 혈액의 속도를 제한하게 된다. 하지만 이 동물들이 수영을 할 때면, 근육이 수축, 이완되어 느린 혈액의 흐름을 가속시킬 수 있다.

이중순환계

양서류, 파충류, 포유류의 순환계는 두 개의 분리된 순환 고리를 가진, **이중순환계(double circulation)**를 갖는다(그림 30.4b,c). 이중순환계를 갖는 동물에서는 두 개의 순환 고리에 대한 펌프가 하나의 기관, 즉 심장으로 합해져 있다. 한 심장에 두 개의 펌프를 가지고 있어 펌프주기의 조절이 한결 간단해졌다. 오른쪽에 위치한 펌프는 산소함량이 적은 혈액(저산소 혈액)을 기체 교환 기관의 모세혈관망으로 보낸다. 이곳에서 O_2는 혈액 안으로 CO_2는 혈액 밖으로 이동한다. 만약 이 순환 고리의 모세혈관망이 양서류에서 같이 폐와 피부에 퍼져 있으면 **폐피순환 고리**(pulmocutaneous cirtuit)라고 부르고, 파충류나 포유류처럼 폐에만 퍼져 있으면 **폐순환 고리**(pulmonary circuit)라고 부른다.

고산소 혈액은 기체 교환 조직을 떠나 다른 펌프, 즉 왼쪽 심장으로 들어간다. 심장의 수축은 이 혈액을 신체 각 기관의 모세혈관망으로 보낸다. O_2와 CO_2의 교환이 이루어지고 영양분과 노폐물의 교환도 이루어진 후 이 저산소 혈액은 다시 심장으로 돌아와 **체순환 고리(systemic circuit)**를 완성한다.

이중순환은 폐나 피부의 모세혈관망에서 나온 혈액에 재차 압력을 가하는 것이므로, 뇌나 근육 등 다른 기관에 혈액이 격렬하게 흐르도록 만들어 준다. 실제로 체순환 고리는 기체 교환 기관의 순환 고리에 비해 훨씬 높은 혈압을 갖는다. 이는 앞서 배운, 호흡기관에서 직접 체순환으로 혈액이 흐르는 단일순환과는 확실히 대비되는 것이다.

이중순환계의 다양한 진화

진화 이중순환계를 갖는 동물 중 일부는 간헐적인 숨쉬기를 한다. 양서류와 많은 종류의 파충류가 주기적으로 폐에 공기를 채워 넣기도 하지만, 폐에서의 기체 교환 없이 또는 피부 등 다른 기체 교환 기관에 의존하면서 오랜 기간을 보내기도 한다. 이 동물들은 일시적으로 혹은 영구적으로 폐를 통하지 않고 혈액을 순환시킬 수 있도록 적응되어 있다.

- 개구리를 비롯한 양서류들의 심장은 3개의 방을 가지고 있다. 즉, 2개의 심방과 하나의 심실을 갖는다(그림 30.4b). 심실내 돌출 부위가 있어 우심방에서 온 저산소 혈액의 대부분(약 90%)을 폐피순환 고리로 보내고 좌심방으로 들어온 고산소 혈액은 체순환 고리로 보낸다. 물속에서 개구리는 순환계 적응을 하여, 잠시 기능이 떨어진 폐로 가는 혈류를 막고, 물에 완전히 잠긴

▼ 그림 30.4 척추동물의 단일순환과 이중순환

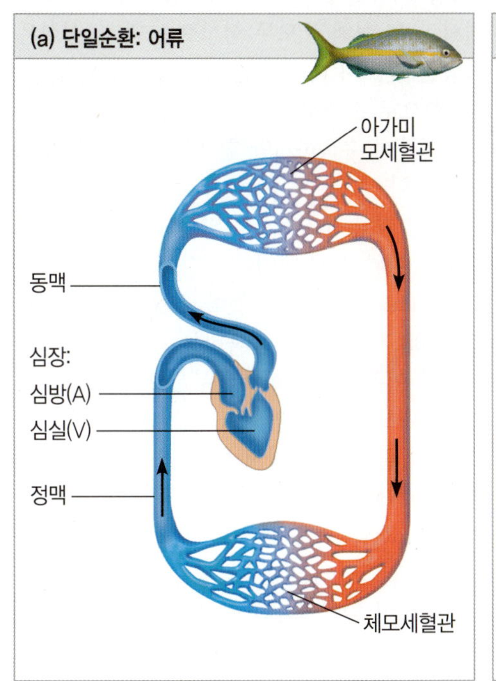

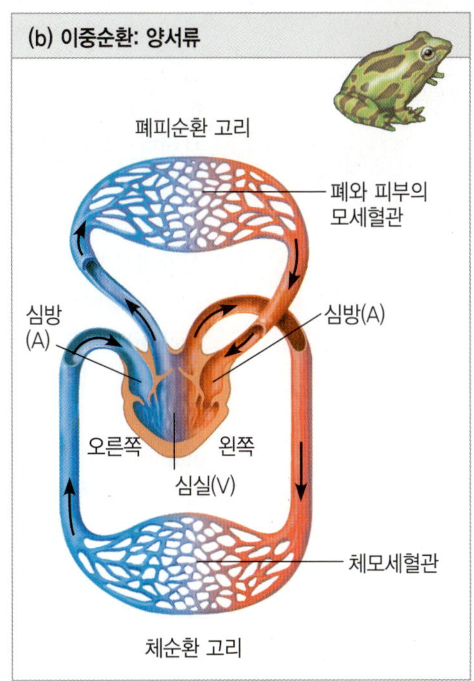

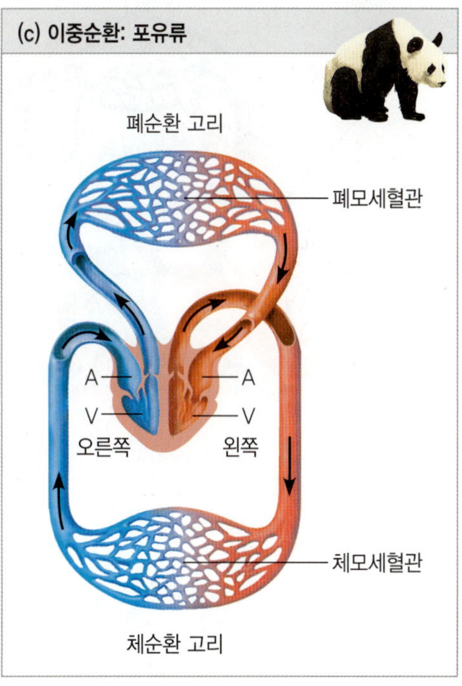

구분 고산소 혈액 / 저산소 혈액

(각 동물이 우리를 정면으로 보고 있을 때의 순환계를 그린 것이다. 따라서 심장 우측이 왼편에 그려져 있다.)

상태에서는 유일한 기체 교환 장소라고 할 수 있는 피부로의 혈류는 그대로 유지한다.

- 거북이, 뱀, 도마뱀의 심장은 세 개의 방으로 구성되었지만, 불완전한 격막(septum)이 심실을 좌우 둘로 나누고 있다. 대동맥이라 부르는 두 개의 큰 동맥이 체순환계로 연결되어 있다. 양서류와 마찬가지로 폐와 신체로 흐르는 혈액량을 조절할 수 있다.
- 아메리카 악어류와 중남미산 큰 악어(caiman), 그리고 그 외 악어류들의 심장은 격막이 완전하지만 심장에서 나온 동맥 부분에서 폐순환 고리와 체순환 고리가 연결되어 있다. 이러한 연결은 악어류가 잠수할 경우 판막을 조절하여 폐로 흐르던 혈액의 흐름을 일시적으로 차단할 수 있도록 해준다.

포유류와 조류의 이중순환계는 이와는 다르다. 그림 30.4c에 판다의 심장에서 볼 수 있듯이, 심실이 완전히 나누어져 있어서 두 개의 심방과 두 개의 심실이 있다. 심장의 왼쪽은 언제나 고산소 혈액만을 받아 펌프하게 되고, 오른쪽은 항상 저산소 혈액만을 받아 내보낸다. 양서류나 파충류와는 달리 새나 포유류는 전신으로 가는 혈류의 변화 없이 폐로 가는 혈류만을 극단적으로 변화시킬 수는 없다.

어떻게 진화적으로 포유류와 조류가 이중순환 구조를 갖게 되었을까? 내온동물인 포유류나 조류는 같은 무게의 외온동물에 비해 약 10배 가량의 에너지를 소모한다. 따라서 10배의 영양분과 산소의 공급을 필요로 한다(또한 CO_2나 다른 노폐물들도 10배만큼 많이 제거되어야 한다). 이러한 물질의 대량 유통은 폐순환과 체순환을 분리하여 독립적인 가압을 하고 심장의 크기가 커져 많은 양의 혈액을 보낼 수 있게 되면서 가능해졌다. 서로 다른 조상을 갖는 포유류와 조류는 각기 독립적으로 4개의 방으로 된 강한 심장을 갖게 되어 수렴진화의 예를 보여준다.

개념 30.2

조율된 심장 수축이 포유류의 이중순환계를 운용한다

우리 몸에 O_2를 제시간에 공급하는 것은 매우 중요하다. 예컨대 뇌 세포는 O_2 공급이 단 몇 분만 차단되어도 죽어버린다. 포유류의 심혈관계가 어떻게 연속적이면서도 변하는 요구량에 맞추어 O_2를 공급할 수 있을까? 이에 대한 해답을 찾기 위해 심혈관계 각 부위가 어떻게 배치되어 있는지, 또 어떤 기능들을 갖는지 알아보아야 한다.

포유류의 순환계

우선 포유류 심혈관계의 전체 구성을 폐순환 고리에서부터 살펴보자. (원번호는 **그림 30.5**의 원번호로 표시된 곳을 나타냄.) ❶ 우심실의 수축이 혈액을 ❷ 폐동맥을 통해 폐로 보냄. 좌우폐의 ❸ 모세혈관망을 거치면서 혈액에 산소가 보충되고 이산화탄소는 빠

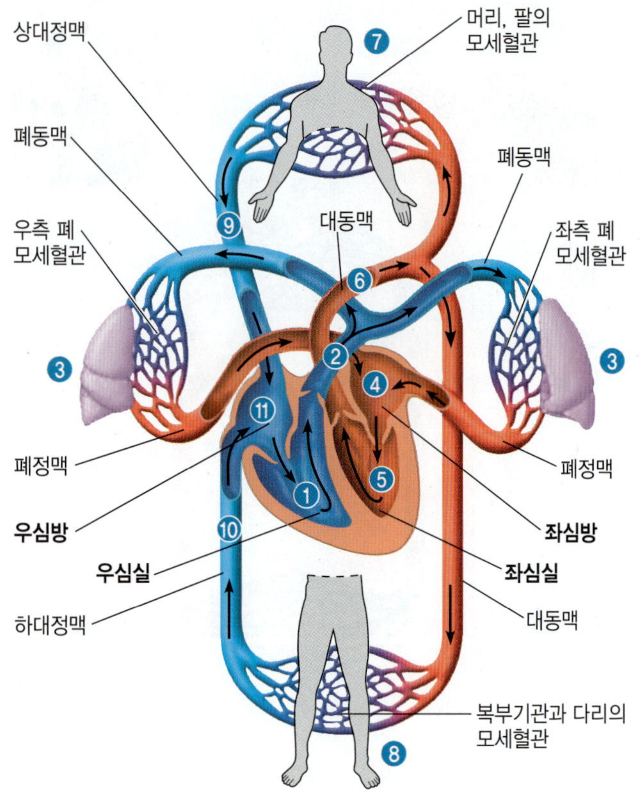

▲ 그림 30.5 **포유류 심혈관계: 조감도.** 이중순환계는 번호로 표신된 것처럼 순차적으로 일어나는 것이 아니고 동시에 작동하는 것임을 주지하기 바란다. 두 심실은 거의 동시에 거의 같은 양의 혈액을 뿜어낸다. 하지만 폐순환 고리에 비해 체순환 고리에 훨씬 많은 혈액이 존재한다.

져나간다. 이 고산소 혈액은 다시 폐정맥으로 모여 ❹ 좌심방으로 들어온다. 이제 혈액은 좌심방에서 고산소 혈액을 체순환 고리를 통해 온몸으로 공급하는 ❺ 좌심실로 이동한다.

좌심실에서 나온 혈액은 ❻ 대동맥을 통해 온몸의 소동맥으로 전달된다. 혈액은 첫 분지라 할 수 있는 관상동맥을 따라 심장근육으로 공급이 되고(그림에서는 생략됨), 두 번째 분지가 일어나 ❼ 머리와 팔(앞다리)의 모세혈관망으로 혈액이 공급된다. 한편 대동맥은 복부로 내려와 고산소 혈액을 ❽ 복부기관들과 다리(뒷다리)의 모세혈관망으로 보낸다. 이곳 모세혈관에서 O_2는 혈액에서 간질액으로, 세포호흡에 의해 생긴 CO_2는 혈액으로 확산에 의한 순이동이 일어난다. 이러한 모세혈관들이 다시 모여서 소정맥을 형성하여 정맥으로 혈액을 이동시킨다.

머리, 목, 팔로부터 온 저산소 혈액은 ❾ 상대정맥으로 모이고, 하체, 몸통에서 온 혈액들은 ❿ 하대정맥으로 모여든다. 이 두 대정맥은 모두 ⓫ 우심방으로 연결되었고, 저산소 혈액은 이곳에서 우심실로 이동한다.

포유류의 심장: 자세히 보기

가슴뼈(흉골) 밑에 위치하는 인간의 심장은 주먹 정도의 크기로 대부분 심장근으로 이루어져 있다. 두 심방은 비교적 얇은 근육으로 둘러싸여 있으며 폐나 신체에서 심장으로 돌아오는 혈액을 받아들이는 곳이다(그림 30.6). 모든 심장부위가 이완되었을 때 심방으로 들어온 혈액의 상당량이 심실까지 이동한다. 심실이 수축하기 전에 심방이 수축하면서 남은 혈액을 모두 심실로 보낸다. 심실은 심방보다 두꺼운 근육층을 갖으며 더 강력한 수축력을 갖는다. 특히 좌심실은 훨씬 강한 힘으로 수축하여 체내 각 기관으로 혈액을 보낸다. 좌심실이 더 강력하게 수축하지만 한 번 수축할 때 내보내는 혈액량은 우심실과 같다.

심장의 박동은 리듬을 가지고 규칙적으로 일어난다. 수축할 때 심장에서 혈액을 내보내고 이완될 때 혈액이 심장을 채운다. 이와 같이 심장이 혈액을 내보내고 받아들이는 것을 **심장주기(cardiac cycle)**라고 부르며(그림 30.7), 심장이 수축하는 시기를 **수축기(systole)**, 이완되는 시기를 **이완기(diastole)**라 부른다.

한 심실이 1분 동안 내보내는 혈액량을 심박출량(cardiac output)이라 부른다. 이 심박출량은 두 가지 요인, 즉 심박수(heart rate)와 일회박출량(stroke volume)에 의해 조절된다. 심박수는 분당 심장이 수축하는 횟수이고 일회박출량은 심장이 한 번 수축하면서 분출되는 혈액량이다. 일반인의 일회박출량은 70 mL 정도이고, 쉴 때 분당 72회의 박동이 일어난다면 이 사람의 심박출량은 5 L/min로 혈액 총량과 맞먹는다. 격심한 운동을 할 때는 산소 필요량이 크게 증가하면서 심박출량이 약 5배까지 증가될 수 있다.

심장에는 결합조직으로 구성된 4개의 판막이 존재하는데, 이들은 혈액이 역류하는 것을 방지하여 올바른 방향으로 흐르도록 도와준다(그림 30.6, 30.7). 판막은 펄럭이는 결합조직으로 만들어졌으며 한쪽에서 밀면 열리고 다른 한쪽에서 밀면 닫히는 구조이다. 좌우 심방과 심실 사이에는 **방실판막(atrioventricular valve, AV valve)**이 있다. 이 방실판막은 뒤집어지지 않도록 강한 섬유질에 의해 고정되어 있다. 심실의 강력한 수축에 의해 닫히면서 심실에

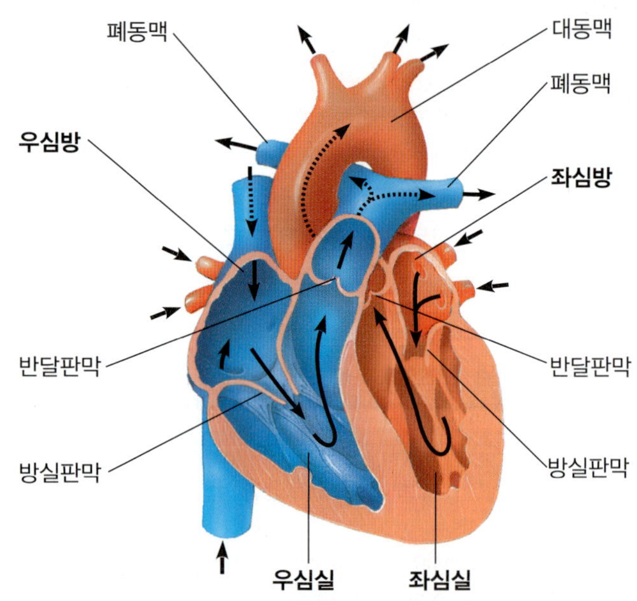

▲ 그림 30.6 **포유류의 심장: 세부구조.** 심장내 혈액이 역류하는 것을 방지하는 판막의 위치와 심방과 좌우심실의 근육벽 두께가 어떻게 다른지 주목하기 바란다.

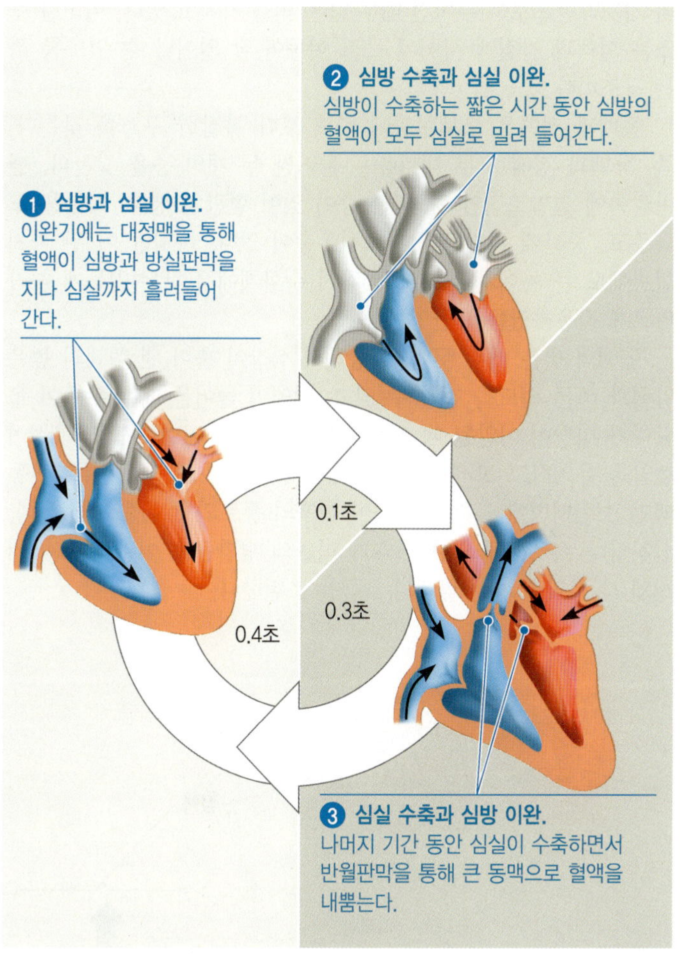

▲ **그림 30.7 심장주기.** 약 0.1초를 제외한 나머지 시간 동안은 심방이 이완되어 있어 정맥을 통해 들어온 혈액이 심방을 채운다.

서 심방으로 혈액이 역류되는 것을 막아준다. **반달판막(semilunar valve)**은 심실에서 동맥으로 나가는 길목, 즉 좌심실에서 대동맥으로 나가는 곳과 우심실에서 폐동맥으로 나가는 곳에 위치한다. 이 판막은 심실의 수축에 의해 생성된 압력에 의해 열린다. 심실이 이완될 때는 동맥에 형성된 높은 압력에 의해 반월판막이 닫혀 다량의 역류를 막아준다.

우리는 청진기를 이용하거나 친구(혹은 애완견)의 가슴에 귀를 가까이 대보면 이 판막이 닫히는 소리를 들을 수 있다. 그 소리는 "두-끈, 두-끈, 두-끈"(미국에서는 "럽-덥, 럽-덥, 럽-덥"이라 한다) 하는 소리이고, 그 중 앞에서 나는 소리("두")는 방실판막이 닫힐 때 혈액이 되튀는 소리이고, 뒤의 소리("끈")는 반달판막이 닫히면서 혈액이 되튀는 소리이다.

판막에 이상이 있는 경우 불완전한 판막을 통해 분출되어 나오면서 심장 잡음이라 부르는 비정상적인 소리를 내기도 한다. 선천적으로 심장 잡음이 나는 사람들이 있고, 류마티스성 고열 등 감염에 의해 후천적으로 생기는 경우도 있다. 판막 이상이 건강을 위협할 정도가 되면 의사들이 판막 대체물을 수술로 삽입하기도 한다. 하지만 심장 잡음이 꼭 심장의 결함 때문에 생기는 것은 아니며, 대부분의 경우는 수술을 해야 할 정도로 혈액의 흐름에 지장을 주지는 않는다.

규칙적인 심장박동의 유지

포유류에서 심장박동은 심장 자체에서 시작된다. 즉, 일부 심장근 세포는 자율 주기성을 띤다. 즉, 신경계의 신호 없이도 스스로 수축, 이완을 반복한다. **동방결절(sinoatrial node, SA node)** 또는 박동원(pacemaker)이라 부르는 특정 세포의 집단이 다른 모든 심장 근세포의 수축 속도와 시기를 결정한다. (이와 달리 일부 절지동물들은 신경조직에 박동원을 갖고 있다.)

동방결절은 신경세포와 유사한 전기충격 신호를 생성한다. 심장 근육세포들은 간극연접을 통해 전기적으로 연결되어 있기 때문에, 전기충격 신호는 심장조직을 통해 빨리 퍼져 나간다. 체액은 전기를 전도시킬 수 있기 때문에 이때 생기는 전류의 흐름을 피부 표면에서 **심전도(electrocardiogram, ECG** 혹은 독일 철자를 따서 **EKG)** 검사를 통해 측정할 수 있다. 그 결과로 얻은 그래프는 심장주기의 각 단계에 따라 전형적인 형태로 나타난다(그림 30.8).

동방결절에서 시작된 전기충격은 심방의 벽을 타고 빠르게 번

▶ **그림 30.8 심장주기의 조절.** 위의 그림은 심장에서 일어나는 일련의 전기적 사건을 나타낸 것이고; 붉은색은 전기적 신호를 전달하는 특수화된 근세포들을 나타낸 것이다. 아래 심전도 그래프에 노란색으로 표시된 부분은 각 시기에 나타나는 심전도(ECG)의 변화를 나타낸 것이다. 4단계에서 노란색 부분의 오른쪽에 있는 검은색 언덕 부위는 심실이 수축된 뒤 일어나는 전기적 변화를 나타낸 것이다. 이 시기는 심실이 다시 재충전하는 시기로, 이 시기를 거쳐 다음번 수축 신호에 반응하게 된다.

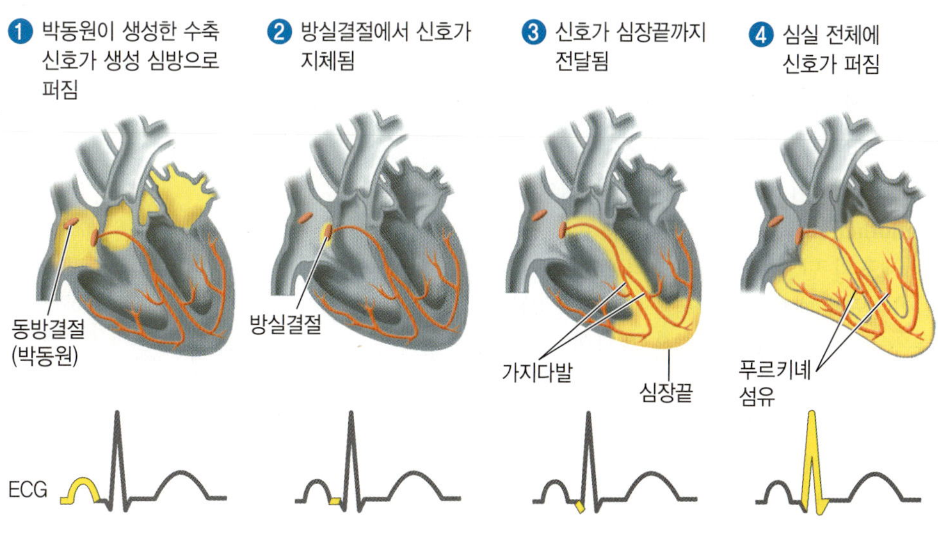

져 두 심방이 같이 수축하도록 만든다. 심방 수축이 일어나는 동안, 이 신호는 우심방과 우심실의 경계부근의 안쪽 벽에 위치한 다른 자율 주기성 세포에 도달한다. **방실결절(atrioventricular node, AV node)**이라 부르는 이 세포들은 중계지점을 형성하고 있다. 이곳에서 전기충격이 심실벽 끝으로 전달되기 전까지 약 0.1초 정도 지연되는데, 이러한 지연은 심실이 수축하기 전에 혈액이 심방에서 심실로 모두 이동하게 한다. 방실결절에서 나온 신호는 심장끝 부분과 심실벽 전체로 전달된다.

생리적인 신호들은 동방결절을 통해 심장의 박동속도를 조절할 수 있다. 예컨대 일어나서 걷기 시작하면 신경계가 박동원을 가속시키고, 그 결과 심박수를 늘려 근육이 필요로 하는 O_2의 공급을 더 늘려준다. 반대로 앉아서 쉬려고 할 때는 신경계가 박동원을 늦추어 심박수를 줄여 에너지를 절약할 수 있다. 내분비샘에서 분비되는 호르몬들에 의해서도 박동원이 영향을 받는다. 한 예로 부신에서 분비되는 흥분성 호르몬인 에피네프린은 체온이 올라갈 때와 마찬가지로 심박수를 증가시킨다.

순환 펌프를 알아보았으니 이제는 각 순환 고리 안 혈액의 흐름에 영향을 주는 힘과 구조에 대한 얘기로 들어가 보자.

개념 30.3

혈압과 혈류의 변화 양상은 혈관의 구조와 배열을 반영한다

척추동물의 순환계는 혈액이 몸 전체에 산소와 영양분을 공급하고 노폐물을 제거할 수 있도록 해준다. 이러한 기능을 수행하기 위해 마치 도시에 상수도와 하수도가 설치된 것처럼 혈관들도 나누어져 그물망(네트워크)을 형성하고 있다. 또한 상하수도에 적용되는 물리 법칙들이 혈관이 기능하는 데에도 그대로 적용된다.

혈관의 구조와 기능

혈관은 맨 가운데 혈액이 흐르는 공간(강, cavity)이 있고 이를 둘러싼 **내피(endothelium)**층이 있다. 내피층은 평평한 세포의 단일층으로 혈액의 흐름이 잘 일어나도록 매끄러운 내벽을 형성한다. 내피층을 둘러싸고 있는 조직은 혈관의 종류, 즉 모세혈관, 동맥, 정맥에 따라 다르며 이는 각 혈관의 기능을 잘 반영한다.

모세혈관은 가장 가는 혈관으로 안쪽 지름이 적혈구가 간신히 빠져나갈 정도이다(그림 30.9). 모세혈관은 내피와 기저막만으로 이루어진 매우 얇은 벽을 가지고 있다. 이러한 구조는 혈액과 간질액 사이에 물질 이동이 잘 일어날 수 있도록 하는 구조이다.

동맥과 정맥은 모세혈관에 비해 보다 복잡한 구조를 갖는다. 즉, 동맥과 정맥 모두 내피층을 둘러싼 두 개의 층을 갖는다. 맨 바깥쪽에 결합조직인 탄력섬유층이 있어 혈관의 팽창, 회복을 도와주고, 중간에 평활근과 탄력섬유층이 있다. 하지만 이 두 가지 혈관에도 큰 차이가 있다. 즉, 각기 순환계에서 갖는 기능에 따라 다르게 적응하였음을 반영한다.

동맥의 벽은 매우 두껍고, 강해서 심장이 뿜어 낸 혈액의 높은 압력과 빠른 속도를 견딜 수 있고, 혈액이 들어올 때는 부풀어 올랐다가 심장이 이완될 때 원상태로 돌아온다. 이런 동맥의 특성이 혈압을 유지하고 모세혈관으로 계속 혈액이 흐르도록 만든다. 동맥과 소동맥벽에 있는 평활근이 혈액의 통로와 흐름을 조절한다. 신경이나 호르몬에 의한 신호가 혈관의 평활근을 이완, 수축시켜 신체 각 부위로 가는 혈액의 흐름을 조절한다.

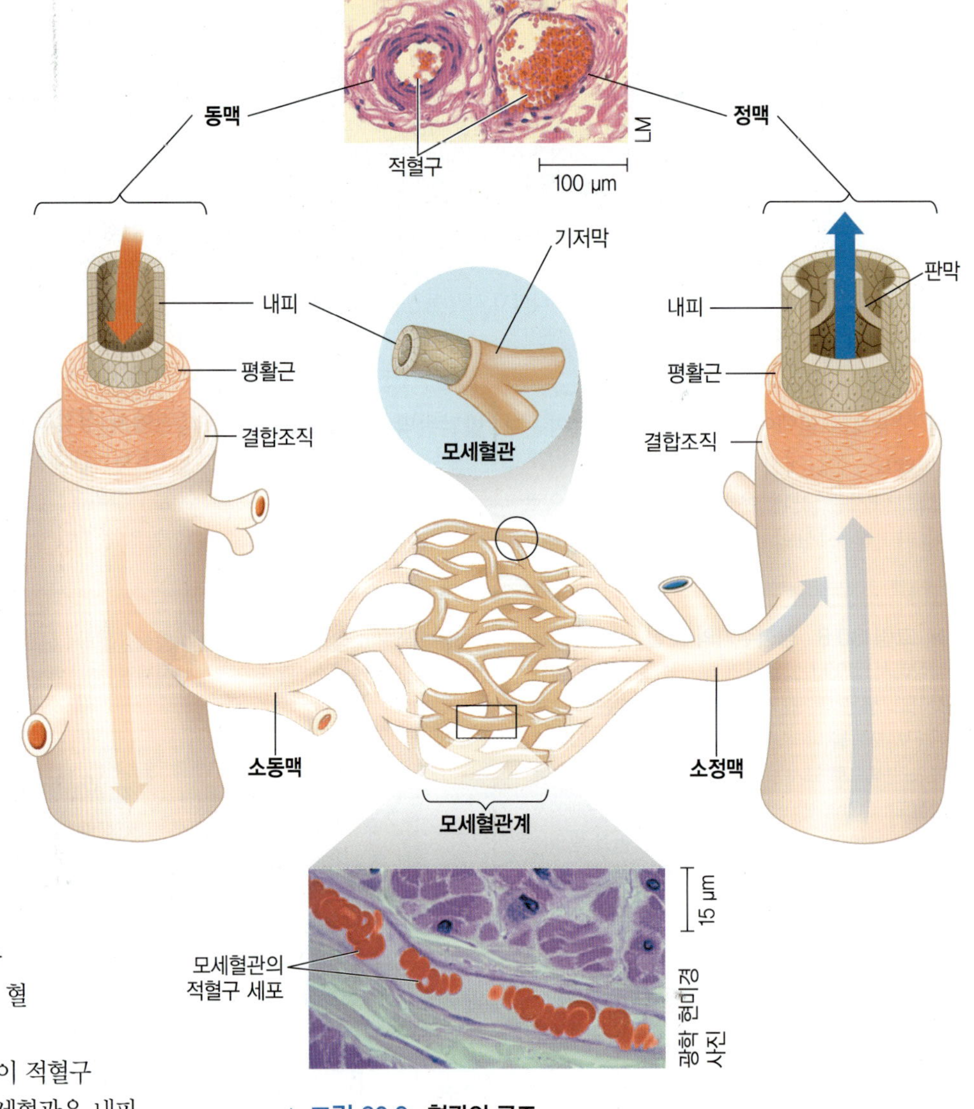

▲ 그림 30.9 **혈관의 구조**

정맥은 낮은 압력의 혈액을 심장으로 다시 보내주는 역할을 담당하기 때문에 두꺼운 막을 가질 필요는 없다. 정맥은 같은 직경의 동맥에 비해 약 1/3 두께의 벽을 갖는다. 정맥 내에 위치한 판막은 낮은 혈압에도 불구하고 혈액이 한 방향으로 흐르게 만든다.

혈류 속도

혈관의 지름이 혈액의 흐름에 어떤 영향을 미치는지 이해하기 위해 수도꼭지에 두꺼운 호스를 끼웠다고 생각해 보자. 수도를 틀면 물이 호스 어디에나 같은 속도로 흐를 것이다. 호스 끝에 좁은 주둥이를 달면 어떤 일이 발생할까? 물은 웬 만한 압력에서는 부피가 줄어들지 않기 때문에 주둥이를 빠져나가는 물의 부피는 호스의 다른 부분을 지나는 물의 양과 같을 것이다. 주둥이의 단면적은 호스의 다른 부분에 비해 작기 때문에 주둥이에서 물의 속도가 훨씬 빠르다.

비슷한 상황이 순환계에서도 일어나는데, 혈액의 흐름이 동맥에서 소동맥, 모세혈관으로 넘어가면서 느려지는 현상이다. 왜냐하면 모세혈관은 매우 많기(약 70억 개) 때문이며, 심장주기 동안 동맥에서 총 단면적이 넓은 지역으로 혈액이 이동하기 때문이다 **(그림 30.10)**. 그 결과 동맥에서 모세혈관으로 넘어오면서 혈류 속도가 급격히 감소한다. 모세혈관(약 0.1 cm/초)에서는 대동맥(약 48 cm/초)에 비해 약 500배 느린 속도로 혈액이 이동한다. 혈액은 모세혈관을 지나 소정맥과 정맥으로 넘어가면 다시 총 단면적이 줄어들어 유속이 다소 빨라지게 된다.

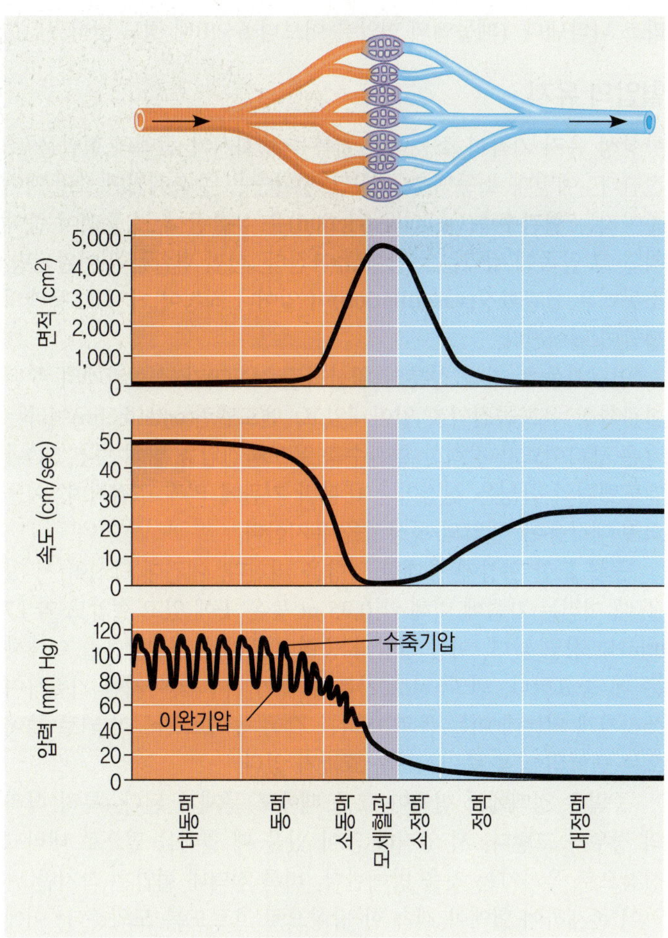

▲ **그림 30.10** **혈류 속도와 혈관 단면적, 혈압의 상호관계.** 혈류 속도는 소동맥에서 급격히 떨어지며 모세혈관에서 최저를 나타내는데, 이는 혈관의 총 단면적이 증가했기 때문이다. 한편 혈액이 심장에서 모세혈관까지 흐르도록 만드는 혈압은 대동맥과 동맥에서 가장 높은 것으로 나타난다.

혈압

혈액은 모든 액체가 그러하듯이 압력이 높은 지역에서 낮은 지역으로 이동한다. 심실이 수축하면 혈압이 생성되어 사방으로 힘을 가해지게 된다. 그 힘은 동맥에서 길이로 뻗어나가게 되며 혈액이 가장 높은 압력을 지닌 심장에서 흘러나가도록 한다. 혈관벽에 가해지는 힘에 의해 동맥이 팽창했다가 다시 원상태로 회복되는 힘이 혈압을 유지하고 심장주기 동안 계속 혈류가 흐르도록 하는 중요한 역할을 한다. 일단 혈액이 수많은 작은 소동맥이나 모세혈관으로 들어가면 혈관의 좁은 직경 때문에 혈류 저항이 생기고, 혈액이 정맥으로 들어갈 때쯤에는 저항에 때문에 심장에 의해 생성되었던 압력은 거의 사라진다(그림 30.10).

심장주기에 따른 혈압의 변화

혈압은 심실 수축기에 가장 높게 나타난다. 이때의 혈압을 **수축기압**(systolic pressure)이라 부른다(그림 30.10). 심실의 수축에 의한 혈압의 급격한 상승은 동맥을 팽창시킨다. 손목에 손을 갖다 대면, 심장이 뛸 때마다 **맥박(pulse)**—동맥이 주기적으로 불거지는 것—을 느낄 수 있다. 이렇게 유압의 변화를 읽을 수 있는 것은 소동맥으로 들어가는 문이 좁기 때문이기도 하다. 즉, 심장이 수축할 때 동맥으로 들어오는 혈액량은 동맥에서 빠져나갈 수 있는 양보다 많기 때문에 압력이 높아지고 따라서 혈관이 팽창하게 된다.

심장의 이완기 동안에는 탄력있는 동맥벽이 빠른 속도로 원상태를 회복한다. 그 결과 심실이 이완된 상태에서도 낮아지긴 했지만 그래도 상당히 높은 혈압을 유지할 수 있다(이완기압, diastolic pressure). 동맥에 있던 혈액이 소동맥으로 흘러 혈압이 완전히 없어지기 전에 다시 심장의 박동이 일어난다. 이와 같이 동맥에는 언제나 압력이 걸려 있기 때문에 모든 심장주기(그림 30.10) 동안 언제나 소동맥과 모세혈관으로 혈액이 흐른다.

혈압을 측정하기 위해 의사나 간호사는 공기를 넣을 수 있는 압박대가 압력계와 연결된 혈압계를 이용한다. 이 압박대를 팔꿈치 위쪽 팔에 두르고, 압박대에 동맥이 완전히 닫힐 때까지 공기를 넣는다. 이제 압박대에서 공기를 천천히 빼준다. 압박대의 압력이 동맥보다 낮아지면 팔로 들어오는 혈액에 의해 청진기로 쉽게 들을 수 있는 소리가 나기 시작한다. 이때 압력계에 나타나는 압력이 수축기압이다. 계속 공기를 빼면 이제는 동맥의 혈류가 외부압력에 막히는 일이 없이 자유롭게 흐르게 되고, 이때 압박대 밑 부분에서 나던 소리도 멈추게 된다. 이 시점에서 기압계에 나타난 값이 이완기압에 해당한다. 보통 건강한 20세 성인이 휴식을 취하고 있을 때 수축기압이 120 mmHg, 이완기압이 70 mmHg로 120/70이라고 나타낸다. (폐동맥의 혈압은 이보다 6~10배 정도 낮다.)

혈압의 유지

항상성 유지 기작이 소동맥의 지름을 변화시켜 동맥의 혈압을 조절한다. 예컨대 소동맥을 둘러싼 평활근을 수축시키면 소동맥이 좁아지는 **혈관수축(vasoconstriction)**을 유발한다. 소동맥이 좁아지면 그 앞쪽에 걸리는 혈압이 높아진다. 한편 평활근이 이완되면, 소동맥은 **혈관확장(vasodilation)**이 일어나 직경이 커지고, 동맥의 혈압이 떨어진다.

연구자들은 기체 성분의 일산화질소(NO)가 심혈관계의 주된 혈관확장 유도물질임을 알아내었고, 엔도텔린(endothelin)이라는 작은 펩타이드가 강력한 혈관수축 유도물질임을 밝혀냈다. NO나 엔도텔린의 합성은 신경이나 내분비 기관에 의해 조절되며, 이들의 반대작용이 혈압의 항상성을 유지한다.

중력 또한 혈압에 중대한 영향을 미친다. 예컨대 당신이 서 있을 때 머리는 가슴에 비해 약 0.35 m 높은 곳에 있고 혈압도 약 27 mmHg 정도 낮다. 이런 혈압과 중력의 관계는 기절반응을 이해하는 데 중요하다. 만약 뇌로 가는 혈압이 너무 낮아지면 기절하여 쓰러지게 되는데 이는 몸과 머리를 같은 높이로 만들어 뇌로 들어오는 혈액의 양을 증가시키는 효과가 있다.

중력은 정맥에서 혈액이 흐를 때에도 문제가 된다. 특히 다리의 경우가 그렇다. 서 있거나 앉아 있을 때 혈액을 밑으로 내리고 심장으로 올라가는 것을 방해한다. 비록 정맥내 혈압은 작지만 판막이 존재하여 혈액이 계속 한 방향으로 흐르도록 도와준다. 이에 더해 정맥을 둘러싼 평활근의 주기적인 수축과 운동 시 수축하는 골격근이 혈액이 심장으로 복귀하도록 돕는다(그림 30.11).

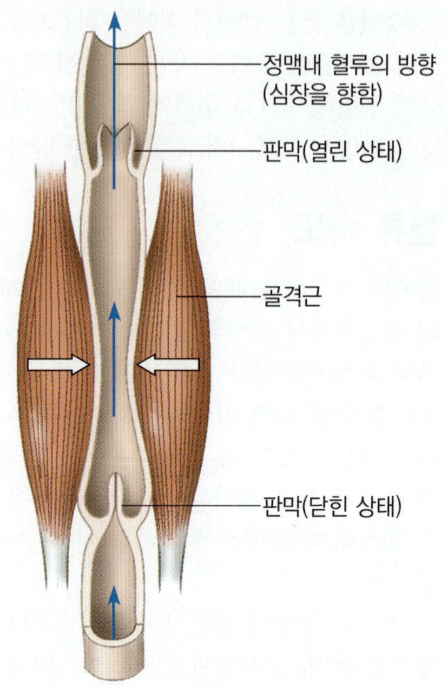

▶ **그림 30.11 정맥에서의 혈류.** 주변 골격근의 수축은 정맥을 누르게 된다. 정맥 내벽에 펄럭이는 조직이 판막으로 작용하여 혈액의 흐름을 심장 한 방향으로 유지한다. 만약 너무 오래 앉아 있거나 부동자세로 서 있을 때처럼 근육의 움직임이 없으면 정맥에 혈액이 고여 다리가 부을 수도 있다.

모세혈관의 기능

특정 시간에 모세혈관을 흐르고 있는 혈액량은 약 5~10% 정도에 불과하다. 하지만 우리 몸의 모든 조직은 모세혈관을 가지고 있어 항상 혈액의 공급을 받을 수 있다. 뇌나 심장, 신장, 그리고 간에 있는 모세혈관들은 언제나 혈액이 가득한 상태에 있고, 그 외의 조직은 혈액량이 필요에 따라 크게 다르게 나타난다. 예컨대 피부로 가는 혈액량은 체온에 따라 결정되며, 식후에는 소화계로 들어가는 혈액량이 증가된다. 격한 운동을 할 때에는 소화계의 공급이 급격히 줄어들면서 근육과 피부조직으로의 혈액 공급이 증가한다. 식후 심한 운동을 하게 되면 간혹 소화불량에 걸리는 이유가 여기에 있다.

모세혈관에는 평활근이 없는데 어떻게 모세혈관망을 흐르는 혈액량을 조절할까? 여기에는 크게 두 가지 기작이 존재하는데, 두 가지 모두 모세혈관내 혈액량 조절신호에 의존한다. 그 중 하나는 소동맥을 둘러싼 평활근의 수축이 포함된다. 이 근육이 수축하면 단면적이 줄어들게 되고, 따라서 여기에 흐르는 혈액량이 줄어들게 된다. 한편, 근육이 이완되면 혈류량이 늘어나게 되고 많은 양의 혈액이 모세혈관으로 들어갈 수 있다. 또 다른 기작은 모세혈관전 조임근(precapillary sphincter; 모세혈관으로 들어가는 입구에 있는 반지 모양의 근육)의 수축이 포함된다. 이 고리형 근육의 수축, 이완에 의해 특정 부위의 모세혈관계로 흐르는 혈액을 조절하거나 다른 방향으로 돌릴 수 있다.

이미 언급한 바와 같이 중요한 물질의 교환은 혈액과 간질액 사이에 일어나며, 이는 모세혈관 내피를 가로질러 일어난다. 어떻게 교환이 일어날까? 이 중 큰 단백질과 같은 물질들은 내피세포의 내세포작용(endocytosis)을 통해 내피층의 한쪽 면으로 들어와 소낭의 형태로 세포질을 가로질러 반대편 세포막으로 방출된다. O_2나 CO_2 같은 작은 분자들은 내피세포를 가로지르거나, 일부 조직에서는 모세혈관벽에 난 미세한 구멍을 통하여 단순 확산된다. 이런 구멍은 혈압에 의해 조직으로 들어오는 액성분의 대량 이동 통로일 뿐 아니라 당이나 염류, 요소와 같은 용질의 통로가 되기도 한다.

두 가지 반대되는 힘이 모세혈관과 조직 간에 액성분의 이동을 조정한다. 혈압은 혈액의 액성분을 모세혈관에서 밖으로 밀어내는 반면, 혈액내 단백질들은 액성분을 다시 혈관 내로 모으는 경향이 있다. 많은 종류의 혈액 단백질들(그리고 모든 혈구세포)은 혈관벽 사이로 빠져나오기에는 너무 커서 모세혈관 안에 남게 된다. 이 단백질들이 혈액의 **삼투압**(osmotic pressure; 막을 경계로 용질의 농도차에 의해 생성되는 압력)을 형성하는 주된 역할을 한다. 혈액과 간질액 간의 삼투압 차이가 모세혈관에서 액이 나가는 반대방향으로 작용한다. 평균적으로 이 반대되는 힘에 비해 혈압이 더 강하게 작용함으로 액성분이 모세혈관에서 빠져나온다. 이와 같은 액성분의 순이동은 혈압이 가장 높은 지역, 즉 동맥과 가까운 쪽에서 가장 많이 일어난다.

림프계를 통한 액성분의 복귀

정상인들은 매일 4~8 L의 액성분이 모세혈관에서 주위로 새어나간다. 또한 혈관벽이 단백질에 대해 투과성이 거의 없다고는 하지만 단백질 중 일부가 빠져나간다. 이렇게 혈관을 빠져나간 액성분과 단백질성분들은 **림프계(lymphatic system)**를 통해 다시 혈액으로 들어간다(그림 30.12).

액성분은 모세혈관 주위에 복잡하게 얽힌 미소관들로 구성된 림프계로 들어가며, 이렇게 회수된 액성분을 **림프액(lymph)**이라고 부른다. 이 림프액은 림프계를 타고 흐르다가 목 아래 쪽에 위치한 양대 정맥과의 연결부위를 통해 혈액으로 흘러들어간다. 이 연결부위를 통해 림프계와 순환계를 통한 액성분의 귀환이 완결되고 또한 소장(작은창자)에서 흡수된 지질성분이 혈액으로 전달된다.

림프액이 말단조직에서 심장으로 흐르는 원리는 정맥에서 혈액이 흐르는 기작과 유사하다. 림프관도 정맥과 마찬가지로 판막이 있어 림프가 반대 방향으로 흐르지 못하도록 설계되어 있으며, 림프관벽의 주기적인 수축이 림프액의 흐름을 도와준다. 림프관 주위 골격근의 수축 또한 액을 이동시키는 주요 원동력이다.

림프의 흐름이 차단되면 조직에 액성분이 누적되어 부어오르는 수종이 생긴다. 어떤 경우에는 극단적인 결과를 낳는다. 한 예로 림프관에 기생하는 기생충에 의해 심하게 막힌 경우 사지 또는 다른 신체의 일부가 심하게 부어서 상피증(elephantiasis)이 발생한다.

림프관을 따라 **림프절(lymph node)**들이 위치하는데, 림프액을 걸러주고 우리 몸의 방어에 중요한 역할을 담당한다. 림프절 안에는 결합조직이 빗살무늬를 이루고 있고 사이사이에 방어를 담당하는 백혈구들이 채워져 있다(그림 30.12). 우리 몸에 감염이 발생하면 림프절의 백혈구들이 증식하여 림프절이 커지고 부드러워진다. 의사들이 진찰할 때 목, 겨드랑이, 고환 등에 위치한 림프절을 만져보는 이유이기도 하다. 림프는 여과하고 감시하는 기능을 갖기 때문에 암이 전이되었는지 여부를 알아보기 위해서 환자의 림프절을 검사하기도 한다.

최근에는 림프계가 천식을 유발하는 등의 해로운 면역반응에서 중요한 역할을 담당한다는 증거들이 넘쳐나고 있다. 이러한 이유로 생물의학 분야에서 1990년대까지는 거의 무시되던 림프계에 대한 연구가 활발히 진행되고 있다.

개념 30.4

혈액 성분들은 교환, 운송, 그리고 방어의 역할을 담당한다

개념 30.1에서 이미 언급했듯이, 개방 순환계에 의해 운송되는 액은 세포를 둘러싼 액과 통해 있어서 그 성분도 같다. 하지만 폐쇄 순환계에 갇혀 있는 액은 척추동물의 혈액처럼 보다 특화될 수 있다.

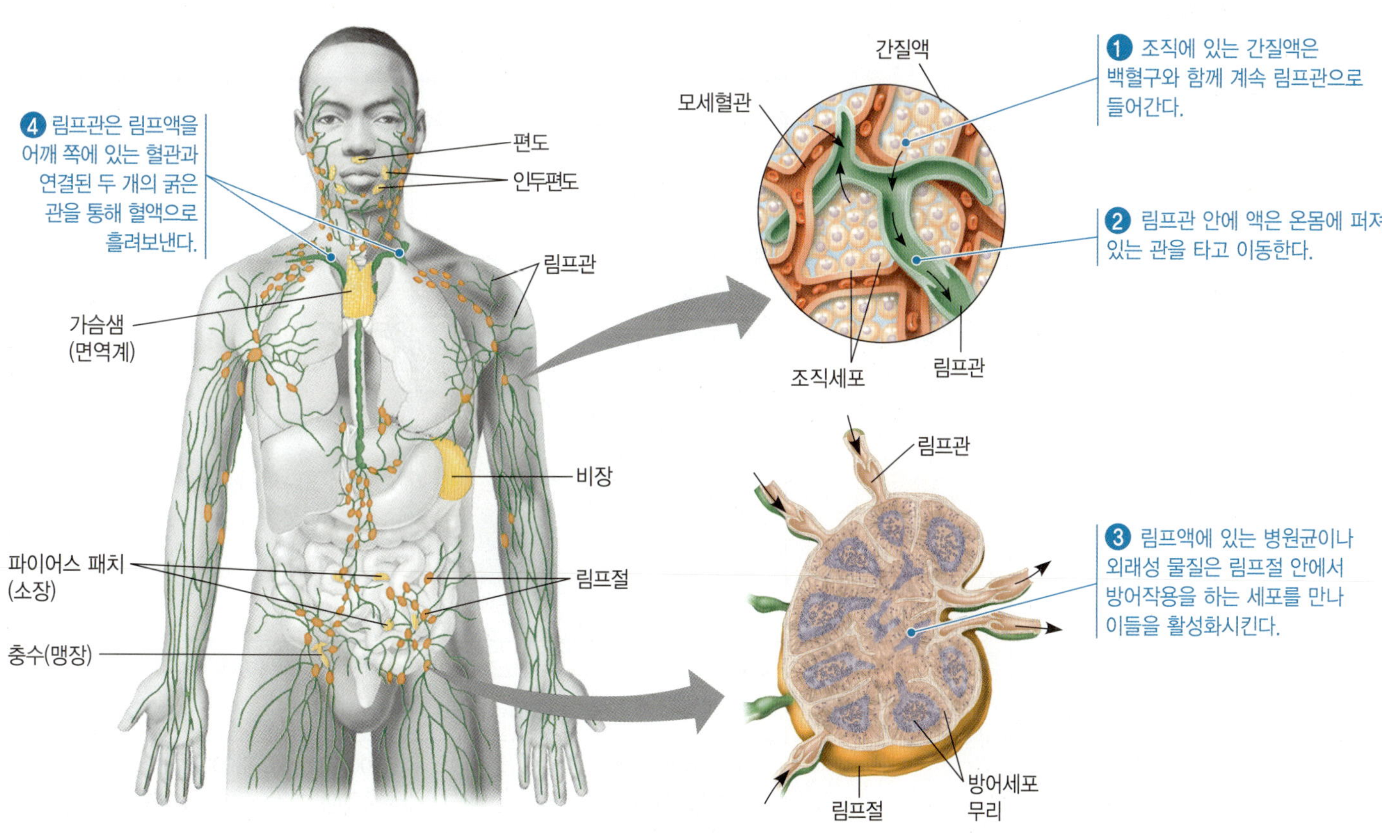

▲ **그림 30.12 사람의 림프계.** 림프액은 림프관(초록색)을 따라 흐른다. 림프액에 의해 운반되는 외래 물질은 림프절(주황색)이나 림프기관(노란색)에 모인다: 편도, 인두편도, 비장, 파이어스 패치(Peyer's patch), 맹장 등. 1~4까지는 림프액의 흐름과 면역반응에서 림프절의 역할을 설명한 것이다.

혈액의 구성과 기능

포유류의 혈액은 일종의 결합조직으로 **혈장(plasma)**이라는 액체성 기질과 그 안에 떠다니는 세포들로 구성된다. 원심분리를 통해 세포성 요소(세포와 세포의 조각들)를 분리해 보면 전체 혈액의 약 45%에 해당하는 부피를 차지하며(그림 30.13), 나머지는 혈장이다. 혈장에 녹아 있는 염류와 단백질들이 혈구세포들과 함께 삼투조절, 운반, 방어의 기능들을 수행한다.

혈장

혈장에 녹아 있는 용질성분 중 많은 부분이 이온 상태의 무기염류로서 혈액 전해질이라고도 불린다. 혈장에 이온들은 혈액의 필수 성분이다. 어떤 이온들은 혈액의 완충작용을 도와 사람의 경우 pH가 7.4를 유지하도록 도와준다. 염류들은 또한 혈액의 삼투압을 유지하는 데도 중요한 역할을 한다. 혈장내 이온의 농도는 간질액의 이온 농도에 직접적인 영향을 주는데, 이는 근육이나 신경의 정상적인 작동을 위해 매우 중요하다. 이런 기능을 다 하기 위해선 혈장 전해질의 농도가 항상성 기작을 통해 아주 좁은 범위 안에서 정확하게 유지되어야 한다.

혈장 단백질들은 pH의 변화를 막는 완충제 역할을 하고, 혈액과 간질액 간의 삼투 균형을 유지하기도 한다. 특정한 단백질들은 부가적인 기능을 갖는다. 예컨대 면역글로불린, 즉 항체는 우리 몸을 공격하는 바이러스나 다른 외래 물질들과 전투를 치루기도 한다. 또 아포지방단백질(apolipoprotein)과 같은 운반 단백질은 물에 잘 녹지 않는 지질과 결합하여 혈액에 잘 녹아 이동하도록 도와준다. 세 번째로는 혈액응고와 관련된 것으로, 혈관이 손상되었을 때 혈액이 빠져나가지 못하도록 상처를 막는 플라크 형성을 도와준다. (혈장에서 이러한 응고인자들이 제거된 것을 **혈청**이라 부른다.)

혈장에는 이밖에도 몸의 한 부위에서 다른 곳으로 이동하는 물질들이 많이 존재하는데 영양성분이나 노폐물, 호흡 기체들, 호르몬 등이 있다.

세포성 요소들

혈액에는 크게 두 종류의 세포가 있다: 적혈구는 산소를 운반하는 역할을 담당하며, 백혈구는 면역방어에 관여한다. 혈액에는 또한 세포의 작은 조각들로서 혈액의 응고에 관여하는 **혈소판(platelet)**을 포함하고 있다.

모든 세포성 성분들은 혈액내 혈구세포들을 보충해주는 **줄기세포(stem cell)**에서 유래된다. 혈구세포와 혈소판을 생산하는 줄기세포는 갈비뼈와 척추, 가슴뼈, 그리고 골반뼈 등의 안쪽에 있는

혈장 55%

구성성분	주 기능
물	다른 물질들을 운반하는 용매
이온들(혈액내 염류들) 소듐 포타슘 칼슘 마그네슘 염소이온 중탄산이온	삼투균형, pH 완충작용, 막투과성의 조절
혈장 단백질들	
알부민	삼투균형, pH 완충작용
면역글로불린(항체)	방어
아포지방단백질	지질 운반
피브리노겐	혈액 응고
혈액에 의해 운반되는 물질들 영양소(포도당, 지방산, 비타민 등) 대사 노폐물 호흡 기체(O_2와 CO_2) 호르몬	

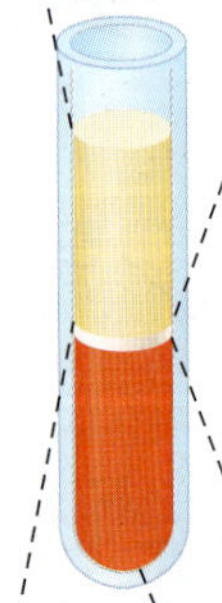

분리된 혈액성분

세포성 요소 45%

세포 종류	숫자 혈액 μL (mm^3) 당	기능
백혈구(leukocyte) 호염구 림프구 호산구 호중구 단핵구	5,000~10,000	방어와 면역
혈소판	250,000~400,000	혈액 응고
적혈구(erythrocyte)	5,000,000~6,000,000	산소를 운반하고 이산화탄소의 운반에도 관여

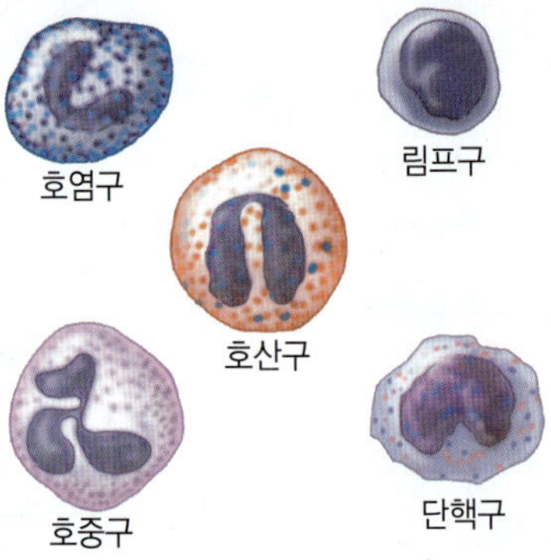

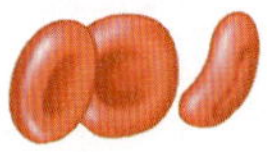

▲ 그림 30.13 **포유류 혈액의 구성**

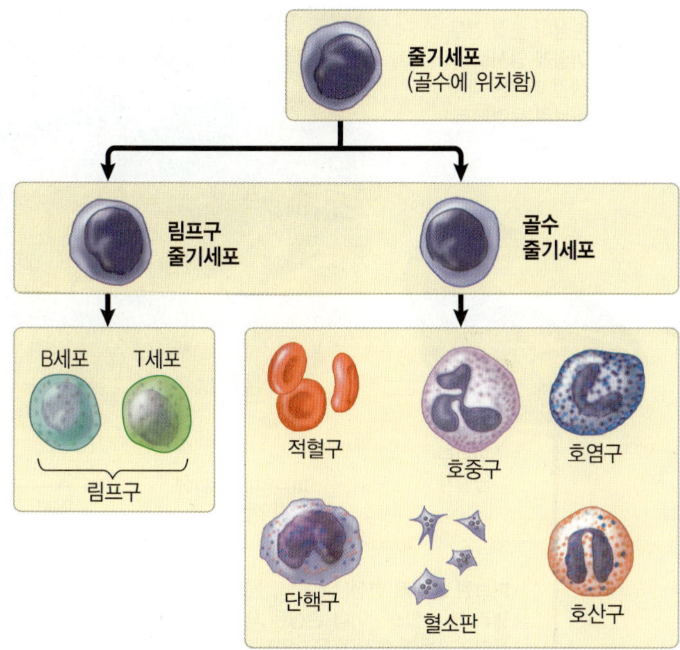

▲ **그림 30.14 혈구세포의 분화.** 다분화능 줄기세포의 일부는 림프구 줄기세포로 분화하며, 이들은 면역계에서 활약하는 B세포와 T세포, 두 종류의 림프구로 분화한다(35장). 다른 혈구세포들은 모두 골수 줄기세포로부터 분화된 것이다.

붉은 골수에 위치한다(그림 30.14). 줄기세포가 분열하고 자가 보충함에 따라 좀 더 제한적인 능력을 갖는 자가 보충 능력을 갖춘 2가지 줄기세포가 된다(그림 30.14). 그 중 하나는 림프구 줄기세포로 림프구를 만든다. 다른 하나는 골수성 줄기세포로 다른 백혈구, 적혈구, 그리고 혈소판을 만든다.

적혈구 적혈구(red blood cell 혹은 **erythrocyte**)는 혈액에서 가장 많이 발견되는 세포이다. 사람 혈액의 1 마이크로리터(μL 혹은 mm^3) 안에는 약 500~600만 개의 적혈구가 있어, 전체 5 L의 혈액에는 이 세포가 25조 개나 있는 셈이다. 적혈구는 양면이 오목한, 즉 바깥쪽보다 가운데가 얇은 작은 원반 모양(지름이 약 7~8 μm)을 하고 있다. 이 형태가 넓은 표면적을 제공하여 세포막을 통한 O_2의 확산 속도를 높이는 효과가 있다. 포유류의 적혈구에는 핵이 없는데 이로써 한 세포 내에 보다 많은 양의 **헤모글로빈(hemoglobin)**이 채워질 수 있게 된다.

적혈구의 작은 크기에도 불구하고 한 세포가 약 2억 5,000만 개의 헤모글로빈 분자(Hb)를 보유하고 있다. 한 분자의 헤모글로빈은 4분자의 산소와 결합을 할 수 있으므로 하나의 적혈구가 운반할 수 있는 산소분자의 수는 10억 개에 해당한다. 폐나 아가미 혹은 다른 호흡기관의 모세혈관망에서 O_2가 적혈구로 들어와서 헤모글로빈에 결합한다. 체순환에서는 O_2가 헤모글로빈에서 떨어져 나와 체세포로 확산되어 들어간다.

낫모양 적혈구 빈혈증(sickle-cell disease)의 경우 변형된 헤모글로빈(HbS) 분자가 고분자 덩어리를 형성한다. 적혈구 내에는 높은 농도의 헤모글로빈이 존재하기 때문에 적혈구를 낫모양으로 변형시키기에 충분한 크기의 긴 복합체가 형성된다. 이러한 변형은 단지 하나의 아미노산이 바뀌었기 때문이다.

우리 혈액의 세포성분은 평생에 걸쳐 줄기세포에 의해 보충된다. 적혈구의 수명은 짧아 다시 대치되는데 평균 120일 정도가 걸린다. 조직에 도달하는 O_2 양에 반응하는 음성되먹임 기작이 적혈구의 숫자를 조절한다. 만약 조직에 전달되는 O_2의 양이 모자라면 신장에서 에리스로포이에틴(혹은 적혈구생성인자; erythropoietin, EPO)이라는 호르몬을 합성하여 적혈구의 숫자를 늘린다. 오늘날 EPO는 유전자 재조합 기술로 생산이 가능하여 정상에 비해 적혈구 수나 헤모글로빈 양이 적은 빈혈증 등의 질병치료에 사용되고 있다. 대부분의 체육관련 단체에서 불법으로 규정하여 금지하고 있지만, 아직도 일부 운동선수들은 적혈구 수를 늘리기 위해 일부러 EPO 주사를 맞기도 한다.

백혈구 혈액에는 크게 다섯 종류의 **백혈구**(white blood cell 혹은 **leukocyte**)가 존재한다. 이들의 주된 임무는 감염과 싸우는 것이다. 즉, 박테리아나 자기 몸에 죽은 세포 조각 등을 식세포작용을 통해 먹어치우는 역할을 담당한다. 또 다른 종류의 림프구의 경우는 B세포와 T세포로 분화하여 외부로부터의 침입 물질에 대하여 면역반응을 일으킨다. 평균적으로 혈액내 백혈구 숫자는 1 μL당 약 5,000~10,000개 정도인데, 몸에 감염이 생길 경우 일시적으로 훨씬 많은 숫자를 보이기도 한다. 적혈구와는 달리 순환계 밖 간질액이나 림프계에서도 순찰하고 있는 백혈구를 발견할 수 있다.

혈소판 혈소판(platelet)은 골수에 있는 특수한 세포의 세포질 일부가 불거져 떨어진 조각이다. 지름이 2~3 μm 정도이고 핵이 없다. 혈소판은 혈액 응고에 구조적인 그리고 분자 기능적인 역할을 한다.

혈액 응고

혈액 내에는 파손된 혈관을 막아주는 성분이 있어서 베이거나 긁히는 정도로는 생명에 지장을 주지 않는다. 혈관의 파손에 의해 혈소판을 유도하고 혈액내 응고 성분들이 엉겨 붙도록 만드는 단백질이 노출된다.

응결체 혹은 밀봉제 성분은 불활성화 상태인 피브리노겐(fibrinogen)의 형태로 존재한다. 혈관이 파괴된 것에 반응하여 혈소판이 혈액응고 인자를 방출하여 피브리노겐을 피브린(fibrin)으로 전환시키는 효소, 즉 트롬빈(thrombin)이 형성된다(그림 30.15). 새로 형성된 피브린은 섬유처럼 엉켜 응고를 유발한다. 트롬빈은 또 트롬빈 형성 효소를 활성화시켜 양성되먹임의 작용으로 혈액응고를 완수한다. 혈액 응고 과정에 문제를 일으키는 유전적 돌연변이는 혈우병을 유발하는데, 이 병은 가벼운 상처나 충격에도 많은 양의 출혈이 발생하는 특징이 있다.

그림 30.15에서 보듯이 혈액응고에는 양성되먹임 과정이 있다. 처음에는 응고 지역에서 적은 수의 프로트롬빈이 트롬빈으로 바뀌지만, 트롬빈 스스로 효소작용을 하여 더 많은 트롬빈이 생성되도록 촉진하여 결국 혈액응고가 완결된다.

평소에는 혈액 내에 응고 방지 물질이 존재하여 자발적인 혈액

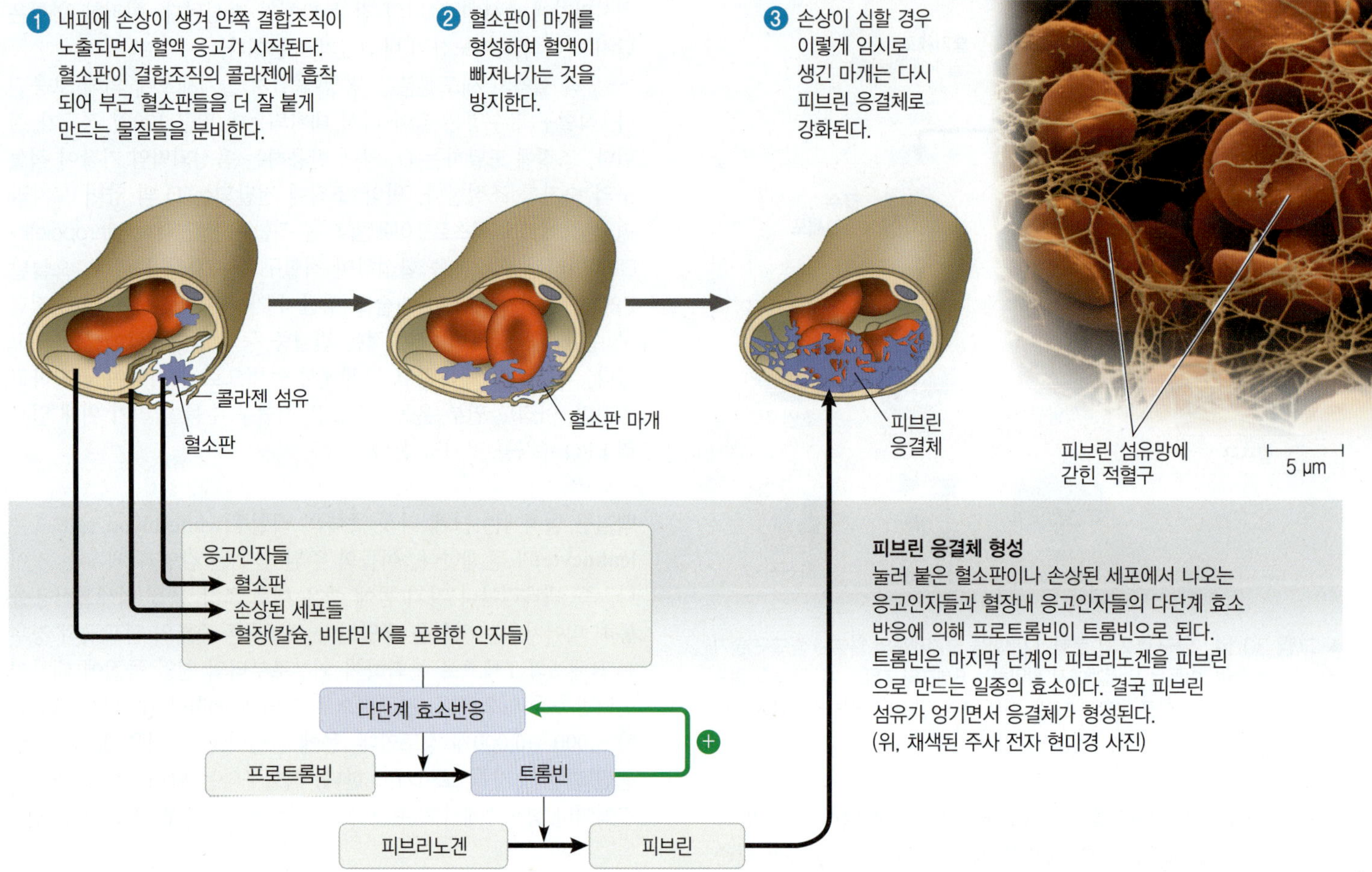

▲ 그림 30.15 **혈액 응고**

응고를 억제하고 있다. 하지만 때때로 혈관 내에서 혈소판의 덩어리나 피브린 응결체가 생성되어 혈액의 흐름을 차단하기도 하는데, 이러한 응결체를 **혈전(thrombus)**이라 부른다. 이 장의 말미에 어떻게 혈전이 형성되고 어떤 위험성이 있는지 알아볼 것이다.

심혈관계 질환

매년 미국에서만 매년 750,000명 이상의 사람들이 심혈관계 질환으로 목숨을 잃는다. 심혈관계 질환은 간단한 정맥이나 심장판막의 기능저하에서 치명적인 심장, 뇌 혈액공급 장애까지 다양하다.

동맥경화, 심장마비, 그리고 뇌졸중

건강한 동맥은 매끄러운 내벽을 가지고 있어 혈액의 흐름에 대한 저항을 줄여준다. 하지만 손상이나 감염에 의해 내벽이 거칠어지면 지질이 축적되어 동맥이 딱딱해지는 **동맥경화(artherosclerosis)**가 발생할 수 있다. 심혈관계 질환에서 핵심적인 역할을 하는 것은 콜레스테롤이다. 이 스테로이드 성분은 세포막이 정상 유동성을 유지하는 데 도움이 된다. 콜레스테롤은 수천분자가 다른 지질 성분과 함께 단백질에 결합된 입자 형태로 혈액을 떠돌아다닌다. 입자들 중 **저밀도 지방단백질(low-density lipoprotein, LDL)**은 콜레스테롤을 막을 생산하는 세포들에게 전달하는 역할을 한다. 다른 하나는 **고밀도 지방단백질(high-desity lipoprotein, HDL)**로 잉여의 콜레스테롤을 제거해주는 역할을 한다. 각 개인의 HDL에 대한 LDL의 비율이 높아지면 동맥경화(심장질환 부분에서 설명)의 가능성이 높아진다.

동맥경화에서 혈관내벽에 상처가 나면 상처에 대한 신체의 반응으로 **염증**반응이 일어난다. 백혈구는 염증부위로 모여 콜레스테롤을 비롯한 지질성분들을 먹기 시작한다. "플라크(plaque)"라고 부르는 지방 축적물에 섬유성 결합조직과 콜레스테롤이 더 결합하면서 천천히 자라게 된다. 플라크가 자람에 따라 동맥혈관벽은 더욱 두꺼워지고 단단해져서 혈관을 막게 된다. 플라크가 부서지면 동맥에 혈전이 되어(그림 30.16) 심장마비나 뇌졸중을 일으킬 수 있다.

심장마비(heart attack)는 심근경색(myocardial infarction)이라고도 불리며, 하나 혹은 몇 개의 관상동맥이 막혀 심근조직이 손상되거나 죽으면서 발생한다. 관상동맥은 단면적이 작기 때문에 막힐 가능성이 더욱 높다. 심장은 지속적으로 격심한 수축운동을 하기 때문에 O_2 없이는 오래 살지 못하여 혈관이 막히면 빠른 시간 안에 죽게 된다. 심장이 멈추면 수 분 이내에 환자에게 심폐소생술(cardiopulmonary resuscitation, CPR)이나 다른 응급처치를 시행하여 심장박동을 회복시키지 않으면 목숨을 잃게 될 것이다.

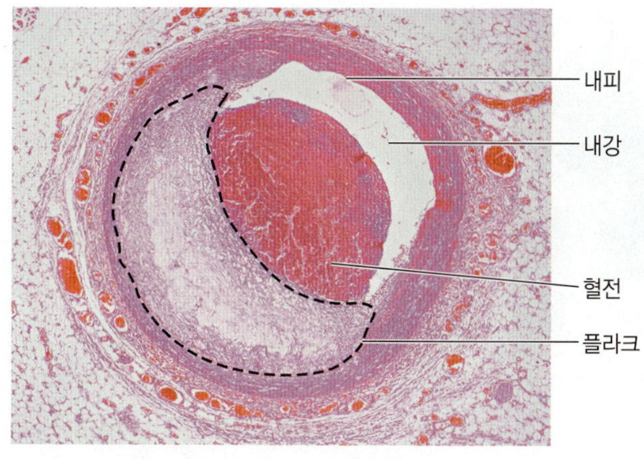

▲ **그림 30.16 동맥경화.** 동맥경화에서는 플라크에 의해 두꺼워진 동맥내벽이 혈액의 흐름을 방해할 수 있다. 플라크의 조작이 혈류를 따라 이동하다가 다른 동맥을 막을 수도 있다. 만약 이런 일이 심장이나 뇌로 들어가는 동맥에서 일어난다면 각각 심장마비와 뇌졸중을 유발하게 된다.

뇌졸중(stroke)은 뇌 신경조직이 O_2의 부족에 의해 죽는 것이다. 뇌졸중은 주로 머리의 동맥이 터지거나 막혀서 발생한다. 뇌졸중의 경우 손상된 정도와 부위에 따라 생존율이나 후유증이 다르게 나타난다. 만약 혈관이 막혀서 생긴 경우라면, 혈전용해제의 즉각적인 투여가 심장마비나 뇌졸중의 후유증을 줄일 수 있다.

동맥경화는 중요 혈관이 막히기 전까지는 자각되지 않는 경우가 많지만, 때로는 경고신호를 보내기도 한다. 심장에 고산소 혈액을 공급하는 관상동맥이 부분적으로 막히면 협심증(angina pectoris)이라 부르는 가슴의 통증을 유발하기도 한다. 이러한 통증은 심장의 활동량을 높이는 육체적 혹은 정신적 스트레스를 받을 때 더 자주 나타나며, 심장에 충분한 산소 공급이 이루지지 않고 있다는 신호이다. 막힌 관상동맥은 외과수술로 고칠 수 있다. 스텐트(stent)라 부르는 금속 망상튜브를 막힌 혈관에 삽입하여 팽창시키거나 가슴이나 다리의 건강한 혈관을 이식하여 막힌 곳을 우회하도록 할 수 있다.

심혈관계 질환의 위험요인과 치료

특정 심혈관계 질환이 발생할 가능성은 유전되는 경향이 있지만 생활습관에도 큰 영향을 받는다. 예컨대, 운동은 LDL/HDL 비율을 낮춘다. 반면에 흡연이나 가공된 식물성 기름의 **트렌스 지방**의 섭취는 LDL의 HDL에 대한 비율을 높여 심혈관계 질환의 발생율을 높인다. 고위험군인 사람들 중 많은 경우, 스타틴(statin)이라 부르는 약의 처방에 의해 LDL 수치가 떨어지고 발병률이 떨어진다.

염증반응이 동맥경화나 혈전형성에 중요한 역할을 한다는 사실이 알려지면서 이들 심혈관계 질환의 치료법에도 변화가 생겼다. 예컨대, 염증반응을 억제하는 아스피린은 심장마비나 뇌졸중의 재발을 막는다는 사실이 알려졌다.

고혈압(hypertension)은 여러 가지 건강상의 문제와 더불어 심장마비나 뇌졸중의 위험을 증가시킨다. 한 학설에 따르면, 만성적 고혈압은 혈관 내벽에 손상을 주어 플라크의 형성을 촉진시킨다고 한다. 보통 수축기압이 140 mmHg 이상이거나 이완기압이 90 mmHg 이상인 경우를 고혈압으로 정의한다. 다행히도 고혈압은 쉽게 진단할 수 있고, 식이요법, 운동, 약물, 혹은 이들의 조합을 통해 조절이 가능하다.

개념 30.5

기체 교환은 특수화된 호흡 표면에서 일어난다

이 장의 남은 부분에서는 **기체 교환(gas exchange)**에 초점을 맞추어보자. 이 과정은 흔히 호흡과 혼동되기도 하는데, 기체 교환과 세포호흡의 에너지 전환 과정을 혼동해서는 안 될 것이다. 기체 교환은 환경으로부터 O_2를 받아들이고 CO_2를 방출하는 것을 말한다. 교환은 특수화된 호흡표면에서 막을 통해 일어난다. 이때 분압 기울기에 따라 막을 통한 순확산이 일어난다. 호흡 매질(환경의 산소 공급원)은 물 혹은 공기이다.

분압의 기울기와 기체 교환

기체 교환을 일으키는 힘을 이해하기 위해서는 혼합 기체 속의 특정한 기체에 의해 생성되는 압력, 즉 **분압(partial pressure)**을 계산해야만 한다. 분압을 알면 교환 표면에서 기체가 어디로 순이동할지 예측할 수 있다. 이를 위해 혼합 기체가 만드는 압력과 그 중 특정한 기체에 의한 비율을 알아야 한다. O_2의 예를 들어보자. 해수면에서 공기가 밑으로 누르는 힘은 760 mm의 Hg(수은)이 누르는 힘과 같아서 해수면에서의 기압을 760 mmHg로 표시한다. 공기 중에는 산소가 21%의 부피를 차지함으로 O_2의 분압은 0.21×760, 즉 약 160 mmHg이다. 대기압 중에서 이만큼의 압력이 산소에 의해 만들어진 것이므로 이 값을 산소 분압(약자로 P_{O_2})이라 부른다. 해수면에서 CO_2의 분압, P_{CO_2}는 이보다 훨씬 적은 0.29 mmHg이다.

액체 속 녹아 있는 기체에 대해서도 기체 분압을 적용할 수 있다. 물이 공기에 노출되었을 때 물에 녹아들어가는 기체의 양은 기체의 분압과 물에 대한 그 기체의 용해도에 달려 있다. 물에서 빠져나오는 기체와 녹아들어가는 기체의 양이 같아지면 평형을 이룬다. 평형에서는 기체내 분압과 액체내 기체 분압이 같다. 따라서 해수면과 같은 높이에서 공기에 노출된 물의 P_{O_2}는 160 mmHg이다. 하지만 O_2는 물에 비해 공기 중에 잘 녹기 때문에 기체와 액체의 O_2 농도(concentration)는 서로 다르다. 더구나 물이 따뜻할수록, 염도가 높을수록 함유할 수 있는 O_2의 양이 적어진다.

호흡 매질

산소의 공급원이 되는 호흡 매질(respiratory medium; O_2를 공급해주는 원천)이 물이냐 공기냐에 따라 기체 교환의 조건이 상당히 다르다. 잘 알려진 바와 같이, 공기 중에는 O_2가 풍부하여 지구 대기 부피의 21%나 차지하고 있다. 물에 비해 공기는 가볍고 덜 끈적거리기 때문에 유동적이고 좁은 통로도 잘 통과한다. 그 결과로 공기로 숨 쉬는 것은 비교적 쉽고 특별히 효율적일 필요도 없다. 사람의 경우도 들이마신 공기에 있는 산소 중 25% 정도만을 사용한다.

물속에서의 기체 교환은 좀 더 어렵다. 단위 체적의 물에 녹아 있는 O_2의 양은 경우에 따라 다르긴 하지만 언제나 공기보다는 적다. 대부분의 해수나 담수 1 L에는 공기와 비교했을 때 1/30에 불과한 7 mL 정도의 O_2가 포함되어 있다. 물의 낮은 O_2 함량과 높은 밀도, 높은 점성은 수생동물인 어류나 바닷가재가 기체 교환을 하기 위해서는 좀 더 많은 에너지를 소모해야 한다는 것을 뜻한다. 이러한 도전에 직면하여 일반적으로 수생동물들은 보다 효과적인 기체 교환을 하도록 적응 진화해 왔다. 대부분의 적응 방법에는 교환을 위한 표면의 조직화가 포함된다(그림 30.17).

(a) **갯지렁이.** 환형동물 중 바다에 사는 다모류의 대부분이 각 체절마다 옆다리라 부르는 아가미와 다리의 기능을 함께 갖는 부속지를 가지고 있다. 이 옆다리는 아가미로 작용할 뿐 아니라 다리와 지느러미의 기능도 갖는다.

(b) **불가사리.** 불가사리의 아가미는 단순히 표피에 난 관형 돌기들이다. 기체의 교환은 아가미 표면에서 일어나고, 각 돌기는 체강과 연결되어 체강내 유액이 관을 출입하면서 기체수송을 도와준다. 불가사리의 관족도 기체 교환의 기능을 갖는다.

▲ 그림 30.17 **기체 교환이 일어나는 아가미와 체외 표면의 다양한 구조**

호흡 표면

기체 교환이 일어나는 동물의 신체 부위인 호흡 표면(respiratory surface)은 기체 교환을 위해 특수화되어 있다. 모든 살아 있는 세포는 물과 접해 있어야 하는 세포막을 갖기 때문에 호흡 표면도 늘 축축해야만 한다.

축축한 호흡 표면을 통한 O_2와 CO_2의 이동은 순전히 확산에 의해서만 일어난다. 확산 속도는 분자가 이동할 면적에 비례하고, 분자가 움직여 가야 하는 거리의 제곱에 반비례한다. 바꿔 말하면, 호흡 표면의 두께가 얇을수록, 면적이 넓을수록 기체 교환 속도가 빨라진다. 따라서 대부분의 호흡 표면은 크고 얇은 경향이 있다.

해면동물이나 강장동물, 편형동물과 같이 단순한 구조의 동물들은 각 세포들이 외부 환경과 기체를 교환하기에 충분히 가까이 위치하고 있다. 하지만 대부분의 동물들은 몸의 많은 부분이 외부 호흡 매질과 직접 접촉되어 있지 않다. 이런 동물들의 호흡 표면은 얇고 축축한 상피층으로 구성된 호흡기관을 형성한다.

지렁이나 일부 양서류와 같은 동물들은 피부가 호흡기관의 역할을 한다. 피부 바로 아래 밀도있게 깔려 있는 모세혈관 망을 통해 순환계와 환경 간에 기체 교환을 원활하게 한다. 하지만 대부분의 동물들은 몸 표면적이 생존에 필요한 양의 산소를 받아들이기에는 충분치 않다. 이에 대한 진화적 해법으로 표면이 심하게 주름지고 고도로 분지되어 기체 교환 표면적을 최대로 늘린 호흡기관을 갖고 있다. 아가미(gill), 기관(tracheae), 그리고 폐가 3가지 대표적인 예이다.

수생동물의 아가미

아가미는 몸 표면의 일부가 밖으로 불거져나와 물에 노출된 것이다. 그림 30.1과 30.17에서 보듯이 아가미의 위치는 아주 다를 수 있다. 위치야 어디든 아가미가 차지하는 전체 면적은 몸의 다른 부위가 차지하는 외면적보다 훨씬 넓다.

호흡 매질을 호흡 표면으로 이동시키는 환기(ventilation)작용을 통해 기체 교환에 필요한 O_2와 CO_2의 분압 기울기를 유지한다. 환기를 하기 위해 대부분의 동물들은 아가미를 물속에서 움직이거나 반대로 아가미에 물을 흘려보내는 방법을 사용한다. 예컨대 가재나 바닷가재는 아가미로 물을 흘려보내는 노처럼 생긴 부속지를 갖고 있고, 홍합이나 조개는 섬모를 사용하여 물을 움직인다. 문어나 오징어는 물을 빨아들였다가 내뿜으면서 환기를 시킨다. 어류는 헤엄을 치거나 입과 아가미 덮개를 잘 움직여 환기를 시킨다. 두 경우 모두 입을 통해 물이 들어와 인두의 새로 틈을 통과한 후 아가미를 지나 몸 밖으로 빠져나간다(그림 30.18).

어류 아가미의 모세혈관 분포는 반대 방향으로 흐르는 두 액체 사이에 물질이나 열이 교환되는 **역류 교환(countercurrent exchange)**이 일어나도록 설계되어 있다. 이 장치가 어류 아가미에서 기체 교환이 효율적으로 일어나게 만든다. 즉, 혈액이 흐르는 방향이 물이 흐르는 방향과 반대이기 때문에 혈액은 언제나 인접한 물에 비해 O_2 농도가 낮은 셈이다(그림 30.18). 혈액이 아가미 모세혈관에 들어오면 아가미를 다 통과한 물과 만나게 된다. 비록 이 물이 아가미를 지나면서 O_2를 많이 빼앗긴 상태지만 그래도 아가미로 진입하는 혈액에 비해서는 P_{O_2}가 높기 때문에 O_2이동이 일어난다. 혈액이 흐를수록 P_{O_2}가 점점 높아지겠지만 혈액이 흐르는 방향이 물과는 반대 방향이기 때문에 주위의 물속에 P_{O_2}도 점점 높아진다. 결국 혈액이 흐르는 전 구간 동안 O_2가 물에서 혈액으로 이동하도록 분압 기울기가 유지되는 것이다.

역류 교환 기작은 매우 효율적이어서 어류 아가미의 경우 호흡

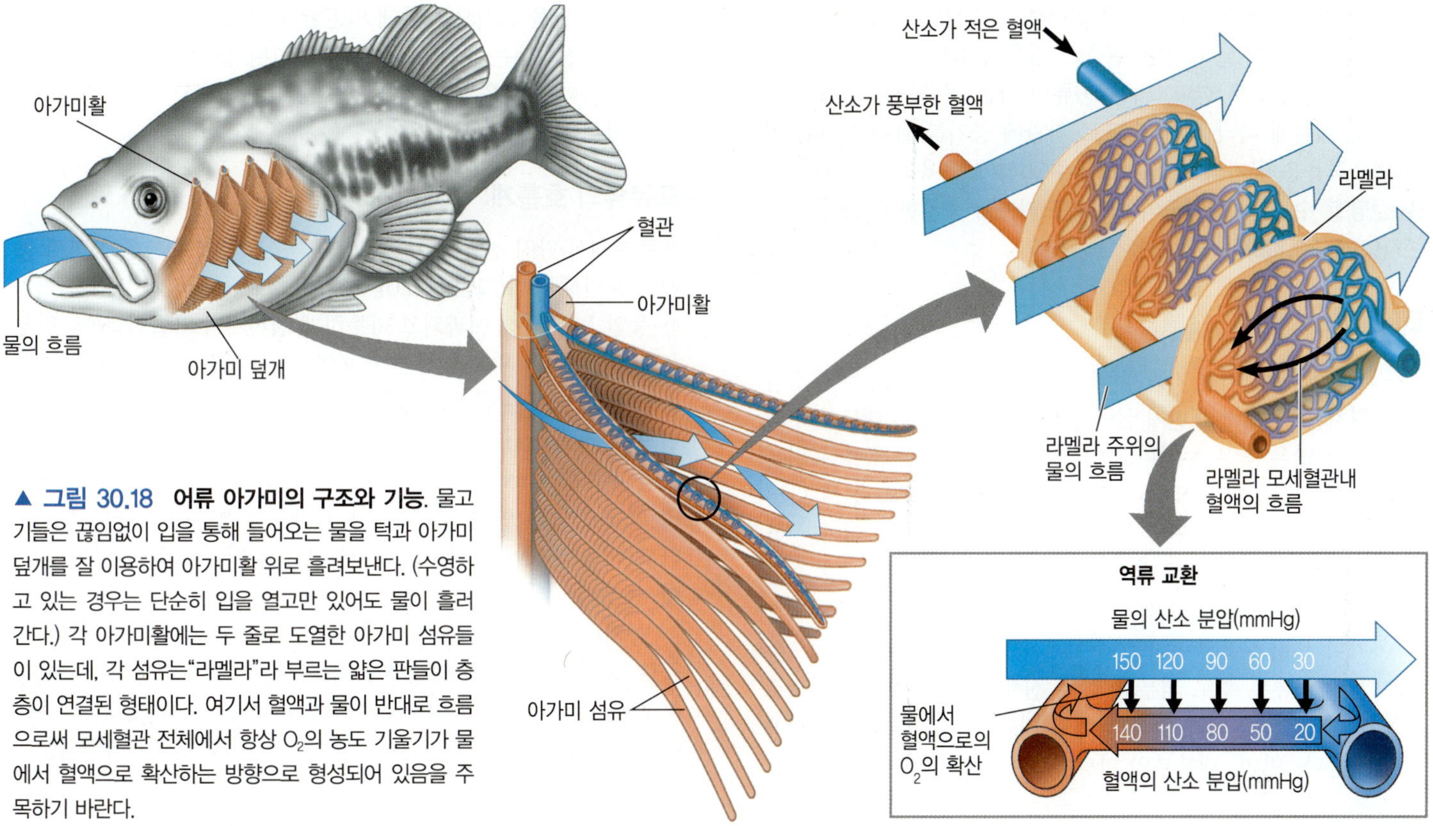

▲ **그림 30.18 어류 아가미의 구조와 기능.** 물고기들은 끊임없이 입을 통해 들어오는 물을 턱과 아가미 덮개를 잘 이용하여 아가미활 위로 흘려보낸다. (수영하고 있는 경우는 단순히 입을 열고만 있어도 물이 흘러간다.) 각 아가미활에는 두 줄로 도열한 아가미 섬유들이 있는데, 각 섬유는"라멜라"라 부르는 얇은 판들이 층층이 연결된 형태이다. 여기서 혈액과 물이 반대로 흐름으로써 모세혈관 전체에서 항상 O_2의 농도 기울기가 물에서 혈액으로 확산하는 방향으로 형성되어 있음을 주목하기 바란다.

표면을 지나는 동안 물에 녹아 있는 O_2의 80%까지 취득할 수 있다. 역류 교환은 온도 조절과 신장의 기능을 돕는 데에도 사용된다.

곤충의 기관계

대부분의 육상동물들은 외부 대기와 좁은 관으로 연결된 체내에 호흡 표면을 갖고 있다. 대표적인 예로 폐를 생각하겠지만, 사실은 곤충의 **기관계(tracheal system)**가 가장 많이 발견되고 있다. 기관계는 몸 전체에 퍼져 있는 공기 관으로 구성되어 있으며**(그림 30.19a)**, 기관(trachae)이라 부르는 가장 큰 관은 몸 밖으로 출구를 가지고 있다**(그림 30.19b)**. 가장 가는 분지들의 끝부분에서 습한 상피층을 통해 기체 교환이 일어난다. 대부분의 몸속 세포들은 호흡 매질과 가까운 거리에 있는 셈이기 때문에 곤충의 개방 순환계의 도움 없이도 O_2나 CO_2를 운반할 수 있다.

▼ **그림 30.19 곤충의 기관계**

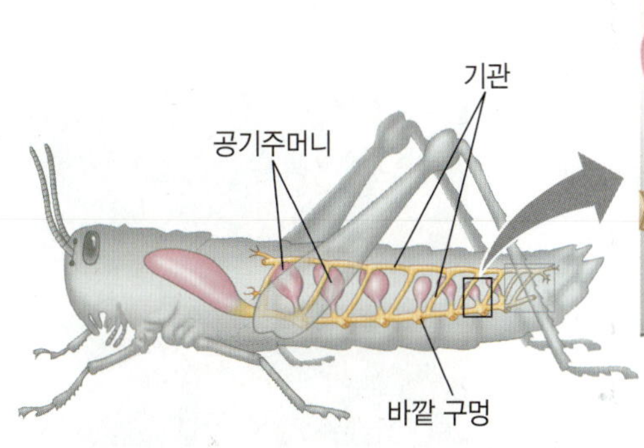

(a) 곤충의 호흡계는 체세포에 직접 공기를 전달해 주는 분지된 관들로 구성되어 있다. 기관이라 부르는 가장 굵은 관은 반지 모양의 키틴에 의해 모양을 유지하고 있으며, 산소요구량이 많은 기관 근처에는 팽창된 부위가 존재하여 공기주머니 역할을 한다.

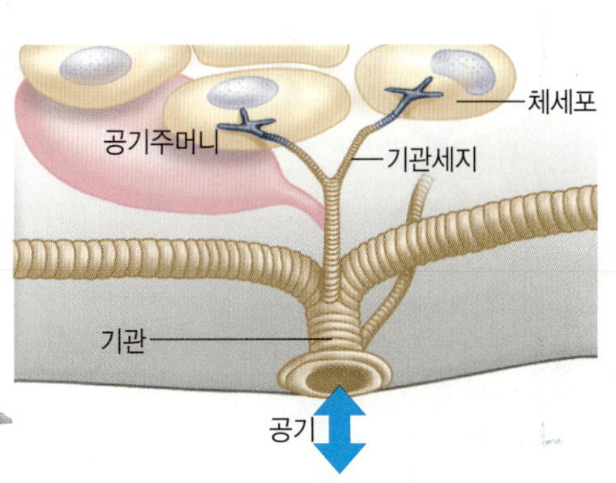

(b) 몸 표면에 있는 기관 말단의 구멍을 통해 들어온 공기는 기관세지(tracheole)라 부르는 보다 가는 관으로 나뉘어 들어간다. 기관세지는 끝이 막혀 있고 그 끝에는 검푸른(blue-gray) 액으로 채워져 있다. 동물의 운동량이 많아져서 O_2의 소모가 많아지면 이 액이 대부분 체액으로 흡수되어 공기가 들어간 기관세지의 면적이 더 넓어진다.

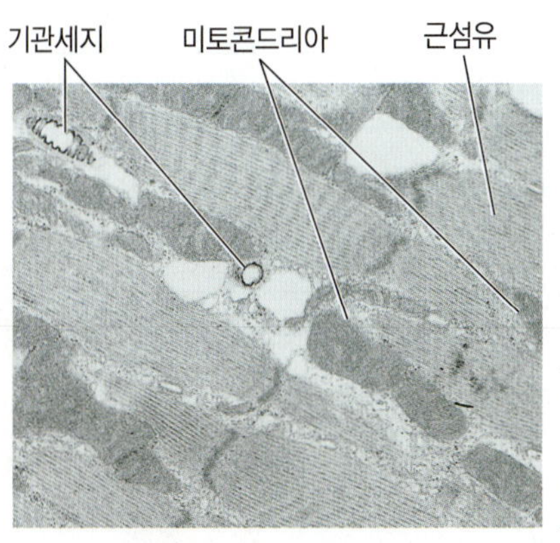

(c) 이 투과 전자 현미경 사진은 곤충의 비행근 내 기관세지의 분포를 보여준다. 많은 수의 미토콘드리아들이 기관세지에서 5 μm 거리 안에 존재하는 것을 볼 수 있다.

기관계는 생체에너지 역학에 맞추어 직접적인 적응현상을 보여준다. 예를 들어 날고 있는 곤충의 경우 평소보다 10배에서 200배의 산소를 필요로 한다. 많은 종류의 나는 곤충들은 날개 근육의 수축 이완에 따라 빠른 속도로 기관에 공기를 불어넣는다. 이런 펌프작용은 공기의 환기를 도와주고 날개 근육의 높은 대사율을 감당할 수 있는 고밀도의 미토콘드리아에 충분한 O_2를 공급해 준다(**그림 30.19c**).

폐

곤충의 몸에 고루 퍼진 기관계와는 달리, **폐**(허파, **lung**)는 특정한 곳에 위치한다. 체내 표면에 굴곡을 만드는 방법으로 대부분의 폐는 수없이 많은 작은 주머니로 나누어져 있다. 폐의 호흡 표면은 신체의 어느 부위와도 맞닿아 있지 않기 때문에 폐와 신체 다른 부위 사이에 기체를 운송해 주는 순환계가 연결을 해주어야만 한다. 폐는 척추동물은 물론이고 거미, 육상 달팽이 같은 개방 순환계 동물들에서도 볼 수 있다.

아가미가 없는 척추동물들 사이에서도 폐를 사용하는 정도는 다르다. 양서류는 주로 피부와 같은 신체 표면을 통한 확산으로 기체 교환을 하며, 폐가 있다고 해도 비교적 작고 교환량이 얼마 되지 않는다. 반면, 대부분의 파충류(조류를 포함해서)와 포유류는 기체 교환을 전적으로 폐에 의존한다. 일부 어류에서도 폐와 대기호흡이 진화했는데, 이는 산소가 결핍된 물에서 살아야 하거나 호수에 물이 말랐을 때처럼 일시적으로 물 밖으로 나와 생활해야 하는 경우에 적응한 것이다.

포유류의 호흡계: 자세히 보기

포유류에서 가지 친 관들이 **흉강**(가슴속 공간)에 위치한 폐까지 공기를 운반해 준다(**그림 30.20**). 공기는 코로 들어와서 비강을 거치는 동안 털에 의해 여과되고 따뜻하게 덥혀지며 가습이 되어, 일부는 냄새를 맡기 위해 비강내 미로와 같은 공간으로 보내진다. 비강을 통해 들어온 공기는 입을 통해 들어온 음식물과 만나는 지점인 인두(pharynx)로 이동한다. 음식물을 삼킬 때는 호흡기의 앞부분인 **후두(larynx)**가 위로 움직여, **기관(trachea** 혹은 windpipe)의 입구에 있는 연골 덮개를 건드린다. 그 결과 음식물은 식도를 타고 내려가 위에 도달한다. 다른 때에는 기관이 열려 있어 숨을 쉴 수 있다.

공기는 후두에서 기관으로 내려간다. 후두와 기관의 벽은 연골로 강화되어 있어서 언제나 공기통로를 확보하고 있다. 또한 대부분의 포유류에서 내쉬는 공기가 후두에 있는 신축성 있는 근육들 사이를 통해 나가게 되어 있는데, 이 부분을 성대 주름(vocal

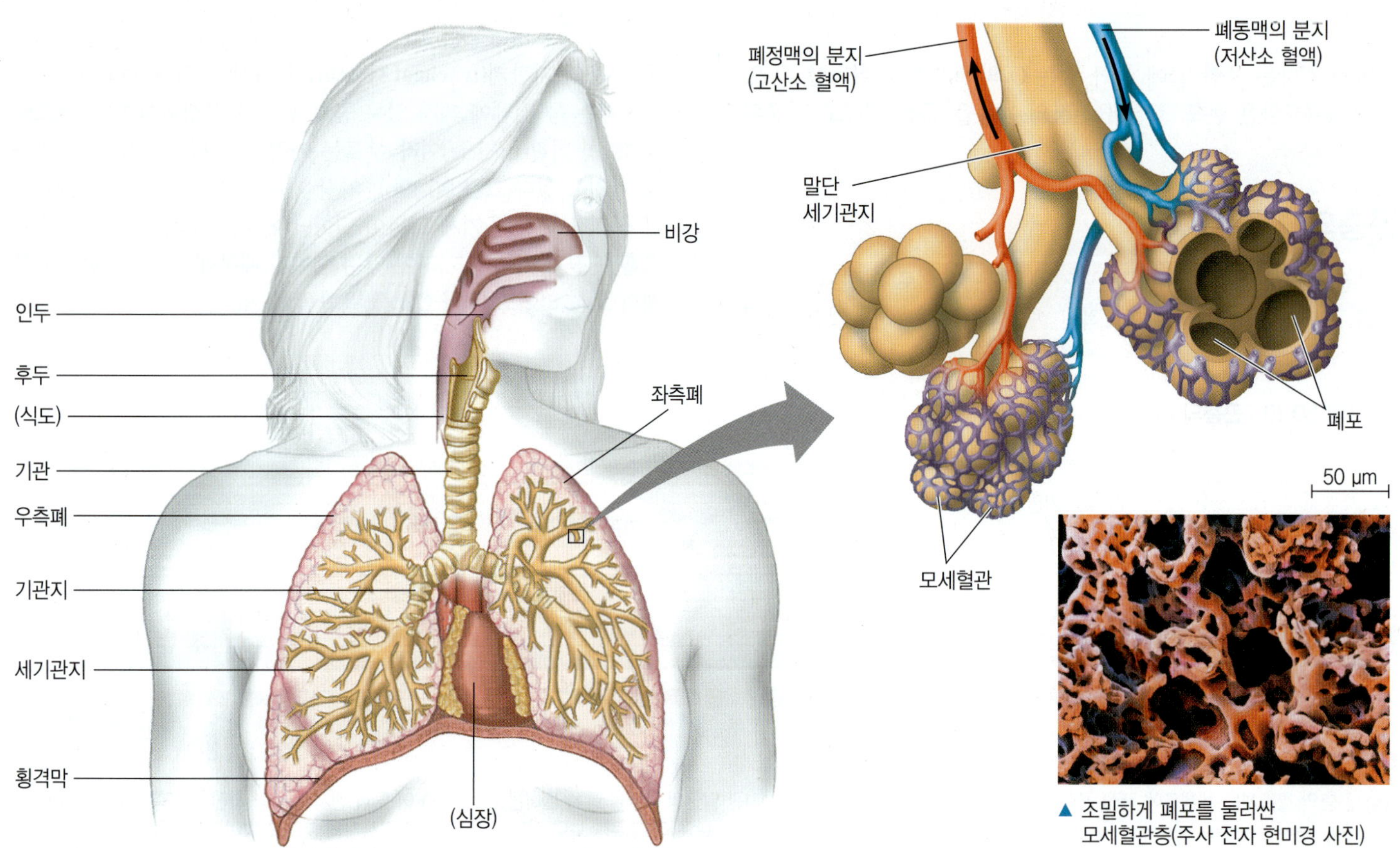

▲ 조밀하게 폐포를 둘러싼 모세혈관층(주사 전자 현미경 사진)

▲ **그림 30.20 포유류의 호흡계.** 비강과 인두를 통해 들어온 공기는 후두를 지나, 기도, 기관, 세기관지, 그리고 얇고 습한 상피층으로 둘러싸인 폐포에 이른다. 폐동맥의 분지는 저산소 혈액을 폐포로 운반하고, 폐정맥의 분지는 고산소 혈액을 폐포에서 다시 심장으로 수송한다.

fold), 사람의 경우는 성대(vocal cord)라고 부른다. 숨을 내쉬면서 후두의 근육이 수축하여 성대를 당겨주면 떨리면서 소리가 나는 것이다. 강하게 당기면 줄이 팽팽해져 높은 음을 덜 당기면 낮은 음을 내게 된다.

기관이 나뉘어져 각각 좌우 폐로 연결된 두 개의 **기관지(bronchus)**가 된다. 각 폐로 들어간 기관지는 좀 더 가는 **세기관지(bronchiole)**로 계속 분지되어 마치 나무를 거꾸로 세워놓은 것과 같은 형태이다. 이 호흡나무의 주 기관지의 내벽 상피세포들은 섬모와 점액으로 덮여 있어서, 점액에 붙은 먼지나 꽃가루, 그 밖에 특정한 공해물질들을 섬모운동을 통해 인두 위에까지 보내 식도로 넘길 수 있다. "점액 승강기(mucus escalator)"라고도 불리는 이 과정은 호흡계를 깨끗이 유지하는 데 결정적인 역할을 한다.

기체 교환은 세기관지의 맨 끝부분에 붙어 있는 작은 주머니, **폐포(alveolus**, 그림 30.20)에서 일어난다. 사람의 폐에는 수백만 개의 폐포가 있어 그 면적을 다 더하면 피부 총 면적의 50배에 달하는 100 m^2에 이른다. 폐포로 들어온 공기는 내면의 얇은 수층에 녹아 들어가고, 이후 빠른 속도로 상피층을 통과하여 폐포를 둘러싼 모세혈관 속으로 녹아 들어간다. 이산화탄소의 경우는 반대 방향으로, 즉 모세혈관에서 상피층으로 상피에서 공기 중으로 확산된다.

이런 섬모가 없거나 입자들을 제거할 만큼 강한 공기의 흐름을 만들지 못하면, 폐포는 쉽게 오염이 된다. 백혈구는 언제나 폐포를 순찰하며 외부 물질들을 제거하지만, 너무 많은 오염물질이 있을 경우 당해내질 못하고 결국 염증반응과 복구가 불가능한 상해를 입히게 된다. 한 예로 담배에서 나오는 미립자들은 폐의 기능을 영구적으로 저하시킬 수 있다. 석탄 광부들은 석탄먼지를 많이 들이마시기 때문에 규폐증(silicosis)으로 발전할 수 있다. 규폐증은 신체장애를 일으키고, 난치성이며 때로는 치명적이기도 한 폐질환이다.

폐포내부를 둘러싼 액상 막은 액체의 표면적을 줄이려고 하는 표면 장력의 영향을 받는다. 폐포의 매우 작은 직경(약 0.25 mm)을 고려해 볼 때, 왜 폐포가 강한 표면장력에 의해 찌그러들지 않나 하는 의문을 갖게 된다. 연구자들은 폐포 안쪽에는 표면장력이 낮은 액이 발라져 있을 것이라고 생각했다. 마침내 폐포에서 인지질 성분의 **계면활성제(surfactant)**가 생성되어 표면장력을 줄인다는 사실을 알게 되었다.

1950년대 후반에 에이버리(Mary Ellen Avery)는 최초로 계면활성제의 결핍과 6주 또는 그 이전에 태어난 미숙아에서 흔히 발생하는 **호흡장애 증후군**(respiratory distress syndrome, RDS)의 관계를 실험적으로 입증하였다. RDS는 출산 예정일 보다 6주 혹은 그 이전에 태어난 미숙아들에게서는 매우 흔한 질병이다. 뒤 이은 연구에서 전체 임신 기간 38주를 기준으로 약 33주 이후에 계면활성제가 발견된다는 사실도 알게 되었다. 1950년대에는 미국에서 매년 약 10,000명 정도의 신생아가 이 병에 의해 사망한 것으로 알려졌다. 하지만 요즘에는 일반적으로 미숙아들(출생시 체중이 900 g 이상으로 처치를 한 아기는 일반적으로 장기간에 걸친 건강상의 문제가 없이 생존한다)에게 인공 계면활성제를 사용하여 성공적으로 치료하고 있다. 이러한 공헌으로 그녀는 1991년 미국과학자상(National Medal of Science)을 받았다.

개념 30.6

숨쉬기는 폐를 환기시킨다

앞에서 숨을 쉬는 동안 공기가 어디로 흐르는지 알아 봤다. 이제 호흡 그 자체에 대해 알아보자. 어류와 마찬가지로 육상생물의 경우에도 호흡 표면에서 높은 O_2 농도와 낮은 CO_2 농도를 유지하기 위해 환기작용이 필요하다. 폐를 환기시키는 것은 들숨과 날숨을 반복하는 **숨쉬기(breathing)**이다. 폐의 공기를 움직이는 데에는 여러 가지 기작이 진화되어 왔으며 양서류, 조류, 사람의 예를 들어 설명할 것이다.

개구리와 같은 양서류의 허파는 **양압 숨쉬기(positive pressure breathing)**로 환기를 시킨다. 숨을 쉴 때마다, 구강의 바닥을 밑으로 내려 공기가 콧구멍으로 들어오도록 한 후, 입과 콧구멍을 닫은 채로 구강의 바닥을 올리면 공기가 기관 쪽으로 밀려들어간다. 숨을 내쉴 때는 폐의 반동력과 근육에 의한 압축이 다시 공기를 밖으로 밀어낸다.

새들이 숨을 쉴 때는 기체 교환 표면에서 공기의 흐름은 언제나 한 방향으로 일어나 환기가 매우 효과적으로 일어난다. 양쪽 폐에 연결된 공기주머니들이 폐에 신선한 공기를 전달해 주는 풀무의 역할을 한다. 이 공기주머니들은 기체 교환에는 직접 참여하지는 않는다. 폐에는 폐포 대신 **곁기관지**(parabronchi)라 불리는 아주 좁은 통로에서 기체 교환이 일어난다. 공기가 완전히 호흡계(폐와 공기주머니)를 지나려면 두 번의 날숨과 들숨 주기가 있어야 한다.

포유류의 숨쉬기

포유류의 호흡을 이해하기 위해 주사기를 생각해보자. 주사기의 피스톤을 잡아 빼면 주사기 안에 기압이 낮아지고 공기나 액체가 주사기 바늘을 통해 안으로 들어온다. 이와 비슷하게 포유류는 **음압 숨쉬기(negative pressure breathing)**를 한다. 즉, 공기를 폐로 보낼 때 공기를 밀어서 들여보내는 것이 아니라 빨아들이는 것이다(**그림 30.21**). 근육을 수축하여 흉강의 체적을 넓혀 폐의 기압을 외부보다 낮춘다. 기체는 기압이 높은 곳에서 낮은 곳으로 흐르기 때문에 공기가 콧구멍과 입을 통해 호흡관을 타고 폐포까지 내려온다.

폐의 부피는 갈비뼈 근육과 **횡격막(diaphragm)**이 수축할 때 증가한다. 이때 횡격막은 흉강의 바닥을 이루는 골격근판을 말한다. 갈비뼈 근육이 수축하면 갈비뼈는 위로 들어올려지고, 가슴뼈는 앞으로 이동하게 되어 결국 흉곽의 부피가 늘어나게 된다. 이와 동시에 횡격막이 수축하면서 흉강을 아래쪽으로도 팽창시킨다. 이는 마치 주사기의 피스톤을 뒤로 움직이는 것과 같다.

들숨은 언제나 능동적으로 에너지가 필요한 반면, 날숨은 수동적으로 일어난다. 날숨을 쉴 때는 흉강의 근육이 이완되고 폐의 고유한 탄성에 의해 부피가 줄어들면, 폐포에 기압이 증가하여 호흡

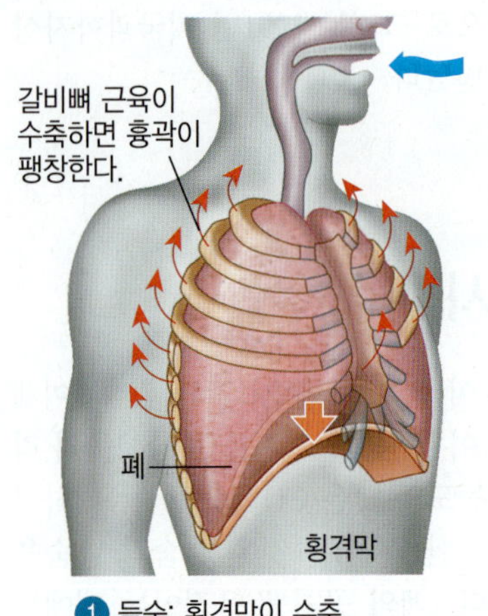

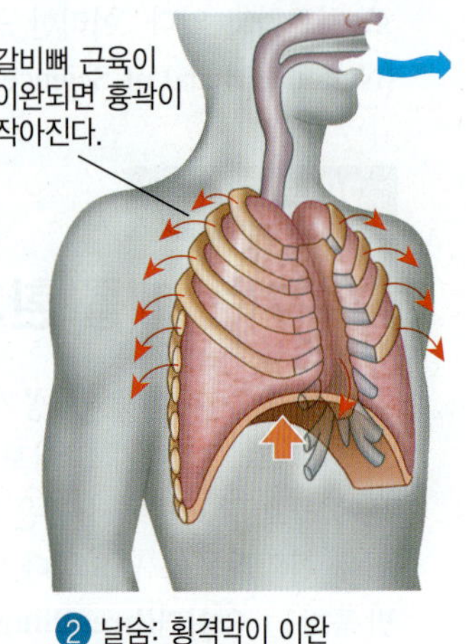

▲ 그림 30.21 **음압 숨쉬기.** 포유류는 외부 대기압에 대한 폐 속 기압을 변화시켜 숨을 쉰다.

관이나 외부보다 높아진다. 폐포의 기압이 높아지면 호흡관을 따라 공기가 몸 밖으로 나간다.

흉강에서 폐를 둘러싼 이중막의 안쪽은 폐의 표면에 강하게 결합되어 있고, 바깥막은 흉강에 강하게 붙어 있다. 가운데 얇은 공간은 액으로 채워져 있어 두 층을 나누고 있다. 액의 표면장력 때문에 마치 두 장의 유리를 붙여 놓은 것처럼 두 장이 서로 잘 미끄러지지만 떨어지지는 않는 것이다. 그 결과 흉강의 부피에 따라 폐의 부피도 같이 변한다.

한번 숨을 쉴 때 들이쉬고 내보내는 공기의 체적을 **일회호흡량(tidal volume)**이라 하는데, 일반인이 쉬고 있을 때의 일회호흡량은 약 500 mL 정도이다. 최대 일회호흡량을 측정할 수 있는데 이를 **폐활량(vital capacity)**이라 부르며, 젊은 여자와 남자의 경우 각각 대략 3.4 L와 4.8 L에 달한다. 폐는 사실 폐활량보다 많은 양의 공기를 담고 있다. 폐포를 완전히 압축시킬 수 없기 때문에 힘껏 숨을 다 내쉬고도 공기가 남아 있게 되는데 그 양을 **잔기량(residual volume)**이라 부른다. 나이가 들거나 병에 걸려 폐의 원상회복 능력이 떨어지게 되면 폐활량이 줄어들면서 잔기량이 증가하게 된다.

포유류의 폐는 숨을 내쉴 때 완전히 비워지지 않고, 또 같은 통로를 이용하여 신선한 공기를 들이마시기 때문에 폐에 남아 있던 산소가 고갈된 공기와 섞이게 된다. 그 결과로 폐포내 P_{O_2}는 항상 외부 공기에 비해 적게 나타날 것이다. 이러한 이유로, 고산지역에서 포유류가 조류에 비해 활동하기가 더 어렵다. 예컨대 사람은 지구상에서 가장 높은 히말라야산맥에서 극심한 산소 부족을 경험하게 되는데, 인도 기러기(bar-headed goose)를 비롯한 몇몇 조류들은 히말라야 정상을 쉽게 넘어 이동할 수 있다.

인간의 숨쉬기(호흡) 조절

인간은 숨쉬는 것을 의식적으로 일정 시간 동안 멈출 수도 있고 빠르고 깊게 숨쉴 수도 있지만, 대부분의 시간 동안은 자율적으로 조절되는 것을 볼 수 있다. 따라서 호흡계는 항상 순환계와 조화를 이루며 체내의 기체 교환의 요구량에 따라 늘 변함없이 조절될 수 있다.

호흡을 조절하는 신경은 뇌의 아래쪽 연수에 위치한다(**그림 30.22**). 연수의 조절회로는 숨쉬는 리듬을 조절한다. 숨을 깊이 들이마실 때 음성되먹임 기작이 폐의 지나친 팽창을 방지하기도 하는데, 이는 폐조직에 있는 신장감각기에서 신경신호를 보내 연수의 조절중추에서 오는 신호를 억제하는 것이다.

호흡량을 조절하는 데 있어 연수의 조절중추에서는 CO_2 농도의 지표로 주로 인근의 pH 변화를 이용한다. 이처럼 pH를 이용할 수 있는 것은 뇌와 척수를 둘러싼 뇌척수액(cerebrospinal fluid)의 pH가 주로 혈중 CO_2 농도에 의해 좌우되기 때문이다. 혈액에서 뇌척수액으로 확산되어온 이산화탄소는 물과 반응하여 탄산(H_2CO_3)을 형성한다. 이 H_2CO_3는 해리되어 중탄산이온(HCO_3^-)과 수소이온(H^+)을 형성할 수 있다.

$$CO_2 + H_2O \rightleftarrows H_2CO_3 \rightleftarrows HCO_3^- + H^+$$

운동할 때와 같이 대사활동이 증가하면, 혈액과 뇌척수액 내 CO_2의 농도가 높아진다. 위의 반응에 따라 CO_2의 농도가 높아지면 H^+의 농도가 높아져 pH가 낮아진다. 연수와 주요 동맥에 있는 감각기가 이러한 pH 변화를 감지한다. 이에 반응하여 연수에서는 호흡의 깊이와 속도를 모두 증가시켜서(그림 30.22), 과다한 CO_2를 날숨을 통해 배출하여 결국 정상 pH로 돌아오게 만든다.

혈액내 O_2의 농도는 평소에는 호흡에 거의 영향을 주지 않는다. 하지만 O_2의 농도가 지나치게 낮아진 경우에는, 예컨대 고산지역으로 갔을 때에는 대동맥과 목동맥(경동맥)의 산소 감지기에

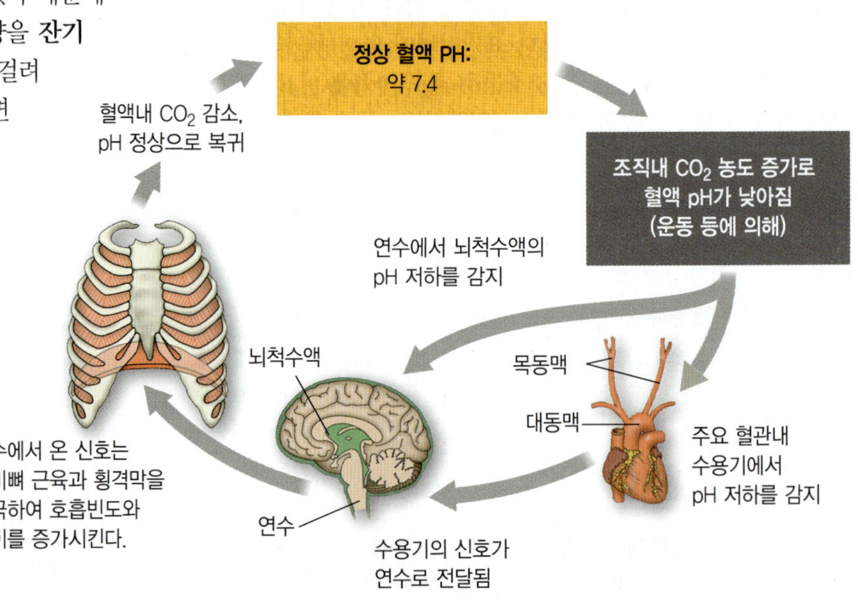

▲ 그림 30.22 **호흡의 항상성 조절**

서 호흡 조절중추로 신호를 보내 호흡 속도를 증가시킨다.

이러한 호흡 조절작용은 순환계와 연결되어야만 제대로 효과를 나타낼 수 있다. 따라서 호흡 환기량과 폐포 주위의 혈류량 사이에는 밀접한 관계가 있다. 예컨대 운동 시 O_2의 공급과 CO_2의 배출을 돕는 호흡 속도의 증가는 심박출량의 증가와 짝을 이룬다.

개념 30.7

기체 교환을 위한 적응에는 기체 분자들에 결합, 운반하는 호흡 색소가 포함된다

생물들의 활발한 대사작용을 위해서는 많은 양의 O_2와 CO_2의 수송이 요구된다. 여기서 우리는 호흡 색소라 부르는 혈액내 분자가 어떻게 O_2와 CO_2에 작용하여 교환을 수월하게 하는지 알아볼 것이다. 이 주제들의 기초가 되는 기본적인 기체 교환 과정을 요약해 보자.

순환과 기체 교환의 조화

어떻게 기체 교환이 순환계와 같이 작동하는지 알아보기 위해 순환계의 각 지점에 따라 O_2와 CO_2의 분압이 각 기관에서 다르게 나타나는지 알아보자(그림 30.23). ❶ 들숨을 쉴 때 신선한 공기가 폐에 남아 있는 공기와 섞인다. ❷ 이렇게 만들어진 폐포내 공기는 폐 모세혈관을 통해 들어온 혈액에 비해 높은 P_{O_2}를 갖는다. 결과적으로 O_2는 농도 기울기에 따라 폐포에서 혈액으로 순확산이 일어난다. 한편 P_{CO_2}는 폐포보다 폐 모세혈관에 높기 때문에 혈액에서 폐포로 확산된다. ❸ 혈액이 폐를 떠날 때에는 P_{O_2}와 P_{CO_2}가 폐포와 비슷해진 상태이다. 이 혈액은 심장으로 들어가 체순환계로 가압 방출된다.

❹ 조직의 모세혈관에서는 분압의 기울기가 O_2는 혈액 밖으로 CO_2는 혈액 안으로 확산되도록 형성되어 있다. 이러한 기울기는 세포내 미토콘드리아가 간질액의 O_2는 제거하고 CO_2는 첨가하기 때문에 생긴 것이다. ❺ 이렇게 O_2가 빠져나가고 CO_2가 첨가된 혈액은 심장으로 돌아가 다시 폐로 가압 방출된다. ❻ 여기서 교환이 일어나 CO_2가 첨가되고 O_2가 빠져나간 공기는 날숨을 통해 밖으로 나간다.

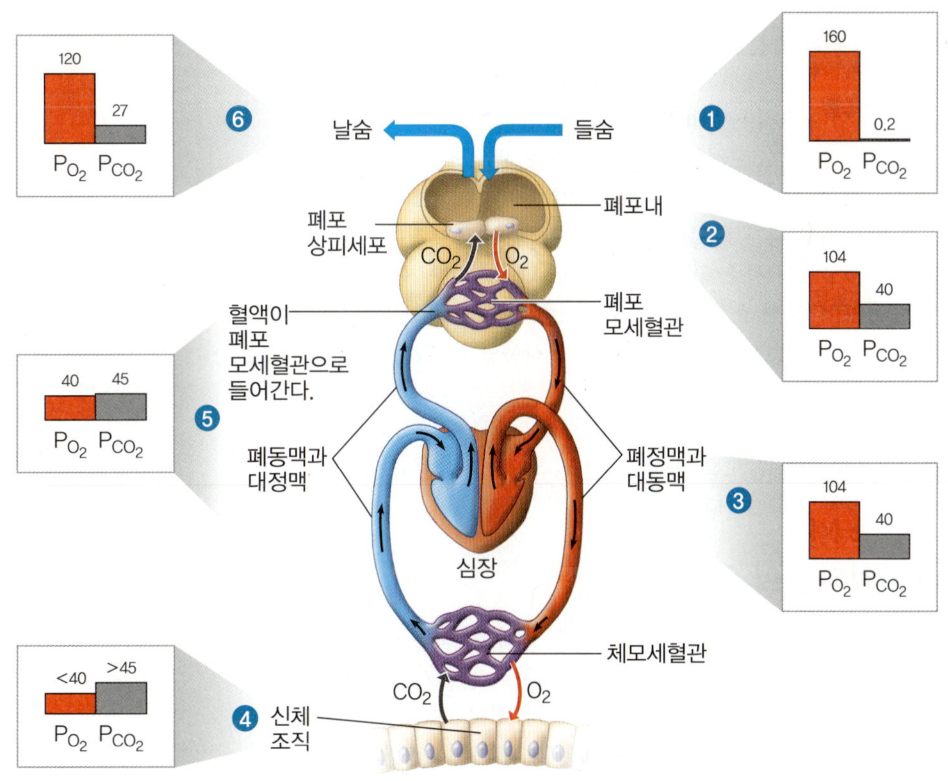

▲ 그림 30.23 호흡 기체의 출입 양상

호흡 색소

순환계를 통해 O_2를 공급하는 동물들의 경우, 물(즉 혈액)에 대한 O_2의 낮은 용해도가 언제나 문제가 된다. 만약 우리 몸에 O_2가 혈액의 액성분에 용해된 형태로만 공급된다고 가정해 보자. 이 경우 우리 체온에서는 1 L의 혈액에 녹을 수 있는 O_2는 4.5 mL에 불과하다. 우리가 심한 운동을 했을 경우 분당 O_2 소모량이 약 2 L까지 이를 수 있다. 그리고 각 조직에서 최대 80%의 혈중 O_2가 조직으로 이동한다고 가정해도 몸이 원하는 산소량을 공급해 주기 위해서는 심장이 분당 약 555 L의 혈액을 보내야 한다!

사실 거의 모든 동물들은 O_2를 운반할 때 대부분 **호흡 색소(respiratory pigment)**라 부르는 특수한 단백질에 붙여서 운반시킨다. 이 색소들은 혈액과 함께 순환을 하는데 많은 경우 특화된 세포 안에 들어 있다. 이 단백질은 순환액이 운반할 수 있는 O_2의 양을 크게 증가시킨다(1 L의 혈액에 4.5에서 약 200 mL의 O_2). 이는 심한 운동을 하는 사람의 경우, 조직에서 O_2의 방출량을 80%로 가정하면, 우리 심장은 분당 혈액 12.5 L만 순환시켜도 충분한 O_2를 공급할 수가 있는 것이다.

동물의 종류에 따라 다양한 종류의 호흡 색소를 진화시켰다. 예외가 있긴 하지만 대부분이 특이한 색을 띠며[그래서 색소(pigment)라고 부름], 단백질과 금속으로 구성되어 있다. 예를 들면, 파란색의 헤모시아닌(hemocyanin)은 산소 결합 성분으로 구리가 있는 호흡 색소로 절지동물과 많은 종류의 연체동물에서 발견된다.

대부분의 척추동물과 상당수의 무척추동물에서 사용되는 호흡 색소는 헤모글로빈(hemoglobin)이다. 척추동물에서 헤모글로빈은 적혈구 내에 존재하며 4개의 단위체(폴리펩타이드 사슬)로 구성되어 있다. 각 단위체는 보결분자로 철 원자를 중심에 갖고 있는 헴

▶ **그림 30.24 헤모글로빈**

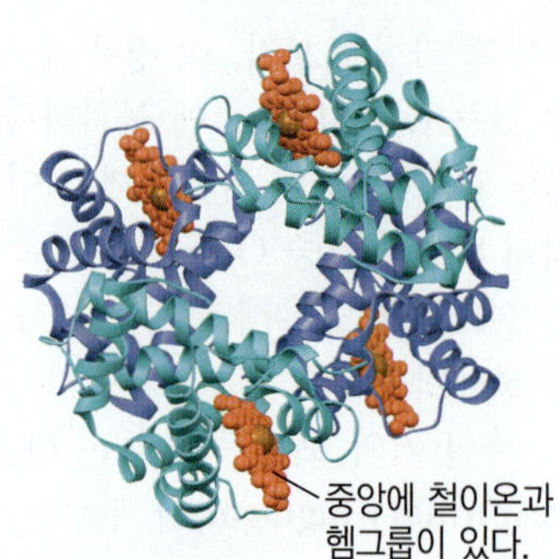

(heme)그룹을 가지고 있다(**그림 30.24**). 각 철 원자가 한 분자의 O_2와 결합하므로 한 분자의 헤모글로빈에는 네 분자의 O_2가 결합할 수 있다. 모든 호흡 색소가 그렇듯이 헤모글로빈도 O_2와 가역적으로 결합할 수 있는데, 폐나 아가미에서는 O_2가 결합되고 그 외 조직에서는 방출한다. 이 과정은 헤모글로빈 분자를 이루는 각 단위체 간의 상호작용의 도움을 받고 있다. 한 단위체에 O_2가 결합하면 다른 단위체의 구조까지도 조금씩 바뀌어 O_2에 대한 친화도가 높아진다. 네 분자의 O_2가 결합되었다가 한 단위체에서 산소가 빠져나가면 나머지 3개 단위체의 구조도 산소에 대한 친화도가 낮은 구조로 바뀌게 된다.

이러한 협력적인 O_2의 결합과 방출은 헤모글로빈의 산소 해리곡선에서 잘 나타난다(**그림 30.25a**). 이 그래프의 급격한 경사를 보이는 지역에서는 P_{O_2}의 작은 변화에도 상당량의 O_2 분자가 헤모글로빈으로부터 떨어졌다 붙었다 하는 것을 볼 수 있다. 특정 지역의 세포들이 많은 양의 O_2를 소모한 경우, 예컨대 운동을 한 경우, 그 근처의 P_{O_2}가 약간만 떨어져도 헤모글로빈 단위체 간의 협력관계로 인해 충분한 양의 O_2가 그 일대에 방출된다.

헤모글로빈은 특히 O_2 소모가 많은 지역에 O_2를 효과적으로 공급할 수 있다. 이는 O_2의 소모에 의해서라기보다는 O_2의 생성에 기인한다. O_2를 소모하는 조직은 CO_2를 생성하기도 한다. 앞에서 봤듯이, 이산화탄소는 물분자와 결합하여 탄산(H_2CO_3)을 형성하기 때문에 대사가 활발한 조직에서는 pH가 떨어진다. 낮은 pH는 헤모글로빈의 산소에 대한 친화도를 떨어뜨린다. 이 효과를 **보어 변위** 또는 **보어 효과**(**Bohr shift**, **그림 30.25b**)라고 부른다. 즉, CO_2의 생성이 많은 지역에 세포호흡에 사용할 수 있는 O_2가 헤모글로빈에서 더 많이 방출된다.

헤모글로빈은 혈액의 완충작용을 돕는다—즉, 급격한 pH의 변화가 일어나지 않도록 한다. 또한 다음 절에서 알아보듯이 CO_2 수송에도 일부 참여한다.

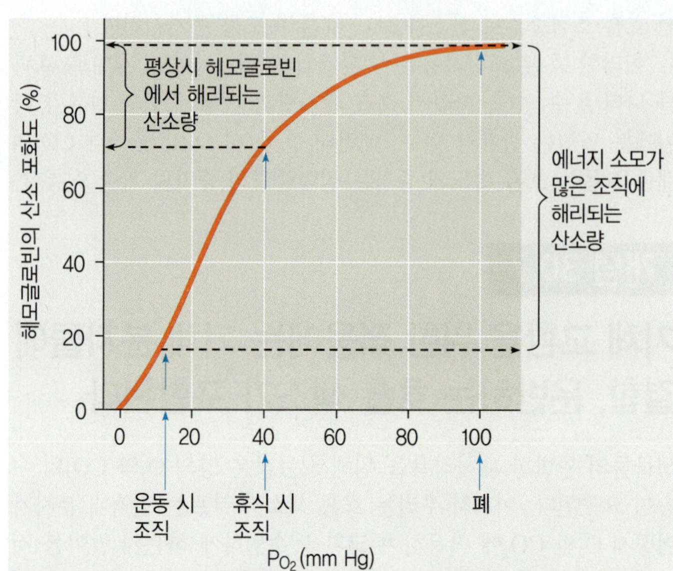

(a) pH 7.4에서의 P_{O_2}와 헤모글로빈 해리도. 이 곡선은 P_{O_2}에 따라 헤모글로빈에 결합한 O_2의 양을 비율로 나타낸 것이다. P_{O_2}가 100 mmHg 정도인 폐에서는 헤모글로빈의 산소 포화도가 98%에 이른다. 한편 P_{O_2}가 40mm Hg 정도인 조직에서는 산소 포화도가 70%이므로 그 차이만큼 산소를 방출할 수 있다. 그래프에서 보듯이 운동을 많이 한 조직에서는 훨씬 많은 양을 방출할 수 있다.

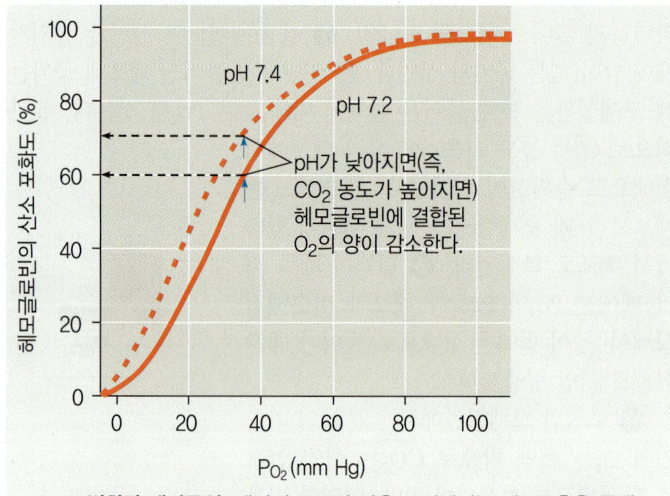

(b) pH 변화와 해리곡선. 에너지 소모가 많은 조직에서는 세포호흡을 통해 생성된 이산화탄소가 물과 결합하여 탄산을 만들기 때문에 pH가 약간 낮아진다. 수소이온은 헤모글로빈의 형태에 영향을 주어 pH가 낮아지면 O_2 해리곡선이 오른쪽으로 움직이게 만든다(보어 변위).

▲ **그림 30.25 37℃에서의 헤모글로빈 해리곡선**

이산화탄소의 운송

호흡하는 세포들에서 방출되는 CO_2 중 불과 7% 정도만이 혈장에 용해된 상태로 운반된다. 나머지는 적혈구로 들어가거나 물과 반응하여 H_2CO_3를 형성하고 이어 HCO_3^-과 H^+로 해리된다. 대부분의 H^+는 헤모글로빈을 비롯한 단백질에 결합하여 혈액의 pH의 변화가 최소화되고, HCO_3^-는 혈장으로 확산되어 폐로 이동한다. 남은 HCO_3^-는 헤모글로빈의 아미노기에 붙어서 운반되는데 이는 전체 CO_2의 약 5%에 해당된다.

혈액이 폐로 들어가면 상대적인 분압이 CO_2가 혈액에서 빠져나가도록 만든다. CO_2가 폐포로 나가면 혈액내 CO_2는 감소하고, 이러한 감소는 HCO_3^-가 CO_2로 전환되는 방향으로 반응을 유도하여 폐포로 더 많은 CO_2가 빠져나간다. 결론적으로 P_{CO_2} 기울기가 폐를 지나는 혈액내 P_{CO_2}를 약 15% 감소시킬 수 있다.

잠수 포유류

진화 호흡매질과 격리된 환경에서 얼마동안 지낼 수 있는지는 동물에 따라 매우 다르다. 예컨대 공기로 호흡하는 생물이 물 밑으로 들어간 경우를 말한다. 사람의 경우는 아무리 훈련을 잘 받았다 하더라도 물속에서 2~3분 동안 숨을 참거나 깊이로는 20 m 이상 들어가기는 매우 어렵다. 남극의 웨델바다표범(Weddell seal)은 해저 200~500 m에서 약 20분 정도(긴 경우는 1시간 이상) 머물며 생활한다. 또 다른 해상동물인 민부리고래(Cuvier's beaked whale)는 무려 2,900 m까지 잠수할 수 있으며 무려 2시간 이상을 물속에서 지낼 수 있다! 과연 무엇이 이런 놀라운 능력을 갖게 해주는 걸까?

이렇게 오래도록 물속에 있을 수 있도록 하는 진화적인 적응 중 하나는 많은 양의 O_2를 몸속에 보관할 수 있는 능력이다. 웨델바다표범은 단위 체중당 약 두 배의 혈액을 가지고 있고, 근육에는 O_2 저장 단백질인 **마이오글로빈(myoglobin)**의 농도가 높은 것으로 나타났다. 그 결과로 웨델바다표범은 사람에 비해 체중 kg당 2배의 O_2를 보관할 수 있다.

잠수 포유류는 단순히 많은 양의 O_2를 저장할 수 있을 뿐 아니라 O_2를 아껴쓰는 능력도 있다. 유영을 할 때 근육을 최소한으로 사용하고, 물에서 오르내리는 데에는 주로 부력을 이용한다. 잠수하는 동안에는 심장박동 속도와 O_2 소모량이 감소한다. 또한 말초저항을 조절하여 혈액이 주로 뇌, 척수, 눈, 부신, 태반(임신했을 경우)으로만 공급되고, 근육으로 가는 혈액은 제한되며 잠수가 길어지면 완전히 차단된다. 웨델바다표범이 20분 이상 잠수하게 되면 근육의 마이오글로빈에 저장되어 있던 O_2가 고갈되고 O_2 호흡 대신 해당과정을 통한 ATP 공급이 이루어진다.

웨델바다표범이나 다른 잠수 포유류들이 장시간 잠수했을 때 보여주는 비상한 능력들은 생물체 연구에 있어서 두 가지 관련된 주제를 잘 나타내준다. 즉, 단기간의 환경변화에 대한 생리적 적응과 오랜 기간에 걸친 자연선택의 결과를 볼 수 있다.

CHAPTER

31 면역계

▲ 그림 31.1 특정 면역세포가 막대형 세균 덩어리를 공격하게 하는 것은 무엇인가?

핵심 개념

31.1 선천성 면역은 병원균들이 공통적으로 가지고 있는 성질을 인식하고 대응한다

31.2 적응면역은 림프구 수용체를 통하여 병원균을 특이적으로 인식하고 대응한다

31.3 적응면역은 체세포와 체액의 감염을 막는다

인식과 반응

병**원균(pathogen)**, 즉 세균, 곰팡이 바이러스 또는 다른 여러 병을 일으키는 인자들에 있어서 동물의 내부 환경은 아주 이상적인 서식장소이다. 동물체는 병원균의 양분공급, 성장과 생식의 안전장치, 그리고 필요에 따라 새로운 숙주나 환경으로의 이동수단을 제공한다. 감기나 독감바이러스의 견지에서 보면 우리는 아주 훌륭한 숙주이지만 상황이 그리 녹록지 않다. 다행스럽게도 진화 과정을 통해서 적응들이 생겨나 많은 병원체로부터 동물을 보호하게 되었다.

일련의 면역세포들이 체액과 조직 사이를 순찰하면서 병원균을 인지하고 파괴한다. 한 예로 그림 31.1의 전자 현미경 사진에서 보는 바와 같이, 대식세포(갈색)라 불리는 면역세포가 효모(녹색)를 잡아먹는다. 이밖에 면역세포는 체액에 여러 방어 분자들을 분비하는데 그 중에는 세균의 막에 구멍을 뚫는 단백질이 있으며 바이러스가 세포 내로 침입하는 것을 원천 봉쇄하는 단백질도 있다. 이들을 포함한 다른 다양한 방어 방법들이 동물의 **면역계(immune system)**를 구성하고 있어 병원균의 감염을 막거나 피할 수 있다.

면역계의 1차 방어선은 병원균이 체내로 들어오지 못하게 한다. 예를 들면 피부나 껍데기 등 외부 장벽이 병원균의 침입을 제한한다. 기체 교환, 영양흡수, 생식계 등에는 외부와의 연결 통로가 필요하기 때문에 물리적 장벽이 몸 전체를 감싸지는 못한다. 기도나 소화기에서와 같이 노출 부위 연결 통로에는 그 노출 표면을 둘러싸고 있는 점막이 감염을 물리적으로 제한한다. 아울러 점막에는 감염 미생물을 가두거나 아예 죽이는 화학물질이 분비되어 있어 장벽의 일종인 화학적 장벽을 구성한다.

만약 하나의 병원균이 이러한 장벽을 통과하여 동물체 내부로 들어왔을 때 대응하는 방법은 경우에 따라 상당히 차이가 난다. 체액이나 조직에 안주하는 침입자는 더 이상 외부인으로 간주될 수 없다. 이러한 병원균과 싸우기 위해서는 면역계는 침입 외래 입자나 세포를 알아차려야 한다. 다른 말로 면역계는 자기 것과 자신의 것이 아닌 비자기를 인식하고 구별할 수 있어야 한다. 어떻게 구별할까? 면역세포들은 외래 세포나 바이러스에 있는 분자와 특이적으로 결합하는 수용체 분자를 생산한다. 이러한 면역 수용체와 외래 분자 사이의 특이적인 결합, 즉 **분자 인식(molecular recognition)**이 비자기 입자나 세포를 알아내는 핵심 과정이다.

두 형태의 분자인식 체계가 동물에서 발견되는 두 형태의 면역 방어계 구성에 근간이 된다: 모든 동물에 공통인 선천면역과 척추

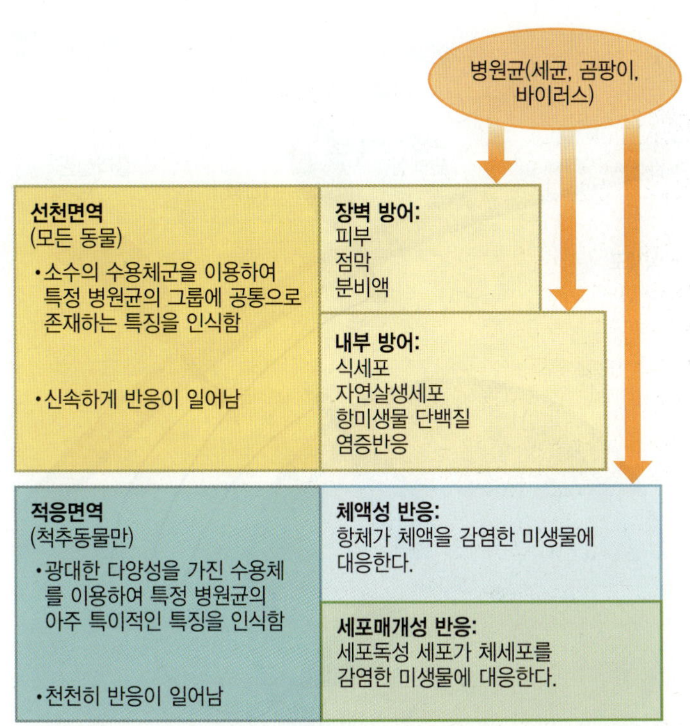

▲ 그림 31.2 **동물 면역계 개요.** 동물의 면역반응은 선천면역과 적응면역으로 나눌 수 있다. 선천면역계를 구성하는 몇몇 성분은 적응면역 방어시스템 활성화에 쓰인다.

동물에만 발견되는 적응면역이다. 두 면역계의 근본적인 유사성과 차이점을 그림 31.2에 요약하여 정리하였다.

방어 장벽을 포함한 **선천면역(innate immunity)**에서의 분자인식은 미리 존재하고 있던 소수의 수용체 집단에 의존한다. 이들은 세균이나 바이러스 및 여러 미생물 집단에 공통으로 존재하는 분자나 구조에 결합한다. 선천면역 수용체가 외래 분자의 결합에 의해 자극되면 내부 방어 시스템이 활성화되기에 동물이 상당히 광범위로 병원체에 대응할 수 있다.

적응면역(adaptive immunity)에서 분자 인식은 굉장히 많은 수의 수용체 집단에 의존하는데 각각의 수용체는 특정 병원균의 특정 분자, 그 분자의 특정 부위를 인식한다. 그 결과로 적응면역에서 인식과 반응은 엄청난 특이성을 가지고 일어난다.

적응면역 반응은 후천성 면역 반응이라고도 한다. 후천성 면역 반응은 선천면역이 작동한 후에 서서히 발달하는데, 감염균에 이미 노출된 적이 있으면 그 반응이 한층 더 강해지는 현상에서 적응성(adaptive) 또는 **후천성**(acquired)이란 이름이 붙여진 것이다. 특정 세균독소를 불활성화시키거나 바이러스에 감염된 세포를 공격하는 단백질의 합성 등이 후천성 면역반응에 포함된다.

이번 장에서는 이러한 두 종류의 방어체계가 질환으로부터 동물을 어떻게 보호하는가에 대해 공부할 것이다. 그리고 병원균이 어떻게 면역 감시체계를 피하고 더 나아가 전복시키는가를, 또한 면역체계의 장애가 한 동물체의 건강을 어떻게 훼손할 수 있는가에 대해서도 살펴볼 것이다.

개념 31.1

선천성 면역은 병원균들이 공통적으로 가지고 있는 성질을 인식하고 대응한다

선천성 면역체계는 모든 동물에서 발견된다(식물에서도 발견됨). 우리는 우선 무척추동물에서 감염원 방어나 퇴치만을 목적으로 하는 단순 면역계를 공부할 것이다. 그리고 척추동물에서 감염에 대항하는 즉각적인 선천성 방어 방법은 물론이고 선천성 면역이 후천성 면역형성에 기반이 됨을 공부할 것이다.

무척추동물의 선천성 면역

곤충이 다양한 종류의 미생물로 가득찬 수륙 서식지에서 성공적으로 번성할 수 있었던 이유에는 아주 효과적인 선천성 면역계가 발달한 덕분이다. 곤충은 1차 방어선으로 외골격을 가지고 있다. 그 내장에는 세균의 세포벽을 분해하는 효소인 **라이소자임(lysozyme)**이 있어 음식물을 통하여 들어오는 병원균의 화학적 장벽 역할을 한다.

한 병원균이 곤충의 방어벽을 통과하였다 하더라도 다양한 내부 방어 시스템에 직면하게 된다. 곤충의 면역세포는 곰팡이나 세균의 외부층에 존재하는 고유의 분자를 인식한다. 곰팡이 세포벽에는 독특한 다당류가 있으며, 세균 세포벽에는 동물에서는 발견되지 않는 당과 아미노산으로 구성된 복합다량체를 가지고 있다. 이러한 거대분자들이 "인식 꼬리표"로 작동한다. 곤충 면역세포는 전문적인 인식 단백질들을 분비하며, 이들이 곰팡이나 세균에 특이적으로 발현된 꼬리표 거대분자와 결합한다. 일단 하나의 거대분자에 결합되면 인식 단백질은 그 계열에 특이한 선천성 면역반응을 일으킨다.

곤충에 있는 면역세포를 **혈구**(hemocyte)라 한다. 어떤 혈구는 세균이나 외부 물질을 소화할 수 있는 **식균작용(phagocytosis)**을 한다(그림 31.3). 많은 혈구는 세균이나 곰팡이의 원형질막을 파괴하여 그들을 불활성화시키거나 죽이는 항미생물 펩타이드(antimicrobial peptide)를 분비한다. 한 종류의 혈구는 모기에 기생하는 말라리아 원인균 플라스모디움(*Plasmodium*)과 같이 커다란 다세포 기생충을 포획하는 데 도움을 주는 방어분자를 생산한다.

척추동물의 선천성 면역

척추동물에서 선천성 면역 방어는 진화에 있어서 보다 최근에 형성된 후천성 면역 시스템과 같이 작동한다. 척추동물의 선천성 면역에 대한 대부분의 최근 발견들은 생쥐나 사람을 이용한 연구에서 나왔기 때문에 우리는 포유동물에 초점을 두어 공부할 것이다. 우선 우리는 무척추동물과 비슷한 척추동물의 선천성 방어에 대하여 살펴볼 것이다. 이들에는 방어벽, 식균작용, 항미생물 펩타이드 등이다. 그리고 나서 포유동물 선천성 면역에 있어서 독특한 현상인 자연살생세포, 인터페론 및 염증반응에 대해 공부할 것이다.

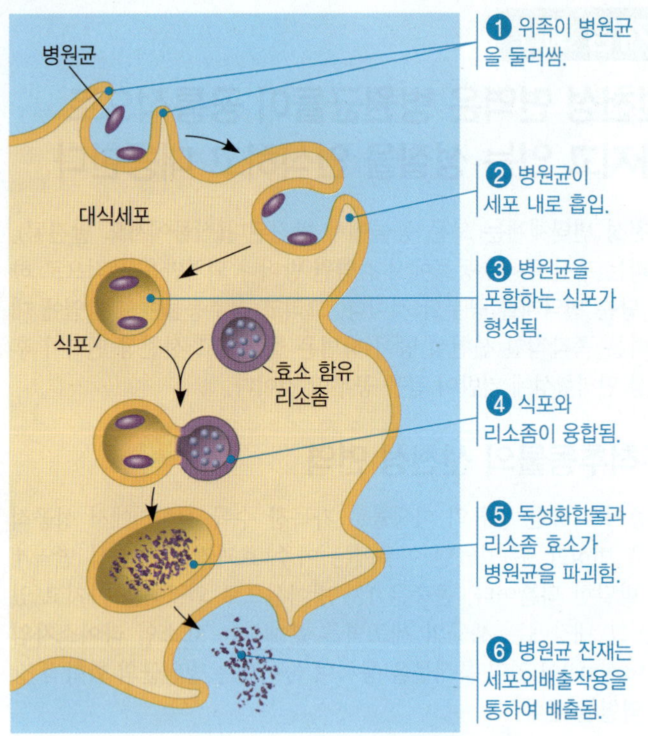

▲ **그림 31.3 식균작용.** 전형적인 식세포에 의한 미생물의 흡입 및 파괴 과정에서 일어나는 사건을 도시하였다.

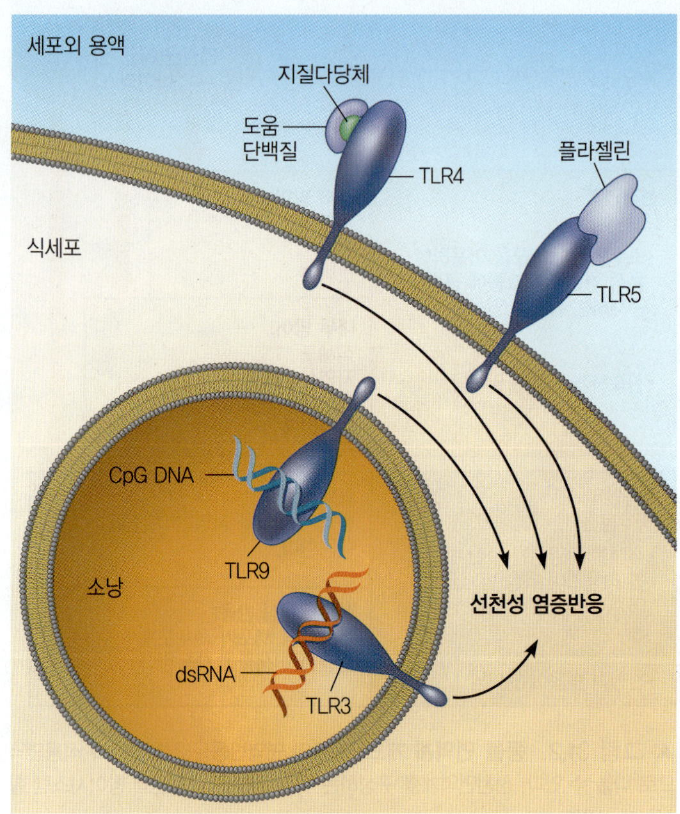

▲ **그림 31.4 TLR 신호전달.** 특정 포유동물 Toll-유사 수용체(TLR)는 특정 병원균 그룹에서만 특징적으로 나타나는 특정 분자형상을 인식한다. 지질다당체, 플라젤린, CpG DNA(메틸화되지 않은 CG 서열을 가진 DNA), 그리고 이중가닥(ds) RNA 등은 세균이나 곰팡이, 바이러스에서 발견되지만 동물에서는 발견되지 않는다. TLR 단백질들은 다른 여러 인식 및 기능 단백질과 협동하여 선천성 면역 방어반응을 일으킨다.

방어벽

포유류에서 많은 병원균의 침입을 막는 방어벽에는 피부를 포함하여 소화기, 호흡기 및 비뇨생식기 통로 내면의 점막이 있다. 점막을 구성하는 세포는 **점액**(mucus)을 분비하여 미생물이나 작은 입자를 잡아 가둔다.

피부나 점막은 미생물 침투에 대한 물리적인 장벽 역할 이외에, 거기서 분비되는 물질에 의해 미생물 성장을 억제한다. 침에 있는 라이소자임, 점액 분비물, 눈물 등은 호흡기 상단이나 눈으로 침투하는 미생물의 세포벽을 파괴할 수 있다. 음식물이나 삼킨 가래를 통하여 들어온 미생물은 위장에서 산성조건에 접하게 되어 대부분의 병원균은 장으로 들어가기 전에 위장에서 죽는다. 마찬가지로, 사람의 피지(기름)샘이나 땀샘에서 나오는 분비물도 pH가 3~5 정도이기 때문에 여러 종류의 세균의 성장을 억제할 수 있다.

세포성 선천방어

곤충에서와 같이 동물에서 침입 병원균을 알아내고 잡아먹고 또 파괴하는 일을 전담하는 세포가 있다. 이 식세포성 동물 세포는 바이러스나 곰팡이 또는 세균의 성분을 인식하는 여러 형태의 수용체를 이용한다. 어떤 수용체는 곤충의 선천성 면역반응 주요 활성화 분자인 Toll과 거의 똑같다. 이는 2011년 노벨 생리의학상을 받았을 만큼 놀라운 발견이다. 각 포유동물의 **Toll-유사 수용체(Toll-like receptor, TLR)**는 척추동물에 체내에는 없는 그렇지만 일련의 병원균에 특이적인 분자의 한 부분을 인식한다(그림 31.4). 예로서 TLR3는 바이러스 특이적인 핵산의 한 형태인 이중나선의 RNA에 결합한다. 마찬가지로 TLR4는 많은 세균의 표면에서 발견되는 지질다당체를 인식한다.

포유동물에는 호중구와 대식세포 두 종류의 식세포가 있다. 혈액을 순환하는 **호중구(neutrophils)**는 감염조직에서 나오는 화학적 신호에 의해 감염 부위로 유인되고 거기서 병원균을 잡아먹고 파괴한다. 그림 31.1에 나타낸 **대식세포(macrophage, "big eater")**는 꽤 큰 식세포이다.

또 다른 두 종류의 식세포는 수지상세포와 호산구인데 선천성 방어에서 색다른 기능을 수행한다. **수지상세포**(dendritic cell)는 피부와 같이 외부 환경과 접촉하는 조직에 자리잡고 있다. 조금 후에 배우게 될 것이지만 수지상세포의 주된 기능은 그들이 접촉하고 섭취한 병원균에 대한 후천성 면역반응을 촉진시키는 데에 있다. 점막 밑바닥에서 발견되는 **호산구**(eosinophils)는 약한 식세포 활성을 보이지만 기생충과 같은 다세포 침입자 방어에 중요한 역할을 한다. 이들은 기생충을 통째로 섭취할 수 없다. 대신에 기생충에 접근하여 다양한 파괴효소를 분비하여 손상을 입힌다.

척추동물의 선천성 방어에는 **자연살생세포(natural killer cell)**도 참여한다. 이들은 체내를 순찰하면서 바이러스에 감염되거나 정상세포가 암세포로 전환될 때 나타나는 표면 단백질의 비정상적인 변이를 감지한다. 자연살생세포는 이러한 변이를 보이는 세포에 달라붙지만 잡아먹지 않고 대신에 화학물질을 분비하여 죽인다. 그렇게 함으로써 바이러스나 암세포가 퍼지는 것을 막을 수 있다.

척추동물에서 세포성 선천 방어에 림프계가 중요한 역할을 담당한다. 어떤 대식세포는 림프절이라는 조직에 위치하여 조직 사이의 체액으로 침투한 미생물을 잡아먹는다. 수지상세포는 림프계 바깥에 위치하고 있지만 병원균과 접촉하게 되면 림프절로 이동한다. 림프절 내에서 수지상세포는 다른 면역세포와 상호작용하여 적응면역을 촉진한다.

항미생물 펩타이드 및 단백질

포유류는 병원균에 대응하여 그를 직접 공격하거나 번식을 억제하는 여러 종류의 펩타이드나 단백질을 만든다. 어떤 방어물질은 병원균의 세포막을 파괴하여 꽤 넓은 그룹의 미생물에 손상을 주는 곤충의 항미생물 펩타이드와 같은 것도 있으며, 인터페론이나 보체 단백질처럼 척추동물 면역계에 독특한 것도 있다.

인터페론(interferon)은 바이러스 감염에 대한 선천성 방어를 수행한다. 이들은 바이러스에 감염된 체세포에서 분비되며, 주변의 감염되지 않은 세포에 직접 작용하여 바이러스 증식을 억제하는 물질의 발현을 유도한다. 인터페론은 세포와 세포 사이로 바이러스가 확산되는 것을 막기 때문에 감기나 독감 같은 바이러스성 질환 치료에 쓰인다. 어떤 백혈구는 또 다른 형의 인터페론을 분비하는데 이는 대식세포를 활성화하여 식세포 활성을 증진시킨다. 제약회사들은 이러한 인터페론들을 유전자 재조합 기술을 통하여 대량생산하여 C형 간염바이러스 등 여러 바이러스 감염 치료에 사용하고 있다.

감염에 대항하는 **보체계(complement system)**는 30여 종의 혈청 단백질로 구성되어 있다. 이러한 단백질들은 활성이 없는 상태로 혈액을 순환하다가 일단 감염이 되면, 그 미생물 표면에 존재하는 물질에 의해 활성화되고 일련의 생화학적 연쇄반응을 일으켜 침입 미생물을 용해한다(터뜨린다). 보체는 우리의 다음 주제인 염증유발에 그리고 다음 장에서 이야기될 후천성 면역 방어에도 일정 역할을 한다.

염증반응

가시에 찔리면 그 피부 부위는 부어오르고 열이 나는데 이는 상처나 감염 시 일어나는 일련의 국소적인 **염증반응(inflammatory response)** 때문이다(그림 31.5). 활성화된 대식세포와 호중구는 사이토카인(cytokine)이라고 하는 여러 종류의 신호물질을 분비하는데, 이중 어떤 사이토카인은 상처나 감염 부위로 혈류의 흐름을 더욱 증진시킨다. 게다가 결합조직의 비만세포(mast cell)는 조직 손상 부위에 **히스타민(histamine)**을 분비한다. 히스타민은 주변 모세혈관을 확장시키고 혈관 투과성을 증진시킨다. 결과로 그 부위가 붉게 되고 열이 나는 전형적인 염증(라틴어로 '불을 지르다'라는 의미인 *inflammare*에서 유래)현상이 나타나게 된다.

염증반응 동안 일련의 연속적인 신호물질에 의한 자극과 반응이 감염 부위에서 일어난다. 활성화된 보체 단백질은 다시 히스타민 분비를 촉진하고 더 많은 식세포들을 상처 부위로 유인한다. 동시에 혈류 증가는 항미생물 펩타이드를 상처 부위로의 공급을 가중시킨다. 결과로서 상처 부위에는 백혈구, 죽은 병원균 및 세포 잔해가 모여 있는 체액, 즉 고름(pus)이 축적된다.

경미한 조직 손상은 국부 염증을 일으키지만, 심각한 조직 손상이나 감염은 격한 백혈구 증가를 수반하는 전신 염증반응을 일

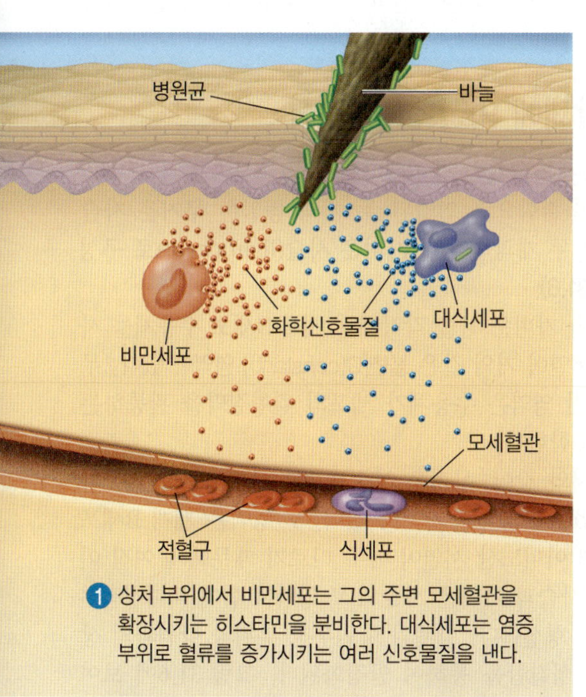

① 상처 부위에서 비만세포는 그의 주변 모세혈관을 확장시키는 히스타민을 분비한다. 대식세포는 염증 부위로 혈류를 증가시키는 여러 신호물질을 낸다.

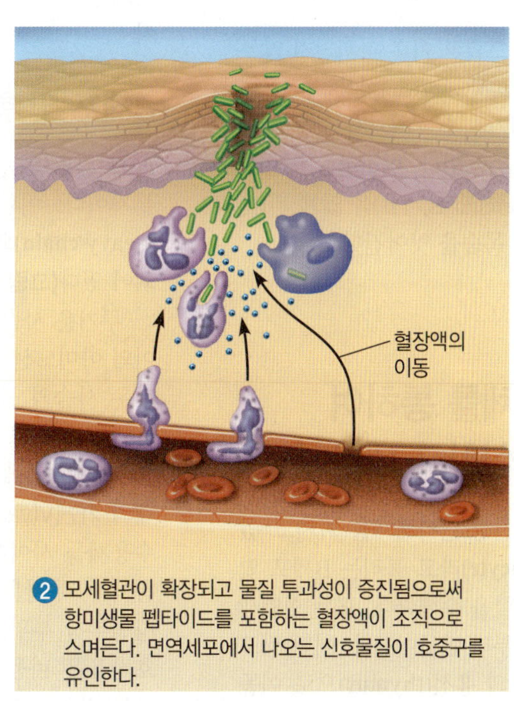

② 모세혈관이 확장되고 물질 투과성이 증진됨으로써 항미생물 펩타이드를 포함하는 혈장액이 조직으로 스며든다. 면역세포에서 나오는 신호물질이 호중구를 유인한다.

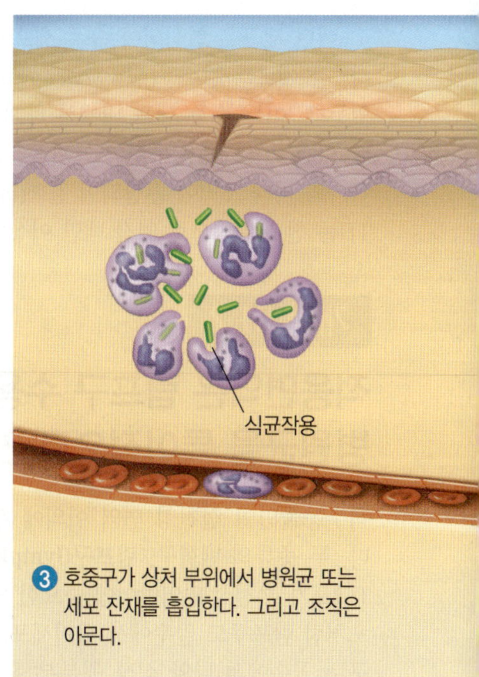

③ 호중구가 상처 부위에서 병원균 또는 세포 잔재를 흡입한다. 그리고 조직은 아문다.

▲ 그림 31.5 **국소 염증반응의 주요 사건**

으킨다. 손상되었거나 감염된 조직에 있는 세포는 골수로부터 더 많은 호중구를 생산하게 하는 물질을 분비한다. 내막염이나 충수염 같은 심각한 감염에서 백혈구의 숫자는 염증 개시 몇 시간 내에 수 배로 증가한다.

전신성 염증반응은 때때로 온몸에 열이 나게 한다. 활성화 대식세포에서 나오는 물질이 체내 항온조절장치의 온도를 상향 조절하여 열이 난다. 열이 주는 이점이 있는가에 대한 논란은 여전히 존재하지만, 어느 정도의 열은 식세포 활동을 촉진하고, 생체반응 속도를 증진시킴으로써 상처조직이 빨리 복구되도록 한다는 가설이 있다.

어떤 세균 감염은 아주 심각한 전신성 염증반응, 즉 **패혈증**(septic shock)을 유발한다. 패혈증은 심한 고열, 저혈압 및 모세혈관을 통한 혈액 순환 장애가 특징적인데 대부분의 경우 아주 나이가 많은 노인이나 아주 작은 영아에서 종종 발생된다. 발생 사례의 1/3 이상이 죽음에 이르며 미국에서만 해도 연간 90,000명 이상의 목숨을 앗아간다.

만성(진행 중인) 염증 역시 인간의 건강을 위협한다. 예를 들면 전 세계적으로 수백만 명의 사람들이 크론병이나 궤양성 대장염으로 고생하고 있다. 이는 소장에서의 지속적인 염증반응이 장기능을 방해하기 때문에 생기는 쇠약성 만성질환이다.

병원균의 선천성 면역 회피

어떤 병원균의 경우 식균작용에 적응하여 이를 피할 수 있는 방법을 진화시켰다. 예로서 세균을 둘러싸고 있는 외부 캡슐은 인식꼬리표인 세포벽 다당류를 감출 수 있어 선천성 면역 시스템에 인식되지 않는다. 이러한 종류의 세균으로서 사람에게 폐렴이나 뇌수막염을 일으키는 폐렴연쇄상 구균(*Streptococcus pneumoniae*)이 있다.

어떤 세균은 인식되어 숙주 세포에 포획된 이후 파괴되지 않는다. 한 예로는 결핵균(*Mycobacterium tuberculosis*)이라는 세균이 있는데, 이는 숙주 세포 내에서 파괴되기보다는 거기서 성장 증식할 수 있어 그 이후의 면역 공격을 피할 수 있다. 이러한 감염으로 허파와 기타 조직이 손상되어 결핵(tuberculosis, TB)을 앓게 된다. TB는 전 세계적으로 연간 백만 이상의 목숨을 앗아간다.

개념 31.2

적응면역은 림프구 수용체를 통하여 병원균을 특이적으로 인식하고 대응한다

척추동물만이 선천성 면역 이외에 후천성 면역체계를 가지고 있다. 두 종류의 백혈구, **림프구(lymphocyte)**라고 불리는 B세포 및 T세포가 후천성 면역방어에 중요한 역할을 수행한다. 모든 혈액세포처럼 림프구도 골수에서 줄기세포로부터 만들어진다. 어떤 림프구는 골수에서 나와 심장 윗부분 흉강의 **흉선(thymus)**으로 이동하는데 그 림프구는 **T세포**로 발달한다. 골수에 남아서 계속 성숙하는 림프구는 **B세포**로 된다

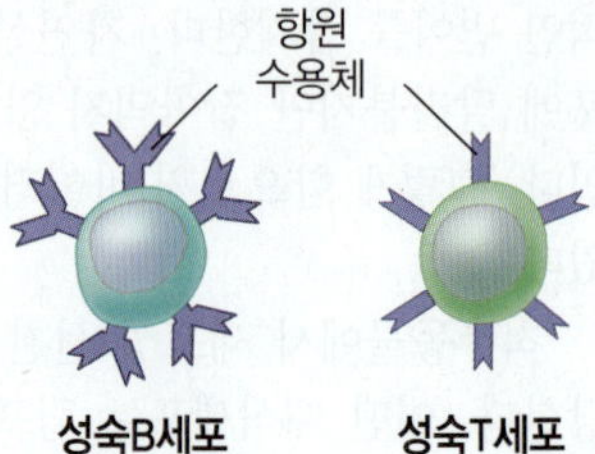

특정 B세포나 T세포의 반응을 유발하는 물질을 **항원(antigen)**이라 한다. 적응면역에서 B, T세포는 세포막에 있는 **항원수용체(antigen receptor)**를 통하여 세균이나 바이러스 단백질인 항원을 인식한다. 특정 항원수용체는 특정 병원균의 특정 분자 특정 부위에만 특이적으로 결합한다.

면역계 세포들은 수백만 종류의 항원수용체를 만든다. 그러나 단일 림프구에 발현된 수용체들은 모두 똑같다. 특정 병원균에 감염되면 그 병원균의 특정 부위에 대해 특이적인 항원수용체를 가지고 있는 B세포 및 T세포가 활성화된다. 그림에 있는 B세포 및 T세포에는 몇개의 항원수용체가 있는 것처럼 그렸지만 사실상 하나의 B세포 또는 T세포에는 대략 100,000개의 항원수용체가 있다.

대부분의 항원은 단백질이나 다당류인 거대분자이다. **항원결정부(epitope)**라고 칭하는 항원의 작은 일부분이 항원수용체에 결합한다. 예로서 특정 단백질의 아미노산 그룹이 항원결정부가 된다. 하나의 항원에는 여러 개의 항원결정부가 있을 수 있으며, 각각은 특정 수용체에 각기 다른 특이성을 가지고 결합한다. 그 부위를 인식하는 림프구에만 면역반응을 유도한다. 단일 B 또는 T 세포에 존재하는 모든 수용체들은 한 가지로 동일하기 때문에 같은 항원결정부를 인식한다. 각각의 림프구는 단일 항원에 있는 특정 항원결정부에 대해 **특이적**(specificity)이다. 따라서 각 림프구는 그 항원결정부를 가지고 있는 해당 병원균에만 방어반응을 나타낸다.

B세포나 T세포에 있는 항원수용체는 비슷한 구성을 하고 있지만그들은 다른 방법으로 항원을 인식한다. 이 두 과정을 공부해보자.

B세포 및 항체에 의한 항원 인식

B세포 항원수용체는 4개의 폴리펩타이드로 구성된 Y자 모양의 분자이다: 이황화결합으로 연결된 두 개의 동일한 **무거운 사슬(heavy chain)**와 두 개의 동일한 **가벼운 사슬(light chain)**로 구성되어 있다(그림 31.6).

무거운 사슬과 가벼운 사슬 각각에는 개개 B세포 수용체들 사이의 아미노산 서열이 거의 같은 **불변**[C(constant)] **영역**이 있다. 무거운 사슬의 불변 영역은 수용체가 세포의 원형질막을 관통하는 막관통 영역을 포함한다.

그림 31.6에서와 같이, 무거운 사슬과 가벼운 사슬 각각은 한 개의 **가변**[V(variable)] **영역**을 가지고 있다. V 영역은 개개 B세포 수용체들 사이에 아미노산 서열이 아주 다르기 때문에 붙여진 이름이다. 무거운 사슬과 가벼운 사슬의 V 영역이 합쳐 비대칭적인 항원부착 부위를 형성한다. 항체의 항원부착 부위와 항원과의 상호작용은 비공유성결합을 통하여 안정화된다. 그림 31.6에 보여주는 바와 같이, B세포 수용체는 동일한 두 개의 항원부착 부위를 가지고 있다.

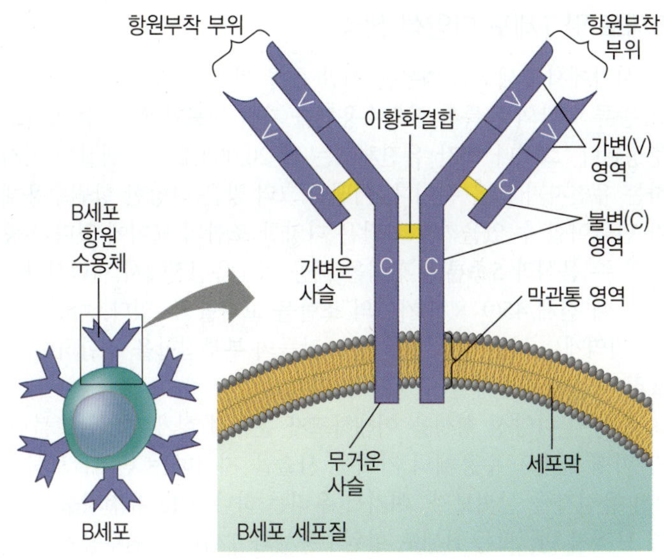

▲ **그림 31.6** **B세포 항원수용체 구조**

특정 B세포 항원수용체와 항원의 결합은 B세포 활성화의 초기단계이다. 결국 활성화된 B세포는 막형 수용체를 수용성 형태로 분비하며(그림 31.7a) 이를 **항체(antibody)** 또는 **면역글로불린(immunoglobulin, Ig)**이라 한다. 항체는 항원수용체와 같이 Y자 모양이지만, 세포막에 부착되어 있기보다는 분비형으로 존재한다. 항체는 체액에 존재하는 병원균을 직접적으로 방어할 수 있음을 나중에 다루겠다.

막형 수용체나 항체의 항원결합 부위는 특정 모양을 가지고 있어 열쇠-자물쇠의 물림같이 항원결정부와 결합한다. 이들 사이의 비공유성 결합이 안정성과 특이성을 부여한다. 가변 영역에서의 아미노산 서열의 차이는 결합 부위의 다양성을 부여하며 결국 결합 특이성을 좌우한다.

B세포 항원수용체와 항체는 병원균 표면에 고정되어 있는 항원 또는 혈액이나 림프액에 녹아 있는 항원과 결합하며 항원 본연의 모양을 인식한다(그림 31.7b).

T세포에 의한 항원 인식

T세포의 항원수용체(T cell receptor)는 두 개의 다른 폴리펩타이드, α 사슬 및 β 사슬이 이황화결합으로 연결된 단백질이다(그림 31.8). T세포 항원수용체(간단히 T세포 수용체라고도 함)의 끝 부분에 역시 막관통 영역이 있어 세포막에 고정된다. 바깥쪽 부분에는 및 사슬의 V 영역이 모여 단일 항원부착 부위를 형성한다. 나머지 부분은 C 영역을 구성한다.

B세포 수용체는 체액을 순환하는 항원 본연의 모양에 노출되어 있는 특정 항원결정부에 결합하지만 T세포 수용체는 숙주 세포 표면에 전시된 또는 제시된(presented) 항원조각에만 결합한다. 세포 표면에 항원조각을 제시하는 숙주 단백질을 **주조직적합성 복합체(major histocompatibility complex, MHC) 분자**라고 한다.

T세포에 의한 항원 인식은 병원균이 숙주 세포를 감염할 때 또는 숙주 세포에 의해 먹힐 때부터 시작된다(그림 31.9). 그 병원체

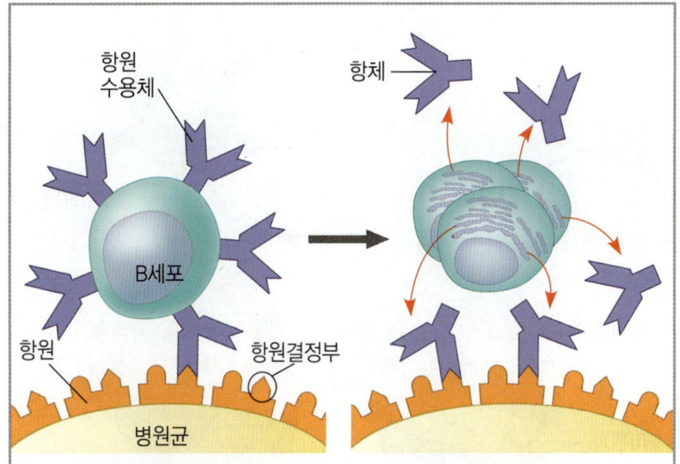

(a) **B세포 항원수용체와 항체.** 특정 B세포의 항원수용체는 항원의 일정 부위인 항원결정부에 결합한다. 결합 후에 B세포는 항원수용체를 수용성 형태로 분비하게 된다. 이러한 수용성 수용체를 항체라고 하는데 B세포가 인식했던 동일한 항원결정부에 특이적이다.

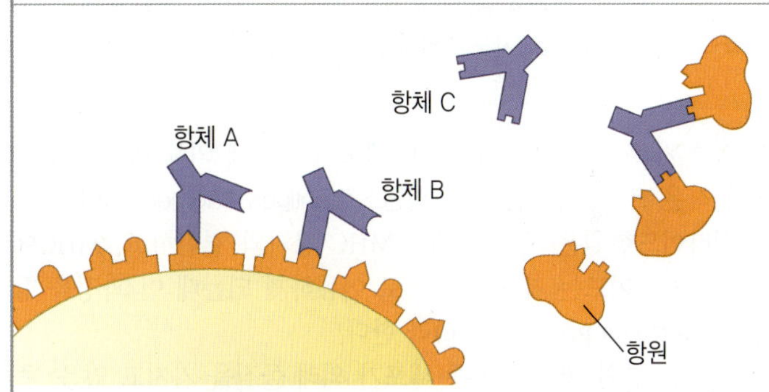

(b) **항원수용체 특이성.** 다른 항체는 같은 항원의 다른 항원결정부를 인식할 수 있다. 게다가 항체는 병원균 표면의 항원뿐만이 아니라 자유형으로 존재하는 항원을 인식할 수 있다.

▲ **그림 31.7** **B세포와 항체에 의한 항원 인식**

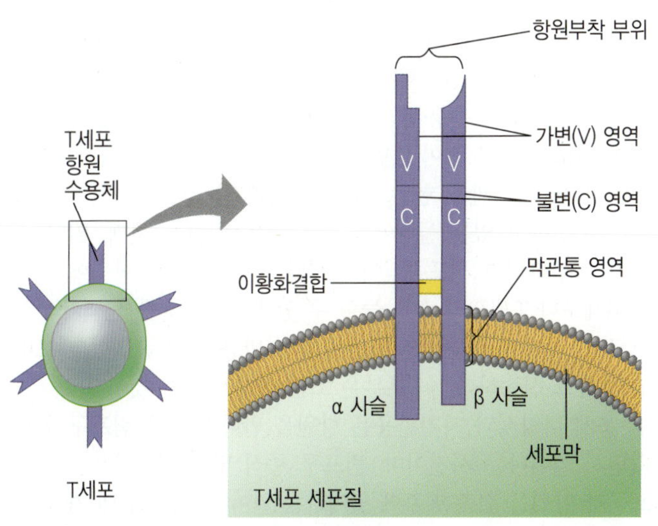

▲ **그림 31.8** **T세포 항원수용체 구조**

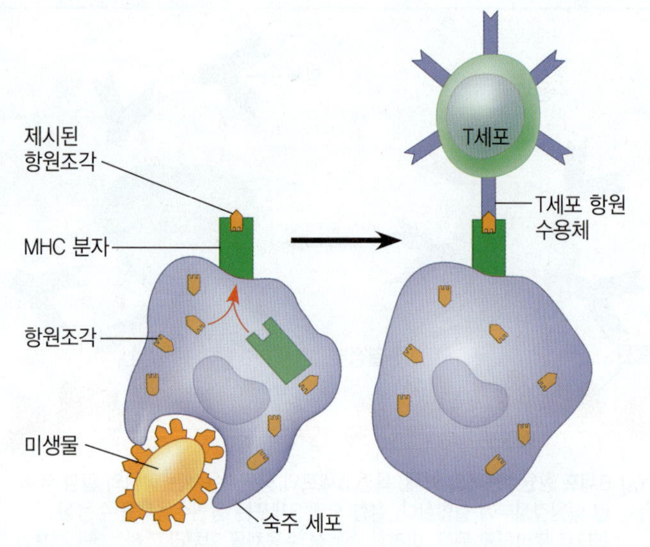

▲ **그림 31.9 T세포에 의한 항원 인식.** 숙주 세포 내부에서 항원에서 유래된 항원조각은 MHC 분자에 결합하여 세포 표면으로 나간다. 세포 표면에 전시된 MHC-항원조각 조합은 T세포에 의해 인식된다.

가 숙주 세포 내부에 있게 되면, 세포내 효소에 의해 병원균 단백질이 작은 조각으로 짤린다. 항원조각(antigen fragment)이라고 하는 펩타이드항원은 세포 내에서 MHC 분자와 결합하고, MHC에 결합된 펩타이드는 세포 표면으로 이동하게 되는데 이 과정을 **항원제시(antigen presentation)**라 한다.

사실상 항원 제시는 숙주 세포가 외래 물질을 가지고 있음, 즉 감염되어 있음을 면역세포에 알리는 효과가 있다. 특정 항원조각을 전시하는 세포가 딱 맞는 특이성을 가진 T세포와 만날 때에만 T세포 수용체는 항원조각과 MHC 둘 다에게 결합할 수 있다. 이러한 MHC 분자, 항원조각, T세포 수용체 3자 간의 상호작용이 일어나야만 T세포가 비로소 적응 면역반응에 참여할 수 있게 된다.

B세포 및 T세포의 발달

지금까지 우리는 B세포나 T세포가 어떻게 항원을 인식하는가에 대해 공부했다. 적응면역체계의 네 가지 주요성질에 대해 알아보자. 첫째, 림프구와 수용체의 엄청난 다양성이다. 이 때문에 면역계는 한번도 만나본 적이 없던 어떤 병원균이더라도 인식할 수 있다. 두 번째, 자기관용 현상으로 적응면역계는 자기 자신 세포나 조직을 구성하고 있는 물질에는 반응하지 않는다. 셋째, 일단 림프구가 활성화되면 세포증식이 일어난다. 이는 특정 항원에 특이적인 B세포나 T세포의 수를 늘릴 수 있게 한다. 넷째, 면역기억 현상으로서, 과거에 접하여본 항원에 대한 반응은 처음 접할 때보다 훨씬 강하고 신속하다. 이 부분은 조금 있다가 다룰 것이다.

수용체 다양성과 자기관용은 항원을 만나기 전에 림프구가 성숙하면서 일어나는 사건이며, 림프구 증식 및 면역기억은 성숙된 림프구가 항원을 접촉한 후에 일어나는 일이다. 이러한 네 가지 과정을 순서별로 서술하겠다.

B세포 및 T세포 다양성 생성

한 사람에서 B세포의 경우는 백만 종류 이상, T세포의 경우는 천만 종류 이상의 독특한 항원수용체를 가진 세포가 있을 수 있다고 추정된다. 그러나 인간 유전체에는 약 20,000개의 단백질을 지시하는 유전자가 있을 뿐이다. 어떻게 그리 많은 다양한 항원수용체가 만들어질 수 있을까? 그 답은 다양한 조합의 묘미에 있다. 9종류의 주 음식과 5종류의 후식을 제공하는 음심점에서 저녁식사를 고를 때 전체 45(9 × 5)가지의 조합을 고려할 수 있다. 마찬가지로, 면역계는 적은 수의 수용체 조각들의 부분집합을 조합하여 상당히 다양한 수용체를 구성할 수 있다.

수용체 다양성 형성을 이해하고자 분비형 항체(면역글로불린)와 막형 B세포 수용체의 가벼운 사슬을 지시하는 면역글로불린(Ig) 유전자를 살펴보자. 여기서 우리는 하나의 Ig 유전자를 분석해 보겠지 만, 모든 B세포 항원수용체와 T세포 항원수용체는 거의 비슷한 변환 과정을 밟는다.

항원수용체 유전자 구성이 림프구 다양성 형성의 기반이 된다. 가벼운 사슬 유전자는 세 개의 조각, 즉 가변(*V*)조각, 연결(*J*)조각 그리고 불변(*C*)조각으로 구성된다. *V*와 *J* 조각이 합쳐져 수용체의 가변 영역을 구성한다. 반면에 *C* 조각은 불변 영역 전체를 암호화한다. 면역글로불린 가벼운 사슬 유전자는 40여 개의 *V* 유전자 조각과 뒤이어 5개의 *J* 유전자 조각이 그리고 끝부분에 한 개의 *C* 조각이 있다(그림 31.10). 기능유전자는 이들 조각유선자의 200(40 *V* × 5 *J* × 1 *C*)가지의 조합으로 재구성된다. 무거운 사슬 유전자의 수는 더 많기 때문에 훨씬 더 많은 조합 가짓수가 있다.

기능적인 가벼운 사슬 유전자 구성을 위해서 DNA 재배열이 필요하다. B세포 발달 초기에 재조합효소(recombinase)라고 불리는 효소에 의해 하나의 *V* 유전자 조각이 *J* 조각과 연결된다. 이때 그 사이에 있는 유전자 조각들은 제거되어 단일 엑손으로 된다.

재조합효소는 40개의 *V* 조각 중의 하나와 5개의 *J* 조각 중의 하나를 무작위로 선택하여 연결시킨다. 무거운 사슬 유전자도 비슷한 재배열 과정을 거친다. 어떤 주어진 세포에서 단지 한 개의 가벼운 사슬 유전자와 한 개의 무거운 사슬 유전자만이 재배열된다. 게다가 재배열은 영구적인 것으로 림프구가 분열할 때 딸세포로 전달된다.

가벼운 사슬 및 무거운 사슬 유전가 모두가 재배열된 후에 항원수용체가 합성된다. 재배열 유전자는 전사되고, 전사체는 일정 가공 과정을 밟고 번역된다. 가벼운 사슬과 무거운 사슬이 각기 번역된 후에 합쳐져 항원수용체를 구성한다(그림 31.10). 여러 가벼운 사슬과 무거운 사슬 중에서 무작위로 합쳐진 가벼운 사슬-무거운 사슬 쌍은 하나의 항원부착 부위를 가지게 된다. 인체 B세포 집단에서 조합의 수는 대략 3.5×10^6이다. 게다가 *VJ* 재조합 과정에서 생기는 돌연변이를 고려하면 항원결합 특이 조합의 수는 한참 늘어난다.

자기관용의 기원

적응면역계에서 어떻게 우리 몸은 자기와 비자기를 구별할까? 항원수용체 유전자의 재배열은 무작위로 일어나기 때문에, 발달 과

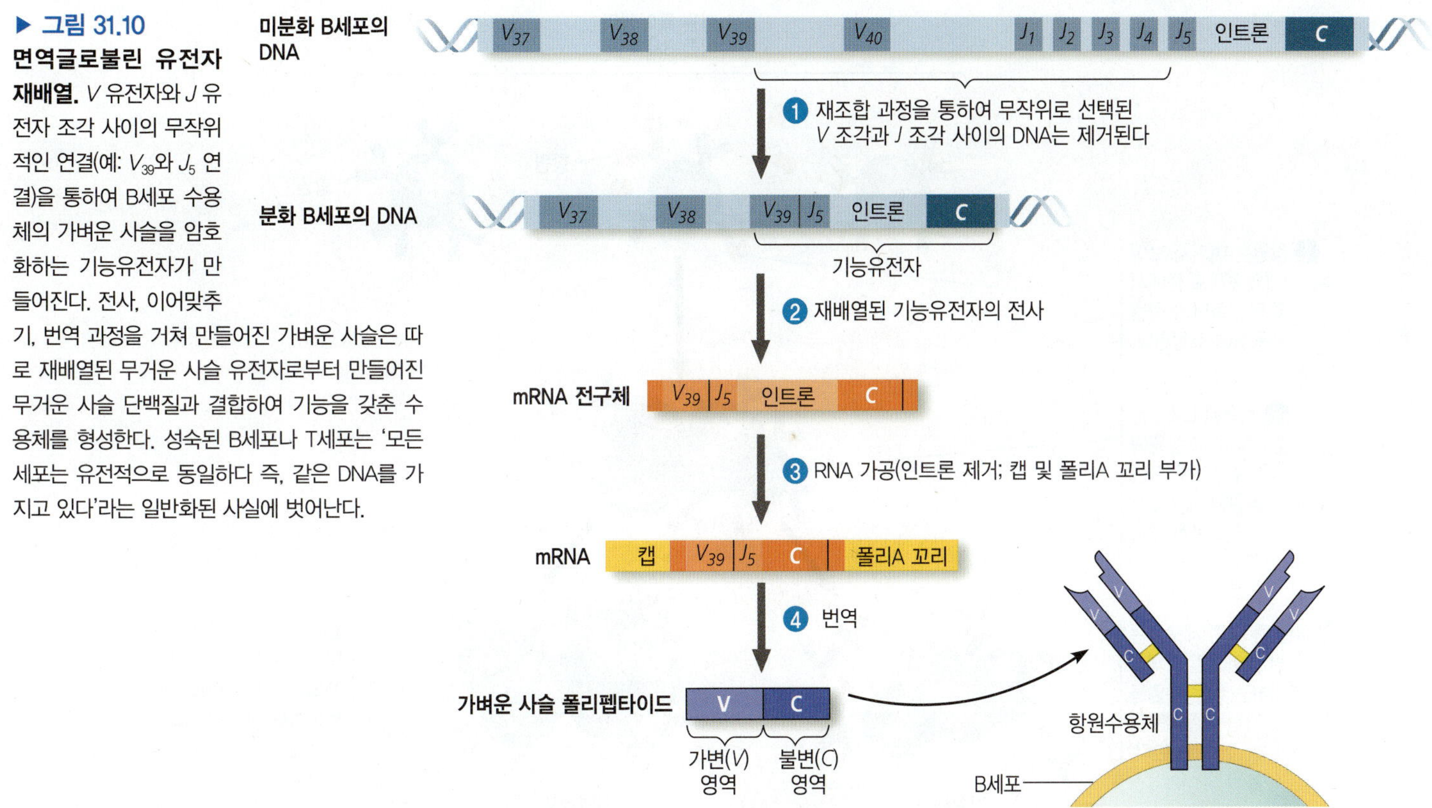

▶ **그림 31.10**
면역글로불린 유전자 재배열. V 유전자와 J 유전자 조각 사이의 무작위적인 연결(예: V_{39}와 J_5 연결)을 통하여 B세포 수용체의 가벼운 사슬을 암호화하는 기능유전자가 만들어진다. 전사, 이어맞추기, 번역 과정을 거쳐 만들어진 가벼운 사슬은 따로 재배열된 무거운 사슬 유전자로부터 만들어진 무거운 사슬 단백질과 결합하여 기능을 갖춘 수용체를 형성한다. 성숙된 B세포나 T세포는 '모든 세포는 유전적으로 동일하다 즉, 같은 DNA를 가지고 있다'라는 일반화된 사실에 벗어난다.

정에 있는 미성숙 림프구는 체내 자기 자신의 분자와 반응하는 수용체를 가질 수 있다. 만약 이러한 자기 반응성 림프구가 제거되지 않거나 불활성화되지 않는다면 면역계는 자기와 비자기를 구별할 수 없을 것이고 결국 자기 몸 단백질이나 세포 및 조직을 공격할 것이다. 하지만 림프구들이 골수 또는 흉선에서 성숙 과정을 밟으면서 자기항원 반응성이 점검된다. 체내에 이미 존재하는 자기 분자에 특이적인 수용체를 가진 B세포 및 T세포에서 이들 중 일부는 예정세포사 과정에 의해 죽는다. 나머지 자기 반응성을 보이는 림프구는 무반응세포로 변한다. 따라서 외래 비자기 분자와 반응하는 림프구만 남게 된다. 그러므로 우리 체내에는 자기 구성성분과 반응하는 성숙된 림프구는 대체로 없다고 할 수 있다. 이러한 자기관용(self-tolerance)은 면역계의 중요한 특징 중의 하나이다.

B세포 및 T세포의 증식

엄청난 항원수용체의 다양성에도 불구하고 매우 적은 분량의 수용체만이 특정 항원결정부에 특이적이다. 그렇다면 어떻게 효과적인 적응면역 반응이 일어날까? 항원은 림프절에 있는 림프구에 지속적으로 전시된다. 이때 성공적인 만남, 즉 특정 항원에 특이적인 수용체를 가진 림프구와 항원이 만나게 되면 림프구의 수가 증가하고 활성이 변하면서 적응면역 반응이 시작된다.

하나의 항원수용체가 그에 특이적인 항원에 결합하게 되면 림프구 활성화 신호를 개시한다. 일단 활성화가 되면, 활성화 B 또는 T세포는 증식 분화하여, 결국 두 종류의 림프구 클론을 형성한다. 그 중 하나는 수명이 짧은 **작동세포(effector cell)**로서 항원과 그 항원을 만들어 내는 병원균을 공격한다. B세포 작동세포는 **형질세포(plasma cell)**로서 항체를 분비한다. T세포 작동세포로는 도움T세포와 세포독성T세포가 있는데 이들의 역할에 대해서는 개념 31.3에서 공부할 것이다. 또 다른 클론은 수명이 길지만 수적인 면에서 소량인 **기억세포(memory cell)**로서 나중에 같은 항원을 다시 만날 때 효과적인 작동세포로 빠르게 분화할 수 있다.

그림 31.11에 B세포 중심으로 항원의 결합에 의해 촉발되는 림프구 증식 과정을 요약하였다. 이러한 과정을 항원과의 만남이 어떤 림프구가 증식하여 클론을 형성할 것인가를 능동적으로 선택한다는 의미로서 **클론선택(clonal selection)**이라 한다.

면역기억

면역기억은 장기간 지속될 수 있기에, 수두 등 많은 질환에서 병원균에 감염되었던 적이 있었거나 미리 예방접종을 받았다면 그 특정 병원균 감염을 막을 수 있게 한다. 병원균에 대한 장기간 방어 현상에 대해 2,400년 전 아테네의 투키디데스(Thucydides)도 인지하고 있었다. 그는 역병으로 죽어가는 사람은 그 역병을 극복한 사람에 의해 간호받아야 한다고 서술하면서, "사람은 병원균에 의해 두 번 공격받지 않는다"라고 기록하였다.

특정 항원에 이미 노출되었었다면 재노출 때의 면역반응 속도, 강도 및 지속기간 등에 큰 차이를 가져온다. 항원에 노출된 후 첫 번째로 일어나는 과정은 림프구의 선택적인 증식과 작동세포로의 분화로서 **1차 면역반응(primary immune response)**이라 한다. 1차 반응에서는 항원노출 후 10~17일 이후에 최고치 반응을 보

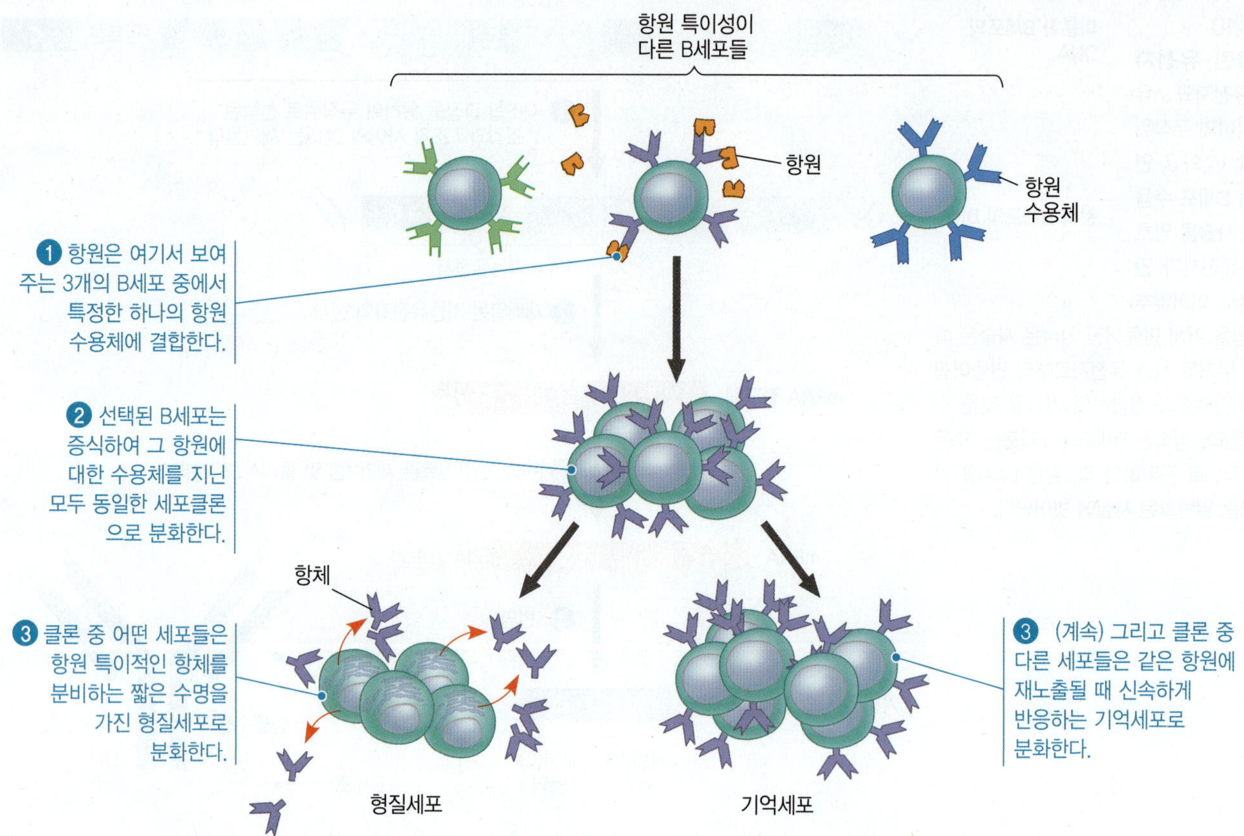

▲ **그림 31.11 클론선택.** B세포를 예를 들어 클론선택 과정을 묘사하였다. 특이 항원과 면역세포의 신호(표시하지 않았음)에 반응하여 하나의 B세포는 분열하여 클론을 형성한다. 다른 항원에 특이적인 나머지 B세포는 반응하지 않는다. 클론 중에서 일부는 증식 및 분화 과정을 밟아 항체분비 형질세포로 또 다른 일부는 기억B세포로 된다. T세포도 비슷한 클론선택 과정을 거쳐 작동T세포(세포독성T세포, 도움T세포)와 기억T세포로 된다.

이게 되며 이 기간 동안에 선택된 B세포 및 T세포는 각각의 작동세포로 분화한다. 그 후 같은 항원에 다시 노출될 경우 반응은 빨라지며(최고치 면역반응에 이르게 되는 시간이 2~7일 걸림), 강도도 높아지고 반응도 길어진다. 이를 **2차 면역반응(secondary immune response)**이라 한다. 이는 적응면역 또는 후천성 면역의 대표적인 특징이다. 선택된 B세포는 항체를 분비하는 작동세포로 분화하기에 혈장 내 항체량을 시간별로 측정해 보면 1차 반응과 2차 반응 사이의 차이점이 분명히 나타난다(그림 31.12).

2차 반응은 항원 접촉 후 초기에 만들어진 기억T세포 및 기억B세포에 의해 매개된다. 이들은 오랜 기간 동안 살 수 있기에 이러한 면역기억(immunological memory)의 기반을 제공하며 수십 년간 유효할 수 있다. (대부분의 작동세포들은 수명이 짧기 때문에 감염을 극복하고 나면 면역반응이 줄어든다.) 이들 기억세포는 증식이 멈추어진 상태에 있다가 일단 같은 항원과 재 접촉하게 되면 빠르게 증식 분화한다. 많은 작동세포 클론이 만들어지게 되고 한층 향상된 면역방어능을 보이게 된다.

비록 항원 인식, 클론선택, 면역기억 과정은 B세포나 T세포에서 비슷하지만, 이들 두 종류의 림프구가 감염에 대처하는 방법은 다를 뿐 아니라 작동하는 환경조성도 다르다. 개념 31.3에서 이에 대해 다룰 것이다.

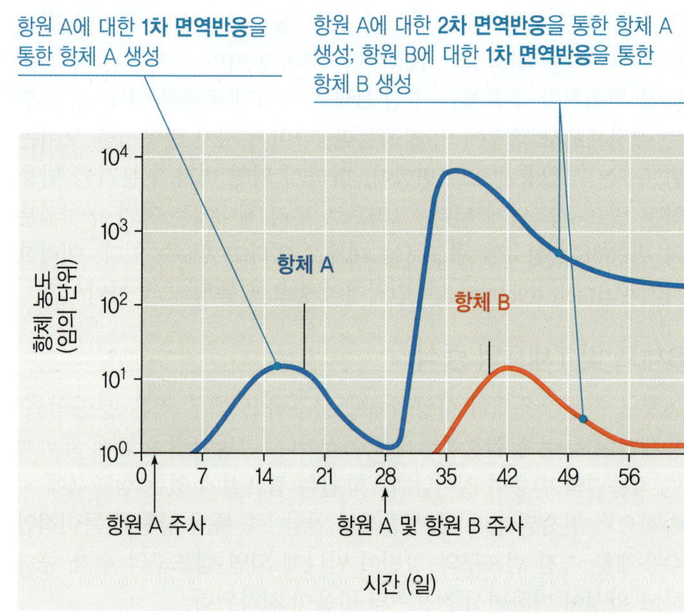

▲ **그림 31.12 면역기억의 특이성.** 항원 A에 처음으로 반응하여 생성된 긴 수명의 기억세포는 같은 항원에 재차 노출되었을 때 강력한 2차 면역반응을 매개한다. 그러나 다른 항원 B에 대한 1차 면역반응에는 아무런 영향을 주지 않는다.

개념 31.3

적응면역은 체세포와 체액의 감염을 막는다

우리는 어떻게 림프구 클론이 생성되는가를 알아보았다. 지금부터 우리는 이러한 림프구 클론들이 어떻게 감염에 대항하고 병원균에 의한 피해를 줄이는가에 대해 공부할 것이다. B 림프구 및 T 림프구 클론의 활동이 체액성 면역반응과 세포성 면역반응을 일어나게 한다. **체액성 면역반응(humoral immune response)**은 오래 전에 체액(body *humor*)이라 통칭하였던 혈액이나 림프에서 일어난다. 체액성 면역반응에서는 항체가 혈장이나 림프액에 있는 독소나 병원균을 중화하거나 없앤다. **세포-매개 면역반응(cell-mediated immune response)**에서는 전문화된 T세포가 감염된 숙주 세포를 파괴한다. 두 반응 모두에서 1차 면역반응과 기억세포에 의한 2차 면역반응이 일어난다.

도움T세포: 거의 모든 항원에 대한 반응 매개

도움T세포(helper T cell)는 체액성 및 세포-매개 면역반응을 활성화시킨다. 그러기 위해서는 다음 두 사항이 충족되어야 한다. 첫째, T세포의 항원수용체에 결합할 수 있는 외래 항원이 존재해야 한다. 둘째, 그 항원은 **항원제시세포(antigen presenting cell)**에 전시되어야 한다. 항원제시세포에는 수지상세포, 대식세포 및 B세포가 있다.

감염이 되면 숙주 세포는 항원을 표면에 전시한다. 그러면 이들 세포와 항원제시세포와 무엇이 다른가? 그 답은 두 종류의 MHC 분자에 있다. 대부분의 체세포는 I형 MHC 분자만을 가지고 있다. 하지만 항원제시세포는 I 및 II형 MHC 분자 모두를 가지고 있다. 즉, II형 MHC 분자의 존재가 항원제시세포의 표지가 된다.

도움T세포는 항원제시세포와 상호작용한다(그림 31.13). 도움T세포 표면에 있는 항원수용체는 항원제시세포 표면 II형 MHC 분자에 얽혀진 펩타이드항원과 결합한다. 동시에 대부분의 도움T세포 표면에는 CD4라 하는 보조 단백질이 있으며, 이들은 II형 MHC 분자와 직접 결합한다. 이러한 결합은 도움T세포와 항원제시세포 사이의 상호작용이 활성화 과정 동안 유지되게끔 한다. 두 세포가 상호작용하면서 서로 사이토카인을 분비하여 양방향으로 신호가 교환된다.

항원제시세포들은 각기 다른 상황에서 도움T세포와 상호작용한다. 수지상세포와 대식세포는 항원신호를 받아본 경험이 없는 도움T세포에게 항원을 제시한다. 그 도움T세포는 증식하여 활성화된 도움T세포 클론을 이룬다. 한편 B세포는 이미 활성화된 도움T세포 클론에 항원을 제시한다. B세포로부터 항원 신호를 받은 도움T세포는 다시 B세포에 신호를 주어 활성화시킨다. 활성화된 도움T세포는 세포독성T세포를 자극하기도 한다. 이에 대해 공부해보자.

B세포와 항체: 세포 바깥 병원균에 대한 반응 매개

클론 선택된 B세포가 분비하는 항체가 체액성 면역반응을 매개한다. 그림 31.14에 도해한 바와 같이, B세포가 활성화되려면 도움T

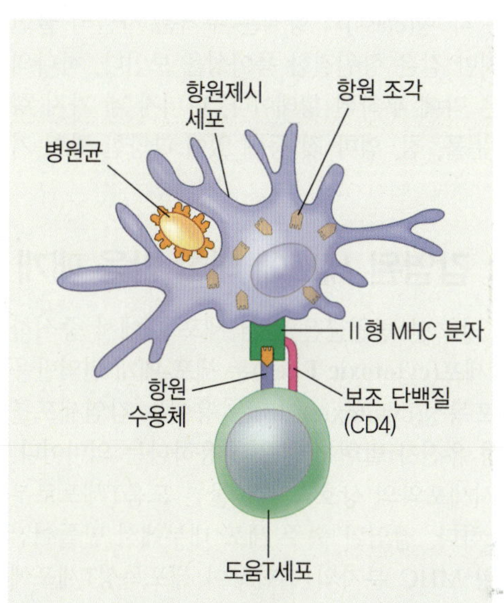

❶ 항원제시세포가 병원균을 삼킨 후, 항원조각은 제1형 MHC 분자와 복합체를 형성하여 표면에 전시된다. 이 복합체는 특정 도움T세포 표면에 있는 항원수용체와 보조 단백질에 특이적으로 인식된다.

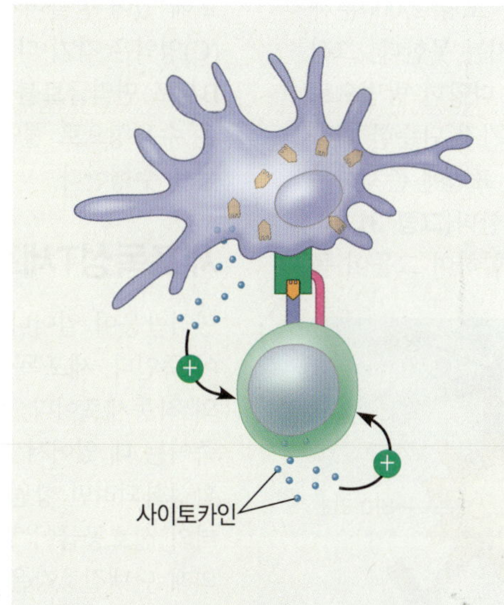

❷ 도움T세포의 결합하면 항원제시세포는 사이토카인을 분비한다. 이 사이토카인은 도움T세포에서 나오는 사이토카인도 함께 작용하여 도움T세포를 활성화시키고 증식하게 한다.

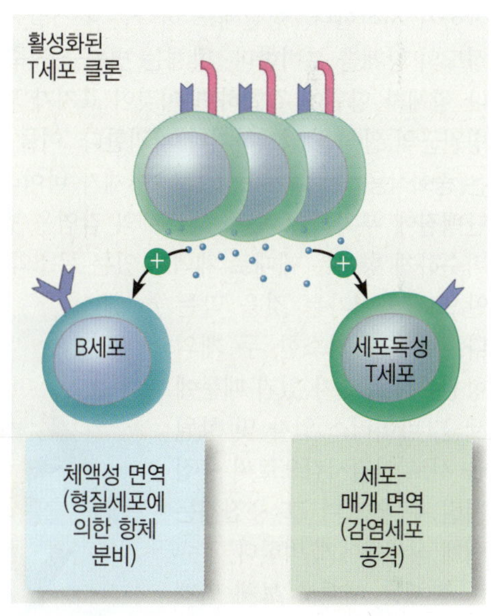

❸ 활성화된 도움T세포는 증식하여 클론을 형성한다. 모든 클론 세포는 동일한 항원특이성을 가진다. 이들은 또 다른 사이토카인을 분비하여 B세포나 세포독성T세포를 활성화시킨다.

▲ **그림 31.13 체액성 및 세포-매개 면역반응에서 도움T세포의 중심적인 역할**

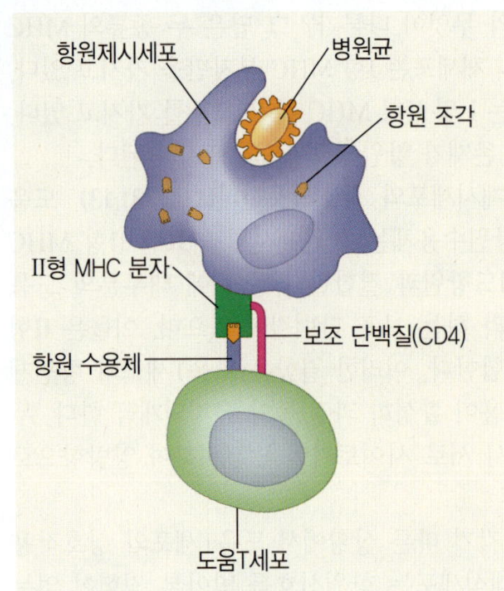

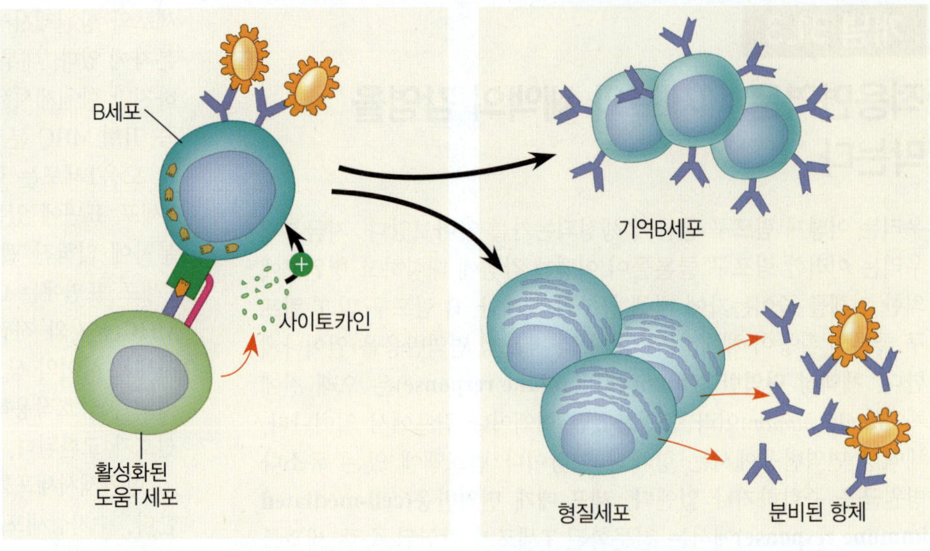

1 항원제시세포가 세균을 섭취하여 분해한 후에, II형 MHC와 결합된 펩타이드 항원조각을 그 표면에 전시한다. 전시된 복합체를 인식하는 도움T세포는 항원제시세포에서 분비된 사이토카인의 도움을 받아 활성화되어 도움T세포 클론으로 분화한다.

2 B세포 역시 같은 세균을 받아들여 분해하고 II형 MHC-펩타이드항원 복합체를 전시한다. 전시된 복합체에 특이적으로 결합할 수 있는 수용체를 가진 활성화 도움T세포는 B세포에 결합한다. 이러한 상호작용과 도움T세포에서 분비된 사이토카인에 힘입어 그 B세포는 활성화된다.

3 활성화된 B세포는 증식, 분화하여 기억B세포와 항체분비 형질세포로 된다. 분비된 항체는 면역반응을 유도한 동일 항원에만 특이적이다.

▲ **그림 31.14 체액성 면역반응에서의 B세포 활성화**

세포 그리고 항원으로서 세균 표면에 있는 단백질이 필요하다. 항원과 사이토카인에 자극을 받은 B세포는 증식하고 기억B세포 또는 항체를 분비하는 작동세포인 형질세포(plasma cell)로 분화한다.

활성화된 단일 B세포는 수천 개의 형질세포로 분화된다. 형질세포는 막형 항원수용체의 표면 발현을 멈추고 분비형 항체를 생산하기 시작한다. 형질세포 하나는 4~5일 동안 초당 2,000분자 정도의 항체를 분비한다. 항체는 병원균을 죽이지는 못한다. 그러나 항체가 항원에 결합하면 이것이 표지가 되어 다양한 방법으로 병원균의 활성을 억제하거나 파괴한다. 이들 중 가장 단순한 기작은 **중화작용(neutralization)**으로, 항체가 바이러스 표면에 존재하는 단백질에 부착하여 숙주 세포로의 감염을 방해한다(그림 31.15). 비슷하게 항체는 때때로 체액에 있는 독소와 결합하여 그들이 몸 안으로 들어가는 것을 막는다. 항체는 최소한 두 개의 항원부착 부위가 있기 때문에 세균, 바이러스 입자 및 항원을 서로 연결시킴으로써 응집시킬 수 있으며 그 응집체는 쉽게 식세포에게 먹힌다.

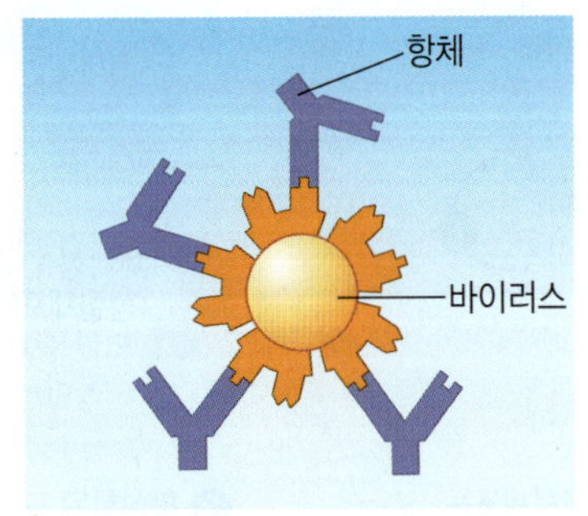

▲ **그림 31.15 중화작용.** 항체는 바이러스 표면에 있는 항원에 결합함으로써 그 바이러스가 숙주 세포에 결합하지 못하게 한다.

항체는 때때로 보체 단백질과 힘을 합쳐 병원균을 제거한다. [**보체(complement)**는 항체의 세균 제거효력을 보충시키는 단백질이라는 사실로부터 이름이 지어졌다.] 외래 세포(또는 외피를 가진 바이러스)의 표면에서 형성된 항원-항체 복합체에 특정 보체 단백질이 결합하면 일련의 보체활성화 과정을 통하여 세포막에 구멍을 낸다. 각종 이온이나 물이 세포 내로 들어가 세포를 부풀게 하여 터뜨린다.

B세포는 다섯 종류의 면역글로불린(Ig)을 생산한다. 특정 B세포에 있어 만들어지는 각 형(class)의 항체는 무거운 사슬의 불변(C)영역은 각기 다르지만 같은 항원결합 특이성을 보인다. 하나의 B세포 면역글로불린은 막에 부착된 형태이다. 나머지 네 가지 형은 수용성으로 혈액, 눈물, 침, 엄마 젖 등에 있어 다양한 방어 기능을 수행한다.

세포독성T세포: 감염된 세포에 대한 반응 매개

면역반응이 일어나지 않으면 병원균은 감염 세포 내에서 증식하여 죽인다. **세포독성T세포(cytotoxic T cell)**는 세포-매개 면역반응의 작동세포이다. 세포독성(cytotoxic)이라는 용어는 감염세포를 죽이는 데 있어서 독성 유전자 발현 산물을 사용하다는 의미이다. 활성화되려면 항원제시세포와의 상호작용은 물론 도움T세포로부터의 신호공급이 필요하다. 감염된 숙주 세포 내부에서 만들어진 외래 단백질조각은 I형 MHC 분자와 결합하여 세포독성T세포에 인식될 수 있도록 표면에 전시된다(그림 31.16). 도움T세포의 경우에서와 같이 세포독성T세포 역시 MHC 분자와 결합하는 CD8이라 불리는 보조단백질을 가지고 있으며, 세포독성T세포가 활성화되는 동안에 두 세포 사이의 접촉을 강화한다.

세포독성T세포는 세포막에 작동하여 감염된 숙주 세포를 터뜨리는 단백질과 세포자살을 유도하여 세포를 죽이는 단백질을 분

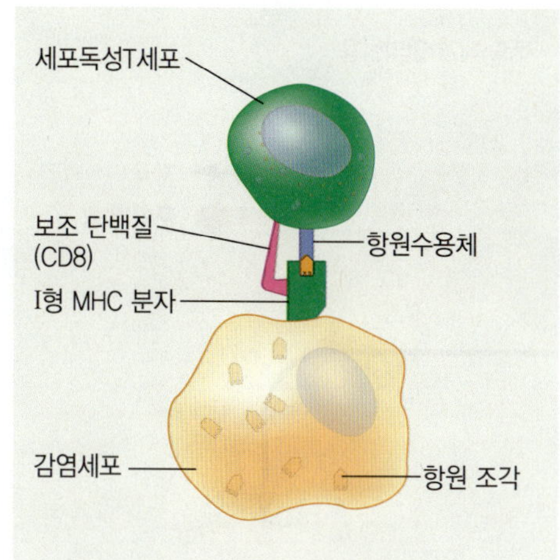

❶ 활성화된 세포독성T세포는 항원수용체와 보조 단백질(CD8)의 도움으로 감염세포의 I형 MHC-항원 복합체에 결합한다.

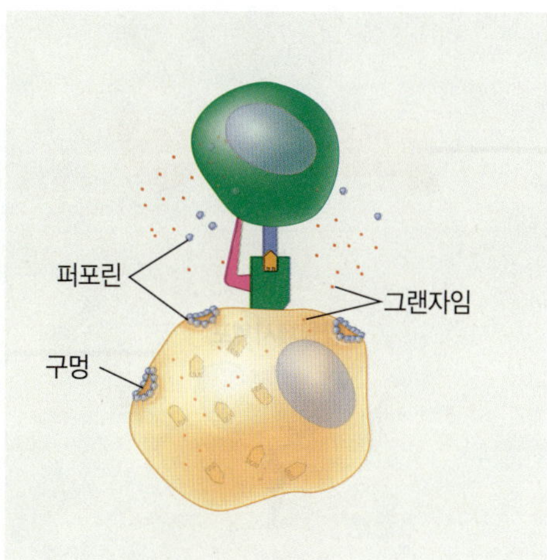

❷ T세포는 표적세포의 세포막에 구멍을 내는 퍼포린 분자와 가수분해효소인 그랜자임을 분비한다. 그랜자임은 세포내섭취작용을 통하여 감염세포 내로 들어간다.

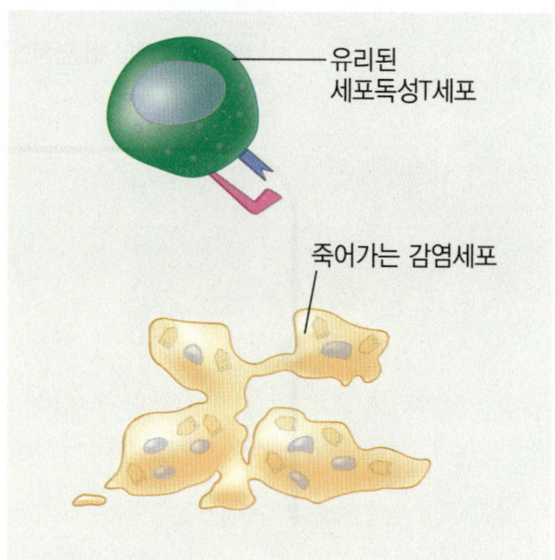

❸ 그랜자임은 표적세포 내에서 아폽토시스를 유도하여, 핵과 세포질을 조각내어 세포를 죽인다. 세포독성T세포는 떨어져 나와 다른 감염세포를 공격할 수 있다.

▲ **그림 31.16 감염된 숙주 세포에 대한 세포독성T세포의 죽이기 작용.** 활성화된 세포독성 T세포가 감염된 세포막에 구멍을 만드는 분자와 단백질을 분해하는 효소를 방출하여 세포사를 촉진한다.

비함으로써 그 표적세포를 파괴한다(그림 31.16). 감염세포의 죽음으로써 세포내 병원체를 없앨 수 있을 뿐만이 아니라 항원을 순환 항체에 노출시켜, 최종적으로 제거될 수 있게 한다.

체액성 및 세포-매개 면역반응 정리

앞서 언급한 바와 같이 체액성 및 세포-매개 면역반응 모두 1차 그리고 2차 면역 반응을 유발한다. 각 형태의 기억세포(도움T세포, B세포, 그리고 세포독성T세포)들이 2차 반응을 매개한다. 예로서, 체액이 같은 병원체에 다시 감염되었을 때 기억B세포와 기억 도움T세포가 2차 체액성 면역반응을 일으킨다. 그림 31.17에 전반적인 적응면역반응을 이해하는 데에 도움이 되도록 도움T세포의 역할을 중심으로 체액성 및 세포-매개 면역반응이 일어나는 사건을 정리하였다.

능동면역과 수동면역

우리가 지금까지 공부한 적응면역반응은 **능동면역**(active immunity)이라는 점을 지적하지 않을 수 없다. 즉, 병원균이 우리 몸을 감염할 때 면역세포들이 능동적으로 참여하여 병원균을 퇴치한다. 이와는 다른 면역 방법이 있다. 임신한 여성의 IgG 항체가 태반을 가로질러 태아에 공급되는 경우인데 태아는 전달받은 항체를 통하여 병원균을 방어할 수 있다. 이러한 방법을 **수동면역**(passive immunity)이라 한다. 수혜자(여기서는 태아)의 항체는 자신의 B세포나 T세포의 작용으로 만든 것이 아니고 다른 사람(엄마)가 만든 것을 쓰기 때문이다. 아기는 태어난 후에도 아기의 면역체계가 발달할 때까지 계속 엄마의 젖에서 전달되는 항체로 수동면역된다. 수동면역은 즉각적인 방어를 수행하지만, 전달된 항체가 존재할 때까지만 (대체로 수주 내지는 수개월) 유효하다.

능동면역과 수동면역을 인위적으로 유도할 수 있다. 항원을 백신(vaccine)으로 몸에 주사하면 능동면역이 생긴다. 백신은 불활성화된 세균독소, 죽었거나 병원성이 약화된 병원균, 심지어 미생물 단백질을 암호화하는 유전자로도 만든다. 이러한 인위적 **면역(immunization)**[또는 예방접종(vaccination)] 과정은 1차 면역반응과 면역기억을 유도하기 때문에 백신을 맞은 사람은 후에 백신물질의 주범인 병원균에 노출되었을 때 신속하고 강한 2차 면역반응을 보인다(그림 31.12).

백신의 안정성에 대한 잘못된 이해는 공중 보건에 상당한 문제를 일으킨다. 홍역 백신을 예로 들면, 예방접종된 백만 명 어린이 중에 한 명 미만에서 알레르기 반응이 나타날 정도로 거의 부작용은없다. 그렇지만 홍역은 매우 위험하다. 전 세계적으로 홍역은 매년 200,000명의 목숨을 앗아간다. 영국, 러시아, 미국에서 백신 안정성에 대한 잘못된 이해로 홍역 예방접종률은 감소하고 있으며, 결과로 홍역 발생과 그로 인한 죽음이 늘어나고 있는 추세이다.

인위적인 수동면역에서는 면역동물체로부터 나온 항체를 다른 비면역동물에 주사할 수 있다. 예를 들면, 독성 뱀에 물린 사람은 뱀독으로 면역화시킨 양 또는 말로부터 얻은 혈장인 앤티베닌(antivenin)을 투여한다. 뱀에 물린 즉시 투여하면, 앤티베닌에 있는 항체는 독을 중화시켜 조직 손상을 막는다.

항체의 용도

항원에 노출되어 만들어진 항체들은 **다중클론성**(polyclonal)이다: 그들은 한 항원의 여러 항원결정부에 특이적인 형질세포의 클론들에서 만들어진다. 항체는 B세포의 한 클론으로부터 세포배양을 통해 생산할 수 있다. 세포배양된 클론에서 제조된 **단일클론항체(monoclonal antibody)**는 한 항원의 특정 항원결정부에 똑같은

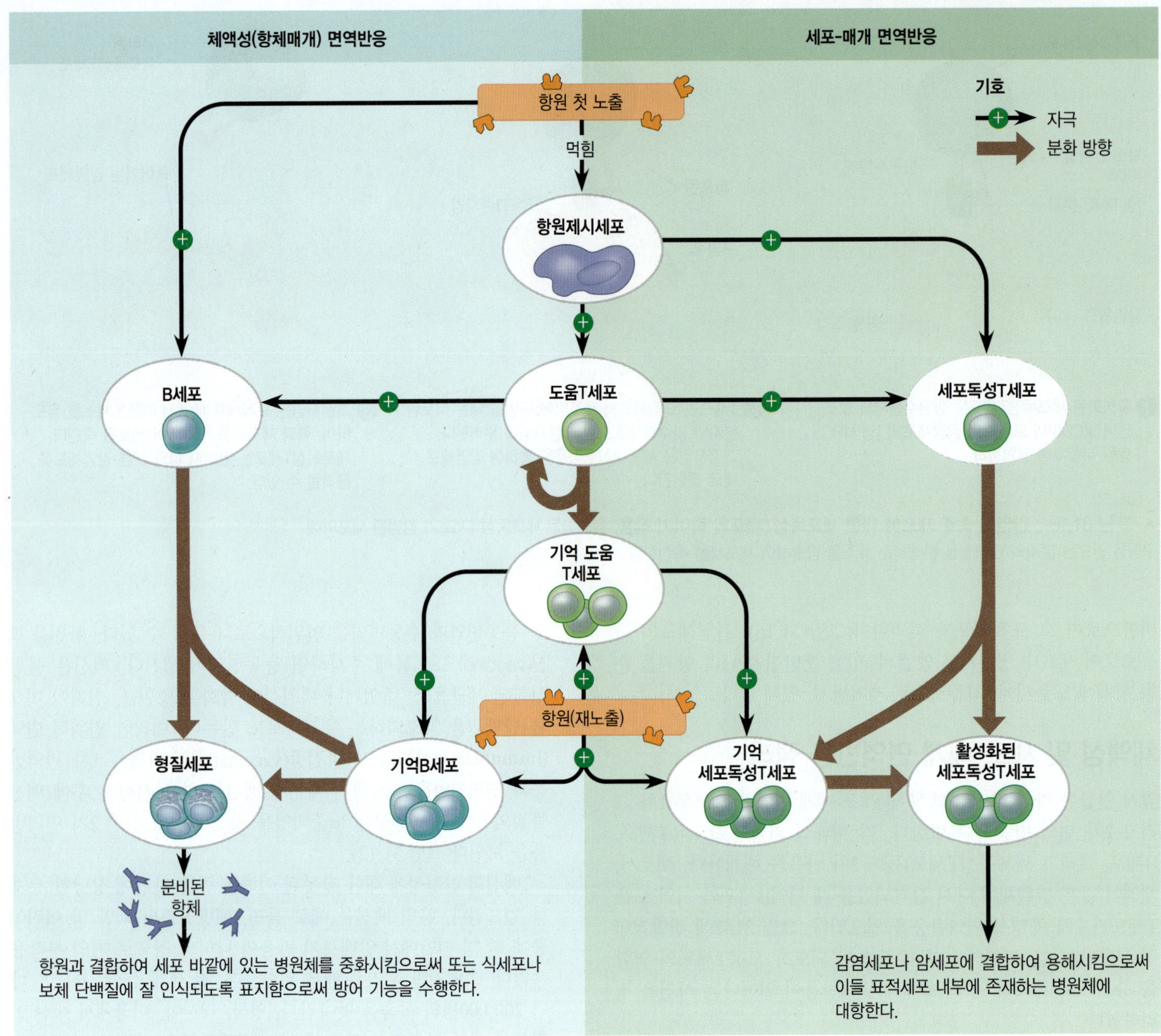

▲ **그림 31.17 적응 면역 반응 개요.**

특이성을 보인다.

단일클론항체는 최근 임상 진단이나 치료 분야에 많이 쓰인다. 예를 들면, 가정용 임신진단키트의 경우 사람 융모생식샘자극호르몬(human chorionic gonadotropin, hCG)을 인식하는 단일클론항체를 이용한다. hCG는 자궁에 배아가 착상하자마자 생성되는 호르몬이다. 어떤 여성의 오줌에 hCG의 존재는 임신초기 단계임을 말해준다. 단일클론항체는 대량으로 생산되며 임상에서 암을 포함하여 여러 인간 질환을 치료하는 데 쓰인다.

면역거부

병원균에 대한 반응과 마찬가지로 면역계는 다른 개체의 세포를 외래 물질로 인식하여 공격한다. 예를 들면, 한 사람의 피부를 유전적으로 다른 사람의 피부에 이식할 경우 처음 1주일 정도는 괜찮아 보이지만 결국 수혜자의 면역 시스템에 의해 파괴(거부)된다. MHC 단백질이 면역거부 반응을 일으키는 주요 원인 분자라고 알려졌다. 왜? 우리는 12개 이상의 MHC 유전자에서 만들어진 MHC 단백질을 가지고 있다. 그리고 MHC 유전자에는 100개 이상의 다른 버전 즉 다른 대립인자가 있다. 결과로 일란성 쌍생아를 제외하곤 어떤 두 사람을 비교해 볼 때 그들이 가지고 있는 세포표면 MHC 단백질 세트는 다 다르다. 그러한 차이가 면역반응을 일으켜 이식된 장기가 거부된다.

거부반응을 최소화하기 위해서 공여 조직의 MHC형을 가능한

한 수혜자의 MHC형과 맞출 필요가 있다. 게다가, 수혜자는 면역반응을 억제하는 약물을 투여받아야 한다(그러나 이러한 약물을 투여받는 수혜자는 감염성 질환에 걸리기 쉽다).

수혈의 경우, 수혜자의 면역계가 수혈된 혈액 세포의 표면에 있는 탄수화물을 외래물질로 인식하여 즉각적이고 치명적인 거부반응을 일으킬 수 있다. 수혜자와 공여자의 당단백질에 의해 결정되는 ABO 혈액형을 고려하여 수혈해야 이러한 위험을 피할 수 있다.

면역계 기능 손상

적응면역은 다양한 병원균에 대항하여 꽤 방어를 하지만 안전을 담보하지는 못한다. 여기서는 적응면역계가 숙주를 보호하지 못하게 되는 여러 경우를 공부할 것이다.

알레르기

알레르기는 **알레르기항원(allegen)**이라 불리는 특정 항원에 대한 과도한(과민한) 면역반응의 결과이다. 예를 들면, **그림 31.18**에 도해한 바와 같이 건초열은 형질세포가 꽃가루 표면의 항원에 반응하여 그에 특이적인 항체를 분비할 때 생긴다. 그 항체가 꽃가루와 결합하면 결합조직 내에 있는 면역세포가 활성화되어 저장되어 있던 히스타민이나 다른 염증 유발물질이 분비된다. 이들이 주변 세포에 작용하여 이러한 분비물들은 전형적인 알레르기 증상인 재채기, 콧물, 눈물, 그리고 호흡 장애를 일으키게 하는 평활근수축 등을 유발한다. 항히스타민제는 히스타민이 수용체에 결합하는 것을 막아 알레르기 증상(그리고 염증)을 완화한다.

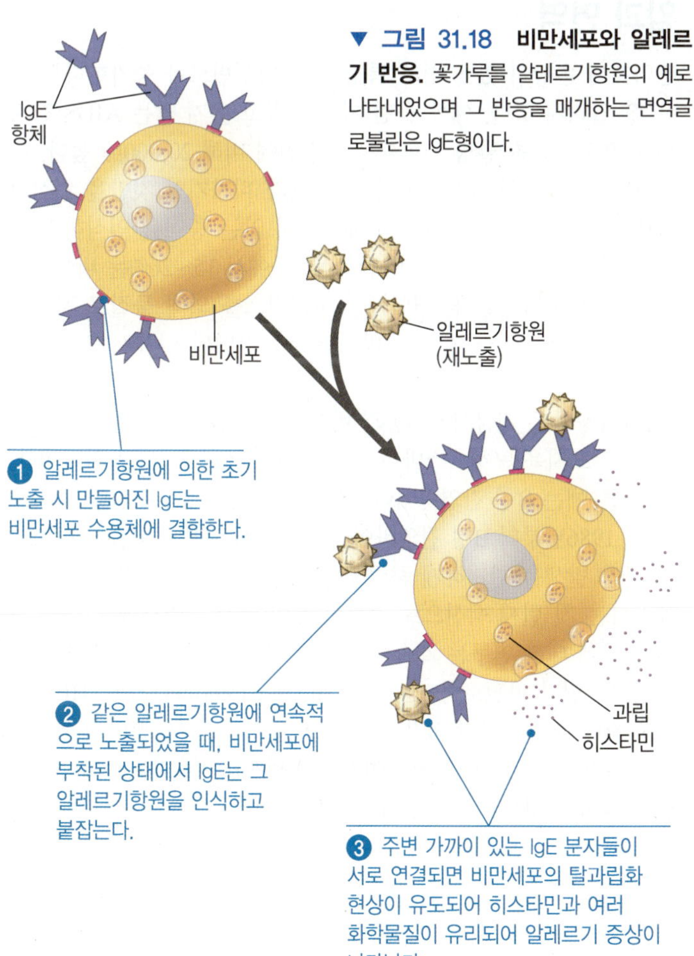

▼ **그림 31.18 비만세포와 알레르기 반응.** 꽃가루를 알레르기항원의 예로 나타내었으며 그 반응을 매개하는 면역글로불린은 IgE형이다.

급성 알레르기 반응은 종종 **과민성 쇼크**(anaphylactic shock)를 일으킨다. 이는 알레르기항원에 노출된 지 몇 초 만에 전신성으로 일어나는 치명적인 반응이다. 염증성 화학분비물들에 의해 피하 혈관 확장이 일어나고 기관지 협착과 더불어 혈압이 급격히 떨어져 수분 내에 사망한다. 벌침 독, 페니실린, 땅콩, 조개류 등이 알레르기 반응에 민감한 사람에게 과민성 쇼크를 일으킨다. 진짜 민감한 사람들은 알레르기 반응을 대처하는 호르몬인 에피네프린 주사액을 가지고 다닌다.

자가면역 질환

어떤 사람에게는 면역 시스템이 자기관용현상을 보이지 않아 자기 몸에 있는 분자에 반응하여 **자가면역 질환(autoimmune disease)**이 나타난다. 전신홍반성낭창(systemic lupus erythematosus)인 루푸스(lupus)에서 환자의 면역계는 여러 종류의 자기 분자인 히스톤 및 DNA 등에 대한 항체를 만든다. 제1형 인슐린 의존성 당뇨병(type 1 diabetes mellitus)에서는 췌장의 인슐린을 생산하는 베타세포가 다발성 경화증(multiple sclerosis)에서는 신경을 감싸고 있는 수초가 자가면역 공격 대상이다.

성, 유전, 환경 모두가 자가면역질환의 발병에 영향을 미친다. 예를 들면, 많은 질환이 남성에게 보다 여성에게 더 많이 발생한다. 여성은 남성보다 9배 루프스에 잘 걸리며 관절 연골이나 뼈에 손상을 주는 류마티스 관절염에 2~3배 더 잘 걸린다(**그림 31.19**). 이러한 성에 의한 발병 차이에 원인 그리고 선진국에서 자가면역질환 유병률이 증가되는 원인에 대해서 현재 활발히 연구가 진행되고 있다.

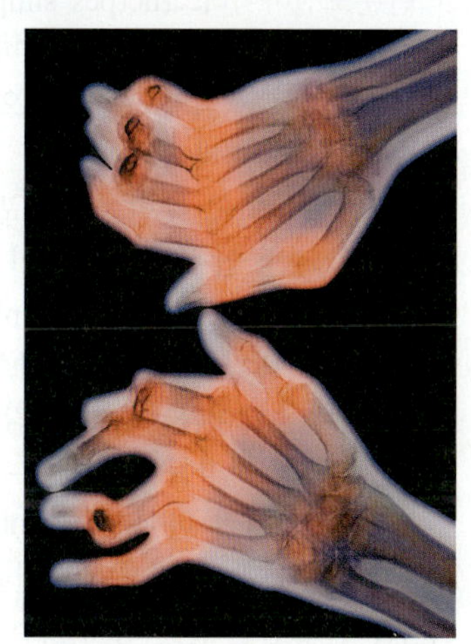

▲ **그림 31.19 류마티스 관절염으로 변형된 손의 X선 사진**

면역계 회피

진화 병원균을 격퇴하는 면역방어체계가 동물에서 진화된 것과 마찬가지로 병원균에서는 숙주 면역반응을 훼방놓는 기작이 진화되었다. 그러한 기작들 중 하나는 병원균이 면역계에 노출되는 모습을 바꾸는 것이다. 만약 병원균이 기존에 가지고 있던 항원결정부를 바꾸면 신속한 방어력을 보유한 기억세포를 자극하지 않기 때문에 재감염 시 숙주에 살아남을 수 있다. 그러한 항원결정부 발현변화를 **항원변이**(antigenic variation)라 한다. 이들은 수면병(trypanosomiasis)을 일으키는 기생충이 한 예인데, 특정 표면 단백질을 1,000개의 버전 중에서 무작위로 번갈아 가면서 사용한다.

인플루엔자 또는 "독감(flu)"바이러스가 아직까지도 커다란 공중보건 문제로 남아 있는 이유 역시 항원변이 때문이다. 독감바이러스가 인체 내에서 복제함에 따라 그의 유전자에 돌연변이가 발생한다. 면역계의 감시에서 조금이라도 벗어날 수 있는 유전적 변이가 바이러스 유전자에 점진적으로 축적된다. 이러한 유전자변이는 독감바이러스의 표면 단백질의 변화를 수반하기 때문에 매년 새로운 백신을 제조하여 예방접종해야 독감바이러스를 예방할 수 있다. 게다가 인간 바이러스는 돼지나 닭과 같은 가축을 감염시키는 바이러스와 유전자를 종종 교환한다. 만약 교환이 일어나면, 인류집단 내 어떤 기억세포도 인식할 수 없는 완전 새로운 종으로 변한다. 이러한 사건은 실제로 일어나서 1918~1919년 사이 2000만 명 이상이 독감으로 사망했다.

어떤 바이러스는 숙주 내에서 불활성화 상태로 조용히 있을 수 있다. 이를 **잠복**(latency) 상태라 한다. 이때 바이러스 단백질 생산이 정지되어 있고 바이러스 입자를 만들지 않기에 적응 면역방어 시스템을 자극하지 않는다. 그럼에도 불구하고 바이러스 유전체는 감염세포의 핵 내에 독립적인 DNA 상태로 혹은 숙주 유전체에 끼어져 있는 상태로 존재한다. 바이러스 잠복은 다른 병원균에 감염될 때와 같이 숙주가 살기 힘든 조건에 이르거나 바이러스가 전파되기 좋은 조건에 이를 때까지 유지된다.

단순포진바이러스(herpes simplex virus)는 잠복 상태로 있는 바이러스의 좋은 예이다. 제1형 바이러스는 경구 단순포진을, 제2형 바이러스는 생식기포진을 일으킨다. 이들은 수주의 감각 뉴런에 잠복하고 있다가 열이 있거나 스트레스 상태 또는 배란기에 활성화되어 증식하고 주변 상피세포를 감염시킨다. 제1형 바이러스가 활성화되면, 입 주변에 물집이 생기며(cold sore), 제2형의 경우에는 생식기에 물집이 생긴다(genital sore). 그러나 증상을 보이지 않는 경우도 많다. 제2형 바이러스는 주로 성행위 시 전파되지만, 보균엄마에서 태어나는 아이의 감염이 큰 문제이며, 또한 AIDS를 일으키는 HIV 전파를 촉진시킬 수도 있다.

인간 면역결핍 바이러스(human immunodeficiency virus, HIV)는 AIDS를 일으키는 병원균이다. HIV는 적응면역 방어를 회피할 수 있음은 물론 방어 시스템을 공격한다. 일단 HIV가 몸에 들어오면 높은 효율로 도움T세포를 감염한다. 우리 몸은 HIV에 대응하여 공격적인 면역반응을 일으켜 대부분의 감염원을 제거하지만, 약간의 바이러스는 항상 감시망을 벗어난다. 이렇게 HIV가 존속하는 이유 중의 하나는 항원변이이다. 바이러스는 복제 시 돌연변이가 일어나며, 표면에 발현된 변이 단백질은 항체에 잘 잡히지 않고 세포독성T세포에 인식되지 않아 돌연변이 바이러스는 제거되지 않는다. 그 바이러스는 증식되고 변이가 계속 진행되면서 체내에서 진화한다. 또 다른 바이러스 존속 이유는 잠복기에 들어가기 때문이다.

적당한 치료가 진행되지 않으면 시간이 지나가면서 HIV는 적응면역을 피할 뿐 아니라 아예 면역 시스템을 무력화시킨다. 바이러스가 만들어지면서 생기는 세포 손상과 바이러스에 의하여 개시되는 세포사멸이 도움T세포의 소실을 불러와 체액성 및 세포성 면역반응에 장애를 가져온다. 그 결과로 **후천성 면역결핍 증후군**(acquired immune deficiency syndrome, AIDS)으로 진행되어 건강한 면역계라면 퇴치할 수 있는 감염과 암에 민감해진다. 예를 들면, 흔히 존재하는 곰팡이인 *Pneumocystic carinii*에 의한 감염은 AIDS 환자에게는 심각한 폐렴을 일으키지만 면역계가 정상인 사람에게는 그렇지 않다. HIV 자체보다는 이러한 기회성 질환과 더불어, 신경성 질환 및 생리적 소모성 증후군 등이 AIDS 환자를 죽음에 이르게 하는 근본 원인이다.

HIV는 감염된 세포를 포함하는 체액, 즉 정액이나 혈액을 통하여 전파된다. 콘돔없이 행하는 성행위와 마약 이용자들 사이에 주사기를 통한 전염이 HIV 감염이 주 원인이다. HIV 감염 첫 몇 주가 바이러스 전파가 잘 일어나는 기간이다. 이때에는 HIV 특이적인 항체가 만들어지지 않아 혈액 검사를 통하여 바이러스 감염을 알지 못하기 때문이다. 사실 새로운 HIV 감염의 10~50%는 감염이 일어난 지 얼마 되지 않은 사람으로부터 감염된 것이다. HIV 생성이나 AIDS로의 진행을 억제하는 약물들은 있지만, 현재로는 HIV 감염은 치료되지 않는다.

암과 면역

면역계에 손상이 있을 경우 특정 암의 발생빈도가 증가한다는 것은 잘 알려져 있다. 예를 들면 치료를 받고 있지 않는 AIDS 환자의 카포시근육종 발병 위험률은 건강인에 비해 20,000배 높다. 이러한 결과는 너무 뜻밖이었다. 면역계가 비자기인 것만을 인식한다면 암의 특징인 자기세포의 제한받지 않는 증식을 인식하지 못하는 것은 당연하다. 하지만 인간 암 중에서 15~20%는 바이러스 감염 때문에 발생한다. 면역계는 바이러스를 외래 물질로 간주하기 때문에 바이러스 자체나 바이러스에 감염된 암세포를 공격할 수 있다.

과학자들은 지금까지 6종의 바이러스가 암을 일으킴을 알아내었다. 카포시육종 허피스바이러스(herpesvirus)가 그 중 하나이다. 또 다른 예는 B형 간염바이러스(hepatitis B virus)로 간암을 일으킨다. 1986년부터 B형 간염바이러스에 대한 예방접종을 시작하면서 간암 발생을 현저하게 줄일 수 있었다. 이는 인간의 특정 암을 예방하는 첫 번째 백신으로 기록되고 있다. 바이러스에 의해 유도되는 암에 대한 연구는 계속되고 있다. 2006년 자궁경부암에 대한 백신, 즉 인간 파필로마바이러스(human papilloma virus, HPV)에 대한 백신을 접종하기 시작하였다. 이는 자궁경부암뿐만이 아니라 성적 활동이 왕성한 남자나 여자에게 발생할 수 있는 여러 암 질환을 정복한 것으로 간주된다.

CHAPTER

32 생식과 발생

핵심 개념

32.1 동물계에서는 무성생식과 유성생식이 모두 일어난다

32.2 생식기관은 배우자를 만들고 운반한다

32.3 포유동물의 생식은 자극호르몬과 성호르몬의 상호작용에 의해 조절된다

32.4 알은 수정, 난할, 낭배형성과 기관형성을 통해 성숙한 배아로 발생한다

▲ **그림 32.1 어떻게 민달팽이는 암수한몸이 될 수 있을까?**

다양한 생식 방법을 생각해보자

그림 32.1의 민달팽이(*Nembrotha rutilans*) 두 마리는 교미 중이다. 방해하지 않는다면 이들은 몇 시간 동안 결합되어 있을 것이다. 정자가 전달되고 수정란이 만들어질 것이다. 몇 주 지나면 새로운 개체가 부화될 것이다. 그런데 둘 중 어느 쪽이 어미인가? 해답은 간단하지만 예상 밖이다: 각 민달팽이가 난자와 정자를 모두 생산하므로 각 개체는 암컷인 동시에 수컷이기도 하다.

사람과 마찬가지로 암컷과 수컷이 교미하고 정자와 난자가 합쳐지는 개념으로 생식을 생각할 수 있다. 그러나 동물의 생식에는 여러 유형이 있다. 일부 종의 경우 각 개체는 평생 동안 성을 바꾸는 한편, 민달팽이에서와 같이 각 개체는 암컷인 동시에 수컷이기도 하다. 자신의 알을 수정시킬 수 있는 동물이 있는가 하면, 성에 관계없이 생식하는 것들도 있다. 예를 들면, 말미잘은 단순히 둘로 나누어져 두 개체가 되며, 꿀벌과 같은 어떤 종은 큰 집단 내의 일부 개체에게만 생식이 허용된다.

개체군은 새로운 개체를 만들어 내는 번식에 의해서만 유지될 수 있다. 이 장에서 우리는 동물의 다양한 번식 방법에 대해 비교해 볼 것이다. 그리고 포유동물, 특히 인간 번식에 대해 상세히 알아볼 것이다. 후반부에서는 수정란부터 동물 발생의 초기 단계에서의 핵심적인 과정들을 다룰 것이다.

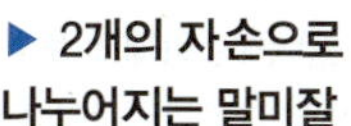

▶ **2개의 자손으로 나누어지는 말미잘**

개념 32.1

동물계에서는 무성생식과 유성생식이 모두 일어난다

동물의 번식에는 두 가지 기본적인 방법이 있다. **유성생식(sexual reproduction)**에서는 반수체의 배우자가 융합하여 2배체의 **접합자(zygote)**를 형성한다. 접합자로부터 발생된 동물은 다시 감수분열을 통해 배우자를 만든다. 암컷 배우자인 **난자(egg)**는 상대적으로 큰 세포이며 이동하지 못한다. 수컷 배우자인 **정자(sperm)**는 일반적으로 훨씬 작은 운동성 세포이다. 반면에 **무성생식(asexual reproduction)**은 난자와 정자의 융합 없이 새로운 개체가 만들어지는 것이다. 대부분의 무성생식은 체세포분열에 전적으로 의존한다. 무성생식과 유성생식은 모두 자연에서 흔하게 볼 수 있으며(그림 32.2), 각각을 차례로 살펴볼 것이다.

무성생식의 기작

여러 단순한 형태의 무성생식이 무척추동물에서만 발견된다. 이러한 방식 중의 하나는 개체에서 새로운 개체가 자라 나오는 **출아(budding)** 방식이다. 예를 들어, 석회산호에서는 출아가 만들어진 후 부모의 몸에 붙어 있다. 그 결과 수천의 개체로 연결된 1 m 이상 군체가 된다. 또한 무척추동물에서 흔하게 나타나는 또 다른 형태의 무성생식은 **분열(fission)** 방식으로 말미잘에서처럼 부모가 두 개의 거의 같은 크기를 갖는 개체로 나누어진다.

또 다른 무성생식 방법은 두 단계로 진행될 수 있는데, 몸이 몇 개의 조각으로 나누어지는 **절편분리(fragmentation)** 이후 떨어져 나간 몸의 일부가 다시 생장하는 **재생(regeneration)**으로 되어 있다. 하나 이상의 절편이 생장하여 온전한 동물로 발생된다면 생식이라고 할 수 있다. 예를 들어, 특정 환형동물은 자신의 몸을 여러 개의 절편으로 나눌 수 있으며, 각 절편은 일주일 내에 완벽한 개체로 재생된다. 많은 해면, 극피동물, 다모류 환형동물, 불가사리 및 멍게류는 절편분리 및 재생을 통하여 생식한다.

▲ 그림 32.2 **산호초에서 사는 동물의 다양한 생식 방법.** 오렌지색과 흰색 흰동가리를 포함하는 일부 동물은 유성생식을 한다. 하지만 왼쪽 아래의 불가사리, 말미잘과 산호를 포함하는 많은 다른 동물들은 유성생식 혹은 무성생식을 한다.

단위생식(parthenogenesis)은 난자가 수정을 거치지 않고 발생하는 매우 특이한 무성생식의 일종이다. 단위생식은 무척추동물 중 꿀벌, 말벌, 개미의 일부 종에서 나타난다. 무성생식의 자손은 반수체 혹은 배수체로 될 수 있다. 반수체의 경우 자손은 감수분열을 거치지 않고 난자 혹은 정자를 만드는 성체로 발생한다.

척추동물 가운데 단위생식은 낮은 개체군 밀도에서 드물게 일어나는 생식 방법으로 생각된다. 최근에 발견된 예로는 코모도 왕도마뱀과 귀상어의 암컷이 수컷과 격리될 때 단위생식으로 자손을 생산한다는 것이었다. 2015년에 DNA 분석을 통해 유전적으로 동일한 야생의 톱상어 그룹에서 단위생식을 발견하였다.

유성생식: 진화적 수수께끼

진화 우리를 포함한 많은 생물들이 유성생식을 하지만 유성생식의 존재는 실제로 수수께끼다. 왜 그런지를 알아보기 위해 암컷의 반은 성을 통해 생식하고 나머지 반은 무성적으로 생식하는 동물 집단을 생각해 보자(그림 32.3). 암컷당 자손의 숫자는 동일(이 경우 2)하다고 가정한다. 무성생식을 하는 암컷의 두 자손은 모두 딸이어서 각각은 출산하여 더 많은 딸을 생산할 것이다. 이와는 대조적으로, 유성생식을 하는 암컷의 자손 중 반은 수컷이 될 것이다. 암컷과 수컷 모두가 생식에 필요하므로 자손의 수는 각 세대당 일정하게 유지될 것이다. 따라서 무성생식 조건은 각 세대당 빈도를 증가시킬 것이다. 성은 이러한 "2배의 비용"에도 불구하고 무성생식을 할 수 있는 동물 종에서도 지속적으로 유지된다.

성은 2배나 되는 비용을 상쇄할 만큼의 어떠한 이점을 제공하는가? 해답은 아직도 모호하다. 대부분의 가정은 감수분열에 의한 재조합과 수정과정 중에 형성되는 부모 유전자의 독특한 조합에 초점을 맞추고 있다. 다양한 유전자형을 지닌 자손을 생산함으로써 유성생식은 병원균과 같은 환경인자가 비교적 빠르게 변할 때 부모의 생식적 성공을 증대시킬 것이다. 이와는 대조적으로, 무성생식은 우수한 인자형을 충실하게 그리고 정확하게 영속시킬 수 있기 때문에 안정된 좋은 환경에서 가장 이로울 것으로 기대된다.

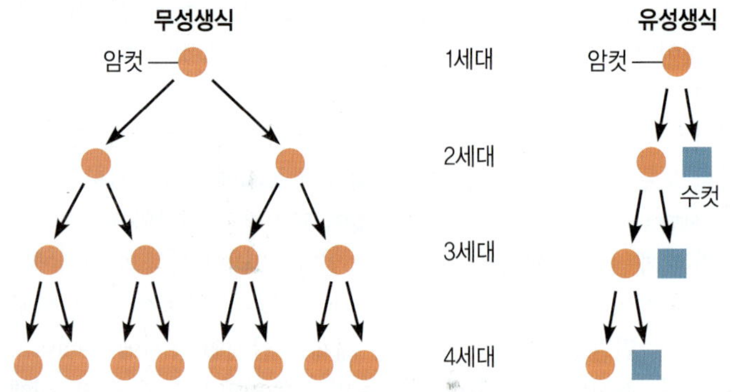

▲ 그림 32.3 **성의 "생식적 불리함".** 이 그림은 무성생식과 유성생식 암컷에서 비롯되는 총 4세대의 자손의 수를 비교한 것으로, 세대당 2개체의 자손을 낳는 것으로 가정하였다.

생식주기

무성생식을 하던 유성생식을 하던 대부분의 동물은 생식활동에서 주기를 나타내는데, 종종 계절 변화와 연관이 있다. 생식주기는 호르몬에 의해 조절되며, 이는 역시 환경 신호에 의해 조절된다. 번식의 주기적 속성으로 인해 동물은 평상시에 여분의 자원을 보존하고 생명유지에 필요한 것보다 더 많은 에너지가 있고 환경조건이 좋을 때 번식한다.

일부 무성생식을 하는 동물이 생식적인 행동주기를 보이는 것은 마치 과거에 유성생식을 했던 것을 반영하는 것처럼 보인다. 채찍꼬리도마뱀(*Aspidoscelis*) 속의 일부 종에서는 단지 무성생식만 하며, 수컷이 없다. 다른 형태의 생식주기가 존재하는데 교미하는 쌍 간에 역할이 바뀐다. 이러한 종에서 생식은 오로지 단위생식을 통해서만 번식하며, 수컷은 없다. 그럼에도 불구하고 이 도마뱀은 같은 속에 속하는 유성생식종의 전형적인 구애행동과 교미행동을 흉내낸다. 번식기 동안 교미하는 한 쌍에서 암컷 한 마리는 수컷을 흉내 낸다(**그림 32.4a**). 각 쌍의 구성원은 번식기 동안 두세 번 역할을 바꾼다. 암컷 행동은 배란 직전 여성호르몬인 에스트라디올의 농도가 높아졌을 때 일어나고 수컷 행동은 배란 후 프로게스테론 농도가 높아졌을 때 일어난다(**그림 32.4b**). 배란은 호르몬 주기의 중요 시점에 한 개체가 다른 개체에 올라타면 일어나는 것 같다. 격리된 도마뱀은 구애행동을 취하는 도마뱀에 비해 적은 수의 알을 낳는다. 이러한 관찰은 단위생식을 하는 도마뱀이 두 개의 성을 가진 종에서 진화해 나왔으며, 최대한의 번식 성공률을 위해 특정 성적 자극을 필요로 한다는 것을 지지해 준다.

유성생식 유형의 다양성

많은 동물들에서 생식 파트너를 찾는 데는 모험이 뒤따른다. 어떤 종의 경우 진화적 적응을 통해 이러한 모험을 새로운 방식으로 해결했는데, 바로 암컷과 수컷 간의 엄격한 차이를 섞어놓은 것이다. 이러한 적응은 고착성 동물인 삿갓조개, 은신성 동물인 대합조개, 혹은 촌충과 같은 기생성 동물에서 나타난다. 이동이 거의 없는 이러한 동물들은 사실 파트너를 만날 기회가 거의 없다. 이 문제를 해결하는 한 가지 방법은 **자웅동체성(hermaphroditism)**인데, 각 개체가 수컷과 암컷의 생식계를 모두 갖는 것이다. 각 자웅동체는 암컷과 수컷 모두로 생식할 수 있으므로 모든 개체가 교미 대상이 된다. 각 동물은 그림 32.1의 민달팽이에서 보았던 것과 같이 암컷과 수컷 모두로 행동하여 정자를 주고받는다. 일부 종의 경우 자웅동체는 자가수정도 할 수 있어, 생식을 위해 파트너를 필요로 하지 않는다.

푸른머리양놀래기(*Thalassoma bifasciatum*)는 다른 유형의 유성생식 중 가장 잘 연구된 사례에 해당한다. 이러한 산호초 물고기는 한 마리 수컷과 여러 마리의 암컷으로 구성된 하렘에서 살아간다. 만일 수컷이 죽게 되면, 유성생식 기회가 사라지게 된다. 대신 하렘에서 가장 큰 암컷이 새로운 수컷으로 성 전환된다. 전환된 개체는 한 주 안에 알 대신 정자를 만든다. 산호초 물고기의 진화에서 어떤 선택적인 압력이 가장 큰 암컷의 성 전환을 초래하였을까? 이 종에서 수컷은 침입자에 대항해 하렘을 지키는데, 따라서 큰 몸집은 암컷보다는 수컷에게 더 큰 번식상의 이점을 줄 수 있다.

(a) 이 사진의 두 마리 도마뱀은 채찍꼬리도마뱀 암컷이다. 위에 있는 도마뱀은 수컷의 역할을 하고 있다. 번식기 동안 개체는 2~3주마다 성 역할을 바꾼다.

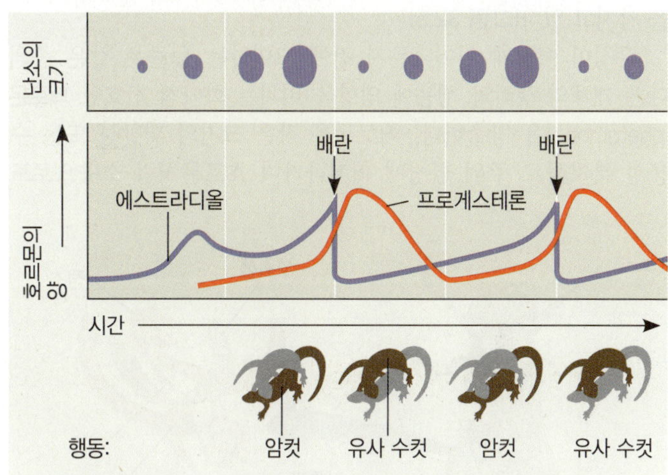

(b) 채찍꼬리도마뱀의 성 행동은 성호르몬에 의해 매개되는 배란주기와 상관관계가 있다. 에스트로젠의 혈중 농도가 증가함에 따라 난소가 생장하고, 도마뱀은 암컷처럼 행동한다. 배란 후 에스트로젠 농도가 갑자기 떨어지고 프로게스테론 농도가 상승한다. 이러한 호르몬 농도는 수컷 행동과 관련이 있다.

▲ **그림 32.4 단위생식 도마뱀에서의 성 행동.** 사막초원의 채찍꼬리도마뱀(*Aspidoscelis uniparens*)은 암컷으로만 이루어진 종이다. 이 파충류는 미수정란이 발생하는 단위생식으로 번식한다. 그러나 배란은 교미행동을 통해 촉진된다.

체외수정 및 체내수정

유성생식에서는 정자와 난자가 융합하는 **수정(fertilization)**이 일어난다. **체외수정**(external fertilization)을 하는 종에서 암컷은 환경에 알을 방출하고, 수컷이 이들을 수정시킨다. **체내수정**(internal fertilization)을 하는 종에서 정자는 암컷 생식관 내부 또는 근처에 보관되며, 수정은 생식관 안에서 일어난다.

체외수정에는 배우자가 건조되는 것을 막고, 정자가 알까지 헤엄칠 수 있도록 하기 위해 거의 항상 축축한 환경이 필요하다. 많은 수생 무척추생물은 단순히 알과 정자를 주위에 뿌리고, 수정은 부모의 실제 물리적 접촉 없이 일어난다. 그러나 성숙한 정자와 알이 만나게 하려면 시기를 맞추는 일이 매우 중요하다.

체외수정이 집단 내에서 동시에 일어나지 않는 경우 각 개체는 하나의 수컷이 하나의 암컷에 있는 난자와 수정하기 위해 특별한 "교미"행동을 나타낸다. 이러한 구애 행동은 두 가지 중요한 이점을 갖는다. 즉, 이러한 행동을 통해 정자와 난자의 방출을 유도함으로써 성공적인 수정 가능성을 높인다.

체내수정은 건조한 환경에서 정자가 난자에 도달할 수 있도록 해주는 육상 생활에서의 하나의 적응이다. 이것은 복잡하지만 서로 잘 들어맞는 생식계뿐만 아니라 교미를 이끄는 협력 행동을 필요로 한다. 수컷 교미기관은 정자를 방출하고, 암컷의 생식관은 종종 정자를 저장했다가 성숙한 난자에게 전달하기 위한 저정낭을 가지고 있다**(그림 32.5)**.

수정이 어떻게 일어나든지 간에 교미하는 동물은 같은 종의 다른 개체의 생리와 행동에 영향을 미치는 화학적 신호인 **페로몬**(pheromone)을 방출한다. 페로몬은 작은 크기의 휘발성 또는 수용성 분자들로 주위 환경에 퍼져나가며 호르몬처럼 소량으로도

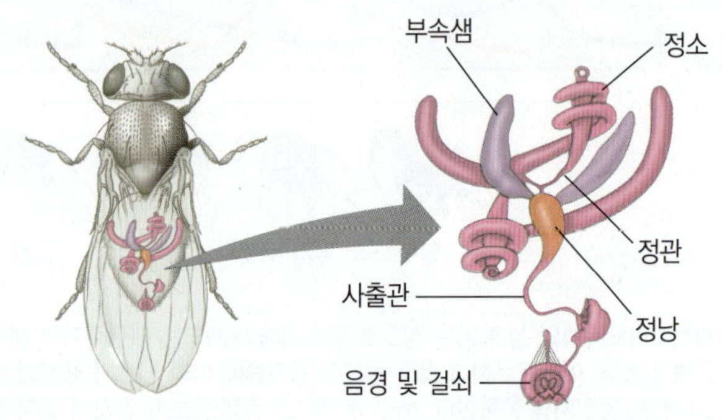

(a) **수컷 초파리.** 정자는 정소에서 만들어져 정관을 통과한 후 정낭에서 보관된다. 수컷은 부속샘에서 나오는 분비물과 함께 정자를 배출한다. [일부 곤충과 다른 절지동물의 수컷은 삽입하는 동안 암컷을 붙잡는 걸쇠(clasper) 같은 것을 가지고 있다.]

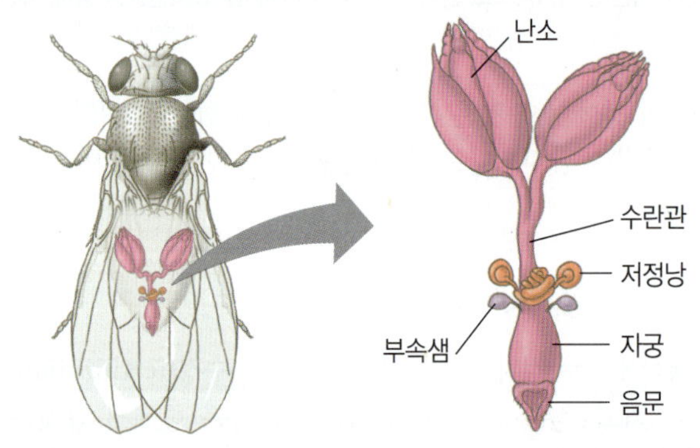

(b) **암컷 초파리.** 알은 난소에서 발달하며 난관을 따라 자궁으로 이동한다. 교미 후에 정자는 저정낭(spermathecae)에 보관되며, 짧은 관에 의해 자궁으로 연결된다. 알이 자궁을 통과할 때 저장된 정자를 이용하여 수정된 후 음문을 통해 외부로 나간다.

▲ **그림 32.5 체내수정을 위한 생식구조의 해부학적 특징.** 체내수정을 하는 유성생식은 초파리에서 보여주는 것처럼 특성화된 조직, 기관 및 관을 필요로 한다.

활성을 나타낸다. 많은 페로몬이 짝을 유인하는 물질로 작용하여 몇몇 암컷 곤충은 1 km 이상 떨어진 수컷에게도 감지될 수 있다.

자손의 생존 보장

체내수정은 체외수정에 비하면 일반적으로 훨씬 적은 수의 배우자를 만들지만, 훨씬 높은 비율로 접합자가 생존한다. 접합자의 더 높은 생존율은 수정이 체내에서 일어나 위협적인 포식자로부터 보호되기 때문일 것이다. 또한 체내수정에는 흔히 배아의 적극적인 보호와 부모의 양육 기작이 포함된다. 예를 들어, 조류와 파충류의 알은 탈수와 물리적 손상에 방어하는 칼슘과 단백질 껍질을 가진 난각과 내막을 가지고 있다. 이와는 대조적으로, 물고기와 양서류의 알은 젤라틴 껍질을 가질 뿐 다른 내부 막은 지니고 있지 않다.

알 주변에 보호 껍질을 분비하는 대신, 어떤 동물은 암컷의 생식관 내부에서 배아가 발생하도록 한다. 캥거루나 주머니쥐 같은 유대류 동물은 배아를 매우 짧은 시기 동안에만 자궁 내에 있게 한다. 그리고 바로 출산된 새끼는 어미의 주머니 안에 있는 젖샘에 달라붙어 태아 발생을 마친다. 그러나 양이나 인간과 같은 진수류(태반) 포유동물의 배아는 태아 발생과정 내내 자궁 내에 존재한다. 이곳에서 배아는 특별한 기관인 태반을 통해 어미의 혈류로부터 영양분을 공급받는다. 일부 어류와 상어의 배아 역시 자궁 내에서 발생을 완성한다.

새끼 독수리가 알에서 부화해 나오거나 사람이 태어날 때, 새끼들은 아직 독립적으로 살아갈 수 없다. 대신에 성체 새들은 새끼에게 먹이를 대주고 포유류는 그들의 자손을 양육한다. 사실 부모가 새끼를 보호하는 것은 무척추동물을 포함한 동물 세계에서 상상 외로 보편적으로 이루어지고 있다**(그림 32.6)**.

▲ **그림 32.6 무척추동물에서 부모의 양육.** 다른 많은 곤충들과 비교해 볼 때, *Belostoma* 속의 거대 물장군은 상대적으로 적은 자손을 낳지만, 부모의 보호로 생존율을 높인다. 체내수정 후 암컷은 수정란을 수컷의 등에 붙인다. 수컷 물장군은 알들을 여러 날 동안 싣고 다니는데, 알위로 자주 물을 부채질해 보내주어야 한다. 이러한 조치는 알들이 촉촉하고 산소를 공급받으며, 기생충 없는 상태를 유지하는 데 도움이 된다.

개념 32.2

생식기관은 배우자를 만들고 운반한다

동물에서 유성생식은 장차 난자와 정자를 형성하게 될 일련의 전구체 세포를 필요로 한다. 전구체 세포 집단은 종종 발생과정 초기에 형성된다. 체형이 만들어진 후 이러한 세포들은 생장과 유사분열의 주기를 거쳐 증가하거나 증폭되어 난자나 혹은 정자를 형성하기에 충분한 수가 만들어진다.

생식기관의 다양성

동물들은 배우자를 만들고 수정에 이용하기 위하여 다양한 생식계를 발달시켰다. 배우자를 만드는 **생식샘(gonad)**은 많은 동물에서 발견되지만 팔롤로 갯지렁이는 예외다. 팔롤로와 대부분의 다른 다모류 환형동물은 성이 분리되어 있지만, 특별한 구조의 생식샘은 가지고 있지 않다. 대신에 알과 정자는 체강(coelom)에 한 줄로 늘어서 있는 미분화 세포에서 발생한다. 배우자가 성숙하면 체벽에서 떨어져 나와 체강을 채운다. 종에 따라 성숙한 배우자는 배설공을 통해 방출되거나 알이 물을 흡수하여 부피가 커지면 부모의 몸을 찢고 부모를 죽이면서 환경으로 방출된다.

보다 정교한 생식계는 배우자에 영양을 공급하고 보호하는 기능을 수행하며 배아를 발생시키는 여러 가지 부속관과 분비샘이 모여 이루어진다. 예를 들어, 대부분의 곤충은 복잡한 생식계를 지닌 분리된 성을 갖고 있다. 여러 종의 곤충에서 암컷의 생식계는 정자를 1년 이상 보관해 둘 수 있는 주머니인 **저정낭**(spermatheca)을 포함한다. 암컷은 적당한 자극에 반응하여 저정낭으로부터 수컷의 배우자를 방출하므로 수정은 배아발생에 최적인 조건에서 일어난다.

모든 척추동물 생식계의 기본적 구조는 유사하지만, 몇 가지 중요한 변화가 있다. 포유류가 아닌 많은 척추동물은 소화계, 배설계 및 생식계가 밖으로 향하는 공통된 개구부인 **총배설강(cloaca)**을 갖는데, 이것은 모든 척추동물의 조상에서 존재하였던 구조로 생각된다. 이러한 종의 수컷은 성기가 잘 발달되어 있지 않으며, 총배설강을 밖으로 뒤집어 정자를 외부로 방출한다. 이에 반해 대부분의 포유동물은 총배설강이 없고, 포유동물 암컷은 배설계와 생식계가 독립된 개구부를 갖는다. 일부 척추동물의 자궁은 두 개의 방으로 나뉘어 있지만 사람이나 조류를 포함하는 다른 척추동물에서는 하나로 되어 있다.

남성 생식기관의 구조

인간을 포함한 대부분의 포유동물종에서 남성의 외부 생식기관은 음낭(scrotum)과 음경(penis)으로 구성된다. 내부 생식기관은 정자와 호르몬을 만드는 생식샘과 정자의 이동에 필수적인 분비물질을 만드는 부속샘, 그리고 정자와 샘 분비물을 운반하는 관으로 구성되어 있다(그림 32.7).

정소

남성 생식샘인 **정소(testis**, 복수형 *testes*)는 수없이 꼬여 있는 **세정관(seminiferous tubule)**에서 정자를 생산한다. 대부분의 포유동물에서 정소가 정상 체온보다 낮아야만 정상적으로 정자를 형성한다. 인간과 여러 포유류에서 체벽의 주름인 **음낭(scrotum)**의 온도는 체온보다 약 2°C 낮다. 정소는 복강의 상부에서 발생하여 출생 직전 음낭으로 내려온다[음낭 안에 존재하는 하나의 정소는 종종 **고환**(testicle)이라 불린다].

여러 설치류에서, 번식기 사이의 기간에는 정자의 성숙을 막기 위해 정소를 복강으로 되돌린다. 고래와 코끼리 등 정자가 성숙할

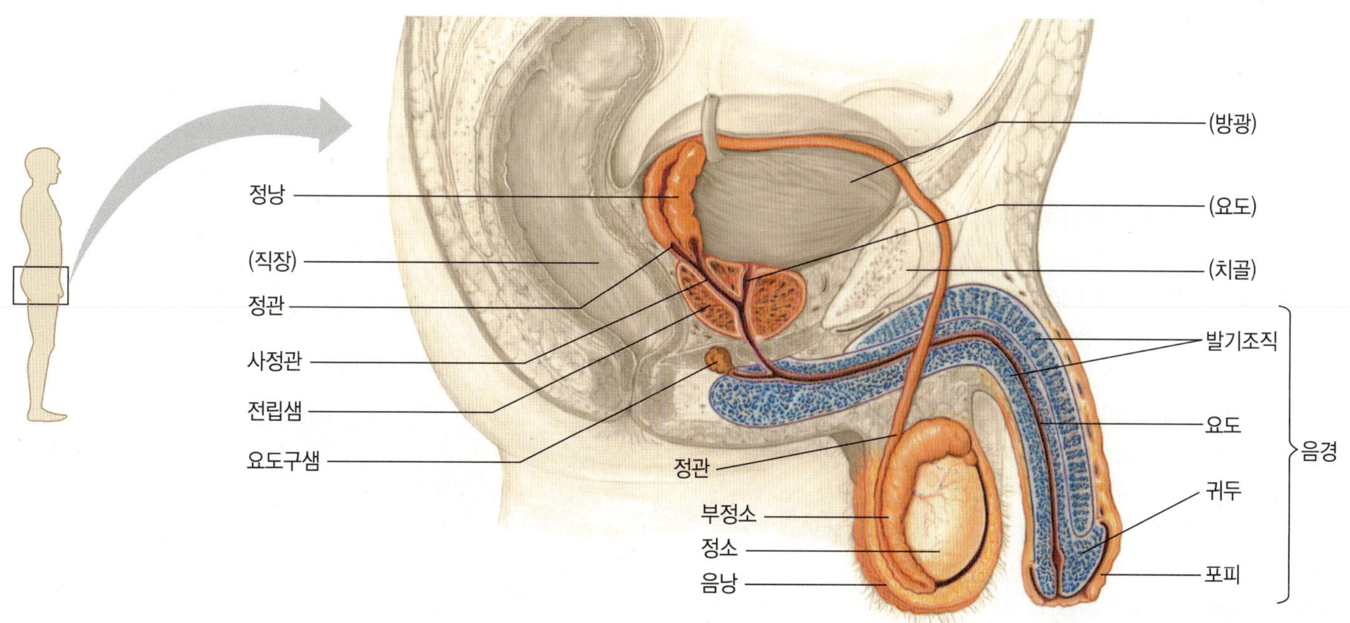

▲ 그림 32.7 **남성의 생식기 구조.** 생식기관이 아닌 구조는 괄호 안에 표시하였음.

수 있을 정도로 체온이 낮은 일부 포유동물들에서는 정소가 항상 복강 안에 존재한다.

도관

정자는 정소의 세정관으로부터 나와 **부정소(epididymis)**의 꼬여 있는 관을 통과하면서 성숙하고 운동성을 갖는다. 정자는 **사정(ejaculation)**하는 동안 근육질의 **정관(vas deferens)**을 통해 부정소에서 빠져나온다. 이러한 두 정관(각 부정소당 하나)은 방광을 한 바퀴 돌아 뒤쪽으로 지나가는데, 이곳에서 정낭에서 나온 관과 합류하여 짧은 **사정관(ejaculatory duct)**을 형성한다. 사정관은 비뇨계와 생식계 공통의 배출관인 **요도(urethra)**로 열려 있다. 요도는 음경을 통과하여 음경의 끝부분에서 밖으로 열린다.

분비샘

세 종류의 부속샘, 즉 정낭, 전립샘 및 요도구샘의 분비액이 사정되는 액체인 **정액(semen)**을 구성한다. 한 쌍의 **정낭(seminal vesicle)**은 정액의 약 60% 정도를 만들어 낸다. 정낭에서 나오는 액체는 걸쭉하고 노란색을 띠며 알칼리성이다. 이것은 점액, 과당(정자가 이용하는 에너지의 대부분을 공급함), 응고효소(coagulating enzyme), 아스코르브산(ascorbic acid) 및 국소조절인자인 프로스타글란딘(prostaglandin)을 함유하고 있다.

전립샘(prostate gland)은 몇 개의 작은 관을 통해 요도로 직접 생산물을 분비한다. 액체는 묽고 유백색이며, 항응고효소(anticoagulant enzyme)와 시트르산(citrate; 정자의 영양 물질)을 함유하고 있다. **요도구샘(bulbourethral gland)**은 전립샘 아래 요도 양쪽에 위치한 한 쌍의 작은 분비선이다. 이곳에서는 사정 전에 요도에 남아 있는 오줌의 산성을 중화시키는 맑은 점액을 분비한다. 요도구샘 액은 사정 전 방출된 약간의 정자를 운반하고 있기 때문에, 임신 조절을 위한 질외사정법의 높은 실패율의 원인 중 하나가 된다.

음경

사람의 **음경(penis)**은 세 개의 해면성 발기조직 기둥과 요도관으로 구성되어 있다. 성적 흥분이 일어나면 변형된 정맥과 모세혈관으로부터 유래된 발기조직은 동맥으로부터 온 혈액으로 가득찬다. 이 조직이 동맥혈로 채워짐에 따라 증가된 압력에 의해 음경에서 나가는 정맥이 닫히고, 음경은 혈액으로 가득 차게 된다. 이러한 발기에 의해 음경은 질로 삽입될 수 있다. 음주, 특정 약물, 감정적 문제 및 노쇠는 모두 발기부전(erectile dysfunction)을 유발할 수 있다. 장기적인 발기부전을 나타내는 사람은 비아그라(Viagra) 등의 약물로 국소조절인자인 일산화질소(nitric oxide, NO)의 작용을 촉진시킴으로써, 음경 혈관의 평활근(smooth muscle)을 이완시켜 발기조직으로 혈액의 흐름을 촉진시킬 수 있다. 모든 포유류는 교미시 음경의 발기에 의존하지만 개, 너구리, 북극곰, 몇 종의 다른 포유동물들은 음경골(baculum)이라는 뼈를 가지고 있어 음경을 단단하게 한다.

음경의 중심 기둥은 상대적으로 두꺼운 피부에 덮여 있다. 음경의 머리 부분, 즉 **귀두(glans)**는 훨씬 얇은 피부로 덮여 있으며, 그로 인해 자극에 훨씬 더 예민하다. 인간의 귀두는 포피(foreskin) 또는 **음경꺼풀(prepuce)**이라는 주름진 피부로 덮여 있는데, 포경수술(circumcision)을 통해 이것을 제거할 수도 있다.

여성 생식기관의 구조

여성의 외부 생식기는 음핵(clitoris)과 두 쌍의 음순(labia)으로 구성되는데, 음순은 음핵 및 질구(vaginal opening)를 둘러싸고 있다. 내부 기관은 난자와 생식호르몬을 생산하는 생식샘과 배우자를 운반하고 배아와 태아가 머무는 공간인 관과 낭으로 된 구조로 되어 있다(그림 32.8).

난소

여성의 생식샘인 한 쌍의 **난소(ovary)**는 복강 내부에 인대에 의해 지지되며 자궁의 양옆에 위치한다. 각 난소의 외부층은 **여포(follicle)**로 채워져 있고, 각 여포는 지지 세포군에 둘러싸인 부분적으로 성숙한 난자인 **난모세포(oocyte)**를 지니고 있다. 난모세포를 둘러싸고 있는 세포들은 난자의 형성과 발생과정 동안 난모세포에게 영양분을 제공하고 보호한다.

수란관과 자궁

수란관(oviduct, 또는 난관)은 자궁에서 시작하여 각 난소 쪽으로 뻗어 있다. 이 관의 두께는 길이를 따라 다양하며, 자궁 근처에 있는 관의 내경은 사람의 머리카락 정도로 가늘다. 배란 시에 관

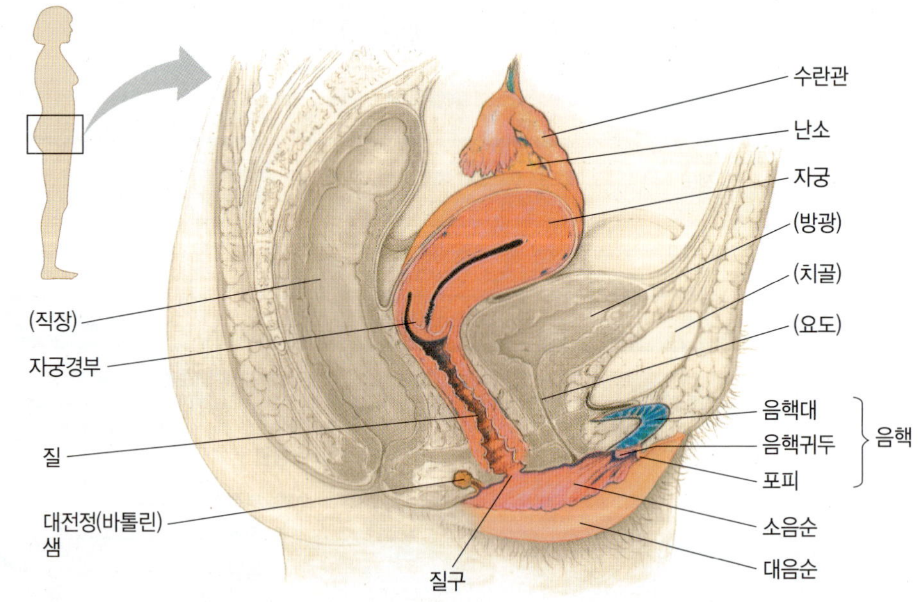

▲ 그림 32.8 **여성의 생식기 구조.** 생식기관이 아닌 구조는 괄호 안에 표시하였음.

의 표피에 늘어서 있는 섬모가 복강 내의 액체를 관 안으로 흐르게 하면서 난자가 모이도록 돕는다. 수란관의 파동적 수축과 함께 섬모는 난자를 관의 아래쪽으로 이동시켜 **자궁(uterus)**으로 보낸다. 자궁은 두껍고 근육질의 기관으로 임신 동안에는 4 kg의 태아를 유지하기 위해 늘어날 수 있다. 자궁의 내벽인 **자궁내막(endometrium)**에는 풍부한 혈관이 존재한다. 자궁의 목 부분을 **자궁경부(cervix)**라고 하는데, 질을 통해 열려 있다.

질과 음문

질(vagina)은 성교하는 동안 남성의 성기가 삽입되며 정자가 저장되는 근육질의 수축성 공간이다. 아기가 태어날 때 통과하는 탄생의 통로로서도 기능하는 질은 여성의 외부 생식기를 통칭하는 **음부(vulva)**의 바깥쪽으로 열려 있다.

한 쌍의 지방질 둔덕인 **대음순(labia majora)**은 음부의 대부분을 둘러싸고 보호한다. 질 입구와 요도 입구는 한 쌍의 얇은 피부융기인 **소음순(labia minora)**으로 둘러싸인 강 안쪽에 놓여 있다. 사람의 경우 출생 시부터 **처녀막(hymen)**이라 불리는 얇은 조직이 질구를 덮고 있으며, 보통 격렬한 운동으로 파괴된다. 소음순의 상부 교차부위에 위치한 **음핵(clitoris)**은 작은 피부조각인 포피(prepuce)에 둘러싸인 둥근 귀두(glans)를 지지하는 발기조직으로 이루어져 있다. 성적 흥분 동안 음핵, 질, 소음순은 모두 충혈되어 커진다. 신경말단이 풍부하게 분포하기 때문에, 음핵은 성적 흥분 시 가장 민감한 부위 중 하나이다. 성적 흥분 동안 질구 근처에 위치한 샘에서 윤활성 점액이 분비되어 성관계가 원활히 진행되도록 한다.

젖샘

젖샘(mammary gland)은 양쪽 성 모두에 존재하지만, 여성에서만 정상적으로 기능한다. 이것은 생식기관의 일부는 아니지만, 포유동물의 번식에 있어 중요하다. 분비샘 내에 있는 표피조직의 작은 주머니가 젖을 분비하는데, 이것은 유두로 통하는 일련의 관을 따라 흐른다. 유방은 젖샘 외에도 결합조직과 지방조직을 포함하고 있다.

배우자형성과정

생식기관의 구조를 생각하면서 **배우자형성과정(gametogensis)**을 살펴보자. 그림 32.9는 남녀의 배우자형성과정을 비교하면서 생식샘의 구조와 기능 간의 밀접한 관계를 강조하였다.

성숙한 정자의 형성과정인 **정자형성과정(spermatogenesis)**은 성인 남성에서 일어나는 지속적이고 왕성한 생산과정이다. 매일 수천만 개의 정자를 생산하기 위하여 세포분열과 성숙과정이 두 정소 안에 감겨 있는 세정관(seminiferous tubule)에서 끊임없이 일어난다. 하나의 정자가 형성되기 시작하여 완성되는 과정은 약 7주 걸린다.

성숙한 난자를 만들어내는 **난자형성과정(oogenesis)**은 긴 시간 지연이 된 후 다시 진행된다. 미성숙 난자는 여성으로 될 운명을 갖는 배아의 난소에서 형성되지만, 여러 해(종종 수십 년)가 지날 때까지 성숙하지 못한다.

사람의 정자형성과정은 난자형성과정과 비교하여 세 가지 면에서 차이가 있다.

- 정자형성에서는 감수분열의 네 개 산물이 모두 성숙한 정자로 발생한다. 난자형성에서는 감수분열 동안 세포질분열(cytokinesis)이 불균등하게 일어나 거의 모든 세포질이 하나의 딸세포, 즉 제2난모세포(secondary oocyte)에 독점된다. 이 거대한 세포는 나중에 난자가 된다. 극체(polar body)라고 불리는 감수분열의 다른 산물인 작은 세포들은 퇴화한다.
- 정자형성은 사춘기에서 성인에 이르기까지 진행된다. 하지만 여자의 난자형성 체세포분열은 출생 전에 완료되는 것으로 여겨지며, 성숙된 배우자의 생산은 약 50세에 중단된다.
- 정자형성은 전구세포로부터 성숙된 정자가 만들어지는 연속적인 과정인데 반해, 난자형성은 긴 '휴지' 기간을 갖는다.

개념 32.3

포유동물의 생식은 자극호르몬과 성호르몬의 상호작용에 의해 조절된다

포유류에서 생식은 시상하부(hypothalamus), 뇌하수체 전엽(anterior pituitary) 및 생식샘에서 나오는 호르몬들의 협동작용에 의해 결정된다(그림 32.5).

생식에 대한 호르몬 조절은 생식샘자극호르몬방출호르몬(gonadotropin-releasing hormone, GnRH)을 분비하는 시상하부에서 시작된다. GnRH는 뇌하수체 전엽에서 생식샘자극호르몬인 **여포자극호르몬(follicle-stimulating hormone, FSH)**과 **황체형성호르몬(luteinizing hormone, LH)**을 분비하도록 한다. FSH와 LH는 **자극호르몬(tropic hormone)**으로서 내분비조직에 작용하여 다른 호르몬의 분비를 촉진한다. 이들 호로몬이 생식샘에 작용하기 때문에 생식샘자극호르몬이라고 한다. FSH와 LH는 성호르몬 생산을 조절한다.

생식샘은 3종류의 스테로이드 계통의 성호르몬을 생산하고 분비한다. 주요 **안드로젠(anderogen)**으로 **테스토스테론(testosterone)**, 주요 **에스트로젠(estrogen)**으로 **에스트라디올(estradiol)**, 그리고 **프로게스테론(progesterone)**이 있다. 남녀 모두 안드로젠과 에스트로젠을 분비하지만 성에 따라 각 호르몬의 혈중 농도가 다르다. 테스토스테론은 여성보다 남성에서 10배 정도 농도가 높으며, 에스트라디올은 남성보다는 여성에서 10배 정도 높다. 프로게스테론의 최대 농도는 여성에서 훨씬 높다. 성호르몬은 주로 생식샘에서 만들어지며, 훨씬 적은 양이 부신에서 만들어진다.

포유류의 생식 과정에서 성호르몬은 배아시기부터 작용한다. 특히, 사람의 배아에서 안드로젠은 남성의 생식과 직접 관련된 구조인 남성의 1차 성징을 촉진한다. 즉 정낭과 생식계를 구성하는 여러 다른 관들은 물론 외부 생식구조를 형성하게 한다.

▼ 그림 32.9 사람의 배우자형성과정 탐구

정자형성과정

정자를 만드는 줄기세포는 세정관의 바깥쪽 근처에 존재한다. 정자형성이 정원세포와 정세포 단계를 따라 진행됨에 따라 세포들은 지속적으로 안쪽으로 이동한다. 마지막 단계에서 성숙한 정자는 관의 내강으로 분출된다. 정자는 내강으로부터 부정소로 이동하여 운동성을 갖게 된다.

배아 정소의 원시생식세포(primordial germ cell)는 분열하고 분화하여 줄기세포를 만드는데, 이 줄기세포는 유사분열을 통하여 **정원세포(spermatogonia)**가 되며, 이는 역시 유사분열을 통하여 정모세포(spermatocytes)를 만든다. 각 정모세포는 염색체 수를 2배체(사람의 경우 $2n = 46$)에서 반수체($n = 23$)로 감소시키는 감수분열을 통하여 4개의 정세포(spermatid)를 만든다. 정세포는 모양과 구성의 큰 변화를 거쳐 정자로 분화한다.

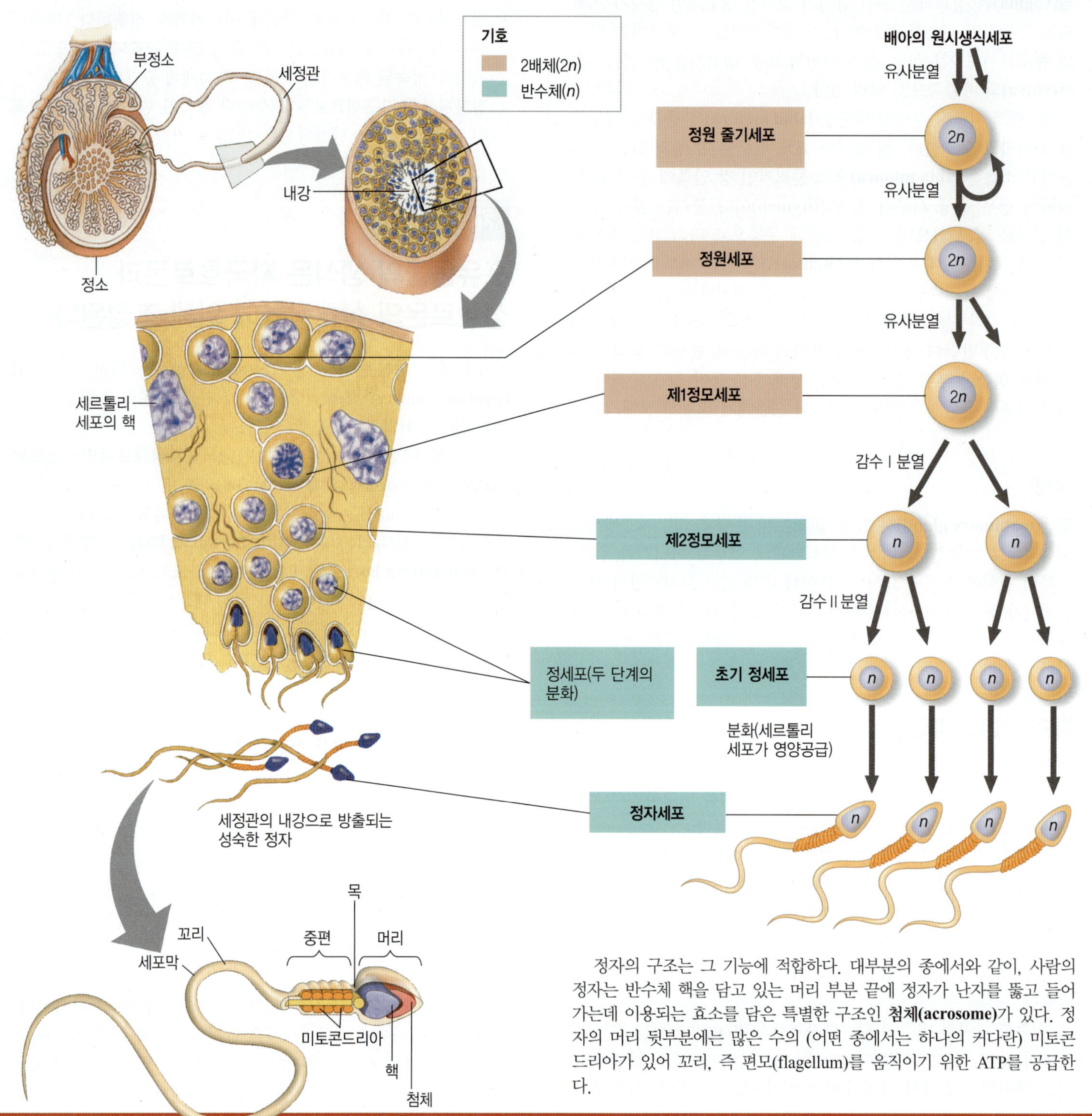

정자의 구조는 그 기능에 적합하다. 대부분의 종에서와 같이, 사람의 정자는 반수체 핵을 담고 있는 머리 부분 끝에 정자가 난자를 뚫고 들어가는데 이용되는 효소를 담은 특별한 구조인 **첨체(acrosome)**가 있다. 정자의 머리 뒷부분에는 많은 수의 (어떤 종에서는 하나의 커다란) 미토콘드리아가 있어 꼬리, 즉 편모(flagellum)를 움직이기 위한 ATP를 공급한다.

난자형성과정

난자형성과정은 배아시기의 여성에서 원시생식세포(primordial germ cell)로부터 **난원세포(oogonia)**가 형성되면서부터 시작된다. 난원세포는 유사분열을 통하여 분열하고, 감수분열을 시작하지만 출생 전에 제1전기에 멈추어 있다. 발생 단계에서 멈춘 **제1난모세포(primary oocyte)**는 작은 여포(보호 세포로 둘러싸인 강)의 안쪽에 위치한다. 태어날 때 난소는 약 100만~200만 개의 제1난모세포를 가지고 있으며, 이중에서 약 500개만이 사춘기와 폐경기 사이에서 성숙한다.

최근의 지식으로는 여성은 평생 갖게 될 모든 제1난모세포를 가지고 태어나는 것으로 알려졌다. 그러나 2004년 과학자들은 대부분의 다른 포유류에도 적용되는 이 결론에 반박하는 새로운 내용을 발표하였는데, 성체 생쥐의 난소에 증식하는 난원세포가 있으며 난모세포를 형성할 수 있음을 밝혔다. 만일 이러한 사실이 인간에게도 유사하게 적용된다면, 여성이 나이를 먹음에 따라 생식능력이 두드러지게 감소하는 것은 노화한 난모세포의 퇴화와 난원세포의 고갈 때문일 가능성이 있다.

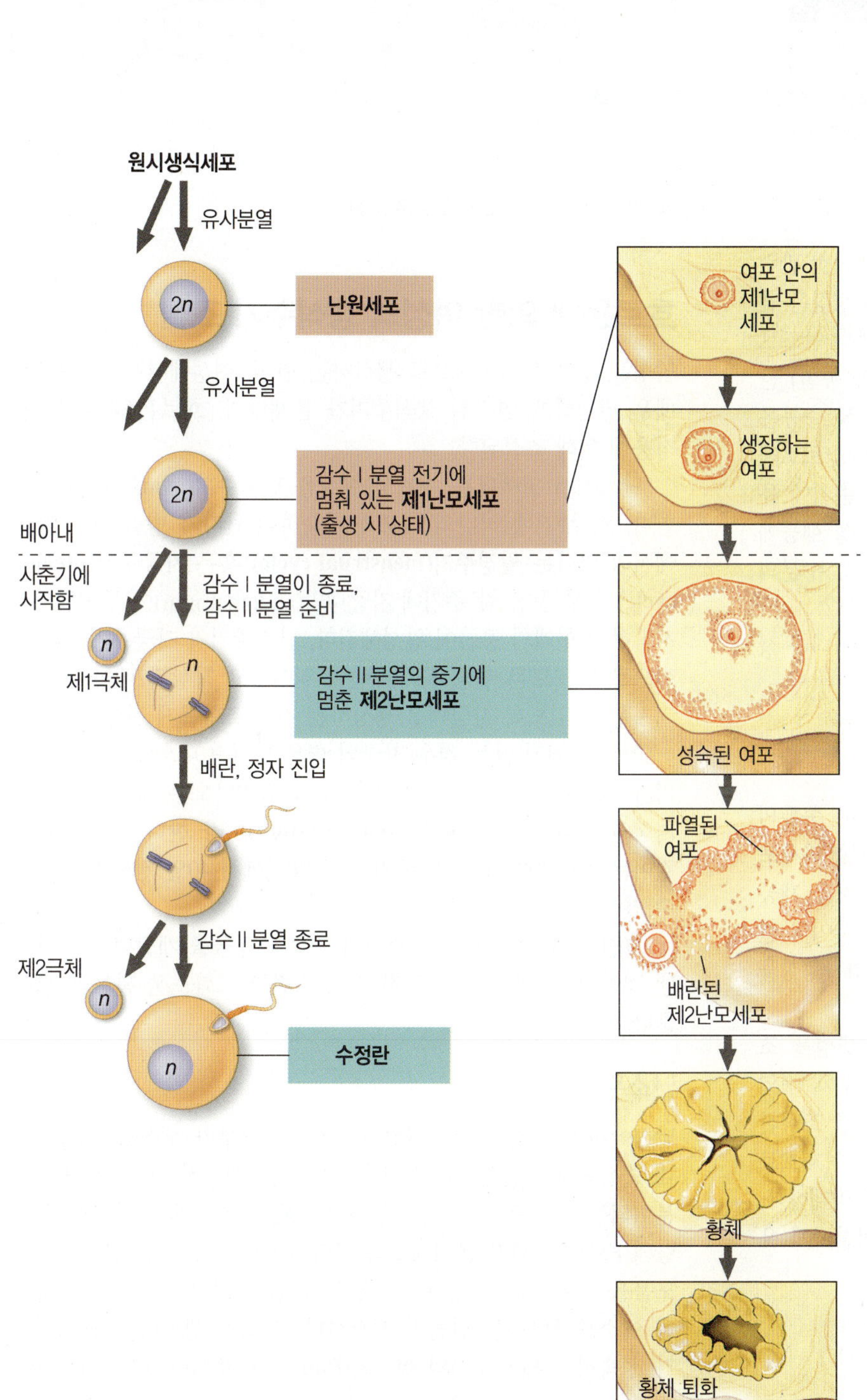

사춘기가 시작되면 여포자극호르몬(FSH)은 주기적으로 일부 여포들을 자극하여 생장과 발달을 재개하도록 한다. 일반적으로 하나의 여포만이 한 달에 한 번씩 성숙을 완료하여 여포 내의 제1난모세포는 감수I분열을 마친다. 감수II분열이 시작되지만 중기에 멈춘다. 따라서 감수II분열에서 멈춘 **제2난모세포(secondary oocyte)**는 여포가 파열되어 배란된다. 정자가 난모세포 안으로 들어오면 감수II분열은 재개된다. (다른 동물종의 경우 정자가 같은 시기 또는 더 이른 시기나 더 늦은 시기에 난모세포로 들어간다.) 두 번의 감수분열 각각에서 불균등한 세포질 분열이 일어나 형성된 작은 세포는 궁극적으로 퇴화하는 극체가 된다. (제1극체는 다시 분열할 수도 있고, 그렇지 않을 수도 있다.) 따라서 난자형성과정을 마친 기능적 산물은 이미 정자 머리를 가진 하나의 성숙된 난자이다. 수정은 종종 정자머리가 난자로 들어간다는 의미로 사용하지만, 엄밀히 말하면 정자의 반수체 핵과 제2난모세포의 핵이 융합하는 것으로 정의된다.

배란 후 남겨진 파열된 여포는 **황체(corpus luteum)**로 발생한다. 황체는 에스트라디올과 프로게스테론을 분비하여 임신 기간에 자궁벽을 두껍게 유지하도록 해준다. 배란된 난자가 수정되지 못하면, 황체는 퇴화하고 새로운 생식주기가 시작되면서 여포가 성숙한다.

▲ **그림 32.10** **무스에서 안드로젠 의존성 수컷 구조와 행동.** 무스(*Alces alces*)의 암수는 구조나 생리적으로 다르다. 수컷에서 높은 농도의 테스토스테론으로 인해 가지 뻗은 뿔과 같은 2차 성징이 나타나고, 수컷의 구애 및 자신의 영역을 보호하기 위한 행동이 나타난다.

성적인 성숙기인 사춘기에는 성호르몬은 생식계와는 직접 관련이 없는 신체 및 행동 특성인 2차 성징을 유도한다. 2차 성징은 남녀 사이의 외모의 차이를 가져온다(**그림 32.10**). 남성에서 안드로젠은 낮은 목소리, 얼굴과 음부의 털 및 (단백질 합성을 통한) 근육의 생장을 유도한다. 안드로젠은 독특한 성 행동과 성 충동은 물론 일반적인 공격성도 증대시킨다. 이와 유사하게, 에스트로젠도 여성에서 여러 효과를 나타낸다. 에스트라디올은 사춘기에 유방과 음모의 발달을 촉진한다. 에스트라디올은 여성의 성 행동에 영향을 미치고, 유방과 둔부에 지방의 축적을 유도하고, 수분의 보유력을 증가시키고, 그리고 칼슘 대사도 변화시킨다.

포유류가 성적으로 성숙하면 생식샘자극호르몬뿐만 아니라 성호르몬이 배우자형성과정에 필수적인 역할을 한다.

호르몬에 의한 남성 생식계의 조절

정자형성과정이 진행될 때 FSH와 LH는 정소에 있는 두 종류의 세포에 작용한다(**그림 32.11**). 세정관에 안에 있는 **세르톨리세포(Sertoli cells)**는 FSH에 반응하여 발생 중인 정자에 영양을 제공한다(그림 32.9). **레이디히세포(Leydig cells)**는 세정관 사이의 결합조직에 흩어져 있으며, LH의 영향으로 세정관에서 정자형성을 촉진하는 테스토스테론과 다른 안드로젠을 분비한다.

남성에서 두 종류의 음성되먹임 기작이 성호르몬 생성을 조절한다(그림 32.11). 테스토스테론은 시상하부와 뇌하수체 전엽에 음성적 효과를 미쳐 GnRH, FSH 및 LH의 혈중 농도를 조절한다. 또한 남성의 세르톨리세포에서 생성되는 호르몬인 억제호르몬(inhibin)은 뇌하수체 전엽에 작용하여 FSH의 분비를 억제한다. 종합하여, 이러한 음성 조절회로는 안드로젠 생성이 적절하게 유지되도록 조절한다.

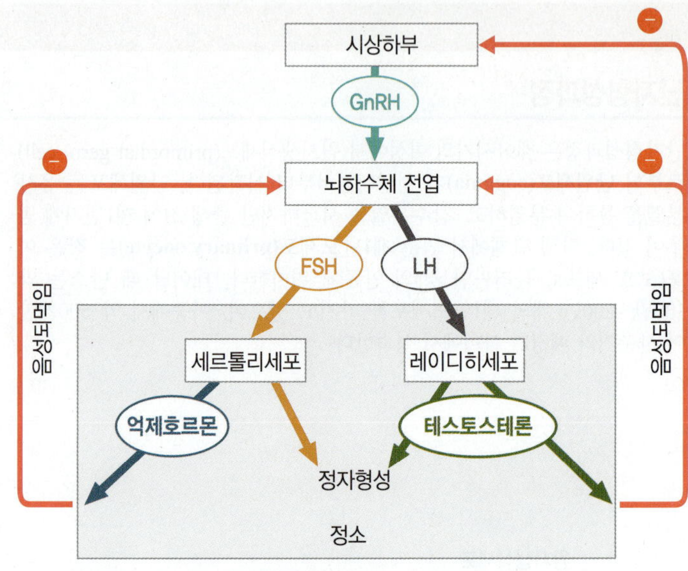

▲ **그림 32.11** **정소의 호르몬 조절**

호르몬에 의한 여성의 생식주기 조절

남성은 정자를 지속적으로 생산하는 반면, 여성에서는 두 종류의 매우 밀접하게 연관된 생식주기가 존재하며, 호르몬의 주기적인 작용에 의해 조절된다.

난소에서 일어나는 주기성 현상을 **난소주기(ovarian cycle)**라 한다. 각 주기에 하나의 여포가 성숙하여 난자가 방출된다. 자궁에서의 변화는 **월경주기(menstrual cycle)** 혹은 **자궁주기(uterine cycle)**라 부른다. 각 주기에 자궁내막(endometrium)이 두꺼워지기 시작하고 혈액의 공급이 왕성해진다. 난소주기와 자궁주기를 연결함으로써 호르몬 활동으로 배란이 일어나고 착상과 배아 발생을 지지할 수 있도록 자궁벽을 형성하는 것이 조화롭게 진행된다.

임신이 되지 않는 경우 자궁의 벽은 떨어져 나오고 또 다른 주기가 시작된다. 자궁경부와 질을 통해 흘러나오는 자궁에서의 주기적인 내막 붕괴를 **월경(menstrulation)**이라 한다. 월경주기의 길이는 평균 28일이지만, 주기는 약 20일에서 40일 정도까지 변할 수 있다.

그림 32.12는 여성 생식주기의 주요 과정들을 개괄적으로 나타낸 것이며, 신체내 다른 조직 간에 밀접한 조화로운 활동을 보여준다.

난소주기

남성에서와 만찬가지로 여성에서도 시상하부가 생식을 조절하는 데 중심적인 역할을 한다. 난소주기는 ❶ 시상하부에서 GnRH가 분비되는 것으로 시작하는데, 이것은 ❷ 뇌하수체를 자극하여 소량의 FSH와 LH가 분비되도록 한다. ❸ 여포자극호르몬은 LH의 도움을 받아 여포의 생장을 촉진하며, ❹ 생장하는 여포의 세포들은 에스트라디올을 만들기 시작한다. 여포가 생장하고 난모세포가 성숙하는 난소주기의 **여포기(follicular phase)** 동안 에스트라

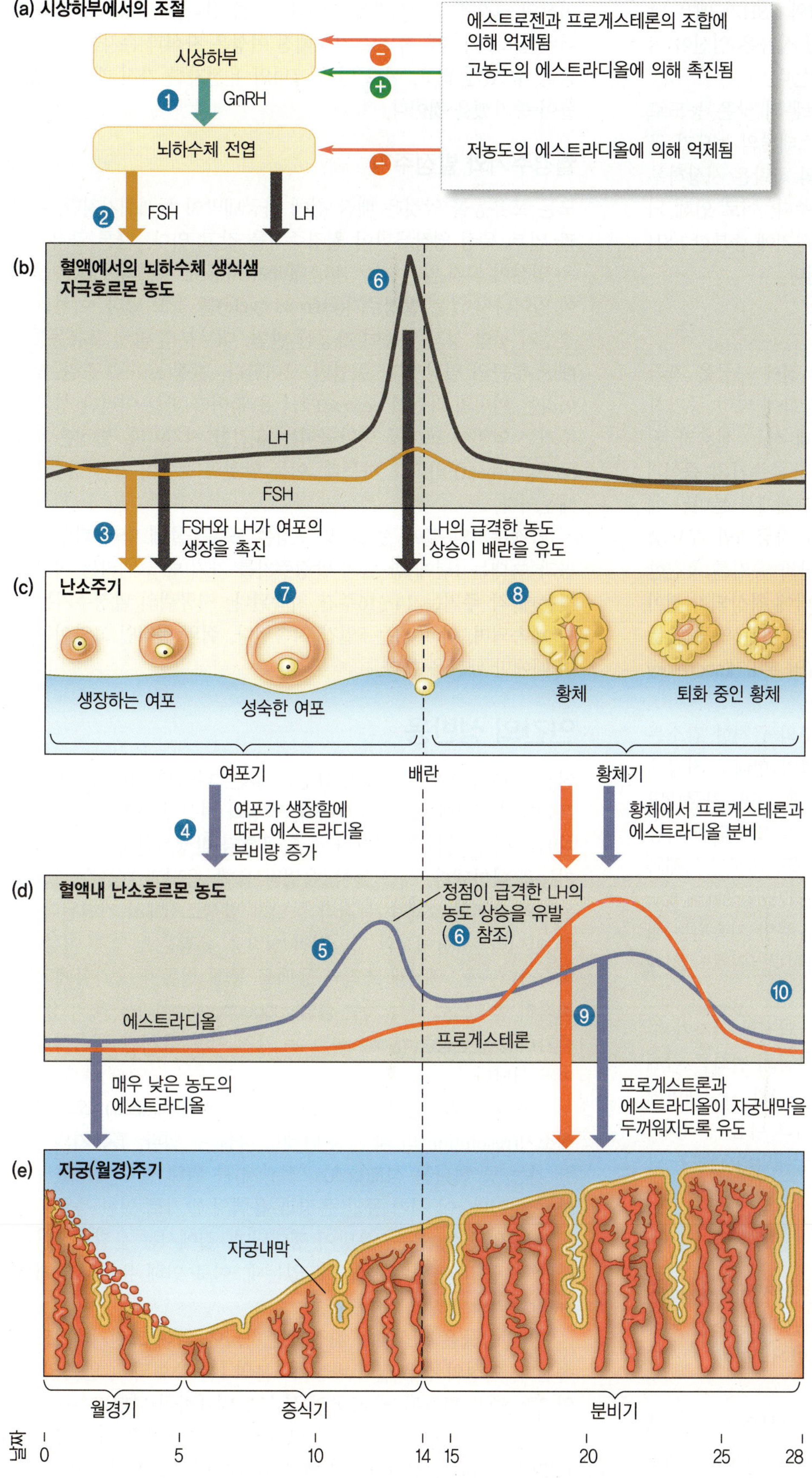

▲ **그림 32.12 여성의 생식주기.** 이 그림은 어떻게 **(c)** 난소주기와 **(e)** 자궁(월경)주기가 혈중호르몬 농도 변화에 의해 조절되는지를 **(a)**, **(b)**, **(d)**에 묘사했다. 맨 아래쪽의 시간표는 **(b)~(e)**에 적용된다.

디올의 분비량이 천천히 올라간다. (몇몇 여포들은 각자의 주기를 가지고 생장하지만, 보통은 하나만 성숙하고 나머지는 퇴화한다.) 낮은 농도의 에스트라디올은 뇌하수체호르몬의 분비를 억제하여 FSH와 LH의 농도를 비교적 낮은 수준으로 유지한다. 주기의 이 부분에서 생식을 조절하는 호르몬의 조절은 남성에서 발견되는 조절과 매우 유사하다.

5 생장하는 여포가 분비하는 에스트라디올의 농도가 급격히 상승함에 따라 6 FSH와 LH의 농도는 급상승한다. 낮은 농도의 에스트라디올이 뇌하수체 생식샘자극호르몬의 분비를 억제하는 반면, 높은 농도의 에스트라디올은 반대 효과를 나타낸다. 즉, 시상하부에 작용함으로써 GnRH의 분비를 증가시키고, 이에 따라 생식샘자극호르몬의 분비가 늘어난다. 이러한 효과는 LH에 대해서 더 크게 나타나는데, 이는 높은 농도의 에스트라디올은 뇌하수체에 있는 LH 분비 세포의 GnRH에 대한 민감성을 높이는 작용도 하기 때문이다.

생장하는 여포로부터 에스트라디올 분비가 증가함으로써 LH의 농도가 상승하는 것은 양성되먹임(positive feedback)의 한 예이다. LH는 여포의 최종적인 성숙을 유도한다. 7 성숙과정의 여포는 액체로 가득 찬 내부 공간을 만들고 매우 크게 자라 난소 표면 근처에 돌출부를 형성한다. 여포기는 LH 농도의 급상승으로부터 약 하루 뒤에 배란과 함께 종료된다. LH 농도가 최고에 달하게 되면 여포와 인접한 난소의 벽이 파열되어 제2난모세포를 방출한다. 종종 배란기가 가까와지거나 혹은 배란기에 하복부에 독특한 통증이 수반되는 경우도 있다. 이 통증은 주기 동안 어떤 난소에서 여포가 성숙되느냐에 따라 왼쪽 혹은 오른쪽에서 나타난다.

배란 후 **황체기**(luteal phase)가 뒤이어 나타난다. 8 LH는 난소에 남아 있는 여포조직이 분비샘 구조인 황체를 형성하도록 유도한다. 지속적인 LH의 자극으로 황체는 프로게스테론과 에스트라디올을 분비한다. 호르몬의 농도가 올라감에 따라 두 호르몬의 조합은 시상하부와 뇌하수체에 음성되먹임으로 작용하여 LH와 FSH가 매우 낮은 농도로 분비되도록 한다. 이러한 음성되먹임 작용은 임신이 이루어졌을 경우 새로운 난자가 성숙하는 것을 막는다.

황체기가 종료될 즈음에는 생식샘자극호르몬의 낮은 농도로 인해 황체가 퇴화되어 에스트라디올과 프로게스테론의 농도가 급격히 떨어진다. 난소 스테로이드 호르몬 농도의 하락은 시상하부와 뇌하수체의 호르몬 분비 억제 현상을 풀어준다. 이로 인해 뇌하수체는 난소에서 새로운 여포의 생장을 촉진하기에 충분한 FSH를 분비하기 시작하고, 다음 난소주기가 시작된다.

자궁(월경)주기

난소의 스테로이드 호르몬은 배란이 일어나기 전에 자궁을 자극하여 배아를 맞이할 준비를 한다. 여포가 생장함에 따라 증가하는 에스트라디올 분비량은 자궁내막을 두껍게 하는 신호가 된다. 이러한 방법으로 난소주기의 여포기는 자궁주기의 **증식기**(proliferative phase)와 동조된다. 배란 후, ❾ 황체에서 분비된 에스트라디올과 프로게스테론은 동맥의 확장과 자궁내막 분비샘의 생장을 포함하는, 자궁내막의 지속적인 발달과 유지를 촉진한다. 이들 분비샘은 초기 배아가 실제로 자궁내막에 착상되기 전이더라도 배아를 유지할 수 있도록 영양분이 들어 있는 액체를 분비한다. 따라서 난소주기의 황체기는 자궁주기의 **분비기**(secretory phase)와 동조된다.

❿ 황체가 퇴화되었을 때 난소 호르몬 농도의 급격한 감소는 자궁내막에 분포하는 동맥들을 수축시켜 혈액의 형태로 자궁내막에 서 떨어지게 만든다. 호르몬의 순환이 없게 되면, 자궁내막의 대부분은 떨어져 나오고, 프로스타글란딘의 분비에 의해 자궁은 수축한다. 내막은 작은 혈관들이 수축하여 내막 조직이 액체와 함께 혈액을 분비한다. 이 결과 자궁주기의 **월경기**(menstrual flow phase)에 해당하는 월경이 일어난다. 보통 며칠 동안 지속되는 월경을 하는 동안 새로운 여포들이 자라기 시작한다. 월경의 첫째 날을 편의상 자궁(난소)주기의 1일로 표시한다.

여성의 호르몬 조절은 난자의 성숙 및 배출 과정과 난자가 수정되었을 경우 배아를 수용해야 하는 기관인 자궁의 변화를 함께 조율한다. 자궁주기의 분비기가 끝날 때까지 배아가 자궁내막에 착상되지 않았을 경우, 새로운 월경기가 시작되고 다음 주기의 1일로 표시된다. 이 장의 뒷부분에서 임신 중 자궁내막의 퇴화를 막는 기작에 대해 배울 것이다.

폐경

여성은 약 500주기 후 배란과 월경이 중단되는 **폐경(menopause)**을 겪는다. 폐경은 보통 46~54세 사이에 일어난다. 난소는 뇌하수체에서 분비되는 FSH와 LH에 대한 반응을 잃어버리며, 에스트라디올 생산의 감소로 인해 폐경이 일어난다.

폐경은 특이한 현상이다. 사람을 제외한 대부분의 다른 종에서 암컷과 수컷 모두 일생 동안 생식능력을 유지한다. 폐경에 대한 진화적 관점에서의 설명이 존재하는가? 한 가지 재미있는 가설은 인간 진화의 초기 동안 몇 명의 아이를 가진 후의 폐경은 진화상 여성의 건강을 증진시켰을 것이라고 제안한다. 즉, 생식 능력을 잃어버림으로써 상대적으로 건강해진 여성은 자식과 손자들을 더 잘 돌볼 수 있게 되고, 이로 인해 그녀의 유전자를 가진 개체의 생존율이 증가했을 것이다.

월경주기와 발정주기

모든 포유동물 암컷은 배란 전에 자궁내막이 두꺼워지지만, 사람과 일부 특정 영장류만이 월경주기를 갖고 있다. 다른 포유동물은 임신이 되지 않은 경우 자궁내막이 자궁에 흡수되어 많은 출혈이 일어나지 않는 **발정주기(estrous cycle)**를 갖고 있다. 여성은 월경주기 동안 성적 활동이 가능한 반면, 대부분의 암컷 포유동물은 배란 부근의 일정 기간 동안만 교미한다. 발정(estrus; 광란, 열정이라는 의미의 라틴어 *oestrus*에서 유래)이라 하는 이러한 성 활동 주기는 암컷이 교미를 받아들이는 유일한 시기이다. 발정은 때때로 "상기(heat)"라고도 하는데, 이는 암컷의 체온이 약간 상승하기 때문이다.

발정주기의 길이, 빈도 및 특징은 포유동물에 따라 다양하다. 곰과 늑대는 1년에 한 번의 발정주기를 가지며, 코끼리는 여러 번 갖는데 각 주기는 14~16주간 지속된다. 시궁쥐의 발정주기는 연중 계속되며, 각 주기는 5일간 지속된다. 쥐의 천적인 고양이는 교미 때에만 배란을 한다.

인간의 성반응

인간의 성적 흥분은 물리적 요인은 물론, 다양한 심리적 요인들이 포함되기 때문에 좀 더 복잡하다. 남성과 여성의 생식기 구조는 보기에는 아주 다른 것 같으나 종종 공통된 발생기원에 따라 비슷한 기능을 나타낸다. 예를 들어, 음경과 음핵, 음낭과 대음순, 그리고 음경의 포피와 소음순은 각각 동일한 발생조직에서 기원된다. 뿐만 아니라, 사람에서의 일반적인 성반응 유형은 남성과 여성에서 비슷하다. 즉, 생식계 조직의 동맥을 통해 혈류가 증가함에 따라 조직이 혈액으로 가득 차는 **충혈**(vasocongestion)과 근육의 장력이 증가하는 **근긴장증**(myotonia)의 두 가지 아주 유사한 생리적 반응이 일어난다.

성반응 주기는 흥분기(excitement), 고원기(plateau), 오르가즘, 해소기(resolution)의 네 가지 단계로 나눌 수 있다. 흥분기의 중요한 기능 중 하나는 **성교**(coitus, 성관계)를 위해 질과 음경을 준비하는 것이다. 이 시기 동안 음경과 음핵의 발기로 인한 충혈이 두드러지고, 정소, 음순, 유방이 팽대되며, 질에서는 윤활현상이 나타난다. 근긴장증이 일어날 수 있는데, 이로 인해 유두의 발기 또는 팔다리의 경직이 일어난다.

이 반응들은 생식기의 직접적인 자극에 의해 고원기에서도 지속된다. 여성의 경우 질의 바깥쪽 3분의 1은 충혈되고, 안쪽의 3분의 2는 약간 확장된다. 자궁의 상승과 연계하여 나타나는 이러한 변화로 인해 질 뒤쪽에 정자를 받아들이는 함몰 부위가 형성된다. 호흡이 증가하고 심장박동이 빨라지는데, 때때로 분당 150회 이상이 되기도 한다. 이것은 성 활동에 따르는 신체적 활동뿐만 아니라 자율신경계의 흥분에 따른 불수의적 반응이다.

오르가즘(orgasm)은 양쪽 성 모두에서 생식기관의 주기적이고 불수의적인 수축으로 특징지어진다. 남성의 오르가즘은 두 단계를 갖는다. 방사(emission)는 생식기관계의 분비샘과 관이 수축하여 요도관으로 정액을 밀어내는 과정이다. 사출(expulsion) 또는 사정(ejaculation)은 요도관이 수축하고 정액이 방출되었을 때 일어난다. 여성의 오르가즘 동안 자궁과 질의 바깥쪽은 수축하지만, 질의 안쪽 3분의 2는 수축하지 않는다. 오르가즘은 성반응 주기에서 가장 짧은 시기로 보통 몇 초 동안 지속된다. 양쪽 성 모두에서 약 0.8초 간격으로 수축이 일어나며 항문 괄약근(anal sphincter)과 몇 가지 복부 근육이 함께 수축하기도 한다.

해소기는 성주기가 완료되고 반응이 초기 상태로 돌아가는 시기이다. 충혈되었던 기관은 평상시의 크기와 색으로 되돌아가고, 근육은 이완된다. 해소기에 나타나는 대부분의 변화는 5분 안에 완료되지만, 한 시간 동안 지속되는 경우도 있다. 남성은 일반적으로 오르가즘 후에 어느 곳에서나 몇 분에서 한 시간 정도 지속되는 불응기(refractory period)에 들어가는데, 이 기간 동안에는 발기와 오르가즘이 일어날 수 없다. 여성에게는 불응기가 나타나지 않으므로 짧은 기간 동안에도 여러 번 오르가즘을 가질 수 있다.

개념 32.4

알은 수정, 난할, 낭배형성과 기관형성을 통해 성숙한 배아로 발생한다

정자가 난자를 만난 후 어떤 발생 과정이 일어나는가? 많은 동물 종에서 공통적인 배 발생 단계가 나타난다. **그림 32.13**에서처럼 첫 단계는 수정으로 접합자가 만들어진다. 발생은 난할과 함께 진행되는데 이 시기에 세포분열이 일어나 접합자가 많은 세포를 갖는 배아가 된다. 난할은 체세포분열과는 달리 세포 성장이 없이 빠르게 진행되며, 결국 안쪽에 공간이 있는 포배로 발생한다. 포배의 세포들이 안으로 접혀 들어가 낭배가 되는데 이 과정을 낭배형성이라고 한다. 배아 발생의 마지막 주요 단계인 기관형성에서는 세포 모양의 지역적인 변화와 세포 위치에서의 대규모적인 변화를 통해 미래에 성체 구조에 대한 기초적인 기관 형태가 만들어진다.

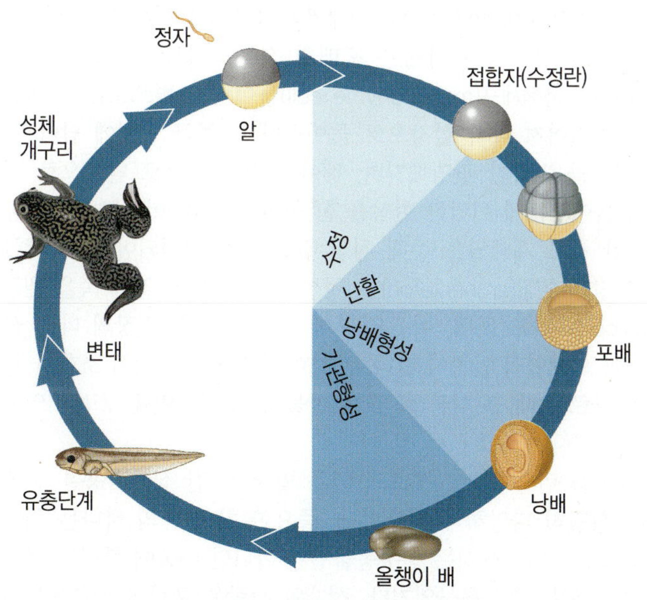

▲ **그림 32.13** 개구리의 생활사에서의 발생학적 사건

배아 발생에 대한 개괄적인 것을 생각하면서 발생의 초기 과정인 수정, 난할 및 낭배형성을 극피동물문인 성게에서 살펴보고자 한다. 왜 성게의 발생을 보는가? 그 이유는 성게의 배우자를 얻기 쉬울 뿐만 아니라 체외수정을 하기 때문에 해수에서 정자와 난자를 섞어 수정 과정 및 그 이후의 단계들을 관찰할 수 있기 때문이다. 성게는 연구를 수행하기 위한 모델 동물로 작용하는데, 모델 동물은 실험실에서 연구하기 쉬워 부분적으로 깊이 있는 연구를 위해서 선택된 생물종이다.

수정

수정 시 난자 표면에서의 분자들과 일련의 과정들은 수정의 각 단계에서 중요한 역할을 한다(**그림 32.14**). 먼저 정자는 난자를 둘러싸고 있는 보호막 등을 녹이거나 뚫고 들어가서 세포막에 도달하게 된다. 다음으로 정자 표면에 있는 분자들이 난자 표면의 수용체에 결합하게 되고, 이를 통해 동일한 종의 정자와 난자가 수정할 수 있게 도와준다. 마지막으로 난자 표면에서의 변화로 여러 개의 정자가 난자로 들어가는 **다정자수정(polyspermy)**을 방지한다. 다정자수정이 일어나면 배아세포에서의 비정상적인 염색체 수에 의해 배아는 죽는다. 대신에 성게에서는 빠른 차단과 느린 차단을 통해 난자의 세포막 속으로 하나의 정자만 들어갈 수 있도록 한다.

수정 시 일어나는 과정들은 배아 발생이 시작되도록 하는 대사작용을 유도함으로써 난자를 활성화시킨다. 예를 들면, 정자가 들어간 난자에서는 세포호흡 및 단백질 합성 속도가 급격하게 증가한다. 곧이어 핵이 융합하고 DNA 합성 및 세포분열이 시작된다. 무엇이 난자의 활성화를 유도하는가? 연구에 따르면 난자에 대한 정자의 침입이 Ca^{2+}이 저장된 곳으로부터 세포질로 방출하도록 한다는 것이다. 더구나, Ca^{2+}를 미수정란에 주사하여 난자의 대사작용을 활성화시키나, 다른 방법으로 칼슘의 농도를 증가시켜도 알을 활성화시킬 뿐만 아니라 다정자수정을 억제하는 느린 차단의 피층과립 반응이 일어난다(그림 32.14).

다른 종에서의 수정도 성게와 많은 점에서 유사하다. 하지만 수정 시 난자의 감수분열 상태가 동물에 따라 다르듯이 관련 사건들에 대한 시간적 차이가 있다. 성게 알은 암컷으로부터 방출될 때 이미 감수분열을 완성한 상태이다. 어떤 종에서는 난자가 수정이 일어날 때 비로소 감수분열을 완성한다. 예를 들면, 사람은 수정 전에 감수II분열 중기에 머물러 있다(그림 32.9).

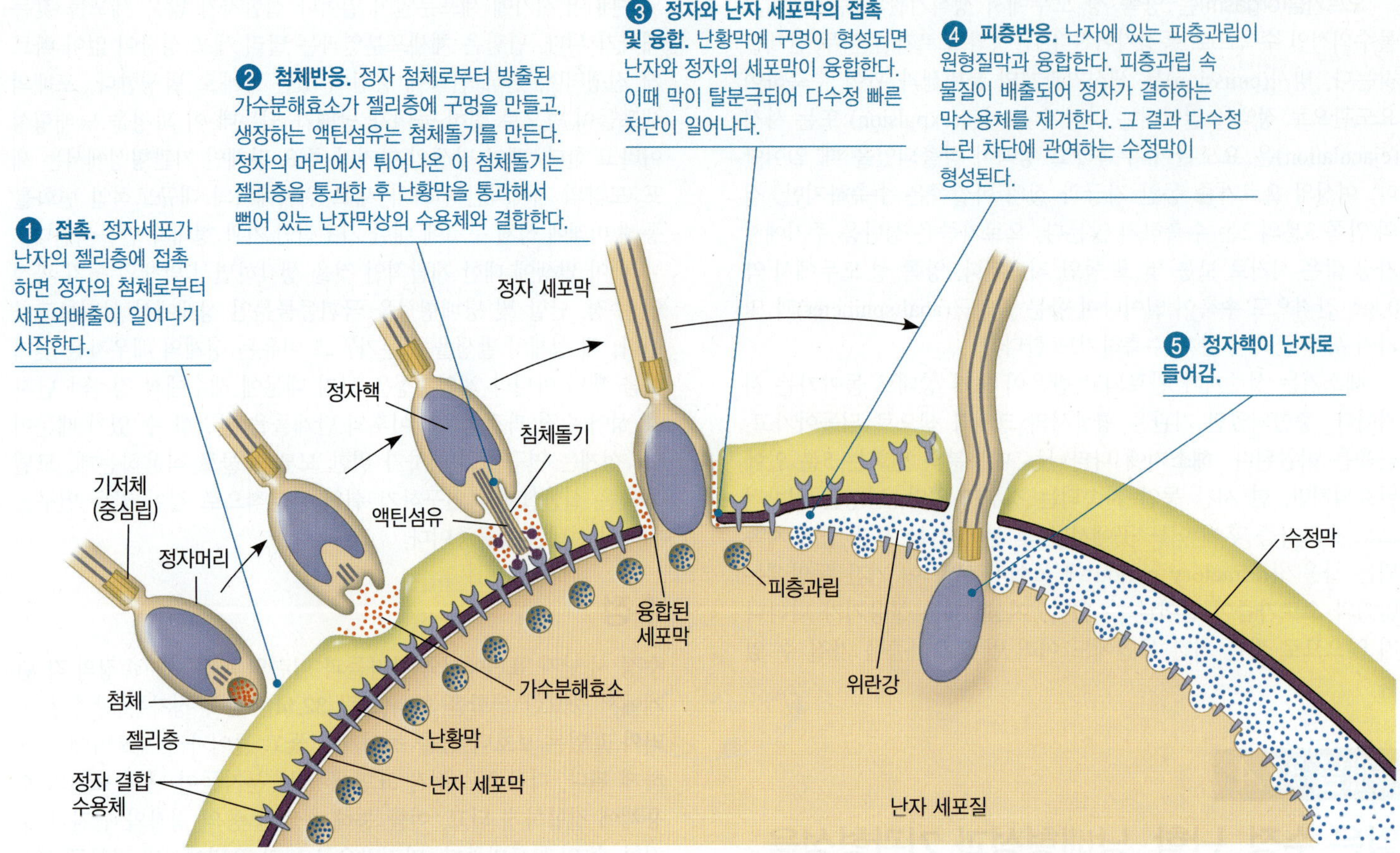

▲ **그림 32.14 성게의 수정 시기에 일어나는 첨체반응 및 피층반응.** 정자와 난자가 접촉한 후에 일어나는 이 반응은 단 하나의 정자핵이 난자의 세포질로 들어가게 하기 위한 과정이다.

난할 및 낭배형성

수정이 완성되면 많은 동물의 접합자에서 빠른 세포분열이 계속 일어나는데 이 시기를 **난할(cleavage)**이라고 한다. 난할 중인 세포들은 거의 세포분열 주기의 S기(DNA 합성)와 M기(유사분열)만을 거치게 된다. 그래서 이 세포들에는 G_1기와 G_2(갭)기가 사실상 없으므로 단백질 합성은 거의 일어나지 않는다. 그 결과 난할은 하나의 커다란 세포인 접합자의 세포질을 작은 세포로 나누는 과정이다. 처음 5~7번의 세포분열로 세포 집단이 만들어지며, 이 시기의 배 내부에 액체로 찬 공간, 즉 **할강(blastocoel)**이 만들어지기 시작하며 마치 내부가 빈 공과 같은 **포배(blastula)**가 된다(그림 32.15).

난할 후에 세포분열의 속도가 느려지면서 정상 세포주기로 돌아간다. 배아 발생의 나머지 단계는 세포나 조직을 기반으로 일어나는 **형태형성(morphogenesis)** 과정으로 동물의 체형이 만들어진다.

낭배형성(gastrulation) 과정 동안 포배의 표면 혹은 표면 가까이에 있는 한 세트의 세포들이 내부로 이동하면서 세포층이 만들어지고, 원시 소화관이 형성된다. 이 시기에 빈 공과 같은 포배가 두 층 혹은 세 층으로 된 배아, 즉 **낭배(gastrula)**로 재조직화된다. 낭배형성과정에 형성된 세포층을 **배엽**(라틴어의 *germen*에서 온 것으로 싹이 튼다는 것을 나타냄)이라고 한다. 낭배 후기에 외부층에 **외배엽(ectoderm)**이, 내부층에 배아 소화기관이 될 **내배엽(endoderm)**이 놓인다. 척추동물과 다른 좌우대칭 동물에서 제3의 배엽인 **중배엽(mesoderm)**이 외배엽과 내배엽 사이에 만들어진다.

성게의 낭배형성 과정은 포배의 식물극에서 시작한다(그림 32.16). 간충직세포(mesenchyme cell)들이 할강벽으로부터 개별적으로 떨어져 나와 할강으로 들어간다. 식물극 근처에 남아 있는 세포들은 약간 편평해지며, 배아의 끝이 안으로 안쪽으로 휘어져 들어가는데 이러한 현상을 **함입**(invagination)이라고 한다. 광범위한 세포 재배열을 통해 점점 깊고 좁게 함입되어 끝이 막힌 관 모양의 **원장**(archenteron)을 형성한다. 원장의 열린 쪽을 **원구**(blastopore)라고 하며, 이곳은 후에 항문이 된다. 원장의 다른 끝부분과 외배엽의 안쪽이 만나 두 층이 융합하면서 원시 소화관 형성을 완료할 때 그 다른 쪽 끝에 만들어지는 두 번째 구멍이 입이 된다.

배엽을 만들어내는 세포의 이동 및 세포 간 상호작용은 종에 따라 상당히 다양하게 진행된다. 중요한 차이 중의 하나는 입이 원구로부터 만들어지는 선구동물인지 아니면 나중에 뚫리는 구멍이 입이 되는 후구동물인지다. 성게와 사람을 포함한 척추동물에서는 두 번째 구멍으로부터 입이 만들어진다.

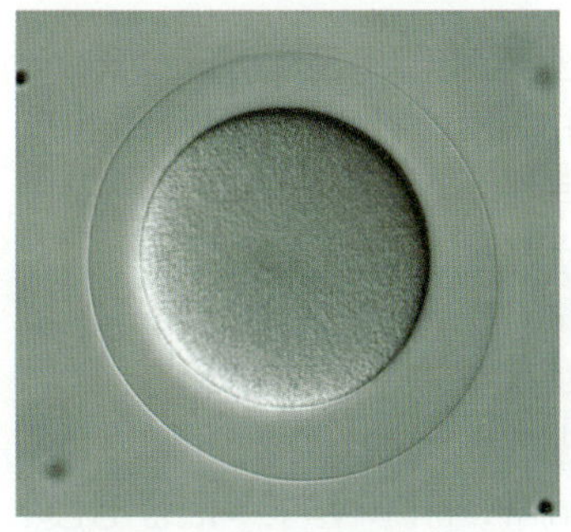

(a) **수정란.** 첫 번째 난할이 일어나기 전의 접합자로, 수정막이 접합자 주변을 둘러싸고 있다.

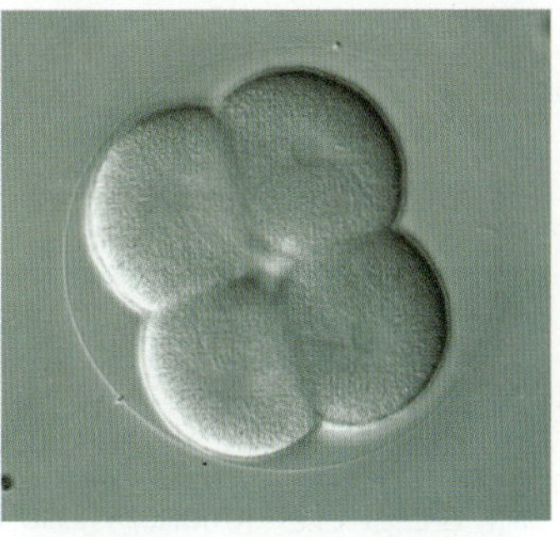

(b) **4세포기.** 두 번째 세포분열을 방금 끝마친 두 세포 사이에 방추체가 남아 있는 것이 보인다.

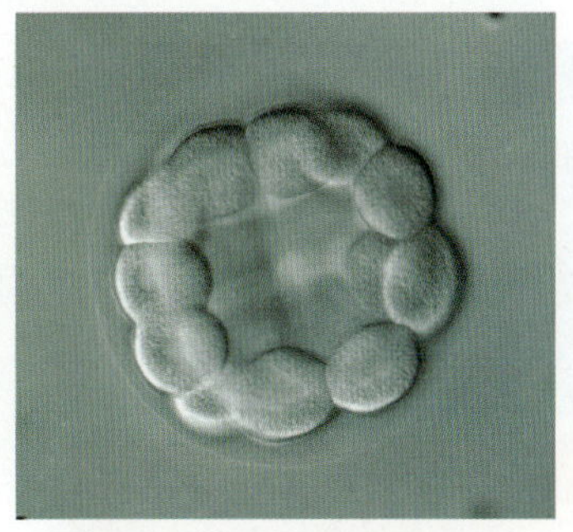

(c) **상실배.** 여러 번의 세포분열을 거친 배는 다세포로 이루어진 공 모양이며, 아직도 수정막에 둘러싸여 있는 모습이다. 이미 포배강이 만들어지기 시작했다.

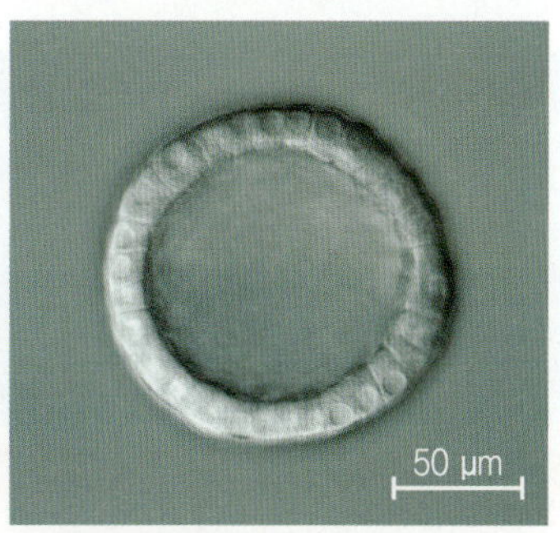

(d) **후기포배.** 한 층의 세포들이 포배강을 둘러싸고 있다. 비록 여기에서는 보이지 않지만 수정막이 여전히 존재하며, 곧 배가 수정막을 뚫고 나와 이동하기 시작할 것이다.

▲ **그림 32.15 극피동물 배의 난할.** 난할은 접합자를 포배로 바꾸어주는 일련의 체세포분열 과정이며, 포배는 할구라는 세포들로 된 속이 빈 공 모양을 하고 있다. 이들 광학 현미경 사진은 성게와 매우 유사한 연잎 성게류(sand dollar)의 배 발생 단계를 보여준다.

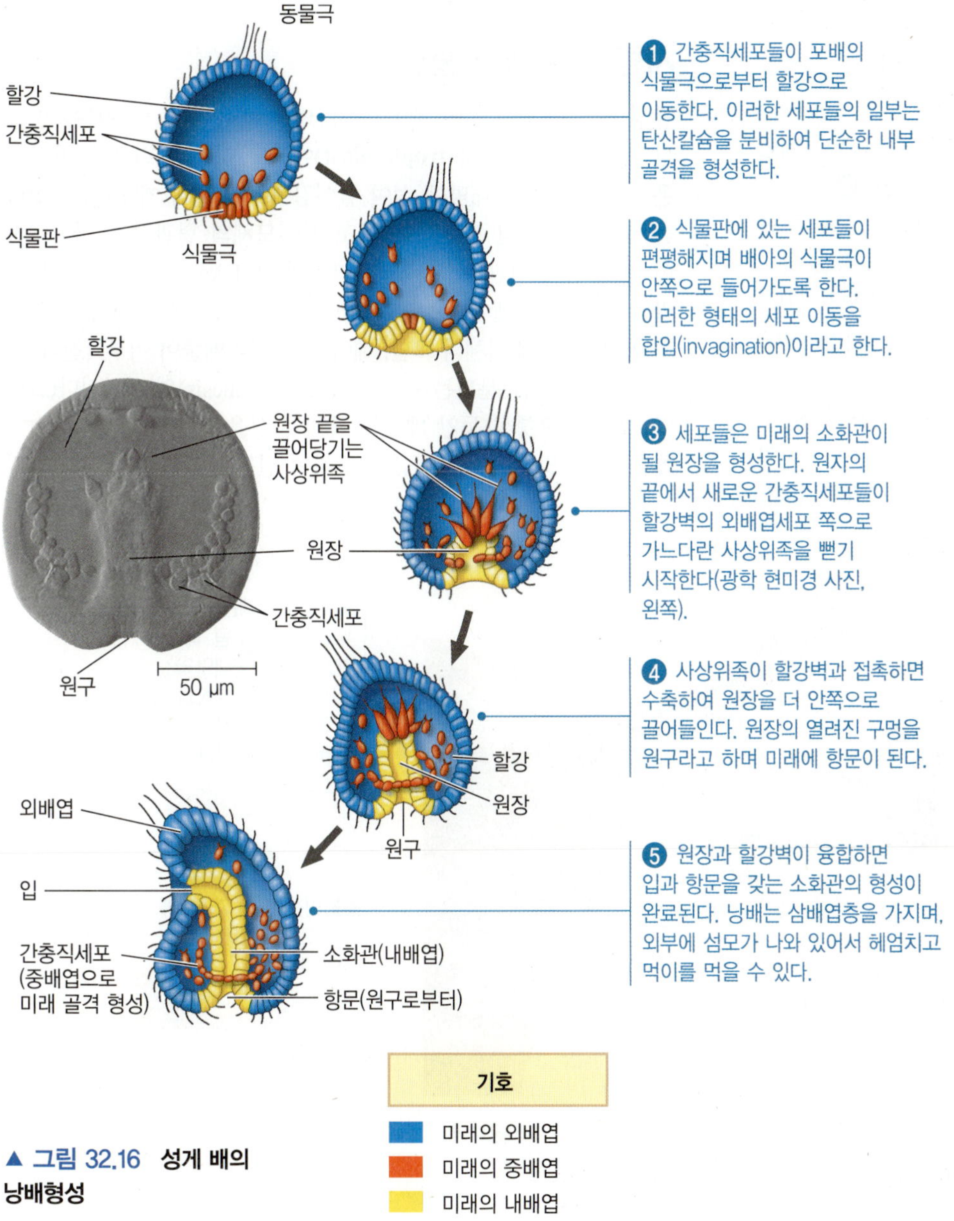

동물극
할강
간충직세포
식물판
식물극

❶ 간충직세포들이 포배의 식물극으로부터 할강으로 이동한다. 이러한 세포들의 일부는 탄산칼슘을 분비하여 단순한 내부 골격을 형성한다.

❷ 식물판에 있는 세포들이 편평해지며 배아의 식물극이 안쪽으로 들어가도록 한다. 이러한 형태의 세포 이동을 함입(invagination)이라고 한다.

할강
원장 끝을 끌어당기는 사상위족
원장
간충직세포
원구
50 μm

❸ 세포들은 미래의 소화관이 될 원장을 형성한다. 원자의 끝에서 새로운 간충직세포들이 할강벽의 외배엽세포 쪽으로 가느다란 사상위족을 뻗기 시작한다(광학 현미경 사진, 왼쪽).

할강
원장
원구

❹ 사상위족이 할강벽과 접촉하면 수축하여 원장을 더 안쪽으로 끌어들인다. 원장의 열려진 구멍을 원구라고 하며 미래에 항문이 된다.

외배엽
입
간충직세포 (중배엽으로 미래 골격 형성)
소화관(내배엽)
항문(원구로부터)

❺ 원장과 할강벽이 융합하면 입과 항문을 갖는 소화관의 형성이 완료된다. 낭배는 삼배엽층을 가지며, 외부에 섬모가 나와 있어서 헤엄치고 먹이를 먹을 수 있다.

기호
미래의 외배엽
미래의 중배엽
미래의 내배엽

▲ **그림 32.16 성게 배의 낭배형성**

기관형성

기관형성 과정에서 배엽은 신체의 기관에 대한 원기로 발생한다. **그림 32.17**의 척추동물에서 보이는 것처럼 각 배엽은 성체에서 다른 구조를 형성한다. 성체에서 일부 기관 및 많은 기관계는 하나의 배엽 이상으로부터 만들어진다. 예를 들면, 부신은 외배엽과 중배엽으로부터 만들어진다.

그 동안 성게를 이용하여 수정, 난할 및 낭배형성 과정을 살펴보았는데 이제부터는 사람의 발생 과정을 살펴보자.

사람의 수태 및 착상

사람은 성교 중에 2~5 mL의 정액을 분비하며, 이 속에는 수억 개의 정자가 존재한다. 첫 번째 사정되었을 때 정액은 응고되어 정자가 자궁경부에 도달할 때까지 정액이 그 상태로 유지될 수 있도록 한다. 이후, 항응고제가 정액을 액체로 만들고 정자가 여성의 자궁경부에서 수란관으로 헤엄치며 이동한다.

사람에서는 **수태(conception)**라고도 하는 수정은 수란관에서 정자가 난자(성숙한 난자)와 융합할 때 일어난다(**그림 32.18 ❶**과 **❷**). 성게의 수정에서처럼 정자가 난자에 붙게 되면 피층과립반응을 유도하며, 이것은 다정자수정에 대한 느린차단 기작이 된다. (포유류에서 다정자수정 방지를 위한 빠른 차단 기작은 발견되지 않았다.) 수정 후 약 24시간이 지나

외배엽(배의 외층)

- 피부의 상피와 그 파생물들(땀샘, 모낭 등)
- 신경계, 감각계
- 뇌하수체, 부신수질
- 턱과 치아
- 생식세포

중배엽(배의 중간층)

- 골격, 근육계
- 순환, 림프계
- 배설, 생식계(생식세포 제외)
- 피부 진피
- 부신피질

내배엽(배의 내층)

- 소화계의 상피와 부속기관(간, 이자 등)
- 호흡, 배설, 생식관 등의 상피
- 흉선, 갑상샘, 부갑상샘

▲ 그림 32.17 **척추동물의 삼배엽에서 유래되는 주요 구조**

면 접합자는 난할(cleavage)❸을 시작하며, 4일 정도 더 지나 배반포❹가 된다. 2~3일 후 배아는 자궁내벽에 착상을 한다❺.

자궁에 배아를 가지고 있는 상태를 임신(pregnancy 혹은 **gestation**)이라고 한다. 인간의 임신 기간은 난자가 수정된 날로부터 266일(38주), 마지막 월경주기의 시작일로부터 40주가 된다. 한편, 많은 설치류의 임신 기간은 21일, 소는 280일, 코끼리는 600일 이상이 된다.

사람의 임신은 편의상 3개월씩 임신3분기(trimester)로 나눌 수 있다. 첫 번째 임신3분기에는 착상된 배아가 호르몬을 분비하여 자신이 존재한다는 신호를 보내며 모체의 생식계를 통제한다. 호르몬 중의 하나인 인간융모막성 생식샘자극호르몬(human chorionic gonadotropin, hCG)은 뇌하수체의 LH처럼 작용하여 임신 초기 몇 주 동안 황체를 유지함으로써 프로게스테론과 에스트로젠의 분비를 유지한다. 일부 hCG 호르몬이 모체 혈류를 타고 빠져나와 소변으로 배출되기 때문에 소변의 hCG를 확인하면 임신 여부를 조기에 확인할 수 있으며, 현재는 보편화된 방법이 되었다.

때때로 배아는 발생을 시작한 지 한 달이 되기 전에 나누어져 일란성 쌍생아(monozygotic twin)가 되기도 한다. 이란성 쌍생아(dizygotic twin)은 매우 다른 방법으로 만들어진다. 2개의 여포가 한 주기에서 성숙하여 독립적으로 수정을 한 후 착상을 하며 유전적으로 다른 배아가 된다.

수정된 난자 모두가 발생을 완성할 수 있는 것은 아니다. 많은 임신은 염색체 혹은 발생상의 이상으로 인해 자연적으로 중단된다. 이러한 자연유산(miscarriage)은 1/3의 확률로 일어날 만큼 높은 수치로 일어나며, 유산은 여성이 임신을 느끼기도 전에 일어나기도 한다.

사람의 발생과 출생

발생 초기 2~4주 동안 배아는 자궁내막에서 직접 영양분을 얻는다. 한편, **영양세포층(trophoblast)**이라고 하는 배반포의 바깥층은 자라나와 자궁내막에 섞여 들어감으로써 결국 **태반(placenta)**을 형성한다(그림 32.18). 배아조직과 모체의 혈관으로 이루어진 이 판 모양의 기관은 접시만한 크기의 약 1 kg 가까운 무게로 자라난다. 모체와 배아의 순환계 사이의 물질 확산을 통해 영양 물질의 공급, 호흡계 기체의 교환, 배아 노폐물의 배출이 이루어진다.

첫 번째 임신3분기는 기관형성(organogenesis)의 시기이다(그림 32.19a). 기관형성 동안 배아는 특히 손상을 주는 것에 민감하다. 예를 들면, 알코올이 태반을 통과하여 신경계에 도달하게 되면 지

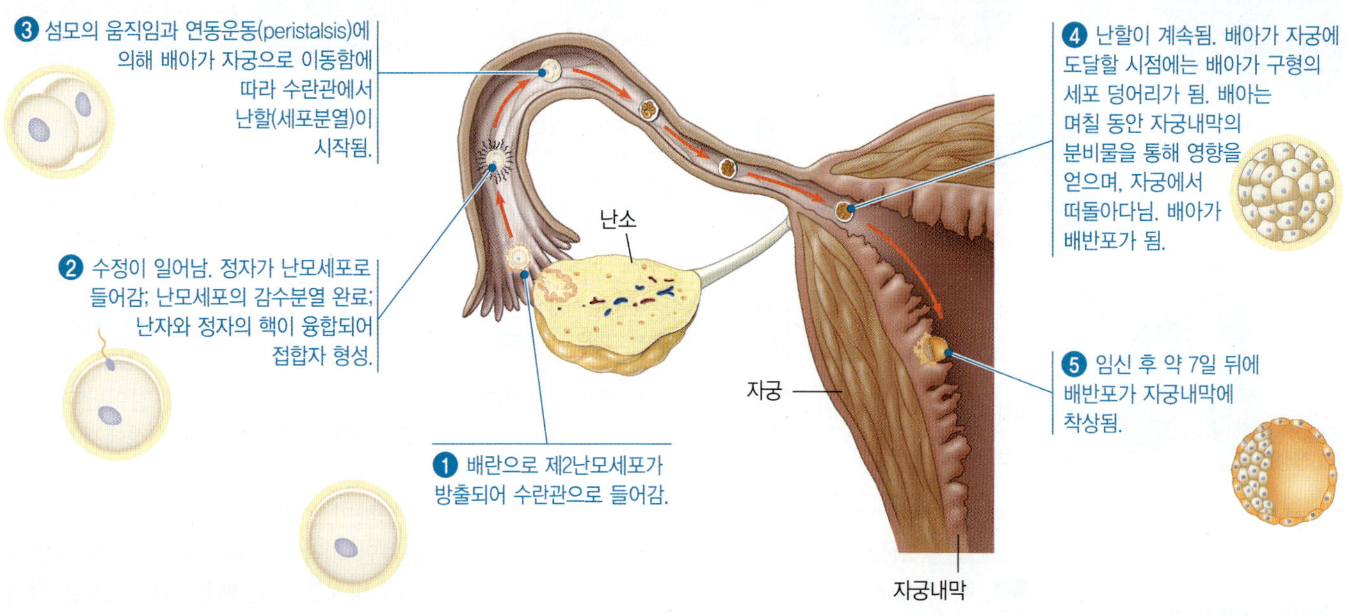

▲ 그림 32.18 **접합자의 형성과 수정 후의 초기 발생 과정**

적장애와 여러 출생 결함을 포함하는 치명적인 알코올 증후군 질병을 유발한다. 8주쯤에 성인의 모든 구조들이 원기 형태로 나타나며, 이 시기의 배아를 **태아(fetus)**라고 부른다. 심장은 4주째부터 박동하기 시작하며, 심장박동은 약 8~10주에 감지될 수 있다. 태아는 첫 번째 임신3분기가 끝날 때(13주)까지 잘 분화되었음에도 불구하고 5 cm 정도의 길이에 불과하다.

두 번째 임신3분기(그림 32.19b) 동안 태아는 약 30 cm 크기로 자란다. 발생이 계속되면서 손톱, 외부 생식기관, 외이가 형성된다. 두 번째 임신3분기의 첫 한 달부터 임산부는 태아의 움직임을 느낄 수 있다. 태아가 거의 20 cm에 도달하면 가용 공간이 부족하여 머리가 무릎에 닿는 자세를 취하게 된다. 마지막 임신3분기 중에 태아는 약 50 cm 길이와 3~4 kg 몸무게로 자란다.

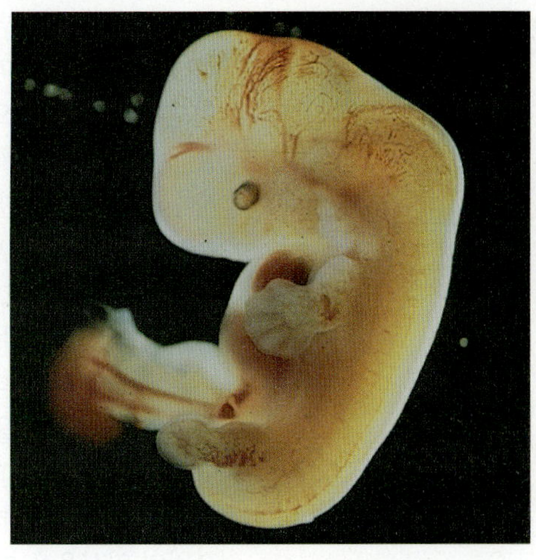

(a) **5주.** 약 1 cm 길이의 배아에서 사지싹(limb bud), 눈, 심장, 간, 기타 모든 기관의 원기(rudiment)가 발생하기 시작한다.

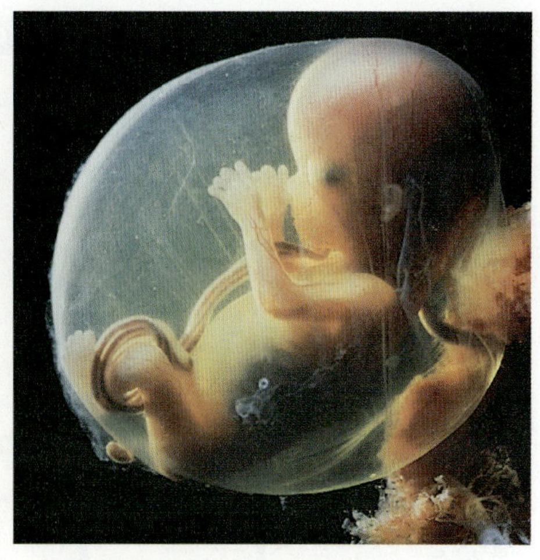

(b) **14주.** 이제부터 태아라 부르는 자손의 생장과 발생이 두 번째 3분기 동안 계속된다. 태아는 약 6 cm 길이이다.

▲ 그림 32.19 **사람 발생의 스냅 촬영**

신생아가 태어나는 과정인 **분만**(labor)은 몸 밖으로 태아와 태반을 밀어낼 수 있는 자궁의 연속적인 강한 수축 작용에 의해 나타난다. 일단 분만이 시작되면, 국소조절자(프로스타글란딘)와 호르몬(주로 에스트라디올과 옥시토신)이 자궁의 수축을 유도하고 조절한다. 양성되먹임 조절을 통해, 자궁 수축은 옥시토신 분비를 촉진하게 되고, 증가된 옥시토신으로 자궁은 더욱더 수축하게 된다.

수유(lactation)는 신생아를 돌보는 방법으로서 포유동물 고유의 특징이다. 신생아의 젖 빨기와 에스트라디올의 변화에 의해 시상하부는 뇌하수체 전엽에게 프로락틴(prolactin)을 분비하게 하여 젖샘을 자극하여 젖을 분비한다. 젖 빨기는 뇌하수체 후엽에서 분비되는 호르몬인 옥시토신(oxytocin)의 분비도 촉진시켜 젖 분비를 유도한다.

피임

지금부터는 임신을 계획적으로 막는 **피임(contraception)**을 살펴보고자 한다. 몇 가지 피임법은 남성 혹은 여성의 생식샘으로부터 배우자의 생장을 억제하거나 방출을 차단하고, 다른 방법들은 정자와 난자를 격리함으로써 수정을 막으며, 나머지 방법들은 배아의 착상을 막는다. 완벽한 피임정보를 원한다면 의사나 보건소 직원과 상의하기 바란다. 아래의 설명과 그림 32.20에 나타난 표는 피임법의 설명서가 아닌, 가장 널리 쓰이는 방법을 간단히 소개한 것이다.

성행위의 절제나 살아 있는 정자가 난자와 접촉하지 못하게 하는 몇 가지 차단막을 이용하여 수정을 막을 수 있다. **월경주기법**(rythm method) 또는 **자연피임법**(natural family planning)이라고 하는 일시적 금욕은 임신 가능성이 높을 때에는 성행위를 자제하는 방법이다. 난자는 수란관에서 24~48시간 생존이 가능하고 정자는 5일까지 생존이 가능하기 때문에, 이 방법을 사용하고자 하는 부부는 배란 전후 며칠간은 성관계를 가져서는 안 된다. 수정 가능성을 인식하는 것에 기초한 피임법으로는 배란 때 일어나는 자궁경부 점액의 변화와 같은 생리적인 지표를 이용하는 것이다. 일반적으로 자연피임법을 이용하는 부부에서는 10~20%의 임신율이 보고되어 있다. (임신율은 1년 동안 특정 수태제한법을 이용한 여성들 100명 중 임신이 된 여성의 수를 백분율로 나타낸 것이다.)

질외사정(coitus interruptus) 또는 **철회**(withdrawal; 사정 전에 질에서 음경을 빼내는 방법)는 신뢰할 수 없다. 정자는 사정 전의 분비물에도 존재할 수 있고, 시간 조절이나 의지력에 약간의 실수가 있으면 철회가 늦어진다.

정자가 난자를 만나지 못하게 하는 몇 가지 차단 피임법(barrier method)을 적절하게 사용하면 10% 이하로 임신율을 낮출 수 있다. **콘돔**(condom)은 정자를 모으기 위해 음경에 꼭 맞도록 만든 얇은 막이다. 성적으로 왕성한 사람들에게 있어 라텍스 콘돔은 피임뿐만 아니라 AIDS와 같은 성매개 질환을 막아준다. (그러나 이러한 보호가 완벽한 것은 아니다.) 또 다른 차단 장치는 성교 전 질의 윗부분에 끼우는 반구형 고무인 **격막**(diaphragm)이다. 이들 기구는 살정(spermicidal; 정자를 죽이는) 거품이나 젤리와 함께 이용하면 훨씬 효과적이다. 여성용의 다른 차단 장비는 자궁경부의 개구부 주위에 꼭 맞는 질 주머니(vaginal pouch) 또는 '여성용 콘돔'이 있다.

성행위의 완벽한 자제를 제외하고는 가장 효과적인 피임 방법은 불임시술(sterilization), 자궁내 삽입기구(intrauterine device, IUD) 및 호르몬 피임법(hormonal contraceptives)이다. 불임시술(남성에서는 정관수술, 여성에서는 난관수술)은 거의 100%의 성공률을 나타낸다. IUD는 1% 이하의 임신율을 나타내며 다시 임신 가능한 형태로 되돌릴 수 있는 방법으로 미국을 제외한 국가들에서 가장 널리 이용된다. 의사가 자궁에 끼워 넣는 IUD는 수정

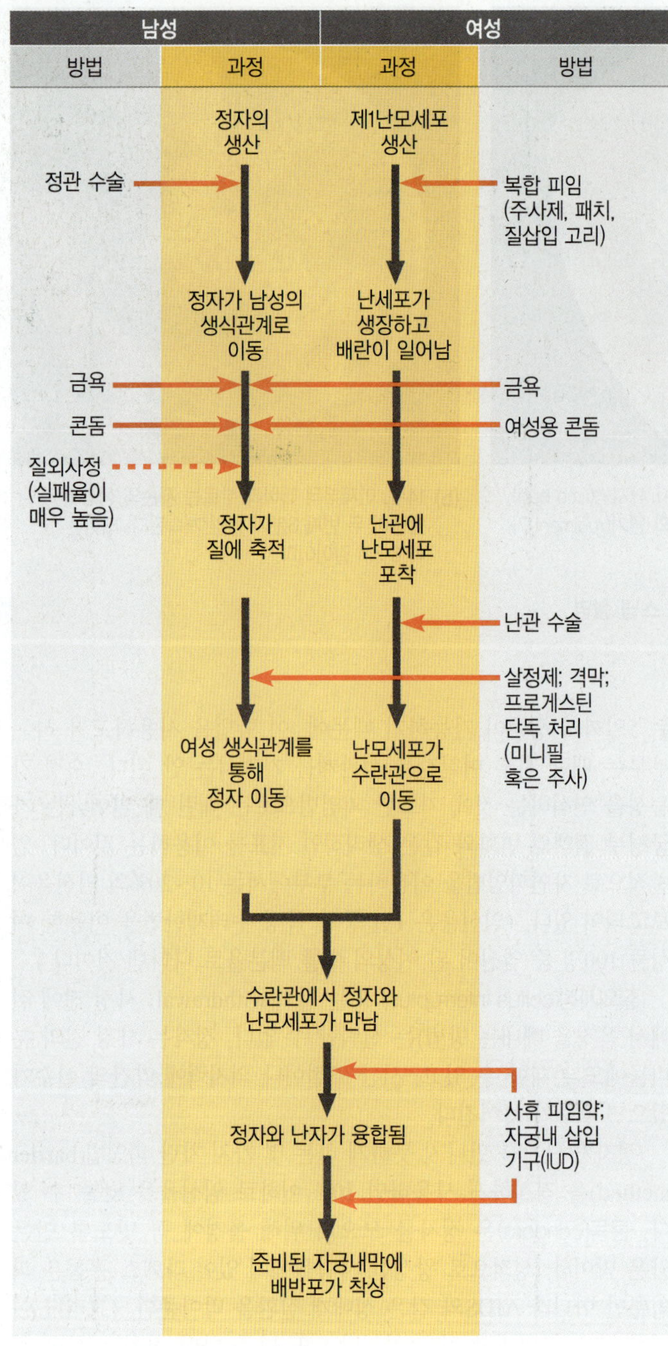

▲ 그림 32.20 **몇 가지 피임법의 기작.** 붉은 화살표는 이러한 방법과 장치 혹은 제품이 정자와 난자(제1난모세포)의 형성에서부터 아기의 탄생에 이르는 과정 중 어느 부분을 차단하는지 나타낸다.

과 임신을 억제한다. 호르몬 피임법의 보편적인 형태는 **피임약**(birth control pill)으로, 이것 역시 1% 이하의 임신율을 나타낸다.

가장 일반적인 피임약은 합성 에스트로젠과 프로게스테론 유사 호르몬(프로게스틴)의 조합이다. 이러한 조합은 음성되먹임으로 시상하부의 GnRH 분비를 멈추게 하고, 이로 인해 뇌하수체에서 FSH와 LH의 분비가 억제된다. LH 분비의 억제는 배란을 막는다. 뿐만 아니라, 피임약에 함유된 낮은 농도의 에스트로젠은 FSH의 분비를 억제함으로써 여포의 발달을 막는다. 이들 복합 피임약은 사후피임약(morning-after pill, MAP)으로도 이용할 수 있다. 사후피임약을 성관계 후 3일 이내에 복용하면 약 75%의 효율로 수정 또는 착상을 막는다.

다른 유형의 호르몬-기반 피임법은 단지 프로게스틴만을 함유하고 있다. 프로게스틴은 여성 자궁경부의 점막을 두껍게 함으로써 수정을 차단한다. 프로게스틴 역시 자궁내막의 변화를 유발하여 수정이 일어났을 경우 착상을 방해한다. 프로게스틴은 여러 가지 방식으로 적용되는데, 주사를 통해 3개월간 효과가 나타나게 할 수도 있고 알약("minipill") 형태는 매일 복용한다. 프로게스틴 요법의 임신율은 매우 낮다.

호르몬-기반 피임법은 장점은 물론 해로운 부작용도 나타낸다. 흡연하는 여성이 경구용 피임법을 이용할 경우 심혈관계 질환으로 사망할 위험률은 3~10배 이상 높다. 비흡연 여성에게 있어 경구용 피임약은 복부혈전, 고혈압, 심장마비, 뇌졸중의 가능성을 약간 높인다. 경구용 피임약이 심혈관계 질환의 가능성을 높이는 부작용이 있지만, 임신의 위험성은 제거된다. 피임약을 복용하는 여성은 임신한 여성보다 사망률이 1/2로 줄어든다.

불임 및 시험관아기

자손을 얻지 못하는 불임(infertility)은 미국은 물론 전 세계적으로 약 10명의 부부 중 1명꼴로 매우 흔하게 나타난다. 불임의 원인은 여러 가지가 있으며, 남자와 여자 모두에서 거의 동일하게 나타나는 생식 결함일 가능성이 높다. 억제할 수 있는 불임의 원인으로 가장 유의한 것은 **성병**(sexually transmitted disease, STD)이다. 매년 미국의 15세부터 24세 여성 중 약 700,000명에서 클라미디아와 임질이 발견된다. 이러한 성병을 가지고 있는 대부분의 여성들은 증상이 없어 감염을 느끼지 못하기 때문에 실제로는 상당히 더 많은 수의 여성이 감염되어 있을 것이다. 두 질병을 치료하지 않은 여성 중 40%에서 염증 반응이 나타나고 결국 불임이 되거나 임신 중 치명적인 문제가 생긴다.

일부 형태의 불임은 치료가 가능하다. 호르몬 요법은 종종 정자와 난자의 생산을 증가시키고, 수술은 난관 폐쇄와 같은 이상을 바로잡을 수 있다. 때때로 의사들은 배양 용기에서 난자와 정자를 섞어 수정시키는 **시험관아기(*in vitro* fertilization, IVF)** 방법을 권한다. 수정란은 최소한 8세포기의 배아로 발생할 때까지 배양된 후, 일반적으로 여성의 자궁에 집어넣는다. 성숙한 정자의 수가 적거나 아예 없는 결함이 있는 경우, 난자에 정자의 핵을 직접 넣는 방법을 이용하기도 한다. IVF 시술은 비록 비용이 많이 들기는 하지만 이 기술이 없으면 불임이 되는 수백만 명의 부부들에게 아이들을 수태하도록 하였다.

CHAPTER

33 신경세포, 시냅스, 그리고 신호전달

▲ 그림 33.1 이 달팽이가 치명적 포식자인 이유는 무엇인가?

핵심 개념

33.1 신경의 구조와 구성은 정보전달의 기능을 수행하기에 적합하다

33.2 이온펌프와 이온통로는 신경세포의 휴지전위를 유지시킨다

33.3 활동전위는 축삭을 통해서 전달되는 신호이다

33.4 신경세포는 시냅스를 통해서 다른 세포에 신호를 전달한다

의사소통의 끈

그림 33.1의 열대지방에 서식하는 청자고둥(*Conus geographus*)은 크기가 작고 느리게 움직이지만 위험한 동물이다. 육식성의 이 바다 달팽이는 물고기를 먹이로 사냥한다. 청자고둥은 속이 빈 작살과 같은 모양의 이를 이용하여 독을 주입함으로써 불과 수 초 만에 헤엄치는 먹이를 마비시킨다. 청자고둥의 독은 매우 강력하여 단 한 번의 독주입으로 스쿠버의 생명을 앗아갈 수도 있다. 어떻게 청자고둥의 독이 빠르게 치명적으로 작용할 수 있을까? 그 해답은 우리 몸 안에서 정보를 전달하는 역할을 하는 **신경세포(뉴런, neuron)**를 무력화시킬 수 있는 독 혼합물에서 찾을 수 있다. 이 독은 이동이나 호흡과 같은 생명유지에 필요한 기능을 수행하는 신경세포의 조절을 일시에 파괴시킴으로써 청자고둥으로부터 공격받은 동물이 생존을 위해 도망가거나 자신을 방어할 수 없도록 한다.

신경세포에 의한 의사소통의 형태는 크게 원거리를 이동하는 전기적 신호와 근거리에서 이루어지는 화학적 신호로 나눌 수 있다. 신경세포는 특화된 구조 덕분에 전류를 수용하고 전달하며 신체의 원거리까지 보내는 정보의 흐름을 조절할 수 있다. 한 신경세포에서 다른 신경세포로 정보를 전달하는 데에는 매우 가까운 거리에서 작용하는 화학적 신호가 종종 이용된다. 청자고둥의 독이 맹독성을 띠는 이유는 이 독이 전기적 신호와 화학적 신호를 모두 차단하기 때문이다.

모든 신경세포들은 동일한 방식으로 세포내 전기적 신호를 생성하고 전달한다. 감각을 전달하는 신경세포는 정보를 처리하는 신경세포나 움직임을 조절하는 신경세포와 동일한 형태의 정보전달 방식을 취한다. 어떤 유형의 정보가 전달되는지는 활성화된 신경세포들 사이의 연결에 의해서 결정된다. 따라서 신경계의 신호를 해석하기 위해서는 복잡한 신경세포 간의 연결 및 경로를 알아야 한다. 한층 복잡한 동물의 경우 **뇌(brain)** 혹은 그보다는 좀 더 간단한 형태인 **신경절(ganglia)**이라 불리는 신경세포의 집합체에 의해서 한층 높은 수준의 신호전달이 이루어진다.

이 장에서는 신경세포의 구조에 대해서 자세히 알아보고, 신경세포에 의해 조절되는 신호전달의 물리적 원리와 그와 관련된 분자들을 살펴보고자 한다. 이어지는 장에서는 신경계, 감각계 및 운동계를 살펴본 후 이들의 기능이 어떻게 통합되어 행동에 이르게 하는지를 공부할 것이다.

개념 33.1

신경의 구조와 구성은 정보전달의 기능을 수행하기에 적합하다

신경계를 공부하기 위해 먼저 살펴볼 것은 신경세포이다. 신경세포는 오랜 진화 과정을 통해 나타난 매우 적합한 기능과 형태를 가지게 된 세포의 한 예다.

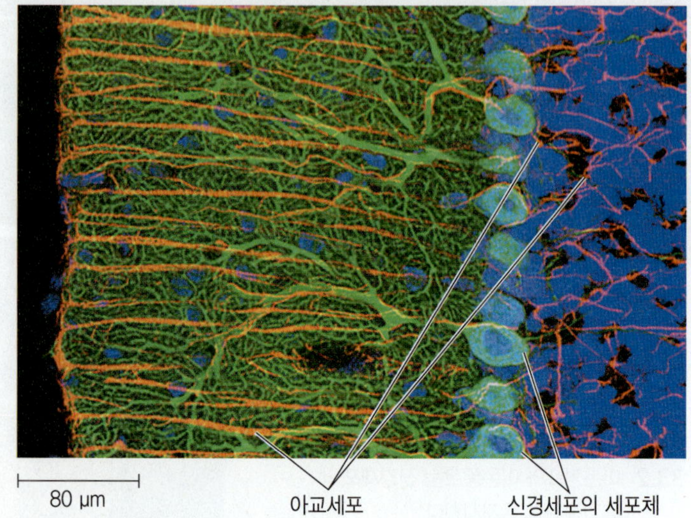

▲ **그림 33.3 포유동물의 아교세포.** 현미경 사진은 흰쥐의 아교세포와 연합신경세포로 가득 찬 뇌조직을 보여준다. 아교세포는 빨간색, 핵의 위치를 보여주는 DNA는 파란색, 신경세포의 수상돌기는 초록색으로 염색되어 있다.

신경세포의 구조와 기능

신경세포가 정보를 전달하고 수용할 수 있는 능력은 이 세포의 특화된 구조에 기인한다(**그림 33.2**). 핵을 포함한 신경세포의 소기관들은 대부분 신경세포의 **세포체(cell body)**에 존재한다. "나무"의 뜻을 지닌 그리스어 *dendron*에서 유래한 **수상돌기(dendrite)**는 고도로 복잡한 가지 모양의 구조이다. 수상돌기는 세포체와 더불어 다른 신경세포로부터 오는 정보를 수용하는 구조물이다. 또한 신경세포는 하나의 **축삭(axon)**을 가지고 있는데, 이 돌기는 다른 세포에 신호를 **전달한다**(transmit). 축삭은 수상돌기에 비해 매우 길이가 길며 기린의 척수로부터 발 근육에 이르는 신경세포처럼 길이가 1미터를 훨씬 넘는 경우도 있다. 축삭과 세포체를 잇는 원추 모양의 연결 부위를 축삭둔덕(axon hillock)이라고 하며, 축삭을 따라서 전달될 신호가 생성되는 부위이다. 축삭의 다른 말단부분은 여러 갈래로 분지된다.

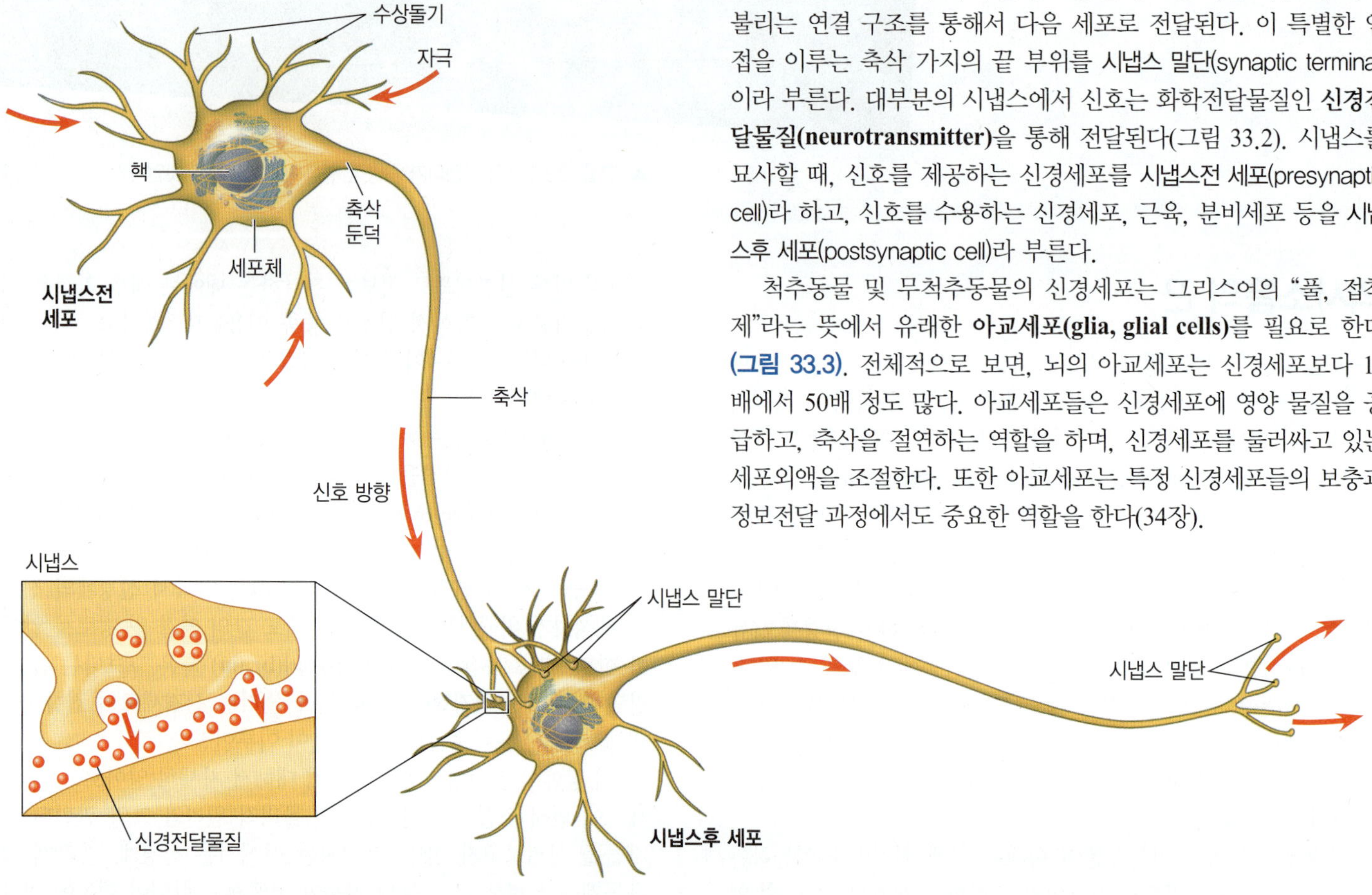

분지된 축삭의 각 가지 끝에 도달한 정보는 **시냅스(synapse)**라 불리는 연결 구조를 통해서 다음 세포로 전달된다. 이 특별한 연접을 이루는 축삭 가지의 끝 부위를 **시냅스 말단**(synaptic terminal)이라 부른다. 대부분의 시냅스에서 신호는 화학전달물질인 **신경전달물질(neurotransmitter)**을 통해 전달된다(그림 33.2). 시냅스를 묘사할 때, 신호를 제공하는 신경세포를 **시냅스전 세포**(presynaptic cell)라 하고, 신호를 수용하는 신경세포, 근육, 분비세포 등을 **시냅스후 세포**(postsynaptic cell)라 부른다.

척추동물 및 무척추동물의 신경세포는 그리스어의 "풀, 접착제"라는 뜻에서 유래한 **아교세포(glia, glial cells)**를 필요로 한다(**그림 33.3**). 전체적으로 보면, 뇌의 아교세포는 신경세포보다 10배에서 50배 정도 많다. 아교세포들은 신경세포에 영양 물질을 공급하고, 축삭을 절연하는 역할을 하며, 신경세포를 둘러싸고 있는 세포외액을 조절한다. 또한 아교세포는 특정 신경세포들의 보충과 정보전달 과정에서도 중요한 역할을 한다(34장).

▲ **그림 33.2 신경세포의 구조.** 화살표는 신경세포 내로, 신경세포를 따라서 그리고 신경세포 밖으로 향하는 신호의 흐름을 보여준다. 세포들은 삽입된 그림에서 보여주는 시냅스를 기준으로 시냅스전 그리고 시냅스후로 표기되어 있다.

정보처리에 대한 서론

정보처리 과정은 감각정보의 입력, 정보의 통합, 그리고 운동명령의 세 단계를 거쳐서 일어난다. 한 예로서 그림 33.1에서 청자고둥이 먹이를 식별하고 공격하는 과정을 살펴보자. 신경계에 감각입력을 생성하기 위해서 청자고둥은 튜브처럼 생긴 수관을 통해서 주변 환경을 살피면서 가까이에 있는 물고기 냄새를 채취한다(그림 33.4). 통합과정 동안 신경계는 정보를 처리하여 물고기가 실제로 존재하는지 그리고 어디에 있는지를 알아낸다. 이제 운동명령이 공격을 개시하여 먹이를 향해 빈 작살과 같은 모양의 이로부터 독을 방출시키도록 하는 신경세포를 활성화시킨다.

아주 간단한 동물들을 제외하고 거의 모든 동물들은 정보처리의 각 단계를 담당하는 특화된 집단의 신경세포들을 가지고 있다.

- **감각신경세포(sensory neuron**; 청자고둥의 수관에 있는 신경세포가 한 예)는 말초의 감각정보를 뇌 혹은 신경절의 정보처리처에 전달한다. 어떤 감각기는 빛, 소리, 촉각, 열, 냄새 같은 외부의 자극을 감지하며, 어떤 감각기는 혈압이나 근육의 긴장도 같은 체내의 상태를 감시한다.
- **연합신경세포(interneuron)**는 뇌와 신경절에서 신경세포들을 연결하는 신경망을 형성한다. 연합신경세포는 감각 정보를 통합(분석 및 해석)한다.
- **운동신경세포(motor neuron)**는 근육에 신호를 전달하여 근육을 수축시킨다. 정보처리처로부터 나오는 또 다른 신경세포들은 내분비기관을 활성화한다.

정보를 통합하는 신경세포들은 종종 **중추신경계(central nervous system, CNS)**를 형성하기도 한다. 중추신경계 내외로 정보를 전달하는 신경세포들은 **말초신경계(peripheral nervous system, PNS)**를 이룬다. 이 말초신경계의 신경세포들은 서로 다발을 이루어 **신경(nerve)**을 형성한다.

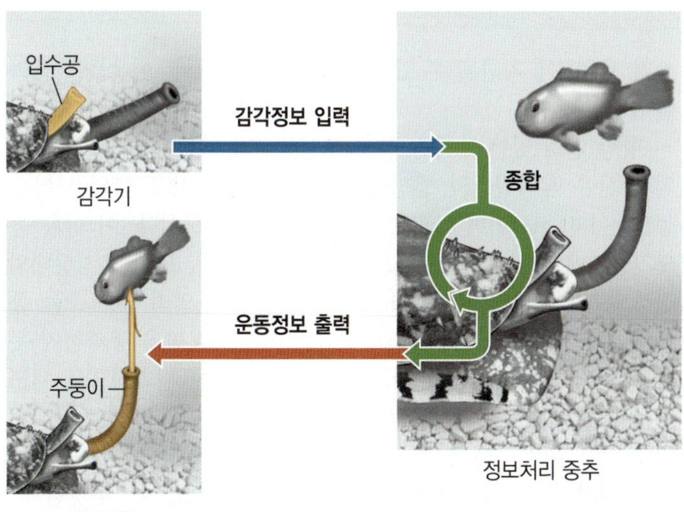

▲ 그림 33.4 **신경계에 의한 정보전달의 개괄.** 청자고둥의 수관은 센서로 작용하여 감각정보를 고동의 머리의 신경망으로 전달한다. 먹이의 냄새가 감지되면 이 신경망은 운동명령을 생성하여 코끼리 코형태의 기관에서 작살 모양의 이를 방출시킨다.

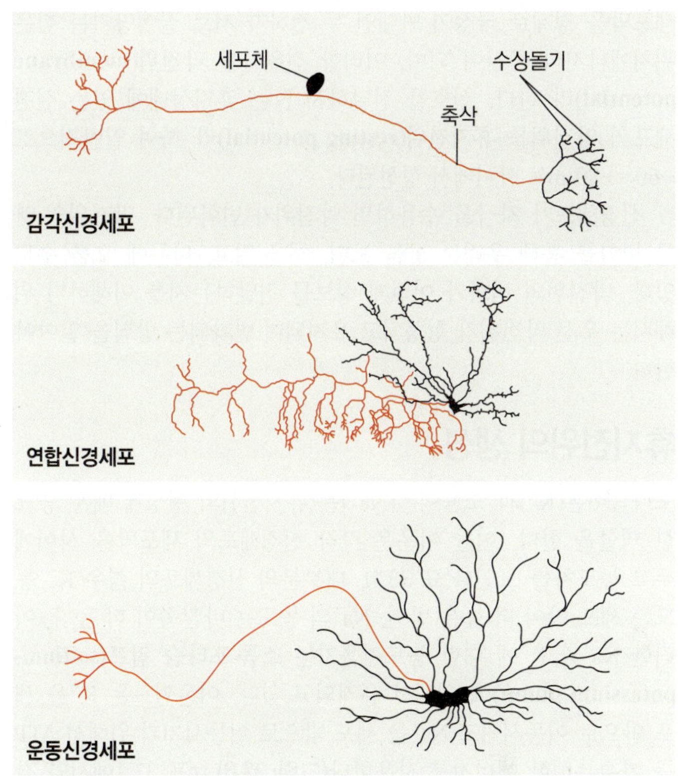

▲ 그림 33.5 **신경세포의 구조적인 다양성.** 세포체와 수상돌기는 검은색, 축삭은 빨간색으로 표시되었다.

정보처리 과정에서 어떠한 역할을 수행하느냐에 따라서 신경세포의 형태는 매우 단순할 수도 있고 매우 복잡할 수도 있다(그림 33.5). 어떤 연합신경세포는 고도로 분지된 수상돌기를 지니고 있어서 10만여 개 이상의 시냅스를 통해 정보를 수용할 수 있다. 마찬가지로 여러 세포에 정보를 전달하는 신경세포는 고도로 분지된 축삭을 가지고 있다.

신경세포의 유형과 구조가 어떠하든지, 신경세포는 독립적으로 기능을 수행하지 못한다. 대신에 신경세포들은 한 신경세포 내에서 그리고 한 신경세포에서 다른 신경세포로 정보를 전달하여 신경 회로를 형성한다. 어떻게 신경세포가 정보를 전달하는지 알아보기 위해서 세포막을 통과하는 이온의 흐름을 촉진하고 조절하는 단백질에 의해서 수행되는 놀라운 현상을 살펴보도록 하자.

개념 33.2

이온펌프와 이온통로는 신경세포의 휴지전위를 유지시킨다

신경세포의 신호전달에서 이온들의 매우 중요한 역할을 살펴보자. 세포 안과 세포를 둘러싸고 있는 용액의 이온 조성은 다르다. 그 결과 세포 안이 바깥쪽에 비해 상대적으로 음전하를 띠게 된다.

세포막을 경계로 극성이 반대인 두 전하가 서로 끌어당기는 힘은 위치에너지의 근간이 되며, 이러한 전위차를 **막전위(membrane potential)**라 한다. 신호를 전달하지 않는 휴지상태에 있는 신경세포의 막전위를 **휴지전위(resting potential)**라 하며 일반적으로 −60~−80 mV 사이에서 형성된다.

신경세포가 자극을 수용하면 막전위가 변화된다. 막전위의 빠른 변화를 통해 우리는 꽃을 보며, 책을 읽고, 나무에 오를 수도 있다. 막전위의 변화가 어떻게 정보를 전달하는지를 이해하기 위해서는 우선 막전위가 형성되고 유지되며 변화되는 방식을 알아야 한다.

휴지전위의 생성

포타슘이온(K^+)과 소듐이온(Na^+)은 휴지전위의 형성에 매우 중요한 역할을 한다. 이들 이온은 각각 신경세포의 세포막을 사이에 두고 농도차를 보인다(표 33.1). 대부분의 신경세포의 경우 K^+ 농도는 세포 안이 더 높은 반면, Na^+의 농도는 바깥쪽이 더 높다. 이러한 Na^+과 K^+에 대한 농도기울기는 **소듐-포타슘 펌프(sodium-potassium pump)**에 의해서 유지되고 있다. 이온펌프는 K^+을 세포 안으로 이동시키고 Na^+을 세포 밖으로 이동시키기 위해서 ATP를 가수분해한 에너지를 사용한다(그림 33.6). (표 33.1에서와 같이 염소이온[Cl^-]과 다른 음이온에 대한 농도기울기도 존재하지만 이들은 잠시 염두에 두지 않겠다.)

소듐-포타슘 펌프는 세 개의 소듐이온을 세포 밖으로 운반하면서 동시에 두 개의 포타슘이온을 세포 안으로 운반한다. 이러한 운반작용을 통해서 전체적으로 양전하가 세포 내로 이동되지만, 그 결과로 생성되는 전위차는 수 밀리볼트에 불과하다. 그렇다면 신경세포의 휴지전위가 −60~−80 mV로 유지되는 이유는 무엇일까? 그 해답은 세포막을 관통하는 특수한 막단백질들이 모여 형성한 구멍인 **이온통로(ion channel)**를 통과하는 이온의 이동에 있다. 이온은 이온통로를 통해서 세포막 안팎으로 확산될 수 있다. 이러한 이온의 확산은 전기를 띠는 전하의 운반을 초래한다. 양전하 혹은 음전하의 이동은 결과적으로 막을 사이에 두고 전위차를 생성한다.

세포막을 사이에 두고 형성된 이온의 농도기울기는 세포 작용에 이용될 수 있는 화학적 형태의 위치에너지이다. 이온통로는 특정 이온만을 선택적으로 통과시키는 **선택적 투과성**(selective permeability)을 가지기 있기 때문에 화학에너지를 전기에너지로 전환시킬 수 있다. 예를 들어 포타슘 통로를 통해서 K^+이 막을 가로지러 자유롭게 확산될 수 있으나 Na^+이나 Cl^- 같은 이온들은 통과할 수 없다.

표 33.1 포유동물 신경세포막 안팎의 이온농도

이온	세포안 농도(m*M*)	세포밖 농도(m*M*)
포타슘(K^+)	140	5
소듐(Na^+)	15	150
염소(Cl^-)	10	120
단백질과 같은 세포내 거대 음이온(A^-)	100	(해당 없음)

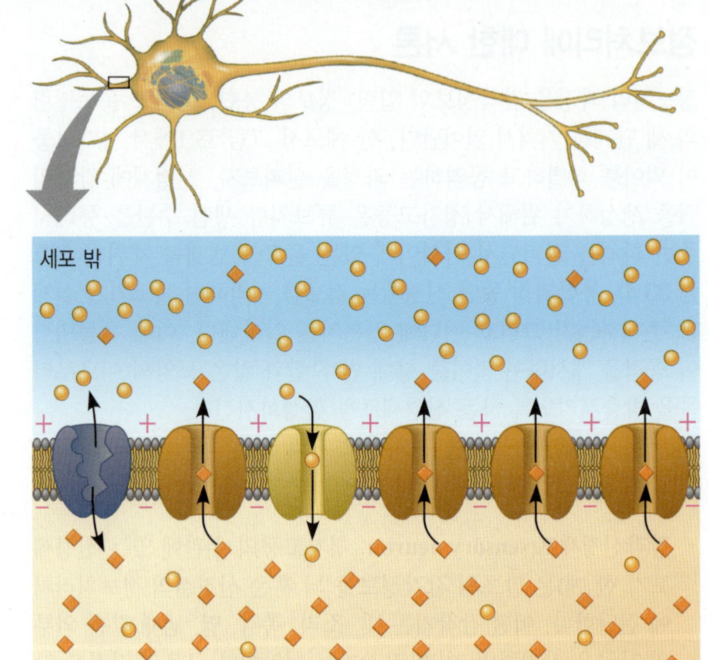

▲ **그림 33.6 막전위의 기초.** 소듐-포타슘 펌프는 표 33.1에서 보는 바와 같이 소듐과 포타슘의 이온 농도기울기를 생성, 유지시킨다. 막을 경계로 소듐에 대한 이온기울기는 매우 크지만 소듐을 통과시키는 이온통로가 닫혀 있는 상태이므로 소듐의 확산은 거의 일어나지 않는다. 반면에 많은 수의 포타슘이온 통로가 열려 있어서 다량의 포타슘이온이 세포 밖으로 이동할 수 있다. 또한 염화이온이나 유기 음이온의 세포막 투과성은 무시할 수 있기 때문에 이러한 포타슘의 세포 밖으로의 이동으로 인해 세포 안이 음전하를 띠게 된다.

항상 열려 있는 포타슘 통로(누설통로라 일컬어짐)를 통한 K^+의 확산은 휴지전위의 생성에 매우 중요하다. 세포 안의 포타슘 농도는 140 m*M*이며 바깥쪽은 겨우 5 m*M* 정도이다. 이 화학 농도기울기에 의해서 K^+은 세포 밖으로 이동한다. 또한 휴지상태의 신경세포에는 열려있는 포타슘 통로가 많지만, 열려 있는 소듐 통로는 매우 적다. 따라서 Na^+이나 다른 이온들은 막을 통과하지 못하는 반면, 다량의 K^+이 세포 밖으로 이동하여 결과적으로 세포 안은 음전하를 띤다. 이처럼 신경세포에 축적된 음전하는 막전위의 근원이 된다.

음전하의 축적을 일정 수준으로 제한하는 요소는 무엇인가? 세포 안의 잉여 음전하는 양전하를 띠고 있는 K^+을 끌어당겨 더 이상 세포 밖으로 확산되는 것을 방지한다. 따라서 이러한 전하분리 현상(전압)에 의한 전기적 기울기는 K^+의 화학적 농도기울기와 정확히 균형을 이루게 된다.

휴지전위 모델

신경세포에서 K^+이 세포 밖으로의 이동하는 현상은 화학적 힘과 전기적 힘이 균형을 이룰 때까지 지속된다. 이 과정을 인공막에 의해 나누어진 두 챔버모델을 통해 살펴보도록 하자. 우선 인공막에 K^+만을 통과시킬 수 있는 이온통로가 매우 높은 밀도로 분포한다고 가정하자(**그림 33.7a**). 포유류 신경세포에서 관찰되는 K^+의 이온 농도기울기를 만들기 위해서 안쪽 챔버에는 140 m*M* 농도의 KCl 용액을 그리고 바깥쪽 챔버에는 5 m*M* KCl 용액을 각각 채운다. 이때 K^+은 농도기울기를 따라 확산하여 높은 농도의 안쪽 챔버에서 낮은 농도의 바깥쪽 챔버로 이동하게 된다. 그러나 염화이온(Cl^-)은 통과할 수단이 없기 때문에 안쪽 챔버가 상대적으로 과잉 음전하를 가지게 된다.

이 모델 신경세포가 평형 상태에 도달하면 전기적인 기울기와 화학적 기울기가 정확히 균형을 이루어, 결과적으로 막을 통한 더 이상의 K^+의 순확산은 사라지게 된다. 특정 이온의 평형 상태에서의 막전압의 세기를 **평형전위(equilibrium potential, E_{ion})**라고 한다. 한 가지 종류의 이온에 대하여 선택적인 투과성을 보이는 막의 E_{ion}은 네른스트 공식(Nernst equation)에 의해서 계산된다. 사람의 체온인 37℃에서 Na^+이나 K^+과 같이 1+의 전하를 가진 이온에 대한 네른스트 공식은 다음과 같다.

$$E_{ion} = 62\ \text{mV}\left(\log \frac{[\text{ion}]_{\text{outside}}}{[\text{ion}]_{\text{inside}}}\right)$$

앞서 제시된 모델로 돌아가서 네른스트 공식에 의해서 포타슘에 대한 평형전위(E_K)를 구해보면 −90 mV 이다(그림 33.7a). 음부호는 세포 안이 90 mV만큼 음전하를 띨 때 K^+이 평형 상태에 도달함을 의미한다.

K^+에 대한 평형전위는 −90 mV 이지만, 포유동물의 신경세포의 휴지전위는 이보다 높다. 이론적인 값과 실제 값 사이의 이러한 차이는 휴지막 상태에서도 적은 양이지만 Na^+이 지속적으로 소듐 통로를 통해서 이동하고 있음을 암시한다. Na^+에 대한 농도기울기는 K^+의 농도기울기와 반대이다(표 33.1). 그러므로 Na^+은 세포 안쪽으로 확산해 들어가서 세포 안의 음전하를 상쇄시키려 한다. Na^+에 선택적인 막을 모델로 살펴보면, 바깥쪽 챔버의 농도가 안쪽보다 10배가 높기 때문에 네른스트 공식에 의한 Na^+에 대한 평형전위(E_{Na})는 +62 mV이다(**그림 33.7b**). 실제로 신경세포의 휴지전위(−60 mV에서 −80 mV)가 E_{Na}보다 E_K에 더 가깝게 형성되는 이유는 소듐 통로에 비해 포타슘 통로가 훨씬 더 많이 열려 있기 때문이다.

K^+과 Na^+ 두 이온 모두 휴지전위에서 평형 상태에 있지 못하기 때문에, 그 결과 막을 통한 K^+과 Na^+의 움직임은 휴지 상태에서도 계속된다. 휴지전위가 일정하게 유지되는 이유는 K^+과 Na^+이 양은 같지만 서로 반대 방향으로 흐르고 있기 때문이다. 이러한 이온들의 흐름에도 불구하고 세포막 안팎의 이온 농도는 일정하게 유지된다. 이것은 휴지전위를 형성하기 위해 흐르는 이온의 양이 화학적 농도기울기를 변화시키기에는 매우 적기 때문이다.

만일 Na^+이 세포막을 잘 통과할 수 있는 상황이 발생하면 막전위는 E_K로부터 E_{Na} 쪽으로 이동하게 된다. 곧이어 살펴보겠지만 이러한 현상은 신경 충격이 생성되는 과정 동안 일어난다.

신경세포는 막을 통과하는 이온의 흐름을 그들의 특화된 기능을 수행하는 데 사용하는 세포의 한 예이다. **그림 33.8**은 어떻게 이온의 흐름이 동물, 식물 그리고 미생물의 다양한 생리현상에 기여하고 있는지를 보여준다.

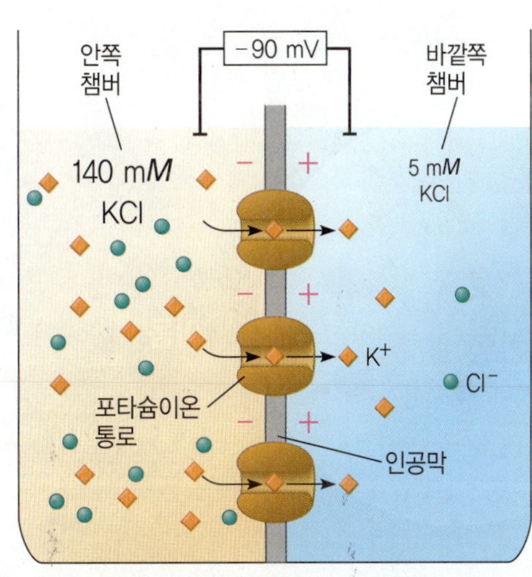

(a) K^+에 대한 선택적인 투과성을 가진 막

37℃에서 네른스트 공식에 의해 계산되는 K^+에 대한 평형전위:

$$E_K = 62\ \text{mV}\left(\log \frac{5\ mM}{140\ mM}\right) = -90\ \text{mV}$$

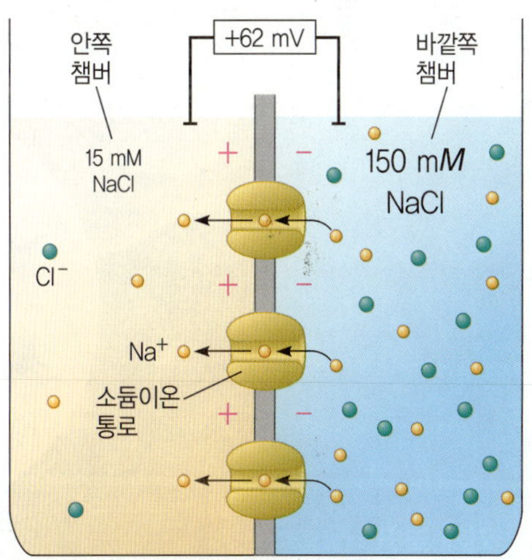

(b) Na^+에 대한 선택적인 투과성을 가진 막

37℃에서 네른스트 공식에 의해 계산되는 Na^+에 대한 평형전위:

$$E_{Na} = 62\ \text{mV}\left(\log \frac{150\ mM}{15\ mM}\right) = +62\ \text{mV}$$

▶ **그림 33.7 포유류 신경세포의 모델링.** 각각의 용기를 인공막을 사이에 둔 두 개의 챔버로 나눈다. 이온통로를 통해 특정 이온이 자유롭게 막을 통과하며 이에 따라서 화살표로 표시된 이온의 흐름이 생긴다. **(a)** 막의 열린 포타슘 통로를 통해 K^+ 이온이 통과함으로써 막은 K^+에 대해 선택적인 투과성을 가지며, 안쪽 챔버의 K^+ 농도가 바깥쪽보다 28배 높다. 이 경우 평형 상태에서 막 안쪽의 상대적인 전압은 −90 mV이다. **(b)** 인공막이 Na^+ 이온에 대해 선택적인 투과성을 가지며, 안쪽 챔버의 Na^+ 농도가 바깥쪽보다 10배 낮다. 이 경우 평형 상태에서 안쪽의 상대적인 전압이 +62 mV이다.

▼ 그림 33.8

MAKE CONNECTIONS

이온의 흐름과 농도기울기

세포의 막을 통과하는 이온의 흐름은 동물(실질적으로 모든 살아 있는 것들)의 기본적인 활성이다. 이온 농도기울기를 형성함으로써 이루어지는 이온 수송은 유기체의 간질액 내의 염분과 기체의 조절에서부터 자신이 처한 환경을 인지하고 이동하는 데 이르기까지 다양한 작용에 대한 에너지원으로 사용될 수 있는 위치에너지를 제공한다.

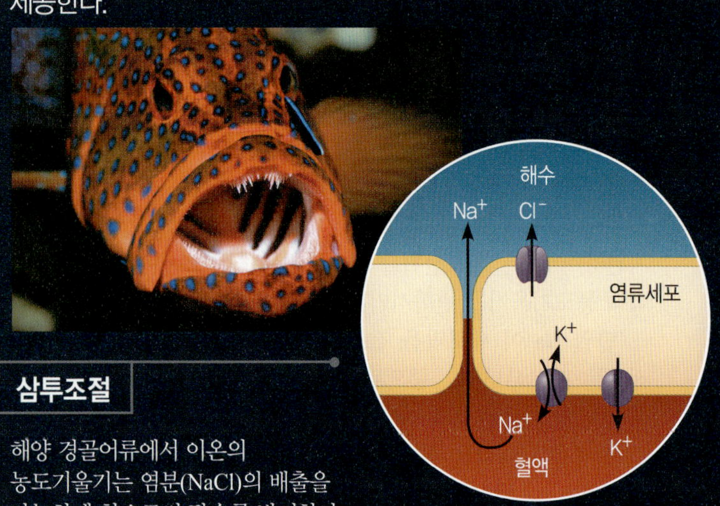

삼투조절

해양 경골어류에서 이온의 농도기울기는 염분(NaCl)의 배출을 가능하게 함으로써 탈수를 방지한다. 아가미에서 특화된 염류세포(chloride cell)의 펌프, 공동수송체와 이온통로가 함께 작용하여 혈액으로부터 주변의 해수로 염류를 배출시킨다.

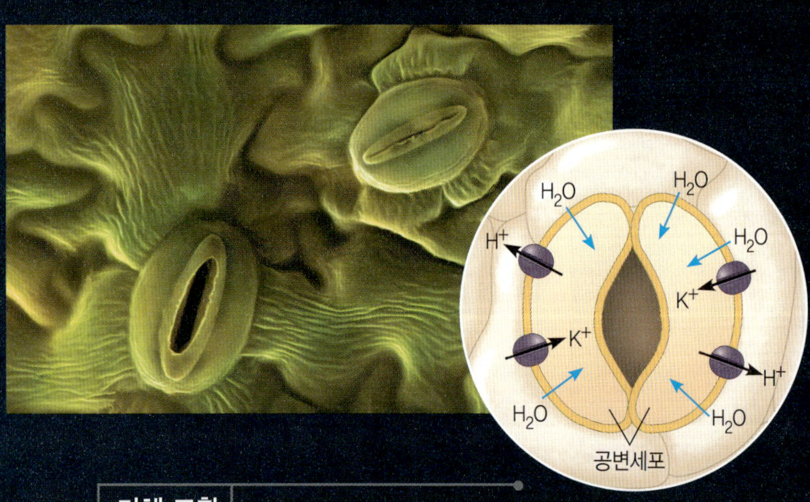

기체 교환

이온 농도기울기는 식물의 기공이 주변에 분포하는 공변세포(guard cell)에 의해서 열리는데 기여한다. 공변세포 밖으로 수소이온(H^+)이 능동수송되면 막전위가 생성되어 K^+ 이온이 세포 내로 이동된다. K^+의 유입은 삼투에 의한 물의 세포내 유입을 유도하여 공변세포의 형태를 활처럼 변화시키고 그 결과 기공이 열린다.

정보처리

신경세포에서 신경충격의 형태로 이루어지는 정보전달은 소듐 혹은 다른 이온들에 선택성을 가진 이온통로가 열리고 닫힘으로써 가능하다. 이온통로가 열리고 닫힘에 따라서 만들어지는 신호들은 신경계가 입력을 받고 처리하여 그림에서 보는 것처럼 개구리가 먹이를 잡기 위해서 도약하는 것처럼 적절한 출력을 만들어 내도록 한다.

이동

H^+ 이온의 농도기울기는 세균의 편모의 동력이 된다. 전자전달계는 이 경사를 생성해서 세균의 바깥쪽에 H^+의 농도가 높게 만든다. 수소이온은 세포 안으로 재진입하면서 편모모터를 회전시킨다. 모터가 돌면 구부러진 고리를 돌려서 부착된 필라멘트가 세포를 추진시키도록 한다.

개념 33.3

활동전위는 축삭을 통해서 전달되는 신호이다

청자고둥에 의해서 감지되는 물고기의 냄새와 같은 자극에 대해 신경세포가 반응하면, 신경세포의 막전위가 변화된다. 전기적 세포내 기록법을 이용하여 하나의 신경세포에서 실시간으로 변화되는 막전위를 측정할 수 있다**(그림 33.9)**. 이러한 그래프는 신경세포에 의한 정보의 전달 과정을 분석하는 데 매우 도움이 된다.

자극이 어떻게 막전위를 변화시키는가? 어떤 이온통로는 자극에 의해서 열리고 닫힘이 조절되는 **개폐성 이온통로(gated ion channel)**이다. 개폐성 이온통로의 여닫힘은 특정 이온에 대한 막의 투과성을 변화시킨다**(그림 33.10)**. 이 변화는 결과적으로 막전위를 변화시킨다.

특별한 유형의 개폐성 이온통로는 서로 다른 자극에 반응한다. 예를 들어, 그림 33.10은 **전압개폐성 이온통로(voltage-gated ion channel)**을 보여주고 있는데, 이 이온통로는 신경세포의 세포막 전위의 변화에 반응하여 열리고 닫힌다. 이 장의 후반부에서 화학적 신호에 의해서 조절되는 신경세포의 개폐성 이온통로에 대해서 알아볼 것이다.

과분극과 탈분극

이제 자극에 의해서 전압개폐성 이온통로가 열리면 무슨 일이 일어날지 알아보도록 하자. 휴지 상태의 신경세포에서 개폐성 포타슘 통로가 열리면 K^+에 대한 막투과성이 증가한다. 그 결과, K^+의 세포 밖으로의 확산이 증가해서 막전위는 E_K(37°C에서 −90 mV)

▼ 그림 33.9 연구 방법

전기적 세포내 기록법

적용 전기생리학자들은 신경세포 등에서 전기적 세포내 기록법을 이용하여 막전위를 측정한다.

방법 유리 모세관으로 만든 미세전극을 전류를 흐르게 할 수 있는 수용액으로 채운다. 전극의 한쪽은 매우 가늘게 뽑아서 지름이 1 μm 정도에 불과하다. 현미경 하에서 미세조작기를 이용하여 전극을 세포에 삽입한다. 전압측정계를 통해서 세포 안에 삽입된 미세전극과 세포외 용액에 있는 기준전극 사이의 전압을 측정한다.

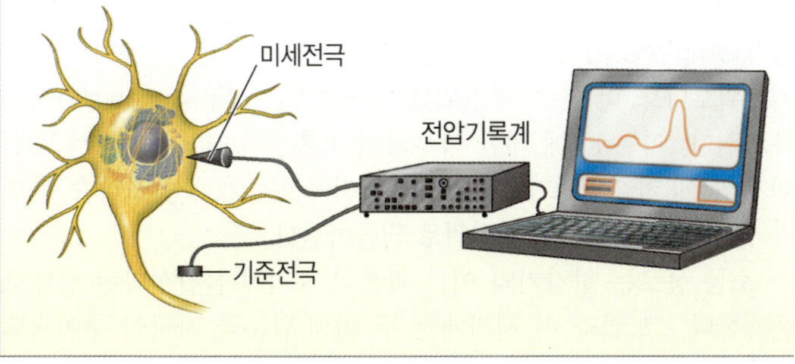

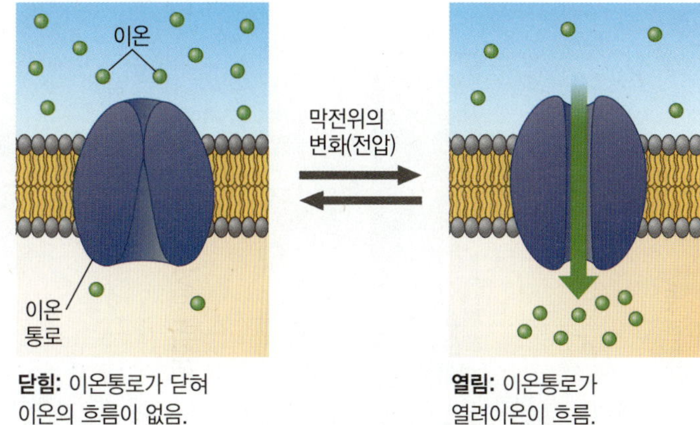

닫힘: 이온통로가 닫혀 이온의 흐름이 없음.

열림: 이온통로가 열려이온이 흐름.

▲ 그림 33.10 전압개폐성 이온통로. 한쪽 방향(오른쪽 화살표 방향)으로 막전위가 변화하면 이온통로가 열린다. 반대 방향(왼쪽 화살표 방향)으로 변화하면 이온통로가 닫힌다.

에 가까워진다. 이러한 변화를 **과분극(hyperpolarization)**이라 하며 세포 안을 더욱 음전하를 띠게 만들고 막전위를 크게 만든다**(그림 33.11a)**. 휴지 상태의 신경세포에서 과분극은 양이온의 유출이나 음이온의 유입을 증가시키는 자극에 의해서 일어난다.

휴지 상태의 신경세포에서는 포타슘 통로가 열리면 막전위는 과분극되지만, 다른 종류의 이온통로가 열려서 세포 내가 음전하를 덜 띠게 되기도 한다**(그림 33.11b)**. 막전위의 크기가 작아지는 이러한 현상을 **탈분극(depolarization)**이라 한다. 신경세포에서 탈분극 현상은 개폐성 소듐 통로를 통해서 일어나는 경우가 많다. 휴지 상태의 신경세포에 주어진 자극에 의해서 개폐성 소듐 통로가 열리면 Na^+에 대한 막투과성이 증가한다. 농도기울기를 따라서 Na^+이 세포 안으로 확산되어 들어오면 막전위가 E_{Na}(37°C에서 +62 mV)에 가까워져서 탈분극이 유도된다.

차등 전위와 활동전위

그림 33.11a에서처럼 때때로 과분극과 탈분극에 대한 반응은 단순한 막전위의 변화일 수 있다. 이러한 변화를 **차등 전위(graded potential)**라고 부르는데, 막전위의 변화 정도가 자극의 크기에 의해서 결정된다. 즉, 큰 자극일수록 막투과성에 큰 변화를 주게 되고 결과적으로 막전위의 변화도 크다. 차등 전위에 의해 유도되는 작은 크기의 전류는 막을 따라 전달되는 과정 중에 세포 밖으로 누전된다. 따라서 차등 전위는 발생지점으로부터 멀어짐에 따라 소멸된다.

만일 탈분극이 막전위를 충분히 변화시키면, 결과적으로 막전위가 큰 폭으로 급격하게 변화하는 **활동전위(action potential)**가 유도될 수 있다**(그림 33.11c)**. 차등 전위와는 달리 활동전위는 항상 일정한 크기를 갖으며 이웃한 막상에서 또 다른 활동전위를 재생시킨다. 따라서 활동전위는 축삭을 따라서 퍼져나감으로써 먼 거리까지 신호를 전달하는 데 적합하다.

활동전위의 생성은 신경세포가 전압개폐성 이온통로(voltage-gated ion channel)를 가지고 있기 때문에 가능하다. 그림 33.10에

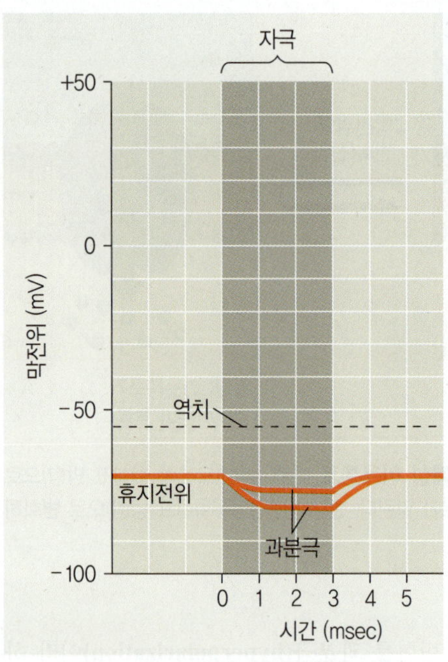

(a) K⁺에 대한 막투과성의 증가를 야기하는 두 자극에 의해서 막전위의 차등적인 과분극이 이루어진다. 큰 자극은 큰 과분극을 야기한다.

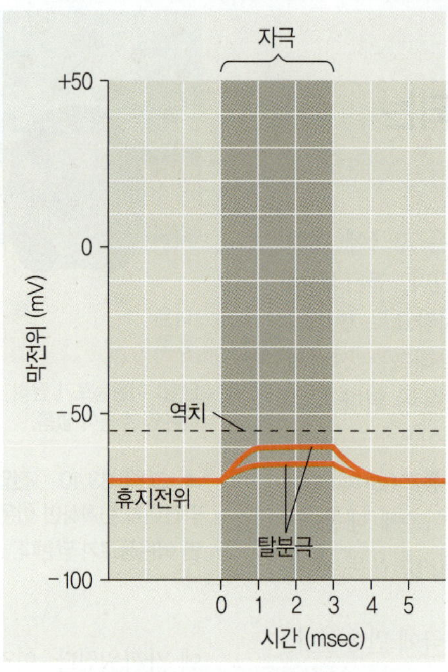

(b) Na⁺에 대한 막투과성의 증가를 야기하는 두 자극에 의해서 차등적인 탈분극이 이루어진다. 큰 자극은 큰 탈분극을 유도한다.

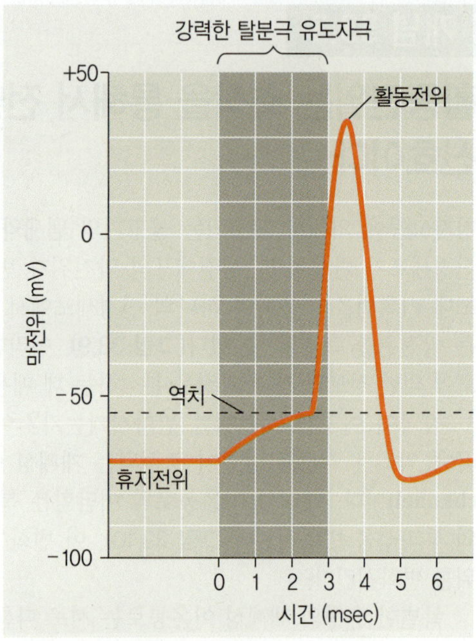

(c) 탈분극이 역치값에 도달하면 활동전위를 생성한다.

▲ **그림 33.11 신경세포의 차등 전위와 활동전위**

서와 같이 전압개폐성 이온통로는 막전위가 특정 수준에 도달하면 열리거나 닫힌다. 탈분극에 의해 전압개폐성 소듐 통로가 열리면 신경세포 안으로 Na^+이 유입되어 막전위가 더욱더 탈분극된다. 소듐 통로는 전압개폐성으로 열리기 때문에 더욱 탈분극된 막전위에 의해서 더 많은 소듐 통로가 열려서 세포 안쪽으로 훨씬 더 큰 전류가 흐르게 된다. 이러한 양성되먹임(positive-feedback) 현상에 의해서 많은 소듐 통로가 매우 빠른 속도로 동시에 열리게 되고, 막전위가 현저하게 일시적으로 변화되는 활동전위가 유도된다.

활동전위는 막전위가 탈분극에 의해 **역치(threshold)**라는 특정 값에 이르면 발생한다(그림 33.11c). 일단 활동전위가 개시되면 그 크기는 자극의 세기와 무관하다. 즉, 활동전위는 자극에 대해 온전히 생성되거나 혹은 전혀 생성되지 않는 현상인 실무율(all-or-none)을 보인다. 활동전위가 실무율에 따른다는 사실은 탈분극이 전압개폐성 소듐 통로를 열면 막전위가 더욱 탈분극됨을 의미한다. 막전위가 일단 역치값에 이르면 탈분극과 이온통로의 열림이 서로 양성되먹임하면서 활동전위를 촉발하게 된다. 여러 포유류 신경세포에서 이 역치는 약 −55 mV 정도이다.

활동전위 생성의 기작: 자세히 보기

활동전위 그래프 특유의 형태는 전압개폐성 소듐 통로와 포타슘 통로를 통한 이온의 흐름이 만들어내는 막전위의 큰 변화를 보여준다(그림 33.11c). 이 두 유형의 이온통로는 모두 탈분극에 의해서 열리지만 순차적이고 독립된 반응을 한다. 소듐 통로가 먼저 열려 활동전위를 개시한다. 활동전위가 진행됨에 따라서 소듐 통로의 고리형태인 단백질 일부가 통로를 막으면 소듐 통로는 불활성화된다. 불활성화된 소듐 통로는 막전위가 휴지 상태로 돌아가기 전까지는 불활성화된 상태로 머물게 된다. 포타슘 통로는 소듐 통로보다 천천히 열리지만 활동전위가 종료될 때까지 열린 상태로 머물러 있다.

전압개폐성 이온 통로가 어떻게 활동전위의 형태를 결정하는지 더 알아보기 위해서, 활동전위를 각 단계로 나누어 살펴보도록 하자(그림 33.12). ❶ 축삭의 막전위가 휴지전위일 때 대부분의 전압개폐성 소듐 통로는 닫혀 있다. 일부 포타슘 통로는 열려 있으나 대부분의 전압개폐성 포타슘 통로는 닫혀 있다. ❷ 자극이 막을 탈분극시키면 개폐성 소듐 통로가 열려서 Na^+이 세포 내로 유입되어 막전위를 더욱 탈분극시키고, 이에 따라서 더 많은 소듐 통로가 열려서 더욱 많은 Na^+이 세포 내로 유입된다. ❸ 일단 막전위가 역치값을 지나면 양성되먹임의 순환은 빠르게 막전위를 E_{Na}에 이르게 한다. 이 단계를 상승기(rising phase)라고 한다. ❹ 두 작용으로 인해 막전위가 실질적인 E_{Na}까지 이르지 못한다. 즉, 전압개폐성 소듐 통로는 열리자마자 불활성화 되어 Na^+ 유입이 멈추는 한편, 대부분의 전압개폐성 포타슘 통로가 열려 K^+ 유출이 일어난다. 이러한 두 작용은 막전위를 다시 E_K로 되돌린다. 이 시기를 하강기(falling phase)라고 한다. ❺ 활동전위의 마지막 단계에서는 휴지전위보다도 더 낮은 막전위까지 내려가는 과분극(undershoot)이 유도된다. 이는 K^+에 대한 막투과성이 휴지기보다 높아져서 막전위가 E_K에 가까워지기 때문이다. 마지막에는 개폐성 포타슘 통로가 닫히고 막전위는 휴지전위로 되돌아간다.

소듐 통로는 하강기와 이른 과분극 시기에 불활성화된 상태로 존재한다. 그 결과 이 시기에는 두 번째 탈분극 자극이 주어져도

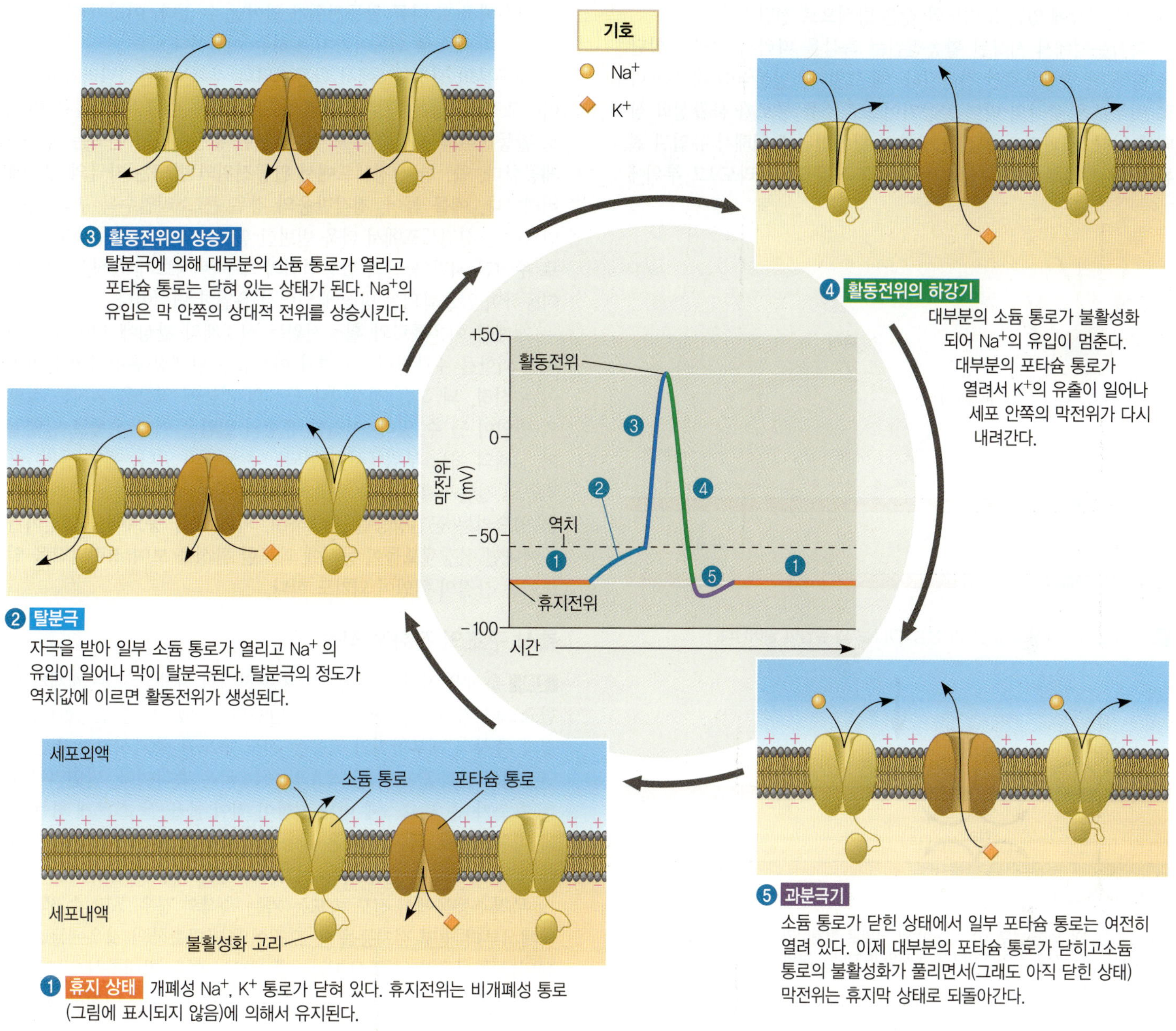

▲ 그림 33.12 **활동전위의 생성에 있어서 전압개폐성 이온통로의 역할.** 중앙의 그래프상에 표시된 동그라미상의 숫자와 여러 색깔로 표시된 활동전위의 각 단계별로 전압개폐성 소듐과 포타슘 이온통로의 역할이 다섯 도표에서 설명되어 있다.

활동전위가 유도되지 않는다. 이처럼 활동전위 직후에 활동전위를 재개할 수 없는 시기를 **불응기(refractory period)**라 한다. 불응기는 활동전위가 생성될 수 있는 최대 빈도를 제한하는 역할을 한다. 또한 불응기로 인해 신호가 세포체에서 축삭의 말단 쪽으로 한 방향으로만 전달된다.

불응기의 원인이 이온의 농도기울기의 변화에 의한 것이 아니라 소듐 통로의 불활성화에 기인함을 주목하라. 활동전위 동안 발생하는 전하의 이동량은 매우 적어서 막 안팎의 이온 농도의 변화는 없다.

활동전위의 전도

지금까지 하나의 활동전위가 생성되기까지의 과정을 살펴보았고, 이제 일련의 활동전위들이 어떻게 축삭을 따라서 이동하는지 살펴보고자 한다. 활동전위가 최초로 생성되는 지점(일반적으로 축삭둔덕)에서 Na^+의 유입이 시작되면 바로 이웃한 축삭의 막이 탈분극된다(그림 33.13). 탈분극의 크기가 역치 이상에 이르게 되면 활동전위는 축삭의 이웃한 부위에서 다시 시작된다. 이 과정은 축삭의 길이 방향을 따라 수없이 반복된다. 활동전위는 실무율을 따르기 때문에 활동전위의 크기와 지속시간은 축삭의 위치에 상관없이 항상 동일하다. 그 결과 신경충격은 세포체로부터 축삭 말단으로 마치 한 선상에 있는 도미노와 같은 방식으로 전달된다.

축삭둔덕에서 시작된 활동전위는 축삭을 따라서 시냅스 말단을 향해 한 방향으로만 진행된다. 왜 그럴까? 탈분극이 지나간 바로 뒷부분은 축삭의 막이 불응기이므로 소듐 통로가 불활성화 상태에 있다. 결과적으로 진행 방향의 활동전위에 의해서 유입된 전류가 바로 뒷부분의 축삭에서 탈분극을 유도하더라도 그 부위에서 연속해서 또 다른 활동전위가 일어날 수 없다. 이것이 활동전위가 세포체 쪽으로 되돌아가지 못하는 이유이다.

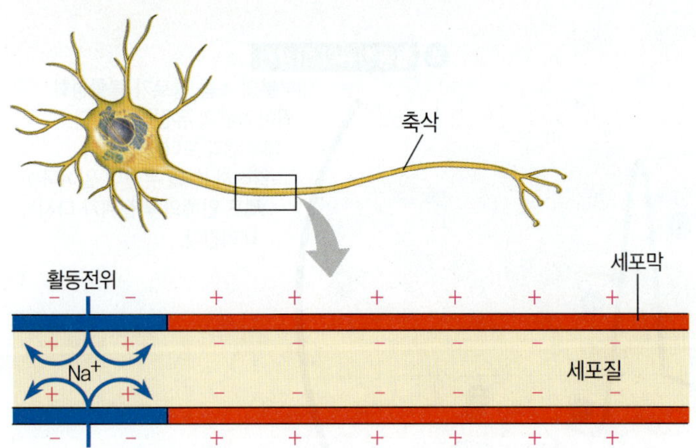

1 막의 한 부위에서 활동전위가 생성되어 Na^+의 유입이 일어난다.

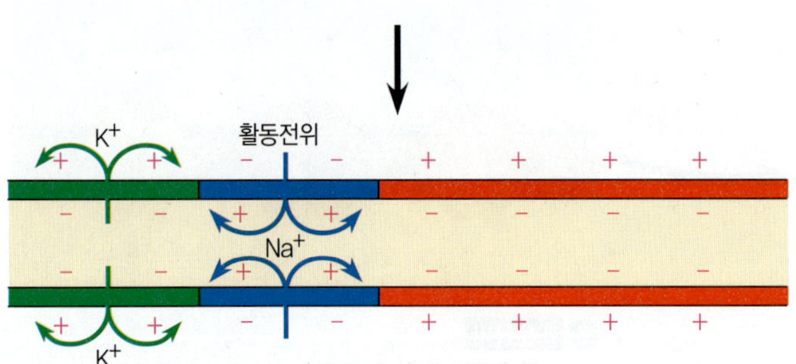

2 활동전위에 의한 탈분극이 이웃한 막 부위로 퍼져나가면서 그 부위에서 새로운 활동전위를 일으킨다. 활동전위가 지나온 부위의 막은 K^+의 유출로 인해 재분극된다.

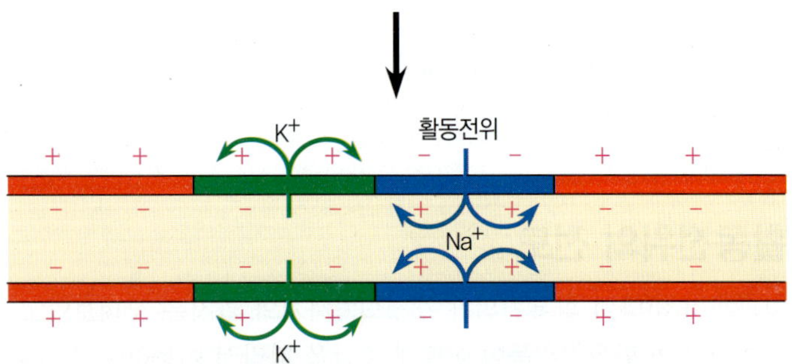

3 이와 같은 탈분극-재분극의 과정이 다음 막 부위에서도 반복된다. 이런 방법으로 세포막을 사이에 두고 발생하는 국부적인 전류는 활동전위가 축삭의 말단까지 이동할 수 있게 한다.

▲ **그림 33.13 활동전위의 전도.** 활동전위가 왼쪽에서 오른쪽으로 진행되면서 연속적인 시간에 따라 축삭에서 일어나는 변화를 보여주고 있다. 축삭의 각 지점에서 전압개폐성 이온통로들은 그림 33.12에서 묘사된 대로 연속적인 활성의 변화를 겪는다. 막 주위에 다르게 표시된 색깔은 그림 33.12의 활동전위의 각 단계에 해당된다.

대부분의 신경세포에서 활동전위의 지속시간은 2밀리초(msec) 이하로 매우 짧기 때문에 신경세포는 1초에 수백 번의 높은 빈도로 활동전위를 생성할 수도 있다. 또한 활동전위의 빈도는 정보를 제공한다. 즉, 한 신경세포에서 활동전위의 빈도는 자극의 세기에 비례한다. 예를 들어, 청각반응의 경우 큰 소리일수록 귀와 뇌를 연결하는 신경세포에서 더욱 빈번한 활동전위를 발생시킨다. 실제로 주어진 시간 동안의 활동전위의 개수는 정보가 축삭을 따라서 이동하며 암호화되는 방식에 있어서 유일한 변수이다.

개폐성 이온통로와 활동전위는 신경계의 활성에 있어서 중추적인 역할을 수행한다. 그 결과 이온통로 단백질 유전자의 돌연변이는 신경, 뇌 혹은 심장이나 근육의 기능에 영향을 미치는 질환의 원인이 될 수 있다. 이러한 유형의 질환은 이 이온통로 단백질이 신체의 어느 부위에서 발현되느냐에 달려 있다. 예를 들면, 골격근의 전압개폐성 소듐 통로의 돌연변이는 주기적인 근육의 경련을 일으키는 근긴장증을 초래하며, 뇌의 소듐 통로에 돌연변이가 일어나면 신경세포들이 동시에 과도한 활성을 보여 경련발작을 일으키는 간질의 원인이 되기도 한다.

축삭 구조의 진화적 적응

진화 축삭을 따라서 진행되는 활동전위의 전달 속도는 개체가 위험요소나 기회에 얼마나 빠르게 반응할 수 있느냐를 결정한다. 그 결과 축삭의 해부학적인 적응은 전도 속도를 증가시키기 위한 자연선택의 결과물이다. 한 적응의 예는 굵은 축삭이다. 단면적이 넓은 호스가 좁은 호스에 비해 저항이 적어 물을 잘 흐르게 하는 것과 마찬가지로 굵은 축삭은 활동전위에 의해 발생하는 전류에 대해 가는 축삭보다 훨씬 작은 전기적 저항을 제공한다.

무척추동물에서 전도 속도는 가는 축삭의 경우 초당 수 센티미터에서부터 몇몇 절지동물 및 오징어의 거대축삭의 경우에는 초당 30미터에 이른다. 지름이 1 mm에 이르는 이들 거대축삭은 오징어가 근육을 움직여 먹이를 향해 빠르게 돌진하는 등 민첩한 행동이 요구되는 경우에 관여한다.

척추동물의 축삭은 그 지름이 매우 작으나 매우 빠른 속도로 활동전위를 전달할 수 있다. 이것이 어떻게 가능할까? 척추동물의 축삭이 빠른 전도를 할 수 있게 된 진화적 적응은 플라스틱 절연체가 전기선을 감싸고 있는 것과 유사한 축삭의 전기적 절연이다. 절연은 활동전위와 관련된 탈분극 전류가 축삭의 내부를 따라 더 멀리까지 보냄으로써 멀리 있는 막의 전위가 보다 빠르게 역치값에 이르게 한다.

척추동물의 축삭을 둘러싼 전기적 절연층을 **수초(myelin sheath)**라 부른다(그림 33.14). 수초는 중추신경계에서는 **희소돌기아교세포(oligodendrocyte)**, 말초신경계에서는 **슈반세포(Schwann cell)**라는 아교세포에 의해서 각각 만들어진다. 발생시기에 이 두 아교세포들은 축삭을 여러 층의 세포막으로 감는다. 세포막에 의해서 형성된 이 층은 대부분 지질로 구성되어 있기 때문에 매우 효과적인 절연체로 작용한다.

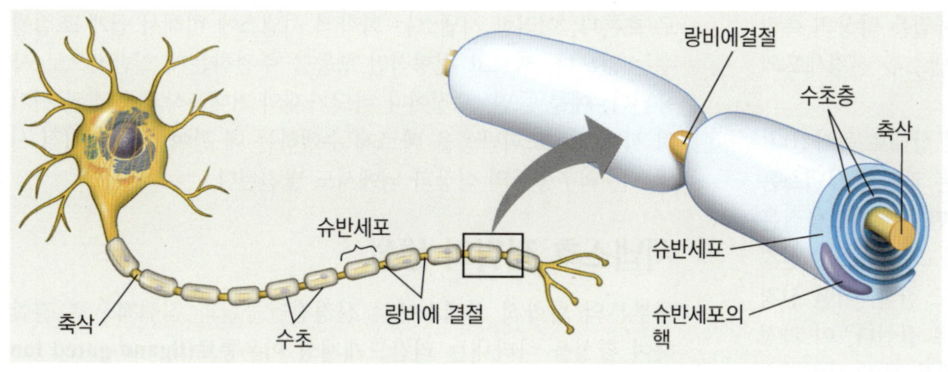

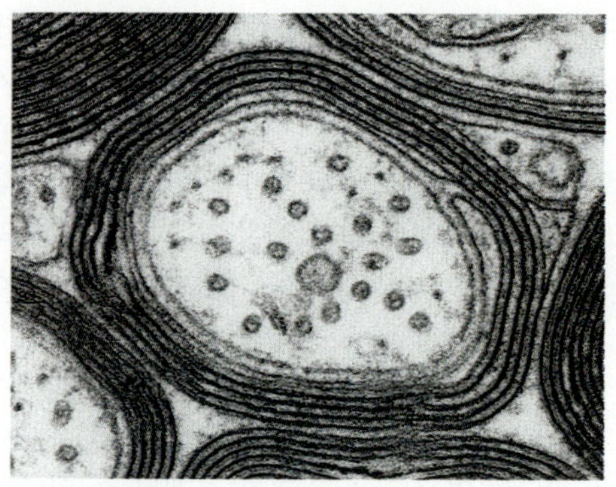

▲ **그림 33.14 슈반세포와 수초.** 슈반세포라 불리는 아교세포는 말초신경계에서 신경세포의 축삭을 둘둘 말아서 수초층을 형성한다. 이웃한 슈반세포와의 간격을 랑비에 결절이라고 부른다. 주사 전자 현미경을 통해서 수초로 둘러싸인 축삭의 단면을 볼 수 있다.

수초로 둘러싸인 축삭에서 전압개폐성 소듐 통로와 전압개폐성 포타슘 통로는 **랑비에 결절(node of Ranvier)**이라고 불리는 수초가 없는 지역에 집중적으로 분포한다(그림 33.14). 수초화된 축삭을 따라 이동하는 활동전위는 결절에서 다음 결절로 도약하는 것처럼 보이기 때문에 이 과정을 **도약전도(saltatory conduction**; *saltare*는 라틴어로 도약의 뜻)라고 한다**(그림 33.15)**. 왜 이런 현상이 일어날까? 세포막이 이 결절에서만 세포외액에 노출되어 있기 때문이다. 그 결과 활동전위는 수초로 둘러싸인 결절 사이의 부위에서는 생성될 수 없다. 반면, 활동전위의 상승기 때 한 결절에서 만들어진 세포 내로 흐르는 전류는 다음 결절로 이동하여 막전위를 탈분극시키고 활동전위를 재생시킨다. 따라서 시간을 필요로 하는 과정인 이온통로가 열리고 닫히는 현상이 축삭의 일부분에서만 일어나므로 활동전위의 전도가 수초화된 축삭에서는 보다 빠르게 이루어진다. 직경이 20 μm인 수초화된 축삭은 40배 이상 굵은 오징어의 거대축삭에 비해 더 빠른 전도 속도를 보인다. 이러한 이유 때문에 수초화된 축삭은 공간을 절약할 수 있다. 2,000여개의 수초화된 축삭은 단 하나의 거대축삭의 공간에 들어 찰 수 있다.

수초화의 유무를 불문하고 활동전위가 축삭을 따라서 축삭의 말단에 도착하면, 정보를 다른 세포로 넘겨주는 다음 단계의 신경전달이 이루어진다.

개념 33.4

신경세포는 시냅스를 통해서 다른 세포에 신호를 전달한다

대부분의 경우 활동전위가 신경세포로부터 다른 세포로 직접 전달되지 않음에도 불구하고 정보는 다른 신경세포로 전달되는데, 이러한 정보전달이 이루어지는 곳이 시냅스이다.

대부분의 시냅스는 **화학적 시냅스(chemical synapse)**인데, 이러한 유형의 시냅스는 시냅스전 신경세포에서 분비되어 표적세포에 정보를 전달하는 화학적 신경전달물질에 의존한다. 휴지 상태의 시냅스전 신경세포는 시냅스말단에서 신경전달물질을 합성하여 **시냅스 소포(synaptic vesicle)**라고 불리는 막상의 구조물에 저장한다. 활동전위가 시냅스에 도달되면, 시냅스 말단의 세포막이 탈분극되어 전압개폐성 칼슘 통로가 열려서 Ca^{2+}이 세포 안으로 유입된다**(그림33.16)**. 말단에서 Ca^{2+}의 농도가 높아지게 되면 시냅스 소포가 말단 세포막과 융합하여 신경전달물질이 세포 밖으로 방출된다.

일단 방출된 신경전달물질은 시냅스전 신경세포와 시냅스후 신경세포 사이의 좁은 간격인 **시냅스틈(synaptic cleft)**으로 확산된다. 시냅스틈의 거리는 50 nm 이하이기 때문에 확산 속도는 매우

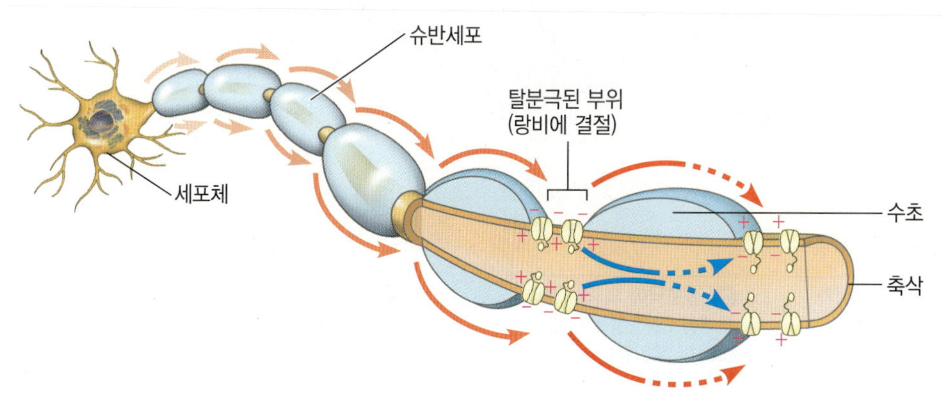

▶ **그림 33.15 도약전도.** 수초화된 축삭에서 활동전위에 의해 발생하는 탈분극 전류는 세포 안쪽을 통해서 결절에서 결절로 직접 전달되어(파란색 화살표) 활동전위를 재생성한다. 따라서 활동전위가 결절에서 결절로 점프하며 축삭을 따라서 이동한다(빨간색 화살표).

빠르다. 시냅스후 신경세포에 도달한 신경전달물질은 막상의 특정 수용체에 결합하여 수용체를 활성화시켜서 시냅스후 신경세포의 반응을 일으킨다.

화학적 시냅스는 반응이 유도된 후에는 휴지 상태로 돌아간다. 이 과정에서 어떤 일이 일어나는가? 핵심이 되는 과정은 시냅스틈으로부터 신경전달물질이 제거되는 것이다. 어떤 신경전달물질은 시냅스틈으로부터 확산에 의해서 제거되기도 하고, 시냅스전 신경세포나 아교세포 안으로 들어가서 재순환되기도 한다. 어떤 신경전달물질은 효소에 의해서 불활성화된 조각으로 잘린다. 이 과정을 억제하면 심각한 결과가 초래될 수 있다. 예를 들어 사린가스는 골격근을 조절하는 신경전달물질이 분해되는 것을 저해함으로써 신체를 마비시키고 죽음에 이르게 한다.

화학적 시냅스에서 일어나는 정보전달은 시냅스전 세포에서 방출되는 신경전달물질의 양을 변화시키거나, 혹은 시냅스후 세포의 반응성을 변화시키는 방식으로 변형될 수 있다. 이러한 시냅스 조정은 38장에서 공부하게 될 변화에 반응하여 개체가 행동을 변화시키는 능력의 근간이 되며 학습 및 기억의 기초를 이룬다.

어떤 시냅스는 전기적 시냅스(electrical synapses)인데, 이 경우는 신경전달물질이 아니라 전류의 흐름에 의존한다. 전기적 시냅스에서 전류는 간극연접을 통해서 한 신경세포에서 다른 신경세포로 흐른다. 이러한 시냅스는 화학적 시냅스에 비해서 쉽게 조절될 수는 없으나, 빠르고 전형적인 행동을 주관하는데 일반적으로 사용된다. 예를 들면, 오징어나 바닷가재의 거대축삭과 연결된 전기적 시냅스는 도피반응을 빠르게 수행하는 데 관여한다. 전기적 시냅스는 척추동물의 심장과 뇌에서도 발견된다.

시냅스후 전위의 생성

대부분의 화학적 시냅스에서 신경전달물질과 직접적으로 결합하여 활성을 나타내는 **리간드개폐성 이온통로(ligand-gated ion channel)**는 **이온성 수용체**(ionotropic receptor)라고도 불린다. 이 수용체들은 시냅스전 신경세포의 시냅스 말단과 맞닿아 있는 시냅스후 신경세포의 세포막에 집중적으로 분포한다. 신경전달물질(수용체의 리간드)이 이온통로인 수용체의 특정 부위에 결합하면 이온통로가 열려서 특정 이온이 시냅스후 신경세포의 막을 통과한다. 그 결과 시냅스후 신경세포의 막전위가 변화하여 차등 전위 형태인 **시냅스후 전위**(postsynaptic potential)가 생성된다.

어떤 시냅스에서는 신경전달물질이 Na^+과 K^+을 동시에 통과시킬 수 있는 이온통로와 결합하여 통로를 연다(그림 33.16). 이 이온통로가 열리면 시냅스후 신경세포는 대략 E_{Na}와 E_K의 중간 값 정도에 이를 때까지 탈분극된다. 이러한 탈분극은 막전위를

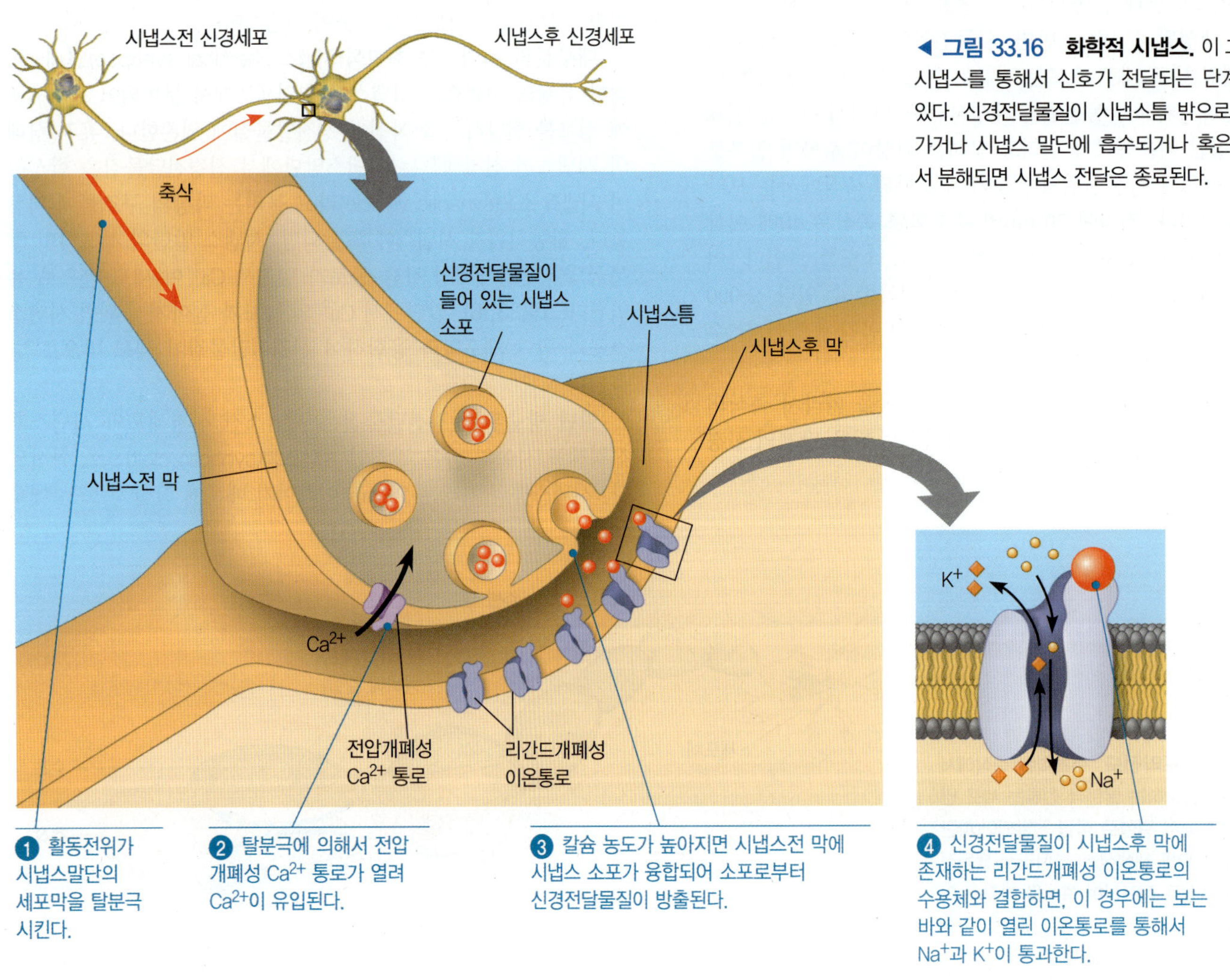

◀ **그림 33.16 화학적 시냅스.** 이 그림은 화학적 시냅스를 통해서 신호가 전달되는 단계를 보여주고 있다. 신경전달물질이 시냅스틈 밖으로 확산되어 나가거나 시냅스 말단에 흡수되거나 혹은 효소에 의해서 분해되면 시냅스 전달은 종료된다.

역치값에 이르게 하므로 이를 **흥분성 시냅스후 전위(excitatory postsynaptic potential, EPSP)**라 부른다.

어떤 시냅스에서는 리간드개폐성 이온통로가 K^+이나 Cl^-에 대한 투과성을 가진다. 이러한 이온통로가 열리면 시냅스후 막이 과분극된다. 이런 방식으로 생성된 과분극은 막전위를 역치값으로부터 멀어지게 하기 때문에 **억제성 시냅스후 전위(inhibitory postsynaptic potential, IPSP)**라고 부른다.

시냅스후 전위의 합

수많은 흥분성, 억제성 입력 사이의 상호작용은 신경계에서 일어나는 통합 과정의 본질이다. 하나의 시냅스후 신경세포는 세포체와 수상돌기를 통해서 수백, 때로는 수천 개의 시냅스 말단과 연접한 화학적 시냅스로부터 입력신호를 받는다(그림 33.17). 어떻게 이처럼 많은 시냅스들이 정보전달에 기여하는가?

개개의 시냅스로부터 오는 입력은 일반적으로 시냅스후 신경세포의 반응을 일으키기에는 불충분하다. 그 이유를 알아보기 위해서 단 하나의 시냅스에서 생성된 EPSP를 생각해보자. 단계적 전압인 이 EPSP는 시냅스로부터 멀어짐에 따라서 그 크기가 점차로 작아진다. 따라서 이 EPSP가 축삭둔덕에 이를 때쯤이면 시냅스후 신경세포에서 활동전위를 생성시키기에는 그 크기가 항상 작다(그림 33.18a).

어떤 경우에는 개개의 시냅스후 전위가 합쳐져서 보다 큰 시냅스후 전위를 만드는데, 이것을 시냅스 전위의 **가중(summation)**이라고 한다. 예를 들어 두 차례의 EPSP가 한 시냅스에서 빠르게 연속적으로 발생할 수 있다. 즉, 시냅스후 막전위가 휴지전위로 미처 돌아가기 전에 두 번째 EPSP가 발생하는 경우 EPSP의 중첩이 일어나는데, 이를 시간적 가중(temporal summation)이라 한다(그림 33.18b). 여러 EPSP가 다른 시냅스를 통해서 동시에 만들어져도 합쳐지는 효과를 보이는데 이를 공간적 가중(spatial summation)이라 한다(그림 33.18c).

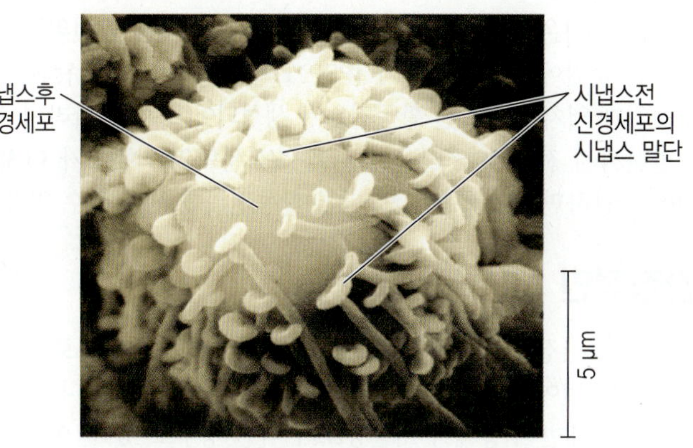

▲ 그림 33.17 **시냅스후 신경세포에 연접한 시냅스 말단**(채색된 주사 전자 현미경 사진)

이러한 가중 현상은 IPSP 경우에도 동일하게 적용된다. 두 차례 혹은 그 이상의 IPSP가 서로 가까운 시냅스에서 거의 동시에 발생하거나 동일한 시냅스에서 매우 연속적으로 일어날 경우 하나의 IPSP에 비해 훨씬 큰 과분극 효과를 보인다. 이러한 공간적 가중 혹은 시간적 가중을 통해서 IPSP는 EPSP 효과를 상쇄할 수 있다(그림 37. 18d).

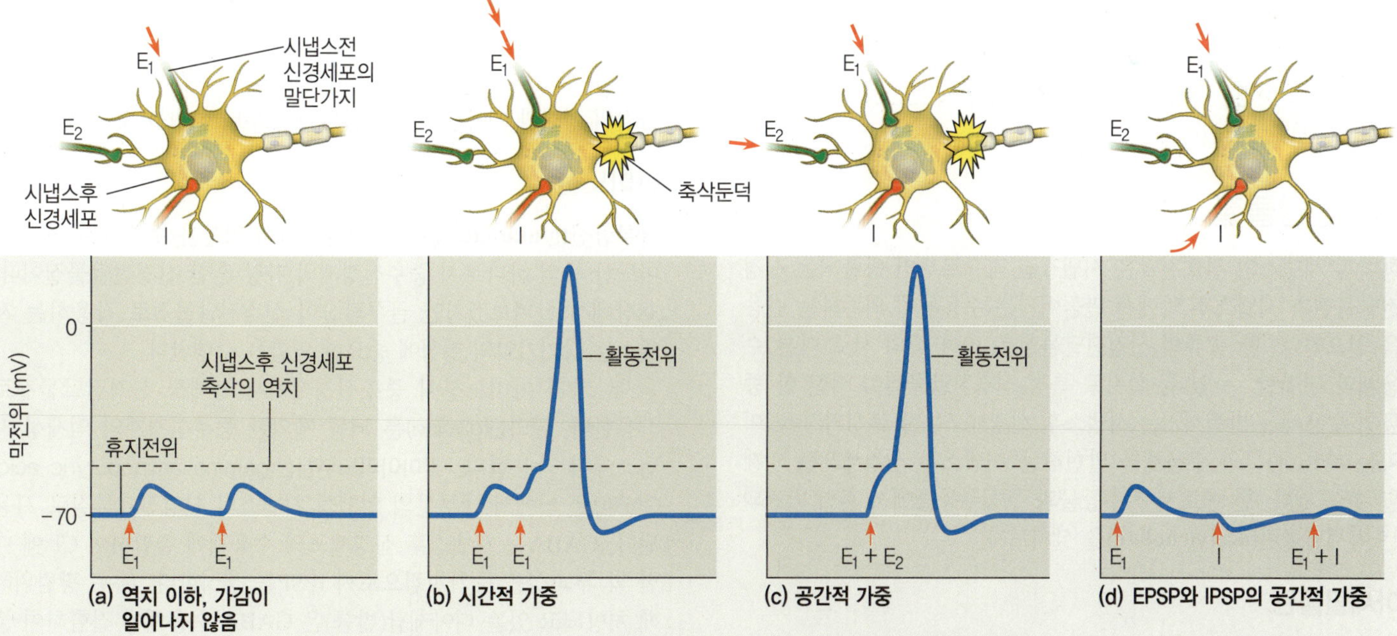

▲ 그림 33.18 **시냅스후 전위의 가중.** 이 그래프들은 시냅스후 신경세포의 축삭둔덕에서 막전위의 변화를 보여주고 있다. 화살표는 두 흥분성 시냅스(E_1과 E_2, 도표의 위에 있는 그림에서 녹색으로 표시된 부분)와 하나의 억제성 시냅스(I, 빨간색)에 시냅스후 전위가 도달한 시간을 나타낸다. 대부분의 EPSP가 그러하듯이 E_1과 E_2는 합쳐지지 않으면 축삭둔덕에서 활동전위를 생성하지 못한다.

축삭둔덕은 신경세포의 통합센터로서 이 지역의 막전위는 어느 주어진 순간에 모든 EPSP와 IPSP가 합쳐진 값이다. 축삭둔덕의 막전위가 역치에 이르면 활동전위가 생성되어 축삭을 따라서 시냅스말단까지 전달된다. 불응기 후에 축삭둔덕의 막전위가 다시 역치에 도달하면 신경세포는 또 다른 활동전위를 생성할 수 있다.

간접적인 시냅스전달

지금까지 신경전달물질이 결합하여 직접적으로 이온통로를 개방함으로써 일어나는 화학적 시냅스에 초점을 맞추었으나, 신경전달물질에 대한 수용체가 이온통로가 아닌 경우도 있다. 이러한 시냅스에서 신경전달물질은 G 단백질(G protein) 연결 수용체에 결합하여 2차 신호전달자를 매개로하는 신호전달 경로를 활성화시킨다. 결과적으로 이온통로가 열리고 닫히는 현상은 하나 혹은 그 이상의 대사 단계에 의존하기 때문에 G 단백질 연결 수용체를 대사성 수용체라고도 한다.

G 단백질 연결 수용체는 다양한 방법으로 시냅스후 신경세포의 활성과 반응성을 조절한다. 예를 들어, 노르에피네프린이라는 신경전달물질에 대한 대사성 수용체를 생각해 보자. 노르에피네프린이 G 단백질 연결 수용체와 결합하면 G 단백질을 활성화시키고, 활성화된 G 단백질은 ATP를 고리형 AMP(cAMP)로 변환시키는 효소인 아데닐산 고리화효소(adenylyl cyclase)를 활성화시킨다. 고리형 AMP는 단백질인산화효소 A(protein kinase A)를 활성화시켜 특정 이온통로 단백질을 인산화시킴으로써 이온통로의 열리고 닫힘을 조절한다. 이 신호전달 과정은 증폭효과가 있기 때문에 한 분자의 노르에피네프린은 많은 이온통로의 열리고 닫힘을 유도할 수 있다.

여러 신경전달물질들은 이온성 수용체와 대사성 수용체를 모두 가지고 있다. 리간드개폐성 이온통로에 의한 시냅스후 전위와 비교하면 G 단백질 경로의 의한 효과는 일반적으로 느리게 개시되지만 더 오래 지속된다.

신경전달물질

화학적 시냅스의 신호전달은 시냅스전 막으로부터 방출되는 신경전달물질과 시냅스후 막에서 만들어지는 수용체에 의존하는 반응을 일으킨다. 한 종류의 신경전달물질은 10여 종의 서로 다른 수용체와 결합할 수 있다. 실지로 특정 신경전달물질이 어떤 한 종류의 수용체를 발현시키는 시냅스후 신경세포는 흥분시키지만, 이와는 다른 종류의 수용체를 발현하는 시냅스후 신경세포는 억제할 수도 있다. 한 예로서 척추동물과 무척추동물에서 흔히 발견되는 **아세틸콜린(acetylcholine)**을 살펴보자.

아세틸콜린

아세틸콜린은 근육의 자극, 기억형성과 학습 등 신경계의 기능에 필수적이다. 척추동물의 경우 크게 두 가지 유형의 아세틸콜린 수용체가 존재한다. 한 유형은 리간드개폐성 이온통로이다. 운동신경세포와 골격근 세포가 연접한 부위인 신경근 접합부(neuromuscular junction)의 기능은 매우 잘 알져 있다. 아세틸콜린이 운동신경세포로부터 방출되면 리간드개폐성 이온통로인 아세틸콜린 수용체에 결합하여 이온통로가 열려서 EPSP를 생성한다. 이러한 흥분성 작용은 시냅스틈에 존재하는 아세틸콜린 에스터라아제(acetylcholinesterase)라는 효소에 의해 신경전달물질이 비활성 형태로 가수분해되면 소멸된다.

아세틸콜린에 대한 G 단백질 연결 수용체는 척추동물의 뇌와 심장에서 발견된다. 심근에서 신경세포에 의해 분비된 아세틸콜린은 신호전달 경로를 활성화한다. 이 경로상의 G 단백질은 아데닐산 고리화효소를 저해하고 근세포막의 포타슘 통로를 연다. 따라서 아세틸콜린은 심장근육에서는 흥분성이 아니라 억제성으로 작용한다.

신경계에 지대한 영향을 미치는 몇몇 화학물질들은 아세틸콜린의 기능을 변형시키거나 모방한다. 담배와 담배 연기에서 발견되는 화학물질인 니코틴은 중추신경계의 이온성 아세틸콜린 수용체에 결합하여 각성작용을 한다. 이미 앞에서 언급한 바와 같이 사린가스는 아세틸콜린을 분해하는 효소활성을 억제한다. 세 번째 예로 보튤리눔 독은 아세틸콜린이 시냅스전 세포로부터 방출되는 것을 억제한다. 그 결과 보튤리즘으로 불리는 식중독을 일으킨다. 보튤리즘이 적절히 처치되지 못해서 아세틸콜린의 분비가 억제되면 호흡을 하기 위해서 필요한 근육조차 수축할 수 없어서 매우 치명적일 수 있다. 오늘날, 보튤리눔 독은 보톡스라는 상표로 특정 얼굴근육을 조절하는 시냅스의 신호전달을 억제함으로써, 눈 혹은 입 주변의 잔주름 형성을 최소화는 화장기법으로 사용되고 있다.

여러 역할을 하는 아세틸콜린은 100가지가 넘게 알려진 신경전달물질 중의 하나이다. 표 33.2에서 보는 바와 같이 이들 신경전달물질들은 아미노산, 생체아민, 신경펩타이드, 기체 등의 네 종류로 분류할 수 있다. 이 장의 나머지 부분에서는 각 유형의 신경전달물질의 성질과 기능을 척추동물의 예로부터 살펴볼 것이다.

아미노산

글루탐산(glutamate)은 신경전달물질의 역할을 수행하는 여러 아미노산 중의 하나로서 중추신경계의 가장 흔한 신경전달물질이다. 38장에서 살펴보겠지만 글루탐산이 신경전달물질로 작용하는 시냅스는 장기기억의 형성에 중요한 역할을 수행한다.

두 가지 아미노산이 중추신경계에서 억제성 신경전달물질로 작용한다. **글리신(glycine)**은 뇌를 제외한 중추신경계의 억제성 시냅스에서 작용한다. **감마아미노부틸산(gamma aminobutyric acid, GABA)**은 뇌에서 대부분의 억제성 시냅스의 신경전달물질로 사용된다. GABA는 시냅스후 신경세포의 수용체에 결합하여 Cl^-에 대한 막 투과성을 증가시킴으로써 IPSP를 생성한다. 매우 광범위하게 처방되고 있는 디아제팜(발륨)은 GABA 수용체에 결합하여 불안감을 줄여준다.

생체아민

생체아민(biogenic amine)들은 아미노산으로부터 만들어지는 신

표 33.2 주요 신경전달물질

신경전달물질	구조
아세틸콜린	$H_3C-C(=O)-O-CH_2-CH_2-N^+(CH_3)_3$
아미노산	
글루탐산	$H_2N-CH(COOH)-CH_2-CH_2-COOH$
글리신	H_2N-CH_2-COOH
GABA (감마아미노부티르산)	$H_2N-CH_2-CH_2-CH_2-COOH$
생체아민	
노르에피네프린	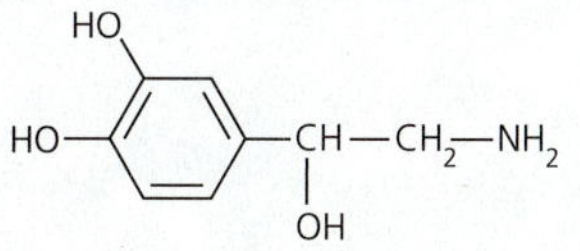 (HO)₂-벤젠고리 $-CH(OH)-CH_2-NH_2$
도파민	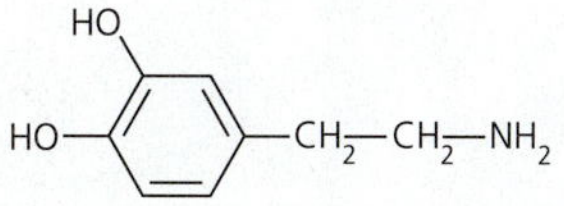 (HO)₂-벤젠고리 $-CH_2-CH_2-NH_2$
세로토닌	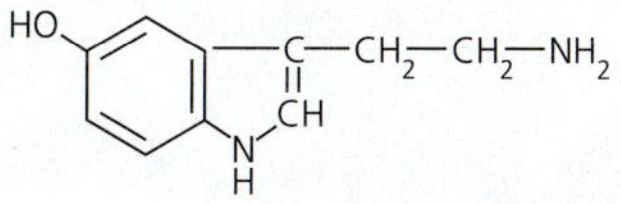 HO-인돌고리 $-CH_2-CH_2-NH_2$
신경펩타이드(매우 다양한 종류가 존재하지만 두 종류만 소개됨)	
물질 P	Arg—Pro—Lys—Pro—Gln—Gln—Phe—Phe—Gly—Leu—Met
Met-엔켈팔린(엔돌핀)	Tyr—Gly—Gly—Phe—Met
기체	
일산화질소	N=O

경전달물질로서 타이로신으로부터 만들어지는 **노르에피네프린**(norepinephrine) 등을 포함한다. 노르에피네프린은 PNS에 속하는 자율신경계 내에서 흥분성 신경전달물질로 작용한다. 신경계 이외의 부위에서 노르에피네프린은 연관된 생체아민인 **에피네프린**(epinephrine)처럼 호르몬으로서 역할을 수행한다.

타이로신으로부터 만들어지는 **도파민**(dopamine)과 트립토판으로부터 합성되는 **세로토닌**(serotonin)은 뇌의 여러 부위에 걸쳐 분비되어, 수면, 분위기, 주의집중, 학습과 연관된 작용에 기여한다. LSD, 메스칼린 등의 정신작용 약물들은 이 신경전달물질들에 대한 수용체와 결합하여 환각작용을 일으키는 것으로 보인다.

생체아민은 몇 가지 신경계 질환과 이들의 치료에 중요한 역할을 한다. 퇴행성 신경질환인 파킨슨병은 뇌의 도파민 결핍과 관련이 있다. 우울증 치료 약물은 뇌에서 노르에피네프린 혹은 세로토닌과 같은 생체아민의 농도를 높인다. 프로작(Prozac)의 경우 분비된 세로토닌의 재흡수를 방지함으로써 세로토닌의 농도를 증가시킨다.

신경펩타이드

비교적 짧은 아미노산 사슬로 이루어진 몇몇 종류의 **신경펩타이드(neuropeptide)**는 세포내 G 단백질 연결 수용체를 경유하여 작용하는 신경전달물질이다. 이러한 펩타이드들은 훨씬 긴 전구 단백질이 작게 잘려져서 만들어진다. 신경펩타이드인 **물질 P**(substance P)는 고통을 인지하는 과정에 중요한 흥분성 신경펩타이드이다. **엔돌핀(endorphin)**이라 불리는 신경펩타이드는 통증을 완화시키는 진통효과가 있다.

엔돌핀은 출산과 같은 육체적 및 정신적 스트레스를 받는 상황에서 뇌에서 생성된다. 엔돌핀은 통증완화뿐만 아니라 오줌의 양을 감소시키고 호흡률을 떨어뜨리며 쾌감을 유도하는 등의 효과를 보인다. 엔돌핀과 흡사한 아편(모르핀이나 헤로인 같은 약물)의 작용은 아편이 직접 엔돌핀 수용체와 결합함으로써 이루어진다.

기체

어떤 중추신경계의 신경세포는 용해된 상태의 기체를 신경전달물질로 분비한다. 예를 들어 사람의 경우, 남성이 성적으로 흥분하면 특정 신경세포로부터 일산화질소(nitric oxide, NO)가 성기의 발기조직으로 방출된다. 그 결과 발기조직 내의 혈관 벽을 구성하는 평활근이 이완되고 혈관이 이완되어 발기조직의 해면체가 혈액으로 채워져 발기가 유도된다. 남성의 발기부전을 치료하는 비아그라(Viagra)는 NO의 기능을 종결시키는 효소를 억제함으로써 작용한다.

NO는 대부분의 신경전달물질과는 달리 세포질의 소포에 저장되지 않고 필요에 따라서 만들어진다. NO는 확산되어 이웃한 표적세포에 변화를 초래한 후 빠르게 분해되는데, 이 모든 일이 단 몇 초 안에 이루어진다. 평활근을 비롯한 많은 표적조직에서 NO는 여러 호르몬들처럼 세포의 대사에 직접적으로 영향을 미치는 2차전달자를 합성하는 효소들을 직접적으로 활성화시킨다.

일산화탄소(CO)를 함유하고 있는 공기를 마시게 되면 치명적일 수 있으나, 척추동물은 헴산화효소(heme oxygenase)에 의해서 합성되는 매우 적은 양의 CO를 만들어 신경전달물질로서 이용한다.

다음 장에서는 지금까지 논의한 세포학적 생화학적, 기작들이 어떻게 신경계라는 수준에서 신경의 기능에 기여하는지를 살펴보겠다.

CHAPTER

34 신경계와 감각계

핵심 개념

34.1 신경계는 신경세포와 지지세포의 회로망으로 구성된다

34.2 척추동물의 뇌는 부위별로 특화되어 있다

34.3 대뇌피질은 수의적 운동과 인지 기능을 조절한다

34.4 감각수용기는 자극 에너지를 신호로 변환시켜 중추신경계로 전달한다

34.5 청각과 평형감각에서 기계적수용기는 체액의 유동이나 입자의 침강을 감지한다

34.6 동물의 다양한 시각수용기는 빛을 흡수하는 시각색소에 의존한다

▲ 그림 34.1 어떻게 뇌에서 각각의 신경세포를 동정할 수 있을까?

감각과 감각능

음악을 듣거나 수학문제를 풀 때 당신의 뇌에서 무슨 일이 일어나는가? 오랜 기간 동안 이 같은 질문에 답하는 것은 거의 상상조차 할 수 없었다. 사람의 뇌에는 대략 10^{11}(천억)개의 신경세포들이 가장 강력한 슈퍼컴퓨터보다도 복잡한 신경망을 이루고 있다. 그러나 새롭게 개발된 여러 기술들 덕분에 뇌에서 이루어지는 정보처리 기작이 세포 수준에서 밝혀지고 있어서 생각과 감정을 처리하는 과정도 설명할 수 있을 것으로 보인다.

하나의 돌파구는 작동하고 있는 뇌의 활성을 보여주는 강력한 뇌영상 기술이다. 연구자들은 피검자가 말하기, 그림을 바라보기, 사람의 얼굴을 상상하기 등의 다양한 과제를 수행하는 동안 뇌의 여러 지역에서 나타나는 현상을 기록한다. 그리고 특정 과제를 수행하는 것과 뇌의 특정 지역에서 감지되는 활성 사이의 상관관계를 분석한다.

보다 최근에 개발된 뇌 연구 기법은 뇌 세포에 색깔을 띠는 단백질들을 무작위적으로 발현시켜 각각의 세포가 서로 다른 색깔로 표지되도록 하는 것이다. 그 결과가 그림 34.1에서 보여주는 "브레인보우(brainbow)"이다. 이 영상에서 나타난 바와 같이 유전공학적으로 조작된 생쥐의 뇌에 존재하는 각 신경세포들은 네 종류의 형광 단백질들이 만들어내는 90여 가지 이상의 색조합 중의 한 조합을 발현하게 된다. 브레인보우 기술은 뇌의 특정 지역 간의 정보전달에 관여하는 신경망 지도를 자세히 제공할 것으로 기대된다.

정보를 모으고 처리하며 통합하는 과정은 신경계의 필수적인 기능이다. 이 장에서는 신경계의 기본 구성에 대해서 먼저 알아볼 것이다. 그리고 척추동물의 뇌 부위별 특화 현상과 뇌의 활성이 정보를 저장하고 조직하는 방법에 대해서 알아볼 것이다. 마지막으로 감각처리 과정을 통해서 어떻게 동물의 내외 환경에 관한 정보가 뇌로 전달되는지 알아볼 것이다.

개념 34.1

신경계는 신경세포와 지지세포의 회로망으로 구성된다

히드라, 해파리 등 자포동물들은 신경계를 가지고 있는 가장 간단한 형태의 동물이다. 대부분의 자포동물들은 위수강의 수축과 팽창을 조절하는 산만하게 산재된 **신경망(nerve net)**을 가지고 있다 (그림 34.2a). 보다 복잡한 동물의 신경계는 신경세포의 섬유상 돌기가 다발을 이루는 **신경(nerve)**과 같은 형태를 보인다. 이들 섬유상의 구조는 신경 정보를 조직하고 연결하는 통로의 역할을 한다.

길고 좌우대칭인 몸체를 가진 동물들은 보다 특화된 신경계를

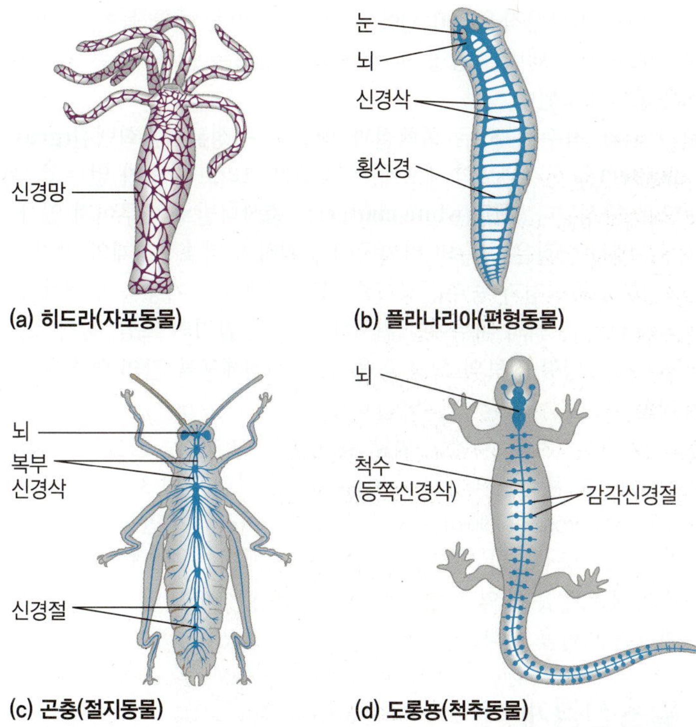

▲ **그림 34.2 신경계의 구성.** **(a)** 히드라는 산만신경계를 구성하는 신경세포들(보라색)을 가지고 있다. **(b~d)** 보다 정교한 신경계를 가지고 있는 동물은 신경과 신경절, 그리고 뇌의 형태로 이루어진 신경세포 집단(파란색)을 가지고 있다.

가지고 있다. 이 동물들의 경우, 감각신경세포들과 연합신경세포들이 개체의 앞쪽에 집중되어 뇌를 형성하는 두화(cephalization)현상을 보여준다. 이들 신경 집단으로부터 하나 이상의 신경이 개체의 뒤쪽으로 뻗어 나와 신경을 통해 몸의 각 부위와 연결된다.

여러 동물에서, 정보의 통합을 수행하는 신경세포들은 **중추신경계(central nervous system, CNS)**를 형성하며, 중추신경계로 들어가거나 나오는 정보를 전달하는 신경세포들은 **말초신경계(peripheral nervous system, PNS)**를 형성한다. 플라나리아 같은 편형동물(**그림 34.2b**)의 경우 작은 뇌와 세로 방향의 신경삭을 가지고 있다. 이 배열은 매우 간단하지만 확실한 중추신경계의 형태를 보여준다. 곤충을 포함한 절지동물(**그림 34.2c**)처럼 보다 복잡한 무척추동물은 더욱 복잡한 뇌를 가지고 있다. 또한 그들의 복부신경삭(ventral nerve cord)은 체절을 따라 배치된 신경세포군으로서, 정보 전달의 중계지점으로서의 역할을 수행하는 **신경절(ganglia)**로 구성된다. 척추동물(**그림 34.2d**)에서 뇌와 척수는 중추신경계를 구성하며, 신경과 신경절은 말초신경계의 주요 구성요소이다.

아교세포

척추동물과 대부분의 무척추동물의 신경계는 신경세포뿐만 아니라 아교세포(glial cells 혹은 glia)를 포함한다. 예를 들어 미세아교세포(microglia)가 이에 속하는데, 이들은 중추신경계에서 면역 방어의 역할을 한다. **그림 34.3**은 척추동물의 성체에 존재하는 아

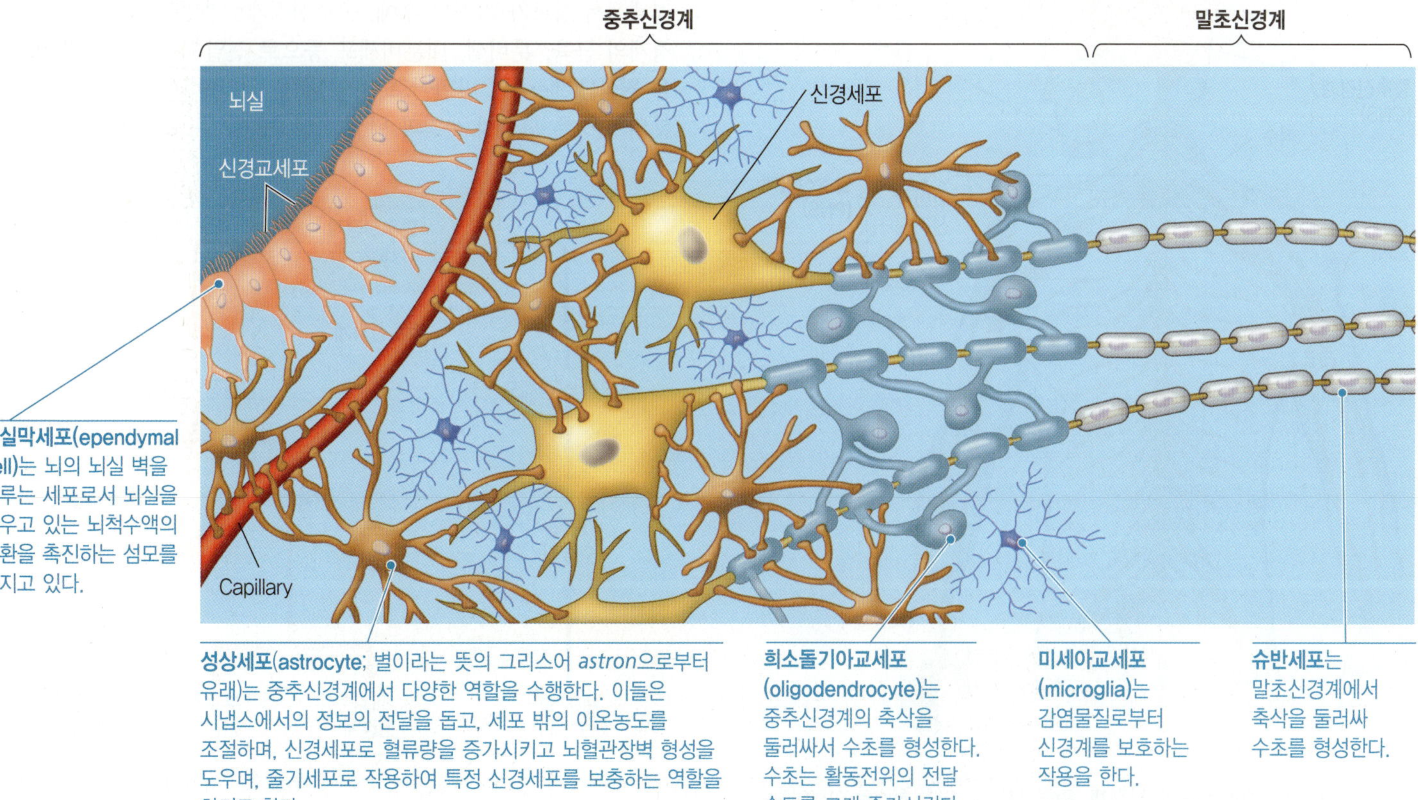

▲ **그림 34.3 척추동물 중추신경계의 성상세포**

교세포의 주요한 유형과 신경세포의 기능을 조절하고 영양을 공급하며 지지하는 등의 아교세포의 개괄적인 기능을 보여준다.

척추동물의 배아에서 두 가지 유형의 아교세포가 신경계의 발달에 필수적인 역할을 수행한다. **방사상 신경교**(radial glia)는 배아 시기에 신경관으로부터 생성된 신경세포들이 이동할 수 있는 경로를 제공해 줌으로써 중추신경계의 발생에 중요한 역할을 한다. 후에 별모양 아교세포인 **성상세포**(astrocyte)는 뇌의 모세혈관벽을 이루는 세포들 사이에 위치하여 **뇌혈관 장벽**(blood-brain barrier)을 형성하는 데 참여한다. 뇌혈관 장벽은 대부분의 물질이 혈액으로부터 중추신경계로 유입되는 것을 차단한다.

방사상 신경교세포와 성상세포는 모두 줄기세포로 작용하여 자가 증식을 위해 끊임없이 분열하고 보다 특화된 세포를 형성한다. 생쥐를 이용한 연구를 통해서 뇌의 줄기세포는 신경세포로 성숙해 가면서 뇌의 특정 지역으로 이동하여 성체 신경계의 신경망으로 편입됨을 알 수 있었다. 연구자들은 줄기세포를 이용하여 기능을 상실한 뇌 조직을 대체할 수 있는 방법을 찾고 있다.

척추동물 신경계의 구성

척추동물의 척수는 등뼈 안쪽에 길이 방향으로 형성된다(그림 34.4). 척수는 뇌로부터의 정보를 혹은 뇌로 향한 정보를 전달하거나 움직임을 위한 단순한 형태의 정보를 생성한다. 척수는 뇌와 독립된 자체의 신경회로를 이용하여 특정 자극에 대한 기계적인 반응인 **반사작용(reflex)**에 관여할 수 있다. 예를 들어, 우발적으로 뜨거운 냄비를 만질 때 손을 갑자기 떼는 반사작용은 척수에 의해서 조절된다.

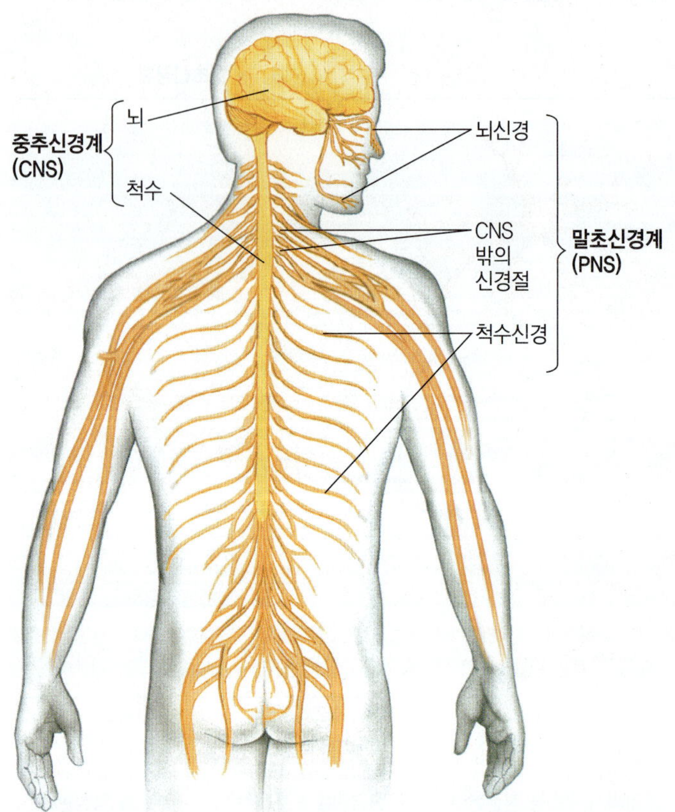

▲ 그림 34.4 **척추동물의 신경계.** 중추신경계는 뇌와 척수로 이루어진다(노란색). 뇌신경, 척수신경, 그리고 중추신경계 밖에 존재하는 신경절들이 말초신경계를 이룬다(짙은 금색).

뇌와 척수는 모두 회백질과 백질로 구성된다. **회백질(gray matter)**은 신경세포의 세포체, 수상돌기 그리고 수초가 없는 축삭으로 구성된다. **백질(white matter)**은 축삭다발로 이루어져 있다. 척수에서 백질은 척수의 바깥쪽에 위치하며 말초신경계의 감각신경 및 운동신경과 중추신경계를 서로 연결하는 기능을 수행한다. 뇌의 백질은 뇌의 내부에만 위치하여 학습, 감정의 느낌, 감각정보의 가공, 명령 정보의 생성 등을 위한 신경세포들 간의 연결에 관여한다.

중추신경계의 뇌에는 **뇌실**(ventricle), 척수에는 **중심관**(central canal)이라 불리는 액체로 채워진 공간이 있다(그림 34.3). 이 **뇌척수액**(cerebrospinal fluid)은 뇌에서 혈액이 여과되어 만들어진다. 뇌척수액은 중심관과 뇌실을 순환한 후 정맥으로 배출되어 영양 물질과 호르몬을 뇌의 각 부위에 공급함과 동시에 뇌의 노폐물을 제거하는 역할을 한다.

말초신경계

말초신경계는 말초로부터 중추신경계로 그리고 중추신경계로부터 말초로 정보를 전달하는 역할을 하며 척추동물의 움직임 및 생체 내 환경을 조절한다(그림 34.5). 감각정보는 말초신경계로부터 중추신경계로 전달되는데 이러한 정보의 전달 방향을 **구심성**(afferent; 라틴어로 "향해 가져옴"을 의미)이라 표현한다. 중추신경계에서 정보가 가공된 후에, 중추신경계로부터의 명령은 말초신경계의 근육, 분비샘, 내분비세포 등으로 전달되는데 이러한 방향을 **원심성**(efferent; 라틴어로 "내보냄"을 의미)이라 표현한다. 대부분의 신경은 구심성 신경과 원심성 신경을 모두 포함하고 있다.

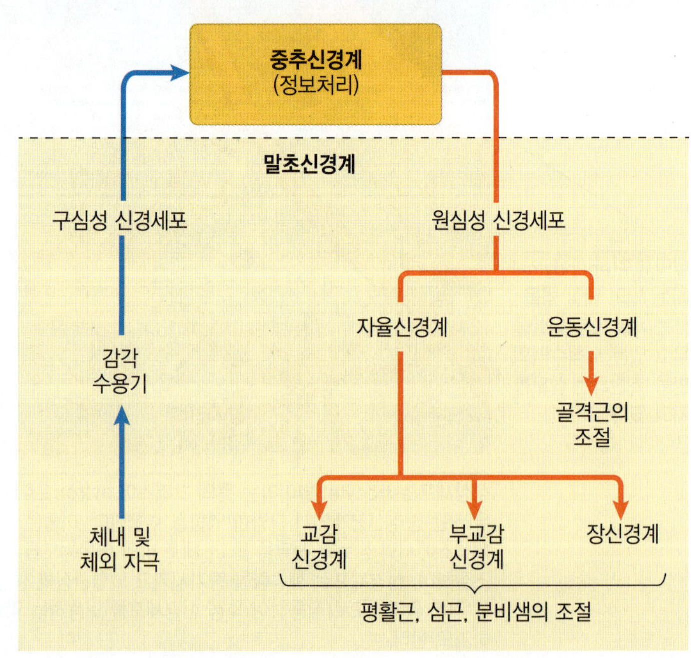

▲ 그림 34.5 **척추동물 말초신경계의 기능적 계층구조**

그림 34.5에서 보는 바와 같이, 말초신경계는 운동신경계와 자율신경계의 두 종류의 원심성 신경계로 구분된다. **운동신경계(motor system)**의 신경세포는 뇌로부터 유래된 신호를 골격근으로 전달한다. 운동신경계는 질문을 하기 위해 손을 드는 것처럼 의식적인 조절이 가능하기 때문에 수의적이기도 하지만 척수에 의해서 조절되는 무릎반사와 같이 불수의적으로 조절되기도 한다. 반면 **자율신경계(autonomic nervous system)**에 의한 심근, 내장근의 조절은 일반적으로 불수의적으로 이루어진다. 자율신경계는 교감신경계, 부교감신경계, 그리고 장신경계로 나누어지며, 소화, 순환, 외분비 및 내분비기관의 활성을 조절한다. 예를 들어 자율신경계의 **장신경계(enteric division)**를 형성하는 신경세포망은 소화관, 이자, 쓸개에 작용한다.

자율신경계의 교감신경과 부교감신경은 일반적으로 서로 길항작용(반대작용)을 통해 신체기관의 기능을 조절한다. **교감신경계(sympathetic division)**의 활성화는 개체가 위기상황에 반응하기 위한 각성 상태인 "싸움 혹은 도주(fight-or-flight)" 반응을 유발한다. 즉, 포유동물에서 심장의 박동이 빨라지고 소화 작용이 늦어지거나 멈추며 부신수질로부터 에피네프린(아드레날린)의 분비가 촉진된다. **부교감신경계(parasympathetic division)**가 활성화되면 보통 정반대의 반응을 보여서, 정적이며 원래의 기능을 유지하려는 상태("휴식과 소화")로 신체 반응이 진행된다.

살펴본 바와 같이 말초신경계의 각 구성요소들은 신체의 특정 부위에서 특이적 역할을 수행한다. 따라서 말초신경계는 부위별로 특화되어 있다고 할 수 있다. 이어서 뇌의 부위별 특화 현상에 대해서 알아볼 것이다.

개념 34.2

척추동물의 뇌는 부위별로 특화되어 있다

이제 이 장을 시작할 때 던졌던 질문으로 돌아가서 척추동물의 뇌를 살펴보자. 감각정보에 대해 반응하고 정보를 처리할 때 당신의 뇌에서는 무슨 일이 일어나는가? 이 질문을 탐색하기 위한 한 방법이 뇌의 활성을 시각화하는 기능적 뇌영상 기법이다.

기능적 뇌영상 기법

기능적 영상기술의 적용범위는 뇌졸중과 기타 뇌손상으로부터의 회복여부를 살피고, 편두통으로 인한 비정상적 뇌활성 부위를 검증하며, 뇌수술의 효율성을 높이는 데 기여하는 등 정상 뇌와 질환 뇌에 대한 이해의 폭을 바꾸어놓고 있다. 처음으로 광범위하게 사용된 영상기술은 양전자방출 단층촬영법(positron-emission tomography, PET)이다. 피시험자의 혈액 내에 방사성 표지된 포도당을 주입한 후, 뇌에서 일어나는 대사활성을 PET를 통해서 측정할 수 있다. 오늘날, 많은 연구는 기능적 자기공명 영상기법(functional magnetic resonance imaging, fMRI)에 의존한다. 피검자가 큰 도넛 모양의 자석에 머리를 넣고 누우면, 뇌의 활성이 산소 농도의 국부적 변화로서 측정된다. 피시험자에게 사람의 얼굴을 머릿속에 그리는 일 등을 시키면서 뇌의 활성을 정밀 조사하여 특정 작업과 특정 뇌 지역의 활성을 연관 짓기도 한다.

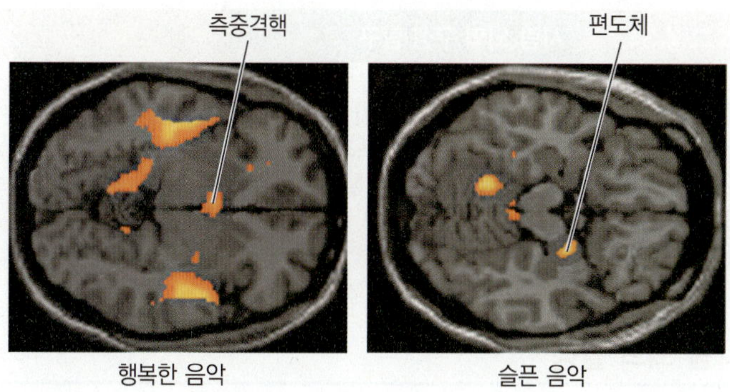

▲ **그림 34.6 일하는 뇌의 기능적 뇌영상.** 기능적 자기공명 영상기법은 행복과 슬픔과 연관된 뇌의 활성을 보여주는 데 이용되었다.

기능적 자기공명 영상기법을 이용한 한 실험에서 연구자들은 행복하거나 슬픈 음악을 들려주었을 때 피시험자의 뇌에서 나타나는 뇌 활성지도를 조사하였다(그림 34.6). 이것은 놀라운 발견이었는데, 대조적인 두 감정 경험이 서로 다른 뇌지역의 활성화와 연관되어 있음을 알 수 있었다. 행복한 음악을 들려주었을 때 기쁨을 느끼는 데 있어서 중요한 뇌부위인 측중격핵(nucleus accumbens)이 활성화되었다. 반면에 슬픈 음악을 들려주었을 때는 감정 기억의 중추로 알려진 편도체의 활성이 증가하였다.

뇌의 부위별 특화에 대해 알아보기 위해서 뇌의 전체적인 구조를 제시하고 있는 그림 34.7로부터 시작하자. 이 그림은 성체의 뇌 구조들의 크기, 형태 및 위치가 배아의 발생 과정 동안 어떻게 발달되는지를 보여주며, 이들 구조가 담당하고 있는 매우 잘 알려진 기능들을 개괄적으로 설명하고 있다.

뇌의 구조와 기능에 대한 특별한 예로서 우리가 잠들거나 깨어 있을 때를 생각해 보자.

각성과 수면

책을 읽거나 강의를 들으면서 졸아본 경험이 있다면 주의집중과 각성 상태가 순간순간 변화할 수 있다 것을 알게 된다. 이러한 두 상태의 전이는 수면과 각성 상태를 조절하는 뇌간과 대뇌에 의해서 이루어진다. 각성이란 외부세계에 대해 깨어 있는 상태를 말한다. 각성의 반대는 수면이다. 수면은 외부로부터의 자극이 지속적으로 수용되지만 그 자극을 의식하지 못하는 상태이다.

외형적 현상과는 달리 수면 중에도 뇌는 활성화된 상태를 보여준다. 두피표면의 여러 곳에 전극을 붙이고 뇌파(electroencephalogram, EEG)를 측정하여 뇌의 전기적 활성 상태를 기록할 수 있다. 이 전기적 기록에 의하면 뇌파의 주파수는 수면의 각 단계에 따라서 변한다.

뇌간 내에는 수면과 각성을 조절하는 신경세포 집단이 중뇌와 뇌교에서 발견된다(그림 34.7). 각성과 수면은 부분적으로 중뇌와 뇌교에 몰려 있는 신경세포들에 의해서 조절된다. 이 신경세포들은 생생한 꿈과 급속안구운동(rapid eye movement, REM)으로

▼ 그림 34.7 사람 뇌의 구성 탐구

뇌는 인체에서 가장 복잡한 구조를 가진 기관이다. 두개골의 두꺼운 뼈에 둘러싸여 있는 뇌는 독특한 몇몇 구조물로 나누어지는데, 어떤 구조물은 뇌 자기공명 영상기법을 통해서 관찰된다. 아래 도표는 이 구조물들이 배아시기에 발달되는 과정을 보여주고 있다. 이 구조물의 주요 기능은 이 장의 본문에서 설명된다.

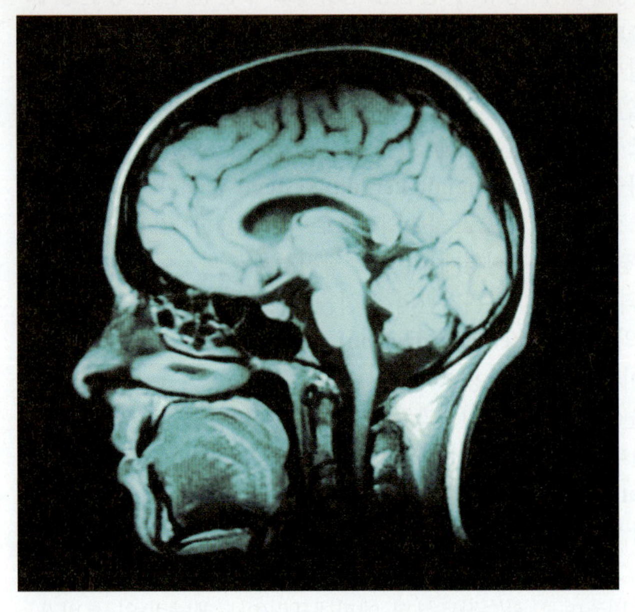

사람 뇌의 발생

사람의 배아 발생이 진행되면서 몸의 앞부분의 신경관이 전뇌(forebrain), 중뇌(midbrain), 후뇌(hindbrain)의 세 돌출부로 확연히 나타나며 이 부위들은 성체의 뇌가 된다. 중뇌와 후뇌의 일부는 **뇌간(brainstem)**을 형성하여 뇌의 기저부에서 척수와 결합된다. 후뇌의 나머지 부위는 **소뇌(cerebellum)**를 형성하며, 소뇌는 뇌간의 뒤에 위치하게 된다. 전뇌는 간뇌(diencephalon)를 형성하는데, 이 부위는 뇌의 신경분비조직, 대뇌(cerebrum)가 될 부위인 **단뇌(telencephalon)**를 포함하게 된다. 배 발생 초기 2~3달 동안 단뇌는 빠르게 팽창하며 성장하여 대뇌의 일부인 대뇌피질(cortex)을 이루어 뇌의 대부분을 감싸게 된다.

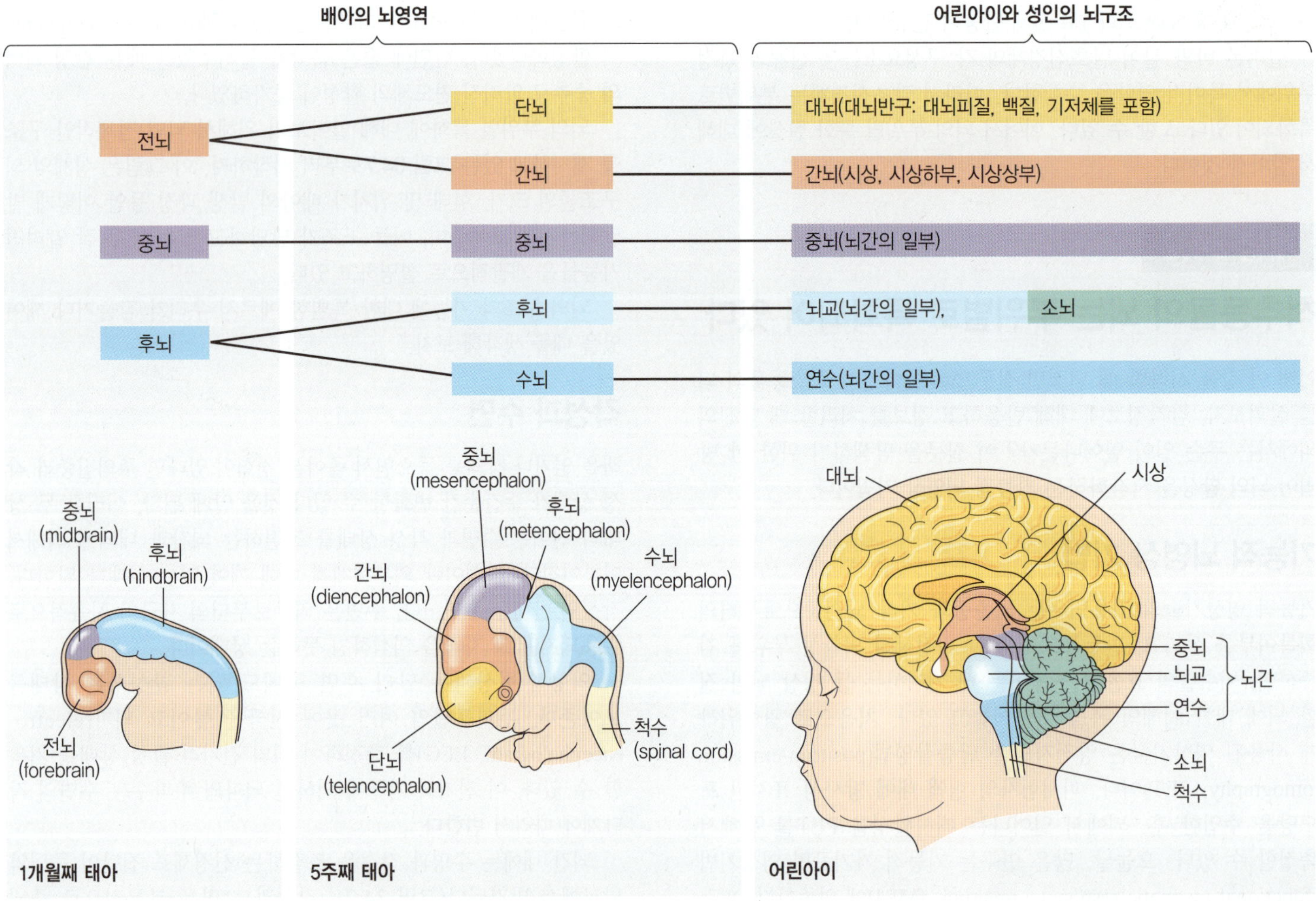

배아의 뇌영역		어린아이와 성인의 뇌구조
전뇌	단뇌	대뇌(대뇌반구: 대뇌피질, 백질, 기저체를 포함)
	간뇌	간뇌(시상, 시상하부, 시상상부)
중뇌	중뇌	중뇌(뇌간의 일부)
후뇌	후뇌	뇌교(뇌간의 일부), 소뇌
	수뇌	연수(뇌간의 일부)

중뇌 (midbrain)
후뇌 (hindbrain)
전뇌 (forebrain)

1개월째 태아

중뇌 (mesencephalon)
후뇌 (metencephalon)
간뇌 (diencephalon)
수뇌 (myelencephalon)
척수 (spinal cord)
단뇌 (telencephalon)

5주째 태아

대뇌
시상
중뇌
뇌교
연수
뇌간
소뇌
척수

어린아이

대뇌

대뇌는 골격근의 수축을 조절하며 학습, 감정, 기억, 인지 작용을 위한 중추역할을 한다. 대뇌는 오른쪽과 왼쪽 **대뇌반구**(cerebral hemisphere)로 나누어져 있다. **대뇌피질(cerebral cortex)**은 인지, 수의적 운동, 학습에 있어서 매우 중요하다. 대뇌의 다른 부위와 마찬가지로 대뇌피질도 오른쪽 및 왼쪽의 두 부위로 나누어진다. 왼쪽 부위는 몸의 오른쪽으로부터 오는 각종 정보를 수용하고 몸의 오른쪽의 움직임을 관장하게 된다. 오른쪽 피질은 몸의 왼쪽 부위를 담당한다. 왼쪽과 오른쪽 대뇌피질의 의사소통은 축삭의 두꺼운 집합체인 **뇌량(corpus callosum)**을 통해서 이루어진다. 백질 내부 깊숙이 위치하고 있는 **기저핵**(basal nuclei)은 일련의 운동을 계획하고 학습하는 중추로서의 역할을 한다. 태아의 발생 과정 중에 이 부위가 손상을 입게 되면 운동명령이 근육으로 전달되지 않는 대뇌마비 현상이 일어난다.

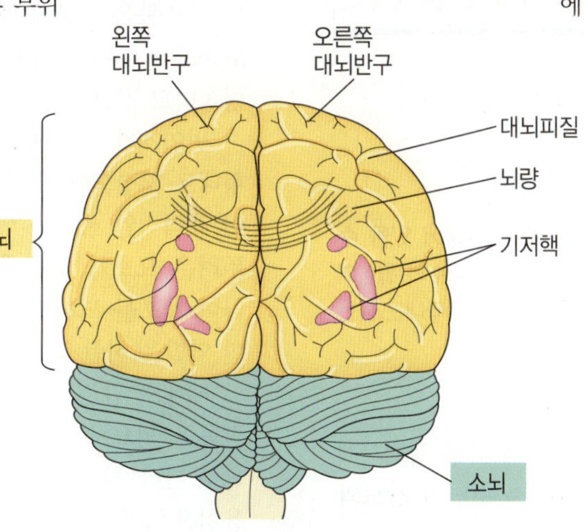

뒤에서 본 성인의 뇌

소뇌

소뇌는 운동과 균형을 조절하며 운동기술의 습득과 기억을 돕는다. 소뇌는 시각 및 청각 정보뿐만 아니라 관절의 위치와 근육의 길이 등에 관한 감각 정보를 수용한다. 또한 대뇌에서 형성된 운동명령에 관한 정보를 점검하는 역할도 한다. 대뇌로부터 오는 정보는 뇌교를 거쳐 소뇌로 전달된다. 소뇌는 운동과 인지 기능을 수행하는 동안 오류를 확인하고 조정하는 기능을 수행하며 더불어 대뇌로부터 온 정보를 통합한다. 손과 눈의 조화는 소뇌의 기능을 보여주는 좋은 예이다. 즉, 소뇌가 손상을 입으면 눈은 여전히 움직이는 물체를 따라갈 수는 있지만, 물체의 움직임이 멈추어도 눈의 움직임은 물체가 멈추는 곳에서 멈출 수 없게 된다. 동시에 물체를 따라 이동하는 손의 움직임 역시 궤도를 벗어나게 된다.

간뇌

간뇌는 시상, 시상하부, 그리고 시상상부로 발달된다. **시상(thalamus)**은 대뇌로 가는 감각정보의 입력중추이다. 감각기관으로부터 들어오는 정보는 시상에서 정렬되어서 다음 처리를 위해서 대뇌의 적절한 중추로 전달된다. 또한 시상은 대뇌 및 뇌의 기타 부위로부터 감정 및 각성과 관련된 정보를 수용한다. 시상은 두 덩어리로 구성되는데 각각은 모양과 크기가 호두와 흡사하다. **시상하부(hypothalamus)**의 크기는 시상보다 훨씬 작으며 신체의 온도조절장치 및 생체시계가 있는 부위이다. 시상하부는 뇌하수체를 조절함으로써 식욕, 갈증을 조절하고, 성과 짝짓기 행동에 관여하며, 싸움 혹은 도주(fight-or-flight) 반응을 조절한다. 시상하부는 뇌하수체 후엽호르몬을 분비하며 뇌하수체 전엽에 작용하여 호르몬의 분비를 촉진하는 방출호르몬을 생산한다. **시상상부**(epithalamus)는 멜라토닌을 합성하는 송과샘을 포함하는 부위이다.

뇌간

뇌간은 중뇌, **뇌교(pons)**, **연수(medulla oblongata**, 흔히 medulla)로 이루어져 있다. 중뇌는 다양한 형태의 감각정보를 수용하고 종합하며 전뇌의 특정 지역에 암호화된 감각정보를 전달하기도 한다. 모든 청각을 담당하는 감각신경세포의 축삭은 중뇌에서 멈추거나 중뇌를 지나 대뇌에 이른다. 중뇌는 시야의 측면에서 자신 쪽으로 물체의 움직임이 포착되었을 때 자동적으로 머리를 돌리는 반사작용과 같은 고도의 시각반사를 조절하는 기능을 한다. 말초신경계와 중뇌 및 전뇌 사이의 정보 전달은 연수와 뇌교의 매우 중요한 기능 중의 하나이다. 연수와 뇌교는 달리기와 등산과 같은 전신운동을 매끄럽게 수행하도록 도와준다. 이러한 운동 정보를 전달하는 축삭은 연수에서 교차한다. 그 결과, 오른쪽 뇌는 왼쪽 신체의 운동, 왼쪽 뇌는 오른쪽 신체의 운동을 담당한다. 연수는 호흡, 심장과 혈관의 활성조절, 삼키기, 구토, 소화 등 내장기관의 자율적이고 항상적인 기능을 조절한다. 뇌교도 위 활성 중 몇 가지에 관여하는데, 예를 들면 연수에 존재하는 호흡중추를 조절하는 등의 기능을 수행한다.

위치	시간: 0시	시간: 1시
좌반구	(낮은 주파수의 파형)	(높은 주파수의 파형)
우반구	(높은 주파수의 파형)	(낮은 주파수의 파형)

구분

수면 상태를 나타내는 낮은 주파수의 파형

깨어 있는 상태를 나타내는 높은 주파수의 파형

▲ 그림 34.8 **돌고래는 깨어 있으면서도 동시에 수면 상태에 있을 수 있다.** 돌고래의 좌우반구를 나누어 뇌파를 측정하였다. 낮은 주파수의 활성이 한쪽 반구에서 보였고 동시에 다른 반구에서는 깨어 있는 상태를 나타내는 높은 주파수의 활성이 측정되었다.

특징 지어지는 수면 시기를 조절한다. 또한 이후에 다룰 생체시계에 의해서도 수면조절은 이루어지며, 전뇌 부위는 수면의 강도와 지속시간을 조절한다.

어떤 동물들은 수면 중에도 어느 정도 활동을 할 수 있도록 적응되어왔다. 병코돌고래(bottlenose dolphin)의 경우 수면 중에도 주기적으로 물 위로 헤엄쳐 올라 호흡을 한다. 어떻게 가능할까 사람과 다른 포유동물과 마찬가지로 돌고래의 전뇌는 물리적으로 뿐만 아니라 기능적으로도 좌반구와 우반구로 나누어져 있다. 돌고래가 한 눈은 뜨고 다른 눈은 감은 채 수면을 취하는 것에 주목한 연구자는 한 번에 한 반구의 뇌만 잠들어 있기 때문이라고 설명하였다. 수면 상태의 돌고래의 각 반구로부터 뇌파를 측정하여 돌고래의 좌반구와 우반구가 각각 교대로 수면을 취함을 입증하였다(그림 34.8).

생체시계의 조절

수면과 각성의 주기는 생체 활성이 하루를 주기로 변화하는 일주기 리듬의 한 예이다. 박테리아로부터 시작하여 사람에 이르기까지 여러 유기체에서 관찰되는 이러한 일주기성 리듬은 **생체시계(biological clock)**에 의존한다. 이 생체시계는 주기적인 유전자 발현과 세포 활성의 주기적 변화를 조절하는 분자적 기작으로 이루어진다. 생체시계는 전형적으로 낮과 밤의 주기에 맞추어져 있으나, 시간을 알 수 있는 자극이 전혀 없는 환경에서도 약 24시간의 주기성을 보인다. 예를 들어, 사람은 시간을 알 수 없는 환경에서도 약간의 개인차는 있지만 약 24.2시간의 주기성을 보여준다.

동물의 생체시계와 환경의 광주기가 어떻게 연결되는가? 포유동물의 일주기성 리듬은 시상하부(그림 34.7)에 있는 한 쌍의 구조물인 **시상교차상핵(suprachiasmatic nuclei, SCN)**에 모여 있는 신경세포들에 의해 조절된다. [참고로 중추신경계에서 신경세포가 모여 있는 어떤 군집들을 "핵(nucleus)"이라고 부른다.] 빛의 세기에 대한 시각 정보는 시상교차상핵으로 전달되어서 온몸의 생체시계를 하루 길이의 자연주기와 일치시킨다.

감정

단 하나의 뇌 구조물이 생체시계를 조절하는 것과 달리, 감정을 형성하고 경험하는 데에는 편도체, 해마, 시상의 일부를 포함하는 뇌의 여러 부위가 관여한다(그림 34.9). 이들은 뇌간을 둘러싸고 있는 구조물을 이루기 때문에 통칭하여 **변연계**(limbic system; 라틴어 *limbus*는 주변의 의미)라고 불린다. 변연계 밖의 뇌 부위도 감정을 형성하고 경험하는 기능을 수행하는 데 필요하다.

변연계가 감정에 기여하는 하나의 방식은 감정 경험이 기억의 형태로 저장되어 후에 유사한 상황에서 상기되는 것이다. 예를 들어 충격적인 사건을 연상케 하는 상황에 처하면 아무런 위협이나 두려운 요소가 없음에도 불구하고 심장의 박동이 증가하고 땀이 나며 공포를 느끼게 된다. 편도체는 감정기억의 저장에 가장 중요한 역할을 하는 뇌 부위이다.

때때로 감정의 경험과 형성은 뇌의 서로 다른 지역 간의 상호작용을 필요로 한다. 예를 들어 웃거나 눈물을 흘리는 등의 행동으로 나타나는 감정은 변연계의 일부가 대뇌의 감각영역과 상호작용함으로써 이루어진다. 전뇌에 있는 구조물은 뇌간에 의해서 조절되는 공격성, 섭생, 성욕 등의 기본적 생존관련 기능에 감정적인 "느낌"을 부여한다.

뇌의 보상회로와 약물중독

감정은 보상회로라 불리는 뇌의 신경회로에 의해서 지대한 영향을 받는다. 보상회로는 생존, 자손번식에 관여한다. 즉, 배고픔에 반응하여 음식물을 섭취하고, 목이 마르면 물을 마시며, 성적으로 흥분하면 성행위에 몰두하게 하는 등의 행동은 보상회로의 활성에 의존한다. 보상회로로 입력되는 신호는 먼저 뇌의 기저부에 존재하는 **배쪽피개영역**(ventral tegmental area, VTA)의 신경세포에 의

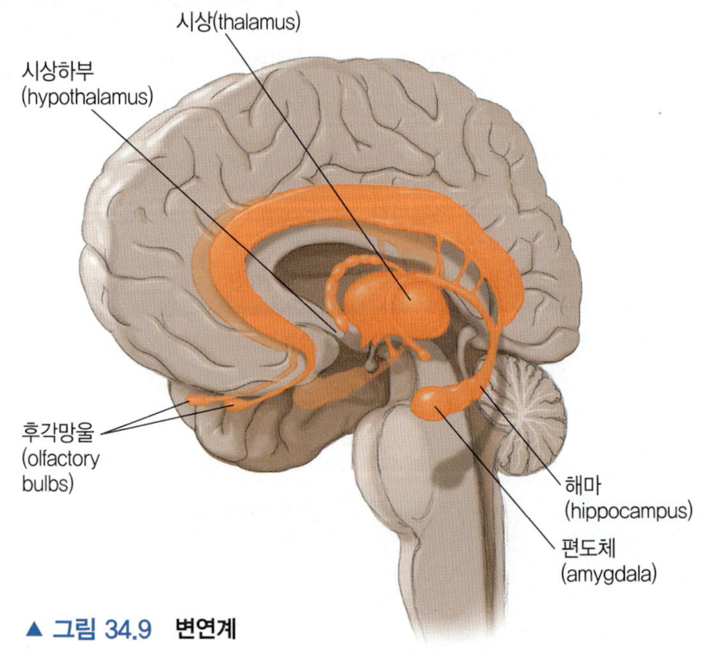

▲ 그림 34.9 **변연계**

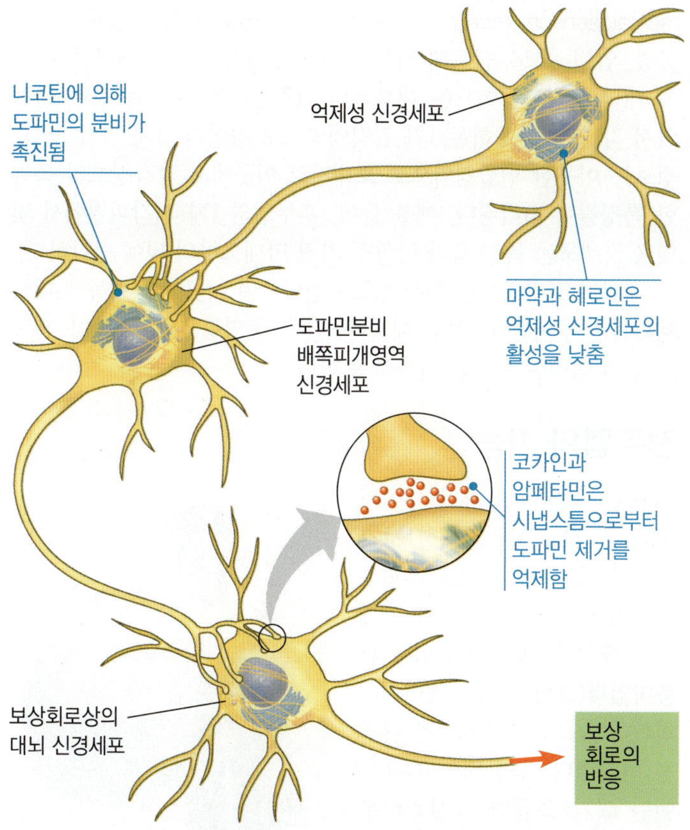

▲ 그림 34.10 **포유동물 뇌에서 중독성 약물이 보상회로에 미치는 영향.** 중독성 약물은 배쪽피개영역의 신경세포에 의해 형성된 신호경로상의 전달 과정을 변화시킨다.

해서 수용된다. 이 신경세포들이 활성화되면 이들의 축삭과 시냅스를 맺은 신경세포가 있는 대뇌의 특정 부위에 도파민을 방출함으로써 신호를 전달하게 된다. 도파민 신호의 표적들은 전전두피질, 측중격핵을 포함한다(그림 34.6).

약물중독은 뇌의 보상회로에 큰 영향을 미친다. 약물중독은 약물을 충동적으로 소비하고 양적으로 남용하는 증상을 보이는 신경 질환이다. 진정제로부터 각성제에 이르기까지 다양한 형태의 중독성 약물은 알코올, 코카인, 니코틴, 헤로인 등으로서 도파민 경로의 활성을 증가시킨다(**그림 34.10**). 중독이 진행되면서 보상회로에는 장기간 지속되는 변화가 일어난다. 그 결과 복용으로 인한 쾌락과는 관계없이 약물에 대한 갈망현상이 나타난다.

동물을 이용한 실험은 약물중독의 연구에 매우 유용하다. 흰쥐가 레버를 누름으로써 스스로 코카인, 헤로인 혹은 암페타민을 공급받을 수 있도록 고안된 장치를 이용하여, 흰쥐가 기아 상태에 이를 정도까지 음식 섭취를 거부하면서 약물복용에만 몰두하는 전형적인 중독 증상을 보임을 알 수 있었다.

개념 34.3

대뇌피질은 수의적 운동과 인지 기능을 조절한다

환경의 인식, 언어, 인지, 기억과 의식에 있어서 필수적인 뇌 부위인 대뇌에 대해서 살펴보자. 인지기능을 담당하는 부위는 대부분 대뇌피질에 존재한다. 피질 내에서 감각영역은 감각정보를 수용하고 처리하며, 연합영역은 정보를 통합하며 운동영역은 신체의 여러 부위에 명령을 내리는 역할을 한다. 신경생물학자들은 피질을 네 개의 부위 혹은 네 개의 엽으로 구별한다. 각 대뇌피질은 전두엽, 측두엽, 두정엽, 후두엽으로 나누어지며(각 엽의 이름은 가까운 두개골의 이름과 동일하다), 각 지역은 특정 뇌 활성의 중심부이다(**그림 34.11**).

언어와 말하기

고등인지 기능을 담당하는 뇌의 특정 영역에 관한 연구는 1800년대에 의사들이 외상, 뇌졸중, 종양 등으로 인한 뇌의 특정 부위의 손상이 어떤 영향을 주는지 관찰하면서 시작되었다. 프랑스 의사인 브로카(Pierre Broca)는 말은 못하지만 언어를 이해하는 환자의 사후부검을 통해서 좌반구 전두엽의 작은 부위로서 현재는 브로카영역(Broca's area)이라고 불리는 지역에 결함이 있음을 발견하

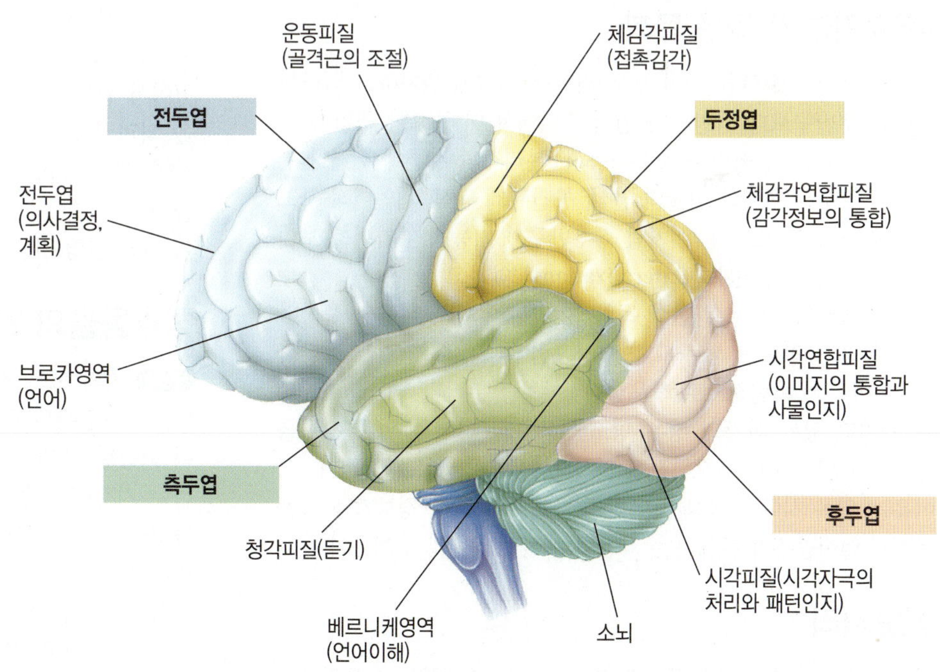

▲ 그림 34.11 **사람의 대뇌피질.** 각각의 대뇌피질은 네 개의 엽으로 나누어지며 각 엽은 특성화된 기능을 담당한다. 왼쪽 반구(보이는 반구임)의 연합영역의 일부는 오른쪽 반구(보이지 않음)의 연합영역과는 다른 기능을 수행한다.

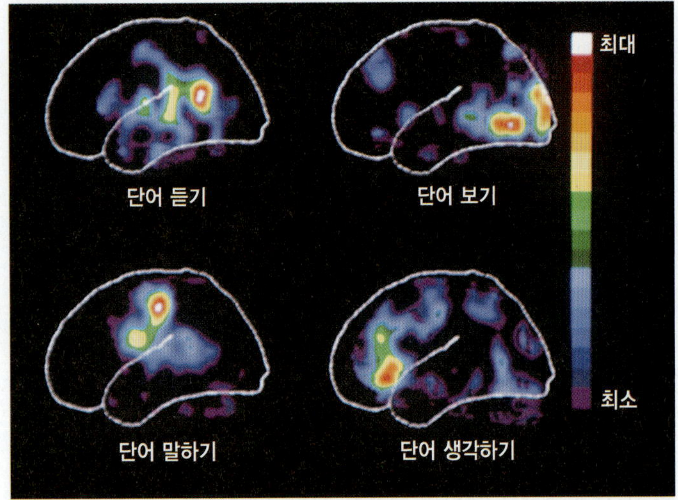

▲ **그림 34.12 대뇌피질의 언어영역 지도 작성.** 위 PET 영상은 말하기와 관련된 네 가지 유형의 활동 시에 나타나는 활성을 보여준다. 단어를 듣고만 있으면 베르니케영역이 활성화되며, 단어를 말하면 브로카영역이 활성화된다. 단어를 보는 것은 시각피질을 활성화시키고, 말을 하지 않지만 단어를 생각하게 되면 전두엽의 일부가 활성화된다.

였다. 독일 의사 베르니케(Karl Wernicke)는 측두엽 뒷부분으로서 지금은 베르니케영역(Wernicke's area)이라 불리는 지역에 손상이 있는 환자는 상대방의 말을 전혀 이해하지는 못하였지만 말하기에는 문제가 없음을 알아냈다. 최근에는 PET 연구를 통해 브로카영역이 말을 하는 동안에 활성화되며, 베르니케영역은 말을 경청할 때 활성화됨이 확인되었다(그림 34.12).

피질 기능의 좌우 분화

브로카영역과 베르니케영역 모두 좌반구 피질에 위치하고 있다는 사실은 우반구보다 좌반구가 언어에 있어서 더 중요한 역할을 수행함을 의미한다. 좌반구는 수리능력, 논리적인 추론에 뛰어나다. 반면 우반구는 형태와 얼굴의 인식, 공간관계 인식, 비언어적 사고에 강한 것으로 보인다. 이처럼 좌우반구가 기능적인 차이를 보이는 현상을 일컬어 **편재화(lateralization)**되었다고 한다.

피질 반구는 서로 완전히 독립적이지는 않아서 뇌량의 축삭다발을 통해서 정보를 서로 교환한다(그림 34.7). 이 연결을 절단하면 두 반구는 독립적으로 작용한다. 이처럼 분리된 뇌(split-brain)를 가지고 있는 환자의 경우 평소에 익숙한 단어를 왼쪽 시야를 통해서 보았을 때 단어를 전혀 읽지 못하는 증상이 관찰된다. 그 이유는 왼쪽 시야를 통해서 우반구에 들어온 시각 정보가 뇌량을 통해서 언어중추가 존재하는 좌반구로 전달되지 않기 때문이다.

정보처리

대뇌피질은 눈과 코처럼 특화된 감각기관에 존재하는 수용기로부터 들어오는 감각입력 정보를 수용한다. 또 다른 유형의 감각정보는 손, 두피 등에 존재하는 수용체에 의존한다. 이 체성감각 수용기(somatosensory receptor; *soma*는 그리스어로 몸을 뜻함)는 촉각, 통증, 압력, 온도, 근육과 사지의 위치에 대한 정보를 제공한다.

대뇌피질로 들어오는 대부분의 감각정보는 시상을 통해 들어와서 각 엽에 분포하는 1차 감각영역으로 향한다. 1차 감각영역의 정보는 이웃한 연합영역으로 보내지고 이곳에서 감각정보의 독특한 특징들이 처리된다. 예를 들어, 후두엽의 1차 시각피질에서 몇몇 신경세포는 특정 폭과 방향을 가진 막대모양의 빛에 민감하다.

처리된 감각정보는 전두엽으로 전달되며 이곳에서 행동에 대한 계획이 이루어진다. 이후 대뇌피질은 운동명령을 내려 손을 흔드는 등의 특정한 행동을 가능토록 한다.

전두엽의 기능

1848년 철도 노동자인 게이지(Phineas Gage)는 끔찍한 사고를 당한다. 폭발 사고로 두꺼운 철봉이 왼쪽 눈 밑을 통해 두개골을 뚫고 들어가 머리 위로 관통하였다(그림 34.13). 게이지는 회복하였으나 그의 성격은 완전히 변하였다. 능률적이고 유능했던 그가 조급하고 상스러우며 변덕스러워졌다. 이는 전전두피질이 성격과 의사결정에서 중요한 역할을 함을 보여준다.

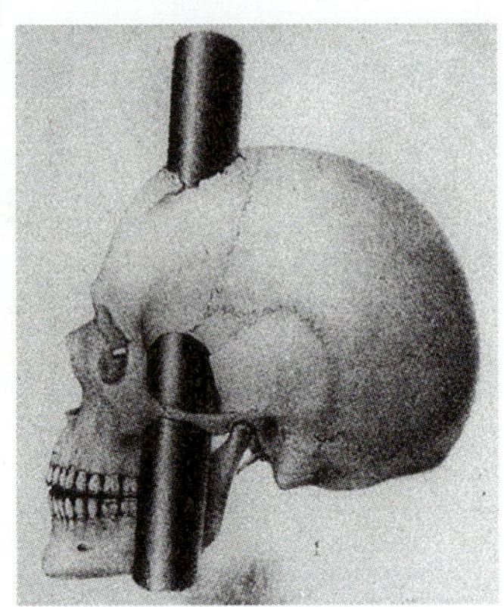

▲ **그림 34.13 게이지의 손상된 두개골**

추가적인 발견들이 전두엽이 성격을 형성하고 의사를 결정하는 데 도움을 준다는 가설을 뒷받침하였다. 첫째, 전두엽의 종양은 지능과 기억은 정상이지만 의사결정 능력과 감정 반응에 있어서 결함을 보이게 하였다. 둘째, 변연계와 전전두피질의 연결을 외과적으로 절단(이 시술을 전두엽절제술이라 하며 한때는 심각한 행동이상을 보이는 환자를 위한 보편적 치료법이었다)하였을 때 유사한 증상이 유발되었다. 즉, 이러한 현상들은 전두엽이 이른바 "실행 기능"에 큰 영향을 미침을 의미한다.

척추동물의 인지 기능의 진화

진화 거의 모든 척추동물의 뇌는 동일한 기본 구조를 가지고 있다. 이런 일관된 구성에도 불구하고, 어떤 진화적 변화가 특정 종이 고등한 추리능력을 갖도록 하였을까? 한 가설은 지식을 구성하는 지각하고 추론하는 능력인 고등인지작용이 영장류와 고래나 돌고래 같은 고래류에서 발견되는 현저한 주름이 있는 신피질에 의해서 이루어진다는 것이다. 실지로 사람 뇌 무게의 80%를 대뇌피질이 차지한다.

조류는 이런 주름 구조가 없기 때문에 영장류나 고래류보다 지능이 낮은 것으로 여겨져 왔다. 하지만 최근에 이런 견해가 옳지 않은 것으로 드러났다. 정교한 정보처리 능력을 보이는 많은 예가 조류에서 발견되었기 때문이다. 미국어치(*Aphelocoma californica*)는 먹이를 감추어 저장한 상대적 시간과 먹이의 종류를 기억할 수 있다. 아프리카 회색 앵무새(*Psittacus erithacus*)는 숫자나 추상적인 관련개념들을 이해하여 "같음", "다름"과 "없음"을 구별한다.

조류의 정교한 인지 능력의 해부학적 근거는 뇌의 맨 윗면 혹은 바깥 부위인 외피(pallium) 내에 존재하는 신경세포군에 있는 것으로 보인다(**그림 34.14**). 이러한 배열은 여섯 층의 평평한 신경세포층이 뇌 표면에 대하여 수직으로 배열하고 있는 사람의 대뇌피질과는 다르다. 따라서 복잡하고도 유연한 뇌 기능을 수행하는 두 유형의 외부 뇌구조가 존재함을 알 수 있다.

조류의 외피와 사람의 외피 사이의 차이는 진화 과정 동안 어떻게 생겨났을까? 조류와 포유류의 공통조상의 외피는 아마도 현재의 조류에서처럼 신경세포들이 모여 만든 핵으로 이루어져 있었을 것이다. 포유류의 진화 초기에 이러한 핵 구조는 층 구조로 변화되었을 것이다. 그러나 연결은 보존되어서 조류의 외피와 포유류의 대뇌피질은 모두 시각, 청각, 촉각과 같은 감각정보를 시상으로부터 수용하게 되었을 것이다.

정교한 정보처리 과정은 뇌의 전체적인 구성에 의존할 뿐만 아니라, 학습과 기억을 가능하게 하는 매우 소규모의 변화에 의해 좌우될 수 있다. 이러한 소규모의 변화에 대해서 알아보자.

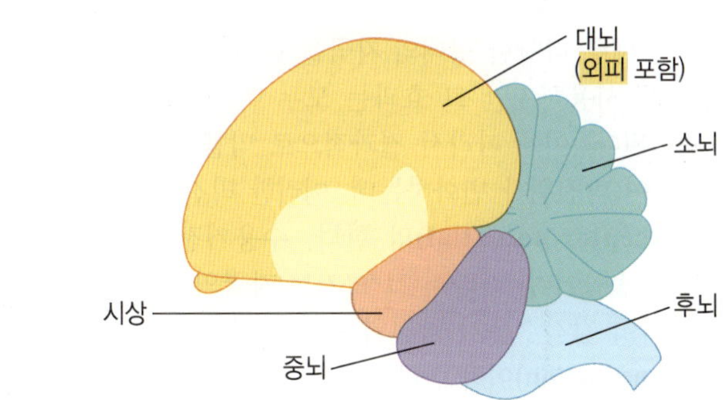

(a) 조류의 뇌(횡단면)

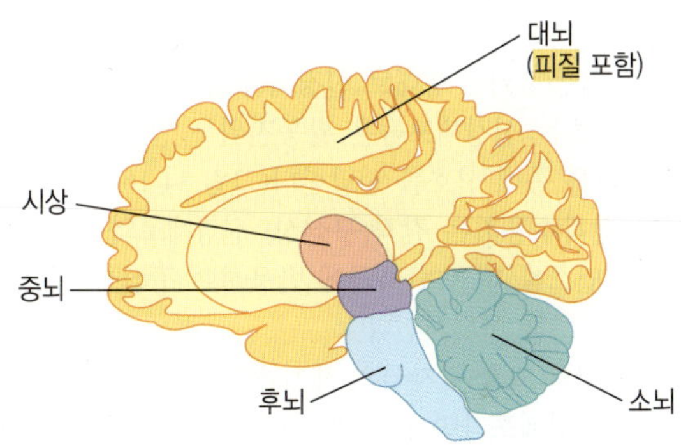

(b) 사람의 뇌(횡단면)

▲ **그림 34.14 조류와 사람의 고등 인지작용을 위한 영역 비교.** 구조적으로 서로 다르지만, **(a)** 조류 뇌의 외피(왼쪽의 뇌 단면)와 **(b)** 사람 뇌의 대뇌피질(오른쪽의 뇌 단면)은 고등 인지작용을 담당하며 뇌의 다른 구조물들과 유사하게 연결되어 있다.

신경세포의 가소성

신경계의 재조정은 대부분 시냅스에서 일어난다. 한 시냅스에서의 활성이 다른 시냅스들과 연관을 갖게 되면 시냅스의 연결이 강화되는 방향으로 변화가 일어나게 된다. 반대로, 한 시냅스의 활성이 다른 시냅스들과 연관이 없어지면 시냅스의 연결은 약화된다.

그림 34.15a는 이러한 현상이 결과적으로 시냅스의 증가와 감소를 초래함을 보여준다. 이러한 현상을 신경계의 신호를 고속도로상의 교통흐름이라고 가정한다면 고속도로 진입로를 제거하거나 새로 만드는 것으로 표현할 수 있다. 결과적으로 특정 신경세포 간의 신호전달이 강화되거나 약화되게 된다. **그림 34.15b**에서 보는 바와 같이 한 시냅스 내에서 신호가 강화되거나 약화될 수도 있다. 역시 교통의 흐름에 비유하면 진입로가 넓어지거나 좁아지는 것으로 묘사될 수 있다.

신경계가 자체 활성에 반응하여 재조정될 수 있는 능력을 **신경세포의 가소성(neural plasticity)**이라고 한다. 신경세포의 가소성의 결함은 자폐증(autism)의 원인으로 여겨지는데, 어린 시절에 발병하는 자폐증은 반복된 행동은 물론 의사소통과 사회활동에 문제를 보인다. 자폐증이 시냅스의 활성 의존적 재조정에 장애가 일어나서 발병하는 질환이라는 증거들이 쌓이고 있다.

기억과 학습

신경가소성은 기억의 형성에 필수적이다. 비록 의식하지는 않아도 우리는 현재 무슨 일이 일어나고 있고 또한 방금 전에 무슨 일이 일어났었는지를 계속해서 확인한다. 우리는 정보를 일단 **단기기억**

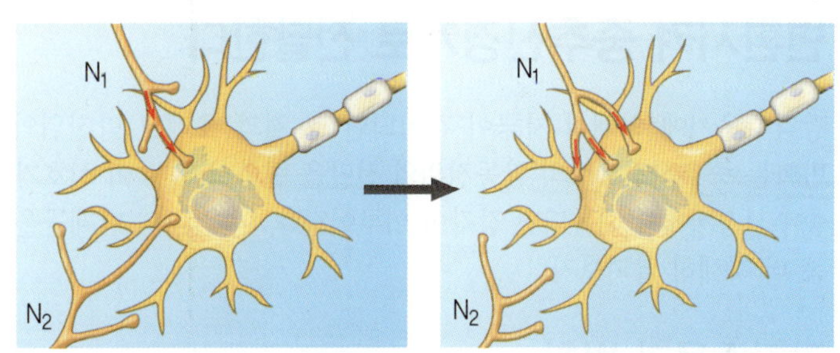

(a) N_1 신경세포의 시냅스의 활성이 높아지면 시냅스가 추가적으로 생긴다. N_2 신경세포의 시냅스에서 활성이 사라지면 기능적으로 연결이 끊기게 된다.

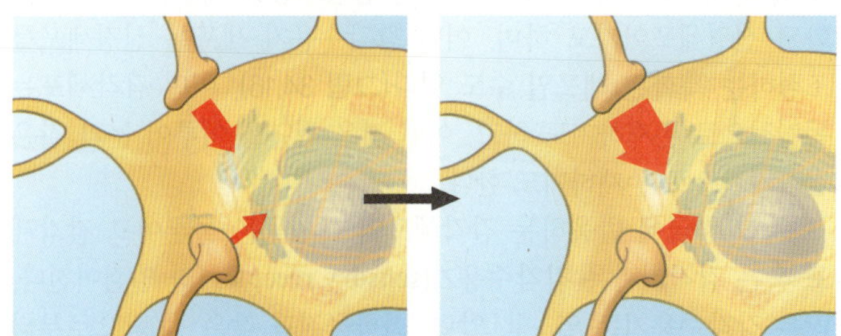
(b) 두 시냅스가 종종 동시에 활성화되면 시냅스후 반응이 모두 강화될 수 있다.

▲ **그림 34.15 신경세포의 가소성.** 시냅스의 활성 정도에 의존하여 시냅스 연결은 시간에 따라 변화한다.

(short-term memory) 장소에 저장한 후, 아무런 관련이 없어지면 지워버린다. 이름이나 전화번호 등의 사실에 관한 지식을 기억하기를 원한다면 **장기기억(long-term memory)** 기작이 활성화되어야 한다. 후에 이름이나 번호를 생각해 내려면 장기기억으로부터 단기기억으로 정보를 가져와야 한다.

연구자들은 장기 및 단기 기억의 저장장소가 뇌의 어느 부위에 존재하는지에 대해 의문을 가지고 연구해 왔다. 우리는 이제 두 형태의 기억이 대뇌피질에 저장된다는 것을 안다. 단기기억에 관한 정보는 해마에서 형성되는 일시적인 연결 혹은 연합을 통해서 접근 가능하다. 기억이 장기기억 상태가 되면 해마에서의 연결은 대뇌피질 내의 연결로 교체된다. 이러한 기억의 강화 과정은 수면 중에 일어나기도 한다. 또한 기억의 강화 과정을 위한 해마의 재활성화는 꿈의 요소가 될지도 모른다.

단기기억과 장기기억을 다른 방식으로 저장하는 장점은 무엇일까? 아마도 대뇌피질 내에서의 직접적인 연결 형성을 늦춤으로써 새롭게 형성되는 장기기억이 기존에 저장되어 있던 지식, 경험들과 점진적으로 통합되어 보다 의미 있는 연합을 이루게 하는 것은 아닐까 여겨진다. 단기기억으로부터 장기기억으로의 이동의 효율이 과거의 기억과 연합되었을 때 훨씬 증가한다는 사실은 위의 가설을 뒷받침한다. 예를 들면, 이미 다른 종류의 카드경기를 통해 "카드 감각"을 가지고 있는 사람이 새로운 종류의 카드 경기 습득에 빠르다.

개념 34.4

감각수용기는 자극 에너지를 신호로 변환시켜 중추신경계로 전달한다

감각수용기에 의해서 자극이 감지되면 그 결과 초래된 막전위의 변화는 중추신경계로의 활동전위의 전달을 변화시킨다. 이 신호가 중추신경계에서 해독되면 감각이 이루어진다. 이 감각의 단계들을 좀 더 자세히 살펴보자.

감각수용과 변환

감각 경로는 감각세포가 자극을 감지하는 **감각수용(sensory reception)**으로부터 시작된다. 어떤 감각수용기 세포는 자체가 특화된 신경세포이기도 하며, 어떤 감각수용기 세포는 신경세포를 조절하는 특화된 세포일 수도 있다(그림 34.16). 어떤 감각세포는 독립적으로 존재하기도 하고, 어떤 경우 집단을 이루어 눈과 같은 감각기관으로 존재하기도 한다.

특정 자극에 반응하는 감각세포의 구조물은 물론이고 감각세포 혹은 감각기관은 **감각수용기(sensory receptor)**라 일컬어진다. 많은 감각수용기는 열, 빛, 압력, 화학물질과 같은 몸 밖으로부터 오는 자극을 수용하며, 몸 안의 자극을 감지하며 혈압 등을 파악하는 수용기도 있다. 감각수용기를 활성화시키기 위해서 반드시 큰 자극에너지가 필요한 것은 아니다. 대부분의 광수용기는 광자

▼ 그림 34.16 신경 감각수용기와 비신경 감각수용기

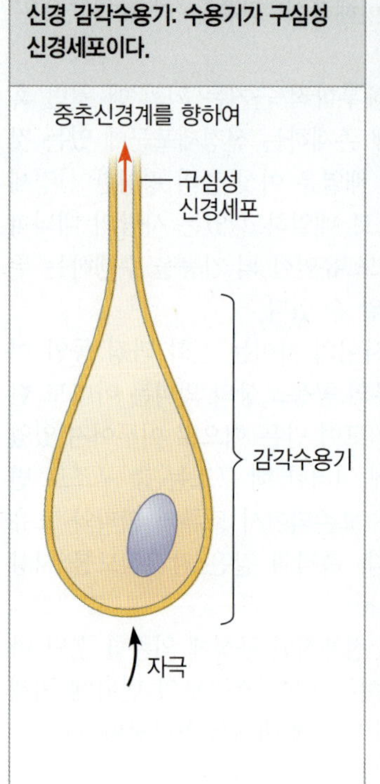

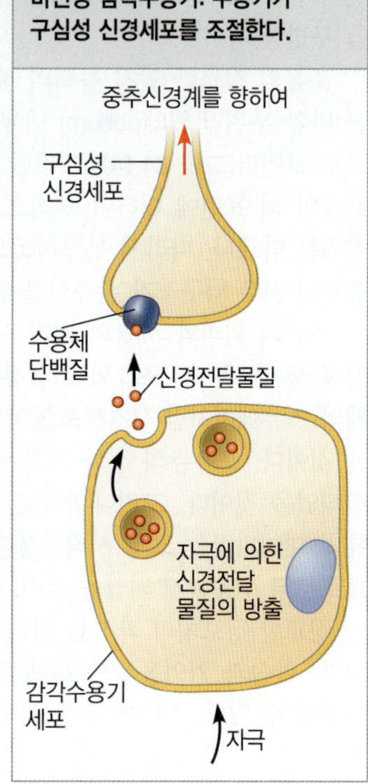

하나를 감지할 수도 있다.

동물들은 매우 다양한 형태의 자극을 감지하기 위해서 다양한 감각수용기를 사용하지만 그 효과는 모두 이온통로의 열리고 닫힘으로 귀결된다. 이에 따라서 결과적으로 막을 통한 이온의 흐름이 변화하여 막전위가 변화하는데, 이러한 막전위의 변화를 **수용기전위(receptor potential)**라 한다. 수용기전위는 점진적으로 변화하는 전압이며, 따라서 그 크기는 자극의 크기에 따라 변화한다. 자극이 감각수용기 막전위로 변환되는 과정을 **감각변환(sensory transduction)**이라 한다.

전달

감각정보는 활동전위의 형태로 신경계를 통해 전달된다. 감각수용기로 기능을 하는 신경세포들은 활동전위를 생성하여 중추신경계로 뻗은 축삭을 통해 신호를 전달한다(그림 34.16). 신경세포의 형태가 아닌 감각수용기는 감각(구심성) 신경세포와 직접적으로 연결된 화학시냅스를 맺으며 자극에 반응하여 구심성 신경세포에서 활동전위의 빈도를 변화시킨다.

수용기전위의 크기는 자극의 세기에 따라서 증가한다. 만일 수용기가 감각신경세포라면 큰 수용기전위는 보다 빈번한 활동전위를 생성시키게 될 것이다(그림 34.17). 만일 수용기가 감각신경세포가 아니라면 보다 큰 수용기전위는 수용기가 보다 많은 양의 신경전달물질을 분비하게 할 것이다.

많은 감각신경세포는 낮은 빈도의 자발적인 활동전위를 생성하고 있다. 이러한 신경세포에서 자극은 활동전위가 얼마나 자주

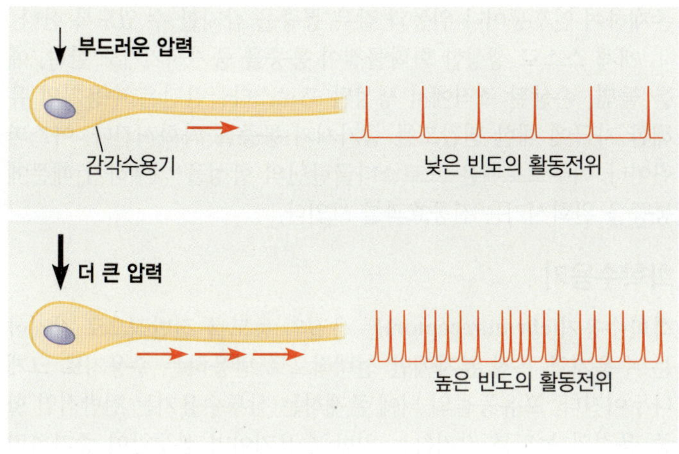

▲ 그림 34.17 **자극의 강도 전달**

생성되느냐를 결정하며, 따라서 자극 강도의 변화에 따라서 신경계가 변화할 수 있도록 한다.

인지

활동전위가 감각신경세포에 의해서 뇌에 이르게 되면 자극이 **인지(perception)**된다. 색깔, 냄새, 소리, 맛 등의 인지작용은 뇌의 작용을 통해서 만들어진 해석의 방법이지 어떤 실체가 있는 것은 아니다. 만일 나무가 넘어질 때 쓰러지는 소리를 들어줄 동물이 존재하지 않는다면 소리가 실재하는 것인가? 나무가 쓰러지면서 공기중에 파동을 생성할 것은 분명하지만 만일 소리를 인지의 한 형태로 정의한다면, 파동을 감각하고 그것을 소리로 인지하는 동물이 없을 때에는 소리가 존재하지 않는다고 할 수 있다.

눈을 자극하는 빛에 의해 유도된 활동전위는 귀에서 음파에 의해 유도된 활동전위와 동일한 성질을 가지고 있다. 그렇다면 어떻게 시각, 소리, 그리고 다른 여러 종류의 자극을 서로 다르게 느낄 수 있을까? 해답은 감각수용기와 뇌 사이의 연결에서 찾을 수 있다. 감각수용기에서 발생한 활동전위는 특정 자극을 전달하는 신경세포들에 의해 척수 혹은 뇌의 특정 신경세포와 시냅스를 맺고 있다. 그 결과, 뇌는 전달되는 활동전위의 경로만으로 그 자극이 소리인지 혹은 빛인지를 구별하게 된다.

증폭과 적응

감각계의 민감도는 증폭과 적응이라는 과정에 의해서 지대한 영향을 받는다. **증폭(amplification)**은 변환과정 동안에 감각 신호가 강화되는 현상으로서 동물이 약한 자극에 반응하고 감지할 수 있도록 한다. 증폭의 효과는 상당히 클 수 있는데, 예를 들어 눈에서 사람의 뇌로 전달되는 활동전위는 활동전위를 유도했던 광자에너지와 비교하면 100,000배의 에너지를 가지고 있다.

감각신경세포에서 일어나는 증폭은 종종 효소에 의해서 촉매되는 반응이 관여하는 신호전달 경로에 의해서 조절된다. 하나의 효소 분자는 많은 생성 분자들의 형성을 촉매하기 때문에 이 경로는 자극의 강도를 현저하게 증폭시킨다. 증폭은 복잡한 감각기관의 보조적인 구조물을 통해서 일어나기도 하는데, 이런 기작을 통해서 음파는 속귀의 수용체에 도달하기 전까지 20배 이상 증폭된다.

계속되는 자극은 자극에 대한 수용기의 반응을 감소시키는데 이러한 현상을 **감각적응(sensory adaptation)**이라 한다. 감각적응 현상이 없다면 자신의 심장박동과 옷을 입은 이물감에 끊임없이 시달려야 할 것이다. 적응은 자극 강도의 폭넓은 변화를 보고, 듣고, 냄새 맡을 수 있게 해준다.

감각수용기의 유형

감각수용기는 받아들이는 에너지의 형태에 따라서 기계적수용기, 화학수용기, 전자기수용기, 온도수용기, 통각수용기로 나눌 수 있다.

기계적수용기

기계적수용기(mechanoreceptor)는 압력, 접촉, 신장, 움직임, 소리와 같은 기계적 에너지의 형태에 의해 야기되는 물리적 변형(형태의 변화)을 감지한다. 기계적수용기는 세포골격과 같은 세포내 구조물은 물론, "섬모"와 같은 세포외 구조물과 연결된 이온통로를 가지고 있다. 외부 구조물이 신장되거나 구부러지면 장력이 발생하여 이온통로의 투과성을 변화시킨다. 이러한 이온 투과성의 변화가 막전위를 탈분극시키거나 과분극시킨다.

어떤 동물들은 기계적수용기를 이용하여 주변을 감지한다. 예를 들어 고양이나 설치류들은 수염의 기저부에 극도로 민감한 기계적수용기를 가지고 있다. 털의 움직임은 활동전위를 일으키고 털의 위치에 따라서 뇌의 서로 다른 신경세포에 활동전위를 전달하게 된다. 따라서 매우 근접한 사물의 자세한 정보를 털의 움직임을 통해 감지할 수 있다.

전자기수용기

전자기수용기(electromagnetic receptor)는 가시광선, 전기, 자기력 등 다양한 형태의 전자기에너지를 감지한다. 예를 들어 단공류인 오리너구리는 부리에 전기수용기가 있어서 갑각류, 작은 어류 등의 사냥감의 근육에서 발생하는 전기장을 감지하여 먹이를 찾기도 한다. 어떤 경우에는 자극을 감지하는 동물이 스스로가 전류의 공급원이 되기도 한다. 즉, 몇몇 어류들은 전류를 발생시켜 놓고 있다가 먹이와 같은 물체가 이 전류의 흐름을 방해하면 전기수용기를 이용하여 그 위치를 파악하기도 한다.

많은 동물들은 이동할 때 지구의 자기장을 이용하여 방향을 잡는다(그림 34.18a). 철을 함유하고 있는 무기 자철광이 이러한 능력을 제공하는 것으로 보인다. 자철광은 척추동물(연어, 비둘기, 바다거북, 사람), 벌 그리고 몇몇 연체동물에서, 그리고 지구 자장의 영향을 받는 원생생물과 원핵생물에서 발견된다.

온도수용기

온도수용기(thermoreceptor)는 열과 차가움을 감지한다. 예를 들어, 어떤 독을 품은 뱀들은 적외선수용기를 가지고 있어서 따뜻한

(a) 북해의 돌고래들처럼 이주하는 동물들은 지구의 자기장을 감지하여 이동 방향을 결정하는 것으로 보인다.

(b) 이 방울뱀과 다른 살모사들은 눈의 아래쪽에 하나씩 한 쌍의 적외선수용기를 가지고 있다. 이 기관은 약 1미터 떨어진 쥐의 체온에 의해 발산되는 적외선을 감지할 수 있다. 이 뱀은 머리를 양옆으로 움직이다가 적외선이 두 수용기에 의해서 동일한 세기로 감지될 때 쥐가 바로 앞 방향에 있는 것으로 간주한다.

▲ 그림 34.18 **특수화된 전자기수용기**

사냥감이 방출하는 적외선을 감지한다(그림 34.18b). 사람의 경우 피부와 시상하부의 앞 부위에 존재하는 온도수용기 세포가 시상하부 뒤쪽에 위치한 우리 몸의 항온조절장치에 정보를 보낸다.

어떻게 감각세포가 온도를 감지할 수 있는지에 대한 해답은 고추의 매운맛을 내는 캡사이신이라는 천연물질로부터 찾을 수 있었다. 이 세포들은 캡사이신 수용체와 결합하여 칼슘통로의 개폐를 조절하는데, 42°C 이상의 고온에 의해서도 이 이온통로가 열린다는 사실을 발견하였다. 즉 매운 음식이나 뜨거운 국 혹은 뜨거운 커피는 모두 동일한 수용체를 활성화시키는 것이다. 이와 유사하게, 28°C 이하의 온도에 선택적으로 반응하는 수용체는 시원한 향의 식물성 성분인 멘톨에 의해서 활성화된다.

통각수용기

과도한 압력이나 온도 혹은 특정 화학물질은 동물의 조직을 파괴한다. 이러한 유해한 자극은 **통각수용기(pain receptor, nociceptor;** *nocere*는 라틴어로 통증의 뜻)를 통해 감지된다. 통증은 위험한 상황으로부터 몸을 피하는 등 방어작용을 야기하기 때문에 생존을 위해서 매우 중요한 기능을 수행한다.

사람의 경우 노출된 수상돌기에 의해 통증을 유발하는 열자극, 기계적, 화학적 자극이 감지된다. 온도수용기로 작용하는 캡사이신 수용체는 통각수용기이기도 하다. 통각수용기는 피부에 가장 높은 밀도로 존재하지만, 일부 통각수용기는 기타 다른 기관에도 존재하여 인후통이나 위통과 같은 통증을 감지할 수 있도록 한다.

개체 스스로 생성한 화학물질이 통증을 증가시키기도 한다. 예를 들면, 손상된 조직에서 생성된 프로스타글란딘은 수용기의 유해한 자극에 대한 민감도를 증가시켜 통증을 악화시킨다. 아스피린이나 이부프로펜은 프로스타글란딘의 합성을 억제하기 때문에 통증을 완화시키는 진통효과를 보인다.

화학수용기

화학수용기(chemoreceptor)는 용질의 농도를 전반적으로 감지하는 수용기와 특정 분자에만 선택적으로 반응하는 수용기로 크게 나누어진다. 포유동물의 뇌에 존재하는 삼투수용기는 전반적인 혈중 용질의 농도를 감지하는 일반 수용기이며 삼투압이 증가하면 갈증을 유발하는 역할을 한다. 대부분의 동물들은 포도당, 산소, 이산화탄소 그리고 아미노산 등의 특정 분자에 대한 수용기를 가지고 있다.

후각(olfaction)과 **미각(gustation)**의 인지는 모두 화학수용기에 의존한다. 육상동물의 경우 후각은 공기를 통해서 전달되는 **냄새물질(odorant)**을 감지하는 것이며, 미각은 용액상에 녹아 있는 **미각자극물질(tastant)**을 감지하는 것이다. 사람은 수천 가지 종류의 냄새를 맡을 수 있다. 각각의 냄새는 서로 다른 구조를 가진 냄새분자에 의해서 이루어진다. 이런 차원의 감각분별을 위해서는 수많은 종류의 후각수용체 단백질이 필요하다. 2004년에 엑슬(Richard Axel)과 벅(Linda Buck)은 특정 냄새분자에 특이적인 400개에 달하는 수용체를 암호화하는 사람의 후각수용체 유전자를 발견하여 노벨상을 수상하였다.

사람과 여러 포유동물들은 단맛, 신맛, 짠맛, 쓴맛, 우마미맛 등의 다섯 가지 맛을 감지한다. 우마미맛(umami; 일본어로 "맛있다"는 뜻)은 글루탐산에 의한 맛이다. 글루탐산은 조미료인 MSG(monosodium glutamate)의 핵심성분이며 고기나 오래된 치즈와 같은 음식물에 많이 존재한다.

미각세포는 **맛봉오리(taste bud)**에 모여 있으며, 맛봉오리는 미뢰(papillae)라 불리는 유두 모양의 돌기에 분포한다(그림 34.19). 오해와는 달리 혀의 어느 부위를 불문하고 맛봉오리가 있다면 다섯 가지의 맛을 모두 감지할 수 있다. 그러나 각각의 미각세포는 오직 한 종류의 맛수용체를 가지고 있어서 다섯 종류의 맛 중에서 한 종류의 맛에 대해서만 반응하도록 프로그램되어 있다.

개념 34.5

청각과 평형감각에서 기계적수용기는 체액의 유동이나 입자의 침강을 감지한다

대부분의 동물에서 청각과 균형감각은 밀접하게 관련되어 있고 둘 다 기계적수용기에 의해 이루어진다. 기계적수용기에서는 입자의 침강과 체액의 유동에 의해 세포막 일부가 구부러지면서 수용기전위가 생성된다.

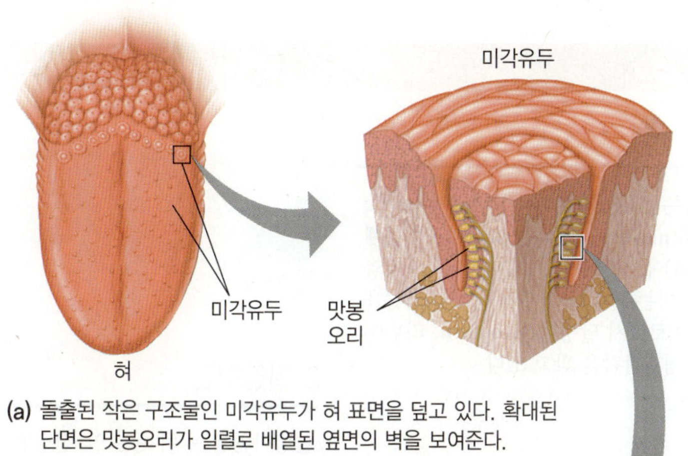

(a) 돌출된 작은 구조물인 미각유두가 혀 표면을 덮고 있다. 확대된 단면은 맛봉오리가 일렬로 배열된 옆면의 벽을 보여준다.

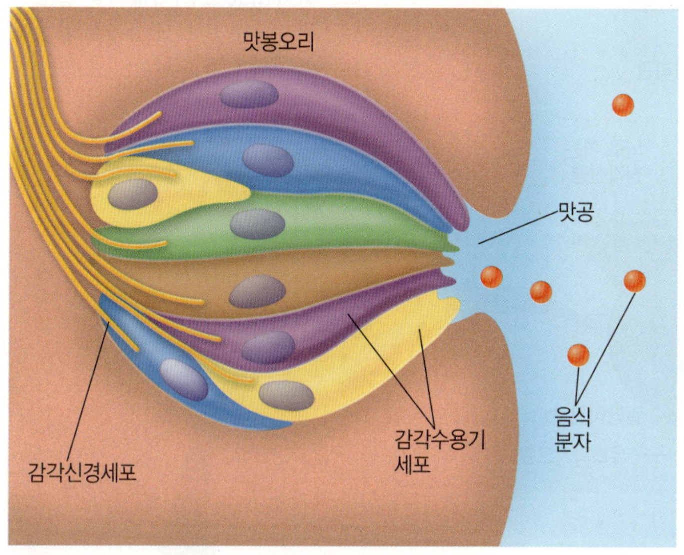

구분

단맛 쓴맛 우마미맛

짠맛 신맛

(b) 맛봉오리는 다섯 가지 맛 중에서 단 하나에만 선택적인 감각수용기를 가지고 있다.

▲ 그림 34.19 **사람의 미각수용기**

무척추동물에서 중력과 소리의 감지

대부분의 무척추동물은 중력과 평형 상태를 감지하는 감각기관인 **평형포(statocyst)**를 가지고 있다(그림 34.20). 전형적인 평형포에는 모래알이나 밀도가 높은 물질로 만들어진 작은 알갱이인 **평형석**(statolith)이 섬모를 가진 수용기세포가 둘러싸고 있는 빈 공간에 자유롭게 놓여 있다. 동물이 위치를 바꿀 때마다 평형석이 다시 자리를 잡고 침강하면서 빈 공간의 가장 낮은 곳에 있는 기계적수용기를 자극한다.

평형석의 재침강이 지구의 중력에 상대적인 몸의 위치 정보를 제공한다는 가설을 어떻게 확인할 수 있었을까? 가재의 평형석을 철 부스러기로 대체시킨 후 자석을 이용하여 대체된 철 부스러기를 평형포의 끝까지 끌어올려서 가재가 뒤집어진 채로 헤엄치도록 속일 수 있었다.

아마도 대부분의 곤충은 몸에 음파에 의해서 진동하는 털을 가지고 있다. 털의 딱딱한 정도와 길이에 따라서 다른 주파수의 소리에 반응한다. 많은 곤충들은 진동에 민감한 기관을 통해서 소리를 감지한다. 이러한 기관이 있어서 바퀴벌레는 다가오는 사람의 발에 의해 발생된 공기의 움직임에 대해서 반응하고 감지할 수 있다.

포유동물의 청각과 평형감각

다른 육상 무척추동물과 마찬가지로 포유류의 청각과 평형감각은 밀접하게 연관되어 있다. 그림 34.21은 사람의 귀에서 이들 기관의 구조를 보여주고 있다.

청각

튕겨진 기타의 현이나 말하고 있는 사람의 성대와 같이 진동하는 물체는 주변의 공기에 압력파를 만든다. 청각작용에서 귀는 이러한 기계적 자극(압력파)을 뇌가 소리로서 인지할 수 있는 활동전위로 변화시킨다. 음악, 말소리 혹은 주변의 소음을 듣기 위해서는 움직임을 감지하는 돌출된 털을 가지고 있는 감각세포인 **털세포(hair cell)**가 필요하다.

파동이 털세포에 이르기까지 여러 부속 구조물에 의해서 증폭되고 변형된다. 청각작용은 외이에 도달한 공기의 움직임이 고막을 진동시킴으로써 시작된다. 다음 단계에서 중이의 세 뼈가 이 진동을 달팽이관의 표면에 있는 막인 난원창에 전달한다. 이 뼈들 중의 하나인 등자뼈가 난원창을 직접 진동시키면 달팽이관 내의 액체에 압력이 가해져 파동이 생성된다.

전정계를 통해 전달되는 액체의 압력은 와우관과 기저막을 누른다. 이에 대한 반응으로서 기저막은 위아래로 진동하게 되고 기저막에 붙어 있는 털세포들 역시 위아래로 진동한다. 움직이는 털세포로부터 돌출된 털들은 털세포 바로 위를 덮고 있는 덮개막에 의해 구부러지게 된다(그림 34.21). 진동 때마다 털세포의 털들은 진동 방향에 따라서 서로 다른 방향으로 구부러지는 현상을 반복하며 막상에 존재하는 이온통로를 열거나 닫게 된다(그림 34.22). 그 결과 청신경 감각의 변화가 초래되고, 이 변화는 뇌에서 소리로

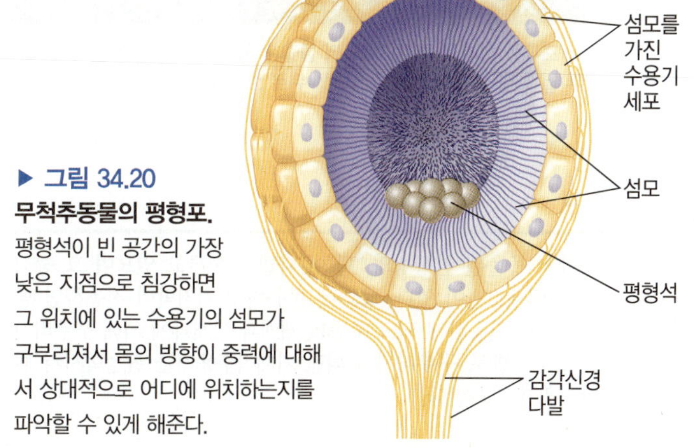

▶ 그림 34.20
무척추동물의 평형포.
평형석이 빈 공간의 가장 낮은 지점으로 침강하면 그 위치에 있는 수용기의 섬모가 구부러져서 몸의 방향이 중력에 대해서 상대적으로 어디에 위치하는지를 파악할 수 있게 해준다.

▼ 그림 34.21 **사람 귀의 구조 탐구**

1 귀의 전체적인 구조

외이(outer ear)는 귓바퀴와 이도로 구성되며 음파를 모아 고막에 전달하는 역할을 한다. **고막(tympanic membrance)**은 외이와 중이의 경계를 이룬다. **중이(middle ear)**에는 망치뼈(malleus), 모루뼈(incus), 등자뼈(stapes) 등 세 개의 청소골이 있다. 이 작은 뼈들은 진동을 **난원창(oval window)**에 전달한다. 난원창은 등자뼈와 맞닿아 있는 막구조이다. **유스타키오관(Eustachian tube)**은 인두와 중이를 연결하는 관이며 외부와 내이의 기압을 일치시키는 역할을 한다. **내이(inner ear)**는 체액으로 차 있으며 뼈로 이루어진 미로로서 **달팽이관(cochlea**; 라틴어로"달팽이"의 뜻)과 **반고리관(semicircular canal)**으로 나누어지며 각각 청각과 평형감각을 맡고 있다.

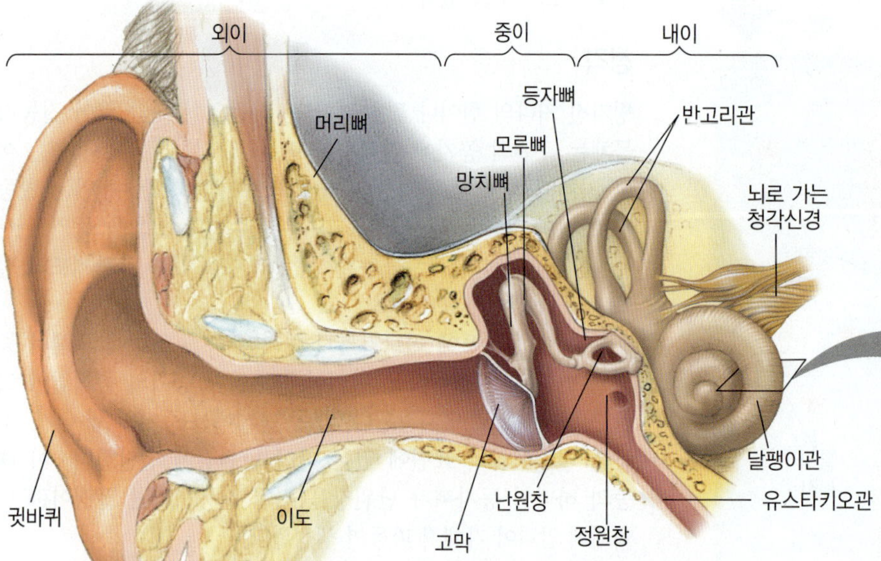

2 달팽이관

달팽이관에는 위 통로인 전정계와 아래 통로인 고실계의 두 큰 관이 있고 그 사이에 작은 통로인 와우관이 있다. 전정계와 고실계는 액체로 차 있다.

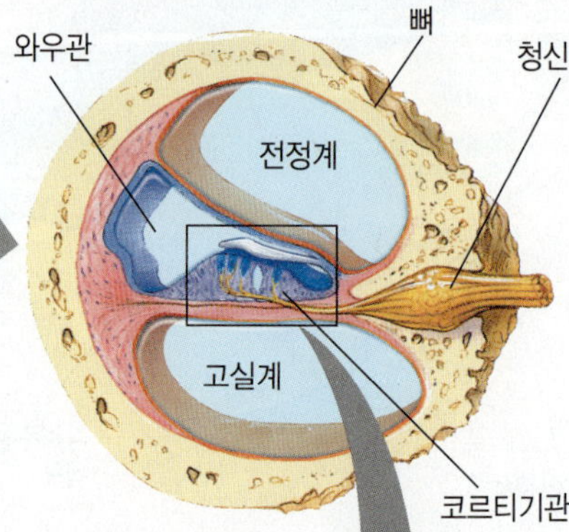

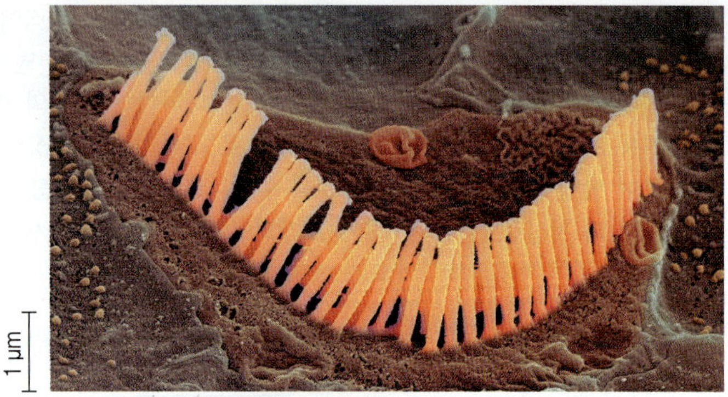

▲ 포유류 하나의 털세포로부터 돌출한 털다발(주사 전자 현미경 사진). 두 열의 짧은 털이 한 열의 긴 털 뒤로 보인다.

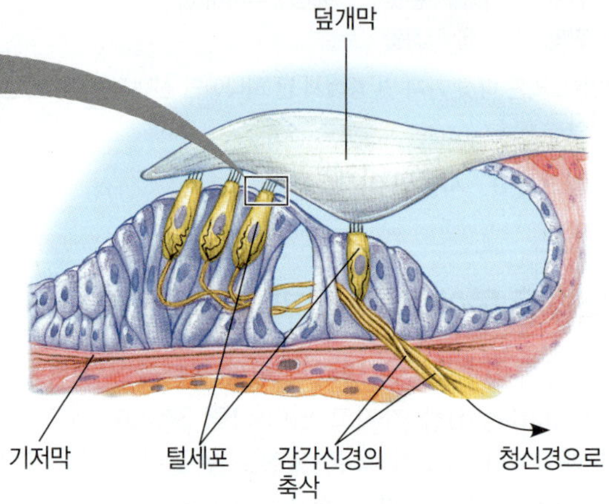

3 코르티기관

와우관의 바닥인 기저막은 **코르티기관(organ of Corti)**을 가지고 있다. 코르티기관은 기계적수용기인 털세포를 가지고 있으며 털의 방향은 와우관을 향한다. 많은 털은 차양처럼 코르티기관 위에 달려 있는 덮개막에 닿아 있다. 음파는 기저막을 진동시켜 털을 구부러지게 하여 털세포를 탈분극시킨다.

4 털세포

각 털세포에서 돌출된 간상형의 "털"이 다발을 이루고 있으며 그 중심부에는 액틴 미세소관이 있다. 소리에 반응하여 기저막이 진동하면 털세포가 위아래로 진동하게 되고 주변의 체액과 덮개막에 의해 구부러지게 된다. 털이 다발로 구부러지게 되면 기계적수용기를 활성화시켜 털세포의 막전위가 변화한다.

▶ **그림 34.22** **털세포에 의한 감각수용.** 척추동물의 털세포는 주변의 체액의 움직임에 의해 구부러지는 털다발을 가지고 있어서 청각과 균형감각을 유지하는 데 반드시 필요하다. 각각의 털세포는 흥분성 신경전달물질을 시냅스에서 분비하여 감각신경세포의 활동전위를 유도하여 중추신경계로 신호를 전달한다. 한쪽 방향으로 털이 구부러지면 탈분극이 유도되어 보다 많은 양의 신경전달물질이 분비되고 결과적으로 감각신경세포에서 생성되는 활동전위의 빈도도 높아진다. 반대 방향으로 털이 구부러지게 되면 정반대의 결과를 초래한다.

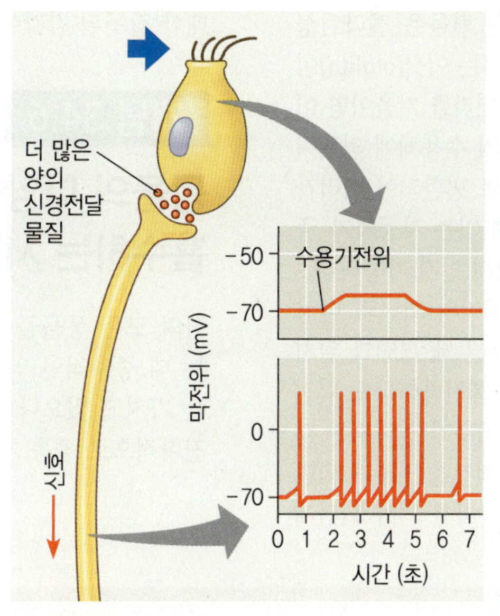

(a) 털이 한 방향으로 구부러질 때

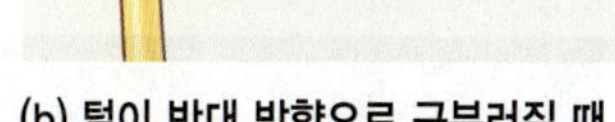

(b) 털이 반대 방향으로 구부러질 때

인지된다.

압력파가 귀 속에서 반향하여 지속된 감각을 야기하는 것을 어떻게 방지할 수 있을까? 파동이 전정계를 따라 이동하다가 달팽이관의 정점에 이르면 돌아서 결국 **정원창(round window)**에 부딪치면서 소멸된다. 이러한 음파의 제동현상은 다음에 연속적으로 도달하는 진동을 감지할 수 있도록 귀를 초기화하는 역할을 한다.

귀가 잡아내는 소리의 두 가지 중요한 변수는 크기와 고저이다. 소리의 **크기**(volume)는 음파의 진폭에 의해서 결정된다. 큰 진폭을 가지고 있는 소리는 기저막을 더 강렬하게 흔들기 때문에 털세포의 털이 더 심하게 구부러지고 따라서 청신경에서 높은 빈도의 활동전위가 발생하게 된다. 음의 **고저**(pitch)는 단위 시간당 진동수인 음파의 주파수에 달려 있다. 음파의 주파수의 감지는 달팽이관에서 일어나며 달팽이관의 비대칭적 구조에 의존한다.

기저막이 길이 방향으로 고르지 않기 때문에 달팽이관은 소리의 높낮이를 구별할 수 있다. 즉, 난원창과 이웃한 기저 부위의 기저막은 상대적으로 좁고 딱딱하며 끝으로 갈수록, 즉 정점부위로 갈수록 넓어지고 유연해진다. 따라서 기저막의 각 부위는 서로 다른 진동 주파수에 동조한다. 게다가 각 지역은 대뇌피질의 다른 지역과 축삭을 통해서 연결된다. 그 결과, 음파가 기저막의 특정 지역을 진동시키면 피질의 특정 부위가 흥분하여 특정 고저의 소리를 인지하게 되는 것이다.

평형감각

사람과 포유류의 내이에 존재하는 몇몇 기관들이 신체의 균형과 위치를 파악하는 역할을 한다. 난원창의 바로 뒤쪽에 있는 구조물이 **난형낭(utricle)**과 **구형낭(saccule)**을 가지고 있는 전정기관으로서 중력과 선형 움직임에 대한 위치를 파악하도록 해주는 기관이다(**그림 34.23**). 난원창 뒤에 있는 전정에 위치한 이 낭들에는

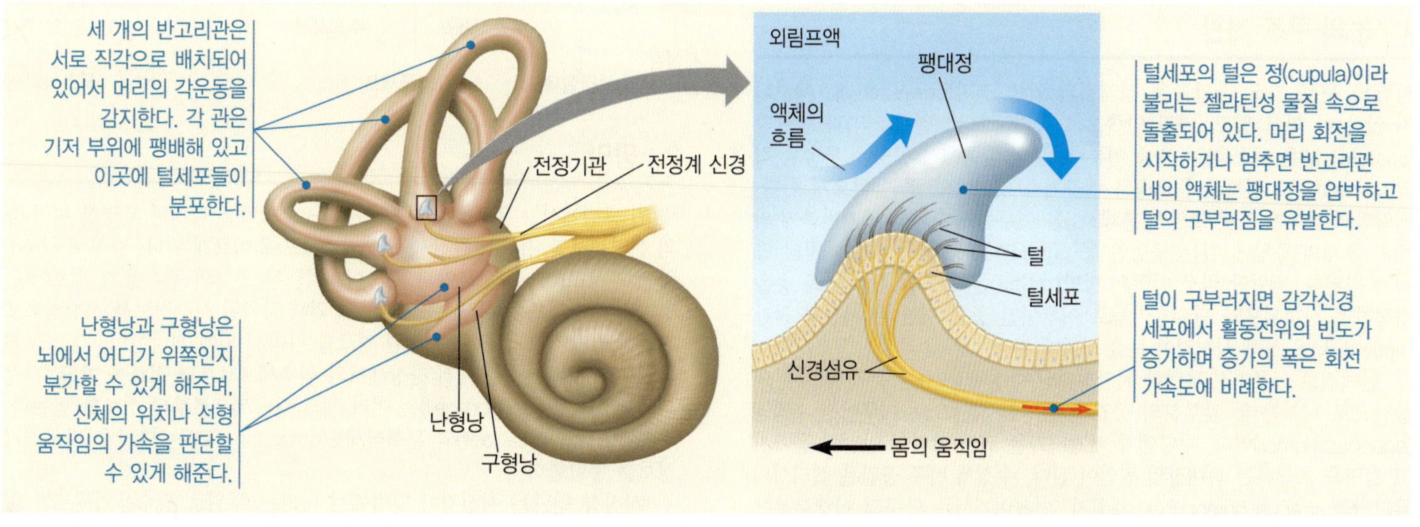

▲ **그림 34.23** **내이의 평형기관**

털세포들이 무리를 지어서 배열되어 있고 모든 털들은 젤라틴성 물질 속으로 돌출되어 있다. 이 젤라틴성 물질에는 이석(otolith)이라 불리는 작은 탄산칼슘 알갱이가 박혀 있다. 머리를 기울이면 이석이 젤 속으로 돌출된 털을 압박한다. 털세포의 수용체에 의해서 털의 구부러짐은 감각신경세포의 반응의 변화로 변환되어 머리가 기울어졌다는 신호를 뇌로 보내게 된다. 정지해 있는 자동차가 출발하였을 때 느껴지는 가속도 역시 이석에 의해서 인지 가능하다.

세반고리관은 난형낭과 연결되어 있으며 머리의 회전과 다양한 회전운동을 인지한다. 세 관은 각각 서로 다른 세 평면과 일치하게 배치되어 있으므로 어떤 방향으로 머리가 회전하더라도 회전을 인지할 수 있다. 한자리에서 계속 회전하면 멈추기 전까지는 각 반고리관 안의 액체가 결국 평형 상태가 된다. 회전을 멈추게 되면 움직이는 액체가 정지한 정(그림 34.23)과 부딪치게 되어 회전에 대한 잘못된 감각이 일어나고 이로 인해 어지러움을 느끼게 된다.

개념 34.6

동물의 다양한 시각수용기는 빛을 흡수하는 시각색소에 의존한다

거의 모든 동물들에서 빛을 감지하는 능력은 환경과 상호작용하는 데 중추적인 역할을 한다. 동물들은 다양한 형태의 시각 기관을 가지고 있으나 빛을 잡아내는 기본적인 기작은 동일하며 이는 진화적으로 공통 기원에서 유래하였음을 암시한다.

▼ 그림 34.26 사람 눈의 구조 탐구

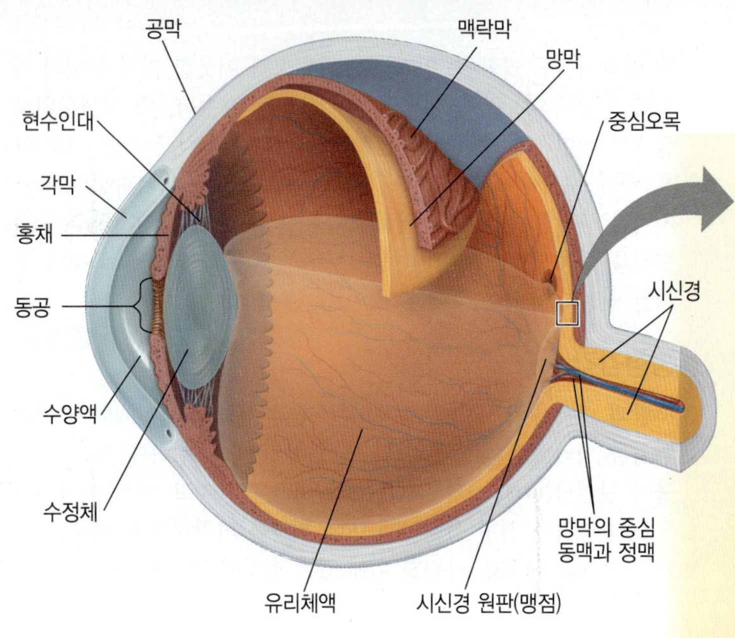

1 눈의 구조 개관

사람의 눈은 가장 바깥쪽을 점액질의 막인 결막(conjunctiva, 제시되지 않음)이 싸고 있고, 바로 안쪽으로 공막(sclera; 결합조직)과 맥락막(choroid; 얇은 색소층)이 층을 이룬다. 눈의 앞쪽에서 공막은 투명한 각막(cornea)으로 변화되어 고정된 렌즈처럼 빛이 눈으로 들어오게 한다. 맥락막의 앞쪽은 도넛 모양의 **홍채**(iris)를 이루는데 홍채의 크기변화에 의해서 홍채의 중앙에 있는 구멍인 동공(pupil)을 통해 들어가는 빛의 양이 조절된다. 맥락막 바로 안쪽의 **망막(retina)**은 안구의 가장 안쪽 층을 형성하며 신경세포와 광수용기들로 이루어진 층을 지닌다. 시신경 원판(optic disk)을 통해 시신경이 눈을 떠나게 된다.

단백질로 이루어진 투명한 원판형태인 **수정체(lens)**는 눈을 두 부분의 공간으로 나누는데, 앞부분의 공간은 투명한 체액으로 이루어진 **수양액**(aqueous humor)이다. 수양액가 빠져나가는 관이 막히면 안압이 높아지고 실명을 초래하는 녹내장의 원인이 된다. 수정체 뒤쪽 공간은 젤리성의 **유리체액**(vitreous humor)으로 채워져 있다(여기서는 안구의 아랫부분에 표시되어 있음).

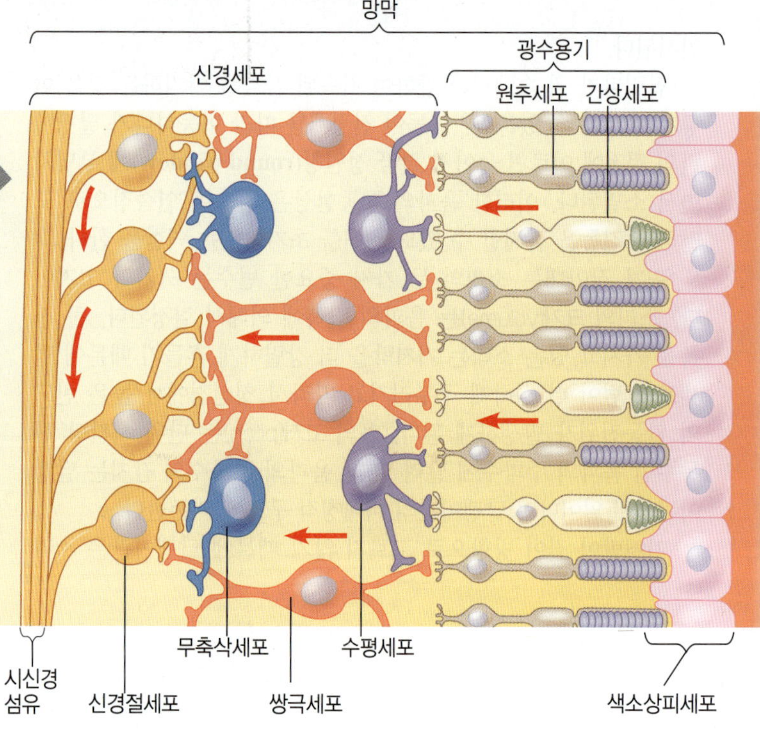

2 망막

빛(위 그림에서는 왼쪽 방향에서 들어옴)이 망막을 때리면 투명한 여러 층의 신경세포를 지나서 간상세포와 원추세포에 이르게 된다. 간상세포(rod)와 원추세포(cone)는 모양과 기능이 다른 두 종류의 광수용기 세포이다. 망막의 신경세포는 시각수용기세포에 의해 감지된 시각정보를 시신경으로 전달하고 빨간 화살표로 표시된 경로를 따라서 뇌에 전달한다. 각각의 **쌍극세포**(bipolar cell)는 여러 간상세포와 원추세포로부터 정보를 받고, 각각의 **신경절세포**(ganglion cell)는 여러 개의 쌍극세포로부터 정보를 받는다. **수평세포**(horizontal cell)와 **무축삭세포**(amacrine cell)는 망막을 가로질러 정보를 통합한다.

시신경 원판은 시신경이 망막에서 나가는 부위로 광수용기세포가 없다. 그 결과 이 부위에서는 빛이 감지가 되지 않아 "맹점(blind spot)"이라고 부른다.

시각의 진화

진화 빛을 감지하는 기관은 빛의 방향과 강도만을 감지하는 세포들이 모여 이루어진 매우 간단한 구조물로부터 상을 형성하는 복잡한 기관에 이르기까지 다양하다. 이러한 다양한 모든 광감각기관에는 빛을 흡수하는 색소분자를 가진 감각세포인 **광수용기(phtoreceptor)**가 있다. 더욱이 편형동물, 환형동물, 절지동물에서 척추동물에 이르기까지 다양한 동물들의 배아의 발생기간 동안 언제 그리고 어디에 광수용기를 만들 것인지를 결정하는 유전자들은 모두 공통점을 가지고 있다. 따라서 모든 광수용기의 유전적 결정인자는 좌우대칭형 동물의 초기 조상에서 이미 출현했던 것으로 생각된다.

빛 감각기관

대부분의 무척추동물은 빛을 감지하는 기관을 가지고 있다. 가장 간단한 형태 중의 하나가 플라나리아에서 발견된다(그림 34.24). 한 쌍의 안점(ocellus)은 머리 부위에 위치한다. 안점의 광수용기는 차광세포층이 없는 방향에서 들어오는 빛만을 감지할 수 있다. 플라나리아의 뇌는 두 안점에서 들어오는 활동전위의 빈도를 비교하여 빛으로부터 멀어질 수 있다. 따라서 바위 밑처럼 그늘진 곳으로 이동하여 자신을 포식자로부터 보호한다.

겹눈

곤충과 갑각류(절지동물문) 그리고 몇몇 다모류(환형동물문)는 낱눈(ommatidia)이라 불리는 빛 감각기가 수천 개 모여서 구성된

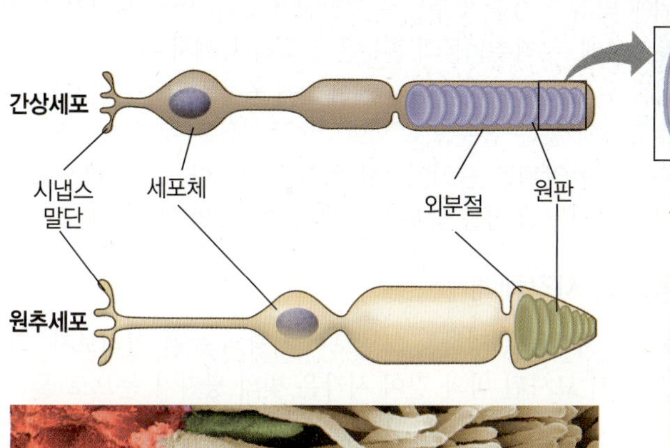

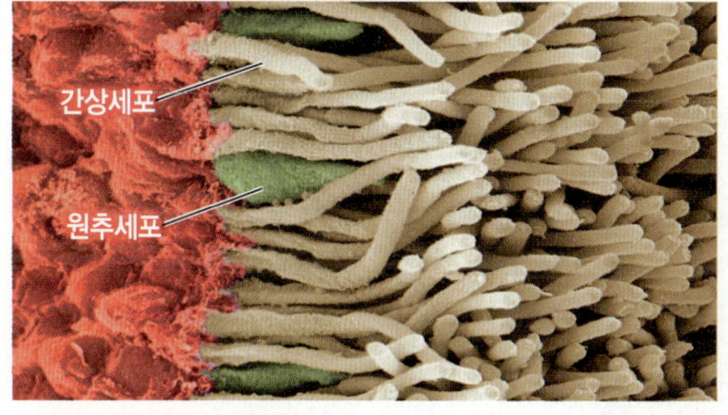

세포질
레티날
옵신
로돕신
원판의 안쪽

3 시각수용기 세포

사람은 다른 두 종류의 광수용기인 간상세포와 원추세포를 가지고 있다. 간상세포와 원추세포의 외분절에는 겹쳐진 막의 형태인 원판이 있으며 원판막에는 시각색소(visual pigment)가 존재한다. **간상세포(rod)**는 빛에 훨씬 더 민감하지만 색 분별은 하지 못한다. 따라서 간상세포를 통해서 밤의 약한 불빛 하에서도 볼 수 있지만, 흑백상으로만 볼 수 있다. 가시광선 스펙트럼대에 대한 민감도가 서로 다른 세 종류의 **원추세포(cone)**는 각각 빨강, 초록, 파랑에 대해 최대로 민감하게 반응한다.

색깔로 표시된 주사 전자 현미경 사진에서 원추세포(초록색), 간상세포(금색) 그리고 이웃한 신경세포(빨간색)가 보인다. 오른쪽에 있어야 할 색소 상피세포층은 제거된 상태이다.

4 시각색소

척추동물의 시각색소는 비타민 A의 유도체이며 빛을 흡수하는 **레티날(retinal)**과 막단백질인 **옵신(opsin)**이 결합된 형태이다. 옵신은 막을 관통하는 7개의 알파나선구조를 가지고 있다. 그림에서 보이는 시각색소는 간상세포의 **로돕신(rhodopsin)**이다.

레티날은 두 가지 이성질체로 존재한다. 빛을 흡수하면 레티날의 한 결합이 시스에서 트랜스 배열로 전환되어 구부러진 분자구조가 펼쳐진 상태로 변화된다. 이러한 변화는 레티날과 결합된 옵신 단백질을 불안정한 상태로 만들어 활성화시킨다.

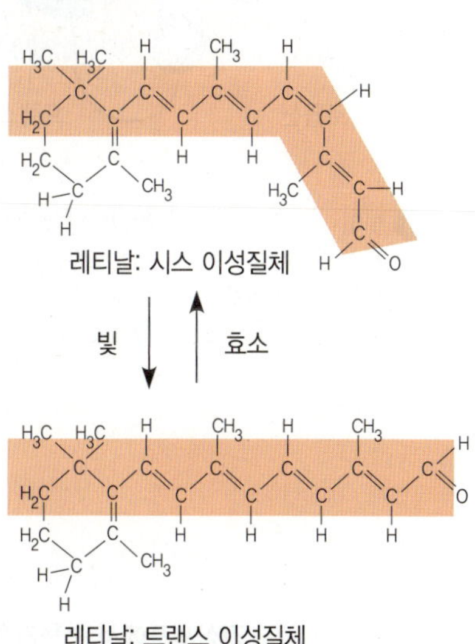

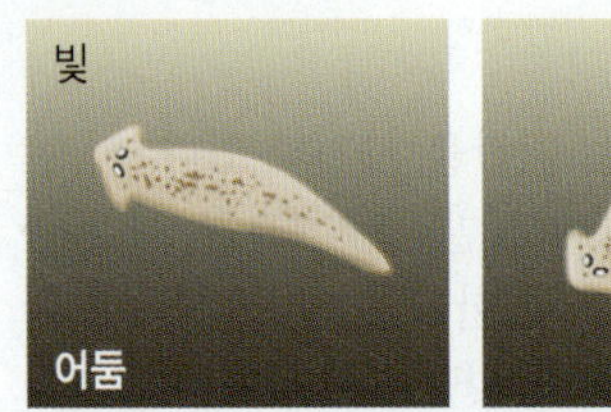

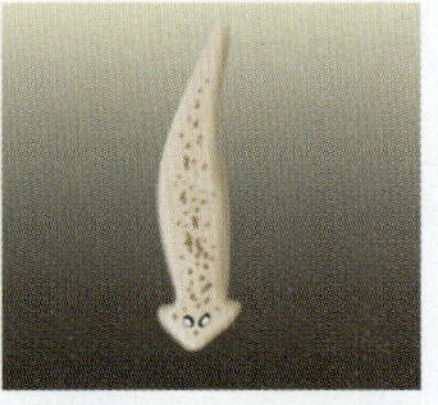

(a) 플라나리아의 뇌는 두 홑눈이 느끼는 빛의 강도가 최소가 되며 서로 동일해질 때까지 몸을 돌리도록 명령하고 이로써 플라나리아는 빛으로부터 멀어질 수 있다.

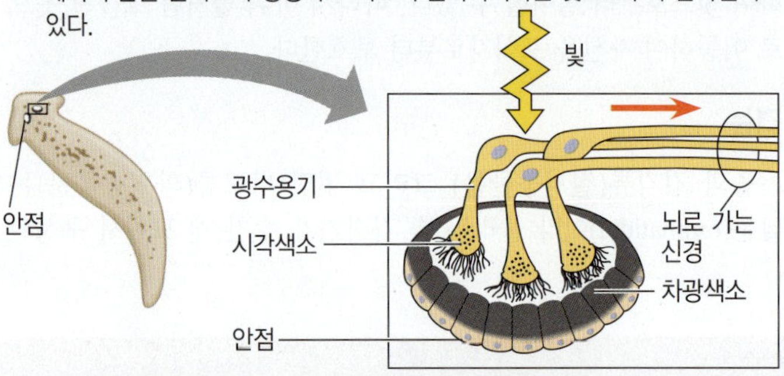

(b) 안점의 앞에서 비춰지는 빛은 광수용기를 흥분시키지만 뒤에서 비춰지는 빛은 차광색소에 의해서 가려진다. 이와 같이 안점은 빛이 비춰지는 방향을 알려 빛에 의한 도피행동을 유발한다.

▲ **그림 34.24 플라나리아의 안점과 방향을 결정하는 행동**

겹눈(compound eye)을 가지고 있다(그림 34.25). 각각의 낱눈은 개별적으로 빛 초점 렌즈를 가지고 있어서 개별적으로는 매우 좁은 시야의 빛을 감지한다. 겹눈은 움직임을 감지하는 데 매우 적합한 구조로서 포식자에 의해서 끊임없이 위협을 받는 날아다니는 곤충이나 작은 동물에게 매우 유용하다.

▶ **그림 34.25 겹눈.** 파리의 머리에 위치한 겹눈은 현미경 사진에서처럼 반복된 형태를 이룬다.

홑눈

무척추동물 중에서 **홑눈(single-lens eye)**을 가지고 있는 종류는 해파리류, 환형동물의 다모류, 거미류, 그리고 연체동물들이다. 홑눈은 사진기의 원리로 작동한다. 문어나 오징어의 눈은 빛이 통과하는 작은 열린 구멍인 **동공(pupil)**을 가지고 있다. 사진기에서 조리개 조절이 가능한 것처럼 **홍채(iris)**가 동공의 크기를 변화시켜 들어오는 빛의 양을 조절한다. 동공의 뒤에는 하나의 수정체가 광수용기층 위에 빛의 초점을 맞추도록 고안되어 있다. 역시 사진기의 작용과 유사하게, 무척추동물의 홑눈은 근육을 통해서 수정체를 앞뒤로 움직일 수 있어서 거리가 다른 물체들에 초점을 맞출 수 있다.

척추동물의 눈은 홑눈으로 되어 있다. 어류는 무척추동물에서처럼 수정체를 앞뒤로 움직이면서 초점을 맞춘다. 포유류를 포함한 다른 종에서는 초점을 맞추기 위해서 수정체의 모양을 바꾼다.

척추동물의 시각체계

척추동물의 시각을 설명하는 모델로서 사람의 눈을 살펴보자. 그림 34.26에서 묘사된 바와 같이 시각은 빛의 광자가 눈으로 들어

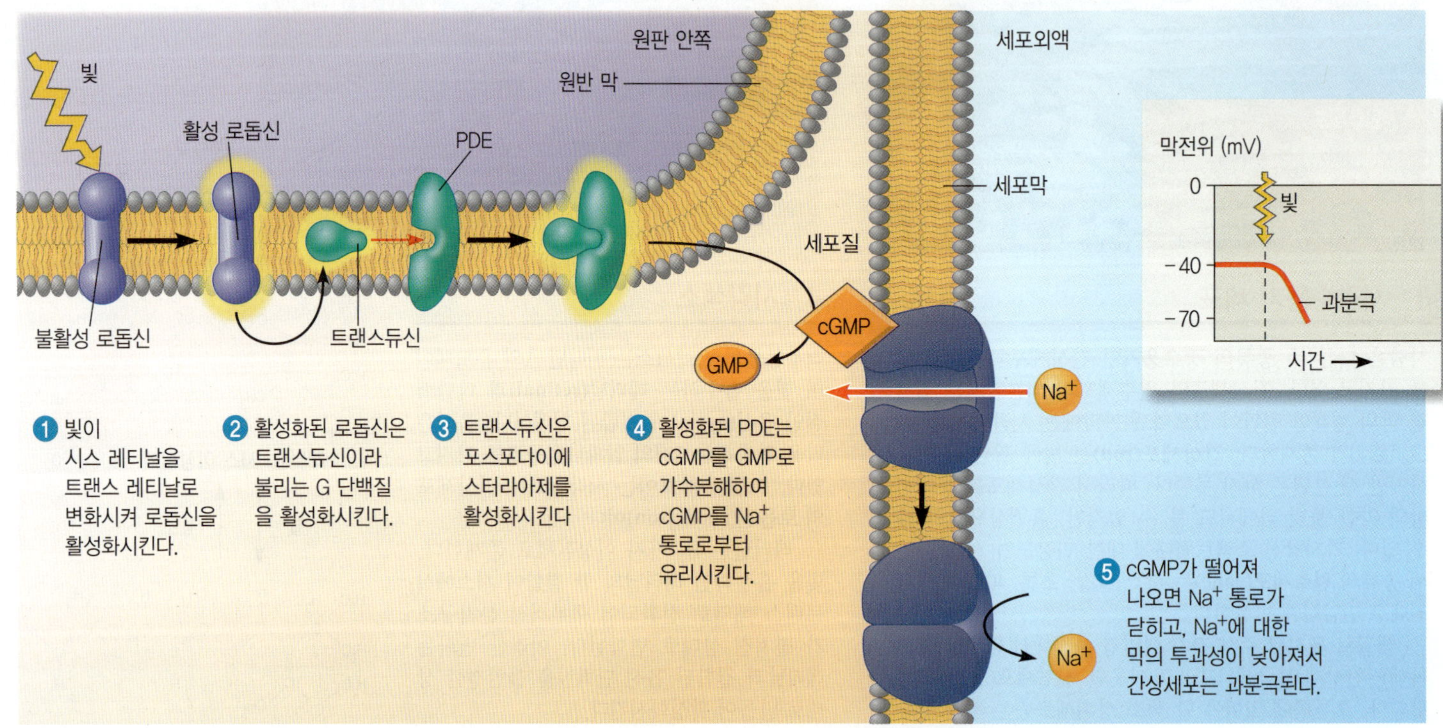

▲ **그림 34.27 간상세포에서 수용기전위의 생성.** 이 그림에서 수용기전위가 탈분극이 아닌 과분극 전위임에 주의하기 바란다.

가 간상세포와 원추세포를 자극하면서 시작된다. 이들 세포에서 각 광자의 에너지는 레티날의 한 화학적 결합 상태가 변환된 형태로 포획된다.

눈에서 일어나는 빛의 감지가 시각의 첫 번째 단계이지만, 실지로 "보는 것"은 뇌를 통해서라는 것을 기억하여야 한다. 따라서 시각을 이해하기 위해서는 어떻게 척추동물의 눈이 사물을 감지하여 활동전위를 만들고 이 신호가 어떤 경로를 거쳐 상이 인지되는 뇌의 시각중추까지 전달되는지를 이해하여야 한다.

눈에서 감각정보의 전달

신경계로의 시각정보의 전달은 빛이 시스 형태의 레티날을 트랜스 형태로 변환시키면서 시작된다. **그림 34.27**을 보면 이 변환은 로돕신을 활성화시키고, 로돕신은 G 단백질을 활성화시켜 결과적으로 포스포디에스터라제가 활성화된다. 이 효소의 기질은 cGMP이며, 어두운 상태에서는 cGMP가 소듐 통로와 결합하여 통로를 열려 있는 상태로 유지시킨다. 포스포디에스터라제가 cGMP를 가수분해하면 소듐 통로는 닫히고 세포는 과분극된다. 한편, 레티날을 시스 형태로 돌려놓는 효소가 활성화되어 로돕신이 불활성화된 상태로 존재하게 되면 광수용기 세포의 신호전달 경로는 멈추게 된다.

매우 밝은 빛은 로돕신을 활성화된 상태로 유지시켜 간상세포의 반응이 포화 상태에 이르게 한다. 만일 빛의 양이 갑자기 감소하면 간상세포는 몇 분 동안 온전한 반응을 할 수 없는 상태가 된다. 이것이 밝은 곳에서 극장이나 어두운 곳으로 들어갈 때 일시적으로 거의 아무것도 보이지 않는 상태가 되는 이유이다. (빛에 의한 활성화는 로돕신의 색깔을 보라색에서 노란색으로 변화시키기 때문에 간상세포가 빛에 반응할 수 없는 이러한 상태를 "탈색되었다"라고 한다.)

망막에서 시각정보의 처리

시각정보의 처리가 처음 시작되는 곳은 간상세포와 원추세포가 쌍극세포(bipolar cell)라 불리는 신경세포와 시냅스를 맺고 있는 망막에서이다(그림 34.25). 어둠 속에서는 간상세포와 원추세포가 탈분극된 상태로 존재하는데, 그 결과 시냅스 말단에서 신경전달물질인 글루탐산을 지속적으로 분비한다. 어떤 쌍극세포는 글루탐산에 의해서 탈분극되고, 어떤 세포는 과분극된다. 빛이 눈을 때리면 간상세포와 원추세포가 과분극되어 글루탐산의 방출이 멈춘다. 이에 대한 반응으로 글루탐산에 의해서 탈분극되었던 쌍극세포는 과분극되고, 과분극되었던 세포는 탈분극된다.

간상세포와 원추세포의 신호는 망막의 여러 다른 경로를 따라서 전달될 수 있다. 어떤 경우는 광수용기세포로부터 쌍극세포로 그리고 신경절세포의 순서로 전달되기도 한다. 또 어떤 경우는 간상세포 혹은 원추세포가 수평세포를 통해 다른 광수용기세포에 신호를 전달함으로써 여러 쌍극세포로 동시에 신호를 전달할 수도 있다. 무축삭세포는 한 쌍극세포로부터 여러 신경절세포로 정보를 전달한다.

특정 방향에서 들어오는 빛을 감지하는 일련의 간상세포와 원추세포들은 하나의 신경절세포에 정보를 전달하게 된다. 하나의 신경절세포에 정보를 전달하는 간상세포와 원추세포들의 집합에 의해서 하나의 특정 신경절세포가 반응하는 **수용장**(receptive field)이 형성된다. 적은 수의 간상세포와 원추세포가 하나의 신경절세포에 정보를 전달하는 경우 작은 수용장이 형성된다. 작은 수용장의 경우 망막의 어느 위치에 빛이 비추이는지를 정확히 알 수 있기 때문에 또렷한 상을 맺을 수 있다.

뇌에서 시각정보의 처리

신경절세포의 축삭은 시신경을 이루어 눈으로부터의 감각을 뇌로 전달한다. 두 개의 시신경다발은 대뇌피질 기저의 중심 부근에서 **시신경교차**(optic chiasm)를 형성하며 만난다(**그림 34.28**). 시신경의 축삭들은 시신경교차에서 꼬여 있어서 양쪽 눈의 왼쪽 시야는 뇌의 오른쪽으로, 오른쪽 시야는 뇌의 왼쪽으로 신호를 보내게 된다. (왼쪽, 오른쪽 시야는 각각 두 눈으로부터 동시에 정보를 받음에 유의하라.)

10여 개의 연합영역에 존재하며 대뇌피질에서 적어도 30%를 차지하는 수십억 개의 신경세포가 이러한 시각정보를 해석하여

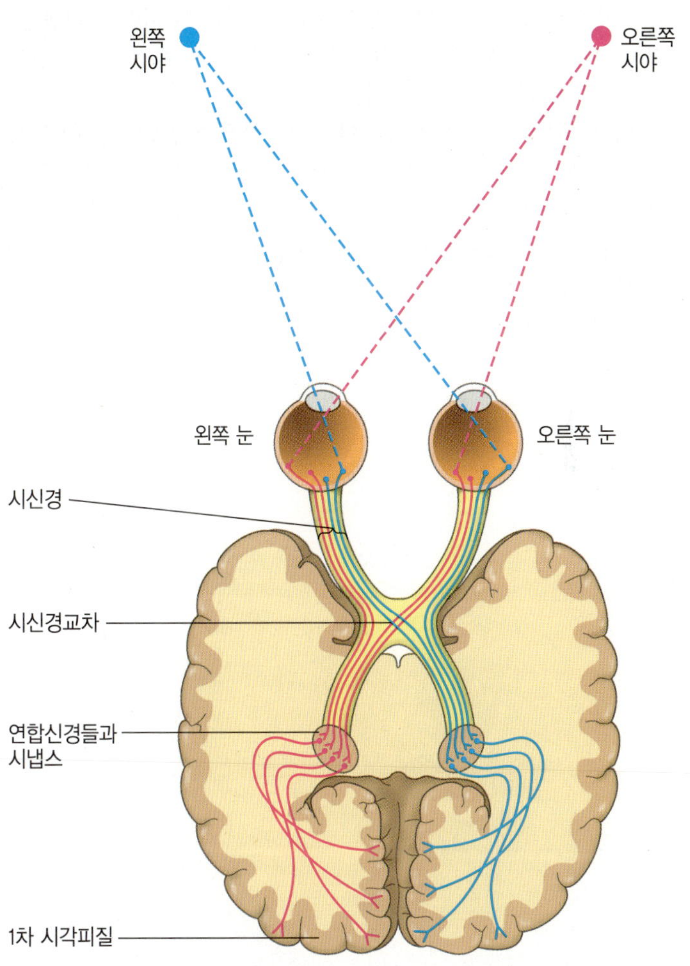

▲ **그림 34.28 시각의 신경경로.** 각각의 시신경은 뇌의 연합신경과 시냅스를 맺는 수백만 개의 축삭으로 이루어진다. 연합신경세포들은 감각을 일차시각피질을 전달하는데, 이곳은 시각을 구성하기 위하여 협력하는 여러 중추들 중의 한 곳이다.

'보는' 데에 사용되는 것으로 추정된다. 대뇌피질의 연합영역들이 어떻게 색채, 움직임, 깊이, 모양 등의 시각 요소들을 종합하고 해석하는지는 매우 흥미로운 연구 분야이다.

색각

척추동물 중에서 대부분의 어류, 양서류, 파충류, 조류는 색 감지를 매우 잘한다. 사람과 다른 영장류는 색 감지를 할 수 있는 소수의 포유류이다.

사람의 경우 색깔의 인지는 세 종류의 원추세포에 의해서 이루어지는데, 각각은 빨간색, 초록색, 파란색의 서로 다른 시각색소를 가지고 있다. 이 세 시각색소를 **포톱신**(photopsin)이라 부르며 레티날과 결합하는 고유한 옵신 단백질로 이루어진다. 고유한 옵신 단백질의 미묘한 구조적 차이로 인해 각각 고유의 파장대에서 최적의 흡광도를 보인다.

비정상적인 색깔의 인지는 전형적으로 포톱신의 이상에 기인한다. 빨간색, 초록색 시각색소 유전자는 X 염색체 상에 존재하기 때문에 남성의 경우 두 유전자 중 하나만 결핍되어도 색의 인지에 결함이 있을 수 있다. 이런 이유로 인해 색맹은 남성에서 여성보다 높은 빈도로 관찰되며(남성의 5~8%, 여성의 1% 미만이 색맹임), 적록색맹인 경우가 대부분이다(파란색 시각색소 유전자는 사람의 경우 7번 염색체상에 존재한다).

영장류와는 달리 많은 종류의 포유동물은 야행성이다. 이 동물들은 밤에도 잘 볼 수 있도록 망막에 최대로 많은 간상세포를 확보하는 방향으로 적응되어 왔다. 예를 들어 고양이는 제한된 색 분별 능력을 가지고 있기 때문에 낮에는 아마도 파스텔 톤의 세계를 보게 될 것이다.

시야

뇌는 감각정보를 처리할 뿐만 아니라 어떤 정보를 감지할 것인가를 조절하기도 한다. 이러한 조절의 중요한 한 형태가 초점 맞추기이며, 사람의 경우 수정체의 모양을 변화시킴으로써 초점을 맞추게 된다. 가까운 물체에 초점을 맞추려면 수정체는 거의 원형에 가깝게 변화된다. 멀리 떨어진 물체를 바라볼 때는 수정체가 평평해진다.

사람의 주변 시야는 거의 180도의 범위의 사물을 볼 수 있음에도 불구하고 눈에 존재하는 광수용기의 분포로 인해 무엇을 볼 것이며 얼마나 잘 볼 수 있는가가 결정된다. 사람의 망막에는 전체적으로 약 1억 2,500만 개의 간상세포와 600만 개의 원추세포가 있다. 시야의 중심 부위인 **중심오목(fovea)**에는 간상세포가 전혀 발견되지 않지만, 반면에 원추세포는 제곱 밀리미터당 15만 개로 아주 조밀하게 분포한다. 간상세포대 원추세포의 비율은 중심오목에서 멀어질수록 커져 가장자리에 간상세포들만이 발견된다. 낮에는 사물을 똑바로 쳐다보아야 깨끗하게 볼 수 있는데, 그 이유는 상이 원추세포가 밀집된 중심오목에 맺혀지기 때문이다. 밤에 약한 불빛의 별을 똑바로 쳐다보면 보이지 않는다. 그 이유는 빛에 더 민감한 간상세포는 중심오목의 바깥 부분에 많이 분포하기 때문이다. 따라서 옆으로 비스듬히 흐린 별을 바라보게 되면 가장 선명하게 볼 수 있다.

CHAPTER

35 운동 기작과 행동

핵심 개념

35.1 근육 기능에는 단백질 필라멘트 사이의 물리적인 상호작용이 필요하다

35.2 골격계는 근육의 수축을 이동으로 전환한다

35.3 개별적으로 입력된 감각들은 단순하거나 복잡한 행동을 유발한다

35.4 학습은 경험과 행동 사이에 특정한 연결을 확립한다

35.5 개체의 생존과 번식 성공을 위한 선택은 다양한 행동을 설명할 수 있다

35.6 유전 분석과 포괄적응도 개념은 행동 진화를 연구하는 데 기초를 제공한다

▲ **그림 35.1 수컷 농게는 왜 거대한 집게발을 가지고 있을까?**

동물행동의 이유와 방법

다른 동물과는 달리, 수컷 농게(fiddler crab, 속명 *Uca*)는 매우 비대칭적이다. 한 집게발은 거대한 비율로 자라, 몸의 절반을 차지한다**(그림 35.1)**. 바이올린 연주자를 뜻하는 '*fiddler*'라는 이름은 농게가 살고 있는 개펄에서 조류(algae)를 먹을 때의 모습과 비대칭성을 나타낸 것이다. 커다란 집게발(바이올린) 앞에서 그보다 더 작은 앞발이 입 안팎으로 움직인다(연주). 그러나 때때로 수컷은 허공에 큰 집게발을 흔든다. 왜 그런 행동을 할까? 그 목적은 무엇일까?

수컷의 큰 집게발 흔들기에는 두 가지 기능이 있다. 자기 굴 가까이에 다른 수컷이 다가오면 큰 집게발을 무기처럼 사용하여 그것을 휘둘러 적을 격퇴한다. 또한 큰 집게발을 활발하게 흔들어 짝을 유혹하는 데 사용한다. 자신의 굴로 암컷을 유인하자마자 짝짓기를 위해 진흙이나 모래를 사용해 입구를 막고 암컷을 가둔다.

홀로 있거나 사회집단을 형성하거나, 고정되었거나 곧잘 변하는 동물의 행동은 생리적인 체계나 진행과정에 의존한다. 개체의 **행동(behavior)**은 자극과 관련된 신경 체계의 제어하에 근육에 의해 수행되는 활동이다. 동물이 노래를 부르기 위해 목의 근육을 사용하고, 영역을 표시하기 위해 특정한 향을 뿜고, 단순히 집게발을 흔드는 것은 이러한 행동의 사례들이다. 동물행동은 살기 위해 영양분을 얻고, 번식을 위해 배우자를 찾는 것과 같은 본질적인 부분을 포함한다. 또한 동물행동은 꿀벌들이 열을 만들어 내고 유지하기 위해 떼 지어 몰려 있는 것처럼, 항상성을 유지하는 데도 기여한다. 결론적으로, 모든 생리는 동물행동에 기여하고, 동물행동은 생리의 모든 부분에 영향을 미친다. 대부분의 동물행동, 특히 서로 인식하고 의사소통하는 동물행동은 특수화된 몸 구조나 형태에 의존한다.

이 장에서는 근육과 골격뿐만 아니라 동물 이동의 기작에 대해 먼저 살펴볼 것이다. 이러한 주제는 자연스럽게 동물행동이 어떻게 조절되는지, 일생 동안 어떻게 발달하는지, 유전자와 환경에 의해 어떻게 영향을 받는지에 대한 질문을 이끌어낸다. 마지막으로 여러 세대에 걸쳐서 행동이 진화되는 방식을 탐구할 것이다.

개념 35.1

근육 기능에는 단백질 필라멘트 사이의 물리적인 상호작용이 필요하다

수염에 의해 공간을 파악하고 움직이는 쥐의 동작, 평형포에 조작을 가한 가재가 뒤집힌 채로 헤엄치는 것, 플라나리아가 빛으로부터 멀어지는 쪽으로 이동하는 것은 신경계의 감각자극 입력에 의해 이루어지는 행동의 사례들이다. 이러한 동물의 다양한 행동은 공통적이며 기초적인 기작에 의해서 이루어진다. 즉 걷고, 헤엄치고, 기는 행동은 모두 신경계에 입력된 자극에 대한 근육의 움직임을 통해서 일어난다.

근육세포의 수축은 가는 필라멘트와 굵은 필라멘트라는 단백질의 상호작용에 의존한다. **가는 필라멘트(thin filament)**의 주요 구성 성분은 구형(球形) 액틴 단백질이다. **굵은 필라멘트(thick filament)**는 마이오신 분자들이 서로 어긋나며 포개진 구조를 하고 있다. 근육 수축은 화학적 에너지에 의해 필라멘트가 이동한 결과이고, 근육의 신장은 수동적 과정이다. 필라멘트가 어떻게 근육의 수축에 일으키는지 알기 위해서 먼저 척추동물 골격근에 대해서 알아보자.

척추동물의 골격근

각각의 뼈와 전체 몸을 움직이는 척추동물의 **골격근(skeletal muscle)**은 작은 구조적인 단위들이 모여 점차로 복잡한 구조를 만드는 체계로 되어 있다(**그림 35.2**). 전형적인 골격근은 근육의 길이 방향으로 평행하게 형성된 기다란 근섬유다발로 이루어진다. 각 근섬유는 단일 세포이다. 각 세포는 다핵성인데, 각각의 핵은 근섬유를 형성하면서 융합한 배아세포의 핵에서 유래한 것이다. 이러한 핵들이 가는 필라멘트와 굵은 필라멘트로 구성된 기다란 **근원섬유(myofibril)**를 둘러싸고 있다.

근원섬유는 **근절(sarcomere)**이라는 반복되는 단위로 구성되어 있는데, 이는 근육 수축의 기본이 되는 단위이다. 근절의 경계선은 이웃한 근원섬유와 나란히 배열되어 있기 때문에 광학 현미경 하에서 밝고 어두운 줄무늬 형태로 보인다. 이런 이유로 골격근을 가로무늬근(striated muscle)이라고도 부른다. 그림 35.2에서 보듯이, 가는 필라멘트는 근절의 끝에 부착되어 있고(Z선), 굵은 필라멘트는 근절의 중심부에 고정되어 있다(M선).

휴식 중인(이완된) 근육에서는 가는 필라멘트와 굵은 필라멘트가 부분적으로만 중첩되어 있다. 근절의 가장자리에는 가는 필라멘트만이 존재하며, 근절의 중심부에는 굵은 필라멘트만 존재한다. 이러한 배열은 근절의 수축, 나아가서 근육 전체의 수축이 어떻게 이루어지는지를 이해하는 데 핵심이 된다.

근수축의 활주-필라멘트 모형

수축하는 근육은 짧아지지만, 이를 야기하는 필라멘트는 같은 길이를 유지한다. 겉보기엔 역설적인 이 현상을 설명하기 위해 하나의 근절에 초점을 맞추어 보자. **그림 35.3**에 나타냈듯이, 필라멘트는 카메라 삼각대 다리의 각 마디처럼 서로 미끄러지면서 지나친다. 널리 받아들여지고 있는 **활주-필라멘트 모형(sliding-filament model)**에 따르면, 가는 필라멘트와 굵은 필라멘트는 마이오신 분자의 힘에 의해 서로 한쪽 방향으로만 미는 작용을 한다.

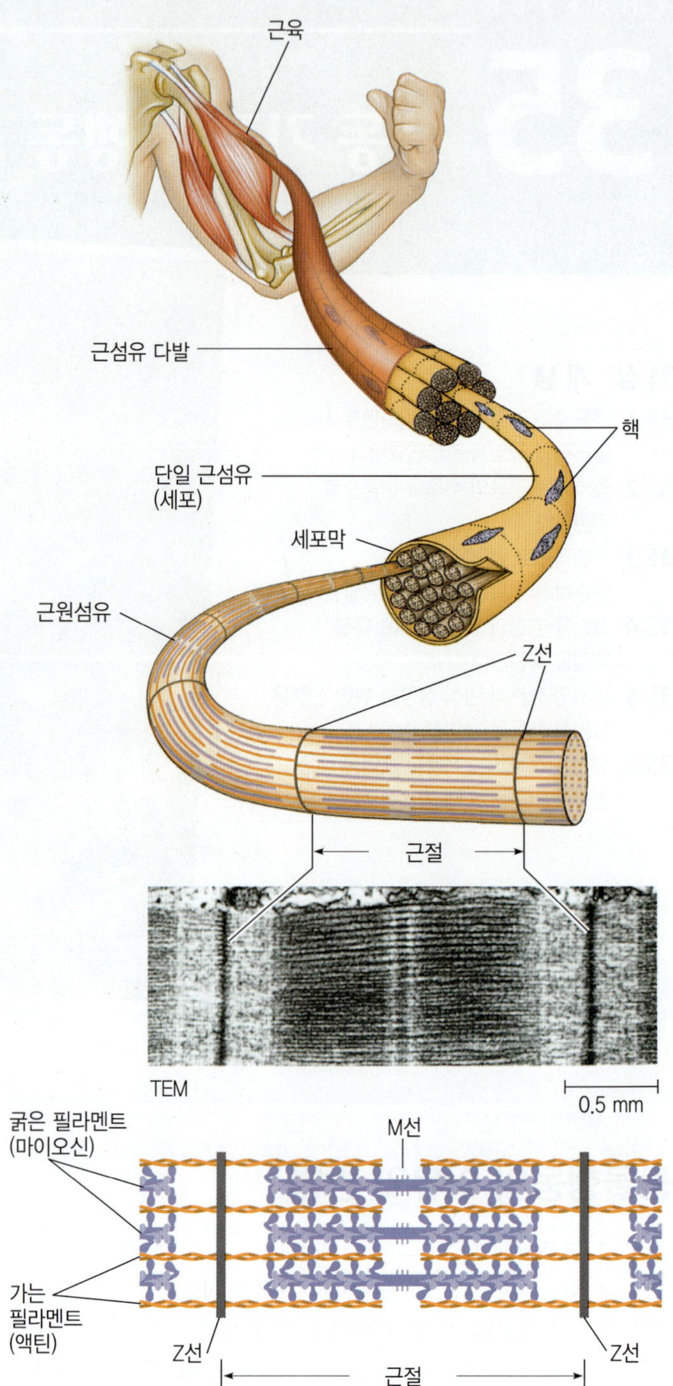

▲ **그림 35.2 골격근의 구조**

그림 35.4는 수축하는 근육에서 가는 필라멘트와 굵은 필라멘트의 길이 방향 활주에 ATP의 화학에너지를 전환하는 마이오신 분자의 변화 주기를 보여주고 있다. 마이오신 각 분자는 긴 "꼬리"

와 구형의 “머리”로 이루어져 있다. 꼬리는 다른 마이오신 분자의 꼬리와 결합하여 굵은 필라멘트를 이룬다. 옆으로 돌출된 마이오신의 머리는 ATP와 결합한다. ATP가 가수분해되면 마이오신은 액틴과 결합하는 고에너지 형태로 전환되어 마이오신과 가는 필라멘트 사이에 가교(cross-bridge)를 형성한다. 그 다음 마이오신 머리는 가는 필라멘트를 근절의 중앙으로 끌어당기며 저에너지 형태로 돌아온다. 새로운 ATP 분자가 마이오신의 머리에 결합하면 가교가 해체되면서 가는 필라멘트로부터 마이오신 머리가 분리된다.

근육 수축은 결합과 해리의 주기적인 반복을 통해서 일어난다. 각 순환주기 동안에 마이오신 머리는 가교에서 떨어져 나오고, 새로 결합된 ATP를 분해한 후, 액틴과 다시 결합한다. 이전 주기에서 가는 필

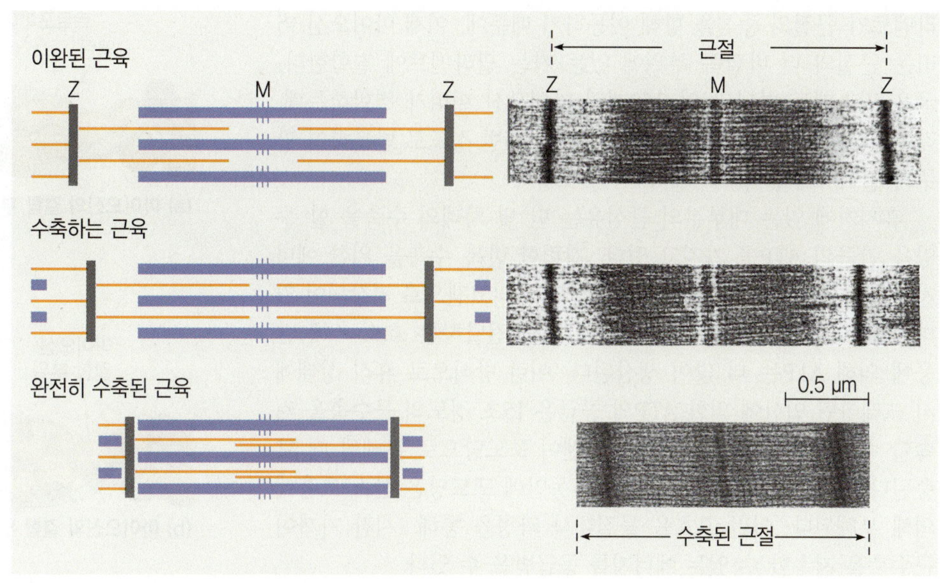

▲ 그림 35.3 **근육 수축의 활주-필라멘트 모형.** 왼쪽 그림은 굵은 필라멘트(마이오신, 보라색)와 가는 필라멘트(액틴, 오렌지색)의 길이가 근섬유가 수축할 때에도 항상 일정함을 보여준다.

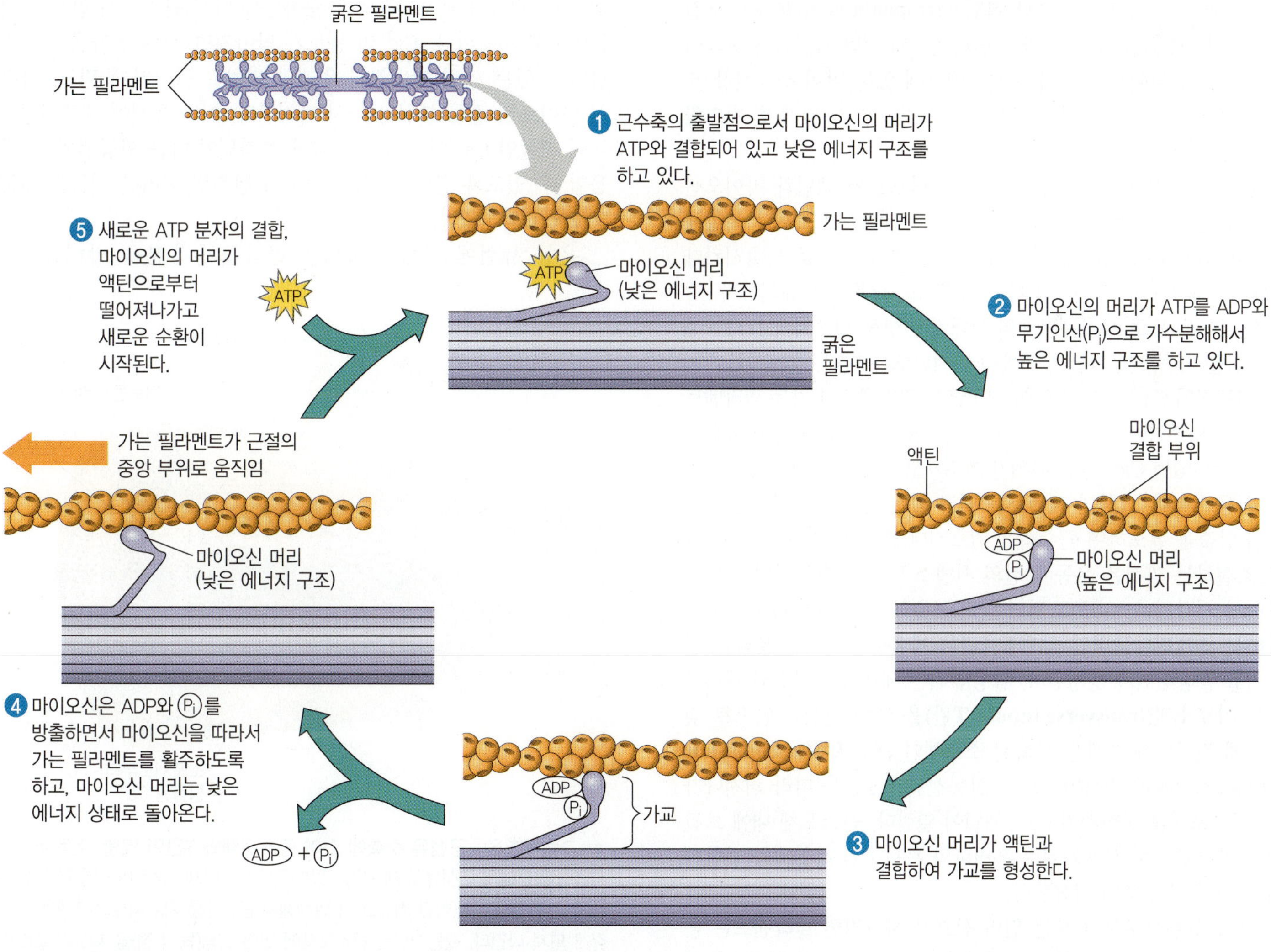

▲ 그림 35.4 **근섬유 수축의 기반을 이루는 마이오신-액틴의 상호작용**

라멘트가 근절의 중심을 향해 이동하기 때문에, 이제 마이오신 머리는 근절의 더 바깥쪽 부위에 있는 가는 필라멘트에 결합한다. 굵은 필라멘트 하나당 약 350개의 마이오신 머리가 결합하는데, 각 마이오신 머리는 이러한 순환을 1초에 5번 정도로 반복하여 활주가 일어나게 한다.

휴지기에 있는 대부분의 근섬유는 단 몇 차례의 수축을 할 수 있을 만큼의 ATP를 가지고 있다. 강력한 반복 수축을 위한 에너지는 두 가지 형태, 즉 크레아틴 인산과 글리코젠으로 저장되어 있다. 크레아틴 인산에서 ADP로 인산기를 전달하는 효소-촉매 반응에 의해 ATP는 더 많이 생산된다. 이런 방식으로 휴식 상태에서 크레아틴 인산에 의한 ATP의 공급은 15초 정도의 근수축을 지속할 수 있다. ATP는 또한 글리코젠이 포도당으로 분해될 때 보충된다. 가볍거나 적당한 근육 활동 동안에 포도당은 산소 호흡에 의해 분해된다. 이런 고효율 물질대사 과정을 통해 1시간 가까이 근수축을 지속할 수 있는 에너지를 공급받을 수 있다.

칼슘과 조절 단백질의 역할

액틴과 결합하는 단백질들은 근육 수축에 매우 중요한 역할을 한다. 휴지기의 근섬유에서 **트로포마이오신(tropomyosin)**은 조절 단백질로서, 그리고 **트로포닌 복합체(troponin complex)**는 조절 단백질의 집합체로서 각각 가는 필라멘트의 액틴 가닥과 결합되어 있다. 트로포마이오신은 가는 필라멘트에 있는 마이오신 결합 부위를 가리고 있어서 액틴과 마이오신이 결합할 수 없게 한다(그림 35.5a).

운동 뉴런은 Ca^{2+}을 세포질로 방출함으로써 액틴과 마이오신이 결합할 수 있게 한다. 세포질에 있는 Ca^{2+}은 트로포닌 복합체와 결합함으로써 액틴에 있는 마이오신 결합 부위를 노출시킨다(그림 35.5b). Ca^{2+}이 근수축에 간접적으로 작용함을 유의하자. 즉 Ca^{2+} 결합은 트로포닌 복합체의 형태적 변형을 일으켜서 트로포마이오신을 마이오신 결합 부위에서 비껴나도록 한다.

세포질의 Ca^{2+} 농도가 높아지면 굵은 필라멘트와 가는 필라멘트가 서로 활주하여 근수축이 일어난다. Ca^{2+}의 농도가 낮아지게 되면, 노출되었던 Ca^{2+} 결합 부위가 가려지고 근수축이 멈추게 된다.

운동 뉴런은 그들과 시냅스를 맺고 있는 골격근의 세포질로 칼슘의 방출을 유도하여 근수축을 일으킨다(그림 35.6). Ca^{2+}의 방출을 조절하는 과정은 운동 뉴런의 시냅스 말단에 활동전위가 도달하면서 시작된다. 시냅스 말단은 근섬유의 수용체(receptor)에 결합하는 신경전달물질인 아세틸콜린을 방출함으로써 탈분극을 일으키고 활동전위가 생성된다. 활동전위는 세포막이 함입되 들어가 있는 **가로소관(transverse tubule, T관)**을 통해 근섬유 안으로 깊숙하게 전달된다. T관은 특화된 소포체인 **근소포체(sarcoplasmic reticulum, SR)**와 맞닿아 있다. 활동전위가 T관을 따라 퍼져나가면, 근소포체를 변화시켜 Ca^{2+} 채널이 열린다. 근소포체 내에 보관되어 있던 Ca^{2+}이 세포기질로 흘러나와 트로포닌 복합체와 결합하면, 근섬유의 수축이 시작된다.

운동 뉴런으로부터 오는 입력 신호가 사라지면 필라멘트는 근육이 이완되었을 때의 위치로 되돌아간다. 근육 이완은 근소포체

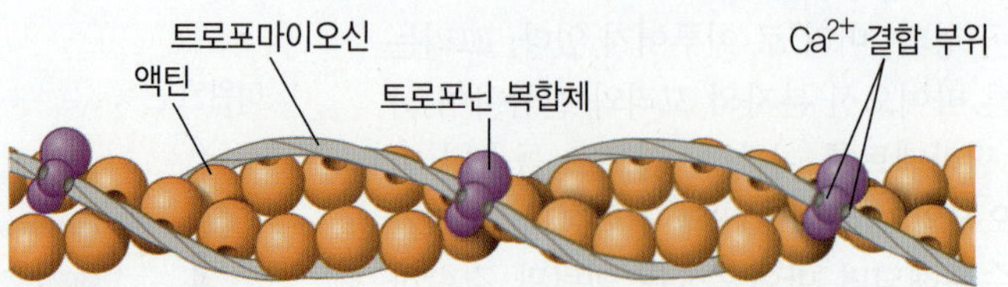

(a) 마이오신의 결합 부위가 트로포마이오신의 의해 가려진 상태

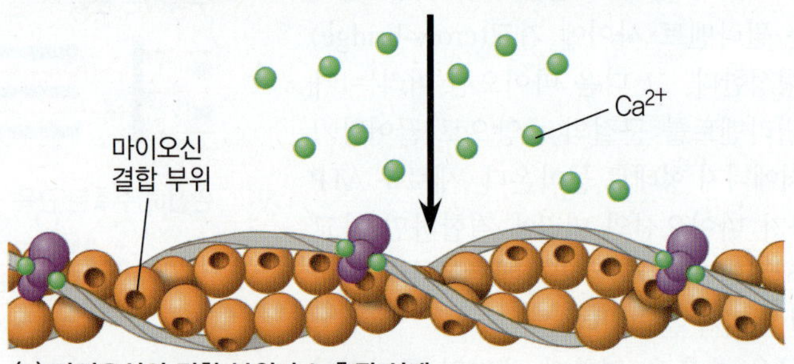

(b) 마이오신의 결합 부위가 노출된 상태

▲ 그림 35.5 **근섬유 수축에 있어 조절 단백질과 칼슘의 역할.** 각각의 가는 필라멘트는 두 가닥의 액틴과 이와 결합한 조절 단백질, 즉 두 개의 기다란 트로포마이오신 분자와 여러 개의 트로포닌 복합체로 구성되어 있다.

의 Ca^{2+} 펌프가 세포기질의 칼슘이온을 다시 근소포체 안으로 퍼들이면서 시작된다. Ca^{2+}의 농도가 낮아지면 가는 필라멘트와 결합하고 있는 조절 단백질이 원래의 위치로 돌아가게 되고, 따라서 마이오신 결합 부위가 다시 가려진다. 이와 동시에 세포기질로부터 퍼들인 Ca^{2+}이 근소포체 내에 축적되어 다음 활동전위 때 반응할 수 있도록 한다. 골격근 수축과 관련된 이러한 일들은 그림 35.7에 요약하였다.

운동 뉴런에 의해 유도되는 골격근의 흥분을 방해함으로

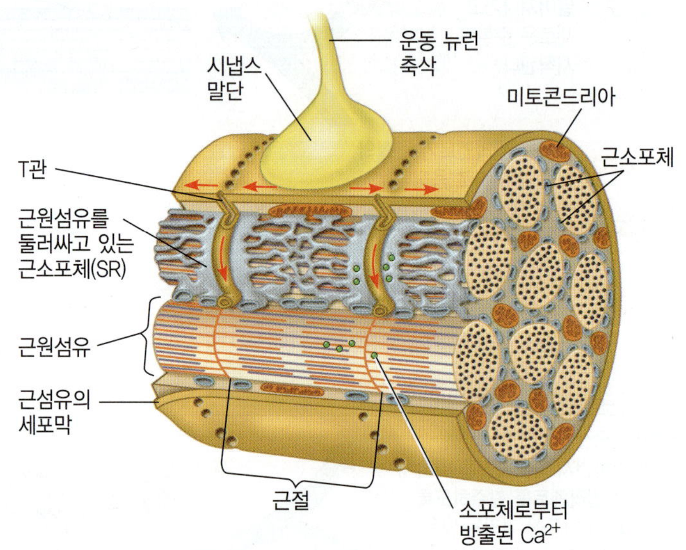

▲ 그림 35.6 **근섬유 수축에 있어 근소포체와 T관의 역할.** 운동 뉴런의 시냅스 말단에서 근섬유의 세포막을 탈분극시키는 아세틸콜린이 방출된다. 탈분극에 의해 활동전위(빨간 화살표)가 발생해서 근섬유를 가로지르며, T관을 따라 깊게 퍼져 나간다. 활동전위는 근소포체에 있던 칼슘(녹색 점)을 세포기질로 방출한다. 칼슘은 마이오신이 액틴과 결합하도록 하여 필라멘트 활주를 야기한다.

써 마비가 일어나는 몇 가지 질병이 있다. 근위축성 축삭경화증(amyotrophic lateral sclerosis, ALS)은 척수와 뇌간의 운동 뉴런이 퇴화되어서 근육이 위축되는 질병이다. ALS는 서서히 진행되는 치명적인 질병이다. 중증근무력증(myasthenia gravis)은 자신의 골격근에 있는 아세틸콜린 수용체에 대한 항체가 생성되어서 일어난다. 질병이 진행될수록 수용체의 수는 감소하고, 따라서 운동 뉴런과 근섬유 사이의 전달성이 떨어지게 된다. 중증근무력증은 아세틸콜린에스테라아제를 방해하거나 면역 체계를 억제시키는 약을 처방함으로써 조절할 수 있다.

신경세포에 의한 근육의 장력조절

단일 근섬유의 수축은 실무율에 의한 연축(all-or-nothing twitch)을 일으키지만, 이두근과 같은 전체 근육의 수축은 차등적이어서 의도적으로 근수축의 정도와 강도를 변화시킬 수 있다. 신경계는 (1) 수축하는 근섬유의 수를 조절하거나, (2) 근섬유의 자극 속도를 변화시킴으로써 근육의 차등적인 수축을 생성한다. 각 기작에 대해서 차례로 살펴보자.

척추동물의 운동 뉴런은 전형적으로 많은 수의 근섬유와 시냅스를 이루고 있다. **운동단위(motor unit)**는 하나의 운동 뉴런과 그에 의해 조절되는 모든 근섬유들로 구성된다(그림 35.8). 운동 뉴런이 활동전위를 만들면, 이 운동단위에 속한 모든 근섬유들이 하나의 집단으로서 수축한다. 따라서 수축 강도는 얼마나 많은 근섬유들이 이 운동 뉴런에 의해서 조절되고 있느냐에 달려 있다.

비록 척추동물에서 각 근섬유는 하나의 운동 뉴런에 의해 조절되지만, 전체 근육에는 수백 개의 운동단위가 존재한다. 근육의 힘(장력)은 그 근육을 조절하는 운동 뉴런들이 점점 더 많

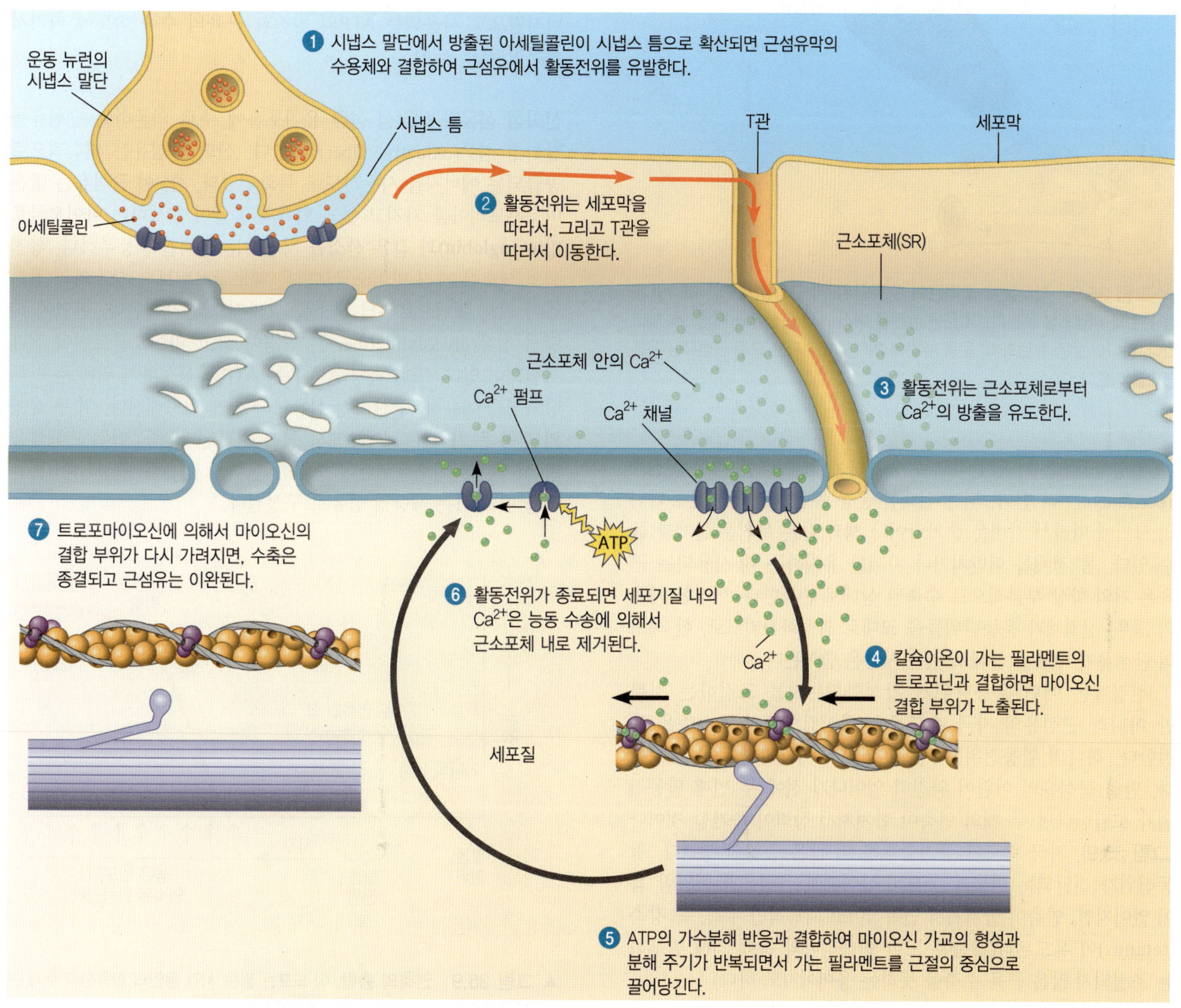

▲ 그림 35.7 **골격근섬유 수축의 개요**

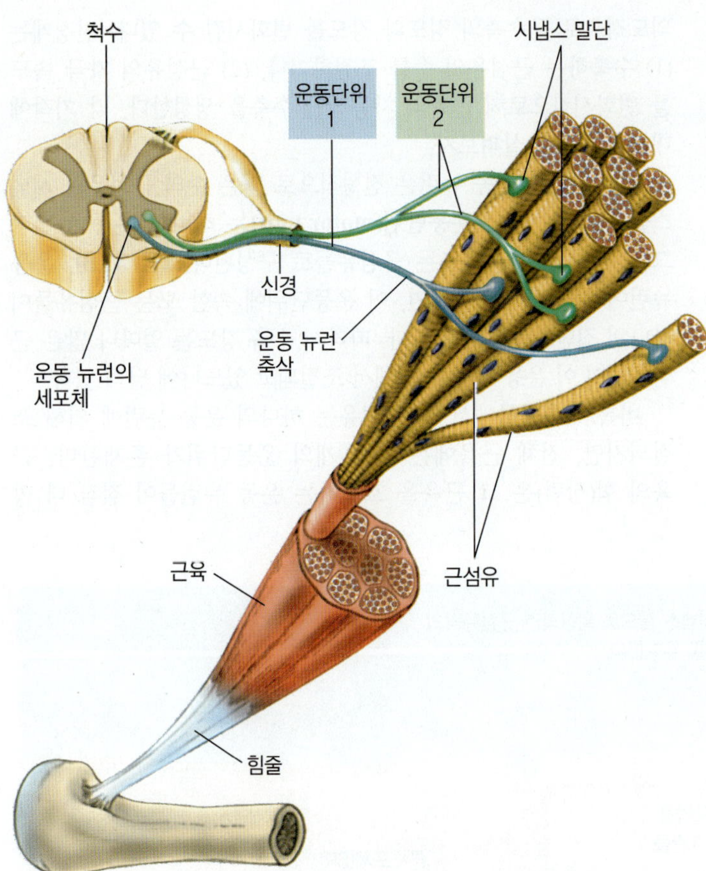

▲ **그림 35.8 척추동물 골격근의 운동단위.** 각 근섬유(세포)는 하나의 운동 뉴런과 시냅스를 맺는다. 각 운동 뉴런은 여러 개의 근섬유와 시냅스를 맺고 있다. 하나의 운동 뉴런과 이 운동 뉴런에 의해서 조절되는 모든 근섬유는 운동단위를 이룬다.

이 활성화됨으로써 점진적으로 증가하는데, 이러한 과정을 **점증**(recruitment)이라 한다. 뇌가 선택한 운동 뉴런의 개수와 운동단위의 크기에 따라서 가벼운 숟가락이나 책과 같은 무거운 물체를 들 수 있다. 몸 전체를 떠받치거나 자세를 유지하는 데 사용되는 근육은 거의 항상 부분적으로 수축된 상태로 존재한다. 이러한 근육의 경우, 신경계가 운동단위들을 교대로 활성화시키므로, 한 세트의 근섬유가 수축된 상태로 있는 시간은 줄어든다.

신경계는 어떤 운동단위가 활성화되는지를 조절하는 것뿐만 아니라 근섬유의 자극 속도를 변화시킴으로써 근수축을 조절한다. 하나의 활동전위는 약 100밀리초 이하의 연축을 유발한다. 만일 근섬유의 이완이 완전히 일어나기 전에 두 번째 활동전위가 도달한다면 두 개의 연축이 합쳐져서 장력이 증가할 것이다(그림 35.9). 자극 속도가 증가할수록 더 많은 총합이 생긴다. 활동전위가 전달되는 빈도가 충분히 높아져서 근섬유가 이완할 틈이 없어지면, 연축이 합쳐져서 연속적이고 지속적인 수축, 즉 **강축(tetanus)**이 유도된다(강축은 또한 박테리아의 독에 의해 발생하는 조절되지 않은 근육 수축을 뜻하는 용어이기도 하다).

표 35.1 골격근섬유의 종류

	느린 연축	빠른 연축	
	산화성	산화성	해당성
ATP 주요 원천	산소 호흡	산소 호흡	해당과정
피로 속도	느림	중간	빠름
미토콘드리아	많음	많음	적음
마이오글로빈 함량	높음 (붉은색 근육)	높음 (붉은색 근육)	낮음 (흰색 근육)

골격근섬유의 종류

지금까지 척추동물에 존재하는 골격근의 일반적인 성질에 대해서 알아보았다. 그러나 골격근에도 여러 종류가 있어서 각 근육은 특별한 기능에 맞도록 발달되었다. 근섬유의 종류는 전형적으로 에너지원으로 사용되는 ATP의 원천과 근육의 수축 속도에 따라서 분류한다(표 35.1).

산화성 섬유와 해당성 섬유 유기호흡에 주로 의존하는 근섬유를 산화성 섬유(oxidative fiber)라 한다. 산화성 섬유는 지속적으로 공급되는 에너지를 사용하도록 특화되었다. 즉, 이 근섬유는 많은 미토콘드리아를 가지고 있고 혈액의 공급이 왕성하며 **마이오글로빈(myoglobin)**과 같은 산소를 저장하는 단백질이 풍부하다. 황적색의 색소를 가진 마이오글로빈은 헤모글로빈보다 산소와의 친화력이 커서 혈액으로부터 산소를 효과적으로 해리한다. 반면에 해당성 섬유(glycolytic fiber)는 직경이 굵고 마이오글로빈이 적게 포함되어 있다. 또한 해당성 섬유는 ATP를 생성하기 위해 주로 해당과정을 이용하고, 산화성 섬유보다 쉽게 피로해진다. 이 두 유형의 근육은 가금류나 어류에서 쉽게 관찰된다. 즉, 어두운 색깔을 띤 고기는 마이오글로빈이 풍부한 산화성 섬유로 구성되며, 밝은 색을 띤 고기는 해당성 섬유로 구성된다.

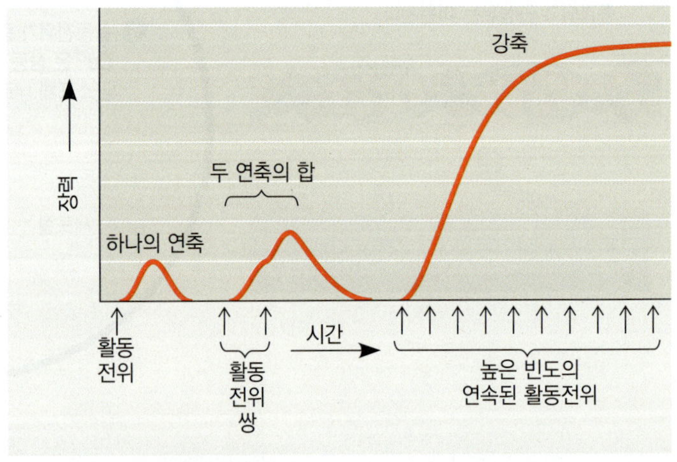

▲ **그림 35.9 연축의 총합.** 이 도표는 짧은 시간 동안의 활동전위 수가 근섬유에서 발생하는 장력에 어떻게 영향을 미치는지 보여준다.

빠른-연축섬유와 느린-연축섬유 근섬유는 수축하는 속도가 다양하다. **빠른-연축섬유(fast-twitch fiber)**는 **느린-연축섬유(slow-twitch fiber)**보다 두세 배 빠르게 장력을 발생시킬 수 있다. 빠른-연축섬유는 짧고 빠르고 강력한 수축을 한다. 느린-연축섬유는 빠른-연축섬유보다 근소포체가 적어서 Ca^{2+} 펌프의 속도도 느리다. 따라서 Ca^{2+}이 세포질에서 오래 머무를 수 있어서 빠른-연축섬유의 경우보다 5배 이상 길게 연축이 유지된다.

느린-연축섬유와 빠른-연축섬유의 수축 속도의 차이는 ATP가 마이오신의 머리에 의해서 가수분해 되는 속도의 차이에 기인한다. 그러나 수축 속도와 ATP 생성의 원천(source) 사이에는 일대일 관계가 성립하지 않는다. 느린-연축섬유는 모두 산화성이지만 빠른-연축섬유는 산화성일 수도 있고 해당성일 수도 있다.

사람의 골격근육 중에서 눈과 손의 근육은 빠른-연축섬유로만 구성되어 있지만, 대부분은 빠른-연축섬유와 느린-연축섬유를 동시에 포함하고 있다. 빠른-연축섬유와 느린-연축섬유가 섞여 있는 근육의 경우 두 근섬유의 비율은 주로 유전적으로 결정되어 있다. 그러나 만일 오랜 지구력을 요구하는 운동에 근육을 반복적으로 사용하면, 해당성 빠른-연축섬유가 산화성 빠른-연축섬유로 변화한다. 산화성 빠른-연축섬유는 해당성 빠른-연축섬유에 비해서 천천히 피로해지기 때문에, 이 근육은 피로감에 더 저항성을 갖게 될 것이다.

몇몇 척추동물의 골격근섬유는 사람의 어떤 근육보다도 훨씬 빠르게 수축할 수 있다. 예를 들면, 방울뱀의 방울소리나 비둘기의 울음소리는 수축과 이완이 매우 빠른 근육에 의해서 만들어진다. 이보다 더 빠른 근육은 수컷 복어(toadfish)의 공기로 채워진 부레를 둘러싸고 있다(**그림 35.10**). 이 근육은 짝짓기를 위한 뱃고동 소리를 내기 위해서 1초에 200회의 수축 이완을 반복할 수 있다.

▲ **그림 35.10 특화된 골격근.** 수컷 복어(*Opsanus tau*)는 짝짓기를 위한 소리를 낼 때 매우 빨리 수축하는 부레 주위의 근육을 사용한다.

다른 유형의 근육

척추동물의 **심장근(cardiac muscle)**은 유일하게 심장에서만 발견된다. 골격근처럼 심장근은 가로무늬를 가지고 있다. 그러나 골격근섬유와 심장근섬유는 세포막과 전기적 특성이 다르다. 심장근은 주기적인 탈분극을 일으키는 이온통로를 세포막에 가지고 있어서 신경계의 입력신호가 없어도 활동전위를 생성한다. 더욱이 심장근의 활동전위는 골격근섬유의 활동전위보다 20배 정도로 오랫동안 지속된다.

이웃한 심장근세포들은 개재판(intercalated disk)이라는 특수화된 부위에 의해 전기적으로 연결되어 있다. 따라서 심장의 한 부위에서 발생한 활동전위는 다른 모든 심장근 세포로 퍼져서 심장이 수축하게 된다. 긴 불응기는 연축의 총합이나 강축이 일어나는 것을 방지한다.

척추동물에서 **평활근(smooth muscle)**은 혈관이나 소화관과 같이 속이 비어 있는 기관의 벽에서 주로 발견된다. 평활근에서는 액틴과 마이오신 필라멘트가 세포를 따라 규칙적으로 배열되어 있지 않기 때문에 가로무늬가 발견되지 않는다. 대신에 굵은 필라멘트가 세포질 전체에 걸쳐서 산재해 있고, 가는 필라멘트는 조밀체(dense body)에 붙어 있는데, 이 조밀체 중 일부는 세포막에 부착되어 있다. 어떤 평활근은 자율신경계의 신경세포로부터 자극을 받았을 때만 수축한다. 다른 종류의 평활근은 전기적으로 서로 연결되어 있어서 신경계의 자극 없이도 활동전위를 생성한다. 평활근은 골격근보다 천천히 수축하고 이완한다.

평활근의 수축도 Ca^{2+}에 의해서 조절되지만, 조절 기작은 골격근이나 심장근과는 다르다. 평활근세포는 트로포닌 복합체나 T관을 가지고 있지 않으며, 근소포체도 잘 발달되어 있지 않다. 활동전위가 발생하면 주로 세포막을 통하여 Ca^{2+}의 유입이 일어난다. Ca^{2+}은 칼모듈린(calmodulin) 단백질과 결합한 후 수축을 유발하는데, 마이오신 머리를 인산화시키는 효소를 활성화시켜서 가교를 형성한다.

무척추동물의 골격근

무척추동물도 척추동물의 골격근세포나 평활근세포와 유사한 근육세포를 가지고 있다. 절지동물의 골격근은 척추동물의 것과 거의 동일하다. 그러나 곤충의 비행 근육은 독립적이고 주기적인 수축이 가능하기 때문에, 몇몇 곤충의 날개는 중추신경계로부터 전달되는 활동전위의 속도보다 빠르게 날갯짓을 할 수 있다. 또 다른 흥미로운 진화적 적응의 예는 대합조개가 껍질을 닫는 데 이용하는 근육이다. 이 근육의 굵은 필라멘트에는 파라마이오신(paramyosin)이라는 단백질이 있어서 적은 에너지 소비로 한 달 이상 수축을 지속할 수 있다.

개념 35.2

골격계는 근육의 수축을 이동으로 전환한다

근육의 수축을 움직임으로 전환하기 위해서는 근육이 부착할 수

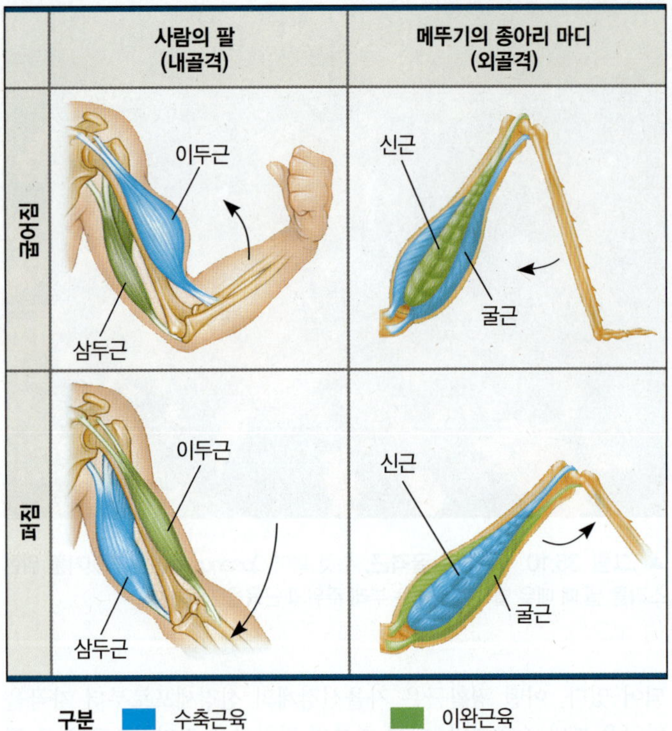

▲ **그림 35.11 운동에 있어서 골격과 근육의 상호작용.** 몸의 일부가 앞뒤로 움직이는 운동은 길항근에 의해서 이루어진다. 이런 종류의 움직임은 내골격(사람의 경우)이나 외골격(곤충의 경우)에서 모두 작동한다.

있는 단단한 지지구조인 골격이 필요하다. 동물은 골격의 두 지점에 부착된 근육을 수축시켜 형태나 움직임을 변화시킨다.

근육은 수축할 때만 힘을 낼 수 있기 때문에 몸의 일부를 서로 반대인 두 방향으로 움직이기 위해서는 두 근육이 동일한 골격에 부착되어 있어야 한다. 사람의 상완과 메뚜기의 다리에서 그 배열의 예를 볼 수 있다(**그림 35.11**). 서로 반대작용을 하는 두 근육을 길항적 근육쌍이라고 부르지만, 실제로 두 근육은 신경계의 조절을 통해 협력하여 조화롭게 기능을 수행한다. 예를 들어 팔을 펼 때, 운동 뉴런은 삼두근을 수축시키지만 뉴런의 입력이 없는 이두근은 이완된다.

골격계는 운동은 물론 지지와 보호의 기능도 수행한다. 몸을 지탱할 수 있는 골격이 없다면 대부분의 육상동물들은 무너지거나 주저앉고 말 것이다. 심지어는 수생동물도 골격이 없다면 형태가 없는 덩어리로 존재할 수밖에 없을 것이다. 많은 동물에서 딱딱한 골격계는 부드러운 조직을 보호하는 작용을 한다. 예를 들어 척추동물의 두개골은 뇌를 보호하고, 육상 척추동물의 갈비뼈는 심장, 폐, 그리고 다른 내부 기관을 감싸는 틀의 역할을 한다.

골격의 종류

일반적으로 골격을 서로 연결된 뼈의 집합으로 이해하려는 경향이 있으나, 골격에는 다양한 형태가 있다. 딱딱한 지지구조물은 외부에 있을 수도 있고(외골격), 내부에 있을 수도 있으며(내골격), 때로는 없는 경우도 있다(액체 기반의 유체골격).

유체골격

유체골격(hydrostatic skeleton)은 닫혀 있는 몸의 빈 공간에 유체가 일정 압력을 가진 채 들어참으로써 형성된다. 이러한 종류의 골격은 대부분의 자포동물, 편형동물, 선형동물, 환형동물에서 발견된다. 이러한 동물들은 근육을 움직여 유체가 들어찬 부분의 형태를 바꿈으로써 몸의 형태나 움직임을 조절한다. 예를 들어 자포동물 중에 히드라는 입을 닫고 체벽의 수축 세포를 통해 중심부의 위수강(gastrovascular cavity)을 좁힘으로써 몸을 길이 방향으로 늘일 수 있다. 물은 압력을 받더라도 부피를 유지하므로, 위수강의 지름을 좁히면 길이가 늘어나게 된다.

벌레들은 이동하기 위해 다양한 방법을 이용한다. 플라나리아나 다른 편형동물의 경우, 체벽의 근육들이 간질액(interstitial fluid)에 대해 국지적인 힘을 작용함으로써 움직인다. 선형동물(회충)의 경우에는 세로로 놓인 근육이 액체로 찬 체강을 수축함으로써 몸을

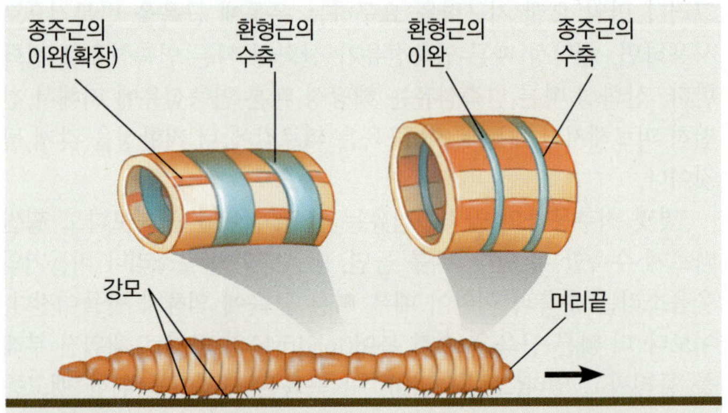

❶ 종주근의 수축과 환형근의 이완으로 머리와 꼬리 부분의 체절은 짧고 굵어지며, 강모로 지면에 고정된다. 나머지 체절들은 종주근의 이완과 환형근의 수축으로 길고 가늘어진다.

❷ 머리 부분 환형근의 수축으로 머리가 앞으로 나아간다. 머리 뒷부분의 체절들과 몸의 뒷부분은 굵어지고 지면에 닿아 고정됨으로써 지렁이가 뒤로 미끄러지는 것을 방지한다.

❸ 머리 부분의 체절들은 다시 굵어지고 새로운 위치에 고정된다. 뒷부분의 체절들은 이제 지면에서 떨어지고 앞쪽으로 당겨져 이동하게 된다.

▲ **그림 35.12 지렁이의 연동운동.** 종주근의 수축은 지렁이의 몸이 두꺼워지고 짧아지게 하는 반면, 환형근의 수축은 몸을 잘록하고 길게 만든다.

꿈틀거리며 앞으로 움직인다. 지렁이나 다른 종류의 환형동물의 경우에는 종주근과 환형근이 함께 작용하여 격막에 의해 분리된 각 마디의 형태를 변하게 한다. 이러한 형태 변화는 앞에서 뒤로 주기적으로 근육이 수축되는 파동인 **연동운동(peristalsis)**을 일으킨다(그림 35.12).

유체골격은 수생생물의 생활환경에 적합하다. 육상에서 유체골격은 기거나 굴을 뚫는 데 사용할 수 있지만, 걷거나 뛰는 것처럼 몸이 바닥에서 떨어진 상태의 움직임은 지탱할 수 없다. 인간과 몇몇 포유동물에서 유체골격은 수컷 몸의 일부—음경(陰莖)—에서 볼 수 있다.

외골격

해변에서 발견되는 조개껍질은 단단히 침착된 물질이 동물의 표면을 싸고 있는 **외골격(exoskeleton)**이다. 조개류 등 대부분의 연체동물 껍질은 체벽의 일부가 연장된 외투막으로부터 분비된 탄산칼슘으로 만들어진다. 조개류와 몇몇 이매패류는 이러한 외골격 내부에 부착되어 있는 근육을 움직임으로써 외골격 껍질을 닫는다. 몸이 성장함에 따라 이 껍질의 가장자리가 자라나게 된다.

곤충과 몇몇 절지동물은 표피로부터 분비되고 관절로 된 **큐티클**(cuticle)을 가지고 있다. 큐티클의 30~50%는 **키틴(chitin)**으로, 셀룰로스와 유사한 다당류이다. 키틴섬유는 단백질로 된 기질 속에 파묻혀 있어서 강하면서도 유연한 복합체를 형성한다. 몸에서 단단함을 요하는 부분, 즉 무는 입이나 갑옷 같은 껍질을 가진 부분은 큐티클이 유기물 복합체 또는 몇몇 경우에는 칼슘을 포함함으로써 단단해진다. 다리의 관절과 같이 유연해야 하는 부분에서 큐티클은 단단해지지 않는다. 큐티클의 모서리와 판에 붙어 있는 근육은 몸 안쪽으로 뻗어 있다. 몸이 자람에 따라 절지동물은 외골격을 벗어버리고(탈피) 더 큰 골격을 만든다.

내골격

해면에서부터 포유류에 이르기까지 많은 동물들은 부드러운 조직 사이에 뼈와 같은 단단한 구조물이 파묻혀 있는 형태인 **내골격(endoskeleton)**을 가지고 있다. 해면의 경우, 내골격은 단단한 무기질로 구성된 바늘 모양의 침골, 또는 단백질로 만들어진 섬유로 이루어져 있다. 극피동물은 탄산마그네슘이나 탄산칼슘의 결정으로 이루어진 골편(ossicle)이라 부르는 단단한 판 모양의 내골격을 가지고 있다. 성게의 골편은 단단하게 결합되어 있으나, 불가사리의 골편은 비교적 성기게 얽혀 있어서 팔의 모양을 바꿀 수 있다.

척삭동물은 연골과 뼈, 혹은 이들의 조합으로 구성된 내골격을 가지고 있다. 포유동물의 골격은 200개 이상의 뼈 조각으로 되어 있는데(그림 35.13), 어떤 부분은 서로 융합되어 있고 어떤 부분은 운동이 용이하도록 관절에 힘줄로 연결되어 있다(그림 35.14).

이동의 유형

대부분의 동물에 있어서 먹이 획득, 위험 회피, 짝 찾기 같은 활동은 한 장소에서 다른 장소로 능동적으로 옮겨가는 **이동(locomotion)**성을 필요로 한다.

육상에서의 이동

육지에서 이동하기 위해 척추동물은 다양한 적응으로 진화해 왔다. 예를 들어 캥거루의 뒷다리 근육은 매우 힘이 세서 뛰어다니는 데 적합하다(그림 35.15). 캥거루가 착지할 때 순간적으로 많은 에너지가 뒷다리의 힘줄에 저장된다. 멀리 뛸수록 더 많은 에너지가 힘줄에 저장된다. 눌린 용수철처럼 힘줄에 저장된 에너지는 다음 도약에 사용되어서 캥거루가 이동할 때 소모하는 에너지의 양을 줄여준다. 곤충, 개, 사람의 다리 또한 캥거루보다는 훨씬 덜 하지만 걷고 달리는 동안 에너지를 저장한다.

걷고 달리고 뛰기 위해서는 몸의 균형이 반드시 전제되어야 한다. 고양이, 개, 또는 말은 걸을 때 세 다리가 땅에 닿아 있다. 이와 유사하게 인간이나 조류 같은 두발 동물은 걸을 때 적어도 한 쪽 발을 땅에 디딤으로써 자세를 유지한다.

기는 것은 매우 다른 상황이다. 몸의 많은 부위가 땅과 접촉하고 있기 때문에, 기는 동물은 마찰을 극복하기 위해 더 많은 노력을 기울여야 한다. 지렁이는 연동운동을 통해서 길 수 있다. 반면에 많은 뱀들은 온몸을 양옆으로 물결치듯이 기어간다. 뱀은 몸 아랫면에 있는 움직이는 커다란 비늘의 도움을 받아서 땅을 밀치면서 앞으로 나아간다. 다른 뱀들, 즉 보아뱀이나 비단뱀은 비늘을 움직이는 근육이 있어서 배 쪽에 있는 비늘을 들어 올린 후 앞쪽으로 기울였다가 다시 뒤로 미는 동작을 반복함으로써 똑바로 앞을 향해 기어간다.

헤엄치기(유영)

대부분의 동물들은 물에 잘 뜨기 때문에, 육지나 공중에서 이동할 때 비해서 수영할 때에는 중력을 극복하는 것이 큰 문제가 되지 않는다. 한편, 물은 공기보다 밀도가 높고 점도가 크기 때문에 마찰에 의한 저항이 수생동물에게는 가장 큰 문제이다. 어뢰와 같이 매끈한 유선형 몸은 참치 같은 빠르게 유영하는 동물들에서 공통적으로 발견되는 적응의 결과이다.

유영하는 방법은 다양하다. 대부분의 곤충들과 네 다리를 가지고 있는 척추동물은 다리가 물을 밀쳐내는 노의 역할을 한다. 오징어, 대합조개, 그리고 몇몇 자포동물은 빨아들인 물을 순간적으로 분출하는 방법으로 유영을 한다. 상어나 경골어류는 몸과 꼬리를 옆으로 흔들면서 유영하는 반면, 고래와 돌고래는 몸과 꼬리를 위아래로 물결치듯이 움직임으로써 유영한다.

날기

능동적인 비행(나무에서 땅으로 내려가는 것과는 반대로)은 곤충, 파충류(조류를 포함), 포유류에서는 박쥐 등 몇몇 동물군에서만 진화되어 왔다. 날 수 있는 파충류의 하나인 익룡은 척추동물 중 유일하게 날 수 있는 조류와 박쥐를 남겨 놓은 채, 수백만 년 전에 멸종하였다.

날기 위해서는 아래 방향으로 작용하는 중력을 이겨야 하기 때문에 중력이 가장 큰 걸림돌이다. 비행의 핵심은 날개의 모양이다. 모든 유형의 날개는 기류를 변화시켜서 동물이나 비행기가 떠 있

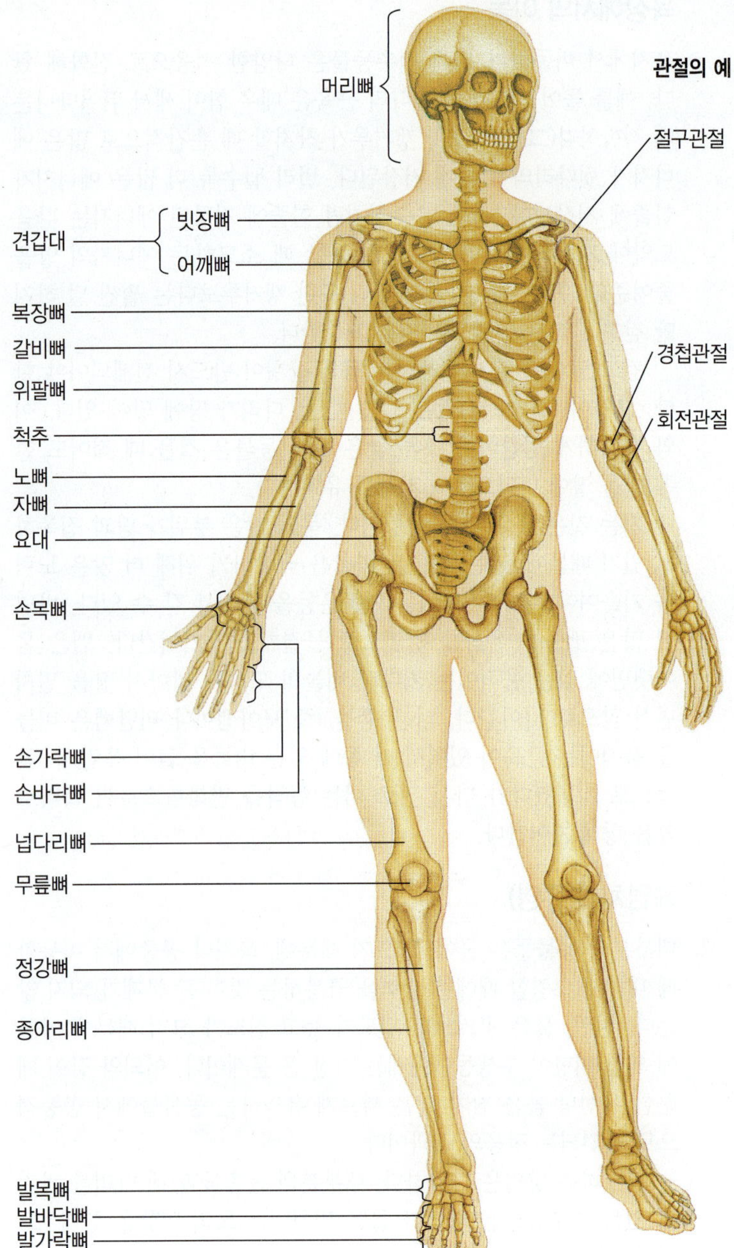

▲ **그림 35.13 인간 골격계의 뼈와 관절**

▼ **그림 35.14 관절의 종류**

절구관절

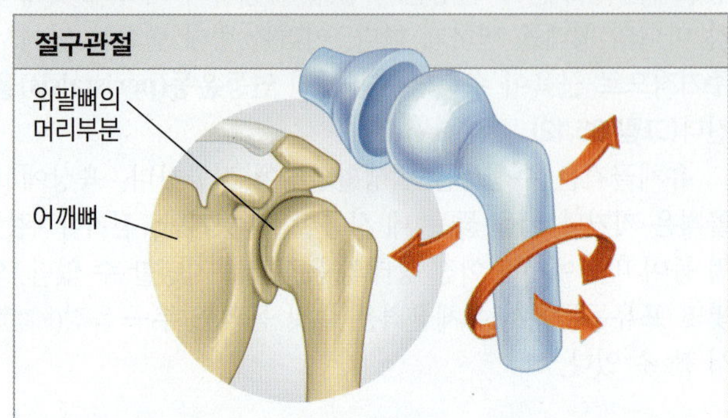

절구관절(ball-and-socket joint)은 위팔뼈와 견갑대가 만나는 곳과 넙다리뼈와 요대가 만나는 부위에 형성되는 관절로, 팔과 다리를 여러 방향으로 움직일 수 있게 해준다.

경첩관절

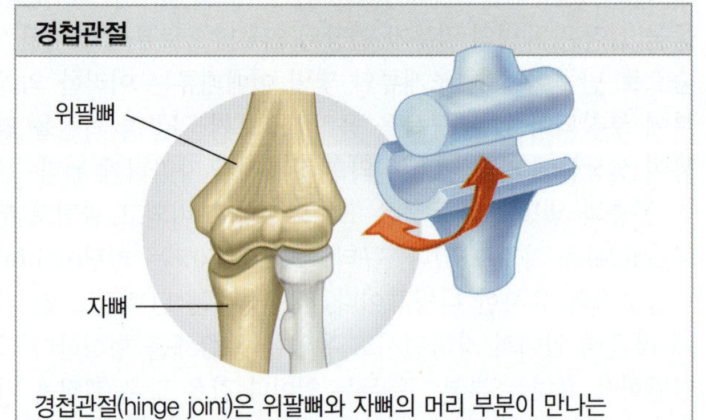

경첩관절(hinge joint)은 위팔뼈와 자뼈의 머리 부분이 만나는 부위에 형성되며, 한 방향으로만 움직일 수 있게 해준다.

회전관절

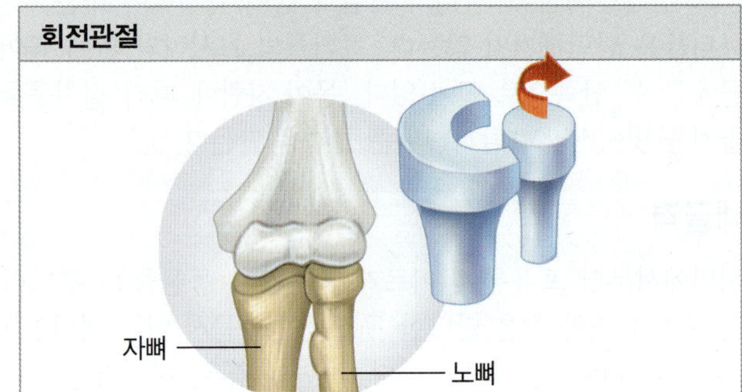

회전관절(pivot joint)은 팔꿈치를 중심으로 아래팔을 돌리거나 머리를 좌우로 움직일 수 있게 하는 관절이다.

◀ **그림 35.15 육상에서 에너지 효율이 높은 이동 방법.** 캥거루 가족이 커다란 뒷다리를 이용한 도약 방법으로 이동하고 있다. 각각의 도약 후에 운동에너지가 일시적으로 힘줄에 저장되어 다음번 도약에 힘이 된다. 사실 캥거루가 시속 30 km로 이동할 때와 6 km로 이동할 때, 소모하는 에너지는 거의 차이가 없다. 캥거루의 큰 꼬리는 앉아 있을 때뿐만 아니라 도약할 때에도 균형을 유지하는 데 도움을 준다.

을 수 있게 도와주는 에어포일 형태(airfoil, 익형)를 가지고 있다. 날개가 부착되는 몸의 경우, 유선형은 물에서처럼 공기저항을 줄이는 역할을 한다.

날 수 있는 동물의 무게는 비교적 가벼운데, 1 g 미만의 곤충에서 20 kg에 이르는 거대한 새에 이르기까지 다양하다. 많은 종류의 나는 동물은 몸무게를 줄이기 위해 구조적 적응을 해왔다. 예를 들어, 새는 방광이나 치아가 없고, 공기가 들어 있는 비교적 큰 뼈를 가지고 있어 몸의 무게를 감소시킨다.

개념 35.3

개별적으로 입력된 감각들은 단순하거나 복잡한 행동을 유발한다

동물의 행동이 어떻게 이루어지고, 그 행동이 어떤 기능을 수행하는지 알아내기 위해 동물행동학자들은 어떤 접근 방법을 사용할까? 동물행동 연구의 선구자인 네덜란드의 과학자 틴버겐(Niko Tinbergen)은 어떤 행동이든지 이해하기 위해서 꼭 필요한 네 가지 질문을 던졌다. 그의 네 가지 질문은 아래와 같이 요약할 수 있다.

1. 행동을 유발시키는 자극은 무엇이며, 반응을 전달하는 생리학적 기작은 무엇인가?
2. 성장과 발달을 하는 동안 얻은 동물의 경험이 반응에 어떤 영향을 미치는가?
3. 어떻게 행동이 동물들로 하여금 더 잘 생존하고 생식하도록 만들었는가?
4. 그 행동은 진화적 역사에서 어떤 의미가 있는가?

처음의 두 질문은 **근접원인**(proximate causation)에 관한 질문들이며, 행동이 "어떻게" 일어나는지 혹은 변형되는지에 관한 것이다. 마지막 두 질문은 **궁극원인**(ultimate causation)에 관한 질문들로, 자연선택의 맥락에서 행동이 "왜" 발생하는지에 관한 것이다.

틴버겐은 근접원인의 연구를 통해 1973년 노벨상을 받았다. 궁극원인에 관한 개념은 동물행동에 기초하여 생태학적, 진화학적인 연구를 하는 **행동생태학(behavioral ecology)**의 초석이 되었다. 이러한 주제들에 대해 차례로 살펴보자.

고정행동양식

큰가시고기 수컷은 둥지 영역에 침입하는 다른 수컷의 물고기를 공격한다(그림 35.16). 틴버겐은 수조(실험 탱크) 앞으로 붉은색의 트럭이 지나갈 때 큰가시고기가 공격적으로 행동한다는 것을 알아냈다. 이런 우연한 관찰로부터 영감을 얻어, 그는 침입자의 붉은 아랫부분이 공격행동의 근접원인임을 보여주는 실험을 수행했다. 큰가시고기의 수컷은 아랫배가 붉지 않는 침입자에 대해서는 공격하지 않지만, 인위적으로 붉은색을 띤 모형은 공격했다.

수컷 가시고기의 세력권 반응은 **고정행동양식(fixed action pattern)**의 예로서, 단순 자극에 직접적으로 연결된 비학습 행동이다. 고정행동양식은 본질적으로 변하지 않으며, 한번 시작되면 끝까지 실행된다. 마치 붉은색 물체가 수컷 가시고기의 공격행동을 자극시키는 것처럼, 고정행동양식은 **신호자극(sign stimulus)**으로 알려진 외부 감각자극에 의해 유발된다.

이주

환경적 자극은 행동을 유발시킬 뿐만 아니라 동물들이 그러한 행동을 하도록 하는 단서를 제공한다. 예를 들어, 다양한 종류의 조류, 어류 그리고 다른 동물들은 환경 신호를 이용하여, 정기적으로 먼 거리를 **이주(migration)**한다.

지구에 대한 태양의 위치는 하루 동안에 변하지만, 이주하는 몇몇 동물들은 그들의 위치를 태양과 관련해서 추적한다. 동물들은 24시간 활동주기를 유지하는 내면적 기작인 **일주기성 시계**(circadian clock)에 의해 이와 같은 변화에 대응하여 맞추어 나간다. 예를 들면, 이동하는 새들이 하루 중 서로 다른 시간대에 태양의 상대적 위치를 인지하고 날아가는 방향을 조절한다는 실험 결과가 있다.

비록 태양과 별들이 항법에 유용한 정보를 제공해 주지만, 구름이 이러한 지표들을 가릴 때가 있다. 이 경우 이주하는 동물들은 어떻게 극복할까? 집으로 돌아가는 비둘기를 가지고 수행한 간단한 실험에서 해답을 얻을 수 있다. 구름이 잔뜩 낀 날에, 집으로 돌아가는 비둘기의 머리 위에 작은 자석을 얹어놓으면, 비둘기가 효율적으로 보금자리로 돌아가는 것을 방해한다. 비둘기는 지구의 자기장과 관련하여 자신의 위치를 감지함으로써 태양이나 천체의 암시 없이도 항로를 결정할 수 있다.

행동주기

이주와 번식 같은 몇몇 행동들은 일주기성 리듬(circadian rhythm)보다 더 긴 주기나 기간을 가진 생물학적 주기를 반영한다. 행동학적 주기는 **연주기성 리듬**(circannual rhythm)라고 불리는 계절의 1년 주기와 연관되어 있다. 비록 이주와 번식이 일반적으로 먹이 유용성과 관련되어 있다 하더라도, 이러한 행동들이 먹는 양의 변화에 대한 직접적인 반응은 아니다. 대신에 일주기성 리듬과 마찬

▲ 그림 35.16 **고전적인 고정행동양식에 따른 신호자극.** 수컷 큰가시고기는 자신의 둥지 영역을 침범하는 다른 수컷 큰가시고기를 공격한다. 침입하는 수컷(왼쪽)의 붉은 아랫배가 공격 행동을 유발하는 신호자극으로 작용한다.

가지로 연주기성 리듬은 환경에 있어서 낮과 밤의 시간에 의해 영향을 받는다. 예를 들어, 몇몇 새에 관한 연구에서 낮의 길이를 인위적으로 길게 한 환경은 이주 시기가 아닌 때에 이주 행동을 유발시킨다는 것을 보여주고 있다.

환경에서 모든 생물학적 주기가 낮과 밤의 주기와 연관되어 있는 것은 아니다. 예를 들어, 그림 35.1의 농게를 생각해보자. 집게발을 흔드는 수컷의 구애행동은 초승달과 보름달의 시기와 연관되어 있다. 이 시기는 자손의 번식에 도움을 준다. 농게는 갯벌에서 유생으로서 삶을 시작한다. 이 시기의 조류(潮流)가 농게의 유생들을 더 깊은 곳으로 이동시켜주어, 그곳에서 다시 갯벌로 돌아오기 전에 비교적 안전하게 초기 발생을 마치도록 한다. 농게는 초승달이나 보름달일 때 짝짓기를 함으로써 그들의 번식을 조류의 이동이 가장 큰 시기와 일치시킨다.

동물의 신호와 의사소통

구애기간 동안, 수컷 농게가 집게발을 흔드는 것은 또 다른 동물(암컷 농게)의 행동을 유발하는 자극이 된다. 하나의 자극을 한 동물에서 또 다른 동물로 전달하는 것을 **신호(signal)**라고 한다. 동물은 신호의 전달과 수신을 통해 상호 간에 **의사소통(communication)**을 하는데, 이는 종종 행동의 근접원인에 해당한다.

동물의 의사소통 유형

일반적인 동물의 의사소통 네 가지(시각, 화학, 촉각, 청각)를 살펴보기 위해서 먼저 초파리(*Drosophila melanogaster*)의 구애 행동에 대해서 알아보자.

이들 초파리에서의 구애는 각각의 자극에 대한 반응 자체가 다음 행동을 자극하는 **자극-반응 사슬**(stimulus-response chain)을 형성한다. 초파리의 구애행동은 수컷이 시야에서 암컷을 탐지하고 그 쪽으로 몸을 향하면서 시작된다. 수컷은 같은 종의 암컷임을 확인하기 위해 후각계를 사용하여 암컷이 공중에 유포한 화학물질을 탐지한다. 그 다음 수컷은 다가가서 앞다리로 암컷을 가볍게 두드린다(그림 35.17). 이 같은 접촉, 혹은 촉각 의사소통은 암컷에게 수컷의 존재를 알리는 역할을 한다. 구애행동의 세 번째 단계는 수컷이 한쪽 날개를 펼쳐 떨면서 구애노래(courtship song)를 부르는 것이다. 이 같은 청각 의사소통은 암컷에게 수컷이 자신과 같은 종이라는 정보를 준다. 이러한 의사소통이 모두 성공적일 경우에 한해서만, 암컷은 교미를 하려는 수컷을 받아들인다.

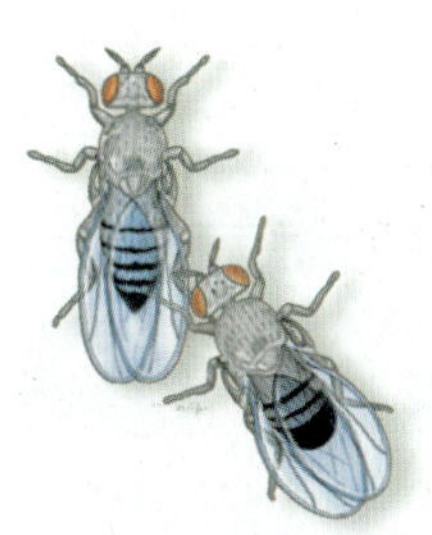

▲ 그림 35.17 **앞다리로 암컷을 톡톡 두드리는 수컷 초파리**

일반적으로 진화하는 의사소통의 형태는 동물의 생활 방식 및 환경과 밀접하게 연관되어 있다. 예를 들면, 대부분의 육상 포유류는 야행성이어서, 시력이 별 도움이 되지 않는다. 대신에 이들 동물은 빛이 있는 환경에서와 마찬가지로 어둠 속에서도 잘 작용하는 후각과 청각 신호를 사용한다. 반면에 대부분의 새들은 주행성(주로 낮 동안에 활동적임)이어서, 주로 시각과 청각 신호로 의사소통을 한다. 인간 역시 주행성이기에, 주로 시각과 청각 신호를 사용한다. 따라서 우리는 새들의 의사소통 수단인 노래와 밝은 깃털 색은 감상할 수 있지만, 다른 포유류들의 행동에 기반이 되는 많은 화학적 신호들은 놓치고 있다.

동물 의사소통의 정보 내용은 상당히 다양하다. 가장 놀라운 의사소통의 예는 1900년대 초 오스트리아의 프리슈(Karl von Frisch)가 발견한 유럽꿀벌(*Apis mellifera*)의 기호 언어(symbolic language)에서 볼 수 있다. 그와 그의 학생은 수십 년 동안 유리벽으로 된 벌집을 이용하여 꿀벌을 관찰하였다. 프리슈는 벌의 움직

(a) 일벌들이 먹이 찾기 여행에서 방금 돌아온 정찰벌 주위를 에워싼다.

(b) 원형춤은 가까이에 먹이가 있다는 것을 의미한다.

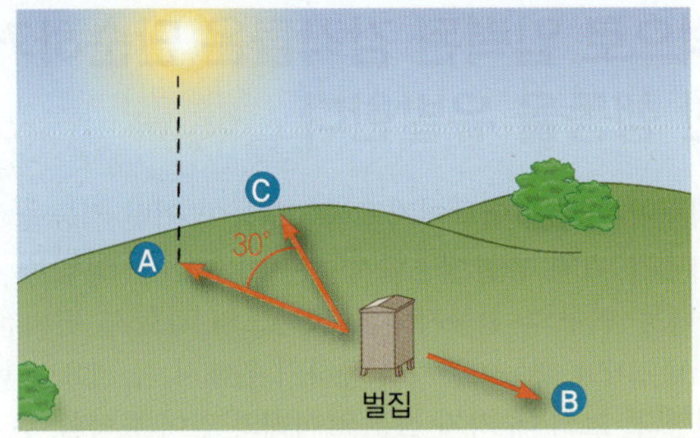

위치 A:
먹이자원이 태양과 같은 방향에 있다

위치 B:
먹이자원이 태양과 반대 방향에 있다

위치 C:
먹이자원이 태양의 오른쪽 30° 방향에 있다

(c) 먹이가 멀리 있을 때는 흔들기 춤을 춘다. 흔들기 춤은 8자를 닮았다. 거리는 춤의 직선으로 움직이는 부분에서 복부를 흔드는 수에 의해 나타낸다. 방향은 벌집의 수직면에 대한 직선 춤의 각도에 의해 나타낸다.

▲ 그림 35.18 **꿀벌의 춤 언어.** 벌집으로 돌아온 꿀벌은 춤의 기호 언어를 통해 먹이자원이 있는 위치를 알려준다.

임을 체계적으로 기록한 결과, 먹이를 발견한 벌들이 먹이자원이 위치한 거리와 방향을 다른 벌들에게 "춤 언어(dance language)"를 통해 알려준다는 것을 밝혀냈다(그림 35.18). 따라서 다른 벌들이 벌집을 나설 때는 일벌이 알려준 지역으로 거의 곧장 날아간다.

페로몬

냄새로 의사소통을 하는 많은 동물들은 **페로몬(pheromone)**이라는 화학물질을 내보낸다. 페로몬은 특히 포유류와 곤충들에서 흔한데, 번식행동과 관련이 있다. 예를 들어, 페로몬은 초파리의 구애행동에 있어서 화학적 의사소통의 기본이 된다. 그러나 페로몬이 단거리로 신호를 보내는 수단으로만 사용되는 것은 아니다. 수컷 누에나방은 몇 킬로미터 밖에 있는 암컷 나방이 방출한 페로몬을 감지할 수 있는 수용체를 가지고 있다.

꿀벌 군집에서, 여왕벌과 일벌인 그 딸들에게서 분비되는 페로몬은 벌집 내의 매우 복잡한 사회질서를 유지한다. 특히 여왕벌이 내는 페로몬은 다양한 효과를 가지고 있다. 이것은 일벌의 난소 발달을 방해하고, 벌집 밖에서 여왕벌이 교미 비행을 할 때 수컷 꿀벌(수벌)들을 유혹한다.

페로몬은 경고신호 역할을 하기도 한다. 예를 들어, 연준모치류(minnow)와 메기류(catfish)는 다쳤을 때 피부에 저장되어 있는 경계물질을 물속에 퍼트려, 가까이에 있는 물고기들이 더 경계를 강화하도록 하며, 호수 바닥 근처의 보다 안전한 곳을 찾도록 한다.

개념 35.4

학습은 경험과 행동 사이에 특정한 연결을 확립한다

앞에서 다룬 고정행동양식, 구애행동의 자극-반응 사슬, 그리고 페로몬 신호와 같은 몇몇 행동들은 개체군 내의 거의 모든 개체들에게서 비슷하게 나타난다. 이러한 방식으로 발달 측면에서 고정된 행동을 **선천적 행동(innate behavior)**이라 부른다. 그러나 다른 행동들은 경험에 의존적이고, 따라서 개체 간에 다르게 나타난다.

경험과 행동

틴버겐의 두 번째 질문은 성장과 발달 단계에서 겪는 동물의 경험이 어떻게 자극에 대한 반응에 영향을 미치는지에 대한 것이다. 이에 대한 유용한 접근방법으로는 어린 개체가 종이 다른 어미에게서 길러지는 **교차양육 연구(cross-fostering study)**가 있다. 이런 상황에서 자손의 행동 변화의 정도는 사회적 물리적 환경이 얼마나 행동에 영향을 미치는지 보여준다.

어떤 종류의 쥐는 교차양육 실험에 적합한 행동적 차이를 보인다. 수컷 캘리포니아 쥐(*Peromyscus californicus*)는 다른 쥐에 대해 매우 공격적이며 새끼를 돌보는 행동도 강하다. 그러나 흰발 쥐(*Peromyscus leucopus*)는 덜 공격적이고 새끼를 돌보는 행동을 거의 보이지 않는다. 각 종의 새끼들을 서로 다른 종의 둥지에 넣고

표 35.2 수컷 쥐에 미치는 교차양육의 영향*

종	침입자에 대한 공격성	자연 상태에서의 공격성	부모의 새끼 양육 행동
흰발 쥐에 의해 양육된 캘리포니아 쥐	감소됨	차이 없음	감소됨
캘리포니아 쥐에 의해 양육된 흰발 쥐	차이 없음	증가됨	차이 없음

*같은 종의 부모에게서 양육된 쥐와 비교함.

교차양육을 했을 때, 두 종 모두의 행동이 변하였다(표 35.2). 그 예로, 캘리포니아 수컷 쥐가 흰발 쥐 부모에게 양육되었을 때는 침입자에 대해 덜 공격적이었다. 따라서 발달 단계에서의 경험이 이들 설치류의 공격적 행동에 많은 영향을 줄 수 있다.

쥐의 교차양육 실험에서 가장 놀라운 발견은 행동에 미친 경험의 영향이 후손에게도 전달될 수 있다는 것이다. 예를 들어, 교차양육된 캘리포니아 쥐가 부모가 되었을 때, 방황하는 쥐들을 데려오는 데 투자하는 시간이 같은 종의 어미에게서 길러진 캘리포니아 쥐보다 줄어들었다. 이는 발달 단계에서 겪는 경험이 부모가 된 후의 행동까지 바꾸게 하는 생리학적인 변화를 일으킨다는 것을 보여주며, 환경으로부터 받은 영향이 다음 세대에까지 확장된다는 사실을 알 수 있다.

학습

동물의 행동에 가장 강력하게 영향을 줄 수 있는 방법은 특정한 경험을 함으로써 행동의 변화를 유발하는 **학습(learning)**을 통해서다. 학습 능력은 유전체에 심어진 정보에 따라 발달하는 동안에 확립된 신경계의 조직화에 의존한다. 학습 그 자체는 신경회로 연결망의 변화로 인해 생성되는 기억의 형성을 수반한다. 따라서 핵심 연구목표는 학습이 선천성(유전자)인지, 양육(환경)인지를 구별하는 것이 아니고, 선천성과 양육 모두가 학습의 형태, 더 일반적으로는 행동에 있어 얼마나 공헌하는지를 탐구하는 것이다.

각인

몇몇 종에서는 인식하는 것 또는 부모에 의해 인식되어지는 것은 생존에 필수적이다. 어린 시절 이와 같은 학습은 특정 개체나 사물에 대해 오랫동안 지속되는 행동 반응을 확립하는 **각인(imprinting)**의 형태로 나타난다. 각인은 **민감기(sensitive period)**라는 생애 특정 시기 동안에 형성된다. 예를 들어, 갈매기 부모들이 자기 새끼와 결속을 다지는 민감기는 새끼가 태어난 지 하루에서 이틀 정도이다. 민감기 동안에 부모가 자기 자식을 인지하는 반면, 새끼들은 부모를 각인하고 기초적인 행동을 배운다. 만약 부모-자식 간의 결속이 생기지 않으면, 부모가 새끼를 돌보지 않으므로 자식들은 죽고, 부모의 번식성공률은 떨어지게 된다.

1930년대의 실험에서 회색거위(*Anser anser*) 새끼들에게 가장

중요한 각인자극(imprinting stimulus)은 새끼 근처에 있다가 멀어져 가는 물체라는 것을 밝혀냈다. 인공부화기에서 갓 태어난 새끼 거위들이 처음 몇 시간을 어미 대신 사람과 함께 보낸 후, 새끼들은 그를 각인하고 지속적으로 따라다니기 시작했다(그림 35.19a). 게다가, 새끼들은 생물학적 어미를 인지하지 못했다.

각인은 미국두루미(*Grus americana*)와 같은 멸종위기 종을 보호하는 노력에 중요한 역할을 해왔다. 동물행동학자들은 새장에서 캐나다두루미(*Grus canadensis*)를 양부모로 사용해 미국두루미를 사육하였다. 그런데 미국두루미는 캐나다두루미를 각인했기 때문에, 미국두루미와 짝을 맺지 않았다. 이런 문제점을 피하기 위해 지금은 새끼들을 키우는 프로그램에서는 어린 두루미를 고립시킨 후 그들 자신의 종을 눈으로 보고 귀로 소리를 듣게 한다.

과학자들은 더 나아가서 새장에서 태어난 두루미를 안전한 루트를 따라 이주시키기 위해 각인현상을 이용했다. 어린 미국두루미들에게 "두루미 옷"을 입은 사람을 각인시킨 후, 초경량 항공기를 타고 선정된 이주 루트를 비행하는 "양부모"를 따라가도록 했다(그림 35.19b). 이 두루미들은 다른 미국두루미들과 교배를 하였는데, 이는 두루미 복장이 "정상적"인 각인을 유도하는 데 필요한 특징을 갖고 있다는 것을 보여준다.

공간학습과 인지지도

모든 자연 환경은 둥지, 위험, 먹이, 그리고 장래 배우자가 있는 위치에 있어서 공간적 변이를 가진다. 그 결과, 생물의 적응도는 환경의 공간구조를 반영하는 기억을 확립하는 **공간학습(spatial learning)** 능력을 향상시킴으로써 더 높아질 수 있다.

공간학습에 대한 생각은 틴버겐이 네덜란드에서 대학원생으로 있었을 때 그에게 강한 흥미를 불러일으켰다. 그 시기에 틴버겐은 모래언덕에 작은 굴을 파고 둥지를 만드는 나나니벌(*Philanthus triangulum*) 암컷의 행동을 연구했다. 나나니벌이 먹잇감을 찾아 둥지를 떠날 때에는 침입자를 막기 위해 모래로 둥지의 입구를 덮었다. 그러나 돌아왔을 때에는 주변에 수백 개의 다른 굴들이 있음에도 불구하고, 자신의 숨겨둔 둥지로 곧바로 날아갔다. 어떻게 이런 일이 가능할까? 틴버겐은 나나니벌이 눈에 띄는 지형표식(landmark)에 대한 둥지의 상대적인 위치를 학습함으로써 둥지를 찾아간다는 가설을 세웠다. 틴버겐은 이 가설을 밝히기 위해 나나니벌의 자연서식지에서 실험을 했다. 그는 둥지 입구 주변의 물체를 조작함으로써, 나나니벌이 공간학습을 한다는 것을 보여주었다.

몇몇 동물은 그들 주변의 물체 사이에 공간 관계를 신경계에서 인식하는 **인지지도(cognitive map)**를 형성함으로써 공간학습을 한다. 인지지도를 사용하는 명확한 예는 큰까마귀, 까마귀, 어치와 유사 종인 클라크 잣까마귀(Clark's nutcracker, *Nucifraga columbiana*)에서 볼 수 있다. 가을에 잣까마귀는 겨울철을 대비하여 잣 씨앗을 숨겨놓는다. 과학자들은 실험적으로 새의 환경에 있는 지형표식들 사이의 거리를 변화시킴으로써, 새들이 숨겨놓은 먹이를 찾기 위해 지형표식의 고정된 거리를 이용하는 것이 아니라, 지형표식들 사이의 중간 지점을 이용한다는 것을 보여주었다.

(a) 회색거위 새끼들이 동물행동학자 로렌츠(Konrad Lorenz)를 각인했다.

(b) 두루미 옷을 입고 초경량 항공기를 탄 비행사가 미국두루미의 이주를 돕기 위해 대리모로서의 역할을 한다.

▲ 그림 35.19 **각인.** 각인은 (a) 동물행동을 조사하거나 (b) 동물행동을 지시하기 위해 변형될 수 있다.

연합학습

학습은 종종 경험들을 연합하게 한다. 예를 들어, 밝은색을 띤 모나크 나비(*Danaus plexippus*)를 먹는 푸른 어치(*Cyanocitta cristata*)를 생각해보자. 모나크 나비가 섭취한 유액 분비 식물에서 축적된 물질들로 인해, 푸른 어치는 모나크 나비를 삼키지 못

▲ 그림 35.20 **연합학습.** 모나크 나비를 먹고서 구토를 했던 푸른 어치는 아마도 이 종을 피해야 한다는 것을 학습했을 것이다.

하고 바로 토해낸다(그림 35.20). 이런 경험 후에 푸른 어치는 모나크 나비 및 그와 유사한 외관을 가진 곤충을 피하게 된다. 환경의 한 특징(색과 같은 자극)과 다른 특징(맛없음)을 연합하는 능력을 **연합학습(associative learning)**이라 한다.

동물에서 손쉽게 형성되는 연합학습은 전형적으로 자연에서 일어나기 쉬운 연관성을 반영한다. 역으로, 연합학습이 형성되지 않는 경우는 그것이 자연 환경에서 선택적 이득을 주지 못하기 때문일 수 있다. 예를 들어, 야생에서 쥐의 음식을 보면, 유해한 음식은 특정한 소리와 연합되기보다는 어떤 나쁜 냄새를 가질 가능성이 더 크다.

인지와 문제해결

가장 복잡한 형태의 학습에는 인식, 추론, 기억, 판단이 관여해서 깨닫는 과정인 **인지(cognition)** 능력이 있다. 한때는 영장류와 특정 해양 포유류만이 고차원의 사고 능력이 있다고 논쟁했었지만, 곤충을 포함한 많은 동물들이 인지 능력을 지니고 있다는 사실이 실험실 연구를 통해 밝혀졌다. 가령 Y 모양의 미로를 사용한 실험에서 꿀벌들은 추상적 사고력을 필요로 하는 개념인 "같음"과 "다름"을 구별할 수 있었다.

신경계의 정보처리 능력은 실제로 분명한 장벽에 직면했을 때 이를 극복하기 위해 한 상태에서 다른 상태로 나아가는 방법을 고안하는 인지 활동인 **문제해결(problem solving)** 능력에서 볼 수 있다. 예를 들어, 침팬지는 방바닥에 몇 개의 박스가 있고 바나나가 손에 닿지 않을 만큼 높이 걸려 있으면, 이 상황을 판단하고 상자들을 쌓아올려 먹이를 따 먹는다. 문제해결 능력은 특히 영장류와 돌고래 등 몇몇 포유류에서 매우 잘 발달되어 있다. 주목할 만한 사례는 까마귀와 같은 일부 새 종류에서 관찰됐다. 한 연구에서 나뭇가지에 줄로 매달려 있는 먹이를 먹기 위해 갈까마귀가 어떻게 하는지를 관찰했다. 날면서 먹이를 잡지 못하자, 한 갈까마귀가 가지로 날아가서 교대로 한 발로는 줄을 끌어올리고 다른 발로는 끌어올린 줄을 잡는 행동을 먹이가 닿을 때까지 반복했다. 다른 많은 갈까마귀들도 결국 유사한 방법을 사용하였다. 그럼에도 불구하고 몇몇 갈까마귀들은 문제를 해결하는 데 실패하였는데, 이는 이 종에서 문제해결 능력은 다른 종들에서처럼 각 개체들의 경험과 능력에 따라 서로 다르다는 것을 보여준다.

많은 동물들은 다른 개체들의 행동을 관찰함으로써 문제해결 능력을 학습하기도 한다. 가령, 야생 어린 침팬지들은 어른 침팬지의 행동을 모방함으로써 돌 두 개를 이용해 기름야자열매를 깨는 법을 배운다. 이렇게 관찰을 통해 학습하는 것을 **사회적 학습(social learning)**이라고 한다. 사회적 학습은 **문화(culture)**의 기반을 형성하는데, 문화는 개체군내에서 개체들의 행동에 영향을 주는 사회적 학습이나 가르침을 통해 정보를 전달하는 체계라고 정의할 수 있다. 정보의 문화전승은 행동의 표현형을 바꿀 수 있으며, 그에 따라 개체의 적응도에도 영향을 미친다.

개념 35.5

개체의 생존과 번식성공을 위한 선택은 다양한 행동을 설명할 수 있다

진화 틴버겐의 세 번째 질문—어떻게 행동이 개체군의 생존과 번식성공을 향상시키는지—에 대해서 알아보자. 이제 주제를 근접원인—"어떻게"에 대한 질문—에서 궁극원인—"왜"에 대한 질문—으로 전환해보자. 먼저 먹이찾기에 대해 알아볼 것이다. 먹이-획득 행동, 즉 **먹이찾기(foraging)**는 먹는 것 그 자체뿐만 아니라, 동물이 먹이를 찾고 인식하고 잡는 활동들도 포함된다.

먹이찾기 행동의 진화

초파리의 먹이찾기 행동을 관찰하면 그것이 어떻게 진화해왔는지를 알 수 있다. *forager*(*for*)라고 불리는 한 유전자에서의 변이는 초파리 유충의 먹이찾기 행동을 결정한다. 초파리 유충이 먹이를 먹을 때, "배회자(Rover)"라고 불리는 대립유전자 for^R을 가진 초파리 유충은 "착석자(sitter)"라고 불리는 대립유전자 for^s를 가진 초파리 유충보다 평균적으로 거의 두 배 많이 움직인다.

for^R와 for^s의 대립유전자들은 모두 자연 개체군에서 나타난다. 어떤 상황에서 특정 대립유전자가 선호될까? 그 답은 여러 세대 동안 초파리 개체군 밀도를 높게 혹은 낮게 유지시키는 실험을 통해 명확히 얻을 수 있다. 낮은 밀도에서 여러 세대 동안 살아온 유충들은 높은 밀도에서 자란 유충들보다 더 짧은 거리에서 먹이를 찾는다(그림 35.21). 더욱이 밀도가 낮은 개체군에서는 for^s 대립유전자의 빈도가 증가한데 반해, 밀도가 높은 개체군에서는 for^R 대립유전자의 빈도가 증가되었다. 이러한 변화는 당연하다. 밀도가 낮은 개체군에서는 짧은 거리에서도 충분히 먹이를 찾을 수 있기 때문에 긴 거리를 이동하는 것은 에너지를 불필요하게 낭비하는 것이다. 반면에 밀도가 높은 곳에서는 먹이가 부족한 곳을 넘어 먼 거리를 이동하여야 한다. 따라서 실험을 하는 동안, 행동에 있어서 설명 가능한 진화적 변화가 일어났음을 알 수 있다.

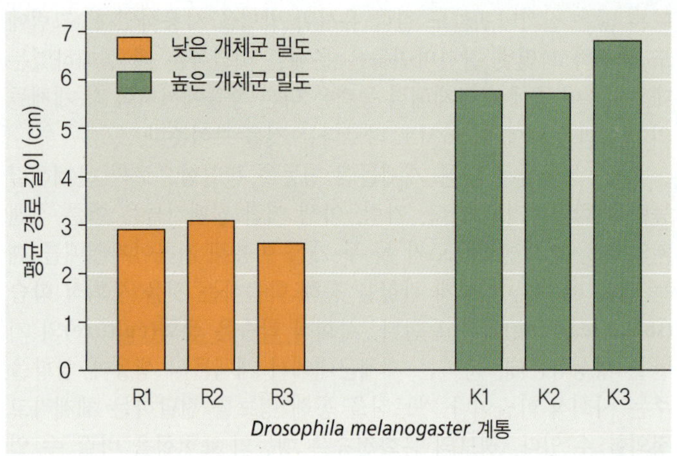

▲ **그림 35.21 실험실에서 배양한 초파리 개체군의 먹이찾기 행동의 진화.** 74세대 동안 낮은 개체군 밀도에서 자란 초파리 유충(개체군 R1~R3)은 높은 개체군(개체군 K1~K3) 밀도에서 자란 유충보다 먹이찾기 경로의 길이가 현저하게 짧았다.

짝짓기 행동과 배우자 선택

먹이찾기 행동이 개체의 생존에 중요한 것처럼 짝짓기 행동과 배우자 선택은 번식성공에 큰 영향을 미친다. 이러한 행동에는 짝 찾기 혹은 짝을 유혹하기, 여러 짝 중 선택하기, 짝을 얻기 위해 경쟁하기, 새끼 돌보기 등이 포함된다.

짝짓기 체제와 성적 이형성

비록 짝짓기를 하나의 수컷과 하나의 암컷의 결합으로 단순하게 생각하는 경향이 있지만, 많은 종들은 수컷과 암컷 사이에서 관계의 수와 거리, 즉 **짝짓기 체제**(mating system)에 있어 매우 다양하다. 일부 종에서는 배우자-결속(pair-bond)이 강하지 않다. 몇몇 종에서는 짝짓기가 강력한 배우자-결속 없이 **난잡**(promiscuous)하다. 다른 종에서 짝짓기는 하나의 수컷이 하나의 암컷과 짝짓는 **일부일처(monogamous)**이거나 한쪽 배우자가 다른 쪽 배우자를 여럿 거느리는 **다혼성(polygamous)**으로, 일정한 기간 동안에 관계를 형성한다. 다혼성 체제는 한 암컷이 여러 수컷과 짝짓는 **일처다부**(polyandry)와 한 수컷이 여러 암컷과 짝을 이루는 **일부다처**(polygyny)를 포함한다.

수컷과 암컷의 외형이 다른 정도는 **성적 이형성**(sexual dimorphism)이라고 알려졌는데, 일반적으로 짝짓기 체계에 따라 달라진다(그림 35.22). 일부일처제 종들 중에서는 수컷과 암컷의 외형은 형태학적으로 유사하다. 대조적으로, 다혼성 체제의 경우 다수의 짝짓기 상대를 유혹하는 성(sex)이 반대쪽 성보다 더 화려하고 더 크다. 다음 절에서 이런 차이에 대한 진화적 근거를 간략하게 논의할 것이다.

짝짓기 체제와 자식양육(parental care)

새끼에게 필요한 자원의 양은 짝짓기 체제의 진화를 제한하는 중요한 요소이다. 예를 들어, 대부분 알에서 갓 부화한 새들은 자기

(a) **일부일처제**(한 마리 수컷과 한 마리 암컷)

서부갈매기(*Larus occidentalis*)와 같이 일부일처제인 종에서는 외형적 특징만을 가지고는 수컷과 암컷을 구분하기 힘들다.

(b) **일부다처제**(한 마리 수컷과 여러 마리 암컷)

붉은사슴(*Cervus canadensis*)과 같이 일부다처제인 종에서는 수컷(오른쪽)이 종종 매우 화려하다.

(c) **일처다부제**(한 마리 암컷과 여러 마리 수컷)

큰논병아리(*Phalaropus lobatus*)와 같은 일처다부제의 종들에서는 암컷(오른쪽)이 일반적으로 수컷보다 화려하다.

▲ **그림 35.22 수컷 및 암컷의 외형과 짝짓기 체제의 관계**

자신을 돌볼 수 없다. 게다가, 적어도 한쪽 부모 혼자서는 공급할 수 없는 많은 양의 먹이를 새끼에게 꾸준히 먹여야 한다. 그러한 경우, 수컷은 또 다른 배우자를 찾는 대신 자신의 배우자를 도와 새끼들을 잘 키우는 것이 더 많은 후손을 남길 수 있는 방법이다. 이는 왜 대부분의 새들이 일부일처인지를 설명한다. 이와는 대조적으로, 새끼들이 알을 깨고 나오자마자 스스로 먹이를 먹고 자기 자신을 돌볼 수 있는 새들의 경우에는 수컷이 그들의 배우자와 함께 머물러서 얻는 이익이 적다. 꿩이나 메추라기와 같은, 이런 종의 수컷들에게는 다른 배우자를 찾는 것이 번식성공률을 극대화하는 방법이며, 이런 새들에서는 일부다처제가 일반적이다. 포유류의 경우, 흔히 암컷의 젖이 새끼의 유일한 먹이이고, 수컷은 새끼를 키우는 데 아무런 역할도 수행하지 않는다. 사자와 같이 수컷이 암컷과 새끼들을 보호하는 포유류의 경우에는, 전형적으로 수컷 한 마리 또는 몇 마리가 하렘(harem)을 형성해서 많은 암컷을 한꺼번에 돌보는 것을 볼 수 있다.

짝짓기 행동과 자식양육에 영향을 미치는 또 다른 요인은 **부성 확실성**(certainty of paternity)이다. 갓 태어난 새끼와 알들은 당연히 어미의 유전자를 가지고 있다. 그러나 정상적인 일부일처의 관계일지라도 이 새끼들의 아비는 암컷의 원래 배우자가 아닌 다른 수컷일 수도 있다. 체내 수정을 하는 종들에서는 짝짓기와 새끼들이 태어나는 시간(또는 짝짓기와 알을 낳는 시간)의 차이 때문에 부성 확실성이 대부분 매우 낮게 나타난다. 그러나 체내 수정을 하는 많은 종의 수컷들은 암컷에게 다른 수컷이 접근하는 것을 막고, 교미를 하기 전에 암컷의 수정관에 있는 다른 정자를 제거하며, 다른 수컷들의 정자를 압도하기 위해 많은 양의 정자를 내보내는 등 부성 확실성을 높이기 위한 행동들을 한다.

부성 확실성은 체외 수정에서처럼 짝짓기와 산란이 같이 일어날 때 훨씬 높아진다. 이러한 사실은 수생 무척추동물, 어류, 그리고 양서류의 수컷들이 암컷만큼이나 자신의 새끼를 돌보는 이유를 설명한다(그림 35.23). 어류와 양서류에서 부모의 자식양육은 체내 수정을 하는 경우 10% 미만의 종에서 나타나는 반면, 체외 수정의 경우 과반 이상의 종에서 나타난다.

동물들이 어떤 특정한 방식으로 행동할 때, 항상 부성의 확실성에 대해 자각하고 있는 것을 의미하지는 않는다. 부모의 보살피는 행동은 자연선택에 의해 여러 세대에 걸쳐 강화되어 왔기 때문에 부성의 확실성과 상관관계가 있다. 부성 확실성과 수컷의 자식양육 사이의 흥미로운 관계는 현재 매우 활발하게 연구되고 있다.

성선택과 배우자 선택

성적 이형성은 자연선택의 한 형태인 성선택의 결과이며, 성선택에서는 짝짓기 성공의 차이로 인해 번식 성공의 차이가 나타난다. 성선택은 한쪽 성이 반대쪽 성의 특별한 형질, 즉 구애 노래와 같은 형질에 근거하여 배우자를 선택하는 **성간선택**(intersexual selection)과, 배우자를 얻기 위해 같은 성끼리 경쟁하는 **성내선택**(intrasexual selection)으로 구분할 수 있다.

암컷의 배우자 선호도는 성간선택을 통해 수컷의 행동과 해부구조의 진화에 중요한 역할을 할 수도 있다. 예로서, 유병안(有柄眼)파리(stalk-eyed fly)의 구애 행동을 들 수 있다. 이 곤충의 눈은 자루 끝에 붙어 있는데, 암컷보다 수컷의 눈자루가 더 길다. 수컷은 구애할 때 자신의 머리를 암컷 앞에 선보인다. 연구자들은 암컷이 상대적으로 눈자루가 더 긴 수컷과 짝짓기 잘 한다고 보고한 바 있다. 왜 암컷은 수컷의 이러한 멋대로 생긴듯한 형질을 선호하는 것일까? 이들 파리의 긴 눈자루나 수컷 새의 밝은 깃털 색깔들은 일반적으로 수컷의 건강이나 활력과 상관관계를 가진다. 암컷은 건강한 수컷을 고름으로써 건강한 자손을 생산할 가능성이 높아진다. 그러한 결과로써 수컷은 암컷의 주의를 끌기 위해 의식화된 시합에서 서로 경쟁한다(그림 35.24).

▲ 그림 35.23 **수컷 큰입돗돔의 자식양육.** 열대 해양 환경에서 서식하는 수컷 큰입돗돔(jawfish)은 수정된 알을 입에 물고 다니며, 알에 공기를 공급해 주고, 알을 노리는 포식자들로부터 새끼들이 부화할 때까지 보호한다.

유병안 파리의 행동은 암컷이 주어진 상황에서 어떻게 가장 좋은 수컷을 선택하느냐를 보여주며, 그 결과로 수컷 사이에서는 낮은 변이(눈자루 길이)가 나타난다. 이 곤충의 예에서 짝짓기를 위

▲ 그림 35.24 **암컷의 관심을 끌기 위한 수컷 유병안파리(stalk-eyed fly) 사이의 대결.** 이와 같은 대결 의식에서 눈자루가 더 짧은 수컷이 조용히 퇴각하는 경우가 많다.

한 수컷 간의 경쟁이 어떻게 수컷 사이에서 변이가 줄어드는 경향을 강화할 수 있는지를 보여준다. 그림 35.24에서 보듯이 수컷의 눈자루 길이가 수컷 사이의 경쟁에서 중요한 요인이다. 이런 경쟁은 어떤 경쟁자가 먹이 또는 짝과 같은 자원을 얻을 수 있는지를 결정하는 의식화된 시합, 즉 세력투쟁행위(agonistic behavior)를 나타낸다.

개념 35.6

유전 분석과 포괄적응도 개념은 행동 진화를 연구하는 데 기초를 제공한다

진화 이제 틴버겐의 네 번째 질문, 즉 행동의 진화적 역사에 대해 알아볼 것이다. 먼저 행동을 조절하는 유전자를 살펴본 후에, 특정한 행동의 진화에 근거를 제공하는 유전적 변이에 대해 살펴볼 것이다. 끝으로, 개체의 생존을 넘어 적응도의 정의를 확장하는 것이 어떻게 "이타적" 행동을 설명하는 데 도움이 되는지 알아볼 것이다.

행동의 유전적 기반

현재는 단 한 개 유전자 산물의 활성도 또는 양의 변이가 행동의 차이를 가져올 수 있다는 점이 잘 확립되어 있다. 놀랄 만한 사례는 두 근연종인, 작은 설치류인 들쥐의 행동에서 볼 수 있다. 수컷 목초지들쥐(*Microtus pensylvanicus*)는 단독생활을 하며, 짝과 오랜 관계를 갖지 않는다. 교미 후, 그들은 새끼에게 거의 관심을 갖지 않는다. 이와는 반대로, 수컷 대초원들쥐(*Microtus ochrogaster*)는 교미 후에도 한 마리 암컷과 짝-결속을 이룬다(그림 35.25). 수컷 초원들쥐는 새끼들 주변을 맴돌며 핥거나 돌보지만, 침입자에게는 공격적으로 행동한다.

▶ 그림 35.25 껴안고 있는 한 쌍의 대초원들쥐(*Microtus ochrogaster*). 수컷 북미 대초원들쥐는 사진에서와 같이 자신의 짝과 가깝게 지내며, 새끼를 돌보는 데 상당히 헌신적이다.

수컷 들쥐들의 짝-결속과 자식양육에 펩타이드성 신경전달물질이 중요한 역할을 한다. **항이뇨호르몬(antidiuretic hormone, ADH)** 또는 **바소프레신(vasopressin)**으로 알려진 펩타이드는 교미를 하는 동안에 방출되어, 중추신경계의 특정 수용체와 결합한다. 수컷 초원들쥐에 약물을 처리하여 바소프레신이 작용하는 뇌 수용체를 억제하였을 경우, 교미 후에 짝-결속을 하지 않았다.

바소프레신 수용체 유전자는 목초지들쥐의 뇌보다 대초원들쥐의 뇌에서 많이 발현된다. 뇌에 있는 바소프레신 수용체의 양이 교미 후의 행동을 조절하는지를 검증하기 위해 연구자들은 대초원들쥐의 바소프레신 수용체 유전자를 목초지들쥐에게 주입했다. 이 유전자를 가진 목초지들쥐들은 높은 농도의 바소프레신 수용체를 지닐 뿐만 아니라 수컷 대초원들쥐와 비슷한 짝짓기 행동, 가령 짝-결속 행동을 보였다. 따라서 비록 많은 유전자가 들쥐에 있어서 짝-결속과 자식양육에 영향을 주지만, 바소프레신 수용체의 농도 변화만으로도 행동을 변하게 하기에 충분하다.

유전적 변이와 행동의 진화

대초원들쥐와 목초지들쥐에서처럼, 근연종들 사이에서 행동의 차이는 흔히 볼 수 있다. 한 종 내에서도 종종 명백하진 않더라도 행동의 확연한 차이를 볼 수 있다. 같은 종내 집단 사이에서의 행동 변이가 환경 조건의 변이와 관련되어 있다면, 그것은 자연선택의 결과일 수 있다.

사례 연구: 먹이선택의 변이

한 종 내에서 유전적 요인에 의한 행동 변이의 사례는 북미산 누룩뱀(*Thamnophis elegans*)의 먹이선택에서 볼 수 있다. 이 종은 자연에서 먹는 먹이 종류가 캘리포니아의 지역에 따라 다르다. 해안에 사는 개체군은 주로 바나나 민달팽이(*Ariolimax californicus*)를 많이 먹는다(그림 35.26). 반면, 내륙 지방의 개체군들은 바나나 민달팽이는 먹지 않고 개구리, 거머리와 물고기 등을 먹는다. 사실상 누룩뱀이 사는 내륙 지방에는 민달팽이가 드물거나 없다.

바나나 민달팽이를 각 야생 집단의 누룩뱀에게 주었을 때, 대부분 해안가의 뱀들은 즉시 민달팽이를 먹은 반면, 내륙의 뱀들은 민달팽이를 먹지 않았다. 유전적 변이가 민달팽이를 선호하게 만들었을까? 이 질문에 대한 답을 얻기 위해 각 야생 집단으로부터 새끼를 밴 뱀들을 수집하여 실험실 우리에 분리하여 넣었다. 새끼들이 아주 어렸을 때 10일마다 잘게 자른 민달팽이를 주었다. 해안가의 어미에게서 태어난 어린 뱀들의 60% 이상이 8번 또는 그 이상 민달팽이를 먹었다. 반면에 내륙지방 어미가 낳은 새끼에서는 20% 미만이 한 번만 민달팽이를 먹었다. 따라서 아마도 놀랍지는 않지만, 누룩뱀은 유전적으로 습득된 미각이 있는 것같이 보인다.

유전적으로 결정된 먹이 선호도의 차이는 누룩뱀의 서식지와 어떤 연관관계가 있을까? 해안과 내륙의 개체군들은 바나나 민달팽이에서 나는 냄새를 인지하고 반응하는 능력에 있어 다양하다는 것이 밝혀졌다. 연구자들은 내륙의 뱀들이 10,000년 전쯤에 해

▲ **그림 35.26** **바나나 민달팽이를 먹고 있는 해안가의 북미산 누룩뱀.** 실험 결과, 북미산 누룩뱀이 바나나 민달팽이를 선호하는 이유는 환경적 요인보다 유전에 의한 것으로 밝혀졌다.

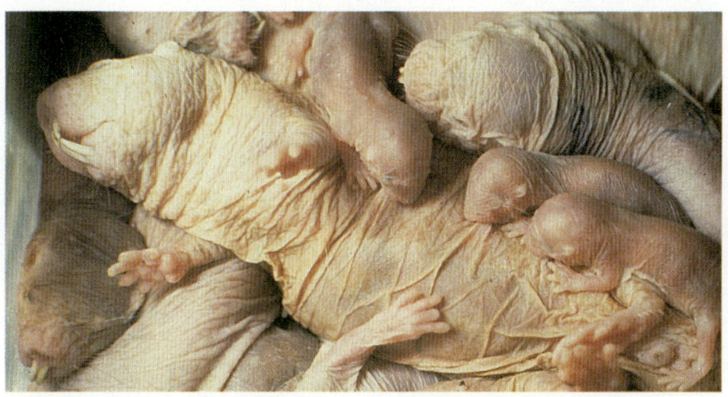

▲ **그림 35.27** **집단생활과 이타적 행동을 하는 포유류인 벌거숭이 두더지.** 집단의 다른 개체들에게 둘러싸여 새끼들에게 젖을 물리고 있는 여왕의 사진.

안 서식지로 이주했을 때 그들 중의 일부 개체들은 냄새로 민달팽이를 인지하는 능력을 갖고 있었을 것이라고 추정했다. 그곳에 풍부한 먹이자원을 먹은 뱀들은 민달팽이를 무시한 뱀들보다 높은 적응도를 갖게 되었을 것이다. 그래서 수백 세대 또는 수천 세대에 걸쳐 민달팽이를 먹이로 인식한 개체들은 해안가 집단에서 빈도가 증가하였다. 오늘날의 해안과 내륙 개체군 간의 두드러진 행동 변이는 과거 진화적 변화의 증거일 수 있다.

이타주의

일반적으로 우리는 행동을 이기적이라고 간주한다. 즉 다른 개체, 특히 경쟁자를 희생시키면서 자신의 이익을 취한다. 예를 들어, 한 개체의 뛰어난 먹이찾기 능력은 다른 개체에게 돌아갈 먹이를 줄이게 된다. 하지만 질문은 "이기적이지 않은" 행동에서 나온다. 어떻게 이러한 행동이 자연선택을 뚫고서 생겨났을까? 이 질문에 대답하기 위해서는 이기적이지 않은 행동들에 관한 예를 더 자세히 살펴보고, 어떻게 그런 행동이 일어날 수 있었는지 생각해보아야 할 것이다.

자신을 돌보지 않는 것을 논의함에 있어, 동물의 개체 적응도를 감소시키지만 집단 내 다른 개체의 적응도를 증가시키는 행동을 설명하는 데 **이타주의(altruism)**라는 용어를 사용할 것이다. 미국 서부 산지에 서식하며, 코요테와 매 등의 포식자에게 취약한 벨딩땅다람쥐(Belding's ground squirrel)를 살펴보자. 벨딩땅다람쥐는 포식자가 다가오는 것을 발견하면 가끔 높은 음의 경고음을 내어, 미처 적의 출현을 모르고 있던 다른 개체들이 굴로 피하게 한다. 그러나 경고음을 내는 다람쥐는 자신의 위치를 노출함으로써 죽을 위험이 증가한다.

이타주의는 또한 아프리카 남부와 북동부에서 지하 땅굴에 사는, 고도로 사회성이 발달한 설치류인 벌거숭이 두더지(*Heterocephalus glaber*)에서도 발견된다. 거의 털이 없고 눈이 보이지 않는 벌거숭이 두더지는 20~300마리의 개체가 모여 집단을 이루어 생활한다(그림 35.27). 각 집단에는 유일하게 번식하는 암컷인 여왕이 있는데, 여왕은 한 마리에서 세 마리의 수컷(왕이라 불림)과 짝짓기를 한다. 집단의 나머지 구성원인 불임 암컷과 수컷들은 집단에 침입한 뱀이나 다른 포식자들로부터 여왕과 왕을 보호하기 위해 자신들의 목숨을 희생하기도 한다.

포괄적응도

땅다람쥐와 두더지의 사례를 생각하면서 어떻게 이타적 행동이 진화 동안에 일어났는지 원래의 질문으로 되돌아가보자. 가장 생각하기 쉬운 사례는 자식에 대한 부모의 희생일 것이다. 부모가 자신의 행복을 희생하면서 자식을 낳아 기르는 것은 개체군 내에서 자신의 유전자를 최대화시키는 것이기 때문에, 이러한 행동은 실제로는 자신의 적응도를 증가시키는 방법이 된다. 이런 점에서 이타적 행동은 희생하는 개체의 생존과 번식성공도를 증가시키지 않음에도 불구하고 진화에 의해 유지되었다.

그러나 개체들이 그들의 자손이 아닌 다른 개체들을 돕는 상황은 어떻게 설명할 것인가? 생물학자인 해밀턴(William Hamilton)은 부모와 자식보다 더 넓은 범위의 친족을 생각함으로써 답을 얻었다. 그는 자신의 새끼들 외에 혈연관계가 가까운 개체들을 도와주는 이타적 행동이 다음 세대에 자신의 유전자를 더욱 많이 확산시킬 수 있다는 것을 제안하였다. 부모와 자식처럼 형제자매들도 유전자의 절반이 같다. 그러므로 자연선택은 형제자매를 돕거나 또는 부모가 보다 많은 형제자매를 번식할 수 있도록 돕는 것을 선호할 수도 있다. 이러한 개념은 **포괄적응도(inclusive fitness)**라는 해밀턴의 생각으로 이어지는데, 포괄적응도란 한 개체가 직접 새끼를 낳거나, 가까운 친척들이 새끼를 낳도록 도움으로써 자신의 유전자를 퍼트리는 총체적 효과를 말한다.

해밀턴의 법칙과 혈연선택

해밀턴의 가설의 힘은 적응에 있어 이타주의의 효과를 측정, 또는 수량화하는 데 있다. 해밀턴에 의하면, 이타주의의 작용에 고려되는 세 가지 변수는 수혜자가 얻는 이익, 이타주의자가 지불하는 비용, 그리고 혈연계수이다. 이익 B는 이타행동의 수혜자가 추가로 얻는 새끼들의 평균적인 수이다. 비용 C는 이타행동으로 인해 줄어든 이타주의자의 평균적인 자손 수이다. **혈연계수(coefficient of relatedness)**인 r은 평균적으로 공유된 유전자의 비율과 같다. 자연선택은 수혜자가 얻는 이익에 혈연계수를 곱한 값이 이타주의자 비용을 초과할 때, 이타적 행동을 선호한다. 즉, $rB > C$일 때 이타적 행동이 선택된다. 이 부등식을 **해밀턴의 법칙(Hamilton's rule)**이라 한다.

해밀턴의 법칙을 더 잘 이해하기 위해 평균 구성원들이 두 명의 자녀를 가지는 인간 개체군에 적용해 보자. 한 젊은이가 큰 파도에 휘말려 죽을 위기에 놓여 있고, 그의 여동생이 자신의 목숨을 걸고 수영하여 자신의 오빠를 안전하게 구했다고 가정해보자. 그가 익사했다면, 그의 자식 수는 0일 것이다. 그러나 그가 살았으므로 평균적으로 두 명의 아이를 낳을 수 있을 것이다. 따라서 이 남자가 얻은 이익은 두 명의 자손이다($B = 2$). 그의 여동생이 초래한 비용은 어떨까? 이 경우, 구조 중에 익사할 확률이 25%라고 가정해보자. 그녀의 이타행동 비용은 익사할 확률 0.25 곱하기 그녀가 해안가에 그대로 머물렀을 때 나중에 낳을 아이의 수 2이다($C = 0.25 \times 2 = 0.5$). 마지막으로 형제자매는 평균적으로 유전자의 절반을 공유하고 있음에 유의하라($r = 0.5$). 이것을 알 수 있는 한 가지 방법은 배우자(gamete)의 감수분열 동안 상동염색체가 분리되는 것을 생각해 보면 된다(그림 35.28).

이 가상의 사례에서, 자연선택이 이타적 행동을 선호하는지를 평가하기 위해 B, C, 그리고 r 값을 이용해보자. 파도에서 구출해서 얻는 이익은 $rB = 0.5 \times 2 = 1$인 반면에 치러야 할 비용은 $C = 0.5$이다. 이 경우, rB가 C의 값보다 크기 때문에 해밀턴의 법칙을 만족시킨다. 따라서 자연선택은 이타행동을 선호할 것이다.

이런 상황에 처한 여동생이 갖고 있는 임의의 유전자는 그녀가 위험을 감수하지 않았을 때보다 오빠를 구조했을 때 평균적으로 더 많은 자손에게 전달될 것이다. 그리고 이런 방식으로 전파된 유전자 중에는 실제 이타행동에 기여한 유전자들도 있을 것이다. 자연선택은 혈연관계가 있는 개체의 번식 성공률을 높이는 이타행동을 선호하는데, 이를 **혈연선택(kin selection)**이라고 부른다.

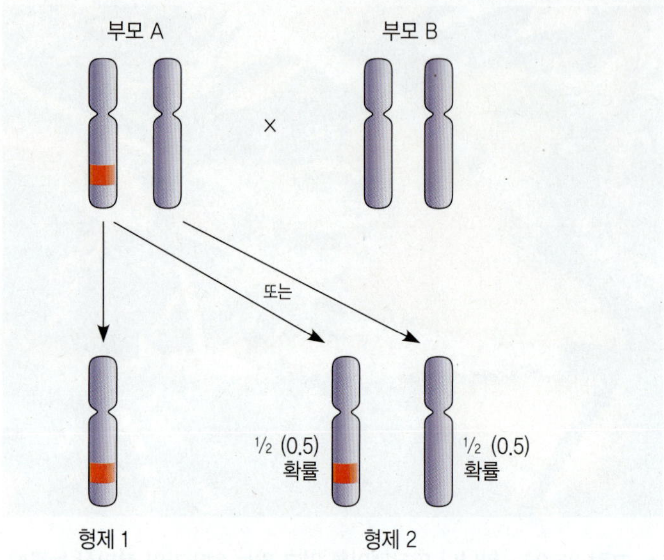

▲ **그림 35.28 형제자매 사이의 혈연계수.** 붉은 띠는 부모 A에서 상동염색체 한쪽에만 존재하는 특정 대립유전자를 가리킨다. 형제 1은 부모 A로부터의 이 대립유전자를 물려받았다. 형제 2가 부모 A로부터 이 유전자를 물려받을 확률은 1/2이다. 각 부모의 한쪽 염색체에만 있는 어떤 대립유전자라도 유사한 방식으로 물려받는다. 그러므로 두 형제 사이의 혈연 계수는 1/2, 즉 0.5이다.

36 개체군생태학과 군집생태학

생태학자들은 **종의 분포**를 이해하기 위해 개체들의 상호작용과 환경을 연구한다. 종의 **개체군**은 생태적, 진화적 요인들에 의해 개체군 크기가 상대적으로 안정적일 수도 있고, 크게 변할 수도 있다.

개체군의 다양한 종들은 경쟁, 포식, 공생 등과 같은 과정을 통해 생태적 **군집**을 형성한다.

생태학

36 개체군생태학과 군집생태학

37 생태계와 보전생물학

동물

식물

생물의 다양성

진화

유전학

화학과 세포

1

37 생태계와 보전생물학

에너지 흐름과 화학적 순환이 한 **생태계** 내에서 일어난다. 생태계는 한 지역에 살고 있는 생물군집과 이와 상호작용하는 물리적 요소로 구성된다. 생태계 내에서 생물은 영양 단계를 통해 **에너지**를 전달하고 그들의 주 영양원과 에너지원으로 특징지어진다.

생물권 전체에서 인간의 활동은 모든 종이 의존하는 생태계 과정인 영양구조, 에너지 흐름, 그리고 자연적인 교란에 변경을 가져왔다. 생태계 과정을 유지하고 소실되는 서식지와 다른 위협으로부터 생물 다양성을 보존하고자 하는 노력은 **지구생태학**과 **보전생물학** 분야에서 다루어진다.

CHAPTER

36 개체군생태학과 군집생태학

핵심 개념

▲ **그림 36.1** 이 작은 개구리의 분포를 제한하는 것은 무엇인가?

생태학의 발견

어떤 환경 요인이 특정 생물(**그림 36.1**)의 지리적 분포를 제한할까? 특정 생물의 먹이 공급 혹은 병원균 같은 다른 종과의 상호작용에서의 변화는 그들의 개체군 크기에 어떤 영향을 미칠까? 이러한 질문들은 개체와 환경 간 상호작용을 과학적으로 연구하는 **생태학(ecology)**의 주제이다. 생태학자들이 연구한 이러한 상호작용은 단일 개체에서부터 지구 전체에 이르기까지 체계적으로 분류할 수 있다(**그림 36.2**).

생태학자들은 자연을 관찰하고, 가설을 만들고, 환경 변이들을 다루며, 그 결과를 관찰한다. 이 장에서 우리는 먼저 지구의 기후와 다른 요인이 어떻게 육지와 해양의 주요한 생활분포대를 결정하는지 검토할 것이다. 그런 후에 종의 분포와 밀도, 그리고 개체군의 크기를 제어하는 것이 무엇인지 밝히기 위해 생태학자들이 어떻게 조사하는지 설명할 것이다. 다음 장에서는 군집, 생태계, 그리고 지구생태학에 초점을 맞추어, 인간 활동의 전 지구적 결론을 예측하기 위해, 그리고 지구의 생물 다양성을 보존하기 위해 생태학자들이 어떻게 생물학적 지식을 적용하는지 탐색할 것이다.

개념 36.1

기후는 생물군계의 분포에 영향을 준다

육상과 해양에서 생물의 분포에 가장 중요한 영향을 미치는 것은 **기후(climate)**로, 특정 지역에서 장기간에 걸쳐 나타나는 일반적인 날씨 상태를 말한다. 네 가지 물질 요인(온도, 강수, 햇빛, 바람)은 특히 기후의 주요 인자이다. **무생물적(abiotic)** 요인은 개체의 풍부도와 분포에 영향을 미치는 환경의 화학적·물질적 속성이고, 개체 환경의 일부분으로서 다른 생물들, 즉 **생물적(biotic)** 요인은 생물의 풍부도와 분포에도 유사하게 영향을 미친다.

우리는 전 세계적, 지역적, 그리고 경관 수준에서의 기후를 설명하는 패턴을 기술하는 것부터 시작하고자 한다.

▼ 그림 36.2 생태학적 연구의 범위 탐구

생태학자들은 개별 개체에서 지구 전체에 이르기까지 생물학적 체계의 다른 수준에서 연구한다. 여기서는 그 체계의 각각의 수준에 대한 연구문제를 보여준다.

개체생태학

개체생태학(organismal ecology)은 생리생태학, 진화생태학, 행동생태학으로 세분화될 수 있으며, 개체의 구조, 생리 그리고 행동이 환경에 의해 야기되는 도전을 어떻게 대응하는지에 대해 연구한다.

◀ 플라밍고는 어떻게 짝을 선택할까?

개체군생태학

개체군(population)은 한 지역에서 서식하고 있는 동종의 집단을 말한다. **개체군생태학(population ecology)**은 개체군 크기에 영향을 미치는 요인을 분석하고, 시간이 지나면서 개체군이 어떻게, 왜 변화하는지를 분석한다.

◀ 어떤 환경 요인이 플라밍고의 번식률에 영향을 미칠까?

군집생태학

군집(community)은 한 지역 안에서 여러 가지 종의 개체군 집단을 말한다. **군집생태학(community ecology)**은 포식이나 경쟁과 같은 종간의 상호작용이 군집구조와 조직에 어떻게 영향을 미치는지 연구한다.

◀ 어떤 요인들이 아프리카 호수에서 상호작용하는 종의 다양성에 영향을 미칠까?

생태계생태학

생태계(ecosystem)는 한 지역 안에서 개체의 군집이며, 그 개체들이 상호작용하는 물리적 요인이다. **생태계생태학(ecosystem ecology)**은 개체와 환경 간의 에너지 흐름과 화학적 순환을 강조한다.

◀ 어떤 요인들이 수생생태계에서 광합성 생산성을 조절할까?

경관생태학

경관(landscape, 또는 바다경치)은 생태계들이 연결되어 있는 하나의 모자이크이다. 경관생태학(landscape ecology)에서의 연구는 여러 생태계에 걸쳐 있는 에너지, 물질, 생물들의 교환을 제어하는 요인에 초점을 맞춘다.

◀ 육상 생태계의 영양 물질이 호수의 생물에 어느 정도까지 영향을 미치는가?

지구생태학

생물권(biosphere)이란 지구의 생태계와 경관 전체를 총칭한다. 지구생태학(global ecology)은 어떻게 에너지와 물질의 지역적인 교환이 생물권에 살고 있는 생물들의 기능과 분포에 영향을 주는지를 조사한다.

◀ 대기 순환의 전 지구적 패턴은 개체의 분포에 어떤 영향을 주는가?

▼ 그림 36.3 전 지구적 기후 양상 탐구

햇빛 세기의 위도적 변이

지표면의 구부러진 모양은 위도에 따른 햇빛 세기의 변이를 야기한다. 햇빛은 열대지방(tropics; 북위 23.5도와 남위 23.5도 사이의 지역)에 가장 직접적으로 내리쬐므로, 단위 표면당 더 많은 열과 빛이 전달된다. 더 높은 위도에서는 햇빛이 지구에 기울어진 각도로 도달하기 때문에 빛에너지는 지구 표면에 더 넓게 흩어진다.

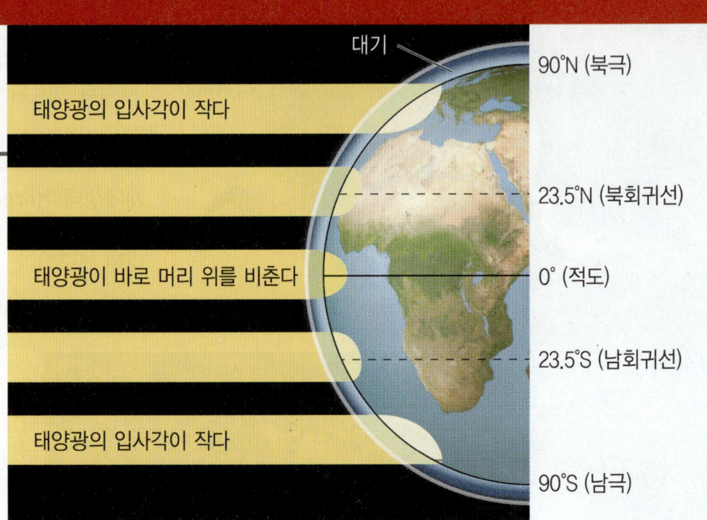

전 지구적인 대기 순환과 강수 양상

적도 근처에서 강하게 내리쬐는 태양 복사열은 대기 순환과 강우의 지구적인 패턴을 만든다. 열대지방의 높은 온도는 지구 표면으로부터 물을 증발시키고, 따뜻하고 습한 공기층 덩어리를 상승시켜(파란색 화살표) 극지방을 향해 흘러가게 한다. 상승하는 공기 덩어리가 차가워지면 수분 대부분을 방출하여 열대지방에 많은 양의 비를 내리게 한다. 높은 고도로 올라가면 공기 덩어리는 건조해지고, 땅으로 내려오면서 다시 습기를 흡수하여(황갈색 화살표) 북위와 남위 30°에서 흔히 발생하는 사막지대의 건조한 기후를 형성한다. 하강하는 공기 중 일부는 극지방을 향해 흐른다. 북위와 남위 60° 주변에서 공기 덩어리는 다시 상승하여 풍부한 양의 비를 방출한다(열대지방보다 적은 양이다). 차갑고 건조한 상승 대기층은 극지방에서 습기를 흡수하여 강우량이 적고 매우 추운 기후를 만들고, 그 중 일부는 적도지방으로 이동한다.

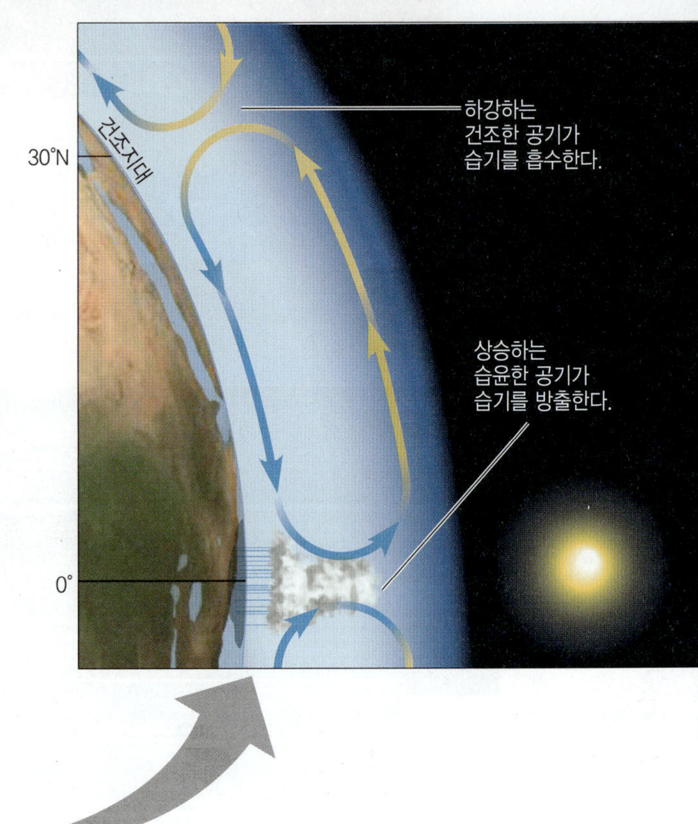

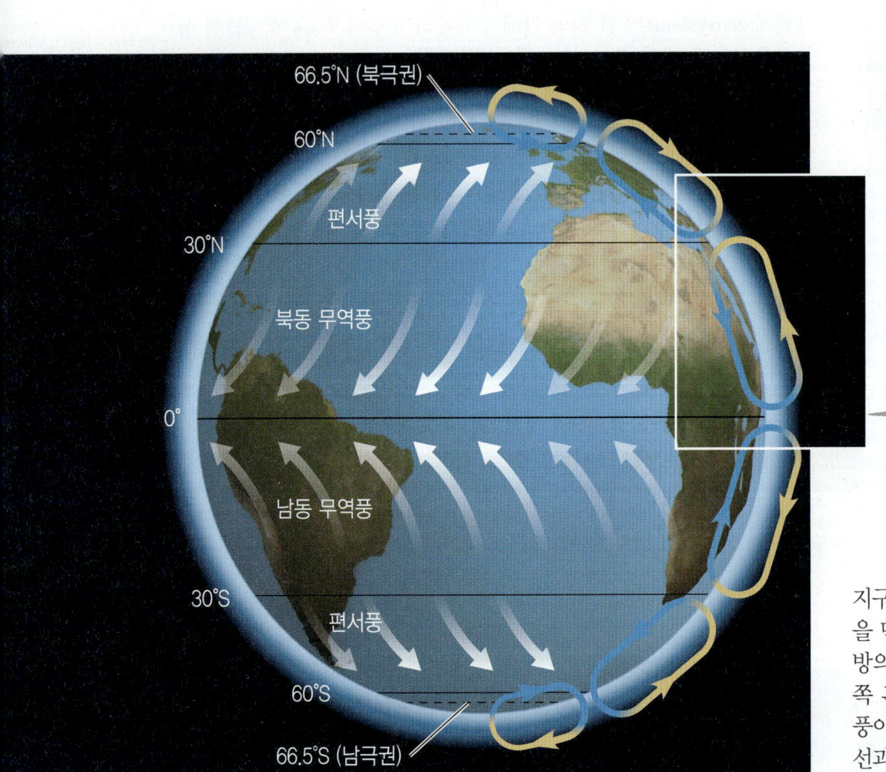

지구 표면 가까이에서의 공기 흐름은 예측 가능한 전 지구적 바람의 패턴을 만든다. 지구가 회전축을 중심으로 회전하므로 적도 주변의 땅은 극지방의 땅보다 더 빠르게 이동하는데, 이는 수직으로 부는 바람을 보다 동쪽 혹은 서쪽으로 기울여 비껴가도록 한다. 적도지방에서는 차가운 무역풍이 동쪽에서 서쪽으로 불고, 북회귀선과 북극권 사이의 지역과 남회귀선과 남극권 사이의 지역에는 서쪽에서 동쪽으로 편서풍이 분다.

전 지구적 기후 패턴

전 지구적 기후 패턴은 태양에너지와 우주에서의 지구의 움직임에 의해 주로 결정된다. 태양은 대기와 육지, 물을 따뜻하게 데우며, 이는 대기의 변화, 공기의 순환과 물의 이동 그리고 위도 변이에 따른 극적인 기후 변화를 일으키는 물의 증발을 초래한다. **그림 36.3**은 지구의 기후 패턴과 그것이 어떻게 형성되는지를 요약하고 있다.

기후에 미치는 지역적 영향

기후 양상은 계절적 변이를 포함해 큰 수괴(bodies of water)와 산맥 같은 다른 요인들에 의해 조절될 수 있다.

계절성

그림 36.4에서 설명한 바와 같이 지구의 기울어진 자전축과 연간 태양광선 입사 각도는 중위도에서 고위도에 이르기까지 강한 계절적 순환을 유발할 뿐 아니라 낮의 길이, 태양 복사, 온도, 연간 태양의 입사각 변화 등의 전 지구적 변화는 국지적 환경에도 영향을 미친다. 예를 들어, 적도 양쪽에 위치한 습한 공기와 건조한 공기의 띠는 태양의 입사각 변화에 따라 북쪽 혹은 남쪽으로 약간 움직이며, 북위 20°와 남위 20° 주변에서 뚜렷한 건기와 우기가 생성되는데, 이곳에서는 열대 낙엽수림이 자란다. 또한 바람 양상에 있어 계절적 변화는 해류의 변화를 일으키고, 때때로 깊은 해양으로부터 찬물을 용승(upwelling)시킨다. 이러한 영양분이 풍부한 찬물은 표면에서 서식하는 식물성 플랑크톤과 개체들에게 먹이를 제공하여 그들의 성장을 촉진시킨다. 이러한 용승 지역은 해양의 작은 부분을 차지하지만 전 지구적으로 4분의 1이 넘는 어획량을 책임지고 있다.

수괴(Bodies of Water)

해류는 해안선을 따라 대기를 덥히거나 식히면서 육지의 기후에 영향을 미친다. 해안지역은 일반적으로 같은 위도 상에 있는 내륙 지방보다 습윤하다. 북미 서부를 따라 남쪽으로 부는 차가운 캘리포니아 해류(California Current)에 의해 생성된 시원하고, 안개 낀 기후는 태평양 해안의 침엽수림과 그 아래 남쪽에 위치한 미국삼나무로 이루어진 침엽우림생태계를 형성한다(**그림 36.5**). 반대로 북유럽의 서부 해안은 적도지방에서 북대서양으로 흐르는 따뜻한 멕시코(Gulf) 만류로 인해 온화한 기후를 형성한다. 그 결과 북서부 유럽은 남동부 캐나다보다 겨울에 더 따뜻하다. 남동부 캐나다가 더 남쪽에 있지만 그린란드(Greenland) 해안으로부터 남쪽으로 흐르는 래브라도 해류(Labrador Current)로 인해 차가워지기 때문이다.

물의 높은 비열로 인해 바다와 큰 호수는 육지 근처의 기후를 온화하게 한다. 뜨거운 날, 육지는 해양보다 더 뜨거워지고, 육지 상공의 공기는 뜨거워져서 상승하고, 육지 맞은편의 해양으로부터 시원한 바람이 불어오게 된다(**그림 36.6**). 반대로 밤에는 해양보

▼ **그림 36.4 햇빛 세기의 계절적 변이.** 지구 자전축이 태양을 도는 궤도면에 대해 기울어져 있기 때문에 태양 복사의 강도는 계절에 따라 달라진다. 이러한 변이는 열대지방의 경우 가장 적고, 극지방으로 갈수록 증가한다.

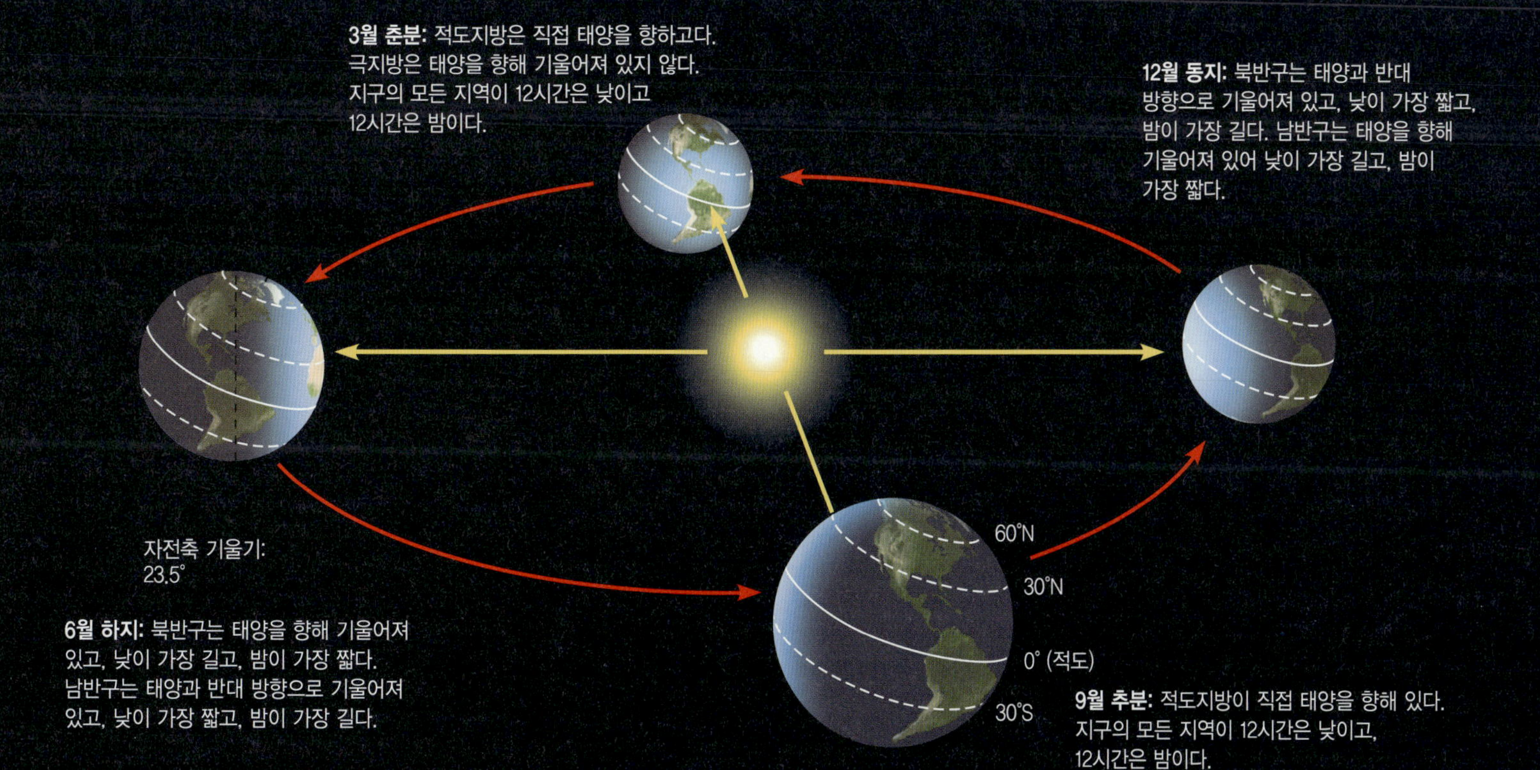

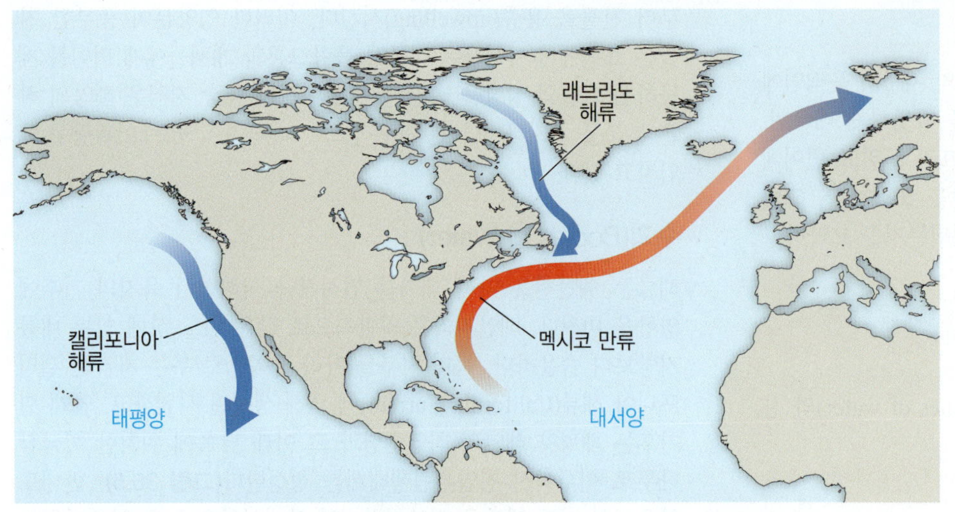

▲ **그림 36.5 북아메리카 주변 해양에서의 물 표면의 순환.** 캘리포니아 해류는 북미 서부 해안을 따라 남쪽으로 향하는 차가운 물을 운반한다. 동부 해안을 따라 걸프 만류의 따뜻한 물은 북쪽을 향해 북부 유럽으로 흐른다.

다 육지의 온도가 더 빨리 차가워지고, 다 따뜻해진 해양의 공기가 상승해 육지의 찬 공기를 물 위로 끌어들이며, 해안의 따뜻한 공기가 그 자리를 채운다.

산

수괴, 산 등은 육지의 공기 흐름에 영향을 미친다. 따뜻하고 습윤한 공기가 산에 도달하면 공기는 상승하고, 차가워지면서 바람을 맞는 봉우리 쪽에 비를 뿌린다(그림 36.6). 바람이 불어가는 쪽에 시원하고 건조한 바람이 하강하면서 습기를 흡수하고, 많은 사막을 결정하는 비 그늘을 만드는데, 북미 서부에 위치한 모하비사막(Mojave Desert)과 아시아의 고비사막(Gobi Desert)이 이에 포함된다.

산은 지역에 도달하는 햇빛의 양과 국지적 기후에도 영향을 미친다. 북반구에 남쪽을 향한 경사면은 북쪽을 향한 경사면보다 많은 양의 햇빛을 받아 더 따뜻하고 건조하다. 이러한 물리적 차이는 지역적으로 종들의 분포에 영향을 미친다. 북미 서부의 위치한 대다수의 산에는 가문비나무와 다른 침엽수가 시원한 북쪽 경사면에서 자라지만 건조한 기후에 잘 견디는 관목은 남쪽 경사면에서 자란다. 또한 고도가 1,000 m 높아질 때마다 평균 기온은 대략 6℃ 내려가는데, 이는 위도가 880 km 높아졌을 때의 온도 변화와 같다. 이것은 적도 근처의 높은 고도의 생물군집이 적도에서 더 먼 낮은 고도에서의 생물군집과 비슷한 이유이다.

기후와 육상 생물군계

우리는 이제 자연과 시구의 **생물군계(biomes)**의 위치, 식물의 생장(육상 생물군계 내)에 의해 분류되는 주요 생활 분포대 혹은 물질적 환경(개념 36.2의 수생물군계)을 결정하는 데 있어 기후의 역할에 대해 살펴보고자 한다.

기후의 위도 양상으로 인해 육상 생물군계의 위치도 강하게 위도 양상을 보여준다(**그림 36.7**). 예를 들어, 북위와 남위 30°에서 하강하는 건조한 공기는 사막의 형성을 가져온다. 생물군계의 분포에 있어 기후의 중요성을 강조하는 한 가지 방법은 특정 지역에서의 연평균 기온과 강수량을 나타내는 **기후도(climograph)**를 구성하는 것이다(**그림 36.8**). 예를 들어, 북미 초원은 대체로 숲보다 건조하고, 사막은 초원보다 더 건조하다.

평균 기온과 강수량보다 다른 요인들도 생물군계가 존재하는 데 역할을 할 수 있다. 예를 들어, 특정한 기온과 강수량을 보이는 북미의 몇몇 지역에서는 온대 활엽수림이 존재하지만 기온과 강수량이 유사한 다른 지역에서는 침엽수림이 존재한다(그림 36.8에서 겹쳐진 부분 참조). 이러한 차이가 나타나는 한 가지 이유는 연 평균에 따른 기후도에 있다. 그러나 기후 변이의 양상은 대개 평균 기온만큼이나 중요하다. 예를 들어, 일부 지역에서는 연중 강수량이

▼ **그림 36.6 큰 수괴와 산이 기후에 미치는 영향.** 이 그림은 뜨거운 여름철 낮에 무슨 일이 일어나는지를 보여준다.

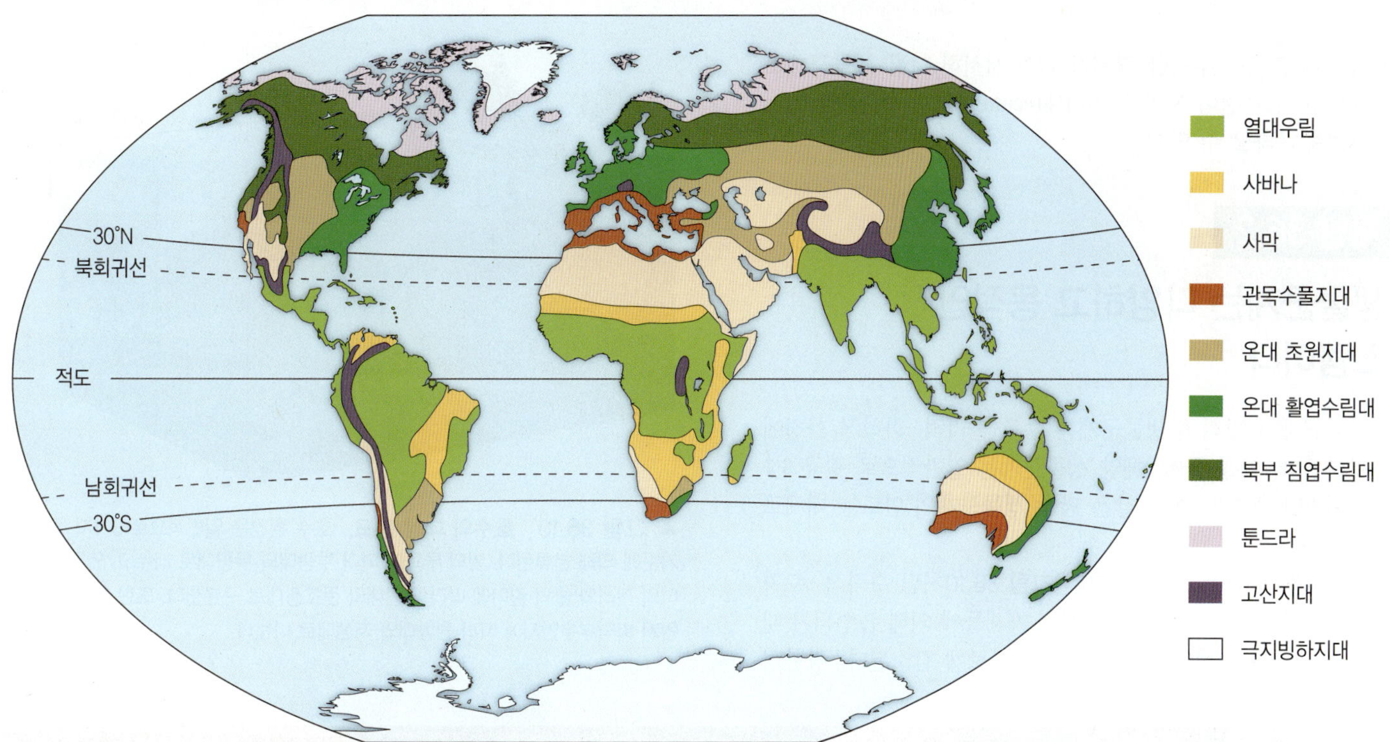

▲ **그림 36.7 주요 육상 생물군계의 분포**

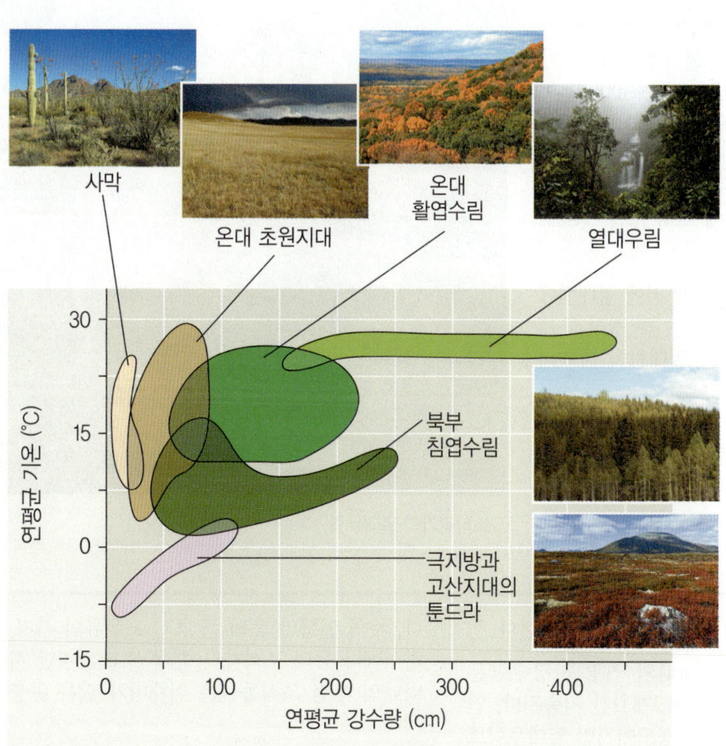

▲ **그림 36.8 북미에서 나타나는 주요 유형의 생물군계에 대한 기후도.** 여기에 나타난 범위는 생물군계의 연평균 기온과 강수량의 범위를 나타낸다.

일정한 반면에 다른 지역에서는 건기와 우기가 뚜렷하게 나타날 수 있다.

자연과 인재 교란 또한 생물군계의 분포를 변화시킨다. **교란(disturbance)**은 폭풍, 화재 혹은 군집을 변화시키고, 군집으로부터 개체를 제거하는 인간 활동과 자원가용성을 달라지게 하는 등의 사건을 말한다. 예를 들어, 빈번한 화재는 목본 식물(woody plants)을 죽일 수 있고, 기후로만 본다면 삼림지대여야 할 곳을 대초원(savanna)으로 유지시킨다. 허리케인과 다른 폭풍들은 많은 열대와 온대 숲에서 새로운 종을 위한 개활지를 만든다. 인재 교란은 지구 표면의 많은 것을 바꿔놓았고, 도시를 만들고, 농사를 지으면서 자연 군집을 교체시켰다.

육상 생물군계의 일반적 특징

대부분의 육상 생물군계는 주요한 물리적 혹은 기후적 특징과 우점하는 식생을 반영하여 이름을 붙인다. 예를 들어, 온대초원은 열대지방이나 극지방보다 기후가 온화한 중위도에서 위치하고, 다양한 초본 종이 우점하고 있다(그림 36.7). 또한 각 생물군계는 특정 환경에 맞게 적응된 미생물, 균류, 동물들에 의해 특징지어진다. 온대초원은 대개 온대림보다 풀을 뜯어먹고 사는 대형 포유류가 서식하고, 수지상균근균(arbuscular mycorrhizal fungi)이 있다.

식물의 형태와 크기에 있어 수직적으로 층을 이루는 것은 육상 생물군계의 중요한 특징이다. 많은 숲에서 층은 산꼭대기에서 바닥까지 나무 위쪽의 **수관층(canopy)**, 그 아래 낮은 나무의 층, 하부 관목층, 지상 초본식물층, 숲 바닥층(낙엽층), 뿌리층으로 구성되어 있다. 숲이 없는 생물군계는 대개 덜 뚜렷한 층을 이루지만 유사한 구조를 갖는다. 식생의 각 층은 곤충을 잡아먹는 새와 수관층 위에서 먹이를 잡는 박쥐에서부터 작은 포유류, 벌레, 그리고 낙엽층이나 뿌리층에서 먹이를 잡는 절지동물에 이르기까지 다양한 동물들에게 서식지를 제공한다.

그림 36.9는 육상 생물군계의 주요한 특징을 요약하고 있다. 그림 36.7에서는 생물군계 간 경계를 뚜렷이 구별했지만 일반적으

로 육상 생물군계는 뚜렷한 경계가 없이 서서히 다른 생물군계로 넘어간다. 이러한 천이 지역을 **추이대(ecotone)**라고 하는데, 이는 넓거나 좁게 나타날 수 있다.

개념 36.2

수생물군계는 다양하고 동적인 시스템이다

육상 생물군계와 달리 수생물군계는 주로 물리적·화학적 환경에 의해 구분된다. 예를 들어, 해양 생물군계는 일반적으로 평균 3%의 염도이지만 호수와 개울 같은 담수 생물군계의 염도는 대체로 0.1% 이하이다.

많은 수생물군계는 호수를 그린 그림 36.10처럼 수직적·수평적 지대로 분류된다. 빛은 물과 광합성 개체들에 의해 흡수되기 때문에 빛의 세기는 수심이 깊어짐에 따라 빠르게 감소된다. 광합성

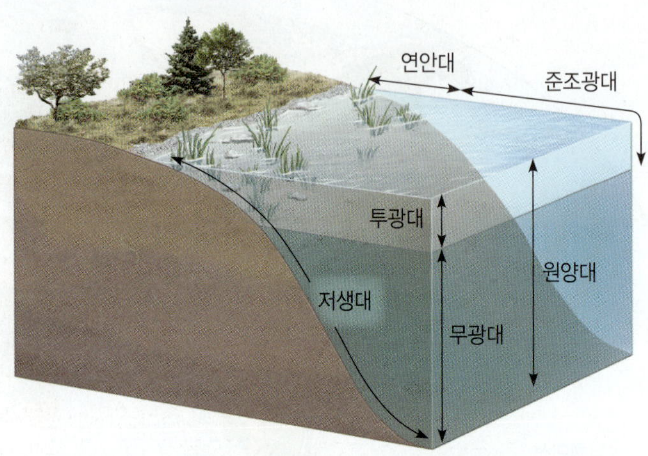

▲ 그림 36.10 **호수의 대상 분포.** 호수 환경은 일반적으로 3가지 물리적 기준에 의해 분류된다. 빛의 투과에 따라 투광대와 무광대로 나누고, 연안으로부터의 거리와 물의 깊이에 따라 연안대와 준조광대로 구분한다. 또한 환경이 물층인지 바닥부분인지에 따라 원양대와 저생대로 나눈다.

▼ 그림 36.9 **육상 생물군계 탐구**

열대림

분포 적도대와 아적도대 지역에 위치한다.

기후 온도는 연중 25~29°C로, 계절적 변화가 적다. **열대우림(tropical rain forest)**의 연평균 강수량은 약 200~400 cm로 비교적 일정하다. **열대건조림(tropical dry forest)**의 연평균 강수량은 약 150~200 cm이고, 6~7개월은 건기이다.

개체 열대림은 수직으로 층을 이루고 있어 빛을 얻기 위한 식물 간 경쟁이 치열하다. 열대 다우림에서는 상록활엽수가 우점하는 반면에 건조림에서는 건기 동안 잎이 떨어진다. 열대림은 곤충, 거미 그리고 절지동물의 종 가운데 아직까지 기술되지 않은 500~3000만 종을 포함하여 수많은 동물종들의 집이다. 동물의 다양성은 다른 어떤 육상 생물군계보다 높다. 동물들은 수직으로 층을 이룬 환경에 적응되었고, 일부 동물들은 눈에 띄지 않을 정도로 잘 적응되었다.

인간에 의한 영향 인간은 오래 전에 열대림에 정착했다. 급격한 인구 증가로 인해 경작과 개발이 이루어졌고, 이에 많은 열대림이 파괴되고 있다.

코스타리카의 열대우림

케냐의 사바나

사바나

분포 적도대와 아적도대 지역에 위치한다.

기후 **사바나(savanna)**의 연평균 강수량은 30~50 cm이고, 건기가 9개월간 지속된다. 연평균 기온은 24~29°C 정도이지만 열대우림보다 계절에 따른 차이가 크다.

개체 드문드문 흩어져 자라는 나무들은 대개 가시와 작은 잎이 있는데, 이것은 건기에 적응하기 위한 형태이다. 건기에는 화재가 자주 나지만 이 지역의 우점 식물은 화재에 잘 적응되어 있고, 계절에 따른 가뭄에도 잘 견딘다. 풀과 활엽초본이 땅의 대부분을 덮고 있다. 누와 얼룩말 등의 큰 초식 포유류와 사자, 하이에나 등의 포식자가 함께 살고 있지만 사바나의 우점 초식동물은 흰개미와 같은 곤충이다.

인간에 의한 영향 초기 인류는 사바나에서 살았을 가능성이 크다. 인간이 지른 빈번한 화재는 묘목과 어린 나무가 죽였고, 이는 나무가 다시 자라는 것을 방해했다. 가축 방목과 과도한 사냥은 대형 포유류의 개체수를 크게 감소시켰다.

애리조나의 천연기념물, 기둥선인장

사막

분포 **사막(desert)**은 남북으로 위도 30° 부근 지역에, 또는 대륙의 안쪽에서 생성된다(예를 들어, 중앙아시아에 위치한 고비사막).

기후 강수량은 적고, 변이가 매우 심하며, 대개 일 년에 30 cm보다 적은 양의 비가 내린다. 온도는 계절에 따라, 그리고 하루 중 시간에 따라 차이가 심하다. 사막의 최고 기온은 50℃가 넘지만 추운 사막에서는 −30℃까지 떨어진다.

개체 사막의 경관은 식생이 적고 드문드문 분포하는 것이 특징이다. 식물은 선인장 혹은 다육식물, 뿌리가 깊은 관목, 그리고 습기가 있는 동안에 자라는 허브류가 자란다. 사막에서 자라는 식물은 열과 건조에 대한 내성, 물의 저장, 잎 표면적의 감소와 독성과 가시와 같은 물리적 방어 기작을 지니고 있다. 사막 식물의 대부분은 C4 식물이거나 CAM 광합성 식물이다. 사막에는 전갈, 개미, 딱정벌레, 뱀, 도마뱀을 비롯해 철새와 텃새, 씨를 먹는 설치류 등이 서식하고 있다. 뜨거운 사막에 사는 종은 대부분 공기가 시원해진 밤에 활동한다. 수분 유지는 사막에 사는 동물들의 일반적 특징으로, 어떤 동물들은 씨에 있는 탄수화물이 대사될 때 생기는 물만으로도 살아갈 수 있다.

인간에 의한 영향 사막에 사는 인간은 먼 거리로부터 물을 끌어오거나 지하수를 깊게 파서 물을 얻어 살아가고 있다. 관개농업과 도시화로 인해 사막의 자연적 생물 다양성이 감소했다.

지중해성 관목지대

분포 여러 대륙의 중위도 해안 지역에 위치한다.

기후 연간 강수량은 30~50 cm이지만, 겨울에는 비가 많이 내리는 반면에 여름은 건조하는 등 계절에 따라 그 차이가 크다. 가을과 겨울, 봄의 평균 기온은 10~12℃로 시원하지만, 여름철 평균 기온은 30℃까지 오른다.

개체 **지중해성 관목지대(chaparral)**에는 빈번한 화재에도 잘 적응할 수 있는 관목과 작은 나무가 많다. 화재에 적응된 관목들 중 일부는 뜨거운 불이 난 후에야 씨앗이 발아한다. 양분은 불에 저항력이 있는 뿌리에 비축되었다가 불이 나면 영양 물질이 배출되어 싹이 자란다. 가뭄에 대한 적응으로 질긴 상록수의 잎은 물의 손실을 막는다. 이곳에는 사슴과 염소와 같이 어린 싹을 먹는 동물을 포함하여 많은 종의 곤충류, 양서류, 작은 포유류와 새가 살고 있다.

인간에 의한 영향 지중해성 관목지대는 농업과 도시화로 인해 감소되고 있다. 인간이 지른 불은 지중해성 관목지대를 휩쓸고 지나가는 데 일조했다.

캘리포니아의 지중해성 관목지대

온대초원

분포 대개 중위도에 위치하며, 흔히 대륙의 안쪽에서 나타난다.

기후 **온대초원(temperate grassland)**의 연평균 강수량은 30~100 cm이지만 계절에 따라 매우 다르게 나타난다. 즉 겨울은 상대적으로 건조하고, 여름에는 비가 많이 내린다. 겨울의 평균 기온은 −10℃이지만 여름에는 30℃에 이른다.

개체 우점 식물은 풀과 활엽초본으로, 풀의 높이는 작게는 몇 cm에서 크게는 2 m에 이르기까지 다양하다. 초원의 식물은 주기적으로 오래 지속되는 가뭄과 화재에 잘 견딜 수 있도록 적응되었다. 들소와 야생말 같이 풀을 뜯어 먹는 대형 포유류 때문에 관목이나 나무가 자라는 것이 제한된다. 북미의 프레리도그 같은 굴 파는 포유류도 살고 있다.

인간에 의한 영향 북미와 유라시아 지역의 두껍고 비옥한 토양은 농경지로 전환되었고, 더 건조한 초원에서는 소와 다른 가축의 방목지로 이용되고 있다.

몽골의 초원

▼ 그림 36.9 육상 생물군계 탐구

북부 침엽수림

분포 타이가(taiga)라고도 불리는 **북부 침엽수림(northern coniferous forest)**은 북미와 유라시아의 북부로부터 극지방의 툰드라지대 경계까지 이어지며, 육상 생물군계에서 가장 광범위하게 분포한다.

기후 연간 강수량은 일반적으로 30~70 cm 정도로, 겨울은 춥다. 시베리아의 일부 침엽수림 지역의 경우 겨울의 온도는 −50°C까지 내려가고, 여름에는 20°C까지 올라간다.

개체 소나무, 가문비나무, 전나무와 미국솔송나무 같은 솔방울을 맺는 나무들이 자라고, 재생하기 위해 화재에 의존하는 종도 있다. 침엽수의 원뿔형 모양은 눈이 많이 쌓일 때 나뭇가지가 부러지는 것을 막고, 바늘모양 혹은 비늘모양 잎은 물의 손실을 줄인다. 관목과 초본층은 온대 활엽수림의 같은 층보다 식물의 다양성이 낮다. 큰사슴(moose), 불곰, 시베리아 호랑이 같은 포유류가 서식한다. 주기적으로 대발생하는 곤충은 이곳의 우점 식물을 먹어 없앤다.

인간에 의한 영향 많은 인간들이 살지는 않지만 북부 침엽수림은 빠른 속도로 벌채되고 있어 오래된 나무의 숲이 곧 사라질 수도 있다.

노르웨이의 침엽수림

온대활엽수림

뉴저지의 온대활엽수림

분포 북반구 중위도에 넓게 분포하고, 칠레와 남아프리카, 오스트레일리아, 뉴질랜드에도 좁게 분포한다.

기후 연평균 강수량은 약 70~200 cm이다. 겨울에는 눈이 내리는 등 모든 계절에 상당한 양의 강수량을 보인다. 겨울의 온도는 평균 0°C이고, 여름은 최고 35°C에 이르고, 습하다.

개체 북반구 **온대 활엽수림(temperate broadleaf forests)**의 우점 식물은 기온이 낮아지면 광합성량이 줄어 겨울 전에 잎을 전부 떨어뜨리는 낙엽성 목본들이다. 오스트레일리아에서는 상록수인 유칼립투스 나무가 우점종이다. 북반구에서는 많은 포유류들이 겨울에는 잠을 자는 반면, 조류들은 대부분 따뜻한 기후의 장소로 이주한다.

인간에 의한 영향 온대 활엽수림에는 세계적으로 많은 사람들이 정착해 살아왔다. 농업과 도시개발이라는 명목으로 벌목과 개간이 진행되면서 원래 있던 북미의 낙엽수림은 모두 파괴되었다. 그러나 이들 낙엽수림은 놀라운 복원능력으로 예전의 모습으로 되돌아가고 있다.

툰드라

분포 **툰드라(tundra)**는 지구의 땅 표면의 0%를 차지하며, 넓은 북극지방을 덮고 있다. 열대지방을 포함하여 모든 위도의 높은 산꼭대기에는 강한 바람과 차가운 기온으로 인해 고산툰드라가 형성된다.

기후 연평균 강수량은 20~60 cm이지만 고산툰드라에서는 100 cm를 초과하기도 한다. 일부 지역에서는 겨울에 연평균 −30°C이지만, 여름에는 대개 10°C 이하이다.

개체 툰드라의 식물은 대체로 초본류로, 지의류와 이끼, 풀, 활엽초본과 작은 관목과 나무들로 이루어져 있다. 영구동토층으로 불리는 항상 얼어 있는 토양층은 뿌리식물의 생장을 제한한다. 순록들은 이동하는 반면에 풀을 뜯어먹는 사향소는 계속 거주한다. 곰, 늑대, 여우, 흰올빼미의 육식동물이 서식하고, 철새들은 여름에 툰드라에서 번식한다.

인간에 의한 영향 툰드라에는 사람들이 드물게 살고 있지만 상당량의 광물과 석유가 묻혀 있어 이를 채굴하기 위해 최근에 주목받고 있다.

노르웨이의 도브레피엘(Dovrefjell) 국립공원

을 하는 생물들이 이용할 수 있는 충분한 빛이 도달하는 상층부인 **투광대(photic zone)**와 더 아래층에 위치해 빛이 도달하지 못하는 **무광대(aphotic zone)**는 **원양대(pelagic zone)**를 구성한다. 깊거나 혹은 얕은 수생물군계의 바닥에는 개체와 무기퇴적물로 이루어진 **저생대(benthic zone)**와 **저서생물(benthos)**이라 불리는 생물군집이 살고 있다. 호수에서, 수생물군계는 뿌리를 내리고 떠다니는 식물이 사는 해안가와 가까운 **연안대(littoral zone)**와 해안에서 더 멀리 떨어져 뿌리를 내리고 사는 수생생물이 살 수 없는 **준조광대(limnetic zone)**로 구분할 수 있다.

햇빛으로부터 나오는 열에너지가 표면의 물은 덥히지만, 빛이 들어가지 않는 더 깊은 물은 차갑다. 해양과 대부분의 호수에는 급격한 온도 변화가 일어나는 얇은 층이 있는데, 이를 **수온약층(thermocline)**이라 하며, 이 층을 경계로 위쪽은 일정한 온도의 따뜻한 물이 형성되고, 아래쪽에는 균일한 차가운 물의 층이 형성된다.

수생물군계는 육상 생물군계보다 위도에 따른 변이가 훨씬 적다(**그림 36.11**). 가장 넓은 해양 생물군계를 이루는 바다는 지구 표면적의 75%를 차지하고 있다. 이러한 이유로 바다는 생물권에 중요한 영향을 미친다. 바닷물의 증발은 지구 강수량의 대부분을 공급한다. 해양의 조류와 광합성 박테리아는 세계 산소량의 대부분을 만들고 대기 중의 많은 이산화탄소를 흡수한다. 해양의 온도는 세계의 기후와 바람이 부는 양상에 크게 영향을 미치고(그림 36.3 참조) 거대한 호수와 바다는 근처 육지의 기온을 조절한다.

담수 생물권은 둘러싸고 있는 육상 생물권의 토양과 생물 구성요소들과 긴밀히 연관되어 있다. 담수 생물권들은 물(의) 흐름의 패턴과 속도에 의해 영향을 받을 뿐만 아니라 그 생물권의 기후에도 영향을 받는다. 담수와 해양 환경에서는 물의 깊이, 빛의 투과율, 해안으로부터의 거리, 표층수인지 심층수인지에 따라 생물 군집이 다르게 분포한다. 플랑크톤과 많은 물고기종은 상대적으로 얕은 투광대에서 산다(그림 36.11). 대부분의 해양은 사실상 빛이 없으며, 항구에는 상대적으로 생물이 적다.

개념 36.3

생물적 및 무생물적 요인은 개체군에 영향을 미친다

개체군은 동일한 지역에 서식하는 단일 종의 개체들의 집합체를 말한다. 개체군생태학은 생물적 요인과 무생물적 요인이 개체군의 밀도와 분포, 그리고 크기에 어떤 영향을 미치는지 탐색한다. 동일한 자원에 의존하는 개체군의 구성원들은 비슷한 환경 요인에 영향을 받고, 서로 상호작용하고, 번식할 가능성이 있다. 개체군은 종종 영역과 크기(개체의 수)로 설명된다.

밀도와 분산

개체군의 **밀도(density)**는 단위 면적 또는 단위 부피당 개체수의 수이다. 예를 들어, 미네소타 군에서 단위 평방킬로미터당 떡갈나무의 수, 또는 배양관 속의 단위 밀리리터당 대장균 수이다. **분산(dispersion)**은 개체군의 범주 내에 개체들이 공간을 점유하는 패턴이다.

밀도: 동적인 관점

드문 경우로, 개체군의 범주 안에 있는 모든 개체를 세어 개체군 크기와 밀도를 결정할 수 있다

우리는 조수 웅덩이(tide pool)에서 불가사리를 셀 수 있고, 이

▼ 그림 36.11 수생물군계 탐구

습지와 강 하구

물리적·화학적 환경 습지(wetlands)는 수중식물이 충분히 살 수 있을 만큼 오랫동안 물에 잠겨 있다. 강과 바다 사이의 변이지대인 **강 하구(estuary)**에서는 바닷물이 변화하는 조수 동안에 강어귀 해협을 위아래로 흐른다. 상류로부터 얻은 영양 물질은 지구상에서 가장 비옥한 서식지인 습지와 강어귀를 만든다. 식물에 의해 유기물질이 많이 생성되고, 미생물에 의한 분해율이 높기 때문에 습지의 물과 토양에서는 용존 산소의 양이 종종 적어지는 경우가 많다. 용해된 유기물질과 화학오염물질을 걸러내는 능력이 탁월하다.

지질학적 특징 습지는 얕은 분지를 포함해 범람하는 강둑, 강과 호수 연안 등에 이르기까지 다양한 곳에서 발생한다. 강 하구에는 해안가를 따라 강의 퇴적물과 조수의 작용으로 인해 넘치고 빠지기를 반복하는 물로 인해 해협, 섬, 개펄이 형성된다.

개체 물로 포화된 토양은 습지대에 부들과 사초 속 식물의 생장을 돕고, 강 하구에는 산소가 부족한 혐기성 토양 혹은 물에서 자라는 염습지 풀이 서식하게 한다. 민물 습지대에는 잠자리, 개구리, 악어와 백로 등의 육식동물과 갑각류, 수생동물 애벌레, 사향뒤쥐에 이르는 다양한 초식동물이 서식한다. 강어귀에는 굴, 가재 등의 인간이 먹는 신선한 종들이 풍부하다. 많은 바다의 무척추동물과 물고기들은 번식지로 강어귀를 이용한다.

인간에 의한 영향 관개와 매립을 통해 습지의 90%가 파괴되었고, 매립과 쓰레기, 상류 오염원으로 인해 전 세계 강 하구가 위험에 처해 있다.

영국의 습지분지

▼ 그림 36.11 수생물군계 탐구

호수

캐나다, 앨버타의 빈영양 호수

물리적·화학적 환경 호수는 표면적이 겨우 몇 제곱미터인 연못에서부터 수천 제곱킬로미터에 이르는 대형 호수까지 다양한 규모의 정체된 수괴를 지칭한다. 깊어질수록 빛은 서서히 감소하고, 빛의 투과 정도에 따라 투광대와 무광대로 구분한다. 온대지역의 호수는 계절적인 수온약층을 형성하기도 하고, 열대 저지대의 호수에서는 수온약층이 연중 유지된다. **빈영양 호수(oligotrophic lake)**는 영양 물질이 적고 산소의 함량은 높다. **부영양 호수(eutrophic lake)**는 영양물질이 풍부하고, 겨울철 얼음으로 덮이거나 여름철 수심이 깊은 곳에서는 종종 산소가 고갈된다. 부영양호수의 깊은 층에서 많이 이루어지는 분해는 주기적인 산소 고갈 때문이다.

지질학적 특징 오랜 시간이 지나 점차 침전물과 영양 물질이 많아지면 빈영양 호수가 부영양호수가 되기도 한다. 빈영양 호수는 부영양 호수에 비해 깊이 대비 표면적이 상대적으로 작다.

개체 뿌리를 내리고 떠다니는 수생식물들은 얕고 빛이 잘 투과되는 연안대(littoral zone)에 산다. 연해에서부터 좀 더 멀리 떨어진 깊은 곳에서는 뿌리를 내리고 사는 수생생물이 살 수 없는 준조광대(limnetic zone)가 형성되는데, 이곳에서는 시아노박테리아를 포함해서 다양한 식물성 플랑크톤이 산다. 작은 떠다니는 육이나 동물성 플랑크톤은 식물성 플랑크톤을 먹는다. 저생대(benthic zone)에는 다양한 무척추동물이 사는데, 종 구성은 부분적으로 산소 함량에 따라 달라진다. 물고기들은 충분한 산소가 존재하는 호수의 모든 지역에 산다.

인간에 의한 영향 비료를 준 땅과 도시 쓰레기로부터 영양 물질이 호수로 유입되면 부영양화 현상이 나타나며, 조류가 지나치게 번성하여 물속 용존 산소량이 줄어들어 물고기들이 떼죽음을 당하기도 한다.

하천과 강

물리적·화학적 환경 하천 상류의 물은 대체로 차고, 깨끗하며, 물살이 거칠고 빠르다. 이에 반해 여러 지류가 만나 강을 형성하는 하천 하류의 물은 침전물이 많이 유입되기 때문에 대체로 더 따뜻하고 혼탁하다. 하천과 강에서의 염분과 영양분의 함량은 상류에서 하류로 내려갈수록 증가하지만 용존 산소량은 감소한다.

지질학적 특징 하천 상류의 수로는 좁고, 곳곳에 바다의 암석들이 얕은 여울이나 물웅덩이를 만든다. 강들은 대체로 넓으며 굽이쳐 흐른다. 강바닥은 오랫동안 침전된 침적토로 구성되어 있다.

개체 초원 또는 사막을 통과해 흐르는 하천 상류에는 식물성 플랑크톤 또는 뿌리가 있는 수생식물이 풍부할 수 있다. 오염되지 않은 강과 하천에는 다양한 종류의 어류와 무척추동물이 산다. 숲을 따라 흐르는 하천에는 육상 식생이 만들어내는 낙엽과 유기물질들이 다른 생물들의 주요 먹이 공급원이 된다.

인간에 의한 영향 도시화, 농업화, 산업화로 인해 물이 오염되면 수생생물이 죽는다. 댐을 만들거나 홍수를 막기 위한 여러 조치들은 하천과 강의 생태계가 가진 자연적 기능을 해치고 연어와 같이 이주하는 종을 위협한다.

워싱턴의 하천 상류

조간대

오리건주 해안의 바위가 많은 조간대

물리적·화학적 환경 대부분의 해안에서 **조간대(intertidal zone)**는 하루에 두 번씩 조수에 의해 물이 잠겼다가 물이 빠지기를 반복한다. 조간대의 위쪽은 아래쪽보다 더 공기에 노출되어 있고, 온도와 염분의 변이가 더 커서 생물들의 분포가 특정한 층에 제한되어 있다. 산소와 영양물질의 수준은 일반적으로 높으며, 매번 조수가 들어올 때마다 새로 공급된다.

지질학적 특징 암석이나 모래로 이루어진 조간대의 기질은 이곳에 서식하는 생물들의 특정한 행동과 해부학적 구조를 갖도록 한다. 만이나 해안의 지형은 조수의 크기와 조간대에 사는 생물들이 파도에 노출되는 정도에 영향을 미친다.

개체 다양하고 풍부한 해양 조류는 조간대의 바위에서 자란다. 모래로 이루어진 조간대에는 기질이 불안정하기 때문에 강한 파도에 노출될 경우 부착식물이나 조류들이 살 수 없지만 사방이 둘러싸인 만이나 석호에는 종종 많은 해초와 조류들이 번성한다. 모래나 진흙으로 이루어진 조간대에는 부유물을 먹는 지렁이와 대합조개, 포식자인 갑각류가 많은데, 이들은 몸을 모래와 흙에 묻은 채로 파도가 가져다주는 먹이를 먹는다. 이외에도 해면동물, 말미잘과 작은 물고기들이 산다.

인간에 의한 영향 기름으로 인한 오염은 많은 조간대를 망가뜨렸다. 파도로 인한 침식을 줄이기 위해 암벽과 방벽을 세웠지만, 폭풍 해일로 일부 지역이 붕괴되었다.

홍해의 산호초

산호초

물리적·화학적 환경 **산호초(coral reefs)**는 주로 산호의 탄산칼슘 골격으로 형성된다. 섬과 대륙 가장자리를 따라 산호초를 생성하는 산호는 물의 투명도가 높은 열대 해양의 얕은 투광대에서 서식한다. 산호는 18~20℃ 이하의 온도와 30℃ 이상의 온도에 민감하다. 깊은 바닷속 산호초들은 수심 200~1,500 m에서 발견된다. 산호는 높은 산소 농도를 요구하며, 담수나 영양 물질이 많이 유입되는 곳에서는 살지 않는다.

지질학적 특징 산호는 부착하기 위해 단단한 기질이 요구된다. 전형적인 산호초는 생성된 지 얼마 안 된 높이 솟은 섬을 둘러싼 형태인 거초(fringing reef)로 시작하고, 시간이 지나면서 해안 보초(barrier reef)를 형성하고, 섬이 점차 나이를 먹어 가라앉으면 환초(coral reef)를 형성한다.

개체 산호의 조직 내에 사는 단세포 조류는 산호에게 유기물질을 공급하면서 산호와 상리 공생한다. 다양한 다세포 홍조류와 녹조류도 산호초에서 상당량의 광합성을 수행한다. 산호는 산호초에서 가장 우점종인 동물이지만 물고기와 다양한 무척추동물도 많이 산다. 동물의 다양성 측면에서 산호초는 열대우림과 견줄만하다.

인간에 의한 영향 산호 골격의 수집과 남획으로 산호와 산호초 물고기의 수가 감소했다. 지구온난화와 오염도는 산호가 대규모로 사라지는 데 큰 역할을 했다. 또한 양식을 위한 해안 맹그로브의 개발도 많은 산호초 물고기들의 산란장소를 줄이는 데 일조하였다.

원양대

물리적·화학적 환경 **원양대(oceanic pelagic zone)**는 끝없이 펼쳐진 넓은 바다로, 표면은 지속적으로 바람에 의해 해류가 섞인다. 물이 매우 깨끗하기 때문에 투광대는 해안가의 해양보다 더 깊은 곳까지 확장된다. 용존 산소량은 일반적으로 높다. 영양 물질의 농도는 해안가보다 낮다. 봄과 가을 사이에 일어나는 표면의 해수와 더 깊은 곳의 해수 혼합은 온대와 고위도의 해양 지역의 투광대에 영양 물질을 새로 재공급하는 역할을 한다.

지질학적 특징 지구 표면의 약 70%를 덮고 있다. 평균 깊이가 거의 4,000 m에 달하고, 가장 깊은 곳은 10,000 m보다 깊다.

개체 우점하는 광합성 생물은 박테리아와 해류를 따라 흘러 다니는 식물성 플랑크톤으로, 전 세계 생산량의 절반을 차지한다. 원생동물, 벌레, 크릴새우, 해파리 등의 동물성 플랑크톤과 무척추동물의 작은 유충과 물고기들은 식물성 플랑크톤을 먹고 산다. 거대한 오징어, 물고기, 바다거북과 해양 포유류 등 자유롭게 헤엄치는 동물들도 원양대에 서식한다.

인간에 의한 영향 남획은 지구상 모든 대양의 어장을 고갈시켰고, 해양은 쓰레기 투기로 인해 오염되고 있다.

아이슬란드 근처의 대양

해양저생대

심해 열수구 군집

물리적·화학적 환경 **해양저생대(marine benthic zone)**는 얕고, 해안 가까운 지역을 제외한 해저로 구성되어 있으며, 어둡다. 물의 온도는 깊이가 깊어질수록 내려가고, 압력은 증가한다. 매우 깊은 해저나 심해대에 사는 생물은 계속되는 추위(약 3℃ 정도)와 높은 수압에 잘 적응되었다. 산소의 양은 다양한 동물들이 살아갈 수 있을 만큼 충분하다.

지질학적 특징 부드러운 퇴적물이 대부분의 저생대를 덮고 있다. 그러나 산호초, 해저, 새로운 바다 지각 등에는 암석으로 된 기질이 있다.

개체 해초와 섬유상 조류 같은 광합성을 하는 생물들은 주로 충분한 빛이 있는 얕은 저생대 지역에서 산다. **심해 열수구(deep-sea hydrothermal vent)** 군집 근처의 어둡고 뜨거운 환경에 사는 먹이 생산자들은 영양을 화합 합성하는 원핵생물들이다. 해안 저생 군집에는 많은 무척추동물과 물고기들이 포함된다. 투광대 아래에 서식하는 개체들은 모두 위에서 내려오는 유기물질에 의존한다. 심해 열수구 군집의 동물 중에는 길이가 1 m도 넘는 거대한 관을 가진 벌레들도 있다(왼쪽 그림 참조). 그들은 자기 몸속에 있는 공생자인 화학독립영양 원핵생물에 의해 영양을 공급받는다. 절지동물과 극피동물을 포함한 다른 많은 무척추동물은 열수구 군집 주위에 산다.

인간에 의한 영향 캐나다 뉴펀들랜드 섬의 세계 최대의 대구 어장에서는 남획으로 중요한 바닥에 사는 어류의 개체수가 감소했다. 유기 폐기물을 투기함으로써 산소가 고갈된 저생대 지역들이 생겨났다.

▲ 그림 36.12 **개체군동태론**

따금 코끼리처럼 무리를 지어 사는 대형 포유류의 경우에는 비행기에서 정확하게 셀 수 있다. 그러나 대부분의 경우처럼 개체군 안의 모든 개체를 세는 것은 비현실적이거나 불가능하다. 대신에 생태학자들은 밀도와 총 개체군 크기를 측정하기 위해 다양한 표본 추출 기법을 이용한다. 예를 들어, 무작위로 100×100 m 조사구를 설정하여 참나무의 수를 세고, 그 조사구 안의 평균 밀도를 계산한다. 그러고 나서 전 지역의 개체군 크기를 측정한다. 이런 측정 방법은 많은 표본 조사구가 있고, 서식지가 상당히 동질적일 때 대단히 정확하다. 또 다른 경우에는, 개체군 생태학자들이 단일 생물을 세는 대신에 둥지의 수, 굴, 경로 혹은 배설물 같은 개체군 크기의 지표를 이용하여 밀도를 측정하기도 한다.

밀도는 고정불변이 아니라 개체군에서 개체가 제거되거나 첨가되면서 변한다(그림 36.12). 추가는 출생(우리는 여기서 번식의 모든 형태를 포함하는 것으로 정의한다)과 다른 지역에서 유입된 새로운 개체의 **이입(immigration)**을 통해 발생한다. 개체군에서 개체가 제거되는 요인은 죽음과 다른 지역으로 이동하는 개체의 **이출(emigration)**에 의해 이루어진다. 출생률과 사망률이 모두 개체군의 밀도에 영향을 미치는 동시에 이입과 이출 또한 많은 개체군의 밀도를 변하게 한다.

분산의 패턴

개체군의 지리적 범위 내에서 국지적 밀도는 상당히 다를 수 있고, 대비적인 분산의 패턴을 보일 수 있다. 개체군생태학자들이 개체군에서 개체의 사회적 상호작용과 환경과의 연관성에 대한 통찰력을 제공한 이래, 국지적 밀도의 차이는 개체군생태학자들이 연구하는 가장 중요한 특징 중 하나가 되었다.

분산의 가장 평범한 패턴은 **군생**(clumed)으로, 개체들이 각기 다른 장소에 무리지어 사는 것이다. 식물과 버섯류는 대개 토양 조건과 다른 환경 요인이 발아와 생장에 적합한 장소에서 군생한다. 곤충과 도롱뇽은 썩은 통나무 밑에서 군생하기도 하는데, 이곳은 습도가 더 높기 때문이다. 동물의 군생도 짝짓기 행동과 관련될 수 있다. 불가사리 무리는 조수 웅덩이에서 함께 사는데, 이곳은 먹이도 쉽게 얻을 수 있고, 번식도 성공적으로 할 수 있다(그림 36.13a). 무리를 형성하는 것도 포식과 방어를 위한 효과를 증가시킬 수 있다. 예를 들어, 늑대 무리는 한 마리의 늑대보다 무스를 사냥하기에 유리하고, 새의 무리는 한 마리의 새보다 잠재적 공격에 더 주의할 수 있다.

균일(uniform)하거나 공평하게 공간을 차지하는 분포의 패턴은 개체군 내에서 개체 간의 직접적 상호작용을 통한 결과일 수

(a) **군생.** 불가사리 무리는 먹이가 풍부한 곳에서 함께 산다.

(b) **균일.** 둥지를 튼 황제펭귄은 균일하게 간격을 잡고, 이웃들 간의 공격적인 상호작용을 관리한다.

(c) **무작위.** 서양민들레는 바람에 날려 무작위로 땅에 떨어진 씨앗이 발아하여 생장한다.

▲ 그림 36.13 **개체군의 지리적 범위 안의 분산의 패턴**

있다. 일부 식물은 자원 경쟁을 할 수 있는 인접한 개체의 발아와 생장을 억제하는 화학물질을 분비한다. 동물들은 종종 **세력권(territoriality)**—다른 개체의 침입에 대항하여 방어하기 위해 경계가 있는 물리적 공간—같은 적대적 사회 상호작용의 결과로서 균일한 분산을 보여준다(**그림 36.13b**).

무작위(random) 분산(예측할 수 없는 공간 배치)에서, 개체군 내 각 개체들의 위치는 다른 개체들과 관계없다. 이러한 양상은 개체들 간의 강한 매력, 반발이 없거나 중요한 물리적 장소 혹은 화학적 요인이 전체 관찰 지역에서 상대적으로 일정할 때 발생한다. 서양민들레 같이 바람에 날린 씨앗으로 자란 식물은 매우 균일한 서식지에서 무작위로 분포할 수 있다(**그림 36.13c**).

개체군통계학

개체군 밀도와 분산 양상에 영향을 주는 요인—종의 생태적 요구, 환경의 구조, 개체군 내의 개체들 간의 상호작용—도 개체군의 다른 특징에 영향을 미칠 수 있다. **개체군통계학(demography)**은 개체군의 중요한 통계와 시간이 지나면서 그들이 어떻게 변하는지를 연구하는 학문이다. 개체군통계학에 대한 특별한 관심은 출생률과 사망률로서, 개체군의 중요한 통계들 중 일부를 요약하는 유용한 방법으로 생명표를 만드는 것이다.

생명표

생명표(life table)는 개체군에서 개체들의 특정 생존율과 번식률을 연령으로 요약한 것이다. 생명표를 구성하는 가장 좋은 방법은 **동령군(cohort)**의 운명을 따르는 것으로, 즉 동일한 연령의 개체들의 집단을 태어나서 죽을 때까지를 추적하는 것이다. 생명표를 만들기 위해 각 연령 집단에서 죽은 개체들의 수를 측정하고, 한 연령층에서 다음 세대까지 생존하는 동령군의 개체군을 계산할 필요가 있다. 또한 한 연령층에서 암컷이 생산하는 자손의 수를 추적할 필요가 있다.

유성생식을 하는 종을 연구하는 개체군통계학자들은 개체군에서 일반적으로 수컷을 무시하고 암컷에만 집중한다. 암컷만이 자손을 생산하기 때문이다. 따라서 개체군통계학자들의 관점에서 개체군은 암컷이 낳는 새로운 암컷이다. **표 36.1**은 캘리포니아의 시에라네바다 산맥에 서식하는 개체군에서 벨딩땅다람쥐 암컷의 접근 방식을 보여준다. 다음에 우리는 생명표에서 데이터의 일부를 좀 더 자세히 들여다볼 것이고, 생존곡선의 논의를 시작할 것이다.

생존곡선

생명표에서 데이터가 나타내는 도표를 **생존곡선(survivorship curve)**이라 하고, 한 동령군의 각 연령대에서 아직 살아 개체의 비율 또는 수로 그린다. 대개 생존곡선은 한 동령군의 편리한 크기, 즉 1,000개체로 시작한다. 생존곡선은 다양하지만 3가지 유형으로 분류할 수 있다(**그림 36.14**).

I형의 곡선은 초년부터 중년까지는 사망률이 낮아 평평하다가 노년 집단에서는 사망률이 증가하면서 급격하게 하강한다. 인간을 포함한 많은 대형 포유류는 적은 자손을 생산하지만 잘 양육

표 36.1 티오가 파스에 사는 벨딩땅다람쥐의 생식표 (캘리포니아의 시에라네바다 산맥)

연령 (년)	태어난 해의 생존 수	태어난 해의 생존율†	사망률‡	암컷 자손의 평균 수
0−1	653	1.000	0.614	0.00
1−2	252	0.386	0.496	1.07
2−3	127	0.197	0.472	1.87
3−4	67	0.106	0.478	2.21
4−5	35	0.054	0.457	2.59
5−6	19	0.029	0.526	2.08
6−7	9	0.014	0.444	1.70
7−8	5	0.008	0.200	1.93
8−9	4	0.006	0.750	1.93
9−10	1	0.002	1.00	1.58

참고문헌 P. W. Sherman and M. L. Morton, Demography of Belding's ground squirrel, *Ecology* 65:1617−1628 (1984).

† 첫 해 시작점에 653개체들 중 여전히 생존해 있는 무리의 비율.
‡ 사망률은 그 기간 동안 시작점에 생존해 있는 비율을 나타낸다.

하므로 이런 종류의 곡선이 나타난다. 반대로 III형은 초년에 높은 사망률로 급격하게 하강하지만 개체 격감의 초기에 생존한 적은 개체들이 사망률이 줄어 평평해진다. 이러한 곡선의 유형은 보통 자손을 많이 생산하지만 다년생 식물, 많은 물고기, 대부분의 해양 무척추동물처럼 자손을 거의 또는 전혀 돌보지 않는 개체와 관련이 있다. 예를 들어, 굴은 수만 개의 알을 산란하지만 대부분 유생 때 포식자에게 잡아먹히거나 여러 가지 이유로 인해 죽는다. 살아남은 소수의 자손은 적당한 곳에 착생하여 비교적 긴 시간을 생존할 수 있도록 딱딱한 껍질을 만드는 경향이 있다. II형의 곡선은 중간형으로, 일정한 사망률이 나타나는 생물의 수명을 보인다. 이러한 생존 유형에는 일부 설치류(벨딩땅다람쥐를 포함하여), 무척

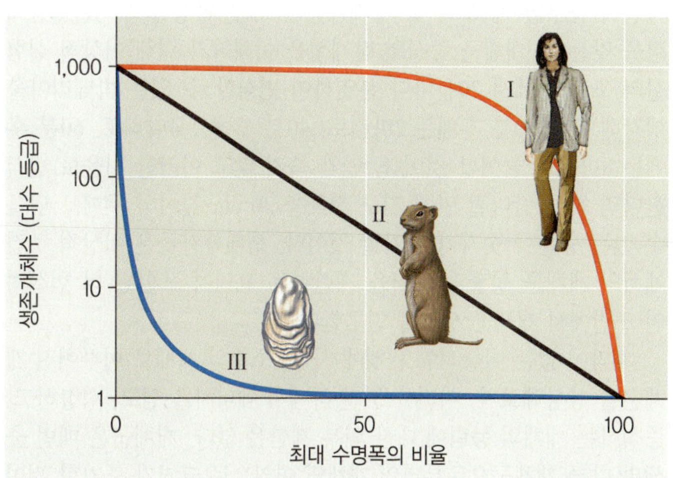

▲ **그림 36.14 이상적 생존곡선: I, II, III형.** *y*축은 대수 등급이고, *x*축은 상대량이기 때문에 수명폭이 광범위하게 변화하는 종은 같은 도표에서 비교할 수 있다.

추동물, 도마뱀, 일년생 식물이 있다.

많은 종들은 이런 기본적인 생존 유형 혹은 보다 복잡한 유형 간의 어느 지점에서 하강한다. 새의 경우, 사망률은 대개 가장 어린 개체(III형 곡선처럼)가 가장 높지만, 성체가 되면 매우 안정적이다(II형 곡선처럼). 게처럼 일부 무척추동물은 탈피를 할 때 사망률이 증가하다가 딱딱한 외피를 갖추고 나면 사망률이 낮아지기 때문에 "사다리꼴(stair-stepped)" 곡선을 나타낸다.

이입과 이출이 없는 개체군에서 생존은 개체군 크기에 있어 변화를 결정하는 두 가지 중요한 요인 중 하나이다. 또 다른 중요한 요인은 생식률이다.

번식률

앞서 언급한 대로 유성생식을 하는 종을 연구하는 개체군통계학자들은 개체군에서 일반적으로 수컷을 무시하고, 암컷에만 집중한다. 암컷만이 자손을 낳기 때문이다. 따라서 개체군통계학자들의 관점에서 개체군은 암컷들이 낳는 새로운 암컷이다. 개체군의 생식 양상을 서술하는 가장 간단한 방법은 암컷의 연령에 따라 생식의 결과가 어떻게 달라지는지 묻는 것이다.

조류와 포유류 같은 유성생식을 하는 종에서 번식의 결과는 번식하는 주어진 연령의 암컷의 비율과 이들이 생산하는 암컷 자손의 수를 이용해서 구한다. 벨딩땅다람쥐의 경우, 1년차에 번식을 시작하고, 4~5년차에 최고치를 나타내다가, 그 후 나이가 들면 감소한다(표 36.1).

특정 연령별 생산률은 종에 따라 매우 달라진다. 다람쥐의 경우, 약 10년 동안 일 년에 한 번씩 새끼 2~6마리를 생산하는 반면에 참나무는 수백 년간 일 년에 1000개의 도토리를 생산하고, 홍합과 다른 무척추동물은 산란 주기에 100만 개의 알과 정자를 방출한다. 그러나 자손의 성장과 생존을 위한 이상적 조건을 제외하고는 높은 번식률이 빠른 개체군 성장을 이끌지는 않는다.

개체군 크기의 변화

자원이 풍부할 때 모든 종의 개체군은 매우 확장할 수 있는 잠재력을 갖는다. 개체군 증식의 잠재성을 이해하기 위해 이상적 실험실의 조건 하에서 20분마다 분열하여 번식할 수 있는 박테리아를 생각해보자. 20분 후에는 2마리로, 40분 후에는 4마리로, 60분 후에는 8마리로 늘어날 것이다. 만약 죽지 않고 이러한 비율로 번식한다면 하루 반나절 만에 지구 전체를 30 cm 깊이의 두께로 덮을 수 있는 충분할 숫자가 증가할 것이다. 생태학자들은 이상적 조건에서의 개체군 성장과 증식을 제한하는 요인이 포함된 더 현실적인 조건에서 개체군 성장을 연구한다.

제약이 없는 이상적인 환경에 사는, 소수의 개체로 이루어진 개체군을 상상해보자. 이러한 조건 하에서 에너지를 얻고, 성장하고, 증식하는 개체의 능력에 대한 외부 제한은 없다. 개체군은 매번 출생과 다른 개체군으로부터의 개체의 이입으로 크기가 증가할 것이고, 매번 사망과 개체군에서 벗어나는 개체의 이출로 크기가 작아질 것이다. 따라서 우리는 일정 시간 간격 동안 개체군 크기의 변화는 다음의 공식으로 정의할 수 있다.

개체군 크기의 변화 = 출생 + 개체군으로 들어오는 이입 − 사망 − 개체군에서 나가는 이출

지금 우리는 방정식을 간단히 하기 위해 이입과 이출의 효과를 생략할 것이다.

우리는 간단하게 정리한 방정식을 더 간결하게 표현하기 위해 수학적 기호를 이용할 수 있다. 만약 N이 개체군 크기를 나타내고, t가 시간을 나타낸다면, 평가하려는 개체군의 성장에서 ΔN은 개체군 크기에서 변화이고, Δt는 시간 간격(수명 또는 종의 세대 기간)을 나타낸다(그리스 문자 델타 Δ는 시간에 따른 변화를 의미한다). B는 개체군에서 일정 시간 동안 출생한 수이고, D는 사망한 수이다. 이것을 공식으로 쓰면 다음과 같다.

$$\frac{\Delta N}{\Delta t} = B - D$$

일반적으로, 개체군생태학자들은 개체군 크기의 변화에 큰 관심을 갖는다. 개체군 크기의 변화를 R이라고 표시하며, 이는 특정 시간대에 개체군에서 추가되거나 빠진 개체의 수를 말한다. 다시 말해 R값은 특정 시간차에서 발생하는 출생수(B)와 사망수(D) 간의 차이다. 따라서 $R = B - D$이고, 다음과 같은 방정식으로 단순화할 수 있다.

$$\frac{\Delta N}{\Delta t} = R$$

다음으로 우리는 이 모형을 각 개체를 기반으로(개체당) 표현된 개체군 크기의 변화로 바꿀 수 있다. 개체군 크기에서 개체군당 변화($r_{\Delta t}$)는 특정 시간 간격(Δt) 동안에 개체군의 평균 수에서 개체군에 추가된 개체수의 기여도를 말한다. 예를 들어, 만약 1,000개의 개체로 이루어진 개체군에서 연간 16개체가 증가한다면, 각 개체수를 기반으로 연간 개체군 크기의 변화는 16/1,000 혹은 0.016이다. 만약 우리가 개체군 크기에서 연간 개체군 순 변화율을 안다면, 우리는 $R = r_{\Delta t}N$이라는 공식으로 얼마나 많은 개체들이 연간 증가할 수 있는지 계산할 수 있다. 예를 들어, 연간 개체군 변화($r_{\Delta t}$)가 0.016이고 개체군 크기가 500이면,

$$R = r_{\Delta t}N = 0.016 \times 500 = 8 \text{ per year}$$

개체 수를 개체군(R)에 더한 것은 $R = r_{\Delta t}N$로 표현할 수 있다. 그리고 개체군 성장 공식은 다음과 같이 다시 쓸 수 있다.

$$\frac{\Delta N}{\Delta t} = r_{\Delta t}N$$

기억해둘 것은 우리의 방정식이 특정 시간 간격(흔히 1년)에 해당한다는 것이다. 그러나 많은 생태학자들은 특정 순간의 변화율을 개체군 성장으로 표현하는 다른 계산법을 선호한다.

$$\frac{dN}{dt} = rN$$

이러한 경우에, r은 개체군 크기에서 특정 순간에 발생하는 개체당 변화를 가리킨다(반면에 $r_{\Delta t}$는 특정 시간 간격 동안에 발생했던 개체당 변화를 의미한다). 아직 미적분을 공부하지 않은 사람이 있다면 마지막 방정식을 보고 겁을 먹을 수 있지만 그러지 말기를 바란다. 시간 간격 Δt이 짧고, 방정식으로 dt로 표현된다는 것만 제외하면 이전의 것과 유사하기 때문이다.

지수적 성장

앞서 우리는 모든 개체들이 풍부한 먹이를 얻고, 생리적으로 생식하기에 자유로운 개체군을 서술하였다. 이러한 이상적 조건 하에서 개체군의 증가를 **지수적 개체군 성장(exponential population growth)**이라고 한다. 지수적 개체군 성장 공식은 다음과 같다.

$$\frac{dN}{dt} = rN$$

이 방정식에서 dN/dt는 특정 순간에 증가하는 개체군의 비율을 가리킨다. 이는 차의 순간 속도가 어느 정도인지 살펴보는 것과 유사하다. 방정식에서 보았듯이, dN/dt는 현재의 개체군 크기인 N, 지수를 곱한 r과 같다. 생태학자들은 **내재적 증가율(intrinsic rate of increase)**, 즉 특정 순간에 개체군의 크기가 지수적으로 증가하는 개체당 비율로서 r을 선호한다.

일정한 비율로 지수적 성장을 하는 개체군의 크기를 시간의 경과에 따라 점으로 표시했을 때 결국 J형의 성장곡선이 나타난다(그림 36.15). 비록 증가의 최고율은 일정하지만 개체군은 작을 때보다 클 때 더 빠르게 성장한다. 따라서 그림 36.17에서처럼 시간이 경과하면서 서서히 가파른 곡선을 그리게 된다. 이것은 개체군 성장이 N뿐만 아니라 r에 종속적이기 때문에 발생하는 것이고, 이는 보다 큰 개체군은 작은 개체군보다 동일 단위로 더 많이 출생(그리고 사망)하기 때문이다. 또한 그림 36.15에서 보는 것처럼 최고 증가율이 더 높은 개체군(dN/dt = 1.0N)은 증가율이 낮은 개체군보다 더 빠르게 성장할 것이다(dN/dt = 0.5N).

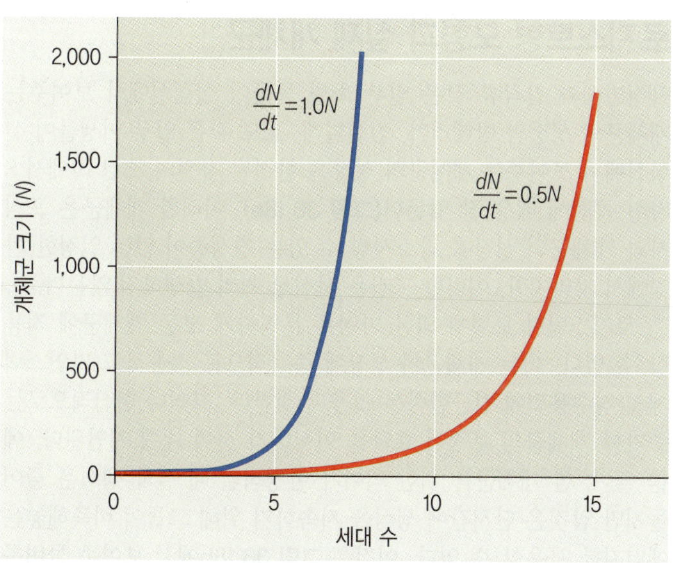

▲ **그림 36.15 지수적 모형에 의해 예측된 개체군 성장.** 이 그래프는 r(파란색 곡선)의 값이 1인 개체군에서의 성장을 r(붉은색 곡선)의 값이 0.5인 개체군에서의 성장과 비교한 것이다.

▲ **그림 36.16 남아프리카 크루거 국립공원의 아프리카코끼리 개체군의 지수적 성장**

지수적 성장은 새로운 환경으로 이입된 개체군이거나 극적으로 줄어들고, 다시 반작용으로 개체가 급격히 늘어난 일부 개체군의 특성이다. 예를 들어, 남아프리카의 크루거 국립공원(Kruger National Park)에서 코끼리의 개체군은 처음으로 사냥에서 보호를 받게 된 후 약 60년간 지수적으로 성장했고(그림 36.16), 그로 인해 결국 그들의 먹이공급원이던 공원의 식생을 파괴시키는 원인이 되었다. 공원 관리자는 다른 종을 보호하고, 이러한 일이 발생하기 전의 생태계로 돌려놓기 위해 다른 나라로 코끼리를 수출하고 출생을 조절하는 방법으로 코끼리 개체군을 제한하기 시작했다.

환경수용력

지수적 성장 모형은 자원이 제한적이지 않은 것을 추정하는 것으로, 현실 세계에는 거의 존재하지 않는다. 대신에 개체군 크기가 증가하는 한 각 개체는 더 적은 자원에 접근한다. 결국 서식지를 차지하는 개체들의 수에는 한계가 있다. 생태학자들은 이를 **환경수용력(carrying capacity)**이라고 정의하는데, 즉 특정 환경이 수용할 수 있는 개체군의 최대 크기를 말하며, 이를 K로 표현한다. 환경수용력은 한정된 자원이 풍부한 시간과 공간에 따라 변한다. 에너지, 은신처, 포식자로부터의 피난처, 영양분의 이용가능성, 물과 적합한 둥지는 한정된 요인이 될 수 있다. 예를 들어, 박쥐의 환경수용력은 날아다니는 곤충들이 풍부하고, 보금자리가 있는 곳에서는 높을 수 있지만 먹이는 풍부한 데 비해 적당한 은신처가 적은 곳은 더 낮다.

붐비고, 자원이 제한적인 것은 개체군 성장률에 깊은 영향을 줄 수 있다. 만약 개체들이 번식을 위한 충분한 자원을 얻지 못한다면 개체당 출생률은 감소할 것이다. 만약 그들이 자신을 삶을 위한 충분한 에너지를 소비하지 못하거나 질병이 밀도 때문에 증가한다면 개체당 사망률은 증가할 것이다. 감소하는 개체당 출생률 또는 증가하는 개체당 사망률의 증가는 개체군 성장을 떨어뜨릴 것이다—이것은 지수적으로 성장하는 개체군에서 볼 수 있는 지속적인 개체당 성장률(r)과는 매우 다른 상황이다.

로지스트형 성장 모형

로지스트형 개체군 성장(logistic population growth) 모형에서 개체군 크기가 환경수용력(K)에 근접함에 따라 개체당 증가율은 0에 접근한다. 로지스트형 모형을 만들기 위해 우리는 지수적 성장 모형에서 출발하여, N이 증가함에 따라 개체당 증가율이 감소하는 표현을 추가한다. 만약 최대의 지속가능한 개체군 크기(환경수용력)를 K라고 하면, $K - N$은 환경이 추가로 수용 가능한 개체들의 수이고, $(K - N)/K$ 는 개체군 성장을 위해 이용 가능한 K의 일부이다. 지수적 증가율인 rN을 $(K - N)/K$에 곱함으로써 개체군 크기에서 N이 증가함에 따른 변화를 바꾼다.

$$\frac{dN}{dt} = rN\frac{(K-N)}{K}$$

N이 K보다 작을 때 $(K - N)/K$는 1에 가까워지고, 개체당 증가율인 $r(K - N)/K$는 개체군 증가율인 $r(K - N)/K$는 r(그러나 약간 못 미침)에 가까워진다. r은 지수적 개체군 성장에서 본 실제 증가율이다. 그러나 N이 증가하고, 자원이 제한적일 때 $(K - N)/K$는 0에 가까워지고, 개체당 증가율은 작아진다. N과 K가 같을 때 개체군은 성장을 멈춘다. **표 36.2**는 가상의 개체군 성장에 대한 개체군 성장률의 측정을 보여준다. 로지스트형 모형에 따르면, 연간 개체당 $r = 1.0$이다. 개체군 크기가 750이거나 환경수용력이 절반일 때 전체 개체군 성장률은 최대가 되고, 연간 375개체가 추가된다는 점에 주목하라. 750의 개체군 크기에서 개체당 증가율은 상대적으로 높게 유지되지만(최대율의 절반), 개체군 내에서 개체군 크기가 더 낮을 때보다 생식하는 개체들이 더 증가한다.

그림 36.17에서 볼 수 있듯이 개체군 성장의 로지스트형 모형은 N을 오랜 시간 동안 표시(붉은 선)할 경우, S자형 성장곡선을 나타낸다. 환경 속에서 새로운 개체들은 개체군 크기가 중간 정도에서 개체군에 급격하게 추가되는데, 상당한 크기의 번식하는 개체군뿐만 아니라 이용 가능한 공간과 자원이 많을 때 이루어진다. 개체군 증가율은 N이 K에 근접할 때 급격히 감소한다. 결과적으로, 개체군 성장률 또한 N이 K에 근접할 때 감소한다.

표 36.2 가상 개체군(K = 1,500)의 로지스트형 성장

개체군 크기(N)	실제 증가율 (r)	$\frac{(K-N)}{K}$	개체당 증가율 $r\frac{(K-N)}{K}$	개체군 성장률* $rN\frac{(K-N)}{K}$
25	1.0	0.983	0.983	+25
100	1.0	0.933	0.933	+93
250	1.0	0.833	0.833	+208
500	1.0	0.667	0.667	+333
750	1.0	0.500	0.500	+375
1,000	1.0	0.333	0.333	+333
1,500	1.0	0.000	0.000	0

* 가장 가까운 어림수로 표현되었다.

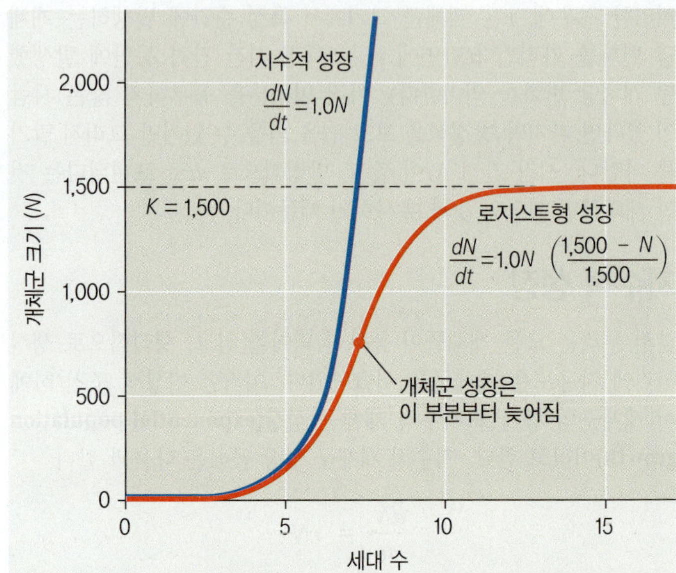

▲ **그림 36.17 로지스트형 모형으로 예측한 개체군 성장.** 개체군 성장률이 개체군 크기(N)가 환경의 환경수용력(K)에 근접하면서 감소하기 시작한다. 붉은 선은 개체군에서 r = 1.0과 K = 1,500일 때의 로지스트형 성장을 보여준다. 이에 반해 푸른 선은 동일한 r를 갖고 개체군이 지속적으로 성장하는 지수적 성장을 보여준다.

우리는 N이 K에 가까워질 때 왜 개체군 성장률이 감소하는지에 대해 아직 아무 말도 하지 않았다. 이 장의 후반부에 우리는 이러한 비율에 영향을 주는 요인들, 이를 테면 질병의 존재, 포식, 먹이와 자원의 제한된 양 등에 대해 검토할 것이다.

로지스트형 모형과 실제 개체군

딱정벌레와 갑각류 같은 일부 소형 동물이 실험실에서 보여주는 개체군의 성장과 박테리아, 짚신벌레, 효모 같은 일부 미생물이 실험실에서 보여주는 개체군의 성장은 한정된 자원의 조건 하에서 S자형 곡선에 매우 잘 맞는다**(그림 36.18a)**. 이러한 개체군은 포식자와 개체군의 성장을 감소시킬 수 있는 경쟁종이 없는 일정한 환경에서 자라지만, 이러한 조건은 사실상 거의 발생하지 않는다.

로지스틱형 모형에 의한 가정은 분명하게 모든 개체군에 적용할 수 없다. 이는 개체군이 성장에 즉각적으로 적응하고 자연스럽게 환경수용력에 접근한다는 것을 추정한다. 그러나 현실적으로는 증가한 개체군의 부정적 효과를 인식하기 전에 대개 지연된다. 예를 들어, 한 개체군을 위한 먹이가 한정적일 때 결국 생식은 줄어들지만 암컷은 단시간에 생식을 지속하기 위해 그들이 비축해놓은 에너지를 사용할 수 있다. 이것은 **그림 36.18b**에서 보여준 물벼룩처럼 개체군이 일시적으로 그들의 환경수용력을 초과하는 원인이 될 수 있다.

▼ **그림 36.18**

이 개체군은 얼마나 로지스트형 모형에 적합할까? 각각의 그래프에서 검은 점은 개체군의 성장을 측정한 것이고, 붉은 곡선은 로지스트형 모형에 의해 예측된 성장이다.

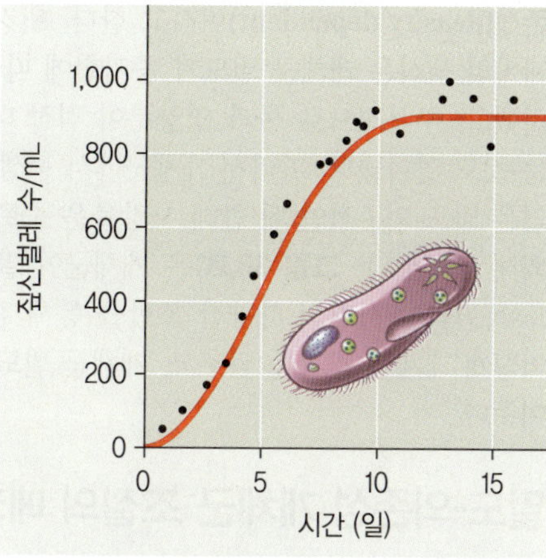

(a) 실험실 안의 짚신벌레(*Paramecium*) 개체군. 작은 배양 안에서 성장은 연구자가 일정하게 환경을 유지한다면 로지스트형 성장에 어느 정도 근접한다.

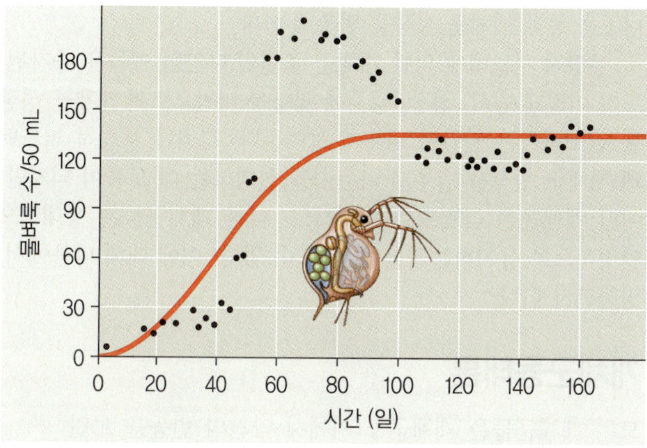

(b) 실험실 안의 물벼룩(*Daphnia*) 개체군. 작은 배양 안에서 성장은 지스트형 모형에 매우 일치하지 않는다. 이 개체군은 어느 정도 정적인 크기에 도달하기 전에 그들의 인공적인 환경의 환경수용력을 초과한다.

개념 36.4

개체군동태는 생활사와 개체군 밀도에 강한 영향을 받는다

진화 자연선택은 생존 및 번식 성공에 대한 개체군의 기회를 개선시키는 특성에 호의적이다. 모든 종은 번식의 빈도, 자손의 수(식물의 씨앗 수, 동물의 한배 산란 수), 양육을 위한 투자와 같은 생존과 번식 특징 간에는 거래(trade-offs)가 있다. 생물의 번식과 생존 계획에 영향을 미치는 이러한 특징은 그 생물의 **생활사(life history)**를 구성하게 한다. 생활사는 언제 생식을 시작하고(최초 번식 혹은 성숙 연령에 도달한 때), 얼마나 자주 생식을 하는지, 1회 번식 시 얼마나 많은 자손을 생산하는지와 같은 세 개의 주요한 변인을 필요로 한다.

"거래"와 생활사

어떤 생물도 자손의 수를 무제한 생산할 수 없고, 자손을 잘 지원할 수도 없다. 번식과 생존 간에는 거래가 있는데, 스코틀랜드의 연구자들은 여름에 번식한 붉은사슴 암컷이 번식하지 않은 암컷보다 이듬해 겨울에 더 많이 죽는 것을 발견했다.

선택압은 자손의 수와 크기 간 거래에 영향을 미친다. 죽기 쉬운 어린 식물과 동물은 대개 많은 자손을 생산한다. 예를 들어, 교란된 환경에서 군집을 형성하는 식물은 보통 많은 씨앗을 생산하지만 약간의 씨앗만이 생존에 적합한 서식지에 도착할 수 있다. 크기가 작은 씨앗들은 서식지의 먼 곳까지 운반될 가능성이 있어 싹이 터서 자랄 기회가 높아진다(그림 36.19a). 메추라기, 정어리, 쥐처럼 높은 포식률로 고생하는 동물들은 새끼를 많이 낳는 경향이 있다.

부모의 추가적인 투자는 새끼의 생존 기회를 매우 증가시킨다. 호두나무와 브라질호두나무는 어린 나무가 잘 자랄 수 있도록 돕는 영양분이 있는 큰 씨앗을 만든다(그림 36.19b). 영장류는 일반적으로 한 번에 한두 마리의 새끼를 낳는다. 부모의 양육과 이어지는 학습 기간은 생애의 첫 수년 동안 지속되는데, 이는 이 종의 자

(a) 서양민들레는 빠르게 자라 많은 수의 작은 씨앗을 뿌린다. 수많은 씨앗을 생산하는 것은 적어도 그 중 얼마는 자랄 것이고, 결과적으로 자신의 씨앗을 계속 생산할 수 있게 한다.

(b) 브라질호두나무(오른쪽)처럼 어떤 식물은 적당한 수의 매우 큰 씨앗을 만든다(위). 커다란 배젖은 배를 위한 영양분을 공급하고, 상대적으로 높은 비율의 자손이 생존할 수 있도록 적응된 것이다.

▲ **그림 36.19** **식물에서 씨앗 크기의 차이**

손들이 환경에 적응하는 데 매우 중요하다. 이러한 부모의 준비와 양육은 개체군 밀도가 높은 서식지에서는 특히 중요할 수 있다.

생태학자들은 다른 개체군 밀도에서 개념 36.5에서 논의한 로지스트형 성장 모형과 함께 개체군이 선호하는 특징의 차이를 연결시키기 위해 시도해왔다. 개체군 밀도에 민감한 특징에 대한 선택은 ***K*-선택(*K*-selection)**, 또는 밀도-의존적 선택(density-dependent selection)이라고 알려져 있다. 반대로 밀집되지 않은 환경(낮은 밀도)에서 생식적 성공을 극대화하는 선택은 ***r*-선택(*r*-selection)**, 또는 밀도-독립적 선택(density-dependent selection)이라고 부른다. 이러한 이름들은 로지스트형 모형의 등식의 변수에 따른다. *K*-선택은 그들에게 주어지는 자원에 따른 한계(환경수용력, *K*)에 근접하는 밀도에서 생활을 영위하는데, 개체들 간의 경쟁이 가장 심하다. 원시림의 성숙한 수목은 *K*-선택된 생물의 예이다. 반면에 *r*-선택은 개체당 증가율 r을 최대화하는 것을 말하는데, 개체군 밀도가 환경수용력 아래일 때거나 개체 간 경쟁이 드문 환경에서 발생한다. 농지가 훼손된 곳에서 자란 잡초들이 *r*-선택된 생물의 예이다.

개체군 변화와 개체군 밀도

r-선택의 경우와 유사하게 개체군 밀도에 따라 변하지 않는 출생률 또는 사망률을 **밀도-독립적(density independent)**이라고 한다. 개체군 조절에 대한 고전적 연구에서 웨일즈대학교(University of Wales)의 왓킨슨(Andrew Watkinson)과 하퍼(John Harper)는 김의털아재비(*Vulpia membranacea*)풀의 사망률이 밀도와는 상관없이 주로 물리적인 요인들에 의한 것임을 발견했다. 예를 들어, 풀의 뿌리가 모래의 변화에 노출될 때 나타나는 가뭄 스트레스는 밀도-독립성 요인이다. 그러나 반대로 *K*-선택과 유사하게, 개체군 밀도가 증가할 때 사망률이 높아지거나 떨어지는 경우에 **밀도-의존성(density dependent)**이라고 한다. 왓킨슨과 하퍼는 김의털아재비의 생식은 개체군 밀도가 증가함에 따라 감소한다는 것을 발견했고, 부분적으로 물과 영양분이 점점 더 부족해졌기 때문이라는 것도 알아냈다. 따라서 개체군에서 출생률을 조절하는 주요 요인은 밀도-의존적인 데 반해 사망률은 주로 밀도-독립적인 요인에 의해 조절된다. 그림 36.20은 개체군이 밀도-의존적인 생식과 밀도-독립적인 사망의 다양한 조합을 통해 김의털아재비 같은 종이 어떻게 개체군 증가를 멈추고, 개체군 밀도를 평형에 이끄는지 보여준다.

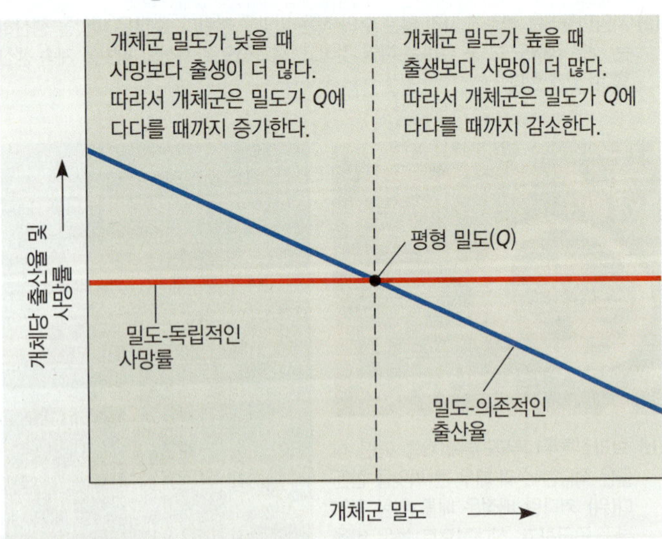

▲ **그림 36.20 개체군 밀도에 따라 결정되는 평형.** 이 단순한 모형은 출생률과 사망률만 고려한 것이다(이입률과 이출률은 모두 0이거나 같다고 가정한다). 이 경우에 출생률은 개체군 밀도에 따라 변하지만 사망률은 일정하게 유지된다. 평형 밀도(*Q*)에서 출생률과 사망률은 모두 같다.

밀도-의존성 개체군 조절의 메커니즘

개체군 밀도와 출생률과 사망률 간의 부정적 피드백의 어떤 형태도 없이 개체군은 절대 성장이 멈추지 않을 것이다. 그러나 어떤 개체군도 무한히 계속 개체군 크기가 클 수는 없다. 밀도-의존성 조절은 피드백과 출생률을 감소하거나 사망률을 증가시키는 메커니즘을 통해 개체군 성장을 멈추게 한다.

부정적 피드백에 의한 개체군 조절의 다양한 예들은 증가된 밀도가 어떻게 번식, 성장, 생존에 영향을 미침으로써 개체군 성장률을 감소시키는 원인이 되는지 보여준다. 그러나 부정적 피드백은 왜 개체군 성장을 멈추게 하는지를 설명하는 데 도움이 되지만 왜 어떤 개체군은 극적으로 변화하고, 다른 개체군들은 상대적으로 안정적으로 유지하는지를 설명할 수 없다. 이에 대해 다음에서 설명하고자 한다.

개체군동태론

모든 개체군들은 개체군 크기에서 약간의 변동을 보인다. 해마다 또는 장소마다 발생하는 이러한 개체군의 변동을 **개체군동태론(population dynamics)**이라고 부르는데, 이것은 많은 요인에 의해 영향을 받고, 우리 자신을 포함하여 또 다른 종에 영향을 준다. 예를 들어, 물고기 개체군들에서 변동은 상업적으로 중요한 종의 계절적 수확에 영향을 미친다. 개체군동태론의 연구는 개체군 크기에 변화를 초래하는 생물적이고 비생물적 요인 간의 복합적인 상호작용에 초점을 두고 있다.

안정과 변동

대형 포유류의 개체군들은 오랜 시간이 흘러도 상대적으로 안정적으로 남아 있다고 생각해왔지만 장기간의 연구로 이 생각은 도전을 받게 되었다. 예를 들어, 슈피

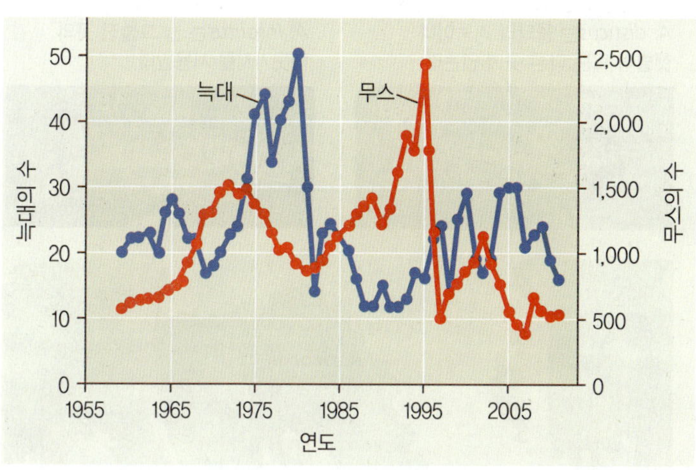

▲ **그림 36.21** 1959~2001년 로열섬의 무스와 늑대 개체군들의 변화

리어 호수의 로열섬에 서식하는 무스의 개체군은 1900년 이래 상당한 변동이 있었다. 그 당시에 무스는 온타리오 본토(25킬로미터 떨어진)에서 얼어붙은 호수를 가로질러 이 섬에 와 무리를 이루었다. 주로 무스를 먹고 사는 늑대들은 1950년경에 얼어붙은 호수를 가로질러 무스를 따라왔다. 최근 수년 동안 이 호수가 얼지 않아 두 개체군 모두 이입과 이출로부터 격리되었다. 이러한 격리에도 불구하고 무스는 지난 50년 동안에 번성과 쇠퇴라는 두 번의 커다란 변화를 경험했다(**그림 36.21**) 어떤 요인이 무스 개체군의 크기를 극적으로 변화시키는가? 추운 겨울철 강한 눈보라와 같은 혹독한 날씨는 무스를 약하게 만들고 먹이의 이용을 줄여 개체군의 크기를 감소시킨다. 무스의 수가 적고 날씨가 온화할 때 먹이를 쉽게 이용할 수 있어 개체군은 빠르게 증가한다. 반대로 무스의 수가 많아질 때 포식자와 다른 기생동물의 밀도가 증가하는 것처럼 다른 요인들도 개체군 감소의 원인이 될 수 있다. 이러한 요인들 중 일부의 효과는 그림 36.21에서 볼 수 있다. 첫 번째 개체군 쇠퇴는 1975~1980년의 늑대 수 피크와 일치한다. 두 번째 쇠퇴는 1995년경 혹독한 겨울에 일어났는데, 이로 인해 동물의 에너지가 점차 줄었고, 눈 때문에 먹이를 구하기가 쉽지 않았다.

이입, 이출, 그리고 메타개체군

지금까지 개체군동태론의 논의는 주로 출생과 사망에 초점이 맞추어져 왔다. 그러나 이입과 이출도 개체군이 밀집하고, 자원 경쟁이 증가할 때는 개체군에 영향을 줄 수 있고, 이출은 종종 증가한다.

이입과 이출은 특히 지역 개체군의 수가 연계되어 **메타(이소)개체군(metapopulation)**을 형성할 때 중요하다. 메타개체군 안의 지역 개체군은 바다 속을 점유한 적당한 서식지 혹은 적당하지 않은 서식지로서 이해될 수 있다. 이러한 패치들은 크기와 질, 다른 패치로부터의 격리, 그리고 개체군들 중 얼마나 많은 개체가 이동하는지에 영향을 주는 요인들 등이 다양하다. 만약 하나의 개체군이 멸종하게 되면 그곳을 점령했던 패치는 다른 개체군에서 유입된 개체들로 다시 채워질 것이다.

그랜빌표범나비(Glanville fritillary, *Melitaea cinxia*)는 개체군들 사이의 개체들의 이동으로 설명할 수 있다. 이 나비는 핀란드

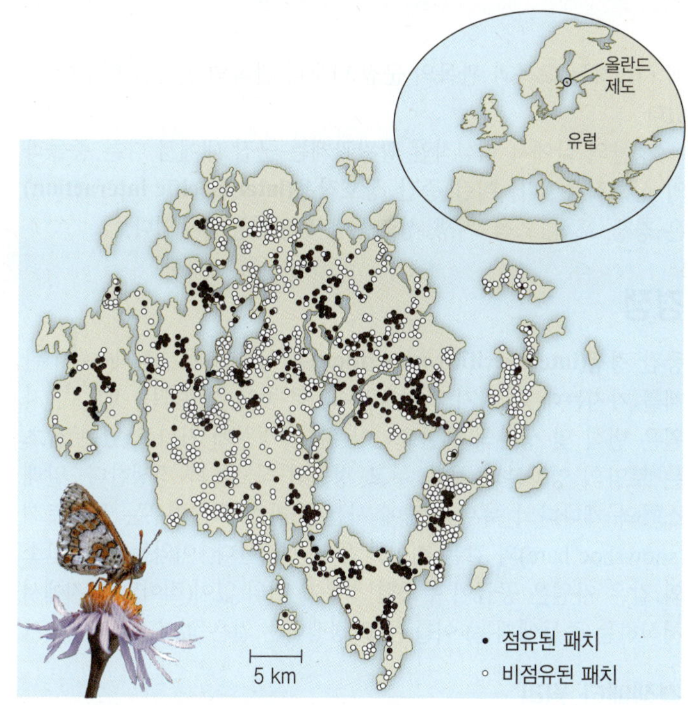

▲ **그림 36.22 그랜빌 표범나비: 메타개체군.** 올란드 제도에서 이 나비의 지역 개체군들(검은색 원)은 적당한 서식 패치(흰색 원)의 일부분에서만 발견되었다. 개체들은 지역 개체군들 사이를 이동하여 비점유된 패치에 군집을 이룬다.

의 올란드 제도(Åland Islands) 약 500개 초원에 걸쳐 발견되었으나 잠재적 서식지는 이보다 훨씬 커서, 적당한 패치는 대략 4,000개이다. 이 나비의 새로운 개체군들은 정기적으로 나타났고, 현존하는 개체군들은 멸종되었는데, 그 과정에서 500개의 패치를 끊임없이 이동하며 사용했다(**그림 36.22**). 이 종들은 멸종과 재착생(recolonization)의 균형 속에서 존속한다.

메타개체군 개념은 그랜빌 표범나비와 많은 다른 종들에서 이입과 이출의 중요성을 강조하고 있다. 또한 생태학자이 개체군동태론과 패치 서식지에서의 유전자 확산, 파편화되고 보호지역 서식지의 네트워크에서 살아 있는 종 보전을 위한 제공된 틀을 이해하는 데 도움을 준다.

개념 36.5

군집 내에서 개체군 간의 상호작용

앞에서 우리는 개체군의 한 종 내에서 개체가 다른 개체에 어떻게 영향을 주는가를 공부하였다. 이 절에서는 같은 종이 아닌 다른 종 사이에서 개체군의 상호작용에 대해 공부할 것이다. 이처럼 살아 있는 다양한 생물들이 충분히 가까이 모여 잠재적인 상호작용을 보여주는 개체군들의 모임을 생물학적 **군집(community)**이라고 하며 군집을 이루는 생물개체군들의 상호작용을 연구하는 것을 군집생태학이라고 한다. 생태학자들은 그들의 탐구 주제를 풀기에 알맞은 특정한 군집의 테두리를 정한다: 즉, 썩고 있는 나무등걸에 사는 분해자와 다른 생물의 군집, 슈퍼리어호에 사는 저서생물의 군집, 또는 캘리포니아의 세쿼이아(Sequoia National Park)

에 서식하는 교목과 관목의 군집 나무나 관목의 군집을 연구할 수 있다.

생물의 삶에서 핵심적인 상관관계는 군집 내에서 다른 종들과의 상호작용이다. 이런 **종간 상호작용(interspecific interaction)**은 경쟁, 포식, 초식, 기생, 상리공생 및 편리공생이 있다.

경쟁

종간 경쟁(interspecific competition)은 상호간에 부정적(−/−) 관계를 가지는데 한 가지 자원을 두고 두 종이 경쟁하는 것으로, 자원은 번식 및 생존의 제한요인이 된다. 정원에 자라고 있는 잡초는 토양의 영양분과 물을 두고 정원의 식물들과 경쟁한다. 알래스카와 캐나다의 북부 삼림에 사는 스라소니와 여우는 눈신토끼(snowshoe hare)와 같은 먹이를 두고 경쟁한다. 이와는 달리 산소와 같은 자원은 공급이 부족한 경우가 거의 없어(적어도 육지에서 서식하는 종들에게는) 이를 두고 경쟁하는 일은 없다.

경쟁배타 원리

만일 군집내 두 종이 제한된 자원을 놓고 경쟁한다면 무슨 일이 발생할 것인가? 1934년에 러시아의 생태학자 가우스(G. F. Gause)는 밀접한 관계의 원생생물(protist)인 짚신벌레 아우렐리아와 가우다툼(*Paramecium aurelia vs. Paramecium caudatum*)에 대해 실험을 수행하여 종간 경쟁의 결과를 조사하였다. 그는 이 원생생물들에게 매일 일정량의 먹이를 주어 안정된 환경을 조성해 주었다. 가우스가 이 두 종을 별도로 나누어 배양하였을 때 각각의 개체군은 빠르게 자라서 환경수용력의 한계까지 도달하였다. 그러나 가우스가 이 두 종을 함께 길렀을 때 가우다툼 종은 배양 중에 사라지는 결과를 얻었다. 가우스는 아우렐리아 종이 먹이를 구하는 과정에서 경쟁적으로 우세하며, 한정적인 자원을 두고 두 종이 동일 장소에서 공존할 수 없다고 결론지었다. 방해가 없는 상황에서 한 종은 그 자원을 보다 효율적으로 사용하여 다른 종보다 더 빨리 생식을 할 것이다. 비록 번식 효과가 미미할지라도 결과적으로 불리한 경쟁자를 그 지역에서 사라지게 하는 이 결과를 **경쟁배타(competitive exclusion)**라 부른다.

생태적 지위와 자연선택

진화 진화의 영향은 **생태적 지위(ecological niche)**에서 명백하게 나타나는데, 어떤 환경에서 한 종이 이용하는 생물학적 자원과 비생물적 자원의 총량을 의미한다. 이 개념을 이해하기 위해 생태학자 오덤(Eugene Odum)이 고안한 비유를 살펴보자. 만약 한 생물의 서식지가 그의 "주소(address)"라면, 생태적 지위는 그 생물의 "직업(profession)"이다. 생태적 지위란, 예를 들면 열대우림의 도마뱀은 참아내는 온도의 범위, 이용하는 나뭇가지의 크기, 활동하는 시간, 잡아먹는 곤충의 크기 등을 포함한다. 이런 요소들은 도마뱀의 생태적 지위 혹은 생태적 역할을 통해 그들이 생태계에 어떻게 "들어맞는가(fit into)"를 보여준다.

우리는 이 개념을 경쟁배타를 설명하는 데 활용한다. 두 종은 한 군집에서 생태적 지위가 동일한 한 영원히 공존할 수는 없다.

▲ 그림 36.23 **도미니카 공화국 도마뱀들.** 일곱 종의 도마뱀(*Anolis*)은 가까이 모여 살며, 모두 곤충과 다른 작은 절지동물을 잡아먹는다. 그러나 도마뱀의 각 종들은 서로 다른 장소에 살아, 생태적 지위가 뚜렷하기 때문에 먹이에 대한 경쟁이 적다.

하지만 생태적으로 비슷한 종은 몇 가지 다른 조건이 마련된다면 군집내 공존이 가능하다. 진화론적으로 자연선택은 한 종에게 다른 자원을 사용하거나 다른 시간에 자원을 이용할 것을 지시하고 있다. 비슷한 종이 군집 내에서 공생하는 다른 모양의 생태적 지위를 **자원분할(resource partitioning)**이라 부른다(그림 36.23).

경쟁의 결과로 한 종의 '기본 생태적 지위(fundamental niche)', 즉 그 종에게 잠재적으로 점유된 지위는 아마도 '실제 생태적 지위(realized niche)'와는 달라질 것이며, 이 지위가 실질적으로 특정 환경 하에 점유된 생태적 지위라는 것을 알게 되었다. 생태학자들은 종이 자라고 번식하는 조건을 파악하기 위해 경쟁종을 제거하는 방법으로 기본 생태적 지위를 파악한다. 학자들은 또한 잠재적인 경쟁자가 다른 종의 실질적 지위에 영향을 주는 지를 경쟁종을 제거함으로써 잠재 경쟁자가 새로운 가용공간에 분포영역을 확대해 가는것을 조사한다.

형질치환

경쟁 결과에 대한 간접적인 증거로 개체군들이 때로 이소성(allopatric; 지리적으로 분리)이거나 동소성(sympatric; 지리적으로 겹침)으로 밀접하게 관련된 종들을 비교한 것이 있다. 어떤 경우를 보면 이소성 개체군들이 형태적으로 서로 유사하고, 유사한 자원을 이용한다. 반면에 동소성 개체군들은 자원을 두고 잠정적으로 경쟁할 것 같은데, 체형의 구조와 이용하는 자원이 더 미묘

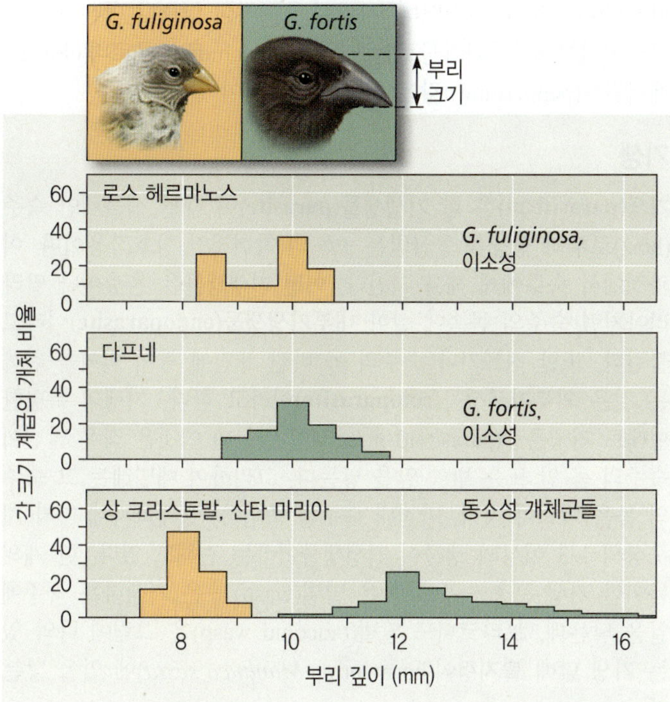

▲ 그림 36.24 **형질치환: 과거 경쟁의 간접적인 증거.** 로스 헤르마노스(Los Hermanos)와 다프네섬(Daphne Island)에 사는 핀치, *Geospiza fuliginosa*와 *Geospiza fortis*의 이소성 개체군들은 비슷한 부리 형태를 하고 있어, 아마도 비슷한 크기의 씨앗을 먹을 것으로 생각된다. 그러나 이 두 종이 동소성으로 살고 있는 산타 마리아(Santa Maria)와 상 크리스토발(San Cristóbal)에서는 *G. fuliginos*가 얇고 짧은 부리를, *G. fortis*는 깊고 큰 부리를 가지고 있어(맨 아래 그래프), 서로 다른 크기의 씨앗을 먹도록 적응된 것을 볼 수 있다.

하게 다른 것을 관찰할 수 있다. 이처럼 동소성 개체군들이 이소성 개체군보다 형질의 분화를 더 일으키는 경향을 **형질치환(character displacement)**라고 한다. 형질치환의 예로 갈라파고스(Galápagos)의 조류인 핀치(finches)에 대해 소개한다(그림 36.24).

착취

광합성을 하지 않는 생물들은 음식을 섭취해야 하며, 모든 생물들은 잡혀 먹힐 위험성이 있다. 따라서 자연에서 이루어지는 드라마는 **착취(exploitation)**를 포함하고 있으며 이는 +/− 관계로 표현되는데 한종은 다른 종을 섭취함으로써 이득을 얻고 다른 종은 해를 입는다. 착취의 관계는 포식, 초식 및 기생이다.

포식

포식(predation)은 포식자인 한 종이 피식자인 다른 종을 죽이고 잡아먹는 +/−의 상호작용이다. 포식이라는 말이 일반적으로 사자가 영양(antelope)을 공격하여 잡아먹는 것 같은 상상을 이끌어내는 용어지만, 이 말은 먹이를 죽이는 일로 정의되는 광범한 영역에 적용된다. 예를 들면, 어떤 곤충이 식물의 조직을 갉아먹어 죽이는 일도 포식(predation)이라고 한다. 왜냐하면 먹고 먹히는 것을 피하는 일은 자연선택을 통하여 걸러지는 포식자와 피식자 쌍방의 적응으로서, 번식의 성공을 위한 필요조건이기 때문이다.

포식자의 주요 먹이에 대한 적응은 분명하고 잘 알려진 사실이다. 대부분의 포식자들은 잠재적인 먹이를 발견하는 데 치밀한 감각을 지닌다. 예를 들면, 방울뱀(rattlesnakes)과 다른 살무사(pit vipers)들은 두 눈과 코 사이에 있는 열 감지 기관에서 위치를 알아내고 있다, 더욱이 많은 포식자들은 발톱, 이빨, 송곳니, 침, 또는 먹이를 잡아 제압하기 위한 독 같은 무기들을 갖도록 적응되어 있다. 먹이를 쫓는 포식자들은 일반적으로 빠르고 민첩하며, 그들은 매복하는 곳에서 주변 환경을 이용해 위장한다.

포식자들이 먹이를 잡기 위하여 적응 능력을 갖는 것처럼 피식자인 동물들도 잡아먹히지 않고 피하는 데 도움이 되도록 적응되어 있다. 방어에는 숨는 것, 도망가는 것과 자기 방어가 포함된다. 적극적인 자기 방어는 흔한 것은 아니지만 사자에게 새끼를 보호하기 위한 초식동물의 적극적인 방어가 여기에 포함된다.

동물들은 또한 방어적인 적응을 위하여 다양한 형태 및 생태적인 변이를 나타낸다. 예를 들면 **보호색(cryptic coloration)** 또는 위장(camouflage)은 먹이를 식별하기 어렵게 한다(그림 36.25a). 다른 동물들은 기계적인 또는 화학적인 방어를 한다. 예를 들어 많은 포식자들은 고슴도치(porcupine)나 스컹크(skunk)의 방어술에 좌절한다. 유럽의 불도마뱀(fire salamander)은 독성 물질을 합성할 수 있고, 어떤 동물은 그들이 먹는 식물에서부터 독성 물질을 축적함으로써 수동적으로 화학적인 방어 능력을 얻는다. 화학적인 방어를 효율적으로 하기 위하여 동물은 때로 밝은 경계색, 또는 독화살개구리에서처럼 **경고색(aposematic coloration)**을 보여준다(그림 36.25b). 이러한 경고색 역시 적응적인 것처럼 보이는데, 왜냐하면 포식자들은 밝은 유형의 색깔을 하고 있는 먹이를 피하기 때문이다.

다른 피식자는 다른 종과 유사성으로 인해 보호된다. 예를 들면, **베이츠의태(Batesian mimicry)**에서는 맛 좋고 해가 없는 종이 맛없고 해로운 모델을 흉내 낸다. 매나방(hawk moth, *Hemeroplanes ornatus*)의 애벌레가 부화할 때 머리와 목은 조그마한 독뱀의 머리 같다(그림 36.25c). 이 경우에 의태는 행동까지를 포함한다: 애벌레는 머리를 앞뒤로 흔들며 뱀과 같은 소리를 낸다. 베이츠의태에서는 맛 좋고 해가 없는 종이 맛없고 해로운 모델을 흉내 내는데, 이는 자연선택의 결과로 간주된다

포식자들도 여러 가지 방법으로 의태를 이용한다. 예를 들면, 악어거북은 흔들거리는 벌레를 닮은 혀를 가지고 있어 작은 물고기를 유혹한다. 이 "미끼"를 먹으려는 물고기는 거북의 강한 턱이 닫히면서 잡아먹힌다.

초식성

생태학자들은 **초식성(herbivory)**이라는 용어를 초식동물이 식물의 일부나 조류(algae)를 먹음으로써 해를 끼치는 +/− 상호관계를 설명하는데 사용한다. 가축, 양, 물소와 같은 대형 초식성 포유류는 잘 알려져 있지만, 대부분의 초식동물은 귀뚜라미와 딱정벌레들처럼 작은 무척추동물이다. 대양에서 초식동물은 성게, 몇몇

(a) 보호색

▶ 깊은 협곡 나무개구리

(b) 경고색

▶ 독화살개구리

(c) 베이츠의태: 무해한 종이 해로운 종을 흉내 낸다.

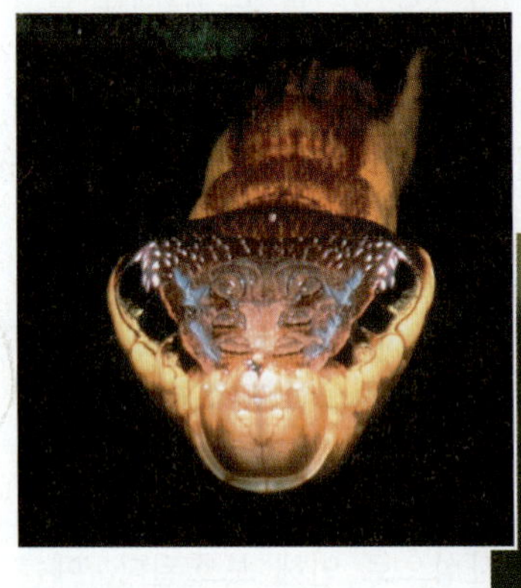

◀ 독이 없는 매나방 애벌레

▼ 독이 있는 초록 앵무새뱀

▲ **그림 36.25 동물 보호색의 예**

열대 어류, 그리고 바다소(manatee)를 포함한 해양동물이다(**그림 36.26**).

포식자처럼 초식동물은 다양하고 특이한 적응력을 가지고 있다. 많은 초식성 곤충들은 발에 감각기가 있어 독성과 비독성 식물을 구별하며, 영양 및 비영양식물을 인식한다. 염소 같은 몇몇 초식성 포유동물은 후각을 써서 꽃 같은 특정 부분만을 먹는다. 많은 초식동물은 초식에 알맞도록 변화된 이빨이나 소화 기관을 가지고 있다.

피식동물과는 달리 식물은 잡아먹히지 않기 위해 달아날 수 없다. 그 대신 초식동물에 대한 식물의 주된 무기는 때로 침과 가시를 겸하여 화학적 독성 물질을 저장하는 것이다. 무기로 쓰이는 식물의 화합물 중에는 열대 지방의 포도나무인 *Strychnos toxifera*에서 추출되는 스트리크닌(strychnine), 담배 식물에서 얻어지는 니코틴(nicotine) 등이 있다. 사람에는 독성이 없으나 많은 초식동물들이 혐오하는 화합물로는 시나몬(cinnamon), 클로버(clover), 페퍼민트(peppermint) 같은 친숙한 향료들이 있다.

기생

기생(parasitism)은 한 **기생생물(parasite)**이 다른 생물체인 숙주(host)로부터 영양을 공급받는 +/−의 착취적인 상호작용이며, 이 과정에서 숙주에게 해를 끼친다. 어떤 기생생물은 촌충이나 말라리아처럼 숙주의 몸속에 살아 **내부기생생물(endoparasite)**이라고 불린다. 또한 진드기나 숙주의 몸 바깥 표면에 붙어 먹이를 취하는 것은 **외부기생생물(ectoparasite)**이라고 한다. 기생의 특별한 형태로 기생곤충(parasitoid insects)이 있는데 이것은 작은 말벌이 숙주의 몸 안 또는 밖에 알을 낳는다. 그리하여 애벌레는 그 숙주의 몸을 먹으며 자라, 마침내 숙주를 죽인다. 생태학자에 따라 지구상의 1/3 이상의 생물이 기생생물이라는 견해도 있다. 한 개의 특이한 기생 곤충—주로 작은 말벌(wasp)—은 기생하는 숙주에 알을 낳는데, 브라코니드 말벌(braconid wasp)은 그림에 나와 있는 기생 담배 뿔지렁이(hornworm, *Manduca sexta*)에 알을 낳는다.

많은 기생생물들은 여러 숙주를 가지는 복잡한 생활사를 가진다. 예를 들어 최근에 전 세계 인구의 거의 2억 명을 감염시킨 주혈흡충(blood fluke)의 생활사는 두 가지 숙주인 사람과 담수산 달팽이가 연관된다. 어떤 기생생물은 이들이 한 숙주로부터 다른 숙주로 옮기는 기회를 높이기 위해 숙주가 행동을 바꾸게 유도한다. 예를 들어, 기생성 구두동물(acanthocephala; 가시 달린 머리 갖는)이 감염된 갑각류 숙주는 보호각인 껍데기를 벗어버리고 밖으로 나와 버리는 비정상적인 행동을 한다. 이러한 이상행동의 결과로 이 갑각류는 새들에게 잡아먹힐 기회가 더 많아지고, 따라서 이 기생동물은 제2의 숙주인 새로 쉽게 옮아갈 수 있게 된다.

▲ **그림 36.26 바다 초식동물.** 미국 플로리다에 사는 서인도제도 바다소(*Trichechus manatus*)는 외래종인 물히아신스 *Hydrilla*를 먹고 산다.

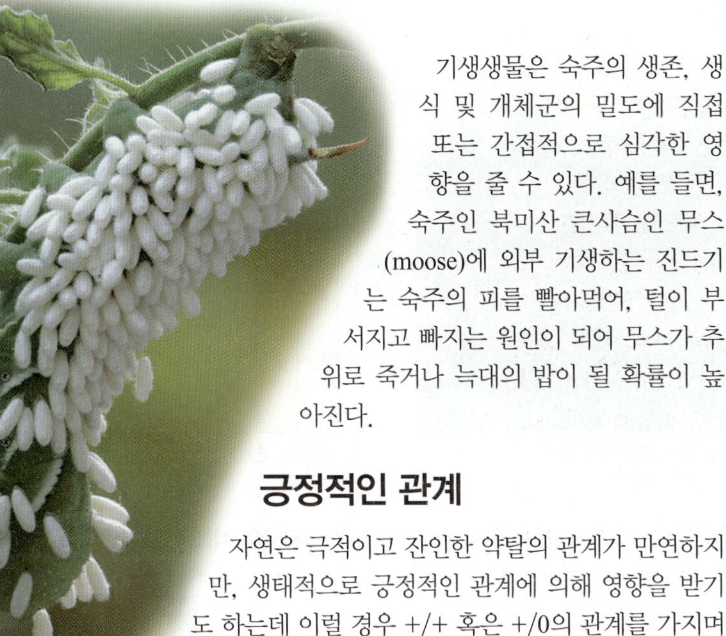

기생생물은 숙주의 생존, 생식 및 개체군의 밀도에 직접 또는 간접적으로 심각한 영향을 줄 수 있다. 예를 들면, 숙주인 북미산 큰사슴인 무스(moose)에 외부 기생하는 진드기는 숙주의 피를 빨아먹어, 털이 부서지고 빠지는 원인이 되어 무스가 추위로 죽거나 늑대의 밥이 될 확률이 높아진다.

긍정적인 관계

자연은 극적이고 잔인한 약탈의 관계가 만연하지만, 생태적으로 긍정적인 관계에 의해 영향을 받기도 하는데 이럴 경우 +/+ 혹은 +/0의 관계를 가지며 적어도 한 종은 이익을 얻고 상대방은 해를 입지 않는다. 긍정적인 관계는 상리공생 혹은 편리공생이라 하며, 생태계 군집의 종 다양성을 얻는데도 기여하고 있다.

상리공생

상리공생(mutualism)은 양쪽 종에게 모두 유익한 상호작용(+/+)이다. 상리공생은 자연에서 흔한데 40장에서도 기술된 바가 있으며, 흰개미와 반추동물인 포유류의 소화기관에 있는 미생물에 의한 섬유소의 분해, 꽃가루 수분을 일으키거나 씨앗을 퍼트리는 동물, 균근(mycorrhiza)에서 곰팡이와 식물 뿌리의 협동에 의한 영양분의 교환, 산호 조직 속에 있는 단세포 조류에 의한 광합성 등이 그것이다. 흰개미와 장내 미생물의 관계는 필수 상리공생(obligate mutualism)이며(그림 36.27), 각 종은 생존 및 번식에 다른 종이 필요하다. 하지만 다른 공생관계—남부 중앙아메리카에 있는 개미와 아카시나무의 예—에서는 두 종은 각각 독립해서도 생존할 수가 있는 것이다.

대부분에서 상리공생의 두 종은 이익과 비용을 포함한다. 균근에 있어서 식물은 탄수화물을 균류에 이동시키며, 균류는 인과 같은 제한적 영양 물질은 이동한다. 각각의 종은 이익을 얻으며 각 종은 비용을 경험한다: 자신의 성장과 신진대사를 유지하는 데 물질은 사용된다. 여기서 핵심은 관계가 상호 이익을 준다는 것이며 각 종의 이익은 비용을 넘지 않는다.

편리공생

편리공생(commensalism)은 두 종 간의 상호작용에서 한 쪽은 이익을 얻지만 다른 쪽은 아무런 해나 이익도 얻지 않는 것으로 정의한다(+/0). 상리공생처럼 편리공생적인 상호작용은 자연계에서 흔히 발견된다. 예를 들면 야생화는 산림토양에 사는데 상층의 나무에 의존하기 때문이다. 나무는 야생화가 거주하는 공간을 제공한다. 하지만 수목의 생존과 번식은 야생화에 의존하지는 않는다. 따라서 이들 종은 +/0 관계를 가지며 야생화는 이득을 얻는다.

다른 사례에서는 황로는 들소, 다른 초식동물에 의해 이동되는

(a) 중미와 남미에 사는 아카시나무의 어떤 종은 *Pseudomyrmex* 속 개미의 집이 되는 오목한 가시를 가지고 있다. 이 개미는 나무의 꿀샘에서 분비되는 당분과 잎맥 끝에 만들어지는 단백질이 많은 돌기물(사진에서 노란색)을 먹이로 한다.

(b) 아카시나무는 싸움꾼인 이 개미가 뭐든지 나무를 건드리면 공격하고, 곰팡이 포자나 다른 부스러기와, 나무 가까이 자라는 식물들을 없애주어, 도움을 받는다.

▲ 그림 36.27 **아카시나무와 개미의 상리공생**

곤충을 잡아 먹으며 산다(그림 36.28). 이 새들은 초식동물을 따라가면서 빠른 속도로 먹을 수 있어 분명히 이익을 얻는다. 많은 시간 초식동물은 황로에 의해 영향을 받지 않으나 간혹 다른 이익을 얻는데, 조류는 초식동물의 외부기생충이나 진드기를 제거해 주거나 다른 포식자의 접근을 알려준다. 이런 사례는 다른 생태적 관계를 야기시킨다: 즉, 서로의 영향이 변하게 되고 이런 경우 관계에서 +/0(편리공생)이 +/+ (상리공생)으로 변하게 된다.

긍정적인 관계는 생태적 군집에서 큰 영향을 보여준다. 예를 들면 검은 검은골풀(*Juncus gerardi*)은 뉴잉글랜드 염생습지의 토양을 다른 생물이 살기 좋은 환경으로 만든다(그림 36.29a). 골풀은 그늘을 조성하므로 염습지를 막아주고 산소를 지하부분에 공급하는 역할을 한다. 다른 연구에서 골풀이 없는 조간대 지역은 식물이 50% 이상 감소되었다(그림 36.29b).

▲ **그림 36.28** **황로와 물소 간에 가능한 상리공생의 한 보기**

긍정적인 종간 관계가 그러하듯이 경쟁 및 착취(포식, 초식 및 기생)도 생태적 군집에 심대한 영향을 미친다.

개념 36.6

다양성과 영양구조는 생물군집의 특징이다

앞부분에서 언급한 종들 간의 관계와 더불어 군집은 종다양성과 먹이의 상관관계를 포함한 일반적인 속성에 의해 특징지어진다. 이 절에서 생태학적 속성이 얼마나 중요한지 알게 될 것이다. 일반적으로 한 군집에서 특정한 몇몇 종이 군집구조, 특히 구성, 상대수도, 그리고 종다양성에 강력한 영향을 미친다.

종다양성

한 군집의 **종다양성(species diversity)**—그 군집을 이루는 서로 다른 다양한 생물들—은 두 가지 구성성분을 지니고 있다. 그 중 하나는 군집 안의 모든 종의 수인 **종풍부도(species richness)**이고, 다른 하나는 군집 내에 출현하는 각 종의 비율인 **상대수도(relative abundance)**이다.

예를 들어, 4가지 서로 다른 나무의 종(A, B, C, D) 100개체로 이루어진 두 작은 삼림군집들을 다음과 같이 생각해 보자.

군집 1: 25A, 25B, 25C, 25D
군집 2: 80A, 5B, 5C, 10D

종풍부도는 양쪽 군집이 모두 네 종만을 포함하기 때문에 서로 같다. 그러나 상대수도는 매우 다르다(그림 36.30). 군집 1에서는 4가지 서로 다른 나무 형태를 쉽게 주목할 수 있지만, 군집 2에서는 주의 깊게 관찰하지 않으면 단지 수도가 높은 A종만 볼 수 있게 된다. 대부분의 관찰자들은 군집 1이 더 다양하다고 직관적으로 기술할 것이다. 생태학자들은 군집의 진정한 종다양성은 종풍부도와 상대수도 둘 모두에 의존한다는 것을 안다.

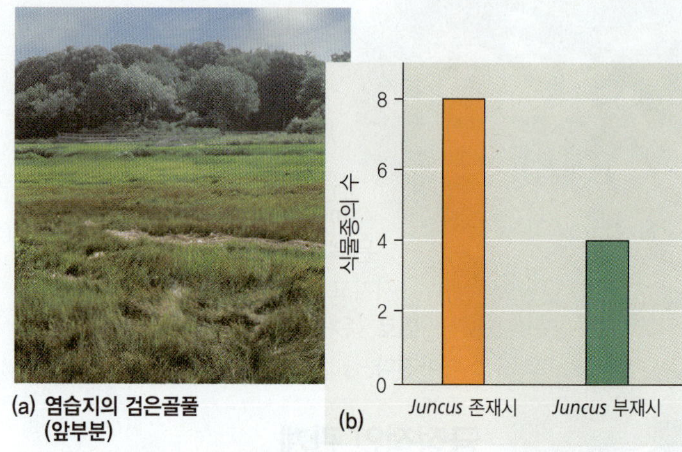

▲ **그림 36.29** **검은골풀에 의한 뉴잉글랜드지역의 식물 촉진.** 검은골풀은 염습지의 식물종 증가에 크게 기여한다.

생태학자들은 시공간적으로 다른 군집의 다양성을 비교하기 위한 여러 방법을 사용한다. 종다양성의 지수로 종풍부도와 상대수도를 이용한다. 가장 많이 사용되는 지수는 **샤논 다양성 지수(Shannon diversity index, *H*)**이다:

$$H = -(p_A \ln p_A + p_B \ln p_B + p_C \ln p_C + \dots)$$

여기서 A, B, C는 군집의 각 종이며, p는 종의 상대도수이다. ln은 자연로그이다. 각각의 p 값에서 ln은 계산기에 있으며, 높은 H 값은 더 다양한 군집을 의미한다. 이 공식을 이용하여 그림 36.30에 나타난 2개의 군집에 대해 샤논지수를 도출한다. 군집 1은 각 군

군집 1
A: 25% B: 25% C: 25% D: 25%

군집 2
A: 80% B: 5% C: 5% D: 10%

▲ **그림 36.30** **어느 삼림이 더 다양한가?** 생태학자들은 종풍부도와 상대수도 양쪽을 다 고려하였을 때, 군집 1의 종다양성이 더 크다고 말할 것이다.

집에서 $p = 0.25$를 가지며,

$$H = -4\times(0.25 \ln 0.25) = 1.39$$

의 값을 가진다.

군집 2는

$$H = -(0.8 \ln 0.8) + 2(0.05 \ln 0.05) + (0.1 \ln 0.1)) = 0.71$$

의 값을 가진다. 위의 계산과 같이 군집 1의 다양성이 더 높다.

한 군집에서 종의 수를 결정하는 것은 어려운 작업이다. 여러 가지 표본추출 기법이 이용되지만 군집에서 대부분의 종은 상대적으로 드물기 때문에 한 표본만으로 그 대표성을 충분히 보여주기는 어렵다. 곤충이나 야간에 이동하는 종에 대한 정확한 통계 조사는 특히 어렵다. 미생물의 군집구조 파악은 어려우나 최근에는 분자생물학적 방법을 이용하여 미생물 다양성을 측정하기도 한다.

다양성과 군집 안정

종다양성 측정과 더불어 생태학자들은 자연상태나 실험실에서 인위적으로 다양성을 조절한다. 생물군집의 안정성이나 생산성증가 등을 포함한 다양성의 잠재적 이익을 측정하기 위해서다.

미국 미네소타주의 시더크리크 자연사 연구지역(Cedar Creek Natural History Area)에서는 지난 20년 동안 식물 다양성을 조절하여 연구를 진행하고 있다(그림 36.31). 높은 다양성의 군집은 생산성이 높고 가뭄과 같은 환경스트레스에도 저항성이 강하다. 보다 다양한 군집은 생산성에 있어 매년 더 안정성을 보여왔다. 예를 들면 지난 10년간 연구에서 1, 2, 4, 8, 16개의 다년생 초본류를 포함한 168개의 방형구를 만들었으며 가장 다양한 방형구는 매년 가장 높은 **바이오매스(biomass;** 개체군 천체의 총생산)를 보여주었다.

높은 다양성 군집은 원래 지역이 아닌 타지역에 정착하고자 하는 **외래종(invasive speies)**의 침입에도 강하다. 미국 코네티컷의 롱아이랜드해엽에서 이동성이 약한 피낭동물(tunicates)과 같은 해양 무척추동물 군집의 다양성을 조절하는 실험을 하여왔다. 실험지역에서는 외래종 피낭동물에 의해 어떻게 반응하는가를 관찰하였으며, 외래종은 다양성이 약한 군집에 4배 이상의 생존율을 보였는데, 이는 높은 다양성보다 낮은 다양성에서 더 생존한다. 연구자는 다양성이 좋은 군집은 다양한 자원을 획득할 수 있으며, 침입자에게 적은 자원만을 제공하여 생존의 기회를 낮추는 것으로 나타났다.

▲ **그림 36.31 시더크리크 연못 자연사 연구지역의 격자형 그림은 연구자들이 식물 다양성을 조절하는 장기 생태연구가 이루어지는 곳이다.**

영양구조

위에서 언급된 실험은 생물먹이 수준에서도 중요도가 조사되었다. 군집의 구조와 동태는 복잡한 생물 간의 먹이 상관관계, 즉 군집의 **영양구조(trophic structure)**에 달려 있다. 먹이관계에 의해 에너지는 식물이나 다른 광합성 생물(1차 생산자)에서 시작하여 초식동물(1차 소비자), 그리고 육식동물(2차, 3차, 4차 소비자들)로 이동한다. 그리고 마침내 분해자들까지 에너지는 영양 단계(trophic level)를 따라 올라가며 이를 **먹이사슬(food chain)**로 표현한다(그림 36.32).

1920년대에 옥스퍼드 대학교의 생물학자 엘톤(Charles Elton)은 먹이사슬이 분리된 단위가 아니라 서로 연관된 **먹이그물(food web)** 상태라는 것을 이해하였다. 생태학자들은 한 군집에서 무엇을 먹는지에 따라 종을 화살표로 연결한 먹이그물로 영양분의 상

▲ **그림 36.32 육상과 해양의 먹이사슬.** 화살표는 생물이 다른 생물을 섭취할 때 한 군집의 영양 단계를 통하여 이동하는 에너지와 영양분을 표시한 것이다. 모든 영양 단계로부터 "먹이"를 취하는 분해자들은 여기에 표시되지 않았다.

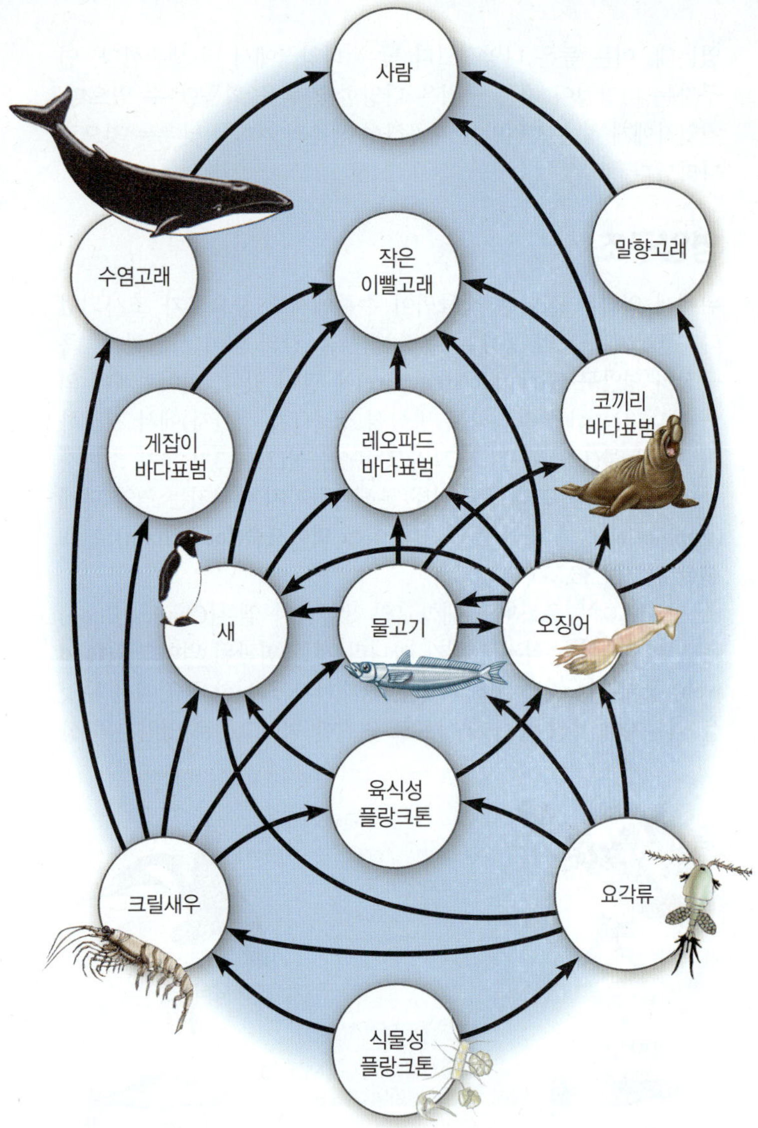

▲ **그림 36.33 남극 해양의 한 먹이그물.** 화살표는 생산자들(식물성 플랑크톤)로부터 영양 단계를 거쳐 위로 따라 올라간다. 그림을 단순화하기 위하여 분해자들은 제외하였다.

관관계를 요약하였다. 예를 들면 남극의 원양성 군집에서 먹이그물을 단순화한 것이다. 이 군집에서 1차생산자는 식물성 플랑크톤이고, 이들은 동물성 플랑크톤, 특히 갑각류인 크릴새우(krill)와 요각류(copepod)에게 먹힌다. 이들 동물성 플랑크톤은 다른 동물성 플랑크톤을 포함하여 펭귄, 바다표범, 물고기, 그리고 수염고래 같은 다양한 육식동물들에게 차례로 잡아먹힌다(그림 36.33).

동물성 플랑크톤뿐만 아니라 물고기와 플랑크톤을 다 잡아먹는 오징어는 이들 먹이그물에서 다른 중요한 연결 고리가 되며, 바다표범과 이빨 난 고래들에게 잡아먹힌다. 먹이망의 한 종은 한 개 이상의 화살표를 가지며, 그림 36.33에서 크릴은 식물성 플랑크톤과 요각류를 잡아먹는다.

영향이 큰 종

어떤 종은 그들의 수도가 매우 높거나, 그들이 군집동태에서 중추적인 역할을 하기 때문에 전체 군집구조에 특별히 큰 영향을 미치고 있다. 종에 대한 이런 평가는 영양 단계의 상호관계나 물리적 환경에 미치는 영향을 통해 나타난다.

▲ **그림 36.34 비버는 생태계기능공.** 비버는 나무를 꺾고 댐을 쌓아 연못을 만들어 놓음으로써 산림의 넓은 지역을 홍수가 발생하는 습지로 바꾼다.

우점종(dominant species)은 군집 내에서 가장 수도가 많거나 또는 총체적으로 생체량(biomass; 한 개체군에서 모든 개체의 총 질량)이 가장 많은 종이다. 한 종이 어떤 군집에서 왜 우점종이 되는지는 한 마디로 설명할 수 없다. 한 가설은 우점종이 물이나 영양과 같은 한정적인 자원을 가장 잘 찾아낼 것이라고 제안한다. 다른 설명은 우점종이 포식자나 질병의 영향을 가장 잘 피한다는 것이다. 후자의 생각은 외래종(invasive species; 일반적으로 사람에 의하여 그들의 자생지로부터 옮겨져서 도입된 종)이 자연적인 포식자와 병원체가 없는 환경을 찾아내어 높은 생체량을 나타내는 것으로 설명한다. 이런 종은 그들의 개체군에 영향을 주는 중간 포식자나 기생물질을 만나지 않는 것이다.

우점종에 대응하는 **핵심종(keystone species)**은 군집 안에서 반드시 수가 많아야 하지는 않다. 그들은 군집 구조에 수적인 힘뿐만 아니라 중추적인 생태적 역할, 생태적 지위에 의해 강력한 지배력을 발휘한다.

다른 생물종은 군집에 대한 영향을 먹이구조의 관계가 아닌 물리적 환경을 변화시키므로 나타낸다. 종이 물리적 환경을 극적으로 바꾸는 그런 영향력을 갖는 종을 생태계의 **"기능공(ecosystem engineer)"** 또는 "창시종(foundation species)"이라 한다. 한 사례는 비버(beaver)이다(그림 36.34). 기능공 종은 다른 종에 대해 긍정적이거나 혹은 부정적 영향을 끼친다.

상향식 조절과 하향식 조절

인접하는 영양 단계 간의 상관관계에 의한 단순 모형은 생물학적 군집이 어떻게 만들어졌는지 논의하는 데 유용하다. 예를 들어, 식물(식생을 V로 표기)과 초식동물(H)의 상호관계에 대하여 상관관계의 가능성 3가지를 생각해 보자.

$$V \rightarrow H \qquad V \leftarrow H \qquad V \leftrightarrow H$$

화살표는 한 영양 단계의 생체량(총 질량)이 다른 영양 단계의 변화 때문에 달라지는 것을 의미한다. $V \rightarrow H$는 식생의 증가가 초식동물의 수 또는 생체량에 영향을 준다는 것을 의미한다. 그러나 그 반대는 아니다. 이와는 반대로 $V \leftarrow H$는 초식동물의 생체량이 증가하면 식생에 영향을 미친다(그것이 감소한다). 그러나 그 반대는 아니다. 양방향의 화살은 되먹임이 양방향으로 일어나, 각 영양단계는 상대방의 생체량의 변화에 민감한 영향을 미치는 것을 나타낸다.

이 보기에서와 같이 가능한 상호작용을 기초로 하여 군집 구성의 두 가지 모형을 규정할 수 있다. $V \rightarrow H$ 연관은 **상향식 모형(bottom-up model)**이고, 낮은 영양 단계로부터 높은 영양 단계로만 영향을 미치는 것이다. 이 경우 무기영양분(N)은 식물(V)의 수를 조절하고, 식물 수는 초식동물(H)의 수를 조절하며, 이들은 다시 포식자(P)를 차례로 조절한다. 이를 단순화한 상향식 모형은 $N \rightarrow V \rightarrow H \rightarrow P$이다. 상향식 군집의 군집구조를 바꾸기 위해서는 맨 하위 영양 단계의 생체량을 바꿀 필요가 있다. 예를 들면, 만약 식물의 생장을 촉진하기 위하여 무기염류를 첨가한다면 상위 영양단계는 생체량이 증가할 수 있을 것이다. 그러나 만약 이 상향식 군집에 포식자를 더하거나 제하면 그 효과는 하위 영양단계로 확대되지 않을 것이다.

그 반대로, **하향식 모형(top-down model)**은 그 영향이 반대 방향으로 움직이도록 설정한 것이다. 군집의 구성을 조절하는 것은 주로 포식이다. 그 까닭은 포식자가 초식동물을 제한하고, 초식동물은 식물들을 제한하며, 식물들은 생장과 생식을 할 동안 영양분의 섭취를 통하여 영양 수준을 차례로 제한하기 때문이다. 이를 단순화한 하향식 모형은 $N \leftarrow V \leftarrow H \leftarrow P$이고, 이는 또한 **영양연쇄반응 모형**(trophic cascade model)이라고도 한다. 예를 들면, 4개 영양 단계로 이루어진 호수 군집의 하향식 모형에서 상위 육식동물을 제거하면 1차 육식동물의 수가 증가하고, 따라서 초식동물의 수가 감소하며, 식물성 플랑크톤의 수가 증가하여, 결국 유기염류의 농도가 감소된다는 것을 예견하게 한다. 이 호수에 만약 3개 영양 단계만 있다면, 1차 육식동물을 제거하면 초식동물이 증가할 것이고, 식물성 플랑크톤은 감소하여 영양염류의 수준은 높아질 것이다. 한 조작의 결과는 이처럼 영양구조 내에서 +/− 효과가 연속적으로 번갈아 가며 하향 이동하게 한다.

많은 담수호가 하향식 모형을 따르는 구조를 하고 있기 때문에 생태학자들은 수질 개선을 위한 수단을 가지고 있다. 우리는 이 전략을 **먹이연쇄조작(biomanipulation)**이라 부르고, 녹조의 증가를 상위 포식자를 변화시키므로 방지할 수 있다. 3개 영양단계를 갖는 호수에서 물고기를 제거하면 동물성 플랑크톤이 증가하고 따라서 조류 개체군들이 감소하여 수질이 개선된다. 4개 영양 단계를 갖는 호수에서는 최상위 포식자를 더해주면 같은 결과를 얻는다(그림 36.35).

생태학자들은 남부 핀란드의 베샤르비 호수(Lake Vesijärvi)에 대규모의 먹이연쇄조작을 적용하였다. 호수는 1976년부터 도시 생활하수와 산업폐수로 심하게 오염되었다. 이러한 오염원들의 투하가 사라졌을 때, 오염은 조절되기 시작했고 호수의 수질은 점차 회복되었다. 그러나 1986년에 남세균(cyanobacteria)에 의해 거대한 물꽃(bloom)이 일어나기 시작하였다. 이 물꽃은 한 잉어과의 물고기(roach) 개체군의 과밀한 출현과 일치하였다. 이 물고기는 호수로 들어오는 무기영양분(오염물)을 수년 동안 축적시켰던 것이다. 이 물고기는 동물성 플랑크톤을 먹고, 동물성 플랑크톤이 감소됨에 따라 남세균과 조류는 먹히는 일이 줄어들었고, 그 결과 이들의 수가 증가하였다. 이런 상황을 바꾸기 위하여 생태학자들은 1989년부터 1993년까지 이는 이전 물고기의 80%를 없앤 것이다. 동시에, 생태학자들은 이 잉어과 물고기의 포식자인 꼬치농어(pike perch)를 호수에 투입하였다. 이 호수를 4개 영양 단계로 변화시켜 잉어과 물고기(이 호수의 주된 육식동물)의 개체군을 감소시킨 것이다. 베샤르비 호수의 먹이연쇄조작은 성공적이었다. 수질은 깨끗해졌고, 남세균의 물꽃은 1989년에 끝났다. 생태학자는 시아노박테리아의 증식 및 낮은 산소공급의 증거를 찾기 위해 호수를 지속적으로 모니터링하여, 이 호수는 1993년에 잉어과 물고기를 없애는 일을 멈춘 후에도 계속 깨끗하게 유지되고 있다.

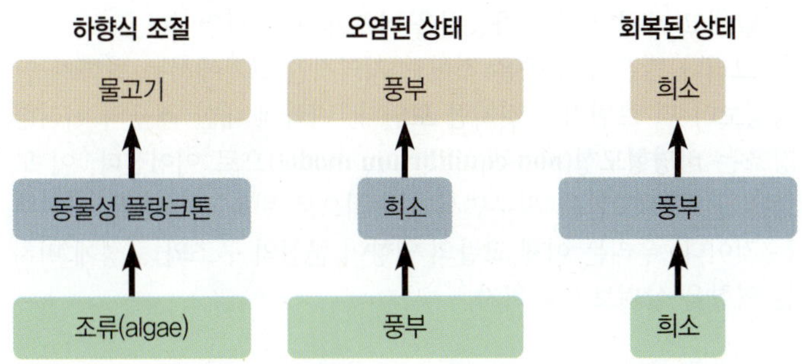

▲ **그림 36.35 하향식 군집구조의 조절에 의한 호수의 먹이연쇄조작 결과.** 동물성 플랑크톤을 먹는 어류의 감소는 조류의 번성을 억제하여 수질의 정화를 가져왔다.

위의 예들에서 보는 것처럼 군집은 상향식 조절과 하향식 조절의 상대적인 정도에 따라 달라진다. 과학자들은 농업 경관, 국립공원, 저수지, 그리고 해산 물고기들의 관리를 위해서는 각각의 고유한 군집동태를 이해할 필요가 있다.

개념 36.7

교란은 종다양성과 구성에 영향을 미친다

수십 년 전에 대부분의 생태학자들은 생물학적 군집들이 인간 활동에 의해 심각히 교란만 되지 않는다면 안정적으로 균형을 이루는 평형 상태를 유지한다는 전통적인 견해를 선호했다. 이 "자연의 균형(balance of nature)"이라는 견해는 종간의 경쟁을 군집의 구성과 군집 내 안정성 유지의 핵심 요인으로 인식하는 데 초점을 맞춘 것이었다. 이런 관점에서 **안정성**(stability)이란 군집이 교란과 직면할 때 상대적으로 안정되게 종을 구성하고 유지하려는 경향이라고 생각한다. **교란(disturbance)**은 태풍, 불, 홍수, 가뭄, 지나친 방목, 그리고 인간 활동 같은 것으로 군집을 변하게 하여 생물을 없애고 자원의 이용 가능성을 바꾸게 하는 사건이다.

그러나 많은 군집들은 적어도 지역적인 크기에서는 변화가 안정성보다 더 보편적인 것처럼 보인다. 변화에 대한 최근의 이러한 강조는 **비평형모형(non-equilibrium model)**으로 이어진다. 이 모형은 군집이 교란과 싸우면서 지속적으로 변하고 있음을 보여주는 것이다. 우리는 이제 교란의 영향이 군집의 구조와 구성에 미치는 영향을 살펴보기로 하자.

교란의 특징

교란의 유형과 빈도, 그리고 심각성은 군집의 종류마다 다양하다. 폭풍은 거의 모든 군집을 교란한다. 폭풍은 교란요인이며 해양의 파도를 일으켜 모든 군집에 변화를 준다. 불은 대부분의 육상 군집들에게 심각한 교란이 된다. 실제로 초원과 지중해성 관목지대(chaparral)의 생체량은 규칙적인 불로 교란된다. 냉해는 많은 강, 호수, 연못과 많은 개울에서 일어나고, 연못은 계절에 따라 물이 넘치거나 말라서 교란된다. 생태학자들은 특정 군집에 대한 수년간의 자료를 모아 교란의 영향을 검토하고 있다. 높은 수준의 교란은 일반적으로 높은 강도, 그리고 높은 빈도의 결과이다. 이에 비하여 낮은 수준의 교란은 낮은 강도 혹은 낮은 빈도의 결과이다.

중간교란 가설(intermediate disturbance hypothesis)은 적정 수준의 교란은 높거나 낮은 교란보다 종다양성을 도와주는 조건을 만들 수 있다고 지적한다. 높은 수준의 교란은 많은 종이 감내할 수 없는 환경 스트레스를 만들어 많은 종들이 군집에서 사라지거나, 또는 느리게 어울리고 느리게 자라나는 종들을 배제시켜 종다양성이 감소하게 된다. 다른 예로 낮은 교란은 종다양성을 감소시키는데 이는 우점종이 덜 경쟁적인 종을 제거하므로 그런 결과를 초래한다. 하지만 중간교란은 우점하는 종으로부터 서식지를 열리게 하는 역할을 하여 종다양성을 증가시킨다. 이런 중간교란은 매우 심각하게 영향을 주는 일이 거의 없다.

이런 중간교란은 여러 육상 및 수생 연구에서 나타난다. 하나의 예로 뉴질랜드의 생태학자는 무척추동물이 서식하는 하천바닥을 홍수의 강도와 빈도를 달리하여 비교하였다(그림 36.36). 홍수가 빈번하거나 아주 드물게 발생할 경우 무척추동물의 풍부도는 낮았다. 잦은 홍수는 하천에 정착하기 어렵게 하며, 그 지역은 홍수로 인해 상위 경쟁자로 교체가 이루어진다. 하지만 교란의 빈도가 중간일 경우 수서곤충의 수가 최고에 도달하였는데 이는 중간교란 가설과 일치한다.

중간교란이 종다양도를 최대화하지만 작거나 큰 교란도 군집 구조에 중요한 역할을 한다. 작은 교란은 경관에 다양한 서식지를 만들어내며, 큰규모의 교란은 다양한 군집의 자연적인 현상이다. 옐로스톤 국립공원(Yellowstone National Park)의 로지폴소나무(lodgepole pine)는 산불에 의존하는 대표적인 수종이다. 이 나무는 주기적인 불의 영향을 받는 회춘이 필요하다. 이 나무의 솔방울은 집중적으로 가열하기 전에는 터지지 않는다. 삼림의 불이 어미 나무를 파괴하면 솔방울이 터져 씨앗을 방출한다. 새로운 초원

(a) **불이 난 직후.** 불이 난 직후에 찍은 이 사진이 보여주는 것처럼 불은 왼쪽 경관의 한 조각을 남겨 놓았다. 멀리 불에 타지 않은 나무들에 유의하라.

(b) **불이 난 지 1년 후.** 일년 후 동일한 지역에서 찍은 이 사진은 군집이 얼마나 빠르게 회복되는지 알려 준다. 이전의 삼림과는 달리 다양한 초본성 식물들이 땅을 덮고 있다.

▲ **그림 36.37 거대한 규모의 교란에 따른 파편화와 회복.** 1988년에 옐로스톤 국립공원의 불은 로지폴소나무가 우점하던 삼림의 방대한 지역을 파괴하였다.

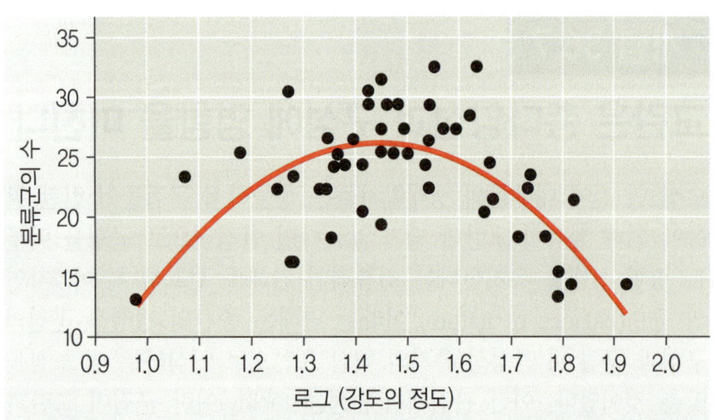

▲ **그림 36.36 중간교란 가설의 실험.** 연구자는 수서곤충을 뉴질랜드 27개 하천에서 밝혀낸다. 하천바닥의 방해를 지수로 하여 홍수의 강도를 측정한다. 수서곤충의 수는 교란이 중간 정도일 때 가장 많이 나타났다.

은 타버린 나무들을 영양분으로 하여 오래된 나무들이 없어진 나지에서 직접 햇볕을 받으며 번성할 수 있다.

옐로스톤 국립공원에서 1988년 여름에 일어난 큰 불은 작은 교란이 없을 때 무슨 일이 일어나는지 알게 하는 좋은 보기가 된다. 1989년 전년도에 타버린 산림에는 많은 새로운 식생이 점유하게 되었으며, 이는 군집이 빠르게 회복된다는 것을 의미한다(그림 36.37). 실제로 대규모의 산불은 옐로스톤의 국립공원의 로지폴소나무에 영향을 주었으며. 국립공원 인근지역에 수천 년에 걸쳐 영향을 주었다.

옐로스톤 국립공원의 산림군집과 기타 많은 연구는 자연 교란과 생장과 번식의 내적과정을 통해 비평형적인 군집이 되어 온 것을 의미한다. 많은 증거를 통해 비평형 조건은 대부분의 군집에서 자주 발생하는 현상이라는 것을 보여주고 있다.

생태적 천이

군집의 구성과 구조의 변화는 빙하나 화산 폭발처럼 그곳에 존재하는 모든 식생을 사라지게 하기 때문에 얼마 후에는 대부분 명확해진다. 교란된 지역은 점진적으로 다양한 종으로 집락이 형성(colonization)되고, 다시 다른 종으로 대치되며, 또다시 다른 종으로 차례로 대치되는 **생태적 천이(ecological succession)**를 거치게 된다. 새로운 화산 지역이나 빙하로 인해 쓸려버린 빙퇴석(moraine)처럼 생명체가 없어진 지역에서 이 과정이 시작되면 이를 **1차 천이(primary succession)**라고 한다. 반면에 **2차 천이(secondary succession)**는 기존의 군집이 1988년 옐로스톤의 불에서처럼 어떤 확실한 교란으로 인하여 청소되고, 토양은 그대로 남겨진 곳에서 일어난다(그림 36.37).

1차 천이 동안에 처음 시작되는 곳의 유일한 생명체는 원핵생물(prokaryotes)과 원생생물(protists)이다. 바람에 날려 온 포자에서 자란 지의류(lichens)와 선태류(mosses)는 보통 이런 지역에서 최초로 눈에 보이는 광합성 생물이 된다. 점차적으로 풍화된 암석과 초기에 집락했던 생물들의 잔해가 분해되어 생긴 유기물의 축적으로 토양이 만들어지기 시작한다. 일단 토양이 생기게 되면, 이웃한 지역으로부터 바람에 의하여 날려 온 지의류와 선태류와 동물들이 옮겨 온 초본, 관목, 나무의 씨앗들이 자라 덮여 버린다. 결과적으로 이 지역은 식물들이 집락하여 흔히 보이는 식생의 유형을 이루게 된다. 1차 천이로 만들어질 이러한 군집은 수백 또는 수천년이 걸릴 수도 있다.

초기에 정착된 종과 후기에 정착된 종은 세 가지 핵심적인 과정으로 연관된다. 초기 정착자들은 토양을 비옥하게 만드는 등 환경을 더 양호하게 만들어 후기 종의 출현을 촉진(facilitate)한다. 반면에 초기 정착 종들은 후기 종의 정착을 방해(inhibit)할 수도 있다. 그래서 후기 종에 의한 연속적인 집락형성은 초기 종의 활동 때문이라기보다는 초기 종의 활동에도 불구하고 성공적으로 이루어진다. 결국 초기 종들은 완전히 후기 종들에 의하여 종속되고, 따라

▲ 그림 36.38 **알래스카에 있는 빙하 퇴각과 빙하만의 1차 천이.** 파란색의 음영의 차이는 1760년 이후 빙하의 퇴각을 보여준다.

서 그들은 후기 종의 집락형성을 도우거나 방해할 수 없어, 견대내야(tolerate)만 한다.

생태학자들은 알래스카 남동 지방의 빙하만(Glacier Bay)에서 빙퇴석의 천이에 대한 광범위한 연구를 수행하였다. 이 빙하 층은 연간 거의 400 m에 이르도록 엄청나게 퇴각하여, 1760년 이후 약 100 km를 퇴각하였다(그림 36.38). 암석의 빙퇴석은 거의 원시적인, 그러나 거친 환경을 형성하여 식물들이 집락할 수 있게 하였다. 빙하만의 빙퇴석에서 일어나는 천이는 식생과 토양의 특성에 의하여 예측 가능한 유형을 따랐다. ❶ 노출된 빙퇴석에는 선류, 태류, 불탄 자리에 나는 잡초들이 개척자로 집락한다. 그 가운데는 매트(mat)를 이루는 관목인 드리아스(*Dryas*), 버드나무, 미루나무들이 포함된다. ❷ 약 30년 후에는 드리아스가 식물 군집의 우점종이 된다. ❸ 수십 년 후에는 오리나무들(alder)이 침입하여 결국 이들이 9 m 높이로 밀생하게 된다. ❹ 서양솔송나무(western hemlock)와 산솔송나무가 가문비나무 숲 속으로 침입하여, 다음 세기를 넘기면서 이 군집은 오리나무-솔송나무 군집으로 바뀌게 된다. 이 삼림은 그러나 관개가 잘되는 능선 지대에서만 잘 살 수 있다. 물이 잘 빠지지 않는 지역에서는 오리나무-솔송나무 군집의 삼림이 물이끼의 침입을 받고, 이 물이끼는 대량의 물을 머금어 토양을 산성화시킨다. 그런 지역에 사는 나무는 토양이 너무 물을 많이 머금고 산소 결핍이 심하여 뿌리를 지탱할 수 없게 되어 죽는다. 그리고 그 지역은 물이끼 늪이 되고 만다. 이리하여 빙하 퇴각 후 약 300년이 경과하고 난 이후 관개가 잘 안 되는 곳은 물이끼 늪지로, 잘 되는 곳은 오리나무-솔송나무 군집을 이루게 되었다.

빙하의 빙퇴석은 식생의 변천에 따른 토양속 물질과 다른 환경 요인을 일으켜 식생의 변화로 나타난다. 빙하 퇴각 후, 나지 토양의 한 가지 특징적인 모습은 질소 농도가 낮다는 것이다. 거의 모든 개척 종들은 매우 부실하게 자라고 질소량의 부족으로 누렇게 되며 천이를 일으킨다. 예외적으로 드리아스와 특히 오리나무가 있다. 이들 종은 공기 중의 질소를 고정하는 박테리아와 공생한다. 토양의 질소는 오리나무의 천이 시기에 급격히 증가한다. 가문비나무 숲은 오리나무들이 축적해 놓은 질소를 소비하면서 자란다. 토양의 성능을 변화시키면서 개척 식물 종들은 새로운 식물들이 자라는 것을 허용하고, 이 새 식물들은 차례로 환경을 다른 방향으로 바꾸며 천이에 기여한다.

인간의 교란

모든 동물 중에서 인간은 범세계적인 생물군집에 대하여 가장 큰 영향을 끼친다. 농업의 발달은 한때 북아메리카의 거대한 초원을 황폐화시켰다. 열대우림지역은 목재를 위한 개벌, 목축업과 농업으로 인해 사라졌으며, 아프리카의 기아발생도 과다한 목축업과 초원을 불지르고 농경지로 만든 농업의 교란에 기인한 바가 크다.

인간의 교란은 바다 생태계에도 커다란 위협이다. 바다의 저인망 사용은 산림의 벌채와 비슷하며 논에 쟁기질을 연상시킨다(그림 36.39). 저인망은 산호와 바다저서생물을 황폐화시키며 퇴적물에 악영향을 준다. 배가 훼손하는 면적은 남미의 크기와 거의 맞먹으며, 매년 개벌에 의해 벌채되는 산림의 면적보다 150배나 더 크다.

▲ 그림 36.39 **저인망에 의한 바다 해저의 방해.** 위의 사진은 호주 북서부의 해안가의 저인망에 의한 교란 전(위) 후의 모습이다.

인간의 의한 교란은 때로 심각하기 때문에 군집의 종다양성을 늘 감소하게 한다.

개념 36.8

생물지리적 요인과 생물 다양성

생태학자는 군집에 포함된 종에 큰 영향을 주는 대규모의 생물지리적 요인에 대해 관심이 있어왔다.

위도-극지 구배

1850년대에 다윈과 월리스(Alfred Wallace)는 모두 식물과 동물의 삶은 일반적으로 지구상의 어느 지역보다 열대 지방에서 더 풍요롭고 다양하다고 지적하였다. 그 이후로 많은 학자들이 위의 내용을 확인하였다. 예를 들면, 한 연구는 말레이시아(열대지역의 일부)에서 6.6헥타르(1 ha = 10,000 m^2)에 711종의 나무가 살고 있는데, 미시간의 낙엽수림 2헥타르에서는 겨우 10~15 종의 나무만 있다는 것을 밝혔다. 동물종의 분포도 이와 유사하다. 많은 동물들이 비슷한 위도구배를 보였는데, 예를 들면 브라질에는 200여 종의 개미가 존재하고 알래스카에는 단지 7종만 존재한다.

종의 풍부도에서 위도-극지 구배의 두 가지 핵심 요인은 아마도 진화적인 역사와 기후일 것이다. 진화가 일어나는 기간 동안 군집 내에서 종 분화 사건이 일어남에 따라 종다양성은 증가했을 것이다. 그리고 열대 군집은 온대나 한대 군집보다 상대적으로 더 오래 되었다. 이러한 시기적인 차이는 열대 삼림의 생장 계절이 고위도 지방의 툰드라 군집의 생장 시기보다 다섯 배나 더 길다는 사실을 근간으로 하고 있다. 효과 면에서 보아 생물학적 시간 즉, 종분화 시간이 열대는 극지보다 다섯 배나 더 길었다는 것이다. 그리고 많은 온대 및 한대 지역의 군집들은 폭풍이나 빙하들로 인하여

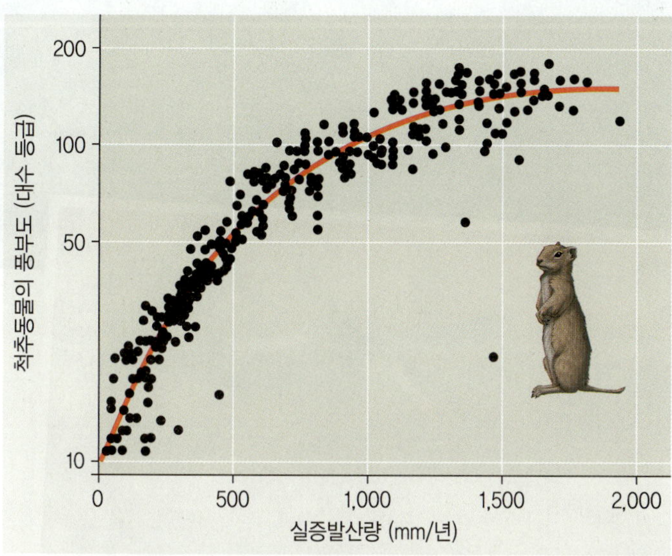

▲ **그림 36.40** **에너지, 물, 종풍부도.** 북아메리카 척추동물의 종풍부도는 최대증발산량과 대부분 일치한다. 증발산량의 값은 연간 강수량(mm/yr)으로 표시된다.

새로운 "출발(started over)"을 반복하고 있다.

기후는 위도구배의 1차적인 요인이다. 이 중, 생물 다양성과 연관된 두 기후 요인들은 태양에너지의 투입과 물이다. 이들 요인은 군집의 **증발산량(evapotranspiration)**의 비율로 측정할 수 있다. 이는 토양에 의한 수분의 증산과 식물에 의한 수분의 증산을 모두 포함한다. 증발산량, 태양광, 온도, 수분공급 등은 강우량이 풍부한 더운 지역이 훨씬 높게 나타난다. 증발산량은 태양광선과 온도, 수분 이용도로 결정되며, 낮은 온도나 낮은 강수량을 보이는 지역보다 강수량이 많은 열대 지방이 훨씬 더 높다. 수분 이용도가 아닌 에너지 이용도를 측정하는 **최대증발산량(potential evapotranspiration)**은 태양광선과 온도의 양으로 측정되며, 태양광선과 온도가 높은 지역에서 최고로 높다. 이와 같이, 식물과 동물의 풍부도는 증발산량과 상관관계가 있다(그림 36.40).

지역 효과

1807년 훔볼트(Alexander von Humboldt)는 생물 다양성의 첫 번째 유형으로 알려진 **종수-면적 곡선(species-area curve)**을 기술하였다. 모든 다른 조건들이 동등할 때 큰 지리적 구역의 군집은 더 많은 종을 보유한다. 이 모형은 큰 지역이 작은 지역보다 다양성이 더 많은 서식지나 미소서식지를 많이 마련할 수 있다는 점을 내포하고 있다. 면적의 증가에 대해 다양성이 증가한다는 기본 개념은 여러 상황에 적용될 수 있으며, 개미의 다양성의 증가가 나타나는 뉴기니 연구로부터 면적이 다른 지역의 식물종 다양성 증가까지 광범위하게 활용된다.

크기가 작고 격리되어 있는 조건 때문에 섬은 군집의 종다양성에 영향을 주는 생물지리적인 요인들을 연구하는 절호의 기회를 제공한다. "섬"이라는 말은 해양의 섬뿐만 아니라 육지 내 서식지의 고립된 서식지, 이를테면 호수, 저지대 및 격리된 산 정상, 또는 인간에 의하여 교란된 지역으로 둘러싸인 수목지의 조각들을 전부 의미한다.

섬에 궁극적으로 거주하게 될 종의 수를 결정하는 두 가지 요인은 새 종이 이 섬으로 이입하는 속도와 이 섬에서 사라지는 종의 속도이다. 그리고 이입과 소멸 속도에 영향을 주는 섬의 물리적인 조건은 그 크기와 대륙으로부터의 거리이다. 작은 섬들은 일반적으로 낮은 이입률을 나타낸다. 이는 집락형성의 기능이 작은 섬일수록 떨어지기 때문이다. 대륙으로부터의 거리도 중요하다. 같은 크기의 두 섬이 있다면 가까이 있는 섬이 멀리 떨어진 섬보다 이입률이 더 높을 것이기 때문이다. 또 이러한 높은 이입률로 인하여 멸종률도 낮아, 새로이 이입하여 집락에 참여하려는 종들이 멸종되지 않고 삶을 유지하는 데는 가까운 섬이 유리하다.

두 가지 물리적 요인(즉, 육지로부터 거리와 섬의 면적)이 종의 이주율과 멸종률에 영향을 준다. 적은 섬은 낮은 이주율을 가지며 동시에 높은 멸종율을 가진다. 주어진 시간에 섬의 이입률과 멸종률은 이미 존재하는 종 수의 영향을 받는다. 육지로부터 거리 역시 중요한데, 가까운 섬은 높은 이주율과 낮은 멸종율을 가진다. 이주자들은 가까운 섬에서 종의 존재를 유지시키며 멸종을 방지한다.

맥아더와 윌슨은 이 관계를 섬의 생물지리학적 모형으로 만들었다. 이 수학적인 모형을 **섬평형 모형(island equilibrium model)**이라고 한다. 종의 이입 속도와 멸종 속도가 같아질 때 궁극적으로 평형에 이를 것이기 때문이다. 평형에서의 종 수는 섬의 크기와 대륙으로부터 거리에 상관관계가 있다. 생태학의 다른 평형들처럼 종 수의 평형도 동적이다. 이입과 멸종은 계속되고, 정확한 종 조성은 시간이 지나면서 바뀐다.

과거 수십 년 동안 폭풍과 같은 방해요인, 진화론적 적응변화 종분화 등은 종의 구성과 군집의 구조에 영향을 주었다. 그럼에도 불구하고 섬평형 모형은 생태학에서 광범위하게 받아들여졌다. 보전생물학자는 이론을 응용하여 보전서식지를 지정하는 데 활용하며, 종다양성의 감소를 예측하는 데 활용한다.

CHAPTER

37 생태계와 보전생물학

핵심 개념

37.1 생태계의 에너지 흐름과 영양 단계

37.2 에너지와 다른 제한요소들이 생태계의 1차생산을 조절한다

37.3 영양 단계 사이의 에너지 전달 효율은 보통 10%이다

37.4 생물지구화학적 과정을 통해 생태계 내에서 양분과 물이 순환한다

37.5 복원 생태학자는 파괴된 생태계를 더 자연스런 상태로 되돌리려 노력한다

37.6 인간의 활동은 지구의 생물 다양성을 위협한다

37.7 개체군 보존과 경관 지역 보전은 생물 다양성의 유지를 돕는다

37.8 지구는 인간의 행동으로 인해 급속히 변화하고 있다

37.9 인간 개체군은 더 이상 지수적으로 성장하지 않지만 아직도 급격히 증가하고 있다

▲ **그림 37.1** 여우는 어떻게 초원을 툰드라로 만들 수 있을까?

툰드라로의 변화

북극여우(*Vulpes lagopus*)는 북아메리카, 유럽 그리고 아시아의 북극지역에서 살아온 포식자이다(**그림 37.1**). 가죽이 비싸기 때문에 1백 년 전 쉽게 수확할 수 있는 개체군을 정착시키기 위하여 알래스카와 러시아 사이에 있는 수백 개의 섬으로 북극여우를 들여왔다. 북극여우를 들여오자 놀라운 일이 벌어졌다. 북극여우를 들여온 많은 섬에서 초원은 툰드라로 변했다.

이 놀랄만한 변화가 어떻게 일어난 것일까? 여우는 바닷새를 잡아먹어 바닷새의 밀도는 여우가 없을 때의 1/100로 줄어들었다. 바닷새가 적다는 것은 섬에서 식물에 대한 양분 주공급원인 새똥이 적다는 것을 의미한다. 이용 가능한 양분이 줄어들자 더 많은 양분을 필요로 하는 세엽 초본 대신 툰드라에 전형적으로 자라는 느리게 자라는 광엽 초본과 관목이 자라게 되었다. 이와 같은 설명을 증명하기 위하여 연구자들은 여우를 들여온 하나의 섬에 있는 툰드라에 2001년 비료를 주었다. 3년 후 비료를 준 장소는 초원으로 되돌아왔다.

각각의 섬과 섬에 있는 생물군집은 **생태계(ecosystem)**를 구성한다. 생태계는 일정 지역에 살고 있는 모든 생물과 이들이 상호작용하는 비생물적 요소의 합이다. 하나의 생태계는 하나의 호수, 숲, 또는 섬과 같이 넓은 지역으로 이루어질 수도 있고 작은 사막의 샘(**그림 37.2**)이나 쓰러진 나무 아래의 공간과 같은 미소세계일 수도 있다. 개체군과 군집처럼 생태계의 경계는 항상 명확하지 않다. 많은 생태학자는 생물권 전체를 지구상에 존재하는 모든 지역 생태계로 구성되는 지구생태계로 간주한다.

생태계의 크기와 관계없이 두 가지 핵심적인 생태계 과정인 에너지 흐름과 화학적 순환은 개체군이나 군집으로는 완전하게 설명할 수 없다. 에너지는 햇빛의 형태로 대부분의 생태계로 들어온다. 생태계로 들어온 빛에너지는 독립영양생물에 의해 화학에너지로 전환된 다음 유기물 식량으로 종속영양생물에게 전달된 후 열

▲ 그림 37.2 사막의 샘생태계

로 사라지게 된다. 탄소와 질소 같은 화학원소는 생태계의 비생물 요소와 생물 요소를 통해 순환된다. 광합성 생물과 화학합성 생물은 무기 형태로 존재하는 이 원소들을 공기, 토양, 그리고 물에서 흡수하여 그들의 몸을 만드는 데 사용한다. 그리고 몸의 일부는 동물에 의해 소비된다. 이 원소들은 동물과 식물의 대사작용에 의해, 그리고 유기물 찌꺼기와 죽은 생물체를 분해하는 세균과 곰팡이에 의해 무기물의 형태로 환경으로 돌아온다.

에너지와 물질 모두 광합성과 먹고 먹히는 관계를 통해 생태계에서 변환된다. 그러나 화학물질과 달리 에너지는 재사용될 수 없기 때문에 외부 공급원으로부터 에너지의 연속적인 공급이 이루어져야 하며, 이와 같은 일의 대부분을 태양이 담당한다. 에너지는 생태계를 통하여 흐르는 반면, 화학물질은 생태계 내에서 순환된다.

우리가 먹는 음식으로부터 숨 쉬는 산소에 이르기까지 인간의 생존과 복지에 중요한 자원들은 생태계에서 일어나는 다양한 과정의 산물들이다. 이 장에서는 생태계 실험의 결과를 강조하면서 에너지 흐름과 화학적 순환의 역동성을 다룰 것이다. 우리는 또한 인간 활동의 영향이 에너지 흐름과 화학적 순환에 어떤 영향을 주는지도 살펴볼 것이다. 마지막으로 우리는 파괴된 생태계를 자연의 상태로 돌아가게 하는 것에 초점을 맞춘 복원생태학에 대해 탐구해 볼 것이다.

개념 37.1

생태계의 에너지 흐름과 영양 단계

생태계 생태학자들은 개체군의 크기가 어떻게 변하는지 그리고 하나의 군집에 있는 종들을 먹이관계에 따라 여러 영양 단계로 나눔으로써 생태학자들은 생태계에서의 에너지 변환을 추적할 수 있으며, 화학원소의 이동을 그림으로 나타낼 수 있다.

에너지, 질량, 그리고 영양 단계

생태학자들은 양분과 에너지의 주공급원에 기초하여 종들을 영양 단계로 나눈다. 궁극적으로 다른 모든 생물체를 부양하는 영양단계는 생태계의 **1차 생산자(primary producer)**라고 불리는 독립영양생물로 구성된다. 대부분의 독립영양생물은 당과 다른 유기화합물을 만드는 데 빛에너지를 사용하는 광합성 생물이다. 이들이 만든 당과 기타 유기화합물은 세포호흡의 연료와 생장을 위한 재료로 사용된다. 식물, 조류, 광합성 원핵생물들은 가장 흔한 독립영양생물이다. 반면에 화학합성 원핵생물은 깊은 바다의 열수분출구나 땅속 또는 얼음의 깊은 곳과 같은 생태계에서 살고 있는 1차 생산자이다.

영양 단계에서 1차 생산자의 상위에 있는 생물들은 그들의 에너지 공급을 위해 직간접적으로 1차 생산자의 산물에 의존하는 종속영양생물들이다. 식물과 다른 1차 생산자를 먹고 사는 초식동물을 **1차 소비자(primary consumer)**라고 한다. 초식동물을 먹고 사는 육식동물을 **2차 소비자(secondary consumer)**라고 하며, 다른 육식동물을 먹고 사는 육식동물을 **3차 소비자(tertiary consumer)**라 한다.

종속영양생물 중 다른 무리로 **잔재물섭식자(detrivore)** 또는 **분해자(decomposer)**가 있는데 이들은 잔재물로부터 에너지를 얻는 소비자를 말할 때 사용하는 동의어이다. **잔재물(detritus)**은 죽은 생물체, 대변, 낙엽, 목재와 같은 살아 있지 않은 유기물이다. 지렁이와 같은 일부 동물이 잔재물을 먹을지라도 가장 중요한 잔재물섭식자는 원핵생물과 곰팡이이다(그림 37.3). 이러한 생물체들은 유기물질을 소화시키는 효소를 분비한다. 그들은 그 후에 분해된 산물을 흡수한다. 많은 잔재물섭식자는 2차 소비자와 3차 소비자에게 먹힌다. 예를 들어, 숲에서 새들은 떨어진 낙엽과 거기에 사는 원핵생물과 곰팡이를 먹는 지렁이를 잡아먹는다. 그 결과 식물이 가장 먼저 합성한 화학물질은 식물에서 낙엽으로, 잔재물섭자로, 그리고 새로 전달된다.

▲ 그림 37.3 죽은 나무를 분해하는 곰팡이류

잔재물섭식자는 또한 1차 생산자가 사용할 수 있는 필수적인 화학원소를 재활용하는 중요한 역할을 한다. 잔재물섭식자는 모든 영양 단계에서 유기물질을 1차 생산자가 사용할 수 있는 무기화합물로 변환한다. 잔재물섭식자가 노폐물을 분비하거나 죽을 때 이 무기화합물은 토양으로 되돌아온다. 생산자는 이러한 원소를 유기화합물을 만드는 데 재활용할 수 있다. 만약 분해가 중단된다면 잔재물이 쌓이고 새로운 유기물질의 생성에 필요한 성분의 공급이 고갈됨으로써 우리가 아는 생물의 생명은 멈출게 될 것이다. 그림 37.4는 생태계에서의 영양 관계를 요약한 것이다.

▶ **그림 37.4 생태계에서 에너지와 양분의 변화 과정에 대한 요약.** 에너지는 생태계로 들어오고, 생태계를 통하여 흐르고, 생태계를 빠져나가는 반면, 화학적 양분은 생태계 내에서 순환된다. 이와 같이 일반화된 도표에서 에너지(오렌지색 화살표)는 태양으로부터 복사선의 형태로 들어오고, 화학에너지는 먹이그물을 통하여 전달된 후 공간으로 방출되는 열로서 생태계를 빠져나간다. 먹이그물을 통한 대부분의 양분 전달(푸른색 화살표)은 결국에는 잔재물로 이어지고 양분은 1차 생산자에게로 다시 순환된다.

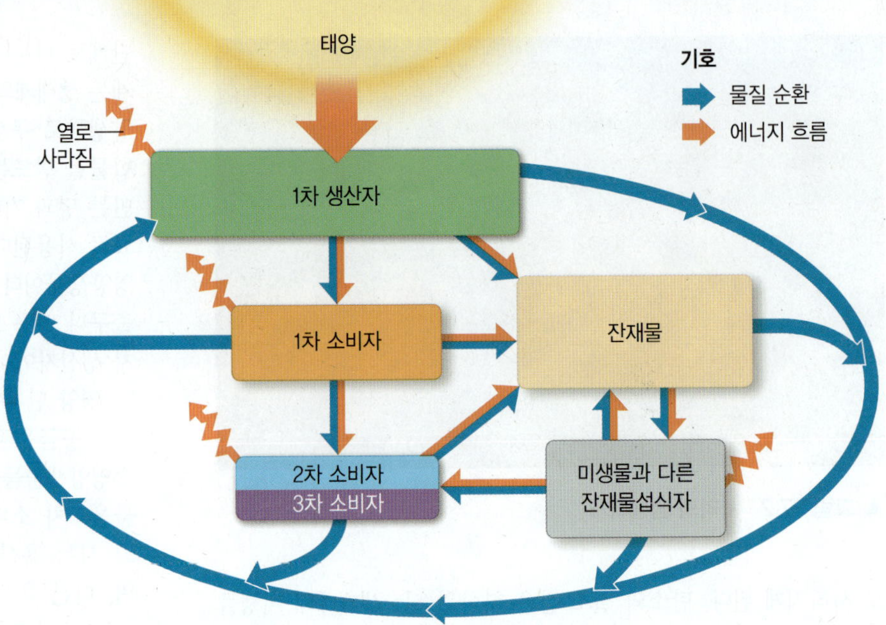

개념 37.2

에너지와 다른 제한요소들이 생태계의 1차생산을 조절한다

에너지 전달이라는 주제는 모든 생물학적 상호작용의 바탕에 놓여 있다(개념 1.1). 대부분의 생태계에서, 일정 시간 동안 독립영양생물이 빛에너지를 화학에너지(유기화합물)로 바꾼 양을 생태계의 **1차생산(primary production)**이라 한다. 이 광합성 산물이 생태계 대사 작용과 에너지 흐름에 대한 대부분의 연구를 위한 시작점이다. 1차 생산자가 화학합성 독립영양생물인 생태계에서 초기 에너지 유입은 화학물질이 담당하고 초기 생산물은 미생물에 의해 합성된 유기화합물이다.

생태계 에너지 수지

대부분의 1차 생산자는 에너지가 풍부한 유기분자를 합성하는 데 빛에너지를 사용하고 소비자는 먹이그물을 통하여 2차적으로 (혹은 3차적으로 또는 4차적으로) 유기물 연료를 획득한다. 그러므로 광합성 산물이 얼마나 되느냐에 따라 전체 생태계의 에너지 수지가 결정된다.

전 지구적 에너지 수지

매일 지구의 대기로 약 10^{22} J(1 J = 0.239 cal)의 태양에너지가 들어온다. 이 양은 2013년의 에너지 소비를 기준으로 할 때 지구의 모든 사람이 약 19년 동안 사용할 수 있는 양이다. 지구로 들어오는 태양에너지의 강도는 위도에 따라 달라진다. 가장 강한 태양에너지가 들어오는 곳은 열대지방이다. 들어오는 태양광선의 약 50%는 대기 중의 구름과 먼지에 흡수되거나, 산란되거나, 또는 반사된다. 궁극적으로 지표면에 도달하는 태양광선의 양은 생태계 광합성 산물의 양을 결정하게 된다.

지표면에 도달하는 태양광선의 아주 적은 양만이 실제로 광합성에 사용된다. 대부분의 복사선은 얼음이나 흙과 같이 광합성을 할 수 없는 물질에 와서 부딪힌다. 광합성 생명체에 도달하는 복사선 중에 오직 특정한 파장만이 광합성 색소에 의해서 흡수되고, 나머지는 통과되거나, 반사되거나, 또는 열로 손실된다. 그 결과, 광합성 생명체에 도달하는 가시광선 중 약 1%만이 광합성에 의해 화학에너지로 전환된다. 하지만 1년 동안 지구에서 1차생산을 통해 만들어지는 유기물은 약 1,500억 톤(1.50×10^{14} kg)에 달한다.

총생산과 순생산

생태계에서의 모든 1차생산을 생태계의 **1차총생산량(gross primary production, GPP)**이라 한다. 이는 빛(또는 화학독립영양계에서는 화학물)으로부터 온 에너지의 양이 일정한 시간 동안 유기물질의 화학적 에너지로 변하는 것을 말한다. 이렇게 생산된 모든 물질이 식물에 저장되는 것은 아니다. 왜냐하면 식물은 자신이 만들어 놓은 유기물의 일부를 자신의 세포호흡 연료로 사용하기 때문이다. **순1차생산량(net primary production, NPP)**은 총 1차 생산에서 1차 생산자의 "독립영양 호흡(R_a)"에 사용된 에너지를 뺀 것이다.

$$NPP = GPP - R_a$$

평균적으로 NPP는 GPP의 절반 정도이다. NPP는 생태계에서 소비자에게 이용될 수 있는 화학에너지를 말하기 때문에 생태학자들에게 NPP의 측정은 중요하게 다루어진다.

NPP는 시간당 면적당 에너지(J/m^2 · 년) 또는 시간당 면적당 더해진 식물의 생체량(무게) (g/m^2 · 년)으로 나타낼 수 있다. (생체량은 일반적으로 유기물의 건조량으로 나타낸다.) 생태계의 NPP는 존재하는 광합성 독립영양생물체의 총 생체량, 즉 **현존 생체량(standing crop)**과 혼동하지 말아야 한다. NPP는 주어진 시간 동안 더하여진 새로운 생체량을 의미한다. 숲의 현존 생체량이 크지라도 실제로 NPP는 초원에서보다 적을 수 있다. 이는 초원에서 동물이 식물을 빨리 소비하고 풀과 초목들은 나무보다 더 빨리 분해되기 때문에 숲에서만큼의 생체량을 축적하지 않기 때문이다.

인공위성은 1차생산의 지구적 분포 유형을 연구하기 위한 하나의 강력한 수단을 제공한다. 인공위성으로부터 만들어진 영상자료는 이미지가 다른 생태계는 NPP도 상당히 다르다는 것을 보여준다. 육상 생태계 중에서 가장 생산적인 곳은 열대우림으로 지구 전체 NPP의 상당히 많은 부분을 이곳의 생산량이 차지한다. 강 하구와 산호초 또한 NPP가 매우 높다. 그러나 지구 전체의 순생산에 대한 기여는 상대적으로 낮다. 이는 이 생태계의 면적이 열대우림 면적의 1/10밖에 안 되기 때문이다. 반대로 바다가 상대적으로 비생산적인 반면(그림 37.5), 바다의 광대한 면적 때문에, 이들은 지구 전체의 NPP에 육상 생태계만큼 기여한다.

NPP는 주어진 시간 내에 더해진 새로운 생체량을 나타낼 수 있는 반면, **생태계순생산량(net ecosystem production, NEP)**은 그 시간 동안의 총 생체 축적량(total biomass accumulation)이 된다. NEP는 총 1차 생산물에서 모든 유기체의 총 호흡량(R_T)을 감한 것으로 정의된다. 이는 단지 NPP의 계산으로 사용되는 1차 생산자뿐 아니라 분해자와 다른 종속영양생물 또한 포함한다.

$$NEP = GPP - R_T$$

NEP는 생태학자들에게 유용하다. 왜냐면 이 값은 생태계가 일정 시간이 경과되는 동안 탄소를 획득하였는지 잃었는지를 판단할 수 있기 때문이다. 숲은 양의 NPP 값을 가질 것이다. 그러나 만약 1차 생산자가 유기화합물로 탄소를 고정시키는 것보다 종속영양생물이 이산화탄소를 훨씬 빠르게 방출시킨다면 숲은 여전히 탄소를 잃게 된다.

NEP를 추정하는 가장 일반적인 방법은 생태계에 들어오거나 나간 이산화탄소와 산소의 순 유입량을 측정하는 것이다. 만약 이산화탄소의 유입량이 유출량보다 많으면, 생태계는 탄소를 저장하게 된다. 산소 방출은 직접적으로 광합성과 호흡에 연동되기 때문에, 산소를 방출하는 시스템은 또한 탄소를 저장하는 시스템이다. 육상에서 생태학자들은 전형적으로 생태계로부터 온 이산화탄소의 순 유동량만 측정한다. 이는 거대한 대기 중의 산소 저장고에 있는 산소의 작은 변화를 탐지하는 것은 어려운 일이기 때문이다. 해양에서 탐험가들은 두 가지 접근법을 모두 사용한다.

생태계의 생산을 제한하는 것은 무엇인가? 달리 말하여, 우리가 어떤 요소를 변화시켜 주어진 생태계의 생산을 증가시키거나 감소시킬 수 있는가? 이 질문을 첫 번째로 수생태계를 대상으로 다룰 것이다.

수생태계에서의 1차생산

수(해양과 담수)생태계에서 빛과 양분은 1차생산을 조절하는 중요한 요소이다.

빛의 제한

태양광선이 광합성에 이용되기 때문에 빛이 대양에서 1차생산을 조절하는 중요한 변수라는 것을 짐작하였을 것이다. 실제로 빛이 투과하는 깊이는 대양이나 호수의 광투과 구역 전체에 걸쳐 1차생산에 영향을 준다. 태양광선의 절반 정도는 물의 표면으로부터 15 m 깊이 사이에서 흡수된다. 심지어 "깨끗한" 물에서조차도 광선의 5~10%만이 75 m 깊이까지 도달할 것이다.

빛이 바다에서 1차생산을 제한하는 중요한 변수라면, 극지방에서 가장 강한 빛을 받는 적도로 갈수록 생산이 증가하리라 예상할 수 있다. 그러나 그림 37.5에서 보듯이 그러한 구배는 나타나지 않는다. 또 다른 요소가 대양에서의 1차생산에 영향을 주고 있음에 틀림없다.

양분 제한

빛보다 양분이 대부분의 바다와 호수에서 1차생산을 더 많이 제한한다. **제한양분(limiting nutrient)**은 생산을 증가시키기 위해서 첨가되어야만 하는 원소이다. 해양에서의 생산량을 가장 빈번히 제한하는 양분은 질소 또는 인이다. 광투과 구역에서 이들은 식물성 플랑크톤에 의해서 빠르게 섭식되고, 유기물 입자는 가라앉는 경향이 있기 때문에 이들의 농도는 전형적으로 낮다.

다량영양소인 질소와 인은 수중 생산량을 제한하는 유일한 양분이 아니다. 대양에서 광범위한 여러 지역은 질소의 농도가 높은

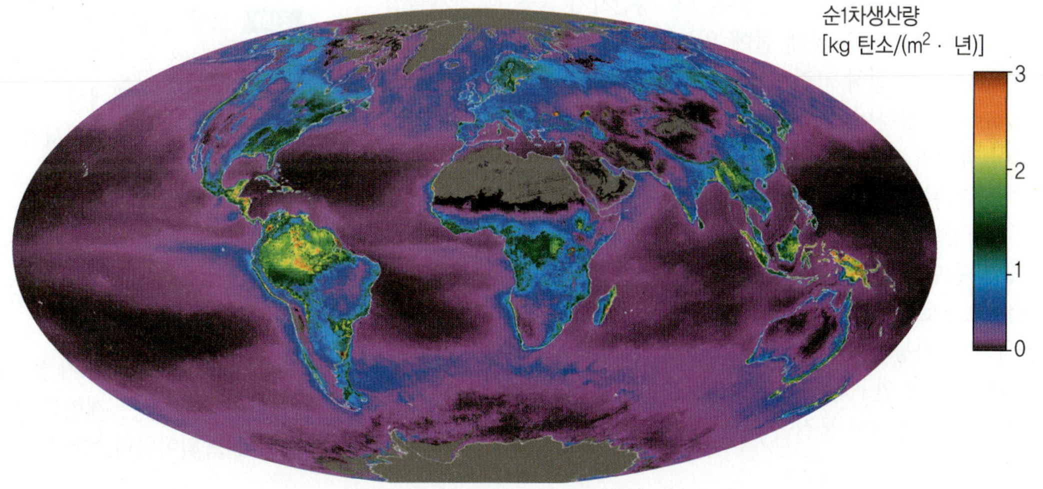

▶ **그림 37.5 지구의 순1차생산량.** 그림은 인공위성에서 수집한 식물이 흡수한 태양광의 양과 같은 데이터를 근거로 작성되었다. 열대지역에서 가장 높은 생산량이 나타나는 것에 주목하라(그림의 노랗고 빨간 부분).

표 37.1 사가소해(Sargasso Sea)의 표본을 대상으로 행한 양분 첨가 실험

실험 배양에 첨가된 양분	배양액에서 흡수된 ^{14}C의 상대적인 양*
첨가하지 않음(대조군)	1.00
질소(N) + 인(P)	1.10
N + P + 금속이온(철을 제외)	1.08
N + P + 금속이온(철을 포함)	12.90
N + P + 철	12.00

*배양액에 의해 흡수된 ^{14}C의 양으로 1차생산량을 측정했다.

참고문헌: D. W. Menzel and J. H. Ryther, Nutrients limiting the production of phytoplankton in the Sargasso Sea, with special reference to iron, *Deep Sea Reasearch* 7:276–281 (1961).

데도 불구하고 식물성 플랑크톤의 밀도가 낮다. 대서양의 아열대 지역에 존재하는 사가소해(Sargasso Sea)는 식물성 플랑크톤 밀도가 낮은 세계에서 가장 맑은 해역 중의 하나이다. 양분 첨가 실험을 통하여 미량영양소인 철의 이용도가 이곳에서 1차생산량을 제한한다는 것이 밝혔다(**표 37.1**). 바람에 의해 육지로부터 날아온 먼지가 대부분의 철을 바다에 공급하지만, 다른 바다와 비교하였을 때 이 지역과 특정 다른 지역에서는 상대적으로 그 양이 매우 적다.

양분이 풍부한 깊은 지역의 물이 대양의 표면으로 이동하는 **용승류(upwelling)** 지역은 예외적으로 높은 1차생산량을 나타낸다. 이 사실은 양분의 유용성이 해양 1차생산량을 결정한다는 가설을 지지한다. 용승류는 먹이그물의 근간을 이루는 식물성 플랑크톤 개체군의 성장을 촉진하기 때문에, 용승류가 나타나는 지역에 전형적으로 높은 생산성이 나타나고 생태계를 다양하게 만들며 중요한 어장이 형성된다. 용승류가 나타나는 가장 넓은 장소는 적도를 따라서 남극해, 페루, 캘리포니아의 연안, 그리고 서아프리카 지역이다.

또한 담수호에서도 양분제한은 일반적이다. 1970년대에 과학자들은 농장과 정원에서 흘러나오는 오수와 비료 유출수가 호수에 많은 양의 양분을 첨가하였음을 보여주었다. 이로 인해 1차 생산자의 생장이 촉진되었다. 1차 생산자가 죽을 때 잔재물섭식자는 분해 과정을 통해 물에 있는 이용 가능한 산소를 줄이거나 심지어는 완전히 고갈시킬 수 있다. **부영양화(eutrophication**; *eutrophos*, '양분이 풍부한'이라는 그리스어에서 온 단어)로 알려진 이 과정의 생태적 영향에는 호수에서 많은 물고기 종이 사라진 것이 포함된다.

부영양화를 제어하기 위해서는 생태학자들이 어떤 양분이 이 현상의 원인이 되었는지를 알아야 한다. 질소는 호수의 1차생산에 제한 요소로 거의 작용하지 않는다. 호수 전체를 이용한 실험을 통해 이용 가능한 인의 양이 남조류의 성장을 제한한다는 것을 알게 되었다. 이 연구와 다른 생태학 연구는 인이 포함되지 않은 세제와 다른 수질개선 물질을 사용하게 만들었다.

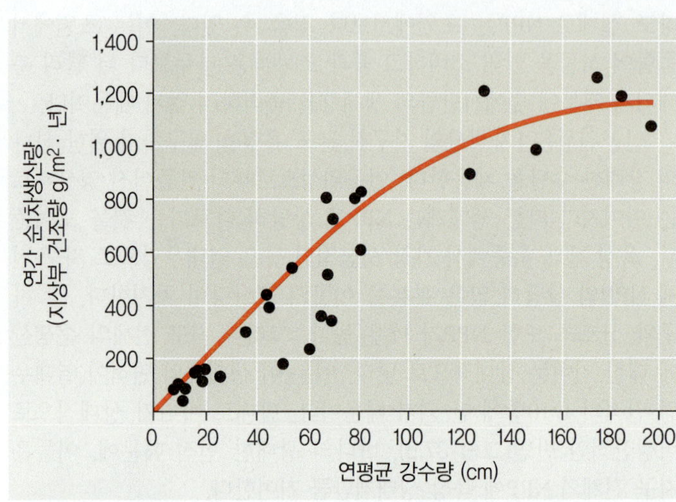

▲ **그림 37.6 육상 생태계에서 순1차생산량과 연평균 강수량 사이의 지구 전체적인 관계**

육상 생태계에서의 1차생산

지역적, 세계적 규모에서 보면, 온도와 수분은 육상 생태계에서 1차생산을 조절하는 중요한 요소들이다. 식물의 생장을 촉진하는 온난한 온도와 습한 수분 조건을 가진 열대우림은 모든 육상 생태계 중 가장 생산적이다(그림 37.5). 이와 달리 낮은 생산성을 가진 육상 생태계는 일반적으로 사막처럼 덥고 건조하거나 극지방의 툰드라처럼 춥고 건조하다. 이 극한 사이에 온대림과 초원생태계가 놓여 있다. 이들은 온화한 기후와 중간 정도의 생산성을 가진다.

기후 변인으로서 수분과 온도는 육상 생태계에서 NPP를 예측하는 데 매우 유용하다. 1차생산은 **그림 37.6**의 NPP와 연간 강수량의 관계에서 볼 수 있는 것처럼 습한 생태계일수록 더 높다. 연평균 강수량과 함께 두 번째로 유용한 예측자료는 **실제 증발산량(actual evapotranspiration)**으로, 식물에 의해 증산되는 물의 양과 경관에서 증발되는 물의 1년치 양이다. 한 지역에서 강수량이 증가하고 증발과 증산에 사용되는 태양에너지의 양이 증가할 때 실제 증발산량은 증가한다.

양분 제한과 이에 대한 적응

진화 토양 양분 또한 육상 생태계의 1차생산을 제한한다. 수생태계에서처럼 질소와 인은 육상 생산량을 가장 흔히 제한하는 양분이다. 지구 전체에서 질소는 식물의 생장을 가장 많이 제한한다. 많은 열대 생태계에서처럼 물에 의해 인분자들이 쓸려간 더 오래된 토양에서 일반적으로 인의 제한이 나타난다. 일부 인이 침전되어 식물이 사용할 수 없게 되는 높은 pH를 가지는 생태계와 사막의 토양에서 인의 가용성은 종종 낮게 나타난다. 비록 매우 적은 양이 존재할지라도 이 양분이 생산을 제한하는 않는다면 이 양분의 첨가는 생산을 증가시키지 못한다. 반면 제한 양분의 첨가는 다른 양분이 제한요소가 될 때까지 생산을 촉진할 것이다.

다양한 적응은 제한된 양분의 섭취를 증가시킬 수 있는 식물에서 진화되어왔다. 한 가지 중요한 적응은 식물의 뿌리와 질소고정 박테리아 간의 상리공생이다. 또 다른 중요한 상리공생은 인과 다른 제한 요소를 식물에게 공급해 주는 균류와 식물 뿌리 사이의 균근 연합이다. 식물의 뿌리는 뿌리털과 뿌리가 닿을 수 있는 토양의 면적을 늘려주는 다른 해부학적 특징을 가지고 있다. 또한 많은 식물은 제한된 양분의 이용성을 증가시키는 효소와 다른 물질들을 토양에 분비한다. 그런 물질로는 거대 분자로부터 인산을 쪼개어 토양에서 이들이 더 잘 용해되게 만드는 인산분해효소와 토양에서 철과 같은 미량양분을 더 잘 녹아 있는 형태로 만드는 킬레이트물질이라 불리는 특정 물질이 있다.

육상 생태계의 1차생산과 양분과의 관계에 대한 연구는 농업에 실제로 적용되었다. 농부는 지역의 땅과 작물의 종류에 따라 요구하는 토양의 양분을 적절히 공급하기 위하여 비료를 사용함으로써 작물의 생산을 극대화하였다. 제한 양분에 대한 이해는 오늘날 수십억 인구를 먹여 살리는 데 도움이 되었다.

개념 37.3

영양 단계 사이의 에너지 전달 효율은 보통 10%이다

일정 시간 동안 소비자의 몸을 구성하는 생체량으로 전환된 식량 속의 화학에너지의 양을 생태계의 **2차생산(secondary production)**이라 부른다. 1차 생산자로부터 1차 소비자인 초식동물로 전이되는 유기물을 생각해 보자. 대부분의 생태계에서 초식동물은 식물체의 일부분만을 먹는다. 세계적으로 초식동물들은 총 식물 생산의 1/6만큼만 소비한다. 더욱이 그들은 축산 농가에 가 본 사람이라면 누구나 알 수 있듯이 먹은 식물체를 모두 소화하지 못한다. 생태계에서 생산된 것 중 대부분은 결국 잔재물섭식자에 의해 소비된다. 이런 과정이 생태계에서 에너지 전달에 어떻게 영향을 주는지 알아보자.

생산 효율

우선 곤충 애벌레에서의 2차생산에 대해 알아보자. 애벌레가 식물의 잎을 먹을 때 식물에 있는 가용 에너지의 1/6 또는 200 J 중 약 33 J만 2차생산, 즉 생장에 사용한다(그림 37.7). 애벌레는 남은 에너지(유기 합성물에 저장되어 있는)를 세포호흡에 사용하고 나머지는 분변으로 배출한다. 애벌레 분변에 존재하는 에너지는 생태계에 잠시 머무르며, 대부분의 에너지는 잔재물섭식자에 의해 분변이 소비될 때 결국에는 열로 사라질 것이다. 애벌레의 호흡에 사용된 에너지 또한 열의 형태로 생태계에서 사라진다. 이것이 바로 에너지는 생태계 내를 순환하는 것이 아니라 흐른다고 하는 이유이다. 생장 또는 자손을 통하여 초식동물의 몸에 저장된 화학에너지만이 2차 소비자의 먹이로 사용될 수 있다.

우리는 다음 식을 이용하여 동물의 에너지 전환 효율을 수치화할 수 있다.

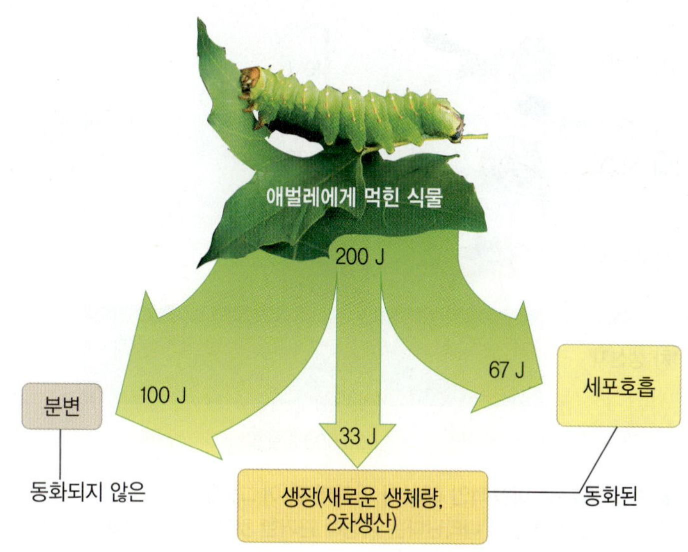

▲ 그림 37.7 **먹이사슬의 연결고리 내에서의 에너지 분배**

$$\text{생산 효율} = \frac{(\text{순2차생산량} \times 100\%)}{(\text{1차생산의 동화})}$$

순2차생산량은 생장과 생식의 형태로 생체량에 저장된 에너지이다. 동화는 생물이 소비한 후 생장, 생식, 호흡에 사용한 총 에너지를 말한다. 그러므로 **생산 효율(production efficiency)**은 호흡으로 사용되지 않고 생장과 생식에 사용된 에너지의 비율이다. 그림 37.7에서 보여주는 애벌레의 경우 동화된 에너지 100 J 중 67 J이 호흡으로 사용되었으므로 생산 효율은 33%가 된다. (분변으로 소화되지 않은 채 잃어버린 100 J 에너지는 동화에 포함되지 않음을 주목하라.) 조류와 포유류는 항상 일정한 체온을 유지하기 때문에 전형적으로 1~3%의 낮은 생산 효율을 가진다. 주로 외온성 동물인 어류는 약 10%의 효율을 가진다. 곤충과 미생물은 훨씬 더 효율적이어서 보통 40% 이상의 높은 생산 효율을 가진다.

영양 효율과 생태 피라미드

이제 소비자 개체의 생산 효율에서 영양 단계를 통한 에너지 흐름으로 규모를 확대해 보자.

영양 효율(trophic efficiency)은 한 영양 단계에서 다음 영양단계로 전달되는 에너지의 비율이다. 영양 효율은 호흡을 통한 소비와 분변에 포함된 에너지뿐만 아니라 다음 단계의 생물에 의해 소비되지 않은 전 영양 단계의 새로운 생체량으로 변환된 에너지도 고려하기 때문에 생산 효율보다 항상 낮다. 영양 효율은 생태계에 따라 대략 5%에서 20% 정도가 되며, 평균적으로 약 10%이다. 달리 말하면, 한 영양 단계에서 사용 가능한 에너지의 90%는 다음 단계로 전달되지 않는다. 그리고 이렇게 소실되는 양은 먹이사슬의 길이에 비례한다. 예를 들어, 에너지의 10%가 1차 생산자에게서 애벌레 같은 1차 소비자에게로 전달되고, 이 에너지의 10%만이 육식동물 같은 2차 소비자에게 전달된다면 순1차생산량의 단지 1%만이 2차 소비자에게 이용되는 것이다(10% 중의 10%).

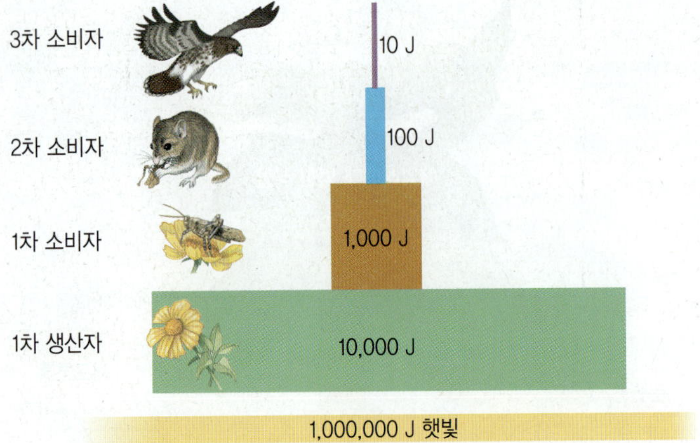

▲ **그림 37.8 이상적인 에너지 피라미드.** 이 그림은 먹이사슬의 각 단계에서 10%의 영양 효율이 나타난다는 가정에 근거한 것이다. 1차 생산자는 빛에너지의 단지 1%만을 순 1차 생산에 이용한다는 것을 주목하라.

먹이사슬을 따라서 진행되는 에너지의 점진적인 소실은 생태계를 지지하는 최상위 단계의 육식동물의 풍부도를 심각하게 제한한다. 광합성에 의해서 고정된 0.1%의 화학에너지만이 뱀이나 상어 같은 3차 소비자에게 먹이그물을 통해서 전달될 수 있다. 이것은 왜 대부분의 먹이사슬이 오직 4개에서 5개의 영양 단계만을 포함하고 있는지에 대한 이유이다.

먹이사슬에서 각 단계를 지날 때마다 소실되는 에너지는 여러 영양단계의 순생산량이 막대의 형태로 쌓여지는 **에너지 피라미드**(energy pyramid)로 잘 나타낼 수 있다(**그림 37.8**). 각 막대의 너비는 각 영양 단계에서 에너지(joule)로 나타낸 순생산량에 비례한다. 최상위 단계의 포식자를 대표하는 최고 단계는 상대적으로 적은 수의 개체를 포함한다. 최상위 포식자의 개체군은 전형적으로 매우 적은데 이로 인해 그들이 쉽게 절멸의 위기에 처하게 된다.

낮은 영양 효율이 가지는 하나의 중요한 생태적 결과를 **생체량 피라미드**(biomass pyramid)로 나타낼 수 있다. 여기에서 각 단계는 모든 생물의 총건조량으로 나타내는 현존량을 의미한다. 대부분의 생체량 피라미드는 바닥의 1차 생산자로부터 정점에 있는 꼭대기의 육식동물에 이르기까지 급격히 감소한다. 이는 영양 단계의 에너지 전이가 극히 비효율적이기 때문이다(**그림 37.9a**). 그러나 어떤 수생태계는 역으로 된 생체량 피라미드로 나타난다. 즉, 1차 소비자의 양이 1차 생산자의 양보다 많다(**그림 37.9b**).

이와 같이 역으로 된 생체량 피라미드가 발생하는 이유는 생산자—식물성 플랑크톤—가 생장하고, 생식하며, 총생체량이 상대적으로 적은 동물성 플랑크톤에게 매우 빠르게 소비되기 때문이다. 식물성 플랑크톤은 매우 빠르게 그들의 생체량을 연속적으로 대체할 수 있기 때문에 자신의 생체량보다 더 큰 동물성 플랑크톤의 생체량을 부양할 수 있다. 비슷하게 식물성 플랑크톤은 매우 빠르게 번식하고 동물성 플랑크톤보다 훨씬 더 높은 생산력을 가지기 때문에 이 생태계에서 에너지 피라미드는 그림 37.8에 있는 것처럼 여전히 바닥이 더 넓게 나타난다.

생태계를 통한 에너지 흐름의 역동성은 인간의 소비에 있어서 중요한 의미를 가진다. 고기를 먹는다는 것은 상대적으로 광합성 산물의 에너지를 조금밖에 사용할 수 없는 비효율적인 방법이다. 인간이 단백질을 섭취하기 위해 먹은 콩과 동일한 양을 소에게 먹였을 때, 소가 생산하는 고기는 콩의 1/5 또는 이보다 더 적은 양을 생산한다. 사실 인간이—채식만을 하는 1차 소비자로서—더 효율적으로 식량을 사용했다면 전 세계의 농업은 훨씬 더 많은 사람을 부양할 수 있으며 경작지를 훨씬 줄일 수 있을 것이다.

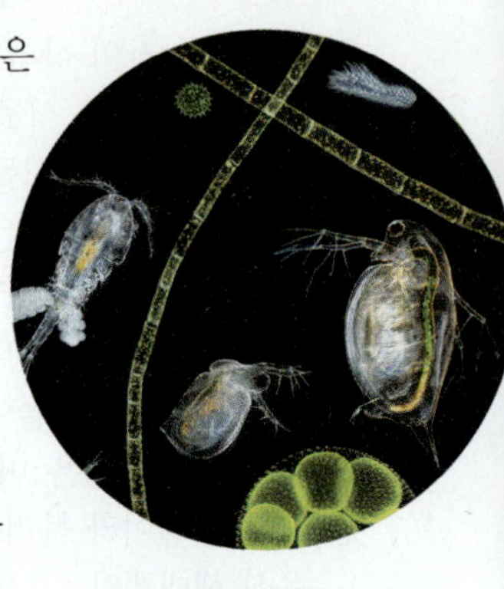

▲ 식물성 플랑크톤과 동물성 플랑크톤

개념 37.4

생물지구화학적 과정을 통해 생태계 내에서 양분과 물이 순환한다

대부분의 생태계가 풍부한 태양에너지를 받고 있을지라도, 화학 원소는 매우 제한적인 양만 이용할 수 있다. 그러므로 생물은 필수 화학 원소의 순환에 의존한다. 양분들이 동화되고 쓰레기들이 발생하면서 생물에 축적된 화학물질은 많은 부분이 지속적으로 대체된다. 생물의 복잡한 화합물 속에 존재하는 원소들은 생물이 죽은 후 분해자에 의해 대기, 물, 그리고 흙으로 되돌아간다. 분해는 식물과 다른 독립영양생물이 새로운 유기물질을 만드는 데 사용하는 무기양분의 저장고를 다시 채우게 된다.

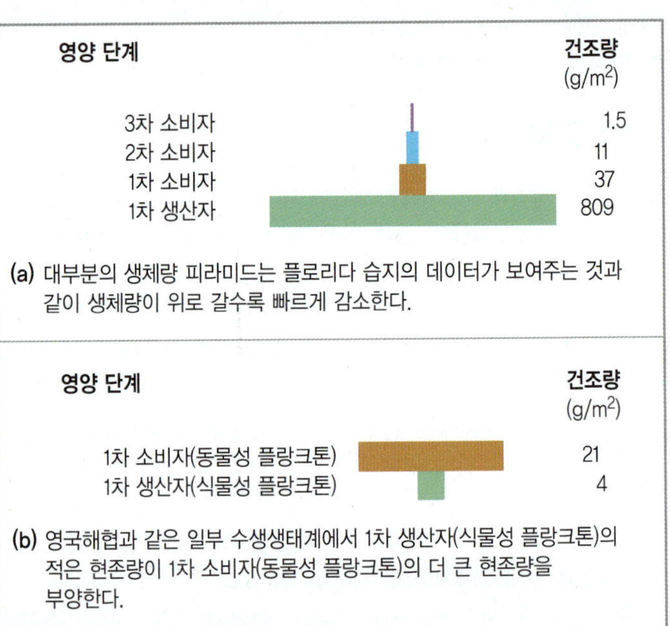

▲ **그림 37.9 생체량 피라미드.** 숫자는 한 영양 단계에 있는 모든 생물체의 건조량(g/m^2)을 나타낸다.

분해와 양분 순환율

분해자는 잔재물에서 에너지를 얻는 종속영양생물이다. 그들의 성장은 생태계에서 1차생산을 제한하는 요소인 온도, 수분, 가용한 영양분에 의해 조절된다. 분해자들은 따뜻한 생태계에서 더 빨리 자라고 물질을 더 빠르게 분해한다. 열대우림에서는 대부분의 유기물이 수개월에서 수년 사이에 분해된다. 반면 온대림에서 분해는 보통 4~6년 걸린다. 차이는 주로 열대림의 따뜻한 기온과 풍부한 강수량에 의해 유발된다.

열대우림에서는 분해가 일어나는 속도가 빠르기 때문에 임상에 상대적으로 적은 양의 유기물이 낙엽으로 축적된다. 생태계의 양분 중 약 75%는 나무의 목재에 존재하고, 약 10%는 토양에 존재한다. 그러므로 열대우림 토양에 매우 낮은 농도로 존재하는 일부의 양분은 생태계에 양분이 적어서가 아니라 빠른 순환주기 때문이다. 분해가 훨씬 느린 온대림에서 생태계에 존재하는 유기물의 약 50%가 토양에 존재한다. 온대림의 토양과 잔재물에 들어 있는 양분은 식물에 의해 흡수되기까지 꽤 오랜 기간을 그곳에 머무른다.

또한 땅에서의 분해는 환경이 분해자들이 번식하기에 너무 건조하거나 충분한 산소를 얻기에 너무 습하면 느려진다. 토탄습지와 같이 춥고 습기가 많은 생태계는 많은 유기물을 저장하고 있다. 분해자들은 그곳에서 거의 자라지 못하고 순1차생산량은 분해량을 훨씬 능가한다.

수생태계의 혐기성 토양에서는 분해되는데 50년 이상이 걸린다. 바닥의 퇴적물은 육상 생태계의 잔재물층에 비유된다. 그러나 조류와 수생식물은 보통 양분을 물에서 직접 흡수한다. 그러므로 퇴적물은 종종 양분의 저장소가 되고, 수생태계는 (앞에서 설명한 용승 지역에서 일어나는 것처럼) 바닥의 물과 표면의 물이 섞일 때에만 매우 생산적이다.

생물지구화학적 순환

양분 순환은 생물적 요소와 비생물적 요소를 모두 포함하기 때문에 이를 **생물지구화학적 순환(biogeochemical cycles)**이라 부른다(그림 37.10). 편의상 생물지구화학적 순환을 일반적인 두 가지 범주인 지구 전체적 순환과 지역적 순환으로 나눈다. 탄소, 산소, 황, 질소는 기체 형태로 대기 중에 존재하고 이러한 요소들의 순환은 지구에 필수적이다. 인, 칼륨, 칼슘과 같은 다른 원소들은 너무 무거워서 지구의 표면에서 기체의 형태로 나타날 수 없다. 이러한 원소 순환은 육상 생태계에서 더 지역적으로 일어나고, 수생태계에서는 더 광범위하게 일어난다.

그림 37.10은 물, 탄소, 질소, 그리고 인 순환을 자세히 보여준다. 각각의 순환을 공부할 때 주로 생물학적 과정에 의해여 이루어지는 단계가 어떤 것인지 확인하자. 예를 들어 탄소 순환에서 식물, 동물 그리고 다른 생물들은 대부분의 중요한 단계를 조절하며, 여기에는 광합성과 호흡이 포함된다. 그러나 물 순환에서 대양에서의 증발과 같이 단순한 물리적인 과정이 많은 중요한 단계를 조절한다.

어떻게 생태학자들은 다양한 생태계의 화학적 순환을 자세히 연구할까? 하나의 일반적인 방법은 생태계의 생물적, 비생물적 화합물을 통해서 비방사성 동위원소가 자연적으로 발생하는 움직임을 따라가는 것이다. 다른 방법은 특정한 원소의 방사성 동위원소를 소량 첨가하여 그들의 이동과정을 추적하는 것이다. 과학자들은 또한 1950년대와 1960년대 초반의 핵폭탄 실험 동안 대기 중으로 방출된 방사성 탄소(^{14}C)를 사용할 수 있었다. 과학자들은 이러한 방사성 탄소(^{14}C)의 스파이크를 어디서, 그리고 얼마나 빠르게 탄소의 흐름이 식물, 토양, 그리고 해수를 포함한 생태계 구성요소로 흘러가는지를 추적하는 데 사용한다.

개념 37.5

복원 생태학자는 파괴된 생태계를 더 자연스런 상태로 되돌리려 노력한다

생태계는 대부분의 교란들로부터 생태 천이의 단계를 통해 자연스럽게 회복될 수 있다. 하지만 때때로 회복은 수세기가 걸릴 수도 있는데 특히 인간 활동이 환경을 파괴하였을 시에는 더욱 그러하다. 농업을 위해 개간한 열대지역은 양분의 손실로 인해 빠르게 비생산적으로 변한다. 광업 활동은 수십 년간 지속될지도 모르고 토지는 종종 파괴된 상태로 버려지기도 한다. 생태계는 또한 관개에 의해 토양에 쌓인 염분에 의해서, 그리고 기름 또는 독성 화학물질의 유출에 의해 파괴되기도 한다. 생물학자들은 손상된 생태계를 복구하고 수리하는 것에 도움을 달라는 요청을 점점 더 많이 받는다.

복원 생태학자는 파괴된 생태계의 회복을 시작하거나 가속화시키고자 한다. 근본적인 가정 중의 하나는 환경 파괴는 적어도 부분적으로 회복될 수 있다는 것이다. 이와 같은 낙천적인 생각은 생태계는 무한한 회복력을 가지지 않는다는 두 번째 가정과 균형을 이루어야 한다. 그래서 복원 생태학자는 교란으로부터 생태계의 회복을 가장 제한하는 과정을 찾아내고 다루고자 노력한다. 교란이 너무 심각해서 한 서식지 전체를 회복하는 것이 불가능한 곳에서, 생태학자들은 시간과 돈이 허락하는 한계 안에서 가능한 생태학적인 과정이나 서식지를 회복하려고 노력한다.

극단적인 경우에 생물학적인 복원이 일어나기 전에 생태계의 물리적 구조가 복원되어야 할 필요성이 있다. 하천이 직강화되어 교외로 물이 빠르게 흐르는 경우, 생태학자들은 제방을 침식하는 물의 흐름을 늦추게 위해서 하천을 구불구불하게 다시 만들 것이다. 노천 채굴이 일어난 광산을 복원하기 위해 공학자들은 우선 경사가 완만해지도록 중장비를 이용하여 그 장소를 고를 것이고 경사가 적절해 졌을 때 표토를 뿌릴 것이다(그림 37.11).

일단 생태계의 물리적 재건설이 완성되면, 혹은 필요하지 않을 경우에, 다음으로 생물학적인 복원이 시작된다. 복원의 장기적인 목적은 가능한 한 생태계를 교란되기 이전의 상태로 되돌리는 것이다. 종종 복원 프로젝트들은 중요한 두 가지 전략인 생물정화와 생물학적 촉진을 사용한다.

▼ 그림 37.10 **물과 양분 순환의 탐구**

각각의 순환을 자세히 살펴보고 물, 탄소, 질소, 그리고 인의 주요 저장고와 각각의 순환을 일으키는 과정에 대해 생각해보자. 그림에서 화살표의 폭은 각각의 생물권에서 물과 양분의 이동 과정에 대한 상대적인 기여도를 대략적으로 반영한 것이다.

물 순환

생물학적 중요성 물은 모든 생물에 필수적인 요소이고, 이용 가능한 물의 양은 생태계에서 일어나는 여러 과정 특히 육상 생태계에서 1차생산과 분해에 영향을 준다.

생물이 이용 가능한 형태 어떤 생물은 수증기를 포집할 수 있지만 일반적으로 이용되는 물의 형태는 액체이다. 토양 속의 물이 얼게 되는 것은 육상 생태계에서 물을 이용할 수 없게 만드는 요인이 된다.

저장고 물의 97%는 대양에 존재한다. 약 2%의 물이 빙하와 극지방의 얼음으로 존재하며 나머지 1%만이 호수와 강에, 그리고 지하수로 존재한다. 대기 중에도 물이 존재하나 무시할 만하다.

중요 과정 물 순환을 이끄는 중요한 과정은 태양에너지에 의한 물의 증발, 수증기가 구름으로 되는 응축, 그리고 강수이다. 육상 식물에 의한 증산 또한 많은 양의 물을 이동시킨다. 표면수와 지하수의 흐름은 물이 대양으로 되돌아가게 하며, 이로써 물 순환은 완성된다.

탄소 순환

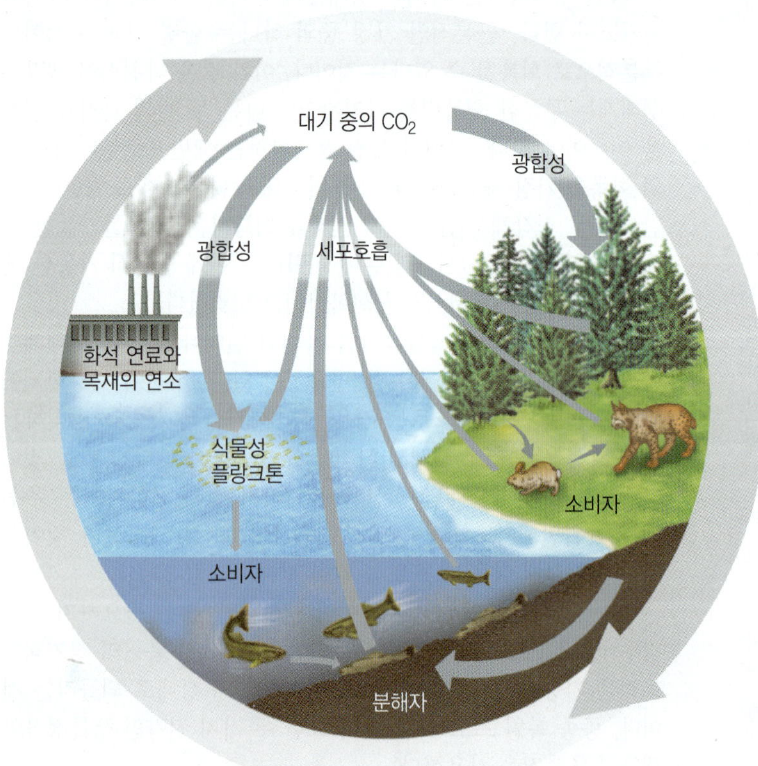

생물학적 중요성 탄소는 모든 생물에 필수적인 유기물의 골격을 형성한다.

생물이 이용 가능한 형태 광합성을 하는 생물은 광합성 동안 CO_2를 이용하여 동물, 곰팡이, 타가영양을 하는 원핵생물, 원생생물을 포함하는 소비자에게 사용되는 유기물을 합성한다.

저장고 탄소의 주 저장고는 화석 연료, 토양, 수생태계의 퇴적물, 대양(녹아 있는 탄소화합물), 동·식물의 몸, 그리고 대기(CO_2)이다. 가장 큰 저장고는 석회석과 같은 퇴적암이다. 그러나 이 저장고에서의 순환은 매우 느리다. 모든 생물은 호흡을 통해 탄소를 원래의 형태인 CO_2로 그들의 환경으로 직접 돌려보낼 수 있다.

중요 과정 식물과 식물성 플랑크톤에 의한 광합성은 매년 대기 중에 존재하는 CO_2를 상당량 제거한다. 이 양은 생산자와 소비자의 세포호흡을 통해 대기 중으로 방출되는 CO_2의 양과 거의 동일하다. 화석 연료와 목재의 연소는 대기에 상당한 양의 CO_2를 더하여 준다. 지질학적인 시간 개념으로 볼 때 화산 또한 CO_2의 큰 공급원이다.

질소 순환

생물학적 중요성 질소는 아미노산, 단백질, 핵산을 구성하며 종종 식물의 제한 요인이다.

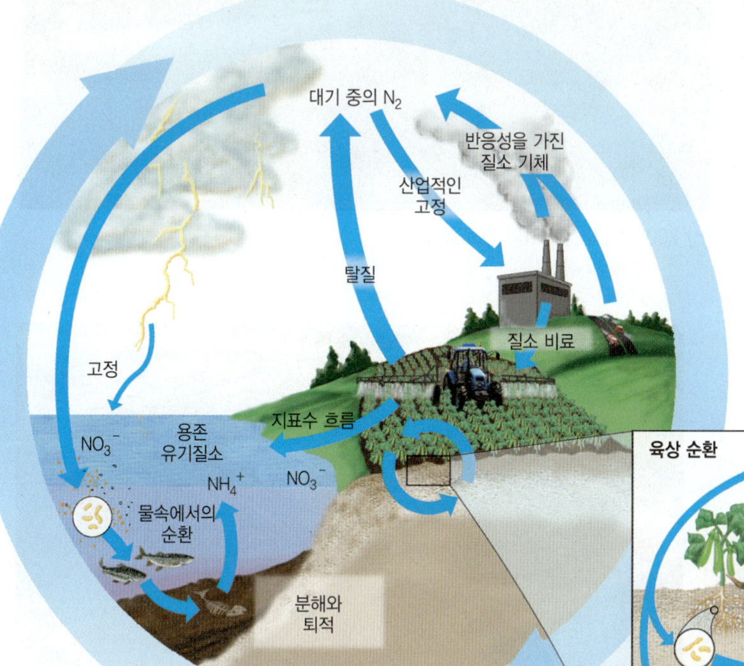

생물이 이용 가능한 형태 식물과 조류는 암모늄(NH_4^+)과 질산(NO_3^-) 같은 두 가지 무기 형태의 질소를 사용할 수 있다. 여러 종류의 박테리아는 아질산(NO_2^-)뿐만 아니라 NH_4^+과 NO_3^-을 모두 사용할 수 있다. 동물은 단지 유기 형태의 질소만을 사용할 수 있다.

저장고 질소의 주 저장고는 대기이다. 대기의 80%가 질소가스(N_2)로 구성된다. 질소는 토양, 호소, 강, 대양의 퇴적물과 결합되어 있기도 하며, 지표수와 지하수에 녹아 있기도 하고, 살아 있는 생물의 생체를 구성하기도 한다.

중요 과정 질소가 생태계로 들어오는 중요한 경로는 **질소 고정**(nitrogen fixation)을 통해서이다. 이는 N_2가 질소를 포함한 유기화합물을 구성하는 데 쓰이는 형태로 변환됨을 말한다. 번개와 화산 활동뿐만 아니라 어떤 박테리아는 자연에서 질소를 고정시킨다. 인간의 활동으로 인해 유입된 질소는 이제 육상의 자연에서 고정되는 유입량보다 많아졌다. 두 가지 주요 기여자는 산업적으로 합성된 비료와 식물의 뿌리혹에서 박테리아가 질소를 고정시키는 콩과식물이다. 토양 속 다른 박테리아는 질소를 다른 형태로 변형시킨다. 여기에는 암모니아를 질산으로 변환시키는 질화세균, 질산을 질소 기체로 변환시키는 탈질세균이 있다. 인간의 활동 또한 질소 산화물 같은 반응력 있는 질소 가스의 많은 양을 대기 중으로 방출한다.

인 순환

생물학적 중요성 생물은 핵산, 인지질, ATP, 그리고 다른 에너지 저장물질의 중요성분으로 그리고 뼈와 이의 무기 구성인자로 인을 필요로 한다.

생물이 이용 가능한 형태 가장 생물학적으로 중요한 인의 무기 형태는 인산(PO_4^{3-})이다. 식물은 PO_4^{3-}을 흡수하여 유기물의 합성에 사용한다.

저장고 인이 가장 많이 축적된 것은 바다에서 기원한 퇴적암이다. 또한 토양, 대양(녹아 있는 형태), 생물의 몸속에 다량의 인이 존재한다. 토양 입자는 인산과 결합하기 때문에 인의 순환은 생태계에서 매우 좁은 지역으로 국한되는 경향이 있다.

중요 과정 바위의 풍화는 인산을 점진적으로 토양에 공급한다. 일부는 지하수로, 일부는 지표수로 씻겨 나가 결국은 바다로 향하게 된다. 생산자에 의해 흡수된 인산은 소비자에 의해 섭취된 생물학적 분자 속으로 들어가게 된다. 인산은 소비자에 의한 배설이나 생물의 분해를 통해 토양이나 물로 되돌아온다. 인산을 함유한 기체는 극히 적기 때문에 상대적으로 적은 양의 인만이 먼지나 바닷물보라의 형태로 대기 중을 이동한다.

(a) 1991년, 복원 전

(b) 2000년, 복원이 거의 완료될 즈음

▲ **그림 37.11 복원 전후의 뉴저지의 자갈과 진흙으로 된 광산 지역**

생물정화

생물정화(bioremediation)는 오염된 생태계를 정화하기 위하여 보통 원핵생물, 균, 또는 식물과 같은 살아 있는 생물을 사용한다. 중금속으로 오염된 토양에 적응한 몇몇 식물과 지의류는 아연, 니켈, 납, 카드뮴과 같은 잠재적 독성 물질을 높은 농도로 축적할 수 있다. 복원 생태학자들은 이러한 종들을 채굴현장과 다른 인간의 활동에 의해 오염된 장소에 도입할 수 있고, 생태계로부터 금속을 제거하기 위해서 이러한 생물을 수확할 수도 있다. 예를 들어, 영국의 연구자들은 채굴 후에 남은 우라늄 먼지로 오염된 토양에서 자라는 지의류를 발견했다. 지의류는 암색소에 우라늄을 농축시키며, 이는 이 지의류를 생물학적 모니터로서 그리고 잠재적으로는 정화자로 사용 가능하게 만들었다.

생태학자들은 이미 토양과 물을 생물정화하기 위해 많은 원핵생물들의 능력을 사용하고 있다. 과학자들은 잠재적으로 생물정화를 할 수 있는 적어도 10종의 원핵생물의 유전체를 서열화했다. *Shewanella oneidensis*라는 박테리아의 한 종은 특히 유망한 것으로 보인다. 그것은 에너지를 만들기 위해서 호기성과 혐기성 조건에서 12개 또는 그 이상의 원소를 물질대사 시킨다. 그렇게 함으로써, 그것은 물에 녹는 형태의 우라늄, 크롬, 질소를 하천이나 지하수로 씻겨 내려가기 어려운 물에 녹지 않는 형태로 전환한다. 테네시의 오크리지 국립 연구소 연구원들은 우라늄으로 오염된 지하수에 에탄올을 첨가함으로써 *Shewenella*와 다른 우라늄을 줄이는 박테리아의 생장을 촉진시켰다. 이 박테리아는 에너지 원천으로써 에탄올을 사용할 수 있다. 5개월 후 물에 녹은 우라늄의 농도는 80%까지 떨어졌다(그림 37.12).

생물학적 촉진

생태계로부터 해로운 물질을 제거하기 위한 전략인 생물정화와 달리 **생물학적 촉진(biological augmentation)**은 파괴된 생태계에 필수적인 물질을 첨가하기 위해 생물을 사용한다. 생태계 과정을 촉진하기 위해서, 복원 생태학자들은 화학 양분과 같은 어떤 요소

(a) 우라늄을 포함하는 폐기물이 30년 이상 토양과 지하수를 오염시키면서 이 4개의 구덩이로 버려졌다.

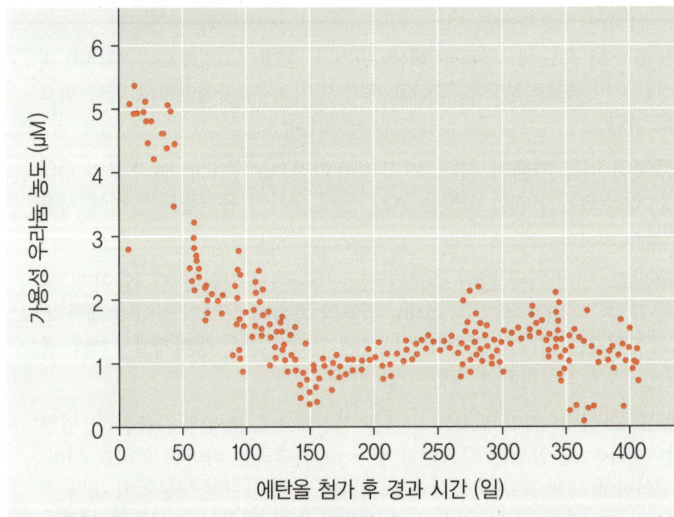

(b) 에탄올이 첨가된 이후에 미생물의 활동은 구덩이 근처의 지하수에서 가용성 우라늄의 농도를 감소시켰다.

▲ **그림 37.12 테네시의 오크리지 국립 연구원(Oak Ridge National Laboratory)의 우라늄으로 오염된 지하수의 생물정화**

가 한 지역으로부터 제거되어 회복률을 제한하고 있는지 결정할 필요가 있다.

양분이 부족한 토양에서 식물의 생장을 증진시키는 것은 종종 천이와 생태계 회복을 가속화시킨다. 미국 서부의 고산 생태계에서 루핀과 같은 질소 고정 식물은 채광 활동과 다른 용도로 사용된 흙의 질소 농도를 보강하기 위해서 심어진다. 이러한 질소 고정 식물이 일단 정착하면, 다른 고유종들은 살아가기 위해서 충분한 질소를 흙으로부터 얻을 수 있다. 토양이 심각하게 교란되었거나 표토가 완전히 없어진 다른 생태계에서 식물의 뿌리는 양분의 필요를 충족시키기 위한 균근 공생자가 결핍될 수 있다. 미네소타의 키 큰 관목 초원을 회복하는 생태학자들은 이 제약을 인식하고 씨를 뿌린 토양에 균근 공생자를 첨가함으로써 고유종의 회복에 확실히 박차를 가하였다.

생태계의 물리적 구조와 식물 군집의 복원은 동물종들이 어느 지역을 다시 개척하고 그곳에서 살 것이라는 것을 반드시 약속하지는 않는다. 동물들은 수분작용, 종자분산, 그리고 초식을 포함하는 중요한 생태계 서비스를 돕기 때문에, 복원 생태학자들은 가끔 야생에 가보기도 하고 복원된 생태계를 사용하기도 한다. 그들은 어느 한 장소에 동물들을 풀어놓거나 동물들이 발견된 다른 장소와 복원된 장소를 연결하는 서식통로를 만든다. 그들은 때때로 새들을 위한 인공 둥지를 만든다. 이러한 노력과 또 다른 노력들이 복원된 생태계의 생물 다양성을 증가시킬 수 있고 군집의 지속을 도울 수 있다.

개념 37.6

인간의 활동은 지구의 생물 다양성을 위협한다

종들이 너무 빠르게 사라지고 있다. 지난 400년 동안 1000종 이상이 사라졌으며, 이는 화석 기록으로 밝힌 배경 멸종률 또는 전형적인 멸종률의 100~1000배에 해당하는 멸종률이다. 이러한 비교를 통해 오늘날의 멸종률이 높고 인간의 활동이 모든 단계에서 지구의 생물 다양성을 위협한다는 것을 알 수 있다.

지구 전체에서 인간의 활동은 우리와 모든 다른 종이 의존하는 생태계 과정인 자연적인 교란, 영양 구조, 에너지 흐름, 물질 순환을 변경시켜 왔다. 인간이 변형시킨 지표면의 면적은 거의 지표면의 절반에 육박하고 있으며, 인간은 모든 사용 가능한 지표 담수의 절반 이상을 사용하고 있다. 바다에서 많은 물고기가 남획으로 고갈되고 있다. 한 추정에 따르면 인간은 백악기가 끝나는 약 6,600만 년 전에 대멸종을 가져온 거대 운석보다 더 많은 종이 절멸되도록 하고 있다고 한다.

생물 다양성의 세 단계

생물학적 다양성을 간단히 해서 생물 다양성이라 하며 이는 유전적 다양성, 종 다양성, 생태계 다양성의 세 단계를 가진다(그림 37.13).

유전적 다양성

유전적 다양성은 한 개체군 내에서 개체들 사이의 유전적 변이뿐만 아니라 지역의 환경에 대한 적응과 관련된 개체군 사이에서의 변이도 포함한다. 만일 한 개체군이 사라진다면 한 종은 소진화를 가능하게 하는 유전적 다양성의 일부를 잃어버리게 될 것이다. 이와 같이 유전적 다양성이 줄어드는 것은 그 종의 적응 가능성을 줄이게 된다.

종 다양성

생물 다양성 위기에 관한 일반 대중의 관심사는 생태계 또는 생물권에서의 종 수를 의미하는 종 다양성에 집중된다. 특히 관심을 가지는 것은 멸종위기에 있거나 멸종의 위협을 받는 종이다. **멸종위기종(endangered species)**은 이들이 분포하는 전체 또는 상당한 부분에서 절멸의 위험에 처해 있다. 반면 **멸종위협종(threatened species)**은 가까운 미래에 멸종위기를 맞을 수 있는 종이다.

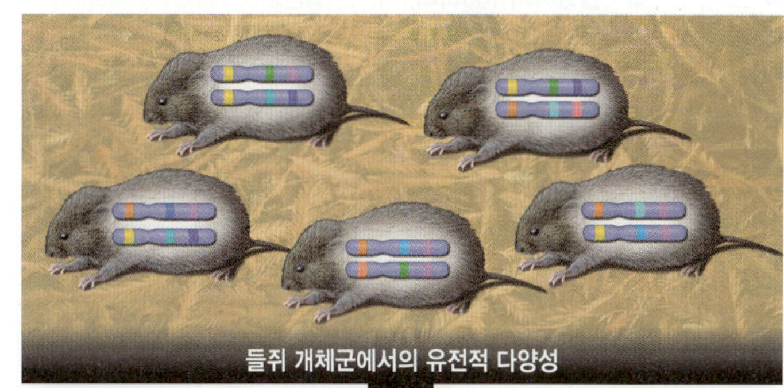

▲ 그림 37.13 **생물 다양성의 세 단계.** 맨 위 그림에서 크게 표시한 염색체는 개체군 내에서의 유전적 변이를 상징한다.

필리핀독수리

양쯔강돌고래

▲ **그림 37.14 절멸까지 100마리.** 이들은 윌슨(E.O. Wilson)이 100마리 클럽 (Hundred Heartbeat Club)이라 부르는 것의 구성종 중 두 종류의 예이다. 100마리 클럽이란 지구상에 남아 있는 개체수가 100마리 이하인 종의 집합을 말한다. 양쯔강돌고래는 절멸된 것으로 보이지만, 2007년 보도된 바에 의하면 몇 마리가 발견되었다.

종의 절멸은 작은 지역에 한정될 수도 있다. 예를 들면, 한 종이 하나의 수계에서는 사라지나 근접한 수계에서는 살아남을 수도 있다. 한 종이 지구 전체에서 절멸된다는 것은 그 종이 살았던 모든 생태계에서 영구적으로 사라졌음을 의미한다(**그림 37.14**).

생태계 다양성

지구상에 존재하는 생태계의 다양성은 생물 다양성의 세 번째 단계이다. 하나의 생태계에서 서로 다른 종들의 개체군 사이에 존재하는 많은 상호작용 때문에, 한 종의 지역적 절멸은 그 생태계에서 다른 종들에게 부정적인 영향을 미칠 수 있다. 예를 들어, "날아다니는 여우"라고 불리는 박쥐는 태평양의 섬에서 중요한 수분 매개자이고 씨를 퍼뜨리는 종인데, 이곳에서 이들은 고급스러운 식재료로 점점 더 많이 사냥되고 있다(**그림 37.15**). 보전생물학자들은 "날아다니는 여우"의 절멸이 사모안섬(Samoan Islands)의 고유 식물종에 또한 해가 될 것을 걱정하고 있는데, 그곳 목본 종의 4/5는 수분과 종자산포를 "날아다니는 여우"에게 의존하고 있기 때문이다.

일부 생태계는 이미 인간에 의해 심하게 영향을 받고 있으며, 어떤 생태계는 놀랄 만한 속도로 파괴되고 있다. 유럽인들이 정착하면서부터, 미국 내에서 50% 이상의 습지를 농지 또는 다른 용도로 사용하기 위해 간척하고 변형시켰다. 캘리포니아, 애리조나, 그리고 뉴멕시코에서는 과잉방목, 홍수 조절, 수로의 건설, 수위의 저하, 외래 침입식물로 인하여 원래 존재하던 강변 생태계(강가) 면적의 약 90%가 파괴되었다.

▲ **그림 37.15 멸종위기에 처한 중요한 수분매개자인 "날아다니는 여우" 박쥐(*Pteropus mariannus*)**

생물 다양성과 인간 복지

왜 우리는 생물 다양성의 손실에 관심을 가져야 하는가? 한 가지 이유는 **생명애**(biophilia)라고 부르는 자연과 모든 생물과의 연대감일 것이다.

종 다양성과 유전적 다양성으로부터의 이득

위협을 받고 있는 많은 종들은 인간이 사용할 수 있는 의약품, 음식, 그리고 섬유 등으로 사용될 수 있으며 이는 생물 다양성이 매우 중요한 자연자원임을 의미한다. 아스피린에서 항생제에 이르는 산물은 원래 자연자원으로부터 유래되었다. 식량 생산에서 만약 우리가 작물종과 밀접히 관련된 식물의 야생 개체군들을 잃게 된다면, 질병에 대한 저항력과 같은 작물의 질을 향상시킬 수 있는 유전자원을 잃게 되는 것이다.

미국의 약국에서 살 수 있는 모든 의약품의 25%는 원래 식물에서 유도된 물질을 포함한다. 예를 들어, 1970년대 연구자들은 마다가스카르섬에서 자라는 로지페리윙클에서 암세포의 성장을 억제하는 알칼로이드를 발견하였다. 치명적인 암으로 알려진 호지킨병과 어린이 백혈병을 가진 많은 사람들에게 이 발견은 치료의 길을 열어 주었다. 마다가스카르는 또 다른 5종의 협죽도과 식물의 원산지이며, 그 중의 하나는 이미 절멸되었다. 이 종들이 사라진다는 것은 그들이 제공할지도 모르는 어떠한 의학적 이익의 손실을 의미한다.

로지페리윙클

종의 소실은 또한 많은 중요한 단백질을 암호화하는 유전자의 손실을 의미한다. 효소인 *Taq*

중합효소(*Taq* polymerase)는 옐로스톤 국립공원에 있는 온천의 뜨거운 물에서 자라는 박테리아 *Thermus aquaticus*에서 처음 추출되었다. 이 효소는 PCR에 필요한 높은 온도에서 안정하기 때문에 PCR에서 중요한 부분을 차지한다. 다양한 환경에서 사는 많은 원핵생물 종들로부터 나온 DNA는 신약, 식량, 석유 대체물, 다른 산업 화학제품, 그리고 여러 생산품에 대한 단백질의 대량 생산을 위하여 사용되고 있다. 그러나 많은 원핵생물과 다른 생물이 우리가 그들을 발견하기 전에 절멸할 수도 있기 때문에 그들이 가지는 특유의 유전자가 가진 값진 유전적 가능성을 잃지 않도록 대비해야 한다.

생태계 서비스

인간은 지구생태계에서 진화해 왔고 생존을 위하여 이 체계와 여기에 존재하는 다른 종들에게 의존한다. **생태계 서비스(ecosystem services)**는 자연생태계가 인간의 삶을 유지할 수 있도록 하는 모든 과정을 포함한다. 생태계는 공기와 물을 정화한다. 또한 쓰레기의 독소를 제거하고 분해하며 극한 날씨와 홍수에 의한 영향들을 감소시킨다. 생태계의 생물들은 작물의 수분을 돕고, 병충해를 통제하며, 기름진 토양을 생성하고 보전한다. 더욱이 이러한 다양한 기능들은 무료로 제공된다.

생태계의 기능과 이러한 서비스를 수행하는 생태계의 능력은 생물의 다양성과 연관되어 있다는 것이 점점 더 확실해지고 있다. 인간의 활동이 생물 다양성을 줄일 때 인간은 자신의 생존에 필수적인 과정을 수행하는 지구생태계의 능력을 저하시키고 있다.

생물 다양성에 대한 위협

많고 다양한 인간의 활동이 지방, 지역, 지구 수준에서의 생물 다양성을 위협한다.

서식지 파괴

인간에 의한 서식지의 변화는 생물권의 생물 다양성에 대한 가장 큰 하나의 위협이다. 농업, 도시개발, 임업, 광산, 오염 등에 의하여 많은 서식지가 파괴되어 왔다. IUCN은 최근 수백 년 동안 멸종, 멸종 위험, 멸종에 취약, 혹은 희귀하게 된 종들의 73%를 물리적인 서식지의 파괴와 관련지었다.

중미와 멕시코 열대 건조림의 약 98%가 벌목으로 사라지고 있다. 멕시코의 베라크루즈(Veracruz) 주에 있는 열대우림에서 대부분 소 방목을 위해 진행된 벌목은 작고 고립된 구역의 숲을 남기고 원래 존재하던 숲의 90% 이상을 사라지게 하였다. 많은 다른 자연 서식지도 인간의 활동으로 역시 파편화되고 있다(그림 37.16).

거의 모든 경우에 단편화된 서식지의 작은 개체군은 높은 지역적 절멸 가능성을 가지기 때문에 서식지의 단편화로 인해 종이 사라지고 있다.

서식지의 소실은 수생태계의 생물 다양성에도 중요한 위협이 되고 있다. 지구에서 종이 가장 많은 수생군집인 산호초의 약 70%가 인간의 활동에 의해 파괴되었다. 현재와 같은 속도로 파괴

▲ **그림 37.16 로스앤젤레스의 구릉지에서의 서식지 단편화.** 계곡의 개발은 좁은 띠의 언덕에 서식하는 생물을 가둘 수도 있다.

가 계속된다면 해양 어류의 1/3이 서식하는 산호초의 40~50%가 30~40년 안에 사라질 수도 있다. 담수 서식지의 파괴와 종 소실은 전 세계의 대부분의 강들에 영향을 주고 있는 댐, 저수지, 수로 변경, 흐름 조절 등으로부터도 발생한다.

도입종

외래종으로 불리기도 하는 **도입종(introduced species)**은 인간이 의도적으로 또는 우연히 그 종의 원래 서식지에서 새로운 지역으로 옮겨진 종들이다. 배나 비행기를 이용한 인류의 여행은 종의 이동을 촉진시켜 왔다. 그들의 원래 서식지에서 그들의 개체군을 제한했던 포식자, 기생자, 질병으로부터의 자유는 옮겨진 종들이 새로운 지역에 기하급수적으로 퍼지게 하였을 것이다.

어떤 도입종은 종종 고유종을 포식하거나 자원을 두고 그들과 경쟁함으로써 그들의 새로운 군집을 파괴한다. 갈색나무뱀은 제2차 세계대전 후 남태평양의 다른 부분들로 괌에 유입되었다. 군용 화물기 속의 "밀항자"였던 것이다. 그 이후로 뱀이 포식하는 12종의 새와 6종의 도마뱀이 괌에서 절멸되었다.

인간은 많은 종을 좋은 의도로 도입하였지만 결과는 재앙으로 나타났다. 미국 농무부가 침식 방지를 위해 미국 남부에 들여온 아시아 원산의 칡은 남부 경관의 방대한 영역을 차지할 정도로 확장하였다(그림 37.17).

남획

일반적으로 남획(overharvesting)이라고 하는 것은 야생생물이 다시 원래의 개체군으로 되돌아갈 수 있는 능력 이상으로 사람이 이들을 수확하는 것을 의미한다. 작은 섬과 같이 제한된 서식지를 가진 종들은 특히 남획에 민감하다.

특히 코끼리, 고래, 코뿔소와 같이 잠재 생식률이 낮은 덩치가 큰 생물체는 남획에 민감하다. 지구에서 가장 큰 육상 동물인 아

▲ **그림 37.17 사우스캐롤라이나에서 번성하고 있는 도입종인 칡**

프리카코끼리의 쇠퇴는 남획으로 나타난 결과의 전형적인 예이다. 주로 상업적으로 거래되는 상아 때문에 아프리카의 대부분에서 과거 50년 동안 코끼리 개체군은 감소하여 왔다.

보전생물학자들은 위협받고 있는 멸종위기종에서 나온 조직의 기원을 찾기 위해서 분자유전학을 도구로 이용하고 있다. 예를 들어, 연구자들은 코끼리의 똥으로부터 분리된 DNA를 이용하여 아프리카코끼리의 DNA 참고 지도를 만들었다. 이 지도를 합법적으로든 불법적으로든 상아를 이용하는 작은 집단으로부터 분리된 DNA와 비교하는 것을 통해서 그들은 코끼리가 수백 킬로미터 내의 어디에서 죽어가고 있는지를 결정할 수 있다(그림 37.18).

한때는 절대로 고갈되지 않을 것이라고 생각했던 상업적으로 중요한 바닷물고기의 많은 개체군들은 남획으로 인해 그 수가 급격히 줄어들고 있다. 1980년대 일본에서 초밥과 회로 사용하기 위하여 도매상들은 신선도를 유지하기 위해 얼음에 넣은 푸른지느러미참치를 비행기로 일본에 공수하기 시작하였다. 이로 인하여 이 고기는 지금 파운드당 100달러에 팔리고 있다(그림 37.19). 이와 같이 높은 가격을 받음으로써 어획이 증가하게 되었고 북대서양의

▲ **그림 37.18 생태학적 법의학과 코끼리 밀렵.** 이 절단된 상아들은 2002년 아프리카에서 싱가포르로 이동되다 적발된 불법 화물의 일부이다. DNA에 근거한 증거는 상아를 위해 살해된 수천마리의 코끼리가 아프리카 전체가 아니라 잠비아 중앙에 위치한 협소한 동-서 지역에 살던 것이었음을 알려주었다.

▲ **그림 37.19 남획.** 북대서양 푸른지느러미참치가 일본 어시장에서 경매되고 있다.

푸른지느러미참치 개체군은 10년 만에 1980년 크기의 20% 이하로 줄어들었다.

지구의 변화

생물 다양성에 대한 네 번째 위협인 지구의 변화는 지역적에서 전지구적 규모까지 지구생태계 구성을 변화시킨다. 지구의 변화는 기후, 대기 화학, 그리고 생명을 유지시키는 지구의 능력을 감소시키는 광활한 생태적 시스템의 변화들을 포함한다.

관심을 일으키는 지구 변화의 첫 번째 유형들 중 하나는 **산성 강수**(acid precipitation)로 5.2보다 낮은 pH를 띠는 비, 눈, 진눈깨비, 또는 안개들을 말한다. 나무와 화석 연료의 연소는 황과 질소 산화물을 방출한다. 이는 공기의 수분과 반응하는데, 황산과 질산을 형성한다. 산들은 결국 지구 표면으로 떨어지고 몇몇의 수생생물, 육상생물들에게 해를 끼친다.

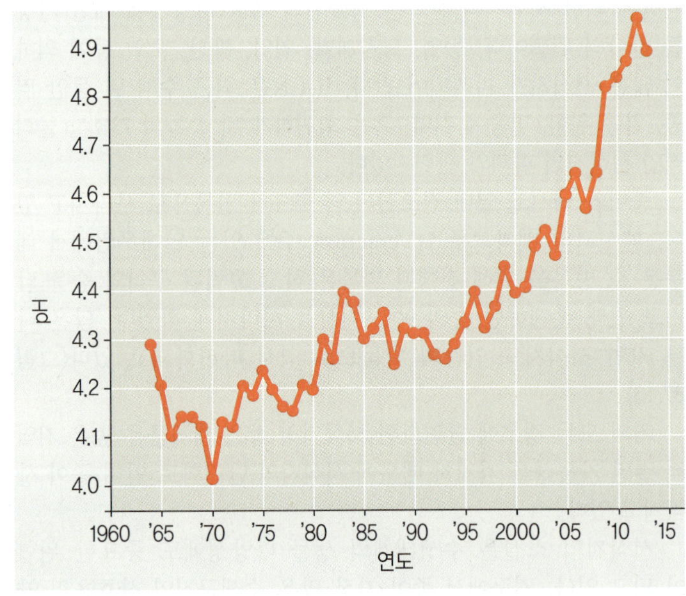

▲ **그림 37.20 뉴햄프셔 허바드 부룩에서 강수 pH의 변화**

환경 규제들과 새로운 기술들은 많은 나라들로 하여금 최근 몇십 년 동안 이산화황 방출을 감소시킬 수 있도록 하였다. 미국에서 이산화황 방출은 1993년과 2009년 사이에 40% 이상 감소되었고 강수의 산성도는 점점 감소되었다(그림 37.20). 그러나 생태학자들은 수생태계가 회복하기 위해선 몇십 년이 걸릴 것이라고 추정한다.

개념 37.7

개체군 보전과 경관 지역 보전은 생물 다양성의 유지를 돕는다

개체군 보전에 대한 한 접근법은 작아서 종종 위기에 민감한 개체군이며 다른 하나는 빠르게 감소하는 개체군에 집중한다.

소개체군 접근법

작은 개체군들은 남획, 서식지 소실과 생물 다양성을 위협하는 다른 요인들에 대해 특히 민감하다. 이러한 요인들이 개체군의 크기를 감소시키고 나면 이 작은 크기의 개체군들은 스스로 그들의 절멸을 유도한다.

절멸의 소용돌이

진화 작은 개체군은 개체군이 **절멸의 소용돌이(extinction vortex)**로 들어가 점점 더 작은 개체군 크기가 되어 결국에는 개체가 하나도 남지 않게 되는 근친교배와 유전적 부동으로 들어가기 쉽다(그림 37.21). 절멸의 소용돌이를 이끄는 핵심 요소는 병원체의 새로운 균주와 같이 환경변화에 대한 진화적 반응에 필요한 유전적 변이를 잃는다는 것이다. 근친교배와 유전적 부동 모두 유전적 변이의 소실에 대한 원인이 될 수 있으며, 이들의 효과는 개체군의 크기가 작아질수록 더 해로워진다. 근친교배는 해로운 열성 형질을 후손에서 동형으로 만들기 쉽기 때문에 적응도를 감소시킨다.

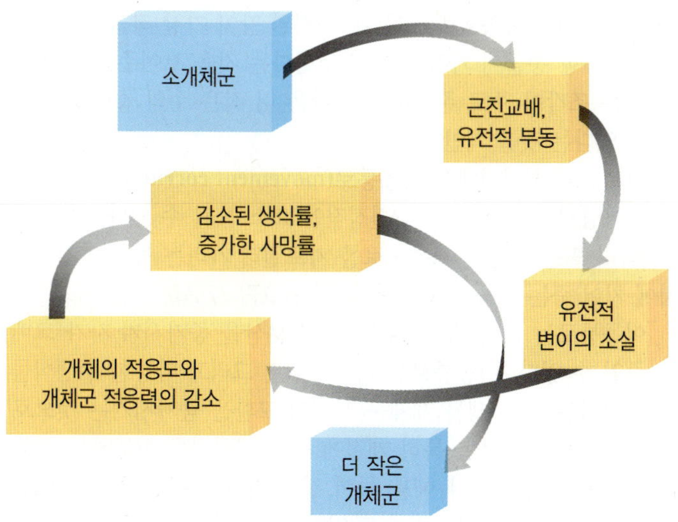

▲ 그림 37.21 **절멸의 소용돌이로 이끄는 과정**

개체군이 얼마나 작아야 절멸의 소용돌이가 시작될 수 있을까? 답은 생물의 종류와 다른 요소들에 의해서 좌우된다. 먹이사슬의 높은 단계에서 먹고 사는 포식자들은 보통 낮은 개체군 밀도 때문에 넓게 퍼져서 산다. 그러므로 모든 희귀한 생물이 보전생물학자의 관심의 대상이 되는 것은 아니다. 하지만 모든 개체군은 생존을 위한 최소의 크기를 필요로 한다.

한 종이 그들의 수를 유지할 수 있는 최소한의 개체군 크기를 **최소 생존 개체군(minimum viable population, MVP)**이라 한다. MVP는 보통 한 종을 대상으로 하며, 여러 요소를 종합한 컴퓨터 모델을 사용하여 추정된다. 예를 들어, 계산과정은 작은 개체군에서 얼마나 많은 개체들이 폭풍과 같은 자연재해에 의해 죽게 될 것인지에 대한 추정치를 포함하기도 한다. 한번 절멸의 소용돌이에 들어가게 되면 잇따른 2~3년간의 기상악화로 말미암아 이미 MVP보다 적은 수로 구성된 개체군이 사라지기도 한다.

감소 개체군 접근법

감소 개체군 접근법은 비록 개체군이 최소 생존 크기보다 훨씬 많을지라도 개체수가 줄어드는 경향을 보이는 멸종위협종과 멸종위기종의 개체군을 주 대상으로 한다. 감소 개체군 접근법은 처음 존재하던 장소에서 개체군을 감소하게 만든 환경요소를 강조한다. 예를 들어, 만일 한 지역이 벌목되었다면 그들이 유전적 변이를 유지하거나 말거나 나무에 의존하던 종들은 감소할 것이고 결국에는 그 지역에서 사라질 것이다.

대립되는 요구의 중요성 비교

개체군 수와 필요한 서식지를 결정하는 것은 종을 구하기 위한 전략의 일부일 뿐이다. 과학자들은 다른 대립적인 요구와 종의 요구 중 어느 것이 더 중요한지 경중을 가리는 것이 필요하다. 보전생물학은 종종 이 책의 주제 중의 하나인 과학, 기술, 사회 사이의 관계를 중요시한다. 예를 들어, 미 서부에서는 늑대, 회색곰, 그리고 송어(bull trout) 개체군을 위한 서식지 보호와 방목 및 자원 추출 산업의 일자리 창출 사이에 뜨거운 논란이 현재 진행되고 있다. 옐로스톤 국립공원의 늑대 증식 프로그램은 인간의 안전을 염려하는 사람과 공원의 밖에서 가축을 잃어버릴 잠재성을 염려하는 많은 목축업자에게 아직도 논란거리로 남아 있다.

크고 눈에 잘 띄는 척추동물들이 항상 이와 같은 논쟁의 중심에 있는 것이 아니라 서식지의 사용이 거의 항상 문제가 되는 것이다. 새로운 고속도로를 위하여 교량을 건설할 경우 민물 담치 한 종이 살고 있는 유일한 서식지를 파괴한다면 교량 공사는 계속 진행되어야 하는가? 만약 당신이 강한 태양 아래서 잘 자라는 커피 변종이 자라는 커피 농장의 주인이라면 많은 울새가 살 수 있게 하기 위하여 생산량이 적고 이익이 줄어드는 음지에서 자랄 수 있는 커피의 변종으로 바꿀 수 있겠는가?

또한 종의 생태적 역할을 중요하게 고려해야 한다. 우리는 모든 멸종위기종을 구하지 못하기 때문에 다양성을 전체적으로 보전하기에 어떤 종이 가장 중요한지를 결정하여야 한다. 핵심종(쐐기종)이 무엇인지 확인하고 이들 개체군을 유지할 수 있는 방법을 찾는 것은 군집과 생태계의 유지에 가장 중요할 수 있다. 대부분의 상황에서 보전생물학자들은 한 종 이상을 보아야 하며 생물 다양성의 중요한 단위로 전체 군집과 생태계를 고려해야 한다.

경관 구조와 생물 다양성

역사적으로 보전 노력은 개개의 종들을 구하는 데 집중되었으나 오늘날 보전생물학의 목적은 점진적으로 모든 군집, 생태계, 그리고 경관을 포함하는 생물 다양성의 유지를 추구하는 것이 되었다. 이와 같은 넓은 견해는 생태학적 원리뿐만 아니라 인간 개체군의 역동성과 경제적인 부분도 고려할 것을 요구한다.

주어진 경관에서의 생물 다양성은 주로 경관의 물리적인 모습 또는 구조에 의해 영향받는다. 많은 종들이 한 종류 이상의 생태계에서 살고, 많은 종류가 생태계 사이의 경계에서 살기 때문에 경관 구조를 이해하는 것은 보전에 특별히 중요하다.

단편화와 가장자리

생태계 사이(예를 들어, 호수와 이를 둘러싸는 숲 사이, 또는 농경지와 교외 거주지 사이)의 경계 또는 가장자리는 경관의 모습을 규정한다(그림 37.22). 가장자리는 그곳만의 물리적 특징을 가져 양쪽에 접한 곳과 매우 다르다. 조각난 숲과 산불이 난 지역 사이의 가장자리에 있는 토양의 표면은 숲의 내부에서 보다 더 많은 빛을 받아 보통 더 뜨겁고 더 건조하다. 그러나 불에 탄 지역의 토양 표면보다는 더 차고 습하다.

어떤 생물은 인접한 양쪽의 자원을 모두 이용할 수 있기 때문

▲ 그림 37.22 **옐로스톤 국립공원에서 생태계 사이의 가장자리**

▲ 그림 37.23 **숲 단편화의 생물학적 역동성 사업(Biological Dynamics of Forest Fragments Project)의 일환으로 만들어진 아마존 우림의 단편화된 숲**

에 가장자리 군집에서 번성한다. 목도리뇌조(*Bonasa umbellatus*)는 둥지, 겨울 먹이, 그리고 은신처로서 숲 서식지를 필요로 하는 반면, 여름 먹이를 위하여 빽빽이 들어선 관목과 초본을 가진 숲 틈을 필요로 한다.

인간이 변형시킨 가장자리가 발생한 생태계는 종종 종 다양성을 감소시키고 가장자리에 적응한 종들이 우세하게 하였다.

단편화가 군집구조에 미치는 영향은 장기 연구인 숲 단편화의 생물학적 역동성 사업(Biological Dynamics of Forest Fragments Project)으로 1979년부터 연구되었다. 아마존 강 집수역의 중심에 위치한 연구 장소는 80~1,000 m 정도 떨어져 있는 주변의 연속적인 숲으로부터 분리된 열대우림의 분리된 조각들로 이루어져 있다(그림 37.23). 이 사업에 관여하는 수많은 연구자들은 선태류부터 딱정벌레류, 그리고 조류까지 이 생물들에 대한 단편화의 효과들을 명확하게 기록하였다. 그들은 구획된 땅이 가장 작을 때 숲 내부에 적응한 종들이 가장 많이 감소한다는 것을 보여주었다. 이것은 작은 조각이 주로 존재하는 경관은 더 적은 수의 종만을 부양할 수 있다는 것을 제안한다.

단편화된 서식지에서 **이동통로(movement corridor)**의 존재는 생물 다양성 보전에 있어서 결정적인 요소가 될 수 있다. 예를 들어, 다리 또는 터널은 고속도로를 가로질러 가려는 동물이 길에서 차에 치어 죽는 것을 감소시킬 수 있다(그림 37.24).

이동통로는 또한 감소 개체군에서 분산을 증가시켜 자가 교배를 줄일 수 있다. 이동통로는 나비, 들쥐, 그리고 다양한 수생식물을 포함하는 많은 생물 개체군 사이의 교환을 증가시키는 것으로 나타났다. 이동통로는 특히 계절에 따라 서식지를 이동하는 종들에게 중요하다. 그러나 예를 들어 질병 확산과 같은 일에 기여함으로써 이동통로는 해로울 수도 있다.

▲ **그림 37.24 인공적인 이동통로.** 네덜란드에서 고속도로를 가로지르는 이 육교는 인간이 만들어 놓은 장벽을 동물들이 건널 수 있게 도와준다.

보호지역의 지정

현재 정부는 세계 육지 면적의 약 7%를 다양한 형태의 보전지구로 지정하여 이용을 보류하고 있다.

가장 보전이 우선시되어야 하는 지역을 결정하는 데 있어 생물학자들은 종종 생물 다양성 중요지점에 관심을 집중한다. **생물 다양성 중요지점(biodiversity hot spots)**은 수많은 고유종(지구상 다른 곳에선 찾을 수 없는)과 많은 수의 멸종위기종이나 멸종위협종이 살고 있는 상대적으로 좁은 면적의 지역을 말한다(그림 37.25). 모든 조류종의 약 30%는 지구 육지의 약 2% 면적을 차지하는 중요지점에서 발견된다. 생물 다양성 중요지점 중 "가장" 중요한 지역은 지구 육지 표면적의 1.5% 이하에 불과하다. 그러나 이곳은 모든 식물과 양서류, (조류를 포함한) 파충류, 포유류의 1/3에 해당하는 종들의 고향이다. 또한 수생태계에도 산호초나 특정 수계와 같은 중요지점이 있다.

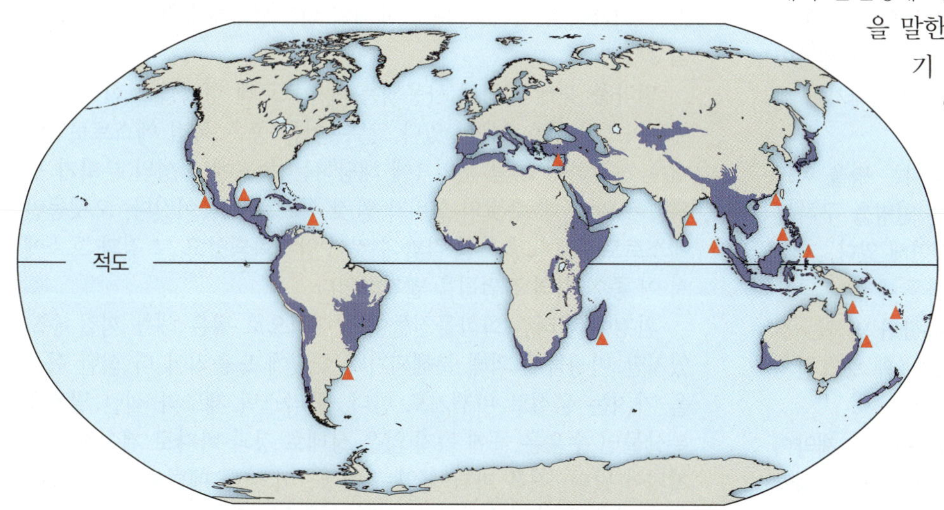

▲ **그림 37.25 지구의 육상(■)과 해양(▲) 생물 다양성 중요지점**

개념 37.8

지구는 인간의 행동으로 인해 급속히 변화하고 있다

우리가 논의해온 것처럼, 경관과 지역 보전은 서식지를 보호하고 종들의 보존을 돕는다. 그러나 인간의 활동으로 인한 환경변화들은 새로운 도전 과제를 형성하고 있다.

인간들이 불러일으킨 환경적 변화의 세 가지 유형인 풍부한 양분, 독성 물질의 축적, 그리고 기후변화에 대해 다룬다. 이 세 가지를 포함한 다른 변화들의 영향들은 도시와 농장 같은 인간이 점유한 생태계뿐만 아니라 지구에서 가장 격리된 생태계에서도 나타난다.

부영양화

인간의 활동은 종종 양분을 한 장소에서 다른 장소로 이동시켜 양분 순환에 영향을 준다.

농업은 인간의 활동이 어떻게 부영양화를 일으킬 수 있는지를 보여준다. 한 지역에서 농작물이 모두 제거된 후 토양에 저장되었던 양분은 고갈되는데, 이는 양분 중 많은 부분이 농작물 속에 들어가 그 지역을 떠나기 때문이다. 질소는 농업을 통하여 소실되는 주 양분이다. 경운을 통하여 토양을 섞는 것은 유기물의 분해율을 증가시켜 사용 가능한 질소의 양을 증가시키기 위한 방법이며, 토양의 질소는 식물이 사용하게 되고 이는 작물을 수확할 때 농업생태계로부터 제거된다. 이를 보충하기 위해 식물이 흡수할 수 있는 질산이나 질소의 다른 형태로 구성된 비료가 사용된다. 그러나 작물을 수확하게 된 후에는 토양으로부터 질산을 흡수할 식물이 거의 남지 않게 된다.

생태계에서 양분의 정도가 **한계량(critical load)**을 지나칠 때 문제가 발생하는데, 이는 대개 질소나 인으로 추가된 양분이 생태계의 완전성에 피해를 주지 않고 식물에 의해 흡수될 수 있는 양을 말한다. 예를 들어, 한계량를 초과한 토양 속의 무기 질소 화합물은 결국에는 지하수나 지표수로 녹아 담수생태계 또는 해양 생태계로 들어가게 된다. 이는 수자원을 오염시키고, 물고기를 죽이게 된다. 지하수의 질산 농도는 농업 지역에서 증가하여 때로는 식수로서 부적합할 정도로 높은 농도에 도달한다.

영양분이 흘러가버리는 것도 호수의 부영양화를 촉진시킬 수 있다. 조류와 시아노박테리아의 번성과 그에 따른 죽음, 그리고 산소의 고갈은 해양의 죽음의 지역에서 발생하는 것과 비슷하다. 이 모든 현상은 많은 생물의 생존을 위협한다.

환경 속의 독성 물질

인간의 활동은 이전에는 자연에 존재하지 않던 수천 가지의 합성 물을 포함하여 방대한 종류의 독성 화학물질을 방출한다. 생물은 양분이나 물과 함께 환경으로부터 독성 물질을 흡수한다. 어떤 독은 대사 작용을 통하여 밖으로 배출되기도 하지만 일부는 종종 지방과 같은 특수 조직에 축적된다. 이와 같은 독성 물질이 특별히 해가되는 이유 중의 하나는 먹이그물을 통하여 상위 영양단계로 갈수록 이들의 농도가 높아진다는 것이다. 이러한 현상을 **생물학적 증폭(biological magnification)**이라고 하는데 이는 한 영양단계에서의 생체량을 만들기 위해 훨씬 더 많은 하위 단계의 생체량을 이용하기 때문에 발생한다(개념 37.3). 이리하여 최상위 단계의 육식동물은 환경에 존재하는 독성 물질에 가장 심각하게 영향을 받게 된다.

생물학적 증폭을 일으키는 합성 화학물질 중에 염소가 결합된 탄화수소가 있다. DDT와 같은 많은 살충제와 PCBs(polychlorinated biphenyls)라고 부르는 합성 화학물질이 이 무리에 속한다. 현재까지 많은 연구를 통하여 이와 같은 종류의 많은 화학물질이 인간을 포함한 많은 동물의 내분비계의 이상을 초래한다는 것이 밝혀졌다. PCBs의 생물학적 증폭은 오대호(Great Lakes)의 먹이그물에서 밝혀졌다. 먹이그물의 최상위 단계에 존재하는 재갈매기의 알에서 측정된 PCBs의 농도는 먹이그물의 바닥에 있는 식물성 플랑크톤의 약 5,000배에 달하였다(그림 37.26).

최상위 영양단계의 육식동물에 해로운 영향을 미친 생물학적 증폭의 악명 높은 경우가 DDT이다. DDT는 모기와 농업 해충을 없애기 위해 사용되었다. 제2차 세계대전 후 10년 정도 DDT의 사용은 급격히 증가하였으나 이때에는 이들의 사용이 생태계에 어떠한 영향을 미치는지 아직 완전히 밝혀지지 않았다. 1950년대에 과학자들은 DDT가 환경에 오래 남으며 물에 의해 사용된 곳으로부터 멀리 이동된다는 것을 알게 되었다. DDT에 의해 발생된 심각한 환경문제에 대한 초기 증거 중의 하나는 펠리컨, 매, 독수리와 같은 먹이그물의 최상위에 속하는 새들의 개체군 감소라 할 수 있다. DDT(그리고 부분적으로 분해된 DDE)가 이 새들의 조직에 축적되어 Ca^{2+}이 알껍데기를 형성하는 것을 방해하였다. 이 새들이 알을 부화시키려고 할 때 어미 새의 무게로 인하여 알껍데기가 깨지게 되었고 이는 번식률의 현저한 감소로 나타났다.

많은 열대지방에서 DDT는 여전히 말라리아와 다른 병을 퍼뜨리는 모기들을 통제하기 위해서 사용된다. 사회는 인명을 구하는 것과 다른 종들을 보호하는 것 사이의 '거래'에 직면해 있다. 가장 좋은 접근은 DDT를 아껴서 사용하고 모기장과 다른 수준이 낮은 기술의 해결책을 함께 사용하는 것이다. DDT의 복잡한 역사는 질병과 사회 사이의 생태학적 연관성을 이해하는 것이 왜 중요한지 보여주고 있다.

생태학자들 사이에서 관심이 증가하는 것 중의 하나가 제약이 다른 그룹의 독성 물질을 환경으로 내보낸다는 것이다. 일반 의약품과 처방 의약품 사용은 특히 선진국에서 최근 증가해 왔다. 이러한 약품을 먹은 사람들의 배설물과 배변물에는 약의 잔여물이 남아 있다. 또한 사람들은 사용하지 않은 약을 변기나 싱크대와 같이 부적절하게 버린다. 농장의 동물에게 투여한 생장 촉진 의약품 또한 농업 폐수와 함께 강과 호수로 들어갈 수 있다. 그 결과 많은 의약품이 낮은 농도로 세계의 담수생태계에 퍼지고 있다(그림 37.27).

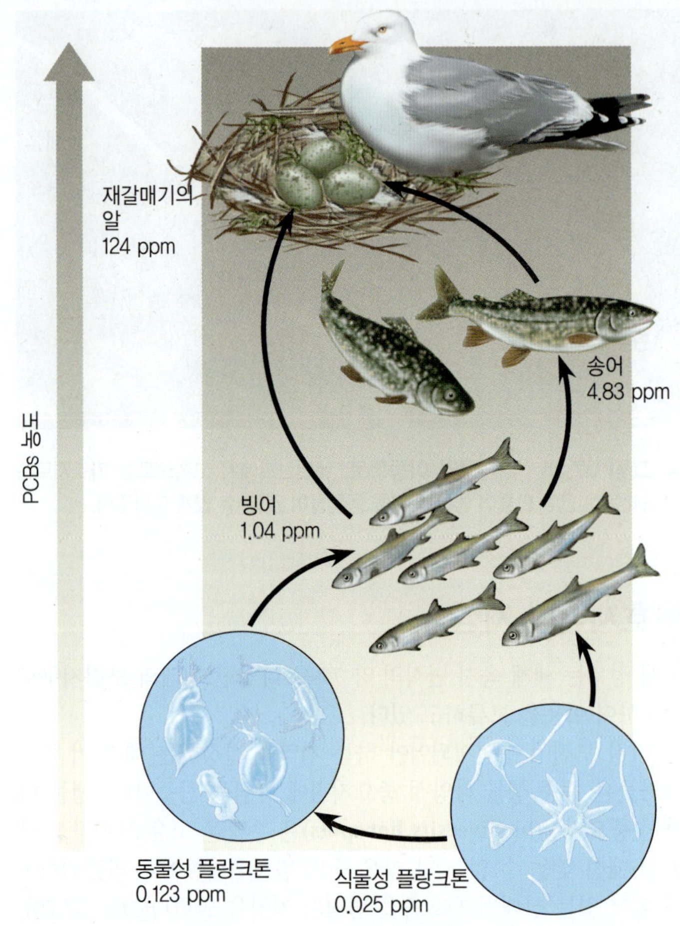

▲ 그림 37.26 오대호 먹이그물에서의 PCBs 생물학적 증폭(ppm = 백만분의 일)

의약품 중에 피임에 사용되는 에스트로겐 형태를 포함하는 스테로이드성 성호르몬이 있다. 일부 어류 종은 특정 에스트로겐에 매우 민감하여 10억 분의 1에 해당하는 농도에도 성의 분화가 변경되어 암컷 대 수컷의 성비가 암컷 쪽으로 기울어진다. 오랫동안 에스트로겐에 노출시킨 결과 수컷이 암컷화되었고 그 결과 호소에서 이 종이 거의 절멸됨을 발견하였다.

환경에 버려진 화학물질들이 상대적으로 적은 해를 끼칠 수도 있지만 미생물에 의해 분해되거나 햇빛에 노출되어 더 심한 독성을 가지는 물질로 바뀌기도 한다. 플라스틱 제조와 석탄 발전의 부산물인 수은은 물에 녹지 않은 상태로 강과 바다로 계속하여 투기되어 왔다. 진흙 바닥에 있는 미생물이 이를 메틸수은(CH_3Hg^+)으로 만들며 이는 오염된 장소의 물고기를 먹은 인간을 포함한 생물의 몸속에 축적되어 강한 독성을 나타내게 된다.

▶ 그림 37.27 **환경에서 의약품의 공급원과 이동**

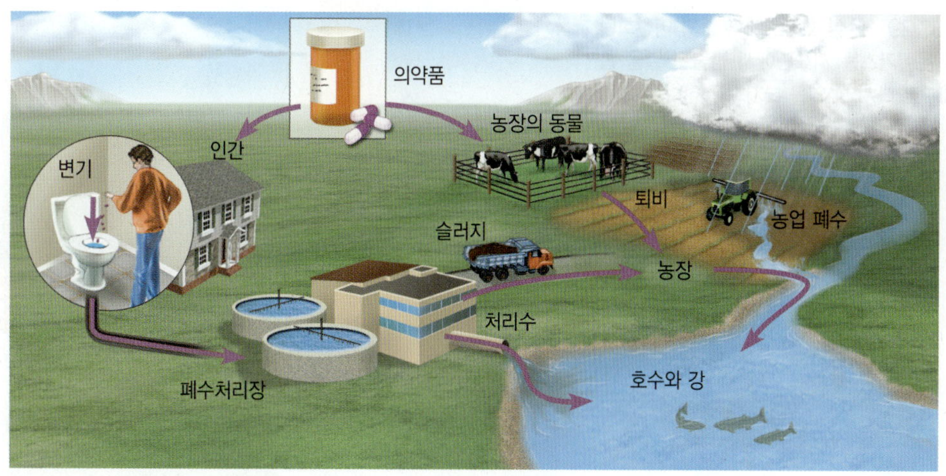

온실가스와 기후변화

인간의 활동은 기체 상태의 다양한 폐기물을 방출한다. 인간의 활동이 어떻게 기후변화를 일으킬 수 있는지 알아보기 위해 대기 CO_2 농도를 생각해 보자. 과거 150년 동안 대기 중의 CO_2 농도는 화석 연료의 연소와 벌목의 결과 점점 증가하였다. 과학자들은 1850년 이전의 대기 중 CO_2의 평균 농도를 약 274 ppm으로 추정한다. 대도시에서 멀리 떨어져 있으며 대기가 충분히 잘 섞일 정도로 높은 지역인 하와이의 마우나로아(Mauna Loa) 정상에 있는 측정소에서 CO_2의 농도를 1958년부터 정확히 측정하기 시작하였다. 그때 CO_2 농도는 316 ppm이었다(그림 37.28). 현재 대기 중의 CO_2 농도는 400 ppm 이상으로 19세기 중반 이후부터 약 45% 이상 증가하였다.

지난 150년에 걸친 대기 중 CO_2의 농도가 현저히 증가한 것은 이것이 지구 온난화와 관계가 있기 때문에 과학자들의 관심사가 되었다. 지표면을 따뜻하게 하는 태양광의 대부분은 적외선으로 우주 공간으로 방출된다(비공식적으로는 '열복사'로 알려졌다). 비록 대기 중에서 CO_2, 메탄, 수증기, 그리고 다른 온실가스가 가시광선을 통과시킬지라도 이들은 지구가 방출하는 많은 적외선을 가로채 흡수한다. 그리고 가로챈 적외선의 대부분을 지구를 향해 다시 방사한다. **온실 효과(greenhouse effect)**라 부르는 이 과정은 많은 태양열을 보유하게 한다(그림 37.29). 만약 이러한 온실 효과가 없다면 지구 표면의 평균 대기온도는 영하 18°C가 될 것이고 우리가 알고 있는 대부분의 생명체는 존재하지 못할 것이다.

CO_2와 다른 온실가스의 농도가 증가함에 따라 더 많은 태양열을 보유하게 되고 지구의 온도는 증가하게 된다. 1900년 이후 지금까지 지구의 온도는 평균 0.9°C 증가하였다. CO_2와 다른 가스가 현재와 같은 속도로 대기 중에 더해진다면 21세기 말에는 적어도 3°C가 더 증가할 것이라고 지구모델은 예측한다.

지구가 온난화함에 따라 기후 또한 다른 방식으로 변하고 있다. 바람과 강수 유형이 변하고 가뭄과 홍수 같은 극한 기상 현상이 더 자주 나타난다. 지구의 기후에 대한 이러한 변화의 결과는 어떠할까?

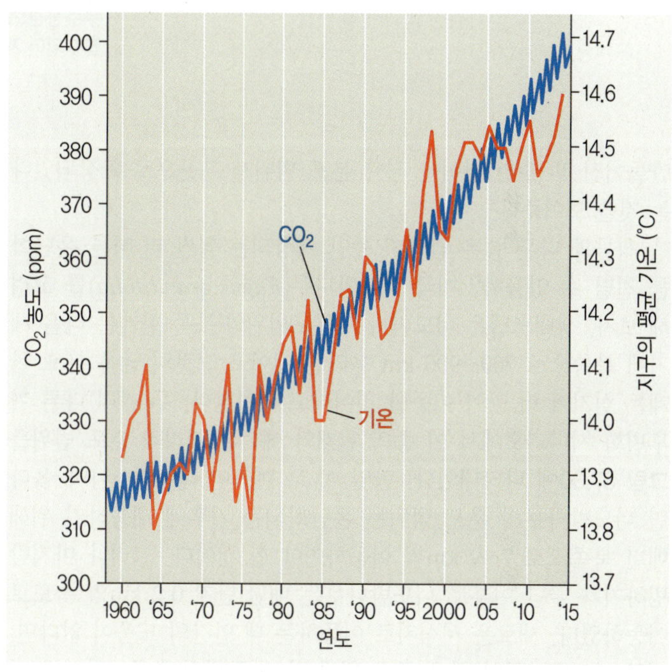

▲ 그림 37.28 **하와이 마우나로아(Mauna Loa)에서 대기 중의 CO_2 증가와 지구의 평균 기온.** 1958년부터 2015년까지 정상적인 계절 변동을 제외하면, CO_2 농도는 계속하여 증가하고 있다(푸른색 곡선). 같은 기간 지구의 평균 기온은 많은 변화를 보이며 명백히 증가하는 경향을 보여준다(붉은색 곡선).

생물에 미치는 기후변화의 영향

많은 생물 중 특히 빠르게 먼 거리로 분산되지 못하는 식물은 빠른 기후변화에 살아남을 수 없을 것이다. 더욱이 오늘날 많은 서식지는 과거 어느 때보다 더 많이 조각나 있어 많은 생물의 이주 능력을 제한하고 있다.

약 16,000년 전까지 대륙의 빙하는 북미와 유라시아의 대부분을 덮었다. 기후가 온난해지고 빙하가 물러남에 따라 나무의 분포는 북쪽으로 확대되었다. 화석 화분은 일부 종은 빠르게 북쪽으로 이동하였으나 다른 종들은 더 느리게 이동하여 적절한 서식처가

▶ **그림 37.29 온실 효과.** 대기 중의 이산화탄소와 다른 온실가스는 지표면에서 방출된 열을 흡수한 후 지구로 다시 그 열을 복사 방출한다.

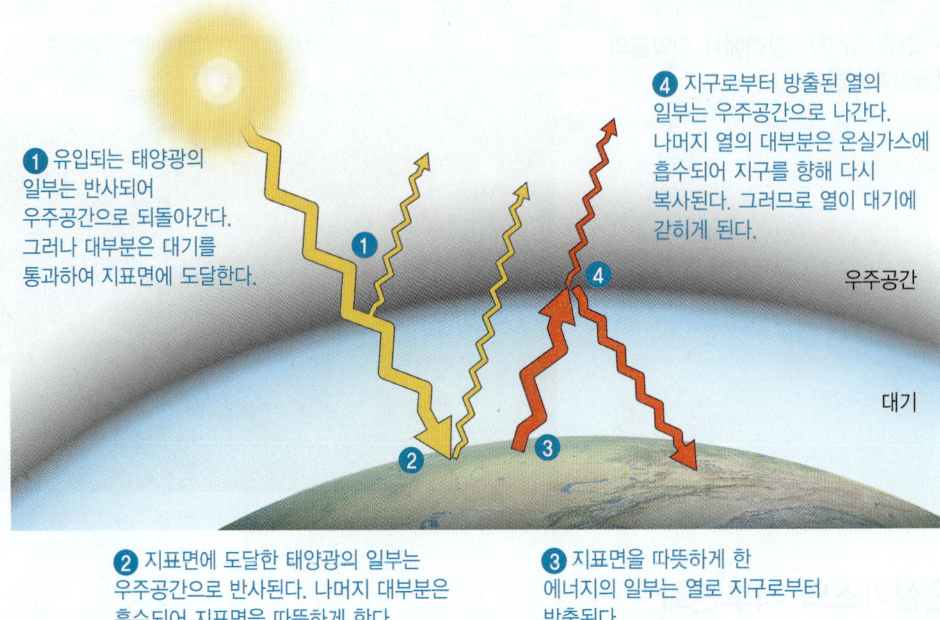

만들어진 후 수천 년이나 지나 분포 범위가 그곳으로 확장되었다는 것을 보여준다.

식물과 다른 종은 금세기 동안 예상되는 훨씬 더 빠른 온난화를 견딜 수 있을까? 미국 너도밤나무(*Fagus grandifolia*)를 고려해 보자. 생태모델은 너도밤나무 분포범위의 북쪽 한계는 다음 세기에 북쪽으로 700~900 km 올라갈 것이고 그것의 남쪽 분포 한계는 심지어 더 많이 이동할 것이라고 예측한다. 두 가지 다른 기후변화 시나리오에서 이 종의 현재와 예측된 지리적 분포 범위를 그림 37.30에 나타내었다. 만일 이 두 예측이 대략적이나마 옳다면 너도밤나무의 분포 범위는 온난화되는 기후에 대응하기 위해 매년 북쪽으로 7~9 km씩 이동하여야 할 것이다. 그러나 마지막 빙하기가 끝난 이후로 너도밤나무는 매년 단지 0.2 km의 속도로 이동하였다. 새로운 서식지로 이동하는 데 인간의 도움이 없다면, 미국 너도밤나무와 같은 종은 훨씬 더 작은 범위에 존재하거나 심지어는 절멸되게 될 것이다.

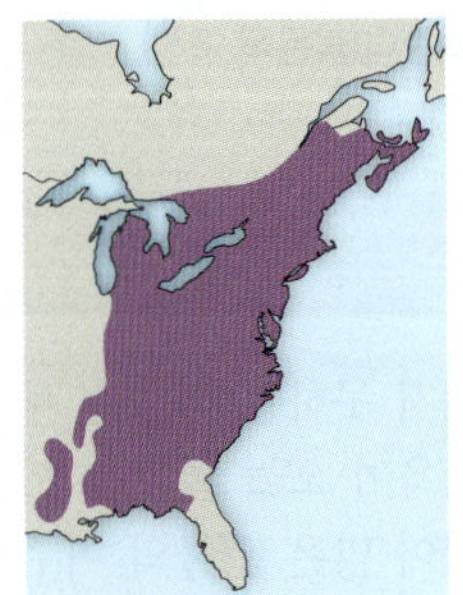

(a) 현재의 분포 범위

(b) 다음 세기에 걸쳐 4.5°C 더워질 때의 분포 범위

(c) 다음 세기에 걸쳐 6.5°C 더워질 때의 분포 범위

▲ **그림 37.30 두 기후변화 시나리오에 따른 미국 너도밤나무의 현재 분포 범위와 예측된 분포 범위**

기후가 많은 것을 변화시킨 생태계는 북쪽 끝에 있는 북방 침엽수림과 툰드라이다. 논과 얼음이 녹아 더 어둡고 더 열을 잘 흡수하는 표면을 노출시킬 때 이 생태계는 대기로 복사선을 덜 반사하게 되고 더 온난화된다. 2012년 여름 북극해의 얼음은 기록상 가장 좁은 지역을 덮었다. 기후모델은 수십 년 이내에 여름에는 북극해에 얼음이 없어질 것이며, 북극곰, 바다사자, 그리고 바닷새의 서식지가 감소할 것이라 예측한다. 이에 더하여 과거 30년 동안 일부 북극지역이 CO_2 저장고(대기로 방출되는 CO_2보다 더 많은 CO_2를 대기에서 흡수)에서 CO_2 공급원(흡수한 것보다 더 많은 CO_2를 방출)으로 변해왔다. 이것은 기후 온난화의 더 기여할 수 있는 걱정스런 변화이다.

기후변화는 또한 다른 많은 생태계에 영향을 주고 있다. 예를 들어 유럽과 아시아에서 식물은 봄에 더 일찍 잎이 나오고, 열대지역에서는 일부 산호 종의 성장과 생존이 수온 증가에 의해 감소하고 있다. 지금까지 다룬 기후변화의 영향이 이번에는 일련의 다른 생물학적 변화의 원인이 될 수 있다는 것이다. 이런 연쇄효과의 정확한 본성은 예측하기가 어려울 수 있다. 그러나 지구가 더 더워질수록 생태계는 더 심하게 영향을 받을 것이라는 것은 명백하다.

개념 37.9

인간 개체군은 더 이상 지수적으로 성장하지는 않으나 아직도 급격히 증가하고 있다

인간으로 인한 지구 환경 문제는 두 요소가 함께 존재하여 발생한다. 하나는 우리가 각자 소비할 상품과 자원의 양이 증가한다는 것이다. 다른 하나는 인간 개체군의 크기가 증가한다는 것이다.

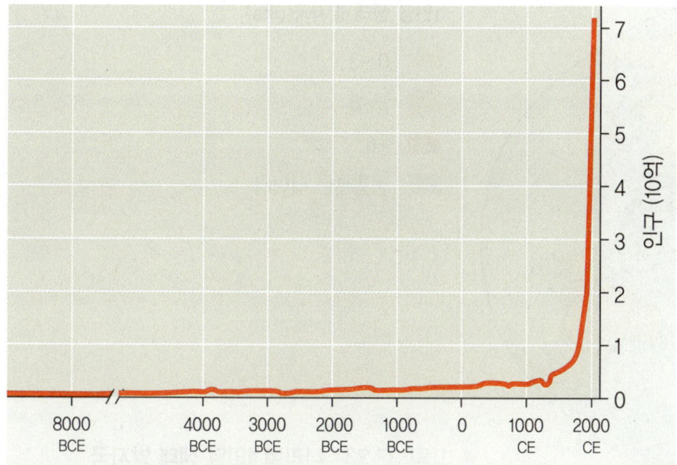

▲ **그림 37.31 인구 증가(2014년 자료).** 세계 인구는 역사 이래 거의 지속적으로 증가하여 왔지만, 특히 산업혁명 이후 급격히 치솟았다. 비록 이 도표로는 분명히 볼 수 없지만, 인구 증가 속도는 최근 몇십 년 동안 느려지게 되었으며, 그것은 전 세계적으로 출산율이 낮아진 결과이다.

인간 개체군은 지난 4세기 동안 폭발적으로 증가해왔다**(그림 37.31)**. 1650년 지구에는 약 5억 명의 사람이 지구상에 살고 있었다. 이 인구는 그 후 약 2세기 만에 두 배인 10억으로 증가하였으며, 1930년 다시 두 배인 20억으로, 1975년에는 또 다시 두 배로 증가하여 40억이 넘게 되었다. 인구가 두 배로 증가하는 데 걸린 시간이 1650년에는 200년이었는데 1930년에는 단지 45년이 걸렸다는 것에 주목하라. 이렇게 인구는 일정하게 증가하는 것을 가정하는 지수적인 증가보다 더 빨리 증가했다(그림 40.19).

세계 인구는 지금 72억을 넘기고 있는데, 매년 약 7,800만 명이 증가하고 있는 실정이다. 달리 말하면 20만 명이 거주하는 미국 텍사스의 아마릴로(Amarillo)만한 크기에 해당하는 도시가 매일 만들어짐을 의미한다. 이러한 속도라면 미국의 인구에 해당하는 인구가 증가하기까지는 불과 4년밖에 걸리지 않는다. 생태학자들은 2050년까지 81억에서 106억 가량의 인구가 지구상에 살 것이라 예측한다.

비록 세계 인구는 여전히 증가하고 있지만, 그 증가 속도는 1960년대부터 점차 느려지기 시작하였다**(그림 37.32)**. 세계 인구의 연 증가율은 1962년에 2.2%로 정점을 이루었으나 2014년 1.1%로 감소하였다. 현재의 모델은 2050년 증가율이 0.5%가 될 것이라 예측한다. 이 비율은 인구 예측치가 90억을 넘게 되면 매년 4,500만 명이 늘어나는 것이다. 지난 40년간 증가율의 이런 감소는 세계 인구가 지수적으로 증가했을 때 기대했던 것보다 더 서서히 증가함을 보여준다. 이러한 변화는 에이즈(AIDS)를 포함한 질병과 자의적인 개체군 조절로 인해 개체군 동태에 근본적인 변화가 일어난 결과이다.

각 나라에서 인구 증가율은 산업화 정도에 따라 다르다. 선진국에서는 출산율이 거의 대체율 정도(총 출산율이 여인 한 명당 자녀 2.1명)이기 때문에, 인구가 거의 평형(증가율이 약 0.1%) 상

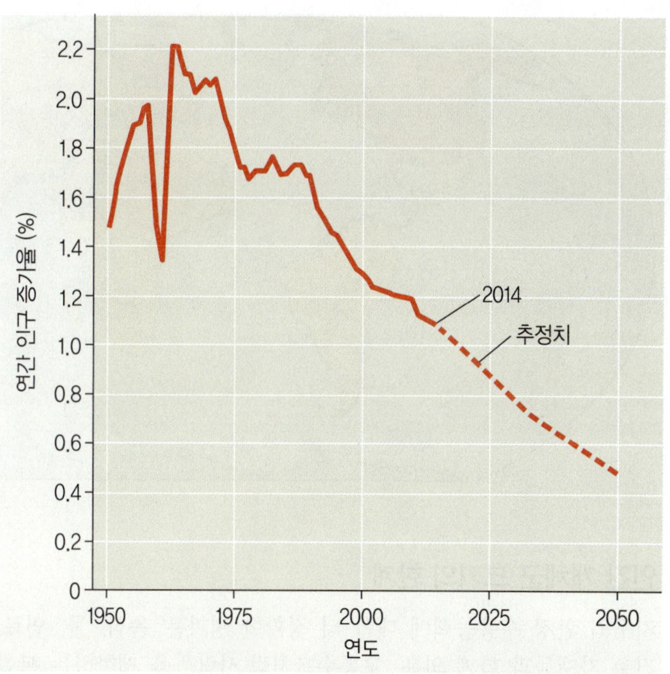

▲ **그림 37.32 연간 세계 인구 증가의 백분율(2014년 자료).** 1960년대에 급격히 떨어진 것은 주로 중국의 기근 때문인데 그때 약 6,000만 명이 죽었다.

태를 이루고 있다. 캐나다, 독일, 일본, 그리고 영국과 같은 나라에서 총 출산율은 실제로 대체율 이하로 나타난다. 이런 국가에서는 외부로부터 이민자를 받아들이지 않거나 출생률이 변하지 않는 한 인구가 결국 감소되고 만다. 실제로 많은 동부 및 중앙 유럽의 국가들에서는 인구가 이미 감소하고 있다.

반면 최근 세계 인구 증가는 대부분 개발도상국들에 의한 것이며, 이들 나라에는 전 세계 인구의 약 80%가 살고 있다. 아프가니스탄, 우간다, 그리고 요르단과 같은 나라는 2005년과 2010년 사이에 연간 3% 이상의 인구 증가율을 가진다. 비록 많은 개발도상국에서 1950년 이후 사망률이 급격히 감소하였을지라도 출생률은 단지 그들의 일부에서만 상당히 감소하였다.

인구 증가에서 특이한 현상은 가족계획과 자발적인 피임으로 가족의 크기를 조절하는 것이다. 많은 분야에서 사회적 변화가 일어나고 여성의 교육 및 직업에 대한 열망이 높아져서 여성들은 결혼과 임신 시기를 늦춘다. 출산이 지연되는 일은 인구 증가율을 떨어뜨리고, 낮은 출생률과 낮은 사망률의 조건하에서 인구 증가는 멈추게 된다. 그러나 범세계적인 가족계획에 얼마나 많이 지원하는가 하는 문제에 대해 많은 이견이 있다.

지구의 수용능력

미래 인구의 크기보다 더 중요한 생태적 질문은 없다. 우리가 앞서 주목한 것처럼 생태학자들은 2050년 지구의 인구가 대략 81억~106억이 될 것이라 예측한다. 인구 증가의 탄성으로 인해 앞으로 40년 동안 10억에서 40억 명의 인구가 추가될 것이다. 그러나 이 생물권은 얼마나 많은 사람들을 부양할 수 있을까?

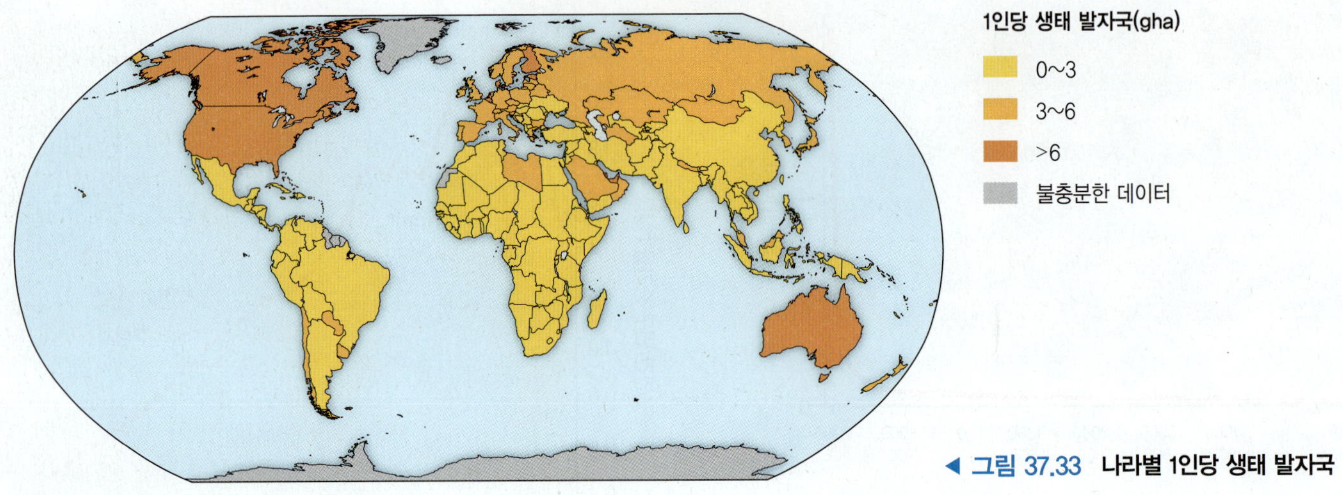

◀ 그림 37.33 **나라별 1인당 생태 발자국**

인간 개체군 크기의 한계

지구의 환경 수용능력에 대한 더 정확한 평가는 음식, 물, 연료, 건축 자재들과 함께 의복, 교통수단처럼 사람들을 제한하는 복합적인 제한 요소들을 이해해야 가능하다. **생태 발자국(ecological footprint)**의 개념은 개인, 한 도시, 또는 한 나라에서 소비되는 모든 자원을 생산해 내는 일과 배출하는 모든 폐기물을 흡수하는 일에 사용되는 육지와 수역을 합친 것이다. 인간 개체군을 위한 지속 가능한 생태 발자국은 얼마나 될까? 전체 인구의 생태 발자국을 산출하는 방법은 지구상의 모든 생태적 지역을 합산한 후 인구로 나누는 것이다. 전형적으로 이 추정치는 지구 전체의 평균 생물학적 생산성을 나타내는 육지 또는 수역의 면적으로 정의되는 지구 면적(global hectare, gha)을 사용한다. 그 값은 1인당 1.7 gha—실제적인 생태 발자국을 비교하기 위한 예시적 기준치—가 된다. 생산하기 위해 1.7 gha 이상을 필요로 하는 자원을 소비하는 누구나 많은 나라의 시민들처럼 지구의 자원을 지속가능하지 못하게 사용하는 것이다(그림 37.33). 예를 들어 미국인 한 사람당 전형적인 생태 발자국은 8 gha이다.

지구에 대한 우리의 영향은 또한 면적보다는 에너지 사용과 같은 통화를 사용하여 평가될 수 있다. 평균 에너지 사용량은 선진국과 개발도상국 사이에서 매우 다르다. 미국, 캐나다, 또는 노르웨이의 일인당 사용량은 중앙아프리카에서 일인당 사용량의 약 30배에 이른다. 게다가 화석 연료(석유, 석탄, 천연가스 등)는 선진국에서 80% 이상 사용된다. 화석 연료에 대한 이러한 지속가능하지 못한 의존은 지구의 기후변화를 가져오며 우리가 생산하는 폐기물을 증가시킨다. 궁극적으로 일인당 사용하는 자원과 개체군 밀도의 조합이 지구 차원의 생태 발자국을 결정한다.

지구가 얼마나 많은 사람을 부양할 수 있는지는 우리들 각자가 즐기는 생활의 질과 국민과 국가 사이의 부의 분배에 의존한다. 그런데 부의 분배는 많은 관심과 정치적 논쟁의 대상이다. 우리는 제로 개체군 성장이 인간의 선택에 근거한 사회적 변화를 통해 얻어질 수 있을지, 아니면 자원의 한계, 전염병, 전쟁, 그리고 환경 파괴에 기인한 사망률의 증가에 의해 얻어질지를 결정할 수 있다.

지속가능한 발전

우리가 만약 절멸로부터 종을 보호해야 하고 인간의 삶의 질도 향상시켜야 한다면, 생물권의 상호 연결에 대한 이해가 필요하다. 이것 때문에 많은 국가, 과학 사회, 그리고 다른 집단들은 **지속가능한 발전(sustainable development)**이라는 개념을 포용하고, 후손의 필요를 충족시키는 것을 제한하지 않으면서 현재 사람들의 필요를 만족시킬 수 있는 경제 개발의 개념을 가져왔다.

야심찬 목적은 지속가능한 발전을 성취하는 것이다. 생태계 과정을 유지하고 생물 다양성의 손실을 막기 위하여 우리는 생명과학을 사회과학, 경제학, 그리고 인문학과 연계해야만 한다. 또한 우리는 개인의 가치를 재평가해야 한다. 더 부유한 나라에 살고 있는 우리들 중 대부분은 개발도상국에 살고 있는 사람들보다 더 큰 생태 발자국을 가진다. 장기적인 소비의 비용을 생각하여, 우리는 우리를 지속할 수 있는 자연 과정의 가치를 알 수 있다.

주기율표

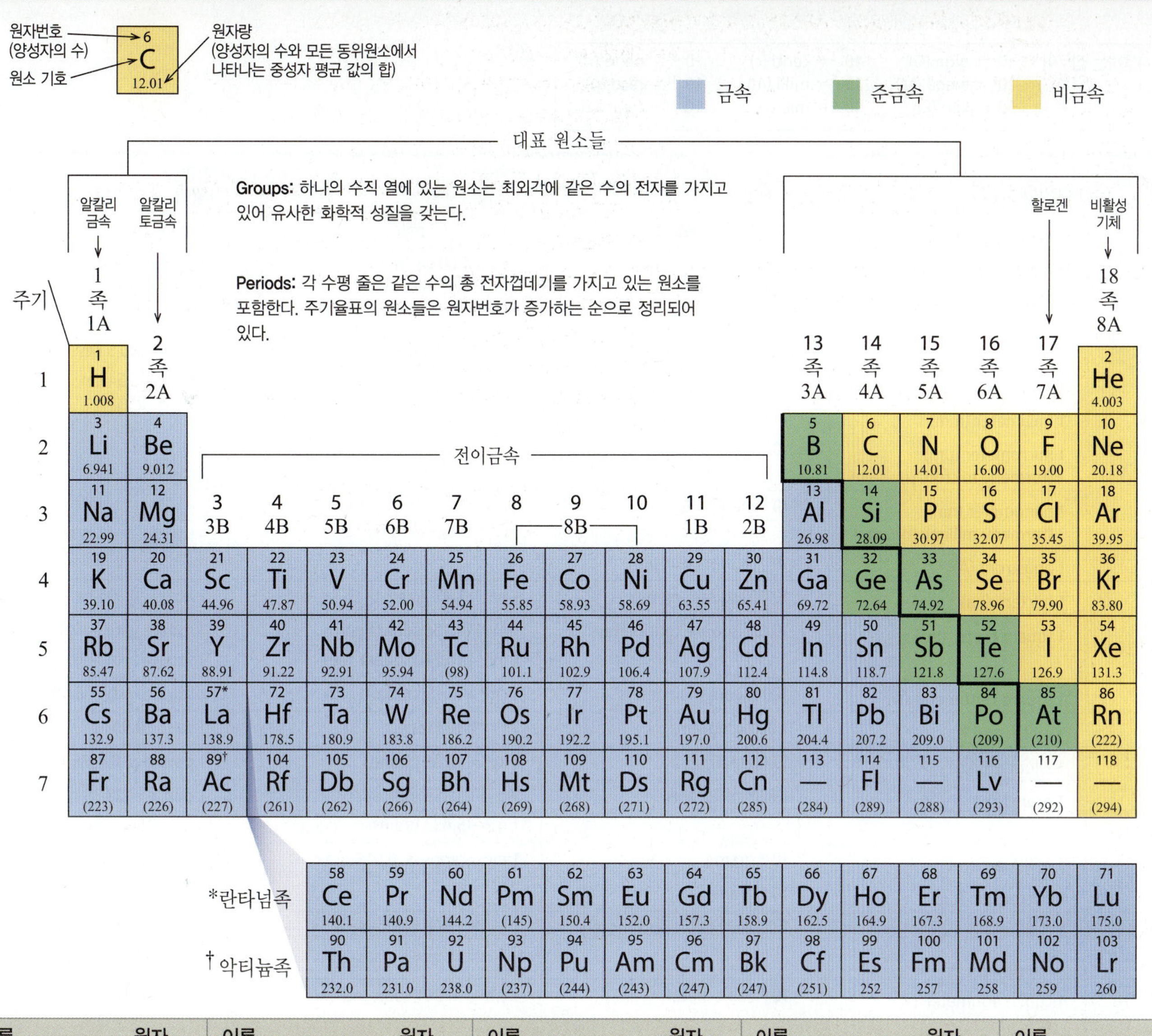

이름 (기호)	원자 번호	이름 (기호)	원자 번호	이름 (기호)	원자 번호	이름 (기호)	원자 번호	이름 (기호)	원자 번호
Actinium (Ac)	89	Copernicium (Cn)	112	Iodine (I)	53	Osmium (Os)	76	Silicon (Si)	14
Aluminum (Al)	13	Copper (Cu)	29	Iridium (Ir)	77	Oxygen (O)	8	Silver (Ag)	47
Americium (Am)	95	Curium (Cm)	96	Iron (Fe)	26	Palladium (Pd)	46	Sodium (Na)	11
Antimony (Sb)	51	Darmstadtium (Ds)	110	Krypton (Kr)	36	Phosphorus (P)	15	Strontium (Sr)	38
Argon (Ar)	18	Dubnium (Db)	105	Lanthanum (La)	57	Platinum (Pt)	78	Sulfur (S)	16
Arsenic (As)	33	Dysprosium (Dy)	66	Lawrencium (Lr)	103	Plutonium (Pu)	94	Tantalum (Ta)	73
Astatine (At)	85	Einsteinium (Es)	99	Lead (Pb)	82	Polonium (Po)	84	Technetium (Tc)	43
Barium (Ba)	56	Erbium (Er)	68	Lithium (Li)	3	Potassium (K)	19	Tellurium (Te)	52
Berkelium (Bk)	97	Europium (Eu)	63	Livermorium (Lv)	116	Praseodymium (Pr)	59	Terbium (Tb)	65
Beryllium (Be)	4	Fermium (Fm)	100	Lutetium (Lu)	71	Promethium (Pm)	61	Thallium (Tl)	81
Bismuth (Bi)	83	Flerovium (Fl)	114	Magnesium (Mg)	12	Protactinium (Pa)	91	Thorium (Th)	90
Bohrium (Bh)	107	Fluorine (F)	9	Manganese (Mn)	25	Radium (Ra)	88	Thulium (Tm)	69
Boron (B)	5	Francium (Fr)	87	Meitnerium (Mt)	109	Radon (Rn)	86	Tin (Sn)	50
Bromine (Br)	35	Gadolinium (Gd)	64	Mendelevium (Md)	101	Rhenium (Re)	75	Titanium (Ti)	22
Cadmium (Cd)	48	Gallium (Ga)	31	Mercury (Hg)	80	Rhodium (Rh)	45	Tungsten (W)	74
Calcium (Ca)	20	Germanium (Ge)	32	Molybdenum (Mo)	42	Roentgenium (Rg)	111	Uranium (U)	92
Californium (Cf)	98	Gold (Au)	79	Neodymium (Nd)	60	Rubidium (Rb)	37	Vanadium (V)	23
Carbon (C)	6	Hafnium (Hf)	72	Neon (Ne)	10	Ruthenium (Ru)	44	Xenon (Xe)	54
Cerium (Ce)	58	Hassium (Hs)	108	Neptunium (Np)	93	Rutherfordium (Rf)	104	Ytterbium (Yb)	70
Cesium (Cs)	55	Helium (He)	2	Nickel (Ni)	28	Samarium (Sm)	62	Yttrium (Y)	39
Chlorine (Cl)	17	Holmium (Ho)	67	Niobium (Nb)	41	Scandium (Sc)	21	Zinc (Zn)	30
Chromium (Cr)	24	Hydrogen (H)	1	Nitrogen (N)	7	Seaborgium (Sg)	106	Zirconium (Zr)	40
Cobalt (Co)	27	Indium (In)	49	Nobelium (No)	102	Selenium (Se)	34		

미터법

미터법에서 사용하는 접두어: 10^9 = giga (G) 10^{-2} = centi (c) 10^{-9} = nano (n)
10^6 = mega (M) 10^{-3} = milli (m) 10^{-12} = pico (p)
10^3 = kilo (k) 10^{-6} = micro (μ) 10^{-15} = femto (f)

측정	단위와 약어	등가 단위	전환율 (미터법 → 영어)	전환율 (영어 → 미터법)
길이	1 kilometer (km)	= 1,000 (10^3) meters	1 km = 0.62 mile	1 mile = 1.61 km
	1 meter (m)	= 100 (10^2) centimeters = 1,000 millimeters	1 m = 1.09 yards 1 m = 3.28 feet 1 m = 39.37 inches	1 yard = 0.914 m 1 foot = 0.305 m
	1 centimeter (cm)	= 0.01 (10^{-2}) meter	1 cm = 0.394 inch	1 foot = 30.5 cm 1 inch = 2.54 cm
	1 millimeter (mm)	= 0.001 (10^{-3}) meter	1 mm = 0.039 inch	
	1 micrometer (μm) (formerly micron, μ)	= 10^{-6} meter (10^{-3} mm)		
	1 nanometer (nm) (formerly millimicron, mμ)	= 10^{-9} meter (10^{-3} μm)		
	1 angstrom (Å)	= 10^{-10} meter (10^{-4} μm)		
면적	1 hectare (ha)	= 10,000 square meters	1 ha = 2.47 acres	1 acre = 0.405 ha
	1 square meter (m^2)	= 10,000 square centimeters	1 m^2 = 1.196 square yards 1 m^2 = 10.764 square feet	1 square yard = 0.8361 m^2 1 square foot = 0.0929 m^2
	1 square centimeter (cm^2)	= 100 square millimeters	1 cm^2 = 0.155 square inch	1 square inch = 6.4516 cm^2
질량	1 metric ton (t)	= 1,000 kilograms	1 t = 1.103 tons	1 ton = 0.907 t
	1 kilogram (kg)	= 1,000 grams	1 kg = 2.205 pounds	1 pound = 0.4536 kg
	1 gram (g)	= 1,000 milligrams	1 g = 0.0353 ounce 1 g = 15.432 grains	1 ounce = 28.35 g
	1 milligram (mg)	= 10^{-3} gram	1 mg = approx. 0.015 grain	
	1 microgram (μg)	= 10^{-6} gram		
부피 (고체)	1 cubic meter (m^3)	= 1,000,000 cubic centimeters	1 m^3 = 1.308 cubic yards 1 m^3 = 35.315 cubic feet	1 cubic yard = 0.7646 m^3 1 cubic foot = 0.0283 m^3
	1 cubic centimeter (cm^3 or cc)	= 10^{-6} cubic meter	1 cm^3 = 0.061 cubic inch	1 cubic inch = 16.387 cm^3
	1 cubic millimeter (mm^3)	= 10^{-9} cubic meter = 10^{-3} cubic centimeter		
부피 (액체와 기체)	1 kiloliter (kL or kl)	= 1,000 liters	1 kL = 264.17 gallons	
	1 liter (L or l)	= 1,000 milliliters	1 L = 0.264 gallon 1 L = 1.057 quarts	1 gallon = 3.785 L 1 quart = 0.946 L
	1 milliliter (mL or ml)	= 10^{-3} liter = 1 cubic centimeter	1 mL = 0.034 fluid ounce 1 mL = approx. 1/4 teaspoon 1 mL = approx. 15–16 drops (gtt.)	1 quart = 946 mL 1 pint = 473 mL 1 fluid ounce = 29.57 mL 1 teaspoon = approx. 5 mL
	1 microliter (μL or μl)	= 10^{-6} liter (10^{-3} milliliter)		
압력	1 megapascal (MPa)	= 1,000 kilopascals	1 MPa = 10 bars	1 bar = 0.1 MPa
	1 kilopascal (kPa)	= 1,000 pascals	1 kPa = 0.01 bar	1 bar = 100 kPa
	1 pascal (Pa)	= 1 newton/m^2 (N/m^2)	1 Pa = 1.0 × 10^{-5} bar	1 bar = 1.0 × 10^5 Pa
시간	1 second (s or sec)	= 1/60 minute		
	1 millisecond (ms or msec)	= 10^{-3} second		
온도	Degrees Celsius (°C) (0 K [Kelvin] = −273.15°C)		°F = 9/5°C + 32	°C = 5/9 (°F − 32)

광학 현미경과 전자 현미경의 비교

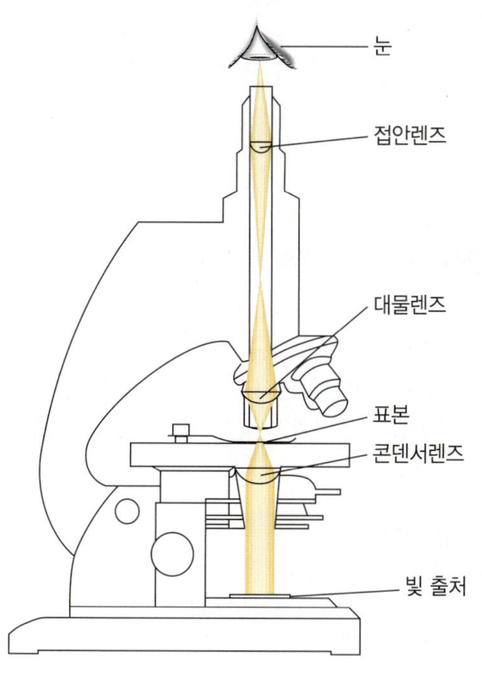

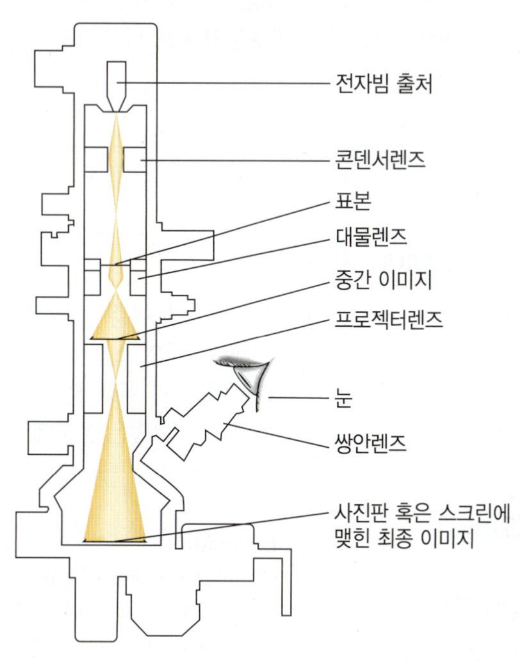

광학 현미경(Light Microscope, LM)

빛이 유리 콘덴서렌즈에 의해 표본 위에 비춰지면 상이 대물렌즈와 접안렌즈에 의해 확대되고 이를 눈을 통해서 보거나 디지털 카메라, 디지털 비디오 카메라 혹은 사진으로 찍는다.

전자 현미경(Electron Microscope, EM)

현미경의 꼭대기에 있는 전자빔이 빛 대신에 이용되며, 또한 전자석이 유리렌즈 대신에 이용된다. 전자빔이 콘덴서렌즈에 의해 표본 위에 쏘아지면 상이 대물렌즈와 프로젝터렌즈에 의해 확대되고 이를 스크린으로 보거나 사진을 찍는다.

생명의 분류

이 부록은 이 책에서 다루었던 현존하는 주요 생물 그룹에 대한 분류를 나타낸 것이지만 모든 문(phylum)을 포함하지는 않는다. 아래 분류에서는 3개의 역(domain), 즉 두 주요한 원핵생물인 세균역과 고세균역, 그리고 진핵생물역으로 나눈다.

이 책의 4장에서 여러 대안적인 분류 체계를 다루었다. 분류에 대한 논쟁은 계(kingdom)에 대한 수와 범주이며, 또한 린네의 분류 체계를 현대의 계통 발생학적인 분기 방법과 어떻게 연계시키는 것이냐이다. 이 요약에서 별표(*)는 분류학자들에 의해 측계통군으로 생각되는 문을 나타낸 것이다.

DOMAIN BACTERIA

- **Proteobacteria**
- **Chlamydia**
- **Spirochetes**
- **Cyanobacteria**
- **Gram-positive bacteria**

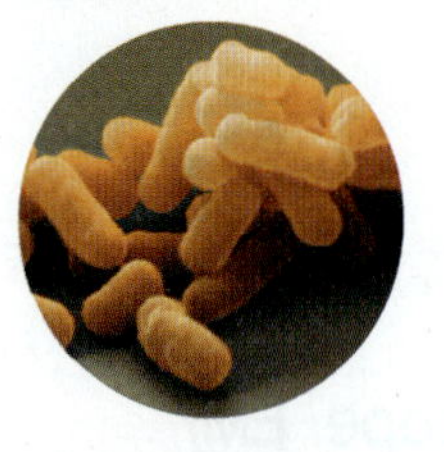

DOMAIN ARCHAEA

- **Korarchaeota**
- **Euryarchaeota**
- **Crenarchaeota**
- **Nanoarchaeota**

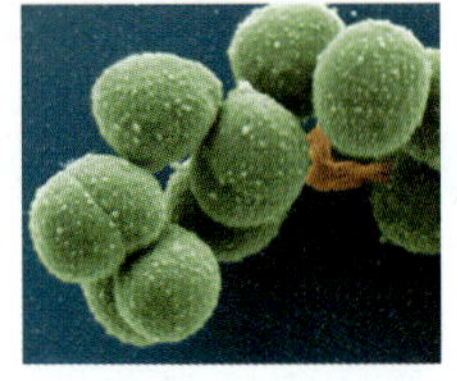

DOMAIN EUKARYA

25장에서 보여준 측계통 가설에서는 진핵생물의 주요 분기군이 이 페이지와 다음 페이지에 진한 글씨체로 4개의 소그룹으로 나누어진다. 전에는 원생생물이라고 불리는 모든 진핵생물은 원생생물계라는 하나의 계로 분류되었다. 그러나 분류 체계가 발달하면서 일부 원생생물들은 그들 간보다는 식물, 균류, 혹은 동물에 더 가깝다는 것이 명확해졌다. 결과적으로 원생생물계는 사라져가고 있다.

Excavata

- Diplomonadida (diplomonads)
- Parabasala (parabasalids)
- Euglenozoa (euglenozoans)
  - Kinetoplastida (kinetoplastids)
  - Euglenophyta (euglenids)

SAR

- Stramenopila (stramenopiles)
  - Bacillariophyta (diatoms)
  - Phaeophyta (brown algae)
- Alveolata (alveolates)
  - Dinoflagellata (dinoflagellates)
  - Apicomplexa (apicomplexans)
  - Ciliophora (ciliates)

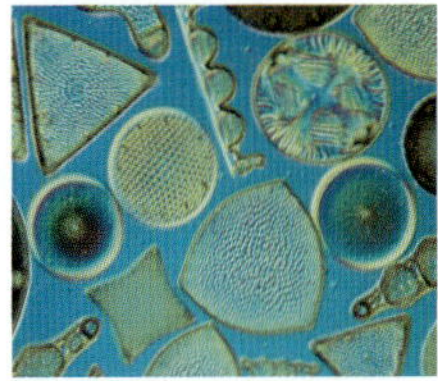

- Rhizaria
  - Foraminifera (forams)
  - Cercozoa (cercozoans)

Archaeplastida

- Rhodophyta (red algae)
- Chlorophyta (green algae: chlorophytes)
- Charophyta (green algae: charophytes)
- Plantae
  - Nonvascular plants (bryophytes):
    - Phylum Hepatophyta (liverworts)
    - Phylum Bryophyta (mosses)
    - Phylum Anthocerophyta (hornworts)
  - Seedless vascular plants:
    - Phylum Lycophyta (lycophytes)
    - Phylum Monilophyta (ferns, horsetails, whisk ferns)
  - Seed plants:
    - Gymnosperms:
      - Phylum Ginkgophyta (ginkgo)
      - Phylum Cycadophyta (cycads)
      - Phylum Gnetophyta (gnetophytes)
      - Phylum Coniferophyta (conifers)
    - Angiosperms:
      - Phylum Anthophyta (flowering plants)

DOMAIN EUKARYA, continued

Unikonta

- Amoebozoa (amoebozoans)
  - Tubulinea (tubulinids)
  - Dictyostelida (cellular slime molds)
- Nucleariida (nucleariids)
- Fungi
  - *Phylum Chytridiomycota (chytrids)
  - *Phylum Zygomycota (zygomycetes)
  - Phylum Glomeromycota (glomeromycetes)
  - Phylum Ascomycota (sac fungi)
  - Phylum Basidiomycota (club fungi)

- Choanoflagellata (choanoflagellates)
- Animalia
  - Phylum Porifera (sponges)
  - Phylum Ctenophora (comb jellies)
  - Phylum Cnidaria (cnidarians)
  - Lophotrochozoa (lophotrochozoans)
    - Phylum Platyhelminthes (flatworms)
    - Phylum Ectoprocta (ectoprocts)
    - Phylum Brachiopoda (brachiopods)
    - Phylum Rotifera (rotifers)
    - Phylum Mollusca (molluscs)
    - Phylum Annelida (segmented worms)
  - Ecdysozoa (ecdysozoans)
    - Phylum Nematoda (roundworms)
    - Phylum Arthropoda (This survey groups arthropods into a single phylum, but some zoologists now split the arthropods into multiple phyla.)
      - Chelicerata (horseshoe crabs, arachnids)
      - Myriapoda (millipedes, centipedes)
      - Pancrustacea (crustaceans, insects)
  - Deuterostomia (deuterostomes)
    - Phylum Hemichordata (hemichordates)
    - Phylum Echinodermata (echinoderms)
    - Phylum Chordata (chordates)
      - Cephalochordata (lancelets)
      - Urochordata (tunicates)
      - Cyclostomata (cyclostomes) — Vertebrates (Cyclostomata through Mammalia)
        - Myxini (hagfishes)
        - Petromyzontida (lampreys)
      - Gnathostomata (gnathostomes)
        - Chondrichthyes (sharks, rays, chimaeras)
        - Actinopterygii (ray-finned fishes)
        - Actinistia (coelacanths)
        - Dipnoi (lungfishes)
        - Amphibia (amphibians)
        - Reptilia (tuataras, lizards, snakes, turtles, crocodilians, birds)
        - Mammalia (mammals)

찾아보기

한글찾아보기

ㄱ

ㄹ

ㅁ

ㅂ

ㅇ

ㅈ

영문찾아보기

B

C

F

G

H

I

J

K

L

N

O

P

Q

R

S

T

U

V

W

X

Y

Z

기타